ZEITBEREICH

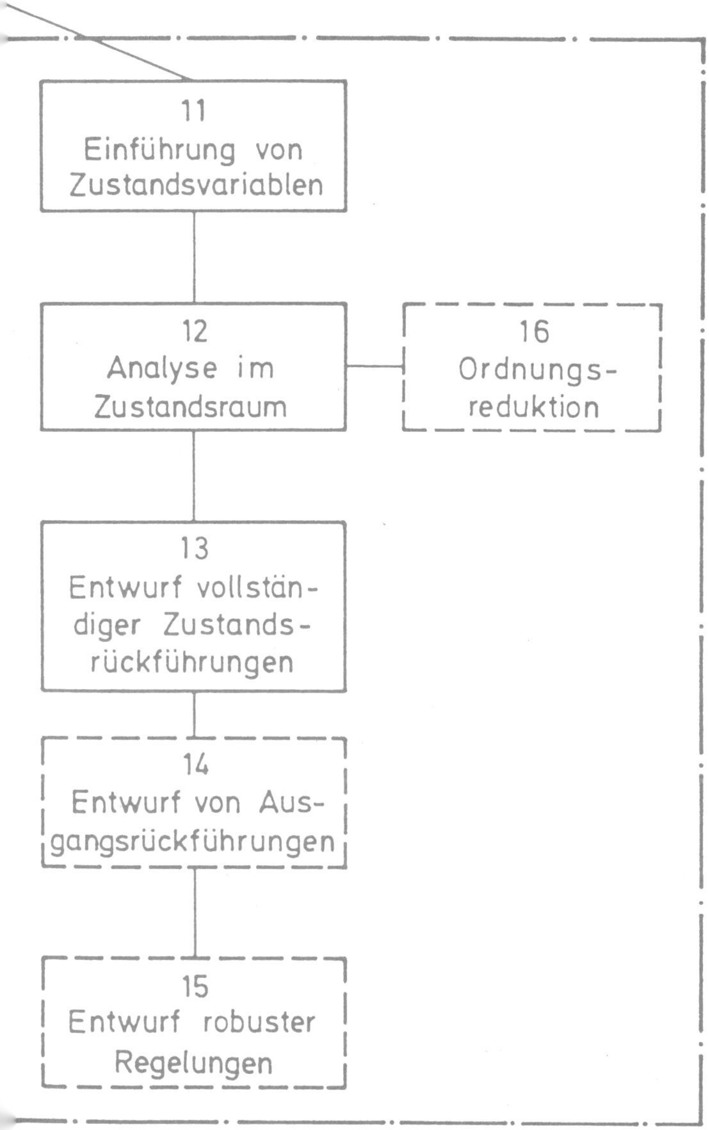

Otto Föllinger

Regelungstechnik

Vorwort

Zielsetzung

Die bisherige Zielsetzung des Buches ist unverändert geblieben: In lesbarer Form die grundlegenden Strukturen, Begriffe und Methoden der Regelungstechnik zu entwickeln und dem Verständnis des Lesers nahezubringen. Hierbei habe ich einen systematischen Aufbau angestrebt und mich bemüht, die Dinge so darzustellen, daß man ihren inneren Zusammenhang erkennt und daß die Motivation für die gebrachten Begriffsbildungen und Verfahren einsichtig wird. Nirgends werden nur Rezepte angegeben, stets werden Herleitungen und Begründungen gebracht. Dabei ist kein Wert auf mathematische Strenge gelegt, wohl aber darauf, daß sich die Schlußweisen ohne große Mühe nachvollziehen lassen und soweit wie möglich anschaulich bleiben. Der Gedankengang wird stets durch Beispiele illustriert und konkretisiert.

Voraussetzungen

Was die Voraussetzungen zum Verständnis des Buches angeht, so sind die Kenntnis der Differential- und Integralrechnung sowie Grundkenntnisse über Differentialgleichungen, komplexe Funktionen, Laplace-Transformation und Matrizenrechnung erforderlich. Im Mathematischen Anhang (Kapitel 17) sind die wichtigsten Tatsachen über die beiden letztgenannten Gebiete zusammengestellt.

Hinsichtlich der Regelungstechnik werden keinerlei Voraussetzungen gemacht. Das Buch stellt also in der Tat eine *Einführung* in die Methoden der Regelungstechnik und deren Anwendung dar.

Zum Inhalt

Der Inhalt des Buches läßt sich global dadurch umreißen, daß es um die Regelung von deterministischen und kontinuierlichen, linearen und zeitinvarianten Systemen mit konzentrierten Parametern geht.

Aufgliederung und logischer Zusammenhang des Stoffes werden durch die graphische Darstellung auf den Einband-Innenseiten veranschaulicht. Nach dem Kapitel 1, in dem die Grundbegriffe der Regelungstechnik gebracht werden, gliedert sich das Buch in zwei Teile. Im ersten Teil wird die klassische Frequenzbereichsmethodik dargestellt, die durch den Übergang vom Zeitbereich in den Bereich der komplexen Funktionen mittels der Laplace-Transformation charakterisiert ist (Kapitel 2-10). Der zweite Teil des Buches ist dem Zeitbereich gewidmet, wobei die Untersuchungen mittels der Zustandsmethodik durchgeführt werden (Kapitel 11-16). Während die Frequenzbereichsmethodik vorwiegend auf Eingrößensysteme angewandt wird (Ausnahme: Kapitel 9 und 10), liegt der Schwerpunkt der Zustandsmethodik auf den Mehrgrößensystemen, wobei Eingrößensysteme in die Betrachtung einbezogen sind. Die neueren Frequenzbereichsmethoden für Mehrgrößensysteme werden in diesem Buch nicht betrachtet. Sie sind theoretisch aufwendiger als die Zeitbereichsmethodik und besitzen nicht deren Anschaulichkeit. Für sie sei auf weitergehende Literatur wie die Bücher von ***Korn-Wilfert*** [1], ***Tolle*** [2], ***Engell*** [3] und vor allem ***Raisch*** [4] verwiesen.

Besonderheiten des Buches

Wenn man nun nach den Besonderheiten fragt, die das vorliegende Buch von den zahlreichen anderen Einführungen in die Regelungstechnik unterscheiden, so sind in erster Linie drei Punkte zu nennen.

(I) Als erstes ist die ausgiebige Verwendung des Strukturbilds (Signalflußplans, Wirkplans) hervorzuheben. Selbstverständlich wird es in anderen regelungstechnischen Lehrbüchern ebenfalls benutzt, aber wohl nirgends bildet es in so ausgeprägter Weise Fundament und Nerv der Systembeschreibung, -analyse und -synthese, wie dies zumindest im klassischen Teil dieses Buchs der Fall ist. Die suggestive Veranschaulichung abstrakter Vorstellungen, die hierdurch möglich ist, habe ich seit meiner Industrietätigkeit als vortreffliches Hilfsmittel des Ingenieurs bei der Behandlung dynamischer Systeme schätzen gelernt.

(II) Ein zweites Charakteristikum ist die Behandlung umfangreicher industrieller Aufgabenstellungen, wie sie in den Kapiteln 3, 8 und 10 von ***Manfred Klittich*** durchgeführt wird. Die Probleme wurden in der Praxis in der hier geschilderten Weise bearbeitet, wenn man von einigen Vereinfachungen aus Gründen der Darstellung absieht. Wer dieses Buch als eine erste Einführung in die Regelungstechnik liest, wird sich wohl nicht näher mit diesen Kapiteln befassen. Aber ich denke, er wird durch sie in der Überzeugung bestärkt werden, daß die beschriebenen Methoden nicht nur akademischen Charakter haben, sondern in der Tat zur Lösung von Anwendungsproblemen geeignet sind.

(III) Als drittes Charakteristikum des Buches ist die sehr ausführliche Erörterung der Reglersynthese im Zustandsraum zu nennen, die erheblich über das sonst in einer einführenden Darstellung übliche Maß hinausgeht. Insbesondere habe ich im Abschnitt 13.6 (Zustandsreglerformel von *G. Roppenecker*) sowie in den Kapiteln 14 (Entwurf von Ausgangsrückführungen), 15 (Entwurf von robusten Regelungen) und 16 (Ordnungsreduktion) Ergebnisse aus dem Institut für Regelungs- und Steuerungssysteme der Universität Karlsruhe verarbeitet, die in den 80er Jahren erzielt wurden.

Interessentenkreis

Da das Buch keine speziellen Voraussetzungen macht, richtet es sich an alle Anwender, die sich für Regelungstechnik und Systemdynamik interessieren, ganz gleich, aus welchem Fachgebiet sie stammen. Lediglich die oben erwähnten mathematischen Grundkenntnisse müssen vorhanden sein. Die industriellen Beispiele aus den Kapiteln 3, 8 und 10 sind für den Fachmann von Interesse und beweisen die Leistungsfähigkeit der gebrachten Methoden, können aber von dem, der allein Begriffssystem und Methodik der Regelungstechnik kennenlernen will, übersprungen werden. Was die im übrigen Text eingestreuten Beispiele angeht, so setzt entweder die Modellbildung nur elementare physikalische Kenntnisse voraus, oder das mathematische Modell wird ohne Herleitung angegeben, um dann mit ihm weiter zu arbeiten. Auf jeden Fall wird das Verständnis der Begriffe und Methoden durch die Tatsache, daß man möglicherweise der Herleitung des einen oder anderen Beispiels nicht folgen kann, in keiner Weise beeinträchtigt.

Das Buch richtet sich sowohl an den im Beruf stehenden Fachmann als auch an Studenten und Dozenten von Universitäten und Fachhochschulen. Ein Student, der sich in Regelungstechnik nicht intensiver vertiefen will, kann die konkrete Aufgabenstellungen betreffenden Kapitel 3, 8 und 10 sowie die weitergehenden Methoden der Kapitel 14, 15 und 16 auslassen. Sie sind deshalb in der graphischen Darstellung auf den Einband-Innenseiten gestrichelt umrahmt. Der Leser kann sich das Leben weiter erleichtern, wenn er umfangreichere Herleitungen ignoriert, die häufig in eigenen Unterabschnitten gebracht werden, wie z.B. 4.10.1, 5.6.2 (Nyquist-Kriterium), 6.4 (geometrische Eigenschaften der Wurzelortskurven), 13.4.3 (Riccati-Regler).

Das Buch ist so abgefaßt, daß es vor allem auch zum Selbststudium geeignet ist. Zur weiteren Durchdringung und Verfestigung des Gelesenen ist dann das "Regelungstechnik-Übungsbuch" von *C. Becker, L. Litz* und *G. Siffling* (Hüthig-Buch-Verlag, 4. Auflage, 1993) eine gute Hilfe.

Danksagung

An erster Stelle danke ich meinen beiden Mitautoren *Frank Dörrscheidt* und *Manfred Klittich* für die fruchtbare und stets erfreuliche Zusammenarbeit.

Für wertvolle Ratschläge und die Durchrechnung von Beispielen danke ich meinen früheren Mitarbeitern *Prof. Dr. Ulrich Konigorski*, *Dr. Klaus Krüger*, *Dr. Peter Stieß*, *Dr. Peter Weyand*, *Dipl.-Ing. Thomas Bechberger* und vor allem *Dr. habil. Günter Roppenecker*, *Dr. Ansgar Trächtler* und *Dr. Gerhard Siffling* sehr herzlich.

Frau *Sabine Marschner*, Frau *Annette Scheerer* und Herrn *Wilhelm Mayer* vom Hüthig-Buch-Verlag danke ich sehr für ihr Engagement und ihre Anteilnahme an den Freuden und Sorgen des Autors.

Mein Dank wäre sehr unvollständig, wenn ich in ihn nicht *meine Frau Ursula* einschließen würde, für das Verständnis und Interesse, das sie meiner intensiven Beschäftigung mit Büchern jederzeit entgegengebracht hat.

Die vorliegende Auflage unterscheidet sich von der 7. Auflage durch die Beseitigung verbliebener Irrtümer, die Neuformulierung einiger Textpassagen und die Aktualisierung von Literaturangaben. Allen, die mich auf Irrtümer aufmerksam gemacht haben, besonders Herrn *Prof. Dr. Hans-Jürgen Scheib*, danke ich vielmals.

Ostern 1994 O. Föllinger

[1] U. Korn - H.-H. Wilfert: Mehrgrößenregelungen, Moderne Entwurfsprinzipien im Zeit- und Frequenzbereich, Verlag Technik, 1982.

[2] H. Tolle: Mehrgrößen-Regelkreissynthese. Band I: Grundlagen und Frequenzbereichsverfahren. R. Oldenbourg Verlag, 1983.

[3] S. Engell: Optimale lineare Regelung. Springer-Verlag, 1988.

[4] J. Raisch: Mehrgrößenregelung im Frequenzbereich. R. Oldenbourg Verlag, 1994.

Inhaltsverzeichnis

1 Grundbegriffe der Regelungstechnik

1.1 Notwendigkeit der Regelung

Betrachten Sie bitte, liebe Leserin, lieber Leser, irgendein technisches System: etwa einen elektrischen Motor, der eine Last antreibt (z.B. einen Personenaufzug), oder ein Schiff oder eine Raumheizung – *es kommt auf die spezielle Natur des Systems nicht an.* Das System soll ein bestimmtes Verhalten aufweisen, das durch seine Aufgabe vorgeschrieben ist: Der Motor hat eine bestimmte Drehzahl einzuhalten, das Schiff einen vorgegebenen Kurs zu steuern, die Raumheizung eine gewünschte Raumtemperatur sicherzustellen. Allgemein kann man sagen, daß in einem technischen System oftmals eine zeitveränderliche Größe auftritt, an deren Verhalten man interessiert ist und der man deshalb einen gewünschten Zeitverlauf aufprägen will. Häufig besteht das Ziel darin, sie auf einen vorgegebenen festen Wert zu bringen und dort zu halten. Diese Größe sei als *Ausgangsgröße* des technischen Systems bezeichnet und durch das Symbol x charakterisiert. Ihre Beeinflussung soll *automatisch,* also selbsttätig, ohne Zutun des Menschen, vorgenommen werden. Diese Forderung kann verschiedene Gründe haben. In vielen Fällen ist der Mensch gar nicht in der Lage, die gewünschte Beeinflussung durchzuführen, z.B. deshalb, weil sie zu schnell erfolgen muß oder unter Bedingungen stattfindet, die der Mensch nicht ertragen kann. In anderen Fällen wäre der Mensch zwar grundsätzlich imstande, die Beeinflussung durchzuführen, aber mit erheblich schlechterem Wirkungsgrad als eine automatische Vorrichtung. In wieder anderen Fällen wird der Mensch durch das Automationssystem von Arbeiten entlastet, die er zwar zu leisten vermag, die aber durch ihre Schwere oder Stupidität ihm eigentlich nicht gemäß sind.

Wie läßt sich nun erreichen, daß die Ausgangsgröße den gewünschten Verlauf annimmt? Zu diesem Zweck schaltet man eine Größe auf das System, die sich beliebig verstellen läßt, zumindest in einem genügend großen Bereich, und welche die Ausgangsgröße kräftig beeinflußt. Diese Größe bezeichnet man als *Stellgröße* und charakterisiert sie durch das Symbol y.

Beim elektrischen Motor – wir wollen annehmen, daß es sich um einen Gleichstrommotor handelt – ist es die Ankerspannung, durch deren Verstellung man die Drehzahl des Motors gezielt beeinflussen kann. Beim Schiff wird der Kurs durch geeignete Einstellung des Ruderwinkels bestimmt. Bei der Raumheizung läßt sich durch Regulierung der Wärmezufuhr die Raumtemperatur gezielt beeinflussen.

Diese gezielte Beeinflussung der Ausgangsgröße durch die Stellgröße wird nun in den meisten Fällen dadurch ganz wesentlich erschwert, daß auf das technische System von der Umgebung her *Störungen* einwirken. Betrachten wir etwa den Gleichstrommotor und nehmen wir an, daß dieser einen Personenaufzug antreibt. Dann schwankt die Belastung des Aufzugs: Mal steigen mehr Personen ein, mal weniger. Trotz dieses unterschiedlichen Lastmoments soll die Geschwindigkeit des Aufzugs, und das heißt die Drehzahl des Motors, nach Möglichkeit einen gewünschten festen Wert haben. Beim Schiff besteht die Störung in unterschiedlichen Wasserströmungen. Bei der Raumheizung ist sie vor allem durch die Außentemperatur gegeben, durch deren Schwankungen die Raumtemperatur beeinflußt wird.

Aus diesen Beispielen gehen die beiden wesentlichen Eigenschaften einer *Störgröße* hervor:

- Sie wirkt darauf hin, die Ausgangsgröße von dem gewünschten Verhalten abzubringen.
- Sie ist nur ungenau bekannt. Vor allem kann man ihr zeitliches Verhalten nicht genau vorhersagen, weil es unerwarteten Änderungen unterliegt.

Dabei stellt die Berücksichtigung nur einer Störgröße bereits eine Idealisierung dar. Oft wird es so sein, daß mehrere Störungen in das System eingreifen, von denen jedoch eine als die wichtigste angesehen wird. So tritt im Beispiel der Raumheizung neben der Außentemperatur das Öffnen von Fenstern und Türen als zusätzliche Störgröße auf. Beim Gleichstromantrieb können z.B. Schwankungen des als konstant vorausgesetzten Motorfeldes oder eines anderen Parameters als weitere Störungen in Erscheinung treten. Bei der gezielten Beeinflussung des Systems wird man sich zwar in erster Linie auf die Hauptstörung konzentrieren, darf aber das Vorhandensein etwaiger weiterer Störungen nicht aus dem Auge verlieren.

Im Bild 1/1 ist die vorliegende Situation in Blockdarstellung wiedergegeben. Das gezielt zu beeinflussende technische *System* werde auch als technischer Prozeß oder kurz als *Prozeß* bezeichnet. Wir brauchen zwischen beiden Benennungen hier nicht zu unterscheiden, können sie vielmehr als synonym verwenden. Von alters her

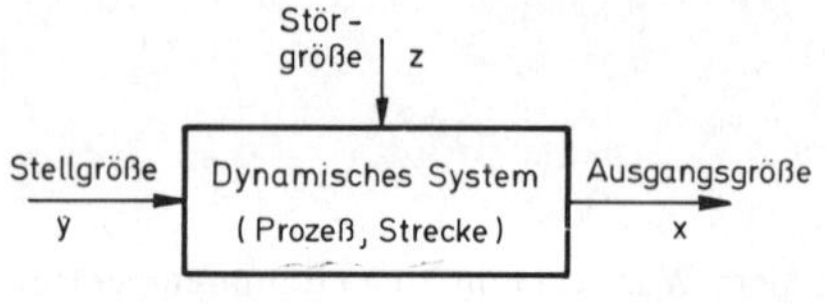

Bild 1/1. Blockbild eines dynamischen Systems

heißt das zu beeinflussende technische System auch *Strecke.*

Die vor uns liegende *Aufgabenstellung* können wir nun in der folgenden Weise formulieren:

Der Ausgangsgröße eines technischen Systems soll durch die Stellgröße ein Sollverhalten, d.h. ein gewünschtes Verhalten, aufgeprägt werden, und zwar gegen den Einfluß einer Störgröße, die nur unvollständig bekannt ist. (1.1)

Dazu sind noch drei Anmerkungen zu machen:

Bisher war nur von Systemen mit *einer* Ein- und Ausgangsgröße die Rede. Bei Systemen mit mehreren Ein- und Ausgangsgrößen ist die grundsätzliche Aufgabenstellung aber die gleiche, so daß wir sie an dieser Stelle nicht besonders zu berücksichtigen brauchen.

Wir betrachten hier technische Systeme unter einem ganz bestimmten Aspekt. Wir interessieren uns nämlich dafür, wie bestimmte zeitveränderliche Größen miteinander zusammenhängen und wie man diesen Zusammenhang gezielt beeinflussen kann. Diese Betrachtungsweise ist nicht auf technische Systeme beschränkt, sondern kann auch auf andere Systeme, z.B. biologische oder ökologische, angewandt werden. Es kommt dabei auf das zeitliche Verhalten der Systeme an, während andere Eigenschaften, etwa der konstruktive Aufbau oder die materielle Beschaffenheit der Systeme, nicht von Interesse sind. Wir können deshalb statt von "technischen Systemen" auch allgemein von *"dynamischen Systemen"* sprechen, wie dies im Bild 1/1 bereits geschehen ist. Unter einem *dynamischen System* wird dabei eine Gesamtheit von zeitveränderlichen Größen verstanden, die durch Funktionalbeziehungen wie Differentialgleichungen, Differenzengleichungen und dergleichen miteinander verknüpft sind.

Wie das Bild 1/1 anschaulich zeigt, hängt die Ausgangsgröße $x(t)$ von den beiden Eingangsgrößen der Strecke, der Stellgröße $y(t)$ und der Störgröße $z(t)$, ab. Wir wollen annehmen, daß die mathematische Beschreibung dieses Zusammenhangs bekannt ist. Sie ist ganz allgemein von der Form

$$x = S\{y,z\}, \qquad (1.2)$$

wobei der *Operator* S die Zuordnungsvorschrift bezeichnet, durch welche aus den Zeitverläufen $y(t)$ und $z(t)$ die Ausgangsgröße $x(t)$ entsteht. Im einfachsten Fall ist

$$x = K_1 y + K_2 z$$

mit konstanten Koeffizienten K_1 und K_2. In vielen Fällen bezeichnet S eine Differentialgleichung oder ein System von Differentialgleichungen. Die Beziehung (1.2) stellt das *mathematische Modell* der Strecke dar, das auf Grund der für die Strecke geltenden physikalischen Gesetze erhalten wurde und das als bekannt vorausgesetzt wird.

Mit der Formulierung (1.1) ist die Aufgabenstellung herausgearbeitet. Wie ist sie zu lösen? Was hat man also zu tun, um ein System, das man nicht vollständig kennt, weil sich sein Verhalten in nicht genau vorhersehbarer Weise ändert, dennoch gezielt zu beeinflussen? Schaut man sich das Problem in Ruhe an, so erkennt man bald, daß es offenkundig nur *eine* Lösung gibt:

Die Strecke ist laufend zu beobachten und die so gewonnene Information zur Veränderung der Stellgröße derart zu verwenden, daß diese trotz der Störgrößeneinwirkung die Ausgangsgröße an den gewünschten Verlauf (Sollverlauf) angleicht. Eine Anordnung, die dies leistet, heißt Regelung. (1.3)

Aus dieser verbalen Formulierung lassen sich Aufbau und Wirkungsweise der klassischen Regelung zwanglos herleiten.

1.2 Aufbau und Wirkungsweise einer Regelung

Um die Strecke laufend zu beobachten, erfaßt man die Ausgangsgröße x der Strecke, die nun als *Regelgröße*[1] bezeichnet wird, durch eine sogenannte *Meßeinrichtung* (Bild 1/2). Unter ihr darf man sich kein Meßgerät vorstellen, an dem Skalenablesungen vorgenommen werden. Vielmehr wird durch die Meßeinrichtung die Regelgröße in eine andere Größe umgeformt, die zur weiteren Verarbeitung besser geeignet ist als die Regelgröße

[1] Was die Symbole und Benennungen betrifft, so sind sie an unserer regelungstechnischen Norm DIN 19226 [1.1] orientiert.

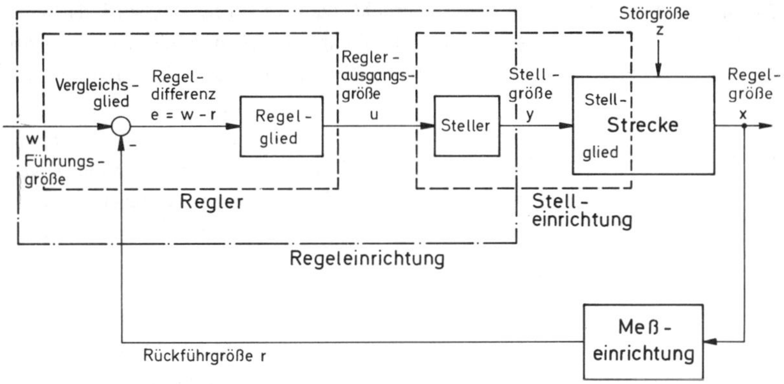

Bild 1/2.
Blockschema einer Regelung

selbst. Meist werden dabei nichtelektrische Größen, wie Drehzahl, Temperatur, Druck, Durchfluß, in elektrische Größen umgewandelt, um so z.B. in einem Mikrorechner weiterverarbeitet werden zu können. "Messen" ist hier also im allgemeinen Sinn der Abbildung einer Größe auf eine andere zu verstehen.

Die Ausgangsgröße der Meßeinrichtung, als *Rückführgröße* r bezeichnet, enthält Information über das unbekannte Verhalten der Störgröße, da sie über die Regelgröße x von der Störgröße beeinflußt wird. Die Rückführgröße r wird nun mit der *Führungsgröße* w verglichen, die von außen vorgegeben wird und im allgemeinen zum Sollverlauf proportional ist. Der Vergleich erfolgt im *Vergleichsglied*, in dem die *Regeldifferenz* $e = w - r$ gebildet wird. Ist die Rückführgröße r eine elektrische Spannung, wie das häufig der Fall ist, so gibt man auch die Führungsgröße w als elektrische Spannung vor. Die Differenzbildung erfolgt dann z.B. in der Eingangsschaltung eines elektronischen Verstärkers, wo die Differenzspannung gebildet wird.

Ist die Regeldifferenz $e \neq 0$, stimmen also Führungsgröße und Rückführgröße nicht überein, so muß e auf die Strecke einwirken, um die Regelgröße an den Sollverlauf anzugleichen. Um diese Einwirkung zu ermöglichen, insbesondere auch den niedrigen Leistungspegel der Regeldifferenz auf den Leistungspegel der Strecke anzuheben, wird die *Stelleinrichtung* eingeführt. Nach DIN 19226 zerfällt sie in den *Steller* und das *Stellglied*, wobei dieses bereits zur Strecke zu zählen ist.

Das vor die Stelleinrichtung geschaltete *Regelglied*, das sich noch auf dem Leistungspegel der Regeldifferenz befindet, hat die Aufgabe, das dynamische Verhalten der Regelung zu korrigieren. Wie später gezeigt wird, kann nämlich eine Regelung, die ohne diesen Block zusammengeschaltet wird, im allgemeinen nicht befriedigend arbeiten: sie ist entweder instabil oder zu ungenau oder zu träge. Deshalb wurde das Regelglied bisher häufig als Korrektureinrichtung oder auch schlechtweg als Regler bezeichnet.

Die Benennung *"Regler"* soll nach der Neufassung von DIN 19226 den Verbund von Vergleichsglied und Regelglied kennzeichnen, während von *"Regeleinrichtung"* gesprochen wird, wenn zum Regler noch der Steller hinzutritt. Im gängigen Sprachgebrauch wird zwischen "Regler" und "Regeleinrichtung" nicht streng geschieden, vielmehr werden beide Benennungen häufig synonym verwandt. Auch das Regelglied wird oft als "Regler" bezeichnet, ein Sprachgebrauch, dem wir uns später (Kapitel 7), wenn keine Irrtümer mehr zu befürchten sind, aus Bequemlichkeitsgründen anschließen werden.

Im Bild 1/2 sind alle diese Benennungen und ihre Symbole aufgeführt. Die Reglerausgangsgröße haben wir jedoch nicht mit y_R bezeichnet, wie dies in der Norm vorgeschlagen wird, sondern mit u, um alle nicht unbedingt nötigen Indizes zu vermeiden und weil dies der Bezeichnungsweise bei der mathematischen Behandlung dynamischer Systeme besser entspricht.

In der gerätetechnischen Realisierung brauchen die einzelnen Blöcke aus Bild 1/2 nicht unbedingt voneinander getrennt zu sein, vielmehr kann es sein, daß das gleiche Gerät z.B. mißt und vergleicht.

Was die Auftrennung der Stelleinrichtung in die beiden Blöcke "Steller" und "Stellglied" angeht, so mag sie aus gerätetechnischen Gründen häufig zweckmäßig sein. Vom methodischen Gesichtspunkt aus erscheint sie als künstlich. Bei den dynamischen Untersuchungen in den späteren Kapiteln wird die Stelleinrichtung als Einheit behandelt und meist zur Strecke hinzugeschlagen.

Die hiermit in Worten beschriebene und im Bild 1/2

dargestellte Anordnung heißt " Regelung". Um es nochmals mit etwas anderen Worten zu sagen:

Unter einer Regelung versteht man eine Anordnung, durch welche bei unvollständig bekannter Strecke, insbesondere unvollständiger Kenntnis der Störgröße, die Regelgröße, d.h. die Ausgangsgröße der Strecke, laufend gemessen und mit der Führungsgröße verglichen wird, um mittels der so gebildeten Differenz die Regelgröße an den Sollverlauf anzugleichen. (1.4)

Anhand des Blockschemas in Bild 1/2 können wir uns nun die Wirkungsweise einer Regelung genauer klar machen! Dabei wird vorausgesetzt, daß jeder Block auf eine Anhebung seiner Eingangsgröße auch mit einer Anhebung der Ausgangsgröße reagiert, wie dies bei realen Systemen normalerweise vorausgesetzt werden darf. Der *Sollwert* von x, also der – möglicherweise zeitveränderliche – Wert, den x annehmen soll, sei x_S. Von der Meßeinrichtung nehmen wir an, daß sie Proportionalverhalten hat, was man stets anstreben wird, da sie die zu messende Größe möglichst unverzögert und unverzerrt wiedergeben soll:

$$r = K_M x\,, \quad K_M > 0\,. \tag{1.5}$$

Man wählt dann als Führungsgröße

$$w = K_M x_S\,. \tag{1.6}$$

Damit ist die Regeldifferenz

$$e = w - r = K_M\left(x_S - x\right). \tag{1.7}$$

Hierin bezeichnet man den tatsächlichen Wert der Regelgröße auch als deren *Istwert.* Deshalb nennt man das *Vergleichsglied*, in welchem die Bildung der Regeldifferenz e und damit gemäß (1.7) auch die Bildung der Differenz von Soll- und Istwert der Regelgröße erfolgt, häufig auch *Soll-Istwert-Vergleich.*

Ist $x = x_S$, so ist $e = 0$, und die Regelung bleibt in Ruhe. Es ist auch kein Grund zum Eingreifen der Regeleinrichtung gegeben, da ja nach (1.7) $x = x_S$, die Regelgröße also auf ihrem Sollwert ist.

Durch ein plötzliches Einsetzen der Störgröße werde nun x abgesenkt. Dann sinkt auch r und damit wird (bei unverändertem w) $e > 0$, wächst also an. Hiermit steigt y, und diese verstärkte Einwirkung der Stellgröße wird eine Wiederanhebung von x zur Folge haben, mit der Tendenz, x wieder an den Sollwert x_S anzugleichen. Wird x durch die Störgröße über den Sollwert x_S erhöht, so ist der Ablauf ganz entsprechend: Zunächst wird auch r erhöht, dadurch wird $e < 0$, wird also abgesenkt, was Absenkung von y und damit schließlich Absenkung von x zur Folge hat – auch jetzt mit der Tendenz, den Sollwert x_S wieder anzunehmen. Man pflegt dieses Verhalten kurz so auszudrücken: *"Die Störgröße wird ausgeregelt".* Das darf nicht mißverstanden werden ! An der Störgröße selbst kann die Regelung nichts ändern. Lediglich die *Einwirkung* der Störgröße auf die Regelgröße wird durch die Regelung nach Möglichkeit unterdrückt.

Neben dieser ursprünglichen Aufgabe kann die Regelung zusätzlich noch eine weitere Funktion übernehmen: die *"Führungsgröße einzuregeln"*, also dafür zu sorgen, daß die Regelgröße der Führungsgröße und damit dem Sollverlauf möglichst gut folgt. Angenommen nämlich, es werde der Sollwert x_S und damit gemäß (1.6) die Führungsgröße w erhöht. Da die Rückführgröße r zunächst unverändert bleibt, führt das zu einer Erhöhung der Regeldifferenz e und damit der Stellgröße y. Hierdurch wird eine Anhebung von x in Gang gesetzt mit dem Ziel, x an den neuen, erhöhten Sollwert x_S anzugleichen.

Die beschriebenen Wirkungen der Regelung beruhen darauf, daß es sich um einen *Wirkungskreislauf* handelt. Beispielsweise wird ein Absinken der Regelgröße infolge Störung zurückgeführt, wird durch das Vergleichsglied in eine Anhebung der Regeldifferenz umgesetzt und kehrt letztlich als Wiederanhebung der Regelgröße an den Ausgangspunkt zurück. Man spricht deshalb auch von einem *Regelkreis.* Entscheidend ist dabei die Vorzeichenumkehr der Änderung im Vergleichsglied: Eine Absenkung der Regelgröße wird in eine Erhöhung der Regeldifferenz umgewandelt und umgekehrt eine Erhöhung der Regelgröße in eine Absenkung der Regeldifferenz. Nur durch diese *Umkehr der Wirkungsrichtung* ist eine Angleichung an den Sollwert möglich.

Die vorstehend entwickelten allgemeinen Vorstellungen sollen nun an einigen Beispielen konkretisiert werden.

1.3 Beispiele von Regelungen

Als erstes Beispiel wollen wir die *Drehzahlregelung eines Gleichstromantriebs* betrachten, deren grundsätzliche Anordnung im Bild 1/3 wiedergegeben ist. Der Gleichstrommotor, mit dem rotierenden Anker und dem als konstant angenommenen Feld, wird durch die Ankerspannung u_A angesteuert und erzeugt das Antriebsmoment M_A. Hiermit treibt er ein Objekt an, das allgemein als "Last" bezeichnet wird und bei dem es sich um eine Pumpe, die Seilscheibe eines Personenaufzugs oder

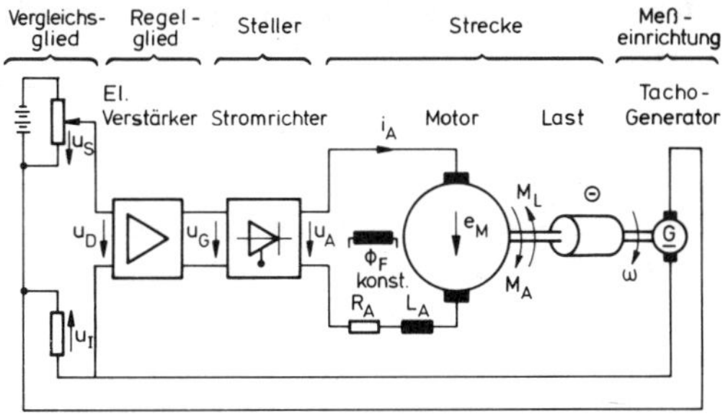

Bild 1/3. Drehzahlregelung eines Gleichstromantriebs

Förderkorbs, um eine Ventilspindel oder dergleichen handeln kann. Die Last erzeugt ein Moment M_L, welches als Störgröße wirkt. Die resultierende Winkelgeschwindigkeit der Drehbewegung sei ω.

Damit ist die Strecke, also das zu beeinflussende System, beschrieben. Regelgröße ist die Winkelgeschwindigkeit ω, gemessen in sec^{-1}, proportional zur Drehzahl, die in Umdrehungen/min gemessen wird. Stellgröße ist die Ankerspannung u_A.

Um u_A verändern zu können, ist es erforderlich, eine geeignete Stelleinrichtung vorzuschalten. Beim heutigen Stand der Technik besteht diese aus einem Stromrichter, welcher die Ankerspannung u_A des Motors liefert. Der Aufbau dieses Gerätes braucht uns hier nicht zu beschäftigen. Es genügt festzustellen, daß es als Verstärkereinrichtung wirkt und den Übergang vom niedrigen Leistungspegel der Führungsgröße zum hohen Leistungspegel des Motors vermittelt. Die dazu erforderliche Energie entnimmt es dem elektrischen Netz. Es wird durch eine Eingangsspannung u_G gesteuert, die ihrerseits von einem elektronischen Verstärker geliefert wird.

Man hat nun die Regelgröße ω durch eine Meßeinrichtung zu erfassen. Das klassische Hilfsmittel hierzu ist eine Tachometermaschine, d.h. ein Gleichstromgenerator, der auf der gemeinsamen Welle von Motoranker und Last angebracht ist und eine zur Winkelgeschwindigkeit ω proportionale Klemmenspannung u_I abgibt:

$$u_I = K_I \omega ,$$

wobei K_I eine aus den Daten der Tachometermaschine ablesbare Konstante ist.[2] Die Tachometermaschine ist also die Meßeinrichtung, welche die mechanische Größe ω in ein für die weitere Verarbeitung geeignetes Signal u_I umwandelt.

Die Tacho-Spannung u_I ist die Rückführgröße, die in der Eingangsschaltung des elektronischen Verstärkers gegen die Führungsgröße u_S geschaltet wird, wodurch die Differenzspannung

$$u_D = u_S - u_I$$

entsteht.

Die Führungsgröße u_S kann über ein Potentiometer eingestellt werden. Dabei wird $u_S = K_I \omega_S$ gewählt werden, wobei ω_S der vorgegebene Sollwert von ω ist. Die Regeldifferenz

$$u_D = K_I(\omega_S - \omega)$$

ist dann proportional zur Differenz von Sollwert und Istwert.

Der elektronische Verstärker ist im Bild 1/3 als Regelglied bezeichnet, weil er durch Beschaltung mit geeigneten elektrischen Netzwerken die erforderliche Korrektur des dynamischen Verhaltens des Regelkreises bewirkt. Diese Teile des Regelkreises, also die Vorgabe der Führungsgröße, der Soll-Istwert-Vergleich und die dynamische Korrektur, können auch grundsätzlich in einem genügend schnellen Mikrorechner realisiert werden. Auf die Frage, wie die dynamische Korrektur durchzuführen ist, werden wir später (Kapitel 7) ausführlich eingehen. Vorläufig hat der elektronische Verstärker einfach Proportionalverhalten:

$$u_G = K_V u_D .$$

Der Stromrichter bildet den Steller, während ein besonderes Stellglied in diesem Beispiel fehlt.

Der hiermit vollständig beschriebene Geräteaufbau der Drehzahlregelung im Bild 1/3 [3] ist gegenüber den realen Verhältnissen bereits stark abstrahiert. Man kann aber noch einen Schritt weitergehen und nur das übrig behalten, was für die Dynamik der Regelung, also für den Wirkungszusammenhang der zeitveränderlichen

[2] Da die Tacho-Spannung u_I Oberwellen enthält, muß eine Glättung durchgeführt werden, was aber hier wie alles nicht unbedingt Nötige vernachlässigt wird.

[3] Bei einer realen Drehzahlregelung wird zusätzlich der Ankerstrom des Gleichstrommotors in einer inneren Schleife zurückgeführt. Um den Grundgedanken der Regelung nicht durch zusätzliche Effekte zu überdecken, wurde hierauf verzichtet. Wir kommen an späterer Stelle auf den Nutzen solcher inneren Schleifen zurück (Abschnitt 7.10).

Größen, wesentlich ist. Man gelangt so zu dem *Blockschema* im Bild 1/4, in dem jedes nicht unbedingt nötige Detail weggelassen ist. Der Regelkreis ist hier in möglichst einfache und gegeneinander wohl abgegrenzte Teilsysteme zerlegt, die durch die zeitveränderlichen Größen der Regelung miteinander verknüpft sind. Am Blockschema kann man ihren Wirkungszusammenhang in aller Klarheit erkennen.

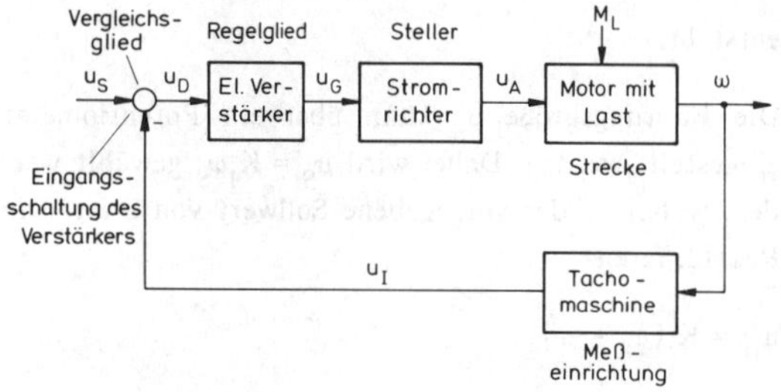

Bild 1/4. Blockschema der Drehzahlregelung

Um zu einer völlig präzisen und dabei anschaulichen Beschreibung der Regelungsdynamik zu gelangen, fehlt nur noch *ein* Schritt: Statt der verbalen Charakterisierung sind in die einzelnen Blöcke die Gleichungen einzutragen, welche Ein- und Ausgangsgröße des Blocks miteinander verbinden. Dann wird aus dem Blockschema das *Strukturbild* (Signalflußplan, Wirkplan). Dieser Schritt wird im nächsten Kapitel ausgeführt.

Als weiteres Beispiel betrachten wir eine sehr einfache Regelung, nämlich die grundsätzliche Anordnung zur *Regelung eines Füllstandes*, bei der sich der Wirkungszusammenhang sehr anschaulich überblicken läßt: Bild 1/5.

Die Flüssigkeitshöhe H soll auf dem Sollwert H_S gehalten werden. Störgröße ist der durch eine Pumpe abge-

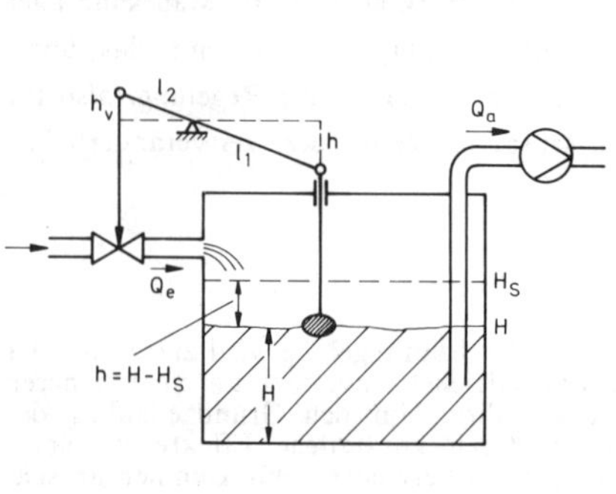

Bild 1/5. Füllstandsregelung

führte Flüssigkeitsstrom Q_a, der um den Mittelwert $\overline{Q}_a$ schwankt.

Die Wirkungsweise der eingezeichneten Regeleinrichtung ist offensichtlich. Der Schwimmer erfaßt den Flüssigkeitsstand H bzw. die Abweichung h vom Sollwert. Er steuert über ein Gestänge das Zuflußventil, wobei das Ventil zugedrückt, also der Zufluß reduziert wird, wenn der Flüssigkeitsstand über dem Sollwert liegt, und umgekehrt. Dem Sollwert H_S selbst entspricht dabei eine mittlere Ventilstellung, bei der $Q_e = \overline{Q}_a$ ist. Der Schwimmer stellt die Meßeinrichtung dar. In ihr wird diesmal keine Umwandlung einer Größe in eine andere Größe vorgenommen, sondern lediglich die Füllstandsabweichung an das Hebelgestänge weitergegeben. Weiterhin ist die Führungsgröße $w = h_S = 0$. Bei der im Bild 1/5 skizzierten Situation ist $h = H - H_S$ negativ, da $H < H_S$ ist.

Die Umkehrung des Wirkungssinnes, welche für die Regelung so wesentlich ist, findet im Hebelgestänge statt. Ist beispielsweise, wie im Bild 1/5, $h < 0$, also der Füllstand H zu niedrig, so ist $h_v > 0$, d.h. das Ventil wird über seine Mittellage ($h_v = 0$) hinaus aufgedreht, wie dies notwendig ist. Das Hebelgestänge enthält also das Vergleichsglied.

Auch das Regelglied ist in ihm enthalten. Wegen

$$h_v : l_2 = -h : l_1 , \quad \text{also} \quad h_v = -\frac{l_2}{l_1} h ,$$

bildet die Übersetzung l_2/l_1 des Gestänges einen Verstärkungsfaktor, durch dessen Veränderung das dynamische Verhalten der Regelung beeinflußt werden kann.

Schließlich übt das Gestänge auch die Funktion des Stellers aus, da es die Veränderungen der Regeldifferenz auf das Ventil und damit auf die Strecke überträgt. Das Ventil ist hierbei als Stellglied anzusehen.

Für weitere Untersuchungen, etwa die Aufstellung des Strukturbildes, ist es zweckmäßig, zu den Abweichungen vom Sollzustand überzugehen, wie dies bei h bereits geschehen ist. Statt Q_e und Q_a werden dann die Größen

$$q_e = Q_e - \overline{Q}_a , \qquad q_a = Q_a - \overline{Q}_a$$

eingeführt. Mit ihnen ist das Blockschema der Regelung im Bild 1/6 gezeichnet.

Das dritte Beispiel sei die im *Bild 1/7* dargestellte *Schüttgutregelung*. Auf einem Förderband wird ein Schüttgut mit der konstanten Geschwindigkeit v trans-

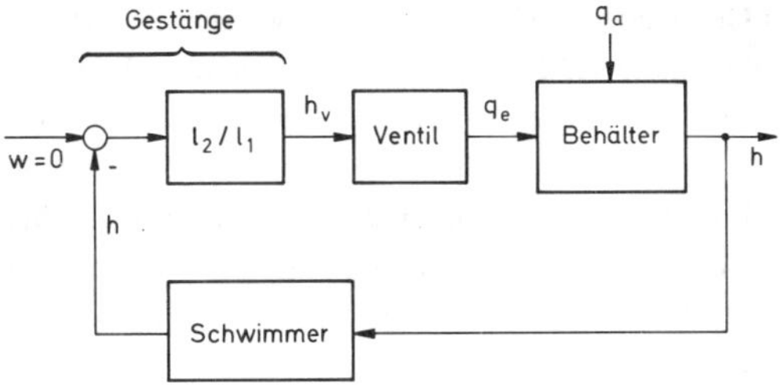

Bild 1/6. Blockschema der Füllstandsregelung

portiert. Im gewünschten Betriebszustand sei der Massenstrom q(t), also die pro Zeiteinheit auf das Förderband geschüttete Masse, gleich einem vorgegebenen festen Wert. Der Schieber befinde sich dann in Mittelstellung, und diese Schieberstellung sei durch h = 0 gekennzeichnet. Die Größe h gibt also die Abweichung des Schiebers von der Mittelstellung an. Auch hier ist es zweckmäßig, zu den Abweichungen vom gewünschten Betriebszustand überzugehen, da sich dann bei der endgültigen mathematischen Beschreibung des Wirkungszusammenhangs die Gleichungen sehr vereinfachen. Im Bild 1/7 sind diese Abweichungen bereits eingetragen. Regelgröße ist der Massenstrom am Bandende. Störgröße ist die Schwankung der Schüttgutzufuhr, die beispielsweise durch schwankenden Feuchtigkeitsgehalt des Schüttgutes verursacht sein kann. Die Regelgröße wird durch eine Bandwaage gemessen. Diese bildet auch zugleich die Differenz mit der Führungsgröße, welche an der Bandwaage eingestellt werden kann. Diese Differenz wird in ein elektrisches Signal umgesetzt, das über einen elektronischen Verstärker, Stromrichter und Gleichstrommotor den Schieber verstellt.

Das Bild 1/8 zeigt das Blockschema der Schüttgutregelung. Dabei sind die drei Bauelemente "Stromrichter", "Motor" und "Getriebe" zu *einem* Block zusammengefaßt, weil das für die spätere mathematische Beschreibung zweckmäßig ist (Abschnitt 2.2). Auf der anderen Seite mußte das Gerät "Bandwaage" in Form von *zwei* Blöcken dargestellt werden, weil es sowohl als Meßeinrichtung als auch als Vergleichsglied wirkt.

1.4 Regelung und Steuerung

Der Begriff "Regelung", wie wir ihn im vorhergehenden entwickelt und an Beispielen erläutert haben, ist eng verknüpft mit dem Begriff "Steuerung". Um diesen einzuführen, gehen wir vom Blockbild 1/1 eines dynamischen Systems aus und nehmen an, daß die Störgröße z vernachlässigbar ist, also z = 0 gesetzt werden darf. Das Ziel besteht nach wie vor darin, durch geeignete Wahl der Stellgröße y die Ausgangsgröße x auf einen gewünschten Wert, den Sollwert x_S, zu bringen, der auch zeitabhängig sein darf. Wie schon bisher voraus-

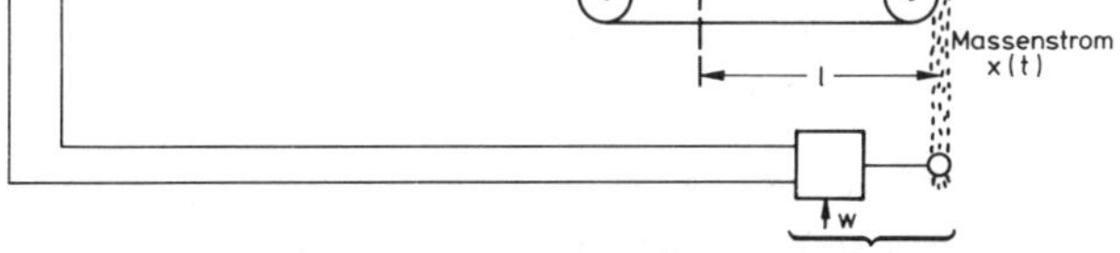

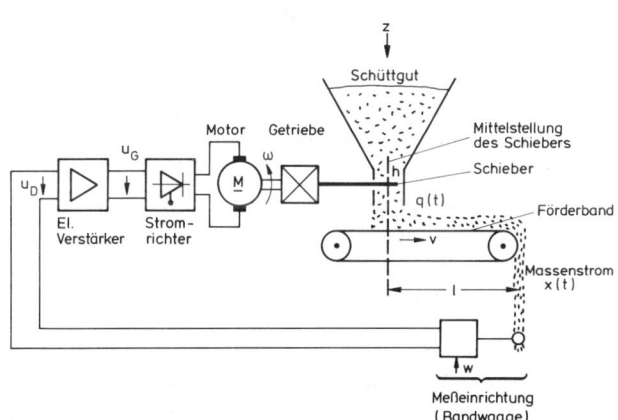

Bild 1/7. Schüttgutregelung

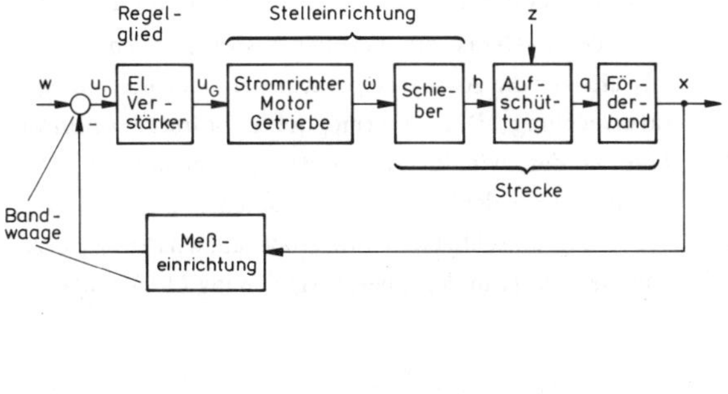

Bild 1/8. Blockschema der Schüttgutregelung

gesetzt, sei das mathematische Modell des dynamischen Systems, das auch jetzt als Strecke oder Prozeß bezeichnet wird, bekannt. Da nunmehr z = 0 ist, geht die Gleichung (1.2) des mathematischen Modells in

$$x = S\{y\} \tag{1.8}$$

über.

Da keine Störgröße auftritt, ist die *Strecke vollständig bekannt.* Um sie gezielt zu beeinflussen, bedarf es daher keiner Rückmeldung über ihr Verhalten. Indem man den Operator S kennt, weiß man alles über die Strecke. Es liegt nahe, mittels des inversen Operators S^{-1} die Stellgröße y in der Form

$$y = S^{-1}\{x_S\} \tag{1.9}$$

aus dem Sollwertverlauf x_S zu bilden. Durch Einsetzen in (1.8) entsteht dann

$$x = S\left\{ S^{-1}\{x_S\} \right\} = x_S ,$$

da der Operator S und der inverse Operator S^{-1} sich aufheben. Damit hat man die gezielte Beeinflussung in vollkommener Weise erreicht: Die tatsächliche Ausgangsgröße x(t) ist identisch mit ihrem Sollverlauf $x_S(t)$.

Konkretisieren wir den allgemeinen Gedankengang an einem einfachen Beispiel ! Die Strecke werde durch die nichtlineare Kennlinie

$$x = \sqrt{y}$$

beschrieben. Wählt man dann

$$y = x_S^2 ,$$

so wird in der Tat

$$x = \sqrt{x_S^2} = x_S ,$$

ganz gleich, welchen Verlauf $x_S(t)$ man vorschreibt.

Nun, so ideal wie eben beschrieben, werden die Verhältnisse zumeist nicht sein. Auch wenn der inverse Operator als mathematischer Begriff existiert, wird er in der Mehrzahl der Fälle nicht oder zumindest nicht exakt gerätetechnisch zu verwirklichen sein, auch nicht in Gestalt eines Rechneralgorithmus. Man wird sich deshalb mit einer näherungsweisen Realisierung in Form eines Operators $\tilde{S}$ begnügen müssen, wie dies im Bild 1/9 dargestellt ist. Man kann dann nicht erwarten, daß x(t) mit dem Sollverlauf $x_S(t)$ identisch ist, sondern wird mit einer Approximation zufrieden sein.

Das Gerät oder Rechnerprogramm, welches den Operator $\tilde{S}$ realisiert und die gezielte Beeinflussung der Strecke über einen Steller durchführt, kann man in Analogie zur *Regeleinrichtung* als *Steuereinrichtung* bezeichnen (Bild 1/9). Ihre Eingangsgröße wird aus den gleichen gerätetechnischen Gründen wie bei der Regelung im allgemeinen nicht der Sollwert x_S selbst sein, sondern eine zu ihm proportionale *Führungsgröße* w.

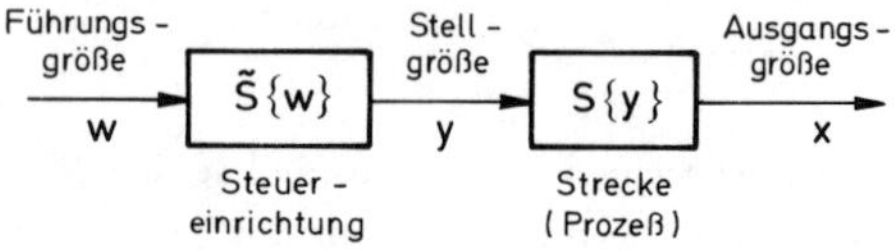

Bild 1/9. Blockschema einer Steuerung

Die gesamte sich so ergebende Anordnung, die im Bild 1/9 dargestellt ist, bezeichnet man als *Steuerung.* Im Gegensatz zur Regelung ist sie *kein Wirkungskreislauf, sondern eine offene Wirkungskette.* Da die Strecke vollständig bekannt ist, bedarf es keiner Rückmeldung über das Streckenverhalten, durch welche der Wirkungskreislauf der Regelung zustande kommt.

Eine solche Situation liegt beispielsweise dann vor, wenn ein Prozeß aus einem gegebenen Anfangszustand in einen gewünschten Endzustand überführt werden soll und Störungen dabei ignoriert werden können. Die Aufgabe kann dann darin bestehen, diesen Übergang zeitoptimal, d.h. in der mit den gegebenen technischen Bedingungen verträglichen Mindestzeit, oder auch in gegebener Zeit mit minimalem Energieaufwand durchzuführen. Unter Verwendung des mathematischen Modells des Prozesses sind die erforderlichen Zeitverläufe der Stellgrößen zu berechnen und in einer geeigneten Steuereinrichtung zu erzeugen. Ein theoretisch anspruchsvolles Beispiel aus der chemischen Verfahrenstechnik findet man in [1.2].

Falls die Störungen eines dynamischen Systems nicht vernachlässigt werden können, sind sie in aller Regel nur sehr unvollständig bekannt. Es gibt aber Fälle, in denen sich die Störgröße mit vertretbarem technischen Aufwand messen läßt und damit zur gezielten Beeinflussung des Systems zur Verfügung steht. Beispielsweise gilt dies für die Außentemperatur bei einer Raumtemperaturregelung. Die so ermöglichte *Störgrößenaufschaltung* werden wir im Abschnitt 7.10 behandeln. Man könnte daran denken, in einem solchen Fall mit einer Steuerung einschließlich Störgrößenaufschaltung auszukommen, da ja in der Operatorgleichung (1.2) z jetzt als bekannt vorausgesetzt werden darf. Im praktischen Fall wird man jedoch eine Regelung normalerweise nicht entbehren können, weil die Störgrößenaufschaltung den Einfluß der Störgröße zwar reduziert, aber nicht beseitigt und überdies neben der gemessenen Hauptstörgröße noch weitere Nebenstörungen auftreten.

Neben den durch Bild 1/9 charakterisierten Steuerungen, die eine offene Wirkungskette darstellen, treten aber auch *Steuerungen mit Rückführung* auf. Betrachten wir einen typischen Fall, wie er in dieser oder ähnlicher Form unzählige Male vorkommt. In einem Behälter finde eine chemische Reaktion statt. Das Abflußventil des Behälters wird genau dann geöffnet, wenn bestimmte Bedingungen erfüllt sind:

- Bedingung A: Zulaufventil geschlossen.
- Bedingung B: Reaktionsende festgestellt.
- Bedingung C: Rührer, der für die laufende Durchmischung der Reaktion sorgt, abgestellt.

Usw.

Den Wirkungszusammenhang kann man durch ein Blockschema nach Art von Bild 1/10 beschreiben.

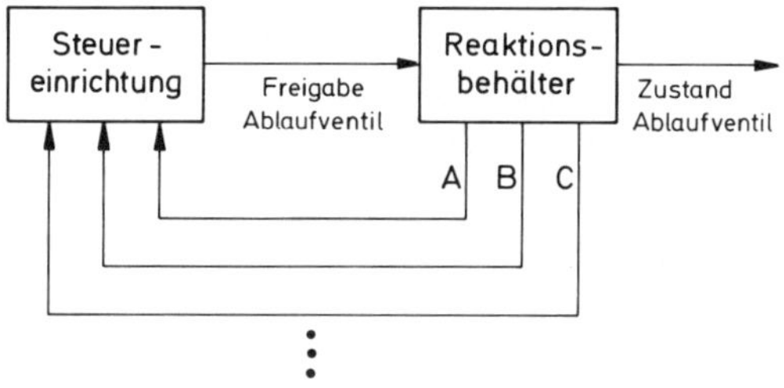

Bild 1/10. Blockschema einer Steuerung mit Rückführung

Dabei bezeichnen die mit A, B, C, ... versehenen Wirkungslinien die Kanäle, auf denen die Rückmeldung erfolgt, ob die jeweilige Bedingung erfüllt ist. Genau dann, wenn alle Bedingungen erfüllt sind, wird durch die Steuereinrichtung die Freigabe des Ablaufventils befohlen. Als Ausgangsgröße der Strecke ist der Zustand des Ablaufventils anzusehen, der nur die beiden Werte "geschlossen" und "geöffnet" annimmt.

Zweifellos handelt es sich hier um die gezielte Beeinflussung eines unvollständig bekannten Systems: Allerdings hat die unvollständige Kenntnis in diesem Fall nichts mit dem Auftreten von Störgrößen zu tun, sondern liegt in der Tatsache, daß man nicht sicher ist, ob bestimmte Bedingungen tatsächlich erfüllt sind. Die gezielte Beeinflussung bei unvollständiger Systemkenntnis kann auch hier nur durch Rückführungen erfolgen – eine andere Möglichkeit gibt es einfach nicht. Insofern liegt hier, genau wie bei einer Regelung, eine *Rückführungsstruktur* vor.

Dennoch spricht man von einer Steuerung. Es gibt in der Tat erhebliche Unterschiede gegenüber der Regelung:

(I) Ein ganz wesentlicher Unterschied besteht darin, daß die Rückmeldungen von anderer Art sind als bei einer Regelung. Dort wird die Regelgröße *laufend* durch eine Meßeinrichtung erfaßt und zurückgeführt. Etwas Derartiges findet hier nicht statt. Es wird lediglich bei Beendigung der Reaktion rückgemeldet, ob bestimmte Bedingungen erfüllt sind oder nicht. Die Rückführgrößen sind dabei *binäre Größen*, die also nur zwei Werte annehmen, von denen der eine "Bedingung erfüllt", der andere "Bedingung nicht erfüllt" signalisiert.

Die unterschiedliche Art der Rückführung bei Regelungen und diesen Steuerungen wird durch den verschiedenen *Grad der Unkenntnis des zu beeinflussenden Systems* bedingt. Er ist bei der Steuerung niedrig: Man muß sich nur überzeugen, ob bestimmte Bedingungen tatsächlich erfüllt sind. Bei der Regelung hingegen liegt eine Strecke vor, deren Verhalten von Natur aus unregelmäßigen, dem Zufall unterworfenen Schwankungen unterliegt und das man deshalb grundsätzlich nicht genau vorhersagen kann. Das macht die *laufende* Rückmeldung über das Systemverhalten erforderlich, wozu bei der obigen Steuerung kein Anlaß besteht.

(II) Ein weiterer Unterschied zwischen der Regelung und der *Steuerung mit Rückführung* besteht darin, daß bei der letztgenannten kein *Soll-Istwert-Vergleich* stattfindet, also keine Differenzbildung zwischen der gezielt zu beeinflussenden Größe und einer Führungsgröße vorgenommen wird. Erstere wird ja auch gar nicht zurückgeführt.

Was diesen Punkt betrifft, so werden wir allerdings später (Kapitel 13) sehen, daß es auch bei der Zustandsregelung in ihrer ursprünglichen Form keinen Soll-Istwert-Vergleich gibt.

Durchgreifender ist der Unterschied (I), also das Vorhandensein einer *laufenden* Rückmeldung bei der Regelung. Zwar findet bei den Abtastsystemen oder zeitdiskreten Systemen (siehe z.B. [1.3]) die Rückmeldung nicht ununterbrochen statt, aber doch in regelmäßiger

Abfolge, so daß man auch in diesem Fall von "laufender Rückmeldung" sprechen darf.

Wir wollen uns in diesem Buch nicht weiter in das Thema "Steuerungen" vertiefen. Es bildet ein umfangreiches und praktisch überaus wichtiges Kapitel für sich ([1.4] bis [1.6], [1.22]). Hier kam es nur darauf an, Gemeinsamkeiten und Unterschiede in den Begriffen "Regelung" und "Steuerung" deutlich zu machen. Zusammenfassend kann man sagen: Beide dienen der gezielten Beeinflussung dynamischer Systeme während des Prozeßablaufs. Bei der Regelung findet laufende Rückmeldung und meist ein Soll- Istwert- Vergleich statt, bei der Steuerung hingegen gibt es keinen Soll-Istwert-Vergleich, eine Rückmeldung fehlt oder findet nur sporadisch statt.

1.5 Forderungen an die Regelung und Bearbeitung einer Regelungsaufgabe

Nachdem Begriff und Wirkungsweise der Regelung beschrieben sind, erhebt sich die Frage, wie eine Regelung zu entwerfen ist, wie man also die Regeleinrichtung zu wählen hat. Dazu muß man sich zunächst einmal vor Augen stellen, welche Forderungen die Regelung erfüllen soll.

Hierzu ist als erstes ein Problem herauszuarbeiten, das für die Regelungstechnik eine fundamentale Rolle spielt, weil es untrennbar mit dem Wesen der Regelung verbunden ist: das *Stabilitätsproblem.* Um es begreiflich zu machen, gehen wir von der allgemeinen Struktur der Regelung im Bild 1/2 aus und greifen nochmals auf ihre Wirkungsweise zurück. Die Regelung befinde sich in Ruhe, und die Regelgröße x sei auf ihrem Sollwert x_S. Durch eine plötzliche Erhöhung der Störgröße werde die Regelgröße x abgesenkt, womit auch die Rückführgröße r sinkt. Dadurch wird der Regler zum Eingreifen veranlaßt: Die Regeldifferenz e wächst, hierdurch wird die Stellgröße y angehoben, und dies bewirkt eine Wiederanhebung der Regelgröße x, mit dem Ziel, den Sollwert x_S wieder zu erreichen.

Die Einwirkung der Eingangsgröße eines Blocks auf seine Ausgangsgröße geht aber meist nicht plötzlich vor sich, sondern erfolgt mit einer gewissen Verzögerung. Die Ursachen können verschieden sein, je nach der physikalischen Natur des Blocks. Bei einem mechanischen System kann es sich um die Massenträgheit handeln, bei einem elektrischen System können Umladungsvorgänge oder der Aufbau von Feldern dafür verantwortlich sein. Ein andermal sind es Reibungseffekte oder Transportvorgänge, die Zeit beanspruchen. Das Ergebnis besteht in jedem Fall darin, daß die Einwirkung der zeitveränderlichen Größen aufeinander Zeit benötigt und daß deshalb der Regler Zeit braucht, um die Störgröße auszuregeln (oder auch die Führungsgröße einzuregeln).

Nun liegt es auf der Hand, daß eine Regelung nutzlos ist, wenn sie zu langsam arbeitet. Man wird deshalb den Regler so bemessen, daß die unvermeidlichen Verzögerungen nicht zu groß werden, daß er also bei einer Abweichung der Regelgröße vom Sollwert genügend stark eingreift. Hierdurch wird die nach einer Störgrößenerhöhung zunächst abgesunkene Regelgröße x wieder schnell auf ihren Sollwert x_S gebracht, wird dann aber über x_S hinausschießen. Sogleich greift der Regler wieder ein, nun in entgegengesetztem Sinn. Das wird zur Folge haben, daß x nunmehr unter den Sollwert x_S gedrückt wird. Usw. Denkt man sich diesen Verlauf der Regelgröße x über der Zeit aufgetragen, so stellt er eine Schwingung um den Sollwert x_S dar.

Ganz allgemein durchläuft die Regelgröße bei einer Änderung der Führungs- oder Störgröße einen Übergangsvorgang (oder Einschwingvorgang). Er braucht nicht unbedingt eine Schwingung zu sein, sondern kann auch monoton ("aperiodisch") verlaufen. Klingt er mit wachsender Zeit ab, so wird man die Regelung als *stabil* bezeichnen. Beruhigt er sich jedoch nicht, führt die Regelgröße vielmehr eine Dauerschwingung oder eine aufklingende Schwingung oder auch einen monoton aufklingenden Zeitvorgang aus, so wird man die Regelung als *instabil* ansehen. Sie ist dann funktionsunfähig.

Diese ganze Betrachtung ist noch rein qualitativ. Wir werden sie später (Kapitel 4) mathematisch fassen. Aber schon jetzt kann man einige Folgerungen ziehen. Als wichtigste: Das Stabilitätsproblem ist kein beiläufiges Anhängsel der Regelung, sondern zwangsläufig mit dem Aufbau der Regelung als *Wirkungskreis* gegeben. Diese Kreisstruktur wiederum ist notwendig, um trotz unvollständig bekannter Strecke eine gezielte Einwirkung zu ermöglichen. Insofern ist das Stabilitätsproblem *untrennbar* mit der Regelung verbunden.

Bei einer Steuerung, die ja einen *offenen Wirkungsablauf* darstellt, insofern keine *laufende* Rückmeldung erfolgt, gibt es kein derartiges Problem. Das Stabilitätsproblem ist der Preis, den man dafür bezahlen muß, daß die Regelung mehr vermag als die Steuerung, nämlich ein in nicht genau bekannter Weise veränderliches System gezielt zu beeinflussen.

Eine zweite Feststellung liegt auf der Hand: Der Regelkreis muß stabil gemacht werden, wenn er arbeitsfähig sein soll. Unsere Betrachtung gibt auch einen Hinweis, wie das grundsätzlich geschehen könnte: Indem man den Regler recht langsam einstellt. Von Ausnahmefällen abgesehen, ist ein derartiges Verhalten jedoch unbefriedigend, weil die Regelgröße in möglichst kurzer Zeit auf ihren Sollwert (oder zumindest in dessen Nähe) gebracht werden soll. Denn nur dort arbeitet das dynamische System so, wie es erwünscht ist. Man sieht schon an dieser Stelle, daß eine wichtige Aufgabe des Regelungstechnikers beim Entwurf einer Regelung darin besteht, einen tragbaren Kompromiß zwischen den gegensätzlichen Forderungen nach Stabilität und nach Schnelligkeit zu erzielen.

Damit sind wir bei den *Anforderungen*, die an eine Regelung zu stellen sind. Eine *Grundforderung*, die auf jeden Fall erfüllt werden muß, ist neben der *Stabilität* eine *genügende stationäre Genauigkeit*. Das heißt: Die Regeldifferenz, die sich im stationären Zustand, d.h. nach Abklingen der durch Änderungen der Führungs- und Störgröße verursachten Einschwingvorgänge, einstellt, soll unter einer vorgegebenen Schranke liegen. Nur dann wird die Regelgröße nach einer Störgrößenänderung den Sollwert wieder mit genügender Näherung annehmen und nach einer Führungsgrößenänderung dem neuen Sollwert hinreichend nahekommen. Die Größe der Schranke hängt dabei von der speziellen Aufgabenstellung ab.

So notwendig die Erfüllung der Grundforderungen ist, sie allein reicht im allgemeinen nicht aus, vielmehr müssen zumindest noch *weitergehende qualitative Forderungen* an die Dynamik erfüllt sein. Das kann man sich leicht vorstellen: Wenn ein Regelkreis stabil ist, so klingt nach einer sprungförmigen Führungs- oder Störgrößenänderung der hierdurch hervorgerufene Übergangsvorgang mit wachsender Zeit ab. Wenn er dabei aber zu stark über den stationären Endwert überschwingt und zu lange oszilliert, so ist er dennoch nicht brauchbar. Man muß daher über die pure Stabilität hinaus fordern, daß der *Regelkreis genügend gedämpft* ist, d.h. bei bestimmten Änderungen von Führungs- und Störgröße, z.B. sprungförmigen Verstellungen, die Regelgröße nicht zu stark überschwingt und nicht zu sehr oszilliert.

Auf der anderen Seite darf der Regelkreis aber auch nicht zu stark gedämpft werden, sonst kann es geschehen, daß die Regelgröße zwar nicht mehr schwingt, aber zu ihrem Endwert nur noch hinkriecht. Man hat daher als weitere Forderung, konträr zur letztgenannten: Der *Regelkreis* muß *hinreichend schnell* sein. D.h.: Bei sprungförmigen Änderungen der Stör- bzw. Führungsgröße soll die Regelgröße den Sollwert bzw. neuen Sollwert nach nicht zu langer Zeit annähern.

Diese beiden Forderungen nach genügender Dämpfung und Schnelligkeit der Regelung klingen wenig präzise. Dennoch reicht es für viele Zwecke aus, sie in dieser qualitativen Form zu erfüllen. Man will z.B. haben, daß der Regelkreis nicht zu stark schwingt, interessiert sich aber nicht dafür, ob die Überschwingweite der Regelgröße über den Endwert bei Sprungaufschaltung der Führungsgröße nun 10 oder 20 % beträgt.

Wird jedoch die Einhaltung derartiger Bedingungen verlangt, so handelt es sich um *quantitative Anforderungen* an die Dynamik der Regelung. Sie können von zweierlei Art sein. Wie eben schon angedeutet, kann es darum gehen, daß bestimmte *Kenndaten des dynamischen Verhaltens vorgegebene Schranken nicht überschreiten bzw. bestimmte Werte annehmen.* Beispielsweise kann verlangt sein, daß bei sprungförmiger Änderung der Führungsgröße die Überschwingweite der Regelgröße über den neuen Sollwert ≤ 5 % ist. Oder: Daß die Übergangszeit, d.h. die Zeitspanne, in der die Regelgröße endgültig in einen vorgegebenen Toleranzstreifen um den neuen Sollwert eintritt, ≤ 10 sec ist. Die zu erfüllenden quantitativen Forderungen bestehen hier in Ungleichungen für die interessierenden dynamischen Kenndaten, wobei die Schranken dieser Ungleichungen aus der konkreten Aufgabenstellung stammen. Es kann auch sein, daß den interessierenden Kenndaten feste Werte vorgeschrieben werden, was beispielsweise dann der Fall ist, wenn eine Regelung gewünschte Eigenwerte haben soll.

Ganz anders eine zweite Art quantitativer Forderungen an die Regelung! Bei ihnen ordnet man dem Regelkreis ein *Gütemaß* zu, auch Güte-Index oder Gütekriterium genannt. Darunter versteht man eine Maßzahl für die Qualität des Systemverhaltens. Beispielsweise kann die Energie, welche zur Ausregelung einer Störung oder auch zur Einregelung der Führungsgröße benutzt wird, eine solche Maßzahl darstellen. Eine andere derartige Maßzahl ist die Zeit, welche für den Übergang aus einem gegebenen Anfangszustand in einen gewünschten Endzustand erforderlich ist. Die Aufgabe besteht darin, den Regler so zu wählen, daß das gewählte Gütemaß zum Minimum (oder Maximum, je nach Art des Gütemaßes) gemacht wird. Gelingt dies, so spricht man von einer *optimalen Regelung*.

Es liegt auf der Hand, daß solche quantitativen Forderungen schwerer zu erfüllen sind und vielfach zu aufwendigeren Reglern führen werden als die zuvor umrissenen Grundforderungen und qualitativen Forderungen. Dafür wird man erwarten, daß die so entworfenen Regelungen auch Besseres leisten.

Allerdings darf man hierbei nicht zu optimistisch sein. Zum einen ist die Strecke mit ihren Störeinflüssen und Parameterschwankungen häufig nur recht ungenau bekannt. Ein Entwurf der Regelung, der quantitative Forderungen berücksichtigt, geht aber von einem wohlbestimmten mathematischen Modell aus. Weicht das Verhalten der realen Strecke hiervon ab, so kann der Entwurf zu einem enttäuschenden Ergebnis führen. Dies um so mehr, als hochspezifizierte mathematische Entwurfsverfahren recht empfindlich gegen Änderungen der Systemparameter sein können.

Zum zweiten sollen Regelungen oftmals recht verschiedenartigen Anforderungen genügen. Erfüllt man nun *eine* Forderung in optimaler oder nahezu optimaler Weise, so besteht die Gefahr, daß die anderen nur schlecht berücksichtigt werden können. Vom praktischen Standpunkt aus kann es dann besser sein, einen Kompromiß zwischen den verschiedenen Anforderungen zu finden anstatt *eine* optimal zu erfüllen.

Aus solchen Gründen begnügt man sich vielfach damit, die Grundforderungen und weitergehenden qualitativen Forderungen zu befriedigen.

Eine wichtige Nebenbedingung, die man in irgendeiner Form stets berücksichtigen muß, besteht in der Beschränkung der Stelleingangsgröße (oder Reglerausgangsgröße) u. Jede reale Stelleinrichtung enthält nämlich eine Begrenzung, welche etwa die grundsätzliche Gestalt im Bild 1/11 hat. Sie läßt nur Werte im Bereich $y_{min} \leq y \leq y_{max}$ passieren, wie groß der Betrag in u auch werden mag. Es ist daher zwecklos, $|u|$ sehr groß zu machen, um hierdurch besonders kräftige Stellimpulse zu erzeugen. Vielmehr wird man u sinnvollerweise auf einen gewissen Bereich beschränken. Hierin besteht eine

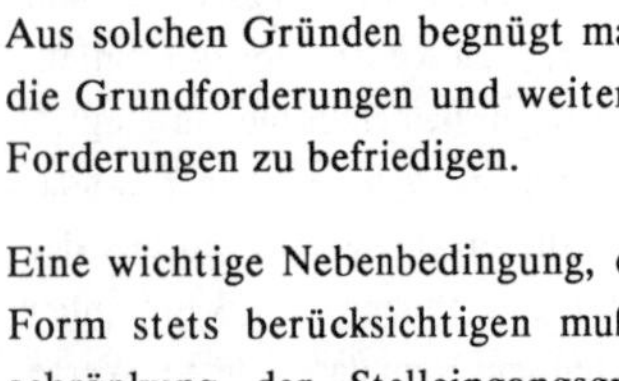

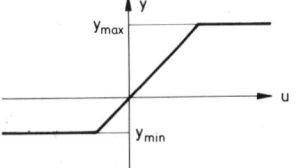

Bild 1/11. Begrenzungskennlinie

zusätzliche Forderung an den Regelkreis. Die präzise Berücksichtigung einer solchen Beschränkung stellt ein nichtlineares Problem dar und ist deshalb nicht einfach. Man begnügt sich deshalb meist mit einer nur mittelbaren Berücksichtigung der Stelleingangsbeschränkung, indem man die Regelung nicht zu schnell macht oder ein geeignet gewähltes Gütemaß optimiert (Kapitel 13).

Wie kann man nun vorgehen, um den Regelkreis so zu entwerfen, daß er die an ihn gestellten Forderungen erfüllt? Wie hat man also eine *Regelungsaufgabe zu bearbeiten?* Wir wollen dabei annehmen, daß die Aufgabe *systematisch* angegangen werden soll, was zumindest bei solchen Problemstellungen zu empfehlen ist, die nicht zur Routine gehören. Dann läßt sich die Bearbeitung in die folgenden Schritte gliedern.

(I) Am Anfang steht die möglichst präzise *Formulierung der Aufgabenstellung.* Sie liegt keineswegs von vornherein auf der Hand. Regelungsaufgaben sind vielfach keine Einzelprobleme, vielmehr in zunehmendem Maße Teilaufgaben im Rahmen größerer Automatisierungsprojekte. Aus deren übergeordneter Zielsetzung ergeben sich die Bedingungen, unter denen die Regelung arbeiten soll, und die Leistungen, welche sie zu erbringen hat. Von hier aus werden also die Forderungen an die Regelung im einzelnen definiert.

Man hat somit die Regelungsaufgabe zunächst aus dem Gesamtprojekt herauszulösen und nach ihrer Behandlung die fertiggestellte Regelung in das gesamte Automatisierungssystem einzubetten. Wie das geschehen kann, wird in Kapitel 3 erörtert.

(II) Nach der Formulierung der Aufgabenstellung erfolgt die *Wahl einer geeigneten Stelleinrichtung* zur Beeinflussung der Strecke, einer *Meßeinrichtung* zur Erfassung der Regelgröße und eines *Vergleichsgliedes* zum Vergleich von Führungs- und Rückführgröße. Es ist klar, daß die Wahl der Stell- und Meßeinrichtung durch die Art der Strecke und die Anforderungen an die Regelung bestimmt wird. Sie muß daher beispielsweise bei der Drehzahlregelung eines Gleichstromantriebs anders ausfallen als bei der Klimaregelung eines Raumes. Hier läßt sich keine allgemeingültige Lösung angeben. Vielmehr gibt es für jede Regelungsaufgabe, die häufiger vorkommt, eine (manchmal auch mehr als eine) charakteristische Lösung, die sich auf Grund der Erfahrung als zweckmäßig erwiesen hat, sich allerdings mit dem Stand der Technik ändern wird. So ist bei der Drehzahlregelung eines Gleichstromantriebs eine zur Zeit gängige Lösung wie im vorhergehenden beschrieben: Stromrichter als Stelleinrichtung, Tacho-Generator als Meßeinrichtung, elektronischer Verstärker als Vergleichsglied (wozu noch ein Gleichstrommeßwandler als Meßeinrichtung bei unterlagerter Ankerstromregelung kommt). Bei der Vielfalt der Aufgaben und Lösungen ist bei diesem Schritt ein Überblick kaum möglich.

Man könnte vielleicht denken, daß mit der Auswahl geeigneter Geräte zum Messen, Vergleichen und Stellen die Aufgabe des Regelungstechnikers im wesentlichen abgeschlossen sei. Das ist aber keineswegs der Fall. Schaltet man nämlich die gewählte Meß-, Vergleichs- und Stelleinrichtung ohne weitere Maßnahmen mit der Strecke zusammen, so wird der so entstehende Regelkreis im allgemeinen entweder instabil oder stationär zu ungenau oder zu langsam sein. Deshalb ist eine dynamische Korrektur der Regelung erforderlich. Um sie *gezielt* durchführen zu können, muß zuvor das mathematische Modell der Regelung ermittelt werden.

(III) In der *Bildung eines mathematischen Modells der Regelung* besteht der dritte Schritt bei der Bearbeitung der Regelungsaufgabe. Dazu stellt man auf Grund der physikalischen Gesetze die Gleichungen auf, welche das dynamische Verhalten der Regelung beschreiben.

Bei komplizierteren Strecken kann die Modellbildung der schwierigste Teil bei der Behandlung der Regelungsaufgabe sein. Falls die Ermittlung der Gleichungen mittels der physikalischen Gesetze zu schwierig oder zu aufwendig ist, wird man versuchen, diese Gleichungen näherungsweise durch Messung zeitveränderlicher Systemgrößen zu ermitteln. Man spricht dann von *Systemidentifikation oder experimenteller Modellbildung.*

Da das mathematische Modell die Grundlage aller weiteren Untersuchungen ist, muß man sich bemühen, es so einfach und übersichtlich wie nur möglich zu gestalten. Diese *Modellvereinfachung* gehört als ganz wesentlicher Bestandteil zur Modellbildung hinzu. Oftmals wird erst durch sie das mathematische Modell für die weiteren Schritte verwendbar. Man denke etwa an die Linearisierung nichtlinearer Modelle, ohne die in den meisten Fällen keinerlei allgemeine Aussagen über das Systemverhalten möglich wären.

Wie stark das Modell vereinfacht werden darf, hängt entscheidend von der technischen Zielsetzung, also von den Anforderungen an die Regelung, ab. Braucht man beispielsweise nur die Grundforderungen und qualitative Forderungen an die Dynamik einzuhalten, so kann schon ein sehr grobes Modell genügen. Sind hingegen härtere Forderungen zu befriedigen, so wird dies nur auf der Grundlage eines hinreichend detaillierten Modells möglich sein. Dies kann beispielsweise dazu führen, daß Nichtlinearitäten, die man sonst ignoriert oder nur überschlägig berücksichtigt hätte, genauer nachgebildet werden müssen. Die *Modellbildung im Rahmen einer Ingenieuraufgabe* erschöpft sich daher nicht in einer rein naturwissenschaftlichen Systembeschreibung, sondern *hängt ganz wesentlich von dem gesteckten technischen Ziel ab.*

Was die äußere Form des mathematischen Modells angeht, so sind in der Regelungstechnik zwei Darstellungsweisen gebräuchlich: die sehr anschauliche Darstellung als *Strukturbild (Signalflußplan, Wirkplan)* und die vor allem für Mehrgrößensysteme zweckmäßige *Zustandsbeschreibung.* Beide werden in diesem Buch ausführlich behandelt.

(IV) Liegt das mathematische Modell der Regelung vor, so kann man an die *Systemanalyse* herangehen, d.h. die Untersuchung der Eigenschaften des Regelkreises, wie Stabilitätsverhalten, stationäres Verhalten und dergleichen. Sie ist die Grundlage für den nächstfolgenden Schritt, der in enger Verzahnung mit der Analyse der Regelung durchgeführt wird.

(V) Er besteht darin, das dynamische Verhalten der Regelung so zu gestalten, daß die an sie gestellten Forderungen erfüllt werden. Die dazu erforderlichen Maßnahmen kann man unter der Bezeichnung *"dynamische Korrektur"* zusammenfassen. Oft spricht man auch von *Stabilisierung,* obgleich die Stabilisierung nur ein Teilziel ist, da die Regelung ja auf jeden Fall außerdem stationär genau und genügend schnell gemacht werden soll. Auch die Bezeichnungen *Synthese* oder *Entwurf* der Regelung sind weithin üblich, obwohl hierunter vielleicht besser die gesamte Behandlung der Regelungsaufgabe zu verstehen wäre. Die erwähnten Bezeichnungen für die dynamische Korrektur sind aber so allgemein verbreitet, daß wir sie im folgenden ebenfalls in diesem Sinne verwenden werden.

Die *Maßnahmen zur Synthese* der Regelung stützen sich allein auf die mathematische Beschreibung des Regelkreises. Sie sind daher *ebenso wie die Analyseverfahren unabhängig von der speziellen physikalischen Natur des Systems und besitzen allgemeingültigen Charakter.* Als Ergebnis der Synthese erhält man die Gleichung des Reglers, welcher das gewünschte Verhalten der Regelung sichert.

(VI) Spätestens an dieser Stelle ist die *Nachbildung (Simulation)* der Regelung auf dem Rechner erforderlich. Sie ist notwendig, um die endgültige Einstellung des

Reglers vorzunehmen und um gegebenenfalls Modifikationen des Reglers durchzuführen.

Die Simulation wird zwar erst an dieser Stelle erwähnt, aber bei jedem nicht ganz einfachen Problem wird sie den gesamten Entwurfsprozeß begleiten. So wird man bereits bei der Modellbildung das mathematische Modell der Strecke simulieren und seine Reaktion auf Testfunktionen nach Möglichkeit mit Meßschrieben der realen Strecke vergleichen, um sich von seiner Übereinstimmung mit der Wirklichkeit zu überzeugen und gegebenenfalls Abänderungen vorzunehnen. Bei der Analyse und Synthese der Regelung ist die Rechnersimulation normalerweise die einzige Möglichkeit, die Zeitverläufe der Systemgrößen im einzelnen zu verfolgen.

Die Rechnerbenutzung beschränkt sich nicht auf die Simulation. Bei der Analyse und Synthese wird man den Rechner an den verschiedensten Stellen verwenden müssen, etwa beim Zeichnen von Ortskurven, Lösen von Gleichungssystemen, Matrizenoperationen und dergleichen. Für eine rationelle Behandlung solcher Teilaufgaben ist es sehr zweckmäßig, über ein möglichst benutzerfreundliches *regelungstechnisches Programmsystem* zu verfügen, in dem solche immer wieder vorkommenden Standardoperationen enthalten sind.[4]

(VII) Den letzten Schritt bildet die Überlegung, wie die *Realisierung des Reglers* erfolgen soll. Die klassische Vorgehensweise besteht darin, hierfür elektronische Schaltungen oder auch pneumatische oder hydraulische Bauelemente zu verwenden. In zunehmendem Maße wird der Regler jedoch als Algorithmus in einem Mikrorechner realisiert. Man spricht dann von einer *digitalen Regelung.*

Es ist klar, daß der vorstehend beschriebene Weg zur Bearbeitung einer Regelungsaufgabe schematisiert ist. Er muß keineswegs immer eingehalten werden. Aber er gibt die grundsätzliche Vorgehensweise wieder. In den folgenden Kapiteln werden wir zunächst Modellbildung und Analyse dynamischer Systeme behandeln und später zur Synthese übergehen. Zuvor seien aber als Abschluß dieser einführenden Betrachtungen noch einige allgemeinere Bemerkungen gemacht, die dazu dienen sollen, den bisher formulierten Begriff der Regelung zu erweitern und im Anschluß daran eine Charakterisierung der Regelungstechnik zu geben.

1.6 Erweiterung des Regelungsbegriffs und Charakterisierung der Regelungstechnik

Die Regelung im Bild 1/2, wie sie im vorhergehenden eingeführt wurde, bildet einen speziellen Fall allgemeinerer Regelungsstrukturen. Wir wollen sie zum Unterschied von solchen komplizierteren Anordnungen als *klassische Regelschleife* bezeichnen – klassisch, weil diese Art der Regelung am Anfang der Entwicklung stand und verständlicherweise auch zuerst theoretisch behandelt wurde.

Kompliziertere Regelungsstrukturen können vor allem aus drei Gründen notwendig werden.

Zunächst kann es sein, daß die Strecke intensiver beeinflußt werden soll, als das mit der Rückführung nur einer Systemgröße, eben der Regelgröße, möglich ist. Man wird dann mehrere Größen zurückführen, soweit das mit vertretbarem technischen Aufwand durchführbar ist, und gelangt so zu *mehrfach verschleiften Regelungen.*

Zweitens ist man vielfach gezwungen, mehrere Größen, die durch die physikalische Beschaffenheit der Strecke miteinander verkoppelt sind, simultan zu beeinflussen. Dann liegt bereits von der Strecke her eine kompliziertere Situation vor, insofern ein bereits von Natur aus vermaschtes System zu behandeln ist. Man spricht dann von einer *Mehrgrößenregelung.*

Meist werden sich die beiden eben genannten Gesichtspunkte überlagern. In jedem Fall ist eine komplexere Rückführungsstruktur als die bisher behandelte klassische Regelschleife erforderlich. Mit dieser Problematik werden wir uns ausführlich im zweiten Teil dieses Buches unter Verwendung der Zustandsbeschreibung befassen (ab Kapitel 11). Solche *Zustandsregelungen* können gravierende Unterschiede gegenüber der klassischen Regelschleife aufweisen. So fehlt ihnen teilweise der für die Struktur im Bild 1/2 so charakteristische Soll-Istwert-Vergleich.

Noch ein dritter Grund kann komplexere Rückführungsstrukturen notwendig machen, nämlich ein *höherer Unbekanntheitsgrad der Strecke.* Bisher wurde angenommen, daß das mathematische Modell der Strecke samt den darin vorkommenden Parametern bekannt ist. Gewiß wird man – wie oben schon bemerkt – bei einem realen System immer auf kleinere Parameterschwan-

---

[4] Regelungstechnische Programmsysteme wurden an verschiedenen Stellen entwickelt [1.7]. Die Rechnungen in den Kapiteln 12 bis 16 dieses Buches wurden mit dem Programmsystem PILAR des Instituts für Regelungs- und Steuerungssysteme der Universität Karlsruhe durchgeführt [1.8], [1.9].

kungen gefaßt sein müssen, doch darf man meist annehmen, daß diese durch den Regler im Schach gehalten werden. Die einzige *wesentliche* Unbekannte in der bisherigen Betrachtung war die Störgröße: Sie ist es, die den Aufbau der klassischen Regelschleife veranlaßt.

Nun kann es aber schlimmer kommen. Es können Streckenparameter auftreten, die in Abhängigkeit von den äußeren Bedingungen des Systems so großen Schwankungen unterliegen, daß sie durch den Regler nicht mehr in befriedigender Weise abgefangen werden. Dann kann es notwendig sein, zu einer *adaptiven Regelung* überzugehen. Bei dieser wird das durch die schwankenden Streckenparameter verursachte veränderliche Systemverhalten zunächst in geeigneter Weise erfaßt und mit Hilfe der so gewonnenen Information eine Verstellung der Reglerparameter vorgenommen, und zwar so, daß trotz der Streckenparameterschwankungen die Regelgröße an ihren Sollwert angeglichen wird. Man setzt dabei voraus, daß sich die Streckenparameter im Vergleich zur Dynamik des Regelkreises, den man auch als Grundregelkreis bezeichnet, nur langsam ändern oder daß sie von Zeit zu Zeit sprungartig verstellt werden.

Die verschiedenen Adaptionsverfahren unterscheiden sich durch die Art, wie das veränderliche Streckenverhalten erfaßt wird. In den Bildern 1/12 und 1/13 sind zwei Möglichkeiten – keineswegs die einzigen – schematisch dargestellt.[5] Beim sogenannten *Self-Tuning-Verfahren* (Bild 1/12) werden die schwankenden Parameter aus der Messung von Ein- und Ausgangsgröße der

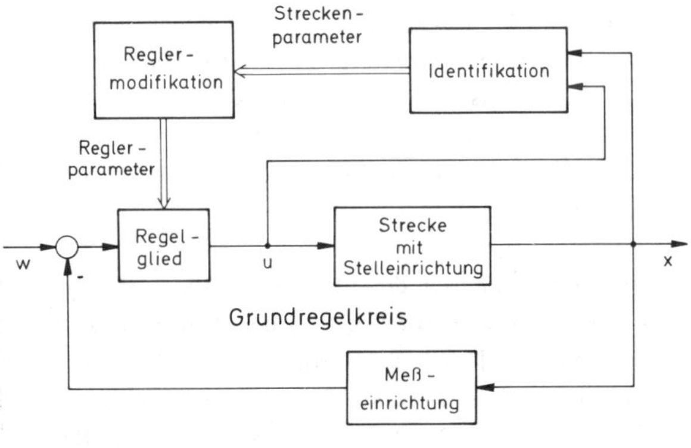

Bild 1/12. Self-Tuning-Verfahren

[5] Da es nur auf die grundsätzliche Struktur ankommt, wurde die Stelleinrichtung zur Strecke geschlagen.

Strecke ermittelt. Eine solche *Bestimmung* von Systemparametern aus zeitveränderlichen Größen des Systems bezeichnet man als *Identifikation*. In Abhängigkeit von den so erfaßten Streckenparametern werden dann die Reglerparameter verändert, was durch den Block "Reglermodifikation" angedeutet ist. Falls einer der schwankenden Streckenparameter direkt meßbar ist, kann er unmittelbar diesem Block zugeführt werden. Hier wie auch im folgenden bezeichnen Doppelpfeile eine Gesamtheit zeitveränderlicher Größen, also einen zeitabhängigen Vektor.

Eine ganz andere Vorgehensweise liegt dem *Modell-Referenz-Verfahren* (Bild 1/13) zu Grunde. Bei ihm wird ein mathematisches Modell für das gewünschte Verhalten des Grundregelkreises realisiert, als Rechneralgorithmus oder auch als elektronische Schaltung, und die Führungsgröße w des Grundregelkreises auf dieses Modell geschaltet. Die so erhaltene ideale Regelgröße x_M wird mit der tatsächlichen Regelgröße x verglichen. Die

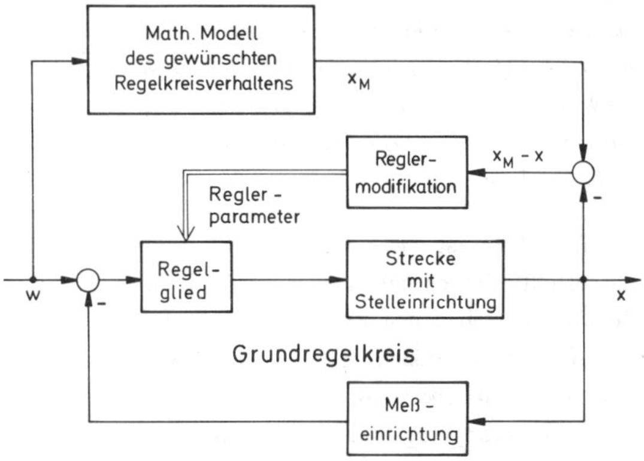

Bild 1/13. Modell-Referenz-Verfahren

entstehende Differenz $\epsilon = x_M - x$ ist Eingangsgröße eines Algorithmus, der die Reglerparameter so verändert, daß ϵ betragsmäßig möglichst klein wird. Dadurch wird der tatsächliche Verlauf der Regelgröße x trotz der Streckenparameterschwankungen an das gewünschte Verhalten angeglichen.

Die Unkenntnis der Strecke wird noch größer, als bisher angenommen wurde, wenn nicht nur Streckenparameter unbekannt sind, sondern auch die Strecken*struktur* unsicher wird, z.B. die Ordnung der die Strecke beschreibenden Differentialgleichung oder Differenzengleichung nicht gegeben ist. Es liegt auf der Hand, daß die Erkennungsaufgabe mit wachsendem Unbekanntheitsgrad der Strecke immer schwieriger zu lösen ist. Wir wollen uns in diesem Buch nicht mit adaptiven Regelungen befassen.[6] Es kam hier nur darauf an, dem Leser Beispiele für kompliziertere Regelungsstrukturen vor Augen zu stellen. Wie man aus den Bildern 1/12 und 1/13 sieht, treten dabei zur ursprünglichen Rückführung des Grundregelkreises weitere, oft in sich komplizierte Rückführungen hinzu.

Worin besteht nun das Gemeinsame der im vorhergehenden beschriebenen Anordnungen? Wie kann man also den Begriff "Regelung" allgemein definieren? Offenbar in der folgenden Weise:

Ausgangspunkt ist die Forderung nach selbsttätiger gezielter Beeinflussung eines dynamischen Systems, das nur unvollständig bekannt ist und das sein Verhalten in nicht genau vorhersagbarer Weise ändert, während des Betriebs. Die Erfüllung dieser Forderung erfolgt durch eine Rückführungsstruktur, bestehend aus einer Beobachtungseinrichtung, die laufend Information über das veränderliche Systemverhalten sammelt, und einer Beeinflussungseinrichtung, welche diese Information verarbeitet und dadurch so auf das System einwirkt, daß dessen Verhalten an das gewünschte Verhalten angeglichen wird. Eine solche Rückführungsstruktur heißt Regelung. (1.10)

Im Bild 1/14 ist diese allgemeine Regelungsstruktur dargestellt. Sie enthält die Struktur in Bild 1/2 als Spezialfall. Neben den Regelgrößen als den gezielt zu beeinflussenden Größen sind meist noch weitere Größen meßbar. Sämtliche Meßgrößen werden der Beobachtungseinrichtung zugeführt, um aus ihnen das jeweilige Systemverhalten zu ermitteln. Hierbei ist die Bezeichnung "Beobachtungseinrichtung" ganz allgemein zu

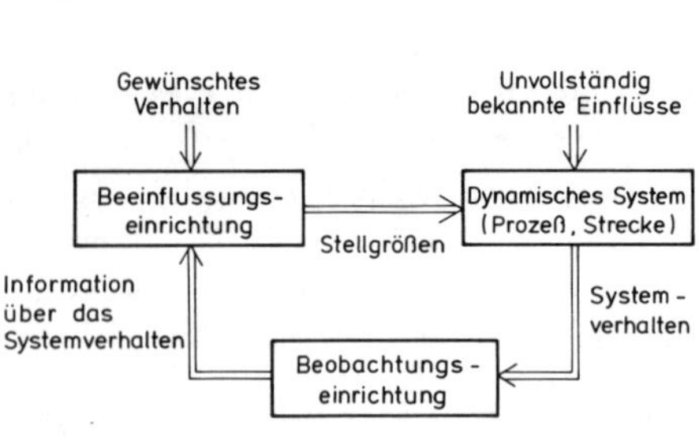

Bild 1/14. Allgemeine Regelungsstruktur

[6] Dafür sei auf [1.10] bis [1.14] verwiesen, für eine Einführung auch auf [1.15].

verstehen. Im einfachsten Fall ist es die Meßeinrichtung der klassischen Regelschleife, wie sie im Bild 1/2 dargestellt ist. Bei den später behandelten Zustandsregelungen wird sie durch den Zustandsbeobachter (Luenberger-Beobachter oder Kalman-Filter) repräsentiert. Im Fall der adaptiven Regelung enthält sie auf jeden Fall eine Identifikationseinrichtung.

Die Beeinflussungseinrichtung benutzt die von der Beobachtungseinrichtung gelieferte Information, um durch Vergleich mit dem gewünschten Systemverhalten die Stellgrößen zur gezielten Beeinflussung des Systems zu erzeugen. Auch die Beeinflussungseinrichtung kann von recht verschiedenem Komplikationsgrad sein. Bei der klassischen Regelschleife besteht sie aus Vergleichsglied, Regelglied und Steller; bei einer adaptiven Regelung kommen weitere Bestandteile hinzu, so die Reglermodifikation.

Wie die Verhältnisse auch im einzelnen sein mögen – es entsteht eine *Rückführungsstruktur nach Art von Bild 1/14*. Halten wir als wesentlich fest: Sie ist die *notwendige Antwort auf die regelungstechnische Grundsituation, nämlich auf die Forderung nach selbsttätiger gezielter Beeinflussung eines nur unvollständig bekannten und in nicht genau vorhersehbarer Weise veränderlichen Systems.*

Diese Situation tritt keineswegs nur in der Technik auf, sondern überall in der Natur und im menschlichen Leben – einfach deshalb, weil fast niemals eine vollständige Kenntnis aller Umstände vorliegt. Die Natur löst das Problem in der gleichen Weise wie der menschliche Ingenieur, nämlich durch eine Regelung gemäß dem obigen Blockschema. Unser Organismus ist von solchen Regelungen erfüllt: Die Einhaltung bestimmter Werte von Blutdruck, Körpertemperatur, Blutzuckergehalt oder das Ergreifen eines Gegenstands, die Gehbewegung usw. – all das ist das Ergebnis von Regelungsvorgängen. Insofern ist die *Regelung ein universelles Prinzip*, das überall und von allem Anfang an in der Natur vorhanden und wirksam war.

Einige Beispiele mögen dies illustrieren. Bild 1/15 zeigt das Blockschema für die Regelung der Hauttemperatur unseres Körpers [1.16]. Es ist stark vereinfacht, insbesondere dadurch, daß die Regelung der Hauttemperatur in Wahrheit nicht unabhängig ist, sondern mit der Regelung der Innentemperatur des Körpers zusammenhängt. Es kommt uns hier aber nur darauf an, die Strukturgleichheit von technischen und nichttechnischen Regelungen an einem Beispiel zu illustrieren. Regelstrecke ist die Haut, Regelgröße die Hauttemperatur, Störgröße vor allem die Außentemperatur, zu der

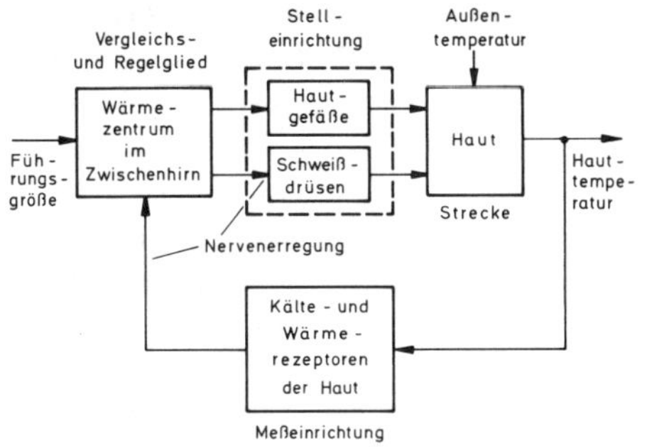

Bild 1/15. Blockschema für die Regelung der Hauttemperatur

aber noch andere Störgrößen treten können, so bei Krankheitszuständen, die zu Fieber führen. Der Istwert der Regelgröße wird durch Nervenendorgane aufgenommen, die unter der Oberhaut liegen und über die Körperoberfläche verteilt sind. Diese Kälte- und Wärmerezeptoren wirken als Temperaturfühler und stellen die Meßeinrichtung des Regelkreises dar. Sie vermitteln unsere bewußten Sinnesempfindungen "warm" und "kalt". Außerdem geben sie ihre Information über das Nervensystem an ein Zentrum im Zwischenhirn weiter, wo der Vergleich zwischen Soll- und Istwert stattfindet. Der durch die Führungsgröße bestimmte Sollwert stammt aus übergeordneten Zentren. Beispielsweise wird er beim Winterschlaf der Säugetiere im Herbst drastisch herabgesetzt, was ein entsprechendes Absinken des Istwertes der Temperatur und damit der gesamten Körpertätigkeit zur Folge hat. Entsprechend wird er im Frühjahr wieder erhöht. Auch ein Regelglied hat man sich im Zwischenhirn lokalisiert zu denken, insofern die Stärke der Einwirkung, also die Verstärkung der Regeldifferenz, von dort vorgegeben wird. Wird im Wärmezentrum eine Abweichung zwischen Soll- und Istwert konstatiert, so wirkt diese Regeldifferenz über das Nervensystem auf zweierlei Weise auf die Strecke ein: zum einen über die Verengung und Erweiterung der Hautgefäße, wodurch die Haut mehr oder weniger stark durchblutet wird und infolgedessen mehr oder weniger Wärme abgibt; zum anderen über die Schweißabsonderung, die zu einer Abkühlung der Haut führt. Die Stelleinrichtung besteht hier also aus zwei parallel geschalteten Teilsystemen.[7]

[7] Auf die artifizielle Frage, was bei diesem Beispiel "Steller" und "Stellglied" ist, wollen wir verzichten. Sie ist für das Verständnis der Regelwirkung ohne Bedeutung.

Wie man sieht, sind Struktur und Wirkungsweise dieser physiologischen Regelung bei aller materiellen Verschiedenheit der Bauelemente grundsätzlich von der gleichen Art wie bei einer technischen Regelung. Ohne Zweifel stellt auch sie eine zielgerichtete Anordnung dar. Nur ist die zielsetzende Instanz hier nicht der Mensch, sondern der evolutionäre Prozeß, der unter all den zweckmäßigen Einrichtungen, die man bei Lebewesen findet, auch solche Regelungen hervorgebracht hat.

Der menschliche Organismus wie überhaupt der jedes Lebewesens enthält zahlreiche solche Regelkreise. Aber auch als Gesamtperson ist der Mensch in mannigfacher Weise Glied von Regelungen. Ein alltägliches Beispiel ist das Lenken eines Automobils. Bild 1/16 zeigt das Blockschema dieses Vorgangs, das wohl keiner Erläuterung mehr bedarf. Wenn man sich vorstellt, daß der

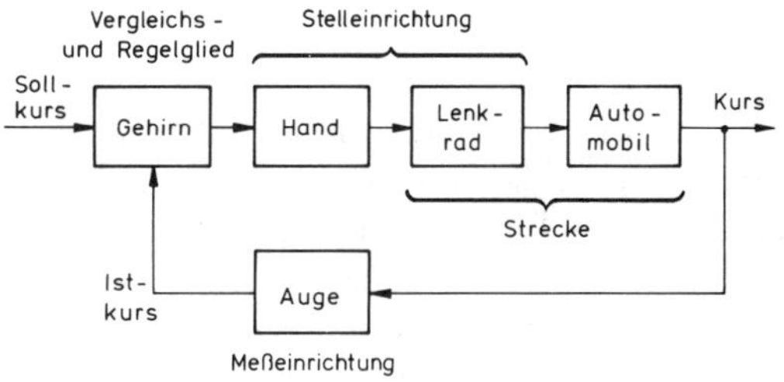

Bild 1/16. Lenkung eines Automobils als Regelung

Fahrer die Augen schließt und hierdurch die Rückführung auftrennt, bekommt man eine drastische Vorstellung vom Unterschied zwischen Regelung und Steuerung.

Noch an einem anderen Beispiel sei die Unentbehrlichkeit von Regelungen verdeutlicht. Es handelt sich um das Treppensteigen und ist als Blockschema in Bild 1/17 wiedergegeben. Man stelle sich vor, daß man

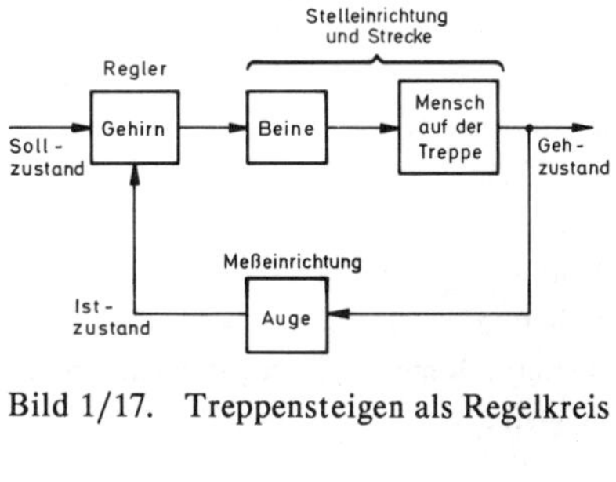

Bild 1/17. Treppensteigen als Regelkreis

nachts eine Treppe hinabsteigt und plötzlich die Beleuchtung ausgeht. Dann ist man im ersten Augenblick nicht in der Lage weiterzugehen, weil der Sichtkontakt zum Boden unterbrochen und damit die Rückführung des Istwertes aufgehoben ist. Man muß sich am Geländer weitertasten, also den Regelkreis auf andere Weise schließen, nämlich von der Meßeinrichtung "Auge" auf die Meßeinrichtung "Tastsinn" umschalten. Ohne Regelung geht es eben nicht.

Ganz allgemein gilt: Regelungen sind für jedes System, das sich mit realen Umweltverhältnissen auseinandersetzen muß, eine Notwendigkeit – ganz gleich, ob es sich um ein Lebewesen oder ein Automatisierungssystem handelt. Das hängt, um es nochmals mit aller Deutlichkeit zu sagen, an dem universellen Auftreten der *regelungstechnischen Grundsituation: Der Forderung nach gezielter Aktion bei unvollständig bekannten und nicht genau vorhersagbaren Verhältnissen. Als Anordnung bzw. Verhaltensweise zur Bewältigung dieser Aufgabe ergibt sich zwangsläufig eine Regelung.*

Eine Regelung hat also stets die gleiche Struktur, unabhängig von der speziellen Beschaffenheit des geregelten Systems, unabhängig davon also, ob es sich um ein System der Elektrotechnik, des Maschinenbaus, der Verfahrenstechnik oder auch um ein physiologisches, ökologisches oder ökonomisches System handelt. Die vorangegangenen Beispiele belegen dies nachdrücklich: Ob es um die Drehzahlregelung eines Gleichstrommotors, eine Schüttgutregelung, die Regelung der Körpertemperatur oder den Lenkregelkreis eines Automobils geht – stets liegt dieselbe Rückführungsstruktur vor, obgleich die zugrunde liegenden Systeme in ihrer Beschaffenheit durchaus verschieden sind.

Die mathematischen Untersuchungen des nächstfolgenden Kapitels werden diese Einsicht noch vertiefen, indem sie zeigen, daß materiell und konstruktiv ganz verschiedenartige dynamische Systeme aus wenigen, stets gleichartigen Grundbestandteilen aufgebaut werden können.

Aus dieser Strukturgleichheit verschiedenartiger Regelungen ergibt sich eine für ihre Behandlung fundamentale Konsequenz: *Ganz gleich, welche materielle Beschaffenheit Regelungen haben, überall können die gleichen Begriffe zur Beschreibung der Dynamik und die gleichen Verfahren zur Analyse und Synthese benutzt werden.* Die speziellen Eigenschaften der Systeme gehen lediglich in Form von Parametern, Kennlinien und dergleichen in diese Untersuchung ein.

Wenn wir uns nun anschicken, das bisher Gebrachte zusammenzufassen und den Begriff "Regelungstechnik" zu definieren, so ist zunächst auf den engen Zusammenhang zwischen Regelungen und Steuerungen hinzuweisen. Bei beiden geht es um die selbsttätige gezielte Beeinflussung dynamischer Systeme, nur wird bei den Steuerungen das zu beeinflussende System als bekannt vorausgesetzt, bei den Regelungen hingegen nicht. Die Steuerungen mit Rückführung nehmen eine Mittelstellung ein, insofern bei ihnen das Systemverhalten zwar nicht in der Weise unbekannt ist wie bei Regelstrecken, aber doch mit gewissen Unsicherheiten behaftet ist.

Regelungen und Steuerungen hängen auch sonst eng zusammen. Nicht selten geht man beim Regelungsentwurf zunächst von der Lösung eines Steuerungsproblems aus und bettet dann erst die Steuerung, im Hinblick auf Störungen, in eine Regelung ein. So ist es beispielsweise vielfach beim Entwurf optimaler Regelungen (siehe etwa [1.17]) oder auch beim Entwurf auf endliche Einstellzeit (dead beat response [1.3]). Überdies gibt es Strukturen, bei denen Steuerung und Regelung miteinander verzahnt sind, wie bei der sogenannten "Vorsteuerung" (siehe Kapitel 14). Wegen dieser engen Verbindung zwischen Steuerung und Regelung wollen wir zusammenfassend definieren:

Die Regelungs- und Steuerungstechnik ist die Wissenschaft von der selbsttätigen gezielten Beeinflussung dynamischer Systeme. Sie ist weitgehend unabhängig von der speziellen Natur der Systeme.

Statt "Regelungs- und Steuerungstechnik" werden wir der Kürze halber für den Rest dieses Kapitels meist "Regelungstechnik" sagen.

Aus dieser Definition und den vorangegangenen Erörterungen ergeben sich sofort zwei Tatsachen:

- *Die Regelungstechnik hat von Natur aus fachübergreifenden Charakter.* Analyse und Synthese von Regelungen erfolgen stets in der gleichen Weise, mag es sich um ein System der Elektrotechnik, des Maschinenbaus oder irgendeines anderen Gebietes handeln.

- Modellbildung und Systemanalyse, häufig unter der Bezeichnung *"Systemdynamik"* zusammengefaßt, sind *unabdingbarer Bestandteil der Regelungstechnik.*

Es sei angemerkt, daß die Begriffe und Methoden, welche in der Regelungstechnik entwickelt wurden, vielfältige Anwendung auf andere Gebiete gefunden haben. So lassen sich die Verfahren zur Stabilitätsanalyse von Regelungen auch auf Wirkungskreise und überhaupt auf dynamische Systeme anwenden, die keine Regelungen sind, z.B. auf elektrische Schaltungen zur Erzeugung von Schwingungen. Oder, um ein anderes Beispiel zu nennen: Die Begriffe der Steuerbarkeit und Beobachtbarkeit (Kapitel 12), welche für den systematischen Entwurf von Zustandsregelungen unentbehrlich sind und auch zu diesem Zweck entwickelt wurden, sind ebenso auf andere dynamische Systeme, wie z.B. elektrische Netzwerke, anwendbar. Umgekehrt hat auch die Regelungstechnik viel von anderen Disziplinen profitiert, in erster Linie von der Nachrichtentechnik und Mechanik.

Einem Leser, der sich in unserem Fachgebiet noch nicht auskennt, wird bei der obigen Definition der Regelungs- und Steuerungstechnik vermutlich die Frage gekommen sein, ob es denn nicht eine *gemeinsame* Benennung für Regelung und Steuerung gibt. In der angelsächsischen Literatur ist dies der Fall. Dort hat man die gemeinsame Bezeichnung "control", mit "feedforward control" für Steuerung und "feedback control" für Regelung. Im deutschen Sprachgebrauch gibt es leider nichts Entsprechendes, jedenfalls nichts, was allgemein anerkannt wäre. Die unmittelbare Übersetzung aus dem Angelsächsischen ins Deutsche führt zur Benennung "Kontrolltheorie", die in der mathematischen Literatur gelegentlich zu finden ist (z.B. [1.18]). Indessen ist "kontrollieren" kein Synonym für "gezielt beeinflussen". Vielmehr ist "steuern" hierfür eine treffende und kurze Benennung. Von der Sache her wäre es deshalb naheliegend, "Steuerung" als Oberbegriff zu nehmen und die bisherige Steuerung als "Vorwärtssteuerung" von der "Regelung oder Rückführsteuerung" zu unterscheiden, wobei mit "Rückführung" hier die laufende Erfassung des Systemzustands gemeint ist. Man hätte dann das Gesamtgebiet logischerweise als "Steuerungstechnik" zu bezeichnen. Man hat sich bei uns jedoch nicht zu einem solchen Sprachgebrauch entschließen können, sondern ist bei der in der Ingenieurpraxis verankerten Fassung des Begriffs "Steuerung" als eines Parallelbegriffs zur Regelung geblieben – einer Gepflogenheit, der wir im vorhergehenden gefolgt sind.

Allerdings gibt es bei uns schon seit geraumer Zeit den Begriff "Leiten" (DIN 19222 Leittechnik [1.20], auch [1.21]). Er bezeichnet "die Gesamtheit aller Maßnahmen, die einen im Sinne festgelegter Ziele erwünschten Ablauf eines Prozesses bewirken", wobei die Mitwirkung des Menschen wesentlich ist. Er stellt daher einen Oberbegriff für "Regeln" und "Steuern" dar, soweit es sich um Regelungen und Steuerungen handelt, die vom Menschen geschaffen wurden. Jedoch bildet "Leiten" keinen *unmittelbaren* Oberbegriff für "Regeln" und "Steuern", umfaßt vielmehr noch eine ganze Reihe weiterer Maßnahmen wie "Messen", "Sichern" und dergleichen.

An solchen höher in der Begriffshierarchie angesiedelten Oberbegriffen zur Regelungs- und Steuerungstechnik gibt es außer der Leittechnik noch zwei weitere: *Automatisierungstechnik* und *Kybernetik* (siehe etwa [1.4], [1.5] sowie [1.21]). Beim erstgenannten Begriff bleibt allerdings wieder der Aspekt nichttechnischer Systeme unberücksichtigt. Der zweite, von ***Norbert Wiener*** stammende (1948), enthält außer Regelungs- und Steuerungstechnik (control) noch die Informationsübertragung und -verarbeitung (communication), wobei allerdings hinzugefügt werden muß, daß der Sprachgebrauch nicht ganz einheitlich ist.

Mit diesen terminologischen Bemerkungen wollen wir die Einführung der Grundbegriffe abschließen und uns im folgenden Kapitel der Modellbildung und Analyse dynamischer Systeme zuwenden.

Schrifttum zum Kapitel 1

[1.1] DIN 19226 Regelungstechnik und Steuerungstechnik (Teil 1 bis 5). Beuth-Vertrieb, Berlin, 1994.

[1.2] V. Ruby: Numerische Optimierung verfahrenstechnischer Prozesse. VDI-Fortschrittberichte, Reihe 8, Nr. 31. VDI-Verlag, 1980

[1.3] O. Föllinger: Lineare Abtastsysteme. R. Oldenbourg Verlag, 5. Auflage, 1993.

[1.4] K. Reinisch: Kybernetische Grundlagen und Beschreibung kontinuierlicher Systeme. Verlag Technik, 1974.

[1.5] H. Töpfer – P. Besch: Grundlagen der Automatisierungstechnik. Verlag Technik, 2. Auflage, 1989.

[1.6] W. Lenz – E. Oberst – M. Koegst: Grundlagen der Steuerungs- und Regelungstechnik. Dr. Alfred Hüthig Verlag, 2. Auflage, 1984.

[1.7] Berichte vom Aussprachetag "Rechnergestützter Schaltungsentwurf". VDI/VDE-Gesellschaft Meß- und Regelungstechnik, 1983.

[1.8] L. Litz – N. F. Benninger: PILAR-Programmsystem zur Interaktiven Lösung von Aufgabenstellungen der Regelungstechnik. Regelungstechnik 32 (1984), S. 335-342.

[1.9] N. F. Benninger – U. Konigorski: Simulation und Linearisierung nichtlinearer Systeme im Rahmen des Programmverbundes PILAR. Automatisierungstechnik 35 (1987), S. 72-78.

[1.10] K. J. Aström - B. Wittenmark: Computer Controlled Systems. Prentice-Hall, 1984.

[1.11] J. Böcker - I. Hartmann - Ch. Zwanzig: Nichtlineare und adaptive Regelungssysteme. Springer-Verlag, 1986.

[1.12] R. Isermann: Digitale Regelungssysteme I/II. Springer-Verlag, 2. Auflage, 1987.

[1.13] H. Unbehauen: Regelungstechnik III. Friedr. Vieweg und Sohn, 4. Auflage, 1993.

[1.14] W. Jakoby: Diskrete adaptive Regler - Versuch einer Einordnung. Automatisierungstechnik 33 (1985), S. 6-14.

[1.15] W. Weber: Adaptive Regelungssysteme I/II. R. Oldenbourg Verlag, 1971.

[1.16] H. Hensel: Temperaturregelung des Organismus, in "Regelungsvorgänge in der Biologie", R. Oldenbourg Verlag, 1956.

[1.17] O. Föllinger, unter Mitwirkung von G. Roppenecker: Optimierung dynamischer Systeme. R. Oldenbourg Verlag, 2. Auflage, 1988.

[1.18] H. W. Knobloch - H. Kwakernaak: Lineare Kontrolltheorie. Springer-Verlag, 1985.

[1.19] DIN 19222 Leittechnik, Begriffe. Beuth-Verlag, Berlin, 1985.

[1.20] M. Polke: Prozeßleittechnik für die Chemie - Status und Trend. Automatisierungstechnische Praxis 27 (1985), S. 214-223.

[1.21] N. Wiener: Cybernetics - or control and communication in the Animal and the Machine. J. Wiley, 1948.
Übersetzung der 2. Auflage: Kybernetik - Regelung und Nachrichtenübertragung im Lebewesen und in der Maschine. Econ-Verlag, Düsseldorf, 1963.

[1.22] K. H. Fasol: Binäre Steuerungstechnik. Springer-Verlag, 1988.

2 Das Strukturbild (Signalflußplan, Wirkplan) als anschauliches Modell dynamischer Systeme

2.1 Einführung des Strukturbildes

Muß man eine Regelung genauer untersuchen, will man Einsichten in ihr Verhalten gewinnen, z.B. erkennen, ob sie stabil ist oder genügende stationäre Genauigkeit besitzt oder dergleichen mehr, will man sie dann gegebenenfalls verbessern – so genügt die Beschreibung in Worten nicht mehr. Vielmehr muß man dann eine mathematische Beschreibung der Regelung erstellen, ein *mathematisches Modell*, welches das Verhalten der Regelung nicht nur qualitativ, sondern quantitativ wiedergibt.

Im Normalfall erhält man das mathematische Modell einer Regelung dadurch, daß man mittels der physikalischen Gesetze Gleichungen aufstellt, welche den Zusammenhang zwischen den zeitveränderlichen Größen der Regelung herstellen. Man bekommt so zunächst ein Gleichungssystem, welches das dynamische Verhalten der Regelung beschreibt. Man kann es in einer anschaulichen und für die Ingenieurarbeit sehr zweckmäßigen Weise darstellen als *Strukturbild* [2.1], auch *Signalflußplan* oder neuerdings *Wirkplan* genannt.

Dieses ist nicht auf Regelkreise beschränkt, sondern kann zur anschaulichen Beschreibung von beliebigen dynamischen Systemen benutzt werden.[1]

Die Aufstellung des Strukturbildes erfolgt also in zwei Schritten:

1. Aus den physikalischen Gesetzen ermittelt man die Gleichungen zwischen den zeitveränderlichen Größen des Systems.

Jede solche Gleichung wird nach einer der in ihr auftretenden zeitveränderlichen Größen aufgelöst. Diese heißt abhängige Variable oder Ausgangsgröße, während die anderen zeitveränderlichen Größen als unabhängige Variablen oder Eingangsgrößen bezeichnet werden. Die Gleichung werde dann auch *Funktionalbeziehung*[2] genannt.

2. Man veranschaulicht die zeitveränderlichen Größen sowie die Funktionalbeziehungen durch geeignete graphische Symbole und fügt diese zum Strukturbild zusammen.

Wie man im einzelnen vorgeht, sei zunächst an einem einfachen Beispiel gezeigt, dessen Gleichungen leicht aufzustellen sind. Es handelt sich um das Netzwerk im Bild 2/1, das einen Ohmschen Widerstand und eine Induktivität mit Eisenkern enthält.

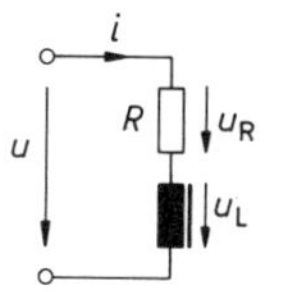

Bild 2/1. Einfaches Netzwerk

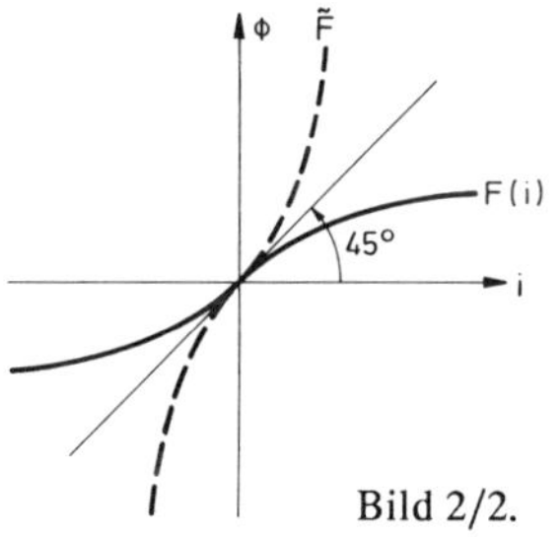

Bild 2/2. Magnetisierungskennlinie

Bezeichnet u die von außen angelegte Spannung, u_L die an der Induktivität und u_R die am Ohmschen Widerstand R liegende Spannung, so gilt die Maschengleichung

$$u = u_R + u_L . \tag{2.1}$$

---

[1] Zur Benennung "Strukturbild" ist folgendes zu sagen. Unter einem *System* versteht man ganz allgemein eine Menge, deren Elemente in bestimmten Beziehungen zueinander stehen. Die Gesamtheit der Beziehungen heißt *Struktur* des Systems. Ein *dynamisches System* ist eine Menge von zeitveränderlichen Größen, zwischen denen Funktionalbeziehungen bestehen (z.B. in Form von Differentialgleichungen oder Differenzengleichungen). Die *Gesamtheit dieser Funktionalbeziehungen* macht also *die Struktur des dynamischen Systems* aus. Ihre anschauliche Darstellung kann daher treffend als *Strukturbild* bezeichnet werden.

[2] Wenn keine Irrtümer zu befürchten sind, braucht man zwischen den beiden Benennungen nicht zu unterscheiden.

Nach dem Ohmschen Gesetz ist

$$u_R = R\,i\,, \tag{2.2}$$

wenn i der im Netzwerk fließende Strom ist. Bezeichnet weiterhin Φ den mit der Induktivität verketteten Fluß, so gilt nach dem Induktionsgesetz

$$u_L = \dot{\Phi}\,. \tag{2.3}$$

Hier wie auch im folgenden bezeichnet der Punkt über einer Zeitfunktion die Differentiation nach der Zeit. Der Fluß Φ ist eine bestimmte Funktion des Stroms i, die durch eine nichtlineare Kennlinie gegeben ist:

$$\Phi = F(i)\,. \tag{2.4}$$

Sie hat etwa die in Bild 2/2 wiedergegebene Gestalt.

Durch die Gleichungen (2.1) bis (2.4) wird das dynamische Verhalten des Netzwerks beschrieben. Um sie graphisch zu veranschaulichen, geht man von derjenigen Größe des Systems aus, deren Verhalten interessiert, hier also dem Strom i. Aus einer der Gleichungen, in denen die Größe vorkommt, drückt man sie in Abhängigkeit von den anderen in dieser Gleichung vorkommenden Größen aus. Im vorliegenden Fall kann man von (2.2) oder (2.4) ausgehen. Nimmt man etwa die letztere Beziehung, so hat man nach i aufzulösen, also zur inversen Funktion

$$i = \tilde{F}(\Phi) \tag{2.5}$$

überzugehen. Sie ergibt sich durch Spiegelung der gegebenen Kennlinie F an der Winkelhalbierenden des 1. und 3. Quadranten. Nun drückt man die unabhängige Variable (oder Eingangsgröße) Φ dieser Funktionalbeziehung aus einer anderen Gleichung als abhängige Variable (oder Ausgangsgröße) aus. Das ist aus (2.3) möglich, indem man nach Φ auflöst:

$$\Phi = \int_0^t u_L\,d\tau\,. \tag{2.6}$$

Dabei ist hier wie im folgenden angenommen, daß die Anfangswerte Null sind.

Wendet man auf die letzte Gleichung die Laplace-Transformation an, so wird aus ihr

$$\Phi = \frac{1}{s}\,u_L\,. \tag{2.7}$$

Dabei sind die Bildfunktionen zur Vermeidung von Bezeichnungsumständlichkeiten mit den gleichen Symbolen bezeichnet wie die Zeitfunktionen. An diesen Gebrauch wollen wir uns bei der Laplace-Transformation *konkreter* physikalischer Größen stets halten.

Die Beziehungen (2.6) und (2.7) drücken den gleichen Sachverhalt aus. Dennoch wollen wir die komplexe Darstellung (2.7) vorziehen. Bei ihr ist der Zusammenhang zwischen der Ein- und Ausgangsgröße unübertrefflich einfach dargestellt. Man hat lediglich die (Laplace-transformierte) Eingangsgröße mit einem komplexen Faktor zu multiplizieren, um die (Laplace-transformierte) Ausgangsgröße zu erhalten. Das ist schon im vorliegenden Fall gegenüber der Integration, wie man sie im Zeitbereich vorzunehmen hat, eine Erleichterung, noch mehr aber bei komplizierteren Funktionalzusammenhängen. Allerdings ist die Laplace-Transformation nicht auf beliebige Funktionalbeziehungen anwendbar. Sie ist aber stets anwendbar auf lineare Differentialgleichungen mit konstanten Koeffizienten, zu denen auch die obige Gleichung $\dot{\Phi} = u_L$ als spezieller Fall gehört. Die Laplace-Transformation liefert dann eine Beziehung von der Form

$$Y(s) = G(s)\,U(s)\,,$$

wenn allgemein u die Eingangsgröße (unabhängige Variable) und y die Ausgangsgröße (abhängige Variable) der Beziehung ist. Da es sich hier um eine allgemeine Beziehung handelt, sind die Laplace-Transformierten mit großen Buchstaben bezeichnet. Die komplexe Funktion G(s) heißt die *Übertragungsfunktion* der Beziehung. In allgemeiner Form werden diese Begriffe in den Abschnitten 2.4 und 2.5 erörtert.

Kehren wir nun zur Beschreibung des Netzwerks zurück. Die Eingangsgröße u_L der Funktionalbeziehung (2.7) kann wiederum als Ausgangsgröße der noch nicht benutzten Gleichung (2.1) ausgedrückt werden:

$$u_L = u - u_R\,.$$

Hierin ist u eine von außen gegebene Größe, während u_R aus der Gleichung (2.2) erhalten wird:

$$u_R = R\,i\,.$$

Die Eingangsgröße i ist schon aus der Funktionalbeziehung (2.5) als Ausgangsgröße bekannt, steht also bereits zur Verfügung.

Damit hat man alle Gleichungen, die das Netzwerk beschreiben, in eine Folge von Funktionalbeziehungen umgesetzt:

$$i = \tilde{F}(\Phi)\,, \qquad (2.8)$$

$$\Phi = \frac{1}{s}\,u_L\,, \qquad (2.9)$$

$$u_L = u - u_R\,, \qquad (2.10)$$

$$u_R = R\,i\,. \qquad (2.11)$$

Nun stellt man jede Funktionalbeziehung durch einen *Block* dar, das heißt, durch ein Rechteck oder einen Kreis, in dem man die Art der Beziehung durch ein charakteristisches Symbol zum Ausdruck bringt. Die unabhängigen Variablen oder Eingangsgrößen werden durch gerichtete Linien dargestellt, die in den Block hineinführen, die abhängige Variable oder Ausgangsgröße durch eine gerichtete Linie, die aus dem Block herausführt.

Im Bild 2/3 sind die Blöcke für die Funktionalbeziehungen (2.8) bis (2.11) angegeben, zusammen mit den üblichen Benennungen. Nun braucht man nur noch die

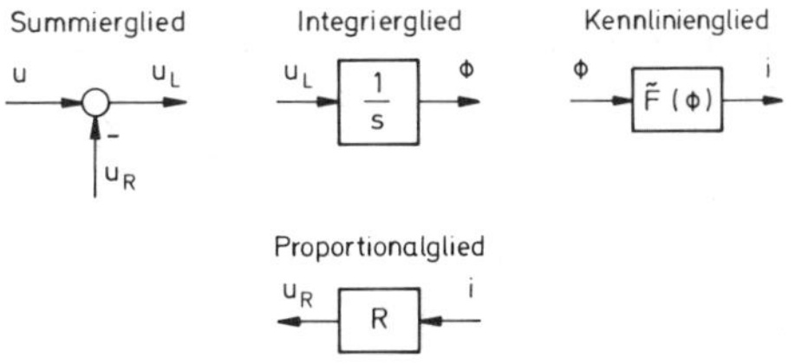

Bild 2/3. Blockdarstellung der Funktionalbeziehungen des Netzwerks aus Bild 2/1

gerichteten Linien, die zur gleichen Größe gehören, miteinander zu verbinden, um das Strukturbild des Systems zu erhalten. Es ist in Bild 2/4 dargestellt.

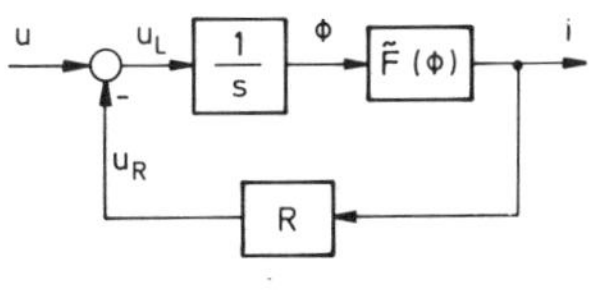

Bild 2/4. Strukturbild des Netzwerks aus Bild 2/1

Drückt man das, was hier am Beispiel ausgeführt wurde, in allgemeiner Form aus, so gelangt man zu der folgenden *Definition des Strukturbildes:*

Ein dynamisches System besteht aus zeitveränderlichen Größen, die durch eindeutige Funktionalbeziehungen miteinander verknüpft werden können. Diese lassen sich auf eine Form bringen, in der zwei verschiedene Beziehungen nicht dieselbe abhängige Größe aufweisen. Das Strukturbild ist die anschauliche Darstellung der Funktionalbeziehungen. Diese sind durch Blöcke symbolisiert, d.h. durch Rechtecke oder Kreise, die mit einer Kennzeichnung der funktionalen Abhängigkeit versehen sind. Die Größen einer Funktionalbeziehung werden durch gerichtete Linien charakterisiert. Sie führen in den zugehörigen Block hinein, wenn diese Größen unabhängige Variablen oder Eingangsgrößen der Funktionalbeziehung sind. Sie führen aus ihm heraus, wenn es sich um die abhängige Variable oder Ausgangsgröße der Funktionalbeziehung handelt. Tritt dieselbe Größe in mehreren Funktionalbeziehungen auf, so werden die zugehörigen gerichteten Linien zu einem gemeinsamen gerichteten Linienzug verbunden. Er wird als Wirkungslinie der Größe bezeichnet. Die Gesamtheit der so erhaltenen Blöcke und Wirkungslinien bildet das Strukturbild des dynamischen Systems.

Sein Vorteil gegenüber dem Gleichungssystem besteht vor allem darin, daß es einen leichten Übergang von dem realen System in die mathematische Beschreibung ermöglicht, insofern eine weitgehende Entsprechung zwischen den physikalischen Vorgängen bzw. Bauelementen der Anlage und den Blöcken des Strukturbildes besteht. Die Verknüpfung und gegenseitige Beeinflussung der zeitveränderlichen Größen ist erheblich besser zu übersehen als im Gleichungssystem. Dadurch werden gezielte Eingriffe in das System erleichtert, da ihre Auswirkungen abzuschätzen sind. Wenn man einen Einblick in das dynamische Verhalten eines Systems gewinnen will, ist das Aufstellen eines Strukturbildes unerläßlich. Die Beispiele in diesem und den späteren Kapiteln werden dies zeigen.

Daneben ermöglicht das Strukturbild einen leichten Übergang auf den Rechner. In seine elementaren Bestandteile aufgelöst, stellt es, von geringfügigen Unterschieden in der Symbolik abgesehen, den Koppelplan der Analogrechenschaltung dar. Ebensogut aber kann man von ihm zur blockweisen Programmierung des Digitalrechners übergehen. Schließlich lassen sich aus ihm ohne Schwierigkeit die Zustandsgleichungen des Systems ablesen. Das wird in Kapitel 11 erörtert werden.

Zunächst noch eine Bemerkung zur Symbolik. Soweit es möglich ist, wird eine Funktionalbeziehung durch ihre komplexe Übertragungsfunktion charakterisiert, weil dies die einfachste Beschreibungsart ist. Das hindert aber nicht, sich Ein- und Ausgangsgröße der Funktionalbeziehung auch als Zeitfunktionen vorzustellen. Darin liegt kein Widerspruch. Die Übertragungsfunktion ist *eine* Möglichkeit, die Funktionalbeziehung zu charakterisieren. Man wird sie als Symbol in den Block eintragen, wenn man dies für günstig hält. Ebenso könnte man grundsätzlich die Funktionalbeziehung selbst eintragen oder ein anderes Symbol. In der Tat werden wir davon später Gebrauch machen und für die einfachsten Übertragungsglieder ihre Sprungantwort als Symbol benutzen, da dies besonders anschaulich ist.

Wenn etwa, wie in Bild 2/4, die Übertragungsfunktion 1/s zur Charakterisierung eines Blocks benutzt wird, so hat man dies als Symbol der Integration aufzufassen. Entsprechend steht eine kompliziertere Übertragungsfunktion G(s) als Symbol für die zugehörige Funktionalbeziehung.

Es muß noch darauf hingewiesen werden, daß die Aufstellung des Strukturbildes nicht eindeutig festgelegt ist. Das liegt daran, daß man die Gleichungen des Systems in verschiedener Weise in Funktionalbeziehungen umformen kann. Löst man im Falle des Netzwerkes die Gleichung (2.2) nach i auf, so erhält man nacheinander

$$i = \frac{1}{R} u_R ,$$

$$u_R = u - u_L ,$$

$$u_L = \dot{\Phi} \qquad \text{bzw.} \qquad u_L = s\,\Phi ,$$

$$\Phi = F(i) .$$

Man gelangt so zu dem Strukturbild in Bild 2/5. Es ist dem Bild 2/4 völlig äquivalent, d.h. es liefert auf die gleiche Eingangsgröße u auch die gleiche Ausgangsgröße i. In seinem inneren Aufbau aber ist es anders, vor allem dadurch, daß es statt eines Integriergliedes ein Differenzierglied enthält.

Welches der möglichen Strukturbilder man aufstellt, hängt von dem Zweck des Strukturbildes ab. Will man z.B. das Netzwerk analog nachbilden, so ist die Version 2/4 gewiß vorzuziehen, da man so das Differenzierglied vermeidet, das bei der Realisierung Schwierigkeiten machen kann.

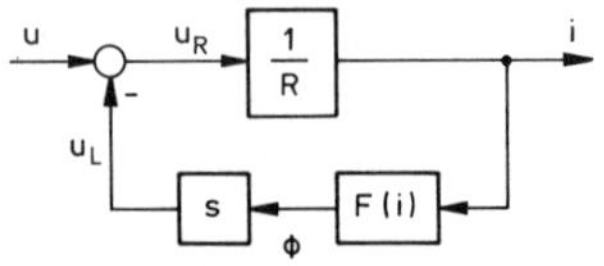

Bild 2/5. Äquivalentes Strukturbild des Netzwerks aus Bild 2/1

Das allgemeine Prinzip, nach dem das Strukturbild des Netzwerks aufgestellt wurde, kann man kurz so formulieren:

Man stellt die gewünschte Ausgangsgröße als abhängige Veränderliche irgendeiner Funktionalbeziehung dar, in der sie auftritt. Deren unabhängige Variablen sind entweder von außen vorgegebene Größen, oder man erhält sie selbst wieder als abhängige Veränderliche weiterer Funktionalbeziehungen. In dieser Weise geht man rückwärts, bis nur noch solche unabhängigen Veränderlichen auftreten, die bereits vorher als abhängige Variablen vorkamen oder die als äußere Größen gegeben sind.

Die Funktionalbeziehungen sind dann in eine bestimmte Reihenfolge gebracht, wobei jede eine abhängige Veränderliche aufweist, die von den abhängigen Veränderlichen der anderen Funktionalbeziehungen verschieden ist. Die so geordnete Folge der Funktionalbeziehungen kann man unmittelbar in das Strukturbild übersetzen, indem man jeder Beziehung in der oben beschriebenen Weise einen Block zuordnet. Falls eine Funktionalbeziehung von etwas komplizierterer Gestalt ist, kann man den zugehörigen Block schließlich noch in einfachere Blöcke zerlegen, entsprechend den einfacheren Operationen, aus denen sich die Beziehung zusammensetzt, um so das Strukturbild aus möglichst elementaren Bestandteilen aufzubauen.

Um zu zeigen, wie einfach die Anwendung dieses allgemeinen Konstruktionsprinzips im Einzelfall ist, werde das Gleichungssystem

$$a_{11}y_1 + a_{12}y_2 + a_{13}y_3 = u_1 ,$$

$$a_{21}y_1 + a_{22}y_2 + a_{23}y_3 = u_2 ,$$

$$a_{31}y_1 + a_{32}y_2 + a_{33}y_3 = u_3$$

betrachtet. Hierbei seien die Größen y_1, y_2, y_3, u_1, u_2, u_3 zeitabhängig; u_1, u_2, u_3 seien vorgegeben, also äußere Größen des durch das Gleichungssystem beschriebenen Systems, y_1 sei die gesuchte Ausgangsgröße. Man löst nun etwa die erste Gleichung nach y_1 auf und erhält so die Funktionalbeziehung

$$F_1\colon \quad y_1 = \frac{1}{a_{11}} u_1 - \frac{a_{12}}{a_{11}} y_2 - \frac{a_{13}}{a_{11}} y_3 .$$

In den unabhängigen Variablen von F_1 ist u_1 eine äußere Größe, dagegen kommen y_2 und y_3 in den beiden noch nicht benutzten Gleichungen vor. Löst man diese nach y_2 und y_3 auf, so erhält man

$$F_2\colon\; y_2 = \frac{1}{a_{22}} u_2 - \frac{a_{21}}{a_{22}} y_1 - \frac{a_{23}}{a_{22}} y_3\,,$$

$$F_3\colon\; y_3 = \frac{1}{a_{33}} u_3 - \frac{a_{31}}{a_{33}} y_1 - \frac{a_{32}}{a_{33}} y_2\,.$$

In F_2 tritt als unabhängige Variable neben der äußeren Größe u_2 die abhängige Veränderliche y_1 der vorhergehenden Funktionalbeziehung F_1 auf und außerdem noch die Größe y_3, die sich dann als abhängige Veränderliche der nachfolgenden Funktionalbeziehung F_3 ergibt. In der letzteren treten als unabhängige Variablen neben der äußeren Größe u_3 noch y_1 und y_2 auf, die aber beide bereits abhängige Veränderliche der früheren Funktionalbeziehungen F_1 und F_2 sind. Damit ist der Umformungsprozeß der Funktionalbeziehungen abgeschlossen. Ihre Darstellung im Strukturbild gemäß der oben angegebenen Regel liefert Bild 2/6. Zerlegt man die Funktionalbeziehungen F_1, F_2 und F_3 anschließend noch in einfachere Blöcke, so folgt aus Bild 2/6 schließlich Bild 2/7.

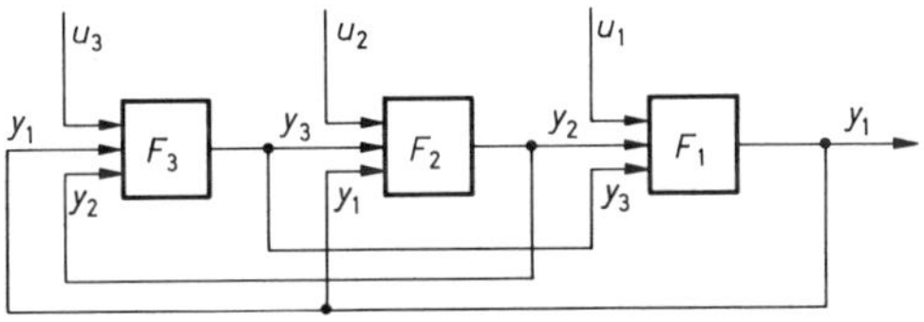

Bild 2/6. Grob-Strukturbild eines Gleichungssystems

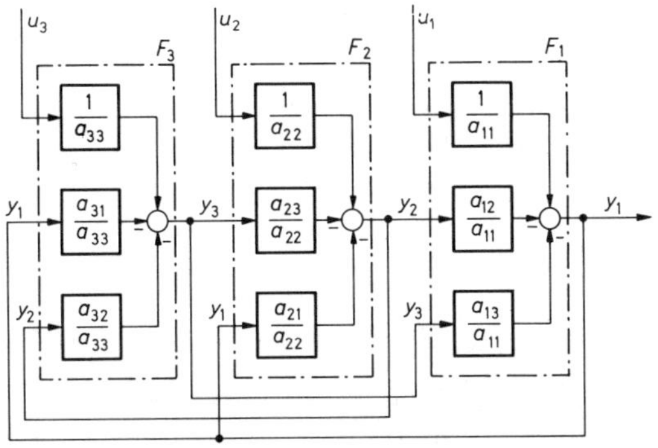

Bild 2/7. Detailliertes Strukturbild eines Gleichungssystems

Faßt man die a_{ik} nicht als Konstanten, sondern allgemein als Übertragungsfunktionen zu linearen Differentialgleichungen mit konstanten Koeffizienten auf, so stellt Bild 2/6 bzw. 2/7 das Strukturbild eines gekoppelten Systems dreier derartiger Differentialgleichungen dar.

Handelt es sich speziell um eine Regelung, so kann man sich im allgemeinen bei der Aufstellung des Strukturbildes, was die Verknüpfung der einzelnen Blöcke betrifft, an dem gerätetechnischen Aufbau orientieren und braucht das beschriebene Konstruktionsprinzip nicht zu benutzen. Handelt es sich jedoch um ein System anderer Art, etwa ein elektrisches Netzwerk oder ein mechanisches System oder aber um eine sehr vermaschte Regelung, so daß man die Verknüpfung der einzelnen Blöcke von vornherein nicht überblickt, so kann seine Anwendung von Vorteil sein.

Die Frage nach der Aufstellung des Strukturbildes ist damit zurückgeführt auf die Frage nach der Ermittlung der Systemgleichungen. Für die Antwort auf *diese* Frage gibt es keine allgemeine Regel und kann es auch gar nicht geben, da sie von der physikalischen Natur der Bauglieder abhängt, die in verschiedenen Systemen gänzlich verschieden sein kann. In späteren Kapiteln wird an Anwendungsbeispielen gezeigt, wie sich die Systemgleichungen ermitteln lassen. Besonders bei Regelkreisen wird die Aufstellung der Gleichungen und damit des Strukturbildes häufig dadurch erleichtert, daß gewisse Bauglieder, wie etwa Gleichstrommaschinen, hydraulische Verstärker usw., in Regelungen der verschiedensten Art immer wieder auftreten. Ermittelt man die Gleichungen und damit die Strukturbilder dieser Bauglieder, so hat man sie bei der Aufstellung des Strukturbildes einer Regelung stets zur Verfügung und kann dieses weitgehend aus solchen Teilstrukturbildern zusammensetzen, in die man nur die speziellen Werte der Parameter einzutragen hat (Kapitel 3).

Mit der Aufstellung und Handhabung des Strukturbildes macht man sich am besten vertraut, indem man Beispiele betrachtet. Im folgenden wird deshalb das Strukturbild einiger Regelungen aufgestellt, die auch in späteren Kapiteln dieses Buches immer wieder herangezogen werden, wobei das Strukturbild die Grundlage der Betrachtung bildet.

2.2 Aufstellen des Strukturbildes an Beispielen

2.2.1 Drehzahlregelung eines Gleichstromantriebs

Wir gehen dabei von der prinzipiellen Geräteanordnung dieser Regelung im Bild 1/3 aus und stützen uns außerdem auf das Blockschema im Bild 1/4. Dort ist die Regelung bereits in handliche Teilsysteme zerlegt. Es gilt zunächst, für jedes solche Teilsystem die Gleichungen aufzustellen, welche zwischen den zeitveränderlichen Größen des Teilsystems bestehen.[3]

Beginnen wir dabei mit dem Gleichstrommotor im Bild 1/3. Der Motoranker, durch einen Kreis symbolisiert, wird vom Ankerstrom i_A durchflossen, der durch die Ankerspannung u_A hervorgerufen wird. Dieser wirkt die Gegen-EMK e_M entgegen. Nach dem 2. Kirchhoffschen Gesetz ist die Differenzspannung $u_R = u_A - e_M$ gleich der Summe der Spannungen $R_A i_A$ am Ohmschen Widerstand R_A und $L_A \dot{i}_A$ an der Induktivität L_A des Ankerkreises:

$$u_A - e_M = R_A i_A + L_A \dot{i}_A$$

oder

$$\frac{L_A}{R_A} \dot{i}_A + i_A = \frac{1}{R_A} u_R \tag{2.12}$$

mit

$$u_R = u_A - e_M \,. \tag{2.13}$$

Aus der Theorie der Gleichstrommaschine ist bekannt, daß

$$e_M = c\, \Phi_F\, \omega$$

ist, wobei Φ_F den Feldfluß, ω die Winkelgeschwindigkeit und c eine Motorkonstante darstellt. Da im vorliegenden Fall das Feld konstant ist, kann man

$$e_M = K_F\, \omega \tag{2.14}$$

schreiben, wobei $K_F = c\, \Phi_F$ eine bekannte Konstante ist. Durch die Gleichungen (2.12) bis (2.14) wird das *elektrische Verhalten des Motors* beschrieben.

Die mechanische Bewegung des Motorankers mit der angekuppelten Last genügt nach dem 2. Newtonschen Axiom der Gleichung

$$\Theta\, \dot{\omega} = M_B \,, \tag{2.15}$$

wobei Θ das Trägheitsmoment von Motor und Last bezeichnet und M_B die Differenz zwischen dem Antriebsmoment M_A des Motors und dem Lastmoment M_L ist:

$$M_B = M_A - M_L \,. \tag{2.16}$$

Während das Lastmoment als Störgröße eine Eingangsgröße der Regelung darstellt, also eine Größe, welche die Regelung beeinflußt, aber nicht von ihr beeinflußt wird, ist das Antriebsmoment M_A des Motors eine innere Größe der Regelung. Es ist bei der Gleichstrommaschine durch die Beziehung

$$M_A = c\, \Phi_F\, i_A$$

gegeben. Wegen der Konstanz des Feldflusses Φ_F kann man kürzer

$$M_A = K_F\, i_A \tag{2.17}$$

schreiben. Mit den Gleichungen (2.15) bis (2.17) hat man die *mechanische Bewegung des Motorankers mit Last* erfaßt.

Wenden wir uns nun den anderen Teilen der Drehzahlregelung im Bild 1/3 zu ! Was zunächst den *Stromrichter* angeht, so hat er an sich ein recht kompliziertes Zeitverhalten. Man kann aber die Beziehung zwischen seiner Eingangsspannung $u_G(t)$ und seiner Ausgangsspannung $u_A(t)$ mit einer für unsere Zwecke befriedigenden Näherung durch eine einfache Differentialgleichung charakterisieren:

$$T_{St}\dot{u}_A + u_A = K_{St} u_G \,, \quad K_{St}, T_{St} > 0 \quad \text{konstant.} \tag{2.18}$$

Der *elektronische Verstärker* hat proportionales Verhalten:

$$u_G = K_V\, u_D \tag{2.19}$$

mit der positiven Konstante K_V. In seiner *Eingangsschaltung* wird die Differenz von Führungsgröße und Rückführgröße gebildet:

$$u_D = u_S - u_I \,. \tag{2.20}$$

Während die Sollwertspannung u_S als Führungsgröße von außen vorgegeben wird, also eine weitere Eingangsgröße des Regelkreises ist, wird die Istwertspannung u_I durch den *Tacho-Generator* aus der Winkelgeschwindigkeit ω gebildet:

$$u_I = K_I\, \omega \,, \qquad K_I > 0 \quad \text{konstant .} \tag{2.21}$$

Damit haben wir den gesamten Antriebsregelkreis entgegen seiner Wirkungsrichtung durchlaufen und somit alle seine Gleichungen erfaßt. Sie zerfallen in zwei Gruppen. Neben gewöhnlichen Gleichungen treten in

[3] Eingehender wird die Modellbildung dieses Systems im Kapitel 3 betrachtet.

Gestalt von (2.12), (2.15) und (2.18) Differentialgleichungen auf. Um sie auf eine möglichst einfache Form zu bringen, nämlich ebenfalls in gewöhnliche Gleichungen zu verwandeln, wenden wir, wie schon beim einführenden Beispiel zum Strukturbild, die Laplace-Transformation an. Damit wird außerdem das Ziel erreicht, diese Gleichungen explizit nach einer der beiden in ihnen auftretenden Größen aufzulösen und sie so in Funktionalbeziehungen umzuwandeln. Als erste betrachten wir die Differentialgleichung (2.12) und benutzen die Differentiationsregel der Laplace-Transformation (für die Originalfunktion). Danach ist

$$\mathscr{L}\{\dot{i}_A(t)\} = s i_A(s)\,,$$

wenn wir auch hier wieder annehmen, daß die Anfangswerte der zeitveränderlichen Größen bei -0 Null sind.[4] Damit wird aus (2.12)

$$\frac{L_A}{R_A} s i_A(s) + i_A(s) = \frac{1}{R_A} u_R(s)\,.$$

Dies ist eine einfache algebraische Gleichung, die sofort nach $i_A(s)$ aufgelöst werden kann:

$$i_A(s) = \frac{\frac{1}{R_A}}{1+\frac{L_A}{R_A}s} u_R(s)\,. \tag{2.22}$$

Hiermit haben wir wieder eine Darstellung von der äußerst einfachen Form

$$Y(s) = G(s) \cdot U(s)$$

mit einem komplexen Faktor G(s), der nicht von der Eingangsgröße abhängt, sondern allein durch das System, hier also die Parameter R_A und L_A des Ankerkreises, bestimmt und als Übertragungsfunktion bezeichnet wird. Schon im vorigen Abschnitt war auf diese Darstellung hingewiesen worden. Wir werden ihr im folgenden immer wieder begegnen und in den Abschnitten 2.4 und 2.5 allgemein auf sie eingehen. Im folgenden werden wir die Differentialgleichung (2.12) durch die einfachere komplexe Beziehung (2.22) ersetzen.

Ganz entsprechend erhält man aus der Differentialgleichung (2.18) die gewöhnliche komplexe Gleichung

$$u_A(s) = \frac{K_{St}}{1+T_{St}s} u_G(s)\,. \tag{2.23}$$

Bei der Differentialgleichung (2.15) kann man auf zweifache Weise vorgehen. Am nächstliegenden ist es, die Differentiationsregel der Laplace-Transformation anzuwenden. Dies ergibt

$$\Theta\, s\, \omega(s) = M_B(s)\,,$$

also

$$\omega(s) = \frac{1}{\Theta s} M_B(s)\,. \tag{2.24}$$

Man kann aber auch zunächst die Differentialgleichung (2.15) im Zeitbereich integrieren. Das führt zur Gleichung

$$\omega(t) = \frac{1}{\Theta} \int_0^t M_B(\tau)d\tau\,,\ ^5 \tag{2.25}$$

wieder unter der Voraussetzung, daß der Anfangswert von ω Null ist. Indem man nunmehr auf (2.25) die Integrationsregel der Laplace-Transformation anwendet, gelangt man zu

$$\omega(s) = \frac{1}{\Theta s} M_B(s)\,,$$

also ebenfalls zur Gleichung (2.24). Der zweite Weg ist etwas umständlicher, zeigt dafür aber, daß die Übertragungsfunktion $\frac{1}{s}$ im Zeitbereich Integration von 0 bis t bedeutet.

Damit hat man alle Gleichungen der Drehzahlregelung aufgestellt und mittels der Laplace-Transformation auf eine sehr einfache und übersichtliche Form gebracht. Hierbei wurden sie zugleich, soweit das überhaupt erforderlich war, nach einer der in ihnen vorkommenden veränderlichen Größen aufgelöst und so in Funktionalbeziehungen verwandelt. Diese sind nochmals im Bild 2/8 wiedergegeben, und zwar in einer Reihenfolge, welche die nunmehr folgende Aufstellung des Strukturbilds erleichtert. Dabei ist der besseren Übersicht halber das Argument s bei den veränderlichen Größen weggelassen. Hinter jeder Funktionalbeziehung ist der zugehörige Block eingezeichnet. Hierbei ist zur Charakterisierung des Verhaltens die Übertragungsfunktion eingetragen, auch bei den Proportionalgliedern, bei

---

[4] Bei der Betrachtung von Zeitvorgängen in realen Systemen sind als Anfangswerte der Laplace-Transformation die Grenzwerte bei -0 zu nehmen. Siehe hierzu [2.2], Abschnitt 2.3.

[5] Die Integrationsvariable wird hier wie auch im folgenden mit τ bezeichnet, um sie von der oberen Grenze t des Integrals zu unterscheiden. Andernfalls gäbe es z.B. beim Auftreten von Faltungsintegralen völligen Unsinn.

(1) $\omega = \frac{1}{\Theta s} M_B$

(2) $M_B = M_A - M_L$

(3) $M_A = K_F i_A$

(4) $i_A = \frac{\frac{1}{R_A}}{1 + \frac{L_A}{R_A} s} u_R$

(5) $u_R = u_A - e_M$

(6) $e_M = K_F \omega$

(7) $u_A = \frac{K_{St}}{1 + T_{St} s} u_G$

(8) $u_G = K_V u_D$

(9) $u_D = u_S - u_I$

(10) $u_I = K_I \omega$

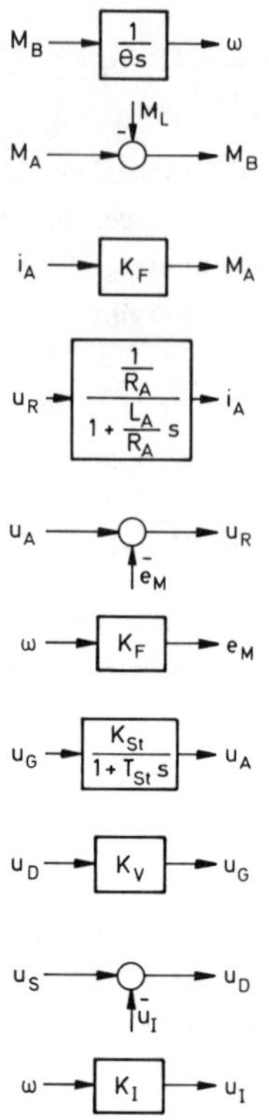

Bild 2/8. Funktionalbeziehungen und Blöcke zur Drehzahlregelung

denen sie einfach aus dem Proportionalitätsfaktor besteht. Nur bei den Summiergliedern ist eine solche Kennzeichnung unnötig.

Um nun das Strukturbild aufzustellen, beginnt man – wie stets bei der Aufstellung des Strukturbilds – mit der Ausgangsgröße des Gesamtsystems, hier also der Winkelgeschwindigkeit ω. Sie ergibt sich aus dem Block (1) im Bild 2/8. Dessen Eingangsgröße M_B wiederum ist Ausgangsgröße des Blocks (2) im Bild 2/8. Dieser, ein Summierglied, hat zwei Eingangsgrößen.

Eine davon, die Störgröße M_L, ist Eingangsgröße der Regelung und stammt daher aus keinem anderen Block. M_A, die andere Eingangsgröße von Block (2), ist Ausgangsgröße von Block (3).

Fügt man, in dieser Weise rückwärtsschreitend, die Blöcke durch die Wirkungslinien der gleichen Größen aneinander, so erhält man das gesamte Strukturbild der Regelung. Dabei sind noch zwei Dinge zu beachten:

- Die Sollwertspannung u_S, eine der beiden Eingangsgrößen von Block (9), ist als Führungsgröße Eingangsgröße der gesamten Regelung und stammt daher aus keinem anderen Block.
- Die Größe ω, welche sowohl in den Block (6) als auch in den Block (10) eingeht, tritt bereits in einem früheren Block, nämlich (1), als Ausgangsgröße auf und ist deshalb von dort zurückzuführen.

Insgesamt erhält man das Strukturbild der Drehzahlregelung im Bild 2/9. Es ist logisch äquivalent zum Gleichungssystem der Drehzahlregelung und ebenso

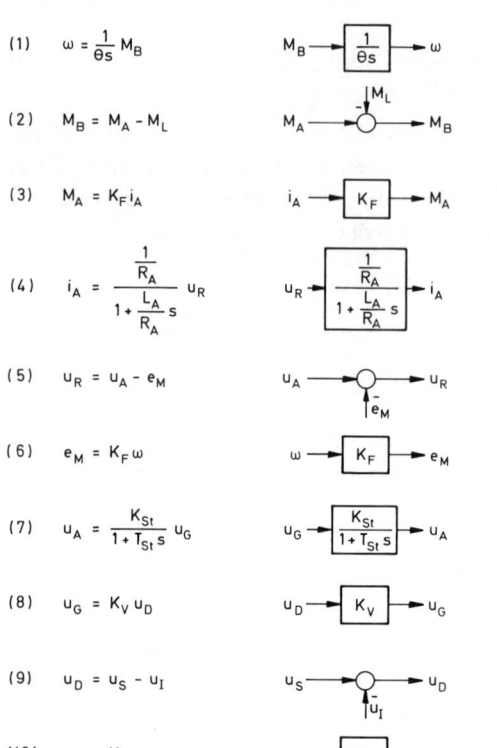

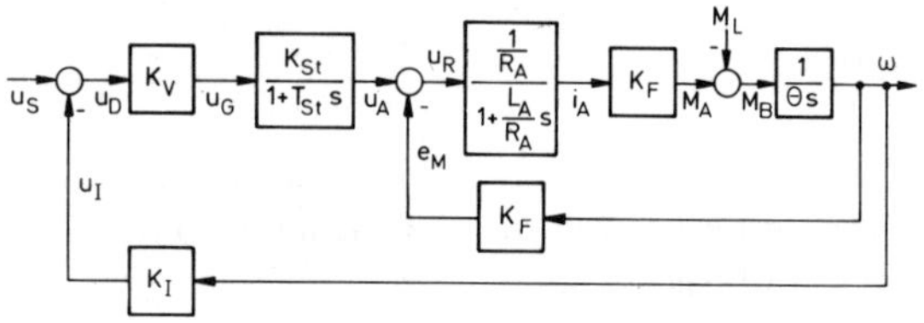

Bild 2/9. Strukturbild der Drehzahlregelung

exakt wie dieses, gibt aber die Verknüpfung und gegenseitige Beeinflussung der zeitveränderlichen Größen viel anschaulicher wieder. Überdies erleichtert es den Übergang vom realen System ins mathematische Modell, da – wie schon erwähnt – eine weitgehende Entsprechung zwischen den physikalischen Vorgängen in der Anlage und den Blöcken des Strukturbilds besteht. Am Bild 2/9 kann man sich diese Tatsache nochmals verdeutlichen. Betrachten wir etwa die Blöcke des Vorwärtszweiges, vom Soll-Istwert-Vergleich nach rechts weiterschreitend, so stellen sie der Reihe nach die Eingangsschaltung des elektronischen Verstärkers, diesen selbst, das Zeitverhalten des Stromrichters, die Bildung der resultierenden Spannung aus Ankerspannung und Gegen-EMK, das Zeitverhalten des Ankerkreises, die Bildung des Antriebsmomentes aus dem Ankerstrom dar. Usw. Sehr schön kann man sich am Bild 2/9 auch die grundsätzliche Wirkungsweise der Regelung klarmachen, die hier durch die unterlagerte Gegen-EMK-Schleife noch unterstützt wird.

Allgemein ist noch anzumerken, daß man die einzelnen Blöcke, wie sie im Bild 2/8 dargestellt sind, normalerweise nicht für sich aufzeichnen wird. Dies geschah im vorliegenden Beispiel nur, um die Entstehung des Strukturbildes möglichst einsichtig zu machen. Bei der wirklichen Bearbeitung eines Systems stellt man die Funktionalbeziehungen auf und baut aus ihnen direkt das Gesamtstrukturbild auf.

2.2.2 Schüttgutregelung

Um das Strukturbild der Schüttgutregelung aufzustellen, gehen wir von der prinzipiellen Geräteanordnung im Bild 1/7 und dem Blockschema 1/8 aus, das bereits die zweckmäßige Zerlegung in Teilsysteme wiedergibt. Wie schon im Abschnitt 1.3 erwähnt, betrachten wir dabei die Abweichungen von einem gewünschten Betriebszustand, der durch die mittlere Schieberstellung gegeben ist und durch die Regelung aufrechterhalten werden soll. Die im folgenden auftretenden Größen sind also die Abweichungen von diesem Betriebszustand.

Wenn wir zunächst das Teilsystem *"Förderband"* betrachten, so ist seine Ausgangsgröße der Massenstrom am Bandende, also die pro Zeiteinheit dort abgeworfene Masse. Er ist die Regelgröße x(t). Eingangsgröße ist der am Bandanfang aufgeschüttete Massenstrom q(t). Das Band hat die Länge l und bewegt sich mit der konstanten Geschwindigkeit v. Ein aufgeschüttetes Teilchen benötigt daher die Zeit $T_t = \frac{l}{v}$, um zum Bandende zu gelangen. Die zur Zeit t dort abgeworfene Masse war T_t Zeiteinheiten früher, d.h. zum Zeitpunkt $t - T_t$, am Bandanfang. Somit ist

$$x(t) = q(t - T_t)\,, \qquad (2.26)$$

sofern unterwegs nichts verloren geht.

Diese Beziehung stellt eine Differenzengleichung dar. Um sie zu vereinfachen, wenden wir sogleich die Laplace-Transformation an, diesmal die Verschiebungsregel (nach rechts). Sie liefert

$$x(s) = e^{-T_t s}\, q(s)\,, \qquad (2.27)$$

also wiederum eine komplexe Gleichung vom Typ

$$Y(s) = G(s)\, U(s)$$

mit einer nur durch das System bestimmten Übertragungsfunktion G(s). Die Gleichung (2.27) ist typisch für einen Transportvorgang; der Parameter T_t wird als Totzeit (oder auch Laufzeit) bezeichnet.

Zum Block *"Aufschüttung"* übergehend, stellen wir zunächst fest, daß dieser die Ausgangsgröße q und die beiden Eingangsgrößen h und z hat, wobei h die Schieberstellung und z die Störgröße ist. Um uns den Zusammenhang dieser Größen verständlich zu machen, gehen wir ausnahmsweise nicht von den Abweichungen, sondern von den gesamten Größen aus, die mit Großbuchstaben bezeichnet seien. Dann ist doch die pro Zeiteinheit aufgeschüttete Masse proportional zum Produkt aus Querschnitt und Durchflußgeschwindigkeit, wobei ersterer wiederum als proportional zur Schieberstellung angenommen werden darf. Man wird deshalb von der Gleichung

$$Q = k \cdot H \cdot V \qquad (2.28)$$

ausgehen dürfen, wobei k eine Konstante und V die Geschwindigkeit bezeichnet. Hierin ist

$$Q = Q_0 + q\,, \quad H = H_0 + h\,, \quad V = V_0 + v\,,$$

wenn mit dem Index 0 die im gewünschten Betriebszustand geltenden Werte bezeichnet werden. Man erhält so die Gleichung

$$Q_0 + q = k\,(H_0 + h)\,(V_0 + v)$$

oder

$$Q_0 + q = kH_0V_0 + kV_0h + kH_0v + khv\,.$$

Berücksichtigt man, daß gemäß (2.28) $Q_0 = kH_0V_0$ ist, und vernachlässigt das Produkt $h \cdot v$ dieser beiden relativ kleinen Größen, so verbleibt

$$q = kV_0h + kH_0v\,,$$

worin v infolge wechselnder Schüttgutbeschaffenheit schwankt und dadurch die Störgröße ist. Setzt man abkürzend $kV_0 = K_S$ und $kH_0v = z$, so erhält man die endgültige Gleichung des Aufschüttungsvorgangs:

$$q = K_S h + z\,. \qquad (2.29)$$

Was die *Stelleinrichtung* angeht, so werden Stromrichter und Motor durch Differentialgleichungen beschrieben, wie aus dem Beispiel des vorigen Abschnitts bekannt ist. Gegenüber den langsameren mechanischen Teilsystemen wird man jedoch ihr Zeitverhalten vernachlässigen dürfen. Das Getriebe, welches die Drehzahl des Motors in eine niedrigere Drehzahl umsetzt, hat Proportionalverhalten. Daher wird der Block "Stromrichter/Motor/Getriebe" im Bild 1/8 hinreichend genau durch die Gleichung

$$\omega = K_1\, u_G$$

wiedergegeben, wobei K_1 eine positive Konstante ist. Aus der Winkelgeschwindigkeit ω entsteht durch Integration der Drehwinkel φ, zu dem die Schieberstellung h proportional ist:

$$h(t) = K_2 \int_0^t \omega(\tau)\, d\tau\,, \qquad K_2 > 0 \text{ konstant.}$$

Die letzten beiden Gleichungen zusammen ergeben

$$h(t) = K_{St} \int_0^t u_G(\tau)\, d\tau$$

mit $K_{St} = K_1 K_2$. Durch Laplace-Transformation wird daraus

$$h(s) = \frac{K_{St}}{s} u_G(s) \quad (2.30)$$

als endgültige Beziehung für die Stelleinrichtung.

Der elektronische Verstärker wird wie schon im letzten Beispiel durch die Proportionalbeziehung

$$u_G = K_V u_D \quad (2.31)$$

beschrieben.

Die Differenzspannung u_D wird durch die *Bandwaage* aus der Regelgröße x erzeugt. Die Bandwaage, welche sowohl die Operation des Messens als auch die des Vergleichens durchführt, hat bei exakter Beschreibung ein kompliziertes Verhalten. Wir wollen hier vereinfachend annehmen, daß sie durch die Gleichung

$$u_D = w - K_I x \quad (2.32)$$

beschrieben wird.

Damit liegen sämtliche Gleichungen der Schüttgutregelung vor, sofort in der Form von Funktionalbeziehungen geschrieben, und wir können nun daran gehen, aus ihnen das Strukturbild aufzustellen. Wie stets gehen wir dabei von der Ausgangsgröße des Systems aus, hier der Regelgröße x. Sie tritt als Ausgangsgröße in der Gleichung (2.27) auf, welche als Block 1 im Bild 2/10 dargestellt ist. Die Eingangsgröße dieses Blocks ist q, welche Größe man als Ausgangsgröße der Beziehung (2.29) erhält.

Diese wird veranschaulicht durch das Summierglied, in welches die Störgröße z eingreift, und den davor gelegenen Block 2. Die Eingangsgröße h dieses Blocks ist die Ausgangsgröße der Beziehung (2.30), die durch den Block 3 im Bild 2/10 veranschaulicht wird. In dieser Weise fortfahrend, erhält man das Strukturbild der Schüttgutregelung im Bild 2/10.

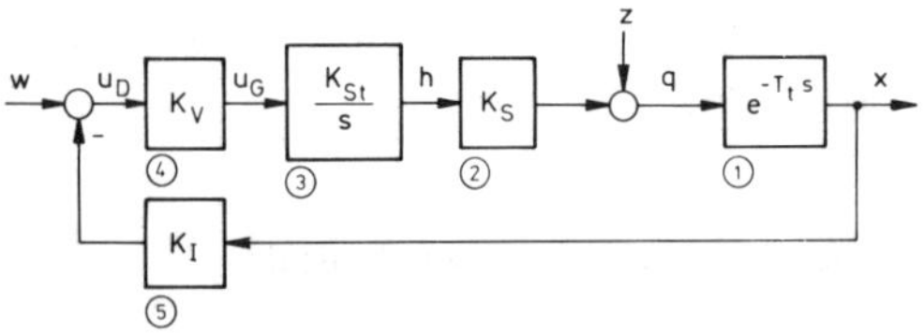

Bild 2/10. Strukturbild der Schüttgutregelung

2.2.3 Abflußregelung

Der Abfluß eines Behälters soll geregelt werden. Die grundsätzliche Anordnung sieht man im Bild 2/11. Die Druckmeßzelle mißt den zur Füllstandshöhe h proportionalen statischen Druck und setzt ihn in eine proportionale elektrische Spannung u_I um. In der Eingangsschaltung eines Verstärkers wird sie mit der Sollwertspannung u_S verglichen, was zur Differenzspannung u_D führt. Diese wirkt über einen elektrischen Verstärker auf einen Stellmotor ein, der über ein Getriebe ein Ventil im Zufluß des Behälters verstellt. Im Zufluß treten Druckschwankungen auf, die als Störgröße wirken. Eigentliche Regelgröße ist also der Füllstand h, da er gemessen und zurückgeführt wird. Der abfließende Flüssigkeitsstrom q_a wird eindeutig durch ihn bestimmt. Insofern liegt hier eine mittelbare Regelung des abfließenden Flüssigkeitsstromes vor, die wir deshalb zur Unterscheidung von der im Abschnitt 1.3 betrachteten Füllstandsregelung als Abflußregelung bezeichnen wollen.

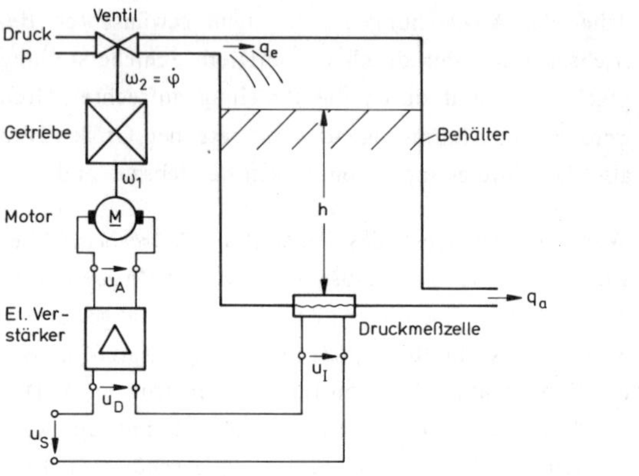

Bild 2/11. Abflußregelung

Bei der Aufstellung der Gleichungen zwischen den Systemgrößen beginnen wir mit dem *Behälter*. Der effektive Zufluß, welcher die Veränderung des Füllstandes h bestimmt, ist durch

$$q_D = q_e - q_a \quad (2.33)$$

gegeben.

Um den Zusammenhang zwischen q_D und h herzuleiten, stellen wir eine sogenannte *Bilanzgleichung* auf, wie sie häufig bei der Modellbildung benutzt wird. Allgemein lautet sie: Die Änderung einer Erhaltungsgröße (Masse,

Energie, Impuls und dergl.) in einem bestimmten Kontrollraum ist gleich dem effektiven Zufluß (Zufluß minus Abfluß). Bezeichnet im vorliegenden Fall A den Behälterquerschnitt und ρ die Dichte der Flüssigkeit, so ist die Massenänderung während der kurzen Zeitspanne dt

$$dm = \rho A \, dh,$$

wenn dh die Füllstandsänderung während dt ist. Andererseits ist

$$dm = \rho \, q_D dt ,$$

da q_D den effektiven Zufluß/Zeiteinheit darstellt. Somit gilt

$$\rho A \, dh = \rho \, q_D dt \qquad \text{und damit} \qquad \frac{dh}{dt} = \frac{1}{A} q_D .$$

Durch Integration vom Zeitpunkt t = 0, in dem die Betrachtung der Zeitvorgänge beginnen soll, bis zum variablen Zeitpunkt t folgt daraus

$$h(t) - h(0) = \frac{1}{A} \int_0^t q_D(\tau) \, d\tau$$

oder

$$h(t) = h(0) + \frac{1}{A} \int_0^t q_D(\tau) \, d\tau . \qquad (2.34)$$

Die Anfangswerte sind hier einmal nicht zu Null angenommen, um zu zeigen, daß sie ohne Schwierigkeit im Strukturbild erfaßt werden können. Eine Unterscheidung zwischen den Anfangswerten bei -0 und +0 ist hier nicht erforderlich, da sich der Füllstand (wie späterhin auch der Drehwinkel φ) nicht sprungartig ändern kann und deshalb $h(+0) = h(-0) = h(0)$ gilt.

Bezeichnet a den Abflußquerschnitt und $v_a(t)$ die Abflußgeschwindigkeit, so ist

$$q_a(t) = a \cdot v_a(t)$$

und deshalb nach dem Torricellischen Gesetz

$$q_a(t) = a \sqrt{2gh(t)} , \qquad (2.35)$$

wobei g die Erdbeschleunigung ist. Der Zusammenhang

$$q_a = a \sqrt{2gh}$$

stellt eine typische *nichtlineare Kennlinie* dar. Allgemein lautet die Gleichung einer solchen Kennlinie zwischen der Eingangsgröße u und der Ausgangsgröße y

$$y = F(u) .$$

Zur Charakterisierung eines solchen Blocks nimmt man entweder den Formelausdruck F oder die graphische Darstellung desselben. In unserem Fall ergibt sich so das Bild 2/12.

Bild 2/12. Blockdarstellung einer Wurzelkennlinie

Es wird den Leser vielleicht wundern, daß zur Kennzeichnung dieses Blocks keine Übertragungsfunktion herangezogen wird, wie dies bisher der Fall war. Eine solche fehlt jedoch bei nichtlinearen Gliedern. Zwar kann man zu ihrer Eingangsgröße u(t) und ihrer Ausgangsgröße y(t) die Bildfunktion U(s) bzw. Y(s) bestimmen. Es gibt aber keine Gleichung Y(s) = G(s)U(s) mit einem *festen* komplexen Faktor G(s). Vielmehr ist der Quotient Y(s)/U(s) für jede Eingangsgröße anders. Ein Kennlinienglied besitzt daher keine Übertragungsfunktion und damit auch keine komplexe Übertragungsgleichung. Es gibt also hier keine Gleichung von der Form $y = \text{Faktor} \cdot u$. Man muß vielmehr bei der Gleichung $y = F(u)$ der Kennlinie bleiben.

Mit den Gleichungen (2.33), (2.34) und (2.35) ist das dynamische Verhalten des Flüssigkeitsbehälters vollständig beschrieben. Bei den anderen Bauelementen aus Bild 2/11 können wir uns etwas kürzer fassen.

Druckmeßzelle: $\quad u_I = K_I \, h . \qquad (2.36)$

Eingangsschaltung des el. Verstärkers:

$$\left.\begin{aligned} u_D &= u_S - u_I . \\ \textit{El. Verstärker:} \quad u_A &= K_V \, u_D . \end{aligned}\right\} \quad (2.37)$$

Stellmotor: Vernachlässigt man das Zeitverhalten des Motors gegenüber dem langsameren Zeitverhalten der anderen Systemteile, so kann man ihn als proportional wirkend ansehen:

$$\omega_1 = K_M \, u_A . \qquad (2.38)$$

Getriebe: $\quad \omega_2 = K_G \omega_1 .$

Dann ist der zugehörige Drehwinkel φ, der zugleich der Drehwinkel der Ventilspindel ist, gegeben durch

$$\dot{\varphi} = \omega_2 = K_G \omega_1 .$$

Durch Integration folgt daraus

$$\varphi(t) - \varphi(0) = K_G \int_0^t \omega_1(\tau)\, d\tau \qquad \text{oder}$$

$$\varphi(t) = \varphi(0) + K_G \int_0^t \omega_1(\tau)\, d\tau . \qquad (2.39)$$

Ventil: Bezeichnet man den jeweiligen Öffnungsquerschnitt des Ventils mit f(t), so ist

$$q_e(t) = f(t) \cdot v_e(t) .$$

Die Zuflußgeschwindigkeit $v_e(t)$ ist die Störgröße, die infolge der Druckschwankungen in der Zuleitung um den Wert v_{e0} schwankt. Man darf

$$f(t) = K_Q\, \varphi(t)$$

mit einer positiven Konstante K_Q annehmen, sofern man einen mittleren Stellbereich betrachtet oder durch konstruktive Maßnahmen die Proportionalität über den gesamten Stellbereich sichert. Somit ist

$$q_e(t) = K_Q\, v_e(t)\, \varphi(t) . \qquad (2.40)$$

Da hier die Ausgangsgröße als Produkt zweier zeitveränderlicher Eingangsgrößen entsteht, spricht man von einem *Multiplizierglied* oder multiplikativen Glied *(M-Glied)*. Allgemein lautet dessen Gleichung

$$y(t) = K u_1(t) \cdot u_2(t) , \qquad K > 0 \ \text{konstant.}$$

Wie das Summierglied hat es mehr als eine Eingangsgröße, ist aber im Gegensatz zu diesem nichtlinear. Wir wollen es durch das Symbol im Bild 2/13 wiedergeben.

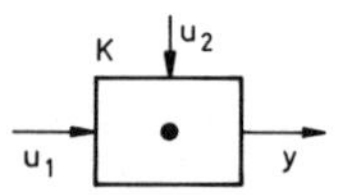

Bild 2/13. Blockdarstellung des Multipliziergliedes (M-GLiedes)

Auch beim M-Glied gibt es keine einfache Übersetzung in den komplexen Bereich.[6] Man muß daher bei ihm, wie schon beim Kennlinienglied, in der Zeitbereichsdarstellung bleiben.

Aus den Gleichungen (2.33) bis (2.40) kann man nunmehr wie bei den früheren Beispielen das Strukturbild der Abflußregelung herleiten. Man geht dabei von der Ausgangsgröße q_a aus und schreitet in den obigen Gleichungen so lange rückwärts, bis der Wirkungskreis geschlossen ist. Die Integrationsoperation $K \int_0^t \ldots d\tau$ kennzeichnet man dabei zweckmäßigerweise durch die Übertragungsfunktion $\frac{K}{s}$. Man erhält so das Bild 2/14.

Auf einen Punkt soll aber noch ausdrücklich hingewiesen werden, da er erfahrungsgemäß leicht zu Verständnisschwierigkeiten führt. Im Bild 2/14 treten Blöcke auf, die durch eine komplexe Übertragungsfunktion G(s) charakterisiert sind, wie z.B. das Integrierglied mit $G(s) = \frac{1}{As}$, und andererseits Blöcke, die nur im Zeitbereich beschrieben werden können, wie das Multiplizierglied oder die Wurzelkennlinie. Das scheint im ersten Augenblick widerspruchsvoll zu sein, ist es aber in Wirklichkeit nicht. Man kann nämlich, wie früher schon bemerkt, jeden Block, der eine komplexe Gleichung

$$Y(s) = G(s) \cdot U(s) \qquad (2.41)$$

darstellt (Bild 2/15), auch im Zeitbereich interpretieren. Das geschieht dadurch, daß man auf diese Glei-

[6] Allerdings ist grundsätzlich eine Übersetzung in den komplexen Bereich möglich, und zwar mittels der komplexen Faltungsregel (siehe etwa [2.2], Abschnitt 8.2). Doch führt dies im allgemeinen zu keiner Vereinfachung der Darstellung.

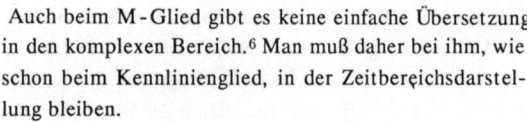

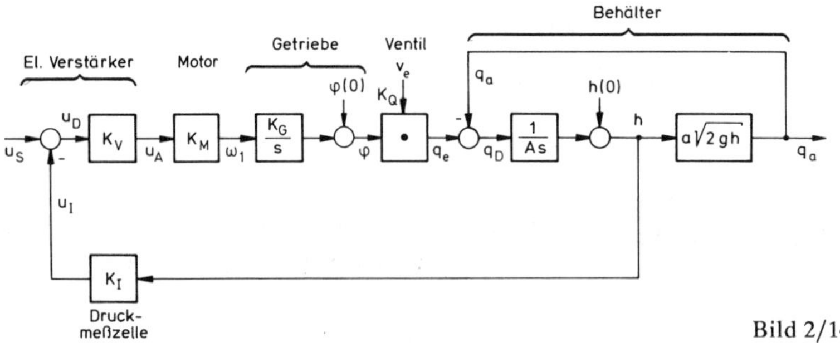

Bild 2/14. Strukturbild der Abflußregelung

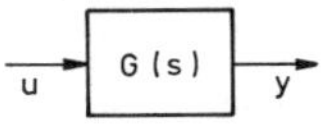

Bild 2/15. Blockdarstellung der komplexen Gleichung $Y(s) = G(s)\,U(s)$

chung die Faltungsregel der Laplace-Transformation anwendet:

$$y(t) = g(t)*u(t) = \int_0^t g(t-\tau)\,u(\tau)\,d\tau\,. \tag{2.42}$$

Diese Faltungsbeziehung ist völlig äquivalent zur vorangegangenen komplexen Gleichung.

Betrachten wir beispielsweise das Integrierglied! Seine komplexe Gleichung lautet

$$Y(s) = \frac{K}{s}\,U(s)\,. \tag{2.43}$$

Zu $G(s) = K/s$ gehört als Originalfunktion $g(t) = K\sigma(t)$, wobei $\sigma(t)$ den Einheitssprung bezeichnet (Bild 2/16). Nach der Faltungsregel folgt deshalb aus (2.43)

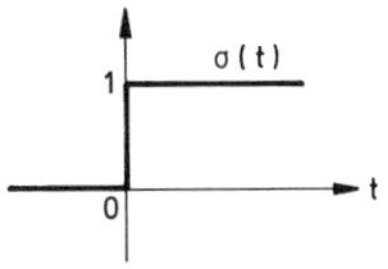

Bild 2/16. Einheitssprung

$$y(t) = K\sigma(t)*u(t) = K\int_0^t \sigma(t-\tau)\,u(\tau)\,d\tau\,.$$

Da im Bereich $0 < \tau < t$ die Differenz $t-\tau$ positiv und somit $\sigma(t-\tau) = 1$ ist, folgt weiter

$$y(t) = K\int_0^t u(\tau)\,d\tau\,.$$

Dies ist die übliche Zeitbereichsgleichung des Integrierglieds.

Man kann somit das Blocksymbol von Bild 2/15 sowohl im komplexen Bereich als auch im Zeitbereich interpretieren. Tritt ein derartiger Block zusammen mit nichtlinearen Blöcken auf, die nur im Zeitbereich beschrieben werden können, so hat man ihn als Zeitbereichsbeziehung, also als Faltungsgleichung, aufzufassen, auch wenn die komplexe Funktion G(s) eingetragen ist. Diese ist dann eben ein Symbol für die Zeitbereichsgleichung. In dieser Weise ist das Bild 2/14 zu lesen.

2.3 Die Blöcke des Strukturbildes

2.3.1 Der Block als Übertragungsglied

Das Strukturbild eines dynamischen Systems ist aus Blöcken aufgebaut, welche durch die Wirkungslinien miteinander verbunden sind. Jeder Block ist das anschauliche Bild einer Funktionalbeziehung.

Aus der Betrachtung der vorliegenden Beispiele ergibt sich eine sehr bemerkenswerte und für alle regelungstechnischen Untersuchungen fundamentale Einsicht, die durch die späteren Beispiele noch vertieft wird. Trotz der großen Mannigfaltigkeit technischer Anlagen in gerätetechnischer Hinsicht gehören ihre Blöcke einigen wenigen und überdies sehr einfachen Grundtypen an. Dieses Verschwinden der gerätetechnischen Vielfalt beim Übergang vom realen technischen System zum mathematischen Modell erleichtert die Untersuchung der dynamischen Vorgänge und ermöglicht ganz allgemeine Aussagen über das Verhalten einer Regelung, unabhängig von der gerätetechnischen Natur der Bauglieder. Nur durch diese Tatsache, daß also das dynamische Verhalten eines Regelkreises davon unabhängig ist, ob er aus elektrischen, mechanischen oder irgendwelchen anderen Baugliedern besteht, ist überhaupt die Regelungstechnik als selbständige Disziplin möglich und nicht nur ein Teilgebiet der anderen technischen Disziplinen wie Elektrotechnik, Mechanik usw.

Diese Tatsache, daß also dynamische Systeme, unabhängig von ihrer physikalischen Beschaffenheit und technischen Zielsetzung, aus wenigen Typen einfacher Blöcke aufgebaut sind, legt den Gedanken nahe, diese grundlegenden Blocktypen zusammenzutragen und ihr Verhalten zu studieren, da man hoffen kann, auf diese Weise die sich aus ihnen aufbauenden dynamischen Systeme besser zu verstehen. Dieses Programm wird im vorliegenden Abschnitt 2.3 und den beiden folgenden Abschnitten 2.4 und 2.5 ausgeführt.

Ein Block ordnet seiner Eingangsgröße u bzw. seinen Eingangsgrößen $u_1,\ldots,u_p$ in eindeutiger Weise eine Ausgangsgröße y zu. Man kann dies durch die Schreibweise

$$y = \varphi\{u\} \quad \text{bzw.} \quad y = \varphi\{u_1,\ldots,u_p\}$$

ausdrücken, wobei φ die Gesamtheit der Operationen bezeichnet, durch die aus u bzw. $u_1,\ldots,u_p$ die Ausgangsgröße y wird. Mathematisch gesehen, handelt es sich um eine eindeutige Abbildung der Eingangsgröße u bzw. der Eingangsgrößen $u_1,\ldots,u_p$ auf die Ausgangsgröße y. Die Abbildungsvorschrift φ bezeichnet man auch als *Operator*. Zu einem mehr technischen Sprachgebrauch gelangt man dadurch, daß man den Block bzw. die Funktionalbeziehung als *Übertragungsglied* bezeichnet. Dadurch wird begrifflich nichts Neues gewonnen. *Funktionalbeziehung, Block, Operator, Übertragungsglied bezeichnen dieselbe Sache*, nur unter etwas verschiedenen Gesichtspunkten.

Betrachtet man beispielsweise den Block 1 im Bild 2/10, so kann man ihn als ein Übertragungsglied auffassen, das aus dem aufgeschütteten Massenstrom q(t) den abgeworfenen Massenstrom x(t) erzeugt. Die zugehörige Funktionalbeziehung lautet

$$x(t) = q(t - T_t) \quad \text{bzw.} \quad x(s) = e^{-T_t s} q(s) .$$

Der Operator φ besteht hier also aus der Verschiebung der Zeitfunktion q(t) um T_t nach rechts bzw. aus der Multiplikation der komplexen Funktion q(s) mit dem Faktor $e^{-T_t s}$.

Im folgenden wird vorzugsweise die Bezeichnung *Übertragungsglied* benutzt. Wenn es sich um allgemeine Betrachtungen handelt, sei seine Eingangsgröße mit u, seine Ausgangsgröße mit y bezeichnet. Das Übertragungsglied wird dann durch das Blocksymbol im Bild 2/17 dargestellt.

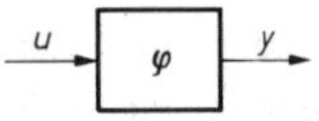

Bild 2/17. Allgemeines Übertragungsglied

Wir wollen nunmehr die Übertragungsglieder aus den vorangegangenen Beispielen zusammentragen und ausführlich betrachten, ergänzt um zwei weitere, die ebenfalls häufig benutzt werden.

Jedes Übertragungsglied ist ursprünglich durch seine *Funktionalbeziehung* charakterisiert. Kann man diese der Laplace-Transformation unterwerfen, so wird sie auf die Form Y(s) = G(s) U(s) gebracht. Dann kann das Übertragungsglied auch durch die *Übertragungsfunktion* G(s) beschrieben werden. In vielen Fällen kann man das Übertragungsglied aber auch anders charakterisieren, nämlich durch seine Reaktion auf eine Testfunktion, die man als Eingangsgröße aufschaltet. Als solche wird vor allem der *Einheitssprung* $\sigma(t)$ gewählt (Bild 2/16):

$$\sigma(t) = \begin{cases} 0 & \text{für} \quad t \leq 0 \\ 1 & \text{für} \quad t > 0 \end{cases} .$$

Die zugehörige Ausgangsgröße wird *Sprungantwort* oder *Übergangsfunktion* des Übertragungsgliedes genannt [7] und sei mit h(t) bezeichnet. Trägt man ihr Bild in den Block ein, so hat man ein einfaches und anschauliches Symbol für das betreffende Übertragungsglied.[8] Allerdings läßt es sich nur bei einfachen Übertragungsgliedern verwenden, da bei komplizierteren der Fall eintreten kann, daß Übertragungsglieder mit verschiedenen Gleichungen ähnlich aussehende Sprungantworten haben. Dann bleibt man besser bei der Charakterisierung durch die Übertragungsfunktion G(s).

2.3.2 Proportionalglied (P-Glied)

Die definierende Funktionalbeziehung lautet

$$y = Ku , \quad K > 0 .$$

K heißt die *Übertragungskonstante*, manchmal auch der Verstärkungsfaktor des P-Gliedes.

Die Laplace-Transformation der Funktionalbeziehung ergibt

$$Y(s) = K\,U(s) .$$

Daher ist die Übertragungsfunktion

$$G(s) = K .$$

Wird der Einheitssprung aufgeschaltet, so ist die Ausgangsgröße

$$h(t) = K\sigma(t) = \begin{cases} 0 & \text{für} \quad t \leq 0 \\ K & \text{für} \quad t > 0 \end{cases} .$$

Die Sprungantwort ist also eine Sprungfunktion mit der Sprunghöhe K. Hieraus folgt das Symbol für das P-Glied in Bild 2/18.

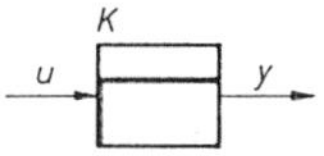

Bild 2/18. Proportionalglied (P-Glied)

---

[7] In DIN 19229 (Übertragungsverhalten dynamischer Systeme) [2.3] wird "Übergangsfunktion" vorgeschlagen. Wegen der Verwechslungsmöglichkeit mit "Übertragungsfunktion" ziehen wir "Sprungantwort" vor.

[8] Abweichend von DIN 19226 wird das Achsenkreuz nicht in den Block eingezeichnet, da hierdurch keine zusätzliche Information vermittelt und nur der Zeichenaufwand vermehrt wird.

Beispiele für das Auftreten des P-Gliedes sind der Zusammenhang u = Ri zwischen dem Strom i und der Spannung u an einem Ohmschen Widerstand R und der Zusammenhang F = ma zwischen der Beschleunigung a und der Kraft F an einer beschleunigten Masse m.

2.3.3 Integrierglied (I-Glied)

Seine Funktionalbeziehung lautet

$$y = K \int_0^t u(\tau)\, d\tau , \quad K > 0 .$$

Um Verwechslungen mit der oberen Grenze t des Integrals zu vermeiden, ist die Integrationsvariable mit τ bezeichnet. Auch hier wird K als die *Übertragungskonstante* oder der Verstärkungsfaktor des I-Gliedes bezeichnet.

Durch Laplace-Transformation erhält man

$$Y(s) = \frac{K}{s} U(s) , \quad \text{so daß} \quad G(s) = \frac{K}{s}$$

die Übertragungsfunktion des I-Gliedes ist. Für $u = \sigma(t)$ erhält man die Ausgangsgröße

$$h(t) = K \int_0^t 1 \cdot d\tau = Kt ,$$

sofern $t > 0$ ist. Für $t \leq 0$ ist h(t) Null. Also ist die Sprungantwort

$$h(t) = \begin{cases} 0 & \text{für} \quad t \leq 0 \\ Kt & \text{für} \quad t > 0 \end{cases} .$$

Hierfür kann man auch $h(t) = Kt\sigma(t)$ schreiben.

Das I-Glied reagiert also auf einen konstanten Sprung mit einer unbegrenzt ansteigenden Ausgangsgröße. Daraus ergibt sich seine physikalische Interpretation: Es ist ein Speicher, der unbegrenzt volläuft.

Die Tatsache, daß für $t \leq 0$ die Sprungfunktion h(t) identisch Null ist, ist für jedes technisch realisierbare Übertragungsglied selbstverständlich. Denn für $t \leq 0$ ist der Einheitssprung identisch Null, übt also keine Wirkung auf das Übertragungsglied aus. Dann muß auch dessen Ausgangsgröße Null sein. Indem man diese Tatsache voraussetzt, gibt man h(t) lediglich für $t > 0$ an, ohne dies in jedem Einzelfall explizit zu erwähnen. Man schreibt also beim I-Glied kurz

$$h(t) = Kt .$$

Das gleiche gilt für die späteren Übertragungsglieder.

Ganz generell sei angemerkt, daß alle Zeitfunktionen, sofern nicht ausdrücklich das Gegenteil gesagt ist, als identisch Null für $t \leq 0$ angenommen werden.

An der Sprungantwort liest man die Übertragungskonstante K ab, indem man gemäß Bild 2/19 den Funktionswert für t = 1 aufsucht. Häufig wird anstelle von K der reziproke Wert T = 1/K angegeben, den man als *Zeitkonstante* des I-Gliedes bezeichnet. Da nämlich für t = T der Wert der Sprungantwort h = 1 ist, charakterisiert der Betrag von T die Schnelligkeit des Ansteigens der Sprungantwort. T hat jedoch im allgemeinen nicht die Dimension einer Zeit, sondern es ist

$$[T] = \frac{[u]}{[y]} \cdot [t] .$$

Das Symbol des I-Gliedes ist im Bild 2/20 wiedergegeben.

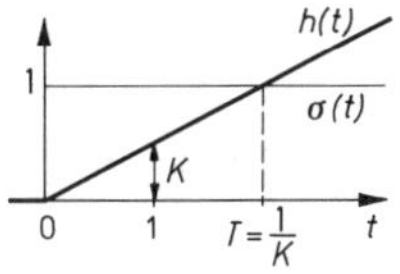

Bild 2/19. Sprungantwort des I-Gliedes

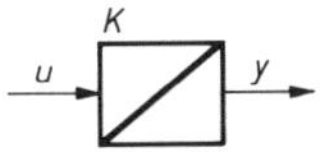

Bild 2/20. Integrierglied (I-Glied)

Ein Beispiel für das Auftreten des I-Gliedes: Die Abhängigkeit der Winkelgeschwindigkeit ω vom beschleunigenden Moment M gemäß $\omega = \frac{1}{\Theta} \int_0^t M\, d\tau$ und die Abhängigkeit der Spannung an einem Kondensator vom Strom gemäß

$$u = \frac{1}{C} \int_0^t i\, d\tau .$$

Es kann sein, daß ein I-Glied mit einem Anfangswert versehen ist. Betrachten wir etwa einen Kondensator, der zum Zeitpunkt t = 0 bereits die Ladung Q_0 hat. Dann ist seine Ladung zu einem späteren Zeitpunkt t

$$Q = \int_0^t i\, d\tau + Q_0 ,$$

also die an ihm liegende Spannung

$$u = \frac{Q}{C} = \frac{1}{C}\int_0^t i\,d\tau + \frac{Q_0}{C}\,.$$

Zu dem Integrierglied tritt hier der Anfangswert $u_0 = Q_0/C$ hinzu.

Ein anderes Beispiel: Für die Drehbewegung einer Masse mit dem Trägheitsmoment Θ gilt die Bewegungsgleichung

$$\Theta\,\dot{\omega} = M\,,$$

wenn ω die Winkelgeschwindigkeit und M das beschleunigende Moment ist. Durch Integration folgt daraus

$$\omega = \frac{1}{\Theta}\int_0^t M\,d\tau + \omega_0\,,$$

sofern die Masse zum Zeitpunkt t = 0 bereits in Rotation war und die Winkelgeschwindigkeit ω_0 hatte.

Ein Integrierglied mit Anfangswert wird durch das Strukturbild in Bild 2/21, oben, beschrieben. Dieses veranschaulicht die Gleichung

$$y = K\int_0^t u(\tau)\,d\tau + y_0\,.$$

Abkürzend kann man auch das Symbol in Bild 2/21, unten, verwenden.

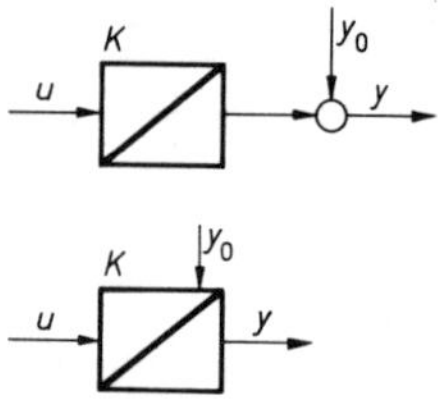

Bild 2/21. Integrierglied mit Anfangswert

2.3.4 Differenzierglied (D-Glied)

Es ist durch die Funktionalbeziehung

$$y = K\dot{u}\,,\ \text{Übertragungskonstante } K > 0\,,$$

gegeben. Durch Laplace-Transformation wird daraus $Y(s) = K\,s\,U(s)$, so daß seine Übertragungsfunktion

$$G(s) = K\,s$$

ist.

Das Differenzierglied trat in den bisherigen Beispielen nicht auf, wie es denn überhaupt in realen Systemen kaum vorkommen wird, da es stets mit einer Verzögerung kombiniert ist. Weil es jedoch bei theoretischen Untersuchungen von Nutzen ist, wird es hier behandelt. Daß es mit einer gewissen Vorsicht zu betrachten ist, zeigt seine Sprungantwort. Im Sinne der klassischen Differentialrechnung kann die Eingangsgröße $u = \sigma(t)$ an der Stelle t = 0 überhaupt nicht differenziert werden, da sie dort eine Sprungstelle aufweist. Wie aber reagiert ein reales technisches System? Man darf annehmen, daß der im realen System erzeugte Einheitssprung in t = 0 keinen Sprung aufweist, sondern einen kontinuierlichen, allerdings sehr steilen Übergang, etwa so, wie dies in Bild 2/22, links, dargestellt ist. Seine Differentiation liefert dann die in Bild 2/22, rechts, dargestellte Funktion, also einen sehr hohen und schmalen Impuls, wobei es nicht auf die Gestalt im einzelnen ankommt, sondern nur auf die Tatsache, daß die Impulsfläche gleich 1 ist. Es ist die *δ-Funktion* $\delta(t)$, auch als *δ-Impuls* bezeichnet.

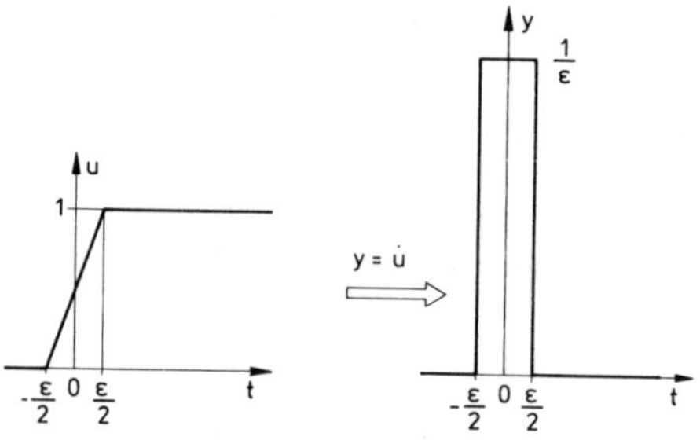

Bild 2/22. Entstehung eines δ-Impulses durch Differentiation

Ihre mathematisch präzise Fassung erfordert eine Verallgemeinerung des klassischen Funktionsbegriffs, jedenfalls dann, wenn man nicht nur mit der δ-Funktion selbst, sondern auch mit verwandten Begriffsbildungen, etwa den Ableitungen der δ-Funktion, arbeiten will. Eine solche Verallgemeinerung ist in verschiedener Weise möglich, in Form der Distributionen, der Operatoren von Mikusinski und dergleichen.[9] Für unsere Zwecke können wir uns mit der naiven Auffassung der δ-Funktion als eines hohen und schmalen Impulses be-

[9] Siehe hierzu: [2.4] Abschnitt 2.2: Zeitdistributionen; [2.6] Kapitel V, Abschnitt 1: Verallgemeinerte Funktionen; [2.5] und [2.6] Anhang.

gnügen. Die Dauer ϵ des Impulses muß dabei sehr klein gegen die Zeitkonstanten des Systems sein. Im Kapitel 17 sind die wichtigsten Regeln für das Rechnen mit δ-Funktionen zusammengestellt.

Die Sprungantwort des D-Gliedes ist also

$$h(t) = K\,\delta(t)\,,$$

woraus sich das Symbol in Bild 2/23 ergibt.

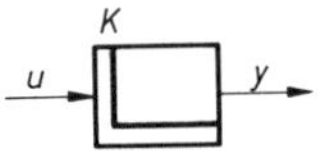

Bild 2/23. Differenzierglied (D-Glied)

Als Beispiele für das D-Glied seien die Abhängigkeit $F = m\dot{v}$ der Kraft F von der Geschwindigkeit v und die Abhängigkeit $u = L\dot{i}$ der Spannung u an einer Induktivität vom Strom i genannt.

2.3.5 Totzeitglied (T_t-Glied, TZ-Glied)

Es tritt im Beispiel der Schüttgutregelung auf (Bild 2/10). So wie dort charakterisiert es auch allgemein einen Transportvorgang, mag es sich nun um Masse, Energie oder Information handeln.

Allgemein ist das Totzeitglied durch die Gleichung

$$y(t) = Ku(t-T_t)\,, \quad K, T_t > 0\,,$$

charakterisiert, wobei die Konstante K wieder als Übertragungskonstante bezeichnet sei.

Die Laplace-Transformation dieser nach rechts verschobenen Zeitfunktion ergibt auf Grund des Verschiebungssatzes

$$Y(s) = Ke^{-T_t s}\,U(s)\,.$$

Daher hat das Totzeitglied die Übertragungsfunktion

$$G(s) = Ke^{-T_t s}\,.$$

Die Wirkung des T_t-Gliedes besteht in der Verschiebung der Eingangsgröße um die Totzeit T_t, nebst der Multiplikation mit dem Faktor K. Die durch diese Operationen erhaltene Sprungantwort ist in Bild 2/24 dargestellt, das Symbol des T_t-Gliedes in Bild 2/25. Die Gleichung der Sprungantwort ist

$$h(t) = K\,\sigma(t-T_t)\,.$$

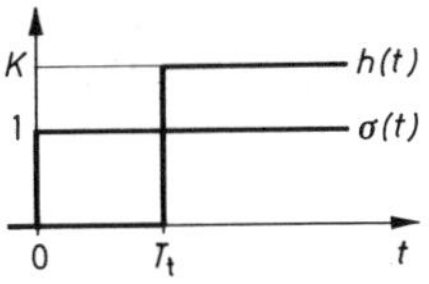

Bild 2/24. Sprungantwort des Totzeitgliedes

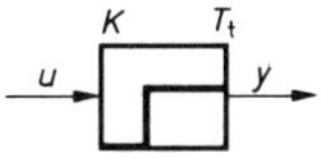

Bild 2/25. Totzeitglied (T_t-Glied, TZ-Glied)

2.3.6 Summierglied (S-Glied)

Das Summierglied, oft auch als Summierungsstelle (S-Stelle) bezeichnet, stellt ein Übertragungsglied mit mehreren Eingangsgrößen dar und ist durch die Funktionalbeziehung

$$y = \pm u_1 \pm u_2 \pm \ldots \pm u_p$$

gegeben, wobei für jede Eingangsgröße selbstverständlich nur eines der beiden Vorzeichen gilt. Bild 2/26 zeigt sein Symbol für die Gleichung

$$y = u_1 + u_2 - u_3\,.$$

Da die Funktionalbeziehung des S-Gliedes mehrere Eingangsgrößen hat, ist die bisherige Charakterisierung durch Übertragungsfunktion und Sprungantwort nicht möglich, wegen der Einfachheit des S-Gliedes aber auch unnötig.

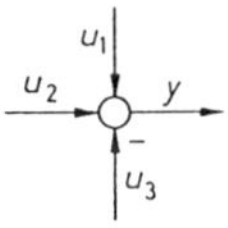

Bild 2/26. Summierglied (S-Glied)

Ein Sonderfall ist noch zu erwähnen. Soll lediglich das Vorzeichen einer Größe geändert werden, so kann man dies graphisch durch ein Summierglied mit einer einzigen Eingangsgröße ausdrücken. Man spricht dann auch von einem *Umpolglied.*

2.3.7 Kennlinienglied (KL-Glied)

Es ist durch die Funktionalbeziehung

$$y(t) = F\big(u(t)\big)$$

definiert. Dabei ist F eine gegebene Funktion, die nicht mit der linearen Funktion Ku identisch sein soll, da sonst ein Proportionalglied vorliegt. In den technischen Anwendungen ist die Funktion F häufig in graphischer Form, als *Kennlinie*, gegeben.

Beispiele solcher Kennlinien bilden die Magnetisierungskennlinie im Bild 2/2 sowie die Wurzelkennlinie $q_a = a\sqrt{2gh}$ im Bild 2/14. Einige andere häufig vorkommende Kennlinien findet man im Bild 2/27. Da ist zunächst die *Begrenzungskennlinie*, die in der Mechanik immer dann auftritt, wenn eine Größe an den Anschlag geht, wie es z.B. bei einem Ventil der Fall ist: Wie stark auch das Ventil angesteuert wird, es kann nie mehr als vollständig auf- oder zugedreht werden. Aber auch in elektrischen Systemen tritt sie aufgrund von Sättigungserscheinungen häufig auf, z.B. in elektrischen Verstärkern. Die Begrenzung dürfte wohl die häufigste nichtlineare Kennlinie sein. Nicht selten trifft man auch auf die Zwei- und Dreipunktkennlinie, die einem Relais ohne bzw. mit mittlerer Ruhelage entspricht. Als Beispiel einer speziellen Kennlinie ist die trockene oder Coulombsche Reibung angeführt: Bei ihr ist der Reibungswiderstand dem Betrage nach konstant, aber der Geschwindigkeit entgegengerichtet. Im Unterschied zu

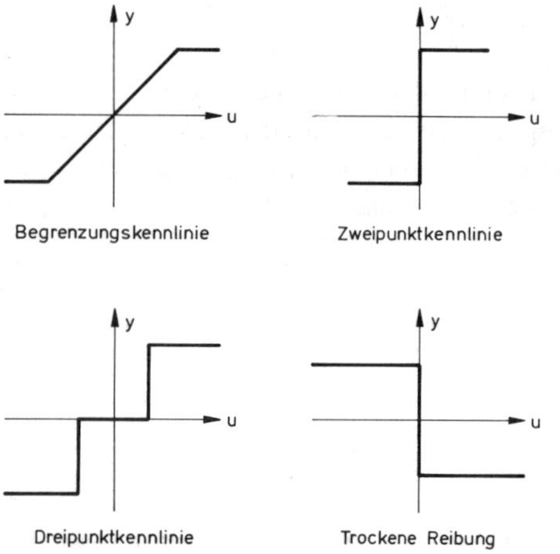

Bild 2/27. Verschiedene nichtlineare Kennlinien

den bisherigen Übertragungsgliedern handelt es sich beim Kennlinienglied um ein nichtlineares Übertragungsglied. Das bringt tiefgreifende Unterschiede mit sich. Die Laplace-Transformation der Gleichung y = F(u) ist, wie schon erwähnt, zwecklos. Natürlich kann man die beiden Zeitfunktionen u(t) und y(t) einzeln Laplace-transformieren. Der Quotient Y(s)/U(s) liefert dann auch eine bestimmte komplexe Funktion. Diese ist aber für jede Eingangsgröße u eine andere. Daher gibt es keine Übertragungsfunktion G(s), die ja gemäß Y(s) = G(s)U(s) als der gemeinsame Quotient G(s) = Y(s)/U(s) definiert ist, der für beliebige Eingangsgrößen u die gleiche komplexe Funktion darstellt.

Auch die Sprungantwort ist zur Charakterisierung des KL-Gliedes nicht geeignet. Schaltet man nämlich den Einheitssprung auf das KL-Glied, so ist die Ausgangsgröße ebenfalls eine Sprungfunktion, und zwar von der Sprunghöhe F(1). Diese gibt aber keine Auskunft über den Verlauf der Kennlinie, der doch für das Verhalten des KL-Gliedes ausschlaggebend ist.

Als Symbol des KL-Gliedes wird daher die Kennlinie selbst verwandt. Um Verwechslungen mit einer Sprungantwort zu vermeiden, wird die Kennlinie mit dem Achsenkreuz eingetragen, das in die Mitte des Blockes gesetzt ist. Man erhält so Bild 2/28, links, als Symbol des KL-Gliedes. Ebenso kann man aber auch die Funktion F(u) in den Block des KL-Gliedes eintragen, wie dies in Bild 2/28, rechts, dargestellt ist.

Bild 2/28. Kennlinienglied (KL-Glied)

2.3.8 Multiplizierglied (M-Glied)

Das M-Glied ist ein nichtlineares Übertragungsglied mit zwei Eingangsgrößen und durch die Funktionalbeziehung

$$y(t) = K\, u_1(t)\, u_2(t)\,, \qquad K > 0\,,$$

definiert. Es liegt auf der Hand, daß eine Charakterisierung durch Übertragungsfunktion und Sprungantwort weder möglich noch nötig ist. Als Symbol werde der Multiplikationspunkt gewählt (Bild 2/29).

Beispiele für das M-Glied sind die Bildung der EMK e_G einer Gleichstrommaschine aus der Winkelgeschwindig-

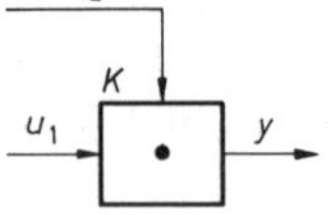

Bild 2/29. Multiplizierglied (M-Glied)

keit ω und dem Fluß Φ gemäß $e_G = c\omega\Phi$ sowie die Bildung des Momentes M_A eines Gleichstrommotors aus dem Ankerstrom i_A und dem Fluß Φ gemäß $M_A = c i_A \Phi$.

2.3.9 Elementare und zusammengesetzte Übertragungsglieder

Die bisher betrachteten Übertragungsglieder sind sämtlich von sehr einfacher Art. Die Operation, durch die aus den Eingangsgrößen die Ausgangsgröße entsteht, läßt sich bei ihnen nicht in einfachere Operationen zerlegen, wenn man von der eventuell möglichen Abspaltung eines konstanten Faktors absieht. So entsteht z.B. bei einem Differenzierglied mit der Gleichung $y = K\dot{u}$ die Ausgangsgröße y, abgesehen von der Multiplikation mit der Konstante K, durch Differentiation aus der Eingangsgröße u, durch eine Operation also, die nicht in noch einfachere zerlegt werden kann. Man kann die betrachteten Übertragungsglieder daher als *elementare Übertragungsglieder* bezeichnen. Aus ihnen lassen sich alle anderen bei den folgenden Untersuchungen auftretenden Übertragungsglieder aufbauen. Gewisse feste Kombinationen der elementaren Übertragungsglieder treten nun aber immer wieder auf. Es ist daher zweckmäßig, solche *zusammengesetzten Übertragungsglieder*, die häufig vorkommen, hier mit aufzuführen, um so ihre Eigenschaften ein für alle Mal zur Verfügung zu haben.

2.3.10 Verzögerungsglied 1. Ordnung ($P\text{-}T_1$-Glied, VZ_1-Glied)[10]

Es ist durch die Differentialgleichung

$$T\dot{y} + y = Ku, \quad K, T > 0, \tag{2.44}$$

definiert. Diese Differentialgleichung tritt bei den verschiedenartigsten Anwendungen auf. Betrachtet man beispielsweise das elektrische Netzwerk in Bild 2/30, so ist

$$u = Ri + L\dot{i}$$

oder

$$\frac{L}{R}\dot{i} + i = \frac{1}{R}u\,.$$

[10] "$P\text{-}T_1$-Glied" wird von DIN 19226 (Übertragungsverhalten dynamischer Systeme) vorgeschlagen. Wir werden gelegentlich auch die andere, ebenfalls vielfach übliche Bezeichnung verwenden, die unmittelbar auf das physikalische Verhalten dieses Übertragungsglieds zurückgeht. Entsprechend beim $P\text{-}T_2$-Glied.

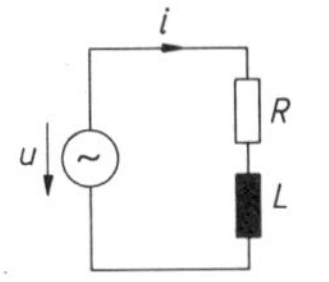

Bild 2/30. Elektrisches Beispiel für ein Verzögerungsglied 1. Ordnung

Bei dem mechanischen System in Bild 2/31 wirken auf die Masse m die äußere Kraft F und die geschwindigkeitsproportionale Flüssigkeitsreibung $-rv$ ein. Daher gilt

$$m\dot{v} = F - rv$$

oder

$$\frac{m}{r}\dot{v} + v = \frac{1}{r}F\,.$$

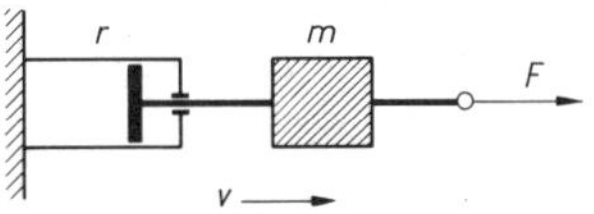

Bild 2/31. Mechanisches Beispiel für ein Verzögerungsglied 1. Ordnung

Die Laplace-Transformation der Differentialgleichung (2.44) ergibt, wenn man, wie auch im folgenden, verschwindende Anfangswerte annimmt:

$$T\,s\,Y(s) + Y(s) = K\,U(s) \tag{2.45}$$

oder

$$Y(s) = \frac{K}{1+Ts}\,U(s)\,.$$

Das $P\text{-}T_1$-Glied hat also die Übertragungsfunktion

$$G(s) = \frac{K}{1+Ts}\,.$$

Daß sich das $P\text{-}T_1$-Glied aus elementaren Übertragungsgliedern aufbauen läßt, kann man beispielsweise aus (2.45) erkennen:

$$T\,s\,Y(s) = K\,U(s) - Y(s)\,,$$

$$Y(s) = \frac{K}{Ts}\left[U(s) - \frac{1}{K}Y(s)\right].$$

Diese Gleichung ist in Bild 2/32 dargestellt. Wie man sieht, läßt sich das $P\text{-}T_1$-Glied durch Rückkopplung eines I-Gliedes über ein P-Glied erzeugen. In der Tat wird es auf diese Weise im Analogrechner erzeugt.

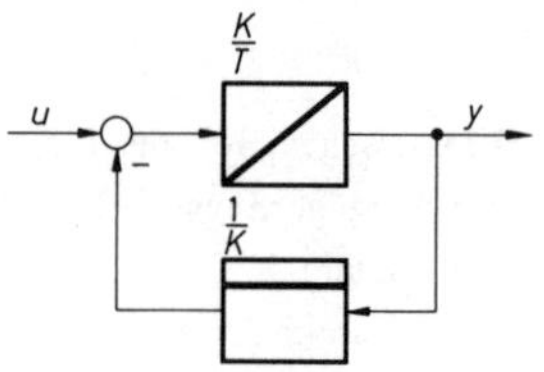

Bild 2/32. Aufbau des Verzögerungsgliedes 1. Ordnung aus elementaren Übertragungsgliedern

Die Sprungantwort des P-T_1-Gliedes erhält man aus

$$H(s) = \frac{K}{1+Ts} \cdot \frac{1}{s} = \frac{K}{T} \frac{1}{s(s+\frac{1}{T})} = K\left[\frac{1}{s} - \frac{1}{s+\frac{1}{T}}\right],$$

also

$$h(t) = K(1 - e^{-t/T}) .$$

Diese Funktion ist in Bild 2/33 dargestellt, das aus ihr abgeleitete Symbol des P-T_1-Gliedes in Tabelle 2/1.

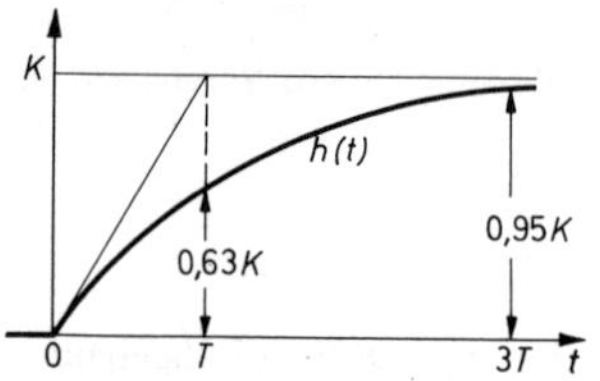

Bild 2/33. Sprungantwort des Verzögerungsgliedes 1. Ordnung

Der Endwert K wird erst nach einiger Zeit, theoretisch nach unendlich langer Zeit, erreicht. Die dynamische Wirkung des P-T_1-Gliedes besteht daher in einer Verzögerung der Wirkung von u(t), worin der Grund für seine Benennung besteht. Der Zusatz *1. Ordnung* soll es von einem später zu behandelnden Übertragungsglied unterscheiden, das durch eine Differentialgleichung ganz ähnlicher Art, aber von der 2. Ordnung, charakterisiert ist.

Die Tangente an die Sprungantwort bei t = +0 nimmt den Endwert K zum Zeitpunkt t = T an, da

$$\frac{dh}{dt} = \frac{K}{T} e^{-t/T}, \quad \text{also} \quad \frac{dh}{dt}(+0) = \frac{K}{T} \quad \text{ist.}$$

T bestimmt daher die Schnelligkeit des Anstiegs, weshalb T als *Zeitkonstante* des P-T_1-Gliedes bezeichnet wird. Nach der Zeitspanne t = 3T ist

$$h(3T) = K(1 - e^{-3}) \approx 0{,}95\ K .$$

Die Sprungantwort ist dann also auf 95 % des Endwertes angestiegen. Man bezeichnet daher $t_ü$ = 3T auch als *Übergangszeit* des P-T_1-Gliedes.

Ist die Sprungantwort eines P-T_1-Gliedes durch ein Oszillogramm gegeben, so kann man die Übertragungskonstante K unmittelbar als Endwert des Oszillogramms ablesen. Zur Bestimmung von T geht man nicht von der Anfangstangente aus, die nur ungenau angelegt werden kann, sondern sucht die Stelle der t-Achse auf, an der die Übergangsfunktion auf 63 % ihres Endwertes gestiegen ist. Dieser Zeitpunkt ist gerade T, da

$$h(T) = K(1 - e^{-1}) \approx 0{,}63\ K .$$

Aus Bild 2/33 ersieht man die physikalische Bedeutung des P-T_1-Gliedes: Auf eine konstante Eingangsgröße reagiert es mit einer ansteigenden Ausgangsgröße, die mit wachsender Zeit einem festen Wert zustrebt. Wie das I-Glied stellt also auch das P-T_1-Glied einen *Speicher* dar, aber einen, *der nur begrenzt volläuft.*

Diesen grundsätzlichen Verlauf der Sprungantwort kann man übrigens ohne jede Rechnung aus der Struktur im Bild 2/32 ablesen. Wird u = σ(t) aufgeschaltet und wäre das I-Glied alleine da, so ergäbe sich für y eine Rampenfunktion mit dem Anstieg K/T. Das ist im Bild 2/34 für das Anfangsintervall [0,Δt] angedeutet. Nun wird aber diese Rampenfunktion zurückgeführt und nach Multiplikation mit 1/K von u = 1 subtrahiert. Dadurch ergibt sich jetzt am Eingang des I-Gliedes ein Wert < 1. Dieser liefert für das nächste Zeitintervall [Δt,2Δt] eine Rampenfunktion mit niedrigerem Anstieg als im ersten Zeitintervall. Usw. Man erkennt auf diese Weise ganz anschaulich, wie durch die Rückführung aus der Rampenfunktion eine e-Funktion wird. Das ist ein einfaches Beispiel für die unmittelbare Einsicht in die Systemdynamik, welche durch das Strukturbild ermöglicht wird.

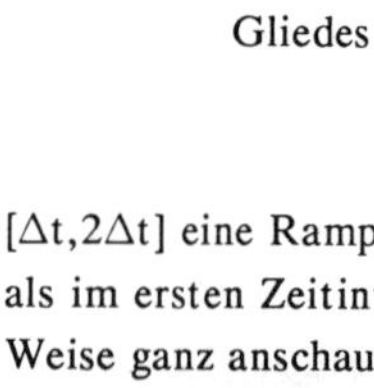

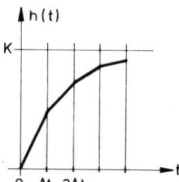

Bild 2/34. Konstruktion der Sprungantwort des P-T_1-Gliedes aus dem Strukturbild in Bild 2/32

2.3.11 Verzögerungsglied 2. Ordnung ($P\text{-}T_2$-Glied, VZ_2-Glied)

Das Verzögerungsglied 2. Ordnung wird durch die Differentialgleichung

$$T^2\ddot{y} + 2dT\dot{y} + y = Ku, \quad K, T, d > 0, \tag{2.46}$$

definiert, die von dem gleichen Typ ist wie die Differentialgleichung des $P\text{-}T_1$-Gliedes. Die Konstante T mit [T] = [t] nennt man ebenfalls *Zeitkonstante*, die dimensionslose Zahl d die *Dämpfung* und K mit [K] = [y]/[u] die *Übertragungskonstante* des $P\text{-}T_2$-Gliedes. Aus der Differentialgleichung folgt durch Laplace-Transformation

$$(T^2s^2 + 2dTs + 1)\,Y(s) = K\,U(s), \tag{2.47}$$

also die Übertragungsfunktion

$$G(s) = \frac{K}{1+2dT\,s+T^2s^2}.$$

Beispiele für das $P\text{-}T_2$-Glied liefern der Zusammenhang zwischen der Spannung u und der Kondensatorspannung u_C des Reihenschwingkreises in Bild 2/35 und der Zusammenhang zwischen der eingeprägten Kraft F und der Verschiebung x des mechanischen Systems in Bild 2/36. Aus Bild 2/35 folgt nämlich

$$u = Ri + L\dot{i} + u_C, \quad u_C = \frac{1}{C}\int_0^t i\,d\tau$$

und daraus durch Laplace-Transformation

$$u = Ri + Lsi + u_C, \quad u_C = \frac{1}{Cs}i.$$

Durch Elimination von i ergibt sich hieraus die Gleichung

$$(LCs^2 + RCs + 1)\,u_C = u,$$

die vom Typ (2.47) ist, mit

$$T^2 = LC, \quad 2dT = RC, \quad K = 1.$$

Hieraus folgt

$$T = \sqrt{LC}, \quad d = \frac{RC}{2T} = \frac{R}{2}\sqrt{\frac{C}{L}}.$$

Im Falle des mechanischen Systems hat man unmittelbar die Gleichung

$$m\ddot{x} = F - r\dot{x} - cx, \quad \text{aus der} \quad \frac{m}{c}\ddot{x} + \frac{r}{c}\dot{x} + x = \frac{1}{c}F$$

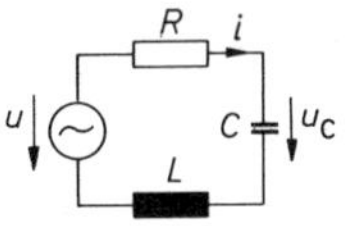

Bild 2/35. Elektrisches Beispiel für das $P\text{-}T_2$-Glied

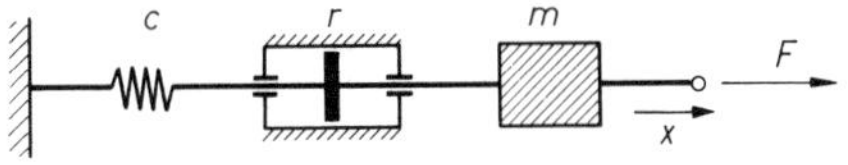

Bild 2/36. Mechanisches Beispiel für das $P\text{-}T_2$-Glied

folgt, so daß also

$$T = \sqrt{\frac{m}{c}}, \quad d = \frac{r}{2\sqrt{mc}}, \qquad K = \frac{1}{c}$$

ist.

Um das $P\text{-}T_2$-Glied aus P- und I-Gliedern aufzubauen, dividiert man (2.47) durch T^2s^2 und erhält so

$$Y = \frac{K}{T^2s^2}\left(U - \frac{1}{K}Y\right) - \frac{1}{Ts}2dY$$

oder

$$Y = \frac{K}{Ts}\left[\frac{1}{Ts}\left(U - \frac{1}{K}Y\right) - \frac{2d}{K}Y\right].$$

Diese Gleichung ist in Bild 2/37 dargestellt.

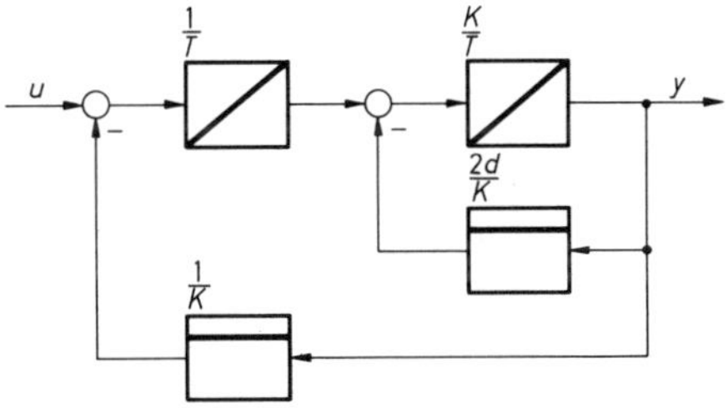

Bild 2/37. Aufbau des $P\text{-}T_2$-Gliedes aus elementaren Übertragungsgliedern

Das $P\text{-}T_2$-Glied kann auch durch $P\text{-}T_1$-Glieder dargestellt werden. Hierzu versucht man zunächst, das quadratische Polynom $T^2s^2 + 2dTs + 1$ in zwei Faktoren 1. Grades zu zerlegen, was zu dem Ansatz

$$1 + 2dTs + T^2s^2 = (1 + T_1s)(1 + T_2s)$$

führt. Durch Koeffizientenvergleich folgen hieraus die beiden Gleichungen

$$T_1 + T_2 = 2dT\,,$$

$$T_1 T_2 = T^2$$

zur Bestimmung von T_1 und T_2, die folgende Lösungen ergeben:

$$T_1 = T\,(d + \sqrt{d^2-1}\,)\,,$$

$$T_2 = T\,(d - \sqrt{d^2-1}\,)\,.$$

Diese Werte sind reell und positiv, wenn $d \geq 1$ ist, für $d < 1$ hingegen nichtreell. Im letzteren Fall ist die angestrebte Zerlegung unmöglich, da die Werte T_1 und T_2 als Zeitkonstanten von P-T_1-Gliedern reell sein müssen. Für $d \geq 1$ dagegen hat man die Zerlegung

$$\frac{K}{1+2dTs+T^2s^2} = \frac{K}{1+T_1 s} \cdot \frac{1}{1+T_2 s}\,,$$

die die Reihenschaltung zweier P-T_1-Glieder beschreibt (Bild 2/38).

Ist $d < 1$, so kann das P-T_2-Glied als Gegenkopplung

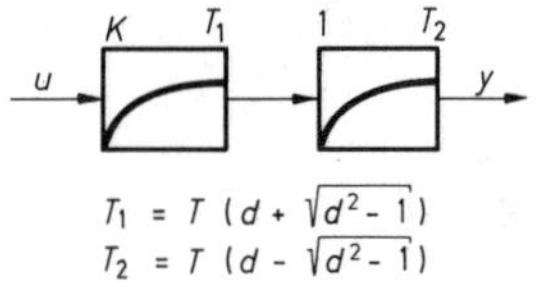

Bild 2/38. P-T_2-Glied als Reihenschaltung zweier P-T_1-Glieder, falls seine Dämpfung $d \geq 1$

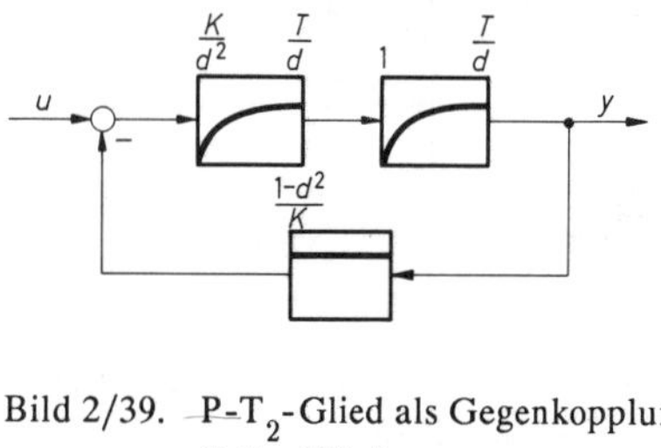

Bild 2/39. P-T_2-Glied als Gegenkopplung zweier P-T_1-Glieder

zweier P-T_1-Glieder dargestellt werden. Um dies zu erkennen, addiert man auf beiden Seiten der Gleichung (2.47) d^2Y und erhält so

$$(Ts + d)^2\,Y + Y = KU + d^2 Y\,,$$

$$Y = \frac{1}{(Ts+d)^2}\,(KU + d^2Y - Y)\,,$$

$$Y = \frac{\frac{K}{d^2}}{1+\frac{T}{d}s}\,\frac{1}{1+\frac{T}{d}s}\left[U - \frac{1-d^2}{K}Y\right].$$

Das Strukturbild dieser Gleichung zeigt Bild 2/39. Aus seiner Herleitung folgt, daß es für jeden Wert von d gilt, auch für $d \geq 1$. Man wird aber in diesem Falle die einfachere Darstellung des P-T_2-Gliedes als Reihenschaltung zweier P-T_1-Glieder vorziehen.

Um nun die *Sprungantwort des P-T_2-Gliedes* zu berechnen, gehen wir von seiner Übertragungsfunktion aus:

$$G(s) = \frac{K}{1+2dT\,s+T^2s^2} = K\omega_0^{\,2}\,\frac{1}{s^2+2d\omega_0 s+\omega_0^{\,2}}$$

mit $\quad \omega_0 = \dfrac{1}{T}$.

Um sie in Partialbrüche zerlegen zu können, bestimmen wir die Wurzeln der charakteristischen Gleichung

$$s^2 + 2d\omega_0 s + \omega_0^{\,2} = 0\,.$$

Sie sind

$$\alpha_{1,2} = -\,\omega_0(d \pm \sqrt{d^2-1}\,)\,. \qquad (2.48)$$

Sofern $d \neq 1$ ist, sind beide Wurzeln voneinander verschieden. Dieser Fall soll vorläufig allein betrachtet werden. Aus

$$G(s) = K\omega_0^{\,2}\,\frac{1}{(s-\alpha_1)(s-\alpha_2)}$$

kann man dann unmittelbar die Partialbruchdarstellung ablesen:

$$G(s) = K\omega_0^{\,2}\left[\frac{1}{s-\alpha_1} - \frac{1}{s-\alpha_2}\right]\frac{1}{\alpha_1-\alpha_2}\,.$$

Die Rückübersetzung in den Zeitbereich liefert die Originalfunktion zu G(s):

$$g(t) = \frac{K\omega_0^{\,2}}{\alpha_1-\alpha_2}\left[e^{\alpha_1 t} - e^{\alpha_2 t}\right].$$

Nun ist $H(s) = G(s)/s$. Im Zeitbereich gilt daher

$$h(t) = \int_0^t g(\tau)\,d\tau\,.$$

Diese Integration ergibt

$$h(t) = \frac{K\omega_0^{\,2}}{\alpha_1-\alpha_2}\left[\frac{1}{\alpha_1}e^{\alpha_1 t} - \frac{1}{\alpha_2}e^{\alpha_2 t}\right] - \frac{K\omega_0^{\,2}}{\alpha_1-\alpha_2}\left[\frac{1}{\alpha_1} - \frac{1}{\alpha_2}\right].$$

Die letzte Konstante ist gleich

$$-\frac{K\omega_0^2}{\alpha_1-\alpha_2}\,\frac{\alpha_2-\alpha_1}{\alpha_1\alpha_2} = K\,,$$

da nach den Vietaschen Wurzelsätzen $\alpha_1\alpha_2 = \omega_0^2$ ist. Damit wird

$$h(t) = K + \frac{K\omega_0^2}{\alpha_1-\alpha_2}\left[\frac{1}{\alpha_1}e^{\alpha_1 t} - \frac{1}{\alpha_2}e^{\alpha_2 t}\right]. \qquad (2.49)$$

Jetzt wird eine Fallunterscheidung erforderlich. Zunächst sei $d > 1$. Dann gilt wegen

$$\left(d+\sqrt{d^2-1}\right)\left(d-\sqrt{d^2-1}\right) = 1:$$

$$-\frac{1}{\alpha_1} = \frac{1}{\omega_0}\,\frac{1}{d-\sqrt{d^2-1}} = T\left(d+\sqrt{d^2-1}\right) = T_1\,,$$

$$-\frac{1}{\alpha_2} = \frac{1}{\omega_0}\,\frac{1}{d+\sqrt{d^2-1}} = T\left(d-\sqrt{d^2-1}\right) = T_2\,.$$

T_1 und T_2 sind also reelle Zahlen. Es sind gerade die Zeitkonstanten der beiden P-T_1-Glieder, durch deren Reihenschaltung das P-T_2-Glied dargestellt werden kann. Da weiterhin

$$\alpha_1 - \alpha_2 = \alpha_1\alpha_2\left[\frac{1}{\alpha_2} - \frac{1}{\alpha_1}\right] = \omega_0^2\,(T_1 - T_2)$$

ist, wird so aus (2.49)

$$h(t) = K - \frac{K}{T_1-T_2}\left[T_1 e^{-t/T_1} - T_2 e^{-t/T_2}\right]. \qquad (2.50)$$

Die Sprungantwort hat die in Bild 2/40 angedeutete Gestalt. Es liegt der *aperiodische Fall* vor.

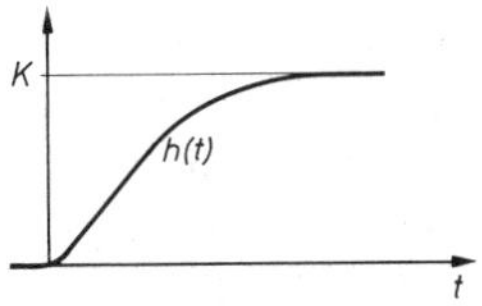

Bild 2/40. Sprungantwort des P-T_2-Gliedes für $d > 1$

Nun zum zweiten Fall $d < 1$. Aus (2.48) folgt dann

$$\alpha_1 = -\omega_0(d - jW) = -d\omega_0 + jW\omega_0\,,$$

$$\alpha_2 = -\omega_0(d + jW) = -d\omega_0 - jW\omega_0 \quad \text{mit}$$

$$W = \sqrt{1-d^2}\,.$$

Daher gilt $\quad \alpha_1 - \alpha_2 = 2jW\omega_0\,.$

Weiterhin ist

$$\frac{1}{\alpha_1} = \frac{\alpha_2}{\alpha_2\alpha_1} = \frac{\alpha_2}{\omega_0^2}\,, \qquad \frac{1}{\alpha_2} = \frac{\alpha_1}{\alpha_1\alpha_2} = \frac{\alpha_1}{\omega_0^2}\,.$$

Setzt man diese Ausdrücke in (2.49) ein, so erhält man zunächst

$$h(t) = K + \frac{K}{2jW}e^{-d\omega_0 t}\Big[-(d+jW)\,e^{jW\omega_0 t} + (d-jW)\,e^{-jW\omega_0 t}\Big].$$

Faßt man in der eckigen Klammer die Ausdrücke mit den Faktoren d und W zusammen und multipliziert den Faktor $1/(2j)$ hinein, so ergibt sich weiter

$$h(t) = K + \frac{K}{W}e^{-d\omega_0 t}\left[-\frac{d}{2j}\left(e^{jW\omega_0 t} - e^{-jW\omega_0 t}\right) - \frac{W}{2}\left(e^{jW\omega_0 t} + e^{-jW\omega_0 t}\right)\right].$$

Nach den Eulerschen Formeln

$$\frac{1}{2j}\left(e^{j\alpha} - e^{-j\alpha}\right) = \sin\alpha\,, \quad \frac{1}{2}\left(e^{j\alpha} + e^{-j\alpha}\right) = \cos\alpha$$

wird daraus

$$h(t) = K - \frac{K}{W}\,e^{-d\omega_0 t}(d\sin W\omega_0 t + W\cos W\omega_0 t)\,.$$

Die beiden trigonometrischen Funktionen kann man zu einer zusammenfassen, indem man mit unbestimmtem A und ψ ansetzt:

$$A\sin(W\omega_0 t + \psi) = d\sin W\omega_0 t + W\cos W\omega_0 t\,.$$

Durch Anwenden des Additionstheorems für die Sinusfunktion erhält man zunächst

$$A\cos\psi\sin W\omega_0 t + A\sin\psi\cos W\omega_0 t = d\sin W\omega_0 t + W\cos W\omega_0 t\,.$$

Durch Koeffizientenvergleich folgt dann

$$A\cos\psi = d\,, \quad A\sin\psi = W$$

und daraus durch Quadrieren und Addieren bzw. durch Dividieren:

$$A^2 = d^2 + W^2 = 1\,, \quad \text{also } A = 1, \quad \tan\psi = \frac{W}{d}\,.$$

Man hat so schließlich

$$h(t) = K - \frac{K}{\sqrt{1-d^2}}\,e^{-(d/T)t}\sin\left[\frac{\sqrt{1-d^2}}{T}t + \psi\right] \quad \text{mit}$$

$$\tan \psi = \frac{\sqrt{1-d^2}}{d}, \quad 0 < \psi < 90^\circ . \qquad (2.51)$$

Die in der Sprungantwort auftretenden Parameter lassen sich anschaulich in der komplexen Ebene deuten. Dazu trägt man

$$\alpha_1 = -d\omega_0 + j\sqrt{1-d^2}\,\omega_0 = -\frac{d}{T} + j\frac{\sqrt{1-d^2}}{T}$$

samt der konjugiert komplexen Zahl α_2 in die komplexe s-Ebene ein (Bild 2/41). Dann erhält man den Abstand der beiden Wurzeln vom Nullpunkt aus

$$|\alpha_1|^2 = \alpha_1\alpha_2 = \omega_0^{\,2} ;$$

er beträgt also ω_0. Für den Winkel ψ zwischen dem Vektor α_1 und der negativen reellen Achse folgt

$$\tan \psi = \frac{\sqrt{1-d^2}\,\omega_0}{d\,\omega_0} .$$

Er stimmt daher mit der Phasenkonstante in h(t) überein.

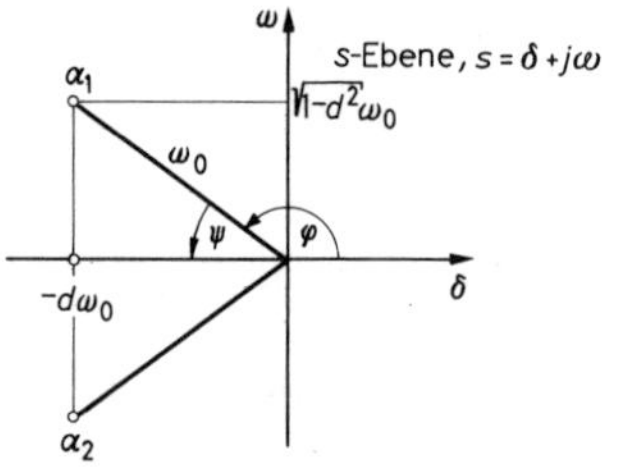

Bild 2/41. Die Wurzeln der charakteristischen Gleichung des P-T_2-Gliedes in der komplexen Ebene für d < 1 und $\omega_0 = 1/T$

Führt man in h(t) statt ψ den Supplementwinkel

$$\varphi = \pi - \psi$$

ein, so erhält man eine etwas andere Darstellung von h(t). Kürzt man $W\omega_0 t$ vorübergehend mit α ab, so ist

$$\sin(\alpha+\psi) = \sin(\alpha+\pi-\varphi) = \sin[\pi-(\varphi-\alpha)] = \sin(\varphi-\alpha) = -\sin(\alpha-\varphi) .$$

Damit hat man die Darstellung

$$h(t) = K + \frac{K}{\sqrt{1-d^2}}\, e^{-(d/T)t} \sin\left[\frac{\sqrt{1-d^2}}{T}\,t - \varphi\right] . \qquad (2.52)$$

Dabei ist

$$\tan \varphi = \tan(\pi - \psi) = -\tan \psi = -\frac{\sqrt{1-d^2}}{d} ,$$

und es gilt

$$90^\circ < \varphi < 180^\circ .$$

Für d < 1 führt die Sprungantwort also eine abklingende Schwingung aus. Ihre Frequenz ist

$$\omega_N = \sqrt{1-d^2}\,\omega_0 = \frac{\sqrt{1-d^2}}{T} .$$

Man spricht vom *periodischen Fall* und bezeichnet deshalb das P-T_2-Glied auch als *Schwingungsglied.* Das Aussehen der Sprungantwort ist in Bild 2/42 wiedergegeben. Aus ihm ist das Symbol des P-T_2-Gliedes abgeleitet, das für *alle* Fälle gelten soll (Bild 2/43).

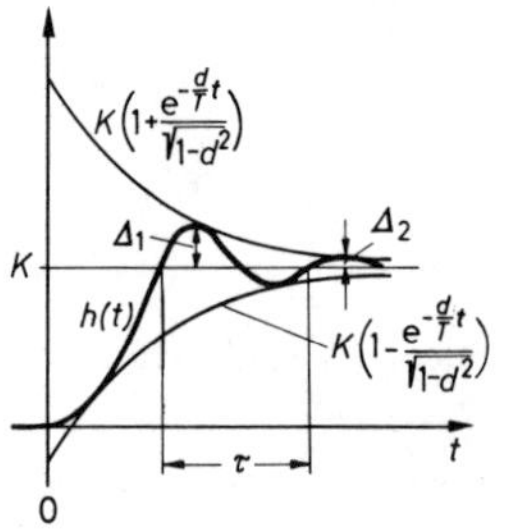

Bild 2/42. Sprungantwort des P-T_2-Gliedes für d < 1

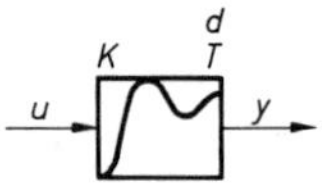

Bild 2/43. Verzögerungsglied 2. Ordnung (P-T_2-Glied, VZ_2-Glied)

Noch eine Bemerkung zur Ermittlung der Parameter K, d und T des periodischen Falles aus einem Oszillogramm. Die Übertragungskonstante K liest man als Endwert der Sprungantwort ab. Um die Dämpfung d zu bestimmen, mißt man den Überschuß Δ_1 bzw. Δ_2 des ersten bzw. zweiten Maximums über den Endwert K und bildet das *logarithmische Dekrement*

$$\vartheta = \ln\frac{\Delta_1}{\Delta_2} = 2{,}303 \log_{10}\frac{\Delta_1}{\Delta_2} .$$

Dann ist

$$d = \frac{\vartheta}{\sqrt{4\pi^2+\vartheta^2}} .$$

Zur Ermittlung von T geht man von der Schwingungsdauer τ aus, die man an der Sprungantwort ablesen kann. Wegen

$$\tau = \frac{2\pi}{\omega_N} = 2\pi \frac{T}{\sqrt{1-d^2}} \quad \text{ist} \quad T = \frac{\tau}{2\pi}\sqrt{1-d^2}\,.$$

Der Vollständigkeit halber wollen wir schließlich noch den Sonderfall d = 1 behandeln. Nach (2.48) ist hier

$$\alpha_1 = \alpha_2 = -\omega_0 = -\frac{1}{T}\,.$$

Daraus folgt

$$G(s) = K\omega_0^{\,2}\frac{1}{(s-\alpha_1)^2}\,, \quad \text{also}$$

$$g(t) = K\omega_0^{\,2}\, t\, e^{\alpha_1 t} = K\,\omega_0^{\,2}\, t\, e^{-\omega_0 t}\,.$$

Durch Integration zwischen 0 und t erhält man aus g(t)

$$h(t) = K - Ke^{-\omega_0 t} - Kt\omega_0 e^{-\omega_0 t} \quad \text{oder}$$

$$h(t) = K - K\left[1 + \frac{t}{T}\right]e^{-t/T}\,.$$

Es ist der *aperiodische Grenzfall*. Der Verlauf der Sprungantwort entspricht dem in Bild 2/40.

Halten wir abschließend fest, daß der wesentliche Unterschied des P-T_2-Gliedes gegenüber dem P-T_1-Glied darin besteht, daß es *zwei* Speicher enthält. Dies sieht man an der Struktur im Bild 2/37, in der zwei I-Glieder enthalten sind. Durch Energieaustausch zwischen diesen Speichern können Oszillationen entstehen, was beim P-T_1-Glied unmöglich ist.

2.3.12 Kennlinienglied mit mehreren Eingangsgrößen

Es wird durch die Funktionalbeziehung

$$y = F(u_1,\ldots,u_p)$$

definiert. Dabei wird vorausgesetzt, daß die Funktion F nicht linear von den Eingangsgrößen abhängt, also nicht von der Form

$$y = K_1 u_1 + \ldots + K_p u_p$$

mit konstanten Werten $K_1,\ldots,K_p$ ist. Dann nämlich kann sie durch ein Summierglied mit Proportionalgliedern beschrieben werden.

Ein einfaches Beispiel zeigt Bild 2/44. Die je Zeiteinheit abfließende Flüssigkeitsmenge q_a ist durch

$$q_a = f \cdot v$$

gegeben, wenn f der Strömungsquerschnitt und v die Strömungsgeschwindigkeit ist. Der Querschnitt f ist proportional der Ventilstellung x, f = kx, während v von der Niveauhöhe h gemäß

$$v = \sqrt{2gh}$$

abhängt (g Erdbeschleunigung). Damit ist

$$q_a = k\sqrt{2g}\cdot x \cdot \sqrt{h} = F(x,h)\,.$$

Wie in diesem Fall, so läßt sich auch sonst ein Kennlinienglied mit mehreren Eingangsgrößen meist aus einfacheren Gliedern, nämlich P-, KL-, M-, S-Gliedern, zusammensetzen. Doch braucht dies nicht immer der Fall zu sein. Auf jeden Fall ist es *zweckmäßig*, ein Kennlinienglied mit mehren Eingangsgrößen als eigenen Block einzuführen.

Das Symbol des Kennliniengliedes ist in Bild 2/45 angeführt. Es bleibt hier nichts weiter übrig, als die Funktionalbeziehung in den Block einzutragen. Eine geometrische Veranschaulichung ist nicht mehr gut möglich, wenn mehrere Eingangsgrößen auftreten. Aus diesem Grund müßte eigentlich auch die Benennung *Kennlinienglied* geändert werden, etwa in *Funktionsglied* oder dergleichen, doch wollen wir hiervon absehen.

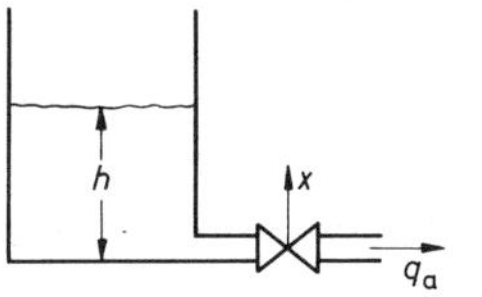

Bild 2/44. Beispiel für ein Kennlinienglied mit zwei Eingangsgrößen

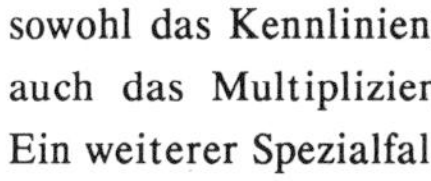

Bild 2/45. Kennlinienglied mit mehreren Eingangsgrößen

Im Kennlinienglied mit mehreren Eingangsgrößen sind sowohl das Kennlinienglied mit einer Eingangsgröße als auch das Multiplizierglied als Spezialfälle enthalten. Ein weiterer Spezialfall ist das *Dividierglied*

$$y = K\,\frac{u_1}{u_2}\,.$$

Sein Symbol ist in Bild 2/46 wiedergegeben. Es stellt ein zusammengesetztes Übertragungsglied dar, das gemäß $Ku_1 \cdot 1/u_2$ aus der Kennlinie $1/u_2$ und einem Multiplizierglied aufgebaut werden könnte.

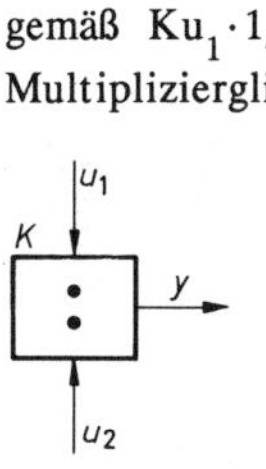

Bild 2/46. Dividierglied

2.3.13 Zusammenfassung

Die wichtigsten Eigenschaften der im vorhergehenden behandelten Übertragungsglieder sind in der Tabelle 2/1 zusammengestellt. Es ist eine sehr bemerkenswerte und eigentlich erstaunliche Tatsache, daß sich die überwiegende Mehrzahl der dynamischen Systeme aus diesen wenigen Grundelementen aufbauen läßt. Da das D-Glied nicht unbedingt erforderlich ist, P-T_1- und P-T_2-Glied sowie das Kennlinienglied mit mehreren Eingangsgrößen selbst bereits aus einfacheren Gliedern zusammengesetzt sind, reichen also P-, I-, S-, TZ-, KL- und M-Glied bereits aus. Die außerordentliche Vielfalt dynamischer Systeme entsteht durch Verknüpfung dieser sechs Grundbausteine, wobei das unterschiedliche Verhalten der Systeme durch die Verschiedenartigkeit der Verknüpfung zustande kommt.

Einschränkend ist zu sagen, daß bei komplizierteren Systemen noch einzelne Grundbausteine hinzukommen können, wie z.B. das Abtast-Halte-Glied bei den Abtastsystemen (zeitdiskreten Systemen). Doch ist auch dann die Anzahl dieser Grundbausteine durchaus beschränkt.

Die elementaren Übertragungsglieder gleichen in gewisser Weise den chemischen Elementen: Wie sich aus deren Verbindung die Vielfalt der Stoffe ergibt, so entsteht aus der Verknüpfung der elementaren Übertragungsglieder die Mannigfaltigkeit der verschiedenartigen dynamischen Systeme.

Im folgenden Abschnitt 2.4 werden wir dem Aufbau komplizierterer Systeme aus elementaren Übertragungsgliedern genauer nachgehen, letztlich mit dem Ziel, zu einer Klassifikation der Übertragungsglieder nach ihren Eigenschaften zu gelangen. Dies ist ein wichtiger Schritt zum tieferen Verständnis des Aufbaus und der Wirkungsweise dynamischer Systeme.

2.4 Klassifikation der Übertragungsglieder

2.4.1 Allgemeiner Begriff des Übertragungsgliedes

Wir beginnen damit, den allgemeinen Begriff des Übertragungsgliedes, wie er bereits im Abschnitt 2.3.1 eingeführt wurde, etwas ausführlicher zu betrachten.

Wie die Beispiele aus Abschnitt 2.2 zeigen, setzt sich eine Regelung aus zahlreichen Teilsystemen zusammen. Betrachtet man diese Systeme als Regelungstechniker, insbesondere im Hinblick auf das dynamische Verhalten des Regelkreises, so ist nur *ein* Aspekt dieser Systeme

Tabelle 2/1. Zusammenstellung der einfachsten Übertragungsglieder

Benennung	Funktionalbeziehung	Übertragungsfunktion	Sprungantwort (Null für t<0)	Verlauf der Sprungantwort	Symbol
P-Glied	$y = Ku$	K	K	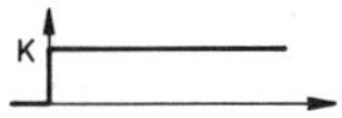	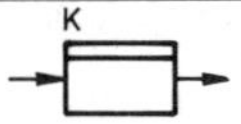
I-Glied	$y = K\int_0^t u(\tau)\,d\tau$	$\frac{K}{s}$	Kt	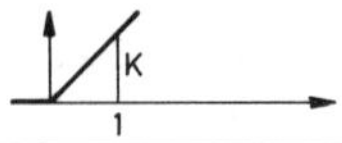	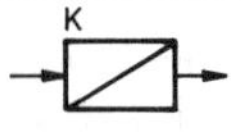
D-Glied	$y = K\dot{u}$	Ks	$K\delta(t)$	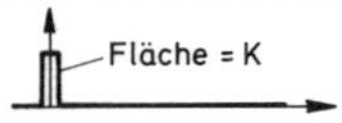	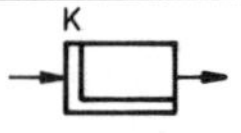
TZ-Glied, T_t-Glied	$y(t) = Ku(t-T_t)$	$Ke^{-T_t s}$	$K\sigma(t-T_t)$	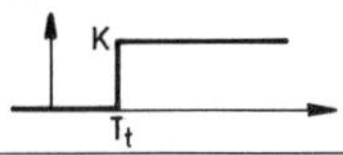	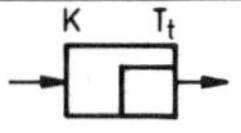
S-Glied	$y = u_1 \pm \ldots \pm u_p$				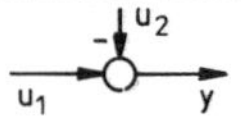
KL-Glied	$y = F(u)$				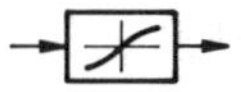
M-Glied	$y = Ku_1u_2$				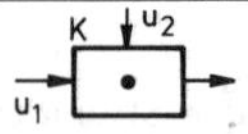
P-T_1-Glied, VZ_1-Glied	$T\dot{y} + y = Ku$	$\frac{K}{1+Ts}$	$K(1-e^{-t/T})$	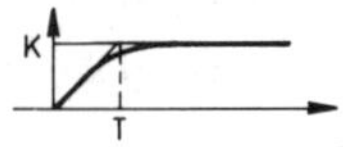	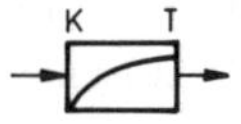

Tabelle 2/1 Zusammenstellung der einfachsten Übertragungsglieder (Fortsetzung)

Benennung	Funktionalbeziehung	Übertragungsfunktion	Sprungantwort (Null für $t<0$) / Verlauf der Sprungantwort	Symbol
$P-T_2$-Glied, VZ_2-Glied	$T^2\ddot{y}+2dT\dot{y}+y=Ku$	$\frac{K}{1+2dTs+T^2s^2}$	Periodischer Fall: $d<1$ $K\left[1+\frac{e^{-(d/T)t}}{\sqrt{1-d^2}}\sin\left(\frac{\sqrt{1-d^2}}{T}t-\varphi\right)\right]$, $\tan\varphi=-\frac{\sqrt{1-d^2}}{d}$, $90°<\varphi<180°$ 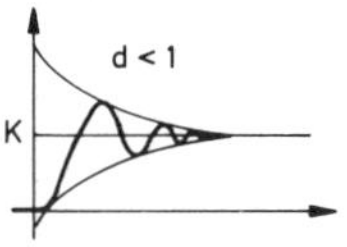 Aperiodischer Grenzfall: $d=1$ $K\left[1-\left(1+\frac{t}{T}\right)e^{-t/T}\right]$; Aperiodischer Fall: $d>1$ $K\left[1-\frac{T_1}{T_1-T_2}e^{-t/T_1}+\frac{T_2}{T_1-T_2}e^{-t/T_2}\right]$, $T_{1,2}=T\left(d\pm\sqrt{d^2-1}\right)$. 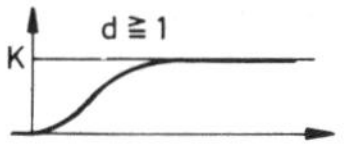	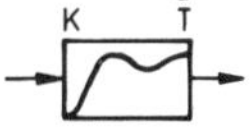
KL-Glied mit mehreren Eingängen	$y=F(u_1,\dots,u_p)$			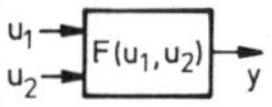
Dividierglied	$y=K\frac{u_1}{u_2}$			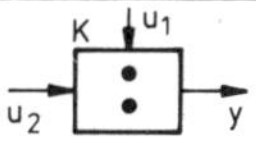

von Interesse: Wie sie aus den auf sie einwirkenden, zeitveränderlichen Eingangsgrößen ihre Ausgangsgrößen erzeugen. Beispielsweise ist bei einem konstant erregten Gleichstrommotor nur interessant, welcher Zusammenhang zwischen der Ankerspannung und dem Lastmoment auf der einen Seite und der Drehzahl bzw. Winkelgeschwindigkeit auf der anderen Seite besteht. Man kann das technische System *Gleichstrommotor* unter den verschiedensten Gesichtspunkten betrachten, etwa vom Standpunkt des Elektromaschinenbauers oder des Antriebstechnikers aus. Für den Regelungstechniker jedoch ist in erster Linie nur eine Frage interessant: Welcher Zusammenhang besteht zwischen den zeitveränderlichen Ein- und Ausgangsgrößen?

Wir können diese Betrachtungsweise als *Übertragungsstandpunkt* bezeichnen. Fassen wir dabei doch den Gleichstrommotor als ein Übertragungsglied auf, das aus gewissen Eingangsgrößen in gesetzmäßiger Weise eine bestimmte Ausgangsgröße erzeugt, wobei der Zusammenhang durch eine Differentialgleichung hergestellt wird. Generell besteht der Übertragungsstandpunkt darin, daß man bei einem technischen System sowohl von seiner materiellen Beschaffenheit als auch von seiner inneren Struktur absieht und es lediglich daraufhin betrachtet, daß es gewisse Eingangsgrößen in bestimmte Ausgangsgrößen umsetzt. Man faßt es also lediglich als *Übertragungsglied* auf, das die Wirkung der Eingangsgrößen auf die Ausgangsgrößen überträgt. Es ist dann charakterisiert durch eine mathematische Beziehung zwischen den Ein- und Ausgangsgrößen, durch eine Differentialgleichung etwa oder auch in anderer Weise. Von der materiellen Beschaffenheit und inneren Struktur des technischen Systems gehen lediglich gewisse Parameter oder Kennlinien in die mathematische Beziehung ein.

Betrachtet man zunächst ein technisches System mit nur einer Eingangsgröße u und nur einer Ausgangsgröße y, so wird jeder Eingangsfunktion u(t) in eindeutiger Weise eine Ausgangsfunktion y(t) zugeordnet. Eine solche Zuordnung bezeichnet man auch als eine *Abbildung.* Diese Abbildung werde durch das Symbol

$$y=\varphi\{u\}$$

bezeichnet. Dabei ist φ ein Symbol für die durch das Übertragungsglied bewirkte Abbildung, anders ausgedrückt: Für die Operation, durch die aus der Eingangsfunktion u(t) die Ausgangsfunktion y(t) entsteht. Eine solche Abbildung φ pflegt man auch als *Operator* zu bezeichnen. Diese Benennung wird in der Mathematik allgemein für die Abbildung von beliebigen Mengen benutzt. Bei uns soll sie die Abbildung von Zeitfunktionen auf Zeitfunktionen charakterisieren. Die geschweifte Klammer in $y = \varphi\{u\}$ soll zum Ausdruck bringen, daß es sich bei φ um die Anwendung eines Operators und nicht um eine Funktion handelt.

Eine *Funktion* bildet *Zahlen* auf *Zahlen* ab. Beispielsweise wird durch $y = e^u$ jeder Zahl u eine eindeutig bestimmte Zahl y zugeordnet.

Ein *Operator* bildet *Funktionen* auf *Funktionen* ab. Betrachten wir etwa die Beziehung

$$y(t) = \int_0^t u(\tau)\, d\tau .$$

In diesem Fall bezeichnet das Symbol φ die Integrationsoperation von 0 bis t, die auf die Eingangsgröße u(t) angewandt wird. Die Ausgangsfunktion y(t) ist keine Funktion von u(t), sondern entsteht durch Anwendung eines Operators aus u(t). Beispielsweise ist für $u(t) = \sigma(t)$:

$$y(t) = \begin{Bmatrix} 0 \text{ für } t \leq 0 \\ t \text{ für } t > 0 \end{Bmatrix} = t\sigma(t) .$$

Hierfür kann man also auch schreiben, wenn man den obigen Integrationsoperator mit φ bezeichnet:

$$\varphi\{\sigma(t)\} = t\sigma(t) .$$

In diesem Beispiel steht bei der Funktion t der Faktor $\sigma(t)$. Durch ihn wird zum Ausdruck gebracht, daß die betreffende Funktion für $t \leq 0$ durch Null zu ersetzen ist. Diese Voraussetzung wird in der Regelungstechnik meist als so selbstverständlich angesehen, daß sie gar nicht mehr erwähnt wird. Man kann daher beim letzten Beispiel auch schreiben

$$\varphi\{\sigma(t)\} = t .$$

Im folgenden wollen wir uns stets an diese Vereinbarung halten. *Wenn also nicht ausdrücklich etwas anderes gesagt ist, soll jede Zeitfunktion für $t \leq 0$ identisch Null sein.*

Hat ein Übertragungsglied mehrere Eingangsgrößen, so gilt Entsprechendes wie bei einer Eingangsgröße. Es ist dann durch eine Beziehung von der Form

$$y = \varphi\{u_1, \ldots, u_p\}$$

gegeben.

Es muß betont werden, daß die Abbildungsvorschrift φ nicht explizit gegeben sein muß, sondern in impliziter Form vorliegen kann, z.B. in Gestalt einer zu lösenden Differentialgleichung.

Es kann auch durchaus sein, daß die Abbildung φ nicht durch eine einzige Gleichung gegeben ist, sondern durch ein Gleichungssystem. Das ist beispielsweise bei dem Gleichstrommotor im Abschnitt 2.2.1 der Fall, wo der Zusammenhang zwischen Ankerspannung und Lastmoment sowie der Winkelgeschwindigkeit durch ein System von Differentialgleichungen hergestellt wird.

2.4.2 Lineare Übertragungsglieder

In der Gesamtheit aller Übertragungsglieder bilden die linearen Übertragungsglieder eine besonders wichtige Klasse, einmal deshalb, weil sie – wenigstens näherungsweise – sehr häufig auftreten, zum anderen dadurch, daß für sie die wirkungsvollsten Behandlungsmethoden entwickelt wurden. Die Untersuchung und Beeinflussung nichtlinearer Glieder ist in vielen Fällen nur dadurch möglich, daß man sie in der einen oder anderen Weise durch lineare Übertragungsglieder annähert. Die linearen Übertragungsglieder sind durch zwei Eigenschaften charakterisiert. Die erste besteht darin, daß sie das *Überlagerungs-* oder *Superpositionsprinzip* erfüllen:

Erzeugt das Übertragungsglied aus der Eingangsgröße u die Ausgangsgröße y, aus der Eingangsgröße $\tilde{u}$ die Ausgangsgröße $\tilde{y}$, so erzeugt es aus der Summe $u + \tilde{u}$ auch am Ausgang die Summe $y + \tilde{y}$, und zwar für beliebige Eingangsgrößen u und $\tilde{u}$.

Die Überlagerung wird also beim Durchgang durch das Übertragungsglied nicht gestört. Das Überlagerungsprinzip läßt sich ohne weiteres formelmäßig ausdrücken: Aus $y = \varphi\{u\}$ und $\tilde{y} = \varphi\{\tilde{u}\}$ folgt $\varphi\{u + \tilde{u}\} = y + \tilde{y}$. Setzt man auf der rechten Seite die beiden vorhergehenden Ausdrücke ein, so erhält man als Ausdruck des Überlagerungsprinzips:

$$\varphi\{u + \tilde{u}\} = \varphi\{u\} + \varphi\{\tilde{u}\} . \tag{2.53}$$

Das ist eine Eigenschaft des Operators φ, und zwar eine Vertauschungseigenschaft: Der Operator φ ist mit der Summation vertauschbar. Während nämlich auf der linken Seite zuerst summiert und dann φ angewandt wird, ist es auf der rechten umgekehrt.

Als zweites erfüllt ein lineares Übertragungsglied das *Verstärkungsprinzip:*

Erzeugt das Übertragungsglied aus einer Eingangsgröße u die Ausgangsgröße y, so erzeugt es aus cu die Ausgangsgröße cy, und zwar für eine beliebige Eingangsgröße u und eine beliebige Konstante c.

In Formeln sieht das so aus: Aus $y = \varphi\{u\}$ folgt $\varphi\{cu\} = cy$, also

$$\varphi\{cu\} = c\varphi\{u\} . \tag{2.54}$$

Auch das Verstärkungsprinzip läuft auf eine Vertauschungseigenschaft des Operators φ hinaus: Der Operator φ ist mit der Multiplikation mit einer Konstante vertauschbar.

Die beiden Beziehungen (2.53) und (2.54) kann man zu einer einzigen Gleichung zusammenfassen, der *Linearitätsrelation*

$$\varphi\{cu + \tilde{c}\tilde{u}\} = c\varphi\{u\} + \tilde{c}\varphi\{\tilde{u}\} . \tag{2.55}$$

Das Übertragungsglied $y = \varphi\{u\}$ heißt *linear,* wenn es diese Beziehung für beliebige Eingangsgrößen u, $\tilde{u}$ und beliebige Konstanten c, $\tilde{c}$ erfüllt.

Betrachten wir als Beispiel wieder das Integrierglied

$$y = K \int_0^t u(\tau)\, d\tau = \varphi\{u\} .$$

Hier ist

$$\varphi\{cu + \tilde{c}\tilde{u}\} = K \int_0^t \left[cu(\tau) + \tilde{c}\tilde{u}(\tau) \right] d\tau =$$

$$= cK \int_0^t u(\tau)\, d\tau + \tilde{c}K \int_0^t \tilde{u}(\tau)\, d\tau =$$

$$= c\varphi\{u\} + \tilde{c}\varphi\{\tilde{u}\} .$$

Hier folgt also die Linearität aus den Grundeigenschaften des Integrals.

In ebenso einfacher Weise sieht man, daß auch Proportional- , Differenzier- und Totzeitglied linear sind. Hingegen erfüllt das Kennlinienglied weder das Überlagerungs- noch das Verstärkungsprinzip. Da es durch die Beziehung

$$y(t) = F\big(u(t)\big)$$

gegeben ist, besteht bei ihm der Operator φ in der Anwendung der Funktion F auf die Eingangsgröße u(t). Wie man unmittelbar aus Bild 2/47 sieht, ist hier im allgemeinen

$$F(u + \tilde{u}) \neq F(u) + F(\tilde{u}) .$$

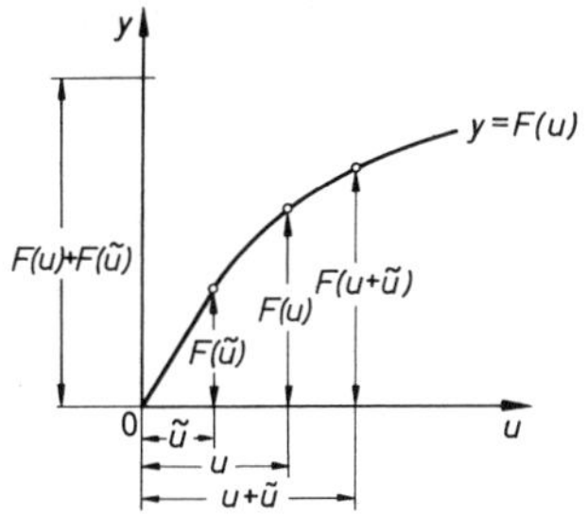

Bild 2/47. Das Kennlinienglied erfüllt das Überlagerungsprinzip nicht

Das Kennlinienglied ist daher *nichtlinear,* welche Eigenschaft als eine dem Ingenieur geläufige Tatsache im vorhergehenden schon benutzt wurde.

Hat ein Übertragungsglied mehrere Eingangsgrößen, so lautet die Linearitätsdefinition entsprechend wie (2.55). Ist etwa

$$y = \varphi\{u_1, u_2\} , \quad \text{so muß}$$

$$\varphi\{cu_1 + \tilde{c}\tilde{u}_1 , cu_2 + \tilde{c}\tilde{u}_2\} = c\varphi\{u_1, u_2\} + \tilde{c}\varphi\{\tilde{u}_1, \tilde{u}_2\}$$

für beliebige Eingangsgrößen u_1, $\tilde{u}_1$, u_2, $\tilde{u}_2$ und beliebige Konstanten c, $\tilde{c}$ gelten.

Ein Beispiel hierfür ist das Summierglied

$$y = \pm u_1 \pm u_2 = \varphi\{u_1, u_2\} .$$

Es gilt nämlich

$$\varphi\{cu_1 + \tilde{c}\tilde{u}_1 , cu_2 + \tilde{c}\tilde{u}_2\} =$$

$$= \pm (cu_1 + \tilde{c}\tilde{u}_1) \pm (cu_2 + \tilde{c}\tilde{u}_2) =$$

$$= c(\pm u_1 \pm u_2) + \tilde{c}(\pm \tilde{u}_1 \pm \tilde{u}_2) =$$

$$= c\varphi\{u_1, u_2\} + \tilde{c}\varphi\{\tilde{u}_1, \tilde{u}_2\} .$$

Hingegen ist das Multiplizierglied

$$y = K u_1 u_2 = \varphi\{u_1, u_2\}$$

nichtlinear. Denn es ist

$$\varphi\{cu_1 + \tilde{c}\tilde{u}_1 , cu_2 + \tilde{c}\tilde{u}_2\} =$$

$$= K(cu_1 + \tilde{c}\tilde{u}_1)(cu_2 + \tilde{c}\tilde{u}_2)$$

$$= c^2 K u_1 u_2 + \tilde{c}^2 K \tilde{u}_1 \tilde{u}_2 + K c\tilde{c} u_1 \tilde{u}_2 + K c\tilde{c} \tilde{u}_1 u_2 ,$$

während bei Linearität dieser Ausdruck gleich

$$cKu_1u_2 + \tilde{c}K\tilde{u}_1\tilde{u}_2 = c\varphi\{u_1, u_2\} + \tilde{c}\varphi\{\tilde{u}_1, \tilde{u}_2\}$$

sein müßte.

Natürlich kann man auch bei einem Übertragungsglied mit mehreren Eingangsgrößen die Linearitätsrelation in zwei Teile zerlegen:

$$\varphi\{u_1+\tilde{u}_1\,,\,u_2+\tilde{u}_2\} = \varphi\{u_1,u_2\} + \varphi\{\tilde{u}_1,\tilde{u}_2\}\,,$$

Überlagerungsprinzip,

$$\varphi\{cu_1\,,cu_2\} = c\varphi\{u_1u_2\}\,, \qquad \text{Verstärkungsprinzip.}$$

Für manche Untersuchungen kann das zweckmäßig sein.

Eine einfache Eigenschaft der linearen Übertragungsglieder, die alle weiteren Untersuchungen sehr erleichtert, folgt unmittelbar aus der Linearitätsrelation:

Entsteht ein Übertragungsglied durch Verknüpfung linearer Übertragungsglieder, so ist es selbst linear.

Um Weitläufigkeiten zu vermeiden, sei dies an einem typischen Beispiel gezeigt. Mehrere *Übertragungsglieder verknüpfen heißt allgemein, daß die Ausgangsgrößen eines Übertragungsgliedes Eingangsgrößen eines anderen sind.* Die Struktur in Bild 2/48 wird durch die Gleichungen

$$y = f\{v\}\,, \quad v = g\{u,y\} \tag{2.56}$$

beschrieben. Der Zusammenhang zwischen der Eingangsgröße u und der Ausgangsgröße y wird hier also durch eine Zwischengröße v vermittelt. Der Operator φ, der aus u die Ausgangsgröße y macht, ist hier nicht explizit bekannt, sondern nur implizit durch die beiden Beziehungen (2.56) gegeben. Das ist eine Situation, wie sie in den Anwendungen häufig vorkommt.

Aus u entsteht y gemäß (2.56). Entsprechend wird aus einer Eingangsgröße $\tilde{u}$ eine Ausgangsgröße $\tilde{y}$ nach

$$\tilde{y} = f\{\tilde{v}\}\,, \quad \tilde{v} = g\{\tilde{u},\tilde{y}\}\,. \tag{2.57}$$

Addiert man (2.56) und (2.57), so wird

$$y + \tilde{y} = f\{v\} + f\{\tilde{v}\}\,,$$

$$v + \tilde{v} = g\{u,y\} + g\{\tilde{u},\tilde{y}\}\,.$$

Berücksichtigt man nun, daß f und g lineare Operatoren sind, so kann man hierfür schreiben:

$$y + \tilde{y} = f\{v + \tilde{v}\}\,, \quad v + \tilde{v} = g\{u + \tilde{u}, y + \tilde{y}\}\,.$$

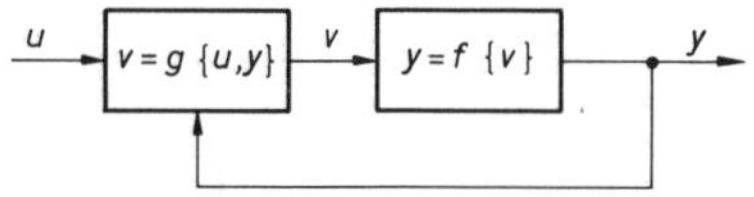

Bild 2/48. Verknüpfung linearer Übertragungsglieder

Vergleicht man mit (2.56), so sieht man, daß aus u + $\tilde{u}$ die Ausgangsgröße y + $\tilde{y}$ entsteht. Das heißt: Das Übertragungsglied in Bild 2/48 erfüllt das Überlagerungsprinzip.

Da man entsprechend einsieht, daß auch das Verstärkungsprinzip gilt, ist das Übertragungsglied in Bild 2/48 linear.

2.4.3 Rationale Übertragungsglieder (R-Glieder)

So einfach die hiermit bewiesene Eigenschaft der linearen Übertragungsglieder ist, so weittragende Folgen hat sie. Entsteht ein kompliziertes Übertragungsglied durch Verknüpfung einfacher linearer Übertragungsglieder, so weiß man sofort, daß es ebenfalls linear sein muß.

Beispielsweise haben wir nachgewiesen, daß Integrierglied und Summierglied linear sind, und ebenso liegt auf der Hand, daß auch das Proportionalglied linear ist. Dann muß also jedes Übertragungsglied, das durch Verknüpfung von I-Gliedern, P-Gliedern und S-Gliedern entsteht, ebenfalls linear sein. Da die Übertragungsfunktionen der I-Glieder bzw. P-Glieder von der Form K/s bzw. K sind und infolge der S-Glieder lediglich addiert oder subtrahiert werden, kann der Zusammenhang zwischen der Eingangsgröße u und der Ausgangsgröße y eines derartigen zusammengesetzten Übertragungsgliedes auf die Form

$$Y(s) = \frac{b_0 + b_1 s + \ldots + b_m s^m}{a_0 + a_1 s + \ldots + a_n s^n}\, U(s) \tag{2.58}$$

gebracht werden.

Betrachten wir beispielsweise Bild 2/37. Daraus liest man zunächst ab:

$$Y = \frac{K}{Ts}\left[-\frac{2d}{K}Y + \frac{1}{Ts}\left(U - \frac{1}{K}Y\right)\right].$$

Daraus folgt durch Ausmultiplizieren

$$Y = -\frac{2d}{Ts}Y + \frac{K}{T^2s^2}U - \frac{1}{T^2s^2}Y\,.$$

Durch Multiplikation dieser Gleichung mit T^2s^2 entsteht

$$T^2s^2Y + 2dTsY + Y = KU$$

oder

$$Y(s) = \frac{K}{1 + 2dTs + T^2s^2}\,U(s)\,.$$

Übertragungsglieder, die durch eine Gleichung vom Typ (2.58) beschrieben werden, treten in den Anwendungen auf Schritt und Tritt auf. P-, I-, $P\text{-}T_1$- und $P\text{-}T_2$-Glied zählen zu ihnen. Jedes elektrische Netzwerk, das aus Ohmschen Widerständen, Induktivitäten und Kapazitäten besteht, ist ein solches Übertragungsglied. Das gleiche gilt für lineare Analogrechenschaltungen, für lineare Feder-Masse-Dämpfungs-Systeme, für die linearisierte Gleichstrommaschine und allgemein für viele linearisierte Systeme.

Wir wollen daher solche Übertragungsglieder durch eine besondere Definition charakterisieren:

Wird ein Übertragungsglied durch die Beziehung

$$Y(s) = G(s)\,U(s) \tag{2.59}$$

mit einer rationalen Funktion

$$G(s) = \frac{b_0 + b_1 s + \ldots + b_m s^m}{a_0 + a_1 s + \ldots + a_n s^n} \tag{2.60}$$

charakterisiert, wobei die a_ν *und* b_ν *reell sind,* $a_n \neq 0$ *und* $b_m \neq 0$ *ist sowie* $m \leq n$ *gilt, so wollen wir von einem rationalen Übertragungsglied (R-Glied) sprechen.*

Durch die zusätzliche Forderung, daß der Zählergrad m höchstens gleich dem Nennergrad n sein soll, werden Übertragungsglieder wie das Differenzierglied ausgeschlossen. Das ist kein Willkürakt. Das Differenzierglied weicht in wesentlichen Punkten von den R-Gliedern ab, z.B. darin, daß seine Sprungantwort keine klassische Funktion, sondern die Pseudofunktion $\delta(t)$ ist. Bei realen Systemen darf man stets $m \leq n$ voraussetzen. Gelegentlich kann es zur Vermeidung sprachlicher Umständlichkeiten zweckmäßig sein, das D-Glied ebenfalls zu den R-Gliedern zu rechnen.

Aufgrund von (2.60) kann man ohne Schwierigkeit zeigen, daß sich *jedes* R-Glied durch Verknüpfung von I-Gliedern, P-Gliedern und S-Gliedern aufbauen läßt. Dazu schreibt man (2.59) in der Form

$$\left(a^n s^n + \ldots + a_1 s + a_0\right) Y = \left(b_0 + b_1 s + \ldots + b_n s^n\right) U.$$

Die Koeffizienten b_ν sind hier formal bis b_n aufgeführt, weil dies die folgende Darstellung vereinfacht. Es darf aber durchaus $b_n = 0$ sein. Nur muß mindestens ein $b_\nu \neq 0$ sein; beispielsweise braucht nur $b_0 \neq 0$ zu sein. Dividiert man die letzte Gleichung durch $a_n s^n$, so erhält man

$$\left[1 + \frac{a_{n-1}}{a_n}\frac{1}{s} + \ldots + \frac{a_1}{a_n}\frac{1}{s^{n-1}} + \frac{a_0}{a_n}\frac{1}{s^n}\right] Y =$$

$$= \left[\frac{b_0}{a_n}\frac{1}{s^n} + \frac{b_1}{a_n}\frac{1}{s^{n-1}} + \ldots + \frac{b_{n-1}}{a_n}\frac{1}{s} + \frac{b_n}{a_n}\right] U.$$

Durch Ausmultiplizieren und Ordnen folgt

$$Y = \frac{b_n}{a_n} U + \frac{1}{s}\left[\frac{b_{n-1}}{a_n} U - \frac{a_{n-1}}{a_n} Y\right] +$$

$$+ \frac{1}{s^2}\left[\frac{b_{n-2}}{a_n} U - \frac{a_{n-2}}{a_n} Y\right] + \ldots + \frac{1}{s^n}\left[\frac{b_0}{a_n} U - \frac{a_0}{a_n} Y\right]$$

oder

$$Y = \frac{b_n}{a_n} U + \frac{1}{s}\left[\frac{b_{n-1}}{a_n} U - \frac{a_{n-1}}{a_n} Y + \frac{1}{s}\left[\frac{b_{n-2}}{a_n} U - \right.\right.$$

$$\left.\left. - \frac{a_{n-2}}{a_n} Y + \frac{1}{s}\left[\ldots + \frac{1}{s}\left[\frac{b_0}{a_n} U - \frac{a_0}{a_n} Y\right] \ldots\right]\right]\right] .$$

Diese Klammerschachtelung wird in Bild 2/49 dargestellt. Will man ein R-Glied auf dem Analogrechner nachbilden, so kann man diese Schaltung verwirklichen. Wenn ein $b_\nu = 0$ ist, fällt das betreffende P-Glied und die zugehörige Zuleitung weg.

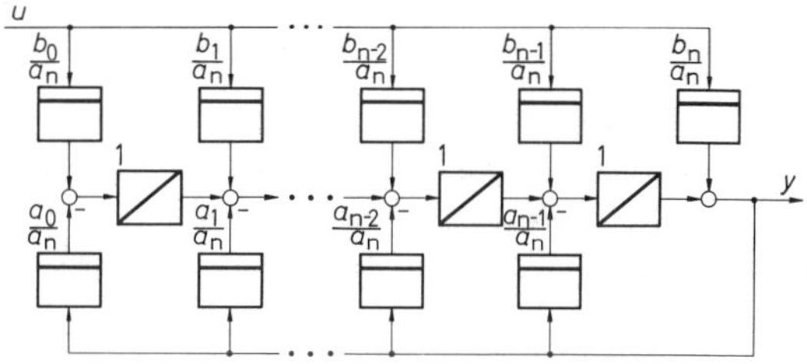

Bild 2/49. Strukturbild eines allgemeinen rationalen Übertragungsgliedes (R-Gliedes)

Da jedes R-Glied sich aus einfachen linearen Übertragungsgliedern zusammensetzt, ist es gewiß linear. Das läßt sich auch direkt aus der definierenden Gleichung (2.59) erkennen. Der Operator φ besteht im Komplexen einfach aus der Multiplikation mit G(s). Es gilt daher

$$\varphi\{cU + \tilde{c}\tilde{U}\} = G(cU + \tilde{c}\tilde{U}) = cGU + \tilde{c}G\tilde{U} =$$

$$= c\varphi\{U\} + \tilde{c}\varphi\{\tilde{U}\} .$$

Im vorhergehenden wurde das rationale Übertragungsglied aufgrund seiner Struktur eingeführt, nämlich als

System, das aus I-, P- und S-Gliedern besteht. Daraus ergab sich als einfache Beschreibung des R-Gliedes im komplexen Bereich die Gleichung (2.58). Aus ihr folgt unmittelbar die Beziehung

$$a_n s^n Y(s) + \ldots + a_1 sY(s) + a_0 Y(s) =$$
$$= b_0 U(s) + b_1 sU(s) + \ldots + b_m s^m U(s) \,. \qquad (2.61)$$

Aus dieser Gleichung erhält man die Beschreibung des R-Gliedes im Zeitbereich durch Laplace-Rücktransformation mittels der Differentiationsregel (für die Originalfunktion). Und zwar ist die bei realen Systemen geltende Regel für die *verallgemeinerte* Differentiation anzuwenden, in welcher die Anfangswerte bei -0 in Erscheinung treten (siehe Kapitel 17). Wie im Abschnitt 2.4.1 ausdrücklich bemerkt, setzen wir bei den hier durchgeführten Untersuchungen zum Übertragungsverhalten stets voraus, daß die Eingangsgröße u(t) und die Ausgangsgröße y(t) eines Übertragungsgliedes = 0 sind für alle t < 0. Daher verschwinden die Anfangswerte von u(t) und y(t) sowie sämtliche Ableitungen bei -0. Infolgedessen gilt die Differentiationsregel in der einfachen Form (Kapitel 17):

$$s^\nu Y(s) \bullet\!\!-\!\!\circ \overset{(\nu)}{y}(t)\,, \qquad \nu = 1,2,\ldots,$$

und entsprechend für u(t). Aus (2.61) folgt deshalb

$$a_n \overset{(n)}{y}(t) + \ldots + a_1 \dot{y}(t) + a_0 y(t) =$$
$$= b_0 u(t) + b_1 \dot{u}(t) + \ldots + b_m \overset{(m)}{u}(t) \,. \qquad (2.62)$$

R-Glieder werden also *im Zeitbereich* durch *lineare Differentialgleichungen mit konstanten Koeffizienten* beschrieben. So werden sie in der Literatur gewöhnlich eingeführt, ohne daß allerdings das Anfangswertproblem erörtert wird.

Vielleicht wird sich mancher Leser bereits gefragt haben, wieso denn ein Übertragungsglied, das durch eine Differentialgleichung beschrieben wird, eine *eindeutige* Abbildung der Eingangsgrößen auf die Ausgangsgrößen vermitteln kann. Bei gegebenem u(t) hat eine solche Differentialgleichung ja unendlich viele Lösungen! Es liegt dies ganz einfach daran, daß das Übertragungsglied nicht durch die Differentialgleichung allein charakterisiert ist, sondern zusätzlich durch die Tatsache, daß die Anfangswerte bei -0 gleich Null sind. Insofern ist der übliche Sprachgebrauch, daß ein R-Glied durch eine Differentialgleichung gegeben sei, nicht präzise. Eigentlich müßte man sagen, daß ein R-Glied durch eine "Differentialgleichung mit verschwindenden Anfangswerten" definiert ist. Doch wollen wir bei der üblichen Bezeichnungsweise bleiben, die kaum zu Irrtümern führen wird, wenn man sich den Sachverhalt einmal klargemacht hat.

Zur Verdeutlichung dieser vielfach unzutreffend dargestellten Verhältnisse noch eine Anmerkung! Treten von Null verschiedene Anfangswerte bei -0 auf, handelt es sich also um ein "System mit Vorgeschichte", so erscheinen diese Anfangswerte als zusätzliche äußere Einflüsse neben den Eingangsgrößen des Systems. Ein Beispiel hierfür bietet das Strukturbild der Abflußregelung im Bild 2/14. Neben den Eingangsgrößen $u_S(t)$ und $v_e(t)$ hat man als äußere Einflüsse die Anfangswerte $\varphi(0)$ und h(0). Da der Ventildrehwinkel $\varphi(t)$ und der Flüssigkeitsstand h(t) stetige Größen sind, ist in diesem Fall $\varphi(-0) = \varphi(0)$ und $h(-0) = h(0)$.

Die systematische Behandlung des Einflusses von Anfangswerten auf die Systemdynamik wird im Rahmen der Zustandsmethodik erfolgen. Aber schon hier sei gesagt, daß er für die praktische Behandlung dynamischer Systeme im allgemeinen eine geringere Rolle spielt als der Einfluß von Eingangsgrößen. Darauf ist es wohl auch zurückzuführen, daß Anfangswerteinflüsse in der klassischen Regelungstechnik so gut wie völlig ignoriert werden.

Abschließend noch eine Bemerkung zu den Anfangswerten bei -0 und bei +0 (siehe hierzu auch Kapitel 17). Bei der Beschreibung realer physikalischer Systeme spielen nur die Anfangswerte bei -0 eine Rolle, d.h. die Grenzwerte, mit denen die zeitveränderlichen Größen des Systems aus der Vergangenheit in t = 0 eintreffen ("Vergangenheitswerte"). Da die Eingangsgrößen (oder ihre Ableitungen) sich in t = 0 häufig sprungartig ändern, z.B. infolge von Schaltvorgängen, können auch die Ausgangsgrößen (oder ihre Ableitungen) sprungförmige Veränderungen aufweisen. Deshalb können die Anfangswerte bei +0, mit denen die zeitveränderlichen Größen in den Bereich t > 0 starten, von den Anfangswerten bei -0 verschieden sein. Sie lassen sich aus den Anfangswerten bei -0 berechnen.[11] Man benötigt sie allenfalls bei der Simulation auf dem Digitalrechner, weil dieser nicht wie ein reales physikalisches System mit der verallgemeinerten Differentiation arbeitet, sondern sich der gewöhnlichen Differentiation (in Form der entsprechenden Differenzenquotienten) bedient. Geht man jedoch von der Zustandsdarstellung aus, so ist die

[11] Siehe hierzu [2.8]. Die Betrachtungen werden dort ohne Benutzung von δ-Funktionen durchgeführt.

Unterscheidung der Anfangswerte bei -0 und +0 überhaupt überflüssig (siehe Abschnitt 11.2).

2.4.4 Totzeitsysteme (TZ-Systeme)

Die rationalen Übertragungsglieder bilden nur einen kleinen, allerdings besonders wichtigen Teil der linearen Übertragungsglieder. Eine weitere Klasse linearer Übertragungsglieder ergibt sich, wenn man das Totzeitglied in die Betrachtung einbezieht. Es kommt in Regelungen häufig vor. Betrachten wir beispielsweise überschlägig eine Mischungsregelung, bei der die Temperatur des Gemisches durch Verstellen der Zuflußmenge beeinflußt werden soll (Bild 2/50). Wird eine Verstellung y vorgenommen, so kann sich diese erst nach einer Totzeit T_t am Meßort bemerkbar machen. Überdies tritt zu dem Transportvorgang noch ein Durchmischungsvorgang, den man näherungsweise durch ein Verzögerungsglied 1. Ordnung beschreiben kann. Falls die Stelleinrichtung Integrierverhalten hat, kann man das dynamische Verhalten des Systems näherungsweise durch Bild 2/51 wiedergeben.

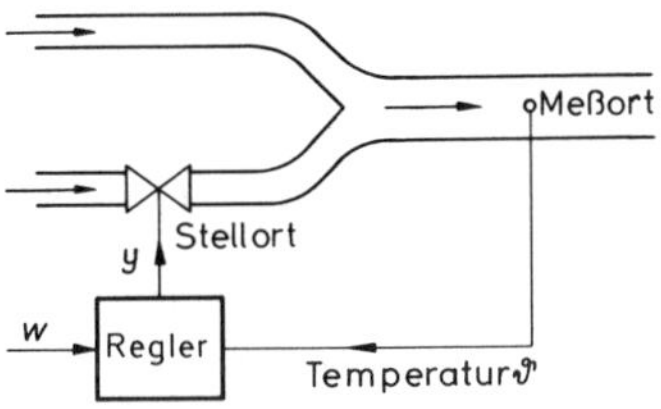

Bild 2/50. Beeinflussung der Temperatur einer Mischung

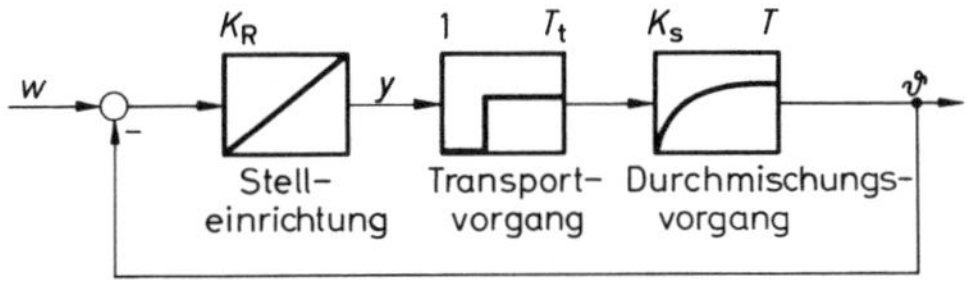

Bild 2/51. Dynamisches Verhalten der Regelung aus Bild 2/50

Eine Struktur dieser Art kann auch dadurch entstehen, daß eine Regelstrecke nur empirisch durch Aufnahme ihrer Sprungantwort h(t) bekannt ist und dann zum Beispiel mittels eines Totzeit- und eines P-T_1-Gliedes approximiert wird. Wie das geschehen kann, ist unmittelbar aus Bild 2/52 ersichtlich: Man legt die Tangente im Wendepunkt von h(t) an und erhält so zwei Zahlen T_t und T. Dann erzeugt die Reihenschaltung Bild 2/52, rechts, mit einer gewissen Näherung die Sprungantwort h(t). Solche Näherungsmethoden werden im Abschnitt 2.9 beschrieben.

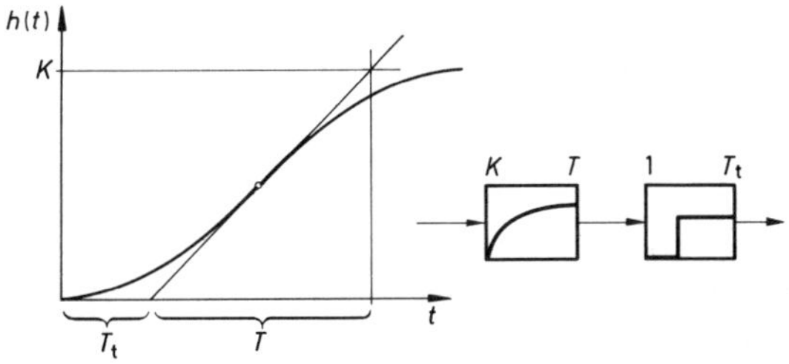

Bild 2/52. Approximation mit Hilfe eines Totzeitgliedes

Als Normaltyp einer *Totzeitregelung* erhält man somit die in Bild 2/53 wiedergegebene Struktur, in der die $R_\nu(s)$ R-Glieder bezeichnen. Sie wird durch die Gleichungen

$$X = R_2(s)\,V\,,$$

$$V = e^{-T_t s}\,U\,,$$

$$U = R_1(s)\,(W - X_R)\,,$$

$$X_R = R_3(s)\,X$$

beschrieben. Setzt man jede Gleichung in die vorhergehende ein, so wird

$$X = R_2(s)\,e^{-T_t s}\,R_1(s)\left[W - R_3(s)\,X\right].$$

Auflösen nach X ergibt

$$X = \left[1 + R_1(s)R_2(s)R_3(s)e^{-T_t s}\right]^{-1} R_1(s)R_2(s)e^{-T_t s}\,W$$

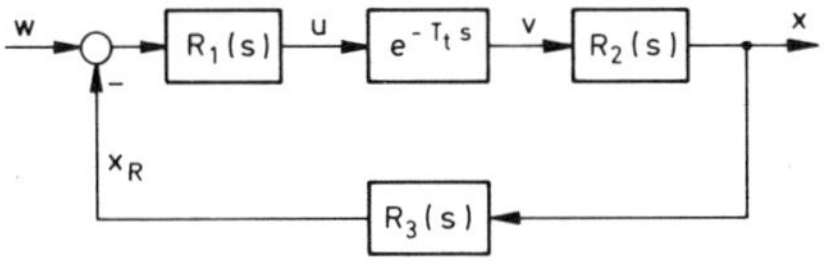

Bild 2/53. Struktur einer Totzeitregelung

oder

$$X = \frac{R_1(s)\,R_2(s)\,e^{-T_t s}}{1 + R_1(s)\,R_2(s)\,R_3(s)e^{-T_t s}}\,W$$

als Zusammenhang zwischen Ein- und Ausgangsgröße. Ein System dieser Art wollen wir als *Totzeitsystem (TZ-System)* bezeichnen. Allgemein sei es durch die Übertragungsfunktion

$$G(s) = \frac{G_0(s) + G_1(s)e^{-T_{t1}s} + \ldots + G_m(s)e^{-T_{tm}s}}{1 + H_1(s)e^{-\tau_{t1}s} + \ldots + H_n(s)e^{-\tau_{tn}s}} \quad (2.63)$$

charakterisiert, wobei die $G_\nu(s)$ und $H_\nu(s)$ R-Glieder beschreiben und die $T_{t\nu}$ und $\tau_{t\nu}$ Zahlen > 0 sind. Mindestens ein $G_\nu(s)$ oder $H_\nu(s)$ mit $\nu > 0$ sei nicht identisch Null, da andernfalls kein TZ-System, sondern ein R-Glied vorliegt.

Da jedes TZ-System durch Verknüpfung von R-Gliedern, TZ-Gliedern und S-Gliedern aufgebaut werden kann, ist es sicherlich linear.

Nur am Rande sei angemerkt, welche Art von Funktionalgleichungen ein TZ-System im Zeitbereich beschreibt. Betrachten wir dazu einen Spezialfall von (2.63):

$$G(s) = \frac{\frac{K}{s}}{1 + \frac{K}{s}e^{-T_t s}} = \frac{K}{s + Ke^{-T_t s}} .$$

Daraus folgt

$$Y(s) = \frac{K}{s + Ke^{-T_t s}} U(s)$$

oder

$$sY(s) + KY(s)e^{-T_t s} = KU(s) .$$

Rücktransformation liefert

$$\dot{y}(t) + Ky(t - T_t) = Ku(t) .$$

Wie man sieht, ist das keine übliche Differentialgleichung, da als Argument nicht nur t, sondern auch die Differenz $t - T_t$ auftritt. Man spricht von einer *Differenzendifferentialgleichung.* Es liegt auf der Hand, daß der Übergang in den Zeitbereich keinen Gewinn bringt.

2.4.5 Differenzengleichungsglieder

Man erhält eine praktisch wichtige Teilklasse der Totzeitsysteme, wenn man zwei spezielle Annahmen macht:

1. Die rationalen Funktionen $G_\nu(s)$ und $H_\nu(s)$ sollen Konstanten sein.
2. Die Totzeiten $T_{t\nu}$ und $\tau_{t\nu}$ sollen ganzzahlige Vielfache ein und derselben Totzeit T sein.

Als Übertragungsfunktion eines derartigen Totzeitsystems erhält man

$$G(s) = \frac{b_0 + b_1e^{-Ts} + \ldots + b_me^{-mTs}}{1 + a_1e^{-Ts} + \ldots + a_ne^{-nTs}} = \frac{Y(s)}{U(s)} . \quad (2.64)$$

Um zu sehen, was das im Zeitbereich bedeutet, multiplizieren wir aus:

$$Y + a_1Ye^{-Ts} + \ldots + a_nYe^{-nTs} =$$

$$= b_0U + b_1Ue^{-Ts} + \ldots + b_mUe^{-mTs} .$$

Die Rücktransformation ergibt die Beziehung

$$y(t) + a_1y(t-T) + \ldots + a_ny(t-nT) =$$

$$= b_0u(t) + b_1u(t-T) + \ldots + b_mu(t-mT) . \quad (2.65)$$

Man bezeichnet sie als Differenzengleichung, genauer als *lineare Differenzengleichung mit konstanten Koeffizienten.* Wir wollen die hierdurch charakterisierten Übertragungsglieder deshalb *Differenzengleichungsglieder* nennen.

Die Ausgangsgröße eines Differenzengleichungsgliedes läßt sich ohne weiteres rekursiv berechnen. Dazu schreiben wir die Gleichung (2.65) in der Form

$$y(t) = b_0u(t) + b_1u(t-T) + \ldots + b_mu(t-mT) -$$

$$- a_1y(t-T) - a_2y(t-2T) - \ldots - a_ny(t-nT) . \quad (2.66)$$

Weiterhin bezeichnen wir y(t) im Intervall $kT < t \leq (k+1)T$ mit $y_k(t)$. Dann gilt im Intervall $0 < t \leq T$, da alsdann die Werte $t-T, t-2T, \ldots < 0$ sind und dort $u(t) \equiv 0$, $y(t) \equiv 0$ ist:

$$y_0(t) = b_0u(t) .$$

Für das nächste Intervall $T < t \leq 2T$ liegt $t-T$ im vorhergehenden Intervall, während $t-2T, t-3T, \ldots < 0$ sind. Daher folgt aus (2.66)

$$y_1(t) = b_0u(t) + b_1u(t-T) - a_1y(t-T) \quad \text{oder}$$

$$y_1(t) = b_0u(t) + b_1u(t-T) - a_1y_0(t) .$$

Da $y_0(t)$ aus dem vorherigen Schritt bekannt ist, kann man daraus $y_1(t)$ bestimmen. Für das nächste Intervall $2T < t \leq 3T$ ergibt sich entsprechend

$$y_2(t) = b_0u(t) + b_1u(t-T) + b_2u(t-2T) - a_1y_1(t) -$$

$$- a_2y_0(t) .$$

So fortfahrend, erhält man schließlich im Intervall $nT < t \leq (n+1)T$

$$y_n(t) = b_0u(t) + \ldots + b_mu(t-mT) - a_1y_{n-1}(t) - - a_2y_{n-2}(t) - \ldots - a_ny_0(t)$$

und für irgendein späteres Intervall $kT < t \leq (k+1)T$

$$y_k(t) = b_0u(t) + \ldots + b_mu(t-mT) - a_1y_{k-1}(t) - - a_2y_{k-2}(t) - \ldots - a_ny_{k-n}(t) .$$

Liegt ein Differenzengleichungsglied mit Vorgeschichte vor, sind also u(t), y(t) im Bereich $t < 0$ nicht identisch Null, so kann die Berechnung ganz entsprechend erfolgen. An die Stelle der Anfangswerte bei -0, wie sie bei Differentialgleichungen die Vorgeschichte repräsentieren, treten bei Differenzengleichungen "Anfangsstücke", d.h. Funktionsverläufe aus den Intervallen $kT < t \leq (k+1)T$ links von $t = 0$.

Ist T klein gegenüber den Zeitkonstanten der anderen Übertragungsglieder, mit denen das Differenzengleichungsglied verknüpft ist, so wird es häufig genügen, die Größen u(t) und y(t) nur zu den Zeitpunkten $t = kT$ zu betrachten. Dann wird aus (2.65), wenn man abkürzend

$$y(kT-\nu T) = y\big((k-\nu)T\big) = y_{k-\nu}$$

setzt:

$$y_k + a_1y_{k-1} + \ldots + a_ny_{k-n} = = b_0u_k + b_1u_{k-1} + \ldots + b_mu_{k-m} \qquad (2.67)$$

Damit ist aus der Differenzengleichung für Zeitfunktionen eine *Differenzengleichung für Zahlenfolgen* geworden, nämlich für die Zahlenfolgen

$$(u_k) = (u_0,u_1,u_2,\ldots) \quad \text{und} \quad (y_k) = (y_0,y_1,y_2,\ldots) .$$

Solche Differenzengleichungen treten vor allem in digitalen Regelungen auf, bei denen der Regler als Algorithmus in einem Prozeß- bzw. Mikrorechner realisiert ist. Nach y_k aufgelöst, stellt (2.67) einen solchen *Algorithmus* dar (Abschnitt 7.12). Auch bei der Systemidentifikation spielen solche Differenzengleichungen eine wichtige Rolle (Abschnitte 2.9 und 12.6).

2.4.6 Abtastsysteme

Rationale Übertragungsglieder und Totzeitsysteme umspannen keineswegs die Gesamtheit der linearen Übertragungsglieder. Ein lineares Übertragungsglied, das nicht zu ihnen gehört, ist das *Abtastglied.*

Es kommt vor, daß die Regelgröße nicht kontinuierlich, sondern nur zu äquidistanten Zeitpunkten erfaßt werden kann. Um sie auch in der Zwischenzeit zur Verfügung zu haben, speichert man ihren zuletzt erfaßten Meßwert so lange, bis der nächste Meßwert vorliegt. Die erfaßte Regelgröße stellt dann eine Treppenfunktion dar. Dieser Übergang vom kontinuierlichen Verlauf u(t) zur Treppenfunktion y(t) ist in Bild 2/54 dargestellt. Eine Meß- und Speichervorrichtung, die das bewirkt, sei hier als *Abtastglied* bezeichnet.[12] Hat die Eingangsgröße u(t) zu einem Tastzeitpunkt νT einen Sprung, so ist der rechtsseitige Grenzwert $u(\nu T+0)$ zu nehmen.

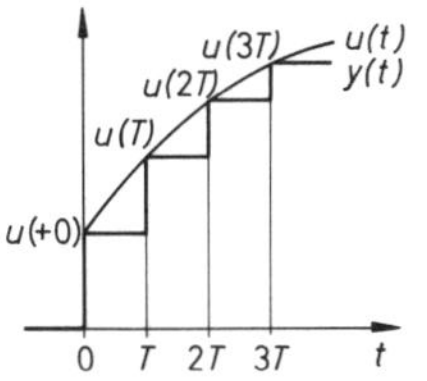

Bild 2/54. Wirkungsweise eines Abtastgliedes

Jede digitale Regelung, bei der also der Regler als Algorithmus in einem Prozeß- bzw. Mikrorechner realisiert ist, enthält ein solches Abtastglied. Damit nämlich die Rückführgröße im Rechner verarbeitet werden kann, muß sie zunächst "abgetastet", d.h. letztlich in eine Treppenfunktion nach Bild 2/54 verwandelt werden.

Daß das Abtastglied linear ist, sieht man unmittelbar aus Bild 2/54. Wird die Eingangsgröße u mit dem Faktor c multipliziert, so werden speziell die Funktionswerte $u(\nu T)$ mit c multipliziert, wodurch die gesamte Treppenfunktion y(t) den Faktor c annimmt. Mithin gilt das Verstärkungsprinzip, und entsprechend kann man auch die Gültigkeit des Überlagerungsprinzips beweisen.

Das Abtastglied ist aber weder ein R-Glied noch ein TZ-System. Wäre es das, so müßte es durch eine Beziehung von der Form

$$Y(s) = G(s)U(s) \quad \text{bzw.} \quad \frac{Y(s)}{U(s)} = G(s)$$

beschrieben werden können, wobei G(s) für beliebige Eingangsgrößen u die gleiche komplexe Funktion dar-

---

[12] In der Theorie der Abtastsysteme (zeitdiskreten Systeme) spricht man meist treffender von einem Abtast-Halte-Glied, worauf wir hier aber der Kürze halber verzichten wollen. Man kann es in einen δ-Abtaster und ein Halteglied zerlegen, wobei das Halteglied ein einfaches Totzeitsystem ist, während das Neue im δ-Abtaster liegt. Wir gehen nicht weiter darauf ein, da wir uns in diesem Buch nicht mit Abtastsystemen befassen (siehe hierfür etwa [2.9]).

stellt. Beim Abtastglied ist das aber nicht der Fall. Betrachten wir zunächst $u = \sigma(t)$, also $U(s) = 1/s$. Man sieht sofort, daß dann auch $y(t) = \sigma(t)$, mithin $Y(s) = 1/s$ ist. Hier ist also

$$\frac{Y(s)}{U(s)} = 1 . \qquad (2.68)$$

Nehmen wir jetzt die Rampenfunktion $u = t/T$, also $U(s) = 1/Ts^2$. Bild 2/55 zeigt, daß man die Treppenfunktion y aus verschobenen Einheitssprüngen aufbauen kann:

$$y = \sigma(t-T) + \sigma(t-2T) + \ldots .$$

Demnach ist

$$Y(s) = \frac{1}{s} e^{-Ts} + \frac{1}{s} e^{-2Ts} + \ldots ,$$

$$Y(s) = \frac{1}{s} e^{-Ts}(1 + e^{-Ts} + e^{-2Ts} + \ldots) .$$

Es handelt sich um eine geometrische Reihe mit dem Quotienten $q = e^{-Ts}$, dessen Betrag sicherlich kleiner als 1 ist, wenn s in der rechten Halbebene liegt.[13]

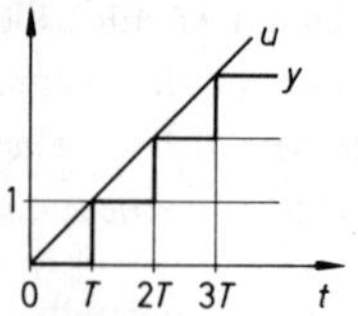

Bild 2/55. Abtastung der Rampenfunktion $u = t/T$

Damit ist

$$Y(s) = \frac{1}{s} \frac{e^{-Ts}}{1-e^{-Ts}} .$$

Der Quotient ist hier

$$\frac{Y(s)}{U(s)} = Ts \frac{e^{-Ts}}{1-e^{-Ts}} .$$

Da er verschieden vom Quotienten (2.68) ist, hat das Abtastglied keine Übertragungsfunktion G(s), ist also weder ein R-Glied noch ein TZ-System.

Zusammen mit R-, TZ- und S-Gliedern bauen Abtastglieder die (linearen) Abtastsysteme (oder zeitdiskreten Systeme) auf. Jede digitale Regelung ist im Prinzip ein Abtastsystem. Sofern jedoch die Abtastzeit T klein gegenüber den wesentlichen Zeitkonstanten der Regelung ist (Genaueres hierüber im Abschnitt 7.12), stimmen die Treppenfunktionen nahezu mit den kontinuierlichen Funktionen überein, und man darf beim Entwurf der Regelung den Abtastcharakter ignorieren, also die digitale Regelung wie eine kontinuierliche Regelung entwerfen.

2.4.7 Lineare Differentialgleichungsglieder mit zeitabhängigen Parametern

Eine weitere Klasse linearer Übertragungsglieder ist durch lineare Differentialgleichungen mit zeitabhängigen Koeffizienten gegeben. Ein Beispiel sieht man im Bild 2/56. Der Ohmsche Widerstand R werde von außen gesteuert. Damit ist sein Wert eine gegebene Funktion der Zeit: $R = R(t)$. Für den Strom i gilt dann die Differentialgleichung

$$L\dot{i} + R(t)i = u . \qquad (2.69)$$

Der Zusammenhang zwischen u und i wird hier durch eine Differentialgleichung mit einem zeitabhängigen Koeffizienten hergestellt.

Dieser Zusammenhang ist linear. Aus u wird gemäß (2.69) i. Entsprechend wird aus $\tilde{u}$ die Ausgangsgröße $\tilde{i}$:

$$L\dot{\tilde{i}} + R(t)\tilde{i} = \tilde{u} . \qquad (2.70)$$

Addition von (2.69) und (2.70) führt zu

$$L(i+\tilde{i})^{\cdot} + R(t)(i+\tilde{i}) = u + \tilde{u} .$$

Aus $u + \tilde{u}$ wird daher $i + \tilde{i}$. Es gilt also das Überlagerungsprinzip. Entsprechend zeigt man die Gültigkeit des Verstärkungsprinzips.

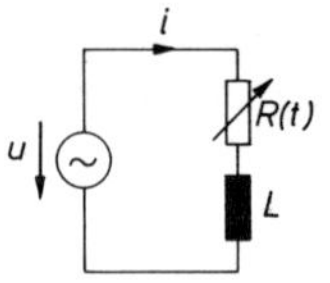

Bild 2/56. Beispiel für eine lineare Differentialgleichung mit zeitabhängigem Parameter

Was hier am Beispiel gezeigt wurde, gilt auch für die allgemeine Beziehung

$$\sum_{\nu=0}^{n} a_\nu(t) \overset{(\nu)}{y} = \sum_{\nu=0}^{m} b_\nu(t) \overset{(\nu)}{u} , \quad m \leq n . \qquad (2.71)$$

[13] Unter *der rechten Halbebene* wird der Teil der komplexen s-Ebene verstanden, der rechts von der j-Achse liegt. Allgemeiner wird unter *einer* rechten Halbebene derjenige Teil der komplexen s-Ebene verstanden, der rechts von irgendeiner Parallelen zur j-Achse gelegen ist.

Es handelt sich um eine lineare Beziehung zwischen den beiden Variablen u und y, in die die zeitabhängigen Parameter $a_\nu(t)$ und $b_\nu(t)$ eingehen.

Allerdings ist noch eine andere Auffassung von (2.69) bzw. (2.71) möglich. Sieht man in (2.69) R(t) nicht nur als zeitabhängigen Parameter, sondern als zusätzliche Eingangsgröße an, faßt also (2.69) nicht als ein Übertragungsglied $i = \varphi\{u\}$, sondern vielmehr als ein anderes Übertragungsglied $i = \psi\{u,R\}$ auf, so ist das letztere nichtlinear. Denn in ihm tritt die Multiplikation $R(t) \cdot i(t)$ einer Eingangsgröße mit der Ausgangsgröße auf.

Eine solche Auffassung liegt vor allem dann nahe, wenn man das Übertragungsglied auf dem Analogrechner nachbilden will. Man integriert dann, und unter der Voraussetzung, daß der Anfangswert von i verschwindet, erhält man

$$i = \frac{1}{L} \int_0^t \left[u - R(\tau)\, i(\tau) \right] d\tau \; .$$

Sie führt zu Bild 2/57. Bei der Realisierung dieser Struktur auf dem Analogrechner muß man die Zeitfunktion R(t) durch eine zusätzliche Schaltung erzeugen und sie durch einen Multiplikator einspeisen.

Dennoch ist der Zusammenhang zwischen u und i linear, und das gleiche gilt im allgemeinen Fall für den Zusammenhang zwischen u und y.

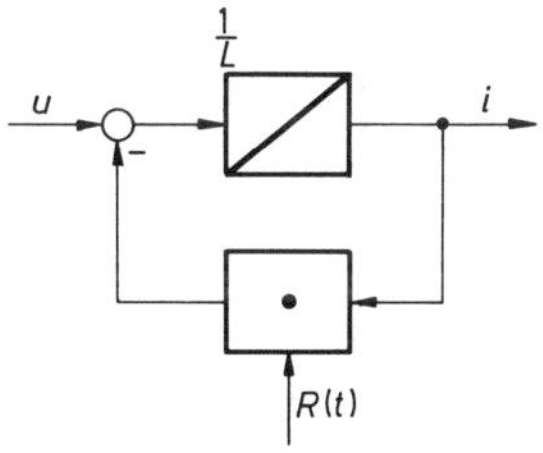

Bild 2/57. Strukturbild der Schaltung aus Bild 2/56

2.4.8 Einteilung der linearen Übertragungsglieder in zeitinvariante und zeitvariante (LZI- und LZV-Glieder)

Die im vorhergehenden beschriebenen Typen von Übertragungsgliedern machen keineswegs die Gesamtheit der linearen Übertragungsglieder aus. Beispielsweise bei Systemen mit ortsabhängigen Parametern treten noch andere Arten auf (Kapitel 3, Pneumatische Leitung). Aber die betrachteten Fälle werden genügen, um dem Leser einen Begriff von der außerordentlichen Mannigfaltigkeit des linearen Bereiches zu geben.

Vielleicht ist ihm dabei aufgefallen, daß lediglich Übertragungsglieder mit einer einzigen Eingangsgröße betrachtet wurden. In der Tat bedeutet dies im linearen Fall keine Einschränkung. Nehmen wir etwa an, daß durch

$$y = \varphi\{u_1, \ldots, u_p\}$$

ein lineares Übertragungsglied gegeben ist. Dann kann man wegen des Überlagerungsprinzips schreiben:

$$y = \varphi\{u_1, 0, \ldots, 0\} + \varphi\{0, u_2, 0, \ldots, 0\} + \ldots + \\ + \varphi\{0, \ldots, 0, u_p\}$$

oder abgekürzt

$$y = \varphi_1\{u_1\} + \varphi_2\{u_2\} + \ldots + \varphi_p\{u_p\} \; .$$

Das heißt aber:

Man kann ein beliebiges lineares Übertragungsglied mit p Eingangsgrößen durch die Summation von p linearen Übertragungsgliedern mit jeweils einer einzigen Eingangsgröße erhalten.

Das einzige lineare Übertragungsglied mit mehr als einer Eingangsgröße, das man berücksichtigen muß, ist somit das Summierglied.

Bleiben wir also bei den linearen Übertragungsgliedern mit einer einzigen Eingangsgröße. Wie kann man in ihre Mannigfaltigkeit Ordnung bringen, sie gewissermaßen nach ihren natürlichen Eigenschaften klassifizieren?

Das ist möglich, indem man ihr Verhalten gegenüber einem neuen Prinzip prüft, das wir jetzt zusätzlich zum Linearitätsprinzip einführen. Wir wollen es das *Verschiebungsprinzip* nennen und können es so formulieren:

Ein Übertragungsglied erzeuge aus der Eingangsgröße $u(t)$ die Ausgangsgröße $y(t)$. Wenn es dann aus der nach rechts verschobenen Eingangsgröße $u(t-t_0)$ die nach rechts verschobene Ausgangsgröße $y(t-t_0)$ macht, und zwar für jede Eingangsgröße $u(t)$ und jedes $t_0 > 0$, so erfüllt es das Verschiebungsprinzip.

Die Operatorbeziehung $\varphi\{u(t)\} = y(t)$ hat dann also $\varphi\{u(t-t_0)\} = y(t-t_0)$ zur Folge. Auch hier handelt es sich wie beim Überlagerungs- und Verstärkungsprinzip um eine Vertauschungseigenschaft des Operators φ : Er ist mit jeder Verschiebung nach rechts vertauschbar.

Wir definieren jetzt weiter:

Ein Übertragungsglied heißt zeitinvariant, wenn es das Verschiebungsprinzip erfüllt, andernfalls heißt es zeitvariant.

Man kann sofort sehen, daß R-Glieder und TZ-Systeme zeitinvariant sind. Beide werden durch die komplexe Übertragungsgleichung

$$Y(s) = G(s)\,U(s)$$

beschrieben. Multipliziert man diese Gleichung mit $e^{-t_0 s}$, so erhält man

$$Y(s)\,e^{-t_0 s} = G(s)\,U(s)\,e^{-t_0 s} .$$

Das bedeutet aber im Zeitbereich nichts anderes, als daß zur Eingangsgröße $u(t-t_0)$ die Ausgangsgröße $y(t-t_0)$ gehört.

Das Abtastglied hingegen ist zeitvariant. Das sieht man aus Bild 2/58, wobei man sich vor Augen halten muß, daß der Operator φ die Treppenfunktionsbildung bewirkt.

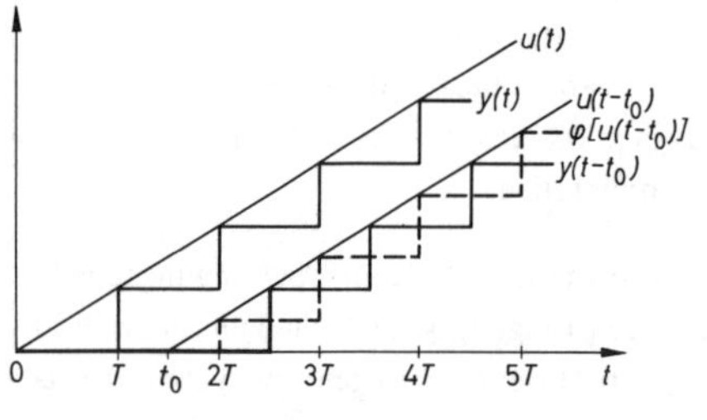

Bild 2/58. Zeitvarianz des Abtastgliedes

Hier ist u(t) um $t_0 = (3/2)T$ verschoben. Die Abtastung der Funktion $u(t-t_0)$ liefert die gestrichelte Treppenfunktion $\varphi\{u(t-t_0)\}$. Diese stimmt aber keineswegs mit $y(t-t_0)$, also der um $t_0 = (3/2)T$ verschobenen Treppenfunktion $y(t) = \varphi\{u(t)\}$ überein. Die Beziehung $\varphi\{u(t-t_0)\} = y(t-t_0)$ gilt hier nur für spezielle Werte von t_0, nämlich $t_0 = \nu T$, wo ν eine natürliche Zahl ist. Beschränkt man die Betrachtung auf diese Zeitpunkte, wie es in der Abtasttheorie fast ausnahmslos der Fall ist, so kann man das Abtastglied als zeitinvariant ansehen.

Daß die Differentialgleichungsglieder mit zeitabhängigen Koeffizienten das Verschiebungsprinzip nicht erfüllen, liegt eben wegen dieser Zeitabhängigkeit auf der Hand. Hat man beispielsweise die Differentialgleichung

$$\dot{y} = tu , \quad \text{also} \quad y = \int_0^t \tau\,u(\tau)\,d\tau ,$$

so folgt für $u = \sigma(t)$

$$y = \int_0^t \tau\,d\tau = \frac{t^2}{2} .$$

Für $u = \sigma(t-t_0)$ ist für $t > t_0$

$$y = \int_{t_0}^t \tau\,d\tau = \frac{1}{2}(t^2 - t_0^{\,2}) ,$$

aber nicht $y = \frac{1}{2}(t-t_0)^2$, wie es bei Gültigkeit des Verschiebungsprinzips sein müßte.

Die linearen Übertragungsglieder zerfallen also in zwei große Klassen: Die zeitinvarianten und die zeitvarianten Übertragungsglieder. Die *linearen zeitinvarianten Übertragungsglieder* wollen wir im folgenden kurz als *LZI- Glieder* bezeichnen.

Zu ihnen zählen die R-Glieder und TZ-Systeme. Diese werden durch die komplexe Übertragungsgleichung

$$Y(s) = G(s)\,U(s)$$

beschrieben. Aber auch jedes andere Übertragungsglied, das einer solchen Gleichung mit einer festen komplexen Funktion G(s) genügt, erfüllt die Linearitäts- und Zeitinvarianzrelation. Das folgt sofort daraus, daß es beim Beweis dieser Relationen für die R-Glieder und TZ-Systeme nicht auf die Beschaffenheit der Funktion G(s) ankommt.

Die Vermutung liegt daher nahe, daß umgekehrt jedes LZI-Glied durch eine Gleichung vom Typ $Y(s) = G(s)\cdot U(s)$ beschrieben wird. Dies soll hier für den Fall gezeigt werden, daß die Sprungantwort h(t) des LZI-Gliedes für $t > 0$ keine Sprungstellen aufweist. Diese Voraussetzung ist jedoch nicht notwendig, vielmehr genügt es, daß h(t) Null für $t < 0$ und im übrigen stückweise analytisch ist. Die Sprungantwort muß also beliebig oft differenzierbar sein, abgesehen von isolierten Ausnahmestellen τ_λ, die Sprungstellen von h(t) oder seiner Ableitungen sein dürfen. Bild 2/59 zeigt den Typ einer solchen Funktion.

Wir nähern die Eingangsfunktion u(t) durch eine Treppenfunktion $u_n(t)$ an, wie das in Bild 2/60 dargestellt ist. Die Stelle t ist dabei beliebig, aber für die nächstfolgende Betrachtung fest. Denkt man sich die Treppenfunktion aus verschobenen Sprungfunktionen aufge-

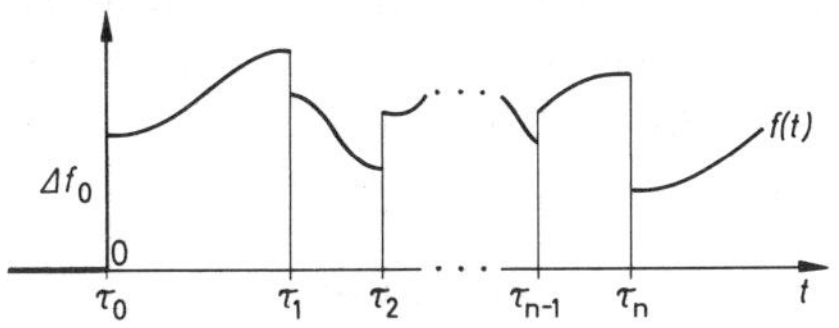

Bild 2/59. Stückweise analytische Funktion

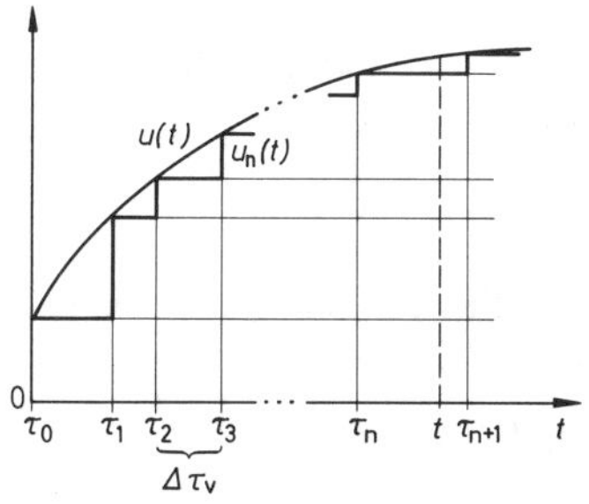

Bild 2/60. Zur Herleitung des Duhamel-Integrals

schichtet, so ist die Näherungsfunktion $u_n(t)$ bis zur interessierenden Stelle t durch

$$u_n(t) = u(+0)\,\sigma(t) + \left[u(\tau_1) - u(+0)\right]\sigma(t-\tau_1) + \ldots + \\ + \left[u(\tau_n) - u(\tau_{n-1})\right]\sigma(t-\tau_n)$$

oder

$$u_n(t) = u(+0)\,\sigma(t) + \sum_{\nu=1}^{n}\left[u(\tau_\nu) - u(\tau_{\nu-1})\right]\sigma(t-\tau_\nu)$$

gegeben, wobei $\tau_0 = +0$ zu setzen ist. Geht die maximale Länge der $\Delta\tau_\nu \to 0$, wobei $n \to +\infty$ strebt, so geht $u_n(t) \to u(t)$.

Schaltet man $u_n(t)$ auf das Übertragungsglied, wendet also auf $u_n(t)$ den Operator φ an, so wird aus $\sigma(t)$ die Sprungantwort h(t). Wegen der Zeitinvarianz wird aus dem verschobenen Einheitssprung $\sigma(t-\tau_\nu)$ die verschobene Sprungantwort $h(t-\tau_\nu)$. Wegen der Linearität wird so aus der ganzen Summe $u_n(t)$ die Funktion

$$y_n(t) = u(+0)\,h(t) + \sum_{\nu=1}^{n}\left[u(\tau_\nu) - u(\tau_{\nu-1})\right]h(t-\tau_\nu) \,.$$

Hierfür kann man auch schreiben

$$y_n(t) = u(+0)\,h(t) + \sum_{\nu=1}^{n}\frac{u(\tau_\nu) - u(\tau_{\nu-1})}{\Delta\tau_\nu}\,h(t-\tau_\nu)\,\Delta\tau_\nu \,.$$

Läßt man jetzt $\Delta\tau_\nu \to 0$ gehen, so strebt der Differenzenquotient gegen den Differentialquotienten $\dot{u}(\tau_\nu)$ und die Summe gegen das entsprechende Integral. Man erhält so

$$y(t) = u(+0)\,h(t) + \int_0^t \dot{u}(\tau)\,h(t-\tau)\,d\tau \,.$$

Wendet man auf das Integral die partielle Integration an, so wird aus ihm

$$\Big[u(\tau)\,h(t-\tau)\Big]_{\tau=0}^{\tau=t} + \int_0^t u(\tau)\,\dot{h}(t-\tau)\,d\tau =$$

$$= u(t)\,h(+0) - u(+0)\,h(t) + \int_0^t \dot{h}(t-\tau)\,u(\tau)\,d\tau \,.$$

Damit ist

$$y(t) = \int_0^t \dot{h}(t-\tau)\,u(\tau)\,d\tau + h(+0)\,u(t) \,.$$

Dieses Integral bezeichnet man als *Duhamel-Integral.*

Aus dieser Beziehung erhält man durch Laplace-Transformation aufgrund der Faltungsregel

$$Y(s) = \mathscr{L}\{\dot{h}(t)\}\,U(s) + h(+0)\,U(s) \,.$$

Nach der Differentiationsregel folgt daraus weiter

$Y(s) = \left[sH(s) - h(+0)\right]U(s) + h(+0)\,U(s)$, also

$Y(s) = sH(s)\,U(s)$. Setzt man

$sH(s) = G(s)$,

wobei also H(s) die Laplace-Transformierte der Sprungantwort ist, so hat man die vermutete Beziehung.

Allgemein kann man sagen:

Ein Übertragungsglied besitzt genau dann eine komplexe Übertragungsgleichung

$$Y(s) = G(s)\,U(s) \,,$$

wenn es ein LZI-Glied ist. Hierin ist $G(s) = sH(s)$, wobei $H(s)$ die Laplace-Transformierte der Sprungantwort $h(t)$ des Übertragungsgliedes darstellt.

Hiermit ist die Frage geklärt, wann für ein Übertragungsglied die einfache komplexe Gleichung $Y(s) = G(s)\,U(s)$ gilt: Genau dann, wenn es linear und zeitinvariant ist. Andernfalls besitzt es keine Übertragungsfunktion G(s). Von Einzelfällen abgesehen, ist es dann auch zwecklos, die Laplace-Transformation auf das Übertragungsglied anzuwenden.

2.4.9 Übersichtsschema für die Übertragungsglieder

Das angestrebte Ziel, eine Klassifikation der Übertragungsglieder nach ihren Eigenschaften vorzunehmen, ist nun erreicht. Bild 2/61 zeigt das Ergebnis. Da ist als erste fundamentale Alternative die Zerlegung der Übertragungsglieder in lineare und nichtlineare aufgrund des Linearitätsprinzips (Superpositions- und Verstärkungsprinzips). Sie ist allgemein bekannt. Merkwürdigerweise gilt dies nicht von der zweiten Alternative, nämlich der Zerlegung der linearen Übertragungsglieder in zeitinvariante und zeitvariante (oder zeitvariable) aufgrund des Verschiebungsprinzips. Sie ist genauso fundamental, sondert sie doch alle linearen Übertragungsglieder, welche eine komplexe Übertragungsgleichung Y(s) = G(s)U(s) besitzen, von der Restmenge linearer Übertragungsglieder ab, für die es eine solche Gleichung nicht gibt. Für die praktische Behandlung dynamischer Systeme aber ist das Vorhandensein dieser Gleichung von unschätzbarer Bedeutung, wie in Ansätzen wohl schon zu erkennen war und wie die folgenden Ausführungen mit aller Deutlichkeit zeigen werden. Man kann ohne Übertreibung sagen, daß die gesamte klassische lineare Theorie auf dieser Gleichung beruht.

In das so geschaffene Grundschema lassen sich die anderen von uns behandelten Typen von Übertragungsgliedern zwanglos einreihen. Bild 2/61 zeigt dies. Die gestrichelten Linien sollen dabei andeuten, daß es außer den im Bild 2/61 angegebenen Typen von Übertragungsgliedern noch weitere gibt, die nicht angeführt sind. Nur nebenbei sei angemerkt, daß man auch die nichtlinearen Übertragungsglieder in zeitinvariante und zeitvariante einteilen kann, doch ist das für unsere Untersuchungen ohne besondere Bedeutung.

Mit dem Klassifikationsschema im Bild 2/61 ist Übersicht in die Fülle der Übertragungsglieder gebracht. Die wichtigste Gruppe bilden die LZI-Glieder, weil sie am häufigsten auftreten, zumindest als Näherung schwieriger zu behandelnder Systeme, und weil für sie die leistungsfähigsten Bearbeitungsmethoden vorliegen. Mit ihren Eigenschaften wollen wir uns deshalb im folgenden Abschnitt 2.5 etwas näher befassen.

2.5 Eigenschaften der linearen zeitinvarianten Übertragungsglieder (LZI-Glieder)

2.5.1 Kenngrößen der LZI-Glieder

Die grundlegende Kenngröße eines LZI-Gliedes ist seine *Übertragungsfunktion* G(s). Sie wird durch Laplace-Transformation aus der Funktionalbeziehung des Übertragungsgliedes, also einer Differentialgleichung, Differenzengleichung oder dergleichen, gewonnen, wie schon an Beispielen gezeigt wurde. Dabei wird stets vorausgesetzt, daß die Eingangsgröße u(t) und die Ausgangsgröße y(t) des Übertragungsgliedes Null sind für $t < 0$, das System also keine Vorgeschichte besitzt.

Betrachten wir noch ein einfaches Beispiel für die Berechnung der Übertragungsfunktion, und zwar das *Vorhaltglied oder D-T_1-Glied*, das gelegentlich bei der Stabilisierung von Regelungen benutzt wird:

$$T\dot{y} + y = KT\dot{u}\,, \qquad K,T > 0\,.$$

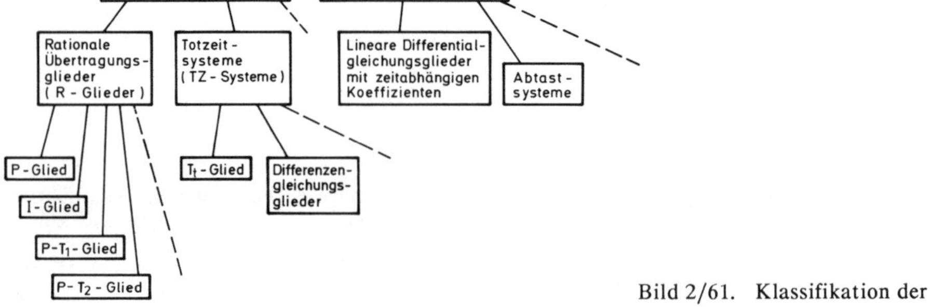

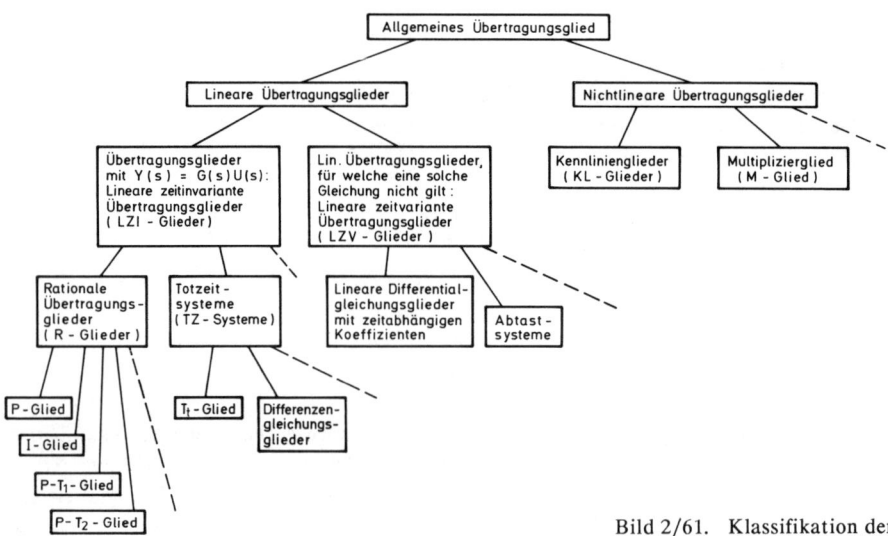

Bild 2/61. Klassifikation der Übertragungsglieder

Die Differentiationsregel der Laplace-Transformation liefert zunächst

$$T\left[sY(s) - y(-0) \right] + Y(s) = KT\left[sU(s) - u(-0) \right].$$

Da nach obiger Voraussetzung $u(-0) = 0$, $y(-0) = 0$ gilt, folgt

$$Y(s) = \frac{KTs}{1+Ts} U(s),$$

also die Übertragungsfunktion

$$G(s) = \frac{KTs}{1+Ts}. \qquad (2.72)$$

Eine zweite, von uns bereits angeführte Kenngröße eines LZI-Gliedes ist seine *Sprungantwort* h(t), also die Reaktion des LZI-Gliedes auf $u = \sigma(t)$. Da allgemein

$$Y(s) = G(s) \cdot U(s)$$

gilt und hier speziell $U(s) = 1/s$ ist, folgt

$$H(s) = G(s) \cdot \frac{1}{s} \qquad (2.73)$$

als Laplace-Transformierte der Sprungantwort h(t). Aus dieser Beziehung kann man h(t) durch Rücktransformation berechnen.

Im obigen Beispiel ist

$$H(s) = \frac{KTs}{1+Ts} \cdot \frac{1}{s} = \frac{KT}{1+Ts},$$

also

$$h(t) = Ke^{-\frac{t}{T}}, \quad t > 0. \qquad (2.74)$$

Bild 2/62 zeigt diese Funktion und bringt zum Ausdruck, daß die Sprungantwort eine sehr anschauliche Kenngröße für das Systemverhalten ist.

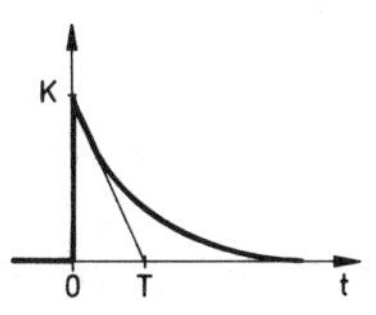

Bild 2/62. Sprungantwort des Vorhaltgliedes (D-T_1-Gliedes)

Eine dritte Kenngröße der LZI-Glieder wollen wir nun neu einführen, nämlich die Originalfunktion g(t) zur Übertragungsfunktion G(s):

$$g(t) \circ\!\!-\!\!\bullet G(s). \qquad (2.75)$$

Betrachten wir dazu wieder das obige Beispiel! Aus (2.72) folgt

$$G(s) = K\frac{(Ts+1)-1}{1+Ts} = K - \frac{K}{1+Ts}.$$

Durch Rücktransformation entsteht

$$g(t) = K\delta(t) - \frac{K}{T}e^{-\frac{t}{T}}. \qquad (2.76)$$

g(t) enthält in diesem Beispiel also eine δ-Funktion.

Allgemein folgt aus $Y(s) = G(s)U(s)$ mittels der Faltungsregel

$$y(t) = g(t)*u(t) = \int_0^t g(t-\tau)u(\tau)\,d\tau$$

oder auch

$$y(t) = \int_0^t g(\tau)u(t-\tau)\,d\tau.$$

Diesen Sachverhalt kann man so beschreiben: Um den Wert der Ausgangsgröße zum Zeitpunkt t zu erhalten, hat man die vorhergehenden Werte $u(t-\tau)$ der Eingangsgröße zu summieren, nachdem man sie zuvor mit dem Gewichtsfaktor $g(\tau)$ multipliziert hat. Er hängt von der Zeitspanne τ ab, um die der Eingangswert vor dem Ausgangswert liegt. Er repräsentiert somit das *Erinnerungsvermögen* des LZI-Gliedes. In vielen Fällen nimmt die Funktion $g(\tau)$ monoton mit τ ab. Dann werden die weiter zurückliegenden Eingangswerte $u(t-\tau)$ schwächer bewertet: Die Erinnerung an zurückliegende Eingangswerte geht mit fortschreitender Zeit verloren. Dieser Sachverhalt ist in Bild 2/63 veranschaulicht. Wenn man will, kann man diese Interpretation von g(t) als *Gedächtnis* des LZI-Gliedes auch auf den Fall ausdehnen, daß g(t) δ-Funktionen enthält: Sie entsprechen schockartigen Einwirkungen in der Vergangenheit, deren Eindruck nicht mehr verblaßt. Aus dieser Interpretation von g(t) wird verständlich, warum man g(t) auch als *Gewichtsfunktion* des LZI-Gliedes bezeichnet.

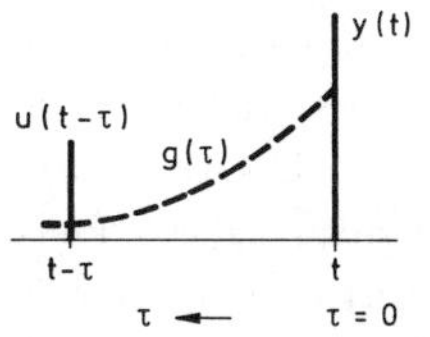

Bild 2/63. Die Gewichtsfunktion als Erinnerungsvermögen des LZI-Gliedes

Im obigen Beispiel ist nach (2.76)

$$y(t) = \int_0^t g(\tau)u(t-\tau)\,d\tau =$$

$$= \int_0^t K\,\delta(\tau)u(t-\tau)\,d\tau - K\int_0^t e^{-\frac{\tau}{T}}u(t-\tau)\,d\tau =$$

$$= K u(t) - K\int_0^t e^{-\frac{\tau}{T}}u(t-\tau)\,d\tau\,,$$

wobei der erste Term durch die δ-Funktion in g(t) hervorgerufen wird.

Nun noch eine weitere allgemeine Eigenschaft von g(t)! Schaltet man auf das LZI-Glied den δ-Impuls, also $u = \delta(t)$, so ist $U(s) = 1$ und damit

$$Y(s) = G(s)\,U(s) = G(s)\,.$$

D.h. aber: Es ist $y(t) = g(t)$. Das LZI-Glied antwortet auf die Eingabe des δ-Impulses mit der Ausgabe der Gewichtsfunktion g(t). Man bezeichnet g(t) deshalb auch als *Impulsantwort* des LZI-Gliedes.

Der Zusammenhang zwischen Impuls- und Sprungantwort folgt sofort aus (2.73):

$$h(t) = \int_0^t g(\tau)\,d\tau\,. \tag{2.77}$$

Daraus folgt durch Differentiation nach t

$$g(t) = \dot{h}(t) \tag{2.78}$$

Wenn wir noch einmal auf unser Beispiel zurückgreifen: Aus (2.74) folgt durch (verallgemeinerte) Differentiation, weil h(t) in $t = 0$ den Sprung $h(+0) = K$ aufweist,

$$\dot{h}(t) = K\,\delta(t) - \frac{K}{T}e^{-\frac{t}{T}}$$

(siehe Kapitel 17). Dies stimmt in der Tat mit (2.76) überein.

Zusammenfassend ist zu sagen: Übertragungsfunktion G(s), Gewichtsfunktion g(t) und Sprungantwort h(t) sind drei Kenngrößen des LZI-Gliedes, die zueinander äquivalent sind und von denen jede das LZI-Glied ebensogut charakterisiert wie dessen ursprüngliche Funktionalbeziehung. Gegenüber dieser ist aber G(s) für die Rechnung viel praktischer und g(t) bzw. h(t) für die Charakterisierung des dynamischen Verhaltens anschaulicher. Entscheidend ist dabei, um es nochmals zu sagen, daß Funktionalbeziehungen ganz verschiedener Art, wie Differentialgleichungen, Differenzengleichungen, Differenzendifferentialgleichungen usw., durch Laplace-Transformation auf die gleiche einfache Form $Y(s) = G(s)U(s)$ gebracht werden können.

In den folgenden Unterabschnitten 2.5.2 bis 2.5.4 wird die Sprungantwort der wichtigsten Typen von LZI-Gliedern berechnet, weil diese in den späteren Untersuchungen, z.B. zum Stabilitätsverhalten, eine wichtige Rolle spielt.

2.5.2 Sprungantwort von rationalen Übertragungsgliedern (R-Gliedern)

Die R-Glieder sind durch ihre rationale Übertragungsfunktion

$$G(s) = \frac{b_0 + b_1 s + \ldots + b_m s^m}{a_0 + a_1 s + \ldots + a_n s^n} = \frac{Z(s)}{N(s)} \tag{2.79}$$

gegeben, wobei die Koeffizienten a_ν und b_ν reell sind, $a_n \neq 0$, $b_m \neq 0$ und $m \leq n$ ist. Sind n_μ die Nullstellen des Zählerpolynoms Z(s) und α_ν die Nullstellen des Nennerpolynoms N(s), so kann man G(s) in der Form

$$G(s) = k\,\frac{\prod\limits_{\mu=1}^{m}(s-n_\mu)}{\prod\limits_{\nu=1}^{n}(s-\alpha_\nu)} \tag{2.80}$$

schreiben. Wir wollen für das Folgende voraussetzen, daß $k > 0$ und jedes n_μ von jedem α_ν verschieden ist, Zähler und Nenner also keinen gemeinsamen Faktor haben. Sollte dies zunächst der Fall sein, so denken wir uns diese Faktoren von vornherein herausgekürzt.

Die n_μ sind die *Nullstellen,* die α_ν die *Pole* der Übertragungsfunktion G(s). Für $s = n_\mu$ ist also $G(s) = 0$, während für $s \to \alpha_\nu$ $|G(s)| \to +\infty$ strebt. Tritt derselbe Faktor $s - n_\mu$ genau q-mal auf, so ist n_μ eine *Nullstelle q-ter Ordnung* oder eine *q-fache Nullstelle.* Entsprechendes gilt von den Polen.

Hat G(s) nur einfache Pole, kommt also jeder Faktor $s - \alpha_\nu$ nur einmal vor, so kann man G(s) in der Form

$$G(s) = \sum_{\nu=1}^{n}\frac{r_\nu}{s-\alpha_\nu} + r_0 \tag{2.81}$$

mit festen Zahlen $r_0, r_1, \ldots, r_n$ darstellen. Dies ist die *Partialbruchzerlegung* von G(s).

Dabei erhält man r_0, wenn man $s = \infty$ setzt: $r_0 = G(\infty)$. Um zu sehen, was $G(\infty)$ ist, schreibt man (2.79) in der Form

$$G(s) = \frac{b_0 + b_1 s + \ldots + b_n s^n}{a_0 + a_1 s + \ldots + a_n s^n},$$

wobei die höheren b_ν durchaus Null sein dürfen – eine Schreibweise übrigens, die für viele Untersuchungen zweckmäßig ist. Dividiert man Zähler und Nenner durch s^n, so entsteht

$$G(s) = \frac{\frac{b_0}{s^n} + \ldots + \frac{b_{n-1}}{s} + b_n}{\frac{a_0}{s^n} + \ldots + \frac{a_{n-1}}{s} + a_n}.$$

Daraus liest man ab, daß $G(\infty) = b_n/a_n$ ist. Somit ist

$$r_0 = G(\infty) = \frac{b_n}{a_n}. \tag{2.82}$$

Dieser Term ist also nur dann $\neq 0$, wenn Zähler- und Nennergrad von $G(s)$ gleich sind.

Die Bestimmung der anderen r_ν sei etwa an r_1 gezeigt. Man multipliziert (2.81) mit $s - \alpha_1$ und erhält

$$\frac{Z(s)}{N(s)}(s-\alpha_1) = r_1 + r_2\frac{s-\alpha_1}{s-\alpha_2} + \ldots + r_n\frac{s-\alpha_1}{s-\alpha_n} + r_0(s-\alpha_1).$$

Für $s \to \alpha_1$ wird daraus

$$\lim_{s\to\alpha_1} \frac{Z(s)}{N(s)}(s-\alpha_1) = r_1.$$

Da $N(\alpha_1) = 0$, ist der Grenzwert gleich

$$\lim_{s\to\alpha_1} \frac{Z(s)}{N(s)-N(\alpha_1)}(s-\alpha_1) = \lim_{s\to\alpha_1} \frac{Z(s)}{\frac{N(s)-N(\alpha_1)}{s-\alpha_1}} = \frac{Z(\alpha_1)}{N'(\alpha_1)}.$$

Somit ist

$$r_\nu = \frac{Z(\alpha_\nu)}{N'(\alpha_\nu)}, \qquad \nu = 1,\ldots,n. \tag{2.83}$$

Die genauere Auswertung dieser Formel wird beim Wurzelortsverfahren behandelt (Kapitel 6).

Tritt ein mehrfacher Pol auf, so sieht die Partialbruchzerlegung etwas anders aus. Ist etwa α_1 ein q-facher Pol, so gilt

$$G(s) = \frac{r_1}{s-\alpha_1} + \frac{r_2}{(s-\alpha_1)^2} + \ldots + \frac{r_q}{(s-\alpha_1)^q} + \sum_{\nu=q+1}^{n} \frac{r_\nu}{s-\alpha_\nu} + r_0, \qquad r_q \neq 0. \tag{2.84}$$

Für r_0 und die Koeffizienten der einfachen Pole gelten die früheren Formeln. Für die Koeffizienten des mehrfachen Pols kann man ebenfalls Formelausdrücke angeben [2.2]. Vielfach kann man aber im konkreten Fall die r_ν einfach durch Einsetzen spezieller s-Werte bestimmen – ein Verfahren, das auch bei einfachen Polen funktioniert. Das sei an einem Beispiel gezeigt:

$$\frac{1}{s^3(s-1)} = \frac{r_1}{s} + \frac{r_2}{s^2} + \frac{r_3}{s^3} + \frac{r_4}{s-1}.$$

Multipliziert man zunächst mit $s-1$ und setzt dann $s = 1$, so bleibt

$$1 = r_4.$$

Damit ist

$$\frac{1}{s^3(s-1)} = \frac{r_1}{s} + \frac{r_2}{s^2} + \frac{r_3}{s^3} + \frac{1}{s-1}.$$

Nunmehr multipliziert man mit s^3 und setzt anschließend $s = 0$:

$$-1 = r_3.$$

Jetzt gilt daher

$$\frac{1}{s^3(s-1)} = \frac{r_1}{s} + \frac{r_2}{s^2} - \frac{1}{s^3} + \frac{1}{s-1}.$$

Setzt man schließlich $s = -1$ und $s = 2$, so erhält man für die restlichen Unbekannten das Gleichungssystem

$$-r_1 + r_2 = 0,$$

$$2r_1 + r_2 = -3.$$

Da aus ihm $r_1 = r_2 = -1$ folgt, gilt die Partialbruchzerlegung

$$\frac{1}{s^3(s-1)} = -\frac{1}{s} - \frac{1}{s^2} - \frac{1}{s^3} + \frac{1}{s-1}. \tag{2.85}$$

Treten mehrere Mehrfachpole auf, so gehört zu jedem eine Summe von Partialbrüchen nach Art der ersten q Glieder auf der rechten Seite von (2.84).

Mittels der Partialbruchzerlegung kann man die *Sprungantwort des R-Gliedes leicht berechnen. Hat es nur einfache Pole* $\alpha_\nu \neq 0$, so gilt

$$H(s) = G(s)\frac{1}{s} = \frac{c_0}{s} + \sum_{\nu=1}^{n} \frac{c_\nu}{s-\alpha_\nu}. \tag{2.86}$$

Wegen des Faktors 1/s tritt hier zu den Polen α_ν von G(s) noch der Pol s = 0 hinzu. Da wegen dieses Faktors der Zählergrad von H(s) gewiß kleiner als der Nennergrad ist, kommt zu den Partialbrüchen keine Konstante mehr. Wegen des Faktors 1/s sind auch die Koeffizienten c_ν von den Koeffizienten r_ν der Partialbruchzerlegung von G(s) verschieden. Im übrigen werden sie wie dort bestimmt. Aus (2.86) folgt durch Rücktransformieren

$$h(t) = c_0 + \sum_{\nu=1}^{n} c_\nu e^{\alpha_\nu t} . \qquad (2.87)$$

Tritt ein mehrfacher Pol $\alpha \neq 0$ auf, so gehört zu ihm nach (2.84) die Partialbruchsumme

$$\frac{c_1}{s-\alpha} + \frac{c_2}{(s-\alpha)^2} + \ldots + \frac{c_q}{(s-\alpha)^q} \quad \text{mit} \quad c_q \neq 0 .$$

Hier liefert die Rücktransformation

$$c_1 e^{\alpha t} + c_2 \frac{t}{1!} e^{\alpha t} + \ldots + c_q \frac{t^{q-1}}{(q-1)!} e^{\alpha t} = p(t) e^{\alpha t} ,$$

wobei p(t) ein Polynom vom Grad q - 1 bezeichnet. Der Fall eines einfachen Pols $\alpha \neq 0$ ist hierin enthalten. Das Polynom ist dann vom Grad 0, schrumpft also auf eine (von Null verschiedene) Konstante zusammen.

Eine zusätzliche Bemerkung ist noch erforderlich, wenn $\alpha = 0$ als Pol von G(s) auftritt. Ist er von der Ordnung q mit q = 1,2,..., so stellt er wegen des Faktors 1/s einen (q+1)-fachen Pol von H(s) dar, zu dem infolgedessen die Partialbruchsumme $c_0/s + c_1/s^2 + \ldots + c_q/s^{q+1}$ mit $c_q \neq 0$ gehört. Ihr entspricht als Originalfunktion das Polynom $c_0 + c_1 t/1! + \ldots + c_q t^q/q!$, das also vom Grad q ist.

Allgemein ist somit die Sprungantwort des R-Gliedes von der Form

$$h(t) = p_0(t) + \sum_{\lambda=1}^{l} p_\lambda(t) e^{\alpha_\lambda t} . \qquad (2.88)$$

Dabei sind die α_λ die voneinander und von Null verschiedenen Pole von G(s). $p_\lambda(t)$ ist ein Polynom vom Grad $q_\lambda - 1$, wenn der Pol α_λ die Ordnung q_λ hat. $p_0(t)$ ist eine Konstante, wenn s = 0 kein Pol von G(s) ist, hingegen ein Polynom vom Grad q_0, wenn s = 0 als q_0-facher Pol von G(s) auftritt.

Aus (2.88) folgt eine sehr wichtige Eigenschaft der Sprungantwort eines R-Gliedes: h(t) ist für t > 0 stetig und außerdem sogar beliebig oft differenzierbar, also analytisch. Für t < 0 ist sie wie jede Sprungantwort identisch Null. Es fragt sich, ob sie in t = 0 ebenfalls stetig ist. Da gemäß (2.88) h(+0) gewiß existiert, kann man diese Frage mit dem Anfangswertsatz der Laplace-Transformation beantworten:

$$h(+0) = \lim_{s \to \infty} sH(s) = G(\infty) = \frac{b_n}{a_n} , \qquad (2.89)$$

letzteres nach (2.82). Somit ist h(+0) = 0 und damit h(t) auch in t = 0 stetig, wenn $b_n = 0$ ist, also in G(s) der Zählergrad kleiner als der Nennergrad ist. Nur in dem Ausnahmefall, daß Zähler- und Nennergrad von G(s) gleich sind, weist h(t) in t = 0, aber auch nur dort, eine Sprungstelle auf.

Beispiele zur Berechnung der Sprungantwort von R-Gliedern wurden schon früher gebracht, so beim Verzögerungsglied 1. und 2. Ordnung (Abschnitt 2.3).

2.5.3 Sprungantwort von Totzeitsystemen (TZ-Systemen)

Wir wollen die in Bild 2/64 dargestellte Totzeitregelung betrachten. Für allgemeine Totzeitsysteme gilt Entsprechendes.

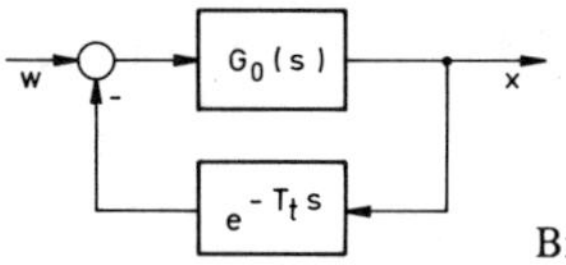

Bild 2/64. Totzeitregelung

Die Übertragungsfunktion der Totzeitregelung ist

$$G(s) = \frac{G_0(s)}{1 + G_0(s) e^{-T_t s}} ,$$

wobei $G_0(s)$ die Übertragungsfunktion eines R-Gliedes sei. Liegt ein Totzeitglied im Vorwärtszweig, so kann man es über die Verzweigungsstelle verlegen und gelangt so zu Bild 2/64. Dabei tritt noch ein Totzeitglied hinter dem Kreise auf, das aber lediglich eine Verschiebung der Ausgangsgröße des Kreises um T_t nach rechts bewirkt. Tritt ein zusätzliches R-Glied in der Rückführung auf, so kann man es über die Verzweigungsstelle in den Vorwärtszweig verlegen, wodurch das inverse Glied hinter dem Kreis erzeugt wird. Man kann aber auch bei dem unveränderten Kreis bleiben und die folgende Rechnung für ihn durchführen, was ohne Schwierigkeit möglich ist.

Da die Übertragungsfunktion G(s) keine rationale Funktion von s ist, kann G(s) nicht in der Art der rationalen

Funktionen in Partialbrüche zerlegt werden. Zwar gibt es für Funktionen dieser Art, die in der Funktionentheorie als *meromorphe Funktionen* bezeichnet werden, eine verallgemeinerte Partialbruchzerlegung. Im Gegensatz zur Partialbruchzerlegung der rationalen Funktionen ist sie aber äußerst schwierig durchzuführen. Man wird daher die Sprungantwort in anderer Weise bestimmen.

Die Sprungantwort ist durch

$$H(s) = \frac{G_0(s)}{1+G_0(s)e^{-T_t s}} \frac{1}{s} \tag{2.90}$$

gegeben. Den Bruch kann man in die geometrische Reihe entwickeln:

$$\frac{1}{1+G_0(s)e^{-T_t s}} = 1 - G_0(s)e^{-T_t s} + G_0^2(s)e^{-2T_t s} - + \dots .$$

Der Quotient der Reihe hat den Betrag

$$|G_0(s)e^{-T_t s}| = |G_0(s)| \cdot |e^{-T_t \delta - T_t j\omega}| = |G_0(s)| e^{-T_t \delta},$$

da der Betrag einer e-Funktion mit rein imaginärem Exponenten stets 1 ist. Da $G_0(s)$ die Übertragungsfunktion eines R-Gliedes darstellt, ist der Zählergrad höchstens gleich dem Nennergrad. Daher ist $|G_0(s)|$ beschränkt, wenn $|s|$ genügend groß ist. Wählt man δ hinreichend groß, nimmt also s in einer hinreichend weit rechts gelegenen Halbebene an, so ist der Betrag des Quotienten gewiß < 1, die Reihenentwicklung also konvergent (sogar absolut und gleichmäßig). Für die Laplace-Rücktransformation genügt diese Konvergenz in einer rechten Halbebene. Setzt man die so gewonnene Reihe in (2.90) ein, so wird daraus

$$H(s) = \frac{G_0(s)}{s} - \frac{G_0(s)}{s} e^{-T_t s} G_0(s) + \\ + \frac{G_0(s)}{s} e^{-2T_t s} G_0(s)\, G_0(s) - + \dots .$$

Da $G_0(s)$ eine rationale Funktion ist, kann man die Originalfunktion $h_0(t)$ zu $G_0(s)/s$ durch Partialbruchzerlegung finden. Damit kann man die Reihe gliedweise rücktransformieren und erhält so die *Sprungantwort der Totzeitregelung:*

$$h(t) = h_0(t) - h_0(t-T_t)*g_0(t) + \\ + h_0(t-2T_t)*g_0(t)*g_0(t) - + \dots . \tag{2.91}$$

Dabei gilt also:

$$g_0(t) \circ\!\!-\!\!\bullet\; G_0(s),$$

$$h_0(t) \circ\!\!-\!\!\bullet\; \frac{G_0(s)}{s}.$$

Die einzelnen Glieder der Reihe treten erst nach und nach in Erscheinung. Im einzelnen gilt:

$0 < t < T_t$: $\quad h(t) = h_0(t)$,

$T_t < t < 2T_t$: $\quad h(t) = h_0(t) - h_0(t-T_t)*g_0(t)$,

⋮

Als Beispiel betrachten wir das in Bild 2/64 wiedergegebene Totzeitsystem für $G_0(s) = \frac{K}{s}$. Bei ihm ist

$$H(s) = \frac{\frac{K}{s}}{1 + \frac{K}{s} e^{-T_t s}} \frac{1}{s} =$$

$$= \frac{K}{s^2}\left[1 - \frac{K}{s} e^{-T_t s} + \frac{K^2}{s^2} e^{-2T_t s} - + \dots\right],$$

$$H(s) = \frac{K}{s^2} - \frac{K^2}{s^3} e^{-T_t s} + \frac{K^3}{s^4} e^{-2T_t s} - + \dots$$

und damit

$$h(t) = K \frac{t}{1!} \sigma(t) - K^2 \frac{(t-T_t)^2}{2!} \sigma(t-T_t) + \\ + K^3 \frac{(t-2T_t)^3}{3!} \sigma(t-2T_t) - + \dots . \tag{2.92}$$

Intervallweise geschrieben:

$h(t) = Kt$ in $0 < t \leq T_t$,

$h(t) = Kt - K^2 \frac{(t-T_t)^2}{2!}$ in $T_t < t \leq 2T_t$,

$h(t) = Kt - K^2 \frac{(t-T_t)^2}{2!} + K^3 \frac{(t-2T_t)^3}{3!}$ in $2T_t < t \leq 3T_t$,

⋮

Bild 2/65 zeigt diese Funktion für K = 1 und $T_t = 1$.

Man sieht aus dem Beispiel zweierlei. Die Formel (2.91) eignet sich zur Berechnung der Sprungantwort in den ersten Totzeitintervallen. Für große t wird sie zu umständlich, da man dann viele Faltungsoperationen ausführen muß und einen geschlossenen Formelausdruck nicht angeben kann. Bereits bei einem so einfachen System wie dem zuletzt betrachteten Totzeitkreis kann man die Reihe nicht in geschlossener Form darstellen.

Zweitens erkennt man, daß die Sprungantwort des Totzeitsystems gewissermaßen durch Zusammenleimen aus

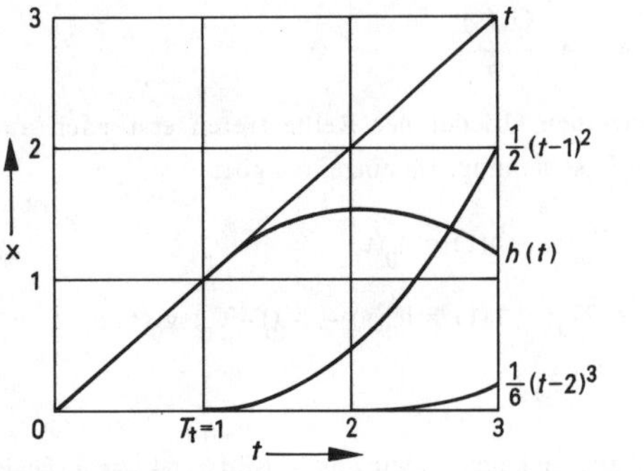

Bild 2/65. Sprungantwort der Totzeitregelung von Bild 2/64 für $G_0(s) = 1/s$ und $T_t = 1$

einfachen Funktionsstücken entsteht. Das ist ein tiefgreifender Unterschied gegenüber den R-Gliedern, bei denen h(t) für t > 0 aus einem Guß ist. Etwas präziser ausgedrückt: Während h(t) bei einem R-Glied für t > 0 analytisch ist, hat h(t) bei einem Totzeitsystem unendlich viele Ausnahmestellen, nämlich die Vielfachen der Totzeit, an denen h(t) selbst oder seine Ableitungen Sprünge aufweisen.

2.5.4 Sprungantwort von Differenzengleichungsgliedern

Um die *Sprungantwort eines Differenzengleichungsgliedes* zu bestimmen, kann man die in 2.4.5 beschriebene Rekursion benutzen, was für numerische Rechnungen auch am zweckmäßigsten ist. Aber man erhält auf diese Weise keine geschlossene Formel, die wir jetzt anstreben. Dazu geht man von der Tatsache aus, daß G(s) nach (2.64) zwar keine rationale Funktion in s, wohl aber in der Variablen $v = e^{-Ts}$ ist:

$$\tilde{G}(v) = \frac{b_0 + b_1 v + \ldots + b_m v^m}{1 + a_1 v + \ldots + a_n v^n} \quad \text{mit} \quad v = e^{-Ts} .$$

Diese rationale Funktion von v kann man wie jede rationale Funktion in Partialbrüche zerlegen und anschließend durch Rücktransformation der einzelnen Partialbrüche die Originalfunktion bestimmen.

Wir wollen dies, um Weitläufigkeiten zu vermeiden, unter der Voraussetzung durchführen, daß $m \leq n$ ist und der Nenner von $\tilde{G}(v)$ nur einfache Nullstellen hat, also $\tilde{G}(v)$ nur einfache Pole aufweist. Bezeichnet man diese mit γ_ν, so ist

$$\tilde{G}(v) = r_0 + \sum_{\nu=1}^{n} \frac{r_\nu}{v - \gamma_\nu} ,$$

wobei $r_0, r_1, \ldots, r_n$ in der üblichen Weise bestimmt werden. Damit ist die Sprungantwort h(t) durch

$$H(s) = \frac{r_0}{s} + \sum_{\nu=1}^{n} \frac{r_\nu}{v - \gamma_\nu} \frac{1}{s} \quad \text{oder}$$

$$H(s) = \frac{r_0}{s} + \sum_{\nu=1}^{n} \frac{r_\nu}{-\gamma_\nu} \frac{1}{1 - \frac{v}{\gamma_\nu}} \frac{1}{s} \quad \text{mit} \quad v = e^{-Ts} \qquad (2.93)$$

gegeben. Jeder Partialbruch kann in die geometrische Reihe entwickelt werden:

$$H_\nu(s) = \frac{1}{1 - \frac{v}{\gamma_\nu}} \frac{1}{s} = \left[1 + \frac{v}{\gamma_\nu} + \frac{v^2}{\gamma_\nu^2} + \ldots \right] \frac{1}{s} =$$

$$= \frac{1}{s} + \frac{1}{\gamma_\nu} \frac{1}{s} e^{-Ts} + \frac{1}{\gamma_\nu^2} \frac{1}{s} e^{-2Ts} + \ldots .$$

Auch hier konvergiert die Reihe in einer genügend weit rechts gelegenen s-Halbebene. Die gliedweise Rücktransformation der Reihe liefert die Originalfunktion zu $H_\nu(s)$:

$$h_\nu(t) = \sigma(t) + \frac{1}{\gamma_\nu} \sigma(t-T) + \frac{1}{\gamma_\nu^2} \sigma(t-2T) + \ldots . \qquad (2.94)$$

Sofern γ_ν eine reelle Zahl ist, ist dies eine Treppenfunktion mit den Sprunghöhen 1, $1/\gamma_\nu$, $1/\gamma_\nu^2$, ... Ist γ_ν nichtreell, so tritt auch die konjugiert komplexe Zahl $\overline{\gamma}_\nu$ als Pol auf, und man kann dann die zugehörigen Terme in (2.93) zusammenfassen, um zu einem rellen Ausdruck zu gelangen. Aus der Summe der so erhaltenen Treppenfunktionen setzt sich die Sprungantwort h(t) zusammen:

$$h(t) = r_0 \sigma(t) + \sum_{\nu=1}^{n} \frac{r_\nu}{-\gamma_\nu} h_\nu(t) . \qquad (2.95)$$

Sie ist ebenfalls eine Treppenfunktion. Die Sprungantwort eines Differenzengleichungsgliedes ist somit gänzlich verschieden von der eines R-Gliedes.

2.6 Bestimmung des stationären Zustands aus dem Strukturbild

Nachdem in den Abschnitten 2.1 und 2.2 der Begriff des Strukturbildes eingeführt und an Beispielen veranschaulicht wurde, haben wir in den Abschnitten 2.3 bis 2.5 die Blöcke des Strukturbilds genauer untersucht. Wir wollen nunmehr wieder zum Strukturbild als Ganzem zurückkehren, um zu sehen, wie man einige wichtige Eigenschaften dynamischer Systeme aus ihm erkennen kann.

Eine solche Eigenschaft ist das stationäre Verhalten des dynamischen Systems. Allgemein ist ein *stationärer Zustand, auch Beharrungszustand, Gleichgewichtszustand oder Ruhezustand genannt, dadurch gekennzeichnet, daß die zeitveränderlichen Größen des Systems konstant und daher ihre Ableitungen nach t Null sind.*[14]

Um zu sehen, wie er aus dem Strukturbild zu erkennen ist, dürfen wir von der Voraussetzung ausgehen, daß dieses aus Blöcken aufgebaut ist, wie sie in der Tabelle 2/1 enthalten sind. Dann treten Ableitungen nur in R-Gliedern auf (z.B. P-T_1- und P-T_2-Gliedern), die ja im Zeitbereich durch Differentialgleichungen der Form

$$a_n \overset{(n)}{y} + \ldots + a_1 \dot{y} + a_0 y = b_0 u + b_1 \dot{u} + \ldots + b_m \overset{(m)}{u} \qquad (2.96)$$

gegeben sind. Im stationären Zustand schrumpft diese Differentialgleichung auf die gewöhnliche Gleichung

$$a_0 y = b_0 u$$

zusammen, woraus

$$y_\infty = \frac{b_0}{a_0} u_\infty \qquad (2.97)$$

folgt, wenn wir die stationären Werte der zeitveränderlichen Größen durch den Index ∞ kennzeichnen. Hierbei ist vorläufig $a_0 \neq 0$ vorausgesetzt.

Die zur Gleichung (2.96) gehörende Übertragungsfunktion des R-Gliedes lautet

$$G(s) = \frac{b_m s^m + \ldots + b_1 s + b_0}{a_n s^n + \ldots + a_1 s + a_0} .$$

Setzt man in ihr s = 0, so ergibt sich

$$G(0) = \frac{b_0}{a_0} .$$

Damit kann man (2.97) in der Form

$$y_\infty = G(0)\, u_\infty \qquad (2.98)$$

schreiben. In Worten ausgedrückt: Um die Gleichungen des stationären Zustandes zu erhalten, hat man in den Übertragungsfunktionen s = 0 zu setzen.

[14] Außer dem hier definierten festen stationären Zustand gibt es noch andere stationäre Verhaltensweisen dynamischer Systeme, z.B. stationäre Schwingungszustände, wenn also eine Dauerschwingung, d.h. ein periodischer Vorgang, in einem System umläuft. Da wir auf solche Erscheinungen nicht näher eingehen, wollen wir als "stationär" nur die oben definierten festen Zustände bezeichnen.

Wie ist es nun, wenn $a_0 = 0$ ist? Dann kann man aus G(s) den Faktor 1/s herausziehen. Dieser charakterisiert ein I-Glied. Dessen Gleichung lautet allgemein

$$Y(s) = \frac{K}{s} U(s) \quad \text{oder} \quad s\,Y(s) = K\,U(s)$$

also im Zeitbereich

$$\dot{y}(t) = K\,u(t) .$$

Im stationären Zustand muß daher gelten:

$$0 = K\,u_\infty ,$$

also wegen $K \neq 0$: $u_\infty = 0$. Das heißt in Worten: Befindet sich ein dynamisches System im stationären Zustand, so *müssen* die Eingangsgrößen der I-Glieder Null sein. Ist dies aus irgendeinem Grund nicht möglich, so kann kein stationärer Zustand eintreten.

Bleibt noch das Totzeitglied zu betrachten. Da es durch die Gleichung $y(t) = Ku(t-T_t)$ gegeben ist, gilt im stationären Zustand $y_\infty = K\,u_\infty$. Weil bei ihm

$$G(s) = K e^{-T_t s} ,$$

also G(0) = K ist, kann man auch hier $y_\infty = G(0)\, u_\infty$ schreiben.

Zusammenfassend haben wir die *Regel:*

Um aus dem Strukturbild den stationären Zustand eines dynamischen Systems zu erhalten, setzt man die Eingangsgrößen der I-Glieder Null und setzt in den Übertragungsfunktion der restlichen Blöcke s = 0. Man erhält so ein gewöhnliches Gleichungssystem zwischen den stationären Werten der zeitveränderlichen Größen, aus dem man diese Werte berechnen kann.

Bisher wurde nicht nach der Entstehung des stationären Zustands gefragt, sondern lediglich angenommen, daß er existiert. Sein Zustandekommen kann man sich in der folgenden Weise vorstellen. Zu irgendeinem Zeitpunkt werden Eingangsverläufe auf das dynamische System geschaltet, die für $t \to +\infty$ gegen feste Werte streben, z.B. sprungförmige Eingangsgrößen. Hierdurch werden die anderen Systemgrößen angeregt. Falls ihre Zeitverläufe für $t \to +\infty$ ebenfalls festen Werten zustreben, stellt sich ein stationärer Zustand ein.

Dies ist in der Tat der Fall, wenn das System stabil ist. Wir werden im Kapitel 4 ausführlich auf das Stabilitätsproblem eingehen. Hier sei die Stabilität im Sinne des oben beschriebenen Verhaltens vorausgesetzt. Von hier ausgehend, kann man den stationären Zustand auch mittels des Endwertsatzes der Laplace-Transformation (Kapitel 17) berechnen.

Dazu betrachten wir ein LZI-Glied, das durch die Gleichung

$$Y(s) = G(s)\,U(s)$$

beschrieben wird. Aus ihr folgt

$$sY(s) = sG(s)U(s)\,, \quad \text{also}$$

$$\lim_{s \to 0} sY(s) = \lim_{s \to 0} G(s) \cdot \lim_{s \to 0} [sU(s)]\,. \tag{2.99}$$

Nach dem Endwertsatz ist

$$\lim_{s \to 0} sY(s) = \lim_{t \to +\infty} y(t) = y_\infty\,,$$

sofern der zeitliche Grenzwert existiert, was nach obiger Voraussetzung sicher der Fall ist. Da Entsprechendes für u gilt, folgt aus (2.99)

$$y_\infty = G(0)\,u_\infty\,, \tag{2.100}$$

also die Gleichung (2.98), die hier aber für eine allgemeinere Klasse von Übertragungsgliedern hergeleitet wurde. Dabei ist allerdings vorausgesetzt, daß

$$G(0) = \lim_{s \to 0} G(s)$$

existiert. Wie das Beispiel des I-Gliedes zeigt, braucht das nicht unbedingt der Fall zu sein.

Aufgrund der zuletzt durchgeführten Betrachtung könnte der Eindruck entstehen, daß der stationäre Zustand erst nach unabsehbarer Zeit in Erscheinung tritt, da er ja durch den Grenzübergang $t \to +\infty$ zustande kommt. Dies gilt aber nur für das mathematische Modell des Systems. Im realen System ist er nach einiger Zeit dem idealen Endzustand so nahe gekommen, daß er praktisch von ihm nicht mehr zu unterscheiden ist. Überdies sind im realen System Dämpfungs- und Reibungseffekte wirksam, welche im mathematischen Modell normalerweise nicht erfaßt werden und zusätzlich dafür sorgen, daß der stationäre Zustand – sofern er überhaupt existiert – nach mehr oder weniger langer, jedenfalls aber endlicher Zeit eingestellt wird.

Der stationäre Zustand eines dynamischen Systems, das – wie dies bei uns in aller Regel der Fall ist – Eingangsgrößen besitzt, ist nicht eindeutig bestimmt, hängt vielmehr von den stationären Werten der Eingangsgrößen ab. Betrachten wir beispielsweise ein P-T_1-Glied, so ist bei ihm

$$Y(s) = \frac{K}{1+Ts}\,U(s)\,,$$

also $y_\infty = Ku_\infty$. Zu jedem stationären Eingangswert u_∞ gehört also ein ebensolcher Ausgangswert y_∞.

Eindeutigkeit wird erst dadurch erreicht, daß für die Ausgangsgrößen im stationären Zustand Sollwerte vorgeschrieben werden. Fordert man im obigen Beispiel, daß y_∞ gleich dem gewünschten Wert y_S sein soll, so ist dadurch u_∞ eindeutig bestimmt: $u_\infty = y_S/K$.

Technische Anlagen und überhaupt dynamische Systeme sollen nun häufig in einem stationären Zustand betrieben werden, bei dem die Ausgangsgrößen des Systems auf ihren Sollwerten sind. Diesen gewünschten Betriebszustand bezeichnet man gewöhnlich als Arbeitspunkt. *Der Arbeitspunkt ist somit ein spezieller stationärer Zustand, nämlich ein solcher, bei dem die Ausgangsgrößen ihre Sollwerte annehmen.*

Die Ermittlung des Arbeitspunktes aus dem Strukturbild läßt sich damit in folgenden Schritten durchführen:

- Man setzt die Eingangsgrößen der I-Glieder Null.
- In den anderen Übertragungsgliedern setzt man $s = 0$.
- Dann liest man aus dem Strukturbild ein System von gewöhnlichen Gleichungen ab.
- In dieses setzt man die Sollwerte der Ausgangsgrößen ein.
- Löst man dieses Gleichungssystem auf, so erhält man die stationären Werte der Systemgrößen. Darunter sind insbesondere die stationären Werte der Eingangsgrößen, durch deren Vorgabe der Arbeitspunkt eingehalten wird.

Als erstes Beispiel zur Berechnung des Arbeitspunktes nach diesem Rezept werde die Drehzahlregelung eines Gleichstromantriebs betrachtet, deren Struktur im Bild 2/9 dargestellt ist. Aus diesem liest man die folgenden Gleichungen des stationären Zustands ab, wobei der Index ∞ einfachheitshalber weggelassen ist:

$$M_B = 0, \quad \text{d.h.} \quad M_A = M_L\,, \tag{2.101}$$

$$M_A = K_F\,i_A\,, \tag{2.102}$$

$$i_A = \frac{1}{R_A}\,u_R\,, \tag{2.103}$$

$$u_R = u_A - e_M = u_A - K_F\omega\,, \tag{2.104}$$

$$u_A = K_{St}\,u_G\,, \tag{2.105}$$

$$u_G = K_V\,u_D\,, \tag{2.106}$$

$$u_D = u_S - u_I = u_S - K_I \omega . \qquad (2.107)$$

Was interessiert, ist letztlich die Abhängigkeit der Regelgröße ω von den beiden Eingangsgrößen u_S und M_L im stationären Zustand. Aus (2.101) und (2.102) folgt zunächst

$$i_A = \frac{1}{K_F} M_L .$$

Setzt man dies sowie (2.104) in (2.103) ein, so ergibt sich

$$\frac{1}{K_F} M_L = \frac{1}{R_A} u_A - \frac{K_F}{R_A} \omega . \qquad (2.108)$$

Andererseits folgt aus (2.105) bis (2.107):

$$u_A = K_{St} K_V u_S - K_{St} K_V K_I \omega .$$

In (2.108) eingesetzt, liefert dies die Gleichung

$$\frac{1}{K_F} M_L = \frac{K_{St} K_V}{R_A} u_S - \frac{K_{St} K_V K_I}{R_A} \omega - \frac{K_F}{R_A} \omega .$$

Nach ω aufgelöst, wird daraus endgültig

$$\omega = \frac{K_{St} K_V}{K_{St} K_V K_I + K_F} u_S - \frac{R_A}{K_F (K_{St} K_V K_I + K_F)} M_L . \qquad (2.109)$$

Setzt man hierin für ω den Sollwert ω_S ein und nimmt an, daß der Wert M_L der Störgröße fest und bekannt ist, so liefert die Auflösung von (2.109) nach u_S den konstanten Wert, welchen man für die Führungsgröße u_S aufzuschalten hat, um im stationären Zustand den gewünschten Sollwert ω_S zu erhalten.[15]

Nun ist allerdings M_L weder bekannt noch fest, sondern ändert sich sprunghaft in unregelmäßiger Weise. Wie man mit diesem Problem fertig wird, gehört aber nicht zur Berechnung des stationären Verhaltens, sondern zur Regelungssynthese und wird erstmals im Abschnitt 4.5 erörtert, bei dem wir an die vorstehende Betrachtung anknüpfen.

Wir wollen jetzt noch ein zweites Beispiel behandeln, an dem man sieht, daß die beschriebene Vorgehensweise zur Berechnung des stationären Verhaltens ohne weiteres auch auf nichtlineare Systeme anwendbar ist: die Abflußregelung aus Bild 2/14. Und zwar soll ermittelt werden, welchen (konstanten) Wert u_S man als Führungsgröße einzustellen hat, um im stationären Zustand den gewünschten Wert q_{aS} der Ausgangsgröße zu erhalten. Einfachheitshalber wird der Index ∞ auch hier weggelassen.

Aus dem Bild 2/14 folgt zunächst $\omega_1 = 0$, weil ω_1 Eingangsgröße eines I-Gliedes ist. Rückwärtsgehend erhält man sukzessive:

$$\omega_1 = K_M u_A ,$$

$$u_A = K_V u_D ,$$

$$u_D = u_S - u_I = u_S - K_I h ,$$

also insgesamt

$$\omega_1 = K_M K_V (u_S - K_I h) .$$

Wegen $\omega_1 = 0$ ergibt sich daraus

$$u_S = K_I h .$$

Weiterhin gilt

$$q_a = a \sqrt{2gh} ,$$

woraus

$$h = \frac{1}{2g} \left[\frac{q_a}{a} \right]^2$$

folgt. Somit ist

$$u_S = \frac{K_I}{2g} \left[\frac{q_a}{a} \right]^2 .$$

Setzt man hierin $q_a = q_{aS}$ ein, so hat man den konstanten Führungswert

$$u_S = \frac{K_I}{2g} \left[\frac{q_{aS}}{a} \right]^2 ,$$

den man einzustellen hat, um im stationären Zustand den Sollwert q_{aS} zu erhalten (immer vorausgesetzt natürlich, daß der stationäre Zustand existiert).

Bemerkenswerterweise spielt hierbei, im Unterschied zur Drehzahlregelung, der stationäre Wert der Störgröße v_e keine Rolle. Das liegt an dem zweiten I-Glied der Abflußregelung. Wenn überhaupt ein stationärer Zustand angenommen wird, so muß $q_{D\infty} = 0$ sein, also $q_{e\infty} = q_{a\infty} = q_{aS}$ - ganz gleich, welchen stationären Wert v_e aufweist. Der Wert φ_∞ wird sich eben demgemäß einstellen.

[15] Dabei ist zu beachten, daß generell für eine *konstante* Größe x der Grenzwert $x_\infty = x$ ist.

2.7 Linearisierung um den Arbeitspunkt

Häufig besteht die Aufgabe einer Regelung darin, eine technische Anlage oder überhaupt ein dynamisches System gegen den Einfluß von Störungen so gut wie möglich auf einem gewünschten Arbeitspunkt zu halten. Sofern die Regelung einigermaßen funktioniert, werden die Abweichungen vom Arbeitspunkt nicht allzu groß sein. Um die Systembehandlung zu vereinfachen, ist es dann zweckmäßig, von den zeitveränderlichen Systemgrößen selbst zu ihren Abweichungen vom Arbeitspunkt überzugehen.

Diese Möglichkeit ist von eminenter praktischer Bedeutung. Die weitaus meisten Systeme sind nämlich von Hause aus nichtlinear und in dieser Form meist nur sehr schwer zu behandeln. Häufig bleibt nur die Rechnersimulation. Durch den Übergang zu den Abweichungen vom Arbeitspunkt kann man jedoch das ursprüngliche System durch ein lineares System, genauer gesagt: durch LZI-Glieder, approximieren, wodurch die Anwendung leistungsfähiger Methoden ermöglicht wird. Man spricht dann von *Linearisierung um den Arbeitspunkt.* Im folgenden wird beschrieben, wie sie *auf der Grundlage des Strukturbildes* durchzuführen ist.

Es sei angemerkt, daß diese Betrachtung nicht nur für Regelkreise, sondern für beliebige dynamische Systeme gilt und daß statt des Arbeitspunktes ein beliebiger stationärer Zustand genommen werden kann.

Es sei $x(t)$ irgendeine zeitveränderliche Größe des dynamischen Systems, x_0 ihr fester Betriebswert im Arbeitspunkt und $\Delta x(t)$ die Abweichung von diesem Wert, die im allgemeinen mit der Zeit schwanken wird. Dann ist also

$$x(t) = x_0 + \Delta x(t) .$$

Wie verhalten sich nun die verschiedenen Übertragungsglieder eines Systems, wenn man von den Größen x selbst zu ihren Abweichungen übergeht – vorausgesetzt, daß diese Abweichungen klein sind? Betrachten wir als erstes das *Kennlinienglied mit mehreren Eingangsgrößen:*

$$y = F(u_1,\ldots,u_p) . \tag{2.110}$$

Der Zusammenhang zwischen den Betriebswerten ist bei ihm durch

$$y_\infty = F(u_{1\infty},u_{2\infty},\ldots,u_{p\infty}) \tag{2.111}$$

gegeben. Führt man in (2.110) die Abweichungen von den Betriebswerten ein, so hat man

$$y_\infty + \Delta y = F(u_{1\infty}+\Delta u_1, \ldots ,u_{p\infty}+\Delta u_p) .$$

Entwickelt man die rechte Seite nach dem Taylorschen Satz, so wird daraus

$$y_\infty + \Delta y = F(u_{1\infty},\ldots,u_{p\infty}) + \left[\frac{\partial F}{\partial u_1}\right]_\infty \Delta u_1 + \ldots + \left[\frac{\partial F}{\partial u_p}\right]_\infty \Delta u_p + R . \tag{2.112}$$

Die partiellen Differentialquotienten sind dabei für die Betriebswerte $u_{1\infty},\ldots,u_{p\infty}$ zu bilden. R stellt ein Restglied dar, das nur von den Produkten $\Delta u_\mu \Delta u_\nu$ abhängt. Falls die Abweichungen vom Betriebszustand nicht zu groß sind, kann man es daher vernachlässigen. Da die Absolutglieder in (2.112) nach (2.111) gleich sind, folgt aus (2.112) näherungsweise

$$\Delta y = \sum_{\nu=1}^{p} \left[\frac{\partial F}{\partial u_\nu}\right]_\infty \Delta u_\nu . \tag{2.113}$$

Diese Beziehung ist in Bild 2/66 veranschaulicht. Es handelt sich um ein lineares Übertragungsglied, das das Kennlinienglied mit mehreren Eingangsgrößen für kleine Abweichungen vom Betriebszustand approximiert. Die nichtlineare Funktion wird hierbei also durch ihr totales Differential angenähert.

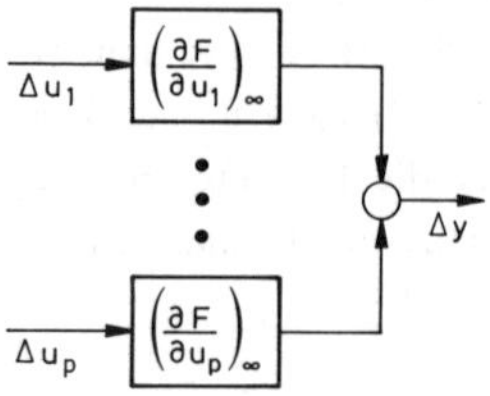

Bild 2/66. Linearisierung des Kennliniengliedes $y = F(u_1,\ldots,u_p)$

Die Approximation (2.113) ist nur möglich, wenn der Taylorsche Satz gilt. Das ist sicher der Fall, wenn die partiellen Ableitungen von F nach den u_ν bis zur 2. Ordnung vorhanden und stetig sind. Weist eine Kennlinie Sprung- oder Knickstellen auf, so kann um eine solche Stelle nicht linearisiert werden (wohl aber um eine andere Stelle der Kennlinie).

In (2.113) sind mehrere wichtige Spezialfälle enthalten. Betrachten wir zunächst das *Kennlinienglied mit einer Eingangsgröße:* $y = F(u)$. Hier lautet die Näherungsgleichung

$$\Delta y = F'(u_\infty)\, \Delta u . \tag{2.114}$$

Das Kennlinienglied wird also durch ein Proportionalglied ersetzt (Bild 2/67). Geometrisch bedeutet dies, daß man im *Arbeitspunkt* (u_∞, y_∞) die Tangente an die

Bild 2/67. Linearisierte Kennlinie $y = F(u)$

Kennlinie legt und die Kennlinie durch diese Tangente ersetzt. Das ist zulässig, weil Kennlinie und Tangente in der Umgebung des Arbeitspunktes kaum voneinander abweichen (Bild 2/68).

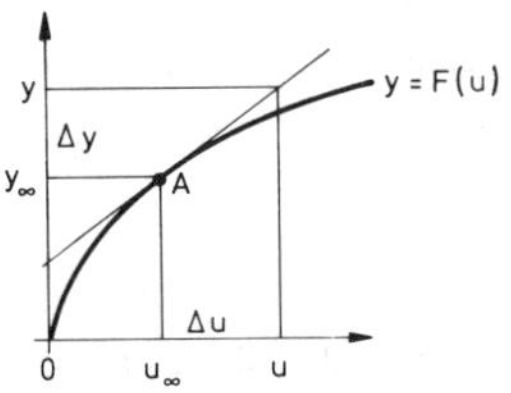

Bild 2/68. Geometrische Deutung der Linearisierung von $y = F(u)$, A Arbeitspunkt

Beim Multiplizierglied $y = Ku_1u_2$ ist $\partial F/\partial u_1 = Ku_2$, $\partial F/\partial u_2 = Ku_1$. Daher lautet die Näherungsgleichung

$$\Delta y = K\,u_{2\infty}\,\Delta u_1 + K\,u_{1\infty}\,\Delta u_2\,. \qquad (2.115)$$

Sie ist in Bild 2/69 wiedergegeben.

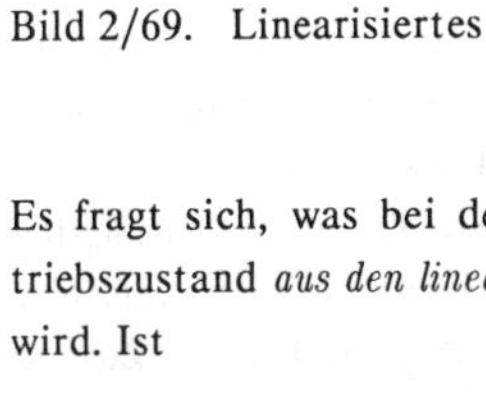

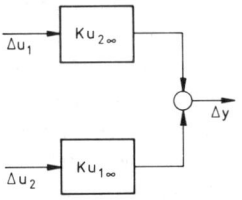

Bild 2/69. Linearisiertes Multiplizierglied $y = K\,u_1u_2$

Es fragt sich, was bei der Linearisierung um den Betriebszustand *aus den linearen Übertragungsgliedern* selbst wird. Ist

$$y = \varphi\{u_1,\ldots,u_p\}\,, \qquad (2.116)$$

so ist der Zusammenhang zwischen den Betriebswerten durch

$$y_\infty = \varphi\{u_{1\infty},\ldots,u_{p\infty}\} \qquad (2.117)$$

gegeben. Führt man in (2.116) die Abweichungen vom Betriebszustand ein, so wird daraus

$$y_\infty + \Delta y = \varphi\{u_{1\infty}+\Delta u_1,\ldots,u_{p\infty}+\Delta u_p\}\,.$$

Wendet man auf die rechte Seite die Linearitätsrelation an, so erhält man die Gleichung

$$y_\infty + \Delta y = \varphi\{u_{1\infty},\ldots,u_{p\infty}\} + \varphi\{\Delta u_1,\ldots,\Delta u_p\}\,.$$

Wegen (2.117) gilt daher

$$\Delta y = \varphi\{\Delta u_1,\ldots,\Delta u_p\}\,. \qquad (2.118)$$

In Worten: *Eine lineare Beziehung zwischen* $u_1,\ldots,u_p$ *und* y *geht in dieselbe lineare Beziehung zwischen* $\Delta u_1,\ldots,\Delta u_p$ *und* Δy *über. Man hat also lediglich die Größen selbst durch ihre Abweichungen zu ersetzen.*

Betrachten wir als Beispiel etwa das Verzögerungsglied 1. Ordnung, das durch die Differentialgleichung $T\dot{y} + y = Ku$ gegeben ist. In dem festen Betriebszustand sind die Größen u und y konstant, gleich u_∞ und y_∞, und somit $\dot{y} \equiv 0$. Es muß daher im Betriebszustand die Beziehung $y_\infty = Ku_\infty$ gelten. Geht man zu den Abweichungen über, so erhält man

$$T(y_\infty+\Delta y)^{\cdot} + (y_\infty+\Delta y) = K(u_\infty+\Delta u)\,, \quad \text{also}$$

$$T(\Delta y)^{\cdot} + \Delta y = K\Delta u\,.$$

Es bleibt noch die Frage, was bei der Linearisierung aus den Anfangswerten wird. Betrachten wir dazu das Bild 2/70, das nochmals zeigt, wie Anfangswerte in das Strukturbild eingehen: in S-Glieder unmittelbar hinter I-Gliedern. Es gilt also

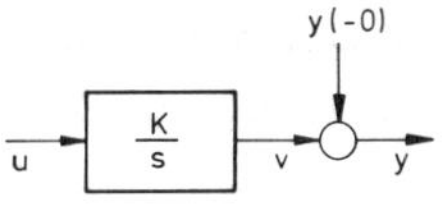

Bild 2/70. Integrierglied mit Anfangswert

$$y(t) = v(t) + y(-0)\,, \qquad (2.119)$$

wobei $y(-0)$ eine Konstante ist. Im stationären Zustand wird $u = 0$, während v auf dem Wert v_∞ stehen bleibt. Es ist dann also

$$y_\infty = v_\infty + y(-0)\,. \qquad (2.120)$$

Subtrahiert man (2.120) von (2.119), so folgt

$$\Delta y(t) = \Delta v(t)\,.$$

D.h.: *Beim Übergang zu den Abweichungen vom stationären Zustand fallen die Anfangswerte weg.*

Als Beispiel zur Anwendung der Linearisierungsregeln wollen wir die Abflußregelung aus Bild 2/14 betrachten. Die Betriebswerte der zeitveränderlichen Größen im Arbeitspunkt wurden im vorigen Abschnitt berechnet und dürfen jetzt als bekannt vorausgesetzt werden. Da man weiß, daß die linearen Blöcke unverändert bleiben und die Anfangswerte wegfallen, braucht man sich nur noch um die Linearisierung des KL- und des M-Gliedes zu kümmern und die sich daraus ergebenden Blöcke anstelle der Nichtlinearitäten in das Bild 2/14 einzutragen. Aus

$$q_a = a\sqrt{2gh} \qquad \text{folgt}$$

$$q'_a = \frac{dq_a}{dh} = a\sqrt{\frac{g}{2h}}\,,$$

$$q'_{a\infty} = a\sqrt{\frac{g}{2h_\infty}}\,,$$

wobei also h_∞ der stationäre Wert von h im Arbeitspunkt ist. Die Wurzelkennlinie ist somit durch ein P-Glied mit diesem Verstärkungsfaktor zu ersetzen.

Für das Multiplizierglied im Bild 2/14 liefert die Linearisierung

$$\Delta q_e = K_Q v_{e\infty}\Delta\varphi + K_Q\varphi_\infty\Delta v_e\,.$$

Hierin ist unter $v_{e\infty}$ der Mittelwert der Störgröße zu verstehen, der bei der Berechnung des Arbeitspunktes als Betriebswert zugrunde gelegt wird.

Insgesamt erhält man so das Bild 2/71 als Strukturbild der um den Arbeitspunkt linearisierten Abflußregelung. Es ist nur noch aus I-, P- und S-Gliedern aufgebaut.

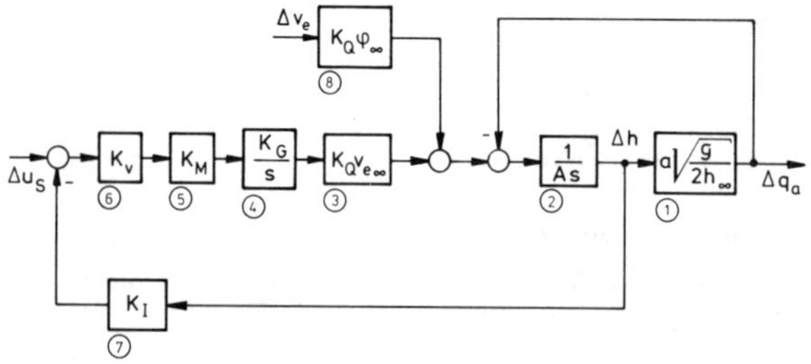

Bild 2/71. Linearisierte Abflußregelung

2.8 Umformung des Strukturbildes

Betrachtet man das obenstehende Strukturbild der Abflußregelung im Bild 2/71, so erscheint es einem recht kompliziert und legt die Frage nahe, ob es wohl noch vereinfacht werden könne. Das ist generell so: Hat man ein Strukturbild aus den physikalischen Gesetzen eines Systems hergeleitet, so wird es noch nicht in der für die weitere Bearbeitung günstigsten Form vorliegen. Meist wird man es noch umformen müssen, um zu einer möglichst einfachen und übersichtlichen Darstellung zu gelangen. Das ist ganz wesentlich, weil das Strukturbild die Basis für die gesamte weitere Behandlung des Regelkreises ist.

Wir wollen uns deshalb jetzt mit der Umformung des Strukturbildes befassen und die gängigsten *Umformungsregeln* kennenlernen. Sie liegen fast unmittelbar auf der Hand, ergeben sich nämlich in ganz selbstverständlicher Weise aus der komplexen Übertragungsgleichung

$$Y(s) = G(s)\,U(s)\,.$$

Da diese nur für lineare zeitinvariante Übertragungsglieder (LZI-Glieder) gilt, gelten auch die Umformungsregeln im allgemeinen nur für LZI-Glieder. Es wäre also ganz falsch, sie z.B. auf Kennlinienglieder anzuwenden.

Man kann die Umformungsregeln in *Zusammenfassungs- und Vertauschungsregeln* unterteilen: Die ersteren befassen sich mit der Zusammenfassung mehrerer Blöcke zu einem einzigen, die Vertauschungsregeln mit der Vertauschung von Blöcken untereinander. Sie sind im Bild 2/72 zusammengestellt. Das zwischen zwei Strukturbildern gesetzte Gleichheitszeichen besagt, daß sie *äquivalent* sind, d.h.: Schaltet man auf beide Strukturen die gleiche Eingangsgröße u(t), so antworten beide mit der gleichen Ausgangsgröße y(t). Ihr innerer Aufbau ist durchaus verschieden, aber hinsichtlich ihres Übertragungsverhaltens sind sie gleichwertig, eben "äquivalent". Die unter einer solchen Äquivalenz stehende Gleichung liefert die Begründung für ihre Geltung.

Die beiden Grundoperationen bei der Umformung des Strukturbildes sind die Zusammenfassung zweier parallel bzw. in Reihe gelegener Blöcke zu einem einzigen Block. Es ist klar, daß man diese Zusammenfassung bei beliebigen Übertragungsgliedern durchführen kann. Nur kann man dann über die Gesetze, die bei der Zusammenfassung gelten, nichts sagen, d.h. man kann keine Formel angeben, um das Übertragungsverhalten des aus der Zusammenfassung entstehenden Gliedes aus dem Übertragungsverhalten der beiden einzelnen Glieder zu a) Zusammenfassungsregeln

1. Parallelschaltung

$$Y(s) = G_1(s)\, U(s) + G_2(s)\, U(s) = \big[G_1(s) + G_2(s)\big] \cdot U(s)$$

2. Reihenschaltung

$$Y(s) = G_1(s) \cdot \big[G_2(s)\, U(s)\big] = G_1(s)\, G_2(s)\, U(s)$$

3. Gegenkopplung

4. Mitkopplung

b) Vertauschungsregeln

5. Vertauschung zweier Blöcke

$$Y(s) = G_2(s)\, G_1(s)\, U(s) = G_1(s)\, G_2(s)\, U(s)$$

6. Verlegung eines Blocks vor ein S - Glied

$$y = \varphi\{u_1 + u_2\} = \varphi\{u_1\} + \varphi\{u_2\}$$

7. Verlegung eines Blocks hinter ein S - Glied

$$y = \varphi\{u_1\} + u_2 = \varphi\{u_1 + \varphi^{-1}\{u_2\}\}$$

8. Verlegung eines Blocks vor eine Verzweigungsstelle

9. Verlegung eines Blocks hinter eine Verzweigungsstelle

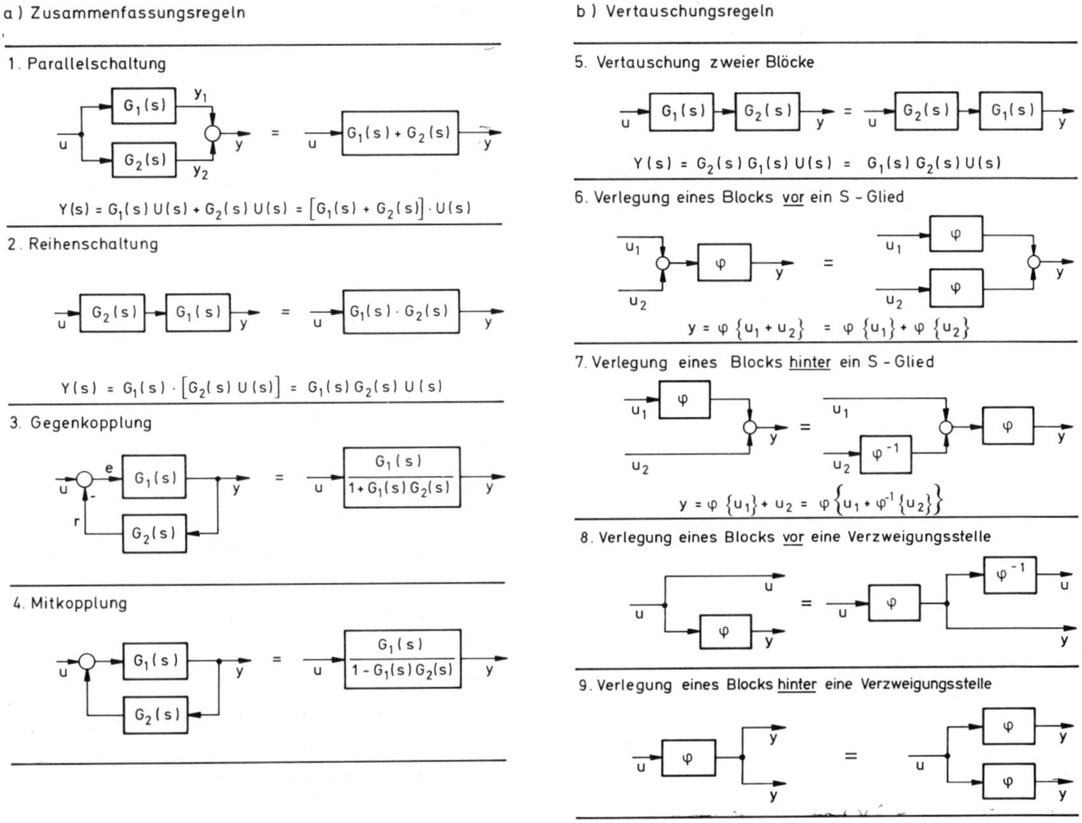

Bild 2/72. Umformungsregeln des Strukturbildes

Bild 2/72 b)

gewinnen. Das ist erst möglich, wenn man zu bestimmten Klassen von Übertragungsgliedern übergeht. Für die LZI-Glieder gilt folgende Regel:

Die Parallelschaltung zweier LZI-Glieder mit den Übertragungsfunktionen $G_1(s)$ und $G_2(s)$ ist wiederum ein LZI-Glied, und zwar mit der Übertragungsfunktion $G_1(s) + G_2(s)$. Die Reihenschaltung zweier LZI-Glieder mit den Übertragungsfunktionen $G_1(s)$ und $G_2(s)$ ist ein LZI-Glied mit der Übertragungsfunktion $G_1(s)G_2(s)$.

Diese beiden Regeln sind in den ersten beiden Zeilen von Bild 2/72 samt ihrer Begründung dargestellt. Beispielsweise gelten für die Parallelschaltung in der linken Spalte von Bild 2/72 die Gleichungen

$$Y(s) = Y_1(s) + Y_2(s)\,, \qquad Y_1(s) = G_1(s)\, U(s)\,,$$

$$Y_2(s) = G_2(s)\, U(s)\,, \qquad \text{also}$$

$$Y(s) = G_1(s)\, U(s) + G_2(s)\, U(s)\,.$$

Daraus folgt sofort

$$Y(s) = \big[\,G_1(s) + G_2(s)\,\big]\, U(s)\,,$$

also die Blockdarstellung in der rechten Spalte von Bild 2/72.

Die beiden Regeln für die Zusammenfassung von Parallel- und Reihenschaltung zu *einem* Block erscheinen als ganz selbstverständlich. Das ist aber nur der Fall, weil die komplexe Übertragungsgleichung $Y(s) = G(s)U(s)$ zur Verfügung steht. Man versuche nur einmal, zwei in Reihe gelegene Blöcke, die durch Differentialgleichungen höherer Ordnung charakterisiert sind, durch Rechnen mit den Differentialgleichungen zu einem Block zusammenzufassen! Dann wird man eindringlich erleben, welch große Erleichterung der Übergang in den komplexen Bereich bedeutet.

Um zu zeigen, daß eine Zusammenfassungsregel auch ganz anders als bei den LZI-Gliedern ausschauen kann, betrachten wir zwei in Reihe gelegene Kennlinienglieder. Wie aus Bild 2/73 unmittelbar zu sehen, ist auch hier eine formelmäßige Zusammenfassung ohne weiteres möglich. Das Resultat ist jedoch gänzlich anders als bei den LZI-Gliedern: *Man hat nicht etwa das Produkt der beiden Kennlinien zu nehmen, sondern ihre mittelbare Funktion.*

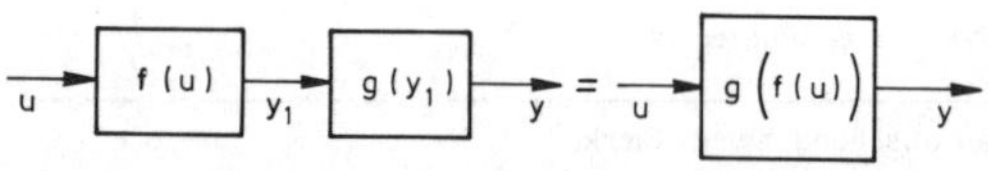

Bild 2/73. Zusammenfassung zweier Kennlinienglieder

Zur Anwendung der Zusammenfassungsregeln für Parallel- und Reihenschaltung von LZI-Gliedern betrachten wir nun die *Gegenkopplung* zweier Blöcke, eine Struktur, die in der Regelungstechnik auf Schritt und Tritt vorkommt (3. Zeile im Bild 2/72, linke Spalte). Dann gilt, wenn wir einfachheitshalber das Argument s weglassen:

$$Y = G_1 E\,, \quad E = U - R\,, \quad R = G_2 Y\,,$$

also

$$Y = G_1(U - G_2 Y)\,,$$

$$Y = G_1 U - G_1 G_2 Y\,,$$

$$(1+G_1 G_2)Y = G_1 U\,,$$

$$Y = \frac{G_1}{1+G_1 G_2} U\,.$$

Damit hat man die Rückkopplung zu *einem* Block zusammengefaßt.

Wenn wir nun zu den Vertauschungsregeln übergehen, so ist es wegen $G_1(s)G_2(s) = G_2(s)G_1(s)$ ganz selbstverständlich, daß zwei in Reihe gelegene LZI-Glieder vertauschbar sind (5. Zeile im Bild 2/72). Dieser Satz gilt aber keineswegs für andere Übertragungsglieder. Für zwei Kennlinienglieder liest man dies direkt aus Bild 2/74 ab, das zugleich Beispiele für die Zusammenfassung zweier Kennlinienglieder zu einem Block liefert.

Aber man braucht gar nicht zu den nichtlinearen Übertragungsgliedern zu gehen. Bereits zeitvariante lineare Übertragungsglieder brauchen nicht mehr mit anderen Übertragungsgliedern vertauschbar zu sein. So ist ein Abtastglied mit einem R-Glied im allgemeinen nicht

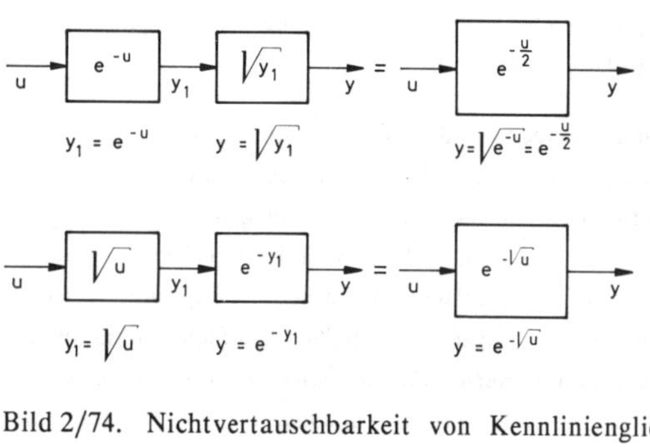

Bild 2/74. Nichtvertauschbarkeit von Kennliniengliedern

vertauschbar, wie man aus Bild 2/75 erkennt. Die beiden Anordnungen liefern für die gleiche Eingangsgröße u im allgemeinen verschiedene Ausgangsgrößen y.

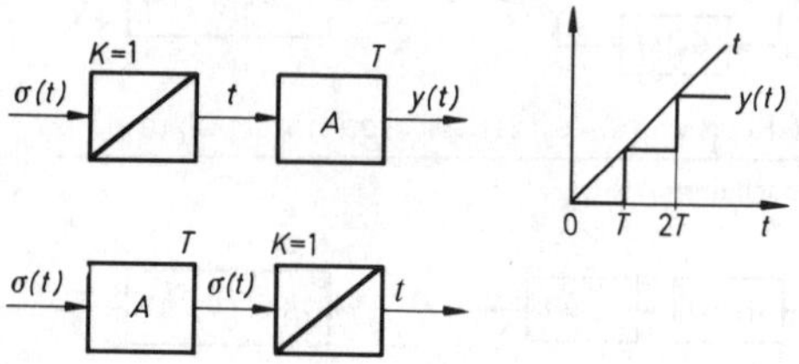

Bild 2/75. Abtastglied und Integrierglied sind nicht vertauschbar

Es gibt aber auch eine Vertauschungsregel, die *für alle linearen Übertragungsglieder* gilt: *Jedes lineare Übertragungsglied kann vor ein S-Glied verlegt werden* (Bild 2/72, 6. Zeile). Denn nach Definition des linearen Übertragungsgliedes gilt

$$\varphi\{u_1 + u_2\} = \varphi\{u_1\} + \varphi\{u_2\}\,.$$

Die obige Vertauschungsregel ist also nichts weiter als die anschauliche Darstellung des Superpositionsprinzips. Daraus folgt auch sofort, daß sie für ein nichtlineares Glied nicht gelten kann.

Es gibt sogar eine Vertauschungsregel, die *für jedes Übertragungsglied* gilt (Bild 2/72, 9. Zeile): *Jedes Übertragungsglied kann hinter eine Verzweigungsstelle verlegt werden.* Dieser Satz ist aus der graphischen Darstellung unmittelbar einleuchtend. Irgendeinen übertragungstheoretischen Hintergrund hat er nicht, da die Verzweigungsstelle kein Übertragungsglied, sondern lediglich ein zeichnerisches Hilfsmittel ist, um sich die Darstellung mehrerer gleicher Ausgangsgrößen zu sparen. Für die Umformung des Strukturbildes ist es aber zweckmäßig, diese Regel zur Verfügung zu haben.

Für zwei weitere Vertauschungsregeln wird der Begriff des *inversen Übertragungsgliedes* benötigt. Das inverse Übertragungsglied zu einem gegebenen Übertragungsglied ist ganz allgemein dadurch definiert, daß es die durch das Übertragungsglied bewirkte Abbildung rückgängig macht, also aus der Ausgangsgröße y zu u wiederum u erzeugt. Bezeichnet man den zu φ inversen Operator mit φ^{-1}, so gilt

$$y = \varphi\{u\}, \quad \tilde{y} = \varphi^{-1}\{y\} = \varphi^{-1}\{\varphi\{u\}\} = u\,,$$

und zwar für jede Eingangsgröße u. Dieser Zusammenhang ist in Bild 2/76 dargestellt, zusammen mit dem einfachen Beispiel eines Kennliniengliedes.

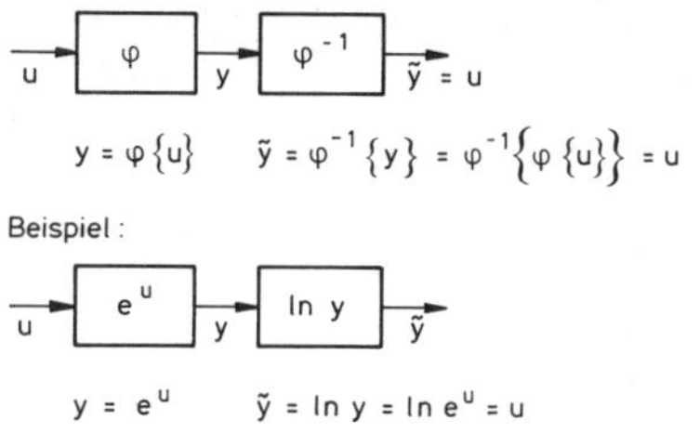

Bild 2/76. Das inverse Übertragungsglied

Bei einem LZI-Glied ist Y(s) = G(s)U(s). Daher muß das inverse Übertragungsglied durch

$$\tilde{Y}(s) = \frac{1}{G(s)} Y(s) = G^{-1}(s)\, Y(s)$$

gegeben sein, denn es ist dann

$$\tilde{Y}(s) = \frac{1}{G(s)} G(s)\, U(s) = U(s) \, .$$

Das Inverse zu einem LZI-Glied ist meist nicht realisierbar. So gehört zu dem Integrierglied mit

$$G(s) = \frac{K}{s}$$

als inverses Übertragungsglied das Differenzierglied mit

$$\frac{1}{G(s)} = \frac{1}{K} s \, ,$$

das nur approximativ zu verwirklichen ist.

Das Inverse braucht nicht einmal näherungsweise realisierbar zu sein. Dafür liefert das Totzeitglied ein Beispiel. Um die Verschiebung um T_t nach rechts aufzuheben, muß das inverse Übertragungsglied eine Verschiebung um T_t nach links bewirken. Seine Sprungantwort ist daher der um T_t nach links verschobene Einheitssprung $\sigma(t+T_t)$. Ein solches Übertragungsglied ist nicht realisierbar, da bei ihm die Ausgangsgröße vor der Eingangsgröße da sein muß, was dem Kausalitätsgesetz widerspricht.

Ein derartiges Verhalten ist aber sehr wohl als mathematische Operation denkbar. Daher kann man bei den Zwischenrechnungen, die mit der Umformung des Strukturbildes verbunden sind, ohne weiteres mit inversen Übertragungsgliedern und den zugehörigen Übertragungsfunktionen rechnen, auch wenn die ersteren nicht realisierbar und die letzteren keine Übertragungsfunktionen im eigentlichen Sinne sein sollten.

Nunmehr können auch die beiden noch ausstehenden Vertauschungsregeln in Zeile 7 und 8 von Bild 2/72 formuliert werden. Die letztgenannte, welche die Verlegung eines Blocks vor eine Verzweigungsstelle betrifft, stellt lediglich eine zeichnerische Umformung dar und gilt deshalb für alle Übertragungsglieder.

Bei der Regel in Zeile 7 wird hingegen das Superpositionsprinzip benötigt, so daß sie ausschließlich für *lineare* Übertragungsglieder gültig ist. Für die Struktur in der linken Spalte gilt nämlich

$$y = \varphi\{u_1\} + u_2 \, .$$

Wegen

$$u_2 = \varphi\{\varphi^{-1}\{u_2\}\}$$

folgt daraus

$$y = \varphi\{u_1\} + \varphi\{\varphi^{-1}\{u_2\}\} \, .$$

Sofern das Superpositionsprinzip gilt, folgt daraus

$$y = \varphi\{u_1 + \varphi^{-1}\{u_2\}\} \, .$$

Diese Gleichung wird durch die Struktur in der rechten Spalte von Zeile 7 dargestellt. Selbstverständlich ist hier wie auch bei der vorhergehenden Regel die Existenz des inversen Operators φ^{-1} vorausgesetzt.

Bei der Umformung eines Strukturbildes wird man teils die Umformungsregeln benötigen, teils direkt von der zugrunde liegenden komplexen Übertragungsgleichung Y(s) = G(s)U(s) ausgehen, was auf eine implizite Anwendung der Umformungsregeln hinausläuft. Schon in den vorangegangenen Abschnitten haben wir von dieser Möglichkeit Gebrauch gemacht.

Im folgenden werden immer wieder Strukturbildumformungen vorgenommen, und es ist dann vielfach Gelegenheit, die Umformungsregeln anzuwenden. An dieser Stelle wollen wir sie benutzen, um die Struktur der linearisierten Abflußregelung im Bild 2/71 zu vereinfachen.

Dazu führen wir zunächst die folgenden Schritte aus:

- Verlegung von Block 1 vor die vor ihm liegende Verzweigungsstelle. Er tritt dann invers in der unteren Rückführung auf.
- Verlegung von Block 8 hinter das nachfolgende Summierglied. Dann tritt vor dem Summierglied der inverse Block auf.

Insgesamt gelangt man so zu der Struktur im Bild 2/77.

Hierin faßt man die Reihenschaltung der Blöcke 1 bis 5 zu *einem* Block zusammen. Er hat die Übertragungsfunktion

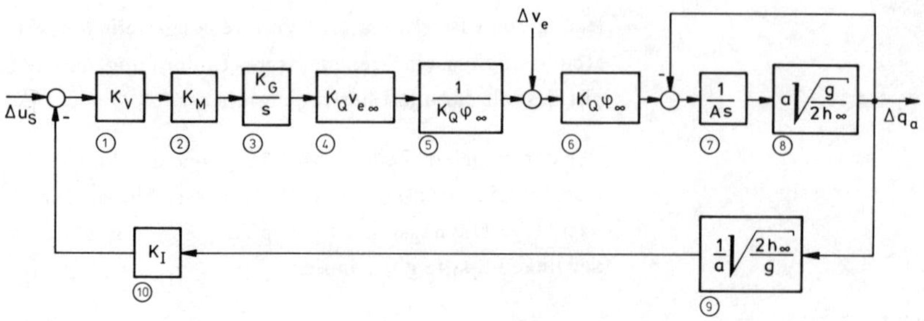

Bild 2/77. Umformung der linearisierten Abflußregelung aus Bild 2/71

$$G(s) = \frac{K_1}{s} \quad \text{mit} \quad K_1 = K_V\, K_M\, K_G \frac{v_{e\infty}}{\varphi_\infty},$$

bildet also ein I-Glied. Sodann faßt man die Reihenschaltung der Blöcke 9 und 10 zu einem Block zusammen. Es ergibt sich ein P-Glied mit dem Verstärkungsfaktor

$$K_3 = \frac{K_I}{a}\sqrt{\frac{2h_\infty}{g}}\,.$$

Betrachten wir nun die Rückführung der beiden Blöcke 7 und 8 und wenden auf sie die Rückkopplungsformel aus der 3. Zeile von Bild 2/72 an. Im Vorwärtszweig liegt eine Reihenschaltung mit der Übertragungsfunktion

$$G_1(s) = \frac{1}{As}\cdot a\sqrt{\frac{g}{2h_\infty}}\,.$$

Im Rückwärtszweig liegt kein Block, so daß dessen Übertragungsfunktion $G_2(s) = 1$ zu setzen ist. Damit ergibt sich für die Übertragungsfunktion der geschlossenen Rückkopplung

$$G = \frac{G_1}{1+G_1G_2} = \frac{\frac{a}{A}\sqrt{\frac{g}{2h_\infty}}\cdot\frac{1}{s}}{1+\frac{a}{A}\sqrt{\frac{g}{2h_\infty}}\cdot\frac{1}{s}}\,.$$

Durch Erweiterung mit dem reziproken Zähler folgt daraus

$$G = \frac{1}{1+\frac{A}{a}\sqrt{\frac{2h_\infty}{g}}\,s}\,.$$

Dies ist ein Verzögerungsglied 1. Ordnung mit dem Verstärkungsfaktor 1 und der Zeitkonstante

$$T = \frac{A}{a}\sqrt{\frac{2h_\infty}{g}}\,.$$

Faßt man schließlich dieses P-T_1-Glied noch mit dem in Reihe davor gelegenen Block 6 zusammen, so erhält man das endgültige Strukturbild der linearisierten Abflußregelung im Bild 2/78. Vergleicht man dieses mit der ursprünglichen Struktur im Bild 2/71, so sieht man, welche Vereinfachung durch die Umformung erreicht werden konnte.

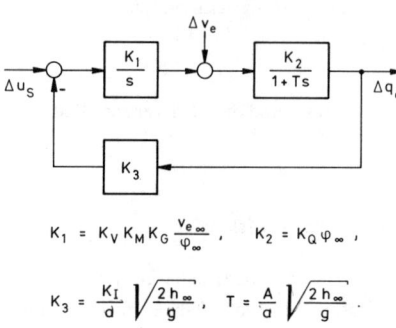

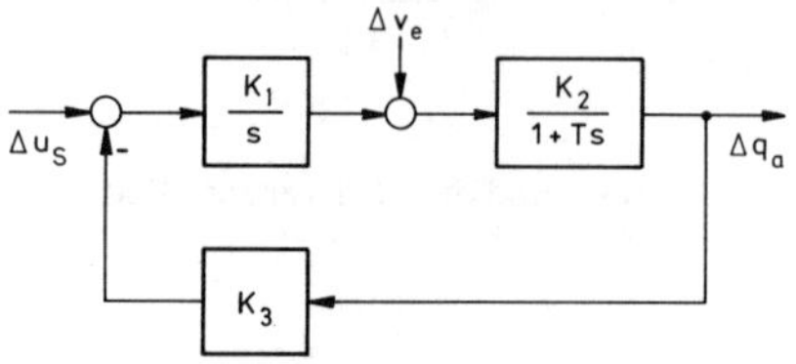

$K_1 = K_V K_M K_G \frac{v_{e\infty}}{\varphi_\infty}$, $K_2 = K_Q \varphi_\infty$,

$K_3 = \frac{K_I}{a}\sqrt{\frac{2h_\infty}{g}}$, $T = \frac{A}{a}\sqrt{\frac{2h_\infty}{g}}$.

Bild 2/78. Vereinfachtes Strukturbild der linearisierten Abflußregelung aus Bild 2/71

Zum Abschluß sei noch auf eine vom Strukturbild verschiedene graphische Veranschaulichung von Gleichungssystemen hingewiesen, das *Signalflußdiagramm* [2.10]. Bei ihm werden die zeitveränderlichen Größen bzw. ihre Laplace-Transformierten durch kleine Kreise symbolisiert. Die Multiplikation einer Größe mit einer Übertragungsfunktion wird durch eine von dem zugehörigen Kreis weggerichtete Linie wiedergegeben. Die Übertragungsfunktion wird neben diese Linie geschrieben. Treffen sich zwei gerichtete Linien in einem Kreis, so bedeutet dies Addition. Wie man im einzelnen vorgeht, kann man aus Bild 2/79 ablesen, das eine Rückführung im Strukturbild, in Gleichungen und in dem aus diesen Gleichungen abgeleiteten Signalflußdiagramm zeigt.

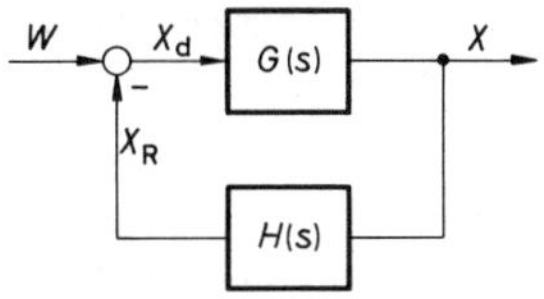

$X = GX_d$, $X_d = W - X_R$, $X_R = HX$

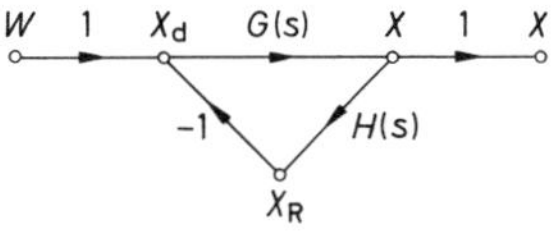

Bild 2/79. Darstellung einer Rückführung im Strukturbild, in Gleichungen und im Signalflußdiagramm

Es ist klar, daß zwischen Strukturbild und Signalflußdiagramm kein wesentlicher Unterschied besteht. Beide Darstellungsformen veranschaulichen das Gleichungssystem, das die dynamischen Verhältnisse des Systems beschreibt. Die beiden Formen unterscheiden sich lediglich durch die Symbolik. Welche Darstellungsweise man bevorzugt, ist mehr eine Frage der Gewohnheit. Strebt man die anschauliche Darstellung von Funktionalbeziehungen an, wie dies bei unserem Aufbau der Fall ist, so gelangt man zwangsläufig zum Strukturbild. Beim Übergang zum Geräteaufbau der realen Anlage einerseits, zum Analogrechner bzw. zur blockorientierten Programmierung des Digitalrechners andererseits, ist das Strukturbild günstiger. Andererseits ist der Zeichenaufwand beim Signalflußdiagramm geringer als beim Strukturbild. Das ist bei komplizierteren Systemen, wie vermaschten Netzwerken oder Mehrfachregelungen, von Vorteil.

Wir werden das Strukturbild benutzen, aber gelegentlich, so bei der Behandlung der Mehrfachregelungen, vom Signalflußdiagramm Gebrauch machen.

2.9 Experimentelle Bestimmung der Systemparameter

2.9.1 Aufgabenstellung und Verfahrensübersicht

Bei den bisherigen Überlegungen wurde auf die Bestimmung der Parameter, die in den Übertragungsfunktionen auftreten, nicht näher eingegangen. Es wurde vielmehr angenommen, daß sie vorgegeben sind oder aber aus den Daten der Bauelemente des Systems mit hinreichender Genauigkeit berechnet werden können. Das ist auch häufig der Fall, insbesondere bei einfachen elektrischen, mechanischen und elektromechanischen Netzwerken. Beispielsweise wurde in Abschnitt 2.3.11 die Dämpfung d und die Zeitkonstante T des P-T_2-Gliedes aus der Induktivität L, der Kapazität C und dem ohmschen Widerstand R des elektrischen Reihenschwingkreises ermittelt. Bei unbekannten oder auch komplexen Prozessen ist es aber meist nicht möglich, die Systemparameter auf diese einfache Weise zu bestimmen. Häufig ist nicht einmal bekannt, von welcher Ordnung das Zähler- und Nennerpolynom der Übertragungsfunktion sind und ob ein Totzeitanteil vorhanden ist oder nicht. In diesen Fällen ist man auf experimentelle Methoden zur Bestimmung der Systemparameter angewiesen.

Die experimentelle Analyse dynamischer Systeme hat sich in den letzten Jahren zu einem eigenständigen und gut ausgebauten Spezialgebiet der Automatisierungstechnik entwickelt, das für praktisch jeden Anwendungsfall geeignete Verfahren bereitstellt (siehe z.B. [2.11]). Diese beruhen meist darauf, daß man den vorgegebenen Prozeß mit einer dem System angepaßten Eingangszeitfunktion anregt und die Ausgangsgröße mit derjenigen eines geeignet gewählten Prozeßmodells vergleicht, auf das die gleiche Eingangsgröße einwirkt. Das Prozeßmodell ist ebenfalls ein Übertragungsglied mit zunächst unbekannten Parametern, das vom Experimentator aufgrund seiner - eventuell vagen - Vorkenntnisse über den Prozeß in Form einer analogen Schaltung oder als rekursiver Algorithmus in einem digitalen Rechner spezifiziert wurde. Der zeitliche Verlauf der Differenz zwischen den Ausgangsgrößen von Prozeß und Modell wird in geeigneter Form bewertet und dazu verwendet, die Modellparameter solange zu verstellen, bis die Abweichungen hinreichend klein sind; Bild 2/80 zeigt die Vorgehensweise in Form eines Wirkungsplans. Je nachdem, ob man die Anpassung fortlaufend während des Experiments oder erst nach seinem Abschluß durchführt, spricht man von "adaptiver" oder "direkter" Parameterschätzung [2.12].

Nachfolgend sollen einige elementare Verfahren zur experimentellen Parameterbestimmung behandelt werden, die nur einfache Hilfsmittel wie Papier, Bleistift und einen (programmierbaren) Taschenrechner erfordern, in der Regel aber für regelungstechnische Aufgabenstellungen hinreichend genaue Ergebnisse liefern. Diese Verfahren sind naturgemäß in ihrem Anwendungsbereich auf lineare zeitinvariante Übertragungsglieder beschränkt. Als anregende Eingangsgröße wird der Einheitssprung gewählt; die auf den Prozeß einwirkenden zufälligen Störungen sollen so klein sein, daß sie die Sprungantwort nicht wesentlich verfälschen.

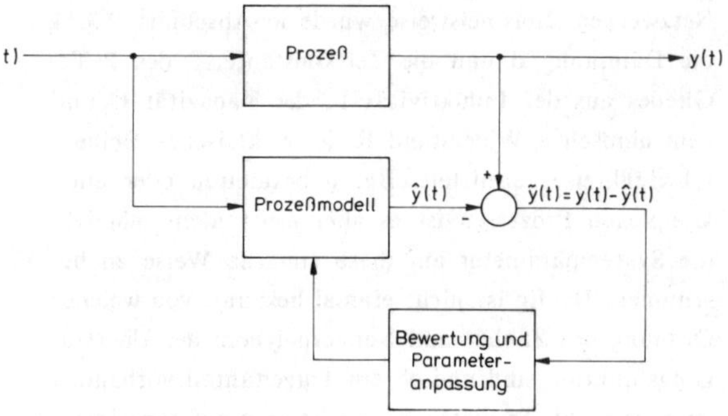

Bild 2/80. Zum Prinzip der experimentellen Parameterschätzung

2.9.2 Bestimmung der Parameter von rationalen Übertragungsgliedern 1.Ordnung

Betrachten wir zunächst ein rationales Übertragungsglied erster Ordnung (R_1-Glied), das nach Abschnitt 2.5.2 (Gl. 2.79) durch die Übertragungsfunktion

$$G(s) = \frac{b_0 + b_1 s}{a_0 + a_1 s} \qquad (2.121)$$

beschrieben wird. In Tabelle 2/2 sind die wichtigsten Sonderfälle dieses Gliedes mit ihren Übertragungsfunktionen und Sprungantworten zusammengestellt.

Die Übertragungsfunktionen werden beim P-T_1-Glied und D-T_1-Glied durch zwei, beim PD-T_1-Glied durch drei Parameter vollständig beschrieben. Nutzt man die aus der Sprungantwort leicht zu bestimmenden Anfangs- und Endwerte h_0 und h_∞ aus, bleibt nur die Verzögerungszeit T zu bestimmen, wozu im Prinzip ein weiterer Funktionswert ausreicht. Um aber den Einfluß zufälliger Fehler wie Rauschen und Ablesefehler zu reduzieren, wird man meist mehrere Werte verwenden und die Ergebnisse geeignet mitteln.

Eine gemeinsame Behandlung aller drei Sonderfälle wird möglich, wenn man die abgelesenen Werte der Sprungantwort derart umrechnet, daß der gemeinsame Faktor $e^{-t/T}$ isoliert auftritt. Die Umrechnungsbeziehungen kann man aus der Sprungantwort leicht ableiten; sie sind in der letzten Spalte von Tabelle 2/2 angegeben. Hat man beispielsweise für die Zeitpunkte t_1, $t_2, \ldots, t_k$ die zugehörigen Werte $h_1, h_2, \ldots, h_k$ der Sprungantwort abgelesen, kann man diese in die transformierten Werte $\eta_1, \eta_2, \ldots, \eta_k$ umrechnen. Für den i-ten Meßwert gilt dann

$$\eta_i = e^{-t_i/T_i} ,$$

wobei T_i den aufgrund der i-ten Messung bestimmten Schätzwert für die Verzögerungszeit T bezeichnet; man erhält ihn zu

$$T_i = -\frac{t_i}{\ln \eta_i} .$$

Einen verbesserten Schätzwert erhält man, wenn man z.B. das arithmetische Mittel über alle k Werte T_i bildet:

$$\hat{T}_k = \frac{1}{k} \sum_{i=1}^{k} T_i .$$

Für die Arbeit mit dem Digitalrechner besser geeignet ist die rekursive Form dieser Beziehung

$$\hat{T}_i = \frac{i-1}{i} \hat{T}_{i-1} + \frac{1}{i} T_i , \qquad i = 1, 2, \ldots, k ,$$

die man mit dem Startwert $\hat{T}_0 = 0$ auswertet.

Hat man alle k Meßwerte verarbeitet, setzt man $\hat{T}_k = \hat{T}$ und berechnet mit diesem Wert und dem Anfangs- und Endwert von h(t) die verbleibenden Parameter; das Struktogramm der Berechnung zeigt Bild 2/81.

Als Beispiel sei die in Bild 2/82 dargestellte Sprungantwort eines PD-T_1-Gliedes betrachtet; diese ist durch ein hochfrequentes Rauschen verfälscht, so daß man die Auswertung über mehrere Meßwerte erstreckt. Zunächst liest man den Anfangswert zu $h_0 = 0{,}36$ und den Endwert zu $h_\infty = 1{,}5$ ab. Zu den äquidistanten Zeit-

Tabelle 2/2. Sonderfälle des R_1-Gliedes

Typ	Übertragungsfunktion	Parameter	Sprungantwort h(t)	Sprungantwort h(0)	Sprungantwort h(∞)	Transformation
P-T_1	$\frac{K}{1+Ts}$	$K = b_0/a_0$ $T = a_1/a_0$ $(b_1 = 0)$	$K(1-e^{-t/T})$	0	K	$\eta = 1 - \frac{h}{h_\infty}$
D-T_1	$\frac{Ks}{1+Ts}$	$K = b_1/a_0$ $T = a_1/a_0$ $(b_0 = 0)$	$K\,e^{-t/T}$	K	0	$\eta = \frac{h}{h_\infty}$
PD-T_1	$K\frac{1+T_v s}{1+Ts}$	$K = b_0/a_0$ $T = a_1/a_0$ $T_v = b_1/b_0$	$K[1-(1-\frac{T_v}{T})e^{-t/T}]$	$K\frac{T_v}{T}$	K	$\eta = \frac{h_\infty - h}{h_\infty - h_0}$

Bestimmung der Parameter des rationalen Übertragungsglieds 1. Ordnung (R₁-Glied) und seiner Sonderfälle (P-T₁-Glied, D-T₁-Glied).

Bestimmung der Parameter des rationalen Übertragungsglieds 1. Ordnung (R_1-Glied) und seiner Sonderfälle (P-T_1-Glied, D-T_1-Glied).

Eingabe des Typs des Übertragungsglieds (P-T_1,D-T_1,R_1)		Typ?
P-T_1-Glied	D-T_1-Glied	R_1-Glied
Eingabe: h_∞	Eingabe: h_0	Eingabe: h_0, h_∞

Eingabe: Zahl der Meßwerte k
$\hat{T}_0 = 0$

Für i = 1,2,...k

Eingabe: t_i, h_i		Typ?
P-T_1-Glied	D-T_1-Glied	R_1-Glied
$\eta_i = 1 - \dfrac{h_i}{h_\infty}$	$\eta_i = \dfrac{h_i}{h_0}$	$\eta_i = \dfrac{h_\infty - h_i}{h_\infty - h_0}$

$T_i = -t_i / \ln \eta_i$
$\hat{T}_i = \dfrac{i-1}{i}\hat{T}_{i-1} + \dfrac{1}{i}T_i$

		Typ?
P-T_1-Glied	D-T_1-Glied	R_1-Glied
$\hat{K} = h_\infty$	$\hat{K} = h_0$	$\hat{K} = h_\infty$
$\hat{T} = \hat{T}_k$	$\hat{T} = \hat{T}_k$	$\hat{T} = \hat{T}_k$
		$\hat{T}_V = \hat{T}_k h_0 / h_\infty$
Ausgabe: $\hat{K}$, $\hat{T}$	Ausgabe: $\hat{K}$, $\hat{T}$	Ausgabe: $\hat{K}$, $\hat{T}$, $\hat{T}_V$

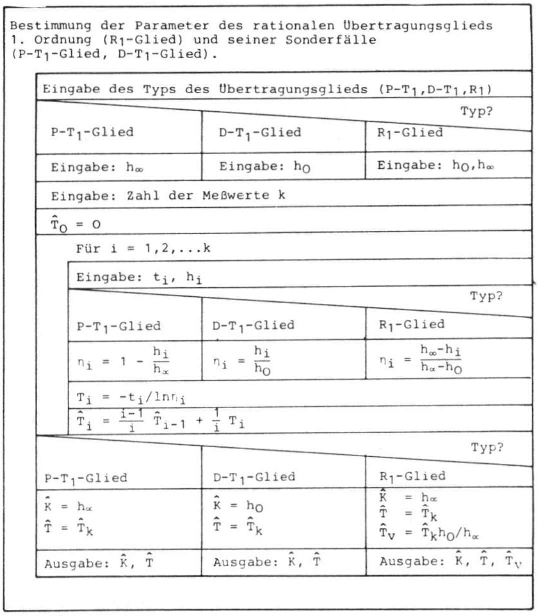

Bild 2/81. Struktogramm zur Bestimmung der Parameter des rationalen Übertragungsgliedes 1. Ordnung

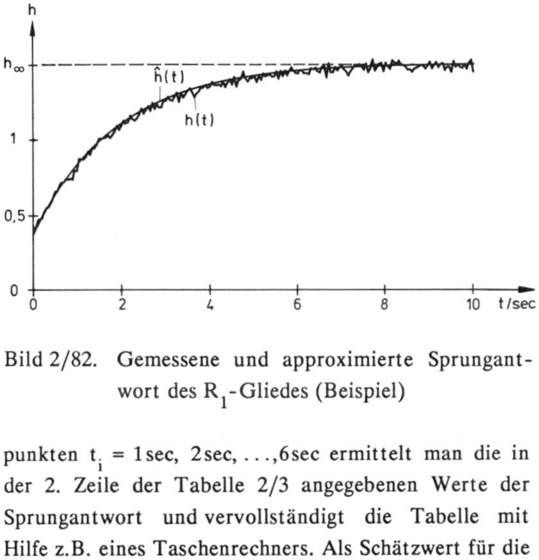

Bild 2/82. Gemessene und approximierte Sprungantwort des R_1-Gliedes (Beispiel)

punkten t_i = 1sec, 2sec, ...,6sec ermittelt man die in der 2. Zeile der Tabelle 2/3 angegebenen Werte der Sprungantwort und vervollständigt die Tabelle mit Hilfe z.B. eines Taschenrechners. Als Schätzwert für die Verzögerungszeit erhält man $\hat{T}_6$ = 1,91sec, und damit nach Tabelle 2.2 die Parameter des PD-T_1-Glieds zu

Tabelle 2/3. Parameterbestimmung eines R_1-Gliedes (Beispiel)

t_i	1	2	3	4	5	6	s
h_i	0.79	1.08	1.26	1.37	1.43	1.46	/
η_i	0.6228	0.3684	0.2105	0.1140	0.0614	0.0351	/
$\hat{T}_i$	2.112	2.057	2.013	1.971	1.935	1.911	s

$\hat{K} = h_\infty = 1,5$, $\hat{T} = \hat{T}_6 = 1,91\,\text{sec}$ und $\hat{T}_V = h_0 \cdot \hat{T}/\hat{K} = 0,459\,\text{sec}$. Die zugehörige Sprungantwort ist in Bild 2/82 ebenfalls eingetragen; man erkennt die recht genaue Approximation.

2.9.3 Bestimmung der Parameter des aperiodischen Verzögerungsgliedes 2. Ordnung

Es sollen nun die Parameter des in den Anwendungen häufig auftretenden Verzögerungsgliedes 2. Ordnung (P-T_2-Glied, Abschnitt 2.3.11) bestimmt werden, wobei wir uns auf den aperiodischen Fall (d > 1) beschränken wollen. Zu der Übertragungsfunktion

$$G(s) = \frac{K_P}{(1+T_1 s)\ (1+T_2 s)} \tag{2.122}$$

des P-T_2-Gliedes gehört die Sprungantwort

$$h(t) = K_P \left[1 - \frac{T_1}{T_1 - T_2} e^{-t/T_1} + \frac{T_2}{T_1 - T_2} e^{-t/T_2} \right], \tag{2.123}$$

die man mit dem Verhältnis der Verzögerungszeiten $q = T_2/T_1$ und der auf die Summe der Verzögerungszeiten bezogenen Zeit $\tau = t/(T_1+T_2)$ in der Form

$$h(\tau) = K_P \left\{ 1 - \frac{1}{1-q}\left[e^{-(1+q)\tau} - q\, e^{-\frac{1+q}{q}\tau} \right] \right\} \tag{2.124}$$

schreiben kann. Gibt man ohne Einschränkung der Allgemeingültigkeit $T_1 \geq T_2$ vor, ist die Sprungantwort $h(\tau)$ für $0 \leq q \leq 1$ auszuwerten. Der Fall q = 0 entspricht dem des P-T_1-Gliedes, der Fall q = 1 dem des aperiodischen Grenzfalls des P-T_2-Gliedes; für diese Fälle sind die in Abschnitt 2.3.10 und 2.3.11 angegebenen Sprungantworten anzusetzen.

Trägt man die Sprungantwort $h(\tau)$ für verschiedene Werte von q über der bezogenen Zeit τ auf (Bild 2/83), erkennt man, daß bei $\tau = \tau^* = 1,2$ alle Sprungantworten mit nur geringen Abweichungen durch einen Punkt verlaufen, der etwa 70% des Endwerts entspricht. In Bild 2/84a ist diese Abweichung über q aufgetragen; sie beträgt im gesamten Wertebereich $0 \leq q \leq 1$ weniger als 1% des Endwerts. Andererseits ist bei $\tau^*/4 = 0,3$ die Abhängigkeit von q vergleichsweise groß, wie man Bild 2/84b entnimmt. Ausgehend von dieser Beobachtung wurde von *Strejc* [2.12] das folgende Verfahren zur Bestimmung der Parameter des aperiodischen P-T_2-Gliedes vorgeschlagen:

● Aus der - eventuell geglätteten - Sprungantwort entnimmt man zunächst den Endwert h_∞ und hiermit den Proportionalbeiwert $\hat{K}_P = h_\infty$.

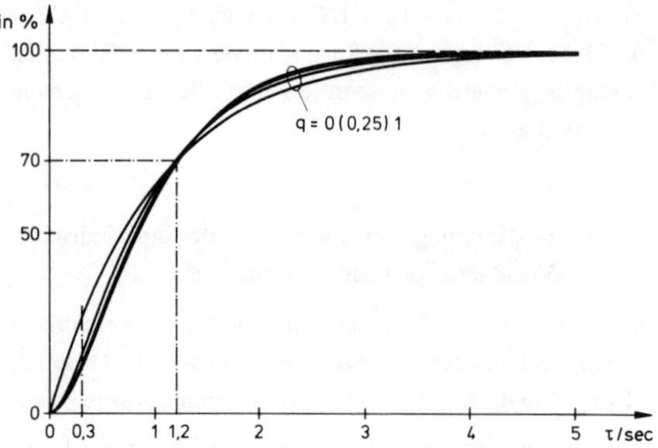

Bild 2/83. Sprungantworten des aperiodischen Übertragungsgliedes 2. Ordnung

- Aus der Sprungantwort bestimmt man den Zeitpunkt t^*, zu dem sie 70% des Endwerts erreicht. Wegen $\tau^* = t^*/(T_1+T_2) \approx 1{,}2$ kann man die Summe der Zeitkonstanten näherungsweise zu

$$\hat{T}_1 + \hat{T}_2 = t^*/1{,}2$$

ermitteln.

- Bei $t^*/4$ liest man den Wert $h(t^*/4)$ der Sprungantwort ab und bestimmt in Bild 2/84b den zugehörigen Wert q^*.

- Abschließend berechnet man die Verzögerungszeiten zu

$$\hat{T}_1 = \frac{t^*}{1{,}2(1+q^*)} , \quad \hat{T}_2 = q^* \hat{T}_1 .$$

Das Verfahren sei nachfolgend an einem Beispiel verdeutlicht:

Vorgegeben sei die in Bild 2/85 dargestellte Sprungantwort eines P-T_2-Gliedes, aus der man zunächst den Endwert $h_\infty = \hat{K}_P = 1{,}6$ abliest. Bei $h(t^*) = 0{,}7 \cdot h_\infty = 1{,}1$ ermittelt man $t^* \approx 4\,\text{sec}$, für $t^*/4 \approx 1\,\text{sec}$ also $h^*(1) \approx 0{,}28 = 0{,}17 h_\infty$. Für diesen Wert entnimmt man Bild 2/84b das Verhältnis $q^* = 0{,}21$ und berechnet die Verzögerungszeiten schließlich zu $\hat{T}_1 = 4{,}1\,\text{sec}/(1{,}2 \cdot 1{,}21) = 2{,}8\,\text{sec}$ und $\hat{T}_2 = 0{,}21 \cdot 2{,}8\,\text{sec} = 0{,}59\,\text{sec}$. Insgesamt erhält man also die genäherte Übertragungsfunktion

$$\hat{G}(s) = \frac{1{,}6}{(1+2{,}8s)(1+0{,}59s)} ;$$

die zugehörige Sprungantwort unterscheidet sich nur unwesentlich von dem gemessenen Zeitverlauf.

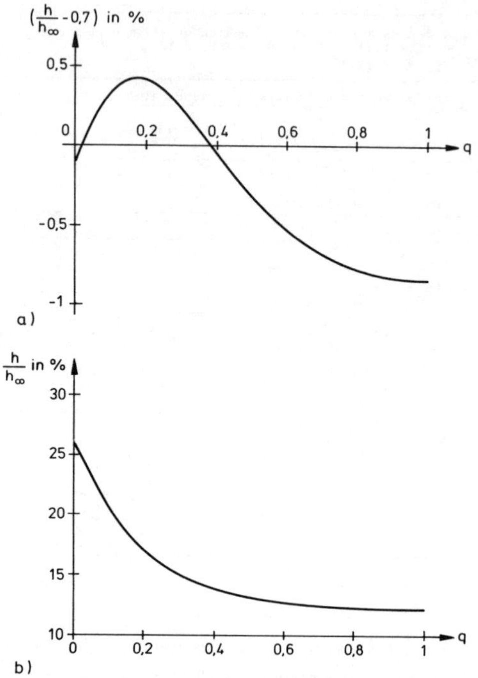

Bild 2/84. Abhängigkeit der bezogenen Sprungantwort des aperiodischen P-T_2-Gliedes vom Verhältnis der Verzögerungszeiten
a) bei $t^* = 1{,}2(T_1+T_2)$,
b) bei $t^* = 0{,}3(T_1+T_2)$

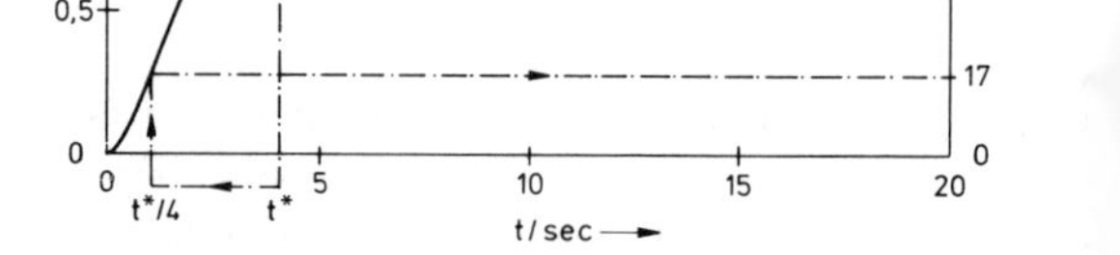

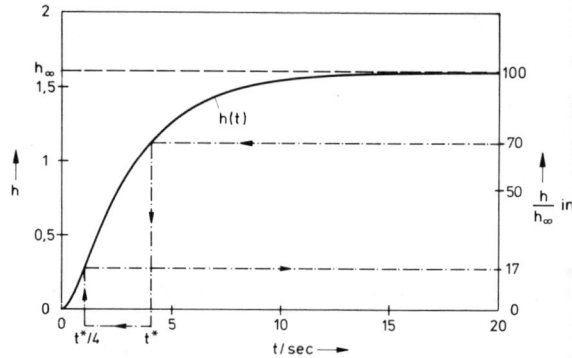

Bild 2/85. Bestimmung der Parameter des aperiodischen P-T_2-Gliedes (Beispiel)

2.9.4 Approximation von Verzögerungsgliedern höherer Ordnung

Für die Approximation nicht schwingungsfähiger Übertragungsglieder höherer Ordnung wurde eine große Zahl von Verfahren vorgeschlagen, von denen nachfolgend nur zwei Methoden exemplarisch vorgestellt werden sollen, die sich in der Praxis bewährt haben.

a) **Totzeit-Verzögerungs-Näherung:** Die Approximation einer Sprungantwort durch die Kettenschaltung eines Totzeitgliedes und eines Verzögerungsgliedes 1. Ordnung (P-T_1-T_t-Näherung) wurde in Abschnitt 2.4.4 bereits kurz erwähnt. Um die Parameter der approximierenden Übertragungsfunktion

$$\hat{G}(s) = \frac{\hat{K}}{(1+\hat{T}s)} e^{-\hat{T}_t s} \tag{2.125}$$

aus einer vorgegebenen Sprungantwort zu bestimmen, fixiert man zunächst per Augenmaß den Wendepunkt $h_w = h(t_w)$ der Sprungantwort (Bild 2/86) und zeichnet in diesem Punkt die Tangente. Diese "Wendetangente" schneidet die Zeitachse bei der Verzugszeit T_u und die Parallele zur Zeitachse durch den Endwert h_∞ im Zeitpunkt T_u+T_g, wobei T_g als Ausgleichszeit bezeichnet wird. Den Proportionalbeiwert $\hat{K}$, die Verzögerungszeit $\hat{T}$ und die Totzeit $\hat{T}_t$ der Näherung ermittelt man dann zu $\hat{K} = h_\infty$, $\hat{T} = T_g$ und $\hat{T}_t = T_u$.

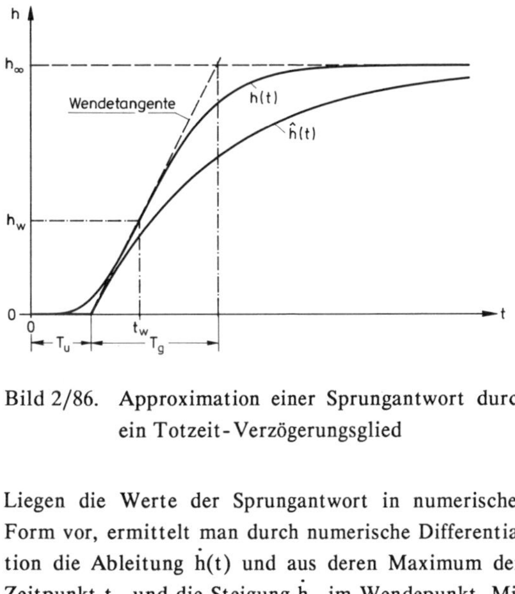

Bild 2/86. Approximation einer Sprungantwort durch ein Totzeit-Verzögerungsglied

Liegen die Werte der Sprungantwort in numerischer Form vor, ermittelt man durch numerische Differentiation die Ableitung $\dot{h}(t)$ und aus deren Maximum den Zeitpunkt t_w und die Steigung $\dot{h}_w$ im Wendepunkt. Mit dem Wert $h_w = h(t_w)$ der Sprungantwort erhält man dann Verzugszeit T_u und Ausgleichszeit T_g zu

$$T_u = t_w - \frac{h_w}{\dot{h}_w}$$

und

$$T_g = \frac{h_\infty}{\dot{h}_w} .$$

Bild 2/86 zeigt, daß die Näherung nicht sonderlich gut ist; sie reicht aber für viele überschlägige Rechnungen aus und wird wegen des nur wenige Hilfsmittel erfordernden Verfahrens in der Praxis häufig verwendet.

b) **Methode der Zeitprozentkennwerte.** Dieses von *G. Schwarze* [2.13] angegebene Verfahren zur Kennwertermittlung aus den Sprungantworten nicht schwingungsfähiger Verzögerungsstrecken liefert trotz seiner Einfachheit häufig recht gute Ergebnisse. Es beruht auf dem Ansatz

$$\hat{G}(s) = \frac{\hat{K}}{(1+\hat{T}s)^{\hat{n}}} \tag{2.126}$$

für die approximierende Übertragungsfunktion, die also durch den Proportionalbeiwert $\hat{K}$, die Verzögerungszeit $\hat{T}$ und die Ordnungszahl $\hat{n}$ vollständig beschrieben wird. Um diese drei Parameter zu bestimmen, geht man von der zugehörigen Sprungantwort

$$\hat{h}(t) = \hat{K}\left\{1 - e^{-t/\hat{T}} \sum_{\nu=0}^{\hat{n}-1} \frac{1}{\nu!}\left[\frac{t}{\hat{T}}\right]^\nu\right\} \tag{2.127}$$

aus und bestimmt zunächst den Proportionalbeiwert $\hat{K}$ aus dem Endwert h_∞ der Sprungantwort zu

$$\hat{K} = h_\infty .$$

Die verbleibenden Parameter $\hat{T}$ und $\hat{n}$ ermittelt man nach dem Vorschlag von *Schwarze* wie folgt: Für hinreichend viele vorgegebene Werte der auf den Endwert bezogenen Sprungantwort bestimmt man die zugehörigen Zeitpunkte und vergleicht sie mit denjenigen, die man durch Auflösen der Gl. (2.127) nach der Zeit für verschiedene Werte von $\hat{n}$ und $\hat{T}$ erhielte. Diejenigen Werte von $\hat{n}$ und $\hat{T}$, die "am besten" mit den Werten der aufgenommenen Sprungantwort übereinstimmen, werden als Parameter für die Approximation verwendet.

Bezeichnet man mit τ_q den auf die Verzögerungszeit $\hat{T}$ bezogenen Zeitpunkt, zu dem die Sprungantwort $\hat{h}(t)$ q Prozent des Endwerts erreicht, gilt nach Gl. (2.127) die Beziehung

$$1 - e^{-\tau_q} \sum_{\nu=0}^{\hat{n}-1} \frac{1}{\nu!} \tau_q^{\,\nu} \stackrel{!}{=} \frac{q}{100} .$$

Die Auflösung nach τ_q für einen vorgegebenen Prozentsatz ist nur für $\hat{n} = 1$ in geschlossener Form möglich; man erhält

$$\tau_q = -\ln\left[1 - \frac{q}{100}\right] .$$

Für $\hat{n} > 1$ verwendet man ein numerisches Lösungsverfahren; für das Newton-Verfahren (siehe beispielsweise [2.14]) erhält man die Rekursionsformel

$$\tau_{q,i+1} = \tau_{qi} + \frac{(\hat{n}-1)!}{\tau_{qi}^{(\hat{n}-1)}} \left\{ \sum_{\nu=0}^{\hat{n}-1} \frac{1}{\nu!} \tau_{qi}^{\ \nu} - \left[1 - \frac{q}{100}\right] e^{\tau_{qi}} \right\} , \tag{2.128}$$

die man mit einem Startwert τ_{q0} für i = 0, 1, ... auswerten kann. Einen günstigen Startwert τ_{q0} erhält man beispielsweise aus der empirisch ermittelten Beziehung

$$\tau_{q0} = \hat{n} \left[\frac{q}{80} + 0{,}375 \right] .$$

Man setzt die rekursive Auswertung solange fort, bis die Differenz zwischen zwei aufeinanderfolgenden Lösungen betragsmäßig kleiner ist als eine vorgegebene Genauigkeitsschranke.

Erstreckt man die Auswertung der gemessenen Sprungantwort auf die drei Werte q = 10, q = 50 und q = 90, kann man die Parameter $\hat{n}$ und $\hat{T}$ wie folgt bestimmen:

- Aus der Sprungantwort liest man die zu den Werten $h(t_{10})/h_\infty = 10\%$, $h(t_{50})/h_\infty = 50\%$ und $h(t_{90})/h_\infty = 90\%$ gehörenden Zeitpunkte t_{10}, t_{50} und t_{90} ab und bildet das Zeitverhältnis $\mu = t_{10}/t_{90}$.

- Für j = 1, 2, ... berechnet man für q = 10, q = 50 und q = 90 rekursiv nach Gl. (2.128) die bezogenen Zeitpunkte $\tau_{10}^{\ j}$, $\tau_{50}^{\ j}$ und $\tau_{90}^{\ j}$ und bildet das Verhältnis $\hat{\mu}^j = \tau_{10}^{\ j}/\tau_{90}^{\ j}$.

- Als Ordnungskennziffer $\hat{n}$ der Approximation verwendet man den Laufindex j, bei dem die Differenz zwischen μ und $\hat{\mu}^j$ betragsmäßig ein Minimum annimmt.

- Die Verzögerungszeit $\hat{T}$ der Approximation bestimmt man durch Bilden des Mittelwerts

$$\hat{T} = \frac{1}{3} \left[\frac{t_{10}}{\tau_{10}^{\ \hat{n}}} + \frac{t_{50}}{\tau_{50}^{\ \hat{n}}} + \frac{t_{90}}{\tau_{90}^{\ \hat{n}}} \right] .$$

Man kann diese Rechenschritte unter Verwendung von Tabellen durchführen, die man in [2.13] findet. Günstiger ist jedoch die Verwendung eines Digitalrechenprogramms, dem man neben der Bestimmung der Approximationsparameter $\hat{K}$, $\hat{n}$ und $\hat{T}$ auch die Berechnung der approximierten Sprungantwort übertragen kann; das Struktogramm eines derartigen Programms zeigt Bild 2/87.

Das Verfahren der Zeitprozentkennwerte soll beispielhaft auf die in Bild 2/88 dargestellte Sprungantwort angewendet werden. Man entnimmt ihr die Werte

$h_\infty = 2{,}5$, $t_{10} \approx 2{,}3\,\text{sec}$, $t_{50} \approx 4{,}2\,\text{sec}$, $t_{90} \approx 7\,\text{sec}$

und erhält die Ordnung der approximierenden Übertragungsfunktion zu $\hat{n} = 6$, den Proportionalbeiwert zu $\hat{K} = 2{,}5$ und die Verzögerungszeit zu $\hat{T} = 0{,}742\,\text{sec}$. Die zugehörige Sprungantwort stimmt innerhalb der Strichstärke mit der gemessenen Sprungantwort überein.

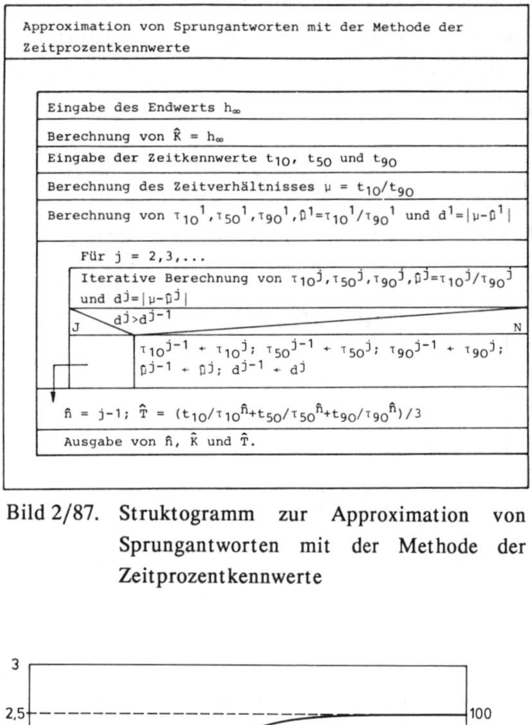

Bild 2/87. Struktogramm zur Approximation von Sprungantworten mit der Methode der Zeitprozentkennwerte

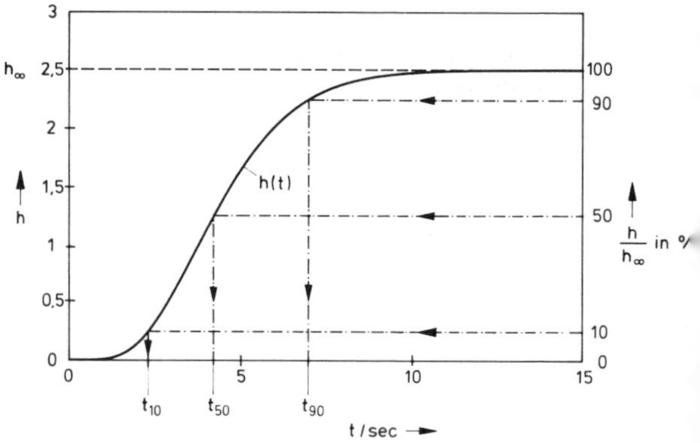

Bild 2/88. Approximation einer Sprungantwort mit der Methode der Zeitprozentkennwerte (Beispiel)

Schrifttum zum Kapitel 2

[2.1] E. Krochmann: Blockschaltbilder und Strukturbilder von Schaltungssystemen. Bericht über die Tagung "Regelungstechnik, Moderne Theorien und ihre Verwendbarkeit" in Heidelberg 1956, herausgegeben von Gerd Müller, S.50-56. R. Oldenbourg Verlag, 1957.

[2.2] O. Föllinger: Laplace- und Fourier-Transformation. Dr. Alfred Hüthig Verlag, 6. Auflage, 1993.

[2.3] DIN 19229 Regelungs- und Steuerungstechnik, Begriffe: Übertragungsverhalten dynamischer Systeme. Beuth-Verlag, Berlin, 1985.

[2.4] H. Dobesch - H. Sulanke: Zeitfunktionen. Verlag Technik, 3. Auflage, 1970.

[2.5] G. Doetsch: Anleitung zum praktischen Gebrauch der Laplace-Transformation und der Z-Transformation. R. Oldenbourg Verlag, 6. Auflage, 1989.

[2.6] M. Thoma: Theorie linearer Regelungssysteme. Fr. Vieweg und Sohn, 1973.

[2.7] R. Unbehauen: Systemtheorie. R. Oldenbourg Verlag, 6. Auflage, 1993.

[2.8] O. Föllinger: Über die Anfangsbedingungen bei linearen Übertragungsgliedern. Regelungstechnik 9 (1961), S. 149-153.

[2.9] O. Föllinger: Lineare Abtastsysteme. R. Oldenbourg Verlag, 5. Auflage, 1993.

[2.10] J. G. Truxal: Entwurf automatischer Regelsysteme. R. Oldenbourg Verlag, 1960.

[2.11] R. Isermann: Identifikation dynamischer Systeme (2 Bände). Springer Verlag, 2. Auflage, 1992.

[2.12] K. Reinisch: Analyse und Synthese kontinuierlicher Steuerungssysteme. Dr. Alfred Hüthig Verlag, 1980.

[2.13] G. Schwarze: Bestimmung der regelungstechnischen Kennwerte aus der Übertragungsfunktion ohne Wendetangenten-Konstruktion. msr 5 (1962), S. 447-449.

[2.14] J. Becker - H.-J. Dreyer - W. Haacke und R. Nabert: Numerische Mathematik für Ingenieure. B. G. Teubner Verlag, 2.Auflage, 1985.

3 Aufstellen der Systemgleichungen

3.1 Gesamtsystem, Teilsysteme und Elementarfunktionen

Bevor wir im folgenden von Systemen sprechen, wollen wir uns den Begriff System und seine Verwendung in der Regelungstechnik noch einmal verdeutlichen.

Im allgemeinen versteht man unter einem System eine Menge von Dingen, die zueinander in einer bestimmten Relation stehen und so eine zusammenhängende oder zumindest eine zusammengehörige Betrachtungseinheit darstellen. Nun könnte man einwenden, daß alle Dinge dieser Welt ein zusammenhängendes Ganzes darstellen. Das stimmt. In der Tat handelt es sich bei Systemen auch immer um vom Menschen gebildete Betrachtungseinheiten, die allein dem Zweck dienen, aus einer globalen Gesamtheit diejenigen Teile herauszutrennen, die für die jeweilige Betrachtung wichtig sind. So lautet auch eine Definition des Begriffs "System" in DIN 19226 wie folgt:

Ein System ist eine abgegrenzte Anordnung von Gebilden, die miteinander in Beziehung stehen.

Ein System besteht also nach dem Gesagten aus einer Menge von Teilen und einer Anzahl von Relationen. Dabei geben die Relationen an, welche Teile des Systems miteinander verbunden sind und welcher Art diese Verbindungen sind. Wie man anhand von Bild 3/1 leicht nachvollziehen kann, hat ein System, das aus N Teilen aufgebaut ist, mindestens $R_{min} = N-1$ Relationen. Die Höchstzahl der möglichen Relationen beträgt

$$R_{max} = \frac{1}{2} N (N-1) \quad .$$

Beim Betrachten von Bild 3/1 fällt auf, daß jedes Objekt (Systemteil) mindestens eine Relation (Koppelbeziehung) zu einem anderen Systemteil hat. D.h. es gibt innerhalb eines Systems keine isolierten Systemteile. Es wäre ja auch gar nicht sinnvoll, solche solitären Objekte mit zum System zu zählen. Man kann sie ja ohne weiteres losgelöst von ihrer Umgebung betrachten.

Anzahl der Objekte N	1	2	3	4
Minimalzahl der Relationen $R_{min} = N-1$	0	1	2	3
Maximalzahl der Relationen $R_{max} = \frac{N(N-1)}{2}$	0	1	3	6

Bild 3/1. Darstellung eines Systems durch N Objekte (Teilsysteme) und R Relationen (Koppelbeziehungen)

Andererseits fällt auf, daß es keine Relationen (Verbindungslinien zwischen Objekten) gibt, die im Leeren enden. Man nennt ein solches System, das keinerlei Einflüssen aus einer nicht näher definierten weiteren Umgebung ausgesetzt ist, ein "abgeschlossenes System" oder Globalsystem. Mit anderen Worten, wenn man von einem Globalsystem spricht, geht man davon aus, daß die Systemabgrenzung gegen die Umgebung so vorgenommen wurde, daß die Wechselwirkungen zwischen Globalsystem und Systemumgebung vernachlässigbar gering sind. Zum Beispiel kann man von der Erde aus betrachtet unser Sonnensystem als ein solches Globalsystem ansehen.

Grenzt man allerdings ein System willkürlich gegen seine Umgebung ab, so erhält man im allgemeinen ein rückwirkungsbehaftetes Teilsystem, wie es in Bild 3/2a schematisch dargestellt ist. Ein so abgegrenztes System wird aus seiner Umgebung über die Eingangsgrößen $x_1, \ldots, x_n$ beeinflußt. Es wirkt aber auch über die Ausgangsgrößen $y_1, \ldots, y_m$ auf seine Umgebung und verändert so deren Zustand. Dies hat nun wieder rückwirkend eine Veränderung der Eingangsgrößen des abgegrenzten Systems zur Folge. Ein derartiges System kann also nur im Zusammenhang mit seiner Umgebung untersucht werden.

Die isolierte Betrachtung eines Systems ist nur möglich, wenn die Grenzlinien zur Umgebung so gelegt worden sind, daß keine rückwirkende Beeinflussung der Eingangsgrößen auftritt. Solche rückwirkungsfreien Systeme sind in Bild 3/2b dargestellt. Im einen Fall hat das abgegrenzte System keine Ausgangsgrößen, die auf die Umgebung wirken; im anderen Fall ist eine Rückwirkung dadurch nicht möglich, daß in der Peripherie kein Zusammenhang zwischen den Eingangs- und Ausgangsgrößen des betrachteten Systems besteht.

Streng genommen stellt natürlich ein System, wie es auch gegen seine Umgebung abgegrenzt sein mag, immer einen Teil eines Ganzen dar, mit dem es in Wechselbeziehung steht. Praktisch kann man jedoch die Grenzlinien so legen, daß die Rückwirkung vernachlässigbar gering wird.

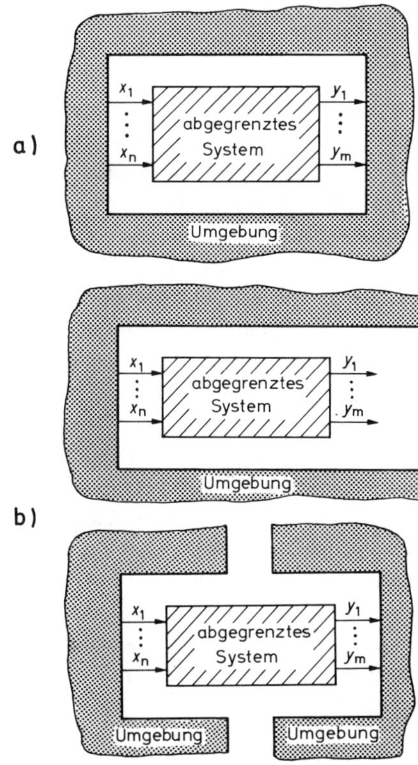

Bild 3/2. Abgrenzen eines Systems gegen seine Umgebung
a) rückwirkungsbehaftetes System
b) rückwirkungsfreie Systeme

Da auch ein rückwirkungsfrei abgegrenztes System immer noch aus seiner Umgebung beeinflußt wird, kann man natürlich diese nicht ganz außer Betracht lassen. Man muß vielmehr diejenigen Teile, die diese Einflußgrößen erzeugen, mitbetrachten. Diese rückwirkungsfreien Umwelteinflüsse kann man durch sogenannte Anregungssysteme berücksichtigen.

So erhält man das in der Regelungstechnik übliche Modell eines Globalsystems gemäß Bild 3/3. Das zu untersuchende bzw. zu entwerfende Regelungssystem wird über die Führungsgröße W und die Störgröße Z beeinflußt. Dabei stellt die von einem Führungsgrößenmodell erzeugte Größe die beabsichtigte Beeinflussung dar. Die unerwünscht einwirkende Störgröße denkt man sich in einem Störgrößenmodell erzeugt. Man spricht bei solchen Größen, die nicht rückwirkend beeinflußt werden, auch von eingeprägten Größen.

Oft nimmt man dann für diese Größen einen einfachen Funktionsverlauf, wie z.B. die Sprungfunktion, an. Die

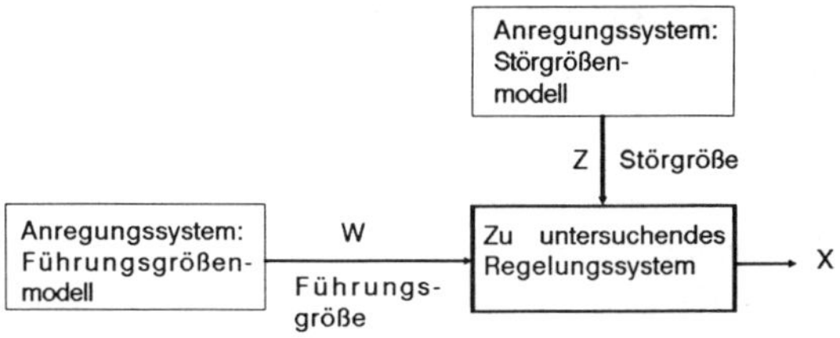

Bild 3/3. Berücksichtigung von Umwelteinflüssen auf ein zu untersuchendes System durch Anregungssysteme

Anregungssysteme (in Bild 3/3 Führungs- bzw. Störgrößenmodell) sind dann einfach Sprungfunktionsgeneratoren. Zwar erhält man so auf einfache Weise das gewünschte Globalsystem, doch muß man mit solchen Annahmen etwas vorsichtig sein. Tatsächlich besteht einer der häufigsten Fehler bei Untersuchung und Entwurf von komplexen Systemen in der unzutreffenden Annahme eingeprägter Größen. Es soll daher noch einmal betont werden, daß die allgemeine Art der Beziehung zwischen zwei Teilsystemen eine Wechselbeziehung ist.

Möchte man z.B. die Funktionsweise eines Industriebetriebes untersuchen, geht das nur, wenn man auch das Verhalten der für die Funktion dieses Betriebes relevanten Wechselwirkungen mit seiner Umwelt einbezieht. Z.B. könnte man, wie im Bild 3/4 gezeigt, 3 sogenannte Abschlußsysteme definieren: ein Versorgungssystem zur Modellierung des Verhaltens der Lieferanten für Rohstoffe und Energie, ein Entsorgungssystem, das die Funktion der Abnehmer der erzeugten Produkte und Abfälle nachbildet, und schließlich ein Kapitalsystem, das den erzielten Gewinn abzieht oder Investitionsmittel zuschießt. Freilich ist auch ein so gebildetes Globalsystem nur im Rahmen der für die Festlegung der Abschlußsysteme getroffenen Annahmen aussagekräftig. So wurde z.B. angenommen, daß zwischen Versorger, Abnehmer und Kapitalgeber oder gar mit einer gesamtwirtschaftlichen Umgebung keine nennenswerten Beziehungen bestehen. Es liegt auf der Hand, daß diese ver-

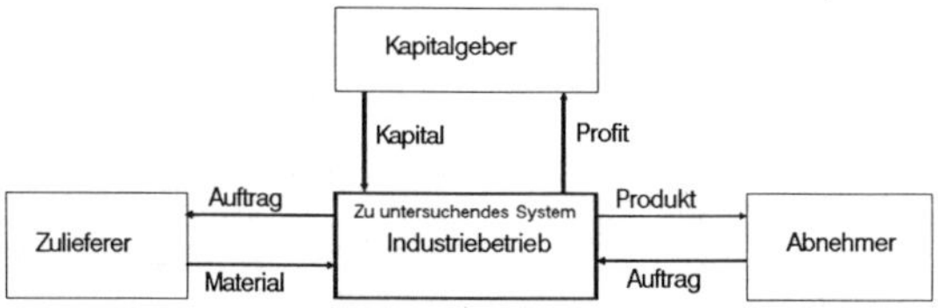

Bild 3/4. Die Wechselwirkungen eines zu untersuchenden Systems mit der Umwelt werden durch Abschlußsysteme repräsentiert.

einfachende Annahme bei großen Unternehmen nicht in jeder Hinsicht zutrifft.

Es kommt also bei der Untersuchung von Systemen darauf an, daß man die Systemgrenzen so wählt, daß die Wechselbeziehungen mit der weiteren Systemumgebung vernachlässigbar sind. Wie nun im jeweils gegebenen Fall diese Grenzen zu ziehen sind, läßt sich von vornherein oft nicht exakt sagen. Man kann darüber aus der Erfahrung zunächst nur Vermutungen anstellen. Dabei ist natürlich ein gewisser Einblick in die Problematik des zu behandelnden Sachgebietes erforderlich. Gegebenenfalls wird, nachdem man ein in bestimmter Weise abgegrenztes System untersucht hat, geprüft werden müssen, ob sich wesentliche Veränderungen ergeben, wenn man angrenzende Teile der Umgebung mit in das betrachtete System einbezieht.

Im folgenden soll das Vorgehen bei der Systemabgrenzung und der Bildung von Teilsystemen demonstriert werden. Wir wollen dabei ein technisches System betrachten, weil der Ingenieur als der Hauptanwender der Regelungstechnik mit den Grundlagen der dabei vorkommenden Bauglieder am besten vertraut ist.

Die Aufgabe möge lauten, ein Pumpaggregat, bestehend aus einem drehzahlgeregelten Gleichstromantrieb und einer Kreiselpumpe, zu untersuchen. Wir wollen auf eine naturalistische Darstellung dieser Einrichtung verzichten und gleich die schematische Darstellung des Systems Bild 3/5 betrachten. Im Bild 3/5 oben sind die einzelnen Komponenten der Systeme und ihre Koppelbeziehung als Komponentenplan dargestellt. Die Blöcke dieses Komponentenplans symbolisieren reale physikalische Einheiten und nicht etwa schon Funktionsblöcke oder Übertragungsglieder der Systembeschreibung. Das System besteht aus elektronischen, elektromechanischen, mechanischen und hydraulischen Komponenten. Dementsprechend können für die Darstellung der einzelnen Systemkomponenten und deren Verknüpfung auch die in den jeweiligen technischen Disziplinen gebräuchlichen Symbole verwendet werden. Diese Darstellungsform ist im Bild 3/5 unten gezeigt. Zur Darstellung der elektrischen Teilsysteme wurde dabei die Symbolik des Stromlaufplans (Schaltplan) verwendet. Entsprechend sind die mechanischen Systemteile durch einen mechanischen Schaltplan dargestellt. Dabei sind Symbole für die mechanischen Elemente Feder, Masse und Dämpfung (Reibung) in entsprechender Weise verwendet wie in der Elektrotechnik die Zeichen für Kapazität, Induktivität und Ohm'scher Widerstand.

Bei der gewählten Darstellung ist nun schon eine gewisse abstrahierende Veränderung vorgenommen worden. Während die Symbole für Regler, Stromrichter, Tacho-

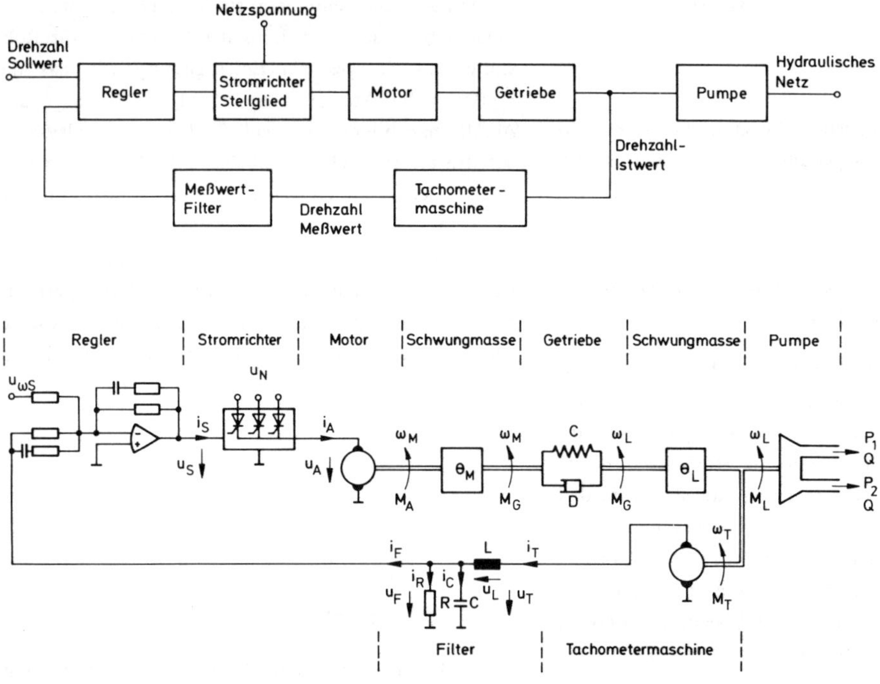

Bild 3/5. Schematische Darstellungen eines drehzahlgeregelten Pumpaggregates. Oben Geräteblockschaltplan, unten Schaltschema generator (Drehzahl-Sensor) und Meßwertfilter noch genau die entsprechenden realen Geräte repräsentieren, sind in den übrigen Symbolen gewisse physikalische Eigenschaften miteinander verbundener Geräte zusammengefaßt worden. So sind z.B. im Massenträgheitsmoment Θ_M die Schwungmassen von Motor und Getriebeeingangsseite zusammengefaßt. Entsprechend setzt sich Θ_L aus der Schwungmasse des Pumpenrotors und der Getriebeausgangsseite zusammen. Die Symbole für Motor und Pumpe repräsentieren dabei idealisierte Maschinen ohne rotierende Massen. Wegen der zu den Trägheitsmomenten Θ_M und Θ_L zugeschlagenen Schwungmassen konnte auch das zwischen Motor und Pumpe befindliche Getriebe idealisiert als parallelgeschaltete Feder-Dämpfer-Kombination symbolisiert werden. Damit wird summarisch die Verformbarkeit der einzelnen rotierenden Getriebeteile wie auch der An- und Abtriebswellen repräsentiert. Diese Darstellung ist mehr oder weniger willkürlich und entstammt bereits vorhandenen Kenntnissen über die grundsätzlichen Eigenschaften des Antriebsstranges. Hätten diese A-priori-Kenntnisse nicht vorgelegen, hätte man einfach anstelle der 5 idealisierten Komponenten idealer Motor, Schwungmasse 1, Getriebe-Verformbarkeit, Schwungmasse 2 und ideale Pumpe vorläufig nur die realen Objekte Motor, Getriebe und Pumpe symbolisiert. Es wäre dann detaillierteren Untersuchungen im Verlaufe der verfeinernden Modellerstellung vorbehalten gewesen, die hier schon im Ansatz vorgenommene Aufteilung durchzuführen.

Was hier zum Ausdruck gebracht werden sollte, ist, daß man sich beim Deklarieren der Systemkomponenten nicht stur an die gerätetechnische Gliederung halten muß, sondern durchaus in einem frühen Stadium der Systembeschreibung schon abstrahierende Maßnahmen ergreifen kann, wenn entsprechende Kenntnisse schon vorliegen.

Die beiden im Bild 3/5 gezeigten Systemdarstellungsformen sollen nur Beispiele dafür sein, wie man sich einen Überblick über den Systemaufbau verschaffen kann. Man kann auch als wirklichkeitsnahen Ausgangspunkt der Systembetrachtung beliebige andere Darstellungsformen wie z.B. geometrische Skizzen oder Aufbauzeichnungen verwenden, wenn dies der besseren Übersichtlichkeit, leichten Analysierbarkeit oder interdisziplinären Verständigungsmöglichkeit dienlich erscheint. Der Bearbeiter kann hier ruhig bei seiner gewohnten oder im jeweiligen Fachgebiet eingeführten Symbolik bleiben. Vorteilhaft für die spätere Aufstellung des mathematischen Modells ist allerdings ein Schema, in dem schon bekannte physikalische Elemente und die sie verbindenden Wirkungsgrößen definiert sind, etwa wie in dem elektromechanischen Schaltschema von Bild 3/5 unten.

In beiden Darstellungen von Bild 3/5 sind 3 "offene Anschlüsse" zu erkennen:

- der von Hand oder aus einem übergeordneten System vorzugebende Drehzahlsollwert ω_S (genauer gesagt, die elektrische Signalspannung $u_{\omega S}$, die in der Realität den Drehzahlsollwert darstellt),
- die aus dem elektrischen Netz entnommene Betriebsspannung für den Stromrichter U_N,
- die Drücke P_1, P_2 und der Durchfluß Q des an die Pumpe angeschlossenen hydraulischen Netzes.

Bei dem hier betrachteten System handelt es sich also um ein nicht abgeschlossenes System (Teilsystem), das durch Anregungssysteme oder Abschlußsysteme zu einem Globalsystem ergänzt werden muß, um es sinnvoll weiterbehandeln, d.h. untersuchen zu können. Beispielsweise kann die Reglerauslegung ganz davon abhängen, ob die Pumpe zum Abfüllen einer Flüssigkeit aus einem Behälter verwendet wird oder ob sie in einem verzweigten Leitungsnetz (z.B. einem Blutkreislaufsystem) eine Flüssigkeit umwälzen soll. Auch der zeitliche Verlauf des Drehzahlsollwertes wird auf die Systemauslegung Einfluß haben.

Bild 3/6 zeigt, wie das Pumpaggregat zu einem Globalsystem ergänzt wird. Der Drehzahlsollwert wird in einem Führungsgrößenmodell erzeugt. Die Netzspannung des Stromrichters kommt als eingeprägte Größe aus einem Störgrößenmodell. Diese Annahme erscheint als zulässig, da man das Netz als genügend starr ansehen kann, um die Rückwirkung durch wechselnde Belastungen ohne Spannungsänderung zu verkraften.

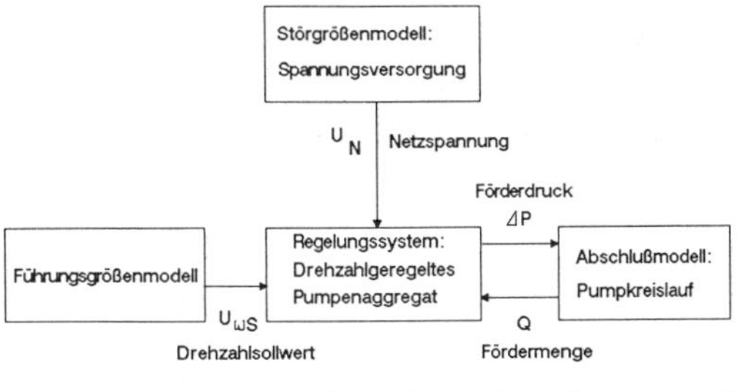

Bild 3/6. Ergänzen des nicht abgeschlossenen Systems von Bild 3/5 durch Anregungssysteme (Führungs- und Störgrößenmodell) und ein Abschlußsystem

Im Unterschied zu den unidirektionalen Einflüssen aus Stör- und Führungsgrößenmodell ist beim hydraulischen Kreislauf von einer gegenseitigen Beeinflussung auszugehen, d.h. eine Veränderung des Durchflusses Q wird im allgemeinen eine rückwirkende Veränderung des Pumpendruckes ΔP zur Folge haben und umgekehrt. Deswegen wäre hier die Annahme eines Anregungssystems (z.B. Störgrößenmodell für den Durchfluß Q) falsch, vielmehr muß hier ein Abschlußmodell zur Beschreibung des Pumpenkreislaufes angesetzt werden.

Man könnte nun direkt vom Schaltschema in Bild 3/5 ausgehend anfangen, für die dort abgegrenzten Teilsysteme die Gleichungen aufzustellen, um dann das gesamte Gleichungssystem als Strukturbild darzustellen. Wir wollen jedoch den Vorgang der Strukturerstellung planen, indem wir, wie im Bild 3/7 gezeigt, den Funktionsblock Pumpaggregat in weniger mächtige Funktionsblöcke verfeinern. Wir nennen im folgenden einen solchen Plan, der einen Funktionsblock in eine Struktur von weniger komplexen Funktionsblöcken verfeinert, Funktionsplan. Bei dieser Verfeinerung können wir uns (müssen uns aber nicht) an die bereits im elektromechanischen Schaltschema Bild 3/5 unten vorgenommene Untergliederung halten. Die danach in Bild 3/7 gezeichnete Grobstruktur (Funktionsplan) enthält nun zwar nicht mehr alle Einzelheiten, sie zeigt aber dafür die Wirkungsrichtung der die Teilsysteme verbindenden Wirkungsgrößen, was in Bild 3/5 nicht zu erkennen war. D.h. es ist jetzt schon festgelegt worden, welche Größen Eingangsgrößen und welche Ausgangsgrößen sind. Man hat also auf diese Weise einen Plan für die Form der aufzustellenden Funktionalbeziehungen gemacht. Der Leser könnte natürlich jetzt fragen, wie man gerade auf die im Bild gezeigten Festlegungen gekommen ist. Man hätte ja bezüglich der Festlegung von Eingangs- und Ausgangsgrößen noch viele andere Wahlmöglichkeiten gehabt. Wir werden später noch auf diese Frage zurückkommen.

Zunächst wollen wir einmal annehmen, daß die gewählte Ein-/Ausgangsgrößen-Konstellation zweckmäßig sei und damit beginnen, für einige Funktionsblöcke die Gleichungen aufzustellen.

Als Beispiel für den elektrischen Systemteil soll das zur Siebung des Drehzahlmeßwertes eingesetzte passive Filter behandelt werden. Wie in Bild 3/5 gezeigt, besteht das Filternetzwerk aus drei Bauelementen, einer Kapazität, einer Induktivität und einem Ohm'schen Widerstand, die durch folgende Gleichungen beschrieben werden:

$$\text{Widerstand} \qquad u_F = R\, i_R \,, \tag{3.1}$$

$$\text{Induktivität} \qquad u_L = L\,\frac{di_T}{dt} \,, \tag{3.2}$$

$$\text{Kapazität} \qquad i_C = C\,\frac{du_F}{dt} \,. \tag{3.3}$$

Genausogut kann man dafür schreiben:

$$\text{Widerstand} \qquad i_R = \frac{u_F}{R} \,, \tag{3.4}$$

$$\text{Induktivität} \qquad i_T = \frac{1}{L}\int_0^t u_L\, d\tau + i_T(0) \,, \tag{3.5}$$

$$\text{Kapazität} \qquad u_F = \frac{1}{C}\int_0^t i_C\, d\tau + u_F(0) \,. \tag{3.6}$$

Zur Darstellung dieser Gleichungen im Strukturbild benötigt man drei Elementarübertragungsglieder. Der Ohm'sche Widerstand wird durch ein P-Glied beschrie-

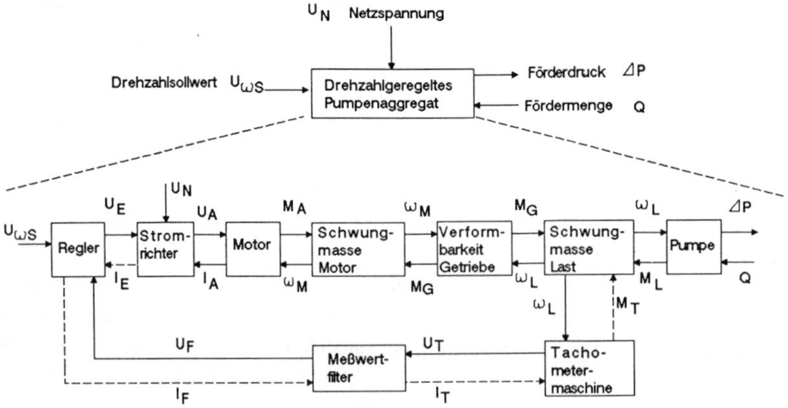

Bild 3/7. Grobstruktur (Funktionsplan) des Funktionsblocks Pumpaggregat von Bild 3/6

ben. Induktivität und Kapazität können wahlweise durch I-Glieder oder D-Glieder dargestellt werden.

Es fehlen jetzt noch die Angaben darüber, wie die drei Blöcke zum Strukturbild zusammengeschaltet werden müssen. Diese Information erhält man bei elektrischen Netzwerken aus Knotenpunkts- und Maschengleichungen. Wie man an Bild 3/5 ablesen kann, ergeben sich dafür folgende Beziehungen:

$$i_F = i_T - i_C - i_R \ , \tag{3.7}$$

$$u_T = u_F + u_L \ . \tag{3.8}$$

Damit kann das Strukturbild des Filters gezeichnet werden. Es ist in Bild 3/8 für den gebräuchlichen Fall, daß die Integralform der Gleichungen verwendet wird, dargestellt.

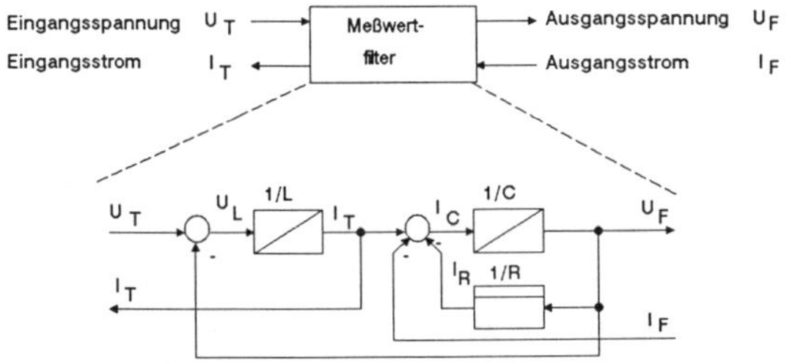

Bild 3/8. Feinstruktur (Strukturbild) des Funktionsblocks Meßwertfilter von Bild 3/7

Als Beispiel für den mechanischen Systemteil soll das Getriebe betrachtet werden, dessen Eigenschaften im Wirkschaltplan Bild 3/5 vereinfacht als Feder-Dämpfer-Kombination dargestellt sind. Man geht genauso vor wie bei der Beschreibung des elektrischen Netzwerks und schreibt zunächst die Gleichungen für die beiden Elemente, Feder und Dämpfer, auf. Bei der Torsionsfeder kann man Proportionalität zwischen Federdrehmoment M_C und Torsionswinkel φ_T annehmen und erhält

$$M_C = C_G \, \varphi_T \ . \tag{3.9}$$

Dabei ist C_G die Federkonstante. Beim Dämpfer kann man damit rechnen, daß das Dämpfungsdrehmoment M_D der Torsionswinkelgeschwindigkeit ω_T proportional ist:

$$M_D = D_G \, \omega_T \ . \tag{3.10}$$

Zur Beschreibung elektrischer Netzwerke wurden der Einheitlichkeit halber die Variablen Strom und Spannung verwendet. Dementsprechend hat es sich bei mechanischen Netzwerken als zweckmäßig erwiesen, mit den Variablen Kraft und Geschwindigkeit bzw. Drehmoment und Winkelgeschwindigkeit zu arbeiten. Deswegen wird für (3.9) geschrieben:

$$M_C = C_G \int_0^t \omega_T \, d\tau + M_C(0) \ . \tag{3.11}$$

Genau wie beim elektrischen Netzwerk sind auch hier noch die Gleichungen erforderlich, die angeben, wie die Elemente untereinander und mit ihrer Umgebung verknüpft sind. Es sind dies Kräftebilanzen und Geschwindigkeitsgleichungen. Für das behandelte Beispiel ergibt sich

$$M_G = M_C + M_D \ , \tag{3.12}$$

$$\omega_T = \omega_L - \omega_M \ . \tag{3.13}$$

Damit kann das Strukturbild der Getriebeverformbarkeit (Bild 3/9, Mitte) gezeichnet werden.

Als weiteres Beispiel wird die Motorschwungmasse betrachtet. Nach dem Bewegungsgesetz besteht zwischen Beschleunigungsdrehmoment M_B und Winkelgeschwindigkeit ω_M der folgende Zusammenhang:

$$\omega_M = \frac{1}{\Theta_M} \int_0^t M_B \, d\tau + \omega_M(0) \ . \tag{3.14}$$

Zur Verknüpfung dieses Elements mit den angrenzenden Teilsystemen wird noch die Kräftebilanz

$$M_B = M_A - M_G \tag{3.15}$$

benötigt.

Das den beiden letzten Gleichungen entsprechende Strukturbild ist in Bild 3/9, links, dargestellt. Es kann direkt mit der rechts daneben liegenden Struktur des Teilsystems Getriebe verbunden werden. Ganz entsprechend erhält man für die Lastschwungmasse die im Bild 3/9 rechts dargestellte Struktur. Auch sie paßt genau an die links angrenzende Struktur der Getriebeverformbarkeit.

Im angeführten Beispiel wurde das Gesamtsystem in Geräte, Bauteile und Baueinheiten aufgeteilt. Vom Gesichtspunkt der Rückwirkungsfreiheit ist diese Aufteilung willkürlich, so daß im allgemeinen rückwirkungsbehaftete Teilsysteme entstehen. In den Strukturen der behandelten Beispiele (Bilder 3/8 und 3/9) kommt dies dadurch zum Ausdruck, daß zu jeder Ausgangsgröße eine rückwirkende Eingangsgröße gehört. Manche Rückwirkungen lassen sich jedoch von vornherein vernachlässigen, so z.B. die Belastung des Antriebsaggregats

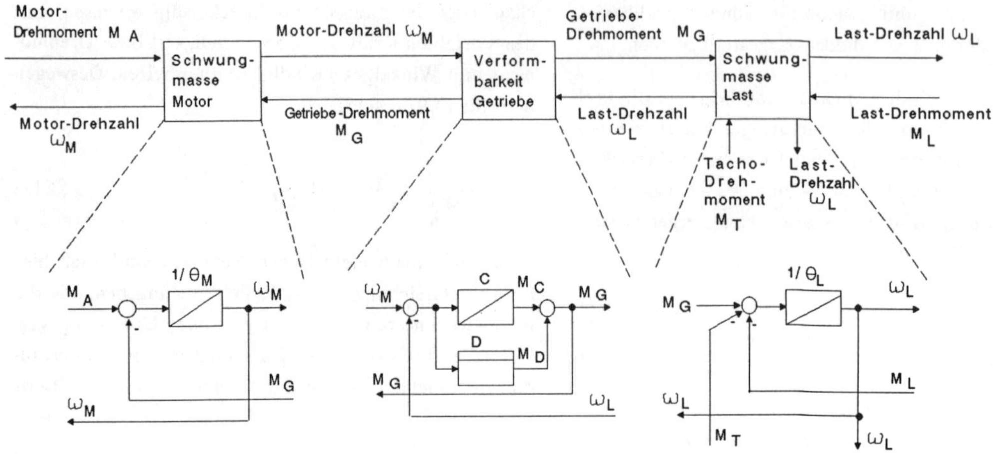

Bild 3/9. Verfeinerung der Funktionsblöcke für die Getriebe-Verformbarkeit und die beiden Schwungmassen von Bild 3/7

durch das von der Tachometermaschine benötigte Antriebsmoment M_T. In anderen Fällen ist eine besondere Überlegung erforderlich, um entscheiden zu können, ob eine Rückwirkungslinie weggelassen werden kann. Ein Beispiel dafür ist in Bild 3/7 die Belastung des passiven Filters durch den Strom des Reglereingangs i_F. Wenn der Eingangswiderstand des Regelverstärkers groß gegenüber der Filterimpedanz ist, dann kann diese Rückwirkung außer Betracht bleiben. Entsprechendes gilt für den Strom i_E des Stromrichter-Stelleingangs, der auch keine Rückwirkung auf die Reglerausgangsspannung u_E hat. Ebenso kann man die Belastung der Tachometermaschine durch das Filter vernachlässigen, wenn deren Innenwiderstand genügend klein ist.

Ganz allgemein kann man sagen, daß in der Technik alle Einrichtungen, die der Signalverarbeitung dienen, so konstruiert sind, daß sie als rückwirkungsfreie Übertragungsglieder betrachtet werden können. Tachomaschine, Meßwertfilter und Regler sind solche signalverarbeitenden Glieder. Teilsysteme, die der Leistungsübertragung oder -umwandlung dienen, wie z.B. das Getriebe oder der Motor, sind hingegen stets über wechselwirkende Größenpaare miteinander verbunden. In Bild 3/7 sind die vernachlässigbaren Rückwirkungswege gestrichelt.

Beim Zeichnen der Strukturbilder für die Teilsysteme taucht immer wieder die Frage auf, welche der auftretenden Variablen man zu Eingangsgrößen erklären soll und welche zu Ausgangsgrößen. Betrachtet man z.B. das Filternetzwerk, Bild 3/8, so stellt man fest, daß nach außen 4 Größen in Erscheinung treten: u_T, i_T, u_F und i_F. Davon sind je zwei Eingangs- und Ausgangsgrößen. Diese Konfiguration ist kein Zufall. Wenn man das Teilsystem als Glied in einer Übertragungskette betrachtet, sind zur Darstellung der Wechselwirkung mit den benachbarten Teilsystemen im allgemeinen 2 Paare von Ein- und Ausgangsvariablen erforderlich. Nur in besonderen Fällen, z.B. wenn Rückwirkungszweige vernachlässigt werden können oder wenn ein Teilsystem Endglied einer offenen Kette ist, dann können bis zu drei der vier möglichen Ein- und Ausgangsgrößen außer Betracht bleiben.

Auch z.B. das Teilsystem "Verformbarkeit Getriebe" (Bild 3/9) hat als Glied in der mechanischen Übertragungskette zwei Wechselwirkungs-Variablenpaare. Zufälligerweise tritt hier allerdings die Variable M_G zweimal auf: einmal als Wirkungsgröße zur Last-Schwungmasse und einmal als Rückwirkungsgröße zur Motor-Schwungmasse. Das liegt daran, daß für das Getriebe einfach eine Drehmomentübertragung über eine Feder/Dämpferkombination angesetzt wurde (siehe Bild 3/5), die natürlich auf beiden Seiten mit dem gleichen Drehmoment reagiert. Bei einem reibungsbehafteten Getriebe wäre dieser Spezialfall z.B. nicht eingetreten.

Im allgemeinen sind also bei einem Teilsystem von der Art eines Kettenglieds vier äußere Variable vorhanden. Davon müssen je zwei zu Eingangs- und Ausgangsgrößen erklärt werden. Nach einem Satz der Kombinatorik gibt es dafür $\begin{bmatrix} 4 \\ 2 \end{bmatrix} = 6$ Möglichkeiten. Um die Zahl der Möglichkeiten auf eine einzige Kombination zu reduzieren, ist es erforderlich, zwei zusätzliche Bedingungen anzugeben. Um diese Bedingungen zu finden, wird folgendes Vorgehen vorgeschlagen.

Für das Zusammenfügen der Teilsysteme zum Gesamtsystem und für die weitere Behandlung des mathematischen Modells ist es zweckmäßig, folgende Forderungen zu berücksichtigen:

1. Vermeidung von Differenziergliedern im Strukturbild,
2. Beachtung der Haupt-Signalflußrichtung,
3. Möglichkeit der Zusammenschaltung mit benachbarten Teilsystemen.

Für das im Beispiel behandelte Filter (Bild 3/8) bedeutet die Beachtung der ersten Forderung, daß u_F und i_T Ausgangsgrößen sein müssen. Damit sind schon die beiden erforderlichen Zusatzbedingungen gegeben. Wenn sich die erste Forderung nicht erfüllen läßt, versucht man die zweite. Danach wird man beispielsweise bei einem Spannungsverstärker ohne Zeitverhalten die Eingangsspannung und den Ausgangsstrom zu Eingangsgrößen, die Ausgangsspannung und den Eingangsstrom zu Ausgangsgrößen erklären. Läßt sich weder nach der ersten noch nach der zweiten Forderung eine Entscheidung treffen, wendet man, nachdem die Modelle der benachbarten Teilsysteme vorliegen, die dritte Bedingung an.

Das beschriebene Verfahren ist zwar keine allgemeingültige Regel, führt aber fast immer zum Erfolg. Gelegentlich kann es z.B. erforderlich sein, die ersten beiden Forderungen außer acht zu lassen, um die dritte erfüllen zu können. Auf derartige besondere Fälle wird später noch eingegangen.

Kommen wir nun auf die Frage zurück, ob und wie man bereits beim Erstellen der Grobstruktur, Bild 3/7, die Wirkungsrichtung der einzelnen Größen festlegen konnte. Die Forderung 2 nach der Beachtung der Haupt-Signalflußrichtung konnte berücksichtigt werden. Sie hat z.B. dazu geführt, daß beim Meßwertfilter die zu filternde Tachospannung u_T als Eingangsgröße und die gefilterte Meßwertspannung u_F als Ausgangsgröße festgelegt werden konnte. Wie sieht es aber zwischen Motor und Motorschwungmasse aus? Die erste Forderung nach Vermeidung von Differenziergliedern kann man im Stadium der Grobbeschreibung noch nicht anwenden. Auch mit der zweiten Forderung kann man nichts anfangen, da als vom Motor zur Schwungmasse übertragenes "Signal" wahlweise die Drehzahl ω_M oder das Drehmoment M_A angesehen werden könnte. Auch die 3. Forderung nach Zusammenfügbarkeit benachbarter Teilsysteme wirft nichts ab, wenn sowohl der Motor als auch die Schwungmasse in ihrer Feinstruktur noch nicht definiert sind.

Offensichtlich ist es hier unmöglich, die Wirkungsrichtung der beiden Größen M_A und ω_M anzugeben. Das bedeutet, daß man beim Erstellen der Grobstruktur die Richtungspfeile an den Wirkungslinien zunächst einmal hätte weglassen müssen. Erst nach Definition der Feinstruktur mindestens eines der beiden Teilsysteme hätte man die Pfeile nachtragen können. Es erscheint also für die Systematik der Systembeschreibung nützlich, vorübergehend richtungsneutrale Wirkungslinien zu verwenden. Allerdings wird man in der Praxis schon bald über einen gewissen Vorrat an Teilsystem-Modellen verfügen, die man dann bei der Erstellung spezieller Modelle wiederverwendet. Auf diese Weise wird man meist nur gelegentlich auf völlig neuartige Systemteile stoßen, bei denen man keinerlei Anhaltspunkte zur Festlegung der Ein- und Ausgangsgrößen hat.

Neben der bisher betrachteten Kettenanordnung der Teilsysteme kommen in komplexen Systemen auch Verzweigungen und Zusammenführungen von Signalflußzweigen vor. In diesen Fällen treten Teilsysteme mit mehr als zwei Paaren von Anschlußvariablen auf. Ein einfaches Beispiel dafür ist die lastseitige Schwungmasse des in den Bildern 3/5 und 3/7 dargestellten Antriebssystems. Der Block Schwungmasse Last hat die drei Drehmomente M_G, M_T und M_L als Eingangsgrößen. Die drei erforderlichen Ausgangsgrößen entstehen in diesem Fall durch Verzweigen der Winkelgeschwindigkeit ω_L. Diese Verzweigung erfolgt, wie auch im Falle der Größe M_G, beim Getriebe im Innern des Funktionsblockes "Last-Schwungmasse" (Bild 3/9). Dadurch, daß Verzweigungen von Wirkungslinien stets im Inneren von Funktionsblöcken (Teilsystemen) stattfinden, treten in Grobstrukturen (Strukturen, deren Objekte aus Funktionsblöcken bestehen) niemals Verzweigungen auf, wie z.B. in Bild 3/7 zu erkennen ist.

Das hier behandelte Globalsystem stellt einen nur sehr begrenzten Ausschnitt aus einem komplexeren Gesamtsystem, wie z.B. einem Industriebetrieb, dar. Dennoch war es gelungen, durch gewisse Annahmen dieses Teilsystem als Globalsystem losgelöst von seiner Umgebung zu betrachten. In der Tat, es muß immer das Bestreben bei der Systemanalyse sein, möglichst kleine überschaubare Globalsysteme aus einer Gesamtumgebung zu isolieren. Dies gelingt allerdings nicht immer. Oft muß man Systeme von hoher Ordnung auch mit vielen Stell- und Regelgrößen als zusammenhängendes Ganzes betrachten. Man spricht dann von komplexen Systemen. Beschreibung, Analyse und Synthese solcher Systeme erfordern eine planende Systematik. Derartige Systeme werden z.B. in [3.1] und [3.2] diskutiert. Wir werden an verschiedenen Stellen dieses Buches noch die Behandlung komplexer Systeme anschneiden. In den folgenden Abschnitten dieses Kapitels wollen wir uns jedoch mit Teilsystemen, sozusagen den Bausteinen komplexer Systeme befassen.

3.2 Mathematische Beschreibung einiger Bauelemente

Für die mathematische Beschreibung eines Systems gibt es im wesentlichen zwei Wege:

1. Die Systemgleichungen werden durch Anwenden der physikalischen Grundgesetze abgeleitet, wobei die quantitativen Informationen aus der Geometrie des betreffenden Gebildes, aus Stoffkonstanten und empirischen Zusammenhängen gewonnen werden.

2. Aus Messungen an dem zu beschreibenden Objekt – z.B. aus Frequenzgangmessungen, Aufnehmen der Sprungantwort usw. – wird rückwärts auf die Systemgleichungen geschlossen. In vielen Fällen, besonders bei gebräuchlichen Bauteilen, sind solche Meßergebnisse vom Hersteller in Datenblättern angegeben. Diese Methode der Systemanalyse ist zwar recht zuverlässig, läßt sich aber nur bei verhältnismäßig einfachen Systemen leicht anwenden. Beim komplizierten System mit mehreren Eingangs- und Ausgangsgrößen, nichtlinearen Eigenschaften und Störüberlagerungen treten schon beträchtliche Probleme auf. Die Analyse solcher Systeme ist ein Spezialgebiet, das im Rahmen dieses Buches nicht behandelt werden kann. In [3.3], [3.4], [3.5] wird das umfangreiche Gebiet der experimentellen Systemanalyse behandelt. Dort befinden sich auch Hinweise auf weitere Spezialliteratur.

Praktisch wendet man oft beide Methoden an, indem man das Verhalten des zunächst aufgestellten theoretischen Modells mit Messungen am realen Objekt vergleicht und die Übereinstimmung verbessert.

Anhand einiger Komponenten technischer Systeme soll im folgenden das Aufstellen der Systemgleichungen erläutert werden. Der Anschaulichkeit wegen und im Hinblick auf die weitere Verarbeitung werden die Gleichungen jeweils noch im Strukturbild dargestellt.

3.2.1 Bauelemente mechanischer Systeme

Das im folgenden behandelte Beispiel der mechanischen Verformbarkeit zeigt, daß auch bei verhältnismäßig einfachen Elementen, wie sie in einem System in großer Anzahl vorkommen, das mathematische Modell recht aufwendig werden kann. Es wird daher deutlich, wie wichtig die Vereinfachung der Systembeschreibung im Hinblick auf einen vernünftigen Aufwand bei der anschließenden Bearbeitung ist. Das Beispiel zeigt außerdem, daß die Konstantenbestimmung auch bei scheinbar unkomplizierten Teilen recht schwierig sein kann, sich aber wesentlich vereinfachen läßt, wenn man sich bei der Nachbildung auf die für die beabsichtigten Untersuchungen wesentlichen Eigenschaften beschränkt.

Bei mechanischen Systemen tritt neben der Zeit noch der Ort als unabhängige Variable auf. Die mathematische Beschreibung derartiger Systeme führt daher zu partiellen Differentialgleichungen. Meist sind technische Systeme so aufgebaut, daß sie zum einen aus verhältnismäßig steifen Teilen mit großer Masse und zum anderen aus verformbaren Teilen mit geringer Masse bestehen. Freilich sind oft auch Teile von Interesse, bei denen keine ausgesprochene räumliche Konzentration der Elemente Masse und Verformbarkeit gegeben ist. Aber auch hier genügt es normalerweise, hinsichtlich der Ortsvariablen diskrete Stellen zu betrachten, an denen man sich Massen konzentriert denken kann, die miteinander über verformbare Glieder verbunden sind. Man hat es also im allgemeinen mit mechanischen Netzwerken aus konzentrierten Elementen von der in Bild 3/10 gezeigten Art zu tun.

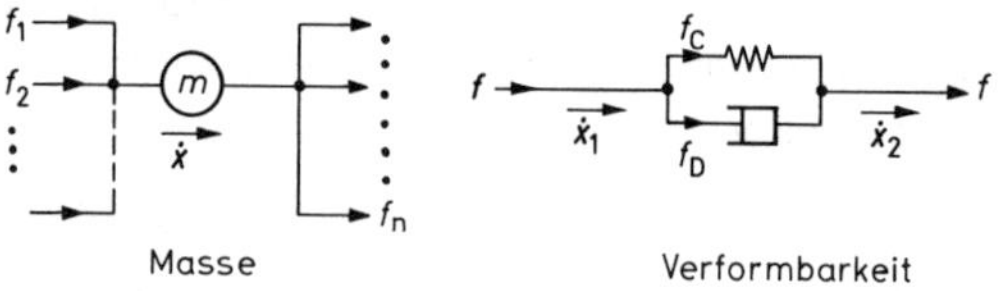

Bild 3/10. Symbole zur Darstellung mechanischer Systeme durch Netzwerke aus konzentrierten Elementen

Greifen an der Masse m die Kräfte $f_1, \ldots, f_n$ (in x-Richtung) an, so wird die Bewegung des Schwerpunktes beschrieben durch die Kräftebilanz

$$m\,\ddot{x} = \sum_{i=1}^{n} f_i \ . \qquad (3.16)$$

Beim verformbaren Glied ist in Bild 3/10 durch die Parallelschaltung eines Feder- und eines Dämpferelements angedeutet, daß man es in der Regel mit Gliedern zu tun hat, die sowohl elastische als auch plastische Eigenschaften haben. Dementsprechend setzt sich die Reaktionskraft f aus einer Federkraft f_C und einer Dämpfungskraft f_D zusammen und hängt von der Verformung Δx und der Verformgungsgeschwindigkeit $\Delta\dot{x}$ ab. Es ist also

$$f = f_C + f_D = f(\Delta x, \Delta\dot{x}) \ , \qquad (3.17)$$

$$\Delta x = x_1 - x_2 \ .$$

Neben der angegebenen Abhängigkeit von Δx und $\Delta\dot{x}$ treten natürlich noch andere Einflußgrößen auf, wie z.B. die Temperatur und die Anzahl der Belastungsspiele. Diese Größen bewirken jedoch im allgemeinen nur eine sehr langsame Änderung der Kraft f, so daß sie für dynamische Betrachtungen als konstant angesehen werden können.

Will man (3.16) und (3.17) als Funktionsblock oder als Strukturbild darstellen, muß man sich überlegen, welche der auftretenden Variablen man zu Eingangsgrößen und welche man zu Ausgangsgrößen erklärt. Durch Anwenden der Forderung 1 von Abschnitt 3.1 (Vermeidung von Differenzierern) läßt sich diese Entscheidung sofort treffen. Danach erhält man die in Bild 3/11 dargestellte Form. Eindimensionale, mechanische Netz-

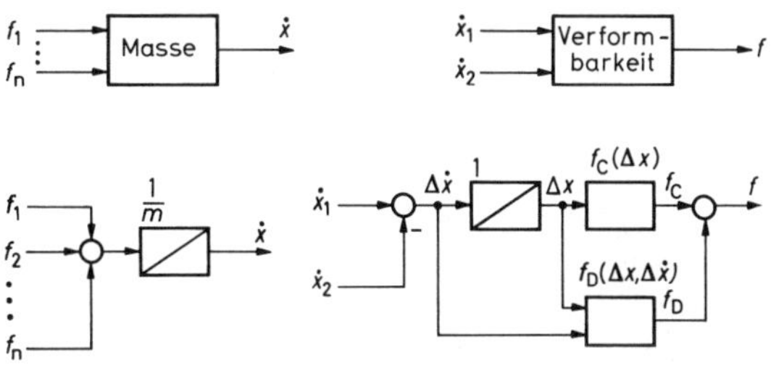

Bild 3/11. Funktionsblock- und Strukturbilddarstellung der mechanischen Elemente Masse und Verformbarkeit

werke sind praktisch immer so aufgebaut, daß die Elemente Masse und Verformbarkeit abwechselnd aufeinanderfolgen. Diese Anordnung ergibt sich zwangsläufig bei der Aufteilung eines Systems mit verteilten Parametern in ein System mit konzentrierten Elementen. Das bedeutet für das mathematische Modell, daß die Massennachbildungen ihre Eingangsgrößen aus Verformbarkeitsnachbildungen bekommen und umgekehrt. Die Teilstrukturbilder lassen sicher daher einfach aneinanderfügen, wenn man den in Bild 3/11 gezeigten Aufbau wählt. Damit ist auch die Forderung 3 von Abschnitt 3.1 erfüllt.

Mit den beiden Strukturbildern kann man alle mechanischen Systeme mit Linearbewegungen und einer Bewegungsrichtung nachbilden. Für Systeme mit Drehbewegungen ergeben sich die gleichen Strukturbilder. Man muß nur die Bezeichnungen ändern. Anstelle der Kraft f und der Geschwindigkeit $\dot{x}$ treten Drehmoment M und Winkelgeschwindigkeit $\dot{\varphi}$, die Masse m wird durch das Massenträgheitsmoment Θ ersetzt.

Zur Konstantenbestimmung gibt es bei der Masse bzw. beim Massenträgheitsmoment wenig zu sagen. Falls diese Daten nicht in den Unterlagen zu dem betreffenden Gerät angegeben sind, kann man sie leicht aus der Geometrie des interessierenden Teils berechnen. Formeln für die verschiedenen Profile und Körper finden sich in den einschlägigen Tabellenbüchern. Gelegentlich kann auch vorteilhaft eine indirekte Bestimmung einer Masse angewandt werden. So kann man beispielsweise aus der gemessenen Eigenfrequenz eines Feder-Masse-Systems bei bekannter Federkonstante die Masse berechnen.

Verformbare Glieder treten in der Technik in verschiedener Gestalt auf. So gibt es Bauteile, bei denen eine elastische Verformung gewünscht und nach Maßgabe eines vorgeschriebenen Verhaltens dimensioniert wird. Beispiele dafür sind Federn, Kupplungen usw. In diesen Fällen werden die Daten in Form von Kennlinien $f_C = f(\Delta x)$ vom Hersteller der betreffenden Teile angegeben bzw. vom Anwender zur Herstellung vorgeschrieben. In anderen Fällen treten Elastizitäten auf, wo sie an sich unerwünscht sind, wo sich die gewünschte Steifigkeit nur aus konstruktiven oder wirtschaftlichen Gründen nicht erreichen läßt. Beispiele dafür sind Antriebswellen, Lager- und Tragwerke usw. Ähnliches gilt für die Dämpfungsfunktion $f_D = f(\Delta x, \Delta\dot{x})$. Bei Bauteilen, die der starren Kraftübertragung dienen sollen, ist die Dämpfung durch die plastischen Eigenschaften des Konstruktionsmaterials gegeben. Bei besonderen Dämpfungselementen will man gezielt eine bestimmte Abhängigkeit der Dämpfungskraft von der Verformungsgeschwindigkeit erreichen (z.B. geschwindigkeitsproportionale Dämpfung).

Dementsprechend ist die Feinstruktur der Funktionsblöcke zur Bildung von f_C und f_D in Bild 3/11 von Fall zu Fall verschieden. Es kann speziell auch sein, daß einer der beiden Blöcke wegfällt, je nachdem, ob die elastischen oder plastischen Eigenschaften vernachlässigt werden können. Um ein Beispiel dafür zu geben, wie man praktisch zu Systemkonstanten kommen kann, sollen im folgenden die Eigenschaften verformbarer Materialien etwas näher betrachtet werden. Dabei können allerdings die äußerst komplizierten Vorgänge des elastoplastischen Werkstoffverhaltens nicht in aller Ausführlichkeit behandelt werden. Es sei dazu auf die Spezialliteratur, z.B. [3.6], [3.7] verwiesen.

Bei der federnden Verformung besteht zwischen der Längenänderung Δx und der Reaktionskraft f_C nach dem Hookeschen Gesetz ein proportionaler Zusammenhang:

$$f_C = C\,\Delta x \;. \tag{3.18}$$

Genaugenommen trifft diese idealisierende Annahme nicht zu. Infolge von Nachwirkungserscheinungen (elastische Relaxion) kommt in Wirklichkeit noch ein Zeitverhalten hinzu, mit dessen Berücksichtigung sich in erster Näherung, als Übertragungsgleichung geschrieben, folgende Beziehung ergeben würde:

$$f_C = C\,\frac{T_2}{T_1}\cdot\frac{1+T_1 s}{1+T_2 s}\,\Delta x \;,\quad T_1 > T_2 \;. \tag{3.19}$$

Wenn es nicht gerade darauf ankommt, diesen Effekt bei der Untersuchung zu berücksichtigen, wird man sich im allgemeinen mit der einfacheren Beziehung (3.18) begnügen. Es lohnt sich für normale Untersuchungen nicht, den Aufwand für die nicht einfache, nur durch Messungen mögliche Bestimmung der Zeitkonstanten T_1 und T_2 zu treiben. Die Federkonstante C läßt sich aus den Abmessungen und dem Gleitmodul G des Werkstoffs berechnen. So entnimmt man z.B. dem Taschenbuch Hütte I für eine rohrförmige Antriebswelle der Länge ℓ von kreisringförmigem Querschnitt mit den Radien R und r

$$C = \frac{M_C}{\Delta\varphi} = \frac{\pi}{2}\,(R^4 - r^4)\,\frac{G}{\ell} \;. \tag{3.20}$$

Dabei ist G der Gleitmodul des Werkstoffs, der bei Stahl $6\cdot10^4$ bis $8\cdot10^4$ N/mm² und bei Kupferlegierungen $3\cdot10^4$ bis $4{,}5\cdot10^4$ N/mm² beträgt.

Die bleibende oder plastische Verformung Δx_p hängt von der vorhergegangenen Verformung Δx ab. Es ergibt sich dafür der in Bild 3/12 dargestellte typische Verlauf. Die eingetragenen Zahlenwerte gelten größenordnungsmäßig für Stahl. Der eigentliche plastische Bereich liegt oberhalb der Proportionalitätsgrenze: hier steigt die bleibende Verformung sehr stark an. Für die Betrachtung von Bauteilen mechanischer Systeme ist im allgemeinen nur der Bereich unterhalb dieser Grenze von Interesse. Das Verformungsverhältnis $P = \Delta x_p/\Delta x$ kann hier näherungsweise als konstant angesehen werden und beträgt bei den gängigen metallischen Konstruktionsmaterialien etwa $P = 0{,}2\ldots1\,\%$, wenn es sich um einfache Teile – wie Hebel, Wellen, Federn usw. – handelt. Bei komplizierteren, zusammengesetzten Bauelementen – wie Fachwerken, Getrieben usw. – ist im allgemeinen mit einer etwas höheren Dämpfung zu rechnen. Es sind wirksame P-Werte bis etwa 10 % möglich.

Die bleibende Verformung kann vereinfacht durch ein Hystereseverhalten beschrieben werden, wobei die Höhe der Hysterese von der jeweils letzten Verformungsänderung abhängt. Die Dämpfungskraft ist also dem Betrage nach der zwischen den beiden letzten Nulldurchgängen der Verformungsgeschwindigkeit eingetretenen Längenänderung proportional und ist im Vorzeichen der Richtung der Verformungsgeschwindigkeit entgegengerichtet. Es handelt sich also um eine Hysterese, deren Höhe von der Vorgeschichte, nämlich von der zuletzt erreichten Breitenänderung, abhängt. Bild 3/13 zeigt den Verlauf der Dämpfungskraft f_D als Funktion der Zeit bei einem dreieckartig zyklischen Verformungsverlauf. Damit ergibt sich das dargestellte rechteckige Hystereseverhalten. Es ist etwas umständlich, diesen Sachverhalt mathematisch zu beschreiben, daher soll hier nur das Strukturbild angegeben werden (Bild 3/14). Man kann sich daran leicht den beschriebenen Mechanismus veranschaulichen. Die beiden Integrierer sind Bestandteile

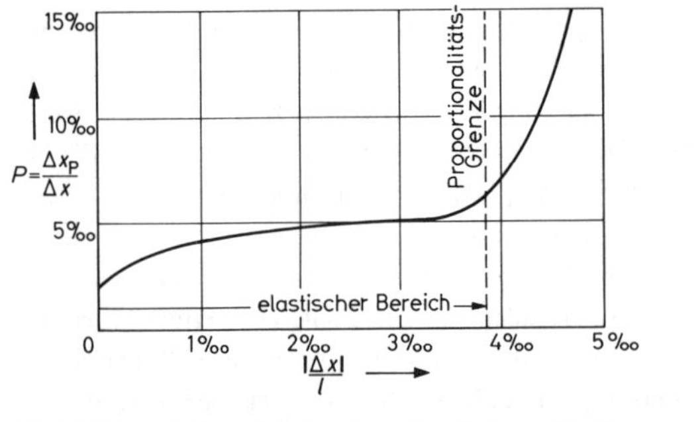

Bild 3/12. Abhängigkeit der plastischen Verformung von der gesamten Verformung bei elastischen Materialien

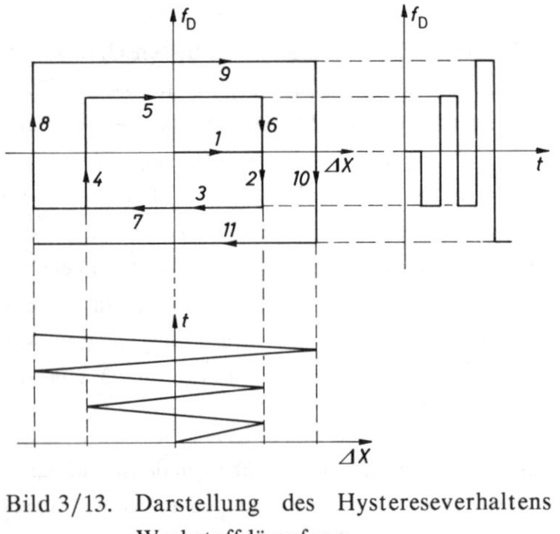

Bild 3/13. Darstellung des Hystereseverhaltens der Werkstoffdämpfung

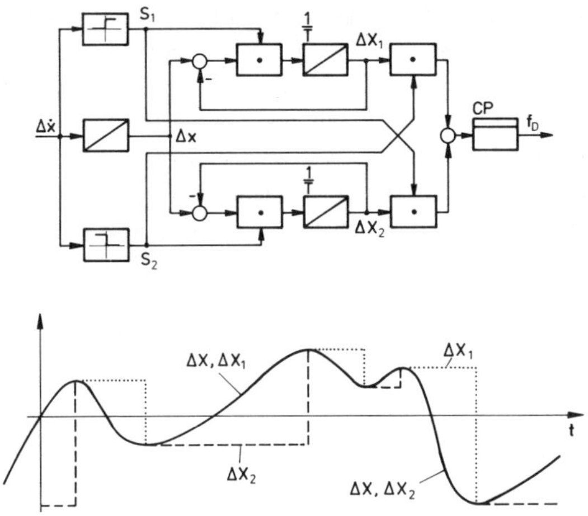

Bild 3/14. Strukturbilk zur vereinfachten Nachbildung der plastischen Verformung

von Abtast- und Haltegliedern, die zur Speicherung der Verformungsextrema dienen. Diese Glieder werden über Multiplizierer durch die Schaltfunktionen S_1 und S_2 gesteuert. Die Schaltfunktionen wechseln im Nulldurchgang der Verformungsgeschwindigkeit zwischen den Werten 0 und 1.

$$S_1(\Delta\dot{x}) = S_2(-\Delta\dot{x}) = \begin{cases} 0 \text{ für } \Delta\dot{x} \leq 0 \\ 1 \text{ für } \Delta\dot{x} > 0 \, . \end{cases} \tag{3.21}$$

Bei einer sehr kleinen Zeitkonstante $T \rightarrow 0$ der Integrierglieder läßt sich das Abtast-/Speicherverhalten z.B. für das positive Verformungsextremum Δx_1 wie folgt beschreiben:

$$\Delta x_1 \approx \begin{cases} \Delta x & \text{für } \Delta\dot{x} > 0 \\ \Delta x_{max}(-t_i) & \text{für } \Delta\dot{x} \leq 0 \end{cases} .$$

Dabei ist t_i jeweils der Zeitpunkt, an dem die Schaltfunktion S_1 von 1 auf 0 wechselt. Im Bild 3/14 unten ist der Vorgang der Speicherung der Verformungsextrema dargestellt.

Trägt man die gesamte Reaktionskraft $f = f_C + f_D$ als Funktion der Verformung Δx auf, so ergibt sich für eine zyklische, symmetrische Aussteuerung mit konstanter Amplitude $\Delta\hat{x}$ eine schräge Hysteresefunktion gemäß Bild 3/15. Die Breite der Hysterese hängt von der Höhe der Aussteuerung $\Delta\hat{x}$ ab, nicht aber von der Geschwindigkeit, mit der die Kennlinie durchfahren wird. Das Verhältnis der plastischen Verformung Δx_p zur Verformungsamplitude $\Delta\dot{x}$ bleibt also konstant:

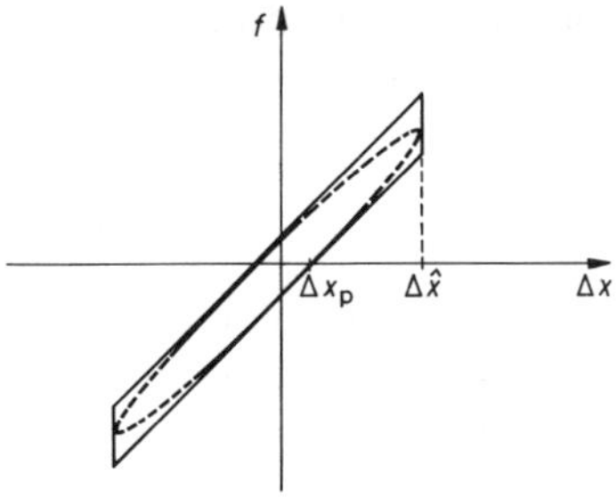

Bild 3/15. Hysteresekennlinie zur Darstellung des Zusammenhangs zwischen Verformung und Reaktionskraft bei einem Material mit elastischen und plastischen Eigenschaften

$$P = \frac{\Delta x_p}{\Delta\hat{x}} \, . \tag{3.22}$$

Die Nachbildung der plastischen Verformung gemäß Bild 3/14 ist recht aufwendig und außerdem wegen ihrer Nichtlinearität für die Behandlung mit den linearen Verfahren nicht geeignet. Es ist daher zu fragen, ob es nicht genügt, die Dämpfungseigenschaften elastischer Bauteile durch eine lineare Beziehung von der Form

$$f_D = D \, \Delta\dot{x} \tag{3.23}$$

zu berücksichtigen. Dann würde sich für das Element Verformbarkeit die einfache lineare Struktur Bild 3/16 ergeben.

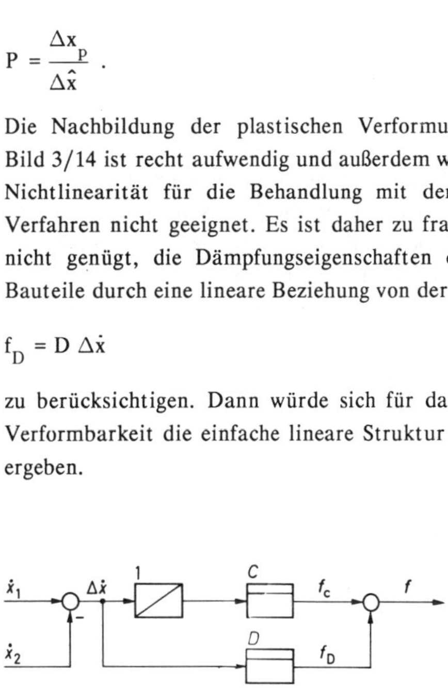

Bild 3/16. Strukturbild eines verformbaren Gliedes mit geschwindigkeitsproportionaler Dämpfung

Der Frequenzgang dafür lautet:

$$G(j\omega) = \frac{f(j\omega)}{\Delta x(j\omega)} = C + j\omega D \, . \tag{3.24}$$

Ist die Eingangsgröße Δx eine Sinusfunktion mit der Amplitude $\Delta\hat{x}$, ergibt sich für die Ausgangsgröße f eine um den Winkel

$$\varphi = \arctan \frac{\omega D}{C} \tag{3.25}$$

phasenverschobene Sinusfunktion. Die Darstellung von f als Funktion von Δx liefert eine Ellipse mit dem Achsenabschnitt

$$\Delta x_A = \Delta \hat{x} \sin\varphi \ . \tag{3.26}$$

Macht man $\Delta x_A = \Delta x_p$, dann erhält man die in Bild 3/15 dargestellte näherungsweise Deckung der Ellipse mit der Hysteresefunktion. Da bei metallischen Konstruktionsmaterialien, wie zuvor erwähnt, $\Delta x_p = \Delta x_A << \Delta \hat{x}$ ist, kann man in (3.25) und (3.26) die Winkelfunktionen durch die Argumente ersetzen und erhält dann für die Dämpfungskonstante

$$D = P \frac{C}{\omega} \ . \tag{3.27}$$

Wie man sieht, ist D von der Frequenz ω abhängig und somit für dynamische Betrachtungen keine Konstante. Nun ist aber der Wert von D bei allen mechanischen Systemen so klein, daß diese Konstante praktisch nur auf die Dämpfung von Eigenfrequenzen des Systems eine wesentliche Auswirkung hat. Man kann daher ohne weiteres für ω den konstanten Wert der durch das betreffende elastische Element hervorgerufene Eigenfrequenz einsetzen. Man muß diese Eigenfrequenz auf analytischem Wege oder durch Simulation bestimmen, wobei man zunächst einen beliebigen aber kleinen Wert für D einsetzt. In Abschnitt 8.2 wird auf diese Frage noch näher eingegangen.

Was nun die Bestimmung des Plastizitätswertes P anbelangt, so kann man dazu von einem Verformungsschaubild ausgehen, wie es in Bild 3/12 dargestellt ist. Da eine derartige quantitative Angabe in vielen Fällen nicht zur Verfügung steht, wird man oft auf Schätz- und Erfahrungswerte etwa von der zuvor angegebenen Art angewiesen sein. Erforderlichenfalls kann man bei der Untersuchung durch Variation dieses Parameters seinen Einfluß studieren und so den möglichen Toleranzbereich um den gewählten Schätzwert absichern. Eine weitere Möglichkeit besteht darin, die Hysteresekennlinie Bild 3/15 experimentell aufzunehmen und daraus den P-Wert zu bestimmen.

Es sei noch erwähnt, daß bei Bauteilen, bei denen die Dämpfung eine wesentliche Rolle spielt, wie z.B. Kupplungen, die Angabe einer verhältnismäßigen Dämpfung Ψ üblich ist, die zur Plastizitätszahl P in folgendem Zusammenhang steht

$$P = \frac{\Psi}{2\pi} \ . \tag{3.28}$$

Näheres darüber findet man z.B. in [3.8].

Das in Bild 3/16 dargestellte lineare Verformbarkeitselement eignet sich zur Nachbildung der meisten Konstruktionselemente mechanischer Systeme. Ein besonderes in der Antriebstechnik oft verwendetes Bauelement ist die *drehelastische Kupplung* mit meist quadratischer Federkennlinie. Zur Nachbildung dieses Antriebselements, dessen Eigenschaften in [3.8], [3.9] ausführlich beschrieben sind, kann man ebenfalls von Bild 3/16 ausgehen. Man muß nur das Proportionalglied mit der Federkonstante C ersetzen durch ein nichtlineares Glied von der Form

$$M_C = E \, \Delta\varphi^2 \ . \tag{3.29}$$

Die Dämpfungskonstante D wird mit Hilfe von (3.27) und (3.28) bestimmt, wobei aber zu beachten ist, daß C keine Konstante, sondern eine Funktion von $\Delta\varphi$ ist.

Ein weiteres in der Antriebstechnik häufig vorkommendes Übertragungsglied ist das Getriebe. Aus Gründen der Wirtschaftlichkeit und des Gewichts kann man ein Getriebe nicht beliebig steif machen. Antriebs-, Abtriebs- und Zwischenwellen sowie die Zahnpaarungen bringen eine Elastizität des gesamten Antriebstrakts mit sich, die man zusammengefaßt als Torsionsfeder mit einer Federkonstante C betrachten kann. Zur Nachbildung eines Getriebes kann also auch die in Bild 3/16 dargestellte Struktur verwendet werden. Abgesehen von kleineren Präzisionsgetrieben besonderer Bauart sind Zahnradgetriebe mit einem Zahnspiel, auch *Getriebelose* genannt, behaftet. In diesem Fall sind Federdrehmoment M_C und Dämpfungsdrehmoment M_D nichtlineare Funktionen des Getriebe-Torionswinkels $\Delta\varphi$ und der Torsionswinkelgeschwindigkeit $\Delta\dot{\varphi}$. Das Getriebe kann nur Drehmoment übertragen, wenn die Zähne im Eingriff sind. Innerhalb einer *toten Zone* des Torsionswinkels $\Delta\varphi = \pm\,\epsilon$ reagiert das Getriebe nicht. Dieser Sachverhalt läßt sich in Gleichungsform wie folgt beschreiben.

$$M = M_C(\Delta\varphi) + M_D(\Delta\varphi, \Delta\dot{\varphi}) =$$

$$= \begin{cases} C(\Delta\varphi - \epsilon) + D\Delta\dot{\varphi} & \text{für} \quad \Delta\varphi > \epsilon \\ 0 & \text{für} \quad -\epsilon \leq \Delta\varphi \leq \epsilon \ . \\ C(\Delta\varphi + \epsilon) + D\Delta\dot{\varphi} & \text{für} \quad \Delta\varphi < -\epsilon \end{cases} \tag{3.30}$$

Bild 3/17 zeigt das Strukturbild dieser Beziehung. Dieses einfache Modell genügt für die meisten Untersuchungen. Weiteres über das dynamische Verhalten von Getrieben ist in [3.10], [3.11] zu finden.

Auch hier kann man wieder für den Fall, daß sich die Zahnräder ständig im Eingriff befinden, die lineare

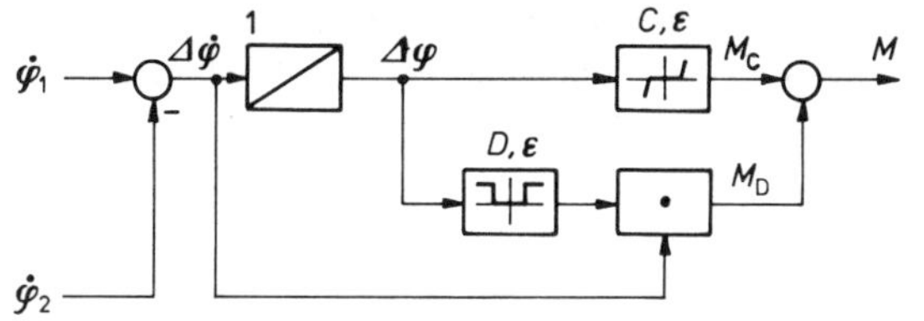

Bild 3/17. Strukturbild eines Getriebes mit Lose

Struktur von Bild 3/16 anwenden und damit die linearen Entwurfsverfahren zur Untersuchung des Systemverhaltens anwenden.

3.2.2 Die Gleichstrommaschine

Die Gleichstrommaschine ist ein in Regelungssystemen häufig vorkommendes Bauelement. Sie wurde schon in vorangegangenen Abschnitten wiederholt als Beispiel verwendet und soll nun hier noch einmal etwas ausführlicher zur Demonstration der Bauelemente-Betrachtungsweise gebracht werden. Bild 3/18 zeigt oben das gerätetechnische Symbol der Maschine, wie es im Wirkschaltplan verwendet wird. Darunter ist das mathematische Modell der Maschine als Funktionsblock, d.h. als Element des Funktionsplans, dargestellt. Das Gerätesymbol der Maschine, in Bild 3/18 dick ausgezeichnet, stellt dabei nur den eigentlichen Mechanismus zur Umformung von elektrischer in mechanische Energie dar. Die Massenträgheitsmomente von Läufer und Ständer Θ_R und Θ_S sind - im Bild dünn gezeichnet - gesondert symbolisiert, werden also nicht zur Maschine, sondern zum angeschlossenen mechanischen Netzwerk gezählt. Zusätzlich ist hier noch die Tatsache berücksichtigt, daß auch der Ständer der Maschine Drehbewegungen um die Läuferachse ausführen kann. Dies ist z.B. bei Pendelmaschinen der Fall oder dann, wenn das Fundament der Maschine als elastisch angesehen werden muß.

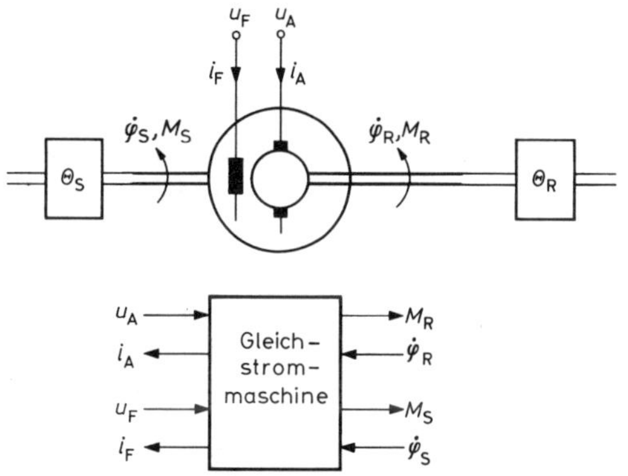

Bild 3/18. Darstellung einer Gleichstrommaschine als Symbol des Wirkschaltplans und als Funktionsblock des Funktionsplans

Die ebenfalls in Bild 3/18 gezeigte Funktionsblockdarstellung läßt erkennen, daß als Eingangs- und Ausgangsgrößen des mathematischen Modells so viele Variablenpaare auftreten, wie das betrachtete Bauelement Verbindungen zu seiner Umgebung (Energieaustauschstellen) haben kann. Diese Feststellung gilt allgemein und kann in der Praxis dazu dienen, den Funktionsplan zu zeichnen, noch bevor die Struktur der einzelnen Funktionsblöcke bekannt ist.

Beim Modell der Gleichstrommaschine treten insgesamt vier Variablenpaare nach außen in Erscheinung, zwei elektrische und zwei mechanische. Die Maschine kann also sozusagen über vier Kanäle mit ihrer Umwelt in Verbindung treten. Über diese Kanäle kann sie Energie austauschen, Steuersignale empfangen und Meßwerte abgeben. Auf der elektrischen Seite geschieht der Energieaustausch über den rotierenden Anker (Läufer), an dessen Wicklung die Ankerspannung u_A liegt und in der der Ankerstrom i_A fließt. Die Maschine kann hierüber elektrische Energie aufnehmen oder abgeben, je nachdem ob sie als Motor oder als Generator arbeitet. Die elektrische Energie wird in der Maschine in mechanische umgewandelt. Über eine am Läufer angeschlossene Welle geschieht der Energieaustausch mit dem mechanischen System. Die Läuferwelle dreht sich mit der Winkelgeschwindigkeit $\dot{\varphi}_R$ und überträgt das Drehmoment M_R. Der Ständer der Maschine übt auf das Fundament ein Drehmoment M_S aus und dreht sich mit der Winkelgeschwindigkeit $\dot{\varphi}_S$. Da sich der Ständer normalerweise nur geringfügig dreht, ist der Energieaustausch mit dem Fundament meist sehr gering und kann vernachlässigt werden. Ein Beispiel dafür, wie man diese Reaktionsstelle zur Meßwertgewinnung ausnutzen kann, ist die Pendelmaschine. Bei dieser Anordnung mißt man die Drehung des elastisch abgestützten Ständers und hat damit ein Maß für das von der Maschine entwickelte Drehmoment. Eine Möglichkeit, den über den Anker führenden Hauptenergiefluß zwischen dem elektrischen und dem mechanischen System zu steuern, besteht in der Veränderbarkeit des Erregerfeldes der Maschine mit Hilfe der Erregerspannung u_F. Der durch das Variablenpaar u_F, i_F gekennzeichnete Kanal dient also allein der Steuerung der Maschine und nicht dem Energieaustausch. Die Gleichstrommaschine stellt also so gesehen einen Verstärker dar. Der Faktor der Leistungsverstärkung liegt dabei in der Größenordnung 100.

Die Gleichungen der Gleichstrommaschine sind bereits in Abschnitt 2.2.1 angegeben worden und sollen hier noch einmal etwas ausführlicher abgeleitet werden. Die Grundlagen der elektrischen Maschinen sind z.B. in [3.12] eingehend beschrieben. Ihre Behandlung als Bauelement dynamischer Systeme findet man in [3.13], [3.14]. Bild 3/19 zeigt das Prinzip der elektromechanischen Energieumwandlung. Eine Erregerwicklung, an

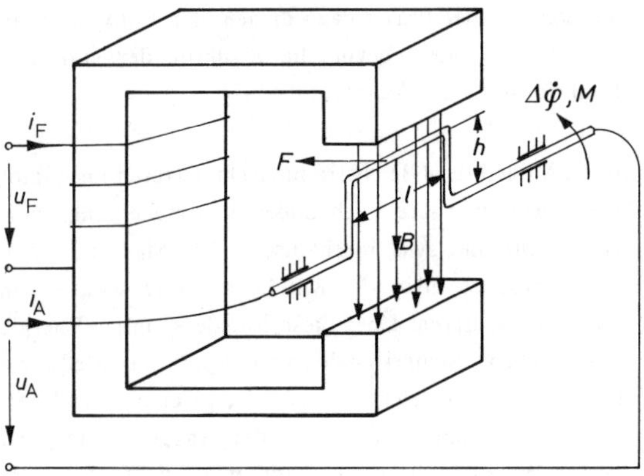

Bild 3/19. Prinzip der elektromechanischen Energieumwandlung

der die Spannung u_F liegt und die vom Erregerstrom i_F durchflossen wird, erzeuge im Luftspalt eines Eisenkerns ein homogenes Magnetfeld von der Felddichte B. In diesem Magnetfeld ist eine kurbelförmige Drahtschleife drehbar gelagert. Zur Beschreibung dieser Anordnung sind zwei elementare Gesetze der Elektrotechnik,

- das elektromagnetische Kraftgesetz und
- das Induktionsgesetz,

erforderlich. Die Anwendung des Kraftgesetzes geschieht auf folgende Weise: Wird die Drahtschleife von einem Strom i_A durchflossen, so wirkt auf das senkrecht zu den Feldlinien liegende Drahtstück von der Länge ℓ eine Kraft F. Der Betrag dieser Kraft ist gleich dem Produkt aus dem Ankerstrom i_A, der Felddichte B und der Drahtlänge ℓ. Die Kraftrichtung verläuft senkrecht zu der aus Stromrichtung und Feldlinienrichtung gebildeten Ebene. Man kann diesen Sachverhalt in dem Vektorprodukt

$$\underline{F} = \ell \underline{B} \times \underline{i}_A$$

zum Ausdruck bringen. Da auf Grund der festliegenden Maschinenkonstruktion Strom und Feldlinienrichtung konstant sind, liegt auch die Kraftrichtung fest. Die Vektorbetrachtungsweise erübrigt sich dann, und man kann schreiben

$$F = \ell B i_A . \tag{3.31}$$

Das um den Drehpunkt der Schleife wirkende Drehmoment M ergibt sich aus der Multiplikation mit dem Hebelarm h zu

$$M = h F = h \ell B i_A . \tag{3.32}$$

Diese Gleichung gilt nur dann, wenn sich die Kurbelschleife gerade in der in Bild 3/19 gezeichneten senkrechten Stellung befindet. Bei einer Drehung würde der waagrechte Leiter aus dem homogenen Magnetfeld herausgeraten und die Annahme einer von der Winkelstellung $\Delta\varphi$ der Induktionsschleife unabhängigen Felddichte B würde nicht mehr stimmen. Außerdem würde sich der Hebelarm h verändern.

Trotzdem gilt auch bei realen technischen Gleichstrommaschinen zur Beschreibung der Drehmomentbildung eine lineare Berziehung entsprechend (3.32). Vereinfacht kann man das so erklären:

Die Ankerwicklung einer realen Maschinen besteht aus einer größeren Zahl von in Reihe geschalteten Drahtschleifen, die gleichmäßig über den Umfang des Läufers verteilt sind. Ein Stromwender (Kommutator) sorgt nun dafür, daß die in gleichen Abständen angezapfte Ankerwicklung jeweils so an die Ankerklemmen angeschlossen wird, daß die Konstellation zwischen wirksamer Ankerwicklung und den Polen nahezu unabhängig vom Drehwinkel ist. Das von der Maschine entwickelte Drehmoment hängt also nur vom Ankerstrom i_A und von der Induktion $B(i_F)$ ab, während die vom Drehwinkel abhängigen Schwankungen vernachlässigbar gering sind.

Der Kommutator der Maschine kann technisch auf verschiedene Weise realisiert werden, bei konventionellen Gleichstrommaschinen ist er als doppelter Stufenschalter ausgeführt, der auf der Rotorwelle sitzt und die Ankerspannung in Abhängigkeit der Rotorwinkelstellung auf die ebenfalls auf dem Rotor befindlichen Wicklungen legt [3.12]. Moderne Gleichstrommaschinen sind mit einem elektronischen Kommutator ausgeführt. Dabei befindet sich ein System von Ankerwicklungen im Ständer der Maschine. Es handelt sich dabei praktisch um die Bauart der Synchronmaschine. Auf der Läuferwelle ist lediglich ein Drehwinkelgeber montiert, der das Steuersignal für eine elektronische Schaltung liefert. Diese steuert elektronische Leistungsschalter (Transistoren, Thyristoren, GTO's etc.) so, daß jeweils die erforderlichen Ankerwicklungen mit der speisenden Gleichspannungsquelle verbunden sind. Im nächsten Abschnitt werden wir noch einmal im Rahmen der Behandlung der Synchronmaschine kurz auf den Aspekt der Verwendung als Gleichstrommaschine eingehen.

Entsprechende Überlegungen gelten für die Anwendung des Induktionsgesetzes. Man geht dazu wieder von der Prinzipdarstellung (Bild 3/19) aus. Dreht sich die Kurbelschleife mit der Winkelgeschwindigkeit $\Delta\dot{\varphi}$ (relativ zum Ständer), dann bewegt sich das horizontale Leiterstück der Länge ℓ mit der Relativgeschwindigkeit

$$\Delta v = h\, \Delta\dot{\varphi} \tag{3.33}$$

senkrecht zu den Feldlinien. Nach dem Induktionsgesetz wird dann in dem Leiter die Urspannung

$$e_A = \ell B\, h\, \Delta\dot{\varphi} \tag{3.34}$$

induziert. Damit sind die Gleichungen zur Beschreibung des elektromechanischen Energieumwandlungs-Vorgangs komplett. Es fehlen nun noch die Gleichungen zur Berücksichtigung der konstruktionsbedingten Eigenschaften der realen Maschine. Man geht dabei am besten vom Ersatzschaltplan der Maschine (Bild 3/20) aus. Der oben beschriebene Mechanismus der elektromechanischen Umwandlung ist in dem kreisförmigen Symbol mit den angedeuteten Bürsten dargestellt. Zusätzlich sind nun der Ohm'sche Widerstand und die Induktivität von Anker- und Feldwicklung zu berücksichtigen. Dies kann, wie in Bild 3/20 dargestellt, durch konzentrierte Elemente geschehen. Dieser einfache Ersatzschaltplan reicht normalerweise für die Nachbildung der Gleichstrommaschine aus. Es gibt noch eine Reihe weiterer nichtidealer Eigenschaften, deren Berücksichtigung in besonderen Fällen von Interesse sein kann. Es sind dies folgende:

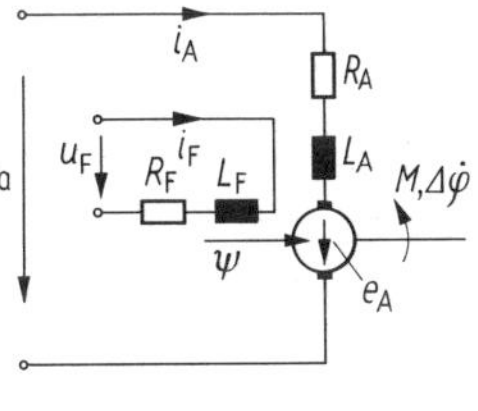

Bild 3/20. Ersatzschaltplan der Gleichstrommaschine

1. *Ankerrückwirkung*
   Im Ersatzschaltplan wurde durch die um 90° gegeneinander gedreht gezeichneten Induktivitäten L_A und L_F angedeutet, daß Anker- und Feldwicklung gegeneinander magnetisch entkoppelt sind. In Wirklichkeit ist dies nicht ganz der Fall. Das vom Ankerstrom in der Ankerwicklung erzeugte Feld wirkt, wenn auch meist nur geringfügig, auf das Erregerfeld zurück.

2. *Eisenverluste im Anker*
   Durch im Eisen des Ankers induzierte Wirbelströme wird ein geschwindigkeitsproportionales Dämpfungsmoment

   $$M_D = K_D\, \Delta\dot{\varphi} \quad \text{erzeugt.} \tag{3.35}$$

3. *Eisenverluste im Ständer*
   Sie entstehen ebenfalls durch Wirbelströme im Ständerblechpaket und könnten durch einen Ohm'schen Widerstand parallel zur Feldinduktivität L_F berücksichtigt werden.

4. *Drehmomentwelligkeit*
   Wegen der endlichen Kommutierungszahl je Umdrehung entsprechen die für den Idealfall geltenden Wandlergleichungen (3.31) und (3.34) nicht ganz der Wirklichkeit. Drehmoment und induzierte Urspannung sind infolge der über den Umfang der Maschine veränderlichen Feldliniendichte von periodischen Schwankungen überlagert. Die Drehmomentschwankungen machen sich besonders bei kleinen Drehzahlen bemerkbar.

Zur Berücksichtigung all dieser Effekte im mathematischen Modell sei auf die Spezialliteratur, z.B. [3.14], verwiesen. Im folgenden wird vom Ersatzschaltplan nach Bild 3/20 ausgegangen. Zunächst wird der Ankerkreis betrachtet. Die an den Klemmen der Maschine liegende Ankerspannung u_A muß im Gleichgewicht stehen mit der Summe der Spannungsabfälle an R_A und L_A und der in der Ankerwicklung induzierten Urspannung e_A. Es gilt also die Spannungsgleichung

$$u_A = e_A + R_A i_A + L_A \frac{di_A}{dt} \,. \tag{3.36}$$

Ebenso muß im Feldkreis die angelegte Erregerspannung u_F gleich der Summe der Spannungsabfälle an R_F und L_F sein. Hier muß man aber beachten, daß die Feldinduktivität L_F keine Konstante ist, sondern entsprechend der Magnetisierungskennlinie eine Funktion des Erregerstroms i_F. Der Spannungsabfall an der Induktivität des Feldkreises beträgt also

$$u_{LF} = \frac{d\,[i_F L_F(i_F)]}{dt} = \left[L_F + i_F \frac{dL_F}{di_F} \right] \frac{di_F}{dt} \,. \qquad (3.37)$$

Wie man sieht, ist es etwas umständlich, bei einem nichtlinearen magnetischen Kreis mit der Induktivität zu arbeiten. Man verwendet hier besser den mit der betrachteten Wicklung verketteten Fluß ψ_F, auch Spulenfluß genannt. Entsprechend der Definition der Induktivität gilt dafür die Beziehung

$$\psi_F = i_F L_F \,. \qquad (3.38)$$

Damit bekommtdie Spannungsgleichung des Feldkreises die Form

$$u_F = R_F i_F + \frac{d\psi_F(i_F)}{dt} \,. \qquad (3.39)$$

Zwischen der Flußverkettung der Erregerwicklung und der Felddichte B in (3.31) und (3.34) besteht der Zusammenhang

$$\psi_F = w\,A\,B \,. \qquad (3.40)$$

Dabei ist w die Windungszahl der Feldwicklung und A die Querschnittsfläche des Magnetfeldes im Luftspalt (Bild 3/16). Urspannungs- und Drehmomentgleichung bekommen dann die Form

$$e_A = \frac{\ell h}{wA} \psi_F \Delta\dot{\varphi} \,, \qquad (3.41)$$

$$M = \frac{\ell h}{wA} \psi_F i_A \,. \qquad (3.42)$$

In beiden Beziehungen treten die gleichen Konstanten auf. Sie hängen von den Konstruktionsdaten der beschriebenen Anordnung ab. Genauso ist es bei realen Maschinen

$$e_A = k_M \psi_F \Delta\dot{\varphi} \,, \qquad (3.43)$$

$$M = k_M \psi_F i_A \,, \qquad (3.44)$$

nur daß hier wegen der komplizierten Konstruktion die Konstantenbestimmung aus den geometrischen Gegebenheiten viel schwieriger ist. Dieser Weg ist aber auch für die Beschreibung einer als Bauelement bereits existierenden Maschine uninteressant. Man bestimmt die elektromechanische Konstante k_M am einfachsten aus den vom Hersteller angegebenen Maschinendaten. Benötigt wird in diesem Falle die Leerlaufkennlinie der Maschine

$$e_{AN} = f(i_F) \,. \qquad (3.45)$$

Es ist dies die stationäre Abhängigkeit der in dem Ankerkreis induzierten Urspannung vom Erregerstrom für die konstante Nennwinkelgeschwindigkeit $\Delta\dot{\varphi}_N$. Will man die Leerlaufkennlinie durch Messung ermitteln, treibt man die Maschine mit Nenndrehzahl an und registriert bei offenem Ankerkreis die Ankerspannung für verschiedene Erregerstromwerte. Die Kennlinie hat den in Bild 3/21 gezeichneten Verlauf. In den Maschinendaten wird dabei gewöhnlich nur der positive Ast der symmetrischen Kennlinie angegeben. Im Bereich um den Koordinatenursprung ist die induzierte Spannung dem Feldstrom etwa proportional. Bei größeren Feldströmen geht infolge der magnetischen Sättigung die Steigung der Kennlinie stark zurück.

Durch Einsetzen eines Wertepaares (i_F, e_{AN}) aus der Leerlaufkennlinie und der nach (3.38) definierten Induktivität in (3.43) erhält man die Beziehung

$$k_M = \frac{e_{AN}(i_F)}{\psi_F(i_F)\,\Delta\dot{\varphi}_N} = \frac{e_{AN}(i_F)}{L_F(i_F)\,i_F\,\Delta\dot{\varphi}_N} \,. \qquad (3.46)$$

Durch Einsetzen der Nennwinkelgeschwindigkeit $\Delta\dot{\varphi}_N$ und einer beliebigen Zahl für i_F würde man den Zahlenwert der Konstanten k_M erhalten. Die Angabe der Induktivitätskennlinie $L_F(i_F)$ in den Maschinendaten ist nicht üblich und auch nicht nötig. Es genügt ein Wert für den linearen Bereich

$$L_{F0} = L_F(i_{F1}) \,.$$

Damit erhält man für die elektromechanische Konstante der Gleichstrommaschine

$$k_M = \frac{e_{AN1}}{L_{F0}\,i_{F1}\,\Delta\dot{\varphi}_N} \,. \qquad (3.47)$$

Das Wertepaar e_{AN1}, i_{F1} entnimmt man in der Nähe des Koordinantenursprungs aus der Leerlaufkennlinie (Bild 3/21).

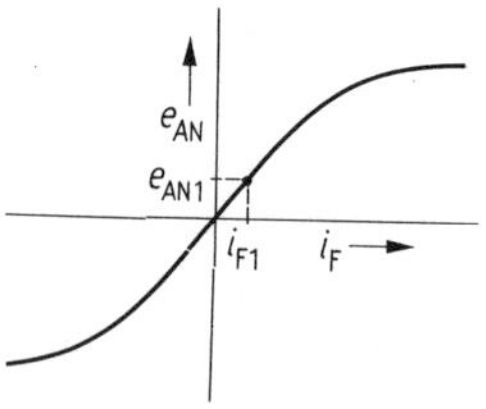

Bild 3/21. Leerlaufkennlinie

Es werden nun noch einmal alle zur Beschreibung der Gleichstrommaschine erforderlichen Gleichungen zusammengestellt. Dabei werden noch einige für das Strukturbild günstige Umformungen vorgenommen.

Spannungsgleichung des Ankerkreises (3.36):

$$u_A = e_A + R_A i_A + L_A \frac{di_A}{dt} . \quad (3.48)$$

Spannungsgleichung des Feldkreises, (3.39) unter Verwendung von (3.46) und (3.47):

$$u_F = R_F i_F + \frac{L_{F0}\, i_{F1}}{e_{AN1}} \frac{de_{AN}}{dt} . \quad (3.49)$$

Leerlaufkennlinie, Umkehrfunktion von (3.45):

$$i_F = f(e_{AN}) . \quad (3.50)$$

Gleichung für die induzierte Urspannung, (3.43) mit (3.46):

$$e_A = \frac{e_{AN}}{\Delta\dot{\varphi}_N} \Delta\dot{\varphi} . \quad (3.51)$$

Gleichung für die Drehmomentbildung, (3.44) mit (3.46):

$$M = \frac{e_{AN}}{\Delta\dot{\varphi}_N} i_A . \quad (3.52)$$

Dieses Moment wird auf den Läufer und mit umgekehrtem Vorzeichen als Reaktion auf den Ständer ausgeübt. Es ist also

$$M_R = M , \quad (3.53)$$

$$M_S = -M . \quad (3.54)$$

Da berücksichtigt werden soll, daß sowohl der Läufer als auch der Ständer sich drehen kann, benötigt man noch zur Berechnung der relativen Winkelgeschwindigkeit zwischen Läufer und Ständer die Beziehung

$$\Delta\dot{\varphi} = \dot{\varphi}_R - \dot{\varphi}_S . \quad (3.55)$$

In Bild 3/22 ist dieser Gleichungssatz als Strukturbild dargestellt. Die verwendeten Konstanten sind nachfolgend noch einmal zusammengestellt.

In der Technik möchte man manchmal anstatt mit Winkelgeschwindigkeiten $\dot{\varphi}_1$, $\dot{\varphi}_2$ und $\Delta\dot{\varphi}$ mit Drehzahlen n_1, n_2 und Δn als Eingangsgrößen arbeiten. Dann muß man noch den gestrichelten Block mit der Konstanten

$$k_2 = \frac{2\pi \text{ rad/s}}{60 \text{ U/min}} \quad (3.57)$$

einfügen.

Vor dem Zeichnen des Strukturbildes muß man sich entschließen, welche der acht im Gleichungssystem auftre-

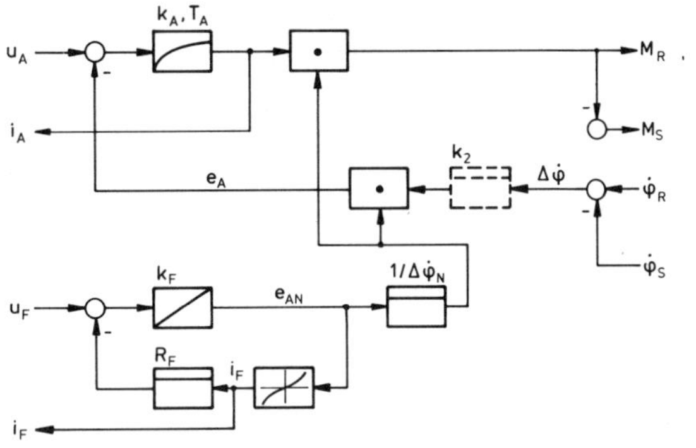

Bild 3/22. Strukturbild der Gleichstrommaschine

R_A	Ankerwiderstand
L_A	Ankerinduktivität
$T_A = \frac{L_A}{R_A}$	Ankerzeitkonstante
$k_A = \frac{1}{R_A}$	Konstante des Ankerkreis-Verzögerungsgliedes
R_F	Widerstand der Erregerwicklung
L_{F0}	Induktivität der Erregerwicklung für kleine Erregerströme (ungesättigter Bereich)
i_{F1}, e_{AN1}	Wertepaar aus dem linearen (ungesättigten) Bereich der Leerlaufkennlinie
$k_F = \frac{e_{AN1}}{i_{F1} L_{F0}}$	Feldkonstante

tenden Variablen man zu Eingangsgrößen und welche man zu Ausgangsgrößen erklären will. Für diese Entscheidung sind wieder die in Abschnitt 3.1 genannten drei Gesichtspunkte maßgebend. Einmal soll das Strukturbild so aufgebaut sein, daß möglichst keine Differenzierglieder vorkommen. Das ist wichtig, wenn man das System simulieren möchte. Hauptgesichtspunkt ist jedoch die Möglichkeit eines einfachen Zusammenfügens der Teilstrukturbilder eines Systems. Es müssen also beim Strukturbild eines bestimmten Bauelements die Variablen als Eingangsgrößen auftreten, die bei den angrenzenden Systemteilen als Ausgangsgrößen erscheinen und umgekehrt. Nun muß man natürlich bei der Beschreibung eines Systems zunächst einmal bei irgendeinem Element anfangen, ohne daß die Struktur der angrenzenden Elemente bekannt ist. In diesem Fall kann man sich dadurch helfen, daß man vorerst grundsätzlich von einem Variablenpaar diejenige Variable zur Eingangsgröße erklärt, die den Charakter einer Steuergröße trägt. Im übrigen kann man das Prinzip der Vermeidung von Differenziergliedern walten lassen. So wird man bei der Gleichstrommaschine, wenn sie als Motor arbeitet, die Ankerspannung und die Erregerspannung als Eingangsgrößen wählen. Von den mechanischen Größen wird man, um ein Differenzierglied zu vermeiden, die Winkelgeschwindigkeiten $\dot{\varphi}_R$ und $\dot{\varphi}_S$ zu Eingangsgrößen machen. Es ergibt sich damit das in Bild 3/22 gezeigte Strukturbild.

Für besondere Fälle erhält man noch einfachere Strukturen. So kann man z.B. bei einem Motor mit konstant gehaltener Erregerspannung die beiden Multiplizierglieder durch Proportionalglieder mit der Konstante

$$k_0 = \frac{e_{ANN}}{\Delta\dot{\varphi}_N} = \frac{u_{AN} - i_{AN} R_A}{\Delta\dot{\varphi}_N} \tag{3.58}$$

ersetzen, wobei e_{ANN} der Funktionswert der Leerlaufkennlinie an der Stelle des Nennerregerstroms i_{FN} ist. u_{AN} und i_{AN} sind die Nennwerte von Ankerspannung und Ankerstrom. Damit erhält man das Strukturbild Bild 3/23.

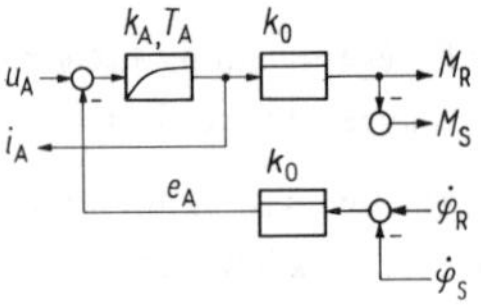

Bild 3/23. Strukturbild einer Gleichstrommaschine mit konstanter Erregung

Die Gleichstrommaschine kann als Motor und als Generator arbeiten. Motorbetrieb liegt dann vor, wenn bei der in den Bildern 3/18 und 3/20 festgelegten Zählrichtung Drehmoment und Winkelgeschwindigkeit gleiches Vorzeichen haben. Beim Generatorbetrieb sind diese beiden Größen einander entgegengerichtet. Entsprechendes gilt für Ankerspannung und Ankerstrom auf der elektrischen Seite der Maschine. Die angegebenen Strukturbilder gelten also für beide Betriebsfälle. Trotzdem kann es zweckmäßig sein, bei Maschinen, die vorwiegend als Generator arbeiteten, eine andere Form des Strukturbildes zu wählen. Dies zeigt das folgende Beispiel.

In der traditionellen Antriebstechnik wurden zwei Gleichstrommaschinen zu einem sogenannten Leonardaggregat zusammengeschaltet. Diese Antriebsanordnung hat zwar heute keine praktische Bedeutung mehr, kann aber hier übungshalber als Beispiel für das Vereinfachen und Zusammenfügen von Funktionsblöcken für spezielle Anwendungen dienen.

Bei einem Generator, der auf einem festen Fundament montiert ist ($\dot{\varphi}_S = 0$) und mit konstanter Nenndrehzahl $\Delta\dot{\varphi}_N$ angetrieben wird, ist $\Delta\dot{\varphi} = \dot{\varphi}_R = \Delta\dot{\varphi}_N$. Für diesen Fall ergibt sich das in Bild 3/24 dargestellte Strukturbild. Dabei ist beim Festlegen der Ein- und Ausgangs-

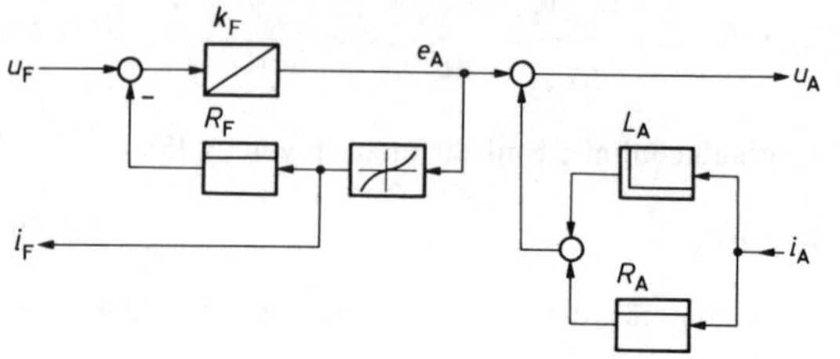

Bild 3/24. Strukturbild eines Gleichstromgenerators mit konstanter Antriebsdrehzahl

größen noch berücksichtigt worden, daß der Generator an einen Motor angeschlossen wird, dessen Strukturbild, wie nach Bild 3/22 und Bild 3/23 bekannt, die Ankerspannung als Eingangsgröße benötigt und den Ankerstrom als Ausgangsgröße liefert. Hierbei tritt nun zwar ein Differenzierglied auf, das jedoch wieder durch Zusammenfassen eliminiert werden kann, sobald man die Generatornachbildung mit der Motornachbildung zusammenschaltet. Zur Zusammenschaltung der beiden Strukturbilder ist noch zu bemerken, daß sowohl der Generator- als auch der Motornachbildung dieselbe, in Bild 3/20 festgelegte Zählrichtung der Ströme zugrunde liegt. Daher muß zur Anpassung der Stromrichtung noch ein Umpolglied (Bild 3/25) zwischengeschaltet werden. Bild 3/26 zeigt die zusammengeschalteten Ankerkreise der beiden Maschinen.

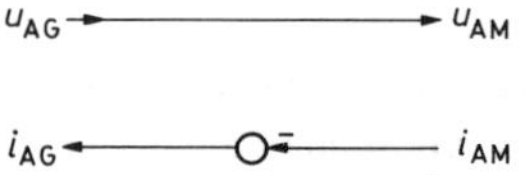

Bild 3/25. Strukturbild eines Umpolgliedes zur Anpassung der Strukturbilder des Motors und des Generators

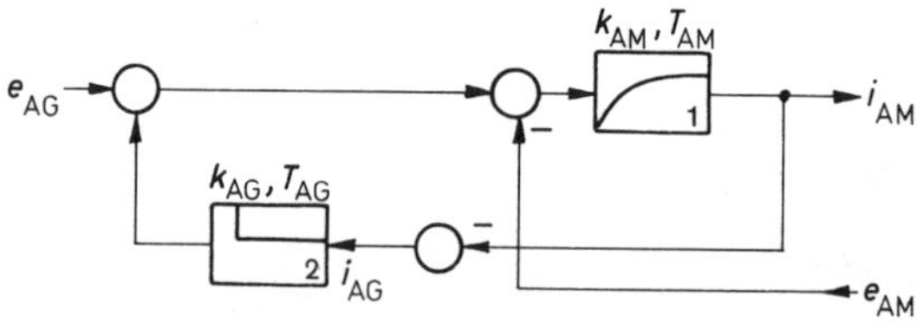

Bild 3/26. Strukturbild der zusammengeschalteten Ankerkreise eines Motors und eines Generators

Das Verzögerungsglied Block 1

$$G_{AM} = k_{AM} \frac{1}{1+T_{AM}s} = \frac{1}{R_{AM}+L_{AM}s} \quad (3.60)$$

und das PD-Glied Block 2

$$G_{AG} = \frac{1}{k_{AG}}(1+T_{AG}s) = R_{AG} + L_{AG}s \quad (3.61)$$

können wie folgt zusammengefaßt werden:

$$i_{AM} = \frac{1}{R_M+L_M s} \cdot \left[e_{AG} - e_{AM} - (R_G+L_G s) i_{AM}\right] =$$

$$= \frac{1}{R_M+R_G} \cdot \frac{1}{1+\frac{L_M+L_G}{R_M+R_G}s}(e_{AG}-e_{AM}) \,. \quad (3.62)$$

Es ergibt sich also ein Verzögerungsglied mit den Konstanten

$$k_A = \frac{1}{R_G+R_M}\,, \quad T_A = \frac{L_G+L_M}{R_G+R_M}\,. \quad (3.63)$$

Das Ergebnis der Zusammenfassung der Bilder 3/23 und 3/24, die Struktur des Leonardaggregats, zeigt Bild 3/27.

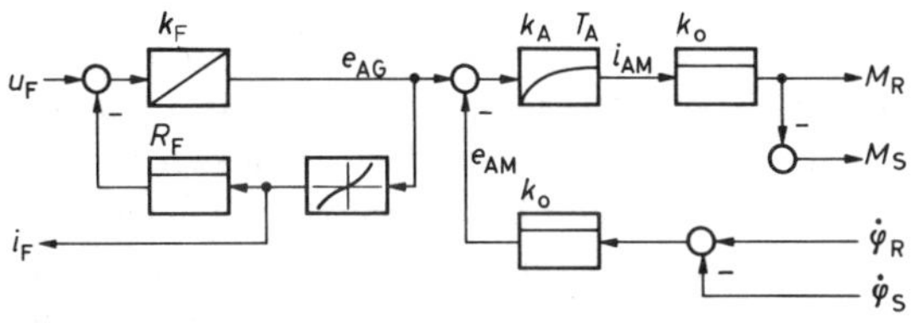

Bild 3/27. Strukturbild eines Leonardaggregats mit konstanter Motorerregung

3.2.3 Die Synchronmaschine

Als weiteres Beispiel für ein Bauelement der elektrisch-mechanischen Energieumwandlung wollen wir noch die Synchronmaschine behandeln. Sie erscheint in einem Regelungsbeispiel in Kapitel 8 als zentrales Bauelement.

Die Synchronmaschine hat ihre Bezeichnung daher, daß Maschinen dieser Bauart ursprünglich als Wechselstrommaschinen entworfen wurden, bei denen sich ein Polrad synchron mit einem von einem Wechselstrom erzeugten Drehfeld dreht.

Die Synchronmaschine wurde meist als Generator zur Erzeugung von Wechselspannung eingesetzt. Dabei wird das Polrad gewöhnlich von einem thermodynamischen Energiewandler, z.B. einer Dampfturbine, angetrieben.

Gelegentlich werden Synchronmascheinen auch in der Antriebstechnik eingesetzt. Insbesondere dann, wenn man eine konstante bzw. starr an die Netzfrequenz gekoppelte Drehzahl benötigt. Dabei gestaltet sich allerdings das Anlaufproblem als etwas umständlich, da man die Maschine zunächst einmal mit einer zweiten Maschine auf die synchrone Drehzahl bringen muß, bevor man sie ans Netz schalten kann.

Eine Möglichkeit eines Antriebs mit verstellbarer Drehzahl besteht darin, die Maschine mit einer Wechselspannung veränderbarer Frequenz zu betreiben. Eine besondere Ausführungsform dieser Betriebsweise ist der bürstenlose Gleichstrommotor, bei dem mit Hilfe eines elektronischen Kommutators die drehfelderzeugenden Wicklungen abhängig vom Drehwinkel des Polrades intervallweise an eine Gleichspannung gelegt werden. Dieses Prinzip wird in letzter Zeit zunehmend eingesetzt, insbesondere bei kleineren Servoantrieben bis zu einer Leistung von 5 kW. In [3.15] und [3.16] wird über solche Antriebe berichtet.

Eine so betriebene Synchronmaschine hat genau das Betriebsverhalten einer Gleichstrommaschine konventioneller Bauart. Man kann deswegen, wenn man sich nur für das globale Verhalten dieser Einheit interessiert, etwa ihre Verwendung in einem geregelten Antriebssystem, das im letzten Unterabschnitt abgeleitete Modell der Gleichstrommaschine verwenden.

Die Synchronmaschine ist wie die meisten Bauelemente der Technik schon weitgehend erforscht, so daß der Regelungstechniker im allgemeinen auf vorhandene Modelle zurückgreifen kann. Wir wollen die mathematische Beschreibung hier dennoch übungshalber durchführen, einmal um die Vorgehensweise zu demonstrieren, zum anderen um zur regelungstechnischen Betrachtung dieses Bauelementes als Teil einer Regelstrecke zu kommen.

Die mathematische Beschreibung von Wechselstrommaschinen ist ziemlich aufwendig, da eine größere Zahl von Wicklungen betrachtet werden muß, die in verschiedenen Achsen liegen und zudem noch ihre gegenseitige Lage verändern. Dieses Beispiel läßt erkennen, wie auch scheinbar einfache Geräte von recht komplizierter Struktur sein können. Es kann aber gezeigt werden, daß sich das mathematische Modell weitgehend vereinfachen läßt, wenn man für besondere Anwendungen die Allgemeinheit etwas einschränkt. Bei der Behandlung des Beispiels wird auch deutlich, welchen Gewinn an Übersichtlichkeit die graphische Darstellungsform bei umfangreichen Gleichungssystemen bringt.

Im folgenden wird zwar das vollständige Gleichungssystem der Synchronmaschine aufgestellt, doch wird aus Gründen besserer Übersichtlichkeit auf die Berücksichtigung besonderer Effekte [3.14] wie Eisensättigung, nichtharmonischer Flußverlauf usw. verzichtet. Beim Aufstellen der Gleichungen wird dabei die im Schrifttum verbreitete Matrizenschreibweise verwendet. An sich besteht dazu von der Sache her keine Notwendigkeit, man spart dabei lediglich etwas Schreibarbeit und gewinnt eine bessere Übersichtlichkeit.

Bild 3/28 zeigt schematisch den Aufbau einer Synchronmaschine. Der Ständer hat die drei um jeweils 120° versetzten Wicklungen a, b und c. Tatsächlich sind die Wicklungen einer realen Maschine nicht derartig konzentriert angeordnet, sondern über den ganzen Umfang des Ständers verteilt. In der Wirkung entspricht das aber der gezeichneten Anordnung. Der Läufer trägt die Feldwicklung F. Im Läufer sind außerdem noch zwei weitere um 90° gegeneinander versetzte kurzgeschlossene Wicklungen angedeutet. Diese Wicklungen, die in Wirklichkeit gar nicht als Wicklungen im eigentlichen Sinn vorhanden sein müssen, sollen die dämpfende Wirkung des Läufers berücksichtigen. Diese kann z.B. durch Wirbelströme im Eisen des Läufers zustande kommen.

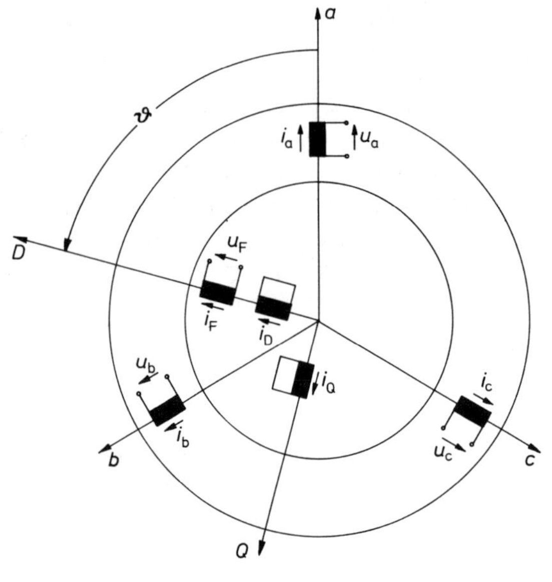

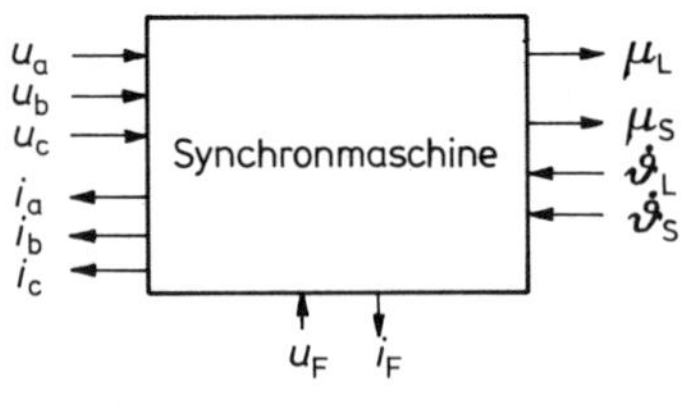

Bild 3/28. Schematische Anordnung der Wicklungen einer Synchronmaschine und Funktionsblocksymbol des Funktionsplans

Bis auf den fehlenden Kommutator ist die Synchronmaschine in ihrem Aufbau der Gleichstrommaschine durchaus ähnlich. Der wesentliche Unterschied besteht darin, daß bei der Synchronmaschine das Erregerfeld im Läufer erzeugt wird und der Ständer die Ankerwicklung trägt, während es bei den verbreiteten Konstruktionen der Gleichstrommaschine umgekehrt ist. So könnte man z.B. eine Synchronmaschine ohne weiteres als Gleichstrommaschine betreiben. Man müßte dazu die Ständerwicklungen über eine vom Drehwinkel des Läufers gesteuerte Schalteranordnung mit einem äußeren Gleichstromsystem verbinden. Die beim Ersatzschaltplan der Synchronmaschine im Läufer liegenden kurzgeschlossenen Dämpfungswicklungen müßten genau genommen auch bei der Gleichstrommaschine berücksichtigt werden. Sie wurden jedoch, wie schon in Abschnitt 3.2.2 erwähnt, vernachlässigt.

Beim Ersatzschaltplan der Gleichstrommaschine hatte man es mit zwei ruhenden, um 90° versetzten Wicklungen zu tun (Bild 3/20). Diese Betrachtungsweise ermöglicht der Kommutator der Maschine, der sozusagen die rotierende Ankerwicklung in ein ständerfestes Koordinatensystem transformiert. Dieser Umstand erleichtert die analytische Behandlung der Gleichstrommaschine ungemein. Wesentlich schwieriger ist die mathematische Beschreibung der Wechselstrommaschinen. Hier muß man auch beim Ersatzschaltplan davon ausgehen, daß sich die räumliche Lage der Läufer- und Ständerwicklungen relativ zueinander laufend ändert.

Zunächst soll der Ständer betrachtet werden. Er trägt die drei gleichmäßig auf den Umfang verteilten, also um $2\pi/3$ versetzten, Wicklungen a, b und c. Werden durch diese Wicklungen die Ströme i_a, i_b und i_c geschickt, erzeugen sie im Innenraum der Maschine die magnetischen Flüsse ϕ_a, ϕ_b und ϕ_c. Die Feldlinien dieser Flüsse mögen jeweils in Richtung der zugehörigen Wicklungsachsen verlaufen. Genauso wie bei der Addition von Kräften kann man die Wirkung der drei Flüsse zu einem resultierenden Fluß ϕ_S zusammenfassen. Man kann sich vorstellen, daß dieser Fluß von einer Wicklung erzeugt wird, in der der resultierende Strom i_S fließt. Durch diese Vereinfachung des Ständer-Ersatzschaltplans hat man zunächst noch nicht viel gewonnen, denn die Winkellage der resultierenden Ersatzwicklung ist variabel. Man zerlegt daher den resultierenden Fluß ϕ_S in die Richtungen d und q eines kartesischen Koordinatensystems. Die d-Achse soll mit der Wicklungsachse a zusammenfallen, die q-Achse durch Drehung um 90° gegen den Uhrzeigersinn daraus hervorgehen. Dann kann man für die Flußkomponenten aus Bild 3/29 folgendes ablesen:

$$\left.\begin{aligned} \phi_d &= \phi_a - \sin 30^o \, \phi_b - \sin 30^o \, \phi_c \, , \\ \phi_q &= \cos 30^o \, \phi_b - \cos 30^o \, \phi_c \, . \end{aligned}\right\} \quad (3.64)$$

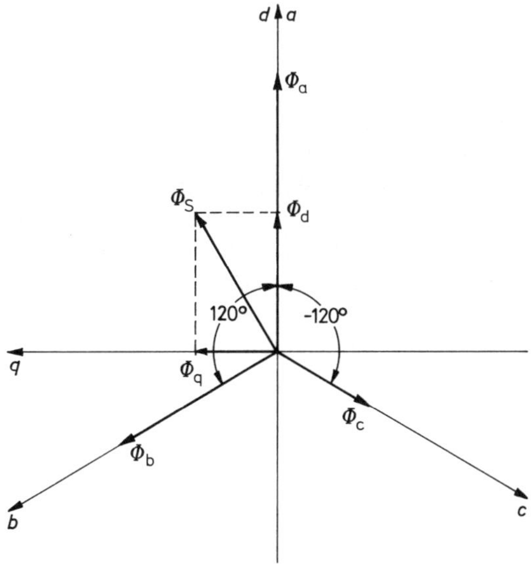

Bild 3/29. Darstellung der Wicklungsflüsse und des resultierenden Flusses der Ständerwicklung einer Drehstrommaschine

Man kann die beiden Gleichungen auch in Matrizenform bringen:

$$\begin{bmatrix} \phi_d \\ \phi_q \end{bmatrix} = \begin{bmatrix} 1 & -\sin 30^o & -\sin 30^o \\ 0 & \cos 30^o & -\cos 30^o \end{bmatrix} \begin{bmatrix} \phi_a \\ \phi_b \\ \phi_c \end{bmatrix} . \qquad (3.65)$$

Führt man den Ständerflußvektor $\underline{\phi}_S$, den Ständerwicklungsvektor $\underline{\phi}_{wS}$ und die Ständerwicklungsmatrix $\underline{A}$ ein, so kann man noch kürzer schreiben

$$\underline{\phi}_S = \underline{A} \, \underline{\phi}_{wS} \, . \qquad (3.66)$$

Genauso kann man nun die Ströme und Spannungen zu resultierenden Größen zusammenfassen. Für die Ströme ergibt sich z.B.

$$\underline{i}_S = \underline{A} \, \underline{i}_{wS} = \begin{bmatrix} i_d \\ i_q \end{bmatrix} = \begin{bmatrix} 1 & -\sin \frac{\pi}{6} & -\sin \frac{\pi}{6} \\ 0 & \cos \frac{\pi}{6} & -\cos \frac{\pi}{6} \end{bmatrix} \begin{bmatrix} i_a \\ i_b \\ i_c \end{bmatrix} . \qquad (3.67)$$

Daß dies möglich ist, kann man nicht so leicht einsehen wie bei den Flüssen, wo man sich quer durch die Maschine laufende Feldlinienbündel vorstellen kann, die man dann sozusagen zu einem resultierenden Bündel zusammenfaßt. Bedenkt man jedoch, daß man mit den in den Spulen fließenden Strömen jederzeit diese räumlich vorstellbaren Feldlinien erzeugen kann, so wird die Berechtigung der Vektor-Betrachtungsweise auch bei den Strömen und Spannungen klar.

Man hat es also nun mit zwei Ersatzwicklungen zu tun, die wie in Bild 3/30 in den Achsen d und q eines ständerfesten Koordinatensystems liegen. An diesen Wick-

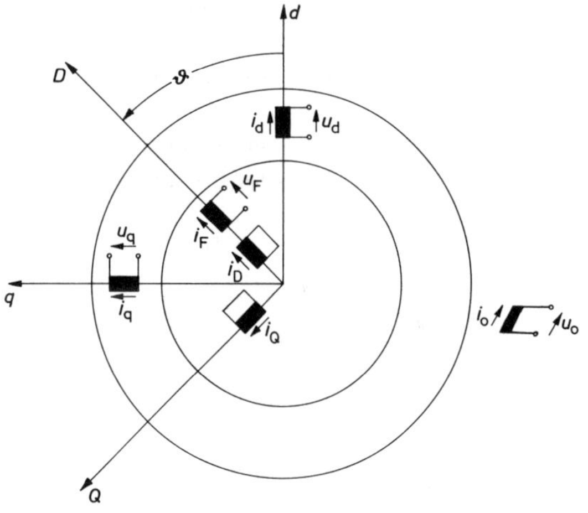

Bild 3/30. Zweiachsendarstellung der Ständerwicklungen einer Synchronmaschine

lungen liegen die Komponenten u_d und u_q des Ständerspannungsvektors $\underline{u}_S$, und es fließen die Ströme i_d und i_q, Komponenten des Ständerstromvektors $\underline{i}_S$. Mit den Wicklungen sind außerdem die Spulenflüsse

$$\psi_d = w_d \, \phi_d \, , \qquad (3.68)$$

$$\psi_q = w_q \, \phi_q \qquad (3.69)$$

verkettet, w_d und w_q sind die Windungszahlen der beiden Wicklungen.

Es soll nun der Fall betrachtet werden, daß alle drei Wicklungsflüsse um den gleichen Fluß ϕ_0 vergrößert werden.

$$\underline{\phi}_S = \begin{bmatrix} \phi_d \\ \phi_q \end{bmatrix} = \begin{bmatrix} 1 & -\sin\frac{\pi}{6} & -\sin\frac{\pi}{6} \\ 0 & \cos\frac{\pi}{6} & -\cos\frac{\pi}{6} \end{bmatrix} \begin{bmatrix} \phi_a + \phi_0 \\ \phi_b + \phi_0 \\ \phi_c + \phi_0 \end{bmatrix} . \quad (3.70)$$

Wie man leicht durch Ausmultiplizieren feststellen kann, ändert sich dadurch der Vektor $\underline{\phi}_S$ nicht. Demnach bräuchten solche Flußanteile, die in allen drei Wicklungsachsen gleichzeitig vorkommen, nicht zu interessieren.

Anders sieht es z.B. mit den Strömen aus. Zwar kann ein Nullstrom i_0, der in allen drei Wicklungen zusätzlich fließt, den resultierenden Flußvektor $\underline{\phi}_S$ nicht beeinflussen und somit in der Maschine auch keine magnetische Wirkung hervorrufen. Aber er tritt ja auch nach außen in Erscheinung und kann sich sehr wohl in den an die Ständerwicklungen angeschlossenen Bauelementen bemerkbar machen. Auch in den Wicklungen selber kann sich der Nullstrom auswirken, indem er infolge des Wicklungswiderstands diese erwärmt. Beim Stromvektor und aus entsprechenden Gründen auch beim Spannungsvektor dürfen daher die Nullkomponenten nicht vergessen werden. So tritt also beispielsweise bei den Strömen zu den Gleichungen für die magnetisch wirksamen Komponenten

$$i_d = i_a - \sin\frac{\pi}{6} i_b - \sin\frac{\pi}{6} i_c \quad (3.71)$$

$$i_q = \cos\frac{\pi}{6} i_b - \cos\frac{\pi}{6} i_c \quad (3.72)$$

noch die Gleichung für die Nullkomponente

$$i_0 = \frac{1}{3}(i_a + i_b + i_c) . \quad (3.73)$$

In Matrizenschreibweise ergibt sich dann

$$\underline{i}_S = \begin{bmatrix} i_d \\ i_q \\ i_0 \end{bmatrix} = \begin{bmatrix} 1 & -\sin\frac{\pi}{6} & -\sin\frac{\pi}{6} \\ 0 & \cos\frac{\pi}{6} & -\cos\frac{\pi}{6} \\ \frac{1}{3} & \frac{1}{3} & \frac{1}{3} \end{bmatrix} \begin{bmatrix} i_a \\ i_b \\ i_c \end{bmatrix} . \quad (3.74)$$

Entsprechend gilt für die Spannungen

$$\underline{u}_S = \begin{bmatrix} u_d \\ u_q \\ u_0 \end{bmatrix} = \begin{bmatrix} 1 & -\sin\frac{\pi}{6} & -\sin\frac{\pi}{6} \\ 0 & \cos\frac{\pi}{6} & -\cos\frac{\pi}{6} \\ \frac{1}{3} & \frac{1}{3} & \frac{1}{3} \end{bmatrix} \begin{bmatrix} u_a \\ u_b \\ u_c \end{bmatrix} . \quad (3.75)$$

Daß eine dritte Gleichung fehlt, hätte man spätestens dann festgestellt, wenn man versucht hätte, durch Inversion der Gleichung (3.67) aus den beiden Komponenten i_d und i_q die Wicklungsströme i_a, i_b und i_c zu bestimmen. Jetzt ist dies möglich, und man erhält

$$\underline{i}_{wS} = \begin{bmatrix} i_a \\ i_b \\ i_c \end{bmatrix} = \frac{2}{3} \begin{bmatrix} 1 & 0 & \frac{3}{2} \\ -\sin\frac{\pi}{6} & \cos\frac{\pi}{6} & \frac{3}{2} \\ -\sin\frac{\pi}{6} & -\cos\frac{\pi}{6} & \frac{3}{2} \end{bmatrix} \begin{bmatrix} i_d \\ i_q \\ i_0 \end{bmatrix} . \quad (3.76)$$

Zur Veranschaulichung des Nullsystems kann man sich im Ersatzschaltplan eine Wicklung vorstellen, mit der der Nullstrom i_0 und die Nullspannung u_0 in Beziehung stehen. Daß diese Wicklung auf die magnetischen Vorgänge in der Maschine keinen Einfluß hat, ist im Bild 3/30 dadurch symbolisiert, daß sie senkrecht zur d-q-Ebene gezeichnet ist. Freilich gilt diese Ersatzdarstellung nur für die ideale Maschine. Bei Maschinen realer Konstruktion kann sich das Nullsystem schon auf die magnetischen Verhältnisse in der Maschine auswirken. Hier soll auf die Betrachtung dieser sehr komplizierten Vorgänge verzichtet werden. Ausführliches dazu findet man in [3.17]. Im Schrifttum findet man die Gleichungen zur Berechnung der Komponenten (3.74) und (3.75) in der folgenden Form dargestellt:

$$\begin{bmatrix} u_d \\ u_q \\ u_0 \end{bmatrix} = \frac{2}{3} \begin{bmatrix} 1 & -\sin\frac{\pi}{6} & -\sin\frac{\pi}{6} \\ 0 & \cos\frac{\pi}{6} & -\cos\frac{\pi}{6} \\ \frac{1}{2} & \frac{1}{2} & \frac{1}{2} \end{bmatrix} \begin{bmatrix} u_a \\ u_b \\ u_c \end{bmatrix} . \quad (3.77)$$

Dies hat keinerlei physikalische Bedeutung, sondern ist eine Art Normierung. In diesem Fall erhält man anstelle von (3.76) die Inversion

$$\begin{bmatrix} i_a \\ i_b \\ i_c \end{bmatrix} = \begin{bmatrix} 1 & 0 & 1 \\ -\sin\frac{\pi}{6} & \cos\frac{\pi}{6} & 1 \\ -\sin\frac{\pi}{6} & -\cos\frac{\pi}{6} & 1 \end{bmatrix} \begin{bmatrix} i_d \\ i_q \\ i_0 \end{bmatrix} . \quad (3.78)$$

Für die mathematische Beschreibung der Maschine ist diese Variante in der Darstellung bedeutungslos.

Nun liegen also die Wicklungen d, q und 0 des Ständer-Ersatzschaltplans gemäß Bild 3/30 fest. Jede dieser Wicklungen besteht genauer gezeichnet aus der Reihenschaltung einer Induktivität L, einem Widerstand R und einer Urspannungsquelle e (Bild 3/31). Die Spannungsgleichungen für die Ständerersatzwicklungen lauten also

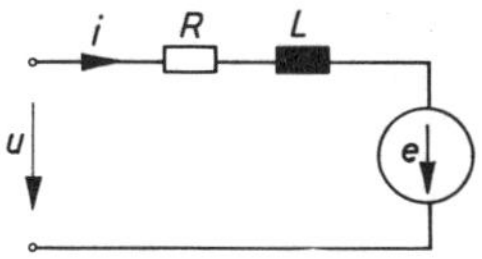

Bild 3/31. Genauere Darstellung der Wicklungen des Ersatzschaltplans Bild 3/30

$$u_d = R_S\, i_d + L_S \frac{di_d}{dt} + e_d\ , \tag{3.79}$$

$$u_q = R_S\, i_q + L_S \frac{di_q}{dt} + e_q\ , \tag{3.80}$$

$$u_0 = R_0\, i_0 + L_0 \frac{di_0}{dt}\ . \tag{3.81}$$

Man sieht, daß die ersten beiden Gleichungen ähnlich aussehen wie die Ankerspannungsgleichung der Gleichstrommaschine (3.36). e_d und e_q sind hier die vom Feld des Läufers in der Ständersatzwicklung induzierten Urspannungen. In der dritten Gleichung fehlt dieser Term, da aus den genannten Gründen die Nullwicklung nicht mit den übrigen gekoppelt ist. Für die Läuferwicklungen kann man aus Bild 3/30 unter Beachtung von Bild 3/31 folgende Spannungsgleichungen ablesen:

$$u_D = 0 = R_L\, i_D + L_L \frac{di_D}{dt} + e_D + e_{DF}\ . \tag{3.82}$$

$$u_Q = 0 = R_L\, i_Q + L_L \frac{di_Q}{dt} + e_Q\ , \tag{3.83}$$

$$u_F = R_F\, i_F + L_F \frac{di_F}{dt} + e_F + e_{FD}\ . \tag{3.84}$$

Da die Dämpferwicklungen D und Q kurzgeschlossen sind, sind die äußeren Spannungen u_D und u_Q Null. e_D und e_Q sind die vom Feld des Ständers in den Läuferwicklungen induzierten Urspannungen. Da die Feldwicklung und die Dämpferwicklung in einer Achse liegen, sind diese beiden Wicklungen miteinander gekoppelt. Dies wird durch gegenseitig induzierte Spannungen e_{DF} und e_{FD} zum Ausdruck gebracht.

Man kann auch hier wieder den Vergleich mit der Gleichstrommaschine anstellen. Danach entspricht (3.84) bei der Gleichstrommaschine der Spannungsgleichung für die Erregerwicklung für den Fall einer konstanten Feldinduktivität (3.37), (3.38), (3.39). Die Terme e_F und e_{FD} treten in der Feldgleichung nicht auf, weil die Ankerrückwirkung und der Dämpfungseffekt durch Wirbleströme vernachlässigt wurden.

Nun kommt der Hauptunterschied zur Gleichstrommaschine. Während bei der Gleichstrommaschine der Umschaltmechanismus des Kommutators dafür sorgte, daß man im Ersatzschaltplan zwei Wicklungen mit zueinander unveränderlicher Lage betrachten konnte, befinden sich hier die Wicklungen in zwei sich gegeneinander drehenden Koordinatensystemen. In Bild 3/32 ist dies für zwei beliebige Wicklungspaare dargestellt. Die in

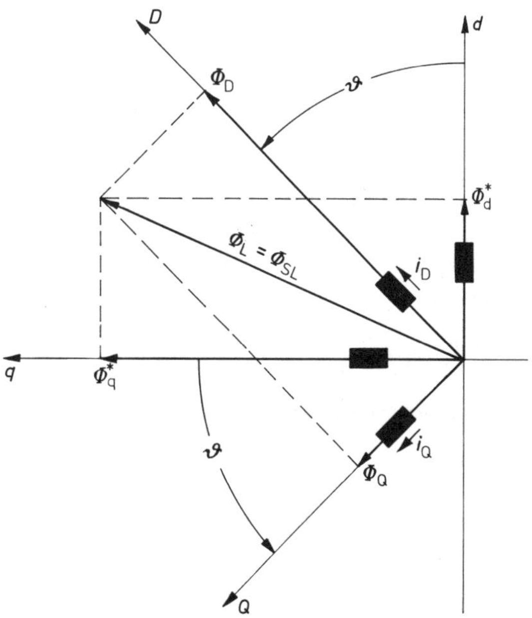

Bild 3/32. Koordinatendrehung zur Transformation der Läufer-Flußkomponenten in den Ständer

den Läuferspulen fließenden Ströme i_D und i_Q mögen die Flüsse ϕ_D und ϕ_Q erzeugen. Es wird nun danach gefragt, wie sich diese Läuferflußkomponenten in den Achsen d und q des Ständers auswirken. Dieses geometrische Problem läßt sich mit einer Koordinatendrehung um den Läuferdrehwinkel ϑ lösen. Aus Bild 3/32 liest man die Transformationsgleichungen

$$\phi_d^* = \cos\vartheta\, \phi_D - \sin\vartheta\, \phi_Q\ , \tag{3.85}$$

$$\phi_q^* = \sin\vartheta\, \phi_D + \cos\vartheta\, \phi_Q\ . \tag{3.86}$$

Mit der Transformationsmatrix

$$\underline{C} = \begin{bmatrix} \cos\vartheta & -\sin\vartheta \\ \sin\vartheta & \cos\vartheta \end{bmatrix} \tag{3.87}$$

kann man auch schreiben

$$\underline{\phi}_S^* = \underline{C}\, \underline{\phi}_L\ . \tag{3.88}$$

Will man umgekehrt einen Ständerflußvektor

$$\underline{\Phi}_S = \begin{bmatrix} \Phi_d \\ \Phi_q \end{bmatrix} \tag{3.89}$$

in den Läufer transformieren, so schreibt man

$$\underline{\Phi}_L^* = \underline{C}^{-1} \underline{\Phi}_S , \tag{3.90}$$

wobei sich für die inverse Transformationsmatrix aus Gründen der Orthogonalität einfach die Transponierte

$$\underline{C}^{-1} = \underline{C}^T = \begin{bmatrix} \cos\vartheta & \sin\vartheta \\ -\sin\vartheta & \cos\vartheta \end{bmatrix} \tag{3.91}$$

ergibt.

Wie zuvor erläutert, kann man genauso wie mit den Flüssen auch mit den übrigen Wicklungsvariablen verfahren. So gilt z.B. für den Stromvektor von Bild 3/32 die Transformationsgleichung

$$\underline{i}_S^* = \underline{C}\, \underline{i}_L . \tag{3.92}$$

In umgekehrter Richtung würde man

$$\underline{i}_L^* = \underline{C}^{-1} \underline{i}_S \tag{3.93}$$

erhalten. Ausgeschrieben lauten diese Gleichungen

$$\begin{bmatrix} i_d^* \\ i_q^* \end{bmatrix} = \begin{bmatrix} \cos\vartheta & -\sin\vartheta \\ \sin\vartheta & \cos\vartheta \end{bmatrix} \begin{bmatrix} i_D \\ i_Q \end{bmatrix} , \tag{3.94}$$

$$\begin{bmatrix} i_D^* \\ i_Q^* \end{bmatrix} = \begin{bmatrix} \cos\vartheta & \sin\vartheta \\ -\sin\vartheta & \cos\vartheta \end{bmatrix} \begin{bmatrix} i_d \\ i_q \end{bmatrix} . \tag{3.95}$$

Man kann also jetzt die Ströme der Ersatzwicklungen **von Bild 3/30 zwischen Läufer und Ständer hin- und hertransformieren. So wirkt sich z.B. ein in der Wicklung Q des Läufers fließender Strom i_Q in den Ständerersatzwicklungen wie folgt aus:**

$$i_d^* = -\sin\vartheta\, i_Q , \tag{3.96}$$

$$i_q^* = \cos\vartheta\, i_Q . \tag{3.97}$$

Tatsächlich fließen diese Ströme natürlich nicht in den Ständerersatzwicklungen. Man benötigt die transformierten Ströme nur, um die von ihnen induzierten Urspannungen e_d und e_q berechnen zu können. Die Höhe dieser Urspannungen hängt außer von den *Koppelströmen* i_d^* und i_q^* noch vom Kopplungsgrad k zwischen den in Betracht kommenden Wicklungen ab. Ein Maß für die Kopplung zweier Spulen mit den Induktivitäten L_1 und L_2 ist auch die Gegeninduktivität

$$M = k \sqrt{L_1 L_2} , \quad 0 \leq k \leq 1 . \tag{3.98}$$

Mit dieser Konstanten lassen sich die Gleichungen für die induzierten Spannungen formulieren.

$$e_d = M_d \frac{di_d^*}{dt} = \frac{d\psi_d^*}{dt} , \tag{3.99}$$

$$e_q = M_q \frac{di_q^*}{dt} = \frac{d\psi_q^*}{dt} . \tag{3.100}$$

Das gesamte Kopplungs-Gleichungssystem ist im folgenden zusammengestellt.

Von den Dämpfungswicklungen und der Feldwicklung in den Ständerwicklungen induzierte Spannungen:

$$\begin{bmatrix} e_d \\ e_q \end{bmatrix} = \frac{d}{dt} \underline{C} \left\{ M_{LS} \begin{bmatrix} i_D \\ i_Q \end{bmatrix} + M_{FS} \begin{bmatrix} i_F \\ 0 \end{bmatrix} \right\} = \frac{d}{dt} \begin{bmatrix} \psi_d^* \\ \psi_q^* \end{bmatrix} . \tag{3.101}$$

Von den Ständerwicklungen und der Feldwicklung in den Dämpferwicklungen induzierte Spannung:

$$\begin{bmatrix} e_D + e_{DF} \\ e_Q \end{bmatrix} = \frac{d}{dt} \left\{ \underline{C}^{-1} M_{SL} \begin{bmatrix} i_d \\ i_q \end{bmatrix} + M_{FL} \begin{bmatrix} 0 \\ i_F \end{bmatrix} \right\} = \frac{d}{dt} \begin{bmatrix} \psi_d^* \\ \psi_q^* \end{bmatrix} . \tag{3.102}$$

Von den Ständerwicklungen und der Dämpferwicklung D in der Feldwicklung induzierte Spannung:

$$\begin{bmatrix} e_F + e_{FD} \\ 0 \end{bmatrix} = \frac{d}{dt} \left\{ \underline{C}^{-1} M_{SF} \begin{bmatrix} i_d \\ i_q \end{bmatrix} + M_{LF} \begin{bmatrix} i_D \\ 0 \end{bmatrix} \right\} = \frac{d\psi_F^*}{dt} . \tag{3.103}$$

Bei den Indizes der Gegeninduktivitäten bezeichnet S die Ständerwicklung, L die Dämpfungswicklung (im Läufer) und F die Feldwicklung. Die rechts stehenden Koppelflüsse ψ^* wurden eingeführt, um das Strukturbild leichter zeichnen zu können. Deswegen werden auch noch die Spannungsgleichungen (3.79) bis (3.84) wie folgt umgeformt.

$$u_d = R_S i_d + \frac{d\psi_d}{dt} , \tag{3.104}$$

$$u_q = R_S i_q + \frac{d\psi_q}{dt} , \tag{3.105}$$

$$u_0 = R_0 i_0 + L_0 \frac{di_0}{dt} , \tag{3.106}$$

$$0 = R_L\, i_D + \frac{d\psi_D}{dt} , \qquad (3.107)$$

$$0 = R_L\, i_Q + \frac{d\psi_Q}{dt} , \qquad (3.108)$$

$$u_F = R_F\, i_F + \frac{d\psi_F}{dt} . \qquad (3.109)$$

Die mit den Wicklungen jeweils verketteten Flüsse sind dabei wie folgt zusammengesetzt.

$$\psi_d = L_S\, i_d + \psi_d^* , \qquad (3.110)$$

$$\psi_q = L_S\, i_q + \psi_q^* , \qquad (3.111)$$

$$\psi_D = L_L\, i_D + \psi_D^* , \qquad (3.112)$$

$$\psi_Q = L_L\, i_Q + \psi_Q^* , \qquad (3.113)$$

$$\psi_F = L_F\, i_F + \psi_F^* . \qquad (3.114)$$

Es fehlt nun noch die Gleichung für das von der Maschine entwickelte Drehmoment. Wie in [3.18] ausführlich abgeleitet, ergibt es sich aus dem Vektorprodukt von Strömen und Flüssen der Ständerersatzwicklungen

$$\mu = \frac{3}{2} \begin{bmatrix} i_d \\ i_q \end{bmatrix} \times \begin{bmatrix} \psi_d \\ \psi_q \end{bmatrix} = \frac{3}{2} (i_d\, \psi_q + i_q\, \psi_d) . \qquad (3.115)$$

Das ist qualitativ leicht einzusehen, wenn man sich die flußerzeugenden Ströme in zwei senkrecht zueinander liegenden Spulen fließend denkt. Dabei bewirkt der in einer Spule senkrecht zum Feld der anderen Spule fließende Strom nach der Dreifingerregel eine Kraft in Richtung der durch die beiden Spulenachsen gebildeten Ebene. Es entsteht ein Drehmoment um den Schnittpunkt der beiden Spulenachsen. Der Faktor 3/2 folgt, wie in [3.18] gezeigt wird, aus der Geometrie der Maschine – vorausgesetzt, daß die Normierung entsprechend (3.77) angewandt wird. Bei nicht normierten Ersatzgrößen entsprechend (3.75) müßte der Faktor vor dem Vektorprodukt 2/3 betragen. Das auf den Läufer wirkende Drehmoment wird mit

$$\mu_R = \mu \qquad (3.116)$$

bezeichnet. Auf den Ständer wirkt als Reaktion das Moment

$$\mu_S = -\mu . \qquad (3.117)$$

Die relative Winkelgeschwindigkeit zwischen Läufer und Ständer erhält man aus den inertialen Geschwindigkeiten dieser beiden Körper:

$$\dot\vartheta = \dot\vartheta_L - \dot\vartheta_S . \qquad (3.118)$$

Beim Aufstellen der Gleichungen wurde der Anschaulichkeit wegen von einer Maschine mit einem Polpaar nach Bild 3/28 ausgegangen. Für eine Maschine mit Z_p Polpaaren müssen die rechten Seiten der Gleichungen (3.115) und (3.118) noch mit der Polpaarzahl Z_p multipliziert werden.

In Bild 3/33 ist zunächst in Form des Funktionsplans eine Übersichtsdarstellung des abgeleiteten Gleichungssystems gegeben. Ein derartiger Plan, aus dem in anschaulicher Weise die Verkopplung der einzelnen Gleichungen hervorgeht, erleichtert das Zeichnen des Strukturbildes.

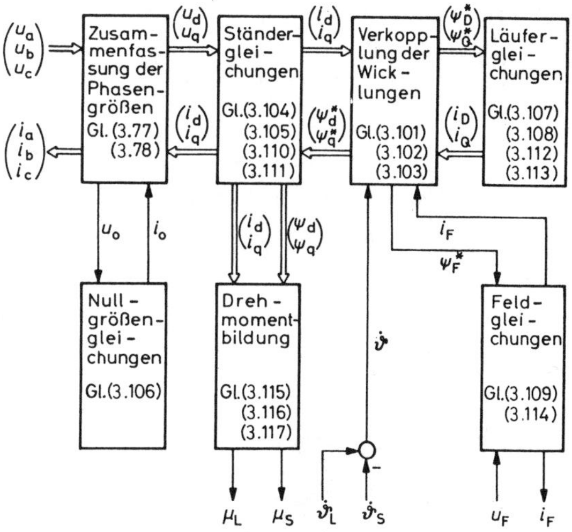

Bild 3/33. Funktionsplan der Synchronmaschine

Zur Koordinatentransformation entsprechend (3.87) werden noch der Sinus und der Kosinus des Drehwinkels ϑ zwischen Läufer- und Ständerkoordinatensystem gebraucht. Man könnte zu deren Erzeugung nach Integration der Winkelgeschwindigkeit $\dot\vartheta$ Sinus- und Kosinusfunktionsglieder einsetzen. Eine andere Möglichkeit, die die Bildung der Kreisfunktionen über beliebig viele Perioden gestattet und sich besonders für die Analognachbildung eignet, besteht in der Lösung der erzeugenden Differentialgleichung. Gesucht sind die Funktionen

$$x(t) = \sin\vartheta(t) , \qquad (3.119)$$

$$y(t) = \cos\vartheta(t) .$$

Durch Ableiten erhält man die Differentialgleichungen

$$\dot x = \dot\vartheta \cos\vartheta = \dot\vartheta\, y , \qquad (3.120)$$

$$\dot y = -\dot\vartheta \sin\vartheta = -\dot\vartheta\, x ,$$

deren Lösung mit den Anfangswerten

$$x_0 = \sin \vartheta(0) \ , \qquad (3.121)$$
$$y_0 = \cos \vartheta(0)$$

die gewünschten Funktionen (3.119) ergibt. Bild 3/34 zeigt die beiden Verfahren zur Erzeugung der Kreisfunktionen im Strukturbild.

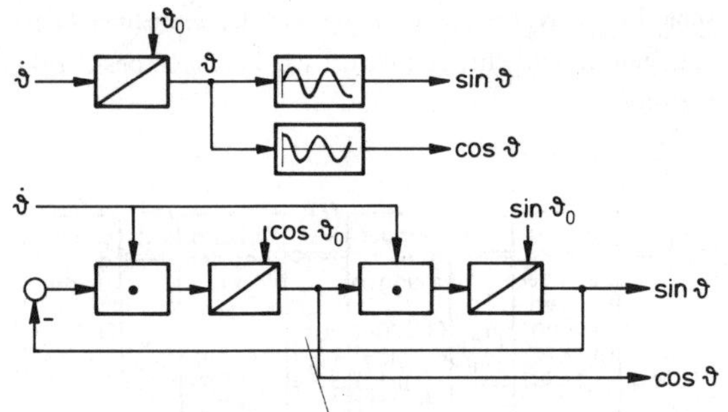

Bild 3/34. Möglichkeiten zur Erzeugung der Funktionen $\sin\vartheta$ und $\cos\vartheta$ aus der Winkelgeschwindigkeit $\dot{\vartheta}$

Das gesamte Gleichungssystem der Synchronmaschine führt zu dem Strukturbild 3/35. Wie man sieht, handelt es sich um ein recht umfangreiches und stark nichtlineares Gebilde. Man wird daher bestrebt sein, die Struktur zu vereinfachen, wenn für die beabsichtigte Untersuchung die allgemeine Beschreibung nicht erforderlich ist.

Wenn darauf verzichtet werden kann, die Ständerströme explizit zu berechnen, ist eine Vereinfachung dadurch zu erreichen, daß man die Ständergleichungen insgesamt ins Läuferkoordinatensystem transformiert. Allerdings hat diese Vereinfachung nur einen Sinn, wenn auch die im Ständer eingespeiste Spannung sich einfach berechnen und ins Läuferkoordinatensystem transformieren läßt. Das ist z.B. der Fall, wenn die Maschine an einem starren Drehstromnetz mit sinusförmigen Spannungen betrieben wird.

Man geht von den Spannungsgleichungen des Ständerersatzschaltplans (3.104) und (3.105) aus. Sie lauten in Vektorform

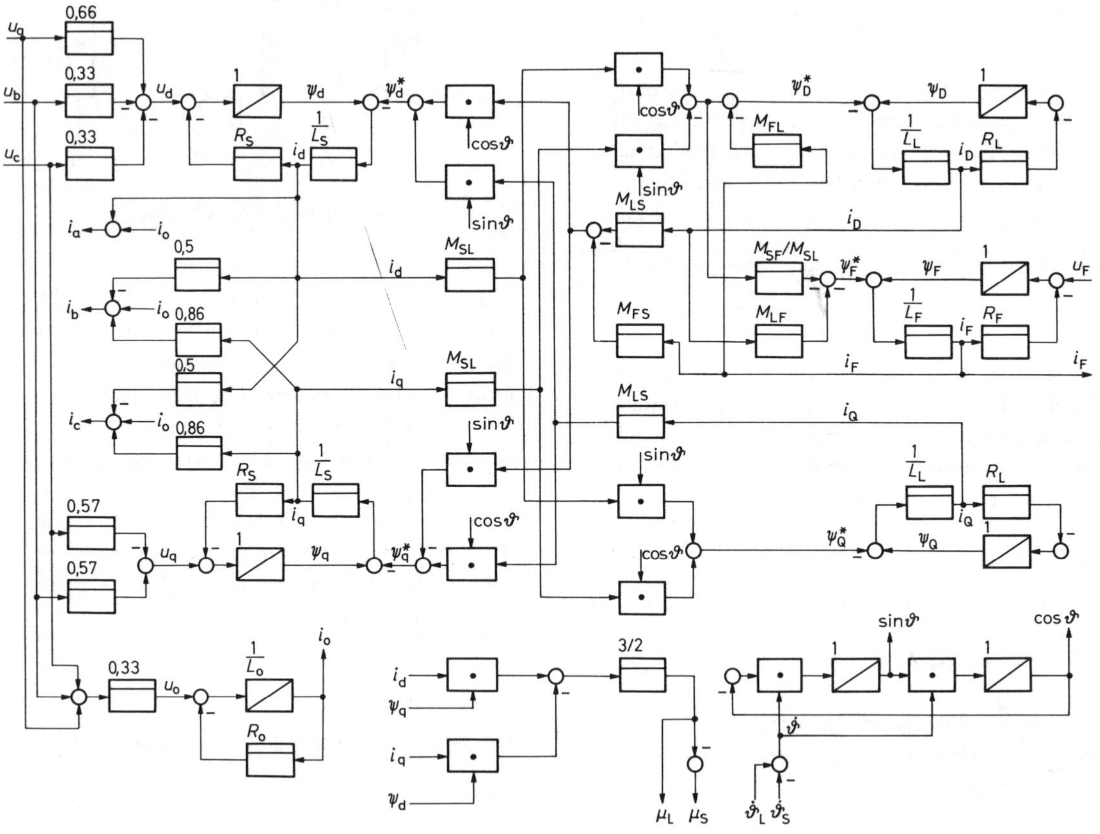

Bild 3/35. Strukturbild der Synchronmaschine (Turbogenerator)

$$\begin{bmatrix} u_d \\ u_q \end{bmatrix} = R_S \begin{bmatrix} i_d \\ i_q \end{bmatrix} + \frac{d}{dt} \begin{bmatrix} \psi_d \\ \psi_q \end{bmatrix} \quad \text{mit} \tag{3.122}$$

$$\begin{bmatrix} \psi_d \\ \psi_q \end{bmatrix} = L_S \begin{bmatrix} i_d \\ i_q \end{bmatrix} + \begin{bmatrix} \psi_d^* \\ \psi_q^* \end{bmatrix} . \tag{3.123}$$

Die Null-Spannungsgleichung wurde weggelassen, da $u_0 = 0$ vorausgesetzt werden soll. Um nun die Variablen dieser Gleichung vom Ständerkoordinatensystem d, q ins Läuferkoordinatensystem D, Q zu transformieren, benutzt man die Transformationsgleichungen

$$\begin{bmatrix} u_{dT} \\ u_{qT} \end{bmatrix} = \underline{C}^{-1} \begin{bmatrix} u_d \\ u_q \end{bmatrix} , \tag{3.124}$$

$$\begin{bmatrix} i_{dT} \\ i_{qT} \end{bmatrix} = \underline{C}^{-1} \begin{bmatrix} i_d \\ i_q \end{bmatrix} , \tag{3.125}$$

$$\begin{bmatrix} \psi_{dT} \\ \psi_{qT} \end{bmatrix} = \underline{C}^{-1} \begin{bmatrix} \psi_d \\ \psi_q \end{bmatrix} . \tag{3.126}$$

Damit wird aus (3.122) und (3.123)

$$\begin{bmatrix} u_{dT} \\ u_{qT} \end{bmatrix} = \underline{C}^{-1} \left\{ R_S \underline{C} \begin{bmatrix} i_{dT} \\ i_{qT} \end{bmatrix} + \frac{d}{dt} \underline{C} \begin{bmatrix} \psi_{dT} \\ \psi_{qT} \end{bmatrix} \right\} =$$

$$= R_S \begin{bmatrix} i_{dT} \\ i_{qT} \end{bmatrix} + \frac{d}{dt} \begin{bmatrix} \psi_{dT} \\ \psi_{qT} \end{bmatrix} + \frac{d\vartheta}{dt} \begin{bmatrix} 0 & -1 \\ 1 & 0 \end{bmatrix} \begin{bmatrix} \psi_{dT} \\ \psi_{qT} \end{bmatrix} \tag{3.127}$$

mit

$$\begin{bmatrix} \psi_{dT} \\ \psi_{qT} \end{bmatrix} = L_S \begin{bmatrix} i_{dT} \\ i_{qT} \end{bmatrix} + \begin{bmatrix} \psi_{dT}^* \\ \psi_{qT}^* \end{bmatrix} . \tag{3.128}$$

Genauso verfährt man mit den Koppelgleichungen (3.101) bis (3.103) und erhält

$$\begin{bmatrix} \psi_{dT}^* \\ \psi_{qT}^* \end{bmatrix} = M_{LS} \begin{bmatrix} i_D \\ i_Q \end{bmatrix} + M_{FS} \begin{bmatrix} i_F \\ 0 \end{bmatrix} , \tag{3.129}$$

$$\begin{bmatrix} \psi_D^* \\ \psi_Q^* \end{bmatrix} = M_{LS} \begin{bmatrix} i_{dT} \\ i_{qT} \end{bmatrix} + M_{FL} \begin{bmatrix} i_F \\ 0 \end{bmatrix} , \tag{3.130}$$

$$\psi_F^* = M_{SF}\, i_{dT} + M_{FL}\, i_D . \tag{3.131}$$

Die Gleichungen (3.107) bis (3.109) und (3.112) bis (3.114) des Läufers gelten unverändert.

Man sieht, daß jetzt im Gleichungssystem die Matrix $\underline{C}$ verschwunden ist. Eine Koordinatentransformation zur Verknüpfung der Läufergleichungen mit den Ständergleichungen ist nicht mehr erforderlich. Das bedeutet, daß man sich jetzt alle Wicklungen in einem Koordinatensystem vorstellen kann. Es gilt also der in Bild 3/36 dargestellte Ersatzschaltplan. Allerdings sind nicht nur

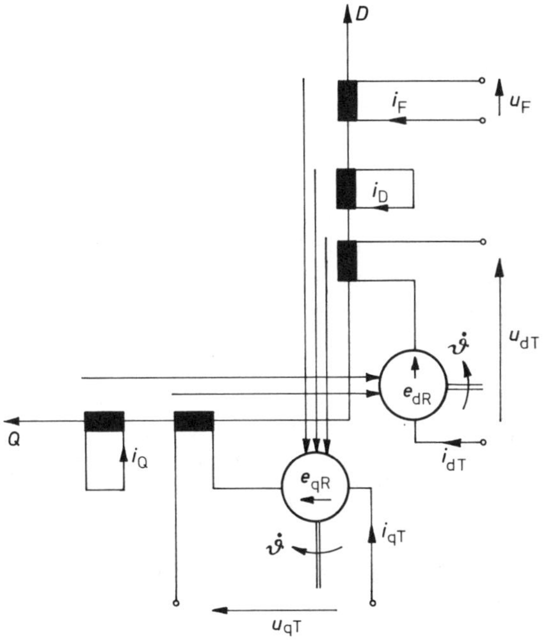

Bild 3/36. Ersatzschaltplan der Synchronmaschine nach Transformation der Ständerwicklungen ins Läufer-Koordinatensystem

die in derselben Achse liegenden Wicklungen miteinander gekoppelt; über den Rotationsterm

$$\begin{bmatrix} e_{dR} \\ e_{qR} \end{bmatrix} = \frac{d\vartheta}{dt} \begin{bmatrix} 0 & -1 \\ 1 & 0 \end{bmatrix} \begin{bmatrix} \psi_{dT} \\ \psi_{qT} \end{bmatrix} = \begin{bmatrix} \psi_{qT} \\ \psi_{dT} \end{bmatrix} \tag{3.132}$$

entsteht auch eine Querkopplung. Das ist in Bild 3/36 durch die beiden Urspannungsquellen angedeutet. Durch die angewandte Transformation hat sich die Beschreibung der Maschine stark vereinfacht. Es ist sozusagen eine Gleichstrommaschine entstanden. Würde man die Ersatzmaschine mit konstanter Winkelgeschwindigkeit $\dot{\vartheta}$ antreiben und an die Feldwicklung eine ebenfalls konstante Erregerspannung u_F legen, dann könnte man bei u_{dT} und u_{qT} Gleichspannungen abnehmen. Ob der Ersatzschaltplan für die Beschreibung der Synchronmaschine tatsächlich eine Vereinfachung bringt, wird sich zeigen, nachdem man die tatsächlich an den Ständerwicklungen liegenden Spannungen ins Läuferkoordinatensystem transformiert hat. Wird die

Maschine an ein Drehstromnetz angeschlossen, liegen an den Wicklungen a, b und c des Ständers um $\frac{2\pi}{3}$ gegeneinander phasenverschobene Spannungen mit der Amplitude $\hat{u}$ und der Frequenz ω. Der Ständerspannungsvektor lautet also

$$\begin{bmatrix} u_a \\ u_b \\ u_c \end{bmatrix} = \hat{u} \begin{bmatrix} \sin\omega t \\ \sin\left(\omega t - \frac{2\pi}{3}\right) \\ \sin\left(\omega t + \frac{2\pi}{3}\right) \end{bmatrix} = \hat{u} \begin{bmatrix} \sin\omega t \\ -\cos\left(\omega t - \frac{\pi}{6}\right) \\ \cos\left(\omega t + \frac{\pi}{6}\right) \end{bmatrix} . \qquad (3.133)$$

Dieser Vektor wird nun zuerst mit Hilfe der Matrix $\underline{A}$, (3.75), in das rechtwinklige Ständerkoordinatensystem und dann weiter mit der Matrix $\underline{C}^{-1}$ ins Läuferkoordinatensystem transformiert. Führt man diese Operation

$$\begin{bmatrix} u_{dT} \\ u_{qT} \end{bmatrix} = \frac{2}{3} \begin{bmatrix} \cos\vartheta & \sin\vartheta \\ -\sin\vartheta & \cos\vartheta \end{bmatrix} \times \begin{bmatrix} 1 & -\sin\frac{\pi}{6} & -\sin\frac{\pi}{6} \\ 0 & \cos\frac{\pi}{6} & -\cos\frac{\pi}{6} \end{bmatrix} \begin{bmatrix} u_a \\ u_b \\ u_c \end{bmatrix} . \qquad (3.134)$$

mit dem Spannungsvektor nach (3.133) durch, so erhält man das erstaunliche Ergebnis

$$\begin{bmatrix} u_{dT} \\ u_{qT} \end{bmatrix} = \hat{u} \begin{bmatrix} \sin\delta \\ \cos\delta \end{bmatrix} . \qquad (3.135)$$

Dabei wird

$$\delta = \vartheta - \omega t \qquad (3.136)$$

als *Polradwinkel* bezeichnet. Diese einfache Gestalt des transformierten Netzspannungsvektors bedeutet eine spürbare Vereinfachung des mathematischen Modells. Zum Zeichnen des Strukturbildes benötigt man (3.107) bis (3.109), (3.112) bis (3.114), (3.115), (3.116), (3.117), (3.127) bis (3.131), (3.135), (3.136). Bild 3/37 zeigt das Ergebnis. Man sieht, daß sich gegenüber Bild 3/35 der Umfang schon stark verringert hat. Die vereinfachte Struktur eignet sich schon gut für die Simulation auf dem Analogrechner oder mit einem Digitalprogramm.

Die bisher vorgenommene Vereinfachung beinhaltet noch keine Vernachlässigung gegenüber dem ursprünglichen Modell nach Bild 3/35. Es wurde lediglich eine Umformung für den Sonderfall des Betriebs der Maschine an einem starren, symmetrischen Drehstromnetz durchgeführt. Oft ist es von Nutzen, das mathematische Modell eines Systems durch Vernachlässigung so weit zu vereinfachen, daß es nur noch die wesentlichen Eigenschaften des Systems enthält. Man bekommt dadurch einen besseren Einblick in das Systemverhalten. Vielfach ist eine Vereinfachung auch erforderlich, um Analyse- und Entwurfsverfahren anwenden zu können. Deswegen soll versucht werden, das letzte Modell der Synchronmaschine weiter zu vereinfachen.

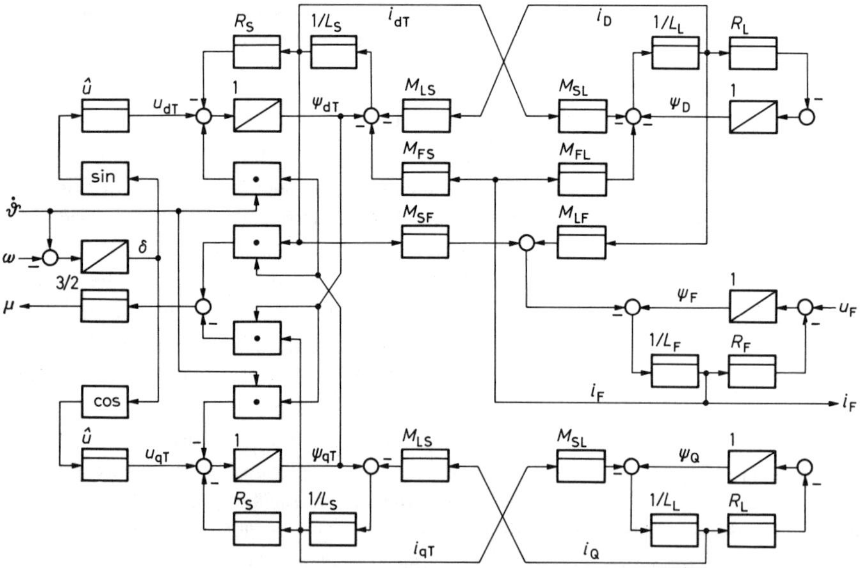

Bild 3/37. Strukturbild der Synchronmaschine für Betrieb am starren Netz

Nun erhebt sich die Frage, wie man dabei vorgeht. Betrachtet man das Gleichungssystem oder das zugehörige Strukturbild 3/37, wird man sich kaum in der Lage sehen, eine Entscheidung über zulässige Vernachlässigungen zu treffen. Selbst wenn die Zahlenwerte aller Konstanten gegeben sind, wird die Aufgabe nicht viel leichter. Es sind zusätzliche Angaben erforderlich, wie Erfahrungen aus Messungen und Untersuchungen bei ähnlichen Maschinen oder Angaben des Herstellers zum Betriebsverhalten.

Ein erster Anhaltspunkt für eine mögliche Vereinfachung ist die Kenntnis, daß die Dämpferwicklungen im Effekt ein geschwindigkeitsproportionales Dämpfungsmoment erzeugen. Man kann damit die Dämpfungswirkung auch näherungsweise durch

$$\mu_D = D \frac{d\delta}{dt} \tag{3.137}$$

beschreiben. Zur Bestimmung der Dämpfungskonstanten D verwendet man den in den Maschinendaten meist für das Nenndrehmoment μ_N angegebenen Schlupf S_A für asynchronen Betrieb. Es ist dann

$$D = \frac{\mu_N}{\omega S_A} \; . \tag{3.138}$$

Nachdem man die Dämpfungswirkung wie angegeben berücksichtigt hat, kann man die Gleichungen für die Dämpferwicklungen aus dem System streichen.

Zu einer weiteren Vernachlässigung führt folgende Überlegung. Die Synchronmaschine läuft im Betrieb mit der Winkelgeschwindigkeit

$$\dot{\vartheta} = \dot{\delta} + \omega \; . \tag{3.139}$$

ω ist die konstante, der Netzfrequenz entsprechende synchrone Winkelgeschwindigkeit. Sie ist überlagert von dem dynamischen Anteil $\dot{\delta}$ der Läuferpendelung. Nimmt man an, daß der Polradwinkel Schwingungen mit der Amplitude $\hat{\delta}$ und der Frequenz ω_δ ausführen kann, dann ist für den extremen Fall der ungedämpften Schwingung

$$\delta = \hat{\delta} \sin \omega_\delta t \; , \tag{3.140}$$

$$\dot{\delta} = \hat{\delta}\, \omega_\delta \cos \omega_\delta t \; . \tag{3.141}$$

Wenn man nun feststellt, daß

$$\hat{\dot{\delta}}_{max} = \hat{\delta}_{max}\, \omega_\delta << \omega \tag{3.142}$$

ist, kann man zur Linearisierung von (3.127)

$$\dot{\delta} = \omega \tag{3.143}$$

setzen. Tatsächlich liegt, wie man aus Erfahrung oder aus Angaben des Maschinenherstellers weiß, ω_δ ungefähr bei $\omega/30$. Die Pendelamplitude $\hat{\delta}$ kann maximal $\pi/2$ betragen. Darüber wird die Maschine ohnehin instabil. Damit findet man, daß voraussichtlich

$$\dot{\delta}_{max} < \frac{\omega}{20} \text{ ist.} \tag{3.144}$$

Damit kann man es als zulässig ansehen, in (3.127) näherungsweise $d\vartheta/dt = \omega$ zu setzen.

Bevor weitere Vereinfachungen vorgenommen werden, kann man sich die Auswirkung der bisherigen am Strukturbild veranschaulichen. Dazu wird zunächst das reduzierte Gleichungssystem angeschrieben.

Läufer (ohne Dämpfer, gemäß (3.109) und (3.114):

$$u_F = R_F\, i_F + \frac{d\psi_F}{dt} \; , \tag{3.145}$$

$$\psi_F = L_F\, i_F + \psi_F^* \; . \tag{3.146}$$

Ständer, gemäß (3.127) und (3.128) mit (3.143):

$$u_{dT} = R_S\, i_{dT} + \frac{d\psi_{dT}}{dt} - \omega\, \psi_{qT} \; , \tag{3.147}$$

$$u_{qT} = R_S\, i_{qT} + \frac{d\psi_{qT}}{dt} + \omega\, \psi_{dT} \; , \tag{3.148}$$

$$\psi_{dT} = L_S\, i_{dT} + \psi_{dT}^* \; , \tag{3.149}$$

$$\psi_{qT} = L_S\, i_{qT} \; . \tag{3.150}$$

Kopplung, gemäß (3.131) und (3.129):

$$\psi_F^* = M_{SF}\, i_{dT} \; , \tag{3.151}$$

$$\psi_{dT}^* = M_{FS}\, i_F \; . \tag{3.152}$$

Netzspannung, gemäß (3.135):

$$u_{dT} = -\hat{u} \sin\delta \; , \tag{3.153}$$

$$u_{qT} = \hat{u} \cos\delta \; . \tag{3.154}$$

Drehmoment, gemäß (3.115) mit Berücksichtigung der Polpaarzahl Z_p:

$$\mu = \frac{3Z_p}{2} \left(i_{qT}\, \psi_{dT} - i_{dT}\, \psi_{qT} \right) \; . \tag{3.155}$$

Winkelgeschwindigkeit:

$$\dot{\vartheta} = Z_p\, \dot{\varphi}_R \; . \tag{3.156}$$

Bewegungsgleichung des Läufers:

$$\Theta_R\, \ddot{\varphi}_R = \mu - \mu_L - \mu_D \; . \tag{3.157}$$

Dabei ist μ_L das außen angreifende Antriebsmoment des Generators.

Dämpfungsmoment:

$$\mu_D = D\,\dot{\delta}\ . \tag{3.158}$$

Bild 3/38 zeigt das zu diesem Gleichungssystem gehörende Strukturbild. Dabei wurde noch die Gleichung für das Drehmoment (3.155) durch Einsetzen von (3.149) und (3.150) vereinfacht:

$$\mu = \frac{3Z_p M_{FS}}{2L_S}\,\psi_{qT}\, i_F = K_M\, \psi_{qT}\, i_F\ . \tag{3.159}$$

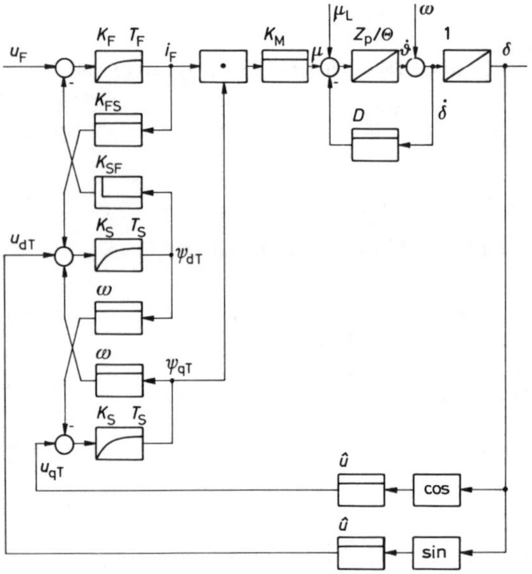

Bild 3/38. Vereinfachtes Strukturbild der Synchronmaschine

Außerdem wurden (3.145), (3.147) und (3.148) unter Verwendung der Koppelgleichungen wie folgt umgeformt:

$$\frac{1}{K_F}\left[T_F\frac{di_F}{dt} + i_F\right] = u_F - K_{SF}\frac{d\psi_{dT}}{dt}\ , \tag{3.160}$$

$$\frac{1}{K_S}\left[T_S\frac{d\psi_{dT}}{dt} + \psi_{dT}\right] = u_{dT} + \omega\,\psi_{qT} + K_{FS} i_F\ , \tag{3.161}$$

$$\frac{1}{K_S}\left[T_S\frac{d\psi_{qT}}{dt} + \psi_{qT}\right] = u_{qT} - \omega\,\psi_{dT}\ . \tag{3.162}$$

Wie man sieht, ergeben sich P-T_1-Glieder mit den rechts stehenden Summen als Eingangsgrößen. Für die Konstanten erhält man:

Feldkonstante $\quad K_F = \frac{1}{R_F}\ ,\qquad (3.163)$

Feldzeitkonstante $\quad T_F = \frac{L_F}{R_F}\left[1 - \frac{M_F^2}{L_F R_F}\right]\ ,\qquad (3.164)$

Ständerkonstante $\quad K_S = \frac{L_S}{R_S}\ ,$

Ständerzeitkonstante $\quad T_S = \frac{L_S}{R_S}\ ,\qquad (3.165)$

Koppelfaktoren $\quad K_{SF} = \frac{M_{SF}}{L_S}\ ,\qquad (3.166)$

$$K_{FS} = \frac{M_{FS}}{L_S} R_S\ . \tag{3.167}$$

Das System nach Bild 3/38 ist nun schon viel einfacher und übersichtlicher geworden. Allerdings ist der von der Ausgangsgröße δ ausgehende Gegenkopplungszweig immer noch ziemlich kompliziert und in seiner Wirkung kaum überschaubar. Deshalb soll nach weiteren Vereinfachungen in diesem Zweig getrachtet werden. Man kann schon ahnen, daß sich eine starke Vereinfachung ergeben würde, wenn man die Verkopplung innerhalb des Rückkopplungszweiges beseitigen könnte. Einen Ansatzpunkt dazu bieten die P-T_1-Glieder mit der Zeitkonstanten T_S. Wenn sich herausstellt, daß

$$T_S << \frac{1}{\omega_\delta} \tag{3.168}$$

ist, dann kann man die Zeitkonstante T_S vernachlässigen. Ist außerdem

$$\omega^2 K_S << 1\ , \tag{3.169}$$

so kann schließlich für (3.161) und (3.162) geschrieben werden:

$$u_{dT} = -\omega\,\psi_{qT} - i_F K_{FS}\ , \tag{3.170}$$

$$u_{qT} = \omega\,\psi_{dT}\ . \tag{3.171}$$

Jetzt stört nur noch die Feldstromrückwirkung in (3.170). Ein Blick auf (3.167) zeigt, daß die Konstante K_{FS} den sehr kleinen Widerstand R_S der Ständerwicklung enthält. Wenn man die Wirkung dieses Widerstands vernachlässigt und $R_S = 0$ setzt, erhält man anstelle von (3.170)

$$u_{dT} = -\omega\,\psi_{qT}\ . \tag{3.172}$$

Die Rückwirkung des Polradwinkels δ läßt sich nunmehr wie folgt beschreiben:

$$\psi_{qT} = -\frac{1}{\omega}u_{dT} = -\frac{\hat{u}}{\omega}\sin\delta\ , \tag{3.173}$$

$$\psi_{dT} = \frac{1}{\omega} u_{qT} = \frac{\hat{u}}{\omega}\cos\delta \ . \qquad (3.174)$$

In (3.160) wird die Ableitung

$$\dot{\psi}_{dT} = -\frac{\hat{u}}{\omega}\,\dot{\delta}\sin\delta \quad \text{benötigt.} \qquad (3.175)$$

Damit ergibt sich schließlich die in Bild 3/39 dargestellte einfache Struktur. Die Konstanten dafür sind in Tabelle 3/1 links angegeben.

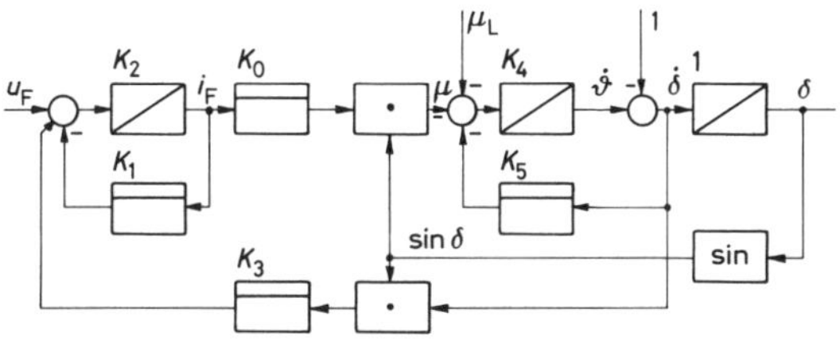

Bild 3/39. Weiter vereinfachtes Strukturbild der Synchronmaschine

Tabelle 3/1. Konstanten zum Strukturbild 3/39

Konstante	für ursprüngliche Gleichungen	für bezogene Gleichungen
K_0	$\frac{3Z_p M_{FS}\hat{u}_N}{2L_S\,\omega}$	$\frac{Z_p M_{FS} i_{FN}}{L_S\, i_N} = \frac{Z_p}{X_S}$
K_1	R_F	$\frac{R_F i_{FN}}{u_{FN}} = 1$
K_2	$\frac{1}{L_F\sigma}$	$\frac{u_{FN}}{L_F\sigma\omega i_{FN}} = \frac{1}{X_F\,\sigma}$
K_3	$\frac{M_{FS}\hat{u}_N}{L_S\omega}$	$\frac{M_{FS}\ \hat{u}_N}{L_S\ u_{FN}} = (1-\sigma)X_F$
K_4	$\frac{Z_p}{\Theta}$	$\frac{3Z_p\hat{u}_N\hat{i}_N}{2\ \Theta\ \omega^3} = \frac{1}{Z_p T_A}$
K_5	D	$\frac{2D\omega^2}{3\hat{u}_N\hat{i}_N} = \frac{Z_p^2 T_A D}{\Theta\,\omega}$

Im einschlägigen Schrifttum über die Dynamik der Wechselstrommaschine wird fast ausschließlich mit bezogenen Größen für die Variablen gearbeitet. Dementsprechend geben auch die Maschinenhersteller die Daten als Konstanten solcher bezogenen Gleichungen an. Als Bezugswerte werden die folgenden Nenndaten verwendet:

Ständerspannung	$\hat{u}_N$,
Ständerstrom	$\hat{i}_N$,
Feldspannung	u_{FN} ,
Feldstrom	i_{FN} ,
Drehmoment	$\mu_N = \frac{3\hat{u}_N\hat{i}_N}{2\omega}$,
Drehzahl	$\dot{\vartheta}_N = \omega$,
Polradwinkel	$\delta_N = 1$.

Außerdem wird eine normierte Zeit $\bar{t}$ eingeführt, wobei der reziproke Wert der Netzfrequenz ω als Normierungsfaktor verwendet wird. Die normierten Variablen werden mit einem Querstrich versehen. Z.B. gilt für die Feldspannung

$$\bar{u}_F = \frac{u_F}{u_{FN}} \ . \qquad (3.176)$$

Zur Durchführung der Normierung wird von folgenden Gleichungen ausgegangen:

Feldgleichung, gemäß (3.160) und (3.175):

$$L_F\,\sigma\frac{d_{iF}}{dt} + R_F\,i_F = u_F + \frac{M_{FS}\hat{u}}{L_S\omega}\frac{d\delta}{dt}\sin\delta \qquad (3.177)$$

mit

$$\sigma = 1 - \frac{M_{FS}^2}{L_F L_S} \ . \qquad (3.178)$$

Drehmoment, gemäß (3.159) und (3.173):

$$\mu = -\frac{3Z_p M_{FS}\hat{u}}{2L_S\,\omega}\,i_F\sin\delta \ . \qquad (3.179)$$

Dämpfungsmoment:

$$\mu_D = D\,\dot{\delta} \ . \qquad (3.180)$$

Bewegungsgleichung, gemäß (3.156) und (3.157):

$$\frac{\Theta}{Z_p}\frac{d\dot{\vartheta}}{dt} = (\mu - \mu_L - \mu_D) \ , \qquad (3.181)$$

$$\frac{d\delta}{dt} = \dot{\vartheta} - \omega \ .$$

Die normierten Gleichungen lauten

$$\frac{L_F\,\sigma\, i_{FN}\,\omega}{u_{FN}}\frac{d\bar{i}_F}{d\bar{t}} + \frac{R_F\, i_{FN}}{u_{FN}}\bar{i}_F = \bar{u}_F + \frac{M_{FS}\hat{u}}{L_S u_{FN}}\sin\bar{\delta}\,\frac{d\bar{\delta}}{d\bar{t}} \ , \qquad (3.182)$$

$$\bar{\mu} = -\frac{Z_p M_{FS}\hat{u}\, i_{FN}}{L_S\hat{u}_N\,\hat{i}_N}\bar{i}_F\sin\bar{\delta} \ , \qquad (3.183)$$

$$\bar{\mu}_D = \frac{2D\omega^2}{3\hat{u}_N \hat{i}_N} \bar{\dot{\delta}} , \tag{3.184}$$

$$\frac{3\Theta\omega^3}{2Z_p \hat{u}_N \hat{i}_N} \frac{d\bar{\vartheta}}{d\bar{t}} = (\bar{\mu} - \bar{\mu}_L - \bar{\mu}_D) , \quad \frac{d\bar{\delta}}{d\bar{t}} = \bar{\dot{\vartheta}} - 1 . \tag{3.185}$$

Es werden nun folgende, auf dem Gebiet der elektrischen Maschinen üblichen Konstantenbezeichnungen eingeführt:

Feldreaktanz:

$$X_F = L_F \, \omega \frac{i_{FN}}{u_{FN}} , \tag{3.186}$$

Ständerreaktanz:

$$X_S = L_S \, \omega \frac{\hat{i}_N}{\hat{u}_N} , \tag{3.187}$$

Anlaufzeit:

$$T_A = \frac{2\Theta\,\omega^3}{3u_N \, i_N Z_p^2} . \tag{3.188}$$

Beachtet man weiter die stationär geltenden Beziehungen

$$u_{FN} = R_F \, i_{FN} \tag{3.189}$$

und

$$\hat{u}_N = M_{FS} \, \omega \, i_{FN} , \tag{3.190}$$

so erhält man für die Konstanten von Bild 3/39 die in Tabelle 3/1 rechts angegebene Form. Sie gelten für folgende Gleichungen:

$$\frac{di_F}{dt} = K_2(u_F - K_1 i_F + K_3 \, \dot{\delta} \sin\delta) , \tag{3.191}$$

$$\mu = -K_0 \, i_F \sin\delta , \tag{3.192}$$

$$\frac{d\dot{\vartheta}}{dt} = K_4(\mu - \mu_L - K_5 \, \dot{\delta}) . \tag{3.193}$$

Dieses Gleichungssystem gilt sowohl für die ursprünglichen als auch für die bezogenen Variablen.

Damit haben wir schließlich nach einem ursprünglich komplizierten Gleichungssystem ein recht einfaches Strukturbild erhalten. Freilich waren zur Durchführung dieser Vereinfachungen schon etwas tiefergehende Kenntnisse auf dem Gebiet der elektrischen Maschinen erforderlich. Aber wie wollte man ohne eine solche Vereinfachung die Entwurfsverfahren der Regelungstechnik anwenden. Man sieht also, daß im Vorfeld der eigentlichen Regelungstechnik oft ein beträchtlicher Aufwand in der Modellvereinfachung liegt.

Natürlich stellt sich auch noch die Frage, ob die vorgenommenen Vereinfachungen überhaupt zulässig waren. Um sie zuverlässig zu beantworten, wird man das vereinfachte Modell verifizieren müssen. Dies kann z.B. durch Vergleich mit dem nicht vereinfachten Modell durch Simulation, oder wenn die modellierte Maschine schon existiert und verfügbar ist, durch Vergleichsmessungen am realen Objekt geschehen.

Weiter ist zu bemerken, daß das vereinfachte Modell speziell auf die Untersuchung der im Kapitel 8 behandelten Polradwinkelregelung zugeschnitten ist. Würden in der Aufgabenstellung andere Regelgrößen wie z.B. Wirk- und Blindleistung, Drehzahl oder Frequenz auftreten, müßte die Modellvereinfachung anders angegangen werden.

Blicken wir abschließend noch einmal auf die umfangreichen Rechnungen zur Modellvereinfachung zurück, so wird einmal mehr deutlich, wie wichtig es ist, einmal erarbeitete Modelle sowie deren anwendungsspezifische Vereinfachungen in einem Modellkatalog einzubringen, der dann weltweit von interessierten Anwendern genutzt werden kann. Hierzu wäre freilich die Vereinheitlichung der Beschreibungsmethodik erforderlich, ein Fall für die Normung. Nur damit wird es möglich, daß der Regelungstechniker von der zeitraubenden und zugleich langweiligen Aufgabe der Erstellung komplizierter Modelle befreit wird, und er sich dann auf seine eigentliche Aufgabe, der Synthese von Regelungssystemen, konzentrieren kann.

3.2.4 Hydraulischer Stellantrieb

Bei der wichtigen technischen Aufgabe der gezielten Bewegung mechanischer Objekte spielt auch heute noch die hydraulische Antriebstechnik eine beträchtliche Rolle. Zwar ersetzt man zunehmend hydraulische Antriebe durch elektrische, insbesondere weil letztere wirtschaftlicher zu entwickeln und zu produzieren sind und weniger Wartungsaufwand erfordern, lediglich dort, wo eine hohe Leistungsumsetzung auf engem Raum bei gleichzeitig gutem Wirkungsgrad gefordert wird, hat der Hydraulikantrieb noch seinen Platz. Die Hilfsantriebe des Flugzeuges (Ruder, Klappen, Fahrwerk usw.) und des Kraftfahrzeuges (Bremsen, Kupplung, Motorsteuerung) sind Beispiele dafür. Abgesehen von der Antriebstechnik spielen auch in anderen Technologien wie z.B. bei chemischen Verfahrenstechniken hydraulische

Vorgänge beim Transport von Flüssigkeiten und Gasen eine wichtige Rolle. Es lohnt sich daher auch, ein etwas ausführlicheres Beispiel aus dem Gebiet der Hydraulik zu behandeln.

Eine in der hydraulischen Antriebstechnik häufig vorkommende Baugruppe ist der ventilgesteuerte Stellantrieb [3.20]. In Bild 3/40 ist eine derartige Anordnung schematisch dargestellt. Sie besteht aus einem meist über eine hydraulische Zwischenverstärkung elektrisch angetriebenen Ventil, das der Steuerung des Flüssigkeitsstroms dient, und einem Arbeitszylinder zur Umformung der so dosierten hydraulischen Energie in die mechanischen Größen Kraft und Geschwindigkeit. Das Ventil besteht aus vier Blenden mit veränderbarem Querschnitt, die wie veränderbare hydraulische Widerstände wirken. Man kann diese Blenden auch als hydraulische Verstärkerelemente bezeichnen, da sie es gestatten, in Abhängigkeit von einer Steuergröße geringerer Leistung eine Flüssigkeitsströmung zu beeinflussen, die ein Vielfaches der Steuerleistung haben kann.

Bei einer Drosselblende besteht zwischen dem Durchfluß q und dem Druckabfall Δp der folgende Zusammenhang:

$$\Delta p = \frac{\rho}{2} \frac{q^2}{(\alpha a)^2} \; . \qquad (3.194)$$

Dabei ist ρ die spezifische Dichte der Hydraulikflüssigkeit und a die Querschnittsfläche der Drosselöffnung. Die Kontraktionsziffer α ist ein Maß für die Einschnürung des Flüssigkeitsstrahls nach dem Durchströmen der Drosselstelle. Die Gleichung gibt also gerade den dynamischen Druckabfall an, der nach dem Bernoullischen Gesetz beim Übergang von einem sehr großen Querschnitt auf den Querschnitt αa auftritt. Bei einer schroffen Querschnittveränderung, wie sie bei einer Drosselstelle vorliegt, kommt es bei der anschließenden Querschnitterweiterung nicht wieder zu einem Druckanstieg, so daß der gesamte Bernoullische Druckabfall als Druckverlust auftritt. Die dabei entstehende Verlustenergie führt im wesentlichen durch Verwirbelung im Bereich der Querschnitterweiterung zu einer Erwärmung der Flüssigkeit. Die Ableitung von (3.194) für den Druckverlust, die z.B. durch Anwenden des Impulssatzes [3.21] gefunden werden kann, basiert auf der Beobachtung typischer Erscheinungen bei der Flüssigkeitsströmung durch eine Drosselblende. Gleichung (3.194) beschreibt daher den Druckverlust an einer Blende nur dann richtig, wenn die Strömung gerade die Merkmale der zur Ableitung der Gleichung zugrunde gelegten Beobachtungen hat. Da dies in den allermeisten Fällen für (3.194) zutrifft, soll diese Form der Beschreibung einer Drosselblende weiterhin benutzt, aber trotzdem die Möglichkeit im Auge behalten werden, daß auch ein anderes Strömungsverhalten möglich sein kann. Dies soll dadurch zum Ausdruck gebracht werden, daß anstelle der Kontraktionsziffer α der allgemeine Drosselbeiwert C_d gesetzt wird. Außerdem soll noch

$$a = a_m A \; , \quad 0 \leq A \leq +1 \qquad (3.195)$$

gesetzt werden, wobei a_m die maximale Öffnungsfläche und A den Öffnungsgrad (bezogene Öffnungsfläche) bedeutet. Des weiteren muß berücksichtigt werden, daß das Vorzeichen des Druckverlustes von der Strömungsrichtung und damit vom Vorzeichen des Durchflusses q abhängt. Unter Berücksichtigung dieser zusätzlichen Fakten erhält man die folgende Form der Druckverlustgleichung

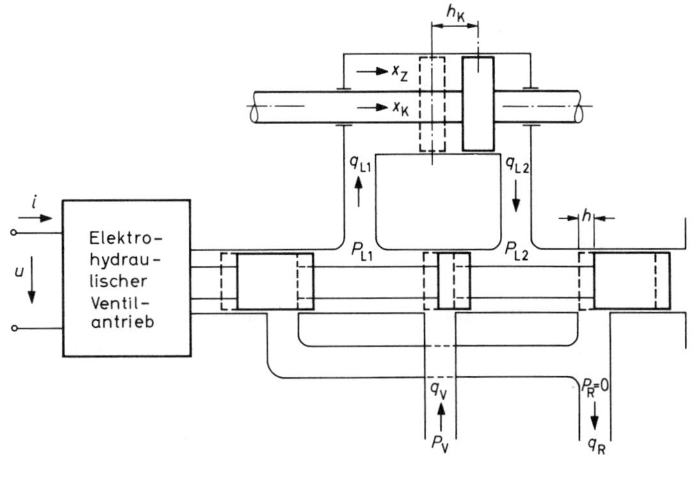

Bild 3/40. Schematische Darstellung eines ventilgesteuerten Hydraulikantriebs

$$\Delta p = \frac{R_m}{A^2} q|q| \quad \text{mit} \tag{3.196}$$

$$R_m = \frac{\rho}{2C_d^2 a_m^2} . \tag{3.197}$$

Dabei ist R_m der geringste hydraulische Widerstand. Das ist der Strömungswiderstand der voll geöffneten Blende, also für A = 1.

Die Umkehrung von (3.196) lautet

$$q = A\sqrt{\frac{|\Delta p|}{R_m}} \operatorname{sgn} \Delta p . \tag{3.198}$$

Es soll nun noch einiges über die Bestimmung des Drosselbeiwerts C_d gesagt werden. Versuchsergebnissen, wie sie in der Literatur [3.21] für alle möglichen Blendenformen veröffentlicht wurden, entnimmt man im wesentlichen folgendes:

Der Drosselbeiwert C_d hängt von der Reynoldsschen Zahl und vom Querschnittverlauf (in Strömungsrichtung) des Drosselkanals ab. Es ergibt sich ein Verlauf gemäß Bild 3/41. Aufgetragen ist der Drosselbeiwert

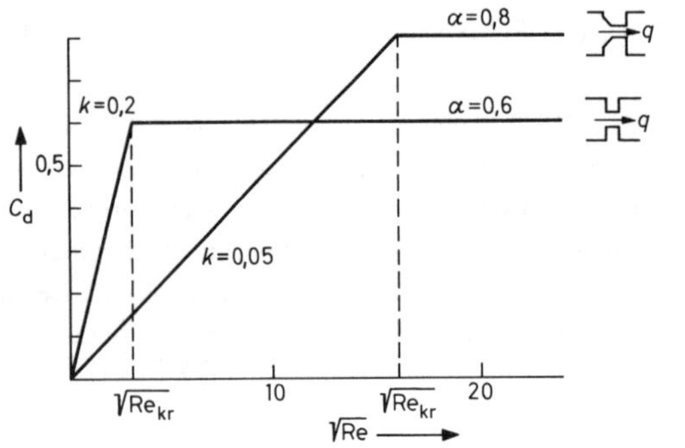

Bild 3/41. Abhängigkeit des Drosselbeiwerts von der Reynoldsschen Zahl und dem Verlauf des Strömungskanals

als Funktion der Wurzel aus der Reynoldsschen Zahl für zwei typische Querschnittverläufe der Drosselstelle. Es treten zwei Bereiche auf, der Bereich turbulenter Strömung mit

$$C_d = \alpha \tag{3.199}$$

und der laminare Strömungsbereich, wo

$$C_d = k\sqrt{Re} \tag{3.200}$$

gilt. Die Grenze zwischen beiden Strömungsbereichen ist die kritische Reynoldszahl Re_{kr}. Freilich ist diese Grenze in Wirklichkeit nicht so scharf, wie in Bild 3/41 idealisiert dargestellt. In diesem Übergangsbereich zwischen den beiden Strömungsarten kommen verschiedene Imponderabilien ins Spiel, die eine exakte Aussage über den Kurvenverlauf nicht zulassen. Im allgemeinen genügt es jedoch, von dem angegebenen mittleren Verlauf auszugehen.

Die Reynoldssche Zahl ist eine dimensionslose Größe, die alle mit einem Flüssigkeitsstrom in Verbindung stehenden Größen enthält. Sie charakterisiert so gewissermaßen die Qualität der Flüssigkeitsströmung. Die Zahl ist folgendermaßen definiert:

$$Re = \frac{d|q|}{\nu\, a} . \tag{3.201}$$

Dabei ist ν die kinematische Zähigkeit der Flüssigkeit, d ist der Durchmesser eines Stromfadens im Drosselquerschnitt. q = aw (w Strömungsgeschwindigkeit) ist die Volumendurchfluß-Geschwindigkeit. Für einen länglichen Drosselschlitz, wie er beim Stellventil normalerweise vorliegt, kann man d gleich der Schlitzhöhe setzen, und man erhält mit der Schlitzbreite b für kleine Öffnungsflächen des Ventils

$$a = db . \tag{3.202}$$

Mit (3.199) bis (3.202) erhält nun (3.196) folgende Gestalt:

$$\Delta p = \frac{R_m}{A^2} \begin{cases} |q|\, q & \text{für} \quad q > q_{kr} \\ q_{kr}\, q & \text{für} \quad q < q_{kr} \end{cases} \tag{3.203}$$

mit dem kritischen Durchfluß

$$q_{kr} = \frac{b\nu\alpha^2}{k^2} . \tag{3.204}$$

Die Umkehrfunktion zu (3.203) lautet

$$q = \begin{cases} \sqrt{|W|} \operatorname{sgn} W & \text{für } |W| > q_{kr}^2 \\ \dfrac{W}{q_{kr}} & \text{für } |W| < q_{kr}^2 \end{cases} \tag{3.205}$$

mit

$$W = \frac{A^2 \Delta p}{R_m} . \tag{3.206}$$

Bild 3/42 zeigt die graphische Darstellung dieser Drosselkennlinie. Meistens kann man den laminaren Strömungsbereich vernachlässigen und mit den einfacheren Gleichungen (3.196) bzw. (3.198) rechnen. Wenn man ein Hydrauliksystem mit diesen Gleichungen simluiert, stellt man zwar meist nur eine geringfügige Abweichung von der Wirklichkeit fest, doch kann es je nach Simulationstechnik zu Realisierungsschwierigkeiten kommen, weil die Kennlinie nach Gleichung (3.198) für $\Delta p = 0$ unendliche Steigung hat. Sie lassen sich beheben, wenn man den laminaren Strömungsbereich mitberücksichtigt. Dies kann in der vereinfachten Form

$$\Delta p = \frac{R_m}{A^2}\, q\,|q| + k\, q \tag{3.207}$$

geschehen, wobei man

$$k = (0{,}05 \ldots 0{,}1)\, \frac{\Delta p_N}{q_N} \tag{3.208}$$

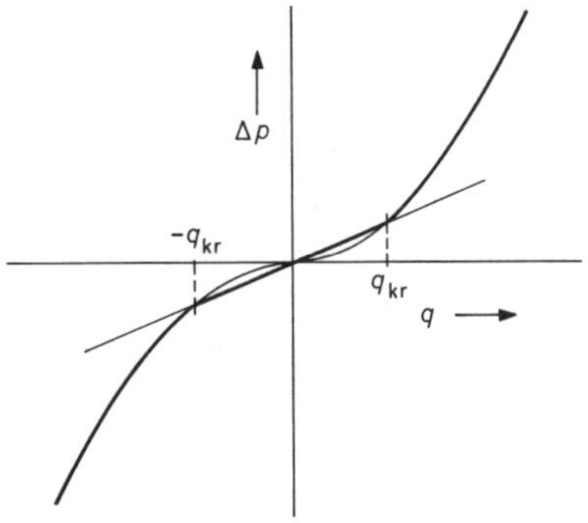

Bild 3/42. Drosselkennlinie bei Berücksichtigung des laminaren Strömungsbereichs

wählen kann. Δp_N und q_N sind die Nennwerte von Druck und Durchfluß des Ventils.

Zur Konstantenbestimmung braucht man sich in der Praxis nicht mit der Drosselgeometrie und den Strömungsverhältnissen zu befassen. Man entnimmt die benötigten Daten den vom Ventilhersteller gelieferten Unterlagen. Angegeben ist dabei meist ein Kennlinienfeld $\Delta p = f(q)$ mit der Ventilöffnung A als Parameter. Man nimmt davon die Kurve für $A = 1$, also für voll geöffnetes Ventil und daraus ein beliebiges Wertepaar Δp_1, q_1. Damit kann man durch Anwenden von (3.196) den minimalen hydraulischen Widerstand berechnen:

$$R_m = \frac{\Delta p_1}{q_1^2}\,. \tag{3.209}$$

Dabei handelt es sich um den Gesamtwiderstand des Ventils. Besteht ein Ventil aus einem System mehrerer Blenden, dann müssen daraus noch die einzelnen Blendwiderstände berechnet werden. Dafür und auch für sonstige Berechnungen hydraulischer Kreise benötigt man noch die Formeln für die Reihen- und Parallelschaltung von hydraulischen Widerständen. Für die Reihenschaltung gilt

$$\Delta p = \Delta p_1 + \Delta p_2 = R_1 q^2 + R_2 q^2 = R\, q^2 \tag{3.210}$$

und daher

$$R = R_1 + R_2\,. \tag{3.211}$$

Für die Parallelschaltung gilt

$$q = q_1 + q_2 = \sqrt{\frac{\Delta p}{R_1}} + \sqrt{\frac{\Delta p}{R_2}} = \left[\sqrt{\frac{1}{R_1}} + \sqrt{\frac{1}{R_2}}\right]\sqrt{\Delta p} =$$

$$= \sqrt{\frac{1}{R}}\,\sqrt{\Delta p}\,. \tag{3.212}$$

Daher ist

$$\sqrt{R} = \frac{1}{\dfrac{1}{\sqrt{R_1}} + \dfrac{1}{\sqrt{R_2}}} = \frac{\sqrt{R_1 R_2}}{\sqrt{R_1} + \sqrt{R_2}}\,. \tag{3.213}$$

Das Vierwegeventil gemäß Bild 3/40 ist aus vier Drosselblenden aufgebaut, die über eine starre Kopplung gleichzeitig verstellt werden. Betrachtet man die Blenden als verstellbare hydraulische Widerstände, kann man den Schaltplan Bild 3/43 zeichnen. Zur Beschrei-

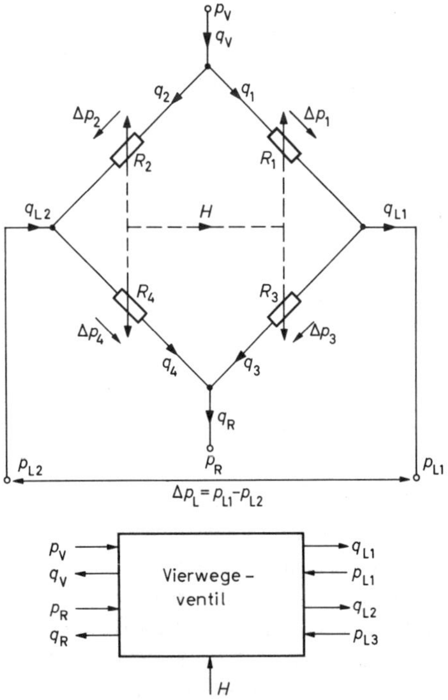

Bild 3/43. Blendenschaltplan und Funktionsblocksymbol eines hydraulischen Vierwegeventils bung dieser Anordnung kann man genau wie in der Elektrotechnik Knotenpunkt-, Maschen- und Widerstandsgleichungen aufstellen. Man erhält so folgendes Gleichungssystem:

Widerstandsgleichungen:

$$q_i = f\left[A_i^2 \frac{\Delta p_i}{R_{m,i}}\right], \quad i = 1,\ldots,4 \,. \tag{3.214}$$

Dabei hat man für f entweder (3.205) oder (3.198) zu setzen, je nachdem, ob man den laminaren Strömungsbereich berücksichtigen möchte oder nicht.

Knotenpunktgleichungen:

$$\begin{aligned} q_v &= q_1 + q_2 \,, \\ q_R &= q_3 + q_4 \,, \\ q_{L1} &= q_1 - q_3 \,, \\ q_{L2} &= q_4 - q_2 \,. \end{aligned} \tag{3.215}$$

Maschengleichungen:

$$\begin{aligned} \Delta p_1 &= p_v - p_{L1} \,, \\ \Delta p_2 &= p_v - p_{L2} \,, \\ \Delta p_3 &= p_{L1} - p_R \,, \\ \Delta p_4 &= p_{L2} - p_R \,. \end{aligned} \tag{3.216}$$

Bei dem in Bild 3/40 dargestellten Ventil handelt es sich um eine Ausführung mit geschlossener Mittelstellung. Bei dieser Ventilbauart, die normalerweise in Leistungsstufen verwendet wird, sind in der Mittelstellung, also für H = 0, alle vier Blenden gerade geschlossen. Für H > 0 öffnen sich die Blenden 1 und 4, während die Blenden 2 und 3 geschlossen bleiben. Für H < 0 ist es umgekehrt. Dieser Sachverhalt läßt sich wie folgt ausdrücken:

$$A_1 = A_4 = \begin{cases} 0 & \text{für} \quad H \le 0 \\ H & \text{für} \quad H > 0 \end{cases}\,,$$
$$A_2 = A_3 = \begin{cases} 0 & \text{für} \quad H \ge 0 \\ -H & \text{für} \quad H < 0 \end{cases}\,. \tag{3.217}$$

In Wirklichkeit ergeben sich Abweichungen von diesem idealen Kennlinienverlauf, da infolge von Fertigungstoleranzen auch bei gerade geschlossenem Schieber noch etwas Lecköl durch die Blenden strömen kann. Bild 3/44 zeigt den realen Verlauf der Flächenkennlinien im Vergleich zum idealisierten. Es ist auch leicht möglich, Ventile mit Über- oder Unterlappung der Blendenöffnungen nachzubilden. Dazu braucht man nur die Kennlinien längs der Abszissenachse zu verschieben.

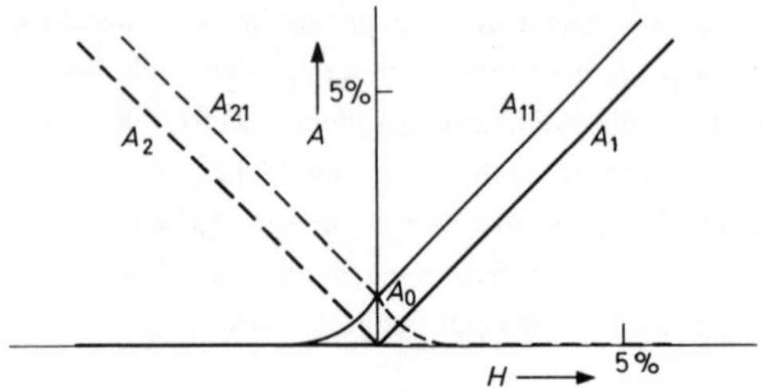

Bild 3/44. Flächenkennlinien eines hydraulischen Schieberventils: idealisierter Verlauf A_1, A_2 und realer Verlauf A_{11}, A_{12}

Die Strukturdarstellung des nullschlüssigen Ventils, Gleichungen (3.214) bis (3.217), ist in Bild 3/45 gezeigt. Die Nachbildung in dieser exakten Form ist nur erforderlich, wenn es darum geht, den Einfluß des Ventils bei kleinen Aussteuerungen genau zu studieren, z.B. um Entwurfsarbeiten am Ventil selbst durchzuführen. Bei der Ventilnachbildung im Rahmen eines komplexen Systems wird man mit Rücksicht auf den Gesamtumfang der Systembeschreibung eine möglichst einfache, gerade die interessierenden Eigenschaften erfassende Struktur anstreben.

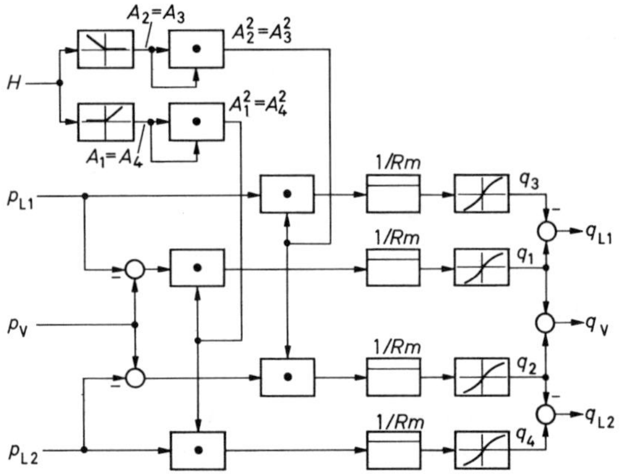

Bild 3/45. Strukturbild des Vierwegeventils

Die weitestgehende Vereinfachung läßt sich erzielen, wenn man für die Lastdurchflüsse die Voraussetzung

$$q_{L1} = q_{L2} = q_L \tag{3.218}$$

machen kann. Das ist bei der normalen Anwendung eines Ventils zur Steuerung eines Hydraulikmotors auch der Fall, es sei denn, daß in den Motor auf der einen Seite mehr Öl hineinfließt als auf der anderen Seite herauskommt. Das kommt jedoch nur in speziellen Fällen vor, z.B. infolge Hohlraumbildung *(Kavitation)* oder unterschiedlicher Ölkompressibilität auf den beiden Motorseiten.

Da beim nullschlüssigen Ventil nach (3.217) immer nur zwei Blenden geöffnet sind, kann man zur Beschreibung der Brückenschaltung (Bild 3/43) folgende beiden Fälle unterscheiden:

1. H > 0 (Blenden 1 und 4 geöffnet)

$$q_L = q_1 = f\left[\frac{A_1^2}{R_m}\,\Delta p_1\right],$$

$$p_v = 2\,\Delta p_1 + \Delta p_L \;.$$

2. H < 0 (Blenden 2 und 3 geöffnet)

$$q_L = -q_2 = -f\left[\frac{A_2^2}{R_m}\,\Delta p_2\right] = f\left[-\frac{A_2^2}{R_m}\,\Delta p_2\right],$$

$$p_v = 2\,\Delta p_2 + \Delta p_L \;.$$

Nach (3.217) gilt

$$\left.\begin{matrix} A_1 & \text{für} & H > 0 \\ A_2 & \text{für} & H < 0 \end{matrix}\right\} = \left\{\begin{matrix} H & \text{für} & H > 0 \\ -H & \text{für} & H < 0 \end{matrix}\right\} = |H| \;.$$

Damit lassen sich die beiden Fälle 1. und 2. zusammenfassen, und man erhält:

$$q_L = f\left[\frac{|H|^2}{2R_m}\,(p_v\,\mathrm{sgn}\,H - \Delta p_L)\right] . \qquad (3.219)$$

R_m ist der Mindestwiderstand *einer* Blende. Bei der Konstantenbestimmung nach (3.209) erhält man den Gesamtwiderstand des Ventils, der wegen der jeweiligen Reihenschaltung zweier Blenden (Bild 3/40) 2 R_m beträgt.

Für den Fall, daß der laminare Strömungsbereich unberücksichtigt bleibt, ergibt sich gemäß (3.198)

$$q_L = \frac{|H|}{\sqrt{2R_m}}\,\sqrt{|p_v\,\mathrm{sgn}\,H - \Delta p_L|}\;\mathrm{sgn}(p_v\,\mathrm{sgn}\,H - \Delta p_L) \;. \qquad (3.220)$$

Wollte man den laminaren Strömungsbereich mit erfassen, müßte anstelle von (3.198) die Gleichung (3.205) mit dem Argument von (3.219) verwendet werden. Der Ölbedarf q_v wird, wie eine einfache Überlegung zeigt,

$$q_v = |q_L| \;. \qquad (3.221)$$

In Bild 3/46 sind die beiden letzten Gleichungen als Strukturbild dargestellt. Zur Erfassung des Lecköls

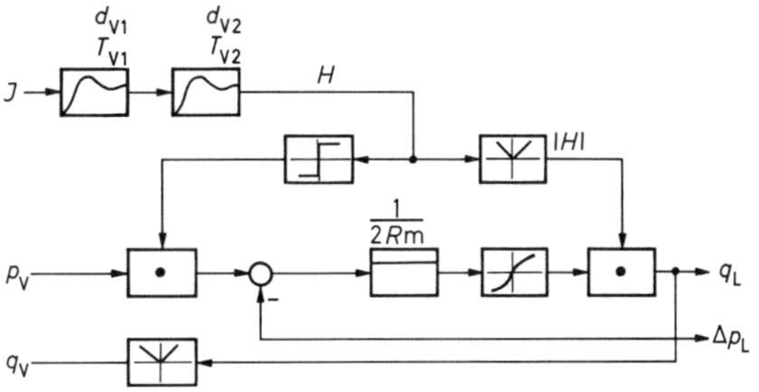

Bild 3/46. Vereinfachtes Strukturbild des Vierwegeventils

kann man bei konstantem Versorgungsdruck p_v die beiden Betragskennlinien um q_{v0} bzw. $A_0 = q_{v0}/q_N$ nach oben verschieben (q_N Nenndurchfluß). Eine weitere Annäherung des vereinfachten Modells Bild 3/46 an die Realität kann dadurch vorgenommen werden, daß die Signumfunktion durch eine Kennlinie mit endlicher Steigung (beim nullschlüssigen Ventil etwa 50) ersetzt wird.

Der Steuerschieber wird normalerweise über einen hydraulischen Vorverstärker, also über ein weiteres kleines Stellventil, betätigt. Dieses Vorsteuerventil wird seinerseits von einem elektromagnetischen oder elektrodynamischen Stellmotor angetrieben. Die gesamte Schiebersteuerung ist als Servosystem ausgebildet. Dazu wird die Schieberstellung H in das Antriebssystem zurückgeführt. Es soll darauf verzichtet werden, das dynamische Verhalten des Schieberantriebs mit allen Einzelheiten abzuleiten. Es sei nur das von den Herstellern gebräuchlicher Servoventile angegebene Ergebnis genannt, wonach der Ventilantrieb durch zwei P-T_2-Glieder beschrieben werden kann, was in Bild 3/46 bereits berücksichtigt worden ist.

Die vom Ventil nach Betrag und Richtung gesteuerten Lastdurchflüsse q_{L1} und q_{L2} werden nun dem Stellzylinder zugeführt (Bild 3/40). Das hat einmal zur Folge, daß sich durch Verschiebung des Stellkolbens gegenüber dem Zylinder die Volumina der beiden Zylinderkammern verändern. Ein anderer Teil der zugeführten Flüssigkeitsströme führt zu einer Verdichtung der in den Zylinderkammern enthaltenen Flüssigkeit. Das die Dichteänderung bewirkende Volumen berechnet sich für die beiden Kammern folgendermaßen:

$$\Delta\dot{V}_1 = q_{L1} - A_K\,\dot{h}_K \;,$$

$$\Delta\dot{V}_2 = -q_{L2} - A_K\,\dot{h}_K \;, \qquad (3.222)$$

$$\dot{h}_K = \dot{x}_K - \dot{x}_Z \;.$$

Dabei ist A_K die Kolbenfläche und $\dot{h}_K$ die Geschwindigkeit des Kolbens relativ zum Zylinder.

Diese Verdichtungsvolumina bestimmen den in den Kammern herrschenden Druck. Für eine reine Flüssigkeit würde sich

$$p = \frac{E_F}{V_F} \Delta V_F \tag{3.223}$$

ergeben. Dabei wurde von der Voraussetzung ausgegangen, daß der Kompressionsmodul E_F für den interessierenden Druckbereich als Konstante anzusehen ist. V_F ist das gesamte Volumen der Zylinderkammer.

Nun besteht aber die reale Hydraulikflüssigkeit aus einem Gemisch von Hydrauliköl und mitgeführten Gasblasen (meist Luft). Für dieses eingeschlossene Gasvolumen V_G gilt

$$p\, V_G^{\kappa} = p_0\, V_{G0}^{\kappa} \,, \tag{3.224}$$

wobei p_0 der Atmosphärendruck und V_{G0} das eingeschlossene Gasvolumen bei Atmosphärendruck ist. Der Exponent κ beträgt 1 für isotherme Zustandsänderung und 1,4 für adiabatische. Praktisch kann man mit $\kappa = 1$ rechnen, da die sehr kleinen Gasblasen verhältnismäßig schnell ihre Wärme an die umgebende Flüssigkeit abgeben können. Für das gesamte Verdichtungsvolumen einer Kammer erhält man nun

$$\Delta V = \Delta V_F + \Delta V_G = \Delta V_F + V_{G0} - V_G =$$

$$= \frac{V_F}{E_F} p + V_{G0} \left[1 - \frac{p_0}{p} \right] . \tag{3.225}$$

Mit $V_F = V - V_{G0}$ wird daraus

$$\Delta V = \frac{V}{E_F} p + \left[1 - \frac{p}{E_F} \right] V_{G0} \left[1 - \frac{p_0}{p} \right] . \tag{3.226}$$

Da E_F größenordnungsmäßig bei 10^5 N/cm^2 liegt und der Druck p bei Hydraulikantrieben normalerweise 10^4 N/cm^2 nicht überschreitet, kann die erste Klammer in (3.226) mindestens den Wert 0,9 annehmen. Es wird daher näherungsweise geschrieben

$$\frac{\Delta V}{V} = \frac{p}{E_F} + K_{GO} \left[1 - \frac{p_0}{p} \right] . \quad \text{Dabei ist} \tag{3.227}$$

$$K_{G0} = \frac{V_{G0}}{V} \tag{3.228}$$

die realtive Gasbeimengung bei Atmosphärendruck. In Bild 3/47 ist die Umkehrfunktion von (3.227)

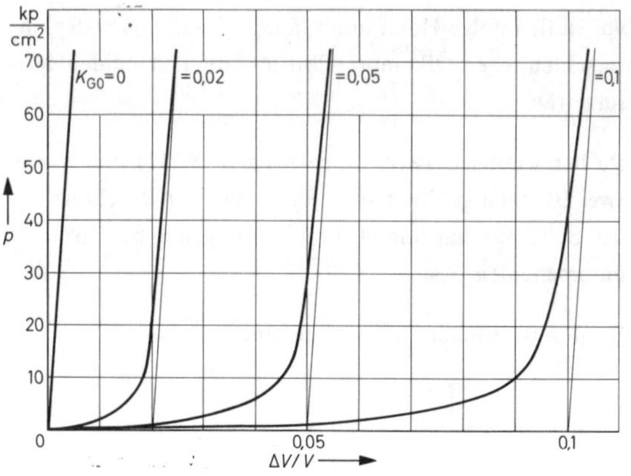

Bild 3/47. Abhängigkeit des Drucks von der relativen Volumenänderung bei verschiedenen Gaseinschlüssen

$$p = f_E(\Delta V/V) \,, \quad p > 0 \tag{3.229}$$

für Gasbeimengungen von $K_{G0} = 0$, 0,02, 0,05 und 0,1 graphisch dargestellt. Die Steigung dieser Kurven ist der wirksame Kompressionsmodul des Flüssigkeit-Gas-Gemisches. Bei kleinen absoluten Drücken ist das eingeschlossene Gas leicht komprimierbar und daher die Steigung der Druckkurven nur klein. Bei sehr großen Drükken wird das eingeschlossene Gasvolumen so stark verdichtet, daß es nicht mehr ins Gewicht fällt. Die Kurvensteigung nähert sich daher asymptotisch dem Wert des Kompressionsmoduls E_F der reinen Flüssigkeit. Man erhält den wirksamen Kompressionsmodul durch Differentiation von (3.227) nach ΔV

$$E = V \frac{dp}{d\Delta V} = \frac{1}{\frac{1}{E_F} + \frac{K_{G0} p_0}{p^2}} . \tag{3.230}$$

Die graphische Darstellung dieser Funktion zeigt Bild 3/48.

Bis jetzt wurde angenommen, daß die Zylinderkammern immer ganz mit Flüssigkeit gefüllt seien. Es kann beim Betrieb eines Hydraulikantriebs aber auch vorkommen, daß sich in den Kammern Hohlräume bilden. Dieses Verhalten kann in der Nachbildung dadurch berücksichtigt werden, daß man die Kennlinien Bild 3/47 auch für negative ΔV definiert und für $V \leq 0$ p zu Null oder, genauer gesagt, gleich dem Verdampfungsdruck der Flüssigkeit setzt. Anstelle von (3.229) wird also geschrieben

$$p = \begin{cases} f_E(\Delta V/V) & \text{für} \quad V > 0 \\ 0 & \text{für} \quad V \leq 0 \end{cases} . \tag{3.231}$$

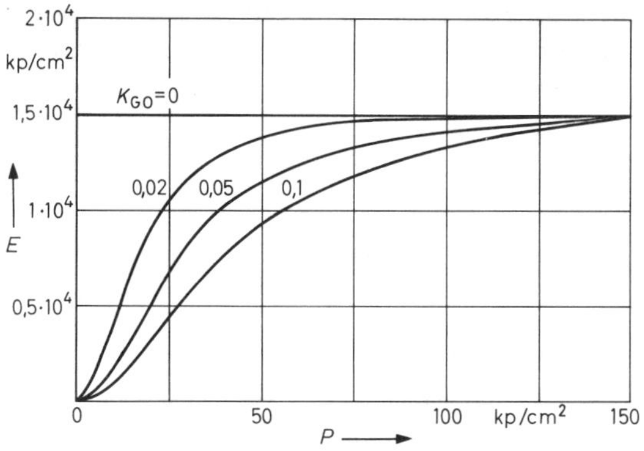

Bild 3/48. Wirksamer Kompressionsmodul eines Gas-Flüssigkeits-Gemisches in Abhängigkeit vom Druck bei verschiedenen Mischungsverhältnissen

Die Gleichung gilt für beide Zylinderkammern, also für die Indizes 1 und 2 der Variablen p, ΔV und V. Die Zylindervolumina berechnen sich dabei folgendermaßen:

$$V_1 = V_0 + A_K h_K , \quad V_2 = V_0 - A_K h_K . \tag{3.232}$$

Dabei ist h_K der Kolbenweg; er folgt aus

$$\frac{dh_K}{dt} = \dot{h}_K . \tag{3.233}$$

Die an der Kolbenstange wirkende Kraft beträgt

$$f_K = A_K (p_1 - p_2) - f_R . \tag{3.234}$$

Die in entgegengesetzter Richtung wirkende Kraft auf den Zylinder ist

$$f_Z = -f_K . \tag{3.235}$$

Die Reibungskraft f_R setzt sich zusammen aus einem Coulombschen und einem geschwindigkeitsproportionalen Anteil:

$$f_R = k_c \operatorname{sgn} \dot{h}_K + k_v \dot{h}_K . \tag{3.236}$$

Dabei wurde bei der trockenen Reibung der Unterschied zwischen Haftreibung und Gleitreibung vernachlässigt. Der geschwindigkeitsproportionale Reibungsanteil hat seine Ursache in der Scherung des Öls in dem engen Spalt zwischen Zylinder- und Kolbenwand. Diese Reibungskraft hängt von der Fläche $d\pi\ell$ der aufeinandergleitenden Teile der Spaltweite s und der dynamischen Zähigkeit μ des Öls wie folgt ab:

$$k_v = \mu \frac{d\ell\pi}{s} . \tag{3.237}$$

Damit ist die Beschreibung des hydraulischen Stellzylinders vollständig, und man erhält mit (3.222) und (3.31) bis (3.236) das in Bild 3/49 dargestellte Strukturbild.

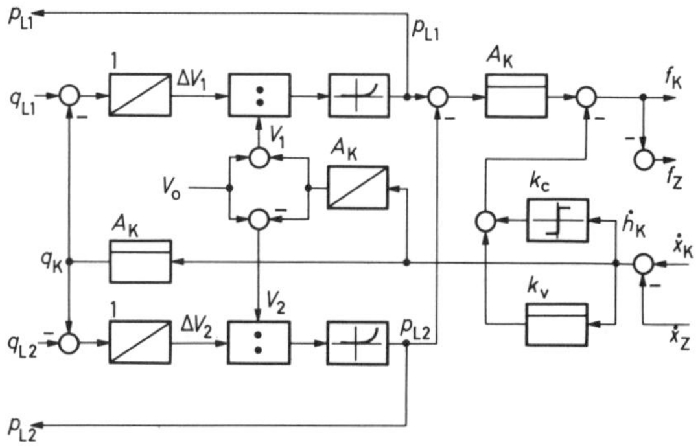

Bild 3/49. Strukturbild des hydraulischen Stellzylinders

Wie beim Stellventil läßt sich auch hier eine Vereinfachung vornehmen, wenn die Voraussetzung

$$q_{L1} = q_{L2} = q_L \tag{3.238}$$

gemacht werden kann. Das trifft näherungsweise dann zu, wenn sich die Drücke p_1 und p_2 innerhalb des steilen Bereichs der Kennlinie $f_E(\Delta V/V)$ (Bild 3/47) bewegen, da hier nur geringe Änderungen des Kompressionsvolumens ΔV vorkommen. Dann läßt sich anstelle von (3.222) schreiben

$$\Delta V = \Delta V_1 = -\Delta V_2 = q_L - A_K \dot{h}_K . \tag{3.239}$$

Da ohnehin nur ΔV-Werte des steilen Bereichs von f_E zulässig sind, kann man sich gleich auf die Kurve für $K_{G0} = 0$ beschränken. Wenn man außerdem für beide Zylinderkammern das konstante mittlere Volumen V_0 ansetzt, erhält man

$$\Delta p = p_1 - p_2 = f_E \left[\frac{\Delta V}{V_0} \right] - f \left[\frac{\Delta V}{V_0} \right] = 2 \frac{E_F}{V_0} \Delta V . \tag{3.240}$$

Um die durch Lufteinschlüsse verringerte Kompressibilität trotzdem zu berücksichtigen, kann man anstelle von E_F einen Wert der wirksamen Kompressibilität E aus den Kennlinien (Bild 3/48) einsetzen. Bild 3/50 zeigt die Struktur des in der beschriebenen Weise vereinfachten Gleichungssystems.

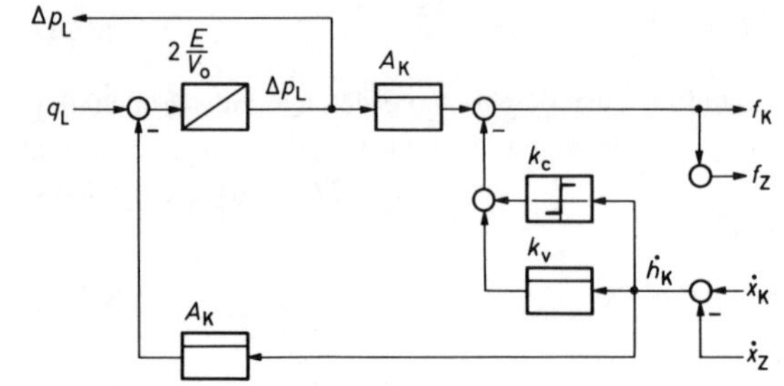

Bild 3/50. Vereinfachtes Strukturbild des hydraulischen Stellzylinders

3.2.5 Pneumatische Leitung

Eigentlich kommen in der Natur, solange man sie makroskopisch betrachtet, nirgends konzentrierte Elemente vor, wie wir sie bisher behandelt haben. Eigenschaften wie Masse, Elastizität und Reibung, Kapazität, Induktivität und Widerstand, Wärmekapazität und Wärmewiderstand sind nicht an einzelnen Punkten konzentriert, sondern räumlich verteilt. Lediglich wenn die Abmessungen der diese Eigenschaften tragenden Objekte sehr klein im Verhältnis zu ihrem räumlichen Wirkungsbereich sind, kann man sie näherungsweise der bequemen Beschreibbarkeit wegen als in einem Punkt konzentriert betrachten. Das dynamische Verhalten solcher Systeme läßt sich, wie wir gesehen haben, durch gewöhnliche Differentialgleichungen beschreiben.

Es gibt aber auch viele Fälle, wo man diese bequemen Verhältnisse nicht vorfindet, sondern sich die Eigenschaften der Materie längs einer Linie, auf einer Fläche oder im Raum verteilt denken muß. Man spricht dann von Systemen mit verteilten Parametern. Die Beschreibung solcher Systeme führt dann zu partiellen Differentialgleichungen. Aus dieser Systemklasse soll im folgenden als einfaches Beispiel ein gerades Rohr mit konstantem Querschnitt betrachtet werden, das von einem kompressiblen und massebehafteten homogenen Medium durchströmt wird. Vorausgesetzt wird, daß eine thermische Wechselwirkung zwischen dem Medium und der Rohrwand nicht stattfindet bzw. vernachlässigt werden kann. Des weiteren wird angenommen, daß die Strömung im Rohr verlustfrei sei. Die in Wirklichkeit doch auftretenden Strömungsverluste werden dann später konzentriert am Anfang und Ende der Leitung berücksichtigt. Dies ist für die meisten praktischen Anwendungen, wenn nur die Strömungsvariablen am Ausgang und am Eingang der Leitung betrachtet werden müssen, eine gute Näherung.

Bei Flüssigkeiten hängt die Dichte nur in geringem Maß vom Druck ab. Deswegen ist es auch gleichgültig, ob man zur Beschreibung des Flüssigkeitstransports den Volumendurchfluß

$$q_v = \frac{d\nu}{dt}$$

oder den Massendurchfluß

$$q_m = \frac{dm}{dt} = \frac{V d\rho}{dt}$$

verwendet. In Abschnitt 3.2.4 bezeichnet q, wie in der Hydraulik üblich, den Volumendurchfluß.

Bei Gasen kann die Dichte in Abhängigkeit vom Druck und der Temperatur in weiten Grenzen schwanken. Der Volumendurchfluß sagt daher hier wenig über die Menge der transportierten Materie aus. Man verwende daher in der Pneumatik den Massendurchfluß als Strömungsvariable. Man beachte also, daß im folgenden das Formelzeichen q im Unterschied zu seiner Bedeutung bei den im Abschnitt 3.2.4 behandelten hydraulischen Bauelementen hier den *Massendurchfluß* bezeichnet.

Zur Ableitung der Leitungsgleichungen muß zunächst das Newtonsche Kraftgesetz auf die Gasströmung angewandt werden. Dazu betrachtet man Bild 3/51, wo in einem Rohr mit der Querschnittfläche A schraffiert eine Gasscheibe von der Dicke $d\ell$ mit der Masse dm dargestellt ist. Der Schwerpunkt der Scheibe möge zum Zeit-

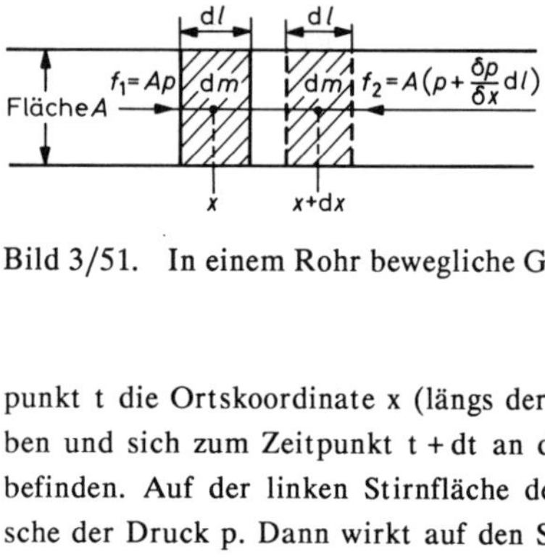

Bild 3/51. In einem Rohr bewegliche Gasscheibe

punkt t die Ortskoordinate x (längs der Rohrachse) haben und sich zum Zeitpunkt t + dt an der Stelle x + dx befinden. Auf der linken Stirnfläche der Scheibe herrsche der Druck p. Dann wirkt auf den Schwerpunkt die Kraft

$$f_1 = A\,p \qquad (3.241)$$

in Richtung der x-Achse. Herrscht längs der Strömung das Druckgefälle $\partial p/\partial x$, so wirkt von der rechten Seite der Scheibe her auf den Schwerpunkt die Kraft

$$f_2 = A\left[p + \frac{\partial p}{\partial x}\,d\ell\right] . \qquad (3.242)$$

Für die Beschleunigung des Schwerpunkts gilt dann

$$dm \frac{d^2x}{dt^2} = f_1 - f_2 = -A \frac{\partial p}{\partial x} d\ell \ . \qquad (3.243)$$

Führt man die spezifische Dichte

$$\rho = \frac{dm}{dV} = \frac{1}{A} \frac{dm}{d\ell} \qquad (3.244)$$

und die Strömungsgeschwindigkeit $w = dx/dt$ ein, so läßt sich (3.243) folgendermaßen schreiben:

$$\rho \frac{dw}{dt} = - \frac{\partial p}{\partial x} \ . \qquad (3.245)$$

Die Geschwindigkeit ist eine Funktion des Ortes x und der Zeit t, so daß das totale Differential von w lautet:

$$dw = \frac{\partial w}{\partial x} dx + \frac{\partial w}{\partial t} dt \ . \qquad (3.246)$$

Damit kann man den totalen Differentialquotienten in (2.245) durch partielle ausdrücken, und es ergibt sich die Eulersche Bewegungsgleichung für den eindimensionalen Fall:

$$\rho \left[w \frac{\partial w}{\partial x} + \frac{\partial w}{\partial t} \right] = - \frac{\partial p}{\partial x} \ . \qquad (3.247)$$

Der Term $\partial w/\partial t$ in dieser Gleichung ist der Beschleunigungsanteil, den die betrachtete Scheibe infolge des Druckgefälles an ihrer augenblicklichen örtlichen Lage erfährt. Der Anteil $w\, \partial w/\partial x$ stellt die Beschleunigung dar, die die Scheibe dadurch erfährt, daß sie in eine Gegend gerät, wo die Strömung eine andere Geschwindigkeit hat. Bei der Strömung eines inkompressiblen Mediums durch ein Rohr mit längs der x-Achse konstantem Querschnitt ist $\partial w/\partial x = 0$, so daß dieser Term nicht auftritt. Bei einem kompressiblen Medium ist auch bei konstantem Rohrquerschnitt ein Geschwindigkeitsgefälle längs der x-Achse vorhanden, doch ist $\partial w/\partial x$ im allgemeinen bei einer Gasleitung so klein, daß näherungsweise mit

$$\rho \frac{\partial w}{\partial t} = - \frac{\partial p}{\partial x} \qquad (3.248)$$

gearbeitet werden kann.

Die zweite benötigte Gleichung folgt aus der Massenbilanz für ein Gaselement. Während zur Ableitung der Kräftebilanz gemäß Bild 3/51 eine fest umrissene in Richtung der Rohrachse bewegbare Gasscheibe betrachtet wurde, geht man jetzt von einem örtlich festen Volumenelement aus, das durch die axialen Koordinaten x und x + dx begrenzt wird (Bild 3/52). Herrscht an der

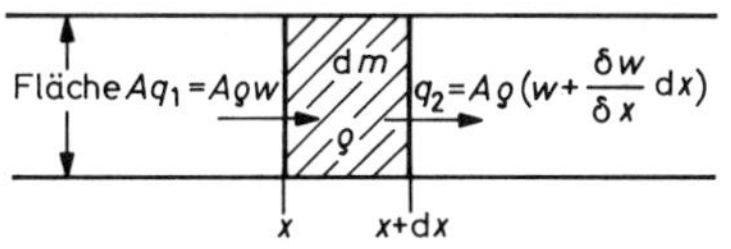

Bild 3/52. Volumenelement eines gasdurchströmten Rohres

Stelle x die Strömungsgeschwindigkeit w, dann fließt an dieser Stelle der Massenstrom

$$q_1 = A \rho w \qquad (3.249)$$

in das Volumenelement. Wenn das Geschwindigkeitsgefälle in Strömungsrichtung $\partial w/\partial x$ beträgt, fließt auf der anderen Seite der Massenstrom

$$q_2 = A \rho \left[w + \frac{\partial w}{\partial x} dx \right] \qquad (3.250)$$

heraus. Die Differenz dieser beiden Massenströme führt zu einer Massenänderung in dem betrachteten Volumenelement

$$\frac{dm}{dt} = q_1 - q_2 = - A \rho \frac{\partial w}{\partial x} dx \qquad (3.251)$$

oder

$$\frac{d\rho}{dt} = \frac{\partial \rho}{\partial t} = - \rho \frac{\partial w}{\partial x} \ . \qquad (3.252)$$

Da ein rohrfestes Volumenelement betrachtet wurde, ist eine Unterscheidung zwischen totalem und partiellem Differentialquotienten nicht erforderlich.

Die dritte Beziehung ist die Zustandsgleichung für das betrachtete Volumenelement. Wie vorausgesetzt, soll kein Wärmeaustausch mit der Umgebung stattfinden, so daß die Adiabatengleichung

$$p V^\kappa = p_0 V_0^\kappa \qquad (3.253)$$

angesetzt werden kann. Da die Masse m eines immer mit denselben Molekülen gefüllten Volumens konstant sein muß, gilt

$$m = V \rho = V_0 \rho_0 \ , \qquad (3.254)$$

und man kann für (3.253) auch schreiben

$$p \rho^{-\kappa} = p_0 \rho_0^{-\kappa} \ . \qquad (3.255)$$

Anstelle der Funktion

$$\rho = \rho(p) \qquad (3.256)$$

soll nun im weiteren die für kleine Abweichungen geltende lineare Beziehung

$$\Delta\rho = \left[\frac{\partial \rho}{\partial p}\right]_{p=p_0} \cdot \Delta p \qquad (3.257)$$

treten. Durch logarithmische Differentiation von (3.255) erhält man

$$\left[\frac{\partial \rho}{\partial p}\right]_{p=p_0} = \frac{\rho_0}{\kappa p_0} . \qquad (3.258)$$

Nach dieser Zwischenrechnung werden anstelle der Abweichungen wieder die alten Bezeichnungen verwendet, und es wird mit der linearisierten Zustandsgleichung

$$\rho = \frac{\rho_0}{\kappa p_0} p \qquad (3.259)$$

weitergearbeitet. Nach Einsetzen dieser Gleichung in (3.252) erhält man

$$\frac{\partial p}{\partial t} = -\kappa \frac{p_0}{\rho_0} \rho \frac{\partial w}{\partial x} . \qquad (3.260)$$

Nach Einführung des Massenstroms

$$q = \rho A w \qquad (3.261)$$

und mit der Schallgeschwindigkeit

$$c = \sqrt{\frac{\kappa p_0}{\rho_0}} \qquad (3.262)$$

ergibt sich aus (3.248) und (3.260) die geläufige Form der Leitungsgleichungen

$$\left.\begin{aligned} \frac{\partial p}{\partial x} &= -\frac{1}{A}\frac{\partial q}{\partial t} , \\ \frac{\partial q}{\partial x} &= -\frac{A}{c^2}\frac{\partial p}{\partial t} . \end{aligned}\right\} \qquad (3.263)$$

Zur weiteren Behandlung werden die Gleichungen bezüglich der Zeitvariablen t der Laplace-Transformation unterworfen. Die Laplace-Transformierten der Variablen p und q werden wie folgt bezeichnet

$$\begin{aligned} \mathcal{L}\{p(x,t)\} &= P(x,s) = P , \\ \mathcal{L}\{q(x,t)\} &= Q(x,s) = Q . \end{aligned} \qquad (3.264)$$

Nach der Differentiationsregel für den Originalbereich gilt für die partiellen Ableitungen

$$\mathcal{L}\left\{\frac{\partial p(x,t)}{\partial t}\right\} = s\,P(x,s) - p(x,0) , \qquad (3.265)$$

$$\mathcal{L}\left\{\frac{\partial q(x,t)}{\partial t}\right\} = s\,Q(x,s) - q(x,0) . \qquad (3.266)$$

Für $p(x,0) = q(x,0) = 0$ lauten dann die transformierten Gleichungen

$$\left.\begin{aligned} \frac{dQ}{dx} &= -\frac{A}{c^2} s P , \\ \frac{dP}{dx} &= -\frac{1}{A} s Q . \end{aligned}\right\} \qquad (3.267)$$

Es verbleibt also ein System 2. Ordnung gewöhnlicher Differentialgleichungen in x. Differenziert man die erste Gleichung nach x und setzt die zweite ein, erhält man die Form der eindimensionalen Wellengleichung für das dämpfungsfreie Medium

$$\frac{d^2P}{dx^2} = \frac{s^2}{c^2} P . \qquad (3.268)$$

Ihre Lösung erhält man durch den Ansatz

$$P = k_1 e^{-sx/c} + k_2 e^{sx/c} . \qquad (3.269)$$

Nach Differentiation dieser Gleichung und Einsetzen in die erste Gleichung von (3.267) ergibt sich für den Massenstrom:

$$Q = \frac{k_1}{Z} e^{-sx/c} - \frac{k_2}{Z} e^{sx/c} . \qquad (3.270)$$

Dabei wird

$$Z = \frac{c}{A} \qquad (3.271)$$

in Anlehnung an die Bezeichnungsweise der Nachrichtentechnik *Wellenwiderstand der Leitung* genannt.

Sind die Anfangswerte an der Stelle x = 0 (Leitungsanfang)

$$\left.\begin{aligned} P(0,s) &= P_1 , \\ Q(0,s) &= Q_1 \end{aligned}\right\} \qquad (3.272)$$

gegeben, lassen sich die Konstanten k_1 und k_2 bestimmen aus dem Gleichungssystem

$$\left.\begin{aligned} P_1 &= k_1 + k_2 , \\ Q_1 &= \frac{1}{Z}(k_1 - k_2) . \end{aligned}\right\} \qquad (3.273)$$

Damit lautet die Lösung für die gegebenen Anfangsbedingungen

$$\begin{aligned} P &= \frac{1}{2}(P_1 + ZQ_1)e^{-sx/c} + \frac{1}{2}(P_1 - ZQ_1)e^{sx/c} , \\ Q &= \frac{1}{2Z}(P_1 + ZQ_1)e^{-sx/c} - \frac{1}{2Z}(P_1 - ZQ_1)e^{sx/c} . \end{aligned} \qquad (3.274)$$

Für die Untersuchung einer Leitung als Bauelement interessiert man sich in erster Linie für die Verknüpfung der Größen am Leitungsanfang mit den Größen am Leitungsende. Daher braucht bei einer Leitung von der Länge ℓ nur die Lösung von (3.274) für die Stelle $x = \ell$ betrachtet zu werden, die mit

$$\left.\begin{aligned} P(\ell,s) &= P_2 \;, \\ Q(\ell,s) &= Q_2 \end{aligned}\right\} \qquad (3.275)$$

lautet:

$$P_2 = \frac{1}{2}(P_1+ZQ_1)e^{-s\ell/c} + \frac{1}{2}(P_1-ZQ_1)e^{s\ell/c} \;,$$

$$Q_2 = \frac{1}{2Z}(P_1+ZQ_1)e^{-s\ell/c} - \frac{1}{2Z}(P_1-ZQ_1)e^{s\ell/c} \,. \qquad (3.276)$$

Nach einer Umformung ergibt sich

$$\left.\begin{aligned} P_2 &= (P_1+ZQ_1)e^{-Ts} - ZQ_2 \;, \\ Q_1 &= \frac{1}{Z}\left[P_1-(P_2-ZQ_2)e^{-Ts}\right] \,. \end{aligned}\right\} \qquad (3.277)$$

Als Übertragungsfunktionen treten zwei Totzeitglieder mit der Totzeit

$$T = \ell/c \qquad (3.278)$$

auf, und es läßt sich die in Bild 3/53 dargestellte Struktur zeichnen. Sie eignet sich gut für die Nachbildung auf dem Analogrechner, wenn Totzeitgeneratoren zur Verfügung stehen. Die Simulation mit einem hybriden Rechnersystem oder mit Hilfe der blockorientierten Programmierung auf dem Digitalrechner ist besonders einfach, da sich Totzeiten mit dem Digitalrechner leicht realisieren lassen.

Manchmal ist für die regelungstechnische Behandlung von Übertragungsleitungen die folgende Umformung der Leitungsgleichungen vorteilhaft.

$$\left.\begin{aligned} P_2 &= P_1 \frac{e^{-Ts}+e^{Ts}}{2} + Q_1 Z \frac{e^{-Ts}-e^{Ts}}{2} \;, \\ Q_2 &= P_1 \frac{1}{Z}\,\frac{e^{-Ts}-e^{Ts}}{2} + \frac{e^{-Ts}+e^{Ts}}{2} \end{aligned}\right\} \qquad (3.279)$$

oder

$$\left.\begin{aligned} P_2 &= P_1 \cosh Ts - Q_1 Z \sinh Ts \;, \\ Q_1 &= -P_1 \frac{1}{Z} \sinh Ts + Q_1 \cosh Ts \,. \end{aligned}\right\} \qquad (3.280)$$

Für die Strukturbilddarstellung ist meist eine Form vorteilhaft, bei der von den Variablen der Anschlußstellen (Leitungsanfang und Leitungsende) jeweils eine

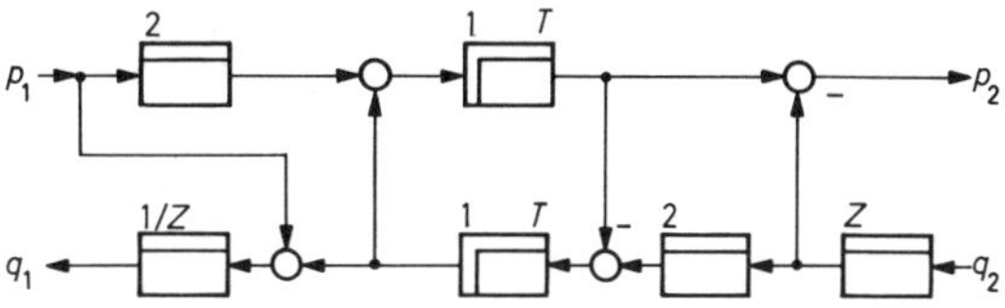

Bild 3/53. Strukturbild der verlustfreien homogenen Leitung: Darstellung mit Totzeitgliedern

als Ausgangsgröße auftritt. So erhält man z.B. für P_2 und Q_1 als Ausgangsgrößen

$$P_2 = \frac{1}{\cosh Ts}(P_1 - Q_2 Z \sinh Ts) \;, \qquad (3.281)$$

$$Q_1 = \frac{1}{\cosh Ts}(Q_2 + P_1 \frac{1}{Z} \sinh Ts) \,.$$

Diese Darstellungsform führt zu der in Bild 3/54 gezeichneten Struktur.

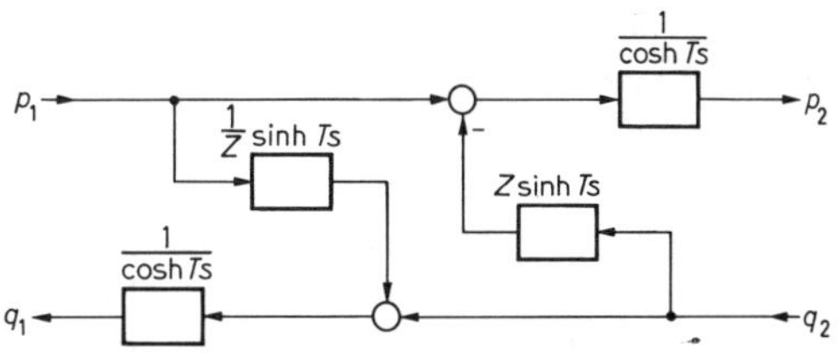

Bild 3/54. Strukturbild der verlustfreien homogenen Leitung, dargestellt mit hyperbolischen Übertragungsfunktionen

In vielen Fällen genügt es, die Leitungsgleichungen durch ein System mit rationalen Übertragungsgliedern anzunähern. Man entwickelt dazu die Hyperbelfunktionen in eine Potenzreihe und verwendet folgende Näherungen

$$\cosh Ts \approx 1 + \frac{(Ts)^2}{2} \;, \qquad (3.282)$$

$$\sinh Ts \approx Ts \,.$$

Damit wird aus (3.281)

$$P_2 = \frac{1}{1+\frac{T^2}{2}s^2}(P_1 - Q_2 ZTs) \;, \qquad (3.283)$$

$$Q_1 = \frac{1}{1+\frac{T^2}{2}s^2}\left[Q_2 + P_1 \frac{T}{Z} s\right] \;,$$

und man erhält die vereinfachte Struktur (Bild 3/55).

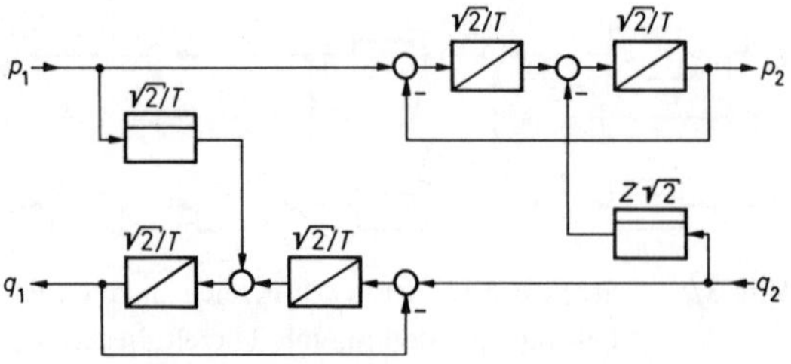

Bild 3/55. Strukturbild zur näherungsweisen Nachbildung der verlustfreien homogenen Leitung

Der bisher nicht berücksichtigte Strömungswiderstand kann nachträglich in Form konzentrierter Widerstandselemente, sozusagen durch Ersatzdrosselstellen, am Ausgang und am Eingang der Leitung eingeführt werden. Der Widerstandswert dieser Drosselstellen wird so bemessen, daß er dem Strömungswiderstand der halben Rohrlänge entspricht.

Der Druckverlust Δp_v in einem Rohr hängt linear oder quadratisch von der Strömungsgeschwindigkeit ab, je nachdem, ob man es mit laminarer oder turbulenter Strömung zu tun hat.

Für die Laminarströmung kann ein mathematischer Ausdruck für den Druckabfall mit Hilfe des Newtonschen Elementaransatzes für die Flüssigkeitsreibung hergeleitet werden [3.21]. Hier sei nur ein Ergebnis genannt. Für das Kreisrohr mit der Querschnittsfläche A, dem Durchmesser d und der Länge ℓ ergibt sich bei der mittleren Strömungsgeschwindigkeit w der Druckabfall

$$\Delta p_v = \frac{32 \rho_0 \nu}{d^2} w = \frac{32 \nu \ell}{d^2 A} q \ . \qquad (3.284)$$

Dabei ist ρ_0 die mittlere spezifische Dichte des Mediums und ν seine kinematische Zähigkeit.

Bei turbulenter Strömung, wie sie bei Gasen meist vorliegt, hängt der Druckverlust dem Betrage nach vom Quadrat der Strömungsgeschwindigkeit ab und hat das Vorzeichen der Strömungsrichtung. Es ist üblich, dieses empirische Gesetz in der folgenden Form zu schreiben:

$$\Delta p_v = \lambda \frac{\rho_0 \ell}{2d} w|w| = \frac{\lambda \ell}{2 d \rho_0 A^2} q|q| \ . \qquad (3.285)$$

Die Widerstandszahl λ hängt von der Reynoldsschen Zahl Re ab, die ein Maß für die Turbulenz der Strömung ist. Mit $w = q/(A\rho_0)$ erhält man für die Reynoldssche Zahl

$$Re = \frac{dw}{\nu} = \frac{dq}{\nu A \rho_0} \ . \qquad (3.286)$$

Zur Bestimmung der Widerstandszahl greift man zu empirischen Zusammenhängen, wie sie im Schrifttum [3.22] angegeben sind. Für das Kreisrohr findet man z.B. die in Bild 3/56 dargestellte Abhängigkeit.

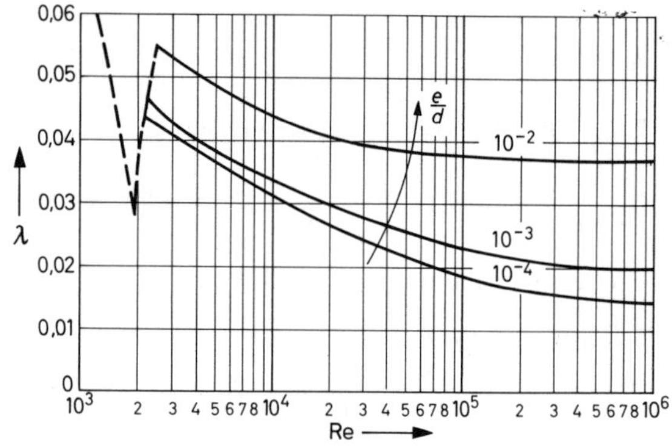

Bild 3/56. Widerstandszahl der turbulenten Strömung bei verschiedenen Rauhigkeiten der Rohrwand
d Rohrdurchmesser
e Rauhigkeit (mittlere Höhe der Erhebungen)

Die strukturelle Berücksichtigung der Leitungsverluste zeigt Bild 3/57, wobei für f(q) entweder (3.284) oder (3.285) gesetzt wird. Man kann sich auch aus beiden Gleichungen unter Verwendung von (3.286) und der empirischen Diagramme Bild 3/57 eine Funktion f(q) konstruieren, die beide Strömungsarten erfaßt.

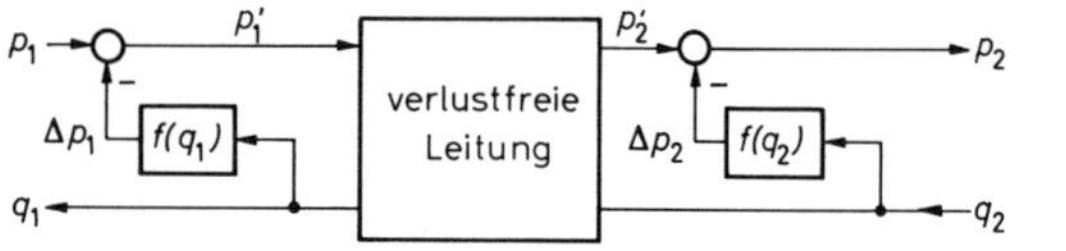

Bild 3/57. Näherungsweise Berücksichtigung der Leitungsverluste durch konzentrierte Widerstände

3.2.6 Praktische Modelle

Nicht immer findet man in der Literatur passende Modelle für ein zu untersuchendes System. Vielfach existieren zwar mathematische Beschreibungen, die aber so akademisch gehalten sind, daß man am Ende nicht sieht, wie man sie auf ein gegebenes praktisches Problem anwenden soll. Fehlen nun Zeit und/oder Mittel für eine exakte theoretische oder experimentelle Systemanalyse, muß man sich oft mit einem nicht ganz exakten, pragmatischen Herangehen begnügen. So entstehen oft Modelle aus einer Mischung von theoretischen Überlegungen, vorliegenden Messungen und letzten Endes gesundem Menschenverstand.

Im folgenden werden zwei Beispiele für eine solche pragmatische Modellerstellung behandelt, ein Stromrichter-Stellglied und ein Verbrennungsmotor. Wir benötigen diese Modelle im Kapitel 8 für die dort behandelten Beispiele von Regelungssystemen.

Der steuerbare Stromrichter

Für die dosierte Vorgabe der elektrischen Energie, z.B. für elektrische Antriebe, verwendet man Stromrichter-Stellglieder. Sie erlauben, aus einer Wechselspannung konstanter Amplitude (Netzspannung) eine in Abhängigkeit einer Steuerspannung veränderliche Gleichspannung zu machen. Meist kann dabei der Strom in beide Richtungen fließen. Das ist insbesondere in der Antriebstechnik wichtig, wo der Energiefluß davon abhängt, ob eine Antriebsmaschine eine Last antreibt oder ob sie von der Last angetrieben wird. Im letzteren Falle kehrt sich die Stromrichtung um, es wird Energie ins Netz zurückgespeist. Je nachdem, ob der Strom in Richtung der speisenden Spannung oder ihr entgegenwirkt, spricht man von Gleichrichter- oder Wechselrichterbetrieb.

Die exakte mathematische Beschreibung eines solchen Stromrichter-Stellgliedes ist ziemlich kompliziert. Sie wurde z.B. in [3.23], [3.24], [3.25] durchgeführt. Die entstehenden Modelle sind ebenfalls kompliziert, wenn man hohe Ansprüche an ihre Genauigkeit stellt. Reduziert man die Genauigkeitsanforderungen jedoch auf ein pragmatisches Maß, werden die Modelle so einfach, daß man sich fragt, wieso der ganze theoretische Aufwand betrieben wurde. Wir wollen daher im folgenden eine Modellerstellung demonstrieren, die mehr auf praktischer Anschauung als auf theoretischer Strenge beruht.

Bild 3/58 zeigt das Prinzip einer Stromrichterschaltung. Der besseren Übersichtlichkeit halber wurde hier eine zweipulsige Schaltung gewählt, in der Praxis der geregelten Antriebe werden jedoch meist sechspulsige Geräte verwendet. Im Bild 3/59 ist das System in der inzwischen bekannten Form als Funktionsblock dargestellt. Man erkennt die drei Wechselwirkungsgrößen-

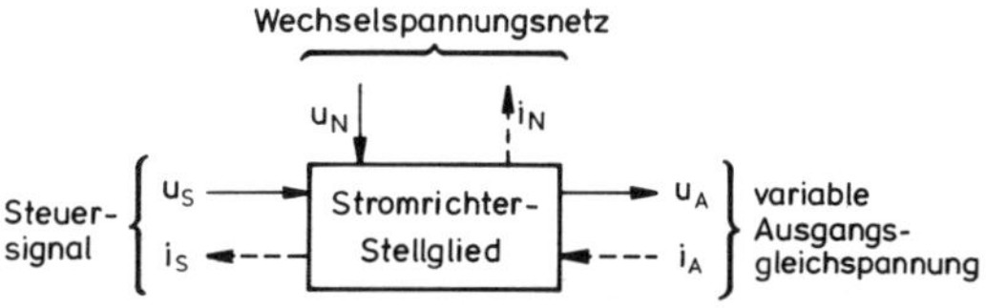

Bild 3/59. Stromrichter-Stellglied als Funktionsblock

paare u_N, i_N (Wechselspannungsnetz), u_A, i_A (variable Ausgangs-Gleichspannung) und u_S, i_S (Stelleingang). Eine erste Überlegung zeigt, daß in allen drei Fällen die rückwirkende Beeinflussung der Ströme vernachlässigt werden kann, allerdings aus unterschiedlichen Gründen. Der Eingangswiderstand der Steuerelektronik ist hoch im Vergleich zu der speisenden Signalquelle von u_S. Signalverarbeitende elektronische Geräte sind immer nach dem Grundsatz hochohmige Eingänge, niederohmige Ausgänge konzipiert und somit praktisch rückwirkungsfrei.

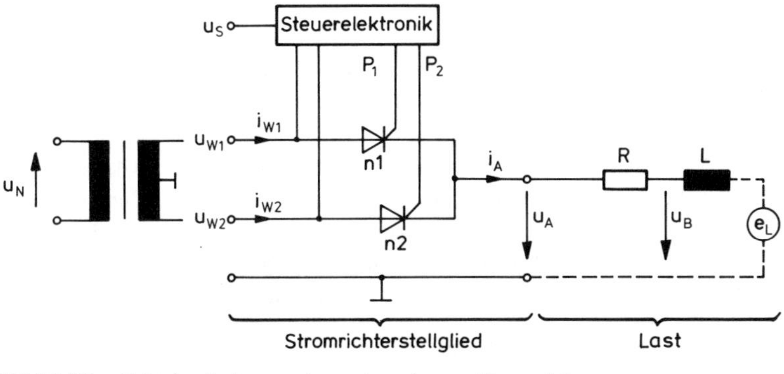

Bild 3/58. Prinzipschaltung eines steuerbaren Stromrichters

Die Spannung des elektrischen Netzes u_N kann als so starr angesehen werden, daß sie durch den belastenden Strom i_N praktisch nicht beeinflußt wird. Der innere Widerstand der Stromrichterschaltung und des Transformators wird zwar zu einer gewissen rückwirkenden Beeinflussung der Ausgangsspannung u_A durch den Belastungsstrom i_A führen, doch kann man dies auch dadurch berücksichtigen, daß man diesen Innenwiderstand zum Belastungswiderstand R hinzuschlägt. Wir wollen also die im Bild 3/59 gestrichelt gezeichneten Wirkungen vernachlässigen.

Die zu steuernde Energie wird dem Stromrichter aus einem Wechselspannungssystem mit den Spannungen

$$u_{W1} = \hat{u}_W \sin \omega_N t \ ,$$

$$u_{W2} = \hat{u}_W \sin(\omega_N t + \pi) \qquad (3.287)$$

zugeführt. Derartige phasenverschobene Spannungen lassen sich zum Beispiel mittels eines Transformators mit Mittelanzapfung aus der Netzspannung gewinnen. Über die steuerbaren Dioden (Thyristoren) n1 und n2 wird die Verbindung vom Netz zum Ausgang hergestellt. Durch eine Veränderung der Öffnungszeiten der Dioden in Abhängigkeit von der Steuerspannung u_S läßt sich der Mittelwert der Ausgangsspannung steuern. Bild 3/60 zeigt den zeitlichen Verlauf der beiden speisenden Wechselspannungen u_{W1}, u_{W2} (dünn gezeichnet) und der Ausgangsspannung u_A (dick gezeichnet) für verschiedene Steuerungszustände. Zwischen t_0 und t_1 befin-

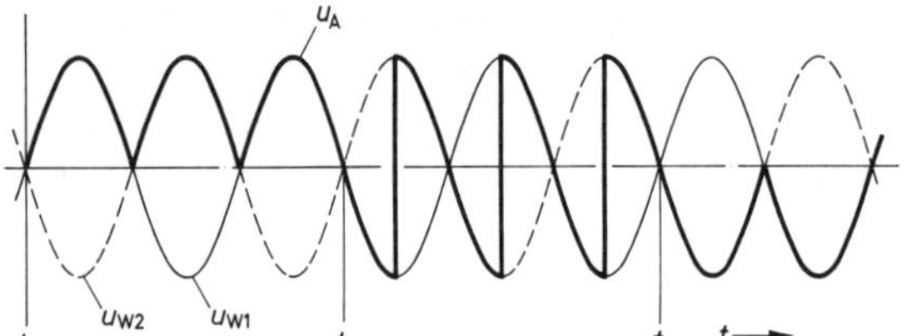

Bild 3/60. Verlauf der Spannungen eines zweipulsigen Stromrichters für verschiedene Steuerungszustände

det sich der Stromrichter im vollausgesteuerten Gleichrichterbetrieb. Die Steuerimpulse P_1 und P_2 werden hier von der Steuerelektronik im natürlichen Zündzeitpunkt abgegeben. Dieser Betriebszustand entspricht dem Verhalten eines ungesteuerten Zweiweggleichrichters. Es ist jeweils die Diode durchlässig, deren Eingangsspannung am größten ist. Die Ausgangsspannung u_A wird also von der jeweils größten der Eingangsspannungen u_{W1} und u_{W2} gebildet und hat damit den höchstmöglichen Mittelwert. Durch Verzögerung der Steuerimpulse P_1 und P_2 um $\alpha = 90^\circ$ gegenüber dem natürlichen Zündzeitpunkt entsteht der zwischen t_1 und t_2 gezeichnete Spannungsverlauf. Der Mittelwert der Ausgangsspannung ist Null. Erhöht man schließlich die Zündverzögerung auf $\alpha = 180^\circ$, ergibt sich der oberhalb von t_2 dargestellte Spannungsverlauf mit einem negativen Mittelwert. Der Stromrichter befindet sich jetzt in der Wechselrichter-Endlage. Allgemein beträgt der Mittelwert der Ausgangsspannung, wie man sich am Bild 3/60 verdeutlichen kann,

$$\bar{u}_A = \frac{1}{\pi} \int_{-\frac{\pi}{2}}^{\frac{\pi}{2}} \hat{u}_W \cos(\omega_N t + \alpha) \, d(\omega_N t) =$$

$$= \frac{\hat{u}_W}{\pi} \, 2 \sin(\tfrac{\pi}{2} + \alpha) = \frac{2 \hat{u}_W}{\pi} \cos \alpha \ . \qquad (3.288)$$

Erzeugt man den Zündverzögerungswinkel α aus der Steuerspannung u_S nach der Beziehung

$$\alpha = \frac{\pi}{2} \left[1 - \frac{u_S}{u_{Sm}} \right] \qquad (3.289)$$

(u_{Sm} = Maximalwert der Steuerspannung), dann läßt sich das stationäre Verhalten des Stromrichters durch die Kennlinie

$$\bar{u}_A = \bar{u}_{Am} \sin\left(\frac{\pi}{2} \frac{u_S}{u_{Sm}} \right) \qquad (3.290)$$

beschreiben. Dabei ist

$$\bar{u}_{Am} = \frac{2 \hat{u}_W}{\pi}$$

der Maximalwert des Ausgangsspannungs-Mittelwerts für den zweipulsigen Stromrichter.

Streng genommen ist es nicht richtig, bei Gleichung (3.290) von einer *Kennlinie* zu sprechen. Diese Gleichung gibt ja nicht die Funktionalbeziehung zwischen der Eingangsgröße u_S und der Ausgangsgröße u_A an, sondern lediglich den Mittelwert $\bar{u}_A$ der zeitlich pulsierenden Ausgangsspannung u_A. Die Kennlinien-Betrachtungsweise ist jedoch zulässig, wenn man davon ausgeht, daß u_A anschließend durch den Verbraucher geglättet wird. Hinzu kommt, daß die in der Antriebstechnik fast ausschließlich verwendeten sechspulsigen Stromrichterschaltungen schon eine verhältnismäßig geringe Welligkeit der Ausgangsspannung aufweisen.

Bei Stromrichter-Stellgliedern in konkreten Regelungssystemen wird meist nur der lineare Aussteuerungsbereich genutzt. In diesem Fall kann die Kennlinie (3.290) durch die Tangente im Koordinatenursprung ersetzt werden. Man erhält dann ein Proportionalglied mit der Konstante

$$K_S = \left.\frac{\partial \bar{u}_A}{\partial u_S}\right|_{u_S=0} = \frac{\pi \bar{u}_{Am}}{2 u_{Sm}} . \qquad (3.291)$$

Bisher haben wir ein etwaiges dynamisches Verhalten der Stromrichtersteuerung außer acht gelassen. Tatsächlich läßt sich aber ein Stromrichter, der mit Thyristoren realisiert ist, nicht ganz verzögerungsfrei steuern. Wie Bild 3/61 zeigt, hängt es ganz von der relativen Lage eines Sprungs in der Steuerspannung u_S ab, ob die Ausgangsspannung u_A sofort oder erst später reagiert. Trifft die Flanke in u_S kurz vor dem erforderlichen Zündzeitpunkt ein, ist die Verzögerung praktisch Null. Trifft sie kurz danach ein, vergeht bis zu einer halben Periode (bei der hier betrachteten zweipulsigen Schaltung), bis sich der Mittelwert der Ausgangsspannung verändert. Man sieht also, daß die Reaktionszeiten T_R vom Auftreten eines Steuerspannungssprungs bis zum Wirksamwerden im Spannungsverlauf u_A unterschiedlich sind. Sie schwanken zwischen $T_{Rmin} = 0$ und einem Höchstwert von $T_{Rmax} = \pi/\omega_N$. Da das Eintreffen von Steuerspannungsänderungen mit dem zeitlichen Verlauf der speisenden Wechselspannung u_W nicht korreliert ist, kann man damit rechnen, daß der Wert der jeweiligen Wartezeit vom Zufall abhängig zwischen T_{Rmin} und T_{Rmax} liegt. Diese Überlegungen führten dazu, das Zeitverhalten des zweipulsigen Stromrichters durch ein Totzeitglied mit der mittleren Totzeit

$$T_S = \frac{\pi}{2\omega_N} \qquad (3.292)$$

nachzubilden. Für einen p-pulsigen Stromrichter gilt dann entsprechend

$$T_S = \frac{\pi}{p\,\omega_N} = \frac{1}{2pf_N} , \quad f_N \text{ Netzfrequenz} . \qquad (3.293)$$

Diese grobe Approximation des Stromrichter-Zeitverhaltens ist für die meisten Betriebsfälle zu pessimistisch. Wie ausführlichere Untersuchungen [3.24] gezeigt haben, kann zum Beispiel bei einem sechspulsigen dynamisch symmetrierten Stromrichter unter der Voraussetzung nicht lückenden Stroms und kleiner Aussteuerung eine Ersatztotzeit von

$$T_S = \frac{1}{24 f_N} \qquad (3.294)$$

angenommen werden. Dieser Wert ist nur halb so groß wie der nach (3.293) berechnete.

Man faßt nun das statische Verhalten gemäß Gleichung (3.290) und die Steuerungstotzeit zusammen.

Der Stromrichter kann danach näherungsweise, wie in Bild 3/62 dargestellt, durch eine Kennlinie gemäß (3.290) und ein Totzeitglied nachgebildet werden. Schwankungen der Netzspannung $\hat{u}_W$ gehen dabei multiplikativ als Störgröße ein. Durch Linearisieren erhält man die im Bild 3/62 unten dargestellte Struktur mit der Konstanten K_S nach Gleichung (3.291).

Wie gesagt, es handelt sich hierbei um ein grobes Modell, welches das dynamische Verhalten je nach Betriebsbereich mit einer Genauigkeit von vielleicht

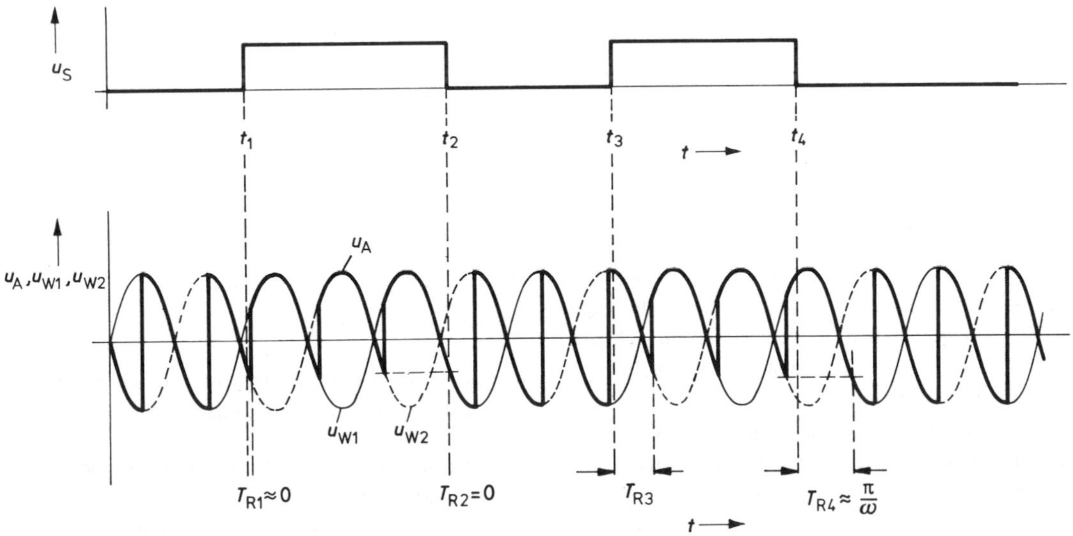

Bild 3/61. Zeitverhalten der Stromrichtersteuerung

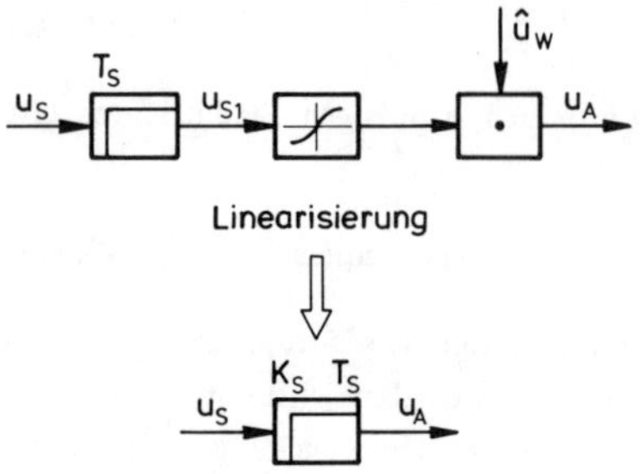

Bild 3/62. Vereinfachte Struktur eines Stromrichter-Stellgliedes

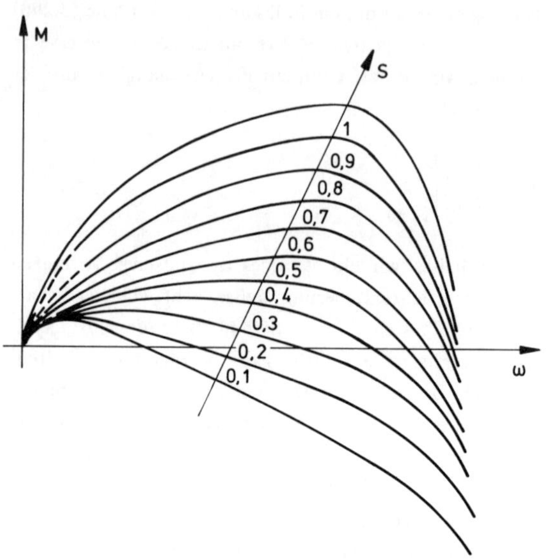

Bild 3/63. Drehmoment-Drehzahl-Kennlinienfeld eines Verbrennungsmotors

± 50 % nachbildet und auch dies nur unter bestimmten Voraussetzungen. So wird z.B. der Betriebszustand des lückenden Stromes nicht erfaßt. Auch ist zu beachten, daß die in Wirklichkeit in der Ausgangsspannung u_A enthaltene Pulsation in dem vereinfachten Modell nicht erscheint. Diese Tatsache ist aber nur dann ohne Bedeutung, wenn durch ein Tiefpaßverhalten des angeschlossenen Verbrauchers der Wechselspannungsanteil in u_A sowieso ausgefiltert würde. Falls zur Untersuchung besonderer Betriebsfälle das einfache Modell nach Bild 3/62 nicht ausreicht, wird man den Stromrichter simulieren müssen. Über seine genaue Nachbildung wird z.B. in [3.25] berichtet.

Der Verbrennungsmotor

Wir kommen nun zu einer weiteren in der Regelungstechnik häufig auftretenden Einrichtung, dem Verbrennungsmotor. Auch sein Modell ist, wie man sich vorstellen kann, nicht einfach zu entwickeln. Ansätze dafür sind in [3.26], [3.27] zu finden. Wir wollen jedoch hier auch mit nicht ganz wissenschaftlichen Methoden ein einfaches, für unsere Zwecke aber ausreichendes Modell entwerfen.

Auch hier wollen wir erst wieder das stationäre Verhalten betrachten und uns danach überlegen, wie wir das Zeitverhalten ins Spiel bringen können.

Das stationäre Verhalten eines Verbrennungsmotors ist durch sein Drehmoment-Drehzahlkennlinienfeld gegeben. Es stellt den Verlauf des vom Motor entwickelten Drehmomentes M in Abhängigkeit von der Drehzahl ω und der Fahrhebelstellung S dar. Unter Fahrhebelstellung versteht man dabei die Öffnung der Drosselklappe oder die Aussteuerung der Kraftstoff-Einspritzung, je nachdem, ob es sich um einen Vergaser- oder Einspritzmotor handelt. Bild 3/63 zeigt die graphische Darstellung eines solchen Kennlinienfeldes. Für bereits existierende Motoren können solche Kennlinienfelder auf einem Prüfstand aufgenommen werden. Aber auch für noch zu entwickelnde Maschinen kann aufgrund gegebener konstruktiver Merkmale der zu erwartende Verlauf des Kennlinienfeldes vom Entwickler recht genau angegeben werden. Man kann daher immer damit rechnen, daß das Motorkennlinienfeld gegeben ist.

Man kann also bei der Modellerstellung von einer Funktion von zwei unabhängigen Variablen

$$M = f(\omega, S) \tag{3.295}$$

ausgehen. Für die Anwendung der linearen Entwurfsverfahren kann man diese linearisieren und erhält allgemein für den Arbeits-Ruhepunkt (ω_A, S_A)

$$M(\omega, S) \approx M(\omega_A, S_A) + \left.\frac{\partial M}{\partial \omega}\right|_{\omega_A} d\omega + \left.\frac{\partial M}{\partial S}\right|_{S_A} dS \;. \tag{3.296}$$

Danach kann man das Kennlinienfeld durch die lineare Beziehung

$$M = M_A + K_1 \omega + K_2 S \tag{3.297}$$

approximieren. Die Koeffizienten K_1, K_2 entnimmt man dabei auf graphischem Weg aus dem Kennlinienfeld.

Um nun das dynamische Verhalten des Motors zu berücksichtigen, müssen wir zwei Eigenschaften der realen Maschine überlegen. Einmal ist die Kurbelwelle des Motors aus konstruktiven Gründen und zur Filterung der

Drehmomentpulsation mit einer Schwungmasse behaftet, wodurch sich eine dynamische Abhängigkeit zwischen Drehzahl und Drehmoment ergibt. Zum anderen wird eine Verstellung des Fahrhebels nicht verzögerungslos in eine Änderung des Drehmoments umgesetzt. Denn z.B. bei einem Vergasermotor muß nach Öffnen der Drosselklappe der damit erhöhte Durchfluß des Kraftstoff-Luft-Gemisches erst einmal in den Verbrennungsraum des Zylinders gelangen, ehe sich beim nächsten Arbeitstakt eine Erhöhung des Drehmomentes ergibt. Beispielsweise bei einem Viertakt Einzylindermotor dauert es mindestens eine halbe Motorumdrehung, bis das Drehmoment reagiert, nämlich dann, wenn die Änderung der Fahrhebelstellung kurz vor Beginn des Ansaugtaktes erfolgt ist. Im ungünstigsten Falle, wenn die Verstellung gegen Ende des Ansaugtaktes erfolgt, liegen bis zu deren Wirksamwerden der noch mit der alten Zylinderfüllung durchgeführte Arbeitstakt, der Auspufftakt und der jetzt die erhöhte Füllung bewirkende Ansaugtakt. Es vergehen also von der Verstellung bis zum Wirkungseinsatz 1,5 Umdrehungen. In jedem Fall erstreckt sich die Arbeitsphase über eine halbe Umdrehung, so daß noch im Mittel eine viertel Umdrehung an Wirkungsverzögerung hinzukommt.

Da Fahrhebelstellung und das Taktspiel des Motors nicht miteinander korreliert sind, hängt die Wartezeit zwischen Fahrhebelverstellung und Wirkung ganz vom Zufall ab, und man kann daher statistisch gesehen mit einer mittleren Totzeit entsprechend 5/4 Motorumdrehungen rechnen, also

$$T_M = \frac{5\pi}{2\omega_A} . \qquad (3.298)$$

Bei Mehrzylindermotoren ergibt sich eine entsprechend kleinere Totzeit. Bei sehr hoher Zylinderzahl liegt die mittlere Totzeit bei ca.

$$T_M = \frac{3\pi}{2\omega_A} . \qquad (3.299)$$

Alles in allem kann man also das Modell des Verbrennungsmotors, wie in Bild 3/64 gezeigt, in verschiedenen Verfeinerungs- und Vereinfachungsstufen darstellen.

Der oben gezeichnete Funktionsplan enthält noch keine Vereinfachungen, die Funktionsblöcke können noch beliebig genaue Teilmodelle enthalten.

Bei der mittleren Struktur wurde schon vereinfachend angenommen, daß sich das Verhalten des Motors durch die Kettenanordnung einer statischen Kennlinie und einer noch nicht näher definierten Struktur zur Nachbildung der Zylinderfüllungsdynamik beschreiben läßt. Die

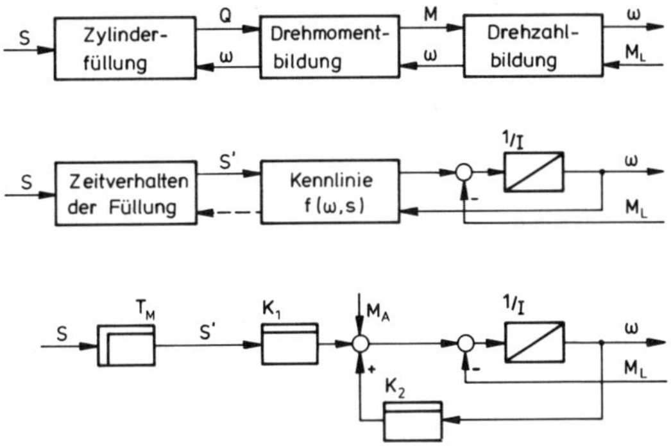

Bild 3/64. Schrittweise Entwicklung der vereinfachten linearisierten Struktur des Verbrennungsmotors

Drehzahlbildung ist bis auf Nebeneffekte wie Reibungen durch den Integrator soweit genau beschrieben.

Im unteren Teil von Bild 3/64 wurde schließlich die Kennlinie linearisiert, und das Zeitverhalten der Zylinderfüllung wurde, wie oben beschrieben, durch ein Totzeitglied nachgebildet. Bei dieser Betrachtungsweise wurde auch die Pulsation des Drehmoments vernachlässigt. Man kann diesen Effekt, der manchmal für das Störverhalten eines Regelungssystems von Bedeutung ist, wieder näherungsweise berücksichtigen, indem man für die Arbeitspunktgröße M_A keinen konstanten Wert, sondern eine periodische Funktion ansetzt, etwa

$$M_A = M_{A0} + \hat{M}_A \sin(k \cdot \omega t) . \qquad (3.300)$$

Die angegebene einfache Struktur reicht für viele Untersuchungen aus, etwa die im Abschnitt 8.2 beschriebene Prüfstandsregelung. Will man allerdings Regelungen untersuchen, die den Motor selber betreffen, etwa Leerlaufdrehzahl-Regelungen oder Optimierung der Zylinderfüllung, müßte man sich schon etwas genauere Modelle verschaffen.

Schrifttum zum Kapitel 3

[3.1] K. Reinisch: Systemanalyse und Steuerung komplexer Prozesse: Probleme, Lösungswege, industrielle und nichtindustrielle Anwendungen. MSR 29 (1986) 5, S. 194-207.

[3.2] G. Schmidt: Was sind und wie entstehen komplexe Systeme und welche Aufgaben stellen sie für die Regelungstechnik. rt 30 (1982) 10, S. 331-339.

[3.3] H. Strobel: Experimentelle Systemanalyse. Akademie Verlag, 1975.

[3.4] R. Unbehauen: Regelungstechnik I. Vieweg Verlag, 1985.

[3.5] R. Isermann: Identifikation dynamischer Systeme, Band 1 und 2. Springer Verlag, 1988.

[3.6] P. Schiller: Grundtatsachen des Dämpfungsverhaltens der Metalle. Zeitschrift für Metallkunde 53 (1962) 1, S. 9-17.

[3.7] W. Späth: Dämpfung und Festigkeit der Werkstoffe. Archiv für Eisenhüttenwesen, 11 (1938) 10, S. 503-508.

[3.8] E.A. Cornelius und W. Beitz: Bestimmung von Kenngrößen drehelastischer Kupplungen. Konstruktion im Maschinen-, Apparate- und Gerätebau, 13 (1961) 11, S. 417-431.

[3.9] F. und D. Findeisen: Drehelastische Kupplungen. Technische Rundschau Nr. 19, April 1968, S. 13.

[3.10] M. Bosch: Das dynamische Verhalten von Stirnradgetrieben unter besonderer Berücksichtigung der Verzahnungsgenaugkeit. Industrie-Anzeiger Antrieb, Getriebe, Steuerung 87 (Dez. 1965) 102, S. 2469-2478.

[3.11] M. Klittich: Über die Nachbildung von Getrieben auf dem Analogrechner. Elektronische Rechenanlagen, 8 (1966) 3, S. 125-130.

[3.12] Th. Bödefeld und H. Sequenz: Elektrische Maschinen. Springer-Verlag, 1971.

[3.13] H. Bühler: Einführung in die Theorie geregelter Gleichstromantriebe. Birkhäuser-Verlag, 1962.

[3.14] G. Pfaff: Regelung elektrischer Antriebe I. R. Oldenbourg Verlag, 1971.

[3.15] G. Pfaff, L. Sack: Neue Entwicklungen bei Servoantrieben. tz für Metallbearbeitung 78 (1984) 8, S. 15-21.

[3.16] G. Pfaff, A. Weschta, A. Wick: Design and Experimental Results of a Brushless AC Servo Drive. IEEE Transactions on Industry Applications IA20 (1984) 4, S. 814-821.

[3.17] K.P. Kovacs: Symmetrische Komponenten in Wechselstrommaschinen. Birkhäuser Verlag, 1962.

[3.18] K.P. Kovacs und I. Racz: Transiente Vorgänge in Wechselstrommaschinen, Band 1 und 2. Verlag der ungarischen Akademie der Wissenschaften, Budapest, 1959.

[3.19] W. Leonhard: Regelung der elektrischen Energieversorgung. Teubner Studienbücher, 1980.

[3.20] F. Guillon: Hydraulische Regelkreise und Servosteuerungen. Carl Hanser Verlag, 1968.

[3.21] W. Kaufmann: Technische Hydro- und Aeromechanik. Springer Verlag, 1963.

[3.22] P. Profos: Die Regelung von Dampfanlagen. Springer Verlag, 1962.

[3.23] F. Jötten: Die Berechnung einfach und mehrfach integrierender Regelkreise in der Antriebstechnik. AEG-Mitteilungen 52 (1962) 5/6, S. 219-231.

[3.24] D. Schröder: Dynamische Eigenschaften von Stromrichterstellgliedern mit natürlicher Kommutierung. Regelungstechnik und Prozeß-Datenverarbeitung 19 (1971) 4, S. 155-162.

[3.25] J. Lakota: Simulation von stromrichtergespeisten Gleichstrommotorantrieben. ATZ-A 94 (1973) 1, S. 26-30.

[3.26] J.O. Flower und R.K. Gupta: Optimal Control Considerations of Diesel Engine Discrete Models. Int. J. Control 19 (1974) 6, S. 1057-1068.

[3.27] M.A. Dorgham (Ed.): Application of Control Theory in the Automobile Industry. Int. J. of Vehicle, Special Publication SP4, 1983, Interscience Enterprises, UK.

Nachdem im Kapitel 1 die Grundbegriffe des Regelkreises eingeführt worden sind, wurde im Kapitel 2 das Strukturbild als eine anschauliche Form des mathematischen Modells dynamischer Systeme betrachtet und im Kapitel 3 die Aufstellung des mathematischen Modells und insbesondere Strukturbildes an charakteristischen Beispielen gezeigt. Die Kapitel 2 und 3 haben *allgemeinen Charakter*, insofern sie sich nicht nur auf Regelkreise beziehen, sondern für beliebige dynamische Systeme verwendbar sind.

Mit dem vorliegenden Kapitel wollen wir zur alleinigen Behandlung des Regelkreises zurückkehren und uns mit der Analyse, also der Untersuchung der dynamischen Eigenschaften, von Regelungen befassen. Dazu ist als erstes eine geeignete mathematische Beschreibung des Regelkreises vorzunehmen.

4.1 Gleichung des Regelkreises

Aus dem grundsätzlichen Aufbau einer Regelung (Bild 1/2) wie auch aus den Beispielen der Antriebsregelung (Bild 2/9), Schüttgutregelung (Bild 2/10) und linearisierten Abflußregelung (Bild 2/78) ergibt sich das *allgemeine Strukturbild des Regelkreises* im Bild 4/1. Die Blöcke sind hierin durch ihre Übertragungsfunktionen charakterisiert. Da es Übertragungsfunktionen nur bei LZI-Gliedern (linearen und zeitinvarianten Übertragungsgliedern) gibt, wird also vorausgesetzt, daß die Regelung mit genügender Näherung durch LZI-Glieder beschrieben werden kann. Diese Voraussetzung wird im folgenden stets gemacht, ohne daß sie besonders erwähnt wird. Es sei daran erinnert, daß man einen durch

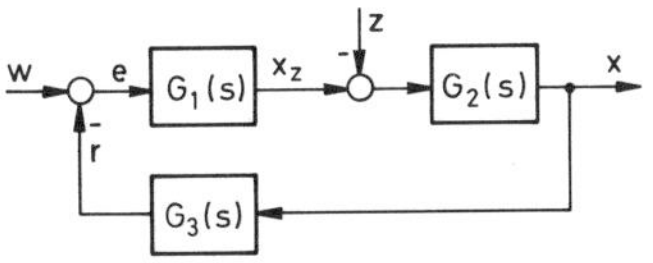

Bild 4/1. Allgemeine Struktur einer linearen und zeitinvarianten Regelung

G(s) charakterisierten Block statt durch die komplexe Übertragungsgleichung

$$Y(s) = G(s)\, U(s)$$

auch durch die Faltungsbeziehung

$$y(t) = g(t)*u(t) = \int_0^t g(t-\tau)\, u(\tau)\, d\tau$$

beschreiben kann. Ebenso sei darauf hingewiesen, daß sich bei einfachen Blöcken auch die Sprungantwort als sehr anschauliche Charakterisierung verwenden läßt.

Alle linearen zeitinvarianten Regelungen mit einer Regelgröße x und einer Störgröße z haben die obige Struktur oder lassen sich durch geeignete Strukturumformung darauf zurückführen. Sie unterscheiden sich nur durch die spezielle Gestalt der Übertragungsfunktionen $G_\nu(s)$.

Die Störgröße z wird im allgemeinen innerhalb der Strecke angreifen, eventuell aber auch am Eingang oder Ausgang der Strecke. Daher beschreibt $G_2(s)$ im allgemeinen den hinteren Teil der Strecke, während $G_1(s)$ das Regelglied und die Stelleinrichtung sowie den vorderen Teil der Strecke charakterisiert. Greift z am Streckenausgang an, so ist $G_2(s) = 1$, während $G_1(s)$ Regelglied und Stelleinrichtung sowie die gesamte Strecke beschreibt. $G_3(s)$ ist meist die Übertragungsfunktion der Meßeinrichtung.

Für die Untersuchung des dynamischen Verhaltens ist es aber belanglos, welche gerätetechnischen Bestandteile des Regelkreises durch G_1, G_2 und G_3 beschrieben werden. Unwesentlich ist auch, ob man die Störgröße mit negativem oder positivem Vorzeichen eingreifen läßt. Für allgemeine Untersuchungen wurde das negative Vorzeichen gewählt, weil Aufschaltung der Störgröße meist Absinken der Regelgröße zur Folge hat.

Um nun zu sehen, wie die Regelgröße x von der Führungsgröße w und der Störgröße z abhängt, liest man aus dem Bild 4/1 die Gleichungen der einzelnen Blöcke ab und faßt sie dann zu *einer* Gleichung zusammen:

$$X = G_2(-Z + X_z)\,,$$

$$X_z = G_1 E\,,$$

$$E = W - R\,,$$

$$R = G_3 X\,,$$

wobei das Argument s weggelassen ist. Setzt man nun jede Gleichung in die vorhergehende ein, so erhält man

$$X = -G_2 Z + G_2 G_1 (W - G_3 X)\,,$$

$$(1 + G_1 G_2 G_3) X = G_1 G_2 W - G_2 Z$$

und damit schließlich

$$X(s) = \frac{G_1(s)G_2(s)}{1 + G_1(s)G_2(s)G_3(s)} W(s) +$$

$$+ \frac{G_2(s)}{1 + G_1(s)G_2(s)G_3(s)} [-Z(s)] \ . \qquad (4.1)$$

Diese Gleichung zeigt, wie die Regelgröße x, die Ausgangsgröße des Regelkreises, von den beiden Eingangsgrößen abhängt, der Führungsgröße w und der Störgröße z. Wir wollen sie als *Gleichung des Regelkreises* bezeichnen, da das gesamte dynamische Verhalten der Regelung in ihr enthalten ist.

Da es sich um ein lineares System handelt, überlagern sich die Wirkungen der beiden Eingangsgrößen ungestört. Der erste Term auf der rechten Seite beschreibt das *Führungsverhalten*, d.h. das Verhalten der Regelung, wenn z = 0 ist und nur die Führungsgröße w wirkt:

$X(s) = F_w(s)\ W(s)$ mit der *Führungsübertragungsfunktion*

$$F_w(s) = \frac{G_1(s)G_2(s)}{1 + G_1(s)G_2(s)G_3(s)} \ . \qquad (4.2)$$

Entsprechend wird das *Störverhalten* der Regelung, das für w = 0 bei und alleiniger Einwirkung der Störgröße z vorliegt, durch

$X(s) = F_z(s)[-Z(s)]$ mit der *Störübertragungsfunktion*

$$F_z(s) = \frac{G_2(s)}{1 + G_1(s)G_2(s)G_3(s)} \qquad (4.3)$$

charakterisiert.

Es ist bemerkenswert und für spätere Untersuchungen wichtig, daß beide Übertragungsfunktionen den gleichen Nenner $1 + G_1G_2G_3$ haben. Um die Bedeutung des Produktes $G_1G_2G_3$ zu erkennen, setzen wir im Bild 4/1 z = 0 und trennen die Rückführung unmittelbar vor dem Soll-Istwert-Vergleich auf. Die so erhaltene Reihenschaltung mit dem Eingang w und dem Ausgang r bezeichnet man als *offenen (oder aufgeschnittenen) Regelkreis* [1]. Für ihn gilt

$$R(s) = G_1(s)G_2(s)G_3(s)\,W(s) \ .$$

[1] Die Bezeichnung "offener Regelkreis" ist als *ein* Begriff zu nehmen. Wenn von "Regelkreis" oder "Regelung" schlechthin die Rede ist, so ist *immer* der geschlossene Kreis gemeint.

Somit ist

$$F_o(s) = G_1(s)G_2(s)G_3(s) \qquad (4.4)$$

die Übertragungsfunktion des offenen Regelkreises, womit die Bedeutung des Produktes $G_1G_2G_3$ klargestellt ist. Damit erhält man eine *zweite Form der Gleichung des Regelkreises:*

$$X(s) = \frac{G_1(s)G_2(s)}{1 + F_o(s)} W(s) + \frac{G_2(s)}{1 + F_o(s)} [-Z(s)] \ . \qquad (4.5)$$

Es sei darauf hingewiesen, daß es eine solche Gleichung für das Verhalten des Regelkreises nur im komplexen Bereich gibt, nicht aber im Zeitbereich (jedenfalls dann, wenn man im Rahmen des klassischen Funktionsbegriffs bleibt). Sehr deutlich zeigt sich hier wieder einmal die Zweckmäßigkeit der komplexen Betrachtungsweise.

Vielfach liegt der Fall vor, daß die Führungsgröße fest vorgegeben ist. Man spricht dann von *Festwertregelung.* Durch geeignete Wahl des Nullniveaus kann man dann w = 0 setzen. In diesem Fall besteht die Aufgabe des Regelkreises allein im Ausregeln der Störgröße. Dann ist also nur die Störübertragungsfunktion von Interesse.

Häufig tritt auch der Fall auf, daß die Führungsgröße w zeitveränderlich ist und die Hauptaufgabe der Regelung darin besteht, die Regelgröße laufend an die Führungsgröße anzugleichen. Dann spricht man von *Folgeregelung.* Falls der Einfluß von Störungen vernachlässigt werden kann, kommt es dann allein auf die Führungsübertragungsfunktion der Regelung an.

4.2 Beispiele

Wir wollen nun einige Beispiele behandeln und nehmen als erstes die *linearisierte Abflußregelung* (Bild 2/78). Hier ist

$$G_1(s) = \frac{K_1}{s}\ , \quad G_2(s) = \frac{K_2}{1+Ts}\ , \quad G_3(s) = K_3 \ .$$

Daher ist

$$F_o(s) = \frac{V}{s(1+Ts)} \qquad (4.6)$$

mit $V = K_1K_2K_3$. Daraus folgt nach (4.2)

$$F_w(s) = \frac{\dfrac{K_1K_2}{s(1+Ts)}}{1 + \dfrac{V}{s(1+Ts)}} = \frac{K_1K_2}{Ts^2+s+V}$$

und nach Kürzen durch V:

$$F_w(s) = \frac{\frac{1}{K_3}}{1 + \frac{1}{V}s + \frac{T}{V}s^2} \,. \tag{4.7}$$

Wie man sieht, wird das Führungsverhalten der linearisierten Abflußregelung durch ein P-T_2-Glied (VZ_2-Glied) beschrieben. Diese Charakterisierung des Führungsverhaltens gilt nicht nur im vorliegenden Beispiel, sondern näherungsweise für zahlreiche Regelungen.

Entsprechend ergibt sich für das Störverhalten aus (4.3)

$$F_z(s) = \frac{\frac{K_2}{1+Ts}}{1 + \frac{V}{s(1+Ts)}} = \frac{K_2 s}{Ts^2 + s + V}$$

und daraus wiederum nach Kürzen durch V:

$$F_z(s) = \frac{\frac{1}{K_1 K_3}s}{1 + \frac{1}{V}s + \frac{T}{V}s^2} \,. \tag{4.8}$$

Dies ist ein D-T_2-Glied (D-Glied im Zähler, von 2. Ordnung im Nenner). Für die Störsprungantwort $h_z(t)$, also die Antwort des Regelkreises auf die Aufschaltung des Einheitssprungs, gilt

$$H_z(s) = F_z(s) \cdot \frac{1}{s} \,.$$

Nach dem Anfangswertsatz der Laplace-Transformation folgt daraus

$$\lim_{t \to +0} h_z(t) = \lim_{s \to \infty} sH_z(s) = \lim_{s \to \infty} F_z(s) = 0 \,,$$

da in (4.8) der Zählergrad kleiner als der Nennergrad ist. Weiter ergibt sich aus dem Endwertsatz der Laplace-Transformation

$$\lim_{t \to \infty} h_z(t) = \lim_{s \to 0} sH_z(s) = \lim_{s \to 0} F_z(s) = 0 \,.$$

Man bekommt so den im Bild 4/2 skizzierten Verlauf der Störsprungantwort $h_z(t)$ der linearisierten Abflußregelung. Der oszillierende Verlauf ergibt sich dann, wenn die Nullstellen des Nenners von $F_z(s)$ konjugiert komplex sind. Näherungsweise beschreibt Bild 4/2 das Störverhalten zahlreicher Regelungen, wobei allerdings der Anfangswert $h_z(+0)$ nicht Null zu sein braucht. Als nächstes Beispiel betrachten wir das *Störverhalten der Schüttgutregelung* aus Bild 2/10. Hier ist

$$G_1(s) = K_V \cdot \frac{K_{St}}{s} \cdot K_S \,, \quad G_2(s) = e^{-T_t s} \,, \quad G_3(s) = K_I$$

und demnach

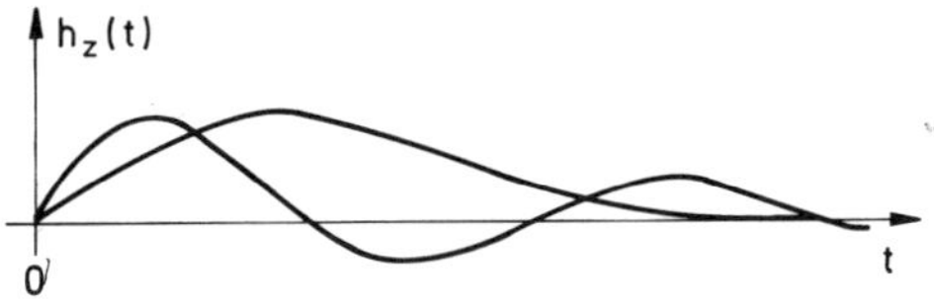

Bild 4/2 Störsprungantwort der linearisierten Abflußregelung

$$F_o(s) = \frac{V}{s} e^{-T_t s} \tag{4.9}$$

mit $V = K_V K_{St} K_S K_I$.

Nach (4.3) hat man so

$$F_z(s) = \frac{e^{-T_t s}}{1 + \frac{V}{s} e^{-T_t s}} \,.$$

Weitere Umformungen sind zwecklos, da sie keine Vereinfachung bringen. Im Unterschied zum letzten Beispiel, bei dem Führungs- und Störverhalten durch R-Glieder beschrieben werden, liegt jetzt ein Totzeitsystem vor. Seine Sprungantwort ist nicht mehr in geschlossener Form zu erhalten, sondern muß als Reihe gemäß Abschnitt 2.5.3 berechnet werden.

Wenden wir uns nun als drittem Beispiel der *Antriebsregelung* (Drehzahlregelung eines Gleichstromantriebs) im Bild 2/9 zu. Auf den ersten Blick liegt dort eine andere Struktur als im Bild 4/1 vor, da wegen der Rückführung der Gegen-EMK e_M eine innere Schleife auftritt. Durch eine Strukturumformung kann man auf einen einschleifigen Kreis kommen und auf diese Weise $F_w(s)$ und $F_z(s)$ berechnen. Es ist aber einfacher, im Bild 2/9 zunächst $M_L = 0$ zu setzen und $F_w(s)$ zu bestimmen, sodann $u_S = 0$ zu setzen und $F_z(s)$ zu ermitteln.

Als erstes soll das *Führungsverhalten* untersucht werden: $M_L = 0$. In der inneren Schleife fällt dann das zu M_L gehörende Summierglied weg, und es ist $M_B = M_A$. Wir können daher die innere Schleife gemäß Bild 2/72, 3. Zeile, zu einem Block zusammenfassen:

$$G_{MOT} = \frac{\omega(s)}{u_A(s)} = \frac{\frac{1}{\Theta s} K_F \frac{\frac{1}{R_A}}{1 + \frac{L_A}{R_A}s}}{1 + K_F \cdot \frac{1}{\Theta s} K_F \frac{\frac{1}{R_A}}{1 + \frac{L_A}{R_A}s}} \,.$$

Durch Erweitern mit $\Theta s \left[1 + \frac{L_A}{R_A} s\right]$ folgt daraus

$$G_{MOT} = \frac{\frac{K_F}{R_A}}{\Theta s + \frac{\Theta L_A}{R_A} s^2 + \frac{K_F^2}{R_A}} .$$

Kürzt man durch K_F^2/R_A, so wird

$$G_{MOT} = \frac{\frac{1}{K_F}}{1 + \frac{\Theta R_A}{K_F^2} s + \frac{\Theta L_A}{K_F^2} s^2} . \tag{4.10}$$

Damit wird aus Bild 2/9 die Struktur in Bild 4/3, die nur noch *eine* Rückführung von ω enthält. Dabei ist noch das P-Glied in der Rückführung von Bild 4/3 hinter den Soll-Istwert-Vergleich verlegt worden, wodurch u_S in u_S/K_I übergeht. Aus (4.10) erkennt man, daß die Winkelgeschwindigkeit des Motors über ein Verzögerungsglied 2. Ordnung von der Ankerspannung abhängt. Dabei ist

$$2dT = \frac{\Theta R_A}{K_F^2}, \quad T^2 = \frac{\Theta L_A}{K_F^2} . \tag{4.11}$$

Für $d < 1$ erhält man gemäß Tabelle 2/1 eine oszillierende Sprungantwort. Die Zeitkonstante der einhüllenden e-Funktion ist nach Tabelle 2/1

$$\frac{T}{d} = 2\frac{T^2}{2dT} = 2\frac{L_A}{R_A} . \tag{4.12}$$

Mit dieser Zeitkonstante klingt also bei sprungartiger Ankerspannungsänderung die Schwingung der Winkelgeschwindigkeit ab. Vernachlässigt man die kleine Zeitkonstante T_{St} der Stromrichterschaltung, so wird die Übertragungsfunktion des offenen Kreises

$$F_o(s) = K_I K_V K_{St} \frac{\frac{1}{K_F}}{1 + \frac{\Theta R_A}{K_F^2} s + \frac{\Theta L_A}{K_F^2} s^2} =$$

$$= \frac{V}{1 + 2dT\,s + T^2 s^2} . \tag{4.13}$$

Hierbei ist

$$V = K_I K_V K_{St} \frac{1}{K_F} \tag{4.14}$$

das Produkt der Verstärkungsfaktoren sämtlicher Blöcke des offenen Kreises und somit der Verstärkungsfaktor des offenen Kreises. V wird deshalb als *Kreisverstärkung* bezeichnet.

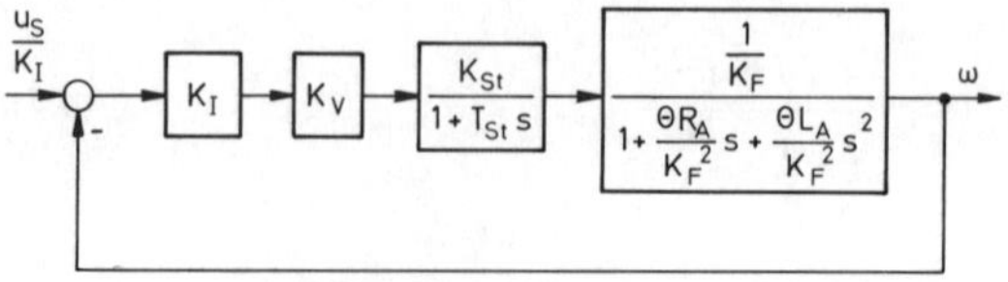

Bild 4/3. Führungsverhalten der Antriebsregelung von Bild 2/9

Das Führungsverhalten der Drehzahlregelung wird also durch die Gleichung

$$\omega = \frac{F_o(s)}{1 + F_o(s)} \cdot \frac{u_S}{K_I} = \frac{V}{1 + 2dT\,s + T^2 s^2 + V} \cdot \frac{u_S}{K_I} \quad \text{oder}$$

$$\omega = \frac{\frac{V}{V+1}}{1 + \frac{2dT}{V+1} s + \frac{T^2}{V+1} s^2} \cdot \frac{u_S}{K_I} \tag{4.15}$$

beschrieben. Es liegt wiederum ein Verzögerungsglied 2. Ordnung vor. Für seine Zeitkonstante T^* und seine Dämpfung d^* folgt aus

$$T^{*2} = \frac{T^2}{V+1}, \quad 2d^* T^* = \frac{2dT}{V+1} :$$

$$T^* = \frac{T}{\sqrt{V+1}}, \quad d^* = \frac{d}{\sqrt{V+1}} . \tag{4.16}$$

Mit wachsender Kreisverstärkung V nehmen also Zeitkonstante und Dämpfung ab. Was die Sprungantwort des Führungsverhaltens betrifft, so gilt für die Zeitkonstante der einhüllenden e-Funktion (falls $d^* < 1$) nach Tabelle 2/1

$$\frac{T^*}{d^*} = \frac{T}{d}, \quad \text{also wegen (4.12)}$$

$$\frac{T^*}{d^*} = 2\frac{L_A}{R_A} . \tag{4.17}$$

Das Abklingen der Sprungantwort wird hier durch V nicht beeinflußt.

Um nunmehr das *Störverhalten der Antriebsregelung* zu beschreiben, wird $u_S = 0$ gesetzt, so daß das S-Glied des Soll-Istwert-Vergleichs wegfällt. Infolgedessen bilden die beiden Wirkungslinien von e_M und von u_I, u_D, u_G eine Parallelschaltung. Deren Übertragungsfunktion ist

$$- \left[K_F + K_I K_V \frac{K_{St}}{1+T_{St}s} \right] .$$

Die Struktur des Störverhaltens wird durch den Wirkungskreis in Bild 4/4 wiedergegeben. Darin ist die Eingriffsstelle der Störgröße M_L nach links umgezeichnet. Vernachlässigt man auch hier wieder die kleine Zeitkonstante T_{St} der Stromrichterschaltung, so erhält man auf Grund der Rückkopplungsformel

$$\omega = \frac{\frac{1}{\Theta s}}{1 + \frac{1}{\Theta s} \cdot K_F \frac{\frac{1}{R_A}}{1 + \frac{L_A}{R_A} s} (K_F + K_I K_V K_{St})} (-M_L) .$$

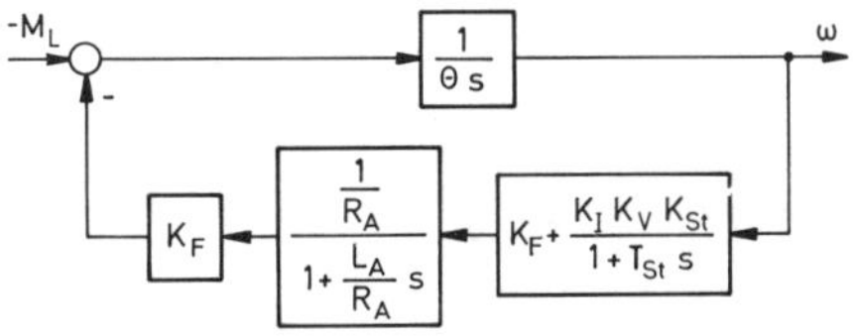

Bild 4/4. Störverhalten der Antriebsregelung von Bild 2/9

Mit den Abkürzungen

$$V_z = \frac{K_F}{R_A}(K_F + K_I K_V K_{St}) , \tag{4.18}$$

$T_A = \frac{L_A}{R_A}$ folgt daraus

$$\omega = \frac{\frac{1}{\Theta s}}{1 + \frac{V_z}{\Theta s(1+T_A s)}} (-M_L) = \frac{1+T_A s}{\Theta s(1+T_A s)+V_z} (-M_L)$$

oder

$$\omega = \frac{1}{V_z} \frac{1 + T_A s}{1 + \frac{\Theta}{V_z} s + \frac{\Theta T_A}{V_z} s^2} (-M_L) . \tag{4.19}$$

Durch geeignete Wahl von K_V kann V_z und damit das Störverhalten beeinflußt werden.

Wie man sieht, ist die Störübertragungsfunktion der Antriebsregelung von ähnlicher Gestalt wie bei der linearisierten Antriebsregelung. Die Störsprungantwort zeigt daher grundsätzlich das gleiche Verhalten wie im Bild 4/2, nur mit von Null verschiedenem Endwert.

Bislang wurden alle Untersuchungen mit allgemeinen Parametern durchgeführt. Im Anschluß an die *Antriebsregelung* (Bild 1/3, Struktur im Bild 2/9) soll jetzt ein *Zahlenbeispiel* gebracht werden, das auch später herangezogen wird. Die durch den Index N gekennzeichneten Nennwerte des Motors seien:

$$u_{AN} = 300\,\text{V} , \quad i_{AN} = 820\,\text{A} ,$$

was einer Nennleistung $P_N = 246$ kW entspricht. Weiterhin sei die Nenndrehzahl $n_N = 600$ Umdrehungen/min. Weitere Motordaten:

$$R_A = 0{,}05\,\Omega , \quad L_A = 2{,}5\,\text{mH} , \quad \Theta = 200\,\text{Nm}\,\text{sec}^2 .$$

Aus der in Umdrehungen je Minute gemessenen Drehzahl n erhält man die Winkelgeschwindigkeit ω als den in der Sekunde überstrichenen Drehwinkel zu

$$\omega = \frac{n}{60} 2\pi , \quad \text{hier also} \quad \omega_N = 62{,}8\,\text{sec}^{-1} .$$

Um nun die Parameterwerte des Motors in die Struktur in Bild 2/9 eintragen zu können, hat man noch K_F zu bestimmen. Nach Bild 2/9 gilt $e_M = K_F \omega$, also im Nennzustand

$$K_F = \frac{e_{MN}}{\omega_N} . \tag{4.20}$$

Hierin ist e_{MN} noch unbekannt. Aus Bild 2/9 folgt weiter

$$i_A = \frac{\frac{1}{R_A}}{1 + \frac{L_A}{R_A} s} (u_A - e_M) .$$

Da der Nennzustand ein stationärer Zustand ist, verschwinden in ihm die zeitlichen Ableitungen, was $s = 0$ entspricht:

$$i_{AN} = \frac{1}{R_A}(u_{AN} - e_{MN}) , \quad \text{also}$$

$$e_{MN} = u_{AN} - R_A i_{AN} , \quad \text{hier}$$

$$e_{MN} = 259\,\text{V} .$$

Aus (4.20) folgt jetzt

$$K_F = \frac{259}{62{,}8} \frac{\text{V}}{\text{sec}^{-1}} = 4{,}13\,\text{Vsec} .$$

Hieraus ergibt sich weiter (was im Strukturbild nicht benötigt wird) der Nennwert M_{AN} des Antriebsmoments:

$$M_{AN} = K_F i_{AN} = 4{,}13 \cdot 820\,\text{Wsec} = 3380\,\text{Nm} .$$

Der Motor muß so gewählt sein, daß dieser Wert gleich der Nennlast, also gleich dem (im Mittel) zu erwartenden Wert des Lastmoments M_L ist. Denn im normalen Betriebszustand soll das Antriebsmoment des Motors gleich dem Lastmoment sein. Um den Motor richtig auszulasten, wird man sein Nennmoment deshalb gleich der zu erwartenden Nennlast wählen.

Weiterhin erhält man

$$K_A = \frac{1}{R_A} = \frac{1}{0,05\,\Omega} = 20\,\Omega^{-1} ,$$

$$T_A = \frac{L_A}{R_A} = \frac{2,5 \cdot 10^{-3}}{5 \cdot 10^{-2}} \sec = 50 \cdot 10^{-3} \sec .$$

Was die weiteren Parameter in Bild 2/9 betrifft, so bekommt man die Übertragungskonstante K_{St} der Stromrichterschaltung aus der im stationären Zustand geltenden Gleichung

$$u_{AN} = K_{St} u_{GN} .$$

Ist die Ausgangsspannung u_G des Regelverstärkers im Nennzustand 10 V, so ist

$$K_{St} = \frac{300 \text{ V}}{10 \text{ V}} = 30 .$$

Die Zeitkonstante der Stromrichterschaltung sei zu

$$T_{St} = 0,005 \sec$$

angenommen. Schließlich erhält man die Übertragungskonstante K_I der Tachometermaschine aus der Angabe, daß sie bei der Drehzahl 1000 U/min eine Spannung von 25 V erzeugt. Damit folgt wegen $u_I = K_I \omega$:

$$K_I = \frac{u_I}{\omega} = \frac{25}{\frac{1000}{60}} \frac{\text{V}}{2\pi \sec^{-1}} = 0,24 \text{ Vsec} .$$

Bild 4/5 zeigt die so erhaltene Struktur mit den berechneten Parameterwerten, wobei die Übertragungskonstante K_V des Regelverstärkers als frei verfügbarer Parameter offengelassen ist.

Um etwa das Führungsverhalten weiter zu untersuchen, setzen wir $M_L = 0$ und haben dann gemäß Bild 4/3 zu bilden:

$$\frac{1}{K_F} = 0,242 \text{ V}^{-1}\sec^{-1} ,$$

$$2dT = \frac{\Theta R_A}{K_F^2} = \frac{200 \cdot 0,05}{4,13^2} \sec = 0,59 \sec ,$$

$$T^2 = \frac{\Theta L_A}{K_F^2} = \frac{200 \cdot 2,5 \cdot 10^{-3}}{4,13^2} \sec^2 = 0,0294 \sec^2 .$$

Es wird so aus Bild 4/5 das Bild 4/6 für das Führungsverhalten der Antriebsregelung. Der Motor wird dabei

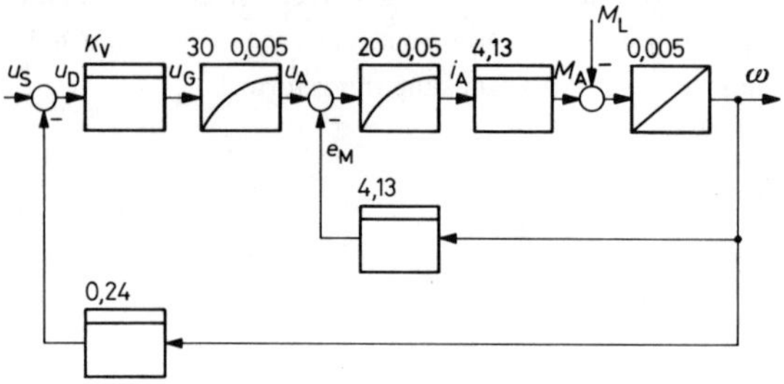

Bild 4/5. Zahlenbeispiel zur Antriebsregelung

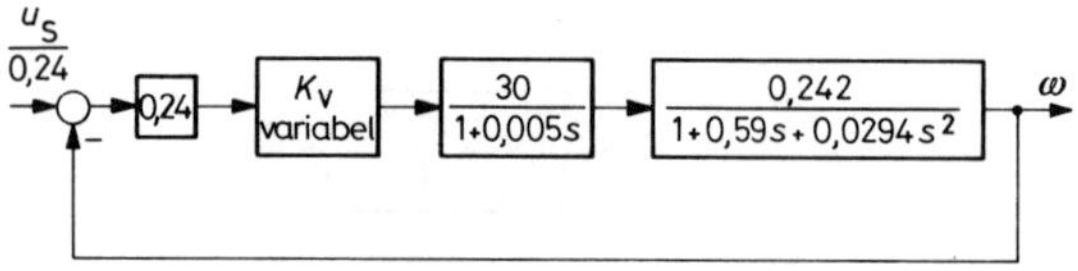

Bild 4/6. Führungsverhalten der Antriebsregelung von Bild 4/5

durch ein Verzögerungsglied 2. Ordnung dargestellt. Für dessen Dämpfung ergibt sich

$$d = \frac{1}{2T} \frac{\Theta R_A}{K_F^2} , \quad \text{also wegen}$$

$$T = \frac{\sqrt{\Theta L_A}}{K_F} : \tag{4.21}$$

$$d = \frac{R_A}{2K_F} \sqrt{\frac{\Theta}{L_A}} . \tag{4.22}$$

Im vorliegenden Fall ist die dimensionslose Zahl d = 1,71. Da die Dämpfung ≥ 1 ist, kann das Verzögerungsglied 2. Ordnung nach Bild 2/38 als Reihenschaltung zweier Verzögerungsglieder 1. Ordnung dargestellt werden. Wegen T = 0,171 sec sind deren Zeitkonstanten

$$T_1 = 0,53 \sec ; \quad T_2 = 0,055 \sec .$$

Aus Bild 4/6 wird so Bild 4/7 als endgültige Struktur des Führungsverhaltens der Antriebsregelung. Die Übertragungsfunktion des offenen Kreises ist

$$F_o(s) = \frac{V}{(1+0,53s)(1+0,055s)(1+0,005s)} \tag{4.23}$$

mit der Kreisverstärkung

$$V = 0{,}24 \cdot 30 \cdot 0{,}242 \cdot K_v = 1{,}74\ K_v \ . \qquad (4.24)$$

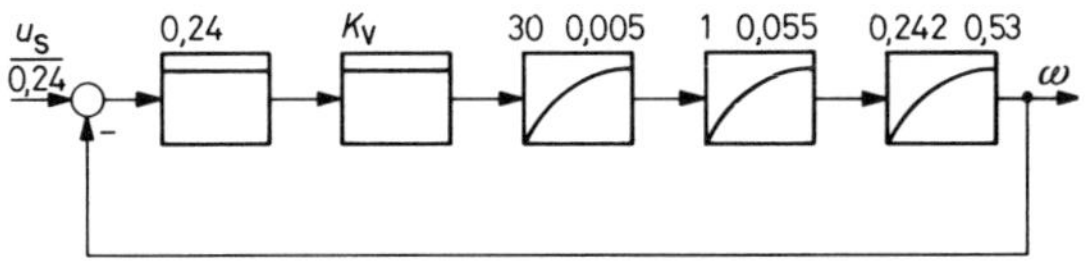

Bild 4/7. Umformung von Bild 4/6: Antriebsregelung bei genügend großem Trägheitsmoment von Anker und Last

4.3 Standardregelkreis

Die allgemeine Struktur von Bild 4/1 kann in vielen Fällen noch vereinfacht werden. Die Meßeinrichtung wird man nach Möglichkeit so aufbauen, daß sie keine Zeitverzögerungen aufweist, vielmehr der Meßwert der zu messenden Größe proportional ist. Dann darf man $G_3(s) = K_3$ setzen. Verlegt man dieses Proportionalglied hinter den Soll-Istwert-Vergleich, so erhält man eine *direkte Rückführung*, die durch $G_3(s) = 1$ gekennzeichnet ist. Dafür tritt an die Stelle von w die Eingangsgröße w/K_3. Die Störgröße z in Bild 4/1 kann man an den Ausgang der Strecke verlegen, also hinter den Block mit der Übertragungsfunktion $G_2(s)$. Dieser tritt dann auch in die Wirkungslinie von z, wodurch die in den Regelkreis eingreifende Störgröße geändert wird, was aber, da man ohnehin meist nicht viel von ihr weiß, nicht schwer ins Gewicht fällt. Bezeichnet man nachträglich die veränderte Führungs- und Störgröße wiederum mit w und z, so erhält man die vereinfachte Struktur im Bild 4/8. Wir wollen sie als *Standardregelkreis* bezeichnen. Aus Bild 4/8 liest man

$$X = -Z + F_o(W - X) \ , \quad \text{also}$$

$$X(s) = \frac{F_o(s)}{1+F_o(s)} W(s) + \frac{1}{1+F_o(s)} [-Z(s)] \qquad (4.25)$$

als Gleichung der Regelung ab. Oft interessiert man sich auch für die Abhängigkeit der Regeldifferenz e von w und z. Aus Bild 4/8 erkennt man, daß

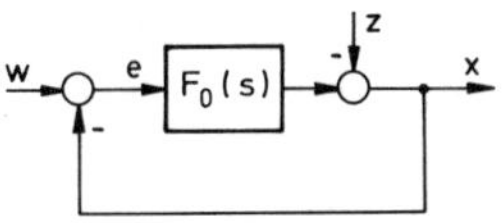

Bild 4/8. Standardregelkreis

$$E = W - [-Z + F_o E] \ , \quad \text{also}$$

$$E(s) = \frac{1}{1 + F_o(s)} [W(s) + Z(s)] \quad \text{ist.} \qquad (4.26)$$

Bei allgemeinen Untersuchungen ist es häufig zweckmäßig, den Standardregelkreis nach Bild 4/8 zugrunde zu legen, um sich Fallunterscheidungen zu ersparen.

4.4 Eigenschaften des offenen Kreises

In der Gleichung (4.1) bzw. (4.5) ist das gesamte dynamische Verhalten des Regelkreises enthalten. Die Aufgabe besteht darin, durch geeignete mathematische Behandlung dieser Gleichung Information hierüber zu erlangen. Bevor wir an diese Aufgabe herangehen, ist es zweckmäßig, die Eigenschaften des offenen Kreises zusammenzustellen, da sie im folgenden auf Schritt und Tritt benutzt werden und daher ständig parat sein sollten.

Wie die vorangegangenen Beispiele zeigen, ist *der offene Kreis* eine *Reihenschaltung einfacher Übertragungsglieder*. Da treten zunächst häufig I-Glieder auf. Wie das am Beispiel der Abfluß- und Schüttgutregelung zu sehen war, werden sie oftmals durch die Stelleinrichtung verursacht. Im Bild 4/9 kann man sich dies nochmals allgemein vergegenwärtigen. Den Stellmotor kann man bei nicht zu schnellen Strecken mit genügender Näherung als Proportionalglied ansehen. Auch das Getriebe ist ein P-Glied, da es lediglich die Motordrehzahl bzw. -winkelgeschwindigkeit in einen anderen Wert übersetzt. Das Ventil schließlich integriert die Winkelgeschwindigkeit und erzeugt aus ihr einen Drehwinkel oder eine Verschiebungsstrecke. Die gesamte Stelleinrichtung stellt so als Reihenschaltung zweier P-Glieder und eines I-Gliedes ein Integrierglied dar.

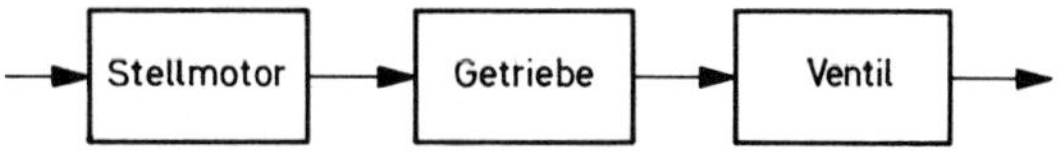

Bild 4/9. Blockschema einer Stelleinrichtung

Ein weiteres I-Glied kann z.B. bei einer *Lageregelung*, d.h. der Regelung eines Drehwinkels oder einer Verschiebungsstrecke, durch den Übergang von der Geschwindigkeit zum Weg bzw. von der Winkelgeschwindigkeit zum Drehwinkel entstehen. Mehr als zwei

I-Glieder in Reihe werden im offenen Kreis wohl nur sehr selten vorkommen.

Fast stets aber werden in ihm Verzögerungsglieder 1. oder 2. Ordnung auftreten, die physikalisch ganz verschiedene Ursachen haben können, wie Massenträgheit, elektrische Umladungserscheinungen, Durchmischung von Flüssigkeiten und dergleichen, auf jeden Fall aber eine nicht vernachlässigbare Zeitverzögerung bewirken. Nicht selten treten auch Totzeitglieder als Ausdruck von Transportvorgängen in Erscheinung. Überflüssig zu sagen, daß auch Proportionalglieder an der Tagesordnung sind, wenn nämlich der Übergang zwischen zwei Größen so schnell erfolgt, daß die in Wahrheit stets vorhandenen Verzögerungen vernachlässigbar sind.

Die Reihenschaltung solcher Glieder, d.h. die Multiplikation ihrer Übertragungsfunktionen, liefert die Übertragungsfunktion $F_o(s)$ des offenen Kreises in der Form, wie sie in den Beispielen auftrat:

$F_o(s) = \frac{V}{s}\frac{1}{1+Ts}$ bei der Abflußregelung,

$F_o(s) = \frac{V}{s}e^{-T_t s}$ bei der Schüttgutregelung,

$F_o(s) = V\frac{1}{(1+T_{St}s)(1+2dTs+T^2s^2)}$ bei der Antriebsregelung,

sofern man die Stromrichterzeitkonstante T_{St} nicht vernachlässigt.

Sieht man vom Totzeitfaktor ab, so handelt es sich um ein R-Glied mit konstantem Zähler. Letzteres ist in der Tat häufig der Fall, muß aber nicht unbedingt sein, vielmehr können auch im Zähler Faktoren der Form $1 + T_z s$ bzw. $1 + 2d_z T_z s + T_z^2 s^2$ auftreten, wobei der Index z auf "Zähler" hinweisen soll. Man erhält so die folgende *allgemeine Form der Übertragungsfunktion des offenen Kreises:*

$$F_o(s) = \frac{V}{s^q}\frac{\prod_i (1+T_{zi}s)\prod_k (1+2d_{zk}\tau_{zk}s+\tau_{zk}^2s^2)}{\prod_\nu (1+T_\nu s)\prod_\mu (1+2d_\mu \tau_\mu s+\tau_\mu^2 s^2)}e^{-T_t s}, \tag{4.27a}$$

woraus durch Ausmultiplizieren folgt:

$$F_o(s) = \frac{V}{s^q}\frac{1+b_1 s+\dots}{1+a_1 s+\dots}e^{-T_t s} = \frac{Z_o(s)}{N_o(s)}e^{-T_t s}. \tag{4.27b}$$

Dabei gilt, von Ausnahmefällen abgesehen:

- Jeder Zählerfaktor ist von jedem Nennerfaktor verschieden.
- Die Kreisverstärkung V sowie alle Zeitkonstanten und Dämpfungen sind positiv. (4.27c)
- $T_t \geq 0$
- Grad $Z_o(s)$ < Grad $N_o(s)$
- $q = 0$ oder 1 oder 2

Falls nichts anderes gesagt, wird im folgenden stets die Voraussetzung (4.27) gemacht.

Da der Faktor 1/s ein I-Glied charakterisiert, gibt q die Anzahl der I-Glieder im offenen Kreis an. Ist $q = 0$, so enthält der offene Kreis kein I-Glied. Da alsdann $s^q = 1$, wird $F_o(0) = V$. Da $s = 0$ bei Abwesenheit von I-Gliedern den stationären Zustand kennzeichnet, heißt das: *Für $q = 0$ verhält sich der offene Kreis im stationären Zustand wie ein P-Glied.* Man sagt deshalb, er habe für $q = 0$ *P-Verhalten.*

Ist hingegen *$q = 1$ oder 2,* so enthält er ein I-Glied bzw. zwei I-Glieder: Er hat *I- bzw. Doppel-I-Verhalten (II-Verhalten).* Man kann dann $F_o(0) = \infty$ setzen.

Setzt man die Nennerfaktoren Null, so erhält man die *Pole des offenen Kreises,* d.h. diejenigen Stellen der komplexen Ebene, in denen $|F_o(s)| = \infty$ wird. So folgen aus $1+T_\nu s=0$ die *reellen Pole* $p_\nu = -\frac{1}{T_\nu}$. Sie sind also die *negativen reziproken Zeitkonstanten.* Aus

$$1 + 2d_\mu \tau_\mu s + \tau_\mu^2 s^2 = 0$$

folgt

$$s^2 + 2\frac{d_\mu}{\tau_\mu}s + \frac{1}{\tau_\mu^2} = 0 ,$$

also

$$p_{\mu\,1,2} = -\frac{d_\mu}{\tau_\mu} \pm \frac{1}{\tau_\mu}\sqrt{d_\mu^2 - 1}$$

und daraus

$$p_{\mu\,1,2} = -\frac{d_\mu}{\tau_\mu} \pm j\frac{\sqrt{1-d_\mu^2}}{\tau_\mu}, \quad \text{sofern } d_\mu < 1 . \tag{4.28}$$

Letzteres darf man voraussetzen, da nach Abschnitt 2.3.11 für $d_\mu \geq 1$ der quadratische Faktor $1 + 2d_\mu \tau_\mu s + \tau_\mu^2 s^2$ in zwei Faktoren 1. Grades zerlegt werden kann,

$$1 + 2d_\mu \tau_\mu s + \tau_\mu^2 s^2 = (1+\tau_{\mu 1}s)(1+\tau_{\mu 2}s) ,$$

die man zum ersten Nennerprodukt in (4.27a) schlagen wird. Man darf deshalb annehmen, daß die quadratischen Nennerfaktoren in (4.27a) die konjugiert komplexen Polpaare von $F_o(s)$ erzeugen.

Da sämtliche Parameter in $F_o(s)$ als positiv vorausgesetzt sind, ist $-1/T_\nu$ sowie $-d_\mu/\tau_\mu$ negativ. D.h. alle bisher betrachteten Pole von $F_o(s)$ liegen links von der j-Achse (imaginären Achse) der komplexen s-Ebene. Enthält der offene Kreis I-Glieder, so tritt in $F_o(s)$ der Faktor $1/s$ bzw. $1/s^2$ auf. Dann gibt es zusätzlich einen einfachen bzw. doppelten Pol von $F_o(s)$ in $s = 0$.

Setzt man die Zählerfaktoren in $F_o(s)$ Null, so ergeben sich die *Nullstellen des offenen Kreises*. Für sie gilt Entsprechendes wie für die Pole. Eine Nullstelle in $s = 0$ jedoch gibt es nicht.

4.5 Stationäres Verhalten des Regelkreises

Wenn wir nun darangehen, die Eigenschaften des Regelkreises zu untersuchen, so geht es dabei in erster Linie um die beiden für die praktische Anwendung wichtigsten Eigenschaften: Stabilität und stationäres Verhalten. Da leichter zu erledigen, wollen wir uns zunächst dem stationären Verhalten zuwenden, wobei wir uns auf die allgemeinen Untersuchungen im Abschnitt 2.6 stützen können.

Wir betrachten hierzu die Regeldifferenz e im Bild 4/1. Für sie gilt, wenn wir einfachheitshalber das Argument s zunächst weglassen:

$$E = W - G_3G_2(-Z+G_1E) \,,$$

$$E = W + G_2G_3Z - G_1G_2G_3E \,,$$

also

$$E(s) = \frac{1}{1+G_1(s)G_2(s)G_3(s)}W(s) + \frac{G_2(s)G_3(s)}{1+G_1(s)G_2(s)G_3(s)}Z(s)$$

oder kürzer

$$E(s) = G_w(s)W(s) + G_z(s)Z(s) \,. \qquad (4.29)$$

Multipliziert man diese Gleichung mit s und läßt dann $s \to 0$ gehen, so entsteht

$$\lim_{s\to 0} sE(s) = \lim_{s\to 0} G_w(s)\cdot\lim_{s\to 0} sW(s) + \lim_{s\to 0} G_z(s)\cdot\lim_{s\to 0} sZ(s).$$

Nach dem Endwertsatz der Laplace-Transformation ist

$$\lim_{s\to 0} sW(s) = \lim_{t\to +\infty} w(t) = w_\infty \,,$$

wenn der zeitliche Grenzwert existiert, was wir voraussetzen, da es sonst gar keinen stationären Zustand gibt.

Da für die zu E(s) und Z(s) gehörenden Grenzwerte Entsprechendes gilt, folgt aus (4.29)

$$e_\infty = \lim_{s\to 0} G_w(s)\cdot w_\infty + \lim_{s\to 0} G_z(s)\cdot z_\infty \,. \qquad (4.30)$$

Was die verbliebenen Grenzwerte in (4.30) betrifft, so sind zwei Fälle zu unterscheiden.

Fall I: $G_1(s)$ enthält ein I-Glied, d.h. zwischen dem Soll-Istwert-Vergleich und der Eingriffsstelle der Störgröße liegt ein I-Glied.

Dann ist $G_1(s)$ von der Form $\frac{1}{s}\tilde{G}_1(s)$, strebt also $\to\infty$ für $s\to 0$. Daraus folgt, daß sowohl $G_w(s)$ als auch $G_z(s) \to 0$ strebt für $s \to 0$. Somit gilt in diesem Fall: $e_\infty = 0$. D.h: *Es gibt keine bleibende Regeldifferenz.*

Fall II: $G_1(s)$ enthält kein I-Glied.

Es ist dann sehr wohl noch möglich, daß $G_2(s)$ ein I-Glied enthält, während man von $G_3(s)$, welche Übertragungsfunktion ja die Meßeinrichtung beschreibt, annehmen darf, daß in ihr kein I-Glied enthalten ist. Dann stellt

$$G_1(0) = K_1$$

einen festen endlichen Wert dar. *Enthält $G_2(s)$ ein I-Glied*, strebt also $\to\infty$ für $s\to 0$, so gilt

$$G_w(s) \to 0 \quad \text{für} \quad s \to 0 \,,$$

$$G_z(s) = \frac{1}{\frac{1}{G_2(s)G_3(s)} + G_1(s)} \to \frac{1}{K_1} \quad \text{für} \quad s \to 0 \,.$$

Es ist dann also

$$e_\infty = 0\cdot w_\infty + \frac{1}{K_1}\cdot z_\infty \,.$$

D.h: Es gibt eine bleibende Regeldifferenz, sofern eine bleibende Störgröße vorhanden ist.

Enthält auch $G_2(s)$ kein I-Glied, so folgt mit $G_2(0) = K_2$, $G_3(0) = K_3$ aus (4.30):

$$e_\infty = \frac{1}{1+K_1K_2K_3}w_\infty + \frac{K_2K_3}{1+K_1K_2K_3}z_\infty$$

oder mit $V = K_1K_2K_3$

$$e_\infty = \frac{1}{V+1}w_\infty + \frac{1}{K_1}\cdot\frac{V}{V+1}z_\infty \,. \qquad (4.31)$$

Hier bleibt also auch bei stationär verschwindender Störgröße eine Regeldifferenz.

Insgesamt gilt für den *Fall II: Es bleibt in jedem Fall eine stationäre Regeldifferenz, die man aber klein machen kann, indem der Verstärkungsfaktor $K_1 = G_1(0)$ groß gemacht wird.* Dies ist durchaus möglich, da in $G_1(s)$ das Regelglied enthalten ist, das man weitgehend frei wählen kann, also auch so, daß der Verstärkungsfaktor K_1 genügend groß wird.

Halten wir für die späteren Synthesebetrachtungen fest: *Um genügende stationäre Genauigkeit zu erzielen, hat man entweder ein I-Glied im Regelglied unterzubringen oder den Verstärkungsfaktor des Regelgliedes und damit die Kreisverstärkung genügend aufzudrehen.*

Das stationäre Verhalten der Standardregelung gemäß Bild 4/8 ist als Spezialfall in den vorangegangenen Resultaten enthalten. Man hat lediglich $G_1(s) = F_o(s)$, $G_2(s) = 1$, $G_3(s) = 1$ und demgemäß $K_1 = V$ zu setzen. Dann ist

$$e_\infty = \begin{cases} 0\,, \text{ falls } F_o(s) \text{ ein I-Glied enthält,} \\ \\ \frac{1}{V+1}(w_\infty + z_\infty), \text{ wenn das nicht der Fall ist.} \end{cases} \tag{4.32}$$

Die letzte Beziehung ergibt sich aus (4.31). Der Fall, daß $G_2(s)$ ein I-Glied enthält, kann hier nicht eintreten.

Betrachten wir abschließend die bisherigen Beispiele von Regelungen, so haben die Abflußregelung (Bild 2/78) und Schüttgutregelung (Bild 2/10) jeweils ein I-Glied zwischen Soll-Istwert-Vergleich und Eingriffsstelle der Störgröße. Daher gibt es bei ihnen keine bleibende Regeldifferenz. Im stationären Zustand ist also die Regelgröße genau auf ihrem Sollwert, während die Störgröße völlig ausgeregelt wird.

Anders bei der Antriebsregelung (Bild 2/9), deren Struktur durch die zusätzliche innere Schleife überdies komplizierter ist. Wir können uns aber weitere Rechnungen sparen, wenn wir von der Gleichung (2.109) ausgehen, die ω in Abhängigkeit von u_S und M_L im stationären Zustand angibt, wobei der Index ∞ weggelassen wurde. Nun ist die Regeldifferenz e im vorliegenden Fall gleich

$$u_D = u_S - u_I = K_I\omega_S - K_I\omega\ .$$

Im stationären Zustand ist $\omega_{S\infty} = \omega_S$, sofern der Sollwert ω_S konstant vorgegeben wird, und daher gilt:

$$u_{D\infty} = K_I\omega_S - K_I\omega_\infty\ . \tag{4.33}$$

Wegen (2.109) folgt daraus

$$u_{D\infty} = K_I\left[\omega_S - \frac{K_I K_V K_{St}}{K_F + K_I K_V K_{St}}\,\omega_S + \right.$$
$$\left. + \frac{R_A}{K_F(K_F + K_V K_{St} K_I)} M_{L\infty}\right]. \tag{4.34}$$

Nach (4.14) ist die Kreisverstärkung

$$V = K_I K_V K_{St}\frac{1}{K_F}\ .$$

Damit wird aus (4.34), wenn man den ersten Bruch mit K_F und den zweiten mit $K_F^{\,2}$ kürzt:

$$u_{D\infty} = K_I\left[\omega_S - \frac{V}{1+V}\omega_S + \frac{R_A/K_F^{\,2}}{1+V}M_{L\infty}\right],$$

$$u_{D\infty} = \frac{K_I}{1+V}\left[\omega_S + \frac{R_A}{K_F^{\,2}}M_{L\infty}\right]. \tag{4.35}$$

Im realen Betrieb wird sich das Lastmoment von Zeit zu Zeit sprungartig ändern. Nach einer solchen Änderung tritt ein Einschwingvorgang auf, der theoretisch zwar erst für $t \to +\infty$ zur Ruhe kommt, praktisch aber – wie schon erwähnt – nach endlicher Zeit. Dann liegt der stationäre Zustand vor, bis die nächste Änderung von M_L erfolgt. Wir dürfen deshalb für die Untersuchung des stationären Verhaltens M_L als konstant ansehen und $M_{L\infty}$ einfach mit M_L bezeichnen. Aus (4.35) wird so endgültg

$$u_{D\infty} = \frac{K_I}{V+1}\left[\omega_S + \frac{R_A}{K_F^{\,2}}M_L\right]. \tag{4.36}$$

Wie man sieht, bleibt eine stationäre Regeldifferenz. Man kann sie aber klein machen, indem man V genügend groß wählt. Dies ist möglich, indem der Verstärkungsfaktor K_V des elektronischen Verstärkers entsprechend gewählt wird.

Nun ist der Wert M_L der Störgröße allerdings nicht im einzelnen bekannt, ändert sich vielmehr von Zeit zu Zeit in unregelmäßiger Weise. Bekannt sind jedoch die Grenzen, zwischen denen er schwankt. Gilt $0 \leq M_L \leq M_{Lmax}$, so ist $|M_L| \leq M_{Lmax}$, so ist

$$|u| \leq \frac{K_I}{V+1}\left[|\omega_S| + \frac{R_A}{K_F^{\,2}}M_{Lmax}\right].$$

Soll diese Abweichung höchstens gleich einer vorgegebenen Schranke ϵu_S sein, etwa $\epsilon = 0{,}01$, wenn eine stationäre Genauigkeit von 1 % verlangt wird, so muß gelten:

$$\frac{K_I}{V+1}\left[|\omega_S| + \frac{R_A}{K_F^2} M_{L\max}\right] \leq \epsilon u_S ,$$

woraus durch Multiplikation mit $\frac{V+1}{\epsilon u_S}$ folgt:

$$V+1 \geq \frac{K_I}{\epsilon u_S}\left[\omega_S + \frac{R_A}{K_F^2} M_{L\max}\right] . \tag{4.37}$$

Wählt man V in dieser Weise, so bleibt im stationären Zustand die Regeldifferenz unter der vorgegebenen Schranke, ganz gleich, welchen Wert die Störgröße M_L im einzelnen annimmt.

Die Störgrößenausregelung, welche im Kapitel 1 als Vorzug der Regelung gegenüber der Steuerung in Worten beschrieben wurde, erfaßt man hier *quantitativ*. Um einen genauen Vergleich zwischen Regelung und Steuerung zu ermöglichen, berechnen wir zunächst den stationären Wert von ω für die *Regelung* aus (4.36), indem wir dort $u_{D\infty}$ gemäß (4.33) einsetzen:

$$\omega_\infty = \left[1 - \frac{1}{V+1}\right]\omega_S - \frac{1}{V+1}\frac{R_A}{K_F^2} M_L . \tag{4.38}$$

Wählt man V genügend groß, so weicht ω_∞ beliebig wenig von ω_S ab, ganz gleich, welchen Wert die Störgröße M_L hat.

Das stationäre Verhalten der Antriebs*steuerung* erhält man ebenfalls aus Bild 2/9, wenn man dort $K_I = 0$ setzt, wodurch ja die Regelung in die Steuerung übergeht. Aus der Gleichung (2.109), die das stationäre Verhalten der Struktur im Bild 2/9 beschreibt, wird dadurch

$$\omega_\infty = \frac{K_{St}K_V}{K_F} u_S - \frac{R_A}{K_F^2} M_L , \tag{4.39}$$

wobei jetzt ω_∞ für den stationären Wert ω geschrieben wurde. Man sieht hieraus *quantitativ*, was im Kapitel 1 in Worten gesagt wurde. Ist $M_L = 0$, also noch keine Last aufgeschaltet (Leerlaufzustand), so kann man u_S so wählen, daß $\omega_\infty = \omega_S$ wird:

$$u_S = \frac{K_F}{K_{St}K_V}\omega_S .$$

Dann kann man für (4.39) auch schreiben:

$$\omega_\infty = \omega_S - \frac{R_A}{K_F^2} M_L . \tag{4.40}$$

Hieraus ersieht man, daß bei Lastaufschaltung eine Absenkung der Winkelgeschwindigkeit um den Betrag

$$\frac{R_A}{K_F^2} M_L$$

erfolgt. Bei unbekannter und veränderlicher Last hat man keine Möglichkeit, diese Drehzahlabsenkung unter eine gewünschte Schranke zu drücken: Die Steuerung versagt.

Abschließend sei daran erinnert, daß alle diese Betrachtungen über das stationäre Verhalten des Regelkreises nur dann gelten, wenn der stationäre Zustand existiert. Das heißt konkret gesprochen: Wenn nach sprungartigen Änderungen in Führungs- und Störgröße die entstehenden Übergangsvorgänge abklingen und alle zeitveränderlichen Größen festen Werten zustreben. Es erhebt sich sogleich die Frage, wann dies der Fall ist. Damit sind wir beim Stabilitätsproblem angelangt. Es wurde schon im Kapitel 1 verständlich gemacht und soll nunmehr quantitativ behandelt werden.

4.6 Definition der Stabilität

Der Stabilitätsbegriff soll hier nicht nur für Regelkreise, sondern allgemeiner für beliebige LZI-Glieder formuliert werden. Beim Stabilitätsverhalten geht es ganz allgemein um die Reaktion des dynamischen Systems auf *äußere Einflüsse*. Nun gibt es zwei Arten solcher Einflüsse: *Anfangsbedingungen, auch Anfangsauslenkungen oder Anfangsstörungen* genannt, die nur zum Anfangszeitpunkt $t = 0$ auf das System einwirken, *und Eingangsgrößen*, die auch für $t > 0$ wirksam sind (wenngleich sie nicht für alle t von Null verschieden sein müssen). Geht man von den Anfangsbedingungen aus, so gelangt man zum Ljapunowschen Stabilitätsbegriff, der vor allem bei nichtlinearen Systemen benutzt wird (siehe z.B. [4.1]), aber auch bei der Beschreibung dynamischer Systeme im Zustandsraum, und den wir deshalb erst im Kapitel 12 einführen werden.

Betrachtet man dynamische Systeme als Übertragungsglieder, so liegt es näher, ihre Reaktion auf Eingangsgrößen zur Stabilitätsdefinition heranzuziehen. Vom praktischen Standpunkt aus ist es günstig, hierzu eine einfache Testfunktion aufzuschalten, und zwar den Einheitssprung. Man gelangt so zu der folgenden *Stabilitätsdefinition*:

Ein LZI-Glied heiße stabil, wenn seine Sprungantwort h(t) für $t \rightarrow +\infty$ einem endlichen Wert zustrebt. Andernfalls heiße es instabil. (4.41)

Daß hier der *Einheits*sprung als Testfunktion verwendet wird, geschieht nur, um eindeutige Verhältnisse zu schaffen. Schaltet man eine Sprungfunktion mit der beliebigen Sprunghöhe H auf, so erhält man wegen der Linearität der betrachteten Systeme $H \cdot h(t)$ als Ausgangsgröße, so daß also der Faktor H für die Existenz des Grenzwertes der Ausgangsgröße keine Rolle spielt.

Was das Erreichen des Grenzwertes im realen System betrifft, so gilt das schon früher im Abschnitt 2.6 Gesagte: Falls er existiert, wird er praktisch bereits nach endlicher Zeit mit genügender Genauigkeit angenommen.

Vom praktischen Standpunkt aus ist die obige Definition dadurch gerechtfertigt, daß die sprungartige Veränderung der Eingangsgröße eine besonders harte Beanspruchung des Systems darstellt. Beruhigt es sich hierbei wieder, so wird man erst recht erwarten dürfen, daß es bei sanfteren Veränderungen der Eingangsgröße zur Ruhe kommt. Überdies hat diese Definition den Vorteil, daß sie sich im konkreten Fall leicht experimentell oder am Rechner überprüfen läßt, indem man auf das reale System bzw. das im Rechner realisierte mathematische Modell des LZI-Gliedes den Einheitssprung schaltet.

Geht man die bisher betrachteten speziellen LZI-Glieder durch, so sind also P-, TZ-, P-T_1- und P-T_2-Glied stabil, während das I-Glied instabil ist, da seine Sprungantwort $h(t) = Kt$ mit wachsendem t keinem endlichen Wert zustrebt.

Wenn man an das schwankende Zeitverhalten einer Störgröße denkt, von dem man vielfach nur weiß, daß es innerhalb gewisser Schranken bleibt, wird eine zweite Stabilitätsdefinition nahegelegt:

Ein LZI-Glied heiße übertragungsstabil, wenn es auf eine beschränkte Eingangsgröße stets mit einer beschränkten Ausgangsgröße antwortet. (4.42)

D.h. also: Aus $|u(t)| \leq M$ für alle t folgt $|y(t)| \leq N$ für alle t, mit zwei positiven Zahlen M und N, die für jede Eingangsgröße u(t) anders ausfallen dürfen. Man spricht dann oft auch von *BIBO-Stabilität* (Bounded Input - Bounded Output). Ein Nachteil dieser Definition besteht darin, daß sie sich weder an der Anlage noch am Rechner überprüfen läßt.

Der Zusammenhang zwischen den beiden Stabilitätsdefinitionen läßt sich aus dem Duhamel-Integral erkennen. Zunächst gilt wegen $H(s) = G(s)/s$:

$$h(t) = \int_0^t g(\tau)\, d\tau \, .$$

Soll daher h(t) für $t \rightarrow +\infty$ einem endlichen Wert zustreben, so muß das Integral

$$\int_0^\infty g(\tau)\, d\tau \quad \text{konvergent sein} \, . \tag{4.43}$$

Weiterhin gilt für den Zusammenhang zwischen einer Eingangsgröße u und der zugehörigen Ausgangsgröße y

$$y(t) = \int_0^t g(t-\tau)\, u(\tau)\, d\tau \, .$$

Ist u(t) für alle t beschränkt, so gibt es eine positive Zahl M, mit der $|u(t)| \leq M$ für alle t gilt. Aus der letzten Gleichung folgt dann

$$|y(t)| \leq \int_0^t |g(t-\tau)|\,|u(\tau)|\, d\tau \leq M \int_0^t |g(t-\tau)|\, d\tau \quad \text{oder}$$

$$|y(t)| \leq M \int_0^t |g(v)|\, dv \, .$$

Soll auch y(t) für alle t beschränkt sein, so ist das nur möglich, wenn dies für das Integral gilt. Da der Integrand ≥ 0 ist, wächst das Integral mit wachsendem t oder nimmt zumindest nicht ab. Es ist daher gewiß für alle t beschränkt, wenn das Integral

$$\int_0^\infty |g(\tau)|\, d\tau \tag{4.44}$$

konvergent ist. Dafür schreibt man auch

$$\int_0^\infty |g(\tau)|\, d\tau < +\infty \tag{4.45}$$

und sagt, das Integral über $g(\tau)$ sei absolut konvergent.

Ein Übertragungsglied ist also übertragungsstabil, wenn die letzte Ungleichung gilt, wenn also $\int_0^\infty g(\tau)d\tau$ *absolut konvergent ist. Hiervon gilt auch die Umkehrung [2.7]: Ist ein Übertragungsglied übertragungsstabil, dann ist* $\int_0^\infty g(\tau)d\tau$ *absolut konvergent.*

Vergleicht man dies mit (4.43), so sieht man, daß der Unterschied zwischen unserer Stabilitätsdefinition und der Übertragungsstabilität darauf hinausläuft, daß im ersteren Fall $\int_0^\infty g(\tau)d\tau$ nur konvergent zu sein braucht, im letzteren aber absolut konvergent sein muß. Wie bei den unendlichen Reihen folgt auch bei den uneigentlichen Integralen aus der absoluten Konvergenz die gewöhnliche Konvergenz, aber nicht umgekehrt. Die Übertragungsstabilität stellt daher im allgemeinen eine stärkere Forderung an das Übertragungsglied dar: Ist das Übertragungsglied in diesem Sinne stabil, so strebt gewiß h(t) mit wachsendem t einem endlichen Wert zu; die Umkehrung braucht nicht unbedingt zu gelten.

Aber man sieht schon, daß vom praktischen Standpunkt aus der Unterschied beider Definitionen nicht gravierend sein wird. Tatsächlich stimmen sie für gewisse Typen von LZI-Gliedern vollständig überein, so vor allem für die rationalen Übertragungsglieder (R-Glieder).

Wir werden im folgenden die Stabilität im Sinne von (4.41) definieren, also durch das Verhalten des LZI-Gliedes gegenüber Sprungaufschaltungen, weil dies vom praktischen Standpunkt aus am nächstliegenden ist. Man hat dann also die Sprungantwort h(t) zu berechnen und ihr Verhalten für $t \to +\infty$ zu untersuchen. Dies in jedem konkreten Fall durchzuführen, ist aber zu mühsam. Außerdem gibt es bereits ganz einfache Beispiele, in denen man zwar noch die Sprungantwort formelmäßig angeben kann, aber nicht mehr so ohne weiteres ihr Verhalten für $t \to +\infty$ zu erkennen vermag. Betrachten wir etwa den Regelkreis im Bild 2/64. Seine Sprungantwort im Intervall $nT_t < t \leq (n+1)T_t$ ist

$$h(t) = \sum_{\nu=0}^{n} (-1)^\nu K^{\nu+1} \frac{(t-\nu T_t)^{\nu+1}}{(\nu+1)!} .$$

Es ist nicht zu sehen, welches Verhalten h(t) für $t \to +\infty$ zeigt. Aus der graphischen Darstellung (Bild 2/65) kann man vermuten, daß im Fall $T_t = 1$ und $K = 1$ die Sprungantwort $h(t) \to 1$ strebt. Wie sich aber das Grenzverhalten mit den Parametern T_t und K ändert, ist nicht zu erkennen.

Selbstverständlich kann man in diesem Beispiel wie in jedem anderen konkreten Fall das Verhalten der Sprungantwort durch Simulation feststellen. Aber um *allgemeinere* Einsichten zu erlangen, beispielsweise zu erfahren, nach welchen Gesetzen das Stabilitätsverhalten von Parameteränderungen und Struktureingriffen abhängt, reicht dies nicht aus. Hierzu muß man über allgemeine Kriterien verfügen, mit denen sich aus bekannten oder leicht feststellbaren Eigenschaften eines Systems auf sein Stabilitätsverhalten schließen läßt. Solche Kriterien sollen nun hergeleitet werden.

4.7 Grundlegendes Stabilitätskriterium

Während die Sprungantwort eines LZI-Gliedes zunächst meist unbekannt ist, kennt man die Übertragungsfunktion von vornherein. Entweder liest man sie aus dem Strukturbild des LZI-Gliedes ab, oder man erhält sie durch Laplace-Transformation der Funktionalbeziehung zwischen Ein- und Ausgangsgröße des LZI-Gliedes. Daher ist es von grundlegender Bedeutung, daß man die Stabilitätsbetrachtung auf die Untersuchung der Übertragungsfunktion zurückführen kann. Wir wollen diese Betrachtung im folgenden für R-Glieder (rationale Übertragungsglieder) durchführen.

Für sie gilt der Satz:

Ein R-Glied ist genau dann stabil, wenn die Pole seiner Übertragungsfunktion sämtlich links der imaginären Achse der komplexen Ebene liegen. (4.46)

Um ihn zu beweisen, betrachten wir die Sprungantwort h(t) eines R-Gliedes mit der Übertragungsfunktion G(s). Zu einem Pol α von G(s) gehören nach (2.88) endlich viele Summanden von der Gestalt

$$r t^k e^{\alpha t} \ , \quad k = 0, 1, 2, \ldots ,$$

wobei r eine Konstante und

$$\alpha = \delta + j\omega$$

ein Pol von G(s) ist. Dabei ist $\omega = 0$, wenn es sich um einen reellen Pol handelt. Demgemäß ist

$$|r t^k e^{\alpha t}| = |r| \, t^k e^{\delta t} \ .$$

Ist $\delta = \mathrm{Re}\,\alpha < 0$, so strebt die e-Funktion mit wachsendem t gegen Null. Falls $k > 0$ ist, also tatsächlich eine t-Potenz auftritt, wächst diese gleichzeitig. Nun ist aber

$$\lim_{t \to +\infty} e^{\delta t} t^k = \lim_{t \to +\infty} \frac{t^k}{e^{-\delta t}} = 0 \ ,$$

wie man durch mehrmalige Anwendung der Regel von L'Hospital zeigen kann.

Falls also sämtliche Pole von G(s) einen negativen Realteil haben, d.h. links der j-Achse gelegen sind, gehen die zugehörigen Summanden in h(t) alle $\to 0$ für $t \to +\infty$. Zusätzlich tritt in h(t) gemäß (2.88) noch das Polynom $p_0(t)$ auf. Es schrumpft aber auf eine Konstante c_0 zusammen, wenn $s = 0$ kein Pol von G(s) ist. Das ist der Fall, wenn alle Pole von G(s) links der j-Achse liegen. In diesem Fall geht also $h(t) \to c_0$ für $t \to +\infty$. Das R-Glied ist damit stabil. Den Wert von c_0

kann man dann leicht aus dem Endwertsatz der Laplace-Transformation bestimmen:

$$\lim_{t \to +\infty} h(t) = \lim_{s \to 0} sH(s) = G(0) \ .$$

Nun möge umgekehrt mindestens ein Pol α von G(s) auf oder rechts der j-Achse liegen. Dann ist plausibel, daß h(t) für $t \to +\infty$ keinem endlichen Wert zustrebt, da $e^{\alpha t}$ nicht mehr gegen Null strebt, die zugehörigen Summanden vielmehr unbegrenzt anwachsen oder oszillieren. Der exakte Beweis ist jedoch etwas mühsamer, da man von vornherein ja nicht weiß, ob sich nicht die Einflüsse der rechtsseitigen Pole wegheben und h(t) dadurch doch einem Grenzwert zustrebt.

Unter allen auf oder rechts der j-Achse gelegenen Polen betrachtet man diejenigen mit der größten Abszisse δ_0, die also am weitesten rechts liegen. Falls es mehrere sind, können sie verschiedene Ordnung haben. Es werde zunächst der Fall betrachtet, daß es unter ihnen einen reellen Pol gibt, der allein die höchste Ordnung aufweist. Ist sie q, so liefert dieser Pol $\alpha = \delta_0$ zur Sprungantwort den Beitrag

$$(c_0 + c_1 t + \ldots + c_{q-1} t^{q-1})\, e^{\delta_0 t} \quad \text{mit} \quad c_{q-1} \neq 0 \ .$$

Dividiert man h(t) durch $t^{q-1} e^{\delta_0 t}$, so erhält man, da dieser Term mit wachsendem t stärker anwächst als alle anderen Summanden in h(t), die Beziehung

$$\frac{h(t)}{t^{q-1} e^{\delta_0 t}} = c_{q-1} + \eta(t) \quad \text{mit} \quad \lim_{t \to +\infty} \eta(t) = 0 \ .$$

Würde h(t) für $t \to +\infty$ einem endlichen Grenzwert zustreben, so erhielte man aus der letzten Gleichung $c_{q-1} = 0$. Da dies ausgeschlossen ist, muß der Regelkreis instabil sein.

Der zweite Fall, daß es unter den am weitesten rechts gelegenen Polen von G(s) mindestens ein komplexes Polpaar gibt, welches die höchste unter diesen Polen auftretende Ordnung besitzt, läßt sich entsprechend behandeln. Dazu ist eine Vorbetrachtung darüber erforderlich, wie man die zu einem komplexen Polpaar gehörigen Summanden in reeller Form darstellen kann. Da zu einem nichtreellen Pol α auch die konjugiert komplexe Zahl $\overline{\alpha}$ als Pol auftritt, sind die zugehörigen Terme in h(t)

$$p(t)e^{\alpha t} + \overline{p}(t)e^{\overline{\alpha} t} = (r_0 + r_1 t + \ldots + r_{q-1} t^{q-1})e^{\alpha t} +$$
$$+ (\overline{r}_0 + \overline{r}_1 t + \ldots + \overline{r}_{q-1} t^{q-1})\, e^{\overline{\alpha} t} \ ,$$

wenn man annimmt, daß α und damit auch $\overline{\alpha}$ die Ordnung q hat. Wie sich aus der Partialbruchzerlegung ergibt, sind die Koeffizienten r_ν und $\overline{r}_\nu$ konjugiert komplex. Greift man zwei entsprechende Terme aus der letzten Gleichung heraus, so kann man für sie schreiben:

$$r_\nu t^\nu e^{\alpha t} + \overline{r}_\nu t^\nu e^{\overline{\alpha} t} =$$

$$= t^\nu \left[(A + jB) e^{(\delta_0 + j\omega_0)t} + (A - jB) e^{(\delta_0 - j\omega_0)t} \right] =$$

$$= t^\nu e^{\delta_0 t} \left[A(e^{j\omega_0 t} + e^{-j\omega_0 t}) + jB(e^{j\omega_0 t} - e^{-j\omega_0 t}) \right] =$$

$$= t^\nu e^{\delta_0 t} \left[2A\cos \omega_0 t - 2B\sin \omega_0 t \right] ,$$

letzteres wegen $j = -1/j$. Insgesamt erhält man so für die zu dem komplexen Polpaar α, $\overline{\alpha}$ der Ordnung q gehörigen Terme

$$e^{\delta_0 t} \sum_{\nu=0}^{q-1} t^\nu (A_\nu \cos \omega_0 t + B_\nu \sin \omega_0 t) \qquad (4.47)$$

mit reellen Konstanten A_ν, B_ν.

Nun wird also angenommen, daß es unter den am weitesten rechts gelegenen Polen, deren Realteil δ_0 sei, mindestens ein komplexes Polpaar gibt, das die höchste unter diesen Polen auftretende Ordnung q hat. Dividiert man auch hier h(t) durch die am stärksten steigende Funktion $t^{q-1} e^{\delta_0 t}$, so entsteht

$$\frac{h(t)}{t^{q-1} e^{\delta_0 t}} = C_0 + \sum_{\lambda=1}^{l} (C_\lambda \cos \omega_\lambda t + D_\lambda \sin \omega_\lambda t) + \eta(t) \qquad (4.48)$$

mit $\lim_{t \to +\infty} \eta(t) = 0$. Dabei tritt C_0 nur dann auf, wenn auch ein reeller Pol $\alpha = \delta_0$ der Ordnung q vorhanden ist, während die Ausdrücke in der Summe von denjenigen komplexen Polpaaren mit dem Realteil δ_0 herrühren, die die Ordnung q haben. Dabei sind C_λ, D_λ nicht zugleich Null.

Falls h(t) mit wachsendem t einem endlichen Grenzwert zustrebt, muß das auch für die trigonometrische Summe in (4.48) gelten. Das ist jedoch ausgeschlossen, wie man sofort einsieht, wenn die Verhältnisse der ω_λ rational sind, die trigonometrische Summe also eine periodische (und nicht identisch verschwindende) Funktion ist. Das ist z.B. der Fall, wenn es nur ein derartiges komplexes Polpaar gibt. Sind die Verhältnisse der ω_λ nicht sämtlich rational, so stellt die trigonometrische Summe gewissermaßen eine etwas deformierte periodische Funktion dar, eine *fastperiodische Funktion.* Auch sie strebt keinem Grenzwert zu.

Damit ist der Stabilitätssatz (4.46) für R-Glieder vollständig bewiesen. Da auf ihm alle weiteren Stabilitätsbetrachtungen aufbauen, sei er als *grundlegendes Stabilitätskriterium* bezeichnet.

Bei einem R-Glied ist die Übertragungsfunktion

$$G(s) = \frac{Z(s)}{N(s)} = \frac{b_0+b_1 s+\ldots+b_m s^m}{a_0+a_1 s+\ldots+a_n s^n}, \quad a_n \neq 0, \quad m \leq n .$$

Ein Pol α von G(s), also eine Unendlichkeitsstelle von G(s), entsteht dadurch, daß der Nenner N(s) in $s = \alpha$ eine Nullstelle hat. *Jeder Pol von G(s) ergibt sich also als Nullstelle der Gleichung*

$$N(s) = a_n s^n + \ldots + a_1 s + a_0 = 0 , \qquad (4.49)$$

der *charakteristischen Gleichung* des Übertragungsgliedes.

Ist umgekehrt α eine Nullstelle von N(s), so ist α Pol von G(s) - es sei denn, daß das Zählerpolynom Z(s) die gleiche Nullstelle hat. In diesem Fall tritt in der Produktdarstellung sowohl im Zähler wie im Nenner der Faktor $s-\alpha$ auf, der sich demgemäß heraushebt. Dann ist α zwar Nullstelle der charakteristischen Gleichung, aber kein Pol von G(s).

Bei einer mehrfachen Nullstelle der charakteristischen Gleichung gilt Entsprechendes. Ist α eine k-fache Nullstelle, so ist

$$N(s) = (s-\alpha)^k N_1(s) ,$$

wobei das Restpolynom $N_1(s)$ α nicht mehr als Nullstelle hat. Wenn dann α zugleich eine h-fache Nullstelle von Z(s) ist, also

$$Z(s) = (s-\alpha)^h Z_1(s)$$

gilt, so wird

$$G(s) = \frac{1}{(s-\alpha)^{k-h}} \frac{Z_1(s)}{N_1(s)} .$$

Ist $k > h$, so ist α ein (k-h)-facher Pol von G(s). Ist aber $k \leq h$, so ist α kein Pol von G(s).

Hat man z.B. die Übertragungsfunktion

$$G(s) = \frac{s^2+3s+2}{s^3+4s^2+5s+2} ,$$

so ist die charakteristische Gleichung

$$N(s) = s^3 + 4s^2 + 5s + 2 = 0 .$$

Sie hat die Nullstellen $\alpha_1 = \alpha_2 = -1$, $\alpha_3 = -2$. Das Zählerpolynom $Z(s) = s^2 + 3s + 2$ hat die Nullstellen $n_1 = -1$, $n_2 = -2$.

Daher ist

$$G(s) = \frac{(s+1)\,(s+2)}{(s+1)^2(s+2)} = \frac{1}{s+1} .$$

Von den Nullstellen der charakteristischen Gleichung ist somit nur $\alpha = -1$ Pol von G(s), und zwar von der Ordnung 1.

Nun ist der Fall, daß Zähler und Nenner von G(s) eine gemeinsame Nullstelle haben, ein Ausnahmefall. Zudem kann man ihn in den regelungstechnischen Anwendungen meist leicht erkennen, da die Übertragungsfunktionen gewöhnlich in Produktform erhalten werden. Man kann dann sofort die gemeinsamen Faktoren herauskürzen. Immerhin ist es möglich, z.B. bei der Aufstellung der Übertragungsfunktion eines vermaschten Systems, daß Zähler und Nenner gemeinsame Nullstellen haben, ohne daß man dies erkennt. Aber auch dann ist das Unglück nicht groß. Denn auf jeden Fall sind ja die Pole der Übertragungsfunktion in den Nullstellen der charakteristischen Gleichung enthalten. Liegen die letzteren links der j-Achse, so gilt das gewiß auch für die Pole. Das Übertragungsglied ist dann nach dem grundlegenden Stabilitätskriterium mit Sicherheit stabil.

Liegt jedoch eine Nullstelle der charakteristischen Gleichung auf oder rechts der j-Achse, so kann man nicht mehr ohne weiteres darauf schließen, daß das Übertragungsglied instabil ist. Denn diese Nullstelle könnte gerade durch eine Nullstelle des Zählers aufgehoben werden und daher gar nicht mehr als Pol in Erscheinung treten.

In *Ergänzung zum grundlegenden Stabilitätskriterium* kann man also folgendes sagen:

Setzt man den Nenner der Übertragungsfunktion eines R-Gliedes gleich Null, so erhält man die charakteristische Gleichung (4.49) des Übertragungsgliedes. Liegen ihre Nullstellen sämtlich links der j-Achse, so ist das R-Glied gewiß stabil. Liegt mindestens eine Nullstelle auf oder rechts der j-Achse, so ist man nur dann sicher, daß das R-Glied instabil ist, wenn man zusätzlich weiß, daß Zähler und Nenner der Übertragungsfunktion keine gemeinsame Nullstelle haben. (4.50)

Der erste Teil von (4.50) ist nur noch eine *hinreichende Bedingung der Stabilität:* Liegen alle Nullstellen der charakteristischen Gleichung links der j-Achse, so ist das

Übertragungsglied stabil. Ohne zusätzliche Information ist diese Bedingung aber nicht notwendig: Liegt eine Nullstelle der charakteristischen Gleichung auf oder rechts der j-Achse, so muß das Übertragungsglied nicht unbedingt instabil sein.

An dieser Stelle sei eine allgemeine Bemerkung eingefügt. So erstrebenswert es vom mathematischen Standpunkt aus ist, über notwendige *und* hinreichende Stabilitätsbedingungen zu verfügen, so genügen dem Regelungstechniker im wesentlichen hinreichende Bedingungen. Es kommt ihm vor allem darauf an, beim Entwurf eines Regelkreises durch Erfüllung bestimmter Bedingungen die Stabilität sicherzustellen. Ob die Nichterfüllung Instabilität nach sich zieht, ist dabei weniger interessant. Das wird nur gelegentlich bei der Analyse eines Systems von Interesse sein, wenn dessen Instabilität nachgewiesen werden soll.

Wir wollen die vorstehenden Betrachtungen nun auf Regelkreise übertragen, wobei vorläufig angenommen wird, daß diese nur aus R-Gliedern bestehen. Der Regelkreis wird gemäß (4.1) bzw. (4.5) durch *zwei* Übertragungsfunktionen charakterisiert, die Führungsübertragungsfunktion $F_w(s)$ und die Störübertragungsfunktion $F_z(s)$. Insofern entspricht er *zwei* R-Gliedern. Er ist deshalb stabil, wenn Führungs- *und* Störverhalten stabil sind, also Führungs- *und* Störsprungantwort für $t \to +\infty$ gegen feste Werte streben.

Nun ist mit

$$G_\nu = \frac{Z_\nu}{N_\nu}, \quad \nu = 1,2,3:$$

$$F_o = G_1 G_2 G_3 = \frac{Z_1 Z_2 Z_3}{N_1 N_2 N_3} = \frac{Z_o}{N_o},$$

$$F_w = \frac{G_1 G_2}{1+F_o} = \frac{Z_1 Z_2 N_3}{Z_o + N_o},$$

$$F_z = \frac{G_2}{1+F_o} = \frac{N_1 Z_2 N_3}{Z_o + N_o}.$$

Ein Pol des Regelkreises, d.h. ein Pol von F_w und F_z, kann nur durch eine Nullstelle des Nenners $1 + F_o(s)$ bzw. $Z_o(s) + N_o(s)$ zustande kommen[2]. Aus (4.50) folgt daher sofort: Liegen alle Nullstellen der charakteristischen Gleichung

$$F_o(s) + 1 = 0 \quad \text{bzw.} \quad Z_o(s) + N_o(s) = 0 \tag{4.51}$$

des Regelkreises links der j-Achse, so ist der Regelkreis stabil.

Um zu untersuchen, ob auch die Umkehrung gilt, ob also der Regelkreis instabil wird, wenn mindestens eine Nullstelle der charakteristischen Gleichung auf oder rechts der j-Achse liegt, erinnern wir uns an eine Voraussetzung über den offenen Kreis (Abschnitt 4.4), die für (4.51) nicht benötigt wurde: In

$$F_o(s) = \frac{Z_o(s)}{N_o(s)} = \frac{Z_1(s) Z_2(s) Z_3(s)}{N_1(s) N_2(s) N_3(s)}$$

haben Zähler und Nenner keine gemeinsame Nullstelle. Angenommen nun, eine Nullstelle der charakteristischen Gleichung sei zugleich Nullstelle des Zählers von $F_z(s)$ (für F_w entsprechend). Dann gilt für die Nullstelle

$$Z_o + N_o = 0 \quad \text{und} \tag{4.52}$$

$$N_1 Z_2 N_3 = 0\,. \tag{4.53}$$

Ist in (4.53) $Z_2 = 0$, so folgt daraus $Z_o = 0$ und somit wegen (4.52) $N_o = 0$. Das ist ein Widerspruch, da Z_o und N_o keine gemeinsame Nullstelle haben. Ist andererseits in (4.53) N_1 oder $N_3 = 0$, so muß auch $N_o = 0$ sein und somit nach (4.52) auch $Z_o = 0$ gelten, womit wir den gleichen Widerspruch wie eben erhalten haben. D.h. also: (4.52) und (4.53) können nicht zugleich gelten, eine Nullstelle der charakteristischen Gleichung (4.51) kann mithin keine Nullstelle des Zählers von F_z (und F_w) sein.

Anders ausgedrückt: *Jede* Nullstelle der charakteristischen Gleichung ist Pol des Regelkreises. Liegt daher eine Nullstelle der charakteristischen Gleichung auf oder rechts der j-Achse, so ist diese auch Pol des Regelkreises und dieser somit instabil. Man hat so das Resultat:

Sind in der Übertragungsfunktion $F_o(s) = Z_o(s)/N_o(s)$ des offenen Kreises $Z_o(s)$ und $N_o(s)$ ohne gemeinsame Nullstelle, so ist der Regelkreis genau dann stabil, wenn die Nullstellen der charakteristischen Gleichung

$$F_o(s) + 1 = 0 \quad \text{bzw.} \quad Z_o(s) + N_o(s) = 0 \tag{4.54}$$

links der j-Achse liegen.

Wir wollen jeden der beiden Sätze (4.50) und (4.54) als *grundlegendes Stabilitätskriterium für Regelkreise* bezeichnen. Die wichtigere Teilaussage ist ohne Zweifel die hinreichende Bedingung (4.50): Der Regelkreis ist gewiß

[2] Ein Pol in $s = \infty$ ist grundsätzlich auch dadurch möglich, daß der Zählergrad größer als der Nennergrad ist. Wegen Grad $Z_\nu \leq$ Grad N_ν ist dies jedoch ausgeschlossen.

stabil, wenn die Nullstellen der charakteristischen Gleichung links der j-Achse liegen.

Das grundlegende Stabilitätskriterium gilt auch dann, wenn der Regelkreis nicht nur aus R-Gliedern besteht, sondern auch *Totzeiten enthält*, etwa die Struktur im Bild 4/10 hat, wobei $G_0(s)$ mit $G_0(0) > 0$ und $G_0(\infty) = 0$ ein R-Glied charakterisiert. Daß hierbei das Totzeitglied in der Rückführung liegt, ist unwesentlich, da man es, falls im Vorwärtszweig gelegen, über die Abzweigung der Regelgröße verschieben kann. Der Beweis des Stabilitätskriteriums wird bei Auftreten von Totzeit allerdings erheblich schwieriger [4.2].

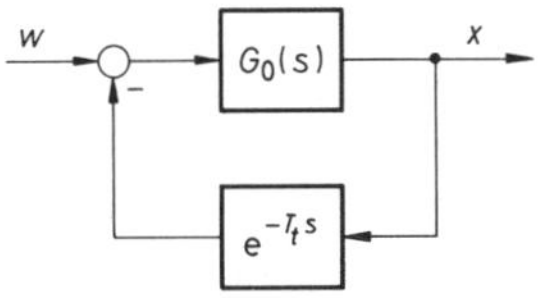

Bild 4/10. Totzeitregelung

Für die Stabilitätsuntersuchung des Regelkreises ist es wichtig, daß Führungs- und Störübertragungsfunktion den gleichen Nenner $F_o(s) + 1$ aufweisen. Er bedingt, daß Führungs- und Störverhalten das gleiche Stabilitätsverhalten zeigen. Nur dadurch ist es überhaupt möglich, vom Stabilitätsverhalten des Regelkreises schlechthin zu sprechen.

Wir wenden uns nun der Lösung der charakteristischen Gleichung $F_o(s) + 1 = 0$ zu und betrachten als erstes Beispiel die *linearisierte Abflußregelung* (Bild 2/78). Wegen

$$F_o(s) = \frac{V}{s} \frac{1}{1+Ts}, \quad V,T > 0,$$

lautet ihre charakteristische Gleichung

$$\frac{V}{s} \frac{1}{1+Ts} + 1 = 0 \quad \text{oder}$$

$$Ts^2 + s + V = 0 .$$

Diese quadratische Gleichung hat die Nullstellen

$$\alpha_{1,2} = -\frac{1}{2T} \pm \frac{1}{2T}\sqrt{1-4VT} .$$

Um zu sehen, wie diese Nullstellen zur j-Achse liegen, nimmt man eine Fallunterscheidung vor.

Fall I: $4VT \leq 1$.
Dann sind die beiden Nullstellen reell und wegen $\sqrt{1-4VT} < 1$ beide negativ.

Fall II: $4VT > 1$.
Dann ist

$$\alpha_{1,2} = -\frac{1}{2T} \pm j\frac{1}{2T}\sqrt{4VT-1}$$

ein konjugiert komplexes Nullstellenpaar, dessen Realteil $-1/2T$ negativ ist.

In jedem Fall liegen also die Nullstellen der Abflußregelung links der j-Achse. D.h: Die Abflußregelung ist für beliebige positive Werte von V und T stabil.

Es sei angemerkt, daß sich dieses Resultat ohne weiteres verallgemeinern läßt:

Ein R-Glied, dessen Übertragungsfunktion ein Nennerpolynom zweiten Grades mit positiven Koeffizienten hat, ist stets stabil. (4.55)

Betrachten wir als zweites Beispiel die *Antriebsregelung* von Bild 2/9. Nach Abschnitt 4.4 ist bei ihr

$$F_o(s) = V \frac{1}{(1+T_{St}s)(1+2dTs+T^2s^2)} .$$

Man braucht die charakteristische Gleichung nicht hinzuschreiben, um zu sehen, daß sie eine kubische Gleichung darstellt, also drei Nullstellen hat. Ihre numerische Lösung macht keine Schwierigkeiten. Aber *allgemein* die Abhängigkeit der Nullstellen und damit der Stabilität von den Parametern zu erkennen, ist zwar noch grundsätzlich möglich, führt aber zu ganz unübersichtlichen Formelausdrücken. Bei Gleichungen höheren als 4. Grades ist diese Möglichkeit völlig ausgeschlossen, da die Nullstellen - von Sonderfällen abgesehen - nicht mehr durch elementare Funktionen der Gleichungskoeffizienten darstellbar sind. Eine *allgemeine* Aussage über das Stabilitätsverhalten der Antriebsregelung läßt sich also nicht machen.

Wenden wir uns zum Schluß der *Schüttgutregelung* (Bild 2/10) zu. Ihre charakteristische Gleichung ist

$$\frac{V}{s} e^{-T_t s} + 1 = 0 . \qquad (4.56)$$

Während die charakteristische Gleichung eines R-Gliedes dadurch entsteht, daß ein Polynom gleich Null gesetzt wird, und daher eine *algebraische Gleichung* darstellt, stellt (4.56) eine *transzendente Gleichung* dar. So einfach sie auch ausschaut, eine formelmäßige Lösung, welche ihre Nullstellen in Abhängigkeit von den Parametern V und T_t darstellt, ist nicht vorhanden.

Aber selbst die *numerische* Lösung stößt bei transzendenten Gleichungen auf Schwierigkeiten, weil diese nämlich im Gegensatz zu algebraischen Gleichungen unendlich viele Lösungen haben können und gerade bei Totzeitsystemen auch tatsächlich haben. An einem ganz einfachen Beispiel, das noch formelmäßig lösbar ist, können wir uns davon überzeugen:

$$Ke^{-T_t s} + 1 = 0 .$$

Daraus folgt

$$e^{-T_t s} = -\frac{1}{K} \quad \text{oder} \quad -T_t s = \ln(-1) - \ln K .$$

Nun ist allgemein der natürliche Logarithmus einer komplexen Zahl $z = r e^{j(\varphi+2\nu\pi)}$:

$$\ln z = \ln r + j(\varphi + 2\nu\pi) , \quad \nu \text{ beliebig ganz.}$$

Da für $z = -1$ $r = 1$ und $\varphi = -\pi$ gilt, wird

$$-T_t s = \ln 1 + j(-\pi + 2\nu\pi) - \ln K$$

oder

$$\alpha_\nu = \frac{1}{T_t} \ln K + j \frac{\pi}{T_t}(1 + 2\nu) , \quad \nu = 0, \pm1, \pm2, \ldots .$$

Bild 4/11 zeigt diese Nullstellen in der komplexen Ebene. Ist $K < 1$, so liegen sie links der j-Achse, für $K = 1$ auf ihr und für $K > 1$ rechts davon.

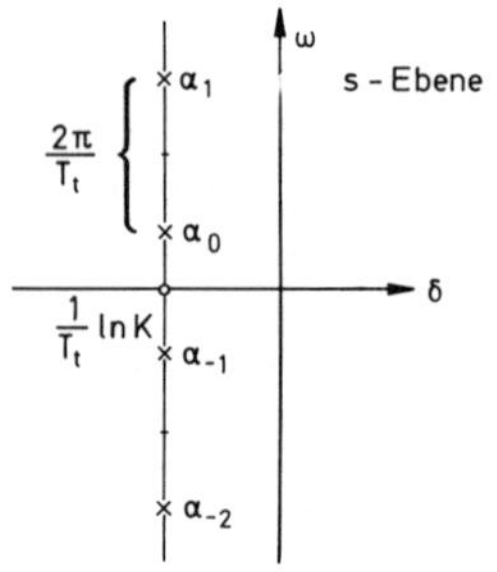

Bild 4/11. Nullstellen einer transzendenten Gleichung

Wenn wir an dieser Stelle einhalten und uns die Situation vergegenwärtigen, so kann man sagen, daß das grundlegende Stabilitätskriterium zwar einen Fortschritt in der Stabilitätsuntersuchung bringt, sie aber noch nicht genügend vereinfacht. Sein Nutzen besteht darin, die Untersuchung des Stabilitätsverhaltens zu ermöglichen, ohne daß man dazu die Sprungantwort berechnen und ihr Verhalten für $t \rightarrow +\infty$ ermitteln muß. Dadurch, daß man von der sowieso vorliegenden Übertragungsfunktion ausgehen kann, bringt es eine erhebliche Vereinfachung. Für die praktische Stabilitätsuntersuchung ist sie aber noch nicht groß genug. Man muß die Nullstellen einer algebraischen oder transzendenten Gleichung finden, um zu sehen, ob sie alle links der j-Achse liegen. Das ist im ersteren Fall für $n > 2$ nicht in *allgemeiner* Form möglich, im letzteren Fall aber sogar *numerisch* ausgeschlossen, wenn es unendlich viele Nullstellen gibt.

Andererseits ist man bei der Stabilitätsuntersuchung an den Nullstellen im einzelnen nicht interessiert. Man möchte nur wissen, ob sie alle links der j-Achse liegen oder nicht. Man darf hoffen, diese Information durch geringeren Aufwand als die Berechnung der Nullstellen zu erlangen.

Was man also sucht, sind Kriterien, mit denen man in einfacher Weise entscheiden kann, ob die Nullstellen der charakteristischen Gleichung links der j-Achse liegen. Solcher Kriterien gibt es eine ganze Menge: Von ***Routh***, ***Hurwitz***, ***Nyquist***, ***Cremer-Leonhard-Michailow*** und anderen. Sie werden gewöhnlich als *Stabilitätskriterien* bezeichnet. Unmittelbar haben sie aber mit Stabilität nichts zu tun, sondern sagen nur etwas über die Lage der Nullstellen von Polynomen oder anderen Funktionen aus. Erst durch die Vermittlung des grundlegenden Stabilitätskriteriums gewinnt man aus ihnen Aussagen über das Stabilitätsverhalten dynamischer Systeme.

Für den Regelungstechniker am wichtigsten ist das *Kriterium von* ***Nyquist*** [4.3], und zwar aus mehreren Gründen:

1. Es ist auf die Behandlung von Regelkreisen zugeschnitten, indem es ermöglicht, aus dem bekannten Verhalten des offenen Regelkreises auf das unbekannte Stabilitätsverhalten des geschlossenen Regelkreises zu schließen.

2. Es ist auch dann anwendbar, wenn das Übertragungsverhalten einzelner Regelkreisglieder theoretisch nicht erfaßt werden kann, sondern nur der Messung zugänglich ist.

3. Der Einfluß, den die Änderung von Parametern und die Einfügung neuer Blöcke auf das Stabilitätsverhalten des Regelkreises haben, ist mittels des Nyquist-Kriteriums leicht zu überblicken. Das gilt allerdings erst für die Frequenzkennlinienform des Kriteriums.

4. Das Nyquist-Kriterium ist das einzige der genannten Stabilitätskriterien, das auch für Totzeit-Regelkreise gültig ist.

Man kann allerdings $e^{-T_t s}$ in eine Potenzreihe entwickeln, nach endlich vielen Gliedern abbrechen und hierdurch – oder auch auf irgendeine andere Weise – die

Übertragungsfunktion des Regelkreises in eine rationale Funktion verwandeln. Deren Stabilität kann man dann mit einem der anderen Kriterien untersuchen. Aber man tappt dabei im dunkeln, ob die Approximation für die Stabilitätsuntersuchung wirklich gut genug ist. Solche Unsicherheit besteht beim Nyquist-Kriterium nicht.

Aus diesen Gründen soll im folgenden das Nyquist-Kriterium ausführlich behandelt werden, während auf die anderen Kriterien nur kurz eingegangen wird. Um aber das Nyquist-Kriterium überhaupt formulieren zu können, muß zuvor der Begriff des *Frequenzgangs* eingeführt werden. Seiner Herkunft nach hat er mit Stabilität zunächst nichts zu tun. Erst durch das Nyquist-Kriterium wird er mit dem Stabilitätsverhalten von Regelkreisen verknüpft.

4.8 Frequenzgang

Unter dem *Frequenzgang* eines linearen zeitinvarianten Übertragungsgliedes (LZI-Gliedes) versteht man in der Regelungstechnik die Übertragungsfunktion des LZI-Gliedes auf der imaginären Achse.

Da G(s) die Übertragungsfunktion bezeichnet, ist der Frequenzgang durch $G(j\omega)$ zu charakterisieren. Er ist also auch für instabile Übertragungsglieder durchaus erklärt. Beispielsweise ist für das Übertragungsglied mit

$$G(s) = \frac{1}{1+s^2}$$

der Frequenzgang

$$G(j\omega) = \frac{1}{1+(j\omega)^2} = \frac{1}{1-\omega^2} .$$

Der Frequenzgang stellt also nur einen Ausschnitt aus der Übertragungsfunktion dar, nämlich die Gesamtheit von deren Funktionswerten auf der imaginären Achse. Wozu hat man dann überhaupt eine besondere Begriffsbildung eingeführt? Der ursprüngliche Grund liegt in der großen meßtechnischen Bedeutung des Frequenzgangs. Schaltet man auf ein LZI-Glied eine harmonische Schwingung, so antwortet es unter gewissen Voraussetzungen wiederum mit einer harmonischen Schwingung gleicher Frequenz. Deren Amplitude und Phasenlage wird durch den Frequenzgang bestimmt. Daraus kann man den Frequenzgang ermitteln und so das Übertragungsverhalten auch solcher Glieder erfassen, deren Funktionalbeziehung theoretisch nicht oder nur schwierig bestimmt werden kann. Mit den harmonischen Schwingungen hat man einen zweiten Typ von Testfunktionen neben den Sprungfunktionen. Der Frequenzgang steht so in Analogie zur Sprungantwort, indem er die Sinusantwort des LZI-Gliedes charakterisiert.

Dies sei hier für die R-Glieder gezeigt. Da

$$u = E\sin\omega t = \frac{E}{2j}\left(e^{j\omega t} - e^{-j\omega t}\right) \tag{4.57}$$

ist, werde zunächst

$$u_1 = e^{j\omega t} , \quad \omega > 0 ,$$

aufgeschaltet. Die zugehörige Ausgangsgröße ist

$$Y_1(s) = G(s)\,U_1(s) = G(s)\,\frac{1}{s-j\omega} .$$

Nehmen wir vorerst an, daß G(s) nur einfache Pole α_ν hat, so erhält man weiter

$$Y_1(s) = \left[\sum_{\nu=1}^{n} \frac{r_\nu}{s-\alpha_\nu} + r_0\right] \frac{1}{s-j\omega} ,$$

$$Y_1(s) = \sum_{\nu=1}^{n} r_\nu \frac{1}{(s-\alpha_\nu)(s-j\omega)} + r_0 \frac{1}{s-j\omega} ,$$

$$Y_1(s) = \sum_{\nu=1}^{n} r_\nu \left[\frac{1}{s-j\omega} - \frac{1}{s-\alpha_\nu}\right] \frac{1}{j\omega-\alpha_\nu} + r_0 \frac{1}{s-j\omega} ,$$

$$Y_1(s) = \frac{1}{s-j\omega}\left[\sum_{\nu=1}^{n} \frac{r_\nu}{j\omega-\alpha_\nu} + r_0\right] + \sum_{\nu=1}^{n} \frac{r_\nu}{\alpha_\nu - j\omega}\,\frac{1}{s-\alpha_\nu} .$$

Der letzte Klammerausdruck ist aber nichts anderes als $G(j\omega)$. Die Rücktransformation ergibt daher

$$y_1(t) = G(j\omega)\,e^{j\omega t} + \sum_{\nu=1}^{n} \frac{r_\nu}{\alpha_\nu - j\omega} e^{\alpha_\nu t} \qquad \text{oder}$$

$$y_1(t) = G(j\omega)\,e^{j\omega t} + r_1(t) . \tag{4.58}$$

Die Restfunktion $r_1(t)$ strebt für $t \to +\infty$ gegen Null, wenn die Pole α_ν von G(s) links der j-Achse liegen. Andernfalls aber treten Zusatzterme zu $G(j\omega)\,e^{j\omega t}$ hinzu.

Das gleiche gilt auch beim Auftreten mehrfacher Pole. Ist α ein mehrfacher Pol, so kommen in $Y_1(s)$ Summanden der Form

$$\frac{r_k}{(s-\alpha)^k}\,\frac{1}{s-j\omega}$$

vor. Diese kann man selbst wieder in Partialbrüche zerlegen:

$$\frac{r_k}{(s-\alpha)^k(s-j\omega)} = \frac{c_1}{s-\alpha} + \ldots + \frac{c_k}{(s-\alpha)^k} + \frac{c_{k+1}}{s-j\omega} .$$

Multipliziert man diese Gleichung mit $s-j\omega$ und setzt dann $s = j\omega$, so sieht man, daß

$$c_{k+1} = \frac{r_k}{(j\omega-\alpha)^k}$$

ist. Daher gilt auch bei mehrfachen Polen die Darstellung

$$Y_1(s) = G(j\omega)\frac{1}{s-j\omega} + R(s) \ ,$$

wobei $R(s)$ aus Summanden vom Typ $c/(s-\alpha)^k$ besteht. Im Zeitbereich gilt somit ebenfalls (4.58).

Um die Antwort des R-Gliedes auf

$$u_2 = e^{-j\omega t}$$

zu finden, braucht man in y_1 nur ω durch $-\omega$ zu ersetzen:

$$y_2 = G(-j\omega)e^{-j\omega t} + r_2(t) \ ,$$

wobei $r_2(t)$ mit wachsendem t gegen 0 geht, sofern die Pole von $G(s)$ links der j-Achse liegen. Wegen der Linearität des R-Gliedes ist die Antwort auf $u(t)$

$$y = \frac{E}{2j}(y_1 - y_2) =$$

$$= \frac{E}{2j}\left[G(j\omega)e^{j\omega t} - G(-j\omega)e^{-j\omega t} + r_3(t)\right] . \qquad (4.59)$$

Hierin ist $-j\omega$ konjugiert komplex zu $j\omega$. Da $G(s)$ eine rationale Funktion mit reellen Koeffizienten ist, sich also aus den Grundoperationen aufbaut, und diese mit der Bildung der konjugiert komplexen Zahl vertauschbar sind, ist $G(-j\omega)$ konjugiert komplex zu $G(j\omega)$: $G(-j\omega) = G(\overline{j\omega}) = \overline{G(j\omega)}$. Wie jede komplexe Zahl kann man auch $G(j\omega)$ durch Betrag und Phase ausdrücken:

$$G(j\omega) = |G(j\omega)|\, e^{j\angle G(j\omega)} .$$ Dann ist

$$\overline{G(j\omega)} = |G(j\omega)|\, e^{-j\angle G(j\omega)} .$$

Setzt man diese Ausdrücke in (4.59) ein, so wird

$$y(t) = \frac{E}{2j}\left[|G|\, e^{j(\omega t + \angle G)} - |G|\, e^{-j(\omega t + \angle G)} + r_3(t)\right]$$

oder

$$y(t) = |G(j\omega)|\, E \sin\left[\omega t + \angle G(j\omega)\right] + r(t) . \qquad (4.60)$$

Die Antwort eines R-Gliedes auf die Aufschaltung einer harmonischen Schwingung $u = E\sin\omega t$ setzt sich also aus zwei Bestandteilen zusammen: Einer harmonischen Schwingung mit der gleichen Frequenz ω wie die Eingangsschwingung, der Amplitude $A = E\,|G(j\omega)|$ und der Phasenkonstante $\varphi = \angle G(j\omega)$ sowie einer zusätzlichen Zeitfunktion $r(t)$, die mit wachsendem t gegen Null strebt, wenn das R-Glied stabil ist, sonst aber bleibende Zusatzterme liefert. (4.61)

Von letzterer Tatsache kann man sich in einfachen Fällen leicht überzeugen. Betrachten wir etwa ein I-Glied, so ist

$$y(t) = K\int_0^t u(\tau)\,d\tau = KE\int_0^t \sin\omega\tau\,d\tau =$$

$$= -\frac{KE}{\omega}\cos\omega t + \frac{KE}{\omega} = E\frac{K}{\omega}\sin(\omega t - \frac{\pi}{2}) + \frac{KE}{\omega} .$$

Da beim I-Glied $G(j\omega) = \frac{K}{j\omega} = -\frac{K}{\omega}j$, ist $|G(j\omega)| = K/\omega$ und $\angle G(j\omega) = -\pi/2$, da ja $\omega > 0$ vorausgesetzt werden darf. Es ist daher in der Tat

$$y(t) = E\,|G(j\omega)|\sin(\omega t + \angle G(j\omega)) + \frac{KE}{\omega} .$$

Hier tritt also nur ein konstanter Zusatzterm auf, der durch den Pol $s = 0$ hervorgerufen wird. Bei komplizierteren Polverteilungen auf und rechts der j-Achse werden die Zusatzterme entsprechend komplizierter, wie aus der Herleitung von (4.61) hervorgeht.

Liegen aber alle Pole von $G(s)$ links der j-Achse, so klingt der Zusatzterm $r(t)$ mit wachsendem t ab, und man behält im *stationären Zustand* allein die harmonische Schwingung übrig. Hierdurch ist die Möglichkeit gegeben, den Frequenzgang zu messen. Man schaltet eine Sinusschwingung der Amplitude E und der Frequenz ω auf das R-Glied, wartet, bis der Einschwingvorgang von y abgeklungen ist, sich also eine reine Sinusschwingung eingestellt hat, und mißt deren Amplitude A und Phasenverschiebung φ gegen die Eingangsschwingung. Dann ist $A = E\,|G(j\omega)|$ und $\varphi = \angle G(j\omega)$, womit man den Betrag und das Argument des Frequenzgangs für die jeweilige Frequenz ω der Eingangsschwingung kennt. Führt man diese Messung nacheinander für verschiedene ω durch, so erhält man eine Wertetabelle für $|G(j\omega)|$ und $\angle G(j\omega)$, wodurch $G(j\omega)$ numerisch bekannt ist. Hieraus kann man $G(j\omega)$ formelmäßig darstellen. Für die Anwendung des Nyquist-Kriteriums ist dies aber nicht erforderlich, vielmehr kann man direkt die gemessene Wertetabelle benutzen.

In dieser leichten Meßbarkeit liegt eine wesentliche Bedeutung des Frequenzgangs. Vielfach ist es unmöglich oder mit zu großen Schwierigkeiten verbunden, die

Gleichung zwischen der Eingangs- und Ausgangsgröße eines Übertragungsgliedes zu ermitteln. Dann bietet die Messung des Frequenzgangs eine Möglichkeit, das Übertragungsverhalten des Gliedes quantitativ zu erfassen.

Bisher wurden nur R-Glieder betrachtet. Der Frequenzgang charakterisiert aber auch für andere LZI-Glieder die Sinusantwort des Systems. Ausgehend vom Duhamel-Integral kann man ohne Schwierigkeit zeigen, daß die Formel (4.60) mit $\lim_{t \to +\infty} r(t) = 0$ sicher dann gilt, wenn

$$\int_0^\infty |g(t)|\, dt < +\infty \qquad (4.62)$$

ist ([2.2], Abschnitt 6.5). Wie kann man aber aus G(s) erkennen, ob diese Bedingung erfüllt ist? Es ist naheliegend, so zu schließen: Liegen alle Pole von G(s) links der j-Achse, so ist das Laplace-Integral auf der j-Achse absolut konvergent. Dann gilt

$$\int_0^\infty |g(t)\, e^{-j\omega t}|\, dt = \int_0^\infty |g(t)|\, dt < +\infty \ ,$$

also die obige Bedingung. Leider ist dieser Schluß aber nicht richtig. Auch wenn alle Pole von G(s) links der j-Achse liegen, G(s) auf und rechts der j-Achse also holomorph ist, braucht es nicht als Laplace-Transformierte darstellbar zu sein. Dazu muß G(s) noch zusätzliche Voraussetzungen erfüllen. Hinreichend dafür ist beispielsweise, daß sich G(s) in einer die j-Achse im Inneren enthaltenden rechten Halbebene in der Form

$$G(s) = \frac{m(s)}{s^2}$$

darstellen läßt, wo m(s) in dieser Halbebene beschränkt ist ([4.4], § 28). Hieraus läßt sich z.B. folgern, daß bei dem Totzeitregelkreis nach Bild 4/10 die Ungleichung (4.62) sicher dann erfüllt ist, wenn seine Pole links der j-Achse liegen und der Zählergrad von $G_o(s)$ um mindestens 2 niedriger ist als der Nennergrad. Dann gilt (4.60) mit $r(t) \to 0$ für $t \to +\infty$.

Kehren wir wieder zu den R-Gliedern zurück und nehmen wir an, daß die Sprungantwort h(t) stetig ist, also g(t) keine δ-Funktion enthält. Dies ist der Fall, wenn $G(\infty) = 0$. Da G(s) die Laplace-Transformierte von g(t) ist, gilt

$$G(s) = \int_0^\infty g(t)\, e^{-st}\, dt \ . \qquad (4.63)$$

Das gilt aber nur, wenn s innerhalb der Konvergenzhalbebene des Laplace-Integrals liegt. Bei einer rationalen Funktion geht deren linker Rand durch den am weitesten rechts gelegenen Pol. Soll daher die Gleichung (4.63) auf der j-Achse gelten, so müssen die *Pole von G(s) links der j-Achse* liegen. Genau dann gilt

$$G(j\omega) = \int_0^\infty g(t)\, e^{-j\omega t}\, dt \ ,$$

ist also der *Frequenzgang das Fourier-Integral der Gewichtsfunktion.* Liegen Pole des R-Gliedes auf oder rechts der j-Achse, so kann der Frequenzgang nicht mehr in dieser Weise dargestellt werden.

Es ist noch auf eine Konsequenz aus (4.60) hinzuweisen, die in der Praxis vielfach benutzt wird. Bei realen Systemen nimmt $|G(j\omega)|$ ab einem gewissen ω_0 gewöhnlich ab und strebt $\to 0$ für $\omega \to +\infty$. Beispielsweise ist beim P-T_1-Glied

$$|G(j\omega)| = \frac{K}{\sqrt{1+T^2\omega^2}} \ .$$

Schaltet man auf ein solches Übertragungsglied eine Sinusschwingung hoher Frequenz ω, so ist im eingeschwungenen Zustand die Amplitude der Ausgangsschwingung klein gegen die Amplitude der Eingangsschwingung, weil $|G(j\omega)|$ für diesen ω-Wert klein ist. Die Schwingung wird daher von dem Übertragungsglied praktisch nicht durchgelassen. Lediglich Schwingungen niedriger Frequenz können passieren. Man bezeichnet ein solches Übertragungsglied deshalb als *Tiefpaß*.

Abschließend sei betont, daß der Frequenzgang als Übertragungsfunktion auf der j-Achse definiert ist und wir mit dieser Definition weiterarbeiten. Die Darstellung als Fourier-Transformierte der Gewichtsfunktion und die meßtechnische Interpretation als Sinus-Antwort sind spezielle Eigenschaften des Frequenzgangs. Sie kommen ihm nur unter gewissen zusätzlichen Voraussetzungen zu, von denen die wichtigste die Stabilität des LZI-Gliedes ist. Definiert ist er aber auch dann, wenn diese Voraussetzungen nicht erfüllt sind, eben als Übertragungsfunktion auf der j-Achse.

4.9 Ortskurve des offenen Kreises

Das Nyquist-Kriterium beruht auf der anschaulichen Darstellung des Frequenzgangs $F_o(j\omega)$ des offenen Kreises. Wir gehen dabei von den im Abschnitt 4.4 formulierten Eigenschaften des offenen Kreises aus. Zusätzlich benötigen wir noch eine Darstellung der

Übertragungsfunktion des offenen Kreises, die bislang noch nicht eingeführt wurde, aber nunmehr benötigt wird und auch später beim Wurzelortsverfahren (Kapitel 6) eine wichtige Rolle spielt.

Dazu ziehen wir in (4.27a) sämtliche Zeitkonstanten heraus:

$$F_o(s) = V \frac{\prod_i T_{zi} \cdot \prod_k \tau_{zk}^2}{\prod_\nu T_\nu \cdot \prod_\mu \tau_\mu^2} \cdot \frac{1}{s^q} \cdot$$

$$\cdot \frac{\prod_i (s + \frac{1}{T_{zi}}) \prod_k \left[s^2 + 2\frac{d_{zk}}{\tau_{zk}} s + \frac{1}{\tau_{zk}^2} \right]}{\prod_\nu (s + \frac{1}{T_\nu}) \prod_\mu \left[s^2 + 2\frac{d_\mu}{\tau_\mu} s + \frac{1}{\tau_\mu^2} \right]} e^{-T_t s} . \tag{4.64}$$

Darin sind

$$n_i = -\frac{1}{T_{zi}}$$

die reellen Nullstellen und

$$p_\nu = -\frac{1}{T_\nu}$$

die reellen Pole von $F_o(s)$. Bestimmt man auch die Nullstellen der quadratischen Faktoren im Zähler und Nenner von (4.64), wobei man die Dämpfungen d_{zk} und d_μ betragsmäßig als < 1 annehmen darf, so erhält man die konjugiert komplexen Nullstellen- und Polpaare von $F_o(s)$. Insgesamt folgt so aus (4.64) die Darstellung

$$F_o(s) = \frac{k}{s^q} \frac{\prod_{\mu=1}^{m} (s - n_\mu)}{\prod_{\substack{\nu=1 \\ p_\nu \neq 0}}^{n} (s - p_\nu)} e^{-T_t s} \tag{4.65}$$

mit

$$k = V \frac{\prod_i T_{zi} \prod_k \tau_{zk}^2}{\prod_\nu T_\nu \prod_\mu \tau_\mu^2} , \tag{4.66}$$

m = Grad Z_o und n = Grad N_o. Die n_μ sind nunmehr sämtliche Nullstellen von $F_o(s)$, während mit p_ν alle Pole von $F_o(s)$ bezeichnet werden, die $\neq 0$ sind, worauf der Zusatz am Produktzeichen hinweist. Die Pole $s = 0$ von $F_o(s)$ sind im Faktor $1/s^q$ enthalten.

Wir betrachten nun den Frequenzgang

$$z = F_o(j\omega) \tag{4.67}$$

des offenen Kreises. Hierdurch wird jedem Punkt $j\omega$ der imaginären Achse eine komplexe Zahl z zugeordnet. Diese kann man als Punkt einer zweiten komplexen Ebene neben der s-Ebene auffassen. Durchläuft ω die imaginäre Achse von $\omega = -\infty$ bis $\omega = +\infty$, so durchläuft der Bildpunkt $z = F_o(j\omega)$ eine Kurve der z-Ebene. Sie heißt die *Ortskurve des offenen Kreises.*

Sie ist symmetrisch zur reellen Achse. Betrachtet man nämlich irgendeinen Punkt mit $\omega > 0$ und geht zu dem negativen Parameter $-\omega$ über, so bedeutet dies einen Übergang von $j\omega$ zu der konjugiert komplexen Zahl $-j\omega$. Dann ist aber auch der Funktionswert $F_o(-j\omega)$ konjugiert komplex zu $F_o(j\omega)$. Für eine rationale Funktion mit reellen Koeffizienten wurde dies bereits in Abschnitt 4.8 erläutert, und für die Funktion $e^{-T_t j\omega}$ liegt es auf der Hand. $F_o(j\omega)$ und $F_o(-j\omega)$ sind also konjugiert komplex und gehen daher durch Spiegelung an der reellen Achse auseinander hervor. *Man kann sich daher bei den meisten Untersuchungen auf die Ortskurvenhälfte mit $\omega \geq 0$ beschränken.*

Geht $s \to \infty$, so strebt der rationale Teil $G_o(s)$ von $F_o(s)$ gegen 0, weil nach (4.27) der Zählergrad kleiner als der Nennergrad ist. Also geht für $\omega \to +\infty$ $G_o(j\omega) \to 0$. Da $e^{-T_t j\omega}$ für alle ω den konstanten Betrag 1 hat, geht daher auch $F_o(j\omega) \to 0$ für $\omega \to +\infty$. *Die Ortskurve endet daher im Ursprung der z-Ebene.*

Für kleine ω ist näherungsweise nach (4.27b)

$$F_o(j\omega) = \frac{V}{(j\omega)^q} \cdot \frac{1 + b_1 j\omega}{1 + a_1 j\omega} ,$$

also nach Erweiterung mit $1 - a_1 j\omega$:

$$F_o(j\omega) = \frac{V}{(j\omega)^q} \frac{1 + (b_1 - a_1) j\omega + a_1 b_1 \omega^2}{1 + a_1^2 \omega^2} .$$

Durch Vernachlässigung der quadratischen Terme wird daraus

$$F_o(j\omega) = \frac{V}{(j\omega)^q} [1 + (b_1 - a_1) j\omega] . \tag{4.68}$$

Fall I: $q = 0$.

Dann ist $F_o(j\omega) = V + V(b_1 - a_1) j\omega$, so daß für $\omega \to 0$

$\mathrm{Re}\, F_o(j\omega) \to V$, $\mathrm{Im}\, F_o(j\omega) \to 0$ strebt .

Die Ortskurve beginnt daher im Punkt V der reellen Achse.

Fall II: $q = 1$.

Dann ist $F_o(j\omega) = -\frac{V}{\omega} j[1+(b_1-a_1)j\omega]$, also

$$F_o(j\omega) = V(b_1-a_1) - \frac{V}{\omega} j .$$

Für $\omega \to +0$ [3] strebt also Re $F_o \to V(b_1-a_1)$, meist < 0,

Im $F_o \to -\infty$.

D.h: Die Ortskurve kommt aus der Richtung der negativen j-Achse und hat als Asymptote eine Parallele zur j-Achse im Abstand $V(b_1-a_1)$.

Fall III: $q = 2$.
Dann ist $F_o(j\omega) = -\frac{V}{\omega^2}[1+(b_1-a_1)j\omega]$, also

$$F_o(j\omega) = -\frac{V}{\omega^2} + \frac{V(a_1-b_1)}{\omega} j .$$

Für $\omega \to +0$ strebt somit Re $F_o \to -\infty$, Im $F_o \to +\infty$ für $a_1 > b_1$, wobei der Betrag des Realteil schneller anwächst.

Fassen wir das Wesentliche zusammen: *Die Ortskurve des offenen Kreises beginnt für $\omega = +0$ bei P-Verhalten des offenen Kreises auf der positiven reellen Achse, bei I- bzw. Doppel-I-Verhalten kommt sie aus dem Unendlichen, und zwar aus der Richtung der negativen j-Achse bzw. der negativen reellen Achse.*

Nachdem der Ortskurvenverlauf für $\omega \to +0$ und $\omega \to +\infty$ geklärt ist, hätte man gerne noch eine Auskunft über den Zwischenverlauf. Hierzu machen wir eine zusätzliche Voraussetzung, die sehr häufig erfüllt ist:

Der offene Kreis sei ein Verzögerungssystem, d.h. er sei totzeitfrei, besitze keine Nullstellen (Zähler von F_o konstant) und seine Pole seien mit etwaiger Ausnahme eines 1- oder 2-fachen Pols in $s = 0$ links der j-Achse gelegen. (4.69)

Dann ist

$$F_o(s) = \frac{k}{(s-p_1)(s-p_2)\ldots(s-p_n)} ,$$

wenn wir auch den eventuellen Pol $s = 0$ mit unter den p_ν aufführen. Daher ist

$$\angle F_o(j\omega) = \angle k - \angle j\omega-p_1 - \ldots - \angle j\omega-p_n . \quad (4.70)$$

[3] Man muß hier $\omega \to +0$ schreiben, weil der Grenzübergang $\omega \to -0$ ein anderes Resultat liefert, wie sofort aus der Symmetrie der Ortskurve zur reellen Achse folgt.

Wegen $k > 0$ ist $\angle k = 0$. Ist $p = 0$, so ist $\angle j\omega-p = \angle j\omega = \pi/2$. Der Pol $p = 0$ liefert also den Beitrag $q\pi/2$, $q = 0,1,2$. Ist p ein reeller Pol $\neq 0$, so liest man aus Bild 4/12 ab, daß $\angle j\omega-p$ für $\omega = 0$ mit Null beginnt und mit wachsendem ω monoton wächst, bis für $\omega = +\infty$ der Wert $+\pi/2$ erreicht wird. Für ein komplexes Polpaar p, $\bar{p}$ ist die Argumentänderung etwas umständlicher zu bestimmen. Aus Bild 4/13 erkennt man, daß

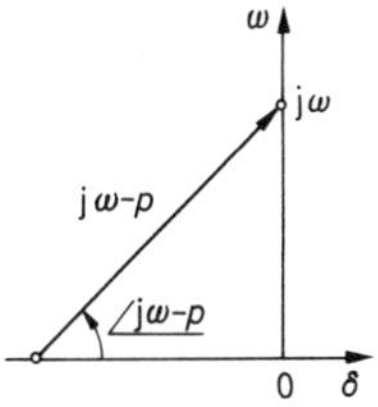

Bild 4/12. Beitrag eines reellen Pols zum Argument des Frequenzgangs

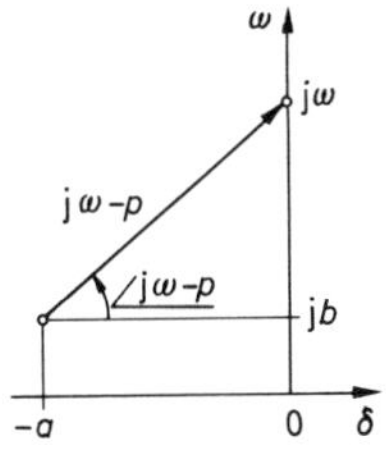

Bild 4/13. Beitrag eines konjugiert komplexen Polpaares zum Argument des Frequenzgangs

$\tan\angle j\omega-p = \frac{\omega-b}{a}$ und demgemäß

$\tan\angle j\omega-\bar{p} = \frac{\omega+b}{a}$ ist. Daraus folgt

$$\angle j\omega-p + \angle j\omega-\bar{p} = \arctan\frac{\omega-b}{a} + \arctan\frac{\omega+b}{a} .$$

Die Ableitung nach ω ist

$$\frac{1}{a}\,\frac{1}{1+(\frac{\omega-b}{a})^2} + \frac{1}{a}\,\frac{1}{1+(\frac{\omega+b}{a})^2} > 0 .$$

Die zu dem Polpaar gehörige Argumentsumme nimmt also ebenfalls monoton zu. Für $\omega = 0$ beginnt sie mit 0, für $\omega = +\infty$ endet sie mit π.

Somit erkennt man aus (4.70):

Bei einem Verzögerungssystem nimmt $\angle F_o(j\omega)$ monoton ab (wird "immer negativer"), und zwar vom Wert $-q\pi/2$ bei $\omega = 0$ bis zum Wert $-n\pi/2$ bei $\omega = +\infty$. Der Fahrstrahl vom Nullpunkt zum (4.71) *laufenden Punkt der Ortskurve dreht sich dabei monoton aus der Anfangslage $-q\pi/2$ in die Endlage $-n\pi/2$.*

Ist beispielsweise der offene Kreis ein Verzögerungssystem 4. Ordnung, so hat seine Ortskurve für P-, I- und II-Verhalten die im Bild 4/14 wiedergegebene typische Gestalt.

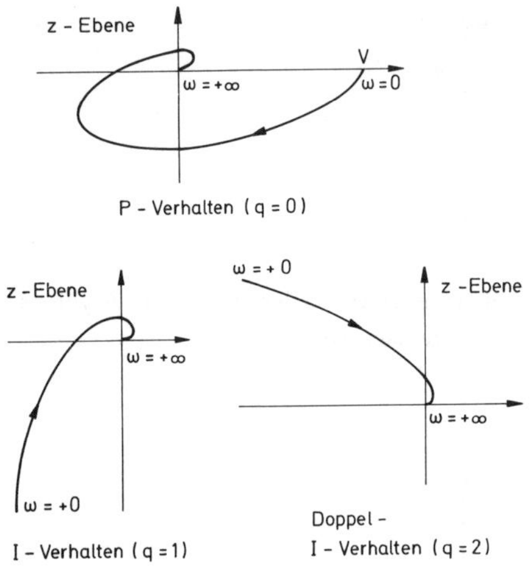

Bild 4/14. Ortskurve $z = F_o(j\omega)$, $\omega \geq 0$, des offenen Kreises, wenn dieser ein Verzögerungssystem 4. Ordnung ist

Treten in $F_o(s)$ Zählerzeitkonstanten auf, so kann dieser regelmäßige Verlauf verbeult werden, und der Fahrstrahl des laufenden Punktes der Ortskurve braucht sich nicht mehr monoton zu ändern. Es kann z.B. ein Verlauf wie in Bild 4/15 entstehen.

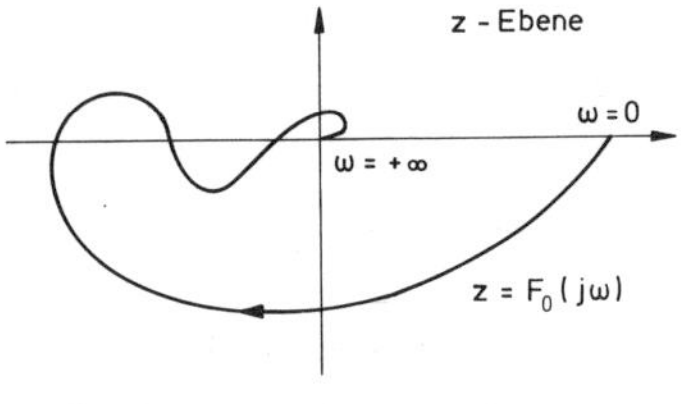

Bild 4/15. Möglicher Verlauf der Ortskurve des offenen Kreises bei Vorhandensein von Zählerzeitkonstanten

Ist $T_t > 0$, enthält der offene Kreis also ein Totzeitglied, so liefert der Faktor $e^{-T_t j\omega}$ wegen $|e^{-T_t j\omega}| = 1$ keinen Beitrag zum absoluten Betrag von $F_o(j\omega)$. Wohl aber kommt zur Phase des rationalen Anteils noch die Phase $-T_t\omega$ hinzu. Die Phase des rationalen Anteils ist begrenzt, da jeder Faktor $s-n_\mu$ bzw. $s-p_\nu$ nur einen Beitrag zwischen 0 und $\pi/2$ bzw. 0 und $-\pi/2$ liefert; dagegen nimmt $-T_t\omega$ mit wachsendem ω unbegrenzt ab (geht beliebig weit ins Negative). Der Fahrstrahl des laufenden Punktes der Ortskurve umkreist daher den Nullpunkt unendlich oft, wobei seine Länge $\to 0$ geht (Bild 4/16).

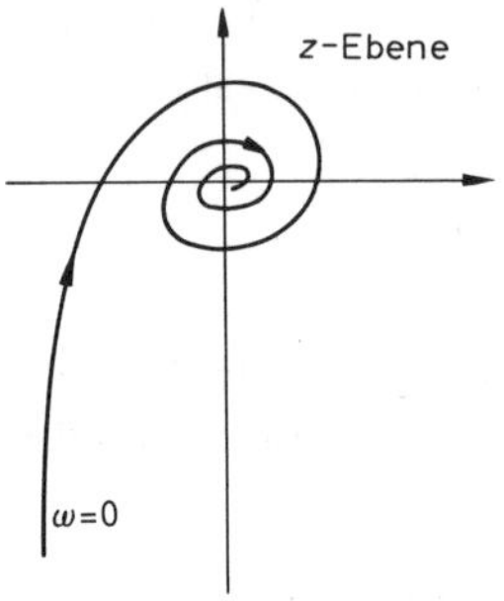

Bild 4/16. Typische Ortskurve eines offenen Kreises mit Totzeit

Nachdem wir uns eine Vorstellung von der Gestalt der Ortskurve des offenen Kreises verschafft haben, können wir zur Behandlung des Nyquist-Kriteriums übergehen.

4.10 Nyquist-Kriterium

4.10.1 Herleitung des Nyquist-Kriteriums

Wir wollen uns auf den Fall beschränken, daß der offene Kreis nur aus R-Gliedern aufgebaut ist. Zur Herleitung genügt dann der Fundamentalsatz der Algebra. Enthält der offene Kreis Totzeit, so muß man stärkeres Geschütz aus der Funktionentheorie auffahren, z.B. eine Folgerung aus dem Residuensatz. Dafür sei auf [4.2] verwiesen. Mit Hilfe funktionalanalytischer Methoden kann man das Nyquist-Kriterium auf Regelkreise mit noch allgemeineren transzendenten Übertragungsfunktionen ausdehnen ([4.5], Abschnitte 4.6 und 4.7).

Bevor die eigentliche Herleitung gebracht wird, sei eine heuristische Betrachtung vorausgeschickt, um verständlich zu machen, welche Aussage überhaupt angestrebt werden kann. Durch $z = F_o(s)$ wird die s-Ebene in die z-Ebene abgebildet. Dabei geht die j-Achse, also der laufende Punkt $s = j\omega$, in die Ortskurve $z = F_o(j\omega)$ über. Aus der linken Seite der j-Achse wird hierbei die linke Seite der Ortskurve, und umgekehrt stammt das, was auf der rechten Seite der Ortskurve liegt, von der rechten Seite der j-Achse. Die Pole α_ν des geschlossenen Kreises erfüllen die charakteristische Gleichung

$$F_o(\alpha_\nu) + 1 = 0 \quad \text{bzw.} \quad F_o(\alpha_\nu) = -1 .$$

D.h: Sie werden in den Punkt -1 der z-Ebene abgebildet. Man darf daher erwarten: Genau dann, wenn dieser Punkt links der Ortskurve liegt, liegen die Pole α_ν links der j-Achse der s-Ebene. Genau dann wird also der Regelkreis stabil sein.

In der Tat ist dies die einfachste Form des Nyquist-Kriteriums, zu der man unter bestimmten Voraussetzungen über $F_o(s)$ gelangt. Wie gesagt, ist dieser Gedankengang nur eine heuristische Betrachtung und kein Beweis – dazu ist die Abbildung $z = F_o(s)$ viel zu kompliziert, insbesondere ihre Umkehrung in keiner Weise eindeutig, so daß man mit den Begriffen "links" und "rechts" nicht so freizügig umgehen darf, wie wir es eben getan haben.

Nun zur exakten Herleitung! Wir gehen dabei von der Funktion

$$F_o(s) + 1 = \frac{Z_o(s)}{N_o(s)} + 1 = \frac{Z_o(s)+N_o(s)}{N_o(s)}$$

aus, wobei $Z_o(s)$ und $N_o(s)$ Polynome sind. Da nach wie vor $m = \text{Grad } Z_o < \text{Grad } N_o = n$ ist, hat $Z_o(s) + N_o(s)$ den Grad n. Sind $\alpha_1, \ldots, \alpha_n$ *die Pole des geschlossenen Kreises, also die Nullstellen der charakteristischen Gleichung*

$$F_o(s) + 1 = 0 \quad \text{bzw.} \quad Z_o(s) + N_o(s) = 0 , \quad \text{so ist}$$

$$Z_o(s) + N_o(s) = k \prod_{\mu=1}^{n} (s - \alpha_\mu) .$$

Nach wie vor ist $N_o(s) = \prod_{\nu=1}^{n} (s - p_\nu)$, wobei also p_ν die *Nullstellen des Nenners von $F_o(s)$ und damit die Pole des offenen Kreises sind.* Es gilt daher

$$F_o(s) + 1 = k \frac{\prod_{\mu=1}^{n} (s - \alpha_\mu)}{\prod_{\nu=1}^{n} (s - p_\nu)} , \tag{4.72}$$

$\alpha_1, \ldots, \alpha_n$: Pole des geschlossenen Kreises = Nullstellen der charakteristischen Gleichung;

$p_1, \ldots, p_n$: Pole des offenen Kreises.

Aus (4.72) folgt

$$\angle\big(F_o(s)+1\big) = \angle k + \sum_{\mu=1}^{n} \angle(s-\alpha_\mu) - \sum_{\nu=1}^{n} \angle(s-p_\nu) .$$

Es sei nun C eine Kurve, die für große $|\omega|$ mit der j-Achse der s-Ebene zusammenfällt, dazwischen aber von ihr abweichen darf, so daß keine Pole und Nullstellen von $F_o(s)+1$ auf ihr liegen (Bild 4/17). Wandert s von $-j\infty$ bis $+j\infty$, so ist die zugehörige Änderung des Arguments $\angle\big(F_o(s)+1\big)$ gemäß (4.72), da $\angle k$ konstant ist:

$$\underset{C}{\Delta} \angle\big(F_o(s)+1\big) = \sum_{\mu=1}^{n} \underset{C}{\Delta} \angle(s-\alpha_\mu) - \sum_{\nu=1}^{n} \underset{C}{\Delta} \angle(s-p_\nu) .$$

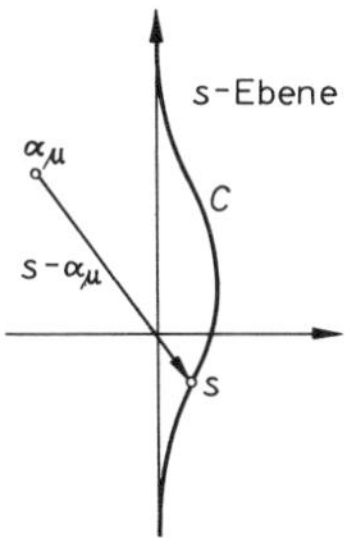

Bild 4/17. Zur Herleitung des Nyquist-Kriteriums

Wie man aus Bild 4/17 abliest, ist

$$\underset{C}{\Delta} \angle(s-\alpha_\mu) = \begin{cases} +\pi, \text{ wenn } \alpha_\mu \text{ links von C} , \\ -\pi, \text{ wenn } \alpha_\mu \text{ rechts von C} . \end{cases}$$

Denn im ersten Fall überstreicht der Fahrstrahl $s-\alpha_\mu$ den Winkel π im Gegenzeigersinn, im letzteren Fall hingegen im Uhrzeigersinn. Da das gleiche für $s-p_\nu$ gilt, hat man

$$\underset{C}{\Delta} \angle\big(F_o(s)+1\big) = (\ell - r)\pi - (\ell_o - r_o)\pi .$$

Dabei ist ℓ bzw. r die Anzahl der Pole des geschlossenen Kreises links bzw. rechts von C, und entsprechend ist ℓ_o bzw. r_o die Anzahl der Pole des offenen Kreises links bzw. rechts von C. Da $\ell = n - r$ und $\ell_o = n - r_o$ gilt, ist

$$\underset{C}{\Delta} \angle\big(F_o(s)+1\big) = (n-2r)\pi - (n-2r_o)\pi \quad \text{oder}$$

$$\underset{C}{\Delta} \angle\big(F_o(s)+1\big) = (r_o - r)2\pi . \tag{4.73}$$

Liegt kein Pol des offenen sowie des geschlossenen Kreises auf der j-Achse, so ist $\angle\big(F_o(s)+1\big)$ auf der ganzen j-Achse erklärt, und man darf C mit der j-Achse identifizieren. Dann ist $s = j\omega$, und man erhält

$$\underset{\omega=-\infty}{\overset{+\infty}{\Delta}} \angle\big(F_o(j\omega)+1\big) = (r_o - r)2\pi .$$

Geometrisch gesprochen: Zieht man den Fahrstrahl vom Punkt -1 zum laufenden Punkt $z = F_o(j\omega)$, $-\infty < \omega < +\infty$, der Ortskurve des offenen Kreises (Bild 4/18), so ist seine Winkeländerung $W = (r_o - r)2\pi$. Damit ist die

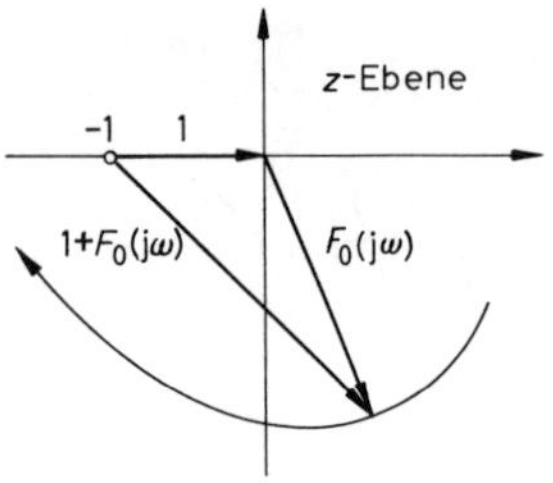

Bild 4/18. Fahrstrahl vom Punkt -1 zur Ortskurve des offenen Kreises

Verbindung zwischen dem Frequenzgang $F_o(j\omega)$ und den rechts der j-Achse gelegenen Polen des geschlossenen Kreises (Nullstellen der charakteristischen Gleichung) hergestellt. Die Herleitung des Nyquist-Kriteriums erfordert jetzt nur noch einen Schritt.

Zuvor soll aber noch der Fall berücksichtigt werden, daß Pole des offenen oder geschlossenen Kreises auf der j-Achse liegen. Dann modifiziert man die Kurve C, indem man diese Pole durch kleine Halbkreise links umgeht (Bild 4/19). Dann ist

$$\Delta_C \angle F_o(s)+1 = \Delta_K \angle F_o(s)+1 + \Delta_j \angle F_o(s)+1 \, , \qquad (4.74)$$

wobei der letzte Term die Argumentänderung längs der restlichen j-Achse darstellt. Geht der Halbkreisradius $\rho \to 0$, so entsteht daraus wieder die gesamte j-Achse mit Ausnahme der Pole. Ist α ein Pol des geschlossenen

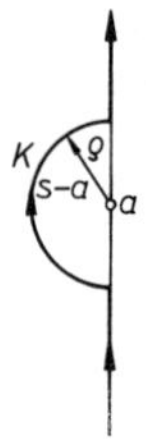

Bild 4/19.
Haken um einen Pol des offenen bzw. geschlossenen Kreises

Kreises, also eine Nullstelle von $F_o(s) + 1$, und zwar von der Ordnung k, so gilt in seiner Umgebung

$$F_o(s) + 1 = C_k(s-\alpha)^k[1 + R(s-\alpha)]$$

mit $R(s-\alpha) \to 0$ für $\rho \to 0$. Damit ist auf K

$$\angle F_o(s)+1 = \angle C_k + k\angle s-\alpha + \angle 1+R(s-\alpha) \, , \quad \text{also}$$

$$\Delta_K \angle F_o(s)+1 = 0 + k(-\pi) + \Delta_K \angle 1+R(s-\alpha) \, .$$

Für $\rho \to 0$ geht der letzte Term $\to 0$, da $1 + R(s-\alpha) \to 1$ strebt. Im Grenzfall ist also

$$\Delta_K \angle F_o(s)+1 = -k\pi \, .$$

Entsprechend ergibt sich für einen k-fachen Pol p des offenen Kreises, der ja zugleich Pol von $F_o(s) + 1$ ist, aus

$$F_o(s) + 1 = \frac{C_k}{(s-p)^k}[1+R(s-p)]$$

die Beziehung

$$\Delta_K \angle F_o(s)+1 = +k\pi \, .$$

Insgesamt wird so aus der linken Seite von (4.73)

$$\Delta_{\omega=-\infty}^{+\infty} \angle F_o(j\omega)+1 + a_o\pi - a\pi \, .$$

Dabei ist der erste Term die Winkeländerung längs der punktierten j-Achse, aus der die Pole des offenen und des geschlossenen Kreises herausgenommen sind. Weiterhin ist a_o bzw. a die Anzahl der Pole des offenen bzw. geschlossenen Kreises auf der j-Achse. Dabei wird jeder Pol so oft gezählt, wie seine Ordnung angibt. Das gilt generell auch für alle folgenden Betrachtungen. Auf der rechten Seite von (4.73) muß man diese Pole aber auch berücksichtigen. Da sie rechts von C liegen, liefern sie den zusätzlichen Term $(a_o - a)\pi$. Insgesamt erhält man so aus (4.73) die Gleichung

$$\Delta_{\omega=-\infty}^{+\infty} \angle 1+F_o(j\omega) + (a_o - a)\pi = (r_o - r)2\pi + (a_o - a)\pi$$

oder

$$W = (r_o - r)2\pi + (a_o - a)\pi \, . \qquad (4.75)$$

Dies ist die Winkeländerung des Fahrstrahls vom Punkt -1 zum laufenden Punkt $z = F_o(j\omega)$ der Ortskurve des offenen Kreises, wenn ω von $-\infty$ bis $+\infty$ läuft. Dabei ist r_o bzw. r die Anzahl der Pole des offenen bzw. geschlossenen Kreises rechts der j-Achse, a_o bzw. a die Anzahl der Pole des offen- en bzw. geschlossenen Kreises auf der j-Achse. Jeder Pol wird dabei so oft gezählt, wie seine Ordnung beträgt. (4.76)

Nach dem grundlegenden Stabilitätskriterium ist der geschlossene Kreis stabil, wenn seine sämtlichen Pole links von der j-Achse liegen, wenn also a und r Null sind. Daraus folgt $W = r_o 2\pi + a_o \pi$. Ist umgekehrt $W = r_o 2\pi + a_o \pi$, so folgt aus (4.75) $r2\pi + a\pi = 0$. Da r und a nichtnegative ganze Zahlen sind, ist diese Gleichung nur für $r = 0$ und $a = 0$ erfüllt. Der Kreis ist also dann stabil. Aus (4.75) folgt also sofort das Resultat, daß der geschlossene Kreis genau dann stabil ist, wenn $W = r_o 2\pi + a_o \pi$ ist. Der offene Kreis darf dabei beliebig instabil sein. Man erhält so die folgende *allgemeine Fassung des Nyquist-Kriteriums:*

Mit den Bezeichnungen von (4.75) und (4.76) ist der geschlossene Regelkreis genau dann stabil, wenn

$$W = r_o 2\pi + a_o \pi \tag{4.77}$$

ist. Nimmt man nur die positive Hälfte der Ortskurve, also den zu $0 \leq \omega < +\infty$ gehörigen Teil, so muß deren Winkeländerung bezüglich des Punktes -1 der z-Ebene

$$W_+ = r_o \pi + a_o \pi/2 \tag{4.78}$$

sein.

Es sei ausdrücklich angemerkt, daß *diese Formulierung des Nyquist-Kriteriums auch bei Totzeit im offenen Kreis erhalten bleibt. Dasselbe gilt von den speziellen Formen des Nyquist-Kriteriums,* die wir im folgenden Abschnitt betrachten werden. Was sich beim Auftreten eines Totzeitgliedes ändert, ist lediglich die Herleitung des Kriteriums, die dann nicht mehr in der bisherigen Weise möglich ist.

Es ist noch eine Bemerkung über die Bestimmung der Winkeländerung W nachzutragen. Es ist möglich, daß die Ortskurve durch das Unendliche oder durch den Punkt -1 geht und dadurch in mehrere Stücke zerfällt. Dann bestimmt man die Winkeländerung längs jedes einzelnen Stückes und addiert die erhaltenen Werte (hierzu auch [4.6]).

4.10.2 Spezielle Formen des Nyquist-Kriteriums

Das Nyquist-Kriterium nimmt eine einfachere und einprägsamere Form an, wenn wir nun zu den in den Anwendungen am häufigsten auftretenden Spezialfällen übergehen.

Liegt kein Pol des offenen Kreises auf der j-Achse, so ist $a_o = 0$. Dann folgt aus (4.77)

$$W = r_o 2\pi .$$

Eine Winkeländerung von $+2\pi$ bedeutet, daß die Ortskurve des offenen Kreises den Punkt -1 einmal im Gegenzeigersinn umkreist. Man hat so als einen ersten Spezialfall:

Ist der offene Kreis instabil und liegen r_o Pole rechts der j-Achse, aber keiner auf ihr, so ist der geschlossene Kreis genau dann stabil, wenn die Ortskurve des offenen Kreises den Punkt -1 r_o-mal im Gegenzeigersinn umkreist. (4.79)

Ein Beispiel zeigt Bild 4/20. Da die Ortskurven schon recht kompliziert sind, ist nur die positive Ortskurvenhälfte gezeichnet. Sowohl links als auch rechts umkreist sie den Punkt -1 einmal, so daß die gesamte Ortskurve ihn zweimal umkreist. Aber nur im linken Teil findet die Umkreisung im Gegenzeigersinn statt. Daher ist im Fall 4/20, links, der geschlossene Kreis stabil, wenn zwei Pole des offenen Kreises rechts der j-Achse liegen. Im Fall 4/20, rechts, ist der geschlossene Kreis auf jeden Fall instabil.

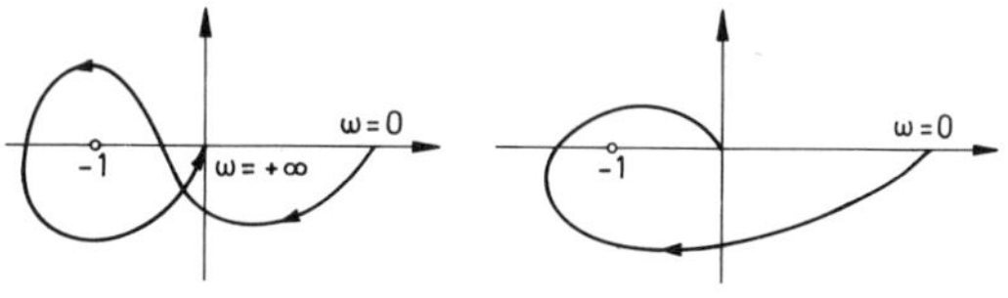

Bild 4/20. Anwendung des Nyquist-Kriteriums, wenn der offene Kreis zwei Pole rechts der j-Achse hat, aber keinen Pol auf ihr

Aus (4.79) ergibt sich eine weitere Spezialisierung, wenn der offene Kreis stabil, also auch $r_o = 0$ ist:

Ist der offene Kreis stabil, so ist der geschlossene Kreis genau dann stabil, wenn die Ortskurve des offenen Kreises den Punkt -1 weder umkreist noch durchdringt. (4.80)

Der letzte Zusatz liegt auf der Hand. Geht die Ortskurve $z = F_o(j\omega)$ durch den Punkt -1, so gibt es ein $j\omega$ mit $F_o(j\omega) = -1$ oder $F_o(j\omega) + 1 = 0$. Das heißt aber: Dieser Punkt $j\omega$ ist ein Pol des geschlossenen Kreises, der damit instabil ist, da er einen Pol auf der j-Achse hat.

Bild 4/21 illustriert den letzten Satz in einem einfachen und einem komplizierteren Fall. Auch hier findet keine Umkreisung statt. Vielmehr ist $W_+ = 0$ und damit auch $W = 0$.

In Bild 4/23 sind für jeden dieser drei Fälle zwei typische Situationen dargestellt, die Stabilität bzw. Instabilität des geschlossenen Kreises zur Folge haben. Betrachtet man diese verschiedenen Möglichkeiten, so erhält man die folgende *spezielle Form des Nyquist-Kriteriums*, die sehr anschaulich ist und in der überwiegenden Mehrzahl der Fälle ausreicht:

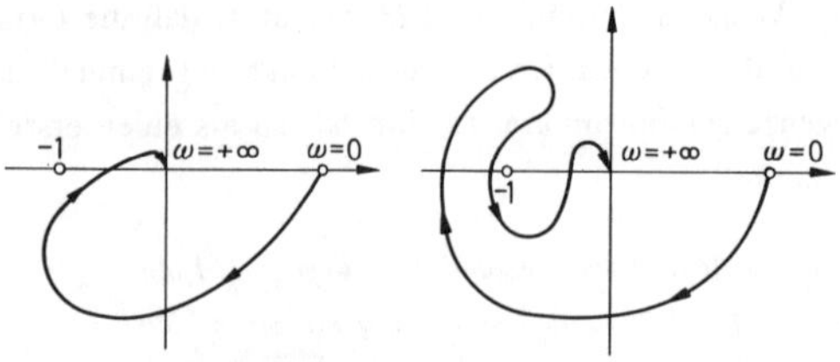

Bild 4/21. Anwendung des Nyquist-Kriteriums auf einen stabilen offenen Kreis. Der geschlossene Kreis ist in beiden Fällen stabil

Das Nyquist-Kriterium in der *Umkreisungsform* (4.79) und (4.80) läßt sich nicht mehr ohne weiteres anwenden, wenn Pole des offenen Kreises *auf* der j-Achse liegen. Ein einfaches Beispiel liefert

$$F_o(j\omega) = \frac{1+j\omega}{(j\omega)^2} = -\frac{1}{\omega^2} - \frac{1}{\omega} j \; .$$

Die Ortskurve hat die in Bild 4/22 wiedergegebene Gestalt. Der Punkt -1 wird einmal im Gegenzeigersinn umkreist. Da aber kein Pol rechts der j-Achse liegt, könnte man versucht sein, den geschlossenen Kreis für instabil zu halten. Das wäre aber falsch. Denn da $a_o = 2$, $r_o = 0$ ist, ist das System nach (4.77) stabil, wenn $W = 2\pi$ gilt. Diese Winkeländerung liegt in der Tat vor. Bei komplizierteren Polverteilungen, vor allem, wenn Pole auf der j-Achse liegen, geht man am besten von der allgemeinen Fassung des Nyquist-Kriteriums aus.

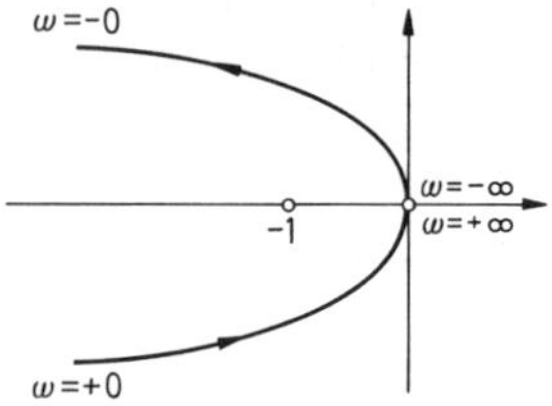

Bild 4/22. Anwendung des Nyquist-Kriteriums bei offenem Kreis mit II-Verhalten

Wir wollen uns aber jetzt dem Normalfall zuwenden, daß die Pole des offenen Kreises links der j-Achse liegen, außer eventuell einem 1- oder 2-fachen Pol in s = 0. Außerdem wollen wir von jetzt an nur noch die positive Ortskurvenhälfte berücksichtigen. Nach (4.78) ist der geschlossene Kreis genau dann stabil, wenn

$$W_+ = \frac{q\pi}{2} = \begin{cases} 0 & \text{bei P-Verhalten (offener Kreis stabil),} \\ \pi/2 & \text{bei I-Verhalten ,} \\ \pi & \text{bei II-Verhalten .} \end{cases} \qquad (4.81)$$

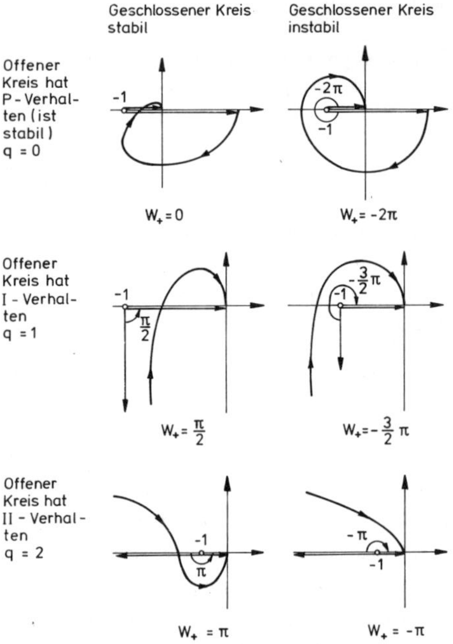

Bild 4/23. Das Nyquist-Kriterium für die Normaltypen des offenen Kreises

Liegen die Pole des offenen Kreises links der j-Achse, wobei nur ein 1- oder 2-facher Pol in s = 0 eine Ausnahme machen darf, hat der offene Kreis also P-, I- oder II-Verhalten, so ist der geschlossene Kreis genau dann stabil, wenn die Ortskurve $z = F_o(j\omega)$, $0 \leq \omega < +\infty$, *des offenen Kreises den Punkt -1 der z-Ebene weder umschließt noch durchdringt. Bei nicht zu komplizierter Gestalt der Ortskurve kann man auch sagen: Wenn sie den Punkt -1 links liegen läßt.* (4.82)

Bei der letzten Aussage kommt es auf denjenigen Teil der Ortskurve an, der dem Punkt -1 am nächsten liegt. In Bild 4/24, dessen Ortskurve in praktischen Fällen durchaus auftreten kann, nämlich bei der Stabilisierung zunächst instabiler Kreise, ist dies das mit Schraffur versehene Ortskurvenstück. Im übrigen hat man in Zweifelsfällen stets das allgemeine Kriterium (4.78).

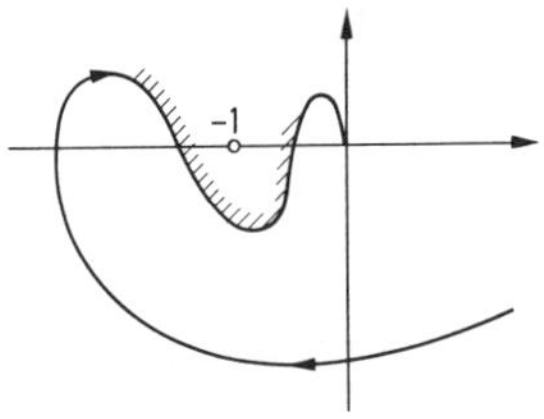

Bild 4/24. Zur Ausdrucksweise " - 1 links von der Ortskurve"

4.10.3 Beispiele zum Nyquist-Kriterium

Wie das Nyquist-Kriterium im konkreten Fall anzuwenden ist, liegt auf der Hand: Man zeichnet mit dem Digitalrechner die Ortskurve des offenen Kreises auf und stellt fest, ob sie den Punkt -1 der Ortskurvenebene links liegen läßt, oder liest in komplizierteren Fällen die Winkeländerung W_+ ab. Hierzu braucht, wie schon früher erwähnt, $F_o(j\omega)$ nicht einmal formelmäßig gegeben zu sein, es genügt, wenn $F_o(j\omega)$ in Form einer Wertetabelle vorliegt.

In einfacheren Fällen kann man aber auch *allgemeine* Schlüsse aus dem Nyquist-Kriterium ziehen, nämlich Formelausdrücke für die Abhängigkeit des Stabilitätsverhaltens von den Parametern angeben. Das sei nun an den Beispielen der Antriebs- und Schüttgutregelung gezeigt, bei denen die Lösung des Stabilitätsproblems ja noch aussteht.

Bei der Antriebsregelung (Bild 2/9) ist nach Abschnitt 4.4

$$F_o(s) = \frac{V}{(1+T_{St}s)(1+2dTs+T^2s^2)} = \qquad (4.83)$$

$$= \frac{V}{1+(2dT+T_{St})s+(T^2+2dTT_{St})s^2+T^2T_{St}s^3} ,$$

wobei T_{St} die Stromrichterzeitkonstante,

$$2dT = \frac{\Theta R_A}{K_F{}^2} , \quad T^2 = \frac{\Theta L_A}{K_F{}^2} , \quad V = K_V K_{St} \frac{1}{K_F} K_I$$

ist. Die Kreisverstärkung V kann mittels des Verstärkungsfaktors K_V des elektronischen Verstärkers verändert werden.

Da der offene Kreis P-Verhalten hat, beginnt seine Ortskurve im Punkt V der reellen Achse. Weil es sich beim offenen Kreis um ein Verzögerungssystem handelt, dreht der Fahrstrahl vom Ursprung zum laufenden Punkt der Ortskurve im Uhrzeigersinn monoton weiter. Da der Nennergrad $n = 3$ beträgt, endet er mit dem Argument -270°, überstreicht also 3 Quadranten. Man erhält so das Bild 4/25 für die Ortskurve des offenen Kreises der Antriebsregelung. Da der Betrag jedes Fahrstrahls mit V multipliziert ist, liegt die gesamte Ortskurve für kleine V in einer engen Umgebung des Ursprungs. Der Punkt -1 liegt dann gewiß links von ihr. Vergrößert man V, so dehnt sich die gesamte Ortskurve aus. Bei einem bestimmten Wert von V geht sie gerade durch den Punkt -1. Dieser Wert sei als *Stabilitätsgrenze* V_G des Regelkreises bezeichnet, denn von diesem Wert an ist der Regelkreis instabil. Wächst V weiter, so liegt -1 rechts von der Ortskurve und der Regelkreis bleibt instabil.

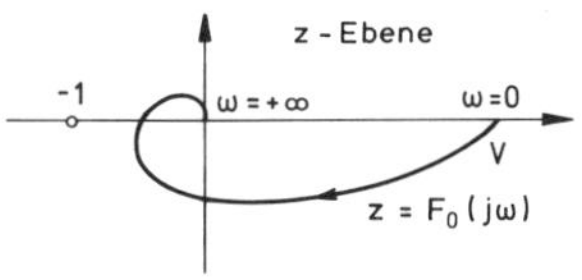

Bild 4/25. Ortskurve des offenen Kreises der Antriebsregelung (Bild 2/9)

Um V_G und den zugehörigen Parameter ω_G zu berechnen, betrachtet man also den Fall, daß die Ortskurve durch den Punkt -1 geht, d.h.

$$F_o(j\omega) = -1$$

ist. Wegen (4.83) heißt das

$$T^2T_{St}(j\omega)^3 + (T^2+2dTT_{St})(j\omega)^2 + (2dT+T_{St})(j\omega) + 1 + V$$
$$= -(T^2+2dTT_{St})\omega^2 + V + 1 + j\omega(-T^2T_{St}\omega^2+2dT+T_{St}) =$$
$$= 0 .$$

Soll eine komplexe Zahl 0 sein, so müssen Real- und Imaginärteil 0 sein:

$$-(T^2 + 2dTT_{St})\omega^2 + V + 1 = 0 , \qquad (4.84)$$

$$-T^2T_{St}\omega^2 + 2dT + T_{St} = 0 . \qquad (4.85)$$

Aus (4.85) folgt

$$\omega_G{}^2 = \frac{2dT+T_{St}}{T^2T_{St}} .$$

Das gibt, in (4.84) eingesetzt:

$$V_G = (T^2+2dTT_{St}) \cdot \frac{2dT+T_{St}}{T^2T_{St}} - 1 ,$$

$$V_G = (1+2d\frac{T_{St}}{T})(2d\frac{T}{T_{St}} + 1) - 1 \ ,$$

$$V_G = 2d\frac{T}{T_{St}} + 2d\frac{T_{St}}{T} + 4d^2 \ ,$$

$$V_G = 2d\frac{T}{T_{St}}\left[1+2d\frac{T_{St}}{T} + (\frac{T_{St}}{T})^2\right] \approx 2d\frac{T}{T_{St}} \ . \quad (4.86)$$

Die Antriebsregelung wird also von einem bestimmten V-Wert an instabil. Das ist auf den Einfluß von T_{St} zurückzuführen. In der Tat: Setzt man in V_G die Stromrichterzeitkonstante $T_{St} = 0$, so erhält man $V_G = +\infty$, d.h. V darf beliebig groß werden. Für das reale System trifft dies jedoch nicht zu. T_{St} ist zwar klein, aber nicht Null, und diese Tatsache macht sich bemerkbar, wenn man die Kreisverstärkung V zu sehr aufdreht. *Allgemein gilt, daß bei Erhöhung der Kreisverstärkung auch kleine Zeitkonstanten zur Instabilität führen können.*

Dieses Verhalten sei abschließend am Zahlenbeispiel aus Abschnitt 4.2 illustriert. In Bild 4/26 sind nochmals Struktur und Daten dieses Beispiels zusammengestellt. Im unteren Teil des Bildes sieht man die Führungssprungantwort in Abhängigkeit von der Kreisverstärkung V. Bei kleinem V verläuft der Vorgang monoton

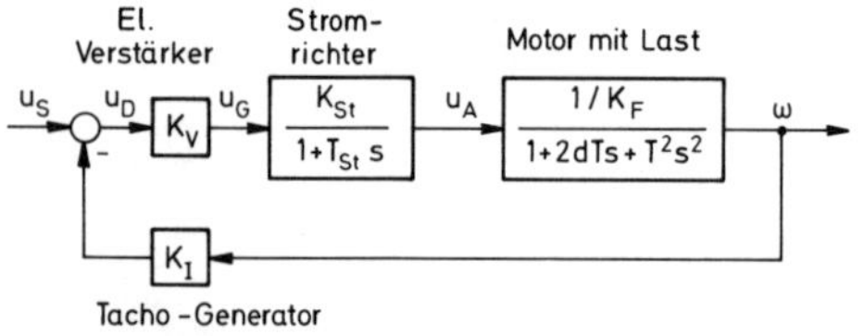

K_V	variabel
K_{St}	30
T_{St}	0,005 sec
$1/K_F$	0,242 $(V sec)^{-1}$
d	1,71
T	0,171 sec
K_I	0,24 V sec

Also:
$V = K_V K_{St} \frac{1}{K_F} K_I = 1{,}74\, K_V$;

$V_G \approx 129$.

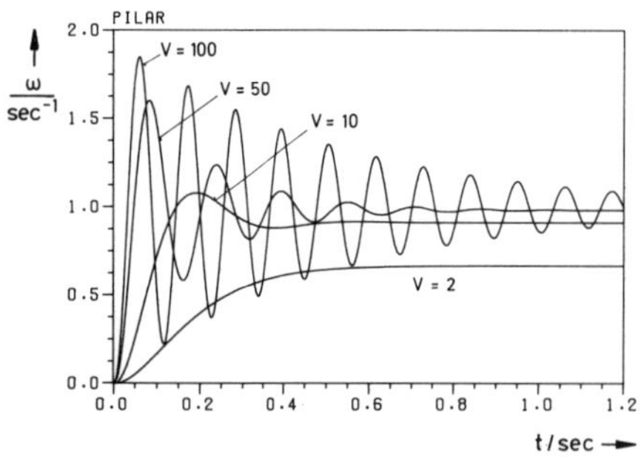

Bild 4/26. Zahlenbeispiel zur Antriebsregelung

("aperiodisch"). Mit wachsendem V beginnt er zu oszillieren. Bei V = 100 klingt die Schwingung bereits recht langsam ab. Für die Stabilitätsgrenze $V_G = 129$ wird sie in eine Dauerschwingung übergehen, für $V_G > 129$ in eine aufklingende Schwingung. Man sieht auch, daß die stationäre Genauigkeit mit wachsendem V besser wird, also ω_∞ dann näher bei ω_S liegt, wie es nach Abschnitt 4.5 der Fall sein muß.

Als weiteres Beispiel zur Anwendung des Nyquist-Kriteriums wird nun die *Schüttgutregelung* (Bild 2/10) untersucht. Nach Abschnitt 4.4 ist

$$F_o(s) = \frac{V}{s} e^{-T_t s} \ .$$

Da der offene Kreis ein I-Glied und eine Totzeit enthält, hat seine Ortskurve die im Bild 4/27 skizzierte Gestalt. Nach der speziellen Form (4.82) des Nyquist-Kriteriums zeigt die linke Ortskurve Stabilität, die rechte Instabilität des Regelkreises an, da der Punkt −1 im ersten Fall von der Ortskurve weder umschlossen noch durchdrungen wird, während sie ihn im letzten Fall umschließt. Für kleine V liegt die links dargestellte Situation vor. Mit wachsendem V wird die Ortskurve ausgedehnt. Instabilität tritt genau dann ein, wenn der am weitesten links gelegene Schnittpunkt S_1 der Ortskurve mit der reellen Achse mit dem Punkt −1 zusammenfällt. Soll der Punkt −1 auf der Ortskurve liegen, so muß

$$\frac{V}{j\omega} e^{-T_t j\omega} = -1 \quad \text{sein. Wegen}$$

$$\frac{1}{j} = -j = e^{-j\pi/2} \quad \text{folgt daraus}$$

$$\frac{V}{\omega} e^{-j(T_t\omega + \pi/2)} = -1 \ .$$

Da beide Seiten in Betrag und Phase übereinstimmen müssen, gilt

$$\frac{V}{\omega} = 1 \ , \quad -(T_t\omega + \frac{\pi}{2}) = \pi + \nu 2\pi \ , \quad \nu \text{ beliebig ganz.}$$

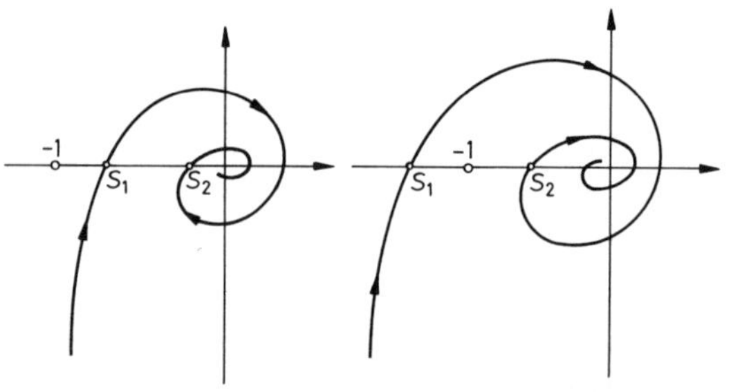

Bild 4/27. Ortskurven der Schüttgutregelung (Bild 2/10)

Setzt man $\omega = V$ in die zweite dieser Gleichungen ein, so erhält man

$$VT_t = -(3/2)\pi - \nu 2\pi \ .$$

Da VT_t positiv sein muß, kommt nur $\nu = -1, -2, \ldots$ in Frage. Für $\nu = -1$ ist $VT_t = \pi/2$, für $\nu = -2$ ist $VT_t = (5/2)\pi$ usw.

Zu jeder Parameterkombination VT_t gehört eine bestimmte Ortskurve. Für die Ortskurve mit $VT_t = \pi/2$ fällt S_1 mit dem Punkt -1 zusammen. Für die Ortskurve mit $VT_t = (5/2)\pi$ ist es der Punkt S_2, der mit -1 zusammenfällt; der Punkt S_1 liegt dann links von -1. Usw. Hieraus ersieht man, daß der Regelkreis stabil ist für $VT_t < \pi/2$, instabil für $VT_t \geq \pi/2$.

Je größer also die Totzeit ist, um so kleiner muß die Kreisverstärkung V gehalten werden, damit die Regelung stabil bleibt. Ganz allgemein wird das Stabilitätsverhalten durch Totzeitglieder verschlechtert. Wie das Beispiel zeigt, kann bereits ein Regelkreis 1. Ordnung instabil werden, wenn er eine Totzeit enthält, was ohne Totzeit nicht der Fall wäre.

4.11 Weitere Stabilitätskriterien

Mit dem Nyquist-Kriterium ist ein wirksames Hilfsmittel zur Stabilitätsanalyse geschaffen, das sich auch zur Synthese verwenden läßt, wie im Kapitel 7 gezeigt wird. Bei den anderen gegen Ende von Abschnitt 4.7 erwähnten Stabilitätskriterien ist dies nicht der Fall, sie sind auf die Analyse beschränkt. Aus diesem Grund sowie den weiteren, schon früher erwähnten Nachteilen gegenüber dem Nyquist-Kriterium werden wir sie nur summarisch behandeln, wobei es uns letztlich nur um die Kriterien von Hurwitz und Routh geht, die man gelegentlich zur Stabilitätsanalyse verwenden kann. Dabei verwendet man das Hurwitz-Kriterium, wenn die Koeffizienten der Gleichung als Funktion von Parametern gegeben sind, hingegen das Routh-Kriterium, wenn sie numerisch vorliegen. Allerdings kommt dem Routh-Kriterium heutzutage keine große Bedeutung mehr zu, da es bei numerisch gegebenen Koeffizienten problemlos ist, die Nullstellen der Gleichung mit dem Rechner direkt zu bestimmen.

Bei beiden handelt es sich um *algebraische Kriterien,* bei denen man durch Rechenoperationen mit den Koeffizienten der charakteristischen Gleichung auf das Stabilitätsverhalten schließt. Sie scheinen auf den ersten Blick mit einem *graphischen Kriterium,* wie es das Nyquist- Kriterium darstellt, gar nichts zu tun zu haben. Dennoch besteht ein Zusammenhang. Um ihn aufzuzeigen, wird zunächst ein Satz über die Winkeländerung eines Polynoms angegeben, der in der Herleitung des Nyquist-Kriteriums bereits enthalten ist, ohne daß er dort explizit formuliert wurde. Aus ihm folgt sofort das Kriterium von *Cremer-Leonhard.* Aus diesem läßt sich dann das Hurwitz-Kriterium geometrisch verständlich machen. Das Routh-Kriterium schließlich ist nur eine Umformulierung des Hurwitz-Kriteriums, die für die numerische Rechnung besonders geeignet ist.

4.11.1 Argumentänderung von Polynomen und Kriterium von Cremer-Leonhard

Es werde ein beliebiges Polynom

$$N(s) = a_0 s^n + a_1 s^{n-1} + \ldots + a_{n-1} s + a_n \qquad (4.87)$$

betrachtet, dessen Koeffizienten reelle Zahlen sind und für das $a_0 \neq 0$ ist. Man kann sich darunter die linke Seite der charakteristischen Gleichung eines R-Gliedes vorstellen. Um Umständlichkeiten zu vermeiden, sind in diesem Abschnitt die Koeffizienten von Polynomen umgekehrt numeriert wie sonst. C sei eine Kurve in der s-Ebene, die sich nicht selbst überschneidet und für große Beträge von ω mit der j-Achse zusammenfällt. (Bild 4/28, linke Hälfte). Keine der Nullstellen (oder Wurzeln) von N(s) liege auf C. Durch die komplexe Funktion $z = N(s)$ wird C auf die Kurve C^* der z-Ebene abgebildet. Durchläuft der Punkt s die Kurve C, so durchläuft der Bildpunkt $z = N(s)$ die Kurve C^*. Aus dem Verlauf von C^* kann man erkennen, wieviele der Nullstellen von N links bzw. rechts von C liegen. Es gilt nämlich der Satz:

Während der Punkt s die Kurve C durchläuft, und zwar von $s = -j\infty$ aus, ändert sich das Argument des Bildpunktes $z = N(s)$ um den Winkel

$$W = (n-2r)\pi \,, \qquad (4.88)$$

wo r die Anzahl der rechts von C gelegenen Nullstellen des Polynoms N(s) ist.

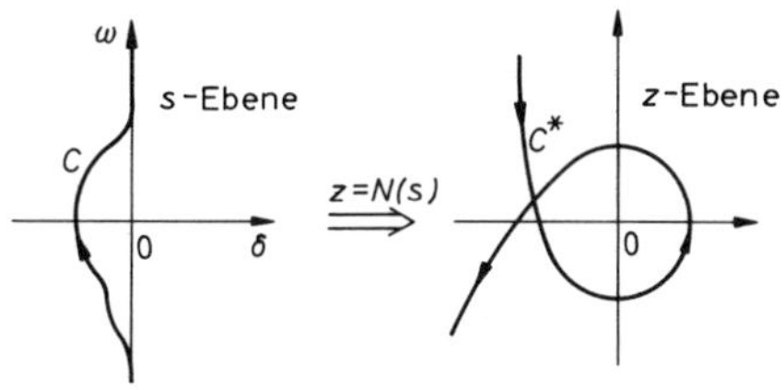

Bild 4/28. Argumentänderung eines Polynoms

Trägt man also die Kurve z = N(s) punktweise in die z-Ebene ein und liest an ihr den Winkel W als gesamte Argumentänderung ihres laufenden Punktes ab, so erhält man r gemäß (4.88) zu

$$r = \frac{n}{2} - \frac{W}{2\pi} . \tag{4.89}$$

Wie gesagt, ist dieser Satz bereits implizit in der Herleitung des Nyquist-Kriteriums für R-Glieder enthalten, und zwar in den Überlegungen, die zur Gleichung (4.73) führen.

Er sei noch an einem Beispiel veranschaulicht. Es werde das Polynom N(s) = = $s^2 + 3s + 2$ betrachtet, als Kurve C die j-Achse genommen. Dann ist $s = j\omega$, also

$$N(s) = N(j\omega) = (j\omega)^2 + 3(j\omega) + 2 = 2 - \omega^2 + j3\omega .$$

Das durch N(s) gelieferte Bild der j-Achse ist die Kurve C^*: $z = 2 - \omega^2 + j3\omega$. Dies ist eine Parabel (Bild 4/29). Man sieht unmittelbar, daß die Argumentänderung des laufenden Punktes der Parabel $W = +2\pi$ ist. Da n = 2 ist, folgt aus (4.89) r = 0, so daß keine Wurzel von N(s) rechts von der j-Achse liegt. In der Tat hat das Polynom $s^2 + 3s + 2$ die Wurzeln $\alpha_1 = -1$ und $\alpha_2 = -2$.

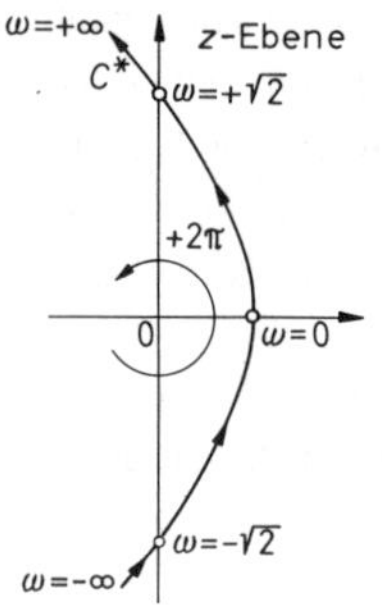

Bild 4/29. Beispiel zur Argumentänderung eines Polynoms

Aus dem Satz (4.88) über die Argumentänderung eines Polynoms folgt sofort das Kriterium von *Cremer-Leonhard* [4.7, 4.8], das in der russischen Literatur als Kriterium von ***Michailow*** bezeichnet wird [4.9] [4]:

Hat ein R-Glied die Übertragungsfunktion G(s) = Z(s)/N(s), so ist es genau dann stabil, wenn die folgenden beiden Bedingungen erfüllt sind:

1. *Die Kurve $z = N(j\omega)$ geht nicht durch den Ursprung der z-Ebene.* (4.90)
2. *Die Argumentänderung W ihres laufenden Punktes von $\omega = -\infty$ bis $\omega = +\infty$ beträgt $n\pi$, wo n der Grad von N(s) ist.*

Sind nämlich die beiden Voraussetzungen erfüllt, so liegt zunächst keine Nullstelle von N(s) auf der j-Achse, da sonst $N(j\omega) = 0$ wäre, die Kurve also durch den Nullpunkt ginge. Nimmt man weiter als Kurve C die j-Achse, so folgt aus (4.89) wegen $W = n\pi$, daß r = 0 ist, d.h. keine Nullstellen rechts der j-Achse liegen. Das R-Glied ist somit stabil. Setzt man umgekehrt seine Stabilität voraus, so sind alle Nullstellen der Gleichung N(s) = 0 links der j-Achse gelegen. Daher ist $N(j\omega) \neq 0$, die Kurve z = N(s) geht also nicht durch den Ursprung. Außerdem ist r = 0 und daher wegen (4.88) $W = n\pi$.

Um ein R-Glied mit der Übertragungsfunktion G(s) = Z(s)/N(s) nach dem Kriterium von Cremer-Leonhard auf Stabilität zu untersuchen, hat man also die Kurve $z = N(j\omega)$ in die z-Ebene einzuzeichnen und die gesamte Argumentänderung ihres laufenden Punktes festzustellen.

4.11.2 Vorzeichen der Koeffizienten der charakteristischen Gleichung und Lage der Nullstellen

Als Vorbereitung auf die eigentlichen algebraischen Stabilitätskriterien, die notwendige und hinreichende Bedingungen der Stabilität darstellen, seien einige einfache Regeln angegeben, die entweder nur notwendig oder nur hinreichend sind, aber immerhin in manchen Fällen Schlüsse auf die Lage der Nullstellen der charakteristischen Gleichung N(s) = 0 und damit auf das Stabilitätsverhalten zulassen.

Zunächst eine notwendige Bedingung:

Ist in der Gleichung $N(s) = a_0 s^n + \ldots + a_{n-1}s + a_n = 0$ mit $a_0 > 0$ mindestens einer der Koeffizienten Null (d.h. fehlt eine Potenz) oder negativ, so liegt wenigstens eine Nullstelle auf oder rechts der j-Achse. (4.91)

Zum Beweis zeigt man, daß dann, wenn die Nullstellen links von der j-Achse liegen, sämtliche Koeffizienten positiv sein müssen. Dazu geht man von der Darstellung $N(s) = a_0(s-\alpha_1)(s-\alpha_2)\ldots(s-\alpha_n)$ aus. Da alle Nullstellen links von der j-Achse liegen, ist $\alpha_\nu = -a_\nu + jb_\nu$ mit $a_\nu > 0$. Ist α_ν reell, so ist $b_\nu = 0$, und der zugehörige Faktor lautet $s - \alpha_\nu = s + a_\nu$. Ist α_ν nicht reell, so ist

[4] Der Polynomwurzelsatz, also implizit auch das Kriterium von *Cremer-Leonhard,* ist jedoch bereits in der bekannten Arbeit [4.10] von *A. Hurwitz* enthalten. Dieser Satz ist dort ausgesprochen in Gleichung (7), sein Beweis in der darauffolgenden Bemerkung enthalten.

auch die konjugiert komplexe Zahl $-a_\nu - jb_\nu$ Nullstelle von N(s). Das Produkt der zugehörigen Faktoren ist

$$[s-(-a_\nu+jb_\nu)][s-(-a_\nu-jb_\nu)] = [s+a_\nu-jb_\nu][s+a_\nu+jb_\nu] =$$

$$= (s+a_\nu)^2 + b_\nu^2 .$$

N(s) setzt sich daher aus Faktoren zusammen, die nur positive Koeffizienten enthalten. Das Produkt dieser Faktoren liefert das Polynom $N(s) = a_0 s^n + \ldots + a_{n-1}s + a_n$, dessen Koeffizienten daher ebenfalls positiv sein müssen.

Es wäre schön, wenn auch die Umkehrung gelten würde: Sind alle Koeffizienten positiv, so liegen alle Nullstellen des Polynoms links der j-Achse. In der Tat trifft das für ein Polynom 2. Grades zu. Aus (4.55) folgt nämlich:

Ist $N(s) = 0$ eine Gleichung 2. Grades, deren Koeffizienten sämtlich positiv sind, so liegen ihre Nullstellen links von der j-Achse. (4.92)

Dieser Satz läßt sich aber nicht auf Polynome höheren Grades ausdehnen. Ein Beispiel liefert die Gleichung

$$s^3 + s^2 + s + 1 = 0 .$$

Aus ihr folgt

$$s^2(s+1) + (s+1) = 0 \quad \text{oder} \quad (s^2+1)(s+1) = 0 .$$

Daher sind ihre Nullstellen $\alpha_1 = j$, $\alpha_2 = -j$ und $\alpha_3 = -1$. Obwohl sämtliche Koeffizienten positiv sind, liegen zwei ihrer Nullstellen auf der j-Achse.

Für ein Polynom beliebigen Grades reicht also die einfache Bedingung $a_\nu > 0$ nicht aus, um die Lage aller Nullstellen in der linken Halbebene zu sichern. Dazu sind kompliziertere Bedingungen erforderlich. Sie werden durch das Kriterium von Hurwitz geliefert.

4.11.3 Kriterium von Hurwitz

Zunächst sei das Kriterium formuliert, anschließend seine Anwendung an einem Beispiel gezeigt und schließlich der Zusammenhang mit dem Kriterium von Cremer-Leonhard hergestellt.

Es wird also die Gleichung

$$a_0 s^n + a_1 s^{n-1} + \ldots + a_{n-1}s + a_n = 0$$

mit reellen a_ν und $a_0 > 0$ betrachtet. Aus ihren Koeffizienten wird eine Determinante mit n Zeilen und Spalten gebildet. Die erste Zeile besteht aus den Koeffizienten mit ungeradem Index:

$$a_1, a_3, a_5, \ldots .$$

Falls keine n Koeffizienten a_ν dieser Art auftreten, wird die erste Zeile durch Nullen vervollständigt. Die zweite Zeile besteht aus den Koeffizienten mit geradem Index:

$$a_0, a_2, a_4, \ldots .$$

Falls es keine n Koeffizienten mit geradem Index gibt, wird auch diese Zeile durch Nullen vervollständigt. Aus diesem Zeilenpaar erhält man die 3. und 4. Zeile, die 5. und 6. Zeile,..., indem man es eine Spalte, zwei Spalten,... nach rechts verschiebt und die davor freiwerdenden Stellen mit Nullen ausfüllt. Man erhält so die folgende Determinante:

$$H = \begin{vmatrix} a_1 & a_3 & a_5 & a_7 & \ldots \\ a_0 & a_2 & a_4 & a_6 & \ldots \\ 0 & a_1 & a_3 & a_5 & \ldots \\ 0 & a_0 & a_2 & a_4 & \ldots \\ 0 & 0 & a_1 & a_3 & \ldots \\ 0 & 0 & a_0 & a_2 & \ldots \\ . & . & . & . & \ldots \end{vmatrix} \qquad \begin{matrix} n \text{ Zeilen}, \\ \\ n \text{ Spalten}. \end{matrix}$$

Man bildet nun alle "nordwestlichen" Unterdeterminanten von H, d.h. alle Unterdeterminanten, deren linke obere Ecke mit der linken oberen Ecke von H zusammenfällt. Das sind

$$H_1 = a_1 ,$$

$$H_2 = \begin{vmatrix} a_1 & a_3 \\ a_0 & a_2 \end{vmatrix}$$

$$H_3 = \begin{vmatrix} a_1 & a_3 & a_5 \\ a_0 & a_2 & a_4 \\ 0 & a_1 & a_3 \end{vmatrix} , \quad \text{usw.}$$

Das Hurwitz-Kriterium [4.10] lautet dann:

$N(s) = a_0 s^n + a_1 s^{n-1} + \ldots + a_{n-1}s + a_n = 0$ sei eine Gleichung mit reellen Koeffizienten und $a_0 > 0$. Man bilde zu ihr die Determinante H und von dieser die Unterdeterminanten $H_1, H_2, \ldots, H_n$. Sind $H_1, \ldots, H_n$ sämtlich positiv, so liegen alle Nullstellen der Gleichung links der j-Achse, während andernfalls mindestens eine Nullstelle auf oder rechts der j-Achse gelegen ist. Ein R-Glied mit der Übertragungsfunktion $G(s) = Z(s)/N(s)$ ist also genau dann stabil, wenn alle H_ν, $\nu = 1, \ldots, n$, positiv sind. (4.93)

Als Anwendungsbeispiel werde die Gegenkopplung dreier $P\text{-}T_1$-Glieder über ein P-Glied betrachtet, wie sie Bild 4/30 zeigt. Von dieser Art ist z.B. die Drehzahlregelung des Gleichstrommotors in Bild 4/7. Zur Stabilitätsuntersuchung hat man die charakteristische Gleichung $F_o(s) + 1 = 0$ zu bilden, die hier durch

$$\frac{K_1}{1+T_1 s}\,\frac{K_2}{1+T_2 s}\,\frac{K_3}{1+T_3 s}K_4 + 1 = 0$$

gegeben ist. Aus der charakteristischen Gleichung folgt mit $K_1K_2K_3K_4 = V$ die Gleichung

$$T_1T_2T_3s^3 + (T_1T_2+T_2T_3+T_3T_1)s^2 + (T_1+T_2+T_3)s + + V + 1 = 0 .$$

Dies ist eine Gleichung 3. Grades mit

$$a_0 = T_1T_2T_3 ,$$

$$a_1 = T_1T_2 + T_2T_3 + T_3T_1 ,$$

$$a_2 = T_1 + T_2 + T_3 ,$$

$$a_3 = V + 1 .$$

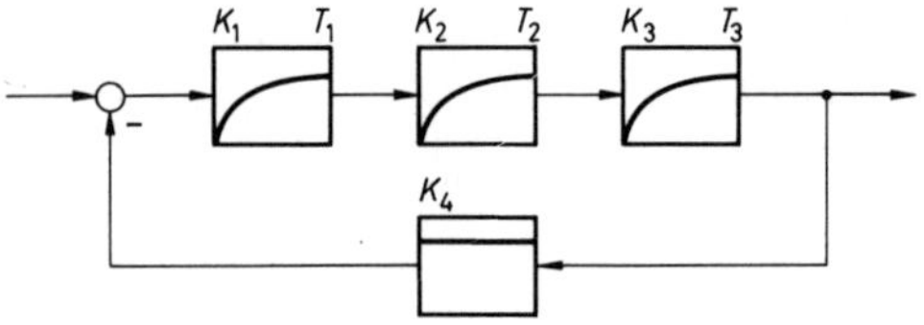

Bild 4/30. Beispiel für die Anwendung des Hurwitz-Kriteriums

Für die allgemeine Gleichung 3. Grades lautet die Hurwitz-Determinante

$$H = \begin{vmatrix} a_1 & a_3 & 0 \\ a_0 & a_2 & 0 \\ 0 & a_1 & a_3 \end{vmatrix} .$$

Sie hat die "nordwestlichen" Unterdeterminanten

$$H_1 = a_1 ,$$

$$H_2 = \begin{vmatrix} a_1 & a_3 \\ a_0 & a_2 \end{vmatrix} = a_1a_2 - a_0a_3 ,$$

$$H_3 = H = a_3H_2 .$$

Da a_1 und a_3 im vorliegenden Fall > 0 sind, ist H_1 auf jeden Fall > 0 und H_3 dann positiv, wenn dies für H_2 gilt. Nun ist

$$H_2 = (T_1T_2+T_2T_3+T_3T_1)(T_1+T_2+T_3) - T_1T_2T_3(V+1) .$$

H_2 ist daher positiv, wenn

$$V + 1 < \frac{(T_1T_2+T_2T_3+T_3T_1)(T_1+T_2+T_3)}{T_1T_2T_3}$$

oder

$$V < (T_1+T_2+T_3)\left(\frac{1}{T_1} + \frac{1}{T_2} + \frac{1}{T_3}\right) - 1 \qquad (4.94)$$

ist. Genau dann, wenn diese Ungleichung erfüllt ist, liegen die Nullstellen der charakteristischen Gleichung $F_o(s)+1 = 0$ links von der j-Achse. Da Zähler und Nenner von $F_o(s)$ hier gewiß keine gemeinsame Nullstelle haben, ist der Regelkreis nach dem grundlegenden Stabilitätskriterium stabil, wenn (4.94) gilt, und instabil, wenn das nicht der Fall ist.

Für die Drehzahlregelung in Bild 4/7 lautet (4.94):

$$V < (0{,}005+0{,}055+0{,}53)\left[\frac{1}{0.005}+\frac{1}{0{,}055}+\frac{1}{0{,}53}\right] - 1 = = 128{,}9 ,$$

in Übereinstimmung mit dem Ergebnis des Nyquist-Kriteriums (Unterabschnitt 4.10.3).

Nunmehr soll der Zusammenhang zwischen dem Hurwitz-Kriterium und dem Kriterium von *Cremer-Leonhard* in einem einfachen Fall gezeigt werden. Dazu wollen wir das Polynom $N(s) = a_0s^3 + a_1s^2 + a_2s + a_3$ mit $a_0 > 0$ betrachten. Seine Nullstellen mögen links von der j-Achse liegen. Dann sind nach (4.91) alle $a_\nu > 0$. Die Kurve C^*: $z = N(j\omega)$ des Cremer-Leonhard-Kriteriums, die in Bild 4/31 dargestellt ist, hat die Gleichung

$$z = a_0(j\omega)^3 + a_1(j\omega)^2 + a_2(j\omega) + a_3 =$$

$$= a_3 - a_1\omega^2 + j(a_2\omega - a_0\omega^3) \quad \text{oder}$$

$$u = a_3 - a_1\omega^2 , \quad v = \omega(a_2 - a_0\omega^2) .$$

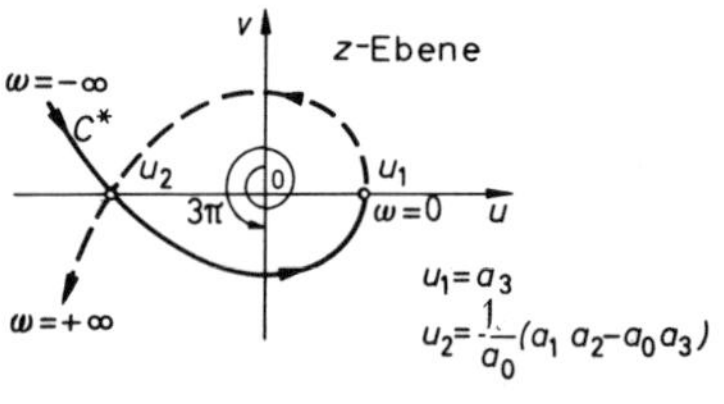

Bild 4/31. Zusammenhang zwischen dem Kriterium von *Cremer-Leonhard* und dem Hurwitz-Kriterium

Für $\omega \to -\infty$ geht $u \to -\infty$, $v \to +\infty$. In $-\infty < \omega \leq 0$ nimmt u ununterbrochen zu bis $u_1 = a_3 > 0$. v ist zunächst positiv bis $\omega^2 = a_2/a_0$, also bis

$$u_2 = a_3 - a_1 \frac{a_2}{a_0} = -\frac{1}{a_0}(a_1 a_2 - a_0 a_3) ,$$

dann negativ bis $\omega = 0$. Man erhält so die durchgezogene Hälfte von C^* in Bild 4/31. Durch Spiegelung an der u-Achse ergibt sich die zweite, gestrichelte Hälfte von C^*. Da alle Nullstellen von N(s) links von der j-Achse liegen, ist nach dem Kriterium von *Cremer-Leonhard* die Winkeländerung von C^* gleich 3π, C^* muß also den Punkt 0 umkreisen. Daher gilt wegen $u_1 = a_3 > 0$ die Ungleichung $u_2 < 0$, wie dies bereits eingezeichnet ist. Infolgedessen ist $a_1 a_2 - a_0 a_3 > 0$, also $H_2 > 0$. Dann ist aber auch $H_3 = a_3 H_2 > 0$. Sämtliche Determinanten H_ν sind also positiv.

Ebenso gilt die Umkehrung: Sind H_1, H_2 und $H_3 > 0$, also auch $a_3 = H_3/H_2 > 0$, so ist $u_1 = a_3 > 0$ und $u_2 = -(1/a_0)\, H_2 < 0$ (a_0 ist ja stets > 0 vorausgesetzt). C^* umkreist also 0 und beginnt wegen $a_1 = H_1 > 0$ im zweiten Quadranten. Folglich ist die Argumentänderung des laufenden Punktes von C^* $+3\pi$. Damit liegen nach *Cremer-Leonhard* alle Nullstellen links von der j-Achse, womit das Hurwitz-Kriterium aus dem von *Cremer-Leonhard* hergeleitet ist, allerdings nur für ein System 3. Ordnung. Einen allgemeinen Beweis des Hurwitz-Kriteriums mittels der Direkten Methode von Ljapunow findet man in [2.7], Abschnitt II.6.5.

4.11.4 Kriterium von Routh

Die Ausrechnung der Hurwitz-Determinanten wird vermieden beim Kriterium von Routh. Es sei zunächst formuliert, dann auf Beispiele angewandt und schließlich in einem einfachen Fall aus dem Hurwitz-Kriterium abgeleitet, um den Zusammenhang der beiden numerischen Stabilitätskriterien zu zeigen.

Die Koeffizienten des Polynoms

$$N(s) = a_0 s^n + a_1 s^{n-1} + \ldots + a_{n-1} s + a_n$$

mit $a_0 > 0$ werden auch hier in zwei Zeilen angeordnet, nur daß im Gegensatz zum Hurwitz-Kriterium die obere Zeile aus den Koeffizienten mit geradem Index und die untere Zeile aus den Koeffizienten mit ungeradem Index besteht:

$$\begin{matrix} a_0 & a_2 & a_4 & a_6 & \ldots \\ a_1 & a_3 & a_5 & a_7 & \ldots \, . \end{matrix} \qquad (4.95)$$

Die beiden Zeilen werden so weit fortgesetzt, bis in beiden nur noch Nullen auftreten können. Sie lauten z.B. für das Polynom 3. Grades

$$\begin{matrix} a_0 & a_2 \\ a_1 & a_3 \end{matrix}$$

für das Polynom 4. Grades

$$\begin{matrix} a_0 & a_2 & a_4 \\ a_1 & a_3 & 0 \, . \end{matrix}$$

Nunmehr multipliziert man in (4.95) die untere Zeile mit $-a_0/a_1$ und addiert sie zur ersten Zeile. Damit erhält man eine 3. Zeile, deren erstes Element 0 ist:

$$a_0 - \frac{a_0}{a_1} a_1 , \; a_2 - \frac{a_0}{a_1} a_3 , \; a_4 - \frac{a_0}{a_1} a_3 , \; a_6 - \frac{a_0}{a_1} a_7 , \ldots \, .$$

Bezeichnet man die so erhaltenen Zahlen mit b_0, b_1, $b_2, \ldots$, so ist $b_0 = 0$, und man kann das Schema (4.95) zu dem folgenden Schema erweitern:

$$\begin{matrix} a_0 & a_2 & a_4 & a_6 & \ldots \\ a_1 & a_3 & a_5 & a_7 & \ldots \\ 0 & b_1 & b_2 & b_3 & \ldots \, . \end{matrix}$$

Dieses Schema ändert man, indem man die 0 wegläßt und die b_ν sämtlich um eine Stelle nach links verschiebt:

$$\begin{matrix} a_0 & a_2 & a_4 & a_6 & \ldots \\ a_1 & a_3 & a_5 & a_7 & \ldots \\ b_1 & b_2 & b_3 & b_4 & \ldots \, . \end{matrix} \qquad (4.96)$$

Nunmehr verfährt man mit der 2. und 3. Zeile des Schemas (4.96) wie mit der 1. und 2. Zeile des ursprünglichen Schemas: Man multipliziert die 3. Zeile mit $-a_1/b_1$ und addiert sie zur 2. Zeile. Hierdurch erhält man eine neue Zeile, deren erstes Element wieder 0 ist:

$$c_0 = a_1 - \frac{a_1}{b_1} b_1 , \; c_1 = a_3 - \frac{a_1}{b_1} b_2 , \; c_2 = a_5 - \frac{a_1}{b_1} b_3 , \ldots \, .$$

Damit erweitert sich (4.96) zum folgendem Schema, sofern man $c_0 = 0$ wegläßt und die restlichen c_ν wieder nach links verschiebt:

$$\begin{matrix} a_0 & a_2 & a_4 & a_6 & \ldots \\ a_1 & a_3 & a_5 & a_7 & \ldots \\ b_1 & b_2 & b_3 & b_4 & \ldots \\ c_1 & c_2 & c_3 & c_4 & \ldots \, . \end{matrix}$$

Dieses Verfahren setzt man bis zur (n+1)-ten Zeile fort. Es liefert also ein Zahlenschema folgender Art:

$$
\begin{array}{c|c|l}
 & a_0 & a_2 \; a_4 \; a_6 \;\ldots \\
-\dfrac{a_0}{a_1} & a_1 & a_3 \; a_5 \; a_7 \;\ldots \\
-\dfrac{a_1}{b_1} & b_1 & b_2 \; b_3 \; b_4 \;\ldots \qquad n+1 \text{ Zeilen} \\
-\dfrac{b_1}{c_1} & c_1 & c_2 \; c_3 \; c_4 \;\ldots \\
-\dfrac{c_1}{d_1} & d_1 & d_2 \; d_3 \; d_4 \;\ldots \\
. & . & . \quad . \quad .
\end{array}
\quad \text{(mittlere Spalte: R)}
$$

Dieses Schema sei als *Routh-Schema* bezeichnet, die Zahlen in der mit R bezeichneten Spalte als *Routh-Koeffizienten.* Das Kriterium von Routh lautet dann:

$$N(s) = a_0 s^n + a_1 s^{n-1} + \ldots + a_{n-1} s + a_n = 0$$

sei eine Gleichung mit reellen Koeffizienten und $a_o > 0$. *Ihre Nullstellen liegen links von der j-Achse, wenn die Routh-Koeffizienten sämtlich positiv sind. Ist dies nicht der Fall, so liegt mindestens eine Nullstelle auf oder rechts der j-Achse. Ein R-Glied mit der Übertragungsfunktion* $G(s) = Z(s)/N(s)$ *ist also genau dann stabil, wenn alle Routh-Koeffizienten positiv sind.*

Als erstes Beispiel werde das Polynom $N(s) = s^4 + 7s^3 + 17s^2 + 17s + 6$ betrachtet. Hier ist das Routh-Schema:

$$
\begin{array}{r|ccc}
 & 1 & 17 & 6 \\
-0{,}143 = -\dfrac{1}{7} & 7 & 17 & 0 \\
-0{,}481 = -\dfrac{7}{14{,}57} & 14{,}57 & 6 & 0 \\
-1{,}03 = -\dfrac{14{,}57}{14{,}11} & 14{,}11 & 0 & 0 \\
-2{,}36 = -\dfrac{14{,}11}{6} & 6 & 0 & 0
\end{array} .
$$

Die Routh-Koeffizienten sind hier:

1 ; 7 ; 14,57 ; 14,11 ; 6 .

Da sie sämtlich positiv sind, liegen alle Nullstellen des Polynoms in der linken Halbebene. Tatsächlich sind seine Nullstellen $\alpha_{1,2} = -1$, $\alpha_3 = -2$, $\alpha_4 = -3$.

Als weiteres Beispiel sei das Polynom $N(s) = s^3 + s^2 + 4s + 30$ angeführt. Das Routh-Schema ist:

$$
\begin{array}{r|cc}
 & 1 & 4 \\
-1 & 1 & 30 \\
+\dfrac{1}{26} & -26 & 0 \\
+\dfrac{26}{30} & 30 & 0
\end{array}
$$

Hier tritt also ein negativer Routh-Koeffizient auf. Demzufolge können nicht alle Nullstellen des Polynoms in der linken Halbebene liegen. Tatsächlich sind die Nullstellen $\alpha_1 = -3$, $\alpha_2 = 1 + 3j$, $\alpha_3 = 1 - 3j$. Zwei Nullstellen liegen also rechts von der j-Achse.

Nunmehr soll der Zusammenhang zwischen Hurwitz- und Routh-Kriterium am Polynom 4. Grades gezeigt werden. Für $N(s) = a_0 s^4 + a_1 s^3 + a_2 s^2 + a_3 s + a_4$ ist

$$
H = \begin{vmatrix} a_1 & a_3 & 0 & 0 \\ a_0 & a_2 & a_4 & 0 \\ 0 & a_1 & a_3 & 0 \\ 0 & a_0 & a_2 & a_4 \end{vmatrix} , \quad \text{also}
$$

$$
H_1 = a_1 , \quad H_2 = \begin{vmatrix} a_1 & a_3 \\ a_0 & a_2 \end{vmatrix} = a_1 a_2 - a_0 a_3 ,
$$

$$
H_3 = \begin{vmatrix} a_1 & a_3 & 0 \\ a_0 & a_2 & a_4 \\ 0 & a_1 & a_3 \end{vmatrix} = a_1 a_2 a_3 - a_1^2 a_4 - a_0 a_3^2 ,
$$

$$
H_4 = a_4 H_3 .
$$

Im Routh-Schema von N(s) werden die Koeffizienten diesmal nicht durch b, c, ... abgekürzt, sondern tatsächlich ausgerechnet. Dann erkennt man sofort ihren Zusammenhang mit den H_ν:

$$
\begin{array}{c|lcc}
 & a_0 & a_2 & a_4 \\
-\dfrac{a_0}{a_1} & a_1 = H_1 & a_3 & 0 \\
-\dfrac{H_1^2}{H_2} & a_2 - \dfrac{a_0}{a_1} a_3 = \dfrac{1}{a_1}(a_1 a_2 - a_0 a_3) = \dfrac{H_2}{H_1} & a_4 & 0 \\
-\dfrac{H_2^2}{H_1 H_3} & a_3 - a_4 \dfrac{H_1^2}{H_2} = \dfrac{1}{H_2}(a_1 a_2 a_3 - a_0 a_3^2 - a_4 a_1^2) = \dfrac{H_3}{H_2} & 0 & 0 \\
-\dfrac{H_3}{a_4 H_2} & a_4 & 0 & 0
\end{array}
$$

Die Routh-Koeffizienten sind also a_0, H_1, H_2/H_1, H_3/H_2 und $a_4 = H_4/H_3$.

Abgesehen von den beiden ersten, sind sie die Quotienten der aufeinanderfolgenden Hurwitz-Determinanten. Daraus folgt unmittelbar, daß die Routh-Koeffizienten sämtlich positiv sind, wenn dies für die Hurwitz-Determinanten gilt, und umgekehrt.

Schrifttum zum Kapitel 4

[4.1] O. Föllinger: Nichtlineare Regelungen I/II. R. Oldenbourg Verlag, 7. Auflage, 1993.

[4.2] O. Föllinger: Zur Stabilität von Totzeitsystemen. Regelungstechnik 15 (1967), S. 145-149.

[4.3] H. Nyquist: Regeneration Theory. Bell System Technical Journal 11 (1932), S. 126-147.

[4.4] G. Doetsch: Einführung in Theorie und Anwendung der Laplace-Transformation. Birkhäuser Verlag, 3. Auflage, 1976.

[4.5] J. Schober: Anwendung funktionalanalytischer Methoden zur Stabilitätsanalyse von Systemen mit verteilten Parametern. Dissertation Karlsruhe, 1978.

[4.6] O. Föllinger: Über die Umlaufzahl der Ortskurve. Regelungstechnik 9 (1960), S. 308-311.

[4.7] L. Cremer: Ein neues Verfahren zur Beurteilung der Stabilität linearer Regelsysteme. Zeitschrift für Angewandte Mathematik und Mechanik 25/27 (1947), S. 161.

[4.8] A. Leonhard: Ein neues Verfahren zur Stabilitätsuntersuchung. Archiv für Elektrotechnik 38 (1944), S. 17-29.

[4.9] A.W. Michailow: Die Methode der harmonischen Analyse in der Regelungstheorie. Automatika i Telemechanika 3 (1938), S. 27-81.

[4.10] A. Hurwitz: Über die Bedingungen, unter welchen eine Gleichung nur Wurzeln mit negativen reellen Teilen besitzt. Math. Annalen 46 (1895), S. 273-284.

[4.11] E.J. Routh: Stability of a Given State of Motion. Adams Prize Essay, London, 1877.

5 Frequenzkennlinien

Im vorigen Kapitel haben wir uns mit der Analyse von Regelkreisen befaßt und dabei, aufbauend auf der mathematischen Beschreibung des Regelkreises, das stationäre Verhalten und das Stabilitätsverhalten untersucht, weil dies die beiden wichtigsten Eigenschaften eines Regelkreises sind. Im Anschluß hieran sollen nun in diesem und dem nächsten Kapitel die beiden großen Verfahren zur Behandlung linearer Regelkreise gebracht werden: das Frequenzkennlinien- und das Wurzelortsverfahren. Sie sind sowohl für die Analyse als auch für den Systementwurf geeignet und stellen so die Verbindung zum Kapitel 7 her, das ganz dem Regelungsentwurf gewidmet ist. In den Kapiteln 5 und 6 werden die beiden Verfahren eingeführt und zur Analyse von Regelungen benutzt, während ihre Anwendung auf die Synthese im Kapitel 7 gebracht wird.

5.1 Charakterisierung des Frequenzkennlinienverfahrens

Die Aufgabe des Regelungstechnikers besteht darin, einen Regelkreis so zu entwerfen, daß er stabil ist und darüber hinaus gewisse zusätzliche Forderungen erfüllt. Auf jeden Fall soll er eine bestimmte stationäre Genauigkeit haben. Weiterhin soll im allgemeinen das Einschwingverhalten, charakterisiert durch die Sprungantwort, hinreichend gedämpft, aber auch nicht zu langsam sein.

Bekannt ist dabei das Verhalten des offenen Kreises, der als Reihenschaltung relativ einfacher Übertragungsglieder mit seinen Polen und Nullstellen vorliegt. Durch Hinzufügung geeigneter Übertragungsglieder und günstige Wahl der Parameter im Bereich der Regeleinrichtung soll er so modifiziert werden, daß der geschlossene Kreis das gewünschte Verhalten hat.

Was der Regelungstechniker braucht, ist daher ein Kriterium, das vor allem zwei Eigenschaften aufweist:

1. Man muß mit ihm aus den bekannten Eigenschaften des offenen Regelkreises auf das unbekannte Stabilitätsverhalten des geschlossenen Regelkreises schließen können. Dabei soll es über die Feststellung der Stabilität hinaus wenigstens qualitative Aussagen über das Einschwingverhalten ermöglichen.

2. Mit Hilfe des Kriteriums muß sich leicht erkennen lassen, welchen Einfluß Parameteränderungen und die Einfügung zusätzlicher Übertragungsglieder auf das Stabilitätsverhalten des geschlossenen Kreises haben. Auch hierbei sollen qualitative Schlüsse auf das Einschwingverhalten möglich sein.

Die Forderung 1 wird unter allen Stabilitätskriterien allein durch das Nyquist-Kriterium erfüllt, weil es auf diese Fragestellung gerade zugeschnitten ist. Daß dies nicht nur für die Stabilität, sondern auch für das Einschwingverhalten gilt, wird sich später zeigen (Kapitel 7). Der Forderung 2 hingegen genügt die bis jetzt vorliegende Form des Nyquist-Kriteriums noch nicht. Die Einflüsse von Parameteränderungen oder gar Strukturänderungen durch Einfügung zusätzlicher Übertragungsglieder kommen in der Ortskurve nicht in prägnanter und leicht handhabbarer Weise zum Ausdruck.

Das ist erst der Fall, wenn man von der Ortskurve des offenen Kreises zu seinen Frequenzkennlinien übergeht, was – überschlägig gesagt – dadurch geschieht, daß man den Frequenzgang des offenen Kreises in Betrag und Phase (Argument) zerlegt und diese beiden Funktionen von ω als Kurven über der ω-Achse aufträgt. Für die Frequenzkennlinien gibt es einfache mathematische Näherungskonstruktionen. Zu einer Zeit, als Rechner noch nicht im gegenwärtigen Umfang zur Verfügung standen, war dies ein wesentlicher Vorteil gegenüber der Ortskurve. Jetzt spielt dies keine Rolle mehr, da man mit dem Rechner ebensogut Ortskurven wie Frequenzkennlinien bestimmen kann.

Nach wie vor sind die Frequenzkennlinien aber durch einen anderen Vorzug gegenüber der Ortskurve ausgezeichnet. Die Parameter des offenen Kreises, also Kreisverstärkung, Zeitkonstanten und Dämpfungen, sind – mit einziger Ausnahme der Kreisverstärkung bei P-Verhalten des offenen Kreises – an der geometrischen Gestalt der Ortskurve nicht zu erkennen, gehen vielmehr in einer gewissermaßen diffusen, geometrisch nicht signifikanten Weise in die Ortskurve ein. Ganz anders bei den Frequenzkennlinien, wo die Parameter des offenen Kreises als markante geometrische Eigenschaften in Erscheinung treten. Hierdurch läßt sich das dynamische Verhalten der Regelung anschaulich überblikken, und es wird vor allem ermöglicht, gezielte Maßnahmen zur Verbesserung der Dynamik vorzunehmen.

Hierzu ist es allerdings erforderlich, die graphische Näherung der Frequenzkennlinien kennenzulernen. Sie wird in den Abschnitten 5.3 bis 5.5 behandelt, nachdem in Abschnitt 5.2 die Definition der Frequenzkennlinien eingeführt ist. In Abschnitt 5.6 erfolgt dann die Übertragung des Nyquist-Kriteriums in die Frequenzkennliniendarstellung. Wie man von hier aus qualitative Aussagen über das Einschwingverhalten des Regelkreises machen kann, soll aber erst in Kapitel 7 behandelt werden, das die Anwendung des Nyquist-Kriteriums in Frequenzkennlinienform auf den Entwurf von Regelkreisen bringt.

Der Abschnitt 5.7 beleuchtet einen Zusammenhang zwischen den beiden Frequenzkennlinien, der bei einer großen Klasse von R-Gliedern besteht und den man beim Arbeiten mit Frequenzkennlinien ständig benutzt.

Bestimmt man die Frequenzkennlinien mit dem Rechner, so ist der Ausgangspunkt entweder das Strukturbild oder die Zustandsbeschreibung des offenen Kreises. Die erste Möglichkeit wird im Abschnitt 5.8 erörtert, die zweite erst im Kapitel 12, nachdem der Zustandsbegriff eingeführt ist.

5.2 Definition der Frequenzkennlinien

Ausgangspunkt des Frequenzkennlinienverfahrens ist wie beim Ortskurvenverfahren der Frequenzgang. Während aber beim Ortskurvenverfahren der Frequenzgang $G(j\omega)$ als Ganzes durch die Ortskurve dargestellt wird, zerspaltet man ihn beim Frequenzkennlinienverfahren in zwei Bestandteile, nämlich den Betrag $|G(j\omega)|$ und die Phase $\angle G(j\omega)$. Stellt man diese beiden Funktionen in geeigneter Weise über der ω-Achse als Kurven dar, so erhält man die *Betragskennlinie* und die *Phasenkennlinie,* die gemeinsam als *Frequenzkennlinien* bezeichnet seien. Sie werden auch *Bode-Diagramme,* Amplituden-Phasen-Diagramme oder Frequenzcharakteristiken genannt [5.1, 5.2]. Wegen der Symmetrie des Frequenzgangs kann man sich hierbei auf den Bereich der positiven ω beschränken, was im folgenden stets vorausgesetzt sei. Wie die Definition der Frequenzkennlinien im einzelnen erfolgt, sei am Beispiel des I-Gliedes ausgeführt. Für das I-Glied ist der Frequenzgang

$$G(j\omega) = \frac{K}{j\omega} = -\frac{K}{\omega} j \text{ , also}$$

$$|G(j\omega)| = \frac{K}{\omega} \text{ , } \quad \angle G(j\omega) = -90^\circ \text{ ,}$$

letzteres wegen $\omega > 0$. Statt nun die Funktion $|G|$ selbst über der ω-Achse aufzutragen, geht man zum dekadischen Logarithmus von $|G|$ über. Es wird sich zeigen, daß dieser Kunstgriff zu außerordentlich einfachen und leicht zu handhabenden Betragskennlinien führt und damit einen wesentlichen Vorzug des Frequenzkennlinienverfahrens begründet. Man erhält so für das I-Glied

$$\log|G(j\omega)| = \log K - \log \omega \text{ .}$$ [1]

Es ist üblich, $\log|G|$ noch mit dem Maßstabsfaktor 20 zu versehen, wodurch man die Gleichung

$$20 \log|G| = 20 \log K - 20 \log \omega$$

erhält. Führt man hier, wie auch bei allen weiteren Untersuchungen, für die Funktion $20 \log|G(j\omega)|$ die Abkürzung $|G|_{dB}$ ein, die sogleich ihre Erklärung finden wird, so erhält man

$$|G|_{dB} = 20 \log K - 20 \log \omega \text{ .} \tag{5.1}$$

Statt diese Funktion über der mit dem üblichen linearen Maßstab versehenen ω-Achse aufzutragen, wird sie über der logarithmisch geteilten ω-Achse dargestellt. Bei dieser ist $\log \omega$ abgetragen, aber ω angeschrieben, wie in Bild 5/1 zu sehen ist, bei dem einfach-logarithmisches Papier verwendet wurde. Man beginnt dabei mit einer Potenz von 10, die der speziellen Aufgabe angepaßt ist, in Bild 5/1 z.B. mit 10^{-2}. Der Punkt 10^{-1} hat wegen des logarithmischen Maßstabs von 10^{-2} den Abstand

$$E = \log 10^{-1} - \log 10^{-2} = +1 \text{ .}$$

E ist also die Einheit der ω-Achse. Sie wird als eine *Dekade* bezeichnet, da sie den Abstand zweier aufeinanderfolgender Zehnerpotenzen angibt. Trägt man die Funktion $|G|_{dB}$ gemäß (5.1) über der ω-Achse auf, so erhält man eine Gerade, da auf der ω-Achse $\log \omega$ abgetragen ist. Für $\omega = 1$ ist $|G|_{dB} = 20 \log K$, für $\omega = 10$ $|G|_{dB} = 20 \log K - 20$, durch welche beiden Punkte die Gerade festgelegt ist. Sie ist in Bild 5/1 dargestellt. Häufig wird statt $|G|_{dB}$ der Einfachheit halber $|G|$ an die Betragskennlinie geschrieben und entsprechend K anstelle von $K_{dB} = 20 \log K$.

Es ist noch eine allgemein übliche Bezeichnungsweise nachzutragen. Geht man vom Betrag $|G|$ zu der Funktion $|G|_{dB} = 20 \log|G|$ über, so sagt man, $|G|$ werde in *Dezibel* gemessen. Man verhält sich also so, als ob dieser Übergang von $|G|$ zu $20 \log|G|$ lediglich der Übergang zu einer neuen Einheit wäre, die man mit Dezibel, abgekürzt dB, bezeichnet. So bedeutet die

---

[1] Das Argument des Logarithmus muß dimensionslos sein. Die dort auftretenden Größen hat man sich deshalb normiert zu denken. Man hat also z.B. ω durch $\frac{\omega}{\omega_N}$ mit $\omega_N = 1 \text{ sec}^{-1}$ zu ersetzen. Anders ausgedrückt: Statt mit den physikalischen Größen rechnet man mit ihren Zahlenwerten. Um Umständlichkeiten zu vermeiden, werden jedoch keine besonderen Bezeichnungen eingeführt. Irrtümer sind nicht zu befürchten.

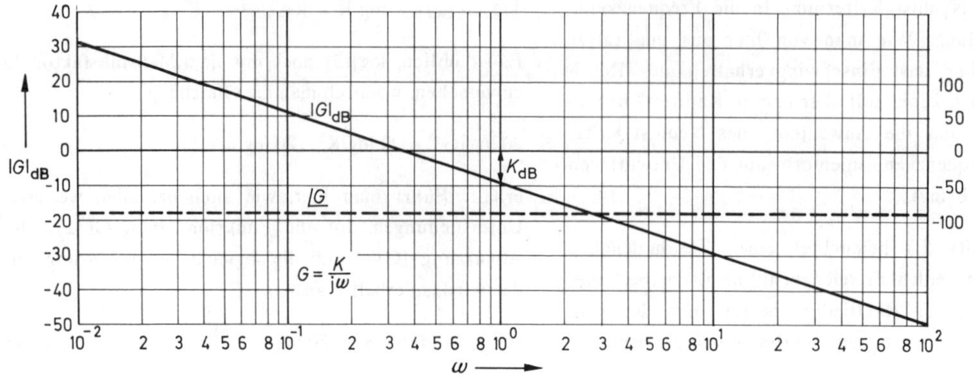

Bild 5/1. Frequenzkennlinien des I-Gliedes

Gleichung $|G| = 20$ dB, daß $|G|_{dB} = 20 \log|G| = 20$, also $|G| = 10$ ist. Oder ist umgekehrt $|G| = 2$, so ist $|G|_{dB} = 20 \log 2 = 6{,}02$, was man auch durch $|G| = 6{,}02$ dB ausdrückt. Die Umrechnung von $|G|$ in $|G|_{dB}$ und umgekehrt kann man sich durch eine graphische Darstellung nach Art von Bild 5/2 erleichtern. Dort ist auf der Abszissenachse $|G|$ abgetragen, auf der Ordinatenachse $|G|_{dB}$, oder, was dasselbe besagt, $|G|$ in dB. In das Koordinatensystem ist die Gerade $|G|_{dB} = 20 \log|G|$ eingezeichnet. Für irgendeinen Wert $|G|$ auf der Abszissenachse liefert der zugehörige Funktionswert der Geraden den Wert $|G|$ in dB und umgekehrt.

In das Bild 5/1 kann man neben der Betragskennlinie des I-Gliedes auch seine Phasenkennlinie einzeichnen, wenn man auf dem rechten Rand des Bildes die Skala für $\underline{/G}$ anbringt. Die Phase wird im Gegensatz zum Betrag unverändert über der ω-Achse aufgetragen und liefert beim I-Glied eine Gerade parallel zur ω-Achse im Abstand -90°.

Was hier für das I-Glied ausgeführt wurde, läßt sich auf alle Übertragungsglieder ausdehnen, für die überhaupt ein Frequenzgang erklärt ist. Man gelangt so zu der folgenden allgemeinen Definition der Frequenzkennlinien:

Man erhält die Frequenzkennlinien eines Übertragungsgliedes mit dem Frequenzgang $G(j\omega)$, indem man $G(j\omega)$ in den Betrag $|G(j\omega)|$ und die Phase (5.2)

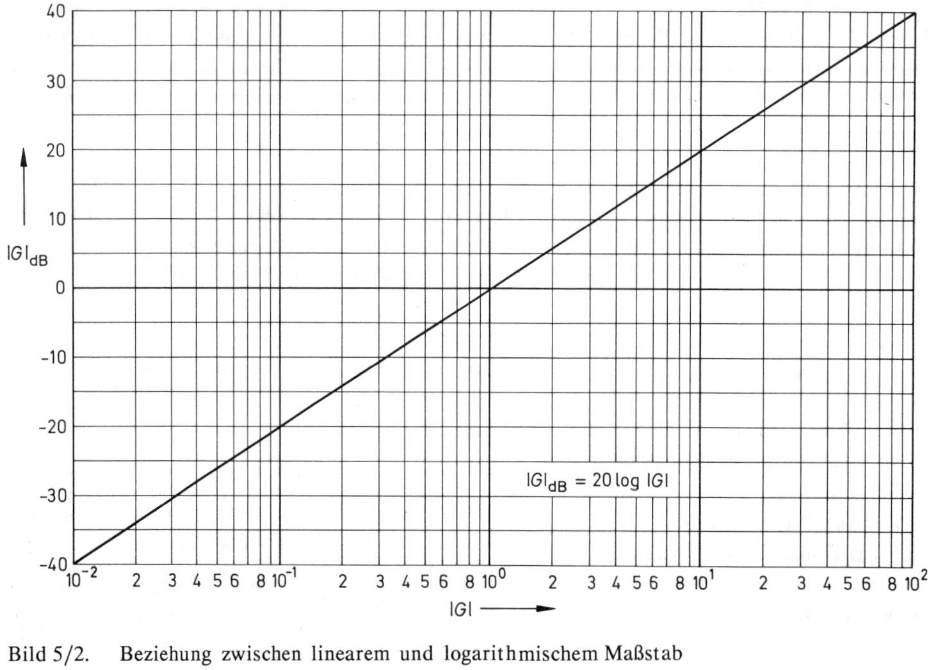

Bild 5/2. Beziehung zwischen linearem und logarithmischem Maßstab

$\angle G(j\omega)$ zerspaltet und $|G|_{dB} = 20 \log |G(j\omega)|$ sowie $\angle G(j\omega)$ über der mit einem logarithmischen Maßstab versehenen ω-Achse aufträgt.

Es ist zunächst zweierlei zu machen: Erstens sind die Frequenzkennlinien der einfachsten Übertragungsglieder zusammenzustellen, und zweitens sind Regeln anzugeben, nach denen Frequenzkennlinien miteinander verknüpft werden können. Ist diese Aufgabe gelöst, so kann man die Frequenzkennlinien des offenen Regelkreises ermitteln und das Nyquist-Kriterium auf sie anwenden. Zuvor sei noch eine allgemeine Bemerkung über die Genauigkeit des Frequenzkennlinienverfahrens eingefügt. Mit den nachstehend beschriebenen graphischen Verfahren und Hilfsmitteln läßt sich ohne weiteres der Betrag auf 1 dB und die Phase auf mindestens 3° genau ablesen. Dies ist für die Untersuchung der Stabilität und die Korrektur des dynamischen Verhaltens meist ausreichend.

5.3 Frequenzkennlinien einfacher Glieder

5.3.1 Proportionalglied (P - Glied)

Beim P-Glied ist $G(j\omega) = K$ mit $K > 0$, also auch

$|G(j\omega)| = K$ und damit

$|G|_{dB} = 20 \log K.$

Für die Phase gilt

$\angle G = 0^\circ$.

Die Betragskennlinie ist demnach eine Gerade parallel zur 0-dB-Linie im Abstand K_{dB}, während die Phasenkennlinie mit der 0°-Linie zusammenfällt.

5.3.2. Differenzierglied (D - Glied)

Wie früher bemerkt (Kapitel 2), weicht das D-Glied in wesentlichen Eigenschaften von den rationalen Übertragungsgliedern ab. Beispielsweise ist seine Sprungantwort keine gewöhnliche Funktion, sondern eine δ-Funktion. Das ist aber hier, wo es allein auf das Rechnen mit Funktionen von $j\omega$ ankommt, ganz gleichgültig. Denn die Rechenoperationen, die man mit komplexen Funktionen ausführen kann, werden durch die technische Bedeutung, welche die Funktionen haben können, nicht berührt.

Für das D-Glied ist

$G(j\omega) = K j\omega$ mit $K > 0$. Daher ist

$|G(j\omega)| = K\omega$, also

$|G|_{dB} = 20 \log K + 20 \log \omega$.

Wegen $\omega > 0$ ist die Phase durch

$\angle G = +90^\circ$

gegeben. Die Betragskennlinie ist also eine Gerade, die bei $\omega = 1$ die Ordinate K_{dB} hat und mit 20 dB/Dekade steigt, die Phasenkennlinie eine Gerade parallel zur 0°-Linie im Abstand von $+90^\circ$. Beide Frequenzkennlinien sind in Bild 5/3 dargestellt.

5.3.3 Verzögerungsglied 1. Ordnung (P-T_1-Glied, VZ_1-Glied)

Das P-T_1-Glied hat den Frequenzgang

$$G(j\omega) = \frac{K}{1 + j\frac{\omega}{\omega_0}} ,$$

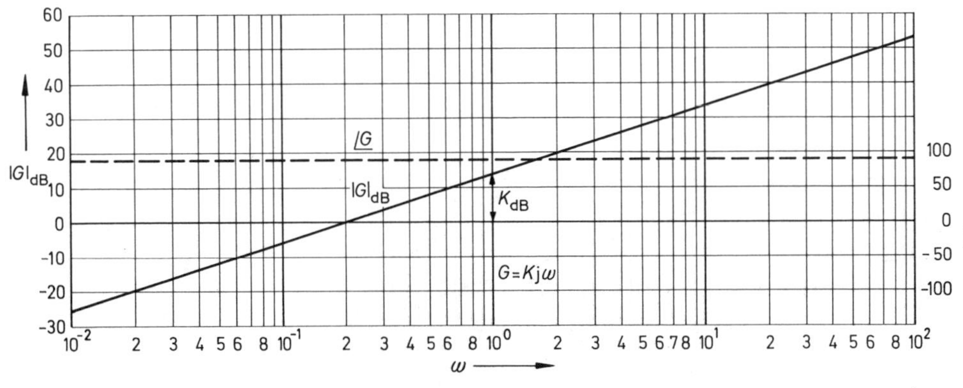

Bild 5/3. Frequenzkennlinien des D-Gliedes für $\omega_0 = 1$

wenn man $1/T = \omega_0$ setzt. Somit ist annähernd

$$G(j\omega) = \begin{cases} K & \text{für } \omega << \omega_0 , \\ \dfrac{K}{j\dfrac{\omega}{\omega_0}} & \text{für } \omega >> \omega_0 , \end{cases} \quad \text{also}$$

$$|G|_{dB} = \begin{cases} 20 \log K & \text{für } \omega << \omega_0 , \\ 20 \log K - 20 \log(\omega/\omega_0) & \text{für } \omega >> \omega_0 . \end{cases}$$

Die erste Hälfte dieser Gleichung stellt eine Parallele zur 0-dB-Linie im Abstand K_{dB} dar, die zweite eine Gerade, die in $\omega = \omega_0$ die Ordinate K_{dB} hat und mit 20 dB/Dekade fällt. Die erste Gerade ist die Asymptote der Betragskennlinie für $\omega << \omega_0$, die zweite deren Asymptote für $\omega >> \omega_0$. Beide Asymptoten schneiden sich in $\omega = \omega_0$. Faßt man das zu $\omega \leq \omega_0$ gehörige Stück der ersten mit dem zu $\omega \geq \omega_0$ gehörigen der zweiten zu einer *Knickgeraden* zusammen, so bildet diese eine gute Approximation der wirklichen Betragskennlinie, wie aus Bild 5/4 zu ersehen ist. $\omega_0 = 1/T$ heißt die Knickfrequenz oder *Eckfrequenz* des P-T_1-Gliedes. Die größte Abweichung der Betragskennlinie von ihren Asymptoten liegt bei ω_0 vor und beträgt 3 dB. Bei $\omega = \omega_0/2$ und $2\omega_0$ ist diese Abweichung bereits auf etwa 1 dB gesunken. In Bild 5/5 ist der Betrag Δ_{dB} dieser Abweichung in Abhängigkeit von ω/ω_0 aufgetragen. Man erhält also die Betragskennlinie des P-T_1-Gliedes, indem man zunächst die aus den beiden Asymptoten bestehende Knickgerade zeichnet, dann die 3-dB- bzw. 1-dB-Korrektur bei ω_0 bzw. $\omega_0/2$ und $2\omega_0$ anbringt und durch diese drei Punkte eine Kurve legt, die die beiden Teile der Knickgeraden zu Asymptoten hat. Für viele Zwecke reicht die Annäherung der Betragskennlinie durch die Knickgerade bereits völlig aus. Diese einfache Konstruktion ist nur möglich, weil anstelle von $|G|$ der Logarithmus von $|G|$ genommen und außerdem auf der ω-Achse ein logarithmischer Maßstab verwendet wird. Gleiches gilt für die Betragskennlinien der folgenden R-Glieder.

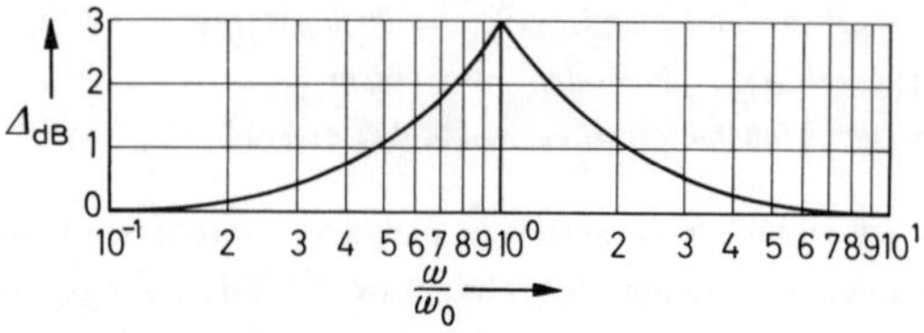

Bild 5/5. Abweichung zwischen der exakten Betragskennlinie und der Knickgeraden beim P-T_1-Glied

Aus der Darstellung der Betragskennlinie im Bild 5/4 erkennt man erstmals den entscheidenden Vorzug der Frequenzkennlinien gegenüber der Ortskurve. Die Zeitkonstante T, welche bei der Ortskurvendarstellung "untergeht", wird hier in prägnanter Weise durch die *Knickfrequenz oder Eckfrequenz* $\omega_0 = \frac{1}{T}$ zum Ausdruck gebracht. Die Übertragungskonstante K ergibt sich als Anfangswert der Betragskennlinie.

Die Phasenkennlinie des P-T_1-Gliedes ist wegen

$$G(j\omega) = \frac{K}{1 + j\dfrac{\omega}{\omega_0}} = \frac{K\left[1 - j\dfrac{\omega}{\omega_0}\right]}{1 + \left[\dfrac{\omega}{\omega_0}\right]^2} =$$

$$= \frac{K}{1 + \left[\dfrac{\omega}{\omega_0}\right]^2} + j\frac{-K\dfrac{\omega}{\omega_0}}{1 + \left[\dfrac{\omega}{\omega_0}\right]^2} \quad \text{durch}$$

$$\tan \underline{/G(j\omega)} = -\omega/\omega_0$$

gegeben. Sie ist ebenfalls in Bild 5/4 dargestellt. Man sieht, daß bei ihr eine Annäherung durch wenige Geradenstücke grobe Abweichungen ergibt, z.B. bei drei Geradenstücken bis zu 10°. Eine Konstruktion von genügender Genauigkeit ist daher nicht in derselben einfachen Weise wie bei der Betragskennlinie möglich. Sofern man es nicht vorzieht, bei der Bestimmung der Phasenkennlinie auf die grafische Konstruktion zu ver-

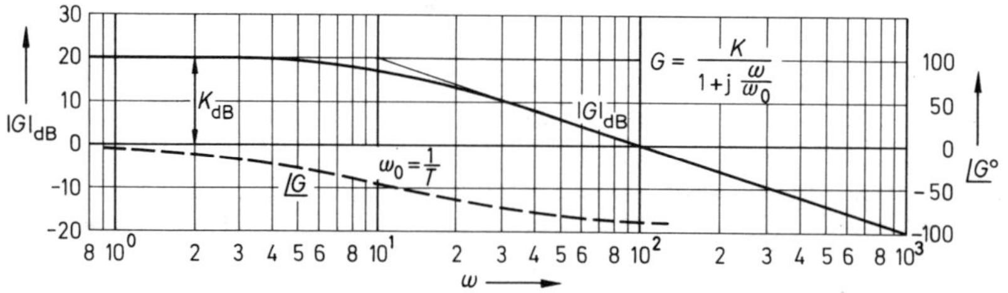

Bild 5/4. Frequenzkennlinien des P-T_1-Gliedes für $\omega_0 = 10$

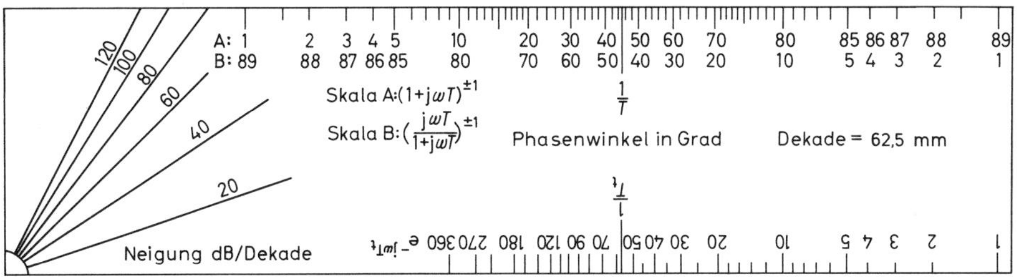

Bild 5/6. Phasenlineal

zichten und lieber zu einem Rechnerprogramm überzugehen, kann man das Phasenlineal (Bild 5/6) benutzen. Um es auf das übliche einfach-logarithmische Papier im DIN-A4-Format, bei dem eine Dekade die Länge E = 62,5 mm hat, anwenden zu können, hat man diese Darstellung entsprechend zu strecken.[2] Auf dem Phasenlineal ist eine mit A bezeichnete Funktionsskala eingetragen, die die Abhängigkeit der zum Frequenzgang $(1+j\omega T)^{\pm 1}$ gehörenden Phase von ω/ω_0 wiedergibt. Man legt die Skala parallel zur ω-Achse, und zwar so, daß der Mittelstrich gerade auf die Knickfrequenz ω_0 zeigt. Jeder Wert dieser Funktionsskala liegt über einem bestimmten Wert der ω-Achse und gibt die zu diesem ω-Wert gehörige Phase $\angle G$ des P-T_1-Gliedes an, sofern man ihn noch mit dem negativen Vorzeichen versieht.

5.3.4 Verzögerungsglied 2. Ordnung (P-T_2- Glied, VZ_2- Glied)

Der Frequenzgang des P-T_2-Gliedes ist

$$G(j\omega) = \frac{K}{1 + 2dj\frac{\omega}{\omega_0} + \left[j\frac{\omega}{\omega_0}\right]^2},$$

wenn auch hier $1/T = \omega_0$ gesetzt wird. Im folgenden wird K = 1 angenommen, da eine Änderung von K für die Phasenkennlinie ohne Bedeutung ist und hinsichtlich der Betragskennlinie lediglich eine Verschiebung in der Ordinatenrichtung bewirkt, ohne ihre Gestalt zu beeinflussen. Dann ist

$$G(j\omega) \approx \begin{cases} 1 & \text{für } \omega << \omega_0 \\ \dfrac{1}{\left[j\frac{\omega}{\omega_0}\right]^2} & \text{für } \omega >> \omega_0 , \end{cases} \quad \text{also}$$

$$|G|_{dB} \approx \begin{cases} 0 & \text{für } \omega << \omega_0 \\ -40 \log(\omega/\omega_0) & \text{für } \omega >> \omega_0 . \end{cases}$$

Die Betragskennlinie des P-T_2-Gliedes nähert sich also für kleine und große ω ebenfalls einer Knickgeraden. Während diese für $\omega \leq \omega_0$ wie beim P-T_1-Glied (mit K = 1) mit der 0-dB-Linie identisch ist, fällt sie im Bereich $\omega \geq \omega_0$ mit 40 dB/Dekade ab, also doppelt so steil wie die Betragskennlinie des P-T_1-Gliedes.

Ein weiterer Unterschied gegenüber der letzteren, wie überhaupt gegenüber den Betragskennlinien aller R-Glieder 1. Ordnung, besteht darin, daß die Abweichung der wirklichen Betragskennlinie von der Knickgeraden nicht unter einer festen Schranke bleibt, sondern beliebig große Werte annehmen kann. Die Größe und Ausdehnung dieser Abweichung hängt von der Dämpfung d ab. Für kleine Dämpfung, nämlich für $d < \frac{1}{2}\sqrt{2}$, steigt die Betragskennlinie mit wachsendem ω zunächst bis zu einem Maximalwert, der für $\omega_{max} = \omega_0\sqrt{1-2d^2}$ erreicht wird und durch den Wert

$$|G|_{max} = \frac{1}{2d\sqrt{1-d^2}}$$

charakterisiert ist. Dann fällt die Betragskennlinie wieder und schneidet in $\omega_S = \omega_0\sqrt{2(1-2d^2)}$ die 0-dB-Linie. Für verschwindende Dämpfung wird $|G|_{max}$ unendlich groß. Diese Unendlichkeitsstelle liegt bei $\omega_{max} = \omega_0$. Mit zunehmender Dämpfung wird das Maximum flacher und verlagert sich bei gegebenem ω_0 in Richtung kleinerer ω-Werte. Ist $d \geq \frac{1}{2}\sqrt{2}$, so weist die Betragskennlinie kein Maximum mehr auf und liegt nirgends über der 0-dB-Linie. Für $\omega = \omega_0$ ist $|G| = 1/2d$. Die Betragskennlinie des P-T_2-Gliedes ist mit ihren charakteristischen Daten in Bild 5/7 skizziert. Deutlich erkennt man wieder die Überlegenheit der Frequenzkennlinien- über die Ortskurvendarstellung:

[2] Damit die auf der linken Seite des Phasenlineals eingezeichneten Neigungen richtig bleiben, ist auch die Höhe um den gleichen Faktor zu strecken.

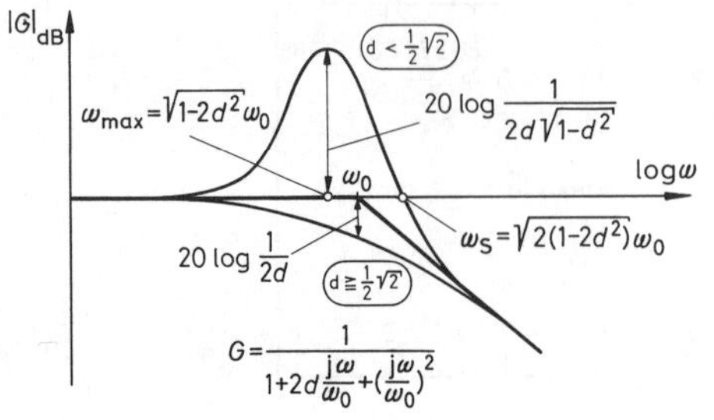

Bild 5/7. Typische Gestalt der Betragskennlinie des $P\text{-}T_2$-Gliedes

Zeitkonstante T und Dämpfung d treten in Gestalt der Knickfrequenz und der Überhöhung bzw. Knickordinate geometrisch prägnant in Erscheinung.

Die Betragskennlinien für verschiedene Dämpfungswerte sind in Bild 5/8 wiedergegeben, wobei die Abszisse nicht log ω, sondern log (ω/ω_0) ist. Um die Betragskennlinie für eine bestimmte Dämpfung d zu konstruieren, zeichnet man zunächst die Knickgerade mit dem Knick bei $\omega_0 = 1/T$ ein und bringt dann für einige benachbarte ω-Werte die Knickkorrektur nach Bild 5/8 an.

Die Phasenwerte des $P\text{-}T_2$-Gliedes ergeben sich aus

$$\tan\angle G = -\frac{2d\frac{\omega}{\omega_0}}{1-\left[\frac{\omega}{\omega_0}\right]^2} .$$

In Bild 5/9 sind die Phasenkennlinien des $P\text{-}T_2$-Gliedes für verschiedene Werte von d dargestellt. Sie beginnen für kleine ω sämtlich bei 0° und enden für große ω alle bei -180°. Im Grenzfall d = 0 besteht die Phasenkennlinie für $\omega/\omega_0 < 1$ aus der 0°-Linie, für $\omega/\omega_0 > 1$ aus der Parallelen zur 0°-Linie im Abstand -180°. Diese Phasenkennlinie weist also in $\omega/\omega_0 = 1$ einen Sprung auf. Ist $d > 0$, so nehmen alle Phasenkennlinien bei $\omega/\omega_0 = 1$ den Wert -90° an. Ihr Abfall ist um so steiler, je kleiner die Dämpfung ist.

Um die Phasenkennlinie eines $P\text{-}T_2$-Gliedes zu konstruieren, geht man davon aus, daß für kleine ω-Werte $\angle G = 0^\circ$, für große ω-Werte $\angle G = -180^\circ$ und im Knickpunkt $\omega_0 = 1/T$ $\angle G = -90^\circ$ ist. Die wenigen Zwischenwerte, die noch zur Bestimmung der Phasenkennlinie nötig sind, liest man aus Bild 5/9 ab.

Die Bilder 5/8 und 5/9 erfassen den Dämpfungsbereich $0{,}05 \leq d \leq 2$. Sollte ein kleinerer d-Wert auftreten, so ist mit hinreichender Genauigkeit $\omega_{max} = \omega_0$ und der zugehörige Betragswert gleich 1/2d.

Die Bestimmung der Frequenzkennlinien des $P\text{-}T_2$-Gliedes für $d > 2$ erfolgt dadurch, daß man es als Reihenschaltung zweier $P\text{-}T_1$-Glieder darstellt, was bereits von d = 1 ab möglich ist (Bild 2/38). Seine Frequenzkennlinien erhält man dann nach der im Abschnitt 5.4 gebrachten Regel als Frequenzkennlinien einer Reihenschaltung.

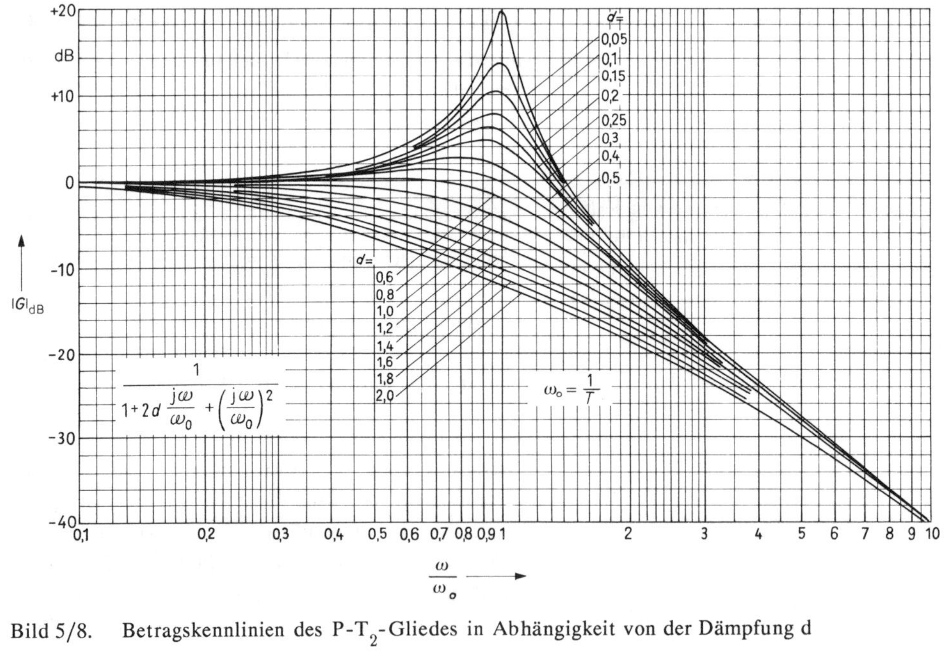

Bild 5/8. Betragskennlinien des $P\text{-}T_2$-Gliedes in Abhängigkeit von der Dämpfung d

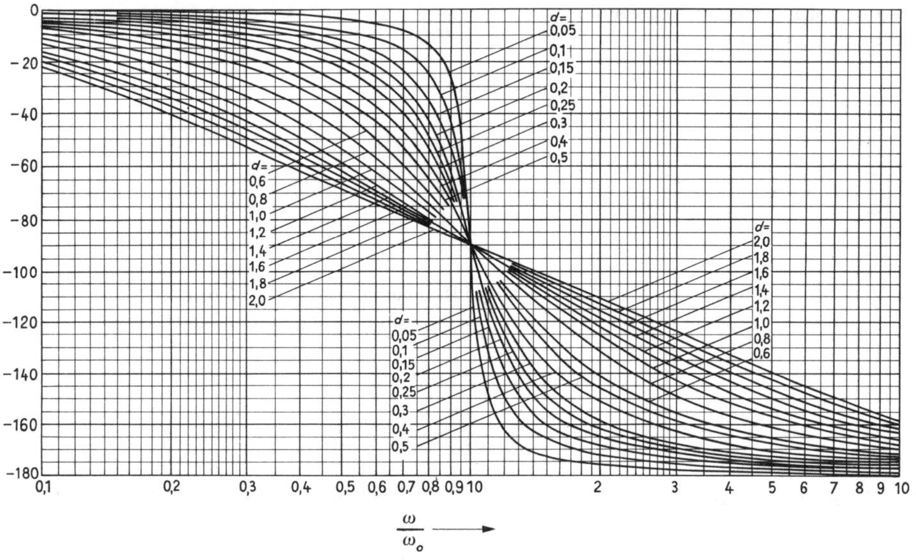

Bild 5/9. Phasenkennlinien des P-T_2-Gliedes in Abhängigkeit von der Dämpfung d

5.3.5 Totzeitglied (T_t- Glied, TZ- Glied)

Sein Frequenzgang ist

$$G(j\omega) = Ke^{-T_t j\omega} \quad \text{mit} \quad K,\ T_t > 0\ .$$

Daher ist sein Betrag

$$|G(j\omega)| = K\ , \quad \text{also} \quad |G|_{dB} = 20 \log K\ .$$

Die Phase ist durch

$$\angle G = -T_t\omega = -\omega/\omega_0 \quad \text{mit} \quad \omega_0 = 1/T_t$$

gegeben. Sie kann mittels des Phasenlineals abgelesen werden. Hierzu verwendet man die Totzeitskala, die durch das Symbol $e^{-j\omega T_t}$ gekennzeichnet ist. Abgelesen wird wie beim P-T_1-Glied. Die abgelesenen Werte sind mit dem negativen Vorzeichen zu versehen. Bild 5/10 zeigt die Frequenzkennlinien des Totzeitgliedes.

5.4 Frequenzkennlinien des offenen Kreises

Die Aufgabe besteht nun darin, aus den Frequenzkennlinien der im vorhergehenden Abschnitt betrachteten einfachen Übertragungsglieder die Frequenzkennlinien komplizierterer Systeme zu erhalten. Da es uns letzten Endes um die Anwendung des Nyquist-Kriteriums zur Stabilitätsuntersuchung und Reglersynthese geht,

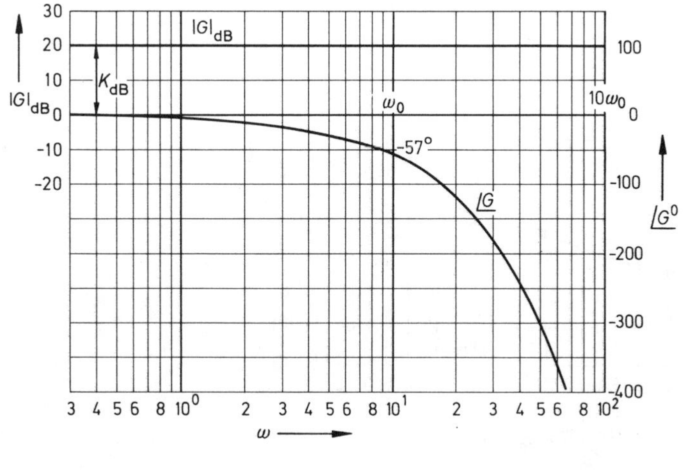

Bild 5/10.
Frequenzkennlinien des Totzeitgliedes für ω_0 = 10

kommt es vor allem darauf an, die Frequenzkennlinien des offenen Regelkreises zu erhalten.

Gemäß (4.27a) kann man den *Frequenzgang des offenen Kreises* in der folgenden Form schreiben:

$$F_o(j\omega) = \frac{V}{(j\omega)^q} \cdot \frac{\prod_i (1+T_{zi}j\omega)}{\prod_\nu (1+T_\nu j\omega)} \cdot$$

$$\cdot \frac{\prod_k \left[1 + 2d_{zk}\tau_{zk}j\omega + \tau_{zk}^2(j\omega)^2\right]}{\prod_\mu \left[1 + 2d_\mu \tau_\mu j\omega + \tau_\mu^2(j\omega)^2\right]} e^{-T_t j\omega}, \quad (5.3)$$

wobei nach den dort gemachten *Voraussetzungen* die *Kreisverstärkung V und die Zeitkonstanten positiv* sind, die *Dämpfungen* d_{zk} *und* d_μ *zwischen 0 und 1* liegen, die *Totzeit* $T_t \geq 0$ ist und *q die Werte 0 oder 1 oder 2 annimmt.*

Der Frequenzgang $F_o(j\omega)$ entsteht somit aus Frequenzgängen vom Typ

$$\frac{1}{1+Tj\omega}, \quad \frac{1}{1+2dTj\omega+T^2(j\omega)^2}, \quad \frac{1}{j\omega}, \quad e^{-T_t j\omega} \quad (5.4)$$

und den Inversen der ersten beiden durch Multiplikation, wozu dann noch die Multiplikation mit dem positiven Faktor V tritt. Da in (5.4) die Frequenzgänge des P-T_1-, P-T_2-, I- und T_t-Gliedes auftreten, sind die zugehörigen Kennlinien nach dem vorigen Abschnitt bekannt. Es bleibt somit nur die Frage zu beantworten, wie man die Frequenzkennlinien des inversen Frequenzgangs und des Produktes von Frequenzgängen erhält.

Wenden wir uns zunächst der ersten Frage zu. Aus

$$G = |G|\, e^{j\angle G}$$

folgt für den inversen Frequenzgang G^{-1}:

$$G^{-1} = \frac{1}{G} = \frac{1}{|G|} e^{-j\angle G}.$$

Somit ist

$$|G^{-1}| = \frac{1}{|G|} \quad \text{und} \quad \angle G^{-1} = -\angle G\,. \quad (5.5)$$

Aus der Betragsgleichung folgt durch Logarithmieren

$$|G^{-1}|_{dB} = 20\log|G^{-1}| = -20\log|G| = -|G|_{dB}\,. \quad (5.6)$$

Die Beziehungen (5.5) und (5.6) kann man in der folgenden *Inversionsregel* zusammenfassen:

Die Frequenzkennlinien von $G^{-1}(j\omega)$ *erhält man dadurch, daß man die Frequenzkennlinien von* $G(j\omega)$ *an der 0-Linie spiegelt.* (5.7)

Bei derartigen Umformungen von Frequenzgängen und Frequenzkennlinien ist es ohne Belang, ob dem Frequenzgang bzw. den Frequenzkennlinien ein realistisches Übertragungsglied entspricht. Es handelt sich ja lediglich um Rechenoperationen mit Frequenzfunktionen.

Als Anwendungsbeispiel zur Inversionsregel betrachten wir das P-T_1-Glied mit dem Verstärkungsfaktor K = 1. Seine Frequenzkennlinien sind im Bild 5/4 wiedergegeben, wenn man darin K = 0 dB setzt. Spiegelt man die Betragskennlinie an der 0-dB-Linie, so erhält man eine Knickgerade, die für $\omega \leq \omega_0$ mit der 0-dB-Linie zusammenfällt und für $\omega > \omega_0$ mit 20 dB/Dekade steigt.

Durch Spiegelung der Phasenkennlinie an der 0°-Linie ergibt sich eine Kurve, die von 0° für kleine ω auf $+90^\circ$ für große ω wächst. Ihre Werte können von derselben Skala des Phasenlineals abgelesen werden wie die Phasenwerte des P-T_1-Gliedes, nur daß sie mit positivem Vorzeichen zu versehen sind. Auf diese Weise erhält man also die Frequenzkennlinien zu

$$G(j\omega) = 1 + j\frac{\omega}{\omega_0}\,.$$

Sie sind im Bild 5/11 dargestellt.

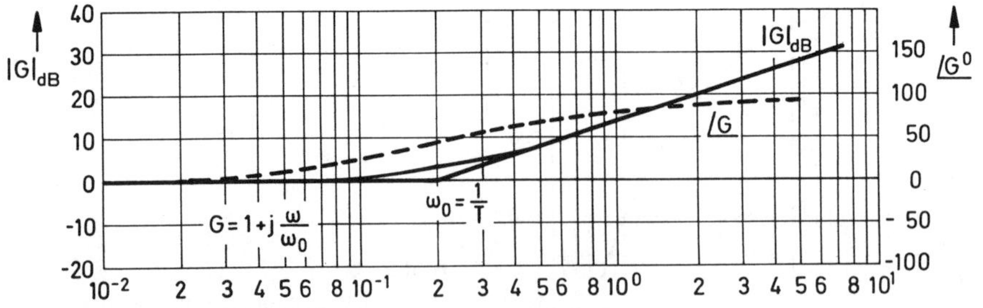

Bild 5/11. Frequenzkennlinien von $G(j\omega) = 1 + j\frac{\omega}{\omega_0}$ für $\omega_0 = 2$

Gehen wir nun zum Produkt von Frequenzgängen über:

$$G = G_1 \cdot G_2 \cdot \ldots \cdot G_n ,$$

$$G = |G_1|\, e^{j\angle G_1} \ldots |G_n|\, e^{j\angle G_n} ,$$

$$G = |G_1| \cdot \ldots \cdot |G_n|\, e^{j\left[\angle G_1 + \ldots + \angle G_n\right]} .$$

Also ist

$$|G| = |G_1| \cdot \ldots \cdot |G_n|$$

und

$$\angle G = \angle G_1 + \ldots + \angle G_n . \qquad (5.8)$$

Durch Logarithmieren folgt aus dem Produkt der Beträge

$$|G|_{dB} = |G_1|_{dB} + \ldots + |G_n|_{dB} . \qquad (5.9)$$

Die Beziehungen (5.8) und (5.9) sind in der folgenden *Multiplikationsregel* zusammengefaßt:

Man erhält die Frequenzkennlinien eines Produktes, indem man die Frequenzkennlinien der Faktoren addiert. (5.10)

Inversions- und Multiplikationsregel in dieser einfach zu handhabenden Form werden dadurch ermöglicht, daß man vom Betrag selbst zu seinem Logarithmus übergeht. Die Wahl eines logarithmischen ω-Maßstabs spielt hierfür keine Rolle. Diese war jedoch unerläßlich für die einfache näherungsweise Beschreibung der Betragskennlinien der Faktoren von $F_o(j\omega)$ durch Geraden oder Knickgeraden.

Die Frequenzkennlinien des offenen Regelkreises lassen sich nun ohne Mühe bestimmen. Wie das geschieht, sei am Beispiel

$$F_o(j\omega) = \frac{10}{j\omega}\,\frac{1}{1+3j\omega}\,\frac{1}{1+j\omega}\,\frac{1}{1+0{,}24j\omega+0{,}16(j\omega)^2}$$

gezeigt.

Zunächst wird die Übertragungskonstante V, die hier 10 ist, zu 1 angenommen. Die Knickfrequenzen sind

$$\omega_1 = 1/3 , \quad \omega_2 = 1 \quad \text{und} \quad \omega_3 = \frac{1}{\sqrt{0{,}16}} = 2{,}5 .$$

Sie werden auf der ω-Achse markiert. Links von ω_1 liefern die drei Verzögerungsglieder keinen Beitrag zur Knickgeraden des Betrags. Hier hat man daher die Betragskennlinie von $1/j\omega$ einzutragen, also eine Gerade, die mit 20 dB Dekade fällt und die 0-dB-Linie in $\omega = 1$ schneidet. Hierzu ist als nächstes die Knickgerade des P-T_1-Gliedes mit $\omega_1 = 1/3$ zu addieren. Da diese links von ω_1 Null ist, rechts aber mit 20 dB Dekade fällt, bedeutet dies, daß man die bereits vorhandene Gerade ab ω_1 um 20 dB/Dekade mehr umknickt, also zu einer Geraden von −40 dB/Dekade Steigung übergeht. Entsprechendes gilt für die weiteren Knickfrequenzen. Man braucht also die Knickgeraden der einzelnen Faktoren nicht wirklich einzutragen und zu addieren, sondern lediglich die Knickfrequenzen einzuzeichnen und in jeder von ihnen die links davon bereits vorhandene Knickgerade um ein Vielfaches von 20 dB/Dekade umzuknicken, d.h. die Steigung des vorhergehenden Geradenstückes um dieses Vielfache zu ändern. Hierzu kann man die vorgezeichneten Steigungen auf dem Phasenlineal benutzen. Sie liefern aber nur dann das richtige Ergebnis, wenn in dem Frequenzkennlinienbild 1 cm dem Wert 10 dB entspricht.

Anschließend kann man dann die Knickkorrekturen eintragen, was aber für viele Anwendungszwecke, beispielsweise die meisten Stabilitätsuntersuchungen, entbehrlich ist. Die Knickkorrekturen für das P-T_1-Glied mit der Knickfrequenz $\omega_1 = 1/3$ und das P-T_2-Glied sind am unteren Rand von Bild 5/12 eingetragen. Die P-T_2-Korrektur ist mit Bild 5/8 durchgeführt, wobei der zugehörige Dämpfungswert durch 2dT = 0,24, also wegen T = 0,4 durch d = 0,24/0,8 = 0,3 gegeben ist. Es ist dabei zu beachten, daß die Bezugslinie, von der aus die Korrekturwerte abgetragen werden, hier die mit 60 bzw. nach dem Knick mit 100 dB/Dekade fallende Gerade ist. Wie man sieht, weicht die endgültige Betragskennlinie – trotz der geringen Dämpfung – nur unwesentlich von der approximierenden Knickgeraden ab.

Bisher wurde V = 1 gesetzt. Um V zu berücksichtigen, müßte man zu der schon vorhandenen Betragskennlinie überall V_{dB} addieren, also die gesamte Betragskennlinie um V_{dB} in der Ordinatenrichtung verschieben, was ihre nochmalige Aufzeichnung erfordern würde. Um dies zu vermeiden, verschiebt man die 0-dB-Linie um $-V_{dB}$, wie es in Bild 5/12 angedeutet ist. Die bereits gezeichnete Betragskennlinie stellt über dieser neuen 0-dB-Linie die gesuchte Betragskennlinie von $F_o(j\omega)$ dar.

Zusammenfassend erhält man die folgende Regel:

Um die Betragskennlinie des durch (4.27) gegebenen Frequenzgangs $F_o(j\omega)$ zu konstruieren, trägt man die Knickfrequenzen, d.h. die reziproken Zeitkonstanten ω_{z1}, $\omega_{z2}, \ldots$, und ω_1, ω_2, ..., auf der ω-Achse ein. Um die Knickgerade zu

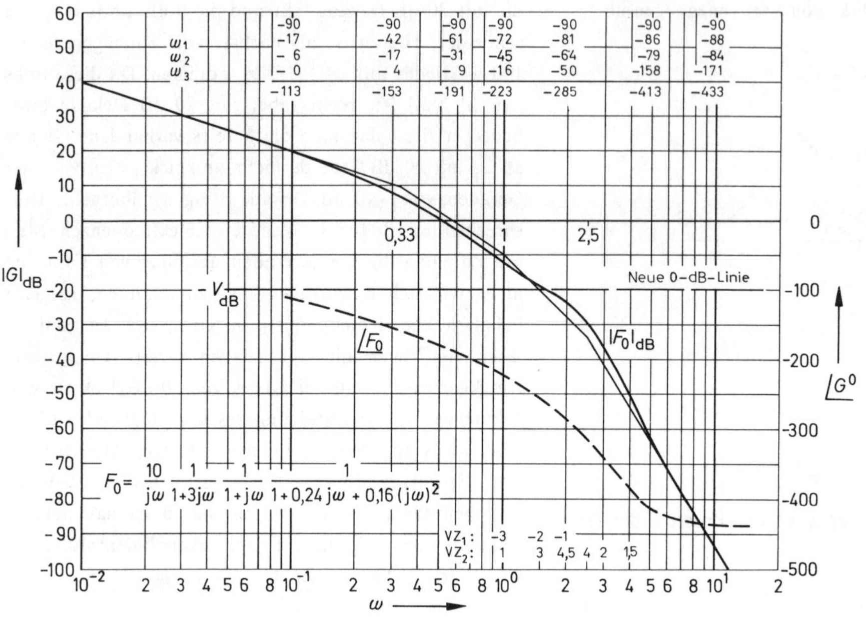

Bild 5/12. Konstruktion der Frequenzkennlinien des offenen Kreises

erhalten, die die Betragskennlinie approximiert, zeichnet man links von der ersten Knickfrequenz die Gerade ein, die die 0-dB-Linie in $\omega = 1$ schneidet und eine Steigung von $-q\cdot 20$ dB je Dekade aufweist. Den weiteren Verlauf der Knickgeraden erhält man dadurch, daß man in jeder Knickfrequenz ω_0 die links von ω_0 vorhandene Knickgerade um 20, −20, 40 oder −40 dB/Dekade umknickt, je nachdem, ob ω_0 zum Faktor

$$1 + j\frac{\omega}{\omega_0}\,, \qquad \frac{1}{1 + j\frac{\omega}{\omega_0}}\,,$$

$$1 + 2dj\frac{\omega}{\omega_0} + \left[j\frac{\omega}{\omega_0}\right]^2 \quad \textit{oder} \tag{5.11}$$

$$\frac{1}{1 + 2dj\frac{\omega}{\omega_0} + \left[j\frac{\omega}{\omega_0}\right]^2}$$

gehört. Tritt dieselbe Knickfrequenz ω_0 ν-mal auf, so hat man dieses Abknicken ν-mal durchzuführen. An der so erhaltenen Approximation von $|G|_{dB}$ hat man die Knickpunktkorrekturen vorzunehmen und schließlich den Faktor V durch Verschiebung der 0-dB-Linie um $-V_{dB}$ zu berücksichtigen.

Ein wesentlicher Vorteil der Frequenzkennlinien gegenüber der Ortskurve, der schon bei den einfachen Übertragungsgliedern hervorgehoben wurde, läßt sich auch hier deutlich erkennen: Die Parameter V und T_ν lassen sich direkt aus der Betragskennlinie ablesen, nämlich als Ordinate des Anfangsstückes bei $\omega = 1$ und in Form der Knickfrequenzen $\omega_\nu = \frac{1}{T_\nu}$.

Um die Phasenkennlinie von $F_0(j\omega)$ zu erhalten, muß man nach Regel (5.10) die Phasenkennlinien der einzelnen Faktoren aufsummieren. Will man diese Bestimmung grafisch durchführen, so benutzt man für die P-T_1-Glieder, inversen P-T_1-Glieder und das T_t-Glied das Phasenlineal, für die P-T_2-Glieder und inversen P-T_2-Glieder Bild 5/9. Für gewisse, genügend dicht gelegene ω-Werte ermittelt man so die Phasenwinkel der einzelnen Faktoren und schreibt sie bei diesen Abszissen ω an den oberen Rand des Blattes, auf dem die Frequenzkennlinien von F_0 gezeichnet werden. Jedem Faktor des Zählers und Nenners von $F_0(j\omega)$ entspricht so eine Zeile, deren Werte bei einem Zählerfaktor mit positivem, bei einem Nennerfaktor mit negativem Vorzeichen versehen sind. Vor den Anfang jeder Zeile setzt man zweckmäßigerweise die zugehörige Knickfrequenz. Addiert man nun die zum gleichen ω-Wert gehörigen Phasenwerte und fügt noch $-q\cdot 90^\circ$ hinzu, so hat man damit den Phasenwinkel von $F_0(j\omega)$ an dieser Stelle ω.

Bei $\omega = 0$ sind die Phasenwinkel aller P-T_1- und P-T_2-Glieder, ihrer inversen Glieder und des T_t-Gliedes Null.

Daher beginnt $\angle F_o$ mit $-q \cdot 90^\circ$.

Ist $T_t = 0$, so ist für große ω

$$F_o(j\omega) \approx \frac{b_m (j\omega)^m}{a_n (j\omega)^n} ,$$

wo m bzw. n der Zähler- bzw. Nennergrad von F_o ist. Daher ist für große ω

$$\angle F_o \approx \angle \frac{b_m}{a_n} + (m-n) \angle j\omega \quad \text{oder}$$

$$\angle F_o \approx \angle \frac{b_m}{a_n} - (n-m) 90^\circ .$$

Für ein R-Glied, bei dem wie üblich b_m und a_n positiv sind, gilt also

$$\angle F_o \approx \begin{cases} -q\, 90^\circ & \text{für kleine } \omega , \\ -(n-m) \cdot 90^\circ & \text{für große } \omega . \end{cases} \qquad (5.12)$$

Im obigen Beispiel ist q = 1, m = 0 und n = 5, so daß die Phasenkennlinie bei -90° beginnt und bei -450° endet, was in der Tat aus dem Bild 5/12 zu erkennen ist.

Weitere Beispiele zur Konstruktion der Frequenzkennlinien des offenen Kreises findet man in den Bildern 5/13 und 5/14.

Um die Frequenzkennlinien des offenen Kreises mit dem Rechner zu bestimmen, geht man ebenfalls von der Darstellung (5.3) aus. Aus ihr folgt zunächst

$$|F_o(j\omega)| = \frac{V}{\omega^q} \cdot \frac{\prod_i |1 + T_{zi} j\omega| \cdot \prod_k |1 + 2d_{zk}\tau_{zk} j\omega + \tau_{zk}^2 (j\omega)^2|}{\prod_\nu |1 + T_\nu j\omega| \cdot \prod_\mu |1 + 2d_\mu \tau_\mu j\omega + \tau_\mu^2 (j\omega)^2|} .$$

Wegen

$$|1 + Tj\omega| = \sqrt{1 + T^2\omega^2} ,$$

$$|1 + 2dTj\omega + T^2 (j\omega)^2| = |(1 - T^2\omega^2) + 2dTj\omega| =$$

$$= \sqrt{(1 - T^2\omega^2)^2 + (2dT)^2\omega^2}$$

wird daraus

$$|F_o|_{dB} = 10 \log \frac{V^2 \prod_i (1 + T_{zi}^2 \omega^2) \prod_k \left[(1 - \tau_{zk}^2\omega^2)^2 + (2d_{zk}\tau_{zk})^2\omega^2\right]}{\omega^{2q} \prod_\nu (1 + T_\nu^2\omega^2) \prod_\mu \left[(1 - \tau_\mu^2\omega^2)^2 + (2d_\mu \tau_\mu)^2\omega^2\right]} .$$

Was die Phase angeht, so ist für einen Faktor 1. Grades $1 + Tj\omega$

$$\tan \varphi = T\omega ,$$

für einen Faktor 2. Grades $1 + 2dTj\omega + T^2(j\omega)^2$

$$\tan \varphi = \frac{2dT\omega}{1 - T^2\omega^2} .$$

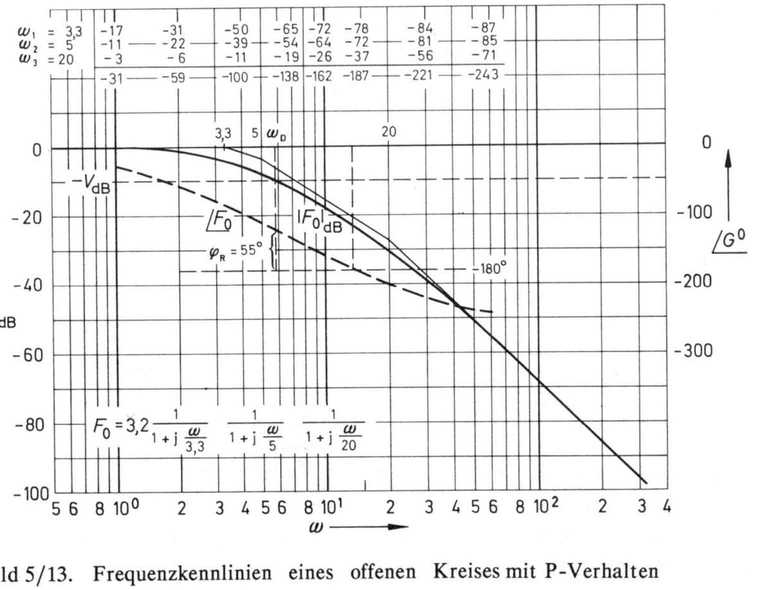

Bild 5/13. Frequenzkennlinien eines offenen Kreises mit P-Verhalten

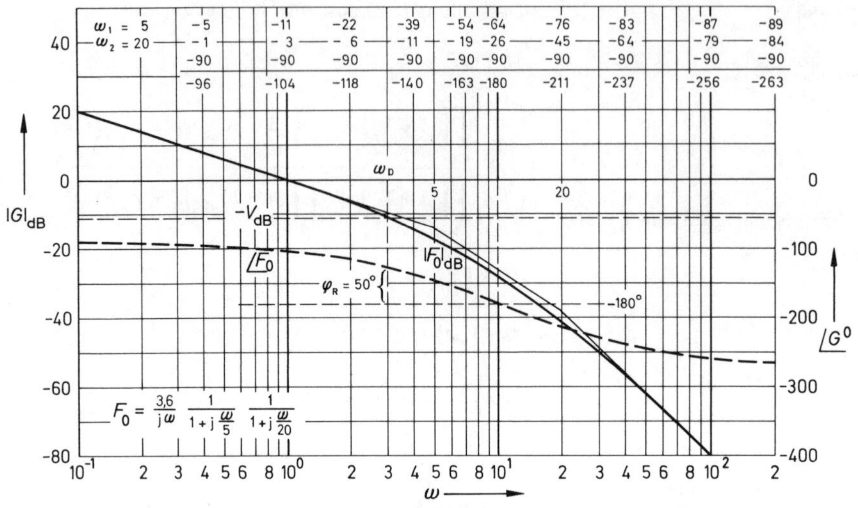

Bild 5/14. Frequenzkennlinien eines offenen Kreises mit I-Verhalten

Somit wird

$$\angle F_o = -q\cdot 90^\circ + \sum_i \arctan T_{zi}\,\omega + \sum_k \arctan \frac{2 d_{zk}\tau_{zk}\omega}{1-\tau_{zk}^2\omega^2} - $$

$$- \sum_\nu \arctan T_\nu\,\omega - \sum_\mu \arctan \frac{2 d_\mu \tau_\mu \omega}{1-\tau_\mu^2\omega^2}\ .$$

Dabei ist zweierlei zu beachten. Bei einem quadratischen Faktor wird in der Knickfrequenz $\varphi = \pm 90^\circ$, also $\tan\varphi = \pm\infty$, so daß der Rechner den zugehörigen Wert des arctan nicht bilden kann. Da er weiterhin den Hauptwert des arctan berechnet, also den zwischen -90° und $+90^\circ$ gelegenen Wert dieser Funktion, ist für ω-Werte, die auf die Knickfrequenz eines quadratischen Faktors folgen, zur Phase des Faktors -180° bzw. $+180^\circ$ zu addieren, je nachdem der Faktor im Nenner oder Zähler von F_o steht.

Wenn man die Frequenzkennlinien berechnet, sollte man auf jeden Fall die Knickgerade zeichnen, welche die Betragskennlinie approximiert. Denn sie vermittelt den deutlichsten Eindruck vom Einfluß der Zeitkonstanten des Systems.

5.5 Frequenzkennlinien von geschlossenen Wirkungskreisen

Auf Grund der bisherigen Untersuchungen ist man in der Lage, für die Mehrzahl der Fälle die Frequenzkennlinien des offenen Kreises zu zeichnen und somit, wie im nächsten Abschnitt gezeigt wird, das Nyquist-Kriterium anzuwenden. Es kann jedoch eine Situation auftreten, die bisher noch nicht berücksichtigt wurde: der Regelkreis kann innere Schleifen (unterlagerte Wirkungskreise) besitzen. Um dann die Frequenzkennlinien des gesamten offenen Kreises zu zeichnen, ist es zuvor erforderlich, jede innere Schleife zu einem Block zusammenzufassen. Dessen Frequenzkennlinien gehen dann in der bisher beschriebenen Weise in die Frequenzkennlinien des offenen Kreises ein.

Sofern die offene innere Schleife keine Totzeit enthält und die Ordnung 1 oder 2 hat, d.h. ihr Frequenzgang den Nennergrad 1 oder 2 aufweist, liegt noch kein neues Problem vor. Die geschlossene innere Schleife ist dann nämlich ein rationales Übertragungsglied, dessen Ordnung ebenfalls 1 oder 2 ist. Seine Frequenzkennlinien können gemäß Abschnitt 5.3 und 5.4 gezeichnet werden.

Als Beispiel betrachten wir den Wirkungskreis im Bild 5/15.

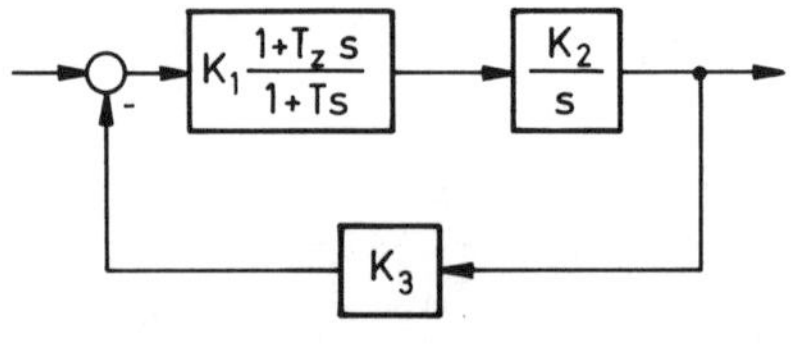

Bild 5/15. Wirkungskreis mit einem offenen Kreis der Ordnung 2

Die Übertragungsfunktion des geschlossenen Kreises ist

$$G^*(s) = \frac{K_1 \frac{1+T_z s}{1+Ts} \cdot \frac{K_2}{s}}{1 + K_1 \frac{1+T_z s}{1+Ts} \cdot \frac{K_2}{s} \cdot K_3} =$$

$$= \frac{K_1 K_2 (1+T_z s)}{Ts^2 + s + K_1 K_2 K_3 (1+T_z s)} =$$

$$= \frac{1}{K_3} \frac{1+T_z s}{1 + \frac{1+K_1 K_2 K_3 T_z}{K_1 K_2 K_3} s + \frac{T}{K_1 K_2 K_3} s^2} .$$

Demgemäß lassen sich die Frequenzkennlinien dieses Wirkungskreises erhalten als Summe der Frequenzkennlinien zu den Frequenzfunktionen

$1 + T_z j\omega$ (inverses P-T_1-Glied) und

$$\frac{1/K_3}{1 + \frac{1+K_1 K_2 K_3 T_z}{K_1 K_2 K_3} (j\omega) + \frac{T}{K_1 K_2 K_3} (j\omega)^2}$$

(P-T_2-Glied) .

Anders liegen die Dinge, wenn die offene innere Schleife eine Totzeit enthält oder ihre Ordnung > 2 ist. Sei etwa

$$G_I(s) = \frac{V}{(1+T_1 s)(1+T_2 s)(1+T_3 s)}$$

und somit

$$G_I^* = \frac{G_I}{1+G_I} = \frac{V}{(1+T_1 s)(1+T_2 s)(1+T_3 s)+V} .$$

Der Nenner ist jetzt ein *Polynom 3. Grades, das nicht in Faktoren 1. und 2. Grades aufgespalten ist.* Damit ist die Methodik von Abschnitt 5.3 und 5.4 nicht anwendbar, denn sie beruht ja darauf, daß die betrachtete Frequenzfunktion als Produkt und Quotient von Faktoren 1. und 2. Grades dargestellt werden kann. Zwar könnte man das Polynom 3. Grades in Faktoren zerlegen, indem man seine Nullstellen berechnet. Aber das wäre im Rahmen des Frequenzkennlinienverfahrens zu umständlich.

Die Aufgabe besteht also allgemein darin, die Frequenzkennlinien eines geschlossenen Wirkungskreises aus den Frequenzkennlinien des offenen Wirkungskreises zu ermitteln. Ob es sich bei dem betrachteten Wirkungskreis um eine innere Schleife handelt oder nicht, ist für das Verfahren ohne Belang. Es gilt für beliebige Wirkungskreise nach Bild 5/16. Der Frequenzgang des geschlossenen Kreises ist

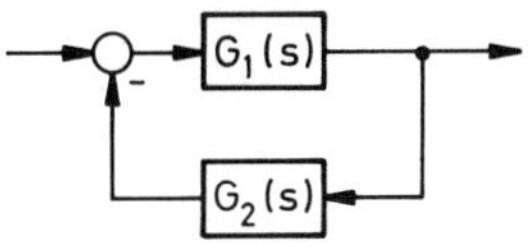

Bild 5/16. Wirkungskreis

$$F_w = \frac{G_1}{1+G_1 G_2} = \frac{G_1 G_2}{1+G_1 G_2} \cdot G_2^{-1} ,$$

also mit $G = G_1 G_2$:

$$F_w = \frac{G}{1+G} \cdot G_2^{-1}$$

Es genügt daher, die Frequenzkennlinien von

$$G^*(j\omega) = \frac{G(j\omega)}{1+G(j\omega)} \tag{5.13}$$

zu konstruieren, da die Multiplikation mit $G_2^{-1}(j\omega)$ lediglich die Addition der Frequenzkennlinien von $G_2^{-1}(j\omega)$, also der negativen Frequenzkennlinien von $G_2(j\omega)$, bedeutet.

Aus (5.13) folgt

$$G^*(j\omega) \approx \begin{cases} 1 & , \text{ falls } |G(j\omega)| >> 1 , \\ G(j\omega) , & \text{ falls } |G(j\omega)| << 1 . \end{cases} \tag{5.14}$$

Für den Frequenzgang $G(j\omega)$ des offenen Wirkungskreises machen wir nun allgemein die für den Frequenzgang des offenen Regelkreises eingeführten Voraussetzungen (4.27):

$$G(j\omega) = \frac{V}{(j\omega)^q} \frac{1+\dots}{1+\dots} e^{-T_t j\omega} = \frac{Z_o(j\omega)}{N_o(j\omega)} e^{-T_t j\omega} \tag{5.15}$$

mit Grad Z_o < Grad N_o.

Für kleine ω wird $|G(j\omega)|$ durch den Faktor

$$\left| \frac{V}{(j\omega)^q} \right| = \frac{V}{\omega^q}$$

bestimmt. Ist $q = 1$ oder 2, so ist also für kleine ω $|G(j\omega)| >> 1$. Für $q = 0$ gilt dies allerdings nur, sofern $V >> 1$ ist. Für große ω ist wegen Grad Z_o < Grad N_o auf jeden Fall $|G(j\omega)| << 1$. Man kann deshalb (5.14) auch so formulieren:

$G^*(j\omega) \approx 1$ für kleine ω, sofern der offene Kreis ein I-Glied enthält oder $V >> 1$; (5.16)
$G^*(j\omega) \approx G(j\omega)$ für große ω.

Enthält der offene Kreis kein I-Glied und ist V nicht groß gegenüber 1, so folgt aus (5.13) *für kleine ω*

$$G^*(j\omega) \approx \frac{V}{1+V} . \tag{5.17}$$

Was speziell die Betragskennlinie angeht, so liefert (5.16) bzw. (5.17) eine Regel für die Konstruktion einer Knickgeraden, durch die man – ganz ähnlich wie im Fall des offenen Kreises – den wahren Betragsverlauf annähern kann:

Enthält der offene Kreis ein I-Glied oder ist $V >> 1$, so erhält man eine Näherung für die Betragskennlinie des geschlossenen Wirkungskreises, indem man die Betragskennlinie des offenen Kreises durch die 0-dB-Linie abschneidet. Andernfalls hat man die 0-dB-Linie durch die Parallele im Abstand $V/(V+1)$ dB zu ersetzen. (5.18)

Im Bild 5/17 sind beide Situationen skizziert.

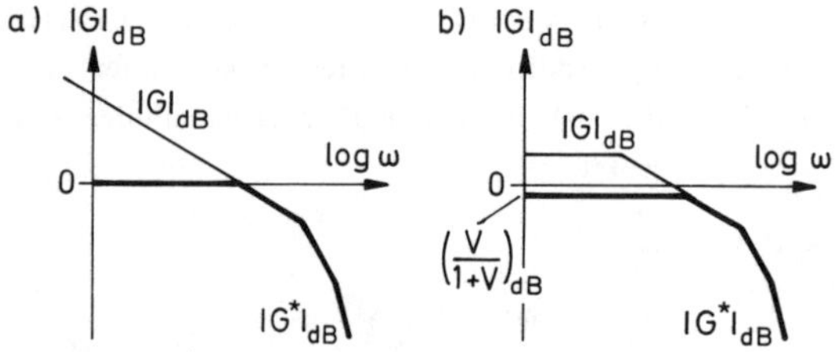

Bild 5/17. Näherungskonstruktion für die Betragskennlinie von $G^* = \frac{G}{1+G}$ aus der Betragskennlinie von G.
a) G enthält I-Glied oder $V >> 1$
b) G enthält kein I-Glied und V nicht groß gegen 1

Was die *Phasen*kennlinie von G^* angeht, so kann man auf Grund von (5.16) und (5.17) sagen, daß

$$\angle G^* \approx \begin{cases} 0^\circ & \text{für kleine } \omega \,, \\ \angle G(j\omega) & \text{für große } \omega \,. \end{cases} \tag{5.19}$$

Die beschriebene Approximation wird gemäß (5.14) dann gut sein, wenn $|G|_{dB}$ erheblich über oder unter der 0-dB-Linie liegt. Im Bereich der Durchtrittsfrequenz ω_D, bei der die Betragskennlinie durch die 0-dB-Linie geht, also in einem mittleren ω-Bereich, wird die Approximation schlechter sein. Hier kann deshalb eine Korrektur der Näherung erforderlich werden. Das entspricht der Tatsache, daß schon bei einfachen Übertragungsgliedern in der Umgebung der Knickfrequenz eine Korrektur der Knickgeraden erforderlich sein kann.

Um im vorliegenden Fall den genauen Verlauf der Frequenzkennlinien im mittleren ω-Bereich zu erhalten, geht man von der Beziehung (5.13) aus und zerlegt nach Betrag und Phase:

$$|G^*|\,e^{j\angle G^*} = \frac{|G|\,e^{j\angle G}}{1+|G|\,e^{j\angle G}} \quad \text{oder}$$

$$|G^*|\cos\angle G^* + j\,|G^*|\sin\angle G^* =$$

$$= \frac{|G|\cos\angle G + j\,|G|\sin\angle G}{1+|G|\cos\angle G + j\,|G|\sin\angle G} \,.$$

Durch Zerspaltung in Real- und Imaginärteil folgen hieraus die Gleichungen

$$|G^*|\cos\angle G^* = \frac{|G|\left[\,|G| + \cos\angle G\right]}{1+2|G|\cos\angle G + |G|^2} \,,$$

$$|G^*|\sin\angle G^* = \frac{|G|\sin\angle G}{1+2\,|G|\cos\angle G + |G|^2} \,.$$

Löst man diese Gleichungen nach $|G^*|$ und $\angle G^*$ auf, so wird schließlich

$$|G^*| = \frac{|G|}{\sqrt{1+2|G|\cos\angle G + |G|^2}} \tag{5.20}$$

$$\angle G^* = \arctan\frac{\sin\angle G}{|G| + \cos\angle G} \,. \tag{5.21}$$

Man liest nun für einige Werte des mittleren ω-Bereiches $|G|_{dB}$ und $\angle G$ ab bzw. berechnet diese Werte und erhält dann aus ihnen mittels (5.20) und (5.21) die Werte $|G^*|_{dB}$ und $\angle G^*$. Hierzu wurde früher eine grafische Darstellung, das *Nichols-Diagramm*, benutzt, während man heute die Rechnerbenutzung vorziehen wird. Man hat dabei nur zu beachten, daß mittels (5.21) der Hauptwert des arctan geliefert wird, also dessen Wert zwischen -90° und $+90^\circ$. Gegebenenfalls ist deshalb ein ganzzahliges Vielfaches von 180° zu dem vom Rechner ausgegebenen Wert hinzuzufügen, und zwar derart, daß ein kontinuierlicher Verlauf der Phasenkennlinie zustande kommt, d.h. die Rechnerwerte sich stetig an die aus der asymptotischen Untersuchung bekannten Werte für kleine und große ω anschließen.

Bild 5/18 zeigt ein Beispiel. Die Frequenzkennlinien des zugehörigen offenen Kreises sind im Bild 5/13 dargestellt. Unter einer "direkten" Gegenkopplung ist dabei eine Gegenkopplung verstanden, bei der im Rückführzweig kein Block liegt, die also die Übertragungsfunktion

$$G^* = \frac{F_o}{1+F_o} \quad \text{hat.}$$

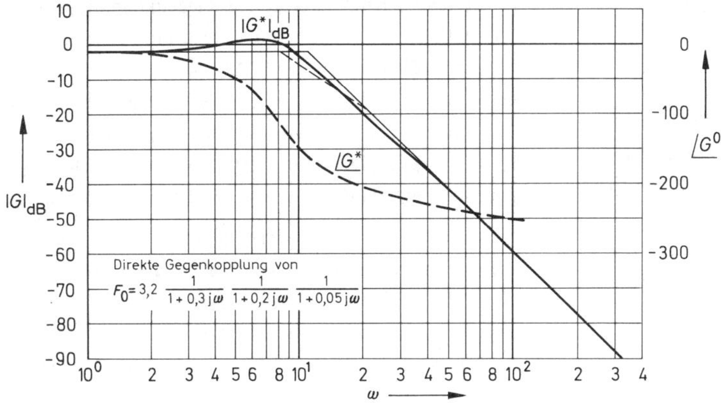

Bild 5/18. Frequenzkennlinien eines geschlossenen Kreises

Bild 5/18 zeigt deutlich das oben beschriebene asymptotische Verhalten der Frequenzkennlinien des geschlossenen Kreises: Für $\omega \to 0$ strebt $\underline{/G^*} \to 0$ und $|G^*|_{dB} \to \left[\frac{V}{V+1}\right]_{dB}$, während für $\omega \to +\infty$ die Frequenzkennlinien des geschlossenen Kreises in diejenigen des offenen Kreises übergehen. In der Umgebung der Durchtrittsfrequenz ω_D, d.h. der Stelle, an der die Betragskennlinie $|F_o|_{dB}$ des offenen Kreises durch die 0-dB-Linie geht, zeigt $|G^*|_{dB}$ eine Überhöhung. Sie erinnert an die Betragskennlinie eines P-T_2-Gliedes mit $d < 1$ und läßt dadurch ein ähnliches Verhalten des hier betrachteten geschlossenen Wirkungskreises vermuten.

5.6 Nyquist-Kriterium in Frequenzkennliniendarstellung

5.6.1 Formulierung und Beispiele

Es soll zunächst für den weitaus häufigsten Fall betrachtet werden, daß der offene Kreis stabil ist oder allenfalls einen ein- oder zweifachen Pol in Null hat. Um seine Formulierung weiter zu vereinfachen, seien zwei zusätzliche Voraussetzungen über die Frequenzkennlinien gemacht, wie sie in den Anwendungen meist erfüllt sind.

Betrachtet man die Bilder 5/12, 5/13 und 5/14, so sieht man, daß die Betragskennlinie des offenen Kreises die 0-dB-Linie nur einmal schneidet - ein Verhalten, das die Regel darstellt. Die Schnittstelle sei, wie oben schon erwähnt, als *Durchtrittsfrequenz* ω_D bezeichnet. Ist $|G|_{dB} = 20 \log|G| = 0$, so ist $|G| = 1$. Für die Ortskurve des offenen Kreises bedeutet die Voraussetzung über die Betragskennlinie somit, daß sie den Einheitskreis nur einmal schneidet, und zwar bei der Frequenz ω_D.

Weiterhin sieht man aus den Bildern 5/12, 5/13 und 5/14, daß die Phasenkennlinie sehr tiefe Werte erst für große ω annimmt. Man wird daher stets annehmen dürfen, daß sie im Bereich $\omega \leq \omega_D$, also für $|F_o|_{dB} \geq 0$, zwischen $+180^\circ$ und -540° liegt. Die Ortskurve des offenen Kreises kann daher vor ihrem Eintauchen in den Einheitskreis den Nullpunkt höchstens einmal umkreisen. Nach den obigen Bildern könnte die Annahme naheliegen, daß Betrags- und Phasenkennlinie mit wachsendem ω monoton fallen. Eine solche Voraussetzung wäre aber, vor allem für die Phasenkennlinie, zu eng. Bei Stabilisierungsmaßnahmen kommt es häufig vor, daß die Phase zwischendurch angehoben wird.

Man kann nunmehr das *Nyquist-Kriterium in Frequenzkennliniendarstellung* in der folgenden Weise formulieren, wobei nochmals die Voraussetzungen zusammengestellt seien:

$$F_o(s) = \frac{V}{s^q} \frac{1+\dots}{1+\dots} e^{-T_t s} = \frac{Z_o(s)}{N_o(s)} e^{-T_t s}$$

sei die Übertragungsfunktion des offenen Kreises mit $V > 0$, $T_t \geq 0$, $q = 0,1,2$ und Grad $Z_o <$ Grad N_o, wobei $Z_o(s)$ und $N_o(s)$ keine gemeinsame Nullstelle haben. Sämtliche Pole von $F_o(s)$ mit eventueller Ausnahme eines ein- oder zweifachen Pols im Ursprung seien links von der j-Achse gelegen. Die Betragskennlinie $|F_o|_{dB}$ gehe genau einmal durch die 0-dB-Linie, und der zugehörige ω-Wert sei als Durchtrittsfrequenz ω_D bezeichnet. Im Bereich $|F_o|_{dB} \geq 0$ gelte $-540^\circ < \underline{/F_o} < 180^\circ$. Unter diesen Voraussetzungen ist die geschlossene Gegenkopplung stabil, wenn die Phasenkennlinie bei der Durchtrittsfrequenz ω_D (5.22) *oberhalb -180° liegt, instabil, wenn dies nicht der Fall ist.*

In Bild 5/19 ist das Kriterium veranschaulicht. Der Vergleich von Ortskurven- und Frequenzkennliniendarstellung zeigt auch sofort, daß die Formulierung (5.22) plausibel ist, da sie nichts anderes macht, als das Ortskurven-Kriterium durch Betrag und Phase auszudrükken. Im linken Bildteil ist der geschlossene Kreis stabil, da die Ortskurve des offenen Kreises den Punkt -1 links liegen läßt. Dann ist bei ω_D die Phase noch nicht auf -180° abgesunken. Im rechten Bildteil ist der geschlossene Kreis instabil, da die Ortskurve den Punkt -1 zur Rechten hat. Aus der letzten Tatsache folgt, daß bei ω_D die Phase bereits unter -180° liegt.

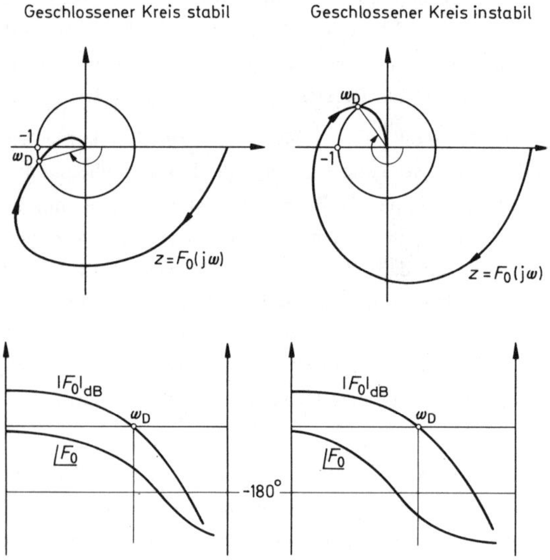

Bild 5/19. Nyquist-Kriterium in Frequenzkennliniendarstellung

Eine exakte Herleitung des Nyquist-Kriteriums in Frequenzkennlinienform ist damit natürlich noch nicht gegeben, da weder die verschiedenen Fälle von q noch die verschiedenartige Gestalt der Ortskurve berücksichtigt wurden. Sie soll im nächsten Unterabschnitt gebracht werden, wobei auch der Fall mit erfaßt wird, daß Pole des offenen Kreises rechts der j-Achse liegen.

Hier seien noch einige Beispiele zur Anwendung des Nyquist-Kriteriums angefügt. Im übrigen wird es in den Kapiteln 7 und 8 ausgiebig benutzt. Insbesondere wird es in Kapitel 8 zum Entwurf umfangreicher industrieller Regelungen verwendet.

Als erstes Beispiel werde die Gegenkopplung dreier P-T_1-Glieder betrachtet, für welche die Frequenzkennlinien des offenen Kreises in Bild 5/13 dargestellt sind. Wählt man $V = 3{,}2 = 10$ dB, so verläuft die neue 0-dB-Linie im Abstand -10 dB von der ursprünglichen, die für $V = 1$ gilt. Die Durchtrittsfrequenz der Betragskennlinie liegt dann bei $\omega_D = 5{,}8$. Die Phasenkennlinie verläuft an dieser Stelle oberhalb von -180°, so daß der geschlossene Kreis stabil ist. Der Phasenabstand von der (-180°)-Linie, die *Phasenreserve* φ_R, beträgt 55°. Vergrößert man die Kreisverstärkung V, so bedeutet dies eine Senkung der 0-dB-Linie, damit ein Anwachsen der Durchtrittsfrequenz ω_D und dadurch eine Abnahme der Phasenreserve φ_R. Ist V bis auf 23 dB gewachsen, so ist φ_R bis auf Null gesunken, was für $\omega = 13{,}5$ der Fall ist. Damit wird der geschlossene Wirkungskreis instabil. Die Stabilitätsgrenze liegt also bei $V_G = 23$ dB ≈ 14. Für die Auffindung der Stabilitätsgrenze V_G kann man also folgende allgemeine Regel aussprechen:

Um die Stabilitätsgrenze V_G für den geschlossenen Kreis aus den Frequenzkennlinien des offenen Kreises für $V = 1$ zu erhalten, bestimmt man den Wert der Betragskennlinie $|F_o|_{dB}$ des offenen Kreises an der Stelle, wo die Phasenkennlinie des offenen Kreises die (-180°)-Linie schneidet. Dann ist V_G gleich dem Negativen dieses Wertes. (5.23)

Als zweites Beispiel werde die Gegenkopplung zweier P-T_1-Glieder und eines I-Gliedes betrachtet, für welche die Frequenzkennlinien des offenen Kreises in Bild 5/14 wiedergegeben sind. Für $V = 3{,}6 = 11$ dB liegt die Durchtrittsfrequenz bei $\omega_D = 3$. Der geschlossene Kreis ist stabil und φ_R beträgt 50°. Der Schnittpunkt der Phasenkennlinie $\angle F_o$ mit der (-180°)-Linie liegt bei $\omega = 10$. Die Betragskennlinie hat für $V = 1$ an dieser Stelle den Wert $|F_o| = -28$ dB. Gemäß Regel (5.23) ist also die Stabilitätsgrenze $V_G = 28$ dB ≈ 25.

Was schließlich den Kreis in Bild 5/12 betrifft, so ist die Durchtrittsfrequenz $\omega_D = 1{,}5$. Dort hat die Phase den Wert -260°, so daß der geschlossene Kreis instabil ist. Die Phasenkennlinie schneidet die (-180°)-Linie bei $\omega = 0{,}5$. Da dort $|F_o|_{dB} = 0$, ist $V_G = 0$ dB, also $V_G = 1$.

5.6.2 Herleitung des Nyquist-Kriteriums in Frequenzkennliniendarstellung

Der Frequenzgang des offenen Kreises ist

$$F_o(j\omega) = \frac{V}{(j\omega)^q} \frac{1+\ldots}{1+\ldots} e^{-T_t j\omega} = \frac{Z_o(j\omega)}{N_o(j\omega)} e^{-T_t j\omega}$$

mit $V > 0$, $q = 0, 1, 2$, $T_t \geq 0$ und Grad Z_o < Grad N_o. Zusätzlich werde vorausgesetzt, daß der offene Kreis auf der j-Achse höchstens einen Doppelpol in Null hat, während rechts der j-Achse r_o Pole liegen mögen, wobei auch $r_o = 0$ sein darf. Betrachtet man die Ortskurve

$$z = F_o(j\omega)\,, \quad 0 \leq \omega < +\infty\,,$$

des offenen Kreises, so herrscht nach dem Nyquist-Kriterium in Ortskurvenform (4.78) Stabilität des geschlossenen Kreises genau dann, wenn die Winkeländerung ihres Fahrstrahls bezüglich des Punktes -1

$$W_+ = r_o \pi + q \frac{\pi}{2} \quad \text{ist}\,.$$

Es ist anschaulich klar, daß die Anzahl der Umläufe um den Punkt -1 mit der Anzahl der Schnittpunkte zwischen der Ortskurve und der reellen Achse links vom Punkt -1 zusammenhängen muß. Auf Grund dieses Zusammenhangs ist es möglich, das Nyquist-Kriterium mittels dieser Schnittpunkte statt mit Hilfe der Winkeländerung W_+ zu formulieren. In dieser Form läßt es sich dann leicht in die Frequenzkennliniendarstellung übertragen.

Die Ortskurve des offenen Kreises schneidet die reelle Achse links vom Punkt -1 in höchstens endlich vielen Punkten.[3] Sie seien in der Reihenfolge, in der sie mit wachsendem ω auf der Ortskurve liegen, mit $S_1, \ldots, S_n$ bezeichnet. Punkte, in denen die Ortskurve die reelle Achse lediglich berührt, ohne sie zu durchstoßen, seien nicht zu ihnen gezählt. Die Ortskurve beginnt in einem Punkt S_0, der für $q = 2$ als Punkt $-\infty$ der reellen Achse und für $q = 1$ als Punkt $-j\infty$ der imaginären Achse aufgefaßt werden kann, für $q = 0$ ein Punkt der positiven reellen Achse ist. Sie endet in jedem Fall im Punkt 0. S_ν, $\nu = 1, \ldots, n$, werde als *positiver bzw. negativer Schnittpunkt* bezeichnet, wenn die Ortskurve in S_ν von der oberen in die untere bzw. von der unteren in die obere Halbebene gelangt. Jeder Schnittpunkt S_ν erhält eine Kennziffer ϵ_ν, die im ersteren Fall +1, im letzteren -1 ist. Beginnt die Ortskurve in $-\infty$, so erhält dieser Anfangspunkt S_0 die Kennziffer +1/2 bzw. -1/2, je nachdem, ob die Ortskurve für kleine ω unterhalb oder oberhalb der reellen Achse liegt. S_0 stellt gewissermaßen einen halben Schnittpunkt dar, der im ersten Fall positiv, im zweiten negativ ist.

Die Winkeländerung W_+ des laufenden Punktes der Ortskurve bezüglich des Punktes -1 ist

$$W_+ = W(S_0S_1) + W(S_1S_2) + \ldots + W(S_{n-1}S_n) + W(S_n0),$$

wobei $W(S_0S_1)$ die Winkeländerung längs des Ortskurvenstückes von S_0 bis S_1 darstellt und die restlichen Summanden entsprechend erklärt sind. Im folgenden wird vorausgesetzt, daß die Ortskurve nicht durch den Punkt -1 geht, da der geschlossene Kreis dann ohnehin instabil ist.

Es werde nun das Ortskurvenstück von S_ν bis $S_{\nu+1}$, $\nu = 1, 2, \ldots, n-1$, betrachtet. Wie man aus Bild 5/20 abliest, ist die zugehörige Winkeländerung bezüglich -1

$$W(S_\nu S_{\nu+1}) = \begin{cases} 0 & \text{für } \epsilon_\nu = -1\,,\ \epsilon_{\nu+1} = +1 \\ 0 & \text{für } \epsilon_\nu = +1\,,\ \epsilon_{\nu+1} = -1 \\ -2\pi & \text{für } \epsilon_\nu = -1\,,\ \epsilon_{\nu+1} = -1 \\ +2\pi & \text{für } \epsilon_\nu = +1\,,\ \epsilon_{\nu+1} = +1 \end{cases}\,.$$

Also ist stets

$$W(S_\nu S_{\nu+1}) = (\epsilon_\nu + \epsilon_{\nu+1})\pi\,, \quad \nu = 1, \ldots, n-1\,.$$

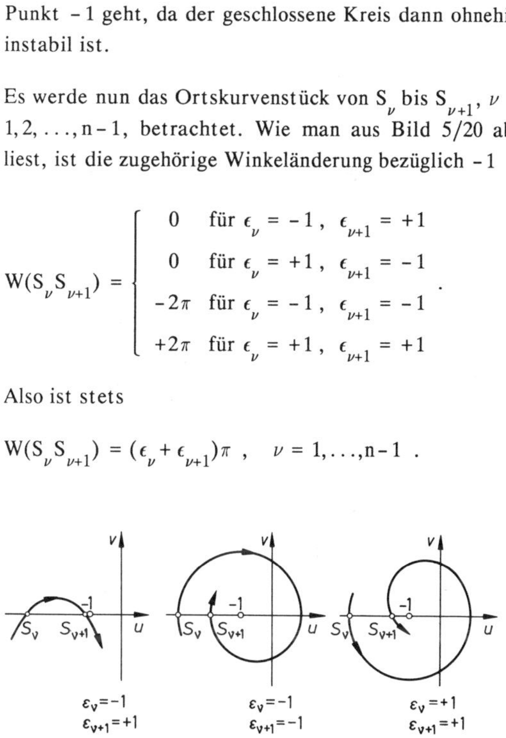

Bild 5/20. Zusammenhang zwischen den Schnittpunkten der Ortskurve mit der reellen Achse und ihrer Winkeländerung bezüglich -1: Mittelstück der Ortskurve

Nunmehr werde das Ortskurvenstück von S_n bis 0 betrachtet. Man erkennt aus Bild 5/21, daß

$$W(S_n0) = \begin{cases} +\pi & \text{für } \epsilon_n = +1 \\ -\pi & \text{für } \epsilon_n = -1 \end{cases}\,, \quad \text{also stets}$$

$$W(S_n0) = \epsilon_n \pi \quad \text{ist.}$$

[3] Es sei denn, daß sie in die reelle Achse fällt. Dieser Fall tritt bei einem realen Regelkreis nicht auf. Man kann aber unter den obigen Voraussetzungen zeigen, daß dann der geschlossene Kreis instabil sein muß. Dieser Fall ist daher in dem nachstehenden Ergebnis (5.24) mit enthalten.

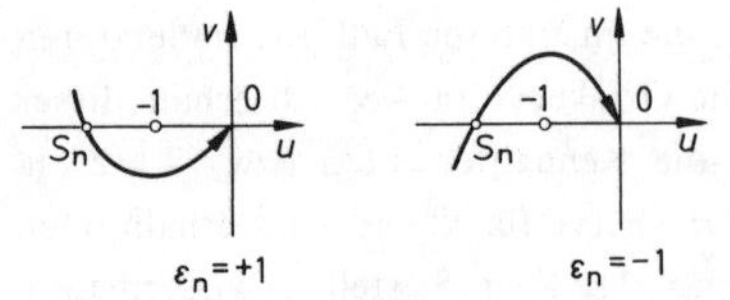

Bild 5/21. Zusammenhang zwischen den Schnittpunkten der Ortskurve mit der reellen Achse und ihrer Winkeländerung bezüglich -1: Endstück der Ortskurve

Bei der Betrachtung des Anfangsstückes S_0S_1 der Ortskurve sind die drei Fälle q = 0, q = 1, q = 2 zu unterscheiden. Aus Bild 5/22 erhält man das Resultat

$$W(S_0S_1) = \begin{cases} \epsilon_1 \pi, & \text{für} \quad q = 0 \\ \epsilon_1 \pi + \pi/2 & \text{für} \quad q = 1 \, . \\ \epsilon_1 \pi + \epsilon_0 2\pi & \text{für} \quad q = 2 \end{cases}$$

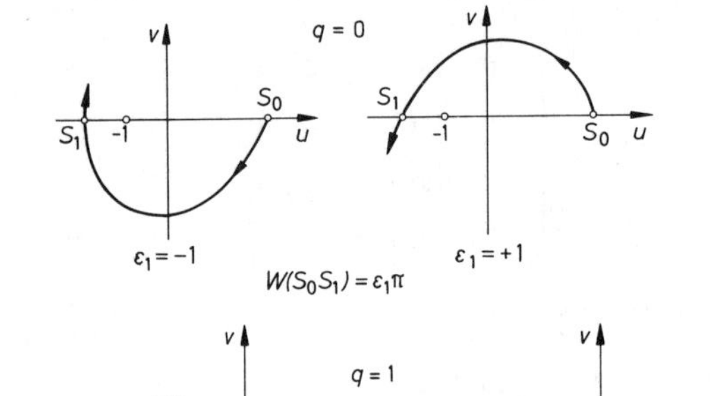

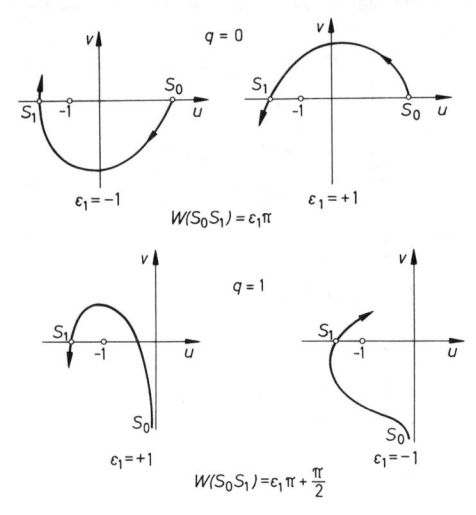

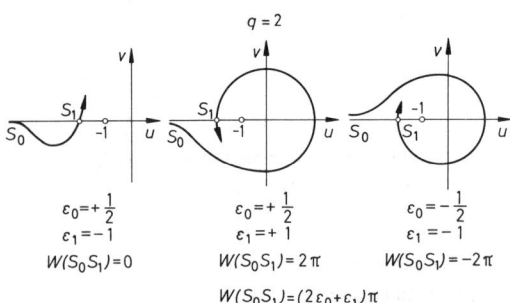

Bild 5/22. Zusammenhang zwischen den Schnittpunkten der Ortskurve mit der reellen Achse und ihrer Winkeländerung bezüglich -1: Anfangsstück der Ortskurve

Somit erhält man für die gesamte Winkeländerung

$$W_+ = \begin{Bmatrix} 0 \\ \pi/2 \\ \epsilon_0 2\pi \end{Bmatrix} + \epsilon_1 \pi + (\epsilon_1 + \epsilon_2)\pi + \ldots + \epsilon_n \pi \, ,$$

also

$$W_+ = \begin{cases} 2\pi \sum\limits_{\nu=1}^{n} \epsilon_\nu \, , & q = 0 \, , \\ 2\pi \sum\limits_{\nu=1}^{n} \epsilon_\nu + \frac{\pi}{2} \, , & q = 1 \, , \\ 2\pi \sum\limits_{\nu=0}^{n} \epsilon_\nu \, , & q = 2 \, . \end{cases}$$ [4]

Nun ist der geschlossene Kreis genau dann stabil, wenn

$$W_+ = \begin{cases} 0 + r_o \pi & \text{für } q = 0 \\ \pi/2 + r_o \pi & \text{für } q = 1 \\ \pi + r_o \pi & \text{für } q = 2 \end{cases}$$

ist. Dies bedeutet, daß

$$\sum_{\nu=1}^{n} \epsilon_\nu = \frac{r_o}{2} \qquad \text{für } q = 0 \, ,$$

$$\sum_{\nu=1}^{n} \epsilon_\nu = \frac{r_o}{2} \qquad \text{für } q = 1 \, ,$$

$$\sum_{\nu=0}^{n} \epsilon_\nu = \frac{r_o + 1}{2} \qquad \text{für } q = 2$$

sein muß. Hierin stellt die Zahl $\sum\limits_{\nu=1}^{n} \epsilon_\nu$ bzw. $\sum\limits_{\nu=0}^{n} \epsilon_\nu$ die Differenz dar, die man erhält, wenn man die Anzahl der negativen Schnittpunkte S_ν von der Anzahl der positiven Schnittpunkte S_ν subtrahiert, wobei im Falle q = 2 der Anfangspunkt der Ortskurve als halber Schnittpunkt gezählt wird. Auf Grund dieser drei Gleichungen ist es möglich, das Nyquist-Kriterium in der folgenden Form auszusprechen:

Es sei $F_o(s) = \frac{V}{s^q} \frac{1+\ldots}{1+\ldots} e^{-T_t s} = \frac{Z_o(s)}{N_o(s)} e^{-T_t s}$

---

[4] Schneidet die positive Ortskurvenhälfte die reelle Achse links von -1 nicht, gibt es also keinen Schnittpunkt S_ν, $\nu = 1,2,\ldots,n$, so bleibt diese Formel richtig, wenn man $\sum\limits_{\nu=1}^{n} \epsilon_\nu = 0$ setzt.

die Übertragungsfunktion des offenen Kreises mit $V > 0$, $q = 0, 1, 2$, $T_t \geq 0$ und Grad $Z_o <$ Grad N_o, wobei $Z_o(s)$ und $N_o(s)$ keine gemeinsame Nullstelle haben. Außer möglicherweise einem Pol im Ursprung mögen keine weiteren Pole von $F_o(s)$ auf der j-Achse liegen, während die Anzahl der rechts von der j-Achse gelegenen Pole von $F_o(s)$ r_o sei. Unter diesen Voraussetzungen ist der Regelkreis stabil, wenn die Ortskurve $z = F_o(j\omega)$, $0 \leq \omega < +\infty$, nicht durch den Punkt -1 geht und die Differenz aus der Anzahl ihrer positiven und negativen Schnittpunkte (mit der reellen Achse links vom Punkt -1) im Falle $q = 0$ oder 1 $\frac{r_o}{2}$ und im Falle $q = 2$ $\frac{r_o+1}{2}$ beträgt. Sind diese Bedingungen nicht erfüllt, so ist die geschlossene Gegenkopplung instabil. Im Falle $q = 2$ ist dabei der Anfangspunkt der Ortskurve als halber Schnittpunkt gezählt. (5.24)

Aus diesem Kriterium ergibt sich noch eine interessante Konsequenz. Da die Differenz aus der Anzahl der positiven und negativen Schnittpunkte für q = 0 oder 1 eine ganze Zahl, für q = 2 aber keine ganze Zahl ist, kann der Kreis nur stabil sein, wenn im ersten Fall $r_o/2$ eine ganze Zahl, also r_o gerade, im letzteren Fall hingegen $(r_o+1)/2$ keine ganze Zahl und daher $r_o + 1$ ungerade, also r_o ebenfalls gerade ist. Es gilt daher folgender Satz:

Gelten die Voraussetzungen von (5.24), so ist der Regelkreis mit Sicherheit instabil, wenn rechts von der j-Achse eine ungerade Anzahl von Polen des offenen Kreises liegt. (5.25)

Um das Nyquist-Kriterium in der Form (5.24) in die Frequenzkennliniendarstellung zu übertragen, braucht man nur die Begriffe des positiven und negativen Schnittpunktes mittels der Frequenzkennlinien auszusprechen. Schneidet die Ortskurve die reelle Achse links von -1, so ist $|F_o(j\omega)| > 1$ und

$\angle F_o(j\omega) = -180^\circ, +180^\circ, -540^\circ, \ldots$, d.h. allgemein

ein ungerades Vielfaches von 180°. Somit sind diese Schnittpunkte durch

$$|F_o|_{dB} > 0 \ , \quad \angle F_o = (2\nu + 1)180^\circ \ , \quad \nu \text{ ganz} \ ,$$

definiert. Ein solcher Schnittpunkt ist positiv, wenn die Ortskurve von oben nach unten durch die reelle Achse geht, also die Phasenkennlinie ansteigt, hingegen negativ im umgekehrten Falle, wenn also die Phasenkennlinie fällt. Man erhält damit aus (5.24) folgende *allgemeine Form des Nyquist-Kriteriums in Frequenzkennliniendarstellung:*

Unter den Voraussetzungen von (5.24) ist der Regelkreis stabil, wenn

1. für $|F_o|_{dB} = 0$ niemals $\angle F_o = (2\nu+1)\ 180^\circ$ ist, wo ν eine beliebige ganze Zahl darstellt.

2. die Differenz D aus der Anzahl der positiven und negativen Schnittpunkte $r_o/2$ für $q \leq 1$ und $(r_o+1)/2$ für $q = 2$ ist.

Ist mindestens eine dieser beiden Bedingungen nicht erfüllt, so ist der Kreis instabil. (5.26)

Dabei ist unter einem positiven bzw. negativen Schnittpunkt eine solche Stelle ω verstanden, für die $|F_o|_{dB} > 0$, $\angle F_o = (2\nu+1) \cdot 180^\circ$ ist und die Phasenkennlinie steigt bzw. fällt. Im Falle $q = 2$ ist der Anfangspunkt als halber Schnittpunkt mitzuzählen.

Bild 5/23 veranschaulicht die Anwendung dieses Kriteriums. Es handelt sich dabei um die Frequenzkennlinien eines offenen Kreises mit q = 2. Der offene Kreis hat also einen Doppelpol im Nullpunkt; er möge aber keine Pole rechts von der j-Achse haben, so daß also $r_o = 0$ ist. Die ω-Intervalle, in denen $|F_o|_{dB} > 0$ ist, sind schraffiert. Nur diejenigen Schnittpunkte der Phasenkennlinie mit der -180°-Linie, -540°-Linie, usw. werden gezählt, die in diesen Intervallen liegen. Solche

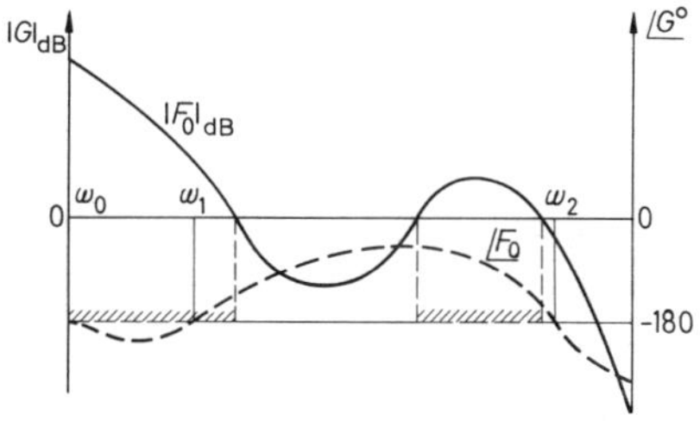

Bild 5/23. Allgemeine Form des Nyquist-Kriteriums in Frequenzkennliniendarstellung

Schnittpunkte sind hier der Anfangspunkt ω_0 sowie ω_1, aber nicht ω_2. Der zu ω_0 gehörige Schnittpunkt ist negativ, da die Phasenkennlinie bei ω_0 fällt, der zu ω_1 gehörige Schnittpunkt hingegen positiv. Also ist die Differenz der Anzahl der positiven und negativen Schnittpunkte $D = +1/2$. Wegen $r_o = 0$ ist daher $D = (r_o+1)/2$ und somit nach (5.26) der geschlossene Kreis stabil.

Aus (5.26) kann man nun ohne Schwierigkeit jene speziellere Fassung (5.22) des Nyquist-Kriteriums herleiten, die wir oben schlechtweg als *Nyquist-Kriterium* bezeichnet hatten. Bei diesem Sprachgebrauch wollen wir auch bleiben, da diese Fassung vorwiegend benutzt wird. Ihr Beweis ergibt sich ganz anschaulich aus (5.26), wenn man die zusätzlichen Voraussetzungen von (5.22) berücksichtigt und die beiden Fälle $q = 2$ und $q = 0,1$ unterscheidet. Die zugehörigen Frequenzkennlinien sind in Bild 5/24 bzw. 5/25 dargestellt.[5]

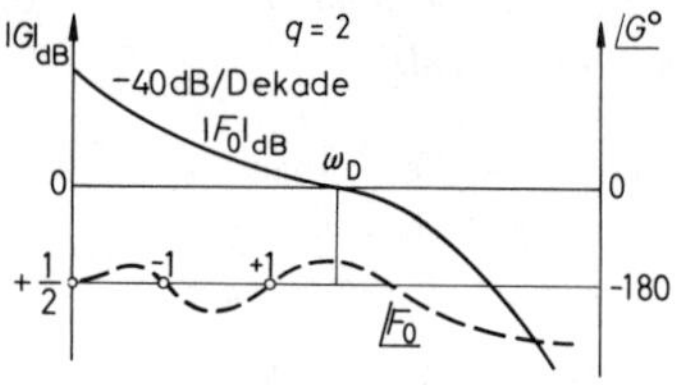

Bild 5/24. Herleitung des Nyquist-Kriteriums in Frequenzkennliniendarstellung, wenn der offene Kreis II-Verhalten hat

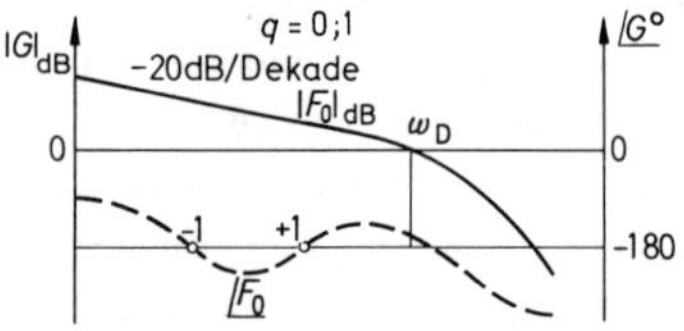

Bild 5/25. Herleitung des Nyquist-Kriteriums in Frequenzkennliniendarstellung, wenn der offene Kreis P- oder I-Verhalten hat

Im Fall $q = 2$ ist $F_o(j\omega) = -\frac{1}{\omega^2}\,\frac{1+\ldots}{1+\ldots}\,e^{-T_t j\omega}$, so daß die Phasenkennlinie bei -180° beginnt. Aus Bild 5/24 liest man unmittelbar ab, daß die Differenz D der positiven und negativen Schnittpunkte der Phasenkennlinie mit der (-180°)-Linie (im Bereich $|F|_{dB} > 0$) nur die beiden Werte $+1/2$ oder $-1/2$ annehmen kann. In dem in Bild 5/24 dargestellten Fall ist speziell $D = +1/2+(-1)+1 = +1/2$. Aus diesem Bild liest man weiter ab, daß im Falle $D = 1/2$ die Phasenkennlinie bei ω_D oberhalb von -180° liegt, für $D = -1/2$ aber unterhalb von -180°. Andererseits folgt aus (5.26) wegen $r_o = 0$, daß der geschlossene Kreis stabil ist für $D = +1/2$, aber instabil für $D = -1/2$. Man hat somit das Ergebnis, daß Stabilität herrscht, wenn bei ω_D $\angle F_o > -180^\circ$ ist, aber Instabilität, wenn dort $\angle F_o < -180^\circ$ ist. Nimmt die Phasenkennlinie bei ω_D den Wert -180° selbst an, so liegt nach (5.26) ebenfalls Instabilität vor.

Im Fall $q = 0$ oder 1 verläuft der Beweis ganz entsprechend. Ist etwa $q = 1$, so beginnt $\angle F_o$ gemäß

$$F_o(j\omega) = -\frac{V}{\omega}\,j\,\frac{1+\ldots}{1+\ldots}\,e^{-T_t j\omega}$$

bei -90°, liegt also zunächst oberhalb der (-180°)-Linie. Infolgedessen ist D entweder gleich 0 oder -1, wie aus Bild 5/25 unmittelbar abzulesen ist. In diesem Bild ist z.B. $D = 0$. Man liest weiter aus Bild 5/25 ab, daß $\angle F_o > -180^\circ$ oder $< -180^\circ$ ist, je nachdem, ob $D = 0$ oder $D = -1$ gilt. $D = 0$ bzw. $D = -1$ bedeutet aber nach (5.26) Stabilität bzw. Instabilität des geschlossenen Kreises.

5.7 Minimalphasenglieder und Allpässe

In diesem Abschnitt sollen einige Begriffsbildungen erörtert werden, die in der Nachrichtentechnik von großer Bedeutung sind, für regelungstechnische Untersuchungen zwar eine geringere Rolle spielen, aber doch bei der Regelungssynthese benötigt werden. Alle vorhergehenden Betrachtungen, insbesondere die Anwendung des Nyquist-Kriteriums auf Regelkreise, werden durch sie nicht berührt.

Wir wollen uns in diesem Abschnitt auf R-Glieder beschränken, also auf Übertragungsglieder mit rationalem Frequenzgang. Dabei braucht der Zählergrad nicht notwendigerweise niedriger zu sein als der Nennergrad. Hier, wo es nicht um die Realisierung der Übertragungsglieder, sondern um die Eigenschaften ihres Frequenzgangs geht, können wir das ohne weiteres zulassen.

Wenn wir von der Produktdarstellung des Frequenzgangs ausgehen und die Betragskennlinie durch ihre Knickgerade annähern, so entspricht jedem Zählerfaktor $1 + j\omega/\omega_0$ ein Aufwärtsknick um 20 dB/Dekade bei ω_0, jedem Nennerfaktor $1 + j\omega/\omega_0$ ein Abwärtsknick um 20 dB/Dekade bei ω_0, dem Nennerfaktor $(j\omega)^q$ eine Anfangssteigung von $-q\cdot 20$ dB/Dekade, und entsprechend für die quadratischen Faktoren.

Man stelle sich nun vor, daß die *asymptotische* Näherung der Betragskennlinie durch die Knickgerade vorliegt. Man weiß, daß es sich um ein R-Glied handelt. Kann man dann umgekehrt schließen, daß jedem Aufwärtsknick um 20 dB/Dekade bei ω_0 ein Zählerfaktor $1 + j\omega/\omega_0$, jedem Abwärtsknick um 20 dB/Dekade bei ω_0

---

[5] Was die Gestalt der Phasenkennlinie in diesen Bildern betrifft, so sei darauf hingewiesen, daß diese Ausführungen wie auch die vorhergehenden nicht nur für Minimalphasenglieder (siehe Abschnitt 5.7) gelten. Daher ist der in den Bildern 5/24 und 5/25 skizzierte Verlauf der Phasenkennlinie grundsätzlich durchaus möglich.

ein Nennerfaktor $1 + j\omega/\omega_0$ usw. entspricht? Wer mit Frequenzkennlinien arbeitet, benutzt diese Schlußweise sehr häufig, eben um von der Betragskennlinie, die er aus irgendwelchen Frequenzkennlinienoperationen erhalten hat, auf den Frequenzgang des Systems zu schließen. Beispiele dafür werden in den folgenden Kapiteln öfter auftreten. Diese Schlußweise ist aber nicht selbstverständlich, wenngleich sie in den regelungstechnischen Anwendungen in der überwiegenden Mehrzahl der Fälle zulässig ist. Daher soll sie etwas genauer analysiert werden.

Daß sie nicht generell richtig sein kann, zeigt schon ein einfaches Beispiel. Betrachten wir etwa das R-Glied mit

$$G(j\omega) = \frac{1}{1-Tj\omega}, \quad T > 0. \quad \text{Dann ist}$$

$$|G(j\omega)| = \frac{1}{\sqrt{1+T^2\omega^2}}.$$

Genau die gleiche Betragsfunktion erhält man aber auch für das P-T_1-Glied. Beide R-Glieder haben daher bei $\omega_0 = 1/T$ einen 20-dB-Abwärtsknick. Aus dem Auftreten eines solchen Knickes kann man somit nicht eindeutig auf den Nennerfaktor $1+Tj\omega$ schließen. Zumindest ist auch der Nennerfaktor $1-Tj\omega$ möglich. Allerdings ist dieses Übertragungsglied instabil. Aber auch das stabile R-Glied mit

$$G(j\omega) = K\frac{1-Tj\omega}{(1+Tj\omega)^2}$$

hat den gleichen Betrag

$$|G(j\omega)| = K\frac{\sqrt{1+T^2\omega^2}}{1+T^2\omega^2} = \frac{K}{\sqrt{1+T^2\omega^2}}$$

wie das P-T_1-Glied. Bei ihm liegt lediglich eine *Nullstelle* rechts der j-Achse.

Um die Frage allgemein in Angriff zu nehmen, gehen wir von zwei R-Gliedern mit den Frequenzgängen $G_1(j\omega)$ und $G_2(j\omega)$ aus, welche die gleiche Betragskennlinie haben, aber sonst beliebig sind. Dann gilt für sie $|G_1|_{dB} = |G_2|_{dB}$ im gesamten ω-Bereich, woraus $|G_1/G_2|_{dB} = 0$, also $|G_1/G_2| = 1$ folgt. Der Quotient G_1/G_2 der beiden Frequenzgänge liefert also einen Frequenzgang $G_A(j\omega)$, dessen Betrag für alle ω den konstanten Wert 1 hat. Ein solches Übertragungsglied, bei dem der Betrag des Frequenzgangs von der Frequenz unabhängig ist, bezeichnet man ganz allgemein als einen *Allpaß*, da es alle aufgeschalteten Sinusschwingungen, ganz gleich welcher Frequenz, mit derselben Amplitude passieren läßt. Man hat so als erstes Resultat:

Sämtliche R-Glieder, die dieselbe Betragskennlinie aufweisen, unterscheiden sich um Allpässe, die R-Glieder sind und deren Betragskennlinie identisch 0 dB ist. Sind G_1 und G_2 die Frequenzgänge zweier solcher R-Glieder, so ist also (5.27)

$$G_2 = G_A G_1,$$

wo G_A der Frequenzgang des Allpasses ist.

Da im folgenden nur Allpässe betrachtet werden, die R-Glieder sind und deren Betrag 1 ist, wird diese Tatsache nicht mehr besonders erwähnt. Aus der Definition des Allpasses folgt unmittelbar, daß das inverse Glied ebenfalls ein Allpaß ist und die Reihenschaltung beliebig vieler Allpässe wiederum einen Allpaß liefert.

Ein Beispiel für einen Allpaß ist etwa das R-Glied mit dem Frequenzgang

$$G_A = \frac{j\omega-\beta_1}{j\omega-\alpha_1}\,\frac{j\omega-\beta_2}{j\omega-\alpha_2}\,\frac{j\omega-\beta_3}{j\omega-\alpha_3},$$

dessen Pole und Nullstellen so liegen, wie dies in Bild 5/26 dargestellt ist, nämlich spiegelbildlich zur j-Achse, und zwar so, daß jedem Pol auf der einen Seite eine Nullstelle auf der anderen Seite entspricht und umgekehrt. Wegen dieser Symmetrie zur j-Achse ist für jeden Punkt $j\omega$

$$|j\omega-\beta_\nu| = |j\omega-\alpha_\nu|, \quad \nu = 1,2,3,$$

woraus $|G_A| = 1$ folgt. Es ist klar, daß jedes R-Glied mit einer solchen zur j-Achse symmetrischen Pol-Nullstellen-Verteilung einen Allpaß bildet. Um zu zeigen,

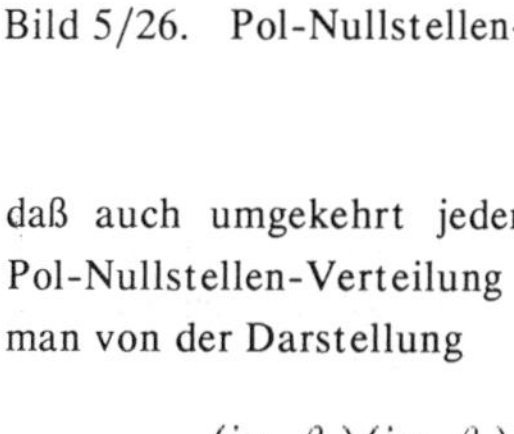

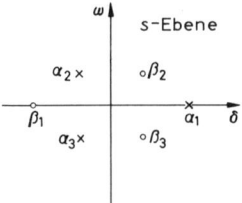

Bild 5/26. Pol-Nullstellen-Verteilung eines Allpasses

daß auch umgekehrt jeder Allpaß durch eine solche Pol-Nullstellen-Verteilung charakterisiert wird, geht man von der Darstellung

$$G(j\omega) = K\frac{(j\omega-\beta_1)(j\omega-\beta_2)\ldots}{(j\omega-\alpha_1)(j\omega-\alpha_2)\ldots}$$

des Frequenzgangs aus, die für jedes R-Glied möglich

ist. Soll G einen Allpaß darstellen, so darf keine Nullstelle β_ν und kein Pol α_ν des R-Gliedes auf der j-Achse liegen, da andernfalls an dieser Stelle $|G| = 0$ bzw. ∞ wäre. Aus der Forderung $|G(j\omega)| = 1$, also auch $|G(j\omega)|^2 = 1$, folgt weiter

$$K^2 \prod_\nu |j\omega - \beta_\nu|^2 = \prod_\nu |j\omega - \alpha_\nu|^2 \ .$$

Ist $\beta_\nu = a_{Z\nu} + jb_{Z\nu}$ und $\alpha_\nu = a_{N\nu} + jb_{N\nu}$, so folgt aus dieser Gleichung

$$K^2 \prod_\nu \left[(\omega - b_{Z\nu})^2 + a_{Z\nu}^2\right] = \prod_\nu \left[(\omega - b_{N\nu})^2 + a_{N\nu}^2\right] \ .$$

Die beiden Seiten dieser Gleichung werden von zwei Polynomen der reellen Veränderlichen ω gebildet, die für alle ω identisch sein sollen. Damit müssen diese Polynome aber auch für alle komplexen Werte der Veränderlichen übereinstimmen, was wiederum nur möglich ist, wenn sie dieselben Wurzeln[6] haben. Die Wurzeln des auf der linken Seite stehenden Polynoms sind aber durch $b_{Z\nu} \pm ja_{Z\nu}$, diejenigen des auf der rechten Seite befindlichen Polynoms durch $b_{N\nu} \pm ja_{N\nu}$ gegeben. Sollen sie gleich sein, so muß bei geeigneter Numerierung der Wurzeln $b_{Z\nu} = b_{Z\nu}$ und $a_{Z\nu} = \pm a_{Z\nu}$ gelten. Gilt das positive Vorzeichen, so ist für alle ν $\alpha_\nu = \beta_\nu$. Daraus folgt zunächst $K^2 = 1$ und sofort weiter $G(j\omega) = +1$. Im anderen Fall muß $b_{Z\nu} = b_{N\nu}$ und $a_{Z\nu} = -a_{N\nu}$ gelten, d.h. die Nullstellen und Pole gehen durch Spiegelung an der j-Achse ineinander über. Damit sind die Produkte in der letzten Gleichung identisch, so daß $K^2 = 1$, also $K = \pm 1$ sein muß.

Hiermit hat man die folgende Charakterisierung des Allpasses:

Ein R-Glied ist genau dann ein Allpaß mit dem Betrag 1, wenn sein Frequenzgang von der Form $G_A(j\omega) = \pm 1$ *oder*

$$G_A(j\omega) = \pm \frac{(j\omega - \beta_1)(j\omega - \beta_2)\ldots}{(j\omega - \alpha_1)(j\omega - \alpha_2)\ldots} \tag{5.28}$$

ist, wobei die Nullstellen und Pole symmetrisch zur j-Achse liegen, und zwar so, daß jeder Nullstelle ein Pol entspricht und umgekehrt.

Die Sätze (5.27) und (5.28) ermöglichen es, die eingangs dieses Abschnitts formulierte Frage zu beantworten, wann man aus der Betragskennlinie eindeutig auf den Frequenzgang schließen kann. Dazu ist es erforderlich, aus der Gesamtheit der R-Glieder eine spezielle Klasse herauszuheben, deren besondere Betrachtung bisher noch nicht notwendig war, die *Minimalphasenglieder:*

Unter einem Minimalphasenglied (Mindestphasensystem) werde ein R-Glied verstanden, das keine Pole und Nullstellen rechts von der j-Achse hat und dessen Frequenzgang in der Darstellung

$$G(j\omega) = \frac{K}{(j\omega)^q} \frac{1+\ldots}{1+\ldots} \tag{5.29}$$

einen positiven Faktor K aufweist.

Ihren Namen verdanken sie einer Eigenschaft ihrer Phasenkennlinie, die für regelungstechnische Belange weniger interessant ist und auf die wir daher nicht einzugehen brauchen (siehe etwa [2.7], Kapitel 7).

Wir betrachten nun zwei Minimalphasenglieder G_1 und G_2, welche die gleiche Betragskennlinie haben. Der Allpaß $G_A = G_1/G_2$ kann dann rechts von der j-Achse weder Pole noch Nullstellen haben. Nach (5.28) muß dann $G_A(j\omega) = \pm 1$ sein. Da G_1 und G_2 gleiches Vorzeichen haben, gilt somit $G_1 = G_2$. Das heißt:

Zu einer gegebenen Betragskennlinie kann es nur ein Minimalphasenglied geben, das diese Betragskennlinie hat. Seinen Frequenzgang kann man daher eindeutig aus der Betragskennlinie ablesen. (5.30)

Im Bereich der Minimalphasenglieder kann man also eindeutig von der Betragskennlinie auf den Frequenzgang schließen. Das hat eine weitere Konsequenz: Da die Phasenkennlinie durch den Frequenzgang eindeutig bestimmt ist (wenn wir von der trivialen Vieldeutigkeit um $\nu 2\pi$ absehen), muß die Phasenkennlinie sich eindeutig aus der Betragskennlinie berechnen lassen. Der exakte Zusammenhang ist nicht einfach. Er wird durch das 1. Theorem von Bode vermittelt ([2.7], Kapitel 7, oder [5.3], Abschnitt 10.3). Er ist für die regelungstechnischen Anwendungen aber auch uninteressant. Was man dort benötigt, ist lediglich eine Folgerung aus ihm, die eine sehr grobe approximative Aussage über die Abhängigkeit der Phase vom Betrag macht und die man etwa so formulieren kann:

Steigt bei einem Minimalphasenglied, das mit eventueller Ausnahme des Nullpunktes keine Pole und Nullstellen auf der j-Achse aufweist, die Betragskennlinie über ein genügend großes ω-Intervall mit annähernd $k \cdot 20$ dB/Dekade an, so tendiert die Phase in der Intervallmitte gegen $k \cdot 90^\circ$. (5.31)

---

[6] Es sei daran erinnert, daß die Bezeichnung "Wurzel eines Polynoms" gleichbedeutend mit "Nullstelle" ist.

Die Betrachtung der einfachsten R-Glieder erläutert diese Regel im einzelnen. Beim D-Glied ist die Betragskennlinie eine Gerade mit der Steigung 20 dB/Dekade, die Phasenkennlinie eine Gerade parallel zur 0°-Linie im Abstand $+90^\circ$. Beim P-Glied ist die Steigung der Betragskennlinie 0 dB/Dekade, die Phasenkennlinie hat den Wert 0°. Das I-Glied weist als Betragskennlinie eine Gerade mit der Steigung -20 dB/Dekade auf, während seine Phasenkennlinie eine horizontale Gerade im Abstand -90° von der 0°-Linie ist. Geht man weiter zum P-T_1-Glied, so setzt sich die Betragskennlinie näherungsweise aus zwei Geradenstücken zusammen, von denen das erste mit 0 dB/Dekade, das zweite mit -20 dB/Dekade ansteigt; die Phasenkennlinie hat für kleine ω den Wert 0° und für große ω den Wert -90°. Wie man hieraus ersieht, ist die Phase für alle ω genau $k\cdot 90^\circ$, wenn die Steigung der Betragskennlinie für alle ω $k\cdot 20$ dB/Dekade beträgt. Strebt für kleine bzw. große ω die Steigung gegen $k\cdot 20$ dB/Dekade, so strebt die Phase gegen $k\cdot 90^\circ$. Unter der *Intervallmitte* ist hier der Bereich kleiner bzw. großer ω zu verstehen. Ist das Intervall mit der nahezu konstanten Steigung der Betragskennlinie relativ kurz, so kann die Tendenz der Phasenkennlinie auch nur unvollkommen zum Ausdruck kommen. So grob die Regel (5.31) aber auch ist, so wertvoll ist sie für die praktische Behandlung von Regelkreisen. Das wird sich z.B. bei der Stabilisierung in Kapitel 7 zeigen.

Die Regel (5.31) läßt sich ohne Schwierigkeit auch ohne Zuhilfenahme des 1. Bode-Theorems einsehen. Dazu betrachten wir ein ω-Intervall zwischen zwei aufeinanderfolgenden Knickfrequenzen. Es sei so groß, daß sich die Einflüsse der rechts von ihm gelegenen Knickfrequenzen in der Intervallmitte noch nicht bemerkbar machen, während die Einflüsse der links von ihm gelegenen Knickfrequenzen in der Intervallmitte bereits ihren stationären Zustand erreicht haben. Ist dann m_1 bzw. n_1 die Anzahl der links der Intervallmitte gelegenen Zähler- bzw. Nenner-Knickfrequenzen, so ist die Steigung der Betragskennlinie im Intervall annähernd $(m_1 - n_1)\cdot 20$ dB/Dekade, wenn man die Knickfrequenzen quadratischer Faktoren doppelt zählt. Zugleich muß die Phase in der Intervallmitte nahezu den Wert $(m_1 - n_1)\cdot 90^\circ$ aufweisen.

Damit ist die zu Beginn dieses Abschnitts gestellte Frage beantwortet: Durch die Betragskennlinie eines R-Gliedes ist der gesamte Frequenzgang und damit auch die Phasenkennlinie genau dann eindeutig bestimmt, wenn es sich um ein Minimalphasenglied gemäß Definition (5.29) handelt.

Wie sieht man nun einem R-Glied an, ob es ein Minimalphasenglied ist? Ist der Frequenzgang des R-Gliedes in Produktdarstellung gegeben, also

$$G(j\omega) = \frac{K}{(j\omega)^q} \cdot \frac{(1+T_{Z1}j\omega)\ldots[1+2d_{Z1}\tau_{Z1}j\omega+\tau_{Z1}^2(j\omega)^2]\ldots}{(1+T_1 j\omega)\ldots[1+2d_1\tau_1 j\omega+\tau_1^2(j\omega)^2]\ldots},$$

so kann man ein Minimalphasenglied sofort daran erkennen, daß keine *negativen* Parameter auftreten, da andernfalls Nullstellen oder Pole rechts der j-Achse lägen.

Wie ist es aber beim geschlossenen Regelkreis, dessen Führungs- bzw. Störübertragungsfunktion ja nicht in Produktform vorliegt? Wenn wir zur Vermeidung von Weitläufigkeiten von der Standardregelung ausgehen, ist mit

$$F_o = \frac{Z_o}{N_o}:$$

$$F_w = \frac{F_o}{1+F_o} = \frac{Z_o}{N_o+Z_o}, \quad F_z = \frac{1}{1+F_o} = \frac{N_o}{N_o+Z_o}.$$

Daraus sieht man, daß die Nullstellen von F_w mit den Nullstellen von F_o und die Nullstellen von F_z mit den Polen von F_o übereinstimmen (wobei wir wie stets voraussetzen, daß Z_o und N_o keine gemeinsamen Nullstellen haben). Beschreibt also F_o ein Minimalphasenglied, so liegt auch vom Regelkreis keine Nullstelle rechts der j-Achse. Was die *Pole* des Regelkreises angeht, so liegen sie gewiß links der j-Achse, wenn er stabil ist. Man hat so die hinreichende Bedingung:

Ein Regelkreis ist ein Minimalphasenglied, wenn dies für den offenen Kreis gilt und wenn er überdies stabil ist. (5.32)

Zum Abschluß werde noch ein konkretes Beispiel für ein *nichtminimalphasiges System* gebracht: die *Steuerung eines Gleichstrommotors über sein Feld.* Es liege die Situation von Bild 1/3 vor, nur daß der Feldfluß ϕ_F nicht, wie bisher angenommen, konstant, sondern zeitveränderlich sei. u_A und M_L mögen die festen Werte u_{A0} und M_{L0} haben. Dann gelten die Gleichungen

$$M_A = c\phi_F i_A, \quad \Theta\dot{\omega} = M_A - M_{L0};$$

$$\frac{L_A}{R_A}\dot{i}_A + i_A = \frac{1}{R_A}(u_{A0} - e_M), \quad e_M = c\phi_F\omega.$$

Faßt man die beiden letzten Gleichungspaare zusammen, so gilt:

$$\Theta\dot{\omega} = c\phi_F i_A - M_{L0} ,$$

$$T_A \dot{i}_A + i_A = \frac{1}{R_A} u_{A0} - \frac{c}{R_A}\phi_F \omega \quad \text{mit} \quad T_A = \frac{L_A}{R_A} .$$

Die Anlage möge um einen festen Betriebszustand arbeiten, wobei die Änderungen von ϕ_F relativ gering sind. Dann kann man zu den Abweichungen um diesen Betriebszustand übergehen und dabei linearisieren:

$$\Theta(\Delta\omega)^{\cdot} = c\phi_{F0}\Delta i_A + c i_{A0}\Delta\phi_F ,$$

$$T_A(\Delta i_A)^{\cdot} + \Delta i_A = -\frac{c\phi_{F0}}{R_A}\Delta\omega - \frac{c\omega_0}{R_A}\Delta\phi_F .$$

Laplace-Transformation der beiden Gleichungen und anschließendes Einsetzen der zweiten Gleichung in die erste liefert

$$\Delta\omega = \frac{\frac{c}{R_A}(c\phi_{F0}\omega_0 - R_A i_{A0} - R_A i_{A0} T_A s)}{\Theta T_A s^2 + \Theta s + c^2\phi_{F0}^2/R_A}(-\Delta\phi_F) .$$

Für den durch den Index 0 charakterisierten Betriebszustand gilt aber nach dem ursprünglichen Gleichungssystem:

$$R_A i_{A0} = u_{A0} - e_{M0} , \quad e_{M0} = c\phi_{F0}\omega_0 .$$

Demgemäß ist

$$c\phi_{F0}\omega_0 - R_A i_{A0} = e_{M0} - R_A i_{A0} = 2e_{M0} - u_{A0} > 0 ,$$

da die Motor-EMK nur wenig kleiner als die Ankerspannung angenommen werden darf. Damit erhält man

$$\Delta\omega = \frac{2e_{M0} - u_{A0}}{c\phi_{F0}^2} \cdot \frac{1 - \frac{L_A i_{A0}}{2e_{M0} - u_{A0}} s}{1 + \frac{\Theta R_A}{c^2\phi_{F0}^2} s + \frac{\Theta L_A}{c^2\phi_{F0}^2} s^2}(-\Delta\phi_F)$$

oder

$$\Delta\omega(s) = -K \frac{1 - T_z s}{1 + a_1 s + a_2 s^2}\Delta\phi_F(s) \quad \text{mit} \quad K, T_z, a_1, a_2 > 0 .$$

Das negative Vorzeichen des Bruches besagt, daß Feldstärkung Drehzahlabfall und Feldschwächung Drehzahlanstieg zur Folge hat. Der negative Parameter $-T_z$ macht das Übertragungsglied zum Nichtminimalphasenglied.

Das negative Vorzeichen bei T_z verursacht ein eigentümliches Anfangsverhalten der Sprungantwort. Wegen $\Delta\phi_F(s) = \frac{1}{s}$ ist

$$\Delta\omega(+0) = \lim_{s\to\infty} [s\Delta\omega(s)] = 0 .$$

Daraus folgt weiter

$$\mathcal{L}\{\Delta\dot{\omega}(t)\} = s\mathcal{L}\{\Delta\omega(t)\} - \Delta\omega(+0) = s\Delta\omega(s) ,$$

also

$$\Delta\dot{\omega}(+0) = \lim_{s\to\infty} s\mathcal{L}\{\Delta\dot{\omega}(t)\} = \lim_{s\to\infty} s^2\Delta\omega(s) =$$

$$= \lim_{s\to\infty} s^2 \cdot K \frac{T_z s - 1}{1 + a_1 s + a_2 s^2} \cdot \frac{1}{s} = K\frac{T_z}{a_2} > 0 .$$

Die Sprungantwort schlägt also zunächst in der ihrem endgültigen Verlauf entgegengesetzten Richtung aus (Bild 5/27). Das gilt nicht nur für das hier betrachtete Beispiel, sondern ist *typisch für nichtminimalphasige Systeme.*

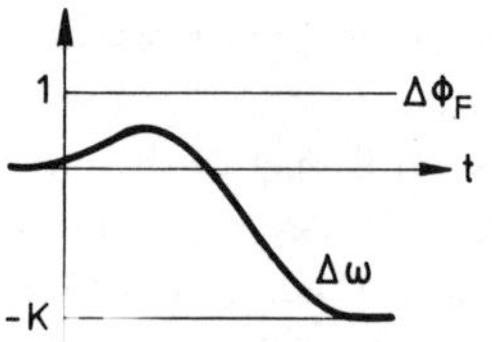

Bild 5/27. Sprungantwort eines Nichtminimalphasengliedes

5.8 Numerische Berechnung der Frequenzkennlinien

Wenn auch das in Abschnitt 5.3 vorgestellte Phasenlineal bei der Konstruktion der Frequenzkennlinien einfacher Übertragungsglieder sehr hilfreich ist, wird seine Anwendung auf komplexere Systeme recht umständlich und fehlerbehaftet. Versucht man beispielsweise die Kennlinien des Führungsfrequenzgangs einer mehrschleifigen Regelung, wie sie in den praktischen Anwendungen häufig vorkommt, mit dem Phasenlineal und den in Abschnitt 5.5 angegebenen Näherungsbeziehungen zu bestimmen, erhält man in der Regel trotz erheblichen Arbeitsaufwandes nur unzureichend genaue Ergebnisse. Abhilfe schafft hier der Digitalrechner, der in der Form des "persönlichen" Rechners (PC) heute zum Arbeitsplatz praktisch jedes Ingenieurs gehört. Dieser erledigt die bei der Ermittlung der Frequenzkennlinien anfallenden Rechenoperationen bei entsprechender Programmierung viel schneller, genauer und effizienter als der Mensch und übernimmt gleichzeitig die Darstellung der Frequenzkennlinien auf dem Bildschirm oder dem Plotter. Ein solcher Rechner unterstützt eine interaktive Arbeitsweise, die dem Denken des Ingenieurs sehr entgegenkommt. Meist ist das Programm zur Ermittlung der Frequenzkennlinien auch nur ein Teil eines größeren Programm"pakets" zur Analyse und Synthese von Regelkreisen, mit dem der entwickelnde Ingenieur mit geringer Mühe auch Stabilitätsgrenzen bestimmen, die Systemantwort auf vorgegebene Eingangsgrößen berechnen oder auch Reglerparameter optimieren kann. Durch Verknüpfung dieser Informationen kann man sich mit geringer Mühe eine viel vollständigere Prozeßkenntnis beschaffen, als das vorher möglich war, und den Regler viel gezielter entwerfen.

Nachfolgend soll beispielhaft die digitale Berechnung der Frequenzkennlinien eines Übertragungsgliedes (siehe Unterabschnitt 2.4.3) mit der Übertragungsfunktion

$$G(s) = \frac{Z(s)}{N(s)} = \frac{b_0 + b_1 s + \ldots + b_m s^m}{a_0 + a_1 s + \ldots + a_n s^n} \qquad (5.33)$$

mit dem Zählerpolynom Z(s), dem Nennerpolynom N(s) und den konstanten Parametern a_i und b_i gezeigt werden. Andere Darstellungsformen, wie z.B. die in Abschnitt 5.4 erwähnte Produktform, lassen sich mit Hilfe des Digitalrechners in diese Form umrechnen; ebenso ist eine Erweiterung auf totzeitbehaftete Übertragungsglieder leicht möglich.

Ersetzt man in Gl. (5.33) die komplexe Bildvariable s durch die imaginäre Variable $j\omega$, erhält man den linearen Betrag des Frequenzgangs

$$|G(j\omega)| = \frac{|Z(j\omega)|}{|N(j\omega)|} \qquad (5.34)$$

und die Phase

$$\angle G(j\omega) = \angle Z(j\omega) - \angle N(j\omega) \quad . \qquad (5.35)$$

Bei rationalen Übertragungsgliedern kann man daher die Berechnung der Frequenzkennlinien auf die Ermittlung des Betrags und der Phase eines Polynoms der imaginären Variablen $(j\omega)$ zurückführen; dies sei am Beispiel des Nennerpolynoms $N(j\omega)$ gezeigt. Aus

$$N(j\omega) = a_0 + a_1(j\omega) + a_2(j\omega)^2 + \ldots + a_n(j\omega)^n$$

stellt man mit der Beziehung $j \cdot j = -1$ und der Abkürzung $v = -\omega^2$ die Form

$$\begin{aligned} N(j\omega) &= (a_0 + a_2 v + a_4 v^2 + \ldots + a_k v^k) + \\ &\quad + j\omega(a_1 + a_3 v + a_5 v^2 + \ldots + a_\ell v^\ell) = \\ &= X(j\omega) + jY(j\omega) \end{aligned}$$

her; $X(j\omega)$ bezeichnet den Realteil und $Y(j\omega)$ den Imaginärteil von $N(j\omega)$. Die Indizes k und ℓ erhält man aus den Beziehungen $k = 2\mathrm{int}(n/2)$ und $\ell = 2\mathrm{int}\big((n-1)/2\big) + 1$, wobei die Integerfunktion $\mathrm{int}(\cdot)$ den ganzzahligen Teil des Arguments bildet. Um auf die für eine effiziente numerische Berechnung erforderlichen Algorithmen zu kommen, schreibt man $X(j\omega)$ und $Y(j\omega)$ in der "geschachtelten" Form – diese entspricht dem bekannten Horner-Schema – wie folgt an:

$$X(j\omega) = \{\ldots[(a_k v + a_{k-2})v + a_{k-4}]v + \ldots + a_2\}v + a_0 \ ,$$

$$\frac{Y(j\omega)}{\omega} = \{\ldots[(a_\ell v + a_{\ell-2})v + a_{\ell-4}]v + \ldots + a_3\}v + a_1 \ .$$

Diese Ausdrücke kann man, wie anhand des Realteils gezeigt werden soll, in eine rekursive Form umschreiben. Man setzt

$$\begin{aligned} X_0 &= a_k \ , \\ X_2 &= a_k v + a_{k-2} = X_0 v + a_{k-2} \ , \\ X_4 &= (a_k v + a_{k-2})v + a_{k-4} = X_2 v + a_{k-4} \ , \\ &\vdots \\ X_{k-2} &= X_{k-4} v + a_2 \ , \\ X_k &= X_{k-2} v + a_0 \ . \end{aligned}$$

Abschließend setzt man $X(j\omega) = X_k$. Diese rekursive Berechnung von $X(j\omega)$ ist nicht nur wesentlich effizienter, sondern auch genauer als die direkte Auswertung; das Struktogramm [5.4] (Bild 5/28) zeigt die Einfachheit des Algorithmus.

Anschließend berechnet man auf die gleiche Weise den Ausdruck $Y(j\omega)/\omega$ und durch Multiplikation mit der Kreisfrequenz ω den Imaginärteil $Y(j\omega)$ und schließlich gemäß

$$|N(j\omega)| = \sqrt{X^2(j\omega) + Y^2(j\omega)} \ ,$$

$$\angle N(j\omega) = \arctan\big(Y(j\omega)/X(j\omega)\big)$$

den Betrag und die Phase des Nennerpolynoms. Ganz entsprechend behandelt man das Zählerpolynom $Z(j\omega)$ und bestimmt abschließend nach Gl. (5.34) den Betrag und nach Gl. (5.35) die Phase des des Frequenzgangs $G(j\omega)$. Bei der Berechnung des Phasenwinkels nach Gl. (5.35) ist darauf zu achten, daß dieser im richtigen Quadranten liegt; die in allen höheren Formelsprachen verfügbare Arcustangens-Funktion bildet meist nur den Hauptwert dieser Funktion.

Bis jetzt wurde nur auf die Berechnung von $G(j\omega)$ für einen einzelnen Wert der Kreisfrequenz ω eingegangen. Um den Amplitudengang $|G(j\omega)|$ und den Phasengang $\angle G(j\omega)$ in einem vorgegebenen Frequenzbereich darstellen zu können, muß man diese Berechnung für hinreichend viele Werte von ω wiederholen. Im logarithmischen Frequenzmaßstab erhält man äquidistante Re-

```
┌─────────────────────────────────────────────────────────────┐
│ Realteil eines Polynoms für imaginäres Argument             │
├─────────────────────────────────────────────────────────────┤
│ Eingabe: n    Polynomordnung (n > 0)                         │
│          aᵢ   Polynomparameter (i = 1,2,...n)               │
│          ω    Kreisfrequenz                                  │
│ Ausgabe: X    Realteil des Polynomwerts                      │
├──────────┬──────────────────────────────────────────────────┤
```

Eingabe: n — Polynomordnung $(n > 0)$
a_i — Polynomparameter $(i = 1,2,\ldots n)$
ω — Kreisfrequenz

Ausgabe: X — Realteil des Polynomwerts

$J \qquad n \le 1 \qquad N$

$k := 2\cdot\mathrm{int}(n/2); \; X := a_k$

$v := -\omega^2$

Für $i = 2(2)k$

$X := a_0$

$X := X\cdot v + a_{k-i}$

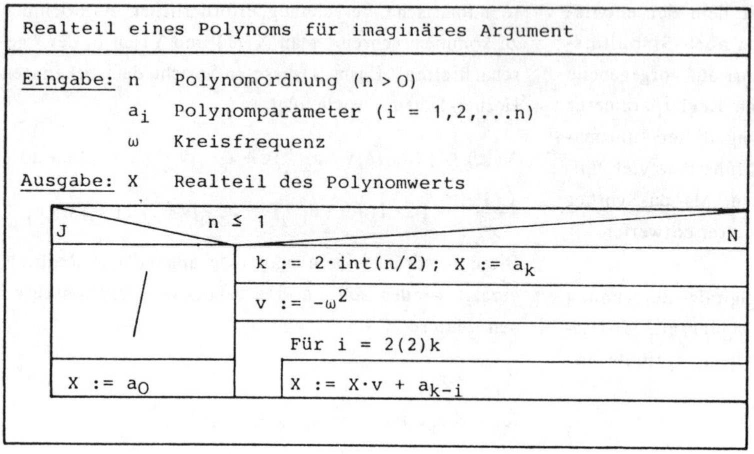

Bild 5/28. Struktogramm zur Polynomberechnung

Frequenzkennlinien eines rationalen Übertragungsgliedes

$q := 10 \wedge [\lg(\omega_{max}/\omega_{min})/(p-1)]; \; \omega := \omega_{min}$

Für $j = 1(1)p$

$v = -\omega^2$

$J \qquad n \le 1 \qquad N$

$k := 2\cdot\mathrm{int}(n/2); \; X := a_k$

Für $i = 2(2)k$

$X := a_0$

$X := X\cdot v + a_{k-i}$

$l := 2\cdot\mathrm{int}((n-1)/2) + 1; \; Y := a_l$

Für $i = 2(2)l$

$Y := a_1$

$Y := Y\cdot v + a_{l-i}$

$Y := \omega\cdot Y; \; |N| := \sqrt{X^2+Y^2}; \; \underline{/N} := \arctan(Y/X)$

$J \qquad m \le 1 \qquad N$

$k := 2\cdot\mathrm{int}(m/2); \; X := b_k$

Für $i = 2(2)k$

$X := b_0$

$X := X\cdot v + b_{k-i}$

$l := 2\cdot\mathrm{int}((m-1)/2) + 1; \; Y := b_l$

Für $i = 2(2)l$

$Y := b_1$

$Y := Y\cdot v + b_{l-i}$

$Y := \omega\cdot Y; \; |Z| := \sqrt{X^2+Y^2}; \; \underline{/Z} := \arctan(Y/X)$

$|G| := 20\lg(|Z|/|N|); \; \underline{/G} := \underline{/Z} - \underline{/N}$

Ausgabe $\omega, |G|, \underline{/G}$

$\omega := q\cdot\omega$

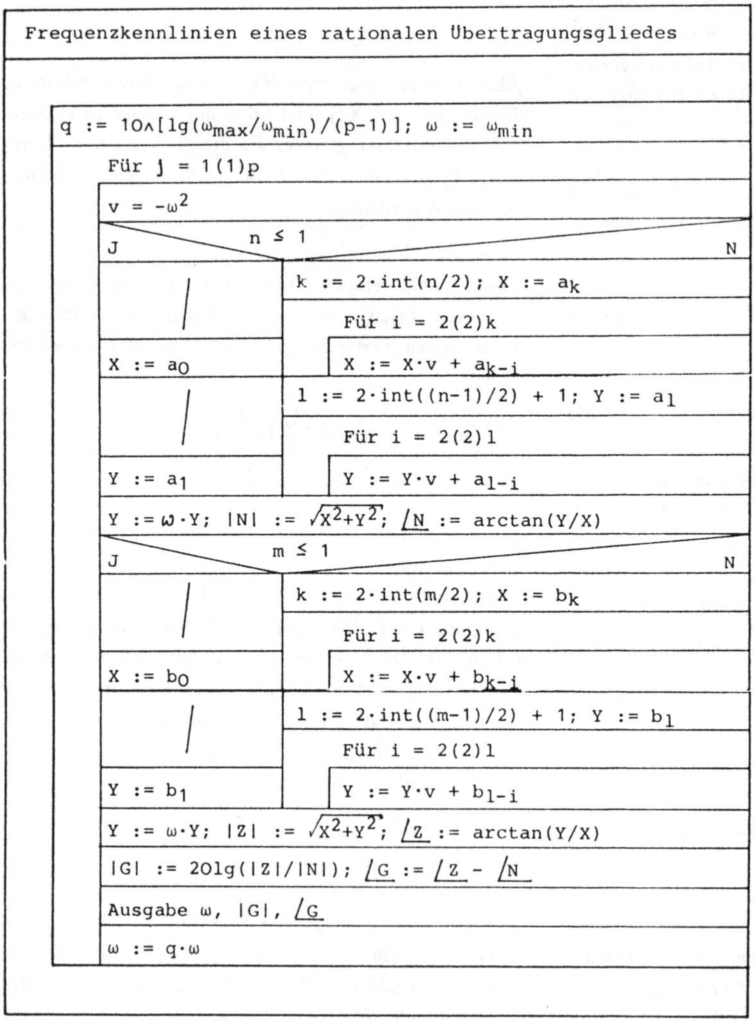

Bild 5/29. Struktogramm zur Berechnung der Frequenzkennlinien eines rationalen Übertragungsgliedes chenpunkte, wenn man die Kreisfrequenz nach der rekursiven Beziehung

$$\omega_{i+1} = q\omega_i \ , \quad i = 0, 1, 2, \ldots, (p-2) \ ,$$

mit $\omega_0 = \omega_{min}$ vorgibt. Den Schrittweitenfaktor q bestimmt man aus der kleinsten Kreisfrequenz ω_{min}, der größten Kreisfrequenz ω_{max} und der Zahl der Kreisfrequenzwerte p zu

$$q = 10^{[\lg(\omega_{max}/\omega_{min})/(p-1)]}$$

Für $\omega_{max} = 10\,\omega_{min}$ und p = 11 erhält man beispielsweise q = 1,259 und die folgenden Werte der Kreisfrequenz:

i	0	1	2	3	4	5	6
$\frac{\omega_i}{\omega_{min}}$	1,00	1,26	1,58	2,00	2,51	3,16	3,98

i	7	8	9	10
$\frac{\omega_i}{\omega_{min}}$	5,01	6,31	7,94	10,0

Stellt man fest, daß die gewählte Anzahl der Rechenpunkte für eine glatte Darstellung der Frequenzkennlinien zu gering war, wiederholt man die Rechnung mit einer entsprechend vergrößerten Anzahl. Auch eine automatische Schrittweitenanpassung, die man z.B. von der Phasendifferenz zwischen zwei benachbarten Punkten steuern lassen kann, ist leicht möglich.

Das (etwas vereinfachte) Struktogramm eines Programms zur Berechnung von Frequenzkennlinien mit den erwähnten Algorithmen zeigt Bild 5/29. Nach Vorgabe der Ordnungszahlen (m, n), der Parameter (a_i, b_i), der Kreisfrequenzgrenzen $(\omega_{min}, \omega_{max})$ und der Anzahl der Kreisfrequenzwerte (p) werden die Kreisfrequenzen (ω) sowie der Betrag $(|G(j\omega)|_{dB})$ und die Phase $(\angle G(j\omega))$ berechnet und ausgegeben.

Schrifttum zum Kapitel 5

[5.1] H.W. Bode: Network Analysis and Feedback Amplifier Design. Van Nostrand, 1945.

[5.2] K.H. Fasol: Die Frequenzkennlinien. Springer-Verlag, Wien, 1968.

[5.3] A. Papoulis: The Fourier Integral and its Applications. McGraw-Hill, 1962.

[5.4] Deutsches Institut für Normung (Herausgeber): DIN 66261: Sinnbilder für Struktogramme nach Nassi-Shneiderman. Berlin 1985, Beuth-Verlag.

6.1 Allgemeine Charakterisierung des Verfahrens

Eine wichtige Aufgabe des Regelungstechnikers besteht darin, aus dem bekannten Verhalten des offenen Kreises auf das zunächst unbekannte Verhalten des geschlossenen Regelkreises zu schließen.

Betrachten wir dazu den Standardregelkreis im Bild 6/1. Sein Führungsverhalten ist durch

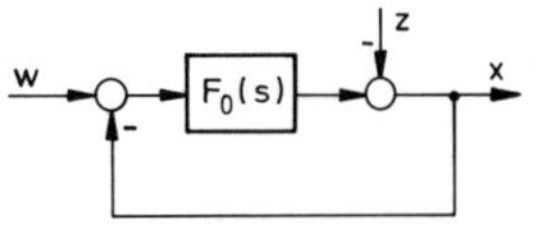

Bild 6/1. Standardregelkreis

$$F_w(s) = \frac{F_o(s)}{1 + F_o(s)}, \qquad (6.1)$$

sein Störverhalten durch

$$F_z(s) = \frac{1}{1 + F_o(s)} \qquad (6.2)$$

gegeben. Da der offene Kreis im Normalfall eine Reihenschaltung einfacher Übertragungsglieder darstellt, liegen Zähler- und Nennerpolynom der Übertragungsfunktion

$$F_o(s) = \frac{Z_o(s)}{N_o(s)}$$

als Produkt von Faktoren 1. und 2. Grades vor, wenn wir annehmen, daß der offene Kreis totzeitfrei ist. Weiterhin werde zur Vermeidung von Weitläufigkeiten vorausgesetzt, daß $Z_o(s)$ und $N_o(s)$ keine gemeinsamen Nullstellen haben. Pole und Nullstellen des offenen Kreises sind somit von vornherein gegeben, und damit ist sein Verhalten vollständig bekannt. Was den geschlossenen Kreis angeht, so folgt aus (6.1) und (6.2)

$$F_w(s) = \frac{Z_o(s)}{N_o(s) + Z_o(s)}, \quad F_z(s) = \frac{N_o(s)}{N_o(s) + Z_o(s)}.$$

D.h. aber: Die Nullstellen von $F_w(s)$ und $F_z(s)$ sind gleichfalls sofort bekannt, nämlich als Nullstellen des Zählers bzw. Nenners des offenen Kreises. Die *Pole* von $F_w(s)$ und $F_z(s)$ jedoch sind zunächst unbekannt. Um sie zu erhalten, hat man die Gleichung

$$Z_o(s) + N_o(s) = 0 \qquad (6.3)$$

bzw.

$$F_o(s) + 1 = 0 \qquad (6.4)$$

zu lösen.

Das ist im konkreten Fall, sofern alle Daten numerisch gegeben sind, kein Problem - jedenfalls dann, wenn der offene Kreis keine Totzeit enthält und die charakteristische Gleichung (6.3) bzw. (6.4) deshalb eine algebraische Gleichung ist. Was man sucht, ist jedoch etwas anderes: nämlich möglichst einfach verwendbare und dabei allgemeingültige Hinweise, um vom bekannten Verhalten des offenen Kreises, also dessen Polen und Nullstellen, zum dynamischen Verhalten des geschlossenen Kreises, d.h. seinen Polen, zu gelangen. Dabei ist insbesondere die Tatsache zu berücksichtigen, daß der offene Kreis noch nicht vollständig festliegt, vielmehr Parameter- und darüber hinaus Strukturveränderungen durch Einfügung des Regelgliedes eintreten werden. In der geeigneten Wahl eines solchen Regelgliedes liegt ja gerade eine Hauptaufgabe des Regelungstechnikers. Das Problem besteht somit darin, *allgemeine Einsichten* in den Zusammenhang zwischen der Lage der Pole und Nullstellen des offenen Kreises und der Lage der Pole des geschlossenen Kreises in der komplexen Ebene zu erlangen.

Beim Frequenzkennlinienverfahren, das wir im vorigen Kapitel behandelten, wird diese Problemstellung nicht direkt in Angriff genommen. Es geht ja auch gar nicht von der gesamten komplexen Übertragungsfunktion $F_o(s)$ aus, sondern lediglich vom Frequenzgang $F_o(j\omega)$, also der Übertragungsfunktion auf der j-Achse. Mit Hilfe des Nyquist-Kriteriums, letzten Endes also mittels funktionentheoretischer Sätze, ist es von hier aus möglich, Aussagen über die Lage der Pole des geschlossenen Kreises zu machen. Streng genommen gelingt damit allerdings nur eine Stabilitätsaussage: Man kann entscheiden, ob alle Pole des geschlossenen Kreises links der j-Achse liegen oder nicht. Weitergehende Aussagen über das dynamische Verhalten, die also über die bloße Feststellung der Stabilität hinausgehen, etwa über Dämpfung und Schnelligkeit der Übergangsvorgänge, haben nur noch qualitativen Charakter. Genauere Angaben über die Pollage des geschlossenen Regelkreises können eben nicht gemacht werden.

Das nun zu beschreibende Wurzelortsverfahren (root locus method, ***W.R. Evans*** 1948 [6.1]), neben dem Frequenzkennlinienverfahren die zweite allgemeine Methode zur Bearbeitung linearer Regelungen, geht ganz anders vor. Es greift die obige Problemstellung direkt an. Mittels des zentralen Begriffs der *Wurzelortskurve* wird in sehr anschaulicher Weise der Zusammenhang zwischen den Nullstellen und Polen des offenen Kreises und den Polen des geschlossenen Kreises hergestellt. Das gelingt dadurch, daß hier nicht nur der Frequenzgang $F_o(j\omega)$, sondern die gesamte komplexe Übertragungsfunktion $F_o(s)$ herangezogen wird. Auf diese Weise sind tiefere Einsichten in das dynamische Verhalten der Regelung möglich als mit dem Frequenzkennlinienverfahren. Das wird sich bei der Synthese (Kapitel 7) vor allem dann zeigen, wenn man unübliche Strecken, nämlich instabile oder nichtminimalphasige Strecken, zu regeln hat, oder auch dann, wenn man die Stabilisierung nicht durch Wegkürzen von Streckenzeitkonstanten vornehmen will.

Die Wurzelortskurve ist nicht so einfach zu zeichnen wie die Frequenzkennlinien. Jedoch hat man Regeln, um ihre Gestalt sehr schnell *überschlägig* festzustellen. Das genügt, um qualitative Betrachtungen über das Verhalten und den Entwurf des Regelkreises durchzuführen, etwa festzustellen, welche grundsätzlichen Verbesserungsmöglichkeiten überhaupt bestehen. Solche Einsichten zu ermöglichen, ist ein wesentlicher Vorzug des Wurzelortsverfahrens.

Will man darüber hinaus quantitative Feststellungen treffen, so hat man die Wurzelortskurve auf dem Rechner zu bestimmen. Hierauf wird im Abschnitt 6.7 eingegangen. Regelungstechnische Programmsysteme enthalten stets ein Programm zur Berechnung der Wurzelortskurve.

Ein Nachteil des Wurzelortsverfahrens gegenüber dem Frequenzkennlinienverfahren liegt darin, daß es bei Strecken mit Totzeit sehr schwerfällig wird. Man wird es dann kaum anwenden. Deshalb beschränken wir uns im folgenden auf rationale $F_o(s)$.

Was die Synthese des Regelkreises angeht, so ist sowohl vom Frequenzkennlinien- als auch vom Wurzelortsverfahren zu sagen, daß es sich um keine streng systematischen Verfahren, sondern – wie viele Ingenieurverfahren – um "gerichtete Probierverfahren" handelt. Der Anwender muß sich daher eine gewisse Erfahrung im Umgang mit beiden Methoden aneignen.

Im vorliegenden Kapitel werden die Eigenschaften der Wurzelortskurve und ihre Anwendung zur Analyse des Regelkreises behandelt, während der Synthese ein Abschnitt des folgenden Kapitels gewidmet ist. Anwendungsbeispiele sowie einen Vergleich mit dem Frequenzkennlinienverfahren anhand eines solchen Anwendungsbeispiels findet man in Kapitel 8.

6.2 Definition der Wurzelortskurve

Ausgangspunkt ist die charakteristische Gleichung

$$F_o(s) = -1 \qquad (6.5)$$

des Regelkreises. Dabei sei

$$F_o(s) = k\,\frac{\prod_{\mu=1}^{m}(s-n_\mu)}{\prod_{\nu=1}^{n}(s-p_\nu)} = k\,\frac{P_o(s)}{Q_o(s)} \qquad (6.6)$$

mit $k > 0$, $m < n$, $n_\mu \neq p_\nu$.

Die n_μ sind also die Nullstellen, die p_ν die Pole des offenen Kreises. Diese Darstellung ist von dem Formelausdruck (4.27a) für $F_o(s)$, den wir bei der Ortskurven- und Frequenzkennliniendarstellung benutzt haben, etwas verschieden. Man erhält ihn aus (6.6), indem man dort $-n_\mu$ und $-p_\nu$ vor die Produkte zieht. Falls $p_\nu = 0$ als (q-facher) Pol auftritt, liefern die zugehörigen Faktoren $s - p_\nu = s$ dabei keinen Beitrag. Man erhält so aus (6.6)

$$F_o(s) = k\,\frac{\prod_{\mu=1}^{m}(-n_\mu)}{\prod_{\substack{\nu=1\\ p_\nu\neq 0}}^{n}(-p_\nu)}\cdot\frac{1}{s^q}\cdot\frac{\prod_{\mu=1}^{m}\left(1+\frac{s}{-n_\mu}\right)}{\prod_{\substack{\nu=1\\ p_\nu\neq 0}}^{n}\left(1+\frac{s}{-p_\nu}\right)} .$$

Das ist der Formelausdruck (4.27a) (für $T_t = 0$), wobei

$$V = k\,\frac{\prod_{\mu=1}^{m}(-n_\mu)}{\prod_{\substack{\nu=1\\ p_\nu\neq 0}}^{n}(-p_\nu)} \qquad (6.7)$$

den Zusammenhang zwischen k und der Kreisverstärkung V beschreibt und $\frac{1}{-n_\mu}$, $\frac{1}{-p_\nu}$ die Zähler- und Nennerzeitkonstanten des offenen Kreises darstellen. Dabei hat man sich die quadratischen Faktoren in (4.27a) ebenfalls in Faktoren 1. Grades zerlegt zu denken. Die dadurch erhaltenen "Zeitkonstanten" sind dann konjugiert komplex.

Für die charakteristische Gleichung (6.5) des Regelkreises kann man nun schreiben:

$$k P_o(s) = -Q_o(s) \tag{6.8}$$

mit

$$P_o(s) = \prod_{\mu=1}^{m} (s-n_\mu) = s^m + \ldots + b_1 s + b_0 \,, \tag{6.9}$$

$$Q_o(s) = \prod_{\nu=1}^{n} (s-p_\nu) = s^n + \ldots + a_1 s + a_0 \,. \tag{6.10}$$

Für jedes $k \neq 0$ ist (6.8) eine Gleichung n-ten Grades. Nach dem Fundamentalsatz der Algebra hat sie genau n Nullstellen oder Wurzeln $\alpha_1, \ldots, \alpha_n$. Variiert man k, so verändern sie ihre Lage in der komplexen Ebene. Die Gesamtheit der Punkte der s-Ebene, die für beliebiges $k > 0$ angenommen werden, bezeichnet man als *Wurzelortskurve* oder kurz *Wurzelort* des durch $F_o(s)$ bestimmten Regelkreises. In der Tat ist sie der geometrische Ort für die Wurzeln der charakteristischen Gleichung des Regelkreises, ganz gleich, wie $k > 0$ gewählt ist. Man hat so die *Definition:*

Faßt man in der charakteristischen Gleichung

$$F_o(s) = -1 \quad \text{bzw.} \quad k\,\frac{P_o(s)}{Q_o(s)} = -1 \tag{6.11}$$

$k > 0$ als Parameter auf, so beschreiben die n Wurzeln dieser Gleichung, die zugleich die Pole des geschlossenen Regelkreises sind, Bahnen $\alpha_1 = \alpha_1(k), \ldots, \alpha_n = \alpha_n(k)$ in der s-Ebene. Ihre Gesamtheit heißt Wurzelortskurve oder Wurzelort des Regelkreises.

Die Wurzelortskurve besteht somit aus der Gesamtheit aller Punkte s der komplexen Ebene, welche die Gleichung (6.5) oder (6.8) für $k > 0$ erfüllen. Nun ist die komplexe Gleichung (6.5) äquivalent zu dem reellen Gleichungspaar

$$|F_o(s)| = 1 \,,$$

$$\angle F_o(s) = (2i+1)\pi \,, \quad \text{i beliebig ganz} \,.$$

Wegen (6.6) kann man dafür auch schreiben:

$$k\,\frac{\prod_{\mu=1}^{m} |s-n_\mu|}{\prod_{\nu=1}^{n} |s-p_\nu|} = 1 \,, \tag{6.12}$$

$$\sum_{\mu=1}^{m} \angle s-n_\mu - \sum_{\nu=1}^{n} \angle s-p_\nu = (2i+1)\pi \,, \tag{6.13}$$

i beliebig ganz,

letzteres deshalb, weil $\angle k = 0$ ist. Die Wurzelortskurve besteht somit aus allen Punkten der s-Ebene, welche diese Betrags- und Argumentengleichung für beliebiges positives k befriedigen. Da in der Argumentengleichung k gar nicht mehr vorkommt, heißt das: *Die Wurzelortskurve ist die Gesamtheit aller Punkte s, welche allein der Gleichung (6.13) genügen. Ist s ein derartiger Punkt, so ist der zugehörige k-Wert* durch (6.12) gegeben:

$$k = \frac{\prod_{\nu=1}^{n} |s-p_\nu|}{\prod_{\mu=1}^{m} |s-n_\mu|} \,. \tag{6.14}$$

Die Wurzelortskurve, ursprünglich durch die gesamte komplexe Gleichung $F_o(s) = -1$ definiert, ergibt sich somit allein aus der Argumentenbeziehung. Dieses Resultat ist grundlegend. Man kann etwas über die Lage der Wurzeln der charakteristischen Gleichung aussagen, ohne die charakteristische Gleichung zu lösen, nur aus dem Argument von $F_o(s)$. Es kommt hinzu, daß die Wurzelortskurve sehr prägnante geometrische Eigenschaften hat, auf Grund deren man sie leicht skizzieren kann. Auf diesen beiden Tatsachen beruht das Wurzelortsverfahren.

Die Gleichung (6.14) liefert den Parameterwert k, der zum Punkt s der Wurzelortskurve gehört. Aus dieser Gleichung liest man ab: $k = 0$ gilt genau dann, wenn $s = p_\nu$ ist, $k = +\infty$ genau dann, wenn $s = n_\mu$ bzw. $s = \infty$ ist. Der unendlich ferne Punkt $s = \infty$ der komplexen Ebene ist zu den Nullstellen des offenen Kreises zu rechnen, denn wegen $m < n$ stellt er eine $(n-m)$-fache Nullstelle von $F_o(s)$ dar.

Eine weitere Eigenschaft der Wurzelortskurve liegt gleichfalls sofort auf der Hand. Da die nichtreellen Nullstellen der charakteristischen Gleichung konjugiert komplex sind, liegen sie symmetrisch zur reellen Achse.

Halten wir so als erste Eigenschaften fest:

Die Wurzelortskurve liegt symmetrisch zur reellen Achse. Sie beginnt für $k = 0$ in den Polen des offenen Kreises und endet für $k = +\infty$ in seinen Nullstellen, wobei $s = \infty$ als $(n-m)$-fache Nullstelle mitzuzählen ist. (6.15)

Betrachten wir zur Erläuterung der allgemeinen Begriffe ein einfaches Beispiel:

$$F_o(s) = \frac{k}{(s-p_1)(s-p_2)}$$

mit reellen Polen p_1, p_2. Im Bild 6/2 sind sie eingetragen.

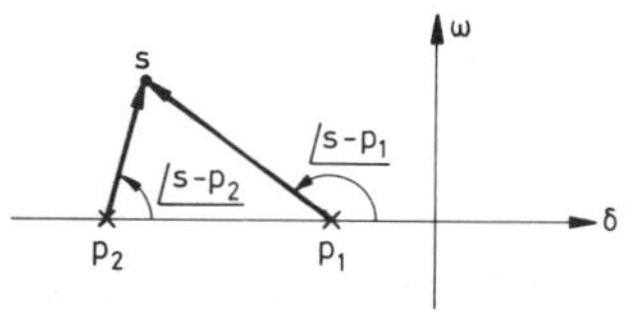

Bild 6/2. Konstruktion der Wurzelortskurve zu $F_o(s) = \frac{k}{(s-p_1)(s-p_2)}$

Hier wie auch im folgenden sind die Pole des offenen Kreises durch Kreuze, die Nullstellen durch kleine Kreise gekennzeichnet. Nach (6.13) ist die Wurzelortskurve hier durch die Gleichung

$$-\angle s-p_1 - \angle s-p_2 = (2i+1)\pi$$

oder

$$\angle s-p_1 + \angle s-p_2 = (2i+1)\pi \ , \quad \text{i beliebig ganz},$$

gegeben. Man sieht unmittelbar, daß diese Gleichung zunächst für das Stück der reellen Achse zwischen p_1 und p_2 erfüllt ist, da für die dortigen s $\angle s-p_1 = \pi$ und $\angle s-p_2 = 0$ gilt. Weiter liest man aus Bild 6/2 ab, daß für die Mittelsenkrechte auf der Strecke von p_1 nach p_2 ebenfalls

$$\angle s-p_1 + \angle s-p_2 = \pi$$

ist, jedoch für kein anderes s. Man erhält so die in Bild 6/3 dargestellte Wurzelortskurve.

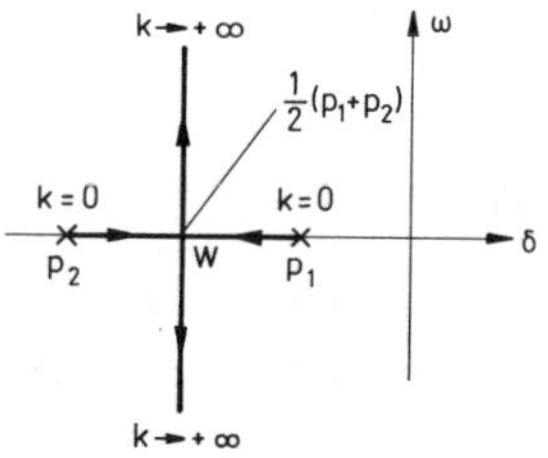

Bild 6/3. Wurzelortskurve zu $F_o(s) = \frac{k}{(s-p_1)(s-p_2)}$

Für kleine k sind somit die beiden Wurzeln $\alpha_{1,2}$ der charakteristischen Gleichung reell. Mit wachsendem k streben sie gegen den Punkt W der reellen Achse. Dort ist wegen (6.14)

$$k = \left|\tfrac{1}{2}(p_1+p_2)-p_1\right| \cdot \left|\tfrac{1}{2}(p_1+p_2)-p_2\right| = \tfrac{1}{4}(p_1-p_2)^2 .$$

Für $k > \frac{1}{4}(p_1-p_2)^2$ sind die Wurzeln $\alpha_{1,2}$ konjugiert komplex.

In einem so einfachen Fall wie dem vorliegenden kann man die Wurzeln $\alpha_{1,2}$ auch formelmäßig durch den Parameter k ausdrücken. Aus $F_o(s) + 1 = 0$, also

$$\frac{k}{(s-p_1)(s-p_2)} + 1 = 0 \ , \quad p_1 > p_2 \ ,$$

folgt nämlich

$$\alpha_{1,2} = \frac{p_1+p_2}{2} \pm \sqrt{\left[\frac{p_1-p_2}{2}\right]^2 - k} \ .$$

Daraus erkennt man:

- Für $k = 0$ ist in der Tat $\alpha_{1,2} = p_{1,2}$.
- Für $0 < k < \frac{1}{4}(p_1-p_2)^2$ sind $\alpha_{1,2}$ reell. Eine Wurzel, etwa α_1, liegt zwischen p_1 und $\frac{1}{2}(p_1+p_2)$, die andere zwischen $\frac{1}{2}(p_1+p_2)$ und p_2.
- Für $k = \frac{1}{4}(p_1-p_2)^2$ liegt eine reelle Doppelwurzel vor.
- Für $k > \frac{1}{4}(p_1-p_2)^2$ sind die Wurzeln $\alpha_{1,2}$ konjugiert komplex mit dem von k unabhängigen Realteil $\frac{1}{2}(p_1+p_2)$. Für $k \to +\infty$ geht der Imaginärteil gegen $\pm\infty$.

Das vorher mittels der Wurzelortskurve erhaltene Ergebnis wird so bestätigt.

6.3 Geometrische Eigenschaften der Wurzelortskurve

In diesem Abschnitt werden die wichtigsten geometrischen Eigenschaften der Wurzelortskurve zusammengestellt, deren Anwendung einen schnellen Überblick über den Verlauf der Wurzelortskurve ermöglicht. Die Eigenschaften sind deshalb als *Regeln* formuliert. Um den Fluß der Darstellung nicht aufzuhalten, wird ihre Herleitung im folgenden Abschnitt gebracht.

Die Regeln werden am Beispiel des Regelkreises im Bild 6/4 erläutert. Für ihn ist

$$F_o(s) = \frac{k}{s(s+2{,}5)(s+20)} \tag{6.16}$$

mit

k = 50 V .

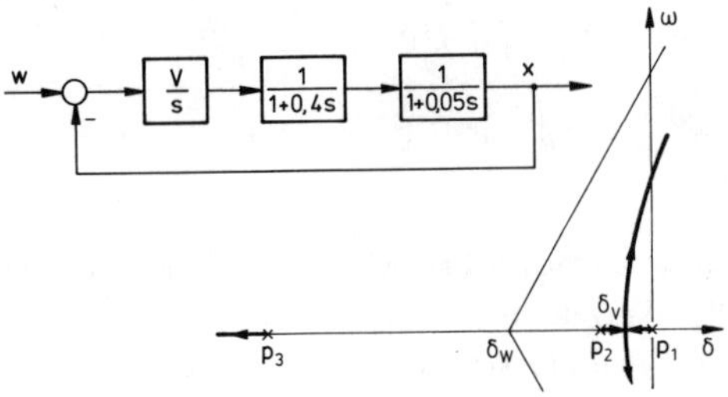

Bild 6/4. Wurzelortskurve eines Verzögerungssystems 3. Ordnung

Er kann als repräsentativ für alle Regelkreise gelten, bei denen der offene Kreis drei reelle Pole ≤ 0 aufweist. Lediglich zur Vermeidung von Umständlichkeiten wurden für die Pole spezielle Zahlenwerte gewählt. Hier wie auch in den folgenden Beispielen wird nur die Wurzelortskurve auf und oberhalb der reellen Achse gezeichnet. Da sie symmetrisch zur reellen Achse ist, genügt das.

Zunächst wollen wir zwei Eigenschaften der Wurzelortskurve, die bereits im vorigen Abschnitt hergeleitet und in (6.15) zusammengestellt wurden, als Regeln formulieren:

Regel 1

Die n Äste der Wurzelortskurve beginnen für $k = 0$ in den Polen des offenen Kreises. Sie enden für $k = +\infty$ in den Nullstellen des offenen Kreises, wobei $s = \infty$ als $(n-m)$-fache Nullstelle von $F_o(s)$ aufzufassen ist. $n-m$ Äste der Wurzelortskurve streben also ins Unendliche.

Regel 2

Die Wurzelortskurve ist symmetrisch zur reellen Achse.

In unserem Beispiel ist n = 3, m = 0, so daß n - m = 3 Äste der Wurzelortskurve ins Unendliche streben. Sie starten in den drei Polen $p_1 = 0$, $p_2 = -2{,}5$ und $p_3 = -20$ des offenen Kreises.

Um die folgende Regel zu formulieren, ist es zweckmäßig, eine neue Bezeichnung einzuführen: Pole und Nullstellen des offenen Kreises seien gemeinsam als *kritische Stellen* von $F_o(s)$ bezeichnet und durch s_1, s_2, ..., s_{m+n} symbolisiert. Dann gilt die

Regel 3

Ein Punkt der reellen Achse gehört genau dann zur Wurzelortskurve, wenn rechts von ihm auf der reellen Achse eine ungerade Zahl kritischer Stellen des offenen Kreises liegt. Jede kritische Stelle wird dabei so oft gezählt, wie ihre Ordnung beträgt. Liegen insbesondere nur einfache kritische Stellen $s_1 > s_2 > \ldots$ auf der reellen Achse, so gehört das Achsenstück rechts von s_1 nicht zur Wurzelortskurve, das Achsenstück zwischen s_1 und s_2 gehört zur Wurzelortskurve und so abwechselnd weiter.

Es sei ausdrücklich darauf hingewiesen, daß die kritischen Stellen des offenen Kreises, die nicht auf der reellen Achse liegen, für diese Regel keine Rolle spielen.

Im obigen Beispiel sind die Pole einfach. Daher gehört das Stück der reellen Achse zwischen $p_1 = 0$ und $p_2 = -2{,}5$ zur Wurzelortskurve ebenso wie das Stück links von $p_3 = -20$. Im Bild 6/4 ist dies dargestellt.

Nachdem man die Konstruktion der Wurzelortskurve auf der reellen Achse begonnen hat, geht man zweckmäßigerweise zu ihrem Verhalten im Unendlichen über. Aus Regel 1 folgt, daß n - m Äste ins Unendliche streben. Da bei einer realen Regelstrecke der Nennergrad n erheblich höher ist als der Zählergrad m, der häufig genug, nämlich bei jedem Verzögerungssystem, Null ist, streben die meisten oder sogar alle Wurzelortsäste ins Unendliche. Für sie gilt ein bemerkenswerter Satz:

Regel 4

Die Asymptoten der ins Unendliche strebenden Wurzelortsäste schneiden sich sämtlich in einem Punkt der reellen Achse, dem Wurzelschwerpunkt. Seine Abszisse ist

$$\delta_w = \frac{\sum_{\nu=1}^{n} Re\ p_\nu - \sum_{\mu=1}^{m} Re\ n_\mu}{n - m} . \qquad (6.17)$$

Die Asymptoten der Wurzelortskurve sind damit vollständig bekannt, wenn man noch ihre Anstiegswinkel kennt. Für diese gilt

Regel 5

Die Anstiegswinkel der Asymptoten der Wurzelortskurve sind

$$\varphi_i = (2i+1)\frac{\pi}{n-m} , \quad i = 0, 1, \ldots, n-m-1 . \qquad (6.18)$$

Man darf sich auf die angegebenen i-Werte beschränken, da alle anderen i lediglich Winkel liefern, die sich um ganzzahlige Vielfache von 2π von den Werten (6.18) unterscheiden und deshalb nur die bereits erhaltenen Asymptoten liefern.

Im Beispiel ist

$$\delta_w = \frac{(0-2,5-20)-0}{3-0} = -7{,}5 \ ,$$

$$\varphi_i = (2i+1)\frac{\pi}{3} \ , \quad i = 0, 1, 2 \ , \quad \text{also}$$

$$\varphi_i = \begin{cases} 60^\circ \\ 180^\circ \\ 300^\circ \quad \text{bzw.} \ -60^\circ \ . \end{cases}$$

Der zweite Wert entspricht der negativen reellen Achse, die ja in der Tat ab p_3 ein ins Unendliche strebender Wurzelortsast ist.

Die beiden anderen Asymptoten werden von Wurzelortsästen angestrebt, die nicht mit der reellen Achse zusammenfallen. Da es sich um Bahnen von Wurzeln handelt, die für $k = 0$ in p_1 und p_2 beginnen, müssen sie für einen bestimmten k-Wert von dem Wurzelortsstück zwischen p_1 und p_2 ausgehen. Dort liegt ein *Verzweigungspunkt* δ_V der Wurzelortskurve vor.

Zeichnet man die Stücke der Wurzelortskurve auf der reellen Achse und die Asymptoten, so kann man den Verlauf der Wurzelortskurve bereits skizzieren, was für einen ersten Überblick über das dynamische Verhalten des Regelkreises schon ausreicht. Für kleine k hat der vorliegende Kreis drei verschiedene reelle Pole. Mit wachsendem k wird der Verzweigungspunkt δ_V erreicht. Dann liegt ein reeller Doppelpol vor, zu dem noch ein weiterer reeller Pol weit links auf der reellen Achse kommt. Steigt k weiter, so geht der reelle Doppelpol in ein Paar konjugiert komplexer Pole über, und es entsteht ein Schwingungsvorgang in der Sprungantwort. Bei noch weiter steigendem k muß das konjugiert komplexe Polpaar die j-Achse überschreiten, und der Regelkreis wird instabil.

Man hat jetzt bereits einen guten qualitativen Überblick über das Zeitverhalten des Regelkreises. Um zu quantitativen Aussagen zu gelangen, muß man offensichtlich vor allem noch zwei Dinge wissen: Die *Verzweigungspunkte*, in denen die Wurzelortskurve die reelle Achse verläßt, und ihre *Schnittpunkte mit der imaginären Achse*. Die ersteren charakterisieren den Grenzzustand, in dem ein reeller Doppelpol in ein konjugiert komplexes Polpaar übergeht, kennzeichnen also das Auftreten schwingender Komponenten in der Sprungantwort. Die letzteren zeigen die beginnende Instabilität des Regelkreises an. Über die Verzweigungspunkte wollen wir drei Regeln formulieren. Zunächst die allgemeine

Regel 6

Die (von den Nullstellen und Polen des offenen Kreises verschiedenen) Verzweigungspunkte der Wurzelortskurve erhält man aus der Gleichung

$$\sum_{\mu=1}^{m} \frac{1}{s-n_\mu} - \sum_{\nu=1}^{n} \frac{1}{s-p_\nu} = 0 \quad \text{bzw.}$$

$$\sum_{\lambda=1}^{m+n} \frac{\epsilon_\lambda}{s-s_\lambda} = 0 \ , \tag{6.19}$$

wobei $\epsilon_\lambda = +1$ *oder* -1, *je nachdem, ob* s_λ *eine Nullstelle* n_μ *oder einen Pol* p_ν *darstellt.*

Interessanterweise erhält man die Verzweigungspunkte als Nullstellen einer in Partialbrüche zerlegten rationalen Funktion.

Ist s eine reelle Verzweigungsstelle, so kann man $s = \delta$ setzen. Ist s_λ eine reelle kritische Stelle, so ist $s_\lambda = \delta_\lambda$, und der zugehörige Partialbruch lautet

$$\frac{\epsilon_\lambda}{\delta-\delta_\lambda} \ . \tag{6.20}$$

Ist $s_\lambda = \delta_\lambda + j\omega_\lambda$ nicht reell, so ist auch die konjugiert komplexe Zahl $\bar{s}_\lambda = \delta_\lambda - j\omega_\lambda$ kritische Stelle. Die zugehörigen Partialbrüche sind dann

$$\frac{\epsilon_\lambda}{s-s_\lambda} + \frac{\epsilon_\lambda}{s-\bar{s}_\lambda} = 2\,\frac{\epsilon_\lambda(\delta-\delta_\lambda)}{(\delta-\delta_\lambda)^2+\omega_\lambda^2} \ .$$

Der gleiche Bruch tritt also zweimal auf, entsprechend der Tatsache, daß man zwei kritische Stellen erfaßt hat. Für $\omega_\lambda = 0$ geht er in den Ausdruck (6.20) über. Damit erhält man aus der allgemeinen Regel 6 die spezielle

Regel 7

Die (von den Nullstellen und Polen des offenen Kreises verschiedenen) Verzweigungspunkte der Wurzelortskurve auf der reellen Achse erhält man aus der Gleichung

$$\sum_{\lambda=1}^{m+n} \epsilon_\lambda \frac{\delta-\delta_\lambda}{(\delta-\delta_\lambda)^2+\omega_\lambda^2} = 0 \tag{6.21}$$

durch Auflösen nach δ. *Dabei sind* $s_\lambda = \delta_\lambda + j\omega_\lambda$ *die kritischen Stellen des offenen Kreises.*

Sind insbesondere alle kritischen Stellen reell, so hat man die einfachere Gleichung

$$\sum_{\lambda=1}^{m+n} \frac{\epsilon_\lambda}{\delta - \delta_\lambda} = 0 \ . \qquad (6.22)$$

Bei der praktischen Lösung von (6.21) oder (6.22) hat man auf Grund der bekannten Lage der auf der reellen Achse gelegenen Stücke der Wurzelortskurve sowie der Asymptotenlage von vornherein einen Anhalt, wo die Verzweigungspunkte etwa liegen. Man kann dann die ferner gelegenen kritischen Stellen häufig vernachlässigen und die Gleichung näherungsweise lösen.

Im Beispiel sind alle kritischen Stellen reell. Die Gleichung (6.22) lautet hier

$$-\frac{1}{\delta-0} - \frac{1}{\delta+2{,}5} - \frac{1}{\delta+20} = 0$$

Durch Multiplikation mit $\delta(\delta+2{,}5)(\delta+20)$ folgt daraus die quadratische Gleichung

$$\delta^2 + 15\delta + \frac{50}{3} = 0 \ .$$

Sie hat die Wurzeln

$$\delta_1 = -1{,}21 \quad \text{und} \quad \delta_2 = -13{,}79 \ .$$

Da die letztere nicht auf der Wurzelortskurve liegt, kann nur die erstere ein Verzweigungspunkt sein:

$$\delta_V = -1{,}21 \ .$$

Nach (6.14) gehört zu ihm der Parameterwert

$$k_V = |-1{,}21-0| \cdot |-1{,}21+2{,}5| \cdot |-1{,}21+20| = 29{,}329 \ .$$

Da nach (6.7) $V = k/50$ ist, gehört hierzu

$$V = 0{,}587 \ .$$

Für $k \leq k_V$ sind die drei Wurzeln der charakteristischen Gleichung des Regelkreises reell, während für $k > k_V$ ein konjugiert komplexes Wurzelpaar auftritt.

In komplizierteren Fällen können mehr als zwei Äste der Wurzelortskurve durch einen Verzweigungspunkt gehen. Für die Schnittwinkel gilt:

Regel 8
Schneiden sich in einem (von den Nullstellen und Polen des offenen Kreises verschiedenen) Verzweigungspunkt der Wurzelortskurve r Äste, gehen also z = 2r Kurvenstücke von ihm aus, so ist der Betrag des Schnittwinkels benachbarter Kurvenstücke

$$\Delta\psi = \frac{\pi}{r} = \frac{2\pi}{z} \ . \qquad (6.23)$$

Ein wichtiger Spezialfall, der im Beispiel vorliegt, besteht darin, daß es sich um einen einfachen Verzweigungspunkt auf der reellen Achse handelt, daß also *ein* Kurvenbogen die reelle Achse schneidet. Dann ist $r = 2$ und damit $\Delta\psi = \pi/2$. In diesem Fall steht also die Wurzelortskurve senkrecht auf der reellen Achse. Handelt es sich aber um einen mehrfachen Verzweigungspunkt ($r > 2$), so ist dies nicht mehr der Fall.

Schneidet die Wurzelortskurve die imaginäre Achse in einem Punkt $j\omega$, so stellt dieser eine Wurzel der charakteristischen Gleichung dar. Für ihn und den zugehörigen Parameterwert k besteht also die Beziehung

$$F_o(j\omega) + 1 = 0 \quad \text{oder} \quad k\frac{P_o(j\omega)}{Q_o(j\omega)} + 1 = 0 \quad \text{bzw.}$$

$$k\,P_o(j\omega) + Q_o(j\omega) = 0 \ .$$

Man erhält so

Regel 9
Die Schnittpunkte jω der Wurzelortskurve mit der imaginären Achse und die zu ihnen gehörigen Parameterwerte k erhält man aus der Gleichung

$$k\,P_o(j\omega) + Q_o(j\omega) = 0 \qquad (6.24)$$

durch Auflösen nach ω und k.

In unserem Beispiel erhält man für (6.24) die Gleichung

$$k + j\omega(j\omega+2{,}5)(j\omega+20) = 0 \quad \text{oder}$$

$$k - 22{,}5\omega^2 + j\omega(-\omega^2+50) = 0 \ .$$

Aus der letzten Gleichung folgt, da ω an der Stabilitätsgrenze gewiß $\neq 0$ ist,

$$\omega^2 = 50 \ , \quad \text{also} \quad \omega_G = 7{,}07 \ .$$

Damit wird

$$k_G = 22{,}5 \cdot 50 = 1125 \quad \text{und wegen} \quad V = k/50:$$

$$V_G = 22{,}5 \ .$$

Bei diesem Wert der Kreisverstärkung wird also der geschlossene Kreis gerade instabil.

Insgesamt hat man folgendes Verhalten der Wurzeln $\alpha_{1,2,3}$ der charakteristischen Gleichung, also der Pole des Regelkreises:

- $k = 0$: $\alpha_{1,2,3}$ starten in den Polen $p_1 = 0$, $p_2 = -2{,}5$ und $p_3 = -20$ des offenen Kreises.

- $0 < k < 29{,}329$: $\alpha_{1,2,3}$ reell, wobei $\alpha_{1,2}$ zwischen 0 und $-2{,}5$ liegen, während α_3 links von -20 gelegen ist.
- $k = 29{,}329$ $(V = 0{,}587)$: $\alpha_1 = \alpha_2 = \delta_V = -1{,}21$, während α_3 reell und < -20 ist.
- $k > 29{,}329$: $\alpha_{1,2}$ konjugiert komplex, α_3 reell und < -20.
- $k = k_G = 1125$ $(V_G = 22{,}5)$: $\alpha_{1,2} = \pm j\,7{,}07$, α_3 reell und < -20: Regelkreis wird instabil.
- $k > 1125$: Regelkreis bleibt instabil.
- $k \rightarrow +\infty : \alpha_{1,2,3} \rightarrow \infty$.

Man sieht, welche Einsicht in das dynamische Verhalten der Regelung durch die Wurzelortskurve vermittelt wird. Um den Zusammenhang zwischen Wurzelortskurve und Zeitverhalten weiter zu verdeutlichen, sind im Bild 6/5 die Führungssprungantworten für verschiedene Werte des Parameters k dargestellt und die zugehörigen Pole der Regelung durch die Angabe dieser Werte an der Wurzelortskurve kenntlich gemacht.

Nun sollen noch zwei Regeln angegeben werden, die im obigen Beispiel nicht gebraucht wurden, aber häufig von Nutzen sind. Bei der ersten geht es um einen offenen Kreis, der kritische Stellen außerhalb der reellen Achse oder mehrfache kritische Stellen auf der reellen Achse hat. Von ihnen gehen Wurzelortsäste aus, wenn es sich um Pole des offenen Kreises handelt; in ihnen enden Wurzelortsäste, sofern es Nullstellen des offenen Kreises sind. Über die Tangentenwinkel in den kritischen Stellen kann man eine allgemeine Aussage machen:

Regel 10

Ist s_ρ eine kritische Stelle des offenen Kreises von der Ordnung r_ρ, so sind die Anstiegswinkel der r_ρ Wurzelortsäste, die dort beginnen bzw. enden:

$$\varphi_{\rho i} = -\frac{1}{\epsilon_\rho r_\rho} \sum_{\substack{\lambda=1 \\ s_\lambda \neq s_\rho}}^{m+n} \epsilon_\lambda \angle\, s_\rho - s_\lambda + (2i+1)\frac{\pi}{\epsilon_\rho r_\rho}\,,$$

$$i = 0, 1, \ldots, r_\rho - 1\,. \qquad (6.25)$$

Dabei ist der Einfachheit halber angenommen, daß die Wurzelortskurvenäste von der kritischen Stelle weggerichtet sind. Durchläuft man die Wurzelortskurve im Sinne wachsender k, so muß man in den Nullstellen die Richtungen (6.25) um $+\pi$ oder $-\pi$ ändern. Für die *Lage* der Anfangstangente, auf die es allein ankommt, ist das aber belanglos.

Schließlich noch eine Eigenschaft, die eine Aussage über die k-Skala auf der Wurzelortskurve macht:

Regel 11

Ist Grad $Z_o(s) \leq$ Grad $N_o(s) - 2$ und sind α_ν die Wurzeln der charakteristischen Gleichung $F_o(s) + 1 = 0$ für irgendeinen Wert von k, so gilt

$$\sum_{\nu=1}^{n} Re\,\alpha_\nu = \sum_{\nu=1}^{n} Re\,p_\nu\,. \qquad (6.26)$$

$\sum_{\nu=1}^{n} Re\,\alpha_\nu$ *hängt also von k nicht ab, hat vielmehr*

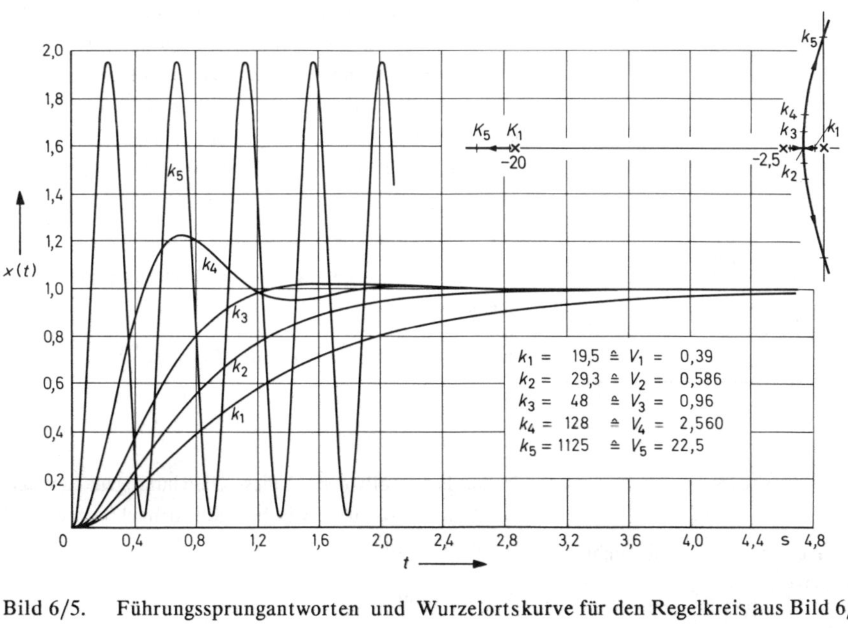

Bild 6/5. Führungssprungantworten und Wurzelortskurve für den Regelkreis aus Bild 6/4

für jeden Punkt der Wurzelortskurve den gleichen

Wert, eben $\sum_{\nu=1}^{n} Re\, p_\nu$.

Hat man daher zu einem Wert von k sämtliche Punkte auf der Wurzelortskurve gefunden bis auf eine reelle Wurzel oder ein Paar konjugiert komplexer Wurzeln, so erhält man aus (6.26) den gesuchten Realteil und damit die Wurzel bzw. das Wurzelpaar selbst, das noch zu diesem k-Wert gehört.

Ein weiteres Beispiel soll nochmals die Anwendung der Regeln, besonders auch der Regel 10, erläutern. Der offene Kreis sei durch

$$F_o(s) = k \frac{s}{(s+1-j)(s+1+j)(s+4)}$$

gegeben, habe also eine Nullstelle und ein konjugiert komplexes Polpaar sowie einen reellen Pol. Die Konstruktion der Wurzelortskurve wird in mehreren Schritten durchgeführt. Das Ergebnis findet man in Bild 6/6.

Schritt 1

Einzeichnen der Nullstellen und Pole des offenen Kreises.

Schritt 2

Anwendung von Regel 3: Die Wurzelortskurve auf der reellen Achse besteht aus dem Stück zwischen -4 und 0.

Schritt 3

Anwendung von Regel 1: Da es nur *eine* endliche Nullstelle (s=0) gibt, müssen zwei Wurzelortskurvenäste nach s = ∞ verlaufen.

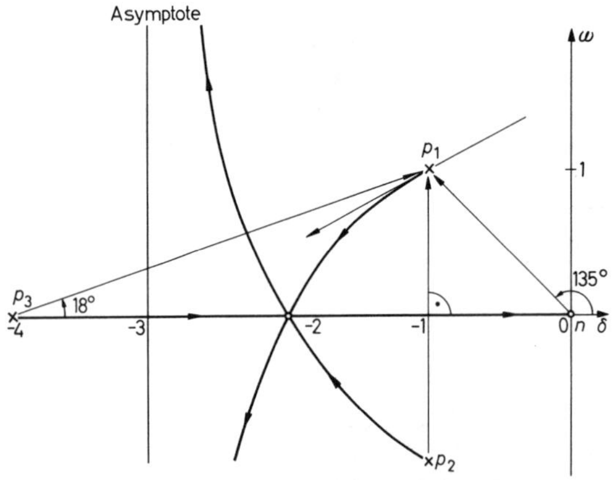

Bild 6/6. Wurzelortskurve eines Systems mit nichtreellen Polen: $F_o(s) = k \frac{s}{[(s+1)^2+1](s+4)}$

Schritt 4

Anwendung von Regel 10: Wegen Regel 2 (Symmetrie) genügt es, sich auf den komplexen Pol p_1 zu beschränken.

Er ist einfach, sendet also nur *einen* Kurvenast der Wurzelortskurve aus. Der Tangentenwinkel ist nach (6.25), da $r_\rho = 1$ und $\epsilon_\rho = -1$:

$$\varphi_1 = \angle p_1 - n - \angle p_1 - p_2 - \angle p_1 - p_3 + \frac{\pi}{-1},$$

also $\varphi_1 = 135° - 90° - 18° - 180° = -153°$, wobei der dritte Winkel durch Messung in Bild 6/6 bestimmt ist. Nun zeichnet man die Anfangstangente ein.

Schritt 5

Anwendung der Regeln 4 und 5 zur Bestimmung der Asymptoten:

$$\delta_w = \frac{(-1-1-4)-0}{3-1} = -3 .$$

$$\varphi_i = (2i+1)\frac{\pi}{2}, \quad i = 0, 1 .$$

Somit ist $\varphi_0 = \frac{\pi}{2}$, $\varphi_1 = \frac{3}{2}\pi$ bzw. $-\frac{3}{2}\pi$.

Die Wurzelortskurve besitzt also eine Asymptote, welche in $\delta = -3$ auf der reellen Achse senkrecht steht.

Schritt 6

Anwendung von Regel 7 zur Bestimmung der Verzweigungspunkte auf der reellen Achse. Aus der bisherigen Untersuchung geht bereits hervor, daß höchstens ein Verzweigungspunkt vorliegen kann, nämlich dann, wenn der von p_1 ausgehende Wurzelortskurvenast nach unten verläuft und gegen die untere Asymptotenhälfte strebt. Aus Symmetriegründen (Regel 2) muß es sich dann um einen Schnittpunkt von r = 3 Wurzelortskurvenästen handeln: des von p_1 ausgehenden Wurzelortskurvenastes, des von p_2 ausgehenden Wurzelortskurvenastes und der reellen Achse.

Falls ein solcher Schnittpunkt existiert, muß er der Anfangstangente und Asymptote nach etwa bei $\delta = -2$ liegen.

Aus Regel 7 folgt als Gleichung für diesen δ-Wert:

$$\frac{1}{\delta} - 2\frac{\delta+1}{(\delta+1)^2+1} - \frac{1}{\delta+4} = 0 .$$

In der Tat erfüllt $\delta = -2$ diese Gleichung genau. Wegen r = 3 ist der Winkel zwischen zwei benachbarten Zweigen dem Betrage nach

$$\Delta\psi = \frac{\pi}{3} = 60° .$$

Die Bestimmung der Schnittpunkte mit der imaginären Achse ist hier überflüssig. Man sieht aus der bisherigen Skizze, daß die Wurzelortskurve die j-Achse nicht überschreitet. Der geschlossene Kreis ist also für alle positiven V stabil. Dazu muß gesagt werden, daß es sich bei $F_o(s)$ um eine Übertragungsfunktion handelt, die als realer offener Regelkreis nicht auftreten wird, wie man schon aus der Tatsache erkennt, daß $F_o(0) = 0$ ist.

Will man den Kurvenverlauf noch etwas genauer festlegen, so kann man die Gleichung der Wurzelortskurve gemäß Abschnitt 6.5 aufstellen. Man erhält

$$\omega^2 = -\frac{\delta^3 + 3\delta^2 - 4}{\delta + 3} .$$

Mit ihr wurden die Zwischenwerte für $\delta = -1{,}2/-1{,}5/-2{,}5$ im Bild 6/6 berechnet.

Abschließend sei darauf hingewiesen, daß man eine umfangreiche Sammlung typischer Wurzelortskurvenverläufe in [6.3], Abschnitt 4.4, findet.

6.4 Herleitung der geometrischen Eigenschaften der Wurzelortskurve

Wir wollen dabei von der Formulierung und Bezeichnungsweise der Regeln 1 bis 11 in Abschnitt 6.3 ausgehen.

Regel 1 wurde schon in Abschnitt 6.2 hergeleitet. Die *Regel 2* folgt aus ihr unmittelbar: Da die Wurzelortskurve aus den Bahnen der Wurzeln $\alpha_\nu(k)$ der charakteristischen Gleichung besteht, diese aber, sofern nichtreell, konjugiert komplex sind, ist die Wurzelortskurve symmetrisch zur reellen Achse.

Für die Herleitung der weiteren Regeln ist es zweckmäßig, die Gleichung (6.13) der Wurzelortskurve noch etwas umzuformen, indem man statt der Nullstellen und Pole den Sammelbegriff der kritischen Stellen s_λ einführt, wobei dann λ von 1 bis m+n läuft. Setzt man dann, wie schon oben,

$$\epsilon_\lambda = \begin{cases} +1 , & \text{wenn } s_\lambda \text{ Nullstelle} , \\ -1 , & \text{wenn } s_\lambda \text{ Pol} \end{cases}$$

des offenen Kreises, so wird aus (6.13)

$$\sum_{\lambda=1}^{m+n} \epsilon_\lambda \underline{/s-s_\lambda} = (2i+1)\pi , \quad \text{i beliebig ganz.} \qquad (6.27)$$

Wir wollen jetzt den Begriff der Wurzelortskurve verallgemeinern, indem wir zunächst die *komplementäre Wurzelortskurve* einführen. Dazu betrachten wir wieder die Gleichung (6.5), also

$$F_o(s) = -1 ,$$

nehmen aber in $F_o(s)$ k negativ an. Dann bildet die Gesamtheit der Wurzeln von (6.5) die *komplementäre Wurzelortskurve,* deren Parameter also wiederum k ist, nur daß k jetzt von $-\infty$ bis 0 läuft. Für $k = -\infty$ startet sie in den Nullstellen des offenen Kreises und endet für $k = 0$ in dessen Polen. Aus (6.5) folgt, ganz entsprechend wie bisher,

$$\underline{/k} + \sum_{\lambda=1}^{m+n} \epsilon_\lambda \underline{/s-s_\lambda} = \underline{/-1} .$$

Da k jetzt negativ ist, stellt $\underline{/-1} - \underline{/k}$ die Differenz zweier ungerader Vielfacher von 2π dar und ist deshalb ein gerades Vielfaches von 2π:

$$\sum_{\lambda=1}^{m+n} \epsilon_\lambda \underline{/s-s_\lambda} = 2i\pi , \quad \text{i beliebig ganz.} \qquad (6.28)$$

Dies ist somit die *Gleichung der komplementären Wurzelortskurve.*

Wurzelortskurve und komplementäre Wurzelortskurve zusammen bilden die *erweiterte Wurzelortskurve.* Gemäß (6.27) und (6.28) ist sie durch die Gleichung

$$\sum_{\lambda=1}^{m+n} \epsilon_\lambda \underline{/s-s_\lambda} = \nu\pi , \quad \nu \text{ beliebig ganz,} \qquad (6.29)$$

gegeben. Ihr Kurvenparameter ist wieder k, wobei k jetzt von $-\infty$ bis $+\infty$ läuft.

Im folgenden werden wir uns in erster Linie mit der Wurzelortskurve befassen, aber gelegentlich auch die komplementäre und erweiterte Wurzelortskurve heranziehen, um die Betrachtung abzurunden.

Die *Regel 3 über die Äste der Wurzelortskurve auf der reellen Achse* kann man aus Bild 6/7 ablesen. Dabei geht man von der Gleichung (6.27) der Wurzelortskurve aus. Liegt s auf der reellen Achse, so ist für irgendein Paar nichtreeller kritischer Stellen nach Bild 6/7, links, $\underline{/s-s_\lambda} + \underline{/s-\bar{s}_\lambda} = 0$. Liegt eine kritische Stelle auf der reellen Achse links von s, so ist $s-s_\lambda$ mit der reellen Achse gleichgerichtet, also $\underline{/s-s_\lambda} = 0$. Wenn dagegen s_λ rechts von s liegt, wird $\underline{/s-s_\lambda} = \pi$. Somit ist für einen Punkt s auf der reellen Achse $\underline{/F_o(s)} = (2i+1)\pi$,

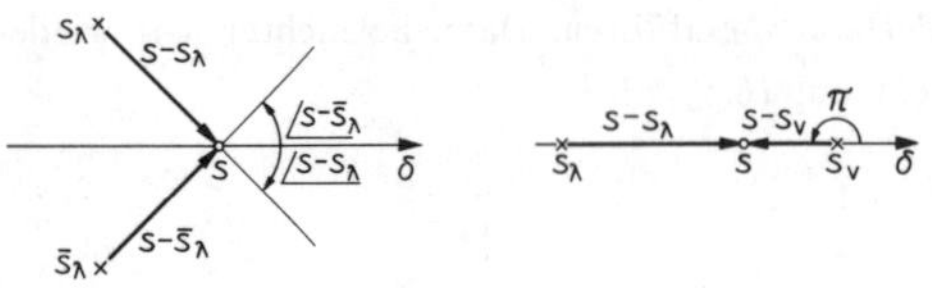

Bild 6/7. Die Wurzelortskurve auf der reellen Achse (Herleitung von Regel 3)

wenn rechts von ihm eine ungerade Zahl kritischer Stellen liegt. Genau dann liegt er auf der Wurzelortskurve.

Die Herleitung der *Regel 4 über den Wurzelschwerpunkt* ist etwas mühsamer. Der Gedankengang ist folgender. Wir stellen die Gleichung der Tangente an die Wurzelortskurve auf und bestimmen ihren Schnittpunkt mit der reellen Achse. Dann lassen wir den Berührungspunkt der Tangente ins Unendliche gehen, so daß die Tangente in die Asymptote und ihr Schnittpunkt mit der reellen Achse in den Wurzelschwerpunkt übergeht.

Um dieses Programm durchzuführen, gehen wir von der Gleichung (6.29) der erweiterten Wurzelortskurve aus. Wegen

$$s - s_\lambda = (\delta + j\omega) - (\delta_\lambda + j\omega_\lambda) = (\delta - \delta_\lambda) + j(\omega - \omega_\lambda) \quad \text{ist}$$

$$\tan \angle s - s_\lambda = \frac{\omega - \omega_\lambda}{\delta - \delta_\lambda} .$$

Man kann daher (6.29) in der Form

$$F(\delta,\omega) = \sum_{\lambda=1}^{m+n} \epsilon_\lambda \arctan \frac{\omega - \omega_\lambda}{\delta - \delta_\lambda} = \nu\pi \tag{6.30}$$

schreiben.

Nun stellt man die Gleichung der Tangente an die Wurzelortskurve in irgendeinem Punkt (δ,ω) auf:

$$v - \omega = \omega'(\delta)(u - \delta) ,$$

wo (u,v) der laufende Punkt der Tangente und $\omega = \omega(\delta)$ die Gleichung der erweiterten Wurzelortskurve ist, die durch (6.30) implizit gegeben wird. Den Schnittpunkt der Tangente mit der reellen Achse erhält man für $v = 0$:

$$u = \delta - \frac{\omega}{\omega'} .$$

Denkt man sich (6.30) nach ω aufgelöst, so erhält man die Gleichung $\omega = \omega(\delta)$. Setzt man sie wiederum in (6.30) ein, so ergibt sich die Identität

$$F[\delta,\omega(\delta)] = \nu\pi .$$

Durch Differentiation nach δ folgt aus ihr

$$F_\delta + F_\omega \omega' = 0 ,$$

wobei F_δ und F_ω die partiellen Differentialquotienten der Funktion $F(\delta,\omega)$ sind. Aus der letzten Gleichung folgt $\omega' = -F_\delta / F_\omega$. Damit wird

$$u = \frac{\delta F_\delta + \omega F_\omega}{F_\delta} . \tag{6.31}$$

Der laufende Punkt $s = \delta + j\omega$ der Wurzelortskurve strebt genau dann ins Unendliche, wenn

$$r = |s| = \sqrt{\delta^2 + \omega^2} \longrightarrow +\infty$$

geht. Somit erhält man die gesuchte Abszisse δ_w des Wurzelschwerpunktes aus dem Grenzübergang

$$\delta_w = \lim_{s \to +\infty} \frac{\delta F_\delta + \omega F_\omega}{F_\delta} . \tag{6.32}$$

Aus (6.30) folgt

$$F_\delta = -\sum_{\lambda=1}^{m+n} \epsilon_\lambda \frac{\omega - \omega_\lambda}{r_\lambda^2} , \quad F_\omega = \sum_{\lambda=1}^{m+n} \epsilon_\lambda \frac{\delta - \delta_\lambda}{r_\lambda^2}$$

mit

$$r_\lambda^2 = (\delta - \delta_\lambda)^2 + (\omega - \omega_\lambda)^2 .$$

Setzt man diese Ausdrücke in (6.31) ein und erweitert den Bruch mit r^2/ω, so erhält man

$$\frac{\delta F_\delta + \omega F_\omega}{F_\delta} = \frac{\frac{\delta}{\omega} \sum\limits_{\lambda=1}^{m+n} \epsilon_\lambda \omega_\lambda \left[\frac{r}{r_\lambda}\right]^2 - \sum\limits_{\lambda=1}^{m+n} \epsilon_\lambda \delta_\lambda \left[\frac{r}{r_\lambda}\right]^2}{\frac{1}{\omega} \sum\limits_{\lambda=1}^{m+n} \epsilon_\lambda \omega_\lambda \left[\frac{r}{r_\lambda}\right]^2 - \sum\limits_{\lambda=1}^{m+n} \epsilon_\lambda \left[\frac{r}{r_\lambda}\right]^2} . \tag{6.33}$$

Wandert der laufende Wurzelortspunkt auf einem Ast ins Unendliche, so geht $|s| \longrightarrow +\infty$ und damit

$$\frac{r}{r_\lambda} = \frac{|s|}{|s - s_\lambda|} = \frac{1}{\left|1 - \frac{s_\lambda}{s}\right|} \longrightarrow 1 .$$

Weiterhin geht $\delta/\omega \longrightarrow \cot \varphi$, wo φ der Asymptotenwinkel des Wurzelortsastes ist. Da für die Bestimmung des Wurzelschwerpunktes nur die Wurzelortsäste interessieren, die eine von der reellen Achse verschiedene Asymptote haben, ist $\varphi \neq \nu\pi$ und daher $\cot \varphi$ endlich. Aus dem gleichen Grund wird die Ordinate ω des Berührungspunktes nicht beliebig klein, und $1/\omega$ bleibt daher endlich. Der Grenzwert von $\frac{1}{\omega}$ sei γ. Aus (6.33) folgt somit

$$\delta_w = \frac{\cot\varphi \sum_{\lambda=1}^{m+n} \epsilon_\lambda \omega_\lambda - \sum_{\lambda=1}^{m+n} \epsilon_\lambda \delta_\lambda}{\gamma \sum_{\lambda=1}^{m+n} \epsilon_\lambda \omega_\lambda - \sum_{\lambda=1}^{m+n} \epsilon_\lambda} .$$

Da die kritischen Stellen des offenen Kreises symmetrisch zur reellen Achse liegen, ist

$$\sum_{\lambda=1}^{m+n} \epsilon_\lambda \omega_\lambda = 0 ,$$

womit man die Beziehung

$$\delta_w = \frac{\sum_{\lambda=1}^{m+n} \epsilon_\lambda \delta_\lambda}{\sum_{\lambda=1}^{m+n} \epsilon_\lambda}$$

erhält. Das ist die Formel (6.17), wenn man berücksichtigt, daß

$$\sum_{\lambda=1}^{m} \epsilon_\lambda = m \quad \text{und} \quad \sum_{\lambda=m+1}^{m+n} \epsilon_\lambda = -n \quad \text{ist} .$$

Die *Regel 5 für die Asymptotenwinkel* ist wieder sehr leicht zu erhalten. Wie man aus Bild 6/8 sieht, werden die Fahrstrahlen $s - s_\lambda$ parallel, wenn $s \to \infty$ geht. Dann werden alle Winkel $\angle s - s_\lambda$ gleich, und zwar gleich dem Asymptotenwinkel φ des Astes, auf dem s ins Unendliche strebt. Damit folgt aus (6.27)

$$\sum_{\lambda=1}^{m+n} \epsilon_\lambda \varphi = (2i+1)\pi , \quad \text{i beliebig ganz,}$$

oder

$$(m-n)\varphi = (2i+1)\pi .$$

Da i beliebig ganz sein darf, ergeben sich im allgemeinen mehrere Asymptotenwinkel:

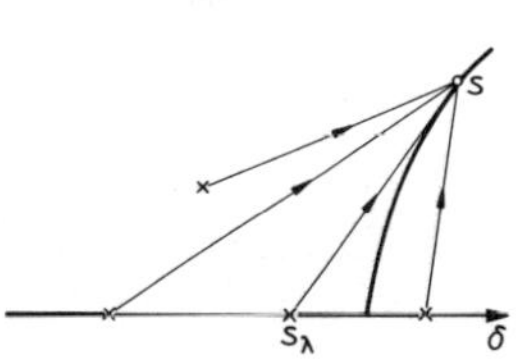

Bild 6/8. Herleitung der Formel für die Asymptotenwinkel der Wurzelortskurve

$$\varphi_i = (2i+1) \cdot \frac{\pi}{n-m} , \quad \text{i beliebig ganz.}$$

Statt m - n kann man n - m schreiben, da man wegen des beliebig ganzzahligen i dadurch die gleichen Winkelwerte erhält. Es gibt also unendlich viele Winkel, aber nur wegen der grundsätzlichen Vieldeutigkeit des Winkels mit 2π. Da es nur n - m Wurzelortsäste gibt, die ins Unendliche streben, kann es auch nur n - m verschiedene Asymptotenrichtungen geben. Man erhält sie alle, wenn man i die Werte 0, 1, ..., n - m - 1 durchlaufen läßt.

Ehe wir zu den Verzweigungspunkten übergehen, ist es zweckmäßig, die *Regel 10 über die Anstiegswinkel der Wurzelortsäste in kritischen Stellen* herzuleiten. Sie ergibt sich fast unmittelbar aus Bild 6/9. Darin ist s ein Punkt der Wurzelortskurve, welcher der kritischen Stelle s_ρ des offenen Kreises benachbart ist. Dann folgt aus der Gleichung (6.27) der Wurzelortskurve

$$r_\rho \epsilon_\rho \angle s - s_\rho + \sum_{\substack{\lambda=1 \\ s_\lambda \neq s_\rho}}^{m+n} \epsilon_\lambda \angle s - s_\lambda = (2i+1)\pi .$$

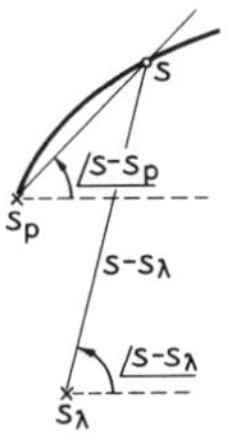

Bild 6/9. Anfangsverlauf der Wurzelortskurve in kritischen Punkten des offenen Kreises

Dabei ist angenommen, daß s_ρ die Ordnung r_ρ hat, so daß der Summand $\epsilon_\rho \angle s - s_\rho$ r_ρ-mal auftritt. Strebt nun $s \to s_\rho$, so geht $\angle s - s_\rho$ in den Tangentenwinkel φ_ρ über, da die Sekante $s - s_\rho$ dann zur Tangente wird. Aus $\angle s - s_\lambda$ wird $\angle s_\rho - s_\lambda$. Damit erhält man

$$r_\rho \epsilon_\rho \varphi_\rho + \sum_{\substack{\lambda=1 \\ s_\lambda \neq s_\rho}}^{m+n} \epsilon_\lambda \angle s_\rho - s_\lambda = (2i+1)\pi .$$

Aus ihr folgt sofort (6.25). Für die Vielfachheit des Winkels φ_ρ gilt Entsprechendes wie für den Asymptotenwinkel.

Es sei an dieser Stelle ausdrücklich bemerkt, daß die bisher abgeleiteten Regeln sinngemäß auch für die komplementäre Wurzelortskurve gelten. Regel 1 ist dahingehend zu modifizieren, daß die komplementäre Wurzelortskurve für $k = -\infty$ in den Nullstellen des offenen Kreises beginnt und für $k = 0$ in seinen Polen endet. Die erweiterte Wurzelortskurve beginnt also für $k = -\infty$ in den Nullstellen des offenen Kreises und endet auch dort für $k = +\infty$, nachdem sie für $k = 0$ seine Pole durchlaufen hat. Regel 2 gilt unverändert. Was Regel 3 betrifft, so nimmt die komplementäre Wurzelortskurve gerade die restlichen Stücke der reellen Achse ein. Sie hat denselben Wurzelschwerpunkt wie die Wurzelortskurve. Die Winkelregeln 5 und 10 gelten auch für die komplementäre Wurzelortskurve, wenn man nur $(2i+1)\pi$ durch $2i\pi$ ersetzt.

Betrachtet man die *erweiterte* Wurzelortskurve, so strahlen von einer kritischen Stelle der Ordnung r_ρ insgesamt r_ρ Äste der Wurzelortskurve und r_ρ Äste der komplementären Wurzelortskurve aus, also $z = 2r_\rho$ Kurvenstücke. Nimmt man (6.25) und die entsprechende Formel für die komplementäre Wurzelortskurve zusammen, so ergibt sich für die Anstiegswinkel dieser Kurvenstücke

$$\varphi_{\rho i} = \tilde{\varphi}_\rho + i\,\frac{\pi}{\epsilon_\rho r_\rho}\,, \quad \text{i beliebig ganz.}$$

Dabei ist $\tilde{\varphi}_\rho$ ein Winkel, der für die betrachtete Stelle s_ρ fest ist. Infolgedessen ist der Winkel zwischen zwei benachbarten Stücken der *erweiterten* Wurzelortskurve, wenn man vom Vorzeichen absieht:

$$\Delta\varphi_\rho = \frac{\pi}{r_\rho} = \frac{2\pi}{z}\,. \tag{6.34}$$

Wenn wir uns nun den *Verzweigungspunkten* zuwenden, so wollen wir sogleich die erweiterte Wurzelortskurve ins Auge fassen, wobei also $-\infty < k < +\infty$ zugelassen ist. Ein Verzweigungspunkt stellt eine *mehrfache* Wurzel der charakteristischen Gleichung dar. Daher muß für ihn simultan gelten:

$$F_o(s) + 1 = 0\,, \quad F_o'(s) = 0\,. \tag{6.35}$$

Nun folgt aus

$$F_o(s) = k\,\frac{\sum\limits_{\mu=1}^{m}(s-n_\mu)}{\sum\limits_{\nu=1}^{n}(s-p_\nu)}$$

durch Logarithmieren (sofern s weder Nullstelle noch Pol von $F_o(s)$ ist)

$$\ln F_o(s) = \ln k + \sum_{\mu=1}^{m}\ln(s-n_\mu) - \sum_{\nu=1}^{n}\ln(s-p_\nu)$$

und hieraus durch Differentiation

$$\frac{F_o'(s)}{F_o(s)} = \sum_{\mu=1}^{m}\frac{1}{s-n_\mu} - \sum_{\nu=1}^{n}\frac{1}{s-p_\nu} = \sum_{\lambda=1}^{m+n}\frac{\epsilon_\lambda}{s-s_\lambda}\,. \tag{6.36}$$

Da nach (6.35) $F_o(s) = -1$ gilt, geht (6.36) in

$$F_o'(s) = -\sum_{\lambda=1}^{m+n}\frac{\epsilon_\lambda}{s-s_\lambda}$$

über. Wiederum wegen (6.35) folgt daraus für die Verzweigungspunkte der erweiterten Wurzelortskurve

$$\sum_{\lambda=1}^{m+n}\frac{\epsilon_\lambda}{s-s_\lambda} = 0\,.$$

Das ist Regel 6. Aus ihr wurde bereits Regel 7 für die Verzweigungspunkte auf der reellen Achse hergeleitet.

Wieviele Äste der Wurzelortskurve sich in einem Verzweigungspunkt schneiden, läßt sich im allgemeinen aus der Gestalt der Wurzelortskurve erkennen. Man kann aber auch eine analytische Bedingung angeben. Es sind genau dann r Äste, wenn

$$F_o'(s) = 0, \ldots, F_o^{(r-1)}(s) = 0\,, \quad F_o^{(r)}(s) \neq 0$$

ist. Nach (6.36) gilt für beliebige s (nicht nur auf der Wurzelortskurve)

$$F_o'(s) = \varphi(s)F_o(s) \quad \text{mit} \quad \varphi(s) = \sum_{\lambda=1}^{m+n}\frac{\epsilon_\lambda}{s-s_\lambda}\,.$$

Daher folgt durch Differentiation

$$F_o''(s) = \varphi'(s)F_o(s) + \varphi(s)F_o'(s)\,,$$

$$F_o^{(3)}(s) = \varphi''(s)F_o(s) + 2\varphi'(s)F_o'(s) + \varphi(s)F_o''(s)$$

usw. Da im Verzweigungspunkt $F_o(s) = -1$, sieht man daraus, daß genau dann $F_o', \ldots, F_o^{(r-1)} = 0$ und $F_o^{(r)} \neq 0$, wenn $\varphi, \ldots, \varphi^{(r-2)} = 0$, aber $\varphi^{(r-1)} \neq 0$. Dabei ist

$$\varphi'(s) = -\sum_{\lambda=1}^{m+n}\frac{\epsilon_\lambda}{(s-s_\lambda)^2}\,,$$

$$\varphi''(s) = +1\cdot 2\cdot\sum_{\lambda=1}^{m+n}\frac{\epsilon_\lambda}{(s-s_\lambda)^3}\,, \ldots\,.$$

Damit hat man als Ergänzung zur Regel 6 den Satz:

In einem (von den Nullstellen und Polen des offenen Kreises verschiedenen) Verzweigungspunkt treffen sich genau dann r Äste der erweiterten Wurzelortskurve, von diesem Punkt gehen also genau dann 2r Kurvenstücke aus (ohne Berücksichtigung der Orientierung), wenn für diesen Punkt s die Gleichungen

$$\sum_{\lambda=1}^{m+n} \frac{\epsilon_\lambda}{(s-s_\lambda)^\rho} = 0 , \quad \rho = 1,\ldots,r-1 , \tag{6.37}$$

erfüllt sind, aber

$$\sum_{\lambda=1}^{m+n} \frac{\epsilon_\lambda}{(s-s_\lambda)^r} \neq 0 \quad \textit{ist}. \tag{6.38}$$

Es ist noch die Frage zu beantworten, unter welchen Winkeln sich die 2r von einem Verzweigungspunkt ausgehenden Kurvenstücke schneiden. Sie kann ohne große Rechnung dadurch beantwortet werden, daß man den Anfangspunkt der k-Skala auf der erweiterten Wurzelortskurve aus den Polen in den betrachteten Verzweigungspunkt verschiebt. Es werde zunächst irgendein Parameterwert k = K betrachtet. Zu ihm gehören auf der erweiterten Wurzelortskurve n Wurzeln, die wegen $F_o(s) + 1 = 0$ der Gleichung

$$K \prod_{\mu=1}^{m} (s-n_\mu) + \prod_{\nu=1}^{n} (s-p_\nu) = 0$$

genügen. Diese Wurzeln seien mit P_λ, $\lambda = 1,\ldots,n$, bezeichnet. Dann gilt

$$K \prod_{\mu=1}^{m} (s-n_\mu) + \prod_{\nu=1}^{n} (s-p_\nu) = \prod_{\lambda=1}^{n} (s-P_\lambda) . \tag{6.39}$$

Nunmehr führt man anstelle des Parameters k den Parameter k^* durch $k^* = k - K$ ein. Damit wird aus der ursprünglichen Gleichung

$$k \prod_{\mu=1}^{m} (s-n_\mu) + \prod_{\nu=1}^{n} (s-p_\nu) = 0 \tag{6.40}$$

die Beziehung

$$(k^* + K) \prod_{\mu=1}^{m} (s-n_\mu) + \prod_{\nu=1}^{n} (s-p_\nu) = 0$$

oder mit Rücksicht auf (6.39)

$$k^* \prod_{\mu=1}^{m} (s-n_\mu) + \prod_{\lambda=1}^{n} (s-P_\lambda) = 0 . \tag{6.41}$$

Diese Gleichung tritt jetzt an die Stelle von (6.40). Jeder Punkt s der erweiterten Wurzelortskurve erfüllt diese Gleichung für einen bestimmten Wert von k^*, und umgekehrt gehört zu jedem k^*-Wert ein Satz von n Wurzeln, die auf der erweiterten Wurzelortskurve liegen. Wie man aus (6.41) ersieht, gehören zu $k^* = 0$ (dies entspricht k = K) nicht mehr die Pole des offenen Kreises, sondern die Punkte P_λ, die die Wurzeln von (6.39) sind. Zu $k^* = \infty$ aber gehören nach wie vor die Nullstellen des offenen Kreises. Durch diese Parametertransformation treten somit an die Stelle der Pole als neue Anfangspunkte der Parameterzählung die Punkte P_λ.

Man kann diesen Sachverhalt auch so ausdrücken: Die Gleichung $F_o(s) + 1 = 0$ bzw. $k \frac{P_o(s)}{Q_o(s)} = 1$ wird durch die Gleichung (6.41) bzw. die Gleichung

$$k^* \frac{\prod_{\mu=1}^{m} (s-n_\mu)}{\prod_{\lambda=1}^{n} (s-P_\lambda)} = 1$$

ersetzt. Für $k^* = k - K$ hat sie die gleichen Lösungen wie die vorangegangene Gleichung für k. Die erweiterte Wurzelortskurve kann man nunmehr durch die Gleichung

$$\sum_{\mu=1}^{m} \underline{/s-n_\mu} - \sum_{\lambda=1}^{n} \underline{/s-P_\lambda} = \nu\pi , \quad \nu \text{ beliebig ganz,}$$

beschreiben.

Auf die Punkte P_λ kann man jetzt die Regel 10 anwenden, wobei die P_λ die Stelle der Pole einnehmen. Nach (6.34) erhält man so für den Winkel zwischen zwei benachbarten Kurvenstücken der erweiterten Wurzelortskurve, die von dem Pol P_λ ausgehen,

$$\Delta\varphi_\rho = \frac{2\pi}{z} .$$

Dabei ist vom Vorzeichen des Winkels abgesehen. z ist die Zahl der Kurvenstücke.

Diese Betrachtung kann man auf jeden Punkt der erweiterten Wurzelortskurve anwenden. Nimmt man speziell einen Verzweigungspunkt, so erhält man die Regel 8.

Die Regel über die Schnittpunkte der Wurzelortskurve mit der j-Achse wurde bereits im vorigen Abschnitt hergeleitet. Es bleibt noch die Regel 11, daß für irgendein k

$$\sum_{\nu=1}^{n} \operatorname{Re} \alpha_\nu = \sum_{\nu=1}^{n} \operatorname{Re} p_\nu \; . \tag{6.42}$$

Nun ist

$$F_o(s) = k \frac{b_n s^n + b_{n-1} s^{n-1} + \ldots + b_1 s + b_0}{s^n + a_{n-1} s^{n-1} + \ldots + a_1 s + a_0} \; .$$

Nach der Voraussetzung zur Regel 11 ist auf jeden Fall $b_n = 0$ und $b_{n-1} = 0$. Für die Gleichung $F_o(s) + 1 = 0$ kann man daher schreiben

$$s^n + a_{n-1} s^{n-1} + (a_{n-2} + kb_{n-2}) s^{n-2} + \ldots + a_0 + kb_0 = 0 \; .$$

Auf Grund der Vietaschen Wurzelsätze gilt somit

$$\sum_{\nu=1}^{n} \alpha_\nu = -a_{n-1} \; ,$$

und zwar für jedes k. Für k = 0 ist $\alpha_\nu = p_\nu$, so daß

$$\sum_{\nu=1}^{n} p_\nu = -a_{n-1} \; .$$

Gleichsetzen der beiden letzten Gleichungen führt zu

$$\sum_{\nu=1}^{n} \alpha_\nu = \sum_{\nu=1}^{n} p_\nu \; .$$

Wegen der symmetrischen Lage der α_ν und p_ν zur reellen Achse folgt hieraus (6.42).

6.5 Analytische Darstellung der Wurzelortskurve

Wenn die Anzahl der kritischen Stellen des offenen Kreises nicht zu groß ist, macht es keine Mühe, für die Wurzelortskurve eine Gleichung von der Form

$$\omega = f(\delta)$$

aufzustellen, wobei $s = \delta + j\omega$ der laufende Punkt der Wurzelortskurve ist [6.2]. Dazu gehen wir von der Gleichung

$$\angle F_o(s) = (2i+1)\pi \; , \quad \text{i beliebig ganz,} \tag{6.43}$$

der Wurzelortskurve aus. Aus ihr folgt

$$\tan \angle F_o(s) = 0 \; , \tag{6.44}$$

also wegen

$$\tan \angle F_o = \frac{\operatorname{Im} F_o}{\operatorname{Re} F_o} :$$

$$\operatorname{Im} F_o(s) = 0 \; . \tag{6.45}$$

Nach (6.6) ist

$$F_o(s) = k \frac{P_o(s)}{Q_o(s)} \; .$$

Damit folgt aus (6.45)

$$\operatorname{Re} P_o(s) \operatorname{Im} Q_o(s) - \operatorname{Im} P_o(s) \operatorname{Re} Q_o(s) = 0 \; . \tag{6.46}$$

Setzt man hierin $s = \delta + j\omega$ ein, so ergibt sich eine reelle Gleichung zwischen ω und δ, aus der man ω in Abhängigkeit von δ bestimmen kann.

Allerdings ist dabei folgendes zu beachten. Die Gleichung (6.44) und damit auch (6.46) gilt nicht nur für die Punkte s, für welche $\angle F_o(s)$ ein *ungerades* Vielfaches von π ist, sondern für alle s mit

$$\angle F_o(s) = \nu\pi \; , \quad \nu \text{ beliebig ganz,}$$

da tan φ für *beliebige* ganzzahlige Vielfache von π Null wird. D.h.: Die Gleichung (6.46) charakterisiert die *erweiterte* Wurzelortskurve. Man muß dann noch klären, welche Teile von ihr zur eigentlichen Wurzelortskurve gehören. Ausgehend vom Verlauf auf der reellen Achse, der ja unabhängig von der Rechnung aus der Regel 3 bekannt ist, läßt sich dies ohne Schwierigkeit entscheiden.

Die Gleichung (6.46) nimmt eine besonders einfache Form an, wenn *der offene Kreis ein Verzögerungssystem* ist. Dann ist in der Darstellung (6.6) $P_o(s) = 1$ und demgemäß $\operatorname{Re} P_o(s) = 1$, $\operatorname{Im} P_o(s) = 0$. Aus (6.46) wird so

$$\operatorname{Im} Q_o(s) = 0 \; . \tag{6.47}$$

Als Beispiel betrachten wir die Wurzelortskurve zum Regelkreis im Bild 6/10. Hier ist

$$F_o(s) = k \frac{1}{s(s+0{,}25)(s+0{,}5)(s+4)} = k \frac{1}{s^4 + a_3 s^3 + a_2 s^2 + a_1 s + a_0}$$

mit

$$a_3 = 4{,}75 \; ; \; a_2 = 3{,}125 \; ; \; a_1 = 0{,}5 \; ; \; a_0 = 0 \; . \tag{6.48}$$

Man bestimmt zunächst nach den Regeln 3, 4 und 5 die Stücke der Wurzelortskurve auf der rellen Achse und die Asymptoten. Dabei ergibt sich

$$\delta_W = -1{,}1875$$

und

$\varphi_i = \pm 45^\circ \, , \, \pm 135^\circ$.

Hiermit kann man die Wurzelortskurve bereits skizzieren.

Um nun (6.47) anzuwenden, setzt man in

$$Q_o(s) = s^4 + a_3 s^3 + a_2 s^2 + a_1 s + a_0$$

$s = \delta + j\omega$ ein:

$$Q_o(s) = \mathrm{Re}\, Q_o(s) + \\ + j\omega \left[4\delta^3 + 3a_3\delta^2 + 2a_2\delta + a_1 - 4\delta\omega^2 - a_3\omega^2 \right] .$$

Da die Wurzelortskurve auf der rellen Achse schon bekannt ist, darf man hierin $\omega > 0$ voraussetzen. Deshalb wird aus (6.47)

$$4\delta^3 + 3a_3\delta^2 + 2a_2\delta + a_1 - (4\delta + a_3)\omega^2 = 0$$

oder

$$\omega^2 = \frac{\delta^3 + \frac{3}{4} a_3 \delta^2 + \frac{a_2}{2} \delta + \frac{a_1}{4}}{\delta + \frac{1}{4} a_3} . \qquad (6.49)$$

Mittels dieser Formel wurde die Wurzelortskurve im Bild 6/10 berechnet.

Um zusätzlich die k-Skala auf der Wurzelortskurve zu erhalten, muß man von (6.14) ausgehen. Ist $p_\nu = \delta_\nu + j\omega_\nu$, so gilt

$$|s - p_\nu| = |\delta - \delta_\nu + j(\omega - \omega_\nu)| = \sqrt{(\delta - \delta_\nu)^2 + (\omega - \omega_\nu)^2} = r_\nu ,$$

und entsprechend für die Nullstellen n_μ. In unserem Beispiel ist demgemäß

$$k = \sqrt{\delta^2 + \omega^2} \cdot \sqrt{(\delta - \delta_1)^2 + \omega^2} \cdot \sqrt{(\delta - \delta_2)^2 + \omega^2} \cdot \\ \cdot \sqrt{(\delta - \delta_3)^2 + \omega^2} \qquad (6.50)$$

mit

$$\delta_1 = -0{,}25 \, , \quad \delta_2 = -0{,}5 \, , \quad \delta_3 = -4 \, .$$

Aus (6.49) folgen für $\delta = 0$ die Schnittpunkte mit der imaginären Achse:

$$\omega_G = \pm \sqrt{\frac{a_1}{a_3}} = \pm 0{,}324 \, .$$

Dazu gehört

$$k_G = 0{,}318 \, .$$

Die Verzweigungspunkte ergeben sich aus (6.49) für $\omega = 0$, also aus der Gleichung

$$\delta^3 + \frac{3}{4} a_3 \delta^2 + \frac{a_2}{2} \delta + \frac{a_1}{4} = 0 \, .$$

Auf Grund des bereits ermittelten qualitativen Verlaufs der Wurzelortskurve ist klar, daß genau zwei Lösungen dieser Gleichung in Frage kommen, eine zwischen 0 und $-0{,}25$, die andere zwischen -4 und δ_w. Durch Einsetzen einiger Zwischenwerte erhält man schnell mit der hier erforderlichen Genauigkeit

$$\delta_{V1} = -0{,}104 \; ; \; \delta_{V2} = -3{,}07 \, .$$

Die zugehörigen k-Werte gemäß (6.50) sind

$$k_{V1} = 0{,}023 \; ; \; k_{V2} = 20{,}7 \, .$$

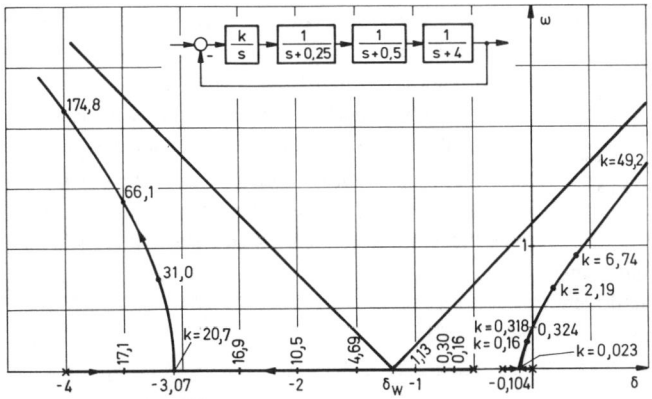

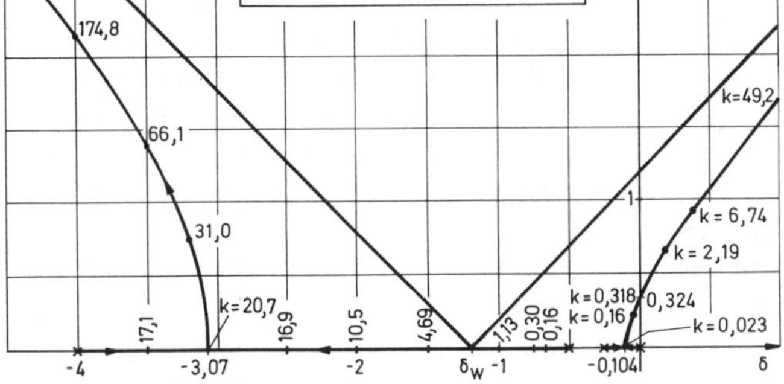

Bild 6/10. Beispiel zur Berechnung der Wurzelortskurve aus der analytischen Darstellung

Halten wir uns zum Abschluß dieses Beispiels nochmals die Veränderung der Wurzeln der charakteristischen Gleichung, also der Pole des (geschlossenen) Regelkreises, vor Augen:

- Für $k \leq 0{,}023$ hat der Regelkreis vier reelle Pole.
- Für $0{,}023 < k \leq 20{,}7$ besitzt er ein konjugiert komplexes Polpaar und zwei relle Pole. Ab $k = 0{,}318$ wird er instabil, weil das konjugiert komplexe Polpaar die j-Achse überschreitet.
- Für $k > 20{,}7$ liegen zwei konjugiert komplexe Polpaare vor.

Im allgemeinen Fall folgt aus (6.46) bzw. (6.47) für die Gleichung der erweiterten Wurzelortskurve (außerhalb der reellen Achse)

$$f_0(\delta) + f_1(\delta)\omega^2 + f_2(\delta)\omega^4 + \ldots + f_r(\delta)(\omega^2)^r = 0\,. \quad (6.51)$$

Es handelt sich also um eine Gleichung in ω^2, wobei die $f_\nu(\delta)$ Polynome in δ sind. Dabei ist

$r = 1$ für $m + n = 3, 4$,
$r = 2$ für $m + n = 5, 6$,
$r > 2$ für $m + n > 6$.

Bis zu sechs kritischen Stellen des offenen Kreises hat man also lediglich eine lineare oder quadratische Gleichung in ω^2 zu lösen. Man kann daher für diese Fälle die Wurzelortskurve ohne Schwierigkeit durch eine explizite Formel $\omega = F(\delta)$ darstellen. Aber auch für mehr als sechs kritische Stellen ist das Problem immerhin darauf reduziert, die reellen positiven Lösungen einer Gleichung niedrigeren Grades aufzusuchen.

Für die Berechnung der Wurzelortskurve komplizierterer Systeme sind jedoch andere Verfahren zweckmäßiger. Darauf wird im Abschnitt 6.7 eingegangen.

6.6 Wurzelortskurve und Zeitverhalten des Regelkreises

Kennt man die Pole des Regelkreises, so hat man damit einen direkten Zugang zu seinem Zeitverhalten. Die Beispiele dieses Kapitels belegen das eindringlich. Diesen Zusammenhang zwischen Polen und Zeitverhalten wollen wir nun etwas genauer untersuchen.

Um die Vorstellungen zu fixieren, gehen wir vom Standardregelkreis nach Bild 6/1 aus und betrachten dessen Führungsverhalten. Dabei setzen wir voraus, daß in

$$F_o(s) = k\,\frac{P_o(s)}{Q_o(s)} = \frac{Z_o(s)}{N_o(s)}$$

Zähler und Nenner keine gemeinsame Nullstelle haben und Grad $P_o <$ Grad Q_o ist. *Für den positiven Parameter k sei ein fester Wert gewählt.* Auf Grund der Wurzelortskurve sind dann die zugehörigen Wurzeln $\alpha_1, \ldots, \alpha_n$ der charakteristischen Gleichung

$$1 + F_o(s) = 0 \quad \text{bzw.} \quad Q_o(s) + k\,P_o(s) = 0 \qquad (6.52)$$

bekannt. Sie stellen die Pole des geschlossenen Regelkreises dar. Dessen Führungs-Übertragungsfunktion ist somit

$$F_w(s) = \frac{F_o(s)}{1 + F_o(s)} = \frac{k\,P_o(s)}{Q_o(s) + k\,P_o(s)}$$

oder

$$F_w(s) = k\,\frac{\prod_{\mu=1}^{m}(s - n_\mu)}{\prod_{\nu=1}^{n}(s - \alpha_\nu)}\,. \qquad (6.53)$$

Wie schon früher erwähnt, sind also die Nullstellen n_μ des offenen Kreises auch Nullstellen des geschlossenen Regelkreises – genauer gesagt: des Führungsverhaltens, das wir im folgenden betrachten wollen. Wegen

$$F_z(s) = \frac{1}{1 + F_o(s)} = \frac{Q_o(s)}{Q_o(s) + k\,P_o(s)}$$

ist es beim Störverhalten anders: Hier sind die Nullstellen durch die *Pole* des offenen Kreises gegeben. Während also Führungs- und Störverhalten des Regelkreises gleiche Pole aufweisen, sind ihre Nullstellen verschieden. Handelt es sich nicht um die Standardregelung, sondern enthält die Rückführung des Regelkreises einen Block, der kein P-Glied ist, so setzen sich die Nullstellen vom Führungs- und Störverhalten des Regelkreises ebenfalls aus den Nullstellen und Polen des offenen Kreises zusammen, wobei diese aber gemischt auftreten. Wie dies geschieht, kann man sich sofort an den Übertragungsfunktionen $F_w(s)$ und $F_z(s)$ gemäß (4.2) und (4.3) klarmachen. Aber welcher Fall auch vorliegen mag: Man erhält die Nullstellen von Führungs- und Störverhalten des Regelkreises [1] direkt aus den Nullstellen und Polen des offenen Kreises. Besondere Anstrengungen wie bei den Polen des Regelkreises sind nicht erforderlich.

[1] Es sei daran erinnert, daß mit "Regelkreis" stets der *geschlossene* Kreis gemeint ist.

Kehren wir wieder zur Beziehung (6.53) zurück! Die Pole $\alpha_1, \ldots, \alpha_n$ liegen links der j-Achse, da der Regelkreis sonst instabil wäre. Außerdem wird man annehmen dürfen, daß sie *einfach* (voneinander verschieden) sind. Auch wenn der *offene* Kreis mehrfache Pole aufweist, werden diese durch die Rückführung auseinandergezogen, wie man sehr schön an der Wurzelortskurve sehen kann: Von einem q-fachen Pol des offenen Kreises strahlen q Wurzelortsäste aus, die voneinander verschieden sind. Was die Nullstellen n_μ angeht, so werden sie normalerweise ebenfalls links der j-Achse liegen.

Wir wollen nun die Führungssprungantwort $h_w(t)$ des Regelkreises bestimmen, also den Verlauf der Regelgröße, wenn $w = \sigma(t)$ aufgeschaltet wird. Dieser Verlauf ist charakteristisch für das Zeitverhalten des Regelkreises.

Allgemein gilt

$$X(s) = F_w(s)\, W(s) \; ,$$

hier also

$$H_w(s) = F_w(s)\, \frac{1}{s} \; . \tag{6.54}$$

Um die Zeitfunktion $h_w(t)$ zu berechnen, zerlegt man $F_w(s)/s$ in Partialbrüche. Da die Pole α_ν einfach und links der j-Achse gelegen sind, wird so

$$H_w(s) = \frac{r_0}{s} + \frac{r_1}{s-\alpha_1} + \ldots + \frac{r_n}{s-\alpha_n} = \frac{r_0}{s} + \sum_{\nu=1}^{n} \frac{r_\nu}{s-\alpha_\nu} \, . \tag{6.55}$$

Durch Rücktransformation in den Zeitbereich folgt daraus

$$h_w(t) = r_0 + \sum_{\nu=1}^{n} r_\nu e^{\alpha_\nu t} \; . \tag{6.56}$$

Ist α_ν reell, so gilt dies auch für r_ν. Ist α_ν nichtreell, so ist auch die konjugiert komplexe Zahl $\bar{\alpha}_\nu$ Pol des Regelkreises. Zu diesem konjugiert komplexen Polpaar α_ν, $\bar{\alpha}_\nu$ gehört der Zeitvorgang $r_\nu e^{\alpha_\nu t} + \bar{r}_\nu e^{\bar{\alpha}_\nu t}$, wobei $\bar{r}_\nu$ ebenfalls konjugiert komplex zu r_ν ist. Damit wird

$$r_\nu e^{\alpha_\nu t} + \bar{r}_\nu e^{\bar{\alpha}_\nu t} =$$

$$= |r_\nu| e^{j \angle r_\nu} \cdot e^{t(\mathrm{Re}\,\alpha_\nu + j\,\mathrm{Im}\,\alpha_\nu)} +$$

$$+ |r_\nu| e^{-j \angle r_\nu} \cdot e^{t(\mathrm{Re}\,\alpha_\nu - j\,\mathrm{Im}\,\alpha_\nu)} =$$

$$= |r_\nu| e^{t\,\mathrm{Re}\,\alpha_\nu} \Big[e^{j\left[t\,\mathrm{Im}\,\alpha_\nu + \angle r_\nu\right]} +$$

$$+ e^{-j\left[t\,\mathrm{Im}\,\alpha_\nu + \angle r_\nu\right]} \Big] =$$

$$= 2|r_\nu| e^{t\,\mathrm{Re}\,\alpha_\nu} \cos\left[t\,\mathrm{Im}\,\alpha_\nu + \angle r_\nu\right] \; .$$

Zu einem konjugiert komplexen Polpaar α_ν, $\bar{\alpha}_\nu$ des Regelkreises gehört also eine gedämpfte Schwingung mit dem Abklingfaktor $\delta_\nu = \mathrm{Re}\,\alpha_\nu$ und der Frequenz $\omega_\nu = \mathrm{Im}\,\alpha_\nu$.

Damit wird aus (6.56)

$$h_w(t) = r_0 + \sum_{\mathrm{Im}\,\alpha_\nu = 0} r_\nu e^{\alpha_\nu t} +$$

$$+ 2 \sum_{\mathrm{Im}\,\alpha_\nu > 0} |r_\nu| e^{t\,\mathrm{Re}\,\alpha_\nu} \cos\left[t\,\mathrm{Im}\,\alpha_\nu + \angle r_\nu\right] \, . \tag{6.57}$$

Die Anmerkung am ersten Summenzeichen soll andeuten, daß über alle reellen Pole α_ν des Regelkreises summiert wird, während der Hinweis am zweiten Summenzeichen anzeigt, daß bei ihm die Paare konjugiert komplexer Pole erfaßt werden, wobei die Summation nur über die Partner mit positivem Imaginärteil zu erstrekken ist.

Für $t \to +\infty$ wird aus dieser Beziehung

$$h_w(+\infty) = r_0 \; .$$

Andererseits gilt nach dem Endwertsatz der Laplace-Transformation

$$h_w(+\infty) = \lim_{s \to 0} s H_w(s) \; ,$$

also wegen (6.54)

$$h_w(+\infty) = \lim_{s \to 0} F_w(s) = F_w(0) \; .$$

Somit ist

$$r_0 = F_w(0) \; . \tag{6.58}$$

Um r_ρ, $\rho = 1,2,\ldots,n$ zu bestimmen, kann man von (6.55) ausgehen, nachdem man dort $H_w(s)$ gemäß (6.54) und (6.53) eingesetzt hat:

$$k \frac{\prod_{\mu=1}^{m} (s - n_\mu)}{\prod_{\nu=1}^{n} (s - \alpha_\nu)} \cdot \frac{1}{s} = \frac{r_0}{s} + \ldots + \frac{r_\rho}{s - \alpha_\rho} + \ldots \; .$$

Diese Gleichung multipliziert man mit $s-\alpha_\rho$. Dann kürzt sich auf der linken Seite gerade der Nennerfaktor $s-\alpha_\rho$ heraus:

$$k \frac{\prod_{\mu=1}^{m} (s - n_\mu)}{s \prod_{\substack{\nu=1 \\ \nu \neq \rho}}^{n} (s - \alpha_\nu)} = r_0 \frac{s-\alpha_\rho}{s} + \ldots + r_\rho + \ldots \ .$$

Für $s = \alpha_\rho$ bleibt auf der rechten Seite nur r_ρ:

$$r_\rho = k \frac{\prod_{\mu=1}^{m} (\alpha_\rho - n_\mu)}{\alpha_\rho \cdot \prod_{\substack{\nu=1 \\ \nu \neq \rho}}^{n} (\alpha_\rho - \alpha_\nu)} \ , \quad \rho = 1, \ldots, n \ . \tag{6.59}$$

Zerlegt man in Betrag und Phase, liest die einzelnen Werte $|\alpha_\rho - \alpha_\nu|$, $\angle \alpha_\rho - \alpha_\nu$ usw. an der Wurzelortsdarstellung ab und berechnet hiermit die r_ρ, so kann man $h_w(t)$ gemäß (6.57) formelmäßig bestimmen. Allerdings ist man weniger an dem Formelausdruck selbst interessiert als vielmehr am geometrischen Verlauf von $h_w(t)$, um aus diesem z.B. die Größe der Überschwingung, das Abklingen der Oszillation oder andere für das technische System wichtige Daten ablesen zu können. Zum geometrischen Verlauf von $h_w(t)$ gelangt man jedoch erst dadurch, daß man für eine Anzahl genügend dicht gelegener t-Werte den Formelausdruck für $h_w(t)$ berechnet. Da wird man sich leichter tun, wenn man den Regelkreis auf einem Rechner nachbildet und sich dort die Zeitverläufe anschaut – besonders dann, wenn man den Einfluß von Parameteränderungen untersuchen will.

Die Gleichung (6.59) ist jedoch in anderer Hinsicht von Interesse, nämlich als Ausgangspunkt allgemeiner Betrachtungen über den Einfluß der Pole und Nullstellen des geschlossenen Kreises auf sein Zeitverhalten. Wie man aus (6.56) und (6.57) erkennt, sind die Pole für die Dynamik erheblich wichtiger als die Nullstellen. Sie allein entscheiden über das Stabilitätsverhalten des Regelkreises, sie bestimmen, ob oszillatorisches Verhalten vorliegt oder nicht, sie sind ausschlaggebend für die Gesamtdauer des Einschwingvorganges. Die Nullstellen beeinflussen selbstverständlich das dynamische Verhalten, aber doch in schwächerer Weise. So können sie, auch wenn nur reelle Pole vorhanden sind, gelegentlich Überschwingungen bewirken, jedoch keine dauerhafte Oszillation. Auch verursachen sie die anfängliche Gegenläufigkeit der Sprungantwort bei nichtminimalphasigen Systemen, wie das am Ende von Abschnitt 5.7 beschrieben wurde. In erster Linie jedoch sind die *Pole* für das Zeitverhalten des Regelkreises verantwortlich.

Aber auch diese sind nicht alle von gleicher Wichtigkeit. Einige von ihnen, die man als *dominant* bezeichnet, sind für die Dynamik ausschlaggebend, während andere demgegenüber von geringerer Bedeutung sind. Die Frage ist, wann man einen Pol als dominant anzusehen hat – eine Frage, die für die Behandlung konkreter Systeme von erheblicher Bedeutung ist, da man sich für viele Untersuchungen auf die dominanten Pole beschränken und so die Betrachtung vereinfachen kann. In Anlehnung an die Arbeiten von ***L. Litz*** [6.4, 6.5] wollen wir einen sachgerechten Dominanzbegriff einführen. Später (Kapitel 12) werden wir sehen, daß er auch die komplizierteren Verhältnisse bei Mehrgrößensystemen erfaßt.

Jetzt gehen wir von der Sprungantwort $h_w(t)$ gemäß (6.56) aus. Es ist naheliegend, den Betrag des Koeffizienten r_ρ von $e^{\alpha_\rho t}$ als Maß für den Einfluß des Pols α_ρ auf die Dynamik anzusehen: Je größer $|r_\rho|$, um so kräftiger macht sich der zu α_ρ gehörende Exponentialterm in der Sprungantwort bemerkbar. Wegen (6.59) erhält man so als *Dominanzmaß des Pols* α_ρ:

$$D_\rho = \frac{k}{|\alpha_\rho|} \cdot \frac{\prod_{\mu=1}^{m} |\alpha_\rho - n_\mu|}{\prod_{\substack{\nu=1 \\ \nu \neq \rho}}^{n} |\alpha_\rho - \alpha_\nu|} \ . \tag{6.60}$$

Da es bei der Dominanzbetrachtung nur auf die Verhältnisse der D_ρ zueinander ankommt, ist der Wert von k ohne Belang, da er für sämtliche Pole der gleiche ist. Man könnte daher k aus dem Dominanzmaß streichen.

Geht man von der Partialbruchzerlegung von $F_w(s)$ aus,

$$F_w(s) = \sum_{\rho=1}^{n} \frac{q_\rho}{s-\alpha_\rho} \ , \tag{6.61}$$

so sieht man in ganz entsprechender Weise wie bei der Herleitung von (6.59), daß

$$q_\rho = k \frac{\prod_{\mu=1}^{m} (\alpha_\rho - n_\mu)}{\prod_{\substack{\nu=1 \\ \nu \neq \rho}}^{n} (\alpha_\rho - \alpha_\nu)} \ , \quad \rho = 1, \ldots, n \ ,$$

ist. Damit folgt aus (6.60)

$$D_\rho = \frac{|q_\rho|}{|\alpha_\rho|} , \quad \rho = 1,\ldots,n , \qquad (6.62)$$

wobei also q_ρ den Zähler des ρ-ten Partialbruches von $F_w(s)$ darstellt, der auch als Residuum von $F_w(s)$ zum Pol α_ρ bezeichnet wird. In (6.62) haben wir einen *zweiten Ausdruck für das Dominanzmaß des Pols* α_ρ, der - wie die Untersuchung im Zustandsraum zeigen wird - noch eine ganz andere Deutung ermöglicht.

Um zu einer anschaulichen Deutung des Dominanzmaßes zu gelangen, bildet man den Endwert der Sprungantwort $h_w(t)$. Nach dem Endwertsatz der Laplace-Transformation ist

$$h_w(+\infty) = \lim_{s\to 0} sH_w(s) = \lim_{s\to 0} F_w(s) ,$$

also wegen (6.61)

$$h_w(+\infty) = \sum_{\rho=1}^{n} \frac{q_\rho}{-\alpha_\rho} .$$

Durch Vergleich mit (6.62) folgt: *Das Dominanzmaß* D_ρ *des Pols* α_ρ *ist der Absolutbetrag vom Beitrag dieses Pols zum Endwert der Sprungantwort.*

Da $|\alpha_\rho|$ im Nenner von D_ρ auftritt, liegt es nahe, die Pole α_ρ mit kleinem $|\alpha_\rho|$, die also nahe dem Ursprung der komplexen Ebene liegen, im Vergleich zu den "fernen Polen", also den weit vom Ursprung entfernten Polen des Regelkreises, als dominant anzusehen. Allerdings hängt D_ρ zusätzlich noch von q_ρ ab. Doch wird man normalerweise annehmen dürfen, daß $|q_\rho|$ für die verschiedenen Pole α_ρ keine so großen Schwankungen aufweist, daß die Aussage des Faktors $1/|\alpha_\rho|$ stark verändert wird.

Jedoch können Ausnahmen auftreten. Zunächst einmal dadurch, daß sehr nahe bei dem Pol α_ρ eine Nullstelle n_μ liegt. Dann kann $|\alpha_\rho - n_\mu|$ und damit $|q_\rho|$ so klein werden, daß D_ρ trotz der Nähe des Pols zum Ursprung, also trotz eines kleinen Betrags $|\alpha_\rho|$, dennoch klein, der Pol also nicht dominant ist. Das ist auch unmittelbar einleuchtend, wenn man sich den Grenzfall $\alpha_\rho = n_\mu$ vorstellt, in dem der Einfluß des Pols völlig kompensiert wird ($q_\rho = 0$).

Es kann weiterhin sein, daß zwei Pole sehr dicht beisammen liegen und dadurch ein sehr kleiner Betrag $|\alpha_\rho - \alpha_\nu|$ entsteht. Hierdurch kann auch bei fern dem Ursprung gelegenen Polen, also großem $|\alpha_\rho|$, dennoch D_ρ groß werden und damit Dominanz solcher Pole zum Ausdruck bringen. Solche Fälle sind kompliziert und erfordern subtilere Betrachtungen, weil hier Kopplungen und Kompensationen zwischen den zu den Polen gehörigen Dynamiktermen auftreten können. Das obige Dominanzmaß kann dann versagen und muß durch kompliziertere Maßzahlen ersetzt werden ([6.6] sowie [6.7], Kapitel 2 und 5). Glücklicherweise ist dieser Fall bei realen Systemen selten, unter anderem deshalb, weil - wie schon oben erwähnt - die Pole durch Rückführung auseinandergezogen werden.

Insgesamt darf man eine zwar nur recht überschlägige, für praktische Untersuchungen aber dennoch sehr nützliche *Faustregel* formulieren:

Sofern unter den Polen des Regelkreises keine zu dicht beieinander gelegenen ("Fast-Mehrfachpole") auftreten, kann man die nahe beim Ursprung der komplexen Ebene gelegene Pol-Nullstellen-Konfiguration als maßgebend für die Dynamik des Regelkreises ansehen. Liegen darin ein Pol und eine Nullstelle dicht beisammen, ist also ihr Abstand klein im Vergleich zu den Abständen von den anderen Polen und Nullstellen, so kann man sie streichen. (6.63)

Ausdrücklich sei bemerkt, daß diese Faustregel nur für Eingrößensysteme verwendbar ist. Bei Mehrgrößensystemen, also Systemen mit mehreren Ein- und Ausgangsgrößen, sind die Verhältnisse komplizierter und man kann aus der Nähe eines Pols zum Ursprung keineswegs auf seine Dominanz schließen.

Es könnte vielleicht verwundern, daß Pole, die nahe der j-Achse liegen, für die also $|\mathrm{Re}\,\alpha_\rho|$ klein ist, nicht generell als dominant angesehen werden, weil sie ja einen nur langsam abklingenden Zeitvorgang $r_\rho e^{\alpha_\rho t}$ bewirken. Ist aber gleichzeitig $|\alpha_\rho|$ groß, was bei großem Betrag von $\mathrm{Im}\,\alpha_\rho$ der Fall ist, so wird nach (6.59) $|r_\rho|$ klein sein und damit der durch α_ρ bestimmte Zeitvorgang nicht in Erscheinung treten, vielmehr in der bei jedem realen System vorhandenen Störwelligkeit (Rauschen) verschwinden.

Die Entstehung dominanter Konfigurationen kann man an der Wurzelortskurve sehr anschaulich beobachten. Betrachten wir als Beispiel einen offenen Kreis mit Verzögerungsverhalten (der also keine Nullstellen aufweist) und ausschließlich reellen Polen. Der dynamisch korrigierte offene Kreis wird im Normalfall einen Pol in $s = 0$ besitzen, während die anderen Pole relativ kleinen Zeitkonstanten entsprechen und daher gemäß $p_\nu = -\frac{1}{T_\nu}$ relativ weit links vom Ursprung liegen (siehe Kapitel

7). Für den korrigierten offenen Kreis 3., 4. und 5. Ordnung erhält man daher die im Bild 6/11 dargestellten Polkonfigurationen und daraus den skizzierten Verlauf der Wurzelortskurve. Denkt man sich einen mittleren Wert von k, also auch der Kreisverstärkung V, gewählt, so entsteht die eingezeichnete Polverteilung des geschlossenen Kreises, deren Pole α_ν durch kleine Kreisscheiben dargestellt sind. Wie man sieht, bildet sich in allen Fällen ein dominantes konjugiert komplexes Polpaar heraus. Für Verzögerungssysteme höherer Ordnung mit reellen Polen gilt das gleiche. Aber auch dann, wenn der offene Kreis Nullstellen enthält, kann ein dominantes konjugiert komplexes Polpaar auftreten.

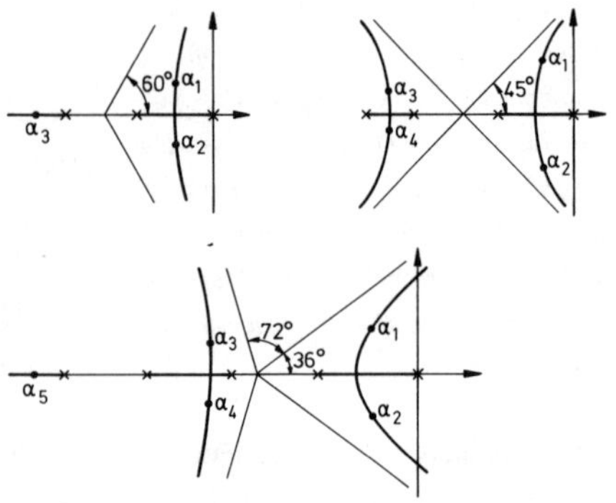

Bild 6/11. Wurzelortskurve für das Verzögerungssystem 3., 4. und 5. Ordnung mit reellen Polen: $\alpha_{1,2}$ ist ein dominantes Polpaar

Das bedeutet: *Man kann das Führungsverhalten des Regelkreises in vielen Fällen überschlägig durch ein konjugiert komplexes Polpaar approximieren.* Es ist also annähernd

$$F_w(s) = \frac{k}{(s-\alpha_1)(s-\alpha_2)} =$$

$$= \frac{k}{(-\alpha_1)(-\alpha_2)} \cdot \frac{1}{(1+\frac{s}{-\alpha_1})(s+\frac{s}{-\alpha_2})}$$

oder

$$F_w(s) = F_w(0)\,\frac{1}{(1+\frac{s}{-\alpha_1})(1+\frac{s}{-\alpha_2})} =$$

$$= \frac{F_w(0)}{1-\frac{\alpha_1+\alpha_2}{\alpha_1\alpha_2}\,s+\frac{1}{\alpha_1\alpha_2}\,s^2}\,,$$

wobei $\alpha_{1,2}$ das dominante Polpaar ist. Mit

$$K = F_w(0)\ ,\quad T = \frac{1}{\sqrt{\alpha_1\alpha_2}}\ ,\quad d = -\frac{\alpha_1+\alpha_2}{2\sqrt{\alpha_1\alpha_2}} \qquad (6.64a)$$

wird daraus

$$F_w(s) = \frac{K}{1+2dTs+T^2s^2}\,. \qquad (6.64b)$$

So überschlägig diese Charakterisierung des Führungsverhaltens durch ein P-T_2-Glied auch ist, so vermittelt sie doch einen Eindruck vom Zeitverhalten des Regelkreises, der beim Entwurf sehr nützlich sein kann. Insbesondere wird die Führungssprungantwort $h_w(t)$ durch die Sprungantwort des P-T_2-Gliedes (6.64) angenähert. Diese kann man entweder direkt berechnen (Abschnitt 2.3.11) oder als Spezialfall aus (6.57) gewinnen. Um im letzteren Fall auf die übliche Darstellung zu kommen, muß man den Zusammenhang zwischen α_1, α_2 und den Parametern d und T bzw. $\omega_0 = 1/T$ kennen. Er wurde bereits in Abschnitt 2.3.11 angegeben und ist in Bild 2/41 dargestellt. Wie man daraus abliest, gibt $\omega_0 = 1/T$ den Abstand des dominanten Polpaars vom Nullpunkt an, während $d = \cos\psi$ gilt, wobei ψ den Winkelabstand des Polpaars von der negativen reellen Achse kennzeichnet. Die Sprungantwort $h_w(t)$ ist nach (2.51) bzw. (2.52) entweder durch

$$h_w(t) = F_w(0) - \frac{F_w(0)}{\sqrt{1-d^2}}\,e^{-d\omega_0 t}\cdot\sin\left[\sqrt{1-d^2}\;\omega_0 t+\psi\right] \qquad (6.65)$$

oder durch

$$h_w(t) = F_w(0) + \frac{F_w(0)}{\sqrt{1-d^2}}\,e^{-d\omega_0 t}\,\cdot$$

$$\cdot\sin\left[\sqrt{1-d^2}\;\omega_0 t - \angle\alpha_1\right] \qquad (6.66)$$

gegeben. Denn wie man aus Bild 2/41 sieht, ist der dort mit φ bezeichnete Winkel gleich $\angle\alpha_1$. Um sich die öftere Berechnung von $h_w(t)$ zu ersparen, kann man eine Tafel benutzen, wie sie Bild 6/12 zeigt. Dort ist die Sprungantwort des P-T_2-Gliedes in Abhängigkeit von seinen drei Parametern K, d und T gezeigt, wobei K bzw. T durch die Normierung der Ordinate bzw. Abszisse berücksichtigt ist. Man erhält dadurch eine nur einparametrige Kurvenschar mit dem Parameter d.

Als Beispiel betrachten wir den Regelkreis im Bild 6/10. Für den Parameterwert k = 0,16 hat er die Pole

$$\alpha_{1,2} = -0{,}04 \pm j\,0{,}24\ ;\quad \alpha_3 = -0{,}67\ ;\quad \alpha_4 = -4\ .$$

Da man $\alpha_{1,2}$ als dominant annehmen darf, wird er nach (6.64) durch das P-T_2-Glied mit der Übertragungsfunktion

$$F_w(s) = \frac{1}{1+1{,}35s+16{,}89s^2} \qquad (6.67)$$

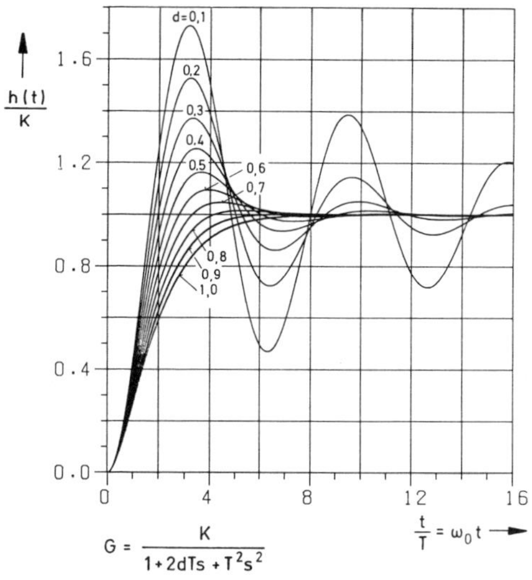

Bild 6/12. Sprungantwort des Verzögerungsgliedes 2. Ordnung in Abhängigkeit von den Parametern d, T und K

approximiert. Da nämlich unmittelbar hinter dem Soll-Istwert-Vergleich ein I-Glied liegt, ist $F_w(0) = 1$. Aus (6.67) folgt für Zeitkonstante und Dämpfung dieses $P\text{-}T_2$-Gliedes

$$T = 4{,}11 \text{ sec bzw. } \omega_0 = \frac{1}{T} = 0{,}24 \text{ sec}^{-1} \text{ und } d = 0{,}16 \,.$$

Bild 6/13 zeigt einen Rechnerschrieb der Sprungantwort des Regelkreises aus Bild 6/10 für k = 0,16 und der zugehörigen Approximation (6.67). Wie man sieht, ist die Annäherung gut. Daß der Zeitvorgang so langsam abläuft, liegt daran, daß der Regelkreis lediglich die Kreisverstärkung $V = 0{,}32 \text{ sec}^{-1}$ aufweist. Eine wesentliche Erhöhung der Kreisverstärkung ist nicht möglich,

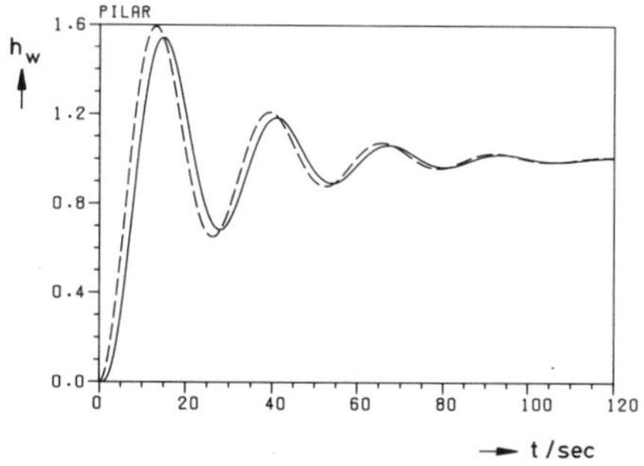

Bild 6/13. Approximation der Führungssprungantwort des Regelkreises im Bild 6/10 für k = 0,16 (durchgezogen) durch ein Verzögerungsglied 2. Ordnung (gestrichelt)

da der Regelkreis beim doppelten Wert instabil wird. Um ein besseres Übergangsverhalten zu erzielen, müßte der Regelkreis dynamisch korrigiert werden.

Abschließend sei erwähnt, daß es neben einem konjugiert komplexen Polpaar auch andere Dominanzkonfigurationen geben kann, wenngleich seltener. So kann ein einzelner reeller Pol oder eine Gruppe, bestehend aus einem reellen Pol und einem konjugiert komplexen Polpaar, dominant sein.

6.7 Digitale Berechnung des Wurzelortes

Beim Entwurf von Regelkreisen wird häufig das Frequenzkennlinienverfahren dem Wurzelortsverfahren vorgezogen. Einer der Gründe hierfür liegt in der leichteren Handhabung des Frequenzkennlinienverfahrens: Der Amplitudengang bzw. seine Asymptoten und der Phasengang lassen sich unter Verwendung eines Phasenlineals sehr schnell mit genügender Genauigkeit zeichnen oder auch mit dem Digitalrechner berechnen. Zwar kann man für einen ungefähren Überblick über das Systemverhalten mit etwas Übung auch den qualitativen Verlauf der Wurzelortskurve mit den in Abschnitt 6.3 angegebenen Regeln recht einfach ermitteln. Wird jedoch der genaue Kurvenverlauf verlangt, ist die Bestimmung der Wurzelortskurve oft mühsam, besonders bei Systemen höherer als der dritten Ordnung. Man muß hierfür mindestens einige Kurvenpunkte auf den Wurzelortsästen ermitteln und die k-Skala auf allen Ästen im interessierenden Bereich konstruieren. Andererseits ermöglicht das Wurzelortsverfahren einen wesentlich tieferen Einblick in das Stabilitäts- und Zeitverhalten von Regelkreisen. Es ist daher erstrebenswert, die Wurzelortskurve genau so mühelos wie die Frequenzkennlinien bestimmen zu können, wozu sich als Hilfsmittel der Digitalrechner anbietet.

Es gibt verschiedene Möglichkeiten, die Wurzelortskurve mit Hilfe des Digitalrechners zu ermitteln. Ein naheliegendes Verfahren besteht darin, die charakteristische Gleichung (6.8) für verschiedene k-Werte zu lösen und dadurch die Pole des geschlossenen Kreises zu bestimmen [6.8]. Für die Berechnung der Nullstellen eines Polynoms n-ter Ordnung stellt die numerische Mathematik eine Vielzahl von leistungsfähigen Verfahren zur Verfügung (siehe z.B. [6.9], [6.10]), die aber in der Regel nicht unerhebliche Rechenzeit erfordern.

Eine andere Vorgehensweise unterteilt die s-Ebene im interessierenden Bereich in ein hinreichend feines Raster und berechnet für jeden Rasterpunkt den Phasenwinkel

$$\angle F_o(s) = \arctan \left\{ \frac{\mathrm{Im}\ F_o(s)}{\mathrm{Re}\ F_o(s)} \right\} . \qquad (6.68)$$

Als Punkte der Wurzelortskurve werden alle die Punkte ausgegeben, deren Winkel $\angle F_o$ dem Wert $(2i+1)\pi$ mit $i = 0, \pm 1, \ldots$ am nächsten kommen [6.11]; man spricht hier von einer " gebietsabsuchenden" Methode.

Ganz anders wird bei einem dritten Verfahren vorgegangen [6.12]. Hier werden die einzelnen Wurzelortsäste nacheinander ermittelt, jeweils ausgehend von bekannten Punkten der Wurzelortskurve und unter Ausnutzung der in Abschnitt 6.3 angegebenen Regeln. Im folgenden wird dieses " kurvenfolgende" Verfahren beschrieben.

6.7.1 Prinzip des Verfahrens

Die Berechnung der einzelnen Wurzelortskurvenäste beginnt jeweils in den bekannten Anfangspunkten der Wurzelortskurve, also den Polen des offenen Regelkreises, und erfolgt in Richtung wachsender k-Werte, wobei ein Pol der Ordnung q Anfangspunkt von q Wurzelortsästen ist. Im Gegensatz zu den Endpunkten, die teilweise oder vollständig im Unendlichen liegen können, sind daher die Anfangspunkte der Wurzelortskurven bekannt.

Die Punkte der Wurzelortskurve werden mit Hilfe eines Iterationsverfahrens berechnet. Als Näherungswert wird zunächst auf der Tangente an das bisher berechnete Kurvenstück im Abstand h vom letzten berechneten Punkt ein neuer Punkt festgelegt. Sein Phasenwinkel $\varphi = \angle F_o(s)$ wird berechnet; die Winkeldifferenz $(\varphi - \pi)$ wird als Maß verwendet, um diesen Punkt in Richtung auf die Wurzelortskurve zu verschieben. Dieses Verfahren wird solange wiederholt, bis die Phasendifferenz $(\varphi - \pi)$ betragsmäßig kleiner als eine vorzugebende Schranke ϵ ist.

Das Ende eines Wurzelortsastes ist durch eine Nullstelle gegeben oder, wenn diese im Unendlichen liegt, durch vorzugebende Grenzen für Real- und Imaginärteil der Kurvenpunkte. Enthält die Wurzelortskurve einen oder mehrere Verzweigungspunkte, dann besteht die Gefahr, daß einige Kurvenstücke mehrfach oder gar nicht berechnet werden, da der Verlauf der einzelnen Äste nicht mehr eindeutig ist. Daher werden die Wurzelortsäste in eindeutige Teilstücke zwischen den kritischen Punkten – den Polen, Nullstellen und Verzweigungspunkten – zerlegt. Jedes dieser Teilstücke ist damit durch eine der folgenden Kombinationen von Anfangs- und Endpunkt begrenzt:

- Pol und Nullstelle,
- Pol und Verzweigungspunkt,
- Verzweigungspunkt und Verzweigungspunkt,
- Verzweigungspunkt und Nullstelle,

wobei die Nullstellen im Endlichen oder Unendlichen liegen können.

Zur Berechnung aller Wurzelortsäste erhält man damit das folgende Konzept:

– Jeder Pol wird so oft als Anfangspunkt eines Kurvenstücks benutzt, wie seine Ordnung angibt. Jedes von einem Pol ausgehende Kurvenstück wird bis zum nächsten Endpunkt berechnet, also einer Nullstelle oder einem Verzweigungspunkt bzw. einer vorgegebenen Schranke von Real- und Imaginärteil.

– Sind alle von den Polen ausgehenden Kurvenstücke berechnet, werden die Verzweigungspunkte als Anfangspunkte von Kurventeilen verwendet. Dabei wird jeder Verzweigungspunkt so oft als Anfangspunkt eines Kurvenstücks benutzt, wie es seiner Ordnung entspricht. Jedes dieser Kurvenstücke wird bis zum Endpunkt berechnet.

– Da die Wurzelortskurve symmetrisch zur reellen Achse verläuft (Abschnitt 6.3, Regel 2), wird nur der Bereich $\mathrm{Im}(s) \geq 0$ ermittelt. Die Berechnung eines Kurvenstücks kann also abgebrochen werden, wenn der Imaginärteil eines Kurvenpunktes negativ wird.

Die berechneten Werte der Wurzelortskurve (Realteil, Imaginärteil und Kreisverstärkung) legt man zunächst in einem Datenfeld ab und gibt sie nach entsprechender Aufbereitung auf einem Graphikbildschirm oder mit dem Digitalplotter in Kurvenform aus.

6.7.2 Beschreibung der einzelnen Rechenschritte

Das im vorigen Abschnitt beschriebene Konzept zur Wurzelortskurvenberechnung wird im folgenden in einzelne Schritte unterteilt und erläutert.

Schritt 1: Verzweigungspunkte

Aus den Polen und Nullstellen des offenen Kreises werden die Verzweigungspunkte und ihre Ordnung als Mehrfachwurzeln der Gleichung (6.19) berechnet. Dazu ist ein Unterprogramm notwendig, das die Wurzeln von

Polynomen mit reellen Koeffizienten ermittelt. Ein solches Programm ist im allgemeinen als Bibliotheksprogramm vorhanden. Es kann außerdem dazu verwendet werden, die Pole und Nullstellen der Übertragungsfunktion $F_o(s)$ zu ermitteln, wenn diese als gebrochen rationale Funktion in Polynomform gegeben ist.

Schritt 2: Startwinkel in den Polen

Der erste angenäherte Punkt $s_{\rho i}$ eines Wurzelortsastes wird auf die Tangente an diesen Ast im Pol s_ρ gelegt. Ist h der Abstand, den der angenäherte Punkt $s_{\rho i}$ vom Pol s_ρ haben soll, dann erhält man diesen Näherungswert zu

$$s_{\rho i} = [\mathrm{Re}(s_\rho) + h\cos\varphi_{\rho i}] + j[\mathrm{Im}(s_\rho) + h\sin\varphi_{\rho i}] \;. \qquad (6.69)$$

Hierin ist $\varphi_{\rho i}$ der Winkel, unter dem der betrachtete Ast den Pol verläßt. Nach Regel 10 und Gleichung (6.25) sind die Anstiegswinkel der r_ρ Wurzelortsäste, die den Pol der Ordnung r_ρ verlassen, mit $\epsilon_\rho = -1$,

$$\varphi_{\rho i} = \frac{1}{r_\rho}\left\{\sum_{\mu=1}^{m} \angle\, s_\rho - n_\mu - \sum_{\substack{\nu=1\\ s_\rho \neq p_\nu}}^{n} \angle\, s_\rho - p_\nu\right\} - \frac{(2i+1)\pi}{r_\rho} \qquad (6.70)$$

für $i = 0, 1, \ldots, r_\rho - 1$. Damit ist für jeden der r_ρ Äste der erste angenäherte Punkt $s_{\rho i}$ leicht zu berechnen.

Schritt 3: Verbesserung des angenäherten Punktes

Für einen beliebigen angenäherten Kurvenpunkt $\tilde{s}$ wird die Phase im allgemeinen einen Wert verschieden von 180° haben,

$$\tilde{\varphi} = \angle\, F_o(\tilde{s}) \neq (2i+1)\pi \;, \qquad (6.71)$$

es sei denn, es wird ein Kurvenstück auf der reellen Achse berechnet. Setzt man diesen Näherungspunkt in die bekannte Funktion

$$G_o(s) = \frac{1}{k} F_o(s) = \frac{P_o(s)}{Q_o(s)}$$

(Gleichung 6.6) ein, dann kann man für $G_o(\tilde{s})$ schreiben:

$$G_o(\tilde{s}) = \frac{1}{C} e^{j\tilde{\varphi}} \;, \qquad (6.72)$$

wobei die Phase $\tilde{\varphi}$ nach (6.68) gebildet und die Konstante C durch $G_o(\tilde{s})$ und $\tilde{\varphi}$ bestimmt ist.

Damit der Näherungspunkt auf der Wurzelortskurve zu liegen kommt, muß er um ein Stück Δs derart verschoben werden, daß

$$kG_o(\tilde{s}+\Delta s) = -1 \quad \text{oder} \quad G_o(\tilde{s}+\Delta s) = -\frac{1}{k} = \frac{e^{j\pi}}{k} \qquad (6.73)$$

gilt. Entwickelt man die Funktion $\ln G_o(s)$ um $\tilde{s}$ in eine Taylor-Reihe, so erhält man

$$\ln G_o(\tilde{s}+\Delta s) = \ln G_o(\tilde{s}) + \left.\frac{\partial[\ln G_o(s)]}{\partial s}\right|_{s=\tilde{s}} \cdot \Delta s + \left.\frac{\partial^2[\ln G_o(s)]}{\partial s^2}\right|_{s=\tilde{s}} \cdot \frac{(\Delta s)^2}{2!} + \ldots \;.$$

Bricht man diese Reihe nach dem linearen Term ab, dann folgt mit der Regel für die logarithmische Ableitung

$$\ln G_o(\tilde{s}+\Delta s) \approx \ln G_o(\tilde{s}) + \frac{G_o'(\tilde{s})}{G_o(\tilde{s})} \cdot \Delta s \;.$$

Nach (6.36) wird daraus

$$\ln G_o(\tilde{s}+\Delta s) \approx \ln G_o(\tilde{s}) + \Phi(\tilde{s}) \cdot \Delta s \;, \qquad (6.74)$$

wobei

$$\Phi(\tilde{s}) = \sum_{\lambda=1}^{m+n} \frac{\epsilon_\lambda}{\tilde{s} - s_\lambda} \qquad (6.75)$$

eine bekannte Funktion ist. Aus (6.74) erhält man das Inkrement Δs zu

$$\Delta s \approx \frac{\ln G_o(\tilde{s}+\Delta s) - \ln G_o(\tilde{s})}{\Phi(\tilde{s})}$$

oder

$$\Delta s \approx \frac{\ln\left[\dfrac{G_o(\tilde{s}+\Delta s)}{G_o(\tilde{s})}\right]}{\Phi(\tilde{s})} \;.$$

Mit (6.72) und (6.73) wird daraus

$$\Delta s \approx \frac{\ln\left[\frac{C}{k} e^{j(\pi-\tilde{\varphi})}\right]}{\Phi(\tilde{s})} \;. \qquad (6.76)$$

Läge der Näherungspunkt bereits auf der Wurzelortskurve, dann würde $\Delta s = 0$ und

$$\frac{1}{C} e^{j\tilde{\varphi}} = \frac{1}{k} e^{j\pi}$$

gelten, also wegen $\tilde{\varphi} = \pi$ auch $C = k$ sein. Es liegt daher nahe, in (6.76) $C = k$ zu setzen, wodurch man für Δs die folgende Formel erhält:

$$\Delta s \approx \frac{j(\pi-\tilde{\varphi})}{\Phi(\tilde{s})} = \frac{(\pi-\tilde{\varphi})}{|\Phi(\tilde{s})|} \cdot e^{j[-\angle\Phi(\tilde{s})+\frac{\pi}{2}]} . \qquad (6.77)$$

Mit Hilfe dieses Korrekturwertes Δs wird die Iteration zur Verbesserung des angenäherten Kurvenpunktes $\tilde{s}$ wie folgt durchgeführt:

Für den Punkt $\tilde{s}$ wird der Phasenwinkel $\tilde{\varphi} = \angle F_o(\tilde{s})$ ermittelt und auf den Bereich $0 \le \tilde{\varphi} < 2\pi$ reduziert. Mit (6.77) wird ein Korrekturwert berechnet, wobei $\Phi(\tilde{s})$ aus (6.75) bestimmt wird, so daß sich ein korrigierter Punkt

$$\tilde{s}_k = \tilde{s} + \Delta s = [\mathrm{Re}(\tilde{s}) + \mathrm{Re}(\Delta s)] + j\,[\mathrm{Im}(\tilde{s}) + \mathrm{Im}(\Delta s)]$$

ergibt. Dieses iterative Verfahren wird so lange wiederholt, bis die Winkeldifferenz $|\Delta\varphi| = |\pi - \tilde{\varphi}| < \epsilon$ geworden ist, wobei ϵ eine vorzugebende Schranke ist.

Die Iteration ist abzubrechen, wenn $|\Delta\varphi| > \gamma$ ist, mit z.B. $\gamma = 3 < \pi$. Damit wird gewährleistet, daß bei Dipolen, d.h. einer engen Nachbarschaft von Pol und Nullstelle, nicht bereits der erste Schritt über die Nullstelle hinaus in den Bereich der komplementären Wurzelortskurve mit $\varphi = 0$ führt.

Schritt 4: Endpunkt eines Kurvenstücks

Für jeden im Schritt 3 berechneten Wurzelortskurvenpunkt ist zu prüfen, ob er den Endpunkt des entsprechenden Kurvenstücks bereits überschritten hat (Abschnitt 6.7.1). Dafür wird um jede Nullstelle im Endlichen und um jeden Verzweigungspunkt ein Kreis mit dem Radius $R > h$ gelegt, wobei h die Schrittweite ist, mit der auf der Wurzelortskurve fortgeschritten wird. Die Berechnung des Kurvenstücks ist zu beenden, wenn der neu berechnete Kurvenpunkt innerhalb eines solchen Kreises liegt. Hiermit wird vermieden, daß die Iteration in unmittelbarer Nähe einer Nullstelle oder eines Verzweigungspunktes durchgeführt wird, da an diesen Stellen die Entwicklung von $\ln G_o(s)$ in eine Taylor-Reihe nicht mehr gültig ist.

Die Berechnung eines Kurvenstücks wird also abgebrochen, wenn der letzte berechnete Kurvenpunkt

- innerhalb des um eine Nullstelle im Endlichen oder um einen Verzweigungspunkt gezogenen Kreises liegt oder
- einen negativen Imaginärteil hat oder
- die maximal vorgegebenen Grenzen für den k-Wert, den Realteil oder den Imaginärteil von s überschreitet.

Das letzte Kriterium gilt vorwiegend für diejenigen Wurzelortsäste, die zu im Unendlichen gelegenen Nullstellen führen.

Schritt 5: Neuer angenäherter Kurvenpunkt

Führt keins der im Schritt 4 angegebenen Kriterien zum Abbruch der Berechnung eines Kurvenstücks, dann wird ein neuer angenäherter Punkt $\tilde{s}$ festgelegt. Dieser liegt auf der Tangente im letzten berechneten Punkt s_1 an die Kurve, und zwar im Abstand h von s_1. Die Steigung der Tangente ergibt sich aus:

$$\left.\frac{d[\ln G_o(s)]}{ds}\right|_{s_1} = [\ln G_o(s)]'\Big|_{s_1} = \Phi(s_1) = |\Phi(s_1)|\, e^{j\angle\Phi(s_1)} .$$

Damit werden die Koordinaten des neuen Näherungspunktes:

$$\tilde{s} = [\mathrm{Re}(s_1) + h\cos\angle\Phi(s_1)] + j\,[\mathrm{Im}(s_1) + h\sin\angle\Phi(s_1)] .$$

Die Rechnung ist mit dem Schritt 3, also der Iteration zur Verbesserung dieses angenäherten Punktes, fortzusetzen.

Schritt 6: Startwinkel in den Verzweigungspunkten

Wird im Schritt 4 durch eins der Abbruchkriterien ein Kurvenstück beendet, so ist ein neuer Zweig, ausgehend von einem Pol oder Verzweigungspunkt, zu berechnen. Dabei werden zunächst alle von den Polen ausgehenden Äste abgearbeitet (Schritt 2). Sind diese Äste alle ermittelt, dann werden diejenigen Kurvenstücke berechnet, die von den Verzweigungspunkten in Richtung wachsender k-Werte ausgehen. Ihre Startwinkel lassen sich aus der Taylor-Reihe wie folgt ableiten. Im Verzweigungspunkt s der Ordnung q verschwinden die Ableitungen $\Phi(s)$, $\Phi'(s)$, ..., $\Phi^{(q-2)}(s)$ (Abschnitt 6.4). Man erhält daher

$$\ln G_o(s+\Delta s) = \ln G_o(s) + \frac{\Phi^{(q-1)}(s)}{q!}(\Delta s)^q + \dots \qquad (6.78)$$

Wird diese Reihe nach dem Term $(\Delta s)^q$ abgebrochen, erhält man die Näherung:

$$(\Delta s)^q \approx q!\,\frac{\ln G_o(s+\Delta s) - \ln G_o(s)}{\Phi^{(q-1)}(s)} =$$

$$= q!\,\frac{\ln\left[\dfrac{G_o(s+\Delta s)}{G_o(s)}\right]}{\Phi^{(q-1)}(s)} .$$

Legt man den Punkt $(s+\Delta s)$ auf einen vom Verzweigungspunkt wegstrebenden Wurzelortsast, dann ist:

$$\frac{G_o(s+\Delta s)}{G_o(s)} = \frac{k}{k+\Delta k} < 1 \ .$$

Damit ergibt sich

$$(\Delta s)^q \approx q! \frac{\left| \ln\left[\frac{k}{k+\Delta k} \right] \right|}{\left| \Phi^{(q-1)}(s) \right|} e^{j[-\angle \Phi^{(q-1)}(s) + (2i+1)\pi]} ,$$

also das Inkrement Δs zu

$$\Delta s \approx \left[q! \frac{\left| \ln\left[\frac{k}{k+\Delta k} \right] \right|}{\left| \Phi^{(q-1)}(s) \right|} \right]^{\frac{1}{q}} e^{j\frac{1}{q}[-\angle \Phi^{(q-1)}(s) + (2i+1)\pi]}$$

für $i = 0, 1, 2, \ldots, q-1$. (6.79)

Führt man jetzt den Grenzübergang $\Delta s \to 0$ durch, dann strebt auch der Fehler gegen Null, der durch den Abbruch der Taylor-Reihe entstand. Der Phasenwinkel von Δs in Gleichung (6.79) ist damit der Winkel der Tangente an die Wurzelortsäste im Verzweigungspunkt. Er ist gleichzeitig der gesuchte Startwinkel zur Berechnung der neuen Kurvenstücke:

$$\psi_i = \frac{1}{q} [-\angle \Phi^{(q-1)}(s) + (2i+1)\pi] \qquad (6.80)$$

für $i = 0, 1, 2, \ldots, q-1$. Der erste angenäherte Punkt auf dem neuen Kurvenstück ist folglich

$$s_i = [\mathrm{Re}(s) + h \cos\psi_i] + j[\mathrm{Im}(s) + h \sin\psi_i] \qquad (6.81)$$

mit s als Verzweigungspunkt. Die Rechnung ist mit dem Schritt 3 zur Iteration des Punktes s_i fortzuführen.

Schritt 7: Programmende

Sind nach mehrfachem Durchführen der Schritte 2 bis 6 alle von den Polen und Verzweigungspunkten ausgehenden Wurzelortsäste bestimmt, wird die Wurzelortskurve als Liste oder in graphischer Form ausgegeben, und der Lauf wird beendet.

Schrifttum zum Kapitel 6

[6.1] R.W. Evans: Graphical Analysis of Control Systems. Transactions AIEE 67 (1948), S. 547-551.

[6.2] O. Föllinger: Über die Bestimmung der Wurzelortskurve. Regelungstechnik 6 (1958), S. 442-446.

[6.3] E. Pestel - E. Kollmann: Grundlagen der Regelungstechnik. Friedrich Vieweg und Sohn, 3. Auflage, 1979.

[6.4] L. Litz: Reduktion der Ordnung linearer Zustandsraummodelle mittels modaler Verfahren. Hochschulverlag, Stuttgart (jetzt Freiburg), 1979.

[6.5] L. Litz: Ordnungsreduktion linearer Zustandsraummodelle durch Beibehaltung der dominanten Eigenbewegungen. Regelungstechnik 27 (1979), S. 80-86.

[6.6] N.F. Benninger: Die Reduktionsdominanz als Ausgangspunkt für neue Maßzahlen bei der Ordnungsreduktion. Automatisierungstechnik 35 (1987), S. 19-26.

[6.7] N.F. Benninger: Analyse und Synthese linearer Systeme mit Hilfe neuer Strukturmaße. VDI-Verlag, 1987.

[6.8] G. Engelien: Die Berechnung von Wurzelortskurven mit Hilfe elektronischer Rechenmaschinen. Regelungstechnik 11 (1963), S. 399.

[6.9] H.R. Schwarz: Numerische Mathematik. Stuttgart 1986, B.G. Teubner Verlag.

[6.10] W.H. Press, B.P. Flannery, S.A. Teukolsky u. W.T. Vetterling: Numerical Recipes - The Art of Scientific Computing. Cambridge 1986, Cambridge University Press.

[6.11] H. Walther: Berechnung von Wurzelortskurven mit Hilfe des Digitalrechners. Regelungstechnik 17 (1969), S. 311-313.

[6.12] W. Gabler: Verallgemeinerte Wurzelortskurven. Automatische digitale Berechnung und Aufzeichnung. Computing 3 (1968), S. 9-21.

7 Synthese (Entwurf) von Regelkreisen

7.1 Problemstellung

Wir knüpfen hier an den Abschnitt 1.5 über die Forderungen an eine Regelung und die Bearbeitung einer Regelungsaufgabe an. Gegeben ist die gerätetechnische Anordnung der Regelung gemäß Bild 1/2 mit Strecke, Steller, Meßeinrichtung und Regler. Das mathematische Modell von Strecke, Steller und Meßeinrichtung liege vor. Was den Regler angeht, so ist das Vergleichsglied (oder der Soll-Istwert-Vergleich) ohnehin bekannt, da in ihm ja lediglich die Differenz von Führungs- und Rückführgröße gebildet wird. Frei ist bislang noch der zweite Bestandteil des Reglers neben der Vergleichseinrichtung, das *Regelglied*.

Seine Aufgabe besteht darin, das gewünschte dynamische Verhalten des Regelkreises herzustellen. Würde man nämlich die anderen Teile des Regelkreises ohne Regelglied zusammenschalten, so würde er den an ihn zu stellenden Anforderungen in keiner Weise genügen, wäre vielmehr instabil oder stationär zu ungenau oder zu langsam, von kleineren Schwächen ganz zu schweigen. Das geht schon aus dem in Abschnitt 1.5 Gesagten sowie dem Zahlenbeispiel in Abschnitt 4.10 hervor und wird durch die nachfolgenden Erörterungen eindringlich belegt. Das Regelglied hat also die Aufgabe, das dynamische Verhalten der Regelung zu korrigieren, weshalb es auch als *Korrektureinrichtung* bezeichnet wird.

Bestimmt man das Regelglied (oder die Korrektureinrichtung) so, daß ein gewünschtes dynamisches Verhalten des Regelkreises erzeugt wird, so sprechen wir von *Synthese, Entwurf, dynamischer Korrektur oder Stabilisierung.* Wir wollen zwischen diesen Benennungen keinen Unterschied machen, weil das im deutschen Sprachgebrauch nicht üblich ist, obgleich z.B. die Bezeichnung "Stabilisierung" das Syntheseziel nicht genau trifft, da man ja neben der Stabilität zumindest noch genügende stationäre Genauigkeit sichern will. Da wir gerade bei terminologischen Fragen sind: Es ist unüblich und auch zu schwerfällig, von Regel*glied*synthese zu sprechen; statt dessen werden wir von *Reglersynthese* oder auch von *Regelungssynthese* reden. Mißverständnisse sind nicht zu befürchten, denn wenn das Vergleichsglied festliegt, kann mit "Reglersynthese" nur die Bestimmung des Regelgliedes gemeint sein.

Ausgangspunkt der Betrachtungen ist der Standardregelkreis im Bild 4/8. Nur wollen wir jetzt, da es auf die Berechnung des Regelgliedes ankommt, dieses aus dem offenen Kreis herausnehmen und als eigenen Block einzeichnen. Man gelangt so zur Struktur auf der linken Seite von Bild 7/1. Hierin ist $G_K(s)$ die Übertragungsfunktion des Regelgliedes, wobei der Index K an die Korrekturaufgabe dieses Blocks erinnern soll. Der restliche offene Kreis, also die Reihenschaltung des Stellers, der Strecke und der in den Vorwärtszweig verlegten Meßeinrichtung, die man sich ja im allgemeinen als P-Glied vorstellen darf, sei nach wie vor mit dem Symbol $F_o(s)$ versehen und als *unkorrigierter offener Kreis* bezeichnet.

Die Übertragungsfunktion

$$F_K(s) = G_K(s)\, F_o(s) \tag{7.1}$$

kennzeichnet dann den korrigierten offenen Kreis (Bild 7/1 rechts). Die Übertragungsfunktion $F_K(s)$ möge die gleichen Voraussetzungen wie $F_o(s)$ gemäß (4.27) erfüllen, sofern nicht ausdrücklich etwas anderes gesagt wird. Man kann sich stets vorstellen, daß der unkorrigierte offene Kreis als Spezialfall im korrigierten offenen Kreis enthalten ist, nämlich für $G_K(s) \equiv 1$. Häufig wird der unkorrigierte offene Kreis einfach als "Strecke" bezeichnet, wobei man sich Steller und (verlegte) Meßeinrichtung zur eigentlichen Strecke hinzugeschlagen zu denken hat.

Man kann die folgenden Betrachtungen ohne wesentliche Schwierigkeit vom Standardregelkreis auf die allgemeine Regelkreisstruktur nach Bild 4/1 übertragen. Nur werden sie dann umständlicher und sind mit Fallunterscheidungen befrachtet.

Wenn man Synthese treiben will, sind zunächst die Forderungen an den Regelkreis klarzustellen. Sie wurden bereits im Abschnitt 1.5 verbal formuliert und sollen im nächsten Abschnitt schärfer gefaßt werden.

7.2 Forderungen an die Regelung

Bei den beiden Grundforderungen nach Stabilität und genügender stationärer Genauigkeit können wir uns kurz fassen, da die mit ihnen zusammenhängenden Fragen bereits durch die früheren Untersuchungen in den Abschnitten 4.5, 4.6 und 4.10 geklärt sind.

Forderung I: Der Regelkreis muß stabil sein, d.h. seine Führungs- und Störsprungantwort müssen für $t \to +\infty$ gegen feste Werte streben. (7.2)

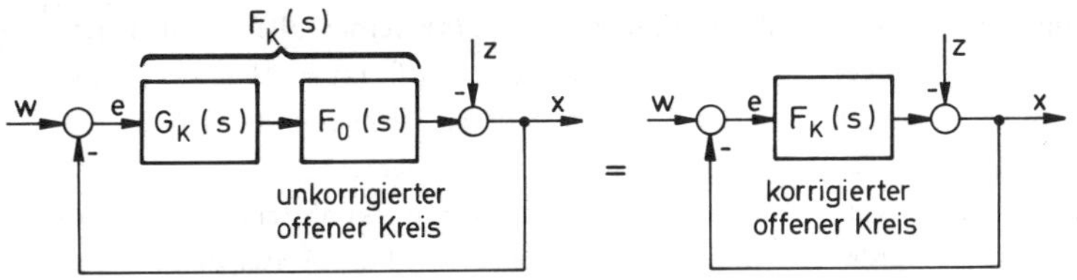

Bild 7/1. Standardregelkreis

Im Lichte des Nyquist-Kriteriums heißt das: Die Ortskurve $z = F_K(j\omega)$, $\omega \geq 0$, des offenen Kreises muß den Punkt $z = -1$ der Ortskurvenebene links liegen lassen.

Forderung II: Der Regelkreis muß genügende stationäre Genauigkeit aufweisen. D.h.: Bei Sprungaufschaltung $w = W_0\,\sigma(t)$, $W_0 > 0$ konstant, muß gelten $\frac{|e_\infty|}{W_0} < \epsilon$, $\epsilon > 0$ gegeben (für Störverhalten entsprechend). (7.3)

Hierin kennzeichnet der Index ∞, wie schon früher, den stationären Zustand. Gemäß (4.32) gilt, wenn man berücksichtigt, daß jetzt nur die Führungsgröße w, diese aber nicht als *Einheits*sprung, sondern mit der Sprunghöhe W_0 aufgeschaltet wird:

$$\frac{\epsilon_\infty}{W_0} = 0\,, \qquad \text{falls } F_K(s) \text{ ein I-Glied enthält,}$$

$$\frac{\epsilon_\infty}{W_0} = \frac{1}{V+1}\,, \qquad \text{wenn das nicht der Fall ist.}$$

Daraus folgt: Um genügende stationäre Genauigkeit zu erzielen, muß man entweder V genügend groß machen oder in den offenen Kreis ein I-Glied einfügen.

Ein Grundproblem der Regelkreissynthese besteht nun darin, daß die Forderungen I und II gegensätzlich sind. Erhöhung von V oder Einführung eines I-Gliedes bringt die Tendenz zur Instabilität mit sich. Das ist unmittelbar aus Bild 7/2 zu ersehen. Dort ist der typische Verlauf der Ortskurve und der Frequenzkennlinien für den offenen Kreis dargestellt, den man sich etwa unkorrigiert vorstellen mag. Dabei ist P-Verhalten zugrunde gelegt. Da die Ortskurve den Punkt -1 nicht umschließt bzw. die Phasenkennlinie bei der Durchtrittsfrequenz ω_D oberhalb von -180° liegt, ist der Regelkreis stabil. Erhöht man nun V, so bedeutet dies für die Ortskurve eine Streckung vom Ursprung des Koordinatensystems aus. Dadurch kann der Punkt -1 umschlossen, der Regelkreis also instabil werden. Fügt man in Reihe zum offenen Kreis ein I-Glied hinzu, so ist dessen Phase von -90° zur Phase des offenen Kreises zu addieren. Das heißt aber: Der Fahrstrahl zu jedem Ortskurvenpunkt wird um 90° vorgedreht. Dadurch kann die gestrichelte Ortskurve in Bild 7/2 entstehen, die den Punkt -1 umschließt.

In der Frequenzkennliniendarstellung ergibt sich folgendes Bild: Erhöht man V, so bedeutet dies Senkung der 0-dB-Linie. Damit rückt die Durchtrittsfrequenz ω_D nach rechts. Wegen der fallenden Phasenkennlinie gelangt man so in einen ω-Bereich, in dem die Phase unterhalb von -180° liegt, der Kreis also instabil ist. Führt man ein I-Glied mit

$$G(j\omega) = \frac{K}{j\omega}$$

ein, wobei wir K = 1 annehmen wollen, so wird die Phase für alle ω um 90° gesenkt. Wenn zuvor bei ω_D die Phase oberhalb -180° lag, kann sie nunmehr unter diesem Wert liegen.

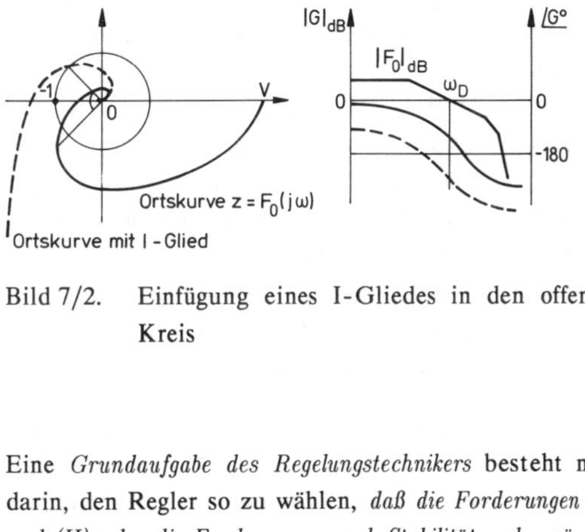

Bild 7/2. Einfügung eines I-Gliedes in den offenen Kreis

Eine *Grundaufgabe des Regelungstechnikers* besteht nun darin, den Regler so zu wählen, *daß die Forderungen (I) und (II), also die Forderungen nach Stabilität und genügender stationärer Genauigkeit, trotz ihrer Gegensätzlichkeit beide erfüllt werden.* Damit hat es aber im allgemeinen nicht sein Bewenden. Daß der Regelkreis stabil ist, muß unbedingt der Fall sein, damit er überhaupt wirken kann. Die pure Stabilität genügt jedoch nicht. Wenn beispielsweise auf einen Führungssprung die Regelabweichung zwar abklingt, aber nur sehr langsam, so daß eine lang anhaltende Schwingung entsteht, so ist der Regelkreis zwar theoretisch stabil, praktisch aber fast ebenso unbrauchbar, als wenn er instabil wäre. Er muß also nicht nur stabil sein, sondern außerdem eine gewisse Dämpfung aufweisen. Andererseits aber darf er auch nicht zu langsam sein. Daher ist es gut, wenn der Regelungstechniker von vornherein auch die in Abschnitt 1.5 schon umrissenen qualitativen Anforderungen ins Auge faßt:

Forderung III: Die Antwort auf einen Führungs- bzw. Störgrößensprung soll hinreichend gedämpft sein, d.h. keine zu starken Oszillationen aufweisen. Man drückt dies kurz so aus: "Der Regelkreis soll hinreichend gedämpft sein." (7.4)

Forderung IV: Der Regelkreis soll genügend schnell sein, d.h. die Antwort auf einen Führungs- bzw. Störgrößensprung soll in hinreichend kurzer Zeit dem stationären Wert genügend nahekommen. (7.5)

Es liegt auf der Hand, daß auch diese beiden Forderungen kontrovers sind: Je besser ein Regelkreis gedämpft wird, um so langsamer wird er werden, und umgekehrt.

Es erhebt sich nun die Frage, wie man möglichst einfach wenigstens qualitativ auf Dämpfung und Schnelligkeit des Regelkreises schließen kann, wobei wir uns zunächst der Dämpfung zuwenden wollen. Die entsprechende Frage war bei den Forderungen I und II sofort zu beantworten. Die stationäre Genauigkeit ergibt sich aus dem Vorhandensein eines I-Gliedes bzw. aus der Kreisverstärkung V. Das Stabilitätsverhalten wird auf Grund des Nyquist-Kriteriums bestimmt und ist sofort aus der Ortskurve oder den Frequenzkennlinien des offenen Kreises abzulesen. Man steht also jetzt vor der Aufgabe, aus der Ortskurve oder den Frequenzkennlinien des *offenen Kreises* auf die Dämpfung der Sprungantwort des *geschlossenen* Kreises zu schließen.

Der Einschwingvorgang eines geschlossenen Wirkungskreises, der sich bei Aufschaltung einer sprungartigen Eingangsgröße einstellt, wird durch die Wurzeln der charakteristischen Gleichung $F_K(s) + 1 = 0$ bestimmt, wo $F_K(s)$ die Übertragungsfunktion des offenen Kreises ist. Es werde vorausgesetzt, daß der geschlossene Kreis stabil ist, also diese Wurzeln links von der j-Achse liegen. Je weiter sie von der j-Achse entfernt sind, um so gedämpfter verläuft der Einschwingvorgang. Denn die (negativen) Realteile dieser Wurzeln bestimmen die Exponenten der e-Funktionen, die als dämpfende Faktoren in den Teilschwingungen auftreten, aus denen sich der gesamte Einschwingvorgang zusammensetzt. Durch die Abbildung $z = F_K(s)$ werden alle Wurzeln der charakteristischen Gleichung $F_K(s) = -1$ in den Punkt -1 der z-Ebene abgebildet, während die j-Achse in die Ortskurve $z = F_K(j\omega)$ übergeht. Wenn man von der Umgebung der Pole von $F_K(s)$ absieht, ist diese Abbildung stetig, und daher wird der Einschwingvorgang des geschlossenen Kreises hinreichend gedämpft verlaufen, wenn die Ortskurve nur weit genug von dem kritischen Punkt -1 entfernt ist. Nimmt man an, daß die Voraussetzungen des Nyquist-Kriteriums erfüllt sind, so darf die *Phasenreserve* φ_R (auch *Phasenrand* genannt) als ein geeignetes Maß für den Abstand der Ortskurve vom Punkt -1 angesehen werden. Wie in Bild 7/3 für die drei Fälle q = 0, 1 und 2 veranschaulicht, stellt φ_R den

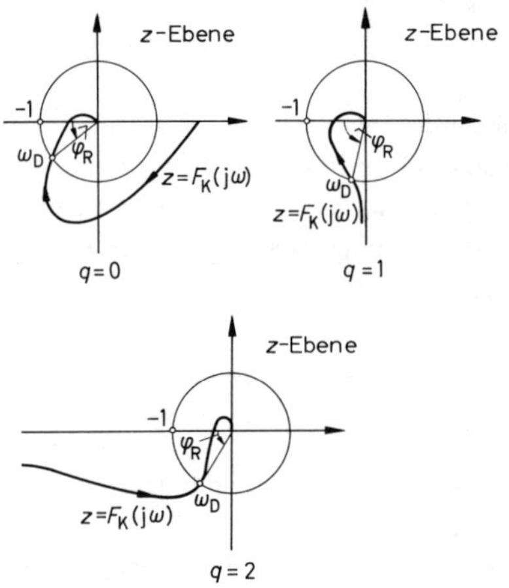

Bild 7/3. Die Phasenreserve φ_R als qualitatives Maß für die Dämpfung des Regelkreises

Winkel dar, den die negative reelle Achse mit dem Radiusvektor des Punktes bildet, in dem die Ortskurve in den Einheitskreis eintritt. Dieser Punkt ist durch die Durchtrittsfrequenz ω_D charakterisiert. Die Benennung *Phasenreserve* wurde gewählt, weil man den Absolutbetrag der Phase $\angle F_K$ um φ_R vergrößern kann, ehe die Ortskurve durch -1 geht, ehe also Instabilität eintritt.

Durch Wahl eines hinreichend großen φ_R-Wertes ist man sicher, daß die Ortskurve auf dem Umfang des Einheitskreises weit genug von -1 entfernt ist. Es besteht aber noch die Möglichkeit, daß sie außerhalb oder innerhalb des Einheitskreises sehr nahe an den Punkt -1 heranrückt, und es ist die Frage, durch welche zusätzlichen Voraussetzungen dies verhindert werden kann. Damit trotz eines genügend großen φ_R-Wertes die Ortskurve dem Punkt -1 nicht zu nahe kommt, ist es naheliegend zu verlangen, daß der Betrag $|F_K(j\omega)|$ bis zur Durchtrittsfrequenz ω_D und noch darüber hinaus möglichst rasch abnimmt. Indessen hat eine solche Forderung Rückwirkungen auf die Phasendrehung, da Betrag und Phase einer holomorphen Funktion nicht voneinander unabhängig sind. Ist der offene Kreis insbesondere ein Minimalphasenglied (Abschnitt 5.7), wie dies meist der Fall ist, so hat eine starke Abnahme des Betrags über einen größeren ω-Bereich eine stark negative Phase zur Folge. Eine mäßige Abnahme von $|F_K(j\omega)|$ hingegen, wie sie etwa einem Gefälle der Betragskennlinie von -20 dB / Dekade entspricht, zieht die Tendenz zu einem Phasenwert von -90° nach sich, wodurch die Stabilität nicht gefährdet wird. Die Forderung, daß die Betragskennlinie in einer möglichst großen Umgebung von ω_D mit 20 dB / Dekade abnimmt, hat also den gewünschten Effekt, daß die Ortskurve dem Punkt -1 nicht zu nahe kommt, und zwar nicht nur außerhalb des Einheitskreises, sondern auch in seinem Inneren, soweit es sich um ω-Werte in der Umgebung von ω_D handelt. Für $\omega >> \omega_D$ aber ist $|F_K(j\omega)|$ ohnehin erheblich kleiner als 1, da der Grad des F_K-Zählers kleiner als der Grad des F_K-Nenners ist. Macht man die zusätzliche Voraussetzung, daß die Betragskennlinie in einer nicht zu kleinen Umgebung von ω_D ein Gefälle von -20 dB / Dekade hat, so ist die Phasenreserve φ_R ein brauchbares Maß für den Abstand der Ortskurve des offenen Kreises vom Punkt -1 und damit für die Dämpfung des Einschwingvorgangs. Zwar kann man die Daten des Einschwingvorgangs, wie Überschwingweite und Einschwingdauer, nicht ohne weiteres zahlenmäßig in Abhängigkeit von φ_R angeben, kann aber qualitative Aussagen über die Abhängigkeit des Einschwingvorgangs von der Phasenreserve machen, die für den Entwurf und die Verbesserung des Regelkreises von Nutzen sind. Eine geringe Phasenreserve φ_R bedeutet einen lebhaften Einschwingvorgang, also starkes Überschwingen und lange Einschwingdauer. Bei zunehmender Phasenreserve wird der Einschwingvorgang gedämpfter werden. Überschwingweite und Einschwingdauer werden abnehmen. Bei großer Phasenreserve schließlich wird der Einschwingvorgang aperiodisch verlaufen, dabei aber langsamer sein. Die Erfahrung hat gezeigt, daß die Phasenreserve ein sehr brauchbares qualitatives Maß für die Dämpfung des Regelkreises ist. Aus ihr kann man auch gewisse Richtwerte für φ_R angeben. Man gelangt so zu der folgenden Regel:

Es mögen die Voraussetzungen des Nyquist-Kriteriums in Frequenzkennliniendarstellung, Satz (5.22), gelten, nur mit F_K anstelle von F_o. Außerdem möge die Betragskennlinie von F_K in einer nicht zu kleinen Umgebung der Durchtrittsfrequenz ω_D ein Gefälle von 20 dB/Dekade haben. Dann darf die Phasenreserve φ_R als ein geeignetes qualitatives Maß für die Dämpfung der Führungssprungantwort des Regelkreises angesehen werden. φ_R sollte nicht unter 40° sinken. Einen normalen Einschwingvorgang mit nicht zu starkem Überschwingen und nicht zu großer Einschwingdauer darf man für $\varphi_R = 50^\circ$ bis 70° erwarten. Soll der Einschwingvorgang aperiodisch verlaufen, so muß φ_R etwa größer als 80° bis 90° sein. Für das Störverhalten reicht im allgemeinen bereits eine Phasenreserve von mindestens 30° aus. (7.6)

Daß die Phasenreserve für das Störverhalten kleiner sein darf als für das Führungsverhalten, hat vor allem zwei Gründe. Zunächst greift die Störgröße im realen System kaum jemals am Ausgang der Regelstrecke an, sondern in deren Innerem. Die Verlegung des Angriffspunktes an den Streckenausgang, wie sie zur Erzeugung des Standardregelkreises durchgeführt wird, hat zur Folge, daß bei sprungartiger Aufschaltung der ursprünglichen Störgröße dort nur eine verzögerte Größe angreift. Diese regt den Kreis aber erheblich weniger zum Schwingen an als eine Sprungaufschaltung.

Noch aus einem weiteren Grund darf das Störverhalten ungedämpfter ausgelegt werden als das Führungsverhalten. Um die Vorstellungen zu fixieren, werde P-Verhalten der Strecke angenommen. Man gehe von irgendeinem stationären Betriebszustand des Systems aus. Erhöht man die Störgröße um Δz, so ist die zugehörige stationäre Änderung von x:

$$\Delta x_\infty = -\frac{1}{1+V}\Delta z \; .$$

Dabei ist V so gewählt zu denken, daß bei den überhaupt auftretenden Beträgen von Δz die Änderung $|\Delta x_\infty|$ genügend klein ist, etwa $< 1\,\%$ von x_∞, wo x_∞ der einzuhaltende Betriebswert ist. Ist nun die Phasenreserve klein, so kann, sagen wir, eine Überschwingung von 100 % über die stationäre Änderung Δx_∞ eintreten. Dann ist die höchste dynamische Abweichung Δx vom Betriebswert x_∞ dennoch geringfügig:

$$\max|\Delta x| < 2\,\Delta x_\infty < 2\,\%\,x_\infty \; .$$

Allgemein gilt:

$$\max|\Delta x(t)| \le \epsilon \frac{1}{1+V}|\Delta z| \quad \text{mit} \quad \epsilon = \frac{\max|\Delta x(t)|}{|\Delta x_\infty|} \; .$$

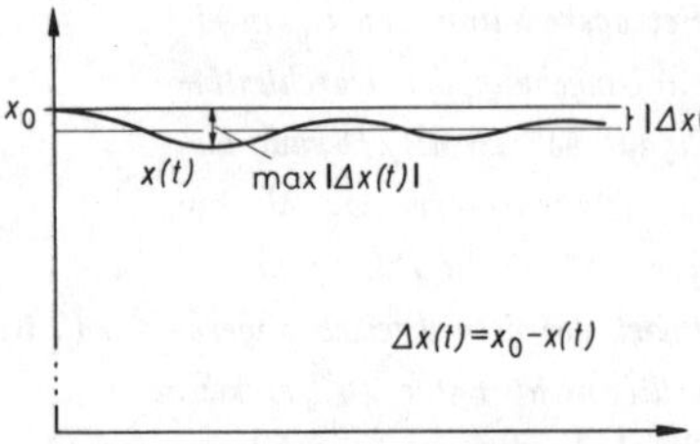

Bild 7/4. Störverhalten des Regelkreises bei sprungartiger Änderung der Störgröße

Bild 7/4 veranschaulicht dieses Verhalten.

Hingegen ist eine derartige Überschwingweite ϵ beim Führungsverhalten im allgemeinen unzumutbar. Hier ist nämlich

$$\Delta x_{\infty} = \frac{V}{1+V} \Delta w \approx \Delta w \ , \quad \text{also}$$

$$\max |\Delta x(t)| \approx \epsilon |\Delta w| \ .$$

Man hätte also für ϵ = 100 % eine Amplitude vom Doppelten des Führungssprungs! Aus dieser Betrachtung ergibt sich eine praktische Konsequenz:

Ist das Führungsverhalten hinreichend stabilisiert, d.h. hat es eine genügende Dämpfung, so darf man auch das Störverhalten als genügend gut stabilisiert ansehen. (7.7)

Man braucht sich dann also um das Störverhalten nicht besonders zu kümmern. Ist aber das Störverhalten allein von Interesse, so kann man es wesentlich ungedämpfter und damit schneller machen, als dies beim Führungsverhalten möglich ist.

Im Bild 7/5 wird durch einen Rechnerschrieb illustriert, daß die Phasenreserve in der Tat ein gutes qualitatives Maß für die Dämpfung des Regelkreises ist. Dort ist die Führungssprungantwort eines Regelkreises in Abhängigkeit von der Phasenreserve aufgezeichnet. Diese wird durch Änderung der Kreisverstärkung V verändert, worauf in den folgenden Abschnitten näher eingegangen wird.

Um φ_R aus den Frequenzkennlinien zu erhalten, betrachtet man die Phasenkennlinie des offenen Kreises bei der Durchtrittsfrequenz ω_D. Wenn der geschlossene Kreis stabil ist, liegt sie hier oberhalb -180°. Der Betrag des Winkels, den man zu dem Phasenwert noch hinzufügen muß, um auf -180° zu kommen, stellt die Phasenreserve φ_R dar, wie dies in Bild 7/6 skizziert ist.

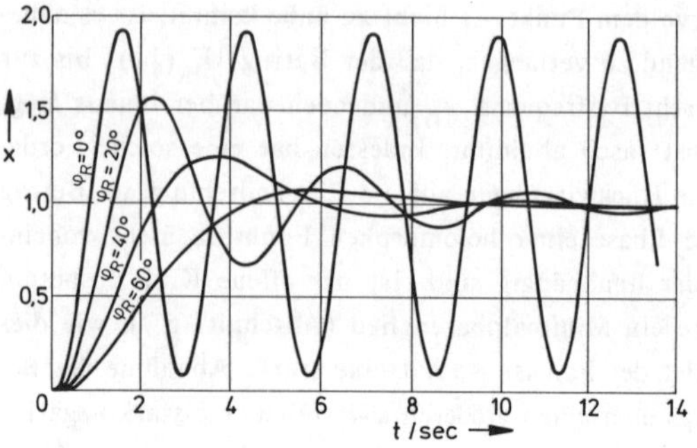

Bild 7/5. Führungssprungantwort in Abhängigkeit von der Phasenreserve bei

$$F_K(s) = \frac{V}{s(1+s)(1+0{,}2s)}$$

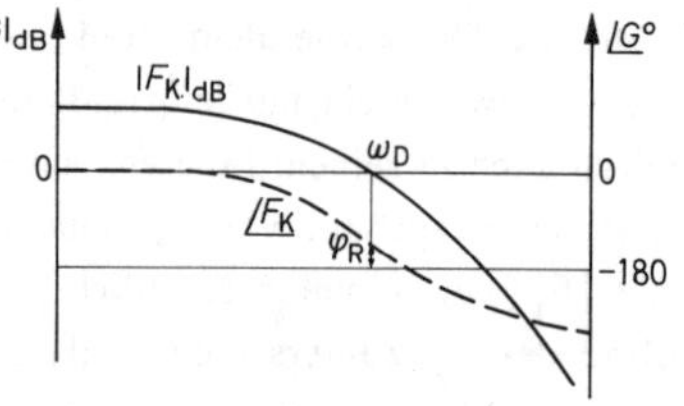

Bild 7/6. Die Phasenreserve φ_R in der Frequenzkennliniendarstellung

Es ist möglich, die Forderungen I bis III in einfacher Weise zu erfüllen: Man legt in den Vorwärtszweig des Regelkreises ein I-Glied mit einer genügend kleinen Übertragungskonstante K_R. Um dies einzusehen, betrachte man Bild 7/7. Wenn K_R sehr klein ist, liegt

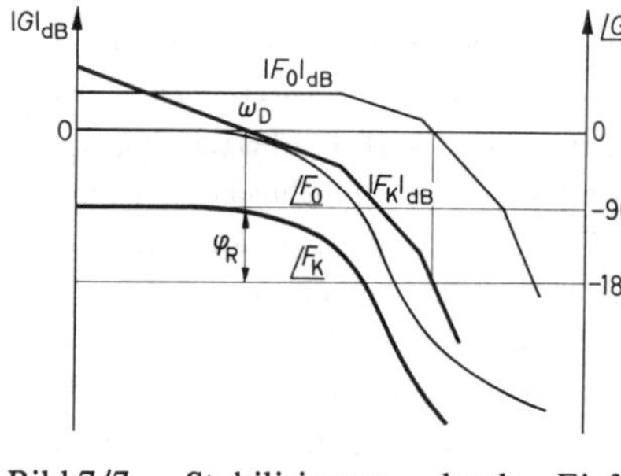

Bild 7/7. Stabilisierung durch Einführung eines I-Gliedes

die Durchtrittsfrequenz des I-Gliedes, die sich aus $|G(j\omega)| = |K_R/j\omega| = 1$ zu $\omega_D = K_R$ ergibt, weit links von den Knickfrequenzen von F_o. Die Addition seiner Betragskennlinie zu $|F_o|_{dB}$ senkt die letztere Betragskennlinie infolgedessen erheblich. Man gelangt so zu $|F_K|_{dB}$ in Bild 7/7. Hierdurch wird deren Durchtrittsfrequenz ω_D weit nach links verlegt. Infolgedessen steigt die Phasenreserve bis nahezu 90°. Die Dämpfung ist also sehr gut, die Sprungantwort des Führungsverhaltens wird aperiodisch verlaufen. Hiermit sind die Forderungen II und III erfüllt. Die Forderung I ist durch die Einführung eines I-Gliedes ebenfalls erfüllt.

Ist damit das Stabilisierungsproblem erledigt? Für die Mehrzahl der Fälle nicht. Denn die obige Lösung hat einen schweren Nachteil: Das Verhalten des Regelkreises ist äußerst langsam geworden. Die gewünschten Endwerte, etwa der neue Führungswert, werden nur ganz langsam angestrebt. Damit ist das Verhalten nicht viel günstiger, als wenn die Dämpfung zu gering ist. Man hat den Kreis *totstabilisiert*.

Um das einzusehen, hat man die Frage zu beantworten, wie man aus den Frequenzkennlinien des offenen Kreises auf die Schnelligkeit des geschlossenen Kreises schließen kann. Zunächst werde das Führungsverhalten betrachtet. Nach der Regel (5.18) erhält man in grober Näherung die Betragskennlinie $|F_w|_{dB}$ des Führungsverhaltens, indem man die Betragskennlinie $|F_K|_{dB}$ des offenen Kreises durch die 0-dB-Linie abschneidet. Bild 7/8 zeigt dies. Da der geschlossene Kreis im allgemeinen ein Minimalphasenglied ist, kann man aus der Betragskennlinie eindeutig auf den Frequenzgang schließen. Dann sieht man, daß $|F_w|_{dB}$ näherungsweise als Betragskennlinie eines P-T_1-Gliedes angesehen werden kann, und zwar eines P-T_1-Gliedes mit K = 1 und $T = 1/\omega_D$. Die Führungssprungantwort des Regelkreises wird daher in erster Näherung durch eine ansteigende e-Funktion nach Bild 7/9 charakterisiert.

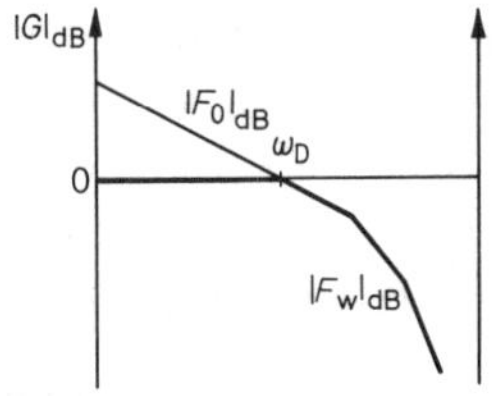

Bild 7/8. Grobe Annäherung für das Führungsverhalten des Regelkreises

Diese Betrachtung stellt zwar nur einen ganz groben Überschlag dar, da die Überhöhung von $|F_w|_{dB}$ in der Umgebung von ω_D, die für das Schwingungsverhalten bestimmend ist, nicht berücksichtigt wird. Sie genügt

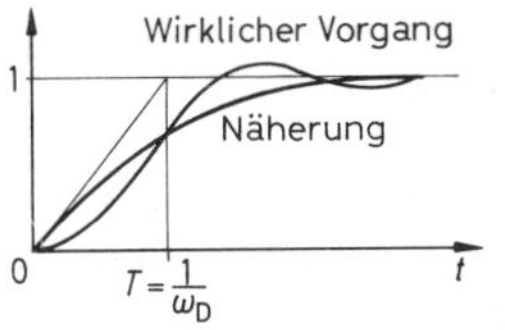

Bild 7/9. Grobe Annäherung für die Führungssprungantwort des Regelkreises

aber zur qualitativen Charakterisierung der Schnelligkeit des Führungsverhaltens durch den Parameter ω_D.

Für das Störverhalten gilt Entsprechendes. Wegen

$$F_z = \frac{1}{1 + F_K} \quad \text{ist}$$

$$|F_z| \approx \begin{cases} 1 & \text{für } |F_K| << 1 \text{, also für große } \omega, \\ |F_K|^{-1} & \text{für } |F_K| >> 1 \text{, d.h. für kleine } \omega. \end{cases}$$

Man erhält so Bild 7/10. Das Störverhalten wird also – wiederum ganz überschlägig – durch ein D-T_1-Glied mit K = 1 und $T = 1/\omega_D$ charakterisiert. Je größer daher ω_D, um so schneller ist der Zeitvorgang (Bild 7/11).

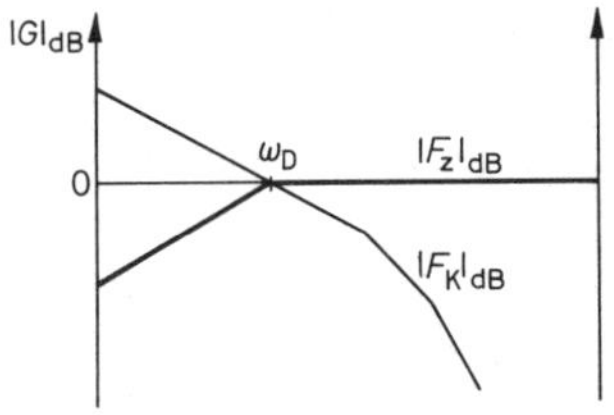

Bild 7/10. Grobe Annäherung für das Störverhalten des Regelkreises

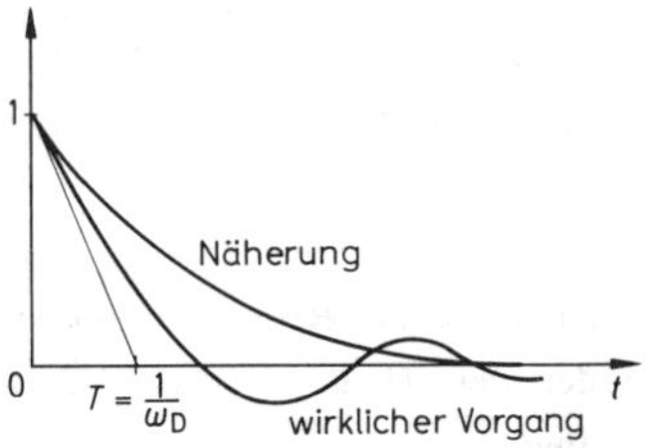

Bild 7/11. Grobe Annäherung für die Störsprungantwort des Regelkreises

Insgesamt hat man das Resultat:

Die Durchtrittsfrequenz ω_D ist ein qualitatives Maß für die Schnelligkeit sowohl des Führungs- (7.8)

als auch des Störverhaltens: Je größer ω_D, um so schneller der Zeitvorgang, und umgekehrt.

Verlegt man daher, wie oben durch die Einführung eines I-Gliedes, die Durchtrittsfrequenz weit nach links in bezug auf die Zeitkonstanten des offenen Kreises, so wird der geschlossene Kreis viel langsamer, als dies auf Grund dieser Zeitkonstanten sein muß. Nur in Ausnahmefällen ist eine solche Stabilisierung zulässig.

Nachdem die Grundforderungen I und II sowie die weitergehenden qualitativen Forderungen III und IV abgehandelt sind, wollen wir *nunmehr* in der Reihenfolge von Abschnitt 1.5 zu *quantitativen Forderungen an das dynamische Verhalten des Regelkreises* übergehen.

Für die Dynamik des Regelkreises wird meist die Führungssprungantwort $h_w(t)$ als repräsentativ angesehen, also die Antwort des Regelkreises auf $w = \sigma(t)$. Dabei interessiert in den regelungstechnischen Anwendungen weniger der Verlauf im einzelnen, vielmehr sind nur gewisse charakteristische Daten der Führungssprungantwort von Bedeutung. In Bild 7/12 sind zwei typische Verläufe von $h_w(t)$ aufgezeichnet, ein oszillatorischer Verlauf, gewöhnlich als *periodisch*[1] bezeichnet, und ein monotoner Verlauf, meist *aperiodisch* genannt. Für viele regelungstechnische Belange ist der oszillatorische Vorgang durch zwei Kenndaten hinlänglich gekennzeichnet:

1. Die *Überschwingweite*, bezogen auf den Endwert:

$$\Delta_m = \frac{h_{wm} - h_{w\infty}}{h_{w\infty}} . \tag{7.9}$$

2. Die Übergangszeit $t_ü$.

Darunter kann man zweierlei verstehen. Einmal den Zeitpunkt, zu dem $h_w(t)$ endgültig in die 5%-Zone um den Endwert $h_{w\infty}$ eintritt, von dem an also die Ungleichung $0{,}95\ h_{w\infty} \le h_w(t) \le 1{,}05\ h_{w\infty}$ für alle t gilt. Oder man nimmt statt der Funktion $h_w(t)$ die sie begrenzende e-Funktion, sofern eine solche vorhanden ist, und stellt deren Eintritt in den 5%-Streifen um $h_{w\infty}$ fest, was rechnerisch bequemer sein kann. Beide Zahlenwerte werden etwas voneinander abweichen. In Bild 7/12 ist die zweite Möglichkeit eingezeichnet.

[1] Diese Bezeichnung ist falsch, denn "periodisch" ist definitionsgemäß eine Funktion mit $f(t+p) = f(t)$ für alle t und festes p, was hier nicht zutrifft. Demgegenüber ist die Benennung "aperiodisch" zwar nichtssagend, aber wenigstens nicht falsch.

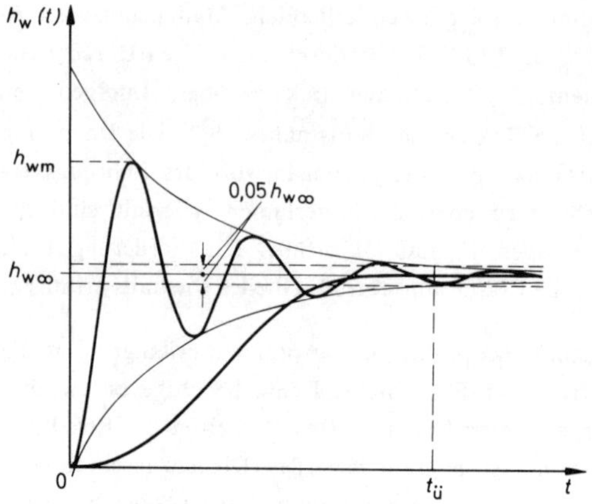

Bild 7/12. Kenndaten für das Zeitverhalten des Regelkreises (h_w Führungssprungantwort)

Liegt ein *aperiodischer Zeitverlauf* vor, so ist als einziges Kenndatum die *Übergangszeit* $t_ü$ von Bedeutung, die hier eindeutig definiert ist. Sie ist zugleich ein Maß für die Anstiegszeit.

Bei einem P-T_2-Glied ist die *Abhängigkeit der Kenndaten von den Systemparametern* gut zu überblicken. Das ist in zweierlei Weise möglich. Zunächst durch eine *graphische Darstellung* (Rechnerschrieb) nach Art von Bild 6/12, in dem die Sprungantwort $h_w(t)$ in Abhängigkeit von drei Systemparametern K, T und d dargestellt ist. Zum zweiten läßt sich diese Abhängigkeit formelmäßig aus dem Ausdruck für die Sprungantwort in Tabelle 2/1 herleiten. Für $d < 1$ erhält man

$$\log \Delta_m = -1{,}363 \frac{d}{\sqrt{1-d^2}} , \tag{7.10}$$

$$t_ü = \frac{3 - 1{,}15 \log(1-d^2)}{d} \cdot \frac{1}{\omega_0} = \frac{f(d)}{\omega_0} , \tag{7.11}$$

wobei $\omega_0 = \frac{1}{T}$ ist. Hier ist unter $t_ü$ der Zeitpunkt des Eintauchens der einhüllenden e-Funktion in die 5%-Zone um den Endwert gemeint. Dieser Formelwert ist somit etwas größer als der entsprechende Wert aus Bild 6/12. Liegt d nicht zu nahe bei 1, etwa $d < 0{,}9$, so kann

$$t_ü = \frac{1}{d}\left(3 + \frac{1}{2} d^2\right) \cdot \frac{1}{\omega_0} \tag{7.12}$$

als genügende Näherung angesehen werden. Für kleine d ist mit guter Näherung

$$t_ü = \frac{3}{d} \cdot \frac{1}{\omega_0} = 3 \frac{T}{d} . \tag{7.13}$$

Diese einfachen Zusammenhänge zwischen den Parametern des Systems und den Kenndaten des Zeitverhaltens lassen sich für die Synthese nutzbar machen, wenn man die *Voraussetzung* macht, *daß der korrigierte geschlossene Regelkreis ein dominantes konjugiert komplexes Polpaar besitzt.* Dann hängen nämlich die Kenndaten seiner Sprungantwort von den Parametern dieses Polpaares näherungsweise in der eben beschriebenen Weise ab.[2]

Die quantitativen Forderungen an das Zeitverhalten werden meist darin bestehen, daß Überschwingweite und Übergangszeit nicht zu groß sein sollen:

$$\Delta_m \leq \Delta_{m0} , \tag{7.14}$$

$$t_ü \leq t_{ü0} , \tag{7.15}$$

wobei Δ_{m0} und $t_{ü0}$ gegebene Schranken sind. Es ist festzustellen, *was diese Forderungen für die Lage des dominanten Polpaares bedeuten.*

Da die Überschwingweite Δ_m allein von d abhängt und mit abnehmendem d wächst, folgt aus $\Delta_m \leq \Delta_{m0}$, daß $d \geq d_0$ sein muß. Dabei ist d_0 die zu Δ_{m0} gehörende Dämpfung. Man kann sie entweder aus Bild 6/12 ablesen oder aus (7.10) erhalten. Im letzteren Fall ergibt sie sich zu

$$d_0 = \frac{L}{\sqrt{1+L^2}} \quad \text{mit} \quad L = -\frac{\log \Delta_{m0}}{1{,}363} . \tag{7.16}$$

Nun gilt gemäß Bild 2/41 die Beziehung $d = \cos\psi$, $0 \leq \psi \leq 90°$. Da die Cosinusfunktion für diese ψ fällt, folgt aus $d \geq d_0$, daß $\psi \leq \psi_0$ sein muß, wobei ψ_0 aus

$$\cos\psi_0 = d_0 \tag{7.17}$$

zu bestimmen ist. Die Forderung (7.14) verlangt somit, daß das dominante Polpaar im Sektor $|\psi| \leq \psi_0$ um die negative relle Achse liegt (Bild 7/13).

Unter allen zulässigen d-Werten wird man einen möglichst kleinen Wert wählen, damit der Regelkreis möglichst schnell wird. Im äußersten Fall kann man also $d = d_0$ nehmen. Das wird man dann machen, wenn die Charakterisierung des geschlossenen Kreises durch ein dominantes Polpaar eine sehr gute Annäherung ist. Andernfalls wird man lieber $d > d_0$ wählen. Der gewählte d-Wert sei mit d_w bezeichnet. Zu ihm gehört wegen

$$\cos\psi_w = d_w , \quad 0 \leq \psi_w \leq 90° ,$$

[2] Ein monotoner Verlauf der Sprungantwort ist dann nicht möglich, da dieser einen dominanten reellen Pol voraussetzt. Auf einen derartigen Entwurf kommen wir im Abschnitt 7.9 zurück.

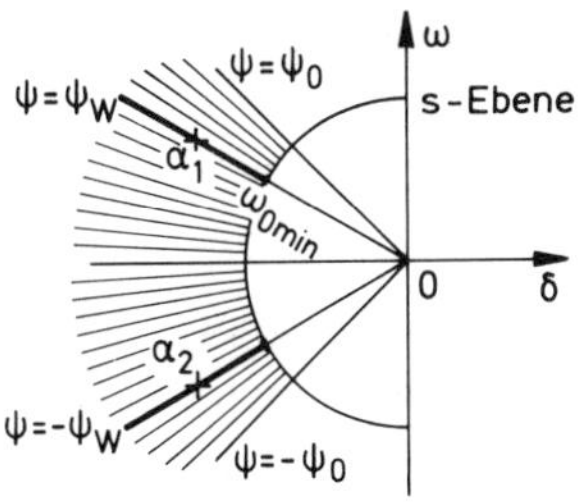

Bild 7/13. Lage des dominanten Polpaars $\alpha_{1,2}$ bei vorgegebenen Beschränkungen der Überschwingweite und Übergangszeit

ein eindeutig bestimmter Wert ψ_w. Das komplexe Polpaar muß jetzt auf zwei vom Nullpunkt ausgehenden Strahlen liegen, die mit der negativen reellen Achse die Winkel $\pm\psi_w$ bilden (Bild 7/13).

Die zweite Bedingung $t_ü \leq t_{ü0}$ kann man jetzt entweder mittels Bild 6/12 oder mit Hilfe der Formel (7.11) berücksichtigen. Im ersteren Fall liest man für die Kurve mit dem Parameter d_w den endgültigen Eintrittszeitpunkt in den 5%-Streifen um 1 ab. Er möge gleich $\omega_0 t_ü = \tau_0$ sein, wobei τ_0 der abgelesene Zahlenwert ist. Dann muß

$$t_ü = \frac{\tau_0}{\omega_0} \leq t_{ü0} \quad \text{gelten, also} \quad \omega_0 \geq \frac{\tau_0}{t_{ü0}} \quad \text{sein.}$$

Entsprechend muß nach (7.11) die Ungleichung $\frac{f(d_w)}{\omega_0} \leq t_{ü0}$ gelten, woraus

$$\omega_0 \geq \frac{f(d_w)}{t_{ü0}} = \omega_{0\,min} \tag{7.18}$$

folgt. Da nach Bild 2/41 ω_0 den Abstand des dominanten Polpaares vom Ursprung darstellt, wird man dieses auf den Strahlen $\psi = \pm\psi_w$ so wählen, daß es vom Ursprung mindestens den Abstand $\omega_{0\,min}$ hat. Sehr viel weiter nach links wird man es nicht verlegen, da sonst die Dominanz gefährdet ist. Es ergeben sich somit für die Lage des dominanten Polpaars, das die Bedingungen (7.14) und (7.15) erfüllt, die dick ausgezogenen Geradenstücke im Bild 7/13.

Auf jeden Fall muß das dominante Polpaar, welches die quantitativen Forderungen

$$\Delta_m \leq \Delta_{m0} , \quad t_ü \leq t_{ü0}$$

erfüllt, in dem schraffierten Sektor in Bild 7/13 liegen. Hierdurch sind die *Anforderungen an die Sprungantwort des Regelkreises in eine Lagebedingung für das dominante Polpaar umgesetzt. Aufgabe der Synthese ist es, ein dominantes Polpaar zu erzeugen und in den gewünschten Bereich zu verlegen.*

Häufig wird als gewünschter Polbereich anstelle des kreisringförmigen Sektors im Bild 7/13 ein trapezförmiger Sektor gewählt, wie ihn das Bild 7/14 zeigt. Bei ihm gilt für das konjugiert komplexe Polpaar die Beschränkung $\delta \leq \delta_0$. Da δ der Abklingfaktor im Exponenten der e-Funktion ist, welche die Sprungantwort des zum Polpaar gehörenden P-T_2-Gliedes einhüllt, wird auch hier mittelbar dafür gesorgt, daß $h_w(t)$ genügend schnell abklingt.

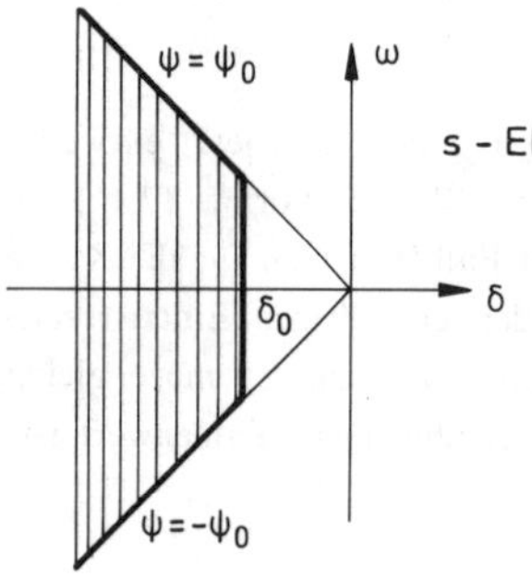

Bild 7/14. Weiterer Typ eines gewünschten Polbereichs

Wie schon im Abschnitt 1.5 erwähnt, gibt es neben den vorstehend erläuterten quantitativen Forderungen in Form von Ungleichungen für Kenndaten der Sprungantwort noch eine ganz andere Art solcher Forderungen, die darin besteht, daß ein dem Regelkreis zugeordnetes *Gütemaß (Güte-Index, Gütekriterium) zum Minimum oder Maximum* gemacht wird. Hierauf wollen wir aber erst beim Entwurf der zugehörigen "optimalen Regelungen" im Unterabschnitt 7.8.1 eingehen.

Quantitative Forderungen der eben besprochenen Art werden im Abschnitt 7.7 beim Entwurf mittels des Wurzelortsverfahrens und im Abschnitt 7.9 (Kompensationsregler) betrachtet. Im übrigen werden der Synthese die Forderungen I bis IV zugrunde gelegt, wie dies bei konkreten Entwurfsproblemen meist der Fall ist, wobei dann die Erfüllung zusätzlicher quantitativer Anforderungen an die Dynamik in einer anschließenden Rechnersimulation vorgenommen wird (siehe hierzu auch die Bemerkungen im Abschnitt 1.5 zur Bearbeitung einer Regelungsaufgabe).

7.3 Grundsätzliche Struktur des Reglers

Es soll jetzt ein Regler entwickelt werden, der die Grundforderungen I und II nach Stabilität und stationärer Genauigkeit zu erfüllen vermag und darüber hinaus die Forderungen III und IV nach genügender Dämpfung und Schnelligkeit mitberücksichtigt. Um als erstes hinreichende stationäre Genauigkeit zu sichern, liegt es nahe, den Regler auf jeden Fall mit einem I-Glied zu versehen. Das Problem besteht dann darin, trotz der entstabilisierenden Wirkung des I-Gliedes die Stabilität des Regelkreises zu sichern und darüber hinaus ein genügend gedämpftes Verhalten zu erzielen, ohne daß der Regelkreis zu langsam wird.

Dazu muß man sich klarmachen, daß die *Tendenz zur Instabilität von den Nennerzeitkonstanten der Strecke* herrührt, die man meist schlechtweg *"Streckenzeitkonstanten"* nennt. Zu einer solchen Zeitkonstante gehört der Faktor

$$\frac{1}{1+Tj\omega} = \frac{1-Tj\omega}{(1+Tj\omega)(1-Tj\omega)} = \frac{1}{1+T^2\omega^2} - \frac{T\omega}{1+T^2\omega^2}\, j \, .$$

Sein Argument oder sein Phasenwinkel φ, der auch kurz als " Phase" bezeichnet sei, ist also durch

$$\tan\varphi = -T\omega$$

gegeben. Es sinkt von 0° auf -90°, wenn ω von 0 bis $+\infty$ wächst. Für die Ortskurve des offenen Kreises bedeutet die Hinzufügung eines solchen Faktors also, daß ihr Fahrstrahl im Uhrzeigersinn gedreht wird, und zwar um so mehr, je größer ω ist. Es ist die gleiche Erscheinung wie bei einem I-Glied (Bild 7/2), nur daß die zusätzliche Drehung des Fahrstrahls nicht konstant, sondern von ω abhängig ist. Man spricht bei einer derartigen Drehung des Fahrstrahls im Uhrzeigersinn (mathematisch negativen Sinn) von *Phasenvordrehung*, hingegen bei einer Drehung entgegen dem Uhrzeigersinn (im mathematisch positiven Sinn) von Phasenrückdrehung. Jede Nennerzeitkonstante der Strecke bewirkt also eine Phasenvordrehung, die von 0° bei $\omega = 0$ bis 90° für $\omega = +\infty$ anwächst. Für die Ortskurve des offenen Kreises bedeutet dies entsprechend Bild 7/2 die Gefahr, daß sie den Punkt -1 umschließt und der Regelkreis somit nach dem Nyquist-Kriterium instabil wird. Diese Gefahr ist um so größer, je größer die Nennerzeitkonstante T ist, da dann bei gleichem ω das Produkt ωT und damit die Phasenvordrehung größer wird.

Handelt es sich um einen quadratischen Nennerfaktor von $F_o(j\omega)$ mit $d < 1$, so ist seine Wirkung ganz entsprechend: Er bewirkt eine Phasenvordrehung, die von 0° bei $\omega = 0$ bis 180° für $\omega = +\infty$ anwächst.

Welches *Gegenmittel* hat man gegen eine solche Phasenvordrehung? Geometrisch liegt es auf der Hand: Eine *Phasenrückdrehung*, welche die gefährdete Ortskurve vom Punkt -1 zurückzieht. Wie läßt sie sich verwirklichen? Auch das liegt jetzt nahe: *Durch Einfügen von Zählerfaktoren* in den Frequenzgang des offenen Kreises. Für einen solchen Zählerfaktor $1 + T_Z j\omega$ gilt nämlich

$$\tan\varphi = T_Z \omega \;, \quad 0 \le \omega < +\infty \;.$$

Daher wächst φ von 0° bis $+90^\circ$. Das bedeutet für den Fahrstrahl der Ortskurve des offenen Kreises Drehung im mathematisch *positiven* Sinn, also Phasenrückdrehung.

Ein Spezialfall besteht darin, daß man die hinzugefügte Zählerzeitkonstante T_Z gleich einer Nennerzeitkonstante T der Strecke wählt. Im Frequenzgang $F_K(j\omega)$ des korrigierten Kreises wird dann der Nennerfaktor $1 + Tj\omega$ durch den Zählerfaktor $1 + T_Z j\omega$ weggehoben. Anders ausgedrückt: Die durch den Nennerfaktor verursachte Phasenvordrehung wird durch die Phasenrückdrehung des Zählerfaktors genau kompensiert.

Damit liegt die *grundsätzliche Struktur des Reglers* fest:

$$G_K(j\omega) = \frac{K_R}{j\omega}(1+T_{R1}j\omega)\,\dots\,(1+T_{Rm}j\omega) \;, \qquad 1 \le m \le n \tag{7.19}$$

wobei n die Ordnung des unkorrigierten Regelkreises ist, d.h. der Grad des Nennerpolynoms von $F_o(s)$. Rechnet man das Produkt im Zähler von $G_K(j\omega)$ aus und dividiert dann durch $j\omega$, so entsteht die Darstellung

$$G_K(j\omega) = \frac{a_{-1}}{j\omega} + a_0 + a_1(j\omega) + a_2(j\omega)^2 + \dots + a_{m-1}(j\omega)^{m-1} \;. \tag{7.20}$$

Der Regler[3] kann somit als Parallelschaltung eines I-Gliedes, P-Gliedes, D-Gliedes, D_2-Gliedes, ... aufgefaßt werden. Weil er in Reihe zur Strecke liegt, spricht man von *Reihenstabilisierung*.

Betrachten wir als Beispiel einen Regelkreis mit

$$F_o(j\omega) = \frac{K_S}{(1+T_1 j\omega)\,\dots\,(1+T_n j\omega)} \;. \tag{7.21}$$

[3] Eigentlich handelt es sich um das Regel*glied*. Aber wir wollen, wie schon zu Anfang dieses Kapitels gesagt, kurzerhand von "Regler" sprechen, da dessen spezifische Wirkungsweise durch das Regelglied bestimmt wird.

Es liegt nahe, für den Regler

$$G_K(j\omega) = \frac{K_R}{j\omega}(1+T_{R1}j\omega)\,\dots\,(1+T_{Rn}j\omega) \tag{7.22}$$

mit

$$T_{R1} = T_1, \dots, T_{Rn} = T_n$$

zu wählen. Dann ist

$$F_K(j\omega) = G_K(j\omega)\,F_o(j\omega) = \frac{V}{j\omega} \quad \text{mit} \quad V = K_R K_S \;.$$

Aus dem Führungsfrequenzgang des Regelkreises wird so

$$F_w(j\omega) = \frac{F_K(j\omega)}{1+F_K(j\omega)} = \frac{1}{1+\frac{1}{V}j\omega} \;.$$

Das Führungsverhalten des Regelkreises wird somit durch ein Verzögerungsglied 1. Ordnung beschrieben, dessen Zeitkonstante

$$T = \frac{1}{V} = \frac{1}{K_R K_S}$$

mittels K_R beliebig klein gemacht werden kann. Die Führungssprungantwort nimmt daher gemäß Bild 2/33 ihren Endwert ohne Oszillationen in beliebig kurzer Zeit an. Ebenso ideal ist das Störverhalten.

Leider handelt es sich aber bei dem eben geschilderten Entwurf des Reglers (7.22) um ein technisches Märchen. Zwar ist die Betrachtung mathematisch einwandfrei. Würde man aber den Regler in der Form (7.22) realisieren, so hätte er keineswegs die nach der Theorie zu erwartende ideale Wirkung. Das liegt an zwei Effekten, die in der Realität hinzutreten und zur Modifikation der grundsätzlichen Reglerstruktur (7.19) zwingen.

7.4 Realisierungsprobleme und realistische Reglerstruktur: PI-, PID- und PD-Regler

Der erste (und wichtigste) Effekt besteht im Auftreten der *Störwelligkeit*, auch *Rauschen* genannt. Es handelt sich dabei um statistisch schwankende Zeitvorgänge, die den eigentlichen Zeitvorgängen der Anlage überlagert sind und in jedem realen System, mehr oder weniger stark, vorkommen. Für unsere Zwecke genügt es, sie ganz grob durch eine Sinusschwingung mit der kleinen Amplitude A_r und der großen Frequenz ω_r zu charakterisieren. Da es sich um eine harmonische Schwingung handelt, wird das Verhalten beim Durchgang durch ein LZI-Glied mittels dessen Frequenzgang $G(j\omega)$ beschrieben (Abschnitt 4.8). Die Amplitude der durch die Störwelligkeit verursachten Ausgangsgröße ist daher

$$A_r\,|G(j\omega_r)| \;.$$

Liegt nun speziell ein D-Glied mit

$G(j\omega) = j\omega$

vor, wie es gemäß (7.20) in der Korrektureinrichtung vorkommt (der Faktor a_1 ist für das Folgende unwesentlich), so ist die Ausgangsamplitude

$A = A_r \omega_r >> A_r$,

da ja ω_r groß ist (Bild 7/15). Während vor dem D-Glied die Störwelligkeit vernachlässigbar klein ist, wird sie

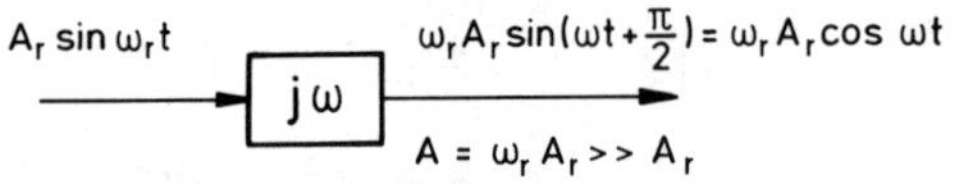

Bild 7/15. Verstärkung der Störwelligkeit (Rauschen) durch ein D-Glied

durch das D-Glied in unzulässiger Weise verstärkt. Es liegt auf der Hand, daß dies noch weitaus stärker für mehrfach differenzierende Glieder wie das D_2-Glied zutrifft.

Diese Verstärkung der Störwelligkeit läßt sich reduzieren, wenn man dafür eine Verwässerung der Differentiation in Kauf nimmt: Man ersetzt das D-Glied durch ein Übertragungsglied mit

$$G(j\omega) = \frac{j\omega}{1 + \tau j\omega}$$

mit der (im Vergleich zu den anderen Zeitkonstanten des offenen Kreises) kleinen Zeitkonstante τ. Das ist im Bild 7/16 skizziert. Darin ist

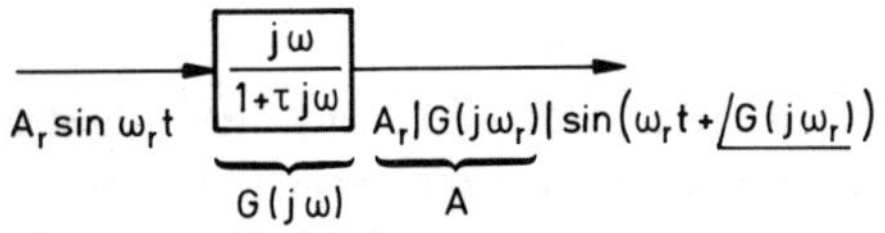

Bild 7/16. Approximation eines D-Gliedes zur Reduktion der Störwelligkeitsübertragung

$$|G(j\omega_r)| = \frac{\omega_r}{\sqrt{1+\tau^2\omega_r^2}} = \frac{1}{\sqrt{\frac{1}{\omega_r^2} + \tau^2}} \approx \frac{1}{\tau} ,$$

so daß die von der Störwelligkeit herrührende Amplitude

$$A = A_r |G(j\omega_r)| \approx \frac{A_r}{\tau}$$

ist. Indem man τ nicht zu klein wählt, kann man sie in gewünschten Grenzen halten.

Die *zweite Realisierungsschwierigkeit* neben dem Auftreten der Störwelligkeit besteht darin, daß *jede reale Stelleinrichtung eine Begrenzung enthält*. Das ist eine nichtlineare Kennlinie, deren grundsätzlicher Verlauf im Bild 7/17 wiedergegeben ist, wobei aber z.B. die Ecken verschliffen sein können. Im mittleren Bereich von u besteht ein proportionaler oder annähernd proportionaler Zusammenhang zwischen u und y, während für größere $|u|$ die Ausgangsgröße y der Kennlinie praktisch einen festen Wert y_{min} bzw. y_{max} annimmt. Ein typisches Beispiel ist eine Ventilkennlinie. Wie groß auch die Kraft sein mag, die auf die Ventilspindel einwirkt, das Ventil kann nicht mehr als vollständig zu- oder vollständig aufgedreht werden. Derartige *mechanische Anschläge* treten z.B. auch bei der Rudereinrichtung von Schiffen oder Flugzeugen auf. Auf physikalisch andere Art kommt die Begrenzung bei elektrotechnischen Stellgliedern zustande. Hier handelt es sich meist um *elektrische oder magnetische Sättigungserscheinungen*, wie z.B. bei der Kennlinie im Bild 2/2. Die prinzipielle Gestalt der Kennlinie ist aber die gleiche.

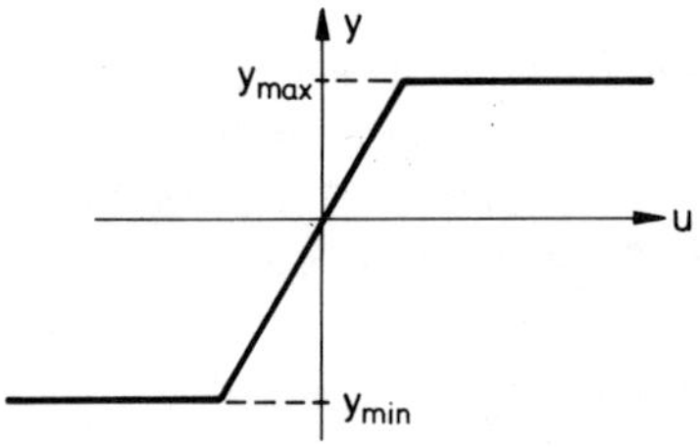

Bild 7/17. Grundsätzliche Gestalt der Begrenzungskennlinie in der Stelleinrichtung

Eine derartige Kennlinie folgt also auf den Regler. Bild 7/18 zeigt dies, wobei angenommen ist, daß der Regler von den differenzierenden Gliedern nur das D-Glied

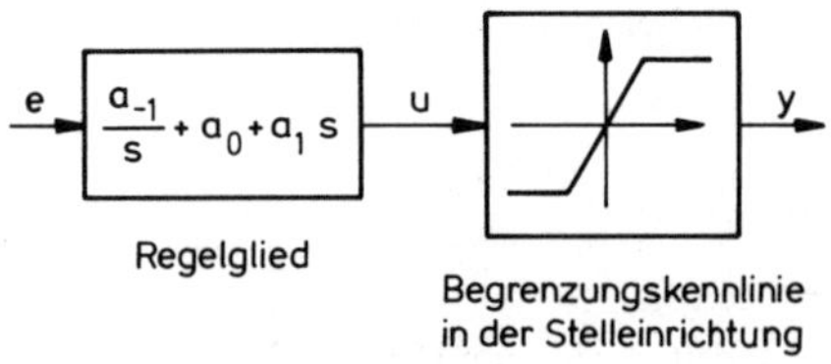

Bild 7/18. Zur Begrenzungswirkung einer realen Stelleinrichtung

enthält, da dies völlig genügt, um den unerwünschten Einfluß der Kennlinie zu zeigen. Wird e(t) sprungförmig verändert, etwa

$$e(t) = \sigma(t) \ ,$$

so ist für $t > 0$

$$u = a_{-1} t + a_0 + a_1 \delta(t) \ .$$

Die durchgezogene Kurve im Bild 7/19 zeigt den Verlauf von u(t). Als Eingangsgröße der Kennlinie tritt also unter anderem ein sehr hoher Impuls auf. Er wird jedoch durch das Kennlinienglied nicht weitergegeben, da dessen Ausgangsgröße y ja nur zwischen den Werten y_{min} und y_{max} liegen kann. Der hohe *Impuls des D-Gliedes wird* also *abgeschnitten*. Auf ihm beruht aber zum großen Teil die Wirkung des im Bild 7/18 gewählten Reglers, da das System durch den von ihm vermittelten kräftigen Anstoß schnell in den gewünschten Zustand gebracht werden kann.

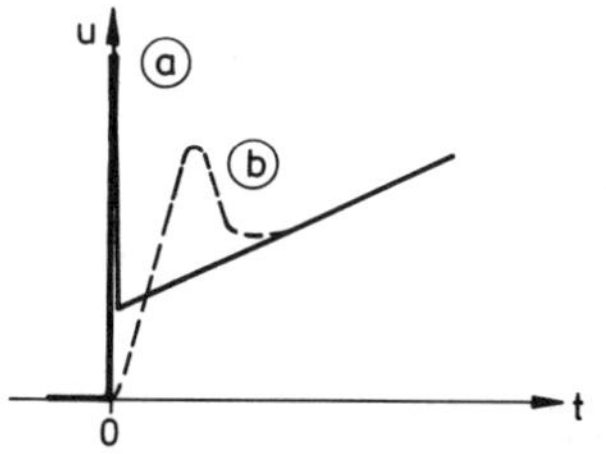

Bild 7/19. Sprungantwort des Reglers aus Bild 7/18
a) bei exakter Differentiation
b) bei verzögerter Differentiation

Es ist also zwecklos, im Regler beliebig hohe Impulse zu erzeugen, weil sie durch die Stelleinrichtung nicht weitergegeben werden und deshalb gar nicht auf die Strecke einwirken. Soll das, was man in der linearen Theorie ausrechnet, in der Realität zutreffen, so muß man im mittleren, wenigstens annähernd linearen Teil der Begrenzungskennlinie bleiben. Das ist der Fall, wenn man auch hier die Differentiation durch Hinzufügen einer kleinen Nennerzeitkonstante verzögert. Dann hat nämlich u(t) etwa den gestrichelten Verlauf in Bild 7/19.

Im Gegensatz zur Störwelligkeit, die bei hinreichender Stärke ein geordnetes Funktionieren der Regelung unmöglich macht, handelt es sich bei der Einwirkung der Begrenzung im allgemeinen nur um einen Effekt, der das von der linearen Theorie vorausgesagte günstige Verhalten verschlechtert und überdies nur bei sprungartigen Änderungen der Regeldifferenz in Erscheinung tritt.

Was kann nach all dem von der grundsätzlichen Reglerstruktur (7.19) nun tatsächlich verwirklicht werden? Auf jeden Fall der Frequenzgang

$$G_K(j\omega) = \frac{K_R}{j\omega}(1 + T_R j\omega) = \frac{K_R}{j\omega} + K_R T_R \ . \qquad (7.23)$$

Den so erhaltenen Regler bezeichnet man als *PI-Regler* (manchmal auch als IP-Regler), weil er eine Parallelschaltung von P- und I-Glied darstellt.

Falls die Strecke nicht zu sehr verrauscht (und die Begrenzungskennlinie in der Stelleinrichtung in einem nicht zu engen Bereich linear) ist, kann man mit einer für praktische Zwecke genügenden Näherung auch noch

$$\begin{aligned} G_K(j\omega) &= \frac{K_R}{j\omega}(1 + T_{R1} j\omega)(1 + T_{R2} j\omega) = \\ &= \frac{K_R}{j\omega} + K_R (T_{R1} + T_{R2}) + K_R T_{R1} T_{R2} j\omega \end{aligned} \qquad (7.24)$$

als realistisch ansehen. Dies ist der *PID-Regler* (manchmal auch IPD-Regler), den wir mit dem schmückenden Zusatz *"ideal"* versehen wollen, da er in vollem Umfang die Wirkungsweise zeigt, die man von PID-Reglern erwartet. Demgegenüber wollen wir den Regler mit

$$G_K(j\omega) = K_R \frac{1 + T_{R1} j\omega}{j\omega} \frac{1 + T_{R2} j\omega}{1 + T_N j\omega} \ , \quad T_{R1} \geq T_{R2} > T_N \ , \qquad (7.25)$$

der also aus dem idealen PID-Regler durch Hinzufügen der kleinen Nennerzeitkonstante T_N hervorgeht, als *realen PID-Regler* bezeichnen. Auch wenn man bei einem konkreten Problem nur einen *realen* PID-Regler einsetzen kann, ist es doch nützlich, beim Entwurf die Wirkung des idealen PID-Reglers zu studieren, da sie zeigt, was sich günstigstenfalls erreichen läßt, und überdies bei genügend kleinem T_N die Verwendung des realen PID-Reglers approximiert. Überschlägig läßt sich sagen, daß man bei der praktischen Verwendung des idealen PID-Reglers nicht allzu ängstlich zu sein braucht. Auch wenn er eine gewisse Verstärkung der Störwelligkeit bringt und nicht alle von ihm erzeugten Stellimpulse durchkommen, wird er dennoch eine günstige dynamische Wirkung ausüben.

Es sollen nun einige Varianten des PI- und PID-Konzeptes betrachtet werden. Liegt ein Frequenzgang

$$G_K(j\omega) = K_R \frac{1 + T_R j\omega}{1 + T_N j\omega} \quad \text{mit} \quad T_N >> T_R \qquad (7.26)$$

vor, so kann man für ihn schreiben:

$$G_K(j\omega) = \frac{K_R}{T_N} \frac{1+T_R j\omega}{\frac{1}{T_N}+j\omega} \approx \tilde{K}_R \frac{1+T_R j\omega}{j\omega} .$$

Außer für sehr kleine ω ist $1/T_N << \omega$ und kann deshalb für alle anderen ω vernachlässigt werden. Für das dynamische Verhalten ist der Bereich sehr kleiner ω-Werte ohne Belang, vielmehr ist hierfür der mittlere ω-Bereich maßgebend, in dem die Ortskurve des offenen Kreises in den Einheitskreis tritt. Der Regler mit dem Frequenzgang (7.26) beeinflußt deshalb das dynamische Verhalten wie ein PI-Regler mit $\tilde{K}_R = K_R/T_N$. Absolute stationäre Genauigkeit vermag er allerdings nicht zu erzeugen, da $|G_K(j0)|$ nicht ∞, sondern nur K_R ist. Daher ist

$$x_{d\infty} = \frac{1}{1+K_R K_S} .$$

Der Frequenzgang (7.26) kann z.B. bei einem mit RC-Netzwerken beschalteten elektronischen Verstärker auftreten.

Bei dieser Variante des PI-Reglers wird also der Nenner $j\omega$ durch einen Faktor $1 + Tj\omega$ ersetzt, wobei T im Vergleich zur Zählerzeitkonstante sehr groß gewählt wird. Nimmt man einen derartigen Ersatz im Frequenzgang (7.25) vor, so gelangt man zu einer Modifikation des realen PID-Reglers:

$$G_K(j\omega) = K_R \frac{(1+T_{R1}j\omega)\,(1+T_{R2}j\omega)}{(1+T_{N1}j\omega)\,(1+T_{N2}j\omega)} , \qquad (7.27)$$

wobei jetzt

$$K_R > 0 , T_{R1} \geq T_{R2} , T_{N1} >> T_{R1} , T_{N2} < T_{R2} \qquad (7.28)$$

gilt. Wegen der Kleinheit von $1/T_{N1}$ übt dieser Regler im entscheidenden mittleren ω-Bereich nahezu die gleiche Wirkung aus wie der durch (7.25) gegebene reale PID-Regler.

Man kann den durch (7.27) bzw. (7.25) charakterisierten Regler verallgemeinern, indem man darauf verzichtet, daß die durch Ausmultiplikation entstehenden Zähler- und Nennerpolynome unbedingt reelle Wurzeln haben müssen. Man gelangt so zu einem *verallgemeinerten PID-Regler* mit

$$G_K(j\omega) = K_R \frac{1+2d_Z T_Z j\omega + T_Z^2 (j\omega)^2}{1+2d_N T_N j\omega + T_N^2 (j\omega)^2} \quad \text{bzw.} \qquad (7.29)$$

$$G_K(j\omega) = K_R \frac{1+2d_Z T_Z j\omega + T_Z^2 (j\omega)^2}{j\omega(1+T_N j\omega)} , \quad T_N < T_Z . \qquad (7.30)$$

Einen solchen Regler kann man beispielsweise dann verwenden, wenn die Strecke ein konjugiert komplexes Polpaar hat und ihr Frequenzgang demzufolge einen quadratischen Nennerfaktor $1 + 2d\tau(j\omega) + \tau^2(j\omega)^2$ mit $d < 1$ enthält, der sich nicht in Faktoren 1. Grades mit reellen Koeffizienten zerspalten läßt. Mit dem Regler-Frequenzgang (7.29) oder (7.30) kann man einen derartigen Faktor herauskürzen.

Zur Zeit sind PI- und PID-Regler die verbreitetsten Reglertypen. Am häufigsten wird der PI-Regler eingesetzt, bei höheren Anforderungen an die Dynamik und wenn die Störwelligkeit es zuläßt, der PID-Regler. Enthält $F_o(s)$ aber bereits ein I-Glied, z.B. durch das Verhalten der Stelleinrichtung oder durch den Übergang von einer Geschwindigkeit zum Weg, so wird man ohne besondere Gründe keinen PI-Regler oder PID-Regler verwenden. Dann lägen nämlich zwei I-Glieder in Reihe im offenen Kreis, was eine Anfangsphase der Ortskurve von -180° bedeutet. Durch die Nennerzeitkonstanten der Strecke wird eine weitere Phasenvordrehung erzeugt, wodurch die Ortskurve die im Bild 7/20 skizzierte Lage zum Punkt -1 der Ortskurvenebene annehmen wird (durchgezogene Kurve). Nach dem Nyquist-Kriterium ist der Regelkreis dann instabil. Zwar wird es möglich sein, ihn durch Einführung von Zählerzeitkonstanten zu stabilisieren, indem man etwa die gestrichelte Ortskurve in Bild 7/20 erzeugt, doch könnte es problematisch werden, die Forderungen III und IV in befriedigender Weise zu erfüllen.

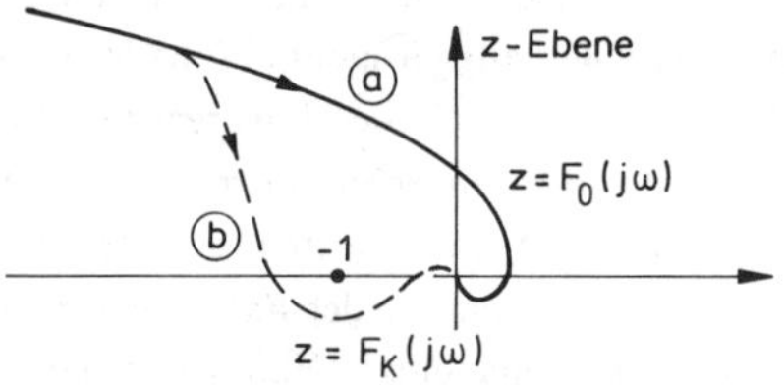

Bild 7/20. Ortskurve des offenen Kreises, wenn zwei in Reihe gelegene I-Glieder vorhanden sind
a) Regelkreis instabil
b) Regelkreis stabil

In einem derartigen Fall, wenn also der offene Kreis bereits ein I-Glied enthält, pflegt man einen *PD-Regler* einzusetzen, der in seiner idealen Form die Übertragungsfunktion

$$G_K(s) = K_R(1 + T_R s) \qquad (7.31)$$

hat, also durch die Parallelschaltung von P- und D-Glied dargestellt werden kann. Sein Effekt besteht darin, daß er eine Phasenrückdrehung bewirkt, die von 0° bei $\omega = 0$ auf 90° für $\omega = +\infty$ anwächst. Zusammen mit dem bereits vorhandenen I-Glied wirkt er wie ein PI-Regler. Auch hier wird man vielfach von dem durch (7.31) gegebenen *idealen PD-Regler* zum *realen PD-Regler* übergehen, indem man eine (möglichst klein gewählte) Nennerzeitkonstante einführt:

$$G_K(s) = K_R \frac{1 + T_R s}{1 + T_N s}, \quad T_N < T_R . \qquad (7.32)$$

Man wird den PD-Regler *nur* dann einsetzen, wenn der offene Kreis bereits ein I-Glied enthält, das die stationäre Genauigkeit sichert. Andernfalls müßte sie durch eine hohe Kreisverstärkung V erzeugt werden. Die Phasenrückdrehung des PD-Reglers wird aber im allgemeinen nicht ausreichen, um den Regelkreis bei großem V stabil zu machen, von genügender Dämpfung ganz zu schweigen.

In Tabelle 7/1 sind die im vorhergehenden beschriebenen Reglertypen zusammengestellt.

Es kann sein, daß man in komplizierten Fällen mit einem solchen Regler nicht auskommt. Dann kann es nützlich sein, *zwei solche Regler in Reihe* zu schalten, wofür Beispiele im folgenden Kapitel gebracht werden. Dies entspricht einer konsequenten Fortsetzung des Synthesegedankens, der zur Formel (7.19) führte. Wenn es wegen der Differentiationen auch zwecklos ist, das Korrekturglied in der Form (7.19) zu verwirklichen, so kann man doch versuchen, jede der durch den Faktor $1 + T_{R\nu} j\omega$ verursachten Differentiationen durch einen Nennerfaktor abzuschwächen und so verwendbar zu machen. Man gelangt so zu einem Regler vom Typ

$$G_K(j\omega) = \prod_\nu \frac{1 + T_{R\nu} j\omega}{1 + T_{N\nu} j\omega} \quad \text{mit } T_{N\nu} < T_{R\nu} . \qquad (7.33)$$

Man kann allerdings auch jetzt nicht beliebig viele Faktoren hintereinanderreihen, da auch mehrere abgeschwächte Differentiationen die Störwelligkeit schließlich zu sehr verstärken.

Abschließend sei bemerkt, daß es in Einzelfällen ausreichen kann, einen ganz einfachen Regler in Form eines *P-Reglers* bzw. *I-Reglers* zu verwenden, für den also

Tabelle 7/1. Die häufigsten Reglertypen

Benennung des Reglers	Frequenzgang $G_K(j\omega)$ Alle Parameter seien > 0
PI-Regler	$K_R \frac{1 + T_R j\omega}{j\omega}$
Modifizierter PI-Regler	$K_R \frac{1 + T_R j\omega}{1 + T_N j\omega}, \quad T_N >> T_R$
Idealer PID-Regler	$K_R \frac{(1+T_{R1} j\omega)(1+T_{R2} j\omega)}{j\omega}, \quad T_{R1} \geq T_{R2}$
Realer PID-Regler	$K_R \frac{(1+T_{R1} j\omega)(1+T_{R2} j\omega)}{j\omega(1+T_N j\omega)}, \quad T_{R1} \geq T_{R2}, T_N < T_{R2}$
Modifizierter PID-Regler	$K_R \frac{(1 + T_{R1} j\omega)(1 + T_{R2} j\omega)}{(1 + T_{N1} j\omega)(1 + T_{N2} j\omega)}, \quad T_{R1} \geq T_{R2}, T_{N1} >> T_{R1}, T_{N2} < T_{R2}$
Verallgemeinerter PID-R.	$K_R \frac{1 + 2d_Z T_Z j\omega + T_Z^2 (j\omega)^2}{1 + 2d_N T_N j\omega + T_N^2 (j\omega)^2}$
Idealer PD-Regler	$K_R (1 + T_R j\omega)$
Realer PD-Regler	$K_R \frac{1 + T_R j\omega}{1 + T_N j\omega}, \quad T_N < T_R$

$$G_K(s) = K_R \quad \text{bzw.} \quad G_K(s) = \frac{K_R}{s} \qquad (7.34)$$

gilt. Ersteres kann genügen, wenn man einen Regler in die innere Schleife einer Kaskadenregelung einfügt (Abschnitt 7.10). Mit letzterem kommt man aus, wenn die Regelung sehr langsam sein darf. Man sichert dann Stabilität und darüber hinaus genügende Dämpfung in trivialer Weise dadurch, daß man K_R und damit V außerordentlich klein macht.

Durch die bisherigen Untersuchungen wurde die Struktur der gängigen Regler verständlich gemacht. Es stellt sich die Frage, wie die Reglerparameter zweckmäßig zu wählen sind, um die Forderungen I bis IV an den Regelkreis möglichst gut zu erfüllen. Diese Frage ist erheblich schwieriger zu beantworten als die Frage nach der zweckmäßigen Reglerstruktur und hängt stark von der jeweiligen Strecke und Problemstellung ab. In komplizierteren Fällen muß man das vorgelegte Problem mit dem Frequenzkennlinien- oder Wurzelortsverfahren bearbeiten. Anleitungen hierzu findet man in Abschnitt 7.6 bzw. 7.7; Kapitel 8 bringt Anwendungsbeispiele. Bei einfacheren Regelkreisen kann man Einstellregeln für die Reglerparameter angeben. Die gängigsten werden in Abschnitt 7.8 behandelt. Im folgenden Abschnitt sollen einige allgemeine Bemerkungen zur Wahl der Reglerparameter gemacht werden, die aber lediglich als Grobrichtlinien anzusehen sind.

7.5 Faustregeln für die Wahl der Reglerparameter und Beispiele

Beginnen wir mit dem *PI-Regler*! Bei ihm sind die beiden Parameter T_R und K_R zu wählen. Ist der unkorrigierte Kreis durch

$$F_o(j\omega) = K_S \frac{(1+T_{Z1}j\omega)\dots}{(1+T_1j\omega)(1+T_2j\omega)\dots} \quad \text{mit } T_1 > T_2 > \dots$$

gegeben, wobei im Nenner kein quadratischer Faktor auftreten möge, so liegt es nahe, *T_R gleich der größten Streckenzeitkonstante* T_1 zu nehmen.[4] Dann ist

$$F_K(j\omega) = G_K(j\omega)\cdot F_o(j\omega) =$$

$$= K_R \frac{1+T_1j\omega}{j\omega}\cdot K_S \frac{(1+T_{Z1}j\omega)\dots}{(1+T_1j\omega)(1+T_2j\omega)\dots},$$

so daß die Streckenzeitkonstante T_1 durch die Zeitkonstante $T_R = T_1$ des Reglers kompensiert wird. Selbstverständlich bleibt die Zeitkonstante in der Strecke erhalten, da an der Strecke nichts geändert wird. Die Auswirkung der Zeitkonstante auf die Regelgröße aber wird beseitigt.

Je mehr T_1 die anderen Streckenzeitkonstanten überwiegt, um so treffender wird die Wahl $T_R = T_1$ sein. Falls aber $T_2, T_3, \dots$ annähernd ebensogroß sind wie T_1, ist $T_R = T_1$ zwar sicherlich noch vernünftig, aber es ist nicht anzunehmen, daß dies der günstigste Wert von T_R ist. Dann kann es besser sein,

$$T_R = T_\Sigma = \sum_\nu T_\nu \tag{7.35}$$

zu nehmen, wobei also T_Σ die Summe der Streckenzeitkonstanten ist. Für den Nenner von $F_o(j\omega)$ gilt nämlich

$$N_o(j\omega) = (1+T_1j\omega)(1+T_2j\omega)\dots(1+T_nj\omega) =$$

$$= 1 + (T_1+T_2+\dots+T_n)j\omega +$$

$$+ (T_1T_2+T_1T_3+\dots+T_{n-1}T_n)(j\omega)^2 + \dots +$$

$$+ T_1T_2\dots T_n(j\omega)^n .$$

Er kann daher in grober Näherung für nicht zu große ω durch

$$1 + (T_1+T_2+\dots+T_n)j\omega = 1 + T_\Sigma j\omega$$

approximiert werden.

Hat man sich für einen Wert von T_R entschieden, so bleibt noch die Wahl des zweiten Reglerparameters K_R. Wegen $V = K_RK_S$, also

$$K_R = \frac{V}{K_S}, \tag{7.36}$$

wobei K_S der *gegebene* Verstärkungsfaktor des unkorrigierten offenen Kreises ist, ist die Wahl von K_R gleichbedeutend mit der Wahl der Kreisverstärkung V. Da alle anderen Parameter des offenen Kreises festgelegt sind, bestimmt man V über das Stabilitätsverhalten des Regelkreises. Wie im Abschnitt 4.10 ausgeführt wurde, ist der Regelkreis für kleines V stabil, da der Punkt -1 dann links von der Ortskurve des offenen Kreises liegt. Wächst V, so wird die Ortskurve aufgeblasen. Bei einem bestimmten Wert V_G geht sie durch den Punkt -1. Er stellt die *Stabilitätsgrenze* dar, bei der gerade Instabilität eintritt. Für $V > V_G$ liegt der Punkt -1 rechts der Ortskurve, und der Regelkreis bleibt instabil.[5] Auf jeden Fall muß also K_R so gewählt werden, daß $V < V_G$ gilt.

Um aber über die bloße Stabilität hinaus ein genügend gedämpftes Verhalten des Regelkreises entsprechend Forderung III zu sichern, liegt es auf der Hand, daß er genügend weit von der Stabilitätsgrenze entfernt sein muß. Auf Grund der Erfahrung läßt sich ganz überschlägig sagen, daß V *erheblich unterhalb der Stabilitätsgrenze* V_G liegen muß. Als *Grobrichtlinie* für genügend gedämpf-

[4] Statt "Nennerzeitkonstanten von $F_o(s)$" wird kurz "Streckenzeitkonstanten" gesagt, da die ersteren in den meisten Fällen nur in der Strecke liegen (nicht in Stell- und Meßeinrichtung) und die Nennerzeitkonstanten der Strecke wie schon bisher kurz als "Streckenzeitkonstanten" bezeichnet werden.

[5] Das hier zugrunde gelegte Verhalten des offenen Kreises entspricht dem Normalfall und gilt unter den Voraussetzungen (4.27) über $F_o(s)$. Liegen aber beispielsweise Pole von $F_o(s)$ auf der j-Achse außerhalb $s = 0$ oder rechts von der j-Achse, so ist auch ein anderes Verhalten möglich (siehe Abschnitt 7.7).

tes, aber doch nicht zu langsames Verhalten kann man etwa den Wertebereich

$$V = 0{,}05\,V_G \quad \text{bis} \quad 0{,}1\,V_G \tag{7.37}$$

angeben.

Als *Anwendung* betrachten wir eine *3-Zeitkonstanten-Strecke* mit der Übertragungsfunktion

$$F_o(s) = \frac{K_S}{(1+T_1 s)(1+T_2 s)(1+T_3 s)}, \; T_1 > T_2 > T_3. \tag{7.38}$$

Verwenden wir einen PI-Regler mit $T_R = T_1$, so wird

$$F_K(s) = K_R \frac{1+T_R s}{s} \cdot \frac{K_S}{(1+T_1 s)(1+T_2 s)(1+T_3 s)},$$

$$F_K(s) = \frac{V}{s(1+T_2 s)(1+T_3 s)} \quad \text{mit} \quad V = K_R K_S$$

oder

$$F_K(s) = \frac{1}{a_0 s^3 + a_1 s^2 + a_2 s + a_3} \quad \text{mit}$$

$$a_0 = \frac{T_2 T_3}{V}, \; a_1 = \frac{T_2 + T_3}{V}, \; a_2 = \frac{1}{V}, \; a_3 = 0 .$$

Etwa mittels des Hurwitz-Kriteriums erhält man hieraus die Stabilitätsbedingung

$$V < \frac{1}{T_2} + \frac{1}{T_3} = V_G . \tag{7.39}$$

Also muß K_R so gewählt werden, daß

$$V << \frac{1}{T_2} + \frac{1}{T_3} = V_G \tag{7.40}$$

ist.

Bei der *Drehzahlregelung des Gleichstromantriebs* im Bild 4/7 ist der offene Kreis vom Typ (7.38). Dabei sei K_v = 1 gesetzt, da dieses P-Glied jetzt durch den PI-Regler ersetzt wird. Da T_1 = 0,53 sec die überwiegende Zeitkonstante ist, wird T_R = 0,53 sec eine gute Wahl für die Zählerzeitkonstante des Reglers sein. Dessen Übertragungsfunktion lautet somit

$$G_K(s) = K_R \frac{1+0{,}53s}{s} . \quad \text{Damit ist}$$

$$F_K(s) = G_K(s)\,F_o(s) =$$

$$= \frac{K_R}{s} \cdot 0{,}24 \cdot \frac{30}{1+0{,}005s} \cdot 0{,}242 \cdot \frac{1}{1+0{,}055s},$$

also

$$F_K(s) = \frac{V}{s(1+0{,}005s)(1+0{,}055s)}, \quad V = 1{,}74\,K_R .$$

Hier ist also

$$T_2 = 0{,}055 \text{ sec}, \quad T_3 = 0{,}005 \text{ sec} .$$

Nach (7.39) ist daher die Stabilitätsgrenze

$$V_G = \frac{1}{0{,}055} + \frac{1}{0{,}005} = 218{,}2 \text{ sec}^{-1} .$$ [6]

Entsprechend (7.37) wählen wir etwa

$$V = 10 \text{ sec}^{-1} \quad \text{und damit}$$

$$K_R = \frac{V}{K_S} = \frac{10}{1{,}74} = 5{,}75 \text{ sec}^{-1} .$$ [7]

Somit lautet der PI-Regler für die Drehzahlregelung im Bild 4/7

$$G_K(s) = 5{,}75 \frac{1+0{,}53s}{s} . \tag{7.41}$$

Der damit ausgerüstete Regelkreis ist im Bild 7/21 wiedergegeben.

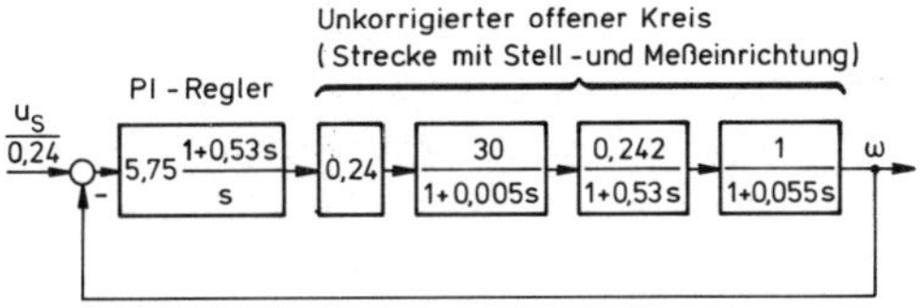

Bild 7/21. Drehzahlregelung mit PI-Regler (V = 10)

Durch die Einfügung des PI-Reglers wurde mit Sicherheit erreicht, daß der Regelkreis stabil und stationär absolut genau ist. Die Grundforderungen an einen Regelkreis sind also gewiß erfüllt. Die Frage ist, ob durch die vorgenommene Bemessung des Reglers auch die weitergehenden Forderungen III und IV nach einem hinreichend gedämpften, aber nicht zu langsamen Verhalten erfüllt werden. Qualitativ wurden sie berücksichtigt, insofern V erheblich kleiner als die Stabilitätsgrenze V_G gewählt wurde, um so ein hinreichend gedämpftes Verhalten zu erreichen, aber andererseits nicht so klein, daß man ein zu schleppendes Verhalten der Regelung befürchten muß. Um zu sehen, ob deses Ziel durch die eingestellte Kreisverstärkung V (bzw. den Verstär-

[6] Da $F_o(s)$ dimensionslos ist, folgt aus

$$F_o(s) = \frac{V}{s^q} \cdot \frac{1+\ldots}{1+\ldots} : \; [V] = [s^q] = [s]^q = \text{sec}^{-q} .$$

[7] Der PI-Regler hat als Eingangsgröße die Differenzspannung u_D, als Ausgangsgröße die Steuerspannung u_G des Stromrichters. Daher ist $[K_R] = [s] = \text{sec}^{-1}$.

kungsfaktor K_R des PI-Reglers) erreicht wurde und um eine etwa erforderliche Änderung dieses Paraneters gezielt vornehmen zu können, wird der Regelkreis aus Bild 7/21 auf einem Rechner nachgebildet. Bild 7/22 zeigt

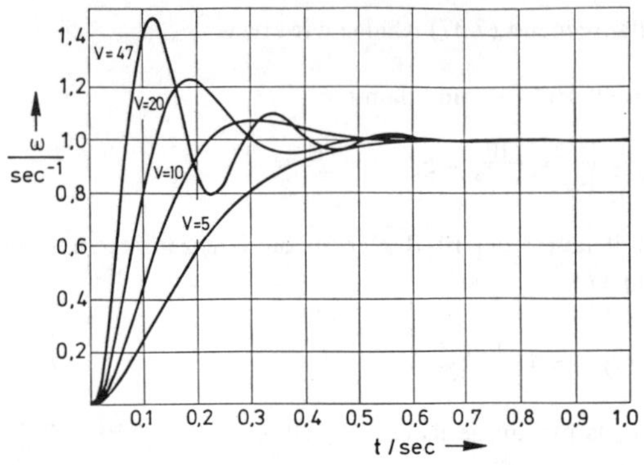

Bild 7/22. Sprungantwort zu Bild 7/21 in Abhängigkeit von der Kreisverstärkung V

die so erhaltene Führungssprungantwort, also den Verlauf der Regelgröße ω bei Aufschaltung von $w = \sigma(t)$, und zwar in Abhängigkeit von V. Wie wir schon durch die Betrachtung der Ortskurve des offenen Kreises festgestellt hatten, ist der Regelkreis in der Tat um so weniger gedämpft, je größer V ist. Die Ortskurve kommt dann eben dem kritischen Punkt $z = -1$ näher. Der beim obigen Entwurf eingestellte Wert $V = 10$ sichert ein gutes Verhalten der Regelung. Es tritt nur *eine* Überschwingung über den Endwert auf. Sie liegt unter 10 % des Endwertes und ist damit bei den meisten Problemstellungen durchaus zulässig. Nach etwa 0,4 sec tritt $\omega(t)$ endgültig in den 5 %-Streifen um den Endwert ein. Wenn man berücksichtigt, daß die Summe der Streckenzeitkonstanten etwa bei 0,6 sec liegt und ein Verzögerungsglied 1. Ordnung mit einer solchen Zeitkonstante 1,8 sec bis zum Eintritt in den 5 %-Streifen um den Endwert benötigt (Bild 2/33), so hat der Regelkreis ein annehmbares Zeitverhalten. Insgesamt darf man sagen, daß er hinreichend gedämpft, dabei aber nicht zu langsam ist, die Forderungen III und IV also erfüllt sind. Hätte man V zunächst zu hoch gewählt, so wäre die Abänderung auf Grund der Rechnersimulation kein Problem.

Nunmehr wollen wir zur *Parameterwahl beim PID-Regler* übergehen, wobei der reale PID-Regler mit der Übertragungsfunktion

$$G_K(s) = K_R \frac{(1+T_{R1}s)(1+T_{R2}s)}{s(1+T_N s)}, \quad T_{R1} \geq T_{R2} > T_N,$$

zugrunde gelegt sei. Hier kann man einen ganz entsprechenden Vorschlag wie beim PI-Regler machen:

- T_{R1} gleich der größten Streckenzeitkonstante.
- T_{R2} gleich der zweitgrößten Streckenzeitkonstante.
- T_N möglichst klein gegenüber T_{R2}, nach Maßgabe der Störwelligkeit. Vielfach wird man etwa mit einem Verhältnis $T_{R2}:T_N$ von 10 bis 50 arbeiten können, wodurch die Verhältnisse gegenüber dem idealen PID-Regler nicht wesentlich verschlechtert werden. Ist die Strecke jedoch so gestört, daß man T_N nur wenig kleiner als T_{R2} wählen darf, so muß man beim PI-Regler bleiben, da der zusätzliche Effekt des PID-Reglers zu unbedeutend ist.
- K_R so, daß $V << V_G$.

Um die stärkere Wirkung des PID-Reglers gegenüber dem PI-Regler am konkreten Fall zu sehen, betrachten wir die *Anwendung des idealen PID-Reglers auf eine 3-Zeitkonstanten-Strecke* nach (7.38). Wählt man dabei

$T_{R1} = T_1$ und $T_{R2} = T_2$, so wird

$$F_K(s) = G_K(s)\, F_o(s) = \frac{V}{s(1+T_3 s)}, \; V = K_R K_S. \qquad (7.42)$$

Das Führungsverhalten hat daher die Übertragungsfunktion

$$F_w(s) = \frac{F_K(s)}{1+F_K(s)} = \frac{1}{1+\frac{1}{V}s+\frac{T_3}{V}s^2}. \qquad (7.43)$$

Es wird somit durch ein P-T_2-Glied mit

$$d = \frac{1}{2\sqrt{VT_3}} \qquad (7.44)$$

und der Zeitkonstante

$$T = \sqrt{\frac{T_3}{V}} \qquad (7.45)$$

beschrieben. Als P-T_2-Glied ist der Regelkreis für beliebige positive Parameterwerte und damit für beliebig hohe V-Werte stabil. Daher ist $V_G = +\infty$, ein Ausnahmefall, der durch die niedrige Ordnung der Strecke bedingt ist. Die Vorschrift $V << V_G$ führt hier zu nichts.

Man kann aber wegen der Einfachheit des Systems in anderer Weise vorgehen. Man gibt eine bestimmte Überschwingweite x_{max}/x_∞ vor und liest aus der Tafel der Sprungantworten des P-T_2-Gliedes im Bild 6/12 den Wert ab, den die Dämpfung d dann mindestens haben muß. Soll beispielsweise die Überschwingweite höchstens 5 % betragen, so muß d mindestens den Wert 0,7 haben. Mittels (7.44) erhält man den zu d gehörigen Wert von V:

$$V = \frac{1}{4\,d^2 T_3}\,. \tag{7.46}$$

Für die Drehzahlregelung aus Bild 4/7 wird so mit $d^2 = \frac{1}{2}$, also $d = \frac{1}{2}\sqrt{2} \approx 0{,}707$, welchen Wert man üblicherweise verwendet:

$$V = \frac{1}{4\cdot 0{,}5\cdot 0{,}005} = 100\ \text{sec}^{-1}\,, \quad \text{also}$$

$$K_R = \frac{V}{K_S} = \frac{100}{1{,}74} = 57{,}5\ \text{sec}^{-1}\,.$$

Damit wird

$$G_K(s) = 57{,}5\,\frac{(1+0{,}53s)(1+0{,}055s)}{s}\,.$$

Bild 7/23 zeigt die Führungssprungantwort der so entworfenen Regelung im Vergleich mit der PI-Regelung, die den Regler (7.41) benutzt. Klar tritt hervor, daß der PID-Regler bei etwa gleicher Dämpfung, gekennzeichnet durch die Überschwingweite der Sprungantwort, ein erheblich schnelleres Verhalten erzeugt als der PI-Regler. Entsprechend könnte man den PID-Regler so bemessen, daß er bei etwa gleicher Schnelligkeit eine bessere Dämpfung der Regelung erzielt als der PI-Regler, z.B. einen monotonen ("aperiodischen") Verlauf der Sprungantwort.

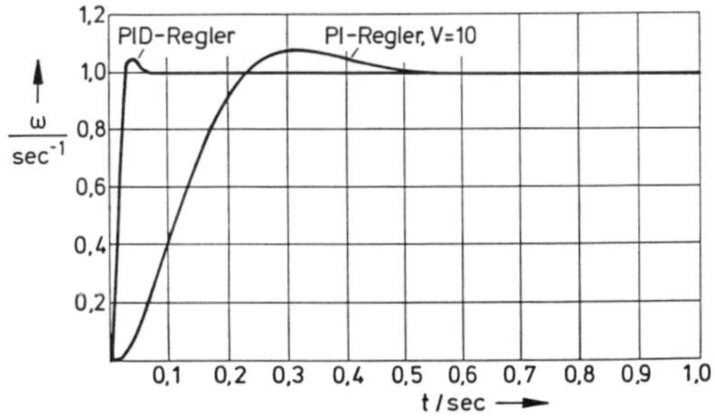

Bild 7/23. Sprungantworten des Regelkreises aus Bild 4/7 bei Verwendung eines PI- und PID-Reglers

Auf die Parameterwahl beim PD-Regler brauchen wir nicht mehr gesondert einzugehen. Sie erfolgt völlig entsprechend wie beim PI- und PID-Regler.

Die im vorhergehenden gebrachten Faustregeln zur Wahl der Reglerparameter sind zweifellos nützlich, um erste Anhaltspunkte zu gewinnen. Aber sie reichen im allgemeinen nicht aus. Dazu lassen sie zu viele Fragen offen oder beantworten sie zu unbestimmt. Um nur einige Punkte zu nennen:

- Der Vorschlag, $V << V_G$ zu wählen, ist nicht nur recht vage, sondern erfordert auch die Berechnung der Stabilitätsgrenze V_G. Das ist für größere Systeme zu mühsam.
- Was macht man, wenn die Strecke ein konjugiert komplexes Polpaar, $F_o(s)$ also einen quadratischen Nennerfaktor mit $d < 1$, enthält?
- Was ist zu tun, wenn Streckenpole auf oder rechts der j-Achse liegen (außer $s = 0$)?
- Wie kann man bei Auftreten von Totzeit stabilisieren?

Um diese und andere Fragen beantworten zu können, muß man zu leistungsfähigeren Hilfsmitteln übergehen, als sie die Faustformeln für die Parameterwahl darstellen. Solche Hilfsmittel zum Reglerentwurf werden in den folgenden Abschnitten gebracht.

7.6 Anwendung des Frequenzkennlinienverfahrens

Geht man vom Nyquist-Kriterium in Frequenzkennliniendarstellung aus, wie es im Abschnitt 5.6 formuliert wurde, so gibt es grundsätzlich drei Möglichkeiten der Stabilisierung:

a) *Senken der Betragskennlinie (Bild 7/24)*

Hierdurch wird die Durchtrittsfrequenz nach links verlegt, also in den Bereich höherer Phasenlage, und damit Stabilität und genügende Phasenreserve erzeugt. Nur muß man darauf achten, daß die Durchtrittsfrequenz nicht zu weit nach links gerät, damit das System nicht zu langsam wird.

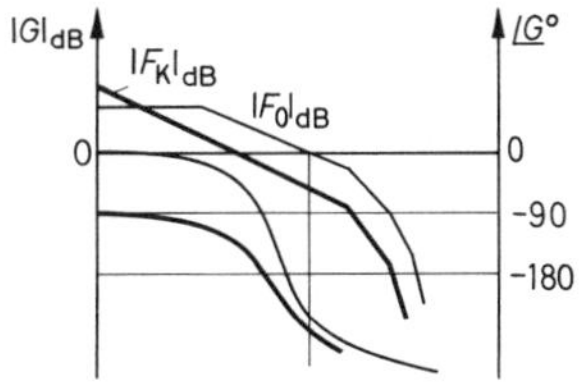

Bild 7/24. Stabilisierung durch Senken der Betragskennlinie

b) *Anheben der Phasenkennlinie (Bild 7/25)*

Dadurch erhält man bei annähernd fester Durchtrittsfrequenz eine Anhebung der Phase und damit Stabilität und Phasenreserve.

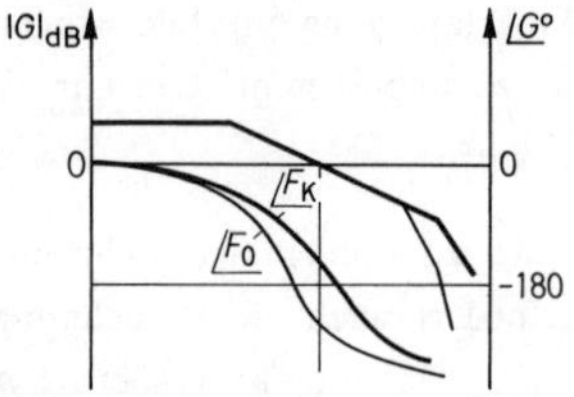

Bild 7/25. Stabilisierung durch Anheben der Phasenkennlinie

c) *Vereinigung beider Maßnahmen: Senken der Betragskennlinie und Heben der Phasenkennlinie in zwei verschiedenen ω-Bereichen*

Der Effekt a) wird durch den PI-Regler bewirkt, der Effekt b) durch den PD-Regler und der kombinierte Effekt c) durch den PID-Regler. Dies ist sofort einzusehen, wenn man sich die Frequenzkennlinien dieser Regler in den Bildern 7/26, 7/27 und 7/28 betrachtet und berücksichtigt, daß sie zu den Frequenzkennlinien in $F_o(j\omega)$ addiert werden.[8]

Um zu sehen, wie das *Frequenzkennlinienverfahren angewandt* wird, betrachten wir den *Regelkreis im Bild 7/29,* bei dem also ein PI-Regler eingesetzt werden soll. Hier ist

$$F_o(s) = \frac{2}{(1+2s)(1+s)e^s} =$$

$$= \frac{2}{(1+2s)(1+s)(1+\frac{s}{1!}+\frac{s^2}{2!}+\ldots)}$$

$$= \frac{2}{1+4s+\frac{11}{2}s^2+\ldots} \,.$$

Setzt man ganz überschlägig

$$F_o(s) \approx \frac{2}{1+4s} \,,$$

so liegt es nahe, $T_R = 4$ zu wählen. Dann wird

$$F_K(s) = G_K(s)\cdot F_o(s) = V\,\frac{1+4s}{s}\cdot\frac{e^{-s}}{(1+2s)(1+s)} \qquad (7.47)$$

mit $V = 2K_R$.

[8] Die Phasenwerte des PI-Reglers kann man unmittelbar auf der Skala B des Phasenlineals ablesen, da $\left[\frac{Ts}{1+Ts}\right]^{-1} = \frac{1+Ts}{Ts}$ ist.

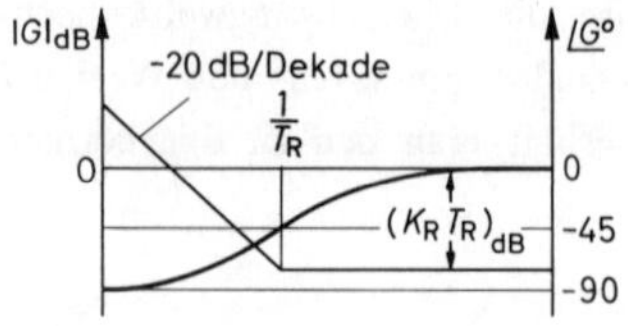

Bild 7/26. Frequenzkennlinien des PI-Reglers

$$G_K = K_R\,\frac{1+T_R s}{s}$$

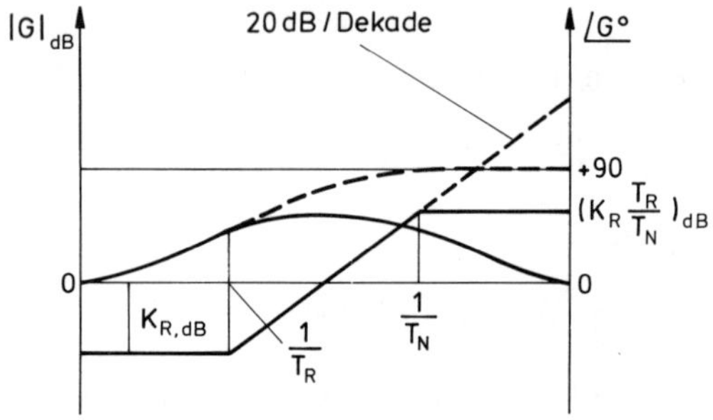

Bild 7/27. Frequenzkennlinien des PD-Reglers

$$G_K = K_R\,\frac{1+T_R s}{1+T_N s}$$

——— Realer PD-Regler

- - - - - Idealer PD-Regler ($T_N = 0$)

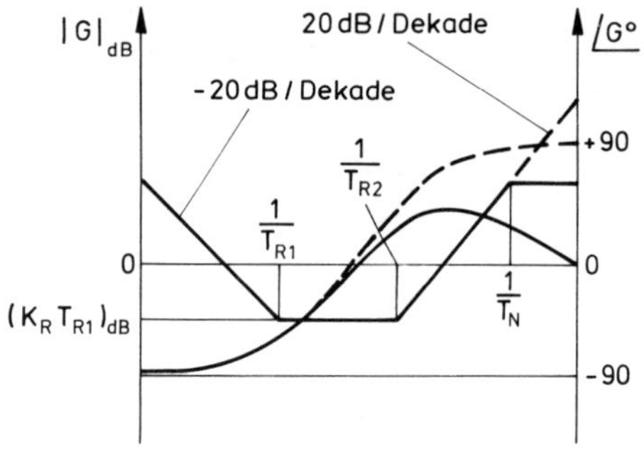

Bild 7/28. Frequenzkennlinien des PID-Reglers

$$G_K = K_R\,\frac{(1+T_{R1}s)(1+T_{R2}s)}{s(1+T_N s)}$$

——— Realer PID-Regler

- - - - - Idealer PID-Regler ($T_N = 0$)

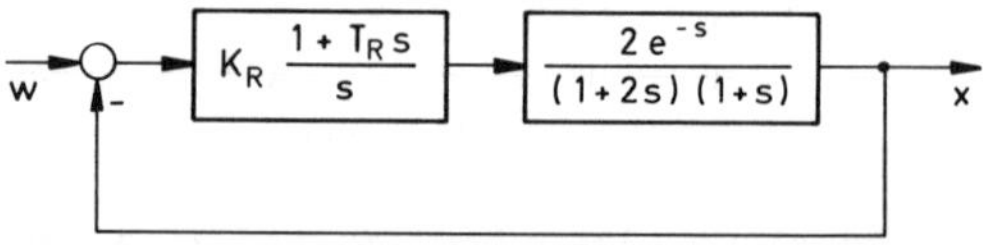

Bild 7/29. Beispiel zur Anwendung des Frequenzkennlinienverfahrens

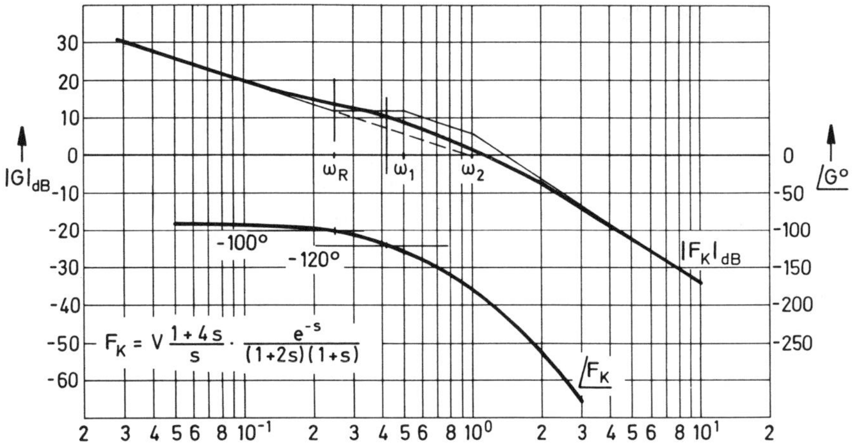

Bild 7/30. Frequenzkennlinien zum Regelkreis im Bild 7/29 für T_R = 4 sec

Die zugehörigen Frequenzkennlinien zeigt das Bild 7/30. Die Knickfrequenzen sind

$$\omega_R = \frac{1}{T_R} = 0{,}25\,\text{sec}^{-1}\ ,$$

$$\omega_1 = 0{,}5\ \text{sec}^{-1}\ ,$$

$$\omega_2 = 1\ \ \text{sec}^{-1}\ ,$$

während die reziproke Totzeit

$$\omega_S = \frac{1}{T_t} = 1\ \text{sec}^{-1}$$

ist. Die Kreisverstärkung V ist zunächst zu 1 angenommen, so daß die zum I-Anteil gehörende, mit 20 dB / Dekade fallende Betragskennlinie die 0-dB-Linie in $\omega = 1$ trifft (gestrichelt).

Um nun V und damit K_R zu bestimmen, geben wir eine gewünschte Phasenreserve φ_R vor und lesen aus der Frequenzkennliniendarstellung ab, für welchen ω-Wert

$$\angle F_K = -180^\circ + \varphi_R$$

ist. Dieser ω-Wert liefert die Durchtrittsfrequenz ω_D, die aus der vorgegebenen Phasenreserve folgt. Bild 7/31 zeigt dies in allgemeiner Form. Man verschiebt nun die 0-dB-Linie so, daß sie $|F_K|_{dB}$ an dieser Stelle ω_D schneidet. Damit hat man eine neue 0-dB-Linie, auf die sich die folgende Betrachtung bezieht. Das mit 20 dB/Dekade fallende Anfangsstück von $|F_K|_{dB}$ betrachtet man nun an der Stelle $\omega = 1$, eventuell nach entsprechender Verlängerung. Es hat dort die Höhe

$$\left|\frac{V}{j\omega}\right|_{dB} = V_{dB}\ .$$

Damit hat man den Wert der Kreisverstärkung V, der zur gewünschten Phasenreserve φ_R gehört.

Gibt man im vorliegenden Fall etwa $\varphi_R = 60^\circ$ vor, so muß im Bild 7/30 für $\angle F_K = -120^\circ$ die Durchtrittsfrequenz ω_D vorliegen. Dies führt auf $\omega_D = 0{,}42\ \text{sec}^{-1}$. An dieser Stelle ist $|F_K|_{dB} = 10{,}5$. So hoch muß also die neue 0-dB-Linie über der bisherigen liegen. Das mit 20 dB/Dekade fallende Anfangsstück von $|F_K|_{dB}$ hat bezüglich der neuen 0-dB-Linie bei $\omega = 1$ den Wert $-10{,}5$. Daher ist $V_{dB} = -10{,}5$ und damit $V = 0{,}29\ \text{sec}^{-1}$. Also ist

$$K_R = V/2 = 0{,}15\ \text{sec}^{-1}\ .$$

Entsprechend erhält man für $\varphi_R = 80^\circ$ den Wert $\omega_D = 0{,}25\ \text{sec}^{-1}$. Dort ist $|F_K|_{dB} = 14$, woraus $V_{dB} = -14$ bzw. $V = 0{,}2\ \text{sec}^{-1}$ folgt.

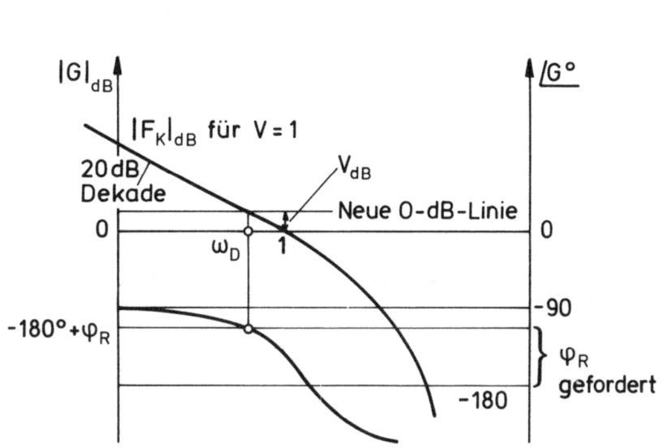

Bild 7/31. Bestimmung der Kreisverstärkung V bei gewünschter Phasenreserve φ_R

Im Bild 7/32 sieht man Führungssprungantworten der Totzeitregelung aus Bild 7/29, wenn dort $T_R = 4$ sec gesetzt ist und V variiert wird.

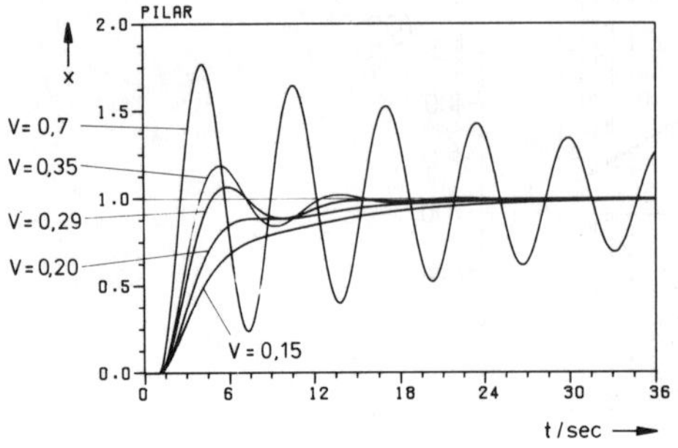

Bild 7/32. Führungssprungantwort des Regelkreises aus Bild 7/29 für $T_R = 4$ sec und variables V

Als *weiteres Beispiel* werde eine *Füllstandsregelung* mit pneumatischen Meß-, Regel- und Stellelementen betrachtet.[9] Bild 7/33a zeigt die grundsätzliche Anordnung. Wird der Füllstand h konstant gehalten, so kann die Flüssigkeitsentnahme als proportional zum Ventildrehwinkel φ angesehen werden. Für die Regelung ist φ die Störgröße, während h_S die Führungsgröße darstellt. Stellt man das Strukturbild dieser Regelung auf und linearisiert es um einen Arbeitspunkt, so erhält man Bild 7/33b. Es ergibt sich

$$F_o(s) = \frac{4,57}{(1+0,47s)^2\,(1+s)\,(1+175,4s)} .$$

Im Bild 7/34 sieht man die Frequenzkennlinien $|F_o|_{dB}$ und $\angle F_o$. Die Betragskennlinie verläuft links von

$$\omega_1 = \frac{1}{175,4} = 0,0057 \text{ sec}^{-1}$$

im Abstand 4,57 = 13,2 dB parallel zur 0-dB-Linie. Sie fällt zwischen ω_1 und $\omega_2 = 1 \text{ sec}^{-1}$ mit 20 dB / Dekade, zwischen ω_2 und $\omega_3 = \frac{1}{0,47} = 2,128 \text{ sec}^{-1}$ mit 40 dB/Dekade und jenseits von ω_3 mit 80 dB/Dekade. Die Phasenkennlinie beginnt bei 0° und endet bei -360°.

Zur Regelung werde ein PID-Regler eingesetzt, der in Gestalt eines Kreuzbalgreglers realisiert ist:

[9] Aufbau, Strukturbild und Daten sind einem Laborversuch des Instituts für Regelungs- und Steuerungssysteme der Universität Karlsruhe entnommen.

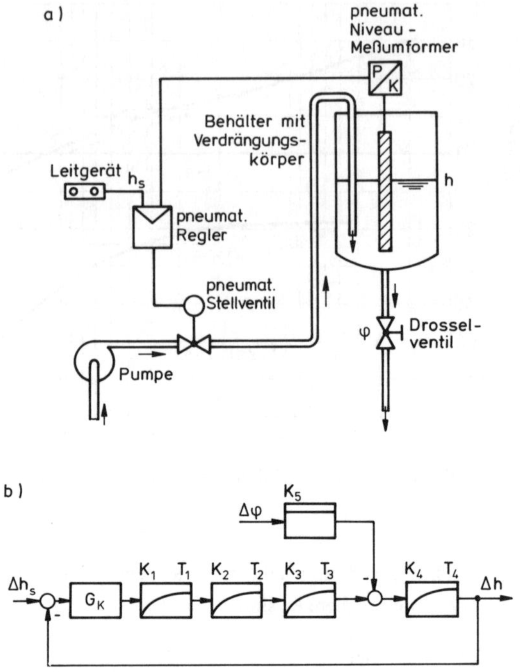

K_1 = 21,65 dm²/min, T_1 = 0,47 sec,
K_2 = 1, T_2 = 0,47 sec,
K_3 = 0,48, T_3 = 1 sec,
K_4 = 0,44 min/dm, T_4 = 175,4 sec,
K_5 = 99,28 l/min.

Bild 7/33. Füllstandsregelung

$$G_K(s) = K_R \, \frac{(1+T_{R1}s)\,(1+T_{R2}s)}{s} .$$

Die durch den D-Anteil erzeugte Störwelligkeit wird durch den Tiefpaßcharakter der nachfolgenden Stelleinrichtung unterdrückt. Es liegt nahe,

$$T_{R1} = 175,4 \text{ sec} , \quad T_{R2} = 1 \text{ sec}$$

zu wählen. Dann wird

$$F_K(s) = G_K(s)\,F_o(s) = \frac{V}{s\,(1+0,47s)^2}$$

mit $V = 4,57\,K_R$. Wir setzen zunächst V = 1 und zeichnen die Frequenzkennlinien $|F_K|_{dB}$ und $\angle F_K$ (Bild 7/34).

Es bleibt die *Kreisverstärkung* V zu dimensionieren, was wiederum durch *Vorgabe einer gewünschten Phasenreserve* geschehen soll. Für $\varphi_R = 20^\circ$ liest man am Schnittpunkt der Phasenkennlinie von F_K mit der -160°-Linie die Durchtrittsfrequenz $\omega_D = 1,46 \text{ sec}^{-1}$ ab. An dieser

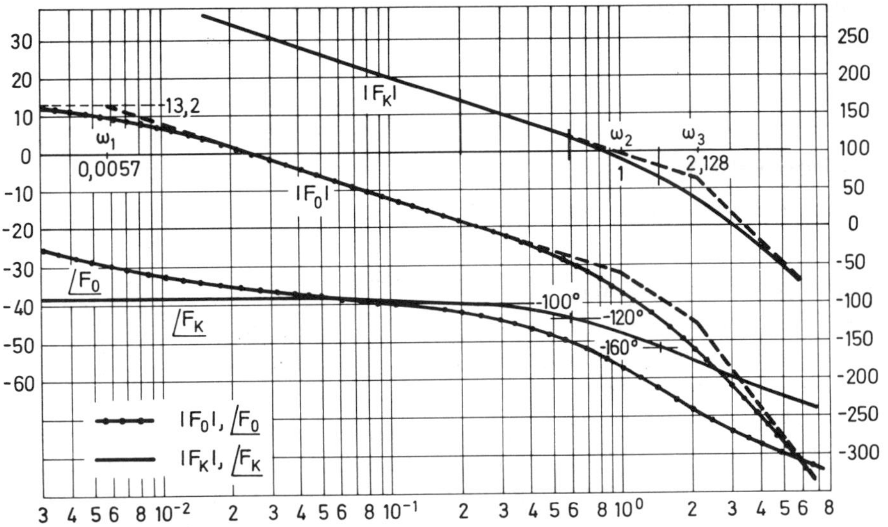

Bild 7/34. Frequenzkennlinien zur Füllstandsregelung von Bild 7/33

Stelle hat F_K den Betrag -7 dB. Soll ω_D in der Tat Durchtrittsfrequenz sein, so muß die Betragskennlinie um 7 dB angehoben werden, was einer Kreisverstärkung $V_{dB} = 7$ bzw. $V = 2{,}24\ sec^{-1}$ entspricht.

Entsprechend erhält man für $\varphi_R = 60^\circ$ $\omega_D = 0{,}58$ und damit $V_{dB} = -3{,}8$ bzw. $V = 0{,}64\ sec^{-1}$ sowie für $\varphi_R = 80^\circ$ $\omega_D = 0{,}2$ und damit $V_{dB} = -13{,}8$ bzw. $V = 0{,}2\ sec^{-1}$.

Im Bild 7/35 sieht man die mit diesen Reglereinstellungen erzielten Verläufe der *Sprungantwort der realen Anlage.* Als Eingangsgröße wurde ein Sprung der Sollhöhe $\Delta h_S = 5$ cm aufgeschaltet. Während die Regelung mit 20° Phasenreserve noch recht stark überschwingt und etwa 12 sec benötigt, um auf den stationären Wert einzuschwingen, braucht die Regelung mit 60° Phasenreserve nur noch etwa 8 sec und ist erheblich besser gedämpft.

Bei 80° Phasenreserve verläuft der Einschwingvorgang aperiodisch und braucht bis zum Erreichen des stationären Wertes etwa 30 sec. Um *gutes Führungsverhalten* zu erzielen, wird man daher den *PID-Regler mit 60° Phasenreserve* einsetzen. Der im Kleinen unregelmäßige Verlauf der Übergangsvorgänge von Bild 7/35 wird durch Nichtlinearitäten und Störungen in der realen Anlage verursacht.

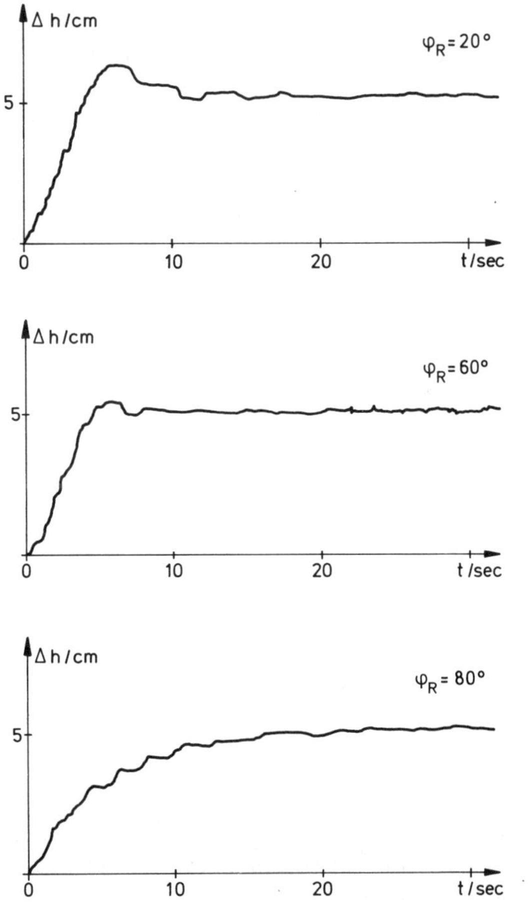

Bild 7/35. Führungssprungantwort der realen Anlage nach Bild 7/33

Die Beispiele von Kapitel 8 werden zeigen, daß das Frequenzkennlinienverfahren auch bei umfangreichen industriellen Systemen verwendbar ist und durch seine Flexibilität die Bearbeitung sehr verschiedenartiger Fragestellungen erlaubt.

7.7 Anwendung des Wurzelortsverfahrens

Das Wurzelortsverfahren ist in zweifacher Hinsicht zur Synthese geeignet:

(I) Man kann sich mit ihm in ganz anschaulicher Weise und ohne größere Rechnungen einen Einblick verschaffen, welche *grundsätzlichen Synthesemöglichkeiten* bei einer gegebenen Strecke überhaupt bestehen. Darin ist es allen anderen Entwurfsverfahren überlegen. Hierzu genügt es gewöhnlich, die Abschnitte der Wurzelortskurve auf der reellen Achse und ihre Asymptoten zu skizzieren.

(II) Man kann mit ihm *quantitative Anforderungen* an den Regelkreis erfüllen, sofern diese in Form von Ungleichungen für gewisse Systemdaten gegeben sind (siehe Abschnitt 7.2). Allerdings ist dazu vorauszusetzen, daß sich der Regelkreis durch ein dominantes konjugiert komplexes Polpaar (oder eine entsprechend einfache dominante Pol-Nullstellen-Konfiguration) beschreiben läßt.

Wir befassen uns zunächst mit der Möglichkeit (I). Bisher hatten wir den offenen Kreis häufig dadurch korrigiert, daß ein Regler eingeführt wurde, dessen Zählerzeitkonstanten die größten Nennerzeitkonstanten der Strecke wegkürzen. Was bedeutet dies im Lichte des Wurzelortsverfahrens? Da die Zählerzeitkonstanten den Nullstellen, die Nennerzeitkonstanten den Polen entsprechen, läuft diese Korrektur darauf hinaus, auf die am weitesten rechts gelegenen Streckenpole Nullstellen des Reglers zu legen und ihre Wirkung so aufzuheben. Betrachten wir beispielsweise die Strecke

$$F_o(s) = \frac{K_S}{(1+T_1 s)(1+T_2 s)(1+T_3 s)} =$$

$$= \frac{K_S}{T_1 T_2 T_3} \frac{1}{(s-p_1)(s-p_2)(s-p_3)},$$

wobei also

$$p_\nu = -\frac{1}{T_\nu}, \quad \nu = 1,2,3,$$

gilt. Dabei sei $T_1 > T_2 > T_3$, so daß also der Pol p_1 am weitesten rechts auf der reellen Achse der s-Ebene liegt. Hierzu werde der ideale PID-Regler

$$G_K(s) = K_R \frac{(1+T_{R1}s)(1+T_{R2}s)}{s}$$

$$= K_R T_{R1} T_{R2} \frac{(s-n_{R1})(s-n_{R2})}{s}$$

gewählt, wobei jetzt

$$n_{R1} = -\frac{1}{T_{R1}}, \quad n_{R2} = -\frac{1}{T_{R2}}$$

ist. Nimmt man $T_{R1} = T_1$, $T_{R2} = T_2$, so ist $n_{R1} = p_1$ und $n_{R2} = p_2$, so daß die beiden Streckenpole p_1 und p_2 durch die Reglernullstellen n_{R1} und n_{R2} aufgehoben werden. Bild 7/36 zeigt die so bewirkte Änderung der Wurzelortskurve: Der kritische Ast der Wurzelortskurve wird nach links verlegt und zurückgebogen, so daß das Polpaar des geschlossenen Kreises auf jeden Fall in der linken Halbebene liegt. Geht man zum realen PID-Regler über, führt also einen weit links gelegenen Pol $-1/T_N$ ein, so wird dadurch der vertikale Wurzelortsast zwar wieder nach rechts gekrümmt, jedoch so schwach, daß das zu den in Frage kommenden k-Werten gehörige dominante Polpaar noch weit links der j-Achse liegt.

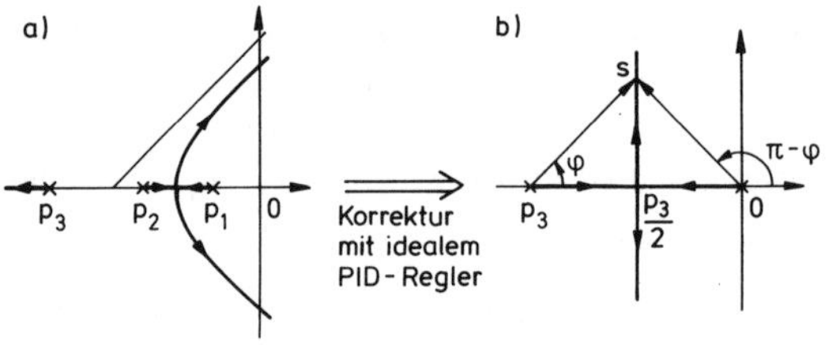

Bild 7/36. Dynamische Korrektur durch Wegheben von Streckenpolen mittels

$$G_K = k_R \frac{(s-p_1)(s-p_2)}{s}$$

Interessanter als das Wegheben von Streckenpolen ist die Einführung von Reglernullstellen mit anderer Zielsetzung. Gerade dies läßt sich an der Wurzelortskurve sehr schön überblicken. Als Beispiel nehmen wir wieder die Strecke im Bild 7/36a, wobei aber jetzt $p_1 = 0$ sein möge. Darauf werde der ideale PD-Regler

$$G_K(s) = k_R(s-n_R)$$

angewandt. Die kleine Nennerzeitkonstante, also der ferne Pol, durch den er sich vom realen PD-Regler unterscheidet, kann für eine grundsätzliche Betrachtung unberücksichtigt bleiben. Legt man n_R zwischen p_1 und p_2, so erhält man die Wurzelortskurve im Bild 7/37a. Da jetzt nur noch $n-m = 2$ ist, gibt es nur eine Asymptote der Wurzelortskurve. Die steht senkrecht auf der reellen Achse. Damit liegt der grundsätzliche Verlauf

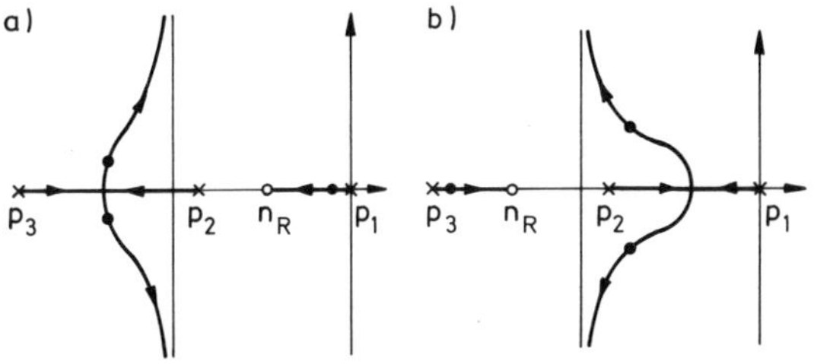

Bild 7/37. Dynamische Korrektur ohne Wegheben von Streckenpolen
a) Dominanter reeller Pol des geschlossenen Kreises
b) Dominantes konjugiert komplexes Polpaar des geschlossenen Kreises

der Wurzelortskurve bereits fest.[10] Die kleinen Vollkreise auf der Wurzelortskurve halten eine mögliche Lage der Pole des geschlossenen Kreises für mittlere k-Werte fest. Man sieht, daß hier ein *dominanter reeller Pol* auftritt, wie er erwünscht ist, wenn man eine monotone (aperiodische) Sprungantwort benötigt.

Legt man die Reglernullstelle n_R zwischen p_2 und p_3, so wird sich ein Wurzelortsverlauf nach Bild 7/37b ergeben: Das nicht mit der reellen Achse zusammenfallende Wurzelortsstück muß jetzt zwischen p_1 und p_2 beginnen, da die in p_1 und p_2 startenden Pole des geschlossenen Kreises sonst nicht zur Nullstelle ∞ gelangen können. Im Unterschied zur Konfiguration im Bild 7/37a stellt sich hier ein dominantes konjugiert komplexes Polpaar ein. Rückt n_R weiter nach rechts, so kann die Wurzelortskurve ihre Gestalt ändern, an der Dominanz eines konjugiert komplexen Polpaars ändert sich dadurch jedoch nichts.

Eine Stabilisierung, die nicht auf dem Wegheben von Streckenpolen beruht, ist insbesondere dann erforderlich, wenn die *Strecke selbst instabil* ist. Liegt nämlich ein Streckenpol auf oder rechts der j-Achse, so kann man ihn im realen System nicht durch eine Reglernullstelle kompensieren. Das hat folgenden Grund. Da man die Strecke nie absolut genau kennt, ihr Verhalten auch Schwankungen unterliegen kann, wird es nicht gelingen, eine Reglernullstelle n_R *genau* auf einen Streckenpol p zu legen. Dadurch entsteht gemäß Bild 7/38 ein Wurzelortsstück und damit ein Pol α des geschlossenen Kreises rechts der j-Achse.

[10] Diese Wurzelortsskizzen sind nicht maßstäblich richtig, sondern sollen nur den grundsätzlichen Verlauf zeigen. So wird etwa p_3 normalerweise weiter links liegen.

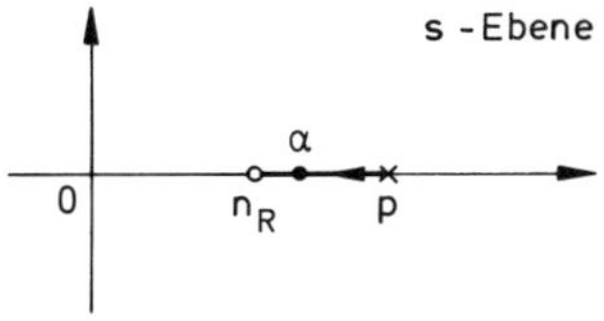

Bild 7/38. Streckenpol und Reglernullstelle rechts der j-Achse

Zu ihm gehört der Zeitvorgang $r e^{\alpha t}$, wobei r durch (6.59) gegeben ist. Da n_R und α dicht beisammen liegen, ist ein Zählerfaktor in r und damit r selbst betragsmäßig klein. Weil aber α rechts der j-Achse gelegen ist, klingt die e-Funktion auf und macht sich über kurz oder lang bemerkbar: Der Regelkreis ist instabil. Bei einem *auf* der j-Achse gelegenen Streckenpol ist ein solches Verhalten ebenfalls zu befürchten, da er bei der nie ganz exakten Kenntnis eines realen Systems doch rechts der j-Achse gelegen sein kann. Man hat somit die *Regel:*

Ein auf oder rechts der j-Achse gelegener Streckenpol darf nicht durch eine Reglernullstelle kompensiert werden. (7.48)

Auch wenn ein Streckenpol links der j-Achse liegt, kann er nie *genau* kompensiert werden. Nur klingt dann die zugehörige e-Funktion $r e^{\alpha t}$ ab. Ist $|r|$ klein, so taucht sie nie aus der in jedem realen System vorhandenen Störwelligkeit auf und macht sich deshalb nicht bemerkbar. D.h.: Der Streckenpol wird durch eine nahegelegene Reglernullstelle praktisch kompensiert.

Wie kann man nun vorgehen, um eine *Strecke mit rechts der j-Achse gelegenem Pol zu stabilisieren*? Bild 7/39, oben, zeigt eine solche Situation. Man wählt hier als Regler

$$G_K(s) = k_R \frac{(s-p_2)^2}{s} ,$$

also einen idealen PID-Regler. Dadurch wird der links von der j-Achse gelegene Pol p_2 kompensiert. Entscheidend ist aber, daß durch das zweimalige Auftreten des Faktors $s-p_2$ an seiner Stelle überdies eine Nullstelle des korrigierten offenen Kreises geschaffen wird. Die resultierende Wurzelortskurve ist daher von dem in Bild 7/39, unten, skizzierten Typ. Wählt man k bzw. V genügend groß, so liegen die Pole des geschlossenen Kreises links der j-Achse, so daß der geschlossene Kreis stabil ist, obgleich die Strecke Instabilität zeigt.

Als weiteres Beispiel wollen wir die *Regelung eines ungedämpften Schwingers* betrachten. Hier ist

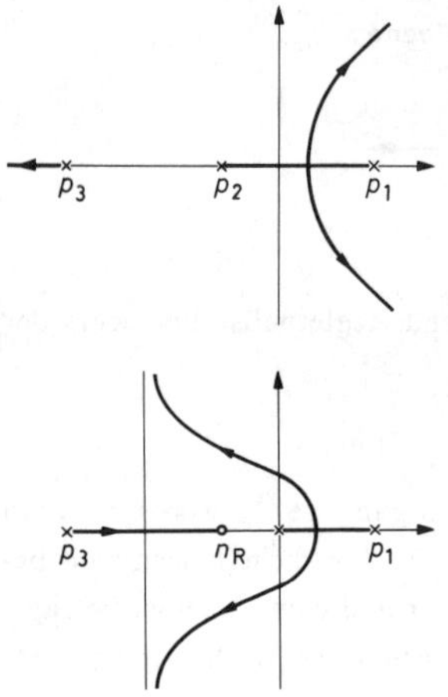

Bild 7/39. Stabilisierung bei instabiler Strecke

$$F_o(s) = \frac{k_S}{s^2 + \omega_0^2}$$

mit dem Polpaar $p_{1,2} = \pm j\omega_0$. Der Gedanke besteht darin, eine doppelte Nullstelle auf die reelle Achse zu legen und so die von p_1 und p_2 ausgehenden Wurzelortsäste in die linke Halbebene zu ziehen. Dazu wird der ideale PID-Regler

$$G_K(s) = k_R \frac{(s+\delta_0)^2}{s} , \quad \delta_0 > 0 ,$$

eingeführt. Damit wird

$$F_K(s) = k \frac{(s+\delta_0)^2}{s(s^2+\omega_0^2)} , \quad k = k_S k_R .$$

Die zugehörige Wurzelortskurve ist im Bild 7/40 skizziert. Für genügend großes k ist ein hinreichend stabilisiertes Verhalten zu erwarten. Dies soll im folgenden genauer untersucht werden.

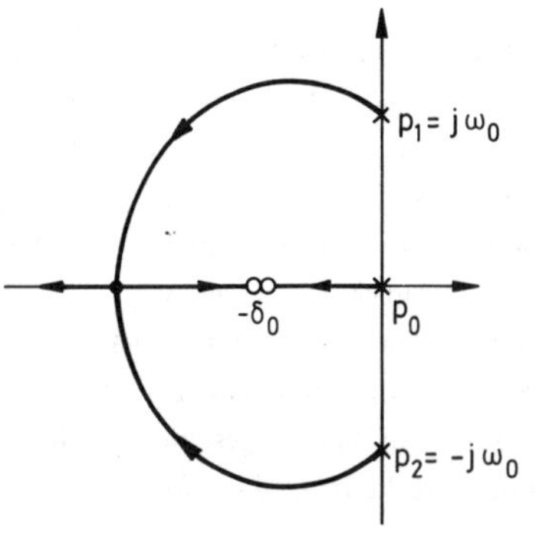

Bild 7/40. Stabilisierung eines ungedämpften Schwingers

Da die negative reelle Achse der einzige Wurzelortsast ist, der nach Unendlich strebt, erübrigt sich die Asymptotenbestimmung. Für die Schnittpunkte mit der j-Achse erhält man die Gleichung

$$k(j\omega + \delta_0)^2 + j\omega\left[(j\omega)^2 + \omega_0^2\right] = 0 .$$

Daraus folgt entweder $k = 0$, $\omega = \pm\omega_0$, was den Polen $p_{1,2}$ entspricht, oder

$$\omega = \pm\delta_0 \quad \text{und} \quad k = \frac{\delta_0^2 - \omega_0^2}{2\delta_0} .$$

Da k positiv sein muß, ist dies nur möglich für $\delta_0 > \omega_0$. Bei dieser Wahl des Parameters δ_0 hat das Anfangsstück der Wurzelortskurve die im Bild 7/41 skizzierte Gestalt.

Für kleine k ist der geschlossene Regelkreis also zunächst instabil und wird erst für $k > \frac{\delta_0^2 - \omega_0^2}{2\delta_0}$ stabil! Von diesem unorthodoxen Verhalten der Wurzelortskurve kann man sich auch dadurch überzeugen, daß man mit Hilfe der Regel 10 die Anfangstangente in $p_1 = j\omega_0$ feststellt.

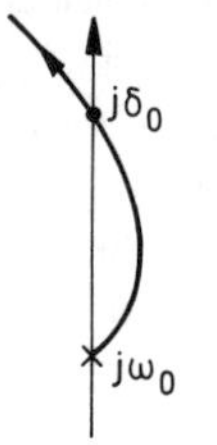

Bild 7/41. Unorthodoxes Verhalten der Wurzelortskurve

Zur Vermeidung von Weitläufigkeiten sei nun $\omega_0 = 1$ und $\delta_0 = 0{,}5$ angenommen. Dann kann man zunächst den Verzweigungspunkt aus der Gleichung

$$\frac{2}{\delta + \delta_0} - \frac{1}{\delta} - \frac{2\delta}{\delta^2 + \omega_0^2} = 0$$

berechnen. Er ergibt sich zu $\delta_V = -2{,}09$. Man kann aber auch sogleich zur punktweisen Berechnung der Wurzelortskurve übergehen und zusätzlich die k-Skala bestimmen. Das Ergebnis sieht man im Bild 7/42.

Die Sprungantwort des Regelkreises zu Bild 7/42 für verschiedene k-Werte zeigt das Bild 7/43. Für kleine k-Werte erhält man einen stark oszillierenden Vorgang – aber anders als bei einem P-T_2-Glied, insofern nicht sofort eine Überschwingung über den Endwert 1 auftritt, die Schwingung vielmehr erst im Laufe der Zeit

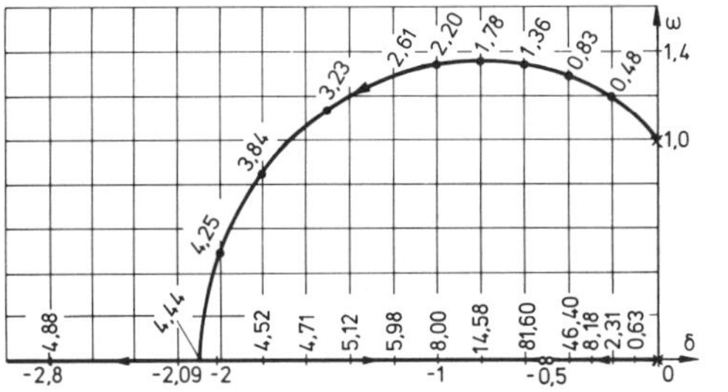

Bild 7/42. Wurzelortskurve zu $F_K(s) = k \dfrac{(s+0,5)^2}{s(s^2+1)}$ mit k-Skala (oberhalb der Wurzelortskurve)

auf den Endwert hochklettert. Darin kommt die Tatsache zum Ausdruck, daß stets ein weit rechts gelegener reeller Pol α_1 auftritt, dessen Einfluß denjenigen des konjugiert komplexen Polpaars $\alpha_{2,3}$ überlagert. Mit wachsendem k dominiert er mehr und mehr, bis ab k = 4,44 alle drei Pole reell sind. Mit weiter wachsendem k strebt einer dieser Pole $\rightarrow -\infty$ und kann deshalb vernachlässigt werden, während die beiden anderen Pole gegen -0,5 gehen. Daher erhält man mit wachsendem k eine Sprungantwort mit nur noch einer Überschwingung, welche durch die doppelte Zählernullstelle -0,5 bedingt ist. Für $k \rightarrow +\infty$ geht die Sprungantwort gegen den Einheitssprung, entsprechend der Tatsache, daß dann die Übertragungsfunktion des geschlossenen Kreises gegen 1 strebt.

Nunmehr wollen wir zur *Erfüllung quantitativer dynamischer Forderungen mittels des Wurzelortsverfahrens* übergehen. Dabei sehen wir, wie dies häufig geschieht, die Führungssprungantwort als repräsentativ für das Zeitverhalten des Regelkreises an und bemühen uns gemäß Abschnitt 7.2, deren Überschwingweite Δ_m und Übergangszeit $t_ü$ in vorgegebenen Grenzen zu halten:

$$\Delta_m \leq \Delta_{m0} \; , \quad t_ü \leq t_{ü0} \; , \tag{7.49}$$

entsprechend den Ungleichungen (7.14) und (7.15). Um diese Ungleichungen erfüllen zu können, geht man von der Voraussetzung aus, daß der Regelkreis durch ein dominantes konjugiert komplexes Polpaar charakterisiert wird. Dann ist es möglich, mittels der Formeln (7.16) bis (7.18) die Lage dieses konjugiert komplexen Polpaars so zu bestimmen, daß die Ungleichungen (7.49) erfüllt werden (siehe hierzu Bild 7/13). Es verbleibt sodann die Aufgabe, den Regler so zu wählen, daß die gewünschte Lage des dominanten konjugiert komplexen Polpaars eingestellt wird.

Dieser grundsätzliche Gedankengang sei am Beispiel des Regelkreises aus Bild 6/10 im einzelnen durchgeführt, wobei der dort freigelassene Parameter k den Wert 3,2 habe. Dabei wird verlangt, daß die Überschwingweite höchstens 5 % beträgt und die Übergangszeit nicht größer als 3 sec ist:

$$\Delta_{m0} = 0{,}05 \; , \quad t_{ü0} = 3 \text{ sec} \; .$$

Aus (7.16) folgt zunächst

$$d_0 = 0{,}6904$$

als kleinstmögliche Dämpfung, welche diese Über-

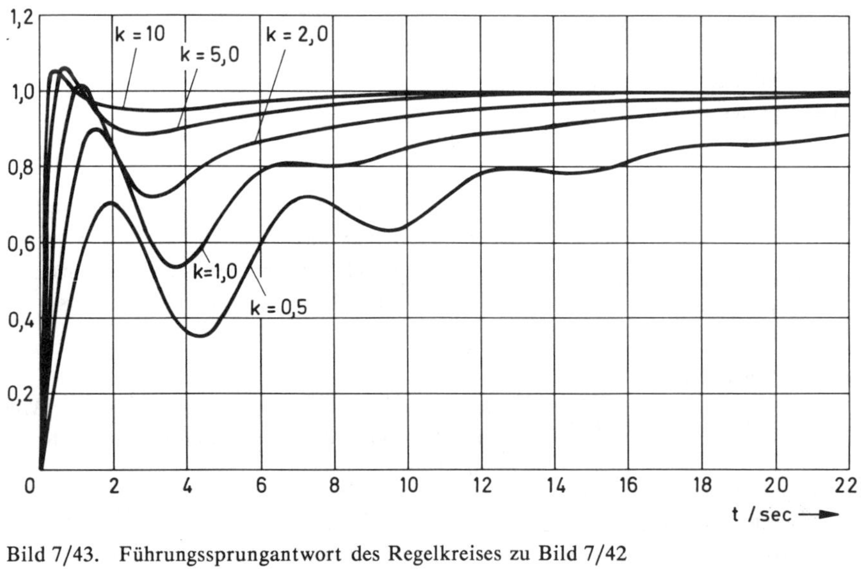

Bild 7/43. Führungssprungantwort des Regelkreises zu Bild 7/42

schwingweite sichert. Wir wählen daher etwa

$$d_w = \frac{1}{2}\sqrt{2} = 0{,}7071 \ .$$

Da entsprechend (7.17) $\cos\psi_w = d_w$ gilt, folgt weiter

$$\psi_w = 45^\circ \ .$$

Das konjugiert komplexe Polpaar, das eine Überschwingweite von höchstens 5 % verursacht, liegt also auf zwei vom Ursprung ausgehenden Strahlen, die mit der negativen reellen Achse die Winkel $\pm\psi_w$ bilden (Bild 7/13).

Um die zweite Forderung $t_u \leq t_{u0}$ zu erfüllen, muß nach (7.18) und (7.11) gelten:

$$\omega_0 \geq \frac{1}{t_{u0}} \cdot \frac{3 - 1{,}15\,\log(1 - d_w^2)}{d_w} = \omega_{0\,min} \ .$$

Im vorliegenden Fall ist

$$\omega_{0\,min} = \frac{1}{3} \cdot \frac{3 + 1{,}15\ \log 2}{\frac{1}{2}\sqrt{2}} = 1{,}58\ sec^{-1} \ .$$

D.h. also: Der Regelkreis erfüllt die an ihn gestellten quantitativen Forderungen, wenn er ein dominantes konjugiert komplexes Polpaar besitzt, das auf den Winkelhalbierenden des 2. und 3. Quadranten liegt und dessen Abstand vom Ursprung $\geq 1{,}58$ ist. Man sieht aus Bild 6/10 sofort, daß davon bei dem vorliegenden Regelkreis keine Rede sein kann.

Um zu erreichen, daß die Wurzelortskurve die beiden Geradenstücke $\psi = \pm\psi_w = \pm 45^\circ$, $\omega_{0\,min} \geq 1{,}58$ schneidet, muß man ihren rechten Ast nach links verschieben und überdies durch Wegheben rechts gelegener Pole des offenen Kreises dafür sorgen, daß der geschlossene Kreis ein dominantes konjugiert komplexes Polpaar besitzt. Dazu wird der Regler

$$G_K(s) = k_R \frac{(s+0{,}25)\,(s+0{,}5)}{s+5} \tag{7.50}$$

eingeführt. Zusammen mit dem bereits vorhandenen I-Glied stellt er einen realen PID-Regler dar.

Der so entstandene korrigierte offene Kreis mit

$$F_K(s) = k \frac{1}{s(s+4)(s+5)} \ , \quad k = 3{,}2\,k_R \ , \tag{7.51}$$

hat eine Wurzelortskurve, die im Bild 7/44 mittels der Konstruktionsregeln skizziert wurde. Man sieht, daß die Wurzelortskurve nunmehr die Winkelhalbierende g des

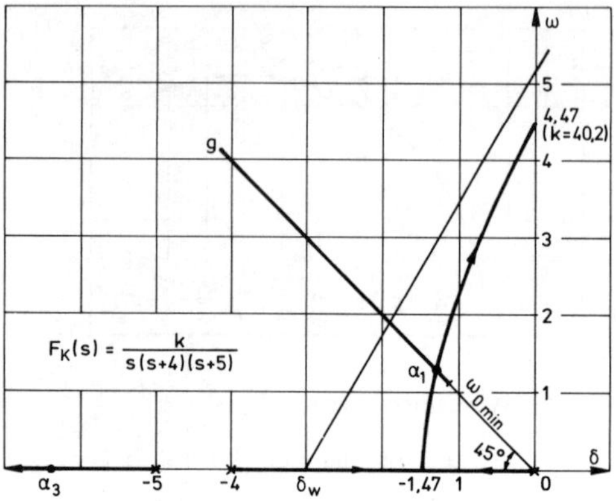

Bild 7/44. Erfüllung quantitativer dynamischer Forderungen mit dem Wurzelortsverfahren

2. Quadranten im Abstand $> \omega_{0\,min} = 1{,}58$ vom Ursprung schneidet.

Den Realteil dieses Schnittpunktes α_1, der das dominante Polpaar bestimmt, erhält man aus der Gleichung der Wurzelortskurve

$$\omega = \pm\sqrt{3\delta^2 + 18\delta + 20}$$

und der Gleichung $\omega = -\delta$ von g durch Gleichsetzen zu $\delta = -1{,}3$. Somit ist

$$\alpha_{1,2} = -1{,}3 \pm j1{,}3 \ .$$

Für den zugehörigen k-Wert ergibt sich entsprechend (6.14) aus

$$k = \sqrt{\delta^2 + \omega^2} \cdot \sqrt{(\delta+4)^2 + \omega^2} \cdot \sqrt{(\delta+5)^2 + \omega^2}$$

der Wert

$$k_0 = 21{,}6 \ . \tag{7.52}$$

Bestimmt man die k-Skala für das reelle Wurzelortsstück unmittelbar links von -5, was mit $k = |\delta| \cdot |\delta+4| \cdot |\delta+5|$ leicht zu machen ist, so sieht man, daß zu k_0 als dritter Pol des korrigierten Regelkreises

$$\alpha_3 \approx -6{,}4$$

gehört. Aus (7.52) folgt wegen $k_0 = 3{,}2\,k_R$ der Wert $k_R = 6{,}75$, womit das Korrekturglied vollständig bekannt ist:

$$G_K(s) = 6{,}75\,\frac{(s+0{,}25)\,(s+0{,}5)}{s+5} = 0{,}17\,\frac{(1+4s)(1+2s)}{1+0{,}2s} \ .$$

Die Sprungantwort des so entworfenen Regelkreises zeigt das Bild 7/45. Man sieht, daß in der Tat für k_0 = 21,6 die Anforderungen an Überschwingweite und Übergangszeit der Sprungantwort erfüllt sind.

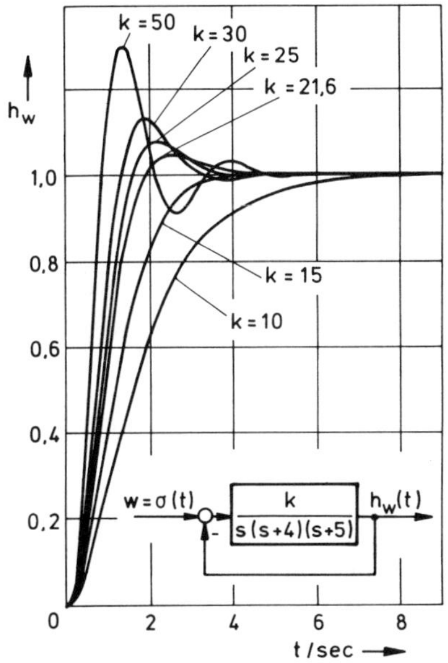

Bild 7/45. Führungssprungantwort zum Regelkreis von Bild 7/44

Umfangreiche Beispiele zur Reglersynthese mit dem Wurzelortsverfahren bringt das Kapitel 8.

7.8 Einstellregeln für die Reglerparameter

Mit dem Frequenzkennlinien- und Wurzelortsverfahren stehen leistungsfähige Methoden für den Reglerentwurf, insbesondere auch für die Wahl der Reglerparameter, zur Verfügung. Allerdings ist es dazu erforderlich, die Frequenzkennlinien oder die Wurzelortskurve zu berechnen und daran anknüpfend individuelle Überlegungen anzustellen. Insofern sind diese Vorgehensweisen nicht streng systematisch, sondern stellen "gerichtete Probierverfahren" dar, die in komplizierteren Fällen einige Erfahrung im Umgang mit dem benutzten Hilfsmittel voraussetzen. Wer beispielsweise schon viel mit Wurzelortskurven zu tun hatte, wird die bei Einführung eines neuen Blocks in den offenen Kreis auftretenden Möglichkeiten ganz anders überschauen können als ein Ungeübter.

Bequemer wäre es, auf solche individuellen Überlegungen verzichten zu können und statt dessen auf Grund fertiger Formelausdrücke aus den gegebenen Streckenparametern die gesuchten Reglerparameter zu berechnen. In der Tat gibt es Verfahren, die dies erlauben, sofern die Strecke nicht zu kompliziert ist und man sich auf die gängigen Reglertypen beschränkt. Den Vorteil der schematischen Anwendbarkeit erkauft man allerdings dadurch, daß diese Verfahren keine Einsicht in das physikalische Verhalten des Systems erlauben, wie das beim Frequenzkennlinien- oder Wurzelortsverfahren der Fall ist. Da die Lösung sich zwangsläufig ergibt, hat man auch keine Freiheit mehr, sie an eine besondere Problemsituation in zweckmäßiger Weise anzupassen. Liegt aber eine nicht zu komplizierte Strecke vor und sind die Forderungen an die Regelung nicht zu spezieller Natur, so können derartige Einstellregeln sehr nützlich sein. Im folgenden sollen deshalb einige der gängigsten Einstellregeln behandelt werden.

7.8.1 Parameteroptimierung mittels eines Gütemaßes

Der Grundgedanke der Parameteroptimierung besteht darin, ein Gütemaß (Güte-Index, Gütekriterium) zu wählen, d.h. eine Maßzahl für die Qualität des Systemverhaltens, und dann die Reglerparameter so zu bestimmen, daß das Gütemaß ein Maximum bzw. Minimum annimmt. Dieses allgemeine Vorgehen soll nun anhand eines speziellen Gütemaßes im einzelnen ausgeführt werden.

Man kann sich vorstellen, daß es für die mannigfachen Problemstellungen und verschiedenen Streckentypen kaum ein allgemein verwendbares Gütemaß geben wird. Ein Gütemaß, das erfahrungsgemäß für viele Fälle brauchbar ist, ist die *quadratische Regelfläche*. Wir betrachten den Regelkreis in Bild 7/46 und wollen voraussetzen, daß der korrigierte offene Kreis ein I-Glied enthält und seine Übertragungsfunktion $F_K(s)$ rational ist. Der Regelkreis sei stabil. Als Testfunktion denken wir uns für die Führungsgröße den Einheitssprung $\sigma(t)$ aufgeschaltet. Da der offene Kreis ein I-Glied enthält, geht e(t) gegen 0 für t gegen $+\infty$. Gutes Zeitverhalten ist dadurch gekennzeichnet, daß e(t) möglichst schnell gegen Null strebt. Ein einzelner Wert von e(t) ist für

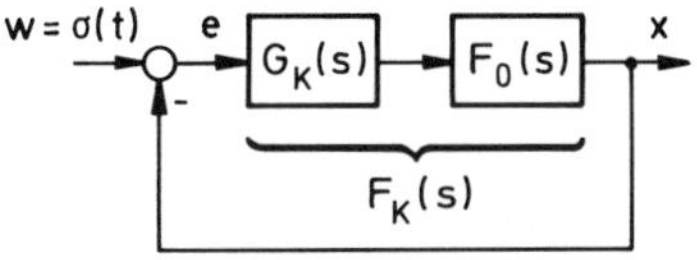

Bild 7/46. Regelkreis zur Parameteroptimierung. $F_K(s)$ rational, mit I-Verhalten

die Qualität der Regelung nicht ausschlaggebend, vielmehr kommt es darauf an, daß der gesamte Zeitverlauf günstig ist. Es liegt daher nahe, das zeitliche Integral über e(t) als Maßzahl für die Qualität des Systemverhaltens zu nehmen und das Systemverhalten als um so besser anzusehen, je kleiner das Integral ist. Jedoch ist das Integral

$$\int_0^\infty e(t)\, dt$$

im allgemeinen nicht brauchbar, da es im Fall einer lang anhaltenden Dauerschwingung, also für einen miserablen Zeitvorgang, einen sehr kleinen Wert liefern kann, wenn nämlich die positiven und negativen Anteile sich annähernd kompensieren. Deshalb muß man zum Integral über $|e(t)|$ oder $e^2(t)$ übergehen. Beide Gütemaße werden benutzt. Das letztere ist aber besser zu handhaben und deshalb gebräuchlicher:

$$J = \int_0^\infty e^2(t)\, dt \; . \tag{7.53}$$

Man bezeichnet es als *quadratische Regelfläche*.

Für eine bestimmte Reglereinstellung, also bestimmte Werte der Reglerparameter, hat e(t) (bei Aufschaltung des Einheitssprunges) einen eindeutig bestimmten Verlauf und damit J einen eindeutig bestimmten Wert. Ändert man die Werte der Reglerparameter, so erhält man im allgemeinen einen anderen Verlauf von e(t) und damit einen anderen Wert von J. Das Gütemaß ist also eine Funktion der Reglerparameter $r_1, \ldots, r_q$: $J = J(r_1, \ldots, r_q)$. Die Optimierung besteht nun darin, $r_1, \ldots, r_q$ aus der Forderung

$$J(r_1, \ldots, r_q) \overset{!}{=} \min \tag{7.54}$$

zu bestimmen. Die Reglerparameter sind nicht beliebig verstellbar, sondern nur innerhalb eines gewissen Bereiches $m_i \le r_i \le M_i$, $i = 1, \ldots, q$. Sofern die Funktion $J(r_1, \ldots, r_q)$ im Innern dieses Bereiches ein Minimum hat (und differenzierbar ist), können die optimalen Parameterwerte aus den q Gleichungen

$$\frac{\partial J}{\partial r_1} = 0, \; \ldots, \; \frac{\partial J}{\partial r_q} = 0 \tag{7.55}$$

berechnet werden.

Um die Forderung (7.54) bzw. die Gleichungen (7.55) im Fall der quadratischen Regelfläche formelmäßig auswerten zu können, hat man das Integral (7.53) als Funktion der Regler- und Streckenparameter darzustellen. Hierfür ist es zweckmäßig, das Integral aus dem Zeitbereich in den komplexen Bereich zu transformieren, weil dort seine Abhängigkeit von den Koeffizienten des Regler- und Streckenfrequenzgangs viel leichter zu erkennen ist. Die Übersetzung des Integrals in den komplexen Bereich wird mittels der *Parsevalschen Gleichung* vorgenommen (Kapitel 17):

$$J = \int_0^\infty e^2(t)\, dt = \frac{1}{2\pi} \int_{-\infty}^{+\infty} |E(j\omega)|^2\, d\omega \; . \tag{7.56}$$

Das gilt, sofern $\int_0^\infty e^2(t)\, dt < +\infty$. Diese Voraussetzung ist erfüllt, weil der Regelkreis als stabil angenommen ist. Die Beziehung (7.56) kann noch in eine für die folgende Rechnung günstigere Form gebracht werden. Für jede komplexe Zahl z gilt $|z|^2 = z\bar{z}$, wobei $\bar{z}$ konjugiert komplex zu z ist. Konjugiert komplex zu $E(j\omega)$ ist $E(-j\omega)$. Daher kann man für (7.56) schreiben:

$$J = \frac{1}{2\pi} \int_{-\infty}^{+\infty} E(j\omega)\, E(-j\omega)\, d\omega \; . \tag{7.57}$$

Nun ist nach Bild 7/46 allgemein

$$E(s) = \frac{1}{1 + F_K(s)}\, W(s) \; ,$$

also wegen $w = \sigma(t)$ hier

$$E(s) = \frac{1}{1 + F_K(s)} \, \frac{1}{s} \quad \text{und somit}$$

$$E(j\omega) = \frac{1}{1 + F_K(j\omega)} \, \frac{1}{j\omega} \; . \tag{7.58}$$

Weil $F_K(s)$ als rational angenommen ist, stellt auch $E(j\omega)$ eine rationale Funktion, also den Quotienten zweier Polynome dar:

$$E(j\omega) = \frac{C(j\omega)}{D(j\omega)} = \frac{c_0 + c_1(j\omega) + \ldots + c_{n-1}(j\omega)^{n-1}}{d_0 + d_1(j\omega) + \ldots + d_n(j\omega)^n} \; , \quad d_n \neq 0 \; . \tag{7.59}$$

Hierin ist der Zählergrad kleiner als der Nennergrad vorausgesetzt. Das ist zulässig, weil man annehmen darf, daß der Zählergrad von F_K niedriger als der Nennergrad ist und demgemäß in

$$\frac{1}{1 + F_K} = \frac{1}{1 + Z_K / N_K} = \frac{N_K}{N_K + Z_K}$$

Zähler und Nenner gleichen Grad aufweisen. Nach (7.57) hat man damit das Integral

$$J = \frac{1}{2\pi} \int_{-\infty}^{+\infty} \frac{C(j\omega)\,C(-j\omega)}{D(j\omega)\,D(-j\omega)}\, d\omega \qquad (7.60)$$

als Funktion der Koeffizienten c_ν und d_ν auszudrücken. Da diese Koeffizienten von den Reglerparametern $r_1, \dots, r_q$ abhängen, nämlich über die Koeffizienten von $F_K = G_K F_o$, hat man dann J auch als Funktion der Reglerparameter $r_1, \dots, r_q$ ausgedrückt.

Das Integral (7.60) kann mit dem Residuensatz (Kapitel 17) berechnet werden, wie hier für den Fall n = 2 skizziert sei. Führen wir in (7.60) statt der reellen Variablen ω die imaginäre Variable $j\omega$ ein, so können wir schreiben:

$$J = \frac{1}{2\pi j} \int_{-j\infty}^{+j\infty} \frac{C(j\omega)\,C(-j\omega)}{D(j\omega)\,D(-j\omega)}\, d(j\omega) \; .$$

Setzen wir abkürzend $j\omega = s$, so lautet das Integral für n = 2 ausführlich:

$$J = \frac{1}{2\pi j} \int_{-j\infty}^{+j\infty} \frac{(c_0 + c_1 s)\,(c_0 - c_1 s)}{(d_0 + d_1 s + d_2 s^2)(d_0 - d_1 s + d_2 s^2)}\, ds$$

$$= \frac{1}{2\pi j} \int_{-j\infty}^{+j\infty} \frac{Z(s)}{N(s)}\, ds \; .$$

Hat D(s) die Nullstellen α_1 und α_2 (links der j-Achse), so hat D(-s) die Nullstellen $-\alpha_1$, $-\alpha_2$ (rechts der j-Achse, Bild 7/47).

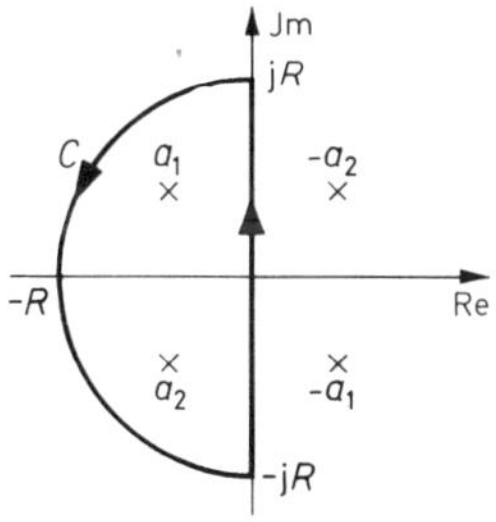

Bild 7/47. Anwendung des Residuensatzes zur Berechnung der quadratischen Regelfläche

Man beschreibt nun um den Nullpunkt der s-Ebene einen linken Halbkreis mit dem Radius R, der die beiden Pole α_1, α_2 einschließt. C sei die geschlossene Kurve, die aus diesem Halbkreis und dessen auf der j-Achse gelegenen Durchmesser besteht. Dann ist nach dem Residuensatz (Kapitel 17):

$$\frac{1}{2\pi j} \int_C \frac{Z(s)}{N(s)}\, ds = \operatorname{res}_{\alpha_1} \frac{Z(s)}{N(s)} + \operatorname{res}_{\alpha_2} \frac{Z(s)}{N(s)} \; .$$

Für $R \to +\infty$ wird das Integral längs des Halbkreises Null, und es bleibt nur das Integral längs der j-Achse, also J:

$$J = \operatorname{res}_{\alpha_1} \frac{Z(s)}{N(s)} + \operatorname{res}_{\alpha_2} \frac{Z(s)}{N(s)} = \frac{Z(\alpha_1)}{N'(\alpha_1)} + \frac{Z(\alpha_2)}{N'(\alpha_2)} \; ,$$

letzteres wegen der allgemeinen Formel für das Residuum eines einfachen Pols.

Darin ist

$$Z(s) = c_0^2 - c_1^2 s^2 \; ,$$

$$N(s) = d_2\,(s - \alpha_1)\,(s - \alpha_2)\, d_2\,(s + \alpha_1)\,(s + \alpha_2) =$$

$$= d_2^2 (s^2 - \alpha_1^2)\,(s^2 - \alpha_2^2) \; ,$$

also

$$N'(s) = 2 d_2^2 s (s^2 - \alpha_2^2) + 2 d_2^2 s (s^2 - \alpha_1^2) \; .$$

Daraus folgt nach kurzer Rechnung

$$J = - \frac{c_0^2 + c_1^2 \alpha_1 \alpha_2}{2 d_2^2 \alpha_1 \alpha_2 (\alpha_1 + \alpha_2)} \; . \qquad (7.61)$$

Jetzt hat man noch die Nullstellenkombinationen $\alpha_1 \alpha_2$ und $\alpha_1 + \alpha_2$ von N(s) durch die Koeffizienten d_ν auszudrücken. Aus

$$d_2 s^2 + d_1 s + d_0 = d_2 (s - \alpha_1)(s - \alpha_2) =$$
$$= d_2 s^2 - d_2 (\alpha_1 + \alpha_2) s + d_2 \alpha_1 \alpha_2$$

folgt

$$\alpha_1 + \alpha_2 = - \frac{d_1}{d_2} \; , \quad \alpha_1 \alpha_2 = \frac{d_0}{d_2} \; .$$

Damit wird aus (7.61)

$$J = \frac{c_1^2 d_0 + c_0^2 d_2}{2 d_0 d_1 d_2} \; . \qquad (7.62)$$

Für höheres n wird die Berechnung des Integrals (7.60) mühsamer, und man muß die Berechnungsmethode abwandeln, wofür auf [7.1, 7.2] verwiesen sei. Man hat auf diese Weise $J(c_\nu, d_\nu)$ bis n = 10 explizit berechnet. Doch werden diese Formeln mit wachsendem n äußerst langwierig. In Tabelle 7/2 sind sie bis n = 4 angegeben.

Als Beispiel zur Anwendung der quadratischen Regelfläche wollen wir den Regelkreis in Bild 7/48 betrach-

Tabelle 7/2. Formeln für die quadratische Regelfläche zum Regelkreis in Bild 7/46

$$J_n = \int_0^\infty e^2(t)\,dt = \frac{1}{2\pi}\int_{-\infty}^{\infty} E(j\omega)\,E(-j\omega)\,d\omega \quad \text{mit}$$

$$E(j\omega) = \frac{1}{1+F_K(j\omega)}\,\frac{1}{j\omega} = \frac{c_0 + c_1(j\omega) + \ldots + c_{n-1}(j\omega)^{n-1}}{d_0 + d_1(j\omega) + \ldots + d_n(j\omega)^n}\,, \quad d_n \neq 0$$

$$J_1 = \frac{c_0^2}{2d_0d_1}$$

$$J_2 = \frac{c_1^2d_0 + c_0^2d_2}{2d_0d_1d_2}$$

$$J_3 = \frac{c_2^2d_0d_1 + (c_1^2 - 2c_0c_2)\,d_0d_3 + c_0^2d_2d_3}{2d_0d_3(d_1d_2 - d_0d_3)}$$

$$J_4 = \frac{c_3^2(d_0d_1d_2 - d_0^2d_3) + (c_2^2 - 2c_1c_3)d_0d_1d_4 + (c_1^2 - 2c_0c_2)d_0d_3d_4 + c_0^2(d_2d_3d_4 - d_1d_4^2)}{2d_0d_4(d_1d_2d_3 - d_0d_3^2 - d_1^2d_4)}$$

ten. Die Zählerzeitkonstante des PI-Reglers ist gleich der größten Streckenzeitkonstante T_3 gewählt. Daher ist

$$F_K(s) = \frac{V}{s(1+T_1s)(1+T_2s)}\,, \quad V = K_R\,K_S\,.$$

Der noch verfügbare Parameter V soll so gewählt werden, daß

$$J = \int_0^\infty e^2(t)\,dt \overset{!}{=} \min \quad \text{wird. Hier ist}$$

$$F_K(j\omega) = \frac{V}{j\omega + (T_1+T_2)(j\omega)^2 + T_1T_2(j\omega)^3}\,, \quad \text{also}$$

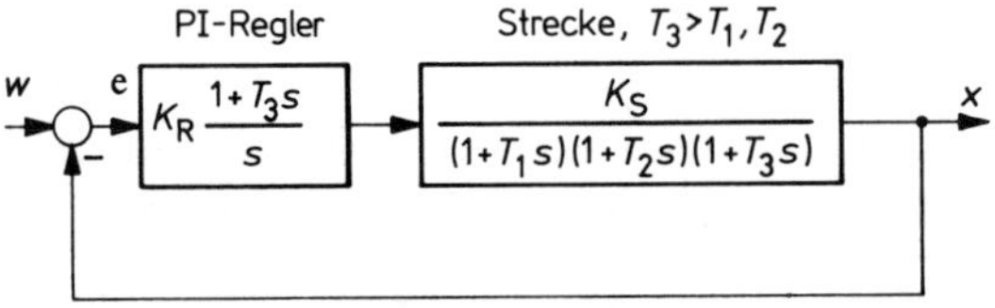

Bild 7/48. Beispiel zur quadratischen Regelfläche

$$E(j\omega) = \frac{1}{1+F_K(j\omega)}\,\frac{1}{j\omega} =$$

$$= \frac{(j\omega) + (T_1+T_2)(j\omega)^2 + T_1T_2(j\omega)^3}{(j\omega) + (T_1+T_2)(j\omega)^2 + T_1T_2(j\omega)^3 + V}\cdot\frac{1}{j\omega} =$$

$$= \frac{1 + (T_1+T_2)(j\omega) + T_1T_2(j\omega)^2}{V + j\omega + (T_1+T_2)(j\omega)^2 + T_1T_2(j\omega)^3}\,.$$

Man hat somit n = 3 und

$$c_0 = 1\,,\ c_1 = T_1 + T_2\,,\ c_2 = T_1T_2\,,$$

$$d_0 = V\,,\ d_1 = 1\,,\ d_2 = T_1 + T_2\,,\ d_3 = T_1T_2\,.$$

Setzt man diese Ausdrücke in die Formel für J_3 in Tabelle 7/2 ein, so wird

$$J_3 = \frac{1}{2}\,\frac{aV+b}{bV - cV^2} = \frac{a}{2cV}\,\frac{V + \frac{b}{a}}{\frac{b}{c} - V}$$

mit den positiven Koeffizienten

$$a = T_1^2 + T_1T_2 + T_2^2 = (T_1+T_2)^2 - T_1T_2\,,$$

$$b = T_1 + T_2\,,$$

$$c = T_1T_2\,.$$

Bild 7/49 zeigt die graphische Darstellung der Funktion $J_3(V)$. Es genügt, positive V-Werte zu betrachten, da die Kreisverstärkung einer Regelung gewiß nicht Null oder negativ ist. Wie man sieht, gibt es ein eindeutig bestimmtes Minimum. Den Wert V^*, für den es angenommen wird, erhält man aus

$$\frac{dJ_3}{dV} = \frac{1}{2}\,\frac{acV^2 + 2bcV - b^2}{(bV - cV^2)^2} = 0:$$

$$V^2 + 2\frac{b}{a}V - \frac{b^2}{ac} = 0,$$

$$V_{1,2} = -\frac{b}{a} \pm \sqrt{\frac{b^2}{a^2} + \frac{b^2}{ac}}\,.$$

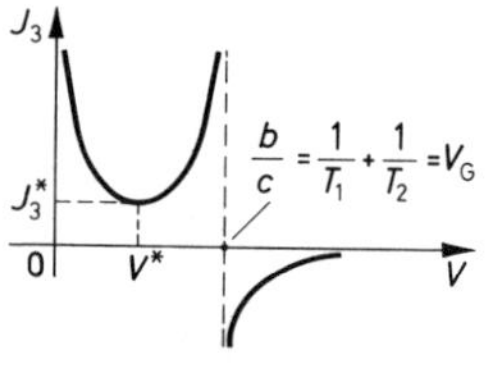

Bild 7/49. Die quadratische Regelfläche zum Regelkreis im Bild 7/48 als Funktion der Kreisverstärkung V

Da $V > 0$ sein muß, kann nur das positive Wurzelvorzeichen gelten, und man erhält

$$V^* = \frac{b}{a}\left[\sqrt{1+\frac{a}{c}} - 1\right] = \frac{T_1 + T_2}{(T_1+T_2)\sqrt{T_1T_2} + T_1T_2} \ . \tag{7.63}$$

Vergrößert man V über V^* hinaus, so muß der Regelkreis schließlich instabil werden. Das wird dann der Fall sein, wenn die quadratische Regelfläche unendlich groß wird. Man erhält so aus Bild 7/49

$$V_G = \frac{1}{T_1} + \frac{1}{T_2} \ .$$

Das ist in der Tat die Stabilitätsgrenze, die man für Regelkreise des behandelten Typs mit dem Hurwitz-Kriterium (Unterabschnitt 4.11.3) erhält. Für $V > V_G$ stellt die Funktion $J_3(V)$ nicht mehr die quadratische Regelfläche dar.

Bemerkenswert ist, daß auch für V gegen $+0$ J gegen $+\infty$ geht. Das ist physikalisch plausibel. Für kleines V wird der Übergangsvorgang sehr langsam. Es dauert daher lange, bis $e(t)$ von seinem Anfangswert $e(+0) = 1$ auf seinen Endwert Null abgebaut ist. Praktisch wird $e(t)$ über eine große Zeitspanne nahezu gleich 1 sein, und zwar um so länger, je kleiner V ist. Daraus folgt unmittelbar $J \longrightarrow +\infty$ für $V \longrightarrow +0$.

Betrachten wir noch ein Zahlenbeispiel, und zwar die Drehzahlregelstrecke in Bild 7/21. Wählen wir einen PI-Regler mit

$$G_K(s) = K_R \frac{1+0{,}53s}{s} \ , \quad \text{so wird}$$

$$F_K(s) = \frac{V}{s(1+0{,}055s)(1+0{,}005s)} \ , \quad V = 1{,}74\,K_R \ ,$$

so daß hier $T_1 = 0{,}055$ sec, $T_2 = 0{,}005$ sec ist. Damit folgt aus (7.63) als optimaler Wert der Kreisverstärkung $V^* = 47\ \text{sec}^{-1}$ und somit als optimaler Parameterwert

$$K_R^* = \frac{47}{1{,}74} = 27\ \text{sec}^{-1} \ .$$

In Bild 7/22 ist die sich für diesen V-Wert ergebende Sprungantwort aufgezeichnet. Es ergibt sich ein schneller, aber recht kräftig schwingender Übergangsvorgang. Dies darf als typisch angesehen werden: Bei der Optimierung nach der quadratischen Regelfläche ergeben sich Übergangsvorgänge, die im Vergleich zu anderen Entwurfsverfahren relativ wenig gedämpft sind.

Abschließend noch einige allgemeine Bemerkungen zur Parameteroptimierung. Das Optimum der Funktion $J(r_1, \ldots, r_q)$ zu suchen, ist meist nicht so einfach wie in unserem Beispiel, vor allem deshalb, weil die Gleichungen (7.55) ein nichtlineares System bilden. Es ist dann besser, bei der Funktion $J(r_1, \ldots, r_q)$ zu bleiben und das Minimum durch ein numerisches Optimierungsverfahren, wie z.B. ein Gradientenverfahren, zu berechnen.

Statt der quadratischen Regelfläche kann man als Gütemaß auch andere, verwandte Integralausdrücke benutzen. Will man beispielsweise starke Ausschläge zu späteren Zeitpunkten unterdrücken, dann kann man $e(t)$ mit dem Gewichtsfaktor t versehen und gelangt so zum Gütemaß

$$J = \int_0^\infty t\, e^2(t)\, dt \ ,$$

das man als *zeitbeschwerte quadratische Regelfläche* bezeichnet. Die Berechnungsformeln für sie sind komplizierter als für die quadratische Regelfläche. Noch schwieriger wird die Berechnung bei der *betragslinearen Regelfläche*

$$J = \int_0^\infty |e(t)|\, dt$$

sowie der *zeitbeschwerten betragslinearen Regelfläche*

$$J = \int_0^\infty t\,|e(t)|\, dt \ ,$$

auch *ITAE-Kriterium (integral of time multiplied absolute value of error)* genannt. Von Ausnahmefällen abgesehen, muß man hier von vornherein numerische Methoden benutzen. Für eine eingehende Behandlung dieser Gütemaße sei etwa auf [7.2] verwiesen.

Zur Bewertung der Parameteroptimierung ist zu sagen, daß es sich um ein begrifflich naheliegendes und grundsätzlich geradlinig durchführbares Verfahren handelt.Es ist aber recht formaler Natur und geht in keiner Weise auf besondere physikalische Eigenschaften des Systems ein. Es handelt sich um ein Gewand, das man (nahezu) jedem System überwerfen kann, das aber keinem so recht paßt. Es liefert ein Optimum in dem angestrebten Sinn, aber man ist nicht sicher, ob die sich ergebenden Zeitvorgänge wirklich den Entwurfswünschen entsprechen. Immerhin kann man mit einem derartigen Entwurf kein großes Unglück anrichten, da er – zum Unterschied von manchen mehr bestechenden Synthesevorschlägen - parameterunempfindlich und wenig störanfällig ist. Das heißt: Wenn unvorhergesehene Störungen in den Regelkreis eingreifen oder wenn die Parameter der Strecke andere Werte haben als beim Entwurf angenommen bzw. im Laufe der Zeit schwanken, so wird sich das tatsächliche Verhalten des Regelkreises gegenüber dem berechneten nicht erheblich verschlechtern.

7.8.2 Das Betragsoptimum

Die Parameteroptimierung, wie sie im vorigen Abschnitt beschrieben wurde, ist zwar grundsätzlich schematisch anwendbar, führt aber im konkreten Fall normalerweise auf größere numerische Rechnungen. Was man sich wünscht, sind jedoch einfache mathematische Einstellvorschriften für die Reglerparameter, bei denen man mit wenig Rechenarbeit auskommt. Solche liefert das *Betragsoptimum* [7.3, 7.4, 7.5], das besonders im Bereich der elektrischen Regelung oft benutzt wird. Das Verfahren liefert eine günstige Einstellung der Reglerparameter, stellt jedoch seiner ursprünglichen Herleitung nach keine Optimierung im Sinne des vorigen Abschnitts dar. Von *G. **Papiernik*** wurde jedoch später gezeigt, daß sich das Verfahren in der Tat als eine Optimierung auffassen läßt [7.6], worauf wir hier jedoch nicht eingehen wollen.

Wir gehen wieder von dem Regelkreis im Bild 7/46 aus, wobei aber jetzt die Art der Führungsgröße keine Rolle spielt. Die Strecke (einschließlich Stelleinrichtung) sei ein reines Verzögerungssystem.[11] Ihre Übertragungsfunktion kann dann in der Form

$$F_o(s) = \frac{1}{a_0 + a_1 s + a_2 s^2 + \dots} = \frac{1}{A(s)} \qquad (7.64)$$

geschrieben werden, wenn man sich den Verstärkungsfaktor zum Regler geschlagen denkt. Dieser sei als PI- oder idealer PID-Regler angesetzt:

$$G_K(s) = \frac{r_0 + r_1 s + r_2 s^2}{2s} = \frac{R(s)}{2s}\,, \quad r_0 \neq 0\,, \qquad (7.65)$$

wobei der Nennerfaktor 2 unwesentlich, aber für die Rechnung günstig ist. Der Führungsfrequenzgang ist dann durch

$$F_w = \frac{G_K F_o}{1 + G_K F_o} \quad \text{gegeben.}$$

Der Idealfall wird durch $F_w(j\omega) \equiv 1$ gekennzeichnet, da alsdann $X(j\omega) \equiv W(j\omega)$ und damit $x(t) \equiv w(t)$ ist. Aus $F_w(\omega) \equiv 1$ folgt $|F_w(j\omega)| \equiv 1$. Die Umkehrung gilt ebenfalls, wenn der Regelkreis ein Minimalphasensystem (Abschnitt 5.7) ist. Das ist sicher der Fall, wenn die Pole und Nullstellen des geschlossenen Kreises links der j-Achse liegen, was wir voraussetzen dürfen. Der durch geeignete Wahl der Reglerparameter anzustrebende Idealzustand besteht also darin, nach Möglichkeit für alle ω die Identität

$|F_w(j\omega)| = 1$ zu erfüllen. Da

$$F_w(j\omega) = \frac{G_K F_o}{1 + G_K F_o} = \frac{1}{1 + \frac{1}{G_K F_o}} = \frac{1}{1 + \frac{2j\omega A(j\omega)}{R(j\omega)}}\,, \quad \text{ist}$$

$$|F_w(j\omega)|^2 = F_w(j\omega)\, F_w(-j\omega) =$$

$$\frac{1}{1 + 4\,\frac{\omega^2 A(j\omega) A(-j\omega) + \frac{1}{2} j\omega A(j\omega) R(-j\omega) - \frac{1}{2} j\omega A(-j\omega) R(j\omega)}{R(j\omega) R(-j\omega)}}$$

Soll dieser Ausdruck identisch 1 sein, muß der zweite Summand im Nenner identisch Null werden. Es muß also gelten:

$$\omega^2 A(j\omega)\, A(-j\omega) + \frac{1}{2} j\omega A(j\omega)\, R(-j\omega) - \frac{1}{2} j\omega A(-j\omega)\, R(j\omega) \equiv 0\,.$$

Mit

$$A(j\omega) = a_0 + a_1(j\omega) + a_2(j\omega)^2 + \dots\,,$$

$$R(j\omega) = r_0 + r_1(j\omega) + r_2(j\omega)^2$$

folgt daraus die Forderung

$$(a_0^2 - r_0 a_1 + r_1 a_0)\omega^2 + (-2a_0 a_2 + a_1^2 + r_0 a_3 - r_1 a_2 + r_2 a_1)\omega^4 + (2a_0 a_4 - 2a_1 a_3 + a_2^2 - r_0 a_5 + r_1 a_4 - r_2 a_3)\omega^6 + \dots = 0 \qquad (7.66)$$

für alle ω.

Es ist offensichtlich nicht möglich, diese Forderung streng zu erfüllen. Man befriedigt sie näherungsweise, indem man durch geeignete Wahl der Reglerparameter so viele Anfangsglieder wie möglich zu Null macht. Damit erreicht man immerhin, daß $|F_w(j\omega)| \approx 1$ in einer möglichst großen Umgebung von $\omega = 0$, der Idealzustand also so gut wie möglich approximiert wird.

[11] In der Arbeit [7.6] wird das Verfahren auch auf den Fall ausgedehnt, daß die Strecke Zählerzeitkonstanten enthält.

Wie viele Glieder des Polynoms (7.66) man zu Null machen kann, hängt von der Zahl der Reglerparameter ab. Beim PI-Regler verfügt man über die beiden Parameter r_0 und r_1 und kann demgemäß die Koeffizienten der Potenzen ω^2 und ω^4 zum Verschwinden bringen:

$$a_0^2 - r_0 a_1 + r_1 a_0 = 0 \;,$$

$$-2a_0 a_2 + a_1^2 + r_0 a_3 - r_1 a_2 + r_2 a_1 = 0 \;.$$

Mit $r_2 = 0$ erhält man daraus

$$r_0 = \frac{a_0(a_1^2 - a_0 a_2)}{a_1 a_2 - a_0 a_3} \;,$$

$$r_1 = \frac{a_1^3 + a_0^2 a_3 - 2a_0 a_1 a_2}{a_1 a_2 - a_0 a_3} = \frac{a_1(a_1^2 - a_0 a_2)}{a_1 a_2 - a_0 a_3} - a_0 \;. \qquad (7.67)$$

Entsprechend erhält man durch Nullsetzen der drei ersten Koeffizienten in (7.66) die Parameter r_0, r_1 und r_2 des PID-Reglers. Das Ergebnis findet man in Tabelle 7/3.

Wir wollen nun das Verfahren des Betragsoptimums für eine Strecke mit einer überwiegenden Zeitkonstanten T_1 verwenden, was hier heißen soll, daß $T_1 >> T_\Sigma = \sum_{\nu=2}^{n} T_\nu$. Aber auch dann, wenn diese Ungleichung nicht in der geforderten extremen Form erfüllt ist, wird man die nun herzuleitenden Formeln oft verwenden können. Es soll ein PI-Regler gewählt werden. Wegen $T_1 >> T_\Sigma$ darf man

$$F_o(s) = \frac{K_S}{(1+T_1 s)(1+T_2 s)\ldots(1+T_n s)}$$

näherungsweise durch

$$F_o(s) = \frac{K_S}{(1+T_1 s)(1+T_\Sigma s)} \;, \quad T_\Sigma = \sum_{\nu=2}^{n} T_\nu \;,$$

ersetzen (siehe Abschnitt 7.5). Dann ist

$$F_o(s) = \frac{1}{\frac{1}{K_S} + \frac{1}{K_S}(T_1 + T_\Sigma)s + \frac{1}{K_S} T_1 T_\Sigma s^2} \;.$$

Vernachlässigt man T_Σ gegenüber T_1, so ist

$$a_0 = \frac{1}{K_S} \;, \quad a_1 = \frac{T_1}{K_S} \;, \quad a_2 = \frac{T_1 T_\Sigma}{K_S} \;,$$

also gemäß (7.67)

$$a_0(a_1^2 - a_0 a_2) = \frac{T_1}{K_S^3}(T_1 - T_\Sigma) \approx \frac{T_1^2}{K_S^3} \;,$$

$$a_1^3 + a_0^2 a_3 - 2a_0 a_1 a_2 = \frac{T_1^2}{K_S^3}(T_1 - 2T_\Sigma) \approx \frac{T_1^3}{K_S^3} \;,$$

$$a_1 a_2 - a_0 a_3 = \frac{T_1^2}{K_S^2} T_\Sigma \quad \text{und damit}$$

$$r_0 = \frac{1}{K_S T_\Sigma} \;, \quad r_1 = \frac{T_1}{K_S T_\Sigma} \;.$$

Die Übertragungsfunktion des PI-Reglers auf Grund des Betragsoptimums ist somit

$$G_K(s) = \frac{r_0 + r_1 s}{2s} = \frac{1}{2K_S T_\Sigma} \frac{1+T_1 s}{s} \;. \qquad (7.68)$$

Was die Zählerzeitkonstante T_R des Reglers betrifft, so gelangt man zu dem früheren Vorschlag, T_R gleich der überwiegenden Streckenzeitkonstante zu wählen – ein Vorschlag, der auf Grund einfacherer Erwägungen naheliegt. Neu ist jedoch die Einstellregel für V:

$$V = K_R K_S = \frac{1}{2T_\Sigma} \;. \qquad (7.69)$$

Um dieses Resultat an einem konkreten Beispiel zu überprüfen, betrachten wir wieder die Regelstrecke aus Bild 7/21. Für sie ist

$$T_1 = 0{,}53 \text{ sec} \;, \quad T_\Sigma = T_2 + T_3 = 0{,}06 \text{ sec} \;.$$

Wir dürfen deshalb die Ungleichung $T_1 >> T_\Sigma$ als genügend gut erfüllt ansehen. Wegen (7.69) ist

$$V = \frac{1}{0{,}12} = 8{,}33 \text{ sec}^{-1} \;.$$

Man erhält somit – und das darf als typisch gelten – bei der Verwendung des Betragsoptimums eine erheblich besser gedämpfte Sprungantwort als bei der Benutzung der quadratischen Regelfläche. Der Zeitverlauf für V = 10 in Bild 7/22 gibt das Verhalten nahezu wieder. Es liegt ein sehr gutes Übergangsverhalten vor.

In Tabelle 7/3 sind die sich aus dem Verfahren des Betragsoptimums ergebenden Einstellregeln für die häufigsten Anwendungsfälle zusammengestellt. Wie man sieht, ist es ein sehr handliches Verfahren. In der vorliegenden Form ist es auf Verzögerungssysteme beschränkt. Bei nichtreellen Streckenpolen können Stabilitätsschwierigkeiten auftreten. Das zeigt schon ein einfaches Beispiel:

Tabelle 7/3. Einstellregeln zum Betragsoptimum

Strecke $F_o(s)$	Regler $G_K(s)$	Einstellregeln
$\frac{1}{a_0+a_1s+a_2s^2+\dots}$	PI $\frac{r_0+r_1s}{2s}$	$r_0 = a_0\frac{a_1^2-a_0a_2}{a_1a_2-a_0a_3}$, $r_1 = a_1\frac{a_1^2-a_0a_2}{a_1a_2-a_0a_3} - a_0$
$\frac{1}{a_0+a_1s+a_2s^2+\dots}$	PID $\frac{r_0+r_1s+r_2s^2}{2s}$	$r_0 = \frac{1}{D}\begin{vmatrix} a_0^2 & -a_0 & 0 \\ -a_1^2+2a_0a_2 & -a_2 & a_1 \\ a_2^2+2a_0a_4-2a_1a_3 & -a_4 & a_3 \end{vmatrix}$ $r_1 = \frac{1}{D}\begin{vmatrix} a_1 & a_0^2 & 0 \\ a_3 & -a_1^2+2a_0a_2 & a_1 \\ a_5 & a_2^2+2a_0a_4-2a_1a_3 & a_3 \end{vmatrix}$ $r_2 = \frac{1}{D}\begin{vmatrix} a_1 & -a_0 & a_0^2 \\ a_3 & -a_2 & -a_1^2+2a_0a_2 \\ a_5 & -a_4 & a_2^2+2a_0a_4-2a_1a_3 \end{vmatrix}$ $D = \begin{vmatrix} a_1 & -a_0 & 0 \\ a_3 & -a_2 & a_1 \\ a_5 & -a_4 & a_3 \end{vmatrix}$
$\frac{K_S}{\prod_{\nu=1}^{n}(1+T_\nu s)}$ $T_1 >> T_\Sigma = \sum_{\nu=2}^{n} T_\nu$	PI $K_R\frac{1+T_Rs}{s}$	$K_R = \frac{1}{2K_ST_\Sigma}$, $T_R = T_1$
$\frac{K_S}{\prod_{\nu=1}^{n}(1+T_\nu s)}$ $T_1, T_2 >> T_\Sigma = \sum_{\nu=3}^{n} T_\nu$ 2 große Zeit-konstanten	PI $K_R\frac{1+T_Rs}{s}$	$K_R = \frac{1}{2K_S}\frac{T_1^2+T_1T_2+T_2^2}{(T_1+T_2)T_1T_2}$ $T_R = \frac{(T_1^2+T_2^2)(T_1+T_2)}{T_1^2+T_1T_2+T_2^2}$
	PID $K_R\frac{(1+T_{R1}s)(1+T_{R2}s)}{s}$	$K_R = \frac{1}{2K_ST_\Sigma}$, $T_{R1} = T_1$, $T_{R2} = T_2$

$$F_o(s) = \frac{1}{1+2dTs+T^2s^2}\ , \quad G_K(s) = \frac{r_0+r_1s}{2s}\ .$$

Gemäß (7.67) ist

$$r_0 = \frac{(2dT)^2 - T^2}{2dT \cdot T^2 - 1 \cdot 0} = \frac{4d^2-1}{2d}\,\frac{1}{T}\ .$$

Daher ist $r_0 < 0$ für $d < \frac{1}{2}$. Die charakteristische Gleichung $F_o(s)\,G_K(s) + 1 = 0$ des Regelkreises lautet hier:

$$r_0 + r_1s + 2s(1+2dTs+T^2s^2) = 0\ .$$

Da der Koeffizient $r_0 < 0$, ist der Regelkreis gemäß (4.91) instabil.

Zusammenfassend darf man sagen, daß die Anwendung des Betragsoptimums ein gutes Zeitverhalten des Regelkreises liefert, sofern die Strecke Verzögerungsverhalten aufweist und die Pole reell oder, wenn konjugiert komplex, hinreichend gedämpft sind.

7.8.3 Das symmetrische Optimum

Mit der Methode des Betragsoptimums ist ein weiteres Verfahren zur Gewinnung von Einstellregeln für die Reglerparameter nahe verwandt, das unter der Bezeichnung *symmetrisches Optimum* läuft. Es wurde von *C. Kessler* 1958 angegeben und ist in der Praxis, vor allem der Antriebstechnik, recht verbreitet, da die aus ihm resultierenden Formeln noch einfacher sind als die aus dem Betragsoptimum folgenden [7.7, 7.8, 7.9]. Ihre Herleitung ist weniger zwangsläufig und an mehr Annahmen gebunden als beim Betragsoptimum, doch haben sich die Formeln in der Praxis bewährt.

Die Strecke wird als ein Verzögerungssystem mit reellen Polen vorausgesetzt. Die wesentliche zusätzliche Annahme gegenüber dem Betragsoptimum besteht darin, daß die Zeitkonstanten in eine Gruppe *großer Zeitkonstanten* $T_1, \ldots, T_n$ und eine Gruppe *kleiner Zeitkonstanten* $\tau_1, \ldots, \tau_m$ zerfallen, wobei

$$T_1, \ldots, T_n >> \sum_{\mu=1}^{m} \tau_\mu \tag{7.70}$$

gelten soll. Es ist also

$$F_o(j\omega) = \frac{K_S}{\prod\limits_{\nu=1}^{n} (1+T_\nu j\omega) \prod\limits_{\mu=1}^{m} (1+\tau_\mu j\omega)}\ . \tag{7.71}$$

Der Regler wird in der Form

$$G_K(j\omega) = \frac{K_R}{j\,\omega}(1+T_R j\omega)^n \tag{7.72}$$

angesetzt. Dabei ist also der Zählergrad n gleich der Zahl der großen Zeitkonstanten. In dieser idealen Form wird man vielfach nur den Fall $n = 1$ (PI-Regler) verwirklichen können. Für $n > 1$ muß man Nennerfaktoren der Art $1 + \tau_\mu j\omega$ hinzufügen, wobei man die τ_μ dann zu den kleinen Zeitkonstanten zu schlagen hat. Falls sie wirklich klein sind, wird man jedoch $n = 2$ oder allenfalls $n = 3$ im Hinblick auf die Störwelligkeit im allgemeinen kaum überschreiten können.

Man geht nun davon aus, daß die Betragskennlinie des korrigierten offenen Kreises bei geeigneter Wahl des Reglers eine Durchtrittsfrequenz ω_D hat, die eine Mittellage zwischen den niedrigen Knickfrequenzen $1/T_\nu$ der großen Zeitkonstanten und den hohen Knickfrequenzen $1/\tau_\mu$ der kleinen Zeitkonstanten einnimmt - sicherlich eine vernünftige Annahme zur Synthese des Regelkreises. Der Frequenzgang $F_K(j\omega)$ weist dann eine gewisse Symmetrie zur Durchtrittsfrequenz auf, was dem Verfahren den Namen verliehen hat. Für das dynamische Verhalten des Regelkreises ist die Gestalt der Frequenzkennlinien in der Umgebung der Durchtrittsfrequenz ω_D maßgebend. Da die Knickfrequenzen $1/T_\nu$ der großen Zeitkonstanten erheblich links von ω_D liegen, kann man die zu ihnen gehörenden einzelnen Betragskennlinien in der Umgebung von ω_D durch die mit 20 dB/Dekade fallenden Geradenstücke annähern. Der Faktor

$$\frac{1}{1+T_\nu j\omega} \quad \text{wird also durch den Faktor} \quad \frac{1}{T_\nu j\omega}$$

ersetzt. Was die kleinen Zeitkonstanten betrifft, die rechts von ω_D gelegen sind, so wird man ihren Einfluß in der Umgebung von ω_D genügend berücksichtigen, wenn man sie durch die Summenzeitkonstante

$T_\Sigma = \sum\limits_{\mu=1}^{m} \tau_\mu$ ersetzt. Damit folgt aus (7.71), daß im mittleren ω-Bereich näherungsweise

$$F_o(j\omega) = \frac{K_S}{\prod\limits_{\nu=1}^{n} T_\nu (j\omega)^n (1+T_\Sigma j\omega)} \tag{7.73}$$

ist.

Zur Vereinfachung der Schreibweise wollen wir nun vorübergehend $j\omega$ mit s bezeichnen. Dann ist unter obigen Voraussetzungen

$$F_K(s) = G_K(s)\,F_o(s) = \frac{K_R K_S}{T_1 T_2 \cdots T_n}\,\frac{1}{s}\left[\frac{1+T_R s}{s}\right]^n \cdot$$

$$\cdot \frac{1}{1+T_\Sigma s}\,.$$

Durch Erweitern mit $T_R{}^n$ wird

$$F_K(s) = \frac{K_R K_S T_R{}^n}{T_1 T_2 \cdots T_n}\,\frac{1}{s}\left[\frac{1+T_R s}{T_R s}\right]^n \frac{1}{1+T_\Sigma s}\,. \quad (7.74)$$

Da $(1+x)^n \approx 1 + nx$ für genügend kleine x, darf man näherungsweise

$$\left[\frac{1+T_R s}{T_R s}\right]^n = \left[1+\frac{1}{T_R s}\right]^n = 1 + n\,\frac{1}{T_R s} = \frac{1+\frac{T_R}{n}s}{\frac{T_R}{n}s}$$

setzen. Dadurch wird aus (7.74)

$$F_K(s) = \frac{1+\frac{T_R}{n}s}{T_P s\cdot\frac{T_R}{n}s\cdot(1+T_\Sigma s)} =$$

$$= \frac{1+\frac{T_R}{n}s}{\frac{T_P T_R}{n}s^2 + \frac{T_P T_R T_\Sigma}{n}s^3}\,, \quad (7.75)$$

wobei abkürzend

$$T_P = \frac{T_1 T_2 \cdots T_n}{K_R K_S T_R{}^n} \quad (7.76)$$

gesetzt ist. Ersetzt man nun wieder s durch $j\omega$, so erhält man aus (7.75) für den Führungsfrequenzgang:

$$F_w(j\omega) = \frac{F_K(j\omega)}{1+F_K(j\omega)} =$$

$$= \frac{1+\frac{T_R}{n}j\omega}{1+\frac{T_R}{n}j\omega+\frac{T_P T_R}{n}(j\omega)^2+\frac{T_P T_R T_\Sigma}{n}(j\omega)^3} =$$

$$= \frac{1+\frac{T_R}{n}j\omega}{N(j\omega)}\,. \quad (7.77)$$

Die weitere Betrachtung verläuft ähnlich wie beim Betragsoptimum. Durch geeignete Wahl der Reglerparameter soll in einer möglichst großen Umgebung von $\omega = 0$ $F_w(j\omega) = 1$ bzw. die Betragskennlinie $|F_w|_{dB}$ konstant bei Null gehalten werden. Dem wirkt vor allem die absenkende Tendenz der Nennerzeitkonstanten entgegen. Man wird deshalb versuchen, in einer möglichst großen Umgebung von $\omega = 0$ $|N(j\omega)| = 1$ zu machen. Wegen (7.77) führt dies zu der Forderung

$$N(j\omega)N(-j\omega) = 1 + \frac{T_R}{n}\left[\frac{T_R}{n} - 2T_P\right]\omega^2 +$$

$$+ \frac{T_R{}^2 T_P}{n^2}(-2T_\Sigma + T_P)\omega^4 + \ldots \overset{!}{=} 1\,.$$

Sie wird so gut wie möglich dadurch erfüllt, daß die Koeffizienten der ersten ω-Potenzen durch geeignete Wahl der Reglerparameter zu Null gemacht werden:

$$\frac{T_R}{n} - 2T_P = 0\,, \quad (7.78)$$

$$-2T_\Sigma + T_P = 0\,. \quad (7.79)$$

Aus (7.79) folgt

$$T_P = 2T_\Sigma \quad (7.80)$$

und damit aus (7.78)

$$T_R = 2nT_P = 4nT_\Sigma\,. \quad (7.81)$$

Den zweiten Reglerparameter K_R bestimmt man nun aus (7.76):

$$K_R = \frac{1}{K_S}\,\frac{T_1 T_2 \cdots T_n}{T_R{}^n}\,\frac{1}{T_P}\,,$$ also wegen (7.80) und (7.81)

$$K_R = \frac{1}{2K_S T_\Sigma}\,\frac{T_1 T_2 \cdots T_n}{(4nT_\Sigma)^n}\,. \quad (7.82)$$

Dieses Ergebnis samt den beiden wichtigsten Sonderfällen ist in Tabelle 7/4 festgehalten. Bei dem so entworfenen Regler werden also keine Streckenzeitkonstanten kompensiert.

Wendet man das Verfahren des symmetrischen Optimums auf die Drehzahlregelstrecke in Bild 7/21 an, so darf man die Zeitkonstante $T_1 = 0{,}53$ sec als große Zeitkonstante gegenüber $T_2 = 0{,}055$ sec und $T_3 = 0{,}005$ sec ansehen. Gemäß Tabelle 7/4 erhält man wegen $K_S = 1{,}74$ für die Parameter des PI-Reglers

$$K_R = \frac{0{,}53}{8\cdot 1{,}74\cdot 0{,}06^2} = 10{,}6\ \text{sec}^{-1}\,,$$

$$T_R = 4\cdot 0{,}06 = 0{,}24\ \text{sec}\,.$$

Den so erhaltenen Regelkreis samt der zugehörigen Sprungantwort zeigt Bild 7/50. Zum Vergleich sind im selben Bild die Einschwingvorgänge der Regelkreise auf-

Tabelle 7/4. Einstellregeln zum symmetrischen Optimum

Strecke $F_o(s)$	Regler $G_K(s)$	Einstellregeln
Allgemeiner Fall		
$\dfrac{K_S}{\prod_{\nu=1}^{n}(1+T_\nu s)\prod_{\mu=1}^{m}(1+\tau_\mu s)}$	$\dfrac{K_R}{s}(1+T_R s)^n$	$K_R = \dfrac{1}{2K_S T_\Sigma}\dfrac{T_1 T_2 \cdots T_n}{(4nT_\Sigma)^n}$
		$T_R = 4nT_\Sigma$
$T_1, \ldots, T_n >> T_\Sigma = \sum_{\mu=1}^{m} \tau_\mu$		
1 große Zeitkonstante		
$\dfrac{K_S}{(1+T_1 s)\prod_{\mu=1}^{m}(1+\tau_\mu s)}$	$\dfrac{K_R}{s}(1+T_R s)$	$K_R = \dfrac{T_1}{8K_S T_\Sigma^2}$
	PI-Regler	$T_R = 4T_\Sigma$
$T_1 >> T_\Sigma = \sum_{\mu=1}^{m} \tau_\mu$		
2 große Zeitkonstanten		
$\dfrac{K_S}{\prod_{\nu=1}^{2}(1+T_\nu s)\prod_{\mu=1}^{m}(1+\tau_\mu s)}$	$\dfrac{K_R}{s}(1+T_R s)^2$	$K_R = \dfrac{T_1 T_2}{128 K_S T_\Sigma^3}$
	PID-Regler	$T_R = 8T_\Sigma$
$T_1, T_2 >> T_\Sigma = \sum_{\mu=1}^{m} \tau_\mu$		

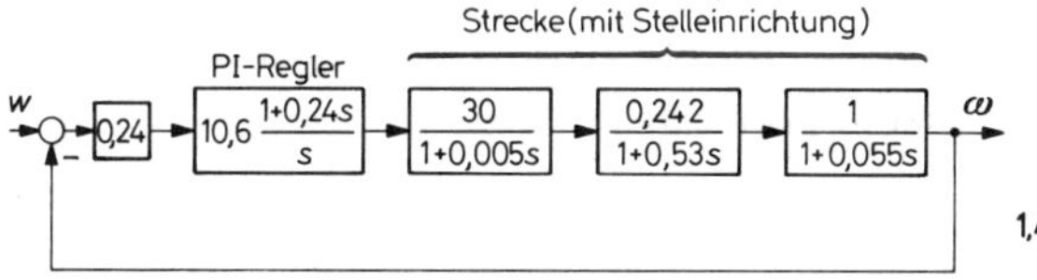

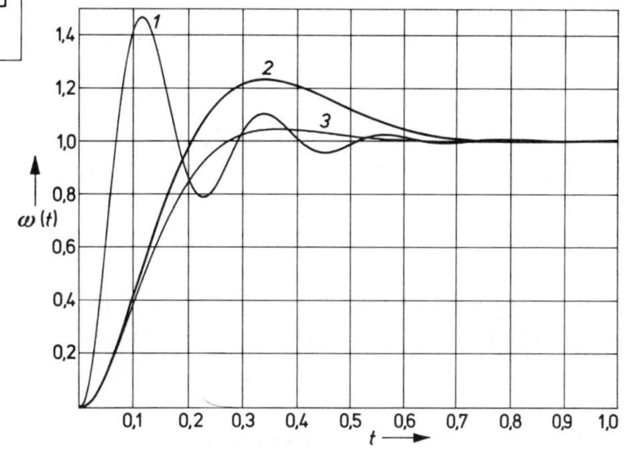

Bild 7/50.
Beispiel zum symmetrischen Optimum: Regelkreis und Sprungantwort (Kurve 2) sowie Vergleich der verschiedenen Korrekturergebnisse:
1 quadratische Regelfläche
2 symmetrisches Optimum
3 Betragsoptimum

gezeichnet, die nach der quadratischen Regelfläche (Kurve 1) und nach dem Betragsoptimum (Kurve 3) wurden. Wie man sieht, ist der Einschwingvorgang beim symmetrischen Optimum schwächer gedämpft als beim Betragsoptimum. Das ist kein Zufall, vielmehr ist allgemein bei der Reglerauslegung nach dem symmetrischen Optimum eine geringere Dämpfung zu erwarten als bei der Benutzung des Betragsoptimums. Davon kann man sich bereits durch eine überschlägige Betrachtung mittels des Wurzelortsverfahrens überzeugen. Betrachten wir eine typische Konfiguration:

$$F_o(s) = \frac{K_S}{(1+T_1 s)(1+T_\Sigma s)}\,, \quad T_1 >> T_\Sigma\,,$$

$$G_K(s) = \frac{1}{2K_S T_\Sigma}\,\frac{1+T_1 s}{s} \quad \text{beim Betragsoptimum,}$$

$$G_K(s) = \frac{T_1}{8K_S T_\Sigma^2}\,\frac{1+4T_\Sigma s}{s} \quad \text{beim symmetrischen Optimum.}$$

Infolgedessen ist die Übertragungsfunktion des korrigierten offenen Kreises

$$F_K(s) = \frac{1}{2T_\Sigma}\,\frac{1}{s(1+T_\Sigma s)} \quad \text{beim Betragsoptimum,}$$

$$F_K(s) = \frac{T_1}{8T_\Sigma^2}\,\frac{1+4T_\Sigma s}{s(1+T_1 s)(1+T_\Sigma s)} \quad \text{beim symmetrischen Optimum.}$$

Im Falle des Betragsoptimums erhält man die Wurzelortskurve in Bild 7/51a, wobei $-1/T_\Sigma$ in Wirklichkeit sehr weit links von der j-Achse liegt. Um zur Wurzelortskurve im Fall des symmetrischen Optimums zu gelangen, hat man den nahe bei Null gelegenen Pol $-1/T_1$ und die weit links gelegene Nullstelle $-1/(4T_\Sigma)$ einzufügen (Bild 7/51b). Man sieht, wie der senkrecht auf der reellen Achse stehende Wurzelortsast durch diese Einfügung kräftig nach rechts verschoben (und etwas zurückgekrümmt) wird. Das wird zu einer Rechtsverlagerung des dominanten Polpaars des geschlossenen Kreises und damit zu einem weniger gedämpften, aber schnelleren Einschwingvorgang führen.

Deshalb wird man die Einstellung nach dem symmetrischen Optimum der Einstellung nach dem Betragsoptimum vorziehen, wenn es nur um die Ausregelung der Störgröße geht, da man hierbei häufig geringere Dämpfung in Kauf nehmen kann (Abschnitt 7.2).

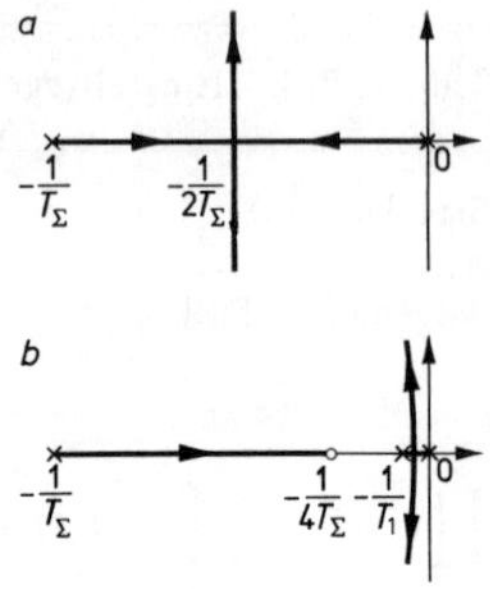

Bild 7/51. Wurzelortskurve des korrigierten Kreises
a nach dem Betragsoptimum
b nach dem symmetrischen Optimum
(Bild ist nicht maßstäblich richtig)

7.8.4 Einstellregeln nach Ziegler-Nichols

Verfahrenstechnische Regelstrecken (Druck-, Durchfluß-, Stand-, Temperaturregelstrecken) werden in vielen Fällen mit guter Näherung durch eine Reihenschaltung von Verzögerungsgliedern bzw. eines Verzögerungsgliedes 1. Ordnung und eines Totzeitgliedes beschrieben (Bild 2/52). Für Strecken dieser Art wurden auf empirischer Grundlage, zum Teil durch Nachbildung der Systeme am Analogrechner oder an Modellregelkreisen, viele Einstellregeln für die Reglerparameter entwickelt. Eine Zusammenstellung solcher Untersuchungen findet man in [7.10], S. 467–471. Die ersten derartigen Einstellregeln stammen von ***J.G. Ziegler*** und ***N.B. Nichols*** und werden bis heute in der verfahrenstechnischen Praxis benutzt [7.11].

Um sie zu formulieren, ist es zunächst erforderlich, eine bisher noch nicht benötigte *Darstellung des idealen PID-Reglers* einzuführen, die in Verfahrenstechnik und Maschinenbau vielfach benutzt wird. Dazu gehen wir von (7.24) aus, schreiben aber statt des Frequenzgangs die Übertragungsfunktion:

$$G_K(s) = \frac{K_R}{s} + K_R(T_{R1}+T_{R2}) + K_R T_{R1} T_R s\ .$$

Daraus folgt

$$G_K(s) = k_R\left[1 + \frac{1}{T_n s} + T_v s\right] \qquad (7.83)$$

mit

$$k_R = K_R(T_{R1}+T_{R2})\,, \quad T_n = T_{R1} + T_{R2}\,,$$

$$T_v = \frac{T_{R1}T_{R2}}{T_{R1}+T_{R2}}\ . \qquad (7.84)$$

k_R heißt *Übertragungsbeiwert*, T_n *Nachstellzeit* und T_v *Vorhaltzeit* des Reglers.

Im Zeitbereich wird aus der Reglergleichung

$$U(s) = G_K(s)\,E(s)$$

bzw.

$$U(s) = k_R E(s) + \frac{k_R}{T_n}\,\frac{1}{s}\,E(s) + k_R T_v\, s\, E(s)$$

die Beziehung

$$u(t) = k_R e(t) + \frac{k_R}{T_n}\int_0^t e(\tau)\,d\tau + k_R T_v \dot{e}(t) \ . \qquad (7.85)$$

Für das Folgende seien diese drei Summanden als P-Anteil $u_P(t)$, I-Anteil $u_I(t)$ und D-Anteil $u_D(t)$ bezeichnet. Schaltet man

$$e = \sigma(t)$$

auf, so wird der I-Anteil

$$u_I(t) = \frac{k_R}{T_n}\, t \ .$$

Für $t = T_n$ nimmt er den Wert k_R an - ein Wert, auf den der P-Anteil $u_p = k_R \sigma(t)$ sofort springt. Daher rührt die Benennung "Nachstellzeit" (Bild 7/52a).

Schaltet man zum Zeitpunkt $t = 0$ die Rampenfunktion $e = t$ auf, so wird der D-Anteil $u_D(t) = k_R T_v$, hat also sofort den Wert $k_R T_v$, den der P-Anteil $u_P(t) = k_R t$ erst zum Zeitpunkt $t = T_v$ erreicht. Deshalb wurde die Benennung "Vorhaltzeit" gewählt (Bild 7/52b).

Nun zurück zu den Einstellregeln von Ziegler und Nichols! Bei ihnen braucht man den genaueren Aufbau der Strecke nicht zu kennen. Man geht davon aus, daß man mit dem realen System experimentieren kann und nimmt dann folgende Schritte vor:

1. Man schaltet den Regler in Reihe zur Strecke und stellt ihn zunächst lediglich als P-Regler ein: $G_K(s) = k_R$.

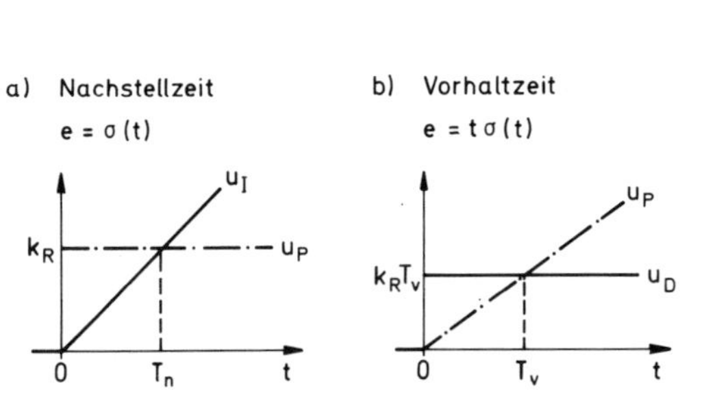

Bild 7/52. Veranschaulichung der Begriffe "Nachstellzeit" und "Vorhaltzeit"

2. Man vergrößert k_R so weit, bis der geschlossene Kreis eine Dauerschwingung ausführt, also an der Stabilitätsgrenze angekommen ist. Der zugehörige Wert von k_R sei k_{Rk}.

3. Man mißt die Schwingungsdauer T_k dieser Dauerschwingung.

4. Man wählt für den PI-Regler mit der Übertragungsfunktion

$$G_K(s) = k_R\left[1 + \frac{1}{T_n s}\right]$$

die Parameterwerte

$$k_R = 0{,}45\, k_{Rk}\ ;\ T_n = 0{,}85\, T_k \ . \qquad (7.86)$$

Für den PID-Regler mit der Übertragungsfunktion

$$G_K(s) = k_R\left[1 + \frac{1}{T_n s} + T_v s\right]$$

lauten die empfohlenen Parameterwerte:

$$k_R = 0{,}6\, k_{Rk}\ ;\ T_n = 0{,}5\, T_k\ ;\ T_v = 0{,}12\, T_k \ . \qquad (7.87)$$

Diese Einstellregeln sind aber nur für den genannten verhältnismäßig langsamen Streckentyp zu empfehlen, sie gelten für das Störverhalten und lassen einen mäßig gedämpften, nicht allzu langsam abklingenden Einschwingvorgang des Regelkreises erwarten.

Es wird häufig nicht möglich sein, die Reglerverstärkung k_R in der realen Anlage so weit zu erhöhen, daß der geschlossene Kreis eine Dauerschwingung ausführt, da dies zu aufwendig ist und die Anlage zu sehr beansprucht wird. Falls die Strecke durch ein Verzögerungsglied 1. Ordnung und ein Totzeitglied genügend angenähert wird, kann man die für die Einstellung erforderlichen Werte k_{Rk} und T_k aber auch ohne Schwierigkeit berechnen.

Aus

$$F_o(s) = \frac{K_S}{1+Ts}\, e^{-T_t s}\ ,\ G_K(s) = k_R \quad \text{folgt}$$

$$F_K(s) = \frac{V}{1+Ts}\, e^{-T_t s}\ ,\ V = k_R K_S \ .$$

Der Zustand der Dauerschwingung ist dadurch gekennzeichnet, daß die charakteristische Gleichung $F_K(s) + 1 = 0$ ein Nullstellenpaar auf der j-Achse hat, also ein ω mit $F_K(j\omega) + 1 = 0$ existiert. Im vorliegenden Fall führt dies auf die Gleichung

$$Ve^{-T_t j\omega} + 1 + Tj\omega = 0 \quad \text{oder}$$

$V\,[\cos(T_t\omega) - j\sin(T_t\omega)] + 1 + Tj\omega = 0\,.$

Da Real- und Imaginärteil einzeln Null sein müssen, folgt daraus weiter

$$V\cos(T_t\omega) = -1\,, \tag{7.88a}$$

$$V\sin(T_t\omega) = T\omega\,. \tag{7.88b}$$

Dies sind zwei Gleichungen zur Bestimmung von ω und V, wobei V derjenige Wert der Kreisverstärkung ist, für den $\pm j\omega$ eine Lösung der charakteristischen Gleichung darstellt. Aus (7.88) folgt einerseits durch Dividieren

$$\tan(T_t\omega) = -T\omega\,, \tag{7.89}$$

andererseits durch Quadrieren und Addieren

$$V^2 = 1 + T^2\omega^2\,. \tag{7.90}$$

Setzt man in (7.89) $T_t\omega = \Omega$, also $\omega = \frac{\Omega}{T_t}$ ein, so entsteht die Gleichung

$$\tan\Omega = -\frac{T}{T_t}\,\Omega\,. \tag{7.91}$$

Diese transzendente Gleichung kann man zwar nicht formelmäßig, aber für jeden festen Wert T/T_t leicht numerisch oder graphisch lösen (Bild 7/53). Von den unendlich vielen positiven Lösungen ist nur die kleinste Lösung Ω_k von Interesse, da sie gemäß (7.90) den V-Wert liefert, durch den die Stabilitätsgrenze bestimmt ist:

$$V_k = \sqrt{1 + \left[\frac{T}{T_t}\,\Omega_k\right]^2}\,. \tag{7.92}$$

Dann ist schließlich

$$k_{Rk} = \frac{V_k}{K_S}\,. \tag{7.93}$$

Weiterhin ist

$$T_k = \frac{2\pi}{\omega_k} = 2\pi\,\frac{T_t}{\Omega_k}\,.$$

Zwei Grenzfälle kann man allgemein erledigen. Ist $T_t >> T$, so liest man aus Bild 7/53 ab, daß $\Omega_k \approx \pi$ ist.

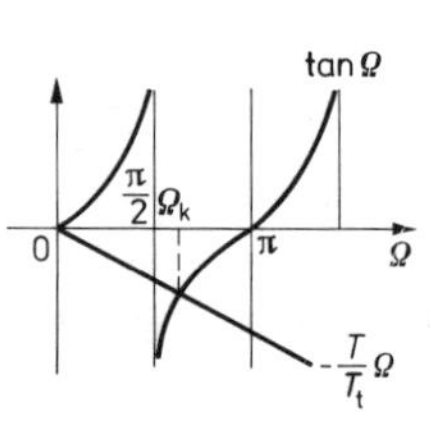

Bild 7/53. Zur Lösung der Gleichung $\tan\Omega = -\frac{T}{T_t}\,\Omega$

Damit ergibt sich für die Periode der Dauerschwingung

$$T_k = \frac{2\pi}{\omega_k} = 2\pi\,\frac{T_t}{\Omega_k} \approx 2T_t\,. \tag{7.94}$$

Da $\sqrt{1+x^2} \approx 1 + \frac{1}{2}x^2$ für kleines x, erhält man aus (7.92)

$$V_k \approx 1 + \frac{1}{2}\left[\frac{T}{T_t}\,\Omega_k\right]^2 = 1 + 2\pi^2\left[\frac{T}{T_k}\right]^2\,. \tag{7.95}$$

Ist umgekehrt $T_t << T$, so folgt aus Bild 7/53 $\Omega_k \approx \frac{\pi}{2}$ und damit

$$T_k = 2\pi\,\frac{T_t}{\Omega_k} = 4T_t\,. \tag{7.96}$$

Da jetzt $x = \frac{T}{T_t}\,\Omega_k \approx \frac{T}{T_t}\,\frac{\pi}{2} >> 1$, ist näherungsweise $\sqrt{1+x^2} = x$ und somit

$$V_k \approx \frac{\pi}{2}\,\frac{T}{T_t}\,. \tag{7.97}$$

7.9 Kompensationsregler

Die Erfüllung *quantitativer* dynamischer Forderungen in Gestalt von Ungleichungen für bestimmte Kenndaten der Führungssprungantwort ist verständlicherweise komplizierter als die Erfüllung der Grundforderungen und qualitativen Forderungen I bis IV und auch schwieriger als die im Abschnitt 7.8 beschriebene Parameterwahl, die auf die Erfüllung dieser Forderung abzielt. Mit dem Wurzelortsverfahren ist, wie im Abschnitt 7.7 gezeigt, die Erfüllung solcher quantitativen Forderungen möglich, wird aber recht aufwendig, wenn es um Strecken höherer Ordnung geht. Von ***Wolfgang Weber*** [7.12, 7.13] wurde ein einfach zu handhabendes Verfahren angegeben, um solche Forderungen zu erfüllen. Es beruht auf einer realisierbaren Kompensation des Streckenverhaltens und zielt darauf ab, vorgegebene Ungleichungen für die Kenndaten der Führungssprungantwort $h_w(t)$ einzuhalten.

Das Verfahren läuft in zwei Schritten ab:

Schritt 1: Aus den vorgegebenen Ungleichungen für die Kenndaten von $h_w(t)$ wird die erforderliche Führungsübertragungsfunktion $F_w(s)$ hergeleitet.

Schritt 2: Aus $F_w(s)$ und der gegebenen Strecke $F_0(s)$ (zu der die Stell- und Meßeinrichtung hinzuzurechnen sind), wird der Regler $G_K(s)$ bestimmt.

Wie die beiden Schritte durchzuführen sind, sei an einer typischen Problemstellung gezeigt: Es ist verlangt, daß

$h_w(t)$ aperiodisch verläuft und die Zeit $t_ü$ bis zum endgültigen Eintritt in den 5%-Streifen um den Endwert 1 höchstens gleich einer vorgegebenen Zahl $t_{ü0}$ ist.

Zunächst erhebt sich also die Frage: Wie kann man $F_w(s)$ wählen, damit $h_w(t)$ aperiodisch verläuft? Eine solche Sprungantwort entsteht gewiß, wenn

$$F_w(s) = \frac{1}{N_w(s)} = \frac{1}{\left[1 + \frac{s}{D}\right]^r}, \; r = 1, 2, \ldots, \text{ und } D > 0 \qquad (7.98)$$

ist, wobei im übrigen r und D nicht festgelegt sind. $F_w(s)$ hat dann in $s = -D$ einen r-fachen reellen Pol. Diese Situation ist in Bild 7/54, links, skizziert. Für $r = 1$ handelt es sich um ein P-T_1-Glied, so daß

$$h_w(t) = 1 - e^{-Dt} \; .$$

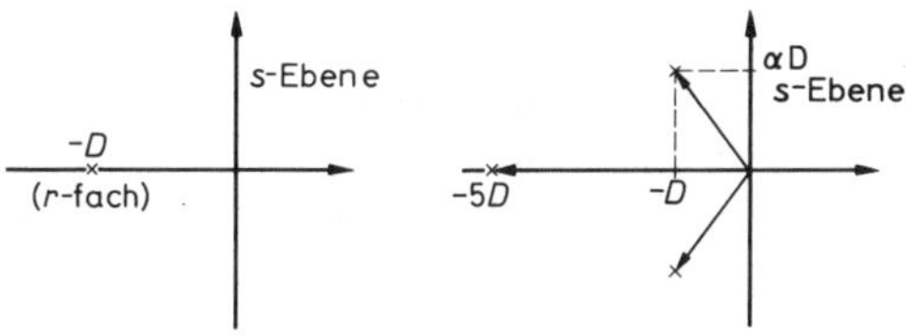

Bild 7/54 Polkonfigurationen zu den Zeitfunktionen in den Bildern 7/55 und 7/56

links: $F_w(s) = \frac{1}{\left[1 + \frac{s}{D}\right]^r}, \; r = 1, 2, \ldots$

rechts: $F_w(s) = \frac{(1+\alpha^2)D^2}{\left[1 + \frac{s}{5D}\right]^k [(s+D)^2 + \alpha^2 D^2]},$

$k = 0, 1, \ldots; \; \alpha > 0$

Für $r > 1$ ist entsprechend

$$h_w(t) = 1 - e^{-Dt} p_{r-1}(Dt) \; , \qquad (7.99)$$

wobei $p_{r-1}(Dt)$ ein Polynom vom Grad $r-1$ in Dt ist. Stellt man die Sprungantworten (7.99) über der normierten Zeit Dt dar, so erhält man Bild 7/55.

Jetzt kann man auch die Forderung $t_ü \leq t_{ü0}$ erfüllen, und zwar *bei beliebig anderweitig vorgegebenem* r = Grad N_w. Es sei etwa $r = 3$, und es soll $t_ü \leq 10$ sein. Aus Bild 7/55 liest man für $r = 3$ $Dt_ü = 7$, also $t_ü = 7/D$ ab. Damit $t_ü = 7/D \leq 10$ ist, muß $D \geq 7/10 = 0{,}7$ sein. Es genügt also, $D = 0{,}7$ zu wählen, damit die zugehörige Übertragungsfunktion $F_w(s)$ eine Sprungantwort erzeugt, für die gewiß $t_ü \leq 10$ ist.

Sind Überschwingungen der Sprungantwort zugelassen und will man dafür einen schnelleren Verlauf, so kann

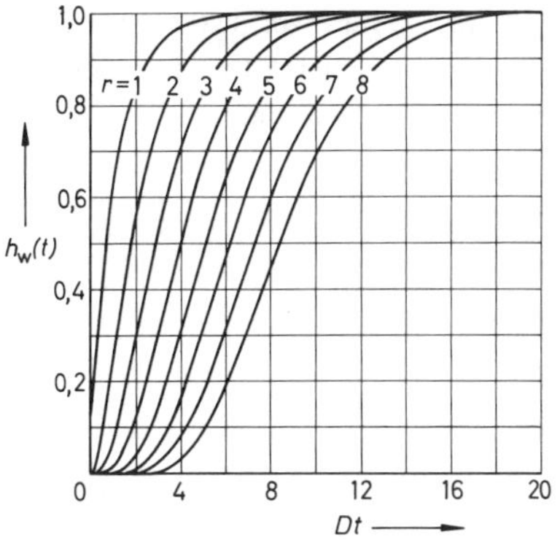

Bild 7/55. Sprungantworten zu $F_w(s) = \frac{1}{\left[1 + \frac{s}{D}\right]^r}$

man entsprechend vorgehen. Man nimmt eine Übertragungsfunktion $F_w(s)$, die ein konjugiert komplexes Polpaar und daneben einen reellen Mehrfachpol hat (Bild 7/54, rechts):

$$F_w(s) = \frac{(1+\alpha^2)D^2}{\left[1 + \frac{s}{5D}\right]^k [s-(-D+j\alpha D)][s-(-D-j\alpha D)]},$$

$$k = 0, 1, 2, \ldots \; .$$

Die zugehörigen Sprungantworten sind im Bild 7/56 wiedergegeben. Sie hängen von den drei Parametern D, α und k ab. Auch hier kann man bei gegebenem k, also gegebenem Grad $N_w = r = k+2$, durch geeignete Wahl der Parameter α und D vorgegebene Anforderungen an Überschwingweite und Übergangszeit erfüllen.

Beim zweiten Schritt des Entwurfsverfahrens lautet die Frage: Wie gelangt man von $F_w(s) = 1/N_w(s)$ zu einem

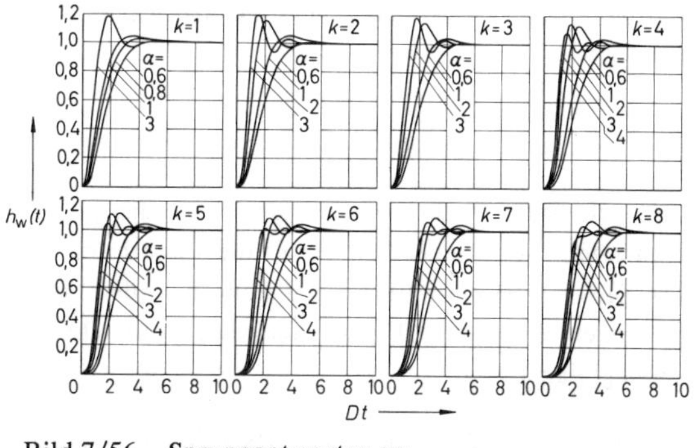

Bild 7/56. Sprungantworten zu

$$F_w(s) = \frac{(1+\alpha^2)D^2}{\left[1 + \frac{s}{5D}\right]^k \left[(s+D)^2 + \alpha^2 D^2\right]}$$

Regler $G_K(s)$, der bei gegebenem $F_o(s)$ gerade die Übertragungsfunktion $F_w(s)$ liefert? Um dies zu sehen, braucht man nur zu beachten, daß einerseits

$$F_w(s) = \frac{G_K(s)F_o(s)}{1+G_K(s)F_o(s)}$$

ist, und andererseits

$$F_w(s) = \frac{1}{N_w(s)}$$

gelten soll, wobei $N_w(s)$ durch den ersten Schritt bis auf den Parameter r festliegt. Es muß also

$$\frac{G_K(s)F_o(s)}{1+G_K(s)F_o(s)} = \frac{1}{N_w(s)}$$

gelten. Daraus folgt für den Regler

$$G_K(s) = \frac{F_o^{-1}(s)}{N_w(s)-1} = \frac{N_o(s)}{Z_o(s)\,[N_w(s)-1]} = \frac{Z_K(s)}{N_K(s)}. \quad (7.100)$$

Die Streckenübertragungsfunktion $F_o(s)$ wird also durch den reziproken Faktor $1/F_o(s)$ im Regler weggekürzt, weshalb die Bezeichnung *"Kompensationsregler"* gewählt wurde.

Soweit liegt der letzte Gedankengang auf der Hand. Der entscheidende Punkt besteht aber in folgendem. Damit G_K in einem realen Regelkreis verwendet werden kann, muß Grad $Z_K \leq$ Grad N_K sein. Nach (7.100) ist Grad Z_K = Grad N_o, Grad N_K = Grad Z_o + Grad N_w. Die letzte Ungleichung ist daher erfüllt, wenn

Grad $N_o \leq$ Grad Z_o + Grad N_w oder

Grad $N_w \geq$ Grad N_o - Grad Z_o

ist. Um unnötigen Aufwand zu vermeiden, wird man den Grad von N_w so niedrig wie möglich wählen und setzt daher

$$r = \text{Grad } N_w = \text{Grad } N_o - \text{Grad } Z_o. \quad (7.101)$$

Der springende Punkt besteht nun darin, daß - wie oben gezeigt - bei jeder Wahl von r die Forderungen an das Zeitverhalten erfüllt werden können, indem man den freien Parameter D bzw. die freien Parameter D und α geeignet wählt.

Ein Beispiel mag die Einfachheit dieses Entwurfsverfahrens beleuchten. Es sei

$$F_o(s) = \frac{2}{s(s^2+4s+5)}.$$

Es ist verlangt, daß $h_w(t)$ aperiodisch ist und spätestens nach 7 sec in den 5%-Streifen um 1 eintaucht. Nach (7.100) ist

$$G_K(s) = \frac{s(s^2+4s+5)}{2(N_w-1)}, \quad (7.102)$$

nach (7.101) $r = 3 - 0 = 3$, was man auch sofort aus (7.100) ablesen kann. Für $r = 3$ folgt aus Bild 7/55 $Dt_ü = 7$, also $t_ü = 7/D$. Die Forderung $t_ü = 7/D \leq 7$ führt zu $D \geq 1$. Wählt man $D = 1$, so wird

$$F_w(s) = \frac{1}{(1+s)^3},$$

also $N_w(s) = (s+1)^3$. Damit wird aus (7.102) der folgende Regler erhalten:

$$G_K(s) = \frac{s^2+4s+5}{2(s^2+3s+3)}.$$

Die Vorzüge dieses Entwurfsverfahrens liegen darin, daß es quantitative Forderungen an das Zeitverhalten des Regelkreises garantiert, daß die Bestimmung des Reglers überaus einfach verläuft und daß es sich um ein streng systematisches Verfahren handelt, während das Frequenzkennlinien- und auch das Wurzelortsverfahren den Charakter *gerichteten Probierens* haben.

Nachteile des Verfahrens bestehen darin, daß es bei Vorhandensein von Totzeit nicht anwendbar ist und relativ aufwendige Regler liefert. Wesentlicher ist der Nachteil, daß das Störverhalten Schwierigkeiten machen kann. Um dies zu sehen, betrachten wir Bild 7/1, in dem jedoch die Störgröße am Strecken*ein*gang angreifen möge. Falls sie im Innern der Strecke angreift, gilt ganz Entsprechendes. Aus dem Bild 7/1 liest man dann für die Störübertragungsfunktion

$$F_z(s) = \frac{F_o(s)}{1+G_K(s)F_o(s)}$$

ab. Daraus folgt wegen (7.100)

$$F_z(s) = \frac{Z_o(s)}{N_o(s)} \cdot \frac{N_w(s)-1}{N_w(s)}.$$

D.h.: Die Pole der Strecke sind - von Ausnahmefällen abgesehen - auch Pole von $F_z(s)$. Hat die Strecke daher Pole nahe links der j-Achse oder ist sie gar instabil, so ist das Störverhalten der Regelung schlecht oder sogar instabil. Ein Kompensationsregler ist dann nicht verwendbar. Falls die Störgröße am Streckenausgang angreift, tritt eine solche Schwierigkeit nicht auf.

Es mag überraschen, daß in dem eben betrachteten Fall der Verwendung eines Kompensationsreglers bei instabiler Strecke die übliche Regel, nach der Führungs- und Störverhalten einer Regelung das gleiche Stabilitätsverhalten zeigen (Abschnitt 4.7), offensichtlich nicht gilt, da das Führungsverhalten stabil, das Störverhalten aber instabil ist. Aber die im Abschnitt 4.7 gemachte Voraussetzung, daß Zähler und Nenner der Übertragungsfunktion des offenen Kreises, hier also von $F_K(s)$, keine gemeinsame Nullstelle haben, wird im vorliegenden Fall durch die Kompensation gröblich mißachtet! Daher rührt das unübliche Verhalten des Regelkreises.

Man kann versuchen, bei der Kompensation neben dem Führungsverhalten auch das Störverhalten zu berücksichtigen [7.14]. Dann ist es erforderlich, ein weiteres Reglerelement einzuführen, und die Verhältnisse werden komplizierter. Ein anderes Verfahren, das auch auf Mehrfachregelungen anwendbar ist und auf einer Kompensation der Streckeneigenschaften durch ein Modell der Strecke beruht, wurde von *P. M. Frank* [7.15] angegeben.

Oben wurde erwähnt, daß das beschriebene Kompensationsverfahren nicht auf Totzeitstrecken angewandt werden kann. Das liegt daran, daß eine *Totzeit grundsätzlich nicht kompensierbar* ist, wie schon im Abschnitt 2.8 bei der Umformung des Strukturbildes begründet wurde. Die Verschiebung durch ein Totzeitglied läßt sich also nicht aufheben. Was man bestenfalls erreichen kann, ist lediglich, daß das im Regelkreis befindliche Totzeitglied nichts Schlimmeres als diese Verschiebung bewirkt. Eine grundsätzliche Möglichkeit hierzu bietet der nach seinem Erfinder benannte ***Smith-Prädiktor*** [7.16, 7.17]. Man geht dabei von der Struktur im Bild 7/57a aus und versucht, $G_P(s)$ so zu wählen, daß diese Regelung äquivalent zur Struktur im Bild 7/57b ist, bei der die Totzeit aus dem geschlossenen Kreis verschwunden und ihm lediglich nachgeschaltet ist. Dabei bezeichnet R(s) eine noch freie Reglerübertragungsfunktion.

Sollen diese beiden Strukturen äquivalent sein, so muß gelten:

$$\frac{G_P G e^{-T_t s}}{1 + G_P G e^{-T_t s}} = \frac{RG}{1+RG} e^{-T_t s} ,$$

also

$$G_P (1 + RG) = R + R\,G_P\,G\,e^{-T_t s} ,$$

$$G_P(s) = \frac{R(s)}{1 + R(s)G(s)\left[1 - e^{-T_t s}\right]} . \qquad (7.103)$$

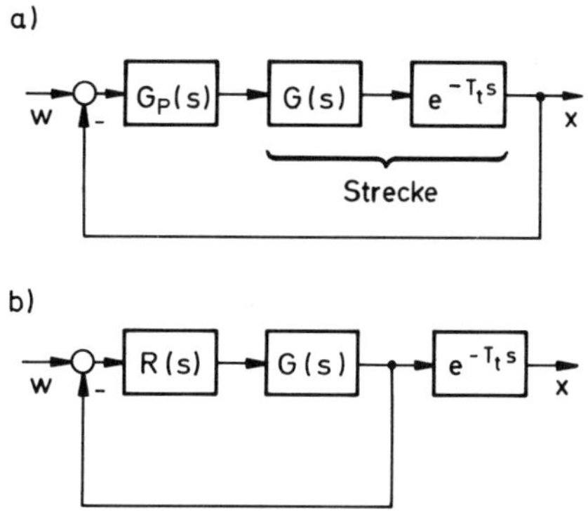

Bild 7/57. Zur Herleitung des Smith-Prädiktors

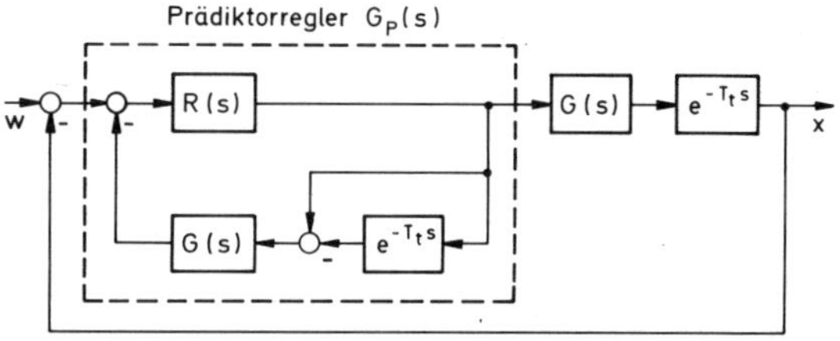

Bild 7/58. Prädiktorregelung

Man erhält so die im Bild 7/58 aufgezeichnete Struktur, die somit äquivalent zur Struktur im Bild 7/57b ist.

Man entwirft R(s) gemäß Bild 7/57b, ohne sich um die Totzeit zu kümmern, z.B. als Kompensationsregler. Man hat nur zu beachten, daß die so erhaltenen Übergangsvorgänge durch die nachgeschaltete Totzeit noch um T_t verschoben werden.

Diese bestechend einfache Idee hat bei der Realisierung leider die gravierende Schwäche, daß die Regelung nach Bild 7/58 überaus empfindlich reagiert, wenn das im Prädiktorregler enthaltene Streckenmodell, hier vor allem die Totzeit, nicht mit den wirklichen Verhältnissen übereinstimmt.

7.10 Synthese durch Veränderung der Regelungsstruktur

Die bisher beschriebenen Synthesemaßnahmen zielen sämtlich auf eine Reihenstabilisierung ab, d.h. auf die Einführung eines Regelgliedes im Vorwärtszweig der Regelung, also in Reihe zur Strecke. Es ist dies die gebräuchlichste Art der Stabilisierung, denn sie verlangt wenig Aufwand, erzielt einen guten regelungstechnischen Erfolg und ist leicht zu berechnen. Es gibt aber

Fälle, in denen man mit der Reihenstabilisierung nicht mehr auskommt. Beispielsweise kann es sein, daß man ein gut gedämpftes und dabei schnelles Einschwingverhalten wünscht, wegen der hohen Störwelligkeit aber keinen PID-Regler mit wirksamem D-Anteil nehmen kann. In solchen Fällen kann man sich oft helfen, indem man neue Verknüpfungen im Regelkreis einführt, also seine Struktur gezielt verändert, z.B. durch zusätzliche Rückführungen. Zwei derartige Strukturmaßnahmen, die sehr oft benutzt werden, sind im folgenden beschrieben.

7.10.1 Kaskadenregelung: Einführung unterlagerter Regelkreise (innerer Schleifen)

Eine Kaskadenregelung entsteht dadurch, daß man außer der Regelgröße weitere Systemgrößen meßtechnisch erfaßt, sie als *Hilfsregelgrößen* zurückführt und auf diese Weise *unterlagerte Regelkreise (innere Schleifen)* bildet. Das Bild 7/59 zeigt die Struktur einer solchen Kaskadenregelung mit *einer* Hilfsregelgröße x_1, also *einem* unterlagerten Regelkreis.

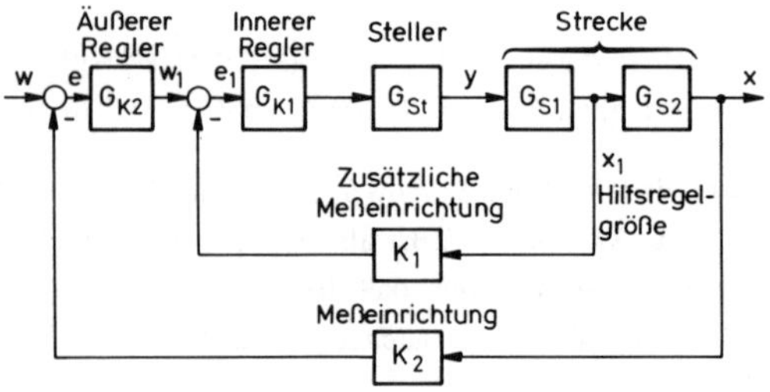

Bild 7/59. Kaskadenregelung

Worin kann nun der *Nutzen* einer solchen Anordnung bestehen? Man wird den inneren Regler so wählen, daß der innere Kreis eine günstige Dynamik erhält. Das kann z.B. dadurch geschehen, daß Zeitkonstanten des inneren Streckenteils kompensiert werden, aber auch auf andere Weise. Der äußere Regler braucht dann nur noch die Wirkung der äußeren Streckenzeitkonstanten und die Restdynamik der zu einem Block zusammengefaßten inneren Schleife zu berücksichtigen. Man darf deshalb erwarten, daß ein günstigeres dynamisches Verhalten erzielt wird, als wenn nur der äußere Regler ohne innere Rückführung eingesetzt würde.

Falls im inneren Streckenteil eine Störgröße angreift, ist als weiterer Korrektureffekt zu erwarten, daß die Störgröße besser ausgeregelt wird als im einschleifigen Kreis. Ohne innere Rückführung muß die Störung erst die – möglicherweise großen – Zeitkonstanten im äußeren Streckenteil passieren, ehe sie vom Regler bemerkt wird. Sie kann dann bis zum Eingreifen des Reglers bereits sehr unangenehme Auswirkungen, etwa tiefe Einbrüche der Regelgröße, hervorgerufen haben. Durch die Rückführung der Hilfsregelgröße ist der innere Regler in der Lage, ohne solchen Zeitverlust einzugreifen. Möglicherweise kann dann die Störgröße ausgeregelt werden, ohne daß sie sich im äußeren Kreis allzusehr bemerkbar macht.

Die *Durchführung des Entwurfs* erfolgt in drei Schritten:

(I) *Wahl des inneren Reglers*, und zwar so, daß er gewünschtes Verhalten der inneren Schleife liefert.
Die Anforderungen können hier anders sein als beim gesamten Regelkreis. Beispielsweise braucht man keinen Wert auf die stationäre Genauigkeit zu legen.

(II) *Zusammenfassung der geregelten inneren Schleife zu einem Block.*
Bei der Wahl des äußeren Reglers liegt dann wieder ein einschleifiger Kreis vor.

(III) *Wahl des äußeren Reglers*: Anforderungen und Vorgehensweise wie früher.

Der Entwurf beruht also auf der *zweimaligen Anwendung der Reihenstabilisierung*. Zunächst wird diese auf die innere Schleife angewandt und dann, nachdem die innere Schleife zu einem Block zusammengezogen ist, auf die äußere Schleife.

Als *Beispiel* betrachten wir die Regelung im Bild 7/60. Wir wollen annehmen, daß auf Grund der Beschaffenheit der realen Strecke Regler mit D-Anteil oder andere komplizierter aufgebaute Regler nicht eingesetzt werden können. Wir versuchen es bei dem inneren Regler einmal mit einem P-Regler:

$$G_{K1}(s) = K_{R1} \ .$$

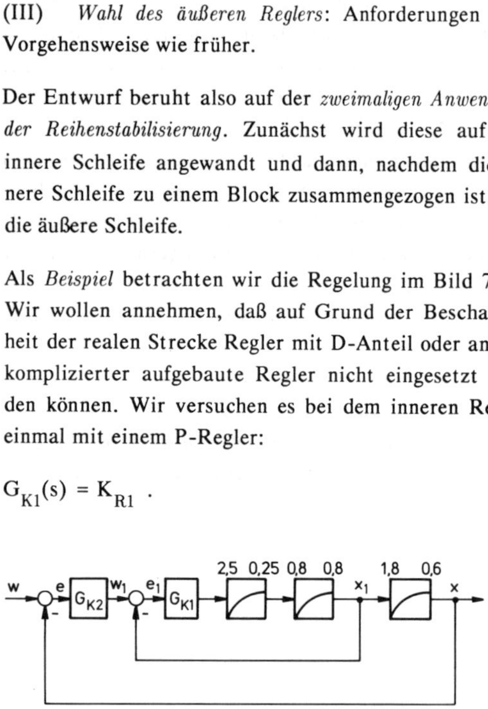

Bild 7/60. Beispiel zur Kaskadenregelung

In einem einschleifigen Kreis scheidet ein so primitiver Regler von vornherein aus, da er die erforderliche stationäre Genauigkeit nicht sichern kann. Bei dem unterlagerten Regelkreis kommt es aber hierauf nicht an. Es ist jedoch zu erwarten, daß der P-Regler die innere Schleife schnell macht. Man erhält dann für die geschlossene innere Schleife

$$F_{w1}(s) = \frac{\frac{V_J}{V_J+1}}{1+\frac{1,05}{V_J+1}s+\frac{0,2}{V_J+1}s^2} = \qquad (7.104)$$

$$= \frac{1}{\frac{V_J+1}{V_J}+\frac{1,05}{V_J}s+\frac{0,2}{V_J}s^2},$$

wobei

$$V_J = 2K_{R1} \qquad (7.105)$$

die Kreisverstärkung der inneren Schleife ist. Es handelt sich bei dieser also um ein P-T_2-Glied mit

$$2dT = \frac{1,05}{V_J+1}, \quad T^2 = \frac{0,2}{V_J+1}. \qquad (7.106)$$

Es liegt nahe, die Dämpfung d vorzugeben und daraus V_J, also auch K_{R1}, zu bestimmen. Aus (7.106) folgt zunächst durch Elimination von T

$$V_J + 1 = \frac{1,05^2}{0,8d^2}.$$

Wir wählen etwa $d^2 = \frac{1}{2}$, also $d = \frac{1}{2}\sqrt{2} \approx 0,7$, da sich hierfür gemäß Bild 6/12 ein günstiges Einschwingverhalten der inneren Schleife ergibt. Damit wird

$$V_J = 1,7563,$$

also nach (7.105)

$$G_{K1}(s) = K_{R1} = 0,8782. \qquad (7.107)$$

Aus (7.104) wird so

$$F_{w1}(s) = \frac{1}{1,5694+0,5978s+0,1139s^2}.$$

Dies ist die Übertragungsfunktion des zu einem Block zusammengefaßten unterlagerten Regelkreises. Die so umgeformte Regelung ist im Bild 7/61 dargestellt.

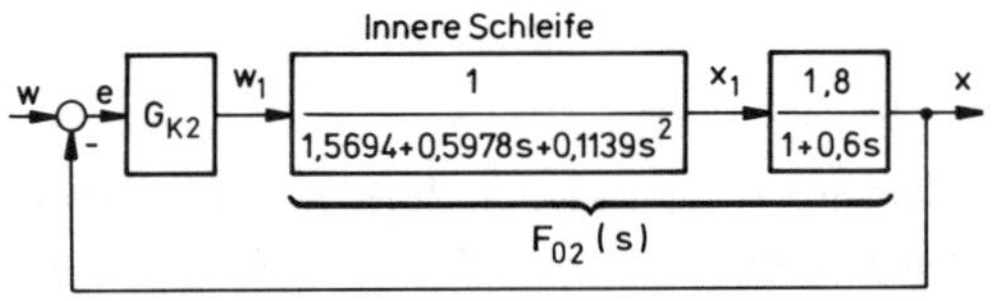

Bild 7/61. Umformung der Regelung aus Bild 7/60 für $G_{K1}(s) = 0,88$

Den äußeren Regler setzen wir nun als PI-Regler an und entwerfen ihn nach dem Betragsoptimum. Dann ist

$$G_{K2}(s) = \frac{r_0 + r_1 s}{2s},$$

$$F_{o2}(s) = F_{w1}(s) \cdot \frac{1,8}{1+0,6s} =$$

$$= \frac{1}{0,8719+0,8552s+0,2626s^2+0,0379s^3}.$$

Daraus folgt nach Tabelle 7/3, erste Zeile:

$$r_0 = 2,2862, \quad r_1 = 1,3705.$$

Damit wird

$$G_{K2}(s) = 1,14\,\frac{1+0,6s}{s}.$$

Die insgesamt erhaltene Kaskadenregelung ist im Bild 7/62a dargestellt.

Zum Vergleich wird die Kaskadenregelung noch auf eine zweite Weise entworfen, nämlich mit PI-Reglern in der inneren und äußeren Schleife. Der innere PI-Regler wird so gewählt, daß er die größte innere Zeitkonstante kompensiert:

$$G_{K1}(s) = K_{R1}\,\frac{1+0,8s}{s}.$$

Damit wird die geschlossene innere Schleife im Bild 7/60 wiederum ein P-T_2-Glied. Auch für dieses wird

$$d^2 = \frac{1}{2}, \quad \text{also } d \approx 0,7,$$

vorgegeben. Daraus folgt hier $K_{R1} = 1$, so daß

$$G_{K1} = \frac{1+0,8s}{s}$$

ist. Man erhält so

$$F_{w1}(s) = \frac{1}{1+\frac{1}{2}s+\frac{1}{8}s^2}$$

und damit

$$F_{o2}(s) = \frac{1}{0,5556+0,6111s+0,2361s^2+0,0417s^3}.$$

Der äußere Regler wird nun wieder mit Hilfe des Betragsoptimums entworfen:

$$G_{K2}(s) = 0,56\,\frac{1+0,6s}{s}.$$

Die so entworfene Kaskadenregelung sieht man im Bild 7/62b.

Bild 7/63 vermittelt einen Eindruck von der Wirksamkeit der Kaskadenregelung. Zum Zeitpunkt t = 0 wird ein Führungssprung von der Höhe 1 aufgeschaltet, nach Abklingen dieses Einschwingvorgangs ein Störsprung

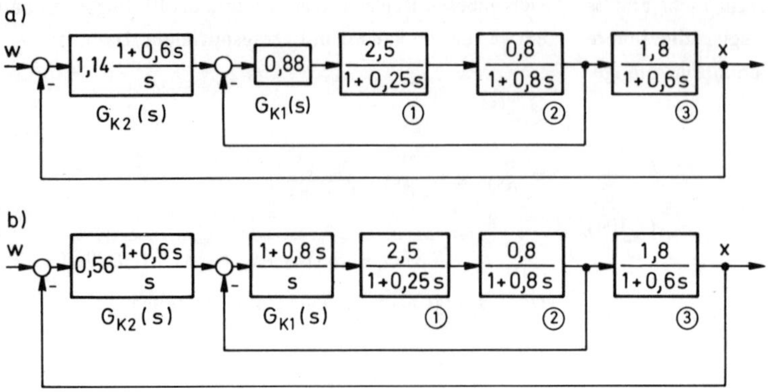

Bild 7/62. Ausgeführte Kaskadenregelung zu Bild 7/60
a) P-Regler innen, PI-Regler außen
b) Innen und außen PI-Regler

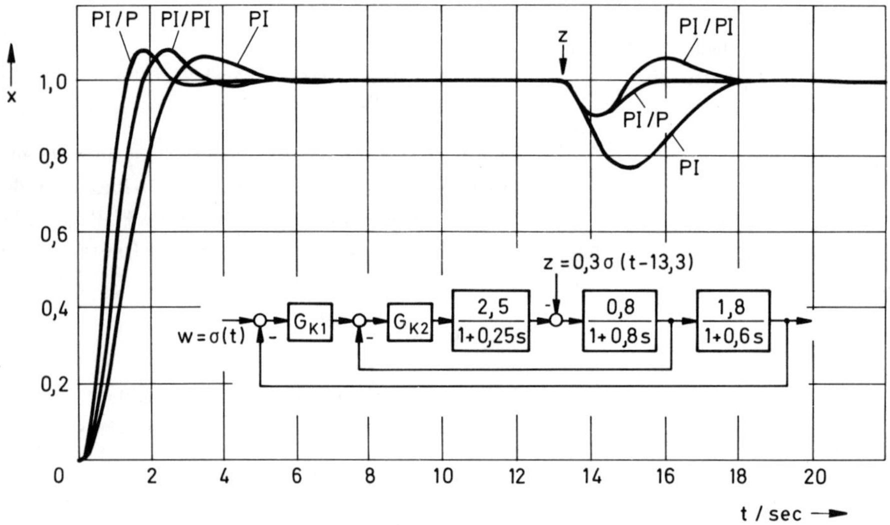

Bild 7/63. Vergleich verschiedener Reglerentwürfe zur Strecke aus Bild 7/60:
- Strecke mit PI-Regler nach dem Betragsoptimum
- Kaskadenregelung nach Bild 7/62a (PI/P)
- Kaskadenregelung nach Bild 7/62b (PI/PI)

der Höhe 0,3. Der Vergleich mit der Reihenstabilisierung durch einen PI-Regler ohne Kaskadierung zeigt, daß die Kaskadenregelung erheblich schneller arbeitet und vor allem bei der Ausregelung der Störgröße klar überlegen ist. Es tritt hier das ein, was zu Beginn dieses Unterabschnitts allgemein gesagt wurde: Bis der PI-Regler den Eingriff der Störgröße, deren Wirkung über die großen Zeitkonstanten im hinteren Teil der Strecke läuft, überhaupt bemerkt und darauf reagiert, hat die Störgröße bereits einen tiefen Einbruch der Regelgröße hervorgerufen. Die Kaskadenregelungen hingegen reagieren erheblich schneller.

Es ist bemerkenswert, daß dabei die PI/P-Kaskadenregelung besser abschneidet als die PI/PI-Kaskadenregelung, insbesondere hinsichtlich des Störverhaltens. Das dürfte zum Teil daran liegen, daß die innere Schleife, die in beiden Fällen ein P-T_2-Glied mit der Dämpfung $d = \frac{1}{2}\sqrt{2}$ ist, bei Verwendung des P-Reglers eine kleinere Zeitkonstante hat als bei Benutzung des PI-Reglers und daher schneller arbeitet. Vor allem aber ist im Falle der PI/P-Kombination der P-Anteil des äußeren Reglers doppelt so groß wie bei der PI/PI-Kombination und dementsprechend wirksamer.

Die Einführung unterlagerter Regelkreise ist eines der stärksten Hilfsmittel zur Beeinflussung des dynamischen Verhaltens. Sie wird vielfach angewandt. Ein typisches Beispiel ist die Lageregelung mittels eines Gleichstromantriebs, bei der neben der Lage, welche die

Regelgröße darstellt, z.B. einem Drehwinkel φ, zwei Hilfsregelgrößen zurückgeführt werden: die Drehzahl n oder Winkelgeschwindigkeit ω und der Ankerstrom i_A des Gleichstrommotors (Bild 7/64). Die von uns behandelte Drehzahlregelung eines Gleichstrommotors (Abschnitt 1.3 und 4.2) wird hierbei also von einer Ankerstromregelung unterlagert und ist selbst innere Schleife einer Lageregelung. Für die eingehendere Darstellung sei auf Kapitel 8 verwiesen.

Die größere Leistungsfähigkeit einer Kaskadenregelung gegenüber der Reihenstabilisierung muß man mit höherem Aufwand bezahlen. Dabei fällt weniger der Einsatz mehrerer Regler ins Gewicht als vielmehr die Tatsache, daß neben der Regelgröße weitere zeitveränderliche Systemgrößen erfaßt werden müssen, also zusätzliche Meßeinrichtungen erforderlich sind. Voraussetzung ist dabei, daß man überhaupt in der Lage ist, außer der Regelgröße weitere zeitveränderliche Größen der Strecke zu messen. Grundsätzlich ist das zwar immer möglich, da es sich ja um wohldefinierte physikalische Größen handelt. Die Frage ist nur, ob der erforderliche Aufwand vertretbar ist. Hierdurch wird die praktische Verwendung der so überaus leistungsfähigen Methode der Kaskadenregelung begrenzt.

7.10.2 Störgrößenaufschaltung

Eine ganz andere Möglichkeit, das dynamische Verhalten einer Regelung durch Rückführung zu verbessern, liegt in der *Störgrößenaufschaltung* vor. Darunter versteht man die Rückführung einer Störgröße in den Bereich des Reglers, mit dem Ziel, die Einwirkung der Störgröße auf den Regelkreis nach Möglichkeit zu kompensieren.

Das Bild 7/65 zeigt die grundsätzliche Struktur einer solchen Anordnung. Voraussetzung ist dabei, daß die

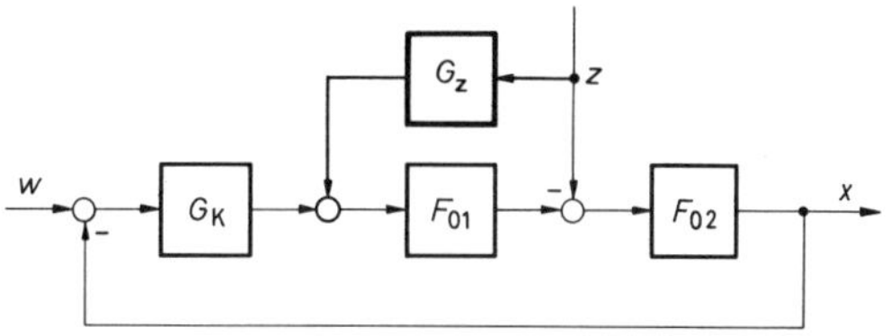

Bild 7/65. Störgrößenaufschaltung

Störgröße mit erträglichem Aufwand meßtechnisch zu erfassen ist. Das wird nur in Einzelfällen möglich sein, so daß die Anwendung der Störgrößenaufschaltung auf spezielle Fälle beschränkt ist. Besonders angebracht ist sie dann, wenn die Störgröße im Anfangsstück der Strecke angreift, da es beim Verzögerungsverhalten einer realen Strecke dann lange dauert, bis der Regler von Störgrößenänderungen Notiz nimmt und sich darauf einstellt.

Wie im Bild 7/65 dargestellt, wird die erfaßte Störgröße über einen Block mit der noch festzulegenden Übertragungsfunktion $G_z(s)$ auf den Ausgang des Reglers (oder auch eine andere Stelle im Bereich des Reglers) zurückgeführt. Wie man aus dem Bild ersieht, wird der Einfluß der Störgröße vollständig kompensiert, wenn

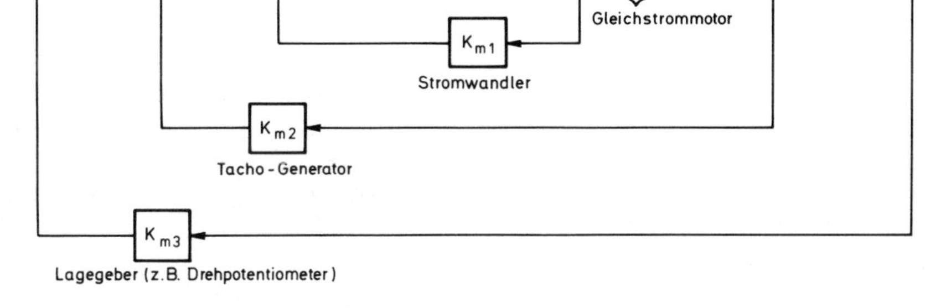

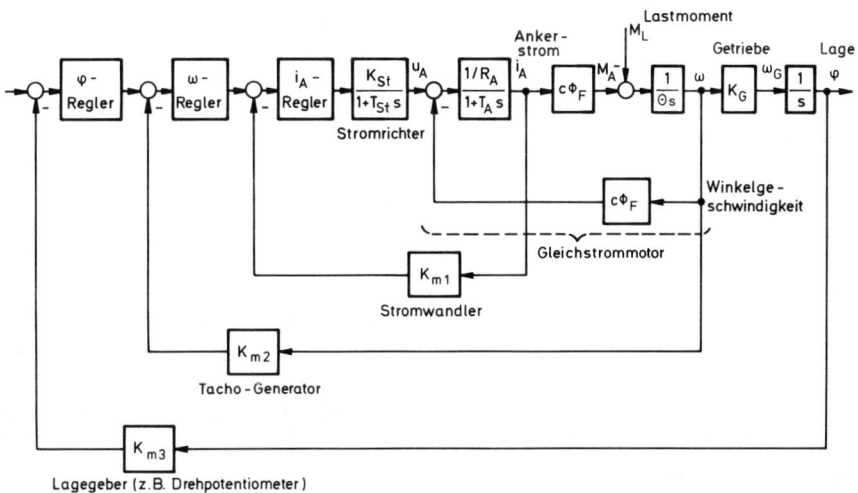

Bild 7/64. Lageregelung mit unterlagerter Drehzahl- und Ankerstromregelung

$$Z(s)\, G_z(s)\, F_{o1}(s) - Z(s) = 0 \,,$$

also

$$G_z(s) = \frac{1}{F_{o1}(s)} \qquad (7.108)$$

ist. Wird etwa das Anfangsstück der Strecke mit genügender Näherung durch ein P-T_1-Glied beschrieben,

$$F_{o1}(s) = \frac{K_{o1}}{1 + T_{o1}s} \,,$$

so kann man $G_z(s)$ in der Form

$$G_z(s) = \frac{1}{K_{o1}} \, \frac{1 + T_{o1}s}{1 + \tau s}$$

realisieren, als realen PD-Regler also, wobei τ möglichst klein gegenüber T_{o1} gewählt wird. Vielfach begnügt man sich schon mit

$$G_z(s) = \frac{1}{K_{o1}} \,, \qquad (7.109)$$

wobei also K_{o1} das Übertragungsverhalten des ersten Streckenteils im stationären Zustand wiedergibt. Dann wird die Einwirkung der Störgröße zwar nur im stationären Zustand kompensiert. Doch darf man annehmen, daß sich diese Tatsache auch günstig auf den vorangehenden Übergangsvorgang auswirkt und dadurch eine Reduktion der gesamten Störeinwirkung stattfindet.

Die Störgrößenaufschaltung ist ein sehr wirksames Verfahren. Wie schon erwähnt, wird ihre Verwendung dadurch begrenzt, daß in vielen Fällen die meßtechnische Erfassung der Störgröße zu aufwendig ist. Falls eine Störgrößenaufschaltung möglich ist, könnte man auf den Gedanken kommen, die Regelung überhaupt unter den Tisch fallen zu lassen. Das wird normalerweise jedoch nicht möglich sein. Zum einen wird nur ausnahmsweise eine vollständige Kompensation der Störgröße möglich sein und die verbleibende Störeinwirkung dann doch durch die Regelung beseitigt werden müssen. Zum anderen gibt es neben der Hauptstörgröße, die gegebenenfalls durch eine Störgrößenaufschaltung kompensiert werden kann, im allgemeinen weitere Störeinflüsse, die nicht erfaßbar sind. Eine Störgrößenaufschaltung unterstützt daher die Regelung, macht sie aber – von etwaigen Ausnahmefällen abgesehen – nicht überflüssig.

7.11 Analoge Realisierung des Reglers

In den vorangegangenen Abschnitten wurde gezeigt, wie man aus den Anforderungen an die Regelung die Übertragungsfunktion bzw. die Gleichung des Reglers bestimmen kann. Es erhebt sich nun die Frage, wie diese abstrakte Darstellung des Reglers in der realen technischen Anlage verwirklicht werden kann.

Hierfür gibt es zwei grundsätzlich verschiedene Wege. Der klassische Weg besteht darin, aus analogen Bausteinen, etwa elektronischen Bauelementen, ein spezielles Gerät zu erstellen, das so wirkt, wie die Übertragungsfunktion des Reglers es angibt. Man spricht dann von *analoger Realisierung des Reglers*.

Beim zweiten, neueren Weg, der aber immerhin auch schon seit bald 30 Jahren beschritten wird, stellt der Regler kein eigenes Gerät mehr dar. Vielmehr wird die komplexe Übertragungsgleichung des Reglers bzw.die zugehörige Zeitbereichsgleichung in einen Algorithmus umgesetzt, und dieser wird in einem Digitalrechner programmiert. Hierin besteht die *digitale Realisierung des Reglers*, und eine Regelung mit derart realisiertem Regler heißt *digitale Regelung*.

Was zunächst die analoge Reglerrealisierung angeht, so kann sie mittels verschiedenartiger Bauelemente durchgeführt werden – mechanische, hydraulische, pneumatische und elektronische Geräte sind hier gängig. Wir wollen uns auf die elektronische Reglerrealisierung beschränken, die sehr verbreitet ist und sicherlich noch einige Zeit neben der digitalen Realisierung bestehen wird.

Bei der elektronischen Reglerrealisierung kann man zwei Möglichkeiten unterscheiden. Die geläufigste Art besteht darin, *einen* elektronischen Verstärker mit geeignet gewählten RC-Netzwerken zu beschalten. Wie wir sogleich sehen werden, kann man damit in einfacher Weise die gängigen Reglertypen erzeugen. Bei komplizierterer Reglerübertragungsfunktion kann diese Vorgehensweise zu Schwierigkeiten führen, z.B. dadurch, daß die einzelnen Reglerparameter nicht mehr getrennt einstellbar sind.

Dann kann man zu *Schaltungen mit mehreren Verstärkern* übergehen und diese nach Art von Analogrechenschaltungen entwerfen. Hierauf werden wir nicht eingehen, da man kompliziertere Regler ganz vorwiegend digital mit Hilfe von Mikrorechnern verwirklichen wird. Sollte doch einmal die Realisierung mittels einer Verstärkerschaltung erforderlich sein, so sei hierfür auf Bücher verwiesen, welche die analoge Simulation und damit den Aufbau von Verstärkerschaltungen zur Realisierung gegebener Differentialgleichungen behandeln (z.B. [7.18], Teil II).

Nunmehr soll die *Reglerrealisierung durch einen elektronischen Verstärker mit vor- und übergeschaltetem RC-Netz-*

werk betrachtet werden. Hierzu sei zunächst eine Vorbemerkung gemacht. Liegt an einem RC-Netzwerk die Spannung u(t) und wird es vom Strom i(t) durchflossen, so bezeichnet man den Quotienten

$$\frac{U(s)}{I(s)} = \frac{\mathscr{L}\{u(t)\}}{\mathscr{L}\{i(t)\}} = Z(s) \qquad (7.110)$$

als Impedanz des Netzwerks. Beispielsweise gilt für das einfache Netzwerk im Bild 7/66

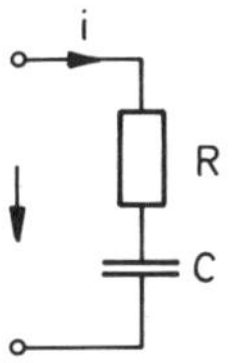

Bild 7/66. Einfaches RC-Netzwerk

$$u(t) = R\,i(t) + \frac{1}{C}\int_0^t i(\tau)\,d\tau ,$$

also im Bildbereich der Laplace-Transformation

$$U(s) = R\,I(s) + \frac{1}{Cs}\,I(s) \quad \text{oder}$$

$$U(s) = (R + \frac{1}{Cs})\,I(s) .$$

Dieses Netzwerk hat also die Impedanz

$$Z = R + \frac{1}{Cs} = \frac{1 + RCs}{Cs} .$$

Im Bild 7/67 ist nun ein elektronischer Verstärker dargestellt, der mit zwei RC-Netzwerken beschaltet ist, welche die Impedanzen Z_u und Z_v haben. Der unbeschaltete Verstärker kann für unsere Zwecke durch die einfache Ersatzschaltung beschrieben werden, die im Bild 7/67 angegeben ist. Er ist durch drei Parameter charakterisiert:

- den Eingangswiderstand R_I, den wir gegenüber den Beschaltungswiderständen als unendlich groß ansehen dürfen (Größenordnung: 1 MΩ) ;

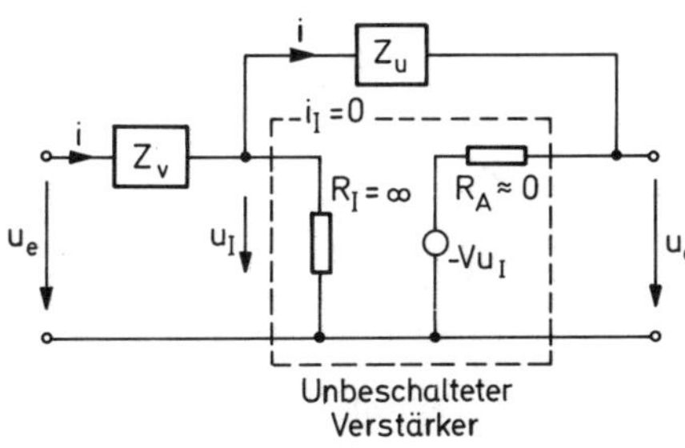

Bild 7/67. Beschalteter elektronischer Verstärker

- den Ausgangswiderstand R_A, den wir gegen die Beschaltungswiderstände vernachlässigen können (Größenordnung: 100 Ω);
- die Spannungsverstärkung V (hat nichts mit der Kreisverstärkung zu tun!), die >> 1 angenommen werden darf (Größenordnung: 50 000).

Dann gelten nach den Kirchhoffschen Gesetzen und (7.110) die folgenden Gleichungen:

$$U_e(s) = Z_v I(s) + U_I(s) , \qquad (7.111)$$

$$U_I(s) = U_a(s) + Z_u I(s) , \qquad (7.112)$$

$$U_a(s) = -V\,U_I(s) . \qquad (7.113)$$

Wegen $U_I = -\frac{U_a}{V}$ und V >> 1 darf man in (7.111) und (7.112) U_I vernachlässigen und erhält so

$$U_e(s) = Z_v I(s) , \quad U_a(s) = -Z_u I(s)$$

und daraus durch Elimination von I(s):

$$U_a = \frac{Z_u}{Z_v}(-U_e) . \qquad (7.114)$$

Das ist ein sehr übersichtlicher *Zusammenhang zwischen der Eingangsspannung u_e und der Ausgangsspannung u_a des beschalteten Verstärkers.* Gibt man Z_u und Z_v in geeigneter Weise vor, so kann man offensichtlich gewünschte rationale Funktionen $Z_u(s)/Z_v(s)$ erzeugen. Anders ausgedrückt: Durch geeignete Beschaltung des Verstärkers im Bild 7/67 kann man gewünschte Differentialgleichungen zwischen u_e und u_a verwirklichen.

Wenden wir dies sogleich auf den PI-Regler an! Hier ist

$$G_K = K_R \frac{1 + T_R s}{s} \qquad (7.115)$$

zu verwirklichen. Es liegt nahe,

$$Z_u = R_u + \frac{1}{Cs} = \frac{1 + R_u Cs}{Cs} \quad \text{und} \quad Z_v = R_v \qquad (7.116)$$

zu wählen. Dann ist nämlich

$$\frac{Z_u}{Z_v} = \frac{1 + R_u Cs}{R_v Cs} . \qquad (7.117)$$

Soll diese Funktion mit (7.115) identisch sein, so muß

$$R_u C = T_R ,$$

$$R_v C = \frac{1}{K_R}$$

gelten. Das sind zwei Gleichungen für die drei Schaltungsparameter R_u, R_v und C. Man kann daher einen von ihnen, etwa C, frei wählen. R_u und R_v sind dann eindeutig bestimmt. Die zugehörige Schaltung zeigt das Bild 7/68, wobei der offene Verstärker, wie vielfach üblich, durch einen Kreissektor symbolisiert ist. Außerdem ist in dem Bild die Betragskennlinie vom Frequenzgang der Schaltung angegeben.

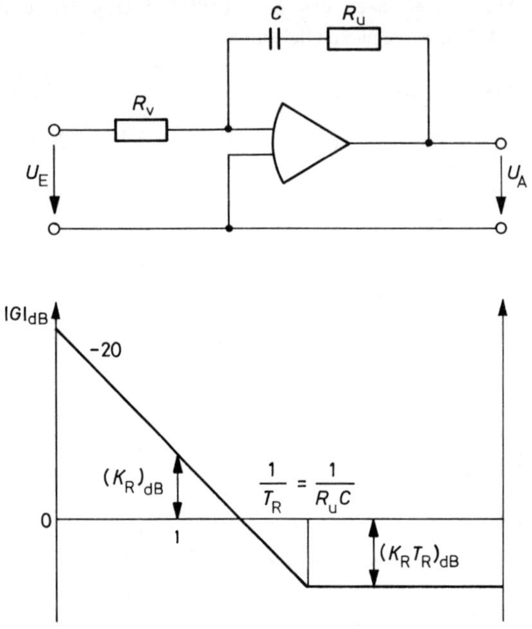

Bild 7/68. Realisierung des PI-Reglers
$T_R = R_u C \;,\; K_R = \frac{1}{R_v C}$

Betrachten wir als Zahlenbeispiel den PI-Regler (7.41) zur Drehzahlregelung. Hier muß gelten:

$$R_u C = 0{,}53 \text{ sec} \;,\; R_v C = \frac{1}{5{,}75} \text{ sec} = 0{,}174 \text{ sec} \;.$$

Wählt man etwa C = 25 μF, so ergibt sich R_u = 21,2 kΩ und R_v = 6,95 kΩ.

Da beim PD- und PID-Regler die Betrachtungen entsprechend verlaufen, genügt es, das Resultat anzugeben. Man findet es in den Bildern 7/69 bis 7/72. Oben ist die realisierende Schaltung angegeben, darunter ihre Betragskennlinie. Außerdem findet man die Gleichungen, die die Schaltungsparameter mit den Reglerdaten verknüpfen und aus denen man die ersteren ausrechnen kann. Sie sind nicht eindeutig festgelegt, vielmehr kann man *einen* frei wählen, ähnlich, wie dies im obigen Beispiel geschehen ist.

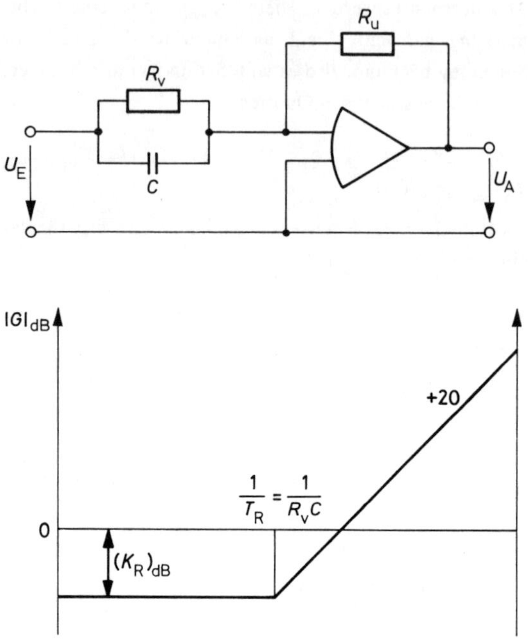

Bild 7/69. Realisierung des idealen PD-Reglers
$R_v C = T_R \;,\; \frac{R_u}{R_v} = K_R$

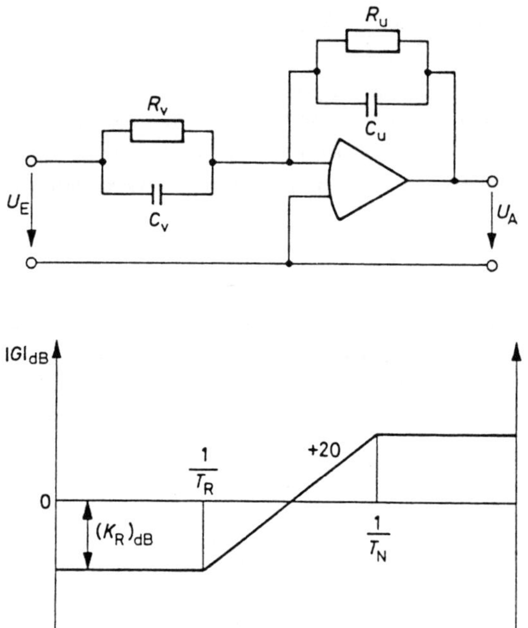

Bild 7/70. Realisierung des realen PD-Reglers
$R_v C_v = T_R \;,\; R_u C_u = T_N \;,\; \frac{R_u}{R_v} = K_R$

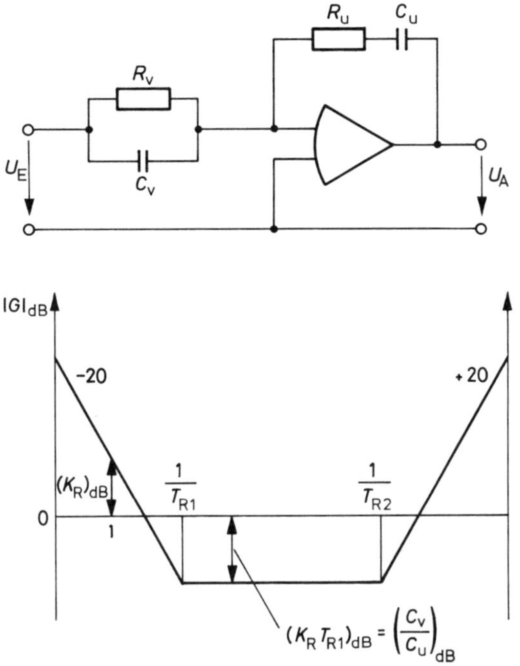

Bild 7/71. Realisierung des idealen PID-Reglers
$R_v C_v = T_{R1}$, $R_v C_u = \frac{1}{K_R}$, $R_u C_u = T_{R2}$

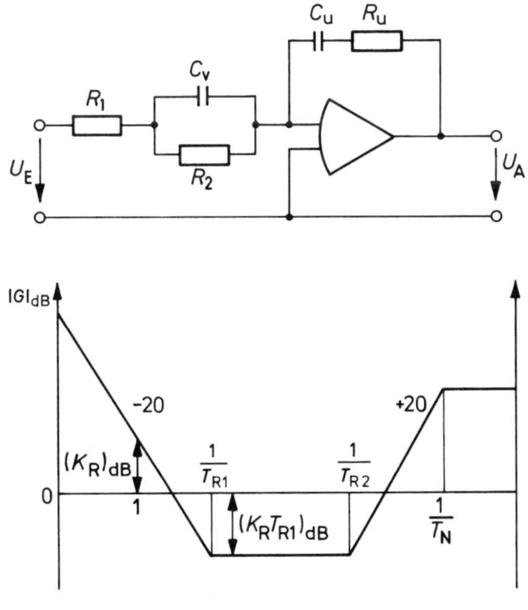

Bild 7/72. Realisierung des realen PID-Reglers

$$\frac{R_2}{R_1} = \frac{T_{R2}}{T_N} - 1,$$

$$C_v = \frac{T_{R2}}{R_2}, \quad C_u = \frac{1}{K_R} \frac{1}{R_1 + R_2}, \quad R_u = \frac{T_{R1}}{C_u}.$$

7.12 Digitale Realisierung des Reglers

Mit den Fortschritten der Digitalelektronik sind neben die analogen Ausführungen des Reglers (Abschnitt 7.11) die digitalen Realisierungen mittels Prozeßrechner oder auch spezieller digitaler Reglerbausteine getreten. Der zeitliche Verlauf der Stellgröße wird bei diesen Geräten nicht mehr durch Summation analoger Spannungsverläufe, sondern durch eine numerische Rechenvorschrift, also einen - meist rekursiven - Algorithmus, erzeugt. Die digitale Realisierung der Reglerfunktionen hat eine Reihe wesentlicher Vorzüge; sie ermöglicht

- durch die Verwendung von hochintegrierten Bauelementen einen platzsparenden und kostengünstigen Regleraufbau,
- eine sichere Übertragung von Meßsignalen und Stellgrößen auch über große Entfernungen,
- die gleichzeitige Beeinflussung mehrerer Regelkreise durch Einsatz von Zeitmultiplex-Verfahren,
- die genaue und langzeitstabile Einstellung der Reglerparameter oder ihre gezielte Anpassung (Adaption) an geänderte Prozeßeigenschaften,
- die Realisierung (fast) beliebig komplexer Regelalgorithmen,
- einen sicheren Betrieb durch den Einsatz von Parallelrechnersystemen und
- eine einfache Einbindung der Regelung in übergeordnete Aufgaben der Prozeßautomatisierung wie Grenzwertüberwachung, Protokollierung und Prozeßoptimierung.

Die digitalen Regler werden daher die analogen Ausführungen in Zukunft weitgehend verdrängen, ähnlich wie in der Nachrichtentechnik die analoge Übertragungstechnik durch die digitale Technik zunehmend ersetzt wird. Die zu Beginn dieser Entwicklung geltenden Einschränkungen infolge zu geringer Rechengeschwindigkeit und Speicherkapazität sind heute durch die Anhebung der Taktraten sowie die Verfügbarkeit spezieller Signalprozessoren und hochintegrierter Speicherbausteine weitgehend überwunden.

Digitale Regler arbeiten im Gegensatz zu ihren analogen Verwandten prinzipiell mit zeit- und wertdiskreten Größen. Da die Prozeßgrößen, insbesondere die Regelgrößen, in der Regel als zeit- und wertkontinuierliche Signale vorliegen, müssen sie zunächst in eine für den Regler geeignete Form umgesetzt werden. Zunächst werden hierfür den kontinuierlichen Prozeßgrößen durch Abtaster zu diskreten, meist äquidistanten Zeitpunkten Proben entnommen, und die entstehenden Impulsfolgen

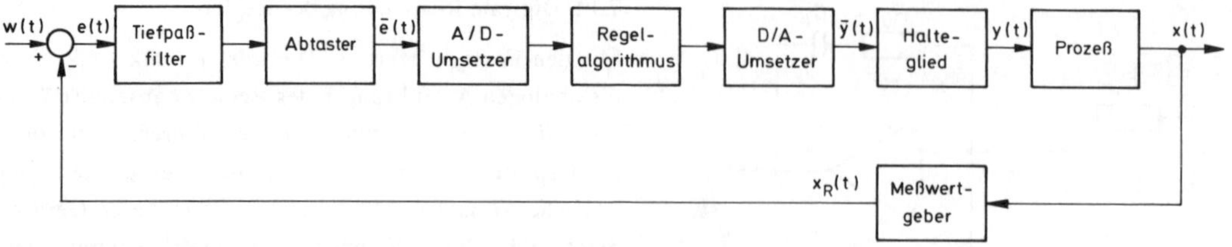

Bild 7/73. Blockschaltbild des Regelkreises mit Digitalregler

durch anschließende Analog/Digital-Umsetzung in Zahlenfolgen umgewandelt. Der digitale Regler rechnet diese Zahlenfolgen nach den in ihm implementierten Algorithmen in andere Zahlenfolgen um, die dann durch Digital/Analog-Umsetzung in analoge Größen und durch eine Halteoperation in zeitkontinuierliche, meist treppenförmige Stellgrößen überführt werden. Das Blockschaltbild des Regelkreises mit Digitalregler (Bild 7/73) und die zeitlichen Verläufe der Prozeßgrößen (Bild 7/74) verdeutlichen diese Teilfunktionen; das zur Bandbegrenzung der Regeldifferenz eingezeichnete Tiefpaßfilter (Antialiasing-Filter) ist erforderlich, um Signalverzerrungen durch höherfrequente Signalanteile zu verhindern [7.19].

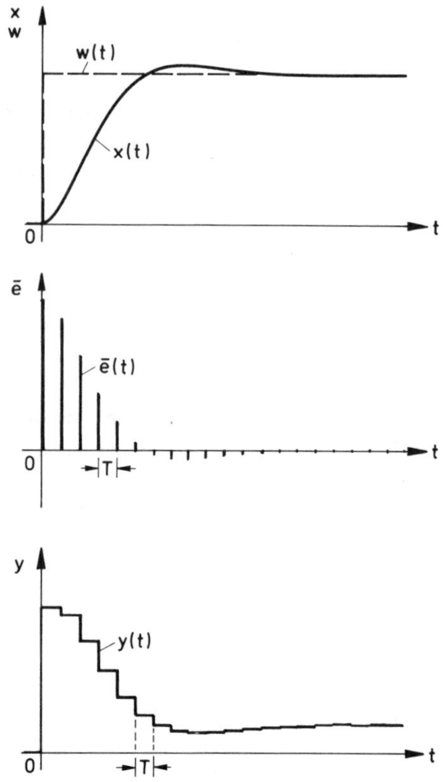

Bild 7/74. Zeitliche Verläufe der Prozeßgrößen zu Bild 7/73

Die Analyse der Regelung und die Auslegung des Digitalrechners werden durch die folgenden Annahmen wesentlich vereinfacht:

- Die eingesetzten Analog/Digital- und Digital/Analog-Umsetzer haben ein so großes Auflösungsvermögen, daß alle Prozeßgrößen praktisch wertkontinuierlich sind. Die verbleibende Amplitudenquantisierung kann näherungsweise durch ein überlagertes stochastisches Signal (Rauschen) beschrieben werden.
- Das Fehlersignal e(t) wird mit einer konstanten Abtastperiode T abgetastet, die wesentlich kleiner ist als die Zeitkonstanten des Prozesses. Die zeitdiskreten Prozeßgrößen können daher als quasikontinuierlich aufgefaßt werden. Die Grenzkreisfrequenz $\omega_s = 2\pi/T$ des Antialiasing-Filters ist dann so groß, daß das Filter in dem für die Regelung interessierenden Frequenzbereich als Proportionalglied mit dem Beiwert 1 angesehen werden kann.
- Der Regelalgorithmus benötigt zur Berechnung der Stellgröße eine gegenüber der Abtastperiode vernachlässigbare Zeit.

Während die erste Annahme mit den heute verfügbaren hochgenauen Umsetzern praktisch immer erfüllt ist, können die beiden anderen Voraussetzungen durchaus verletzt sein. Wird z.B. die Regelgröße durch ein aus physikalischen Gründen zeitdiskret arbeitendes Meßgerät erfaßt, können die auftretenden Abtastzeiten auch größer sein als die Zeitkonstanten des Prozesses. Beispiele hierfür treten insbesondere bei Ortungsvorgängen auf, z.B. in der Luftraumüberwachung mittels Rundsuchradar oder bei der Unterwasserortung mittels Aktivsonar. Auch die vom Regelalgorithmus benötigten Rechenzeiten können erhebliche Werte annehmen, z.B. wenn stochastische Störungen das Fehlersignal überlagern und eine rekursive Glättung notwendig machen [7.20]. In diesen Fällen sind die nachfolgenden Überlegungen natürlich nicht zutreffend.

Bei Gültigkeit der obigen Annahmen kann man das Tiefpaßfilter und die Umsetzer für die regelungstechnische Analyse vernachlässigen. Außerdem kann man das Halteglied formal über den digitalen Regler nach vorn verschieben und mit dem Abtaster zum Abtast-Halte-Glied (AH-Glied, siehe Abschnitt 2.4.6) vereinen und erhält die in Bild 7/75 dargestellte vereinfachte Blockstruktur, die den nachfolgenden Überlegungen zugrunde liegt. Wie die in Bild 7/76 gezeigten Zeitverläufe der Prozeßgrößen zeigen, erzeugt der Digitalregler aus einem treppenförmigen Verlauf der Regeldifferenz einen ebenfalls treppenförmigen Stellgrößenverlauf. Da die digitale Arbeitsweise des Reglers nun für regelungstechnische Aufgabenstellungen ohne Bedeutung ist, kann der digitale Regler als Abtastregler und der digitale Regelkreis als Abtastregelkreis aufgefaßt und analysiert werden [7.21].

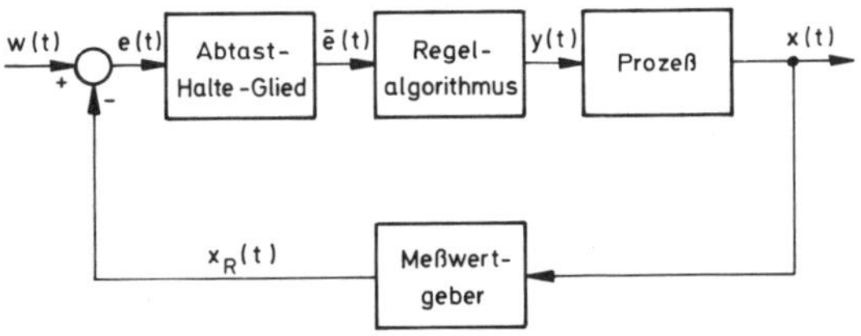

Bild 7/75. Vereinfachtes Blockschaltbild des Regelkreises mit Digitalregler

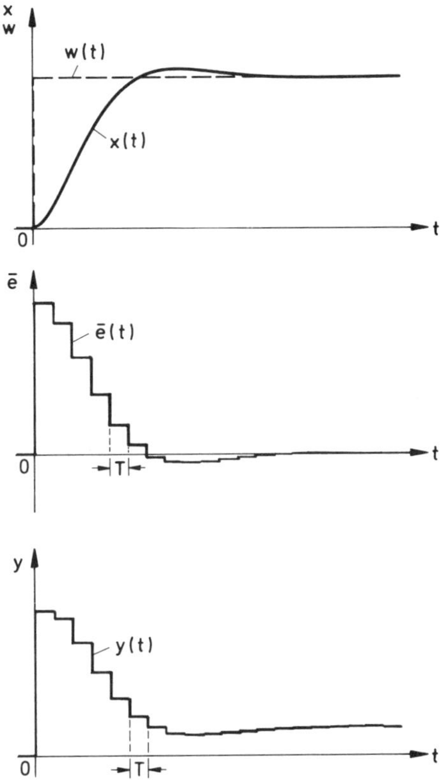

Bild 7/76. Zeitliche Verläufe der Prozeßgrößen zu Bild 7/75

Da infolge der hohen Abtastrate alle Zeitvorgänge quasikontinuierlich verlaufen, liegt der Gedanke nahe, die in Abschnitt 7.4 angegebenen analogen Regler in eine zeitdiskrete Form zu bringen. Die realisierbaren Regler bestehen aus einer Zusammenschaltung von Proportional- und Integriergliedern, so daß man für eine direkte Umsetzung insbesondere das zeitdiskrete Äquivalent eines zeitkontinuierlichen Integrierers benötigt. Ein derartiger Integrierer mit der Eingangsgröße u(t) und der Ausgangsgröße y(t) wird nach Abschnitt 2.3.3 durch die Differentialgleichung

$$\dot{y}(t) = K u(t) \tag{7.118}$$

beschrieben, wobei K den konstanten Verstärkungsfaktor bezeichnet. Integriert man diese vom Zeitpunkt t_{k-1} bis zum aktuellen Zeitpunkt $t_k = t_{k-1} + T$, also über ein Abtastintervall, erhält man die Beziehung

$$y_k = y_{k-1} + K \int_{t_{k-1}}^{t_k} u(t)\, dt \ , \tag{7.119}$$

wobei abkürzend $y_k = y(t_k)$ und $y_{k-1} = y(t_{k-1})$ gesetzt wurde. Das Integral auf der rechten Seite kann je nach der geforderten Genauigkeit auf verschiedene Weise ausgewertet werden. Für kleine Abtastintervalle reicht meist die Rechteckregel (Bild 7/77) aus, mit der man aus (7.119) die rekursive Beziehung

$$y_k = y_{k-1} + K u_k T \tag{7.120}$$

mit $u_k = u(t_k)$ erhält. Nach dem Verschiebungssatz der Laplace-Transformation (Abschnitt 2.3.5 und 17.1.4)

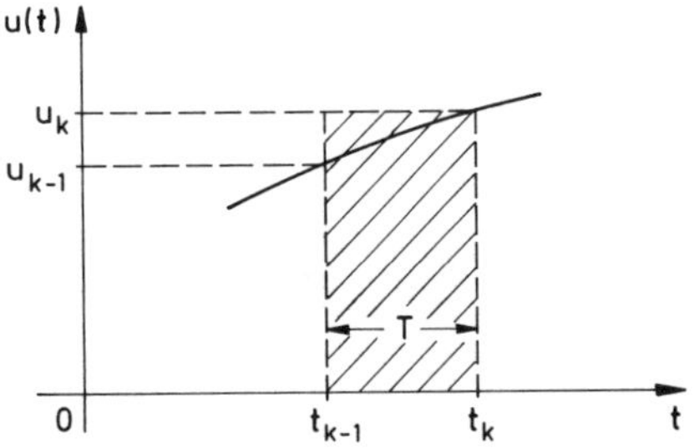

Bild 7/77. Integration mit der Rechteckregel

kann aber die um eine Abtastperiode T verzögerte Zeitfolge $y_{k-1} = y(t_k - T)$ im Bildbereich durch $y_k e^{-Ts}$ beschrieben werden. Führt man abkürzend den Verschiebungsoperator $z = e^{Ts}$ ein, kann man für (7.120) auch

$$y_k = y_k z^{-1} + K u_k T$$

schreiben. Berechnet man hieraus das Verhältnis y_k/u_k, erhält man die zeitdiskrete Übertragungsfunktion des digitalen Integrierers nach der (Rückwärts-)Rechteckregel zu

$$G(z) = \frac{y_k}{u_k} = K \frac{T}{1 - z^{-1}} . \qquad (7.121)$$

Man kann also den analogen Integrierer mit der Übertragungsfunktion K/s für nicht zu große Abtastperioden näherungsweise durch den digitalen Integrierer mit der Übertragungsfunktion nach (7.121) ersetzen, d.h. es gilt die Beziehung

$$\frac{1}{s} \approx \frac{T}{1 - z^{-1}} . \qquad (7.122)$$

Läßt man die Abtastperiode gegen Null gehen, erhält man für die rechte Seite mit $z^{-1} = e^{-Ts} = 1 - Ts + \frac{1}{2!}(Ts)^2 - + \dots$

$$\lim_{T \to 0} \frac{T}{1 - z^{-1}} = \lim_{T \to 0} \frac{T}{1 - 1 + Ts - \frac{1}{2}(Ts)^2 + - \dots} = \frac{1}{s},$$

so daß für $T \to 0$ (7.122) exakt erfüllt ist.

Zu einer etwas genaueren Approximation des analogen Integrierers gelangt man durch Auswerten des Integrals in (7.119) mit der Trapezregel (Bild 7/78).

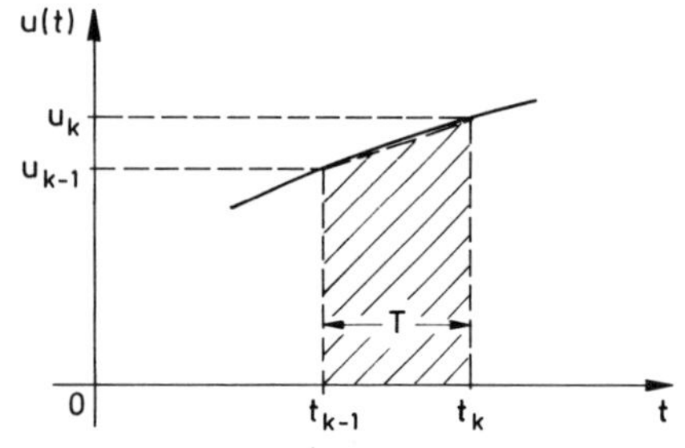

Bild 7/78. Integration mit der Trapezregel

Man erhält die rekursive Beziehung

$$y_k = y_{k-1} + K \frac{u_k + u_{k-1}}{2} T ,$$

die man mit dem Verschiebungsoperator z^{-1} in

$$(1 - z^{-1})\, y_k = K \frac{T}{2} (1 + z^{-1})\, u_k$$

umformen kann. Die diskrete Übertragungsfunktion des digitalen Integrierers nach der Trapezregel ist also

$$G(z) = \frac{y_k}{u_k} = K \frac{T}{2} \frac{1 + z^{-1}}{1 - z^{-1}} , \qquad (7.123)$$

es gilt daher die Näherungsbeziehung

$$\frac{1}{s} \approx \frac{T}{2} \frac{1 + z^{-1}}{1 - z^{-1}} ; \qquad (7.124)$$

auch hier stimmen für $T \to 0$ die beiden Seiten der Gleichung exakt überein. Diese bilineare Umrechnungsbeziehung, die gegenüber der Beziehung (7.122) einige Vorteile besitzt, wird in der Literatur zur Abtastregelung als "Tustin-Regel" bezeichnet [7.22]. Die Sprungantworten der digitalen Integrierer nach (7.122) und (7.124) sind in Bild 7/79 aufgetragen.

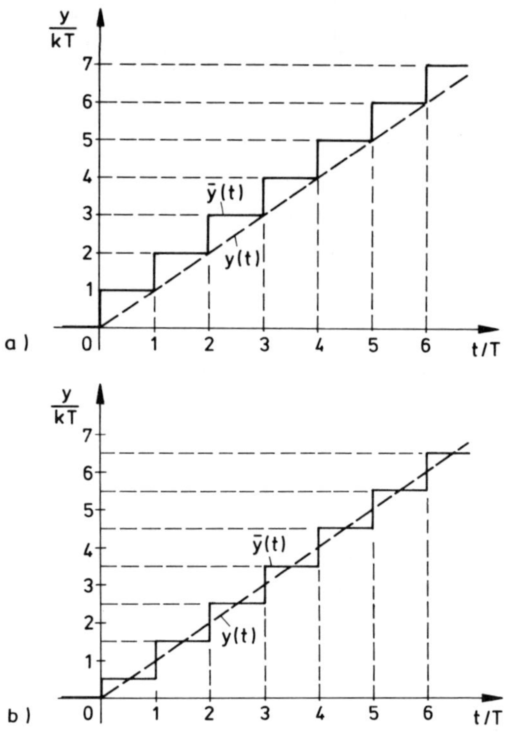

Bild 7/79. Sprungantworten des digitalen Integrierers
a) Integration mit der Rechteckregel
b) Integration mit der Trapezregel

Die Berechnung des digitalen Reglers soll nun für den realen PID-Regler (Abschnitt 7.4, Tabelle 7/1) gezeigt werden, wobei als Integrationsverfahren die Rechteckregel verwendet werden soll. Ersetzt man in der Übertragungsfunktion

$$G_K(s) = K_R \frac{(1+T_{R1}s)(1+T_{R2}s)}{s(1+T_N s)}$$

des Reglers die Bildvariable durch

$$s = \frac{1-z^{-1}}{T}$$

nach (7.122), erhält man zunächst

$$G_{KZ}(z) = K_R T \frac{\left[1+\frac{T_{R1}}{T}(1-z^{-1})\right]\left[1+\frac{T_{R2}}{T}(1-z^{-1})\right]}{(1-z^{-1})\left[1+\frac{T_N}{T}(1-z^{-1})\right]} .$$

Durch Umstellen und Ausmultiplizieren gewinnt man die diskrete Übertragungsfunktion

$$G_{KZ}(z) = \frac{b_0 + b_1 z^{-1} + b_2 z^{-2}}{1 - a_1 z^{-1} - a_2 z^{-2}} \tag{7.125}$$

mit den Parametern

$$\left.\begin{aligned} a_1 &= \frac{1+2T_N/T}{1+T_N/T} , \\ a_2 &= -\frac{T_N/T}{1+T_N/T} , \\ b_0 &= \frac{K_R T}{1+T_N/T}\left(1+\frac{T_{R1}}{T}\right)\left(1+\frac{T_{R2}}{T}\right) , \\ b_1 &= -\frac{K_R T}{1+T_N/T}\left[\frac{T_{R1}}{T}+\frac{T_{R2}}{T}+2\frac{T_{R1}T_{R2}}{T^2}\right] , \\ b_2 &= \frac{K_R T}{1+T_N/T}\,\frac{T_{R1}T_{R2}}{T^2} . \end{aligned}\right\} \tag{7.126}$$

Ähnliche Umrechnungsbeziehungen erhält man auch für den digitalen Integrierer nach der Trapezregel [7.23].

Die Parameter der gebräuchlichen digitalen Regler nach der Rechteckregel sind in Tabelle 7/5 zusammengefaßt. Man erhält diese Parameter aus (7.126) durch Nullsetzen der Zeitkonstanten T_N, T_{R2} und T_{R1}.

Die Realisierung des digitalen Reglers kann durch einen rekursiven Algorithmus im Prozeßrechner oder – bei besonderen Anforderungen an die Schnelligkeit der Regelung – auch durch einen speziellen Signalprozessor ([7.24], [7.25], [7.26]) erfolgen. Für den digitalen Regler 2. Ordnung gemäß (7.125) erhält man die rekursive Beziehung zur Berechnung der Stellgröße zu

$$y_k = a_1 y_{k-1} + a_2 y_{k-2} + b_0 e_k + b_1 e_{k-1} + b_2 e_{k-2} , \tag{7.127}$$

wobei die Koeffizienten a_i und b_i der Tabelle 7/5 entnommen werden können. Diese rekursive Differenzengleichung ist für $k = 0, 1, 2, \ldots$ mit den Anfangswerten $e_{-2} = e_{-1} = y_{-2} = y_{-1} = 0$ auszuwerten. Schaltet man beispielsweise eine sprungförmige Regeldifferenz

$$e_k = \begin{cases} 0 & \text{für} \quad k < 0 \\ 1 & \text{für} \quad k \geq 0 \end{cases}$$

auf, erhält man die ersten Stellgrößen nacheinander zu

$$y_0 = b_0 ,$$

$$y_1 = a_1 y_0 + b_0 + b_1 ,$$

$$y_2 = a_1 y_1 + a_2 y_0 + b_0 + b_1 + b_2 , \quad \text{usf.}$$

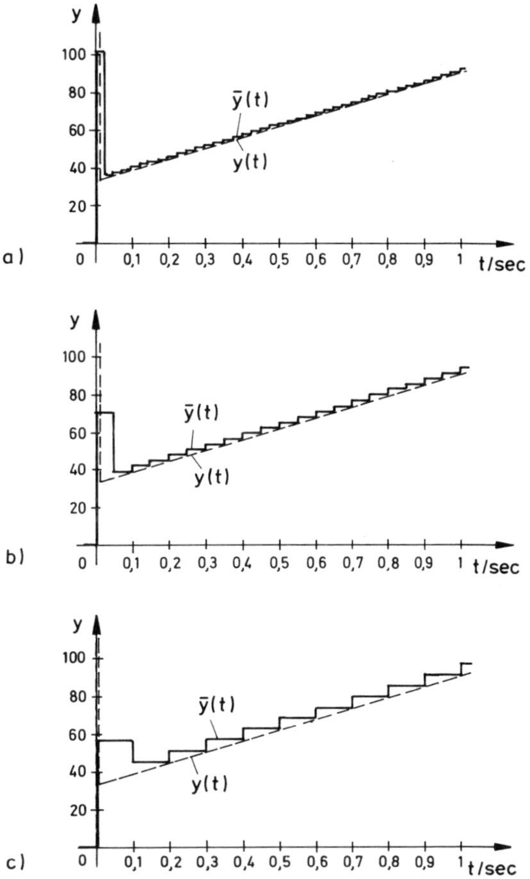

Bild 7/80. Sprungantworten des PID-Reglers
a) Abtastperiode T = 0,025 sec
b) Abtastperiode T = 0,05 sec
c) Abtastperiode T = 0,1 sec

Analoger Regler		Digitaler Regler $G_{KZ}(z) = \dfrac{b_0 + b_1 z^{-1} + b_2 z^{-2}}{1 - a_1 z^{-1} - a_2 z^{-2}}$				
Typ	$G_K(s)$	a_1	a_2	b_0	b_1	b_2
P	K_R	0	0	K_R	0	0
I	$\frac{K_R}{s}$	1	0	$K_R T$	0	0
PI	$K_R \frac{(1+T_R s)}{s}$	1	0	$K_R T(1+\frac{T_R}{T})$	$-K_R T \cdot \frac{T_R}{T}$	0
PID(ideal)	$K_R \frac{(1+T_{R1}s)(1+T_{R2}s)}{s}$	1	0	$K_R T(1+\frac{T_{R1}}{T})(1+\frac{T_{R2}}{T})$	$-K_R T \cdot \left[\frac{T_{R1}}{T}+\frac{T_{R2}}{T}+\frac{2T_{R1}T_{R2}}{T^2}\right]$	$K_R T \frac{T_{R1}T_{R2}}{T^2}$
PID(real)	$K_R \frac{(1+T_{R1}s)(1+T_{R2}s)}{s(1+T_N s)}$	$\frac{1+2T_N/T}{1+T_N/T}$	$-\frac{T_N/T}{1+T_N/T}$	$\frac{K_R T(1+\frac{T_{R1}}{T})(1+\frac{T_{R2}}{T})}{1+T_N/T}$	$-K_R T \cdot \frac{1}{1+T_N/T} \cdot \left[\frac{T_{R1}}{T}+\frac{T_{R2}}{T}+\frac{2T_{R1}T_{R2}}{T^2}\right]$	$\frac{K_R T}{1+T_N/T} \frac{T_{R1}T_{R2}}{T^2}$

Tabelle 7/5. Parameter des digitalen Reglers nach der Rechteckregel

Bild 7/80 zeigt die Sprungantworten des digitalen PID-Reglers, der dem analogen PID-Regler mit der Übertragungsfunktion

$$G_K(s) = 57{,}5 \frac{(1+0{,}53\,s)(1+0{,}05\,s)}{s}$$

(vgl. Abschnitt 7.5) entspricht, für die drei Abtastperioden T = 0,025sec, T = 0,05sec und T = 0,1sec; man erkennt die mit der kleiner werdenden Abtastperiode verbesserte Approximation der stetigen Sprungantwort.

Schrifttum zu Kapitel 7

[7.1] G.C. Newton - L.A. Gould - J.F. Kaiser: Analytical design of linear feedback controls. J. Wiley, 1957.

[7.2] R.F. Drenick: Die Optimierung linearer Regelsysteme. R. Oldenbourg Verlag, 1967.

[7.3] A.L. Whiteley: Theory of servo systems, with particular reference to stabilisation. Journal IEE 93 (1946), Pt.II, S. 353-372.

[7.4] C. Keßler: Über die Vorausberechnung optimal abgestimmter Regelkreise. Teil III. Regelungstechnik 3 (1955), S. 40-49.

[7.5] V. Strejc: Dimensionierung stetiger linearer Regelkreise für die Praxis. Reihe Automatisierungstechnik, Verlag Technik, 1970.

[7.6] G. Papiernik: Betragsoptimum und Riccati-Regler. Automatisierungstechnik 34 (1986), S. 201-207.

[7.7] E. Grünwald: Entwurf von Reglern und Rückführungen. Regelungstechnik 3 (1955), S. 147-152 und S. 172-180.

[7.8] C. Keßler: Das Symmetrische Optimum. Regelungstechnik 6 (1958), S. 395-400 und S. 432-436.

[7.9] W. Leonhard: Regelkreise mit symmetrischer Übertragungsfunktion. Regelungstechnik 13 (1965), S. 4-12.

[7.10] W. Oppelt: Kleines Handbuch technischer Regelvorgänge. 5. Auflage, Verlag Chemie, 1972.

[7.11] J.G. Ziegler - N.B. Nichols: Optimum settings for automatic controller. Transactions ASME 64 (1942), S. 759.

[7.12] W. Weber: Ein systematisches Verfahren zum Entwurf linearer und adaptiver Regelungssysteme. ETZ-A 88 (1967), S. 138-144.

[7.13] W. Weber: Ein leicht zu berechnender Regler für vorgeschriebenes Zeitverhalten des Regelkreises. Regelungstechnik 16 (1968), S. 260-262.

[7.14] M. Täschner: Strukturanalyse und algebraischer Entwurf linearer Einfachregelkreise. Dissertation Technische Universität Berlin, 1968.

[7.15] P.M. Frank: Entwurf von Regelkreisen mit vorgeschriebenem Verhalten. Braun Verlag, Karlsruhe, 1974.

[7.16] J.B. Reswick: Disturbance response feedback - A new control concept. Transactions ASME 78 (1956), S. 153-162.

[7.17] O.J.M. Smith: A controller to overcome dead time. ISA-Journal 6 (1959), S. 28-33.

[7.18] G. Schmidt: Simulationstechnik. R. Oldenbourg Verlag, 1980.

[7.19] K.D. Kammeyer - K. Kroschel: Digitale Signalverarbeitung - Filterung und Spektralanalyse. B.G. Teubner-Verlag, 1989.

[7.20] Y. Bar-Shalom - Th. Fortmann: Tracking and Data Association. Academic Press, 1988.

[7.21] O. Föllinger: Lineare Abtastsysteme. R. Oldenbourg Verlag, 5. Auflage, 1993.

[7.22] G.F. Franklin - J.D. Powell: Digital Control of Dynamic Systems. Addison-Wesley, 1980.

[7.23] F. Dörrscheidt - W. Latzel: Grundlagen der Regelungstechnik. 2. Auflage, Teubner-Verlag, 1993.

[7.24] R. Best: Einsatz eines Digitalfilters als universeller Regler. Regelungstechnik 31 (1983), S. 11-18.

[7.25] H. Hanselmann - W. Loges: Realisierung schneller digitaler Regler hoher Ordnung mit Signalprozessoren. Regelungstechnik 31 (1983), S. 330-337.

[7.26] D.J. Quarmby: Signalprozessoren (3 Bände). R. Oldenbourg Verlag, 1986 und 1988.

8.1 Erarbeiten der Aufgabenstellung

In diesem Kapitel werden wir die im Kapitel 7 beschriebenen Entwurfsverfahren auf einige industrielle Regelungssysteme anwenden. Die Beispiele sind so gewählt worden, daß sich einige typische Lösungen zeigen lassen.

Bevor wir uns allerdings mit der Lösung der gestellten Regelungsaufgaben befassen, wollen wir erst einmal überlegen, wie man überhaupt zu einer regelungstechnischen Aufgabenstellung kommt. Denn auch in der industriellen Praxis muß sich der Regelungstechniker erst einmal darüber klar werden, wo das Problem liegt und was erreicht werden soll, bevor er sich über das Wie Gedanken machen kann.

In vielen Fällen ist die Grundlage der Aufgabenstellung ein gegebenes reales System, z.B. ein physikalisch-chemischer Prozeß. Dabei ist es gleichgültig, ob das System schon körperlich existiert oder nur als Plan mit all seinen realen Komponenten definiert ist. In einem solchen System gibt es nun Variablen (z.B. physikalische Größen), die aus irgendwelchen technologischen Gründen auf einem bestimmten Wert gehalten werden müssen, einem bestimmten zeitlichen Verlauf folgen müssen oder einen bestimmten maximalen Wert nicht überschreiten dürfen. Diese Größen werden als Regelgrößen des Systems betrachtet. Oft findet der Regelungstechniker das System auch schon in einem Entwicklungszustand vor, in dem die Stellglieder zur Beeinflussung der Systemvariablen festgelegt sind. Damit liegen auch die Stellgrößen des Systems fest. Vielfach sind auch schon quantitative Anforderungen, z.B. maximal zulässige statische und dynamische Abweichungen der Regelgrößen von vorgegebenen Sollwerten gegeben. Weiß man nun auch noch, welche der Stellgrößen welche Regelgröße beeinflußt, ist die Aufgabenstellung klar, man kann die mathematischen Modelle der Systemteile, die zwischen Stellgröße und Regelgröße liegen, erstellen und auf die so lokalisierten Regelstrecken die Regler-Entwurfsverfahren anwenden.

Leider ist die Situation meist von vornherein nicht so klar, da sich die einzelnen Regelstrecken eines Gesamtsystems oft nicht so leicht voneinander separieren lassen.

Im Kapitel 3 Abschnitt 3.1 wurde der Begriff des Globalsystems eingeführt. Darunter wurde ein System verstanden, das keinerlei Wirkungen aus seiner Umgebung ausgesetzt ist, ein System also, das keine Eingangsgröße hat. Es wurde festgestellt, daß nur solche Globalsysteme Gegenstand von Untersuchungen sein können. Eine Regelungsanordnung mit den Eigenschaften eines Globalsystems bezeichnen wir als Regelungssystem. Es besteht, wie in Bild 8/1 illustriert, aus einem Regelkreis, einem Führungsgrößenmodell und einem Störgrößenmodell. Der Regelkreis kann noch in die Regelstrecke und den Regler unterteilt werden. Es kommt also nun darauf an, den ganzen interessierenden Systemkomplex, etwa eine industrielle Produktionsanlage in lauter solche Regelungssysteme (Globalsysteme) nach Bild 8/1 zu zerlegen.

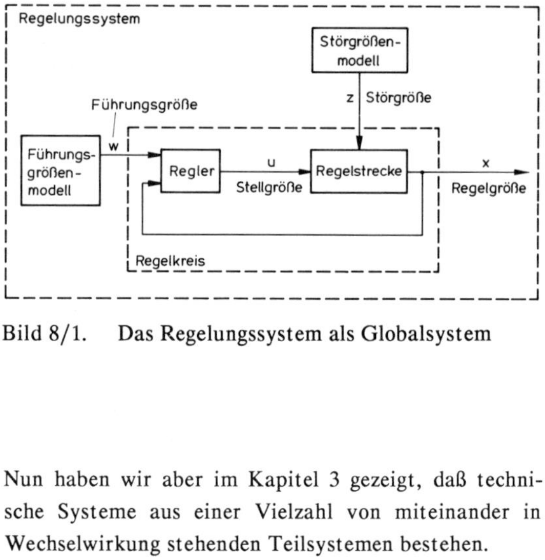

Bild 8/1. Das Regelungssystem als Globalsystem

Nun haben wir aber im Kapitel 3 gezeigt, daß technische Systeme aus einer Vielzahl von miteinander in Wechselwirkung stehenden Teilsystemen bestehen.

Ein Regelungssystem für einen solchen Prozeß könnte z.B. wie im Bild 8/2 dargestellt, aussehen. Man hat es also im allgemeinen mit einem Mehrgrößen-Regelungssystem zu tun. Nun wird man natürlich nicht stur ein komplexes System mit vielleicht Hunderten von Regelgrößen als Mehrgrößensystem behandeln wollen. Vielmehr ist man aus Gründen eines einfachen Regelungsentwurfs und wegen einer besseren Überschaubarkeit des Systemverhaltens stets bestrebt, ein Gesamtsystem in schwach gekoppelte Teile zu zerlegen, auf die dann einfache Regelungskonzepte mit möglichst wenigen Regelgrößen angewandt werden können. Im Bild 8/3 sind die wesentlichen Konzepte des konventionellen Regelungsentwurfs zusammengestellt.

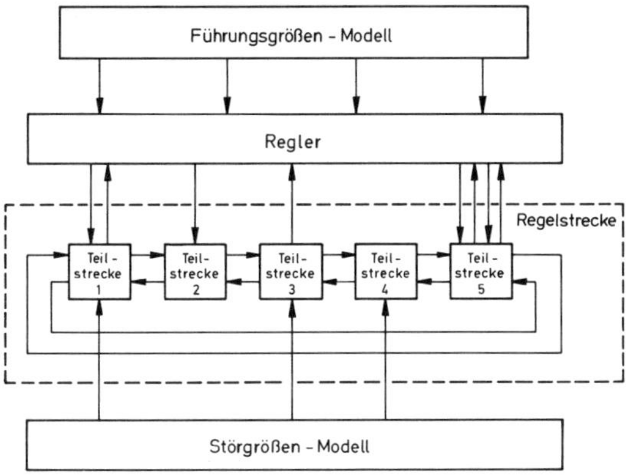

Bild 8/2. Mehrgrößenregelung

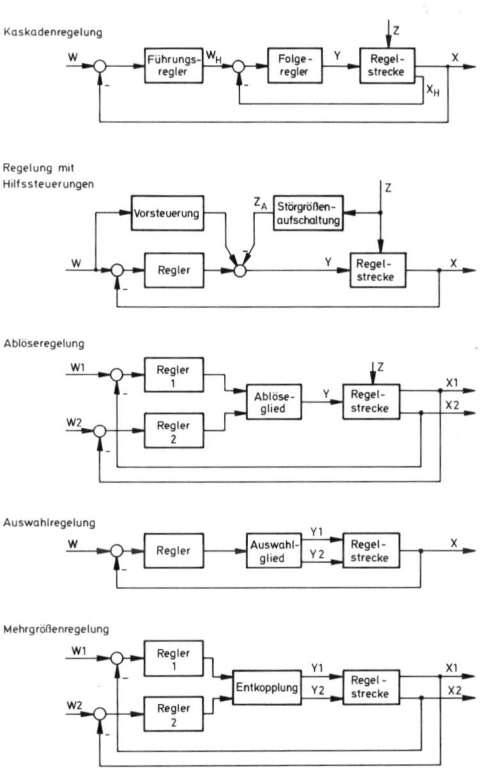

Bild 8/3. Grundstrukturen von Regelungssystemen

Der Einfachregelkreis ist das wohl am häufigsten angewandte Konzept. Der Entwurf solcher Regelungen wurde im Kapitel 7 ausführlich behandelt.

Zur Verbesserung der Dynamik setzt man gelegentlich eine Vorsteuerung und/oder eine Störgrößenaufschaltung ein (siehe dazu Abschnitt 7.10.2). Bei der Vorsteuerung leitet man von der Führungsgröße über ein Steuerglied direkt die Stellgröße ab. Wählt man für die Übertragungsfunktion des Steuergliedes gerade die inverse Übertragungsfunktion der Strecke, so folgt die Regelgröße der Führungsgröße praktisch verzögerungsfrei. Der Regler muß dann nur noch die Fehler ausbügeln, die wegen der praktisch immer vorhandenen Abweichung zwischen den Übertragungsfunktionen von Strekke und Steuerglied bzw. Kompensationsglied entstehen würden. Bei der Störgrößenaufschaltung wird aus der gemessenen Störgröße über ein geeignet dimensioniertes Kompensationsglied eine Aufschaltgröße Z_A berechnet, die den Einfluß der Störgröße möglichst gut kompensiert.

Eine weitere Möglichkeit zur Verbesserung der Regelungsdynamik ist die im Abschnitt 7.10.1 beschriebene Kaskadenregelung. Sie läßt sich anwenden, wenn man außer der eigentlich interessierenden Regelgröße X noch Hilfsregelgrößen meßtechnisch erfassen kann. Im Bild 8/3 ist eine einfache Kaskade mit einer "inneren" Regelgröße X_H dargestellt.

Es gibt Fälle, wo man mehrere Regelgrößen gezielt beeinflussen möchte, aber nur eine Stellgröße zur Verfügung hat. Dann müssen sich z.B. die beiden Regler in Bild 8/3 die eine Stellgröße zeitlich teilen; mal regelt der eine, mal der andere. Eine solche Anordnung, bei der sich mehrere Regler in ihrer Wirkung gegenseitig ablösen, heißt Ablöseregelung. Der Ablösevorgang geschieht unter der Verwaltung des Funktionsblocks "Ablöser", der dafür sorgen muß, daß der Ablösevorgang unter den gewünschten Bedingungen und ohne Komplikationen erfolgt. Ein Beispiel ist die Regelung eines Dampfkessels, die normalerweise auf Temperatur erfolgt. Gerät jedoch der Druck in die Nähe eines maximal zulässigen Wertes, schaltet man auf Druckregelung um.

In anderen Fällen können zur Beeinflussung einer Regelgröße mehrere Stellgrößen zur Verfügung stehen. Dann steht man vor der Qual der Wahl. Man muß dann über ein Auswahlglied festlegen, in welchem Maße man die einzelnen Stellgrößen zur Regelung heranziehen möchte. Man nennt eine solche Regelungskonfiguration Auswahlregelung. Zur Auswahl der Stellgröße(n) sind bestimmte Kriterien erforderlich. Beispielsweise kann man bei einer Temperaturregelung zwischen Heizung und Kühlung umschalten, abhängig vom Erreichen der jeweiligen Stellgrenze.

Schließlich haben wir den Normalfall einer Mehrgrößenregelung, bei der genau soviele Regelgrößen wie Stellgrößen vorliegen. Dabei beeinflußt gleichzeitig jede

Stellgröße jede Regelgröße etwa in gleichem Maße. Der Entwurf solcher Regelungen wird im Kapitel 9 behandelt.

Es kommt nun beim Entwurf eines Regelungskonzeptes darauf an, ein gesamtes Anlagensystem so zu zerlegen, daß Grundstrukturen der im Bild 8/3 dargestellten Form oder Kombinationen davon entstehen. Dabei sollte man darauf abzielen, daß Mehrgrößenkonfigurationen (Mehrgrößenregelung, Ablöseregelung, Auswahlregelung), wenn überhaupt, dann nur mit möglichst wenigen Größen entstehen. In der Praxis läßt es sich meist erreichen, daß Mehrgrößenregelungen, wo sie erforderlich sind, entweder zwei oder drei Regelgrößen haben.

Als Beispiel für die Abgrenzung von Regelungssystemen in einem Gesamtsystem betrachten wir Bild 8/4. Dargestellt ist ein Gesamt-Regelungssystem, dessen Regelstrecke aus 7 kettenartig angeordneten Teilstrecken S1 bis S7 besteht. Jede dieser Teilstrecken ist ein Funktionsblock, wie im Abschnitt 3.1.2 definiert. Er kann intern ggf. in mehreren Verfeinerungsebenen durch weitere weniger komplexe Funktionsblöcke und schließlich durch ein beliebiges Netzwerk von elementaren Übertragungsgliedern beschrieben sein. Praktische Regelungssysteme haben natürlich nicht immer diese Kettenstruktur, sondern können beliebige Verzweigungen und Vermaschungen aufweisen. Dies ist jedoch ohne Belang für das Prinzip der Unterteilung in Teilregelungssysteme.

Im Bild 8/4 sind in der Kettenstruktur diejenigen Wirkungen, die als "schwach" gelten können, gestrichelt gezeichnet. Wir wollen hier nicht näher erörtern, nach welchen Verfahren man diese Wirkungen als schwach erkannt hat. Mag sein, daß entsprechende Erfahrungen aus ähnlichen Systemen vorliegen, daß Messungen an einer schon betriebsfähigen Anlage durchgeführt wurden, oder eine Abschätzung bei der theoretischen Systemanalyse solche Erkenntnisse oder zumindest Vermutungen gebracht hat.

Die Strecke S1 möge von ihrer Nachbarstrecke S2 nur einem relativ schwachen Einfluß ausgesetzt sein; man kann sie daher mit ihrem zugehörigen Regler R1 und Führungsgrößenmodell FM1 vom Rest des Systems abkoppeln und gesondert betrachten.

Die Strecke S2 wird zwar von beiden Nachbarn beeinflußt (S1 und S3), ihre Wirkung auf diese Teilsysteme sei aber nur schwach. Dann kann man auch das Regelungssystem 2 losgelöst vom Restsystem betrachten. Lediglich die aus S1 und S3 stammenden Einflüsse sind in Störungsmodellen SM21, SM22 nachzubilden. Diese Störungsmodelle müssen nur solche Zeitfunktionen liefern, wie sie bei dynamischen Änderungen in den angrenzenden Teilsystemen entstehen würden.

Im dritten Fall möge man nach reiflicher Prüfung keinen Anhaltspunkt gefunden haben, daß eine Wirkung zwischen den Strecken S3 und S4 als vernachlässigbar schwach anzusehen sei. Man muß dann wohl oder übel ein Zweigrößen-Regelungssystem entwerfen. Der Einfluß aus S5 wird wieder über ein Störungsmodell SM4 nachgebildet.

Im Fall des Teilsystems S5 möge eine starke Wechselwirkung mit S6 vorliegen. Bei einer genaueren Analyse der inneren Struktur von S5 möge sich jedoch gezeigt haben, daß durch eine Hilfsregelung mit dem Regler

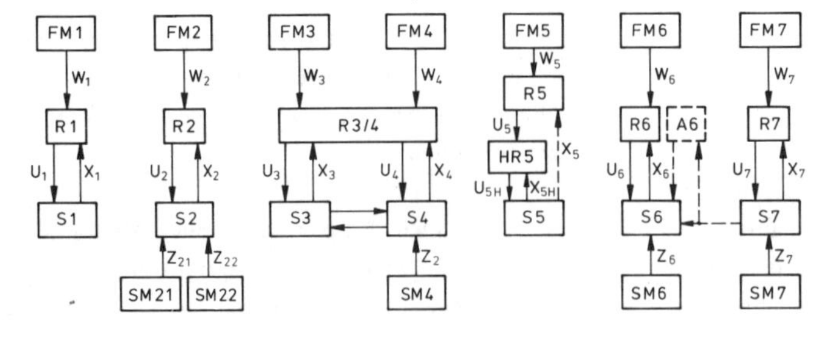

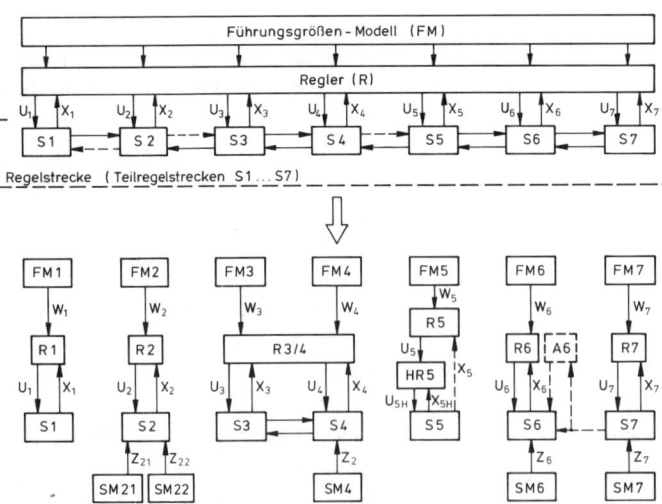

Bild 8/4. Zerlegen eines Gesamt-Regelungssystems in Teil-Regelungssysteme

HR5, die dem Hauptregelkreis zu unterlagern ist (Kaskadenregelung), die Wirkung von S6 auf S5 weitgehend reduziert werden kann. Danach könnte man die Hauptregelung von S5 losgelöst vom Restsystem entwerfen. Die Wirkung von S5 auf S6 wird ersatzweise durch das Störgrößenmodell SM6 berücksichtigt.

Auch zwischen S6 und S7 liege eine nicht zu vernachlässigende Wechselwirkung vor. Sie könnte jedoch reduziert werden, indem man die Wirkung von S7 auf S6 durch eine Korrekturaufschaltung X6 über das Kompensationsglied A6 kompensiert. Dabei ist es unerheblich, ob eine solche Aufschaltung mit steuerungstechnischen Mitteln über das schon vorhandene oder ein zusätzliches Stellglied, oder mit technologischen Mitteln als Zusatz zur Regelstrecke erfolgt. Da nun die Wirkung von S7 auf S6 vernachlässigt werden kann, kann man auch die Regelung für S7 getrennt entwerfen. Man muß lediglich in einem Störungsmodell SM7 die von S6 kommende Wirkung nachbilden.

Daß in einem Gesamtsystem, wie in dem Beispiel angenommen, an einigen Stellen schwache Wirkungen auftreten, ist natürlich kein reiner Zufall. Tatsächlich wird beim Entwurf technologischer Prozesse schon darauf geachtet, daß an einigen Stellen des Gesamtsystems solche schwachen Kopplungen vorliegen. Dies geschieht meist durch Einbau von Energiespeichern, z.B. Drosseln oder Kondensatoren bei elektrischen Systemen, Gas- oder Flüssigkeitsspeicher bei hydraulischen Systemen, Massen oder Federn bei mechanischen Systemen. Hier kann oft der Regelungstechniker schon beim Entwurf technologischer Prozesse mitwirken, um von vornherein ein entwurfstechnisch gut beherrschbares System zu konzipieren.

Nachdem man nun das Gesamt-Regelungssystem in 6 kleinere überschaubare Teil-Regelungssysteme zerlegt hat, kann man daran gehen, für diese der Reihe nach die Regelungssynthese durchzuführen. Später wird dann eine Simulation des Gesamtsystems oder der Betrieb der realen Anlage zeigen müssen, ob die Vereinfachungen zulässig waren. Bei komplexen Systemen kann man dabei schon noch einige Überrasschungen erleben, die dann noch nachträgliche Änderungen der Regelungsstruktur erforderlich machen.

Im folgenden wird an einigen Beispielen gezeigt, wie man Regelungssysteme aus ihrer Umgebung heraustrennt und ihre Struktur festlegt. Sodann werden wir durch Anwenden von Frequenzkennlinien und Wurzelorts-Verfahren die Regler entwerfen. Da die Regelstrecken zum Teil auch Nichtlinearitäten enthalten, müssen wir zuvor überlegen, welche Arbeitspunkte im Betrieb der Anlage vorkommen und dafür eine Linearisierung vornehmen.

In der Praxis wird das Frequenzkennlinienverfahren meist gegenüber dem Wurzelortsverfahren vorgezogen. Zum einen lassen sich für ein gegebenes mathematisches Modell die Freqenzkennlinien leichter zeichnen als die Wurzelortskurven. Zum anderen kann der Frequenzgang direkt durch Messung an Bauelementen oder der fertigen Anlage ermittelt werden. Bei komplizierten Systemen, die einer theoretischen Behandlung nur schwer zugänglich sind, ist man oft auf eine derartige experimentelle Systemanalyse angewiesen.

Man kann also sagen, daß sich das Frequenzkennlinienverfahren meist einfacher handhaben läßt, weshalb es auch bei der Behandlung der folgenden Beispiele vorwiegend benutzt wird. Trotzdem sollte man das Wurzelortsverfahren nicht ganz aus den Augen verlieren, da es sich sehr gut dafür eignet, zusätzlichen Einblick in das Zeitverhalten eines Systems zu gewinnen. Bei Systemen mit instabilem offenen Kreis ist man sogar oft auf das Wurzelortsverfahren angewiesen, da hier eine für die Anwendung der Entwurfsregeln ausreichende Beschreibung durch die Frequenzkennlinien nicht immer möglich ist. An einem der Beispiele wird dies verdeutlicht.

Zur Berechnung bzw. Konstruktion der Frequenzkennlinien sollen noch einige Bemerkungen vorausgeschickt werden. Wenn der Regelkreis nur aus in Kette geschalteten rationalen Gliedern von höchstens zweiter Ordnung und einem Totzeitglied besteht, lassen sich die Frequenzkennlinien des offenen Kreises leicht konstruieren. Als Hilfsmittel dazu dienen das Phasenlineal (Bild 5/6) und die Kurven für das Glied zweiter Ordnung (Bilder 5/9 und 5/10). Um den Frequenzgang des geschlossenen Kreises zu bestimmen, bedient man sich am einfachsten der asymptotischen Näherungen (Abschnitt 5.5). Hierbei kann man die Genauigkeit verbessern, wenn man für die Umgebung der Durchtrittsfrequenz einige Punkte berechnet. Man kann dazu z.B. die Gleichungen (5.20) und (5.21) auf einem Taschenrechner programmieren. Früher benutzte man zur Bestimmung der Frequenzkennlinien des offenen Kreises eine Kurventafel, die unter der Bezeichnung Nichols-Diagramm bekannt war. Derartige Auswertungshilfen sind jedoch nicht mehr zeitgemäß, da heutzutage jeder Ingenieur einen Taschenrechner bei sich trägt, auf dem auch die wichtigsten Formeln für regelungstechnische Auswertungen programmiert sein sollten. So z.B. auch Formeln für die genauere Bestimmung der Frequenzkennlinien in der Umgebung der Eckfrequenzen. Im Abschnitt 5.8

wurden entsprechende Berechnungsverfahren angegeben. Dies ist insbesondere bei Übertragungsgliedern mit komplexen Wurzeln, z.B. dem P-T_2-Glied oder dem AR_2-Glied, erforderlich. Für die Aufzeichnung des asymptotischen Verlaufs indes empfiehlt sich weiterhin die Verwendung des Phasenlineals, beim geschlossenen Kreis in Verbindung mit den Näherungskonstruktionen von Abschnitt 5.5 und Bild 5/17. Die Beibehaltung des Phasenlineals ist auch schon deswegen vernünftig, weil man zur zeichnerischen Ausführung der Kennlinien für die geraden Abschnitte ohnehin ein Lineal benötigte.

Für umfangreiche, verkoppelte Systeme höherer Ordnung ist die Bestimmung der Frequenzkennlinien schon etwas schwieriger. Man kann hier versuchen, das System abschnittweise zu rationalen Gliedern erster und zweiter Ordnung zusammenzufassen und die verbleibenden Schleifen nacheinander durch mehrfaches Anwenden der asymptotischen Näherungen in Verbindung mit Korrekturrechnungen an den Eckfrequenzen zu beseitigen. Dieses Verfahren ist jedoch recht umständlich und zeitraubend, so daß es sich bei komplexen Systemen empfiehlt, einen Rechner zu benutzen. Im Abschnitt 5.8 ist ein Digitalprogramm zur Berechnung der Frequenzkennlinien beschrieben. Das Programm, das von der Darstellung des Systems durch Zustandsdifferentialgleichungen ausgeht, läßt sich direkt auf beliebig vermaschte Systeme anwenden. Die Benutzung des Programms ist insofern sehr einfach, als die einzugebenden Daten unmittelbar dem Strukturbild entnommen werden können. Man wird solche Programme heutzutage am besten auf einem Personal-Computer implementieren. Es gibt dafür auch viele gebrauchsfähige Softwarepakete, die meist noch weitere Programme für regelungstechnische Berechnungen enthalten. Solche Programme bieten auch die Möglichkeit, die berechneten Frequenzkennlinien auf dem Bildschirm darzustellen und auf einem Drucker oder Plotter auszugeben.

Eine weitere Möglichkeit zur Bestimmung der Frequenzkennlinien besteht darin, das System auf dem Analogrechner oder mittels eines digitalen Simulationsprogramms nachzubilden und an diesem Modell eine Frequenzgangmessung durchzuführen. Dieses Verfahren empfiehlt sich dann, wenn zur Untersuchung des nichtlinearen Verhaltens bei großen Aussteuerungen ohnehin eine Analogsimulation vorgenommen wird. Eine derartige Frequenzgangbestimmung hat auch den Vorteil, daß man sich die bei umfangreichen Systemen recht zeitraubende Linearisierung sparen kann. Es genügt vielmehr oft, an den interessierenden Arbeitspunkten den Frequenzgang zu messen. Dabei muß man natürlich darauf achten, daß man die Amplitude der Eingangsgrößen der Meßstrecke nicht zu groß wählt.

In diesem Zusammenhang sei davor gewarnt, daß durch sture Anwendung von Rechnerprogrammen leicht der Blick für das Wesentliche verloren gehen kann. Die leichte Anwendung der Programme auch auf kompliziertes Systeme verführt nämlich dazu, sich nicht mehr viele Gedanken über die Systemvereinfachung zu machen. Die Anwendung der konventionellen Methodik hingegen zwingt von vornherein dazu, das System etwas kritischer zu betrachten. Im Bemühen einer schrittweisen Bestimmung der Frequenzkennlinien muß man nämlich stets danach trachten, Wesentliches von Unwesentlichem zu trennen. Auch lassen sich scheinbar komplizierte Systeme oft durch Umformungen und Vereinfachungen in eine übersichtliche Darstellungsform bringen. Dabei ist es vielfach durch einfache Überlegungen mit Hilfe der graphischen Methoden möglich, die Bedeutung der einzelnen Einflußgrößen für die Eigenschaften des Gesamtsystems zu beurteilen, um so Hinweise für mögliche Vernachlässigungen zu erhalten. Man kann also sagen, daß bei diesem Vorgehen beim Zeichnen der Frequenzkennlinien gleichzeitig eine analytische Erschließung des Systems abfällt. Wir wollen daher in den folgenden Beispielen vorwiegend mit dem graphischen Verfahren der Frequenzkennlinien-Konstruktion und Strukturbildumformung arbeiten. Es bleibt dem Leser überlassen, bei der Durcharbeitung der Beispiele die Frequenzkennlinien durch Rechnerprogramme zu verifizieren und sich dabei gleichzeitig Übung in deren Gebrauch zu verschaffen.

8.2 Drehmomentregelung einer Pendelmaschine

8.2.1 Aufgabenstellung

Bei der Untersuchung von Antriebsmaschinen auf dem Prüfstand sollen die bei ihrem späteren Betrieb vorliegenden Bedingungen nachgebildet werden. Dazu muß unter anderem das Belastungsdrehmoment so vorgegeben werden, daß es in Verlauf und Abhängigkeit den Betriebsverhältnissen entspricht. Ein Beispiel dafür ist die Untersuchung eines Kraftfahrzeugmotors. Will man hier die beim Betrieb in einem Fahrzeug auftretende Belastung simulieren, muß das Belastungsmoment der Summe aus der aerodynamischen Kraft, der Trägheitskraft, sowie der bei Geländesteigungen in Fahrtrichtung fallenden Schwerkraftskomponente entsprechen.

Um aufwendige und überdies kaum reproduzierbare Testfahrten bei Versuchen mit Kraftfahrzeugmotoren zu vermeiden, führt man nur einmal eine Testfahrt durch und registriert dabei Drehmoment und Drehzahl des Motors auf einem Datenträger. Später kann man dann diese Daten in einem Fahrprogrammgeber dazu verwenden, die zeitlichen Verläufe der bei der Testfahrt aufgenommenen Größen als Sollwerte für den Motorprüfstand beliebig oft zu reproduzieren.

Bild 8/5 zeigt den prinzipiellen Aufbau eines solchen Motorenprüfstandes.

Man muß also eine Zweigrößenregelung für das Motordrehmoment M_L und die Motordrehzahl ω_L konzipieren. Ihr Funktionsplan ist im Bild 8/6 dargestellt. Leider steht jedoch das Drehmoment M_L als Meßwert nicht zur Verfügung, es muß aus den gemessenen Größen M_p und ω_M berechnet werden. Auch die Drehzahl ω_L des Verbrennungsmotors läßt sich aus konstruktiven Gründen nicht messen. Man verwendet daher als Regelgröße ersatzweise die Drehzahl ω_M der Gleichstrommaschine.

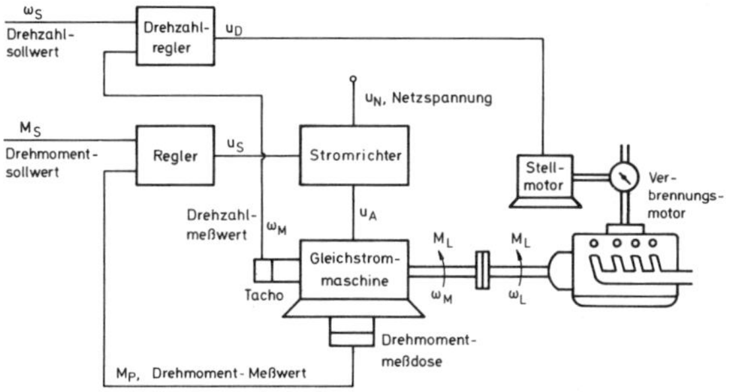

Bild 8/5. Drehmomentgeregelte Gleichstrommaschine zur Belastungsprüfung eines Verbrennungsmotors

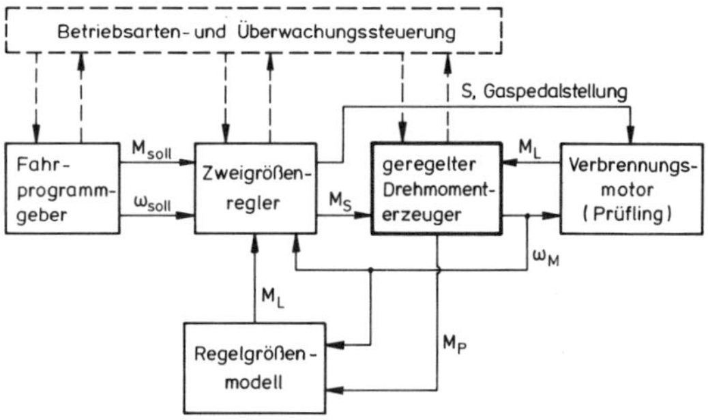

Bild 8/6. Verwendung des geregelten Drehmomenterzeugers nach Bild 8/5 in einer Motor-Prüfstandsregelung

Als Grundkomponente braucht man eine Einrichtung, mit der man ein kontinuierlich und genau einstellbares Drehmoment erzeugen kann. Ein solcher geregelter Drehmomenterzeuger ist Gegenstand des folgenden Entwurfsbeispiels. Er ist normalerweise durch eine elektrische Maschine realisiert, die noch, wie im Bild 8/5 skizziert, mit Meßwertgebern zur Erfassung von Drehmoment M_p und Drehzahl ω_M ausgerüstet ist. Das gemessene Drehmoment M_p wird dem Regler zugeführt, dessen Ausgangsgröße u_S über ein Stromrichterstellglied die Ankerspannung u_A der Gleichstrommaschine beeinflußt. Es wird also bei der hier gewählten Anordnung angenommen, daß sich das eigentlich interessierende Drehmoment M_L am Verbindungsflansch zwischen Prüfling und Drehmomenterzeuger nicht messen läßt. Ersatzweise wird das Moment M_p durch eine Kraftmeßdose am Fundament der elektrischen Maschine gemessen.

Außer dem Drehmoment muß man beim Prüfbetrieb auch die Drehzahl vorgeben. Deswegen ist die Prüfanordnung noch mit einer Drehzahlregelung ausgestattet. Die Drehzahl wird mit einer Tachometermaschine gemessen und dem Drehzahlregler zugeführt. Dieser verstellt über einen kleinen Stellmotor die Drosselklappe des Verbrennungsmotors.

Zur weiteren Systemumgebung gehört noch die Energieversorgung für den Drehmomenterzeuger. Sie besteht normalerweise aus dem öffentlichen Netz, ggf. mit zwischengeschalteten Transformatoren und/oder Phasenkompensationsgliedern.

Schließlich benötigt eine praktisch betreibbare Anlage noch ein Betriebs- und Überwachungssteuerungssystem für das Einschalten, Anfahren, Stillsetzen, den Betriebsartenwechsel usw. Das hat auch einige Einflüsse auf die Reglerrealisierung, wie wir später noch sehen werden.

Wir stehen nun vor der Situation, zu entscheiden, ob wir den geregelten Drehmomentgeber, also das im Bild 8/6 dick gezeichnete Teilsystem, aus seiner Umgebung heraustrennen und es als Teil-Regelungssystem entwerfen können oder ob wir das Gesamtsystem betrachten müssen.

Bei der Spannungsversorgung läßt sich die Entscheidung meist leicht treffen. Das speisende Netz kann als genügend starr angesehen werden, d.h. die speisende Netzspannung u_N dürfte nur geringfügig von belastendem Strom beeinflußt werden.

Schauen wir uns das grobe Modell des hier in Frage kommenden Prüflings, einem Verbrennungsmotor gemäß Bild 3/64 an, so stellen wir fest, daß die Drehmoment- /Drehzahl-Kennlinie im Hauptarbeitsbereich des Motors einen relativ flachen Verlauf hat. D. h. bei 90 % Drehzahländerung kommt es nur zu einer Drehmomentänderung von ca. 10 %. Ein Vergleich der Massenträgheitsmomente von Prüfling und elektrischer Maschine zeigt außerdem, daß das letztere im Vergleich zum ersteren sehr groß ist. Beide Feststellungen lassen eine nur schwache Wirkung des Prüflings auf dem Drehmomenterzeuger erwarten. Wir wollen es daher wagen, die Wechselwirkung mit dem Prüfling zu vernachlässigen und unser Teilregelungssystem an dieser Stelle durch ein Störgrößenmodell für M_L abschließen.

Eine künstlich einzuführende Wechselwirkung wird auch beim Betrieb mit der überlagerten Zweigrößenregelung für ω_L und M_L entstehen. Wir wollen dies zunächst ignorieren und ein möglicherweise entstehendes Problem beim Entwurf dieser überlagerten Regelung lösen.

Wir haben uns also zum Entwurf des im Bild 8/7 dargestellten Teilregelungssystems entschieden.

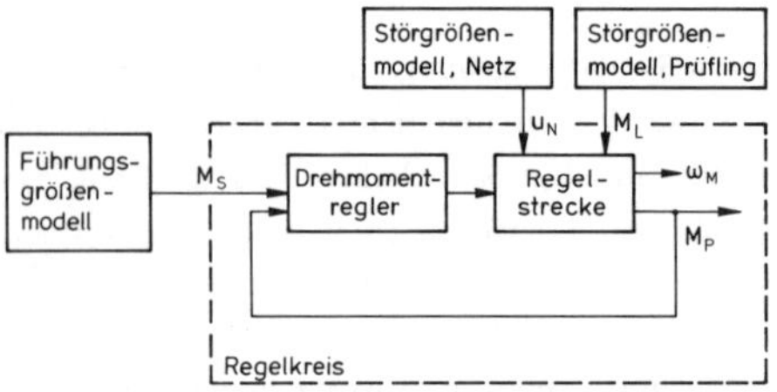

Bild 8/7. Drehmoment-Regelkreis einer Pendelmaschine

8.2.2 Das mathematische Modell des Regelkreises

Bild 8/8 zeigt den Wirkschaltplan des Regelkreises für das Regelungssystem von Bild 8/7. Zentrales Element ist eine Gleichstrommaschine, die durch ihre mechanische Konstruktion als sogenannte Pendelmaschine ausgebildet ist. Bei dieser Konstruktion ist der Ständer der Maschine nicht, wie sonst üblich, fest mit einem Fundament verankert, sondern drehbar um die Läuferachse gelagert. Ein fest mit dem Ständer verbundener Hebel leitet über eine Kraftmeßdose das auftretende Drehmoment in das Fundament. Damit ist eine recht genaue Messung des von der Maschine abgegebenen Drehmo-

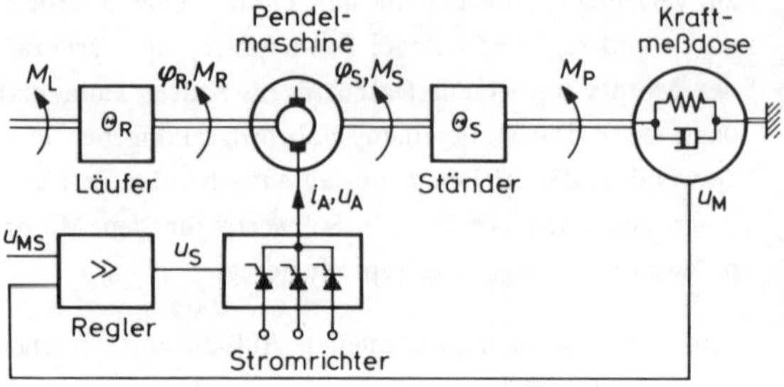

Bild 8/8. Wirkschaltplan des Drehmoment-Regelkreises

mentes ermöglicht. Allerdings stimmt das so erhaltene Drehmoment M_p nur statisch mit dem Moment M_L am Anschlußflansch zum Prüfling überein. Deswegen müssen später bei der Verwendung des Drehmomenterzeugers noch ggf. dynamische Korrekturen durchgeführt werden, etwa wie durch das Regelgrößenmodell von Bild 8/6.

Läufer und Ständer der Maschine sind jeweils durch ein Trägheitsmoment Θ_R und Θ_S nachgebildet. Am Läufer greift als Eingangsgröße (hier eine Störgröße des Regelungssystems) das vom Prüfobjekt abgegebene Drehmoment M_L an. Der Ständer ist in Drehrichtung über eine Kraftmeßdose am Fundament abgestützt. Die Meßdose, die nach dem Dehnungsprinzip arbeitet, ist, mechanisch gesehen, ein verformbares Glied mit elastischen und plastischen Eigenschaften. Sie ist daher im Schaltplan durch ein Feder-Dämpfer-Symbol dargestellt. Sie wandelt das Reaktionsdrehmoment M_p zwischen Ständer und Fundament in eine proportionale Spannung u_M um. Die Istwertspannung u_M ist also ein Maß für die Regelgröße M_p. Sie wird zusammen mit der Sollwertspannung u_{MS} dem Regler zugeführt, dessen Ausgangsspannung u_S über ein Stromrichter-Stellglied den Ankerkreis der Maschine beeinflußt. Zur mathematischen Beschreibung des Systems werden die in Kapitel 3.2 abgeleiteten Modelle für die Teilsysteme benutzt. Im einzelnen werden folgende Funktionsblöcke gebraucht:

- Massenträgheitsmoment (Bild 3/11), 2 Exemplare
- Feder/Dämper (Bild 3/11)
- Gleichstrommaschine mit konstanter Erregung (Bild 3/23)
- Stromrichter-Stellglied (Bild 3/62).

Damit läßt sich der Funktionsplan des Regelkreises gemäß Bild 8/9 zeichnen.

Die Verbindung der Blöcke untereinander gibt exakt die mathematische Verknüpfung der einzelnen Teilsysteme

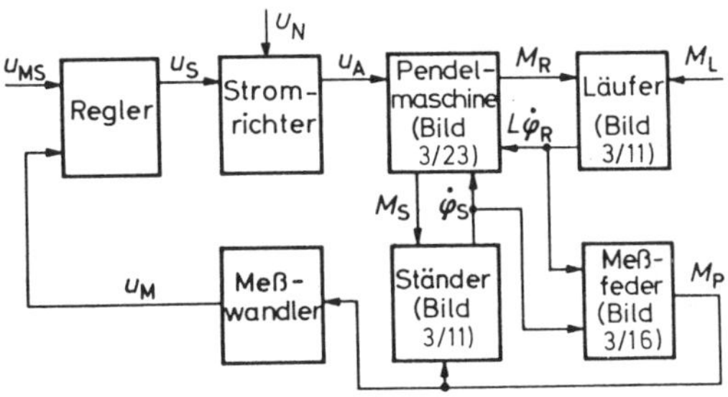

Bild 8/9. Funktionsplan des Drehmoment-Regelkreises

an. Beim Zeichnen des Funktionsplans kann man jedoch schon diejenigen Verknüpfungen weglassen, die als vernachlässigbar bekannt sind. Der Stromrichter zum Beispiel hat als Eingangsgröße die Steuerspannung u_S, Ausgangsgröße ist die Ankerspannung für die angeschlossene Maschine u_A. Genau genommen würde nun der Ankerstrom der Pendelmaschine, der vom Stromrichter geliefert werden muß, wegen dessen Innenwiderstand eine rückwirkende Beeinflussung der Stromrichterspannung u_A verursachen. Der Antriebstechniker weiß jedoch, daß der Innenwiderstand des Stromrichters im Verhältnis zum Ankerwiderstand der angeschlossenen Maschine sehr klein ist, weswegen die Rückwirkung des Belastungsstroms auf den Stromrichter vernachlässigt werden kann. Entsprechendes gilt für die Belastung des Reglers durch den Eingangsstrom der Stromrichtersteuerung und die Belastung des Meßwandlers durch den Regler-Eingangsstrom.

Um nun das Gesamtstrukturbild zu erhalten, müssen die Funktionsblöcke von Bild 8/9 mit den angegebenen Strukturbildern ausgefüllt werden.

Zur Nachbildung der Drehmoment-Meßeinrichtung wurde eine Feder-Dämpfer-Kombination in Verbindung mit einem P-Glied für die Meßwertumformung verwendet. Diese sogenannte Kraftmeßdose arbeitet nach dem Prinzip der Dehnungsmessung und besteht im wesentlichen aus einem mechanisch verformbaren und elektrisch leitenden Element. Die durch Druck oder Zug hervorgerufene Widerstandsänderung wird mit einer Brückenschaltung erfaßt und in eine elektrische Spannung umgewandelt. Die mechanischen Eigenschaften der Kraftmeßeinrichtung werden durch den Block Meßfeder in Bild 8/9 dargestellt. Der Block Meßumformer gibt einfach den Zusammenhang zwischen Kraftänderung und Spannungsänderung an. Die verwendete Meßeinrichtung hat im Arbeitsbereich lineares Verhalten, so daß sie durch ein Proportionalglied mit der Konstante

$$K_M = \frac{\Delta u_M}{\Delta M_p} \tag{8.1}$$

nachgebildet werden kann. K_M wird durch Eichung bestimmt.

Schließlich verbleibt noch der Block Regler, für ihn wird die Übertragungsfunktion G_K eingeführt, die natürlich erst nach erfolgtem Systementwurf angegeben werden kann.

Nach Zusammenzeichnen aller Teilstrukturbilder ergibt sich die in Bild 8/10 dargestellte Struktur des Drehmomentregelkreises. Die Konstanten dafür sind in Tabelle 8/1 zusammengestellt.

Zur Bestimmung der Dämpfungskonstante D der Meßfeder sollen noch einige Erläuterungen gegeben werden. Nach den Ableitungen von Abschnitt 3.2, die schließlich zu Gleichung (3.27) geführt haben, hängt diese Konstante von der Kreisfrequenz ab, und es muß die Frage gestellt werden, welcher Wert dafür einzusetzen ist. Für die Untersuchung des dynamischen Verhaltens des Systems interessiert in erster Linie die Dämpfung des P-T_2-Gliedes, das durch das Feder-Masse-System Maschinenständer-Kraftmeßdose gebildet wird. Die Übertragungsfunktion dieses Systems lautet

$$G_p(s) = \frac{M_p(s)}{M_R(s)} = \frac{1 + \frac{D}{C}\, s}{1 + \frac{D}{C}\, s + \frac{\Theta_s}{C}\, s^2} . \tag{8.2}$$

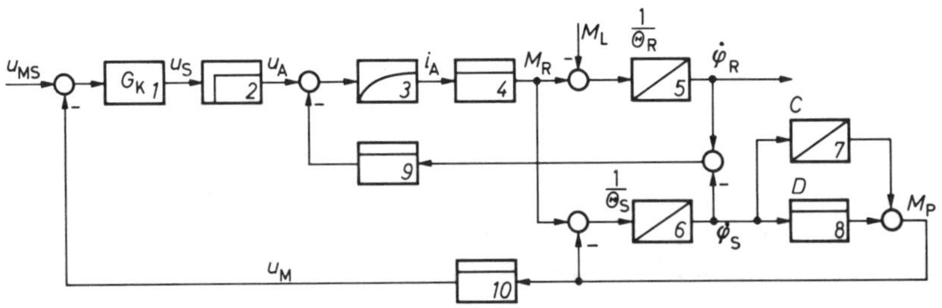

Bild 8/10. Strukturbild des Drehmoment-Regelkreises

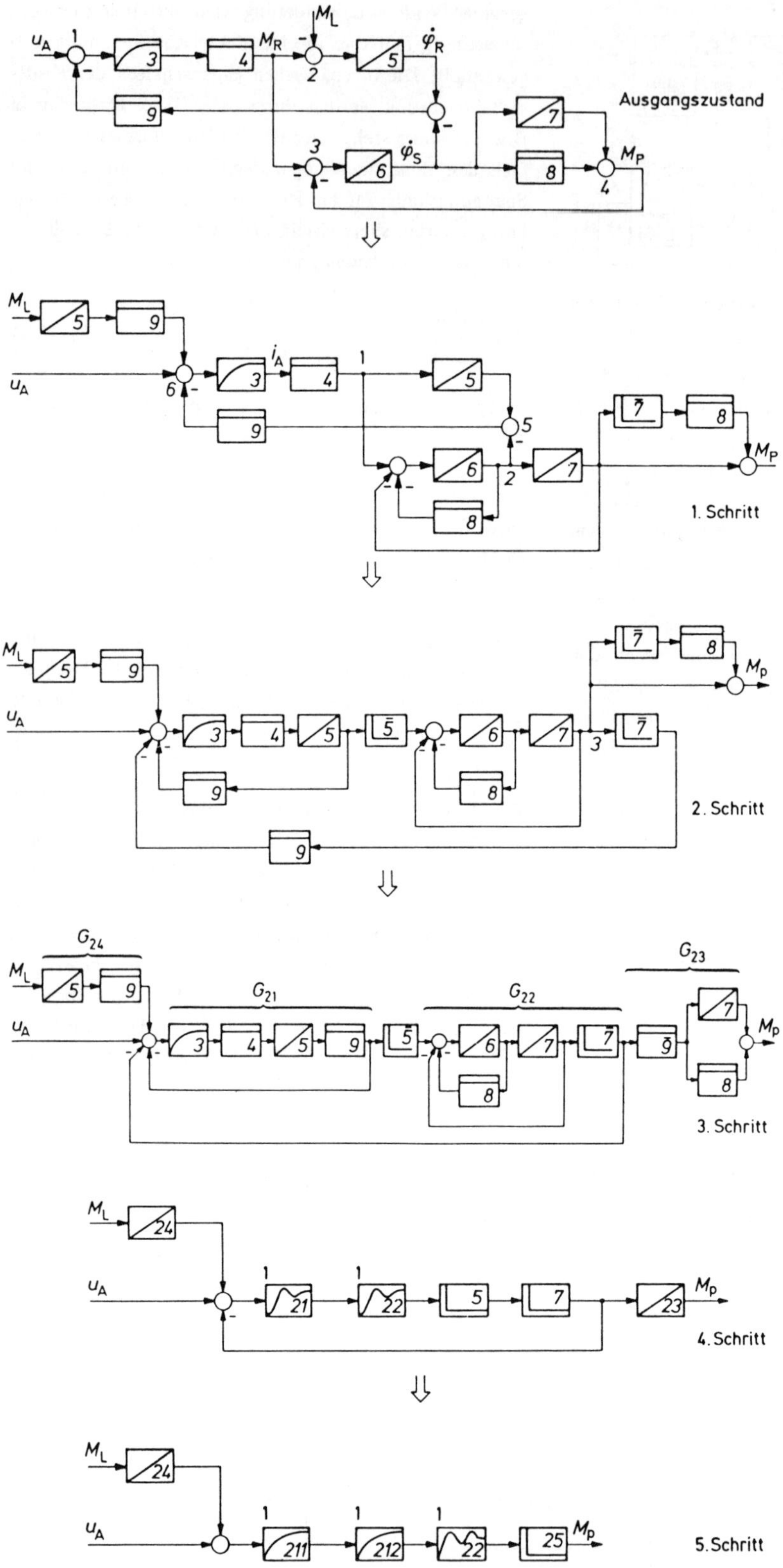

Bild 8/11. Umformung des vermaschten Teils der Regelstrecke von Bild 8/10

Die Eigenfrequenz $\omega_0 = \sqrt{C/\Theta_s}$ dieser Übertragungsfunktion wird in (3.27) eingesetzt, und man erhält

$$k_8 = D = P\sqrt{C\Theta_s} \ . \tag{8.3}$$

Mit einem angegebenen Wert von P = 0,02 ergibt sich die in der Tabelle eingetragene Dämpfungskonstante. Die Dämpfung des Nennerpolynoms von (8.2) beträgt

$$d = \frac{D\omega_0}{2C} = \frac{P}{2} = 0{,}01 \ . \tag{8.4}$$

Tabelle 8/1. Konstanten zu Bild 8/10

Glied Nr.	Art	Konstanten	Bedeutung
1		zu bestimmen	Regler
2	TZ	$k_2 = 40$ $T_1 = 1$ msec	Stromrichter
3	P-T_1	$k_3 = 25$ A/V $T_3 = 30$ msec	Ankerkreis der Pendelmaschine
4	P	$k_4 = 7$ Nm/Arad	Drehmomentbildung
5	I	$k_5 = 4 \cdot 10^{-3}$ rad²/kgm²	Trägheitsmoment des Läufers
6	I	$k_6 = 2{,}5 \cdot 10^{-4}$ rad²/kgm²	Trägheitsmoment des Ständers
7	I	$k_7 = 5 \cdot 10^7$ Nm/rad²	Federkonstante der Meßfeder
8	P	$k_8 = 10^4$ Nmsec/rad²	Dämpfungskonstante der Meßfeder
9	P	7,0 Vsec/rad	EMK-Bildung
10	P	$5 \cdot 10^{-3}$ Vrad/Nm	Meßumformer

8.2.3 Die Frequenzkennlinien der Regelstrecke

Für den Entwurf des Regelkreises wird der Frequenzgang der Regelstrecke

$$G_S(j\omega) = \frac{u_M(j\omega)}{u_S(j\omega)} \tag{8.5}$$

benötigt. Die in Kapitel 5 beschriebenen Hilfsmittel (Phasenlineal, P-T_2-Kurven, Formel für die Knickpunktkorrektur) lassen sich zunächst noch nicht direkt anwenden, da die Regelstrecke mehrfach vermascht ist. Man könnte nun auf den Gedanken kommen, kurzerhand ein Rechenprogramm zur Berechnung der Frequenzkennlinien zu nehmen. Über die Anwendung eines Digitalprogramms, das auf der Zustandsvariablendarstellung beruht, wird in Abschnitt 5.8 berichtet. Es wäre nicht sehr demonstrativ, hier einfach das Ergebnis einer solchen Berechnung anzugeben. Daher wollen wir versuchen, mit Hilfe der Regeln von Abschnitt 2.8 und Bild 2/72 das Strukturbild in eine einfachere Form zu bringen. In Bild 8/11 sind die dafür erforderlichen Schritte aufgeführt.

Im ersten Schritt werden zwei Veränderungen vorgenommen. Zusammenlegen der Summierstellen 1 und 2, 3 und 4. Dabei muß man aber beachten, daß im so umgeformten Strukturbild am Ausgang von Block 5 nicht mehr die Winkelgeschwindigkeit des Läufers $\dot{\varphi}_R$ erscheint. Auch das Pendeldrehmoment M_p erscheint zunächst nicht mehr explizit. Da diese Größe jedoch später als Regelgröße benötigt wird, muß sie zusätzlich aus der Ausgangsgröße x_7 des Blocks 7 gebildet werden. Der dabei entstehende Block $\overline{7}$ hat die inverse Übertragungsfunktion des Blocks 7. Es ist also

$$G_{\overline{7}} = G_7^{-1} = \left[\frac{k_7}{s}\right]^{-1} = \frac{s}{k_7} \ . \tag{8.6}$$

Diese Bezeichnungsweise (Querstrich bei inversen Gliedern) wird auch im folgenden bei der Umformung von Strukturbildern immer verwendet werden.

Nach den ersten beiden Umformungen erkennt man schon, daß in der Strecke zwei miteinander gekoppelte P-T_2-Glieder auftreten. Das wird nach dem nächsten Umformungsschritt noch deutlicher. Es werden dabei folgende Veränderungen vorgenommen:

- Zusammenfassen der Summierungsstellen 5 und 6,
- Verlagern der Verzweigungsstelle 2 hinter den Block 7,
- Verlagern der Verzweigungsstelle 1 hinter den Block 5.

Im 3. Schritt geschieht folgendes:

- Verlagerung der Verzweigungsstelle 3 hinter den Block $\overline{7}$,
- Beseitigung der Blöcke 9 aus den Rückwärtszweigen.

Danach kann man im 4. Schritt folgende Zusammenfassungen vornehmen:

Glied 21

$$G_{21} = \frac{1}{1 + \frac{s(1+T_3 s)}{k_3 k_4 k_5 k_9}} = \frac{1}{1 + 2 d_{21} T_{21} s + T_{21}^2 s^2} \qquad (8.7)$$

$$T_{21}^2 = \frac{T_3}{k_3 k_4 k_5 k_9} = 0{,}006 \text{ sec}^2 \ , \quad T_{21} = 0{,}077 \text{ sec} \ ,$$

$$d_{21} = \frac{1}{2 T_{21} k_3 k_4 k_5 k_9} = 1{,}3$$

Da $d_{21} > 1$ ist, läßt sich das P-T_2-Glied, wie in Abschnitt 2.3.11 und Bild 2/38 gezeigt, in zwei P-T_1-Glieder spalten mit den Zeitkonstanten

$$T_{211} = 0{,}16 \text{ sec} \ , \quad T_{212} = 0{,}046 \text{ sec} \ . \qquad (8.8)$$

Glied 22

$$G_{22} = \frac{1}{1 + \frac{s}{k_7}\left[k_s + \frac{s}{k_6}\right]} = \frac{1}{1 + 2 d_{22} T_{22} s + T_{22}^2 s^2} \ , \qquad (8.9)$$

$$T_{22}^2 = \frac{1}{k_6 k_7} = 0{,}8 \cdot 10^{-4} \text{sec}^2 \ , \quad T_{22} = 9 \cdot 10^{-3} \text{sec} \ ,$$

$$d_{22} = \frac{k_8}{2 T_{22} k_7} = 0{,}01 \ .$$

Glied 23

$$G_{23} = \frac{1}{k_9}\left[k_8 + \frac{k_7}{s}\right] = k_{23} \frac{1 + T_{23} s}{s} \ ,$$

$$k_{23} = \frac{k_7}{k_9} \ , \quad T_{23} = \frac{k_8}{k_7} \ . \qquad (8.10)$$

Glied 24

$$G_{24} = \frac{k_{24}}{s} \ ,$$

$$k_{24} = k_5 k_9 \ . \qquad (8.11)$$

Mit einigen Vernachlässigungen kann im 5. Schritt die Struktur weiter vereinfacht werden. Dazu wird zunächst Glied 23 betrachtet.

Da T_{23} mit $2 \cdot 10^{-4}$ sec im Vergleich zu allen übrigen Zeitkonstanten des Systems sehr klein ist, kann das PI-Glied (8.10) näherungsweise durch ein I-Glied

$$G_{23} \approx \frac{k_{23}}{s} \qquad (8.12)$$

ersetzt werden.

Für die nach dem 4. Schritt von Bild 8/11 verbliebene Gegenkopplung wollen wir nun versuchen, durch Anwenden der Näherungsregeln von Abschnitt 5.5 mit Bild 5/17 die Frequenzkennlinien zu konstruieren. Dazu wird zunächst der Frequenzgang des Vorwärtszweiges aufgezeichnet (Bild 8/12). Die Amplitudenkennlinie verläuft bei niedrigen Frequenzen wegen der beiden D-Glieder $\overline{5}$ und $\overline{7}$ mit 40 dB je Dekade ansteigend und hat an der Stelle $\omega = 1$ den Wert

$$|G(j1)| = \frac{1}{k_5 k_7} 0{,}5 \cdot 10^{-5} \mathrel{\hat{=}} -106 \text{ dB} \ .$$

Es folgen die beiden Abwärtsknicke des Gliedes 21 bei $\omega_{211} = 6$ und $\omega_{212} = 22$ und der doppelte Abwärtsknick von Glied 22 bei $\omega_{22} = 110$. Den Verlauf dieser Knickgeraden kann man durch Anlegen des Phasenlineals leicht zeichnen. Bei den Knickstellen der beiden P-T_1-Glieder zieht man jeweils 3 dB ab und verschleift die Kurve nach Augenmaß. Für die bei dem schwach gedämpften P-T_2-Glied 22 erforderliche Knickkorrektur genügt es, die folgenden Punkte zu berücksichtigen und dazwischen den Verlauf nach Augenmaß auszuziehen.

	$\frac{1}{\sqrt{2}}\omega_0$	ω_0	$\sqrt{2}\,\omega_0$
$\lvert G\rvert$	2	1/2d	1
$\angle G$	$-2\sqrt{2d}$	$-\pi/2$	$-\pi + 2\sqrt{2d}$

(8.13)

Diese Näherungen, die für kleine Dämpfungen gelten (etwa $d < 0{,}1$) gehen unmittelbar aus den Ausführungen zum P-T_2-Glied in Abschnitt 3.4 hervor. In diesem Zusammenhang seien zwei weitere Näherungsbeziehungen genannt, die bei der Betrachtung von schwach gedämpften Systemen nützlich sein können.

6-dB-Abfall bezüglich $|G(j\omega_0)|$ bei

$$\omega/\omega_0 = \sqrt{1 \pm 4d} \qquad (8.14)$$

45° Phasenabweichung bezüglich $\angle G(j\omega_0)$ bei

$$\omega/\omega_0 = \sqrt{1 \pm 2d} \qquad (8.15)$$

Wir haben damit den Frequenzgang G_V des Vorwärtszweiges der Gegenkopplungsschleife von Bild 8/11, Schritt 4, aufgezeichnet. Um nun den Betrags-Frequenzgang der geschlossenen Schleife zu erhalten, zeichnet man noch die inverse Betragskennlinie $|G_R^{-1}|$ des Rückwärtszweiges in dasselbe Bild. Die Näherungsregel lautet einfach ausgedrückt: man nehme von $|G_V|$ und

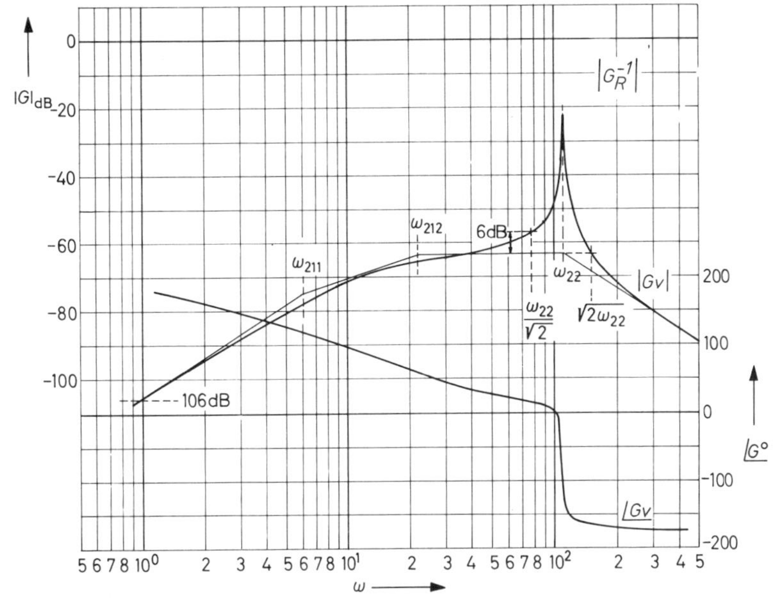

Bild 8/12. Frequenzkennlinien des offenen Kreises von Bild 8/11, 4. Schritt

$|G_R^{-1}|$ jeweils das untere. Da $|G_R^{-1}|$ weit oberhalb von $|G_V|$ verläuft, kann man als Frequenzgang der Gegenkopplungsschleife näherungsweise den Vorwärtszweig nehmen. Nun können noch die Glieder $\overline{5}$, $\overline{7}$ und das gemäß (8.11) vereinfachte Glied 23 wie folgt zusammengefaßt werden:

$$G_{25} = \frac{s}{k_5} \cdot \frac{s}{k_7} \cdot \frac{k_{23}}{s} = k_{25}\, s \tag{8.16}$$

mit

$$k_{25} = \frac{k_{23}}{k_5 k_7} = \frac{1}{k_5 k_9} = 35\ \frac{\text{Nmsec}}{\text{V}}\ .$$

Es ist also gelungen, die vermaschte Struktur der Regelstrecke in eine einfache Übertragungskette mit Gliedern höchstens zweiter Ordnung umzuformen. Diese Darstellungsform hat den Vorteil, daß man den Einfluß der einzelnen Streckenparameter viel besser übersehen kann als bei der vermaschten Ausgangsstruktur. So können zum Beispiel Möglichkeiten zur Verbesserung der Streckeneigenschaften durch Verändern von Parametern leicht überprüft werden.

Mancher Leser wird sich nun fragen, ob es nicht einfacher gewesen wäre, die Umformung der Struktur anhand der Systemgleichungen durchzuführen, anstatt fortwährend neue Strukturbildformen zu zeichnen. Dazu ist zu sagen, daß die Effektivität jeder dieser Methoden von der intellektuellen Ausrichtung des Bearbeiters abhängt. Es hat sich aber immer wieder gezeigt, daß die Beschäftigung mit dem Strukturbild einen tieferen Einblick in die Systemeigenschaften vermittelt und sich so oft überraschende Lösungsmöglichkeiten des Regelungsproblems ergeben.

Bild 8/13 zeigt die Struktur des gesamten Regelkreises.

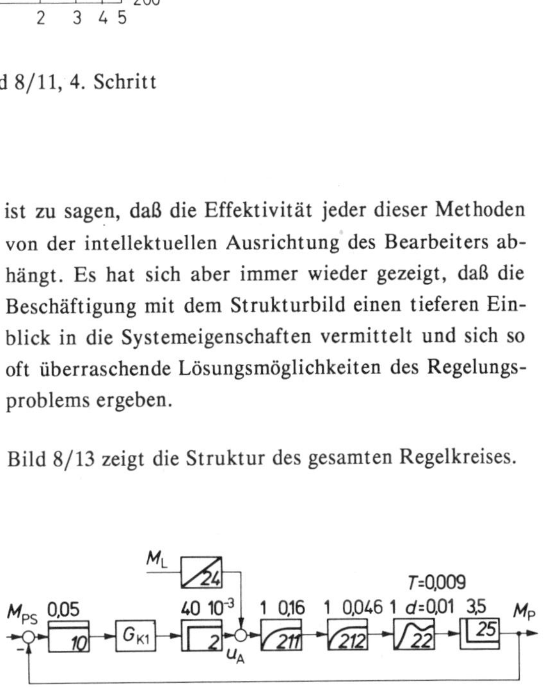

Bild 8/13. Vereinfachte Struktur des Drehmoment-Regelkreises von Bild 8/10

Die Zahlenwerte der Konstanten der Regelstrecke sind jeweils oben an den Blocksymbolen angeschrieben, und zwar links die Übertragungskonstanten und rechts die Zeitkonstanten. Damit können die Frequenzkennlinien $|G_S|$, $\angle G_S$ der Regelstrecke Bild 8/14 (unterbrochene Kurven) gezeichnet werden. Die relative Lage der Betragskennlinie zur 0-dB-Linie ist gegeben durch die Verstärkung der Strecke $K_S = k_2 k_{10} k_{25} = 7\text{sec} \mathrel{\hat{=}} 17$ dB .

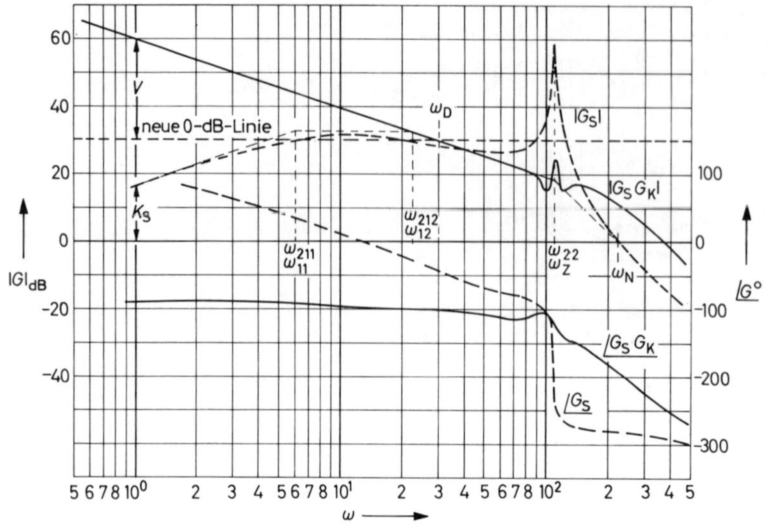

Bild 8/14. Frequenzkennlinien der Regelstrecke und des offenen Regelkreises

8.2.4 Der Entwurf des Reglers

Die Mindestanforderung an einen Regelkreis ist, daß er stabil ist. Zusätzlich sind jedoch meist noch bestimmte Anforderungen an die stationäre Genauigkeit und das dynamische Verhalten der Regelung gestellt. Man könnte nun natürlich sagen, man entwirft halt die Regelung, so gut es geht. Eine derart pauschale Zielvorstellung wird jedoch bestimmt kein optimales Ergebnis liefern. Ist der Entwurf besser als nötig, kann der Realisierungsaufwand zu hoch werden, wenn eine Realisierung mit technischen Mitteln überhaupt möglich ist. Man sollte daher dem Regelungsentwurf realistische Anforderungen zugrunde legen.

In unserem Beispiel wollen wir von folgenden Anforderungen ausgehen:

1. Die stationäre Regelabweichung soll so klein sein, daß der Fehler der Drehmomenteinstellung im wesentlichen durch die Ungenauigkeit der Drehmoment-Meßeinrichtung bestimmt wird. Bei einer angegebenen Genauigkeit von 0,5 % sollte dann die relative stationäre Regelabweichung um eine Größenordnung niedriger liegen und kleiner als 0,05 % sein.

2. Der Regelkreis soll dynamisch so ausgelegt sein, daß bei Schwankungen des Drehmoment-Sollwerts mit Frequenzen unterhalb 2 Hz der Amplitudenfehler der Regelgröße kleiner als 10 % der Sollwertamplitude ist. D.h. bei $\omega = 12{,}6$ soll die Betragskennlinie $|F_w|$ des Führungsfrequenzgangs bei 1,1 liegen, also $|F_w|_{dB}$ betragsmäßig < 1 dB sein.

3. Bei sprungförmigem Verlauf der Führungsgröße darf die Regelgröße um maximal 10 % der Sprunghöhe überschwingen.

Damit die Forderung nach stationärer Genauigkeit erfüllt wird, muß der offene Regelkreis für $\omega \rightarrow 0$ eine genügend große Verstärkung haben. Um diese zu erreichen, ist wegen der nach tiefen Frequenzen hin abfallenden Betragskennlinie der Regelstrecke ein doppelter PI-Regler notwendig, also ein Glied mit der Übertragungsfunktion

$$G_{K1} = k_1 \frac{(1+sT_{11})(1+sT_{12})}{s^2} \tag{8.17}$$

Legt man die beiden Zeitkonstanten T_{11} und T_{12} gerade auf die größten Zeitkonstanten der Regelstrecke T_{211} und T_{212}, so verläuft die Betragskennlinie des offenen Regelkreises von $\omega = 0$ bis $\omega = \omega_{22}$ asymptotisch mit einem Gefälle von 20 dB pro Dekade bei einer Phase von -90°. Bei ω_{22} weist die Betragskennlinie eine starke Überhöhung auf, bei gleichzeitigem (-180°)-Durchgang der Phasenkennlinie. Um die Stabilitätsbedingung zu erfüllen, muß das Maximum dieser Betragsüberhöhung unterhalb der 0-dB-Linie liegen. Es ist somit höchstens eine Durchtrittsfrequenz von $\omega_0 = 1$ zu erreichen. Um die Forderung 2 zu erfüllen, muß jedoch die Durchtrittsfrequenz mindestens in der Nähe von $\omega = 10$ liegen. Das ist nur mit einem zusätzlichen Korrekturglied möglich, das bei ω_{22} eine Betragssenkung bewirkt. Ein solches Verhalten kann mit einem allgemeinen rationalen Glied zweiter Ordnung (AR_2-Glied) erzeugt werden. Es wird also noch ein Korrekturglied eingesetzt mit der Übertragsfunktion

$$G_{K2} = \frac{1 + 2 d_Z T_Z s + T_Z^2 s^2}{1 + 2 d_N T_N s + T_N^2 s^2} \ . \qquad (8.18)$$

Wählt man für die Konstanten des Zählerpolynoms gerade die Beiwerte des P-T_2-Gliedes 22, so wird die durch dieses Glied verursachte Resonanzüberhöhung kompensiert. Für das aus Gründen der Realisierbarkeit vorhandene Nennerpolynom von G_{K2} kann die gleiche Zeitkonstante gewählt werden. Die Dämpfung d_N wird so gelegt, daß sich keine zu große Betragsanhebung ergibt, daß aber andererseits auch die Phase nach tiefen Frequenzen hin schnell steigt. Letzteres ist im Interesse einer genügenden Phasenreserve bei der Durchtrittsfrequenz wichtig. Als brauchbarer Kompromiß erweist sich nach Bild 5/9 ein Wert von $d_N = 0{,}5$. Noch etwas günstigere Verhältnisse ergeben sich, wenn man T_N etwas kleiner als T_Z wählt. Dadurch bekommt das Korrekturglied ein breiteres Phasenmaximum, wodurch die Parameterempfindlichkeit der Korrektur herabgesetzt wird. Mit dieser Maßnahme ist eine Betragsanhebung im Verhältnis $(T_Z/T_N)^2$ verbunden, so daß man im Interesse einer nicht zu starken Anhebung des Störpegels im allgemeinen über $T_Z/T_N = 4$ nicht hinausgehen kann, was aber auch normalerweise nicht notwendig ist. Im vorliegenden Fall wurden für das Korrekturglied G_{K2} die folgenden Daten gewählt:

$$d_Z = d_{22} = 0{,}02 \ , \qquad T_Z = T_{22} = 0{,}009 \ ,$$

$$d_N = 0{,}5 \ , \qquad T_N = 0{,}5\, T_Z = 0{,}0045 \ .$$

Für d_Z wurde ein um den Faktor 2 von d_{22} abweichender Wert genommen, weil man auch praktisch wegen der doch etwas nichtlinearen und zeitveränderlichen Dämpfungseigenschaften der Strecke nicht damit rechnen darf, daß eine genaue Kompensation eingestellt werden kann. Der Frequenzgang des so bemessenen Korrekturglieder $G_{K2}(j\omega)$ ist in Bild 8/15 dargestellt. Man erkennt ein tiefes Minimum der Betragskennlinie an der Stelle ω_Z und eine Phasenanhebung von mehr als 120° in einem Bereich von etwa 50°, bezogen auf die Resonanzfrequenz ω_Z.

In Bild 8/14 sind nun die Frequenzkennlinien des offenen Kreises gezeichnet (ausgezogene Kurven), die sich

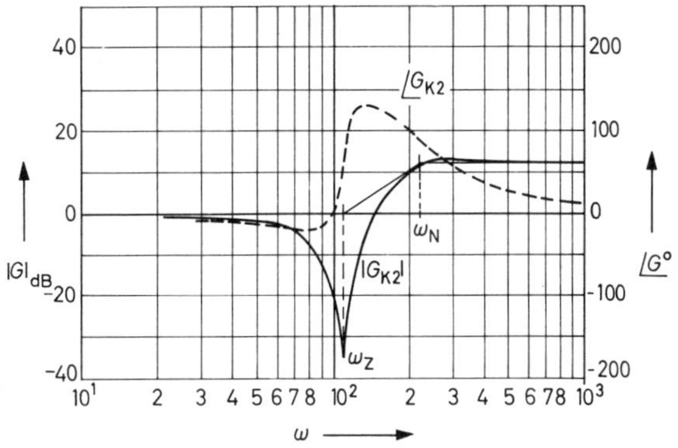

Bild 8/15. Frequenzgang des AR_2-Gliedes zur Kompensation der mechanischen Resonanzstelle

ergeben, wenn man die besprochenen Korrekturglieder mit dem Frequenzgang

$$G_K(j\omega) = G_{K1}(j\omega)\, G_{K2}(j\omega) \qquad (8.19)$$

einsetzt. Bei der Betragskennlinie des offenen Kreises $G_K G_S$ ist nun die Überhöhung an der Stelle ω_{22} bis auf kleine Unebenheiten wegen der ungenauen Kompensation verschwunden. Die Phasenkennlinie fällt bei ω_{22} nur noch langsam. Man könnte jetzt bei ausreichender Phasenreserve die Durchtrittsfrequenz in die Gegend von $\omega = 100$ legen. Praktisch wird man jedoch weit darunter bleiben, und zwar aus folgenden Gründen. Einmal kann es sonst wegen der etwas empfindlichen Kompensation $G_{22} G_{K2}$ bei Parameterschwankungen leicht zu Stabilitätsschwierigkeiten kommen. Zum andern muß man damit rechnen, daß der geschlossene Regelkreis ein unschönes Zeitverhalten (hohes Überschwingen, periodische Überlagerungen während des Anregelvorgangs) hat, wenn die Betragskennlinie nicht in einem größeren Bereich um die Durchtrittsfrequenz glatt mit einer Steigung von ungefähr −20 dB je Dekade verläuft. Da jedoch nach den gegebenen Anforderungen ein "gutmütiges" Verhalten mit nur 10 % Überschwingung erwartet wird (3.) und andererseits die Forderungen an den Führungsfrequenzgang mit 1 dB Fehler bei 2 Hz nur bescheiden ist, braucht man den Regelkreis nicht auf übertriebene Dynamik einzustellen.

Aus diesen Gründen wurde im vorliegenden Fall die Durchtrittsfrequenz auf $\omega_D = 30$ gelegt.

Den Führungsfrequenzgang des geschlossenen Kreises

$$F_W(j\omega) = \frac{M_P(j\omega)}{M_{PS}(j\omega)} = \frac{1}{1 + \frac{1}{G_K(j\omega)\, G_S(j\omega)}} \qquad (8.20)$$

erhält man grob durch asymptotische Näherung gemäß Abschnitt 5.5. Um die Betragskennlinie $|F_W|$ zu erhalten, zeichnet man den Betrag des Vorwärtszweiges $|G_K G_S|_{dB}$ und den inversen Betrag des Rückwärtszweiges $|1|_{dB}$ in ein Bild und nimmt von den sich schneidenden Kurven jeweils die untere. Zur Verbesserung der Genauigkeit kann man in der Nähe der Schnittstellen noch ein paar Punkte mit den Gleichungen (5.20) und (5.21) berechnen. Man erhält so Bild 8/16, wo dünn der asymptotische und dick der genaue Verlauf der Frequenzkennlinien des geschlossenen Kreises aufgezeichnet ist. Es ist zu sehen, daß die Forderung

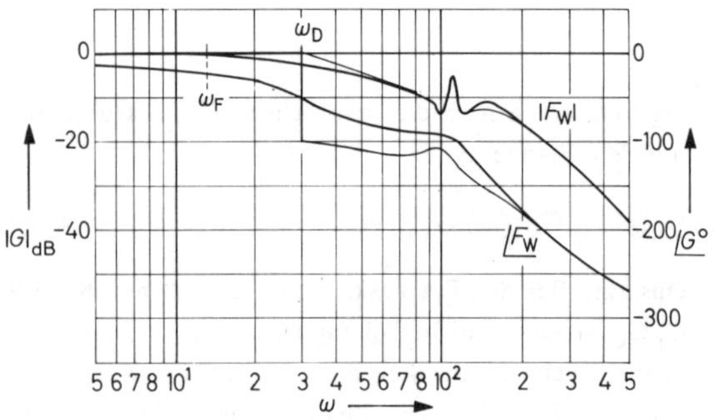

Bild 8/16. Führungsfrequenzgang des Pendeldrehmoments für den geschlossenen Regelkreis nach Bild 8/13

2 erfüllt ist, wonach bei $\omega_F = 12{,}6$ die Betragskennlinie um höchstens $10\,\% \mathrel{\hat{=}} 1$ dB von $1 \mathrel{\hat{=}} 0$ dB abweichen darf. Auch die Forderung nach einer geringen Überschwingung der Sprungantwort dürfte wegen der großen Dämpfung bei der Durchtrittsfrequenz erfüllt sein.

8.2.5 Entwurfsvarianten

Wir wollen uns nun daran erinnern, daß die hier entworfene Regelung nur als Hilfsregelung für eine übergeordnete Aufgabe dienen soll, nämlich für die Zweigrößenregelung von Drehmoment M_L und Drehzahl ω_L einer Prüfkonfiguration für einen Verbrennungsmotor. Dabei wird der hier entworfene geschlossene Drehmomentregelkreis als Teil der Regelstrecke auftreten. In diesem Zusammenhang ist eher der Frequenzgang des von der elektrischen Maschine entwickelten Drehmomentes M_R von Interesse. Das Pendelmoment M_P am Stator wurde ja nur deswegen als Regelgröße genommen, weil nur diese Größe meßbar war.

Den Frequenzgang

$$F_{W1}(j\omega) = \frac{M_R(j\omega)}{M_{PS}(j\omega)} \tag{8.21}$$

erhält man dadurch, daß man den in Bild 8/16 dargestellten Führungsfrequenzgang F_W des Pendelmoments noch mit dem Frequenzgang

$$G_M(j\omega) = \frac{M_R(j\omega)}{M_P(j\omega)}$$

multipliziert. Um G_M zu erhalten, liest man aus Bild 8/11 die Gleichung

$$M_P = \left[k_8 + \frac{k_7}{s} \right] \frac{k_6}{s} (M_R - M_P) \tag{8.22}$$

ab. Daraus ergibt sich durch Einsetzen von $s = j\omega$ der Frequenzgang

$$\frac{M_P(j\omega)}{M_R(j\omega)} = \frac{1 + \frac{k_8}{k_7} j\omega}{1 + \frac{k_8}{k_7} j\omega + \frac{1}{k_6 k_7} (j\omega)^2} \ . \tag{8.23}$$

Da die Zeitkonstante k_8/k_7 sehr klein ist, kann man nach einem Blick auf (8.9) näherungsweise schreiben:

$$\frac{M_P(j\omega)}{M_R(j\omega)} = G_{22}(j\omega) \ . \tag{8.24}$$

Man erhält dann den Führungsfrequenzgang für das Läuferdrehmoment

$$F_{W1}(j\omega) = \frac{F_W(j\omega)}{G_{22}(j\omega)} \ , \tag{8.25}$$

dessen Betragskennlinie in Bild 8/17 dargestellt ist (ausgezogene Kurve). Sie stimmt unterhalb der Durchtrittsfrequenz ω_D mit der Kennlinie $|F_W|$ für das Pendeldrehmoment (Bild 8/16) überein. Darüber jedoch weist der Frequenzgang F_{W1} einen starken Einbruch auf. Dieser Schönheitsfehler läßt sich dadurch weitgehend beseitigen, daß man das Korrekturglied G_{K2} in den Rückwärtszweig des Regelkreises legt. Die Wirkung dieser Maßnahme kann man sich an Bild 8/18 verdeutlichen. Nach der dort gezeigten Umformung wirkt sich das Korrekturglied G_{K2} in der Rückführung genauso aus, als wenn es im Vorwärtszweig läge und zusätzlich das inverse Glied G_{K2}^{-1} zwischen Führungseingang und Soll-Istwert-Vergleich geschaltet wäre. Dieses inverse Glied G_{K2}^{-1} hat bei $\omega_Z = \omega_{22}$ ein Maximum, das gerade das durch Glied G_{22} verursachte Minimum ausfüllt. Es ergibt sich dann der in Bild 8/17 gestrichelt gezeichnete

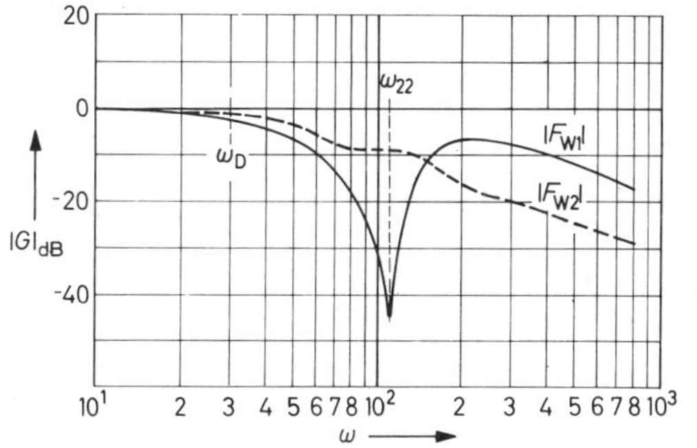

Bild 8/17. Führungsfrequenzgang des Läuferdrehmoments M_R

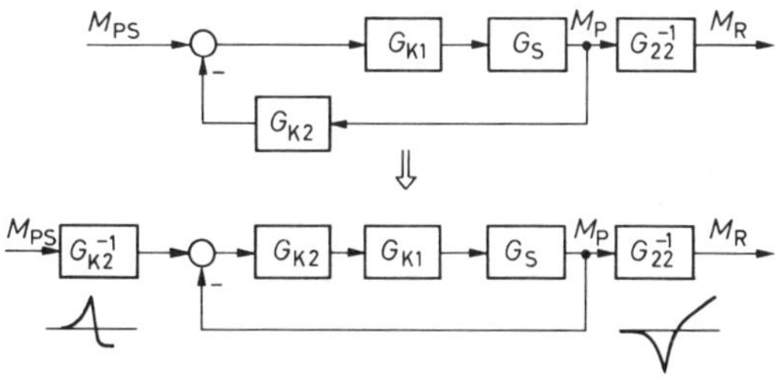

Bild 8/18. Korrektur des Führungsfrequenzgangs von M_R durch G_{K2} im Rückwärtszweig

Verlauf der Betragskennlinie des Führungsfrequenzgangs F_{W2}.

Bei dem behandelten Beispiel war die entscheidende Maßnahme die Kompensation der Resonanzüberhöhung im Frequenzgang der Regelstrecke durch ein AR_2-Glied mit bereichsweise inversen Eigenschaften. So einleuchtend dieses Verfahren auch sein mag, es läßt sich in der Praxis nicht immer so erfolgreich anwenden wie in dem behandelten Beispiel. Denn nicht immer wird die störende Resonanzstelle durch ein so wohldefiniertes Masse-Feder-Dämpfersystem hervorgerufen wie in dem beschriebenen Fall. Vielfach treten bei mechanischen Systemen schwach gedämpfte Übertragungsglieder mit höherer als zweiter Ordnung auf, die zudem noch Parameterschwankungen und nichtlineare Eigenschaften aufweisen können. Auf solche Fälle läßt sich der zuvor beschriebene, ziemlich parameterempfindliche Entwurf nicht ohne weiteres übertragen. Man kann sich vorstellen, daß sich mit Korrekturgliedern höherer Ordnung, ähnlich den in der Nachrichtentechnik verwendeten Bandfiltern, in gewissen Fällen Erfolge erzielen lassen.

Wir haben das Regelungsproblem bisher in ganz abstrakter Weise behandelt. D.h. Randbedingungen der technischen Realisierung wurden bisher nicht berücksichtigt. Einige dieser Bedingungen folgen aus den höchstzulässigen Werten der Systemvariablen.

Die vom Stromrichter abgegebene Spannung u_A ist infolge der Stromrichterkennlinie (Bild 3/62) begrenzt. Man kann sie durch ein weiteres vorgeschaltetes Kennlinienglied auf einen niedrigeren Wert begrenzen, falls für die verwendete Maschine nur eine bestimmte maximale Ankerspannung zulässig ist.

Besonders wichtig ist die Begrenzung des Ankerstroms, der bei dynamischen Vorgängen leicht den 100-fachen Wert des Maschinen-Nennstroms annehmen könnte. D.h. ohne eine solche Begrenzung würde das Stromrichterstellglied und/oder die Maschine wahrscheinlich schon bei den ersten Versuchen, die Regelung in Betrieb zu nehmen, zerstört.

Eine Begrenzung des Stromes kann man nun nicht einfach durch eine Begrenzerkennlinie realisieren. Man muß dafür vielmehr eine weitere Hilfsregelung entwerfen. Da nur eine Stellgröße, nämlich die Stromrichter-Stellspannung u_S zur Verfügung steht, muß diese auch für die Strombegrenzung herangezogen werden. Dies kann auf verschiedene Weise geschehen.

Eine Möglichkeit ist der Entwurf einer Ablöse-Regelung, bei der beim Erreichen der Stromgrenzen die Drehmomentregelung von einer Ankerstromregelung abgelöst wird. Bild 8/3 zeigt das Prinzip. Eleganter ist jedoch eine unterlagerte Ankerstromregelung, die, wie wir sehen werden, außerdem den Regelungsentwurf noch etwas vereinfachen wird.

Die Struktur der Ankerstrom-Regelstrecke können wir leicht, wie im Bild 8/19 gezeigt, mit den bisher schon abgeleiteten Übertragungsfunktionen aufzeichnen. Man geht von der Struktur der M_P-Strecke Bild 8/11 Schritt 5 aus. Durch das inverse P-T_2-Glied $\overline{22}$ erhält man aus M_P gemäß Gleichung (8.24) M_R und daraus über das P-Glied $\overline{4}$ (siehe Bild 8/10) den Ankerstrom i_A. Nach Zusammenfassung der Glieder $\overline{4}$ und 25 sowie Kompensation von 22 und $\overline{22}$ ergibt sich schließlich die im Bild 8/20 gezeichnete Struktur des Strom-Regelkreises. Er-

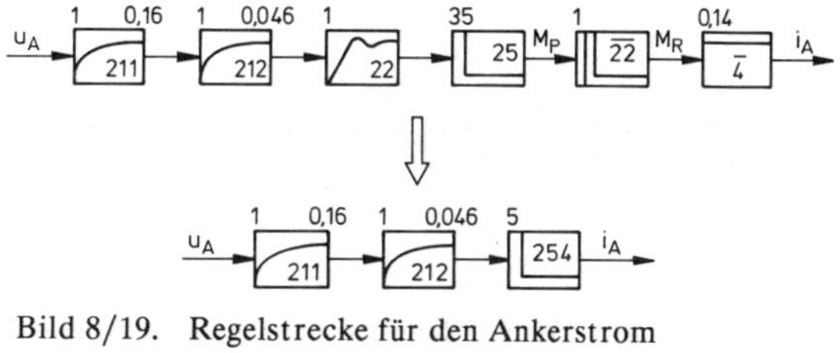

Bild 8/19. Regelstrecke für den Ankerstrom

staunlicherweise tritt hier das schwingungsfähige Verhalten des Feder-Massesystems, das bei der M_P-Strecke im P-T_2-Glied 22 zum Ausdruck kam, nicht mehr auf, genauer gesagt, sein Einfluß ist zu vernachlässigen.

Wir wollen hier den Reglerentwurf nicht im einzelnen durchführen, sondern nur kurz diskutieren. Da die Strecke D-Verhalten hat (Glied 254), benötigt man einen PI-Regler, damit die für das stationäre Verhalten erforderliche Verstärkung zustande kommt. Für die erreichbare Durchtrittsfrequenz des Regelkreises ist dann die kleinste Streckenzeitkonstante T_2 = 1 msec (Totzeit) maßgebend. Die nächst größere Zeitkonstante ist T_{211} = 46 msec. Man kann nun näherungsweise sagen, daß die größte Zeitkonstante T_{212} = 160 msec sich im Bereich der zu erwartenden Regelkreis-Durchtrittsfrequenz gegen das D-Glied aufhebt. Man kann daher T_{211} als die "große" Zeitkonstante und T_2 als die "kleine" Zeitkonstante der Regelstrecke ansehen und erhält damit nach dem symmetrischen Optimum für die Zählerzeitkonstante des PI-Reglers $T_R = 4\,T_2$ = 4 msec. Siehe dazu Abschnitt 7.8.3 und Tabelle 7/4. Dies ist das eine Extrem für die Wahl von T_R, das andere würde man nach dem Betragsoptimum (Abschnitt 7.8.2) mit $T_R = T_{211}$ = 46 msec erhalten. Als günstigen Kompromiß zwischen Genauigkeit und Überschwingweite kann man etwa T_R = 10 msec wählen. In allen drei Fällen wird die Durchtrittsfrequenz des Regelkreises bei ca. $\omega_D = 1/2\,T_2$ liegen. Überschlägig kann man dann den geschlossenen i_A-Regelkreis als P-T_2-Glied

$$G_{IA}(j\omega) = \frac{i_A(j\omega)}{i_{AW}(j\omega)} = \frac{1}{1 + 2\,d_I T_I(j\omega) + T_I^2(j\omega)^2} \qquad (8.26)$$

ansehen, wobei bei einer Reglerauslegung zwischen Betragsoptimum und symmetrischem Optimum die Dämpfung $d_2 \approx 0{,}7$ beträgt.

Wir gehen jetzt zum Drehmoment-Regelkreis über. Seine Regelstrecke setzt sich aus den Frequenzgängen (8.26), (8.24) sowie

$$G_I(j\omega) = \frac{M_R(j\omega)}{i_A(j\omega)} = k_4$$

zusammen. Man wird zur Erlangung der stationären Genauigkeit einen PI-Regler und aus gleichen Gründen wie bei der im Abschnitt 8.2.4 durchgeführten Entwurfsvariante ein AR_2-Glied zur Kompensation der Resonanzstelle (Glied 22) verwenden. Bild 8/21 zeigt die Struktur des so entworfenen Drehmomentregelkreises.

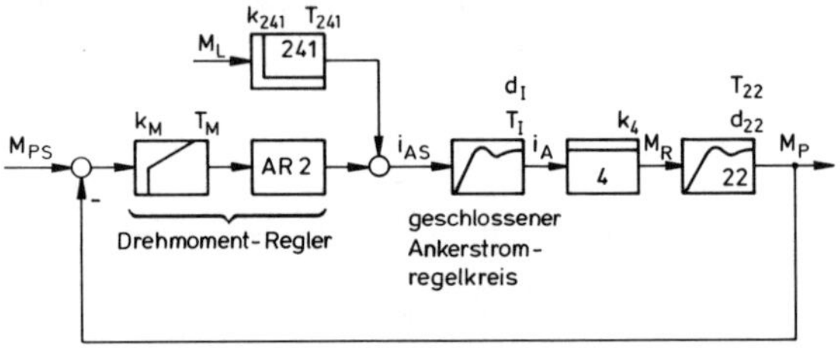

Bild 8/21. Drehmoment-Regelkreis mit unterlagertem Ankerstrom-Regelkreis

Dabei wurde noch der Eingriff der Störgröße aus dem Stromregelkreis heraus verlagert. Wie das zu machen ist, sieht man in Bild 8/20. Die Größe M_L wirkt jetzt über das Glied 241, das wie folgt entsteht:

$$G_{241} = \frac{G_{24}}{G_{KI}} = \frac{K_{24}}{K_I}(1 + T_{KI}s) \ .$$

Vergleicht man die Struktur von Bild 8/21 mit der Alternative von Bild 8/13, so stellt man folgendes fest:

Bei der einfachen Drehmomentregelung nach Bild 8/13 war wegen des D-Verhaltens der Strecke ein doppelter PI-Regler erforderlich, dessen Zählerzeitkonstanten T_{11} und T_{12} auf die großen Zeitkonstanten der Strecke T_{211} und T_{212} gelegt wurden.

Bei der Drehmomentregelung mit unterlagerter Ankerstromregelung (Bild 8/21) genügt ein einfacher PI-Reg-

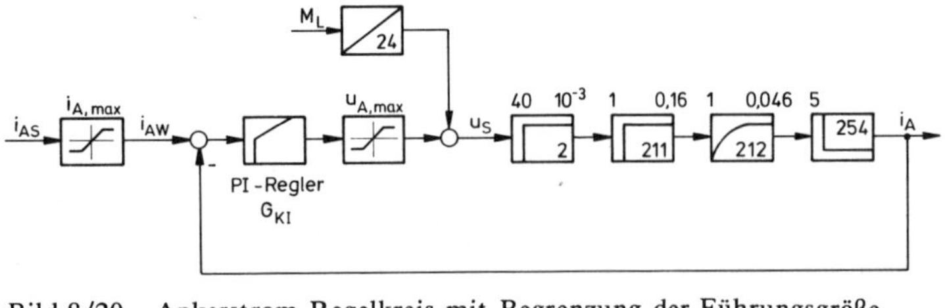

Bild 8/20. Ankerstrom-Regelkreis mit Begrenzung der Führungsgröße ler, da das D-Verhalten der Strecke schon im unterlagerten Regelkreis behandelt wurde. Die Zählerzeitkonstante T_{KM} des Reglers kann jetzt zur Kompensation der Zeitkonstanten T_I des geschlossenen Stromregelkreises verwendet werden. Dabei wird man $T_{KM} = 2\,T_I$ machen, weil das P-T_2-Glied mit T_I und einer Dämpfung von 0,7 bei Frequenzen unterhalb der Eckfrequenz etwa einen P-T_1-Glied mit der doppelten Zeitkonstanten entspricht. Man kann sich anhand von Bild 5/9 davon überzeugen.

Bei den so dimensionierten Reglern stimmen bei den beiden Entwurfsalternativen die Frequenzgänge der offenen Kreise im Bereich der möglichen Durchtrittsfrequenzen praktisch überein. Die beiden recht unterschiedlichen Entwürfe liefern also etwa gleiches dynamisches Führungsverhalten der geschlossenen Kreise. Die Alternative mit dem unterlagerten Stromregelkreis hat jedoch den Vorteil, daß dabei gleichzeitig auf elegante Weise die unbedingt erforderliche Begrenzung des Ankerstromes abfällt. Praktisch werden daher elektrische Antriebe fast immer in einer solchen Kaskadenstruktur ausgeführt.

Daß die Kaskadenstruktur im hier behandelten Beispiel keine entscheidende Verbesserung der Regelungsdynamik gebracht hat, steht nicht im Widerspruch zu dem Beispiel von Abschnitt 7.10.1 (Bild 7/63). Bei jenem Beispiel hatte die Strecke 2 große (dicht beieinander liegende) Zeitkonstanten, von denen man bei einer Einfachregelung nur eine mit dem PI-Regler kompensieren kann. Dadurch wirkt sich eine der großen Zeitkonstanten noch voll auf die erreichbare Durchtrittsfrequenz aus.

Bei unserer Drehmoment-Regelstrecke ist wegen des D-Verhaltens praktisch nur eine große Zeitkonstante wirksam, die mit dem PI-Regler kompensiert wird. Hätte man bei dem Beispiel vom Bild 7/63 in einem Einfach-Regelkreis einen PID-Regler eingesetzt, wäre eine ähnlich gute Dynamik wie mit der Kaskadenstruktur und PI-Reglern zu erreichen gewesen. Wie gesagt, hat aber die Kaskadenregelung noch andere Vorteile wie

- bessere Beherrschbarkeit von Begrenzungen von Systemvariablen;
- Vermeidung von Problemen durch Anhebung des Meßwert-Störpegels durch die Frequenzganganhebung beim PID-Regler;
- übersichtlicher Entwurf durch schrittweises Ausweiten der Komplexität;
- leichtere Inbetriebnahme durch schrittweises Vorgehen von innen nach außen.

8.3 Realisierung des Regelungssystems

8.3.1 Konzept und Wirklichkeit

Bevor wir nun zum nächsten Beispiel übergehen, wollen wir uns einmal am Beispiel von Abschnitt 8.2 ansehen, wie das zunächst nur abstrakt formulierte Ergebnis des Regelungsentwurfes in die physikalische Wirklichkeit überführt wird. Im wesentlichen sind dabei zwei Aufgaben zu lösen:

(1) Verwirklichung der Regelungsstruktur mit ihren Übertragungsgliedern (Soll-Istwert-Vergleich, Korrekturglieder, Begrenzungsglieder etc.) durch reale Komponenten (Hardware und (optional) Software);

(2) Entwurf einer übergeordneten Steuerung für das Starten und Stillsetzen der Regelung.

Wir wenden uns zunächst der Realisierung des Reglers zu. Er besteht neben dem Summationsglied für das Bilden der Regelabweichung im wesentlichen aus dem Korrekturglied.

In der Antriebstechnik werden die Regler heute noch vielfach analog, also durch Verstärkerschaltungen, realisiert. Zunehmend findet aber auch hier der Einsatz von Mikroprozessoren oder Signalprozessoren Eingang. Wir werden daher beide Realisierungsarten behandeln.

Die grundsätzlichen Techniken der analogen und digitalen Reglerrealisierung werden in den Abschnitten 7.11 und 7.12 behandelt. Wir brauchen daher hier nur noch auf einige Besonderheiten einzugehen. Davon ist insbesondere die Begrenzung der Stellgröße und der Entwurf spezieller Korrekturglieder zu nennen. Bei der digitalen Realisierung des Reglers müssen noch zusätzlich einige Konsequenzen für den Reglungsentwurf diskutiert werden.

Der ordnungsgemäße und vor allem gefahrlose Umgang mit dem Regelungssystem erfordert eine übergeordnete Steuerungsstrategie für z.B. Starten, Stillsetzen, Betriebsartenwechsel, Handbetrieb usw. Dafür ist es erforderlich, daß alle dynamischen Übertragungsglieder mit einer Betriebsphasen-Steuerung ausgestattet sind. Damit muß es möglich sein, von der übergeordneten Steuerung gezielt die Reglerbetriebszustände Einstellen von Anfangswerten, Betrieb und Halt vorzugeben.

8.3.2 Analoge Realisierung des Reglers

Die Realisierung des Summationsgliedes für den Soll-Istwert-Vergleich ist trivial. Man realisiert die Gleichung

$$e = k_1 w - k_2 x$$

durch einen Differenzverstärker gemäß Bild 8/22, wobei die Widerstände entsprechend den Ausführungen von Abschnitt 7.11 wie folgt dimensioniert werden:

$$R_1 = \frac{R_0}{k_1}, \quad R_2 = \frac{R_0}{k_2}.$$

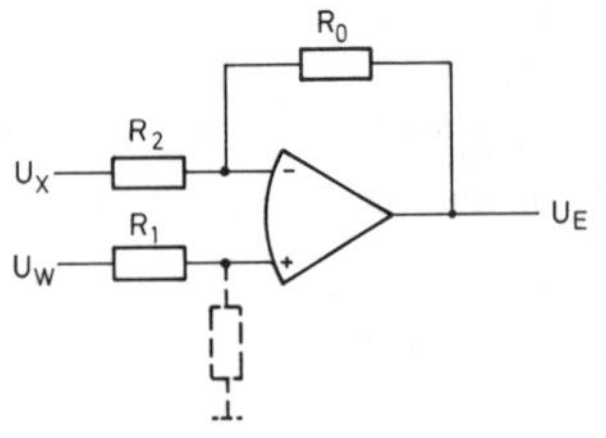

Bild 8/22. Realisierung des Soll-Istwert-Vergleichs

R_0 ist frei wählbar und kann nach realisierungstechnischen Gesichtspunkten dimensioniert werden. Innerhalb einer gesamten Verstärkerschaltung strebt man im Rahmen der Strombelastbarkeit der Verstärker ein möglichst niedriges Widerstandsniveau an. Dies ist vorteilhaft, weil dabei die Gefahr der unerwünschten kapazitiven Einkopplung von Störsignalen reduziert wird. Man wählt daher R_0 am besten so, daß die zulässige Strombelastung des Verstärkers nicht überschritten wird.

Als nächstes wenden wir uns dem PI-Regler zu, dessen Übertragungsfunktion lautet:

$$G_R = K_R \frac{1 + T_R s}{s}.$$

Eine wichtige Eigenschaft des realen PI-Reglers ist sein Begrenzungsverhalten. Bei der Reglerrealisierung durch einen beschalteten Verstärker nach Bild 8/23 ist eine Begrenzung schon aufgrund des beschränkten Aussteuerbereiches des Verstärkers gegeben. Da man jedoch exakt auf einen genauen Wert begrenzen möchte, ohne daß dabei Nebeneffekte der Verstärkertechnik zur Wirkung kommen, legt man wie in Bild 8/23 gezeigt, in die Rückführung des Verstärkers ein Paar antiseriell geschaltete Zenerdioden. Das Strukturbild dieser Reglerrealisierung ist im Bild 8/23 rechts oben dargestellt. Der Verstärker wird dabei als P-Glied mit einer sehr großen Verstärkung $K_V \to \infty$ beschrieben, das durch die inverse Übertragungsfunktion G_R^{-1} des PI-Reglers gegengekoppelt wird. Außerdem liegt in der Rückführung die durch die Zenerdioden realisierte Kennlinie

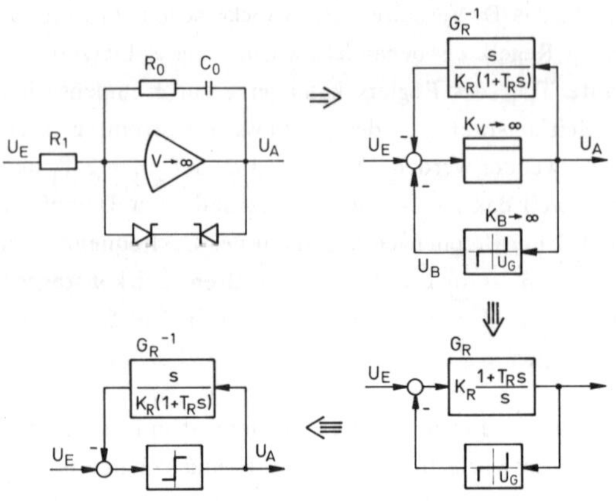

Bild 8/23. Analoge Realisierung des PI-Reglers mit Begrenzung

$$U_B = \begin{cases} K_B(U_A - U_G) & \text{für} \quad U_A > U_G \\ K_B(U_A + U_G) & \text{für} \quad U_A < -U_G \\ 0 & \text{sonst} \end{cases} \qquad (8.27)$$

mit $K_B \to \infty$.

Diese Kennlinie steigt bei der Zenerspannung U_G sehr stark an, so daß schon ein geringfügiges Ansteigen von U_A über den Wert U_G zu einer Gegenkopplung führt, wodurch ein weiteres Ansteigen von U_A verhindert wird. Bild 8/23 unten zeigt noch zwei Umformungen, wie man sie mit den Regeln von Bild 2/72 erhalten kann, unter Beachtung von $K_V \to \infty$ bzw. $K_B \to \infty$.

Man könnte auch auf die Idee kommen, zur Begrenzung der Stellgröße einfach einem PI-Glied eine Begrenzerkennlinie nachzuschalten. Dies wäre jedoch ganz falsch, denn der Ausgang des PI-Reglers könnte, nachdem die Begrenzung schon angesprochen hat, immer noch weiterlaufen. Dies hätte zur Folge, daß, wenn sich das Vorzeichen der Regelabweichung umkehrt und daher die Stellgröße kleiner werden müßte, dieses zunächst nicht geschieht. Die Stellgröße U löst sich vielmehr erst dann von der Grenze, wenn der zu hoch gelaufene Reglerausgang wieder auf den Grenzwert U_G zurückgegangen ist. Bild 8/24 illustriert dieses. Im Regelkreis führt dieses Verhalten meist zu nichtlinearen Schwingungen.

Auch beim Einsatz des richtig begrenzten PI-Reglers gemäß Bild 8/24 links muß man darauf achten, daß der Grenzwert kleiner oder gleich dem Grenzwert eines etwa nachgeschalteten weiteren Begrenzungsgliedes ist. Andernfalls würde auch wieder der im Bild 8/24 rechts beschriebene unerwünschte Effekt auftreten. Im Regelkreis von Bild 8/20 müßte man also die PI-Regler-Be-

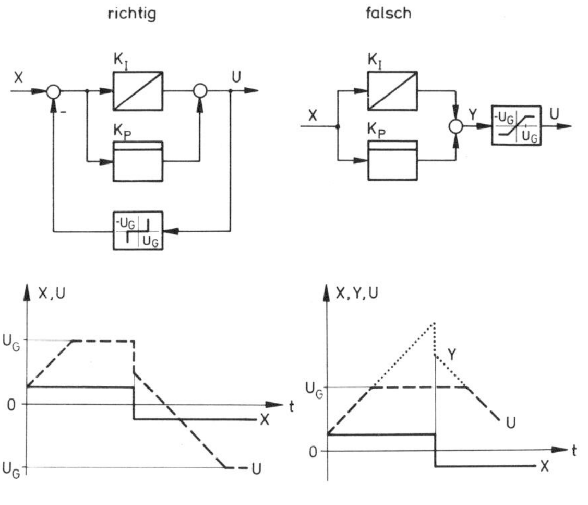

Bild 8/24. Richtige und falsche Begrenzung des PI-Reglers

grenzung auf den Wert $U_{A,max}$ der Stellgliedbegrenzung legen.

Das Problem begrenzter Stellgrößen in Verbindung mit PI-Reglern kann auch auf andere Weise gelöst werden, nämlich dadurch, daß man durch einen geeigneten Verlauf der Führungsgröße vermeidet, daß bei Übergangsvorgängen die Stellgrenzen überhaupt erreicht werden. Dazu muß man die Führungsgröße über sogenannte Steilheitsbegrenzer zuführen.

Für den Steilheitsbegrenzer 1. Ordnung entwirft man ein nichtlineares $P\text{-}T_1$-Glied wie folgt:

$$W = \int_0^t V(\tau)\, d\tau \ ,$$

$$V = \begin{cases} V_G & \text{für} \quad K(W_S - W) > V_G \\ -V_G & \text{für} \quad K(W_S - W) < V_G \\ K(W_S - W) & \text{sonst} \end{cases} \quad . \qquad (8.28)$$

Bild 8/25 zeigt die Struktur dieser Anordnung und ihre analoge Realisierung. Wie man leicht nachvollziehen kann, verhält sich das System im linearen Bereich, also für $|V| \leq V_G$ als $P\text{-}T_1$-Glied mit der Zeitkonstanten $T = 1/K$. Durch entsprechende Wahl von K kann man T beliebig klein machen, so daß die Ausgangsgröße W der Eingangsgröße W_S praktisch verzögerungsfrei folgt.

Nur wenn die Ableitung von $|\dot{W}_S| > V_G$ ist, wird $V = \dot{W}$ auf den Wert $\pm V_G$ begrenzt.

Auch wenn die Regelstrecke zwei Begrenzungen hat, z.B. eine Geschwindigkeits- und eine Beschleunigungs-

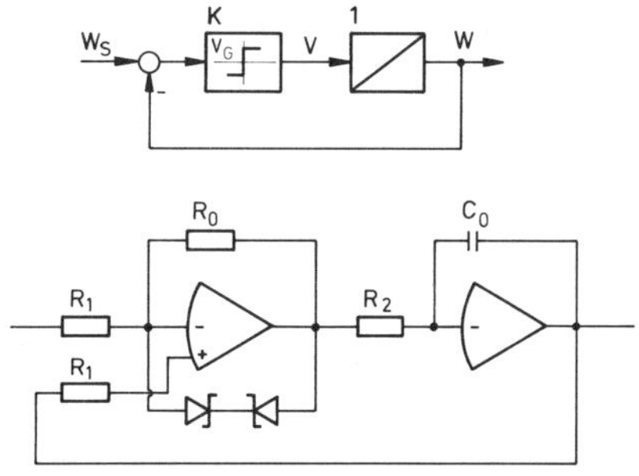

Bild 8/25. Steilheitsbegrenzer 1. Ordnung Strukturbild und analoge Realisierung

begrenzung, wie dies bei der Realisierung des Beispiels der Lageregelung von Abschnitt 7.10.1, Bild 7/64, der Fall wäre, kann man ein entsprechendes Verfahren anwenden. Man entwirft dann einen Steilheitsbegrenzer 2. Ordnung gemäß Bild 8/26. Der Entwurf eines solchen

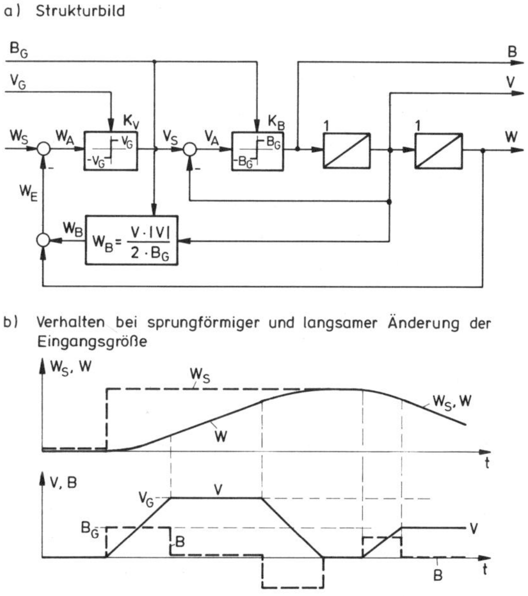

Bild 8/26. Strukturbild und Zeitverhalten des Steilheitsbegrenzers 2. Ordnung

nichtlinearen Systems kann mit dem Verfahren der Phasenebene erfolgen, wie in [8.1] beschrieben. Man kann diesen Steilheitsbegrenzer z.B. zur Sollwertvorgabe für einen linearen Lageregelkreis nach Bild 7/64 verwenden und erhält somit eine zeitoptimale Einstellung unter jeweiliger Ausnutzung der Grenzwerte für B_G für die Beschleunigung und V_G für die Geschwindigkeit. Das Verfahren beruht auf der Berechnung des jeweiligen "Bremsweges"

$$W_B = \frac{V \cdot |V|}{2B_G} \qquad (8.29)$$

aus der Geschwindigkeit V und der Grenzbeschleunigung B_G. Der Sollwert W_S wird verglichen mit der Summe aus W_B und W. Hat sich nach einer sprungförmigen Vorgabe von W_S (Bild 8/26 unten) der "Istwert" W gerade bis auf den Bremsweg W_B dem Sollwert W_S genähert, kommt es zu einem Vorzeichenwechsel von W_A. V_S springt dadurch von V_G auf $-V_G$, wodurch sich auch die Beschleunigung B umkehrt und die Aufwärtsbewegung der Ausgangsgröße W abgebremst wird.

Im linearen Bereich verhält sich das System wie ein P-T_2-Glied. Durch geeignete Wahl der Steigungen K_V und K_B der beiden Begrenzerkennlinien kann man dessen Zeitkonstante beliebig klein machen. Dann folgt die Ausgangsgröße W der Eingangsgröße W_S praktisch verzögerungsfrei.

Die beiden beschriebenen Steilheitsbegrenzer gehören mit zu den wichtigsten Elementen der linearen Regelungstechnik. Dies mag zunächst paradox klingen. Aber nur durch die nichtlineare Begrenzung der Eingangsgrößen (Führungs- und Störgröße) kann garantiert werden, daß der Regelkreis bei den stets vorhandenen Stellgrößenbegrenzungen im linearen Bereich bleibt und sich somit auch entwurfsgemäß verhält.

Zur analogen Realisierung des zweiten Korrekturgliedes mit der Übertragungsfunktion G_{K2}, dem AR_2-Glied nach (8.18), verwendet man vorteilhaft eine Rechenschaltung mit Operationsverstärkern. Die im folgenden beschriebene Schaltung benötigt 5 Operationsverstärker. Sie hat aber gegenüber Schaltungen mit weniger Verstärkern den Vorteil übersichtlicher Zusammenhänge zwischen den Werten der Bauelemente und der Koeffizienten der zu realisierenden Übertragungsfunktion. Dies ist besonders angenehm, wenn man bei der Inbetriebnahme einer Anlage noch etwas experimentieren möchte.

Zur Dimensionierung der Schaltung geht man am besten von der folgenden Form der Übertragungsfunktion aus:

$$G_K = \frac{1 + \frac{2d_Z}{\omega_Z} s + \frac{1}{\omega_Z^2} s^2}{1 + 2\frac{d_N}{\omega_N} s + \frac{1}{\omega_N^2} s^2} \qquad (8.30)$$

Die Differentialgleichung dafür lautet

$$y + \frac{2d_N}{\omega_N}\dot{y} + \frac{1}{\omega_N^2}\ddot{y} = x + \frac{2d_Z}{\omega_Z}\dot{x} + \frac{1}{\omega_Z^2}\ddot{x}\,. \qquad (8.31)$$

Als weitere Darstellungsmöglichkeit ist in Bild 8/27 das Strukturbild gezeichnet. Daran kann man schon den Aufbau der Verstärkerschaltung erkennen. Die Vertei-

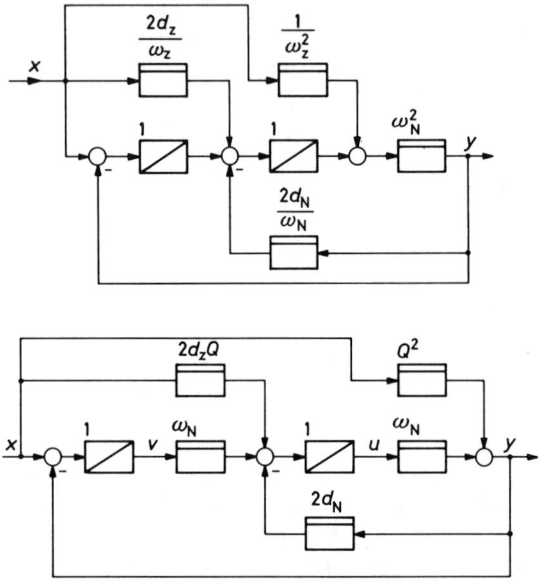

Bild 8/27. Strukturbild des AR_2-Gliedes, dargestellt durch elementare Übertragungsglieder

lung der Parameter scheint allerdings in dieser Form noch etwas ungünstig, da man zum Einstellen der Eigenfrequenzen vier Konstanten verändern muß. Durch Umformen des Strukturbildes kann man aber leicht die für die praktische Handhabung des Korrekturgliedes günstig erscheinende Parameterverteilung ausprobieren.

Normalerweise wählt man ein festes Verhältnis von Nenner- zu Zählereigenfrequenz. Man führt daher den Quotienten

$$Q = \frac{\omega_N}{\omega_Z} \qquad (8.32)$$

ein. Danach kann man die Struktur, wie in Bild 8/27 unten dargestellt, umformen. Die charakteristische Frequenz des Filters ω_N geht jetzt nur noch proportional in zwei Konstanten ein.

Zur Realisierung der Struktur werden Summierer, Summationsintegrierer und Umkehrer benötigt. Entsprechend dem in Abschnitt 7.11 Gesagten kann das Über-

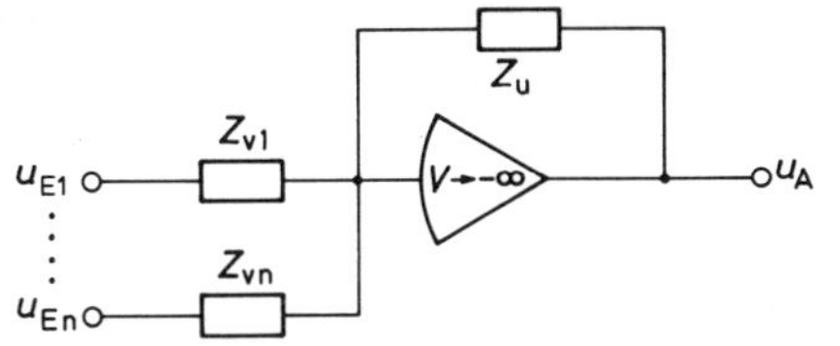

Bild 8/28. Beschaltung eines Operationsverstärkers

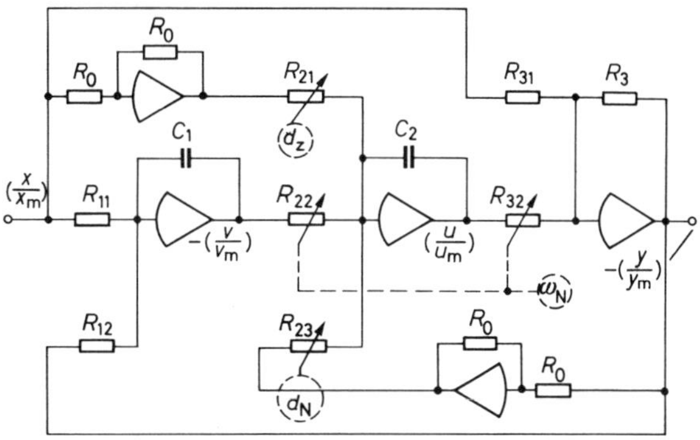

Bild 8/29. Realisierung des AR_2-Gliedes mit Operationsverstärkern

tragungsverhalten eines wie in Bild 8/28 beschalteten Operationsverstärkers durch die Übertragungsgleichung

$$u_A(s) = -Z_u(s) \sum_{i=1}^{n} \frac{1}{Z_{vi}(s)} u_{Ei}(s) \tag{8.33}$$

beschrieben werden. Einen Summierer erhält man dadurch, daß man für Z_u und Z_{vi} Ohm'sche Widerstände setzt. Es ist dann

$$u_A(s) = -R_u \sum_{i=1}^{n} \frac{1}{R_{vi}} u_{Ei}(s) \ . \tag{8.34}$$

Für $n = 1$ und $R_u = R_v$ erhält man einen Umkehrer. Für einen Summationsintegrierer werden für Z_{vi} ebenfalls Ohm'sche Widerstände genommen, Z_u ist eine Kapazität. Die Übertragungsgleichung lautet dann

$$u_A(s) = -\frac{1}{C_u s} \sum_{i=1}^{n} \frac{1}{R_{vi}} u_{Ei}(s) \ . \tag{8.35}$$

Damit kann das Strukturbild 8/27 unten in den Schaltplan Bild 8/29 umgesetzt werden. Es gelten dafür im Zeitbereich die Gleichungen

$$-\frac{y}{y_m} = -\left[\frac{R_3}{R_{31}} \cdot \frac{x}{x_m} + \frac{R_3}{R_{32}} \cdot \frac{u}{u_m}\right] , \tag{8.36}$$

$$\frac{u}{u_m} = -\int_0^t \frac{1}{C_2}\left[-\frac{1}{R_{21}} \cdot \frac{x}{x_m} - \frac{1}{R_{22}} \cdot \frac{v}{v_m} + \frac{1}{R_{23}} \cdot \frac{y}{y_m}\right] d\tau , \tag{8.37}$$

$$-\frac{v}{v_m} = -\int_0^t \frac{1}{C_1}\left[\frac{1}{R_{11}} \cdot \frac{x}{x_m} - \frac{1}{R_{12}} \cdot \frac{y}{y_m}\right] d\tau \ . \tag{8.38}$$

Die mit dem Index m versehenen Größen sind die Maximalwerte der Variablen. Normiert man die zu Bild 8/27 gehörenden Gleichungen mit diesen Maximalwerten, so ergibt sich

$$\frac{y}{y_m} = Q^2 \frac{x_m}{y_m} \cdot \frac{x}{x_m} + \omega_N \frac{u_m}{y_m} \cdot \frac{u}{u_m} , \tag{8.39}$$

$$\frac{u}{u_m} = \int_0^t \left[2 d_Z Q \frac{x_m}{u_m} \frac{x}{x_m} - 2 d_N \frac{y_m}{u_m} \frac{y}{y_m} + \omega_N \frac{v_m}{u_m} \frac{v}{v_m}\right] d\tau , \tag{8.40}$$

$$\frac{v}{v_m} = \int_0^t \left[\frac{x_m}{v_m} \frac{x}{x_m} - \frac{y_m}{v_m} \frac{y}{y_m}\right] d\tau \ . \tag{8.41}$$

Man kann nun einen Koeffizientenvergleich mit (8.36) bis (8.38) durchführen und erhält damit die folgende Dimensionierungsvorschrift:

$$\frac{1}{R_{11} C_1} = \frac{x_m}{v_m} , \quad \frac{1}{R_{21} C_2} = \frac{2 d_Z Q x_m}{u_m} , \quad \frac{R_3}{R_{31}} = \frac{Q^2 x_m}{y_m} ,$$

$$\frac{1}{R_{12} C_1} = \frac{y_m}{v_m} , \quad \frac{1}{R_{22} C_2} = \frac{\omega_N v_m}{u_m} , \quad \frac{R_3}{R_{32}} = \frac{\omega_N u_m}{y_m} ,$$

$$\frac{1}{R_{23} C_2} = \frac{2 d_N y_m}{u_m} \ . \tag{8.42}$$

Es verbleibt nun noch die Frage, wie die Maximalwerte zu bestimmen sind. Einen Anhaltspunkt dafür bietet Bild 8/30, wo die Frequenzgänge

$$G_K(j\omega) = \frac{Y(j\omega)}{X(j\omega)} \tag{8.43}$$

für verschiedene Verhältnisse $Q = \omega_N / \omega_Z$ skizziert sind.

Es sind drei Fälle zu unterscheiden, für die man folgende höchste Amplitudenanhebungen ablesen kann:

$$Q << 1 : \quad y_m = \frac{1}{2 d_N} x_m$$

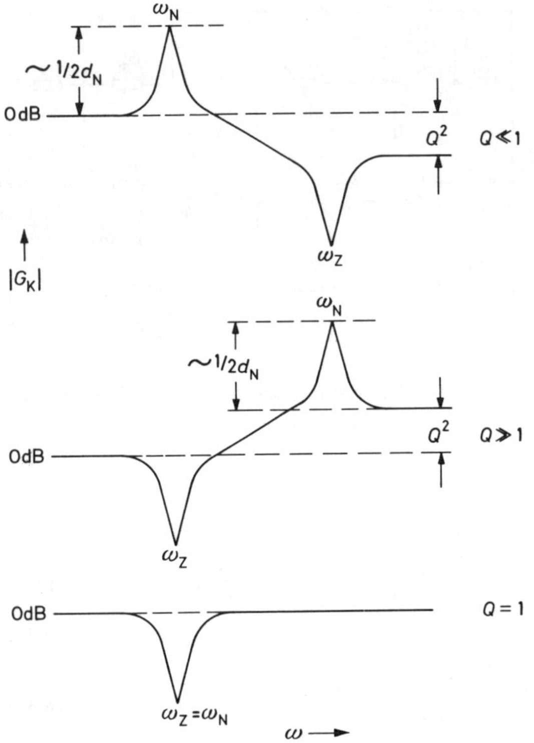

Bild 8/30. Frequenzgänge des AR_2-Gliedes für verschiedene Verhältnisse $Q = \omega_N / \omega_Z$

$$Q >> 1 : \quad y_m = \frac{Q^2}{2 d_N} x_m , \tag{8.44}$$

$$Q = 1 \quad : \quad y_m = x_m .$$

Damit kann der Maximalwert der Ausgangsgröße y_m nach den extremen Werten des vorgesehenen Parameter-Variationsbereichs festgelegt werden. Für die Maximalwerte der beiden anderen Variablen wählt man dann

$$u_m = v_m = \frac{y_m}{\omega_{Nmin}} . \tag{8.45}$$

Dabei ist $\omega_{N_{min}}$ die untere Grenze des vorgesehenen Variationsbereichs für die Eigenfrequenz ω_N. Es empfiehlt sich, für den kontinuierlichen Frequenzabgleich mittels der variablen Widerstände R_{22} und R_{32} einen Frequenzvariationsbereich von höchstens 1:2 vorzusehen. Die Grobeinstellung der Eigenfrequenz kann mit den beiden Kapazitäten C_1 und C_2 vorgenommen werden. Sie gehen umgekehrt proportional in die Frequenz ω_N ein. Die übrigen Parameter werden nicht beeinflußt, wenn beide Kapazitäten im gleichen Verhältnis verändert werden. Auch die Normierung der Schaltung bleibt erhalten, wenn man die Eigenfrequenz über die Kapazitäten verstellt. Zur Feineinstellung der Frequenz mit den Widerständen R_{22} und R_{23} kann man ein Tandempotentiometer verwenden. Man kann dabei meist ohne weiteres einen Gleichlauffehler von 10 % zulassen, ohne daß die übrigen Parameter unzulässig verändert werden. Deswegen können für R_{22} und R_{23} auch Einfachpotentiometer genommen werden, die man beim Abgleich nach Augenmaß etwa gleich einstellt.

8.3.3 Digitale Realisierung der Korrekturglieder

Als nächstes wollen wir uns mit der digitalen Realisierung der Korrekturglieder befassen. Wie im Abschnitt 7.12 gezeigt, muß man dazu die dem jeweiligen Übertragungsglied entsprechende Differentialgleichung durch eine Differenzengleichung approximieren. Dazu betrachtet man die Variablen nur noch an diskreten äquidistanten Stellen $t_i = T \cdot i$, wobei T der zeitliche Abstand dieser Stützstellen und i = 1,2,3 ... deren fortlaufende Nummer ist. Für das P-Glied mit der Übertragungsgleichung

$$Y(t) = K \cdot X(t)$$

ergibt sich dann

$$Y(T_i) = K \cdot X(T_i) \tag{8.46}$$

oder kürzer

$$Y_i = K \cdot X_i .$$

Diese Gleichung ist in einem Programm zyklisch in zeitlichen Abständen von T auszuwerten. Man nennt T daher auch Zykluszeit. Normalerweise versucht man die zyklische Berechnung der Regleralgorithmen so zu organisieren, daß T konstant ist. Praktisch gelingt dies meist nicht ganz. Da der Prozessor auch noch für andere Aufgaben benutzt wird, deren Bearbeitung oft nicht exakt zu beliebigen Zeitpunkten unterbrochen werden kann, schwankt die aktuelle Zykluszeit T um einen geplanten Wert T_A. Dies ist nicht weiter schlimm, wenn die Schwankungen nicht allzu groß sind, etwa maximal ± 20 %. Man muß aber dann bei der Koeffizientenberechnung in den Algorithmen den tatsächlichen (gemessenen) Wert von T nehmen.

Entsprechend läßt sich die Ausgangsgröße des Summationsgliedes

$$Y(t) = X_1(t) + X_2(t)$$

durch zyklisches Auswerten der Gleichung

$$Y_i = X_{1i} + X_{2i} \tag{8.47}$$

berechnen.

Beim Differenzierglied

$$Y(t) = \dot{X}(t) = \frac{dX(t)}{dt}$$

ersetzt man den Differentialquotienten durch den Differenzenquotienten

$$Y_i = \frac{X_i - X_{i-1}}{t_i - t_{i-1}} = \frac{X_i - X_{i-1}}{T} .$$

Will man in einem Rechenprogramm einen aktuellen Wert Y_i der Ausgangsgröße berechnen, benötigt man dafür den aktuellen Wert X_i der Eingangsgröße und den Wert X_{i-1} des vorhergehenden Berechnungsschrittes. Der Algorithmus für die zyklische Berechnung des D-Gliedes besteht also aus den folgenden beiden hintereinander auszuführenden Operationen

$$\text{(D.1)} \quad Y_i = \frac{1}{T}(X_i - U_{i-1}) ,$$

$$\text{(D.2)} \quad U_i = X_i . \tag{8.48}$$

Mit der zweiten Operation wird der aktuelle Wert der Eingangsgröße auf eine Zwischenvariable U gespeichert. Er bleibt somit als Altwert für den nächsten Berechnungszyklus erhalten.

Für das I-Glied

$$Y = K \int_0^t X(\tau)\, d\tau + Y(0)$$

erhält man

$$Y_i = K \left[\sum_{j=1}^{i} X_j \cdot T \right] + Y_0 . \tag{8.49}$$

Bei der digitalen Berechnung solcher Formeln gewinnt man den aktuellen Wert immer aus dem Wert der letzten Berechnung (Altwert). Man erhält den dafür erforderlichen Algorithmus wie folgt:

$$Y_i = K \cdot T \cdot \left[\sum_{j=1}^{i-1} X_j + X_i \right] + Y_0$$

$$Y_i = Y_{i-1} + K \cdot T \cdot X_i . \tag{8.50}$$

Diese sogenannte Rechteckregel der Integration, auch Euler-Verfahren genannt, ist der einfachste Algorithmus für die numerische Integration. Es gibt weitere unzählige Verfahren verschiedener Kompliziertheit, die für bestimmte Anwendungen Vorteile bringen können. Für die digitale Realisierung von Reglern bringen sie jedoch so gut wie nichts.

Ganz entsprechend können auch beliebige andere lineare Übertragungsglieder behandelt werden. Der Algorithmus für das P-T_1-Glied ergibt sich z.B. aus der Differentialgleichung

$$T_1 \dot{Y} + Y = X ,$$

$$Y(0) = Y_0$$

wie folgt. Man ersetzt wieder den Differentialquotienten durch den Differenzenquotienten und erhält so

$$\frac{T_1}{T}(Y_i - Y_{i-1}) + Y_i = X_i ,$$

woraus man auf entsprechende Weise, wie beim I-Glied in Gleichung (8.50) gezeigt, für die rekursive Berechnung den folgenden Algorithmus erhält:

$$Y_i = \frac{1}{T_1 + T}(T_1 \cdot Y_{i-1} + T \cdot X_i) . \tag{8.51}$$

Man kann diese Gleichung wegen numerischer Vorteile noch etwas umformen, indem man Y_{i-1} hinzuzählt und wieder abzieht, und erhält so

$$Y_i = Y_{i-1} + \frac{T}{T_1 + T}(X_i - Y_{i-1}) . \tag{8.52}$$

Auch diese Gleichung ist wieder zyklisch zu berechnen, wobei für Y_{i-1} immer auf den Speicherplatz der Ausgangsgröße zugegriffen wird, wo ja in jedem neuen Zyklus der Altwert steht. Es braucht also dafür keine zusätzliche Zwischenspeichergröße eingerichtet zu werden.

Zur Berechnung von Gleichung (8.52) sind insgesamt 5 elementare Rechenoperationen erforderlich, 3 Summationen, eine Multiplikation und eine Division. Davon kann man sich die Addition und die Division zur Berechnung des Zuwachs-Koeffizienten

$$K = \frac{T}{T_1 + T} = \frac{1}{1 + \frac{T_1}{T}} \tag{8.53}$$

bei der zyklischen Berechnung sparen. Man muß diese Berechnung immer nur dann durchführen, wenn man eine Veränderung der Zeitkonstanten T_1 vorgenommen hat. Man wertet also zyklisch nur den Ausdruck

$$Y_i = Y_{i-1} + K(X_i - Y_{i-1}) \tag{8.54}$$

aus, was nur etwa die Hälfte an Rechenzeit erfordert. Selbst bei einem zeitveränderlichen Parameter T_1 muß man den Ausdruck (8.53) nicht unbedingt im Zyklus T berechnen. Bei langsamer Veränderlichkeit von T_1 kann man einen längeren Zyklus $n \cdot T$ einrichten, bei nur gelegentlicher Veränderung kann man eine Änderungserkennung durchführen und das Koeffizientenberechnungsprogramm nur ereignisgesteuert starten. Allerdings lohnen sich solche Maßnahmen erst bei sehr umfangreichen Koeffizientenberechnungen, wie etwa bei dem im folgenden behandelten AR_2-Glied.

Im Beispiel von Abschnitt 8.2 wurde zur Kompensation eines schwach gedämpften $P\text{-}T_2$-Gliedes ein allgemeines rationales Glied 2. Ordnung (AR_2-Glied) eingesetzt. Für dieses Glied, das auch noch andere Übertragungsglieder ($P\text{-}T_2$, AR_1, $P\text{-}T_2PD$, $PD_2P\text{-}T_1$) als Spezialfälle erfaßt, ergibt sich der im folgenden abgeleitete Algorithmus. Ausgangspunkt ist wieder die Differentialgleichung

$$b_2\ddot{Y} + b_1\dot{Y} + Y = a_2\ddot{X} + a_1\dot{X} + X \;,$$

$$Y(0) = Y_0 \;,\quad \dot{Y}(0) = \dot{Y}_0 \;.$$

Die hier vorkommenden 2. Ableitungen von X und Y werden wie folgt durch Differenzenquotienten approximiert:

$$\ddot{Y} = \frac{d^2Y}{dt^2} = \frac{d\,\frac{dY}{dt}}{dt} \approx \frac{\left[\frac{dY}{dt}\right]_i - \left[\frac{dY}{dt}\right]_{i-1}}{T} \approx$$

$$\frac{\frac{Y_i - Y_{i-1}}{T} - \frac{Y_{i-1} - Y_{i-2}}{T}}{T} = \frac{Y_i - 2Y_{i-1} + Y_{i-2}}{T^2} \;.$$

Damit ergibt sich die Differenzengleichung

$$b_2\frac{Y_i - 2Y_{i-1} + Y_{i-2}}{T^2} + b_1\frac{Y_i - Y_{i-1}}{T} + Y_i =$$

$$= a_2\frac{X_i - 2X_{i-1} + X_{i-2}}{T^2} + a_1\frac{X_i - X_{i-1}}{T} + X_i \;.$$

Auch hier erhält man den Algorithmus für die rekursive Berechnung der Ausgangsgröße einfach durch Auflösen nach Y_i. Dabei kann man wieder die Berechnung der Koeffizienten vorziehen und erhält folgende Ausdrücke:

Vorbereitungszyklus (8.55)

(V.1) $a_2 = \frac{1}{\omega_Z^2}$,

(V.2) $b_2 = \frac{1}{\omega_N^2}$,

(V.3) $a_1 = \frac{2d_Z}{\omega_Z}$,

(V.4) $b_1 = \frac{2d_N}{\omega_N}$,

(V.5) $K_0 = \frac{1}{b_2 + b_1T + T^2}$,

(V.6) $K_1 = K_0(a_2 + a_1T + T^2)$,

(V.7) $K_2 = K_0(2a_2 + a_1T)$,

(V.8) $K_3 = K_0a_2$,

(V.9) $K_4 = K_0(b_2 + T^2)$,

(V.10) $K_5 = K_0b_2$.

Dabei wurden noch die Ausdrücke (V.1) bis (V.4) hinzugenommen, damit der Regelungstechniker als Anwender des Programms die ihm vertraute Form der Koeffizienten, nämlich die charakteristischen Frequenzen ω_Z und ω_N sowie die Dämpfungen d_Z und d_N eingeben kann.

Dynamischer Zyklus (8.56)

(D.1) $Y_{Ai} = Y_{i-1}$,

(D.2) $Y_i = Y_{i-1} + K_1X_i - K_2X_{A(i-1)} + K_3X_{B(i-1)} + $
$+ K_4Y_{i-1} - K_5Y_{B(i-1)}$,

(D.3) $Y_{Bi} = Y_{Ai}$,

(D.4) $X_{Bi} = X_{A(i-1)}$,

(D.5) $X_{Ai} = X_i$.

Dabei dienen die Ausdrücke (D.1), (D.3), (D.4) und (D.5) wieder dem Aufbewahren der Werte Y_{i-2}, X_{i-2} und X_{i-1}.

8.3.4 Begrenzung des digitalen PI-Reglers

Wir wenden uns nun der Begrenzung des PI-Reglers zu. Genau wie bei der analogen Realisierung müssen wir hier dafür sorgen, daß ein unkontrolliertes Hochlaufen des Integral-Anteils vermieden wird. Während sich beim analogen Regler durch den begrenzten Aussteuerungsbereich des Operationsverstärkers sozusagen gratis eine solche Begrenzung ergeben hat, können wir bei einem Digitalprogramm nicht erwarten, daß uns etwa durch die Beschränkung des Zahlenbereiches ein ähnliches Glück widerfahre.

Wir müssen uns dafür eigens einen geeigneten Algorithmus überlegen. Es sind dazu schon viele Varianten vorgeschlagen worden, die zugeschnitten auf bestimmte Eigenschaften der Regelstrecke ein besonders günstiges Verhalten beim Erreichen und Verlassen der Stellgrenze haben sollen. Das Thema wurde z.B. in [8.2] und in [8.3] behandelt, wo sich auch weitere neuere Literaturangaben befinden. Es hat sich aber gezeigt [8.3], daß das Verhalten des beschalteten Operationsverstärkers bei normalen Anwendungen kaum zu übertreffen ist, weswegen wir seine diesbezüglichen Eigenschaften digital nachahmen werden.

Wir gehen aus von der im Bild 8/31 dargestellten Struktur des "analogen" PI-Reglers. Dabei wurde noch die folgende Umformung vorgenommen:

$$G_R = K_R \frac{1+T_R s}{s} = K_P + K_I \cdot \frac{1}{s}$$

$$\text{mit } K_P = T_R \cdot K_R \,, \quad K_I = K_R \,. \tag{8.57}$$

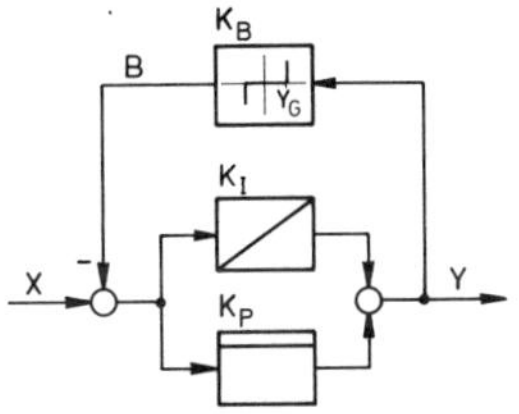

Bild 8/31. Struktur des begrenzten PI-Gliedes in Summenform

Die linke Form in Gleichung (8.57) (Rationalform) ist z.B. in der Antriebstechnik üblich, die rechte (Summenform) wird in der Verfahrenstechnik bevorzugt. Diese Unterschiede sind traditionell bedingt, haben aber wohl auch etwas mit der im jeweiligen technologischen Anwendungsgebiet der Regelungstechnik üblichen Reglerrealisierung zu tun. Wir haben hier auch die Summenform aus Gründen der Realisierung gewählt, man kann nämlich den Algorithmus des PI-Reglers einfach dadurch erhalten, daß man die Algorithmen für das P-Glied Gleichung (8.47), das I-Glied Gleichung (8.50) und das Summierglied Gleichung (8.46) in der richtigen Reihenfolge berechnet. Richtig heißt dabei, in Signalflußrichtung, wobei im Falle von parallelen Zweigen (P- und I-Anteil beim PI-Regler) die Berechnungsreihenfolge der parallelen Zweige beliebig sein darf. Es ergibt sich also z.B. für den PI-Regler die folgende Rechensequenz (T: Zykluszeit der Berechnung).

Algorithmus für das lineare PI-Glied (8.58)

(D.1) P-Anteil

$$Y_{Pi} = K_P X_i \,,$$

(D.2) I-Anteil

$$Y_{Ii} = Y_{Ii-1} + K_I \cdot T \cdot X_i \,,$$

(D.3) Summation von P- und I-Anteil

$$Y_i = Y_{Pi} + Y_{Ii} \,.$$

Man könnte nun versuchen, zur Begrenzung die Gegenkopplung über die nichtlineare Kennlinie gemäß Bild 8/31 mit in den Algorithmus einzubeziehen. Um eine scharfe Begrenzerwirkung zu erzielen, muß man aber K_B sehr, sehr groß wählen. Das kann bei digitaler Realisierung der Gegenkopplung infolge der Verzögerung durch die zyklische Berechnung zu Stabilitätsproblemen führen, wenn man nicht die Zykluszeit sehr klein macht. Letzteres ist aber aus Gründen einer ökonomischen Verwendung der Rechenzeit des digitalen Prozessors nicht tragbar. Daher muß man bei der digitalen Realisierung von gegengekoppelten Systemen nach speziellen Lösungen suchen. Beispielsweise kann man das folgende Verfahren anwenden. Man führt zunächst probeweise gemäß den Gleichungen (8.58) den linearen Algorithmus aus:

(D.1) $Y_{P1i} = K_P \cdot X_i \,,$

(D.2) $Y_{I1i} = Y_{I2i-1} + K_I \cdot T \cdot X_i \,,$

(D.3) $Y_{1i} = Y_{P1i} + Y_{I1i} \,.$ (8.59)

Liegt das Ergebnis höchstens beim Begrenzungswert Y_G, wird Y_1, andernfalls Y_G als Ausgangsgröße genommen.

$$\text{(D.4)} \quad Y_i = \begin{cases} Y_G & \text{für } Y_{1i} > Y_G \\ -Y_G & \text{für } Y_{1i} < -Y_G \\ Y_{1i} & \text{sonst} \end{cases} \,. \tag{8.60}$$

Nun muß man noch für den nächstfolgenden Integrationsschritt den Anfangswert Y_{I2i} für die Integration berechnen. Im linearen Fall, also für $Y_{1i} \leq Y_G$ ist einfach

$$Y_{I2i} = Y_{I1i}$$

Im Begrenzungsfall, also für $Y_{1i} > Y_G$ muß man, um die Wirkung von Bild 8/31 zu erzielen, die die Begrenzung bewirkende Größe B so berechnen, daß die Reglerausgangsgröße gerade Y_G beträgt, also

$$Y_G = K_P(X_i - B_i) + Y_{I2i-1} + K_I \cdot T(X_i - B_i) \ .$$

Aufgelöst nach B_i

$$B_i = X_i + \frac{Y_{I2i-1} - Y_G}{K_P + K_I \cdot T} .$$

Den aktuellen I-Anteil erhält man dann aus

$$Y_{I2i} = Y_{I2i-1} + K_I \cdot T(X_i - B_i)$$

durch Einsetzen von B_i zu

$$Y_{I2i} = Y_{I2i-1} + \frac{T}{T + \frac{K_P}{K_I}} (Y_G - Y_{I2i-1}) \ .$$

Vergleicht man diese Beziehung mit Gleichung (8.52), so stellt man fest, daß offenbar der I-Anteil des Reglers nach Erreichen der Begrenzung nach der Übertragungsfunktion eines P-T_1-Gliedes mit der Zeitkonstanten $T_R = K_P/K_I$ auf den Endwert Y_G einschwingt.

Schließlich ergibt sich also zusätzlich zu den Gleichungen (8.59) und (8.60) die Vorbereitungsrechnung für den jeweils folgenden Zyklus:

(D.5)

$$Y_{I2i} = \begin{cases} Y_{I2i-1} + \frac{T}{T+T_R} \begin{cases} (Y_G - Y_{I2i-2}) & \text{für } Y_{I1i} > Y_G \\ (-Y_G - Y_{I2i-2}) & \text{für } Y_{I1i} < -Y_G \end{cases} \\ Y_{I1i} & \text{sonst} \end{cases} . \qquad (8.61)$$

Dabei sind die Gleichungen (8.59), (8.60) und (8.61) in dieser Reihenfolge zu berechnen.

Neben der hier vorgeschlagenen Lösung der PI-Regler-Begrenzung gibt es noch viele mehr oder weniger komplizierte Algorithmen. Eine besonders einfache Lösung erhält man, wenn man von der Kettenschaltung eines PD-Gliedes und eines I-Gliedes gemäß

$$G_R = G_{PD} \cdot G_I = (1 + T_R s) \frac{K_R}{s}$$

ausgeht (Bild 8/32). Man kann dann zuerst einen PD-Algorithmus

$$\text{(D.1)} \quad U_i = X_i + \frac{T_R}{T}(X_i - X_{i-1}) \qquad (8.62)$$

und dann den Algorithmus für das begrenzte I-Glied berechnen, der lautet:

$$\text{(D.2)} \quad Y_{1i} = Y_{i-1} + K_I \cdot T \cdot X_i \ ,$$

$$\text{(D.3)} \quad Y_i = \begin{cases} Y_G & \text{für } Y_{1i} > Y_G \\ -Y_G & \text{für } Y_{1i} < -Y_G \ . \\ Y_{1i} & \text{sonst} \end{cases} \qquad (8.63)$$

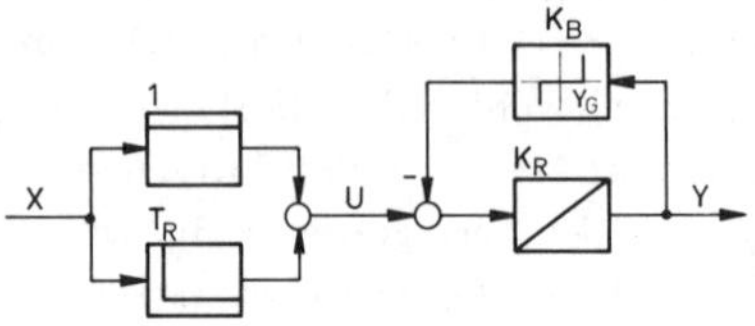

Bild 8/32. Alternative Realisierung des begrenzten PI-Reglers

In unserem Beispiel vom Abschnitt 8.2 haben wir als Korrekturglied z.B. beim zuerst behandelten Entwurf eine Kettenschaltung aus zwei PI-Gliedern und einem AR_2-Glied erhalten. Solange die Ansteuerung aller Glieder im linearen Bereich bleibt, ist es nach Regel 5 von Bild 2/72 gleichgültig, in welcher Reihenfolge man die drei Teil-Übertragungsglieder anordnet. In einem Regelkreis mit Stellgrößenbegrenzung ist dies jedoch nicht mehr der Fall. Um hier eine optimale Regelung unter Ausnutzung der Stellgrenzen zu entwerfen, muß man einen nichtlinearen Entwurf durchführen, etwa wie in [8.1] beschrieben. Kommt es jedoch nur darauf an, daß die Regelung irgendwie vom linearen Bereich in die Stellgrößenbegrenzung und wieder zurück läuft, ohne dabei in nichtlineare Grenzzyklen zu geraten, genügen oft einfache Überlegungen. Eine Grundregel lautet, daß die Regler-I-Anteile nicht mehr weiterlaufen dürfen, wenn das Stellglied am Anschlag ist. Zweitens sollten Regleranteile mit differenzierendem Verhalten vor einem begrenzten PI-Regler liegen, damit dadurch das Ablösen von der Begrenzung beschleunigt wird. Nach diesen Überlegungen kann man z.B. für unser Beispiel von Bild 8/20 eine Anordnung gemäß Bild 8/33 wählen, wobei $Y_G = U_M$ gemacht wird.

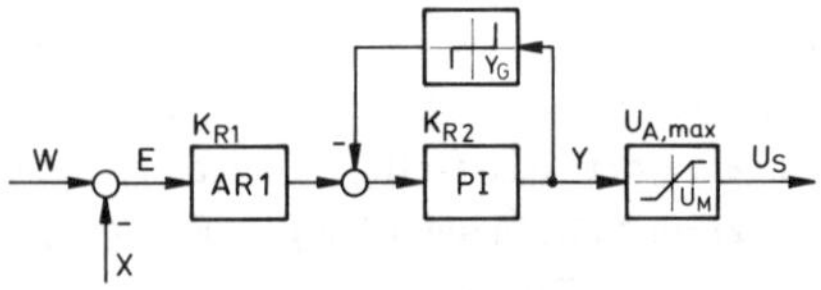

Bild 8/33. Reihenfolge der Teil-Korrekturglieder für die Drehmomentregelung von Abschnitt 8.2

Im Falle der nichtkaskadierten Regelung, wo ein 2-fach-PI-Regler entworfen wurde, wird man den ersten PI-Regler begrenzen und durch geeignete Verteilung der gesamten Reglerverstärkung K_R auf die beiden PI-Glieder sowie durch eine geeignete Wahl von Y_G dafür sorgen, daß die Stellgrenze Y_S bei Vorgabe extremer Sollwertänderungen gerade erreicht wird. Derartige Nachoptimierungen nimmt man am besten experimentell bei einer Simulation des Regelungssystems oder bei der Inbetriebnahme der realen Anlage vor.

8.3.5 Einfluß der digitalen Reglerrealisierung auf den Reglerentwurf

Bild 8/34 zeigt den prinzipiellen Aufbau einer digital realisierten Regelung. Die analoge Regelgröße X wird von einem Analog-Digital-Wandler in eine zeitliche Folge digitaler Werte X_D umgesetzt und dann von einem Rechenprogramm verarbeitet. Anschließend wird die ebenfalls als Wertefolge erscheinende digitale Stellgröße Y_D durch den als Halteglied 0-ter Ordnung [8.9] wirkenden Digital-Analogumsetzer in eine Treppenkurve umgewandelt. Dieses zunächst umständlich anmutende Verfahren hat gegenüber einer analogen Regelung gewisse Vorteile, man halst sich aber mit der digitalen Regelung auch einige Probleme auf. Die wichtigsten sind:

- Verschlechterung des Regelungsverhaltens infolge der Verzögerungszeit der digitalen Berechnung
- Signalverfälschungen bei der Abtastung der analogen Meßsignale
- Störungen durch schwankende Zykluszeit der Abtastung
- Nichtlineare Effekte durch die endliche Auflösung von AD- bzw. DA-Umsetzer.

Allerdings bringt die digitale Reglerrealisierung auch eine Reihe von Vorteilen, so daß sie doch in den meisten (aber nicht allen) Fällen sinnvoll erscheint. Die Hauptvorteile sind:

- hohe Genauigkeit
- keine Dreckeffekte
- große Zuverlässigkeit
- leichte und komfortable Handhabung bei der Inbetriebnahme
- leichte Realisierbarkeit fortgeschrittener Regelungskonzepte, wie z.B. adaptive Regelung
- hohe Flexibilität bezüglich Parameter und Strukturänderung
- leichtes Einbinden in Gesamt-Automatisierungssysteme.

Wir wollen hier kurz auf die obengenannten Probleme und Maßnahmen zu ihrer Behandlung eingehen. Ein erster Effekt besteht darin, daß durch das Abtasten einer kontinuierlichen Zeitfunktion eine nicht wieder gutzumachende Signalverfälschung eintreten kann, wenn die Zykluszeit der Abtastung zu groß ist. Bild 8/35 illustriert dies. Hat die Regelgröße z.B. den im Bild 8/35 oben gezeichneten sinusförmigen Verlauf, so ergeben sich nach der Analog-/Digitalwandlung im Rechner die unten dargestellten Wertefolgen. Ist die Abtastfrequenz

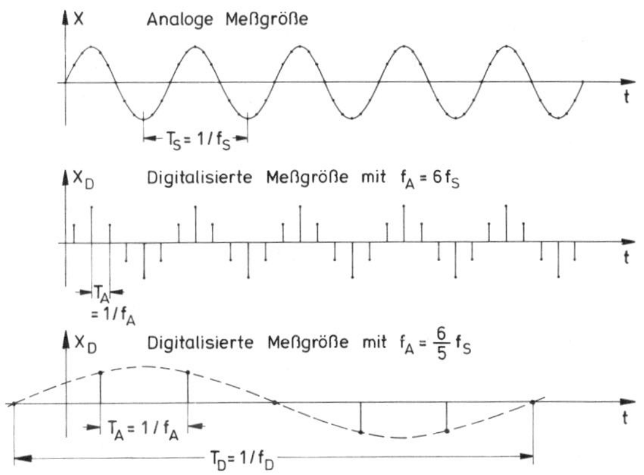

Bild 8/35. Abtastung einer Meßgröße mit verschiedener Abtastfrequenz f_A

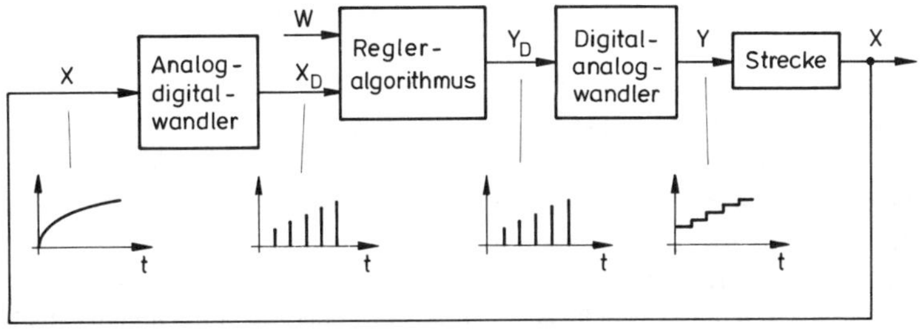

Bild 8/34. Wirkungsweise der digitalen Regelung

f_A gegenüber der Signalfrequenz f_S groß genug, etwa wie im Bild $f_A = 6\,f_S$, so ist in der Folge der Abtastwerte noch deutlich die ursprüngliche Sinusfunktion zu erkennen. Man kann sich leicht vorstellen, daß man daraus wieder durch Extrapolation die ursprüngliche Funktion rekonstruieren kann. Praktisch geschieht das durch die anschließende Digital-/Analog-Umsetzung der Stellgröße.

Im zweiten Beispiel von Bild 8/35 wurde die Abtastfrequenz mit

$$f_A = \frac{6}{5} f_S$$

in der Nähe der Signalfrequenz gewählt. Wie man sieht, tritt dabei eine Wertefolge auf, die offenbar eine Sinusfunktion niedrigerer Frequenz, nämlich $f_D = f_A - f_S$. Die ursprüngliche Information ist verloren gegangen und läßt sich auf keinem Wege wieder zurückgewinnen. Noch deutlicher ist der Effekt, wenn man als Abtastfrequenz gerade die Frequenz der abzutastenden Sinusfunktion wählt. Dann kommt als Abtastfunktion eine Folge konstanter Werte $\overline{X}$ heraus, die im Bereich $-\hat{X} < \overline{X} < \hat{X}$ liegen können, je Phasenlage des Abtastzyklus.

Die durch den Abtastvorgang erzeugten "falschen" Frequenzen nennt man Alias-Frequenzen. Um eine Signalverfälschung durch die bei Abtastung stets entstehenden Alias-Frequenzen zu vermeiden, muß die notwendige Bedingung

$$f_A \geq 2 f_S \tag{8.64}$$

erfüllt sein. Dies ist das Shannonsche Abtasttheorem, das besagt, daß man ein sinusförmiges Signal mindestens 2 mal pro Periode abtasten muß, um später wieder das ursprüngliche Signal rekonstruieren zu können. Ist diese Bedingung erfüllt, kann man durch ein Tiefpaßfilter das Spektrum der Alias-Frequenzen vom Originalspektrum wieder trennen, da sich die Spektren nicht überlappen. Praktisch reicht allerdings die Mindestabtastzeit gemäß dem Shannonschen Theorem nicht aus, da sich ein zur Rekonstruktion erforderliches ideales Tiefpaßfilter nicht realisieren läßt. Meist wird daher die Abtastfrequenz mit $f_A > 10\,f_S$ gewählt.

Nun setzt sich jede reale Meßgröße aus einem Nutzanteil X_N und einem überlagerten Störpegel X_R zusammen. Das Störsignal X_R ist dabei meist ein Frequenzgemisch. Oft treten darin auch charakteristische Störfrequenzen, wie z.B. die Netzspannung von 50 Hz auf. Auch bei dem im Beispiel von Abschnitt 8.2 behandelten Motorenprüfstand ist der Meßwert für das Drehmoment infolge der pulsierenden Drehmomententwicklung eines Kolbenmotors von periodischen Schwankungen überlagert. Man müßte nun eigentlich die Abtastfrequenz so hoch legen, daß auch die höchste im Störspektrum vorkommende Frequenz noch 10 mal abgetastet wird. Dies läßt sich jedoch oft aus Gründen der begrenzten Rechenleistung des für die Berechnung des Regler-Algorithmus verwendeten Prozessors nicht verwirklichen. Man hilft sich dann so, daß man das Meßsignal erst über ein analoges Tiefpaßfilter, ein sogenanntes Anti-Alias-Filter, schickt, bevor man es digitalisiert. Wählt man z.B. als Filter ein P-T_1-Glied und will man erreichen, daß die tiefste nach dem Abtasttheorem, Gleichung (8.64), nicht mehr zulässige Störfrequenz $f_{Z,min}$ um 20 dB (Faktor 10) abgesenkt wird, so muß man die Filtergrenzfrequenz mit

$$f_F = 0{,}1\,f_{Z,min} = 0{,}05\,f_A$$

wählen. Dies entspricht einer Zeitkonstanten des P-T_1-Gliedes von

$$T_F = \frac{1}{\omega_F} = \frac{1}{2\pi f_F} = \frac{10}{\pi f_A} \approx 3 T_A\ .$$

Man sieht also, daß die digitale Regelung zu einer zusätzlichen Zeitkonstanten im Regelkreis führen kann, die man beim Reglerentwurf berücksichtigen muß.

Eine weitere Verzögerung entsteht durch die Rechenzeit bei der digitalen Berechnung des Regelalgorithmus und durch die anschließende Umsetzung der digitalen Wertefolge in ein analoges Stellsignal.

Bild 8/36 illustriert, wie z.B. ein analoges Eingangssignal X(t) (etwa die Regelgröße) nach Durchlaufen des Rechners als Ausgangssignal Y(t) (Stellgröße) verzögert erscheint. Man kann, wie in Bild 8/36 abzulesen, die Verzögerung näherungsweise als eine Totzeit von

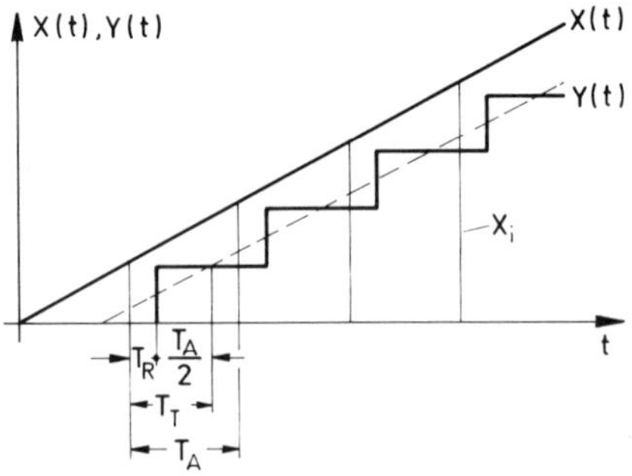

Bild 8/36. Signalverzögerung durch die digitale Realisierung des Reglers

$$T_T = T_R + \frac{T_A}{2}$$

betrachten.

Dabei liegt die Rechenzeit T_R im Bereich $0 < T_R \leq T_A$, je nachdem, wie hoch der Prozessor durch den Regelalgorithmus ausgelastet ist.

Alles in allem ergibt sich für die digitale Regelung die im Bild 8/37 dargestellte Ersatzstruktur. Die beiden Zeitkonstanten T_F und T_T müssen beim Reglerentwurf berücksichtigt werden, es sei denn, daß man die Zykluszeit T_A so klein wählen kann, daß die davon abhängigen Werte von T_F und T_T gegenüber den kleinen Streckenzeitkonstanten verschwinden. Eine Möglichkeit, bei

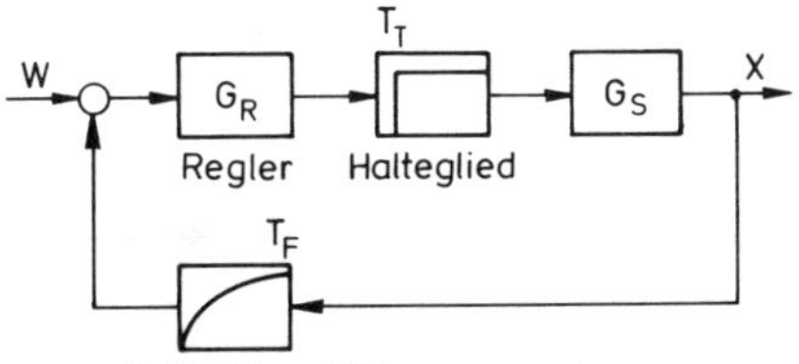

Bild 8/37. Zusätzliche Zeitkonstanten T_F und T_T bei digitaler Regelung

knapp bemessener Abtastzeit T_A den schädlichen Einfluß der Zeitkonstanten T_F und T_T zu verringern, besteht darin, für die Meßwertglättung ein Filter höherer Ordnung zu verwenden. In [8.4] sind solche nach bestimmten Gesichtspunkten optimierten Filter (z.B. Bessel- , Butterworth- oder Tschebyscheff-Filter) beschrieben. Auch kann man für den Digital-Analog-Wandler ein extrapolierendes Verfahren verwenden (z.B. Halteglied 1. Ordnung [8.5]), wodurch dessen verzögernder Einfluß reduziert wird.

8.3.6 Einbinden der Regelung in das gesamte Automatisierungssystem

Um eine Anlage automatisch oder halbautomatisch betreiben zu können, sind neben der Regelung noch eine Vielzahl von Aufgaben zu erfüllen, wie z.B. die übergeordnete Vorgabe der Sollwerte, das Einstellen der Parameter, das sichere Anfahren und Stillsetzen, die Überwachung des Betriebes und die Behandlung von Ausnahme-Situationen infolge von Ausfällen und Störungen. In der Umgebung des Reglers sind daher noch, wie im Bild 8/38 gezeigt, eine Reihe von Hilfsfunktionen angeordnet.

Wir wollen auf den Entwurf solcher Hilfsfunktionen hier nicht ausführlich eingehen. Man findet dazu einiges z.B. in [8.2], [8.6]. Es sollen lediglich kurz die Zusatzeinrichtungen besprochen werden, die ein realer Regler haben muß, damit er mit den genannten Hilfsfunktionen zusammenarbeiten kann. Hierzu gehört insbesondere die Betriebsphasensteuerung des Reglers. Bei dynamischen Systemen kann man stets 3 Betriebsphasen unterscheiden:

- Vorbereitungsphase ,
- Arbeitsphase ,
- Ruhephase.

Die Vorbereitungsphase liegt vor dem Zeitpunkt t = 0. Die bisherigen Betrachtungen dynamischer Systeme be-

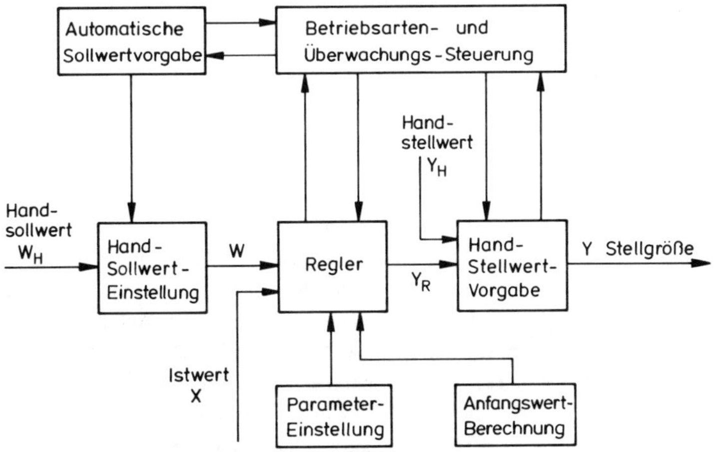

Bild 8/38. Hilfsfunktionen der Regelung

schränkten sich auf den Zeitraum $t \geq 0$. D.h. wir haben angenommen, daß alles, was in der Vergangenheit, also vor dem Zeitpunkt $t = 0$, geschehen sein mag, sich in den Anfangswerten der Zustandsgrößen des Systems manifestiert. Bei realen Systemen, etwa einem durch eine Verstärkerschaltung oder ein Rechenprogramm realisierten Regler liegt der Zeitpunkt $t = 0$ beim Einschalten der Regelung. Vorher müssen die richtigen oder zumindest vernünftigen Werte für die Reglerparameter und die Anfangswerte für die in der Reglerstruktur enthaltenen I-Glieder eingestellt werden.

Erst dann kann die Regelung eingeschaltet werden, und es beginnt mit dem Zeitpunkt $t = 0$ die Arbeitsphase. Erst jetzt beginnt der Regler entsprechend seiner Übertragungsfunktion zu wirken.

Irgendwann zu einem Zeitpunkt t_E wünscht man oft, die Regelung wieder abzuschalten. Praktisch bedeutet dies, daß man die Zustandsgrößen des Systems "einfriert" durch Anhalten der Integrierglieder. Der Zeitraum nach dem Zeitpunkt t_E heißt Ruhephase.

Mit Berücksichtigung einer solchen Betriebsphasensteuerung kann man den PI-Regler, wie im Bild 8/39 gezeigt, darstellen. Dabei wurde hier der Übersichtlichkeit wegen die beim PI-Regler stets erforderliche Begrenzung weggelassen. Für einen praktischen PI-Regler muß man Bild 8/39 mit Bild 8/31 vereinigen.

Die Betriebsphaseneinstellung erfolgt mit den beiden Umschaltern S1 und S2 gemäß der Zustandstabelle von Bild 8/39. In der Phase "Halt" ist die Integrierer-Eingangsgröße $X = 0$, Y_I bleibt damit unverändert, und es ist

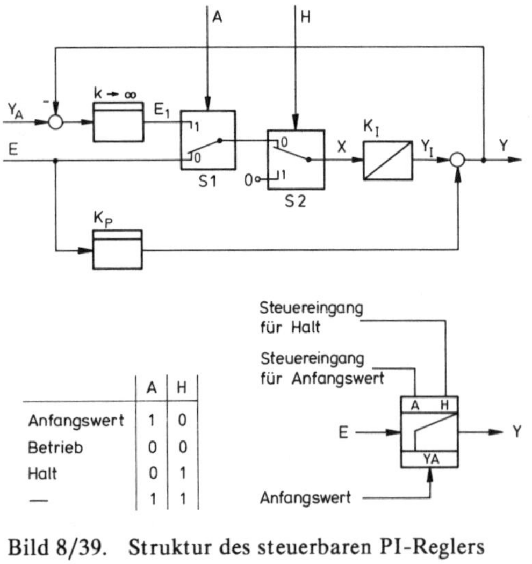

	A	H
Anfangswert	1	0
Betrieb	0	0
Halt	0	1
—	1	1

Bild 8/39. Struktur des steuerbaren PI-Reglers

$$Y = Y_I + K_P \cdot E \ .$$

In der Anfangswertphase gilt, wenn man der bequemeren Weiterbehandlung wegen das I-Glied als Übertragungsfunktion darstellt

$$Y = K_P \cdot E + \frac{k \cdot K_I}{s} (Y_A - Y) \ .$$

Für $k \to \infty$ ergibt sich $Y = Y_A$. Die Realisierung in Verstärkertechnik ist in Bild 8/40 gezeigt. Um eine

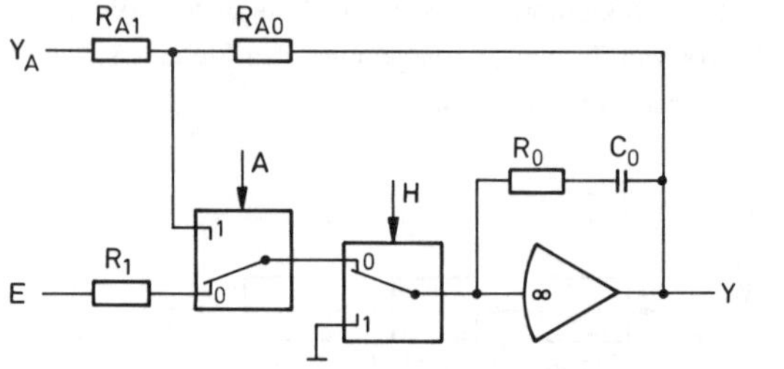

Bild 8/40. Analoge Realisierung des PI-Reglers mit Betriebsphasensteuerung

möglichst schnelle Einstellung des Anfangswertes zu erreichen, muß man $R_{A0} = R_{A1}$ möglichst klein machen. Um allerdings in der Betriebsphase Halt ein Wegdriften des Integrierers zu verhindern, muß man zusätzlich zu der gezeigten Prinzipschaltung noch spezielle Stabilisierungsmaßnahmen ergreifen. Dies erfordert einen hohen Aufwand und auch dann kann man Halten der Integrierausgangsgröße über sehr lange Zeiten nicht erreichen. Dieses Problem vereinfacht sich wesentlich bei einem digital realisierten Regler, wo man einfach den Algorithmus

$$Y_i = \begin{cases} Y_{i-1} & \text{für } \overline{A}_i \wedge H_i = 1 \\ K_P X_i + Y_{i-1} + K_I \cdot T \cdot X_i & \text{für } \overline{A}_i \wedge \overline{H}_i = 1 \\ Y_{A\,i} & \text{für } A_i \wedge \overline{H}_i = 1 \end{cases} \qquad (8.65)$$

verwendet.

In der Antriebstechnik, also auch in unserem Beispiel, kann man oft eine einfachere Form der Betriebsphasensteuerung anwenden. Man benötigt hier den Halt-Zustand normalerweise nicht, und der Anfangswert ist zweckmäßigerweise Null (z.B. bei Drehzahl-, Drehmoment- oder Stromregelungen). Dann kann man einfach für die Anfangswertphase den Rückkopplungszweig des PI-Verstärkers kurzschließen (Bild 8/41). Man spricht dann vom Zustand "Reglersperre".

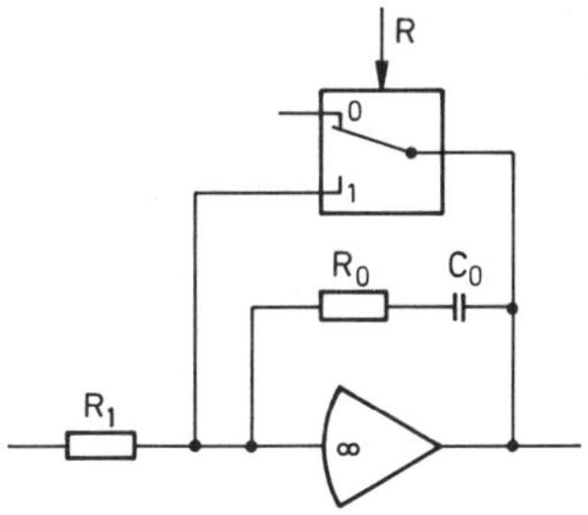

Bild 8/41. Vereinfachte Betriebsphasensteuerung "Reglersperre"

Eine einfache Anwendung der Betriebsphasensteuerung ist im Bild 8/42 demonstriert. Eine Regelung soll in folgenden 4 Betriebsarten betrieben werden können:

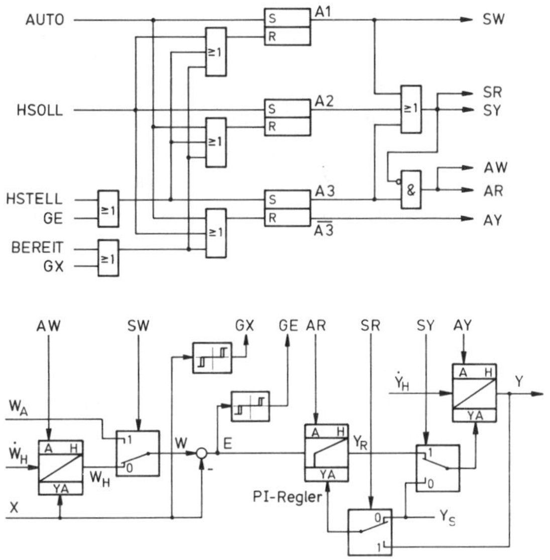

	A1	A2	A3	AW	AR	AY	SR	SY	SW
Bereit	0	0	0	1	1	1	0	0	0
Handstellen	0	0	1	1	1	0	1	1	0
Handsollwert	0	1	0	0	0	1	1	1	0
Automatik	1	0	0	0	0	1	1	1	1

Bild 8/42. Beispiel für die Betriebsartensteuerung eines PI-Reglers

(1) Anlage bereit
Die Anlage mit allen Hilfseinrichtungen ist eingeschaltet. (Um in diesen Zustand zu kommen, waren vorher schon einige Steuerungsvorgänge erforderlich, die wir hier nicht betrachten wollen.) Die Anfangswerte des Reglers und der Handsteller stehen auf einem Sicherheitswert (z.B. $Y = 0$), der einen gefahrlosen Zustand garantiert.

(2) Handstellen
Die Regelung ist außer Betrieb. Die Stellgröße Y wird von Hand durch Vorgabe der Verstellgeschwindigkeit $\dot{Y}_H$ verändert.

(3) Handsollwert
Der Regelkreis ist geschlossen, die Veränderung der Führungsgröße W erfolgt von Hand durch Vorgabe der Verstellgeschwindigkeit $\dot{W}_H$.

(4) Automatiksollwert
Die Führungsgröße W_A kommt von einer übergeordneten Automatisierungsfunktion z.B. einem überlagerten Regelungs- oder Steuerungssystem.

Der Übergang zwischen den drei Zuständen erfolge durch Handsteuerung durch einen Bediener. Zur Überwachung der ordnungsgemäßen Funktion der Regelung wird die Regelabweichung mittels eines Grenzwertmelders beobachtet. Überschreitet sie eine vorgegebene obere oder untere Grenze, wird automatisch von den Regelungs-Betriebszuständen auf die Betriebsart "Handstellen" umgeschaltet. Auch die Regelgröße wird überwacht. Überschreitet sie die zulässigen Grenzen, wird automatisch der Betriebszustand "Anlage bereit" angesteuert, der für die Stellgröße einen konstanten Sicherheitswert Y_S ausgibt.

Zur Konstruktion dieser Betriebsarten- und Überwachungssteuerung werden folgende steuerungstechnischen Funktionen benötigt:

Negation: $A_i = \overline{E}_i$

Logisches UND: $A_i = E1_i \wedge E2_i$

Logisches ODER: $A_i = E1_i \vee E2_i$

Logischer Speicher: $A_i = (S_i \vee A_{i-1}) \wedge \overline{R}_i$

Grenzwertmelder: $A_i \begin{cases} 0 & \text{für} \quad X_u \leq X \leq X_o \\ 1 & \text{sonst} \end{cases}$

Analogwertschalter: $Y_i \begin{cases} X_{0i} & \text{für} \quad E = 0 \\ X_{1i} & \text{für} \quad E = 1 \end{cases}$

Die Elemente sind in Bild 8/43 als graphische Symbole dargestellt. Für die praktische Ausführung der Überwachungssteuerung müssen die Grenzwertmelder mit einem Hystereseverhalten ausgestattet werden, da sonst die Steuerungszustände im Grenzbereich ständig hin- und hergeschaltet würden. Einen solchen Grenzwertmelder kann man leicht, wie in Bild 8/44 gezeigt, aus Grundbausteinen von Bild 8/43 konstruieren.

Bezeichnung	Typ-Name	Symbol
Logisches Und	UND	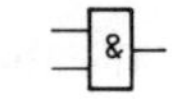
Logisches Oder	ODR	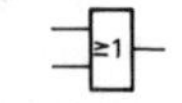
Negation (z.B. beim Und)	—	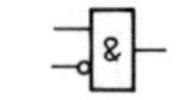
Logischer Speicher mit Rücksetz-Dominanz	SPR	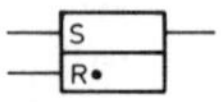
Grenzwertmelder	GRENZ	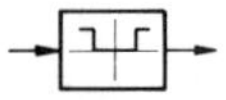
Analogwert-Schalter	AWS	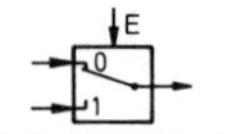
Grenzwertmelder mit Hysterese	GHYST	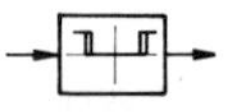
Steuerbares I-Glied	INTEG	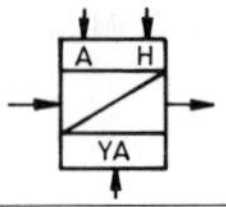
Steuerbarer PI-Regler	PIREG	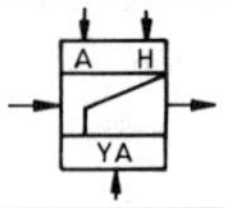

Bild 8/43. Einige Funktionsbausteine für Steuerung und Regelung

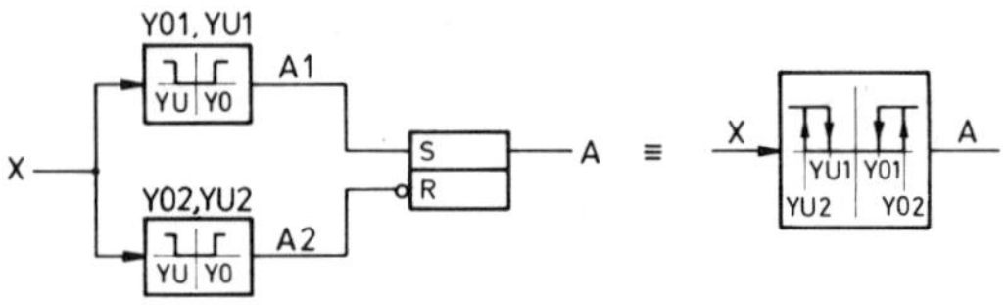

Bild 8/44. Konstruktion eines Grenzwertmelders mit Hysterese

Bild 8/42 zeigt oben den Funktionsplan der Steuerungslogik.

Unten ist der Regelungsteil mit PI-Regler, Sollwertstellern (I-Glieder) für die Handverstellung von Stellgröße Y und Führungsgröße W_H, Grenzwertmeldern zur Überwachung von Regelgröße X und Regelabweichung E, sowie verschiedenen Schaltern. Der steuerbare PI-Regler ist gemäß Bild 8/39 konstruiert. Das steuerbare I-Glied ist bis auf den fehlenden P-Zweig ($K_P = 0$) genauso aufgebaut. Dadurch, daß die jeweils nicht aktiven Glieder auf einen geeigneten Anfangswert nachgeführt werden, erfolgt der Übergang zwischen den einzelnen Betriebszuständen stoßfrei. So wird z.B. während des Handstellbetriebes der Reglerausgang Y_R auf die Stellgröße Y nachgeführt. Umgekehrt wird in den Regelungsbetriebsarten die Stellgröße Y auf den Reglerausgang Y_R nachgeführt. Bei Handstellbetrieb wird außerdem der Sollwertintegrator für den Handsollwert W_H auf den Istwert X nachgeführt, so daß nach dem Umschalten auf Regelung zunächst ein bestehender stationärer Zustand erhalten bleibt.

Regelungsstrukturbild wie auch der Funktionsplan der Betriebsarten- und Überwachungssteuerung sind abstrakte, realisierungsneutrale Beschreibungen. Die Realisierung kann auf verschiedene Weise erfolgen, wie z.B. durch elektromechanische Bauelemente (Relais), elektronische Bauelemente (Gatter), hydraulische oder pneumatische Elemente (Fluidics). Abgesehen von wenigen Spezialfällen gehören allerdings diese Realisierungstechniken der Vergangenheit an. Logische Steuerungen werden heute vorwiegend mit Mikrorechnern, sogenannten speicherprogrammierbaren Steuerungen (SPS), realisiert. Dafür gibt es genormte Programmiersprachen (Fachsprachen), die es erlauben, aus einem Vorrat von Grundbausteintypen logische Steuerungen zu konfigurieren [8.7], [8.8]. Auch die gängigen Übertragungsglieder für die Regelungstechnik, wie sie in diesem Kapitel beschrieben wurden, werden von SPS-Programmiersystemen in praxisgerechter Form (mit Betriebszustandssteuerung usw.) standardmäßig zur Verfügung gestellt. Der Anwender muß dabei nicht etwa Digitalrechner-Programme schreiben, sondern kann auf einfache Weise am Bildschirm seine Regelungsstruktur und den Steuerungs-Funktionsplan graphisch entwerfen. Das Programmiersystem erzeugt daraus automatisch das Programm für den Mikrorechner.

8.4 Polradwinkelregelung eines Synchrongenerators

8.4.1 Regelung bei der elektrischen Energieerzeugung

Zur Erzeugung elektrischer Energie verwendet man üblicherweise eine Anordnung, die aus funktionaler Sicht durch einen Funktionsplan nach Bild 8/45 beschrieben werden kann. Kernstück ist die eigentliche Einrichtung zur Umwandlung von mechanischer in elektrische Energie, die Synchronmaschine. Ihr mathematisches Modell wurde im Abschnitt 3.2.3 ausführlich beschrieben. Aus systemtechnischer Sicht ist die Synchronmaschine ein Teilsystem, das im Zusammenwirken mit anderen Teilsystemen einen bestimmten Zweck erfüllen soll. Man kann z.B. eine Synchronmaschine als Synchronmotor betreiben, um eine mit der Netzfrequenz synchrone

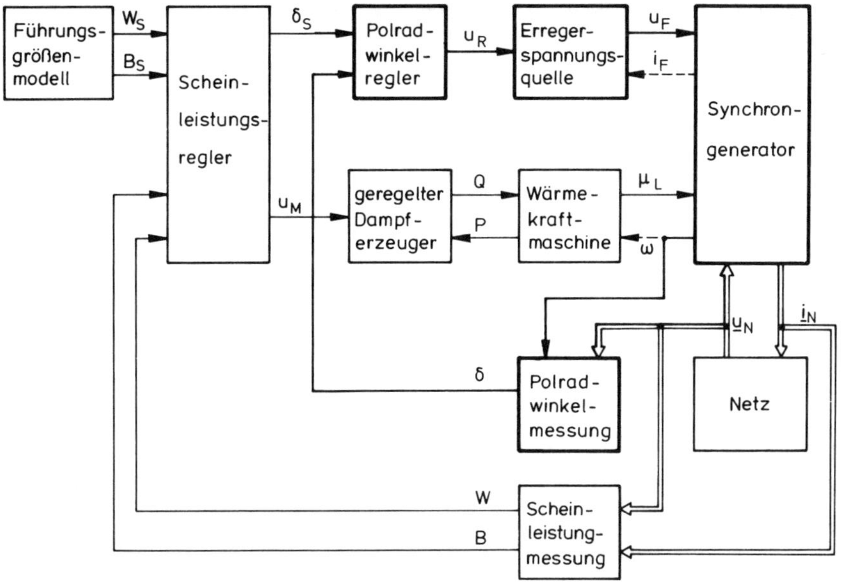

Bild 8/45. Funktionsplan einer Kraftwerksregelung

Drehzahl zu erhalten. Man kann sie auch über einen elektronischen Kommutator mit Gleichspannungsimpulsen speisen und erhält dann das Verhalten einer Gleichstrommaschine. In unserem Beispiel wollen wir ihren Einsatz in der elektrischen Energieversorgung betrachten. Auch hier gibt es wieder verschiedene Möglichkeiten für den Betrieb der Maschine. Je nachdem, ob die Maschine als einziger Generator ein Inselnetz zu versorgen hat, oder ob sie im Verbund mit vielen anderen Generatoren Leistung in ein Netz einzuspeisen hat, ergeben sich für den Betrieb ganz unterschiedliche Zielbedingungen. Während man beim Inselbetrieb dafür sorgen muß, daß Frequenz und Amplitude der erzeugten Wechselspannung auf bestimmten Werten gehalten werden, ist das Ziel des Verbundbetriebs eine bestimmte, entsprechend einem Lastplan vorgegebene Scheinleistung (Wirkleistung und Blindleistung) in das Netz einzuspeisen. Dies ist ein untergeordnetes Ziel jedes am Verbund beteiligten Generators. Eine übergeordnete Aufgabe ist es, die einzelnen Partnerkraftwerke eines Netzes so zu koordinieren, daß Spannung und Frequenz des Netzes konstant gehalten werden.

Wir wollen uns im hier behandelten Beispiel nur mit einer solchen untergeordneten Aufgabe eines einzelnen Kraftwerkes befassen. Um das dabei interessierende Problem gegenüber der Umgebung abzugrenzen, haben wir im Bild 8/45 wieder ein Globalsystem gebildet.

Die Maschine steht, wie im Abschnitt 3.2.3 gezeigt, mit ihrer Umgebung über 3 Wechselwirkungsgrößen in Beziehung:

(1) Mit der den Generator antreibenden Wärmekraftmaschine über Drehzahl ω und Drehmoment μ_L.

(2) Mit einer Erregerspannungsquelle über Erregerspannung u_F und Erregerstrom i_F.

(3) Mit dem elektrischen Netz über den Netzspannungsvektor $\underline{u}_N$ und den Netzstromvektor $\underline{i}_N$. Es handelt sich dabei um Vektoren mit jeweils 3 Komponenten, weil wir es mit einem Drehstromnetz zu tun haben.

Nach unserer Systematik von Abschnitt 3.1.2 handelt es sich beim "Netz" um ein Abschlußsystem (von der Synchronmaschine aus betrachtet), da es keine Wechselwirkungen mit weiteren Teilsystemen hat. D.h. im Funktionsblock "Netz" sind also alle Teile der Umgebung modelliert, die auf die Synchronmaschine über die Wechselwirkungsgröße ($\underline{u}_N$, $\underline{i}_N$) einen Einfluß haben könnten. Es sind dies außer dem eigentlichen Leitungsnetz auch die Verbraucher und die Gesamtheit der übrigen am Verbund beteiligten Kraftwerke. Aus der uns interessierenden lokalen Sicht gehört das Netz quasi mit zur Regelstrecke.

Eingangsgrößen der Regelstrecke, die wir gezielt beeinflussen können und auch müssen, sind:

(1) Die Signalspannung u_R zur Verstellung der Erregerspannung. Praktisch ist dies die Steuerspannung eines Stromrichter-Stellgliedes.

(2) Die Signalspannung u_M zur Beeinflussung des von der Wärmekraftmaschine (meist eine Dampfturbine) entwickelten Drehmomentes. Hier handelt es sich gewöhnlich um eine Steuerspannung für Einrichtungen zur Verstellung der erzeugten bzw. der Turbine zugeführten Dampfmenge. Dazu ist zu bemerken, daß es sich hier bei dem Funktionsblock "geregelter Dampferzeuger" um ein ziemlich komplexes System mit mehreren internen Hilfsregelungen handelt.

Wir verfügen also über zwei Stellgrößen und könnten somit zwei Regelgrößen wählen, die wir damit gezielt beeinflussen wollen. Im Bild 8/45 ist angedeutet, daß man dafür z.B. Wirkleistung und Blindleistung wählen kann. In unserem Falle wollen wir die Aufgabe noch etwas einschränken und nur eine sogenannte Polradwinkelregelung betrachten, die der eigentlichen Zweigrößenregelung unterlagert ist.

Mit einer solchen unterlagerten Hilfsregelung kann man die Dynamik der Gesamtregelung verbessern und auch den Entwurf der übergeordneten Regelung vereinfachen, indem z.B. Nichtlinearitäten der Strecke bereits in der unterlagerten Regelung ausgeglichen werden. Des weiteren dient eine solche Hilfsregelung auch Sicherheitszwecken. Durch Begrenzung des Polradwinkelsollwertes kann man verhindern, daß die Maschine außer Tritt fällt.

Der Polradwinkel oder Lastwinkel der Synchronmaschine hängt ab von der Höhe des eingestellten Erregerstroms, von der Klemmenspannung und von der gefahrenen Wirkleistung. Unter normalen Betriebsverhältnissen muß die von der Maschine abgegebene Leistung einen induktiven Blindanteil haben. Sie wird dazu mit Übererregung gefahren, und der Polradwinkel ist verhältnismäßig klein. Es gibt jedoch auch Betriebszustände, wo kapazitive Blindleistung geliefert werden soll. Das ist der Fall, wenn in Schwachlastzeiten ein ausgedehntes Netz unter Spannung gehalten werden muß. Hierzu ist es erforderlich, die Erregung der Maschine stark herabzusetzen, wodurch man in den Bereich großer Polradwinkel gerät. Nun ist aber ein stabiler Betrieb der Synchronmaschine ohne zusätzliche Regeleinrichtungen nur bis zu einem Polradwinkel von 90° möglich. Auch wenn man von dieser Grenze einigen Abstand hält, besteht doch die Gefahr, daß bei plötzlich auftretenden Störungen wie Lastzuschaltungen und Blindlaständerungen die Stabilitätsgrenze überschritten wird und die Maschine außer Tritt fällt. Diese Gefahr beseitigt eine Polradwinkelregelung, die nicht nur den Stabilitätsbereich bis zu Polradwinkeln von etwa 150° erweitern kann, sondern vor allem bewirkt, daß der bei Störungen auf unzulässige Werte steigende Polradwinkel schnell wieder auf den eingestellten Sollwert gebracht wird.

8.4.2 Mathematische Beschreibung der Anlage

Da wir uns bei der geplanten Untersuchung nicht für alle Aspekte des in Bild 8/45 beschriebenen Regelungssystems interessieren, können wir von einem stark vereinfachten System ausgehen.

Bild 8/46 zeigt den grundsätzlichen Aufbau des Polradwinkel-Regelkreises. Vereinfachend können wir annehmen, daß der Synchrongenerator auf ein Netz mit starren, d.h. vom Generator nicht zu beeinflussenden, Spannungen arbeitet. Er entwickelt das Drehmoment μ,

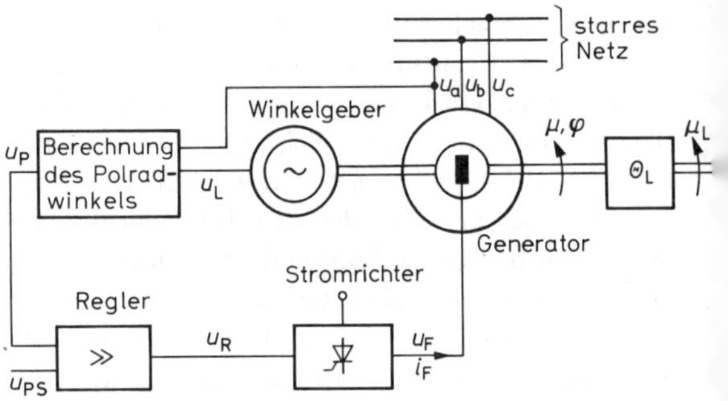

Bild 8/46. Grundsätzlicher Aufbau des Polradwinkel-Regelkreises

das zusammen mit dem von einer Turbine abgegebenen Antriebsmoment μ_L den Läufer mit dem Trägheitsmoment Θ_L beschleunigt. Zur Berechnung des als Regelgröße gebrauchten Polradwinkels wird der Drehwinkel ϑ des Läufers gegenüber dem Ständer von einem Winkelgeber in Form einer Spannung

$$u_L = \hat{u}_L \sin\vartheta \tag{8.66}$$

erfaßt. Daraus und aus einer dem Netz entnommenen Spannung

$$u_a = \hat{u}_a \sin\omega t \tag{8.67}$$

wird eine dem Polradwinkel proportionale Spannung u_p berechnet. Diese wird im Regler mit der Polradwinkel-

Sollwertspannung verglichen. Die Reglerausgangsspannung u_R steuert den zur Speisung des Generatorfeldes verwendeten Stromrichter.

Der Synchrongenerator als das zentrale Bauelement des Systems wurde in Abschnitt 3.2.3 ausführlich behandelt. Da der Generator an einem starren Netz mit sinusförmigen Spannungen betrieben wird, kann zu seiner Nachbildung die vereinfachte Struktur Bild 3/37 oder bei weiterer Vereinfachung Bild 3/39 angewendet werden. Das dynamische Verhalten des Stromrichterstellgliedes wird durch ein P-T_1-Glied erfaßt, wodurch näherungsweise die statistische Totzeit der Stromrichtersteuerung sowie ein Verzögerungsverhalten des Steuergeräts berücksichtigt werden. Dieses vereinfachte Stromrichtermodell wurde im Abschnitt 3.2.6 hergeleitet.

Zur Berechnung des Polradwinkels werden die Nulldurchgänge der beiden sinusförmigen Spannungen u_a und u_L herangezogen (Bild 8/47). Sind t_{ak} und t_{Lk} die

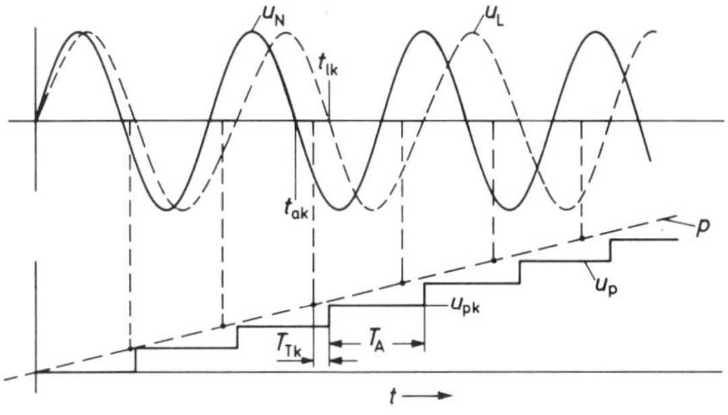

Bild 8/47. Prinzip der Polradwinkelmessung

Zeitpunkte zweier zusammengehöriger Nulldurchgänge, dann ist die Meßgröße für den Polradwinkel

$$u_{pk} = \omega (t_{ak} - t_{Lk}) \ . \tag{8.68}$$

Bei diesem mit diskreten Werten arbeitenden Berechnungsverfahren können immer nur in Abständen von $T_A = \pi/\omega$ (Abstand zwischen zwei aufeinanderfolgenden Nulldurchgängen) neue Werte berechnet werden. In der Zwischenzeit steht nur der jeweils zuletzt berechnete und gespeicherte Wert zur Verfügung. Die Meßeinrichtung hat also das Verhalten eines Abtast- und Haltegliedes mit der Abtastzeit T_A. Wie sich später zeigen wird, kommen im Regelkreis mehrere Verzögerungsglieder vor, deren Zeitkonstanten wesentlich größer sind als T_A. Mit dieser Kenntnis kann das Abtast- und Halteglied durch ein P-T_1-Glied mit der Zeitkonstante

$$T_V = \frac{T_A}{2} = \frac{\pi}{2\omega} \tag{8.69}$$

approximiert werden [8.9].

Der zum Zeitpunkt t_{Lk} festgestellte Meßwert u_{pk} stellt nicht den aktuellen Wert des Polradwinkels δ_k dar. Nimmt man an, daß die Steigung des Polradwinkels zwischen Beginn (t_{ak}) und Ende (t_{Lk}) einer Zeitmessung konstant ist, dann gilt

$$u_{pk} = u_p(t_{Lk}) = \delta (t_{Lk} - T_{Tk}) \ . \tag{8.70}$$

Die Meßgröße u_p ist also noch mit einer Totzeit

$$T_{Tk} = \frac{1}{2} (t_{Lk} - t_{ak}) = \frac{u_{pk}}{\omega} \tag{8.71}$$

behaftet. Wie man sieht, hängt T_{Tk} vom jeweiligen Meßwert des Polradwinkels u_{pk} ab und ist somit keine Konstante. Der Einfachheit halber soll aber für einen mittleren Arbeitspunkt von $u_p = \pi/2$ mit einer konstanten Totzeit von

$$T_T = \frac{\pi}{2\omega} \tag{8.72}$$

gerechnet werden. Weiter vereinfachend, kann man die Totzeit T_T mit der Verzögerungszeit T_V (8.69) zusammenfassen und das Zeitverhalten der gesamten Winkelmeßeinrichtung durch ein P-T_1-Glied mit der Zeitkonstanten

$$T_M = T_T + T_V = \frac{\pi}{\omega} \tag{8.73}$$

beschreiben. Diese Vereinfachung ist zulässig, weil die vorherrschenden Zeitkonstanten des Systems viel größer als T_M sind.

8.4.3 Linearisierung der Struktur der Regelstrecke

Es wird ausgegangen von der in Bild 8/48 dargestellten Struktur des Regelkreises. Die Synchronmaschine ist darin als Block dargestellt, dessen Feinstruktur aus Bild 3/39 ersichtlich ist.

Um die linearen Entwurfsverfahren anwenden zu können, muß das Gleichungssystem der Synchronmaschine

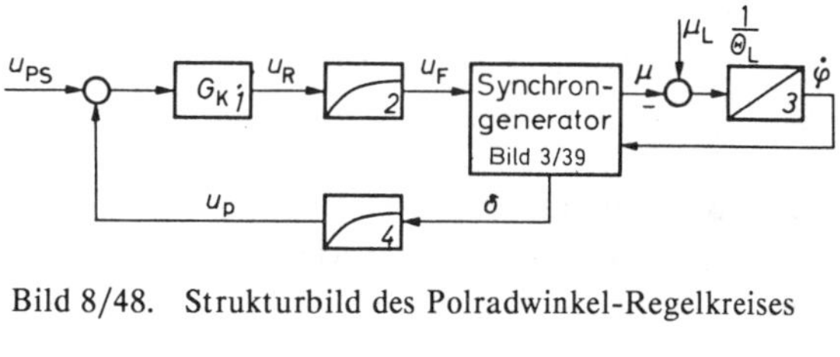

Bild 8/48. Strukturbild des Polradwinkel-Regelkreises

linearisiert werden. Dazu soll von der vereinfachten Struktur in Bild 3/39 ausgegangen werden. Das entsprechende Gleichungssystem lautet:

$$\frac{di_F}{dt} = K_2(u_F - K_1 i_F + K_3 \dot{\delta} \sin\delta) \;, \tag{8.75}$$

$$\mu = K_0\, i_F \sin\delta \;, \tag{8.76}$$

$$\frac{d\dot{\vartheta}}{dt} = K_4(\mu_L - \mu - K_5 \dot{\delta}) \;, \tag{8.77}$$

$$\frac{d\delta}{dt} = (\dot{\vartheta} - 1) \;. \tag{8.78}$$

Zunächst wird (8.76) linearisiert:

$$\Delta\mu = \left[\frac{\partial\mu}{\partial_{iF}}\right]_0 \Delta i_F + \left[\frac{\partial\mu}{\partial\delta}\right]_0 \Delta\delta =$$

$$= K_0(\Delta i_F \sin\delta_0 + i_{F0}\, \Delta\delta \cos\delta_0) \;. \tag{8.79}$$

Für den nichtlinearen Term von (8.75)

$$u_1 = K_3 \dot{\delta} \sin\delta \tag{8.80}$$

erhält man

$$\Delta u_1 = \left[\frac{\partial u_1}{\partial\delta}\right]_0 \Delta\delta + \left[\frac{\partial u_1}{\partial\dot{\delta}}\right]_0 \Delta\dot{\delta} = \tag{8.81}$$

$$= K_3 \left(\dot{\delta}_0\, \Delta\delta \cos\delta_0 + \Delta\dot{\delta} \sin\delta_0\right)$$

und mit

$$\dot{\delta}_0 = 0 \;,$$

$$\Delta u_1 = K_3\, \Delta\dot{\delta} \sin\delta_0 \;. \tag{8.82}$$

Damit ergibt sich die linearisierte Struktur gemäß Bild 8/49.

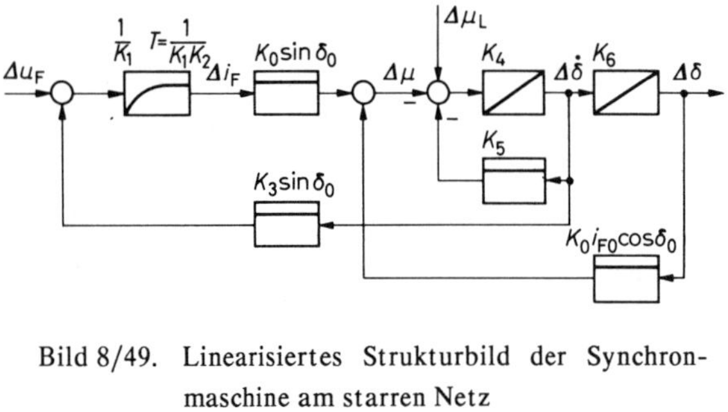

Bild 8/49. Linearisiertes Strukturbild der Synchronmaschine am starren Netz

Zur Berechnung der Konstanten nach Tabelle 3/1 werden folgende Daten der Synchronmaschine verwendet:

Ständerreaktanz	X_S	=	1,7
Leerlauf-Feldreaktanz	X_F	=	1500
Anlaufzeitkonstante	T_A	=	2350
Streufaktor	σ	=	0,2
Schlupf bei asynchronem Betrieb mit Nennleistung	S_A	=	0,01
Nennleistungsfaktor	K_N	=	0,8
Polpaarzahl	Z_P	=	1
Netzfrequenz	ω_N	=	314

Beim Betrachten der Tabelle 3/1 und der oben angegebenen Maschinendaten stellt man fest, daß man am besten mit bezogenen Gleichungen arbeitet und die in der Tabelle rechts stehenden Konstanten-Ausdrücke verwendet. Der Anschaulichkeit wegen kann man auch die Zeitnormierung wieder rückgängig machen. Man muß dazu einfach alle Integrationsglieder des Strukturbildes um den Normierungsfaktor schneller machen. Das bedeutet, daß die Konstanten der I-Glieder mit dem reziproken Normierungsfaktor multipliziert werden müssen. Damit erhält man folgende Konstanten für ein Echtzeitmodell:

$$K_0 = \frac{Z_P}{X_S} = 0{,}59 \;, \tag{8.83}$$

$$K_1 = 1 \;, \tag{8.84}$$

$$K_2 = \frac{\omega}{X_F \sigma} = 1{,}05 \;, \tag{8.85}$$

$$K_3 = (1-\sigma) X_F = 1200 \;. \tag{8.86}$$

$$K_4 = \frac{\omega}{Z_P T_A} = 0{,}134 \;, \tag{8.87}$$

$$K_5 = \frac{2 D \omega^2}{3\, u_N i_N} = \frac{K_N}{S_A} = 80 \;. \tag{8.88}$$

Dabei war zu beachten, daß sich die Dämpfungskonstante D wie folgt ergibt:

$$D = \frac{\mu_N}{S_A \omega} = \frac{N_N/\omega}{S_A \omega} = \frac{3 K_N u_N i_N}{2 S_A \omega^2} \tag{8.89}$$

Als weitere Konstanten treten in den linearisierten Gleichungen die Arbeitsruhewerte i_{F0} und δ_0 auf. Der Ruhewert für den Polradwinkel δ_0 ist gegeben. Der Erregerstrom im Arbeitspunkt i_{F0} wird aus dem Arbeitsruhewert des Drehmoments μ_0 mit der stationär geltenden Gleichung

$$i_{F0} = \frac{\mu_{L0}}{K_0 \sin\delta_0} = \frac{x_S\, \mu_{L0}}{Z_P \sin\delta_0} \tag{8.91}$$

berechnet. Diese Beziehung kann man aus dem Strukturbild 3/39 ablesen, wenn man die Eingänge der Integrationsglieder Null setzt.

Im Betrieb wird die Polradwinkel-Regelung verwendet, wenn der Generator bei verhältnismäßig kleiner Wirkleistung eine hohe kapazitive Blindleistung liefern muß. Dieser Betriebszustand entspricht im Mittel dem

Arbeitspunkt 1 $\mu_0 = 0{,}2$, $\delta_0 = 60^\circ$.

In Störungsfällen kann es vorkommen, daß die Maschine auch in den Bereich größerer Polradwinkel gerät. Daher wird die Stabilität des Systems auch noch für die

Arbeitspunkte 2 $\mu_0 = 0{,}2$, $\delta_0 = 90^\circ$

und 3 $\mu_0 = 0{,}2$, $\delta_0 = 120^\circ$

untersucht, wobei die Reglereinstellung für den Normalbetriebsfall beibehalten werden soll. Um einen Anhaltspunkt für die Inbetriebnahme zu bekommen, die aus Sicherheitsgründen bei kleinen Polradwinkeln vorgenommen wird, interessiert noch das Verhalten des Systems im

Arbeitspunkt 4 $\mu_0 = 0{,}8$, $\delta_0 = 20^\circ$.

Für die Anwendung der Entwurfsverfahren ist die Beschreibung der Regelstrecke in Form ihrer Übertragungsfunktion erforderlich. Man geht dazu aus von den Gleichungen des linearen Systems (Bild 8/49).

$$s i_F = K_2(u_F - K_1 i_F + K_3 s \delta \sin \delta_0) , \qquad (8.92)$$

$$\mu = K_0(i_F \sin \delta_0 + i_{F0}\, \delta \cos \delta_0) , \qquad (8.93)$$

$$s^2 \delta = K_4 K_6 (\mu_L - \mu - K_5 s \delta) . \qquad (8.94)$$

Dabei wurde, weil im weiteren nur noch mit dem linearen Modell gerechnet wird, das Zeichen Δ bei den Variablen weggelassen. Aus (8.92) bis (8.94) ergibt sich eine Übertragungsfunktion von der Form

$$G_M = \frac{\delta(s)}{u_F(s)} = \frac{1}{a_0 + a_1 s + a_2 s^2 + a_3 s^3} . \qquad (8.95)$$

Für die genannten Arbeitspunkte ergeben sich mit den Konstanten nach (8.83) bis (8.87) die in Tabelle 8/2 zusammengestellten Koeffizienten.

Zum Aufzeichnen des Frequenzgangs mit Hilfe der üblichen graphischen Hilfsmittel (Phasenlineal) muß man das Nennerpolynom von (8.95) in Faktoren zerlegen. Für derartige Aufgaben stehen im allgemeinen Digitalprogramme zur Verfügung, doch dürfte sich in diesem einfachen Fall die Rechneranwendung nicht lohnen. Bei

Tabelle 8/2. Koeffizienten der Übertragungsfunktion (8.95)

Arbeitspunkt			Koeffizienten			
Nr.	δ_0	μ_0	a_3	a_2	a_1	a_0
1	60°	0,2	0,045	0,41	4,0	0,23
2	90°	0,2	0,04	0,36	4.23	0
3	120°	0,2	0,045	0,41	3,6	-0,23
4	20°	0,8	0,117	1,06	13,5	11,0

einem Polynom dritten Grades lassen sich die Faktoren noch leicht von Hand ermitteln, was in den meisten Fällen schon durch zwei- bis dreimaliges Probieren recht genau gelingt. Es ist dazu zweckmäßig, von der Zeitkonstantenform der Übertragungsfunktion

$$G_M = k_{11} \frac{1}{1 + b_1 s + b_2 s^2 + b_3 s^3} \qquad (8.96)$$

auszugehen, die man dadurch erhält, daß man Zähler und Nenner von (8.95) durch a_0 dividiert. Die Zahlenwerte der neuen Koeffizienten sind in Tabelle 8/3 zusammengestellt.

Tabelle 8/3. Koeffizienten der Übertragungsfunktion (8.96)

Arbeitspunkt			Koeffizienten			
Nr.	δ_0	μ_0	k_{11}	b_1	b_2	b_3
1	60°	0,2	4,4	17	1,8	0,2
3	120°	0,2	-4,4	-15,5	-1,8	-0,2
4	20°	0,8	0,09	1,23	0,096	0,0106

Für den Arbeitspunkt 2 liegt der Spezialfall $a_0 = 0$ vor. Die Wurzeln der Übertragungsfunktion

$$G_M = \frac{k_{11}}{s} \cdot \frac{1}{1 + c_{21} s + c_{22} s^2} \qquad (8.97)$$

lassen sich hier sofort angeben. Um in den anderen Fällen die Wurzeln des Nennerpolynoms dritten Grades

$$b_3 s^3 + b_2 s^2 + b_1 s + 1 = (c_{11} s + 1)(c_{22} s^2 + c_{21} s + 1) \qquad (8.98)$$

zu bestimmen, geht man von folgender Schätzung aus:

$$c_{11} \approx \begin{cases} b_1 & \text{für } b_2 >> \dfrac{b_3}{b_1} \\[2ex] \dfrac{b_3}{b_2} & \text{für } b_2^2 >> b_1 b_3 \end{cases} \qquad (8.99)$$

Wenn man nicht klar entscheiden kann, welcher dieser Näherungswerte zutrifft, geht man zunächst von der Näherung $c_{11} = b_1$ aus. Stellt man nach der ersten Probedivision fest, daß man damit völlig falsch liegt (großer Rest), versucht man die zweite Division mit b_3/b_2 im Probeteiler.

Als Beispiel soll (8.96) mit den Zahlenwerten der dritten Zeile der Koeffiziententabelle 8/3 betrachtet werden.

$$b_3 s^3 + b_2 s^2 + b_1 s + 1 = 0{,}0106 s^3 + 0{,}096 s^2 + 1{,}23 s + 1 \,.$$

Im ersten Probeteiler wird $c_{11} = 1{,}2$ (b_1 abgerundet) gewählt. Es ergibt sich folgendes Divisionsschema:

(0,0106 0,096 1,23 1) : (1,2 1) = 0,008 0,072

0,0106 0,0088

0 0,0872 0,072

0 1,158 1

Wäre der angenommene Probeteiler (1,2 1) richtig gewesen, hätte er gerade als Rest erscheinen müssen. Als nächster Probeteiler bietet sich nun der Rest (1,158 1) abgerundet auf (1,15 1) an.

(0,0106 0,096 1,23 1) : (1,15 1) = 0,0092 0,075
0,0106 0,0092

0 0,0868 0,075

0 1,155 1

Die Division geht nahezu auf, die Faktorenzerlegung ist mit

$$(1{,}15 s+1)(0{,}0092 s^2 + 0{,}075 s + 1)$$

gefunden.

Entsprechend kann man in den übrigen Fällen vorgehen. Man findet, daß in den Fällen 1 und 3 schon mit guter Genauigkeit die Näherung

$$(b_3 s^3 + b_2 s^2 + b_1 s + 1) \approx (b_1 s + 1)\left[\frac{b_3}{b_1} s^2 + \frac{b_2}{b_1} s + 1\right] \qquad (8.100)$$

angewendet werden kann.

In der beschriebenen Weise ergeben sich für die Übertragungsfunktion der Maschine

$$G_M = k_{11} \frac{1}{(1 + c_{11} s)(1 + c_{21} s + c_{22} s^2)} \qquad (8.101)$$

bzw. im Spezialfall $\delta_0 = 90°$

$$G_M = \frac{k_{11}}{s} \frac{1}{1 + c_{21} s + c_{22} s^2} \qquad (8.102)$$

die Koeffizienten in Tabelle 8/4.

Tabelle 8/4. Koeffizienten zu Bild 8/50

Arbeitspunkt		Koeffizienten							
δ_0	μ_0	k_{11}	T_{11}	c_{21}	c_{22}	d_{22}	T_{22}	k_{10}	T_{10}
60°	0,2	4,3	16	0,11	0,011	0,53	0,105	2	0,96
90°	0,2	0,23	-	0,08	0,009	0,47	0,095	1,7	0,96
120°	0,2	-4,3	-14	0,13	0,013	0,57	0,115	2	0,96
20°	0,8	0,09	1,15	0,075	0,0092	0,48	0,095	5	0,96

Dabei wurden noch die Zeitkonstante $T_{22} = \sqrt{c_{22}}$ und die Dämpfung $d_{22} = c_{21}/2T_{22}$ des P-T_2-Gliedes, sowie die Zeitkonstante $T_{11} = c_{11}$ des P-T_1-Gliedes eingetragen.

Mit dem in der beschriebenen Weise vereinfachten Modell der Synchronmaschine bekommt der Polradwinkel-Regelkreis die in Bild 8/50 gezeichnete Struktur. Die

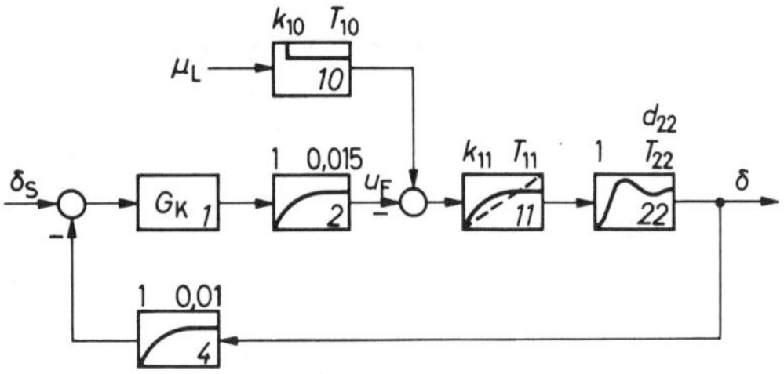

Bild 8/50. Strukturbild des Polradwinkel-Regelkreises mit vereinfachter Nachbildung des Synchrongenerators

Störgröße greift in dieser vereinfachten Struktur über das PD-Glied

$$G_{10} = k_{10}(1 + s T_{10}) \qquad (8.103)$$

mit den Konstanten

$$k_{10} = \frac{K_1}{K_0 \sin \delta_0} \,,$$

$$T_{10} = \frac{1}{K_1 K_2}$$

an. Die Zahlenwerte dafür sind in Tabelle 8/4 angegeben.

8.4.4 Reglerentwurf mit dem Frequenzkennlinienverfahren

Die Frequenzkennlinien der Regelstrecke, also der Übertragungskette aus den Gliedern 2, 4, 11 und 22 sind in Bild 8/51 aufgezeichnet. Die unterschiedlichen Verläufe für die drei Arbeitspunkte $\delta_0 = 60°$, $90°$ und $120°$ kommen durch die wesentlich vom Arbeitspunkt abhängigen Eigenschaften des Gliedes 11 zustande. Für $\delta_0 < 90°$ hat dieses Glied P-T_1-Verhalten, wogegen bei $\delta_0 = 90°$ I-Verhalten vorliegt. Für $\delta_0 > 90°$ wechselt sowohl die Zeitkonstante als auch die Übertragungskonstante von Glied 11 ihr Vorzeichen. Für $\delta_0 = 120°$ ist

$$G_{11} = -4{,}3 \frac{1}{1-14s} \,. \tag{8.104}$$

Die Betragskennlinie dieses Gliedes verläuft genau wie bei einem P-T_1-Glied. Die Phasenkennlinie beginnt wegen der Vorzeichenumkehr in der Übertragung bei $-180°$ und läuft mit dem Wendepunkt bei ω_{11} nach $-90°$.

Für den Entwurf des Regelkreises ist die Forderung nach einer genügenden stationären Genauigkeit für alle in Frage kommenden Arbeitspunkte zu erfüllen. Bezüglich der Dynamik kommt es darauf an, daß im Bereich größerer Polradwinkel auftretende Störungen möglichst schnell ausgeregelt werden. Im Bereich kleiner Polradwinkel werden an die Regeldynamik keine besonderen Anforderungen gestellt; die Übergangsvorgänge sollen hier nur genügend gedämpft verlaufen.

Aus Bild 8/51 geht hervor, daß für kleine δ_0 die Zeitkonstanten T_{11} und T_{22} verhältnismäßig nahe beisammenliegen. Das bedeutet, daß bei Verwendung eines P-Reglers nur geringe Kreisverstärkungen möglich sind. Daher ist, um eine genügende Genauigkeit des Führungsverhaltens erreichen zu können, ein PI-Regler erforderlich. Aber auch in dem Arbeitsbereich, wo T_{11} im Verhältnis zu T_{22} sehr groß ist, würde trotz der dann hohen Kreisverstärkung ein stationärer Fehler auftreten, hervorgerufen durch die Störgröße μ_L. Das liegt daran, daß das P-T_1-Glied mit der großen Zeitkonstante erst hinter der Eingriffsstelle der Störgröße liegt. Für eine gute Störgrößenausregelung kommt es aber auf eine hohe Verstärkung zwischen Soll-Istwert-Vergleich und der Eingriffsstelle der Störgröße an. Aus diesem Grunde ist auch für die Arbeitspunkte bei Polradwinkeln um $90°$ ein PI-Regler notwendig. Es wird also ein Korrekturglied mit der Übertragungsfunktion

$$G_K = k_1 \frac{1 + T_Z s}{1 + T_N s} \,, \quad T_N >> T_Z \tag{8.105}$$

verwendet, mit $T_N = 100\ T_Z$. Üblicherweise legt man

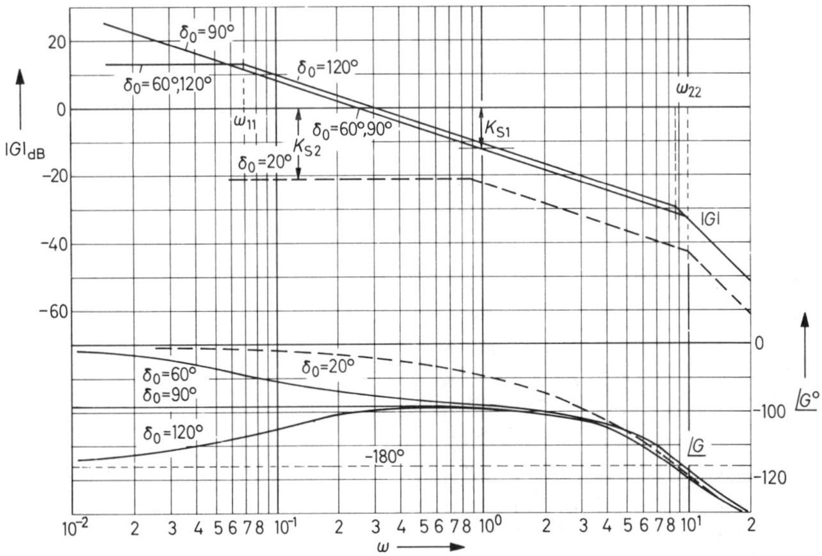

Bild 8/51. Frequenzkennlinien der Regelstrecke des Polradwinkel-Regelkreises für verschiedene Arbeitspunkte die Zählerzeitkonstante T_Z des PI-Reglers auf die größte Nennerzeitkonstante der Regelstrecke. Das wäre in unserem Falle die Zeitkonstante T_{11}, deren Wert jedoch stark vom Arbeitspunkt abhängt. Da es nun in erster Linie auf die Regeldynamik bei großen Polradwinkeln ankommt, wird T_Z zunächst einmal so gelegt, daß die zu diesen Betriebsfällen gehörenden Betragskennlinien noch in einem genügend breiten Bereich um die Durchtrittsfrequenz mit einer Steigung von -20 dB je Dekade verlaufen. Wählt man $T_Z = 4\,\text{sec}$, dann ergeben sich für den offenen Regelkreis die in Bild 8/52 gezeichneten Frequenzkennlinien. Für die drei Arbeitspunkte $\delta_0 = 60^\circ$, 90° und 120° unterscheiden sich in dem Bereich, in dem voraussichtlich die Durchtrittsfrequenz liegen wird, die Frequenzkennlinien nur wenig voneinander. Es genügt daher, den mittleren Fall $\delta_0 = 90^\circ$ zu betrachten. Daß auch für den Fall $\delta_0 = 120^\circ$, wo ein Pol des offenen Kreises rechts von der j-Achse liegt, mit denselben Mitteln Stabilität des geschlossenen Kreises zu erreichen ist wie in den anderen beiden Fällen, läßt sich durch Verallgemeinerung des Nyquist-Kriteriums zeigen. Vorteilhaft wendet man aber zur Überprüfung der Stabilität in diesem Arbeitspunkt die Wurzelortskurven an. Dieses Verfahren wird Gegenstand des nächsten Abschnitts sein.

Beim Festlegen der 0-dB-Linie muß man sich an den Kennlinien für $\delta_0 = 90^\circ$ orientieren, entsprechend der Forderung nach einer guten Regeldynamik in diesem Arbeitspunkt. Gibt man sich eine Phasenreserve von $\varphi_{R1} = 50^\circ$ vor, ergibt sich die eingezeichnete Lage der 0-dB-Linie mit $\omega_{D1} = 3$. Für den Arbeitspunkt $\delta_0 = 20^\circ$ folgt dann zwangsläufig die Durchtrittsfrequenz $\omega_{D2} = 0{,}55$ bei einer Phasenreserve von $\varphi_{R2} = 110^\circ$. Die Regelung wird also in diesem Betriebsfall ziemlich langsam sein.

Zum Ablesen der Kreisverstärkungen V_1 und V_2 verlängert man wieder die Anfangssteigungen der Betragskennlinien bis zur Stelle $\omega = 1$.

Man erhält so für die beiden in Bild 8/52 dargestellten Fälle $\delta_0 = 90^\circ$ und $\delta_0 = 20^\circ$ die Kreisverstärkungen

$$V_1 = 282 \mathrel{\hat{=}} 49\ \text{dB} \;,$$

$$V_2 = 112 \mathrel{\hat{=}} 41\ \text{dB} \;.$$

Die Verstärkungen der zugehörigen Regelstrecken betragen

$$K_{S1} = 0{,}23 \mathrel{\hat{=}} -12\ \text{dB} \;,$$

$$K_{S2} = 0{,}09 \mathrel{\hat{=}} -21\ \text{dB} \;.$$

Für die Übertragungskonstante des Reglers erhält man

$$k_1 = \frac{V_1}{K_{S1}} = \frac{V_2}{K_{S2}} = 1250 \;. \qquad (8.106)$$

Es soll nun noch überlegt werden, wie das Störverhalten des in der beschriebenen Weise dimensionierten Regelkreises aussieht. Dazu wird, von Bild 8/50 ausgehend,

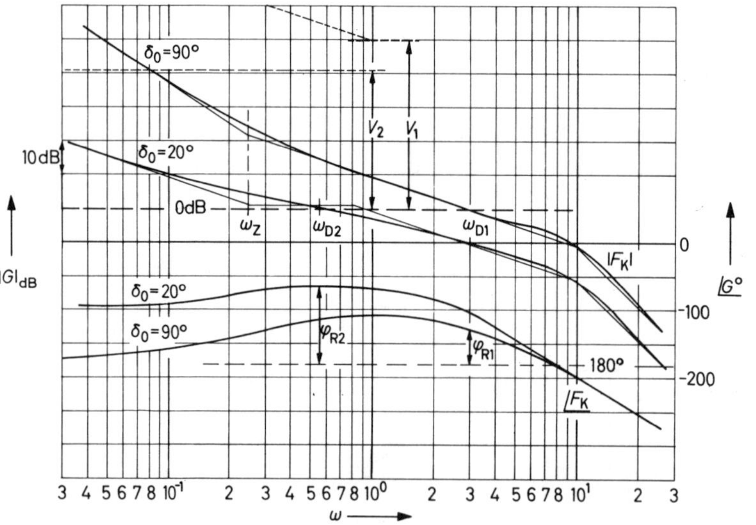

Bild 8/52. Frequenzkennlinien des korrigierten offenen Kreises. Zählerzeitkonstante des Reglers $T_Z = 4\,\text{sec}$

die Eingriffstelle der Störgröße in den Soll-Istwert-Vergleich verlegt. Das Ergebnis dieser Umformung ist in Bild 8/53 gezeigt. Der geschlossene Regelkreis ist darin durch die Übertragungsfunktion F_W dargestellt. Das als Störgröße wirkende Lastdrehmoment der Maschine μ_L greift jetzt über die inverse Übertragungsfunktion des PI-Reglers (Glied I) und die inversen $P\text{-}T_1$-Glieder $\overline{2}$

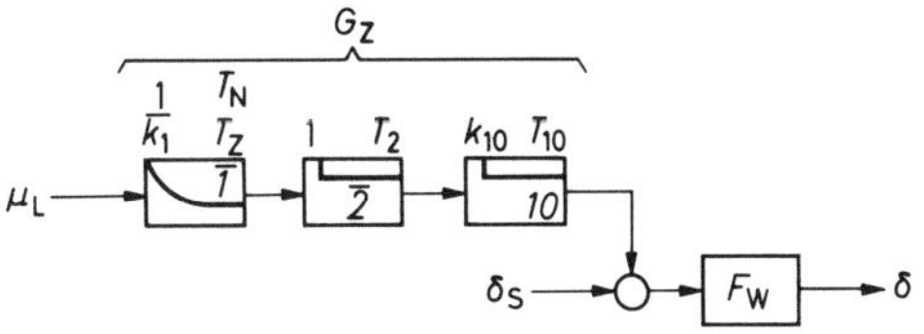

Bild 8/53. Umformung des Strukturbildes 8/50 zur Beurteilung des Störverhaltens

und 10 am Führungseingang des Regelkreises an. Für diese Übertragungskette kann mit den vorliegenden Zahlenwerten folgende Übertragungsfunktion geschrieben werden:

$$G_Z = \frac{1}{k_1} \cdot \frac{1+T_N s}{1+T_Z s}\,(1+T_2 s)\,k_{10}\,(1+T_{10}s) \ . \qquad (8.107)$$

Die Führungsübertragungsfunktion F_W kann, wie in Abschnitt 5.5 beschrieben, dadurch angenähert werden, daß man unterhalb der Durchtrittsfrequenz ω_D die 0-dB-Linie und oberhalb ω_D die Betragskennlinie des offenen Kreises nimmt. Nach dieser Überlegung kann für die Führungsübertragungsfunktion näherungsweise

$$F_W = \frac{1}{(1+T_D s)(1+2d_{22}T_{22}s+T_{22}s^2)} \qquad (8.108)$$

geschrieben werden ($T_D = 1/\omega_D$). Dabei wurden die kleinen Zeitkonstanten T_2 und T_4 vernachlässigt.

Für die Störübertragungsfunktion

$$F_Z = G_Z\,F_W$$

erhält man dann nach Einsetzen der Zahlenwerte für den Fall $\delta_0 = 90^\circ$

$$F_Z = 1{,}3\cdot 10^{-3}\ \cdot$$

$$\cdot\ \frac{(1+400s)(1+0{,}96s)(1+0{,}015s)}{(1+4s)(1+0{,}33s)(1+0{,}13s+(0{,}1)^2 s^2)} \ . \qquad (8.109)$$

Der dieser Übertragungsfunktion entsprechende Störfrequenzgang $F_Z(j\omega)$ ist in Bild 8/54 (ausgezogene Kurve)

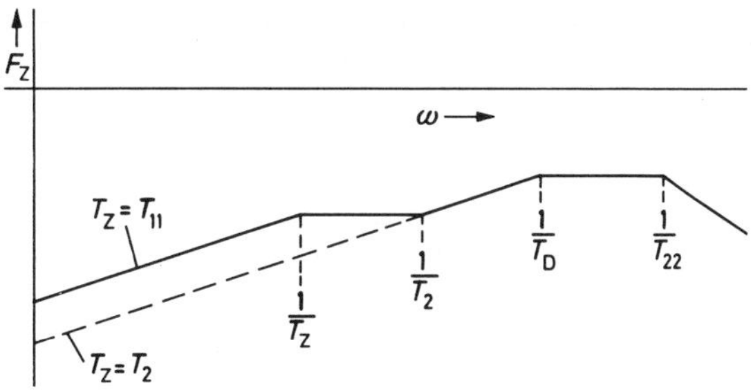

Bild 8/54. Qualitativer Verlauf des Störgrößenfrequenzgangs bei verschiedenen Reglereinstellungen

dargestellt. Infolge der größten Nennerzeitkonstante $T_Z = 4\,\text{sec}$ ist zu erwarten, daß nach einer Störung der stationäre Zustand nur verhältnismäßig langsam eingestellt wird.

Dieses Verhalten wird durch die am Analogrechner aufgenommene Übergangsfunktion (Bild 8/55) bestätigt. Die Störübergangsfunktion geht nur sehr langsam (mit einer Zeitkonstante von 4sec) auf den stationären Wert

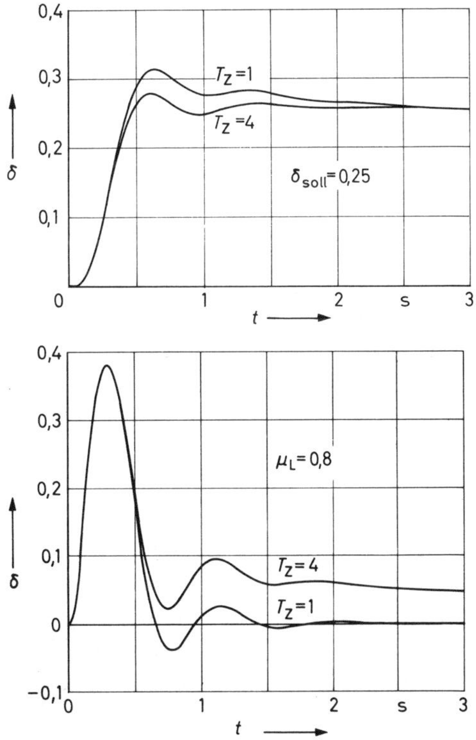

Bild 8/55. Übergangsfunktionen des Führungs- und Störverhaltens im Arbeitspunkt $\delta_0 = 90^\circ$

zurück. Dagegen zeigt die Führungsübergangsfunktion den bei der gewählten Reglereinstellung zu erwartenden günstigen Verlauf.

Das Störverhalten kann verbessert werden durch Verkleinern der Reglerzeitkonstante T_Z und damit der Nennerzeitkonstante von (8.107). Man kann vermuten, daß sich ein Optimum ergibt, wenn man diese Zeitkonstante gleich der zweitgrößten von (8.109) macht. In Bild 8/56 ist gezeigt, wie dann (mit $T_Z = 1\,\text{sec}$, $T_N = 100\,\text{sec}$ und unveränderter Kreisverstärkung) die Frequenzkennlinien des offenen Kreises aussehen.

Man sieht, daß sich gegenüber der ersten Reglerauslegung nach Bild 8/52 bei etwa gleicher Durchtrittsfrequenz die Phasenreserve nur wenig verändert hat. Für das Führungsverhalten des geschlossenen Regelkreises gilt näherungsweise weiterhin (8.108) mit unveränderten Konstanten. Damit ergibt sich der in Bild 8/54 gestrichelte Verlauf des Störfrequenzgangs. Die größte Nennerzeitkonstante ist jetzt $T_D = 0{,}3\,\text{sec}$. Es ist also eine wesentliche Verbesserung des dynamischen Störverhaltens zu erwarten. Dies wird durch die in Bild 8/55, unten, für die neue Reglereinstellung $T_Z = 1\,\text{sec}$ gezeichnete Übergangsfunktion bestätigt. Die Störübergangsfunktion schwingt relativ schnell auf den stationären Wert ein. Diese Verbesserung ist allerdings auf Kosten des Führungsverhaltens geschehen, wo jetzt in der Übergangsfunktion nach einer Überschwingung ein schleichender Verlauf festzustellen ist.

Durch eine weitere Verkleinerung der PI-Regler-Nennerzeitkonstante etwa auf $T_Z = 0{,}5\,\text{sec}$ kann ein schnelleres Zurückschwingen der Führungsübergangsfunktion erzielt werden. Bei dieser Reglereinstellung, die etwa dem symmetrischen Optimum entspräche, müßte man allerdings mit einer größeren Überschwingung und geringeren Dämpfung der Übergangsfunktionen rechnen.

8.4.5 Reglerentwurf mit dem Wurzelortsverfahren

Es soll hier der Versuch unternommen werden, die beiden Entwurfsverfahren miteinander zu vergleichen. Dazu wird der im vorigen Abschnitt mit dem Frequenzkennlinienverfahren behandelte Polradwinkel-Regelkreis noch einmal mit Hilfe des Wurzelortsverfahrens entworfen. Beide Entwürfe wurden von verschiedenen Bearbeitern unabhängig voneinander durchgeführt. Da die Entwurfsverfahren dem Benutzer gewisse Freiheiten lassen, ist daher zu erwarten, daß sich die Entwurfsergebnisse etwas voneinander unterscheiden.

Es wird ausgegangen von der Beschreibung der Synchronmaschine durch die Übertragungsfunktion (8.101).

$$G_M = k_{11} \frac{1}{(1 + c_{11}s)(1 + c_{21}s + c_{22}s^2)} . \tag{8.110}$$

Damit erhält man die Pole der Strecke angenähert zu:

$$\left.\begin{aligned} s_{11} &\approx -\frac{1}{c_{11}} \\ s_{21/22} &\approx -\frac{c_{21}}{c_{22}} \pm \sqrt{\left[\frac{c_{21}}{c_{22}}\right]^2 - \frac{1}{c_{22}}} . \end{aligned}\right\} \tag{8.111}$$

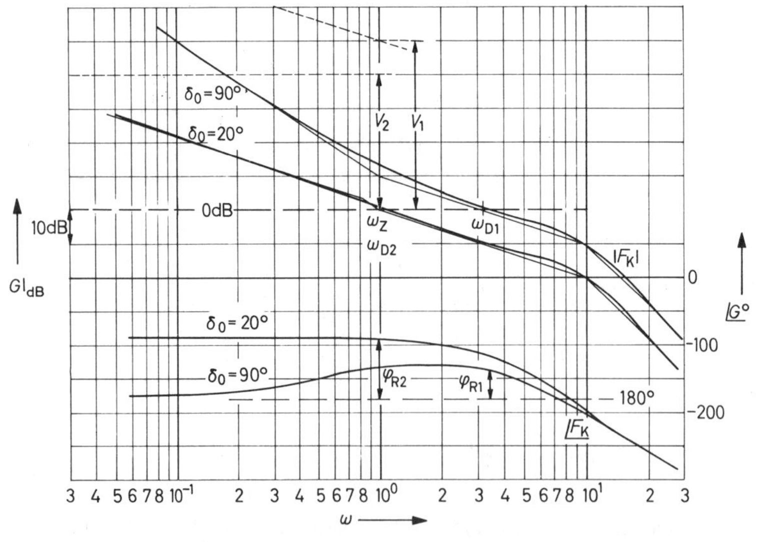

Bild 8/56. Frequenzkennlinien des korrigierten offenen Kreises. Zählerzeitkonstante des Reglers $T_Z = 1\,\text{sec}$

Um einen Überblick über die Polverteilung des offenen Kreises zu bekommen, genügt diese Näherung. Die Streckenpole werden mit Hilfe des Digitalrechners im Programm zur Ermittlung der Wurzelortskurven vor der Berechnung des Wurzelortes genau bestimmt. Mit den Näherungen (8.111) ergeben sich die Pole in Tabelle 8/5.

Tabelle 8/5. Bestimmung der Streckenpole

	$\delta_0 = 20°$	$\delta_0 = 60°$	$\delta_0 = 120°$
s_{11}	-0,87	-0,071	+0,064
s_{21}	-4,52+j9,72	-4,55+j8,26	-4,55+j7,7
s_{22}	-4,52-j9,72	-4,55-j8,26	-4,55-j7,7

Der offene Kreis hat außerdem nach Bild 8/50 zwei zusätzliche Pole der beiden Übertragungsblöcke Polradwinkelmessung (Block 4) und Stromrichterspeisung (Block 2), die bei $s_2 = -66{,}7$ und $s_4 = -100$ liegen und damit von den Streckenpolen weit entfernt sind. Bei qualitativen Überlegungen können sie vernachlässigt werden, da der Wurzelortskurven-Verlauf im wesentlichen von den Polen s_{11}, s_{21} und s_{22} bestimmt wird.

Wegen der Forderung nach genügend großer stationärer Genauigkeit ist ein PI-Regler

$$G_R = k_1 \frac{1 + T_Z s}{1 + T_N s} \tag{8.113}$$

vorzusehen. Dieser hat einen Pol $s_N = -1/T_N$ nahe am Ursprung der s-Ebene und eine weiter davon entfernt liegende Nullstelle $s_Z = -1/T_Z$. Dadurch erhält der offene Regelkreis zwei Pole in unmittelbarer Nähe des Ursprungs. Im ungünstigsten Fall liegt einer dieser Pole in der rechten Halbebene und zwar bei $s_{11} = 0{,}064$. Wenn der Pol des PI-Reglers dichter am Ursprung als s_{11} liegt, zum Beispiel bei $s_N = -0{,}025$, dann erhält die Wurzelortskurve einen Verzweigungspunkt in der rechten Halbebene zwischen diesen beiden Polen auf der reellen Achse. In Bild 8/57 ist dieser Fall skizziert, wobei die übrigen Pole vernachlässigt sind, da ihr Einfluß auf den dargestellten Teil der Wurzelortskurve gering ist. Man sieht aus der Kurve, daß das System nur dann stabilisiert werden kann, wenn die beiden komplexen Äste der Wurzelortskurve die imaginäre Achse schneiden und teilweise in der linken s-Halbebene verlaufen (gestrichelte Kurven).

Ein solcher Verlauf läßt sich durch die Nullstelle des PI-Reglers erreichen. Wird sie genügend dicht an die beiden Pole in der Nähe des Ursprungs gelegt, dann

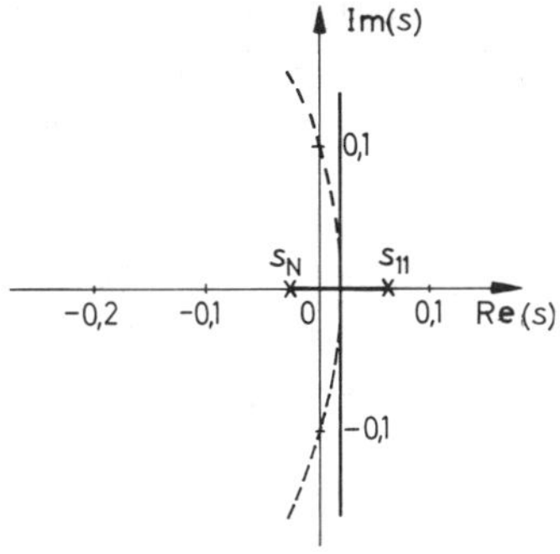

Bild 8/57. Wurzelortskurven-Verlauf bei einem instabilen offenen System

werden die beiden komplexen Äste weit in die linke s-Halbebene gezogen. Damit muß die Nullstelle jedoch einen gewissen Abstand vom Ursprung einhalten, da sonst die Wirkung des PI-Reglers verloren geht. Deshalb ist es nicht empfehlenswert, die Nullstelle dichter als bis -2 an den Ursprung zu schieben. Andererseits sollte sie nicht viel weiter links als bei -5 liegen, da sie sonst die von den komplexen Polen s_1 und s_2 ausgehenden Wurzelortsäste wesentlich stärker beeinflußt als die in der rechten Halbebene beginnenden komplexen Aststücke.

Die Nullstelle wird auf $s_Z = -2{,}5$ gelegt. Der Pol des PI-Reglers liegt dann bei $s_N = -0{,}025$. In Bild 8/58 ist die sich mit diesem Regler ergebende Wurzelortskurve für den Arbeitspunkt $\delta_0 = 60°$ aufgezeichnet.[1] Der

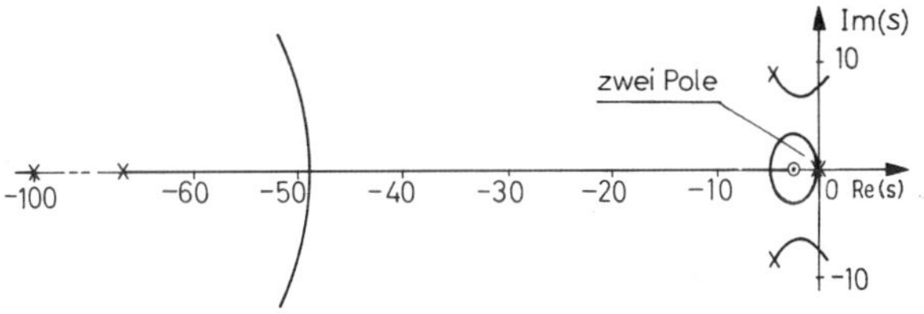

Bild 8/58. Wurzelortskurve für den Arbeitspunkt $\delta_0 = 60°$

Verlauf dieser Kurve entspricht nicht der Kurve, die man bei einer groben Schätzung skizzieren würde, ohne die Verzweigungspunkte zu berechnen. Denn die beiden

[1] Sie wurde mit Hilfe des in Abschnitt 6.8 beschriebenen Digitalprogramms ermittelt. Im gleichen Programm wurde die genaue Lage der Streckenpole aus dem Nennerpolynom in (8.95) berechnet. Dies gilt ebenfalls für die weiteren Wurzelortskurven der Bilder 8/58 bis 8/60.

Verzweigungspunkte auf der reellen Achse zwischen einem Pol und einer Nullstelle erscheinen unerwartet. Berücksichtigt man jedoch, daß die beiden weit entfernten Pole bei $s_2 = -66{,}7$ und $s_4 = -100$ keinen nennenswerten Einfluß auf das Systemverhalten und damit auf die Wurzelortskurve in der Umgebung des Ursprungs haben, dann wird der Verlauf dieser Kurve leicht verständlich: Ohne diese Pole würde die Kurve nämlich im Bereich $-10 < \mathrm{Re}(s) < 0$ kaum anders aussehen, und durch die beiden Pole müssen nach Regel 1 zwei weitere Äste der Kurve ins Unendliche streben, die folglich nur von einem weiteren Verzweigungspunkt auf der reellen Achse ausgehen können.

Da der Kurvenverlauf für $\mathrm{Re}(s) < -40$ keinen Einfluß auf das Verhalten des geschlossenen Regelkreises hat, genügt es, nur den Teil der Wurzelortskurve in der Umgebung des Ursprungs zu betrachten. Dieser Verlauf ist in Bild 8/59 in einem günstigeren Maßstab wiedergegeben. Parameter an der Kurve ist die Kreisverstärkung V.

Es zeigt sich, daß das Verhalten des geschlossenen Kreises im wesentlichen durch zwei komplexe Polpaare bestimmt wird, denn für die Kreisverstärkung muß $V < 10000$ gelten, damit das System überhaupt stabil ist. Sie sollte im Bereich $3000 \leq V \leq 6000$ gewählt werden, da für $V \leq 6000$ ein ebenfalls schlecht gedämpftes Polpaar (auf den äußeren Wurzelortsästen) großen Einfluß auf das Systemverhalten gewinnt.

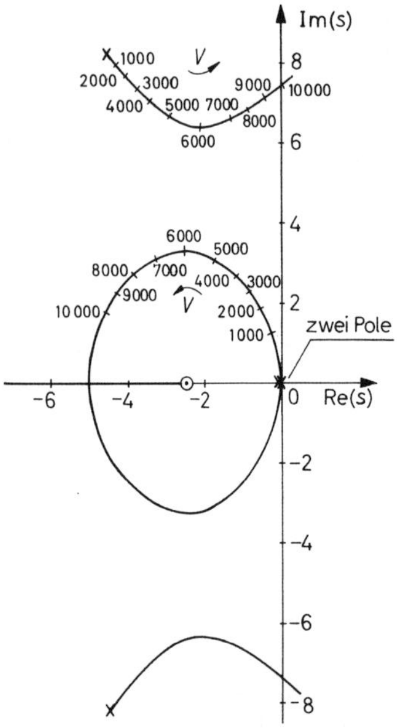

Bild 8/59. Wurzelortskurve für den Arbeitspunkt $\delta_0 = 60^\circ$ (Ausschnitt aus Bild 8/58)

Vor der endgültigen Reglerauslegung sind die Wurzelortskurven für die beiden anderen Arbeitspunkte $\delta_0 = 120^\circ$ und $\delta_0 = 20^\circ$ zu betrachten. Sie sind in den Bildern 8/60 und 8/61 wiedergegeben, und zwar ebenfalls nur in der Umgebung des Ursprungs, da der Kurvenverlauf im weiter entfernten Bereich der linken s-Halbebene dem von Bild 8/57 entspricht.

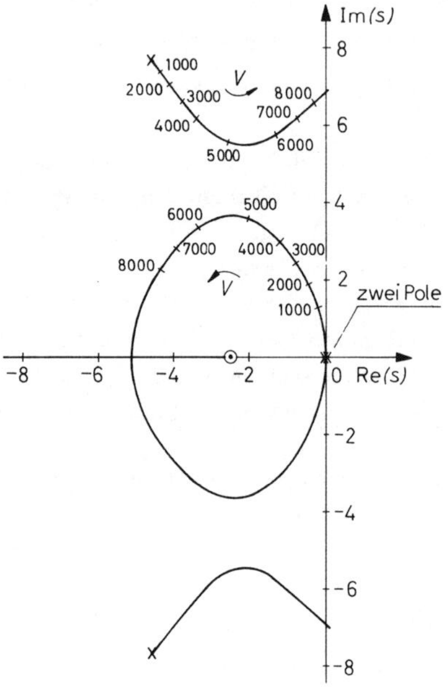

Bild 8/60. Wurzelortskurve für den Arbeitspunkt $\delta_0 = 120^\circ$

Beim Vergleich der Kreisverstärkungen V der drei Kurven (Bilder 8/59 bis 8/61) ist zu beachten, daß die Übertragungskonstante der Strecke k_{11} – (8.110), Bild 8/50 und Tabelle 8/4 – vom Arbeitspunkt abhängig ist. Bei in allen drei Fällen gleicher Reglerverstärkung k_1 erhält man aus

$$V = k_1 \, k_{11}$$

die folgenden Zuordnungen:

$$V|_{\delta=120} \mathrel{\hat{=}} V|_{\delta=60} \cdot \frac{|k_{11}|\,|_{\delta=120}}{|k_{11}|\,|_{\delta=60}} = V|_{\delta=60}$$

$$V|_{\delta=20} \mathrel{\hat{=}} V|_{\delta=60} \cdot \frac{|k_{11}|\,|_{\delta=20}}{|k_{11}|\,|_{\delta=60}} = 0{,}021 \, V|_{\delta=60} \, .$$

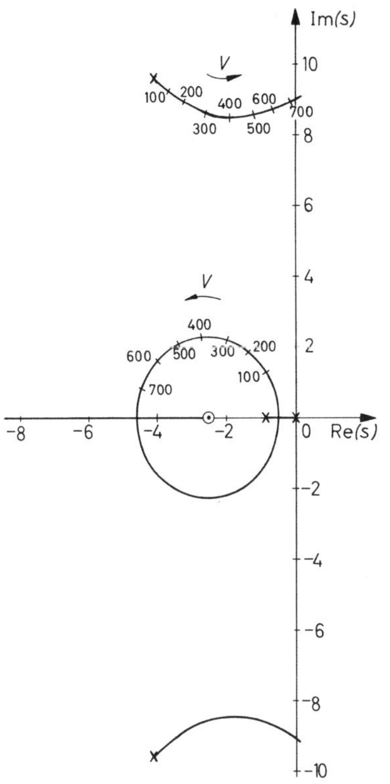

Bild 8/61. Wurzelortskurve für den Arbeitspunkt $\delta_0 = 20^\circ$

Mit dem oben angegebenen Bereich der Kreisverstärkung für die Reglerauslegung $3000 \leq V|_{\delta=60} \leq 6000$ erhält man für die anderen Arbeitspunkte $3000 \leq V|_{\delta=120} \leq 6000$ und $63 \leq V|_{\delta=20} \leq 126$. Es zeigt sich, daß das System in den Arbeitspunkten $\delta_0 = 60^\circ$ und $\delta_0 = 120^\circ$ annähernd das gleiche Verhalten zeigt mit etwas schlechterer Dämpfung für $\delta_0 = 120^\circ$.

Bei $\delta_0 = 20^\circ$ ergibt sich in diesem Verstärkungsbereich ein dominantes Polpaar, das etwa die gleiche Dämpfung wie die Pole in den anderen Arbeitspunkten hat, jedoch dichter am Ursprung liegt und damit das System langsamer macht. Insgesamt lassen sich die in Abschnitt 8.4.4 an das System gestellten Forderungen in diesem Verstärkungsbereich erfüllen. Die Kreisverstärkung und damit die Reglerübertragungskonstante k_1 kann folglich mit Hilfe von Bild 8/59 festgelegt werden. Am günstigsten ist eine Kreisverstärkung von $V|_{\delta=60} = 5000$, weil dabei die beiden Polpaare Dämpfungen haben, die in der gleichen Größenordnung liegen ($d_0 = 0{,}47$ und $d_1 = 0{,}41$), wobei das Polpaar mit der besseren Dämpfung den größeren Einfluß auf das Systemverhalten hat. Man erhält damit die Übertragungskonstante des Reglers zu $K_R = 1150$, und seine Übertragungsfunktion lautet

$$G_R(s) = 1150 \frac{1 + 0{,}4\,s}{1 + 40\,s}\,. \tag{8.114}$$

In Abschnitt 8.4.4 wurde für das gleiche System ein Regler mit Hilfe des Frequenzkennlinienverfahrens entworfen. Dieser erhielt die Übertragungsfunktion

$$G_R(s) = 1250 \frac{1 + s}{1 + 100\,s}\,. \tag{8.115}$$

Vergleicht man sie mit der Übertragungsfunktion (8.114) des mit dem Wurzelortsverfahren entworfenen Reglers, dann stellt man Abweichungen der Zeitkonstanten um einen Faktor 2,5 fest, während die Übertragungskonstanten nahezu gleich sind. Die Abweichungen der Zeitkonstanten sind jedoch weniger durch die Unterschiede der beiden Entwurfsverfahren begründet, als dadurch, daß jede der beiden Entwurfsmethoden dem Benutzer gewisse Freiheiten bei der Wahl der Parameter läßt.

Betrachtet man die Anwendung der beiden Entwurfsverfahren an diesem Beispiel, dann zeigt sich, daß das Frequenzkennlinienverfahren prinzipiell einfacher zu handhaben ist als das Wurzelortsverfahren; das gilt besonders, wenn die Wirkung von verschiedenen Reglern oder Reglerparametern auf das Systemverhalten untersucht werden soll. Durch ein Digitalprogramm zur Ermittlung von Wurzelortskurven wird jedoch auch das Wurzelortsverfahren zu einer einfach anzuwendenden Entwurfsmethode. Sein Vorteil tritt hier bei der Behandlung von Regelkreisen mit instabilen Regelstrecken besonders hervor, da diese ohne die Verwendung zusätzlicher Kriterien (wie das erweiterte Nyquist-Kriterium beim Frequenzkennlinienverfahren) ausgelegt werden können.

8.5 Verstellpropeller-Regelung für einen Schiffsantrieb

8.5.1 Aufbau des Regelungssystems

Um einen Schiffsantrieb mit möglichst gutem Wirkungsgrad zu betreiben, soll der antreibende Dieselmotor mit konstanter Drehzahl laufen. Die Schiffsschraube ist daher mit verstellbaren Propellerblättern ausgerüstet, wodurch die Antriebskraft und damit die Geschwindigkeit des Schiffes bei Vor- und Rückwärtsfahrt beliebig innerhalb der Leistungsgrenzen des Dieselmotors verändert werden können.

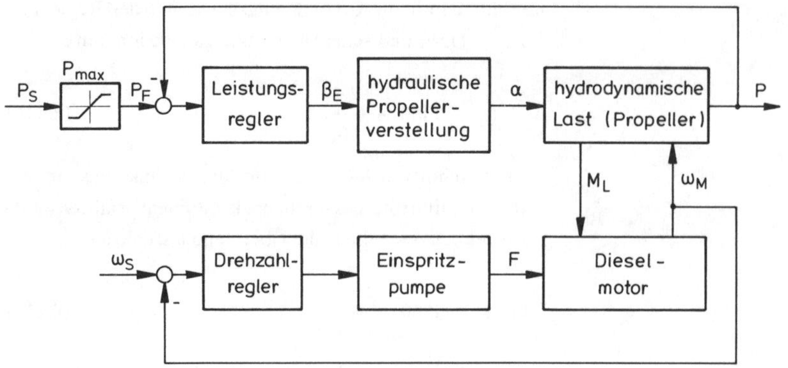

Bild 8/62. Zweifach-Regelung von Leistung und Drehzahl bei einem Schiffsantrieb

Die regelungstechnische Aufgabe läßt sich mit dem Funktionsplan gemäß Bild 8/62 darstellen. Die Regelstrecke besteht aus den beiden Funktionsblöcken Dieselmotor und hydrodynamische Last. Beide Blöcke stehen über Drehzahl und Drehmoment in Wechselbeziehung. Der Block hydrodynamische Last repräsentiert den im Wasser rotierenden Schiffspropeller. Das von ihm als Belastung des Dieselmotors erzeugte Drehmoment M_L hängt von der Drehzahl ω_M und dem Anstellwinkel der Propellerblätter α ab. Das vom Dieselmotor entwickelte Antriebsdrehmoment hängt von der zugeführten Kraftstoffmenge (Zylinderfüllung F) ab, die über eine verstellbare Einspritzpumpe erzeugt wird. Die zweite Stellgröße ist der Anstellwinkel α der Propellerblätter. Er ist ebenfalls über eine elektrohydraulische Stelleinrichtung rückwirkungsfrei verstellbar.

Das System hat also zwei Stellgrößen, und es liegt daher nahe, zur gezielten Beeinflussung von Drehzahl und Leistung eine Zweigrößenregelung zu entwerfen, wie im Bild 8/62 dargestellt. Zur Einstellung der Antriebskraft würde dann der Leistungssollwert P_S dienen. Bei durch die Regelung konstant gehaltener Drehzahl ist dann die Leistung der Antriebskraft proportional. Die geforderte Begrenzung der Leistung wird durch ein Begrenzungsglied in der Zuführung des Leistungssollwertes erreicht.

Nun ist leider der Regelungstechniker oft nicht ganz frei in der Wahl des Regelungskonzeptes. In diesem Fall lautete z.B. die Aufgabe, an einer existierenden Anlage mit Drehzahlregelung und Regelung der Propelleranstellung eine Leistungsbegrenzung nachzurüsten. Aus technologischen Gründen war es dabei nicht möglich, die Ist-Leistung des Dieselmotors meßtechnisch zu erfassen. Ersatzweise sollte daher eine Begrenzung der dem Motor zugeführten Kraftstoffmenge vorgenommen werden, denn sie ist ein Maß für die umgesetzte Leistung. Die Idee war daher, wie im Bild 8/63 dargestellt, abhängig vom Sollwert F_S der Zylinderfüllung F über eine Schwellwertkennlinie die Propelleranstellung zurückzunehmen, sobald der höchstzulässige Wert F_{Max} überschritten wird. Man kann diese Begrenzungsrückführung als eine Regelung auffassen, bei der F_S die Regelgröße und F_{Max} die Führungsgröße ist.

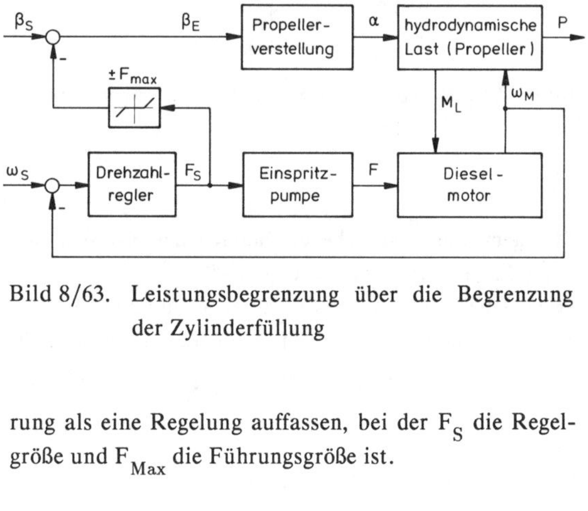

Bild 8/63. Leistungsbegrenzung über die Begrenzung der Zylinderfüllung

8.5.2 Mathematische Beschreibung der Regelstrecke

Die Modellerstellung wurde teilweise durch Anwenden der im Kapitel 3 beschriebenen Grundmodelle, teilweise durch experimentelle Untersuchungen und heuristische Überlegungen durchgeführt. Wir wollen diese Systemanalyse hier nicht in allen Einzelheiten nachvollziehen, sondern uns auf die Diskussion einiger regelungstechnisch interessanter Aspekte beschränken. Dazu betrachten wir den Funktionsplan des gesamten Regelungssystems Bild 8/64.

Es fällt dabei auf, daß nur rückwirkungsfreie Teilsysteme auftreten. Das ist, wie in Kapitel 3 ausführlich er-

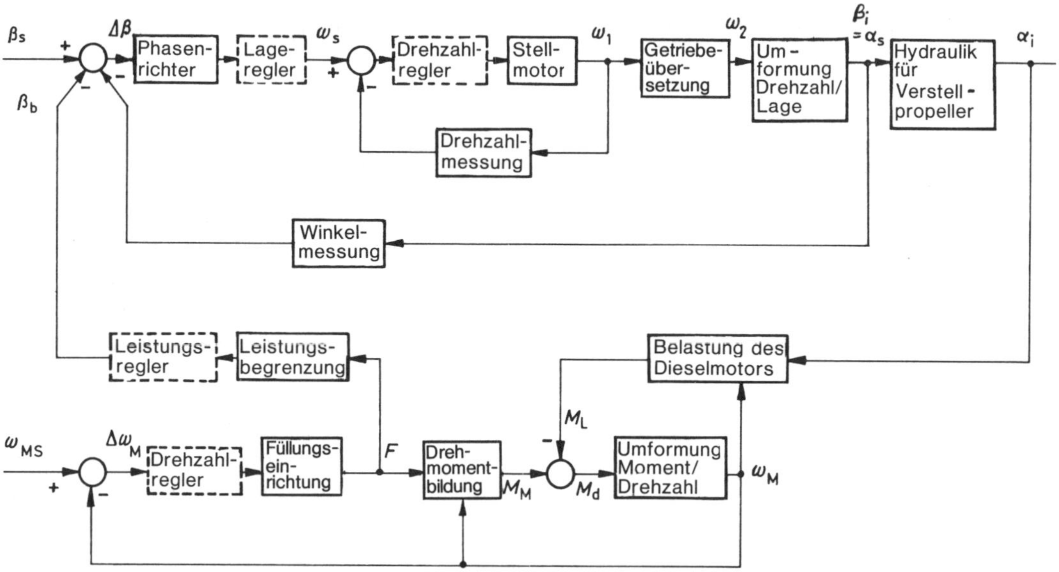

Bild 8/64. Funktionsplan der Verstellpropeller-Regelung

läutert, normalerweise nicht der Fall. Wenn man beliebige Bauelemente und Geräte zu einem Anlagensystem zusammenfügt, beeinflussen sich benachbarte Komponenten im allgemeinen gegenseitig. Wenn dies wie in Bild 8/64 nicht der Fall ist, wenn also sämtliche Teilsysteme eine ausgeprägte Wirkungsrichtung haben, dann ist zu vermuten, daß dies kein Zufall ist. In der Tat ist es ein wichtiges Prinzip bei der Anlagenplanung, von vornherein ein System aus rückwirkungsfreien Teilsystemen aufzubauen, aus Blöcken also, mit einer oder mehreren Eingangsgrößen und einer Ausgangsgröße. Indem man so Vermaschungen und Verkopplungen auf ein Mindestmaß begrenzt, gelangt man zu einem übersichtlichen und synthesefreundlichen System. Wie ist dieses Ziel nun in der Praxis zu erreichen? Zunächst einmal, was eigentlich selbstverständlich ist, durch Verwendung von rückwirkungsfreien Bauelementen. Dies ist im meß- und steuerungstechnischen Anlagenteil dadurch leicht möglich, daß Meßeinrichtungen, Geräte zur Signalübertragung und Signalverarbeitung und auch die meisten Stellglieder so konstruiert sind, daß sie mathematisch gesehen als rückwirkungsfreie Übertragungsglieder angesehen werden können. Als Beispiel dafür sei der in Abschnitt 7.11 behandelte Regelverstärker genannt, dessen Ausgangsspannung unabhängig vom Belastungsstrom ist. Erreicht wird dieses Verhalten dadurch, daß die Ausgangsspannung auf den Verstärkereingang zurückgeführt wird. Genau genommen handelt es sich bei dieser Verstärker-Gegenkopplung um nichts anderes als eine Regelung. Anders ausgedrückt, die Verstärkerausgangsspannung wird durch diese Regelung unabhängig von dem als "Störgröße" wirkenden Belastungsstrom konstant gehalten. Generell arbeitet man im Signalverarbeitungsteil eines Systems nur mit gegengekoppelten Verstärkungselementen und dies nicht nur bei elektronischen, sondern auch bei hydraulischen, pneumatischen oder mechanischen Signalverarbeitungseinrichtungen.

Ganz entsprechende Maßnahmen wendet man auch im Leistungsteil einer Anlage an. Auch hier trachtet man danach, schon Teilsysteme durch Hilfsregelungen rückwirkungsfrei zu machen, um auf diese Weise das Gesamtsystem zu entkomplizieren.

Als Beispiel betrachten wir die Struktur der Gleichstrommaschine in Kapitel 3, Bild 3/20. Das Drehmoment M_R wird nicht nur von der Ankerspannung u_A beeinflußt, sondern auch rückwirkend von den Drehzahlen $\dot{\varphi}_R$ und $\dot{\varphi}_S$. Wie im folgenden gezeigt wird, ist es auch bei diesem Bauelement möglich, durch eine unterlagerte Hilfsregelung ein einfaches rückwirkungsfreies Übertragungsglied zu machen. Als Beispiel soll der Block Stellmotor in Bild 8/64 betrachtet werden. Dieser Block enthält in Wirklichkeit eine Gleichstrommaschine, ein Stromrichterstellglied, ein Strommeßglied und einen Stromregler. Bild 8/65 zeigt den Funktionsplan dieses Teilsystems. Nach Einsetzen der schon früher abgeleiteten Strukturbilder für den Stromrichter (Bild 3/62) und die konstant erregte Gleichstrommaschine (Bild 3/20) sowie eines PI-Reglers mit der Übertragungsfunktion

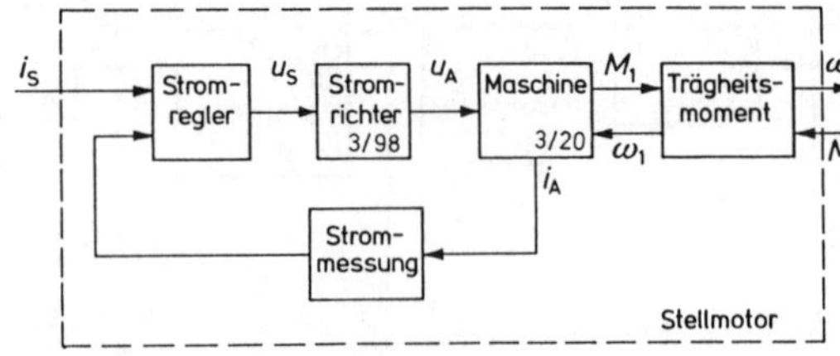

Bild 8/65. Funktionsplan des Stellmotors mit Ankerstromregelung

$$G_{R1} = k_{R1} \frac{1 + T_{R1} s}{s} \tag{8.116}$$

erhält man die in Bild 8/66 dargestellte Gesamtstruktur des Ankerstromregelkreises. Betrachtet man nur den linearen Bereich der Stromrichterkennlinie und ersetzt das Totzeitglied näherungsweise durch ein P-T_1-Glied mit gleicher Zeitkonstante, so kann man die Struktur, wie in Bild 8/67 oben gezeigt, umformen. Legt man die

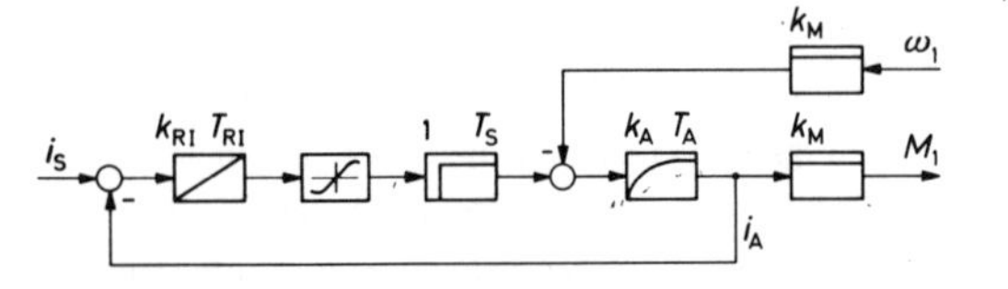

Bild 8/66. Struktur des Ankerstromregelkreises

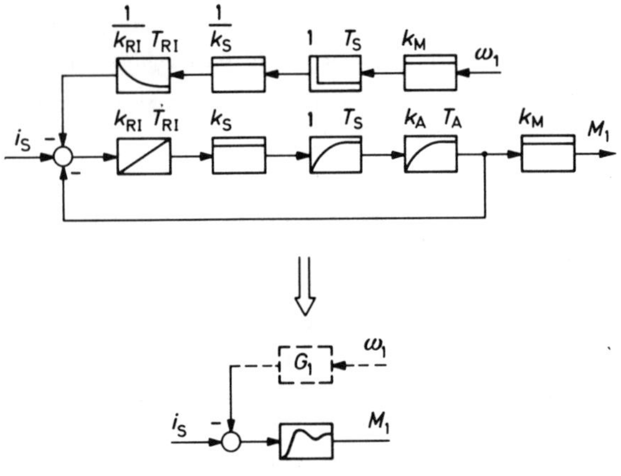

Bild 8/67. Vereinfachung der Struktur von Bild 8/66

Zählerzeitkonstante T_{R1} des PI-Reglers auf die größte Zeitkonstante der Strecke T_A, dann kann man den Regelkreis zu einem P-T_2-Glied zusammenfassen (Bild 8/67, unten). Die Drehzahl ω_1 wirkt dann über die Übertragungsfunktion

$$G_1 = \frac{k_M}{k_S k_{R1}} \cdot \frac{s(1+T_S s)}{1+T_{R1} s} \tag{8.117}$$

auf den Eingang des geschlossenen Regelkreises zurück. Die Regelung ist um so besser (schneller, genauer), je größer man die Reglerverstärkung k_{R1} macht. Um so geringer ist auch, wie man an (8.117) erkennt, die Rückwirkung der Drehzahl ω_1 über die Übertragungsfunktion G_1. Deswegen kann man bei einer wirkungsvollen Ankerstromregelung meist die Geschwindigkeitsrückwirkung vernachlässigen und in Bild 8/67 den gestrichelten Zweig weglassen.

Der gesamte Stellantrieb kann damit, wie in Bild 8/68 gezeigt, nachgebildet werden. Er ist aber leider immer noch mit einer Rückwirkung in Form des Lastdrehmoments M_L des angeschlossenen Getriebes behaftet. Das

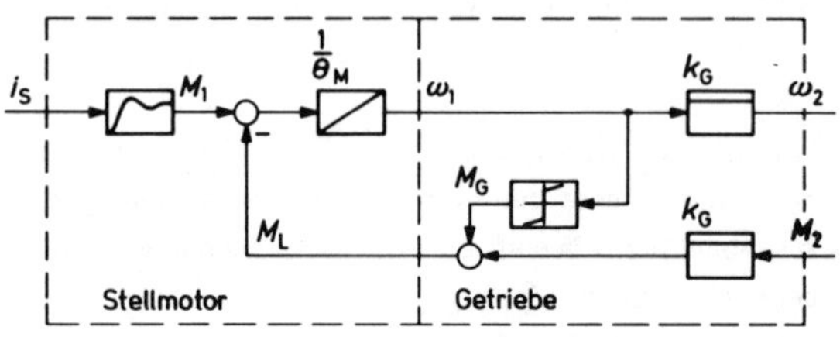

Bild 8/68. Strukturbild des Stellmotors mit Getriebe

Lastmoment M_L am Getriebeeingang setzt sich zusammen aus dem Abtriebsmoment am Getriebeausgang M_2 und einem im Getriebe selber infolge von Reibungen entstehenden Reaktionsmoment M_G. Dieses Reibungsmoment, im Strukturbild durch ein Kennlinienglied dargestellt, hängt wie folgt von der Drehzahl ω_1 ab:

$$M_G = k_G \operatorname{sign} \omega_1 + k_P \omega_1 \; . \tag{8.118}$$

Der Term mit der Signumfunktion stellt den Coulombschen Reibungsanteil dar, wobei der Unterschied zwischen Haftreibung und Gleitreibung vernachlässigt wurde.

Im vorliegenden Fall ist die Getriebeübersetzung k_G sehr klein. Deswegen kann man die Rückwirkung des Antriebsmoments vernachlässigen. Diese Vernachlässigung ist um so mehr berechtigt, als durch die später noch einzuführende Drehzahlregelung die Rückwirkung des Belastungsmoments weiter geschwächt wird. Man bekommt dann für Stellmotor und Getriebe die in Bild 8/69 dargestellte vereinfachte Struktur. Dabei wurde noch der geschwindigkeitsproportionale Anteil der Reibungskennlinie (8.118) mit dem I-Glied zu einem P-T_1-Glied zusammengefaßt.

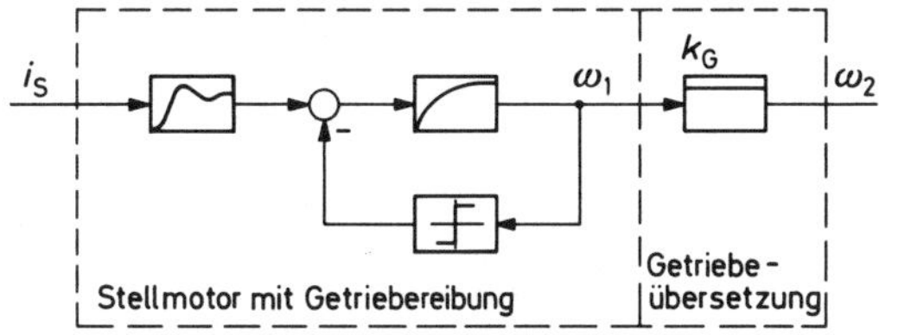

Bild 8/69. Vereinfachte Struktur des Stellmotors mit Getriebe

Durch die Einführung einer Hilfsregelung und die Vernachlässigung dann nicht mehr relevanter Rückwirkungsgrößen wurde erreicht, daß der Stellmotor mit dem Getriebe als rückwirkungsfreie Kette aus einfachen Übertragungsgliedern dargestellt werden kann. Entsprechend kann man bei der hydraulischen Stelleinrichtung für die Propellerblätter vorgehen. Durch eine geeignete Regelungseinrichtung in der Hydraulik wird erreicht, daß der Zusammenhang zwischen dem Drehwinkel des Getriebes β_i und dem Anstellwinkel der Propellerblätter α_i durch ein Verzögerungsglied mit der Zeitkonstanten T_{11} (Bild 8/70) beschrieben werden kann. Ohne eine derartige Regeleinrichtung müßte die Rückwirkung der von der Propellerdrehzahl und der Schiffsgeschwindigkeit abhängigen Strömungskraft auf den Propelleranstellwinkel beachtet werden.

Wie die letzten Betrachtungen gezeigt haben, enthält das zu behandelnde System Teilsysteme, die ihrerseits schon Regelkreise enthalten. Um diese Regelungen brauchen wir uns hier nicht zu kümmern. Sie sind Bestandteile fertiger standardmäßiger Baugruppen, deren dynamisches Verhalten vom Hersteller angegeben wird.

Die beschriebenen Hilfsregelkreise verleihen diesen Teilsystemen eine einfache, rückwirkungsfreie Struktur. Sie lassen sich dadurch übersichtlich in das Gesamtsystem integrieren, wodurch sich dessen Entwurf stark vereinfacht.

Ein weiteres verhältnismäßig kompliziertes Teilsystem ist die Einrichtung zur Füllung des Dieselmotors. Sie besteht aus einer Einspritzpumpe, einem Kompressor und verschiedenen Stell- und Regelungseinrichtungen. Eine Analyse dieses Teilsystems führt zu einem Übertragungsverhalten, das sich durch die Kettenschaltung der beiden P-T_1-Glieder 17 und 18 (Bild 8/70) beschreiben läßt.

Zur Beschreibung der Drehmomentbildung beim Dieselmotor wird das vom Hersteller angegebene statische Drehmoment-Drehzahl-Kennlinienfeld

$$M_{M,St} = f(\omega_M, F_{St}) \qquad (8.119)$$

herangezogen (Bild 8/71). Im Bereich der Nenndrehzahl ist die Abhängigkeit des Drehmoments von der Drehzahl nur gering und wird daher vernachlässigt. Die Abhängigkeit von der Füllung F kann als proportional angesehen werden:

$$M_{M,St} = k_{19} F_{St} \ . \qquad (8.120)$$

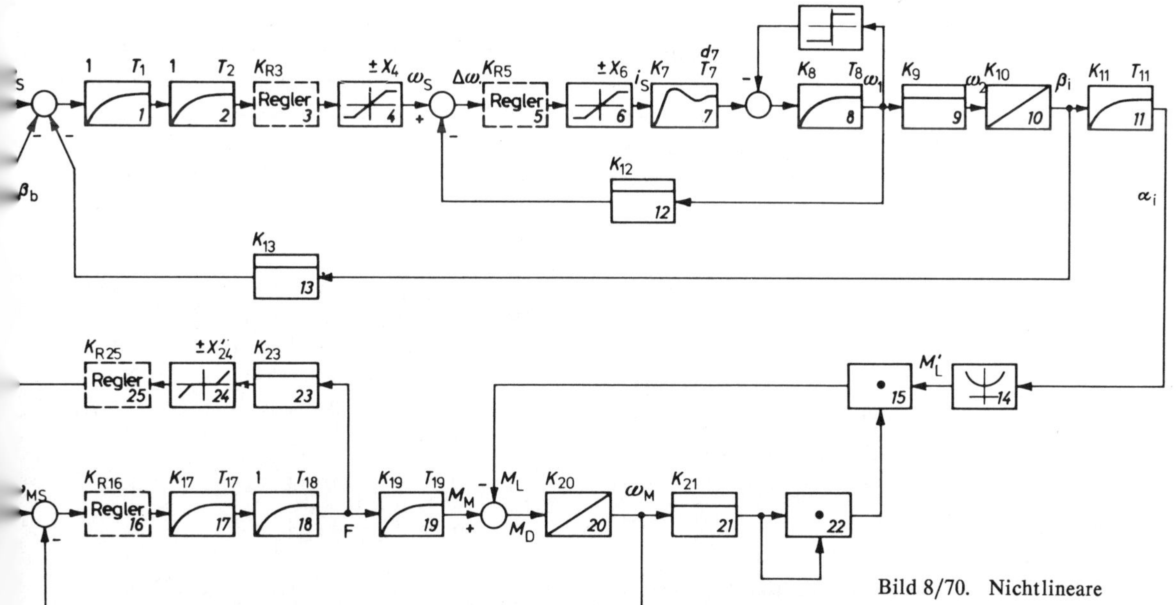

Bild 8/70. Nichtlineare Struktur des Regelsystems

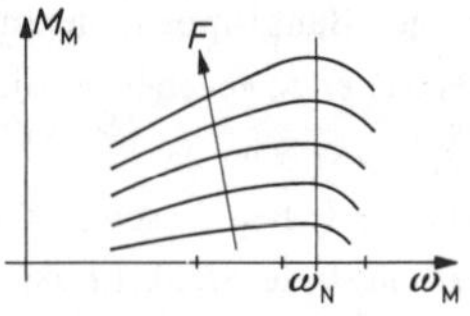

Bild 8/71. Drehmoment-Drehzahl-Kennlinienfeld des Dieselmotors

Das dynamische Verhalten der Drehmomentbildung wird durch das P-T_1-Glied Block 19 beschrieben. Dadurch wird näherungsweise die Totzeit zwischen dem Auftreten einer Stellgrößenänderung und ihrem Wirksamwerden im Drehmoment beschrieben. Es handelt sich dabei ungefähr um die Zeitdifferenz zwischen Verdichtungs- und Arbeitstakt bei Nenndrehzahl. Siehe dazu auch die Ausführungen in Abschnitt 3.2.6. Ausführliches über das dynamische Verhalten von Dieselmotoren findet man zum Beispiel in [8.10].

Nach (8.120) kann die Füllung F statisch als Maß für das vom Dieselmotor entwickelte Drehmoment angesehen werden. Mit der Nenndrehzahl ω_N erhält man für die statische Leistung

$$P_{St} = k_{19}\,\omega_N\,F_{St}\ . \tag{8.121}$$

Da es nur darauf ankommt, eine länger anhaltende Überlastung der Maschine zu verhindern, kann die Größe

$$x_{24} = k_{23}\,F$$

als Regelgröße für die Leistungsbegrenzung verwendet werden. Sie wird zu diesem Zweck über eine Schwellwert-Kennlinie (Tote Zone) dem Leistungsregler zugeführt. Stellgröße für die Leistungsregelung ist der Sollwert β_b des Regelkreises für die Propellerblattanstellung. Diesem Regelkreis wird außerdem der entsprechend der gewünschten Antriebskraft von Hand vorgegebene Sollwert β_s zugeführt. Er wirkt für die Leistungsregelung als Störgröße, d.h. er muß von der Stellgröße ab der Leistungsregelung teilweise kompensiert werden.

Die Belastung der Maschine ist sowohl von der Stellung der Propellerblätter als auch von der Propellerdrehzahl abhängig. Auf Grund von Messungen konnten beide Abhängigkeiten als quadratisch angesetzt werden:

$$M_L = \left[\frac{\omega}{\omega_N}\right]^2 (c\,\alpha_i^2 + d)\ . \tag{8.122}$$

Hierin sind c, d und die Nenndrehzahl ω_N konstante Größen, die experimentell ermittelt wurden.

Das Strukturbild der gesamten Anlage ist in Bild 8/70 wiedergegeben. Die Konstanten dafür sind in Tabelle 8/6 zusammengestellt.

Tabelle 8/6. Parameterwerte der Übertragungsblöcke von Bild 8/70

$T_1 = T_2 = 0{,}016\,\text{sec}$	$K_{11} = 1$	$K_{10} = 0{,}02$
$x_4 = 8$	$T_{11} = 1{,}5\,\text{sec}$	$K_{21} = \frac{1}{39{,}4}$
$x_6 = 0{,}42$	$K_{12} = 0{,}04$	$K_{23} = 2$
$K_7 = 2100$	$K_{13} = 1$	$x_{24} = 16$
$T_Z = 0{,}01$	$K_{17} = 1$	$\beta_{smax} = 40^\circ$
$d_Z = 1$		
$T_8 = 3\,\text{sec}$	$T_{17} = T_{18} = 0{,}045\,\text{sec}$	$\omega_M = \omega_N = 39{,}4\,\frac{1}{\text{sec}}$
$K_9 = 0{,}00077$	$K_{10} = 770$	$c = 9$
$K_{10} = \frac{180}{\pi}\,\frac{1}{\text{sec}}$	$T_{19} = 0{,}04\,\text{sec}$	$d = 1000$

8.5.3 Linearisierung

Da das Wurzelortsverfahren nur auf lineare Systeme anwendbar ist, muß die Struktur von Bild 8/70 linearisiert werden. Als Nichtlinearitäten sind im Propeller-Verstellkreis die Reglerbegrenzungen, im Drehzahlregelkreis des Dieselmotors die Belastungskennlinie und im Zweig der Leistungsbegrenzung die tote Zone vorhanden.

Die Begrenzungen sind nicht nach der in Abschnitt 2.7 angegebenen Methode linearisierbar. Sie können jedoch beim Reglerentwurf vernachlässigt werden. D.h. es wird zunächst nur der Fall betrachtet, daß die entsprechenden Systemgrößen sich im linearen Bereich dieser Kennlinien bewegen. Später soll dann der Einfluß der Nichtlinearität mit einer Analogsimulation überprüft werden. Dasselbe gilt für die Signumfunktion zur Nachbildung der Getriebereibung bei Block 8.

Die Belastung des Dieselmotors ergibt sich gemäß der Funktion der beiden Variablen ω, α_i (8.122). Ist der betrachtete Arbeitspunkt durch die Parameterwerte M_{L0}, α_{i0} und ω_{M0} gegeben, dann erhält man die Abweichung von diesem Arbeitspunkt über das totale Differential von (8.122) zu

$$\Delta M_L = \left.\frac{\partial M_L}{\partial \alpha_i}\right|_0 \Delta\alpha_i + \left.\frac{\partial M_L}{\partial \omega_M}\right|_0 \Delta\omega_M =$$

$$= 2c\,\alpha_{i0}\left[\frac{\omega_{M0}}{\omega_N}\right]^2 \Delta\alpha_{i0}^2 + 2(c\,\alpha_{i0}^2 + d)\,\frac{\omega_{M0}}{\omega_N^2}\,\Delta\omega_M\ .$$

Führt man die Abkürzungen

$$a_\alpha = 2c\alpha_{i0}\left[\frac{\omega_{M0}}{\omega_N}\right]^2,$$

$$a_\omega = 2(c\alpha_{i0}^2 + d)\,\frac{\omega_{M0}}{\omega_N^2} \qquad (8.123)$$

ein, so ergibt sich

$$\Delta M_L = a_\alpha \Delta\alpha_i + a_\omega \Delta\omega_M\ . \qquad (8.124)$$

Das Übertragungsglied mit der toten Zone läßt sich genausowenig wie die Begrenzungskennlinien linearisieren. Trotzdem kann man einen Regler für das linearisierte System entwerfen, indem man die beiden möglichen Betriebszustände betrachtet: Arbeitet der Dieselmotor innerhalb seiner Leistungsgrenze, dann ist dieser Zweig aufgetrennt. Wird die Leistungsgrenze überschritten, dann kann man die tote Zone durch eine Summierstelle ersetzen, in der ein konstanter Wert vom Eingangssignal subtrahiert wird. Bild 8/72 zeigt diese Äquivalenz. Sie gilt natürlich nur, wenn x während dynamischer Übergangsvorgänge entweder sich innerhalb oder außerhalb der toten Zone bewegt.

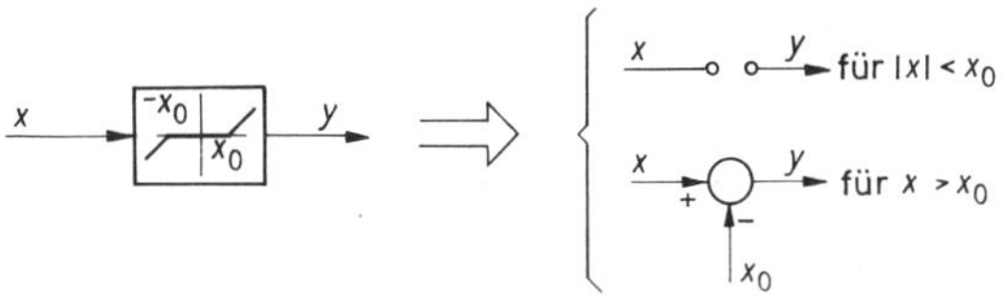

Bild 8/72. Lineare Ersatzstruktur des Übertragungsblocks "Tote Zone"

Für diese beiden Fälle werden wir auch die Regelung entwerfen. Es bleibt dann nur zu hoffen, daß sich das System auch vernünftig verhält, wenn während eines Übergangsvorgangs die Schwellwerte x_0 und/oder $-x_0$ durchlaufen werden.

Die linearen Übertragungsglieder bleiben bei der Linearisierung erhalten. Lediglich ihre Ein- und Ausgangsgrößen werden durch die Abweichungen vom jeweiligen Arbeitspunkt ersetzt. Besonders die Solldrehzahl ω_{Ms} verschwindet dadurch mit ihrer Abweichung $\Delta\omega_{Ms} = 0$, da ω_{Ms} = konstant gelten soll. Außerdem geht die Ersatzstruktur der toten Zone in Bild 8/72, rechts, in einen Schalter über, der im Arbeitsbereich $|x| < x_0$ geöffnet und für $x > x_0$ geschlossen ist.

Bild 8/73 zeigt die linearisierte Struktur.

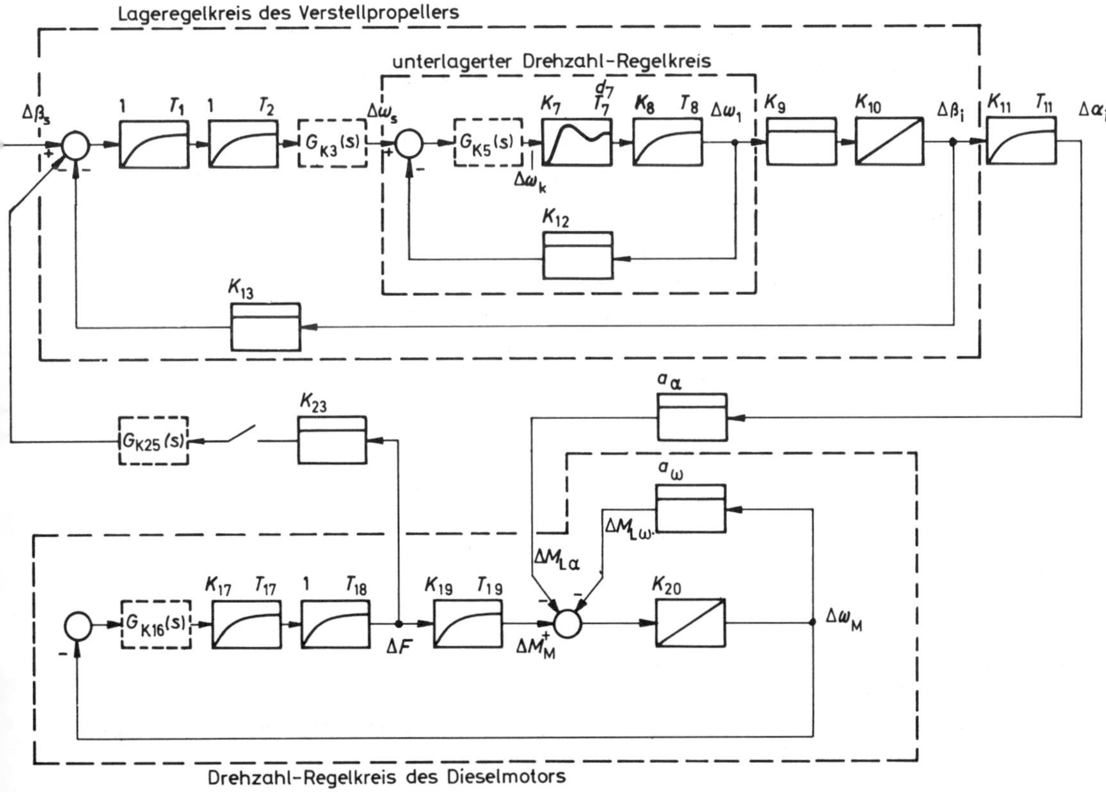

Bild 8/73. Linearisierte Struktur der Verstellpropeller-Regelung

8.5.4 Reglerentwürfe

Das Antriebssystem des Verstellpropellers stellt prinzipiell einen Mehrgrößenregelkreis mit zwei Eingangsgrößen β_s und ω_{Ms} sowie zwei Ausgangsgrößen α_i und ω_M dar. Praktisch liegt jedoch ein einschleifiger, wenn auch komplizierter Regelkreis vor, da die Eingangsgröße ω_{Ms} konstant ist und im linearisierten System nicht mehr in Erscheinung tritt. Die einzige zu betrachtende Eingangsgröße des Systems ist dann β_s.

Insgesamt sind vier Reglerentwürfe durchzuführen, die teilweise voneinander abhängig sind: Zunächst ist ein Drehzahlregler im unterlagerten Drehzahlregelkreis des Winkelregelkreises für die Propellerstellung zu entwerfen. Daran anschließend muß der Lageregler für den überlagerten Winkelregelkreis entwickelt werden. Hiervon unabhängig wird der Regler im Drehzahlregelkreis der Dieselmaschine entworfen, und zwar so, daß dieser Kreis ein möglichst gutes Störverhalten hat. Da ω_{Ms} konstant ist, wird die Regelung nur durch die Aufschaltung des Lastmoments als Störung beeinflußt. Schließlich muß der Leistungsregler bestimmt werden. Hierfür wird das System so umgeformt, daß β_s als Eingangs- und F als Ausgangsgröße erscheinen. Da die größte Leistung der Dieselmaschine an der Leistungsgrenze gehalten werden soll, ist der Regler so auszulegen, daß F unabhängig von β_s möglichst konstant bleibt. Der Sollanstellwinkel β_s ist hierbei folglich als Störgröße aufzufassen.

Der unterlagerte Drehzahlregelkreis

Dieser Regelkreis ist ein Teil der Regelstrecke des Winkelregelkreises. Um für den Entwurf des Winkelregelkreises günstige Voraussetzungen zu schaffen, sollte der Drehzahlregelkreis so schnell wie möglich gemacht werden. Andererseits ist zu beachten, daß der für eine Verbesserung der Regelungsdynamik erforderliche Einsatz von PD-Gliedern im Regler nicht beliebig weit getrieben werden kann, da sich sonst Probleme durch die Anhebung des gerätetechnisch bedingten Störpegels ergeben würden. Deswegen sollte die Regelung auch nicht schneller als nötig gemacht werden. Bei der Drehzahlregelstrecke

$$G_{S\omega} = G_7\,G_8\,G_{12} = \frac{2100\cdot 0{,}04}{(1+0{,}01s)^2(1+3s)} \qquad (8.125)$$

und mit einem Regler

$$G_{R\omega} = K_{R5}\,\frac{(1+3\,s)\,(1+0{,}01s)}{(1+10\,s)\,(1+0{,}001s)} \qquad (8.126)$$

genügen Genauigkeit und Dynamik des geschlossenen Regelkreises den Forderungen. Der offene Regelkreis hat dann die Übertragungsfunktion

$$G_\omega = G_{S\omega}\,G_{R\omega} = \frac{84}{(1+10s)(1+0{,}01s)(1+0{,}001s)}\,. \qquad (8.127)$$

Die kleinste Zeitkonstante kann vernachlässigt werden, und man erhält die in Bild 8/74 dargestellte Wurzelortskurve.

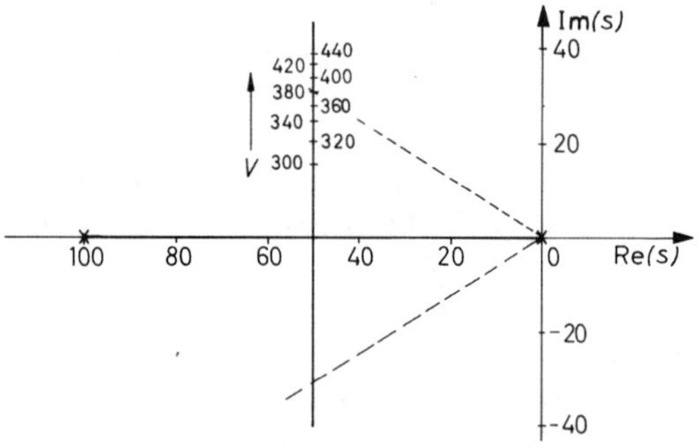

Bild 8/74. Wurzelortskurve der unterlagerten Drehzahlregelschleife

Die Übertragungskonstante K_{R5} des Reglers läßt sich in diesem einfachen Fall sowohl über die charakteristische Gleichung als auch mit Hilfe der Wurzelortskurve sehr einfach ermitteln. Der Regelkreis soll möglichst schnell werden, wobei jedoch starkes Überschwingen unerwünscht ist. Aus den in Bild 6/12 gezeigten Übergangsfunktionen eines P-T_2-Gliedes entnimmt man, daß offensichtlich bei einer Dämpfung d zwischen 0,8 und 0,9 der Einschwingvorgang bei nur geringfügigem Überschwingen recht schnell verläuft. Daher wird eine Dämpfung von d = 0,85 gewählt. Ein Polpaar mit dieser Dämpfung muß auf den in Bild 8/74 gestrichelt gezeichneten Geraden liegen. Die entsprechenden Punkte der Wurzelortskurve ergeben eine notwendige Kreisverstärkung von V = 380, so daß die Übertragungskonstante des Reglers

$$K_{R5} = \frac{V}{K_7\cdot K_{12}} = \frac{380}{2100\cdot 0{,}04} = 4{,}5 \qquad (8.128)$$

wird.

Die beiden Pole der geschlossenen Drehzahlregelschleife liegen dann bei

$$s_{1/2} = -50 \pm j30\;. \qquad (8.129)$$

Lageregelkreis des Verstellpropellers

Für den Lageregelkreis (Bild 8/73) wird eine genügend große stationäre Genauigkeit sowie schnelles Einstellen des Stellwinkels $\beta_i = \alpha_s$ bei maximalem Überschwingen von etwa 5% verlangt. Eine große stationäre Genauigkeit wird durch den in der Strecke vorhandenen (idealen) Integrator (Block 10) erreicht, so daß als Regler ein P-Glied mit genügend großer Verstärkung vorgesehen werden kann. Nur wenn dieser das System nicht genügend schnell macht, sollten andere Korrekturglieder, wie z.B. ein AR_1-Glied mit Vorhaltverhalten, verwendet werden.

Der offene Regelkreis enthält somit fünf Pole bei $s_0 = 0$, $s_{1/2} = -50 \pm j30$ und $s_3 = s_4 = -1/T_1 = -1/T_2 = -62{,}5$. Nullstellen sind nicht vorhanden. Die Wurzelortskurve für diese Konfiguration - sie wurde mit Hilfe des Digitalprogramms ermittelt - ist in Bild 8/75 wiedergegeben. Als Parameter ist an den Kurvenästen die Kreisverstärkung V angetragen, die mit Hilfe von Gleichung (6.7) ebenfalls im Digitalprogramm errechnet wurde.

Der Verlauf der Wurzelortskurve zeigt, daß der geschlossene Kreis für $V \leq 5{,}51$ drei reelle Pole sowie ein konjugiert komplexes Polpaar und für $V > 5{,}51$ einen reellen Pol und zwei konjugiert komplexe Polpaare hat.

Von den beiden konjugiert komplexen Polpaaren ist dasjenige dominant, das auf den Wurzelortskurvenästen nahe dem Ursprung der s-Ebene liegt. Sie sind für die Regelkreisdynamik im wesentlichen verantwortlich. Deshalb genügt es, die an den geschlossenen Regelkreis gestellten Forderungen auf das dominante Polpaar zu beschränken. Nach Bild 6/12 ist für ein maximales Überschwingen von 5% bei einem $P\text{-}T_2$-Glied eine Dämpfung von d = 0,71 erforderlich. Polpaare dieser Dämpfung liegen in Bild 8/75 auf dem gestrichelt gezeichneten Geradenpaar. Deren Schnittpunkte mit den Wurzelortskurven geben an, daß eine Verstärkung von V = 8,0 notwendig ist, um dem Regelkreis die gewünschte Dämpfung von d = 0,7 zu verleihen. Die Übertragungskonstante des Reglers erhält man über die Kreisverstärkung

$$V = K_{R3}\, K_9\, K_{10} \frac{K_{R5}\, K_7}{1 + K_{R5}\, K_7\, K_{12}}\, K_{13} \quad \text{zu}$$

$$K_{R3} = \frac{V(1 + K_{R5} K_7 K_{12})}{K_9 K_{10} K_{R5} K_7 K_{13}} =$$

$$= \frac{8(1 + 380)}{0{,}00077 \cdot 57{,}4 \cdot 4{,}5 \cdot 2100 \cdot 1} = 7{,}3 \ ,$$

so daß die Übertragungsfunktion des Reglers

$$G_{K3}(s) = K_{R3} = 7{,}3 \tag{8.130}$$

lautet.

Wie sich dieser Regler im vollständigen Regelungssystem, vor allem im Zusammenhang mit den Begrenzungen der Blöcke 4 und 6 bewährt, wird sich bei der Analogrechnung zeigen.

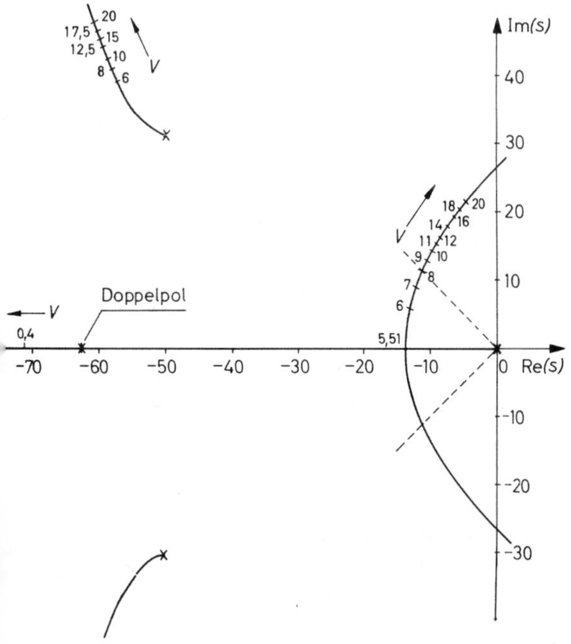

Bild 8/75. Wurzelortskurve des Lageregelkreises

Drehzahlregelkreis des Dieselmotors

Der linearisierte Drehzahlregelkreis enthält nach (8.124) eine unterlagerte Rückführung von $\Delta\omega_M$ über den Integrator (Block 20) nach $\Delta M_{L\omega}$ (Bild 8/73). Bevor ein Regler für diesen Kreis mit Hilfe des Wurzelortsverfahrens ausgelegt werden kann, muß die unterlagerte Schleife zu einem Übertragungsglied zusammengefaßt werden. Dessen Übertragungsfunktion ergibt sich zu:

$$G_v(s) = \frac{\dfrac{K_{20}}{s}}{1 + \dfrac{K_{20}}{s}\, a_\omega} = \frac{\dfrac{1}{a_\omega}}{1 + \dfrac{1}{K_{20} a_\omega}\, s} = \frac{K_v}{1 + T_v s} \tag{8.131}$$

mit den Zuordungen

$$K_v = \frac{1}{a_\omega} \ , \tag{8.132}$$

$$T_v = \frac{1}{K_{20} a_\omega} \ .$$

Die beiden Parameter K_v und T_v sind vom Arbeitspunkt abhängig. Betrachtet man die extremen Arbeitspunkte $\alpha_i = 0^\circ$ und $\alpha_i = 24^\circ$, dann erhält man über (8.123) und (8.132) mit den Werten der Tabelle 8/6 die folgenden Parameterwerte:

1. $\alpha_i = 0^\circ$: $a_\alpha = 0$; $a_\omega = 51$; $K_v = 0{,}02$; $T_v = 0{,}98\,s$;

2. $\alpha_i = 24^\circ$: $a_\alpha = 432$; $a_\omega = 317$; $K_v = 0{,}0032$; $T_v = 0{,}16\,s$.

Wie bereits oben gezeigt wurde, ist der Drehzahl-Regelkreis auf gutes Störverhalten auszulegen, d.h. die Ausgangsgröße $\Delta\omega_M$ soll möglichst wenig von der Störgröße $\Delta M_{L\alpha}$ beeinflußt werden. Besonders ist ein durch die Störgröße hervorgerufener statischer Fehler vollständig auszuregeln. Dabei soll nur sehr geringes Überschwingen erlaubt sein, d.h. der Kreis soll ein gut gedämpftes Störverhalten haben.

Um eine hinreichende stationäre Genauigkeit des Störverhaltens zu gewährleisten, muß der offene Regelkreis nach Abschnitt 7.1, Satz 7.2, ein I-Glied enthalten oder eine genügend große Kreisverstärkung haben. Wenn möglich, wird im allgemeinen das erste Verfahren angewendet, da die Größe der Kreisverstärkung meist durch die Stabilitätsgrenze oder bestimmte an den Kreis gestellte Dämpfungsbedingungen beschränkt ist. Im vorliegenden Regelkreis wird folglich ein PI-Regler verwendet, da der linearisierte Kreis keinen Integrator enthält.[2] Dieser Kreis ist in Bild 8/76 dargestellt, wobei die Störgröße $\Delta M_{L\alpha}$ als Eingangsgröße erscheint. Der Pol des (realen) PI-Reglers liegt bei $s_0 = -0{,}01$. Seine Nullstelle sollte in der Regel so gewählt werden, daß sie den zur größten Streckenzeitkonstante gehörenden Pol kompensiert. Dies ist hier jedoch nur für einen Arbeitspunkt möglich, da die größte Streckenzeitkonstante T_v vom jeweiligen Arbeitspunkt abhängig ist. In Bild 8/77

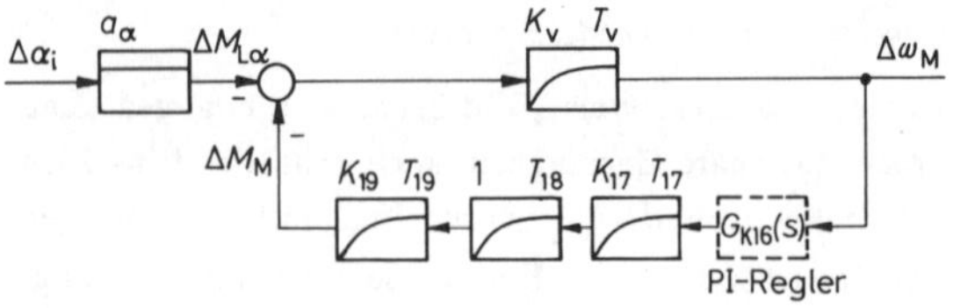

Bild 8/76. Linearisierter Drehzahl-Regelkreis des Dieselmotors

ist die Polverteilung des offenen Kreises mit dem Pol des PI-Reglers eingezeichnet, wobei die beiden extremen Lagen des Pols $s_1 = -1/T_v$ gestrichelt angegeben sind: $s_0 = -0{,}01$; $s_1 = -1/T_v$; $s_2 = s_3 = -1/T_{17} = -22{,}2$ und $s_5 = -1/T_{19} = -25$. Man kann nun die Nullstelle so legen, daß der Pol s_1 in seiner rechten Extremlage bei $s_1 = -1/0{,}98 = -1{,}02$ kompensiert wird.

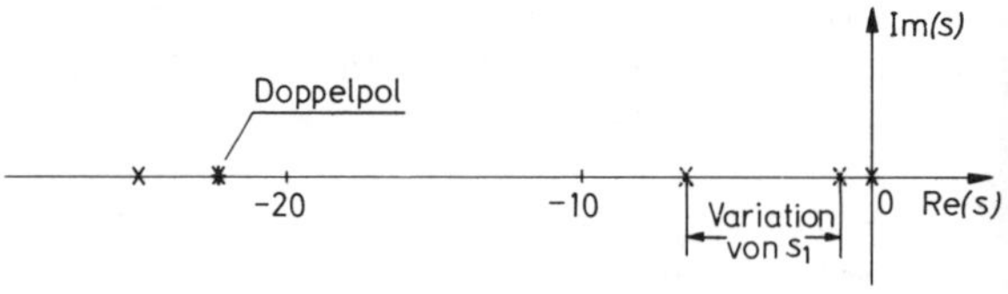

Bild 8/77. Polverteilung des offenen Drehzahl-Regelkreises des Dieselmotors

Damit erhält man eine Wurzelortskurve, die bei entsprechender Wahl der Kreisverstärkung V ein schnelles Einschwingen des Kreises nach Störanregungen gestattet. Diese Pollage tritt jedoch nur beim Arbeitspunkt $\alpha_i = 0$ auf, d.h. beim Betrieb ohne Antriebskraft. Für die wichtigeren Arbeitspunkte mit Antriebskräften $f_s \neq 0$ liegt dann der Pol s_1 links von der Nullstelle. Die Wurzelortskurve enthält damit einen Ast, der vom Pol des PI-Reglers zu dessen Nullstelle bei $-1{,}02$ läuft, d.h. der geschlossene Kreis erhält einen Pol in der Nähe des Ursprungs, der ihn langsam macht. Es ist daher günstiger, die Nullstelle etwas weiter nach links zu verschieben. Sie wird auf $s_n = -1{,}8 = -1/0{,}55$ gelegt. Damit erhält beim Arbeitspunkt $\alpha_i = 0$ die Wurzelortskurve zwar einen Verzweigungspunkt zwischen den beiden dicht am Ursprung der s-Ebene liegenden Polen s_0 und s_1, jedoch werden die beiden hiervon ausgehenden komplexen Äste durch die Nullstelle weit nach links gezogen. In Bild 8/78 ist diese Wurzelortskurve für $\alpha_i = 0$ wiedergegeben. Es liegt nahe, die Kreisverstärkung V so zu wählen, daß auf den beiden in der Nähe des Ursprungs liegenden komplexen Kurvenästen ein Polpaar des geschlossenen Kreises etwa im Knick der Kurve bei $s_{1/2} = -3{,}8 \pm j\,1{,}7$ zu liegen kommt (V = 540).

---

[2] Der im Kreis von Bild 8/73 vorhandene Integrator wurde ja mit der Rückführschleife über a_ω zu einem P-T_1-Glied - (8.131) - zusammengefaßt. Jedoch auch wenn die Schleife über a_ω nicht vorhanden wäre, würde der Integrator (Block 20) nicht den durch die Störung verursachten stationären Fehler ausregeln, da er hinter dem Angriffspunkt der Störung im Kreis liegt. Die Folgerungen aus Satz 7.2 gelten nur für den Standardregelkreis von Bild 7/6, bei dem die Störung am Ausgang der Strecke angreift.

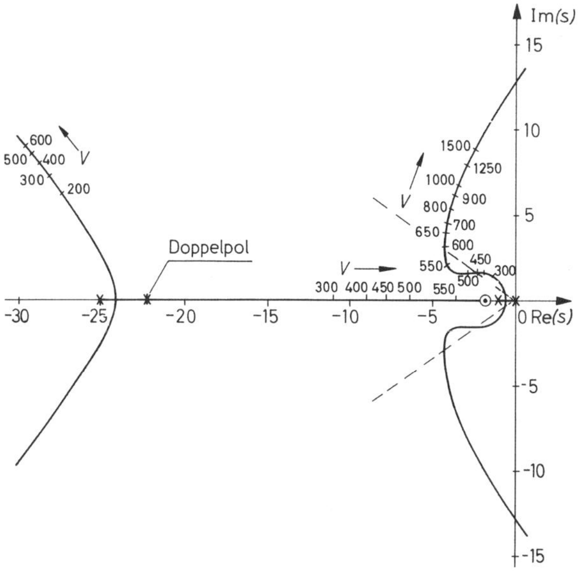

Bild 8/78. Wurzelortskurve des Dieseldrehzahl-Regelkreises bei $\alpha_i = 0^\circ$

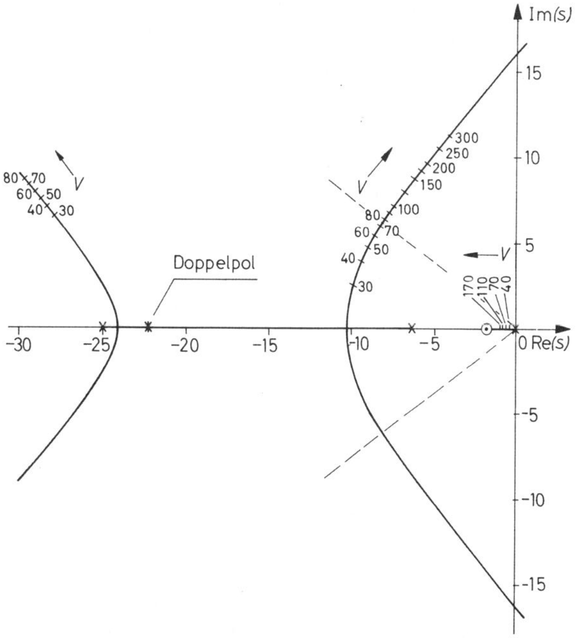

Bild 8/79. Wurzelortskurve des Dieseldrehzahl-Regelkreises bei $\alpha_i = 24^\circ$

Dann erhält man jedoch zusätzlich einen Pol auf der reellen Achse bei $s_3 = -4{,}2$, der nicht zu vernachlässigen ist. Günstiger ist es, die Verstärkung etwas kleiner zu wählen, so daß das komplexe Polpaar bei $s_{1/2} = -2{,}3 \pm j1{,}6$ und der reelle Pol weiter entfernt bei $s_3 = -7{,}7$ liegen. Das Verhalten des geschlossenen Kreises wird in diesem Fall überwiegend durch das komplexe Polpaar bestimmt, obwohl der reelle Pol nicht vernachlässigt werden kann. Die beiden restlichen komplexen Pole liegen in beiden Fällen mit $\omega_0 > 29$ weit vom Ursprung entfernt. Notwendig für diese Polkonfiguration ist eine Kreisverstärkung von V = 450. Die Dämpfung des Polpaares $s_{1/2}$ erhält dabei einen ausreichend großen Wert von d = 0,82.

Das Verhalten des Systems mit diesem Regler muß noch am anderen extremen Arbeitspunkt $\alpha_i = 24^\circ$ untersucht werden. Hierbei ist $T_s = 0{,}16$ und der zugehörige Pol liegt bei $s_1 = -1/0{,}16 = -6{,}25$. Die damit sich ergebende Wurzelortskurve ist in Bild 8/79 wiedergegeben. Da die Übertragungskonstante K_v ebenfalls vom Arbeitspunkt abhängig ist, muß die Kreisverstärkung gegenüber dem Arbeitspunkt bei $\alpha_i = 0$ im Verhältnis

$$\frac{K_v\big|_{\alpha_i=24}}{K_v\big|_{\alpha_i=0}} = \frac{0{,}0032}{0{,}02} = 0{,}16$$

umgerechnet werden. Folglich sind hier die sich bei einer Kreisverstärkung von V = 450·0,16 = 72 ergebenden Pole zu betrachten. Man erhält einen dominanten Pol bei $s_3 = -0{,}6$, ein komplexes Polpaar bei $s_{1/2} = -8{,}1 \pm j6{,}1$ sowie ein weit entferntes Polpaar mit $\omega_0 > 30$, das vernachlässigt werden kann.

Das System ist bei diesem Arbeitspunkt also durch den Pol s_3 wesentlich langsamer als bei $\alpha_i = 0$. Um den dominanten Pol merklich weiter nach links zu verschieben, müßte jedoch die Kreisverstärkung sehr stark erhöht werden, so daß sowohl hier als auch beim Arbeitspunkt $\alpha_i = 0$ das komplexe Polpaar $s_{1/2}$ eine sehr schlechte Dämpfung erhielte. Auch wenn die Nullstelle des PI-Reglers weiter nach links verlegt würde, ergäbe sich kein günstigeres Verhalten. Daher wird der Regler mit den zuvor angegebenen Parameterwerten ausgelegt. Seine Übertragungskonstante ergibt sich zu

$$K_{R16} = \frac{V}{K_v K_{19} K_{17}} = \frac{450}{0{,}02 \cdot 770 \cdot 1} = 29{,}2 \ ,$$

so daß man seine Übertragungsfunktion mit

$$G_{K16}(s) = 29{,}2\,\frac{1+0{,}55\,s}{1+100\,s} \qquad (8.133)$$

erhält. Diese Reglerauslegung stellt natürlich für den Arbeitspunkt $\alpha_i = 24^\circ$ einen Kompromiß dar. Es wird sich später im Betrieb oder bei einer Analogsimulation zeigen müssen, ob man damit leben kann. Wenn nicht, wird man einen Adaptivregler entwerfen müssen, bei dem die Parameter automatisch an den veränderlichen Arbeitspunkt angepaßt werden. Wir können im Rahmen dieses Buches nicht weiter auf das Gebiet der Adaptivregelung eingehen. Es sei dafür auf die Spezialliteratur verwiesen [8.11], [8.12], [8.13].

Leistungsbegrenzung

Mit Hilfe des Leistungsreglers soll eine Überlastung des Dieselmotors vermieden werden. Für den Reglerentwurf wird der in Bild 8/73 dargestellte Regelkreis so umgeformt, daß die Füllung ΔF, die ein Maß für die Leistung ist, als Ausgangsgröße erscheint. Der Sollwinkel $\Delta\beta_s$ ist hierbei als Störgröße zu betrachten. Außerdem ist der Schalter zwischen Block 23 und Block 25 im Bild 8/73 zu schließen, da nur der Fall der wirksamen Leistungsbegrenzung betrachtet wird. Damit erhält man die in Bild 8/80 wiedergegebene Regelkreisstruktur, wobei der mit Lageregelkreis bezeichnete Block den geschlossenen Lageregelkreis des Verstellpropellers von Bild 8/73 mit den entsprechenden Reglern enthält.

Der Regelkreis muß so ausgelegt werden, daß eine stationäre Überlastung der Dieselmaschine auf jeden Fall vermieden wird. Außerdem sollen die Einschwingvorgänge beim Ausregeln der Störung β möglichst schnell und mit nur geringem Überschwingen ablaufen.

Es liegt nahe, einen PI-Regler zu verwenden, um die Forderung nach hinreichender stationärer Genauigkeit, d.h. Einhalten der Leistungsgrenze, zu erfüllen. Ein solcher Regler ist jedoch ohne zusätzliche nichtlineare Entwurfsmaßnahmen ungeeignet. Er würde zwar im linearisierten System seine Aufgabe erfüllen, nicht aber im nichtlinearen Regelkreis. Die Größe F im nichtlinearen System ist nämlich nichtnegativ. Folglich kann eine einmal am Ausgang des integralen Anteils im PI-Regler anstehende Größe nicht mehr abgebaut werden. Es bleibt also ein undefinierter Sollwert für den Winkelkreis erhalten. Daher muß versucht werden, durch eine möglichst große Kreisverstärkung, und das bedeutet hier eine möglichst große Übertragungskonstante im Rückführzweig, eine hinreichende stationäre Genauigkeit zu erreichen. Zusätzlich wird die tote Zone etwas verkleinert, wodurch die Leistungsbegrenzung bereits bei kleineren Werten von F einsetzt und eine stationäre Überlastung der Maschine trotz der grundsätzlich nicht vermeidbaren Regelabweichung in jedem Fall vermieden wird. Um einen geeigneten Regler entwerfen zu können, verschafft man sich zunächst einen Überblick über das Verhalten des gegebenen Regelkreises anhand seiner Wurzelortskurve. Dazu muß die Pol-Nullstellen-Verteilung des offenen Kreises ermittelt werden. Die Pole erhält man aus den Wurzelortskurven des Lageregelkreises in Bild 8/75 mit V = 8 und des Drehzahl-Regelkreises der Dieselmaschine in Bild 8/79 mit V = 72 (Arbeitspunkt $\alpha_i = 24^\circ$) sowie durch die Hydraulik (Block 11). Die Nullstellen werden vom Drehzahlregelkreis geliefert, und zwar durch die Nullstelle des PI-Reglers und den Pol im Rückführzweig (Block 19), da die Nullstellen eines geschlossenen Regelkreises durch die Nullstellen des Vorwärtszweiges und die Pole des Rückwärtszweiges gebildet werden.

Man erhält so die in Tabelle 8/7 zusammengestellte Pol-Nullstellen-Konfiguration des offenen Kreises. Die Wurzelortskurve für dieses System elfter Ordnung zu berechnen, bereitet grundsätzlich keine Schwierigkeiten, wenn man das Digitalprogramm (Abschnitt 6.8) verwendet. Es ist jedoch zweckmäßig, das System zu vereinfachen, weil damit der Entwurf übersichtlicher wird. Eine Möglichkeit der Vereinfachung ergibt sich dadurch, daß man oft die weit von der imaginären Achse entfernten Wurzeln vernachlässigen kann. Allerdings gilt das nicht immer, insbesondere nicht bei schwach gedämpften Polpaaren [8.14].

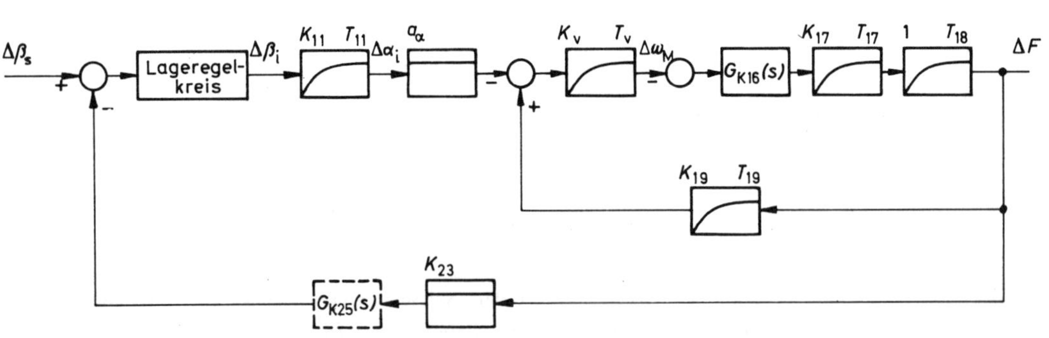

Bild 8/80. Linearisierter Regelkreis zur Leistungsbegrenzung

Tabelle 8/7. Pol-Nullstellen-Konfiguration des offenen Kreises

Pole

$s_{1/2}$	$= -11{,}2 \pm j11{,}2$	Pole des geschlossenen Lageregelkreises
$s_{3/4}$	$= -58{,}2 \pm j40{,}7$	
s_5	≈ -80 bis -90	
s_6	$= -0{,}6$	Pole des geschlossenen Drehzahlregelkreises
$s_{7/8}$	$= -8{,}1 \pm j6{,}1$	
$s_{9/10}$	$= -29{,}4 \pm j8{,}4$	
s_{11}	$= -0{,}67$	Pol der Hydraulik

Nullstellen

s_{n1}	$= -1{,}8$	Nullstelle des PI-Reglers
s_{n2}	$= -25$	Pol des Blocks 19

Im vorliegenden Fall werden die weit entfernten Pole $s_{3/4}$, s_5 und $s_{9/10}$ vernachlässigt, ebenso die Nullstelle s_{n2}, zumal deren Einfluß durch das in der Nähe liegende Polpaar $s_{9/10}$ geschwächt wird. Man erhält dadurch ein System sechster Ordnung mit den Polen $s_{1/2}$, s_6, $s_{7/8}$ und s_{11} und der Nullstelle s_{n1}. Die sich damit ergebende Wurzelortskurve ist in Bild 8/81 dargestellt, wobei als Parameter die Kreisverstärkung V aufgetragen ist. Die Übertragungsfunktion des geschlossenen Regelkreises enthält damit je nach Wahl der Kreisverstärkung entweder ein dominantes Polpaar in der Nähe des Ursprungs mit einer Dämpfung $d \approx 0{,}7$ ($V < 7{,}5$) oder ein weniger gut gedämpftes Polpaar und einen reellen Pol

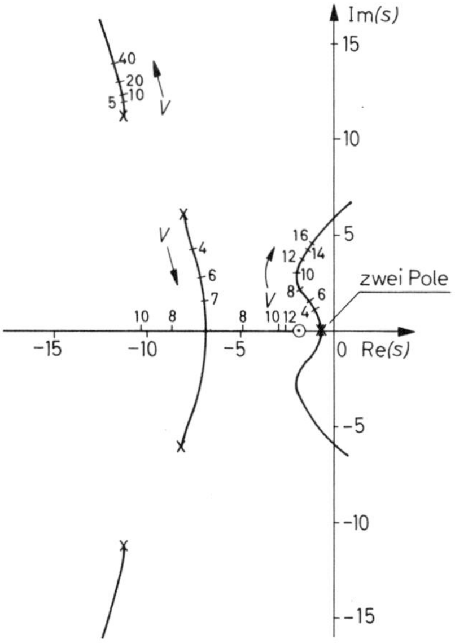

Bild 8/81. Wurzelortskurve bei Verwendung eines P-Gliedes als Regler

in der Nähe des Ursprungs, dessen Einfluß jedoch durch die benachbarte Nullstelle stark geschwächt wird ($V > 7{,}5$). Es wird nun versucht, den Kreis durch einen geeigneten Regler schneller zu machen. Dies läßt sich durch ein AR_1-Glied mit Vorhaltverhalten als Regler erreichen, dessen Nullstelle den Pol $s_{11} = -0{,}67$ kompensiert und dessen Pol etwa beim zehnfachen Wert seiner Nullstelle liegt, also $s_{Rp} = -6{,}7$. Die sich damit ergebende Wurzelortskurve ist in Bild 8/82 wiedergegeben. Sie

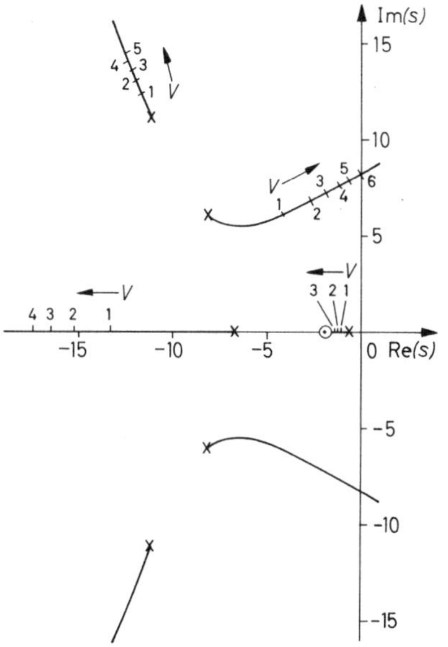

Bild 8/82. Wurzelortskurve bei Verwendung eines AR_1-Gliedes als Regler

zeigt, daß das System mit diesem Regler durchaus schneller werden kann. Bei einer Kreisverstärkung von $V \approx 0{,}5$ liegt ein dominanter Pol in der Nähe des Ursprungs bei $s \approx -0{,}85$. Seine Wirkung wird jedoch durch die nicht weit entfernt liegende Nullstelle stark geschwächt. Alle anderen Pole können dagegen schon als weit entfernt angesehen werden. Bei einer Vergrößerung der Kreisverstärkung wird das Übertragungsverhalten des Systems nicht viel schlechter. Dieser Regler ist jedoch ungeeignet, da die Kreisverstärkung des Systems damit auf recht kleine Werte begrenzt ist. (Die Stabilitätsgrenze liegt bei $V \approx 6$). Wegen der geforderten großen stationären Genauigkeit ist eine hohe Kreisverstärkung notwendig. Einen PI-Regler zu verwenden, ist, wie zuvor erläutert, wegen der nichtlinearen Eigenschaften des Systems nicht möglich. Daher wird das System mit einen P-Glied als Regler ausgelegt, dessen Übertragungskonstante so gewählt wird, daß das System eine Kreisverstärkung von $V = 12$ hat. Damit erhält der geschlossene Kreis entsprechend der Wurzelortskurve von Bild 8/81 einen Pol bei $s_{p1} \approx -2{,}6$, dessen Wirkung durch die Nullstelle $s_{p1} = -1{,}8$ stark geschwächt wird, sowie ein Polpaar bei $s_{p2,3} \approx -1{,}7 \pm 3{,}7$ mit einer Dämpfung von $d = 0{,}42$. Diese Dämpfung ist zwar recht gering, jedoch ist zu beachten, daß das System nur auf gutes Störverhalten auszulegen ist, und dafür reicht dieser Wert aus.

Mit der Struktur von Bild 8/80 erhält man die Kreisverstärkung zu

$$V = K_{Lage} K_{11} a_\alpha \frac{K_v K_{R16} K_{17}}{1 + K_v K_{R16} K_{17} K_{19}} K_{23} K_{25} \quad (8.134)$$

und folglich die Übertragungskonstante des Reglers zu

$$K_{R25} = \frac{V(1 + K_v K_{R16} K_{17} K_{19})}{K_{Lage} K_{11} a_\alpha K_v K_{R16} K_{17} K_{23}} . \quad (8.135)$$

Die Übertragungskonstante des geschlossenen Lageregelkreises beträgt wegen des (idealen) Integrators in diesem Kreis $K_{Lage} = 1$. Die übrigen Konstanten in (8.135) sind in den vorigen Abschnitten aufgeführt, so daß sich

$$K_{R25} = \frac{12 \cdot (1 + 0{,}0032 \cdot 29{,}2 \cdot 1 \cdot 770)}{1 \cdot 1 \cdot 432 \cdot 0{,}0032 \cdot 29{,}2 \cdot 1 \cdot 2} = 10{,}8$$

ergibt und die Übertragungsfunktion des Reglers

$$G_{K25}(s) = K_{R25} = 10{,}8 \quad (8.136)$$

wird.

Die stationäre Genauigkeit erhält man als Übertragungskonstante des geschlossenen Kreises von Bild 8/80 zu

$$K_{stat} = \frac{\Delta F}{\Delta \beta_s} = \frac{K_{Lage} K_{11} a_\alpha \dfrac{K_v K_{R16} K_{17}}{1 + K_v K_{R16} K_{17} K_{19}}}{1 + V} . \quad (8.137)$$

Mit den oben angegebenen Werten ergibt sich

$$K_{stat} = 0{,}043 .$$

Eine stationäre Störgröße $\Delta\beta$ bewirkt folglich einen stationären Fehler von $\Delta F = 0{,}043 \cdot \Delta\beta_s$ oder 4,3 % der Störgröße. (Würde das AR_1-Glied als Regler bei einer Kreisverstärkung von $V = 2$ benutzt, dann ergäbe sich sogar ein stationärer Fehler von 18,1 % der Störgröße.)

Um eine stationäre Überschreitung der Nennleistung grundsätzlich zu vermeiden, wird der Bereich der toten Zone (Block 24) verkleinert. Man kann die tote Zone dazu experimentell bei der Inbetriebnahme entsprechend einjustieren, sie aber auch theoretisch aus den stationären Gleichungen wie folgt bestimmen.

Der Nennleistung entspricht eine Füllung $F_N = x_{24}/K_{23} = 8$. Folglich ist die größte Füllung

$$F_{max} = F_N = F_0 + \Delta F_{max} . \quad (8.138)$$

Hierin ist F_0 der Arbeitspunkt am neu zu ermittelnden Knickpunkt der toten Zone x_{24}[3]. Für die Abweichung ΔF_{max} ergibt sich mit (8.137) die folgende Beziehung:

$$\Delta F_{max} = K_{stat} \Delta\beta_{smax} = K_{stat}(\beta_{smax} - \beta_{s0}) . \quad (8.139)$$

Wegen $K_{Lage} = K_{11} = 1$ gilt im stationären Fall $\beta_{s0} = \beta_{i0} = \alpha_{i0}$. Da hierbei die Eingangsgrößen aller Integratoren Null sein müssen, ist außerdem $M_M = M_L$ (Bild 8/70). Folglich erhält man mit (8.122):

$$F_0 = \frac{M_{M0}}{K_{19}} = \frac{M_{L0}}{K_{19}} = \left[\frac{\omega_{M0}}{\omega_N}\right]^2 (c\beta_{s0}^2 + d) \frac{1}{K_{19}} . \quad (8.140)$$

Setzt man (8.139) und (8.140) in (8.138) ein und berücksichtigt, daß $\omega_{M0} = \omega_N$ ist, dann erhält man:

$$F_{max} = F_N = \frac{1}{K_{19}} (c\beta_{s0}^2 + d) + K_{stat}(\beta_{smax} - \beta_{s0}) ,$$

$$\beta_{s0}^2 - \frac{K_{19}}{c} K_{stat} \beta_{s0} + \frac{d}{c} + \frac{K_{19}}{c}(K_{stat} \beta_{smax} - F_N) = 0 . \quad (8.141)$$

Mit den Werten $c = 9$, $K_{stat} = 0{,}043$, $\beta_{smax} = 40$ und $F_N = 8$ ergibt sich die quadratische Gleichung

$$\beta_{s0}^2 - 3{,}67\beta_{s0} - 426{,}2 = 0 , \quad (8.142)$$

von deren Lösungen

$$\beta_{s01} = 22{,}56 , \quad \beta_{s02} = -18{,}88$$

nur der positive Wert sinnvoll ist. Mit (8.140) erhält man den gesuchten Arbeitspunkt

$$F_0 = 7{,}25$$

und den neuen Knickpunkt der Kennlinie

$$x'_{24} = K_{23} F_0 = 14{,}5 . \quad (8.143)$$

[3] Der Index 0 wird im folgenden nur für diesen Arbeitspunkt verwendet.

8.5.5 Überprüfung des Entwurfs durch Simulation

Die im vorigen Abschnitt durchgeführten Reglerentwürfe gelten grundsätzlich nur für das linearisierte System. Daher muß geprüft werden, ob auch das nichtlineare System mit den gefundenen Reglern befriedigend arbeitet. Zu diesem Zweck wird die nichtlineare Struktur von Bild 8/70 mit den Reglern, deren Übertragungsfunktionen durch (8.126), (8.130), (8.133) und (8.136) gegeben sind, auf einem Analogrechner nachgebildet. Die zugehörigen Parameterwerte sind in Tabelle 8/6 angegeben, wobei der Wert von x_{24} durch den in (8.143) angeführten Wert x'_{24} ersetzt wird.

Zunächst wird der Arbeitsbereich unterhalb der Leistungsgrenze der Dieselmaschine untersucht. Dazu werden nacheinander zwei Sprungfunktionen für β_s auf den Systemeingang geschaltet und die Verläufe von $\alpha_s = \beta_i$, α_i, ω_M und F beobachtet. In Bild 8/83 sind sie aufgezeichnet. Zur Zeit t = 0 ist der Anstellwinkel α_i der Propellerblätter ebenso wie die Sollwinkel β_s und α_s Null (a), während die Drehzahl des Dieselmotors konstant $\omega_M \approx 39{,}4$ 1/s ist (b). Die Füllung F ist größer als Null, da das Lastmoment M_L hierbei nach (8.122) M_L = 1000 beträgt (c). Zum Zeitpunkt t = 1sec wird die erste Sprungfunktion mit $\beta_s = 5°$ aufgeschaltet und nach weiteren 6 Sekunden, wenn ein stationärer Zustand erreicht ist, wird bei t = 7sec mit einem zweiten Sollwertsprung die Eingangsgröße auf $\beta_s = 20°$ erhöht. Das Einschwingverhalten des Systems ist in beiden Fällen annähernd gleich. Bemerkenswert ist am Verlauf der Ausgangsgröße α_s des Lageregelkreises einerseits der nahezu konstante Anstieg und andererseits das nur sehr geringe Überschwingen. Beide Effekte sind durch die Begrenzungen der Blöcke 3 und 5 bedingt, wodurch die Drehzahl ω_1 des Stellmotors begrenzt und folglich über längere Zeit konstant gehalten wird. Es zeigt sich damit, daß der Lageregelkreis durch die Wahl eines anderen Reglers wegen dieser Begrenzungen nicht schneller gemacht werden kann. Folglich läßt sich auch kein schnelleres Einlaufen des Anstellwinkels α_i der Propellerblätter auf den Sollwinkel β_s erreichen.

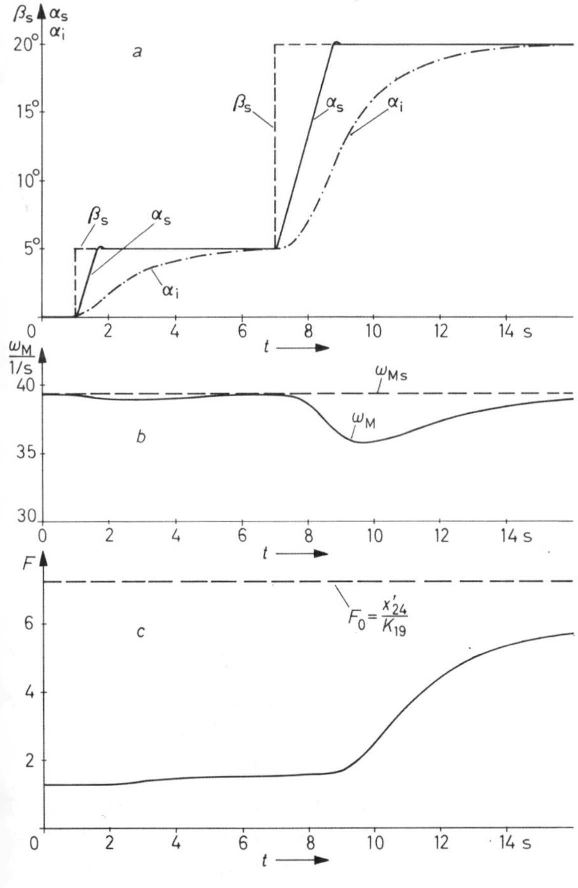

Bild 8/83. Zeitfunktionen von β_s, α_s, α_i, ω_M und F innerhalb der Leistungsbereiche

Nach dem Aufschalten der Sollwertsprünge wird die Drehzahl ω_M der Dieselmaschine zunächst verkleinert, da durch die Vergrößerung des Anstellwinkels α_i die Belastung M_L vergrößert wird. Die Drehzahlregelung der Dieselmaschine sorgt dann dafür, daß der Drehzahleinbruch wieder ausgeregelt wird.

Die stationäre Genauigkeit ergibt sich dabei aus der Übertragungskonstante des geschlossenen Drehzahlregelkreises:

$$K_{\omega M} = \frac{V}{1+V} \, . \qquad (8.144)$$

Beim Arbeitspunkt $\alpha_i = 0$ mit V = 450 ergibt sich ein Wert von $K_{\omega M} = 0{,}998$ und damit die Drehzahl $\omega_M = K_{\omega M} \cdot \omega_M = 39{,}3$ und bei $\alpha_i = 20°$ mit einer Kreisverstärkung von V = 96,4 [4] eine Drehzahl $\omega_M = K_{\omega M} \cdot \omega_{Ms} = 39{,}0$.

Wie Bild 8/83 zeigt, liegt der hier betrachtete Arbeitsbereich innerhalb der Leistungsgrenzen der Dieselmaschine. Die dafür ausgelegten Regler des Lageregelkreises und des Drehzahlregelkreises des Dieselmotors genügen den an sie gestellten Forderungen.

[4] Dieser Wert ergibt sich über K_v aus (8.132) und (8.123) und die Umrechnung $V\big|_{\alpha=20} = V\big|_{\alpha=0} \cdot \frac{K_v\big|_{\alpha=20}}{K_v\big|_{\alpha=0}}$.

Das Verhalten des Regelsystems bei wirksamer Leistungsbegrenzung zeigt Bild 8/84. Hier wird die Sollgröße β_s sprungförmig zunächst von 20° auf 26° und nach Abklingen der Einschwingvorgänge auf 40° erhöht. Es zeigt sich, daß das System beim Aufschalten des ersten Sprungs auf $\beta_s = 26°$ stabil arbeitet. Dabei treten zwar deutliche Einschwingvorgänge bei allen betrachteten Größen α_s, α_i, ω_M und F auf, jedoch sind diese Schwingungen außer bei α_s nicht sehr stark. Da der Arbeitspunkt nicht im normalen Arbeitsbereich des Sytems (unterhalb der Leistungsgrenze) liegt, können diese Einschwingvorgänge zugelassen werden, zumal der stationäre Endwert wie auch beim Sollwertsprung von $\beta_s = 0°$ auf 5° (Bild 8/83) nach etwa 6 sec erreicht ist.

Nach der Aufschaltung des zweiten Sprungs auf $\beta_s = 40°$ wird das System instabil. An allen vier Ausgangsgrößen α_s, α_i, ω_M und F sind deutlich anklingende Schwingungen zu erkennen, die dann schließlich in einen Grenzzyklus einmünden. Diese Instabilität wird durch nichtlineare Übertragungselemente verursacht. Das erkennt man an den nichtlinearen Verzerrungen der Schwingungen und außerdem daran, daß die Stabilität bzw. Instabilität des Systems von der Größe der Eingangsfunktion β_s abhängig ist. Im wesentlichen werden wohl die Begrenzungen im Lageregelkreis (Blöcke 4 und 6) für das Auftreten des Grenzzyklus verantwortlich sein, denn wie Bild 8/84 zeigt, arbeitet das System beim Block 24 (Bild 8/70) im linearen Bereich der Kennlinie.

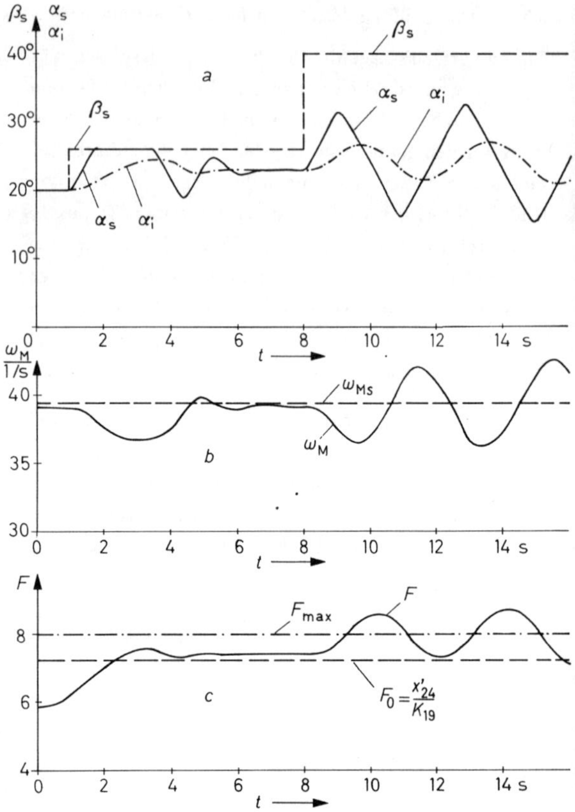

Bild 8/84. Zeitfunktionen von β_s, α_s, α_i, ω_M und F bei Leistungsbegrenzung

Um das System zu stabilisieren, gibt es zwei einfache Möglichkeiten: Entweder man verkleinert die Übertragungskonstante des Reglers zur Leistungsbegrenzung (Block 25) oder man verändert die Kennlinie des Blocks 24, indem man ihr eine Begrenzungskennlinie mit dem Knickpunkt $|x_{24b}| > |x'_{24}|$ überlagert.

Im zweiten Fall ergibt sich die Ausgangsgröße x_{24} des Blocks 24 in Abhängigkeit von seiner Eingangsgröße x_{23} gemäß der Kennlinie Bild 8/85.

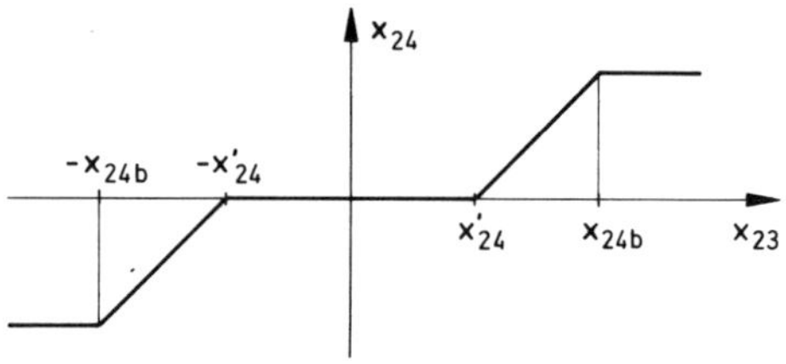

Bild 8/85. Modifizierte Kennlinie des Leistungsbegrenzungsreglers, Block 24 im Bild 8/70

Eine derartige Kennlinie bewirkt eine Reduzierung der Reglerverstärkung bei großen Aussteuerungen. Die Behandlung derartiger nichtlinearer Entwurfsprobleme ist zum Beispiel mit Hilfe der Beschreibungsfunktion [8.1] möglich.

Die erste Methode hat den Nachteil, daß damit die stationäre Genauigkeit bei der Leistungsbegrenzung verringert wird. Um eine stationäre Überlastung der Dieselmaschine zu vermeiden, müßte dann der Knickpunkt x_{24} der toten Zone weiter verkleinert werden. Daher ist das zweite Verfahren zu empfehlen. Das Ausgangssignal des Blocks 24 wird auf 1,75 begrenzt, so daß sich $x_{24b} = x'_{24} + 1{,}75 = 16{,}25$ ergibt. In Bild 8/86 sind die Verläufe von α_s, α_i, ω_M und F für diesen Fall gezeigt. Die Führungsgröße β_s wird hier von 26° auf 40° zum Zeitpunkt t = 2 sec erhöht. Man sieht, daß nach einem Einschwingvorgang von etwa 6 sec Dauer der stationäre Fall erreicht ist. Eine andauernde Überlastung der Maschine wird vermieden (Bild 8/86).

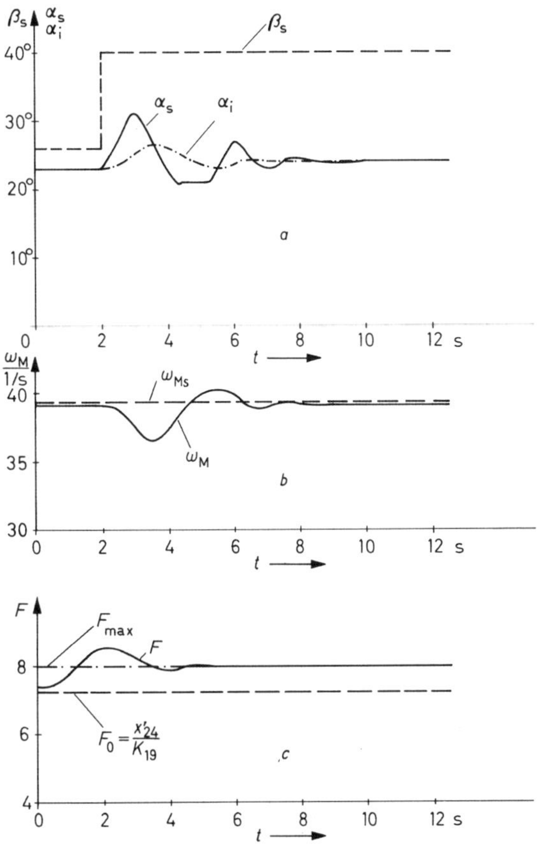

Bild 8/86. Zeitfunktionen von β_s, α_s, M und F bei Leistungsbegrenzung mit Korrektur der toten Zone

8.6 Stabilisierte Plattform mit hydraulischen Antrieben

8.6.1 Aufgabenstellung

Für optische und hochfrequenztechnische Messungen ist ein raumfester Standpunkt der Meßgeräte bzw. Antennen erforderlich. Sollen solche Messungen von einem bewegten Fahrzeug aus vorgenommen werden, wird eine Plattform gebraucht, deren räumliche Winkellage unabhängig von den Fahrzeugbewegungen ist. Eine solche stabilisierte Plattform, wie sie z.B. auf Forschungsschiffen verwendet wird, soll im folgenden behandelt werden.

Die Plattform ist, wie in Bild 8/87 skizziert, über einen Zwischenrahmen um zwei senkrecht zueinander in der Schiffsdeckebene liegende Achsen drehbar aufgehängt.

Plattform und Zwischenrahmen sowie Zwischenrahmen und Schiffsdeck sind jeweils über einen hydraulischen

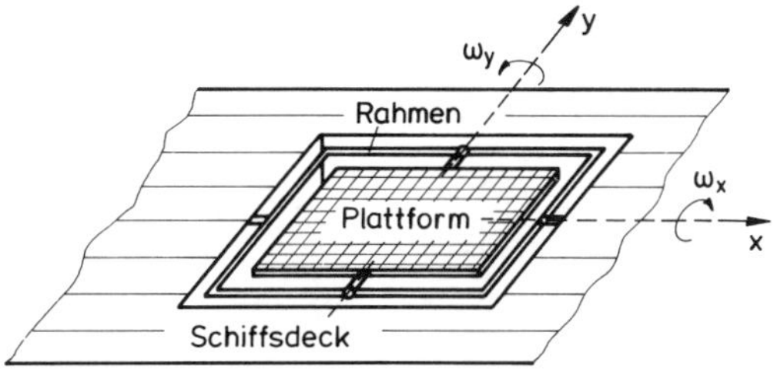

Bild 8/87. Kardanisch aufgehängte Plattform

Antrieb gegeneinander verstellbar. Neigung und Verkantung der Plattform gegenüber einer Bezugsebene, z.B. dem Horizont, werden von einem Kreiselgerät (Horizontkreisel) erfaßt und über geeignete Regler den Hydraulikantrieben zugeführt. Die so gebildeten Regelkreise sind bis auf Unterschiede in den Konstanten für beide Achsen gleich. Es genügt daher, im folgenden einen der beiden Regelkreise zu betrachten. Die Verkopplung zwischen beiden Regelkreisen ist bei nicht zu großen Winkeln zwischen Plattform, Rahmen und Schiffsdeck gering und kann daher außer Betracht bleiben.

8.6.2 Das mathematische Modell

Bild 8/88 zeigt schematisch den Aufbau des Antriebs für den Zwischenrahmen. In dieser Darstellung sind konstruktive Erfordernisse nicht berücksichtigt. Sie gibt lediglich in der gezeichneten Winkelstellung die kinematischen Verhältnisse bezüglich der Drehbewegungen um die y-Achse wieder. Die y-Achse stellt die Drehachse des Zwischenrahmens dar und liegt in Querrichtung in der Schiffsdeck-Ebene, also in Bild 8/88 senkrecht zur Zeichnungsebene. Die x_S-Achse ist die Längsachse des Schiffes. Die Längsachse des Plattformrahmens x_R soll durch die Regelung auf den Winkel ϑ_{HP} möglichst gut in Übereinstimmung mit der x-Achse der Horizontebene x_H gebracht werden. ω_{yR} und ω_{yS} sind die inertialen Winkelgeschwindigkeiten des Rahmens und des Schiffes um die y-Achse. ϑ_{RS} ist der Winkel zwischen Rahmenebene und Schiffsdeck. Rahmen und Schiffsdeck sind in der gezeigten Weise über einen hydraulischen Stellzylinder gegeneinander abgestützt. Mit dem verformbaren Glied zwischen Zylindermasse m_Z und Schiffsdeck soll die Nachgiebigkeit des Fundaments und der gesamten Antriebsmechanik berücksichtigt werden.

Bei der dargestellten Anordnung interessieren zwei Bewegungsrichtungen: die Drehung um die y-Achse und die Translation in Richtung der Achse des Stellzylinders. Die Beziehungen zur mathematischen Verknüp-

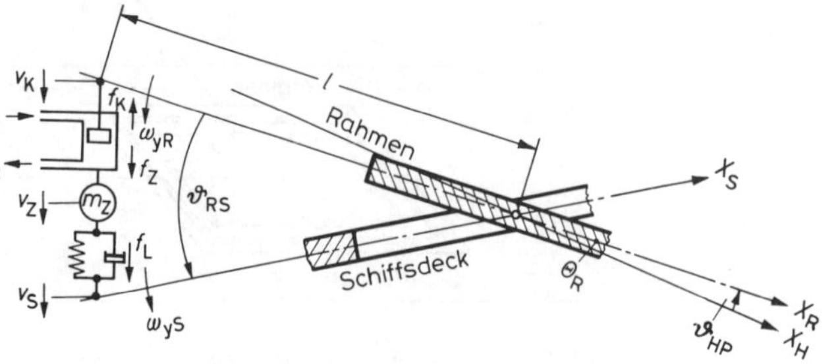

Bild 8/88. Schematische Darstellung der Kinematik und des Hydraulikantriebs der Plattform

fung dieser beiden Bewegungssysteme kann man aus Bild 8/88 ablesen. Die vom hydraulischen Stellzylinder entwickelte Stellkraft f_K wirkt über die Kolbenstange auf den Rahmen und führt zu einem Drehmoment

$$M_{yR} = \ell f_k \cos \frac{\vartheta_{RS}}{2} \qquad (8.145)$$

um die y-Achse. Über das elastische Zylinderlager wirkt die Reaktionskraft f_L auf das Schiff und führt zu einem Drehmoment um den Schiffsschwerpunkt. Diese Rückwirkung kann jedoch wegen des sehr großen Trägheitsmoments des Schiffes vernachlässigt werden. Die inertiale Winkelgeschwindigkeit des Schiffes um die y-Achse, ω_{yS}, wirkt sich in Richtung des Stellzylinders wie folgt aus:

$$v_S = \ell\, \omega_{yS} \cos \frac{\vartheta_{RS}}{2}\ . \qquad (8.146)$$

Die Winkelgeschwindigkeit des Rahmens um die y-Achse liefert in Zylinderrichtung die Komponente

$$v_K = \ell\, \omega_{yR} \cos \frac{\vartheta_{RS}}{2}\ . \qquad (8.147)$$

Zur Berechnung des vom Lagekreisel angezeigten Winkels ϑ_{HP} sollen noch einige Erklärungen gegeben werden, ohne daß dabei im Breiteren auf die Koordinatentransformationen zwischen den einzelnen Rahmen der Plattform und des Kreisels eingegangen wird. Formeln dafür findet man im Schrifttum [8.15]. Der Kreisel ist auf der Plattform montiert und mißt deren Neigungswinkel ϑ_{HP} und Verkantungswinkel φ_{HP} gegenüber einer Bezugsebene (z.B. Horizontebene). Für die Ableitung des hier interessierenden Neigungswinkels ϑ_{HP} gilt [8.15]:

$$\dot{\vartheta}_{HP} = \omega_{yP} \cos \varphi_{HP} - \omega_{zP} \sin \varphi_{HP}\ . \qquad (8.148)$$

Dabei sind ω_{yP} und ω_{zP} die Winkelgeschwindigkeiten der Plattform um die y- bzw. z-Achse des plattformfesten Koordinatensystems. Nimmt man an, daß der Winkel φ_{HP} durch den Regelkreis der Verkantungsachse sehr klein gehalten wird, kann man auch näherungsweise $\dot{\vartheta}_{HP} = \omega_{yP}$ schreiben. ω_{yP} muß nun noch aus den Winkelgeschwindigkeiten des rahmenfesten Koordinatensystems berechnet werden. Ist φ_{RP} der Winkel zwischen der Rahmen- und der Plattformebene, dann erhält man

$$\dot{\vartheta}_{HP} \approx \omega_{yP} = \omega_{yR} \cos \varphi_{RP} + \omega_{zR} \sin \varphi_{RP}\ . \qquad (8.149)$$

Mit den Beziehungen (8.145) bis (8.149) sowie den in Abschnitt 3.2.1 und 3.2.4 aufgestellten Funktionsblöcken für mechanische Grundelemente und hydraulische Bauelemente läßt sich die Struktur der Regelstrecke sofort aufzeichnen. Nimmt man noch die Regler mit den Übertragungsfunktionen G_{KP} und $G_{K\vartheta}$ und die Dynamik der Meßumformer für das Kreiselsignal und den Differenzdruck ΔP_L (Glieder 10 und 11) hinzu, so erhält man schließlich das in Bild 8/89 dargestellte Strukturbild des gesamten Regelungssystems. Dabei sind das Servoventil und der Stellzylinder nur im Umriß gezeichnet. Die beiden Blöcke sind mit den darin angegebenen, im Abschnitt 3.2.4 aufgestellten Teilstrukturbildern auszufüllen, wobei man die genauen oder die vereinfachten Modelle nehmen kann, je nach der erforderlichen Aussagekraft und der Art der weiter beabsichtigten Behandlung des Systems. So wird man bei einer Simulation des Systems, bei der es ja gerade darauf ankommt, den Einfluß der Nichtlinearitäten zu studieren und das Verhalten des Systems in einem weiten Aussteuerungsbereich zu untersuchen, die genauen Modelle verwenden. Für eine überschlägige Beurteilung der wichtigsten Systemeigenschaften eignen sich gut die vereinfachten Beschreibungen. Von ihnen wird man auch ausgehen, wenn man für kleine Aussteuerung die linearen Methoden anwenden möchte.

Die Konstanten zu Bild 8/89 sind in Tabelle 8/8 zusammengestellt.

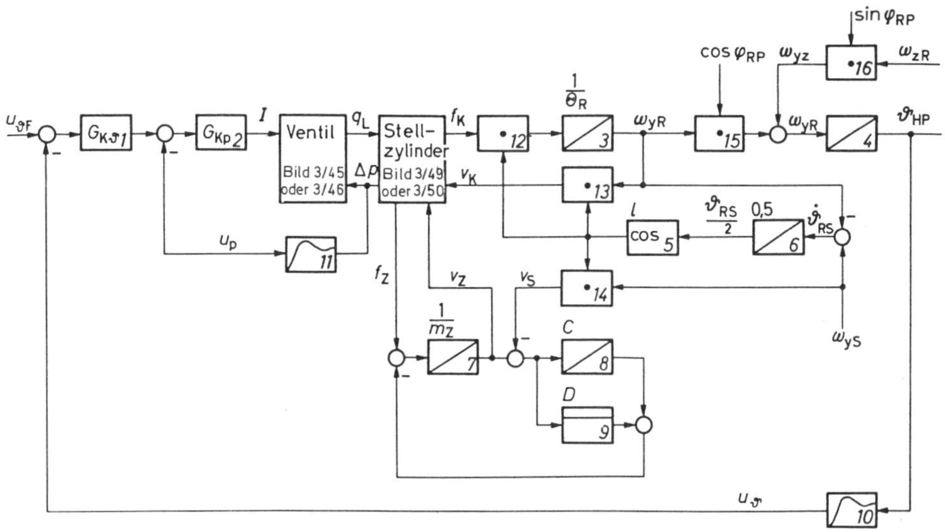

Bild 8/89. Strukturbild des Winkelregelkreises einer stabilisierten Plattform

Tabelle 8/8. Konstanten zum Strukturbild der stabilisierten Plattform Bild 8/89

Glied-Nr.	Art	Konstanten	Bedeutung
1		zu bestimmen	Winkelregler
2		zu bestimmen	Druckregler
3	I	$k_3 = 0{,}7 \cdot 10^{-4} \dfrac{\mathrm{rad}^2}{\mathrm{kg\ m}^2}$	Trägheitsmoment des Rahmens
4	I	$k_4 = 1$	Kreisel
5	F	$x_5 = 0{,}7 \dfrac{\mathrm{m}}{\mathrm{rad}} \cos(\vartheta_{RS/2})$	Kopplung von Rahmendrehung und Stellzylinderbewegung
6	I	$k_6 = 0{,}5$	
7	I	$k_7 = 0{,}01 \dfrac{1}{k_9}$	Masse des Stellzylinders
8	I	$k_8 = 107 \dfrac{\mathrm{N}}{\mathrm{m}}$	Elastizität des Fundaments
9	P	$k_9 = 1500 \dfrac{\mathrm{Nsec}}{\mathrm{m}}$	Dämpfung des Fundaments
10	P-T_2	$k_{10} = 20\mathrm{V}$, $T = 1\,\mathrm{msec}$, $d = 1$	Meßumformer Kreisel
11	P-T_2	$k_{11} = 0{,}083 \dfrac{\mathrm{V}}{\mathrm{N/cm}^2}$ $T = 1\,\mathrm{msec}$, $d = 1$	Meßumformer Druck

Für den Hydraulikteil sind folgende Daten gegeben: geringster hydraulischer Widerstand des Ventils (Widerstand bei voll geöffnetem Ventil)

$$2R_m = \frac{p_V - \Delta p_{L1}}{q_{L1}^2} = \frac{600\ \mathrm{N/cm^2}}{1{,}5^2 \cdot 10^6 \mathrm{cm^6 sec^2}} = 2{,}7 \cdot 10^{-4} \frac{\mathrm{N\,sec^2}}{\mathrm{cm^2}}.$$

Dabei ist Δp_{L1} und q_{L1} ein Wertepaar aus der Druck-Durchfluß-Kennlinie des voll geöffneten Ventils. p_N ist der als konstant angenommene Druck der Ölversorgung. Für die Flächenkennlinien sei der in Bild 3/44 dargestellte Verlauf gegeben. Die dynamischen Eigenschaften des Schieberantriebs sind im Datenblatt des Ventils in Form einer graphischen Darstellung des Frequenzgangs

$$G_V(j\omega) = \frac{H(j\omega)}{I(j\omega)}$$

gegeben (Bild 8/90). Diese Form der mathematischen Beschreibung genügt, wenn man für den Systementwurf das Frequenzkennlinienverfahren anwendet. Man kann aber auch die Parameterform des Frequenzgangs wie folgt näherungsweise bestimmen:

Es ist bekannt (Bild 3/47), daß es sich dabei um den Frequenzgang zweier in Kette geschalteter P-T_2-Glieder handelt. Mit der weiteren Kenntnis, daß für diese Glieder immer $T_{V1} >> T_{V2}$ sowie d_{V1} und $d_{V2} < 1$ gilt, kann man den Frequenzkennlinien näherungsweise die Parameter des Frequenzgangs entnehmen.

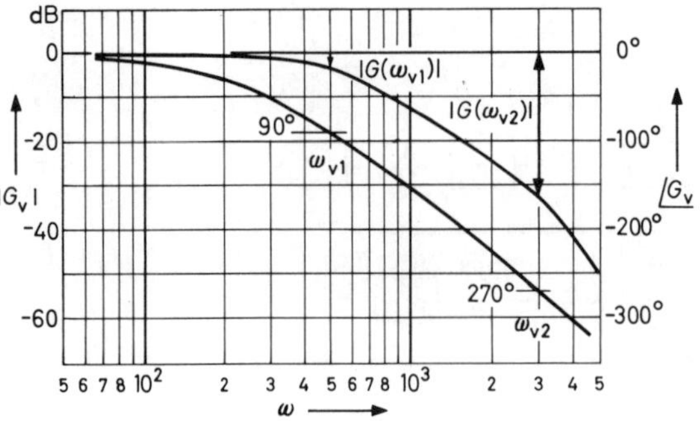

Bild 8/90. Frequenzgang des Ventilantriebs

$$T_{V1} = \frac{1}{\omega_{V1}} \approx \frac{1}{\omega(90^\circ)} = \frac{1}{250\,\mathrm{sec}^{-1}} = 4\,\mathrm{msec}\ ,$$

$$d_{V1} \approx \frac{1}{2|G(\omega_{V1})|} = \frac{1}{2\cdot 0{,}7} = 0{,}7\ ,$$

$$T_{V2} = \frac{1}{\omega_{V2}} \approx \frac{1}{\omega(270^\circ)} = \frac{1}{2000\,\mathrm{sec}^{-1}} = 0{,}5\ \mathrm{msec}\ ,$$

$$d_{V2} \approx \frac{1}{2|G(\omega_{V2})|}\left[\frac{\omega_{V1}}{\omega_{V2}}\right]^2 = \frac{1}{2\cdot 0{,}01}\left[\frac{250}{2000}\right]^2 = 0{,}8\ .$$

Für den Stellzylinder sei die Kompressionskennlinie $p = f(\Delta V)$ Bild 3/48 gegeben. Da im Betrieb der Prozentsatz der Luftbeimengung in weiten Grenzen schwanken kann, sollen die beiden Kurven $K_{G0} = 0{,}02$ und $0{,}1$ berücksichtigt werden. Für den Fall, daß die einfache Zylindernachbildung (Bild 3/51) verwendet wird, erhält man die Werte für die resultierende Kompressibilität aus Bild 3/49. Für einen mittleren Druck von 300 N/cm^2 (halber Systemdruck) liest man $E = 12$ bzw. $5\cdot 10^4\ N/cm^2$ ab. Als weitere Daten sind gegeben: das mittlere Volumen einer Zylinderkammer mit $V_0 = 800$ cm^3 und die Stellkolbenfläche $A_K = 40\ cm^2$. Die Reibungskräfte können vernachlässigt werden ($k_v = k_c = 0$). Der als konstant angenommene Versorgungsdruck beträgt $p_v = 600\ N/cm^2$.

8.6.3 Linearisieren der Regelstrecke

Die Struktur der Strecke in Bild 8/89 weist zahlreiche Nichtlinearitäten auf. Zunächst werden die trigonometischen Funktionen und die Multiplizierglieder zur Darstellung der Kopplung zwischen den Systemen verschiedener Bewegungsrichtung betrachtet.

Da die Abweichung der Schiffslage von der Horizontalen in beiden Richtungen 15° nicht überschreitet, können auch die Winkel zwischen Schiffsdeck und Rahmen (ϑ_{RS}) sowie zwischen Rahmen und Plattform (ϑ_{RP}) diesen Wert nicht wesentlich überschreiten. Es ist daher ohne weiteres zulässig, die Sinusfunktionen durch die Winkel und die Cosinusfunktionen durch 1 zu ersetzen. Der bei dieser Näherung auftretende Fehler von höchstens 5% spielt bei der Untersuchung des dynamischen Systemverhaltens keine Rolle. Nach Vereinfachung verbleibt im kinematischen Systemteil nur noch der Multiplizierer Block 16. Diese Nichtlinearität liegt jedoch außerhalb des Regelkreises und ist daher für die folgenden Untersuchungen uninteressant.

Für die Beschreibung des Stellzylinders wird die vereinfachte Struktur (Bild 3/50) verwendet. Das nichtlineare Glied in diesem Bild bleibt außer Betracht, da die Reibungskennlinie bei $\dot{h}_K(0)$ nicht differenzierbar ist und folglich nicht linearisiert werden kann. Um den Einfluß der Reibung zu studieren, ist eine Simulation erforderlich. Mit den linearen Verfahren kann nur das Verhalten im Bereich $\dot{h}_K \neq 0$ untersucht werden.

Zur Nachbildung des Servoventils wird von der vereinfachten Version (Bild 3/46) ausgegangen. Diesem Strukturbild hat (3.220) zugrunde gelegen. Danach ist q_L eine Funktion der beiden Variablen H und Δp_L. Bild 8/91 zeigt die graphische Darstellung dieser Funktion mit H als Parameter. Beim Betrachten des Kennlinienfeldes sieht man schon, daß die partiellen Differentialquotienten in weiten Grenzen schwanken können. Tatsächlich kommen beim Betrieb eines Servosystems auch Fälle vor, bei denen der Arbeitspunkt dynamisch weite Bereiche des Kennlinienfeldes durchläuft. Die linearen Methoden werden daher bei der Untersuchung eines derartigen Systems nur begrenzt anwendbar sein. Für typische Betriebsfälle jedoch sind sie eine wertvolle Hilfe beim Systementwurf, so z.B. für den häufig vorkommenden Fall, daß sich die auf das System einwirkenden Größen im Verhältnis zu dessen Eigendynamik nur langsam ändern. In dem behandelten Beispiel trifft dies zu, da als äußere Größen normalerweise nur die von den Schiffsbewegungen herrührenden Störgrößen auftreten. Diese sind jedoch in ihrer Geschwindigkeit begrenzt, da das Schiff nur Bewegungen ausführen kann, die von seiner Eigenfrequenz und vom Seegang abhängen. Bei dieser Beanspruchung müssen nur kleine Beschleunigungskräfte aufgebracht werden, und die Lastdruck-Differenz Δp_L bleibt verhältnismäßig klein. Es genügt daher, das in Bild 8/91 gestrichelt gezeichnete Kennlinienfeld zu berücksichtigen. Es wird durch die Gleichung

$$q_L^* = \left[\frac{\partial q_L}{\partial \Delta p_L}\right]_{\Delta p_L=0} \cdot \Delta p_L + \left[\frac{\partial q_L}{\partial H}\right]_{\Delta p_L=0} \cdot H \quad (8.150)$$

beschrieben. Das Zeichen Δ hat hier nichts mit der Abweichung vom Arbeitspunkt im Sinne der Linearisierung zu tun, sondern wurde schon früher zur Kennzeichnung der Druckdifferenz eingeführt. Zur Bestimmung

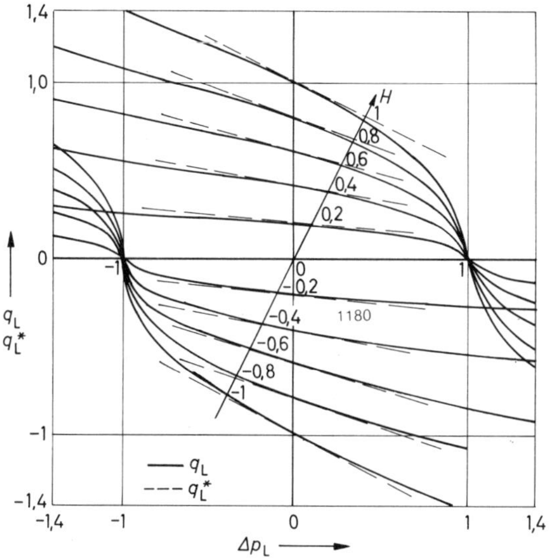

Bild 8/91. Kennlinienfeld eines Vier-Wege-Ventils mit geschlossener Mittelstellung

der partiellen Differentialquotienten braucht man die Funktion q_L nur im ersten und im dritten Quadranten zu betrachten. Man erhält dann also für $\Delta p_L q_L \geq 0$ aus (3.220)

$$\left[\frac{\partial q_L}{\partial \Delta p_L}\right]_{\Delta p_L=0} = -\frac{|H|}{2\sqrt{2R_m p_v}} \,,$$

$$\left[\frac{\partial q_L}{\partial H}\right]_{\Delta p_L=0} = \sqrt{\frac{p_v}{2R_m}} \,. \quad (8.151)$$

Damit ergibt sich das in Bild 8/92 dargestellte teillinearisierte Strukturbild des Servoventils. Dieses Bild enthält jetzt nur noch die nichtlinearen Eigenschaften, die bei dem interessierenden Betriebsfall eine Rolle spielen. Es soll verdeutlichen, worauf es bei der Betrachtung des Systems ankommt. Gebraucht wird jedoch für die weitere Bearbeitung das linearisierte Modell (Bild 8/93).

Man erhält es dadurch, daß man in den partiellen Ableitungen (8.151) außer $\Delta p_L = 0$ auch für H den Arbeits-

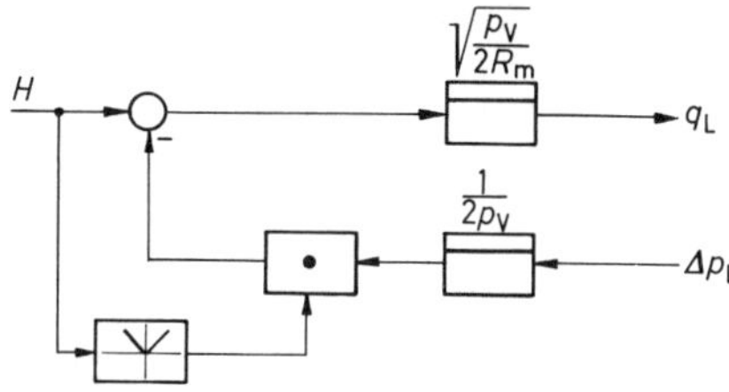

Bild 8/92. Teilweise linearisiertes Strukturbild des Vier-Wege-Ventils

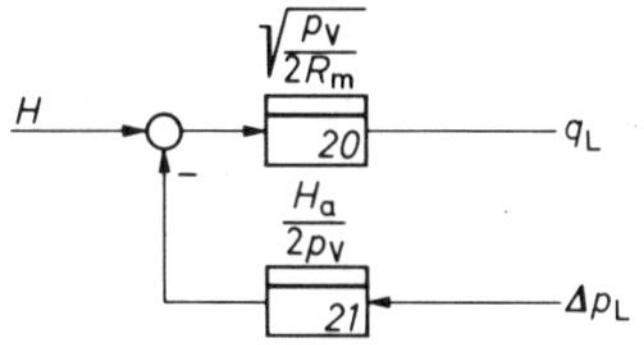

Bild 8/93. Linearisiertes Strukturbild des Ventils

ruhewert H_a einsetzt. Bei den folgenden Untersuchungen sollen zwei extreme Werte für H_a betrachtet werden:

$H_{a1} = 1$ (Vollaussteuerung),

$H_{a2} = 0{,}05$ (Nullage).

Daß für die Nullage der Ventilstellung eine Mindestöffnung von 5% angesetzt wurde, hat folgenden Grund: In einem Regelkreis muß wegen der stets anzustrebenden hohen Reglerverstärkung mit beträchtlichen Störüberlagerungen der Stellgröße gerechnet werden. Die Ventilstellung wird also auch im Ruhezustand statistische Schwankungen um die Nullage ausführen. Man kann diesem Sachverhalt Rechnung tragen, indem man eine mittlere Öffnung der Nullage ansetzt.

Linearisiert man das System in der beschriebenen Weise, so gelangt man zu dem in Bild 8/94 dargestellten Strukturbild des mechanisch-hydraulischen Teils der Regelstrecke. Für die Konstanten der linearisierten Glieder erhält man mit den in Abschnitt 8.6.1 angegebenen Daten

$$k_{20} = \sqrt{\frac{p_v}{2R_m}} = 1{,}5 \cdot 10^3 \, \frac{cm^3}{sec} \,,$$

$$k_{21} = \frac{H_a}{2p_V} = \begin{cases} 8{,}4 \cdot 10^{-4} \; \frac{cm^2}{N} & \text{für } H_a = 1 \\ 4{,}2 \cdot 10^{-5} \; \frac{cm^2}{N} & \text{für } H_a = 0{,}05 \end{cases} \,,$$

$$k_{22} = 2\frac{E}{V_0} = \begin{cases} 300 \; \frac{N}{cm^5} & \text{für } K_{G0} = 0{,}02 \\ 140 \; \frac{N}{cm^5} & \text{für } K_{G0} = 0{,}1 \end{cases} \,,$$

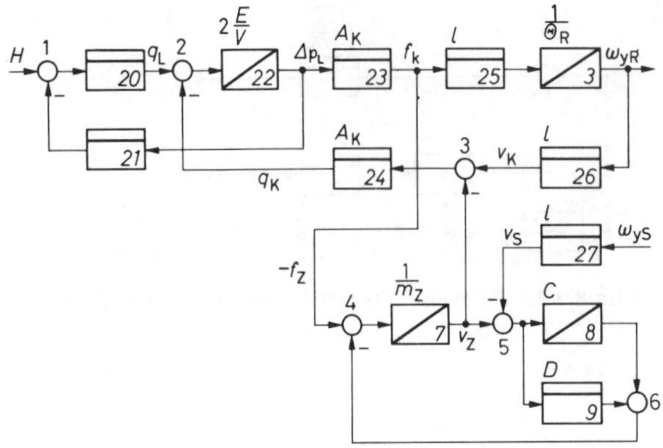

Bild 8/94. Linearisiertes Strukturbild des mechanisch-hydraulischen Teils der Plattform

$$k_{23} = k_{24} = A_K = 40\ \text{cm}^2\ ,$$

$$k_{25} = k_{26} = k_{27} = \ell = 70\ \text{cm}\ .$$

Die Zahlenwerte der übrigen Konstanten wurden zu Bild 8/89 in Tabelle 8/8 angegeben.

8.6.4 Frequenzkennlinien der Regelstrecke

Aus Gründen, die später noch erklärt werden, soll der Lageregelung der Plattform ein Druckregelkreis unterlagert werden. Zu dessen Entwurf muß zunächst der Frequenzgang

$$G_p(j\omega) = \frac{\Delta p_L(j\omega)}{H(j\omega)} \tag{8.152}$$

berechnet werden. Man kann dazu von Bild 8/94 ausgehen und das schon eingangs dieses Kapitels erwähnte Digitalprogramm (Abschnitt 5.8) benutzen. Zusätzlich soll jedoch versucht werden, durch Umformen des Strukturbildes 8/94 das System schrittweise in eine einfachere Form überzuführen, welches möglichst nur aus einer Kettenstruktur von Übertragungsgliedern besteht. Das hat den Vorteil, daß man die Zusammenhänge zwischen den physikalischen Konstanten und den Übertragungseigenschaften des Systems besser erkennt. Man kann dadurch Hinweise erhalten, wie man durch Verändern von Konstruktionsdaten die dynamischen Eigenschaften des Systems verbessern kann.

Bild 8/95 zeigt schrittweise, wie die vermaschte Form des Bildes 8/94 in eine einfache Kettendarstellung übergeführt werden kann. In den ersten beiden Schritten

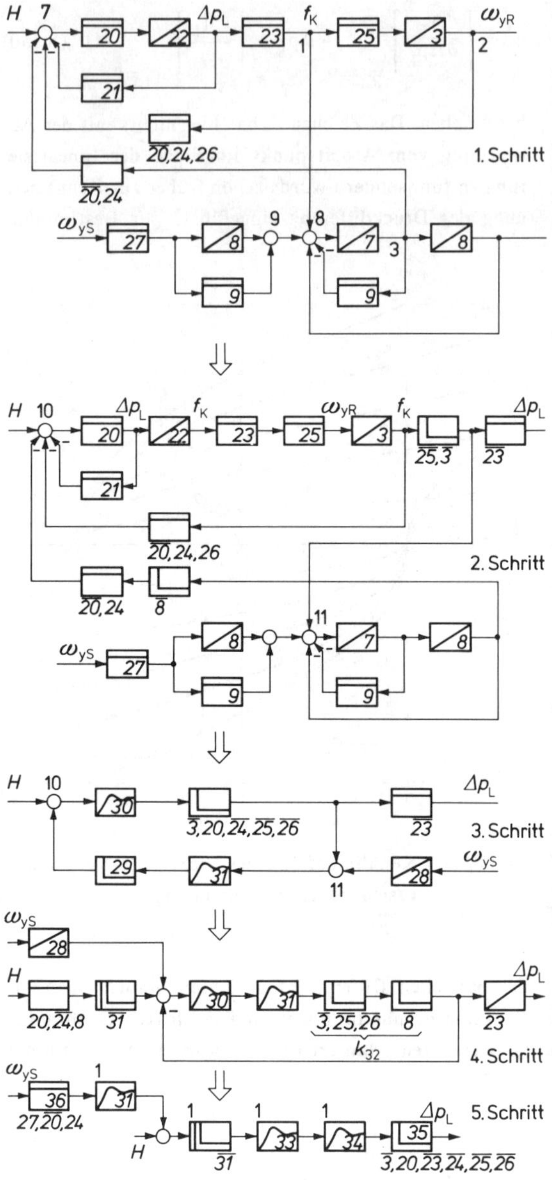

Bild 8/95. Umformen des Strukturbildes 8/94

wird das System so umgeformt, daß keine ineinandergreifenden Schleifen mehr auftreten. Dies geschieht durch Verlagern von Übertragungsgliedern und Summierungsstellen. Dabei treten neue Übertragungsglieder auf, in denen mehrere alte durch Kettenschaltung zusammengefaßt sind. An diesen resultierenden Übertragungsgliedern sind im Bild die Nummern der ursprünglichen Glieder angeschrieben, wobei inverse Glieder durch einen Querstrich über der Gliednummer gekennzeichnet sind. Im ersten Schritt werden die Summierungsstellen 2 und 3 in die Summierungsstelle 1 verlegt.

Die Summierungsstellen 5 und 6 werden so verlagert, daß die neuen Stellen 8 und 9 entstehen. Man kann jetzt schon erkennen, daß man es mit 2 gekoppelten Systemen zweiter Ordnung zu tun hat. Im 2. Schritt werden die Verzweigungsstellen 1 und 2 sowie 3 und 4 zusammengelegt. Jetzt kann man deutlich erkennen, daß das System aus einer Gegenkopplungsschleife besteht, die zwei P-T_2-Glieder und zwei D-Glieder enthält. Die Konstanten der P-T_2-Glieder

$$G_{30} = \frac{1}{1 + 2d_{30}T_{30}s + T_{30}^2 s^2}, \tag{8.153}$$

$$G_{31} = \frac{1}{1 + 2d_{31}T_{31}s + T_{31}^2 s^2} \tag{8.154}$$

ergeben sich wie folgt:

$$T_{30}^2 = \frac{1}{k_3 k_{22} k_{23} k_{24} k_{25} k_{26}} = \frac{\Theta_R V_0}{2EA_K^2 \ell^2},$$

$$d_{30} = \frac{k_{20} k_{21}}{2T_{30} k_3 k_{23} k_{24} k_{25} k_{26}} = \frac{H_a \Theta_R}{4T_{30}\sqrt{2R_m p_v} A_K^2 \ell^2} \tag{8.155}$$

$$T_{31}^2 = \frac{1}{k_7 k_8} = \frac{m_z}{C},$$

$$d_{31}^2 = \frac{k_9}{2T_{31}k_8} = \frac{D}{2T_{31}C}. \tag{8.156}$$

Danach ergibt sich die im 3. Schritt dargestellte Vereinfachung der Struktur. Dabei wurde noch folgende Zusammenfassung vorgenommen:

$$G_{28} = k_{27}k_8 \frac{1 + \frac{k_9}{k_8}}{s}. \tag{8.157}$$

In einem weiteren Schritt werden die Glieder 31 und 29 in den Vorwärtszweig verlagert. Dabei entsteht das inverse P-T_2-Glied $\overline{31}$. Das Symbol soll die zweifache Differentiation andeuten. Außerdem wird die Störgrößeneinwirkung in den Streckeneingang verlegt (Zusammenlegen der Summierungsstellen 10 und 11), was später das Betrachten des Störverhaltens erleichtert.

Für den geschlossenen Kreis von Bild 8/95 (4. Schritt) gilt die Übertragungsfunktion

$$G^* = \frac{1}{1 + \frac{1}{G_{30}G_{31}k_{32}s}} =$$

$$= \frac{1}{1+(1+2d_{30}T_{30}s+T_{30}^2s^2)(1+2d_{31}T_{31}s+T_{31}^2s^2)\,\frac{1}{k_{32}s^2}}. \tag{8.158}$$

Berechnet man die Zahlenwerte für die Parameter der beiden P-T_2-Glieder 30 und 31 [(8.153) und (8.154)], so stellt man fest, daß folgende Voraussetzungen gegeben sind:

$$T_{30} > 30\,T_{31}\,,$$
$$d_{30} < 1{,}4\,, \tag{8.159}$$
$$d_{31} < 0{,}02\,.$$

Tabelle 8/9. Zahlenwerte zu den Konstanten zu Bild 8/95

Arbeits-punkt	Luft-gehalt	Konstanten			
H_a	K_{G0}	T_{31}	d_{31}	T_{33}	d_{33}
1	2%	0,0033	0,02	0,09	1,4
1	10%	0,0033	0,02	0,12	1
0,05	2%	0,0033	0,02	0,09	0,07
0,05	10%	0,0033	0,02	0,12	0,05

Arbeits-punkt	Luft-gehalt	Konstanten			
H_a	K_{G0}	T_{34}	d_{34}	k_{35}	k_{36}
1	2%	0,0026	0,02	440 Nsec/cm²	1,1 sec
1	10%	0,003	0,02	440 Nsec/cm²	1,1 sec
0,05	2%	0,0026	0,02	440 Nsec/cm²	1,1 sec
0,05	10%	0,003	0,02	440 Nsec/cm²	1,1 sec

Die charakteristischen Stellen liegen also so weit auseinander, daß man näherungsweise

$$G_{30}(s)\,G_{31}(s) \approx G_{30}(s)\,G_{31}(0) \quad \text{für } |s| << \frac{1}{T_{31}} \tag{8.160}$$

und

$$G_{30}(s)\,G_{31}(s) \approx G_{31}(s)\,G_{30}(\infty) \quad \text{für } |s| >> \frac{1}{T_{30}} \tag{8.161}$$

schreiben kann. Damit ergibt sich

$$G^* \approx \begin{cases} G_1^* & \text{für } |s| << \frac{1}{T_{31}} \\ G^* & \text{für } |s| >> \frac{1}{T_{30}} \end{cases} =$$

$$
= \begin{cases} \dfrac{1}{1+(1+2d_{30}T_{30}s+T_{30}^2 s^2)\dfrac{1}{k_{32}s^2}} & \text{für } |s| << \dfrac{1}{T_{31}} \\[2ex] \dfrac{1}{1+\dfrac{T_{30}^{\,2}}{k_{32}}(1+2d_{31}T_{31}s+T_{31}^2 s^2} & \text{für } |s| >> \dfrac{1}{T_{30}} \end{cases}
$$

$$
= \begin{cases} \dfrac{k_{32}s^2}{1+2d_{33}T_{33}s+T_{33}^2 s^2} & \text{für } |s| << \dfrac{1}{T_{31}} \\[2ex] \dfrac{k_{32}}{k_{32}+T_{30}^2}\,\dfrac{1}{1+2d_{34}T_{34}s+T_{34}^2 s^2} & \text{für } |s| >> \dfrac{1}{T_{30}} \end{cases} , \qquad (8.162)
$$

wobei

$$
T_{33}^2 \approx (T_{30}^2+k_{32}) \;,\quad d_{33} \approx d_{30}\frac{T_{30}}{T_{33}} \;,
$$

$$
T_{34}^2 \approx \frac{T_{31}^2}{1+\dfrac{k_{32}}{T_{30}^2}} \;,\quad d_{34} \approx d_{31}\frac{T_{31}}{T_{34}\left[1+\dfrac{k_{32}}{T_{30}^2}\right]} \;. \qquad (8.163)
$$

Gelten nun für die Konstanten der P-T_2-Glieder

$$
G_{33} = \frac{1}{1+2d_{33}T_{33}s+T_{33}^2 s^2} \quad \text{und} \qquad (8.164)
$$

$$
G_{34} = \frac{1}{1+2d_{34}T_{34}s+T_{34}^2 s^2} \qquad (8.165)
$$

ähnliche Voraussetzungen wie bei (8.159), dann kann man weiter schreiben:

$$
G^*(s) \approx \begin{cases} G_1^*(s) & \text{für } |s| << \dfrac{1}{T_{33}} \\[2ex] G_2^*(s) & \text{für } |s| >> \dfrac{1}{T_{34}} \end{cases}
$$

$$
\approx \frac{G_1^*(s)G_2^*(s)}{G_1^*(\infty)} = k_{32}\,s^2\,G_{33}(s)\,G_{34}(s) \;. \qquad (8.166)
$$

So ergibt sich schließlich die im 5. Schritt von Bild 8/95 dargestellte Struktur der Regelstrecke, die jetzt nur noch in Kette geschaltete Übertragungsglieder höchstens zweiter Ordnung enthält. Dabei wurde noch Block 28 (8.157) näherungsweise durch

$$
G_{28} \approx \frac{k_{27}k_{28}}{s} \qquad (8.167)
$$

ersetzt.

Mit den gegebenen Daten erhält man die Zahlenwerte in Tabelle 8/9.

Damit lassen sich die Frequenzkennlinien der Druckregelstrecke zeichnen (Bild 8/96). Man erkennt die starke Abhängigkeit von der Ventilaussteuerung H_a und dem Luftgehalt des Öls K_{G0}. Mit der Aussteuerung verän-

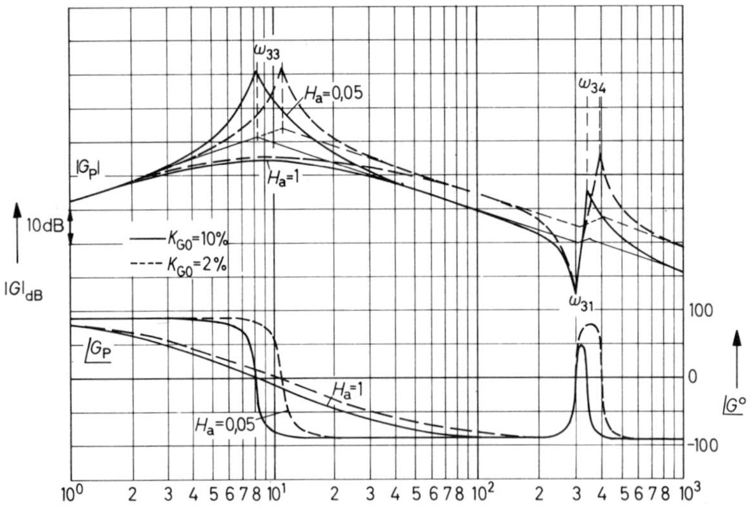

Bild 8/96. Frequenzkennlinien des mechanisch-hydraulischen Teils der Druckregelstrecke.
Parameter: Luftgehalt des Hydrauliköls K_{K0} und Ventilaussteuerung H_a

dert sich die Dämpfung der Resonanzstelle bei ω_{33} in weiten Grenzen. Der veränderliche Luftgehalt des Öls bewirkt eine Verschiebung der Resonanzfrequenzen ω_{33} und ω_{34}.

8.6.5 Der Druckregelkreis

Dem Regelkreis für die Winkellage der Plattform wird ein Druckregelkreis unterlagert. Diese Regelung des Lastdrucks Δp_L soll zweierlei bewirken. Einmal sollen dadurch Dynamik und Linearität der Lage-Regelstrecke verbessert werden. Zum andern möchte man eine exakte Führung des Lastdrucks ermöglichen, um definierte Verhältnisse für große Signale (z.B. Führungssprünge) zu haben. Würde man nämlich das Ventil ohne Rücksicht auf den Druckverlauf ansteuern, könnten zusätzliche nichtlineare Effekte auftreten wie Ansprechen von Überdruckventilen und Kavitation (Hohlraumbildung) im Stellzylinder.

Bild 8/97 zeigt die Struktur des Druckregelkreises. Die Regelstrecke besteht aus dem hydraulisch-mechanischen Antriebsteil in der vereinfachten Form von Bild 8/95. Hinzu sind die beiden P-T_2-Glieder 37 und 38 ge-

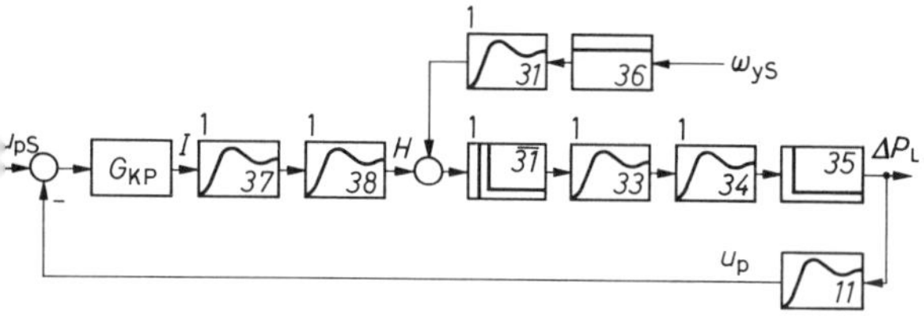

Bild 8/97. Strukturbild des Druckregelkreises

kommen. Sie beschreiben die Dynamik der Schiebersteuerung des Servoventils. Die Daten dieser Glieder wurden in Abschnitt 8.6.2 aus dem angegebenen Frequenzgang (Bild 8/90) bestimmt. Das P-T_2-Glied 11 repräsentiert die Dynamik des Druck-Meßumformers. G_{KP} ist die zu bestimmende Übertragungsfunktion des Reglers.

Um die Frequenzkennlinien der Regelstrecke zu zeichnen, addiert man die Teilfrequenzgänge, Bilder 8/96 und 8/90, und fügt mit Hilfe von Bild 5/8 und 5/9 noch die Werte für das P-T_2-Glied 11 hinzu. Das Ergebnis zeigt Bild 8/98. Der Übersichtlichkeit halber wurde dabei nur der Parameterwert $K_{G0} = 2\%$ berücksichtigt.

Dieser Fall ist für die Reglerauslegung maßgebend, weil dafür die Betragskennlinie der Strecke am höchsten liegt.

Beim Entwurf des Druckreglers hat man von folgenden Anforderungen auszugehen:

1. Die Durchtrittsfrequenz des Druckregelkreises soll im Interesse einer günstigen Dynamik der Lageregelstrecke möglichst hoch liegen. Der geschlossene Kreis muß für beide Grenzwerte des Parameters K_{G0} genügend gedämpft sein.

2. Der Druckregelkreis soll schon eine möglichst weitgehende Ausregelung der Störgröße bewirken. Die Störgröße ω_{ys} hat entsprechend den Schiffsbewegungen einen periodischen Verlauf mit einer höchsten Grundfrequenz von 0,25 Hz entsprechend $\omega_{st} = 1{,}5$. Bei dieser Frequenz soll die Reglerverstärkung möglichst hoch sein. Für das Führungsverhalten genügt eine Genauigkeit von 2% , wofür eine stationäre Kreisverstärkung von 50 erforderlich ist.

Um die Forderung nach einer hohen Verstärkung bei der Störfrequenz ω_{st} zu erfüllen, muß ein Regler genommen werden, dessen Betragskennlinie nach tiefen Frequenzen hin möglichst steil ansteigt. Diese Eigenschaft kann durch eine Kettenschaltung aus mehreren PI-Gliedern erzeugt werden, deren Eckfrequenzen möglichst weit oberhalb der Störfrequenz liegen. An sich wäre es im vorliegenden Fall für die Verbesserung des Störverhaltens noch sinnvoll, bis zu vier PI-Glieder einzufügen, ohne daß die Phasenreserve bei der Durchtrittsfrequenz zu sehr verschlechtert wird. Das mehrfache PI-Verhalten hat jedoch noch andere Konsequenzen. Einmal treten im Führungsverhalten des Regelkreises große Überschwingungen auf (100% und mehr). Zum andern kann es vorkommen, daß das System infolge seiner nichtlinearen Eigenschaften bei starken Anregungen in einen Grenzzyklus gerät. Fragen, die solche Eigenschaften betreffen, können nur bei einer Simulation des Systems geklärt werden. Hier sei das Ergebnis einer solchen Untersuchung als bekannt angenommen, wonach ein mehr als zweifaches PI-Verhalten im Druckregelkreis unzweckmäßig ist.

Der ersten Forderung nach einer möglichst hohen Durchtrittsfrequenz steht die Resonanzstelle bei ω_{34} im Wege, da sich hier schon bei verhältnismäßig kleiner Kreisverstärkung ein negativer Schnittpunkt ergibt. Man könnte hier auf den Gedanken kommen, ähnlich wie bei dem Beispiel von Abschnitt 8.2, die Resonanzstelle durch ein geeignetes inverses Glied zu kompensieren. Diese Korrekturmaßnahme ist jedoch hier wegen ihrer großen Parameterempfindlichkeit wenig erfolgversprechend. Wie schon Bild 8/96 zeigt, hängt die Lage der störenden Resonanzüberhöhung ω_{34} von der Ölkom-

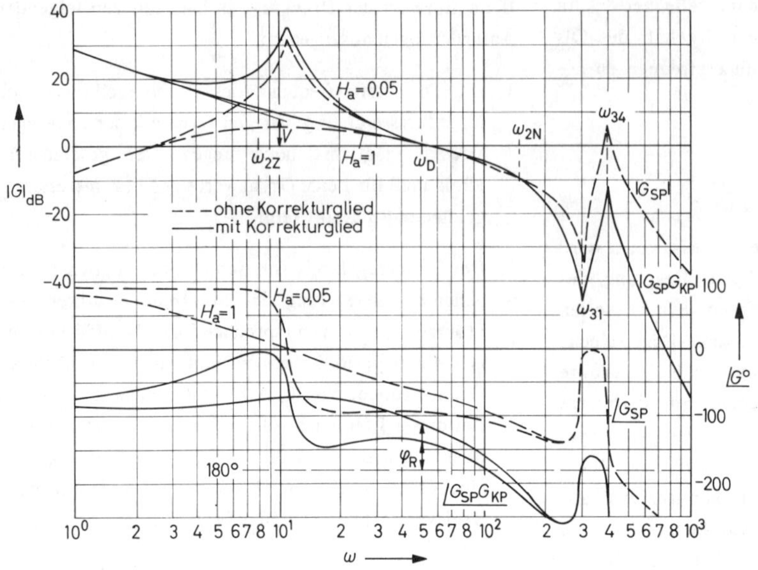

Bild 8/98. Frequenzkennlinien der Druckregelstrecke und des korrigierten offenen Druckregelkreises

pressibilität E ab, die im Betrieb infolge veränderlichen Luftgehalts des Öls und durch andere Einflüsse in weiten Grenzen schwanken kann. Hinzu kommt, daß auch durch den veränderlichen Angriffswinkel des Stellzylinders die Steifigkeit des Fundaments und damit die Resonanzfrequenzen ω_{31} und ω_{34} schwanken können. Darüber hinaus muß man im Auge beshalten, daß die Nachbildung der mechanischen Konstruktion durch ein konzentriertes Feder-Massesystem nur die Grundeigenfrequenz erfaßt. In Wirklichkeit treten möglicherweise weitere Eigenfrequenzen in unmittelbarer Nachbarschaft auf.

Aus den angeführten Gründen ist bei dem hier betrachteten System eine selektive Korrektur der Resonanzstellen ω_{31} und ω_{34} nicht möglich. In dieser Situation kann aus den Entwurfsüberlegungen die Forderung folgen, die Eigenschaften der Regelstrecke zu verbessern. Dies könnte z.B. dadurch geschehen, daß durch eine mechanische Versteifung des Fundaments die Eigenfrequenz ω_{34} vergrößert wird. Leider sind solche konstruktiven Änderungen nicht immer realisierbar. Man muß dann eben mit den gegebenen Verhältnissen leben und ggf. Abstriche an den gestellten Anforderungen machen. Eine gewisse Verbesserung der unsicheren Streckeneigenschaften an der Resonanzstelle ω_{34} kann man dadurch erreichen, daß man durch einen Tiefpaß (P-T_2-Glied) die Betragskennlinie an dieser Stelle absenkt. Diese Maßnahme ist eigentlich gerade das Gegenteil dessen, was man bei der Korrektur der dynamischen Streckeneigenschaften normalerweise tut, nämlich Verzögerungsverhalten zu kompensieren. Dennoch läßt sich damit erreichen, daß man die Durchtrittsfrequenz des Regelkreises höher legen kann als ohne das zusätzliche Verzögerungsglied. Zur optimalen Dimensionierung des P-T_2-Gliedes muß man etwas probieren. Einerseits sollte seine Eckfrequenz ω_{2N} möglichst niedrig liegen, um die Resonanzüberhöhung bei ω_{34} weit abzusenken. Andererseits wirkt sich eine Reduzierung von ω_{2N} wegen der Verschlechterung der Phasenreserve nachteilig auf die erreichbare Regelkreis-Durchtrittsfrequenz ω_D aus. Man muß daher auch für die Dämpfung d_{2N} des P-T_2-Gliedes einen optimalen Wert suchen. Bei kleiner Dämpfung erhält man, wie Bild 5/9 zeigt, in Richtung der angestrebten Durchtrittsfrequenz einen steilen Phasenanstieg. Dies ist vorteilhaft. Andererseits zeigt sich in der Betragskennlinie (Bild 5/8) eine umso größere Überhöhung, je kleiner die Dämpfung ist. Eine Anhebung der Betragskennlinie ist aber schädlich, da sie der Forderung entgegenwirkt, daß die Betragskennlinien im Bereich der Durchtrittsfrequenz ein Gefälle von 20 dB/Dekade haben soll (Satz 7.6). Nach Bild 5/9 scheint in dieser Hinsicht ein Wert von d = 0,5 vorteilhaft.

Die Überlegungen führen somit zu einem Regler mit der Übertragungsfunktion

$$G_{KP} = k_2 \frac{(1+T_{2Z}s)^2}{s^2(1+2d_{2N}T_{2N}s+T_{2N}s^2)} \;. \tag{8.167}$$

Beim Festlegen der Zeitkonstanten muß man wie gesagt etwas probieren. Dazu werden folgende Kriterien zugrunde gelegt: Als Phasenreserve wird $\varphi_R = 40^\circ$ vorgegeben. Dieser Wert reicht aus, da keine besonderen Forderungen an die Dämpfung des Druckregelkreises gestellt sind. Die Durchtrittsfrequenz ω_D soll möglichst hoch liegen, und die Betragskennlinie soll an dieser Stelle eine Steigung von -20 dB je Dekade haben. Aus Sicherheitsgründen wird weiter gefordert, daß das Betragsmaximum an der Stelle ω_{34} mindestens 12 dB unterhalb der 0-dB-Linie liegt. Im Interesse eines guten Störverhaltens ist für T_{2Z} ein möglichst kleiner Wert anzustreben.

Mit den so umrissenen Forderungen an den Frequenzgang des offenen Kreises gelangt man zu den Reglerkonstanten

$$T_{2Z} = 0{,}125\,\text{sec} \ , \quad T_{2N} = 6{,}7\cdot 10^{-3}\,\text{sec} \ .$$

Damit ergeben sich die in Bild 8/98 ausgezogen gezeichneten Frequenzkennlinien des korrigierten offenen Kreises. Die Durchtrittsfrequenz liegt bei $\omega_D = 50$, die Kreisverstärkung beträgt $V = 2{,}5 \mathrel{\hat{=}} 8$ dB. Für die Reglerverstärkung erhält man

$$k_2 = \frac{V}{K_S} = \frac{V}{k_{35}k_{11}} = 0{,}7 \ .$$

Für den geschlossenen Kreis ergibt sich durch Anwendung der Näherung nach Bild 5/17 und zusätzlicher Berechnung einiger Punkte mit Gleichungen (5.20) und (5.21) der in Bild 8/99 dargestellte Frequenzgang $G_p^* k_{11}$. Dabei wurde der Verstärkungsfaktor des geschlossenen Regelkreises $1/k_{11}$ abgespalten.

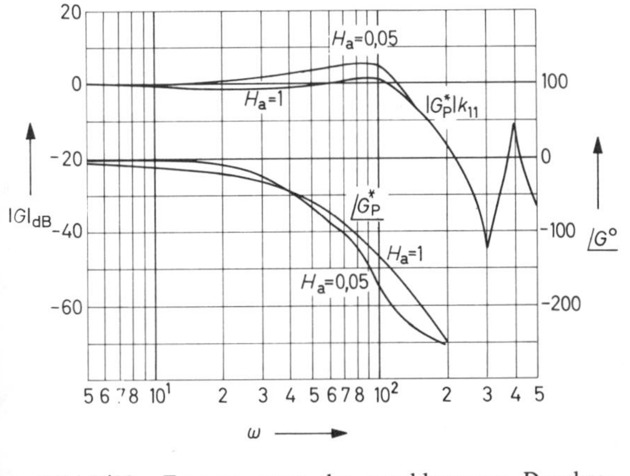

Bild 8/99. Frequenzgang des geschlossenen Druckregelkreises für $K_{G0} = 2$ %

Für den Entwurf des überlagerten Winkelregelkreises muß auch der Fall $K_{G0} = 10\%$ betrachtet werden, da hierfür der geschlossene Druckregelkreis eine schlechtere Dynamik hat. Bei diesem Parameterwert liegt die Betragskennlinie der Strecke tiefer (Bild 8/96), so daß sich bei unveränderter Reglereinstellung eine niedrigere Durchtrittsfrequenz ergibt. Bild 8/100 zeigt den Frequenzgang des geschlossenen Druckregelkreises für den Parameterwert $K_{G0} = 10\%$.

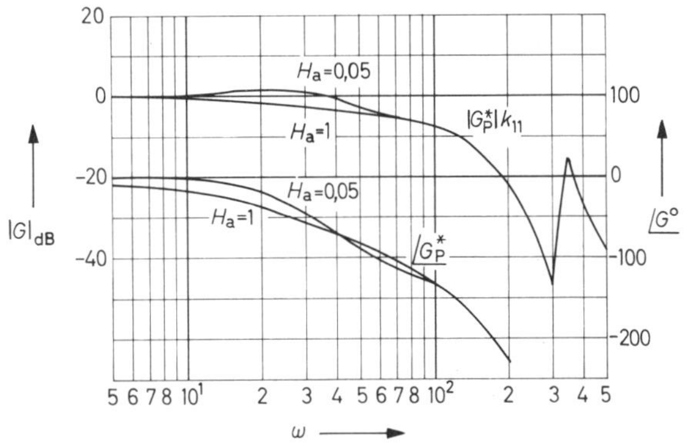

Bild 8/100. Frequenzgang des geschlossenen Druckregelkreises für $K_{G0} = 10$ %

8.6.6 Der Winkelregelkreis

Das Strukturbild des Winkelregelkreises zeigt Bild 8/101. Der Druckregelkreis ist darin durch Glied 39 mit

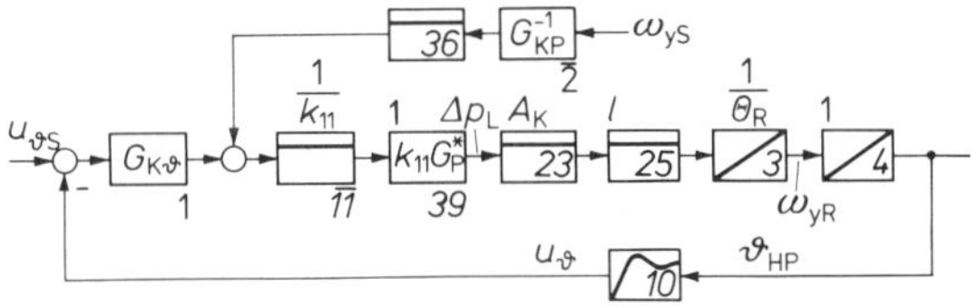

Bild 8/101. Strukturbild des Winkelregelkreises

der Übertragungsfunktion G_p^* dargestellt. Der Störgrößeneingriff wurde an den Eingang des Druckregelkreises verlagert, weshalb die Störgröße über die inverse Übertragungsfunktion des Druckreglers G_{Kp}^{-1} läuft. Eigentlich müßten in diesem Zweig auch Glied 31 sowie die inversen Glieder $\overline{37}$ und $\overline{38}$ erscheinen. Sie wurden jedoch hier schon vernachlässigt, da sie wegen ihrer hohen Grenzfrequenzen für das Störverhalten nicht interessieren.

Die Regelstrecke enthält zwei I-Glieder (Blöcke 3 und 4), die zusammen im Frequenzgang mit einem Phasenwinkel von -180° erscheinen. Hinzu kommt der negative Phasenverlauf der beiden Glieder 10 und 39. Die Phasenkennlinie des Streckenfrequenzgangs ist also überall $< -180^\circ$. Daher ist zur Stabilisierung ein Korrekturglied mit differenzierendem Verhalten erforderlich. Es wird ein realer PD-Regler gemäß (7.21) mit der Übertragungsfunktion

$$G_{K\vartheta} = k_1 \frac{1 + T_{1Z}\, s}{1 + T_{1N}\, s}, \quad T_{1Z} > T_{1N} \tag{8.168}$$

verwendet. Mit Rücksicht auf den Störsignalabstand soll ein Verhältnis $T_{1Z}/T_{1N} = 30$ nicht überschritten werden. Die Lage der Zeitkonstanten auf der Frequenzachse wird dann so gewählt, daß sich eine möglichst hohe Durchtrittsfrequenz bei einer geforderten Phasenreserve von $\varphi_R = 50$ ergibt, und daß die Betragskennlinie des korrigierten offenen Kreises im Bereich der Durchtrittsfrequenz ω_D mit -20 dB/Dekade verläuft. Durch Probieren findet man die Werte $T_{1Z} = 0{,}3$ sec, $T_{1N} = 0{,}01$ sec.

Bild 8/102 zeigt den so korrigierten Frequenzgang des offenen Winkelregelkreises. Zugrunde gelegt wurde dabei der ungünstigste Frequenzgang des Druckregelkreises. Er ist nach den Bildern 8/99 und 8/100 durch die Parameterwerte $H_a = 1$ und $K_{G0} = 10\ \%$ gegeben, weil dabei die Phase am frühesten abzufallen beginnt.

Die Durchtrittsfrequenz kann auf $\omega_D = 15$ gelegt werden, wobei sich eine Kreisverstärkung von $V = 50 \mathrel{\hat{=}} 34$ dB ergibt. Für die Verstärkung des Reglers erhält man dann

$$k_1 = \frac{V}{K_S} = \frac{V\, k_{11}}{k_3 k_{10} k_{23} k_{25}} . \tag{8.169}$$

Wie die Konstante K_S der Strecke zustande kommt, läßt sich aus Bild 8/101 ersehen.

Zur Beurteilung des Störverhaltens soll der Störfrequenzgang

$$F_Z(j\omega) = \frac{\vartheta_{HP}(j\omega)}{\alpha_{yS}(j\omega)} \tag{8.170}$$

gezeichnet werden. Dazu wird in Bild 8/101 der Störgrößeneingriff in den Soll-Istwert-Vergleich verlagert und der geschlossene Kreis zur Übertragungsfunktion G^* zusammengefaßt. So erhält man die Darstellung Bild 8/103. Der Störfrequenzgang ergibt sich dann aus der gezeichneten Übertragungskette, die die Übertragungsfunktion

$$F_Z = K_{St} \frac{s^3(1+T_{1N}\, s)(1+2d_{2N} T_{2N}\, s + T_{2N}^2\, s^2)}{(1+T_{1Z}\, s)(1+T_{2Z}\, s)^2} G_\vartheta^*(s)\, k_{10} \tag{8.171}$$

hat, den Gleichungen (8.167) und (8.168) entsprechend.

Dabei ist

$$K_{St} = \frac{k_{36}}{k_1 k_2 k_{10}} = 0{,}7 \cdot 10^{-3} \mathrel{\hat{=}} 63 \text{ dB} .$$

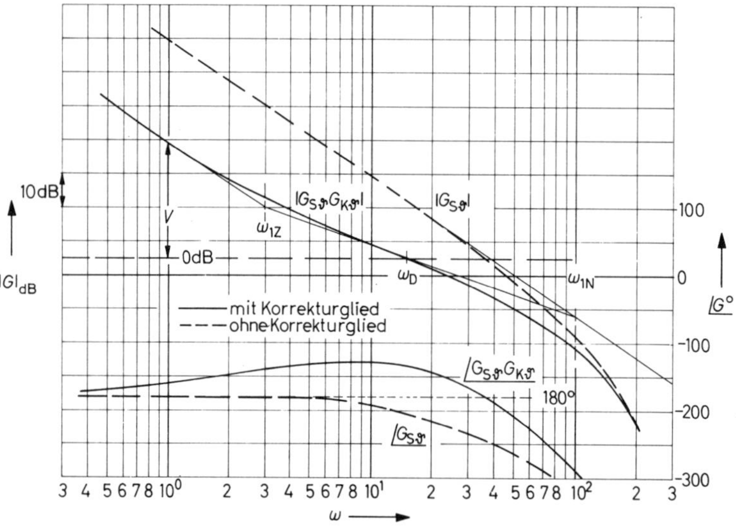

Bild 8/102. Frequenzkennlinien des offenen Winkelregelkreises mit und ohne Korrekturglied

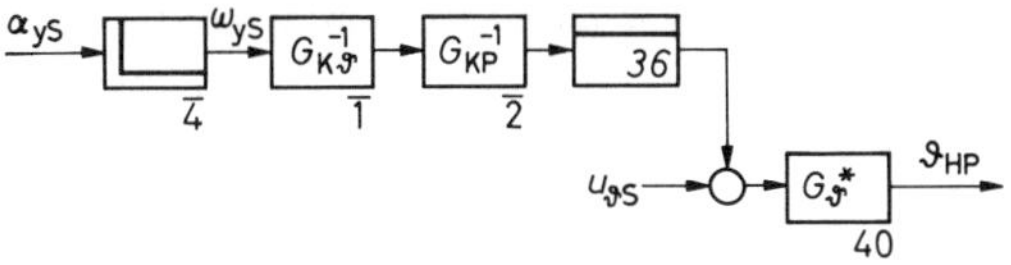

Bild 8/103. Darstellung des Störübertragungsverhaltens

Für den geschlossenen Winkelregelkreis erhält man den Frequenzgang $G^{*}(j\omega)$ (Bild 8/104). Man kann dazu wieder die Näherung Bild 5/17 in Verbindung mit den Gleichungen (5.20/21) anwenden. Für die übrigen Glieder von (8.171) läßt sich das Phasenlineal anwenden, wobei die Knickstellen nach Augenmaß abgerundet werden können. Auf diese Weise kommt man zur Betragskennlinie des Störfrequenzgangs, Bild 8/105. Man erkennt,

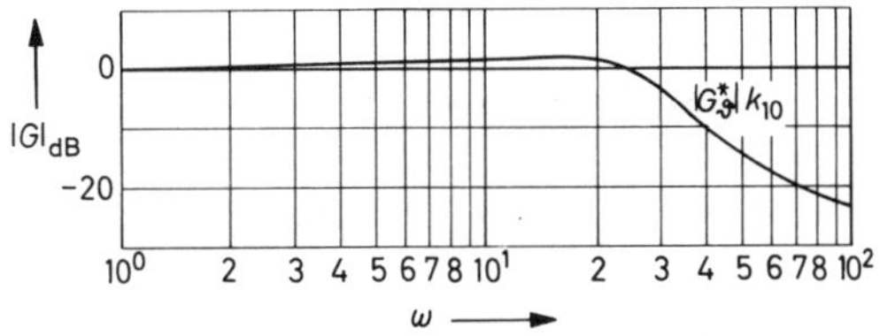

Bild 8/104. Betragskennlinie des geschlossenen Winkelregelkreises

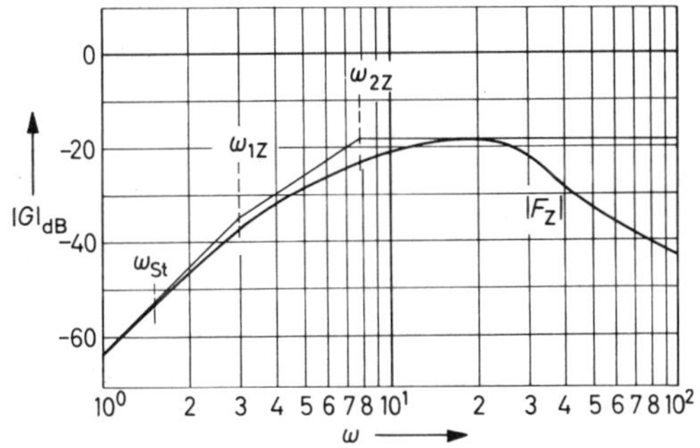

Bild 8/105. Störfrequenzgang der stabilisierten Plattform

daß bei der charakteristischen Störfrequenz $\omega_{St} = 1{,}5$ die Betragskennlinie einen Wert von -54 dB, also auf 1/500, ermindert wird. Diese Genauigkeit konnte für die geplante Verwendung der Plattform als ausreichend angesehen werden. Trotzdem soll abschließend noch überlegt werden, ob sich die Genauigkeit weiter steigern ließe und wo die Grenzen einer möglichen Verbesserung liegen.

Eine Verbesserung der Regelkreisdynamik ist dadurch zu erzielen, daß man anstelle des PD-Reglers eine zusätzliche Geschwindigkeitsrückführung anwendet (unterlagerter Geschwindigkeitsregelkreis). Dazu müßte die Winkelgeschwindigkeit der Plattform ω_{yP} mit Hilfe eines Wendekreisels gemessen werden. Im Geschwindigkeitsregelkreis könnten nun weitere Korrekturglieder vorgesehen werden. Das wirkungsvollste Mittel dürfte dabei ein AR_2-Glied mit dem in Bild 8/106 wiedergegebenen Frequenzgang sein. Dadurch wird die Verstär-

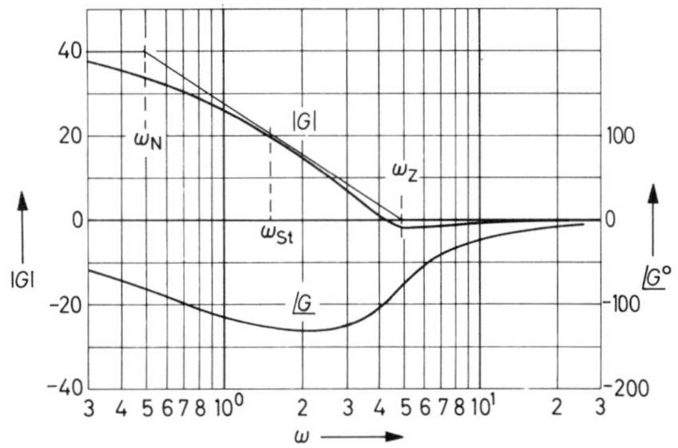

Bild 8/106. Frequenzgang eines AR_2-Gliedes zur Betragsanhebung bei der Störfrequenz

kung an der Stelle der Störfrequenz auf das Zehnfache angehoben, was eine Verbesserung der Genauigkeit um denselben Faktor bedeutet. Durch eine Dämpfung des Zählerpolynoms von $d_Z = 0{,}4$ wird verhindert, daß sich bei der Durchtrittsfrequenz die Phase zu sehr verschlechtert. Der so auf Störverhalten optimierte Regelkreis für die Winkelgeschwindigkeit ist allerdings bei großen Aussteuerungen etwas problematisch. Wegen des bereichsweise dreifachen I-Verhaltens in Verbindung mit den nichtlinearen Eigenschaften des Systems kann ein Grenzzyklus auftreten. Dieses unerwünschte Verhalten muß durch Einführen zusätzlicher Nichtlinearitäten (Begrenzungen im Regler) bekämpft werden. Derartige Fragen sind wegen der hohen Ordnung des Systems nur durch Simulation zu klären.

Eine weitere Verbesserung des Störverhaltens wäre auch durch eine Störgrößenaufschaltung denkbar. Wie diese vorzunehmen ist, erkennt man an Bild 8/97. Man müßte die Stör-Winkelgeschwindigkeit ω_{yS} messen und dieses Signal, mit der Konstante k_{36} multipliziert, hinter dem Druckregler mit negativem Vorzeichen einspeisen. Bis auf den Fehler infolge des Zeitverhaltens der Glieder 31, 37 und 38 wäre dann die Wirkung der Störgröße gerade kompensiert. Nur muß man bedenken, daß die Konstante

$$k_{36} = \frac{k_{24} k_{27}}{k_{20}} A_K \ell \sqrt{\frac{2R_m}{p_v}} \qquad (8.172)$$

durch Linearisierungen entstanden ist (8.151). Die Einwirkung der Störgröße ist in Wirklichkeit nichtlinear, so daß mit einer linearen Aufschaltung nur eine begrenzte Verbesserung erzielt werden kann.

8.7 Druckregelung einer Gasleitung

8.7.1 Beschreibung des Regelungssystems

Es sei die Aufgabe gegeben, den Druck am Ende einer Gasleitung zu regeln, wo ein Verbraucher mit variablem Gasbedarf angeschlossen ist. Das als Stellglied wirkende Drosselventil befindet sich aus anlagentechnischen Gründen am Eingang der Leitung und wird aus einem Gasnetz mit Speichereigenschaften gespeist. Den grundsätzlichen Aufbau dieses Systems zeigt Bild 8/107. Das Netz, dessen Speichereigenschaft durch das Volumen V dargestellt wird, hat den Druck p_N. Mit Hilfe des Drosselventils wird dieser Druck auf den Eingangsdruck der Leitung p_1 reduziert. Der Ausgangsdruck p_2 speist den

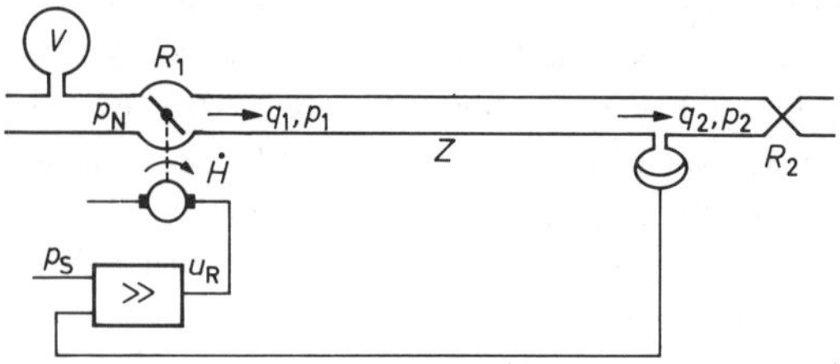

Bild 8/107. Schematische Darstellung des Druckregelkreises

Verbraucher mit dem pneumatischen Widerstand R_2. Dieser Druck ist auch die Regelgröße. Er wird gemessen und dem Regler zugeführt, dessen Ausgangsgröße y auf den Stellmotor für das Drosselventil einwirkt.

Bild 8/108 zeigt den Funktionsplan in der schon bekannten Form des Globalsystems, dessen Abgrenzung gegen seine Umgebung durch drei Anregungssysteme erfolgt.

Das erste Anregungssystem ist der Sollwertgeber zur Erzeugung der als Führungsgröße wirkenden Zeitfunktion $p_S(t)$, dem Drucksollwert.

Das versorgende Netz ist ebenfalls als Anregungssystem angenommen. D.h. es wird davon ausgegangen, daß zwar der Versorgungsdruck p_N infolge der schwankenden Belastung durch andere Verbraucher veränderlich ist, aber nicht rückwirkend durch den hier betrachteten Verbraucher beeinflußt wird. Diese Annahme ist vor allem deswegen berechtigt, weil durch die Speicherwirkung des Netzes Lastschwankungen durch veränderlichen Durchfluß q_N weitgehend geglättet werden. Auch wenn diese Voraussetzung nicht ganz gegeben wäre, könnte man den Einfluß eines "weichen" Netzes dadurch berücksichtigen, daß man im Funktionsblock "Stellventil" einen Ersatzwiderstand vorsähe. D.h. man würde die Ventilkennlinie so dimensionieren, daß bei voll geöffnetem Ventil der Innenwiderstand des Netzes mitberücksichtigt wäre.

Auf der Belastungsseite der Leitung wird durch ein drittes Anregungssystem die verbrauchte Gasmenge in Form des Belastungsgrades H_2 vorgegeben. Auch hier handelt es sich um eine Zeitfunktion, in der sich die typischen Belastungsvorgänge widerspiegeln.

Bild 8/109 zeigt das mathematische Modell des Systems. Die Leitung ist darin nur als Block angedeutet, an dessen Stelle eines der eingetragenen Bilder gesetzt

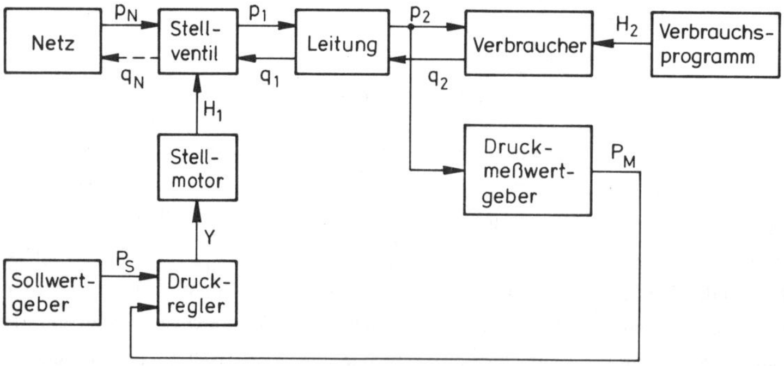

Bild 8/108. Funktionsplan des Druckregelungssystems

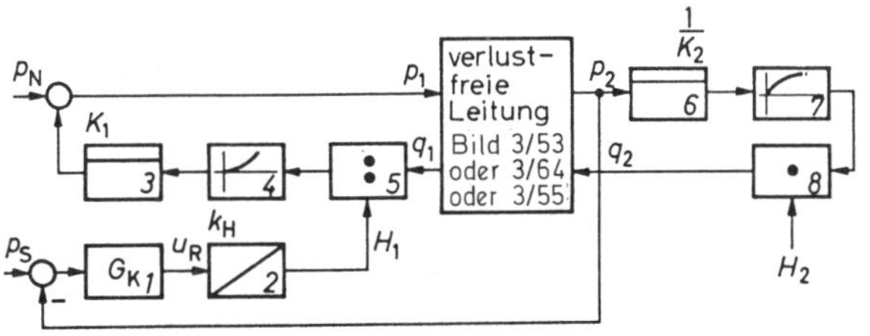

Bild 8/109. Strukturbild des Druckregelkreises

werden kann. Sie wurden im Abschnitt 3.2.5 abgeleitet. Die Leitungsverluste gemäß Bild 3/57 sind im Interesse einer besseren Übersichtlichkeit nicht explizit berücksichtigt worden. Man kann sich vorstellen, daß der Leitungs-Verlustwiderstand im Widerstand des Drosselventils R_1 und des Verbrauchers R_2 enthalten ist.

Beim Drosselventil am Leitungseingang kann man quadratische Abhängigkeit des Druckabfalls Δp vom Durchfluß q_1 annehmen und schreiben:

$$p_1 = p_N - K_1 \left[\frac{q_1}{H_1}\right]^2 , \quad \begin{array}{c} q_1 > 0 \\ 1 > H_1 > 0 \end{array} . \tag{8.173}$$

Darin ist K_1 der Drosselbeiwert bei voll geöffnetem Ventil. Der Netzdruck p_N soll wie gesagt als eingeprägt angenommen werden. Das bedeutet, daß die rückwirkende Beeinflussung dieses Drucks durch den entnommenen Massenstrom q_1 nicht berücksichtigt wird. H_1 ist der Öffnungsgrad des Drosselventils. Entsprechend gilt für den Verbraucher am Leitungsende

$$p_2 = K_2 \left[\frac{q_2}{H_2}\right]^2 , \quad \begin{array}{c} q_2 > 0 \\ 1 > H_2 > 0 \end{array} . \tag{8.174}$$

Hier bezeichnet H_2 den Belastungsgrad der Leitung.

Beim Stellmotor kann man die Dynamik (Anlauf-Zeitkonstante) vernachlässigen und einfach schreiben

$$\dot{H}_1 = k_H u_R . \tag{8.175}$$

Die noch zu bestimmende Übertragungsfunktion des Reglers wird mit G_K bezeichnet.

8.7.2 Frequenzkennlinien und Übergangsfunktionen der linearisierten Regelstrecke

Das Strukturbild des Druckregelkreises gemäß Bild 8/109 weist einige nichtlineare Glieder auf, die zunächst durch Linearisieren beseitigt werden müssen. Man bildet dazu, wie schon in den vorangegangenen Beispielen gezeigt, die partiellen Differentialquotienten der nichtlinearen Abhängigkeiten. Auf diese Weise erhält man die linearisierten Gleichungen für das Stellglied und den Verbraucher

$$\Delta p_1 = \Delta p_N + S_1 \Delta p_1 - R_1 \Delta q_1 ,$$

$$\Delta q_2 = \frac{1}{R_2}(\Delta p_2 + S_2 \Delta H_2) . \tag{8.176}$$

Für die Konstanten ergeben sich die folgenden Beziehungen:

$$R_1 = \frac{2\sqrt{K_1(p_N - p_{1a})}}{H_{1a}} , \quad S_1 = \frac{2(p_N - p_{1a})}{H_{1a}} ,$$

$$R_2 = \frac{2\sqrt{K_2 p_{2a}}}{H_{2a}} , \quad S_2 = \frac{2p_{2a}}{H_{2a}} . \tag{8.177}$$

Damit kann die Struktur der linearisierten Regelstrecke Bild 8/110 gezeichnet werden. Dabei wurde das Zeichen Δ bei den Variablen weggelassen. In den Block verlustfreie Leitung (Bild 8/110) kann man nun eins der im Abschnitt 3.2.5 abgeleiteten mathematischen Leitungsmodelle einsetzen. Wählt man die Struktur von Bild 3/54 gemäß (3.280), so kann man die Struktur der Regelstrecke zusammenfassen. Dazu eliminiert man aus dem Gleichungssystem (8.176) und (3.280) die nicht weiter interessierenden Zwischengrößen. So ergibt sich

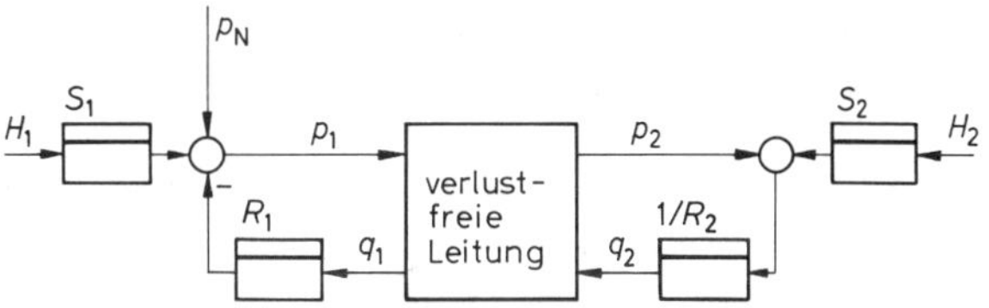

Bild 8/110. Linearisiertes Strukturbild der Regelstrecke

$$p_2(\cosh Ts + B \sinh Ts) = A(S_1 H_1 + p_N + p_R) , \tag{8.178}$$

$$p_R = \frac{R_1}{R_2} S_2 (\cosh Ts + \frac{Z}{R} \sinh Ts) , \tag{8.179}$$

wobei folgende Konstantenabkürzungen eingeführt wurden:

$$A = \frac{R_2}{R_1 + R_2} , \quad B = \frac{Z^2 + R_1 R_2}{Z(R_1 + R_2)} . \tag{8.180}$$

Die Struktur des so vereinfachten Systems zeigt Bild 8/111. Für den Entwurf des Regelkreises interessiert der Frequenzgang der Strecke

$$G_p(j\omega) = \frac{A}{\sinh j\omega T + B\cosh j\omega T} = \frac{A}{\sin\omega T + jB\cos\omega T} \; . \tag{8.181}$$

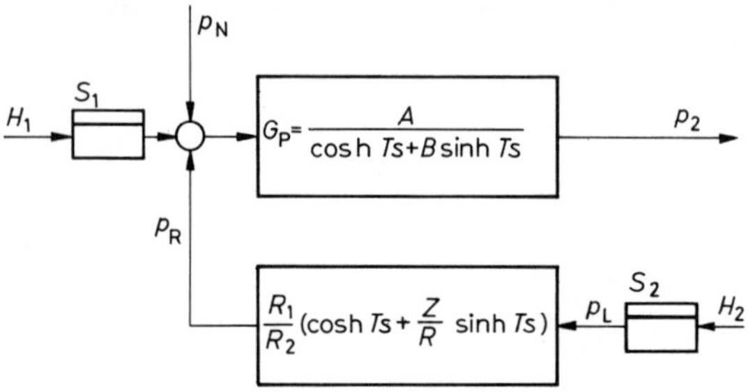

Bild 8/111. Umgeformtes Strukturbild der Regelstrecke

Die Parameter A und B dieser Gleichungen sind nicht konstant, sondern hängen, wie die Gleichungen (8.180) mit (8.177) zeigen, vom Öffnungsgrad des Stellventils H_1 und vom Belastungsgrad H_2 ab. Wir wollen im folgenden drei typische Parameterkonfigurationen betrachten.

Schließt man die Leitung am Anfang und am Ende jeweils mit dem Wellenwiderstand ab, macht man also $R_1 = R_2 = Z$, so ergibt sich der Sonderfall B = 1, und es wird

$$G_p(j\omega) = e^{-j\omega T} \; . \tag{8.182}$$

Das System hat also reines Totzeitverhalten. Die Frequenzkennlinien lassen sich mit dem Phasenlineal zeichnen. Für $B \neq 1$ müssen die Frequenzkennlinien punktweise berechnet werden. Die Aufspaltung von (8.181) in je eine Beziehung für Betrag und Phase liefert

$$|G_p| = A\sqrt{\frac{1}{\cos^2\omega T + B^2\sin^2\omega T}} \; ,$$

$$\angle G_p = \arctan(B\tan\omega T) \; . \tag{8.183}$$

Für die Parameterwerte A = 1 und B = 1/4, 1, 4 sind in Bild 8/112 die Frequenzkennlinien aufgezeichnet.

Die Punkte relativer Extrema der Betragskennlinie ergeben sich zu

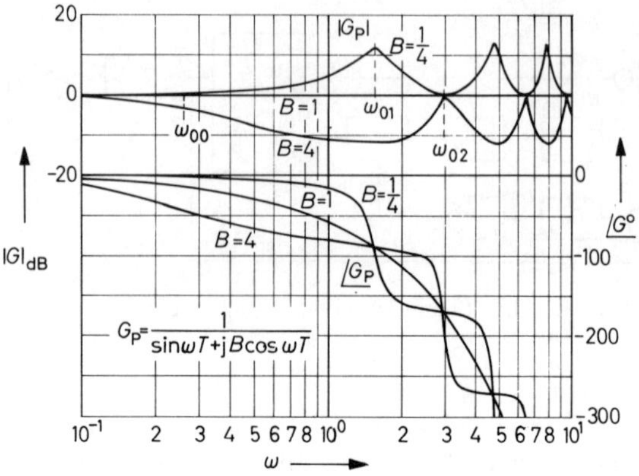

Bild 8/112. Frequenzkennlinien der pneumatischen Leitung mit verschiedenen Abschlußwiderständen

$$\left.\begin{aligned} \omega_{max} &= \frac{(1+2k)\pi}{2T}, & |G|_{max} &= \frac{A}{B} \\ \omega_{min} &= \frac{k\pi}{T}, & |G|_{min} &= A \end{aligned}\right\} \text{für } B < 1 \; ,$$

$$\left.\begin{aligned} \omega_{max} &= \frac{k\pi}{T}, & |G|_{max} &= A \\ \omega_{min} &= \frac{(1+2k)\pi}{2T}, & |G|_{min} &= \frac{A}{B} \end{aligned}\right\} \text{für } B > 1 \; ,$$

$k = 0, 1, 2, \ldots$.

Die Phase nimmt zwischen zwei aufeinanderfolgenden Extrema jeweils um 90° ab.

Interessant ist auch die Polstellenverteilung der Übertragungsfunktion $G_p(s)$ in der s-Ebene. Um die Lage der Polstellen zu bestimmen, geht man von der Übertragungsfunktion

$$G_p(s) = \frac{A}{(1+B)e^{Ts} + (1-B)e^{-Ts}} \tag{8.184}$$

aus. Man erhält diese Form, indem man in Bild 8/111 die Hyperbelfunktionen durch e-Funktionen ausdrückt. Nach Nullsetzen des Nenners und Auflösen nach s erhält man aus (8.184) die komplexe Gleichung

$$s_0 = \delta_0 + j\omega_0 = \frac{1}{2T}\ell n\left|\frac{B-1}{B+1}\right| + j\angle\frac{B-1}{B+1} \; . \tag{8.185}$$

Die Polstellen liegen also bei

$$\delta_0 = \frac{1}{2T}\ell n\left|\frac{B-1}{B+1}\right| \; ,$$

$$\omega_{0k} = \begin{cases} \dfrac{(1+2k)\pi}{2T} & \text{für} \quad B < 1 \\ \dfrac{k\pi}{T} & \text{für} \quad B > 1 \end{cases}$$

$$k = \pm 0, 1, 2, 3, \ldots \quad (8.186)$$

In Bild 8/113 ist dieses Ergebnis graphisch dargestellt.

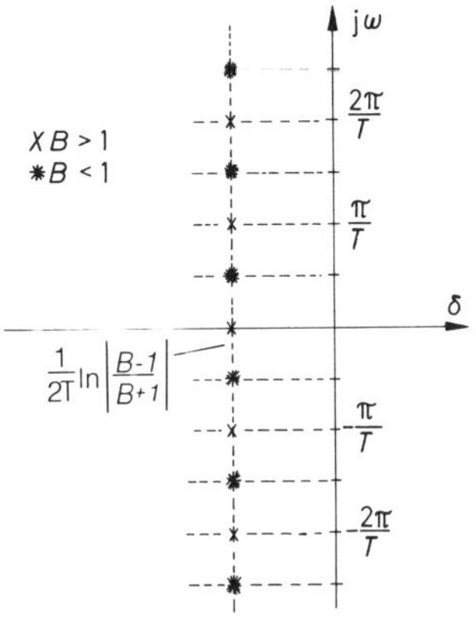

Bild 8/113. Polstellen der Übertragungsfunktion (8.174)

Die Polstellenlage und auch der Verlauf der Frequenzkennlinien in Bild 8/112 lassen erkennen, daß die betrachtete transzendente Übertragungsfunktion G_P für $B < 1$ dieselben Eigenschaften wie eine Kette aus unendlich vielen P-T_2-Gliedern hat. Für $B > 1$ kommt noch ein P-T_1-Glied (Pol auf der reellen Achse bei $\delta_0 = -0{,}25$) hinzu. Auch im Zeitverhalten [5] (Bild 8/114) lassen sich die genannten Eigenschaften gut erkennen. Für den Fall $B = 4$ steigt die Übergangsfunktion im Mittel mit einer Zeitkonstante von 4sec, entsprechend dem Pol bei $\delta_0 = -0{,}25$, exponentiell an. Dem Anstieg ist eine abklingende Rechteckschwingung überlagert, deren Grundfrequenz dem Polpaar mit $\omega_{02} = \pm\pi$ entspricht. Für $B = 1/4$ schwingt die Übergangsfunktion periodisch mit einer Grundfrequenz von $\pi/2$ ein, was durch das Polpaar bei $\omega_{01} = \pm\pi/2$ angezeigt wird. Lediglich im Spezialfall $B = 1$ für die mit dem Wellenwiderstand abgeschlossene Leitung verläuft die Übergangsfunktion ohne Schwingungsanteile. Dies entspricht der in der Nachrichtentechnik bekannten Konstellation des reflexions-

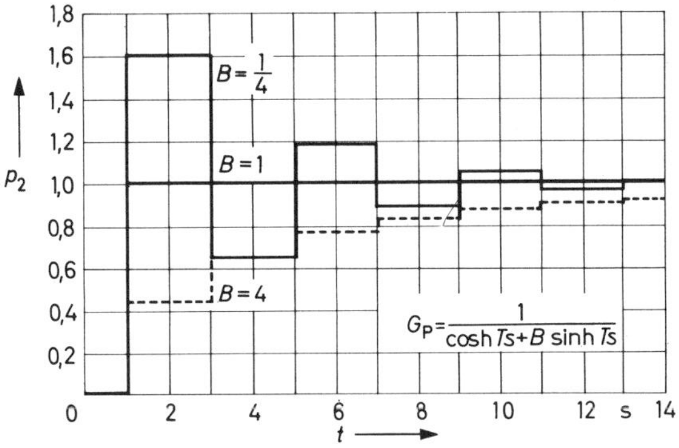

Bild 8/114. Übergangsfunktionen der Leitung für verschiedene Abschlußwiderstände

freien Abschlusses einer Leitung. In allen anderen Fällen treten nach einer Anregung am Anfang und Ende der Leitung Reflexionen auf. Dabei laufen auf der Leitung solange Druckwellen hin und her, bis die Anregungsenergie durch die Verlustwiderstände nach und nach aufgebraucht ist. Im Falle der Anpassung, also bei $B = 1$, wird die Anregungsenergie auf einen Schlag verbraucht.

8.7.3 Entwurf des Druckregelkreises

Der zu betrachtende Regelkreis hat nach den vorangegangenen Vereinfachungen die in Bild 8/115 dargestellte Struktur. Es soll zunächst der Fall $B = 1$ betrachtet

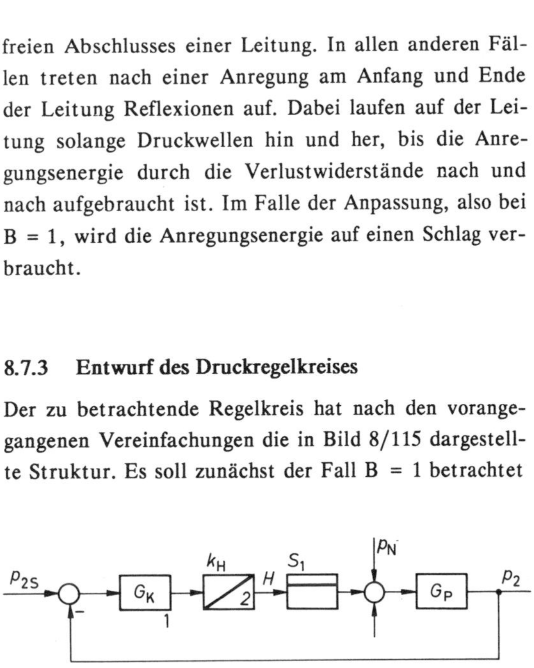

Bild 8/115. Strukturbild des Druckregelkreises

werden, bei dem die Leitung mit den Drosselventilen reines Totzeitverhalten hat. Die Strecke besteht dann aus einem Totzeitglied und einem I-Glied, und es ergeben sich die Frequenzkennlinien in Bild 8/116. Wegen des I-Verhaltens der Strecke kann ein Regler mit P-Verhalten genommen werden. Der P-Regler gewährleistet in diesem Falle auch eine völlige Störungsausregelung, da die Störgrößen erst hinter dem I-Glied in die Strecke eingreifen. Wenn man sich eine Phasenreserve von $\varphi_R = 50^\circ$ vorgibt, läßt sich die 0-dB-Linie so legen, daß die Kreisverstärkung $V = -3$ dB beträgt. Mit dieser Einstellung bekommt der Regelkreis das in Bild 8/117 gezeichnete Zeitverhalten. Bezüglich der Dynamik läßt

[5] Diese wie auch die im folgenden dargestellten Übergangsfunktionen wurden durch Simulation des Regelkreises auf einem Digitalrechner berechnet.

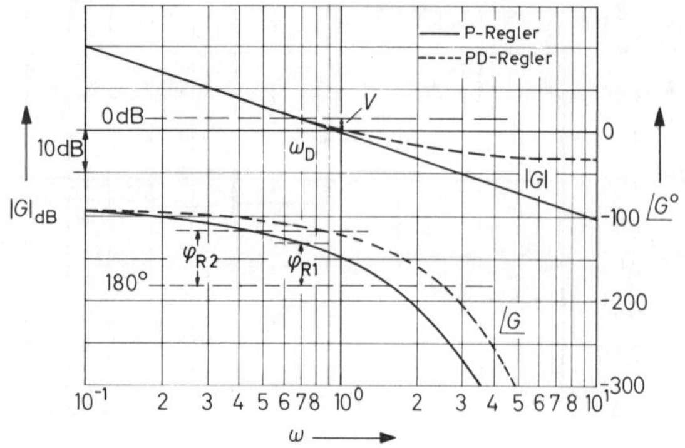

Bild 8/116. Frequenzkennlinien des offenen Druckregelkreises

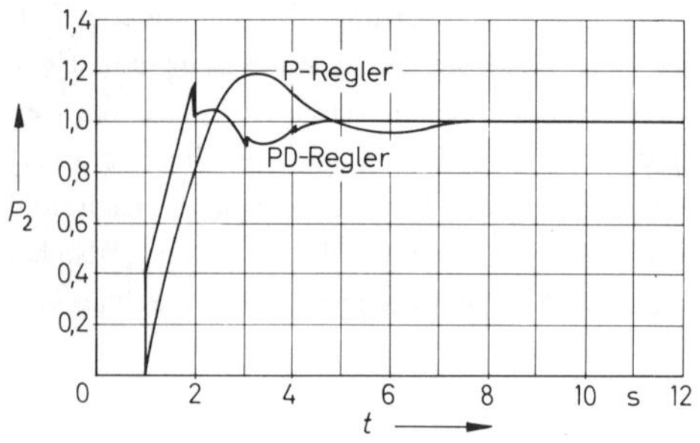

Bild 8/117. Übergangsfunktionen des Druckregelkreises

sich eine Verbesserung erreichen, wenn statt des P-Reglers ein PD-Regler verwendet wird. Mit dem Korrekturglied

$$G_K = k_1 \frac{1 + 0{,}5s}{1 + 0{,}02\,s} \tag{8.187}$$

ergeben sich die in Bild 8/116 unterbrochen gezeichneten Frequenzkennlinien des offenen Kreises. Bild 8/117 zeigt, daß der Einschwingvorgang des geschlossenen Kreises dadurch schneller geworden ist. Man erkennt jetzt in der Übergangsfunktion Sprungstellen, die jeweils im Abstand der Totzeit T auftreten. Dieses Verhalten ist für Regelkreise, bei denen das dominante Glied eine Totzeit hat, charakteristisch.

Im Betrieb treten nun Schwankungen des Parameters B in den Grenzen $1/4 < B < 4$ auf. Wie sich diese bei fester Reglereinstellung (P-Regler) auf die Dynamik des Regelkreises auswirken, zeigen die Bilder 8/118 und 8/119. Für $B = 1/4$ verläuft jetzt die Betragskennlinie beim $-180°$-Durchgang der Phase oberhalb der 0-dB-Linie. Das bedeutet Instabilität. Für $B = 4$ hat

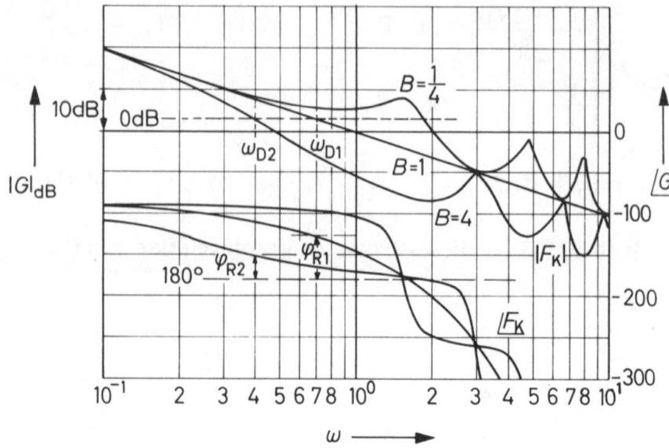

Bild 8/118. Frequenzkennlinien des offenen Druckregelkreises mit P-Regler für verschiedene Arbeitspunkte

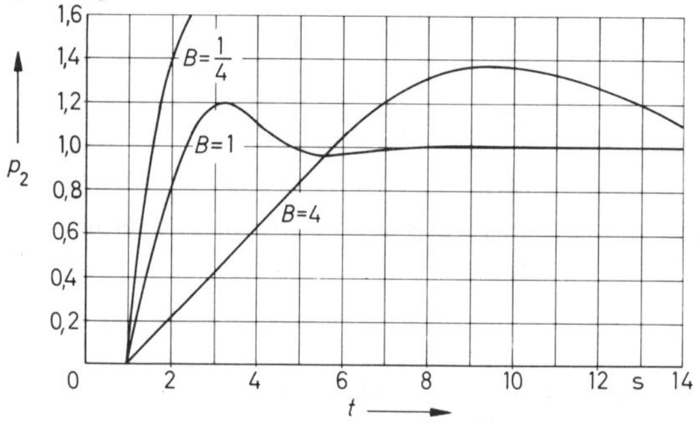

Bild 8/119. Übergangsfunktionen des Druckregelkreises in Abhängigkeit vom Arbeitspunkt (P-Regler)

sich die Durchtrittsfrequenz nach unten verschoben, der Regelkreis ist also langsamer geworden. Die Übergangsfunktionen des Führungsverhaltens (Bild 8/119) bestätigen diese Tatsache. Um nun den Regelkreis auch für die beiden extremen Parameterwerte zu stabilisieren, kann man die dominanten Pole der Streckenübertragungsfunktion kompensieren. Im Falle $B = 1/4$ ist dies das Polpaar bei $\omega_{01} = \pi/2T$, zu dessen Kompensation das AR_2-Glied

$$G_{K1} = k_1 \frac{1 + 2d_Z T_Z s + T_Z^2 s^2}{1 + 2d_N T_N s + T_N^2 s^2} \tag{8.188}$$

verwendet wird, und zwar mit den Konstanten

$$T_Z = T_N = \frac{1}{\omega_{01}} = \frac{2}{\pi}\sec\,,\;\; d_Z = \frac{\delta_0}{\omega_{01}} = 0{,}16\,,\;\; d_N = 0{,}7\;.$$

Die Nennerkonstanten wurden dabei so gewählt, daß einerseits die Betragskennlinie oberhalb von ω_{01} nicht angehoben wird und andererseits unterhalb dieser Frequenz ein möglichst günstiger Phasenverlauf erzeugt wird.

Im Fall B = 4 muß der Pol bei $\omega_{00} = 0$ und das Polpaar bei $\omega_{02} = \pi$ unterdrückt werden. Dazu eignet sich die Reglerübertragungsfunktion

$$G_{K2} = k_1 \frac{(1 + 2d_Z T_Z s + T_Z^2 s^2)(1 + T_1 s)}{(1 + 2d_N T_N s + T_N^2 s^2)(1 + T_2 s)} , \qquad (8.189)$$

die folgende Konstanten enthalten muß :

$$T_Z = T_N = \frac{1}{\omega_{02}} = \frac{1}{\pi} \sec ,$$

$$d_Z = \frac{\delta_0}{\omega_{02}} = 0{,}08 , \quad d_N = 0{,}5 ,$$

$$T_1 = \frac{1}{\delta_0} = 4 \sec , \quad T_Z = 0{,}7 \sec .$$

Bei der Wahl der Nennerkonstanten wurden wieder obengenannte Gesichtspunkte zugrundegelegt.

Zeichnet man für diese Reglerübertragungsfunktionen die Frequenzkennlinien (Bild 8/120), so erkennt man folgendes: Etwa unterhalb der Frequenz $\omega = \pi$ gleichen die Reglerfrequenzkennlinien gerade die Abweichung des Streckenfrequenzgangs (Bild 8/118) bezüglich des Falles B = 1 aus. Für die drei betrachteten Parameter-

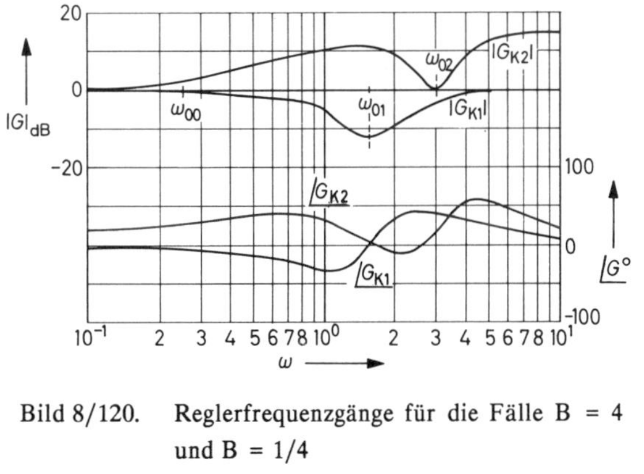

Bild 8/120. Reglerfrequenzgänge für die Fälle B = 4 und B = 1/4

werte verlaufen also die Frequenzkennlinien in der Umgebung der Durchtrittsfrequenz nahezu identisch. Auch sonst wird nirgends eine Stabilitätsbedingung verletzt, so daß sich für alle drei Fälle auch etwa das gleiche Zeitverhalten (Bild 8/119, Fall B = 1) ergeben wird.

Das Beispiel hat gezeigt, daß man auch bei transzendenten Übertragungsfunktionen noch mit dem Frequenzkennlinienverfahren arbeiten kann. Das Zeichnen der Frequenzkennlinien ist dabei nicht ganz so einfach wie bei rationalen Übertragungsgliedern und reinen Totzeitgliedern, da graphische Hilfsmittel, wie etwa das Phasenlineal, nicht zur Verfügung stehen. Ist jedoch der Frequenzgang der Strecke bekannt, lassen sich Stabilitätsbetrachtungen und Reglerentwurf genauso leicht durchführen. Die im Beispiel entworfenen Reglerübertragungsfunktionen können mit Operationsverstärkern und RC-Netzwerken oder mit einem entsprechenden digitalen Algorithmus ohne Schwierigkeiten realisiert werden. Dabei ist wegen der notwendigen Anpassung der Reglerparameter der digitalen Realisierung der Vorzug zu geben. Man muß dazu die Koeffizienten der Gleichungen (8.178) bzw. (8.179) berechnen. Während dabei die Eigenfrequenzen ω_{01} und ω_{02} konstant sind - sie hängen nur von der Totzeit T und damit von der Leitungslänge ab (Gleichung 3.278) - ist der Realteil δ_0 der Pole variabel. Wie Gleichung (8.176) mit (8.180) und (8.177) zeigt, hängt dieser Wert vom Öffnungsgrad des Stellventils H_1 und vom Belastungsgrad des Verbrauchers H_2 ab. Man muß diese Werte messen und damit durch Auswerten der Gleichungen (8.177), (8.180), (8.176) die Reglerparameter berechnen. Allerdings kann man diesen Rechenwert nicht direkt als Reglerparameter verwenden. Man muß ihn vielmehr über ein Verzögerungsglied führen, damit die schnellen Schwankungen von Stellgröße H_1 und Störgröße H_2 herausgefiltert werden. Die Regleranpassung folgt dann nur relativ langsamen Schwankungen des Arbeitspunktes der linearisierten Regelstrecke. Nur unter diesen Bedingungen hat der hier durchgeführte Entwurf eines linearen Systems mit (quasi) konstanten Parametern einen Sinn. Andernfalls müßte man den Entwurf eines Systems mit zeitvarianten Parametern betrachten.

In vielen Fällen kommt es gar nicht auf ein optimales Zeitverhalten des Regelkreises an. Man könnte sich dann den Aufwand der Regleradaption ersparen und einfach eine Parametereinstellung so wählen, daß die Durchtrittsfrequenz statt bei $\omega_{D1} = 0{,}8$ (Bild 8/118) etwa bei 0,15 läge. Dann ergäbe sich für alle drei Betriebsfälle im Bereich der Durchtrittsfrequenz ein nahezu übereinstimmender Verlauf. Der Regelkreis wäre nun zwar um ca. den Faktor 5 langsamer, aber dafür unempfindlich gegenüber Parameterschwankungen.

Schrifttum zum Kapitel 8

[8.1] O. Föllinger: Nichtlineare Regelungen I und II, R. Oldenbourg Verlag, 1982.

[8.2] W. Latzel: Regelung mit dem Prozeßrechner (DDC). Bibliographisches Institut, 1977.

[8.3] H. Bühler: Anti-Reset-Windup-Maßnahmen bei stetigen Reglern. Automatisierungstechnik 36 (1988) 5, S. 190-191.

[8.4] Ch. Schenk, U. Tietze: Aktive Filter. Elektronik 19 (1980), S. 329-34, 379-382, 421-424.

[8.5] R. Isermann: Digitale Regelsysteme. Band 1: Grundlagen deterministischer Regelungen. Springer Verlag, 1987.

[8.6] M. Klittich, D. Ruppel: Automatisierungsgeräte für die Regelungstechnik. AEG Aktiengesellschaft Druckschrift A91V33.06.108/0184.

[8.7] IEC 848: Preparation of Function Charts for Control Systems.

[8.8] IEC SC 65A/WG6/TF3: Standard for Programmable Controllers, Part 3: Programming Languages. (Working Draft, erscheint demnächst als Norm.)

[8.9] O. Föllinger: Lineare Abtastsysteme. R. Oldenbourg Verlag, 1982.

[8.10] J.O. Flower, R.K. Gupta: Optimal Control Considerations of Diesel Engine Diskrete Models. Int. J. Control 19 (1974) 6, S. 1057-1068.

[8.11] W. Weber: Adaptive Regelungssysteme I und II. R. Oldenbourg-Verlag, 1971.

[8.12] H. Unbehauen: Methods and Applications of Adaptive Control. Springer Verlag, 1980.

[8.13] K.J. Aström: Theorie and Application of Adaptive Control - A Survey. Automatica 19 (1983), S. 471-486.

[8.14] L. Litz: Dezentrale Regelung. R. Oldenbourg Verlag, 1983.

[8.15] W. Schulz, R. Ludwig: Koordinatensysteme der Flugmechanik. Zeitschrift für Flugwissenschaften (1954), S. 96-104.

9 Mehrfachregelungen

9.1 Struktur gekoppelter Systeme

Bisher haben wir Systeme betrachtet, bei denen nur *eine* zeitveränderliche Größe zu beeinflussen war. Es entstanden so Regelungen mit *einer* Regelgröße. Häufig treten aber Anlagen auf, in denen mehrere zeitveränderliche Größen simultan beeinflußt werden sollen. Die so entstehenden Regelungen bezeichnet man als *Mehrfachregelungen*. Als Beispiele seien aufgezählt:

1. Regelung eines Turbosatzes (Dampfturbine und Generator) im Inselbetrieb, wobei Frequenz und Spannung geregelt werden sollen.
2. Netz-Verbundregelung mit der Frequenz und Übergabeleistung als Regelgrößen.
3. Regelung eines Umformers zur Übernahme von Leistung aus dem Industrienetz in das Bundesbahnnetz. Regelgrößen sind die Wirk- und Blindleistung.
4. Regelung eines Dampferzeugers. Hier handelt es sich um ein sehr umfangreiches System mit vielen Regelungen sowohl auf der Feuerungs- wie auf der Dampfseite, z.B. Regelung der Brennstoffzufuhr, der Luftzufuhr, des Brennkammerdrucks, des Wasserstandes, des Dampfdrucks usw.
5. Regelung einer Destillationskolonne. Dabei sind letztlich bestimmte Stoffkonzentrationen zu regeln.
6. Klimaregelung, bei der Temperatur und Luftfeuchtigkeit eines Raumes zu regeln sind.
7. Druckregelung in einem Gasnetz, bei dem die Drücke an den Verbraucheranschlüssen zu regeln sind.

Jede dieser Regelungsaufgaben kennzeichnet einen umfangreichen Problemkreis. Aufgabenstellungen aus den Problemkreisen 3, 4 und 5 werden im Kapitel 10 sowie in den Kapiteln 14 bis 16 behandelt. Dort findet man auch weitere Beispiele von Mehrfachregelungen.

Auf den ersten Blick könnte man vielleicht der Meinung sein, daß durch das Auftreten von mehr als einer Regelgröße kein wesentlich neues Problem entsteht, daß man lediglich statt eines Regelkreises deren mehrere nebeneinander betrachten muß. Im allgemeinen liegen die Dinge aber anders. Stellen wir uns vor, daß n zu regelnde Größen $x_1, \dots, x_n$ vorhanden sind. Zu ihrer Beeinflussung sieht man n Stelleinrichtungen mit den zugehörigen Stellgrößen $y_1, \dots, y_n$ vor. Dabei ist die Stellgröße y_i so gewählt, daß sie die Regelgröße x_i in der gewünschten Weise zu beeinflussen sucht. Auf Grund der vorgegebenen Natur der Strecke wird eine Änderung von y_i im allgemeinen aber auch nicht erwünschte Änderungen an den anderen Regelgrößen zur Folge haben, weil eben durch die Verbindungen innerhalb der Strecke die Wirkung der Stellgröße y_i mehr oder weniger stark auf alle Regelgrößen übertragen wird und nicht nur auf die y_i zugeordnete Regelgröße x_i. Die Strecke ist dann ein *gekoppeltes System*.

Dazu ein einfaches Beispiel: Es werde die in Bild 9/1 skizzierte Mischung zweier Flüssigkeiten betrachtet.

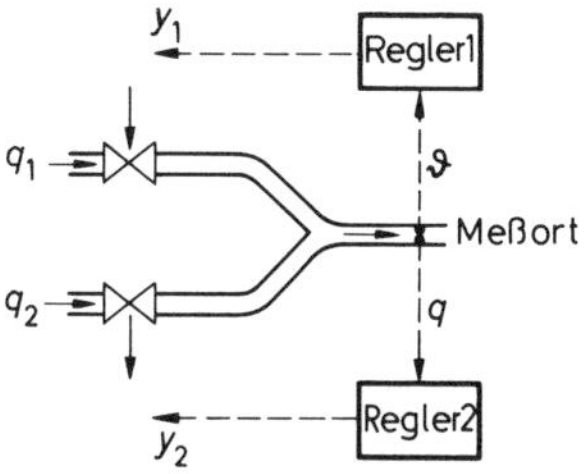

Bild 9/1. Mischung zweier Flüssigkeiten

Ihre Temperaturen ϑ_1 und ϑ_2 seien fest, wobei etwa $\vartheta_1 < \vartheta_2$ sei. Die Zuströme je Zeiteinheit können durch die Ventilstellungen y_1 und y_2 beeinflußt werden. Die zu regelnden Größen, die auf konstanten Werten gehalten werden sollen, sind die je Zeiteinheit abströmende Menge q der Mischung und deren Temperatur ϑ. Sie sollen durch die Ventilstellungen y_1 und y_2 gesteuert werden. Dabei möge y_1 (Ventilstellung im kühleren Zustrom) der Temperatur ϑ zugeordnet sein. y_1 sei so gewählt, daß die Zunahme von y_1 dem Zudrehen des Ventils entspricht, was ein Steigen von ϑ zur Folge hat. Hingegen ist y_2 so gewählt, daß eine Vergrößerung von y_2 einem Aufdrehen des zugehörigen Ventils entspricht.

Geht man zu den Abweichungen vom gewünschten Betriebszustand über und vernachlässigt zunächst das Zeitverhalten, so hat man die Gleichungen

$$\Delta\vartheta = K_{11}\,\Delta y_1 + K_{12}\,\Delta y_2 \,,$$

$$\Delta q = -K_{21}\,\Delta y_1 + K_{22}\,\Delta y_2 \,,$$

wobei die K_{ik} feste positive Zahlen sind. Macht man nämlich $\Delta y_1 > 0$, verkleinert also den ersten Zustrom, so wird $\Delta q < 0$, da auch der gesamte Abstrom zurückgeht, wogegen $\Delta\vartheta > 0$ ist, da ja der kühlere Zustrom vermindert wurde. Entsprechendes gilt für $\Delta y_2 > 0$.

Was nun das Zeitverhalten des Systems angeht, so wirken sich die Ventilverstellungen auf die Temperatur erst nach einer gewissen Totzeit aus. Ist l_1 bzw. l_2 der Abstand von Stellort und Meßort, v_1 bzw. v_2 die Geschwindigkeit der ersten bzw. zweiten Flüssigkeit, so beträgt die Totzeit infolge des Transportvorgangs $T_{t1} = l_1/v_1$ bzw. $T_{t2} = l_2/v_2$. Es kommt noch ein P-T_1-Glied hinzu, durch das man den Durchmischungsvorgang beider Flüssigkeiten näherungsweise beschreiben kann. Auf den Abfluß Δq hingegen wirken sich die Ventilverstellungen ohne Verzögerung und Totzeit aus, sofern man voraussetzt, daß die Flüssigkeiten inkompressibel sind, also z.B. keine Dampfblasen enthalten.

Insgesamt erhält man so die Beziehungen

$$\begin{aligned} \Delta\vartheta &= K_{11}\frac{e^{-T_{t1}s}}{1+T_1 s}\,\Delta y_1 + K_{12}\frac{e^{-T_{t2}s}}{1+T_2 s}\,\Delta y_2 \,, \\ \Delta q &= -K_{21}\,\Delta y_1 + K_{22}\,\Delta y_2 \,, \end{aligned} \qquad (9.1)$$

wobei die $K_{ik} > 0$ sind. Die Parameter kann man grundsätzlich dadurch bestimmen, daß man Δy_1 bzw. Δy_2 als Sprung aufschaltet und beide Male die entstehende Übergangsfunktion von $\Delta\vartheta$ und Δq mißt.

Die Gleichungen (9.1) sind von der allgemeinen Form

$$\begin{aligned} X_1(s) &= G_{11}(s)\,Y_1(s) + G_{12}(s)\,Y_2(s) \,, \\ X_2(s) &= G_{21}(s)\,Y_1(s) + G_{22}(s)\,Y_2(s) \,. \end{aligned} \qquad (9.2)$$

Wesentlich ist die Tatsache, daß jede der beiden Stellgrößen auf jede der beiden Regelgrößen wirkt. Darin prägt sich die Kopplung des Systems aus. Stellt man diesen Zusammenhang in Form eines Strukturbildes dar, so erhält man Bild 9/2. Dabei kennzeichnet also der erste Index die Nummer der Ausgangsgröße, der zweite die Nummer der Eingangsgröße. Eine andere graphische Darstellung des Gleichungssystems (9.2) liefert das Signalflußdiagramm (Ende von Abschnitt 2.8) in

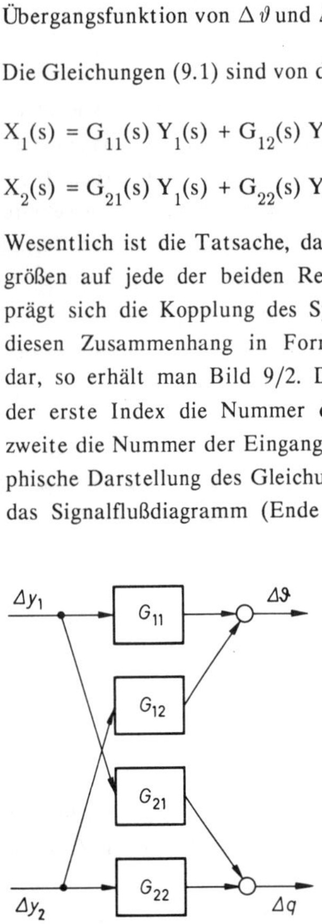

Bild 9/2. Strukturbild der Flüssigkeitsmischung

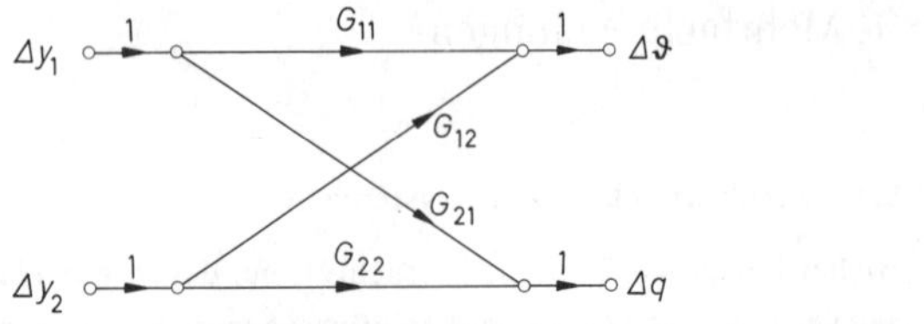

Bild 9/3. Signalflußdiagramm der Flüssigkeitsmischung

Bild 9/3. Es hat den Vorzug, daß sich auch sehr vermaschte Systeme zeichnerisch übersichtlich darstellen lassen. Das zeigt sich schon in dem betrachteten Fall von zwei Ein- und Ausgangsgrößen, mehr noch aber bei gekoppelten Systemen mit mehr als zwei Ein- und Ausgangsgrößen.

Die *allgemeine Struktur eines gekoppelten linearen Systems*, wie sie bei der Flüssigkeitsmischung vorliegt und auch in den oben erwähnten Anwendungsproblemen zumindest grundsätzlich realisiert ist, wird durch die Gleichungen

$$\begin{aligned} X_1 &= G_{11}Y_1 + G_{12}Y_2 + \dots + G_{1n}Y_n \,, \\ X_2 &= G_{21}Y_1 + G_{22}Y_2 + \dots + G_{2n}Y_n \,, \\ &\;\;\vdots \\ X_n &= G_{n1}Y_1 + G_{n2}Y_2 + \dots + G_{nn}Y_n \end{aligned} \qquad (9.3)$$

beschrieben. Dabei sind die Funktionen $Y_k = Y_k(s)$ die Laplace-Transformierten der Stellgrößen, $X_i = X_i(s)$ die Laplace-Transformierten der Regelgrößen, und $G_{ik} = G_{ik}(s)$ ist die Übertragungsfunktion, welche die Wirkung von y_k auf x_i überträgt. Im folgenden wird stets vorausgesetzt, daß sie vom Typ

$$G_{ik}(s) = \frac{V}{s^q}\,\frac{1+b_1 s+\dots}{1+a_1 s+\dots}\,e^{-T_t s} = V\,\frac{Z(s)}{N(s)}\,e^{-T_t s}$$

ist. Dabei wird wie immer angenommen, daß $T_t \geq 0$ und Grad $Z \leq$ Grad N ist sowie $Z(s)$, $N(s)$ ohne gemeinsame Nullstelle sind. V darf man für $i = k$ als positiv voraussetzen. Denn man wird die Stellgröße y_i so wählen, daß ihre Erhöhung eine Erhöhung der zugehörigen Regelgröße x_i zur Folge hat. Daraus folgt insbesondere, daß $G_{ii}(s)$ nicht identisch Null ist. Für $i \neq k$ jedoch darf V negativ oder Null sein. Im letzteren Fall wirkt y_k nicht auf x_i ein.

Ist $n = 2$, so kann man bezüglich des Vorzeichens der V_{ik}, $i \neq k$, zwei Fälle unterscheiden: Haben V_{12} und V_{21} gleiches Vorzeichen, so spricht man von *positiver Kopp-*

lung, andernfalls von *negativer Kopplung*. Der letztere Fall, der im obigen Beispiel vorliegt, tritt häufiger auf. Für ihn gilt: Bringt die Erhöhung von y_1 eine Erhöhung von x_2 hervor, so bewirkt die Erhöhung von y_2 eine Senkung von x_1. Erzeugt die Erhöhung von y_1 jedoch eine Senkung von x_2, so entsteht durch die Erhöhung von y_2 eine Erhöhung von x_1.

Es liegt auf der Hand, daß die rationellste Darstellung eines gekoppelten Systems die Matrizenschreibweise ist:

$$\underline{X}(s) = \underline{G}(s)\,\underline{Y}(s) \qquad (9.4)$$

oder

$$(X_i) = (G_{ik})(Y_k) \;. \qquad (9.5)$$

Dabei bezeichnet

$$\underline{X}(s) = \begin{bmatrix} X_1(s) \\ \vdots \\ X_n(s) \end{bmatrix} \quad \text{bzw.} \quad \underline{Y}(s) = \begin{bmatrix} Y_1(s) \\ \vdots \\ Y_n(s) \end{bmatrix}$$

den Vektor der Laplace-transformierten Regelgrößen bzw. Stellgrößen und

$$\underline{G}(s) = (G_{ik}(s)) = \begin{bmatrix} G_{11}(s) & G_{12}(s) & \dots & G_{1n}(s) \\ G_{21}(s) & G_{22}(s) & \dots & G_{2n}(s) \\ \cdot & \cdot & & \cdot \\ \cdot & \cdot & & \cdot \\ G_{n1}(s) & G_{n2}(s) & \dots & G_{nn}(s) \end{bmatrix} \qquad (9.6)$$

die Matrix der Übertragungsfunktionen. Die Elemente dieser Matrizen sind keine reellen oder komplexen Zahlen, sondern komplexe Funktionen, und zwar rationale Funktionen, eventuell kombiniert mit komplexen e-Funktionen, sofern nämlich Totzeitglieder auftreten. Dies bringt für die Matrizenoperationen jedoch keine Änderung mit sich, da man mit den Elementen auch jetzt die vier Grundrechenarten ausführen kann.[1] Nur auf einen Punkt muß man achten. Die Matrixelemente sind als Funktionen von s in der komplexen s-Ebene erklärt. Eine bestimmte Eigenschaft der Matrix, z.B., daß es eine inverse Matrix gibt, also $\det(G_{ik}(s)) \neq 0$ ist, braucht nicht in der ganzen s-Ebene zu gelten. Im Hinblick auf die Laplace-Transformation genügt es im allgemeinen, wenn die Matrix $(G_{ik}(s))$ die interessierende Eigenschaft in einer rechten Halbebene hat.

[1] In mathematischer Formulierung: Man betrachtet die Matrizen statt über dem reellen oder komplexen Zahlkörper über dem Körper der meromorphen Funktionen.

Eine anschauliche Darstellung der Matrizengleichung (9.4) bzw. (9.5) liefert das Signalflußdiagramm in Bild 9/4. Stets dann, wenn ein gekoppeltes System mit n Ein- und Ausgangsgrößen vorliegt und die Ausgangsgrößen eindeutig durch die Eingangsgrößen bestimmt sind, wobei der Zusammenhang linear und zeitinvariant ist, läßt sich die Abhängigkeit der Ausgangsgrößen von den Eingangsgrößen auf die Form der Matrizengleichung (9.4) bzw. (9.5) bringen.

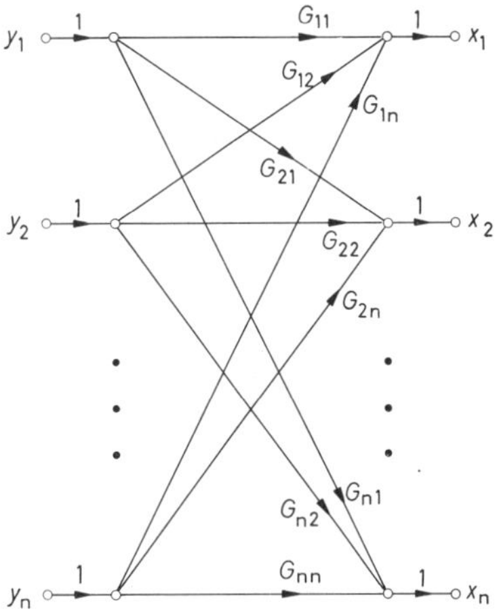

Bild 9/4. Signalflußdiagramm eines allgemeinen gekoppelten Systems

Wenn über das gekoppelte System nichts weiter bekannt ist, als daß es die Struktur (9.4) hat, kann man die $G_{ik}(s)$ durch Messung bestimmen. Dazu schaltet man eine bestimmte Eingangsgröße y_k in Form einer geeignet gewählten Testfunktion auf, z.B. als Einheitssprung, während man alle anderen Eingangsgrößen Null setzt. Dann mißt man die durch y_k erzeugten Ausgangsgrößen. Mit ihnen ist die k-te Spalte der Matrix $(G_{ik}(s))$ bekannt. Nehmen wir etwa an, daß

$$y_1 = \sigma(t)\,,\; y_2 = 0\,,\; \dots\,,\; y_n = 0$$

gewählt wurde. Dann wird aus (9.3) wegen $Y_1(s) = 1/s$, $Y_2(s) = 0, \dots, Y_n(s) = 0$:

$$X_1(s) = G_{11}(s)\,\frac{1}{s}\;,$$

$$X_2(s) = G_{21}(s)\,\frac{1}{s}\;,$$

$$\cdot$$
$$\cdot$$
$$\cdot$$

$$X_n(s) = G_{n1}(s)\,\frac{1}{s}\;,$$

also

$$x_1(t) = h_{11}(t) \; ,$$
$$x_2(t) = h_{21}(t) \; ,$$
$$\vdots$$
$$x_n(t) = h_{n1}(t) \; .$$

Aus den gemessenen, z.B. oszillographierten, Sprungantworten $h_{i1}(t)$ kann man die Übertragungsfunktionen $G_{i1}(s)$ näherungsweise bestimmen, z.B. als Reihenschaltung eines P-T_1- und T_t-Gliedes (Bild 2/52). Damit ist dann die 1. Spalte der Matrix (G_{ik}) bekannt. Entsprechend bestimmt man die anderen Spalten.

Ist man in der Lage, die Beziehungen zwischen den Eingangsgrößen $y_1, \ldots, y_n$ und den Ausgangsgrößen $x_1, \ldots, x_n$ eines gekoppelten Systems auf Grund der in ihm geltenden physikalischen Gesetze aufzustellen, so gelangt man zunächst häufig zu einer anderen Struktur als sie durch die Matrizengleichung (9.4) bzw. das Bild 9/4 berschrieben wird.

Das sei an dem Beispiel einer Niveauregelstrecke gezeigt, wobei es nur auf das Prinzip ankommen soll (Bild 9/5). Regelgrößen seien hier die Höhe h des Flüssigkeitsstandes und der Abfluß q_a pro Zeiteinheit. Die zu h gehörige Stellgröße ist die Ventilstellung y_e des Zuflusses, die zu q_a gehörende Stellgröße die Ventilstellung y_a des Abflusses. Die Regelung soll einen bestimmten Betriebszustand aufrechterhalten, so daß man zu den Abweichungen von diesem Betriebszustand übergehen darf. Dann ist

$$\Delta q_a = c_{11}\,\Delta y_a + c_{12}\,\Delta h \qquad (9.7)$$

mit $c_{11}, c_{12} > 0$, da sowohl eine weitere Öffnung des Abflußventils wie auch eine Zunahme der Flüssigkeitshöhe einen verstärkten Abfluß zur Folge hat. Weiterhin ist die Änderung des Flüssigkeitsvolumens während der kurzen Zeitspanne dt einerseits gleich $q_e dt - q_a dt$, andererseits gleich F dh, wenn F der Behälterquerschnitt ist. Daraus folgt $F\,dh = (q_e - q_a)dt$ oder

$$h = \frac{1}{F}\int_0^t (q_e - q_a)\,d\tau + h_0 \; .$$

Geht man zu den Abweichungen über, so wird daraus

$$\Delta h = \frac{1}{F}\int_0^t (\Delta q_e - \Delta q_a)\,d\tau$$

oder mit $\Delta q_e = c_e\,\Delta y_e$:

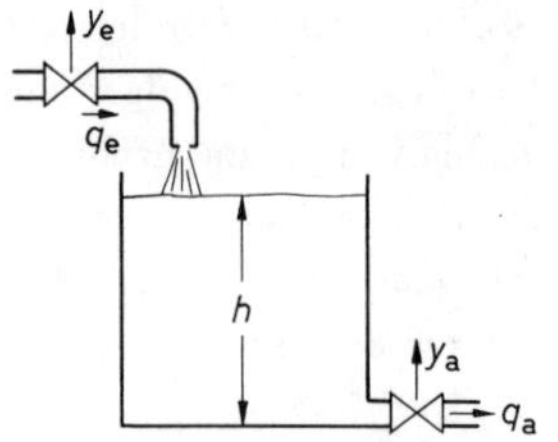

Bild 9/5. Niveauregelstrecke

$$\Delta h = \frac{1}{F}\int_0^t (c_e\,\Delta y_e - \Delta q_a)\,d\tau \; . \qquad (9.8)$$

Für (9.7) und (9.8) kann man auch schreiben:

$$\Delta q_a = c_{11}\left[\Delta y_a + \frac{c_{12}}{c_{11}}\Delta h\right] , \qquad (9.9)$$

$$\Delta h = \frac{c_e}{Fs}\left[\Delta y_e - \frac{1}{c_e}\Delta q_a\right] . \qquad (9.10)$$

Wenn man diese Gleichungen im Strukturbild bzw. Signalflußdiagramm wiedergibt, erhält man Bild 9/6 bzw. 9/7.

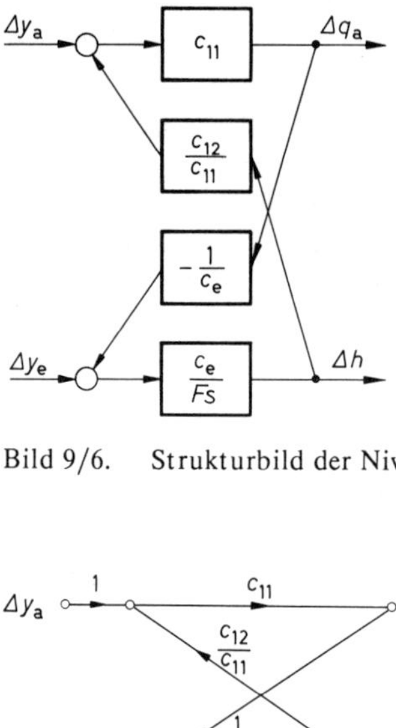

Bild 9/6. Strukturbild der Niveauregelstrecke

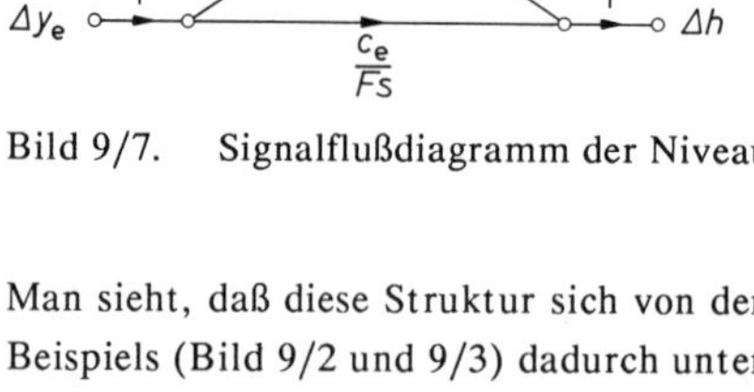

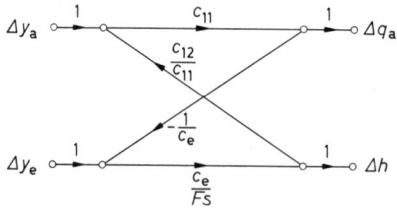

Bild 9/7. Signalflußdiagramm der Niveauregelstrecke

Man sieht, daß diese Struktur sich von der des früheren Beispiels (Bild 9/2 und 9/3) dadurch unterscheidet, daß die Summierungs- und Verzweigungsstellen miteinander vertauscht sind. Das allgemeine Signalflußdiagramm der neuen Struktur zeigt Bild 9/8. Man bezeichnet sie als *V-Struktur* und nennt die durch Bild 9/4 bzw. Gleichung (9.4) definierte Struktur *P-Struktur* (auch *V-kanonische* und *P-kanonische Darstellung* des gekoppelten Systems).[2]

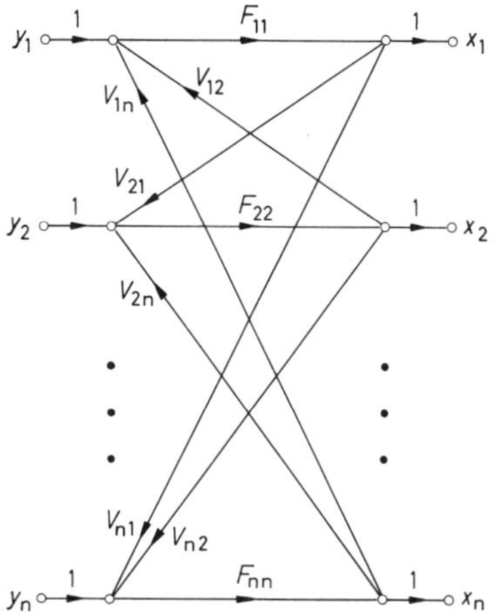

Bild 9/8. Signalflußdiagramm einer allgemeinen V-Struktur

Es ist noch die Matrizengleichung der allgemeinen V-Struktur aufzustellen. Aus Bild 9/8 liest man ab:

$$X_1 = F_{11}(Y_1 + V_{12}X_2 + \ldots + V_{1n}X_n) \; ,$$

$$X_2 = F_{22}(Y_2 + V_{21}X_1 + \ldots + V_{2n}X_n) \; ,$$

$$\vdots$$

$$X_n = F_{nn}(Y_n + V_{n1}X_1 + \ldots + V_{n,n-1}X_{n-1}) \quad \text{oder}$$

$$\underline{X} = \underline{F}\,(\underline{Y} + \underline{V}\,\underline{X}) \quad \text{mit} \tag{9.11}$$

$$\underline{F} = \begin{bmatrix} F_{11} & 0 & \ldots & 0 \\ 0 & F_{22} & \ldots & 0 \\ \vdots & & & \vdots \\ 0 & & \ldots & F_{nn} \end{bmatrix} , \; \underline{V} = \begin{bmatrix} 0 & V_{12} & V_{13} & \ldots & V_{1n} \\ V_{21} & 0 & V_{23} & \ldots & V_{2n} \\ V_{31} & V_{32} & 0 & \ldots & V_{3n} \\ \vdots & & & & \vdots \\ V_{n1} & V_{n2} & & \ldots & 0 \end{bmatrix} .$$

Um den Regelvektor $\underline{X}$ als Funktion des Stellvektors $\underline{Y}$ zu erhalten, hat man (9.11) nach $\underline{X}$ aufzulösen:

[2] Diese Bezeichnungen stammen von dem amerikanischen Theoretiker ***M.D. Mesarovic*** [9.1].

$$\underline{X} = \underline{F}\,\underline{Y} + \underline{F}\,\underline{V}\,\underline{X} \; ,$$

$$(\underline{I} - \underline{F}\,\underline{V})\,\underline{X} = \underline{F}\,\underline{Y} \; ,$$

$$\underline{X} = (\underline{I} - \underline{F}\,\underline{V})^{-1}\,\underline{F}\,\underline{Y} \; . \tag{9.12}$$

Damit hat man die V-Struktur in eine P-Struktur mit

$$\underline{G} = (\underline{I} - \underline{F}\,\underline{V})^{-1}\,\underline{F}$$

verwandelt. Letztere ist der V-Struktur äquivalent, d.h., sie erzeugt bei Aufschaltung des gleichen Eingangsvektors $\underline{Y}$ denselben Ausgangsvektor $\underline{X}$ wie die gegebene V-Struktur. Beide Strukturen unterscheiden sich nur in ihrem inneren Aufbau.

Die Darstellung (9.12) ist nur möglich, wenn die inverse Matrix zu $\underline{I} - \underline{F}\,\underline{V}$ existiert, wenn also die Determinante von $\underline{I} - \underline{F}\,\underline{V}$ nicht Null wird. Unter den Voraussetzungen, wie sie oben über die Elemente aller auftretenden Matrizen gemacht wurden, gibt es für $\det(\underline{I} - \underline{F}\,\underline{V})$ nur zwei Möglichkeiten: Entweder wird die Determinante nur an isolierten Stellen der komplexen s-Ebene Null, oder sie wird in der gesamten Ebene identisch Null. Im ersten Fall existiert also die inverse Matrix in der gesamten Ebene mit Ausnahme isolierter Stellen, so daß dann die Darstellung (9.12) gültig ist. Der letzte Fall hingegen muß ausgeschlossen werden:

$$\det\,(\underline{I} - \underline{F}\,\underline{V}) \not\equiv 0 \; .$$

Der Fall $\det(\underline{I} - \underline{F}\,\underline{V}) \equiv 0$ wird bei einem realen System nicht auftreten, da dann gar kein eindeutiger Zusammenhang zwischen Ein- und Ausgangsgrößen besteht.

Am letzten Beispiel sei die Umwandlung der V-Struktur in die P-Struktur illustriert. Dazu hat man die Beziehungen (9.9) und (9.10) nach den Ausgangsgrößen $x_1 = \Delta q_a$ und $x_2 = \Delta h$ aufzulösen. Dies führt zu den Gleichungen

$$\Delta q_a - c_{12}\,\Delta h = c_{11}\,\Delta y_a \; ,$$

$$\frac{1}{Fs}\,\Delta q_a + \Delta h = \frac{c_e}{Fs}\,\Delta y_e \; .$$

Die Determinante dieses Systems ist

$$\begin{vmatrix} 1 & -c_{12} \\ \frac{1}{Fs} & 1 \end{vmatrix} = 1 + \frac{c_{12}}{Fs} = \frac{c_{12} + Fs}{Fs} \; .$$

Sie hat also einen Pol in $s = 0$ und eine Nullstelle in $s = -c_{12}/F$. Abgesehen davon ist sie endlich und $\neq 0$, so daß das Gleichungssystem an allen übrigen Stellen nach Δq_a und Δh auflösbar ist. Es ergibt sich so die P-Struktur

$$\begin{bmatrix} \Delta q_a \\ \\ \Delta h \end{bmatrix} = \begin{bmatrix} \dfrac{c_{11}\dfrac{F}{c_{12}}s}{1+\dfrac{F}{c_{12}}s} & \dfrac{c_e}{1+\dfrac{F}{c_{12}}s} \\ \\ -\dfrac{c_{11}/c_{12}}{1+\dfrac{F}{c_{12}}s} & \dfrac{c_e/c_{12}}{1+\dfrac{F}{c_{12}}s} \end{bmatrix} \cdot \begin{bmatrix} \Delta y_a \\ \\ \Delta y_e \end{bmatrix} \quad (9.13)$$

Sie ist in Bild 9/9 wiedergegeben.

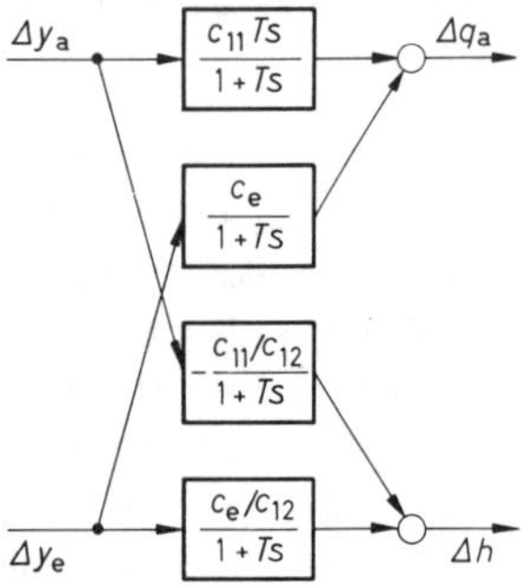

Bild 9/9. Die Niveauregelstrecke von Bild 9/5 als P-Struktur ($T = F/c_{12}$)

Weiter soll auf die innere Struktur gekoppelter Systeme nicht eingegangen werden. Wichtig ist, daß ein reales gekoppeltes System, das linear und zeitinvariant ist, durch ein Gleichungssystem vom Typ (9.3) oder durch die Matrizengleichung (9.4) beschrieben werden kann. Die V-Struktur wurde nur deshalb aufgeführt, weil dann, wenn sie in einem realen System tatsächlich vorliegt, eine besonders einleuchtende Entwurfsmöglichkeit gegeben ist.

Es soll nicht unerwähnt bleiben, daß es neben den bisher betrachteten linearen und zeitinvarianten Systemen, wie sie in der Anlagen- und Verfahrenstechnik vorwiegend auftreten (jedenfalls dann, wenn man die Systeme um einen bestimmten Betriebszustand betreibt), auch anders gekoppelte Systeme gibt. Sie treten vor allem bei der Steuerung und Regelung beweglicher Objekte auf und sind dadurch gekennzeichnet, daß sie stark nichtlinear sind und eine vernünftige Beschreibung des Systemverhaltens durch Linearisierung häufig nicht zu erzielen ist. Die im folgenden beschriebenen Methoden sind auf solche Systeme nicht anwendbar.

9.2 Synthese von Mehrfachregelungen durch Entkopplung

Sollen die Ausgangsgrößen eines gekoppelten Systems geregelt werden, so tritt ein charakteristisches Problem auf, das es bei Einzelregelungen nicht gibt, da es durch die Kopplung bedingt ist. Würde man jede einzelne Größe ohne Rücksicht auf die anderen regeln, jeden einzelnen Regelkreis also so auslegen, daß er für sich allein ein gutes dynamisches Verhalten zeigt, würde dennoch das Gesamtsystem dynamisch schlecht sein, zum Schwingen neigen und möglicherweise sogar instabil werden. Denn es handelt sich um mehrere schwingungsfähige Gebilde, die zwar einzeln gut stabilisiert sein mögen, aber miteinander verbunden Koppelschwingungen liefern.

Die Bilder 9/10 bis 9/12 illustrieren dies an einem Beispiel, wobei die Strecke der Literatur entnommen ist [9.2]. Die Kopplung wurde ignoriert, und zwei PI-Regler für die beiden Einzelregelkreise wurden in üblicher Weise nach dem Frequenzkennlinienverfahren entworfen (Phasenreserve 60°). Die Zählerzeitkonstanten der PI-Regler sind dabei gleich den Summen der Streckenzeitkonstanten gewählt, weil in der Strecke mehrfache Pole auftreten.

Bild 9/11 zeigt die Sprungantworten der beiden Einzelregelkreise bei aufgetrennter Kopplung, die also durchaus passabel sind. Wie man aus Bild 9/12 sieht, treten jedoch im gekoppelten Zustand, der ja in Wirklichkeit vorliegt, Schwingungen auf, die das System in dieser Form funktionsunfähig machen.

Was ist zu tun? Die Kopplungen innerhalb der Regelstrecke lassen sich nicht beseitigen, da sie durch die physikalischen Gesetzmäßigkeiten aufgezwungen sind. Von den beiden Amerikanern ***Boksenbom*** und ***Hood*** wurde 1950 ein Lösungsvorschlag gemacht [9.3], der seitdem in verschiedenen Richtungen ausgearbeitet wurde [9.4] und bis jetzt eine wichtige Methode zur Behandlung von Mehrfachregelungen geblieben ist. Er besteht darin, die *Strecke zu entkoppeln, d.h. außer den üblichen Reglern weitere Regelelemente einzuführen, die zusätzliche Kopplungen hervorrufen und hierdurch die gegebenen Kopplungen innerhalb der Strecke kompensieren, so daß das entstehende Gesamtsystem sich so verhält, als ob es aus getrennten Einzelkreisen bestände.*

Es gibt verschiedene Möglichkeiten, diesen Grundgedanken in die Tat umzusetzen. Zwei von ihnen sollen im folgenden beschrieben werden. Als erste die *Reihen- oder Serienentkopplung* eines gekoppelten Systems, mit der man sich, wenigstens grundsätzlich, immer helfen kann

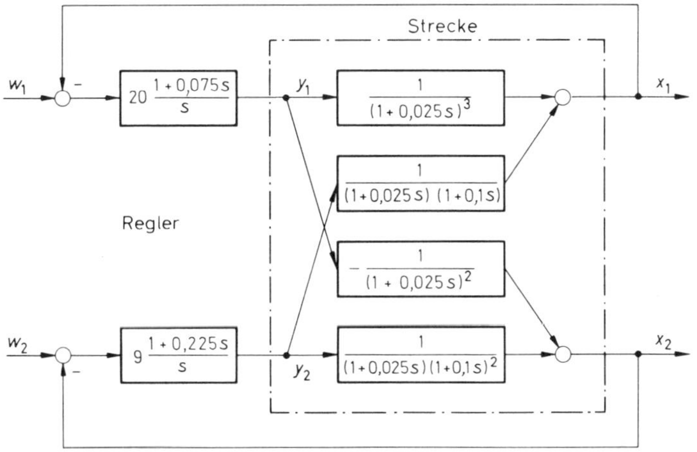

Bild 9/10. Struktur einer Zweifachregelung mit Reglern, welche die Kopplung ignorieren

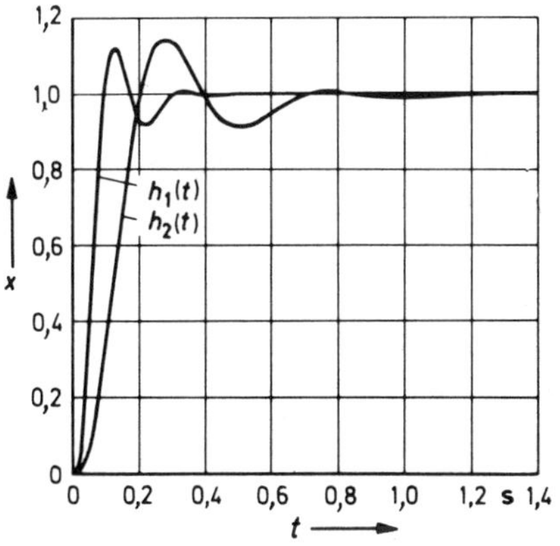

Bild 9/11. Sprungantworten der beiden getrennten Regelkreise aus Bild 9/10

und die auch am häufigsten angewandt wird. Außerdem soll die *Entkopplung einer V-Struktur* erwähnt werden, und zwar deshalb, weil sie besonders einfach zum Ziel führt – allerdings nur, wenn die zu entkoppelnde Strecke wirklich V-Struktur hat.

Bei der *Reihenentkopplung* geht man von der Matrizengleichung

$$\underline{X} = \underline{G}\,\underline{Y} \tag{9.14}$$

aus. Dabei seien die Stelleinrichtungen mit zur Strecke gerechnet. Die Y_i sind also jetzt die *Eingangsgrößen* der Stelleinrichtungen. Nun werde als Regeleinrichtung ein System gleichen Typs davor geschaltet:

$$\underline{Y} = \underline{R}\,\underline{E}\ . \tag{9.15}$$

Dabei ist $\underline{E} = \begin{bmatrix} E_1 \\ \vdots \\ E_n \end{bmatrix}$ der Vektor der Laplace-transformierten Regeldifferenzen und

$$\underline{R} = (R_{ik}(s)) = \begin{bmatrix} R_{11}(s) & R_{12}(s) & \dots & R_{1n}(s) \\ R_{21}(S) & R_{22}(S) & \dots & R_{2n}(s) \\ \vdots & \vdots & & \vdots \\ R_{n1}(s) & R_{n2}(s) & \dots & R_{nn}(s) \end{bmatrix}$$

die Matrix der Korrektureinrichtung, wobei die $R_{ik}(s)$ noch geeignet zu wählen sind. Die Korrekturglieder mit

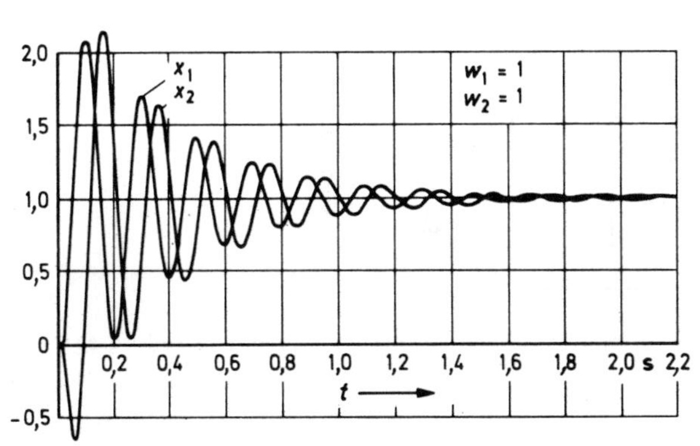

Bild 9/12.
Ausgangsgrößen der Zweifachregelung aus Bild 9/10 für $w_1 = 1$, $w_2 = 1$

den Übertragungsfunktionen $R_{ii}(s)$, die in der Hauptdiagonale von $\underline{R}$ stehen, bezeichnet man auch als *Hauptregler*, die anderen Korrekturglieder, die also eine Übertragungsfunktion $R_{ik}(s)$ mit $i \neq k$ haben, als *Entkopplungsregler*. Entsprechend nennt man übrigens die Teilstrecken mit $G_{ii}(s)$ *Hauptstrecken*, die anderen *Koppelstrecken*. Die Struktur der Regeleinrichtung für n = 2 ist in Bild 9/13, links, zu sehen.

Die offene Mehrfachregelung wird durch die beiden Matrizengleichungen (9.14) und (9.15) beschrieben, die man zu *einer* Matrizengleichung zusammenfassen kann:

$$\underline{X} = \underline{G}\,\underline{R}\,\underline{E}\ . \tag{9.16}$$

Dieses System soll sich so verhalten, als ob keine Kopplung bestände. Das heißt: Jede Regeldifferenz e_ν soll nur auf *ihre* Regelgröße x_ν wirken. Das ist aber nur möglich, wenn für jedes ν von 1 bis n die Gleichung

$$X_\nu = G_{K\nu}\,G_{\nu\nu}\,E_\nu \tag{9.17}$$

gilt. Dabei ist also $G_{\nu\nu}(s)$ die Übertragungsfunktion der νten Hauptstrecke, die von vornherein zwischen e_ν und x_ν liegt. Hingegen ist $G_{K\nu}(s)$ die Übertragungsfunktion eines Korrekturgliedes, das in die als entkoppelt gedachte Einzelregelung einzufügen ist, um ihr ein gewünschtes dynamisches Verhalten zu geben.

Das Entkopplungsziel ist in Bild 9/13 veranschaulicht. Im linken Teil ist die Entkopplungsstruktur dargestellt, wie sie verwirklicht werden soll. Darin sollen die $R_{ik}(s)$ so gewählt werden, daß sich die Gesamtstruktur links genau so wie die Struktur rechts verhält, das heißt, bei Aufschaltung der gleichen Eingangsgrößen w_1, w_2 mit denselben Ausgangsgrößen x_1, x_2 wie die Struktur rechts reagiert. Das Gleichheitszeichen im Bild 9/13 soll diese Äquivalenz der beiden Strukturen ausdrücken. Die Gleichung (9.17) kann man gleichfalls in Matrizenform schreiben. Dazu führt man die beiden Diagonalmatrizen

$$\underline{G}_D = \begin{bmatrix} G_{11} & 0 & \cdots & 0 \\ 0 & G_{22} & & 0 \\ \vdots & & \ddots & \vdots \\ 0 & \cdots & \cdots & G_{nn} \end{bmatrix} \quad \text{und}$$

$$\underline{G}_K = \begin{bmatrix} G_{K1} & 0 & \cdots & 0 \\ 0 & G_{K2} & & 0 \\ \vdots & & \ddots & \vdots \\ 0 & \cdots & \cdots & G_{Kn} \end{bmatrix}$$

ein. Dann wird aus (9.17), da Diagonalmatrizen miteinander vertauschbar sind,

$$\underline{X} = \underline{G}_D\,\underline{G}_K\,\underline{E}\ . \tag{9.18}$$

Sollen (9.16) und (9.18) übereinstimmen, und zwar für beliebige Eingangsvektoren $\underline{E}$, so muß

$$\underline{G}\,\underline{R} = \underline{G}_D\,\underline{G}_K \tag{9.19}$$

gelten. Sofern det $\underline{G}(s)$ nicht identisch Null ist, was man im allgemeinen voraussetzen darf, existiert die inverse Matrix $\underline{G}^{-1}(s)$. Aus (9.19) folgt dann

$$\underline{R}(s) = \underline{G}^{-1}(s)\,\underline{G}_D(s)\,\underline{G}_K(s)\ . \tag{9.20}$$

Wählt man die Reglermatrix $\underline{R} = (R_{ik})$ in dieser Weise und schaltet sie vor die Strecke, so erhält man ein offenes Gesamtsystem, das den Gleichungen (9.17) genügt und somit n einzelnen Regelkreisen entspricht. In (9.19) bzw. (9.20) sind $\underline{G}$ und $\underline{G}_D$ gegebene Matrizen, während $\underline{G}_K$ eine Diagonalmatrix ist, deren Diagonalelemente noch frei wählbar sind. Damit ist das Entkopplungsproblem im Prinzip gelöst.

Um eine Vorstellung von den dabei auftretenden Reglerelementen zu bekommen, fassen wir die *Zweifachrege-*

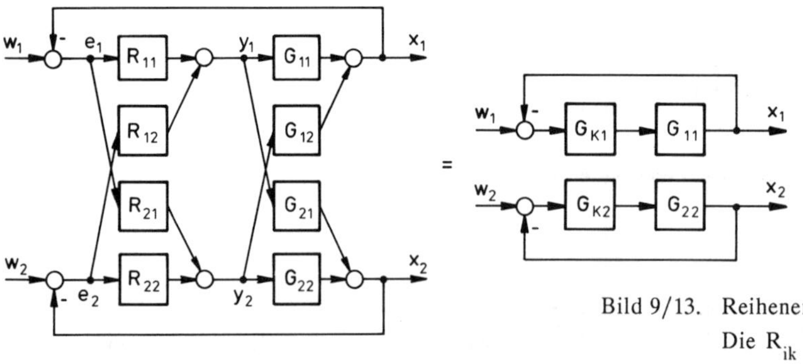

Bild 9/13. Reihenentkopplung einer Zweifachregelung. Die R_{ik} sind durch (9.23) und (9.24) gegeben, G_{K1} und G_{K2} sind frei wählbar.

lung etwas genauer ins Auge. Aus der Matrizengleichung (9.19) erhält man hier im einzelnen:

$$\begin{aligned} G_{11}R_{11} + G_{12}R_{21} &= G_{11}G_{K1} , \\ G_{21}R_{11} + G_{22}R_{21} &= 0 \end{aligned} \qquad (9.21)$$

und

$$\begin{aligned} G_{11}R_{12} + G_{12}R_{22} &= 0 , \\ G_{21}R_{12} + G_{22}R_{22} &= G_{22}G_{K2} . \end{aligned} \qquad (9.22)$$

Das sind zwei Gleichungssysteme, das erste für R_{11} und R_{21}, das zweite für R_{12} und R_{22}. Die Lösungen kann man in der folgenden zweckmäßigen Form schreiben:

$$\begin{aligned} R_{11}(s) &= F(s)\, G_{K1}(s) , \\ R_{12}(s) &= -\frac{G_{12}(s)}{G_{11}(s)} R_{22}(s) , \\ R_{21}(s) &= -\frac{G_{21}(s)}{G_{22}(s)} R_{11}(s) , \\ R_{22}(s) &= F(s)\, G_{K2}(s) \end{aligned} \qquad (9.23)$$

mit

$$F(s) = \frac{1}{1 - \dfrac{G_{12}(s)G_{21}(s)}{G_{11}(s)G_{22}(s)}} . \qquad (9.24)$$

Die Entkopplungsformeln (9.23) und (9.24) für eine Zweifachregelung kann man auch in anschaulicher Weise aus dem Strukturbild erhalten. Betrachtet man zunächst die durchgezogenen Wirkungslinien in Bild 9/14, oben, so sieht man, daß zu der in der Strecke vorhandenen Einwirkung des Kreises 1 auf den Kreis 2 über G_{21} jetzt die künstlich geschaffene Einwirkung über R_{21} hinzukommt. Durch die letztere Einwirkung ist es möglich, die erstere aufzuheben. Die von E_1 auf X_2 einwirkende Größe ist nämlich durch

$$R_{21}G_{22}E_1 + R_{11}G_{21}E_1$$

gegeben. Wählt man daher R_{21} und R_{11} so, daß

$$R_{21}G_{22} + R_{11}G_{21} = 0$$

ist, so ist sie identisch Null. Daraus folgt

$$R_{21} = -\frac{G_{21}}{G_{22}} R_{11} . \qquad (9.25)$$

Entsprechend folgt aus der Betrachtung der gestrichelten Wirkungslinien in Bild 9/14, oben, daß

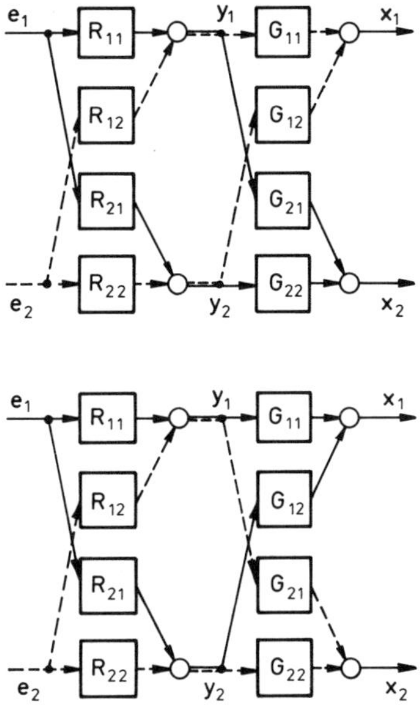

Bild 9/14. Zur Reihenentkopplung einer Zweifachregelung

$R_{12}G_{11} + R_{22}G_{12} = 0$ sein muß, woraus folgt:

$$R_{12} = -\frac{G_{12}}{G_{11}} R_{22} . \qquad (9.26)$$

Wählt man die R_{ik} so, daß die Bedingungen (9.25) und (9.26) erfüllt sind, so sind die beiden Kreise 1 und 2 entkoppelt. X_1 hängt nur von E_1 ab, X_2 nur von E_2. Die Art der Abhängigkeit kann man aus Bild 9/14, unten, ablesen:

$X_1 = (G_{11}R_{11} + G_{12}R_{21})E_1$ (durchgezogene Wirkungslinien),

$X_2 = (G_{22}R_{22} + G_{21}R_{12})E_2$ (gestrichelte Wirkungslinien).

Setzt man hierin (9.25) und (9.26) ein, so folgt weiter

$$X_1 = R_{11} \frac{G_{11}G_{22} - G_{12}G_{21}}{G_{22}} E_1 ,$$

$$X_2 = R_{22} \frac{G_{11}G_{22} - G_{12}G_{21}}{G_{11}} E_2 .$$

Nun soll $X_1 = G_{K1}G_{11}E_1$, $X_2 = G_{K2}G_{22}E_2$ sein. Der Vergleich mit den beiden vorhergehenden Gleichungen liefert

$$R_{11} = G_{K1} \frac{G_{11}G_{22}}{G_{11}G_{22} - G_{12}G_{21}} ,$$

$$R_{22} = G_{K2} \frac{G_{11}G_{22}}{G_{11}G_{22} - G_{12}G_{21}} .$$

Kürzt man durch $G_{11}G_{22}$, so hat man die Formeln (9.23) und (9.24).

Bild 9/15 zeigt die Struktur der Entkopplungseinrichtung für eine Zweifachregelung, wie sie sich aus (9.23) ergibt.

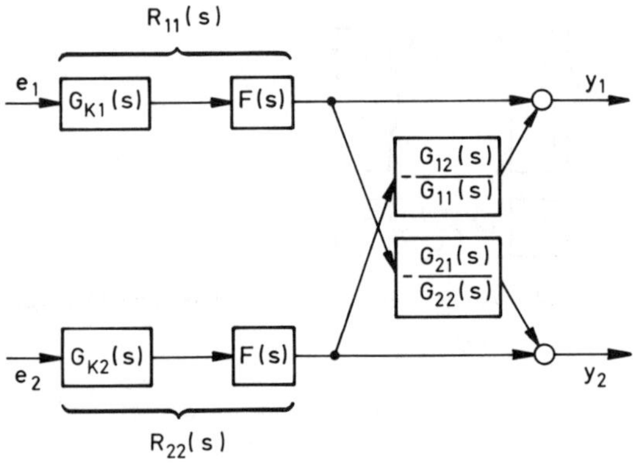

Bild 9/15. Struktur der Entkopplungseinrichtung bei einer Zweifachregelung

Nachdem das Entkopplungsproblem rechnerisch gelöst ist, erhebt sich die Frage, wie sich die allgemein durch (9.20) und im Fall $n = 2$ durch (9.23), (9.24) gegebenen Reglerelemente realisieren lassen. Um hiervon eine Vorstellung zu bekommen, betrachten wir das Beispiel der Flüssigkeitsmischung. Nach (9.1) ist

$$G_{11} = K_{11} \frac{e^{-T_{t1}s}}{1+T_1 s} , \quad G_{12} = K_{12} \frac{e^{-T_{t2}s}}{1+T_2 s} ,$$

$$G_{21} = -K_{21} , \quad G_{22} = K_{22} ,$$

wobei die K_{ik} sämtlich > 0 sind. Daher ist

$$F(s) = \frac{1}{1 + \frac{K_{12}K_{21}}{K_{11}K_{22}} \frac{1+T_1 s}{1+T_2 s} e^{-(T_{t2}-T_{t1})s}} ,$$

wenn etwa $T_{t2} \geq T_{t1}$. Weiterhin ist

$$\frac{G_{12}}{G_{11}} = \frac{K_{12}}{K_{11}} \frac{1+T_1 s}{1+T_2 s} e^{-(T_{t2}-T_{t1})s} ,$$

$$\frac{G_{21}}{G_{22}} = -\frac{K_{21}}{K_{22}} .$$

Wir können zwei Fälle unterscheiden. Ist $T_{t1} = T_{t2}$, so sind lediglich einfache rationale Übertragungsglieder zu realisieren, deren Zählergrad gleich dem Nennergrad ist. Das macht keine Schwierigkeiten und kann z.B. durch RC-beschaltete Verstärker geschehen. In diesem Fall ist die Entkopplung ohne weiteres durchführbar. Schlechter sieht es im Fall $T_{t1} < T_{t2}$ aus. Denn die gerätetechnische Realisierung einer Totzeit, die in beiden Hauptreglern und einem Entkopplungsregler durchgeführt werden muß, kann bei ungenauer Nachbildung das dynamische Verhalten erheblich beeinträchtigen.

In anderen Fällen können Realisierungsschwierigkeiten dadurch eintreten, daß in den zur Entkopplung notwendigen Übertragungsfunktionen der Zählergrad größer ist als der Nennergrad. Mit Rücksicht auf die Störwelligkeit und Begrenzungen ist eine solche Realisierung nicht exakt durchführbar. Aus den Formeln (9.20) und (9.23), (9.24) geht hervor, daß die Regeleinrichtung auf jeden Fall recht aufwendig wird, wenn die Strecke von höherer Ordnung oder $n > 2$ ist.

Hat man entkoppelt, so ist das Syntheseproblem auf den Fall der Einzelregelung zurückgeführt. Für den weiteren Entwurf hat man es mit n getrennten Einzelkreisen nach Art von Bild 9/13, rechts, zu tun. Diese kann man nach den früher beschriebenen Methoden, z.B. dem Frequenzkennlinienverfahren, behandeln und so geeignete Regler $G_{K\nu}(s)$ bestimmen.

Treten Schwierigkeiten bei der Realisierung der Regler auf oder erscheint der Realisierungsaufwand als zu groß, so liegt es nahe, auf die exakte Entkopplung zu verzichten und statt dessen nur eine *unvollständige Entkopplung* vorzunehmen.

Der einfachste Fall besteht darin, daß man *stationär entkoppelt*, das heißt, den Regler so wählt, daß im stationären Zustand, also für $t \to +\infty$ bzw. $s \to 0$, die Entkopplungsbedingung (9.19) erfüllt ist. Das ist gewiß der Fall für

$$\underline{R}(s) = \underline{G}^{-1}(0)\, \underline{G}_D(0)\, \underline{G}_K(s) . \qquad (9.27)$$

Dann gilt nämlich für $s \to 0$

$$\underline{R}(0) = \underline{G}^{-1}(0)\, \underline{G}_D(0)\, \underline{G}_K(0) \quad \text{oder}$$

$$\underline{G}(0)\, \underline{R}(0) = \underline{G}_D(0)\, \underline{G}_K(0) .$$

Für eine Zweifachregelung erhält man die Reglerelemente aus (9.23), (9.24), wenn man dort außer in den $G_{K\nu}(s)$ $s = 0$ setzt:

$$R_{11}(s) = F_0 G_{K1}(s) \ ,$$

$$R_{21}(s) = -\frac{G_{21}(0)}{G_{22}(0)} R_{11}(s) \ ,$$

$$R_{22}(s) = F_0 G_{K2}(s) \ ,$$

$$R_{12}(s) = -\frac{G_{12}(0)}{G_{11}(0)} R_{22}(s) \qquad (9.28)$$

mit

$$F_0 = \frac{1}{1 - \frac{G_{12}(0)G_{21}(0)}{G_{11}(0)G_{22}(0)}} \ . \qquad (9.29)$$

Die Struktur dieses Reglers ist in Bild 9/16 dargestellt.

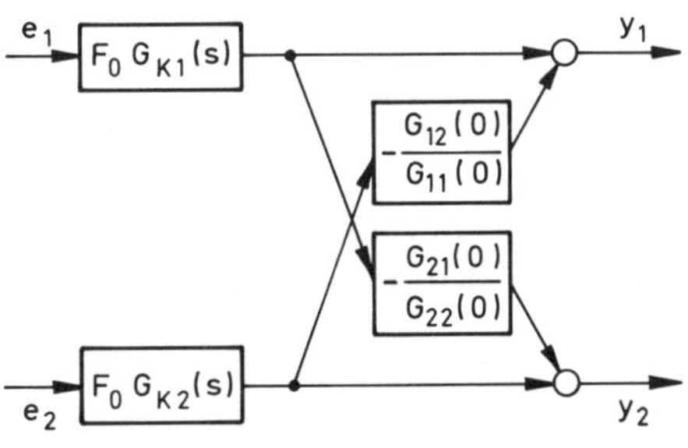

Bild 9/16. Stationäre Entkopplung bei einer Zweifachregelung

Wie man sieht, schrumpfen die Entkopplungsregler auf Proportionalglieder zusammen, und die Regler $G_{K\nu}(s)$ sind lediglich mit konstanten Faktoren zu versehen. Das gilt auch für $n > 2$.

Um einen Eindruck von der Wirksamkeit der stationären Entkopplung zu geben, wurde die Strecke in Bild 9/10 stationär entkoppelt und mit den gleichen Hauptreglern wie dort versehen, die also unter der Voraussetzung völliger Entkopplung entworfen wurden. Das Ergebnis sieht man in Bild 9/17. Ein Vergleich mit Bild 9/12 zeigt die überraschend günstige Wirkung der stationären Entkopplung. Bei praktischen Aufgaben wird sie vielfach genügen.

Will man ein dynamisch besseres Verhalten erzielen, ohne aber zu der aufwendigen exakten Entkopplung überzugehen, so kann man eine *verbesserte stationäre Entkopplung* vornehmen [9.2]. Man nimmt die gleichen Hauptregler wie bei der stationären Entkopplung, bildet jedoch die Entkopplungsregler genauer nach als dort. Im Fall $n = 2$ geht man auf Grund von (9.23) und (9.24) von den Übertragungsfunktionen

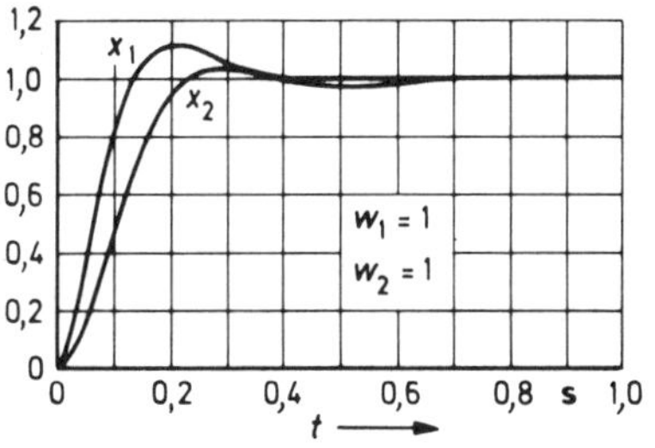

Bild 9/17. Ausgangsgrößen der Zweifachregelung aus Bild 9/10 bei stationärer Entkopplung

$$R_{12}(s) = -F(0) \frac{G_{12}(s)}{G_{11}(s)} G_{K2}(s) \ , \qquad (9.30)$$

$$R_{21}(s) = -F(0) \frac{G_{21}(s)}{G_{22}(s)} G_{K1}(s) \qquad (9.31)$$

aus, läßt den Faktor F(0) unverändert und approximiert die restliche Funktion durch eine einfache Übertragungsfunktion. Ist etwa

$$\frac{G_{12}(s)}{G_{11}(s)} G_{K2}(s) = \frac{V}{s} \frac{\prod_\mu (1 + T_{z\mu} s)}{\prod_\nu (1 + T_\nu s)} \ ,$$

so nimmt man statt dessen die Übertragungsfunktion

$$\frac{V}{s} \frac{1 + \left[\sum_\mu T_{z\mu}\right] s}{1 + \left[\sum_\nu T_\nu\right] s} \ .$$

Das Prinzip der Approximation besteht allgemein darin, den vorliegenden Frequenzgang durch einen einfachen Frequenzgang so zu ersetzen, daß im unteren ω-Bereich gute Übereinstimmung herrscht. Es handelt sich also in der Tat um eine verbesserte stationäre Entkopplung.

Der Rechnungsgang sei am Beispiel von Bild 9/10 dargestellt. Zunächst legt man die Regler G_{K1} und G_{K2} so aus, als ob das System vollständig entkoppelt wäre. Dabei sollen, z.B. aus Gründen der Störwelligkeit, nur PI-Regler benutzt werden. Da

$$G_{11}(s) = \frac{1}{(1 + 0{,}025s)^3} = \frac{1}{1 + 0{,}075s + \ldots} \approx \frac{1}{1 + 0{,}075s} \ ,$$

wählt man

$$G_{K1}(s) = V_1 \frac{1 + 0{,}075s}{s} \ .$$

Will man eine Phasenreserve von 60° erzielen, so hat man nach dem Frequenzkennlinienverfahren $V_1 = 20$ zu wählen. Entsprechend folgt aus

$$G_{22}(s) = \frac{1}{(1+0{,}025s)(1+0{,}1s)^2} = \frac{1}{1+0{,}225s+\dots} \approx$$

$$\approx \frac{1}{1+0{,}225s} :$$

$$G_{K2}(s) = V_2 \frac{1+0{,}225s}{s} ,$$

wobei $V_2 = 9$ zu wählen ist, um die vorgegebene Phasenreserve von 60° zu erhalten. Wegen

$$F(0) = \frac{1}{1 - \dfrac{G_{12}(0)G_{21}(0)}{G_{11}(0)G_{22}(0)}} = \frac{1}{2}$$

ist dann nach (9.30)

$$R_{12}(s) = -\frac{1}{2}\frac{(1+0{,}025s)^2}{1+0{,}1s} \cdot 9\,\frac{1+0{,}225s}{s} ,$$

also

$$R_{12}(s) \approx -\frac{4{,}5}{s}\,\frac{1+0{,}275s}{1+0{,}1s} . \qquad (9.32)$$

Entsprechend erhält man nach (9.31)

$$R_{21}(s) \approx \frac{10}{s}\,\frac{1+0{,}275s}{1+0{,}025s} . \qquad (9.33)$$

Dabei kann man es bewenden lassen. Die Entkopplungsregler stellen Reihenschaltungen eines I-Gliedes mit einem realen PD-Regler dar, sind also genügend einfach. Will man aber auch hier nur PI-Regler verwenden, kann man mittels

$$\frac{1}{1+Ts} = 1 - Ts + T^2s^2 - + \dots \approx 1 - Ts$$

zu den Reglern

$$R_{12}(s) \approx -\frac{4{,}5}{s}(1+0{,}275s)(1-0{,}1s) \approx -\frac{4{,}5}{s}(1+0{,}175s) ,$$

$$R_{21}(s) \approx \frac{10}{s}(1+0{,}275s)(1-0{,}025s) \approx \frac{10}{s}(1+0{,}25s)$$

übergehen.

Die Hauptregler lauten in jedem Fall

$$R_{11}(s) = F(0)G_{K1}(s) = \frac{10}{s}(1+0{,}075s) ,$$

$$R_{22}(s) = F(0)G_{K2}(s) = \frac{4{,}5}{s}(1+0{,}225s) .$$

Zum Abschluß der Ausführungen über die Entkopplung sei noch auf die *Entkopplung einer V-Struktur* eingegangen. Da man, wie gezeigt, eine V-Struktur in eine P-Struktur verwandeln kann, ist eine Entkopplung in der soeben beschriebenen Weise möglich. Es gibt aber bei der V-Struktur unabhängig davon eine andere Entkopplungsmöglichkeit, die wegen ihrer Einfachheit vorzuziehen ist, sofern das reale System wirklich V-Struktur hat und die V-Struktur nicht erst durch Umformung der Gleichungen erzeugt wurde. Gemäß (9.11) gilt für die V-Struktur

$$\underline{X} = \underline{F}(\underline{Y} + \underline{V}\,\underline{X}) .$$

Bildet man nun mit dem sowieso schon durch die Meßeinrichtung erfaßten Regelgrößenvektor $\underline{X}$ den Vektor

$$-\underline{V}\,\underline{X} = -\begin{bmatrix} V_{12}X_2 + \dots + V_{1n}X_n \\ V_{21}X_1 + \dots + V_{2n}X_n \\ \vdots \\ V_{n1}X_1 + \dots + V_{n,n-1}X_{n-1} \end{bmatrix} ,$$

etwa in einer geeigneten Analog- oder Digitalrechenschaltung, und führt ihn als zusätzlichen Stellvektor ein, so erhält man die Matrizengleichung

$$\underline{X} = \underline{F}(\underline{Y} + \underline{V}\,\underline{X} - \underline{V}\,\underline{X}) = \underline{F}\,\underline{Y} .$$

Das heißt aber nichts anderes, als daß das System entkoppelt ist. Bild 9/18 zeigt diese Entkopplungsstruktur für eine Zweifachregelung.

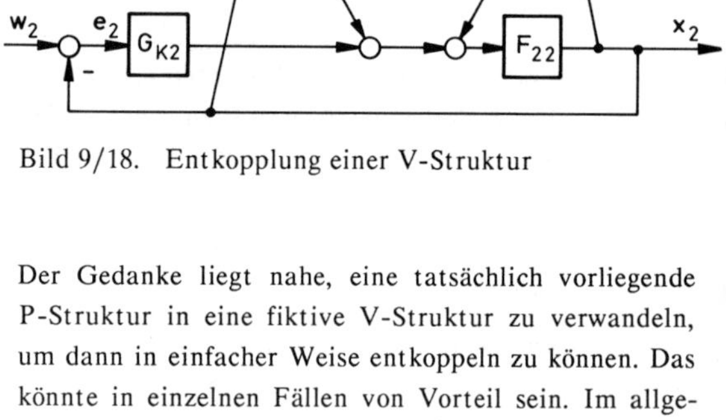

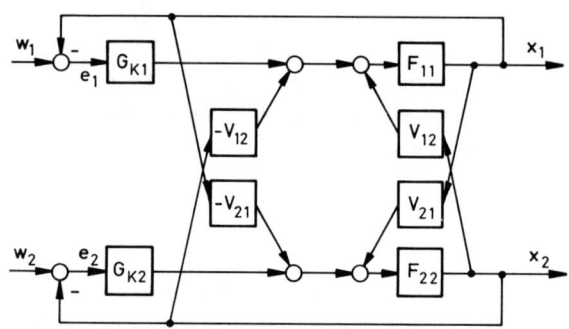

Bild 9/18. Entkopplung einer V-Struktur

Der Gedanke liegt nahe, eine tatsächlich vorliegende P-Struktur in eine fiktive V-Struktur zu verwandeln, um dann in einfacher Weise entkoppeln zu können. Das könnte in einzelnen Fällen von Vorteil sein. Im allgemeinen wird das Vorgehen aber an Realisierungsschwierigkeiten oder zu großem Aufwand des Entkopplungssystems scheitern.

Man könnte auch daran denken, eine P-Struktur ganz entsprechend wie eine V-Struktur zu entkoppeln, indem man also y_2 über einen Block mit der Übertragungsfunktion $-G_{12}(s)$ auf die Ausgangsgröße x_1 schaltet und mit y_1 analog verfährt. Diese Maßnahme scheitert jedoch praktisch daran, daß man hierbei Einspeisungen im Bereich hohen Leistungspegels vornehmen müßte, was einen viel zu hohen gerätetechnischen Aufwand erfordert.

Zusammenfassend kann man folgendes sagen. Ist es möglich, die Mehrfachstrecke vollständig zu entkoppeln, so ist das Syntheseproblem auf das bei Einzelregelungen zurückgeführt. Wird aus irgendwelchen Gründen nur eine unvollständige Entkopplung durchgeführt, so hat man in der beschriebenen Weise vorzugehen. Da man beim Entwurf der Korrekturglieder $G_{K\nu}(s)$ die Kopplungen ignoriert, geht man auch hier wie bei der Synthese von Einzelregelungen vor. Da aber die unvollständige Entkopplung keine exakte Trennung der Einzelkreise bewirkt, ist das erhaltene Resultat nicht von der gleichen Sicherheit wie bei der vollständigen Entkopplung. Die Stabilität des Gesamtsystems kann man mit dem im folgenden Abschnitt beschriebenen Verfahren prüfen. Hinsichtlich des Zeitverhaltens sollte man das System auf einem Rechner nachbilden, was man bei so umfangreichen Systemen wie Mehrfachregelungen ja sowieso machen wird.

9.3 Stabilität von Mehrfachregelungen

Das für alle regelungstechnischen Untersuchungen so wichtige Problem der Stabilität wurde bisher noch nicht berührt. Der Grund liegt darin, daß gegenüber den Einzelregelungen keine *wesentlich* neuen Erscheinungen auftreten. Aus diesem Grund kann die Stabilitätsfrage auch summarischer behandelt werden als die mit der Entkopplung zusammenhängenden Fragen.

Solange man allein die gekoppelte Regelstrecke und deren Entkopplung durch Reihenschaltung betrachtet, spielt das Stabilitätsproblem keine Rolle. Das ändert sich, wenn der gesamte Regelkreis in Betracht gezogen wird. Dann gilt

$$\underline{X} = \underline{S}\,\underline{E}\ , \quad \underline{E} = \underline{W} - \underline{X}\ . \tag{9.34}$$

Dabei ist $\underline{S}$ diejenige Matrix, die den Zusammenhang zwischen den Regeldifferenzen und Regelgrößen zum Ausdruck bringt, wobei das System entkoppelt, nur näherungsweise entkoppelt oder gekoppelt sein darf. Im ersteren Fall ist $\underline{S} = \underline{G}\,\underline{R}$, im letzteren $\underline{S} = \underline{G}$. Die Matrizengleichungen (9.34) kann man durch ein summarisches Strukturbild veranschaulichen, wobei die

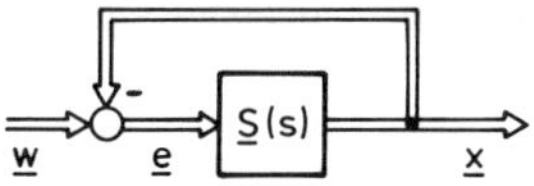

Bild 9/19. Strukturbild der Matrizengleichungen der Mehrfachregelung

doppelt gezeichneten Wirkungslinien Vektoren, die Blöcke Matrizen symbolisieren (Bild 9/19).

Aus (9.34) folgt

$$\underline{X} = \underline{S}(\underline{W} - \underline{X})\ ,$$

$$(\underline{I} + \underline{S})\underline{X} = \underline{S}\,\underline{W}\ , \tag{9.35}$$

$$\underline{X} = (\underline{I} + \underline{S})^{-1}\,\underline{S}\,\underline{W}\ . \tag{9.36}$$

Die letzte Gleichung gilt, sofern die inverse Matrix zu $\underline{I} + \underline{S}$ existiert, also

$$\det(\underline{I} + \underline{S}) \not\equiv 0 \tag{9.37}$$

ist (siehe hierzu die Bemerkung in Abschnitt 9.1). Man darf annehmen, daß diese Determinante bei einem realen System nicht identisch Null wird. Hier geht nämlich normalerweise $S_{ik}(s) \to 0$, wenn die komplexe Variable s in der rechten Halbebene $\to \infty$ strebt. Daraus folgt, daß für genügend weit rechts gelegene s

$$\det(\underline{I} + \underline{S}) \approx \det \underline{I} = 1 \quad \text{ist.}$$

Gleichung (9.36) stellt die genaue Verallgemeinerung des Verhaltens einer Einzelregelung dar. Dort ist nämlich

$$X = \frac{S}{1+S}\,W = (1+S)^{-1}\,S\,W\ ,$$

wenn S(s) die Übertragungsfunktion des Vorwärtszweiges ist und Einheitsrückführung vorliegt.

Schreibt man die Matrizengleichung (9.35) elementweise, so erhält man das Gleichungssystem

$$\begin{array}{lll}
(1+S_{11})X_1 + S_{12}X_2 + \ldots + & S_{1n}X_n = & \sum\limits_{\nu=1}^{n} S_{1\nu}W_\nu\ , \\
S_{21}X_1 + (1+S_{22})X_2 + \ldots + & S_{2n}X_n = & \sum\limits_{\nu=1}^{n} S_{2\nu}W_\nu\ , \\
\cdot & \cdot & \cdot \\
\cdot & \cdot & \cdot \\
\cdot & \cdot & \cdot \\
S_{n1}X_1 + S_{n2}X_2 & + \ldots + (1+S_{nn})X_n = & \sum\limits_{\nu=1}^{n} S_{n\nu}W_\nu\ .
\end{array}$$

Löst man nach den X_i auf, so erhält man eine Beziehung von der Form

$$X_i(s) = \frac{A_{i1}(s)W_1(s)+...+A_{in}(s)W_n(s)}{\det(\underline{I}+\underline{S})}, \quad i = 1,...,n ,$$

mit gewissen komplexen Funktionen $A_{ik}(s)$. Denkt man sich weiter für die Führungsgrößen Sprungfunktionen aufgeschaltet und nimmt den Übergang in den Zeitbereich vor, so werden die Zeitfunktionen $x_i(t)$ mit wachsendem t sicher dann festen endlichen Werten zustreben, wenn die Pole von $X_i(s)$ links der imaginären Achse der s-Ebene liegen.

Das heißt aber: *Die Mehrfachregelung ist stabil, wenn die Nullstellen der Gleichung*

$$\det[\underline{I} + \underline{S}(s)] = 0 \tag{9.38}$$

links der imaginären Achse der s-Ebene gelegen sind. (9.38) ist die charakteristische Gleichung der Mehrfachregelung. Dieses Stabilitätskriterium gilt aber nur dann, wenn alle Teilsysteme S_{ij} der offenen Mehrfachregelung stabil sind oder (falls instabil) zu der charakteristischen Gleichung beitragen.

Andernfalls kann diese erfüllt und die Mehrfachregelung trotzdem instabil sein. Sei beispielsweise

$$\underline{S} = \begin{bmatrix} S_{11} & S_{12} \\ 0 & S_{22} \end{bmatrix} .$$

Dann lautet (9.38)

$$\begin{vmatrix} 1+S_{11} & S_{12} \\ 0 & 1+S_{22} \end{vmatrix} = 0 , \quad \text{also}$$

$$(1+S_{11})(1+S_{22}) = 0 .$$

Die Übertragungsfunktion $S_{12}(s)$ kommt in der charakteristischen Gleichung nicht vor. Falls S_{12} ein instabiles Teilsystem charakterisiert, wird $x_1(t)$ instabiles Verhalten zeigen, auch dann, wenn die Nullstellen der charakteristischen Gleichung sämtlich links der j-Achse liegen.

Denkt man sich die Determinante in (9.38) ausgerechnet, so erhält man

$$1 + F_o(s) = 0 ,$$

wobei $F_o(s)$ eine rationale Funktion ist, wenn die Funktionen $S_{ik}(s)$ rational sind.

Bei einer Zweifachregelung hat man z.B.

$$\begin{vmatrix} 1+S_{11} & S_{12} \\ S_{21} & 1+S_{22} \end{vmatrix} = 0 \quad \text{oder}$$

$$1 + S_{11}(s) + S_{22}(s) + S_{11}(s)S_{22}(s) - S_{12}(s)S_{21}(s) = 0 .$$

Da die charakteristische Gleichung einer Mehrfachregelung von der gleichen Form ist wie bei einer Einzelregelung, kann man die von dort bereits bekannten Methoden verwenden, um zu prüfen, ob ihre Nullstellen links von der imaginären Achse der s-Ebene liegen.

Die Verwendung des Nyquist-Kriteriums ist hier gegenüber der Einzelregelung erschwert, weil die Funktion $F_o(s)$ nicht in faktorisierter Form, sondern als Summe gegeben ist. Gleiches gilt von der Anwendung des Wurzelortsverfahrens.

Hat man vollständig entkoppelt, so sind die $S_{ik}(s)$ mit $i \neq k$ identisch Null. Infolgedessen lautet hier die charakteristische Gleichung

$$\det(\underline{I}+\underline{S}) = \begin{vmatrix} 1+S_{11}(s) & 0 & \dots & 0 \\ 0 & 1+S_{22}(s) & & 0 \\ \vdots & & & \vdots \\ 0 & & \dots & 1+S_{nn}(s) \end{vmatrix} =$$

$$= [1+S_{11}(s)] \dots [1+S_{nn}(s)] = 0 .$$

Sie zerfällt daher in die charakteristischen Gleichungen der Einzelregelungen:

$$1 + S_{ii}(s) = 0 , \quad i = 1, ..., n .$$

Das Gesamtsystem ist somit stabil, wenn sämtliche Einzelregelungen stabil sind, wie es ja der Fall sein muß.

Schrifttum zum Kapitel 9

[9.1] M.D. Mesarovic: The Control of Multivariable Systems. J. Wiley, 1960.

[9.2] H. Schwarz: Vorschläge zur Elimination von Kopplungen in Mehrfachregelkreisen. Regelungstechnik 9 (1961), S. 454–459 und S. 505–510.

[9.3] A.S. Boksenbom – R. Hood: General Algebraic Method Applied to Control Analysis of Complex Engine Types. NACA Report 980, Washington, 1950.

[9.4] H. Schwarz: Mehrfachregelungen. Band 1, Springer-Verlag, 1967.

10 Beispiel zur Mehrfachregelung: Lageregelung eines Mehrmotorenantriebs

10.1 Allgemeine Struktur

In der Antriebstechnik muß man oft aus konstruktiven Gründen räumlich ausgedehnte mechanische Strukturen durch mehrere Motoren antreiben. Der Grund liegt meistens darin, daß sich zu große Verformungen ergäben, würde man die gesamte Antriebskraft konzentriert an einer Stelle einleiten. In anderen Fällen, wenn z.B. die Antriebskraft durch Reibung übertragen werden soll, wie z.B. bei einem Fahrzeug, wäre man gar nicht in der Lage, eine ausreichende Kraft zu übertragen, wenn man z.B. nur eines von 4 Rädern antreiben oder bremsen würde, ganz abgesehen davon, daß sich durch die asymmetrische Einwirkung noch zusätzlich unerwünschte Wirkungen ergeben können.

Man hat es also bei Antrieben oft mit einer Struktur der Regelstrecke, wie in Bild 10/1 gezeigt, zu tun. Verwendet man, wie im Bild gezeigt, N Antriebsmotoren, so hat man für eine zu entwerfende Regelung auch N Stellgrößen $Y_1, \ldots, Y_N$ zur Verfügung. Je nach Antriebs-

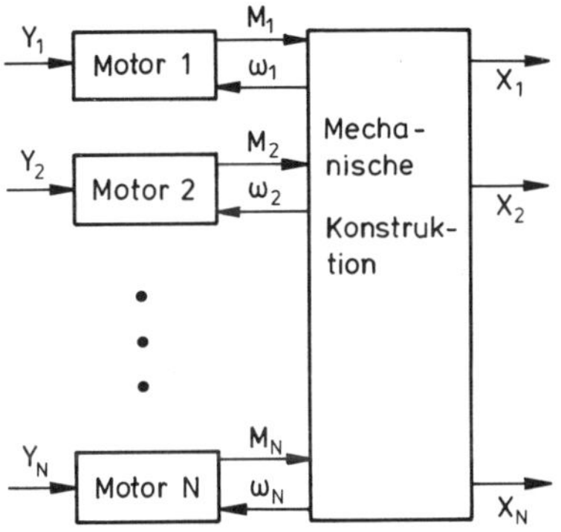

Bild 10/1. Allgemeine Struktur eines Mehrmotorenantriebes

prinzip ist die Stellgröße stationär entweder der Antriebskraft oder der Geschwindigkeit proportional. Z.B. ist bei einem Gleichstrommotor der Ankerstrom bei konstanter Erregung dem Antriebsdrehmoment proportional und die Ankerspannung der Drehzahl.

Die N Stellgrößen erlauben nun, N davon abhängige Größen gezielt zu beeinflussen, also eine N-Größenregelung zu entwerfen. Man kann natürlich auch weniger als N Größen regeln, muß sich dann allerdings entscheiden, wie man die verfügbaren Stellgrößen daran beteiligen will. Ein Extremfall wäre z.B., daß man nur eine Größe, z.B. eine der Drehzahlen oder den Mittelwert aller Drehzahlen regelt. Dazu könnte man einfach alle Motoren entweder in Reihe oder parallel schalten und damit die N möglichen Stellgrößen auf eine reduzieren.

Nutzt man hingegen die Möglichkeit der Mehrgrößenregelung aus, so hat man für die Wahl der Regelgrößen verschiedene Möglichkeiten. Für den Spezialfall N = 2 ergeben sich z.B. die folgenden:

Drehzahl – Drehzahl
Drehmoment – Drehzahl
Drehmoment – Drehmoment.

Dabei muß es sich nicht unbedingt um Drehzahlen und Drehmomente handeln, die direkt an der Motorwelle gemessen werden. Meist ist man vielmehr daran interessiert, diese Größen an ganz bestimmten Stellen eines mechanischen Antriebsstranges auf einem bestimmten Wert zu halten.

Bei der Regelung zweier gleichartiger Größen, z.B. zweier Drehzahlen, ist man natürlich, was den Verlauf der Führungsgröße anbelangt, an gewisse Randbedingungen gebunden. Z.B. ist es nicht möglich, zwei Maschinen, die mechanisch miteinander verbunden sind, für längere Zeit auf unterschiedliche Drehzahlwerte regeln zu wollen. Versuchte man dieses, würde das Drehmoment zwischen den beiden Maschinen so stark ansteigen, bis entweder die Verbindung zerstört oder die Stellgrößenbegrenzung erreicht sein würde. Sehr wohl ist es aber möglich, die Differenz der beiden Drehzahlen auf Null zu regeln oder auf einen periodischen Verlauf mit dem Mittelwert Null. Das Beispiel sollte zeigen, daß man bei Mehrgrößenregelungssystemen nicht willkürlich jede Größe zur Regelgröße erklären kann.

Im folgenden wollen wir an einem einfachen Beispiel eines Zweimotorenantriebs die Anwendung der Mehrgrößenregelung demonstrieren. Es handelt sich dabei um ein unterlagertes Hilfsregelungssystem für die Lageregelung eines Radioteleskopes. Bemerkenswert ist bei diesem System, daß eigentlich zunächst keine Notwendigkeit einer Zweigrößenregelung gesehen wurde. Denn im Grunde interessierte lediglich die Einstellung einer genauen Winkellage des Teleskops. Ein zweites Regelungsziel war zunächst nicht zu erkennen. Der Grund für die Verwendung von zwei Motoren liegt nur darin, daß man zur Vermeidung von Ungenauigkeiten durch das Getriebespiel für jede Drehrichtung einen Motor vorsieht. Damit kann man erreichen, daß bei einem Drehrichtungswechsel nicht jedesmal das Getriebespiel überwunden werden muß, weil in jeder Richtung sich immer ein Motor im Eingriff befindet. Leider neigen solche Antriebsanordnungen dazu, daß die beiden Maschinen über die Elastizität von Wellen und Getrieben gegeneinander schwingen. Man hat lange Zeit versucht, durch besonders steife Getriebe, aber auch durch spezielle (mit Dämpfungseigenschaften ausgestattete) Kupplungen, diesen unerwünschten Effekt zu bekämpfen. Schließlich kam man auf die Idee, doch ein zweites Regelungsziel zu formulieren, nämlich die Differenzdrehzahl der beiden Maschinen zu regeln und als Führungsgröße einfach den Wert Null vorzugeben. So naheliegend dieser Gedanke auch scheint, es hatte einige Zeit gedauert, bis er geboren wurde. Das Beispiel möge daher zeigen, daß man bei Vorhandensein mehrerer Stellgrößen stets überlegen sollte, ob sich damit nicht Regelziele verfolgen lassen, an die man zuerst gar nicht gedacht hat.

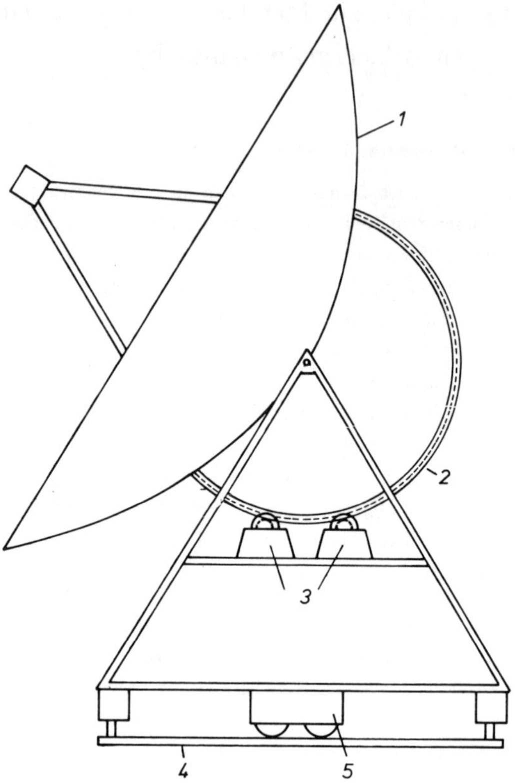

Bild 10/2. Schematische Darstellung des Radioteleskops
1 Antennenreflektor
2 Zahnkranz
3 Getriebe-Motor-Einheiten
4 Kreisschiene
5 Fahrwerk

10.2 Beschreibung der Anlage

Bild 10/2 zeigt schematisch die Seitenansicht eines Radioteleskops. Es handelt sich um eine Parabolantenne von 100 m Durchmesser, die um zwei senkrecht zueinander stehende Achsen drehbar gelagert ist. Aus Gründen einer einfachen Konstruktion ist eine Drehachse in Richtung des Erdlots gelegt. Zur Drehung um diese Achse (Azimutachse) ist der die Antenne tragende Turm über vier Fahrwerke auf einer Kreisschiene gelagert. Jedes der Fahrwerke enthält acht Laufräder, die über vier Gleichstrommotoren angetrieben werden. Die Antenne selber ist auf dem als A-Bock ausgebildeten Antennenturm um eine waagrechte Achse (Elevationsachse) drehbar gelagert. Zwei Getriebe-Motor-Einheiten treiben die Elevation über einen Zahnkranz von 60 m Durchmesser an. Es handelt sich bei dieser Konstruktion um das Radioteleskop Effelsberg des Max-Planck-Instituts für Radioastronomie. Es ist das derzeit größte und genaueste voll bewegliche Gerät der Welt.

Infolge der täglichen Drehung der Erde ändert sich die Beobachtungsrichtung des Teleskops im Koordinatensystem des Weltraums laufend. Möchte man einen bestimmten Himmelspunkt beobachten, so muß zunächst die Eigenbewegung der Erde kompensiert werden. Zur Beobachtung erdnaher Objekte müssen zusätzlich deren Bahnfunktionen vorgegeben werden. Weiter können noch besondere Meßbewegungen, wie z.B. das rasterartige Absuchen einer Himmelsgegend, hinzukommen.

Bild 10/3 zeigt den grundsätzlichen Aufbau des Steuerungssystems für die Hauptbewegungen des Teleskops. Die Lage des zu beobachtenden Objekts ist entweder in Form der Koordinaten-Deklination δ und Rektaszension α oder durch die galaktische Länge ℓ und die galaktische Breite b gegeben. Durch Transformation dieser Daten in das Bezugssystem für die Teleskopbewegungen (Horizontsystem) werden die Sollwerte für den Azimutwinkel ψ_s und den Elevationswinkel φ_s berechnet.

Wegen der sehr hohen Genauigkeitsanforderungen an das für wissenschaftliche Aufgaben vorgesehene Gerät sind zur Erfassung und Verarbeitung aller Positionsda-

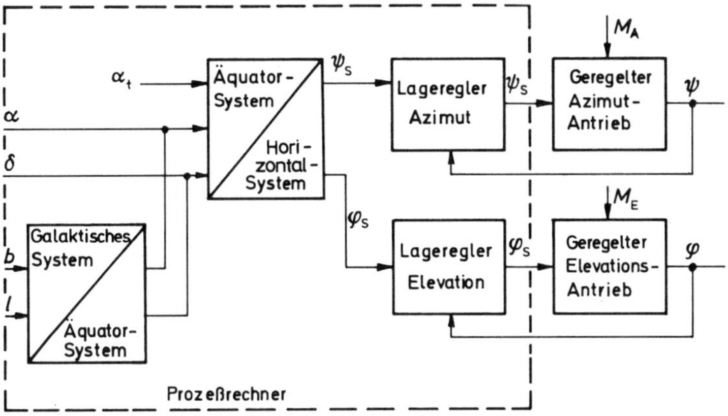

Bild 10/3. Steuerungs- und Regelungssystem für die Teleskopbewegungen

ten digitale Verfahren notwendig. Für die Realisierung der Lageregelung und zur Berechnung der Bahndaten wurde daher ein Prozeßrechner benutzt.

Auch in der Antriebsregelung sind zum Erreichen der geforderten Nachführ- und Positioniergenauigkeit besondere Maßnahmen erforderlich. Sie werden im folgenden beschrieben.

10.3 Die Getriebeverspannung

In beiden Achsen sind mehrere, teilweise gegeneinander verspannte Antriebsmaschinen angeordnet. Das Prinzip der Antriebsregelung soll anhand eines stark vereinfachten Modells des Elevationsantriebs behandelt werden.

Bild 10/4 zeigt in Form des elektromechanischen Schaltplans den Aufbau des betrachteten Systems. Die beiden Antriebsmaschinen mit dem Trägheitsmoment θ_M arbeiten über zwei Getriebe auf die Antenne mit dem Trägheitsmoment θ_A. Die Torsionsverformbarkeit der Getriebe ist durch die Feder-Dämpfer-Kombination c, d und die Getriebelose ϵ dargestellt. Wegen der hohen Übersetzung der Getriebe bei einer verhältnismäßig groben Verzahnung sind die Antriebe mit einer beträchtlichen Lose behaftet. Im Hinblick auf den lagegeregelten Betrieb ist eine Getriebelose unzulässig. Sie würde zu einem zyklischen Verhalten des Regelkreises führen. Es ist daher erforderlich, durch Verspannen der Getriebe die Lose unwirksam zu machen. Wie das geschieht, zeigt Bild 10/5. Die Stellgröße für die Drehzahlregelung, der Drehmoment-Sollwert M_A, wird dem Antrieb über zwei verschiedene Verspannungskennlinien zugeführt. Für die Gestaltung dieser Kennlinien gibt es im wesentlichen zwei Möglichkeiten. Sie sind in den Kennlinienblöcken von Bild 10/5 gestrichelt und durchgezogen angedeutet. Sind die Verspannungskennlinien als Knickgeraden ausgebildet (durchgezogene Kurven), werden die beiden Antriebe jeweils nur für eine Antriebsrichtung beansprucht. Diese Verspannungsart hat den Vorteil, daß unabhängig von etwa auftretenden Last-Drehmomenten immer eine Verspannung gewährleistet ist, weil immer einer der Motoren mit dem konstanten Drehmoment M_0 entgegen der jeweiligen Drehrichtung wirkt.

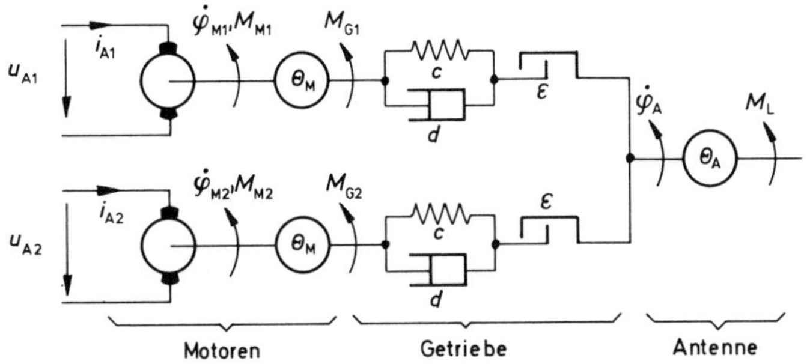

Bild 10/4. Elektromechanischer Schaltplan des Doppelantriebs

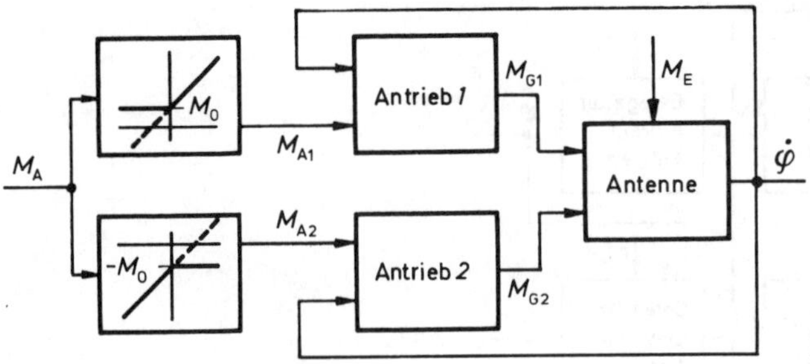

Bild 10/5. Prinzip der Getriebeverspannung

Nachteilig ist, daß die zusätzliche Nichtlinearität das dynamische Verhalten der Drehzahlregelung ungünstig beeinflussen kann. Diesen Nachteil vermeidet die lineare Verspannung (gestrichelt), doch kann hier das Getriebe bei größeren Belastungsdrehmomenten außer Eingriff geraten, dann nämlich, wenn der Sollwert für den betreffenden Motor durch Null geht.

Für die hier beschriebene Anlage wurde die Verspannungsart mit den Knickgeraden gewählt. Ihre Wirkungsweise läßt sich wie folgt beschreiben:

Ist die Stellgröße $M_A = 0$, dann liefern die beiden Kennlinien die Verspannungssollwerte M_0 und $-M_0$. Dadurch werden die Getriebe mit entgegengesetzt wirkenden Drehmomenten belastet und somit im Ruhezustand gegeneinander verspannt, ohne daß ein resultierendes Moment in Antriebsrichtung auftritt. Das Stellsignal gelangt über die ansteigenden Äste der Verspannungskennlinien an die Antriebe. Dabei wird bei der Verspannungsart mit den Knickgeraden, abhängig von der Antriebsrichtung, immer nur eine der beiden Antriebseinheiten angesteuert, während die jeweils andere das konstante Verspannungsmoment M_0 erhält.

Es treibt also immer nur eine Maschine an, während die andere ein konstantes Bremsmoment liefert. Daher bleiben die Getriebe stets im Eingriff.

10.4 Drehzahlregelung bei Mehrmaschinenantrieben

Bei elektrisch verspannten Antrieben tritt das Problem auf, daß die beiden Antriebsmaschinen bei unsymmetrischer Anregung dynamisch in ihrem Gleichlauf gestört werden. Das bedeutet, daß die Antriebsmaschinen zu gegenphasigen Drehzahlschwingungen angeregt werden. Besonders kritisch ist dabei der Fall, daß sich durch Eigenanregungen infolge der Getriebeverzahnung das System aufschaukelt. Dieser Effekt läßt sich durch Anwenden einer Zweifachregelung bekämpfen. Neben der normalen Drehzahlregelung auf den Mittelwert der beiden Motordrehzahlen wird eine Regelung der Differenz-Drehzahl der beiden Maschinen eingeführt.

Zur Beschreibung der Regelstrecke gehen wir von der in Bild 10/5 dargestellten Anordnung aus. Das Strukturbild des mechanischen Teils dieses Systems ist in Bild 10/6 dargestellt. Es läßt sich durch Zusammenfügen der in Abschnitt 3.2.1 beschriebenen Grundelemente aufzeichnen.

Zur Beschreibung der Gleichstrommaschinen könnte man von den im Abschnitt 3.2.2 abgeleiteten Strukturbildern ausgehen. Wir wollen hier das Verfahren etwas abkürzen, indem wir die schon in den Abschnitten 8.2.5 und 8.5.7 gewonnenen Erkenntnisse über die Regelung von Gleichstrommaschinen verwerten. Danach ist es bei Gleichstromantrieben üblich, eine Regelung des Ankerstroms vorzusehen. Damit läßt sich eine wesentliche Verbesserung der Dynamik für die überlagerten Hauptregelkreise erzielen. Des weiteren erlaubt die exakte Führung des Stroms Maßnahmen wie Strombegrenzung und Getriebeverspannung.

Der Einfachheit halber wollen wir annehmen, daß der Ankerstrom-Regelkreis der Gleichstrommaschine so schnell ist, daß sein dynamisches Verhalten vernachlässigt werden kann. Für das von den Maschinen entwikkelte Drehomoment gilt also näherungsweise

$$M_M = k_M \, i_A = k_M \, i_{A,soll} \; . \tag{10.1}$$

Deswegen kann man die Stromregelung außer acht lassen und, wie in Bild 10/6 dargestellt, die Motor-Drehmomente M_{M1} und M_{M2} als Stellgrößen ansehen.

Es besteht nun die Aufgabe, die in Bild 10/7 gezeigte Zweifachregelung zu entwerfen. Regelstrecke ist die Struktur nach Bild 10/6 mit den Motor-Drehmomenten M_{M1} und M_{M2} als Stellgrößen und den Regelgrößen

$$\Sigma\dot{\varphi} = \frac{\dot{\varphi}_{M1} + \dot{\varphi}_{M2}}{2} \; , \tag{10.2}$$

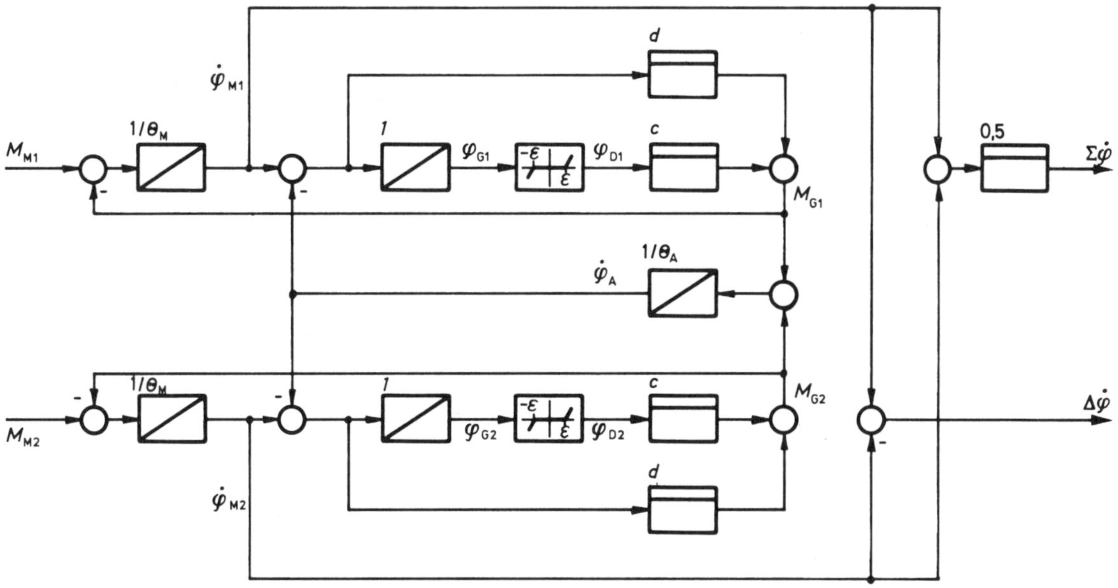

Bild 10/6. Strukturbild der Zweifach-Drehzahlregelstrecke nach Bild 10/4

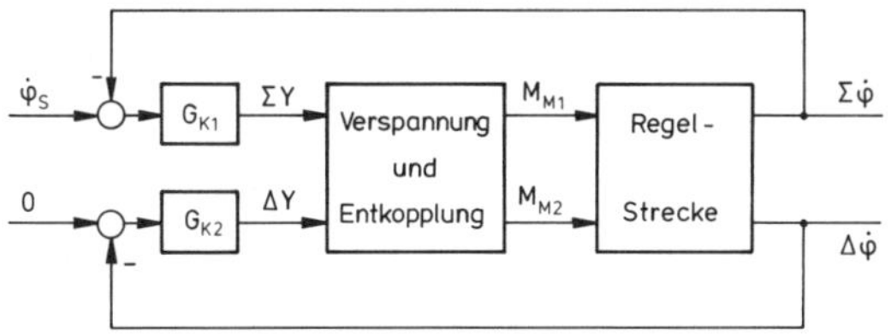

Bild 10/7. Summen- und Differenz-Drehzahlregelung

$$\Delta\dot\varphi_M = \dot\varphi_{M1} - \dot\varphi_{M2} \ . \qquad (10.3)$$

Die Regelstrecke enthält zwei nichtlineare Glieder zur Nachbildung der Getriebelose. Es handelt sich dabei um Tote-Zone-Kennlinien gemäß der Beziehung

$$\varphi_D = \begin{cases} \varphi_G - \epsilon & \text{für} \quad \varphi_G > \epsilon \\ 0 & \text{für} \quad -\epsilon \le \varphi_G \le \epsilon \ . \\ \varphi_G + \epsilon & \text{für} \quad \varphi_G < -\epsilon \end{cases} \qquad (10.4)$$

φ_G ist der gesamte Verdrehwinkel des Getriebes. φ_D der Drillwinkel, der sich infolge der elastischen Eigenschaften der Konstruktionsteile ergibt.

Im Bereich $-\epsilon \le \varphi_D \le \epsilon$, also innerhalb der toten Zone, befinden sich die Zahnräder des Getriebes nicht im Eingriff, es kann keine Kraft übertragen werden. Dieser Zustand soll aber gerade mit der Getriebeverspannung und der Zweifachregelung des Antriebs verhindert werden.

Man geht nun zunächst davon aus, daß dies gelingen wird, daß sich die Getriebe also immer im Eingriff befinden. Bei dieser Annahme kann man die beiden Kennlinien weglassen und $\varphi_G = \varphi_D$ setzen. Für das so "linearisierte" System wird nun die Zweifachregelung entworfen. Später muß dann durch Simulation überprüft werden, ob sich tatsächlich das gewünschte Verhalten einstellt.

Nach dem Gesagten gelten für die Regelstrecke gemäß Bild 10/6 ohne Berücksichtigung der Getriebelose die folgenden Gleichungen:

$$\theta_A \, s \, \dot\varphi_A(s) = M_{G1}(s) + M_{G2}(s) \, , \qquad (10.5)$$

$$\theta_M \, s \, \dot\varphi_{M1}(s) = M_{M1}(s) - M_{G1}(s) \, , \qquad (10.6)$$

$$\theta_M \, s \, \dot\varphi_{M2}(s) = M_{M2}(s) - M_{G2}(s) \, , \qquad (10.7)$$

$$\frac{c+ds}{s} M_{G1}(s) = \dot\varphi_{M1}(s) - \dot\varphi_A(s) \, , \qquad (10.8)$$

$$\frac{c+ds}{s} M_{G2}(s) = \dot\varphi_{M2}(s) - \dot\varphi_A(s) \, , \qquad (10.9)$$

$$\Sigma\dot\varphi(s) = \frac{\dot\varphi_{M1}(s) + \dot\varphi_{M2}(s)}{2} \, , \qquad (10.10)$$

$$\Delta\dot\varphi(s) = \dot\varphi_{M1}(s) - \dot\varphi_{M2}(s) \ . \qquad (10.11)$$

Durch Eliminieren von M_{G1}, M_{G2} und $\dot\varphi_A$ erhält man die Gleichungen

$$\Sigma\dot\varphi(s) = G_1 \left[M_{M1}(s) + M_{M2}(s) \right] \, , \qquad (10.12)$$

$$\Delta\dot{\varphi}(s) = G_2\left[M_{M1}(s) - M_{M2}(s)\right] \quad \text{mit} \tag{10.13}$$

$$G_1(s) = \frac{\Sigma\dot{\varphi}(s)}{\Sigma M_M(s)} =$$

$$\frac{1}{(2\theta_M+\theta_A)s}\;\frac{\frac{\theta_A}{2c}s^2 + \frac{d}{c}s+1}{\frac{\theta_M\theta_A}{c(2\theta_M+\theta_A)}s^2 + \frac{d}{c}s+1}\,, \tag{10.14}$$

$$G_2(s) = \frac{\Delta\varphi_M(s)}{\Delta M_M(s)} = \frac{s}{c}\,\frac{1}{1+\frac{d}{c}s+\frac{\theta_M}{c}s^2}\,. \tag{10.15}$$

Man sieht, daß es sich um einen recht einfachen Sonderfall handelt, bei dem die Übertragungsfunktionen ausgeklammert werden können. Man hat also nur das System

$$\Sigma M = M_{M1} + M_{M2}\,, \tag{10.16}$$

$$\Delta M = M_{M1} - M_{M2} \tag{10.17}$$

zu entkoppeln. Dafür lautet die Matrizengleichung bei Reihenentkopplung

$$\begin{bmatrix}\Sigma M\\ \Delta M\end{bmatrix} = \underline{G}\,\underline{R}\begin{bmatrix}\Sigma Y\\ \Delta Y\end{bmatrix} \quad \text{mit} \tag{10.18}$$

$$\underline{G} = \begin{bmatrix}1 & 1\\ 1 & -1\end{bmatrix} \quad \text{und} \tag{10.19}$$

$$\underline{R} = \begin{bmatrix}R_{11} & R_{12}\\ R_{21} & R_{22}\end{bmatrix}\,. \tag{10.20}$$

Zu wünschen ist

$$\begin{bmatrix}\Sigma M\\ \Delta M\end{bmatrix} = \underline{G}_D\,\underline{G}_K\begin{bmatrix}\Sigma Y\\ \Delta Y\end{bmatrix} \quad \text{mit} \tag{10.21}$$

$$\underline{G}_D = \begin{bmatrix}1 & 0\\ 0 & 1\end{bmatrix} \quad \text{und} \tag{10.22}$$

$$\underline{G}_K = \begin{bmatrix}G_{K1} & 0\\ 0 & G_{K2}\end{bmatrix}\,. \tag{10.23}$$

Um dies zu erreichen, muß

$$\underline{G}\,\underline{R} = \underline{G}_D\,\underline{G}_K \quad \text{oder ausgeschrieben} \tag{10.24}$$

$$R_{11} + R_{21} = G_{K1}$$

$$R_{11} - R_{21} = 0$$

$$R_{12} - R_{22} = -G_{K2} \quad \text{gemacht werden.} \tag{10.25}$$

Daraus folgt

$$R_{11} = R_{21} = \frac{1}{2}G_{K1}\,, \tag{10.26}$$

$$R_{22} = -R_{12} = \frac{1}{2}G_{K2}\,. \tag{10.27}$$

Bild 10/8 zeigt die so entkoppelte Struktur der Regelkreise, wobei die Reglerübertragungsfunktionen $1/2 \cdot G_{K1}$ und $1/2 \cdot G_{K2}$ jeweils vor die Verzweigungsstelle verlegt wurden.

Wie man leicht erkennen kann, heben sich Verkopplung und Entkopplung in Bild 3/8 gerade auf und man hat es wie im Bild 3/8 rechts dargestellt, im Endeffekt mit zwei Einzelregelkreisen zu tun.

10.5 Überprüfung des Entwurfs durch Simulation

Eingangs wurde angenommen, daß sich die Getriebe infolge der Verspannung immer im Eingriff befinden, daß sich also die nichtlinearen Eigenschaften der Strecke im

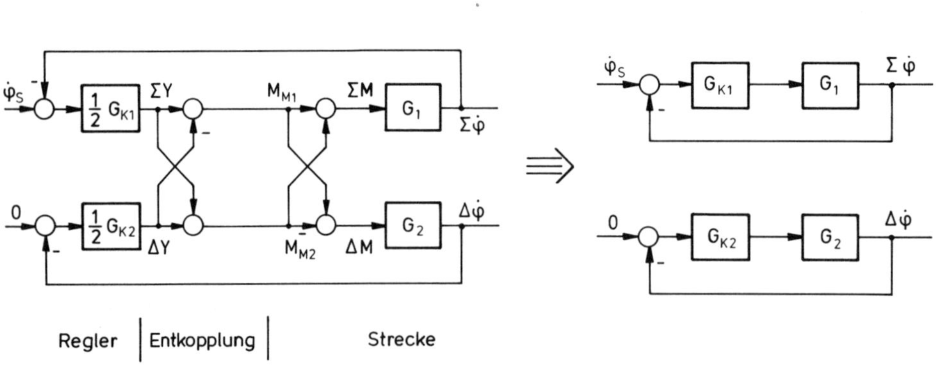

Bild 10/8. Strukturbild der entkoppelten Regelkreise

Betrieb nicht auswirken. Diese Annahme konnte durch eine Simulation des nichtlinearen Systems auf dem Analogrechner bestätigt werden.

Bei Verwendung der linearen Verspannungskennlinie (Bild 10/5, gestrichelt) sind die beiden Regelkreise bezüglich des Führungsverhaltens vollständig entkoppelt.

Etwas ungünstiger sind die Verhältnisse bei der geknickten Verspannungskennlinie. Wie aus Bild 10/9 ersichtlich, gelangt die Stellgröße für die Summendrehzahlregelung jetzt über die beiden nichtlinearen Kennlinien zu den Eingängen der Regelstrecke.

Da immer nur eine der Knickkennlinien für die Stellgröße durchlässig ist, vermindert sich die Verstärkung im Summendrehzahlzweig der Regelstrecke auf die Hälfte. Dies muß in der Reglerübertragungsfunktion berücksichtigt werden. Weiter hat die nichtlineare Stellgrößenzuführung zur Folge, daß eine Entkopplung in Richtung der Differenzdrehzahl-Regelstrecke nicht mehr gegeben ist. D.h. eine Änderung des Summendrehzahl-Sollwerts wirkt sich auch im Differenzdrehzahl-Regelkreis aus und führt dort zu einer Anregung.

Die Simulationsergebnisse von Bild 10/10 zeigen jedoch, daß sich mit der Zweifachregelung doch ein befriedigendes Verhalten ergibt. Dargestellt ist das Übergangsverhalten der Regelung für eine rampenförmige

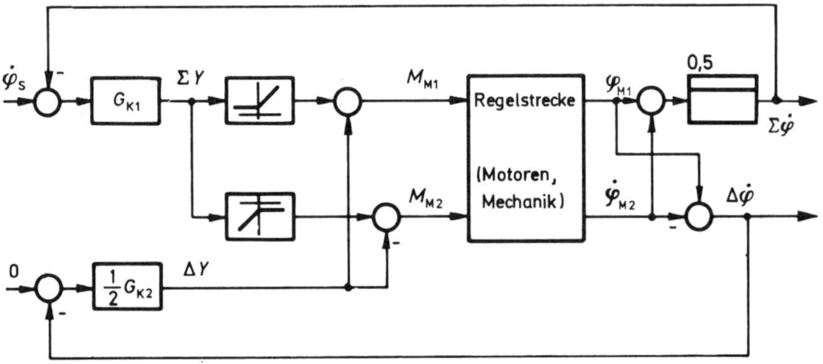

Bild 10/9. Summen- und Differenz-Drehzahl-Regelung mit Verspannungskennlinien

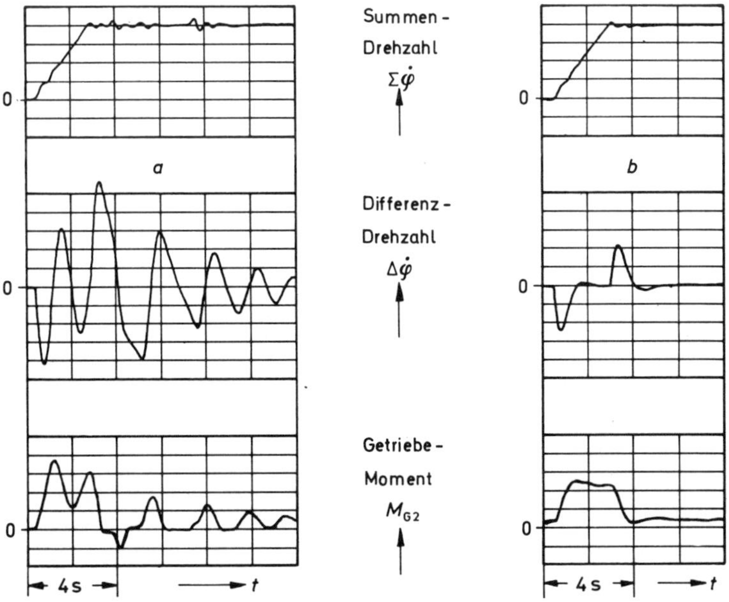

Bild 10/10. Führungsverhalten der Regelung nach Bild 10/9

Drehzahländerung, und zwar links für eine einfache Drehzahlregelung auf den Mittelwert der beiden Drehzahlen und rechts für die entworfene Zweifachregelung. Man sieht, daß bei der Einfachregelung auf den Drehzahlmittelwert in der Differenzzahl $\Delta\dot{\varphi}$ beträchtliche Schwingungen auftreten. Die Getriebe geraten zeitweilig aus dem Eingriff, was am Nullwerden des Getriebe-Drehmoments M_{G2} zu erkennen ist. Der negative Ausschlag von M_{G2} zeigt sogar an, daß das Getriebe nach Durchlaufen der Lose in der Drehrichtung entgegengesetzter Richtung in Eingriff kommt. Das System mit zusätzlicher Differenzdrehzahl-Regelung verhält sich viel günstiger. Es treten nur kurzzeitige Ausschläge in der Differenzdrehzahl auf. Auch auf der realen Anlage konnte dieses Verhalten mit guter Übereinstimmung bestätigt werden.

11 Beschreibung dynamischer Systeme mit Hilfe von Zustandsvariablen (Zustandsgrößen)

11.1 Frequenzbereichs- und Zustandsmethodik

Im zweiten Teil unseres Buches wollen wir eine Methodik zur Behandlung von dynamischen Systemen, insbesondere Regelungen, beschreiben, die von der in den bisherigen Kapiteln dargestellten Vorgehensweise recht verschieden ist. Werfen wir dazu noch einmal einen Blick zurück und vergegenwärtigen uns die Grundidee der bisherigen Methodik!

Wenn man sich bemüht, einen Regelkreis oder auch ein anderes dynamisches System auf Grund der physikalischen Gesetzmäßigkeiten möglichst exakt zu beschreiben, so erhält man eine Gesamtheit von Funktionalbeziehungen zwischen den zeitveränderlichen Größen des Systems, meist ein Gemisch aus gewöhnlichen Gleichungen und Differentialgleichungen. In vielen Fällen sind diese Beziehungen linear und zeitinvariant oder können zumindest mit genügender Näherung als linear und zeitinvariant angesehen werden. Dann kann man die Laplace-Transformation anwenden und so von dem Gleichungs-Differentialgleichungssystem des Zeitbereichs zu einem gewöhnlichen Gleichungssystem im Bereich der komplexen Zahlen übergehen, den man meist als Frequenzbereich bezeichnet.

Man übersetzt auf diese Weise die Problemstellung aus dem *Zeitbereich*, in dem sich alles physikalische Geschehen abspielt, in den *Frequenzbereich*. Dort wird sie mit den Methoden der komplexen Rechnung bearbeitet und – so wollen wir annehmen – einer Lösung zugeführt. Um sie in eine gerätetechnische Realisierung umzusetzen, muß man aber zum Schluß wieder in den Zeitbereich zurückkehren, was grundsätzlich mit der inversen Laplace-Transformation geschieht.

Die hiermit umrissene Vorgehensweise ist im Bild 11/1 als gestrichelter Polygonzug veranschaulicht. Im konkreten Fall können Übersetzung und Rückübersetzung statt mit der Laplace-Transformation auch mit der Fourier-Transformation oder z-Transformation erfolgen. Darauf kommt es hier nicht an – wesentlich ist allein der Übergang aus dem Zeitbereich in den Frequenzbereich und die hier vorgenommene Problemlösung. Diese Vorgehensweise, die etwa seit Anfang der 40er Jahre in der Regelungstechnik praktiziert wird [11.1], also seit die Regelungstechnik als eigene Disziplin existiert, hat sich als sehr wirkungsvoll erwiesen. Ich hoffe, daß die vorangegangenen Kapitel dieses Buches hiervon einen Eindruck vermittelt haben.

Dennoch läßt sich nicht leugnen, daß diese *"Frequenzbereichsmethodik"* begrifflich einen Umweg darstellt: Man geht aus dem Zeitbereich über den Frequenzbereich wieder in den Zeitbereich zurück. Geradliniger wäre es doch, unmittelbar im Zeitbereich von der Problemstellung zur Problemlösung zu gelangen, wie es die durchgezogene Linie im Bild 11/1 andeutet. Das ist in der Tat in rationeller Weise mittels der *"Zustandsmethodik"* möglich.

Dies ist eine zweite Vorgehensweise zur Behandlung von Regelungsproblemen, die vor allem auf ***Rudolf Kalman*** zurückgeht [11.2] und seit Anfang der 60er Jahre neben die Frequenzbereichsmethodik getreten ist. Bei ihr bleibt man im Zeitbereich, also bei dem Gleichungs-Differentialgleichungssystem, durch welches die Strecke (oder der Prozeß) beschrieben wird. Man bringt dieses Gleichungssystem lediglich auf eine bestimmte Form, die für seine weitere Behandlung besonders zweckmäßig ist. Sie besteht – überschlägig gesagt – darin, daß man Variablen einführt, die zwischen den Ein- und Ausgangsgrößen der Strecke vermitteln und den Zustand der Strecke charakterisieren. Deshalb werden sie als *Zustandsvariablen (auch Zustandsvariable) oder Zustands-*

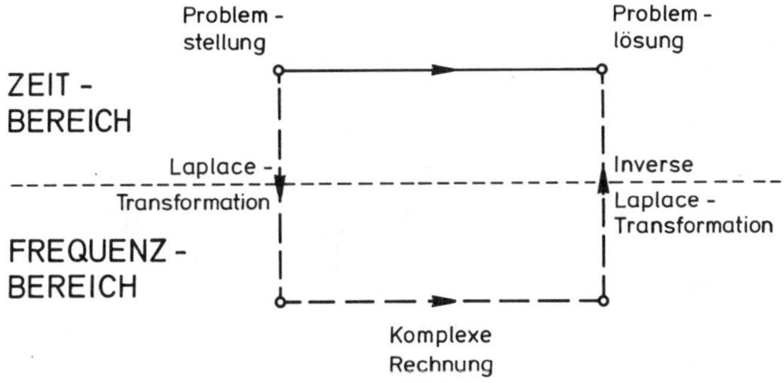

Bild 11/1.
Frequenzbereichsmethodik (– – –) und Zustandsmethodik (——)

größen bezeichnet. Hierdurch wird zum einen eine komprimierte Beschreibung dynamischer Systeme gegeben, deren Kern eine Vektordifferentialgleichung bildet, zum anderen ist eine relativ anschauliche Behandlung dieser Systeme in einem n-dimensionalen Vektorraum, dem *Zustandsraum*, möglich.

Worin liegen nun *Vorzüge der Zustandsbeschreibung* gegenüber der Frequenzbereichsmethodik? Man kann sie vor allem in folgenden Punkten sehen:

(I) Die Frequenzbereichsmethodik ist im wesentlichen auf die Behandlung linearer und zeitinvarianter Systeme beschränkt. Die *Zustandsraumbeschreibung ist auch auf nichtlineare und zeitvariante Systeme anwendbar*. Sie hat dort zu schönen Synthesemethoden geführt, die im Frequenzbereich nicht erhalten werden konnten.

(II) Aber auch dann, wenn wir bei linearen und zeitinvarianten Systemen bleiben, wie es in diesem Buch der Fall ist, ermöglicht die Zustandsbeschreibung neue *Einsichten in das Systemverhalten*, die in der Frequenzbereichsmethodik nicht möglich waren.

Grob gesagt, kümmert sich diese nur um das Übertragungsverhalten der Systeme, also um die Beziehung zwischen Ein- und Ausgangsgrößen, macht sich jedoch keine Gedanken um die inneren Zustände des Systems. Man kann sich vorstellen, daß die Zustandsbeschreibung, die gerade darauf abzielt, zu neuen Einsichten in das Systemverhalten gelangen kann. Das fundamentale Begriffspaar "Steuerbarkeit - Beobachtbarkeit" (Abschnitt 12.3) bietet ein eindrucksvolles Beispiel.

(III) Die klassische Betrachtungsweise ist im wesentlichen auf Eingrößensysteme beschränkt, das heißt auf Systeme mit nur einer Ein- und einer Ausgangsgröße. Die Behandlung von Mehrgrößensystemen ist nur in recht eingeschränkter Weise dadurch möglich, daß sie entkoppelt und dadurch auf Eingrößensysteme zurückgeführt werden (Kapitel 9). Demgegenüber sind die Zustandsverfahren gerade auf Mehrgrößensysteme zugeschnitten. Insbesondere sind *effiziente Entwurfsverfahren für Mehrgrößensysteme* entwickelt worden. Da die Komplexität der zu behandelnden Systeme ständig im Wachsen ist, sind solche Verfahren von zunehmender Bedeutung.

(IV) Reale Systeme sind häufig von sehr hoher Ordnung und verwickelter Struktur. Dann liefert die Beschreibung durch Vektordifferentialgleichungen meist einen besseren Überblick als die Benutzung von Übertragungsfunktionen. Insbesondere stellt sie eine günstigere Basis für die Berechnung des Systems dar. Die Zeitvorgänge eines realen Systems werden in jedem Fall auf dem Rechner bestimmt. Die Beschreibung durch Vektordifferentialgleichungen gestattet eine sehr *rationelle numerische Berechnung auf dem Digitalrechner*.

Ausdrücklich sei betont, daß Frequenzbereichs- und Zustandsmethodik sich keineswegs als Konkurrenten gegenüberstehen. Jede der beiden Vorgehensweisen hat ihre Berechtigung. Es hängt von der Beschaffenheit des betrachteten Systems und der Aufgabenstellung ab, welche Behandlungsweise vorzuziehen ist. Vielfach wird eine Kombination beider Vorgehensweisen am günstigsten sein. Was die Praxis angeht, so ist nach wie vor die Frequenzbereichsmethodik vorherrschend. Das liegt einmal daran, daß die klassischen Reglertypen, also PI-, PID- und PD-Regler, bei geringem Aufwand sehr wirksam sind und deshalb nur in komplizierteren Anwendungsfällen, etwa bei stark vermaschten Systemen oder speziellen Anforderungen, Zustandsregler herangezogen werden müssen. Wichtiger noch scheint die Tatsache zu sein, daß das Bedienungspersonal mit PI-, PID- und PD-Reglern wohlvertraut ist, sich dagegen bei Zustandsreglern mit ihrer nicht so einfach zu überblickenden Parametereinstellung schwer tut.

11.2 Einführung von Zustandsvariablen (Zustandsgrößen)

Wir wollen die Zustandsvariablen am *Beispiel eines Gleichstrommotors* einführen, der aber nicht, wie meist üblich, nur über den Anker gesteuert wird, was z.B. auch bei der Drehzahlregelung im Abschnitt 1.3 der Fall war, sondern über Anker *und* Feld beeinflußt werden soll. Den grundsätzlichen Aufbau zeigt Bild 11/2.

Um die Gleichungen des Motors anzugeben, gehen wir vom *Feldkreis* aus, dessen Größen durch den Index F gekennzeichnet sind. Der Feldkreis entspricht genau dem Netzwerk im Bild 2/1. Wir können deshalb seine

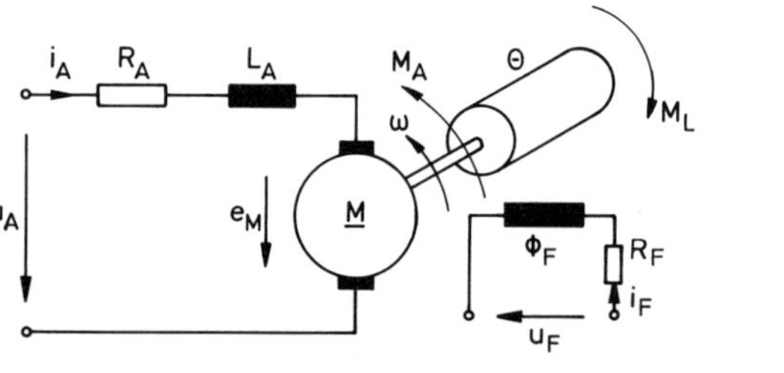

Bild 11/2. Gleichstrommotor, über Feld und Anker gesteuert

Gleichungen von dort übernehmen. Aus (2.1) bis (2.3) wird hier

$$u_F = R_F i_F + \dot{\Phi}_F \,, \tag{11.1}$$

aus (2.4) wird

$$\Phi_F = F(i_F) \,,$$

wobei also i_F der Feldstrom, Φ_F der Feldfluß und F eine nichtlineare Kennlinie nach Art von Bild 2/2 ist. Bezeichnet $\tilde{F}$ die inverse Kennlinie gemäß Bild 2/2, so gilt

$$i_F = \tilde{F}(\Phi_F) \;. \tag{11.2}$$

Der Ankerkreis des Motors (Index A) und die mechanische Bewegung des Motorankers mit Last werden so beschrieben, wie dies im Abschnitt 1.3 angegeben wurde, nur daß der Feldfluß Φ_F jetzt nicht fest, sondern zeitveränderlich ist. Man erhält so für den *Ankerkreis* die Gleichungen

$$u_A - e_M = R_A i_A + L_A \dot{i}_A \,, \tag{11.3}$$

$$e_M = c\,\Phi_F\,\omega \;. \tag{11.4}$$

Für die *mechanische Bewegung* ergibt sich

$$\theta\dot{\omega} = M_A - M_L \,, \tag{11.5}$$

$$M_A = c\,\Phi_F\,i_A \;. \tag{11.6}$$

Setzt man nun die gewöhnlichen Gleichungen (11.2), (11.4) und (11.6) in die zugehörigen Differentialgleichungen (11.1), (11.3) und (11.5) ein und löst nach den Ableitungen auf, so bekommt man

$$\dot{\Phi}_F = -R_F \tilde{F}(\Phi_F) + u_F \,, \tag{11.7}$$

$$\dot{i}_A = -\frac{c}{L_A}\Phi_F\,\omega - \frac{R_A}{L_A} i_A + \frac{1}{L_A} u_A \,, \tag{11.8}$$

$$\dot{\omega} = \frac{c}{\theta}\Phi_F\,i_A - \frac{1}{\theta} M_L \;. \tag{11.9}$$

Das ist ein System von drei Differentialgleichungen 1. Ordnung in expliziter Form, d.h. nach den Ableitungen aufgelöst. *Eingangsgrößen* sind die Feldspannung $u_F(t)$, die Ankerspannung $u_A(t)$ und das Lastmoment $M_L(t)$. Was *Ausgangsgröße* ist, hängt von der Aufgabenstellung ab. Beim Motor ist es meist die Winkelgeschwindigkeit ω (bzw. die dazu proportionale Drehzahl, gemessen in Umdrehungen pro Minute). Es könnte aber auch das Antriebsmoment

$$M_A = c\,\Phi_F\,i_A \tag{11.10}$$

sein, z.B. dann, wenn eine Momentenregelung aufgebaut werden soll. Dies wollen wir hier annehmen. Die zeitveränderlichen Größen $\Phi_F(t)$, $i_A(t)$ und $\omega(t)$ spielen die Rolle von *Zwischengrößen*, welche die Verbindung von Ein- und Ausgangsgrößen herstellen.

Wir betrachten nun dieses durch die Gleichungen (11.7) bis (11.10) beschriebene dynamische System "Gleichstrommotor" von irgendeinem Zeitpunkt t_0 ab und denken uns die Eingangsgrößen von diesem Zeitpunkt ab als Zeitverläufe vorgegeben - wie, ist grundsätzlich ohne Belang. Auf den ersten Blick könnte man nun vielleicht meinen, daß hierdurch die Zwischengrößen $\Phi_F(t)$, $i_A(t)$ und $\omega(t)$ und mit ihnen die Ausgangsgröße $M_A(t)$ eindeutig bestimmt werden. Auf den zweiten Blick sieht man jedoch, daß dem nicht so ist: Für verschiedene Anfangswerte $\Phi_F(t_0)$, $i_A(t_0)$ und $\omega(t_0)$ ergeben sich bei gleichen Eingangsgrößen verschiedene Verläufe der Zwischengrößen. Das liegt von der Physik her auf der Hand.

Mathematisch drückt sich diese Tatsache darin aus, daß ein Differentialgleichungssystem unendlich viele Lösungen hat. Eine eindeutig bestimmte Lösung erhält man erst dadurch, daß man Anfangswerte vorgibt, von denen die Lösung ausgehen soll. Sind zu einem beliebigen Zeitpunkt t_0 die Eingangsgrößen für alle $t > t_0$ vorgegeben, so sind die Zwischengrößen $\Phi_F(t)$, $i_A(t)$ und $\omega(t)$ und mit ihnen die Ausgangsgröße $M_A(t)$ für alle $t > t_0$ eindeutig bestimmt, sofern die Anfangswerte $\Phi_F(t_0)$, $i_A(t_0)$ und $\omega(t_0)$ ebenfalls vorgegeben sind. Die Zwischengrößen Φ_F, i_A und ω heißen dann *Zustandsvariablen oder Zustandsgrößen* des Systems "Gleichstrommotor". Da der Zeitpunkt t_0 beliebig ist, kann man sagen: Die Werte der Zustandsvariablen zu irgendeinem Zeitpunkt bestimmen eindeutig das gesamte weitere Systemverhalten, sofern der Verlauf der Eingangsgrößen ab diesem Zeitpunkt gegeben ist.

Die Differentialgleichungen (11.7) bis (11.9), welche die Zustandsvariablen in Abhängigkeit von den Eingangsgrößen darstellen, heißen *Zustandsdifferentialgleichungen des Gleichstrommotors*. Die gewöhnliche Gleichung (11.10), welche die Ausgangsgröße in Abhängigkeit von den Zustandsvariablen wiedergibt, wollen wir als *Ausgangsgleichung* bezeichnen.

Der hiermit am Beispiel eingeführte Begriff der Zustandsvariablen kann in geradliniger Weise verallgemeinert werden. Ein dynamisches System (dynamischer Prozeß) besitze die Eingangsgrößen $u_1(t), \ldots, u_p(t)$. Dabei darf es sich grundsätzlich sowohl um Stellgrößen als auch um Störgrößen handeln. Späterhin werden wir darunter, sofern nicht ausdrücklich etwas anderes gesagt ist, Stellgrößen verstehen. Weiterhin seien $y_1(t)$,

..., $y_q(t)$ die Ausgangsgrößen des dynamischen Systems, also diejenigen Systemgrößen, für deren Zeitverlauf man sich auf Grund der Aufgabenstellung vor allem interessiert, meist deshalb, weil sie in einem übergeordneten System eine Rolle spielen.

Aus den physikalischen Gesetzen, die für das dynamische System gelten, kann man den Zusammenhang zwischen den Eingangsgrößen $u_1, \ldots, u_p$ und den Ausgangsgrößen $y_1, \ldots, y_q$ herstellen. Wie im Beispiel des Gleichstrommotors erhält man ihn häufig, vermittelt durch Zwischengrößen $x_1(t), \ldots, x_n(t)$, in Form eines Gleichungssystems, das aus Differentialgleichungen und gewöhnlichen Gleichungen besteht:

$$\left.\begin{aligned} \dot{x}_1 &= f_1(x_1, \ldots, x_n; u_1, \ldots, u_p; t), \\ &\vdots \\ \dot{x}_n &= f_n(x_1, \ldots, x_n; u_1, \ldots, u_p; t); \end{aligned}\right\} \quad (11.11)$$

$$\left.\begin{aligned} y_1 &= g_1(x_1, \ldots, x_n; u_1, \ldots, u_p; t), \\ &\vdots \\ y_q &= g_q(x_1, \ldots, x_n; u_1, \ldots, u_p; t). \end{aligned}\right\} \quad (11.12)$$

Dann gilt unter sehr allgemeinen Voraussetzungen, die wir bei technischen Systemen normalerweise als gegeben ansehen dürfen, der folgende Satz:[1]

Ist t_0 ein beliebiger Zeitpunkt und sind die Eingangsgrößen $u_1(t), \ldots, u_p(t)$ für $t > t_0$ gegeben, so sind die Zwischengrößen $x_1(t), \ldots, x_n(t)$ für alle $t > t_0$ eindeutig bestimmt, sofern die Anfangswerte $x_1(t_0), \ldots, x_n(t_0)$ vorgegeben sind. Man nennt dann $x_1, \ldots, x_n$ Zustandsvariablen oder Zustandsgrößen des dynamischen Systems; die Wertegesamtheit $x_1(t), \ldots, x_n(t)$ zu irgendeinem Zeitpunkt t heißt Zustand des Systems. (11.13)

Das Wesen der Zustandsvariablen besteht also darin, daß durch ihren Wert zu irgendeinem Zeitpunkt t_0 der Ablauf des Systems für $t > t_0$ eindeutig bestimmt ist, sofern die Eingangsgrößen für $t > t_0$ gegeben sind. Das Systemverhalten für $t < t_0$ spielt hierfür keine Rolle; es ist also ohne Belang, durch welche Vorgänge in der Vergangenheit die Anfangswerte $x_1(t_0), \ldots, x_n(t_0)$ zustande gekommen sind.

[1] Es handelt sich hierbei letztlich um den *Existenz- und Eindeutigkeitssatz für Differentialgleichungen* (siehe etwa [11.3] bis [11.5]). Er gilt zunächst nur für stetige Eingangsfunktionen $u_1(t), \ldots, u_p(t)$, läßt sich aber auf stückweise stetige Funktionen erweitern.

Was die Differentialgleichungen (11.11) angeht, so ist es wichtig festzuhalten, daß in ihnen nur die Eingangsgrößen $u_1, \ldots, u_p$ selbst auftreten, nicht aber deren Ableitungen. Das ist von praktischer Bedeutung. Vielfach weisen die Eingangsgrößen ja Sprünge auf, z.B. durch Schaltvorgänge. Ihre Ableitungen enthalten an solchen Stellen δ-Impulse, was die Behandlung der Gleichungen, z.B. bei einer Rechnersimulation, erschwert. Solche Schwierigkeiten sind bei der Zustandsdarstellung nicht zu befürchten.

Die Tatsache, daß die rechten Seiten der Zustandsdifferentialgleichungen (11.11) nur von den u_ν selbst, aber nicht von deren Ableitungen abhängen, hat weiterhin zur Folge, daß die Zustandsvariablen $x_1(t), \ldots, x_n(t)$ stetig sind, also insbesondere

$$x_i(t_0+0) = x_i(t_0-0) = x_i(t_0) \quad , \; i = 1, \ldots, n \; ,$$

ist. Das bedeutet eine Vereinfachung gegenüber der Betrachtungsweise im Frequenzbereich, wo man bei der Differentiationsregel der Laplace-Transformation zwischen den Anfangswerten bei $t = +0$ und $t = -0$ unterscheiden muß. Etwas Derartiges ist bei Zustandsvariablen nicht erforderlich.

Noch ein Wort zur Bezeichnungsweise! Ich habe mich an die im regelungstechnischen Schrifttum über die Zustandsmethodik fast durchgängig übliche Symbolik gehalten, nach der die Zustandsvariablen mit $x_1, x_2, \ldots$, die Ausgangsgrößen mit $y_1, y_2, \ldots$ bezeichnet werden. Leider liegt hier eine Überschneidung mit unserer Norm DIN 19226 vor, in der ja x die Regelgröße und y die Stellgröße bezeichnet. Ich denke aber, daß trotzdem keine ernsthaften Mißverständnisse zu befürchten sind.

Betrachtet man die Gleichungssysteme (11.11) und (11.12), so liegt es nahe, zur Vereinfachung der Schreibweise Vektoren einzuführen:

$$\underline{x}(t) = \begin{bmatrix} x_1(t) \\ \vdots \\ x_n(t) \end{bmatrix}, \quad \underline{u}(t) = \begin{bmatrix} u_1(t) \\ \vdots \\ u_p(t) \end{bmatrix}, \quad \underline{y}(t) = \begin{bmatrix} y_1(t) \\ \vdots \\ y_q(t) \end{bmatrix};$$

$$\underline{f} = \begin{bmatrix} f_1 \\ \vdots \\ f_n \end{bmatrix}, \quad \underline{g} = \begin{bmatrix} g_1 \\ \vdots \\ g_q \end{bmatrix}.$$

Hier wie auch im folgenden sind Vektoren und Matrizen durch Unterstreichung gekennzeichnet. Dabei werden Vektoren im allgemeinen mit Kleinbuchstaben, Matrizen mit Großbuchstaben bezeichnet. Berücksichtigt man, daß ein Vektor, dessen Elemente Zeitfunktionen sind, gliedweise differenziert wird, so gilt

$$\underline{\dot{x}}(t) = \begin{bmatrix} \dot{x}_1(t) \\ \vdots \\ \dot{x}_n(t) \end{bmatrix} .$$

Damit kann man das Differentialgleichungssystem (11.11) zu *einer Vektordifferentialgleichung* zusammenfassen:

$$\underline{\dot{x}} = \underline{f}(\underline{x}, \underline{u}, t) \ . \qquad (11.14)$$

Entsprechend wird aus dem Gleichungssystem (11.12) *eine Vektorgleichung*:

$$\underline{y} = \underline{g}(\underline{x}, \underline{u}, t) \ . \qquad (11.15)$$

Die Vektordifferentialgleichung (11.14) sei als *Zustandsdifferentialgleichung* bezeichnet, die Vektorgleichung (11.15) als *Ausgangsgleichung*, beide Beziehungen zusammen als *Zustandsgleichungen*. Im Bild 11/3 sind die verschiedenen Beziehungen zusammengestellt, wobei hier wie im folgenden vektorielle Zeitgrößen durch doppelte Wirkungslinien gekennzeichnet sind.

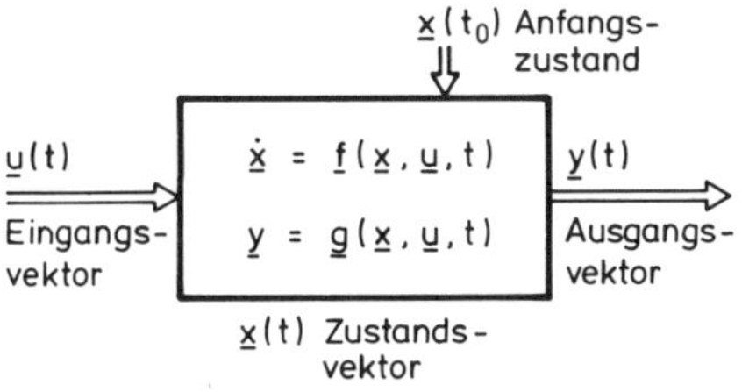

Bild 11/3. Zustandsbeschreibung eines dynamischen Systems

Die Komponenten des Zustandsvektors $\underline{x}$ kann man als Koordinaten eines Punktes im n-dimensionalen euklidischen Raum auffassen. Diesen bezeichnet man als *Zustandsraum* des Systems. Für irgendeinen Zeitpunkt t stellt $\underline{x}(t)$ einen bestimmten Punkt dieses Raumes dar. Er ist das geometrische Bild für den dynamischen Zustand des Systems. Man spricht daher vom *Zustandspunkt des Systems*. Mit fortschreitender Zeit t ändert der Zustandspunkt seine Lage im Raum. Er beschreibt dort eine Kurve, die *Zustandskurve* oder *Trajektorie* des Systems. Sie geht für $t = t_0$ vom Punkt $\underline{x}(t_0) = \underline{x}_0$ aus. Dabei ist der Eingangsvektor $\underline{u}(t)$ als eine fest gegebene Zeitfunktion angenommen. Von Ausnahmepunkten abgesehen, geht durch jeden Punkt des Zustandsraumes oder eines Teilbereiches genau eine Trajektorie.

Häufig wird die Zustandsbeschreibung wie überhaupt das mathematische Modell eines dynamischen Systems durch Aufstellen von *Bilanzgleichungen* erhalten. Diese sind von der Form

$$dM = m_z dt - m_a dt \quad \text{bzw.} \quad \dot{M} = m_z - m_a \ . \qquad (11.16)$$

Dabei ist M(t) eine Erhaltungsgröße, etwa Masse, Energie oder Impuls, dM ihre Änderung während dt innerhalb eines bestimmten Bereiches, während m_z den Zufluß und m_a den Abfluß der Erhaltungsgröße pro Zeiteinheit bezeichnet.

Als Beispiel zur Anwendung von Bilanzgleichungen betrachten wir das *3-Tank-System* im Bild 11/4. Eingangsgrößen sind die beiden Zuflüsse q_1 und q_2, Zu-

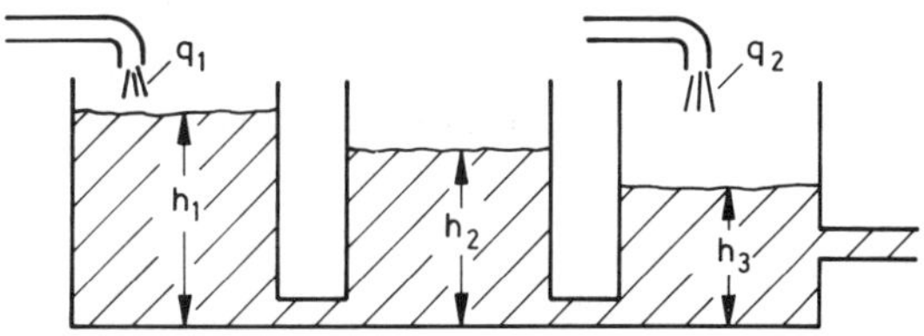

Bild 11/4. 3-Tank-System

standsvariablen offensichtlich die Füllstände h_1, h_2 und h_3 in den drei Behältern. Sind sie nämlich zu einem Zeitpunkt t_0 gegeben, so ist der weitere Ablauf des Prozesses eindeutig bestimmt, sofern man noch die Zuflüsse für $t > t_0$ kennt. Letztlich soll für dieses System eine Regelung entworfen werden, welche einen festen Betriebszustand aufrechterhält, in dem sich das System im Gleichgewicht befindet. Wir gehen deshalb sogleich zu den Abweichungen von diesem festen Betriebszustand über:

$$\Delta q_\nu = u_\nu \ , \quad \nu = 1,2 \ ,$$

$$\Delta h_i = x_i \ , \quad i = 1,2,3 \ .$$

Für die folgenden Betrachtungen sind also u_1 und u_2 die Eingangsgrößen, x_1, x_2 und x_3 die Zustandsvariablen des Systems.

Wir nehmen die Aufstellung der Bilanzgleichung am ersten Behälter vor, wobei wir uns auf eine überschlägige Betrachtung beschränken wollen. Ist ρ die Dichte der Flüssigkeit, so ist die Massenänderung im ersten Behälter während dt durch

$$dm = \rho A_1 dx_1$$

gegeben, wenn A_1 der Behälterquerschnitt ist. Der Massenzufluß pro Zeiteinheit ist

$m_z = \rho u_1$,

wenn u_1 den Volumenzustrom pro Zeiteinheit bezeichnet. Beim Massenabfluß ist plausibel, daß er proportional zur Differenz der Füllstände im ersten und zweiten Behälter ist:

$m_a = \rho A_1 \cdot k_1(x_1 - x_2)$.

Gemäß (11.16) wird so

$\rho A_1 \, dx_1 = \rho u_1 \, dt - \rho A_1 k_1 (x_1 - x_2) \, dt$

oder kürzer

$\dot{x}_1 = -a_{11} x_1 + a_{12} x_2 + b_{11} u_1$

mit positiven Koeffizienten a_{11}, a_{12} und b_{11}.

Ganz entsprechend stellt man die Bilanzgleichungen für den zweiten und dritten Behälter auf und erhält als System der Zustandsdifferentialgleichungen

$$\left.\begin{aligned} \dot{x}_1 &= -a_{11} x_1 + a_{12} x_2 + b_{11} u_1 , \\ \dot{x}_2 &= a_{21} x_1 - a_{22} x_2 + a_{23} x_3 , \\ \dot{x}_3 &= a_{32} x_2 - a_{33} x_3 + b_{32} u_2 , \end{aligned}\right\} \quad (11.17)$$

wobei die Koeffizienten a_{ik} und $b_{\mu\nu}$ positiv sind. Ausgangsgrößen dieses Systems sind die Füllstände, so daß hier die Ausgangsgrößen mit den Zustandsvariablen zusammenfallen, was ohne weiteres möglich ist:

$$y_1 = x_1 , \; y_2 = x_2 , \; y_3 = x_3 . \qquad (11.18)$$

Übergang zur vektoriellen Darstellung liefert die Zustandsdifferentialgleichung

$$\underline{\dot{x}} = \underline{A}\,\underline{x} + \underline{B}\,\underline{u} \qquad (11.19)$$

mit

$$\underline{A} = \begin{bmatrix} -a_{11} & a_{12} & 0 \\ a_{21} & -a_{22} & a_{23} \\ 0 & a_{32} & -a_{33} \end{bmatrix} , \quad \underline{B} = \begin{bmatrix} b_{11} & 0 \\ 0 & 0 \\ 0 & b_{32} \end{bmatrix} .$$

Es sei angemerkt, daß die Matrix $\underline{A}$ symmetrisch ist, wenn die Behälterquerschnitte gleich sind und ebenso die Rohrquerschnitte. Für die Ausgangsgleichung folgt aus (11.18)

$$\underline{y} = \underline{C}\,\underline{x} , \qquad (11.20)$$

wobei $\underline{C}$ die 3-reihige quadratische Einheitsmatrix $\underline{I}$ ist.

Welche Größen als Zustandsvariablen eingeführt werden können, hängt von der Art des Systems ab. Bei *starren mechanischen Systemen* wird man meist Lagen und Geschwindigkeiten als Zustandsvariablen nehmen. Sind nämlich Lagen und Geschwindigkeiten eines Systems von Massenpunkten zu einem bestimmten Zeitpunkt gegeben, so ist der weitere Ablauf der Systembewegung vollständig determiniert, sofern etwaige äußere Kräfte zusätzlich vorgegeben werden. Im nächsten Abschnitt werden wir das Beispiel eines solchen mechanischen Systems betrachten.

Handelt es sich um *elektrische Netzwerke*, die aus Ohmschen Widerständen, Kapazitäten und Induktivitäten bestehen, so führt man als Zustandsvariablen die Ströme durch die Induktivitäten und die Spannungen an den Kapazitäten ein. Bild 11/5 zeigt ein einfaches Beispiel. Hierbei stellt die Spannung u die Eingangs-

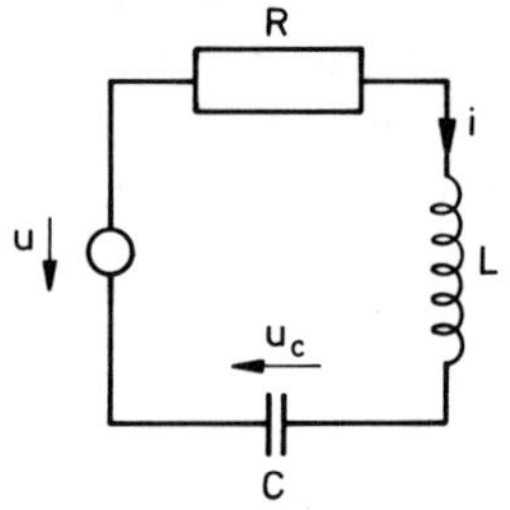

Bild 11/5. Elektrisches Netzwerk

größe dar, während der Strom i und die Spannung u_C die Zustandsvariablen sind. Dann gelten die Gleichungen

$$u = R\,i + L\,\dot{i} + u_C , \quad u_C = \frac{1}{C}\int_0^t i\,d\tau ,$$

wenn sich zum Zeitpunkt t = 0 keine Ladung auf dem Kondensator befindet. Aus diesen Gleichungen folgt

$$\dot{i} = -\frac{R}{L} i - \frac{1}{L} u_C + \frac{1}{L} u ,$$

$$\dot{u}_C = \frac{1}{C} i .$$

Mit $x_1 = i$, $x_2 = u_C$ wird daraus die Vektordifferentialgleichung

$$\underline{\dot{x}} = \underline{A}\,\underline{x} + \underline{b}\,u \qquad (11.21)$$

mit

$$\underline{A} = \begin{bmatrix} -\frac{R}{L} & -\frac{1}{L} \\ \frac{1}{C} & 0 \end{bmatrix} , \quad \underline{b} = \begin{bmatrix} \frac{1}{L} \\ 0 \end{bmatrix} .$$

Ist der Strom $x_1 = i$ die interessierende Ausgangsgröße, so gehört dazu die Ausgangsgleichung

$$y = x_1 = [1 \quad 0] \cdot \begin{bmatrix} x_1 \\ x_2 \end{bmatrix}$$

oder

$$y = \underline{c}^T \underline{x} \ . \qquad (11.22)$$

Dabei ist

$$\underline{c}^T = [1 \quad 0]$$

ein Zeilenvektor, was hier wie im folgenden durch das Transpositionszeichen T angedeutet werden soll.

Bei komplizierteren elektrischen Netzwerken kann es sein, daß Kapazitätsspannungen linear von anderen abhängen, und gleiches kann für Induktivitätsströme gelten. Dann dürfen solche linear abhängigen Größen nicht als Zustandsvariablen genommen werden. Näheres hierüber kann man in [11.6], Kapitel II. 2, nachlesen.

Im vorhergehenden wurden die Zustandsgleichungen dadurch ermittelt, daß mittels der physikalischen Gesetze die Beziehungen zwischen den zeitveränderlichen Größen des dynamischen Systems aufgestellt wurden. Vielfach liegt aber bereits ein *mathematisches Modell des dynamischen Systems* vor. Die Aufgabe besteht dann lediglich darin, dieses *in die Zustandsdarstellung zu verwandeln*. Das mathematische Modell kann vor allem in einer der drei folgenden Gestalten gegeben sein:

(I) Als *gewöhnliche Differentialgleichung oder System von gewöhnlichen Differentialgleichungen* höherer als 1. Ordnung.

(II) Als *komplexe Übertragungsgleichung* von der Form $Y(s) = G(s)U(s)$ mit einer rationalen Funktion $G(s)$.

(III) Als *Strukturbild*.

In den folgenden Abschnitten werden diese drei Fälle näher betrachtet.

11.3 Aufstellen der Zustandsgleichungen aus Differentialgleichungen höherer Ordnung

Wir gehen von der *Differentialgleichung n-ter Ordnung*

$$\overset{(n)}{y} = h(y, \dot{y}, \ldots, \overset{(n-1)}{y}; u; t) \qquad (11.23)$$

aus, deren rechte Seite nur von der Eingangsgröße u selbst, aber nicht von ihren Ableitungen abhängen soll. h ist eine durch die Modellbildung gegebene Funktion, die auch nichtlinear sein darf.

Dann führt man als Zustandsvariablen die Ableitungen der Ausgangsgröße y einschließlich y selbst ein:

$$x_1 = y \, , \; x_2 = \dot{y} \, , \; x_3 = \ddot{y}, \; \ldots, \; x_{n-1} = \overset{(n-2)}{y} \, , \; x_n = \overset{(n-1)}{y} \ .$$

Aus dieser Definition folgt sofort:

$$\left.\begin{aligned} \dot{x}_1 &= x_2 \, , \\ \dot{x}_2 &= x_3 \, , \\ &\vdots \\ \dot{x}_{n-1} &= x_n \, . \end{aligned}\right\} \qquad (11.24)$$

Damit hat man bereits $n-1$ Zustandsdifferentialgleichungen. Die letzte noch erforderliche Zustandsdifferentialgleichung ergibt sich aus der gegebenen Differentialgleichung (11.23), indem man dort die Definition der Zustandsvariablen einsetzt. Wegen

$$\overset{(n)}{y} = \frac{d}{dt} \overset{(n-1)}{y} = \frac{d}{dt} x_n$$

wird so

$$\dot{x}_n = h(x_1, x_2, \ldots, x_n; u; t) \ . \qquad (11.25)$$

Die Beziehungen (11.24) und (11.25) bilden das System der Zustandsdifferentialgleichungen, das äquivalent zur Differentialgleichung (11.23) ist.

Bei einem *System von mehreren Differentialgleichungen höherer Ordnung* geht man ganz entsprechend vor. Zur Vermeidung von Umständlichkeiten betrachten wir zwei gekoppelte Differentialgleichungen 2. Ordnung:

$$\left.\begin{aligned} \ddot{y}_1 &= h_1(y_1, \dot{y}_1, y_2, \dot{y}_2; u; t) \, , \\ \ddot{y}_2 &= h_2(y_1, \dot{y}_1, y_2, \dot{y}_2; u; t) \, . \end{aligned}\right\} \qquad (11.26)$$

Mit

$$x_1 = y_1 \, , \; x_2 = \dot{y}_1 \, , \; x_3 = y_2 \, , \; x_4 = \dot{y}_2$$

wird daraus

$$\left.\begin{aligned} \dot{x}_1 &= x_2 \, , \\ \dot{x}_2 &= h_1(x_1, x_2, x_3, x_4; u; t) \, , \\ \dot{x}_3 &= x_4 \, , \\ \dot{x}_4 &= h_2(x_1, x_2, x_3, x_4; u; t) \, . \end{aligned}\right\} \qquad (11.27)$$

Als Beispiel betrachten wir die im Bild 11/6 dargestellte Verladebrücke (Brückenkran). Die Laufkatze fährt aus einer bestimmten Anfangsposition, in welcher der Greifer eine Last aufnimmt, in eine gegebene Endposition, in welcher er die Last absetzt. Durch die Fahr-

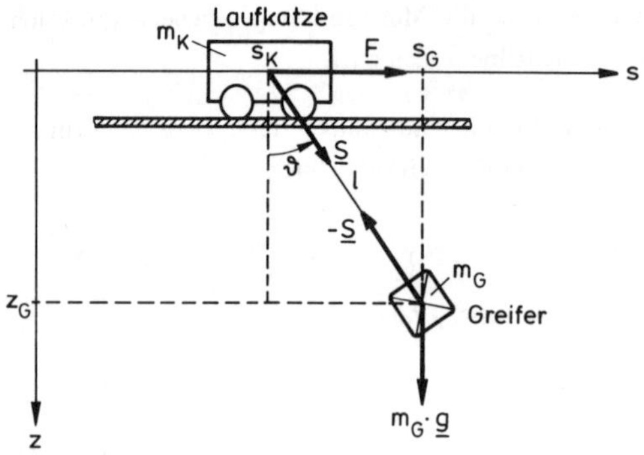

Bild 11/6. Verladebrücke

bewegung der Katze wird der Greifer zu Schwingungen angeregt, die wegen der erheblichen Masse des mit der Last beschwerten Greifers auf das Katzfahrzeug zurückwirken. Diese Schwingungen sind praktisch ungedämpft. Die Aufgabe besteht letztlich darin, eine Regelung zu entwerfen, welche diese Schwingungen in hinreichend kurzer Zeit zur Ruhe bringt.

Während des Fahrvorgangs sei die Greiferlänge ℓ konstant. Nimmt man an, daß sie nach einem bestimmten Zeitprogramm verändert wird, so kann man die Zustandsdifferentialgleichungen ganz entsprechend herleiten, hat aber dann ein zeit*variantes* System zu behandeln.

Auf die Laufkatze wirkt die Vortriebskraft $\underline{F}$ des Katzmotors, welche die Eingangsgröße des Systems ist, und die Rückwirkung $\underline{S}$ des Greifers auf die Katze. Nach dem 2. Newtonschen Axiom gilt daher für die Bewegung des Katzfahrzeugs

$$m_K \ddot{s}_K = F + S \sin\vartheta \;, \qquad (11.28)$$

wobei s_K die Katzposition, m_K die Katzmasse und ϑ den Greiferwinkel bezeichnet. Auch auf den Greifer wirken zwei Kräfte ein: die von der Katze ausgeübte Reaktionskraft $-\underline{S}$ und die Schwerkraft $m_G \underline{g}$ (m_G Masse des Greifers, einschließlich Last, g Erdbeschleunigung). Daher gelten, wiederum nach dem 2. Newtonschen Axiom, für die Horizontal- und Vertikalbewegung des Greifers die Gleichungen

$$m_G \ddot{s}_G = -S \sin\vartheta \;, \qquad (11.29)$$

$$m_G \ddot{z}_G = m_G g - S \cos\vartheta \;. \qquad (11.30)$$

Damit hat man die *Bewegungsgleichungen* des Systems aufgestellt. Zu ihnen treten noch *die geometrischen Beziehungen* zwischen Greifer und Katze hinzu:

$$s_G = s_K + \ell \sin\vartheta \;, \qquad (11.31)$$

$$z_G = \ell \cos\vartheta \;. \qquad (11.32)$$

Das Ziel besteht darin, der Greiferposition s_G ein gewünschtes Verhalten aufzuprägen. Sie hängt von der Katzposition s_K und dem Greiferwinkel ϑ ab. Man wird sich daher bemühen, aus den Gleichungen (11.28) bis (11.32) möglichst einfache Beziehungen für s_K und ϑ in Abhängigkeit von der Vortriebskraft F herzuleiten.

Dazu eliminiert man zunächst aus den Bewegungsgleichungen die Kraft S, indem man als erstes (11.28) und (11.29) addiert, sodann (11.29) mit $\cos\vartheta$ und (11.30) mit $-\sin\vartheta$ multipliziert und ebenfalls addiert:

$$m_K \ddot{s}_K + m_G \ddot{s}_G = F \;, \qquad (11.33)$$

$$m_G \ddot{s}_G \cos\vartheta - m_G \ddot{z}_G \sin\vartheta = -m_G g \sin\vartheta \;. \qquad (11.34)$$

Im nächsten Schritt eliminiert man s_G und z_G, indem man aus den geometrischen Beziehungen (11.31) und (11.32) $\ddot{s}_G$ und $\ddot{z}_G$ bildet und dies in die letzten beiden Gleichungen einsetzt:

$$(m_K + m_G)\ddot{s}_K + m_G \ell \ddot{\vartheta} \cos\vartheta - m_G \ell \dot{\vartheta}^2 \sin\vartheta = F \;, \qquad (11.35)$$

$$\ddot{s}_K \cos\vartheta + \ell \ddot{\vartheta} + g \sin\vartheta = 0 \;. \qquad (11.36)$$

Damit hat man in der Tat ein nichtlineares Differentialgleichungssystem erhalten, das s_K und ϑ in Abhängigkeit von F wiedergibt.

Aber was für ein System ist das! Um sich dies zu verdeutlichen, setze man einmal $s_K = 0$ und betrachte dann die zweite Differentialgleichung allein:

$$\ell \ddot{\vartheta} + g \sin\vartheta = 0 \;.$$

Wie man sieht, gelangt man so zur Gleichung des mathematischen Pendels für beliebig große Auslenkungen. Diese ist nicht mehr mit elementaren Funktionen lösbar, führt vielmehr auf elliptische Integrale. Danach kann man sich vorstellen, von welchem Komplikationsgrad die Lösung des gekoppelten Gesamtsystems (11.35), (11.36) sein wird. Eine theoretische Untersuchung erscheint hoffnungslos, man muß sich mit Rechnersimulation begnügen.

Aber es geht uns ja letztlich gar nicht um die Ermittlung der Systemeigenschaften (sie wäre allenfalls ein Mittel zum Zweck), sondern um den Entwurf einer Regelung. Wir stehen also nicht als Naturwissenschaftler vor dem Problem, deren Aufgabe in der möglichst eingehenden Bestimmung der Systemeigenschaften besteht, sondern als Ingenieure, die dem System ein gewünschtes

Verhalten aufprägen wollen. Hierdurch aber wird die Sachlage grundlegend verändert. Seien wir nämlich optimistisch genug anzunehmen, daß es uns gelingen wird, eine funktionierende Regelung zu entwerfen. Dann wird diese die Greiferschwingung genügend dämpfen, so daß man $|\vartheta|$ und $|\dot{\vartheta}|$ als klein annehmen und deshalb mit hinreichender Näherung

$$\sin\vartheta = \vartheta, \quad \cos\vartheta = 1, \quad \dot{\vartheta}^2 \sin\vartheta = 0$$

setzen darf.

Damit wird aus dem nichtlinearen Differentialgleichungssystem (11.35), (11.36)

$$(m_K + m_G)\ddot{s}_K + m_G \ell\ddot{\vartheta} = F , \qquad (11.37)$$

$$\ddot{s}_K + \ell\ddot{\vartheta} + g\vartheta = 0 , \qquad (11.38)$$

also ein *lineares Differentialgleichungssystem mit konstanten Koeffizienten*, dessen methodische Bearbeitung ohne weiteres möglich ist.

Die eben geschilderte Situation ist keineswegs vereinzelt, sondern kommt sogar sehr häufig vor. Durch die Annahme, daß es gelingen wird, eine Regelung mit gewünschtem Verhalten zu entwerfen, kann man in vielen Fällen das Problem linearisieren oder auch in anderer Weise vereinfachen und hierdurch zu einer methodischen Lösung gelangen. Man hat dann lediglich zu verifizieren, daß die Annahme zutreffend war, was durch Rechnersimulation ohne Schwierigkeit möglich ist. Die Synthese kann also manchmal einfacher sein als die Analyse – eine auf den ersten Blick sicherlich überraschende Tatsache.

Noch eine andere, ganz wesentliche allgemeine Feststellung, auf die schon in Abschnitt 1.5 hingewiesen wurde, wird durch das Beispiel verdeutlicht: Bei einem Ingenieurproblem ist die Bildung des mathematischen Modells keine rein physikalische Aufgabe, sondern wird entscheidend von der technischen Zielsetzung mitgeprägt. Insofern ist Modellbildung unabdingbarer Bestandteil der Regelungstechnik.

Kehren wir nun wieder zur konkreten Aufgabe zurück! Die Gleichungen (11.37), (11.38) werden jetzt nach den höchsten Ableitungen aufgelöst:

$$\ddot{s}_K = \frac{m_G g}{m_K}\vartheta + \frac{1}{m_K}F , \qquad (11.39)$$

$$\ddot{\vartheta} = -\frac{(m_K + m_G)g}{m_K \ell}\vartheta - \frac{1}{m_K \ell}F . \qquad (11.40)$$

Dieses Gleichungssystem ist vom allgemeinen Typ (11.26), wobei $y_1 = s_K$ und $y_2 = \vartheta$ zu setzen ist. Wir führen daher diese Größen und ihre ersten Ableitungen als Zustandsvariablen ein:

$$x_1 = s_K \quad \text{(Katzposition)} ,$$
$$x_2 = \dot{s}_K \quad \text{(Katzgeschwindigkeit)} ,$$
$$x_3 = \vartheta \quad \text{(Greiferwinkel)} ,$$
$$x_4 = \dot{\vartheta} \quad \text{(Greiferwinkelgeschwindigkeit)} .$$

Wie man sieht, sind dies gerade die *Lage- und Geschwindigkeitskoordinaten des mechanischen Systems "Verladebrücke".*

In Analogie zu (11.27) erhält man aus dieser Definition und den Gleichungen (11.39), (11.40) die (skalaren) Zustandsdifferentialgleichungen der Verladebrücke:

$$\dot{x}_1 = x_2 ,$$

$$\dot{x}_2 = \frac{m_G g}{m_K} x_3 + \frac{1}{m_K} F ,$$

$$\dot{x}_3 = x_4 ,$$

$$\dot{x}_4 = -\frac{(m_K + m_G)g}{m_K \ell} x_3 - \frac{1}{m_K \ell} F .$$

Ausgangsgröße ist die Greiferposition s_G. Für sie gilt nach (11.31), wenn man berücksichtigt, daß nach der Linearisierung $\sin\vartheta$ durch ϑ zu ersetzen ist:

$$s_G = s_K + \ell\vartheta = x_1 + \ell x_3 .$$

Führt man schließlich die Bezeichnungen

$$u = F , \quad y = s_G \qquad (11.41)$$

sowie die Abkürzungen

$$\left.\begin{aligned} a_{23} &= \frac{m_G g}{m_K} , \quad b_2 = \frac{1}{m_K} , \\ a_{43} &= \frac{(m_K + m_G)g}{m_K \ell} , \quad b_4 = \frac{1}{m_K \ell} \end{aligned}\right\} \qquad (11.42)$$

ein und geht zur vektoriellen Schreibweise über, so ergeben sich die folgenden *Zustandsgleichungen der Verladebrücke*:

$$\underline{\dot{x}} = \underline{A}\,\underline{x} + \underline{b}\,u , \qquad (11.43)$$

$$y = \underline{c}^T \underline{x} \qquad (11.44)$$

mit

$$\underline{A} = \begin{bmatrix} 0 & 1 & 0 & 0 \\ 0 & 0 & a_{23} & 0 \\ 0 & 0 & 0 & 1 \\ 0 & 0 & -a_{43} & 0 \end{bmatrix} , \quad \underline{b} = \begin{bmatrix} 0 \\ b_2 \\ 0 \\ -b_4 \end{bmatrix} , \qquad (11.45)$$

$\underline{c}^T = [1 \quad 0 \quad \ell \quad 0]$.

Vielleicht ist dem Leser zu Beginn dieses Abschnitts die Voraussetzung aufgefallen, daß die rechte Seite der Differentialgleichung oder des Differentialgleichungssystems höherer Ordnung nur von der Eingangsgröße u selbst, nicht aber von ihren Ableitungen abhängen darf. Ist das doch der Fall, so läßt sich eine solche Differentialgleichung im allgemeinen nicht in die Zustandsdarstellung (11.11), (11.12) überführen. Dies ist jedoch stets möglich, wenn es sich um eine *lineare* Differentialgleichung handelt. Bei linearen *zeitinvarianten* Systemen, wie wir sie in diesem Buch betrachten, ist es am besten, von der linearen Differentialgleichung

$$a_n \overset{(n)}{y} + \ldots + a_1 \dot{y} + a_0 y = b_0 u + b_1 \dot{u} + \ldots + b_m \overset{(m)}{u}$$

mit den konstanten Koeffizienten a_ν, b_ν durch Laplace-Transformation zur komplexen Übertragungsgleichung

$$Y(s) = \frac{b_0 + b_1 s + \ldots + b_m s^m}{a_0 + a_1 s + \ldots + a_n s^n} U(s)$$

überzugehen und dann die im nächsten Abschnitt beschriebenen Verfahren zur Herleitung der Zustandsdarstellung anzuwenden.[2]

11.4 Aufstellen der Zustandsgleichungen aus der komplexen Übertragungsgleichung

11.4.1 Regelungsnormalform der Zustandsgleichungen

Wir gehen jetzt von der komplexen Übertragungsgleichung

$$Y(s) = G(s)\, U(s) \tag{11.46}$$

aus, wobei G(s) eine rationale Funktion sei:

$$G(s) = \frac{Z(s)}{N(s)} = \frac{b_0 + b_1 s + \ldots + b_n s^n}{a_0 + a_1 s + \ldots + a_n s^n} . \tag{11.47}$$

Dabei sei $a_n \neq 0$ und mindestens ein $b_\nu \neq 0$, das aber keineswegs gleich b_n zu sein braucht. Zähler und Nenner seien wie stets ohne gemeinsame Nullstelle. Die zugehörige Differentialgleichung lautet

$$a_n \overset{(n)}{y} + \ldots + a_1 \dot{y} + a_0 y = b_0 u + b_1 \dot{u} + \ldots + b_n \overset{(n)}{u} . \tag{11.48}$$

---

2 Für lineare zeitvariante Systeme siehe [12.1], Ende von Abschnitt 6.3.

Falls $b_1 = \ldots = b_n = 0$ ist, kann man einfach durch

$$x_1 = y , \; x_2 = \dot{y} , \; \ldots , \; x_n = \overset{(n-1)}{y}$$

Zustandsvariablen einführen, wie das im vorigen Abschnitt beschrieben wurde. Ist aber einer dieser Koeffizienten $\neq 0$, so erhält man statt (11.25) die Differentialgleichung

$$\dot{x}_n = -\frac{a_0}{a_n} x_1 - \ldots - \frac{a_{n-1}}{a_n} x_n + \sum_{\nu=0}^{n} \frac{b_\nu}{a_n} \overset{(\nu)}{u} .$$

In ihr tritt mindestens eine Ableitung von u auf. Das ist jedoch nicht zulässig, da in den Zustandsgleichungen nur die Eingangsgrößen selbst, nicht ihre Ableitungen vorkommen dürfen.

Die letztere Forderung ist wesentlich. In vielen Anwendungsfällen sind die Eingangsgrößen unstetig, stellen z.B. Treppenfunktionen dar. Dann sind die Ableitungen erster oder gar höherer Ordnung im üblichen Sinn nicht vorhanden. Bei der Simulation im Rechner lassen sie sich bestenfalls näherungsweise erzeugen. Es ist daher besser, sie überhaupt zu vermeiden. Zum guten Teil beruht die Einfachheit der Systembeschreibung durch Zustandsvariablen auf dieser Tatsache.

Um dieses Ziel im Falle der Differentialgleichung (11.48) bzw. der Übertragungsfunktion (11.47) zu erreichen, schreibt man die komplexe Übertragungsgleichung (11.46) in der Form

$$Y = \frac{b_0 + b_1 s + \ldots + b_{n-1} s^{n-1} + b_n s^n}{N(s)} U \quad \text{oder}$$

$$Y = b_0 \frac{1}{N(s)} U + b_1 \frac{s}{N(s)} U + \ldots + b_{n-1} \frac{s^{n-1}}{N(s)} U + b_n \frac{s^n}{N(s)} U . \tag{11.49}$$

Nun definiert man die Zustandsvariablen im Bildbereich durch die Gleichungen

$$X_1 = \frac{1}{N(s)} U , \; X_2 = \frac{s}{N(s)} U , \; X_3 = \frac{s^2}{N(s)} U , \ldots$$
$$\ldots , X_{n-1} = \frac{s^{n-2}}{N(s)} U , \; X_n = \frac{s^{n-1}}{N(s)} U . \tag{11.50}$$

Aus der Definition folgen einfache Beziehungen zwischen den Zustandsvariablen:

$$sX_1 = X_2 , \; sX_2 = X_3 , \; \ldots , \; sX_{n-1} = X_n .$$

Daraus folgt im Zeitbereich

$$\dot{x}_1 = x_2 , \; \dot{x}_2 = x_3 , \; \ldots , \; \dot{x}_{n-1} = x_n . \tag{11.51}$$

Dabei sind die Anfangswerte zu Null angenommen, da ja die Übertragungsfunktion und damit die komplexe Übertragungsgleichung nur die Reaktion auf die Eingangsgröße, nicht aber das Anfangswertverhalten eines Systems erfaßt. Für x_1 gilt daher

$$\dot{x}_1 = x_2 , \quad \ddot{x}_1 = x_3 , \ldots , \overset{(n-1)}{x_1} = x_n \,. \qquad (11.52)$$

Weiterhin folgt aus

$$X_1 = \frac{1}{N(s)} U = \frac{1}{a_n s^n + \ldots + a_1 s + a_0} U$$

die Beziehung

$$a_n s^n X_1 + a_{n-1} s^{n-1} X_1 + \ldots + a_1 s X_1 + a_0 X_1 = U$$

oder

$$a_n \overset{(n)}{x_1} + a_{n-1} \overset{(n-1)}{x_1} + \ldots + a_1 \dot{x}_1 + a_0 x_1 = u \,.$$

Setzt man (11.52) ein, so wird daraus

$$a_n \dot{x}_n + a_{n-1} x_n + \ldots + a_1 x_2 + a_0 x_1 = u \,. \qquad (11.53)$$

Mit (11.51) und (11.53) hat man die gewünschten Zustandsdifferentialgleichungen:

$$\left.\begin{aligned} \dot{x}_1 &= x_2 \,, \\ \dot{x}_2 &= x_3 \,, \\ &\vdots \\ \dot{x}_{n-1} &= x_n \,, \\ \dot{x}_n &= -\frac{a_0}{a_n} x_1 - \frac{a_1}{a_n} x_2 - \ldots - \frac{a_{n-1}}{a_n} x_n + \frac{1}{a_n} u \,. \end{aligned}\right\} \qquad (11.54)$$

Die Ausgangsgleichung erhält man aus (11.49), indem man die Definitionsgleichungen (11.50) einsetzt:

$$Y = b_0 X_1 + b_1 X_2 + \ldots + b_{n-1} X_n + b_n s X_n$$

oder

$$y = b_0 x_1 + b_1 x_2 + \ldots + b_{n-1} x_n + b_n \dot{x}_n \,.$$

Ersetzt man hierin $\dot{x}_n$ gemäß der letzten Differentialgleichung von (11.54), so wird endgültig

$$y = \left[b_0 - a_0 \frac{b_n}{a_n} \right] x_1 + \ldots + \left[b_{n-1} - a_{n-1} \frac{b_n}{a_n} \right] x_n + \frac{b_n}{a_n} u \,. \qquad (11.55)$$

Die Zustandsgleichungen (11.54) und (11.55) sind der ursprünglichen Differentialgleichung äquivalent. Die für die Herleitung mittels der Übertragungsfunktion gemachte Annahme verschwindender Anfangswerte kann man nunmehr fallen lassen.

Sehr übersichtlich werden die Verhältnisse, wenn man zur Matrizenschreibweise übergeht. Dann wird aus dem Differentialgleichungssystem (11.54) die *eine Vektordifferentialgleichung*

$$\underline{\dot{x}} = \begin{bmatrix} 0 & 1 & 0 & \cdots & 0 \\ 0 & 0 & 1 & . & 0 \\ \vdots & \vdots & \vdots & \ddots & \vdots \\ \cdot & \cdot & \cdot & & 1 \\ -\frac{a_0}{a_n} & -\frac{a_1}{a_n} & \cdots & & -\frac{a_{n-1}}{a_n} \end{bmatrix} \underline{x} + \begin{bmatrix} 0 \\ \vdots \\ 0 \\ \frac{1}{a_n} \end{bmatrix} u \,. \qquad (11.56)$$

Die hier auftretende (n,n)-Matrix wird auch die *Frobenius-Matrix* oder *Begleitmatrix* des Polynoms N(s) genannt. Auch die Ausgangsgleichung kann man in Vektorform schreiben:

$$y = \left[b_0 - a_0 \frac{b_n}{a_n}, \ldots, b_{n-1} - a_{n-1} \frac{b_n}{a_n} \right] \underline{x} + \frac{b_n}{a_n} u \,. \qquad (11.57)$$

Liegt die Zustandsbeschreibung eines Systems in Form von (11.56) und (11.57) vor, so wollen wir im Anschluß an *J. **Ackermann*** [11.7] von der *Regelungsnormalform*[3] *der Zustandsgleichungen* sprechen. Wie sich in Kapitel 13 herausstellen wird, spielt nämlich diese Darstellung bei der Regelungssynthese im Zustandsraum eine wichtige Rolle. Das beruht letztlich darauf, daß die Eingangsgröße u nur noch in eine einzige der skalaren Zustandsdifferentialgleichungen (11.54) direkt eingreift.

Bei der Behandlung des Beobachtungsproblems, d.h. der Aufgabe, aus den Eingangs- und Ausgangsgrößen des Systems auf den Zustandsvektor zu schließen, wird noch eine andere Zustandsbeschreibung benötigt. Sie sei als *Beobachtungsnormalform*[4] bezeichnet und soll nun hergeleitet werden.

---

[3] Bei *E. **Freund*** ([11.8], Abschnitt 5.6) heißt sie Steuerungs-Normalform 2. Art. Außer ihr gibt es noch eine Steuerungs-Normalform 1. Art (a.a.O., Abschnitt 5.5), die bei *J. **Ackermann*** als Steuerbarkeits-Normalform bezeichnet wird ([11.7], Anhang A.3). Diese Normalform, die für die Synthese weniger interessant ist, werden wir nicht betrachten.

[4] Sie heißt bei *E. **Freund*** ([11.8], Abschnitt 5.3) Beobachtungs-Normalform 2. Art, bei *J. **Ackermann*** ([11.7], Anhang A.3) Beobachter-Normalform. Auch hier gibt es eine Beobachtungs-Normalform 1. Art (Beobachtbarkeits-Normalform bei ***Ackermann***). Da sie für die Beobachtersynthese keine Rolle spielt, werden wir sie nicht betrachten.

11.4.2 Beobachtungsnormalform der Zustandsgleichungen

Wir gehen wieder von der komplexen Übertragungsgleichung (11.46) eines rationalen Übertragungsgliedes aus und nehmen zusätzlich an, daß in der Übertragungsfunktion G(s) gemäß (11.47) $a_n = 1$ und $b_n = 0$ ist. Erstere Voraussetzung läßt sich stets erfüllen, indem man durch a_n kürzt. Letztere Voraussetzung wird bei einer realen Strecke in der Regel erfüllt sein, da bei ihr der Zählergrad der Übertragungsfunktion kleiner als der Nennergrad ist. Beide Annahmen sind unwesentlich, vereinfachen aber die Zustandsgleichungen ein wenig.

(11.46) lautet dann

$$Y(s) = \frac{b_0 + b_1 s + \ldots + b_{n-1} s^{n-1}}{a_0 + a_1 s + \ldots + a_{n-1} s^{n-1} + s^n} U(s) \quad \text{oder}$$

$$s^n Y + a_{n-1} s^{n-1} Y + \ldots + a_1 s Y + a_0 Y =$$
$$= b_0 U + b_1 s U + \ldots + b_{n-1} s^{n-1} U \; .$$

Division durch s^n liefert

$$Y + \frac{a_{n-1}}{s} Y + \ldots + \frac{a_1}{s^{n-1}} Y + \frac{a_0}{s^n} Y =$$
$$= \frac{b_{n-1}}{s} U + \ldots + \frac{b_1}{s^{n-1}} U + \frac{b_0}{s^n} U \quad \text{oder}$$

$$Y = \frac{1}{s} \Big\{ b_{n-1} U - a_{n-1} Y + \frac{1}{s} \Big\langle \ldots + $$
$$+ \frac{1}{s} \Big[b_1 U - a_1 Y + \frac{1}{s} (b_0 U - a_0 Y) \Big] \ldots \Big\rangle \Big\} \; .$$

Nunmehr definiert man als Zustandsvariablen die mit 1/s multiplizierten Klammerausdrücke, wobei man mit der innersten Klammer beginnt und $Y = X_n$ setzt:

$$X_1 = \frac{1}{s} [b_0 U - a_0 X_n] \; ,$$
$$X_2 = \frac{1}{s} [b_1 U - a_1 X_n + X_1] \; ,$$
$$\vdots$$
$$X_n = \frac{1}{s} [b_{n-1} U - a_{n-1} X_n + X_{n-1}] \; .$$

Durch Multiplikation mit s und Übergang in den Zeitbereich folgt

$$\dot{x}_1 = -a_0 x_n + b_0 u \; ,$$
$$\dot{x}_2 = -a_1 x_n + x_1 + b_1 u \; ,$$
$$\vdots$$
$$\dot{x}_n = -a_{n-1} x_n + x_{n-1} + b_{n-1} u \; .$$

In Matrizenschreibweise wird daraus die Vektordifferentialgleichung

$$\underline{\dot{x}} = \begin{bmatrix} 0 & 0 & \cdots & -a_0 \\ 1 & 0 & & -a_1 \\ 0 & 1 & & -a_2 \\ \cdot & \cdot & \cdot & \cdot \\ \cdot & \cdot & \cdot & \cdot \\ \cdot & \cdot & \cdot & \cdot \\ 0 & 0 & \cdots \; 1 & -a_{n-1} \end{bmatrix} \underline{x} + \begin{bmatrix} b_0 \\ b_1 \\ b_2 \\ \cdot \\ \cdot \\ \cdot \\ b_{n-1} \end{bmatrix} u \; . \qquad (11.58)$$

Die Ausgangsgleichung $y = x_n$ ist so einfach, daß es keinen Vorteil bringt, sie in Vektorform zu schreiben. Um sie mit anderen Zustandsdarstellungen vergleichen zu können, kann dies aber doch zweckmäßig sein:

$$y = [0, \ldots, 0, 1] \underline{x} \; . \qquad (11.59)$$

Die Zustandsgleichungen (11.58) und (11.59) wollen wir als *Beobachtungsnormalform* bezeichnen.

Der Vergleich mit der Regelungsnormalform zeigt eine weitgehende Symmetrie beider Normalformen. Sie tritt besonders deutlich hervor, wenn man auch bei der *Regelungsnormalform* die Voraussetzung $a_n = 1$ und $b_n = 0$ macht. Dann wird aus (11.56) und (11.57)

$$\underline{\dot{x}} = \begin{bmatrix} 0 & 1 & 0 & \cdots & 0 \\ 0 & 0 & 1 & \cdots & 0 \\ \cdot & & & \ddots & \vdots \\ \cdot & & & & \vdots \\ \cdot & & & & 1 \\ -a_0 & -a_1 & & \cdots & -a_{n-1} \end{bmatrix} \underline{x} + \begin{bmatrix} 0 \\ \cdot \\ \cdot \\ \cdot \\ 0 \\ 1 \end{bmatrix} u \; , \qquad (11.60)$$

$$y = [b_0, b_1, \ldots, b_{n-1}] \underline{x} \; . \qquad (11.61)$$

Wie man sieht, gehen die beiden (n,n)-Matrizen durch Spiegelung an der Hauptdiagonale ineinander über, während die Koeffizientenvektoren der Ein- und Ausgangsgröße vertauscht sind.[5]

11.4.3 Jordansche Normalform der Zustandsgleichungen

Um die Regelungs- und Beobachtungsnormalform aufzustellen, braucht man die Pole der Übertragungsfunktion G(s) nicht zu kennen; vielmehr benötigt man nur die Koeffizienten des Nennerpolynoms. Häufig sind die Pole aber bekannt, so bei Regelstrecken, die als Reihenschaltung einfacher Übertragungsglieder vorliegen. Dann kann man ohne Mühe eine dritte Darstellung der

[5] Regelungs- und Beobachtungsnormalform wurden im vorhergehenden nur für Eingrößensysteme, also für Systeme mit genau einer Ein- und Ausgangsgröße, eingeführt, da wir späterhin nur diesen Fall benötigen. Man kann entsprechende Normalformen auch für Mehrgrößensysteme definieren. Darüber kann man sich informieren in [11.8], Abschnitt 5.10; [11.7], Anhang A.4; [11.10], Band II, Abschnitt III.1, § 3.

Zustandsgleichungen gewinnen. Das geschieht durch die Partialbruchzerlegung der Übertragungsfunktion G(s). Sie sei zunächst für einfache Pole $\lambda_1, \lambda_2, \dots, \lambda_n$ durchgeführt. Dann gilt

$$Y(s) = \left[\sum_{i=1}^{n} \frac{r_i}{s-\lambda_i} + r_0 \right] U(s) , \qquad (11.62)$$

wobei r_0 nur dann $\neq 0$ ist, wenn Zähler und Nenner von G(s) den gleichen Grad haben. Man definiert jetzt die Zustandsvariablen durch

$$X_i(s) = \frac{1}{s-\lambda_i} U(s) , \quad i = 1,\dots,n . \qquad (11.63)$$

Dann wird aus (11.62)

$$Y(s) = \sum_{i=1}^{n} r_i X_i(s) + r_0 U(s) . \qquad (11.64)$$

Um in den Zeitbereich überzugehen, multipliziert man (11.63) mit $s-\lambda_i$:

$sX_i(s) = \lambda_i X_i(s) + U(s)$. Daraus wird

$$\dot{x}_i = \lambda_i x_i + u , \quad i = 1,\dots,n . \qquad (11.65)$$

Wie man sieht, ist das so erhaltene System der Zustandsdifferentialgleichungen von besonders einfacher Struktur. In jeder Differentialgleichung tritt nur eine einzige Zustandsvariable auf: Das Differentialgleichungssystem ist *entkoppelt*. Ein Blick auf die früheren Beispiele sowie auf die Regelungs- und Beobachtungsnormalform zeigt, daß dies im allgemeinen nicht der Fall ist. Ein entkoppeltes Differentialgleichungssystem hat vor anderen Darstellungen einen entscheidenden Vorzug: Jede Differentialgleichung kann für sich gelöst werden, ohne daß man die anderen Differentialgleichungen berücksichtigen muß. Für theoretische Untersuchungen ist diese Wahl der Zustandsvariablen oft die günstigste.

Die Ausgangsgleichung lautet nach (11.64) im Zeitbereich

$$y = \sum_{i=1}^{n} r_i x_i + r_0 u . \qquad (11.66)$$

Geht man zur Matrizenschreibweise über, so erhält man die Vektordifferentialgleichung

$$\underline{\dot{x}} = \begin{bmatrix} \lambda_1 & 0 & \cdots & 0 \\ 0 & \lambda_2 & & 0 \\ \vdots & & \ddots & \vdots \\ 0 & \cdots & & \lambda_n \end{bmatrix} \underline{x} + \begin{bmatrix} 1 \\ 1 \\ \vdots \\ 1 \end{bmatrix} u \qquad (11.67)$$

und die gewöhnliche Gleichung

$$y = [r_1, r_2, \dots, r_n]\, \underline{x} + r_0 u . \qquad (11.68)$$

Die Tatsache, daß es sich um ein *entkoppeltes System* handelt, drückt sich jetzt darin aus, daß die quadratische Matrix, die mit dem Zustandsvektor multipliziert wird, eine *Diagonalmatrix* ist.

Bisher wurde vorausgesetzt, daß die Pole von G(s) einfach sind. Nun möge λ_1 ein m-facher Pol sein, während die restlichen Pole einfach sind. Dann führt die Partialbruchzerlegung von G(s) auf

$$Y(s) = \left[\frac{r_1}{s-\lambda_1} + \dots + \frac{r_m}{(s-\lambda_1)^m} + \dots + \sum_{i=m+1}^{n} \frac{r_i}{s-\lambda_i} + r_0 \right] U(s) . \qquad (11.69)$$

Man definiert die Zustandsvariablen in der gleichen Weise wie bei einfachen Polen:

$$X_1 = \frac{1}{s-\lambda_1} U , X_2 = \frac{1}{(s-\lambda_1)^2} U , \dots , X_m = \frac{1}{(s-\lambda_1)^m} U ,$$

$$X_i = \frac{1}{s-\lambda_i} U , \quad i = m+1,\dots,n . \qquad (11.70)$$

Die Zustandsdifferentialgleichungen kann man aber jetzt nicht in derselben Weise wie dort herleiten. Sonst würde beispielsweise aus der zweiten Gleichung von (11.70):

$(s^2 - 2\lambda_1 s + \lambda_1^2) X_2 = U$ oder

$\ddot{x}_2 - 2\lambda_1 \dot{x}_2 + \lambda_1^2 x_2 = u$.

Es würden also Differentialgleichungen höherer als erster Ordnung in den Zustandsdifferentialgleichungen auftreten, was nicht zulässig ist. Um dies zu vermeiden, formt man die Ausdrücke (11.70), soweit sie sich auf den Pol λ_1 beziehen, etwas um:

$$X_1 = \frac{1}{s-\lambda_1} U \text{ (bleibt unverändert)} ,$$

$$X_2 = \frac{1}{s-\lambda_1} \cdot \frac{1}{s-\lambda_1} U = \frac{1}{s-\lambda_1} X_1 ,$$

$$X_3 = \frac{1}{s-\lambda_1} \cdot \frac{1}{(s-\lambda_1)^2} U = \frac{1}{s-\lambda_1} X_2 ,$$

$$\vdots$$

$$X_m = \frac{1}{s-\lambda_1} \cdot \frac{1}{(s-\lambda_1)^{m-1}} U = \frac{1}{s-\lambda_1} X_{m-1} .$$

So erhält man die Zustandsdifferentialgleichungen

$$\left.\begin{aligned} \dot{x}_1 &= \lambda_1 x_1 + u\,, \\ \dot{x}_2 &= \lambda_1 x_2 + x_1\,, \\ \dot{x}_3 &= \lambda_1 x_3 + x_2\,, \\ &\vdots \\ \dot{x}_m &= \lambda_1 x_m + x_{m-1} \quad \text{und dazu wie bisher} \\ \dot{x}_i &= \lambda_i x_i + u\,, \quad i = m+1, \ldots, n\,. \end{aligned}\right\} \quad (11.71)$$

Die Zustandsdifferentialgleichungen sind jetzt sämtlich erster Ordnung, wie es erforderlich ist. Allerdings ist das System nicht mehr entkoppelt. Doch ist die Kopplung sehr einfach: x_1 kommt nur in der zweiten Differentialgleichung vor, x_2 nur in der dritten usw. Es liegt also nur eine *einseitige* Kopplung vor. Man kann daher das Differentialgleichungssystem sukzessive ohne Schwierigkeit lösen: Aus der ersten Differentialgleichung von (11.71) wird x_1 in Abhängigkeit von der gegebenen Eingangsgröße u ermittelt. Die so erhaltene Zeitfunktion wird in die zweite Differentialgleichung von (11.71) eingesetzt, die damit nur noch die unbekannte Funktion x_2 enthält, und so fort.

In Matrizenform ist die Zustandsdifferentialgleichung durch (11.72) gegeben:

$$\dot{\underline{x}} = \left[\begin{array}{cccc|ccc} \lambda_1 & & & & & & \\ 1 & \lambda_1 & & & & & \\ & \ddots & \ddots & & & & \\ & & 1 & \lambda_1 & & & \\ \hline & & & & \lambda_{m+1} & & \\ & & & & & \ddots & \\ & & & & & & \lambda_n \end{array}\right] \left[\begin{array}{c} x_1 \\ x_2 \\ \vdots \\ x_m \\ \hline x_{m+1} \\ \vdots \\ x_n \end{array}\right] + \left[\begin{array}{c} 1 \\ 0 \\ \vdots \\ 0 \\ \hline 1 \\ \vdots \\ 1 \end{array}\right] u\,. \quad (11.72)$$

Die Ausgangsgleichung lautet:

$$y = [r_1, \ldots, r_m, r_{m+1}, \ldots, r_n]\,\underline{x} + r_0 u\,. \quad (11.73)$$

Während sich die Ausgangsgleichung von derjenigen bei einfachen Polen nicht unterscheidet, sind die Matrizen der Vektordifferentialgleichung anders aufgebaut. Zu dem m-fachen Pol λ_1 gehört ein Block der quadratischen Matrix, der in der Hauptdiagonale mit dem gleichen Wert λ_1 besetzt ist, entsprechend der Tatsache, daß $\lambda_2 = \lambda_3 = \ldots = \lambda_m = \lambda_1$ gilt. Die übrigen Elemente des Blocks sind aber nicht sämtlich Null; vielmehr ist die unter der Hauptdiagonale gelegene Paralleldiagonale mit 1 besetzt. Darin drückt sich die Tatsache der Kopplung aus.

Es wird jetzt ohne weitere Rechnung klar sein, wie die Vektordifferentialgleichung aussieht, wenn mehrere mehrfache Pole auftreten: Zu einem mehrfachen Pol der Ordnung m gehört ein Block der eben beschriebenen Art von der Seitenlänge m, und diese Blöcke sind längs der Hauptdiagonale aufgereiht. Die einfachen Pole können als Spezialfall aufgefaßt werden, wobei der zugehörige Block nur ein Element enthält, so daß eine 1 nicht vorkommen kann.

Wir wollen die durch (11.72) und (11.73) bestimmte Zustandsdarstellung als *Jordansche Normalform* der Zustandsgleichungen bezeichnen. Die Benennung ist aus der Matrizentheorie übernommen, wo gezeigt wird, daß jede quadratische Matrix durch geeignete Transformation auf die eben beschriebene *Blockdiagonalform* gebracht werden kann, die dann als Jordansche Normalform der Matrix bezeichnet wird. Die Diagonalform ist als Spezialfall darin enthalten, der mit Sicherheit dann vorliegt, wenn die Eigenwerte der Matrix einfach sind.[6]

Wir verfügen jetzt über mehrere Möglichkeiten, Zustandsvariablen bei einem rationalen Übertragungsglied einzuführen. Welche Darstellung man vorzieht, hängt von dem Zweck ab, den man mit der Beschreibung verfolgt. Es wurde schon gesagt, daß für theoretische Untersuchungen die Jordansche Normalform der Zustandsgleichungen oft am angenehmsten ist. Es können jedoch noch andere Gesichtspunkte maßgebend sein. Kennt man die Pole des Übertragungsgliedes nicht und will man sie nicht ausrechnen, so ist die Regelungsnormalform bequemer, da man sie sofort hinschreiben kann. Regelungs- und Beobachtungsnormalform sind bei bestimmten Syntheseproblemen allen anderen Darstellungen vorzuziehen.

Selbstverständlich gibt es noch andere Zustandsdarstellungen eines Eingrößensystems als die drei hier behandelten Normalformen. Auf zwei weitere Normalformen wurde schon hingewiesen. Es kann aber auch beispielsweise verlangt sein, daß sämtliche Meßgrößen eines Systems als Zustandsvariablen eingeführt werden, was im allgemeinen zu einer von den Normalformen verschiedenen Zustandsbeschreibung führen wird.

---

[6] Für die allgemeine Theorie der Jordanschen Normalform sei etwa auf [11.7], Anhang A.2 sowie auf [11.11], Teil 1, § 14 und § 19, und [11.12], Abschnitt 7.7 verwiesen. Ob die Einsen oberhalb oder unterhalb der Hauptdiagonalen liegen, hängt nur von der Numerierung der Zustandsvariablen ab.

Ein Punkt sei noch erwähnt. Pole der Übertragungsfunktion G(s) können konjugiert komplex sein. Führt man die Jordansche Normalform ein, so treten in den Zustandsdifferentialgleichungen konjugiert komplexe Koeffizienten auf, was zur Folge hat, daß auch die zugehörigen Zustandsvariablen konjugiert komplex sind. Es sei betont, daß hierdurch weder die bisherigen Überlegungen über die Aufstellung der Zustandsgleichungen noch die späteren Angaben über ihre Lösung beeinträchtigt werden. Jedoch sind Fälle denkbar, in denen man ausschließlich reelle Zustandsvariablen haben möchte, z.B. bei der Nachbildung eines Systems auf dem Rechner. Dann kann man entweder auf die Jordansche Normalform verzichten oder von ihr wieder zu einer reellen Darstellung übergehen. Wie das möglich ist, sei am Beispiel eines einfachen konjugiert komplexen Polpaares gezeigt. Die zugehörigen Zustandsdifferentialgleichungen seien

$$\left.\begin{aligned}\dot{x}_1 &= \lambda_1 x_1 + u \;, \\ \dot{x}_2 &= \lambda_2 x_2 + u \;,\end{aligned}\right\} \quad (11.74)$$

wobei also

$\lambda_1 = a + jb \;, \quad \lambda_2 = a - jb$ und demgemäß

$x_1 = \xi + j\eta \;, \quad x_2 = \xi - j\eta$

ist. Einsetzen in die erste Differentialgleichung (11.74) liefert

$$\dot{\xi} + j\dot{\eta} = (a\xi - b\eta) + j(b\xi + a\eta) + u \;.$$

Durch Vergleich der Real- und Imaginärteile bekommt man statt der beiden konjugiert komplexen Differentialgleichungen (11.74) die beiden reellen Differentialgleichungen

$$\dot{\xi} = a\xi - b\eta + u \;,$$

$$\dot{\eta} = b\xi + a\eta \;,$$

die zu dem System (11.74) äquivalent sind. Die beiden Differentialgleichungen sind allerdings gekoppelt; das ist der Preis, den man für die Reellwertigkeit zu zahlen hat.

11.5 Aufstellen der Zustandsgleichungen aus dem Strukturbild

Der Übergang vom Strukturbild zu den Zustandsgleichungen ist denkbar einfach, *wenn im Strukturbild als einzige dynamische Glieder I- und P-T_1-Glieder* vorkommen. Dann gilt nämlich die Grundregel:

Man erhält die zum Strukturbild gehörenden Zustandsgleichungen, wenn man die Ausgangsgrößen der I- und P-T_1-Glieder als Zustandsvariablen einführt.

Auf diese Weise ist gesichert, daß man ausschließlich Differentialgleichungen 1. Ordnung erhält, in die nur die Eingangsgrößen selbst eingehen.

Betrachten wir als *Beispiel* den *nichtlinearen Regelkreis* im Bild 11/7. Gemäß der Grundregel sind die Ausgangsgrößen der beiden P-T_1-Glieder und des I-Gliedes als Zustandsvariablen eingeführt. v, h und e sind lediglich Hilfsgrößen, die zur bequemeren Herleitung der Zustandsgleichungen benutzt, aber sodann eliminiert werden. Aus dem Bild 11/7 liest man die folgenden Gleichungen ab

$$X_1(s) = \frac{K_1}{1 + T_1 s} X_2(s) \;, \quad (11.75)$$

$$X_2(s) = \frac{K_2}{1 + T_2 s} V(s) \;, \quad (11.76)$$

$$v(t) = F(h(t)) \;, \quad (11.77)$$

$$h(t) = K_P\, e(t) + x_3(t) \;, \quad (11.78)$$

$$X_3(s) = \frac{K_I}{s} E(s) \;, \quad (11.79)$$

$$e(t) = w(t) - K_R x_1(t) \;. \quad (11.80)$$

Hierbei werden also die dynamischen Glieder zunächst durch ihre komplexen Übertragungsgleichungen be-

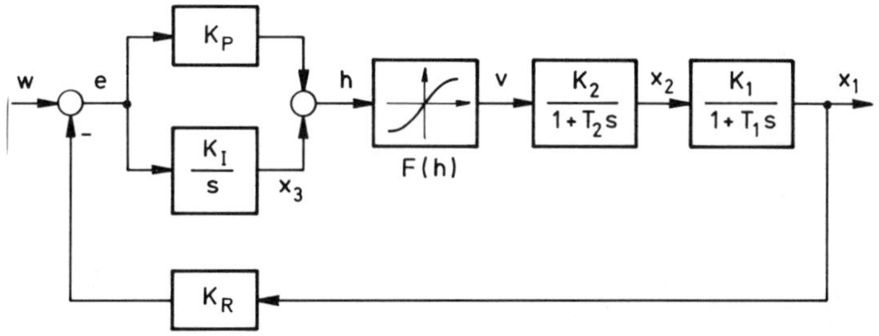

Bild 11/7. Nichtlinearer Regelkreis

schrieben. Um auch bei ihnen in den Zeitbereich überzugehen, multipliziert man diese komplexen Übertragungsgleichungen mit dem jeweiligen Nenner:

$$T_1 s\, X_1(s) + X_1(s) = K_1 X_2(s) \ ,$$

$$T_2 s\, X_2(s) + X_2(s) = K_2 V(s) \ ,$$

$$s X_3(s) = K_I E(s) \ .$$

Mittels der Differentiationsregel der Laplace-Transformation geht man nun in den Zeitbereich über:

$$T_1 \dot{x}_1(t) + x_1(t) = K_1 x_2(t) \ , \qquad (11.81)$$

$$T_2 \dot{x}_2(t) + x_2(t) = K_2 v(t) \ , \qquad (11.82)$$

$$\dot{x}_3(t) = K_I e(t) \ . \qquad (11.83)$$

In diesen Gleichungen hat man nun die Hilfsgrößen v und e zu eliminieren. Dabei wird e gemäß (11.80) eingesetzt, während sich v aus (11.77), (11.78) und (11.80) ergibt:

$$v = F\left\{ K_P(w - K_R x_1) + x_3 \right\} \ ,$$

wobei hier wie im folgenden das Argument t weggelassen ist, da *alle* Gleichungen jetzt im Zeitbereich angegeben sind. Aus (11.81) bis (11.83) wird damit endgültig:

$$\dot{x}_1 = -\frac{1}{T_1} x_1 + \frac{K_1}{T_1} x_2 \ , \qquad (11.84)$$

$$\dot{x}_2 = -\frac{1}{T_2} x_2 + \frac{K_2}{T_2} F(K_P w - K_P K_R x_1 + x_3) \ , \qquad (11.85)$$

$$\dot{x}_3 = -K_I K_R x_1 + K_I w \ . \qquad (11.86)$$

Dies sind die Zustandsdifferentialgleichungen des nichtlinearen Regelkreises aus Bild 11/7. Ausgangsgröße ist die Regelgröße x_1. Daher lautet die Ausgangsgleichung

$$y = x_1 \ . \qquad (11.87)$$

Eingangsgröße dieses Systems ist die Führungsgröße w. Wie man sieht, sind die so erhaltenen Gleichungen in der Tat vom Typ der Zustandsgleichungen (11.11), (11.12).

Durch das Auftreten der nichtlinearen Funktion F sind die Zustandsdifferentialgleichungen recht unübersichtlich. Es kann dann günstiger sein, zusätzlich zu den Zustandsdifferentialgleichungen noch eine Hilfsgleichung zuzulassen:

$$\dot{x}_1 = -\frac{1}{T_1} x_1 + \frac{K_1}{T_1} x_2 \ ,$$

$$\dot{x}_2 = -\frac{1}{T_2} x_2 + \frac{K_2}{T_2} F(h) \ ,$$

$$\dot{x}_3 = -K_I K_R x_1 + K_I w \ ;$$

$$h = -K_P K_R x_1 + x_3 + K_P w \ .$$

Treten in einem Strukturbild als dynamische Glieder nicht nur I- und P-T_1-Glieder, sondern kompliziertere R-Glieder (rationale Übertragungsglieder) auf, so zerlegt man diese in I- und P-T_1-Glieder (sowie P- und S-Glieder) und verfährt dann nach der Grundregel.

Als Beispiel hierzu betrachten wir den Wirkungskreis im Bild 11/8a. Man kann die Übertragungsfunktion des P-T_2-Gliedes in Partialbrüche zerlegen und gelangt so zu komplexen Zustandsgleichungen. Möchte man die Zustandsgleichungen jedoch in reeller Form haben, so ist es besser, das P-T_2-Glied durch die Rückführung zweier P-T_1-Glieder gemäß Bild 2/39 zu beschreiben.

Das PD-T_1-Glied im Rückführzweig von Bild 11/8a kann man als Parallelschaltung eines P-Gliedes und eines P-T_1-Gliedes darstellen. Dividiert man nämlich $T_3 s + 1$ durch $T_4 s + 1$, so ergibt sich

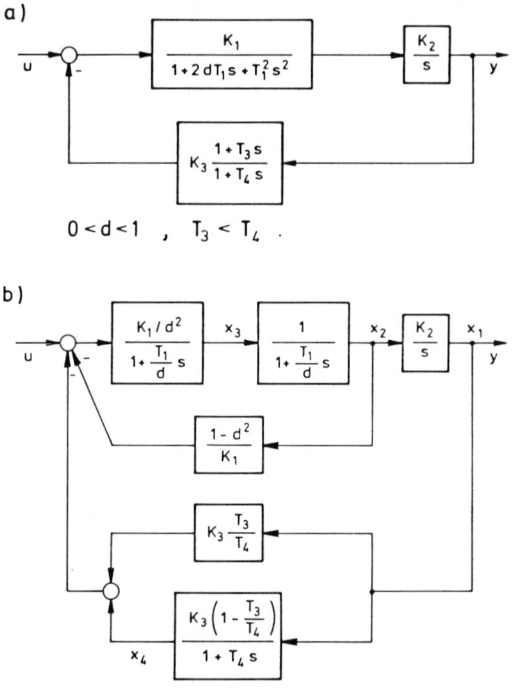

Bild 11/8. Umformung eines Strukturbildes zur Herleitung der Zustandsgleichungen

$$\frac{T_3 s + 1}{T_4 s + 1} = \frac{T_3}{T_4} + \frac{1 - \frac{T_3}{T_4}}{1 + T_4 s} ,$$

was man durch Ausmultiplizieren verifizieren kann.

Insgesamt erhält man so die Struktur im Bild 11/8b, die als einzige dynamische Glieder I- und P-T_1-Glieder enthält. Aus ihr liest man die folgenden Beziehungen ab:

$$X_1 = \frac{K_2}{s} X_2 ,$$

$$X_2 = \frac{1}{1 + \frac{T_1}{d} s} X_3 ,$$

$$X_3 = \frac{K_1}{d^2} \frac{1}{1 + \frac{T_1}{d} s} \cdot \left[U - \frac{1 - d^2}{K_1} X_2 - K_3 \frac{T_3}{T_4} X_1 - X_4 \right] ,$$

$$X_4 = K_3 \left[1 - \frac{T_3}{T_4} \right] \frac{1}{1 + T_4 s} X_1 .$$

Multipliziert man mit den Nennern und geht dann in den Zeitbereich über, so erhält man die folgenden Zustandsdifferentialgleichungen:

$$\dot{x}_1 = K_2 x_2 ,$$

$$\dot{x}_2 = - \frac{d}{T_1} x_2 + \frac{d}{T_1} x_3 ,$$

$$\dot{x}_3 = - \frac{K_1 K_3 T_3}{d T_1 T_4} x_1 - \frac{1 - d^2}{d T_1} x_2 - \frac{d}{T_1} x_3 - \frac{K_1}{d T_1} x_4 + \frac{K_1}{d T_1} u ,$$

$$\dot{x}_4 = \frac{K_3 (T_4 - T_3)}{T_4^{\,2}} x_1 - \frac{1}{T_4} x_4 .$$

Dazu kommt noch die Ausgangsgleichung

$$y = x_1 .$$

11.6 Allgemeine Form der Zustandsgleichungen eines linearen Systems

Wir gehen von der allgemeinen Vektordarstellung (11.14), (11.15) der Zustandsgleichungen aus und nehmen an, daß es sich um *lineare* Gleichungen handelt:

$$\dot{\underline{x}} = \underline{A}\, \underline{x} + \underline{B}\, \underline{u} , \qquad (11.88)$$

$$\underline{y} = \underline{C}\, \underline{x} + \underline{D}\, \underline{u} , \qquad (11.89)$$

wobei die Matrizen $\underline{A}$, $\underline{B}$, $\underline{C}$ und $\underline{D}$ von der Zeit t abhängen dürfen. Ein durch solche Zustandsgleichungen beschriebenes *dynamisches System* ist zweifellos *linear*, da das Überlagerungs- und Verstärkungsprinzip erfüllt sind (Unterabschnitt 2.4.2). Sind die *Matrizen* $\underline{A}$, $\underline{B}$, $\underline{C}$, $\underline{D}$ *konstant,* so ist es *linear und zeitinvariant*, da zusätzlich das Verschiebungsprinzip erfüllt ist (Unterabschnitt 2.4.8).

Gegenüber dem früher (Abschnitt 2.4) eingeführten Begriff des linearen sowie des linearen und zeitinvarianten Übertragungsgliedes sind diese Begriffe jedoch beträchtlich eingeschränkt, insofern jetzt nur Systeme betrachtet werden, die sich durch (endlich viele) Differentialgleichungen beschreiben lassen. Es gibt ja aber durchaus praktisch wichtige Übertragungsglieder, bei denen das nicht der Fall ist. Ein einfaches Beispiel ist das *Totzeitglied*, das durch die Gleichung

$$Y(s) = e^{-T_t s}\, U(s) \quad \text{bzw.}$$

$$y(t) = u(t - T_t)$$

charakterisiert ist. Da es nicht durch Differentialgleichungen beschrieben wird, kann es nicht auf die Zustandsform (11.88), (11.89) gebracht werden.

Das ist auch vom Zustandsbegriff her verständlich. Betrachten wir das Totzeitglied etwa ab dem Zeitpunkt $t = 0$ und setzen die Eingangsgröße u(t) für $t > 0$ als bekannt voraus. Dann dauert es bis zum Zeitpunkt $t = T_t$, bis sich dieser Verlauf von u auf y auszuwirken beginnt. Das Verhalten des Systems im Zeitintervall von 0 bis T_t wird durch die Vergangenheit bestimmt, und zwar durch den Verlauf von u(t) im Intervall von $-T_t$ bis 0. D.h. aber: Es genügt nicht, einen Anfangswert oder eine endliche Gesamtheit von Anfangswerten zu kennen, sondern es muß der gesamte Funktionsverlauf von u(t) im Intervall von $-T_t$ bis 0 vorgegeben sein, um das Systemverhalten für $t > 0$ eindeutig bestimmen zu können. Es ist somit die Kenntnis einer *unendlichen* Wertegesamtheit zum Zeitpunkt $t = 0$ erforderlich.[7] Das Totzeitglied ist daher ein System, das erst durch unendlich viele Zustandsvariablen beschrieben werden kann. Da eine solche Beschreibung für die praktische Anwendung aber keinen Vorteil bringt, gehen wir nicht weiter auf sie ein.

Enthält ein Strukturbild Totzeitglieder, so kann also das System nicht durch Zustandsgleichungen der Form (11.14), (11.15) bzw. (11.88), (11.89) charakterisiert

[7] Sofern u(t) stückweise stetig ist, genügen *abzählbar* unendlich viele Werte. Eine derartige Funktion liegt nämlich eindeutig fest, wenn ihre Werte auf den rationalen Stellen des Definitionsintervalls gegeben sind. Diese bilden aber eine abzählbare Menge.

werden. Aber auch dann kann es zweckmäßig sein, die totzeitfreien Systemteile durch Zustandsvariablen zu beschreiben, weil dadurch möglicherweise doch interessante Aussagen über das Gesamtsystem möglich sind. Beispielsweise ist das der Fall bei nichtlinearen Regelkreisen 2. Ordnung mit Totzeit ([11.13], Abschnitt 2.5).

Ist es notwendig, ein Totzeitglied in die Zustandsbeschreibung einzubeziehen, so kann man es durch R-Glieder approximieren (Abschnitt 11.9).

Kehren wir nun zur Betrachtung der Zustandsgleichungen (11.88), (11.89) zurück! Um sie durch ein Strukturbild darzustellen, integrieren wir $\dot{\underline{x}}(t)$, wobei daran erinnert sei, daß für Vektoren und Matrizen die gleichen Differentiations- und Integrationsregeln gelten wie für skalare Funktionen. Deshalb ist

$$\int_{t_0}^{t} \dot{\underline{x}}(\tau)\, d\tau = \underline{x}(t) - \underline{x}(t_0) \ , \quad \text{also}$$

$$\underline{x}(t) = \int_{t_0}^{t} \dot{\underline{x}}(\tau)\, d\tau + \underline{x}(t_0) \ .$$

Damit ergibt sich die Struktur im Bild 11/9. Der Typ jeder Matrix, also ihre Zeilen- und Spaltenzahl, ist unter die Matrix gesetzt. Die Vektoren kann man in diesem Zusammenhang als spezielle Matrizen ansehen.

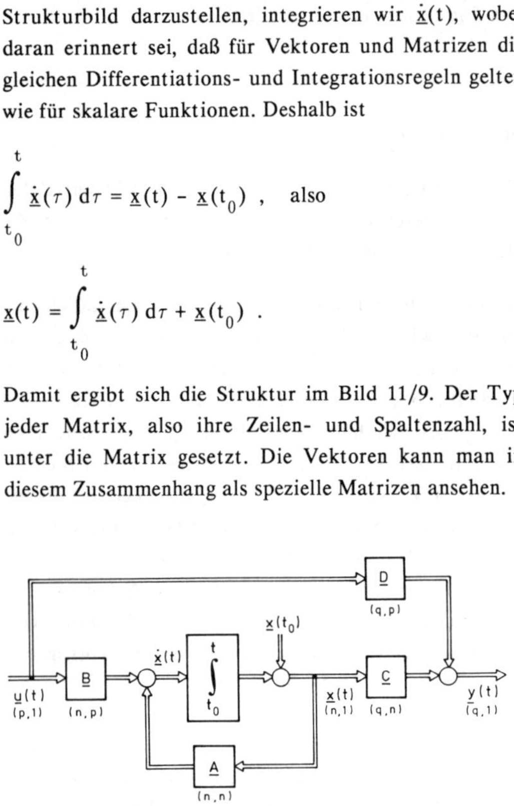

Bild 11/9. Strukturbild zur Zustandsbeschreibung eines linearen Systems

Im *Spezialfall des Eingrößensystems*, d.h. eines Systems mit nur einer Eingangsgröße u und nur einer Ausgangsgröße y, ist p = 1 und q = 1. Daher wird aus der (n,p)-Matrix $\underline{B}$ ein Spaltenvektor $\underline{b}$, aus der (q,n)-Matrix $\underline{C}$ ein Zeilenvektor $\underline{c}^T$ und aus der (q,p)-Matrix $\underline{D}$ ein Skalar d. Die Zustandsgleichungen (11.88), (11.89) lauten daher

$$\dot{\underline{x}} = \underline{A}\, \underline{x} + \underline{b}\, u \ , \qquad (11.90)$$

$$y = \underline{c}^T \underline{x} + d\, u \ . \qquad (11.91)$$

Die n-reihige quadratische Matrix $\underline{A}$ heißt *Dynamik- oder Systemmatrix*, wobei die Bezeichnung "Dynamikmatrix" vorzuziehen ist, weil "Systemmatrix" auch noch in anderem Sinn gebraucht wird. Die (n,p)-Matrix $\underline{B}$ heißt *Eingangsmatrix*, die (q,n)-Matrix $\underline{C}$ *Ausgangsmatrix* des dynamischen Systems. Dabei ist stets $p \leq n$ und in aller Regel erheblich kleiner als n. Häufig ist q = p, also die Anzahl der Ausgangsgrößen gleich der Anzahl der Eingangsgrößen, wobei man dann manchmal – in äußerst mißverständlicher Weise – von einem "quadratischen" System spricht.

$\underline{D}$ heißt *Durchgangsmatrix*. Wie man nämlich aus Bild 11/9 sieht, wird der Eingangsvektor $\underline{u}$ durchgeschaltet, wenn $\underline{D} \neq \underline{0}$ ist. *Bei realen Systemen ist im allgemeinen* $\underline{D} = \underline{0}$, da $\underline{u}$ meist nicht unmittelbar auf den Ausgangsvektor $\underline{y}$ wirkt, sondern nur durch Vermittlung des Zustandsvektors $\underline{x}$. So ist es beispielsweise beim 3-Tank-System (Abschnitt 11.2) und der Verladebrücke (Abschnitt 11.3). Bei der Regelungsnormalform ist nach (11.57) $d = b_n / a_n$, bei der Jordanschen Normalform nach (11.68) bzw. (11.73) $d = r_0$. Beide Male ist also d = 0, wenn der Zählergrad der Übertragungsfunktion kleiner als der Nennergrad ist, wenn also das Übertragungsglied Tiefpaßcharakter hat, was normalerweise der Fall ist.

In den späteren Kapiteln werden wir ausschließlich lineare und zeitinvariante Systeme betrachten, also dynamische Systeme, welche durch die Zustandsgleichungen (11.88), (11.89) mit konstanten Matrizen $\underline{A}$, $\underline{B}$, $\underline{C}$, $\underline{D}$ beschrieben werden. Der Spezialfall (11.90), (11.91) des Eingrößensystems ist hierin eingeschlossen. Es handelt sich dabei also um Systeme aus rationalen Übertragungsgliedern und Summiergliedern, mithin um Systeme, die durch lineare Gleichungen und Differentialgleichungen mit konstanten Koeffizienten beschrieben werden. Für sie gibt es leistungsfähige und relativ einfache Analyse- und Syntheseverfahren.

Es ist daher von großer praktischer Bedeutung, daß man in vielen Fällen kompliziertere Systeme durch lineare und zeitinvariante Zustandsgleichungen zumindest näherungsweise beschreiben kann. Das soll im folgenden für drei Systemtypen wenigstens grundsätzlich gezeigt werden:

- Nichtlineare Systeme,
- Systeme mit örtlich verteilten Parametern,
- Totzeitsysteme.

11.7 Linearisierung nichtlinearer Systeme um einen stationären Zustand

Da die Untersuchung ähnlich abläuft wie die Linearisierung anhand des Strukturbildes (Abschnitt 2.6 und 2.7), können wir uns kurz fassen. Wir betrachten die allgemeinen Zustandsgleichungen

$$\underline{\dot{x}} = \underline{f}(\underline{x}, \underline{u}) \, , \tag{11.92}$$

$$\underline{y} = \underline{g}(\underline{x}, \underline{u}) \, , \tag{11.93}$$

setzen dabei also voraus, daß die Funktionen $\underline{f}$ und $\underline{g}$ nicht von t abhängen. Das System sei somit nichtlinear, aber zeitinvariant.

Wir denken uns nun zum Zeitpunkt t_0 einen *konstanten* Eingangsvektor $\underline{u}$ aufgeschaltet, der mit $\underline{u}_\infty$ bezeichnet sei. Hierdurch wird das dynamische System in Bewegung versetzt. Diese Bewegung möge mit wachsendem t, theoretisch also für $t \to +\infty$, zur Ruhe kommen, d.h. $\underline{\dot{x}}(t) \to \underline{0}$ und $\underline{x}(t)$ gegen einen festen Wert $\underline{x}_\infty$ streben. Ein solcher Zustand $\underline{x}_\infty$ werde als *stationärer Zustand (Beharrungszustand, Ruhezustand, Gleichgewichtszustand)* bezeichnet. Für ihn gilt nach (11.92)

$$\underline{f}(\underline{x}_\infty, \underline{u}_\infty) = \underline{0} \, .^{8} \tag{11.94}$$

Diese Vektorgleichung stellt ein System von n skalaren Gleichungen für die n Komponenten des stationären Zustandes $\underline{x}_\infty$ dar, den man daraus in Abhängigkeit vom konstanten Eingangsvektor $\underline{u}_\infty$ berechnen kann. Da es sich um ein nichtlineares Gleichungssystem handelt, läßt sich über die Lösung nichts Allgemeines sagen: Es kann genau eine oder auch mehrere, eventuell unendlich viele Lösungen geben, möglicherweise aber auch gar keine. Beispielsweise gilt im *linearen* Fall

$$\underline{0} = \underline{A}\,\underline{x}_\infty + \underline{B}\,\underline{u}_\infty \, ,$$

woraus die eindeutige Lösung

$$\underline{x}_\infty = -\underline{A}^{-1}\underline{B}\,\underline{u}_\infty \tag{11.95}$$

folgt, sofern $\underline{A}^{-1}$ existiert. Ist dies nicht der Fall, so gibt es entweder gar keine oder unendlich viele Lösungen.

[8] Hierbei wird strenggenommen eine Grenzwertvertauschung durchgeführt:

$$\underline{0} = \lim_{t \to \infty} \underline{f}(\underline{x}(t), \underline{u}_\infty) = \underline{f}(\lim_{t \to \infty} \underline{x}(t), \underline{u}_\infty) \, .$$

Man wird bei technischen Systemen annehmen dürfen, daß sie zulässig ist.

Als *nichtlineares Beispiel* zur Ermittlung des stationären Zustandes werde der *Gleichstrommotor* betrachtet, dessen Zustandsdifferentialgleichungen durch (11.7) bis (11.9) gegeben sind. Es werde vom *Leerlaufzustand*, also vom unbelasteten Zustand des Motors, ausgegangen, der durch $M_{L\infty} = 0$ charakterisiert ist. Die Werte $u_{F\infty}$ und $u_{A\infty}$ der beiden anderen Eingangsgrößen sind konstant und $\neq 0$ vorgegeben. Dann wird aus (11.7) bis (11.9)

$$0 = -R_F \tilde{F}(\Phi_{F\infty}) + u_{F\infty} \, , \tag{11.96}$$

$$0 = -\frac{c}{L_A}\Phi_{F\infty}\,\omega_\infty - \frac{R_A}{L_A} i_{A\infty} + \frac{1}{L_A} u_{A\infty} \, , \tag{11.97}$$

$$0 = \frac{c}{\theta}\Phi_{F\infty}\, i_{A\infty} \, . \tag{11.98}$$

Auf Grund der letzten Gleichung muß entweder $\Phi_{F\infty} = 0$ oder $i_{A\infty} = 0$ sein. Die erste Möglichkeit scheidet jedoch aus, da sonst $i_{F\infty} = \tilde{F}(\Phi_{F\infty}) = 0$ wäre und damit schließlich auch $u_{F\infty}$, was der Voraussetzung widerspricht. Also ist

$$i_{A\infty} = 0 \, . \tag{11.99}$$

Damit folgt aus (11.97)

$$\omega_\infty = \frac{u_{A\infty}}{c\,\Phi_{F\infty}} \, . \tag{11.100}$$

Aus (11.96) erhält man schließlich

$$\tilde{F}(\Phi_{F\infty}) = \frac{u_{F\infty}}{R_F} \, .$$

Indem man von $\tilde{F}$ zur inversen Kennlinie F übergeht, wird daraus

$$\Phi_{F\infty} = F\left[\frac{u_{F\infty}}{R_F}\right] \, . \tag{11.101}$$

Mit den Gleichungen (11.99) bis (11.101) hat man die stationären Werte der Zustandsvariablen Φ_F, i_A und ω im Leerlaufzustand, und zwar in Abhängigkeit von den konstant vorgegebenen Werten der Eingangsgrößen u_F und u_A. Die Vektorgleichung (11.94) hat also im vorliegenden Fall eine eindeutige Lösung, und zwar für beliebige Werte $u_{F\infty}, u_{A\infty} \neq 0$.

Wir kehren nun zur allgemeinen Aufgabenstellung zurück und führen in der Zustandsdifferentialgleichung (11.92) anstelle von $\underline{x}$ und $\underline{u}$ die Abweichungen von den stationären Werten ein:

$$\underline{\Delta x} = \underline{x} - \underline{x}_\infty \, , \quad \underline{\Delta u} = \underline{u} - \underline{u}_\infty \, . \tag{11.102}$$

Dann wird aus (11.92) wegen $(\underline{\Delta x})^{\bullet} = \dot{\underline{x}}$:

$$(\underline{\Delta x})^{\bullet} = \underline{f}(\underline{x}_{\infty} + \underline{\Delta x}, \underline{u}_{\infty} + \underline{\Delta u}) .$$

Nun wird die Vektorfunktion $\underline{f}$ nach dem Taylorschen Satz um die Stelle $(\underline{x}_{\infty}, \underline{u}_{\infty})$ entwickelt, was völlig entsprechend wie bei einer skalaren Funktion geschieht:

$$(\underline{\Delta x})^{\bullet} = \underline{f}(\underline{x}_{\infty}, \underline{u}_{\infty}) + \left[\frac{\partial \underline{f}}{\partial \underline{x}}\right]_{\infty} \underline{\Delta x} + \left[\frac{\partial \underline{f}}{\partial \underline{u}}\right]_{\infty} \underline{\Delta u} + \underline{r}(\underline{\Delta x}, \underline{\Delta u}) . \qquad (11.103)$$

Hierin ist

$$\left[\frac{\partial \underline{f}}{\partial \underline{x}}\right]_{\infty} = \begin{bmatrix} \frac{\partial f_1}{\partial x_1} & \cdots & \frac{\partial f_1}{\partial x_n} \\ \vdots & & \vdots \\ \frac{\partial f_n}{\partial x_1} & \cdots & \frac{\partial f_n}{\partial x_n} \end{bmatrix}_{\infty} = \underline{A} , \qquad (11.104)$$

wobei der Index ∞ andeuten soll, daß als Argumente der partiellen Ableitungen die stationären Werte $\underline{x}_{\infty}$, $\underline{u}_{\infty}$ zu nehmen sind. Entsprechend ist

$$\left[\frac{\partial \underline{f}}{\partial \underline{u}}\right]_{\infty} = \begin{bmatrix} \frac{\partial f_1}{\partial u_1} & \cdots & \frac{\partial f_1}{\partial u_p} \\ \vdots & & \vdots \\ \frac{\partial f_n}{\partial u_1} & \cdots & \frac{\partial f_n}{\partial u_p} \end{bmatrix}_{\infty} = \underline{B} . \qquad (11.105)$$

$\underline{A}$ und $\underline{B}$ sind also konstante Matrizen. Der Vektor $\underline{r}(\underline{\Delta x}, \underline{\Delta u})$ stellt das Restglied 2. Ordnung dar, das gegenüber den Gliedern 1. Ordnung vernachlässigt werden darf, sofern $\underline{\Delta x}$ und $\underline{\Delta u}$ betragsmäßig hinreichend klein sind, sofern also $\underline{x}$ und $\underline{u}$ in einer genügend engen Umgebung der stationären Werte $\underline{x}_{\infty}$ und $\underline{u}_{\infty}$ bleiben.

Berücksichtigt man noch die Gleichung (11.94), so wird aus (11.103):

$$(\underline{\Delta x})^{\bullet} = \underline{A}\, \underline{\Delta x} + \underline{B}\, \underline{\Delta u} , \qquad (11.106)$$

wobei $\underline{A}$ und $\underline{B}$ durch (11.104) und (11.105) gegeben sind. *Durch diese lineare Zustandsdifferentialgleichung wird die ursprüngliche nichtlineare Zustandsdifferentialgleichung in einer genügend engen Umgebung der stationären Werte* $\underline{x}_{\infty}$, $\underline{u}_{\infty}$ *approximiert. Darin besteht die Linearisierung um einen stationären Zustand.*

Ganz entsprechend wird aus der Ausgangsgleichung (11.93)

$$\underline{\Delta y} = \underline{C}\, \underline{\Delta x} + \underline{D}\, \underline{\Delta u} \qquad (11.107)$$

mit

$$\underline{C} = \left[\frac{\partial \underline{g}}{\partial \underline{x}}\right]_{\infty} , \quad \underline{D} = \left[\frac{\partial \underline{g}}{\partial \underline{u}}\right]_{\infty} . \qquad (11.108)$$

Damit der Taylorsche Satz angewandt werden kann, müssen die *Vektorfunktionen* $\underline{f}(\underline{x}, \underline{u})$ *und* $\underline{g}(\underline{x}, \underline{u})$ *in der Umgebung von* $(\underline{x}_{\infty}, \underline{u}_{\infty})$ *als zweimal stetig differenzierbar vorausgesetzt werden.* Insbesondere darf also keine Sprung- oder Knickstelle einer Kennlinie mit $(\underline{x}_{\infty}, \underline{u}_{\infty})$ zusammenfallen. Ist dies doch der Fall, so ist eine Linearisierung um diese Stelle nicht möglich.

Als Beispiel wollen wir nun die *Linearisierung des Gleichstrommotors um den Leerlaufzustand* behandeln. Die Zustandsdifferentialgleichungen des Motors sind durch (11.7) bis (11.9) gegeben, der stationäre Zustand durch (11.99) bis (11.101), wobei insbesondere $i_{A\infty} = 0$ ist. Mit

$$x_1 = \Phi_F , \; x_2 = i_A , \; x_3 = \omega$$

und

$$u_1 = u_F , \; u_2 = u_A , \; u_3 = M_L$$

erhält man mittels der Formeln (11.104), (11.105) und (11.106) die folgende linearisierte Differentialgleichung:

$$\begin{bmatrix} \Delta\Phi_F \\ \Delta i_A \\ \Delta\omega \end{bmatrix}^{\bullet} = \begin{bmatrix} -R_F \tilde{F}'(\Phi_{F\infty}) & 0 & 0 \\ -\frac{c}{L_A}\omega_{\infty} & -\frac{R_A}{L_A} & -\frac{c}{L_A}\Phi_{F\infty} \\ 0 & \frac{c}{\theta}\Phi_{F\infty} & 0 \end{bmatrix} \begin{bmatrix} \Delta\Phi_F \\ \Delta i_A \\ \Delta\omega \end{bmatrix} + \begin{bmatrix} 1 & 0 & 0 \\ 0 & \frac{1}{L_A} & 0 \\ 0 & 0 & -\frac{1}{\theta} \end{bmatrix} \begin{bmatrix} \Delta u_F \\ \Delta u_A \\ \Delta M_L \end{bmatrix} . \qquad (11.109)$$

Wenn man will, kann man hierin den Feldfluß Φ_F durch den Feldstrom i_F ersetzen. Wegen

$$\Phi_F = F(i_F)$$

ist nach der Linearisierung

$$\Delta\Phi_F = F'(i_{F\infty})\, \Delta i_F$$

oder mit $L_F = F'(i_{F\infty})$:

$$\Delta\Phi_F = L_F\, \Delta i_F .$$

Da weiterhin $\tilde{F}$ die inverse Funktion zu F ist, gilt

$$\tilde{F}'(\Phi_{F\infty}) = \frac{1}{F'(i_{F\infty})} = \frac{1}{L_F} .$$

Damit wird aus (11.109):

$$(\Delta i_F)^{\bullet} = -\frac{R_F}{L_F}\Delta i_F + \frac{1}{L_F}\Delta u_F \,, \qquad (11.110)$$

$$(\Delta i_A)^{\bullet} = -\frac{c\,\omega_\infty L_F}{L_A}\Delta i_F - \frac{R_A}{L_A}\Delta i_A - \frac{c\,\Phi_{F\infty}}{L_A}\Delta\omega + {} + \frac{1}{L_A}\Delta u_A \,, \qquad (11.111)$$

$$(\Delta\omega)^{\bullet} = \frac{c\,\Phi_{F\infty}}{\theta}\Delta i_A - \frac{1}{\theta}\Delta M_L \,. \qquad (11.112)$$

Die Linearisierung der Ausgangsgleichung des Motors erfolgt ganz entsprechend.

Die Linearisierung um einen stationären Zustand wird man immer dann vornehmen, wenn eine Regelung gegenüber dem Einfluß von Störungen auf einem gewünschten Betriebszustand gehalten werden soll. Dieser stellt dann den stationären Zustand dar, um den linearisiert wird.

Geht es um das Führungsverhalten eines Systems, so liegt eine andere Situation vor. Dann ist ein gewünschter Sollverlauf $\underline{u}_\infty(t)$, $\underline{x}_\infty(t)$ einzuhalten. Um Abweichungen von ihm auszuregeln, ist es zweckmäßig, in den Zustandsgleichungen von den Größen $\underline{x}(t)$ und $\underline{u}(t)$ zu diesen Abweichungen überzugehen. Das geschieht in der bisherigen Weise und führt wieder zu den Gleichungen (11.104) bis (11.108). Da aber $\underline{x}_\infty$ und $\underline{u}_\infty$ jetzt von t abhängen, gilt dies auch für die Matrizen $\underline{A}$, $\underline{B}$, $\underline{C}$, $\underline{D}$. Das linearisierte System ist daher *zeitvariant*. Man spricht hier von der *Linearisierung um eine Referenztrajektorie* (siehe etwa [11.17] und [11.18], Abschnitt 2.3).

Hängen die Zustandsgleichungen des nichtlinearen Systems explizit von der Zeit t ab, so wird es keinen stationären Zustand geben. Dann ist nur die Linearisierung um eine Referenztrajektorie möglich. Sie geschieht in der bisherigen Weise und führt wiederum auf ein zeitvariantes System.

11.8 Ortsdiskretisierung partieller Differentialgleichungen

Partielle Differentialgleichungen treten bei der Modellbildung dynamischer Systeme dann auf, wenn die zeitveränderlichen Größen des Systems nicht nur von der Zeit t, sondern auch noch vom Ort abhängen. Man spricht dann von *Systemen mit örtlich verteilten Parametern* oder kurz von örtlich verteilten Systemen. Im Unterschied dazu bezeichnet man Systeme, die durch gewöhnliche Differentialgleichungen mit der Zeit als der einzigen unabhängigen Variablen beschrieben werden, als *Systeme mit konzentrierten Parametern* oder auch kurz als konzentrierte Systeme.

In diesem Buch befassen wir uns nicht mit örtlich verteilten Systemen.[9] Wir wollen jetzt lediglich einen Abstecher in ihr Reich machen, um zu zeigen, daß man sie mittels der Methode der Ortsdiskretisierung durch konzentrierte Systeme approximieren kann. Das ist deshalb von großer praktischer Bedeutung, weil örtlich verteilte Systeme erheblich schwieriger zu behandeln sind als konzentrierte Systeme. Die Ortsdiskretisierung ist eine sehr nahe liegende Methode, um von der einen Systemklasse zur anderen überzugehen. Anhand eines Beispiels soll der Grundgedanke dargestellt werden.

Klassisches Beispiel eines örtlich verteilten Systems ist der lineare (d.h. eindimensionale) *Wärmeleiter*. Bild 11/10 zeigt die Situation. Ein Stab der Länge l, dessen Querausdehnung gegen seine Längsausdehnung vernachlässigt werden kann, wird erwärmt, entweder durch Wärmequellen in seinem Innern, beispielsweise in einem Induktionsofen durch Wirbelströme, oder von außen,

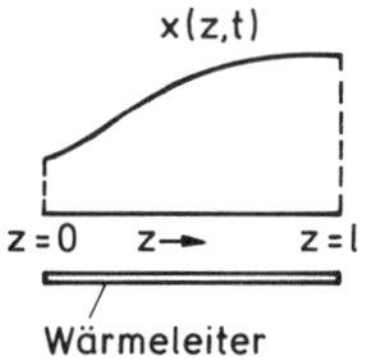

Bild 11/10.
Linearer Wärmeleiter

etwa durch Bestrahlung. Dann wird die Stabtemperatur zu einem bestimmten Zeitpunkt t an verschiedenen Stellen des Stabes verschieden sein. Andererseits wird sie sich an einer bestimmten Stelle z im Laufe der Zeit ändern. Die Stabtemperatur x hängt also sowohl von der Zeit t als auch vom Ort z ab:

$$x = x(z,t) \;.$$

Im Bild 11/10 ist ein *Temperaturprofil* gezeichnet, d.h. der Verlauf der Temperatur zu einem bestimmten Zeitpunkt t über dem Ort. Die Stabtemperatur hängt von der Einwirkung der Wärmequellen ab, welche den Erwärmungsvorgang des Stabes verursachen. Auch diese Einwirkung ist im allgemeinen von Zeit und Ort abhängig:

$$u = u(z,t) \;.$$

[9] Für die Theorie der Systeme mit örtlich verteilten Parametern sei auf die Bücher von *E.D. Gilles* [11.14] und *D. Franke* [11.15] hingewiesen.

Im speziellen Fall, wenn sich der Stab beispielsweise in einem gleichmäßig beheizten Raum befindet, kann u in eine reine Zeitfunktion übergehen. Der Zusammenhang zwischen der Stabtemperatur x(z,t) und der Eingangsgröße u(z,t) wird durch eine partielle Differentialgleichung, die *Wärmeleitungsgleichung*, beschrieben:

$$\frac{\partial x}{\partial t} - \frac{\partial^2 x}{\partial z^2} + x = u \ , \quad 0 < z < 1 \ , t > 0 \ . \tag{11.113}$$

Ihre Koeffizienten sind durch geeignete Wahl der Maßstäbe zu 1 normiert worden.[10]

Damit das Problem vollständig beschrieben ist, müssen noch die *Rand- und Anfangsbedingungen* gegeben sein. Der Rand ist in unserem Beispiel durch die Stabenden z = 0 und z = 1 gegeben. Nimmt man etwa an, daß die Temperatur an den Stabenden von außen vorgegeben wird, so gilt

$$x(0,t) = x_0(t) \ , \ x(1,t) = x_1(t) \ \text{ für } t > 0 \ .^{11} \tag{11.114}$$

Darin sind $x_0(t)$ und $x_1(t)$ vorgeschriebene Zeitfunktionen, eben die vorgegebenen Temperaturverläufe an den Stabenden. Insbesondere können sie natürlich konstant sein. Andere Randbedingungen ergeben sich, wenn die Stabenden isoliert sind und daher kein Wärmeabfluß an ihnen stattfindet:

$$\frac{\partial x}{\partial z}(0,t) = 0 \ , \quad \frac{\partial x}{\partial z}(1,t) = 0 \ .$$

Wir wollen aber im folgenden bei den Randbedingungen (11.114) bleiben.

Die *Anfangsbedingung* besteht darin, daß zur Zeit t = 0 ein bestimmter örtlicher Temperaturverlauf, also ein Anfangsprofil, vorliegt:

$$x(z,0) = a(z) \ . \tag{11.115}$$

Während die Randbedingungen durch die räumliche Umgebung des Systems bestimmt sind, ist die Anfangsbedingung durch seine Vorgeschichte gegeben.

Der Gedanke liegt nahe, die Behandlung des dynamischen Verhaltens eines solchen Systems mit örtlich verteilten Parametern dadurch zu vereinfachen, daß man die partielle Differentialgleichung durch ein System von gewöhnlichen Differentialgleichungen approximiert. Das ist zwar bei der Wärmeleitungsgleichung, die eine relativ einfache partielle Differentialgleichung darstellt, nicht unbedingt nötig, kann sich aber in schwierigeren Fällen, z.B. bei nichtlinearen partiellen Differentialgleichungen, als unumgänglich erweisen. Das Verfahren ist auch in solchen Fällen grundsätzlich das gleiche wie bei der Wärmeleitungsgleichung, an der es nun erläutert wird.

Man betrachtet den Wärmeleiter an den Stellen

$$z_0 \, , z_1 \, , \ldots , z_n \, , z_{n+1} \ ,$$

wobei

$$z_0 = 0 \quad \text{und} \quad z_{n+1} = 1$$

sei. Wir wollen annehmen, daß die Stellen z_ν äquidistant sind, was jedoch nicht unbedingt der Fall sein muß. Ihr Abstand sei Δ. An der Stelle z_ν ist x(z,t) eine reine Zeitfunktion:

$$x(z_\nu, t) = x_\nu(t) \ .$$

Man ersetzt auf diese Weise die zeit- und ortsabhängige Funktion x(z,t) durch eine Anzahl von reinen Zeitfunktionen an den diskreten Orten $z_0, z_1, \ldots, z_{n+1}$ (Bild 11/11).

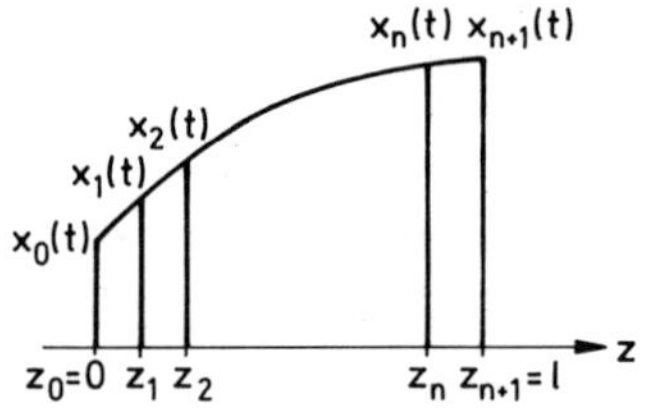

Bild 11/11. Ortsdiskretisierung eines örtlich verteilten Systems

Man spricht deshalb von der *Ortsdiskretisierung der partiellen Differentialgleichung*. Ganz entsprechend ist

$$u(z_\nu, t) = u_\nu(t) \ .$$

Für die Ableitung von x(z,t) nach der Zeit kann man dann an der Stelle z_ν

$$\frac{\partial}{\partial t} x(z_\nu, t) = \frac{d}{dt} x_\nu(t) = \dot{x}_\nu(t) \tag{11.116}$$

schreiben.

Die Ableitungen von x(z,t) nach der Ortsvariablen z approximiert man an der Stelle z_ν durch den zugehörigen Differenzenquotienten. Dafür gibt es verschiedene Möglichkeiten:

---

[10] Zur Herleitung der Wärmeleitungsgleichung siehe z.B. [11.16], Band II, 13. Kapitel, § 4, 7. Abschnitt.

[11] Strenggenommen muß man hier, wie auch bei der Anfangsbedingung, die Grenzwerte nehmen: $x(+0,t) = x_0(t)$, $x(1-0,t) = x_1(t)$.

- Den Rückwärts-Differenzenquotienten

$$\frac{\partial x}{\partial z}(z_\nu,t) \approx \frac{x(z_\nu,t) - x(z_{\nu-1},t)}{\Delta} = \frac{x_\nu(t) - x_{\nu-1}(t)}{\Delta} , \qquad (11.117)$$

- den Vorwärts-Differenzenquotienten

$$\frac{\partial x}{\partial z}(z_\nu,t) \approx \frac{x(z_{\nu+1},t) - x(z_\nu,t)}{\Delta} = \frac{x_{\nu+1}(t) - x_\nu(t)}{\Delta} , \qquad (11.118)$$

- den zentralen Differenzenquotienten

$$\frac{\partial x}{\partial z}(z_\nu,t) \approx \frac{x(z_{\nu+1},t) - x(z_{\nu-1},t)}{2\Delta} = \frac{x_{\nu+1}(t) - x_{\nu-1}(t)}{2\Delta} . \qquad (11.119)$$

Meist wird der zentrale Differenzenquotient die beste Approximation liefern. Am linken Rand z_0 ist nur der Vorwärts-Differenzenquotient brauchbar, weil z_{-1} nicht im Intervall $[0, 1]$ liegt und deshalb $x_{-1}(t)$ nicht existiert. Entsprechend läßt sich am rechten Rand $z_{n+1} = 1$ nur der Rückwärts-Differenzenquotient verwenden.

In analoger Weise werden höhere Differenzenquotienten gebildet. Wir können uns hier auf den zentralen Differenzenquotienten 2. Ordnung beschränken, da wir nur ihn benötigen. Zunächst bildet man mittels des Rückwärts-Differenzenquotienten

$$\frac{\partial^2 x}{\partial z^2}(z_\nu,t) \approx \frac{\frac{\partial x}{\partial z}(z_\nu,t) - \frac{\partial x}{\partial z}(z_{\nu-1},t)}{\Delta} .$$

Die partiellen Differentialquotienten 1. Ordnung verwandelt man nun in Vorwärts-Differenzenquotienten:

$$\frac{\partial^2 x}{\partial z^2}(z_\nu,t) \approx \frac{\frac{x_{\nu+1}(t) - x_\nu(t)}{\Delta} - \frac{x_\nu(t) - x_{\nu-1}(t)}{\Delta}}{\Delta}$$

oder

$$\frac{\partial^2 x}{\partial z^2}(z_\nu,t) \approx \frac{x_{\nu+1}(t) - 2x_\nu(t) + x_{\nu-1}(t)}{\Delta^2} , \quad \nu = 1,2,\dots,n . \qquad (11.120)$$

Diesen partiellen Differenzenquotienten zu bilden, ist nur sinnvoll für solche ν, bei denen die Werte $x_{\nu-1}(t)$, $x_\nu(t)$ und $x_{\nu+1}(t)$ zu Stellen z_ν aus dem Intervall $0 \le z \le 1$ gehören. Denn für Stellen außerhalb dieses Intervalls ist $x(z,t)$ nicht erklärt. Also muß

$\nu = 1,2,\dots,n$

sein, denn zu $\nu = 0$ gehört der nicht definierte Wert $x_{-1}(t)$ und zu $\nu = n+1$ der gleichfalls nicht erklärte Wert $x_{n+2}(t)$.[12]

Man ersetzt nun in der Wärmeleitungsgleichung die über z kontinuierlichen Funktionen $x(z,t)$ und $u(z,t)$ durch ihre Werte $x_\nu(t)$ und $u_\nu(t)$ an den Stützstellen z_ν sowie die partiellen Ableitungen $\partial x / \partial t$ und $\partial^2 x / \partial z^2$ durch den Differentialquotienten (11.116) und den Differenzenquotienten (11.120). Dann erhält man anstelle der partiellen Differentialgleichung (11.113) die Beziehungen

$$\dot{x}_\nu(t) - \frac{x_{\nu+1}(t) - 2x_\nu(t) + x_{\nu-1}(t)}{\Delta^2} + x_\nu(t) = u_\nu(t) , \quad \nu = 1,\dots,n ,$$

oder

$$\dot{x}_\nu = \frac{1}{\Delta^2} x_{\nu-1} - \left[1 + \frac{2}{\Delta^2} \right] x_\nu + \frac{1}{\Delta^2} x_{\nu+1} + u_\nu , \quad \nu = 1,\dots,n , \qquad (11.121a)$$

wobei das Argument t der Kürze halber weggelassen ist.

Das sind n gewöhnliche Differentialgleichungen, in denen die n+2 Zeitfunktionen $x_0(t)$, $x_1(t)$, ..., $x_{n+1}(t)$ auftreten. Von ihnen sind

$x_0(t) = x(0,t)$

und

$x_{n+1}(t) = x(z_{n+1},t) = x(1,t) = x_l(t)$

durch die Randbedingungen (11.114) gegeben. Sie spielen im Differentialgleichungssystem (11.121a) die Rolle zusätzlicher Eingangsgrößen. Für dieses können wir deshalb schreiben, wenn wir abkürzend

$D = \Delta^2 + 2$

setzen:

[12] Allgemein bildet man den Rückwärts-Differenzenquotienten (k+1)-ter Ordnung durch Anwendung des Rückwärts-Differenzenquotienten 1. Ordnung auf die Rückwärts-Differenzenquotienten k-ter Ordnung, k = 1,2, ... Ganz entsprechend wird der Vorwärts-Differenzenquotient (k+1)-ter Ordnung bestimmt. Schließlich bildet man den zentralen Differenzenquotienten (k+1)-ter Ordnung durch Anwendung des zentralen Differenzenquotienten 2. Ordnung auf die zentralen Differenzenquotienten (k−1)-ter Ordnung, k = 2,3, ...

$$\left.\begin{aligned}
\dot{x}_1 &= -\frac{D}{\Delta^2}x_1 + \frac{1}{\Delta^2}x_2 + \frac{1}{\Delta^2}x_0 + u_1\,,\\
\dot{x}_2 &= \frac{1}{\Delta^2}x_1 - \frac{D}{\Delta^2}x_2 + \frac{1}{\Delta^2}x_3 + u_2\,,\\
\dot{x}_3 &= \frac{1}{\Delta^2}x_2 - \frac{D}{\Delta^2}x_3 + \frac{1}{\Delta^2}x_4 + u_3\,,\\
&\vdots\\
\dot{x}_n &= \frac{1}{\Delta^2}x_{n-1} - \frac{D}{\Delta^2}x_n + \frac{1}{\Delta^2}x_1 + u_n\,.
\end{aligned}\right\}\quad (11.121b)$$

Damit haben wir die partielle Wärmeleitungsdifferentialgleichung durch ein System von n gewöhnlichen Differentialgleichungen approximiert. Die Größen $x_\nu(t)$ sind die Zustandsvariablen des so angenäherten Prozesses. Durch sie werden die exakten Werte $x(z_\nu,t)$ approximiert. Einschließlich der Randwertfunktionen gibt es hier n+2 Eingangsgrößen. Das gilt allerdings nur so lange, wie man an jeder Stützstelle tatsächlich eingreift. Beschränkt man sich, wie das bei praktischen Problemen oft der Fall sein wird, auf nur wenige Eingriffsstellen für die Stelleinwirkung, so werden auch nur wenige u_ν vorhanden sein. Ist bei einem speziellen Problem die Einflußfunktion u(z,t), die sogenannte *Quellenfunktion*, auf Grund der Aufgabenstellung identisch Null, so kann man nur über den Rand einwirken:

$$u_1^* = \frac{1}{\Delta^2}x_0(t)\;,\quad u_n^* = \frac{1}{\Delta^2}x_1(t)\;.$$

Falls man die Quellenfunktion als Stellgröße benutzt, können die Randwertfunktionen die Rolle von Störgrößen spielen.

Als Ausgangsgrößen sind alle x_ν, $\nu = 1,\ldots,n$ anzusehen, wenn das gesamte Ausgangsprofil x(z,t) (in seiner Abhängigkeit von t) interessiert. Denn dieses wird in jedem Zeitpunkt t durch die Gesamtheit der Werte $x_\nu(t) \approx x(z_\nu,t)$ näherungsweise dargestellt (Bild 11/11). Interessiert man sich aber nur für das Verhalten von x an einigen Stützstellen, so stellen lediglich die zugehörigen Größen $x_\nu(t) \approx x(z_\nu,t)$ die Ausgangsgrößen des Prozesses dar.

Zur eindeutigen Lösung der Zustandsdifferentialgleichungen (11.121) sind die *Anfangswerte* der $x_\nu(t)$ erforderlich. Man erhält sie ohne Schwierigkeit aus der Anfangsbedingung (11.115) der partiellen Differentialgleichung:

$$x(z_\nu,0) = a(z_\nu)\;,$$

wobei a(z) das gegebene Anfangsprofil, also der gegebene Anfangsverlauf der Temperatur ist. Wegen $x_\nu(t) \approx x(z_\nu,t)$ setzt man:

$$x_\nu(0) = x(z_\nu,0) = a(z_\nu)\;,\quad \nu = 1,\ldots,n\;. \qquad (11.122)$$

Das sind die erforderlichen Anfangswerte der Zustandsvariablen $x_\nu(t)$.

Schreiben wir zum Schluß die Zustandsdifferentialgleichungen (11.121) wieder in Vektorform. Faßt man dazu x_0 und x_1 als letzte der insgesamt n+2 Eingangsgrößen auf, so erhält man

$$\underline{\dot{x}} = \frac{1}{\Delta^2}\begin{bmatrix} -D & 1 & 0 & 0 & \cdots & 0\\ 1 & -D & 1 & 0 & \cdots & 0\\ 0 & 1 & -D & 1 & \cdots & 0\\ \vdots & & & & & \vdots\\ 0 & \cdots & & 1 & -D & 1\\ 0 & \cdots & & 0 & 1 & -D \end{bmatrix}\underline{x} + \begin{bmatrix} 1 & 0 & \cdots & 0 & \frac{1}{\Delta^2} & 0\\ 0 & 1 & & 0 & 0 & 0\\ \cdot & & & \cdot & \cdot & \cdot\\ \cdot & & & \cdot & \cdot & \cdot\\ \cdot & & & \cdot & \cdot & \cdot\\ 0 & \cdots & & 1 & 0 & \frac{1}{\Delta^2} \end{bmatrix}\begin{bmatrix} u_1\\ u_2\\ \cdot\\ \cdot\\ u_n\\ x_0\\ x_1 \end{bmatrix}. \qquad (11.123)$$

Wie man sieht, ist diese Vektordifferentialgleichung wiederum von der Form

$$\underline{\dot{x}} = \underline{A}\,\underline{x} + \underline{B}\,\underline{u}\;.$$

Es ist bemerkenswert, daß in der Matrix $\underline{A}$ nur die Hauptdiagonale und die beiden Paralleldiagonalen besetzt sind, alle anderen Matrixelemente aber den Wert Null haben. Solche *Matrizen mit Bandstruktur* oder doch näherungsweiser Bandstruktur kommen in den Anwendungen häufig vor. In umfangreichen Systemen sind nämlich die Teilsysteme vielfach so miteinander verknüpft, daß ein Teilsystem nur von dem unmittelbar vorhergehenden und dem unmittelbar nachfolgenden beeinflußt wird, nicht aber von weiter entfernten Teilsystemen. Das führt, wie auch im vorliegenden Fall, zu einer Bandmatrix. Rechentechnisch ist sie, wegen ihrer Verwandtschaft mit einer Diagonalmatrix, angenehmer zu handhaben als eine vollbesetzte Matrix.

Löst man die Zustandsdifferentialgleichungen (11.123) unter Berücksichtigung der Anfangsbedingungen (11.122), so erhält man die Funktionen

$$x_\nu(t) \approx x(z_\nu,t)\;,\quad \nu = 1,\ldots,n\;.$$

Trägt man ihre Werte für irgendeinen Zeitpunkt t_1 über den Stützstellen z_ν auf, so erhält man approximativ das Ortsprofil $x(z,t_1)$. Das ist im Bild 11/12 skizziert. In $z_0 = 0$ und $z_{n+1} = l$ sind hierbei die gegebenen Randwerte $x_0(t_1)$ und $x_l(t_1)$ aufzutragen. Nimmt man diese Aufzeichnung für eine Reihe aufeinanderfolgender Zeitpunkte $t_1, t_2, \ldots$ vor, so ist damit näherungsweise die zeitliche Bewegung des Ortsprofils erfaßt.

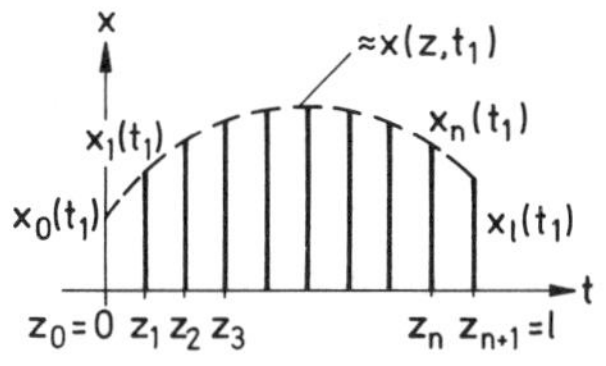

Bild 11/12. Annäherung des Ortsprofils durch die Lösung der Zustandsdifferentialgleichungen

Bild 11/13 zeigt die Veränderung des Ortsprofils mit wachsender Zeit für drei verschiedene Situationen. In allen drei Fällen ist die Quellenfunktion $u(z,t) \equiv 1$ für alle z und t sowie die Anfangsbedingung $x(z,0) \equiv 0$. Verschieden sind die Randbedingungen:

a) $x(0,t) = x(l,t) = 1$ für alle t ;
b) $x(0,t) = x(l,t) = 0$ für alle t ;
c) $x(0,t) = 0$, $x(l,t) = 1$ für alle t .

Die Ortsdiskretisierung wurde mit der beschriebenen Methode durchgeführt, wobei zur Erzielung glatter Profile 160 äquidistante Diskretisierungspunkte gewählt wurden. Sofern das Zeitverhalten von $x(z,t)$ nur an wenigen Stellen z_ν interessiert, kommt man mit erheblich weniger Diskretisierungspunkten aus.

Es sei angemerkt, daß man das *stationäre Profil*, welches sich für $t \to +\infty$ ergibt, auch ohne große Mühe analytisch berechnen kann. Da nämlich im stationären Zustand $\frac{\partial x}{\partial t} \equiv 0$ ist, geht die partielle Differentialgleichung in eine gewöhnliche Differentialgleichung über. Man hat dann für diese ein Randwertproblem zu lösen, was im vorliegenden Fall ohne Schwierigkeit möglich ist.

Die hiermit beschriebene Ortsdiskretisierung kann auch bei anderen partiellen Differentialgleichungen durchgeführt werden, wobei die Stützpunkte - wie schon bemerkt - keineswegs äquidistant zu sein brauchen. Sind partielle Ableitungen 2. oder höherer Ordnung nach der Zeit vorhanden, so erhält man zunächst ein System gewöhnlicher Differentialgleichungen, in dem zweite oder höhere Ableitungen vorkommen. Dort führt man Zustandsvariablen gemäß Abschnitt 11.3 ein und gelangt so zu den Zustandsgleichungen, welche die ursprüngliche partielle Differentialgleichung approximieren.

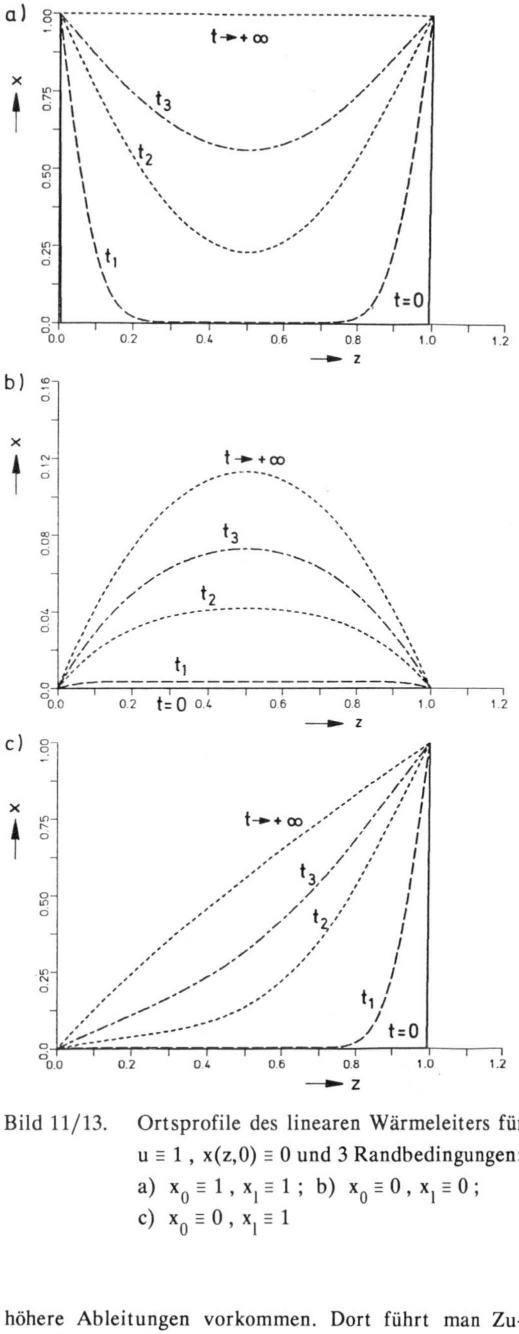

Bild 11/13. Ortsprofile des linearen Wärmeleiters für $u \equiv 1$, $x(z,0) \equiv 0$ und 3 Randbedingungen: a) $x_0 \equiv 1$, $x_l \equiv 1$; b) $x_0 \equiv 0$, $x_l \equiv 0$; c) $x_0 \equiv 0$, $x_l \equiv 1$

11.9 Berücksichtigung von Totzeit

Im Abschnitt 11.6 wurde begründet, daß das Totzeitglied, gegeben durch die komplexe Übertragungsgleichung

$$Y(s) = e^{-T_t s} U(s) \tag{11.124}$$

bzw. die Zeitbereichsgleichung

$$y(t) = u(t - T_t) \;, \tag{11.125}$$

nicht durch endlich viele Zustandsvariablen beschreibbar ist. Daher kann das Totzeitglied durch ein System von endlich vielen Zustandsgleichungen nur *approximiert* werden. Zwei solcher Möglichkeiten werden im folgenden behandelt.

Die erste liegt sehr nahe. Man geht dazu von der Darstellung

$$e^z = \lim_{n \to \infty} \left(1 + \frac{z}{n}\right)^n$$

der e-Funktion aus ([11.19], Nr. 236). Damit wird die Übertragungsfunktion des Totzeitgliedes:

$$G_T(s) = \frac{1}{e^{T_t s}} = \frac{1}{\lim\limits_{n \to \infty} \left[1 + \frac{T_t}{n} s\right]^n} \;. \tag{11.126}$$

Bricht man bei einem bestimmten n ab, so erhält man als Totzeitapproximation die Übertragungsfunktion

$$G_T^*(s) = \frac{1}{\left[1 + \frac{T_t}{n} s\right]^n} \;. \tag{11.127}$$

Im Bild 11/14 sieht man die zugehörige Reihenschaltung von P-T_1-Gliedern, die sämtlich die gleiche Zeitkonstante $T = T_t/n$ aufweisen. In dieses Bild sind zugleich die Zustandsvariablen eingetragen, aus denen man nun gemäß Abschnitt 11.5 die Zustandsgleichungen erhält, durch welche das Totzeitglied näherungsweise beschrieben wird.

Unbefriedigend an dieser Approximation ist die Tatsache, daß die Sprungantwort der Näherung an der Stelle $t = T_t$ nicht nur keinen Sprung aufweist, wie dies bei der Sprungantwort des Totzeitgliedes der Fall ist, sondern sogar einen relativ sanften Anstieg besitzt (Kurve 1 im Bild 11/15, für n = 4 und n = 6). Um eine bessere

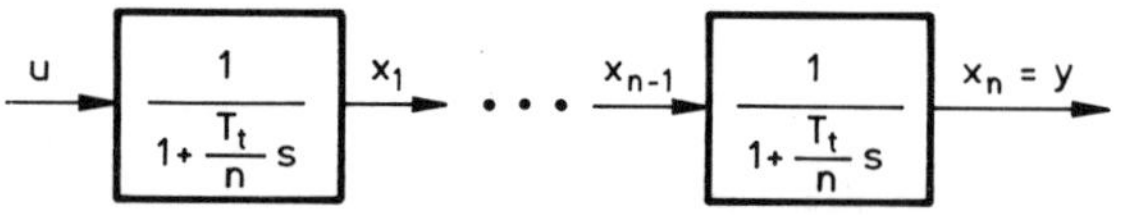

Bild 11/14. Totzeitapproximation durch ein Verzögerungssystem n-ter Ordnung (P-T_n-Glied)

Annäherung dieses Sprungübergangs zu erzielen, geht man zu der nach ihrem Erfinder benannten *Padé-Approximation* [11.20] über. Sie verwendet eine rationale Funktion

$$G_{n,m}(z) = \frac{\sum\limits_{i=0}^{m} b_i z^i}{\sum\limits_{i=0}^{n} a_i z^i} \;, \quad m \le n \;, \tag{11.128}$$

wobei m und n vorgegebene Zahlen sind und abkürzend $T_t s = z$ gesetzt ist. Die a_i und b_i werden nun so gewählt, daß die Taylorentwicklung von $G_{n,m}(z)$ um die Stelle $z = 0$ mit der Reihenentwicklung von e^{-z} um diese Stelle bis zur (n+m)-ten Potenz einschließlich übereinstimmt:

$$\frac{\sum\limits_{i=0}^{m} b_i z^i}{\sum\limits_{i=0}^{n} a_i z^i} \overset{!}{=} 1 - \frac{z}{1!} + \frac{z^2}{2!} - + \ldots + (-1)^{n+m} \frac{z^{n+m}}{(n+m)!} \;. \tag{11.129}$$

Damit $G_{n,m}(z)$ um $z = 0$ in eine Potenzreihe entwickelbar ist, darf $z = 0$ kein Pol sein, so daß $a_0 \neq 0$ sein muß. Man darf deshalb ohne Beschränkung der Allgemeinheit $a_0 = 1$ annehmen. Dann folgt aus (11.129) für $z = 0$ sofort, daß auch $b_0 = 1$ sein muß. Aus (11.129) bekommt man nun $a_1, \ldots, a_n$, $b_1, \ldots, b_m$ durch Koeffizientenvergleich.

Zuvor hat man noch n und m zu wählen. Dazu kann man von der Tatsache ausgehen, daß das Totzeitglied einen Allpaß darstellt, da

$$|e^{-T_t j\omega}| = 1 \quad \text{für alle } \omega \,.$$

Es liegt deshalb nahe, auch $G_{n,m}(z)$ als Allpaß (siehe Abschnitt 5.7) anzusetzen. Dann müssen Zähler- und Nennerpolynom gleichen Grad haben, es muß also m = n sein. Wie nun weiterhin der gemeinsame Grad n von Zähler und Nenner zu bestimmen ist, läßt sich nicht allgemein sagen. Je größer n, um so genauer wird die Approximation sein, um so größer aber auch der Realisierungsaufwand für $G_{n,n}(z)$ bzw. die zugehörigen Zustandsdifferentialgleichungen.

Die Berechnung der a_i und b_i sei am Fall n = m = 2 durchgeführt. Hier lautet (11.129):

$$\frac{1 + b_1 z + b_2 z^2}{1 + a_1 z + a_2 z^2} \overset{!}{=} 1 - z + \frac{z^2}{2} - \frac{z^3}{6} + \frac{z^4}{24} \;.$$

Durch Multiplikation dieser Gleichung mit dem Nenner folgt

$$1 + b_1 z + b_2 z^2 \overset{!}{=} 1 - z + \frac{z^2}{2} - \frac{z^3}{6} + \frac{z^4}{24} + - \ldots$$
$$+ a_1 z - a_1 z^2 + \frac{a_1}{2} z^3 - \frac{a_1}{6} z^4 + - \ldots$$
$$+ a_2 z^2 - a_2 z^3 + \frac{a_2}{2} z^4 - + \ldots ,$$

$$1 + b_1 z + b_2 z^2 \overset{!}{=} 1 + (-1+a_1) z + (\tfrac{1}{2} - a_1 + a_2) z^2 +$$
$$+ \left[-\frac{1}{6} + \frac{a_1}{2} - a_2 \right] z^3 + \left[\frac{1}{24} - \frac{a_1}{6} + \frac{a_2}{2} \right] z^4 + \ldots .$$

Sollen die Potenzen auf beiden Seiten bis zur 4. einschließlich übereinstimmen, so muß gelten

$$-1 + a_1 = b_1 , \quad \frac{1}{2} - a_1 + a_2 = b_2 ,$$
$$-\frac{1}{6} + \frac{a_1}{2} - a_2 = 0 , \quad \frac{1}{24} - \frac{a_1}{6} + \frac{a_2}{2} = 0 .$$

Aus den letzten beiden Gleichungen erhält man a_1 und a_2, sodann aus den ersten beiden Gleichungen b_1 und b_2. Insgesamt wird so die *Padé-Allpaß-Approximation 2. Ordnung für* $e^{-T_t s}$:

$$G_{2,2}(T_t s) = \frac{1 - \frac{1}{2} T_t s + \frac{1}{12} T_t^2 s^2}{1 + \frac{1}{2} T_t s + \frac{1}{12} T_t^2 s^2} . \qquad (11.130)$$

Die allgemeine Form der *Padé-Allpaß-Approximation n-ter Ordnung* für $e^{-T_t s}$ lautet [11.20]:

$$G_{n,n}(T_t s) = \frac{1 + \sum_{i=1}^{n} (-1)^i a_i T_t^i s^i}{1 + \sum_{i=1}^{n} a_i T_t^i s^i} \qquad (11.131)$$

mit

$$a_i = \binom{n}{i} \frac{1}{2n(2n-1)\ldots(2n-i+1)} , \; i = 1, \ldots , n . \text{[13]} \qquad (11.132)$$

Wie man aus dem Bild 11/15 für n = 4 und n = 6 erkennt, ist diese Approximation des Totzeitverhaltens (Kurve 2) in der Umgebung der Sprungstelle $t = T_t$ in der Tat erheblich besser als die Approximation durch das P-T_n-Glied. Jedoch ist eine andere Eigenschaft sehr unangenehm: Der *Anfangswert des Padé-Allpasses* ist abhängig von der Ordnung gleich 1 oder −1, also völlig verschieden vom Totzeitverhalten bei t = 0. Dies folgt sofort aus dem Anfangswertsatz der Laplace-Transformation. Nach diesem ist der Anfangswert der Sprungantwort bei t = +0 gleich

$$\lim_{s \to \infty} G_{n,n}(s) = \frac{(-1)^n a_n T_t^n}{a_n T_t^n} = (-1)^n .$$

Da der falsche Anfangswert abgebaut werden muß, ergeben sich kräftige Oszillationen der Sprungantwort um die t-Achse.

Um dieses Fehlverhalten abzumildern, liegt es nahe, den Allpaßcharakter abzuschwächen und zu einer allgemeineren Padé-Approximation überzugehen, also eine rationale Näherungsfunktion mit m < n heranzuziehen. Die allgemeine Lösung der Forderung (11.129) lautet

$$a_i = \binom{n}{i} \frac{1}{(n+m)(n+m-1)\ldots(n+m-i+1)} , \; i = 1, \ldots , n , \qquad (11.133a)$$

$$b_i = (-1)^i \binom{m}{i} \frac{1}{(n+m)(n+m-1)\ldots(n+m-i+1)} , \quad i = 1, \ldots , m . \qquad (11.133b)$$

Speziell für m = n − 1 folgt daraus

$$a_i = \binom{n}{i} \frac{1}{(2n-1)(2n-2)\ldots(2n-i)} , \; i = 1, \ldots , n , \qquad (11.134a)$$

$$b_i = (-1)^i \binom{n-1}{i} \frac{1}{(2n-1)(2n-2)\ldots(2n-i)} , \quad i = 1, \ldots , n-1 . \qquad (11.134b)$$

Mit diesen Koeffizienten bildet man die rationale Näherungsfunktion

$$G_{n,n-1}(T_t s) = \frac{1 + \sum_{i=1}^{n-1} b_i T_t^i s^i}{1 + \sum_{i=1}^{n} a_i T_t^i s^i} . \qquad (11.135)$$

Die zugehörige Sprungantwort für n = 4 und n = 6 sieht man als Kurve 3 im Bild 11/15. Man erkennt, daß sie in der Umgebung der Stelle $t = T_t$ eine fast ebensogute Approximation der Totzeitsprungantwort liefert wie der entsprechende Padé-Allpaß, aber für kleinere t einen günstigeren Verlauf aufweist als dieser.

[13] Der Padé-Allpaß kann auch auf eine ganz andere Weise hergeleitet werden, indem man nämlich einen rationalen Allpaß konstruiert, der die Phase $-T_t\omega$ des Totzeitgliedes in der Umgebung von $\omega = 0$ möglichst gut approximiert ([11.21], Abschnitt 25.2, [11.22]).

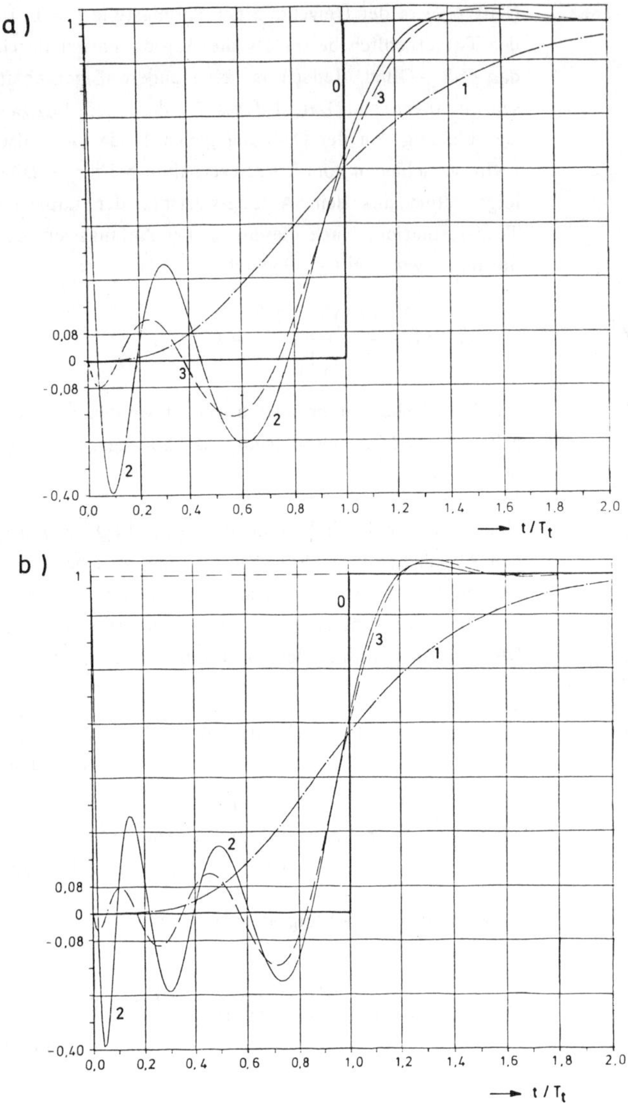

Bild 11/15.

Sprungantwort der Totzeitapproximation

0 Totzeitglied

1 $P\text{-}T_n$-Glied

2 Padé-Allpaß $G_{n,n}$

3 Padé-Approximation $G_{n-1,n}$

a) n = 4 b) n = 6

Es ist anzumerken, daß eine so harte Beanspruchung wie die Sprunganregung Schwächen der Approximation unbarmherzig aufzeigt. Im Realfall wird die Totzeit im Innern oder nahe dem Ausgang des dynamischen Systems liegen und daher im allgemeinen nicht mit Sprüngen beaufschlagt werden. Die behandelten Approximationen werden dann ihr Verhalten besser beschreiben als bei der Sprunganregung im Bild 11/15.

Hat man die Übertragungsfunktion (11.135) bestimmt, so kann man aus ihr ohne weitere Rechnung die Regelungs- oder Beobachtungsnormalform der Zustandsgleichungen ablesen (Abschnitt 11.4). Damit ist das Totzeitglied näherungsweise in Zustandsdarstellung gegeben.

Schrifttum zum Kapitel 11

[11.1] R. Oldenbourg - H. Sartorius: Dynamik selbsttätiger Regelungen. R. Oldenbourg Verlag, 1944.

[11.2] R.E. Kalman: On the General Theory of Control Systems. Proceedings 1st International Congress on Automatic Control 1960. Butterworths, London, 1961. Band 1, S. 481-492.

[11.3] H. Heuser: Gewöhnliche Differentialgleichungen. B. G. Teubner, 2. Auflage, 1991.

[11.4] E. Kamke: Differentialgleichungen I (Gewöhnliche Differentialgleichungen). Akademische Verlagsgesellschaft Geest und Portig, Leipzig, 5. Auflage, 1964.

[11.5] I.N. Bronstein - K.A. Semendjajew - G. Musiol - H. Mühlig: Taschenbuch der Mathematik. Verlag Harri Deutsch, 1. Auflage, 1993.

[11.6] R. Unbehauen: Systemtheorie. R. Oldenbourg Verlag, 6. Auflage, 1993.

[11.7] J. Ackermann: Abtastregelung. Springer-Verlag, 3. Auflage, 1988.

[11.8] E. Freund: Regelungssysteme im Zustandsraum I - Struktur und Analyse. R. Oldenbourg Verlag, 1987.

[11.9] E. Freund: Regelungssysteme im Zustandsraum II - Synthese. R. Oldenbourg Verlag, 1987.

[11.10] H. Tolle: Mehrgrößen-Regelkreissynthese. Band I: Grundlagen und Frequenzbereichsverfahren. Band II: Entwurf im Zustandsraum. R. Oldenbourg Verlag, 1985.

[11.11] R. Zurmühl - S. Falk: Matrizen und ihre Anwendungen. Springer-Verlag. Teil 1: Grundlagen, 6. Auflage, 1992. Teil 2: Numerische Methoden, 5. Auflage, 1986.

[11.12] F.R. Gantmacher: Matrizentheorie. Springer-Verlag, 1986.

[11.13] O. Föllinger: Nichtlineare Regelungen II. R. Oldenbourg Verlag, 7. Auflage, 1993.

[11.14] E.D. Gilles: Systeme mit verteilten Parametern. R. Oldenbourg Verlag, 1973.

[11.15] D. Franke: Systeme mit örtlich verteilten Parametern - Eine Einführung in die Modellbildung, Analyse und Regelung. Springer-Verlag, 1987.

[11.16] P. Frank - R. v. Mises: Die Differential- und Integralgleichungen der Mechanik und Physik. Friedr. Vieweg und Sohn, 2. Auflage, 1961.

[11.17] F. Dörrscheidt: Regelungssysteme mit veränderlichen Parametern. Regelungstechnik 23 (1975), S. 70-77.

[11.18] O. Föllinger - D. Franke: Einführung in die Zustandsbeschreibung dynamischer Systeme. R. Oldenbourg Verlag, 1982.

[11.19] H. von Mangoldt - K. Knopp: Einführung in die Höhere Mathematik, Band 1. S. Hirzel Verlag, 17. Auflage, 1990.

[11.20] H.E. Padé: Sur la représentation approchée d'une fonction par des fractions rationelles. Annales de l'Ecole Normale (3) Bd. 9 (1892), S. 1-93, suppl.

[11.21] W. Giloi - R. Lauber: Analogrechnen. Springer-Verlag, 1963.

[11.22] W.J. Cunningham: Time-Delay Networks for an Analog Computer. IRE Transactions 1954, S. 16-18.

12 Analyse linearer und zeitinvarianter Systeme im Zustandsraum

12.1 Transformation auf Normalform

Die im Abschnitt 11.4 eingeführten Normalformen der Zustandsgleichungen sind besonders geeignet, um tiefere Einsichten in das Systemverhalten zu gewinnen. Wenn man die Zustandsgleichungen eines dynamischen Systems aufstellt, wird man sie aber meist nicht in Normalform erhalten, sondern in der allgemeinen Form

$$\left.\begin{aligned} \dot{\underline{x}} &= \underline{A}\,\underline{x} + \underline{B}\,\underline{u}\,, \\ \underline{y} &= \underline{C}\,\underline{x} + \underline{D}\,\underline{u}\,, \end{aligned}\right\} \quad (12.1)$$

wobei die Matrizen $\underline{A}$, $\underline{B}$, $\underline{C}$, $\underline{D}$ hier wie auch im folgenden konstant sein sollen. Es erhebt sich die Frage, ob sich diese Darstellung durch eine jeweils geeignet zu wählende Transformation

$$\underline{z} = \underline{T}\,\underline{x}$$

in jede der Normalformen umwandeln läßt, wobei anstelle des Zustandsvektors $\underline{x}$ ein neuer Zustandsvektor $\underline{z}$ eingeführt wird. Dabei ist $\underline{T} = (t_{ik})$ eine konstante (n,n)-Matrix, die regulär ist, d.h. deren Inverse $\underline{T}^{-1}$ existiert. Diese Forderung ist notwendig, um mit $\underline{x} = \underline{T}^{-1}\underline{z}$ aus $\underline{z}$ den ursprünglichen Vektor $\underline{x}$ eindeutig zurückzuerhalten. Das Symbol $\underline{T}$ für die Transformationsmatrix ist in der Literatur vielfach üblich und soll deshalb auch hier benutzt werden. Verwechslungen mit einer Zeitkonstante T sind wohl kaum zu befürchten. Manchmal schreibt man eine derartige Transformation auch in der Form

$$\underline{x} = \underline{V}\,\underline{z} \quad \text{mit regulärem } \underline{V}\,.$$

Davon werden wir bei der Transformation auf Jordansche Normalform Gebrauch machen.

12.1.1 Transformation auf Jordansche Normalform

Die Jordansche Normalform der Zustandsgleichungen (Unterabschnitt 11.4.3) ist für viele, vor allem theoretische Untersuchungen am angenehmsten, weil die Rechnungen mit ihr besonders übersichtlich verlaufen. Es ist deshalb wichtig, eine Transformation zu finden, welche die allgemeine Darstellung (12.1) in die Jordansche Normalform verwandelt. Hierzu setzen wir die Transformation

$$\underline{x} = \underline{V}\,\underline{z} \quad \text{mit}$$

$$\underline{V} = \begin{bmatrix} v_{11} & v_{12} & \cdots & v_{1n} \\ v_{21} & v_{22} & \cdots & v_{2n} \\ \vdots & & & \vdots \\ v_{n1} & v_{n2} & \cdots & v_{nn} \end{bmatrix} = \left[\underline{v}_1, \underline{v}_2, \ldots, \underline{v}_n\right] \quad (12.2)$$

an. Wegen $\underline{x} = \underline{V}\,\underline{z}$ wird dann aus der Zustandsdifferentialgleichung (12.1)

$$\dot{\underline{z}} = \underline{V}^{-1}\underline{A}\,\underline{V}\,\underline{z} + \underline{V}^{-1}\underline{B}\,\underline{u}\,. \quad (12.3)$$

$\underline{V}$ soll nun so gewählt werden, daß

$$\underline{V}^{-1}\underline{A}\,\underline{V} = \begin{bmatrix} \lambda_1 & \cdots & 0 \\ \cdot & \lambda_2 & \cdot \\ \cdot & \ddots & \cdot \\ 0 & \cdots & \lambda_n \end{bmatrix} = \underline{\Lambda} \quad \text{oder}$$

$$\underline{A}\,\underline{V} = \underline{V} \begin{bmatrix} \lambda_1 & \cdots & 0 \\ \cdot & \lambda_2 & \cdot \\ \cdot & \ddots & \cdot \\ 0 & \cdots & \lambda_n \end{bmatrix} \quad (12.4)$$

wird, wobei die λ_i zunächst beliebige Zahlen sind. Hierin ist

$$\underline{A}\left[\underline{v}_1, \ldots, \underline{v}_n\right] = \left[\underline{A}\,\underline{v}_1, \ldots, \underline{A}\,\underline{v}_n\right]$$

und weiterhin

$$\underline{V} \begin{bmatrix} \lambda_1 & \cdots & 0 \\ \cdot & \lambda_2 & \cdot \\ \cdot & \ddots & \cdot \\ 0 & \cdots & \lambda_n \end{bmatrix} = \begin{bmatrix} \lambda_1 v_{11} & \lambda_2 v_{12} & \cdots & \lambda_n v_{1n} \\ \cdot & & & \cdot \\ \cdot & & & \cdot \\ \lambda_1 v_{n1} & \lambda_2 v_{n2} & \cdots & \lambda_n v_{nn} \end{bmatrix} =$$

$$= \left[\lambda_1 \underline{v}_1, \lambda_2 \underline{v}_2, \ldots, \lambda_n \underline{v}_n\right].$$

Damit wird aus (12.4)

$$\left[\underline{A}\,\underline{v}_1, \ldots, \underline{A}\,\underline{v}_n\right] = \left[\lambda_1 \underline{v}_1, \ldots, \lambda_n \underline{v}_n\right].$$

Durch Vergleich folgt

$$\underline{A}\,\underline{v}_k = \lambda_k \underline{v}_k \quad \text{oder} \quad (12.5)$$

$$(\lambda_k \underline{I} - \underline{A})\,\underline{v}_k = \underline{0}\,, \quad k = 1, \ldots, n\,. \quad (12.6)$$

Für jedes k ist dies ein System von n homogenen Gleichungen für die Unbekannten v_{ik}, i = 1, ..., n. Zusammen bilden diese den Spaltenvektor $\underline{v}_k$ der gesuchten Transformationsmatrix $\underline{V}$. Da sie regulär sein muß, darf $\underline{v}_k$ keinesfalls der Nullvektor sein. Es sind daher nur

Lösungen $\neq \underline{0}$ der Gleichung (12.6) von Interesse. Sie existieren genau dann, wenn

$$\det(\lambda_k \underline{I} - \underline{A}) = 0 \qquad (12.7)$$

ist. Die Beziehung $\det(\lambda \underline{I} - \underline{A}) = 0$ heißt *charakteristische Gleichung der Matrix* $\underline{A}$, ihre Nullstellen heißen *Eigenwerte von* $\underline{A}$. Zu jedem Eigenwert λ_k gehört somit ein vom Nullvektor verschiedener Lösungsvektor $\underline{v}_k$ der Gleichung (12.6). Man bezeichnet ihn als einen *Eigenvektor* von $\underline{A}$. Bestimmt man zu jedem k einen derartigen Vektor $\underline{v}_k$, so sollen diese Vektoren zusammen die Transformationsmatrix

$$\underline{V} = \left[\underline{v}_1, \ldots, \underline{v}_n\right]$$

bilden. Sie ist genau dann regulär, wenn ihre Spaltenvektoren $\underline{v}_1, \ldots, \underline{v}_n$ linear unabhängig sind. Ist dies der Fall, *besitzt also die Matrix* $\underline{A}$ *n linear unabhängige Eigenvektoren, so heißt sie diagonalähnlich,* weil man sie dann auf die Diagonalform $\underline{\Lambda}$ bringen kann. Die transformierten Zustandsgleichungen lauten dann nach (12.3)

$$\dot{\underline{z}} = \underline{\Lambda}\, \underline{z} + \hat{\underline{B}}\, \underline{u} \quad \text{mit} \quad \underline{\Lambda} = \begin{bmatrix} \lambda_1 & \cdots & 0 \\ \vdots & \lambda_2 & \vdots \\ \vdots & \ddots & \vdots \\ 0 & \cdots & \lambda_n \end{bmatrix}, \qquad (12.8)$$

$$\hat{\underline{B}} = \underline{V}^{-1} \underline{B} \, ,$$

$$\underline{y} = \hat{\underline{C}}\, \underline{z} + \underline{D}\, \underline{u} \quad \text{mit} \quad \hat{\underline{C}} = \underline{C}\, \underline{V} \, . \qquad (12.9)$$

Ausgeschrieben hat man:

$$\dot{z}_i = \lambda_i z_i + \sum_{\nu=1}^{p} \hat{b}_{i\nu} u_\nu \, , \quad i = 1, \ldots, n \, , \qquad (12.10)$$

$$y_k = \sum_{\nu=1}^{n} \hat{c}_{k\nu} z_\nu + \sum_{\nu=1}^{p} d_{k\nu} u_\nu \, , \quad k = 1, \ldots, q \, . \qquad (12.11)$$

Betrachten wir als Beispiel die Reihenschaltung im Bild 12/1. Die Zustandsgleichungen in den Variablen x_1, x_2, x_3 lauten

$$\dot{\underline{x}} = \begin{bmatrix} 0 & 1 & 0 \\ 0 & -1 & 1 \\ 0 & 0 & -2 \end{bmatrix} \underline{x} + \begin{bmatrix} 0 \\ 0 \\ 1 \end{bmatrix} u \, , \quad y = \left[1, 0, 0\right] \underline{x} \, .$$

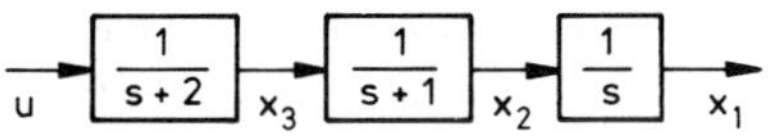

Bild 12/1. Strukturbild einer Reihenschaltung

Die Eigenwerte der Systemmatrix $\underline{A}$ ergeben sich aus der Gleichung

$$\det(\lambda \underline{I} - \underline{A}) = \begin{vmatrix} \lambda & -1 & 0 \\ 0 & \lambda+1 & -1 \\ 0 & 0 & \lambda+2 \end{vmatrix} = 0 \quad \text{zu}$$

$$\lambda_1 = 0 \, , \quad \lambda_2 = -1 \, , \quad \lambda_3 = -2 \, .$$

Die Eigenvektoren

$$\underline{v}_k = \begin{bmatrix} v_{1k} \\ v_{2k} \\ v_{3k} \end{bmatrix}, \quad k = 1, 2, 3 \, ,$$

werden gemäß (12.6) aus den Gleichungssystemen

$$\lambda_k v_{1k} - v_{2k} = 0 \, ,$$

$$(\lambda_k + 1)\, v_{2k} - v_{3k} = 0 \, ,$$

$$(\lambda_k + 2)\, v_{3k} = 0 \, , \quad k = 1, 2, 3 \, ,$$

ermittelt. Man erhält für

$$\lambda_1 = 0 : \; v_{11} \text{ beliebig} \, , \; v_{21} = 0 \, , \; v_{31} = 0 \, ;$$

$$\lambda_2 = -1 : \; v_{32} = 0 \, , \; v_{22} = -v_{12} \, ;$$

$$\lambda_3 = -2 : \; v_{33} = -v_{23} \, , \; v_{23} = -2\, v_{13} \, .$$

Da es sich um ein homogenes Gleichungssystem handelt, sind die Unbekannten nur bis auf einen konstanten Faktor bestimmt, den man beliebig $\neq 0$ wählen kann. Setzt man etwa

$v_{11} = 1$, $v_{12} = 1$, $v_{13} = 1$, so erhält man

$$\underline{V} = \left[\underline{v}_1, \underline{v}_2, \underline{v}_3\right] = \begin{bmatrix} 1 & 1 & 1 \\ 0 & -1 & -2 \\ 0 & 0 & 2 \end{bmatrix}.$$

Die inverse Matrix berechnet sich daraus zu

$$\underline{V}^{-1} = \begin{bmatrix} 1 & 1 & 1/2 \\ 0 & -1 & -1 \\ 0 & 0 & 1/2 \end{bmatrix}.$$

Für die transformierten Zustandsmatrizen ergibt sich so

$$\hat{\underline{B}} = \underline{V}^{-1} \underline{B} = \begin{bmatrix} 1/2 \\ -1 \\ 1/2 \end{bmatrix}, \quad \hat{\underline{C}} = \underline{C}\, \underline{V} = \begin{bmatrix} 1 & 1 & 1 \end{bmatrix}.$$

Die Zustandsgleichungen in Jordanscher Normalform lauten daher

$$\dot{\underline{z}} = \begin{bmatrix} 0 & 0 & 0 \\ 0 & -1 & 0 \\ 0 & 0 & -2 \end{bmatrix} \underline{z} + \begin{bmatrix} 1/2 \\ -1 \\ 1/2 \end{bmatrix} u ,$$

$$y = \begin{bmatrix} 1 & 1 & 1 \end{bmatrix} \underline{z} \quad \text{oder}$$

$$\dot{z}_1 = \frac{1}{2} u ,$$

$$\dot{z}_2 = -z_2 - u ,$$

$$\dot{z}_3 = -2 z_3 + \frac{1}{2} u ;$$

$$y = z_1 + z_2 + z_3 .$$

Um die Vieldeutigkeit der Eigenvektoren zu beseitigen, wird bei diesem Beispiel in jedem Eigenvektor eines der von Null verschiedenen Elemente gleich 1 gesetzt. Man kann aber auch den freien Faktor jedes Eigenvektors so wählen, daß $|\underline{v}_k| = 1$ ist, der Eigenvektor also einen Einheitsvektor darstellt.

Es bleibt die Frage, wann die *Matrix $\underline{A}$ diagonalähnlich* ist. Das ist sicher der Fall, *wenn ihre Eigenwerte $\lambda_1, \dots, \lambda_n$ einfach*, d.h. voneinander verschieden, sind (siehe z.B. [11.11], Teil 1, § 14).

Matrizen können aber auch diagonalähnlich sein, wenn mehrfache Eigenwerte auftreten. So sind *symmetrische Matrizen immer diagonalähnlich* ([11.11], § 15). Allerdings wird die Dynamikmatrix $\underline{A}$ nur in Ausnahmefällen symmetrisch sein.

Häufiger kann die im Bild 12/2 an einem Beispiel dargestellte Situation auftreten. Die Zustandsdifferentialgleichung dieses dynamischen Systems lautet

$$\dot{\underline{x}} = \begin{bmatrix} 0 & 1 & 0 & 0 \\ 0 & -1 & 0 & 0 \\ 0 & 0 & 0 & 1 \\ 0 & 0 & 0 & -2 \end{bmatrix} \underline{x} + \begin{bmatrix} 0 & 0 \\ 1 & 0 \\ 0 & 0 \\ 0 & 1 \end{bmatrix} \underline{u} .$$

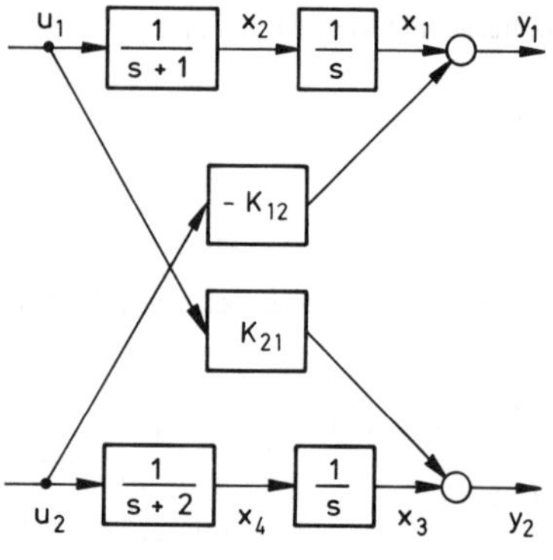

Bild 12/2. System mit mehrfachem Eigenwert und diagonalähnlicher Dynamikmatrix

Seine charakteristische Gleichung ist

$$\det(\lambda \underline{I} - \underline{A}) = \begin{vmatrix} \lambda & -1 & 0 & 0 \\ 0 & \lambda+1 & 0 & 0 \\ 0 & 0 & \lambda & -1 \\ 0 & 0 & 0 & \lambda+2 \end{vmatrix} = 0 ,$$

so daß es den zweifachen Eigenwert $\lambda_{1,2} = 0$ und die beiden einfachen Eigenwerte $\lambda_3 = -1$ und $\lambda_4 = -2$ besitzt. Die Gleichung $(\lambda \underline{I} - \underline{A}) \underline{v} = \underline{0}$ zur Berechnung der Eigenvektoren lautet daher

$$\lambda v_1 - v_2 = 0 ,$$

$$(\lambda+1) v_2 = 0 ,$$

$$\lambda v_3 - v_4 = 0 ,$$

$$(\lambda+2) v_4 = 0 .$$

Speziell für den zweifachen Eigenwert $\lambda = 0$ folgt daraus:

$$-v_2 = 0 ,$$

$$v_2 = 0 ,$$

$$-v_4 = 0 ,$$

$$2 v_4 = 0 .$$

Somit ist $v_2 = 0$ und $v_4 = 0$, während v_1 und v_3 beliebig sind. Zu $\lambda_{1,2} = 0$ gibt es daher zwei linear unabhängige Eigenvektoren:

$$\underline{v}_1 = \begin{bmatrix} 1 \\ 0 \\ 0 \\ 0 \end{bmatrix} , \quad \underline{v}_2 = \begin{bmatrix} 0 \\ 0 \\ 1 \\ 0 \end{bmatrix} .$$

Da zu $\lambda_3 = -1$ und $\lambda_4 = -2$ die Eigenvektoren

$$\underline{v}_3 = \begin{bmatrix} -1 \\ 1 \\ 0 \\ 0 \end{bmatrix} , \quad \underline{v}_4 = \begin{bmatrix} 0 \\ 0 \\ 1 \\ -2 \end{bmatrix}$$

gehören, besitzt die 4-reihige Matrix $\underline{A}$ vier linear unabhängige Eigenvektoren und ist daher diagonalähnlich.

Treten in einem Strukturbild gleiche Blöcke auf, so darf man also dennoch eine diagonalähnliche Dynamikmatrix erwarten, wenn diese Blöcke nicht in Reihe liegen. In Reihe gelegene gleiche Blöcke werden bei der Beschreibung realer Systeme selten sein, mit Ausnahme zweier in Reihe gelegener I-Glieder, welche eine ungedämpfte Bewegung vom Typ $m\ddot{x} = F$ charakterisieren.

Ist die Dynamikmatrix $\underline{A}$ nicht diagonalähnlich, so ist die Jordansche Normalform von der Diagonalform verschieden. Sie hat dann *Blockdiagonalform*, d.h. die transformierte Dynamikmatrix besteht aus Nullen mit Ausnahme von Blöcken, die längs der Hauptdiagonale aufgereiht sind und neben den Eigenwerten Einsen und Nullen enthalten. Einen speziellen Fall hiervon haben wir bei der Zustandsbeschreibung einer komplexen Übertragungsgleichung mittels Partialbruchzerlegung beim Auftreten mehrfacher Pole kennengelernt (Unterabschnitt 11.4.3). Für die Behandlung der Transformation auf Jordansche Normalform bei nicht diagonalähnlicher Dynamikmatrix $\underline{A}$ sei etwa verwiesen auf [12.1], Abschnitt 2-6; [12.2], Kapitel 3; [11.7], Band I, Anhang A.2; [11.11], Teil 1, § 19.

Im folgenden seien die Koordinaten $z_1, \ldots, z_n$ auch als *Modalkoordinaten* bezeichnet, die Transformation $\underline{x} = \underline{V}\,\underline{z}$ als *Modaltransformation*.

12.1.2 Transformation auf Regelungsnormalform

Die Regelungsnormalform ist dadurch ausgezeichnet, daß sich aus ihrer Zustandsdifferentialgleichung die charakteristische Gleichung ohne weitere Rechnung ablesen läßt. Gemäß (11.60), (11.61) ist sie gegeben durch

$$\dot{\underline{z}} = \underline{A}_R\,\underline{z} + \underline{b}_R\,u \quad \text{mit} \tag{12.12}$$

$$\underline{A}_R = \begin{bmatrix} 0 & 1 & 0 & \cdots & 0 \\ 0 & 0 & 1 & & \vdots \\ \vdots & & & \ddots & \vdots \\ \vdots & & & 1 & 0 \\ \vdots & & & & 1 \\ -a_0 & -a_1 & \cdots & & -a_{n-1} \end{bmatrix}, \quad \underline{b}_R = \begin{bmatrix} 0 \\ \vdots \\ \vdots \\ 0 \\ 1 \end{bmatrix}. \tag{12.13}$$

Die charakteristische Gleichung lautet daher

$$\det(s\,\underline{I} - \underline{A}_R) = \begin{vmatrix} s & -1 & 0 & \cdots & 0 \\ 0 & s & -1 & & \vdots \\ \vdots & & \ddots & \ddots & \vdots \\ & & & & -1 \\ a_0 & a_1 & \cdots & & s+a_{n-1} \end{vmatrix} = 0 .$$

Durch Entwicklung nach der letzten Zeile entsteht

$$a_0(-1)^{n+1} \begin{vmatrix} -1 & 0 & \cdots & 0 \\ s & -1 & & \vdots \\ \vdots & & \ddots & \vdots \\ 0 & \cdots & & -1 \end{vmatrix} +$$

$$+ a_1(-1)^{n+2} \begin{vmatrix} s & 0 & \cdots & 0 \\ 0 & -1 & & \vdots \\ \vdots & & \ddots & \vdots \\ 0 & \cdots & & -1 \end{vmatrix} +$$

$$+ a_2(-1)^{n+3} \begin{vmatrix} s & -1 & 0 & \cdots & 0 \\ 0 & s & 0 & & \vdots \\ \vdots & & -1 & \ddots & \vdots \\ 0 & \cdots & & & -1 \end{vmatrix} + \ldots +$$

$$+ (s+a_{n-1}) \begin{vmatrix} s & -1 & \cdots & 0 \\ 0 & s & & \vdots \\ \vdots & & \ddots & \vdots \\ 0 & \cdots & & s \end{vmatrix} = 0 .$$

Entwickelt man die erste dieser Determinanten sukzessive nach der ersten Zeile, die weiteren Determinanten sukzessive nach der ersten Spalte, so wird

$$a_0(-1)^{n+1}(-1)^{n-1} + a_1(-1)^{n+2}\,s\,(-1)^{n-2} +$$

$$+ a_2(-1)^{n+3}\,s^2\,(-1)^{n-3} + \ldots + (s+a_{n-1})\,s^{n-1} = 0$$

oder wegen $(-1)^{2n} = 1$:

$$a_0 + a_1 s + a_2 s^2 + \ldots + a_{n-1} s^{n-1} + s^n = 0 .$$

Wir stellen fest:

In der Regelungsnormalform besteht die letzte Zeile der Systemmatrix aus den negativen Koeffizienten des charakteristischen Polynoms (abgesehen von dem zu 1 normierten Koeffizienten der höchsten Potenz). (12.14)

Wir gehen nun von der Zustandsdifferentialgleichung

$$\dot{\underline{x}} = \underline{A}\,\underline{x} + \underline{b}\,u \tag{12.15}$$

aus, wobei $\underline{A}$ eine konstante (n,n)-Matrix und $\underline{b}$ ein konstanter (n,1)-Vektor ist. Die Zustandsdifferentialgleichung soll durch eine geeignete Transformation

$$\underline{z} = \underline{T}\,\underline{x} \tag{12.16}$$

auf die Regelungsnormalform (12.12), (12.13) gebracht werden.[1] Setzt man $\underline{x} = \underline{T}^{-1}\underline{z}$ in die Zustandsdifferentialgleichung (12.15) ein, so entsteht

$$\underline{T}^{-1}\,\dot{\underline{z}} = \underline{A}\,\underline{T}^{-1}\,\underline{z} + \underline{b}\,u .$$

Multipliziert man von links mit $\underline{T}$, so wird daraus

$$\dot{\underline{z}} = \underline{T}\,\underline{A}\,\underline{T}^{-1}\,\underline{z} + \underline{T}\,\underline{b}\,u .$$

Der Vergleich mit der gewünschten Zustandsdifferentialgleichung (12.12) liefert die Beziehungen

$$\underline{T}\,\underline{A}\,\underline{T}^{-1} = \underline{A}_R \quad \text{bzw.}$$

$$\underline{T}\,\underline{A} = \underline{A}_R\,\underline{T} \tag{12.17}$$

sowie

---

[1] Über die Transformation auf Regelungsnormalform bei Mehrgrößensystemen siehe etwa [12.1], Abschnitt 7-2.

$$\underline{T}\,\underline{b} = \underline{b}_R \,. \tag{12.18}$$

Hieraus hat man die gesuchte Transformation $\underline{T}$ zu berechnen. Um dieses Ziel in möglichst einfacher Weise zu erreichen, schreiben wir $\underline{T}$ in der Form

$$\underline{T} = \begin{bmatrix} \underline{t}_1^T \\ \vdots \\ \underline{t}_n^T \end{bmatrix}, \quad \text{wobei}$$

$$\underline{t}_i^T = \left[t_{i1}, t_{i2}, \ldots, t_{in}\right], \quad i = 1, \ldots, n,$$

die Zeilenvektoren von $\underline{T}$ sind. Es ist dann

$$\underline{T}\,\underline{A} = \begin{bmatrix} \underline{t}_1^T \\ \vdots \\ \underline{t}_n^T \end{bmatrix} \underline{A} = \begin{bmatrix} \underline{t}_1^T\underline{A} \\ \vdots \\ \underline{t}_n^T\underline{A} \end{bmatrix}. \tag{12.19}$$

Weiterhin ist nach (12.13)

$$\underline{A}_R\,\underline{T} = \begin{bmatrix} 0 & 1 & \cdots & 0 \\ 0 & 0 & 1 & \vdots \\ \vdots & \vdots & \vdots & 1 \\ -a_0 & -a_1 & \cdots & -a_{n-1} \end{bmatrix} \cdot \begin{bmatrix} t_{11} & t_{12} & \cdots & t_{1n} \\ t_{21} & t_{22} & \cdots & t_{2n} \\ \vdots & & & \vdots \\ t_{n1} & t_{n2} & \cdots & t_{nn} \end{bmatrix} =$$

$$= \begin{bmatrix} t_{21} & t_{22} & \cdots & t_{2n} \\ t_{31} & t_{32} & \cdots & t_{3n} \\ \vdots & \vdots & & \vdots \\ t_{n1} & t_{n2} & \cdots & t_{nn} \\ -a_0 t_{11} - a_1 t_{21} - \ldots - a_{n-1} t_{n1} & -a_0 t_{12} - \ldots - a_{n-1} t_{n2} & \cdots & -a_0 t_{1n} - \ldots - a_{n-1} t_{nn} \end{bmatrix} =$$

$$= \begin{bmatrix} \underline{t}_2^T \\ \underline{t}_3^T \\ \vdots \\ \underline{t}_n^T \\ -a_0 \underline{t}_1^T - a_1 \underline{t}_2^T - \ldots - a_{n-1} \underline{t}_n^T \end{bmatrix}. \tag{12.20}$$

Denkt man sich nun (12.19) und (12.20) in die Bestimmungsgleichung $\underline{T}\,\underline{A} = \underline{A}_R\,\underline{T}$ eingesetzt und vergleicht die entsprechenden Zeilen auf beiden Seiten, so hat man zunächst die Gleichungen

$$\left.\begin{aligned} \underline{t}_1^T \underline{A} &= \underline{t}_2^T , \\ \underline{t}_2^T \underline{A} &= \underline{t}_3^T , \\ &\;\vdots \\ \underline{t}_{n-1}^T \underline{A} &= \underline{t}_n^T \end{aligned}\right\} \tag{12.21}$$

sowie als letzte Gleichung

$$\underline{t}_n^T \underline{A} = -a_0 \underline{t}_1^T - a_1 \underline{t}_2^T - \ldots - a_{n-1} \underline{t}_n^T . \tag{12.22}$$

Setzt man in (12.21) jede Gleichung in die nachfolgende ein, so erhält man sukzessive

$$\left.\begin{aligned} \underline{t}_2^T &= \underline{t}_1^T \underline{A} , \\ \underline{t}_3^T &= \underline{t}_2^T \underline{A} = \underline{t}_1^T \underline{A}\cdot\underline{A} = \underline{t}_1^T \underline{A}^2 , \\ &\;\vdots \\ \underline{t}_n^T &= \underline{t}_{n-1}^T \underline{A} = \underline{t}_1^T \underline{A}^{n-1} . \end{aligned}\right\} \tag{12.23}$$

Damit hat man das Zwischenergebnis

$$\underline{T} = \begin{bmatrix} \underline{t}_1^T \\ \underline{t}_1^T \underline{A} \\ \vdots \\ \underline{t}_1^T \underline{A}^{n-1} \end{bmatrix}. \tag{12.24}$$

Es bleibt $\underline{t}_1^T$ zu berechnen. Das geschieht mittels der bislang noch nicht benutzten Gleichung (12.18). Sie lautet komponentenweise

$$\underline{t}_1^T \underline{b} = 0, \ldots, \underline{t}_{n-1}^T \underline{b} = 0, \underline{t}_n^T \underline{b} = 1 ,$$

also wegen (12.23):

$$\underline{t}_1^T \underline{b} = 0, \; \underline{t}_1^T \underline{A}\,\underline{b} = 0, \ldots, \underline{t}_1^T \underline{A}^{n-2} \underline{b} = 0 ,$$

$$\underline{t}_1^T \underline{A}^{n-1} \underline{b} = 1 . \tag{12.25}$$

Das ist ein lineares inhomogenes System von n Gleichungen für die n gesuchten Komponenten von $\underline{t}_1^T$. Die Systemmatrix ist

$$\underline{Q}_S = \left[\underline{b}, \underline{A}\,\underline{b}, \ldots, \underline{A}^{n-1} \underline{b}\right]. \tag{12.26}$$

Mit ihr kann man (12.25) als Matrizengleichung schreiben:

$$\left[\underline{t}_1^T \underline{b}, \ldots, \underline{t}_1^T \underline{A}^{n-1} \underline{b}\right] = \left[0, \ldots, 0, 1\right]$$

oder

$$\underline{t}_1^T \underline{Q}_S = \left[0, \ldots, 0, 1\right].$$

Ist Q_S regulär, so folgt daraus

$$\underline{t}_1^T = [0, \ldots, 0, 1] \cdot \underline{Q}_S^{-1} . \tag{12.27}$$

Das rechts stehende Matrizenprodukt stellt die *letzte Zeile von $\underline{Q}_S^{-1}$* dar. Damit ist der Zeilenvektor $\underline{t}_1^T$ und mit ihm die Transformationsmatrix $\underline{T}$ bekannt.

Es bleibt zu zeigen, daß *$\underline{T}$ regulär* ist. Dazu überprüft man, ob die Zeilenvektoren in (12.24) linear unabhängig sind. Zu diesem Zweck setzt man die Gleichung

$$c_1 \underline{t}_1^T + c_2 \underline{t}_1^T \underline{A} + \ldots + c_n \underline{t}_1^T \underline{A}^{n-1} = \underline{0}^T \tag{12.28}$$

an. Multipliziert man von rechts mit $\underline{b}$, so entsteht die skalare Gleichung

$$c_1 \underline{t}_1^T \underline{b} + c_2 \underline{t}_1^T \underline{A}\,\underline{b} + \ldots + c_n \underline{t}_1^T \underline{A}^{n-1} \underline{b} = 0 .$$

Wegen (12.25) folgt daraus $c_n = 0$. Die so verbleibende Gleichung (12.28) multipliziert man nun von rechts mit $\underline{A}\,\underline{b}$, was zu $c_{n-1} = 0$ führt. So fortfahrend, sieht man, daß alle $c_\nu = 0$ sind. Daher sind die Zeilenvektoren von $\underline{T}$ linear unabhängig, so daß $\underline{T}$ eine reguläre Matrix darstellt.

Vielleicht wird dem Leser aufgefallen sein, daß die Gleichung (12.22) zur Berechnung von $\underline{T}$ nicht benötigt wurde. Das ist auch gut so, da die Koeffizienten $a_0, a_1, \ldots, a_{n-1}$ der charakteristischen Gleichung nicht von vornherein bekannt sind, sondern erst durch Berechnung von $\det(s\,\underline{I} - \underline{A})$ aus $\underline{A}$ bestimmt werden müßten. Nunmehr, nachdem $\underline{t}_1^T, \ldots, \underline{t}_n^T$ bekannt sind, kann man aber $a_0, a_1, \ldots, a_{n-1}$ aus (12.22) bestimmen. Man kann diese Gleichung in folgender Form schreiben:

$$-[a_0, a_1, \ldots, a_{n-1}] \cdot \begin{bmatrix} \underline{t}_1^T \\ \vdots \\ \underline{t}_n^T \end{bmatrix} = \underline{t}_n^T \underline{A} ,$$

so daß

$$[a_0, a_1, \ldots, a_{n-1}] = -\underline{t}_n^T \underline{A}\,\underline{T}^{-1} \tag{12.29}$$

ist.[2]

Wir können nun die Ergebnisse dieses Abschnitts im folgenden Satz zusammenfassen:

Ein System mit der Zustandsdifferentialgleichung

$$\dot{\underline{x}} = \underline{A}\,\underline{x} + \underline{b}\,u$$

kann durch die Transformation $\underline{z} = \underline{T}\,\underline{x}$ auf die Regelungsnormalform (12.12), (12.13) gebracht werden, wenn die Matrix

$$\underline{Q}_S = [\underline{b}, \underline{A}\,\underline{b}, \ldots, \underline{A}^{n-1}\underline{b}]$$

regulär ist. Dabei ist

$$\underline{T} = \begin{bmatrix} \underline{t}_1^T \\ \underline{t}_1^T \underline{A} \\ \vdots \\ \underline{t}_1^T \underline{A}^{n-1} \end{bmatrix}$$

zu wählen, wobei $\underline{t}_1^T$ die letzte Zeile von $\underline{Q}_S^{-1}$ ist. Man erhält sie aus den Gleichungen

$$\underline{t}_1^T \underline{b} = 0 , \; \underline{t}_1^T \underline{A}\,\underline{b} = 0 , \ldots , \; \underline{t}_1^T \underline{A}^{n-2} \underline{b} = 0 ,$$
$$\underline{t}_1^T \underline{A}^{n-1} \underline{b} = 1 . \tag{12.30}$$

Wie einfach der so gefundene Rechengang zur Ermittlung der Transformationsmatrix $\underline{T}$ ist, sei noch an einem Zahlenbeispiel illustriert. Wir nehmen etwa das System in Bild 12/1, das durch die Zustandsdifferentialgleichungen

$$\dot{x}_1 = x_2 ,$$
$$\dot{x}_2 = -x_2 + x_3 ,$$
$$\dot{x}_3 = -2x_3 + u$$

beschrieben wird, also die Matrizen

$$\underline{A} = \begin{bmatrix} 0 & 1 & 0 \\ 0 & -1 & 1 \\ 0 & 0 & -2 \end{bmatrix} , \quad \underline{b} = \begin{bmatrix} 0 \\ 0 \\ 1 \end{bmatrix}$$

aufweist. Daher ist

$$\underline{A}\,\underline{b} = \begin{bmatrix} 0 \\ 1 \\ -2 \end{bmatrix} , \quad \underline{A}^2 \underline{b} = \underline{A} \cdot \underline{A}\,\underline{b} = \begin{bmatrix} 1 \\ -3 \\ 4 \end{bmatrix} .$$

Nach (12.30) lautet das Gleichungssystem zur Ermittlung von $\underline{t}_1^T = [t_1, t_2, t_3]$:

$$t_3 = 0 ,$$
$$t_2 - 2t_3 = 0 ,$$
$$t_1 - 3t_2 + 4t_3 = 1 ,$$

[2] Üblicherweise bestimmt man jedoch die a_ν aus dem *Leverrier-* oder *Faddejew*-Algorithmus: [11.12], Abschnitt 4.4.

woraus

$$\underline{t}_1^T = [1 \; 0 \; 0]$$

folgt. Damit wird

$$\underline{t}_1^T \underline{A} = [1 \; 0 \; 0] \begin{bmatrix} 0 & 1 & 0 \\ 0 & -1 & 1 \\ 0 & 0 & -2 \end{bmatrix} = [0 \; 1 \; 0] ,$$

$$\underline{t}_1^T \underline{A}^2 = \underline{t}_1^T \underline{A} \cdot \underline{A} = [0 \; -1 \; 1] .$$

Wiederum nach (12.30) ist daher

$$\underline{T} = \begin{bmatrix} 1 & 0 & 0 \\ 0 & 1 & 0 \\ 0 & -1 & 1 \end{bmatrix} .$$

Zweifellos kann man bei einem so einfachen System wie dem hier vorliegenden die Regelungsnormalform leichter durch Bilden der charakteristischen Gleichung erhalten als durch die Transformation $\underline{T}$. Es gibt aber Aufgaben, bei denen das Problem nicht in der Herstellung der Regelungsnormalform besteht, vielmehr gerade die Transformationsmatrix $\underline{T}$ gefragt ist. Dies ist insbesondere bei der Regelungssynthese durch Polvorgabe der Fall (Kapitel 13).

12.1.3 Transformation auf Beobachtungsnormalform

Da hier entsprechende Beziehungen gelten wie bei der Transformation auf Regelungsnormalform, können wir uns kürzer fassen. Nach (11.58) und (11.59) sind die Zustandsgleichungen in Beobachtungsnormalform

$$\dot{\underline{z}} = \underline{A}_B \underline{z} + \underline{b}_B u , \qquad (12.31)$$

$$y = \underline{c}_B^T \underline{z} \qquad (12.32)$$

mit

$$\underline{A}_B = \begin{bmatrix} 0 & \cdots & & -a_0 \\ 1 & 0 & & \cdot \\ \cdot & 1 & \ddots & \cdot \\ \cdot & & \ddots & \cdot \\ \cdot & & 0 & -a_{n-2} \\ 0 & \cdots & 1 & -a_{n-1} \end{bmatrix} , \quad \underline{b}_B = \begin{bmatrix} b_0 \\ \cdot \\ \cdot \\ \cdot \\ \\ b_{n-1} \end{bmatrix} , \qquad (12.33)$$

$$\underline{c}_B^T = [0 \; \ldots \; 0 \; 1] . \qquad (12.34)$$

Da $\det[s\underline{I} - \underline{A}_B]$ offensichtlich durch Spiegelung an der Hauptdiagonale in $\det[s\underline{I} - \underline{A}_R]$ übergeht, folgt sofort:

In der Beobachtungsnormalform besteht die letzte Spalte der Systemmatrix aus den negativen Koeffizienten des charakteristischen Polynoms (abgesehen von dem zu 1 normierten Koeffizienten der höchsten Potenz). (12.35)

Sei nun das System

$$\dot{\underline{x}} = \underline{A}\,\underline{x} + \underline{b}\,u , \qquad (12.36)$$

$$y = \underline{c}^T \underline{x} \qquad (12.37)$$

gegeben. Es soll durch die Transformation

$$\underline{z} = \underline{T}\,\underline{x}$$

auf die Beobachtungsnormalform gebracht werden. Hier wird die Berechnung der Transformation besonders einfach, wenn man von der Umkehrung

$$\underline{x} = \underline{T}^{-1} \underline{z} = \underline{S}\,\underline{z} \qquad (12.38)$$

ausgeht, wobei also

$$\underline{T}^{-1} = \underline{S}$$

gesetzt ist. Mit (12.38) wird aus den Zustandsgleichungen des Systems

$$\dot{\underline{z}} = \underline{S}^{-1} \underline{A}\,\underline{S}\,\underline{z} + \underline{S}^{-1} \underline{b}\,u ,$$

$$y = \underline{c}^T \underline{S}\,\underline{z} .$$

Sollen sie mit der Beobachtungsnormalform übereinstimmen, so muß

$$\underline{S}^{-1} \underline{A}\,\underline{S} = \underline{A}_B \quad \text{bzw.}$$

$$\underline{A}\,\underline{S} = \underline{S}\,\underline{A}_B \quad \text{und} \qquad (12.39)$$

$$\underline{c}^T \underline{S} = \underline{c}_B^T = [0 \; \ldots \; 0 \; 1] \qquad (12.40)$$

gelten.

Stellt man nunmehr die Matrix $\underline{S}$ durch ihre Spaltenvektoren dar,

$$\underline{S} = [\underline{s}_1, \underline{s}_2, \ldots, \underline{s}_n] ,$$

so folgt entsprechend wie im vorigen Abschnitt:

$$\left.\begin{aligned} \underline{s}_2 &= \underline{A}\,\underline{s}_1 \\ \underline{s}_3 &= \underline{A}\,\underline{s}_2 = \underline{A}^2 \underline{s}_1 \\ &\vdots \\ \underline{s}_n &= \underline{A}\,\underline{s}_{n-1} = \underline{A}^{n-1} \underline{s}_1 \end{aligned}\right\} \qquad (12.41)$$

und

$$\left.\begin{aligned} \underline{c}^T \underline{s}_1 &= 0 \,, \\ \underline{c}^T \underline{A}\, \underline{s}_1 &= 0 \,, \\ &\vdots \\ \underline{c}^T \underline{A}^{n-1} \underline{s}_1 &= 1 \,, \end{aligned}\right\} \quad (12.42)$$

wozu noch die Gleichung

$$\underline{A}\, \underline{s}_n = -a_0\, \underline{s}_1 - a_1\, \underline{s}_2 - \ldots - a_{n-1}\, \underline{s}_n \qquad (12.43)$$

tritt, die aber zur Berechnung von $\underline{S}$ nicht benötigt wird.

Die Gleichungssysteme (12.41) und (12.42) kann man entsprechend wie im vorigen Abschnitt auswerten und erhält so ein zu (12.30) analoges Resultat:

Das System

$$\dot{\underline{x}} = \underline{A}\, \underline{x} + \underline{b}\, u, \; y = \underline{c}^T \underline{x}$$

kann durch die Transformation $\underline{z} = \underline{T}\, \underline{x}$ auf die Beobachtungsnormalform (12.31) bis (12.34) gebracht werden, wenn die Matrix

$$\underline{Q}_B = \begin{bmatrix} \underline{c}^T \\ \underline{c}^T \underline{A} \\ \vdots \\ \underline{c}^T \underline{A}^{n-1} \end{bmatrix}$$

regulär ist. Dabei ist

$$\underline{S} = \underline{T}^{-1} = [\, \underline{s}_1, \underline{A}\, \underline{s}_1, \ldots, \underline{A}^{n-1} \underline{s}_1 \,]$$

zu wählen, wobei $\underline{s}_1$ die letzte Spalte von $\underline{Q}_B^{-1}$ ist. Man erhält sie aus den Gleichungen

$$\underline{c}^T \underline{s}_1 = 0 \,, \; \underline{c}^T \underline{A}\, \underline{s}_1 = 0 \,, \ldots, \; \underline{c}^T \underline{A}^{n-1} \underline{s}_1 = 1 \,. \text{[3]} \qquad (12.44)$$

12.2 Lösung der Zustandsgleichungen

Die Aufgabe besteht darin, einen Formelzusammenhang zwischen dem Eingangsvektor $\underline{u}(t)$ und dem Ausgangsvektor $\underline{y}(t)$ des linearen zeitinvarianten Systems

$$\dot{\underline{x}} = \underline{A}\, \underline{x} + \underline{B}\, \underline{u} \,, \qquad (12.45)$$

$$\underline{y} = \underline{C}\, \underline{x} + \underline{D}\, \underline{u} \qquad (12.46)$$

[3] Zur Transformation eines Mehrgrößensystems auf Beobachtungsnormalform siehe etwa [12.1], Abschnitt 7-4.

mit konstanten Matrizen $\underline{A}$, $\underline{B}$, $\underline{C}$, $\underline{D}$ herzustellen. Diese Aufgabe ist gelöst, wenn man aus der Zustandsdifferentialgleichung (12.45) den Zustandsvektor $\underline{x}(t)$ in Abhängigkeit von $\underline{u}(t)$ bestimmt. Man braucht dann $\underline{x}(t)$ nur noch in die Ausgangsgleichung (12.46) einzusetzen.

Um die Vektordifferentialgleichung (12.45) zu lösen, könnte man sie in ein System von n skalaren Differentialgleichungen für die n Zustandsvariablen $x_1(t), \ldots, x_n(t)$ umwandeln und dieses dann in herkömmlicher Weise angehen. Um jedoch eine übersichtliche Lösung zu erhalten und neue Einsichten in das Systemverhalten zu gewinnen, wollen wir bei der Vektorform der Zustandsdifferentialgleichung bleiben und aus ihr direkt eine vektorielle Lösung herleiten.

Um eine Vorstellung davon zu bekommen, wie man die Vektordifferentialgleichung eventuell lösen kann, betrachten wir die entsprechende skalare Differentialgleichung

$$\dot{x} = ax + bu \,.$$

Man kann sie auf verschiedene Weise lösen. Ein einfacher Weg besteht darin, daß man mit e^{-at} multipliziert:

$$e^{-at}\dot{x} = e^{-at} ax + e^{-at} bu \,,$$

$$e^{-at}\dot{x} - a e^{-at} x = e^{-at} bu \,.$$

Die linke Seite ist jetzt gerade der Differentialquotient

$$\frac{d}{dt}\left(e^{-at} x(t)\right) .$$

Demzufolge gilt

$$\frac{d}{dt}\left(e^{-at} x(t)\right) = e^{-at}\, b\, u(t) \,.$$

Integriert man vom Anfangszeitpunkt t_0 bis zum Zeitpunkt t, so wird daraus

$$\int_{t_0}^{t} \frac{d}{d\tau}\left(e^{-a\tau} x(\tau)\right) d\tau = \int_{t_0}^{t} e^{-a\tau}\, b\, u(\tau)\, d\tau \,. \qquad (12.47)$$

Nach dem Hauptsatz der Differential- und Integralrechnung wird aus dem Ausdruck auf der linken Seite

$$e^{-at} x(t) - e^{-at_0} x(t_0) \,.$$

Damit erhält man aus (12.47), wenn man die Gleichung noch mit e^{at} multipliziert:

$$x(t) - e^{a(t-t_0)} x(t_0) = e^{at} \int_{t_0}^{t} e^{-a\tau}\, b\, u(\tau)\, d\tau \,.$$

Da nach τ integriert wird, kann man den Faktor e^{at} in den Integranden schreiben und bekommt endgültig:

$$x(t) = \int_{t_0}^{t} e^{a(t-\tau)} b\, u(\tau)\, d\tau + e^{a(t-t_0)} x(t_0) \; . \qquad (12.48)$$

Man darf vermuten, daß die Lösung der entsprechenden Vektordifferentialgleichung den gleichen Aufbau zeigen wird, nur daß eben die Skalare durch die entsprechenden Vektoren und Matrizen ersetzt sind. Trifft das zu, so müssen Matrizenfunktionen vom Typ $e^{\underline{A}z}$ auftreten, wo z eine Variable ist. Zunächst ist ein derartiges Symbol aber gar nicht definiert. Es muß daher vorerst geklärt werden, was darunter zu verstehen ist.

12.2.1 Matrizen-e-Funktion

Es liegt nahe, $e^{\underline{A}z}$ mittels der Potenzreihe für die e-Funktion zu definieren:

$$e^{\underline{A}z} = \sum_{\nu=0}^{\infty} \frac{(\underline{A}z)^\nu}{\nu!} = \underline{I} + \underline{A}\frac{z}{1!} + \underline{A}^2\frac{z^2}{2!} + \dots , \qquad (12.49)$$

wobei $\underline{I}$ die n-reihige quadratische Einheitsmatrix ist. Die einzelnen Glieder der Reihe sind wohldefinierte Matrizenpotenzen $\underline{A}^\nu = \underline{A}\cdot\underline{A}\cdot\ldots\cdot\underline{A}$, die noch mit dem Skalar $z^\nu/\nu!$ multipliziert werden. Es handelt sich daher bei jedem einzelnen Glied der Reihe um eine (n,n)-Matrix, wobei n die Zahl der Zustandsvariablen des Systems ist. Ist

$\underline{A} = (a_{ik})$, so ist

$$\underline{A}^2 = \left[\sum_{\lambda=1}^{n} a_{i\lambda} a_{\lambda k}\right] ,$$

$$\underline{A}^3 = \left[\sum_{\lambda,\mu=1}^{n} a_{i\lambda} a_{\lambda\mu} a_{\mu k}\right] ,$$

$$\vdots$$

Die Addition der Reihenglieder in (12.49) ist ebenfalls erklärt. Da man Matrizen addiert, indem man die entsprechenden Elemente addiert, erhält man

$$e^{\underline{A}z} = \left[e_{ik} + \frac{z}{1!}a_{ik} + \frac{z^2}{2!}\sum_{\lambda=1}^{n} a_{i\lambda}a_{\lambda k} + \frac{z^3}{3!}\sum_{\lambda,\mu=1}^{n} a_{i\lambda}a_{\lambda\mu}a_{\mu k} + \dots \right] ,$$

wobei

$$e_{ik} = \begin{cases} 1 & \text{für } i = k \\ 0 & \text{für } i \neq k \end{cases} .$$

Jedes Element der (n,n)-Matrix $e^{\underline{A}z}$ stellt somit eine unendliche Reihe dar. Die Definition (12.49) ist daher sinnvoll, wenn sich die Konvergenz dieser Reihen zeigen läßt. Das ist in der Tat nicht schwierig. Die Elemente a_{ik} sind feste Zahlen und daher dem Betrag nach sämtlich $\le M$, wobei M eine feste positive Zahl ist. Im m-ten Term der unendlichen Reihe treten Produkte der a_{ik} zu m Faktoren auf. Diese Produkte sind somit dem Betrage nach $\le M^m$. Die Anzahl dieser Produkte im m-ten Term ist n^{m-1}. Also ist der m-te Summand der Reihe dem Betrag nach

$$\le \frac{|z|^m}{m!} n^{m-1} M^m = \frac{1}{n}\frac{(|z|\,nM)^m}{m!} , \quad m = 1, 2, \dots$$

Dieser Term ist aber das m-te Glied der Reihenentwicklung von $(1/n)e^{|z|nM}$ (n ist hierbei eine feste Zahl!). Die e-Reihe ist somit absolute Majorante der von uns betrachteten Reihe. Daher ist diese absolut konvergent und außerdem sogar gleichmäßig konvergent in jedem endlichen z-Intervall. Die Definition (12.49) ist damit als sinnvoll erwiesen.

Aus der Definition (12.49) läßt sich leicht folgern, daß man mit der Matrizen-e-Funktion genau so rechnen kann wie mit der gewöhnlichen e-Funktion. Vor allem gilt das *Additionstheorem der e-Funktion*:

$$e^{\underline{A}z_1} e^{\underline{A}z_2} = e^{\underline{A}(z_1+z_2)} . \qquad (12.50)$$

Zunächst sieht man nämlich durch Ausmultiplizieren der Reihen, daß

$$e^{\underline{A}z_1} e^{\underline{A}z_2} = \sum_{n=0}^{\infty}\left[\sum_{\nu=0}^{n} \underline{A}^n \frac{z_1^\nu}{\nu!}\frac{z_2^{n-\nu}}{(n-\nu)!}\right] .$$

Zieht man in der ν-Summe, die das n-te Glied der Produktreihe bildet, $\underline{A}^n$ vor und erweitert mit n!, so erhält man den Ausdruck

$$\frac{\underline{A}^n}{n!}\sum_{\nu=0}^{n}\frac{n!}{\nu!(n-\nu)!} z_1^\nu z_2^{n-\nu} = \frac{\underline{A}^n}{n!}\sum_{\nu=0}^{n}\binom{n}{\nu} z_1^\nu z_2^{n-\nu} .$$

Nach dem binomischen Satz ist dieser Term gleich

$\dfrac{\underline{A}^n}{n!}(z_1+z_2)^n$. Damit wird

$$e^{\underline{A}z_1} e^{\underline{A}z_2} = \sum_{n=0}^{\infty} \underline{A}^n \frac{(z_1+z_2)^n}{n!} .$$

Die rechtsstehende Reihe ist aber nach (12.49) gerade die Matrizenfunktion $e^{\underline{A}(z_1+z_2)}$.

Aus dem Additionstheorem folgt unmittelbar, daß die Matrix $e^{-\underline{A}t}$ invers zur Matrix $e^{\underline{A}t}$ ist, daß also

$$e^{\underline{A}t} e^{-\underline{A}t} = \underline{I}$$

gilt. Es ist nämlich

$$e^{\underline{A}t} e^{-\underline{A}t} = e^{\underline{A}(t-t)} = e^{\underline{A}0} = \underline{I} + \underline{A}\frac{0}{1!} + \underline{A}^2 \frac{0^2}{2!} + \ldots = \underline{I} .$$

Eine weitere Rechenregel, die wir im folgenden benötigen, ist die Differentiationseigenschaft der e-Funktion:

$$\frac{d}{dz} e^{\underline{A}z} = \underline{A}\, e^{\underline{A}z} = e^{\underline{A}z} \underline{A} . \qquad (12.51)$$

Das beweisen wir durch gliedweise Differentiation der Reihe (12.49) nach z, eine Operation, die gewiß zulässig ist, da es sich um die Differentiation von Potenzreihen im Innern ihres Konvergenzbereichs handelt. Gliedweise Differentiation von (12.49) liefert

$$\frac{d}{dz} e^{\underline{A}z} = \underline{A} + \underline{A}^2 \frac{z}{1!} + \underline{A}^3 \frac{z^2}{2!} + \ldots .$$

Diese Reihe ist einerseits gleich

$$\underline{A}\left[\underline{I} + \underline{A}\frac{z}{1!} + \underline{A}^2 \frac{z^2}{2!} + \ldots\right] = \underline{A}\, e^{\underline{A}z} ,$$

andererseits gleich

$$\left[\underline{I} + \underline{A}\frac{z}{1!} + \underline{A}^2 \frac{z^2}{2!} + \ldots\right] \underline{A} = e^{\underline{A}z} \underline{A} .$$

Nebenbei wird in (12.51) die Tatsache ausgedrückt, daß die beiden Matrizen *$\underline{A}$ und $e^{\underline{A}z}$ miteinander vertauschbar* sind.

12.2.2 Lösung der Zustandsgleichungen mittels der Transitionsmatrix

Die Vektordifferentialgleichung

$$\dot{\underline{x}} = \underline{A}\,\underline{x} + \underline{B}\,\underline{u} \qquad (12.52)$$

kann nunmehr entsprechend der Lösung der skalaren Differentialgleichung gelöst werden.

Als einziges weiteres Hilfsmittel wird die Tatsache benutzt, daß auch für ein Matrizenprodukt die übliche Produktregel der Differentiation gilt, wobei man nur auf die Reihenfolge der Faktoren zu achten hat. Sind also $\underline{X}$ und $\underline{Y}$ Matrizen mit zeitabhängigen Elementen, so gilt

$$\frac{d}{dt}(\underline{X}\,\underline{Y}) = \underline{X}\,\dot{\underline{Y}} + \dot{\underline{X}}\,\underline{Y} . \qquad (12.53)$$

Multipliziert man die Gleichung (12.52) von links mit $e^{-\underline{A}t}$, so erhält man

$$e^{-\underline{A}t}\dot{\underline{x}} = e^{-\underline{A}t}\underline{A}\,\underline{x} + e^{-\underline{A}t}\underline{B}\,\underline{u} .$$

Wegen der Vertauschbarkeit der Matrizen $e^{-\underline{A}t}$ und $\underline{A}$ kann man hierfür auch schreiben:

$$e^{-\underline{A}t}\dot{\underline{x}} - \underline{A}\,e^{-\underline{A}t}\underline{x} = e^{-\underline{A}t}\underline{B}\,\underline{u} . \qquad (12.54)$$

Nach der Produktregel (12.53) ist aber

$$\frac{d}{dt}(e^{-\underline{A}t}\underline{x}) = e^{-\underline{A}t}\dot{\underline{x}} - \underline{A}\,e^{-\underline{A}t}\underline{x} .$$

Damit wird aus (12.54)

$$\frac{d}{dt}(e^{-\underline{A}t}\underline{x}) = e^{-\underline{A}t}\underline{B}\,\underline{u} .$$

Integriert man diese Vektorgleichung vom Zeitpunkt t_0, in dem die Betrachtung des Systems begonnen wird, bis zu einem anderen Zeitpunkt t, so erhält man

$$\int_{t_0}^{t} \frac{d}{d\tau}\left(e^{-\underline{A}\tau}\underline{x}(\tau)\right) d\tau = \int_{t_0}^{t} e^{-\underline{A}\tau}\underline{B}\,\underline{u}(\tau)\, d\tau .$$

Wendet man auf das linke Integral den Hauptsatz der Differential- und Integralrechnung an, der auch für die Integration von Matrizen gilt, so entsteht

$$e^{-\underline{A}t}\underline{x}(t) - e^{-\underline{A}t_0}\underline{x}(t_0) = \int_{t_0}^{t} e^{-\underline{A}\tau}\underline{B}\,\underline{u}(\tau)\, d\tau . \qquad (12.55)$$

Multipliziert man (12.55) von links mit $e^{\underline{A}t}$, so wird daraus

$$\underline{x}(t) - e^{\underline{A}(t-t_0)}\underline{x}(t_0) = e^{\underline{A}t}\int_{t_0}^{t} e^{-\underline{A}\tau}\underline{B}\,\underline{u}(\tau)\, d\tau .$$

Da nach τ integriert wird, kann man $e^{\underline{A}t}$ unter das Integral schreiben und erhält so

$$\underline{x}(t) = \int_{t_0}^{t} e^{\underline{A}(t-\tau)}\underline{B}\,\underline{u}(\tau)\, d\tau + e^{\underline{A}(t-t_0)}\underline{x}(t_0) . \qquad (12.56)$$

Damit hat man die allgemeine Lösung der Zustandsdifferentialgleichung in Vektorform erhalten. Sie setzt sich aus zwei Termen additiv zusammen. Der erste Term gibt die Abhängigkeit von dem Eingangsvektor $\underline{u}(t)$ an, der zweite Term die Abhängigkeit vom Anfangszustand $\underline{x}(t_0)$. Die Formel ist außerordentlich übersichtlich, was auf die Vektor- und Matrizenschreibweise zurückzuführen ist. Man überschaut mit einem Blick die gesamten auf das System einwirkenden äußeren Einflüsse. Hierin zeigt sich eine deutliche Überlegenheit gegenüber der Beschreibung durch Strukturbild und Übertragungsfunktion. Das gilt besonders bezüglich des Anfangszustands. Zwar kann er durch das Strukturbild und durch komplexe Zusatzterme zur Übertragungsfunktion erfaßt werden, aber in nicht annähernd so durchsichtiger Weise wie in (12.56).

Denkt man sich $\underline{u}(t)$ zu $\underline{0}$ angenommen, so wird das System allein durch den Anfangszustand bestimmt. Dann gilt

$$\underline{x}(t) = e^{\underline{A}(t-t_0)}\,\underline{x}(t_0) \ . \tag{12.57}$$

Das heißt: Der Anfangszustand $\underline{x}(t_0)$ wird in den momentanen Systemzustand $\underline{x}(t)$ durch Multiplikation mit der Matrix

$$\underline{\Phi}(t,t_0) = e^{\underline{A}(t-t_0)} \tag{12.58}$$

überführt. Das ist ein Zusammenhang von unübertrefflicher Einfachheit. Die Matrix $\underline{\Phi}(t,t_0)$ wird deshalb als *Überführungs- oder Transitionsmatrix* des Systems bezeichnet. Hat man es nur mit zeitinvarianten Systemen zu tun, so bezeichnet man die Transitionsmatrix auch häufig mit $\underline{\Phi}(t-t_0)$, da die beiden Variablen t und t_0 nach (12.58) nur als Differenz $t-t_0$ auftreten.

Wie man aus (12.56) ersieht, bestimmt die Transitionsmatrix die Lösung der Zustandsdifferentialgleichung. Das gilt nicht nur für die hier betrachteten zeitinvarianten Systeme, sondern ebenso für zeitvariante. *Für lineare Systeme* (die durch Differentialgleichungen beschrieben werden) *gilt allgemein* ([12.1], Abschnitt 4-2; [12.2], Abschnitt 6-2)

$$\underline{x}(t) = \int_{t_0}^{t} \underline{\Phi}(t,\tau)\,\underline{B}\,\underline{u}(\tau)\,d\tau + \underline{\Phi}(t,t_0)\,\underline{x}(t_0) \ . \tag{12.59}$$

Nur läßt sich bei zeitvarianten Systemen die Transitionsmatrix $\underline{\Phi}(t,t_0)$ im allgemeinen nicht formelmäßig nach Art von (12.58) angeben. Das ist nicht verwunderlich, wenn man bedenkt, daß zu den linearen zeitvarianten Differentialgleichungen so verschiedenartige Beziehungen wie die Besselsche, die Legendresche oder die Mathieusche Differentialgleichung gehören, von denen jede einen eigenen, nichtelementaren Funktionstyp als Lösung besitzt.

Im zeitvarianten Fall wird man $\underline{\Phi}(t,t_0)$ im allgemeinen aus einer Differentialgleichung bestimmen. Aus (12.59) folgt nämlich für $\underline{u} = \underline{0}$

$$\underline{x}(t) = \underline{\Phi}(t,t_0)\,\underline{x}(t_0) \ . \tag{12.60}$$

Dies ist gemäß (12.52) die Lösung der homogenen Differentialgleichung

$$\dot{\underline{x}}(t) = \underline{A}(t)\,\underline{x}(t) \ .$$

Infolgedessen muß gelten:

$$\dot{\underline{\Phi}}(t,t_0)\,\underline{x}(t_0) = \underline{A}(t)\,\underline{\Phi}(t,t_0)\,\underline{x}(t_0) \ .$$

Da $\underline{x}(t_0)$ hierin beliebig ist, folgt

$$\dot{\underline{\Phi}}(t,t_0) = \underline{A}(t)\,\underline{\Phi}(t,t_0) \ . \tag{12.61}$$

Dies ist eine Differentialgleichung für die Matrix $\underline{\Phi}(t,t_0)$. Elementweise geschrieben lautet sie

$$\dot{\Phi}_{ik}(t,t_0) = \sum_{\nu=1}^{n} a_{i\nu}(t)\,\Phi_{\nu k}(t,t_0) \ , \quad i,k = 1,\dots,n \ .$$

Es handelt sich also um ein System von n^2 skalaren Differentialgleichungen für die n^2 Matrixelemente $\Phi_{ik}(t,t_0)$.

Die zugehörige Anfangsbedingung ergibt sich aus (12.60) für $t = t_0$, wenn man wieder berücksichtigt, daß $\underline{x}(t_0)$ beliebig ist:

$$\underline{\Phi}(t_0,t_0) = \underline{I} \ . \tag{12.62}$$

Noch eine weitere allgemeine, das heißt für zeitinvariante und zeitvariante Systeme gültige Eigenschaft der Transitionsmatrix sei hergeleitet. Sind t_0, t_1, t_2 irgendwelche Punkte der t-Achse und verfolgt man die Bahn des Systems im Zustandsraum zunächst von t_0 bis t_1 und dann von t_1 bis t_2, so gilt

$$\underline{x}(t_2) = \underline{\Phi}(t_2,t_1)\,\underline{x}(t_1) \ , \quad \underline{x}(t_1) = \underline{\Phi}(t_1,t_0)\,\underline{x}(t_0) \ ,$$

also insgesamt

$$\underline{x}(t_2) = \underline{\Phi}(t_2,t_1)\,\underline{\Phi}(t_1,t_0)\,\underline{x}(t_0) \ .$$

Andererseits gilt direkt

$$\underline{x}(t_2) = \underline{\Phi}(t_2,t_0)\,\underline{x}(t_0) \ .$$

Da die beiden letzten Beziehungen für einen beliebigen Anfangszustand $\underline{x}(t_0)$ gelten, folgt aus ihnen

$$\underline{\Phi}(t_2,t_1)\,\underline{\Phi}(t_1,t_0) = \underline{\Phi}(t_2,t_0)\ . \qquad (12.63)$$

In Worten kann man dies etwa so ausdrücken: Einem Bahnstück im Zustandsraum von einem bestimmten Anfangszeitpunkt t_0 bis zu einem bestimmten Endzeitpunkt t_1 entspricht eindeutig eine Transitionsmatrix $\underline{\Phi}(t_1,t_0)$. Durchläuft das System nacheinander zwei Bahnstücke, so gehört zu der Gesamtbahn das Produkt der beiden Transitionsmatrizen. Dabei ist stets $\underline{u} = \underline{0}$ vorausgesetzt.

Setzt man in (12.63) $t_2 = t_0$, so erhält man

$$\underline{\Phi}(t_0,t_1)\,\underline{\Phi}(t_1,t_0) = \underline{\Phi}(t_0,t_0)\ ,$$

also wegen (12.62)

$$\underline{\Phi}(t_0,t_1)\,\underline{\Phi}(t_1,t_0) = \underline{I}\ .$$

Das heißt aber: Die Transitionsmatrix $\underline{\Phi}(t_1,t_0)$ hat die inverse Matrix $\underline{\Phi}(t_0,t_1)$, die also aus ihr einfach durch Vertauschung der Variablen hervorgeht. Es gilt somit, wenn wir nun den beliebigen Punkt t_1 mit t bezeichnen:

$$\underline{\Phi}^{-1}(t,t_0) = \underline{\Phi}(t_0,t)\ . \qquad (12.64)$$

Auch diese Beziehung gilt sowohl für zeitinvariante als auch für zeitvariante Systeme. Für die zeitinvarianten Systeme ist speziell

$$\underline{\Phi}^{-1}(t,t_0) = e^{\underline{A}(t_0-t)} = e^{-\underline{A}(t-t_0)}\ . \qquad (12.65)$$

Die Transitionsmatrix $\underline{\Phi}(t,t_0)$ besitzt also für jedes t eine Inverse. Daher sind ihre Spaltenvektoren linear unabhängig. Jede Lösung der homogenen Zustandsdifferentialgleichung kann deshalb in eindeutiger Weise aus ihnen linear kombiniert werden. Ein solches Vektorsystem bezeichnet man als Fundamentalsystem der Vektordifferentialgleichung. Aus diesem Grund wird $\underline{\Phi}(t,t_0)$ auch eine *Fundamentalmatrix* genannt.

Wir wollen jetzt zur Lösung der Zustandsgleichungen im zeitinvarianten Fall zurückkehren. Der Ausgangsvektor $\underline{y}(t)$ ist nun sofort gefunden. Man braucht nur (12.56) in die Ausgangsgleichung

$$\underline{y} = \underline{C}\,\underline{x} + \underline{D}\,\underline{u}$$

einzusetzen. Da $\underline{C}$ konstant ist, kann man $\underline{C}$ unter das Integral setzen und erhält so

$$\underline{y}(t) = \int_{t_0}^{t} \underline{C}\,e^{\underline{A}(t-\tau)}\,\underline{B}\,\underline{u}(\tau)\,d\tau + \underline{D}\,\underline{u}(t) + \underline{C}\,e^{\underline{A}(t-t_0)}\,\underline{x}(t_0)\ . \qquad (12.66)$$

Bei einem zeitinvarianten System ist es gleichgültig, wohin man den Zeitnullpunkt legt. Wir wollen von jetzt an der Einfachheit halber $t_0 = 0$ setzen. Dann ist

$$\underline{y}(t) = \int_{0}^{t} \underline{C}\,e^{\underline{A}(t-\tau)}\,\underline{B}\,\underline{u}(\tau)\,d\tau + \underline{D}\,\underline{u}(t) + \underline{C}\,e^{\underline{A}t}\,\underline{x}_0 \qquad (12.67)$$

mit $\underline{x}_0 = \underline{x}(0)$.

Die von $\underline{u}$ abhängenden Terme kann man noch übersichtlicher schreiben. Betrachten wir zunächst das Integral. Führt man die Matrix

$$\underline{F}(t) = \underline{C}\,e^{\underline{A}t}\,\underline{B} = \left[F_{km}(t)\right]$$

ein, so ist es gleich

$$\int_0^t \underline{F}(t-\tau)\,\underline{u}(\tau)\,d\tau = \int_0^t \left[\sum_{\nu=1}^{p} F_{k\nu}(t-\tau)\,u_\nu(\tau)\,d\tau\right] = \left[\sum_{\nu=1}^{p}\int_0^t F_{k\nu}(t-\tau)\,u_\nu(\tau)\,d\tau\right].$$

Die einzelnen Integrale sind Faltungsintegrale. Daher kann man für die letzte Summe auch

$$\left[\sum_{\nu=1}^{p} F_{k\nu}(t) * u_\nu(t)\right]$$

schreiben. Das ist aber nichts anderes als das Matrizenprodukt von $\underline{F}(t)$ und $\underline{u}(t)$, nur daß es sich nicht um die gewöhnliche Multiplikation, sondern um die Faltungsmultiplikation handelt. Man darf daher für den letzten Ausdruck auch $\underline{F}(t) * \underline{u}(t)$ schreiben, so daß also

$$\int_0^t \underline{C}\,e^{\underline{A}(t-\tau)}\,\underline{B}\,\underline{u}(\tau)\,d\tau = \underline{F}(t) * \underline{u}(t) \quad \text{gilt.}$$

Auch den Term $\underline{D}\,\underline{u}(t)$ in (12.66) kann man auf die Faltungsform bringen. Man muß nur beachten, daß sich eine Zeitfunktion f(t) auch als Faltungsprodukt $f(t) * \delta(t)$ schreiben läßt (Kapitel 17). Dann wird

$$\underline{D}\,\underline{u}(t) = \left[\sum_{\nu=1}^{p} d_{k\nu}\, u_\nu(t)\right] = \left[\sum_{\nu=1}^{p} d_{k\nu}\left(\delta(t) * u_\nu(t)\right)\right] =$$

$$= \left[\sum_{\nu=1}^{p} \left(d_{k\nu}\,\delta(t)\right) * u_\nu(t)\right] = \underline{D}\;\delta(t) * \underline{u}(t)\;.$$

Insgesamt wird so aus (12.66)

$$\underline{y}(t) = \underline{F}(t) * \underline{u}(t) + \underline{D}\;\delta(t) * \underline{u}(t) + \underline{C}\, e^{\underline{A}t}\, \underline{x}_0\;.$$

Führt man nun die Matrix

$$\underline{G}(t) = \underline{F}(t) + \underline{D}\;\delta(t) = \underline{C}\, e^{\underline{A}t}\, \underline{B} + \underline{D}\;\delta(t) \tag{12.68}$$

ein, so wird endgültig

$$\underline{y}(t) = \underline{G}(t) * \underline{u}(t) + \underline{C}\, e^{\underline{A}t}\, \underline{x}_0\;. \tag{12.69}$$

Diese Beziehung bringt in prägnanter Form zum Ausdruck, wie sich die äußeren Einflüsse, also Eingangsgrößen und Anfangsbedingungen, auf den Ausgangsvektor auswirken. Was die Wirkung der Anfangsbedingungen betrifft, so gilt das gleiche, was bereits oben beim Zustandsvektor gesagt wurde. Denken wir uns jetzt den Anfangszustand zu Null angenommen, so daß das System nur durch die Eingangsgrößen beeinflußt wird.

Die Beeinflussung wird durch das Faltungsintegral

$$\underline{y}(t) = \underline{G}(t) * \underline{u}(t) = \int_0^t \underline{G}(t-\tau)\, \underline{u}(\tau)\, d\tau \tag{12.70}$$

ausgedrückt. Das ist die geradlinige *Erweiterung des Duhamel-Integrals,* das bei einem System mit einer einzigen Ein- und Ausgangsgröße gilt (Unterabschnitt 2.4.8):

$$y(t) = \int_0^t g(t-\tau)\, u(\tau)\, d\tau\;.$$

Da die Matrix $\underline{G}(t)$ die Verallgemeinerung der Gewichtsfunktion g(t) darstellt, bezeichnet man sie als *Gewichtsmatrix*.

Die Beziehung (12.69) zeigt wieder den Vorzug der Beschreibung durch Zustandsvariablen. Der Zusammenhang zwischen Ein- und Ausgangsgrößen wird ebenso einfach wiedergegeben wie in der klassischen Theorie, die Abhängigkeit von den Anfangsbedingungen aber erheblich übersichtlicher.

Löst man die Matrizengleichung (12.70) in ihre Elementgleichungen auf, so erhält man

$$y_k(t) = \sum_{\nu=1}^{p} g_{k\nu}(t) * u_\nu(t)\;. \tag{12.71}$$

Schaltet man allein

$$u_m(t) = \delta(t)$$

auf, während man die übrigen $u_\nu(t) \equiv 0$ setzt, so wird

$$y_k(t) = g_{km}(t) * \delta(t) = g_{km}(t)\;.$$

Das heißt: Dasjenige Element der Gewichtsmatrix, das in der k-ten Zeile und m-ten Spalte steht, ist gleich der k-ten Ausgangsgröße, wenn man als m-te Eingangsgröße einen δ-Impuls aufschaltet. Die Gewichtsmatrix stellt somit wie schon die Gewichtsfunktion die *Impulsantwort* des Systems dar.

Hieraus ist auch zu ersehen, wie man die Gewichtsmatrix grundsätzlich messen kann. Man gibt die Anfangsbedingungen Null vor. Dann schaltet man als erste Eingangsgröße etwa den Einheitssprung $\sigma(t)$ auf, während man alle anderen Eingangsgrößen Null setzt. Es ergibt sich nach (12.71)

$$y_k(t) = g_{k1}(t) * \sigma(t) = \int_0^t g_{k1}(\tau)\, d\tau = h_{k1}(t)\;, \qquad k = 1, \ldots, q\;.$$

Wenn man diese Ausgangsgrößen etwa oszillographiert, so hat man die Sprungantworten des Systems, die zur ersten Spalte der Gewichtsmatrix gehören. Führt man diese Beobachtung nacheinander für die zweite, dritte, ..., p-te Eingangsgröße durch, so erhält man die Matrix $\left[h_{km}(t)\right]$ aller Sprungantworten. Aus ihnen kann man durch Differentiation auf die Gewichtsmatrix schließen oder zu den zugehörigen Übertragungsfunktionen übergehen.

Der Nutzen der allgemeinen Formeln (12.56), (12.66) und (12.69) ist ein zweifacher. Einmal sind sie wegen ihrer Übersichtlichkeit ein guter Ausgangspunkt für tiefere Einsichten in das Systemverhalten. Das wird sich später z.B. bei den Untersuchungen über die Steuerbarkeit und Beobachtbarkeit eines Systems zeigen. Zum anderen sind sie sehr geeignet zur numerischen Berechnung des Zustands- und Ausgangsvektors mittels des Digitalrechners. Den Kernpunkt bildet die Berechnung der Matrizenfunktion $e^{\underline{A}t}$, die mit Hilfe eines Anfangsstückes der Potenzreihe (12.49) vorgenommen wird. Darüber wird im Unterabschnitt 12.2.5 eingehender berichtet.

Hier sollen noch zwei einfache Beispiele gerechnet werden. Es ist klar, daß die allgemeine Lösungstheorie bei so einfachen Systemen keinen Vorteil bringt. Darauf soll es aber jetzt nicht ankommen. Es geht nur darum, die allgemeinen Begriffsbildungen an konkreten Fällen zu erläutern.

Als erstes betrachten wir das in Bild 12/3 wiedergegebene gekoppelte System. Führt man die Ausgangsgrößen der beiden P-T_1-Glieder als Zustandsvariablen ein, so hat man zunächst die komplexen Gleichungen

$$X_1 = \frac{1}{s+1} U_1 , \quad X_2 = \frac{1}{s+2} U_2 ,$$

$$Y_1 = X_1 + 2U_2 , \quad Y_2 = X_2 - U_1 .$$

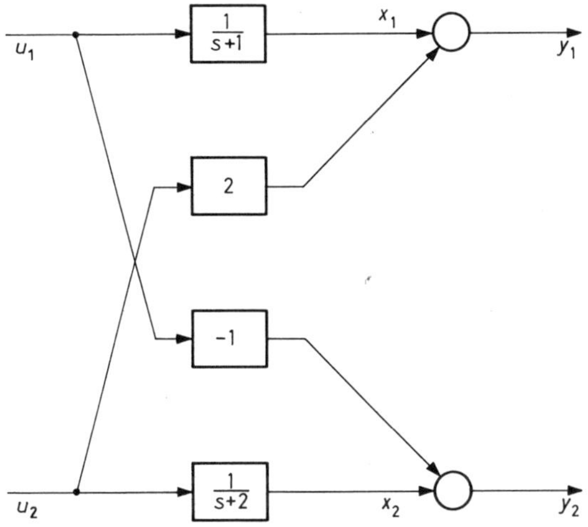

Bild 12/3. Gekoppeltes System

Aus ihnen folgt im Zeitbereich

$$\dot{x}_1 = -x_1 + u_1 ,$$

$$\dot{x}_2 = -2x_2 + u_2 ,$$

$$y_1 = x_1 + 2u_2 ,$$

$$y_2 = x_2 - u_1 .$$

In Matrizenschreibweise lauten diese Gleichungen

$$\underline{\dot{x}} = \begin{bmatrix} -1 & 0 \\ 0 & -2 \end{bmatrix} \underline{x} + \begin{bmatrix} 1 & 0 \\ 0 & 1 \end{bmatrix} \underline{u} ,$$

$$\underline{y} = \begin{bmatrix} 1 & 0 \\ 0 & 1 \end{bmatrix} \underline{x} + \begin{bmatrix} 0 & 2 \\ -1 & 0 \end{bmatrix} \underline{u} .$$

Somit ist $\underline{A}$ eine Diagonalmatrix. Für sie lassen sich die Matrizenpotenzen sehr einfach bilden, denn es ist

$$\begin{bmatrix} \lambda_1 & \dots & 0 \\ \vdots & \lambda_2 \ddots & \vdots \\ 0 & \dots & \lambda_n \end{bmatrix}^m = \begin{bmatrix} \lambda_1^m & \dots & 0 \\ \vdots & \lambda_2^m \ddots & \vdots \\ 0 & \dots & \lambda_n^m \end{bmatrix} .$$

Daher wird

$$e^{\underline{A}t} = \begin{bmatrix} 1 & 0 \\ 0 & 1 \end{bmatrix} + \begin{bmatrix} -1 & 0 \\ 0 & -2 \end{bmatrix} \frac{t}{1!} + \begin{bmatrix} 1 & 0 \\ 0 & 2^2 \end{bmatrix} \frac{t^2}{2!} +$$

$$+ \begin{bmatrix} -1 & 0 \\ 0 & -2^3 \end{bmatrix} \frac{t^3}{3!} + \dots ,$$

$$e^{\underline{A}t} = \begin{bmatrix} 1 - \frac{t}{1!} + \frac{t^2}{2!} - \frac{t^3}{3!} + - \dots & 0 \\ 0 & 1 - \frac{2t}{1!} + \frac{(2t)^2}{2!} - \frac{(2t)^3}{3!} + - \dots \end{bmatrix} .$$

In einem so einfachen Fall wie dem vorliegenden lassen sich die unendlichen Reihen, aus denen die Elemente von $e^{\underline{A}t}$ bestehen, sofort in geschlossener Form angeben:

$$e^{\underline{A}t} = \begin{bmatrix} e^{-t} & 0 \\ 0 & e^{-2t} \end{bmatrix} .$$

Das ist bei komplizierteren Systemen nicht mehr in so einfacher Weise möglich und wird für die Berechnung der Matrizenfunktion auf dem Digitalrechner auch nicht benötigt.

Im vorliegenden Fall erhält man weiter auf Grund von (12.66)

$$\underline{y}(t) = \int_0^t \underline{I} \begin{bmatrix} e^{-(t-\tau)} & 0 \\ 0 & e^{-2(t-\tau)} \end{bmatrix} \underline{I}\, \underline{u}(\tau)\, d\tau +$$

$$+ \begin{bmatrix} 0 & 2 \\ -1 & 0 \end{bmatrix} \underline{u}(t) + \underline{I} \begin{bmatrix} e^{\ t} & 0 \\ 0 & e^{-2t} \end{bmatrix} \underline{x}_0 ,$$

$$\underline{y}(t) = \int_0^t \begin{bmatrix} e^{-(t-\tau)} u_1(\tau) \\ e^{-2(t-\tau)} u_2(\tau) \end{bmatrix} d\tau + \begin{bmatrix} 2u_2(t) \\ -u_1(t) \end{bmatrix} + \begin{bmatrix} e^{-t} x_{10} \\ e^{-2t} x_{20} \end{bmatrix} ,$$

also schließlich

$$y_1(t) = \int_0^t e^{-(t-\tau)} u_1(\tau)\, d\tau + 2u_2(t) + e^{-t} x_{10} ,$$

$$y_2(t) = \int_0^t e^{-2(t-\tau)} u_2(\tau)\, d\tau - u_1(t) + e^{-2t} x_{20} .$$

Als zweites Beispiel betrachten wir die Reihenschaltung in Bild 12/4. Da $y = x_1$ ist, braucht man nur die Zu-

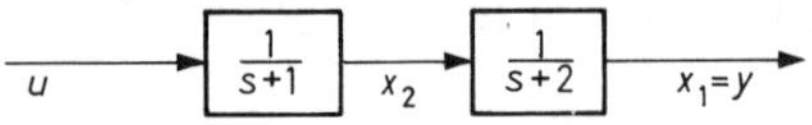

Bild 12/4. Reihenschaltung

standsdifferentialgleichung zu untersuchen. Zunächst ist

$X_1 = \frac{1}{s+2} X_2$, $X_2 = \frac{1}{s+1} U$, woraus

$$\dot{x}_1 = -2x_1 + x_2 ,$$

$$\dot{x}_2 = -x_2 + u$$

oder

$$\dot{\underline{x}} = \begin{bmatrix} -2 & 1 \\ 0 & -1 \end{bmatrix} \underline{x} + \begin{bmatrix} 0 \\ 1 \end{bmatrix} u$$

folgt. Hier ist also

$$\underline{A}^2 = \begin{bmatrix} -2 & 1 \\ 0 & -1 \end{bmatrix} \begin{bmatrix} -2 & 1 \\ 0 & -1 \end{bmatrix} = \begin{bmatrix} 4 & -3 \\ 0 & 1 \end{bmatrix} ,$$

$$\underline{A}^3 = \underline{A} \cdot \underline{A}^2 = \begin{bmatrix} -2 & 1 \\ 0 & -1 \end{bmatrix} \begin{bmatrix} 4 & -3 \\ 0 & 1 \end{bmatrix} = \begin{bmatrix} -8 & 7 \\ 0 & -1 \end{bmatrix}$$

usw. Daher wird

$$e^{\underline{A}t} = \begin{bmatrix} 1 - 2\frac{t}{1!} + 4\frac{t^2}{2!} - 8\frac{t^3}{3!} + - \dots & 0 + \frac{t}{1!} - 3\frac{t^2}{2!} + 7\frac{t^3}{3!} - + \dots \\ 0 & 1 - \frac{t}{1!} + \frac{t^2}{2!} - \frac{t^3}{3!} + - \dots \end{bmatrix}$$

Auch hier ist es nicht schwierig, die Reihen zu summieren. Die an der Stelle (1,1) stehende Reihe hat die Summe e^{-2t}, die an der Stelle (2,2) stehende die Summe e^{-t}. Die an der Stelle (1,2) stehende Reihe setzt man als Linearkombination $C_1 e^{-2t} + C_2 e^{-t}$ an. Der Koeffizientenvergleich der beiden ersten Glieder liefert $C_1 = -1$, $C_2 = 1$. Damit ist

$$e^{\underline{A}t} = \begin{bmatrix} e^{-2t} & e^{-t} - e^{-2t} \\ 0 & e^{-t} \end{bmatrix} .$$

Nach (12.56) ist daher (mit $t_0 = 0$):

$$\underline{x}(t) = \int_0^t \begin{bmatrix} e^{-2(t-\tau)} & e^{-(t-\tau)} - e^{-2(t-\tau)} \\ 0 & e^{-(t-\tau)} \end{bmatrix} \begin{bmatrix} 0 \\ 1 \end{bmatrix} u(\tau)\, d\tau + $$

$$+ \begin{bmatrix} e^{-2t} & e^{-t} - e^{-2t} \\ 0 & e^{-t} \end{bmatrix} \begin{bmatrix} x_{10} \\ x_{20} \end{bmatrix} ,$$

$$\underline{x}(t) = \int_0^t \begin{bmatrix} e^{-(t-\tau)} - e^{-2(t-\tau)} \\ e^{-(t-\tau)} \end{bmatrix} u(\tau)\, d\tau + \dots ,$$

also

$$x_1(t) = \int_0^t \left[e^{-(t-\tau)} - e^{-2(t-\tau)} \right] u(\tau)\, d\tau + e^{-2t} x_{10} +$$

$$+ (e^{-t} - e^{-2t})\, x_{20} ,$$

$$x_2(t) = \int_0^t e^{-(t-\tau)} u(\tau)\, d\tau + e^{-t} x_{20} .$$

12.2.3 Lösung der homogenen Zustandsdifferentialgleichung mittels Eigenwerten und Eigenvektoren

Aus der allgemeinen Lösung der Zustandsdifferentialgleichung mittels der Transitionsmatrix soll nun speziell für die *homogene* Zustandsdifferentialgleichung

$$\dot{\underline{x}} = \underline{A}\, \underline{x} \qquad (12.72)$$

eine ganz andere Darstellung der Lösung hergeleitet werden.

Wir wollen dazu voraussetzen, daß $\underline{A}$ diagonalähnlich ist, also n linear unabhängige Eigenvektoren besitzt (Unterabschnitt 12.1.1). Dann ist

$$\underline{A} = \underline{V}\, \underline{\Lambda}\, \underline{V}^{-1} \qquad (12.73)$$

mit

$$\underline{\Lambda} = \begin{bmatrix} \lambda_1 & \dots & 0 \\ \vdots & \ddots & \vdots \\ 0 & \dots & \lambda_n \end{bmatrix}, \quad \underline{V} = \left[\underline{v}_1, \dots, \underline{v}_n\right],$$

wobei λ_ν die Eigenwerte und $\underline{v}_\nu$ die Eigenvektoren von $\underline{A}$ sind.

Daraus folgt

$$\underline{\Phi}(t) = e^{\underline{A}t} = \sum_{\nu=0}^{\infty} \underline{A}^\nu \frac{t^\nu}{\nu!} = \sum_{\nu=0}^{\infty} (V\,\underline{\Lambda}\,V^{-1})^\nu \frac{t^\nu}{\nu!}. \quad (12.74)$$

Darin ist

$$(\underline{V}\,\underline{\Lambda}\,\underline{V}^{-1})^\nu = \underline{V}\,\underline{\Lambda}\,\underline{V}^{-1} \cdot \underline{V}\,\underline{\Lambda}\,\underline{V}^{-1} \cdot \ldots \cdot \underline{V}\,\underline{\Lambda}\,\underline{V}^{-1} =$$
$$= \underline{V}\,\underline{\Lambda}^\nu\,\underline{V}^{-1}.$$

Mithin wird aus (12.74)

$$\underline{\Phi}(t) = \underline{V} \sum_{\nu=0}^{\infty} \underline{\Lambda}^\nu \frac{t^\nu}{\nu!} \underline{V}^{-1},$$

also

$$\underline{\Phi}(t) = e^{\underline{A}t} = \underline{V}\, e^{\underline{\Lambda}t}\, \underline{V}^{-1}. \quad (12.75)$$

Hierin ist

$$e^{\underline{\Lambda}t} = \sum_{\nu=0}^{\infty} \underline{\Lambda}^\nu \frac{t^\nu}{\nu!} = \sum_{\nu=0}^{\infty} \begin{bmatrix} \lambda_1 & \dots & 0 \\ \vdots & \ddots & \vdots \\ 0 & \dots & \lambda_n \end{bmatrix}^\nu \frac{t^\nu}{\nu!} =$$

$$= \sum_{\nu=0}^{\infty} \begin{bmatrix} \lambda_1^\nu & \dots & 0 \\ \vdots & \ddots & \vdots \\ 0 & \dots & \lambda_n^\nu \end{bmatrix} \frac{t^\nu}{\nu!} =$$

$$= \begin{bmatrix} \sum_{\nu=0}^{\infty} \lambda_1^\nu \frac{t^\nu}{\nu!} & \dots & 0 \\ \vdots & \ddots & \vdots \\ 0 & \dots & \sum_{\nu=0}^{\infty} \lambda_n^\nu \frac{t^\nu}{\nu!} \end{bmatrix}, \quad \text{also}$$

$$e^{\underline{\Lambda}t} = \begin{bmatrix} e^{\lambda_1 t} & \dots & 0 \\ \vdots & \ddots & \vdots \\ 0 & \dots & e^{\lambda_n t} \end{bmatrix}. \quad (12.76)$$

Bezeichnen wir nun die Zeilenvektoren der inversen Transformationsmatrix $\underline{V}^{-1}$ mit $\underline{w}_i^T$, $i = 1, \dots, n$ so wird aus (12.75)

$$\underline{\Phi}(t) = e^{\underline{A}t} = \left[\underline{v}_1, \dots, \underline{v}_n\right] \begin{bmatrix} e^{\lambda_1 t} & \dots & 0 \\ \vdots & \ddots & \vdots \\ 0 & \dots & e^{\lambda_n t} \end{bmatrix} \begin{bmatrix} \underline{w}_1^T \\ \vdots \\ \underline{w}_n^T \end{bmatrix} =$$

$$= \left[e^{\lambda_1 t}\underline{v}_1, \dots, e^{\lambda_n t}\underline{v}_n\right] \cdot \begin{bmatrix} \underline{w}_1^T \\ \vdots \\ \underline{w}_n^T \end{bmatrix},$$

$$\underline{\Phi}(t) = e^{\underline{A}t} = \sum_{i=1}^{n} e^{\lambda_i t}\, \underline{v}_i\, \underline{w}_i^T, \quad (12.77)$$

wobei also $\underline{v}_i\,\underline{w}_i^T$ das dyadische Produkt der beiden Vektoren $\underline{v}_i$ und $\underline{w}_i$ ist.

Nun ist die Lösung der homogenen Zustandsgleichung $\dot{\underline{x}} = \underline{A}\,\underline{x}$ gemäß (12.57) durch

$$\underline{x}(t) = e^{\underline{A}(t-t_0)}\, \underline{x}(t_0) \quad (12.78)$$

gegeben. Mit (12.77) wird daraus

$$\underline{x}(t) = \sum_{i=1}^{n} e^{\lambda_i (t-t_0)}\, \underline{v}_i\, \underline{w}_i^T\, \underline{x}(t_0).$$

Hierin ist $\underline{w}_i^T \underline{x}(t_0) = c_i$ ein Skalar, den man deshalb vor jeden Summanden ziehen darf:

$$\underline{x}(t) = \sum_{i=1}^{n} \left[\underline{w}_i^T \underline{x}(t_0)\right] e^{\lambda_i (t-t_0)}\, \underline{v}_i. \quad (12.79)$$

Damit hat man eine *zweite Darstellung für die Lösung der homogenen Zustandsdifferentialgleichung*, die eine von der Darstellung (12.78) recht verschiedene Gestalt hat. Bei ihr wird der *Zustandsvektor* $\underline{x}(t)$ als *Linearkombination der Eigenvektoren* von $\underline{A}$ dargestellt, wobei die *Koeffizienten zeitveränderlich sind und von den Eigenwerten* $\lambda_1, \dots, \lambda_n$ der Dynamikmatrix $\underline{A}$ *abhängen*. In der angelsächsischen Literatur bezeichnet man die Terme $e^{\lambda_i (t-t_0)}\, \underline{v}_i$ manchmal als "modes" des dynamischen Systems. Wir wollen einen solchen Term als *Eigenmodus* bezeichnen und die skalare Funktion $e^{\lambda_i t}$ als *Eigenbewegung*.

Vielleicht wird mancher Leser bei der Formel (12.79) nachträglich stutzen, da $\underline{v}_i$ doch nicht eindeutig festgelegt ist, wohl aber $\underline{x}(t)$ bei gegebenem $\underline{x}(t_0)$ eindeutig bestimmt sein muß! Jedoch wird diese Mehrdeutigkeit von $\underline{v}_i$ durch $\underline{w}_i^T$ wieder herausgehoben. Machen wir uns dies am Fall einfacher Eigenwerte klar. Aus

$$\underline{V}^{-1}\underline{V} = \begin{bmatrix} \underline{w}_1^T \\ \vdots \\ \underline{w}_n^T \end{bmatrix} \cdot \left[\underline{v}_1, \ldots, \underline{v}_n\right] = \underline{I}$$

folgt etwa für $\underline{w}_1^T$ das Gleichungssystem

$$\underline{w}_1^T \underline{v}_1 = 1\,,\ \underline{w}_1^T \underline{v}_2 = 0\,,\ \ldots\,,\ \underline{w}_1^T \underline{v}_n = 0\ .$$

Geht man nun von den Vektoren $\underline{v}_i$ zu $c_i\,\underline{v}_i$ über, wo c_i beliebige Faktoren $\neq 0$ sind, so bleiben alle Gleichungen bis auf die erste unverändert. Aus dieser wird

$$\underline{w}_1^T c_1 \underline{v}_1 = 1\ .$$

Anstelle der vorherigen Lösung $\underline{w}_1^T$ erhält man jetzt $\frac{1}{c_1}\,\underline{w}_1^T$. Daher bleibt der erste Term in (12.79) unverändert, und gleiches gilt auch für die restlichen Summanden.

Die Vektoren $\underline{w}_1, \ldots, \underline{w}_n$, die bisher rein rechnerisch als transponierte Zeilenvektoren der inversen Transformationsmatrix $\underline{V}^{-1}$ eingeführt wurden, lassen noch eine andere Deutung zu. Multipliziert man (12.4) von links und rechts mit $\underline{V}^{-1}$, so erhält man die Gleichung

$$\underline{V}^{-1}\underline{A} = \underline{\Lambda}\,\underline{V}^{-1}\ .$$

Mit

$$\underline{V}^{-1} = \begin{bmatrix} \underline{w}_1^T \\ \vdots \\ \underline{w}_n^T \end{bmatrix}$$

folgt daraus

$$\underline{w}_i^T \underline{A} = \lambda_i \underline{w}_i^T \tag{12.80}$$

oder

$$\underline{w}_i^T (\lambda_i \underline{I} - \underline{A}) = \underline{0}^T\ ,\quad i = 1, \ldots, n\ , \tag{12.81}$$

wobei auf der rechten Seite der *transponierte* Nullvektor stehen muß, weil auf der linken Seite ein Zeilenvektor steht. Die Beziehung (12.81) ist von der gleichen Art wie die Definitionsgleichung

$$(\lambda_i \underline{I} - \underline{A})\,\underline{v}_i = \underline{0}\ ,\quad i = 1, \ldots, n\ ,$$

der Eigenvektoren, nur daß $\underline{w}_i$ auf der *linken* Seite der Matrix $\lambda_i \underline{I} - \underline{A}$ steht. Deshalb heißen die Lösungen $\neq \underline{0}$ von (12.81) *Linkseigenvektoren* der Matrix $\underline{A}$. Auch sie sind linear unabhängig, wenn $\underline{A}$ diagonalähnlich ist. Dann existiert ja $\underline{V}^{-1}$ und deren Inverse $\underline{V}$, was nur möglich ist, wenn die Zeilenvektoren von $\underline{V}^{-1}$ linear unabhängig sind.

Die Zeilenvektoren von $\underline{V}^{-1}$ sind also gleich den transponierten Linkseigenvektoren von $\underline{A}$. Die Umkehrung gilt jedoch im allgemeinen nicht. Betrachten wir etwa den Fall einfacher Eigenwerte und bilden mit den Linkseigenvektoren $\underline{w}_1, \ldots, \underline{w}_n$ die Matrix

$$\underline{W} = \begin{bmatrix} \underline{w}_1^T \\ \vdots \\ \underline{w}_n^T \end{bmatrix}.$$

Dann ist

$$\underline{W} \cdot \underline{V} = (\underline{w}_i^T \underline{v}_k)\ . \tag{12.82}$$

Nun folgt aus der Definitionsgleichung (12.80) des i-ten Linkseigenvektors durch Rechtsmultiplikation mit dem k-ten Eigenvektor $\underline{v}_k$

$$\underline{w}_i^T \underline{A}\,\underline{v}_k = \lambda_i \underline{w}_i^T \underline{v}_k\ . \tag{12.83}$$

Andererseits folgt aus der Definitionsgleichung

$$\underline{A}\,\underline{v}_k = \lambda_k \underline{v}_k$$

des k-ten Eigenvektors durch Linksmultiplikation mit dem transponierten i-ten Linkseigenvektor

$$\underline{w}_i^T \underline{A}\,\underline{v}_k = \lambda_k \underline{w}_i^T \underline{v}_k\ . \tag{12.84}$$

Subtraktion dieser Gleichung von (12.83) liefert

$$0 = (\lambda_i - \lambda_k)\,\underline{w}_i^T \underline{v}_k\ .$$

Für $\lambda_i \neq \lambda_k$ ist also $\underline{w}_i^T \underline{v}_k = 0$. D.h.: *Die zu verschiedenen Eigenwerten gehörenden Eigen- und Linkseigenvektoren sind orthogonal.*

Gehören jedoch Eigen- und Linkseigenvektoren zum gleichen Eigenwert, so gilt $\underline{w}_i^T \underline{v}_i \neq 0$. Andernfalls wäre nämlich

$$\underline{w}_i^T \underline{v}_1 = 0\,,\ \underline{w}_i^T \underline{v}_2 = 0\,,\ \ldots\,,\ \underline{w}_i^T \underline{v}_n = 0$$

oder zu einer Vektorgleichung zusammengefaßt

$$\underline{w}_i^T \left[\underline{v}_1, \underline{v}_2, \ldots, \underline{v}_n\right] = \underline{0}^T \quad \text{bzw.}$$

$$\underline{w}_i^T \underline{V} = \underline{0}^T\ ,$$

woraus durch Rechtsmultiplikation mit $\underline{V}^{-1}$ $\underline{w}_i^T = \underline{0}^T$ folgt. Das ist aber ausgeschlossen, da $\underline{w}_i$ als Linkseigenvektor nach Definition $\neq \underline{0}$ sein muß.

Mithin wird aus (12.82)

$$\underline{W}\,\underline{V} = \begin{bmatrix} \underline{w}_1^T \underline{v}_1 & 0 & \dots & 0 \\ 0 & \underline{w}_2^T \underline{v}_2 & \dots & 0 \\ \vdots & & & \vdots \\ 0 & \dots & & \underline{w}_n^T \underline{v}_n \end{bmatrix} .$$

D.h.: Man erhält eine Diagonalmatrix, aber im allgemeinen nicht die Einheitsmatrix $\underline{I}$, wie es sein müßte, wenn $\underline{W} = \underline{V}^{-1}$ wäre. Man wird daher bei der konkreten Rechnung $\underline{V}^{-1}$ als Inverse von $\underline{V}$ bilden und nicht mittels der Linkseigenvektoren.

Ist die Dynamikmatrix $\underline{A}$ nicht diagonalähnlich, so treten in der Lösung $\underline{x}(t)$ der homogenen Zustandsdifferentialgleichung außer den e-Funktionen noch Polynome in t auf. Strebt man in einem solchen Fall eine analytische Lösung an, so kann man sie am besten mit der Laplace-Transformation erhalten. Ein Beispiel hierzu wird im nächstfolgenden Abschnitt gerechnet.

Wenn wir nun abschließend die beiden Darstellungen der Lösung der homogenen Zustandsdifferentialgleichung, einmal mittels der Transitionsmatrix, zum anderen mittels Eigenwerten und Eigenvektoren, miteinander vergleichen, so weist die Lösung mittels der Transitionsmatrix verschiedene Vorzüge auf:

- Sie ist stets von der gleichen Form, unabhängig davon, ob die Matrix $\underline{A}$ diagonalähnlich ist oder nicht.
- Man benötigt zu ihrer Berechnung die Eigenwerte und Eigenvektoren von $\underline{A}$ nicht.
- Sie gibt den Einfluß des Anfangszustandes sehr übersichtlich wieder.
- Sie ist für die numerische Lösung der Zustandsgleichungen besonders geeignet (Unterabschnitt 12.2.5).

Diesen Vorzügen steht der Nachteil gegenüber, daß man aus der Transitionsmatrix den Einfluß der Eigenwerte auf die Lösung nicht erkennen kann. Dieser ist aber von entscheidender Bedeutung für das Stabilitätsverhalten und darüber hinaus für subtilere Eigenschaften des dynamischen Systems (Abschnitt 12.5). Daher sind für die Systemanalyse beide Darstellungen unerläßlich.

12.2.4 Anwendung der Laplace-Transformation

Wir wollen jetzt eine Verbindung zwischen den neu eingeführten Zustandsbegriffen und der klassischen Beschreibung des Übertragungsverhaltens herstellen.

Will man ein lineares Differentialgleichungssystem mit konstanten Koeffizienten formelmäßig lösen, so pflegt man üblicherweise die Laplace-Transformation zu benutzen. Diese Vorgehensweise läßt sich geradlinig auf die Vektordifferentialgleichung

$$\dot{\underline{x}} = \underline{A}\,\underline{x} + \underline{B}\,\underline{u} \tag{12.85}$$

mit konstanten Matrizen $\underline{A}$, $\underline{B}$ übertragen.

Was zunächst die Laplace-Transformation von Matrizen (und Vektoren) angeht, so erfolgt sie genau wie die Differentiation und Integration elementweise, d.h. eine Matrix wird der Laplace-Transformation unterworfen, indem jedes Element der Matrix der Laplace-Transformation unterworfen wird. Infolgedessen bleiben die üblichen Rechenregeln der Laplace-Transformation auch bei Matrizen (und Vektoren) erhalten. Beispielsweise ist

$$\mathscr{L}\{\dot{\underline{x}}\} = \mathscr{L}\begin{bmatrix} \dot{x}_1 \\ \vdots \\ \dot{x}_n \end{bmatrix} = \begin{bmatrix} \mathscr{L}\{\dot{x}_1\} \\ \vdots \\ \mathscr{L}\{\dot{x}_n\} \end{bmatrix} = \begin{bmatrix} sX_1(s) - x_{10} \\ \vdots \\ sX_n(s) - x_{n0} \end{bmatrix} =$$

$$= s\,\underline{X}(s) - \underline{x}_0 .$$

Da die Zustandsvariablen stetige Größen sind, ist $x_i(+0) = x_i(-0) = x_i(0)$, welche Werte wir abkürzend mit x_{i0} bezeichnet haben. Die Laplace-Transformation von (12.85) liefert somit, da $\underline{A}$, $\underline{B}$ konstante Matrizen sind:

$$s\,\underline{X}(s) - \underline{x}_0 = \underline{A}\,\underline{X}(s) + \underline{B}\,\underline{U}(s) ,$$

$$(s\underline{I} - \underline{A})\,\underline{X}(s) = \underline{B}\,\underline{U}(s) + \underline{x}_0 , \quad \text{also}$$

$$\underline{X}(s) = (s\underline{I} - \underline{A})^{-1}\,\underline{B}\,\underline{U}(s) + (s\underline{I} - \underline{A})^{-1}\,\underline{x}_0 . \tag{12.86}$$

Es ist hierbei angenommen, daß die inverse Matrix zur Matrix $s\underline{I} - \underline{A}$ existiert. Das ist genau dann der Fall, wenn $\det(s\underline{I} - \underline{A}) \neq 0$ ist. Nun ist

$$\det(s\,\underline{I} - \underline{A}) = \begin{bmatrix} s-a_{11} & -a_{12} & \dots & -a_{1n} \\ -a_{21} & s-a_{22} & \dots & -a_{2n} \\ \vdots & & & \\ -a_{n1} & -a_{n2} & \dots & s-a_{nn} \end{bmatrix}$$

ein Polynom, das mit der Potenz s^n beginnt. Da sie für genügend große s überwiegt, ist das Polynom für solche s von Null verschieden. Dort existiert daher die inverse Matrix $(s\underline{I} - \underline{A})^{-1}$.

Aus der Ausgangsgleichung

$$\underline{y} = \underline{C}\,\underline{x} + \underline{D}\,\underline{u}$$

folgt durch Laplace-Transformation

$$\underline{Y}(s) = \underline{C}\,\underline{X}(s) + \underline{D}\,\underline{U}(s) .$$

Setzt man (12.86) ein, so wird daraus

$$\underline{Y}(s) = \left[\underline{C}\,(s\underline{I} - \underline{A})^{-1}\,\underline{B} + \underline{D}\right]\underline{U}(s) + \underline{C}\,(s\underline{I} - \underline{A})^{-1}\,\underline{x}_0 . \tag{12.87}$$

Wenn man in (12.86) $\underline{U}(s) \equiv \underline{0}$ setzt, vereinfacht sich die Gleichung zu

$$\underline{X}(s) = (s\underline{I} - \underline{A})^{-1}\,\underline{x}_0 .$$

Andererseits gilt im Zeitbereich nach (12.57) für $\underline{u}(t) \equiv \underline{0}$ und $t_0 = 0$

$$\underline{x}(t) = e^{\underline{A}t}\,\underline{x}_0 .$$

Vergleich der beiden letzten Beziehungen liefert das Resultat

$$\mathscr{L}\{e^{\underline{A}t}\} = (s\underline{I} - \underline{A})^{-1} . \tag{12.88}$$

Diese Korrespondenz ist völlig entsprechend dem skalaren Fall:

$$\mathscr{L}\{e^{at}\} = \frac{1}{s-a} = (s-a)^{-1} = (s \cdot 1 - a)^{-1} .$$

Auch hier zeigt sich wieder, daß man mit der Matrizenfunktion genauso wie mit der skalaren e-Funktion rechnen kann.

Setzt man den Anfangsvektor $\underline{x}_0 = \underline{0}$, so wird im Zeitbereich nach (12.69)

$$\underline{y}(t) = \underline{G}(t) * \underline{u}(t) .$$

Nach dem Faltungssatz der Laplace-Transformation folgt hieraus

$$\underline{Y}(s) = \underline{G}(s)\,\underline{U}(s) , \tag{12.89}$$

wobei

$$\mathscr{L}\{\underline{G}(t)\} = \underline{G}(s)$$

ist. Die Unterscheidung von Zeitfunktionen und Laplace-Transformierten durch Klein- und Großbuchstaben ist bei Matrizen, die nicht gerade Vektormatrizen sind, nicht möglich, da sie von vornherein mit großen Buchstaben bezeichnet werden. Um Verwechslungen zu vermeiden, dürfte es genügen, die unabhängige Variable hinzuschreiben.

Andererseits folgt aus (12.87) für $\underline{x}_0 = \underline{0}$:

$$\underline{Y}(s) = \left[\underline{C}\,(s\underline{I} - \underline{A})^{-1}\,\underline{B} + \underline{D}\right]\underline{U}(s) .$$

Durch Vergleich dieser Beziehung mit (12.89) erhält man

$$\mathscr{L}\{\underline{G}(t)\} = \underline{G}(s) = \underline{C}\,(s\underline{I} - \underline{A})^{-1}\,\underline{B} + \underline{D} . \tag{12.90}$$

Das ist also die Laplace-Transformierte der Gewichtsmatrix. Für ein System mit einer einzigen Ein- und Ausgangsgröße geht letztere in die Gewichtsfunktion über, die Laplace-Transformierte in die Übertragungsfunktion. Die Matrix $\underline{G}(s)$ ist somit die unmittelbare Erweiterung der Übertragungsfunktion auf Systeme mit mehreren Ein- und Ausgangsgrößen. Man bezeichnet sie deshalb als *Übertragungsmatrix*. Die Matrizengleichung $\underline{Y}(s) = \underline{G}(s)\,\underline{U}(s)$ lautet ausgeschrieben

$$Y_k(s) = \sum_{\nu=1}^{p} G_{k\nu}(s)\,U_\nu(s) .$$

Das Element $G_{k\nu}(s)$ der Übertragungsmatrix ist diejenige Übertragungsfunktion, welche die ν-te Eingangsgröße mit der k-ten Ausgangsgröße verknüpft.

Bei einem System mit einer einzigen Ein- und Ausgangsgröße geht also die Übertragungsmatrix $\underline{G}(s)$ in die Übertragungsfunktion G(s) über. Aus (12.90) folgt so

$$G(s) = \underline{c}^T\,(s\underline{I} - \underline{A})^{-1}\,\underline{b} + d \tag{12.91}$$

Damit hat man eine Darstellung der klassischen Übertragungsfunktion durch die Zustandsmatrizen.

Berechnet man die inverse Matrix $(s\underline{I} - \underline{A})^{-1}$, so geschieht dies durch Auflösen der Gleichung

$$(s\,\underline{I} - \underline{A})\,\underline{X} = \underline{I}$$

nach der unbekannten Matrix $\underline{X} = (x_{ik})$. Das führt auf n Gleichungssysteme von jeweils n Gleichungen mit n Unbekannten. Die Determinante sämtlicher Gleichungssysteme ist $\det(s\underline{I} - \underline{A})$. Nach der Leibniz-Cramerschen Regel ist daher

$$X_{ik} = \frac{P_{ik}(s)}{\det\,(s\underline{I} - \underline{A})} ,$$

wobei $P_{ik}(s)$ ein Polynom in s ist, das hier nicht im einzelnen interessiert. Somit ist

$$(s\underline{I} - \underline{A})^{-1} = \frac{\left(P_{ik}(s)\right)}{\det(s\underline{I} - \underline{A})}$$

und damit nach (12.91)

$$G(s) = \frac{\underline{c}^T\left(P_{ik}(s)\right)\underline{b}}{\det(s\underline{I} - \underline{A})} + d \quad \text{oder}$$

$$G(s) = \frac{\underline{c}^T\left(P_{ik}(s)\right)\underline{b} + d\det(s\underline{I} - \underline{A})}{\det(s\underline{I} - \underline{A})} = \frac{Z(s)}{\det(s\underline{I} - \underline{A})}\,, \tag{12.92}$$

wobei das Zählerpolynom Z(s) nicht im einzelnen interessiert. Bei dem Nenner $\det(s\underline{I} - \underline{A})$ handelt es sich um das charakteristische Polynom von $\underline{A}$. Ein Pol von G(s) kann nur dann auftreten, wenn $\det(s\underline{I} - \underline{A}) = 0$ wird. *Jeder Pol von G(s) ist* daher eine Nullstelle des charakteristischen Polynoms, also ein *Eigenwert von $\underline{A}$*.

Die Umkehrung gilt jedoch nicht. Denn es ist möglich, daß eine Nullstelle des Nenners zugleich eine Nullstelle des Zählers ist. Falls beide Nullstellen die gleiche Ordnung haben, heben sich die zugehörigen Faktoren im Zähler und Nenner von G(s) heraus. Dann ist dieser Eigenwert von $\underline{A}$ kein Pol von G(s). Dieser Fall kommt gerade bei Regelkreisen dauernd vor, nämlich stets dann, wenn man Pole der Strecke durch Nullstellen im Regler herauskürzt. Betrachten wir beispielsweise den offenen Regelkreis in Bild 12/5, oben. Hier wird die größte Streckenzeitkonstante T_1 durch einen realen PD-Regler mit

$$G_K(s) = K_R\frac{1+T_1 s}{1+T_R s}\,, \quad T_R << T_1\,,$$

in ihrer Wirkung auf den Regelkreis beseitigt. Da Reglerzeitkonstante T_1 und Streckenzeitkonstante T_1 in verschiedenen Teilen des realen Systems verwirklicht werden, sind jedoch beide als reale Gegebenheiten vorhanden. Nur das dynamische Verhalten der Reihenschaltung Regler-Strecke ist so, als ob T_1 nicht mehr vorhanden wäre.

Will man das System möglichst realistisch beschreiben, so kann man von Bild 12/5, oben, ausgehen und die Zustandsdifferentialgleichungen aufstellen. Dazu muß man die Übertragungsfunktion des PD-Reglers umformen:

$$K_R\frac{1+T_1 s}{1+T_R s} = K_R\frac{T_1}{T_R} + \frac{K_R\left[1 - \frac{T_1}{T_R}\right]}{1 + T_R s}\,.$$

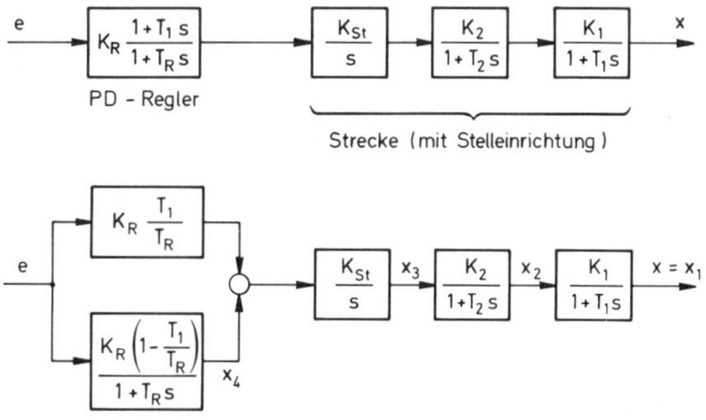

Bild 12/5. Einführung von Zustandsvariablen bei einem stabilisierten offenen Regelkreis

Damit erhält man Bild 12/5, unten. Aus ihm liest man die folgende Zustandsdifferentialgleichung ab, wobei zu beachten ist, daß hier die Regeldifferenz e als Eingangsgröße auftritt:

$$\dot{\underline{x}} = \begin{bmatrix} -\frac{1}{T_1} & \frac{K_1}{T_1} & 0 & 0 \\ 0 & -\frac{1}{T_2} & \frac{K_2}{T_2} & 0 \\ 0 & 0 & 0 & K_{St} \\ 0 & 0 & 0 & -\frac{1}{T_R} \end{bmatrix}\underline{x} + \begin{bmatrix} 0 \\ 0 \\ K_{St}K_R\frac{T_1}{T_R} \\ \frac{K_R}{T_R}\left[1 - \frac{T_1}{T_R}\right] \end{bmatrix} e\,. \tag{12.93}$$

Die charakteristische Gleichung zur Matrix $\underline{A}$ ist daher

$$\det(s\underline{I} - \underline{A}) = \begin{vmatrix} s + \frac{1}{T_1} & -\frac{K_1}{T_1} & 0 & 0 \\ 0 & s + \frac{1}{T_2} & -\frac{K_2}{T_2} & 0 \\ 0 & 0 & s & -K_{St} \\ 0 & 0 & 0 & s + \frac{1}{T_R} \end{vmatrix} = 0\,.$$

Entwickelt man sukzessive nach der 4., 3., 2. Zeile, so erhält man

$$\left[s + \frac{1}{T_R}\right] s \left[s + \frac{1}{T_2}\right]\left[s + \frac{1}{T_1}\right] = 0\,.$$

Die Systemmatrix $\underline{A}$ hat also die Eigenwerte

$$\lambda_1 = -\frac{1}{T_1}\,, \quad \lambda_2 = -\frac{1}{T_2}\,, \quad \lambda_3 = 0\,, \quad \lambda_4 = -\frac{1}{T_R}\,.$$

Demgegenüber folgt aus Bild 12/5, oben, für die Übertragungsfunktion des Systems

$$G(s) = \frac{K_R K_{St} K_1 K_2}{(1+T_R s)s(1+T_2 s)} , \qquad (12.94)$$

wenn man wie stets bei Übertragungsfunktionen gleiche Zähler- und Nennerfaktoren wegkürzt. G(s) hat die Pole $-1/T_R$, 0, $-1/T_2$. Der Eigenwert $-1/T_1$ ist hingegen kein Pol.

Es kann also sein, daß gewisse Eigenwerte der Systemmatrix in der Übertragungsfunktion nicht erscheinen. Beurteilt man das System allein nach seiner Übertragungsfunktion, so kann man sie gar nicht erkennen. In solchen Fällen gibt die Übertragungsfunktion nur eine vergröberte Beschreibung der Systemstruktur. Sie liefert eben nur die Beziehung zwischen der Ein- und Ausgangsgröße des Systems. Feinere Einzelheiten der Innenstruktur werden von ihr unter Umständen nicht erfaßt. Man konstatiert eine Überlegenheit der Beschreibung durch Zustandsvariablen, die sich enger an die realen Verhältnisse anzupassen vermag.

Allerdings ist in Fällen von der Art des eben betrachteten Beispiels der Unterschied praktisch meist ohne Belang. Er wird nur dann relevant, wenn der Pol der Strecke, den man herauskürzen möchte, auf oder rechts der imaginären Achse liegt ($T_1 \leq 0$). Dann allerdings liefert die Übertragungsfunktion (12.94) auch für praktische Zwecke keine brauchbare Beschreibung des Systems mehr, da die unvermeidbaren Abweichungen der Reglerzeitkonstante T_1 von der Streckenzeitkonstante T_1 ein gänzlich anderes Systemverhalten bewirken, als es durch die Übertragungsfunktion (12.94) vorgetäuscht wird. Darauf wurde bereits in Abschnitt 7.7 eingegangen (Regel (7.48)).

Will man die Vektordifferentialgleichung (12.85) im konkreten Fall mit der Laplace-Transformation lösen, so wird man nicht die allgemeine Lösungsformel (12.86) benutzen, in der man erst die inverse Matrix $(s\underline{I} - \underline{A})^{-1}$ zu ermitteln hätte. Sie ist für allgemeine Untersuchungen von der Art der eben durchgeführten Betrachtung nützlich. Im konkreten Fall wird man besser in der konventionellen Weise vorgehen:

1. Man wendet die Laplace-Transformation auf die einzelnen Zustandsdifferentialgleichungen an.
2. Man löst das entstehende gewöhnliche lineare Gleichungssystem nach den Unbekannten $X_i(s)$ auf.
3. Mit Partialbruchzerlegung und Faltungsregel geht man zu den Zeitfunktionen $x_i(t)$ über.

Dies sei am Beispiel der Reihenschaltung im Bild 12/6 ausgeführt, unter der man sich eine ungedämpfte Lage-

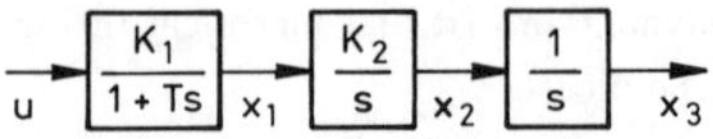

Bild 12/6. Beispiel zur Lösung der Zustandsdifferentialgleichungen mittels Laplace-Transformation

regelstrecke samt Stelleinrichtung vorstellen kann. Aus dem Bild liest man die Zustandsdifferentialgleichungen

$$\left.\begin{aligned} \dot{x}_1 &= -\frac{1}{T}x_1 + \frac{K_1}{T}u , \\ \dot{x}_2 &= K_2 x_1 , \\ \dot{x}_3 &= x_2 \end{aligned}\right\} \qquad (12.95)$$

ab. Für u = 0 erhält man daraus die homogenen Differentialgleichungen. Aus (12.95) folgt

$$\det(s\underline{I} - \underline{A}) = \begin{bmatrix} s+\frac{1}{T} & 0 & 0 \\ -K_2 & s & 0 \\ 0 & -1 & s \end{bmatrix} = s^2\left[s + \frac{1}{T}\right] .$$

Daher hat das System die Eigenwerte $\lambda_1 = \lambda_2 = 0$, $\lambda_3 = -\frac{1}{T}$.

Die Eigenvektoren ergeben sich aus der Vektorgleichung

$$\begin{bmatrix} \lambda+\frac{1}{T} & 0 & 0 \\ -K_2 & \lambda & 0 \\ 0 & -1 & \lambda \end{bmatrix} \begin{bmatrix} v_1 \\ v_2 \\ v_3 \end{bmatrix} = \underline{0}$$

oder

$$(\lambda + \frac{1}{T})\, v_1 = 0 ,$$

$$-K_2 v_1 + \lambda v_2 = 0 ,$$

$$-v_2 + \lambda v_3 = 0 .$$

Daraus folgt speziell für $\lambda_{1,2} = 0$: $v_1 = 0$, $v_2 = 0$, v_3 beliebig. Zu dem doppelten Eigenwert $\lambda_{1,2} = 0$ gehört somit der Eigenvektor

$$\underline{v}_1 = \begin{bmatrix} 0 \\ 0 \\ 1 \end{bmatrix} .$$

Alle anderen zu diesem Eigenwert gehörenden Eigenvektoren sind von ihm linear abhängig.

Für den Eigenwert $\lambda_3 = -\frac{1}{T}$ ergibt sich entsprechend der Eigenvektor

$$\underline{v}_2 = \begin{bmatrix} 1 \\ -K_2 T \\ -K_2 T^2 \end{bmatrix} .$$

Zu der 3-reihigen quadratischen Matrix $\underline{A}$ gibt es somit nur 2 linear unabhängige Eigenvektoren. Die Matrix ist daher *nicht* diagonalähnlich.

Um die Transitionsmatrix und damit die Lösung der homogenen Zustandsdifferentialgleichung zu erhalten, geht man von (12.95) mit u = 0 aus und wendet die Laplace-Transformation an:

$$s\,X_1(s) - x_{10} = -\frac{1}{T} X_1(s) ,$$

$$s\,X_2(s) - x_{20} = K_2\, X_1(s) ,$$

$$s\,X_3(s) - x_{30} = X_2(s) .$$

Daraus folgen sukzessive $X_1(s)$, $X_2(s)$ und $X_3(s)$. In Matrizenschreibweise lautet das Ergebnis:

$$\begin{bmatrix} X_1(s) \\ X_2(s) \\ X_3(s) \end{bmatrix} = \begin{bmatrix} \frac{1}{s+\frac{1}{T}} & 0 & 0 \\ \frac{K_2}{s(s+\frac{1}{T})} & \frac{1}{s} & 0 \\ \frac{K_2}{s^2(s+\frac{1}{T})} & \frac{1}{s^2} & \frac{1}{s} \end{bmatrix} \cdot \begin{bmatrix} x_{10} \\ x_{20} \\ x_{30} \end{bmatrix} .$$

Dies ist genau die allgemeine Gleichung

$$\underline{X}(s) = (s\underline{I} - \underline{A})^{-1}\,\underline{x}_0 , \qquad (12.96)$$

so daß

$$\underline{\Phi}(s) = \mathscr{L}\{e^{\underline{A}t}\} = (s\underline{I} - \underline{A})^{-1} \qquad (12.97)$$

hiermit bekannt ist. Durch gliedweise Rücktransformation dieser Matrix erhält man $\underline{\Phi}(t)$. Im vorliegenden Fall ergibt sich

$$\underline{\Phi}(t) = e^{\underline{A}t} = \begin{bmatrix} e^{-\frac{t}{T}} & 0 & 0 \\ K_2 T\left[1 - e^{-\frac{t}{T}}\right] & 1 & 0 \\ K_2 T t - K_2 T^2\left[1 - e^{-\frac{t}{T}}\right] & t & 1 \end{bmatrix} .$$

Wegen $\underline{x}(t) = e^{\underline{A}t}\,\underline{x}_0$ erhält man daraus die Lösung der homogenen Zustandsdifferentialgleichung:

$$x_1(t) = e^{-\frac{t}{T}}\,x_{10} ,$$

$$x_2(t) = K_2 T\left[1 - e^{-\frac{t}{T}}\right] x_{10} + x_{20} ,$$

$$x_3(t) = \left[K_2 T t - K_2 T^2\left[1 - e^{-\frac{t}{T}}\right]\right] x_{10} + t\,x_{20} + x_{30} .$$

Wie schon oben bemerkt, treten hierin zusätzlich zu den e-Funktionen Potenzen von t als weitere zeitveränderliche Terme auf.

12.2.5 Numerische Lösung der Zustandsgleichungen

Eine geschlossene Lösung der Zustandsdifferentialgleichung

$$\dot{\underline{x}}(t) = \underline{A}\,\underline{x}(t) + \underline{B}\,\underline{u}(t) \qquad (12.98)$$

linearer zeitinvarianter Systeme existiert prinzipiell immer, ihre Bestimmung wird aber mit wachsender Ordnung von Zustands- und Eingangsvektor zunehmend aufwendiger. In allen praxisrelevanten Fällen, die in der Regel durch hohe Ordnungszahlen gekennzeichnet sind, wird man daher die numerische der analytischen Lösung vorziehen, dies umso mehr, als dem Ingenieur heute die hierfür benötigten leistungsfähigen Hilfsmittel in Form des Arbeitsplatzrechners und des Digitalplotters zur Verfügung stehen. Zwei prinzipiell unterschiedliche Lösungswege können beschritten werden, nämlich

- die numerische Integration der Zustandsdifferentialgleichung (12.98) mit einem der bewährten Integrationsverfahren (siehe beispielsweise [12.16] bis [12.19]) oder
- die numerische Auswertung der geschlossenen Lösung (12.59) der Zustandsdifferentialgleichung.

Da beide Wege ihre Vorzüge und Nachteile haben, sollen sie nachfolgend weiter verfolgt werden.

Für die *numerische Lösung der Zustandsdifferentialgleichung* muß diese erst zeitlich diskretisiert und in eine rekursive Form gebracht werden. Zunächst schreibt man abkürzend für die rechte Seite von (12.98)

$$\underline{f}[\underline{x}(t), \underline{u}(t)] = \underline{A}\,\underline{x}(t) + \underline{B}\,\underline{u}(t) \qquad (12.99)$$

und erhält nach Umstellen die Form

$$d\underline{x}(t) = \underline{f}[\underline{x}(t), \underline{u}(t)]\,dt . \qquad (12.100)$$

Diese rechnet man durch Integration beider Seiten vom Zeitpunkt t_k bis zum Zeitpunkt t_{k+1} in die gesuchte rekursive Beziehung

$$\underline{x}(t_{k+1}) = \underline{x}(t_k) + \int_{t_k}^{t_{k+1}} \underline{f}[\underline{x}(t), \underline{u}(t)]\,dt \qquad (12.101)$$

um. Die verschiedenen in der Literatur vorgeschlagenen Integrationsalgorithmen unterscheiden sich lediglich durch die Art der Auswertung des Integrals auf der rechten Seite. Mit der (Vorwärts-) Rechteckregel (siehe Abschnitt 7.12) erhält man z.B. das "Euler-Verfahren"

$$\underline{x}_{k+1} = \underline{x}_k + \underline{f}_k \,\Delta t_k \,,$$

und mit der Trapezregel das "Euler-Heun-Verfahren"

$$\underline{x}_{k+1} = \underline{x}_k + \frac{\underline{f}_{k+1} + \underline{f}_k}{2} \,\Delta t_k \,,$$

wobei vereinfachend $\underline{x}(t_k) = \underline{x}_k$, $\underline{f}[\underline{x}(t_k), \underline{u}(t_k)] = \underline{f}_k$ und $t_{k+1} - t_k = \Delta t_k$ gesetzt wurde. Für die digitale Simulation meist besser geeignet ist das Runge-Kutta-Verfahren 4. Ordnung ("Runge-Kutta-4-Verfahren"), das durch die folgenden Rekursionsformeln gegeben ist: Zunächst werden an den Intervallgrenzen t_k und t_{k+1} sowie in der Intervallmitte $t_{k+1/2} = t_k + \Delta t_k/2$ die Korrekturvektoren

$$\left.\begin{aligned}
\Delta\underline{x}_{1k} &= \underline{f}[\underline{x}_k, \underline{u}_k] \cdot \Delta t_k \,, \\
\Delta\underline{x}_{2k} &= \underline{f}[\underline{x}_k + \Delta\underline{x}_{1k}/2, \underline{u}_{k+1/2}] \cdot \Delta t_k \,, \\
\Delta\underline{x}_{3k} &= \underline{f}[\underline{x}_k + \Delta\underline{x}_{2k}/2, \underline{u}_{k+1/2}] \cdot \Delta t_k \,, \\
\Delta\underline{x}_{4k} &= \underline{f}[\underline{x}_k + \Delta\underline{x}_{3k}, \underline{u}_{k+1}] \cdot \Delta t_k
\end{aligned}\right\} \quad (12.102)$$

n-ter Ordnung berechnet. Anschließend wird der neue Wert des Zustandsvektors durch den Mittelungsprozeß

$$\underline{x}_{k+1} = \underline{x}_k + (\Delta\underline{x}_{1k} + 2\Delta\underline{x}_{2k} + 2\Delta\underline{x}_{3k} + \Delta\underline{x}_{4k})/6 \qquad (12.103)$$

ermittelt. Dieser approximiert die wahre Lösung im Sinne einer Taylorreihe vierter Ordnung, d.h. der lokale Abbruchfehler des Verfahrens ist von der Ordnung $(\Delta t_k)^5$. Wegen seiner günstigen numerischen Eigenschaften wird das Runge-Kutta-4-Verfahren für die digitale Simulation ([12.20] bis [12.23]) von allen Integrationsmethoden am häufigsten eingesetzt. Bild 12/7 zeigt das Struktogramm zur rekursiven Lösung der Zustandsdifferentialgleichung für konstante Rechenintervalle $\Delta t_k = T$ im Zeitintervall t_0 bis t_f bei vorgegebenem Anfangsvektor $\underline{x}_0$ und Eingangsvektor $\underline{u}(t)$.

Der Hauptvorteil der numerischen Integration der Zustandsdifferentialgleichung besteht in der Möglichkeit, neben linearen Systemen nichtlineare oder auch zeitvariante Prozesse behandeln zu können. Für lineare zeitinvariante Systeme ist dagegen die nachfolgend beschriebene *numerische Auswertung der geschlossenen Lösung* wegen der meist geringeren Rechenzeiten vorzuziehen.

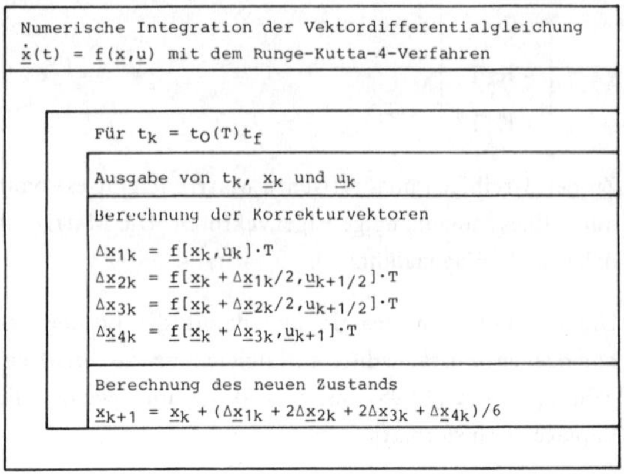

Bild 12/7. Struktogramm zur numerischen Integration der Vektordifferentialgleichung

Die allgemeine Lösung der Zustandsdifferentialgleichung (12.98) eines linearen zeitinvarianten Prozesses ist nach (12.56) in Verbindung mit (12.58)

$$\underline{x}(t) = \underline{\Phi}(t - t_0)\,\underline{x}(t_0) + \int_{t_0}^{t} \underline{\Phi}(t - \tau)\,\underline{B}\,\underline{u}(\tau)\,d\tau \qquad (12.104)$$

für alle Zeitpunkte t_0 und t. Zur numerischen Auswertung mit dem Digitalrechner diskretisiert man die Zeitachse in die äquidistanten Zeitpunkte $t_k = t_0 + kT$, $k = 0, 1, 2, \ldots$, und erhält für das Zeitintervall $t_k \leq t < t_{k+1}$ durch Ersetzen von t_0 durch t_k und von t durch t_{k+1} in (12.104) die rekursive Beziehung

$$\underline{x}(t_{k+1}) = \underline{\Phi}(t_{k+1} - t_k)\,\underline{x}(t_k) + \int_{t_k}^{t_{k+1}} \underline{\Phi}(t_{k+1} - \tau)\,\underline{B}\,\underline{u}(\tau)\,d\tau \,. \qquad (12.105)$$

Die hier auftretende Transitionsmatrix

$$\underline{\Phi}(t_{k+1} - t_k) = \underline{\Phi}(T) = e^{\underline{A}\,T} \qquad (12.106)$$

hängt nur vom konstanten Zeitintervall T ab und kann mittels effizienter rekursiver Algorithmen, die nachfolgend noch vorgestellt werden, vergleichsweise einfach berechnet werden. Schwierigkeiten bereitet dagegen häufig die Ermittlung des Faltungsintegrals; um diese zu umgehen, führt man die Lösung der inhomogenen Differentialgleichung (12.98) auf die eines äquivalenten erweiterten homogenen Systems

$$\dot{\hat{\underline{x}}}(t) = \hat{\underline{A}}\,\hat{\underline{x}}(t) \qquad (12.107)$$

zurück. Hierzu erzeugt man den Verlauf des Eingangsgrößenvektors $\underline{u}(t)$ für $t \geq t_0$ durch ein geeignet gewähltes homogenes Eingangsgrößenmodell

$$\left.\begin{aligned}\dot{\tilde{\underline{x}}}(t) &= \tilde{\underline{A}}\,\tilde{\underline{x}}(t)\;,\\ \underline{u}(t) &= \tilde{\underline{C}}\,\tilde{\underline{x}}(t)\end{aligned}\right\}\qquad(12.108)$$

der Ordnung $\tilde{n}$. Durch Kombination dieser Gleichungen mit (12.98) bestimmt man die Vektordifferentialgleichung des erweiterten Systems zu

$$\begin{bmatrix}\dot{\underline{x}}(t)\\ \dot{\tilde{\underline{x}}}(t)\end{bmatrix} = \begin{bmatrix}\underline{A} & \underline{B}\,\tilde{\underline{C}}\\ \underline{0} & \tilde{\underline{A}}\end{bmatrix}\begin{bmatrix}\underline{x}(t)\\ \tilde{\underline{x}}(t)\end{bmatrix}\;; \qquad (12.109)$$

seine Struktur zeigt Bild 12/8. Durch Vergleich mit (12.107) erhält man den Zustandsvektor des erweiterten Systems zu $\hat{\underline{x}} = \begin{bmatrix}\underline{x}(t)\\ \tilde{\underline{x}}(t)\end{bmatrix}$ und die quadratische Systemmatrix

$$\hat{\underline{A}} = \begin{bmatrix}\underline{A} & \underline{B}\,\tilde{\underline{C}}\\ \underline{0} & \tilde{\underline{A}}\end{bmatrix}, \qquad (12.110)$$

die von der Ordnung $\hat{n} = n + \tilde{n}$ ist.

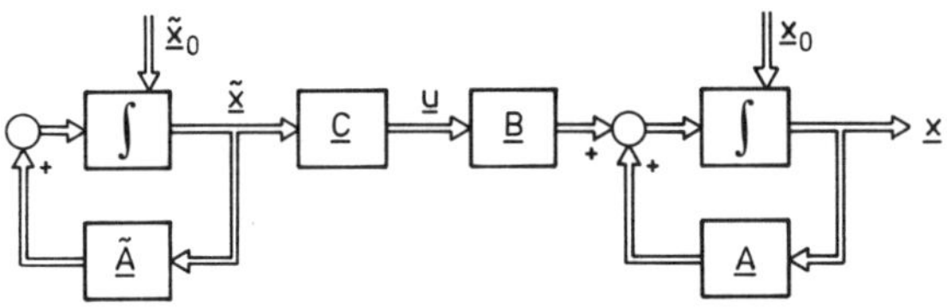

Bild 12/8. Strukturbild des Systems mit Eingangsgrößenmodell

In Bild 12/9 sind einige Eingangsgrößenmodelle 2. Ordnung ($\tilde{n} = 2$) mit den zugehörigen Verläufen der Zustandsgrößen zusammengestellt. Durch Vorgabe der Ausgangsmatrix $\tilde{\underline{C}}$ kann man mit diesen Modellen den größten Teil der in den Anwendungen auftretenden Eingangszeitfunktionen abdecken.

Lassen sich die benötigten Eingangszeitfunktionen auf diese Weise nicht mit vertretbarem Aufwand erzeugen, kann man den zeitlichen Verlauf des Eingangsvektors $\underline{u}(t)$ durch eine stufige Funktion annähern, also $\underline{u}(t) = \underline{u}(t_k)$ für $t_k \leq t < t_{k+1}$ ansetzen. Ein derartiges Eingangsgrößenmodell kann als Sonderfall des allgemeinen Modells (12.108) angesehen werden; da $\underline{u}(t)$ konstant ist im betrachteten Zeitintervall, wird mit dem Ansatz $\tilde{\underline{x}}(t) = \underline{u}(t)$ das vereinfachte Modell durch $\underline{u}(t_k) = \tilde{\underline{x}}(t_k)$ und $\dot{\tilde{\underline{x}}}(t) = \underline{0}$ für $t_k \leq t < t_{k+1}$ beschrieben [12.24]. Mit $\tilde{\underline{C}} = \underline{I}$ reduziert sich die Systemmatrix des erweiterten Systems auf

$$\hat{\underline{A}} = \begin{bmatrix}\underline{A} & \underline{B}\\ \underline{0} & \underline{0}\end{bmatrix}.$$

Das derart erweiterte homogene System hat die allgemeine Lösung

$$\hat{\underline{x}}(t_{k+1}) = \hat{\underline{\Phi}}(T)\,\hat{\underline{x}}(t_k)$$

oder

$$\begin{bmatrix}\underline{x}(t_{k+1})\\ \tilde{\underline{x}}(t_{k+1})\end{bmatrix} = \begin{bmatrix}\hat{\underline{\Phi}}_{11}(T) & \hat{\underline{\Phi}}_{12}(T)\\ \hat{\underline{\Phi}}_{21}(T) & \hat{\underline{\Phi}}_{22}(T)\end{bmatrix}\begin{bmatrix}\underline{x}(t_k)\\ \tilde{\underline{x}}(t_k)\end{bmatrix}, \qquad (12.111)$$

wobei die Teiltransitionsmatrizen $\hat{\underline{\Phi}}_{ij}$ die entsprechende Ordnung haben. Andererseits ist die Lösung (12.104) der Zustandsdifferentialgleichung für eine intervallweise konstante Eingangsgröße

$$\underline{x}(t_{k+1}) = \underline{\Phi}(T)\,\underline{x}(t_k) + \int_{t_k}^{t_{k+1}} \underline{\Phi}(t_{k+1}-\tau)\,\underline{B}\,d\tau \cdot \underline{u}(t_k)$$

Eingangsgrößen-Modell	Systemmatrix $\tilde{\underline{A}}$	Zeitverläufe der Zustandsgrößen ($t > 0$)
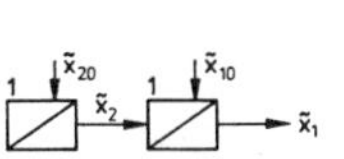	$\begin{bmatrix}0 & 1\\ 0 & 0\end{bmatrix}$	$\tilde{x}_1(t) = \tilde{x}_{10} + \tilde{x}_{20}t$ $\tilde{x}_2(t) = \tilde{x}_{20}$
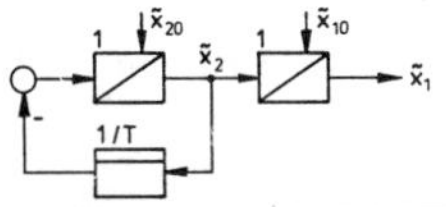	$\begin{bmatrix}0 & 1\\ 0 & -1/T\end{bmatrix}$	$\tilde{x}_1(t) = \tilde{x}_{10} + T\tilde{x}_{20}(1-e^{-t/T})$ $\tilde{x}_2(t) = \tilde{x}_{20}e^{-t/T}$
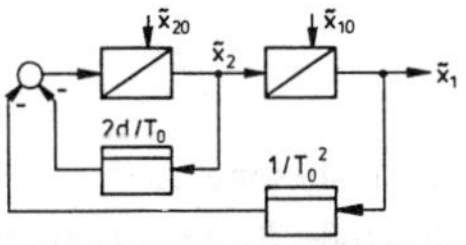	$\begin{bmatrix}0 & 1\\ -\frac{1}{T_o^2} & -\frac{2d}{T_o}\end{bmatrix}$	$\tilde{x}_1(t) = \frac{e^{-\delta t}}{\omega_e}[(\delta\sin\omega_e t + \omega_e\cos\omega_e t)\tilde{x}_{10} + \sin\omega_e t\,\tilde{x}_{20}]$ $(\omega_e = \sqrt{1-d^2}/T_o,\ \delta = d/T_o)$

Bild 12/9. Eingangsgrößenmodelle 2. Ordnung

$$= \underline{\Phi}(T)\, \underline{x}(t_k) + \underline{H}(T)\, \underline{u}(t_k) \qquad (12.112)$$

mit der nur vom Zeitintervall T abhängenden diskreten Eingangsmatrix

$$\underline{H}(T) = \int_0^T \underline{\Phi}(T-\tau)\, \underline{B}\, d\tau \ . \qquad (12.113)$$

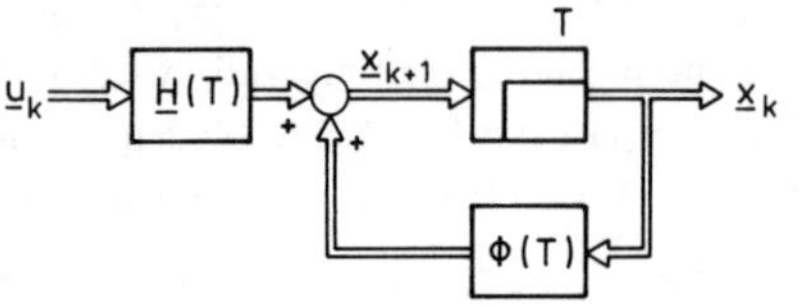

Bild 12/10. Strukturbild der Lösung der Zustandsdifferentialgleichung mit stufiger Eingangsgröße

Mit $\underline{u}(t_k) = \tilde{\underline{x}}(t_k)$ kann man (12.112) in der Matrizenform

$$\begin{bmatrix} \underline{x}(t_{k+1}) \\ \tilde{\underline{x}}(t_{k+1}) \end{bmatrix} = \begin{bmatrix} \underline{\Phi}(T) & \underline{H}(T) \\ \underline{0} & \underline{I} \end{bmatrix} \begin{bmatrix} \underline{x}(t_k) \\ \tilde{\underline{x}}(t_k) \end{bmatrix} \qquad (12.114)$$

anschreiben; durch Vergleich mit (12.111) folgen dann die Teiltransitionsmatrizen zu $\hat{\underline{\Phi}}_{11}(T) = \underline{\Phi}(T)$, $\hat{\underline{\Phi}}_{12}(T) = \underline{H}(T)$, $\hat{\underline{\Phi}}_{21}(T) = \underline{0}$ und $\hat{\underline{\Phi}}_{22}(T) = \underline{I}$. Hat man also die Transitionsmatrix $\hat{\underline{\Phi}}(T)$ des erweiterten Systems berechnet, kann man ihr die Transitionsmatrix $\underline{\Phi}(T)$ und die diskrete Eingangsmatrix $\underline{H}(T)$ des Prozesses entnehmen.

Es bleibt nun noch die Aufgabe, die Transitionsmatrix des – eventuell erweiterten – Prozesses zu berechnen, wofür in der Literatur eine große Anzahl von Verfahren vorgeschlagen wurde ([12.25], [12.26], [12.27]). Hier sollen nur zwei aufeinander aufbauende und recht einfach zu implementierende Verfahren vorgestellt werden, nämlich die direkte Auswertung der Reihendarstellung von $\underline{\Phi}(T)$ und das von *J. B. Plant* [12.26] entwickelte Verfahren der Skalierung und Quadrierung.

Nach (12.49) und (12.58) kann man die Transitionsmatrix durch eine unendliche Reihe der Form

$$\underline{\Phi}(T) = e^{\underline{A}T} = \sum_{\nu=0}^{\infty} \frac{(\underline{A}T)^{\nu}}{\nu\,!} \qquad (12.115)$$

darstellen. Mit der Abkürzung $\underline{X} = \underline{A}T$ erhält man also die Potenzreihe

$$\underline{\Phi}(T) = \underline{I} + \frac{\underline{X}}{1!} + \frac{\underline{X}^2}{2!} + \ldots , \qquad (12.116)$$

die nach den Überlegungen in Abschnitt 12.2.1 absolut und gleichmäßig konvergiert. Die Summation kann also mit dem Summanden $\underline{X}^{\nu}/\nu!$ abgebrochen werden, wenn jedes Element der Inkrementalmatrix $\underline{X}^{\nu+1}/(\nu+1)!$ eine vorgegebene Genauigkeitsschranke ϵ betragsmäßig unterschreitet.

Die Auswertung der Potenzreihe erfolgt rekursiv. Hierfür bildet man die Inkrementalmatrizen

$$\left.\begin{aligned} \underline{\Delta}_0 &= \underline{I} \ , \\ \underline{\Delta}_1 &= \underline{X}/1! = \underline{\Delta}_0 \cdot \underline{X}/1 \ , \\ \underline{\Delta}_2 &= \underline{X}^2/2! = \underline{X}/1 \cdot \underline{X}/2 = \underline{\Delta}_1 \cdot \underline{X}/2 \ , \\ &\vdots \\ \underline{\Delta}_\nu &= \underline{\Delta}_{\nu-1} \cdot \underline{X}/\nu \ , \end{aligned}\right\} \qquad (12.117)$$

und gleichzeitig die Partialsummen

$$\left.\begin{aligned} \underline{\Phi}_0 &= \underline{I} = \underline{\Delta}_0 \ , \\ \underline{\Phi}_1 &= \underline{I} + \underline{X}/1! = \underline{\Phi}_0 + \underline{\Delta}_1 \ , \\ \underline{\Phi}_2 &= \underline{I} + \underline{X}/1! + \underline{X}^2/2! = \underline{\Phi}_1 + \underline{\Delta}_2 \ , \\ &\vdots \\ \underline{\Phi}_\nu &= \underline{\Phi}_{\nu-1} + \underline{\Delta}_\nu \ . \end{aligned}\right\} \qquad (12.118)$$

Nach jeder Berechnung einer Inkrementalmatrix $\underline{\Delta}_\nu$ überprüft man, ob alle Elemente der Matrix betragsmäßig kleiner sind als die vorgegebene Schranke ϵ, und bricht die Rechnung ab, sobald dies der Fall ist. Um bei schlechter Konvergenz oder numerischer Instabilität des Algorithmus infolge Rundungsfehlern die Rechenzeit zu beschränken, begrenzt man die Anzahl der Summanden auf eine vorgebbare Zahl ν_{max} und veranlaßt die Ausgabe einer Fehlermeldung. Bild 12/11 zeigt das Struktogramm der Berechnung der Transitionsmatrix mit der Reihendarstellung.

Die Auswertung der Potenzreihe (12.116) führt bei schlechter Konvergenz zur Mitnahme sehr vieler Reihenglieder, was sich in langen Rechenzeiten und – bedingt durch das Aufsummieren von Rundungsfehlern – schließlich in einer numerischen Instabilität des Algorithmus äußert. Schlechte Konvergenz ist immer dann zu erwarten, wenn die Absolutnorm

$$\|\underline{X}\| = \sum_i \sum_j |x_{ij}|$$

große Werte annimmt, wie es insbesondere für lange Rechenintervalle T oder auch große Systemordnungen

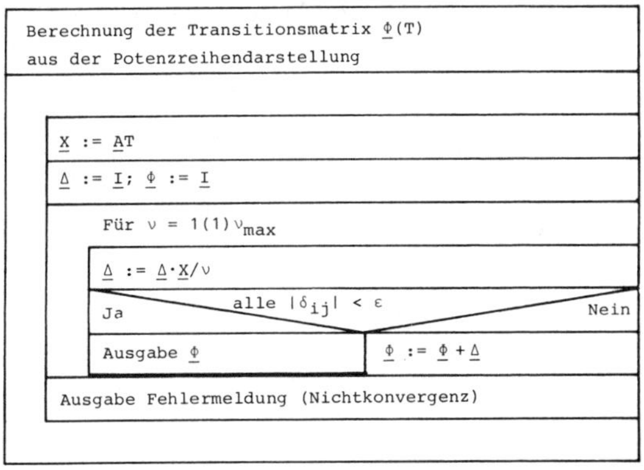
Berechnung der Transitionsmatrix Φ(T)
aus der Potenzreihendarstellung
X := AT
Δ := I; Φ := I
Für ν = 1(1)νmax
Δ := Δ·X/ν
alle |δij| < ε
Ja
Nein
Ausgabe Φ
Φ := Φ + Δ
Ausgabe Fehlermeldung (Nichtkonvergenz)

Bild 12/11. Struktogramm zur Berechnung der Transitionsmatrix aus der Reihendarstellung

der Fall ist. Diese numerische Instabilität läßt sich zwar auf Kosten der Rechenzeit durch Rechnen mit doppelter Genauigkeit hinauszögern, aber nicht endgülitg beseitigen. Gerade die praxisrelevanten Systeme hoher Ordnung lassen sich also mit diesem Verfahren nicht behandeln.

Ein eleganter Algorithmus, der diese Mängel nicht aufweist, wurde von *J. B. Plant* [12.26] angegeben. Zunächst berechnet man die (n,n)-Matrix

$$\underline{N} = \frac{\underline{A}\,T}{\|\underline{A}\,T\|} = \frac{\underline{X}}{\|\underline{X}\|},$$

die offenbar die Absolutnorm $\|\underline{N}\| = 1$ hat, und schreibt hiermit die Transitionsmatrix zu

$$\underline{\Phi}(T) = e^{\underline{A}\,T} = e^{\underline{N}\,\|\underline{X}\|}$$

an. Die Absolutnorm $\|\underline{X}\|$ ist eine positive Zahl, die man in ihren ganzen und ihren gebrochenen Teil zerlegen kann,

$$\|\underline{X}\| = k + y\ ,$$

hierin ist k eine nichtnegative ganze Zahl und y eine Zahl zwischen 0 und 1. Die Transitionsmatrix wird mit dieser Zerlegung

$$\underline{\Phi}(T) = e^{\underline{N}(k+y)} = e^{\underline{N}\,k}\, e^{\underline{N}\,y}\ . \qquad (12.119)$$

Wegen $\|\underline{N}\| = 1$ und $0 \le y < 1$ kann man den Faktor $e^{\underline{N}y}$ durch Auswerten der Potenzreihe bei guter Konvergenz berechnen. Den anderen Faktor ermittelt man wie folgt: Zunächst schreibt man die positive ganze Zahl als Binärzahl, also

$$k = \sum_{i=0}^{r} b_i\, 2^i = b_0\, 2^0 + b_1\, 2^1 + \ldots + b_r\, 2^r$$

mit $r = [\mathrm{ld}(k)]$, wobei die Koeffizienten b_i nur die Werte 0 oder 1 annehmen können. Mit dieser Darstellung für k erhält man den ersten Faktor in (12.119) zu

$$e^{\underline{N}\,k} = e^{\underline{N}\,(b_0 2^0 + b_1 2^1 + \ldots + b_r 2^r)}$$

$$= e^{\underline{N}\,b_0 2^0}\, e^{\underline{N}\,b_1 2^1} \cdots e^{\underline{N}\,b_r 2^r}$$

$$= \prod_{i=0}^{r} e^{\underline{N}\,b_i 2^i}\ . \qquad (12.120)$$

Mit der (n,n)-Matrix

$$\underline{P}_i = e^{\underline{N}\,2^i} \qquad (12.121)$$

erhält man die rekursive Beziehung

$$\underline{P}_i = e^{\underline{N}\,2^{i-1}\cdot 2} = \underline{P}_{i-1}^{\ 2}\ , \qquad (12.122)$$

die für i = 1, 2, ..., r mit dem Startelement

$$\underline{P}_0 = e^{\underline{N}}$$

auszuwerten ist; wegen $\|\underline{N}\| = 1$ kann man $\underline{P}_0$ mit der Potenzreihe bei guter Konnvergenz berechnen.

Unter Verwendung der $\underline{P}_i$ kann man für (12.120) auch

$$e^{\underline{N}\,k} = \prod_{i=0}^{r} \underline{P}_i^{\ b_i}$$

schreiben. Dieses Produkt berechnet man ebenfalls rekursiv, indem man nacheinander die Produkte

$$\underline{S}_0 = \underline{P}_0^{\ b_0} = \begin{cases} \underline{I} & \text{für } b_0 = 0 \\ \underline{P}_0 & \text{für } b_0 = 1 \end{cases},$$

$$\underline{S}_1 = \underline{P}_0^{\ b_0}\, \underline{P}_1^{\ b_1} = \underline{S}_0 \cdot \begin{cases} \underline{I} & \text{für } b_1 = 0 \\ \underline{P}_1 & \text{für } b_1 = 1 \end{cases},$$

$$\vdots$$

$$\underline{S}_r = \underline{S}_{r-1} \cdot \begin{cases} \underline{I} & \text{für } b_r = 0 \\ \underline{P}_r & \text{für } b_r = 1 \end{cases} \qquad (12.123)$$

bildet. Zuletzt multipliziert man die Matrix $\underline{S}_r$ mit dem zuvor berechneten Faktor $e^{\underline{N}y}$ und erhält damit nach (12.119) die Transitionsmatrix; Bild 12/12 zeigt das Struktogramm des Rechenablaufs.

An einem einfachen linearen Prozeß dritter Ordnung mit der Systemmatrix

$$\underline{A} = \begin{bmatrix} 0 & 1 & 1 \\ 0 & -2 & 1 \\ 0 & 0 & -1 \end{bmatrix}$$

```
Berechnung der Transitionsmatrix Φ(T)
nach dem Verfahren von Plant
```

$\underline{X} := \underline{A}T; \ \|\underline{X}\| := \Sigma\Sigma|x_{ij}|; \ \underline{\Phi} := \underline{I}$

Ja		$\|\underline{X}\| \neq 0$		Nein

$k := ip(\|\underline{X}\|); \ y := fp(\|\underline{X}\|); \ \underline{N} = \underline{X}/\|\underline{X}\|$

Berechnung von $\Phi = e^{\underline{N}y}$ aus Potenzreihe

Ja		$k \neq 0$		Nein

Berechnung der b_i, $i = 0,1,\ldots r$

Berechnung von $\underline{P} = e^{\underline{N}}$ aus Potenzreihe

Ja		$b_0 = 1$		Nein

$\underline{S} := \underline{P}$ | $\underline{S} := \underline{I}$

Für $i = 1(1)r$

$\underline{P} := \underline{P}^2$

Ja		$b_i = 1$		Nein

$\underline{S} := \underline{S}\cdot\underline{P}$ | /

$\underline{\Phi} := \underline{S}\cdot\underline{\Phi}$

Ausgabe $\underline{\Phi}$

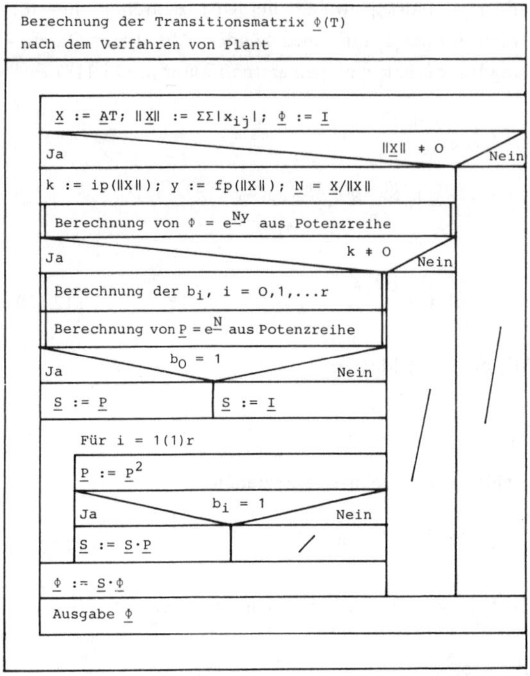

Bild 12/12. Struktogramm zur Berechnung der Transitionmatrix nach dem Verfahren von *Plant*

sollen die Eigenschaften der beiden angegebenen Algorithmen miteinander verglichen werden. Bild 12/13 zeigt den schnellen Anstieg der Zahl der mitzunehmenden Polynomterme mit wachsendem Zeitintervall T bei der Auswertung der Reihendarstellung. Für T = 10 sec müssen beispielsweise schon $\nu = 60$ Summanden bei

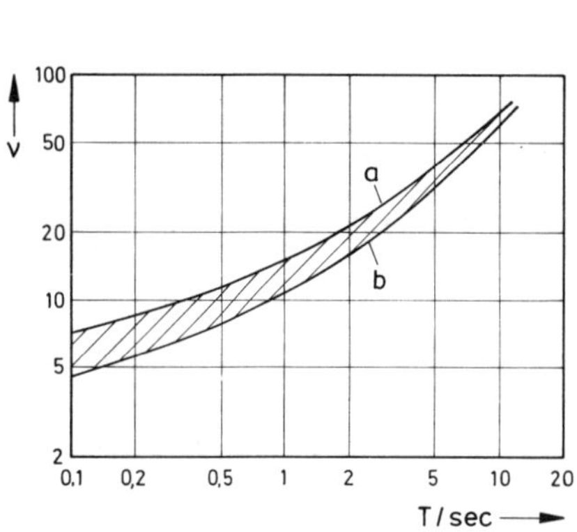

Bild 12/13. Zahl der zu berücksichtigenden Polynomterme bei der Berechnung der Transitionsmatrix
a) Genauigkeitsschranke $\epsilon = 10^{-6}$
b) Genauigkeitsschranke $\epsilon = 10^{-3}$

einer Fehlerschranke $\epsilon = 10^{-3}$ bzw. $\nu = 66$ bei $\epsilon = 10^{-6}$ berücksichtigt werden; die Auswertung bei wesentlich größeren Zeitintervallen scheitert an der numerischen Instabilität des Verfahrens. Bild 12/14 zeigt die Zunahme der Rechenzeit T_R [4] als Funktion des Zeitintervalls T für beide Algorithmen bei Fehlerschranken von

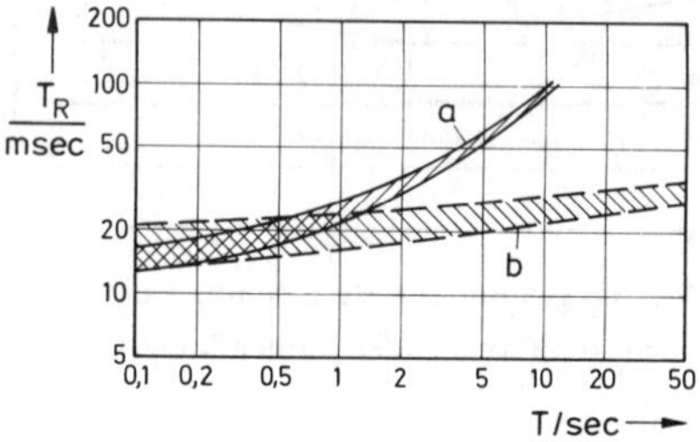

Bild 12/14. Rechenzeiten zur Berechnung der Transitionsmatrix
a) Auswertung der Potenzreihe
b) Verfahren nach *Plant*

$\epsilon = 10^{-3}$ und 10^{-6}. Für kleine Zeitintervalle, bei denen die Absolutnorm $\|X\| < 1$ ist, stimmen beide Verfahren überein und benötigen vergleichbare Rechenzeiten. Mit zunehmender Dauer des Zeitintervalls steigen die Rechenzeiten beim Verfahren von Plant wesentlich langsamer an, außerdem zeigt dieses Verfahren auch bei größeren Intervallen keine numerische Instabilität. Weitergehende Untersuchungen haben gezeigt, daß dieser Algorithmus auch bei Systemen sehr hoher Ordnung seine günstigen Eigenschaften beibehält.

12.3 Steuerbarkeit und Beobachtbarkeit

12.3.1 Definitionen

Das für die neuere Regelungstheorie grundlegende Begriffspaar *Steuerbarkeit* und *Beobachtbarkeit* wurde 1960 von R. Kalman eingeführt [12.3]. Für die Anwendung sind diese Begriffe von entscheidender Bedeutung, weil sie für viele Entwurfsverfahren die notwendige (und hinreichende) Bedingung ihrer Durchführbarkeit darstellen. In der weiteren Entwicklung der Zustandstheorie wurden mehrere verwandte Begriffe eingeführt, so die "Erreichbarkeit", welche mit der Steuerbarkeit korrespondiert, und die "Rekonstruierbarkeit", welche mit

---

[4] Rechner TR 440, einfache Genauigkeit

der Beobachtbarkeit zusammenhängt.[5] Da bei linearen zeitinvarianten Systemen Steuerbarkeit und Erreichbarkeit sowie Beobachtbarkeit und Rekonstruierbarkeit äquivalent sind, können wir uns auf die Behandlung von Steuerbarkeit und Beobachtbarkeit beschränken.

Im folgenden wird das dynamische System

$$\left.\begin{aligned} \dot{\underline{x}} &= \underline{A}\,\underline{x} + \underline{B}\,\underline{u}\,, \\ \underline{y} &= \underline{C}\,\underline{x} + \underline{D}\,\underline{u}\,, \quad \underline{A}, \underline{B}, \underline{C}, \underline{D} \text{ konstant,} \end{aligned}\right\} \quad (12.124)$$

ab dem beliebigen Zeitpunkt t_0 betrachtet. Es werde angenommen, daß für $t > t_0$ keine Störungen auf das System einwirken und daß somit der Eingangsvektor $\underline{u}(t)$ ausschließlich aus *Steuergrößen* besteht, d.h. aus Größen, die man beliebig vorgeben kann, um dadurch das System (Prozeß, Strecke) gezielt zu beeinflussen. Diese Voraussetzung soll in allen weiteren Kapiteln beibehalten werden, sofern nicht ausdrücklich etwas anderes gesagt wird.

Weiterhin wollen wir im folgenden annehmen, daß der Vektor $\underline{y}(t)$ die Gesamtheit der *Meßgrößen* bezeichnet, d.h. die Systemgrößen umfaßt, welche mit vertretbarem technischen Aufwand gemessen werden können. Zu ihnen gehören sicherlich die Regelgrößen, also die gezielt zu beeinflussenden Größen, und meistens noch weitere Zustandsvariablen oder Linearkombinationen von ihnen. Aber nur in Ausnahmefällen wird der Meßvektor $\underline{y}(t)$ mit dem gesamten Zustandsvektor $\underline{x}(t)$ zusammenfallen.

Der *Anfangszustand* $\underline{x}(t_0) = \underline{x}_0$ wird im allgemeinen nicht bekannt sein und kann grundsätzlich an einer beliebigen Stelle des Zustandsraumes liegen. Er wird meist aus der Vorgeschichte des Systems stammen, geht also auf Störungen oder Steuerungsmaßnahmen vor dem Zeitpunkt t_0 zurück.

Er kann aber auch durch eine impulsförmige Störung zum Zeitpunkt t_0 entstehen. Um das einzusehen, nehmen wir an, daß der Wert, mit dem der Zustandsvektor aus der Vergangenheit in den Zeitpunkt t_0 einläuft, gleich $\underline{0}$ sei. Dann ist die Lösung (12.56) der Zustandsdifferentialgleichung durch

$$\underline{x}(t) = \int_{t_0}^{t} e^{\underline{A}(t-\tau)}\,\underline{B}\,\underline{u}(\tau)\,d\tau \qquad (12.125)$$

gegeben. Ausnahmsweise charakterisiere jetzt $\underline{u}(t)$ eine Störung. Diese sei impulsförmig:

$$\underline{u}(t) = \underline{u}_0\,\delta(t-t_0)$$

mit einem konstanten Vektor $\underline{u}_0$. Damit folgt aus (12.125)

$$\underline{x}(t) = \int_{t_0}^{t} e^{\underline{A}(t-\tau)}\,\underline{B}\,\underline{u}_0\,\delta(\tau-t_0)\,d\tau\,,$$

also

$$\underline{x}(t) = e^{\underline{A}(t-t_0)}\,\underline{B}\,\underline{u}_0\,.$$[6]

Wie man aus (12.56) sieht, ist dies derselbe Vorgang, der sich für $\underline{u}(t) \equiv \underline{0}$ und den Anfangszustand

$$\underline{x}_0 = \underline{B}\,\underline{u}_0$$

ergibt.

Wegen

$$\underline{B}\,\underline{u}_0 = \left[\underline{b}_1, \ldots, \underline{b}_p\right] \cdot \begin{bmatrix} u_{10} \\ \vdots \\ u_{p0} \end{bmatrix} = u_{10}\,\underline{b}_1 + \ldots + u_{p0}\,\underline{b}_p$$

folgt daraus

$$u_{10}\,\underline{b}_1 + \ldots + u_{p0}\,\underline{b}_p = \underline{x}_0\,.$$

Wie man sieht, können also keineswegs *beliebige* Anfangszustände durch einen Anfangsimpuls erzeugt werden, sondern nur solche, die in dem von den Spaltenvektoren $\underline{b}_1, \ldots, \underline{b}_p$ von $\underline{B}$ erzeugten Unterraum des Zustandsraums liegen. Man bezeichnet aber häufig generell den Anfangszustand auch als *Anfangsstörung*.

Das Ziel einer Regelung oder Steuerung besteht nun häufig darin, das zu beeinflussende System durch geeignete Wahl des Steuervektors $\underline{u}(t)$ aus dem Anfangszustand $\underline{x}_0$ in einen gewünschten Betriebszustand $\underline{x}_B$ zu bringen, und zwar in endlicher Zeit. Ist dies möglich, so nennt man das System steuerbar. Dabei darf man ohne Beschränkung der Allgemeinheit annehmen, daß $\underline{x}_B = \underline{0}$ ist, da dies durch Parallelverschiebung des Koordinatensystems stets erreicht werden kann. Man gelangt so zur folgenden Definition:

---

[5] Siehe hierzu etwa [12.4], Kapitel 4 und 5, sowie [12.5], Abschnitte 1.6 und 1.7.

[6] Im vorliegenden Fall geht $\underline{x}(t)$ nicht stetig durch Null. Das liegt daran, daß der Eingangsvektor $\underline{u}(t)$ δ-Funktionen enthält, also keine gewöhnliche Funktion ist, während er sonst ausnahmslos als stückweise stetig vorausgesetzt wird.

Das System

$$\dot{\underline{x}} = \underline{A}\,\underline{x} + \underline{B}\,\underline{u}\ ,\quad \underline{y} = \underline{C}\,\underline{x} + \underline{D}\,\underline{u}\ ,$$

heiße steuerbar, wenn sein Zustandspunkt $\underline{x}$ durch geeignete Wahl des Steuervektors $\underline{u}$ in endlicher Zeit aus dem beliebigen Anfangszustand $\underline{x}_0$ in den Endzustand $\underline{0}$ bewegt werden kann. (12.126)

In der Literatur nennt man ein derartiges System auch *vollständig zustandssteuerbar*. Das ist bei allgemeineren Untersuchungen nötig. Man kann nämlich auch die Forderung stellen, den Ausgangsvektor $\underline{y}$ aus einem gegebenen Anfangsvektor in endlicher Zeit in einen gewünschten Endvektor zu überführen, und hat dann die *Ausgangssteuerbarkeit* [7] von der *Zustandssteuerbarkeit* zu unterscheiden. Bleibt man bei der Zustandssteuerbarkeit, so kann es sein, daß sich $\underline{x}$ nicht aus *jedem* Punkt $\underline{x}_0$ des Zustandsraums in endlicher Zeit nach $\underline{0}$ bewegen läßt. Dann wäre das System nicht *vollständig* zustandssteuerbar. Da wir uns im folgenden ausschließlich mit der vollständigen Zustandssteuerbarkeit befassen, können wir sie für unsere Zwecke als *Steuerbarkeit* schlechthin bezeichnen, wie dies in der obigen Definition schon geschehen ist.

Zweifellos ist die Steuerbarkeit eine sehr naheliegende Forderung, wenn man daran gehen will, ein in Zustandsbeschreibung gegebenes dynamisches System gezielt zu beeinflussen.

Der Begriff der Beobachtbarkeit hängt eng mit der Steuerbarkeit zusammen. Es liegt auf der Hand, daß der Steuervektor $\underline{u}(t)$, mit dem man den Zustandspunkt $\underline{x}(t)$ in endlicher Zeit aus dem Anfangszustand $\underline{x}(t_0) = \underline{x}_0$ in den gewünschten Endzustand überführt, vom Anfangszustand $\underline{x}_0$ abhängen wird. Um $\underline{u}(t)$ im konkreten Fall erzeugen zu können, muß man daher $\underline{x}_0$ kennen. Nun lassen sich aber, wie schon bemerkt, die Zustandsvariablen nur in Ausnahmefällen sämtlich messen. Man ist vielmehr auf den Meßvektor $\underline{y}(t)$ angewiesen, um aus dessen Verlauf, und zwar während einer endlichen Zeitspanne, den Anfangszustand $\underline{x}_0$ zu bestimmen. Ist dies möglich, so heißt das System beobachtbar. Man hat somit die Definition:

Das System

$$\dot{\underline{x}} = \underline{A}\,\underline{x} + \underline{B}\,\underline{u}\ ,\quad \underline{y} = \underline{C}\,\underline{x} + \underline{D}\,\underline{u}\ ,$$

heiße beobachtbar, wenn man bei bekanntem $\underline{u}(t)$ aus der Messung von $\underline{y}(t)$ über eine endliche Zeitspanne den Anfangszustand $\underline{x}(t_0)$ eindeutig ermitteln kann, ganz gleich, wo dieser liegt. (12.127)

Eigentlich müßte es, ähnlich wie bei der Steuerbarkeitsdefinition, auch hier *vollständig beobachtbar* heißen, um zu betonen, daß ein *beliebiger* Anfangszustand als eindeutig erkennbar gefordert wird. Doch können wir auf die Kennzeichnung *vollständig* verzichten, da von uns kein anderer Beobachtbarkeitsbegriff verwandt wird.

Bei der obigen Definition wird der Zustand $\underline{x}(t_0) = \underline{x}_0$ aus einer Messung im Bereich $t > t_0$, also aus einer zukünftigen Messung, erschlossen. Vom Standpunkt des Anwenders aus läge es näher, den Zustand $\underline{x}_0$ aus einer vorangegangenen Messung zu ermitteln, um ihn so für die Zeit $t > t_0$ zur Konstruktion des Steuervektors $\underline{u}(t)$ zur Verfügung zu haben. Ein solches Vorgehen führt auf den Begriff der *Rekonstruierbarkeit.* Da er bei linearen zeitinvarianten Systemen zur Beobachtbarkeit äquivalent ist, insofern ein rekonstruierbares System stets beobachtbar ist und umgekehrt, die Beobachtbarkeit aber geläufiger ist als die Rekonstruierbarkeit, wollen wir dennoch beim erstgenannten Begriff bleiben.

Ein System braucht keineswegs steuerbar oder beobachtbar zu sein. Betrachten wir etwa das System mit den Zustandsdifferentialgleichungen

$$\dot{x}_1 = \lambda_1 x_1\ ,$$

$$\dot{x}_2 = \lambda_2 x_2 + b_2 u\ .$$

Wie immer man u(t) auch wählen mag, es ist unmöglich, x_1 zu beeinflussen. Die Zustandsvariable

$$x_1(t) = e^{\lambda_1(t-t_0)}\, x_1(t_0)$$

strebt zwar gegen 0 für $t \to +\infty$, sofern λ_1 bzw. Re λ_1 negativ ist, wird diesen Wert aber nicht in endlicher Zeit erreichen – außer in dem Ausnahmefall $x_1(t_0) = 0$, wo x_1 von vornherein Null ist. Es ist daher unmöglich, $\underline{x}(t)$ von einem beliebigen Anfangszustand $\underline{x}(t_0) = \underline{x}_0$ in endlicher Zeit nach $\underline{0}$ zu überführen.

Das Bild 12/15 zeigt ein einfaches Beispiel für ein nicht beobachtbares System. Bei den beiden Blöcken kann es sich um zwei verschiedene Bauelemente handeln, die zwar gleiches Übertragungsverhalten haben, aber dennoch verschiedene Anfangswerte besitzen können. Aus den Zustandsgleichungen folgt

$$\dot{x}_1 = -2x_1 + u\ ,$$

---

[7] Siehe hierzu etwa [12.2], Kapitel 7.

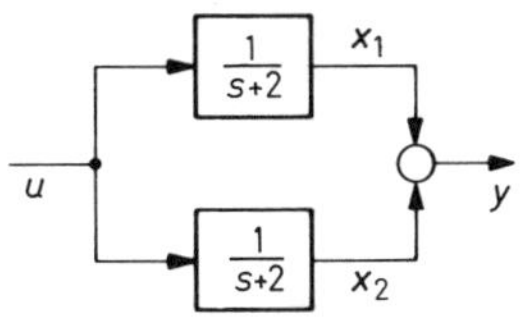

Bild 12/15. Beispiel eines nicht beobachtbaren Systems

$$\dot{x}_2 = -2x_2 + u \; ,$$

$$y = x_1 + x_2 \; .$$

Die Ausgangsgröße ist hier, mit $t_0 = 0$:

$$y(t) = 2\int_0^t e^{-2(t-\tau)}\, u(\tau)\, d\tau + e^{-2t}\,[x_1(0) + x_2(0)] \; .$$

Da y(t) nur von der *Summe* der beiden Anfangswerte abhängt, ist es ausgeschlossen, die Anfangswerte einzeln aus der Messung von y(t) zu erhalten.

Es ist klar, daß bei komplizierteren Systemen die Verhältnisse nicht so leicht zu überblicken sind wie in den vorangegangenen Beispielen. So erhebt sich die Frage nach Kriterien für die Steuerbarkeit und Beobachtbarkeit. Wir werden zunächst mehrere Kriterien für die Steuerbarkeit von Eingrößensystemen herleiten und sodann in entsprechender Weise die Beobachtbarkeit behandeln. Die Ausdehnung der Kriterien auf Mehrgrößensysteme ist geradlinig.

12.3.2 Kalmansches Kriterium der Steuerbarkeit

Wir gehen von der Zustandsdifferentialgleichung

$$\underline{\dot{x}} = \underline{A}\,\underline{x} + \underline{b}\,u \tag{12.128}$$

eines Eingrößensystems aus, nehmen das System als steuerbar an und sehen zu, was man daraus für $\underline{A}$ und $\underline{b}$ schließen kann. Die allgemeine Lösung der Zustandsdifferentialgleichung ist gemäß (12.56)

$$\underline{x}(t) = \int_{t_0}^{t} e^{\underline{A}(t-\tau)}\,\underline{b}\,u(\tau)\,d\tau + e^{\underline{A}(t-t_0)}\,\underline{x}(t_0) \; .$$

Ist das System steuerbar, so gibt es nach Definition zu einem beliebigen Anfangszustand $\underline{x}(t_0)$ ein $t_e > t_0$ und eine Steuerfunktion u(t) derart, daß

$$\underline{x}(t_e) = \int_{t_0}^{t_e} e^{\underline{A}(t_e-\tau)}\,\underline{b}\,u(\tau)\,d\tau + e^{\underline{A}(t_e-t_0)}\,\underline{x}(t_0) = \underline{0} \; .$$

Multipliziert man diese Gleichung von links mit $e^{-\underline{A}t_e}$, so entsteht aus ihr

$$\int_{t_0}^{t_e} e^{-\underline{A}\tau}\,\underline{b}\,u(\tau)\,d\tau = -e^{-\underline{A}t_0}\,\underline{x}(t_0) \quad \text{oder kürzer}$$

$$\int_{t_0}^{t_e} e^{-\underline{A}\tau}\,\underline{b}\,u(\tau)\,d\tau = \underline{v} \; .$$

Da $\underline{x}(t_0)$ beliebig, ist auch $\underline{v}$ ein beliebiger n-dimensionaler Ortsvektor im Zustandsraum. Nach Definition der e-Funktion folgt aus der letzten Gleichung

$$\int_{t_0}^{t_e} \sum_{\nu=0}^{\infty} \frac{\underline{A}^{\nu}(-\tau)^{\nu}}{\nu!}\,\underline{b}\,u(\tau)\,d\tau = \underline{v} \; ,$$

$$\sum_{\nu=0}^{\infty} \underline{A}^{\nu}\,\underline{b} \int_{t_0}^{t_e} \frac{(-\tau)^{\nu}}{\nu!}\,u(\tau)\,d\tau = \underline{v} \; .$$

Da es sich bei den Integralen um feste Zahlen c_ν handelt, kann man kürzer schreiben:

$$\sum_{\nu=0}^{\infty} c_\nu\,\underline{A}^{\nu}\,\underline{b} = \underline{v} \; . \tag{12.129}$$

Links steht eine Linearkombination der n-dimensionalen Spaltenvektoren $\underline{b}$, $\underline{A}\,\underline{b}$, $\underline{A}^2\,\underline{b}, \ldots$. Höchstens n von ihnen können linear unabhängig sein. Es muß in der Tat n linear unabhängige geben: Da (12.129) für einen *beliebigen* n-dimensionalen Vektor $\underline{v}$ gilt, müssen die Vektoren $\underline{b}$, $\underline{A}\,\underline{b}, \ldots$ den gesamten n-dimensionalen Raum aufspannen, was nur möglich ist, wenn es unter ihnen n linear unabhängige gibt. Das sind gerade die n ersten: $\underline{b}, \underline{A}\,\underline{b}, \ldots, \underline{A}^{n-1}\,\underline{b}$. Angenommen nämlich, dies sei nicht der Fall: Dann gibt es ein r < n derart, daß $\underline{b}$, $\underline{A}\,\underline{b}, \ldots, \underline{A}^{r-1}\,\underline{b}$ linear unabhängig sind, aber $\underline{A}^{r}\,\underline{b}$ von ihnen linear abhängig ist:

$$\underline{A}^{r}\,\underline{b} = k_0\,\underline{b} + k_1\,\underline{A}\,\underline{b} + \ldots + k_{r-1}\,\underline{A}^{r-1}\,\underline{b} \; , \tag{12.130}$$

wobei nicht alle k_ν Null sind. Durch Linksmultiplikation mit $\underline{A}$ folgt daraus

$\underline{A}^{r+1}\,\underline{b} = k_0\,\underline{A}\,\underline{b} + \ldots + k_{r-1}\,\underline{A}^{r}\,\underline{b}$, also wegen (12.130)

$$\underline{A}^{r+1}\,\underline{b} = \tilde{k}_0\,\underline{b} + \ldots + \tilde{k}_{r-1}\,\underline{A}^{r-1}\,\underline{b} \; .$$

So fortfahrend kann man zeigen, daß *sämtliche* Vektoren $\underline{A}^{\nu}\,\underline{b}$ mit $\nu \geq r$ linear von $\underline{b}, \underline{A}\,\underline{b}, \ldots, \underline{A}^{r-1}\,\underline{b}$ abhängen. Wegen $r < n$ heißt das aber: Es gibt keine n Vektoren $\underline{A}^{\nu}\,\underline{b}$, die linear unabhängig sind. Das ist ein Widerspruch. Mithin muß die Annahme falsch sein, daß die Vektoren $\underline{b}, \underline{A}\,\underline{b}, \ldots, \underline{A}^{n-1}\,\underline{b}$ linear abhängig sind. Es ist so gezeigt: Ist das System (12.128) steuerbar, so sind die Vektoren $\underline{b}, \underline{A}\,\underline{b}, \ldots, \underline{A}^{n-1}\,\underline{b}$ linear unabhängig. Damit ist die Struktur der Steuerbarkeitsbedingung geklärt. Da auch die Umkehrung gilt, was für den Fall einfacher Eigenwerte von $\underline{A}$ im Unterabschnitt 12.3.3 gezeigt wird,[8] hat man die *notwendige und hinreichende Steuerbarkeitsbedingung* (*Kalman*, 1960):

Das System $\dot{\underline{x}} = \underline{A}\,\underline{x} + \underline{b}\,u$, $\underline{A}$, $\underline{b}$ konstant, ist genau dann steuerbar, wenn die Vektoren $\underline{b}$, $\underline{A}\,\underline{b}$, $\ldots$, $\underline{A}^{n-1}\,\underline{b}$ linear unabhängig sind. (12.131)

Die (n,n)-Matrix

$$\underline{Q}_S = \left[\underline{b}, \underline{A}\,\underline{b}, \underline{A}^2\,\underline{b}, \ldots, \underline{A}^{n-1}\,\underline{b}\right] \qquad (12.132)$$

heißt auch *Steuerbarkeitsmatrix.*[9] Sie ist somit genau dann regulär, wenn das System steuerbar ist. Gleichbedeutend hiermit ist schließlich die Bedingung

$$\det \underline{Q}_S \neq 0 \ . \qquad (12.133)$$

Bild 12/16 zeigt ein einfaches Beispiel eines nicht steuerbaren Systems. Aus den komplexen Gleichungen

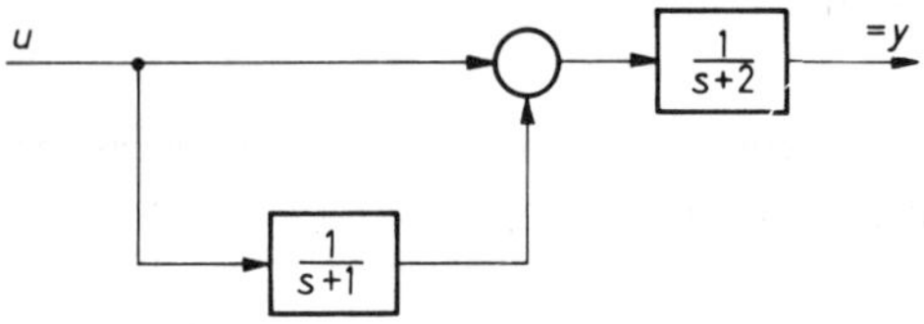

Bild 12/16. Beispiel eines nicht steuerbaren, wohl aber beobachtbaren Systems

$$X_1 = \frac{1}{s+1}\,U \ , \quad X_2 = \frac{1}{s+2}\,(X_1 + U) \qquad (12.134)$$

folgen die Zustandsdifferentialgleichungen

$$\dot{x}_1 = -x_1 + u \ ,$$

$$\dot{x}_2 = x_1 - 2x_2 + u \ .$$

---

[8] Für den allgemeinen Fall siehe etwa [12.1], Kapitel 5.

[9] In der Literatur wird manchmal auch eine andere Matrix als "Steuerbarkeitsmatrix" bezeichnet und durch den Zusatz "erster Art" von der obigen "Steuerbarkeitsmatrix 2. Art" unterschieden: [12.9], Kapitel 1.

Daher ist

$$\underline{b} = \begin{bmatrix} 1 \\ 1 \end{bmatrix} , \quad \underline{A}\,\underline{b} = \begin{bmatrix} -1 & 0 \\ 1 & -2 \end{bmatrix} \begin{bmatrix} 1 \\ 1 \end{bmatrix} = \begin{bmatrix} -1 \\ -1 \end{bmatrix} ,$$

so daß $\underline{b} + \underline{A}\,\underline{b} = \underline{0}$. Da somit die beiden Vektoren $\underline{b}$, $\underline{A}\,\underline{b}$ linear abhängig sind, ist das System gemäß (12.131) nicht steuerbar. Das ist in einem so einfachen Fall auch durch direkte Rechnung zu sehen. Aus der ersten Zustandsdifferentialgleichung folgt mit $t_0 = 0$:

$$x_1(t) = \int_0^t e^{-(t-\tau)}\,u(\tau)\,d\tau + e^{-t}\,x_1(0) \ . \qquad (12.135)$$

Weiterhin erhält man aus (12.134)

$$X_2(s) = \frac{1}{s+2}\left[1 + \frac{1}{s+1}\right] U(s) = \frac{1}{s+1}\,U(s) \ .$$

Daher gilt

$$\dot{x}_2 = -x_2 + u \ ,$$

woraus

$$x_2(t) = \int_0^t e^{-(t-\tau)}\,u(\tau)\,d\tau + e^{-t}\,x_2(0) \qquad (12.136)$$

folgt. Verlangt man nun

$$x_1(t_e) = 0 \ , \quad x_2(t_e) = 0 \ ,$$

so resultiert aus (12.135) und (12.136):

$$\int_0^{t_e} e^{-(t_e-\tau)}\,u(\tau)\,d\tau = -e^{-t_e}\,x_1(0) \ ,$$

$$\int_0^{t_e} e^{-(t_e-\tau)}\,u(\tau)\,d\tau = -e^{-t_e}\,x_2(0) \ ,$$

also wegen der Gleichheit der linken Seiten:

$$x_1(0) = x_2(0) \ .$$

Eine Steuerung nach $\underline{0}$ in endlicher Zeit ist also nur für diejenigen Punkte $\underline{x}(0)$ möglich, die auf der Winkelhalbierenden des ersten und dritten Quadranten liegen, nicht aber für alle $\underline{x}(0)$. Das System ist daher nicht steuerbar. Man kann den vorliegenden Sachverhalt auch so ausdrücken: Steuert man die eine Zustandsvariable in endlicher Zeit nach Null, so ist dies für die andere ausgeschlossen.

Liegt ein System mit mehreren Eingangsgrößen vor, so ist die Steuerbarkeitsbedingung ganz entsprechend wie beim Eingrößensystem (Beweis z.B. in [12.1]):

Das System $\dot{\underline{x}} = \underline{A}\,\underline{x} + \underline{B}\,\underline{u}$ ist genau dann steuerbar, wenn die $(n, n\cdot p)$-Steuerbarkeitsmatrix

$$\underline{Q}_S = [\underline{B}, \underline{A}\,\underline{B}, \ldots, \underline{A}^{n-1}\,\underline{B}] =$$

$$= [\underline{b}_1, \ldots, \underline{b}_p; \underline{A}\,\underline{b}_1, \ldots, \underline{A}\,\underline{b}_p; \ldots; \underline{A}^{n-1}\,\underline{b}_1, \ldots, \underline{A}^{n-1}\,\underline{b}_p]$$

den Höchstrang n, also n linear unabhängige Spaltenvektoren hat. (12.137)

12.3.3 Steuerbarkeitskriterium nach Gilbert

Wir setzen jetzt voraus, daß die Dynamikmatrix $\underline{A}$ des Eingrößensystems *einfache* Eigenwerte $\lambda_1, \ldots, \lambda_n$ hat und daher auf Diagonalform transformiert werden kann (Unterabschnitt 12.1.1). Die Zustandsgleichungen lauten dann

$$\dot{z}_i = \lambda_i z_i + \hat{b}_i u \,, \quad i = 1, \ldots, n \,; \tag{12.138}$$

$$y = \sum_{\nu=1}^{n} \hat{c}_\nu z_\nu + d\,u \,. \tag{12.139}$$

Aus (12.138) erkennt man sofort: Ist ein $\hat{b}_i = 0$, so ist die zugehörige Zustandsvariable z_i nicht durch u beeinflußbar. Es liegt auf der Hand, daß dann auch $\underline{x} = \underline{V}\,\underline{z}$ nicht in der gewünschten Weise gesteuert werden kann. Das System ist also nicht steuerbar.

Nunmehr seien alle $\hat{b}_i \neq 0$. Aus (12.138) folgt, wenn einfachheitshalber $t_0 = 0$ gesetzt ist, was bei einem zeitinvarianten System ja keine Beschränkung der Allgemeinheit darstellt:

$$z_i(t) = \int_0^t e^{\lambda_i(t-\tau)}\,\hat{b}_i\,u(\tau)\,d\tau + e^{\lambda_i t}\,z_i(0) \,, \quad i = 1, \ldots, n \,.$$

Es ist zu zeigen, daß es ein u(t) gibt, so daß für einen endlichen Wert von t_e gilt:

$$\int_0^{t_e} e^{\lambda_i(t_e-\tau)}\,\hat{b}_i\,u(\tau)\,d\tau + e^{\lambda_i t_e}\,z_i(0) = 0 \,, \quad i = 1, \ldots, n \,,$$

oder

$$\int_0^{t_e} e^{-\lambda_i \tau}\,u(\tau)\,d\tau = -\frac{z_i(0)}{\hat{b}_i} \,, \quad i = 1, \ldots, n \,. \tag{12.140}$$

Nun setzen wir u(t) in der Form

$$u(t) = U_0\,\delta(t) + U_1\,\delta(t-T) + \ldots + U_{n-1}\,\delta(t-(n-1)T) =$$

$$= \sum_{\nu=0}^{n-1} U_\nu\,\delta(t-\nu T)$$

an, wobei man sich die δ-Funktionen als hohe und schmale Impulse realisiert denken kann und die U_ν freie Parameter sind. T ist eine positive Konstante, die nicht weiter festgelegt ist. Damit folgt aus (12.140) für $t_e = nT$:

$$\sum_{\nu=0}^{n-1} U_\nu \int_0^{t_e} e^{-\lambda_i \tau}\,\delta(\tau-\nu T)\,d\tau = -\frac{z_i(0)}{\hat{b}_i} \,,$$

$$\sum_{\nu=0}^{n-1} U_\nu\,e^{-\lambda_i \nu T} = -\frac{z_i(0)}{\hat{b}_i} \,, \quad i = 1, \ldots, n \,.$$

Setzt man darin abkürzend

$$e^{-\lambda_i T} = \gamma_i \,, \quad i = 1, \ldots, n \,, \tag{12.141}$$

so wird

$$\sum_{\nu=0}^{n-1} U_\nu\,\gamma_i^\nu = -\frac{z_i(0)}{\hat{b}_i} \,, \quad i = 1, \ldots, n \,,$$

oder ausführlicher

$$U_0 + \gamma_i U_1 + \gamma_i^2 U_2 + \ldots + \gamma_i^{n-1} U_{n-1} = -\frac{z_i(0)}{\hat{b}_i} \,, \quad i = 1, \ldots, n \,. \tag{12.142}$$

Das ist ein System von n linearen Gleichungen für die freien Parameter $U_0, \ldots, U_{n-1}$. Ist es lösbar und baut man mit der Lösung die Steuerfunktion u(t) gemäß obigem Ansatz auf, so überführt sie $\underline{x}(t)$ in der endlichen Zeit $t_e = nT$ vom beliebigen Anfangspunkt $\underline{z}(0) = \underline{V}^{-1}\,\underline{x}(0)$ nach $\underline{0}$.

Die Systemdeterminante von (12.142) ist

$$D = \begin{vmatrix} 1 & \gamma_1 & \cdots & \gamma_1^{n-1} \\ 1 & \gamma_2 & \cdots & \gamma_2^{n-1} \\ \vdots & & \ddots & \\ 1 & \gamma_n & \cdots & \gamma_n^{n-1} \end{vmatrix} \,. \tag{12.143}$$

Es handelt sich also um eine VanderMonde-Determinante (Kapitel 17). Sie ist genau dann $\neq 0$, wenn die γ_i voneinander verschieden sind. Angenommen nun, es wäre $\gamma_\mu = \gamma_\nu$ für $\mu \neq \nu$. Dann folgt daraus nach (12.141)

$$e^{-\lambda_\mu T} = e^{-\lambda_\nu T}$$

oder

$$e^{(\lambda_\mu - \lambda_\nu)T} = 1 \ .$$

Dann muß

$$(\lambda_\mu - \lambda_\nu)T = 2k\pi j \ ,$$

also

$$\lambda_\mu - \lambda_\nu = k \cdot \frac{2\pi}{T} j \qquad (12.144)$$

gelten, wobei k eine beliebige ganze Zahl ist. Soll diese Beziehung für $\mu \neq \nu$ erfüllt sein, so muß es sich um nichtreelle Eigenwerte von $\underline{A}$ handeln, deren Imaginärteile sich um ein ganzzahliges Vielfaches von $2\pi/T$ unterscheiden. Sollte eine solche Beziehung ausnahmsweise einmal gelten, so braucht man nur die ja frei wählbare positive Konstante T zu verändern, um die Gleichung (12.144) ungültig und damit $D \neq 0$ zu machen, womit das Gleichungssystem (12.142) eine eindeutige Lösung besitzt.

Somit ist das System in der Tat steuerbar, wenn die $\hat{b}_i \neq 0$ sind. Insgesamt hat man das Resultat:

Sind die Eigenwerte eines dynamischen Systems mit der Zustandsdifferentialgleichung

$$\dot{\underline{x}} = \underline{A}\,\underline{x} + \underline{b}\,u$$

einfach, so ist es genau dann steuerbar, wenn alle Elemente des Vektors

$$\hat{\underline{b}} = \underline{V}^{-1}\,\underline{b}$$

von Null verschieden sind, wobei $\underline{V} = [\underline{v}_1, \ldots, \underline{v}_n]$ die Eigenvektormatrix von $\underline{A}$ ist (E.G. Gilbert, 1963[10]). (12.145)

Um den Zusammenhang mit dem Kalmanschen Steuerbarkeitskriterium herzustellen, bilden wir die Steuerbarkeitsmatrix

$$\underline{Q}_S = \left[\underline{b}, \underline{A}\,\underline{b}, \ldots, \underline{A}^{n-1}\underline{b}\right].$$

Nach (12.3) ist

$$\underline{\Lambda} = \underline{V}^{-1}\underline{A}\,\underline{V} \ , \quad \hat{\underline{b}} = \underline{V}^{-1}\underline{b} \ ,$$

also

$$\underline{A} = \underline{V}\,\underline{\Lambda}\,\underline{V}^{-1} \ , \quad \underline{b} = \underline{V}\,\hat{\underline{b}} \ .$$

[10] [12.6], sogleich für Mehrgrößensysteme

Aus der vorletzten Gleichung folgt

$$\underline{A}^2 = \underline{V}\,\underline{\Lambda}\,\underline{V}^{-1} \cdot \underline{V}\,\underline{\Lambda}\,\underline{V}^{-1} = \underline{V}\,\underline{\Lambda}^2\,\underline{V}^{-1}$$

und allgemein

$$\underline{A}^\nu = \underline{V}\,\underline{\Lambda}^\nu\,\underline{V}^{-1} \ .$$

Daher wird

$$\underline{Q}_S = \left[\underline{V}\,\hat{\underline{b}}, \underline{V}\,\underline{\Lambda}\,\hat{\underline{b}}, \ldots, \underline{V}\,\underline{\Lambda}^{n-1}\hat{\underline{b}}\right] =$$

$$= \underline{V}\left[\hat{\underline{b}}, \underline{\Lambda}\,\hat{\underline{b}}, \ldots, \underline{\Lambda}^{n-1}\hat{\underline{b}}\right]. \qquad (12.146)$$

Da

$$\underline{\Lambda}^\nu = \begin{bmatrix} \lambda_1^\nu & \ldots & 0 \\ \vdots & \ddots & \vdots \\ 0 & \ldots & \lambda_n^\nu \end{bmatrix}, \quad \text{ist } \underline{\Lambda}^\nu\hat{\underline{b}} = \begin{bmatrix} \lambda_1^\nu \hat{b}_1 \\ \vdots \\ \lambda_n^\nu \hat{b}_n \end{bmatrix},$$

also

$$\underline{Q}_S = \underline{V} \cdot \begin{bmatrix} \hat{b}_1 & \lambda_1 \hat{b}_1 & \lambda_1^2 \hat{b}_1 & \ldots & \lambda_1^{n-1}\hat{b}_1 \\ \vdots & \vdots & \vdots & & \vdots \\ \hat{b}_n & \lambda_n \hat{b}_n & \lambda_n^2 \hat{b}_n & \ldots & \lambda_n^{n-1}\hat{b}_n \end{bmatrix}.$$

Damit ist

$$\det \underline{Q}_S = \det \underline{V} \cdot \hat{b}_1 \cdot \hat{b}_2 \ldots \hat{b}_n \cdot \begin{vmatrix} 1 & \lambda_1 & \ldots & \lambda_1^{n-1} \\ \vdots & \vdots & & \vdots \\ 1 & \lambda_n & \ldots & \lambda_n^{n-1} \end{vmatrix}.$$

Da $\underline{V}$ regulär, ist $\det \underline{V} \neq 0$. Ebenso ist die an letzter Stelle stehende Determinante $\neq 0$, da es sich um eine VanderMonde-Determinante aus einfachen, d.h. voneinander verschiedenen Eigenwerten λ_i handelt.

Also ist $\det \underline{Q}_S$ genau dann $\neq 0$, wenn alle $\hat{b}_i \neq 0$ sind, wenn also das System steuerbar ist. Damit ist *das Kalmansche Steuerbarkeitskriterium* für den Fall einfacher Eigenwerte von $\underline{A}$ *als notwendig und hinreichend erwiesen.*

Das *Gilbert-Kriterium* (12.145) läßt sich geradlinig auf *Mehrgrößensysteme* erweitern [12.6]:

Sind die Eigenwerte eines dynamischen Systems mit der Zustandsdifferentialgleichung

$$\dot{\underline{x}} = \underline{A}\,\underline{x} + \underline{B}\,\underline{u}$$

einfach, so ist es genau dann steuerbar, wenn alle Zeilenvektoren der Matrix

$$\hat{\underline{B}} = \underline{V}^{-1}\,\underline{B}$$

vom Nullvektor verschieden sind. Dabei ist $\underline{V} = [\underline{v}_1, \ldots, \underline{v}_n]$ *die Eigenvektormatrix von* $\underline{A}$ *(E.G. Gilbert, 1963).* (12.147)

Man kann das Gilbert-Kriterium auf den Fall mehrfacher Eigenwerte ausdehnen, sofern die Matrix $\underline{A}$ diagonalähnlich ist, d.h. sich auf Diagonalform transformieren läßt:

Ist die Dynamikmatrix $\underline{A}$ *der Zustandsdifferentialgleichung*

$$\dot{\underline{x}} = \underline{A}\,\underline{x} + \underline{B}\,\underline{u}$$

diagonalähnlich, so ist das System genau dann steuerbar, wenn die zum gleichen Eigenwert gehörenden Zeilenvektoren von

$$\hat{\underline{B}} = \underline{V}^{-1}\,\underline{B}$$

linear unabhängig sind. Dabei besteht $\underline{V} = [\underline{v}_1, \ldots, \underline{v}_n]$ *aus den linear unabhängigen Eigenvektoren von* $\underline{A}$. (12.148)

Für den Beweis sei auf [12.7], Abschnitt 4.2, verwiesen. Die Formulierung (12.147) des Gilbert-Kriteriums für einfache Eigenwerte ist hierin enthalten. Zu einem einfachen Eigenwert gehört nämlich nur *ein* Zeilenvektor von $\hat{\underline{B}}$. Dieser ist genau dann linear unabhängig, wenn er vom Nullvektor verschieden ist.

Aus (12.148) ergibt sich eine interessante Konsequenz. Die Zeilenvektoren in

$$\hat{\underline{B}} = \underline{V}^{-1}\,\underline{B}$$

sind p-dimensional, wobei p die Anzahl der Steuergrößen ist. Da mehr als p p-dimensionale Vektoren immer linear abhängig sind, können die zu einem mindestens (p+1)-fachen Eigenwert von $\underline{A}$ gehörenden Zeilenvektoren $\hat{\underline{b}}_i^T$ nicht linear unabhängig sein. Aus (12.148) folgt so:

Ist die Dynamikmatrix $\underline{A}$ *der Zustandsdifferentialgleichung*

$$\dot{\underline{x}} = \underline{A}\,\underline{x} + \underline{B}\,\underline{u}$$

diagonalähnlich und besitzt sie einen mehr als p-fachen Eigenwert, wo p die Anzahl der Eingangsgrößen ist, so ist das System nicht steuerbar.

Insbesondere ist also ein Eingrößensystem mit diagonalähnlicher Dynamikmatrix nicht steuerbar, wenn es mehrfache Eigenwerte hat. (12.149)

12.3.4 Steuerbarkeitskriterium nach Hautus

Nach dem Gilbert-Kriterium für Eingrößensysteme ist ein System mit einfachen Eigenwerten genau dann steuerbar, wenn

$$\hat{b}_i \neq 0 \ , \quad i = 1, \ldots, n \ . \tag{12.150}$$

Dabei ist $\hat{b}_i$ das i-te Element des Vektors

$$\hat{\underline{b}} = \underline{V}^{-1}\,\underline{b} \ . \tag{12.151}$$

Hierin ist

$$\underline{V}^{-1} = \begin{bmatrix} \underline{w}_1^T \\ \vdots \\ \underline{w}_n^T \end{bmatrix} ,$$

wobei die $\underline{w}_i$ Linkseigenvektoren von $\underline{A}$ sind (Unterabschnitt 12.2.3). Damit wird

$$\hat{b}_i = \underline{w}_i^T\,\underline{b} \ , \quad i = 1, \ldots, n \ . \tag{12.152}$$

Gemäß (12.150) muß also

$$\underline{w}_i^T\,\underline{b} \neq 0 \ , \quad i = 1, \ldots, n \tag{12.153}$$

gelten, damit das System steuerbar ist. Da es auf einen konstanten Faktor $\neq 0$ hierbei nicht ankommt, darf $\underline{w}_i$ ein beliebiger Linkseigenvektor von $\underline{A}$ sein. Das heißt also:

Ein dynamisches System mit der Zustandsdifferentialgleichung

$$\dot{\underline{x}} = \underline{A}\,\underline{x} + \underline{b}\,u$$

ist genau dann steuerbar, wenn der Vektor $\underline{b}$ *zu keinem Linkseigenvektor von* $\underline{A}$ *orthogonal ist.* (12.154)

Dieser Satz wurde hier unter der Voraussetzung einfacher Eigenwerte von $\underline{A}$ hergeleitet. Von ***M.L.J. Hautus*** wurde 1969 gezeigt, daß er auch gilt, wenn $\underline{A}$ beliebige Eigenwerte hat [12.8].

Auch das *Hautussche Kriterium* läßt sich geradlinig auf *Mehrgrößensysteme* erweitern [12.8]:

Ein dynamisches System mit der Zustandsdifferentialgleichung

$$\dot{\underline{x}} = \underline{A}\,\underline{x} + \underline{B}\,\underline{u}$$

ist genau dann steuerbar, wenn für jeden Linkseigenvektor $\underline{w}$ *von* $\underline{A}$ *gilt:*

$$\underline{w}^T\,\underline{B} \neq \underline{0}^T \ . \tag{12.155}$$

Äquivalent hierzu ist die folgende, für die Überprüfung auf Steuerbarkeit günstigere Bedingung [12.8]:

Ein dynamisches System mit der Zustandsdifferentialgleichung

$$\dot{\underline{x}} = \underline{A}\,\underline{x} + \underline{B}\,\underline{u}$$

ist genau dann steuerbar, wenn für jeden Eigenwert λ_i *von* $\underline{A}$ *gilt:*

$$\text{Rang}\,[\lambda_i \underline{I} - \underline{A}, \underline{B}\,] = n \;,$$

wobei n die Reihenzahl von $\underline{A}$*, also die Systemordnung, ist.* (12.156)

12.3.5 Kriterien der Beobachtbarkeit

Da diese Kriterien ganz entsprechend wie die Steuerbarkeitskriterien aufgebaut sind, wollen wir uns kürzer fassen.[11] Wir werden das Kalman-Kriterium herleiten und die anderen Kriterien ohne weitere Begründung anschließen.

Für das System

$$\dot{\underline{x}} = \underline{A}\,\underline{x} + \underline{B}\,\underline{u} \;, \quad y = \underline{c}^T \underline{x} + \underline{d}^T \underline{u} \qquad (12.157)$$

mit der Meßgröße y(t) gilt nach (12.69)

$$y(t) = \underline{G}(t) * \underline{u}(t) + \underline{c}^T e^{\underline{A}t}\, \underline{x}(0) \;, \qquad (12.158)$$

wobei nach (12.68) die Gewichtsmatrix

$$\underline{G}(t) = \underline{c}^T e^{\underline{A}t}\, \underline{B} + \underline{d}^T \delta(t)$$

in einen Zeilenvektor übergeht. Dabei ist $t_0 = 0$ angenommen, was für zeitinvariante Systeme keine Beschränkung der Allgemeinheit bedeutet. Gibt man den Steuervektor $\underline{u}(t)$ vor, so ist er eine bekannte Vektorfunktion. Da y(t) für $t \geq t_0$ gemessen wird, darf man die Differenz

$$d(t) = y(t) - \underline{G}(t) * \underline{u}(t)$$

als bekannt ansehen. Aus (12.158) wird so

$$\underline{c}^T e^{\underline{A}t}\, \underline{x}(0) = d(t) \;.$$

[11] Der tiefere Grund dieser Symmetrie ist das Dualitätsprinzip, worüber man z.B. in [12.9], Abschnitt 1.4, nachlesen kann.

Durch Differentiation nach t folgt hieraus sukzessive

$$\begin{aligned}
\underline{c}^T \underline{A}\, e^{\underline{A}t}\, \underline{x}(0) &= \dot{d}(t) \;, \\
\underline{c}^T \underline{A}^2 e^{\underline{A}t}\, \underline{x}(0) &= \ddot{d}(t) \;, \\
&\vdots \\
\underline{c}^T \underline{A}^{n-1} e^{\underline{A}t}\, \underline{x}(0) &= \overset{(n-1)}{d}(t) \;.
\end{aligned}$$

Für $t \to +0$ wird aus diesen Gleichungen

$$\left.\begin{aligned}
\underline{c}^T \underline{x}(0) &= d(+0) \;, \\
\underline{c}^T \underline{A}\, \underline{x}(0) &= \dot{d}(+0) \;, \\
&\vdots \\
\underline{c}^T \underline{A}^{n-1} \underline{x}(0) &= \overset{(n-1)}{d}(+0) \;.
\end{aligned}\right\} \qquad (12.159)$$

Darin sind $\underline{c}^T, \underline{c}^T \underline{A}, \ldots, \underline{c}^T \underline{A}^{n-1}$ bekannte n-dimensionale Zeilenvektoren. Die linken Seiten der Gleichungen sind also von der Form

$$k_1 x_1(0) + k_2 x_2(0) + \ldots + k_n x_n(0)$$

mit bekannten Zahlen k_ν. (12.159) ist somit ein System von n linearen Gleichungen für die n gesuchten Komponenten von $\underline{x}(0)$. Das Gleichungssystem ist genau dann eindeutig lösbar, wenn die Zeilenvektoren $\underline{c}^T$, $\underline{c}^T \underline{A}, \ldots, \underline{c}^T \underline{A}^{n-1}$ linear unabhängig sind. Man erhält so als *notwendige und hinreichende Beobachtbarkeitsbedingung* (Kalman, 1960):

Das dynamische System

$$\dot{\underline{x}} = \underline{A}\,\underline{x} + \underline{B}\,\underline{u} \;, \quad y = \underline{c}^T \underline{x} + \underline{d}^T \underline{u}$$

ist genau dann beobachtbar, wenn die Zeilenvektoren

$$\underline{c}^T, \underline{c}^T \underline{A}, \ldots, \underline{c}^T \underline{A}^{n-1}$$

linear unabhängig sind. Anders ausgedrückt: Wenn die Beobachtbarkeitsmatrix

$$\underline{Q}_B = \begin{bmatrix} \underline{c}^T \\ \underline{c}^T \underline{A} \\ \vdots \\ \underline{c}^T \underline{A}^{n-1} \end{bmatrix} \quad \textit{regulär ist.} \qquad (12.160)$$

Es sei noch darauf hingewiesen, daß die Bildung der Ableitungen von d(t) und damit von y(t) sowie der Grenzübergang $t \to +0$ die Messung von y(t) in einem rechtsseitig an t = 0 anschließenden Intervall voraussetzen, das allerdings beliebig klein sein darf. Praktisch ist eine derartige Bestimmung des Anfangszustandes $\underline{x}(0)$ allerdings nicht verwendbar, da durch die (n - 1)-malige Differentiation die in der Meßgröße y(t) enthaltene Störwelligkeit so vergrößert wird, daß sich mit den Ableitungen nichts mehr anfangen läßt. Wir brauchen uns aber nicht um eine realistische Modifikation dieses Beobachtungsverfahrens zu bemühen, da wir in Kapitel 13 eine praktikable Methode kennenlernen werden, die zwar nicht den Anfangswert $\underline{x}(0)$, wohl aber eine gute Schätzung des Momentanwerts $\underline{x}(t)$ liefert, was für die Regelung im Zustandsraum günstiger ist.

Für mehrere Meßgrößen lautet das *Kalman-Kriterium:*

Das System

$$\dot{\underline{x}} = \underline{A}\,\underline{x} + \underline{B}\,\underline{u}\ , \quad \underline{y} = \underline{C}\,\underline{x} + \underline{D}\,\underline{u}$$

ist genau dann beobachtbar, wenn die (nq,n)-Beobachtbarkeitsmatrix

$$\underline{Q}_B = \begin{bmatrix} \underline{C} \\ \underline{C}\,\underline{A} \\ \vdots \\ \underline{C}\,\underline{A}^{n-1} \end{bmatrix}$$

den Höchstrang n hat, also n linear unabhängige Zeilenvektoren besitzt. (12.161)

Analog zum Steuerbarkeitskriterium lautet das *Gilbertsche Beobachtbarkeitskriterium:*

Sind die Eigenwerte des dynamischen Systems

$$\dot{\underline{x}} = \underline{A}\,\underline{x} + \underline{B}\,\underline{u}\ , \quad \underline{y} = \underline{C}\,\underline{x} + \underline{D}\,\underline{u}$$

einfach, so ist es genau dann beobachtbar, wenn in der Matrix

$$\hat{\underline{C}} = \underline{C}\,\underline{V}$$

kein Spaltenvektor $\underline{0}$ wird. Für nur eine Meßgröße y heißt das: Wenn im Zeilenvektor

$$\hat{\underline{c}}^T = \underline{c}^T\,\underline{V}$$

jedes Element $\neq 0$ ist. Dabei ist $\underline{V}$ die Eigenvektormatrix von $\underline{A}$. (12.162)

Eine Umformulierung dieser Bedingung ganz entsprechend wie bei der Steuerbarkeit leitet wiederum über zum *Kriterium von Hautus*, das für beliebige Eigenwerte von $\underline{A}$ gilt:

Das dynamische System

$$\dot{\underline{x}} = \underline{A}\,\underline{x} + \underline{B}\,\underline{u}\ , \quad \underline{y} = \underline{C}\,\underline{x} + \underline{D}\,\underline{u}$$

ist genau dann beobachtbar, wenn für jeden Eigenvektor $\underline{v}$ von $\underline{A}$ gilt:

$$\underline{C}\,\underline{v} \neq \underline{0}\ .$$

Äquivalent hierzu ist die Bedingung:

$$Rang \begin{bmatrix} \lambda_i \underline{I} - \underline{A} \\ \underline{C} \end{bmatrix} = n$$

für jeden Eigenwert λ_i von $\underline{A}$, wobei n die Reihenzahl von $\underline{A}$ ist. (12.163)

12.3.6 Anschauliche Deutung der Steuerbarkeit und Beobachtbarkeit

Die bisherigen Untersuchungen über die Steuerbarkeit und Beobachtbarkeit, die doch teilweise recht abstrakter Natur sind, werden nun am Beispiel der *Eingrößensysteme mit einfachen Eigenwerten* mittels des Strukturbildes anschaulich interpretiert.

Wir gehen dabei von der Diagonalform der Zustandsgleichungen aus:

$$\dot{z}_i = \lambda_i z_i + \hat{b}_i u\ , \quad i = 1, \ldots, n\ , \tag{12.164}$$

$$y = \sum_{\nu=1}^{n} \hat{c}_\nu z_\nu\ . \tag{12.165}$$

Darin ist einfachheitshalber d = 0 angenommen, was für die überwiegende Mehrzahl realer Systeme zutrifft. Nach wie vor ist $\hat{b}_i$ bzw. $\hat{c}_i$ das i-te Element des Vektors

$$\hat{\underline{b}} = \underline{V}^{-1}\underline{b} \quad \text{bzw.} \quad \hat{\underline{c}}^T = \underline{c}^T\,\underline{V}\ .$$

Durch Laplace-Transformation der Zustandsdifferentialgleichungen (12.164) folgt

$$s\,Z_i(s) - z_i(0) = \lambda_i Z_i(s) + \hat{b}_i U(s)\ ,$$

also

$$Z_i(s) = \frac{1}{s-\lambda_i}\left[\hat{b}_i U(s) + z_i(0)\right]\ , \quad i = 1, \ldots, n\ . \tag{12.166}$$

Aus der Ausgangsgleichung (12.165) wird durch Laplace-Transformation

$$Y(s) = \sum_{\nu=1}^{n} \hat{c}_\nu Z_\nu(s)\ . \tag{12.167}$$

Die Darstellung dieser Gleichungen im Strukturbild führt zum Bild 12/17.

Man sieht aus ihm unmittelbar: Ist etwa $\hat{b}_1 = 0$, so ist es auf keine Weise möglich, die Zustandsvariable z_1 mittels u zu beeinflussen und so der Beeinflussung durch den Anfangswert $z_1(0)$ entgegenzutreten. Ist

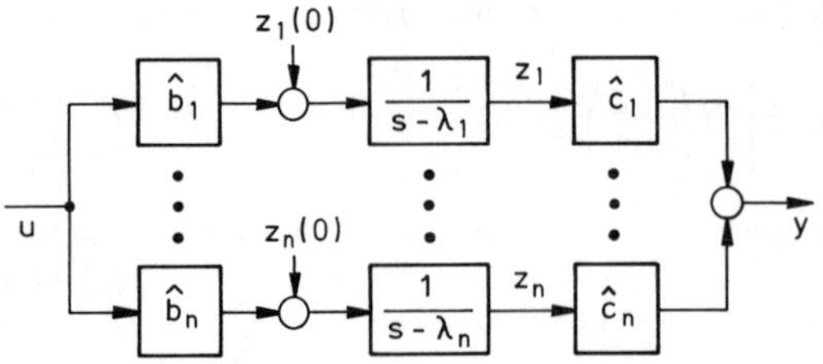

Bild 12/17. Veranschaulichung von Steuerbarkeit und Beobachtbarkeit

andererseits $\hat{c}_1 = 0$, so wirkt $z_1(0)$ nicht auf die Meßgröße y ein, und es ist deshalb ausgeschlossen, aus deren Messung auf den Anfangswert $z_1(0)$ zurückzuschließen.

Zwar steckt in dieser Betrachtung nicht mehr als die notwendige Seite des Gilbertschen Steuer- und Beobachtbarkeitskriteriums. Doch wirkt sie im Bild suggestiver.

Setzt man in (12.166) die $z_i(0) = 0$ und setzt dann die $Z_i(s)$ in (12.167) ein, so ergibt sich

$$Y(s) = \sum_{\nu=1}^{n} \frac{\hat{b}_\nu \hat{c}_\nu}{s-\lambda_\nu} U(s) \; .$$

Da andererseits für jedes lineare zeitinvariante Eingrößensystem

$$Y(s) = G(s)\, U(s)$$

gilt, muß

$$G(s) = \sum_{\nu=1}^{n} \frac{\hat{b}_\nu \hat{c}_\nu}{s-\lambda_\nu} \qquad (12.168)$$

sein.

Ist nun das System nicht steuerbar oder nicht beobachtbar oder beides nicht, so ist mindestens ein $\hat{b}_\nu$ oder $\hat{c}_\nu$ gleich Null. Dann fällt in (12.168) mindestens ein Partialbruch weg, weil sein Zähler Null ist. Daraus folgt, daß der zugehörige Eigenwert kein Pol von G(s) ist. Wenn man die Partialbrüche zusammenfaßt, um G(s) als Quotient zweier Polynome darzustellen, schlagen die Partialbrüche mit dem Zähler 0 nicht zu Buche. Das hat zur Folge, daß der Nenner der Übertragungsfunktion einen Grad hat, der kleiner als die Zahl der Zustandsdifferentialgleichungen ist. Denn letztere ist gleich der Gesamtzahl der Partialbrüche. Man hat so das Resultat:

Ein System mit nur einer Ein- und Ausgangsgröße und einfachen Eigenwerten ist genau dann steuer- und beobachtbar, wenn alle Eigenwerte Pole der Übertragungsfunktion G(s) sind. Anders ausgedrückt: Wenn die Übertragungsfunktion G(s), in der etwaige gemeinsame Zähler- und Nennerfaktoren weggekürzt sind, einen Nennergrad aufweist, der gleich der Zahl der Zustandsdifferentialgleichungen ist. (12.169)

Ist letzteres nicht der Fall, so weiß man also, daß das System nicht zugleich steuer- und beobachtbar sein kann. Es ist aber durchaus möglich, daß es *eine* dieser beiden Eigenschaften aufweist.

Ein Beispiel hierfür liefert das dynamische System im Bild 12/16. Es wurde bereits gezeigt, daß es nicht steuerbar ist. Um die Beobachtbarkeit zu überprüfen, wenden wir das Kalman-Kriterium an. Wegen $y = x_2 = 0 \cdot x_1 + 1 \cdot x_2$ ist $\underline{c}^T = \begin{bmatrix} 0 & 1 \end{bmatrix}$. Hieraus folgt weiter

$$\underline{c}^T \underline{A} = \begin{bmatrix} 0 & 1 \end{bmatrix} \begin{bmatrix} -1 & 0 \\ 1 & -2 \end{bmatrix} = \begin{bmatrix} 1 & -2 \end{bmatrix} .$$

Daher ist

$$\det \underline{Q}_B = \begin{vmatrix} 0 & 1 \\ 1 & -2 \end{vmatrix} = -1 \; ,$$

und somit ist das System beobachtbar.

Für die Übertragungsfunktion folgt aus der Struktur im Bild 12/16:

$$Y(s) = \frac{1}{s+2} \cdot \left[1 + \frac{1}{s+1} \right] \cdot U(s) \, ,$$

also

$$G(s) = \frac{1}{s+2} \cdot \frac{s+2}{s+1} = \frac{1}{s+1} \; .$$

In der Tat ist hier der Nennergrad von G(s) kleiner als die Anzahl der Zustandsdifferentialgleichungen.

12.4 Stabilität

An die Behandlung des grundlegenden Begriffspaares Steuerbarkeit/Beobachtbarkeit wollen wir eine dritte – man darf sagen: noch fundamentalere – Eigenschaft dynamischer Systeme anschließen: ihr Stabilitätsverhalten. Es ist bemerkenswert, daß die beiden erstgenannten Eigenschaften in allgemeiner Form erst 1960 entdeckt wurden, während die Stabilität bereits in der klassischen Mechanik mit den Untersuchungen von ***J. L. Lagrange*** über das Stabilitätsverhalten von Gleichgewichtszuständen eine wichtige Rolle spielt. Es ist gewiß kein Zufall, daß die Begriffe der Steuerbarkeit und Beobachtbarkeit, die ja schon in ihrer Namensgebung auf die gezielte Beeinflussung von Systemen hinweisen, zu einer Zeit gefunden wurden, als man sich erstmals unter sehr allgemeinen Gesichtspunkten mit der Steuerung und Regelung dynamischer Systeme zu befassen begann. Demgegenüber ist die Stabilität eine Eigenschaft, die auch unabhängig von jeder technischen Zielsetzung für die Naturerscheinungen von Bedeutung ist. Man denke beispielsweise an die Stabilität einer Wetterlage oder auch an die mehr oder weniger stabile Verfassung des menschlichen Gemüts.

Im folgenden betrachten wir wieder dynamische Systeme, die durch das Gleichungspaar

$$\dot{\underline{x}} = \underline{A}\,\underline{x} + \underline{B}\,\underline{u}\ , \tag{12.170}$$

$$\underline{y} = \underline{C}\,\underline{x} + \underline{D}\,\underline{u} \tag{12.171}$$

mit konstanten Matrizen $\underline{A}$, $\underline{B}$, $\underline{C}$ und $\underline{D}$ gegeben sind.

Wir wollen ein solches System stabil nennen, wenn die Lösung $\underline{x}(t)$ der homogenen Zustandsdifferentialgleichung

$$\dot{\underline{x}} = \underline{A}\,\underline{x}$$

für $t \to +\infty$ gegen $\underline{0}$ strebt, und zwar aus jedem Anfangspunkt $\underline{x}(0) = \underline{x}_0$. (12.172)

Diese Definition ist von anderer Art als die Stabilitätsdefinition, die wir bei der klassischen Behandlung von Regelkreisen zugrunde gelegt hatten (Abschnitt 4.6). Dort war das Stabilitätsverhalten eines Systems durch seine Reaktion auf die Aufschaltung seiner Eingangsgröße charakterisiert worden, hier geht es um das Verhalten des Systems gegenüber Anfangsbedingungen ("Anfangsstörungen"). Dieser Stabilitätsbegriff stammt von ***M.A. Ljapunow*** [12.10] und wird vor allem bei der Untersuchung nichtlinearer Systeme angewandt. Er empfiehlt sich für die Behandlung der Systeme im Zustandsraum, weil die Zustandstheorie von Hause aus dynamische Systeme unter dem Einfluß von Anfangsbedingungen betrachtet und nicht in erster Linie unter dem Einfluß von Eingangsgrößen, wie es bei der klassischen Regelungstheorie der Fall ist. Die Herkunft der Zustandstheorie aus der Mathematik, genauer gesagt, aus der Differentialgleichungstheorie, ist hier unverkennbar.

In der nichtlinearen Theorie wird der Stabilitätsbegriff differenziert, indem man verschiedene Grade der Stabilität unterscheidet (siehe beispielsweise [12.11], Band I, Abschnitt 1.5). Darauf kann man bei der Behandlung linearer und zeitinvarianter Systeme, um die es uns hier allein geht, ohne weiteres verzichten. Die obige Stabilitätsdefinition ist bereits in diesem Sinn formuliert.

Geht man von der Lösung (12.79) der homogenen Zustandsdifferentialgleichung (für $t_0 = 0$) aus,

$$\underline{x}(t) = \sum_{i=1}^{n} \left[\underline{w}_i^T\,\underline{x}(0)\right] e^{\lambda_i t}\,\underline{v}_i\ , \tag{12.173}$$

so liegt es auf der Hand, wann die Stabilitätsforderung erfüllt ist: Genau dann, wenn alle Eigenwerte λ_i von $\underline{A}$ links von der j-Achse der komplexen Ebene liegen. Genau dann nämlich streben sämtliche e-Funktionen in (12.173) für $t \to +\infty$ gegen Null, da in den Exponenten der e-Funktionen λ_i bzw. Re λ_i negativ ist.

Allerdings stellt (12.173) nur dann die *allgemeine* Lösung der homogenen Zustandsdifferentialgleichung dar, wenn $\underline{A}$ diagonalähnlich ist. Andernfalls können zu den e-Funktionen zusätzliche Faktoren in Form von Polynomen in t hinzutreten. Das obige Resultat wird dadurch jedoch nicht verändert, weil eine e-Funktion mit negativem Realteil des Exponenten für $t \to +\infty$ schneller fällt als irgendein Polynom anwächst. Man hat somit das Resultat:

Das dynamische System

$$\dot{\underline{x}} = \underline{A}\,\underline{x} + \underline{B}\,\underline{u}\ ,\quad \underline{y} = \underline{C}\,\underline{x} + \underline{D}\,\underline{u}$$

ist genau dann stabil, wenn sämtliche Eigenwerte von $\underline{A}$ links von der j-Achse der komplexen Ebene liegen. (12.174)

Die Frage liegt nahe, wie der jetzt eingeführte Stabilitätsbegriff mit den im Abschnitt 4.6 behandelten Begriffen der Sprungantwort-Stabilität und Übertragungsstabilität zusammenhängt. Um dies zu untersuchen, setzen wir $\underline{x}(0) = \underline{0}$ und schalten zunächst den Eingangsvektor als Vektor von Sprungfunktionen auf:

$$\underline{u}(t) = \underline{u}_0\,\sigma(t)\ ,\quad \underline{u}_0 \text{ beliebig konstant.}$$

Dann ist nach (12.67) die zugehörige Ausgangsgröße für $t > 0$

$$\underline{y}(t) = \int_0^t \underline{C}\,e^{\underline{A}(t-\tau)}\,\underline{B}\,\underline{u}_0\,d\tau + \underline{D}\,\underline{u}_0 =$$

$$= \underline{C}\,e^{\underline{A}t} \cdot \int_0^t e^{-\underline{A}\tau}\,d\tau \cdot \underline{B}\,\underline{u}_0 + \underline{D}\,\underline{u}_0\ . \tag{12.175}$$

Ist das System stabil, liegen also alle Eigenwerte von $\underline{A}$ links der j-Achse, was wir im folgenden voraussetzen, so existiert die Inverse $\underline{A}^{-1}$, da $\underline{A}$ nur dann singulär ist, wenn ein Eigenwert in s = 0 liegt (Kapitel 17). Dann ist, wiederum völlig analog zur skalaren e-Funktion,

$$\int_0^t e^{-\underline{A}\tau}\, d\tau = \Big[-\underline{A}^{-1} e^{-\underline{A}\tau}\Big]_0^t = \Big[-e^{-\underline{A}\tau}\underline{A}^{-1}\Big]_0^t ,$$

wovon man sich sofort durch Differentiation überzeugen kann. Somit wird

$$\int_0^t e^{-\underline{A}\tau}\, d\tau = \underline{A}^{-1}(\underline{I} - e^{-\underline{A}t}) = (\underline{I} - e^{-\underline{A}t})\underline{A}^{-1} . \qquad (12.176)$$

Damit erhält man aus (12.175)

$$\underline{y}(t) = \Big[\underline{C}\,(e^{\underline{A}t} - \underline{I})\,\underline{A}^{-1}\underline{B} + \underline{D}\Big]\,\underline{u}_0 . \qquad (12.177)$$

Das ist also die *Sprungantwort eines stabilen dynamischen Systems* (wobei auf die Normierung der Eingangssprunghöhen auf 1 verzichtet wurde).

Nach (12.77) geht

$$e^{\underline{A}t} \longrightarrow \underline{0} \quad \text{für} \quad t \longrightarrow +\infty , \qquad (12.178)$$

und damit folgt aus (12.177):

$$\lim_{t\to+\infty} \underline{y}(t) = \Big[-\underline{C}\,\underline{A}^{-1}\underline{B} + \underline{D}\Big]\,\underline{u}_0 . \qquad (12.179)$$

D.h.: Ist das dynamische System

$$\dot{\underline{x}} = \underline{A}\,\underline{x} + \underline{B}\,\underline{u} , \quad \underline{y} = \underline{C}\,\underline{x} + \underline{D}\,\underline{u}$$

stabil, so strebt seine Sprungantwort für t ⟶ +∞
einem festen vektoriellen Wert zu. (12.180)

Nunmehr wollen wir die Reaktion des als stabil vorausgesetzten dynamischen Systems bei Aufschaltung eines beliebigen beschränkten Eingangsvektors betrachten:

$$|\underline{u}(t)| \le M \quad \text{für alle } t \ge 0 .$$

Dabei sei wieder $\underline{x}(0) = \underline{0}$ gesetzt. Setzen wir einfachheitshalber einfache Eigenwerte voraus, so folgt aus (12.67) und (12.77)

$$\underline{y}(t) = \int_0^t \underline{C} \cdot \sum_{i=1}^n e^{\lambda_i(t-\tau)}\, \underline{v}_i\, \underline{w}_i^T \cdot \underline{B}\,\underline{u}(\tau)\, d\tau + \underline{D}\,\underline{u}(t) ,$$

$$\underline{y}(t) = \sum_{i=1}^n \int_0^t e^{\lambda_i(t-\tau)}\, \underline{C}\,\underline{v}_i\,\underline{w}_i^T\,\underline{B}\,\underline{u}(\tau)\, d\tau + \underline{D}\,\underline{u}(t) .$$

Hierin ist

$$\underline{q}_i(t) = \underline{C}\,\underline{v}_i\,\underline{w}_i^T\,\underline{B}\,\underline{u}(t) , \quad i = 1,\ldots,n ,$$

ein q-dimensionaler Vektor, der für alle $t \ge 0$ beschränkt ist, weil dies für $\underline{u}(t)$ gilt. Für die k-te Komponente von $\underline{y}(t)$ kann man dann schreiben:

$$y_k(t) = \sum_{i=1}^n \int_0^t e^{\lambda_i(t-\tau)}\, q_{ik}(\tau)\, d\tau + \underline{d}_k^T\,\underline{u}(t) ,$$
$$k = 1,\ldots,q .$$

Das hierin auftretende Integral ist betragsmäßig

$$\le \int_0^t |e^{\lambda_i(t-\tau)}| \cdot |q_{ik}(\tau)|\, d\tau \le N \int_0^t e^{\mathrm{Re}\,\lambda_i(t-\tau)}\, d\tau ,$$

wenn N eine Schranke für die Beträge der Funktionen $q_{ik}(t)$ ist. Da Re $\lambda_i < 0$, ist dieses Integral für alle t beschränkt. Das gleiche gilt dann auch für $y_k(t)$. Man hat so das Ergebnis:

Ein stabiles dynamisches System

$$\dot{\underline{x}} = \underline{A}\,\underline{x} + \underline{B}\,\underline{u} , \quad \underline{y} = \underline{C}\,\underline{x} + \underline{D}\,\underline{u}$$

antwortet auf einen beschränkten Eingangsvektor
mit einem beschränkten Ausgangsvektor. (12.181)

Zum Abschluß der Stabilitätsbetrachtung sei angemerkt, daß die Eigenwerte nicht nur für die Stabilität ausschlaggebend sind, sondern darüber hinaus das Zeitverhalten des Systems weitgehend beeinflussen. Betrachten wir dazu nochmals die Lösung (12.79) der homogenen Zustandsdifferentialgleichung. Ist ein Eigenwert λ reell, so gehört zu ihm ein monotoner oder, wie man meist sagt, "aperiodischer" Zeitvorgang. Ist λ nichtreell, so ist auch die konjugiert komplexe Zahl $\overline{\lambda}$ Eigenwert von $\underline{A}$. Ganz entsprechend wie im Abschnitt 4.7 läßt sich zeigen, daß zu einem solchen konjugiert komplexen Eigenwertpaar ein oszillatorischer Zeitverlauf gehört, meist fälschlich als "periodisch" bezeichnet. Dieser Vorgang ist vom Typ

$$e^{t\,\mathrm{Re}\,\lambda} \cdot \sin(t\,\mathrm{Im}\,\lambda + \varphi) \cdot \underline{c}$$

mit einem Zahlenvektor $\underline{c}$, der ebenso wie die Phasenverschiebung φ vom Anfangszustand $\underline{x}_0$ abhängt.

Je weiter links von der j-Achse der Eigenwert λ bzw. das konjugiert komplexe Eigenwertpaar $(\lambda, \overline{\lambda})$ liegt, je "negativer" also λ bzw. Re λ ist, um so schneller klingt der zugehörige Zeitvorgang ab.

Betrachten wir beispielsweise die im Bild 12/18 skizzierten Eigenwertkonfigurationen! Im Fall a) handelt es sich um ein stabiles System 3. Ordnung. Da alle Eigenwerte reell sind, klingen die Zeitvorgänge aperiodisch ab. Es können zwar einzelne Über- oder Unterschwinger

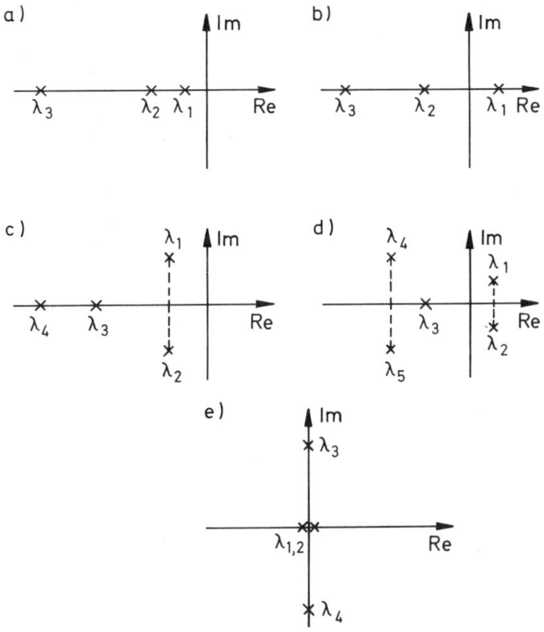

Bild 12/18. Eigenwertkonfigurationen

entstehen, aber keine länger andauernden Oszillationen. Diese Situation liegt bei dem Drei-Tank-System (Bild 11/4) vor. Die Polkonfiguration b) charakterisiert ein instabiles System 3. Ordnung. Da alle Eigenwerte reell sind, ist es "monoton instabil", d.h. bei einer Anfangsstörung wandert $\underline{x}(t)$ ohne Schwingung ins Unendliche ab. Da bei der Konfiguration c) ein konjugiert komplexes Eigenwertpaar nahe der j-Achse auftritt, dessen Zeitvorgang deshalb langsamer abklingt als die Zeitvorgänge der beiden reellen Eigenwerte, ist ein insgesamt oszillatorischer Vorgang zu erwarten. In d) liegt ein instabiles System 5. Ordnung vor, das aber diesmal "oszillatorisch instabil" ist, d.h. bei Anfangsstörungen mit einer aufklingenden Schwingung reagiert.

Die *Eigenwertkonfiguration* e) schließlich tritt bei *der Verladebrücke* (Bild 11/6) auf. Davon wollen wir uns durch Ausrechnen der Eigenwerte überzeugen. Diese ergeben sich aus der charakteristischen Gleichung

$$\det(s\underline{I} - \underline{A}) = 0 \; .$$

Wegen (11.45) lautet sie hier

$$\begin{vmatrix} s & -1 & 0 & 0 \\ 0 & s & -a_{23} & 0 \\ 0 & 0 & s & -1 \\ 0 & 0 & a_{43} & s \end{vmatrix} = 0 \; .$$

Indem man die Determinante sukzessive nach der jeweils 1. Spalte entwickelt, erhält man daraus

$$s^2 \left[s^2 + a_{43} \right] = 0 \; ,$$

also

$$\lambda_{1,2} = 0 \; , \quad \lambda_{3,4} = \pm\, j \sqrt{a_{43}} \; .$$

Während der zweifache Eigenwert in 0 der Katzbewegung entspricht, charakterisiert das konjugiert komplexe Paar auf der j-Achse die ungedämpfte Greiferpendelung.

12.5 Dominanzmaß von Eigenwerten

Es liegt auf der Hand, daß nicht alle Eigenwerte gleich bedeutsam für das Zeitverhalten eines Systems sind. So werden Eigenwerte, die weit links von der j-Achse liegen und zu denen infolgedessen schnell abklingende Zeitvorgänge gehören, normalerweise von geringer Bedeutung sein. Wir hatten diese Frage bereits im Abschnitt 6.6 für die Pole eines Übertragungsgliedes erörtert und schon dort gesehen, daß der Abstand von der j-Achse nicht unbedingt ein treffendes Maß für die Bedeutung des Pols sein muß. Noch weniger als bei den dort behandelten Eingrößensystemen ist das bei Mehrgrößensystemen zu erwarten, die ja auf Grund innerer Kopplungen eine kompliziertere Struktur aufweisen.

Wir wollen im folgenden *Maßzahlen für die Dominanz von Eigenwerten* herleiten, mit denen sich beurteilen läßt, wie stark ein Eigenwert im Vergleich zu den anderen Eigenwerten des Systems die Dynamik beeinflußt. Die Untersuchung wird Ähnlichkeit mit der Betrachtung im Abschnitt 6.6 zeigen, aber doch im einzelnen anders verlaufen. Wir folgen dabei dem Gedankengang von ***Lothar Litz*** [12.12], [12.13], der als erster ein sachgerechtes Dominanzmaß für Mehrgrößensysteme eingeführt hat.

Das Ergebnis ist von großer Bedeutung für die Behandlung umfangreicher Systeme, erlaubt es doch, solche Systeme "abzuspecken". Hat man beispielsweise ein System 30. Ordnung, erkennt aber an den Dominanzmaßen, daß von den 30 Eigenwerten nur 5 von wirklicher Bedeutung sind, so kann man sich beim Regelungsentwurf auf diese 5 Eigenwerte beschränken und dadurch die Entwurfsaufgabe entscheidend vereinfachen.

Ausgangspunkt ist die Zustandsdifferentialgleichung

$$\dot{\underline{x}} = \underline{A}\,\underline{x} + \underline{B}\,\underline{u} \qquad (12.182)$$

des dynamischen Systems. Entscheidend für die Systemdynamik ist der Verlauf der Zustandsgrößen in Abhängigkeit von den Eingangsgrößen. Je stärker ein Eigenwert diesen Verlauf beeinflußt, um so wichtiger ist er. Nun sind aber nicht alle Zustandsgrößen von der gleichen Bedeutung. Als *wesentliche Zustandsvariablen* kommen etwa in Frage:

- Die *Aufgabengrößen*, also die Systemgrößen, welche einen gewünschten Zeitverlauf haben sollen, weil sie in einem übergeordneten System von Bedeutung sind. In einem Regelungssystem sind dies die *Regelgrößen*.
- *Meßgrößen*, das heißt, solche Systemgrößen, die ohne zu großen Aufwand gemessen und damit zur Regelung durch Rückführung benutzt werden können.
- *Kritische Größen*, also Größen, die schwierige Systemzustände hervorrufen können und deren Verlauf man daher ständig im Auge behalten sollte.

Was wesentliche Zustandsvariablen sind, ist nicht starr festgelegt. Es wird einige Zustandsgrößen geben, die man unbedingt zu ihnen rechnen muß, während man andere möglicherweise auch entbehren könnte. Im einzelnen wird das vom Ziel der Untersuchung abhängen.

Hat man sich für q wesentliche Zustandsvariablen entschieden, so kann man die Numerierung so wählen, daß es gerade die ersten q Zustandsvariablen sind. Dann ist

$$\underline{x} = \begin{bmatrix} \underline{x}_r \\ \underline{x}_u \end{bmatrix}, \quad \text{wobei} \quad \underline{x}_r = \begin{bmatrix} x_1 \\ \vdots \\ x_q \end{bmatrix}$$

der Vektor der wesentlichen Zustandsgrößen ist, während $\underline{x}_u$ die verbleibenden Zustandsgrößen umfaßt.

Für die folgende Betrachtung ist es zweckmäßig, die wesentlichen Zustandsvariablen als Ausgangsgrößen des dynamischen Systems anzusehen:

$$y_1 = x_1, \ldots, y_q = x_q .$$

Dafür kann man auch schreiben:

$$\underline{y} = \underline{I}_q \underline{x}_r + \underline{0}\, \underline{x}_u = [\underline{I}_q \quad \underline{0}] \cdot \begin{bmatrix} \underline{x}_r \\ \underline{x}_u \end{bmatrix}$$

oder

$$\underline{y} = \underline{C}\, \underline{x} \quad \text{mit} \quad \underline{C} = [\underline{I}_q \quad \underline{0}] . \tag{12.183}$$

Sind die Ausgangsgrößen eines dynamischen Systems sämtlich in den Zustandsvariablen enthalten, so sagt man auch, es werde durch *Sensorkoordinaten* beschrieben [12.14]. Dies wird im vorliegenden Fall angenommen. Falls das System nicht von vornherein in Sensorkoordinaten beschrieben wurde, sondern in einer anderen Zustandsbeschreibung vorliegt, kann man es auf Sensorkoordinaten transformieren (siehe z.B. [12.15]).

Es gilt nun, den Einfluß der Eigenwerte auf den Zeitverlauf der *wesentlichen* Zustandsvariablen zu beurteilen. Dazu setzen wir voraus, daß die *Eigenwerte* $\lambda_1, \ldots, \lambda_n$ *von* $\underline{A}$ *einfach* sind. Bei realistischen Systemen darf man diese Voraussetzung in der überwiegenden Mehrzahl der Fälle machen - mit Ausnahme doppelter Eigenwerte in s = 0, die der Reihenschaltung zweier I-Glieder entsprechen und z.B. einen Beschleunigungsvorgang beschreiben. Solche Eigenwerte, die auf oder rechts der j-Achse liegen, sind aber stets als dominant anzusetzen, da die von ihnen verursachten Zeitvorgänge "durchschlagen". Die Dominanzuntersuchung ist daher nur für *links der j-Achse* gelegene Eigenwerte von Interesse.

Wir nehmen nun eine Modaltransformation (Transformation auf Diagonalform) $\underline{x} = \underline{V}\,\underline{z}$ gemäß Unterabschnitt 12.1.1 vor. Nach (12.8) und (12.9) ist dann

$$\dot{\underline{z}} = \underline{\Lambda}\,\underline{z} + \hat{\underline{B}}\,\underline{u} , \tag{12.184}$$

$$\underline{y} = \hat{\underline{C}}\,\underline{z} \tag{12.185}$$

mit

$$\underline{\Lambda} = \text{diag}(\lambda_1, \ldots, \lambda_n) , \quad \hat{\underline{B}} = \underline{V}^{-1}\underline{B} , \quad \hat{\underline{C}} = \underline{C}\,\underline{V} ,$$

wobei $\underline{V}$ die Eigenvektormatrix von $\underline{A}$ ist. Durch Laplace-Transformation mit $\underline{z}(0) = \underline{0}$ folgt aus (12.184/185):

$$\underline{Y}(s) = \underline{G}(s)\, \underline{U}(s) \tag{12.186}$$

mit

$$\underline{G}(s) = \hat{\underline{C}}(s\underline{I} - \underline{\Lambda})^{-1} \hat{\underline{B}} . \tag{12.187}$$

Die Gleichung (12.186) lautet zeilenweise

$$Y_i(s) = \sum_{j=1}^{p} G_{ij}(s)\, U_j(s) , \quad i = 1, \ldots, q . \tag{12.188}$$

Darin ist

$$G_{ij}(s) = [\hat{c}_{i1}, \ldots, \hat{c}_{in}] \begin{bmatrix} \frac{1}{s-\lambda_1} & \cdots & 0 \\ \vdots & & \vdots \\ 0 & \cdots & \frac{1}{s-\lambda_n} \end{bmatrix} \begin{bmatrix} \hat{b}_{1j} \\ \vdots \\ \hat{b}_{nj} \end{bmatrix} , \quad \text{also}$$

$$G_{ij}(s) = \sum_{k=1}^{n} \frac{\hat{c}_{ik}\hat{b}_{kj}}{s-\lambda_k} .$$

Dies ist die Übertragungsfunktion, welche die Eingangsgröße u_j mit der Ausgangsgröße y_i verknüpft. Wir können sie als *Übertragungsfunktion des Signalpfades (i, j)* bezeichnen. Im Bild 12/19 ist dies veranschaulicht.

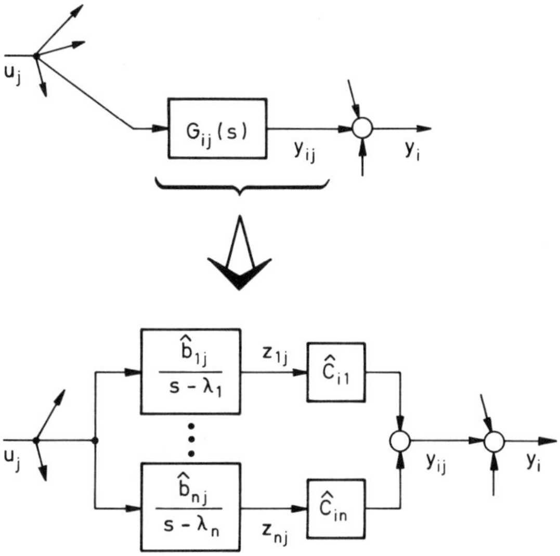

Bild 12/19. Signalpfad (i,j) eines Mehrgrößensystems

Um nun zu erkennen, wie stark die Einwirkung der Eigenwerte auf den Signalpfad (i, j) ist, wird $u_j(t)$ als Sprungfunktion der Sprunghöhe u_{j0} aufgeschaltet, wobei u_{j0} etwa gleich der maximalen Aussteuerung der Eingangsgröße u_j sei:

$$u_j(t) = u_{j0}\,\sigma(t) .$$

Dann ist die hierdurch erzeugte Ausgangsgröße des Signalpfades (i, j):

$$Y_{ij}(s) = G_{ij}(s) \cdot \frac{u_{j0}}{s} \quad \text{bzw.}$$

$$y_{ij}(t) = \int_0^t g_{ij}(\tau)\, u_{j0}\, d\tau \quad \text{mit}$$

$$g_{ij}(t) = \sum_{k=1}^{n} \hat{c}_{ik}\hat{b}_{kj}\, e^{\lambda_k t} .$$

Somit ist

$$y_{ij}(t) = \sum_{k=1}^{n} \frac{\hat{c}_{ik}\hat{b}_{kj}}{\lambda_k}\,(e^{\lambda_k t} - 1)\, u_{j0} . \qquad (12.189)$$

Hierdurch wird es nahegelegt, als *Maß für den Einfluß des Eigenwertes λ_k auf den Signalpfad (i,j)* die Zahl

$$D_{ikj} = \left| \frac{\hat{c}_{ik}\hat{b}_{kj}}{\lambda_k} \right| \qquad (12.190)$$

einzuführen.

Dabei ist vorausgesetzt, daß die *Ein- und Ausgangsgrößen des Systems normiert* sind. Das ist erforderlich, um überhaupt vergleichbare Werte zu erhalten. Will man z.B. den Einfluß zweier Eingangsgrößen u_1 und u_2 auf ein dynamisches System vergleichen und ist u_1 eine Temperatur, die zwischen 5 und 10°C liegt, u_2 eine Winkelgeschwindigkeit bei 1000 sec^{-1}, so werden ohne Normierung berechnete Einflußzahlen für u_2 numerisch größere Werte liefern, ohne daß dies eine reale Bedeutung zu haben braucht. Um vergleichen zu können, muß man zuvor normieren, d.h. die Größen auf einen geeigneten Normierungswert beziehen, der im einzelnen verschieden sein kann, aber so zu wählen ist, daß die normierte Größe von der Größenordnung 1 ist.

Hat man generell die Gleichung

$$y = Ku ,$$

und geht man zu den normierten Größen

$$\tilde{u} = \frac{u}{u_m} , \quad \tilde{y} = \frac{y}{y_m}$$

über, so wird

$$\tilde{y} = K \frac{u_m}{y_m} \tilde{u} .$$

Zu K tritt also der Quotient u_m / y_m hinzu.

Im vorliegenden Fall wird man die Eingangsgröße u_j mit dem Maximalwert u_{j0} normieren. Um einen Normierungsfaktor μ_i von $y_i(t)$ zu bestimmen, denkt man sich nacheinander die Eingangsvektoren

$$\underline{u}^{(1)} = \begin{bmatrix} u_{10} \\ 0 \\ \vdots \\ 0 \end{bmatrix} \sigma(t), \; \ldots, \; \underline{u}^{(p)} = \begin{bmatrix} 0 \\ 0 \\ \vdots \\ u_{p0} \end{bmatrix} \sigma(t)$$

aufgeschaltet, was jeweils nur der Aufschaltung einer einzigen Eingangsgröße entspricht. Dabei ergeben sich gewisse Verläufe $y_{i1}(t), \ldots, y_{ip}(t)$ für die Ausgangsgröße $y_i(t)$. Ihre Endwerte

$$y_{i1}(+\infty) , \; y_{i2}(+\infty) , \; \ldots , \; y_{ip}(+\infty)$$

kann man mittels des Endwertsatzes der Laplace-Transformation berechnen, ohne die Zeitvorgänge selbst bestimmen zu müssen. Das Maximum von ihnen nimmt man als Normierungswert μ_i der Ausgangsgröße $y_i(t)$.

In dieser Weise verfährt man für jede Ausgangsgröße y_i. Wie allerdings y_i verläuft, wenn man mehrere oder alle der obigen Eingangsgrößen gleichzeitig aufschaltet, weiß man damit nicht. Es können dann gegenüber der Einzelaufschaltung Verstärkungs- oder auch Kompensationseffekte eintreten. Es ist zu erwarten, daß man mit dem oben definierten μ_i einen mittleren Wert dieser Verläufe vorliegen hat – was erwünscht ist.

Betrachten wir nach dieser Zwischenbemerkung den Ausdruck (12.190) etwas genauer! Eine anschauliche Deutung ergibt sich sofort aus (12.189). Für $t \to +\infty$ wird aus dieser Gleichung

$$y_{ij}(+\infty) = - \sum_{k=1}^{n} \frac{\hat{c}_{ik}\, \hat{b}_{kj}}{\lambda_k}\, u_{j0} \; .$$

Daher ist D_{ikj} der Absolutbetrag des Beitrags, den der Eigenwert λ_k zum Endwert von $y_{ij}(t)$ liefert. Weiterhin folgt aus (12.189), daß für den Partialvorgang $p_{ikj}(t)$ zum reellen Eigenwert λ_k bzw. zum konjugiert komplexen Eigenwertpaar $(\lambda_k, \bar{\lambda}_k)$ gilt:

$$\frac{|p_{ikj}(t)|}{u_{j0}} \leq D_{ikj} \quad \text{bzw.} \quad \leq 4\, D_{ikj} \; .$$

Ist λ_k reell, so folgt aus (12.190), daß D_{ikj} um so größer wird, je näher λ_k an der j-Achse liegt – sofern die Zählerfaktoren $\neq 0$ sind. Soweit entspricht das Verhalten dem naiven Dominanzbegriff.

Die Bedeutung der Zählerfaktoren ersieht man anschaulich aus dem Bild 12/19. Ist z.B. $\hat{b}_{1j} = 0$, so ist die Modalkoordinate z_1 von u_j aus nicht steuerbar. Ist $\hat{c}_{i1} = 0$, so ist sie von y_i aus nicht beobachtbar. In beiden Fällen ist $D_{i1j} = 0$, ganz gleich, wie nahe der Eigenwert λ_1 an der j-Achse liegt. Aber auch dann, wenn beide Koeffizienten $\neq 0$ sind, mindestens einer aber sehr klein ist, die Modalkoordinate also schlecht steuerbar oder schlecht beobachtbar ist, kann D_{i1j} auch bei nahe der j-Achse gelegenem λ_1 beliebig klein werden. Die Lage des Eigenwertes zur j-Achse allein stellt also kein befriedigendes Kriterium für seinen Einfluß auf die Dynamik dar, vielmehr muß man die Steuer- und Beobachtbarkeitseigenschaften des Systems noch mit berücksichtigen.

Mit D_{ikj} hat man eine Maßzahl für den Einfluß des Eigenwertes λ_k auf den Signalpfad (i, j). Um eine globale Maßzahl für den Einfluß des Eigenwertes λ_k auf das gesamte System, also auf sämtliche Signalpfade, zu gewinnen, berechnet man die Zahlen D_{ikj} für alle Signalpfade (i,j) und nimmt das Maximum dieser Zahlen:

$$D_k = \max_{i,j} D_{ikj} \; . \qquad (12.191)$$

Diese Zahl darf man als sachgerechtes Dominanzmaß für den Eigenwert λ_k ansehen. Nach seinem Erfinder sei es als *Litzsches Dominanzmaß* bezeichnet.

Vergleicht man die Eigenwerte eines Systems miteinander, so werden diejenigen mit vergleichsweise großem Dominanzmaß als *dominant* bezeichnet, diejenigen mit einem demgegenüber niedrigeren Dominanzmaß als *nichtdominant. Da die nichtdominanten Eigenwerte auf keinen Signalpfad eine nennenswerte Wirkung ausüben, kann man sie für viele Zwecke vernachlässigen.* Davon werden wir beim Entwurf von Ausgangsrückführungen (Kapitel 14) und bei der Ordnungsreduktion (Kapitel 16) Gebrauch machen.

Zur Unterstützung von (12.191) kann man als weiteres Dominanzmaß

$$S_k = \sum_{i,j} D_{ikj} \qquad (12.192)$$

heranziehen. Will man von zwei Eigenwerten mit etwa gleichen D_k einen vernachlässigen, so wird man denjenigen mit kleinerem S_k weglassen, da anzunehmen ist, daß er auf weniger Signalpfade nennenswert einwirkt als der andere.

Als Anwendungsbeispiel betrachten wir einen *Hinterachsprüfstand für Lastkraftwagen.* Er dient dazu, das Verhalten der Hinterachsen von Lastkraftwagen, insbesondere ihre Beanspruchbarkeit, unter praxisnahen Bedingungen zu untersuchen. Die grundsätzliche Anordnung sieht man in dem Bild 12/20. Die Hinterachse wird von einem Dieselmotor (DM) angetrieben, und zwar über das Schaltgetriebe (SG), an dem man die Gänge einstellen kann, und über das Differentialgetriebe, das verschiedene Winkelgeschwindigkeiten der linken und rechten Hinterachshälfte ermöglicht. Die Hinterachse endet seitlich an den beiden Untersetzungsgetrieben, an deren innerem Rand im realen Betrieb die Räder angeflanscht sind. Durch die Betätigung des Fahrhebels (FH), welcher dem Gaspedal entspricht, wird ein Moment erzeugt, das die Hinterachse antreibt. Es wird als Kardanmoment bezeichnet, weil es durch die Kardanwelle übertragen wird. Nun wirken im realen Fahrbetrieb außer dem antreibenden Moment des Dieselmotors noch weitere Kräfte auf die Hinterachse ein, die durch die Räder

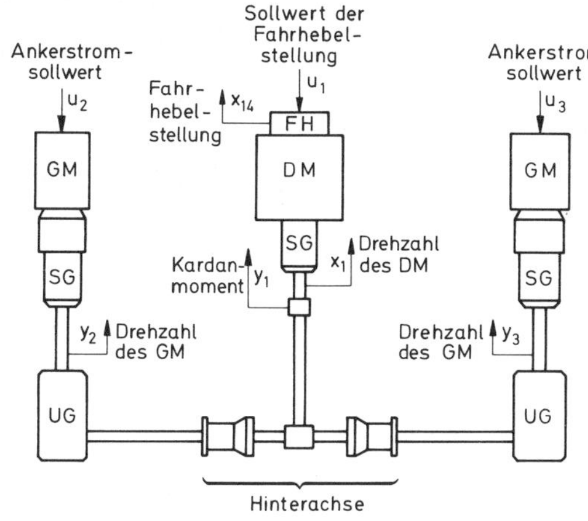

Bild 12/20. Hinterachsprüfstand für Lastkraftwagen

vom Boden her übertragen werden. Diese Einwirkung des Bodens wird im Prüfstand durch zwei Gleichstrommaschinen (GM) ersetzt, welche über zwei Winkelgetriebe (UG), die der Umlenkung der Drehbewegung dienen, auf die beiden Hinterachshälften wirken.

Soll nun ein bestimmtes Fahrprogramm simuliert werden (zum Beispiel Fahrt auf der Autobahn, im Gelände und dergleichen), so werden bestimmte Drehzahl- bzw. Winkelgeschwindigkeitssollverläufe der beiden Gleichstrommotoren sowie ein bestimmter Verlauf des Kardanmoments vorgegeben – so, wie sie empirisch festgestellt wurden. Diese Verläufe sollen so genau wie möglich am Prüfstand eingehalten werden. Daher sind das Kardanmoment und die Drehzahlen der beiden Gleichstrommaschinen die Regelgrößen, wie sie als y_1, y_2 und y_3 im Bild 12/20 eingezeichnet sind. Dort sind auch die 3 Stellgrößen u_1, u_2 und u_3 angegeben. Dabei ist anzumerken, daß die Fahrhebelstellung und die beiden Ankerströme mit unterlagerten Regelungen versehen sind. Ingesamt hat man ein dynamisches System mit 3 Regelgrößen und 3 Stellgrößen.

Das mathematische Modell des Hinterachsprüfstandes, um bestimmte Betriebspunkte linearisiert und anhand von Meßschrieben auf seine Richtigkeit überprüft, ist von 19. Ordnung. In Bild 12/21 sieht man das Schema der Zustandsgleichungen. Dabei bezeichnen die Kreuze diejenigen Elemente der Matrizen, welche $\neq 0$ sind. $\underline{A}$ zeigt die für viele reale Systeme charakteristische Struktur einer Bandmatrix mit einzelnen Ausreißern in den Ecken.

Als *wesentliche Zustandsvariablen* sind *die drei Regelgrößen* anzusehen, außerdem *die Winkelgeschwindigkeit des Dieselmotors sowie die Fahrhebelstellung*, letztere deshalb, weil sie bei bestimmten Betriebszuständen Schwingneigung

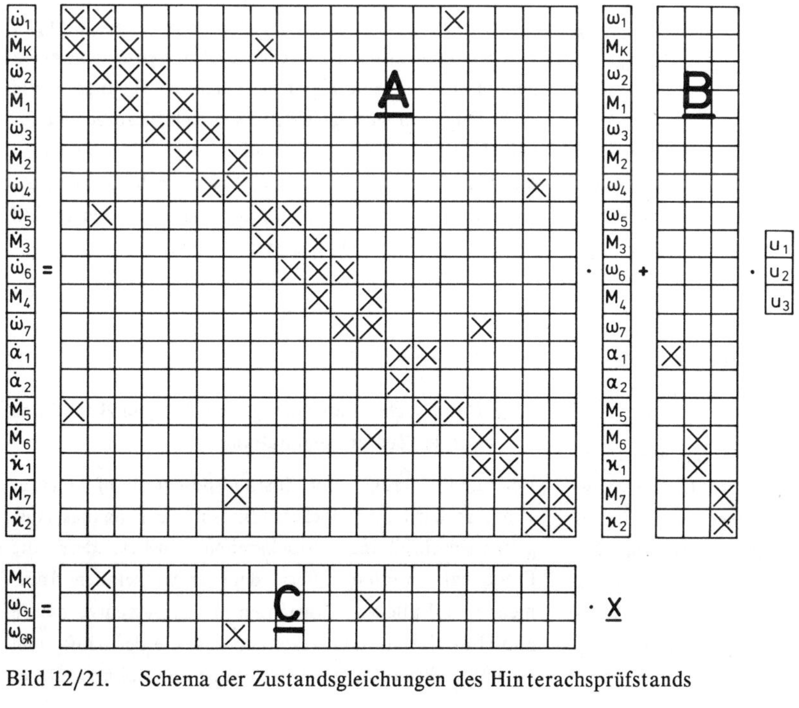

Bild 12/21. Schema der Zustandsgleichungen des Hinterachsprüfstands

zeigt und deshalb eine kritische Größe darstellt. Man hat also 5 wesentliche Zustandsgrößen.

Nunmehr nimmt man die Dominanzuntersuchung der 19 Eigenwerte vor, ermittelt also für jeden Eigenwert λ_k die oben definierten Dominanzmaße D_k und S_k. Das Ergebnis sieht man im Bild 12/22. In der 1. Spalte findet man die Nummer k der Eigenwerte, in der 2. und 3. Spalte ihre Real- und Imaginärteile. Wie man aus der 2. Spalte erkennt, sind die Eigenwerte nach wachsendem Betrag des Realteils geordnet. Bei den ersten 10 Eigenwerten handelt es sich um 5 Paare konjugiert komplexer Eigenwerte, die sämtlich nahe bei der j-Achse liegen und zum Teil große Imaginärteile haben. Ab Nummer 11 sind die Eigenwerte reell, wobei sie sich über das Intervall von -0.1 bis -250 erstrecken. Insgesamt erstrecken sich die Realteile der Eigenwerte über 4 Zehnerpotenzen. Betrachtet man nun die Dominanzzahlen D_k, so treten eindeutig das konjugiert komplexe Eigenwertpaar Nr. 5/6 sowie die reellen Eigenwerte Nr. 11, 12, 13 sowie 16, 17 hervor. Berücksichtigt man noch die Dominanzzahlen S_k und vergleicht mit den D_k, so ist anzunehmen, daß die beiden letztgenannten Eigenwerte in erster Linie nur einen Signalpfad beeinflussen. Mehr als 7 dominante Eigenwerte treten also gewiß nicht auf. Für die meisten Zwecke wird man die Systemdynamik mit 5 Eigenwerten gut beschreiben können. Mit nur 4 Eigenwerten $\lambda_{5,6}$, λ_{11} und λ_{13} wird man im allgemeinen, d.h. bei beliebigen Eingangsgrößenkombinationen, nicht auskommen können und mit noch weniger Eigenwerten gewiß nicht. Die Tabelle läßt auch deutlich erkennen, daß der von *L. Litz* eingeführte Dominanzbegriff ein von dem konventionellen sehr verschiedenes Ergebnis liefert.

In den Kapiteln 14 und 16, wo wir dieses Beispiel im Rahmen des Entwurfs von Ausgangsrückführungen und der Ordnungsreduktion wieder aufgreifen, wird sich zeigen, daß die hiermit als dominant ausgewiesenen Eigenwerte in der Tat die Dynamik des Systems bestimmen.

Eine so ausgeprägte Dominanzstruktur wie im Beispiel des Hinterachsprüfstandes wird nicht immer vorliegen. Indessen braucht man bei der Aufteilung der Eigenwerte in "dominante" und "nichtdominante" nicht allzu ängstlich zu sein, da bei der Anwendung der Dominanzanalyse im Rahmen der Ordnungsreduktion bzw. des Entwurfs von Ausgangsrückführungen der Einfluß der nichtdominanten Eigenwerte auf die Dynamik bis zu einem gewissen Grad noch miterfaßt wird bzw. es von geringer Bedeutung ist, ob einzelne weniger dominante Eigenwerte noch berücksichtigt werden oder nicht.

k	Re λ_k	Im λ_k	$D_k \cdot 100$	$S_k \cdot 100$
1	-.011	248.71	.00	.00
2	-.011	-248.71		
3	-.011	253.72	.00	.00
4	-.011	-253.72		
5	-.017	16.60	15.44	19.80
6	-.017	-16.60		
7	-.033	387.01	.00	.00
8	-.033	-387.01		
9	-.034	146.31	.00	.00
10	-.034	-146.31		
11	-.118	.00	101.72	522.92
12	-.332	.00	4.93	19.70
13	-9.62	.00	49.80	98.64
14	-26.58	.00	.13	.49
15	-26.60	.00	.04	.15
16	-32.99	.00	4.76	6.48
17	-90.94	.00	5.12	5.27
18	-249.43	.00	.00	.01
19	-249.43	.00	.00	.01

Bild 12/22. Dominanztabelle für den Hinterachsprüfstand

Das Litzsche Dominanzmaß hat sich bei verschiedenartigen Anwendungen gut bewährt. Doch gibt es Einzelfälle, in denen es versagt. Dies kann dann eintreten, wenn mehrere Eigenwerte dicht beisammen liegen, wodurch - wie schon im Kapitel 6 erwähnt - Kopplungen und Kompensationen zwischen den zu den Eigenwerten gehörenden Dynamiktermen auftreten können. Wie *N.F. Benninger* gezeigt hat, lassen sich diese Schwierigkeiten beheben, indem man das Litzsche Dominanzmaß durch andere, allerdings kompliziertere Maßzahlen ersetzt ([6.6] sowie [6.7], Kapitel 2 und 5). Doch sind solche Fälle bei realen Systemen selten.

12.6 Numerische Berechnung von Frequenzkennlinien aus der Zustandsdarstellung

Bei allen Vorzügen der Zustandsbeschreibung linearer Prozesse wird man doch häufig auf die Eingangs-Ausgangs-Beschreibung zurückgreifen. Insbesondere die Frequenzkennlinien liefern dem entwickelnden Ingenieur eine Fülle von Einsichten in das Systemverhalten und Hinweise auf den Reglerentwurf, die der häufig viel zu detaillierten Zustandsdarstellung nicht ohne weiteres zu entnehmen sind. Glücklicherweise ist der Übergang von den Zustandsgleichungen zu den Frequenzkennlinien recht einfach. Nach Abschnitt 12.2.4 ist die Übertragungsmatrix eines linearen zeitinvarianten Mehrgrößenprozesses n-ter Ordnung mit p Eingangsgrößen und q Ausgangsgrößen durch

$$\underline{G}(s) = \underline{C}\,(s\underline{I} - \underline{A})^{-1}\underline{B} + \underline{D} \tag{12.193}$$

gegeben, wobei $\underline{G}(s)$ eine (q,p)-Matrix von Teilübertragungsfunktionen $G_{\mu\nu}(s)$ bezeichnet. Die zugehörige Frequenzgangsmatrix $\underline{G}(j\omega)$ erhält man, indem man formal $s = j\omega$ setzt, zu

$$\underline{G}(j\omega) = \underline{C}\,(j\omega\underline{I} - \underline{A})^{-1}\,\underline{B} + \underline{D} \tag{12.194}$$

Die Teilfrequenzgänge $G_{\mu\nu}(j\omega)$ kann man direkt aus dieser Gleichung numerisch ermitteln, indem man für vorgegebene Kreisfrequenzen ω_k zunächst die komplexe (n,n)-Matrix $(j\omega_k\underline{I} - \underline{A})$ berechnet, diese invertiert, mit den reellen Matrizen $\underline{B}$ und $\underline{C}$ von rechts bzw. von links multipliziert und schließlich $\underline{D}$ addiert. Diese Vorgehensweise ist aber nicht sehr effektiv, da die Anzahl der für die Inversion erforderlichen Multiplikationen proportional zur dritten Potenz der Systemordnung ($\sim n^3$) anwächst ([12.28], [12.29]). Während dieser rasche Anstieg bei Prozessen niedriger Ordnung ($n < 5\ldots10$) noch akzeptabel ist, wächst der Rechenaufwand für größere Systemordnungen in untragbarer Weise an. Hierbei ist zu bedenken, daß für eine hinreichend dichte Überdeckung des Frequenzbereichs $\omega_{min} \leq \omega \leq \omega_{max}$ einige zehn bis einige hundert Kreisfrequenzwerte ω_k ausgewertet werden müssen. Man muß daher nach einem leistungsfähigen Algorithmus Ausschau halten, bei dem der Rechenaufwand langsamer als mit der dritten Potenz der Systemordnung ansteigt.

Da der Rechenaufwand überwiegend durch die Inversion der komplexen Matrix $(j\omega_k\underline{I} - \underline{A})$ bedingt ist, bietet sich an, die Systemmatrix $\underline{A}$ zunächst durch eine reguläre Transformation in eine für die Inversion besser geeignete Form zu bringen. Eine derartige Transformation ist nach Abschnitt 12.1 allgemein durch den Zusammenhang $\underline{z} = \underline{T}\,\underline{x}$ gegeben, wobei $\underline{T}$ eine noch zu bestimmende invertierbare konstante (n,n)-Matrix ist. Einsetzen dieser Beziehung in die Systemgleichungen (12.1) liefert dann analog zu der Vorgehensweise in Abschnitt 12.1.2 die transformierten Systemgleichungen

$$\dot{\underline{z}} = \underline{T}^{-1}\,\underline{A}\,\underline{T}\,\underline{z} + \underline{T}^{-1}\,\underline{B}\,\underline{u}\ , \tag{12.195}$$

$$\underline{y} = \underline{C}\,\underline{T}\,\underline{z} + \underline{D}\,\underline{u}\ . \tag{12.196}$$

Geht man in den Frequenzbereich über und ersetzt den Vektor $\underline{z}$ in Gl. (12.196), erhält man die Frequenzgangsmatrix zu

$$\begin{aligned}\underline{G}(j\omega) &= \underline{C}\,\underline{T}\,(j\omega\underline{I} - \underline{T}^{-1}\underline{A}\,\underline{T})^{-1}\,\underline{T}^{-1}\,\underline{B} + \underline{D}\\ &= \tilde{\underline{C}}\,(j\omega\underline{I} - \tilde{\underline{A}})^{-1}\,\tilde{\underline{B}} + \underline{D}\end{aligned} \tag{12.197}$$

mit den transformierten Systemmatrizen $\tilde{\underline{A}} = \underline{T}^{-1}\underline{A}\,\underline{T}$, $\tilde{\underline{B}} = \underline{T}^{-1}\underline{B}$ und $\tilde{\underline{C}} = \underline{C}\,\underline{T}$. Die Aufgabe besteht also darin, eine numerisch stabile und genaue Transformationsvorschrift zu finden, die den Rechenaufwand gegenüber der direkten Berechnung von $\underline{G}(j\omega)$ wesentlich verringert.

Auf den ersten Blick erscheint die Transformation auf Jordansche Normalform (Abschnitt 11.4.3 und 12.1.1) für diesen Zweck in idealer Weise geeignet, da die Matrix $(j\omega\underline{I} - \underline{A})$ Diagonalform oder doch zumindest Blockdiagonalform hat, also leicht invertiert werden kann. Beschränkt man sich auf einfache Eigenwerte, ergeben sich die Teilfrequenzgänge in der Form

$$G_{\mu\nu}(j\omega) = r_0 + \frac{r_1}{j\omega_k - \lambda_1} + \ldots + \frac{r_n}{j\omega_k - \lambda_n}\ , \tag{12.198}$$

wobei die konstanten Parameter r_i die Residuen der Funktion $G_{\mu\nu}(j\omega)$ sind. Die Auswertung dieser Beziehung für vorgegebene Werte ω_k der Kreisfrequenz ist mit geringem Aufwand möglich. Die Schwierigkeit bei der Verwendung der Jordanschen Normalform besteht hauptsächlich in der numerischen Bestimmung der Eigenwerte, die aufwendig und vergleichsweise ungenau sein kann.

Eine ebenfalls gut verwendbare kanonische Form ist die Regelungsnormalform (Abschnitt 11.4.1 und 12.1.2), aus der man direkt die Parameter der Übertragungsfunktion $\underline{G}(s)$ ablesen kann. Die Frequenzgangberechnung erfolgt dann wie in Abschnitt 5.8 durch Auswerten von Zähler- und Nennerpolynom bei den vorgegebenen Kreisfrequenzwerten ω_k. Allerdings kann auch dieses Verfahren zu Genauigkeitsverlusten führen.

Das wohl effizienteste "Allround"-Verfahren wurde von Laub [12.28] angegeben. Es beruht auf einer numerisch stabilen orthogonalen Ähnlichkeitstransformation auf Hessenbergform, für die man leicht auszuwertende rekursive Algorithmen angeben kann (siehe beispielsweise [12.30], [12.31]). Zwar ist die Anzahl der für diese Transformation benötigten Multiplikationen ebenfalls proportional n^3, die Umrechnung muß aber nur einmal erfolgen. Bei der Hessenbergform nimmt die transformierte Systemmatrix $\tilde{\underline{A}}$ die Gestalt

$$\tilde{\underline{A}} = \begin{bmatrix} h_{11} & h_{12} & h_{13} & \cdots & h_{1,n-1} & h_{1n} \\ h_{21} & h_{22} & h_{23} & \cdots & h_{2,n-1} & h_{2n} \\ 0 & h_{32} & h_{33} & \cdots & h_{3,n-1} & h_{3n} \\ 0 & 0 & h_{43} & \cdots & h_{4,n-1} & h_{4n} \\ \vdots & & & & & \\ 0 & 0 & 0 & \cdots & h_{n,n-1} & h_{nn} \end{bmatrix} \qquad (12.199)$$

an; die komplexe Matrix $(j\omega_k \underline{I} - \tilde{\underline{A}})$ hat dann ebenfalls diese Form. Bei der Berechnung des Frequenzganges nach Gl. (12.197) umgeht man die aufwendige und hier unnötige Inversion der (n,n)-Matrix, indem man zunächst die (n,p)-Matrix

$$\underline{R}(j\omega_k) = (j\omega_k \underline{I} - \tilde{\underline{A}})^{-1} \tilde{\underline{B}} \qquad (12.200)$$

einführt und anschließend das lineare Gleichungssystem

$$(j\omega_k \underline{I} - \tilde{\underline{A}})\, \underline{R}(j\omega_k) - \tilde{\underline{B}} = \underline{0} \qquad (12.201)$$

mit dem Gaußschen Algorithmus ([12.30], [12.31]) nach $\underline{R}(j\omega_k)$ auflöst. Die Anzahl der hierfür benötigten Multiplikationen wächst nur proportional zu n^2 an, worin neben der numerischen Stabilität der orthogonalen Transformation der Hauptvorteil des Verfahrens zu sehen ist.

Hat man die Matrix $\underline{R}(j\omega_k)$ ermittelt, bildet man abschließend die Frequenzgangsmatrix gemäß

$$\underline{G}(j\omega_k) = \tilde{\underline{C}}\, \underline{R}(j\omega_k) + \underline{D} \qquad (12.202)$$

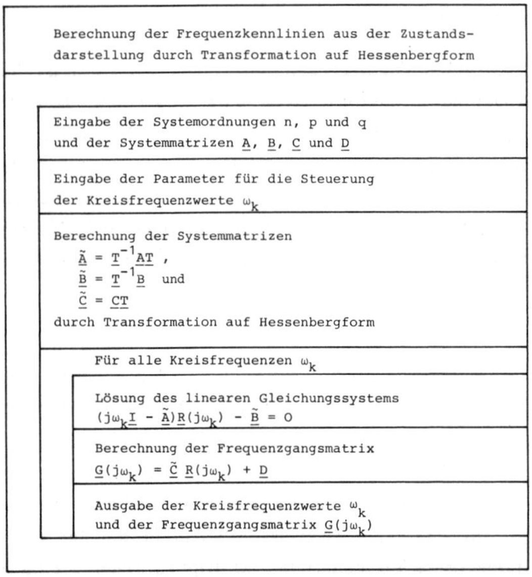
Berechnung der Frequenzkennlinien aus der Zustandsdarstellung durch Transformation auf Hessenbergform
Eingabe der Systemordnungen n, p und q und der Systemmatrizen A, B, C und D
Eingabe der Parameter für die Steuerung der Kreisfrequenzwerte ωk
Berechnung der Systemmatrizen Ã = T⁻¹AT, B̃ = T⁻¹B und C̃ = CT durch Transformation auf Hessenbergform
Für alle Kreisfrequenzen ωk
Lösung des linearen Gleichungssystems (jωkI - Ã)R(jωk) - B̃ = 0
Berechnung der Frequenzgangsmatrix G(jωk) = C̃ R(jωk) + D
Ausgabe der Kreisfrequenzwerte ωk und der Frequenzgangsmatrix G(jωk)

Bild 12/23. Struktogramm zur Berechnung der Frequenzkennlinien durch Transformation auf Hessenbergform

und gibt die einzelnen Teilfrequenzgänge $G_{\mu\nu}(j\omega_k)$ als Tabelle oder in graphischer Form aus. Die Vorgabe der diskreten Werte ω_k der Kreisfrequenz erfolgt dabei analog zu der in Abschnitt 5.8 beschriebenen Weise. Bild 12/23 zeigt das Struktogramm eines Rechenprogramms zur Ermittlung der Frequenzkennlinien durch Transformation auf Hessenbergform.

Schrifttum zum Kapitel 12

[12.1] C.T. Chen: Introduction to Linear System Theory. Holt, Rinehart and Winston, 1980.

[12.2] K. Ogata: State Space Analysis of Control Systems. Prentice-Hall, 1967.

[12.3] R.E. Kalman: On the General Theory of Control Systems. Proc. 1th Int. Congress on Automatic Control, Moskau 1960. Butterworths, London, 1961, Band 1, S. 481-492.

[12.4] G. Ludyk: Theorie dynamischer Systeme. Elitera Verlag, 1977.

[12.5] H. Kwakernaak - R. Siwan: Linear Optimal Control Systems. J. Wiley, 1972.

[12.6] E.G. Gilbert: Controllability and Observability in Multivariable Control Systems. SIAM Journal Control, Ser. A, Vol. 1 (1963), S. 128-151.

[12.7] B. Porter - R. Crossley: Modal Control. Taylor and Francis, 1972.

[12.8] M.L.J. Hautus: Controllability and Observability Conditions of Linear Autonomous Systems. Indagationes Mathematicae 31 (1969), S. 443-448.

[12.9] K. Brammer - G. Siffling: Kalman-Bucy-Filter. R. Oldenbourg Verlag, 4. Auflage, 1994.

[12.10] M.A. Ljapunow: Problème générale de la stabilité de mouvement. Ann. Fac. Sci. Toulouse 9 (1907), S. 203-474 (Übersetzung eines Aufsatzes aus Comm. Soc. math. Charkow, 1893).

[12.11] O. Föllinger: Nichtlineare Regelungen I/II. R. Oldenbourg Verlag, 7. Auflage, 1993.

[12.12] L. Litz: Ordnungsreduktion linearer Zustandsraummodelle durch Beibehaltung der dominanten Eigenbewegungen. Regelungstechnik 27 (1979), S. 80-86.

[12.13] L. Litz: Reduktion der Ordnung linearer Zustandsraummodelle mittels modaler Verfahren. Hochschulverlag Stuttgart (jetzt Freiburg), 1979.

[12.14] J. Ackermann: Abtastregelung. Springer-Verlag, 3. Auflage, 1988.

[12.15] N.F. Benninger: Eine gut konditionierte Transformation auf Sensorkoordinaten. Automatisierungstechnik 34 (1986), S. 410-411.

[12.16] W.E. Milne: Numerical Solutions of Differential Equations. Dover Publications, 2. Auflage, 1970.

[12.17] R.W. Hamming: Numerical Methods for Scientists and Engineers. McGraw-Hill, 2. Auflage. 1973.

[12.18] H.R. Schwarz: Numerische Mathematik. B.G. Teubner, 1986.

[12.19] W.H. Press et al.: Numerical Recipes - The Art of Scientific Computing. Cambridge University Press, 1986.

[12.20] W.K. Giloi: Principles of Continuous System Simulation. B.G. Teubner Verlag, 1975.

[12.21] G. Schmidt: Simulationstechnik. R. Oldenbourg Verlag, 1980.

[12.22] G.A. Korn, J.V. Wait: Digitale Simulation kontinuierlicher Systeme. R. Oldenbourg Verlag, 1980.

[12.23] G.A. Korn: Interactive Dynamik System Simulation. McGraw-Hill, 1989.

[12.24] G. Roppenecker und W. Thomann: Eine Methode mit Skalierung und Potenzierung zur gemeinsamen Berechnung von Transitionsmatrix und diskreter Eingangsmatrix. Automatisierungstechnik 35 (1987), S. 208-213.

[12.25] C. Moler und Ch. v. Loan: Nineteen Dubious Ways to Compute the Exponential of a Matrix. SIAM Review 20 (1978), S. 801-836.

[12.26] J.B. Plant: On the Computation of Transitions Matrices for Time-invariant Systems. Proc. IEEE 56 (1968). S. 1397-1398.

[12.27] L. Litz: Ein rechenzeitsparendes Verfahren zur digitalen Simulation mit Hilfe der Transitionsmatrix. Regelungstechnik 28 (1980), S. 45-51.

[12.28] A.J. Laub: Efficient Multivariable Frequency Response Computations. IEEE Trans. Automatic Control AC-26 (1981), S. 407-408.

[12.29] W. Ruggaber: Numerische Berechnung des Frequenzganges aus der Zustandsdarstellung (Übersichtsaufsatz). Regelungstechnik 32 (1984). S. 8-12 und S. 47-51.

[12.30] R. Zurmühl und S. Falk: Matrizen und ihre Anwendungen. Teil 2: Numerische Methoden. Springer Verlag, 5. Auflage, 1986.

[12.31] H.R. Schwarz: Numerische Mathematik. B.G. Teubner Verlag, 1986.

13.1 Struktur einer Zustandsregelung und Problematik

Wir wollen nunmehr Regelungen im Zustandsraum entwerfen und gehen dazu von einer linearen und zeitinvarianten Strecke aus, wobei hier wie im folgenden die Stelleinrichtung zur Strecke geschlagen ist:

$$\underline{\dot{x}} = \underline{A}\,\underline{x} + \underline{B}\,\underline{u}\ , \tag{13.1}$$

$$\underline{y} = \underline{C}\,\underline{x} \tag{13.2}$$

mit konstanten Matrizen $\underline{A}$, $\underline{B}$, $\underline{C}$ vom Typ (n,n) bzw. (n,p) bzw. (q,n). Gegenüber der bisherigen Zustandsbeschreibung linearer und zeitinvarianter Systeme ist $\underline{D} = \underline{0}$ angenommen, wie es bei der überwiegenden Mehrzahl realer Systeme der Fall ist. Unter dem Ausgangsvektor ist hier der Vektor der Regelgrößen, also der gezielt zu beeinflussenden Größen, verstanden.

Bei der Eingangsmatrix $\underline{B}$ wird man im Realfall immer $p \leq n$ annehmen dürfen, d.h. die Zahl der Eingangsgrößen wird die Zahl der Zustandsvariablen nicht übersteigen. $\underline{B}$ hat daher höchstens den Rang p. Wir dürfen annehmen, daß *$\underline{B}$ in der Tat den Rang p hat*. Angenommen nämlich, $\underline{B}$ habe einen kleineren Rang, dann sind die Spaltenvektoren $\underline{b}_1, \ldots, \underline{b}_p$ von $\underline{B}$ linear abhängig. Es gelte etwa $\underline{b}_p = c_1\underline{b}_1 + \ldots + c_{p-1}\underline{b}_{p-1}$. Aus $\underline{B}\,\underline{u}$ wird dann

$$\underline{B}\,\underline{u} = \underline{b}_1 u_1 + \ldots + \underline{b}_p u_p = (u_1 + c_1 u_p)\,\underline{b}_1 + \ldots +$$

$$+ (u_{p-1} + c_{p-1}u_p)\,\underline{b}_{p-1} = u_1^*\,\underline{b}_1 + \ldots + u_{p-1}^*\,\underline{b}_{p-1} =$$

$$= \left[\underline{b}_1, \ldots, \underline{b}_{p-1}\right] \begin{bmatrix} u_1^* \\ \vdots \\ u_{p-1}^* \end{bmatrix} .$$

Das heißt: Man kann den Einfluß der äußeren Größen auf das System von vornherein in der letzteren Form, also mittels der verkürzten Eingangsmatrix $\left[\underline{b}_1, \ldots, \underline{b}_{p-1}\right]$ und der Eingangsgrößen $u_1^*, \ldots, u_{p-1}^*$ beschreiben. Falls $u_1, \ldots, u_p$ Steuergrößen sind, über die man verfügen kann, ist u_p überflüssig, da sich die Wirkung von u_p durch geeignete Bemessung von $u_1, \ldots, u_{p-1}$ ersetzen läßt. Entsprechend darf man bei der Ausgangsmatrix $\underline{C}$ voraussetzen, daß sie den *Höchstrang q* aufweist.

Man kann die Zustandsgleichungen als Strukturbild darstellen. Dazu muß man die Vektordifferentialgleichung integrieren. Einen Vektor oder allgemein eine Matrix integriert man gliedweise. Das bedeutet beispielsweise für $\underline{x}(t)$:

$$\int_{t_0}^{t} \underline{\dot{x}}(\tau)\,d\tau = \begin{bmatrix} \int_{t_0}^{t} \dot{x}_1(\tau)\,d\tau \\ \vdots \\ \int_{t_0}^{t} \dot{x}_n(\tau)\,d\tau \end{bmatrix} = \begin{bmatrix} x_1(t) - x_1(t_0) \\ \vdots \\ x_n(t) - x_n(t_0) \end{bmatrix} =$$

$$= \underline{x}(t) - \underline{x}(t_0)\ .$$

Daher folgt aus (13.1)

$$\underline{x}(t) = \int_{t_0}^{t} \left[\underline{A}\,\underline{x}(\tau) + \underline{B}\,\underline{u}(\tau)\right] d\tau + \underline{x}(t_0)\ .$$

Zusammen mit (13.2) ergibt sich so das Bild 13/1. Die doppelt gezogenen Wirkungslinien sollen auf den Vektorcharakter der zeitveränderlichen Größen hinweisen.

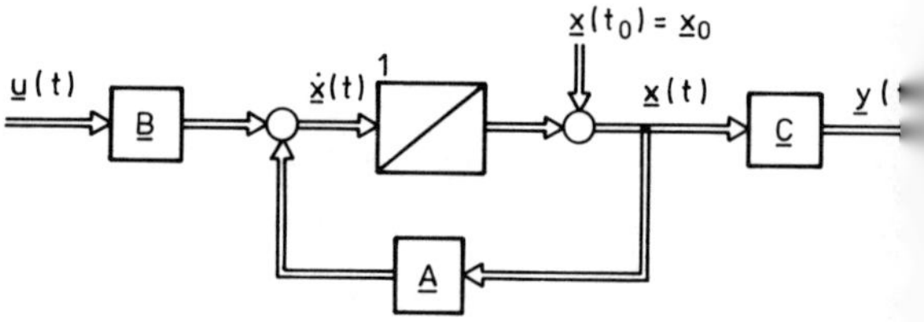

Bild 13/1. Strecke (System, Prozeß) in Zustandsdarstellung

Von außen wirkt auf die Strecke die Anfangsstörung $\underline{x}(t_0) = \underline{x}_0$ ein. Sie ist normalerweise nicht bekannt. Bei allgemeinen Untersuchungen nimmt man deshalb an, daß sie beliebig im Zustandsraum liegen kann. Die erste Forderung an die zu entwerfende Regelung besteht darin, die Wirkung dieser Anfangsstörung zu beseitigen. Da die Anfangsstörung nicht bekannt ist, macht dies eine Rückführung erforderlich, um so durch die laufende Erfassung des nicht genau bekannten und nicht exakt vorhersagbaren Streckenverhaltens genügend Information zur gezielten Beeinflussung der Strecke zu erhalten. Dies ist im vorliegenden Fall die "regelungstechnische Grundsituation", wie sie im Kapitel 1 geschildert wurde: Forderung nach selbsttätiger gezielter Beeinflussung bei unvollständiger Systemkenntnis. Wie stets erfordert sie eine Rückführung.

Da die Strecke in Zustandsbeschreibung gegeben ist, liegt es nahe, den Zustandsvektor $\underline{x}(t)$ zurückzuführen. Der allgemeinste Ansatz für eine solche Rückführung ist von der Form

$$\underline{u} = - \underline{r}\left(\underline{x}(t),t\right) \tag{13.3}$$

mit einer beliebigen Vektorfunktion $\underline{r}$. Es ist unnötig, zusätzliche Differentiationen und Integrationen des Zustandsvektors in die Rückführung aufzunehmen. Ist nämlich t_1 ein beliebiger Zeitpunkt, so hängt der gesamte weitere Verlauf des Zustandsvektors $\underline{x}(t)$ der durch die Strecke und (13.3) bestimmten Regelung allein von $\underline{x}(t_1)$ ab, nicht jedoch von irgendwelchen früheren Werten von $\underline{x}(t)$, wie sie in Ableitung und Integral ihren Niederschlag finden. Daher genügt es, den Steuervektor $\underline{u}$ als Funktion von $\underline{x}$ allein (und eventuell der Zeit t) anzusetzen. Wenn nicht *alle* Zustandsvariablen zurückgeführt werden, gilt diese Argumentation jedoch nicht mehr.

Soll es sich um ein *lineares* Rückführungsgesetz handeln, so muß

$$\underline{u}(t) = - \underline{R}(t)\,\underline{x}(t) \tag{13.4}$$

sein. Falls überdies noch Zeitinvarianz gefordert wird, entsteht daraus das Rückführungsgesetz

$$\underline{u}(t) = - \underline{R}\,\underline{x}(t) \tag{13.5}$$

mit einer konstanten (p,n)-Matrix $\underline{R}$. Ausführlich lautet es:

$$\begin{aligned} u_1 &= - \left[r_{11}x_1 + r_{12}x_2 + \ldots + r_{1n}x_n\right] , \\ &\;\vdots \\ u_p &= - \left[r_{p1}x_1 + r_{p2}x_2 + \ldots + r_{pn}x_n\right] , \quad r_{ik} \text{ konstant.} \end{aligned} \tag{13.6}$$

Das negative Vorzeichen in den Rückführungsgleichungen (13.3) bis (13.6) ist unwesentlich. Es wurde hier in Erinnerung an die klassische Regelschleife beibehalten, fehlt aber z.B. in der amerikanischen Literatur. Wir wollen die *Zustandsrückführung* (13.5) bzw. (13.6) auch als *Zustandsregler oder kurz* als *Regler* bezeichnen. Es handelt sich dabei lediglich um einen P-Regler, allerdings einen, der aus mehreren Elementen besteht.

Faßt man die Gleichungen (13.1) und (13.5) zusammen, so erhält man die Beziehung

$$\dot{\underline{x}} = (\underline{A} - \underline{B}\,\underline{R})\,\underline{x} \ . \tag{13.7}$$

Sie stellt *die Differentialgleichung der Zustandsregelung* im Bild 13/2 dar. Bezeichnet man die Trajektorie $\underline{x}(t;t_0,\underline{x}_0)$ der Regelung, welche zum Zeitpunkt t_0

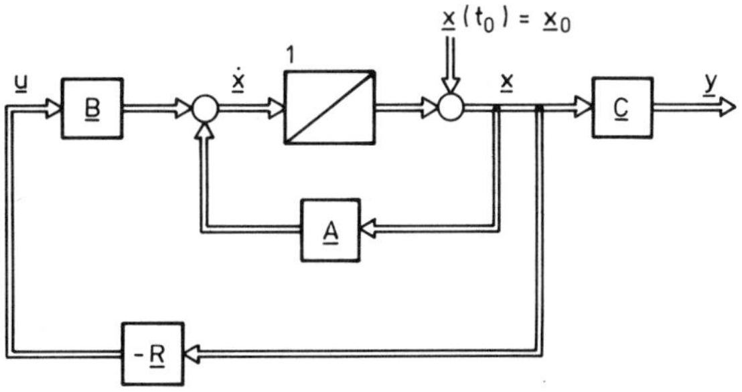

Bild 13/2. Zustandsregelung

durch die Anfangsstörung $\underline{x}_0$ erzeugt wird, als *Störtrajektorie*, so kann man die oben schon formulierte Forderung an die Regelung nunmehr als *Forderung I* präzisieren:

Die Reglermatrix (oder Rückführmatrix) $\underline{R}$ ist so zu wählen, daß beliebige Störtrajektorien der Zustandsregelung aus Bild 13/2 für $t \longrightarrow +\infty$ gegen Null streben. (13.8)

Gemäß der Stabilitätsdefinition im Abschnitt 12.4 heißt das:

$\underline{R}$ ist so zu wählen, daß die Zustandsregelung stabil ist. (13.9)

Die Zustandsregelung soll aber nicht nur die Störung ausregeln, sondern ganz ähnlich wie die klassische Regelung einen gewünschten Verlauf der Ausgangsgröße sichern. Daher stellt man an sie die *Forderung II:*

Der Ausgangsvektor (Vektor der Regelgrößen) $\underline{y}$ soll für $t \longrightarrow +\infty$ gegen den vorgegebenen Führungsvektor $\underline{w}$ streben. (13.10)

Da $\underline{w}$ bekannt ist, kann diese Forderung durch eine Steuerungsmaßnahme erreicht werden, die man der Zustandsregelung überlagert: Der Führungsvektor $\underline{w}$ wird über ein geeignet zu bestimmendes *Vorfilter* $\underline{u}_S = \underline{M}\,\underline{w}$ eingespeist, wobei auch die Vorfiltermatrix $\underline{M}$ konstant sein soll. Man gelangt so zur endgültigen Struktur der Zustandsregelung mit Vorfilter im Bild 13/3. [1]

[1] Die Bezeichnungsweise ist etwas anders als bei der klassischen Regelung, wo w die unmittelbare Eingangsgröße des Summiergliedes bezeichnet. Aber die Verhältnisse sind hier ohnehin anders, da dieses Summierglied keinen Soll-Istwert-Vergleich kennzeichnet. Die obige Bezeichnungsweise ist die in der Literatur meist übliche.

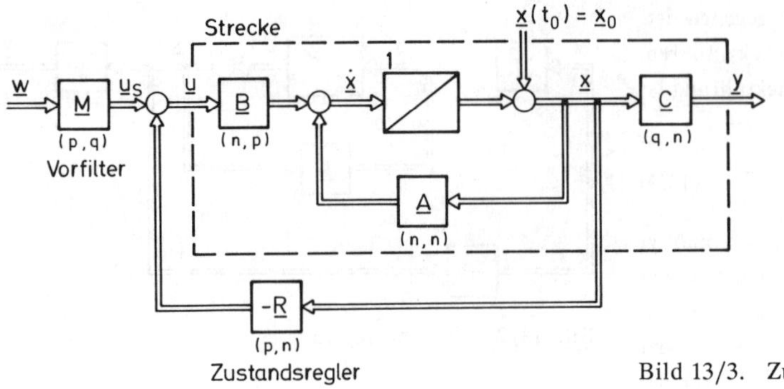

Bild 13/3. Zustandsregelung mit Vorfilter

Vergegenwärtigen wir uns abschließend die charakteristischen Merkmale der so entworfenen Regelungsstruktur!

(I) Zunächst ist festzuhalten, daß es sich wie bei der klassischen Regelschleife um eine *Rückführungsstruktur* handelt, insofern *laufend* die Zustandsgrößen erfaßt und zurückgeführt werden.

Genau wie dort kommt es auch bei der Zustandsregelung auf das Führungs- und Störverhalten an.

(II) Ein wesentlicher Unterschied gegenüber der klassischen Regelung besteht aber darin, daß bei der Zustandsregelung *kein Soll-Istwert-Vergleich* stattfindet, um eine Differenz zwischen Soll- und Istwertverlauf möglichst klein zu machen. Das Summierglied

$$\underline{u} = -\,\underline{R}\,\underline{x} + \underline{M}\,\underline{w}$$

nimmt keine solche Funktion wahr.

(III) Im Zustandsregler

$$\underline{u} = -\,\underline{R}\,\underline{x}$$

benötigt man den gesamten Zustandsvektor, wenn man den Regler etwa durch eine elektronische Schaltung oder einen Rechneralgorithmus realisieren will. Nun wird man aber die Zustandsvariablen nur in Ausnahmefällen sämtlich meßtechnisch erfassen, während dies im allgemeinen viel zu aufwendig ist. Daher ist es notwendig, aus den Meßgrößen des Systems den gesamten Zustandsvektor zumindest näherungsweise zu rekonstruieren. Dies leistet ein dynamisches System, das nach seinem Erfinder *Luenberger-Beobachter* genannt und im vorletzten Abschnitt dieses Kapitels behandelt wird.

(IV) Auf die Zustandsregelung im Bild 13/3 wirkt als *Störeinfluß nur die Anfangsstörung* $\underline{x}(t_0) = \underline{x}_0$ ein, aber keine länger dauernde Störgröße, wie man sie von der klassischen Regelung her gewohnt ist und wie sie in der Realität in der Tat auftritt.

Dies ist ein wirklichkeitsfremder Zug in der ursprünglichen Form der Zustandsmethodik, der ihre Herkunft aus der Differentialgleichungstheorie verrät. Er kann auf verschiedene Weise beseitigt werden, wie im letzten Abschnitt dieses Kapitels sowie im Kapitel 14 gezeigt wird.

Vorläufig stützen wir uns aber auf die Struktur der Zustandsregelung im Bild 13/3 und haben nun die Reglermatrix $\underline{R}$ und die Vorfiltermatrix $\underline{M}$ entsprechend den Forderungen I und II an die Regelung zu bestimmen.

Das *Hauptproblem* besteht in der *geeigneten Bestimmung von* $\underline{R}$. Hierfür werden drei verschiedenartige Vorgehensweisen beschrieben.

- Polvorgabe oder Eigenwertvorgabe (Abschnitt 13.3).
- Minimierung eines quadratischen Gütemaßes (Abschnitt 13.4).
- Entkopplung nach ***Falb-Wolovich*** (Abschnitt 13.5).

Eine vierte Vorgehensweise ist der *Entwurf auf endliche Einstellzeit* ("dead beat response"). Da er von Natur aus unmittelbar mit Abtastsystemen (zeitdiskreten Systemen) verknüpft ist, soll er in diesem Buch nicht behandelt werden (siehe etwa [13.1], Abschnitt 7.5). Er hängt mit dem Verfahren der Polvorgabe zusammen, wird aber durch dieses nicht abgedeckt, da z.B. auch ein zeitoptimaler Entwurf, der nichts mit Polvorgabe zu tun hat, ein besonderer Entwurf auf endliche Einstellzeit ist.

Bevor wir uns an die Bestimmung des Reglers begeben, sei im nächsten Abschnitt die Berechnung des Vorfilters vorausgeschickt, da sie erheblich einfacher zu erledigen ist.

13.2 Wahl des Vorfilters

Es wird vorausgesetzt, daß die Reglermatrix $\underline{R}$ schon berechnet ist, gemäß Forderung I so, daß sie die Zustandsregelung stabilisiert, daß also die Eigenwerte von $\underline{A} - \underline{B}\,\underline{R}$ links der j-Achse liegen.

Aus dem Bild 13/3 liest man die folgenden Gleichungen ab:

$$\underline{y} = \underline{C}\,\underline{x}\ , \tag{13.11}$$

$$\dot{\underline{x}} = \underline{A}\,\underline{x} + \underline{B}\,\underline{u}\ , \tag{13.12}$$

$$\underline{u} = -\underline{R}\,\underline{x} + \underline{u}_S\ , \tag{13.13}$$

$$\underline{u}_S = \underline{M}\,\underline{w}\ . \tag{13.14}$$

Aus (13.12) und (13.13) folgt

$$\dot{\underline{x}} = (\underline{A} - \underline{B}\,\underline{R})\,\underline{x} + \underline{B}\,\underline{u}_S\ .$$

Daraus folgt durch Laplace-Transformation, wenn man $\underline{x}(0) = \underline{0}$ setzt, da es ja auf das Übertragungsverhalten zwischen $\underline{u}_S$ und $\underline{y}$ ankommt:

$$s\underline{X}(s) = (\underline{A} - \underline{B}\,\underline{R})\,\underline{X}(s) + \underline{B}\,\underline{U}_S(s)\ , \quad \text{also}$$

$$\underline{X}(s) = \left[s\underline{I} - (\underline{A} - \underline{B}\,\underline{R})\right]^{-1}\underline{B}\,\underline{U}_S(s)$$

und damit wegen (13.11)

$$\underline{Y}(s) = \underline{C}\left[s\underline{I} - (\underline{A} - \underline{B}\,\underline{R})\right]^{-1}\underline{B}\,\underline{U}_S(s)\ . \tag{13.15}$$

Was die inverse Matrix angeht, so gilt $\det\left[s\underline{I} - (\underline{A} - \underline{B}\,\underline{R})\right] = 0$ nur dann, wenn s ein Eigenwert von $\underline{A} - \underline{B}\,\underline{R}$ ist. Da $\underline{R}$ so gewählt wurde, daß alle diese Eigenwerte links der j-Achse liegen, ist die Determinante in der gesamten rechten s-Halbebene einschließlich der j-Achse $\neq 0$. Dort existiert also die Inverse.

Für (13.15) kann man auch schreiben:

$$\underline{Y}(s) = \underline{F}(s)\,\underline{U}_S(s)\ , \tag{13.16}$$

wobei die (q,p)-Matrix

$$\underline{F}(s) = \underline{C}\,(s\underline{I} + \underline{B}\,\underline{R} - \underline{A})^{-1}\,\underline{B} \tag{13.17}$$

die *Führungs-Übertragungsmatrix der Zustandsregelung* ohne Vorfilter ist.

Nach (13.14) gilt für das Vorfilter

$$\underline{U}_S(s) = \underline{M}\,\underline{W}(s)\ , \tag{13.18}$$

wobei $\underline{M}$ voraussetzungsgemäß konstant ist. Aus (13.16) und (13.18) zusammen ergibt sich die Gleichung

$$\underline{Y}(s) = \underline{F}(s)\,\underline{M}\,\underline{W}(s)\ . \tag{13.19}$$

Man denke sich nun $\underline{w}(t)$ aufgeschaltet und zwar so, daß für $t \to +\infty$ $\underline{w}(t)$ gegen den festen Wert $\underline{w}_\infty$ strebt, der in der Realität nach einiger Zeit angenommen wird. Hierdurch wird der stationäre Zustand charakterisiert. Kennzeichnet man ihn durch den Index ∞, so folgt aus (13.19) nach dem Endwertsatz der Laplace-Transformation

$$\underline{y}_\infty = \lim_{t\to\infty}\underline{y}(t) = \lim_{s\to 0} s\underline{Y}(s) = \lim_{s\to 0}\underline{F}(s)\cdot\underline{M}\cdot\lim_{s\to 0} s\underline{W}(s)\ ,$$

also wegen

$$\lim_{s\to 0} s\underline{W}(s) = \lim_{t\to\infty}\underline{w}(t) = \underline{w}_\infty:$$

$$\underline{y}_\infty = \underline{F}(0)\cdot\underline{M}\cdot\underline{w}_\infty\ . \tag{13.20}$$

Soll $\underline{y}_\infty = \underline{w}_\infty$ sein, und zwar für einen beliebigen Vektor $\underline{w}_\infty$, so muß

$$\underline{F}(0)\cdot\underline{M} = \underline{I} \tag{13.21}$$

gelten.

Wir wollen nun zusätzlich q = p voraussetzen, also annehmen, daß die *Anzahl der Regelgrößen gleich der Anzahl der Stellgrößen* ist, was meist der Fall sein wird. Dann ist $\underline{F}(0)$ quadratisch. Man wird darüber hinaus annehmen dürfen, daß *$\underline{F}(0)$ regulär* ist. Im stationären Zustand gilt nämlich wegen (13.16)

$$\underline{y}_\infty = \underline{F}(0)\,\underline{u}_{S\infty}\ ,$$

und man wird die Eingriffsstellen der Steuergrößen so wählen, daß sich jeder gewünschte Vektor $\underline{y}_\infty$ der Regelgrößen durch geeignete Wahl von $\underline{u}_{S\infty}$ einstellen läßt. Aus (13.21) folgt dann

$$\underline{M} = \underline{F}(0)^{-1} = \left[\underline{C}\,(\underline{B}\,\underline{R} - \underline{A})^{-1}\,\underline{B}\right]^{-1}\ , \tag{13.22}$$

womit die *Vorfiltermatrix* bekannt ist (unter der Voraussetzung, daß man $\underline{R}$ schon berechnet hat).

Bei Eingrößensystemen geht die Matrix $\underline{M}$ in einen Skalar über. Im konkreten Fall kann man durch direkte Betrachtung des stationären Zustandes $\underline{M}$ bzw. den Skalar M häufig einfacher berechnen als durch die umständliche Matrizenformel (13.22).

Ist $p \neq q$, so braucht zu einem beliebig vorgegebenen Vektor $\underline{w}_\infty$ nicht unbedingt ein Vorfilter $\underline{M}$ zu existieren, das im stationären Zustand gerade diesen Vektor einstellt.

Um sich die Wirkungsweise des Vorfilters anschaulich vorzustellen, denke man sich etwa einen Führungsvektor $\underline{w}(t)$, der von Zeit zu Zeit sprungartig verstellt wird, wobei Zeitpunkt und Höhe der Verstellungen nicht bekannt sind, diese jedoch nicht allzu dicht beisammen liegen. Dann wird der Ausgangsvektor $\underline{y}(t)$ nach jeder solchen Verstellung zunächst vom neuen Führungswert abweichen, diesen aber durch die Wirkung des Vorfilters alsbald annehmen.

Was macht man aber, wenn sich der Führungsvektor $\underline{w}(t)$ laufend und zwar relativ schnell (bezüglich der Regelkreisdynamik) ändert? Um auch dann den Ausgangsvektor an den Führungsvektor anzugleichen, ist eine andere Vorgehensweise erforderlich, bei der Regler $\underline{R}$ und Vorfilter $\underline{M}$ gemeinsam berechnet werden: die Entkopplung nach Falb-Wolovich, die wir im Abschnitt 13.5 behandeln werden.

13.3 Reglerentwurf durch Polvorgabe (Eigenwertvorgabe)

13.3.1 Grundgedanke

Das Ziel ist nun die Berechnung der Reglermatrix $\underline{R}$. Zuvor können wir die Struktur der Zustandsregelung im Bild 13/3 etwas vereinfachen. Die beiden äußeren Einflüsse, welche auf die Regelung wirken, sind $\underline{w}$ und $\underline{x}_0$. Da die Regelung ein lineares System ist, überlagern sie sich, ohne sich gegenseitig zu beeinflussen. Im folgenden kommt es nur darauf an, wie die Regelung auf die Anfangsstörung $\underline{x}_0$ reagiert. Daher kann man $\underline{w} = \underline{0}$ setzen, womit auch $\underline{u}_S = \underline{0}$ ist. Auf die Ausgangsgleichung $\underline{y} = \underline{C}\,\underline{x}$ kann man ebenfalls verzichten, da es nur auf die Beeinflussung des Zustandes $\underline{x}$ durch $\underline{R}$ ankommt. Man gelangt so zum Bild 13/4, das die *Regelung des Zustandsvektors* zeigt.

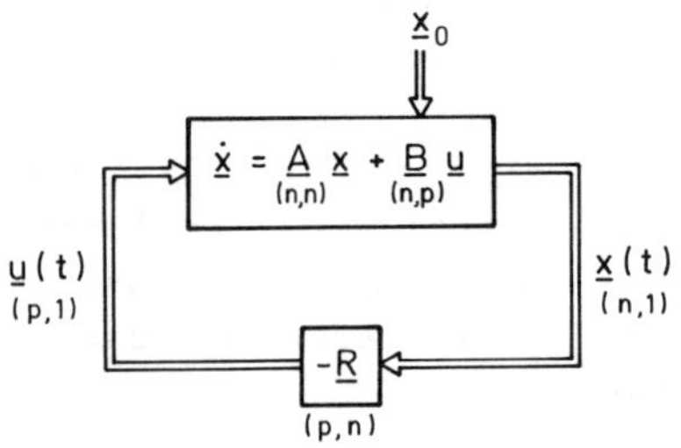

Bild 13/4. Regelung des Zustandsvektors

Wir hatten im Abschnitt 12.4 gesehen, daß die Eigenwerte von entscheidender Bedeutung für das dynamische Verhalten eines Systems sind. Von daher ist der *Grundgedanke der Polvorgabe* (Polverschiebung, Polfestlegung) ganz naheliegend:

Man gibt die Eigenwerte $\lambda_{R1}, \ldots, \lambda_{Rn}$ der Zustandsregelung vor, um eine gewünschte Dynamik zu sichern, und wählt $\underline{R}$ so, daß die Regelung diese Eigenwerte besitzt. (13.23)

Eigentlich sollte man also von *Eigenwert*vorgabe sprechen. Daß man dennoch "*Pol*vorgabe" sagt, liegt daran, daß die Eigenwerte auch als *Systempole* bezeichnet werden. Das hat folgenden Grund. Ist

$$\dot{\underline{x}} = \underline{S}\,\underline{x}$$

die homogene Zustandsdifferentialgleichung eines *beliebigen* Systems, wobei die (n,n)-Matrix $\underline{S}$ einfachheitshalber als diagonalähnlich vorausgesetzt sei, so liefert ihre Transformation auf Diagonalform die Zustandsdifferentialgleichung

$$\dot{\underline{z}} = \underline{\Lambda}\,\underline{z}\ ,$$

woraus durch Laplace-Transformation

$$\underline{Z}(s) = (s\underline{I} - \underline{\Lambda})^{-1}\,\underline{z}_0 = \begin{bmatrix} \frac{1}{s-\lambda_1} & \cdots & 0 \\ \vdots & \ddots & \vdots \\ 0 & \cdots & \frac{1}{s-\lambda_n} \end{bmatrix} \cdot \underline{z}_0$$

folgt. Wie man sieht, treten die Eigenwerte λ_i von $\underline{S}$ als *Pole* in den Elementen der "Anfangswert-Übertragungsmatrix" $(s\underline{I} - \underline{\Lambda})^{-1}$ auf. Im folgenden werden wir die Bezeichnungen "Eigenwert" und "Pol" als gleichbedeutend ansehen.

Was die Wahl der Eigenwerte $\lambda_{R1}, \ldots, \lambda_{Rn}$ der Zustandsregelung angeht, so wird man sie selbstverständlich links von der j-Achse plazieren, um Stabilität zu sichern. Ideal wäre es, wenn man sie sehr weit nach links legen könnte, um so die Regelung möglichst schnell zu machen. Von der klassischen Regelung her weiß man aber, daß eine derartige Beschleunigung der Strecke, die ihrem ursprünglichen Verhalten ganz zuwiderläuft, durch hohe Stellimpulse, starke Anfangspendelungen und dergleichen erkauft werden muß. Man wird sich deshalb im allgemeinen mit einer gemäßigten Linksverlegung der Streckeneigenwerte begnügen, wie das im Bild 13/5 für ein System 3. Ordnung angedeutet ist. Bei einem System hoher Ordnung braucht man nicht alle Eigenwerte zu verschieben; es genügt vielmehr, die dominanten Eigenwerte der Strecke zu verschieben, während man die nichtdominanten liegen läßt.

Genauere Angaben zur Vorgabe der Eigenwerte lassen sich kaum machen, da ihre Wahl zu sehr von den speziellen Gegebenheiten abhängt. Die *Durchführung des*

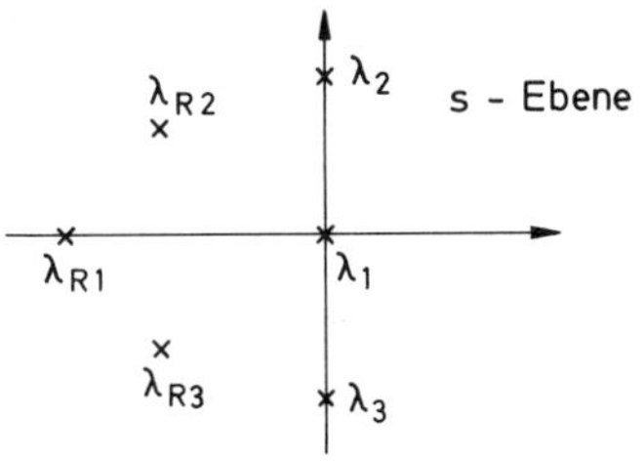

Bild 13/5. Beispiel zur Polvorgabe (Polverschiebung)
λ_ν : Eigenwerte der Strecke
$\lambda_{R\nu}$: Vorgegebene Eigenwerte der Zustandsregelung

Polvorgabeentwurfs wie auch die anderer, später zu besprechender Entwürfe wird *im Rechnerdialog* erfolgen. Man gibt eine Eigenwertkonfiguration $\lambda_{R1}, \ldots, \lambda_{Rn}$ vor, berechnet dazu mittels einer der anschließend behandelten Methoden den Regler $\underline{R}$ und simuliert sodann die über $\underline{R}$ geschlossene Zustandsregelung, wobei es vor allem auf den Verlauf der Ausgangs- und Steuergrößen ankommt. Im Hinblick auf das Ergebnis ändert man die Eigenwertkonfiguration ab, indem man z.B. bei zu hohen Stellbeträgen die Eigenwerte oder einige von ihnen weiter nach rechts verlegt. Zu der neuen Eigenwertkonfiguration berechnet man wiederum $\underline{R}$ und simuliert von neuem. So fortfahrend wird man nach einer Anzahl von Schritten den gesuchten Polvorgaberegler erhalten. Mittels eines benutzerfreundlichen regelungstechnischen Programmsystems ist diese Aufgabe ohne großen Zeitaufwand zu lösen. [2]

Wir kommen nun zur Berechnung der Reglermatrix $\underline{R}$, welche die vorgegebenen Eigenwerte $\lambda_{R1},\ldots,\lambda_{Rn}$ der Zustandsregelung, d.h. der Matrix $\underline{A} - \underline{B}\,\underline{R}$, sichert. Diese Eigenwerte sind die Nullstellen des charakteristischen Polynoms

$$\det\left[s\underline{I} - (\underline{A} - \underline{B}\,\underline{R})\right] .$$

Soll dieses in der Tat die Eigenwerte $\lambda_{R1},\ldots,\lambda_{Rn}$ haben, so muß gelten:

$$\det\left[s\underline{I} - (\underline{A} - \underline{B}\,\underline{R})\right] = \prod_{\nu=1}^{n} (s-\lambda_{R\nu}) . \qquad (13.24)$$

Denkt man sich die Determinante berechnet und das Produkt ausmultipliziert, so wird daraus die Gleichung

$$s^n + a_{n-1}(\underline{R})\, s^{n-1} + \ldots + a_0(\underline{R}) = $$
$$= s^n + p_{n-1} s^{n-1} + \ldots + p_0 . \qquad (13.25)$$

Dabei hängen die Koeffizienten a_ν von den Matrixelementen r_{ik}, also von $\underline{R}$, ab, während die p_ν als Summen von Produkten der vorgegebenen λ_{Ri} bekannt sind. Durch Koeffizientenvergleich folgt aus (13.25)

$$a_0(\underline{R}) = p_0, \ldots, a_{n-1}(\underline{R}) = p_{n-1} . \qquad (13.26)$$

Dies ist ein *System von n Gleichungen für die p·n gesuchten Elemente von $\underline{R}$,* die wir als *Synthesegleichungen* bezeichnen wollen.

In einfachen Fällen kann man die Synthesegleichungen konkret anschreiben und lösen. Im allgemeinen ist dies nicht möglich, weil schon die formelmäßige Ausrechnung der Determinante und damit die Aufstellung der Synthesegleichungen viel zu mühsam ist. Man muß deshalb versuchen, auf andere Weise zu Lösungsformeln für $\underline{R}$ zu kommen.

Von der Struktur der Synthesegleichungen her sind sofort zwei Fälle zu unterscheiden:

Fall I: p = 1, d.h. es gibt genau eine Steuergröße (Eingrößensystem). Wir werden sehen, daß in diesem Fall die Synthesegleichungen linear sind. Da es ebenso viele Gleichungen wie Unbekannte gibt, wird man eine *eindeutige Lösung* erwarten. Das ist in der Tat der Fall, wenn die *Strecke steuerbar* ist. Die Lösung wird durch die *Formel von **J. Ackermann*** beschrieben (1972).

Fall II: p > 1, d.h. es gibt mindestens zwei Steuergrößen (Mehrgrößensystem). In diesem Fall werden die Synthesegleichungen nichtlinear, da in ihnen Produkte und Potenzen der Elemente r_{ik} von $\underline{R}$ auftreten. Da es jetzt mehr Unbekannte als Gleichungen gibt, wird man *unendlich viele Lösungen* erwarten. Das ist tatsächlich der Fall, sofern auch hier die *Strecke steuerbar* ist (***W. M. Wonham*** 1967, [13.3]). Eine gemeinsame Formel für die Gesamtheit dieser Lösungen wurde von ***G. Roppenecker*** angegeben (1981).

Im nächsten Unterabschnitt werden wir den Fall des Eingrößensystems behandeln und die Ackermann-Formel herleiten. Im darauffolgenden Unterabschnitt 13.3.3 wird eine *spezielle* Methode zum Entwurf des Polvorgabereglers bei Mehrgrößensystemen beschrieben, die sich durch Einfachheit und praktische Verwendbarkeit auszeichnet: die modale Regelung.

Auf die Roppenecker-Formel werden wir erst später (Abschnitt 13.6) zurückkommen, nachdem auch der

[2] Die folgenden Beispiele wurden mit dem Programmsystem PILAR des Instituts für Regelungs- und Steuerungssysteme der Universität Karlsruhe bearbeitet [13.2].

Reglerentwurf durch Optimierung und Entkopplung behandelt sind, weil diese Formel außer dem Polvorgaberegler auch die dort entwickelten Regler umfaßt. Man kann sie, wie auch den modalen Regler, aus der Roppenecker-Formel als Spezialfälle erhalten, doch ist es einfacher, sie direkt herzuleiten.

13.3.2 Polvorgabe bei Eingrößensystemen: Formel von *J. Ackermann*

Wir gehen von der Regelungsnormalform (Unterabschnitt 11.4.1) der Strecke aus, für die der Polvorgaberegler sehr einfach zu berechnen ist. Er wird dann auf eine beliebige Zustandsdarstellung übertragen, indem letztere auf Regelungsnormalform transformiert wird (Unterabschnitt 12.1.2).

In Regelungsnormalform lauten die Gleichungen der Zustandsregelung bei nur einer Steuergröße gemäß Bild 13/4:

$$\dot{\underline{z}} = \underline{A}_R \underline{z} + \underline{b}_R u , \quad u = -\underline{r}_R^T \underline{z}$$

mit

$$\underline{A}_R = \begin{bmatrix} 0 & 1 & 0 & \dots & 0 \\ 0 & 0 & 1 & \dots & 0 \\ \vdots & & & \ddots & \vdots \\ & & & & 1 \\ -a_0 & & \dots & & -a_{n-1} \end{bmatrix} , \quad \underline{b}_R = \begin{bmatrix} 0 \\ \vdots \\ 0 \\ 1 \end{bmatrix} ,$$

$$\underline{r}_R^T = [r_{R1}, \dots, r_{Rn}] ,$$

wobei der Index R auf die Regelungsnormalform hinweist. Das charakteristische Polynom der Strecke ist dann gemäß (12.14) durch

$$s^n + a_{n-1} s^{n-1} + \dots + a_0$$

gegeben. Die Differentialgleichung der Zustandsregelung lautet somit

$$\dot{\underline{z}} = (\underline{A}_R - \underline{b}_R \underline{r}_R^T) \underline{z} .$$

Ihre Dynamikmatrix ist

$$\underline{A}_R - \underline{b}_R \underline{r}_R^T = \underline{A}_R - \begin{bmatrix} 0 \\ \vdots \\ 0 \\ 1 \end{bmatrix} \cdot [r_{R1}, \dots, r_{Rn}] =$$

$$= \begin{bmatrix} 0 & 1 & \dots & 0 \\ 0 & 0 & \dots & 0 \\ \vdots & \vdots & & \vdots \\ 0 & 0 & & 1 \\ -(a_0 + r_{R1}) & -(a_1 + r_{R2}) & \dots & -(a_{n-1} + r_{Rn}) \end{bmatrix} .$$

Wie man sieht, hat diese Matrix wiederum Regelungsnormalform, da lediglich in der letzten Zeile die Parameter $-a_\nu$ der Strecke durch neue Parameter $-a_\nu - r_{R,\nu+1}$ ersetzt sind. Wie stets bei Vorliegen der Regelungsnormalform kann man sofort das zugehörige charakteristische Polynom hinschreiben: Gemäß (12.14) hat man die negativen Elemente der letzten Zeile als Koeffizienten des Polynoms zu nehmen. Man erhält daher als charakteristisches Polynom des geschlossenen Kreises

$$s_n + (a_{n-1} + r_{Rn}) s^{n-1} + \dots + (a_1 + r_{R2}) s + (a_0 + r_{R1}) .$$

Es soll gleich dem vorgeschriebenen Polynom

$$s^n + p_{n-1} s^{n-1} + \dots + p_1 s + p_0$$

sein. Durch Koeffizientenvergleich folgt

$$a_{\nu-1} + r_\nu = p_{\nu-1} , \quad \nu = 1, \dots, n , \quad \text{und damit}$$

$$r_\nu = p_{\nu-1} - a_{\nu-1} , \quad \nu = 1, \dots, n . \tag{13.27}$$

Als Ergebnis ist festzuhalten:

Ist ein Eingrößensystem mit dem charakteristischen Polynom

$$s^n + a_{n-1} s^{n-1} + \dots + a_0$$

in Regelungsnormalform gegeben und schreibt man für den geschlossenen Kreis das charakteristische Polynom

$$s^n + p_{n-1} s^{n-1} + \dots + p_0$$

vor, so wird es durch die Reglermatrix

$$\underline{r}_R^T = [p_0 - a_0, p_1 - a_1, \dots, p_{n-1} - a_{n-1}] \tag{13.28}$$

erzeugt.

Dieses Ergebnis ist denkbar einfach. Aber man wird im allgemeinen nicht damit rechnen können, daß eine Strecke in Regelungsnormalform gegeben ist. Nichts liegt jedoch näher, als bei beliebiger Zustandsdarstellung die Transformation auf Regelungsnormalform vorzunehmen, um so das Resultat (13.28) verwenden zu können.

Ist die Strecke steuerbar, was wir voraussetzen wollen, so kann sie nach Satz (12.30) auf Regelungsnormalform transformiert werden. Das geschieht durch die Transformation

$$\underline{z} = \underline{T} \underline{x} ,$$

wobei $\underline{z}$ wie schon bisher den Zustandsvektor der Regelungsnormalform bezeichnet. Dabei ist

$$\underline{T} = \begin{bmatrix} \underline{t}_1^T \\ \underline{t}_1^T \underline{A} \\ \vdots \\ \underline{t}_1^T \underline{A}^{n-1} \end{bmatrix},$$

wobei $\underline{t}_1^T$ die letzte Zeile der inversen Steuerbarkeitsmatrix

$$\underline{Q}_S^{-1} = \left[\underline{b}, \underline{A}\,\underline{b}, \ldots, \underline{A}^{n-1}\underline{b} \right]^{-1}$$

darstellt und deshalb aus den Gleichungen

$$\left.\begin{aligned} &\underline{t}_1^T \underline{b} = 0\,, \\ &\underline{t}_1^T \underline{A}\,\underline{b} \;\; = 0\,, \\ &\quad\vdots \\ &\underline{t}_1^T \underline{A}^{n-2} \underline{b} = 0\,, \\ &\underline{t}_1^T \underline{A}^{n-1} \underline{b} = 1 \end{aligned}\right\} \quad (13.29)$$

zu berechnen ist.

In Regelungsnormalform ist

$$u = -\underline{r}_R^T \underline{z}\,,$$

also wegen $\underline{z} = \underline{T}\,\underline{x}$:

$$u = -\underline{r}_R^T \underline{T}\,\underline{x}\,.$$

Daher ist die Reglermatrix $\underline{r}^T$ in beliebiger (steuerbarer) Zustandsdarstellung

$$\underline{r}^T = \underline{r}_R^T \underline{T} = \left[p_0 - a_0, \ldots, p_{n-1} - a_{n-1} \right] \cdot \begin{bmatrix} \underline{t}_1^T \\ \vdots \\ \underline{t}_1^T \underline{A}^{n-1} \end{bmatrix},$$

$$\underline{r}^T = (p_0 - a_0)\,\underline{t}_1^T + (p_1 - a_1)\,\underline{t}_1^T \underline{A} + \ldots + (p_{n-1} - a_{n-1})\,\underline{t}_1^T \underline{A}^{n-1}\,. \quad (13.30)$$

Hierin sind die Koeffizienten p_ν des gewünschten charakteristischen Polynoms der Regelung vorgegeben, jedoch die Koeffizienten a_ν des charakteristischen Polynoms der Strecke nicht unmittelbar bekannt, da ja die Strecke durch die Matrizen $\underline{A}$ und $\underline{b}$ gegeben ist. Ihre Berechnung kann man vermeiden, wenn man die Gleichung (12.22) heranzieht, die sich als bisher nicht benötigtes Abfallprodukt bei der Herleitung der Transformation auf Regelungsnormalform ergeben hat. Mit ihr wird aus (13.30)

$$\underline{r}^T = p_0\,\underline{t}_1^T + p_1\,\underline{t}_1^T \underline{A} + \ldots + p_{n-1}\,\underline{t}_1^T \underline{A}^{n-1} + \underline{t}_1^T \underline{A}^n\,. \quad (13.31)$$

Man hat so das Resultat:

Ist die Strecke $\dot{\underline{x}} = \underline{A}\,\underline{x} + \underline{b}\,u$ steuerbar und soll die Zustandsregelung gemäß Bild 13/4 das charakteristische Polynom

$$p(s) = s^n + p_{n-1} s^{n-1} + \ldots + p_1 s + p_0$$

haben, so hat man die Reglermatrix

$$\begin{aligned} \underline{r}^T &= p_0 \underline{t}_1^T + p_1 \underline{t}_1^T \underline{A} + \ldots + p_{n-1} \underline{t}_1^T \underline{A}^{n-1} + \underline{t}_1^T \underline{A}^n = \\ &= \underline{t}_1^T \left[p_0 \underline{I} + p_1 \underline{A} + \ldots + p_{n-1} \underline{A}^{n-1} + \underline{A}^n \right] = \\ &= \underline{t}_1^T\, p(\underline{A}) \end{aligned}$$

zu wählen. Dabei ist $\underline{t}_1^T$ die letzte Zeile der inversen Steuerbarkeitsmatrix

$$\underline{Q}_S^{-1} = \left[\underline{b}, \underline{A}\,\underline{b}, \ldots, \underline{A}^{n-1}\underline{b} \right]^{-1}$$

und wird demgemäß aus (13.29) bestimmt. (13.32)

Diese bemerkenswerte Formel für den Polvorgaberegler eines Eingrößensystems wurde erstmals von ***J. Ackermann*** [13.4] angegeben. Die hier gegebene Herleitung ist davon verschieden. Sie kann auf lineare zeitvariante Systeme [13.5] und mit gewissen Einschränkungen sogar auf nichtlineare Systeme [13.6] ausgedehnt werden.

Als *Beispiel* zur Anwendung der Ackermann-Formel werde die *Verladebrücke* aus Abschnitt 11.3 betrachtet. Hier ist n = 4, also $\underline{t}_1^T = \left[t_1, t_2, t_3, t_4\right]$. Um die Gleichungen (13.29) zur Berechnung von $\underline{t}_1^T$ aufstellen zu können, bildet man zunächst nacheinander

$$\underline{b} = \begin{bmatrix} 0 \\ b_2 \\ 0 \\ -b_4 \end{bmatrix}, \quad \underline{A}\,\underline{b} = \begin{bmatrix} b_2 \\ 0 \\ -b_4 \\ 0 \end{bmatrix},$$

$$\underline{A}^2 \underline{b} = \underline{A} \cdot \underline{A}\,\mathrm{b} = \begin{bmatrix} 0 \\ -a_{23} b_4 \\ 0 \\ a_{43} b_4 \end{bmatrix},$$

$$\underline{A}^3 \underline{b} = \underline{A} \cdot \underline{A}^2 \underline{b} = \begin{bmatrix} -a_{23} b_4 \\ 0 \\ a_{43} b_4 \\ 0 \end{bmatrix}.$$

Damit wird aus (13.29) das Gleichungssystem

$$b_2 t_2 - b_4 t_4 = 0 \,,$$

$$b_2 t_1 - b_4 t_3 = 0 \,,$$

$$-a_{23} b_4 t_2 + a_{43} b_4 t_4 = 0 \,,$$

$$-a_{23} b_4 t_1 + a_{43} b_4 t_3 = 1 \,.$$

Aus ihm folgt

$$t_2 = 0 \,, \quad t_4 = 0 \,; \quad t_3 = \frac{b_2}{b_4} t_1 \,, \quad t_1 = \frac{1}{a_{43} b_2 - a_{23} b_4} \,.$$

Setzt man für a_{23}, a_{43}, b_2 und b_4 die ursprünglichen technischen Daten gemäß (11.42) ein, so wird

$$t_1 = \frac{\ell}{g} m_K \,, \quad t_3 = \frac{\ell^2}{g} m_K \,. \tag{13.33}$$

Mit

$$\underline{t}_1^T = [t_1 \,, 0 \,, t_3 \,, 0]$$

erhält man sukzessive

$$\underline{t}_1^T \underline{A} = [0 \,, t_1 \,, 0 \,, t_3] \,,$$

$$\underline{t}_1^T \underline{A}^2 = \underline{t}_1^T \underline{A} \cdot \underline{A} = [0 \,, 0 \,, a_{23} t_1 - a_{43} t_3 \,, 0] \,,$$

$$\underline{t}_1^T \underline{A}^3 = \underline{t}_1^T \underline{A}^2 \cdot \underline{A} = [0 \,, 0 \,, 0 \,, a_{23} t_1 - a_{43} t_3] \,,$$

$$\underline{t}_1^T \underline{A}^4 = \underline{t}_1^T \underline{A}^3 \cdot \underline{A} = [0 \,, 0 \,, -a_{43}(a_{23} t_1 - a_{43} t_3) \,, 0] \,.$$

Damit wird aus der allgemeinen Reglerformel (13.32)

$$r_1 = p_0 t_1 \,,$$

$$r_2 = p_1 t_1 \,,$$

$$r_3 = p_0 t_3 + p_2 (a_{23} t_1 - a_{43} t_3) - a_{43}(a_{23} t_1 - a_{43} t_3) \,,$$

$$r_4 = p_1 t_3 + p_3 (a_{23} t_1 - a_{43} t_3) \,.$$

Daraus wird schließlich mit (13.33)

$$\left. \begin{aligned} r_1 &= m_K \frac{\ell}{g} p_0 \,, \quad r_2 = m_K \frac{\ell}{g} p_1 \,, \\ r_3 &= m_K \frac{\ell}{g} (\ell p_0 - g p_2) + (m_K + m_G) g \,, \\ r_4 &= m_K \frac{\ell}{g} (\ell p_1 - g p_3) \,. \end{aligned} \right\} \tag{13.34}$$

Wie sind nun die Eigenwerte der Regelung zu wählen? Im Bild 13/6 sieht man die 4 Eigenwerte der Strecke auf der j-Achse. Die Strecke ist also instabil. Um die Greiferschwingung zu dämpfen, wird man die Eigenwerte der Regelung auf die negative reelle Achse legen, etwa einen 4-fachen reellen Eigenwert in genügendem Abstand von der j-Achse vorgeben, wie dies im Bild 13/6 angedeutet ist.

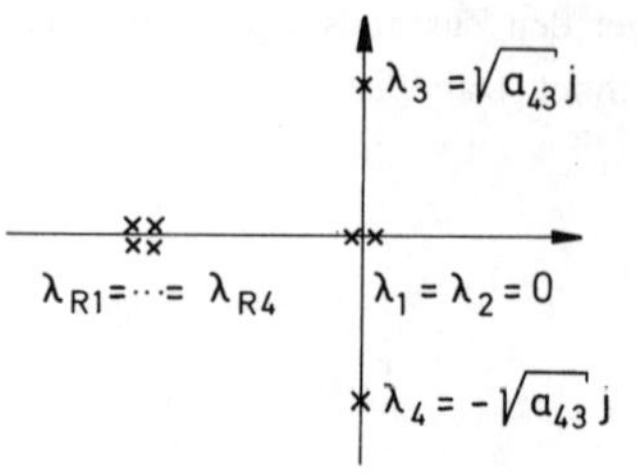

Bild 13/6. Eigenwerte der Verladebrücke

Das Blockschema der so erhaltenen Zustandsregelung sieht man im Bild 13/7. Ausgangsgröße ist die Greiferposition

$$s_G = s_K + \ell \vartheta$$

bzw.

$$y = x_1 + \ell x_3 \,. \tag{13.35}$$

Zustandsgrößen sind die Katzposition x_1, die Katzgeschwindigkeit x_2, der Greiferwinkel x_3 und die Greiferwinkelgeschwindigkeit x_4. Man hat sie sich durch geeignete Meßeinrichtungen erfaßt und etwa in elektrische Signale umgewandelt zu denken. Diese werden mit den Reglerelementen $r_1, \ldots, r_4$ multipliziert und addiert, wozu dann noch die Ausgangsgröße u_S des Vorfilters kommt. Die so erhaltene elektrische Summenspannung wirkt nun auf das aus Stromrichter und Gleichstrommotor bestehende Antriebsaggregat und erzeugt so die Vortriebskraft u, welche das System Katze – Greifer in Bewegung setzt. Der Antrieb kann durch ein Verzögerungssystem beschrieben werden. Wir wollen hier vereinfachend annehmen, daß sein Zeitverhalten vernachlässigbar ist. Dann wird er durch ein Proportionalglied charakterisiert, das wir uns mit den anderen Proportionalgliedern vereinigt denken können, indem wir es vor das Summierglied in Bild 13/7 verlegen. Es ist dann

$$u = M w - [r_1 x_1 + r_2 x_2 + r_3 x_3 + r_4 x_4] \,. \tag{13.36}$$

Zur *Berechnung des Vorfilters*, dessen Matrix bei einem Eingrößensystem auf einen Skalar zusammenschrumpft, braucht man hier nicht die umständliche Matrizenformel (13.22) zu benutzen. Man geht vielmehr direkt vom stationären Zustand aus. Da in ihm $x_2 = x_3 = x_4 = 0$, gilt nach (13.36)

$$u = M w - r_1 x_1 \,.$$

Darin muß die Vortriebskraft $u = 0$ sein, da sonst die Katze nicht zur Ruhe kommen könnte. Also ist im stationären Zustand

$$M w = r_1 x_1 \,. \tag{13.37}$$

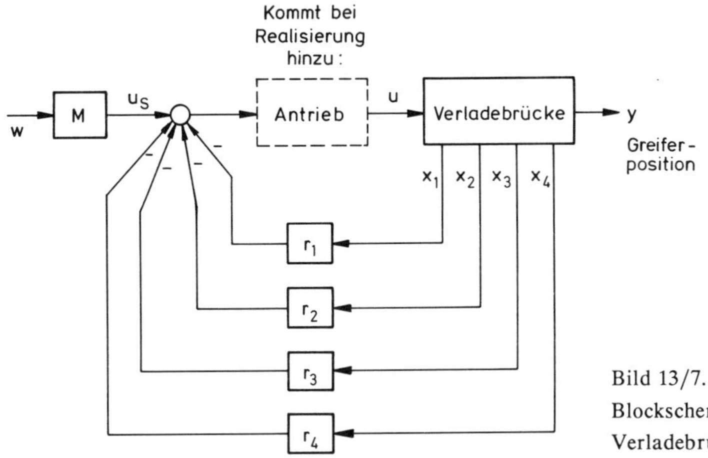

Bild 13/7.
Blockschema für die Zustandsregelung der Verladebrücke

Andererseits ist nach (13.35) wegen $x_3 = 0$:

$$y = x_1 \; .$$

Weil im stationären Zustand $y = w$ sein muß, ergibt sich hieraus weiter $x_1 = w$ und damit nach (13.37):

$$M = r_1 \; . \tag{13.38}$$

Als konkrete Daten seien nun

$$m_K = 1000 \text{ kg} \; , \quad m_G = 4000 \text{ kg} \; , \quad \ell = 10 \text{ m}$$

angenommen. Außerdem werde mit $g = 10 \text{ m sec}^{-2}$ gerechnet. Dann ist die Frequenz der Greiferschwingung

$$\omega = \sqrt{a_{43}} \; ,$$

also ihre Periode

$$T = \frac{2\pi}{\omega} = \frac{2\pi}{\sqrt{a_{43}}} = 2{,}81 \text{ sec} \; .$$

Wir wählen

$$\lambda_{R1} = \ldots = \lambda_{R4} = -0{,}6 \text{ sec}^{-1} \; .$$

Dann ist das charakteristische Polynom der Zustandsregelung

$$p(s) = (s+0{,}6)^4 =$$

$$= s^4 + 4 \cdot 0{,}6 \cdot s^3 + 6 \cdot 0{,}6^2 s^2 + 4 \cdot 0{,}6^3 s + 0{,}6^4 \; ,$$

womit die Koeffizienten p_ν bekannt sind. Damit liegt die Reglermatrix $\underline{R}$ gemäß (13.34) fest, ebenso der Vorfilterfaktor M gemäß (13.38).

Einen Rechnerschrieb der Zeitvorgänge zeigt das Bild 13/8. Der Anfangszustand ist durch

$$x_1(0) = 2 \text{ m} \; , \quad x_2(0) = x_3(0) = x_4(0) = 0$$

gegeben, der Führungswert ist $w = 10$ m. Betrachten wir zunächst die Vortriebskraft u, so sieht man, daß sie zu Beginn von Null verschieden ist. In der Tat folgt aus (13.36) wegen $x_2(0) = x_3(0) = x_4(0) = 0$ und $M = r_1$:

$$u(+0) = r_1 \left[w - x_1(0) \right] \; .$$

Allerdings wurde dabei der Antrieb als Proportionalglied angesehen. Berücksichtigt man sein Verzögerungsverhalten, so beginnt u mit dem Wert 0.

Der Greiferwinkel x_3 ist dem Betrag nach $\leq 0{,}04$ rad, also $< 3°$. Die bei der Modellbildung der Verladebrücke im Abschnitt 11.3 gemachte Voraussetzung, daß auf Grund der Regelung der Greiferwinkel klein bleibt und demgemäß linearisiert werden kann, ist also voll und ganz erfüllt. Der Greiferwinkel ist zunächst negativ, weil beim Anfahren der Katze der massige Greifer nachhinkt, schwingt dann einmal über und kommt zur Ruhe.

Der Verlauf der Katzgeschwindigkeit x_2 weist kurz nach Beginn eine Einsattelung auf, weil das Katzfahrzeug durch den nachhinkenden schweren Greifer in seiner Vorwärtsbewegung gebremst wird. Die Katzposition x_1 verlagert sich monoton von der Anfangs- in die Endlage. Wie die Betrachtung von x_1 und x_3 zeigt, ist der Greifer praktisch nach 15 sec zur Ruhe gekommen. Wünscht man einen schnelleren Übergang, so muß man den 4-fachen Eigenwert λ_R weiter nach links verlegen. Dies wird zur Erhöhung der Steuergröße u führen, was aber bei den vorliegenden nicht übermäßig hohen Beträgen noch zu realisieren wäre.

Liegt ein System mit mehreren Eingangsgrößen vor, so läßt sich dieser Fall in einfacher Weise auf Systeme mit *einer* Eingangsgröße zurückführen, wenn man das Ge-

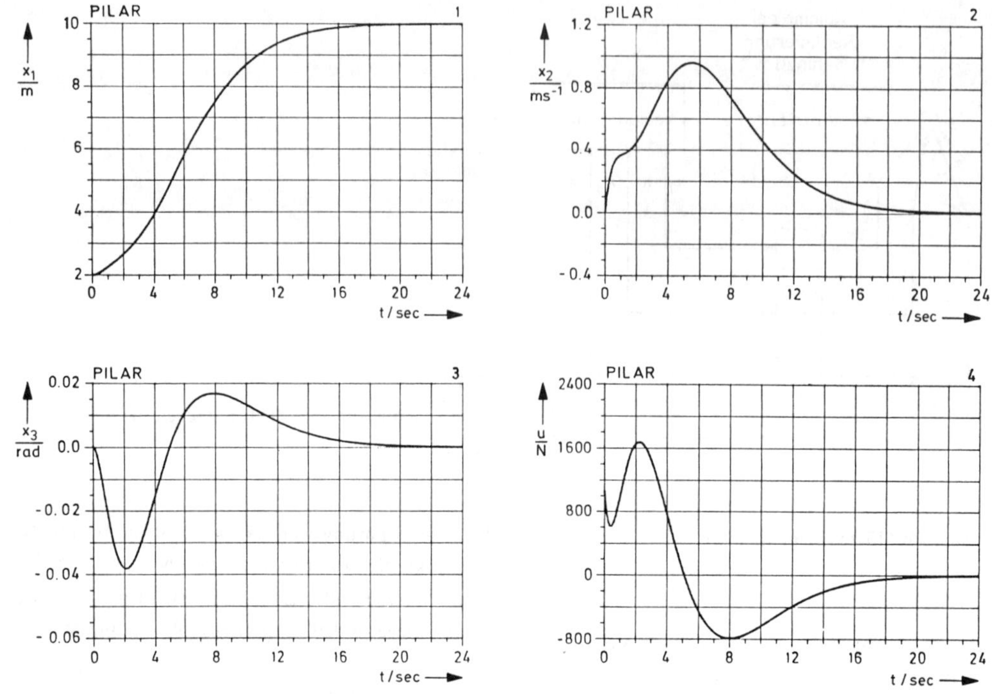

Bild 13/8. Zeitverhalten der geregelten Verladebrücke

samtsystem derart in Teilsysteme zerlegen kann, daß auf jedes Teilsystem nur *eine* Eingangsgröße u_ν wirkt. Diese Situation liegt beispielsweise bei den in Kapitel 9 behandelten Mehrfachregelstrecken vor. Bild 9/2 zeigt eine solche Strecke.

Von den Eingangsgrößen her gesehen, zerfällt diese Mehrfachregelstrecke in zwei Teilsysteme. Teilsystem 1, bestehend aus den durch ihre Übertragungsfunktionen G_{11} und G_{21} gekennzeichneten Blöcken, wird nur durch u_1 angesteuert (im Bild 9/2 mit Δy_1 bezeichnet). Entsprechend wird Teilsystem 2, das aus den durch G_{12} und G_{22} bezeichneten Blöcken besteht, nur durch Δy_2 (im Bild 9/2) beeinflußt. Führt man für Teilsystem 1 einen Zustandsvektor ein, so wird es durch eine Differentialgleichung

$$\dot{\underline{x}}_1 = \underline{A}_1 \underline{x}_1 + \underline{b}_1 u_1$$

beschrieben. Den Zustandsvektor $\underline{x}_1$ kann man gemäß

$$u_1 = -\underline{r}_1^T \underline{x}_1$$

zurückführen und $\underline{r}_1^T$ in der bisherigen Weise so bestimmen, daß die Eigenwerte des Teilsystems 1 vorgegebene Lagen annehmen. Entsprechend kann mit Teilsystem 2 verfahren werden, womit die Eigenwerte des Gesamtsystems in gewünschter Weise festgelegt sind.

Bei einem derartigen Entwurf werden die Ausgänge der Mehrfachregelung nicht entkoppelt. Dennoch wird man ein passables dynamisches Verhalten erwarten dürfen, da die Eigenwerte des geschlossenen Systems in zweckmäßiger Weise vorgeschrieben wurden.

Eine kräftige Einschränkung bei dem hier beschriebenen Vorgehen besteht darin, daß u_1 nur mit der Rückführung von $\underline{x}_1$ und nicht mit der Rückführung des Zustandsvektors

$$\underline{x} = \begin{bmatrix} \underline{x}_1 \\ \underline{x}_2 \end{bmatrix}$$

des Gesamtsystems gebildet wird. Entsprechendes gilt für u_2. Dadurch wird aber der Entwurf so einfach. Der allgemeine Fall der Polvorgabe bei einem System mit mehreren Eingangsgrößen ist schwieriger zu behandeln. Im nächsten Unterabschnitt wird eine einfach zu handhabende Methode hierfür beschrieben.

13.3.3 Eine praktikable Methode zur Polvorgabe bei Mehrgrößensystemen: Modale Regelung

Bei Systemen mit mehreren Steuergrößen gibt es, sofern das System steuerbar ist, unendlich viele Regler $\underline{R}$, durch welche eine vorgegebene Eigenwertkonfiguration

$\lambda_{R1}, \ldots, \lambda_{Rn}$ garantiert werden kann. Man hat verschiedene Verfahren entwickelt, um einen solchen Regler zu berechnen. Ein einfaches und praktikables Verfahren ist die *modale Regelung*, die von ***H. H. Rosenbrock*** (1962) stammt [13.7]. Sie wurde inzwischen in der chemischen Industrie vielfach, teilweise in modifizierter und vereinfachter Form, zur Regelung von Destillationskolonnen und Reaktoren benutzt (siehe etwa [13.8]).

Der Ausgangspunkt ist naheliegend: Man transformiert die Zustandsdifferentialgleichung auf Jordansche Normalform oder Modalform, entwirft dann den Regler in ganz einfacher Weise und transformiert ihn anschließend wieder in die ursprüngliche Zustandsdarstellung zurück.

Einfachheitshalber setzen wir im folgenden die Eigenwerte $\lambda_1, \ldots, \lambda_n$ von $\underline{A}$ als einfach voraus, so daß man mittels der Transformation

$$\underline{x} = \underline{V}\,\underline{x}^* = \left[\underline{v}_1, \ldots, \underline{v}_n\right] \underline{x}^* \tag{13.39}$$

auf Diagonalform transformieren kann:

$$\dot{\underline{x}}^* = \underline{\Lambda}\,\underline{x}^* + \hat{\underline{B}}\,\underline{u} \tag{13.40}$$

mit

$$\underline{\Lambda} = \mathrm{diag}(\lambda_1, \ldots, \lambda_n)\ , \quad \hat{\underline{B}} = \underline{V}^{-1}\underline{B}\ . \tag{13.41}$$

Dabei ist $\underline{V} = \left[\underline{v}_1, \ldots, \underline{v}_n\right]$ die Eigenvektormatrix von $\underline{A}$ und $\underline{x}^*$ der Zustandsvektor nach der Transformation. Es sei daran erinnert, daß man seine Komponenten $x_1^*, \ldots, x_n^*$ auch als *Modalkoordinaten* bezeichnet.

Es ist anzumerken, daß der im folgenden beschriebene Reglerentwurf auch dann gilt, wenn mehrfache Eigenwerte auftreten, sofern man für $\underline{V}$ die Transformationsmatrix auf die jeweilige Jordansche Normalform nimmt, die dann keine Diagonalgestalt mehr zu haben braucht.

Komponentenweise lautet die Vektordifferentialgleichung (13.40) wegen

$$\hat{\underline{B}} = \underline{V}^{-1}\underline{B} = \begin{bmatrix} \underline{w}_1^T \underline{B} \\ \vdots \\ \underline{w}_n^T \underline{B} \end{bmatrix} :$$

$$\dot{x}_i^* = \lambda_i x_i^* + \underline{w}_i^T \underline{B}\,\underline{u}$$

oder

$$\dot{x}_i^* = \lambda_i x_i^* + u_i^* \tag{13.42}$$

mit

$$\underline{w}_i^T \underline{B}\,\underline{u} = u_i^*\ , \quad i = 1, \ldots, n\ , \tag{13.43}$$

wobei wie schon früher $\underline{w}_1, \ldots, \underline{w}_n$ die Linkseigenvektoren von $\underline{A}$ sind. Nun bildet man die Rückführung der Modalkoordinaten in der Form

$$u_i^* = -r_i^* x_i^*\ , \tag{13.44}$$

wobei also jede Koordinate nur auf ihre eigene Steuergröße zurückgeführt wird. Setzt man dies in (13.42) ein, so wird

$$\dot{x}_i^* = (\lambda_i - r_i^*)\, x_i^*\ .$$

Jetzt ist nichts leichter, als die gewünschten Eigenwerte λ_{Ri} einzustellen: Man wählt die Rückführparameter r_i^* so, daß

$$\lambda_i - r_i^* = \lambda_{Ri}$$

ist. Dann gilt

$$\dot{x}_i^* = \lambda_{Ri}\, x_i^*$$

und

$$r_i^* = \lambda_i - \lambda_{Ri}\ . \tag{13.45}$$

Dieses einfache Vorgehen hat jedoch einen Haken. Die u_i^* sind lediglich fiktive Größen, die im realen System nicht auftreten. Dieses kann nur durch die tatsächlichen Steuergrößen $u_1, \ldots, u_p$ beeinflußt werden. Die Frage ist, ob man die fiktiven Größen u_i^* aus den realen Steuergrößen u_ν erzeugen kann. Dazu betrachten wir die Beziehungen (13.43). Bei vorgegebenen u_i^* stellen sie ein System von n linearen Gleichungen für die Größen $u_1, \ldots, u_p$ dar. Da normalerweise $p < n$ ist, liegt ein überbestimmtes und somit im allgemeinen nicht lösbares System vor.

Dennoch braucht man den Gedankengang nicht aufzugeben, man muß nur bescheidener werden. Statt sämtliche Eigenwerte verschieben zu wollen, begnügt man sich damit, nur p Eigenwerte vorzugeben, etwa die p dominanten Eigenwerte. Dann kann man die Numerierung der Eigenwerte und damit der Modalkoordinaten so wählen, daß dies gerade die ersten p Eigenwerte sind. Aus (13.43) wird so

$$\begin{aligned} \underline{w}_1^T \underline{B}\,\underline{u} &= u_1^*\ , \\ &\vdots \\ \underline{w}_p^T \underline{B}\,\underline{u} &= u_p^* \end{aligned}$$

oder

$$\begin{bmatrix} \underline{w}_1^T \underline{B} \\ \vdots \\ \underline{w}_p^T \underline{B} \end{bmatrix} \underline{u} = \begin{bmatrix} u_1^* \\ \vdots \\ u_p^* \end{bmatrix} . \tag{13.46}$$

Wie steht es mit der Regularität der Matrix

$$\underline{\hat{B}}_p = \begin{bmatrix} \underline{w}_1^T \underline{B} \\ \vdots \\ \underline{w}_p^T \underline{B} \end{bmatrix} \; ? \tag{13.47}$$

Die (n,p)-Matrix $\underline{B}$ hat den Höchstrang p. Infolgedessen hat auch $\underline{\hat{B}} = \underline{V}^{-1}\underline{B}$ den Höchstrang p, da die Multiplikation mit einer regulären Matrix den Rang nicht ändert. Somit hat $\underline{\hat{B}} = \underline{V}^{-1}\underline{B}$ p linear unabhängige Zeilen. Sind es die ersten p Zeilen, so ist $\underline{\hat{B}}_p$ regulär. Andernfalls kann man durch Umsortieren der Zeilen von $\underline{\hat{B}}$ erreichen, daß die ersten p Zeilen linear unabhängig sind und damit $\underline{\hat{B}}_p$ regulär wird. Durch das Umsortieren der Zeilen von $\underline{\hat{B}}$ werden allerdings auch die Eigenwerte umsortiert, so daß man nicht mehr alle die Eigenwerte verschieben kann, die man ursprünglich verschieben wollte.

Ist $\underline{\hat{B}}_p$ regulär, so folgt aus (13.46)

$$\underline{u} = \underline{\hat{B}}_p^{-1} \begin{bmatrix} u_1^* \\ \vdots \\ u_p^* \end{bmatrix} . \tag{13.48}$$

Hierin ist nach (13.44) und (13.45)

$$\begin{bmatrix} u_1^* \\ \vdots \\ u_p^* \end{bmatrix} = - \begin{bmatrix} (\lambda_1 - \lambda_{R1})\, x_1^* \\ \vdots \\ (\lambda_p - \lambda_{Rp})\, x_p^* \end{bmatrix} = - \begin{bmatrix} \lambda_1 - \lambda_{R1} & \cdots & 0 \\ \vdots & \ddots & \vdots \\ 0 & \cdots & \lambda_p - \lambda_{Rp} \end{bmatrix} \cdot \begin{bmatrix} x_1^* \\ \vdots \\ x_p^* \end{bmatrix} . \tag{13.49}$$

Aus

$$\underline{x}^* = \underline{V}^{-1}\underline{x} = \begin{bmatrix} \underline{w}_1^T \underline{x} \\ \vdots \\ \underline{w}_n^T \underline{x} \end{bmatrix}$$

folgt schließlich :

$$\begin{bmatrix} x_1^* \\ \vdots \\ x_p^* \end{bmatrix} = \begin{bmatrix} \underline{w}_1^T \\ \vdots \\ \underline{w}_p^T \end{bmatrix} \underline{x} . \tag{13.50}$$

Setzt man nun (13.50) in (13.49) und sodann (13.49) in (13.48) ein, so erhält man

$$\underline{u} = - \begin{bmatrix} \underline{w}_1^T \underline{B} \\ \vdots \\ \underline{w}_p^T \underline{B} \end{bmatrix}^{-1} \cdot \operatorname{diag}(\lambda_1 - \lambda_{R1}, \ldots, \lambda_p - \lambda_{Rp}) \cdot \begin{bmatrix} \underline{w}_1^T \\ \vdots \\ \underline{w}_p^T \end{bmatrix} \cdot \underline{x} . \tag{13.51}$$

Der so gefundene Regler $\underline{u} = -\underline{R}\,\underline{x}$ verschiebt die Eigenwerte $\lambda_1, \ldots, \lambda_p$ der Strecke in die gewünschten Eigenwerte $\lambda_{R1}, \ldots, \lambda_{Rp}$.

Was wird aber aus den restlichen Eigenwerten $\lambda_{p+1}, \ldots, \lambda_n$, die man nicht gezielt verschieben kann? Um das zu sehen, betrachten wir die Zustandsregelung in Modalkoordinaten und zerlegen den Zustandsvektor $\underline{x}^*$:

$$\underline{x}^* = \begin{bmatrix} \underline{x}_p^* \\ \underline{x}_{n-p}^* \end{bmatrix} \quad \text{mit} \quad \underline{x}_p^* = \begin{bmatrix} x_1^* \\ \vdots \\ x_p^* \end{bmatrix} , \quad \underline{x}_{n-p}^* = \begin{bmatrix} x_{p+1}^* \\ \vdots \\ x_n^* \end{bmatrix} .$$

Damit wird aus (13.40)

$$\begin{bmatrix} \underline{x}_p^* \\ \underline{x}_{n-p}^* \end{bmatrix}^{\bullet} = \begin{bmatrix} \underline{\Lambda}_p & \underline{0} \\ \underline{0} & \underline{\Lambda}_{n-p} \end{bmatrix} \begin{bmatrix} \underline{x}_p^* \\ \underline{x}_{n-p}^* \end{bmatrix} + \begin{bmatrix} \underline{\hat{B}}_p \\ \underline{\hat{B}}_{n-p} \end{bmatrix} \underline{u} , \tag{13.52}$$

wobei

$$\underline{\Lambda}_p = \operatorname{diag}(\lambda_1, \ldots, \lambda_p) \; , \quad \underline{\Lambda}_{n-p} = \operatorname{diag}(\lambda_{p+1}, \ldots, \lambda_{n-p})$$

ist und $\underline{\hat{B}}_p$ bzw. $\underline{\hat{B}}_{n-p}$ die ersten p bzw. letzten n - p Zeilen von $\underline{\hat{B}}$ umfaßt. Aus (13.52) folgt

$$\left. \begin{aligned} \underline{\dot{x}}_p^* &= \underline{\Lambda}_p \underline{x}_p^* + \underline{\hat{B}}_p \underline{u} , \\ \underline{\dot{x}}_{n-p}^* &= \underline{\Lambda}_{n-p} \underline{x}_{n-p}^* + \underline{\hat{B}}_{n-p} \underline{u} . \end{aligned} \right\} \tag{13.53}$$

Nun kann man (13.48) und (13.49) auch in der folgenden Form schreiben:

$$\underline{u} = -\underline{\hat{B}}_p^{-1} (\underline{\Lambda}_p - \underline{\Lambda}_{Rp})\, \underline{x}_p^* .$$

Damit wird aus (13.53)

$$\left. \begin{aligned} \underline{\dot{x}}_p^* &= \underline{\Lambda}_{Rp} \underline{x}_p^* , \\ \underline{\dot{x}}_{n-p}^* &= -\underline{N}\, \underline{x}_p^* + \underline{\Lambda}_{n-p} \underline{x}_{n-p}^* . \end{aligned} \right\} \tag{13.54}$$

wenn man abkürzend

$$\underline{N} = \underline{\hat{B}}_{n-p} \underline{\hat{B}}_p^{-1} (\underline{\Lambda}_p - \underline{\Lambda}_{Rp})$$

setzt. Für (13.54) kann man schreiben

$$\begin{bmatrix} \underline{x}_p^* \\ \underline{x}_{n-p}^* \end{bmatrix}^{\bullet} = \begin{bmatrix} \underline{\Lambda}_{Rp} & \underline{0} \\ -\underline{N} & \underline{\Lambda}_{n-p} \end{bmatrix} \begin{bmatrix} \underline{x}_p^* \\ \underline{x}_{n-p}^* \end{bmatrix} .$$

Dies ist die Zustandsdifferentialgleichung der über den Regler (13.51) geschlossenen Regelung in Modalkoordinaten.

Ihre charakteristische Gleichung ist

$$\begin{vmatrix} s\underline{I}_p - \underline{\Lambda}_{Rp} & \underline{0} \\ \underline{N} & s\underline{I}_{n-p} - \underline{\Lambda}_{n-p} \end{vmatrix} = 0 .$$

Daraus folgt (Kapitel 17):

$$\left| s\underline{I}_p - \underline{\Lambda}_{Rp} \right| \cdot \left| s\underline{I}_{n-p} - \underline{\Lambda}_{n-p} \right| = 0 \quad \text{oder}$$

$$(s-\lambda_{R1}) \cdot \ldots \cdot (s-\lambda_{Rp}) \cdot (s-\lambda_{p+1}) \cdot \ldots \cdot (s-\lambda_n) = 0 .$$

Die gesamten Eigenwerte der modalen Regelung setzen sich also aus den vorgegebenen p Eigenwerten $\lambda_{R1}, \ldots, \lambda_{Rp}$ und den Streckeneigenwerten $\lambda_{p+1}, \ldots, \lambda_n$ zusammen. Man hat so das Ergebnis:

Bei der modalen Regelung mit dem Regler (13.51) bleiben die nicht gezielt verschobenen Eigenwerte der Strecke unverändert. (13.55)

Als *Beispiel* betrachten wir das *3-Tank-System* aus Abschnitt 11.2 (Bild 11/4). Seine Zustandsdifferentialgleichungen, in allgemeiner Form durch (11.17) gegeben, seien jetzt:

$$\dot{\underline{x}} = \begin{bmatrix} -0{,}332 & 0{,}332 & 0 \\ 0{,}332 & -0{,}664 & 0{,}332 \\ 0 & 0{,}332 & -0{,}524 \end{bmatrix} \underline{x} + \begin{bmatrix} 0{,}764 & 0 \\ 0 & 0 \\ 0 & 0{,}764 \end{bmatrix} \underline{u} . \qquad (13.56)$$

Dabei stellen Zustandsvariablen und Eingangsgrößen die Abweichungen der Füllstandshöhen (in m) und der Zuflüsse (in m^3/sec) vom gewünschten Betriebszustand dar. Um bequemere Zahlenwerte zu erhalten, wurde eine Zeittransformation vorgenommen, so daß die Zeit in Minuten gemessen wird. Die Eigenwerte der obigen Matrix $\underline{A}$ sind

$$\lambda_1 = -0{,}047 \; ; \quad \lambda_2 = -0{,}437 \; ; \quad \lambda_3 = -1{,}036 .$$

Da das System über zwei Stellgrößen verfügt, lassen sich zwei Eigenwerte gezielt verschieben. Wir wählen hierfür die beiden am nächsten zur j-Achse gelegenen und verschieben sie nach links, um die Übergangsvorgänge zu beschleunigen:

$$\lambda_{R1} \approx 5\lambda_1 = -0{,}234 \; ; \quad \lambda_{R2} \approx 3\lambda_2 = -1{,}312 .$$

Man hat nun als erstes die Linkseigenvektoren $\underline{w}_1$ und $\underline{w}_2$ zu berechnen. Beispielsweise gilt für $\underline{w}_1$:

$$\begin{bmatrix} w_{11} & w_{12} & w_{13} \end{bmatrix} \cdot \begin{bmatrix} 0{,}285 & -0{,}332 & 0 \\ -0{,}332 & 0{,}617 & -0{,}332 \\ 0 & -0{,}332 & 0{,}477 \end{bmatrix} = \begin{bmatrix} 0 & 0 & 0 \end{bmatrix} .$$

Mit $w_{12} = 1$ erhält man daraus

$$\underline{w}_1^T = \begin{bmatrix} 1{,}164 & 1 & 0{,}695 \end{bmatrix} .$$

Entsprechend wird

$$\underline{w}_2^T = \begin{bmatrix} -0{,}822 & 0{,}261 & 1 \end{bmatrix} .$$

Gemäß (13.51) berechnet sich daraus der modale Regler zu

$$\left. \begin{aligned} u_1 &= -0{,}542\, x_1 - 0{,}022\, x_2 + 0{,}360\, x_3 , \\ u_2 &= 0{,}495\, x_1 - 0{,}317\, x_2 - 0{,}848\, x_3 . \end{aligned} \right\} \quad (13.57)$$

Um den Regler zu realisieren, hat man die drei Zustandsvariablen zu messen und daraus gemäß (13.57) die Steuergrößen u_1 und u_2 zu bilden. In der Realität werden die Größen u_1 und u_2 etwa elektrische Spannungen darstellen, mit denen Ventile in den Zuflüssen des 3-Tank-Systems angesteuert werden. Das Zeitverhalten der Ventile, das hier einfachheitshalber als proportional angesehen und zur Strecke geschlagen wurde, wäre gegebenenfalls noch zu berücksichtigen.

Bild 13/9 zeigt Zeitverläufe des betrachteten Systems nach der Anfangsstörung

$$x_1(0) = -1 \; ; \quad x_2(0) = -0{,}6 \; ; \quad x_3(0) = -0{,}3 .$$

Man erkennt, daß durch die modale Regelung die Auswirkung der Anfangsstörung erheblich schneller zum Verschwinden gebracht wird als bei der ungeregelten Strecke. Im Bild 13/10 sieht man die zugehörigen Steuergrößen der Regelung. Wenn man weiß, daß die stationären Werte der Zuflüsse, durch welche der gewünschte Betriebszustand aufrechterhalten wird, zwischen 0,5 und 1 m^3/sec liegen, wird man die Beträge der u_i noch als vertretbar ansehen dürfen. Sollte $|u_1|$ zu groß sein, wird man die λ_{Ri} weniger weit nach links verlegen, dadurch allerdings eine etwas langsamere Regelung erhalten.

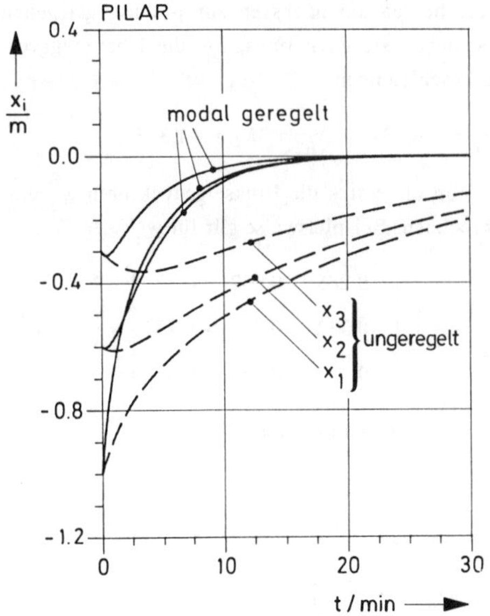

Bild 13/9. Zeitverhalten des 3-Tank-Systems: Regelgrößen

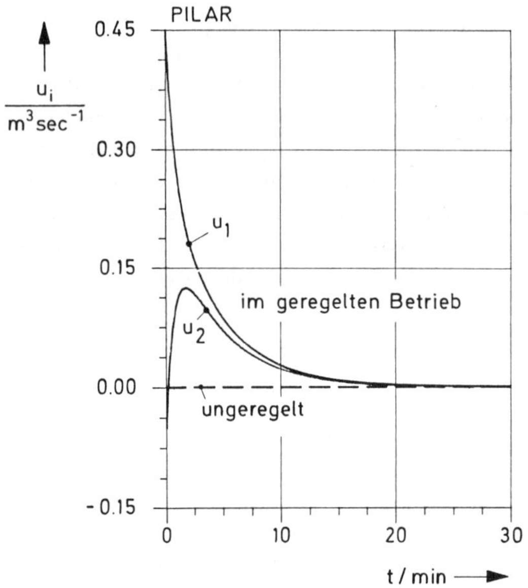

Bild 13/10. Steuergrößen des geregelten 3-Tank-Systems

Einen Mangel der modalen Regelung kann man darin erblicken, daß nur so viele Eigenwerte verschoben werden können, wie Stellgrößen vorhanden sind. Dies braucht aber keine Rolle zu spielen, da es meist genügt, nur wenige Eigenwerte zu verschieben, um das dynamische Verhalten wesentlich zu verbessern.

Man kann jedoch, wenn es notwendig werden sollte, diesen Mangel unschwer beheben, indem man das Verfahren mehrmals nacheinander anwendet. Das sei an der zweimaligen Anwendung gezeigt. Ausgangspunkt ist wieder die Strecke

$$\dot{\underline{x}} = \underline{A}\,\underline{x} + \underline{B}\,\underline{u} \,.$$

Wir setzen den Regler in der Form

$$\underline{u} = \underline{u}_1 + \underline{u}_2 = -\underline{R}_1\,\underline{x} + \underline{u}_2$$

an und bestimmen $\underline{R}_1$ in der beschriebenen Weise so, daß $\lambda_1, \ldots, \lambda_p$ in $\lambda_{R1}, \ldots, \lambda_{Rp}$ überführt werden. Die so erhaltene Regelung hat die Zustandsdifferentialgleichung

$$\dot{\underline{x}} = (\underline{A} - \underline{B}\,\underline{R}_1)\,\underline{x} + \underline{B}\,\underline{u}_2$$

oder kürzer

$$\dot{\underline{x}} = \underline{A}_1\,\underline{x} + \underline{B}\,\underline{u}_2 \quad \text{mit} \quad \underline{A}_1 = \underline{A} - \underline{B}\,\underline{R}_1 \,. \qquad (13.58)$$

Die Matrix $\underline{A}_1$ hat die Eigenwerte

$$\lambda_{R1}, \ldots, \lambda_{Rp}\,;\, \lambda_{p+1}, \ldots, \lambda_n \,,$$

wobei also $\lambda_{p+1}, \ldots, \lambda_n$ die nicht verschobenen Eigenwerte von $\underline{A}$ sind.

Man wählt nun

$$\underline{u}_2 = -\underline{R}_2\,\underline{x}$$

so, daß die Eigenwerte $\lambda_{p+1}, \ldots, \lambda_{2p}$ in $\underline{A}_1$ in die gewünschten Positionen $\lambda_{R,p+1}, \ldots, \lambda_{R,2p}$ verschoben werden. Dann wird aus (13.58)

$$\dot{\underline{x}} = (\underline{A}_1 - \underline{B}\,\underline{R}_2)\,\underline{x} \,,$$

wobei die Dynamikmatrix dieser Differentialgleichung die Eigenwerte $\lambda_{R1}, \ldots, \lambda_{Rp}\,;\, \lambda_{R,p+1}, \ldots, \lambda_{R,2p}\,;\, \lambda_{2p+1}, \ldots, \lambda_n$ aufweist.

Auf diese Weise werden also 2p Eigenwerte gezielt verschoben. Dies geschieht durch den Regler

$$\underline{u} = -\underline{R}_1\,\underline{x} - \underline{R}_2\,\underline{x} = -(\underline{R}_1 + \underline{R}_2)\,\underline{x} \,.$$

Das Verfahren läßt sich fortsetzen, wobei allgemein m·p Eigenwerte durch den Regler

$$\underline{u} = -(\underline{R}_1 + \underline{R}_2 + \ldots + \underline{R}_m)\,\underline{x}$$

verschoben werden. Ein einfacher Formelausdruck für den Gesamtregler läßt sich nicht mehr angeben, da die Berechnung jedes $\underline{R}_\nu$ die Kenntnis der vorangehenden

Teilregler $\underline{R}_1, \ldots, \underline{R}_{\nu-1}$ voraussetzt. Die numerische Berechnung macht aber keine Schwierigkeiten.

Will man alle n Eigenwerte verschieben und ist n kein ganzzahliges Vielfaches von p, so hat man beim letzten Schritt weniger als p Eigenwerte zu verschieben. Dann verschiebt man einfach bereits vorher festgelegte Eigenwerte *formal* mit, läßt sie aber in Wahrheit liegen. Ist z.B. n = 5 und p = 2, so hat man nach dem zweiten Schritt die Eigenwerte $\lambda_{R1}, \lambda_{R2}; \lambda_{R3}, \lambda_{R4}; \lambda_5$. Für den dritten und letzten Schritt gibt man dann den bereits erreichten Eigenwert λ_{R4} sowie den neuen Eigenwert λ_{R5} vor. Bei der Ausführung dieses Schrittes bleibt dann λ_{R4} liegen, während λ_5 nach λ_{R5} verschoben wird.

13.4 Reglerentwurf durch Minimieren eines quadratischen Gütemaßes: Riccati-Regler

13.4.1 Grundgedanke

Man geht auch hier wieder von der Tatsache aus, daß sich der Zustandspunkt der Regelung im Bild 13/4 zum Zeitpunkt t = 0 in einem Anfangszustand $\underline{x}(0) = \underline{x}_0$ befindet, der grundsätzlich beliebig ist, und daß er in den gewünschten Endzustand $\underline{x} = \underline{0}$ überführt werden soll, welcher dem Arbeitspunkt der Anlage entspricht. Die Reglermatrix $\underline{R}$ ist so zu wählen, daß der Übergangsvorgang den folgenden Anforderungen genügt:

(A) Der Übergang von $\underline{x}_0$ nach $\underline{0}$ soll nicht zu langsam sein und nicht zu stark oszillieren.

(B) Die für den Übergang erforderliche Steuerenergie soll möglichst klein sein.

Es kommt nun darauf an, die beiden Forderungen (A) und (B) quantitativ zu erfassen. Im Bild 13/11 sieht man einige Verläufe der beliebigen Zustandsgröße $x_i(t)$. Der Idealverlauf wird sicherlich nicht realisierbar sein, aber man kann versuchen, $x_i(t)$ betragsmäßig klein zu machen, wobei es nicht auf eine Stelle, sondern auf den Gesamtverlauf ankommt. Man gelangt so zur Forderung, die Maßzahl

$$J_i = \int_0^\infty x_i^2(t)\, dt \tag{13.59}$$

möglichst klein zu machen. Als Integrand wird nicht etwa $x_i(t)$ selbst, sondern $x_i^2(t)$ gewählt, um Vorzeicheneinflüsse auszuschalten. Sonst könnte es beispielsweise geschehen, daß $x_i(t)$ eine Dauerschwingung darstellt, bei der sich positive und negative Anteile des Integrals nahezu aufheben und so ein sehr kleiner Wert von J_i entsteht, obgleich der Zeitvorgang miserabel ist. Statt $x_i^2(t)$ könnte man grundsätzlich auch $|x_i(t)|$ als Integrand nehmen, doch wäre mit dieser nicht differenzierbaren Funktion viel schwerer umzugehen.

Mit (13.59) hat man ein Gütemaß für den Verlauf *einer* Zustandsvariablen. Um alle Zustandsgrößen zu berücksichtigen, geht man zur gewichteten Quadratsumme über, wobei man noch den Faktor 1/2 hinzufügt, um die späteren Rechnungen ein wenig zu vereinfachen:

$$J = \frac{1}{2}\int_0^\infty \left[q_{11} x_1^2(t) + \ldots + q_{nn} x_n^2(t) \right] dt\ . \tag{13.60}$$

Dabei sind die $q_{ii} > 0$ konstante Gewichtsfaktoren, mit denen man den Verlauf der $x_i(t)$ mittelbar beeinflussen kann. Wählt man z.B. q_{11} sehr groß gegenüber den anderen q_{ii}, so darf man erwarten, daß $|x_1(t)|$ relativ klein wird. Da nämlich J mittels $\underline{R}$ minimal gemacht wird, ist anzunehmen, daß $q_{11} x_1^2(t)$ klein wird, so daß $|x_1(t)|$ bei großem q_{11} klein sein muß. Diese Schlußweise ist nicht streng, weil $x_1(t)$ unter dem Integral auftritt und daher schmale Spitzen aufweisen kann, ohne das Integral wesentlich zu erhöhen. Doch wird die Schlußweise in der Praxis sehr häufig angewandt und führt in der Regel zu zufriedenstellenden Resultaten.

Um die späteren Rechnungen durchführen zu können, ist es erforderlich, die gewichtete Quadratsumme aus (13.60) in Matrizenform zu schreiben. Wie man sich durch Ausmultiplizieren überzeugt, ist

$$q_{11} x_1^2 + \ldots + q_{nn} x_n^2 = \underline{x}^T \underline{Q}\, \underline{x} \quad \text{mit}$$

$$\underline{Q} = \mathrm{diag}(q_{11}, \ldots, q_{nn})\ .$$

Es ist üblich, die Diagonalmatrix $\underline{Q}$ zu verallgemeinern und von ihr lediglich vorauszusetzen, daß sie *symmetrisch und positiv definit* ist. Letzteres heißt: $\underline{x}^T \underline{Q}\, \underline{x} \geq 0$ für beliebiges $\underline{x}$ und = 0 nur für $\underline{x} = \underline{0}$. Diese Eigenschaft liegt *genau dann* vor, *wenn sämtliche Eigenwerte von $\underline{Q}$ positiv sind*. Eine Diagonalmatrix mit positiven

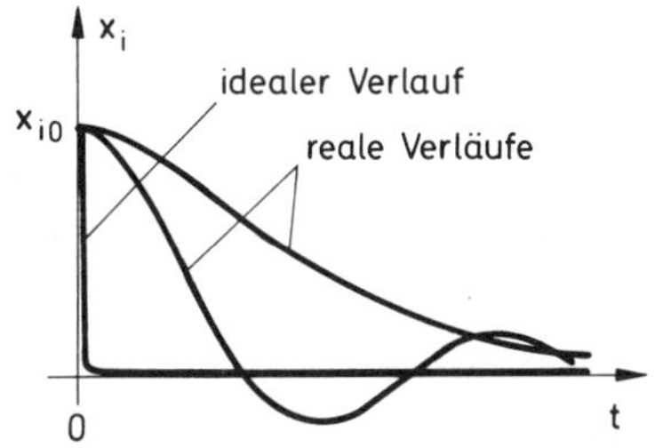

Bild 13/11. Zeitverläufe einer Zustandsgröße

Diagonalelementen ist offensichtlich als Spezialfall hierin enthalten. In konkreten Anwendungsfällen wird man sich wohl stets an diese spezielle Wahl halten, da es bereits hier nicht ganz einfach ist, die Gewichtsfaktoren q_{ii} zweckmäßig zu wählen, während man für die Wahl der q_{ik} mit $i \neq k$ keinerlei Anhaltspunkte hat. Die theoretischen Betrachtungen lassen sich jedoch für die verallgemeinerte Matrix $\underline{Q}$ ohne zusätzlichen Aufwand durchführen.

Das Gütemaß zur Erfassung der Forderung (A) nimmt also endgültig die folgende Gestalt an:

$$J = \frac{1}{2} \int_0^\infty \underline{x}^T(t)\, \underline{Q}\, \underline{x}(t)\, dt \ , \tag{13.61}$$

wobei *$\underline{Q}$ symmetrisch und positiv definit* ist.

Die Forderung (B) kann in ganz ähnlicher Weise quantitativ formuliert werden. Falls nur eine Steuergröße u(t) vorhanden ist, wird man

$$J = \frac{1}{2} \int_0^\infty u^2(t)\, dt \tag{13.62}$$

als ein Maß für die der Strecke beim Übergangsvorgang von $\underline{x}_0$ nach $\underline{0}$ zugeführte Steuerenergie ansehen können. Für die Erweiterung auf mehrere Steuergrößen und die Verallgemeinerung der dabei eingeführten Gewichtungsmatrix gilt ganz Entsprechendes wie oben. Man gelangt so zur Maßzahl

$$J = \frac{1}{2} \int_0^\infty \underline{u}^T(t)\, \underline{S}\, \underline{u}(t)\, dt \tag{13.63}$$

für die Steuerenergie, wobei $\underline{S}$ wiederum eine *konstante, symmetrische und positiv definite Matrix* ist. Für die Wahl der Elemente von $\underline{S}$ gilt das gleiche, was oben über die Wahl der $\underline{Q}$-Elemente gesagt wurde. Auch $\underline{S}$ wird man im konkreten Fall stets als Diagonalmatrix ansetzen.

Um die Forderungen (A) *und* (B) zu erfüllen, kombiniert man die beiden Maßzahlen (13.61) und (13.63) und gelangt so zu einem *allgemeinen quadratischen Gütemaß*:

$$J = \frac{1}{2} \int_0^\infty \left[\underline{x}^T(t)\, \underline{Q}\, \underline{x}(t) + \underline{u}^T(t)\, \underline{S}\, \underline{u}(t) \right] dt \ . \tag{13.64}$$

Darin ist $\underline{x}(t)$ der Zustandsvektor und $\underline{u}(t)$ der Steuervektor der Regelung im Bild 13/4. Da beide von $\underline{R}$ abhängen, ist auch das *Gütemaß J* eine Funktion von $\underline{R}$. Es *soll durch geeignete Wahl von $\underline{R}$ zum Minimum gemacht werden.*

Vielleicht hat sich mancher Leser gewundert, daß als obere Grenze des Integrals kein *endlicher* Wert t_e genommen wurde. In diesem Fall ergäbe sich jedoch ein *zeitvarianter* Regler (siehe z.B. [13.9], Kapitel 3). Bei seiner Realisierung müßte eine Matrix von Zeitfunktionen erzeugt werden, was normalerweise viel zu aufwendig ist. Nimmt man dagegen als obere Grenze des Integrals $t_e = +\infty$, so ergibt sich eine konstante und damit einfach zu realisierende Reglermatrix $\underline{R}$.

Die Herleitung des optimalen Reglers $\underline{R}$ kann in verschiedener Weise vorgenommen werden. Methodisch am einfachsten ist die Anwendung der Variationsrechnung, etwa die Herleitung auf der Grundlage der Euler-Lagrangeschen Differentialgleichungen bzw. Hamilton-Gleichungen (z.B. [13.9]). Da diese uns hier nicht zur Verfügung stehen, gehen wir anders vor: Das Gütemaß J wird als Funktion von $\underline{R}$, d.h. als Funktion der Elemente r_{ik}, dargestellt und bezüglich dieser Variablen zum Minimum gemacht. Wir führen also eine *Parameteroptimierung* durch.

Bei dieser Behandlung wird allerdings die Optimalität des Reglers nur bezüglich der Regler vom Typ $\underline{u} = -\underline{R}\,\underline{x}$ mit konstantem $\underline{R}$ nachgewiesen, während sich bei der Lösung des Optimierungsproblems mittels der Variationsrechnung der erhaltene Regler im Vergleich mit *allen* überhaupt zulässigen Reglern, also auch zeitvarianten und nichtlinearen Reglern, als optimal ergibt.

Ehe wir zur Lösung unseres Optimierungsproblems übergehen, ist es zweckmäßig, einen Typ von Matrizengleichungen zu betrachten, der bei Problemen der Systemdynamik und Regelungstechnik öfters auftritt: die Ljapunow-Gleichung.

13.4.2 Quadratisches Gütemaß und Ljapunow-Gleichung

Wir betrachten die homogene Zustandsdifferentialgleichung

$$\dot{\underline{x}}(t) = \underline{A}\, \underline{x}(t) \ , \quad \underline{x}(0) = \underline{x}_0 \ .$$

Die (n,n)-Matrix $\underline{A}$ sei konstant und stabil, d.h. ihre Eigenwerte seien links der j-Achse gelegen. Ihr sei das Gütemaß

$$J = \frac{1}{2} \int_0^\infty \underline{x}^T(t)\, \underline{Q}\, \underline{x}(t)\, dt$$

mit einer konstanten und symmetrischen Matrix $\underline{Q}$ zugeordnet.

Die Lösung der homogenen Differentialgleichung ist

$$\underline{x}(t) = e^{\underline{A}t}\,\underline{x}_0 \ .$$

Damit wird aus dem Gütemaß wegen $(e^{\underline{A}t})^T = e^{\underline{A}^T t}$, was sofort aus der Definition der Matrizen-e-Funktion folgt:

$$J = \frac{1}{2}\underline{x}_0^T \int_0^\infty e^{\underline{A}^T t}\,\underline{Q}\,e^{\underline{A}t}\,dt \cdot \underline{x}_0 \ .$$

Hierin ist

$$\underline{P} = \int_0^\infty e^{\underline{A}^T t}\,\underline{Q}\,e^{\underline{A}t}\,dt \qquad (13.65)$$

eine konstante, symmetrische (n,n)-Matrix. Mit ihr wird das Gütemaß

$$J = \frac{1}{2}\underline{x}_0^T\,\underline{P}\,\underline{x}_0 \ .$$

Zur Berechnung des Integrals (13.65) kann man eine Gleichung für $\underline{P}$ herleiten, und zwar durch partielle Integration von (13.65). Hierzu setzt man

$$\underline{U} = e^{\underline{A}^T t} \ , \quad d\underline{V} = \underline{Q}\,e^{\underline{A}t}\,dt \ ,$$

so daß $\underline{V} = \underline{Q}\,\underline{A}^{-1}\,e^{\underline{A}t}$. Damit wird

$$\underline{P} = \left[e^{\underline{A}^T t}\,\underline{Q}\,\underline{A}^{-1}\,e^{\underline{A}t}\right]_{t=0}^{t=\infty} - \int_0^\infty \underline{A}^T e^{\underline{A}^T t} \cdot \underline{Q}\,\underline{A}^{-1}\,e^{\underline{A}t}\,dt \ .$$

Da $\underline{A}$ stabil ist, streben die e-Funktionen $\rightarrow \underline{0}$ für $t \rightarrow +\infty$, und man erhält wegen der Vertauschbarkeit von $\underline{A}^{-1}$ und $e^{\underline{A}t}$:

$$\underline{P} = -\underline{Q}\,\underline{A}^{-1} - \underline{A}^T \int_0^\infty e^{\underline{A}^T t}\,\underline{Q}\,e^{\underline{A}t}\,dt \cdot \underline{A}^{-1} \ .$$

Das Integral ist aber wiederum $\underline{P}$. Rechtsmultiplikation mit $\underline{A}$ liefert daher die Gleichung

$$\underline{A}^T\,\underline{P} + \underline{P}\,\underline{A} = -\underline{Q} \ . \qquad (13.66)$$

Dies ist eine Gleichung für die Matrix $\underline{P}$. Gleichungen dieser Art treten bei verschiedenartigen Problemen der Systemdynamik und Regelungstechnik auf, z.B. bei Stabilitätsuntersuchungen. Man bezeichnet diesen Gleichungstyp als *Ljapunow-Gleichung.* Zu ihrer Lösung wurden effiziente numerische Methoden entwickelt. Im Abschnitt 13.4.5 wird darauf eingegangen. Hier sei nur ein Satz über die Existenz der Lösung angeführt, der nach dem Vorangegangenen plausibel ist [13.37]:

Ist $\underline{A}$ eine konstante, stabile (n,n)-Matrix und $\underline{Q}$ eine konstante, symmetrische, positiv definite (n,n)-Matrix, so gibt es eine eindeutig bestimmte konstante, symmetrische und positiv definite Lösung $\underline{P}$ der Ljapunow-Gleichung

$$\underline{A}^T\,\underline{P} + \underline{P}\,\underline{A} = -\underline{Q} \ .$$

Diese Lösung ist durch (13.65) gegeben. (13.67)

Aus dem obigen Gedankengang geht aber hervor, daß eine symmetrische Lösung $\underline{P}$ auch dann existiert, wenn über die Definitheit von $\underline{Q}$ nichts vorausgesetzt wird.

Manchmal ist es erforderlich, statt des skalaren Gütemaßes J die (n,n)-Matrix

$$\underline{W} = \int_0^\infty \underline{x}(t)\cdot\underline{x}^T(t)\,dt = \int_0^\infty e^{\underline{A}t}\,\underline{x}_0\,\underline{x}_0^T\,e^{\underline{A}^T t}\,dt$$

zu betrachten. In der gleichen Weise wie bei der Matrix $\underline{P}$ zeigt man auch hier mittels partieller Integration, daß die Ljapunow-Gleichung

$$\underline{A}\,\underline{W} + \underline{W}\,\underline{A}^T = -\underline{x}_0\,\underline{x}_0^T \qquad (13.68)$$

gilt. Sie geht in (13.66) über, wenn man $\underline{A}$ durch $\underline{A}^T$ und $\underline{x}_0\,\underline{x}_0^T$ durch $\underline{Q}$ ersetzt.

13.4.3 Berechnung des optimalen Reglers

Wir kehren nun zu unserem Optimierungsproblem zurück. Mit $\underline{u} = -\underline{R}\ \underline{x}$, also $\underline{u}^T = -\underline{x}^T\underline{R}^T$, folgt aus (13.64)

$$J = \frac{1}{2}\int_0^\infty \underline{x}^T\,(\underline{Q} + \underline{R}^T\,\underline{S}\,\underline{R})\,\underline{x}\,dt$$

oder kurz

$$J = \frac{1}{2}\int_0^\infty \underline{x}^T\,\underline{Q}_R\,\underline{x}\,dt \qquad (13.69a)$$

mit

$$\underline{Q}_R = \underline{Q} + \underline{R}^T\,\underline{S}\,\underline{R} \ . \qquad (13.69b)$$

Diese Matrix ist symmetrisch und überdies positiv definit. Letzteres folgt daraus, daß

$$\underline{x}^T \underline{Q}_R \underline{x} = \underline{x}^T \underline{Q}\,\underline{x} + (\underline{R}\,\underline{x})^T \cdot \underline{S} \cdot \underline{R}\,\underline{x} \geq 0$$

für alle $\underline{x}$ und für $\underline{x} \neq \underline{0}$ wegen $\underline{x}^T \underline{Q}\,\underline{x} > 0$ und $(\underline{R}\,\underline{x})^T \cdot \underline{S} \cdot \underline{R}\,\underline{x} \geq 0$ sicherlich > 0 sein muß.

Zugleich gilt für die Regelung:

$$\dot{\underline{x}} = \underline{A}_R \underline{x} \quad \text{mit} \quad \underline{A}_R = \underline{A} - \underline{B}\,\underline{R} \,, \tag{13.70}$$

so daß

$$\underline{x}(t) = e^{\underline{A}_R t} \underline{x}_0 \,, \quad \underline{x}_0 = \underline{x}(0) \,,$$

ist. Damit wird aus (13.69a)

$$J = \frac{1}{2} \int_0^\infty \underline{x}_0^T e^{\underline{A}_R^T t} \underline{Q}_R e^{\underline{A}_R t} \underline{x}_0 \, dt$$

oder

$$J = \frac{1}{2} \underline{x}_0^T \underline{P}\,\underline{x}_0 \tag{13.71}$$

mit

$$\underline{P} = \int_0^\infty e^{\underline{A}_R^T t} \underline{Q}_R e^{\underline{A}_R t} \, dt \,. \tag{13.72}$$

Die Dynamikmatrix $\underline{A}_R$ der Regelung darf man als regulär voraussetzen, da man $\underline{R}$ stets so wählen wird, daß dies der Fall ist. Soll nämlich $\underline{R}$ ein Minimum oder zumindest einen endlichen Wert des Gütemaßes J liefern, muß $\underline{x}(t) \to \underline{0}$ gehen für $t \to +\infty$, da andernfalls das Güte-Integral nicht konvergieren würde. Dann liegen aber alle Eigenwerte der Regelung, d.h. von $\underline{A}_R$, links der j-Achse, woraus die Regularität von $\underline{A}_R$ folgt. Nach (13.66) genügt $\underline{P}$ daher der Gleichung

$$\underline{A}_R^T \underline{P} + \underline{P}\,\underline{A}_R = -\underline{Q}_R \,. \tag{13.73}$$

Halten wir den Stand der Untersuchung an dieser Stelle fest. Wir haben das Gütemaß J in der Form (13.71) dargestellt, wobei die Matrix $\underline{P}$ *symmetrisch und positiv definit* ist. Ersteres folgt durch Transposition von (13.72), weil $\underline{Q}_R$ symmetrisch ist, letzteres ergibt sich daraus, daß für irgendein $\underline{x}_0$ J auch durch das Integral (13.69a) dargestellt wird und darin die positiv definite Matrix $\underline{Q}_R$ auftritt. Die Matrix $\underline{P}$ ist durch die Ljapunow-Gleichung (13.73) gegeben.

Soll $J(\underline{R})$ bezüglich $\underline{R}$, also bezüglich der Reglerelemente r_{ij}, ein Minimum annehmen, so muß

$$\frac{\partial J}{\partial r_{ij}} = 0 \,, \quad i = 1, \ldots, p \,, \quad j = 1, \ldots, n$$

gelten. Da man definitionsgemäß einen Skalar nach einer Matrix differenziert, indem man den Skalar nach jedem Element der Matrix differenziert, ist

$$\frac{\partial J}{\partial \underline{R}} = \left[\frac{\partial J}{\partial r_{ij}} \right] .$$

Daher kann man für die notwendige Bedingung des Minimums auch kürzer schreiben:

$$\frac{\partial J}{\partial \underline{R}} = \underline{0} \,.$$

Aus (13.71) folgt nun

$$\frac{\partial J}{\partial r_{ij}} = \frac{1}{2} \underline{x}_0^T \frac{\partial \underline{P}}{\partial r_{ij}} \underline{x}_0 \,. \tag{13.74}$$

Weiter folgt aus (13.73) durch Differentiation nach r_{ij}

$$\frac{\partial \underline{A}_R^T}{\partial r_{ij}} \underline{P} + \underline{A}_R^T \frac{\partial \underline{P}}{\partial r_{ij}} + \frac{\partial \underline{P}}{\partial r_{ij}} \underline{A}_R + \underline{P} \frac{\partial \underline{A}_R}{\partial r_{ij}} = -\frac{\partial \underline{Q}_R}{\partial r_{ij}}$$

oder

$$\underline{A}_R^T \frac{\partial \underline{P}}{\partial r_{ij}} + \frac{\partial \underline{P}}{\partial r_{ij}} \underline{A}_R = -\underline{M}_R \tag{13.75}$$

mit

$$\underline{M}_R = \frac{\partial \underline{Q}_R}{\partial r_{ij}} + \frac{\partial \underline{A}_R^T}{\partial r_{ij}} \underline{P} + \underline{P} \frac{\partial \underline{A}_R}{\partial r_{ij}} \,.$$

Wegen (13.69b) und (13.70) folgt daraus, da $\underline{Q}$, $\underline{S}$, $\underline{A}$ und $\underline{B}$ nicht von den r_{ij} abhängen:

$$\underline{M}_R = \frac{\partial \underline{R}^T}{\partial r_{ij}} \underline{S}\,\underline{R} + \underline{R}^T \underline{S} \frac{\partial \underline{R}}{\partial r_{ij}} - \frac{\partial \underline{R}^T}{\partial r_{ij}} \underline{B}^T \underline{P} - \underline{P}\,\underline{B} \frac{\partial \underline{R}}{\partial r_{ij}} \,,$$

$$\underline{M}_R = \frac{\partial \underline{R}^T}{\partial r_{ij}} (\underline{S}\,\underline{R} - \underline{B}^T \underline{P}) + (\underline{S}\,\underline{R} - \underline{B}^T \underline{P})^T \frac{\partial \underline{R}}{\partial r_{ij}} \,. \tag{13.76}$$

Die Matrix $\underline{M}_R$ ist also symmetrisch.

Nach Unterabschnitt 13.4.2 ist die Lösung der Gleichung (13.75)

$$\frac{\partial \underline{P}}{\partial r_{ij}} = \int_0^\infty e^{\underline{A}_R^T t} \underline{M}_R e^{\underline{A}_R t} \, dt \,.$$

Aus (13.74) folgt hiermit und mit (13.76):

$$\frac{\partial J}{\partial r_{ij}} = \frac{1}{2}\int_0^\infty \left[\underline{x}_0^T e^{\underline{A}_R^T t} \frac{\partial \underline{R}^T}{\partial r_{ij}} (\underline{S}\,\underline{R} - \underline{B}^T\underline{P})\, e^{\underline{A}_R t} \underline{x}_0 + \right.$$

$$\left. + \underline{x}_0^T e^{\underline{A}_R^T t} (\underline{S}\,\underline{R} - \underline{B}^T\underline{P})^T \frac{\partial \underline{R}}{\partial r_{ij}} e^{\underline{A}_R t} \underline{x}_0 \right] dt \ .$$

Die beiden Summanden unter dem Integral sind Skalare, deren Wert sich also bei Transposition nicht ändert. Transponiert man den ersten Summanden und beachtet, daß allgemein für $\underline{M} = \underline{M}(v)$

$$\frac{\partial \underline{M}^T}{\partial v} = \left[\frac{\partial \underline{M}}{\partial v}\right]^T$$

gilt, so sieht man, daß er gleich dem zweiten Summanden ist. Somit gilt

$$\frac{\partial J}{\partial r_{ij}} = \int_0^\infty \underline{x}_0^T e^{\underline{A}_R^T t} (\underline{S}\,\underline{R} - \underline{B}^T\underline{P})^T \frac{\partial \underline{R}}{\partial r_{ij}} e^{\underline{A}_R t} \underline{x}_0\, dt \ .$$

Hierin ist (Kapitel 17)

$$\frac{\partial \underline{R}}{\partial r_{ij}} = \underline{e}_i\, \underline{e}_j^T \ ,$$

so daß

$$\frac{\partial J}{\partial r_{ij}} = \int_0^\infty \left[\underline{x}_0^T e^{\underline{A}_R^T t} (\underline{S}\,\underline{R} - \underline{B}^T\underline{P})^T \underline{e}_i\right] \cdot \left[\underline{e}_j^T e^{\underline{A}_R t} \underline{x}_0\right] dt \ .$$

Beide Faktoren im Integranden sind Skalare, so daß man sie ohne Änderung ihres Wertes transponieren darf:

$$\frac{\partial J}{\partial r_{ij}} = \underline{e}_i^T \cdot (\underline{S}\,\underline{R} - \underline{B}^T\underline{P}) \int_0^\infty e^{\underline{A}_R t} \underline{x}_0 \cdot \underline{x}_0^T e^{\underline{A}_R^T t} dt \cdot \underline{e}_j \ .$$

Das Integral ist eine konstante, symmetrische (n,n)-Matrix. Bezeichnet man sie mit $\underline{W}$, so gilt nach (13.68) die Gleichung

$$\underline{A}_R \underline{W} + \underline{W}\, \underline{A}_R^T = -\underline{x}_0 \underline{x}_0^T \ ,$$

und es wird

$$\frac{\partial J}{\partial r_{ij}} = \underline{e}_i^T \cdot (\underline{S}\,\underline{R} - \underline{B}^T\underline{P})\, \underline{W} \cdot \underline{e}_j \ .$$

Da allgemein für eine Matrix $\underline{M} = (m_{ij})$ die Beziehung

$$m_{ij} = \underline{e}_i^T \underline{M}\, \underline{e}_j$$

gilt (Kapitel 17), ist

$$\frac{\partial J}{\partial \underline{R}} = \left[\frac{\partial J}{\partial r_{ij}}\right] = (\underline{S}\,\underline{R} - \underline{B}^T\underline{P})\, \underline{W} \ .$$

Zusammenfassend hat man den Satz:

Ist eine stabile Zustandsregelung durch

$$\dot{\underline{x}} = \underline{A}\,\underline{x} + \underline{B}\,\underline{u} \ , \quad \underline{x}(0) = \underline{x}_0 \ , \quad \underline{u} = -\underline{R}\,\underline{x}$$

gegeben und ist

$$J = \frac{1}{2}\int_0^\infty (\underline{x}^T \underline{Q}\,\underline{x} + \underline{u}^T \underline{S}\,\underline{u})\, dt$$

das zugehörige quadratische Gütemaß, so ist

$$J = \frac{1}{2} \underline{x}_0^T \underline{P}\, \underline{x}_0 \tag{13.77a}$$

und

$$\frac{\partial J}{\partial \underline{R}} = \left[\frac{\partial J}{\partial r_{ij}}\right] = (\underline{S}\,\underline{R} - \underline{B}^T\underline{P})\, \underline{W} \ . \tag{13.77b}$$

Dabei ist $\underline{P}$ eine symmetrische, positiv definite Matrix, welche der Gleichung

$$(\underline{A} - \underline{B}\,\underline{R})^T \underline{P} + \underline{P}(\underline{A} - \underline{B}\,\underline{R}) = -(\underline{Q} + \underline{R}^T \underline{S}\,\underline{R}) \tag{13.77c}$$

genügt, während die symmetrische Matrix $\underline{W}$ Lösung der Gleichung

$$(\underline{A} - \underline{B}\,\underline{R})\, \underline{W} + \underline{W}\, (\underline{A} - \underline{B}\,\underline{R})^T = -\underline{x}_0 \underline{x}_0^T \tag{13.77d}$$

ist.

Wie man aus der letzten Gleichung sieht, hängt $\underline{W}$ von $\underline{x}_0$ ab. Damit ist auch die Ableitung $\partial J/\partial \underline{R}$ von $\underline{x}_0$ abhängig. Soll J ein Minimum besitzen, so muß

$$\frac{\partial J}{\partial \underline{R}} = \underline{0}$$

sein, also

$$(\underline{S}\,\underline{R} - \underline{B}^T\underline{P})\, \underline{W} = \underline{0}$$

gelten. Diese Gleichung ist für *beliebiges* $\underline{x}_0$ sicher erfüllt, wenn

$$\underline{S}\,\underline{R} - \underline{B}^T\underline{P} = \underline{0}$$

gilt. Daraus folgt für die Rückführmatrix:

$$\underline{R} = \underline{S}^{-1}\underline{B}^T\underline{P} \ . \tag{13.78}$$

$\underline{S}^{-1}$ existiert, weil eine positiv definite Matrix stets regulär ist (Kapitel 17).

In dieser Gleichung sind $\underline{S}$ und $\underline{B}$ gegeben, $\underline{P}$ ist jedoch unbekannt. Zur Bestimmung von $\underline{P}$ greift man auf die Ljapunow-Gleichung (13.77c) zurück:

$$\underline{A}^T\underline{P} - \underline{R}^T\underline{B}^T\underline{P} + \underline{P}\,\underline{A} - \underline{P}\,\underline{B}\,\underline{R} = -\underline{Q} - \underline{R}^T\underline{S}\,\underline{R} \ .$$

Ersetzt man hierin $\underline{R}$ gemäß (13.78), so entsteht endgültig die Beziehung

$$\underline{P}\,\underline{B}\,\underline{S}^{-1}\underline{B}^T\underline{P} - \underline{P}\,\underline{A} - \underline{A}^T\underline{P} - \underline{Q} = \underline{0} \ . \qquad (13.79)$$

Diese Matrixgleichung entspricht einem System von $n \cdot n$ skalaren Gleichungen für die Elemente der konstanten, symmetrischen (n,n)-Matrix $\underline{P}$. Sie wird als *algebraische Riccati-Gleichung* oder auch kurz als Riccati-Gleichung bezeichnet. Der durch $\underline{P}$ bestimmte Regler (13.78) wird deshalb häufig *Riccati-Regler* genannt.

Die Riccati-Gleichung ist nichtlinear, da in ihr Produkte und Potenzen der Elemente von $\underline{P}$ auftreten. Sie wird daher mehrere Lösungen haben. Man kann zeigen, daß sie eine eindeutig bestimmte positiv definite Lösung besitzt, wenn die Strecke steuerbar ist ([13.10], Kap. 3; [13.11], Abschnitt 3.4). Fassen wir abschließend das Ergebnis in einem Satz zusammen:

Sind die Gewichtsmatrizen $\underline{Q}$ und $\underline{S}$ des quadratischen Gütemaßes

$$J = \frac{1}{2}\int_0^\infty (\underline{x}^T\underline{Q}\,\underline{x} + \underline{u}^T\underline{S}\,\underline{u})\,dt$$

positiv definit und ist die Strecke $\dot{\underline{x}} = \underline{A}\,\underline{x} + \underline{B}\,\underline{u}$ steuerbar, so besitzt die Riccati-Gleichung

$$\underline{P}\,\underline{B}\,\underline{S}^{-1}\underline{B}^T\underline{P} - \underline{P}\,\underline{A} - \underline{A}^T\underline{P} - \underline{Q} = \underline{0}$$

eine eindeutig bestimmte positiv definite Lösung $\underline{P}$. Der optimale Regler ist dann

$$\underline{u} = -\underline{S}^{-1}\underline{B}^T\underline{P}\,\underline{x} \ . \qquad (13.80)$$

Fordert man, was ja naheliegt, von vornherein, daß die Rückführmatrix $\underline{R}$ nicht vom Anfangszustand $\underline{x}_0$ abhängen soll, so wird die Herleitung der Riccati-Gleichung einfacher. Dann sind nämlich $\underline{A}_R$ und $\underline{Q}_R$ und mit ihnen $\underline{P}$ nicht von $\underline{x}_0$ abhängig. Soll daher

$$\frac{\partial J}{\partial r_{ij}} = \underline{x}_0^T \frac{\partial \underline{P}}{\partial r_{ij}} \underline{x}_0 = 0$$

für einen beliebigen Anfangszustand $\underline{x}_0$ gelten, so muß

$$\frac{\partial \underline{P}}{\partial r_{ij}} = \underline{0}$$

sein. Ausgehend von (13.73) erhält man dann die Gleichung (13.78) und mit ihr die Riccati-Gleichung durch geringe Rechnungen.

Im vorhergehenden wurde jedoch etwas weiter ausgeholt, um die hier durchgeführten Betrachtungen im Kapitel 14 auch für Ausgangsrückführungen benützen zu können, die von vornherein keineswegs von $\underline{x}_0$ unabhängig sind.

13.4.4 Beispiele und Bewertung des Verfahrens

Betrachten wir zunächst ein ganz einfaches Beispiel:

$$\dot{x} = ax + bu \ , \quad a < 0 \, , \ b > 0 \ ,$$

mit dem Gütemaß

$$J = \frac{1}{2}\int_0^\infty (qx^2 + su^2)\,dt \ , \quad q > 0 \, , \ s > 0 \ .$$

Hier schrumpfen alle Vektoren und Matrizen auf Skalare zusammen.

Die Riccati-Gleichung lautet gemäß Satz (13.80)

$$pb\frac{1}{s}bp - ap - pa - q = 0 \ ,$$

also

$$p^2 - 2\frac{as}{b^2}p - \frac{qs}{b^2} = 0 \ .$$

Die Lösungen dieser quadratischen Gleichung sind

$$p_{1,2} = \frac{as}{b^2} \pm \sqrt{\left[\frac{as}{b^2}\right]^2 + \frac{qs}{b^2}} \ .$$

Die Lösung p_2 mit negativem Wurzelvorzeichen ist negativ. Die mit ihr gebildete quadratische Form p_2x^2 ist infolgedessen ≤ 0 für sämtliche x. Da also die Lösung p_2 der Riccati-Gleichung nicht positiv definit ist, kommt sie nicht in Frage. Allein p_1 ist die für den optimalen Regler in Frage kommende Lösung.

Für diesen erhält man nach Satz (13.80)

$$u(t) = -\frac{1}{s}bp \cdot x(t) \ ,$$

also mit $p = p_1$:

$$u(t) = -\left[\frac{a}{b} + \sqrt{\frac{a^2}{b^2} + \frac{q}{s}}\right] x(t) \ . \qquad (13.81)$$

Wie man sieht, hängt der optimale Regler lediglich vom *Verhältnis* q/s der Gewichtsfaktoren ab, nicht von ihren Einzelwerten. Generell kommt es nicht auf die absolute Größe der Gewichtsfaktoren an, sondern nur auf deren Verhältnis zueinander.

In ernsthaften Fällen löst man die Riccati-Gleichung numerisch, worauf im folgenden Unterabschnitt eingegangen wird. In einem regelungstechnischen Programmsystem, wie z.B. dem früher erwähnten PILAR, ist ein Modul zur Lösung der Riccati-Gleichung und zur Berechnung des Riccati-Reglers enthalten. Hiermit soll jetzt das *Beispiel des 3-Tank-Systems* (Bild 11/4) behandelt werden. Seine Zustandsdifferentialgleichungen sind durch (13.56) gegeben. Es liege eine Anfangsstörung vor, und zwar die gleiche, welche schon beim Entwurf einer modalen Regelung des 3-Tank-Systems vorausgesetzt wurde:

$$x_1(0) = -1 \;;\quad x_2(0) = -0{,}6 \;;\quad x_3(0) = -0{,}3 \;.$$

Man hat zunächst die Gewichtsmatrizen vorzugeben und wählt sie in Ermangelung eines Besseren als Einheitsmatrizen:

$$\underline{Q} = \underline{I}_3 \;,\quad \underline{S} = \underline{I}_2 \;.$$

Dann erhält man die Matrix $\underline{P}$ durch Lösung der Riccati-Gleichung und aus ihr den optimalen Regler.

Bild 13/12 zeigt die Verläufe der Zustandsgrößen des so geregelten Systems als punktierte Kurven. Beim Vergleich mit den durchgezogenen Kurven erkennt man, daß das geregelte System gegenüber der ungeregelten Strecke sehr schnell geworden ist. Allerdings wird diese Freude durch einen Blick auf Bild 13/13 getrübt, welches die zugehörigen Stellgrößen zeigt, wiederum als punktierte Kurven. Wenn man bedenkt, daß die stationären Werte der Zuflüsse zwischen 0,5 und 1 m^3/sec liegen, erscheinen die Anfangswerte von u_1 und u_2 als etwas zu hoch.

Um sie zu reduzieren, vergrößert man im Sinne des oben erwähnten Rezepts die Elemente der Gewichtsmatrix $\underline{S} = \underline{I}_2$, indem man zu $\underline{S} = 5\,\underline{I}_2$ übergeht. Damit wird wieder die Riccati-Gleichung gelöst, der optimale Regler gebildet und sodann die Regelung simuliert. Das Ergebnis sind die strichpunktierten Kurven in Bild 13/13 und 13/12. Wie erwartet, gehen die Steuergrößen auf passable Werte zurück. Die Regelgrößen werden dadurch unvermeidlicherweise langsamer, aber in einer noch durchaus vertretbaren Weise.

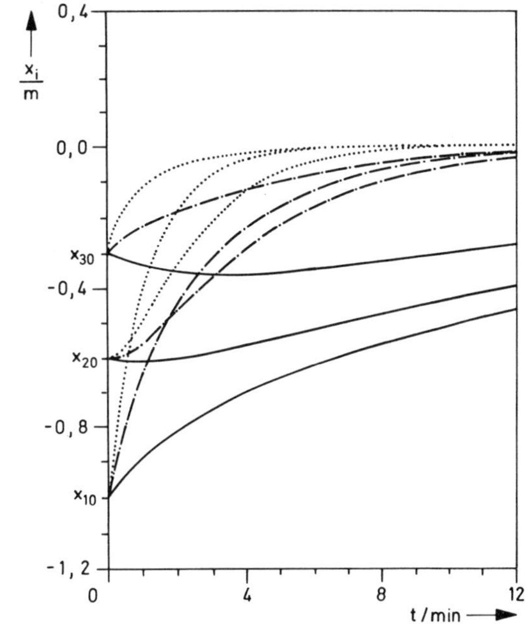

Bild 13/12. Riccati-Entwurf zum 3-Tank-System: Zustandsgrößen
— Ungeregelt
··· Geregelt mit $\underline{Q} = \underline{I}_3$, $\underline{S} = \underline{I}_2$
–·– Geregelt mit $\underline{Q} = \underline{I}_3$, $\underline{S} = 5\,\underline{I}_2$

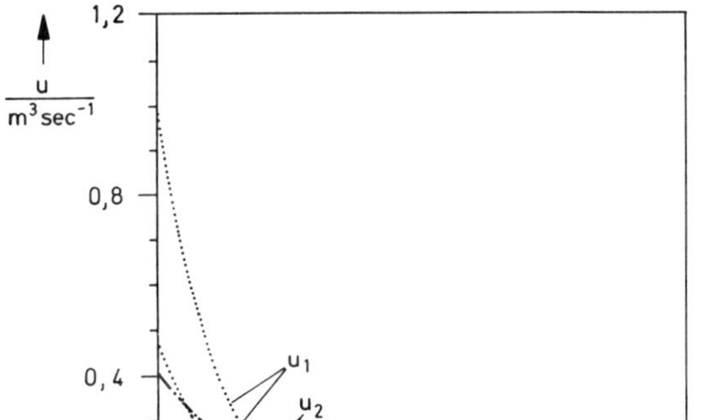

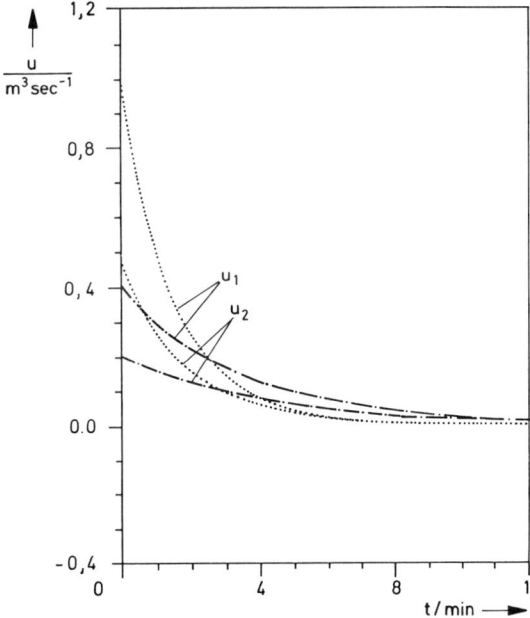

Bild 13/13. Riccati-Entwurf zum 3-Tank-System: Steuergrößen
— Ungeregelt
··· Geregelt mit $\underline{Q} = \underline{I}_3$, $\underline{S} = \underline{I}_2$
–·– Geregelt mit $\underline{Q} = \underline{I}_3$, $\underline{S} = 5\,\underline{I}_2$

Das Ganze spielt sich im Dialogverkehr mit dem Rechner ab und ist schnell erledigt, auch wenn es sich um ein umfangreicheres System als das vorliegende handelt.

Vergleicht man die Schriebe mit Bild 13/9 und 13/10, welche das Verhalten des *modal* geregelten 3-Tank-Systems darstellen, so sieht man, daß die Dynamik in beiden Fällen etwa die gleiche ist, mit einem kleinen Vorteil für den Riccati-Regler. Dabei ist aber zu bedenken, daß beide Entwürfe nicht ausgereizt wurden.

Es liegt nahe, nach einem *Vergleich von Polvorgabe- und Riccati-Entwurf* zu fragen. Mir scheinen die Dinge hier ähnlich zu liegen wie beim Vergleich von Wurzelorts- und Frequenzkennlinienverfahren, insofern bei der Beurteilung subjektive Momente eine nicht vernachlässigbare Rolle spielen: Man wird meist dasjenige Verfahren vorziehen, das man genauer kennengelernt hat, sei es beim Studium oder in den Anwendungen, und in dem man sich deshalb mehr zu Hause fühlt.

Bei beiden Verfahren hat man die Qual der Wahl. Im einen Fall muß man eine gewünschte Eigenwertkonfiguration vorgeben, im anderen Fall die Gewichts- oder Bewertungsmatrizen des quadratischen Gütemaßes wählen. Diese Wahl kann schematischer erfolgen als die gezielte Eigenwertvorgabe, die einen gewissen Einblick in die Dynamik des Systems erfordert. Kann oder will man sich nicht eingehender mit der Dynamik der Strecke befassen, sondern die Bearbeitung des Regelungsproblems mehr "im Groben" durchführen, so dürfte der Riccati-Entwurf vorzuziehen sein. Er ist gewissermaßen formaler und daher einfacher zu handhaben als der Polvorgabeentwurf. Spezielle dynamische Effekte lassen sich mit ihm allerdings kaum erzielen.

Hier sei angemerkt, daß es nicht möglich ist, *jede* Eigenwertkonfiguration mittels eines Riccati-Reglers zu erzeugen. Das läßt sich schon an dem ganz einfachen Beispiel zu Beginn dieses Unterabschnitts zeigen (Hinweis hierauf aus [13.12]). Für dieses ist die Zustandsdifferentialgleichung der Regelung

$$\dot{x} = (a - br)\, x \;,$$

also der Eigenwert der Regelung

$$\lambda_R = a - br \;.$$

Da gemäß (13.81)

$$r = \frac{a}{b} + \sqrt{\frac{a^2}{b^2} + \frac{q}{s}}$$

ist, folgt

$$\lambda_R = -\sqrt{a^2 + b^2 \frac{q}{s}} \;.$$

Wie man auch die (nicht negativen) Gewichtsfaktoren q und s wählen mag, es ist *immer* $|\lambda_R| \geq a$.

Vom methodischen Standpunkt aus ist zu sagen, daß die Eigenwertvorgabe tiefere Einblicke in das Systemverhalten ermöglicht als der Riccati-Entwurf. Dessen Vorzug, formaler und deshalb schematischer handhabbar zu sein als die Polvorgabe, wird hier zum Nachteil. Im Bereich der vollständigen Zustandsrückführung, in dem wir uns in diesem Kapitel befinden, spielt dies noch keine Rolle, wohl aber dann, wenn man zu Ausgangsrückführungen (Kapitel 14) übergeht. Wir werden dann auf den Vergleich von Eigenwertvorgabe und Riccati-Entwurf nochmals zurückkommen. Dort wird sich auch zeigen, daß bei komplizierteren Problemen eine Kombination beider Verfahren die günstigste Lösung sein kann.

13.4.5 Numerische Lösung der Ljapunow- und Riccati-Gleichung

Die Lösung der Ljapunow- und der Riccati-Gleichung erfordert in der Regel den Einsatz eines Digitalrechners und effizienter Algorithmen, will man den Aufwand für den Entwurf eines optimalen Reglers vom Riccati-Typ in handhabbaren Grenzen halten. Nachfolgend sollen derartige Algorithmen angegeben werden.

Die Ljapunow-Gleichung (13.66)

$$\underline{A}^T \underline{P} + \underline{P}\,\underline{A} = -\underline{Q}$$

kann man durch orthogonale Ähnlichkeitstransformation der Systemmatrix $\underline{A}$ auf Schur-Form direkt lösen [13.38]. Hier soll aber ein von *Smith* [13.39] vorgeschlagenes Verfahren vorgestellt werden, das von einer Reihenentwicklung des Gütemaßes

$$J = \frac{1}{2} \int_0^\infty \underline{x}^T(t)\, \underline{Q}\, \underline{x}(t)\, dt$$

ausgeht. Um auf eine für den Digitalrechner geeignete rekursive Form zu kommen, unterteilt man das unendliche Integrationsintervall in gleichlange Teilintervalle der Dauer T und nähert das Integral durch die unendliche Summe

$$J \approx \frac{1}{2} \sum_{i=0}^{\infty} J_i$$

an. Wertet man die Teilintegrale J_i mit der Rechteckregel aus, liefert jedes den Beitrag

$$J_i = \int_{t_i}^{t_{i+1}} \underline{x}^T(t)\, \underline{Q}\, \underline{x}(t)\, dt = T \cdot \underline{x}_i^T \underline{Q}\, \underline{x}_i \,, \tag{13.82}$$

wobei $\underline{x}_i = \underline{x}(t_i)$ den Wert des Zustandsvektors zum Zeitpunkt t_i bezeichnet. Den Wert des Gütemaßes erhält man damit näherungsweise zu

$$J \approx \frac{T}{2} \sum_{i=0}^{\infty} \underline{x}_i^T \underline{Q}\, \underline{x}_i$$

$$= \frac{T}{2} \left\{ \underline{x}_0^T \underline{Q}\, \underline{x}_0 + \underline{x}_1^T \underline{Q}\, \underline{x}_1 + \ldots + \underline{x}_\nu^T \underline{Q}\, \underline{x}_\nu + \ldots \right\}. \tag{13.83}$$

Die Lösung der homogenen Zustandsdifferentialgleichung $\dot{\underline{x}}(t) = \underline{A}\, \underline{x}(t)$ über das Intervall $t_i \leq t \leq t_{i+1}$ ist nach Abschnitt 12.2 gegeben durch

$$\underline{x}_{i+1} = e^{\underline{A}(t_{i+1}-t_i)} \underline{x}_i = \underline{\Phi}(T)\, \underline{x}_i \tag{13.84}$$

für $i = 0, 1, 2, \ldots$. Die Transitionsmatrix $\underline{\Phi}(T)$ kann man mit den in Abschnitt 12.2.5 beschriebenen Verfahren numerisch zuverlässig bestimmen. Schreibt man abkürzend $\underline{\Phi}$ statt $\underline{\Phi}(T)$, erhält man nacheinander

$$\left.\begin{aligned} \underline{x}_1 &= \underline{\Phi}\, \underline{x}_0 \,, \\ \underline{x}_2 &= \underline{\Phi}\, \underline{x}_1 = \underline{\Phi}^2 \underline{x}_0 \,, \\ &\vdots \\ \underline{x}_\nu &= \underline{\Phi}\, \underline{x}_{\nu-1} = \underline{\Phi}^\nu \underline{x}_0 \,. \end{aligned}\right\} \tag{13.85}$$

Das Gütemaß wird also durch die unendliche Reihe

$$J \approx \frac{T}{2} \left\{ \underline{x}_0^T \underline{Q}\, \underline{x}_0 + \underline{x}_0^T \underline{\Phi}^T \underline{Q}\, \underline{\Phi}\, \underline{x}_0 + \ldots + \right.$$

$$\left. + \underline{x}_0^T \left(\underline{\Phi}^T\right)^\nu \underline{Q}\, \underline{\Phi}^\nu \underline{x}_0 + \ldots \right\}$$

$$= \frac{T}{2} \underline{x}_0^T \left[\sum_{i=0}^{\infty} \left(\underline{\Phi}^T\right)^i \underline{Q}\, \underline{\Phi}^i \right] \underline{x}_0 \tag{13.86}$$

angenähert. Andererseits ist nach Abschnitt 13.4.2 das Gütemaß durch

$$J = \frac{1}{2} \underline{x}_0^T \underline{P}\, \underline{x}_0$$

gegeben, so daß man durch Vergleich die gesuchte Matrix zu

$$\underline{P} \approx T \sum_{i=0}^{\infty} \left(\underline{\Phi}^T\right)^i \underline{Q}\, \underline{\Phi}^i \tag{13.87}$$

erhält. Ist die homogene Zustandsdifferentialgleichung stabil, d.h. liegen alle Eigenwerte der Systemmatrix $\underline{A}$ in der linken Halbebene, konvergiert diese Reihe. Man kann daher die Auswertung nach ν Termen abbrechen, wobei der Index ν durch die geforderte Genauigkeit festgelegt wird, und hat dann nur noch die endliche Reihe

$$\underline{P} \approx T \sum_{i=0}^{\nu} \left(\underline{\Phi}^T\right)^i \underline{Q}\, \underline{\Phi}^i$$

auszuwerten.

Für eine effiziente rekursive Auswertung der Reihe definiert man die Partialsummenmatrizen

$$\begin{aligned} \underline{S}_0 &= \underline{Q} \,, \\ \underline{S}_1 &= \underline{Q} + \underline{\Phi}^T \underline{Q}\, \underline{\Phi} = \underline{S}_0 + \underline{\Phi}^T \underline{S}_0 \underline{\Phi} \,, \\ \underline{S}_2 &= \underline{Q} + \underline{\Phi}^T \underline{Q}\, \underline{\Phi} + \left(\underline{\Phi}^T\right)^2 \underline{Q}\, \underline{\Phi}^2 + \left(\underline{\Phi}^T\right)^3 \underline{Q}\, \underline{\Phi}^3 \\ &= \underline{S}_1 + \left(\underline{\Phi}^T\right)^2 \left[\underline{Q} + \underline{\Phi}^T \underline{Q}\, \underline{\Phi}\right] \underline{\Phi}^2 \\ &= \underline{S}_1 + \left(\underline{\Phi}^T\right)^2 \underline{S}_1 \underline{\Phi}^2 \,, \\ &\vdots \\ \underline{S}_{k+1} &= \underline{S}_k + \left(\underline{\Phi}^T\right)^{(2^k)} \underline{S}_k \underline{\Phi}^{(2^k)} \end{aligned}$$

für $k = 0, 1, 2, \ldots$. Die Partialsumme $\underline{S}_{k+1}$ umfaßt also 2^{k+1} Summanden der Reihe in (13.87), und bei jedem Schritt verdoppelt sich die Zahl der Terme. Die hier auftretende Potenz

$$\underline{\Phi}_k \equiv \underline{\Phi}^{(2^k)}$$

der Transitionsmatrix kann wegen

$$\underline{\Phi}_{k+1} = \underline{\Phi}^{(2^{k+1})} = \underline{\Phi}^{(2^k \cdot 2)} = \underline{\Phi}_k^2$$

ebenfalls leicht rekursiv ermittelt werden.

Insgesamt erhält man zur Berechnung der Matrix $\underline{P}$ die folgende Rechenvorschrift: Mit den Anfangswerten $\underline{S}_0 = \underline{Q}$ und $\underline{\Phi}_0 = \underline{\Phi}(T)$ bestimme man für $k = 0, 1, 2, \ldots$ sukzessive die Partialsummenmatrizen

$$\underline{S}_{k+1} = \underline{S}_k + \underline{\Phi}_k^T \underline{S}_k \underline{\Phi}_k \tag{13.88}$$

und die Potenzen der Transitionsmatrix

$$\underline{\Phi}_{k+1} = \underline{\Phi}_k^2 \,. \tag{13.89}$$

Bei jedem Durchlauf prüfe man, ob alle Elemente der Korrekturmatrix $\underline{S}_{k+1} - \underline{S}_k$ betragsmäßig kleiner sind als eine vorgegebene Genauigkeitsschranke ϵ, und breche die Rechnung ab, sobald dies erstmalig zutrifft.

Anschließend setze man $\underline{P} := T\,\underline{S}_\nu$, wobei ν die Anzahl der mitgenommenen Partialsummen ist. Zur Kontrolle berechne man abschließend nach (13.66) die Matrix $\underline{Q}$ und vergleiche sie mit der vorgegebenen Gewichtsmatrix.

Für das Beispiel des 3-Tank-Systems (Abschnitte 11.2 und 13.2), das nach (13.56) die Systemmatrix

$$\underline{A} = \begin{bmatrix} -0{,}332 & 0{,}332 & 0 \\ 0{,}332 & -0{,}664 & 0{,}332 \\ 0 & 0{,}332 & -0{,}524 \end{bmatrix}$$

hat, erhält man beispielsweise mit $\underline{Q} = \underline{I}_3$ für ein Rechenintervall T = 0,001 sec und eine Konvergenzschranke $\epsilon = 0{,}0001$ die symmetrische Lösungsmatrix

$$\underline{P} = \begin{bmatrix} 5{,}62 & 4{,}11 & 2{,}60 \\ 4{,}11 & 4{,}11 & 2{,}60 \\ 2{,}60 & 2{,}60 & 2{,}60 \end{bmatrix}$$

bei 19 mitgenommenen Partialsummenmatrizen und einem maximalen Fehler der Elemente der berechneten Gewichtsmatrix von $6{,}6 \cdot 10^{-4}$. Verringert man das Rechenintervall auf T = 0,0001 sec, erhält man innerhalb der dreistelligen Genauigkeit dieselbe $\underline{P}$-Matrix und bei 23 mitgenommenen Partialsummenmatrizen einen maximalen absoluten Fehler von $3{,}3 \cdot 10^{-5}$.

Für das Verfahren von ***Smith*** wurden eine Reihe von Verbesserungen vorgeschlagen ([13.40], [13.41]) mit dem Ziel, den numerischen Aufwand des Verfahrens zu reduzieren.

Auch für die algebraische Riccati-Gleichung (13.79)

$$\underline{A}^T \underline{P} + \underline{P}\,\underline{A} - \underline{P}\,\underline{B}\,\underline{S}^{-1}\,\underline{B}^T\,\underline{P} = -\underline{Q}$$

wurden Lösungsverfahren angegeben ([13.42], [13.43]), die auf orthogonalen Ähnlichkeitstransformationen beruhen. ***Kleinman*** [13.44] schlägt ein Verfahren zur rekursiven Lösung vor, das als Anwendung des Newton-Verfahrens zur Lösung nichtlinearer Gleichungen interpretiert werden kann. Hat man einen Näherungswert $\underline{P}_k$ für die Lösungsmatrix bestimmt, erhält man hiernach die nächste Näherung aus der rekursiven Beziehung

$$\begin{aligned}\left(\underline{A} - \underline{B}\,\underline{S}^{-1}\underline{B}^T\underline{P}_k\right)^T \underline{P}_{k+1} + \underline{P}_{k+1}\left(\underline{A} - \underline{B}\,\underline{S}^{-1}\underline{B}^T\underline{P}_k\right) &= \\ = -\left(\underline{P}_k\,\underline{B}\,\underline{S}^{-1}\,\underline{B}^T\,\underline{P}_k + \underline{Q}\right)\,, \qquad (13.90)\end{aligned}$$

die man für k = 0, 1, 2, ... mit dem Anfangswert $\underline{P}_0$ auszuwerten hat. Setzt man

$$\underline{A}_k = \underline{A} - \underline{B}\,\underline{S}^{-1}\,\underline{B}^T\,\underline{P}_k$$

und

$$\underline{Q}_k = \underline{P}_k\,\underline{B}\,\underline{S}^{-1}\,\underline{B}^T\,\underline{P}_k + \underline{Q}\,,$$

wird (13.90) in die Ljapunow-Gleichung

$$\underline{A}_k^{\;T}\,\underline{P}_{k+1} + \underline{P}_{k+1}\,\underline{A}_k = -\underline{Q}_k \qquad (13.91)$$

überführt, die man z.B. mit dem vorstehend beschriebenen Verfahren von ***Smith*** nach $\underline{P}_{k+1}$ auflösen kann. Das Verfahren konvergiert quadratisch, allerdings nur dann, wenn die mit der vorzugebenden Startmatrix $\underline{P}_0$ gebildete Rückführung

$$\underline{u}_0(t) = -\underline{S}^{-1}\,\underline{B}^T\,\underline{P}_0\,\underline{x}(t) \qquad (13.92)$$

das dynamische System $\dot{\underline{x}}(t) = \underline{A}\,\underline{x}(t) + \underline{B}\,\underline{u}_0(t)$ stabilisiert. Man bricht die Rekursion ab, sobald sich die Lösungsmatrizen $\underline{P}_{k+1}$ und $\underline{P}_k$ hinreichend wenig voneinander unterscheiden.

Die Startmatrix $\underline{P}_0$ kann man nach einem Vorschlag von ***Bass*** [13.45] ebenfalls als Lösung einer Ljapunow-Gleichung bestimmen. Wie Bass gezeigt hat, stabilisiert die Rückführung

$$\underline{u}_0(t) = -\,\underline{B}^T\,\underline{Z}_0\,\underline{x}(t) \qquad (13.93)$$

den als steuerbar angenommenen Prozeß, wobei die positiv definite symmetrische (n,n)-Matrix $\underline{Z}_0$ aus der Ljapunow-Gleichung

$$(\underline{A} + \beta\,\underline{I}_n)\,\underline{Z}_0 + \underline{Z}_0\,(\underline{A} + \beta\,\underline{I}_n)^T = 2\,\underline{B}\,\underline{B}^T \qquad (13.94)$$

zu ermitteln ist. Der hier auftretende Stabilisierungsfaktor β ist durch $\beta > \|\underline{A}\|$ nach unten beschränkt; er bestimmt den Grad der Stabilität.

Durch Vergleich von (13.92) und (13.93) erhält man den Zusammenhang zwischen $\underline{P}_0$ und $\underline{Z}_0$ zu

$$\underline{S}^{-1}\,\underline{B}^T\,\underline{P}_0 = \underline{B}^T\,\underline{Z}_0\,.$$

Durch Vormultiplikation mit der Eingangsmatrix $\underline{B}$ berechnet man die in der rekursiven Beziehung (13.91) benötigte Matrix $\underline{A}_0$ zu

$$\underline{A}_0 = \underline{A} - \underline{B}\,\underline{B}^T\,\underline{Z}_0$$

und die Matrix $\underline{Q}_0$ zu

$$\begin{aligned}\underline{Q}_0 &= \underline{P}_0\,\underline{B}\,\underline{S}^{-1}\,\underline{B}^T\,\underline{P}_0 + \underline{Q} \\ &= \underline{P}_0\,\underline{B}\,\underline{S}^{-1}\,\underline{S}\,\underline{S}^{-1}\,\underline{B}^T\,\underline{P}_0 + \underline{Q} \\ &= \underline{Z}_0\,\underline{B}\,\underline{S}\,\underline{B}^T\,\underline{Z}_0 + \underline{Q}\,.\end{aligned}$$

Der Algorithmus zur Lösung der algebraischen Riccati-Gleichung sieht also folgendermaßen aus: Nach Vorgabe des Stabilisierungsfaktors β berechne man die Matrix

$\underline{Z}_0$ nach (13.94) und hieraus die Startmatrizen $\underline{A}_0$ und $\underline{Q}_0$. Mit diesen Startwerten ermittle man für k = 0, 1, 2, ... rekursiv die Lösungen $\underline{P}_{k+1}$ der Ljapunow-Gleichungen (13.91) solange, bis alle Elemente der Korrekturmatrix $\underline{P}_{k+1} - \underline{P}_k$ betragsmäßig kleiner als eine vorgegebene Schranke sind; abschließend setze man $\underline{P} := \underline{P}_{k+1}$.

Für das 3-Tank-System (Abschnitte 11.2 und 13.2) erhält man beispielsweise für $\underline{Q} = \underline{I}_3$, $\underline{S} = 5\,\underline{I}_2$ und $\beta = 2$ die Startmatrizen

$$\underline{Z}_0 = \begin{bmatrix} 0{,}359 & -0{,}0434 & 0{,}0101 \\ -0{,}0434 & 0{,}0237 & -0{,}0521 \\ 0{,}0101 & -0{,}0521 & 0{,}408 \end{bmatrix},$$

$$\underline{A}_0 = \begin{bmatrix} -0{,}542 & 0{,}357 & -0{,}00588 \\ 0{,}332 & -0{,}664 & 0{,}332 \\ -0{,}00588 & 0{,}362 & -0{,}762 \end{bmatrix},$$

$$\underline{Q}_0 = \begin{bmatrix} 1{,}38 & -0{,}0470 & 0{,}0226 \\ -0{,}0470 & 1{,}01 & -0{,}0632 \\ 0{,}0226 & -0{,}0632 & 1{,}49 \end{bmatrix}$$

und nach vier Iterationsschritten bei einem maximalen absoluten Fehler von $2{,}4 \cdot 10^{-5}$ die Lösungsmatrix

$$\underline{P} = \begin{bmatrix} 1{,}87 & 1{,}02 & 0{,}484 \\ 1{,}02 & 1{,}50 & 0{,}760 \\ 0{,}484 & 0{,}760 & 1{,}24 \end{bmatrix},$$

aus der man die Rückführmatrix des Riccati-Reglers zu

$$\underline{R} = \underline{S}^{-1}\,\underline{B}^T\,\underline{P} = \begin{bmatrix} 0{,}286 & 0{,}156 & 0{,}074 \\ 0{,}074 & 0{,}116 & 0{,}189 \end{bmatrix}$$

berechnet.

13.5 Ein Entwurf auf Führungsverhalten: Entkopplung nach *Falb-Wolovich*

Die im vorhergehenden behandelten Reglerentwürfe durch Polvorgabe und durch Minimieren eines quadratischen Gütemaßes beziehen sich auf das Störverhalten der Regelung. Das Ziel ist, beliebige Anfangsstörungen $\underline{x}(0) = \underline{x}_0$ auszuregeln. Das Führungsverhalten wird durch das Vorfilter - gewissermaßen nebenbei - miterledigt, allerdings nur insoweit, als ein stationäres Sollverhalten der Regelgrößen gesichert wird.

Ändern sich die Führungsgrößen der Regelung laufend und sollen die Regelgrößen ihnen möglichst gut folgen, so kommt man mit diesem Verfahren nicht aus. Im vorliegenden Abschnitt soll eine Methode behandelt werden, die gerade auf diese Fragestellung zugeschnitten ist: die Entkopplung nach ***Falb-Wolovich*** [13.13]. Sie ist von der im Abschnitt 9.2 betrachteten klassischen Entkopplung nach ***Boksenbom-Hood*** verschieden und stellt eine eigenständige Methode im Rahmen der Zustandssynthese dar, wenngleich sie Beziehungen zur Polvorgabe hat. Es ist hervorzuheben, daß sie sich auf lineare zeitvariante und sogar nichtlineare Systeme erweitern läßt [13.14], [13.15], [13.16].

Bei all diesen Untersuchungen spielt der Begriff der *Differenzordnung* eine grundlegende Rolle, weshalb wir die Betrachtung mit ihm beginnen müssen.

13.5.1 Begriff der Differenzordnung

Der Begriff "Differenzordnung" liegt auf der Hand, wenn man von einem Eingrößensystem in komplexer Darstellung ausgeht:

$$Y(s) = G(s)U(s) = \frac{b_m s^m + \ldots + b_1 s + b_0}{a_n s^n + \ldots + a_1 s + a_0} \cdot U(s) \quad (13.95)$$

mit $a_n, b_m \neq 0$ und $m < n$. Die zugehörige Differentialgleichung ist

$$a_n \overset{(n)}{y} + \ldots + a_1 \dot{y} + a_0 y = b_m \overset{(m)}{u} + \ldots + b_1 \dot{u} + b_0 u .$$

Die Ordnung des linken Differentialoperators ist n, die des rechten m. Die Differenz

$$\delta = n - m \quad (13.96)$$

ist die *Differenzordnung des Eingrößensystems*. Es liegt auf der Hand, daß $1 \leq \delta \leq n$ ist.

Um den Begriff auf die Zustandsdarstellung zu übertragen, bilden wir den Grenzwert

$$\lim_{s\to\infty} s^k G(s) = \lim_{s\to\infty} \frac{b_m s^{m+k} + \ldots + b_1 s^{k+1} + b_0 s^k}{a_n s^n + \ldots + a_1 s + a_0} .$$

Indem man durch s^n kürzt, wird daraus

$$\lim_{s\to\infty} s^k G(s) = \lim_{s\to\infty} \frac{\dfrac{b_m}{s^{n-m-k}} + \ldots + \dfrac{b_1}{s^{n-k-1}} + \dfrac{b_0}{s^{n-k}}}{a_n + \dfrac{a_{n-1}}{s} + \ldots + \dfrac{a_0}{s^n}} .$$

Für $s \to \infty$ gehen sämtliche Brüche im Nenner $\to 0$, so daß vom Nenner nur a_n bleibt. Ist $k < \delta = n - m$, so gehen sämtliche Brüche im Zähler $\to 0$, ist $k > \delta$, so geht mindestens ein solcher Bruch $\to \infty$, ist schließlich $k = \delta$, so geht der gesamte Zähler $\to b_m$. Mithin wird

$$\lim_{s\to\infty} s^k G(s) = \begin{cases} 0 & \text{für} \quad k < \delta \\ b_m / a_n \neq 0 & \text{für} \quad k = \delta \\ \infty & \text{für} \quad k > \delta \end{cases} . \tag{13.97}$$

Wir gehen nun zum Eingrößensystem in Zustandsdarstellung über:

$$\dot{\underline{x}} = \underline{A}\,\underline{x} + \underline{b}\,u\ , \quad y = \underline{c}^T \underline{x}\ . \tag{13.98}$$

Mit $\underline{x}_0 = \underline{0}$ folgt daraus durch Laplace-Transformation

$$Y(s) = \underline{c}^T (s\underline{I} - \underline{A})^{-1} \underline{b} \cdot U(s)\ ,$$

so daß also die Übertragungsfunktion

$$G(s) = \underline{c}^T (s\underline{I} - \underline{A})^{-1} \underline{b}$$

ist. Nach (12.88) ist

$$(s\underline{I} - \underline{A})^{-1} = \mathscr{L}\left\{e^{\underline{A}t}\right\} = \mathscr{L}\left\{\sum_{\nu=0}^{\infty} \frac{t^\nu}{\nu!} \underline{A}^\nu\right\} =$$

$$= \sum_{\nu=0}^{\infty} \mathscr{L}\left\{\frac{t^\nu}{\nu!}\right\} \underline{A}^\nu = \sum_{\nu=0}^{\infty} \frac{1}{s^{\nu+1}} \underline{A}^\nu\ .$$

Also ist

$$G(s) = \sum_{\nu=0}^{\infty} \frac{\underline{c}^T \underline{A}^\nu \underline{b}}{s^{\nu+1}}\ . \tag{13.99}$$

Somit ist

$$\lim_{s\to\infty} s^\delta G(s) = \lim_{s\to\infty} \sum_{\nu=0}^{\infty} \frac{\underline{c}^T \underline{A}^\nu \underline{b}}{s^{\nu+1-\delta}}\ .$$

Da für $s \to \infty$ alle Glieder mit $\nu+1-\delta > 0$, also $\nu > \delta-1$, verschwinden, ist

$$\lim_{s\to\infty} s^\delta G(s) = \lim_{s\to\infty} \sum_{\nu=0}^{\delta-1} \underline{c}^T \underline{A}^\nu \underline{b} \cdot s^{\delta-1-\nu} =$$

$$= \lim_{s\to\infty} \left[\underline{c}^T \underline{b} \cdot s^{\delta-1} + \ldots + \underline{c}^T \underline{A}^{\delta-2} \underline{b} \cdot s + \underline{c}^T \underline{A}^{\delta-1} \underline{b}\right]\ .$$

Nach (13.97) muß dieser Grenzwert endlich und $\neq 0$ sein. Dies ist genau dann der Fall, wenn

$$\underline{c}^T \underline{b} = 0\ , \underline{c}^T \underline{A}\,\underline{b} = 0, \ldots, \underline{c}^T \underline{A}^{\delta-2} \underline{b} = 0\ , \underline{c}^T \underline{A}^{\delta-1} \underline{b} \neq 0\ . \tag{13.100}$$

Genügt eine natürliche Zahl δ diesen Gleichungen, so ist sie die Differenzordnung des Eingrößensystems $\dot{\underline{x}} = \underline{A}\,\underline{x} + \underline{b}\,u$, $y = \underline{c}^T \underline{x}$. Denn die Übertragungsfunktion des Eingrößensystems hat dann in der Tat δ als die eingangs dieses Unterabschnitts definierte Differenzordnung.

Die Übertragung auf Mehrgrößensysteme erfolgt sinngemäß. Die Zustandsgleichungen des Systems seien

$$\dot{\underline{x}} = \underline{A}\,\underline{x} + \underline{B}\,\underline{u}\ ,$$

$$\underline{y} = \underline{C}\,\underline{x}\ .$$

Die Ausgangsgleichung sei komponentenweise geschrieben:

$$y_i = \underline{c}_i^T \underline{x}\ , \quad i = 1, \ldots, q\ , \tag{13.101}$$

wobei $\underline{c}_1^T, \ldots, \underline{c}_q^T$ die Zeilenvektoren von $\underline{C}$ sind. Dann versteht man unter der *Differenzordnung der Ausgangsgröße y_i des Systems die natürliche Zahl δ_i, für welche die folgenden Beziehungen gelten:*

$$\underline{c}_i^T \underline{B} = \underline{0}^T\ , \ \underline{c}_i^T \underline{A}\,\underline{B} = \underline{0}^T\ , \ldots,\ \underline{c}_i^T \underline{A}^{\delta_i-2} \underline{B} = \underline{0}^T\ ,$$

$$\underline{c}_i^T \underline{A}^{\delta_i-1} \underline{B} \neq \underline{0}^T\ . \tag{13.102}$$

Ganz entsprechend wie im Fall des Eingrößensystems kann man δ_i mittels der Übertragungsmatrix interpretieren. Sind $G_{i1}(s), \ldots, G_{ip}(s)$ die Übertragungsfunktionen, welche die Steuergrößen $u_1, \ldots, u_p$ mit der Ausgangsgröße y_i verknüpfen, so hat jede dieser Übertragungsfunktionen eine Differenzordnung δ_{ik}, $k = 1, \ldots, p$. Dann ist δ_i die kleinste dieser Differenzordnungen, also

$$\delta_i = \min(\delta_{i1}, \ldots, \delta_{ip})\ .$$

Man bezeichnet nun die Summe der Differenzordnungen aller Ausgangsgrößen $y_1, \ldots, y_q$ eines dynamischen Systems als dessen Differenzordnung:

$$\delta = \delta_1 + \delta_2 + \ldots + \delta_q\ .$$

Mit Hilfe der Differenzordnungen δ_i läßt sich aus der Zustandsbeschreibung eines dynamischen Systems eine andere Beschreibungsform herleiten, die den Ausgangspunkt der Entkopplung bildet, aber auch an sich von Interesse ist. Dazu gehen wir von (13.101) aus und differenzieren nach t:

$$\dot{y}_i = \underline{c}_i^T \dot{\underline{x}} = \underline{c}_i^T \underline{A}\,\underline{x} + \underline{c}_i^T \underline{B}\,\underline{u}\ .$$

Sofern $\underline{c}_i^T \underline{B} = \underline{0}^T$ ist, gilt also

$$\dot{y}_i = \underline{c}_i^T \underline{A}\,\underline{x}\ .$$

Nochmalige Differentiation nach t liefert

$$\ddot{y}_i = \underline{c}_i^T \underline{A}\,\dot{\underline{x}} = \underline{c}_i^T \underline{A}^2 \underline{x} + \underline{c}_i^T \underline{A}\,\underline{B}\,\underline{u}\ .$$

Ist auch $\underline{c}_i^T \underline{A}\,\underline{B} = \underline{0}^T$, ergibt sich weiter

$$\ddot{y}_i = \underline{c}_i^T \underline{A}^2 \underline{x}\ .$$

In dieser Weise kann man fortfahren bis zur $(\delta_i - 1)$-ten Ableitung von y_i, wo δ_i die Differenzordnung von y_i ist. Denn nach Definition der Differenzordnung ist

$$\underline{c}_i^T \underline{B} = \underline{0}^T , \ldots , \underline{c}_i^T \underline{A}^{\delta_i - 2} \underline{B} = \underline{0}^T , \underline{c}_i^T \underline{A}^{\delta_i - 1} \underline{B} \neq \underline{0}^T .$$

Insgesamt gilt also:

$$\left. \begin{aligned} y_i &= \underline{c}_i^T \underline{x} \\ \dot{y}_i &= \underline{c}_i^T \underline{A}\, \underline{x} \\ &\vdots \\ \overset{(\delta_i - 1)}{y_i} &= \underline{c}_i^T \underline{A}^{\delta_i - 1} \underline{x} \end{aligned} \right\} \quad (13.103)$$

und schließlich

$$\overset{(\delta_i)}{y_i} = \underline{c}_i^T \underline{A}^{\delta_i} \underline{x} + \underline{c}_i^T \underline{A}^{\delta_i - 1} \underline{B}\, \underline{u} , \quad i = 1, \ldots, q . \quad (13.104)$$

Sieht man den Vektor

$$\underline{y}^* = \begin{bmatrix} \overset{(\delta_1)}{y_1} \\ \vdots \\ \overset{(\delta_q)}{y_q} \end{bmatrix} \quad (13.105)$$

als neuen Ausgangsvektor des dynamischen Systems an, so kann man es wegen (13.104) nunmehr in der Form

$$\dot{\underline{x}} = \underline{A}\, \underline{x} + \underline{B}\, \underline{u} \quad (13.106)$$

$$\underline{y}^* = \underline{C}^* \underline{x} + \underline{D}^* \underline{u} \quad (13.107)$$

mit

$$\underline{C}^* = \begin{bmatrix} \underline{c}_1^T \underline{A}^{\delta_1} \\ \vdots \\ \underline{c}_q^T \underline{A}^{\delta_q} \end{bmatrix} , \quad \underline{D}^* = \begin{bmatrix} \underline{c}_1^T \underline{A}^{\delta_1 - 1} \underline{B} \\ \vdots \\ \underline{c}_q^T \underline{A}^{\delta_q - 1} \underline{B} \end{bmatrix} \quad (13.108)$$

beschreiben. Damit liegt neben der üblichen Zustandsdarstellung *eine zweite Beschreibungsform dynamischer Systeme* vor. Ihre Ausgangsgleichung (13.107) bzw. das entsprechende Gleichungssystem (13.104) bildet die Basis des Entkopplungsverfahrens.

Ehe wir zu ihm übergehen, sei noch angemerkt, daß sich aus den Gleichungen (13.103) und (13.104) eine neue Interpretation der Differenzordnung δ_i ergibt: Sie kennzeichnet die niedrigste Ableitung der Ausgangsgröße y_i, auf welche der Steuervektor $\underline{u}$ *direkt* zugreift. Auf alle niedrigeren Ableitungen als die δ_i-te Ableitung wirkt er nur über die Vermittlung des Zustandsvektors $\underline{x}$ ein.

13.5.2 Durchführung der Entkopplung

Ausgangspunkt ist die Zustandsregelung im Bild 13/3. Unser Ziel besteht darin, Vorfilter $\underline{M}$ und Regler $\underline{R}$ so zu wählen, *daß jede Regelgröße y_i nur noch von der ihr zugeordneten Führungsgröße w_i beeinflußt* wird, nicht jedoch von den anderen Führungsgrößen. Darin besteht die *Entkopplung*. Ist die Entkopplung gelungen, so wird man versuchen, die restlichen Freiheitsgrade in $\underline{M}$ und $\underline{R}$ so zu verwenden, daß jede Regelgröße ihrer Führungsgröße möglichst unverzögert und unverzerrt folgt, also ein gutes Führungsverhalten zustande kommt.

Zur Durchführung dieses Programms setzen wir im vorliegenden Abschnitt voraus, daß $p = q$ ist, also die *Anzahl der Regelgrößen mit der Anzahl der Steuergrößen übereinstimmt.* Regler und Vorfilter zusammen werden durch die Gleichung

$$\underline{u} = -\underline{R}\, \underline{x} + \underline{M}\, \underline{w} \quad (13.109)$$

beschrieben, die wir auch kurz durch die Bezeichnung *"Entkopplungsregler"* charakterisieren wollen.

Setzt man (13.109) in (13.104) ein, so ergibt sich die Gleichung

$$\overset{(\delta_i)}{y_i} = \left[\underline{c}_i^T \underline{A}^{\delta_i} - \underline{c}_i^T \underline{A}^{\delta_i - 1} \underline{B}\, \underline{R} \right] \underline{x} + \underline{c}_i^T \underline{A}^{\delta_i - 1} \underline{B}\, \underline{M}\, \underline{w} , \quad i = 1, \ldots, p . \quad (13.110)$$

Um dem Ziel, daß die Regelgröße y_i nur von ihrer eigenen Führungsgröße w_i abhängt, näherzukommen, versucht man, das Vorfilter $\underline{M}$ so zu bestimmen, daß gilt:

$$\underline{c}_i^T \underline{A}^{\delta_i - 1} \underline{B}\, \underline{M}\, \underline{w} = k_i w_i = [0, \ldots, k_i, \ldots, 0]\, \underline{w} , \quad i = 1, \ldots, p . \quad (13.111)$$

wobei die vorläufig beliebige Zahl k_i an der i-ten Stelle dieses Zeilenvektors steht.

Das Gleichungssystem (13.111) läßt sich in Matrizenform schreiben:

$$\begin{bmatrix} \underline{c}_1^T \underline{A}^{\delta_1 - 1} \underline{B} \\ \vdots \\ \underline{c}_p^T \underline{A}^{\delta_p - 1} \underline{B} \end{bmatrix} \cdot \underline{M}\, \underline{w} = \begin{bmatrix} k_1 & 0 & \ldots & 0 \\ 0 & & & \\ \vdots & & \ddots & \vdots \\ 0 & \ldots & & k_p \end{bmatrix} \underline{w} . \quad (13.112)$$

Da diese Gleichung für beliebiges $\underline{w}$ gelten soll, kann man $\underline{w}$ streichen. Dann folgt aus (13.112), wenn man die Bezeichnung (13.108) benutzt:

$$\underline{D}^* \underline{M} = \mathrm{diag}(k_1, \ldots, k_p) ,$$

also

$$\underline{M} = \underline{D}^{*-1} \cdot \mathrm{diag}(k_1, \ldots, k_p) \,, \qquad (13.113)$$

womit die Vorfiltermatrix gefunden ist. Um sie in dieser Weise zu bilden, muß also

$$\det \underline{D}^* \neq 0 \qquad (13.114)$$

vorausgesetzt werden.

Die Differentialgleichungen (13.110) lauten nunmehr

$$y_i^{(\delta_i)} = \left[\underline{c}_i^T \underline{A}^{\delta_i} - \underline{c}_i^T \underline{A}^{\delta_i - 1} \underline{B}\,\underline{R} \right] \underline{x} + k_i w_i \,, \quad i = 1, \ldots, p \,. \qquad (13.115)$$

Wie man daraus sieht, ist noch keine Entkopplung erreicht, da die von w_i verschiedenen Führungsgrößen über $\underline{x}$ auf y_i einwirken. Um diesen Einfluß zu beseitigen, wollen wir die noch freie Reglermatrix $\underline{R}$ so bestimmen, daß der $\underline{x}$-Term in (13.115) nur von y_i abhängt, und fordern deshalb:

$$\left[\underline{c}_i^T \underline{A}^{\delta_i} - \underline{c}_i^T \underline{A}^{\delta_i - 1} \underline{B}\,\underline{R} \right] \underline{x} = - \sum_{\nu=0}^{\delta_i - 1} q_{i\nu} y_i^{(\nu)} \,, \qquad (13.116)$$

wobei die $q_{i\nu}$ zunächst beliebige reelle Parameter sind. Gelingt es nämlich, eine derartige Matrix $\underline{R}$ zu finden, so folgt aus (13.115)

$$y_i^{(\delta_i)} = - \sum_{\nu=0}^{\delta_i - 1} q_{i\nu} y_i^{(\nu)} + k_i w_i \,, \quad i = 1, \ldots, p$$

oder

$$y_i^{(\delta_i)} + \ldots + q_{i1} \dot{y}_i + q_{i0} y_i = k_i w_i \,, \quad i = 1, \ldots, p \,. \qquad (13.117)$$

D.h.: Jede Regelgröße y_i hängt nur noch von ihrer eigenen Führungsgröße w_i ab, womit das Entkopplungsziel erreicht ist.

Wie kann man nun (13.116) nach $\underline{R}$ auflösen? Hierfür sind die Beziehungen (13.103) entscheidend. Mit ihnen folgt aus (13.116)

$$\left[\underline{c}_i^T \underline{A}^{\delta_i} - \underline{c}_i^T \underline{A}^{\delta_i - 1} \underline{B}\,\underline{R} \right] \underline{x} = - \sum_{\nu=0}^{\delta_i - 1} q_{i\nu} \underline{c}_i^T \underline{A}^{\nu} \underline{x} \,, \quad i = 1, \ldots, p \,.$$

Da dies für jedes $\underline{x}$ gelten muß, kann man $\underline{x}$ streichen und erhält:

$$\underline{c}_i^T \underline{A}^{\delta_i - 1} \underline{B} \cdot \underline{R} = \underline{c}_i^T \underline{A}^{\delta_i} + \sum_{\nu=0}^{\delta_i - 1} q_{i\nu} \underline{c}_i^T \underline{A}^{\nu} \,, \quad i = 1, \ldots, p \,.$$

Faßt man diese Gleichungen zu *einer* Matrizengleichung zusammen, so ergibt sich auf der linken Seite das Produkt $\underline{D}^* \underline{R}$ und damit schließlich

$$\underline{R} = \underline{D}^{*-1} \begin{bmatrix} \underline{c}_1^T \underline{A}^{\delta_1} + \sum_{\nu=0}^{\delta_1 - 1} q_{1\nu} \underline{c}_1^T \underline{A}^{\nu} \\ \vdots \\ \underline{c}_p^T \underline{A}^{\delta_p} + \sum_{\nu=0}^{\delta_p - 1} q_{p\nu} \underline{c}_p^T \underline{A}^{\nu} \end{bmatrix} . \qquad (13.118)$$

Man sieht, daß auch hier wieder die Bedingung

$$\det \underline{D}^* \neq 0$$

auftritt. Ist sie erfüllt, so ist das System entkoppelbar. Daß die Bedingung auch notwendig ist, wird in [13.13] bewiesen. Man bezeichnet sie als *Entkoppelbarkeitsbedingung*.

Ist sie erfüllt und wählt man $\underline{M}$ gemäß (13.113), $\underline{R}$ gemäß (13.118), so ist die Regelung entkoppelt, denn es gelten dann die Differentialgleichungen (13.117) bzw. die komplexen Gleichungen

$$Y_i(s) = \frac{k_i}{s^{\delta_i} + \ldots + q_{i1} s + q_{i0}} W_i(s) \,, \quad i = 1, \ldots, p \,. \qquad (13.119)$$

Dies ist die *endgültige Form des entkoppelten Systems. Es besteht aus p voneinander völlig unabhängigen Teilsystemen und ist äquivalent zur Zustandsregelung im Bild 13/3 (mit* $\underline{x}_0 = \underline{0}$*).*

Es bleiben noch die freien Parameter $q_{i\nu}$ und k_i zu wählen. Mit ihnen kann man ein günstiges Verhalten der p getrennten Kanäle (13.119) verwirklichen. Zunächst wird man

$$k_i = q_{i0} \,, \quad i = 1, \ldots, p \qquad (13.120)$$

wählen, da dann im stationären Zustand, also für $s = 0$, $y_i = w_i$ gilt.

Die Parameter $q_{i\nu}$ kann man für jedes i nach einer grundsätzlich beliebigen Entwurfsmethode für Eingrößensysteme wählen. Es liegt nahe, sie durch Polvorgabe zu bestimmen, indem man für jedes der getrennten Teilsysteme die δ_i Pole der Übertragungsfunktion

$$G_i(s) = \frac{q_{i0}}{s^{\delta_i} + \ldots + q_{i1}s + q_{i0}} \; , \quad i = 1, \ldots, p \; , \tag{13.121}$$

vorgibt. In ihrer Gesamtheit bilden sie die Eigenwerte des zur Regelung äquivalenten Teilsystemverbunds (13.121).

Zusammenfassend kann man sagen:

Die aus der Strecke

$$\dot{\underline{x}} = \underline{A}\,\underline{x} + \underline{B}\,\underline{u} \; , \quad y_i = \underline{c}_i^T \underline{x} \; , \quad i = 1, \ldots, p \; ,$$

und dem Regler (einschließlich Vorfilter)

$$\underline{u} = -\,\underline{R}\,\underline{x} + \underline{M}\,\underline{w}$$

gebildete Zustandsregelung läßt sich genau dann entkoppeln, wenn

$$\det \underline{D}^* = \det \begin{bmatrix} \underline{c}_1^T \underline{A}^{\delta_1 - 1} \underline{B} \\ \vdots \\ \underline{c}_p^T \underline{A}^{\delta_p - 1} \underline{B} \end{bmatrix} \neq 0 \tag{13.122}$$

ist, wobei δ_i die Differenzordnung der Ausgangsgröße y_i darstellt. Zur Entkopplung hat man $\underline{M}$ gemäß (13.113), $\underline{R}$ gemäß (13.118) zu wählen. Die so erhaltene Regelung ist äquivalent zu den p getrennten Eingrößensystemen

$$Y_i(s) = \frac{k_i}{s^{\delta_i} + \ldots + q_{i1}s + q_{i0}} \cdot W_i(s) \; ,$$

$$i = 1, \ldots, p \; .$$

Die freien $q_{i\nu}$ kann man durch Polvorgabe in den getrennten Eingrößensystemen bestimmen und $k_i = q_{i0}$ wählen, um stationäre Genauigkeit zu erreichen.

Im Bild 13/14 ist die Äquivalenz der mit dem Entkopplungsregler $(\underline{R}, \underline{M})$ versehenen, stark verkoppelten Zustandsregelung mit einem aus p getrennten und voneinander unabhängigen Eingrößensystemen bestehenden Gesamtsystem anschaulich dargestellt. Wie stets besteht die dynamische Äquivalenz darin, daß beide Strukturen trotz ganz verschiedenen Innenaufbaus auf den gleichen Eingangsvektor $\underline{w}(t)$ mit dem gleichen Ausgangsvektor $\underline{y}(t)$ reagieren. Die mit dem Entkopplungsregler $(\underline{R}, \underline{M})$ ausgerüstete Zustandsregelung verhält sich also so, als ob keine Kopplungen zwischen den Signalpfaden (w_i, y_i) existierten. Indem man zusätzlich Pole der entkoppelten Übertragungsfunktionen vorgibt, schreibt man Eigenwerte der Regelung vor.

13.5.3 Anwendung des Verfahrens

Wenngleich der *Regelungsentwurf durch Entkopplung* von Natur aus auf Mehrgrößensysteme zugeschnitten ist, so läßt er sich auch *für Eingrößensysteme*

$$\dot{\underline{x}} = \underline{A}\,\underline{x} + \underline{b}\,u \; , \quad y = \underline{c}^T \underline{x}$$

anwenden. Die Differenzordnung δ ergibt sich aus

$$\underline{c}^T \underline{b} = 0 \; , \; \underline{c}^T \underline{A}\,\underline{b} = 0 \; , \ldots , \; \underline{c}^T \underline{A}^{\delta-2} \underline{b} = 0 \; ,$$

$$\underline{c}^T \underline{A}^{\delta-1} \underline{b} \neq 0 \; . \tag{13.123}$$

Die Vorfiltermatrix $\underline{M}$ wird zum Skalar, der nach (13.113) den Wert

$$m = \frac{k}{d^*} = \frac{k}{\underline{c}^T \underline{A}^{\delta-1} \underline{b}} \tag{13.124}$$

hat, wobei $d^* \neq 0$ ist. Aus dem Regler wird nach (13.118)

$$\underline{r}^T = \frac{1}{\underline{c}^T \underline{A}^{\delta-1} \underline{b}} \left[\underline{c}^T \underline{A}^{\delta} + q_{\delta-1} \underline{c}^T \underline{A}^{\delta-1} + \ldots + q_0 \underline{c}^T \right] , \tag{13.125}$$

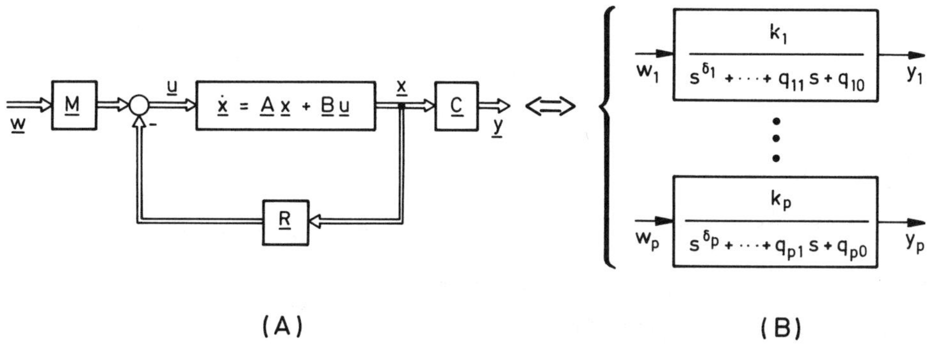

Bild 13/14. Äquivalenz zwischen der mit einem Entkopplungsregler $(\underline{R}, \underline{M})$ ausgerüsteten Zustandsregelung und p getrennten Eingrößensystemen wobei die Parameter q_ν frei sind. Man hat so eine äußerst einfache Reglerformel erhalten, mit der man δ Eigenwerte der Regelung vorgeben kann.

Zum allgemeinen Fall des Mehrgrößensystems zurückkehrend, liegt es auf der Hand, daß man die beiden Fälle $\delta = n$ und $\delta < n$ zu unterscheiden hat. Wir wenden uns zuerst dem Fall $\delta = n$ zu, in dem das dynamische System maximale *Differenzordnung* aufweist. Da man in dem entkoppelten System insgesamt

$$\delta = \delta_1 + \delta_2 + \ldots + \delta_p$$

Pole vorgeben kann, die zugleich die Eigenwerte dieses Systems sind, ist es im Fall maximaler Differenzordnung möglich, neben der Durchführung der Entkopplung *sämtliche n Eigenwerte der Regelung* im Bild 13/14 vorzuschreiben und dadurch eine gewünschte Dynamik zu erzielen.

Wir wollen das Verfahren wieder auf das Beispiel des 3-Tank-Systems anwenden und dazu von der Zustandsdifferentialgleichung (13.56) ausgehen. Diese können wir in der Form

$$\dot{\underline{x}} = \begin{bmatrix} -f_1 & f_1 & 0 \\ f_1 & -2f_1 & f_1 \\ 0 & f_1 & -(f_1+f_2) \end{bmatrix} \underline{x} + \begin{bmatrix} h & 0 \\ 0 & 0 \\ 0 & h \end{bmatrix} \underline{u} \qquad (13.126)$$

schreiben, wobei

$$f_1 = 0{,}332 \ , \quad f_2 = 0{,}192 \ , \quad h = 0{,}764$$

ist. Sehen wir x_2 und x_3 als Ausgangsgrößen an, so ist

$$y_1 = x_2 \ ,$$

$$y_2 = x_3 \ ,$$

also

$$\underline{y} = \begin{bmatrix} 0 & 1 & 0 \\ 0 & 0 & 1 \end{bmatrix} \underline{x} \ . \qquad (13.127)$$

Damit wird

$$\underline{c}_1^T \underline{B} = [0 \quad 0] \ , \quad \underline{c}_1^T \underline{A}\,\underline{B} = [hf_1 \, , hf_2] \neq \underline{0}^T \ ,$$

so daß $\delta_1 - 1 = 1$, also $\delta_1 = 2$ ist. Weiterhin ist

$$\underline{c}_2^T \underline{B} = [0 \, , h] \neq \underline{0}^T \ ,$$

mithin $\delta_2 - 1 = 0$, also $\delta_2 = 1$. Damit ist die globale Differenzordnung des Systems

$$\delta = \delta_1 + \delta_2 = 3 \ .$$

Wegen $n = 3$ liegt somit maximale Differenzordnung vor.

Die weitere Rechnung läßt sich infolge der Einfachheit dieses Reglerentwurfsverfahrens ohne Schwierigkeit allgemein durchführen. Zunächst ist nach (13.108)

$$\underline{D}^* = \begin{bmatrix} \underline{c}_1^T \underline{A}\,\underline{B} \\ \underline{c}_2^T \underline{B} \end{bmatrix} = \begin{bmatrix} hf_1 & hf_1 \\ 0 & h \end{bmatrix} , \quad \text{also}$$

$\det \underline{D}^* = h^2 f_1 \neq 0$: Das System ist entkoppelbar. Die Inverse zu $\underline{D}^*$ ist

$$\underline{D}^{*-1} = \frac{1}{hf_1} \begin{bmatrix} 1 & -f_1 \\ 0 & f_1 \end{bmatrix} .$$

Daraus wird nach (13.113), mit $k_i = q_{i0}$:

$$\underline{M} = \frac{1}{hf_1} \begin{bmatrix} q_{10} & -f_1 q_{20} \\ 0 & f_1 q_{20} \end{bmatrix} .$$

Schließlich ergibt sich für die Rückführmatrix nach (13.118) zunächst

$$\underline{R} = \underline{D}^{*-1} \begin{bmatrix} \underline{c}_1^T \underline{A}^2 + q_{11}\, \underline{c}_1^T \underline{A} + q_{10}\, \underline{c}_1^T \\ \underline{c}_2^T \underline{A} + q_{20}\, \underline{c}_2^T \end{bmatrix}$$

und daraus endgültig

$$\underline{R} = \frac{1}{h} \left[\begin{array}{c:c:c} -3f_1 + q_{11} & 5f_1 - 2q_{11} + \dfrac{q_{10}}{f_1} & -2f_1 + q_{11} - q_{20} \\ 0 & f_1 & -f_1 - f_2 + q_{20} \end{array} \right] .$$

Wir geben nun die Eigenwerte des entkoppelten Systems in der gleichen Weise vor wie bei der modalen Regelung, um einen Vergleich zu ermöglichen, obwohl es hier möglich wäre, alle drei Streckeneigenwerte zu verschieben:

$$\lambda_{R1} = -0{,}234 \ ; \quad \lambda_{R2} = -1{,}312 \ ; \quad \lambda_{R3} = -1{,}036 \ .$$

Dann gilt

$$s^2 + q_{11}s + q_{10} = (s - \lambda_{R1})(s - \lambda_{R2}) \ ,$$

$$s + q_{20} = s - \lambda_{R3} \ ,$$

also

$$q_{11} = -(\lambda_{R1} + \lambda_{R2}) \ , \quad q_{10} = \lambda_{R1}\lambda_{R2} \ , \quad q_{20} = -\lambda_{R3} \ .$$

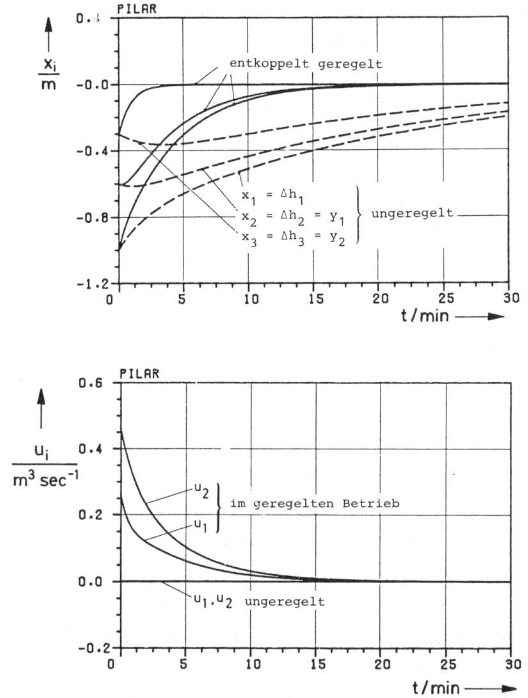

Bild 13/15. Das entkoppelte 3-Tank-System bei Anfangsstörung

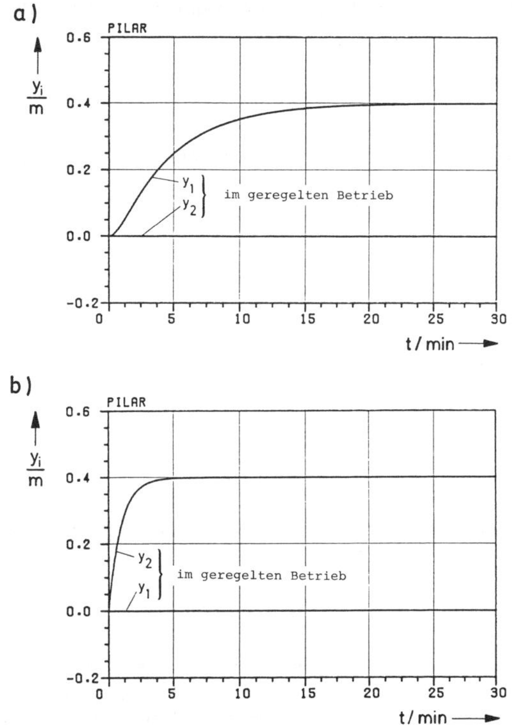

Bild 13/16. Das entkoppelte 3-Tank-System bei Führungsgrößensprüngen

Das Ergebnis dieses Entwurfs sieht man auf Bild 13/15 und 13/16. Das erstgenannte Bild zeigt die Zeitverläufe bei einer Anfangsstörung, und zwar der gleichen wie bei der modalen Regelung und Riccati-Regelung. Man sieht, daß das Gesamtzeitverhalten ähnlich ist, wenngleich es im einzelnen Verschiedenheiten gibt. Bild 13/16 demonstriert die Entkopplung. Im Fall a) wurde die Sprungfunktion $w_1 = 0{,}4\,\sigma(t)$ aufgeschaltet, während $w_2 \equiv 0$ ist. Wie man sieht, verhalten sich beide Ausgangsgrößen y_1 und y_2 gänzlich unabhängig voneinander, insbesondere ist $y_2 \equiv 0$. Der Fall b) zeigt den entsprechenden Effekt für $w_1 \equiv 0$ und $w_2 = 0{,}4\,\sigma(t)$.

Betrachten wir noch den Fall des *Ein*größensystems mit maximaler Differenzordnung. Dann folgt aus (13.125) wegen $\delta = n$

$$\underline{r}^T = \frac{1}{\underline{c}^T \underline{A}^{n-1} \underline{b}} \left[\underline{c}^T \underline{A}^n + q_{n-1} \underline{c}^T \underline{A}^{n-1} + \ldots + q_0 \underline{c}^T \right] . \tag{13.128}$$

Das ist genau die Ackermann-Formel (13.32) für den Polvorgaberegler, nur braucht man hier $\underline{t}_1^T$ nicht mehr auszurechnen, sondern dieser Zeilenvektor ist bereits durch

$$\underline{t}_1^T = \frac{\underline{c}^T}{\underline{c}^T \underline{A}^{n-1} \underline{b}}$$

gegeben. Der Ausdruck (13.128) zeigt wiederum, wie einfach der Formalismus des Entkopplungsreglers ist.

Gehen wir nun zum *Fall $\delta < n$* über. Hier hat die Gesamtheit der Eingrößensysteme (Struktur B im Bild 13/14), welche zur Entkopplungsregelung (Struktur A im Bild 13/14) bezüglich des Ein-Ausgangs-Verhaltens äquivalent ist, weniger Eigenwerte als die Entkopplungsregelung, nämlich nur δ statt n. Der Grund liegt darin, daß beim Entwurf der Entkopplungsregelung (Struktur A) Nullstellen in den Elementen der Übertragungsmatrix geschaffen werden, welche die Eigenwerte kompensieren, wodurch diese in den Eingrößensystemen der Struktur B nicht mehr in Erscheinung treten.

Am *Beispiel eines Eingrößensystems* läßt sich dies ohne viel Rechnung zeigen. Die Strecke sei durch

$$Y(s) = \frac{s+a}{(s+1)(s+2)} U(s) \ , \quad a \neq 1, 2 \ ,$$

gegeben, so daß also $\delta = 1$ ist, während $n = 2$ gilt. Partialbruchzerlegung liefert

$$Y(s) = \left[\frac{a-1}{s+1} - \frac{a-2}{s+2} \right] U(s) \; .$$

Darauf folgt in üblicher Weise die Zustandsdarstellung

$$\dot{x}_1 = -x_1 + (a-1)\,u \; ,$$

$$\dot{x}_2 = -2x_2 + (a-2)\,u \; ,$$

$$y = x_1 - x_2 \; .$$

Weiter ergibt sich

$$d^* = 1 \; , \quad \text{also } M = k \; , \quad \text{und}$$

$$\underline{r}^T = \underline{c}^T \underline{A} + q_0 \underline{c}^T = \left[-1 + q_0 \, , \, 2 - q_0 \right] \; ,$$

wobei q_0 beliebig reell ist. Die Struktur dieser Regelung zeigt das Bild 13/17.

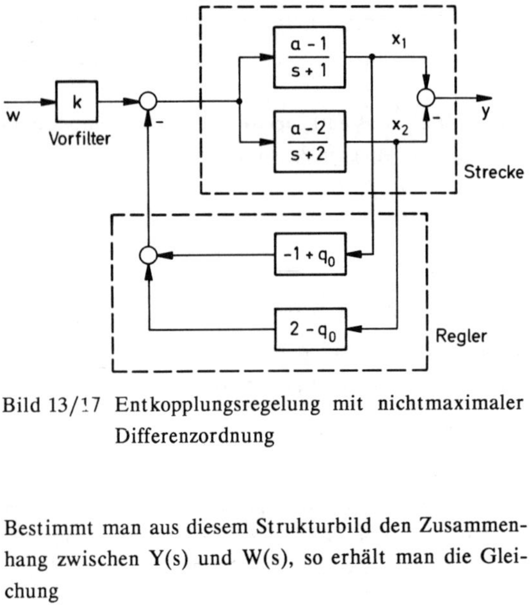

Bild 13/17 Entkopplungsregelung mit nichtmaximaler Differenzordnung

Bestimmt man aus diesem Strukturbild den Zusammenhang zwischen Y(s) und W(s), so erhält man die Gleichung

$$Y(s) = k \frac{s + a}{s^2 + (a + q_0)\,s + a\,q_0} W(s) \; .$$

Daraus folgt

$$Y(s) = k \frac{s + a}{(s + q_0)\,(s + a)} W(s) \; .$$

Man sieht also: Die Entkopplungsregelung hat die beiden Eigenwerte

$$\lambda_{R1} = -q_0 \; , \quad \lambda_{R2} = -a \; ,$$

wie es der Ordnung $n = 2$ entspricht. Von diesen kann λ_{R1} mittels q_0 beliebig vorgegeben werden. Hingegen ist λ_{R2} durch die freien Entwurfsparameter nicht beeinflußbar und wird durch eine gleiche Nullstelle kompensiert. Im Endeffekt ergibt sich daher die Übertragungsgleichung

$$Y(s) = \frac{k}{s + q_0} U(s) \; ,$$

wie es nach Satz (13.122) ja auch sein muß.

Falls also die Differenzordnung δ der Strecke nicht maximal ist, kann man beim Entwurf einer Entkopplungsregelung nicht alle Eigenwerte der Regelung vorschreiben. Die restlichen n-δ Eigenwerte werden durch Nullstellen der Regelung kompensiert. Nun ist aber zu bedenken, daß diese Kompensation im Realfall nie exakt sein wird. Sofern die nicht gezielt verschiebbaren Eigenwerte links von der j-Achse der komplexen Ebene liegen, spielt dies keine Rolle, da die durch ein solches Paar "Eigenwert-Nullstelle" hervorgerufenen Zeitvorgänge nicht merklich in Erscheinung treten (siehe die entsprechende Betrachtung für ein Paar "Pol-Nullstelle" im Abschnitt 6.6). Anders jedoch, wenn einer der nicht gezielt verschiebbaren Eigenwerte auf oder rechts der j-Achse liegt: Dann tritt er als instabiler Eigenwert in Erscheinung. Die Strecke ist in einem solchen Fall zwar entkoppelbar, aber nicht zugleich stabilisierbar. Im obigen Beispiel liegt diese Situation für $a < 0$ vor.

Als Ergebnis darf man festhalten: Hat eine Strecke nichtmaximale Differenzordnung, ist also $\delta < n$, so kann man das Entkopplungsverfahren in der beschriebenen Weise anwenden, sollte aber anschließend die Eigenwerte der Regelung aus

$$\det\left[s\underline{I} - (\underline{A} - \underline{B}\,\underline{R}) \right] = 0$$

bestimmen, um sich zu überzeugen, daß die nicht gezielt verschiebbaren Eigenwerte links der j-Achse liegen.[3]

13.6 Allgemeine Zustandsreglerformel von *G. Roppenecker* und die Methode der Vollständigen Modalen Synthese

Schon bei der Einführung der Polvorgabe (Unterabschnitt 13.3.1) wurde eine allgemeinere Zustandsreglerformel angekündigt. Sie wurde erstmals 1981 von *G.*

[3] Die interessante Frage, was zu tun ist, wenn eine Strecke nicht entkoppelbar bzw. nicht stabil entkoppelbar ist, wurde durch die Untersuchungen von *B. Lohmann* vollständig geklärt [13.17].

Roppenecker angegeben [13.18] und stellt einen *Formelausdruck* dar, *der jede konstante vollständige Zustandsrückführung* $\underline{u} = -\underline{R}\,\underline{x}$ *eines linearen und zeitinvarianten Systems beschreibt*, ganz gleich, welche Forderungen eine solche Rückführung erfüllen soll und wie die Rückführmatrix $\underline{R}$ im einzelnen beschaffen ist.

Erstaunlicherweise ist diese Formel nicht schwer herzuleiten. Wir betrachten die Zustandsdifferentialgleichung

$$\dot{\underline{x}} = \underline{A}\,\underline{x} + \underline{B}\,\underline{u}$$

und nehmen an, daß dazu ein Regler

$$\underline{u} = -\underline{R}\,\underline{x}$$

entworfen wurde und die Eigenwerte der Regelung, also der Zustandsdifferentialgleichung

$$\dot{\underline{x}} = (\underline{A} - \underline{B}\,\underline{R})\,\underline{x}\ ,$$

die Werte $\lambda_{R1}, \ldots, \lambda_{Rn}$ haben. Hierbei ist es gleich, *wie* der Regler entworfen wurde und wo die Eigenwerte liegen. Es muß also keineswegs ein Polvorgaberegler sein, bei dem die Eigenwerte gezielt vorgegeben wurden, sondern es kann sich z.B. auch um einen Riccati-Regler handeln, bei dem die Eigenwerte der Regelung sich von selbst einstellen, nachdem $\underline{R}$ in anderer Weise gewählt ist. Einfachheitshalber wollen wir voraussetzen, daß die Eigenwerte $\lambda_{R1}, \ldots, \lambda_{Rn}$ der Regelung ebenso wie die Eigenwerte $\lambda_1, \ldots, \lambda_n$ der Strecke einfach sind. Diese Voraussetzung läßt sich ohne weiteres beseitigen ([13.19], Abschnitt 2.4), wodurch die Untersuchungen jedoch umständlicher werden.

Wir gehen von der Definitionsgleichung der Eigenvektoren der *Regelung* aus:

$$\left[\lambda_{Ri}\underline{I} - (\underline{A} - \underline{B}\,\underline{R})\right]\underline{v}_{Ri} = \underline{0}\ , \quad i = 1, \ldots, n\ , \qquad (13.129)$$

wobei der Index R hier wie auch sonst eine Eigenschaft der Regelung (im Unterschied zu einer Eigenschaft der Strecke) bezeichnet. Aus dieser Gleichung folgt

$$(\lambda_{Ri}\underline{I} - \underline{A})\,\underline{v}_{Ri} = -\underline{B}\,\underline{R}\,\underline{v}_{Ri}\ , \quad i = 1, \ldots, n\ . \qquad (13.130)$$

Wir führen nun neue p-dimensionale Vektoren

$$\underline{p}_i = \underline{R}\,\underline{v}_{Ri}\ , \quad i = 1, \ldots, n\ , \qquad (13.131)$$

ein, die wir nach *G. Roppenecker* als *Parametervektoren* bezeichnen. Damit kann man (13.130) in der Form

$$(\lambda_{Ri}\underline{I} - \underline{A})\,\underline{v}_{Ri} = -\underline{B}\,\underline{p}_i\ , \quad i = 1, \ldots, n\ , \qquad (13.132)$$

schreiben, woraus

$$\underline{v}_{Ri} = (\underline{A} - \lambda_{Ri}\underline{I})^{-1}\,\underline{B}\,\underline{p}_i\ , \quad i = 1, \ldots, n\ , \qquad (13.133)$$

folgt. Die Definitionsgleichungen (13.131) der Parametervektoren kann man zu einer Matrizengleichung zusammenfassen:

$$\left[\underline{p}_1, \ldots, \underline{p}_n\right] = \underline{R}\left[\underline{v}_{R1}, \ldots, \underline{v}_{Rn}\right]\ . \qquad (13.134)$$

Wegen der Einfachheit der λ_{Ri} sind die Eigenvektoren $\underline{v}_{R1}, \ldots, \underline{v}_{Rn}$ linear unabhängig. Daher folgt aus der letzten Gleichung

$$\underline{R} = \left[\underline{p}_1, \ldots, \underline{p}_n\right]\cdot\left[\underline{v}_{R1}, \ldots, \underline{v}_{Rn}\right]^{-1} \qquad (13.135)$$

oder ausführlich mit (13.133)

$$\underline{R} = \left[\underline{p}_1, \ldots, \underline{p}_n\right]\left[(\underline{A} - \lambda_{R1}\underline{I})^{-1}\underline{B}\,\underline{p}_1, \ldots, (\underline{A} - \lambda_{Rn}\underline{I})^{-1}\underline{B}\,\underline{p}_n\right]^{-1}\ . \qquad (13.136)$$

Jeder Zustandsregler $\underline{R}$ läßt sich also in dieser Form darstellen, wobei $\lambda_{R1}, \ldots, \lambda_{Rn}$ die Eigenwerte der mittels $\underline{R}$ aufgebauten Regelung und die Parametervektoren $\underline{p}_1, \ldots, \underline{p}_n$ p-dimensionale Zahlenvektoren sind.

Die vorstehend gemachte Voraussetzung, daß $\underline{A} - \lambda_{Ri}\underline{I}$ regulär ist, behalten wir vorläufig bei, um den Gedankengang nicht zu unterbrechen, werden sie aber später eliminieren.

Wir geben nun umgekehrt Zahlen $\lambda_{R1}, \ldots, \lambda_{Rn}$ und p-dimensionale Zahlenvektoren $\underline{p}_1, \ldots, \underline{p}_n$ beliebig vor – mit *einer* Einschränkung: *Die mit den vorgegebenen* λ_{Ri} *und* $\underline{p}_i$ *gebildeten Vektoren*

$$\underline{v}_{Ri} = (\underline{A} - \lambda_{Ri}\underline{I})^{-1}\,\underline{B}\,\underline{p}_i\ , \quad i = 1, \ldots, n\ , \qquad (13.137)$$

müssen linear unabhängig sein. Diese Einschränkung ist praktisch bedeutungslos. Gibt man nämlich die λ_{Ri} vor und wählt die $\underline{p}_i$ nach dem Zufall, so sind die $\underline{v}_{Ri}$ mit der Wahrscheinlichkeit 1 linear unabhängig. Sollten sie wirklich einmal linear abhängig sein, so genügt eine beliebig kleine Abänderung der $\underline{p}_i$, um lineare Unabhängigkeit zu erreichen. Bei konkreten Problemen hat diese Einschränkung niemals eine Rolle gespielt.

Mit den in diesem Sinn beliebig vorgegebenen Werten $\lambda_{R1}, \ldots, \lambda_{Rn}$ und Zahlenvektoren $\underline{p}_1, \ldots, \underline{p}_n$, wobei – darauf sei ausdrücklich hingewiesen – die $\underline{p}_i$ völlig unabhängig von den λ_{Ri} gewählt sind, wird nun die Reglermatrix $\underline{R}$ gemäß (13.136) gebildet. Es soll gezeigt werden, daß die mit diesem Regler $\underline{R}$ entworfene Regelung in der Tat die vorgegebenen Zahlenwerte λ_{Ri} als Eigenwerte hat, daß also die Gleichung

$$\det\left[\lambda_{Ri}\underline{I} - \underline{A} + \underline{B}\,\underline{R}\right] = 0\ , \quad i = 1,\ldots,n\ , \qquad (13.138)$$

gilt.

Dazu bilden wir mit den vorgegebenen Werten λ_{Ri} und $\underline{p}_i$ zunächst die Vektoren

$$\underline{v}_{Ri} = (\underline{A} - \lambda_{Ri}\underline{I})^{-1}\,\underline{B}\,\underline{p}_i\ , \quad i = 1,\ldots,n\ , \qquad (13.139)$$

für die dann also

$$(\underline{A} - \lambda_{Ri}\underline{I})\,\underline{v}_{Ri} = \underline{B}\,\underline{p}_i\ , \quad i = 1,\ldots,n\ , \qquad (13.140)$$

gilt. Mit

$$\underline{V}_R = \left[\underline{v}_{R1},\ldots,\underline{v}_{Rn}\right]$$

folgt dann:

$$\det\left[\lambda_{Ri}\underline{I} - \underline{A} + \underline{B}\,\underline{R}\right] =$$

$$= \det\left[\left(\lambda_{Ri}\underline{I} - \underline{A} + \underline{B}\,\underline{R}\right)\underline{V}_R\,\underline{V}_R^{-1}\right] =$$

$$= \det\left[\lambda_{Ri}\,\underline{V}_R + \underline{B}\,\underline{R}\,\underline{V}_R - \underline{A}\,\underline{V}_R\right]\cdot\det\underline{V}_R^{-1}\ . \qquad (13.141)$$

Nun folgt aus (13.136) und (13.139)

$$\underline{R} = \left[\underline{p}_1,\ldots,\underline{p}_n\right]\cdot\underline{V}_R^{-1}\ , \quad \text{also}$$

$$\underline{R}\,\underline{V}_R = \left[\underline{p}_1,\ldots,\underline{p}_n\right]\ , \quad \text{also}$$

$$\underline{B}\,\underline{R}\,\underline{V}_R = \left[\underline{B}\,\underline{p}_1,\ldots,\underline{B}\,\underline{p}_n\right]\ .$$

Nach (13.140) kann man dafür auch schreiben

$$\underline{B}\,\underline{R}\,\underline{V}_R = \left[(\underline{A} - \lambda_{R1}\underline{I})\,\underline{v}_{R1}\ ,\ \ldots,\ (\underline{A} - \lambda_{Rn}\underline{I})\,\underline{v}_{Rn}\right] =$$

$$= \left[\underline{A}\,\underline{v}_{R1},\ldots,\underline{A}\,\underline{v}_{Rn}\right] - \left[\lambda_{R1}\,\underline{v}_{R1},\ldots,\lambda_{Rn}\,\underline{v}_{Rn}\right]\ ,$$

also

$$\underline{B}\,\underline{R}\,\underline{V}_R - \underline{A}\,\underline{V}_R = -\left[\lambda_{R1}\,\underline{v}_{R1},\ldots,\lambda_{Rn}\,\underline{v}_{Rn}\right]\ .$$

Dies gibt, in (13.141) eingesetzt:

$$\det\left[\lambda_{Ri}\underline{I} - \underline{A} + \underline{B}\,\underline{R}\right] =$$

$$= \det\underline{V}_R^{-1}\cdot\det\left[\lambda_{Ri}\,\underline{V}_R - (\lambda_{R1}\,\underline{v}_{R1},\ldots,\lambda_{Rn}\,\underline{v}_{Rn})\right] =$$

$$= \det\underline{V}_R^{-1}\cdot\det\left[(\lambda_{Ri}-\lambda_{R1})\,\underline{v}_{R1},\ldots,(\lambda_{Ri}-\lambda_{Ri})\,\underline{v}_{Ri},\ldots\right].$$

Die letzte Determinante hat also eine Nullspalte und wird deshalb Null. Infolgedessen ist

$$\det\left[\lambda_{Ri}\underline{I} - \underline{A} + \underline{B}\,\underline{R}\right] = 0 \quad \text{für} \quad i = 1,\ldots,n\ ,$$

was zu beweisen war.

Man hat so das Resultat:

Gegeben sei die Strecke

$$\dot{\underline{x}} = \underline{A}\,\underline{x} + \underline{B}\,\underline{u}$$

mit den konstanten Matrizen $\underline{A}$ und $\underline{B}$ vom Typ (n,n) bzw. (n,p). Man gibt die Zahlen $\lambda_{R1},\ldots,\lambda_{Rn}$ und p-dimensionalen Zahlenvektoren $\underline{p}_1,\ldots,\underline{p}_n$ beliebig vor (abgesehen von der praktisch bedeutungslosen Einschränkung, daß die Vektoren

$$\underline{v}_{Ri} = (\underline{A} - \lambda_{Ri}\underline{I})^{-1}\,\underline{B}\,\underline{p}_i\ , \quad i = 1,\ldots,n\ ,$$

linear unabhängig sind) und bildet mit ihnen die Matrix

$$\underline{R} = [\underline{p}_1,\ldots,\underline{p}_n]\cdot[(\underline{A} - \lambda_{R1}\underline{I})^{-1}\,\underline{B}\,\underline{p}_1,\ldots,$$

$$(\underline{A} - \lambda_{Rn}\underline{I})^{-1}\,\underline{B}\,\underline{p}_n]^{-1}\ .$$

Dann hat die mit $\underline{R}$ gebildete Regelung, also die Zustandsdifferentialgleichung $\dot{\underline{x}} = (\underline{A} - \underline{B}\,\underline{R})\,\underline{x}$, die Eigenwerte $\lambda_{R1},\ldots,\lambda_{Rn}$.

Ist umgekehrt $\dot{\underline{x}} = \underline{A}\,\underline{x} + \underline{B}\,\underline{u}$, $\underline{u} = -\underline{R}\,\underline{x}$ eine beliebige Regelung mit konstantem $\underline{R}$ und den Eigenwerten $\lambda_{R1},\ldots,\lambda_{Rn}$, so kann $\underline{R}$ in der obigen Form dargestellt werden. (13.142)

Zu diesem Satz ist noch zweierlei anzumerken. Zunächst eine fast selbstverständliche Voraussetzung! Gibt man eine nichtreelle Zahl λ_{Ri} vor, so muß man auch die dazu konjugiert komplexe Zahl $\overline{\lambda}_{Ri}$ als Eigenwert vorgeben, da andernfalls die Matrix $\underline{R}$ nichtreell würde. Aus dem gleichen Grund müssen die zu dem konjugiert komplexen Eigenwertpaar $(\lambda_{Ri}, \overline{\lambda}_{Ri})$ gehörenden Parametervektoren als konjugiert komplex vorgegeben werden.

Zweitens sei an die Voraussetzung erinnert, daß $\underline{A} - \lambda_{Ri}\underline{I}$ für jedes i regulär sein soll, die ja offenkundig in (13.142) gemacht wird. Wir werden uns später von dieser Voraussetzung befreien und dann eine Ergänzung zum Satz (13.142) formulieren.

In der *Roppeneckerschen Reglerformel* (13.136) treten außer den Eigenwerten die *Parametervektoren* $\underline{p}_1,\ldots,\underline{p}_n$ als freie Systemdaten auf. Sie und nicht etwa die Eigenvektoren sind neben den Eigenwerten die natürlichen Entwurfsparameter der Regelung. Sie wurden zunächst als Rechengrößen eingeführt. Man wird sich fragen, ob ihnen eine *geometrische Bedeutung* zukommt. Um diese Frage zu beantworten, gehen wir von der Darstellung

$$\underline{x}(t) = \sum_{k=1}^{n} x_k^*(t)\, \underline{v}_{Rk}$$

des Zustandsvektors aus, die stets möglich ist, weil die $\underline{v}_{Rk}$ linear unabhängig sind. Durch Linksmultiplikation mit $\underline{R}$ folgt daraus

$$\underline{R}\, \underline{x}(t) = \sum_{k=1}^{n} x_k^*(t)\, \underline{R}\, \underline{v}_{Rk} .$$

Wegen (13.131) folgt daraus weiter

$$- \underline{u}(t) = \sum_{k=1}^{n} x_k^*(t)\, \underline{p}_k . \qquad (13.143)$$

Das Vorzeichen ist hierbei unwesentlich. Hätten wir die Rückführung mit $\underline{u} = \underline{R}\, \underline{x}$ statt mit $\underline{u} = - \underline{R}\, \underline{x}$ bezeichnet, so träte $\underline{u}(t)$ statt $- \underline{u}(t)$ in Erscheinung.

Vergleicht man diese Darstellung von $\underline{u}(t)$ mit der obigen Darstellung von $\underline{x}(t)$, so erkennt man eine frappante Ähnlichkeit: Der (negative) Steuervektor wird mit den gleichen Koeffizienten aus den Parametervektoren aufgebaut wie der Zustandsvektor aus den Eigenvektoren. *Die Parametervektoren spannen also den Steuerungsraum oder zumindest einen Unterraum auf, und zwar in der gleichen Weise wie die Eigenvektoren den Zustandsraum.*

Weiterhin sind die Parametervektoren durch eine wichtige Eigenschaft ausgezeichnet, die den Eigenvektoren abgeht:

Die Parametervektoren sind invariant gegenüber linearen (und regulären) Transformationen des Zustandsraums. (13.144)

Um dies zu zeigen, nehmen wir eine beliebige reguläre Transformation

$$\underline{x} = \underline{T}\, \underline{\tilde{x}}$$

vor. Dann wird aus der Zustandsdifferentialgleichung

$$\underline{\dot{x}} = \underline{A}\, \underline{x} + \underline{B}\, \underline{u}$$

der Strecke die neue Zustandsdifferentialgleichung

$$\underline{\dot{\tilde{x}}} = \underline{\tilde{A}}\, \underline{\tilde{x}} + \underline{\tilde{B}}\, \underline{u} \quad \text{mit} \quad \underline{\tilde{A}} = \underline{T}^{-1} \underline{A}\, \underline{T} , \quad \underline{\tilde{B}} = \underline{T}^{-1} \underline{B} . \qquad (13.145)$$

Aus dem Regler $\underline{u} = - \underline{R}\, \underline{x}$ wird

$$\underline{u} = - \underline{\tilde{R}}\, \underline{\tilde{x}} \quad \text{mit} \quad \underline{\tilde{R}} = \underline{R}\, \underline{T} . \qquad (13.146)$$

Für die Eigenvektoren der Regelung in den $\underline{\tilde{x}}$-Koordinaten gilt

$$\left[\lambda_{Ri} \underline{I} - (\underline{\tilde{A}} - \underline{\tilde{B}}\, \underline{\tilde{R}}) \right] \underline{\tilde{v}}_{Ri} = \underline{0} .$$

Wegen $\underline{I} = \underline{T}^{-1} \underline{T}$ sowie (13.145) und (13.146) folgt daraus

$$\left[\lambda_{Ri} \underline{T}^{-1} \underline{T} - (\underline{T}^{-1} \underline{A}\, \underline{T} - \underline{T}^{-1} \underline{B} \cdot \underline{R}\, \underline{T}) \right] \underline{\tilde{v}}_{Ri} = \underline{0} .$$

Multipliziert man von links mit T, so wird daraus

$$\left[\lambda_{Ri} \underline{I} - (\underline{A} - \underline{B}\, \underline{R}) \right] \underline{T}\, \underline{\tilde{v}}_{Ri} = \underline{0} .$$

Also ist

$$\underline{v}_{Ri} = \underline{T}\, \underline{\tilde{v}}_{Ri} . \qquad (13.147)$$

Die Eigenvektoren transformieren sich also wie die Zustandskoordinaten. Für die Parametervektoren in $\underline{\tilde{x}}$-Koordinaten gilt nach (13.131)

$$\underline{\tilde{p}}_i = \underline{\tilde{R}}\, \underline{\tilde{v}}_{Ri} ,$$

also wegen (13.146) und (13.147):

$$\underline{\tilde{p}}_i = \underline{R}\, \underline{T} \cdot \underline{T}^{-1} \underline{v}_{Ri} = \underline{R}\, \underline{v}_{Ri} = \underline{p}_i .$$

D.h.: Die Parametervektoren bleiben bei der Transformation $\underline{x} = \underline{T}\, \underline{\tilde{x}}$ (mit regulärem $\underline{T}$) unverändert, was zu beweisen war.

Sieht man eine Eigenschaft als geometrisch an, wenn sie gegen eine Gruppe von Transformationen invariant ist, so stellen die *Parametervektoren ebenso wie die Eigenwerte geometrische Eigenschaften der Regelung* dar, während das bei den Eigenvektoren nicht der Fall ist. Mit aller Deutlichkeit erkennt man hieraus, daß neben den Eigenwerten in der Tat die Parametervektoren die natürlichen Entwurfsparameter der Regelung sind.[4]

Wir kommen nun auf die obige *Voraussetzung* zurück, daß $\lambda_{Ri} \underline{I} - \underline{A}$ regulär, also

$$\det(\lambda_{Ri} \underline{I} - \underline{A}) \neq 0 , \quad i = 1, \ldots, n , \qquad (13.148)$$

sein soll. Da die Gleichung

[4] Eine der Formel (13.136) ähnliche Formel wurde bereits 1976 von *B. C. Moore* [13.46] angegeben, ohne daß jedoch die Bedeutung der Parametervektoren erkannt wurde, die bei ihm lediglich als Rechenausdrücke auftreten. Daß jedoch sie und nicht die Eigenvektoren neben den Eigenwerten die natürlichen Entwurfsparameter einer Mehrgrößenregelung sind, hat zuerst *G. Roppenecker* erkannt und daraus die Konsequenzen für den Systementwurf gezogen.

$\det(s\underline{I} - \underline{A}) = 0$

genau für die Eigenwerte λ_i von $\underline{A}$, also die Eigenwerte der Strecke, erfüllt ist, bedeutet die Voraussetzung (13.148): Die Eigenwerte λ_{Ri} der Regelung müssen sämtlich von den Eigenwerten λ_i der Strecke verschieden sein. D.h.: *Jeder Streckeneigenwert muß verschoben werden.* Das ist eine erhebliche Einschränkung, da man im allgemeinen nur die dominanten Eigenwerte verschieben will.

Will man sich von ihr befreien, will also für gewisse i

$$\lambda_{Ri} = \lambda_i$$

haben, so kann man zusätzlich fordern, daß auch die zugehörigen Eigenvektoren von Regelung und Strecke gleich sein sollen:

$$\underline{v}_{Ri} = \underline{v}_i \ .$$

Dann folgt aus (13.132) für diese i

$$(\lambda_i\underline{I} - \underline{A})\,\underline{v}_i = -\underline{B}\,\underline{p}_i \ .$$

Der Vektor auf der linken Seite dieser Gleichung ist $\underline{0}$, weil λ_i Eigenwert und $\underline{v}_i$ zugehöriger Eigenvektor von $\underline{A}$ ist. Somit ist

$$\underline{B}\,\underline{p}_i = \underline{0} \ ,$$

also $\underline{p}_i = 0$, weil $\underline{B}$ voraussetzungsgemäß Höchstrang hat. Man hat so in *Ergänzung zum Satz (13.142):*

Soll ein Eigenwert λ_i der Strecke nicht verschoben werden, soll also $\lambda_{Ri} = \lambda_i$ sein, so setzt man in der Formel für $\underline{R}$ in (13.142) $\underline{p}_i = \underline{0}$ und nimmt den Eigenvektor $\underline{v}_i$ der Strecke anstelle von

$$\underline{v}_{Ri} = (\underline{A} - \lambda_{Ri}\underline{I})^{-1}\,\underline{B}\,\underline{p}_i \ . \qquad (13.149)$$

[5]

Zusammenfassend läßt sich sagen, daß die Roppenecker-Formel einen allgemeinen Formelausdruck für die vollständige Zustandsrückführung eines linearen und zeitinvarianten Systems darstellt, in dem als freie und unabhängige Entwurfsparameter die Eigenwerte und Parametervektoren auftreten. Man kann jeden konstanten Regler vom Typ $\underline{u} = -\underline{R}\,\underline{x}$ durch spezielle Wahl dieser Entwurfsparameter erhalten. Dies wurde von *G. Roppenecker* für die modale Regelung in [13.18], für den Riccati-Regler in [13.20], für die Entkopplung nach ***Falb-Wolovich*** in [13.21] gezeigt.

[5] Die Wahl $\underline{p}_i = \underline{0}$ ist nur ein Sonderfall. Für den allgemeinen Fall siehe [13.19] oder [13.27].

Ein wesentlicher Vorzug dieser Formel besteht darin, daß man die nach Festlegung der Eigenwerte bei einem Mehrgrößensystem noch verbleibenden Freiheitsgrade *explizit* in Gestalt der Parametervektoren zur Verfügung hat und dadurch gezielt benutzen kann. Überschlägig kann man folgendes sagen: *Durch die Vorgabe der Eigenwerte sichert man die Stabilität und darüber hinaus eine gewünschte Grobdynamik der Regelung, mittels der Parametervektoren kann man weitere technische Zielsetzungen anvisieren.* Wir werden dieses *Entwurfsprinzip bei der Synthese von Ausgangsrückführungen und robusten Regelungen* in Kapitel 14 und 15 benutzen.

Da mit den Eigenwerten und Parametervektoren auch die Eigenvektoren der Regelung und damit *sämtliche* modalen Kenngrößen festliegen, wurde die Methodik, Regelungen mittels Eigenwerten und Parametervektoren zu entwerfen, als *Vollständige Modale Synthese* bezeichnet. Im Unterschied zur modalen Regelung (Unterabschnitt 13.3.3) werden bei ihr die modalen Kenngrößen der Regelung, nicht der Strecke, benutzt.

Abschließend werde gezeigt, daß der *Polvorgaberegler eines Eingrößensystems als Spezialfall in der Roppenecker-Formel enthalten* ist. Da es dann nur eine Eingangsgröße gibt, gehen die p-dimensionalen Parametervektoren in Skalare über. Man darf sie als $\neq 0$ voraussetzen, da sonst die zugehörigen Vektoren

$$\underline{v}_{Ri} = (\underline{A} - \lambda_{Ri}\underline{I})^{-1}\,\underline{b}\,p_i \ , \quad i = 1, \ldots, n \ ,$$

linear abhängig wären. Es ist dann

$$\left[(\underline{A} - \lambda_{R1}\underline{I})^{-1}\,\underline{b}\,p_1, \ldots, (\underline{A} - \lambda_{Rn}\underline{I})^{-1}\,\underline{b}\,p_n\right] =$$

$$= \left[(\underline{A} - \lambda_{R1}\underline{I})^{-1}\,\underline{b}, \ldots, (\underline{A} - \lambda_{Rn}\underline{I})^{-1}\,\underline{b}\right] \cdot$$

$$\cdot \operatorname{diag}(p_1, \ldots, p_n) \ .$$

Wegen

$$\left[\operatorname{diag}(p_1, \ldots, p_n)\right]^{-1} = \operatorname{diag}\left[\frac{1}{p_1}, \ldots, \frac{1}{p_n}\right]$$

wird so aus (13.136)

$$\underline{r}^T = \left[p_1, \ldots, p_n\right] \cdot \begin{bmatrix} \frac{1}{p_1} & \cdots & 0 \\ \vdots & \ddots & \vdots \\ 0 & \cdots & \frac{1}{p_n} \end{bmatrix} \cdot$$

$$\cdot \left[(\underline{A} - \lambda_{R1}\underline{I})^{-1}\,\underline{b}, \ldots, (\underline{A} - \lambda_{Rn}\underline{I})^{-1}\,\underline{b}\right]^{-1} \ ,$$

$$\underline{r}^T = \left[1, \ldots, 1\right] \cdot$$

$$\cdot \left[(\underline{A}-\lambda_{R1}\underline{I})^{-1}\underline{b}, \ldots, (\underline{A}-\lambda_{Rn}\underline{I})^{-1}\underline{b}\right]^{-1} . \tag{13.150}$$

Die Parametervektoren heben sich hier also heraus, so daß die Reglermatrix nur noch von den Eigenwerten $\lambda_{R1}, \ldots, \lambda_{Rn}$ abhängt. Das muß bei einem Eingrößensystem auch der Fall sein, denn wie schon im Abschnitt 13.3 gezeigt wurde, wird dann der Regler durch die Vorgabe der Eigenwerte eindeutig bestimmt. Zusätzliche Freiheitsgrade gibt es nur bei Mehrgrößensystemen.

Die Formel (13.150) ist ein *Gegenstück zur Ackermann-Formel* (13.31), insofern auch durch sie der Polvorgaberegler eines Eingrößensystems beschrieben wird, ist aber ganz anders aufgebaut. Der Zusammenhang beider Darstellungen ist nicht unmittelbar ersichtlich, kann aber durch Betrachtung des charakteristischen Polynoms der Regelung hergestellt werden [13.22].

13.7 Zustandsbeobachter

13.7.1 Struktur des Luenberger-Beobachters

In den vorangehenden Abschnitten wurden verschiedenartige Methoden beschrieben, um den Regler

$$\underline{u} = -\underline{R}\,\underline{x}$$

zu berechnen. Will man ihn realisieren, ganz gleich, ob dies durch ein Gerät oder durch einen Rechneralgorithmus geschehen soll, so muß ihm der gesamte Zustandsvektor $\underline{x}(t)$ zugeführt werden. Von Einzelfällen abgesehen, sind aber nicht alle Zustandsvariablen meßbar. Daher erhebt sich die Frage: Wie kann man aus den meßtechnisch erfaßten Größen der Strecke, kurz als *Meßgrößen* bezeichnet, den gesamten Zustandsvektor zumindest näherungsweise rekonstruieren?

Von dem amerikanischen Regelungstechniker *D. G. Luenberger* wurde ein dynamisches System angegeben, welches dies leistet ([13.23], [13.24], [13.25]). Es wird nach seinem Erfinder *Luenberger-Beobachter* oder auch schlechtweg *Zustandsbeobachter* genannt.

Wenn wir nunmehr Struktur und Gleichung dieses Systems entwickeln, wollen wir den *Meßvektor*, also die *Gesamtheit der Meßgrößen*, mit $\underline{y}$ bezeichnen. Er ist im allgemeinen nicht mit dem Vektor der Regelgrößen, d.h. der gezielt zu beeinflussenden Größen, identisch. Zwar wird man - von Ausnahmefällen abgesehen - annehmen dürfen, daß sämtliche Regelgrößen gemessen werden. Doch wird es meist noch weitere Größen geben, die ohne besonderen Aufwand meßbar sind und deshalb zum Meßvektor gehören. Falls in diesem Kapitel der Vektor der Regelgrößen benötigt wird, wollen wir ihn zum Unterschied vom Meßvektor $\underline{y}$ mit $\underline{y}_R$ bezeichnen. Die Meßgrößen sind Linearkombinationen der Zustandsvariablen und können im speziellen Fall auch selbst Zustandsvariablen sein. Dieser Zusammenhang wird durch die *Meßgleichung*

$$\underline{y} = \underline{C}\,\underline{x} \tag{13.151}$$

gegeben. Im Unterschied dazu sei, soweit das überhaupt benötigt wird, die Abhängigkeit der Regelgrößen von den Zustandsvariablen durch

$$\underline{y}_R = \underline{C}_R\,\underline{x} \tag{13.152}$$

charakterisiert.

Ein naheliegender Versuch, den Zustandsvektor $\underline{x}(t)$ der Strecke zu bestimmen, ist im Bild 13/18 angedeutet. Man realisiert das mathematische Modell der Strecke,

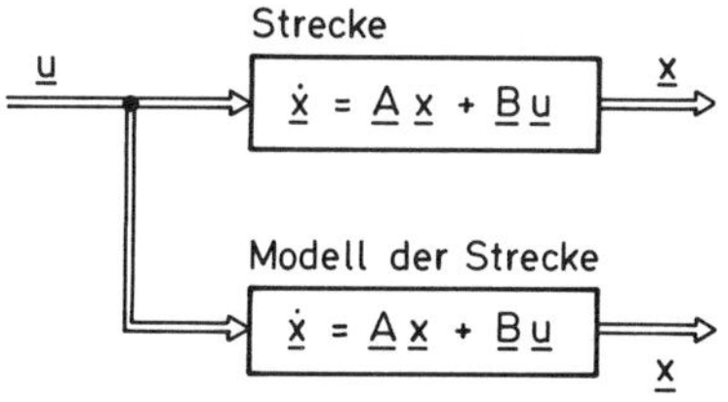

Bild 13/18. Ansatz zur Rekonstruktion des Zustandsvektors $\underline{x}(t)$

das ja als bekannt angesehen werden darf, durch eine elektronische Schaltung oder ein Rechnerprogramm. Führt man dann den Steuervektor $\underline{u}(t)$ nicht nur der Strecke, sondern auch dem Streckenmodell zu, so liefert dieses den gewünschten Zustandsvektor $\underline{x}(t)$.

Dieser Gedanke übersieht jedoch, daß der Zustandsvektor $\underline{x}(t)$ der Strecke nicht allein durch den Eingangsvektor $\underline{u}(t)$ bestimmt wird, sondern überdies auch vom Anfangszustand $\underline{x}(t_0) = \underline{x}_0$ der Strecke abhängt. Dieser ist aber in aller Regel unbekannt. Daher ist es unmöglich, am Streckenmodell den Anfangszustand $\underline{x}_0$ einzustellen, und infolgedessen wird der Zustand $\hat{\underline{x}}(t)$ des Streckenmodells vom wahren Zustand $\underline{x}(t)$ der Strecke verschieden sein.

Dennoch läßt sich der Grundgedanke retten, und zwar in der folgenden Weise. Man bildet aus dem Modellvektor $\hat{\underline{x}}$ den zugehörigen Ausgangsvektor

$\underline{\hat{y}} = \underline{C}\,\underline{\hat{x}}$,

vergleicht diesen mit dem Meßvektor $\underline{y}$ und führt die so entstehende Differenz $\underline{y} - \underline{\hat{y}}$ über einen noch geeignet zu wählenden Matrixfaktor $\underline{L}$ auf das Modell zurück. Die so entstehende Struktur ist im Bild 13/19 wiedergegeben. Sie bildet in sich eine Rückführung, wobei $\underline{L}$ die

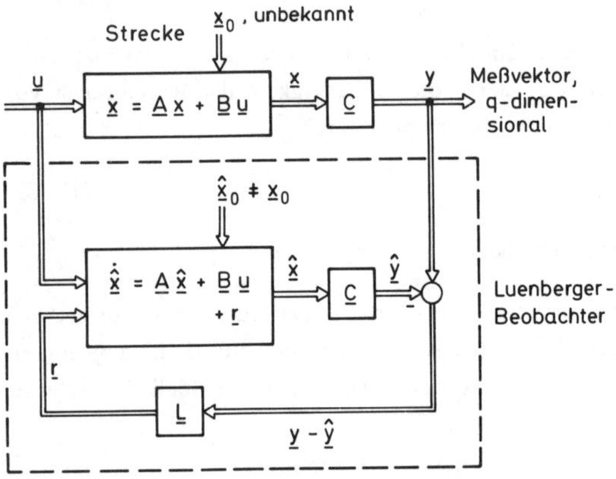

Bild 13/19. Struktur des Luenberger-Beobachters

Rolle der Rückführmatrix spielt. Man versucht dann, $\underline{L}$ so zu wählen, daß der sog. *Schätzfehler*

$$\underline{\tilde{x}}(t) = \underline{x}(t) - \underline{\hat{x}}(t)$$

für $t \to +\infty$ gegen Null strebt. Dann ist praktisch nach einiger Zeit $\underline{\hat{x}}(t) = \underline{x}(t)$. $\underline{\hat{x}}(t)$ wird als *Schätzwert* von $\underline{x}(t)$ bezeichnet - kein sehr glücklicher Name, da man bei "schätzen" an die Verwendung stochastischer Methoden denkt, wovon hier keine Rede ist. Das so erhaltene Gesamtsystem heißt *Luenberger-Beobachter* oder einfach Zustandsbeobachter bzw. Beobachter (Bild 13/19).

Die Gleichungen des Beobachters kann man sofort aus Bild 13/19 ablesen:

$$\dot{\underline{\hat{x}}} = \underline{A}\,\underline{\hat{x}} + \underline{B}\,\underline{u} + \underline{r}\ ,$$

$$\underline{r} = \underline{L}\,(\underline{y} - \underline{\hat{y}})\ ,$$

$$\underline{\hat{y}} = \underline{C}\,\underline{\hat{x}}$$

oder zusammengefaßt:

$$\dot{\underline{\hat{x}}} = (\underline{A} - \underline{L}\,\underline{C})\,\underline{\hat{x}} + \underline{B}\,\underline{u} + \underline{L}\,\underline{y}\ . \tag{13.153}$$

Wie hat man nun die (n,q)-Matrix $\underline{L}$ zu wählen, damit der Schätzfehler $\underline{\tilde{x}} \to \underline{0}$ strebt, und zwar für beliebige Anfangszustände $\underline{x}_0$, $\underline{\hat{x}}_0$? Um dies zu sehen, bildet man eine Differentialgleichung für den Schätzfehler:

$$\dot{\underline{\tilde{x}}} = \dot{\underline{x}} - \dot{\underline{\hat{x}}} = \underline{A}\,\underline{x} + \underline{B}\,\underline{u} - (\underline{A}\,\underline{\hat{x}} - \underline{L}\,\underline{C}\,\underline{\hat{x}} + \underline{B}\,\underline{u} + \underline{L}\,\underline{y})\ ,$$

woraus wegen $\underline{y} = \underline{C}\,\underline{x}$ folgt:

$$\dot{\underline{\tilde{x}}} = \underline{A}\,\underline{x} - \underline{A}\,\underline{\hat{x}} - \underline{L}\,\underline{C}\,(\underline{x} - \underline{\hat{x}})\ ,$$

also

$$\dot{\underline{\tilde{x}}} = (\underline{A} - \underline{L}\,\underline{C})\,\underline{\tilde{x}}\ . \tag{13.154}$$

Gemäß Abschnitt 12.4 strebt $\underline{\tilde{x}}(t)$ aus einem beliebigen Anfangszustand $\underline{\tilde{x}}(t_0)$, also für beliebige Werte von $\underline{x}(t_0)$ und $\underline{\hat{x}}(t_0)$, gegen Null, wenn die Eigenwerte β_1, $\ldots, \beta_n$ der Dynamikmatrix

$$\underline{F} = \underline{A} - \underline{L}\,\underline{C}$$

des Beobachters links der j-Achse liegen. $\underline{L}$ ist so zu wählen, daß dies der Fall ist.

Fassen wir zusammen:

Unter einem Luenberger-Beobachter des Systems

$$\dot{\underline{x}} = \underline{A}\,\underline{x} + \underline{B}\,\underline{u}\ , \quad \underline{y} = \underline{C}\,\underline{x}$$

versteht man ein dynamisches System mit der Zustandsdifferentialgleichung

$$\dot{\underline{\hat{x}}} = (\underline{A} - \underline{L}\,\underline{C})\,\underline{\hat{x}} + \underline{B}\,\underline{u} + \underline{L}\,\underline{y}\ , \tag{13.155}$$

wobei $\underline{L}$ so zu wählen ist, daß der Schätzfehler

$$\underline{\tilde{x}}(t) = \underline{x}(t) - \underline{\hat{x}}(t) \to \underline{0}$$

strebt für $t \to +\infty$, und zwar für beliebige Anfangszustände $\underline{x}_0$, $\underline{\hat{x}}_0$. Dies ist genau dann der Fall, wenn die Eigenwerte der Matrix $\underline{F} = \underline{A} - \underline{L}\,\underline{C}$ links der j-Achse liegen.

13.7.2 Bestimmung der Beobachterparameter

Es ist möglich, den Beobachterentwurf auf den Entwurf des Zustandsreglers zurückzuführen, indem man die Dynamikmatrix des Beobachters bzw. der Fehlerdifferentialgleichung (13.154) transponiert und dann als Dynamikmatrix einer fiktiven Zustandsregelung interpretiert.

Zuvor sei festgestellt, daß zwei quadratische Matrizen, die durch Transposition auseinander hervorgehen, die gleichen Eigenwerte haben. Ist nämlich $\underline{M}$ eine beliebige quadratische Matrix, so gilt

$$\det\left[s\underline{I} - \underline{M}^T\right] = \det\left[s\underline{I} - \underline{M}\right]^T = \det\left[s\underline{I} - \underline{M}\right] ,$$

letzteres deshalb, weil sich der Wert einer Determinante bei Transposition nicht ändert.

Da die Matrizen $\underline{M}$ und $\underline{M}^T$ die gleichen Eigenwerte haben, besitzen die zugehörigen homogenen Zustandsdifferentialgleichungen das gleiche Stabilitätsverhalten und darüber hinaus ähnliches Zeitverhalten, da z.B. das Auftreten von Oszillationen und die Schnelligkeit der Zeitvorgänge durch die Eigenwerte bestimmt werden.

Gehen wir daher von der Dynamikmatrix der Fehlerdifferentialgleichung (13.154) zu ihrer Transponierten über, so erhalten wir eine fiktive Fehlerdifferentialgleichung

$$\dot{\underline{x}}_f = (\underline{A}^T - \underline{C}^T \underline{L}^T)\, \underline{x}_f , \tag{13.156}$$

die das gleiche Stabilitätsverhalten und die gleiche Grobdynamik besitzt wie die ursprügliche Fehlerdifferentialgleichung. Die neue Differentialgleichung aber läßt sich sofort als Beschreibung einer Zustandsregelung deuten, wie das Bild 13/20 zeigt. In der Tat liest man aus diesem Bild ab:

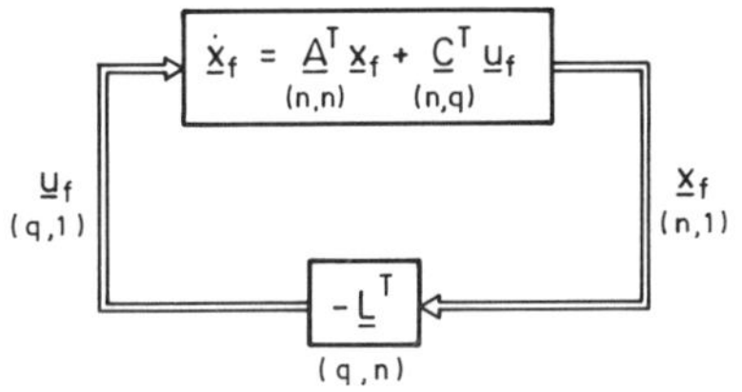

Bild 13/20. Fiktive Regelung zur Fehlerdifferentialgleichung

$$\dot{\underline{x}}_f = \underline{A}^T \underline{x}_f + \underline{C}^T \underline{u}_f , \quad \underline{u}_f = -\underline{L}^T \underline{x}_f , \tag{13.157}$$

woraus die Beziehung (13.156) folgt. Wie man sieht, hat die *Zustandsrückführung im Bild 13/20 genau die Struktur der Regelung im Bild 13/4, nur mit*

$$\left.\begin{array}{ll} \underline{A}^T & \textit{anstelle von } \underline{A} , \\ \underline{C}^T & \textit{anstelle von } \underline{B} , \\ \underline{L}^T & \textit{anstelle von } \underline{R} . \end{array}\right\} \tag{13.158}$$

Nimmt man in den Formeln für den Polvorgabe- und Riccati-Regler diese Ersetzungen vor, so erhält man eine gewünschte Beobachtermatrix $\underline{L}$.

Zuerst ist zu fragen, wann der Beobachterentwurf durch Eigenwertvorgabe durchgeführt werden kann: Nach dem eben formulierten Prinzip genau dann, wenn die fiktive Regelung in Bild 13/20 mittels Polvorgabe entworfen werden kann. Gemäß Unterabschnitt 13.3.1 ist dies wiederum genau dann möglich, wenn die Strecke

$$\dot{\underline{x}}_f = \underline{A}^T \underline{x}_f + \underline{C}^T \underline{u}_f$$

steuerbar ist, also deren Steuerbarkeitsmatrix

$$\left[\underline{C}^T, \underline{A}^T\underline{C}^T, \ldots, (\underline{A}^T)^{n-1}\underline{C}^T\right]$$

Höchstrang hat. Da Transposition einer Matrix ihren Rang nicht ändert, ist dies gleichbedeutend damit, daß die Matrix

$$\underline{Q}_B = \begin{bmatrix} \underline{C} \\ \underline{C}\,\underline{A} \\ \vdots \\ \underline{C}\,\underline{A}^{n-1} \end{bmatrix}$$

Höchstrang besitzt. Da $\underline{Q}_B$ die Beobachtbarkeitsmatrix der ursprünglichen Strecke

$$\dot{\underline{x}} = \underline{A}\,\underline{x} + \underline{B}\,\underline{u} , \quad \underline{y} = \underline{C}\,\underline{x}$$

darstellt, hat man so das Resultat:

Der Beobachterentwurf mittels Eigenwertvorgabe ist genau dann durchführbar, wenn die Strecke beobachtbar ist. (13.159)

Als nächstes muß man sich fragen, wohin die Eigenwerte $\beta_1, \ldots, \beta_n$ des Beobachters, d.h. der Matrix

$$\underline{A} - \underline{L}\,\underline{C} \quad \text{bzw.} \quad \underline{A}^T - \underline{C}^T\underline{L}^T ,$$

gelegt werden sollen. Hier ist nun zu unterscheiden, ob der Beobachter lediglich parallel zur Strecke geschaltet ist, um deren Zustandsgrößen näherungsweise zu rekonstruieren, oder ob er letztlich im geschlossenen Regelkreis arbeiten soll. Wir haben zwar das letztgenannte Ziel anvisiert, doch kann auch die erstgenannte Absicht durchaus sinnvoll sein, nämlich dann, wenn man zeitveränderliche Größen eines Systems erfassen will, an die man durch direkte Messung nicht herankommt. Mittels des Beobachters lassen sie sich aus Eingangs- und Meßgrößen des Systems ermitteln. Hier wird der *Beobachter zu Meßzwecken* eingesetzt. Damit er nach einer Anfangsstörung möglichst bald den wahren Wert erfaßt, muß seine Dynamik schneller sein als die der Strecke. Daher wird man *in diesem Fall die Beobachtereigenwerte* $\beta_1, \ldots, \beta_n$ *links von den Eigenwerten* $\lambda_1, \ldots, \lambda_n$ *der Strecke* platzieren.

Anders liegen die Dinge, wenn der Beobachter im Regelkreis eingesetzt werden soll, um mit den Schätzwerten der Zustandsvariablen den Regler zu bedienen. Dann wird man die Beobachtereigenwerte $\beta_1, \ldots, \beta_n$ links von den Eigenwerten $\lambda_{R1}, \ldots, \lambda_{Rn}$ des ohne Beobachter geschlossenen Kreises plazieren, zumindest links von dessen dominanten Eigenwerten, da es nun darauf ankommt, das Verhalten des geschlossenen Kreises möglichst schnell zu erfassen.[6]

Allzuweit links darf man die Eigenwerte des Beobachters indessen nicht legen, da dies darauf hinausläuft, daß seine Zeitkonstanten sehr klein werden und der Beobachter in ein differenzierendes System übergeht.[7]

Um die Eigenwertvorgabe im einzelnen durchzuführen, hat man wieder den Fall des Ein- und Mehrgrößensystems zu unterscheiden, wobei dies bei der *Polvorgabe* die Feststellung bedeutet, daß die Dimension des Eingangsvektors $\underline{u}$ der Strecke = 1 oder > 1 ist. Bei der Regelung im Bild 13/20 ist $\underline{u}_f$ dieser Eingangsvektor. Da er q-dimensional ist, hat man ein

- *Eingrößensystem, falls $q = 1$, also nur eine Meßgröße vorliegt,*
- *Mehrgrößensystem, falls $q > 1$, also mehrere Meßgrößen vorhanden sind.*

Wenn wir uns zunächst den Eingrößensystemen zuwenden, so gilt es, die *Ackermann-Formel für Beobachter* auszudrücken. Mit der Übersetzungsvorschrift (13.158) wird aus (13.31)

$$\underline{\ell}^T = f_0 \underline{t}_1^T + f_1 \underline{t}_1^T \underline{A}^T + \ldots + f_{n-1} \underline{t}_1^T (\underline{A}^T)^{n-1} + \\ + \underline{t}_1^T (\underline{A}^T)^n \, . \qquad (13.160)$$

Dabei ist

$$f(s) = f_0 + f_1 s + \ldots + f_{n-1} s^{n-1} + s^n = \prod_{\nu=1}^{n} (s - \beta_\nu)$$

das vorgegebene charakteristische Polynom des Beobachters. Da wegen $\underline{C} = \underline{c}^T$ beim Eingrößensystem $\underline{C}^T = \underline{c}$ ist, erhält man $\underline{t}_1^T$ aus dem Gleichungssystem

$$\begin{aligned} \underline{t}_1^T \underline{c} &= 0 \, , \\ \underline{t}_1^T \underline{A}^T \underline{c} &= 0 \, , \\ &\vdots \\ \underline{t}_1^T (\underline{A}^T)^{n-2} \underline{c} &= 0 \, , \\ \underline{t}_1^T (\underline{A}^T)^{n-1} \underline{c} &= 1 \, . \end{aligned}$$

Durch Transposition folgt daraus

$$\begin{aligned} \underline{c}^T \underline{t}_1 &= 0 \, , \\ \underline{c}^T \underline{A} \, \underline{t}_1 &= 0 \, , \\ &\vdots \\ \underline{c}^T \underline{A}^{n-2} \underline{t}_1 &= 0 \, , \\ \underline{c}^T \underline{A}^{n-1} \underline{t}_1 &= 1 \, . \end{aligned}$$

Da nach Voraussetzung die Beobachtbarkeitsmatrix

$$\underline{Q}_B = \begin{bmatrix} \underline{c} \\ \underline{c}^T \underline{A} \\ \vdots \\ \underline{c}^T \underline{A}^{n-1} \end{bmatrix}$$

regulär ist, ist dieses Gleichungssystem eindeutig nach $\underline{t}_1$ auflösbar. Wegen

$$\underline{Q}_B \cdot \underline{t}_1 = \begin{bmatrix} 0 \\ \vdots \\ 0 \\ 1 \end{bmatrix} ,$$

folgt aus ihm

$$\underline{t}_1 = \underline{Q}_B^{-1} \begin{bmatrix} 0 \\ \vdots \\ 0 \\ 1 \end{bmatrix} ,$$

so daß also ***$\underline{t}_1$ die letzte Spalte der inversen Beobachtbarkeitsmatrix*** **ist.**

Zusammenfassend hat man das Ergebnis:

Ist das dynamische System

$$\dot{\underline{x}} = \underline{A}\,\underline{x} + \underline{B}\,\underline{u} \, , \quad y = \underline{c}^T \underline{x}$$

beobachtbar, so besitzt es den Luenberger-Beobachter

$$\dot{\hat{\underline{x}}} = \underline{A}\,\hat{\underline{x}} + \underline{B}\,\underline{u} + \underline{\ell}\, y$$

mit

$$\underline{\ell} = f_0 \underline{t}_1 + f_1 \underline{A}\,\underline{t}_1 + \ldots + f_{n-1} \underline{A}^{n-1} \underline{t}_1 + \\ + \underline{A}^n \underline{t}_1 = f(\underline{A})\, \underline{t}_1 \, .$$

[6] Legt man die Beobachtereigenwerte anders, so kann dies gegebenenfalls zweckmäßig sein, der "Beobachter" beobachtet dann aber nicht mehr, sondern geht zusammen mit der Zustandsrückführung in einen allgemeinen dynamischen Regler über (Kapitel 14).

[7] Eine eingehende Untersuchung dieser Zusammenhänge findet man in einer Arbeit von ***W. Schmid*** und ***M. Zeitz*** [13.26].

Dabei ist

$$f(s) = f_0 + f_1 s + \ldots + f_{n-1} s^{n-1} + s^n = \prod_{\nu=1}^{n} (s-\beta_\nu)$$

das charakteristische Polynom des Beobachters mit den vorgegebenen Eigenwerten $\beta_1, \ldots, \beta_n$, *während* $\underline{t}_1$ *aus den Gleichungen*

$$\underline{c}^T \underline{t}_1 = 0 \,, \ldots, \underline{c}^T \underline{A}^{n-2} \underline{t}_1 = 0 \,, \underline{c}^T \underline{A}^{n-1} \underline{t}_1 = 1$$

bestimmt wird . (13.161)

Will man den *Beobachter im Mehrgrößenfall durch Eigenwertvorgabe* entwerfen, so kann man ganz entsprechend wie im Fall der Ackermann-Formel den Ausdruck (13.51) für den modalen Regler mittels der Übersetzungsvorschrift (13.158) in die Beobachtermatrix $\underline{L}$ umsetzen. Dazu hat man zunächst die λ_{Ri} durch die vorgegebenen Eigenwerte β_i des Beobachters zu ersetzen. Was die Linkseigenvektoren $\underline{w}_i$ angeht, so sind sie jetzt bezüglich $\underline{A}^T$ zu nehmen. Nach Definition folgen sie aus der Gleichung

$$\underline{w}_i^T (\lambda_i \underline{I} - \underline{A}^T) = \underline{0}^T \,.$$

Durch Transposition folgt daraus

$$(\lambda_i \underline{I} - \underline{A}) \, \underline{w}_i = \underline{0} \,.$$

Das ist aber die Definitionsgleichung der Eigenvektoren von $\underline{A}$. D.h. also: Die Linkseigenvektoren von $\underline{A}^T$ sind gleich den Eigenvektoren $\underline{v}_i$ von $\underline{A}$. Damit folgt aus (13.51), wenn man noch beachtet, daß die Anzahl q der Meßgrößen an die Stelle der Anzahl p der Steuergrößen tritt:

$$\underline{L}^T = \begin{bmatrix} \underline{v}_1^T \underline{C}^T \\ \vdots \\ \underline{v}_q^T \underline{C}^T \end{bmatrix}^{-1} \cdot \operatorname{diag}(\lambda_1 - \beta_1, \ldots, \lambda_q - \beta_q) \cdot \begin{bmatrix} \underline{v}_1^T \\ \vdots \\ \underline{v}_q^T \end{bmatrix} .$$

Berücksichtigt man, daß Transposition und Inversion vertauschbar sind, so folgt daraus

$$\underline{L} = \left[\underline{v}_1, \ldots, \underline{v}_q\right] \cdot \operatorname{diag}(\lambda_1 - \beta_1, \ldots, \lambda_q - \beta_q) \cdot \left[\underline{C}\,\underline{v}_1, \ldots, \underline{C}\,\underline{v}_q\right]^{-1} , \quad (13.162)$$

wobei also $\underline{v}_1, \ldots, \underline{v}_q$ *die zu den Eigenwerten* $\lambda_1, \ldots, \lambda_q$ *gehörigen Eigenvektoren von* $\underline{A}$ *sind.* Damit liegt der *"modale Beobachter"* vor.

Will man mehr als q Eigenwerte (q = Anzahl der Meßgrößen) des Beobachters verschieden von denen der Strecke wählen, so hat man das Verfahren der modalen Regelung in der früher beschriebenen Weise (Unterabschnitt 13.3.3) mehrfach anzuwenden, wobei die fiktive Regelung von Bild 13/20 zugrunde zu legen ist.

Auf eine andere, formal sehr einfache Vorgehensweise zum *Beobachterentwurf auf der Basis des Riccati-Reglers* kommen wir im Unterabschnitt 13.7.5 zurück. Hier sei noch angemerkt, daß sich die *Roppenecker-Formel auch zum Beobachterentwurf* verwenden läßt [13.27].

13.7.3 Beobachterentwurf mittels komplexer Übertragungsfunktionen

Liegt zunächst ein *Eingrößensystem* vor, das durch seine komplexe *Übertragungsgleichung gegeben* ist, so kann man den Beobachter fast ohne Rechnung ablesen Es sei

$$Y(s) = \frac{b_0 + b_1 s + \ldots + b_{n-1} s^{n-1}}{a_0 + a_1 s + \ldots + a_{n-1} s^{n-1} + s^n} \, U(s) \quad (13.163)$$

mit mindestens einem $b_\nu \neq 0$. Dann wird die Beobachtungsnormalform der Zustandsgleichungen gemäß (11.58), (11.59) durch folgende Matrizen bestimmt:

$$\underline{A} = \begin{bmatrix} 0 & \ldots & & -a_0 \\ 1 & & & -a_1 \\ \vdots & 1 & \ddots & \vdots \\ \vdots & & \ddots & \vdots \\ 0 & \ldots & 1 & -a_{n-1} \end{bmatrix} , \quad \underline{b} = \begin{bmatrix} b_0 \\ b_1 \\ \vdots \\ b_{n-1} \end{bmatrix} ,$$

$$\underline{c}^T = \left[0, \ldots, 0, 1\right] .$$

Demgemäß lautet die Dynamikmatrix des Beobachters

$$\underline{F} = \underline{A} - \underline{\ell}\, \underline{c}^T = \underline{A} - \begin{bmatrix} \ell_1 \\ \vdots \\ \ell_n \end{bmatrix} \cdot \left[0, \ldots, 0, 1\right] =$$

$$= \begin{bmatrix} 0 & \ldots & & -a_0 - \ell_1 \\ 1 & & & -a_1 - \ell_2 \\ \vdots & 1 & \ddots & \vdots \\ \vdots & & \ddots & \vdots \\ 0 & \ldots & 1 & -a_{n-1} - \ell_n \end{bmatrix} . \quad (13.164)$$

Die Dynamikmatrix des Beobachters hat also wiederum Beobachtungsnormalform. Gemäß (12.35) kann man daher das charakteristische Polynom des Beobachters sofort hinschreiben:

$$s^n + (a_{n-1} + \ell_n)\, s^{n-1} + \ldots + (a_0 + \ell_1) \,.$$

Soll es die gewünschte Gestalt

$$s^n + f_{n-1}s^{n-1} + \ldots + f_0 = \prod_{\nu=1}^{n} (s-\beta_\nu)$$

haben, wobei die β_ν die vorgegebenen Eigenwerte des Beobachters sind, so muß

$$a_{i-1} + \ell_i = f_{i-1}\ , \quad i = 1, \ldots, n\ ,$$

gelten. Daraus folgt

$$\underline{\ell} = \begin{bmatrix} f_0 - a_0 \\ \vdots \\ f_{n-1} - a_{n-1} \end{bmatrix} . \tag{13.165}$$

Damit ist die Zustandsdifferentialgleichung

$$\dot{\hat{\underline{x}}} = \underline{F}\,\hat{\underline{x}} + \underline{b}\,u + \underline{\ell}\,y \tag{13.166}$$

des Beobachters bekannt.

Betrachten wir dazu ein Zahlenbeispiel. Die Übertragungsgleichung der Strecke sei

$$Y(s) = \frac{1}{(s+0{,}5)^2\,(s+0{,}6)\,(s+0{,}8)}\,U(s) \tag{13.167}$$

oder

$$Y(s) = \frac{1}{s^4 + 2{,}4s^3 + 2{,}13s^2 + 0{,}83s + 0{,}12}\,U(s)\ .$$

Aus der komplexen Übertragungsgleichung kann man sofort die Beobachtungsnormalform der Zustandsgleichungen ablesen. Es ist

$$a_0 = 0{,}12\ ;\ a_1 = 0{,}83\ ;\ a_2 = 2{,}13\ ;\ a_3 = 2{,}4\ ;$$

$$b_0 = 1\ ;\ b_\nu = 0 \ \text{für}\ \nu > 0\ .$$

Da die Eigenwerte des Systems bei $-0{,}5$, $-0{,}6$ und $-0{,}8$ liegen, fordern wir etwa, daß der Beobachter einen vierfachen Eigenwert in -1 hat. Dann muß sein charakteristisches Polynom

$$f(s) = (s+1)^4 = s^4 + 4s^3 + 6s^2 + 4s + 1$$

sein, so daß

$$f_0 = 1\ ,\ f_1 = 4\ ,\ f_2 = 6\ ,\ f_3 = 4$$

ist. Nach (13.165) ist somit

$$\ell_1 = 0{,}88\ ;\ \ell_2 = 3{,}17\ ;\ \ell_3 = 3{,}87\ ;\ \ell_4 = 1{,}6\ .$$

Die Zustandsdifferentialgleichung des Beobachters ist daher

$$\dot{\hat{\underline{x}}} = \begin{bmatrix} 0 & 0 & 0 & -1 \\ 1 & 0 & 0 & -4 \\ 0 & 1 & 0 & -6 \\ 0 & 0 & 1 & -4 \end{bmatrix} \hat{\underline{x}} + \begin{bmatrix} 1 \\ 0 \\ 0 \\ 0 \end{bmatrix} u + \begin{bmatrix} 0{,}88 \\ 3{,}17 \\ 3{,}87 \\ 1{,}60 \end{bmatrix} y\ .$$

Bild 13/21 zeigt den Verlauf der Zustandsvariablen x_1, x_2 des betrachteten Systems und der zugehörigen Schätzwerte $\hat{x}_1$, $\hat{x}_2$ nach der Anfangsstörung

$$x_i(0) = 0{,}2\ , \quad i = 1, \ldots, 4\ .$$

Da man diese Anfangswerte im Ernstfall nicht kennt, werden die Beobachteranfangswerte $\hat{x}_i(0) = 0$, $i = 1, \ldots, 4$, angenommen.

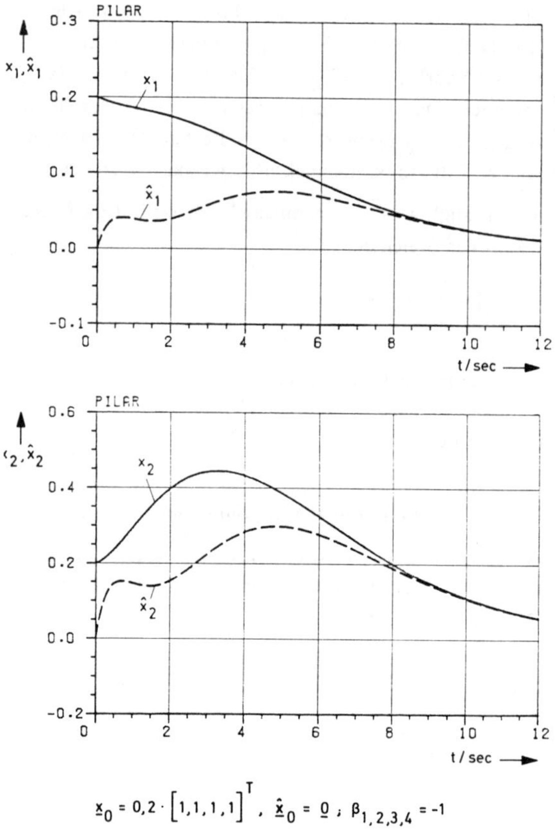

Bild 13/21. Zeitverläufe zum System (13.167) und seinem Beobachter.
4-facher Beobachtereigenwert in -1

Nach etwa 9 Sekunden stimmen die Zustandsvariablen und ihre Schätzwerte überein. Bild 13/22 zeigt die x_ν und $\hat{x}_\nu$, nachdem die Eigenwerte des Beobachters etwas weiter in die linke Halbebene verlegt wurden, und zwar nach −2. Wie man sieht, wird Übereinstimmung zwischen den Zustandsvariablen und ihren Schätzwerten jetzt bereits nach 3 bis 4 Sekunden erzielt, aber der Anfangsverlauf der $\hat{x}_\nu(t)$ zeigt bereits stärkere Schwingneigung und höhere Amplituden. Diese Erscheinung ist hier noch unproblematisch, aber sie kündigt an, daß bei weiterer Verlegung der Beobachterpole nach links zu hohe Amplituden der Schätzwerte auftreten werden.

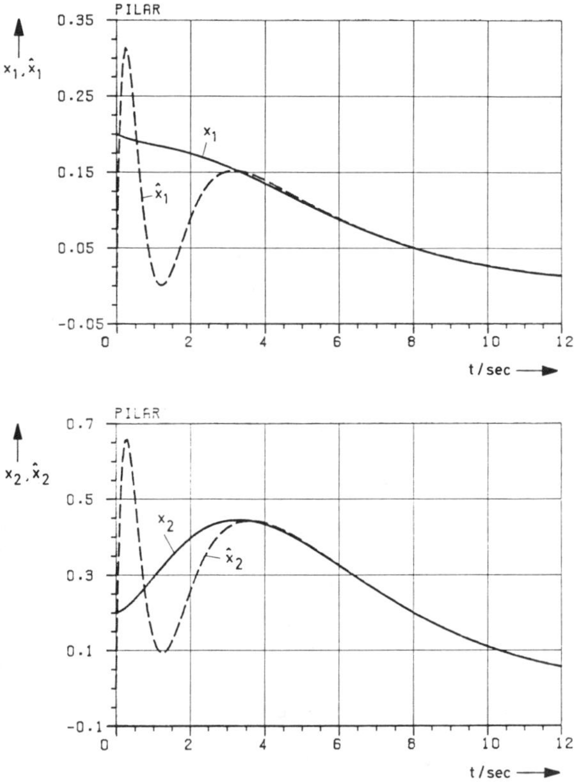

$\underline{x}_0 = 0{,}2 \cdot [1,1,1,1]^T$, $\hat{\underline{x}}_0 = \underline{0}$; $\beta_{1,2,3,4} = -2$

Bild 13/22. Zeitverläufe zum System (13.167) und seinem Beobachter.
4-facher Beobachtereigenwert in −2

Das beschriebene Verfahren läßt sich auf den *Fall des Mehrgrößensystems* ausdehnen, wenn dieses *durch die komplexe Übertragungsgleichung*

$$\underline{Y}(s) = \underline{G}(s)\,\underline{U}(s) \tag{13.168}$$

gegeben ist. Dann ist es ohne Schwierigkeit möglich, durch Zurückführung auf Systeme mit nur einer Ausgangsgröße Beobachter einzuführen. Aus (13.168) folgt nämlich

$$Y_i(s) = \sum_{k=1}^{p} G_{ik}(s)\,U_k(s)\ , \quad i = 1,\ldots,q\ , \tag{13.169}$$

was einer Zerspaltung des Mehrfachsystems in q Einzelsysteme mit je einer Ausgangsgröße y_i entspricht. Daß diese Teilsysteme durch die u_k miteinander gekoppelt sind, ist für das Folgende ohne Belang.

Aus (13.169) folgt weiter

$$Y_i(s) = \sum_{k=1}^{p} \frac{P_{ik}(s)}{Q_{ik}(s)}\,U_k(s)\ .$$

Bringt man diese Brüche auf den Hauptnenner $Q_i(s)$, so ist

$$Y_i(s) = \frac{\sum_{k=1}^{p} \tilde{P}_{ik}(s)\,U_k(s)}{Q_i(s)}\ .$$

Denkt man sich den Index i, der für die nächstfolgende Betrachtung uninteressant ist, weggelassen, so ist diese Gleichung vom Typ

$$Y(s) = \frac{\sum_{k=1}^{p} (b_{0k} + b_{1k}s + \ldots + b_{n-1,k}s^{n-1})\,U_k(s)}{s^n + a_{n-1}s^{n-1} + \ldots + a_1 s + a_0}\ .$$

Die Beobachtungsnormalform dieses Systems hat die Zustandsdifferentialgleichung

$$\dot{\underline{x}} = \begin{bmatrix} 0 & \ldots & & -a_0 \\ 1 & 0 & & \\ \vdots & \ddots & \ddots & \vdots \\ 0 & \ldots & 1 & -a_{n-1} \end{bmatrix} \underline{x} + \sum_{k=1}^{p} \begin{bmatrix} b_{0k} \\ \vdots \\ b_{n-1,k} \end{bmatrix} u_k\ .$$

Nach (13.164) bis (13.166) hat der zugehörige Beobachter die Zustandsdifferentialgleichung

$$\dot{\hat{\underline{x}}} = \underline{F}\,\hat{\underline{x}} + \sum_{k=1}^{p} \underline{b}_k u_k + \underline{\ell}\,y$$

mit

$$\underline{F} = \begin{bmatrix} 0 & \ldots & & -f_0 \\ 1 & 0 & & -f_1 \\ \vdots & \ddots & \ddots & \vdots \\ 0 & \ldots & 1 & -f_{k-1} \end{bmatrix}, \quad \underline{b}_k = \begin{bmatrix} b_{0k} \\ \vdots \\ b_{n-1,k} \end{bmatrix},$$

$$\underline{\ell} = \begin{bmatrix} f_0 - a_0 \\ \vdots \\ f_{n-1} - a_{n-1} \end{bmatrix},$$

wobei $f_0, \ldots, f_{n-1}$ die Koeffizienten des vorgegebenen charakteristischen Polynomes des Beobachters sind.

Der so entworfene Beobachter liefert auf Grund der Messung von $y_i(t)$ Schätzwerte für alle Zustandsvariablen, die den Übertragungsgliedern der i-ten Zeile von $\underline{G}(s)$ zugeordnet sind. Entwirft man für jede der Ausgangsgrößen $y_1, \ldots, y_q$ einen derartigen Beobachter, so wird von ihnen der gesamte Zustandsvektor des Mehrgrößensystems geschätzt.

13.7.4 Beobachter reduzierter Ordnung (reduzierter Beobachter)

Ist $\underline{y} = \underline{C}\,\underline{x}$ die Meßgleichung eines dynamischen Systems, so darf man annehmen, daß die (q,n)-Matrix $\underline{C}$ den Höchstrang q ($\leq$ n) hat, denn andernfalls wäre mindestens eine der Meßgrößen überflüssig (Abschnitt 13.1). Es gibt daher in $\underline{C}$ q linear unabhängige Spalten. Man kann die Spaltennumerierung so wählen, daß es die ersten q sind. Dann kann man für die Meßgleichung schreiben:

$$\underline{y} = \left[\underline{C}_{qq}, \underline{C}_{q,n-q}\right] \begin{bmatrix} \underline{x}_q \\ \underline{x}_{n-q} \end{bmatrix}$$

oder

$$\underline{y} = \underline{C}_{qq}\,\underline{x}_q + \underline{C}_{q,n-q}\,\underline{x}_{n-q} \tag{13.170}$$

mit *regulärem* $\underline{C}_{qq}$, wobei $\underline{x}_q$ die ersten q Elemente von $\underline{x}$ umfaßt. Aus (13.170) folgt

$$\underline{x}_q = \underline{C}_{qq}^{-1}(\underline{y} - \underline{C}_{q,n-q}\,\underline{x}_{n-q}) \ . \tag{13.171}$$

Kennt man also die n−q Elemente von $\underline{x}_{n-q}$, so sind die Elemente von $\underline{x}_q$ bekannt, da ja $\underline{y}$ gemessen wird. D.h. also: *Hat man q Meßgrößen, so braucht man nur noch n−q Zustandsgrößen durch den Beobachter zu rekonstruieren.* Die restlichen Zustandsvariablen sind mit ihnen bekannt.

Wir haben somit bisher des Guten zuviel getan, indem wir *alle* n Zustandsgrößen geschätzt haben. Dadurch erhalten wir einen Beobachter n-ter Ordnung. Begnügt man sich damit, nur noch das zu schätzen, was unbedingt notwendig ist, also nur n−q Zustandsgrößen, so wird man erwarten dürfen, mit einem Beobachter (n−q)-ter Ordnung auszukommen. Diesen *Beobachter reduzierter Ordnung* wollen wir auch kurz *reduzierten Beobachter* nennen und den bisher untersuchten Beobachter n-ter Ordnung demgegenüber als *vollständigen Beobachter* bezeichnen.

Um den reduzierten Beobachter möglichst einfach zu konstruieren, denken wir uns die *Meßgrößen von vornherein als Zustandsgrößen eingeführt.* Dann ist

$$\underline{x} = \begin{bmatrix} \underline{r} \\ \underline{y} \end{bmatrix} ,$$

wobei $\underline{r}$ den Vektor der restlichen, nicht meßbaren Zustandsvariablen bezeichnet, der durch den Beobachter rekonstruiert werden muß. Man könnte $\underline{y}$ auch an die Spitze von $\underline{x}$ stellen, doch ist die getroffene Wahl für manche Zwecke günstiger. So werden die Rechnungen einfacher, wenn die Strecke in Beobachtungsnormalform vorliegt. Aus

$$\dot{\underline{x}} = \underline{A}\,\underline{x} + \underline{B}\,\underline{u}$$

folgt dann

$$\begin{bmatrix} \underline{r} \\ \hline \underline{y} \end{bmatrix}^{\bullet} = \left[\begin{array}{c:c} \underline{A}_{11} & \underline{A}_{12} \\ \hdashline \underline{A}_{21} & \underline{A}_{22} \end{array}\right] \begin{bmatrix} \underline{r} \\ \hline \underline{y} \end{bmatrix} + \begin{bmatrix} \underline{B}_1 \\ \hline \underline{B}_2 \end{bmatrix} \underline{u}$$

oder

$$\dot{\underline{r}} = \underline{A}_{11}\,\underline{r} + \underline{A}_{12}\,\underline{y} + \underline{B}_1\,\underline{u} \ , \tag{13.172}$$

$$\dot{\underline{y}} = \underline{A}_{21}\,\underline{r} + \underline{A}_{22}\,\underline{y} + \underline{B}_2\,\underline{u} \ . \tag{13.173}$$

Wir schreiben diese Gleichungen etwas anders:

$$\dot{\underline{r}} = \underline{A}_{11}\,\underline{r} + (\underline{A}_{12}\,\underline{y} + \underline{B}_1\,\underline{u}) \ , \tag{13.174}$$

$$\dot{\underline{y}} - \underline{A}_{22}\,\underline{y} - \underline{B}_2\,\underline{u} = \underline{A}_{21}\,\underline{r} \ . \tag{13.175}$$

Bedenkt man, daß $\underline{r}$ der gesuchte Zustandsvektor und

$$\dot{\underline{y}} - \underline{A}_{22}\,\underline{y} - \underline{B}_2\,\underline{u}$$

ein bekannter Vektor ist, so entsprechen die Gleichungen (13.174), (13.175) der üblichen Zustandsdarstellung

$$\dot{\underline{x}} = \underline{A}\,\underline{x} + \underline{B}\,\underline{u} \ , \tag{13.176}$$

$$\underline{y} = \underline{C}\,\underline{x} \ , \tag{13.177}$$

wenn man in dieser folgende Ersetzungen vornimmt:

$\underline{x}$ durch $\underline{r}$,

$\underline{A}$ durch $\underline{A}_{11}$,

$\underline{B}\,\underline{u}$ durch $\underline{A}_{12}\,\underline{y} + \underline{B}_1\,\underline{u}$;

$\underline{y}$ durch $\dot{\underline{y}} - \underline{A}_{22}\,\underline{y} - \underline{B}_2\,\underline{u}$,

$\underline{C}$ durch $\underline{A}_{21}$.

Nimmt man daher diese Ersetzungen in der zum System (13.176), (13.177) gehörenden Beobachtergleichung

$$\dot{\hat{\underline{x}}} = (\underline{A} - \underline{L}\,\underline{C})\,\hat{\underline{x}} + \underline{B}\,\underline{u} + \underline{L}\,\underline{y} \qquad (13.178)$$

vor, so bekommt man den Beobachter zum System (13.174), (13.175). Da dieser den Zustandsvektor $\underline{r}$ schätzt, ist er der Beobachter reduzierter Ordnung zum ursprünglichen System. Nehmen wir in (13.178) die obigen Ersetzungen vor, so ergibt sich für ihn

$$\dot{\hat{\underline{r}}} = (\underline{A}_{11} - \underline{L}\,\underline{A}_{21})\,\hat{\underline{r}} + (\underline{A}_{12}\,\underline{y} + \underline{B}_1\,\underline{u}) + \\ + \underline{L}\,(\dot{\underline{y}} - \underline{A}_{22}\,\underline{y} - \underline{B}_2\,\underline{u}) \; . \qquad (13.179)$$

Diese Darstellung leidet aber noch an der Schwäche, daß der Meßvektor $\underline{y}$ differenziert werden muß. Um sie zu beseitigen, führen wir anstelle von $\hat{\underline{r}}$ den neuen Zustandsvektor

$$\underline{\rho} = \hat{\underline{r}} - \underline{L}\,\underline{y} \qquad (13.180)$$

ein. Damit wird aus (13.179)

$$\dot{\underline{\rho}} = (\underline{A}_{11} - \underline{L}\,\underline{A}_{21})\,\underline{\rho} + (\underline{B}_1 - \underline{L}\,\underline{B}_2)\,\underline{u} + \\ + \left[(\underline{A}_{11} - \underline{L}\,\underline{A}_{21})\,\underline{L} + \underline{A}_{12} - \underline{L}\,\underline{A}_{22}\right]\underline{y} \; , \qquad (13.181)$$

$$\hat{\underline{r}} = \underline{\rho} + \underline{L}\,\underline{y} \; . \qquad (13.182)$$

Dies sind die *Zustandsgleichungen des Beobachters reduzierter Ordnung (reduzierten Beobachters). Die $(n-q,q)$-Matrix $\underline{L}$ ist so zu wählen, daß die $n-q$ Eigenwerte der Matrix $\underline{A}_{11} - \underline{L}\,\underline{A}_{21}$ gewünschte Positionen in der s-Ebene einnehmen.*

Als Beispiel betrachten wir das Eingrößensystem (13.167). Aus dieser Gleichung liest man als Beobachtungsnormalform ab:

$$\dot{\underline{x}} = \begin{bmatrix} 0 & 0 & 0 & -a_0 \\ 1 & 0 & 0 & -a_1 \\ 0 & 1 & 0 & -a_2 \\ 0 & 0 & 1 & -a_3 \end{bmatrix} \underline{x} + \begin{bmatrix} 1 \\ 0 \\ 0 \\ 0 \end{bmatrix} u \; ,$$

$$y = \begin{bmatrix} 0 & 0 & 0 & 1 \end{bmatrix} \underline{x} = x_4$$

mit

$$a_0 = 0{,}12 \; ; \; a_1 = 0{,}83 \; ; \; a_2 = 2{,}13 \; ; \; a_3 = 2{,}40 \; .$$

Somit gilt die Differentialgleichung

$$\begin{bmatrix} r_1 \\ r_2 \\ r_3 \\ \hline y \end{bmatrix}^{\bullet} = \left[\begin{array}{ccc|c} 0 & 0 & 0 & -a_0 \\ 1 & 0 & 0 & -a_1 \\ 0 & 1 & 0 & -a_2 \\ \hline 0 & 0 & 1 & -a_3 \end{array}\right] \begin{bmatrix} r_1 \\ r_2 \\ r_3 \\ \hline y \end{bmatrix} + \begin{bmatrix} 1 \\ 0 \\ 0 \\ \hline 0 \end{bmatrix} u \; .$$

Es ist daher

$$\underline{A}_{11} = \begin{bmatrix} 0 & 0 & 0 \\ 1 & 0 & 0 \\ 0 & 1 & 0 \end{bmatrix} , \; \underline{A}_{12} = \begin{bmatrix} -a_0 \\ -a_1 \\ -a_2 \end{bmatrix} , \; \underline{B}_1 = \begin{bmatrix} 1 \\ 0 \\ 0 \end{bmatrix} ,$$

$$\underline{A}_{21} = \begin{bmatrix} 0 & 0 & 1 \end{bmatrix} , \; \underline{A}_{22} = \begin{bmatrix} -a_3 \end{bmatrix} , \; \underline{B}_2 = \begin{bmatrix} 0 \end{bmatrix} .$$

$$\text{Mit } \underline{L} = \begin{bmatrix} \ell_1 \\ \ell_2 \\ \ell_3 \end{bmatrix} \text{ wird } \underline{A}_{11} - \underline{L}\,\underline{A}_{21} = \begin{bmatrix} 0 & 0 & -\ell_1 \\ 1 & 0 & -\ell_2 \\ 0 & 1 & -\ell_3 \end{bmatrix} .$$

Da diese Matrix wiederum in Beobachtungsnormalform vorliegt, ist das charakteristische Polynom des reduzierten Beobachters

$$s^3 + \ell_3 s^2 + \ell_2 s + \ell_1 \; .$$

Geben wir etwa den 3-fachen Eigenwert -1 für den Beobachter vor, so muß dieses Polynom gleich

$$(s+1)^3 = s^3 + 3s^2 + 3s + 1$$

sein, woraus

$$\underline{L} = \begin{bmatrix} 1 \\ 3 \\ 3 \end{bmatrix}$$

folgt. Damit lauten die Gleichungen (13.181), (13.182) des reduzierten Beobachters

$$\left.\begin{aligned} \dot{\underline{\rho}} &= \begin{bmatrix} 0 & 0 & -1 \\ 1 & 0 & -3 \\ 0 & 1 & -3 \end{bmatrix} \underline{\rho} + \begin{bmatrix} 1 \\ 0 \\ 0 \end{bmatrix} u + \begin{bmatrix} -0{,}72 \\ -1{,}63 \\ -0{,}93 \end{bmatrix} y \; , \\ \hat{\underline{r}} &= \underline{\rho} + \begin{bmatrix} 1 \\ 3 \\ 3 \end{bmatrix} y \; . \end{aligned}\right\} \qquad (13.183)$$

Den Zeitverlauf der Zustandsvariablen x_1, x_2 und ihrer Schätzwerte $\hat{x}_1$, $\hat{x}_2$ bei der Anfangsstörung $x_i(0) = 0{,}2$, $i = 1, \ldots, 4$, sieht man im Bild 13/23. Da die Anfangswerte $\rho_i(0)$ im Ernstfall unbekannt sind, wurde $\rho_i(0) = 0$, $i = 1,2,3$, vorgegeben. Damit folgt aus (13.183)

$$\hat{x}_1(0) = \hat{r}_1(0) = \rho_1(0) + y(0) = \rho_1(0) + x_4(0) = 0{,}2 \; ,$$

$$\hat{x}_2(0) = \hat{r}_2(0) = \rho_2(0) + 3y(0) = \rho_2(0) + 3x_4(0) = 0{,}6 \; ,$$

was in der Tat mit den Anfangswerten im Bild 13/23 übereinstimmt.

Beim Vergleich mit dem vollständigen Beobachter im Bild 13/21, der ebenfalls den Eigenwert -1 hat, aber

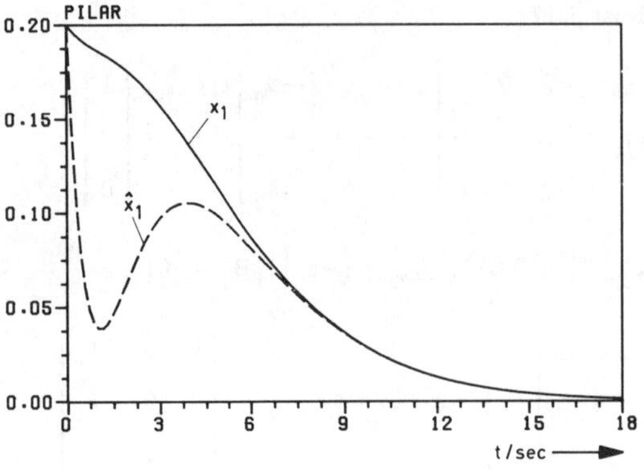

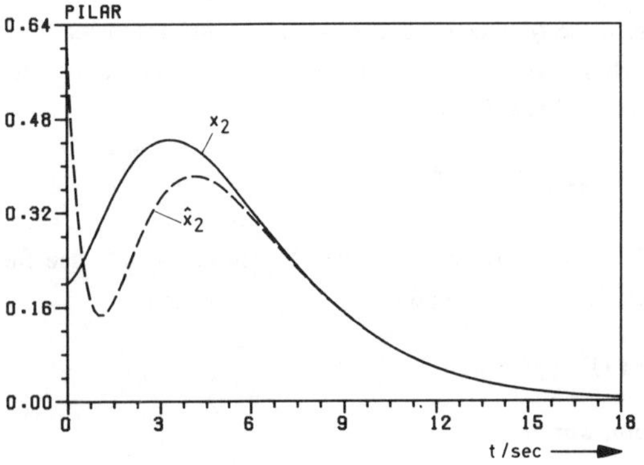

Bild 13/23. Zeitverläufe zum System (13.167) und reduzierten Beobachter (Ordnung 3). 3-facher Beobachtereigenwert in -1

von 4. Ordnung ist, zeigt sich, daß die Schätzwerte jetzt schneller gegen die wahren Werte konvergieren. Bei einem System niedriger Ordnung werden bei sonst gleichen Verhältnissen die Einschwingvorgänge eben schneller abklingen als bei einem System höherer Ordnung.

Umfaßt der Meßvektor $\underline{y}$ die ersten Elemente von $\underline{x}$, ist also

$$\underline{x} = \begin{bmatrix} \underline{y} \\ \underline{r} \end{bmatrix} ,$$

so erhält man ganz entsprechend wie oben als *Gleichungen des reduzierten Beobachters*:

$$\dot{\underline{\rho}} = (\underline{A}_{22} - \underline{L}\,\underline{A}_{12})\,\underline{\rho} + (\underline{B}_2 - \underline{L}\,\underline{B}_1)\,\underline{u} + \\ + \left[(\underline{A}_{22} - \underline{L}\,\underline{A}_{12})\,\underline{L} + \underline{A}_{21} - \underline{L}\,\underline{A}_{11}\right]\underline{y} , \tag{13.184}$$

$$\hat{\underline{r}} = \underline{\rho} + \underline{L}\,\underline{y} . \tag{13.185}$$

Wir wollen sie auf das *Beispiel der Verladebrücke* (Abschnitt 11.3) anwenden. Von deren Zustandsvariablen sind nämlich die Katzposition x_1 und die Katzgeschwindigkeit x_2 meßbar, während man dies beim Greiferwinkel x_3 nicht unbedingt und bei der Greiferwinkelgeschwindigkeit x_4 gewiß nicht voraussetzen darf. Demgemäß sind hier die Meßgrößen

$$y_1 = x_1 , \quad y_2 = x_2 .$$

Nach (11.43) und (11.45) kann man deshalb die Zustandsdifferentialgleichung der Verladebrücke in der folgenden Form schreiben:

$$\begin{bmatrix} y_1 \\ y_2 \\ \hdashline r_1 \\ r_2 \end{bmatrix}^{\bullet} = \left[\begin{array}{cc:cc} 0 & 1 & 0 & 0 \\ 0 & 0 & a_{23} & 0 \\ \hdashline 0 & 0 & 0 & 1 \\ 0 & 0 & -a_{43} & 0 \end{array}\right] \begin{bmatrix} y_1 \\ y_2 \\ \hdashline r_1 \\ r_2 \end{bmatrix} + \begin{bmatrix} 0 \\ b_2 \\ \hdashline 0 \\ -b_4 \end{bmatrix} u .$$

Daher ist

$$\underline{A}_{11} = \begin{bmatrix} 0 & 1 \\ 0 & 0 \end{bmatrix} , \quad \underline{A}_{12} = \begin{bmatrix} 0 & 0 \\ a_{23} & 0 \end{bmatrix} , \quad \underline{B}_1 = \begin{bmatrix} 0 \\ b_2 \end{bmatrix} ,$$

$$\underline{A}_{21} = \begin{bmatrix} 0 & 0 \\ 0 & 0 \end{bmatrix} , \quad \underline{A}_{22} = \begin{bmatrix} 0 & 1 \\ -a_{43} & 0 \end{bmatrix} , \quad \underline{B}_2 = \begin{bmatrix} 0 \\ -b_4 \end{bmatrix} .$$

Wegen

$$\underline{L} = \begin{bmatrix} \ell_{11} & \ell_{12} \\ \ell_{21} & \ell_{22} \end{bmatrix}$$

ist die Dynamikmatrix des reduzierten Beobachters

$$\underline{A}_{22} - \underline{L}\,\underline{A}_{12} = \begin{bmatrix} -\ell_{12}\,a_{23} & 1 \\ -a_{43} - \ell_{22}\,a_{23} & 0 \end{bmatrix} ,$$

also sein charakteristisches Polynom

$$s^2 + \ell_{12}\,a_{23}\,s + a_{43} + \ell_{22}\,a_{23} .$$

Soll dieses gleich dem vorgegebenen Polynom

$$s^2 + f_1 s + f_0 = (s - \beta_1)(s - \beta_2)$$

sein, so muß gelten

$$\ell_{12}\,a_{23} = f_1 , \quad a_{43} + \ell_{22}\,a_{23} = f_0 ,$$

woraus

$$\ell_{12} = \frac{f_1}{a_{23}} , \quad \ell_{22} = \frac{f_0 - a_{43}}{a_{23}}$$

folgt. Wie man sieht, sind die Elemente ℓ_{11} und ℓ_{21} völlig frei. Wählt man einfachheitshalber

$$\ell_{11} = 0 , \quad \ell_{21} = 0 ,$$

so ist $\underline{L}$ bekannt. Damit erhält man gemäß (13.184) und (13.185) die *Zustandsgleichungen für den reduzierten Beobachter der Verladebrücke*:

$$\dot{\rho}_1 = -f_1 \rho_1 + \rho_2 - b_2 \ell_{12} u + (\ell_{22} - f_1 \ell_{12}) y_2 ,$$

$$\dot{\rho}_2 = -f_0 \rho_1 - (b_4 + b_2 \ell_{22}) u - f_0 \ell_{12} y_2 ;$$

$$\hat{x}_3 = \rho_1 + \ell_{12} y_2 ,$$

$$\hat{x}_4 = \rho_2 + \ell_{22} y_2 .$$

Da wir die Elemente ℓ_{11} und ℓ_{21} Null gesetzt haben, wird als einzige Meßgröße die Katzgeschwindigkeit $y_2 = x_2$ benötigt. Zeitverläufe zu diesem Beobachter werden im Unterabschnitt 13.7.6 gebracht, wo er im Regelkreis eingesetzt wird.

Nicht selten liegt eine Situation nach Bild 13/24 vor, daß nämlich in einem System neben der Ausgangsgröße die eine oder andere Zwischengröße gemessen wird, im Bild 13/24 die Zustandsgröße x_3. Dann kann man in verschiedener Weise vorgehen. Man kann im vorliegenden Fall für das Gesamtsystem einen Beobachter 2. Ordnung entwerfen, und zwar in der oben beschriebenen Weise. Man kann aber auch jedes der beiden Teilsysteme für sich betrachten und kennt dann von jedem die Ein- und Ausgangsgröße. Daher kann man für jedes Teilsystem unabhängig vom anderen einen Beobachter 1. Ordnung konstruieren, gleichfalls in der oben beschriebenen Weise. Beide zusammen beobachten den gesamten Systemzustand.

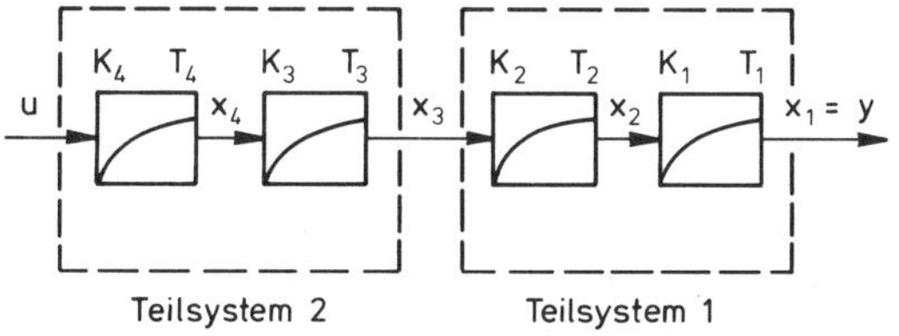

Bild 13/24. Reduktion der Beobachterordnung bei Vorhandensein einer meßbaren Zwischengröße

Vergleicht man den vollständigen Beobachter n-ter Ordnung mit dem reduzierten Beobachter der Ordnung n−q, so hat der letztere den Vorzug, daß er als System niedrigerer Ordnung die wahren Werte der Zustandsvariablen schneller erreichen wird. Beim vollständigen Beobachter schätzt man die Werte der Meßgrößen mit, die man bereits kennt, was an sich unnötig ist, aber eine Kontrolle ermöglicht, die beim reduzierten Beobachter fehlt.

Die Anfangswerte der im reduzierten Beobachter gelieferten Schätzwerte sind

$$\hat{\underline{r}}(0) = \underline{\rho}(0) + \underline{L}\, \underline{y}(0) .$$

Dabei hängt $\underline{L}$ von den Koeffizienten f_ν des charakteristischen Polynoms des Beobachters ab, die leicht hohe Werte annehmen können. Dies kann zu höheren Beträgen der Elemente von $\underline{L}\, \underline{y}(0)$ und damit der $\hat{r}_i(0)$ führen, sofern man $\underline{\rho}(0) = \underline{0}$ wählt. Dies ist für die Theorie zwar ohne Belang. Praktisch können aber dadurch Systemgrößen an den Anschlag gehen, wodurch sich der Beobachter nichtlinear verhält und keineswegs mehr so arbeitet, wie nach der linearen Theorie zu erwarten wäre. Um derartige Anfangswerte $\hat{r}_i(0)$ zu vermeiden, kann man durch geeignete Einstellung der frei wählbaren Anfangswerte $\rho_i(0)$ die betragsmäßig zu großen Elemente von $\underline{L}\, \underline{y}(0)$ kompensieren.

13.7.5 Querverbindung zum Kalman-Filter

Es soll jetzt der Zusammenhang zwischen Luenberger-Beobachter und Kalman-Filter hergestellt werden. Dabei werden die Gleichungen des Kalman-Filters lediglich beschrieben, für ihre Herleitung und eingehende Betrachtung sei auf [13.28] und [13.29] verwiesen.

Beim Luenberger-Beobachter geht man von der Vorstellung aus, daß der Systemzustand nach einer Anfangsstörung rekonstruiert werden soll. Wenn sich solche Störungen von Zeit zu Zeit wiederholen, wird der Beobachter den neuen Zustand immer wieder erfassen, sofern diese Störungen nicht allzu dicht liegen.

Aber es ist einleuchtend, daß ein asymptotisch arbeitender Beobachter wie der Luenberger-Beobachter nicht mehr gut funktionieren kann, wenn laufende stochastische Störungen in das System eingreifen, die nicht vernachlässigbar sind. Dann geht man zum *Kalman-Filter (Kalman-Bucy-Filter)* über.

Man geht dabei von den Systemgleichungen

$$\dot{\underline{x}} = \underline{A}\, \underline{x} + \underline{B}\, \underline{u} + \underline{r}(t) \quad \text{(Strecke)} , \qquad (13.186)$$

$$\underline{y} = \underline{C}\, \underline{x} + \underline{\rho}(t) \quad \text{(Meßgleichung)} \qquad (13.187)$$

aus, wobei $\underline{r}(t)$ das Systemrauschen und $\underline{\rho}(t)$ das Meßrauschen bezeichnet. Wie stets bei uns seien $\underline{A}$, $\underline{B}$, $\underline{C}$ konstant. $\underline{r}(t)$ und $\underline{\rho}(t)$ charakterisieren Zufallsprozesse, die als stationär, mittelwertfrei, weiß, Gaußisch und unkorreliert vorausgesetzt seien.[8]

Ist ein Prozeß mittelwertbehaftet, so kann man sich durch eine Parallelverschiebung der Zustandskoordinaten hiervon befreien. Ist er farbig, so läßt er sich durch ein geeignetes Formfilter aus weißem Rauschen erzeugen, wobei das Filter dann zum System hinzugenommen wird. Für das mittelwertfreie weiße Rauschen gilt

$$\operatorname{cov}\left\{\underline{r}(t_1),\underline{r}(t_2)\right\} = E\left\{\underline{r}(t_1)\cdot\underline{r}^T(t_2)\right\} = \underline{Q}\,\delta(t_1-t_2)\ ,$$

$$\operatorname{cov}\left\{\underline{\rho}(t_1),\underline{\rho}(t_2)\right\} = E\left\{\underline{\rho}(t_1)\cdot\underline{\rho}^T(t_2)\right\} = \underline{S}\,\delta(t_1-t_2)\ ,$$

wobei $\underline{Q}$ und $\underline{S}$ konstante, symmetrische Matrizen sind.

Die Voraussetzung schließlich, daß es sich um einen Gaußschen Zufallsprozeß handelt, kann im konkreten Fall wohl kaum mit Sicherheit nachgewiesen werden. Man nimmt an, daß der konkret vorliegende Zufallsprozeß einigermaßen durch einen Gaußprozeß approximiert wird.

Um aus dem verrauschten System den Zustandsvektor näherungsweise zu rekonstruieren, benutzt man nun ein Kalman-Filter. Es hat die gleiche Struktur wie der Luenberger-Beobachter (Bild 13/19). Diese läßt sich in ganz entsprechender Weise wie beim Luenberger-Beobachter anhand der Bilder 13/18 und 13/19 verständlich machen. Die *Zustandsdifferentialgleichung des Kalman-Filters* lautet also genau wie beim Luenberger-Beobachter

$$\dot{\hat{\underline{x}}} = \underline{A}\,\hat{\underline{x}} + \underline{B}\,\underline{u} + \underline{L}\,(\underline{y} - \underline{C}\,\hat{\underline{x}}) \qquad (13.188)$$

oder

$$\dot{\hat{\underline{x}}} = (\underline{A} - \underline{L}\,\underline{C})\,\hat{\underline{x}} + \underline{B}\,\underline{u} + \underline{L}\,\underline{y}\ . \qquad (13.189)$$

Der *Unterschied zwischen Luenberger-Beobachter und Kalman-Filter besteht lediglich in der Bestimmung der Matrix* $\underline{L}$. Während diese beim Luenberger-Beobachter mittels Polvorgabe berechnet wird, entspringt sie beim Kalman-Filter aus der Optimierung eines quadratischen Gütemaßes. Dieses muß notwendigerweise stochastischen Charakter haben. Man denkt sich zunächst die *Schätzfehler* gebildet,

[8] Falls einem Leser die im folgenden benutzten stochastischen Begriffe nicht geläufig sind, kann er sie überlesen. Für das Wesentliche des Zusammenhangs zwischen Luenberger-Beobachter und Kalman-Filter spielt das keine Rolle.
Es sei noch angemerkt, daß im folgenden unter Kalman-Filter stets das *stationäre* Kalman-Filter verstanden wird, das durch eine *konstante* Matrix $\underline{L}$ charakterisiert ist.

$$\tilde{x}_i(t) = x_i(t) - \hat{x}_i(t)\ ,\quad i = 1,\ldots,n\ , \qquad (13.190)$$

und daraus die Erwartungswerte

$$E\left\{\tilde{x}_i^2\right\}\ .$$

Sofern die Zufallsprozesse ergodisch sind, darf man sie sich als zeitliche Mittelwerte vorstellen:

$$E\left\{\tilde{x}_i^2\right\} = \lim_{T\to\infty}\frac{1}{2T}\int_{-T}^{T}\tilde{x}_i^2(t)\,dt\ ,\quad i = 1,\ldots,n\ . \qquad (13.191)$$

Hieraus bildet man das Gütemaß

$$J = \sum_{i=1}^{n} E\left\{\tilde{x}_i^2\right\}\ . \qquad (13.192)$$

Es hängt von der Matrix $\underline{L}$ ab, da deren Wahl ja die Schätzwerte $\hat{x}_i(t)$ beeinflußt. *$\underline{L}$ ist nun so zu wählen, daß das Gütemaß J minimal wird.*

Als Lösung ergibt sich

$$\underline{L} = \underline{P}\,\underline{C}^T\,\underline{S}^{-1}\ , \qquad (13.193)$$

wobei die symmetrische Matrix $\underline{P}$ als positiv semidefinite Lösung der Gleichung

$$\underline{P}\,\underline{C}^T\,\underline{S}^{-1}\,\underline{C}\,\underline{P} - \underline{A}\,\underline{P} - \underline{P}\,\underline{A}^T - \underline{Q} = \underline{0} \qquad (13.194)$$

zu bestimmen ist. Dies ist möglich, wenn das System $\dot{\underline{x}} = \underline{A}\,\underline{x} + \underline{B}\,\underline{u}$, $\underline{y} = \underline{C}\,\underline{x}$ beobachtbar ist und die Matrizen $\underline{Q}$, $\underline{S}$ positiv definit sind.

Was diese Matrizen angeht, so werden sie durch die stochastischen Eigenschaften der Rauschprozesse bestimmt. Da diese aber im allgemeinen nicht genauer bekannt sind, wählt man $\underline{Q}$ und $\underline{S}$ im konkreten Fall als Gewichtungsmatrizen. In Ermangelung tieferer Einsicht setzt man sie häufig gleich der Einheitsmatrix.

Es ist nun eine bemerkenswerte Tatsache, daß man die *Gleichungen* (13.193) und (13.194) *für die Kalman-Filter-Matrix $\underline{L}$ ohne irgendeinen Bezug auf stochastische Betrachtungen* aus unserer fiktiven Ersatzregelung für den Zustandsbeobachter im Bild 13/20 gewinnen kann. Aus ihr hatten wir schon die Vorschriften für die Berechnung der Beobachtermatrix $\underline{L}$ auf der Basis der Polvorgabe hergeleitet. Nichts hindert uns aber, auch einen Riccati-Entwurf auf diese Zustandsregelung anzuwenden! Wir müssen nur die Übersetzungsvorschrift (13.158) auf die Formeln im Satz (13.80) über den Riccati-Regler anwenden. Dann erhält man aus der Riccati-Gleichung

$$\underline{P}\,\underline{C}^T\,\underline{S}^{-1}\,\underline{C}\,\underline{P} - \underline{P}\,\underline{A}^T - \underline{A}\,\underline{P} - \underline{Q} = \underline{0} \qquad (13.195)$$

sowie

$$\underline{L}^T = \underline{S}^{-1}\,\underline{C}\,\underline{P}\ ,$$

also wegen der Symmetrie von $\underline{S}$ und $\underline{P}$:

$$\underline{L} = \underline{P}\,\underline{C}^T\,\underline{S}^{-1}\ . \qquad (13.196)$$

Wie man sieht, stimmen diese Gleichungen mit (13.193) und (13.194) überein. Allerdings sind $\underline{Q}$ und $\underline{S}$ in (13.195) und (13.196) lediglich Gewichtungsmatrizen des Gütemaßes

$$J = \frac{1}{2}\int_0^\infty \left[\underline{x}_f^T\,\underline{Q}\,\underline{x}_f + \underline{u}_f^T\,\underline{S}\,\underline{u}_f\right] dt$$

zum fiktiven Regelkreis im Bild 13/20. Ihre stochastische Bedeutung ist bei dieser Herleitung des Kalman-Filters verlorengegangen. Für die praktische Anwendung spielt dies aber keine nennenswerte Rolle, da sie – wie schon erwähnt – in konkreten Fällen meist nicht bekannt sind.

Zusammenfassend läßt sich sagen, daß Luenberger-Beobachter und Kalman-Filter die gleiche Struktur haben, die durch Bild 13/19 bzw. Gleichung (13.153) gegeben ist. Sie unterscheiden sich dadurch, daß die freien Parameter dieser Struktur, also die Matrix $\underline{L}$, beim Luenberger-Beobachter durch Eigenwertvorgabe, beim Kalman-Filter durch Minimieren eines quadratischen Gütemaßes, also nach Riccati-Manier, bestimmt werden. Dies wiederum ist notwendig wegen der verschiedenartigen Störungen, bei denen sie eingesetzt werden: der Luenberger-Beobachter bei gelegentlich auftretenden Anfangsstörungen, das Kalman-Filter bei dauernden stochastischen Störungen. Bei dauernden Störungen kann man keinen asymptotischen Beobachter einsetzen, der den Schätzwert erst nach einiger Zeit (theoretisch für $t \to +\infty$) liefert, weil eine solche Zeit bei fortwährenden Störungen einfach nicht da ist. Hier bleibt nichts anderes übrig, als den Schätzwert im Sinn der kleinsten quadratischen Abweichung an den wahren Wert anzupassen.

13.7.6 Der Beobachter im Regelkreis

Bisher wurde der Luenberger-Beobachter für sich betrachtet, als ein dynamisches System, das mittels der Eingangs- und Meßgrößen der Strecke deren gesamten Zustand ermittelt. Für meßtechnische Zwecke genügt diese Betrachtungsweise. Unser Ziel besteht aber letztlich darin, den Beobachter in eine Zustandsregelung einzufügen, um auf diese Weise den Regler $\underline{u} = -\underline{R}\,\underline{x}$ mit einer Schätzung des Zustandsvektors $\underline{x}$ zu versorgen, da dessen wahrer Wert ja nicht bekannt ist. Das Strukturbild dieser über den Beobachter geschlossenen Zustandsregelung sieht man im Bild 13/25, wobei einfachheitshalber der vollständige Beobachter eingezeichnet ist.

Betrachtet man dieses Bild unvoreingenommen, so liegt ein schlimmer Verdacht nahe. Man hat zunächst den Regler $\underline{u} = -\underline{R}\,\underline{x}$ entworfen, ohne sich um die Beschaffung von $\underline{x}$ zu kümmern, aber darauf geachtet, daß eine gute Dynamik zustande kommt, insbesondere also die Eigenwerte $\lambda_{R1}, \ldots, \lambda_{Rn}$ geeignet plaziert werden, unmittelbar bei der Polvorgabe, mittelbar beim Riccati-Entwurf. Nun fügt man nachträglich ein dynamisches System in Gestalt des Beobachters in den Regelkreis ein, um hierdurch einen Schätzwert $\hat{\underline{x}}$ von $\underline{x}$ für den Regler bereitzustellen. Aber, so muß man sich an dieser Stelle fragen, werden dann hierdurch die Eigenwerte $\lambda_{R1}, \ldots, \lambda_{Rn}$ nicht unkontrolliert verschoben, so daß die Regelung möglicherweise sogar instabil wird? Soll die in diesem Kapitel beschriebene Vorgehensweise zum Regelungsentwurf sinnvoll sein, so muß sich beweisen lassen, daß eine solche Verschiebung nicht stattfindet.

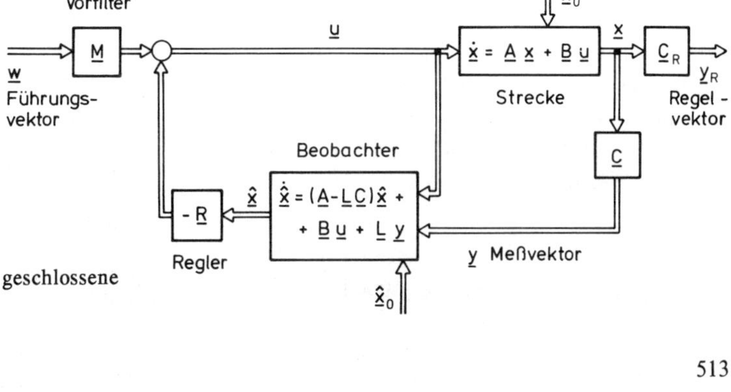

Bild 13/25. Über den Beobachter geschlossene Zustandsregelung

Wir wollen diesen Beweis zunächst für den *vollständigen* Beobachter führen, da er hier ganz geradlinig verläuft, und uns erst dann dem reduzierten Beobachter zuwenden, bei dem zwar die Beweisidee die gleiche ist, aber die Darstellung des Beobachters zunächst umgeformt werden muß.

Aus dem Bild 13/25 liest man die Gleichungen des über den Beobachter geschlossenen Regelkreises ab. Da es um die Eigenwerte der Regelung geht, auf die äußere Größen keinen Einfluß haben, darf man $\underline{w} = \underline{0}$ setzen. Dann ist der Regler durch

$$\underline{u} = -\underline{R}\,\hat{\underline{x}}$$

gegeben, da seine Eingangsgröße der vom Beobachter gelieferte Schätzwert ist. Für die Strecke gilt

$$\dot{\underline{x}} = \underline{A}\,\underline{x} + \underline{B}\,\underline{u}\,, \quad \underline{y} = \underline{C}\,\underline{x}\,,$$

für den Beobachter

$$\dot{\hat{\underline{x}}} = (\underline{A} - \underline{L}\,\underline{C})\,\hat{\underline{x}} + \underline{B}\,\underline{u} + \underline{L}\,\underline{y}\,.$$

Hieraus folgen die beiden Differentialgleichungen

$$\dot{\underline{x}} = \underline{A}\,\underline{x} - \underline{B}\,\underline{R}\,\hat{\underline{x}}\,,$$

$$\dot{\hat{\underline{x}}} = \underline{L}\,\underline{C}\,\underline{x} + (\underline{A} - \underline{L}\,\underline{C} - \underline{B}\,\underline{R})\,\hat{\underline{x}}$$

oder

$$\begin{bmatrix} \underline{x} \\ \hat{\underline{x}} \end{bmatrix}^{\bullet} = \begin{bmatrix} \underline{A} & -\underline{B}\,\underline{R} \\ \underline{L}\,\underline{C} & \underline{A} - \underline{L}\,\underline{C} - \underline{B}\,\underline{R} \end{bmatrix} \begin{bmatrix} \underline{x} \\ \hat{\underline{x}} \end{bmatrix}. \qquad (13.197)$$

Dies ist die Zustandsdifferentialgleichung des über den Beobachter geschlossenen Regelkreises.

Ihre charakteristische Gleichung lautet

$$\left| \begin{array}{c:c} s\underline{I}_n - \underline{A} & \underline{B}\,\underline{R} \\ \hdashline -\underline{L}\,\underline{C} & s\underline{I}_n - \underline{A} + \underline{L}\,\underline{C} + \underline{B}\,\underline{R} \end{array} \right| = 0\,. \qquad (13.198)$$

Der Wert einer Determinante bleibt unverändert, wenn man zu einer Spalte bzw. Zeile eine beliebige Linearkombination anderer Spalten bzw. Zeilen addiert oder subtrahiert. Addieren wir in der obigen Determinante die (n+1)-te Spalte zur ersten, ..., die 2n-te Spalte zur n-ten, so ergibt sich

$$\left| \begin{array}{c:c} s\underline{I}_n - \underline{A} + \underline{B}\,\underline{R} & \underline{B}\,\underline{R} \\ \hdashline s\underline{I}_n - \underline{A} + \underline{B}\,\underline{R} & s\underline{I}_n - \underline{A} + \underline{L}\,\underline{C} + \underline{B}\,\underline{R} \end{array} \right| = 0\,.$$

Subtrahieren wir nun die 1. Zeile von der (n+1)-ten Zeile, ..., die n-te Zeile von der 2n-ten Zeile, so wird daraus

$$\left| \begin{array}{c:c} s\underline{I}_n - \underline{A} + \underline{B}\,\underline{R} & \underline{B}\,\underline{R} \\ \hdashline \underline{0} & s\underline{I}_n - \underline{A} + \underline{L}\,\underline{C} \end{array} \right| = 0\,.$$

Da die linke untere Ecke dieser Determinante Null ist, folgt (Kapitel 17)

$$\left| s\underline{I}_n - (\underline{A} - \underline{B}\,\underline{R}) \right| \cdot \left| s\underline{I}_n - (\underline{A} - \underline{L}\,\underline{C}) \right| = 0\,. \qquad (13.199)$$

Da die erste dieser beiden Determinanten die Eigenwerte des ohne Beobachter geschlossenen Kreises, die zweite die Eigenwerte des Beobachters liefert, hat man den grundlegenden Satz:

Die Eigenwerte des ohne Beobachter geschlossenen Regelkreises werden durch die Einfügung des Beobachters nicht verschoben. Zu ihnen treten lediglich die Eigenwerte des Beobachters hinzu. (13.200)

Auf Grund der früheren Ergebnisse dieses Kapitels kann man hinzufügen:

Ist die Strecke steuer- und beobachtbar, so kann man die Eigenwerte des ohne Beobachter geschlossenen Regelkreises und die Eigenwerte des Beobachters unabhängig voneinander beliebig vorgeben. (13.201)

Es ist klar, daß der Satz (13.200) fundamental für das gesamte hier praktizierte Entwurfsverfahren ist: Zunächst den Regler ohne Rücksicht auf das Beobachtungsproblem zu entwerfen und sodann erst den Beobachter auszulegen und in den Regelkreis einzufügen. Da dieser Satz also den separaten Entwurf von Regler und Beobachter legitimiert, heißt er *Separationstheorem.* Das Theorem ist der Eckpfeiler der vorstehend entwickelten Entwurfsmethodik im Zustandsraum.

Wir wollen nun noch zeigen, daß es *auch für den reduzierten Beobachter* gilt. Dazu ist es, wie schon erwähnt, vorerst erforderlich, den reduzierten Beobachter in etwas anderer Form darzustellen. Wir gehen etwa von den Gleichungen (13.184), (13.185) aus und schreiben für sie abgekürzt

$$\dot{\underline{\rho}} = \underline{F}\,\underline{\rho} + \underline{G}\,\underline{u} + \underline{N}\,\underline{y}\,, \qquad (13.202)$$

$$\hat{\underline{r}} = \underline{\rho} + \underline{L}\,\underline{y}\,, \qquad (13.203)$$

wobei $\underline{F}$ so zu wählen ist, daß die Eigenwerte links der j-Achse liegen.

Dabei ist

$$\underline{x} = \begin{bmatrix} \underline{y} \\ \underline{r} \end{bmatrix}, \quad \text{also} \quad \hat{\underline{x}} = \begin{bmatrix} \underline{y} \\ \hat{\underline{r}} \end{bmatrix}.$$

Aus (13.203) folgt

$$\underline{\rho} = -\underline{L}\,\underline{y} + \hat{\underline{r}} = \left[-\underline{L}, \underline{I}_{n-q}\right] \cdot \begin{bmatrix} \underline{y} \\ \hat{\underline{r}} \end{bmatrix},$$

also

$$\underline{\rho} = \underline{T}\,\hat{\underline{x}} \tag{13.204}$$

mit $\underline{T} = \left[-\underline{L}, \underline{I}_{n-q}\right]$.

Weiterhin ist wegen (13.203)

$$\hat{\underline{x}} = \begin{bmatrix} \underline{0} + \underline{y} \\ \underline{\rho} + \underline{L}\,\underline{y} \end{bmatrix} = \begin{bmatrix} \underline{0} & \underline{I}_q \\ \underline{I}_{n-q} & \underline{L} \end{bmatrix} \cdot \begin{bmatrix} \underline{\rho} \\ \underline{y} \end{bmatrix},$$

also

$$\hat{\underline{x}} = \underline{H}\,\underline{\rho} + \underline{K}\,\underline{y} \tag{13.205}$$

mit

$$\underline{H} = \begin{bmatrix} \underline{0} \\ \underline{I}_{n-q} \end{bmatrix}, \quad \underline{K} = \begin{bmatrix} \underline{I}_q \\ \underline{L} \end{bmatrix}.$$

Wir führen nun einen *verallgemeinerten Schätzfehler des reduzierten Beobachters* ein:

$$\underline{\epsilon} = \underline{T}\,\underline{x} - \underline{\rho}. \tag{13.206}$$

Wegen (13.204) ist

$$\underline{\epsilon} = \underline{T}\,\tilde{\underline{x}}. \tag{13.207}$$

Aus (13.206) und (13.202) folgt

$$\dot{\underline{\epsilon}} = \underline{T}\,\dot{\underline{x}} - \dot{\underline{\rho}} = \underline{T}\,(\underline{A}\,\underline{x} + \underline{B}\,\underline{u}) - (\underline{F}\,\underline{\rho} + \underline{G}\,\underline{u} + \underline{N}\,\underline{y}).$$

Mit $\underline{\rho} = \underline{T}\,\underline{x} - \underline{\epsilon}$ und $\underline{y} = \underline{C}\,\underline{x}$ wird daraus

$$\dot{\underline{\epsilon}} = \underline{F}\,\underline{\epsilon} + (\underline{T}\,\underline{B} - \underline{G})\,\underline{u} + (\underline{T}\,\underline{A} - \underline{F}\,\underline{T} - \underline{N}\,\underline{C})\,\underline{x}. \tag{13.208}$$

Denkt man sich hierin $\underline{u} = \underline{u}_\infty$ und $\underline{x} = \underline{x}_\infty$ beliebig konstant aufgeschaltet, so ist im stationären Zustand definitionsgemäß $\dot{\underline{\epsilon}} = \underline{0}$, außerdem wegen (13.207) $\underline{\epsilon} = \underline{0}$, da dann $\tilde{\underline{x}} = \underline{0}$ gilt. Soll dann (13.208) für *beliebige* Werte $\underline{u}_\infty$ und $\underline{x}_\infty$ gelten, so muß

$$\underline{T}\,\underline{B} - \underline{G} = \underline{0}, \quad \underline{T}\,\underline{A} - \underline{F}\,\underline{T} - \underline{N}\,\underline{C} = \underline{0}$$

sein.

Ersetzt man nun (13.203) durch (13.205) und setzt in (13.202) $\underline{G} = \underline{T}\,\underline{B}$, so erhält man eine *neue Darstellung des reduzierten Beobachters*:

$$\dot{\underline{\rho}} = \underline{F}\,\underline{\rho} + \underline{T}\,\underline{B}\,\underline{u} + \underline{N}\,\underline{y}, \tag{13.209}$$

$$\hat{\underline{x}} = \underline{H}\,\underline{\rho} + \underline{K}\,\underline{y}, \tag{13.210}$$

wobei die Matrizen $\underline{F}$, $\underline{T}$ und $\underline{N}$ durch die Gleichung

$$\underline{T}\,\underline{A} - \underline{F}\,\underline{T} = \underline{N}\,\underline{C} \tag{13.211}$$

verknüpft sind. Für den verallgemeinerten Schätzfehler $\underline{\epsilon}$ gilt wegen (13.208) dann die Differentialgleichung

$$\dot{\underline{\epsilon}} = \underline{F}\,\underline{\epsilon}. \tag{13.212}$$

Wir betrachten nunmehr den *über den reduzierten Beobachter geschlossenen Regelkreis*, wobei wieder $\underline{w} = \underline{0}$ gesetzt werden darf. Dann ist nach (13.210)

$$\underline{u} = -\underline{R}\,\hat{\underline{x}} = -\underline{R}\,\underline{H}\,\underline{\rho} - \underline{R}\,\underline{K}\,\underline{y},$$

also wegen (13.204)

$$\underline{R}\,\hat{\underline{x}} = \underline{R}\,\underline{H}\,\underline{T}\,\hat{\underline{x}} + \underline{R}\,\underline{K}\,\underline{C}\,\underline{x}.$$

Da für $t \to +\infty$ $\hat{\underline{x}} \to \underline{x}$ geht und $\underline{x}$ beliebig ist, muß

$$\underline{R}\,\underline{H}\,\underline{T} + \underline{R}\,\underline{K}\,\underline{C} = \underline{R} \tag{13.213}$$

sein.

Die Gleichungen des über den Beobachter geschlossenen Regelkreises sind:

$$\dot{\underline{x}} = \underline{A}\,\underline{x} + \underline{B}\,\underline{u}, \quad \underline{y} = \underline{C}\,\underline{x} \qquad \text{(Strecke)},$$

$$\underline{u} = -\underline{R}\,\underline{H}\,\underline{\rho} - \underline{R}\,\underline{K}\,\underline{y} \qquad \text{(Regler)},$$

$$\dot{\underline{\rho}} = \underline{F}\,\underline{\rho} + \underline{T}\,\underline{B}\,\underline{u} + \underline{N}\,\underline{y}, \quad \hat{\underline{x}} = \underline{H}\,\underline{\rho} + \underline{K}\,\underline{y}$$

(Reduzierter Beobachter).

Setzt man die gewöhnlichen Gleichungen in die Differentialgleichungen ein, so erhält man als Zustandsdifferentialgleichung des Regelkreises

$$\begin{bmatrix} \underline{x} \\ \underline{\rho} \end{bmatrix}^{\bullet} = \left[\begin{array}{c:c} \underline{A} - \underline{B}\,\underline{R}\,\underline{K}\,\underline{C} & -\underline{B}\,\underline{R}\,\underline{H} \\ \underline{N}\,\underline{C} - \underline{T}\,\underline{B}\,\underline{R}\,\underline{K}\,\underline{C} & \underline{F} - \underline{T}\,\underline{B}\,\underline{R}\,\underline{H} \end{array}\right] \cdot \begin{bmatrix} \underline{x} \\ \underline{\rho} \end{bmatrix},$$

wobei die Gleichungen (13.211) und (13.213) gelten, also auch

$$\underline{B}\,\underline{R}\,\underline{K}\,\underline{C} + \underline{B}\,\underline{R}\,\underline{H}\,\underline{T} = \underline{B}\,\underline{R}, \tag{13.214}$$

$$\underline{T}\,\underline{A} - \underline{N}\,\underline{C} - \underline{F}\,\underline{T} = \underline{0}. \tag{13.215}$$

Die charakteristische Gleichung ist also

$$\begin{vmatrix} s\underline{I}_n - \underline{A} + \underline{B}\,\underline{R}\,\underline{K}\,\underline{C} & \underline{B}\,\underline{R}\,\underline{H} \\ \underline{T}\,\underline{B}\,\underline{R}\,\underline{K}\,\underline{C} - \underline{N}\,\underline{C} & s\underline{I}_{n-q} - \underline{F} + \underline{T}\,\underline{B}\,\underline{R}\,\underline{H} \end{vmatrix} = 0 .$$

Die weitere Vorgehensweise ist ganz entsprechend wie im Fall des vollständigen Beobachters. Man multipliziert zunächst die ersten n Zeilen von links mit $-\underline{T}$ und addiert sie zu den letzten n Zeilen:

$$\begin{vmatrix} s\underline{I}_n - \underline{A} + \underline{B}\,\underline{R}\,\underline{K}\,\underline{C} & \underline{B}\,\underline{R}\,\underline{H} \\ -s\underline{T} + \underline{T}\,\underline{A} - \underline{N}\,\underline{C} & s\underline{I}_{n-q} - \underline{F} \end{vmatrix} = 0 .$$

Nunmehr multipliziert man die letzten n-q Spalten von rechts mit $\underline{T}$ und addiert sie zu den ersten n Spalten.

$$\begin{vmatrix} s\underline{I}_n - \underline{A} + \underline{B}\,\underline{R}\,\underline{K}\,\underline{C} + \underline{B}\,\underline{R}\,\underline{H}\,\underline{T} & \underline{B}\,\underline{R}\,\underline{H} \\ \underline{T}\,\underline{A} - \underline{N}\,\underline{C} - \underline{F}\,\underline{T} & s\underline{I}_{n-q} - \underline{F} \end{vmatrix} = 0 .$$

Mit (13.214) und (13.215) folgt daraus

$$\begin{vmatrix} s\underline{I}_n - \underline{A} + \underline{B}\,\underline{R} & \underline{B}\,\underline{R}\,\underline{H} \\ \underline{0} & s\underline{I}_{n-q} - \underline{F} \end{vmatrix} = 0 .$$

Die weitere Schlußweise ist die gleiche wie beim vollständigen Beobachter.

Abschließend werde als Beispiel der *Einsatz eines reduzierten Beobachters auf die geregelte Verladebrücke* betrachtet. Die Struktur der Regelung sieht man im Bild 13/26. Die numerischen Daten der Strecke sind die gleichen wie im Unterabschnitt 13.3.2. Der Regler ist als Polvorgaberegler mittels der Ackermann-Formel entworfen, aber mit $\lambda_{R1} = \ldots = \lambda_{R4} = -0{,}8\ \mathrm{sec}^{-1}$. Der reduzierte Beobachter wird aus Abschnitt 13.7.4 übernommen. Als Meßgrößen sind die Katzposition x_1 und die Katzgeschwindigkeit x_2 vorgesehen. Als Eigenwerte des Beobachters werden

$$\beta_1 = \beta_2 = -3\ \mathrm{sec}^{-1}$$

vorgegeben.

Die Katze soll aus der Anfangsposition $x_{10} = 2$ m in die Endposition $x_{1e} = 10$ m gefahren werden. Zudem liege eine Anfangsauslenkung des Greiferwinkels vor:

$$x_{30} = -0{,}2 \text{ rad} \approx -11{,}4^\circ .$$

Somit ist

$$\underline{x}_0 = \begin{bmatrix} 2 \\ 0 \\ -0{,}2 \\ 0 \end{bmatrix}, \quad w = 10 .$$

Den Anfangszustand des Beobachters gibt man mangels besserer Kenntnis als Nullvektor vor: $\underline{\rho}_0 = \underline{0}$, woraus $\hat{x}_3(0) = 0$, $\hat{x}_4(0) = 0$ folgt.

Den wahren Verlauf und den Schätzwert der beiden geschätzten Zustandsgrößen x_3 und x_4 kann man im Bild 13/27 vergleichen. Das Bild 13/28 bringt einen Vergleich der Zeitverläufe der geregelten Verladebrücke ohne Beobachter und mit reduziertem Beobachter, wobei die erstgenannte Regelung akademisch ist und nur zu Vergleichszwecken dient, da man keinesfalls alle vier Zustandsgrößen messen kann. Man erkennt daraus, daß der Beobachter eine gewisse Verschlechterung der Dynamik bringt, die aber im vorliegenden Beispiel unwesentlich ist.

Generell darf man sagen, daß eine vollständige Zustandsrückführung mit Beobachter ein realisierbares Regelungssystem darstellt. Voraussetzung ist dabei, wie bisher stets angenommen, daß das mathematische Modell der Strecke hinreichend gut bekannt ist. Auf Grund des Separationstheorems kann man eine solche Regelung stabilisieren und ihr darüber hinaus eine passable Dynamik aufprägen, sofern die Strecke steuer-

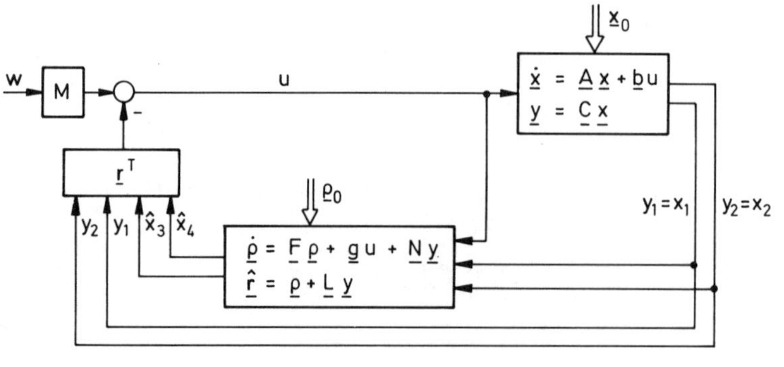

Bild 13/26. Über einen reduzierten Beobachter geregelte Verladebrücke

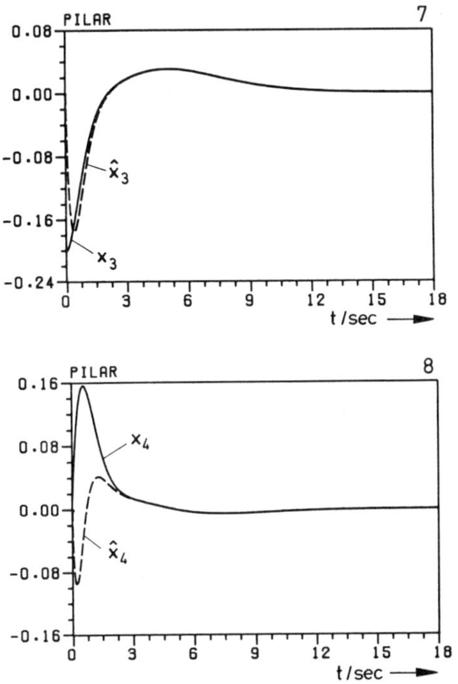

Bild 13/27. Wahre Verläufe x_i(—) und Schätzwert $\hat{x}_i$(- - -) der über einen reduzierten Beobachter geregelten Verladebrücke

und beobachtbar ist. Aber es ist klar, daß der Beobachter, wenngleich er die Stabilität nicht gefährdet, dennoch die Dynamik beeinflußt, schon deshalb, weil er ja seine Eigenwerte mit in die Regelung einbringt.

13.8 Berücksichtigung von Störgrößen

Die einzigen Störeinflüsse, welche in unserer bisherigen Darstellung der Zustandsmethodik berücksichtigt wurden, bestehen in der Anfangsbedingung $\underline{x}(t_0) = \underline{x}_0$, oft auch als *Anfangsstörung* bezeichnet, da sie häufig, wenngleich nicht immer, durch eine impulsförmige Störung zum Zeitpunkt t_0 entstanden gedacht werden kann. Hingegen wurden Störeinflüsse in Form länger andauernder Zeitvorgänge, also *Störgrößen*, bislang überhaupt nicht berücksichtigt. Soll die Zustandsmethodik realistisch sein, ist es unbedingt erforderlich, sie einzubeziehen.

Zwei Möglichkeiten hierfür sollen beschrieben werden. Die eine stellt eine Erweiterung der klassischen Störgrößenaufschaltung (Unterabschnitt 7.10.2) in den Zustandsbereich dar. Sie wurde von ***C.D. Johnson*** vorgeschlagen (z.B. [13.30]) und ist im regelungstechnischen Schrifttum weit verbreitet. Die andere Möglichkeit be-

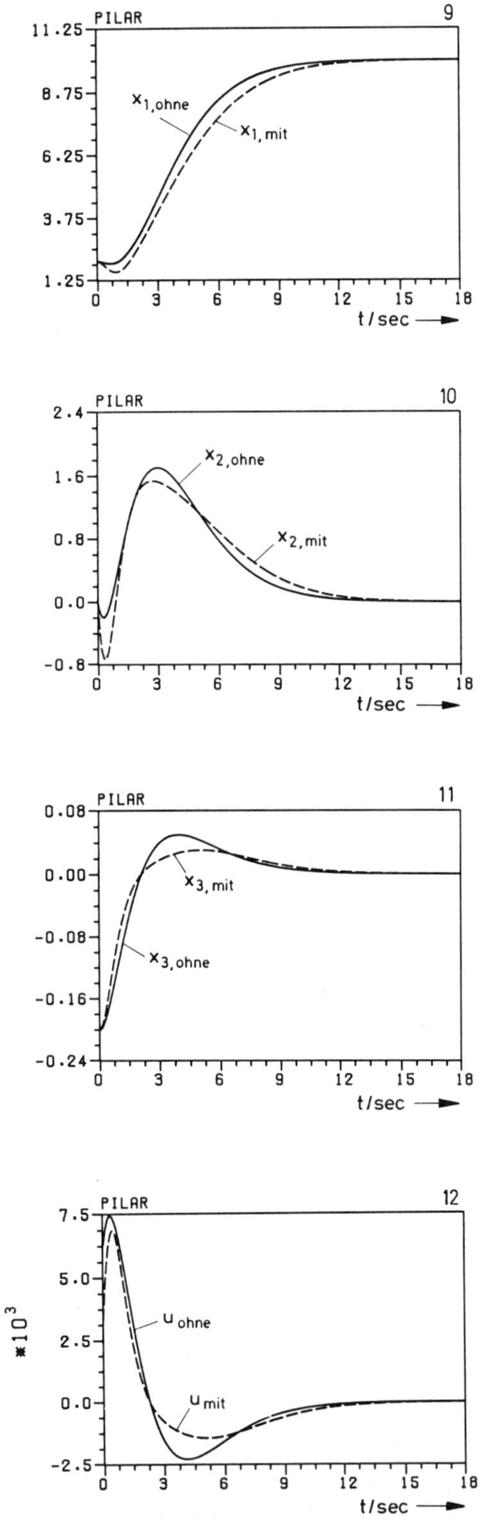

Bild 13/28. Zeitverlauf der geregelten Verladebrücke ohne Beobachter (—) und mit reduziertem Beobachter (- - -)

ruht auf einer naheliegenden Übertragung des PI-Reglers in die Zustandsmethodik und teilt die Vorzüge dieses Reglers.[9]

13.8.1 Störgrößenaufschaltung und Störmodell

Bezeichnet $\underline{z}$ den m-dimensionalen Vektor der Störgrößen, so ist die Zustandsdifferentialgleichung der Strecke nunmehr durch

$$\dot{\underline{x}} = \underline{A}\,\underline{x} + \underline{B}\,\underline{u} + \underline{E}\,\underline{z} \tag{13.216}$$

gegeben, wobei $\underline{E}$ eine konstante (n,m)-Matrix ist. *Es werde zunächst vorausgesetzt, daß der gesamte Störvektor $\underline{z}$ meßbar ist.* Von dieser wenig realistischen Voraussetzung werden wir uns aber bald befreien.

Der Steuervektor $\underline{u}$ wird nun aus zwei Anteilen zusammengesetzt:

$$\underline{u} = \underline{u}_R + \underline{u}_z \ .$$

Damit wird aus (13.216)

$$\dot{\underline{x}} = \underline{A}\,\underline{x} + \underline{B}\,\underline{u}_R + (\underline{B}\,\underline{u}_z + \underline{E}\,\underline{z}) \ . \tag{13.217}$$

Der Anteil $\underline{u}_R$ wird nun in der bisherigen Weise bestimmt, aber so, als ob $\underline{z}$ und damit auch $\underline{u}_z$ Null wäre. Dann wird aus (13.217)

$$\dot{\underline{x}} = \underline{A}\,\underline{x} + \underline{B}\,\underline{u}_R$$

und mit $\underline{u}_R = -\underline{R}\,\underline{x}$: $\dot{\underline{x}} = (\underline{A} - \underline{B}\,\underline{R})\,\underline{x}$.

Daraus kann man nun $\underline{R}$ z.B. durch Polvorgabe bestimmen.

Der Anteil $\underline{u}_z$ des Steuervektors hingegen soll dazu dienen, den Störvektor $\underline{z}$ nach Möglichkeit zu kompensieren, indem man fordert, daß

$$\underline{B}\,\underline{u}_z + \underline{E}\,\underline{z} = \underline{0} \tag{13.218}$$

wird. Dies sind n Gleichungen für die $p \leq n$ Elemente von $\underline{u}_z$.

Betrachten wir zunächst den *Grenzfall $p = n$*. Dann ist die (n,p)-Matrix $\underline{B}$ quadratisch. Da man bei ihr Höchstrang voraussetzen darf, ist sie regulär und aus (13.218) folgt

$$\underline{u}_z = -\underline{B}^{-1}\,\underline{E}\,\underline{z} \ . \tag{13.219}$$

[9] Ein anderes interessantes Verfahren zur Bekämpfung des Störgrößeneinflusses, das weder ein Störmodell noch die Einführung von I-Gliedern erfordert, allerdings die genaue Kenntnis des Streckenmodells verlangt, stammt von *H.-P. Preuß* [13.31]. Seine Anwendbarkeit wurde von *A. Trächtler* [13.47] wesentlich erweitert.

Aufschaltung dieses Vektors $\underline{u}_z$ bewirkt vollständige Störgrößenkompensation. Man sieht, daß dieses Vorgehen in der Tat nichts anderes ist als die klassische Störgrößenaufschaltung, nur in die Vektorschreibweise übertragen.

In aller Regel ist aber $p < n$. Dann ist das Gleichungssystem (13.218) für die Elemente von $\underline{u}_z$ überbestimmt und hat im allgemeinen keine Lösung. Um dennoch weiterzukommen, beschreitet man einen Ausweg, der in der Systemdynamik und Regelungstechnik bei ähnlichen Situationen immer wieder benutzt wird. Es handelt sich um die *Methode der kleinsten Quadrate* des großen Mathematikers ***Carl Friedrich Gauß***. Ihr Grundgedanke besteht in folgendem: Wenn es schon keinen Vektor $\underline{u}_z$ gibt, der die Gleichung

$$\underline{B}\,\underline{u}_z + \underline{E}\,\underline{z} = \underline{0}$$

exakt löst, sucht man einen solchen Vektor $\underline{u}_z$, der den Ausdruck

$$\underline{\epsilon} = \underline{B}\,\underline{u}_z + \underline{E}\,\underline{z}$$

auf der linken Seite dieser Gleichung betragsmäßig möglichst klein macht, um die Gleichung wenigstens näherungsweise so gut zu lösen, wie dies eben möglich ist. Man bestimmt deshalb $\underline{u}_z$ so, daß das Quadrat von $|\underline{\epsilon}|$ minimal wird.

Nun ist

$$|\underline{\epsilon}|^2 = \underline{\epsilon}^T\underline{\epsilon} = (\underline{u}_z^T\underline{B}^T + \underline{z}^T\underline{E}^T)(\underline{B}\,\underline{u}_z + \underline{E}\,\underline{z}) =$$

$$= \underline{u}_z^T\underline{B}^T\underline{B}\,\underline{u}_z + \underline{u}_z^T\underline{B}^T\underline{E}\,\underline{z} + \underline{z}^T\underline{E}^T\underline{B}\,\underline{u}_z + \underline{z}^T\underline{E}^T\underline{E}\,\underline{z} \ .$$

Da $\underline{z}^T\underline{E}^T\underline{B}\,\underline{u}_z$ ein Skalar ist, bleibt der Wert bei Transposition unverändert:

$$\underline{z}^T\underline{E}^T\underline{B}\,\underline{u}_z = \underline{u}_z^T\underline{B}^T\underline{E}\,\underline{z} \ .$$

Damit wird

$$|\underline{\epsilon}|^2 = \underline{u}_z^T\underline{B}^T\underline{B}\,\underline{u}_z + 2\,\underline{u}_z^T\underline{B}^T\underline{E}\,\underline{z} + \underline{z}^T\underline{E}^T\underline{E}\,\underline{z} \ , \tag{13.220}$$

wobei $\underline{B}^T\underline{B}$ eine symmetrische Matrix ist. Durch Differentiation nach $\underline{u}_z$ (Kapitel 17) und Nullsetzen der Ableitung folgt

$$\frac{\partial}{\partial \underline{u}_z}|\underline{\epsilon}|^2 = 2\,\underline{B}^T\underline{B}\,\underline{u}_z + 2\,\underline{B}^T\underline{E}\,\underline{z} = \underline{0} \ . \tag{13.221}$$

Da die (n,p)-Matrix $\underline{B}$ mit $p \leq n$ den Höchstrang p hat, ist die (p,p)-Matrix $\underline{B}^T\underline{B}$ regulär ([13.32], Teil 1, § 11, Satz 3). Aus (13.221) folgt so

$$\underline{u}_z = -(\underline{B}^T\underline{B})^{-1}\,\underline{B}^T\underline{E}\,\underline{z} \ . \tag{13.222}$$

In der Tat wird hierdurch das Minimum von $|\underline{\epsilon}|^2$ geliefert. Denn nach dem eben zitierten Satz ist $\underline{B}^T\underline{B}$ positiv definit, also nach (13.221) die Matrix der zweiten Ableitungen von $|\underline{\epsilon}|^2$,

$$\left[\frac{\partial^2}{\partial u_{z\mu}\,\partial u_{z\nu}}\,|\underline{\epsilon}|^2\right] = 2\,\underline{B}^T\underline{B} \ ,$$

ebenfalls positiv definit. Da dies zusammen mit (13.221) hinreichend für ein Minimum der Funktion $|\underline{\epsilon}|^2$ von $u_{z1}, \ldots, u_{zp}$ ist, kann durch (13.222) nur ein Minimum geliefert werden.

Schaltet man den durch (13.222) gelieferten Steuervektor auf die Strecke, so wird durch ihn der Störvektor $\underline{z}$ kompensiert, soweit dies mittels der Methode der kleinsten Quadrate möglich ist.

Was den Beobachter bei einem System mit als meßbar vorausgesetztem Störvektor $\underline{z}$ angeht, so ändert sich am bisherigen Entwurf nichts. Die Störgrößen spielen lediglich die Rolle zusätzlicher Eingangsgrößen, die zu den Steuergrößen hinzutreten. Dadurch tritt an die Stelle des Terms $\underline{B}\ \underline{u}$ im Beobachter der neue Term $\underline{B}\ \underline{u} + \underline{E}\ \underline{z}$. Die gesamte so erhaltene Regelungsstruktur zeigt das Bild 13/29.

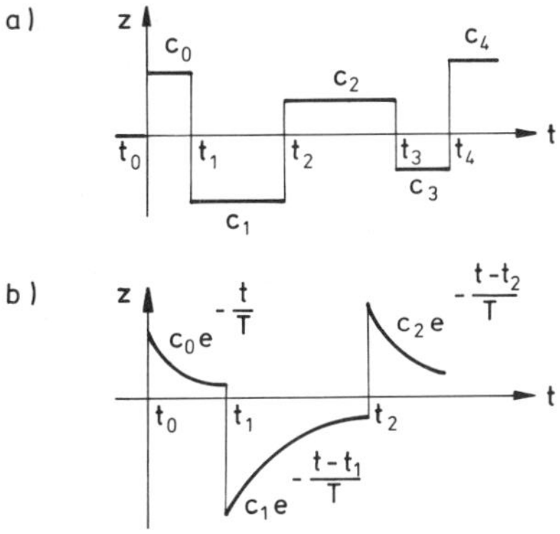

Bild 13/30. Störgrößenverläufe

Wir gehen nun zum *Fall nicht meßbarer Störgrößen* über. Dann sind diese nicht im einzelnen bekannt. Doch hat man manchmal eine *allgemeine Vorstellung von ihrer Gestalt*. Zwei Beispiele zeigt das Bild 13/30. In a) sieht man eine stückweise konstante Funktion, wie sie z.B. bei der Lastumschaltung eines Gleichstromantriebs auftritt. Die Zeitpunkte t_ν, an denen sich die Störgröße ändert, sowie die jeweiligen Werte c_ν sind nicht bekannt und dem Zufall unterworfen. Bekannt ist allein die Tatsache, daß es sich bei z um eine stückweise konstante Funktion handelt. Bei b) handelt es sich um einen Zeitverlauf, wie er etwa bei verfahrenstechnischen Prozessen auftreten könnte, wobei die zufällig schwankenden Parameter Zeitpunkt und Höhe der jeweils neuen Anfangswerte sind, während die Abklingzeitkonstante T stets dieselbe ist. In anderen Fällen kann die Störgröße vom Typ einer Sinusschwingung sein, deren Frequenz ω_0 fest ist, während Amplitude und Phasenlage sprungartig oder doch relativ schnell wechseln.

In allen diesen Fällen kann die Störgröße durch eine homogene Differentialgleichung beschrieben werden. Bei Bild 13/30a ist es die einfache Differentialgleichung $\dot{z} = 0$, bei Bild 13/30b $T\dot{z} + z = 0$, im Falle des zuletzt erwähnten Beispiels die Differentialgleichung

$$\ddot{z} + \omega_0^2 z = 0 \ . \qquad (13.223)$$

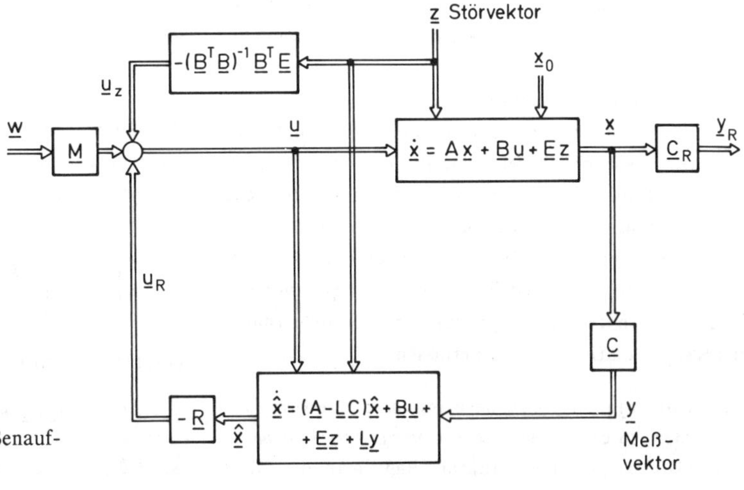

Bild 13/29.
Zustandsregelung mit Störgrößenaufschaltung bei meßbarem Störvektor

Jede solche Differentialgleichung wird zu den zufälligen Zeitpunkten t_ν durch zufällige Anfangsbedingungen angeregt und erzeugt so die Störgröße z.

Bei dieser Betrachtungsweise wird die Störgröße gewissermaßen in zwei Bestandteile zerlegt: einen stochastischen Anteil in Form der Anfangsbedingung, über die man nichts Näheres weiß, und einen deterministischen Anteil in Form des typischen Kurvenverlaufs, der in der homogenen Differentialgleichung seinen quantitativen Niederschlag findet.

Bringt man die homogene Differentialgleichung in üblicher Weise auf Zustandsform (Abschnitt 11.3 und 11.4), so erhält man als *Störmodell*, d.h. als mathematische Beschreibung der Störung, im allgemeinen Fall die Zustandsgleichungen

$$\dot{\underline{x}}_S = \underline{A}_S \underline{x}_S , \qquad (13.224)$$

$$\underline{z} = \underline{C}_S \underline{x}_S , \qquad (13.225)$$

wobei $\underline{x}_S$ den Zustandsvektor dieser Beschreibung darstellt, während der Störvektor $\underline{z}$ als Ausgangsvektor auftritt. In der Realität wird er nicht identisch mit dem tatsächlichen Störvektor $\underline{z}$ sein, da das mathematische Modell (13.224), (13.225) die wirklichen Verhältnisse kaum *exakt* wiedergeben wird. Zur Vermeidung von Umständlichkeiten wollen wir aber auf verschiedene Symbole verzichten.

Beispielsweise lauten die Zustandsgleichungen zur homogenen Differentialgleichung (13.223)

$$\dot{x}_{S1} = x_{S2} ,$$

$$\dot{x}_{S2} = -\omega_0^2 x_{S1} ;$$

$$z = x_{S1} .$$

Wesentlich ist die Tatsache, daß es sich bei (13.224) um eine *homogene* Zustandsdifferentialgleichung handelt, die infolgedessen nicht durch Eingangsgrößen, sondern nur durch Anfangsbedingungen angeregt wird. Dies ist der Unterschied zur Zustandsdifferentialgleichung der Strecke. Ausdrücklich sei bemerkt, daß es sich beim Störmodell im allgemeinen um eine recht äußerliche Modellbildung handelt, welche auf die Art und Weise, wie die Störung physikalisch entstanden ist, nicht eingeht. Das Störmodell ist lediglich eine Ersatzvorstellung, um den zeitlichen Verlauf der Störgröße (näherungsweise) mathematisch zu erfassen.

Faßt man nun das *Störmodell mit dem Streckenmodell* zusammen, so erhält man ein *erweitertes Streckenmodell*. Bild 13/31 zeigt seine Struktur. Faßt man die Glei-

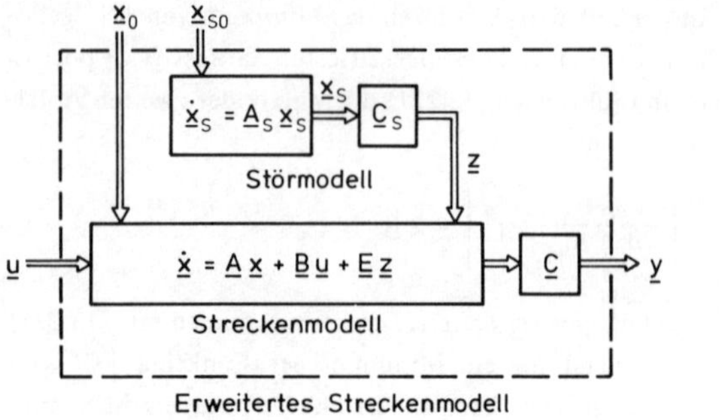

Bild 13/31. Struktur des erweiterten Streckenmodells

chungen von Strecke und Störmodell zusammen, so entsteht

$$\dot{\underline{x}} = \underline{A}\,\underline{x} + \underline{E}\,\underline{C}_S \underline{x}_S + \underline{B}\,\underline{u} ,$$

$$\dot{\underline{x}}_S = \underline{A}_S \underline{x}_S ,$$

$$\underline{y} = \underline{C}\,\underline{x}$$

oder

$$\begin{bmatrix} \underline{x} \\ \underline{x}_S \end{bmatrix}^{\cdot} = \begin{bmatrix} \underline{A} & \underline{E}\,\underline{C}_S \\ \underline{0} & \underline{A}_S \end{bmatrix} \cdot \begin{bmatrix} \underline{x} \\ \underline{x}_S \end{bmatrix} + \begin{bmatrix} \underline{B} \\ \underline{0} \end{bmatrix} \underline{u} , \qquad (13.226)$$

$$\underline{y} = \begin{bmatrix} \underline{C} & \underline{0} \end{bmatrix} \cdot \begin{bmatrix} \underline{x} \\ \underline{x}_S \end{bmatrix} . \qquad (13.227)$$

Damit hat man die übliche Form der Zustandsgleichungen der Strecke, bei der als äußere Einflüsse nur der Steuervektor $\underline{u}$ und eine Anfangsbedingung, hier in Gestalt des gesamten Anfangszustandes

$$\begin{bmatrix} \underline{x}_0 \\ \underline{x}_{S0} \end{bmatrix} ,$$

auftreten. Durch die Bildung des Störmodells hat man den Störvektor in die (erweiterte) Strecke einbezogen.

Aufbauend auf der Beschreibung (13.226), (13.227) kann man nunmehr Regler und Beobachter mit den im vorhergehenden entwickelten Methoden entwerfen. Was den Regler angeht, so wird man ihn in der Form

$$\underline{u} = -\begin{bmatrix} \underline{R} , \underline{R}_S \end{bmatrix} \begin{bmatrix} \underline{x} \\ \underline{x}_S \end{bmatrix} = -\underline{R}\,\underline{x} - \underline{R}_S \underline{x}_S \qquad (13.228)$$

ansetzen. Damit wird aus (13.226)

$$\dot{\underline{x}} = (\underline{A} - \underline{B}\,\underline{R})\,\underline{x} + (\underline{E}\,\underline{C}_S - \underline{B}\,\underline{R}_S)\,\underline{x}_S ,$$

$$\dot{\underline{x}}_S = \underline{A}_S \underline{x}_S .$$

Die zugehörige charakteristische Gleichung lautet also

$$\begin{vmatrix} s\underline{I} - (\underline{A} - \underline{B}\,\underline{R}) & \underline{B}\,\underline{R}_S - \underline{E}\,\underline{C}_S \\ \underline{0} & s\underline{I} - \underline{A}_S \end{vmatrix} = 0$$

oder

$$|s\underline{I} - (\underline{A} - \underline{B}\,\underline{R})| \cdot |s\underline{I} - \underline{A}_S| = 0 \; .$$

D.h. aber: Mit $\underline{R}$ kann man zwar die Eigenwerte von $\underline{A}$, also die Eigenwerte der Strecke, in gewohnter Weise verschieben, jedoch kann man weder mit $\underline{R}$ noch mit $\underline{R}_S$ die Eigenwerte von $\underline{A}_S$ verändern. Nach Bild 13/31 ist dies sofort klar: Über $\underline{u}$ kann das Störmodell in keiner Weise beeinflußt werden.

Man wird deshalb den Ansatz (13.228) modifizieren zu

$$\underline{u} = -\underline{R}\,\underline{x} + \underline{u}_z \; , \qquad (13.229)$$

mit $\underline{R}$ die Eigenwerte von $\underline{A}$ verschieben, jedoch mittels $\underline{u}_z$ eine Störgrößenaufschaltung vornehmen.

Allerdings ist $\underline{z}$ jetzt nicht mehr als meßbar vorausgesetzt. Aber mittels eines *Beobachters zum erweiterten Streckenmodell*, eines sogenannten *Störbeobachters,* erhält man einen Schätzwert $\hat{\underline{x}}_S$ und damit auch einen Schätzwert

$$\hat{\underline{z}} = \underline{C}_S\,\hat{\underline{x}}_S$$

des Störvektors. Mit ihm bildet man $\underline{u}_z$ gemäß (13.222) und führt so eine näherungsweise Störgrößenkompensation durch.

Die Struktur der so erhaltenen Zustandsregelung mit Störbeobachter und Störgrößenaufschaltung zeigt das Bild 13/32. Sind einige Störgrößen meßbar, so braucht man von ihnen kein Störmodell herzustellen, sondern kann mit ihnen in der zu Beginn dieses Unterabschnitts beschriebenen Weise verfahren.

Weitergehende Ausführungen über die Behandlung von Zustandsregelungen mit Störgrößen findet man in einem Übersichtsaufsatz von *G. **Weihrich*** [13.33], wo auch umfangreiche Literaturangaben gemacht werden, Anwendungen zur Störgrößenaufschaltung z.B. in [13.34], [13.35].

13.8.2 PI-Zustandsregler

Wie schon aus dem Namen hervorgeht, schließt sich dieser Vorschlag zur Ausregelung von Störgrößen unmittelbar an die klassische Vorgehensweise an: Zusätzlich zur Zustandsrückführung führt man den (als meßbar vorausgesetzten) Vektor $\underline{y}_R$ der Regelgrößen zurück, vergleicht ihn mit dem Führungsvektor $\underline{w}$ und erhält so einen Regeldifferenzvektor, den man auf einen PI-Regler schaltet. Im Bild 13/33 ist diese Struktur dargestellt. Auf die Einzeichnung eines Beobachters für den Zustandsvektor $\underline{x}$ wurde dabei verzichtet, um das Bild nicht unnötig zu komplizieren. Im Ernstfall ist er zur Schätzung von $\underline{x}$ in die innere Schleife einzufügen.

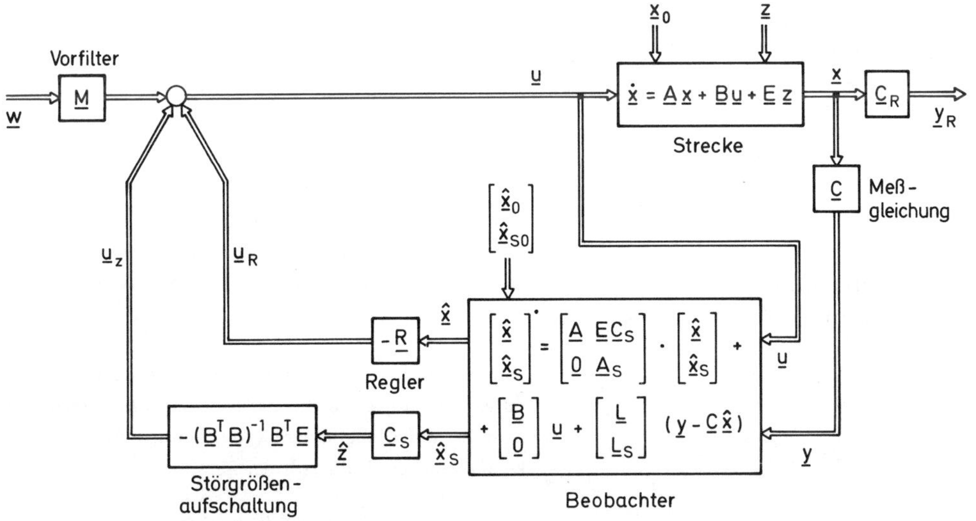

Bild 13/32. Zustandsregelung mit Störbeobachter und Störgrößenaufschaltung bei nicht meßbarem Störvektor (Störmodell im Störbeobachter enthalten)

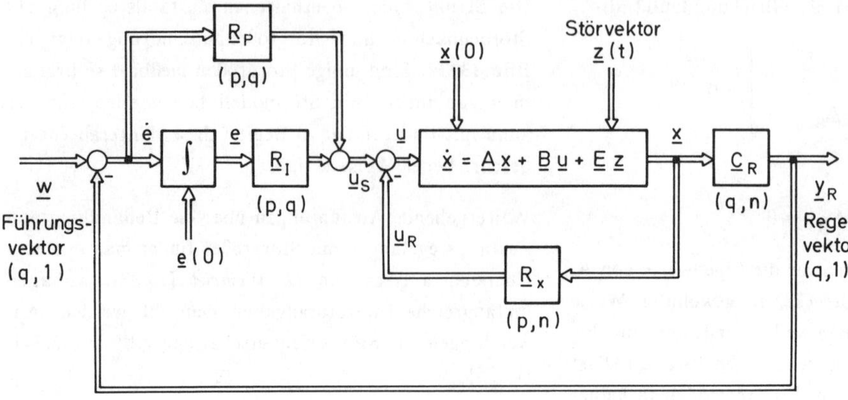

Bild 13/33. Zustandsregelung mit zusätzlichem PI-Regler

Der PI-Zustandsregler ist durch die Gleichung

$$\underline{u}_S = \underline{R}_P\,\dot{\underline{e}} + \underline{R}_I\,\underline{e} \tag{13.230}$$

gegeben. Dabei ist

$$\dot{\underline{e}} = \underline{w} - \underline{y}_R \tag{13.231}$$

der Regeldifferenzvektor. Er wird integriert, so daß also der PI-Zustandsregler q Integrierglieder enthält, wobei q hier die Anzahl der Regelgrößen ist. Die Bezeichnung ist etwas anders als bei der klassischen Regelschleife, weil dies für die mathematische Beschreibung des Gesamtsystems zweckmäßig ist.

Was ist nun der Zweck dieser Anordnung? *Wird das Gesamtsystem durch die Regler $\underline{R}_x$, $\underline{R}_P$ und $\underline{R}_I$ stabilisiert, so müssen im stationären Zustand die Eingangsgrößen der I-Glieder Null sein: $\dot{\underline{e}} = \underline{0}$ und damit $\underline{y}_R = \underline{w}$.* Damit hat man zwei Fliegen mit einer Klappe geschlagen:

- Im stationären Zustand ist die Einwirkung des Störvektors beseitigt.
- Überdies ist dann der Regelvektor gleich dem Führungsvektor.

Aufgrund der letzten Tatsache ist ein *Vorfilter überflüssig*, was im Bild 13/33 schon berücksichtigt wurde.

Die Gleichungen der Regelung lauten nun

$$\dot{\underline{x}} = \underline{A}\,\underline{x} + \underline{B}\,\underline{u} + \underline{E}\,\underline{z}\ ,$$

$$\underline{y}_R = \underline{C}_R\,\underline{x}\ ,$$

$$\underline{u} = -\,\underline{R}_X\,\underline{x} + \underline{R}_I\,\underline{e} + \underline{R}_P\,\dot{\underline{e}}\ ,$$

$$\dot{\underline{e}} = \underline{w} - \underline{y}_R\ .$$

Wenn es um die Frage der Stabilisierung geht, spielen die äußeren Größen keine Rolle, und man darf sie gleich Null setzen:

$\underline{w} = \underline{0}$, $\underline{z} = \underline{0}$. Dann bleibt

$$\dot{\underline{x}} = \underline{A}\,\underline{x} + \underline{B}\,\underline{u}\ ,$$

$$\dot{\underline{e}} = -\,\underline{C}_R\,\underline{x}\ ,$$

$$\underline{u} = -\,\underline{R}_X\,\underline{x} - \underline{R}_P\,\underline{C}_R\,\underline{x} + \underline{R}_I\,\underline{e}\ .$$

Dafür kann man schreiben

$$\begin{bmatrix} \underline{x} \\ \underline{e} \end{bmatrix}^{\bullet} = \begin{bmatrix} \underline{A} & \underline{0} \\ -\underline{C}_R & \underline{0} \end{bmatrix} \cdot \begin{bmatrix} \underline{x} \\ \underline{e} \end{bmatrix} + \begin{bmatrix} \underline{B} \\ \underline{0} \end{bmatrix} \underline{u}$$

(erweiterte Strecke) , (13.232)

$$\underline{u} = -\left[\underline{R}_X + \underline{R}_P\,\underline{C}_R\,,\ -\underline{R}_I\right] \cdot \begin{bmatrix} \underline{x} \\ \underline{e} \end{bmatrix}$$

(erweiterter Regler) . (13.233)

Damit ist die Zustandsregelung auf die übliche Form gebracht. Die gesamte Reglermatrix ist vom Typ (p, n+q), die Dynamikmatrix der erweiterten Strecke vom Typ (n+q, n+q).

Um sicher zu sein, daß man den erweiterten Regler durch Polvorgabe oder als Riccati-Regler entwerfen kann, wird man die Steuerbarkeit der erweiterten Strecke untersuchen. Dafür gilt der Satz:

Die erweiterte Strecke (13.232) ist genau dann steuerbar, wenn die ursprüngliche Strecke ($\underline{A}$, $\underline{B}$) steuerbar und überdies

$$rg\begin{bmatrix} \underline{A} & \underline{B} \\ -\underline{C}_R & \underline{0} \end{bmatrix} = n + q$$

ist.[10] (13.234)

Der Beweis läßt sich mittels des Hautusschen Steuerbarkeitskriteriums in der Form (12.156) führen. Danach ist die erweiterte Strecke genau dann steuerbar, wenn

$$\rho = \text{rg}\left[\begin{array}{c:c:c} \lambda_i \underline{I}_n - \underline{A} & \underline{0} & \underline{B} \\ \underline{C}_R & \lambda_i \underline{I}_q & \underline{0} \end{array}\right]$$

den Höchstwert $n+q$ hat, und zwar für die Eigenwerte $\lambda_1, \ldots, \lambda_n$ der ursprünglichen Strecke und den durch die I-Glieder neu hinzugekommenen q-fachen Eigenwert $\lambda_0 = 0$. Da Spaltenvertauschungen den Rang nicht ändern, kann man auch schreiben

$$\rho = \text{rg}\left[\begin{array}{c:c:c} \lambda_i \underline{I}_n - \underline{A} & \underline{B} & \underline{0} \\ \underline{C}_R & \underline{0} & \lambda_i \underline{I}_q \end{array}\right] . \quad (13.235)$$

Setzt man zunächst $\lambda_i = 0$ ein, wobei es gleich ist, ob es sich um einen Eigenwert der ursprünglichen Strecke oder λ_0 handelt, so wird

$$\rho = \text{rg}\begin{bmatrix} -\underline{A} & \underline{B} & \underline{0} \\ \underline{C}_R & \underline{0} & \underline{0} \end{bmatrix} = \text{rg}\begin{bmatrix} -\underline{A} & \underline{B} \\ \underline{C}_R & \underline{0} \end{bmatrix} ,$$

da die Streichung von Nullspalten den Rang nicht ändert. Da

$$\begin{bmatrix} -\underline{A} & \underline{B} \\ \underline{C}_R & \underline{0} \end{bmatrix} \cdot \begin{bmatrix} -\underline{I}_n & \underline{0} \\ \underline{0} & \underline{I}_p \end{bmatrix} = \begin{bmatrix} \underline{A} & \underline{B} \\ -\underline{C}_R & \underline{0} \end{bmatrix}$$

und die Multiplikation mit einer regulären Matrix den Rang nicht ändert, ist

$$\rho = \text{rg}\begin{bmatrix} \underline{A} & \underline{B} \\ -\underline{C}_R & \underline{0} \end{bmatrix} .$$

Dieser Rang muß also den Höchstwert $n+q$ haben. Da es sich um eine Matrix mit $n+q$ Zeilen und $n+p$ Spalten handelt, ist das nur möglich, wenn $q \leq p$ ist - ein interessantes Zwischenresultat.

Sei nunmehr $\lambda_i \neq 0$. Dann folgt zunächst aus (13.235), daß die letzten q Zeilen dieser Matrix untereinander und von den ersten n Zeilen linear unabhängig sind. Es genügt daher der Nachweis, daß die ersten n Zeilen linear unabhängig sind. Mit anderen Worten: Daß die Matrix

$$[\lambda_i \underline{I}_n - \underline{A} \ , \ \underline{B}]$$

den Rang n hat. Dies ist aber nach dem Steuerbarkeitskriterium (12.156) von Hautus, diesmal angewandt auf die ursprüngliche Strecke $(\underline{A}, \underline{B})$, genau dann der Fall, wenn sie steuerbar ist.

Damit ist der Satz (13.234) bewiesen. Ergänzend dazu kann man feststellen:

Die Rangbedingung in (13.234) ist nur erfüllbar, wenn $p \geq q$ ist, also die Anzahl der Regelgrößen höchstens gleich der Anzahl der Steuergrößen (bzw. Stellgrößen) ist. (13.236)

Rangbedingungen haben häufig etwas Unanschauliches, weil man nicht recht erkennen kann, welchen physikalisch-technischen Inhalt sie verbergen. Ist $p = q$, also die Anzahl der Regelgrößen gleich der Anzahl der Stellgrößen, und überdies $\underline{A}$ regulär, also kein Streckeneigenwert in Null gelegen, so kann man die Rangbedingung in (13.234) durch eine einleuchtendere Bedingung ersetzen.

Da die Matrix

$$\underline{A}^* = \begin{bmatrix} \underline{A} & \underline{B} \\ -\underline{C}_R & \underline{0} \end{bmatrix}$$

dann vom Typ $(n+q, n+q)$ ist, läuft die Rangbedingung darauf hinaus, daß diese Matrix regulär ist, also eine Inverse besitzt. Diese wird definiert durch die Gleichung

$$\begin{bmatrix} \underline{A} & \underline{B} \\ -\underline{C}_R & 0 \end{bmatrix} \cdot \begin{bmatrix} \underline{X}_{11} & \underline{X}_{12} \\ \underline{X}_{21} & \underline{X}_{22} \end{bmatrix} = \begin{bmatrix} \underline{I}_n & \underline{0} \\ \underline{0} & \underline{I}_q \end{bmatrix} \quad (13.237)$$

bzw. die beiden Gleichungssysteme

$$\underline{A}\,\underline{X}_{11} + \underline{B}\,\underline{X}_{21} = \underline{I}_n \ , \quad (13.238)$$

$$-\underline{C}_R \underline{X}_{11} = \underline{0} \quad (13.239)$$

und

$$\underline{A}\,\underline{X}_{12} + \underline{B}\,\underline{X}_{22} = \underline{0} \ , \quad (13.240)$$

$$-\underline{C}_R \underline{X}_{12} = \underline{I}_q \ . \quad (13.241)$$

Aus (13.240) folgt

$$\underline{X}_{12} = -\underline{A}^{-1} \underline{B}\,\underline{X}_{22}$$

---

[10] Allgemein soll hier wie im folgenden rg $\underline{M}$ den Rang der Matrix $\underline{M}$ bezeichnen.

und damit aus (13.241)

$$\underline{C}_R \underline{A}^{-1} \underline{B} \underline{X}_{22} = \underline{I}_q ,$$

also

$$\underline{X}_{22} = (\underline{C}_R \underline{A}^{-1} \underline{B})^{-1} . \qquad (13.242)$$

Diese Inverse existiert als Teilmatrix der Inversen zu $\underline{A}^*$ sicher dann, wenn $\underline{A}^*$ regulär ist.

Existiert umgekehrt die Inverse (13.242), so kann man beide Gleichungssysteme nach den $\underline{X}_{ik}$ auflösen und erhält außer $\underline{X}_{22}$:

$$\underline{X}_{11} = \underline{A}^{-1} - \underline{A}^{-1} \underline{B} (\underline{C}_R \underline{A}^{-1} \underline{B})^{-1} \underline{C}_R \underline{A}^{-1} ,$$

$$\underline{X}_{12} = - \underline{A}^{-1} \underline{B} (\underline{C}_R \underline{A}^{-1} \underline{B})^{-1} ,$$

$$\underline{X}_{21} = (\underline{C}_R \underline{A}^{-1} \underline{B})^{-1} \underline{C}_R \underline{A}^{-} .$$

Das heißt: $\underline{A}^*$ besitzt eine Inverse, wenn $(\underline{C}_R \underline{A}^{-1} \underline{B})^{-1}$ existiert.

Also ist $\underline{A}^*$ genau dann regulär, wenn $\underline{C}_R \underline{A}^{-1} \underline{B}$ regulär ist. Man hat so das Resultat:

Ist $q = p$, also die Anzahl der Regelgrößen gleich der Anzahl der Steuergrößen, und ist $\underline{A}^{-1}$ regulär, liegt also kein Streckeneigenwert in Null, so ist die erweiterte Strecke (13.232) genau dann steuerbar, wenn die ursprüngliche Strecke $(\underline{A}, \underline{B})$ steuerbar und $\underline{C}_R \underline{A}^{-1} \underline{B}$ regulär ist. (13.243)

Und wieso ist die Bedingung, daß $\underline{C}_R \underline{A}^{-1} \underline{B}$ regulär ist, nun einleuchtender als die frühere Rangbedingung? Um dies einzusehen, betrachten wir den stationären Zustand der ursprünglichen Strecke:

$$\underline{0} = \underline{A} \underline{x}_\infty + \underline{B} \underline{u}_\infty , \quad \underline{y}_{R\infty} = \underline{C}_R \underline{x}_\infty , \qquad (13.244)$$

wobei der Index ∞ wie schon bisher die stationären Werte kennzeichnet. Aus (13.244) folgt

$$\underline{y}_{R\infty} = - \underline{C}_R \underline{A}^{-1} \underline{B} \underline{u}_\infty ,$$

also

$$\underline{u}_\infty = - (\underline{C}_R \underline{A}^{-1} \underline{B})^{-1} \underline{y}_{R\infty} . \qquad (13.245)$$

D.h. aber: *Genau dann, wenn diese Inverse existiert, kann man jeden gewünschten stationären Zustand $\underline{y}_{R\infty}$ des Regelvektors durch geeignete Wahl des Stationärwertes $\underline{u}_\infty$ des Steuervektors einstellen.* Bei einem realen System wird man dies stets zu erfüllen suchen. Daraus sieht man, daß die Voraussetzung der *Regularität von $\underline{C}_R \underline{A}^{-1} \underline{B}$ eine realistische Annahme* ist.

Die Beobachtbarkeit der erweiterten Strecke braucht uns an dieser Stelle nicht zu interessieren, da $\underline{y}$ gemessen wird und zur Rekonstruktion eines Schätzwertes $\hat{\underline{x}}$ von $\underline{x}$ die Beobachtbarkeit der ursprünglichen Strecke ausreicht.

Was die praktische Verwendung solcher Kriterien wie des Satzes (13.234) und ähnlicher Bedingungen angeht, so wird man im konkreten Fall den Entwurf unmittelbar angehen, ohne sich mit der Überprüfung dieser Aussagen aufzuhalten. Einerseits nämlich ist die numerische Nachprüfung gerade von Rangbedingungen häufig mühsam und problematisch, zum anderen ist ein technisches System im Normalfall steuer- und beobachtbar. Treten aber einmal Schwierigkeiten auf, so ist es gut, über solche Kriterien zu verfügen, um etwaige Schwachstellen eliminieren zu können, z.B. durch Austausch von Meßgrößen ein System beobachtbar zu machen.

Die erweiterte Strecke besitzt wegen des durch die I-Glieder bedingten q-fachen Eigenwertes in $s = 0$ im allgemeinen nicht nur einfache Eigenwerte. Dennoch ist die Dynamikmatrix

$$\underline{A}^* = \begin{bmatrix} \underline{A} & \underline{0} \\ -\underline{C}_R & \underline{0} \end{bmatrix}$$

der erweiterten Strecke diagonalähnlich, sofern $\underline{A}$ einfache Eigenwerte $\neq 0$ hat, weil die I-Glieder in den Wirkungslinien *verschiedener* Regelgrößen und daher nicht in Reihe liegen (Unterabschnitt 12.1.1).

Man kann nun den erweiterten Regler mittels einer der früher beschriebenen Methoden berechnen. Nach (13.233) erhält man ihn in der Form

$$\underline{R} = [\hat{\underline{R}} , -\underline{R}_I] ,$$

wobei $\hat{\underline{R}}$ und $\underline{R}_I$ numerisch gegeben sind. Dabei ist

$$\hat{\underline{R}} = \underline{R}_X + \underline{R}_P \underline{C}_R . \qquad (13.246)$$

Es erhebt sich daher abschließend die Frage, wie *die noch freien Matrizen $\underline{R}_x$ und $\underline{R}_P$ aus der bekannten Matrix $\hat{\underline{R}}$ sinnvoll zu bestimmen* sind.

Um sie zu beantworten, werde der Normalfall *vorausgesetzt: $p = q$*, also Anzahl der Regelgrößen gleich Anzahl der Steuergrößen, *sowie Regularität von $\underline{A}$ und $\underline{C} \underline{A}^{-1} \underline{B}$*. Einfachheitshalber sei außerdem *$\underline{w}$ konstant* angenommen. Im stationären Zustand soll der Regelvektor $\underline{y}_R$ gleich dem Führungsvektor $\underline{w}$ sein. Wegen (13.245) soll also gelten

$$\underline{u}_\infty = -(\underline{C}_R \underline{A}^{-1} \underline{B})^{-1} \underline{w} \, . \tag{13.247}$$

Um diesen angestrebten stationären Zustand möglichst schnell zu erreichen, versucht man, $\underline{R}_P$ so zu wählen, daß der stationäre Wert von $\underline{u}$ gemäß (13.247) sofort nach Beginn, d.h. für $t = +0$, eingestellt wird: Nun ist nach Bild 13/33 für $t = +0$, wenn man die äußeren Einflüsse $\underline{x}(0)$, $\underline{z}(+0)$ und $\underline{e}(0)$ zu Null annimmt, $\underline{u}_R = \underline{0}$ und $\underline{y}_R = \underline{0}$. Daher ist

$$\underline{u}(+0) = \underline{R}_P \underline{w} \, . \tag{13.248}$$

Soll dieser Wert gleich $\underline{u}_\infty$ gemäß (13.247) sein, und zwar für einen beliebig vorgegebenen konstanten Führungsvektor $\underline{w}$, so muß

$$\underline{R}_P = -(\underline{C}_R \underline{A}^{-1} \underline{B})^{-1} \tag{13.249}$$

gelten.

Vergleichen wir abschließend die Störgrößenaufschaltung mit Störmodell und die Verwendung eines PI-Zustandsreglers, so sind als Vorzüge der zweiten Methode zu nennen:

- Es ist keine Kenntnis der Störgrößen erforderlich.
- Ein Vorfilter entfällt.
- Der PI-Zustandsregler beseitigt auch zusätzliche Störeffekte, etwa durch Parameterschwankungen.

Nachteile des PI-Zustandsreglers sind:

- Die Störeinwirkung wird vom Prinzip her nicht laufend, sondern nur stationär kompensiert. Allerdings wird auch die Störgrößenaufschaltung *praktisch* nur eine unvollkommene Kompensation erreichen.
- Die Ordnung der Regelstrecke wird um die Anzahl der mit dem Regler eingeführten I-Glieder erhöht. Der durch sie erzeugte mehrfache Eigenwert in Null muß nach links verschoben werden.

Im allgemeinen dürfte die Verwendung des PI-Zustandsreglers vorzuziehen sein, weil es sich bei seinem Einsatz um eine *strukturelle* Maßnahme handelt, bei der es auf die genaue Kenntnis der Streckenparameter nicht so sehr ankommt und welche durch die in einem realen System meist vorhandenen Dreckeffekte nicht sonderlich beeinträchtigt wird. Konkrete Untersuchungen belegen das [13.36].

Beispiele zur Verwendung des PI-Zustandsreglers werden im folgenden Kapitel bei der Behandlung von Ausgangsrückführungen gebracht.

Schrifttum zum Kapitel 13

[13.1] O. Föllinger: Lineare Abtastsysteme. R. Oldenbourg Verlag, 5. Auflage, 1993.

[13.2] L. Litz - N. F. Benninger: PILAR-Programmsystem zur Interaktiven Lösung von Aufgabenstellungen der Regelungstechnik. Regelungstechnik 32 (1984), S. 335-342.

[13.3] W. M. Wonham: On Pole Assignment in Multiinput Controllable Linear Systems. IEEE Transactions on Automatic Control 12 (1967), S. 660-665.

[13.4] J. Ackermann: Der Entwurf linearer Regelungssysteme im Zustandsraum. Regelungstechnik 20 (1972), S. 297-300.

[13.5] O. Föllinger: Entwurf zeitvarianter Systeme durch Polvorgabe. Regelungstechnik 26 (1978), S. 189-196.

[13.6] R. Sommer: Entwurf nichtlinearer, zeitvarianter Systeme durch Polvorgabe. Regelungstechnik 27 (1979), S. 393-399.

[13.7] H. H. Rosenbrock: Distinctive Problems of Process Control. Chemical Engineering Progress 58 (1962), S. 43-50.

[13.8] M. Heckle - B. Seid: Modellbildung und modale Regelung einer Zweistoff-Destillationskolonne. Regelungstechnikk 21 (1973), S. 250-261.

[13.9] O. Föllinger, unter Mitwirkung von G. Roppenecker: Optimierung dynamischer Systeme. R. Oldenbourg Verlag, 2. Auflage, 1988.

[13.10] B. Anderson - J. Moore: Linear Optimal Control. Prentice-Hall, 1971.

[13.11] H. Kwakernaak - R. Sivan: Linear Optimal Control Systems. Wiley-Interscience, 1972.

[13.12] E. Eitelberg - G. Roppenecker: Comments on "A Necessary Condition for Optimization in the Frequency Domain" and on "Optimization and Pole Placement for a Single Input Controllable System". International Journal of Control 38 (1983), S. 493-494.

[13.13] P. L. Falb - W. A. Wolovich: Decoupling in the Design and Synthesis of Multivariable Control Systems. IEEE Transactions on Automatic Control 12 (1967), S. 651-659.

[13.14] E. Freund: Die Entkopplung und die Bestimmung der Inversen bei zeitvariablen Mehrgrößensystemen. Electronics Letters 5 (1969), S. 73-75.

[13.15] E. Freund: Decoupling and Pole Assignment in Nonlinear Systems. Electronics Letters 9 (1973), S. 373-374.

[13.16] R. Sommer: Zusammenhang zwischen dem Entkopplungs- und dem Polvorgabeverfahren für nichtlineare, zeitvariante Mehrgrößensysteme. Regelungstechnik 28 (1980), S. 232-236.

[13.17] B. Lohmann: Vollständige und teilweise Führungsentkopplung im Zustandsraum. VDI-Verlag, 1991.

[13.18] G. Roppenecker: Polvorgabe durch Zustandsrückführung. Regelungstechnik 29 (1981), S. 218-223.

[13.19] G. Roppenecker: Vollständige modale Synthese linearer Systeme und ihre Anwendung zum Entwurf strukturbeschränkter Zustandsrückführungen. Fortschritt-Berichte der VDI-Zeitschriften, Reihe 8, Nr. 59, VDI-Verlag, 1983.

[13.20] G. Roppenecker - P. Kocher: Vollständige Modale Synthese optimaler Zustandsregelungen. Automatisierungstechnik 36 (1988), S. 295-300.

[13.21] G. Roppenecker - B. Lohmann: Vollständige Modale Synthese von Entkopplungsregelungen. Automatisierungstechnik 36 (1988), S. 434-441.

[13.22] G. Roppenecker: Äquivalenz zweier Darstellungsformen des Polvorgabereglers bei Eingrößensystemen. Regelungstechnik 30 (1982), S. 212-213.

[13.23] D. G. Luenberger: Observing the State of a Linear System. IEEE Transactions on Military Electronics 8 (1964), S. 74-80.

[13.24] D. G. Luenberger: Observers for Multivariable Systems. IEEE Trans-actions on Automatic Control 11 (1966), S. 190-197.

[13.25] D. G. Luenberger: An Introduction to Observers. IEEE Transactions on Automatic Control 16 (1971), S. 596-602.

[13.26] W. Schmid - M. Zeitz: Grenzübergang Beobachter - Differenzierer. Regelungstechnik 29 (1981), S. 270-274.

[13.27] G. Roppenecker: Modal Approach to Parametric State Observer Design. Electronic Letters 22 (1986), S. 118-120.

[13.28] K. Brammer - G. Siffling: Kalman-Bucy-Filter. R. Oldenbourg Verlag, 4. Auflage, 1994.

[13.29] K.-W. Schrick (Hrg.): Anwendungen der Kalman-Filter-Technik. R. Oldenbourg Verlag, 1977.

[13.30] C. D. Johnson: Accomodation of External Disturbances in Linear Regulator and Servomechanism Problems. IEEE Transactions on Automatic Control 16 (1971), S. 635-644.

[13.31] H.-P. Preuß: Perfect Steady-State Tracking and Disturbance Rejection by Constant State Feedback. International Journal of Control 35 (1982), S. 75-94.

[13.32] R. Zurmühl - S. Falk: Matrizen und ihre Anwendungen. Springer-Verlag, 5. Auflage, 1984.

[13.33] G. Weihrich: Mehrgrößen-Zustandsregelung unter Einwirkung von Stör- und Führungssignalen. Regelungstechnik 25 (1977), S. 166-172 und S. 204-209.

[13.34] P. C. Müller - H. Bremer - W. Breinl: Tragregelsysteme mit Störgrößenkompensation für Magnetschwebefahrzeuge. Regelungstechnik 24 (1976), S. 257-265.

[13.35] J. Lückel - P. C. Müller: Verallgemeinerte Störgrößenaufschaltung bei unvollständiger Zustandskompensation am Beispiel einer aktiven Federung. Regelungstechnik 27 (1979), S. 281-288.

[13.36] G. Juen: Lageregelung elastischer Antriebssysteme, dargestellt an einem Radioteleskop. VDI-Fortschritt-Berichte, Reihe 8, Nr. 127, VDI-Verlag, 1987.

[13.37] P. C. Müller: Stabilität und Matrizen. Springer-Verlag, 1977.

[13.38] R. H. Bartels und G. W. Stewart: A Solution of the Equation $AX + XB = C$. Communication ACM 15 (1972), S. 820-826.

[13.39] R. A. Smith: Matrix Equation $XA + BX = C$. SIAM J. Appl. Mathematics 16 (1968), S. 198-201.

[13.40] E. J. Davison und F. T. Man: The Numerical Solution of $A'Q + QA = -C$. IEEE Trans. Automatic Control AC-16 (1968), S. 448-449.

[13.41] H. A. Nour Eldin: Bemerkungen über die numerische Lösung der Ljapunow-Gleichung $A^T P + P A = -Q$. Regelungstechnik 28 (1980), S. 102-103.

[13.42] J. E. Potter: Matrix Qadratic Solutions. SIAM J. Applied Mathematics 14 (1966), S. 196-501.

[13.43] A. J. Laub: A Schur Method for Solving Algebraic Riccati Equation. IEEE Trans. Automatic Control AC-24 (1979), S. 913-921.

[13.44] D. L. Kleinman: On an Iterative Technique for Riccati Equation Computations. IEEE Trans. Automatic Control AC-13 (1968), S. 114-115.

[13.45] E. S. Armstrong: An Excursion of Bass' Algorithm for Stabilizing Linear Constant Systems. IEEE Trans. Automatic Control AC-20 (1975), S. 153-154.

[13.46] B. C. Moore: On the Flexibility Offered by State Feedback in Multivariable Systems Beyond Closed Loop Eigenvalue Assignment. IEEE Transactions on Automatic Control 21 (1976), S. 689-692.

[13.47] A. Trächtler: Analytische Berücksichtigung von Strukturbeschränkungen beim Reglerentwurf im Zustandsraum. VDI-Verlag, 1992.

Für die im Kapitel 13, 14 und 15 behandelten Fragestellungen sei insbesondere auf das Buch "Zeitbereichsentwurf linearer Regelungen - Grundlegende Strukturen und eine allgemeine Methodik ihrer Parametrierung" von *G. Roppenecker* hingewiesen (R. Oldenbourg Verlag, 1990).

14.1 Problemstellung

Die im vorangegangenen Kapitel beschriebene Entwurfsmethodik für Zustandsregelungen, die in den 60er Jahren entwickelt wurde, kann in der folgenden Weise charakterisiert werden: *Der Regler wird als vollständige Zustandsrückführung (VZR) entworfen, benötigt also die Gesamtheit aller Zustandsvariablen. Um ihn anwenden zu können, ist daher ein Beobachtersystem erforderlich, das die nicht gemessenen Zustandsgrößen aus den Meßgrößen rekonstruiert. Daß Regler- und Beobachterentwurf sich nicht gegenseitig beeinträchtigen, wird durch das Separationstheorem gesichert.*

Wie im vorigen Kapitel gezeigt, hat die hiermit umrissene Methodik zu schönen Entwurfskonzepten geführt, die durch Konsequenz, Systematik und mathematische Exaktheit bestechen. Bei der Anwendung auf reale Systeme aber können Probleme auftreten. Sie entstehen vor allem dadurch, daß der Beobachter seinem Wesen nach ein Modell der Strecke enthält. Dies hat zunächst einmal einen beträchtlichen Realisierungsaufwand zur Folge, wenn es sich bei der Strecke um ein System höherer Ordnung handelt. Zum zweiten sagt das Separationstheorem nur aus, daß die Eigenwerte des ohne Beobachter geschlossenen Regelkreises durch die Einführung des Beobachters nicht verändert werden, die Stabilität der Regelung durch den Beobachter also nicht gefährdet wird. Andere dynamische Eigenschaften der Regelung werden aber sehr wohl durch den Beobachter beeinflußt, meist nicht zum Vorteil der Systemdynamik. Zum dritten kann das über den Beobachter geregelte System empfindlich reagieren, wenn das im Beobachter realisierte Streckenmodell mit dem tatsächlichen Streckenverhalten nicht genügend übereinstimmt – welche Gefahr verständlicherweise mit zunehmender Streckenordnung ebenfalls anwächst. Man kann versuchen, den Beobachter hiergegen robust zu machen [14.1, 14.2]. Aber auch wenn dies gelingt, bleiben die zuvor genannten Einwände bestehen.

Nun ist im Prinzip nichts einfacher, als *allen* diesen Schwierigkeiten aus dem Wege zu gehen, indem man eben nicht den *vollständigen* Zustand zurückführt, sondern nur die Meßgrößen. Man spricht dann meist von einer *Ausgangsrückführung (ARF)*, manchmal auch von einer *unvollständigen Zustandsrückführung* oder *Teilzustandsrückführung*. So naheliegend dieser Vorschlag auch ist, seine Durchführung ist ganz erheblich schwieriger als der Entwurf einer vollständigen Zustandsrückführung mit Beobachter. Das ist nicht verwunderlich, da man bei der Ausgangsrückführung mit einem erheblich geringeren Realisierungsaufwand auszukommen hat.

Das gilt insbesondere dann, wenn es sich um eine *konstante* Ausgangsrückführung handelt. Ihre Struktur zeigt das Bild 14/1. Dabei ist die Dimension jeder Matrix unter dem Matrixsymbol eingetragen, damit man sie stets vor Augen hat. Die Matrizen $\underline{A}$, $\underline{B}$, $\underline{C}$, $\underline{M}$ und insbesondere auch die Rückführmatrix $\underline{K}$ seien konstant. Sind die Meßgrößen nicht mit den Regelgrößen identisch, ist also der Regelvektor $\underline{y}_R$ vom Meßvektor $\underline{y}$ verschieden, so tritt noch ein Block mit der Gleichung $\underline{y}_R = \underline{C}_R\underline{x}$ hinzu. Da er aber im folgenden normalerweise nicht benötigt wird, wurde er nicht in das Bild 14/1 eingezeichnet.

In diesem und dem nächstfolgenden Abschnitt wird nur von *konstanten* Ausgangsrückführungen die Rede sein, weshalb wir die Kennzeichnung "konstant" weglassen.

Zum Unterschied von der vollständigen Zustandsrück-

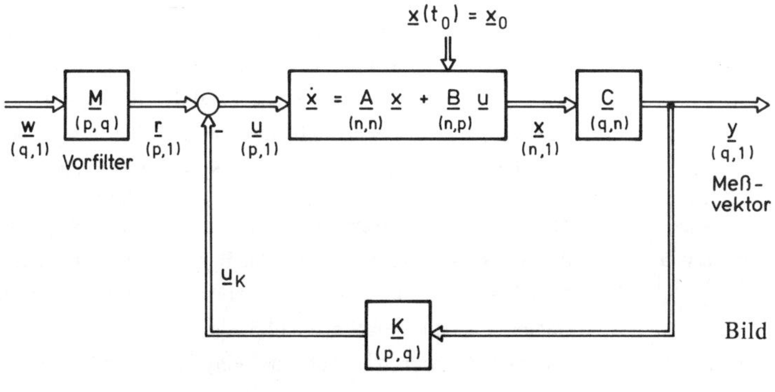

Bild 14/1. Zustandsregelung mit konstanter Ausgangsrückführung

führung ist die Rückführmatrix hier mit $\underline{K} = (k_{ji})$ bezeichnet, wobei das Element k_{ji} die i-te Meßgröße y_i mit der j-ten Steuergröße u_j verbindet. Nach Bild 14/1 gelten die Gleichungen

$$\dot{\underline{x}} = \underline{A}\,\underline{x} + \underline{B}\,\underline{u}\,, \tag{14.1}$$

$$\underline{y} = \underline{C}\,\underline{x}\,, \tag{14.2}$$

$$\underline{u} = -\underline{K}\,\underline{y} + \underline{M}\,\underline{w} \tag{14.3}$$

oder

$$\dot{\underline{x}} = (\underline{A} - \underline{B}\,\underline{K}\,\underline{C})\,\underline{x} + \underline{B}\,\underline{M}\,\underline{w}\,, \quad \underline{y} = \underline{C}\,\underline{x}\,. \tag{14.4}$$

Daher ist $\underline{A} - \underline{B}\,\underline{K}\,\underline{C}$ die *Dynamikmatrix der Ausgangsrückführung.* [1]

Nimmt man an, daß die Meßgrößen von vornherein als Zustandsgrößen eingeführt wurden, so werden also einige Zustandsgrößen zurückgeführt, andere nicht. Da die vollständige Zustandsrückführung durch

$$\underline{u} = -\underline{R}\,\underline{x} = -(\underline{r}_1 \cdot x_1 + \underline{r}_2 \cdot x_2 + \ldots + \underline{r}_n \cdot x_n)$$

gegeben ist, bedeutet dies, daß gewisse Spaltenvektoren $\underline{r}_k$ gleich $\underline{0}$ gesetzt sind, so daß die zugehörigen Zustandsgrößen nicht rückgeführt werden. Man kann sich daher die Ausgangsrückführmatrix $\underline{K}$ aus der Matrix $\underline{R}$ dadurch entstanden denken, daß in $\underline{R}$ bestimmte Spalten Null gesetzt sind. Man spricht dann von einer *strukturbeschränkten Rückführung.*

Allgemein versteht man darunter eine Rückführung, in deren Matrix von vornherein gewisse Elemente als konstant, meist gleich 0, vorgegeben sind. Neben den Ausgangsrückführungen stellen *dezentrale Regelungen* einen wichtigen Typ strukturbeschränkter Regelungen dar. [2] Im Bild 14/2 sieht man einen einfachen Fall. Die Strecke besteht aus zwei Teilsystemen, die miteinander gekoppelt sind. Jedem Teilsystem ist ein Regler zugeordnet, der nur aus *seinem* Teilsystem Information empfängt und auch nur auf dieses zurückwirkt. Darin besteht der dezentrale Charakter der Regelung. Einfachheitshalber ist angenommen, daß jedem der beiden dezentralen Regler der vollständige Zustand des ihm zugeordneten Teilsystems zugeführt wird. Nach Bild 14/2 gelten dann die Gleichungen

$$\dot{\underline{x}}_1 = \underline{A}_{11}\,\underline{x}_1 + \underline{A}_{12}\,\underline{x}_2 + \underline{B}_1\,\underline{u}_1\,, \quad \underline{u}_1 = -\underline{R}_1\,\underline{x}_1\,,$$

$$\dot{\underline{x}}_2 = \underline{A}_{21}\,\underline{x}_1 + \underline{A}_{22}\,\underline{x}_2 + \underline{B}_2\,\underline{u}_2\,, \quad \underline{u}_2 = -\underline{R}_2\,\underline{x}_2\,,$$

also

$$\dot{\underline{x}}_1 = (\underline{A}_{11} - \underline{B}_1\underline{R}_1)\,\underline{x}_1 + \underline{A}_{12}\,\underline{x}_2\,,$$

$$\dot{\underline{x}}_2 = \underline{A}_{21}\,\underline{x}_1 + (\underline{A}_{22} - \underline{B}_2\underline{R}_2)\,\underline{x}_2$$

oder

$$\begin{bmatrix} \underline{x}_1 \\ \underline{x}_2 \end{bmatrix}^{\bullet} = \begin{bmatrix} \underline{A}_{11} - \underline{B}_1\underline{R}_1 & \underline{A}_{12} \\ \underline{A}_{21} & \underline{A}_{22} - \underline{B}_2\underline{R}_2 \end{bmatrix} \cdot \begin{bmatrix} \underline{x}_1 \\ \underline{x}_2 \end{bmatrix}.$$

Diese Dynamikmatrix kann man auch in der Form

$$\begin{bmatrix} \underline{A}_{11} & \underline{A}_{12} \\ \underline{A}_{21} & \underline{A}_{22} \end{bmatrix} - \begin{bmatrix} \underline{B}_1 & \underline{0} \\ \underline{0} & \underline{B}_2 \end{bmatrix} \cdot \begin{bmatrix} \underline{R}_1 & \underline{0} \\ \underline{0} & \underline{R}_2 \end{bmatrix}$$

schreiben. Damit ist die gesamte dezentrale Regelung auf die übliche Form

$$\dot{\underline{x}} = (\underline{A} - \underline{B}\,\underline{R})\,\underline{x}$$

gebracht. Dabei hat die Rückführmatrix

$$\underline{R} = \begin{bmatrix} \underline{R}_1 & \underline{0} \\ \underline{0} & \underline{R}_2 \end{bmatrix}$$

Blockdiagonalform, ist also strukturbeschränkt.

Wir wollen uns in diesem Buch auf Ausgangsrückführungen beschränken und keine anderen strukturbeschränkten Rückführungen betrachten. Es sei lediglich angemerkt, daß zwei der nachstehend beschriebenen Methoden zum Entwurf von Ausgangsrückführungen auch bei *beliebig* strukturbeschränkten Rückführungen benutzt werden können, nämlich die Vollständige Modale Synthese von ***G. Roppenecker*** (Abschnitt 14.5) und die Direkte Methode zur Polvorgabe von ***U. Konigorski*** (Abschnitt 14.7).

Es sei darauf hingewiesen, daß die vollständige Zustandsrückführung als Spezialfall der Ausgangsrückführung aufgefaßt werden kann. Ist nämlich $\underline{C} = \underline{I}_n$, so wird $\underline{y} = \underline{x}$, so daß der Meßvektor gleich dem gesamten Zustandsvektor ist. Damit liegt eine vollständige Zustandsrückführung vor, und es ist $\underline{K} = \underline{R}$ zu setzen.

Nun noch einige Bemerkungen zum Plan des Kapitels 14! Im Abschnitt 14.2 wird die Berechnung des Vorfilters bzw. der an seine Stelle tretenden Vorsteuerung behandelt, im Abschnitt 14.3 der Begriff der *dynamischen* Ausgangsrückführung eingeführt und gezeigt,

---

[1] Genau genommen müßte es heißen: "Die Dynamikmatrix zur Regelung mit Ausgangsrückführung". Doch wollen wir solche Umständlichkeiten lieber vermeiden, auch an anderen Stellen.

[2] Über dezentrale Regelungen allgemein siehe [14.3].

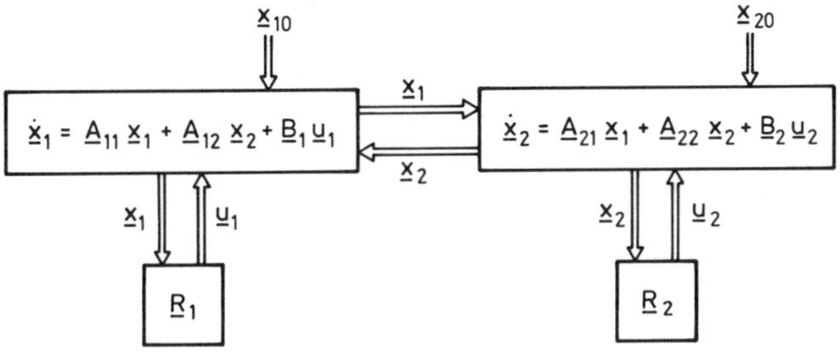

Bild 14/2. Dezentrale Regelung

daß sich ihr Entwurf auf den konstanter Ausgangsrückführungen zurückführen läßt. Was nun die Entwurfsverfahren für konstante Ausgangsrückführungen angeht, so sind zwei Vorgehensweisen möglich:

(I) Am nächstliegenden ist es, von einer vollständigen Zustandsrückführung auszugehen, der man mittels der Methodik aus Kapitel 13 eine gute Dynamik verliehen hat, und sie durch eine Ausgangsrückführung zu approximieren.

(II) Man kann aber auch darauf verzichten, sich auf eine vollständige Zustandsrückführung abzustützen, und die Ausgangsrückführung $\underline{u} = -\underline{K}\,\underline{y}$ unmittelbar wählen.

In jedem der beiden Fälle kann man als Entwurfsziel entweder die Vorgabe einer gewünschten Eigenwertkonfiguration bzw. eines gewünschten Eigenwertbereiches oder aber die Minimierung eines quadratischen Gütemaßes ansehen. Man gelangt so zu insgesamt 4 Entwurfsmöglichkeiten, die in den Abschnitten 14.4 bis 14.7 durch repräsentative Verfahren realisiert werden.

14.2 Ausgangsrückführung mit Vorsteuerung

Wie schon bei der vollständigen Zustandsrückführung wollen wir uns auch bei der Ausgangsrückführung zunächst mit der Wahl eines geeigneten Vorfilters befassen. Wenn wir dabei die Struktur von Bild 14/1 zugrunde legen, also das Vorfilter als einen vor der eigentlichen Rückführung gelegenen Block ansehen, so können wir die Ausführungen von Abschnitt 13.2 übernehmen, nur daß jetzt an die Stelle von $\underline{R}$ die Matrix $\underline{K}\,\underline{C}$ tritt.

Wir wollen hier jedoch eine andere Lösung betrachten [14.4]. Dabei wird vorausgesetzt, daß allein die Regelgrößen zurückgeführt werden und somit der Meßvektor $\underline{y}$ mit dem Regelvektor $\underline{y}_R$ zusammenfällt. Überdies sei die Strecke stabil, so daß die Eigenwerte von $\underline{A}$ sämtlich links der j-Achse liegen. Da es dann keinen Eigenwert in Null gibt, existiert die Inverse $\underline{A}^{-1}$. Schließlich sei, wie auch schon im Abschnitt 13.2 vorausgesetzt wurde, p = q, hier also die Anzahl der Stellgrößen gleich der Anzahl der Regelgrößen. Wie stets werde der Führungsvektor $\underline{w}$ konstant vorgegeben.

Da im stationären Zustand $\dot{\underline{x}} = \underline{0}$ ist, folgt aus (14.1)

$$\underline{0} = \underline{A}\,\underline{x}_\infty + \underline{B}\,\underline{u}_\infty\,, \tag{14.5}$$

wobei wie schon früher der Index ∞ den stationären Zustand kennzeichnet. Aus (14.5) erhält man

$$\underline{x}_\infty = -\underline{A}^{-1}\underline{B}\,\underline{u}_\infty\,,$$

also gemäß (14.2)

$$\underline{y}_\infty = -\underline{C}\,\underline{A}^{-1}\underline{B}\,\underline{u}_\infty\,. \tag{14.6}$$

Nach (14.3) gilt weiterhin

$$\underline{u}_\infty = -\underline{K}\,\underline{y}_\infty + \underline{M}\,\underline{w}\,,$$

woraus durch Einsetzen in (14.6) folgt:

$$\underline{y}_\infty = \underline{C}\,\underline{A}^{-1}\underline{B}\,(\underline{K}\,\underline{y}_\infty - \underline{M}\,\underline{w})\,.$$

Da der stationäre Wert $\underline{y}_\infty$ des Regelvektors $\underline{y}$ gleich dem Führungsvektor $\underline{w}$ sein soll, muß

$$\underline{w} = \underline{C}\,\underline{A}^{-1}\underline{B}\,(\underline{K} - \underline{M})\,\underline{w}$$

gelten, und zwar für einen *beliebigen* Vektor $\underline{w}$. Dann muß aber

$$\underline{I} = \underline{C}\,\underline{A}^{-1}\underline{B}(\underline{K} - \underline{M})$$

sein, woraus

$$\underline{M} = \underline{K} - (\underline{C}\,\underline{A}^{-1}\underline{B})^{-1} \tag{14.7}$$

folgt. Schon im Abschnitt 13.8.2 wurde gezeigt, daß die Existenz dieser Inversen eine realistische Voraussetzung ist.

Damit ist nach (14.3)

$$\underline{u} = \underline{K}(\underline{w} - \underline{y}) - (\underline{C}\,\underline{A}^{-1}\underline{B})^{-1}\underline{w}\,. \tag{14.8}$$

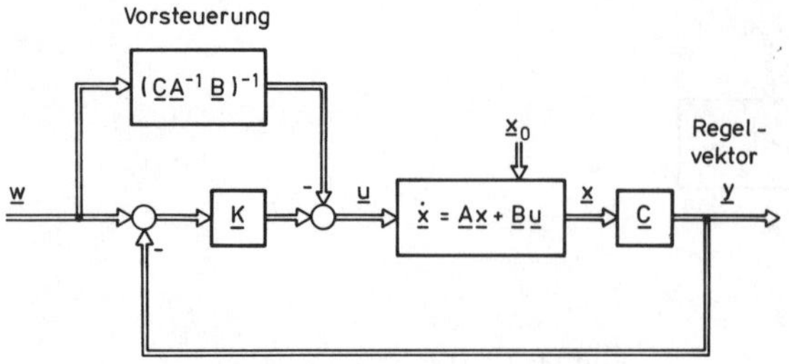

Bild 14/3. Zustandsregelung mit Vorsteuerung

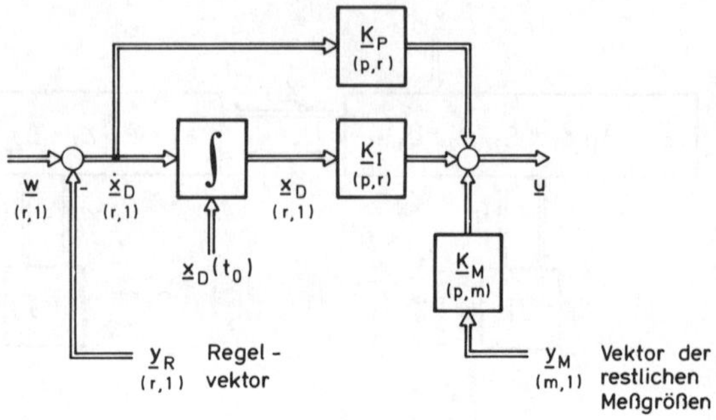

Bild 14/4. PI-Zustandsregler

Die zugehörige Struktur zeigt das Bild 14/3. Indem die Differenz von Führungsvektor und Regelvektor gebildet wird, findet hier ein echter Soll-Istwert-Vergleich statt.

Die Führungsgröße $\underline{w}$ wirkt aber nicht nur über den Soll-Istwert-Vergleich auf die Regelung ein, sondern auch unmittelbar auf die Stellgröße, wobei der Soll-Istwert-Vergleich gewissermaßen überbrückt wird. Betrachtet man allein diese Wirkungslinie, so ist

$$\underline{u}(+0) = -(\underline{C}\,\underline{A}^{-1}\underline{B})^{-1}\underline{w}\ .$$

Das ist aber gemäß (14.6) gerade derjenige Wert von $\underline{u}$, welcher erforderlich ist, um im stationären Zustand den gewünschten Wert $\underline{y}_\infty = \underline{w}$ einzustellen. Dieser Wert wird also durch die direkte Verbindung von $\underline{w}$ nach $\underline{u}$ vorweggenommen, weshalb man von einer *Vorsteuerung* spricht. Vergleicht man mit der üblichen Berechnung der Vorfiltermatrix nach Abschnitt 13.2, so sieht man, daß die Vorsteuermatrix $(\underline{C}\,\underline{A}^{-1}\underline{B})^{-1}$ von der Reglermatrix $\underline{K}$ unabhängig ist und daher im Unterschied zur Vorfiltermatrix $\underline{M}$ bei Änderungen von $\underline{K}$ nicht neu berechnet zu werden braucht.

14.3 Konstante und dynamische Ausgangsrückführung

Ein Nachteil der zuvor eingeführten konstanten Ausgangsrückführung

$$\underline{u} = -\underline{K}\,\underline{y}\ ,$$

mit dem bereits die vollständige Zustandsrückführung

$$\underline{u} = -\underline{R}\,\underline{x}$$

behaftet war, besteht darin, daß sie von Anfangsauslenkungen verschiedene Störgrößen nicht ausregeln kann und daß überdies das mathematische Modell der Strecke exakt bekannt sein muß. Um diesen Schwierigkeiten entgegenzutreten, hatten wir im Unterabschnitt 13.8.2 den *PI-Zustandsregler* eingeführt. In etwas verallgemeinerter Form und auf die für das Folgende zweckmäßige Symbolik abgestimmt, sieht man ihn nochmals im Bild 14/4.

Darin ist $\underline{y}_R$ der Vektor der Regelgrößen und $\underline{y}_M$ der Vektor der restlichen Meßgrößen, der speziell auch $\underline{0}$ sein kann. Der gesamte Meßvektor ist also

$$\underline{y} = \begin{bmatrix} \underline{y}_R \\ \underline{y}_M \end{bmatrix}$$

und hat die Dimension $q = r + m$.

Aus dem Bild 14/4 liest man die folgenden Gleichungen des PI-Zustandsreglers ab:

$$\dot{\underline{x}}_D = \underline{w} - \underline{y}_R\ ,$$

$$\underline{u} = \underline{K}_I\underline{x}_D + \underline{K}_P(\underline{w} - \underline{y}_R) + \underline{K}_M\underline{y}_M$$

oder

$$\dot{\underline{x}}_D = \underline{0}\cdot\underline{x}_D - \underline{I}_r\underline{y}_R + \underline{0}\cdot\underline{y}_M + \underline{I}_r\underline{w}\ ,$$

$$\underline{u} = \underline{K}_I\underline{x}_D - \underline{K}_P\underline{y}_R + \underline{K}_M\underline{y}_M + \underline{K}_P\underline{w}\ ,$$

also schließlich

$$\dot{\underline{x}}_D = \underline{0}\cdot\underline{x}_D + [-\underline{I}_r, \underline{0}]\,\underline{y} + \underline{I}_r\underline{w}\ , \tag{14.9}$$

$$\underline{u} = \underline{K}_I\underline{x}_D + [-\underline{K}_P, \underline{K}_M]\,\underline{y} + \underline{K}_P\underline{w}\ . \tag{14.10}$$

Diese Gleichungen sind vom Typ

$$\dot{\underline{x}}_D = \underline{A}_D\underline{x}_D + \underline{B}_D\underline{y} + \underline{M}_1\underline{w}\ , \tag{14.11}$$

$$\underline{u} = -\underline{C}_D\underline{x}_D - \underline{D}_D\underline{y} + \underline{M}_2\underline{w}\ . \tag{14.12}$$

Sie charakterisieren die allgemeine Form einer dynamischen *Ausgangsrückführung*, auch als *dynamischer Regler* bezeichnet. Die Struktur sieht man im Bild 14/5. Es handelt sich um ein dynamisches System r-ter Ordnung. Wie man aus (14.11), (14.12) erkennt, ist die konstante Ausgangsrückführung für $\underline{A}_D = \underline{0}$, $\underline{B}_D = \underline{0}$, $\underline{M}_1 = \underline{0}$ und $\underline{C}_D = \underline{0}$ als Grenzfall hierin enthalten: Es ist eine

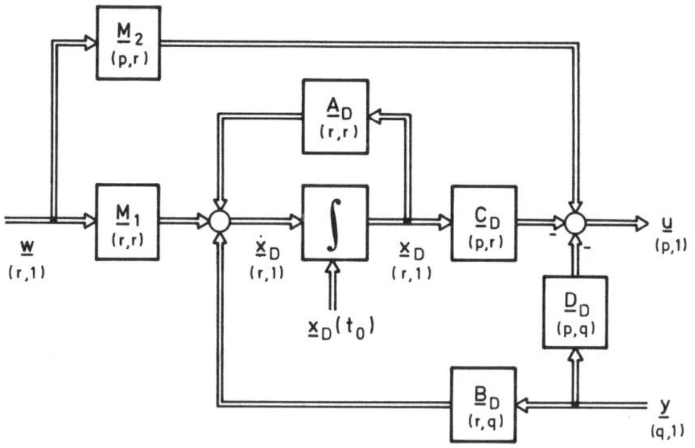

Bild 14/5. Allgemeine dynamische Ausgangsrückführung

"dynamische" Ausgangsrückführung von der Ordnung r = 0.

Den entgegengesetzten Grenzfall stellt eine vollständige Zustandsrückführung mit einem Beobachter n-ter Ordnung dar. Nach Abschnitt 13.7 gelten hier die Gleichungen

$$\dot{\hat{\underline{x}}} = (\underline{A} - \underline{L}\,\underline{C})\hat{\underline{x}} + \underline{B}\,\underline{u} + \underline{L}\,\underline{y} ,$$

$$\underline{u} = -\underline{R}\,\hat{\underline{x}} + \underline{M}\,\underline{w} .$$

Indem man die letzte Gleichung in die vorhergehende einsetzt, folgt

$$\dot{\hat{\underline{x}}} = (\underline{A} - \underline{L}\,\underline{C} - \underline{B}\,\underline{R})\hat{\underline{x}} + \underline{L}\,\underline{y} + \underline{B}\,\underline{M}\,\underline{w} ,$$

$$\underline{u} = -\underline{R}\,\hat{\underline{x}} - \underline{0}\,\underline{y} + \underline{M}\,\underline{w} .$$

Der Vergleich mit (14.11), (14.12) zeigt, daß dies in der Tat die Gleichungen einer dynamischen Ausgangsrückführung sind, wobei der Schätzwert $\hat{\underline{x}}$ die Rolle von $\underline{x}_D$ übernimmt. Der dynamische Regler hat hier die gleiche Ordnung wie die Strecke.

Geht man vom vollständigen Beobachter zum reduzierten Beobachter über, so erniedrigt sich die Ordnung der zugehörigen dynamischen Ausgangsrückführung, wird aber meist noch relativ hoch bleiben. Man bezeichnet eine *dynamische Ausgangsrückführung*, die *aus vollständiger Zustandsrückführung und Beobachter* besteht, auch als *Kontrollbeobachter* [14.5].

Wir sind im vorhergehenden zur dynamischen Ausgangsrückführung gelangt, indem wir aus Gründen der Störunterdrückung anstelle der konstanten Zustandsrückführung einen PI-Zustandsregler eingeführt haben. Wie eben erwähnt, läßt sich bereits die Einführung eines Beobachters als Übergang zu einer dynamischen Ausgangsrückführung ansehen. Schließlich gibt es noch einen weiteren Grund, um von der konstanten zur dynamischen Ausgangsrückführung überzugehen: um nämlich die Anzahl der freien Entwurfsparameter zu erhöhen.

Die konstante Ausgangsrückführung $\underline{u} = -\underline{K}\,\underline{y}$ enthält die p·q Elemente von $\underline{K}$ als freie Parameter, wobei also p die Anzahl der Stellgrößen (Steuergrößen) und q die Anzahl der Meßgrößen ist. Will man nun n Eigenwerte $\lambda_{R1}, \ldots, \lambda_{Rn}$ des Regelkreises vorgeben, so muß entsprechend (13.24) die Gleichung

$$\det[s\underline{I} - (\underline{A} - \underline{B}\,\underline{K}\,\underline{C})] = \prod_{\nu=1}^{n} (s - \lambda_{R\nu})$$

gelten. Daraus folgt durch Ausrechnen der Determinante und Ausmultiplizieren des Produktes

$$s^n + a_{n-1}s^{n-1} + \ldots + a_0 = s^n + p_{n-1}s^{n-1} + \ldots + p_0 ,$$

wobei die p_ν durch die vorgegebenen $\lambda_{R\nu}$ bekannt sind, während die a_ν Funktionen der Elemente k_{ji} von $\underline{K}$ darstellen. Koeffizientenvergleich liefert die Beziehungen

$$a_0\,(k_{11}, k_{21}, \ldots, k_{pq}) = p_0 ,$$
$$\vdots \qquad\qquad \vdots$$
$$a_{n-1}\,(k_{11}, k_{21}, \ldots, k_{pq}) = p_{n-1} ,$$

die wir als *Synthesegleichungen* bezeichnen wollen. Es sind n Gleichungen für die p·q gesuchten Elemente von $\underline{K}$.

Betrachten wir zunächst den Spezialfall der vollständigen Zustandsrückführung, so ist q = n, da ja alle Zustandsvariablen zurückgeführt werden. Dann stellen die Synthesegleichungen ein Gleichungssystem dar, das höchstens so viele Gleichungen wie Unbekannte enthält. Man wird daher erwarten, daß eine Lösung existiert – was in der Tat der Fall ist, wenn die Strecke als steuerbar vorausgesetzt wird (Abschnitt 13.3).

Wenden wir uns nun einer beliebigen konstanten Ausgangsrückführung zu, so wird meist p·q < n sein. Dann sind aber die Synthesegleichungen *überbestimmt*, und es wird im allgemeinen keine Lösung existieren. D.h. also: Es ist normalerweise unmöglich, sämtliche Eigenwerte der Regelung durch eine konstante Ausgangsrückführung festzulegen.

Hier kann man sich nun helfen, indem man zu einer dynamischen Ausgangsrückführung von der Form (14.11), (14.12) übergeht. Um die Anzahl der freien Entwurfsparameter zu ermitteln, betrachten wir das

Bild 14/5, wobei wir $\underline{w} = \underline{0}$ setzen können, da es hier um die Möglichkeit der Eigenwertvorgabe geht. Dann ist die Anzahl f_D der freien Parameter der dynamischen Ausgangsrückführung gleich der Anzahl der Elemente von $\underline{A}_D$, $\underline{B}_D$, $\underline{C}_D$ und $\underline{D}_D$:

$$f_D = r^2 + qr + pr + pq \ .$$

Andererseits wächst durch die Einführung eines dynamischen Reglers der Ordnung r die Gesamtordnung der Regelung von n auf n + r. Um alle n + r Eigenwerte vorgeben zu können, muß also

$$r^2 + qr + pr + pq \geq n + r$$

sein, somit

$$r^2 + (p + q - 1)r \geq n - pq \ ,$$

woraus durch Addition der quadratischen Ergänzung des links stehenden Ausdrucks folgt:

$$r \geq -\frac{1}{2}(p + q - 1) + \sqrt{n - pq + \frac{1}{4}(p + q - 1)^2} \ . \qquad (14.13)$$

Aus dieser Formel kann man die Ordnung r des dynamischen Reglers bestimmen, die erforderlich ist, um die zur Vorgabe *aller* Eigenwerte notwendige Anzahl von Entwurfsparametern zur Verfügung zu haben. Ist beispielsweise n = 10, p = 2, q = 4, so folgt aus (14.13)

$$r \geq -\frac{5}{2} + \sqrt{2 + \frac{25}{4}} \ .$$

Da die rechte Seite dieser Ungleichung

$$< -\frac{5}{2} + \sqrt{\frac{36}{4}} = \frac{1}{2}$$

ist, genügt schon r = 1. Man kommt also bereits mit einem dynamischen Regler 1. Ordnung aus. Nach (14.11), (14.12) lauten seine Gleichungen (mit $\underline{w} = \underline{0}$):

$$\dot{x}_D = a_D x_D + b_{D1} y_1 + b_{D2} y_2 + b_{D3} y_3 + b_{D4} y_4 \ ,$$

$$u_1 = -c_{D1} x_D - d_{D11} y_1 - d_{D12} y_2 - d_{D13} y_3 - d_{D14} y_4 \ ,$$

$$u_2 = -c_{D2} x_D - d_{D21} y_1 - d_{D22} y_2 - d_{D23} y_3 - d_{D24} y_4 \ .$$

Er verfügt bereits über 15 freie Parameter, so daß nach Festlegung der Eigenwerte im allgemeinen noch 5 Parameter zu anderweitigen Entwurfszwecken zur Verfügung stehen werden.

Ein reduzierter Beobachter nach Unterabschnitt 13.7.4 hat dagegen die Ordnung n − q = 6. Zwar kann es eventuell möglich sein, die Beobachterordnung noch weiter zu verringern, doch gewiß nicht bis auf die Ordnung 1.

Es erhebt sich die Frage, wie ein dynamischer Regler zu berechnen ist. Man könnte vermuten, daß er schwieriger zu entwerfen ist als eine konstante Ausgangsrückführung. Bemerkenswerterweise ist das nicht der Fall. Man kann nämlich den Entwurf eines dynamischen Reglers auf die Synthese einer konstanten Ausgangsrückführung zurückführen.

Um dies zu zeigen, betrachten wir die gesamte Regelung, welche die dynamische Ausgangsrückführung enthält. Die Strecke sei durch

$$\dot{\underline{x}} = \underline{A}\,\underline{x} + \underline{B}\,\underline{u} \ , \qquad (14.14)$$

$$\underline{y}_R = \underline{C}_R \underline{x} \ \text{(Regelvektor)} \ ,$$

$$\underline{y}_M = \underline{C}_M \underline{x} \ \text{(Vektor der restlichen Meßgrößen)}$$

gegeben. Die letzten beiden Gleichungen lassen sich zusammenfassen:

$$\underline{y} = \begin{bmatrix} \underline{y}_R \\ \underline{y}_M \end{bmatrix} = \begin{bmatrix} \underline{C}_R \\ \underline{C}_M \end{bmatrix} \underline{x} = \underline{C}\,\underline{x} \ . \qquad (14.15)$$

Setzt man (14.12) in (14.14) ein, fügt (14.11) hinzu und berücksichtigt schließlich (14.15), so erhält man

$$\dot{\underline{x}} = (\underline{A} - \underline{B}\,\underline{D}_D \underline{C})\underline{x} - \underline{B}\,\underline{C}_D \underline{x}_D + \underline{B}\,\underline{M}_2 \underline{w} \ ,$$

$$\dot{\underline{x}}_D = \underline{B}_D \underline{C}\,\underline{x} + \underline{A}_D \underline{x}_D + \underline{M}_1 \underline{w} \ .$$

Setzt man weiterhin

$$\underline{x}_g = \begin{bmatrix} \underline{x} \\ \underline{x}_D \end{bmatrix} , \quad \text{so wird daraus}$$

$$\dot{\underline{x}}_g = \begin{bmatrix} \underline{A} - \underline{B}\,\underline{D}_D \underline{C} & -\underline{B}\,\underline{C}_D \\ \underline{B}_D \underline{C} & \underline{A}_D \end{bmatrix} \underline{x}_g + \begin{bmatrix} \underline{B}\,\underline{M}_2 \\ \underline{M}_1 \end{bmatrix} \underline{w} \ . \qquad (14.16)$$

Wie man sich durch Ausmultiplizieren überzeugt, kann man für die Dynamikmatrix schreiben:

$$\begin{bmatrix} \underline{A} & \underline{0} \\ \underline{0} & \underline{0} \end{bmatrix} + \begin{bmatrix} \underline{B} & \underline{0} \\ \underline{0} & \underline{I}_r \end{bmatrix} \cdot \begin{bmatrix} -\underline{D}_D & -\underline{C}_D \\ \underline{B}_D & \underline{A}_D \end{bmatrix} \cdot \begin{bmatrix} \underline{C} & \underline{0} \\ \underline{0} & \underline{I}_r \end{bmatrix} .$$

Oder kurz:

$$\underline{A}_g - \underline{B}_g \underline{K}_g \underline{C}_g \ ,$$

wobei

$$\underline{A}_g = \begin{bmatrix} \underline{A} & \underline{0} \\ \underline{0} & \underline{0} \end{bmatrix} , \ \underline{B}_g = \begin{bmatrix} \underline{B} & \underline{0} \\ \underline{0} & \underline{I}_r \end{bmatrix} , \ \underline{C}_g = \begin{bmatrix} \underline{C} & \underline{0} \\ \underline{0} & \underline{I}_r \end{bmatrix} \qquad (14.17)$$

und

$$\underline{K}_g = \begin{bmatrix} \underline{D}_D & \underline{C}_D \\ -\underline{B}_D & -\underline{A}_D \end{bmatrix} \qquad (14.18)$$

ist. Entsprechend wird

$$\begin{bmatrix} \underline{B}\,\underline{M}_2 \\ \underline{M}_1 \end{bmatrix} = \begin{bmatrix} \underline{B} & \underline{0} \\ \underline{0} & \underline{I}_r \end{bmatrix} \cdot \begin{bmatrix} \underline{M}_2 \\ \underline{M}_1 \end{bmatrix} = \underline{B}_g \cdot \underline{M}_g$$

mit

$$\underline{M}_g = \begin{bmatrix} \underline{M}_2 \\ \underline{M}_1 \end{bmatrix} . \qquad (14.19)$$

Aus der *Zustandsdifferentialgleichung* (14.16) *des über den dynamischen Regler geschlossenen Kreises* wird so

$$\dot{\underline{x}}_g = (\underline{A}_g - \underline{B}_g\underline{K}_g\underline{C}_g)\underline{x}_g + \underline{B}_g\underline{M}_g\underline{w} . \qquad (14.20)$$

Nach (14.1) bis (14.4) ist dies aber nichts anderes als die konstante Ausgangsrückführung

$$\underline{u}_g = -\underline{K}_g\underline{y}_g + \underline{M}_g\underline{w} \qquad (14.21)$$

zur Strecke

$$\dot{\underline{x}}_g = \underline{A}_g\underline{x}_g + \underline{B}_g\underline{u}_g , \quad \underline{y}_g = \underline{C}_g\underline{x}_g . \qquad (14.22)$$

Wie man aus den Definitionsgleichungen (14.17) bis (14.19) zusammen mit dem Bild 14/5 erkennt, ist darin

$\dim \underline{u}_g = p + r = p_g$,

$\dim \underline{y}_g = q + r = q_g$,

$\underline{A}_g$ eine (n+r, n+r)-Matrix ,

$\underline{K}_g$ eine (p+r, q+r)-Matrix .

Zusammenfassend hat man das *Resultat*:

Eine Zustandsregelung, die über eine dynamische Ausgangsrückführung der Ordnung r mit q Eingangsgrößen (Meßgrößen) und p Ausgangsgrößen (Stellgrößen) geschlossen wird, ist äquivalent zu einer Zustandsregelung mit einer konstanten Ausgangsrückführung, die p + r Eingangsgrößen und q + r Ausgangsgrößen hat. (14.23)

Mit diesem Satz und den vorangegangenen Matrizenbeziehungen ist der Entwurf *dynamischer* Ausgangsrückführungen auf die Berechnung *konstanter* Ausgangsrückführungen zurückgeführt. Aus den gegebenen Zustandsmatrizen $\underline{A}$, $\underline{B}$, $\underline{C}$ der Strecke bestimmt man zunächst gemäß (14.17) die Matrizen $\underline{A}_g$, $\underline{B}_g$, $\underline{C}_g$. Zu ihnen ermittelt man mittels einer der nachfolgend beschriebenen Methoden die Matrizen $\underline{K}_g$ und $\underline{M}_g$ einer konstanten Ausgangsrückführung. Aus diesen liest man nach (14.18) und (14.19) ohne weitere Rechnung die ursprünglichen Matrizen $\underline{A}_D$, $\underline{B}_D$, $\underline{C}_D$, $\underline{D}_D$, $\underline{M}_1$ und $\underline{M}_2$ der dynamischen Ausgangsrückführung ab.

Im weiteren Verlauf der Untersuchung können wir uns also auf konstante Ausgangsrückführungen beschränken. In den folgenden Abschnitten sollen einige Entwurfsmethoden für konstante Ausgangsrückführungen behandelt werden. Wir können dabei auf die Kennzeichnung "konstant" im allgemeinen verzichten, da es sich normalerweise nur um solche Rückführungen handelt. In den Beispielen werden aber auch dynamische Ausgangsrückführungen auftreten.

14.4 Entwurf von Ausgangsrückführungen durch Approximation des Steuervektors einer vollständigen Zustandsrückführung[3]

14.4.1 Mathematische Vorbemerkung: Lösung eines Extremalproblems mit Nebenbedingung

Zunächst werde eine mathematische Betrachtung vorausgeschickt, die allgemeiner Natur ist und den späteren Gedankengang unterbrechen würde. Ihr Ergebnis läßt sich auch bei anderen Optimierungsproblemen verwenden.

Es geht dabei um die Aufgabe, das Gütemaß

$$J = \int_{t_1}^{t_2} \mathrm{sp}\{\underline{V}\,\underline{G}\,\underline{V}^T\}\, dt \qquad (14.24)$$

mit

$$\underline{V} = \underline{X}\,\underline{M} - \underline{W} \qquad (14.25)$$

durch geeignete Wahl der konstanten Matrix $\underline{X}$ zum Minimum zu machen und zugleich die Nebenbedingung

$$\underline{X}\,\underline{H} - \underline{L} = \underline{0} \qquad (14.26)$$

zu erfüllen. Dabei sind $\underline{G}$, $\underline{M}$, $\underline{W}$, $\underline{H}$ und $\underline{L}$ gegebene Matrizen, wobei $\underline{G}$ symmetrisch ist und $\underline{H}$, $\underline{L}$ konstant sind, während $\underline{G}$, $\underline{M}$ und $\underline{W}$ zeitabhängig sein dürfen.

[3] Das Verfahren wurde zunächst von *H. Roth* auf der Grundlage der Ordnungsreduktion entwickelt ([14.6], 6.6.2, [14.7]), dann aber von *P. Stiess* völlig von diesem Bezug befreit (Dissertation Karlsruhe, 1988).

Das Symbol sp bezeichnet die Spur einer Matrix (Kapitel 17).

Es handelt sich also um ein *Extremalproblem mit Nebenbedingung*, das wir mittels *Lagrangescher Multiplikatoren* lösen wollen. Das Element (μ,ν) auf der linken Seite von (14.26) kann in der Form

$$\underline{e}_\mu^T(\underline{X}\,\underline{H} - \underline{L})\underline{e}_\nu$$

dargestellt werden (Kapitel 17). Dann lautet die Nebenbedingung in skalarer Form

$$\underline{e}_\mu^T(\underline{X}\,\underline{H} - \underline{L})\underline{e}_\nu = 0 \quad \text{für alle } \mu, \nu \; .$$

Man multipliziert nun diese Gleichungen mit den Lagrange-Multiplikatoren $\gamma_{\mu\nu}$ und addiert sie dann zum Gütemaß (14.24), wodurch man das erweiterte Gütemaß

$$J_E = \int_{t_1}^{t_2} \mathrm{sp}\{\underline{V}\,\underline{G}\,\underline{V}^T\}\,dt + \sum_{\mu,\nu} \gamma_{\mu\nu}\,\underline{e}_\mu^T(\underline{X}\,\underline{H} - \underline{L})\underline{e}_\nu$$

erhält. Mit $\underline{\Gamma} = (\gamma_{\mu\nu})$ kann man dafür (siehe Kapitel 17) auch schreiben:

$$J_E(\underline{X},\underline{\Gamma}) = \int_{t_1}^{t_2} \mathrm{sp}\{\underline{V}\,\underline{G}\,\underline{V}^T\}\,dt + \mathrm{sp}\{(\underline{X}\,\underline{H} - \underline{L})\underline{\Gamma}^T\} \; . \tag{14.27}$$

Diese Funktion ist bezüglich $\underline{X}$ und $\underline{\Gamma}$ zum Minimum zu machen. Dazu hat man die Ableitungen $\partial J_E/\partial\underline{X}$ und $\partial J_E/\partial\underline{\Gamma}$ zu bilden. Hierzu formen wir zunächst den Integranden um. Aus (14.25) folgt, wenn man $\mathrm{sp}\,\underline{A}^T = \mathrm{sp}\,\underline{A}$ beachtet:

$$\mathrm{sp}(\underline{V}\,\underline{G}\,\underline{V}^T) = \mathrm{sp}\{\underline{X}\,\underline{M}\,\underline{G}\,\underline{M}^T\underline{X}^T\} - 2\mathrm{sp}\{\underline{X}\,\underline{M}\,\underline{G}\,\underline{W}^T\} + \mathrm{sp}\{\underline{W}\,\underline{G}\,\underline{W}^T\} \; .$$

Da man Spurbildung und Integration vertauschen darf, folgt so aus (14.27)

$$J_E(\underline{X},\underline{\Gamma}) = \mathrm{sp}\{\underline{X}\,\underline{S}_2\underline{X}^T\} - 2\mathrm{sp}\{\underline{X}\,\underline{S}_1\} + \mathrm{sp}\,\underline{S}_0 + \mathrm{sp}\{(\underline{X}\,\underline{H} - \underline{L})\underline{\Gamma}^T\} \; , \tag{14.28}$$

wobei

$$\underline{S}_2 = \int_{t_1}^{t_2} \underline{M}\,\underline{G}\,\underline{M}^T\,dt \quad \text{(symmetrisch)},$$

$$\underline{S}_1 = \int_{t_1}^{t_2} \underline{M}\,\underline{G}\,\underline{W}^T\,dt \; , \quad \underline{S}_0 = \int_{t_1}^{t_2} \underline{W}\,\underline{G}\,\underline{W}^T\,dt \tag{14.29}$$

bekannte Matrizen sind.

Da nach der allgemeinen Definition

$$\frac{\partial J_E}{\partial \underline{X}} = \left[\frac{\partial J}{\partial x_{\mu\nu}}\right] \quad \text{für } \underline{X} = (x_{\mu\nu})$$

ist, bilden wir zunächst die partiellen Ableitungen $\frac{\partial J}{\partial x_{\mu\nu}}$. Differentiation und Spurbildung darf man ebenfalls vertauschen. Daher ergibt sich aus (14.28)

$$\frac{\partial J_E}{\partial x_{\mu\nu}} = \mathrm{sp}\left\{\frac{\partial \underline{X}}{\partial x_{\mu\nu}}\underline{S}_2\underline{X}^T\right\} + \mathrm{sp}\left\{\underline{X}\,\underline{S}_2\left[\frac{\partial \underline{X}}{\partial x_{\mu\nu}}\right]^T\right\} - 2\mathrm{sp}\left\{\frac{\partial \underline{X}}{\partial x_{\mu\nu}}\underline{S}_1\right\} + \mathrm{sp}\left\{\frac{\partial \underline{X}}{\partial x_{\mu\nu}}\underline{H}\,\underline{\Gamma}^T\right\} =$$

$$2\mathrm{sp}\left\{\frac{\partial \underline{X}}{\partial x_{\mu\nu}}\underline{S}_2\underline{X}^T\right\} - 2\mathrm{sp}\left\{\frac{\partial \underline{X}}{\partial x_{\mu\nu}}\underline{S}_1\right\} + \mathrm{sp}\left\{\frac{\partial \underline{X}}{\partial x_{\mu\nu}}\underline{H}\,\underline{\Gamma}^T\right\}.$$

Da weiterhin $\frac{\partial \underline{X}}{\partial x_{\mu\nu}} = \underline{e}_\mu\underline{e}_\nu^T$ ist, folgt daraus

$$\frac{\partial J_E}{\partial x_{\mu\nu}} = 2\mathrm{sp}\left\{\underline{e}_\mu \cdot \underline{e}_\nu^T\underline{S}_2\underline{X}^T\right\} - 2\mathrm{sp}\left\{\underline{e}_\mu \cdot \underline{e}_\nu^T\underline{S}_1\right\} + \mathrm{sp}\left\{\underline{e}_\mu \cdot \underline{e}_\nu^T\underline{H}\,\underline{\Gamma}^T\right\} .$$

Wegen $\mathrm{sp}(\underline{a}\,\underline{b}^T) = \underline{a}^T\underline{b}$ erhält man weiter

$$\frac{\partial J_E}{\partial x_{\mu\nu}} = 2\underline{e}_\mu^T\underline{X}\,\underline{S}_2\,\underline{e}_\nu - 2\underline{e}_\mu^T\,\underline{S}_1^T\,\underline{e}_\nu + \underline{e}_\mu^T\underline{\Gamma}\,\underline{H}^T\underline{e}_\nu = \underline{e}_\mu^T\left[2\underline{X}\,\underline{S}_2 - 2\underline{S}_1^T + \underline{\Gamma}\,\underline{H}^T\right]\underline{e}_\nu \; .$$

Das heißt aber:

$$\frac{\partial J_E}{\partial \underline{X}} = 2\underline{X}\,\underline{S}_2 - 2\underline{S}_1^T + \underline{\Gamma}\,\underline{H}^T \; . \tag{14.30}$$

Weiterhin folgt aus (14.28) wegen $\mathrm{sp}(\underline{A}\,\underline{B}) = \mathrm{sp}(\underline{B}\,\underline{A})$

$$\frac{\partial J_E}{\partial \gamma_{\mu\nu}} = \mathrm{sp}\left\{\left(\frac{\partial \underline{\Gamma}}{\partial \gamma_{\mu\nu}}\right)^T(\underline{X}\,\underline{H} - \underline{L})\right\} = \mathrm{sp}\left\{\underline{e}_\nu \cdot \underline{e}_\mu^T(\underline{X}\,\underline{H} - \underline{L})\right\},$$

also wiederum wegen $\mathrm{sp}(\underline{a}\,\underline{b}^T) = \underline{a}^T\underline{b} = \underline{b}^T\underline{a}$:

$$\frac{\partial J_E}{\partial \gamma_{\mu\nu}} = \underline{e}_\mu^T(\underline{X}\,\underline{H} - \underline{L})\underline{e}_\nu \; .$$

Damit ist

$$\frac{\partial J_E}{\partial \underline{\Gamma}} = \underline{X}\,\underline{H} - \underline{L} \; . \tag{14.31}$$

Setzt man die Ableitungen (14.30) und (14.31) gleich $\underline{0}$, so hat man zwei Gleichungen zur Bestimmung von $\underline{X}$ und $\underline{\Gamma}$. Aus (14.30) folgt dann zunächst

$$\underline{X} = \underline{S}_1^T \underline{S}_2^{-1} - \frac{1}{2} \underline{\Gamma}\, \underline{H}^T \underline{S}_2^{-1} \,, \qquad (14.32)$$

wobei vorausgesetzt wird, daß die quadratische Matrix $\underline{S}_2$ regulär ist. Dies gibt, in $\underline{X}\,\underline{H} - \underline{L} = \underline{0}$ eingesetzt:

$$\underline{S}_1^T \underline{S}_2^{-1} \underline{H} - \frac{1}{2} \underline{\Gamma} \cdot \underline{H}^T \underline{S}_2^{-1} \underline{H} = \underline{L} \;.$$

Daraus folgt, sofern $\underline{H}^T \underline{S}_2^{-1} \underline{H}$ regulär:

$$\frac{1}{2} \underline{\Gamma} = (\underline{S}_1^T \underline{S}_2^{-1} \underline{H} - \underline{L})(\underline{H}^T \underline{S}_2^{-1} \underline{H})^{-1} \;.$$

Setzt man dies wiederum in (14.32) ein, so erhält man endgültig

$$\underline{X} = \underline{S}_1^T \underline{S}_2^{-1} + (\underline{L} - \underline{S}_1^T \underline{S}_2^{-1} \underline{H})(\underline{H}^T \underline{S}_2^{-1} \underline{H})^{-1} \underline{H}^T \underline{S}_2^{-1} \,, \qquad (14.33)$$

wobei $\underline{S}_1$ und $\underline{S}_2$ durch (14.29) gegeben sind. Dies ist die Lösung des anfangs gestellten Extremalproblems mit Nebenbedingung – Lösung allerdings nur in *dem* Sinn, daß sie die notwendige Bedingung

$$\frac{\partial J_E}{\partial \underline{X}} = \underline{0} \;, \qquad \frac{\partial J_E}{\partial \underline{\Gamma}} = \underline{0}$$

erfüllt, worauf man sich bei Anwendungsproblemen im allgemeinen zu beschränken pflegt.

Es sei noch angemerkt, daß es nicht möglich ist, die Gleichung $\underline{X}\,\underline{H} - \underline{L} = \underline{0}$ unmittelbar nach $\underline{X}$ aufzulösen, weil $\underline{H}$ im allgemeinen keine quadratische Matrix darstellt.

14.4.2 Durchführung des Entwurfs

Zur Zustandsdifferentialgleichung

$$\dot{\underline{x}} = \underline{A}\,\underline{x} + \underline{B}\,\underline{u}$$

mit der (n,n)-Matrix $\underline{A}$ und der (n,p)-Matrix $\underline{B}$ wird eine vollständige Zustandsrückführung

$$\underline{u} = -\,\underline{R}\,\underline{x}$$

mit gewünschtem Verhalten entworfen, z.B. als Riccati-Regler. $\underline{R}$ ist also im folgenden bekannt.

Die Aufgabe besteht nun darin, eine Ausgangsrückführung

$$\underline{u} = -\,\underline{K}\,\underline{y}$$

mit der konstanten (p,q)-Matrix $\underline{K}$ zu entwerfen, wobei

$$\underline{y} = \underline{C}\,\underline{x}$$

der Meßvektor der Strecke ist. $\underline{K}$ ist dabei so zu wählen, daß das dynamische Verhalten des Regelkreises mit der Ausgangsrückführung möglichst gut mit dem Verhalten des Regelkreises mit vollständiger Zustandsrückführung übereinstimmt. Was unter "möglichst gut" zu verstehen ist, erläutert das Bild 14/6.

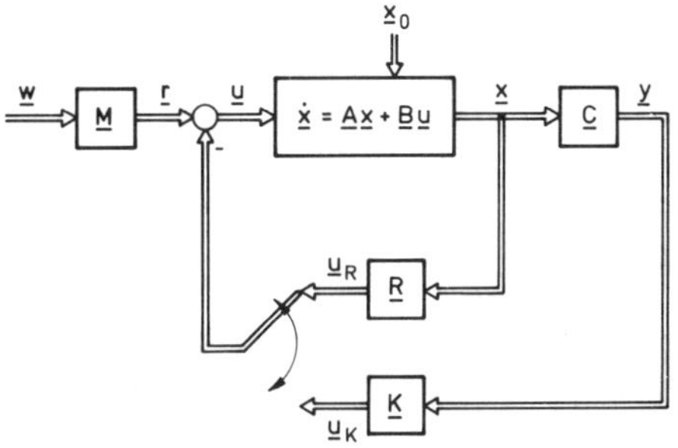

Bild 14/6. Approximation des Steuervektors einer vollständigen Zustandsrückführung durch eine Ausgangsrückführung

Der Idealfall bestünde darin, daß sich bei einer gedachten Umschaltung von $\underline{u}_R$ auf $\underline{u}_K$ keine Änderung bemerkbar macht: Die Ausgangsrückführung wäre ebensogut wie die vollständige Zustandsrückführung. Dieser Idealfall $\underline{u}_K = \underline{u}_R$ wird sich nicht erreichen lassen. Aber es wird dadurch nahegelegt, $\underline{K}$ so zu wählen, daß $\underline{u}_K$ nach Möglichkeit an $\underline{u}_R$ angeglichen wird. Diese Forderung muß nun mathematisch präzisiert werden.

Die Regelung mit vollständiger Zustandsrückführung hat die Zustandsdifferentialgleichung

$$\dot{\underline{x}}_R = \underline{A}_R\, \underline{x}_R + \underline{B}\,\underline{r} \;, \quad \underline{A}_R = \underline{A} - \underline{B}\,\underline{R} \;, \qquad (14.34)$$

wobei also die Matrix $\underline{A}_R$ bekannt ist. Die Regelung mit Ausgangsrückführung hat die Zustandsdifferentialgleichung

$$\dot{\underline{x}}_K = \underline{A}_K\, \underline{x}_K + \underline{B}\,\underline{r} \;, \quad \underline{A}_K = \underline{A} - \underline{B}\,\underline{K}\,\underline{C} \;,$$

mit der gesuchten Matrix $\underline{K}$.

Mit der Sprungaufschaltung

$$\underline{r} = \underline{r}_0\, \sigma(t) \;, \quad \underline{r}_0 \text{ beliebig konstant,}$$

und $\underline{x}_R(0) = \underline{0}$ folgt aus (14.34)

$$\underline{x}_R(t) = \int_0^t e^{\underline{A}_R (t-\tau)}\, \underline{B}\, \underline{r}_0\, \sigma(\tau)\, d\tau \;.$$

Da $\underline{A}_R$ als Dynamikmatrix der *geschlossenen* Regelung gewiß stabil ist, liegt kein Eigenwert in Null und $\underline{A}_R$ ist regulär. Daher folgt aus der letzten Gleichung

$$\underline{x}_R(t) = \underline{A}_R^{-1}(e^{\underline{A}_R t} - \underline{I}_n)\,\underline{B}\,\underline{r}_0 \,, \tag{14.35}$$

also

$$\underline{u}_R(t) = \underline{R}\,\underline{A}_R^{-1}(e^{\underline{A}_R t} - \underline{I}_n)\,\underline{B}\,\underline{r}_0 \,. \tag{14.36}$$

Weil $\underline{R}$ bekannt ist, kennt man damit auch $\underline{u}_R(t)$.

Hingegen ist die Funktion

$$\underline{u}_K(t) = \underline{K}\,\underline{C}\,\underline{A}_K^{-1}(e^{\underline{A}_K t} - \underline{I}_n)\,\underline{B}\,\underline{r}_0 \,, \tag{14.37}$$

die man ganz entsprechend wie $\underline{u}_R(t)$ erhält, zunächst unbekannt, da $\underline{K}$ ja erst bestimmt werden soll. Hierzu ist die Beziehung (14.37) nicht sonderlich geeignet, da $\underline{K}$ in $\underline{A}_K$ und damit im Exponenten der e-Funktion auftritt, was letztlich auf nichtlineare Matrizengleichungen führt. Eine geschlossene Lösung für $\underline{K}$ ist dann gewiß nicht zu erreichen.

Deshalb schlägt man einen anderen Weg ein. $\underline{K}$ soll ja so gewählt werden, daß so gut wie möglich $\underline{u}_K = \underline{u}_R$ wird. Dann folgt nach Bild 14/6, daß auch nahezu $\underline{x}_K = \underline{x}_R$ sein muß, wenn $\underline{x}_K$ bzw. $\underline{x}_R$ den Zustandsvektor bei Ausgangsrückführung bzw. vollständiger Zustandsrückführung bezeichnet. Deshalb nähert man

$$\underline{u}_K = \underline{K}\,\underline{C}\,\underline{x}_K$$

durch

$$\tilde{\underline{u}}_K = \underline{K}\,\underline{C}\,\underline{x}_R$$

an. Wegen (14.35) ist dann

$$\tilde{\underline{u}}_K(t) = \underline{K}\,\underline{C}\,\underline{A}_R^{-1}(e^{\underline{A}_R t} - \underline{I}_n)\,\underline{B}\,\underline{r}_0 \,. \tag{14.38}$$

Für den Approximationsfehler $\underline{u}_K - \underline{u}_R$ erhält man so näherungsweise

$$\underline{\epsilon}(t) = \tilde{\underline{u}}_K(t) - \underline{u}_R(t) \,,$$

also nach (14.38) und (14.36)

$$\underline{\epsilon}(t) = (\underline{K}\,\underline{C} - \underline{R})\,\underline{A}_R^{-1}\,e^{\underline{A}_R t}\,\underline{B}\,\underline{r}_0 - (\underline{K}\,\underline{C} - \underline{R})\,\underline{A}_R^{-1}\,\underline{B}\,\underline{r}_0 . \tag{14.39}$$

Hierin stellt der erste Term den *dynamischen* Fehler dar, der $\rightarrow \underline{0}$ strebt für $t \rightarrow +\infty$, während der zweite Summand den *stationären* Fehler wiedergibt. Um diesen zu Null zu machen, und zwar für beliebige Eingangsvektoren $\underline{r}_0$, setzt man

$$(\underline{K}\,\underline{C} - \underline{R})\,\underline{A}_R^{-1}\,\underline{B} = \underline{0} \,. \tag{14.40}$$

Um den dynamischen Fehler, den man nicht zu Null machen kann, nach Möglichkeit zu reduzieren, und zwar ebenfalls für einen beliebigen Vektor $\underline{r}_0$, geht man von der Faktormatrix

$$\underline{V}(t) = (\underline{K}\,\underline{C} - \underline{R})\,\underline{A}_R^{-1}\,e^{\underline{A}_R t}\,\underline{B} \tag{14.41}$$

aus und sucht ihre Norm im zeitlichen Mittel zu minimieren:

$$J = \int_0^\infty \|\underline{V}(t)\|^2\,dt \,.$$

Da (Kapitel 17)

$$\|\underline{V}\|^2 = \mathrm{sp}(\underline{V}\,\underline{V}^T)$$

ist, darf man für das Gütemaß auch

$$J = \int_0^\infty \mathrm{sp}\{\underline{V}(t)\,\underline{V}^T(t)\}\,dt$$

schreiben. Hierin kann man noch eine symmetrische und positiv definite Gewichtungsmatrix $\underline{G}(t)$ einführen, um das Gütemaß gezielt zu beeinflussen:

$$J = \int_0^\infty \mathrm{sp}\{\underline{V}(t)\,\underline{G}(t)\,\underline{V}^T(t)\}\,dt \,. \tag{14.42}$$

Die Aufgabe besteht nun darin, durch geeignete Wahl von $\underline{K}$ dieses Gütemaß zu minimieren, wobei die Nebenbedingung (14.40) zu berücksichtigen ist. Das ist aber genau das mathematische Problem, welches im letzten Unterabschnitt gelöst wurde. Der Vergleich mit (14.24) bis (14.26) zeigt, daß jetzt

$$\underline{X} = \underline{K} \,,$$

$$\underline{M} = \underline{C}\,\underline{A}_R^{-1}\,e^{\underline{A}_R t}\,\underline{B} \,,$$

$$\underline{W} = \underline{R}\,\underline{A}_R^{-1}\,e^{\underline{A}_R t}\,\underline{B} \,,$$

$$\underline{H} = \underline{C}\,\underline{A}_R^{-1}\,\underline{B} \,,$$

$$\underline{L} = \underline{R}\,\underline{A}_R^{-1}\,\underline{B}$$

ist. Nach (14.29) ist daher

$$\underline{S}_2 = \int_0^\infty \underline{C}\,\underline{A}_R^{-1} e^{\underline{A}_R t}\,\underline{B}\,\underline{G}(t)\,\underline{B}^T e^{\underline{A}_R^T t}\,\underline{A}_R^{-T}\,\underline{C}^T dt \,, \tag{14.43}$$

$$\underline{S}_1 = \int_0^\infty \underline{C}\,\underline{A}_R^{-1} e^{\underline{A}_R t}\,\underline{B}\,\underline{G}(t)\,\underline{B}^T e^{\underline{A}_R^T t}\,\underline{A}_R^{-T}\underline{R}^T dt\ , \quad (14.44)$$

wobei die Bezeichnung

$$\underline{A}_R^{-T} = (\underline{A}_R^{-1})^T = (\underline{A}_R^T)^{-1}$$

benutzt wurde. Statt (14.43) und (14.44) kann man auch schreiben:

$$\underline{S}_2 = \underline{C}\,\underline{S}\,\underline{C}^T\ , \quad \underline{S}_1 = \underline{C}\,\underline{S}\,\underline{R}^T$$

mit

$$\underline{S} = \int_0^\infty e^{\underline{A}_R t}\,\underline{A}_R^{-1}\,\underline{B}\,\underline{G}(t)\,\underline{B}^T\,\underline{A}_R^{-T}\,e^{\underline{A}_R^T t}\,dt\ ,$$

wobei die Tatsache benutzt wurde, daß man $e^{\underline{A}_R t}$ und $\underline{A}_R^{-1}$ miteinander vertauschen darf (Unterabschnitt 12.2.1).

Man kann nun

$$\underline{G}(t) = \underline{G}_0\,e^{2\alpha t} \quad (14.45)$$

wählen, wobei $\underline{G}_0$ eine konstante, symmetrische, positiv definite Matrix und α eine reelle Zahl ist. Diese wird meist zu Null angenommen werden, kann aber auch, z.B. um bessere Konvergenz des Integrals zu erzielen, einen Wert $\neq 0$ erhalten. Dann ist

$$\underline{S} = \int_0^\infty e^{(\underline{A}_R + \alpha \underline{I}_n)t}\,\underline{A}_R^{-1}\,\underline{B}\,\underline{G}_0\,\underline{B}^T\,\underline{A}_R^{-T}\,e^{(\underline{A}_R + \alpha\underline{I}_n)^T t}\,dt\ .$$

Wir nehmen an, daß $\underline{S}$ regulär ist. Da $\underline{S}$ auf jeden Fall positiv semidefinit ist, folgt daraus die positive Definitheit von $\underline{S}$. Wie im Unterabschnitt 13.4.2 gezeigt wurde, bestimmt man $\underline{S}$ aus einer Ljapunow-Gleichung:

$$(\underline{A}_R + \alpha\underline{I}_n)\underline{S} + \underline{S}(\underline{A}_R + \alpha\underline{I}_n)^T = -\underline{A}_R^{-1}\,\underline{B}\,\underline{G}_0\,\underline{B}^T\,\underline{A}_R^{-T}\ . \quad (14.46)$$

Nunmehr erhält man $\underline{K}$ aus der Beziehung (14.33):

$$\underline{K} = \underline{R}\Big[\underline{S}\,\underline{C}^T + \Big\{\underline{A}_R^{-1}\underline{B} - \underline{S}\,\underline{C}^T(\underline{C}\,\underline{S}\,\underline{C}^T)^{-1}\,\underline{C}\,\underline{A}_R^{-1}\underline{B}\Big\}\cdot$$
$$\cdot\Big\{\underline{B}^T\underline{A}_R^{-T}\underline{C}^T(\underline{C}\,\underline{S}\,\underline{C}^T)^{-1}\,\underline{C}\,\underline{A}_R^{-1}\underline{B}\Big\}^{-1}\cdot\,\underline{B}^T\underline{A}_R^{-T}\underline{C}^T\Big]\cdot$$
$$\cdot\,(\underline{C}\,\underline{S}\,\underline{C}^T)^{-1}\ . \quad (14.47)$$

Da man bei $\underline{C}$ Höchstrang voraussetzen darf, ist mit $\underline{S}$ auch $\underline{C}\,\underline{S}\,\underline{C}^T$ positiv definit und deshalb regulär.[4] Die Formel (14.47) wird etwas übersichtlicher, wenn man sie in folgender Form schreibt:

$$\underline{K} = \underline{R}\Big[\underline{G}_1 + (\underline{H}_R - \underline{G}_1\underline{G}_2^{-1}\underline{H}_K)\cdot$$
$$\cdot\,(\underline{H}_K^T\underline{G}_2^{-1}\underline{H}_K)^{-1}\,\underline{H}_K^T\Big]\,\underline{G}_2^{-1} \quad (14.48a)$$

mit

$$\underline{G}_1 = \underline{S}\,\underline{C}^T\ , \quad \underline{G}_2 = \underline{S}_2 = \underline{C}\,\underline{S}\,\underline{C}^T\ ,$$
$$\underline{H}_R = \underline{A}_R^{-1}\underline{B}\ , \quad \underline{H}_K = \underline{C}\,\underline{A}_R^{-1}\underline{B}\ , \quad (14.48b)$$

$\underline{S}$ aus (14.46).

Damit liegt die *Matrix der Ausgangsrückführung als geschlossener Formelausdruck* vor. Das verdient hervorgehoben zu werden, da ein solches Ergebnis bei keiner anderen Entwurfsmethode für Ausgangsrückführungen erreicht wird, wo vielmehr stets numerische Prozeduren erforderlich sind, wie beispielsweise die iterative numerische Auflösung von Gleichungssystemen oder die Anwendung eines Gradientenverfahrens.

14.4.3 Anwendungsbeispiel: Hinterachsprüfstand für Lastkraftwagen

Wie schon im Abschnitt 12.5 beschrieben, dient der Prüfstand dazu, das Verhalten der Hinterachsen von Lastkraftwagen, insbesondere ihre Beanspruchbarkeit, unter praxisnahen Bedingungen zu untersuchen. Bild 14/7 zeigt nochmals die grundsätzliche Anordnung.

Ein Betriebspunkt der Hinterachse ist (bei freiem Differential) durch drei Größen festgelegt: das Kardanmoment (Drehmoment an der Kardanwelle) y_1 und die Winkelgeschwindigkeiten y_2, y_3 der beiden Gleichstrommotoren. Diese drei Größen sollen im Rahmen des Prüfprogramms auf bestimmte Verläufe gebracht und dort gehalten werden: Es sind die Regelgrößen. Zu ihrer gezielten Beeinflussung stehen drei Größen zur Verfügung: der Fahrhebelstellwinkel des Dieselmotors sowie

---

[4] Ist $\underline{z}$ ein beliebiger q-dimensionaler Vektor, so ist

$$\underline{z}^T\underline{C}\,\underline{S}\,\underline{C}^T\underline{z} = (\underline{C}^T\underline{z})^T\,\underline{S}\,(\underline{C}^T\underline{z}) \geq 0\ ,$$

wenn $\underline{S}$ positiv definit ist. Dann gilt auch das Gleichheitszeichen nur für $\underline{C}^T\underline{z} = \underline{0}$, also wegen des Höchstrangs von $\underline{C}$ nur für $\underline{z} = \underline{0}$.

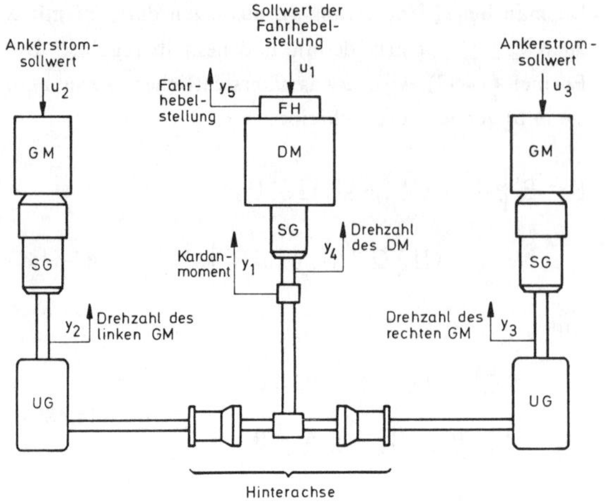

Bild 14/7. Hinterachsprüfstand für Lastkraftwagen

die beiden Ankerspannungen der Gleichstrommaschinen. Die sie erzeugenden Stelleinrichtungen werden im folgenden zur Strecke geschlagen. Es sind dies ein hydraulisches Fahrhebelverstellgerät (FH) mit dem elektrischen Eingangssignal u_1 sowie zwei Stromrichtersätze. Da die Gleichstrommotoren in üblicher Weise mit unterlagerter Ankerstromregelung betrieben werden, hat man als Eingangsgrößen der Ankerstromregelkreise die Ankerstromsollwerte u_2 und u_3. Insgesamt hat die Strecke also drei Steuergrößen: den Fahrhebelsollwert u_1 und die beiden Ankerstromsollwerte.

Zum Zustand $\underline{x}$ gehören verschiedene Drehmomente und Winkelgeschwindigkeiten der Anlage sowie die inneren Zustände der PI-Ankerstromregler und der Fahrhebelstellhydraulik. Fünf Meßgrößen stehen zur Verfügung: Außer den drei Regelgrößen noch die Winkelgeschwindigkeit des Dieselmotors (y_4) und die Fahrhebelstellung (y_5).

Das aus den physikalischen Gesetzen aufgestellte mathematische Modell wurde durch Meßschriebe an der Anlage überprüft und dadurch als sehr genau erwiesen. Es ist von 19. Ordnung. Bild 14/8 zeigt das Schema seiner Zustandsgleichungen. Darin bezeichnen die Kreuze die von Null verschiedenen Matrixelemente. Es zeigt sich das für viele reale Systeme charakteristische Bild dünn besetzter Matrizen, wobei die Dynamikmatrix $\underline{A}$ Bandstruktur aufweist. Die Hauptdiagonale und die unmittelbar benachbarten Paralleldiagonalen sind dicht besetzt, während sich sonst nur einzelne Ausreißer finden.

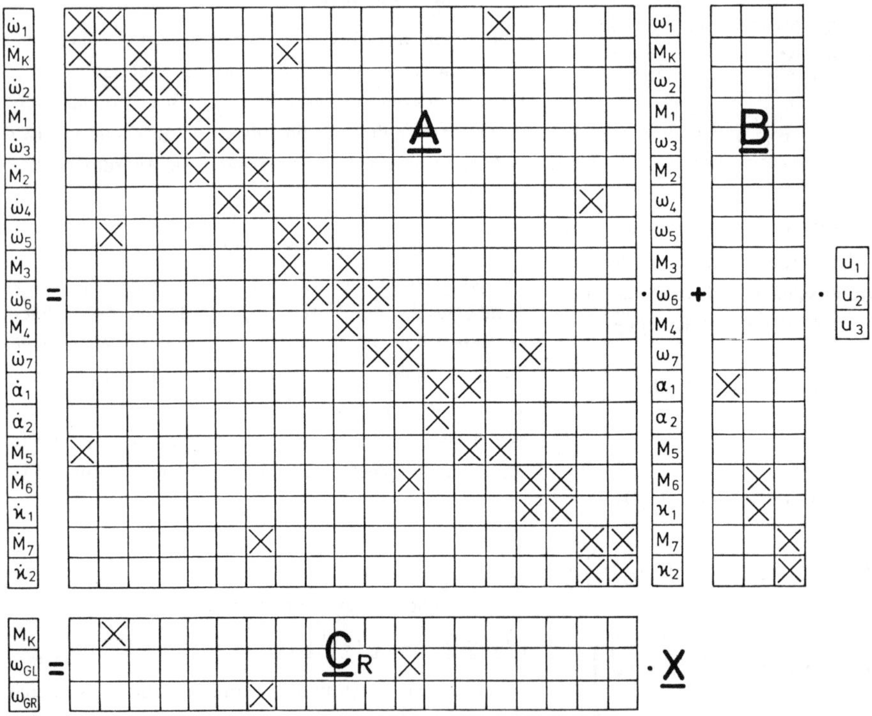

Bild 14/8. Schema der Zustandsgleichungen des Hinterachsprüfstands

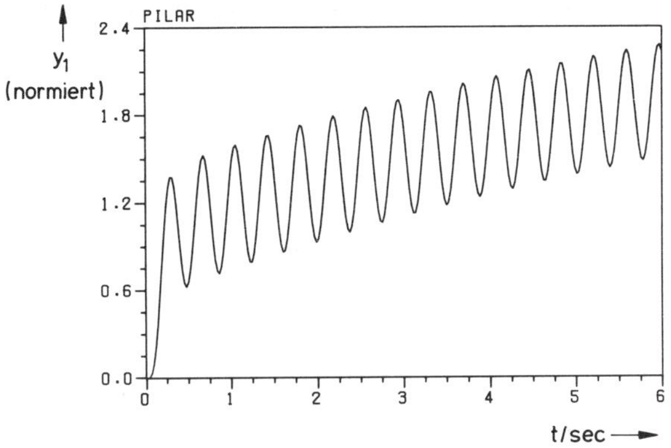

Bild 14/9. Dynamik des Hinterachsprüfstandes: Das Kardanmoment y_1 bei Sprungaufschaltung des Fahrhebelsollwerts u_1

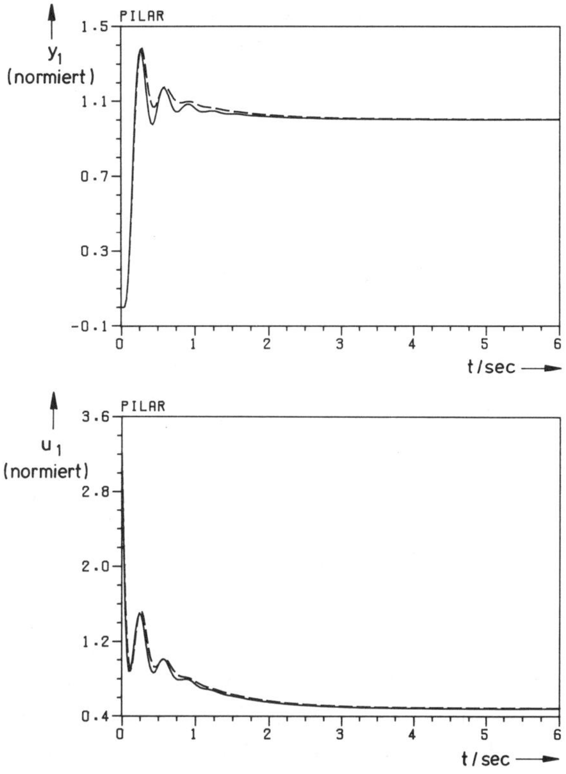

Bild 14/10. Der geregelte Hinterachsprüfstand: Kardanmoment y_1 und Fahrhebelsollwert u_1 bei gleichzeitiger Sprungaufschaltung der Führungsgrößen w_1, w_2 und w_3
—— Vollständige Zustandsrückführung
– – – Ausgangsrückführung

Bild 14/9 zeigt einen typischen Übergangsvorgang des ungeregelten Systems: den Verlauf des Kardanmoments y_1 bei Sprungaufschaltung des Sollwerts u_1 der Fahrhebelstellung. Man sieht eine nahezu ungedämpfte Schwingung - ein Befund, der durch Messung an der Anlage bestätigt wurde. Wie später (Kapitel 16) zu sehen ist, wird sie durch ein unmittelbar links der j-Achse gelegenes konjugiert komplexes Eigenwertpaar mit großem Imaginärteil erzeugt.

Zu dieser Strecke wird nun zunächst eine vollständige Zustandsrückführung entworfen. Die (3,19)-Matrix $\underline{R}$ wird dabei als Riccati-Regler berechnet, wobei die Gewichtungsmatrizen $\underline{Q}$ und $\underline{S}$ einfachheitshalber als Einheitsmatrizen vorgegeben sind. Hierzu wird die approximierende Ausgangsrückführung mit der (3,5)-Matrix $\underline{K}$ gemäß Formel (14.47) berechnet, und zwar mit der Gewichtungsmatrix $\underline{G}(t) = \underline{I}_p$.

Die Wirkungsweise des Reglers kann man an Hand von Bild 14/10 beurteilen. Es zeigt den Verlauf des Kardanmoments y_1 und des Sollwerts u_1 der Fahrhebelstellung, wenn die Regelung durch gleichzeitige Aufschaltung von

$$w_1 = w_2 = w_3 = \sigma(t)$$

angeregt wird. Wie man sieht, unterscheidet sich die Ausgangsrückführung kaum von der vollständigen Zustandsrückführung. Die fast ungedämpften Schwingungen der ungeregelten Strecke, wie sie das Bild 14/9 zeigt, werden rasch zum Abklingen gebracht, ohne daß übermäßige Stellausschläge erforderlich sind.

14.5 Entwurf von Ausgangsrückführungen mittels der Vollständigen Modalen Synthese

14.5.1 Grundgedanke

Man geht von einer vollständigen Zustandsrückführung aus, die gewünschtes dynamisches Verhalten besitzt und z.B. durch einen Riccati-Entwurf bereitgestellt wurde. Wie stets sei diese Rückführung durch

$$\underline{u} = -\underline{R}\,\underline{x} = -(\underline{r}_1 x_1 + \underline{r}_2 x_2 + \ldots + \underline{r}_n x_n)$$

gegeben, wobei $\underline{r}_j$ die Spaltenvektoren von $\underline{R}$ sind. Die Meßgrößen seien in den Zustandsvariablen enthalten.

Um von hier aus zu einer Ausgangsrückführung zu gelangen, bei der also nur die *meßbaren* Zustandsvariablen zurückgeführt werden, liegt der Gedanke nahe, diejenigen Spaltenvektoren $\underline{r}_j$ gleich $\underline{0}$ zu setzen, welche mit nicht meßbaren Zustandsvariablen multipliziert sind. Damit hätte man sich diese vom Hals geschafft. Eine so radikale Veränderung der Rückführmatrix $\underline{R}$ würde jedoch die Eigenwerte der Regelung durcheinanderwirbeln und völlig unübersichtliche dynamische Verhältnisse schaffen, möglicherweise zur Instabilität führen.

Es empfiehlt sich eine sanftere Vorgehensweise: *Man versucht zunächst, die mit nicht meßbaren Zustandsvariablen multiplizierten Spaltenvektoren $\underline{r}_j$ betragsmäßig klein zu machen, und zwar unter Beibehaltung der Eigenwerte λ_{Ri} der vollständigen Zustandsrückführung. Dann erst setzt man diese $\underline{r}_j = \underline{0}$ und darf nunmehr aus Stetigkeitsgründen erwarten, nur noch relativ kleine Verschiebungen der λ_{Ri} in Kauf nehmen zu müssen.* Um diesen Gedanken durchführen zu können, muß man allerdings über eine Reglerformel verfügen, welche es gestattet, bei festgehaltenen Eigenwerten gezielte Änderungen in der Regelung vorzunehmen. In Gestalt der Roppenecker-Formel (13.136) liegt ein solcher Ausdruck vor. Das nun zu beschreibende Verfahren wurde denn auch von *G.* ***Roppenecker*** entwickelt [14.8 - 14.11]. Es ist klar, daß der eben umrissene Grundgedanke nur auf Mehrgrößensysteme anwendbar ist, da nur dort nach Festlegung der Eigenwerte noch weitere Freiheitsgrade des Reglers vorhanden sind.

Um die Spaltenvektoren $\underline{r}_j$ der (p,n)-Matrix $\underline{R}$, die mit nicht meßbaren Zustandsvariablen multipliziert sind, betragsmäßig klein zu machen, bildet man das *Reglerstruktur-Gütemaß*

$$J_S = \frac{1}{2}\sum_j g_{Sj}\,|\underline{r}_j|^2 = \frac{1}{2}\sum_j g_{Sj}\sum_{i=1}^{p} r_{ij}^2 ,$$

wobei die Summe über die Spalten mit nicht meßbaren Zustandsvariablen erstreckt wird und die g_{Sj} Gewichtsfaktoren darstellen. Dafür kann man auch schreiben:

$$J_S = \frac{1}{2}\sum_{j=1}^{n} g_{Sj}\sum_{i=1}^{p} r_{ij}^2 = \frac{1}{2}\sum_{i=1}^{p}\sum_{j=1}^{n} g_{Sj}\, r_{ij}^2 \tag{14.49a}$$

mit

$$g_{Sj}\begin{cases} > 0 & \text{für die zu unterdrückenden Spalten } j ,\\ = 0 & \text{für die beizubehaltenden Spalten } j . \end{cases} \tag{14.49b}$$

Wird J_S minimiert, so werden die mit positiven Faktoren multiplizierten Spalten gegenüber den anderen, mit Null gewichteten Spalten betragsmäßig klein werden, weil ihre Faktoren gegenüber den Faktoren der anderen Spalten groß sind.[5]

Gemäß (14.49b) kann man auch schreiben:

$$J_S = \frac{1}{2}\sum_{j=1}^{n} g_{Sj}\,|\underline{r}_j|^2 = \frac{1}{2}\sum_{j=1}^{n} \underline{r}_j^T\cdot g_{Sj}\,\underline{r}_j .$$

Wegen $\underline{a}^T\underline{b} = \mathrm{sp}(\underline{a}\,\underline{b}^T)$ folgt daraus

$$J_S = \frac{1}{2}\sum_{j=1}^{n} \mathrm{sp}(\underline{r}_j\cdot g_{Sj}\,\underline{r}_j^T) = \frac{1}{2}\,\mathrm{sp}\left\{\sum_{j=1}^{n} \underline{r}_j\cdot g_{Sj}\,\underline{r}_j^T\right\} .$$

Hierin ist $g_{Sj}\,\underline{r}_j^T$ der j-te Zeilenvektor der Matrix $\underline{G}\,\underline{R}^T$. Somit ist

$$J_S = \frac{1}{2}\,\mathrm{sp}(\underline{R}\,\underline{G}\,\underline{R}^T) \tag{14.50}$$

mit $\underline{G} = \mathrm{diag}(g_{S1},\dots,g_{Sn})$, womit eine Matrixdarstellung des Reglerstrukturgütemaßes gewonnen ist.

Wesentlich für die Durchführung der Minimierung ist die Roppenecker-Formel (13.136). Sie ist von der allgemeinen Form

$$\underline{R} = \underline{R}(\lambda_{R1},\dots,\lambda_{Rn};\underline{p}_1,\dots,\underline{p}_n) , \tag{14.51}$$

wobei $\lambda_{R1},\dots,\lambda_{Rn}$ die gewünschten Eigenwerte der Regelung und $\underline{p}_1,\dots,\underline{p}_n$ die noch frei verfügbaren Parametervektoren darstellen. *Entscheidend* ist dabei die Tatsache, daß *Eigenwerte und Parametervektoren voneinander unabhängig* sind. Man kann deshalb die Parametervektoren variieren, ohne daß sich die Eigenwerte ändern.

Denkt man sich $\underline{R}$ nach (14.51) in (14.50) eingesetzt, so wird J_S bei vorgegebenen λ_{Ri} eine bekannte Funktion der Parametervektoren:

$$J_S = J_S(\underline{p}_1,\dots,\underline{p}_n) .$$

Die Parametervektoren sind nun so zu wählen, daß J_S zum Minimum gemacht wird. Eine formelmäßige Lösung dieser Aufgabe ist leider nicht möglich. Wohl aber gelingt es, Formelausdrücke für die Gradienten $\partial J_S/\partial \underline{p}_j$ anzugeben. Dadurch wird es nahegelegt, das Minimum von J_S und damit die es erzeugenden Parametervektoren $\underline{p}_1^*,\dots,\underline{p}_n^*$ mittels eines Gradientenverfahrens [14.12, 14.13, 14.14] zu berechnen.

[5] Es ist empfehlenswert, eine Vorabnormierung der Zustandsvariablen auf etwa gleiche Größenordnung vorzunehmen.

Setzt man $\underline{p}_1^*, \ldots, \underline{p}_n^*$ in die Roppenecker-Formel (13.136) für $\underline{R}$ ein, so darf man erwarten, daß die zu unterdrückenden Spalten von $\underline{R}$ betragsmäßig klein sind. Sie werden nunmehr gleich $\underline{0}$ gesetzt und dann weggelassen, wodurch man von $\underline{R}$ zur Ausgangsrückführmatrix $\underline{K}$ übergeht. Die Eigenwerte $\lambda_{R1}, \ldots, \lambda_{Rn}$ der Regelung, die bei dem Minimierungsprozeß unverändert geblieben sind, werden bei diesem Übergang verschoben. Da die Abänderung der Matrix $\underline{R}$ durch das Nullsetzen der bereits betragsmäßig klein gemachten Spalten aber nur geringfügig ist und die Nullstellen einer Gleichung stetig von deren Koeffizienten abhängen, darf man annehmen, daß die Verschiebung der Eigenwerte nicht allzu groß ist und sich deshalb nur unerheblich auf die Regelungsdynamik auswirken wird.

Nun ist noch die angekündigte Formel für die Gradienten $\partial J_S / \partial \underline{p}_j$ herzuleiten.

14.5.2 Gradientenformeln

Bei dieser Herleitung wollen wir etwas weiter ausholen, um die für die Erweiterung des Verfahrens erforderlichen zusätzlichen Gradientenformeln sogleich mit vorzubereiten.

Es sei J_x irgendein Gütemaß, das von der Reglermatrix $\underline{R}$ abhängt, wobei $\underline{R}$ durch die Roppeneckerformel gegeben ist. Dann kann man nach (14.51) schreiben:

$$J_x = J_x\left\{ \underline{R}(\lambda_{R1}, \ldots, \lambda_{Rn}; \underline{p}_1, \ldots, \underline{p}_n)\right\} \quad \text{oder}$$

$$J_x = J_x\left\{ r_{\mu\nu}(\lambda_{Rj}, p_{ij})\right\}, \quad \begin{array}{l} \mu = 1, \ldots, p \;,\; \nu = 1, \ldots, n \;, \\ i = 1, \ldots, p \;,\; j = 1, \ldots, n \;, \end{array} \tag{14.52}$$

wobei p_{ij} die i-te Komponente des Parametervektors $\underline{p}_j$ ist.

Bezeichnet v eine beliebige der Variablen λ_{Rj} und p_{ij}, so folgt aus (14.52)

$$\frac{\partial J_x}{\partial v} = \sum_{\mu=1}^{p} \sum_{\nu=1}^{n} \frac{\partial J_x}{\partial r_{\mu\nu}} \cdot \frac{\partial r_{\mu\nu}}{\partial v} \,,$$

wofür abkürzend auch

$$\frac{\partial J_x}{\partial v} = \sum_{\mu,\nu} \frac{\partial J_x}{\partial r_{\mu\nu}} \cdot \frac{\partial r_{\mu\nu}}{\partial v} \tag{14.53}$$

geschrieben werde. Da (siehe Kapitel 17)

$$\frac{\partial J_x}{\partial r_{\mu\nu}} = \underline{e}_\mu^T \frac{\partial J_x}{\partial \underline{R}} \underline{e}_\nu \,, \quad r_{\mu\nu} = \underline{e}_\mu^T \underline{R}\, \underline{e}_\nu \,,$$

folgt aus (14.53) nach Vertauschung der Faktoren

$$\frac{\partial J_x}{\partial v} = \sum_{\mu,\nu} \underline{e}_\mu^T \frac{\partial \underline{R}}{\partial v} \underline{e}_\nu \underline{e}_\mu^T \frac{\partial J_x}{\partial \underline{R}} \underline{e}_\nu \,. \tag{14.54}$$

Wir setzen nun $v = p_{ij}$ und berechnen zunächst $\partial \underline{R} / \partial p_{ij}$. Aus (14.54) ergibt sich dann $\partial J_x / \partial \underline{p}_j$ in Abhängigkeit von $\partial J_x / \partial \underline{R}$. Geht man nun speziell zu $J_x = J_S$ über und bestimmt dazu $\partial J_S / \partial \underline{R}$, so ist $\partial J_S / \partial \underline{p}_j$ bekannt.

Um $\partial \underline{R} / \partial p_{ij}$ zu berechnen, gehen wir von der Gleichung (13.134) aus, die sich auch in der Form

$$\underline{R}\, \underline{V}_R = \underline{P}$$

bzw.

$$\underline{R}\left[(\underline{A} - \lambda_{R1}\underline{I})^{-1} \underline{B}\, \underline{p}_1, \ldots, (\underline{A} - \lambda_{Rn}\underline{I})^{-1} \underline{B}\, \underline{p}_n \right] = \left[\underline{p}_1, \ldots, \underline{p}_n \right]$$

schreiben läßt. Differentiation nach p_{ij} , also nach der i-ten Komponente des Vektors $\underline{p}_j$, liefert

$$\frac{\partial \underline{R}}{\partial p_{ij}} \underline{V}_R + \underline{R}\left[\underline{0}, \ldots, (\underline{A} - \lambda_{Rj}\underline{I})^{-1} \underline{B}\, \underline{e}_i, \ldots, \underline{0} \right] = \underline{e}_i \underline{e}_j^T ,$$

wobei $\underline{e}_i$ wie stets einen Vektor bezeichnet, dessen Komponenten sämtlich 0 sind bis auf eine in der i-ten Zeile stehende 1. Er steht aber in der j-ten Spalte der obigen Matrix. Durch Rechtsmultiplikation mit

$$\underline{V}_R^{-1} = \begin{bmatrix} \underline{w}_{R1}^T \\ \vdots \\ \underline{w}_{Rn}^T \end{bmatrix} ,$$

wobei $\underline{w}_{Ri}$ die Linkseigenvektoren zu $\underline{A} - \underline{B}\, \underline{R}$ sind, folgt

$$\frac{\partial \underline{R}}{\partial p_{ij}} = -\underline{R}(\underline{A} - \lambda_{Rj}\underline{I})^{-1} \underline{B}\, \underline{e}_i \cdot \underline{w}_{Rj}^T + \underline{e}_i \underline{w}_{Rj}^T \,.$$

Also ist

$$\frac{\partial \underline{R}}{\partial p_{ij}} = \left[\underline{I}_p - \underline{R}(\underline{A} - \lambda_{Rj}\underline{I})^{-1} \underline{B} \right] \underline{e}_i \underline{w}_{Rj}^T \,. \tag{14.55}$$

Setzt man dies in (14.54) ein, so wird mit $v = p_{ij}$

$$\frac{\partial J_x}{\partial p_{ij}} = \sum_{\mu,\nu} \left\{ \underline{e}_\mu^T \left[\underline{I}_p - \underline{R}(\underline{A} - \lambda_{Rj}\underline{I}_n)^{-1} \underline{B} \right] \underline{e}_i \right\} \cdot$$

$$\cdot \left\{ \underline{w}_{Rj}^T \underline{e}_\nu \underline{e}_\mu^T \frac{\partial J_x}{\partial \underline{R}} \underline{e}_\nu \right\} .$$

Die in geschweifte Klammern gesetzten Ausdrücke sind Skalare und ändern deshalb bei Transposition ihren Wert nicht:

$$\frac{\partial J_x}{\partial p_{ij}} = \sum_{\mu,\nu} \underline{e}_i^T \left[\underline{I}_p - \underline{R}(\underline{A} - \lambda_{Rj} \underline{I}_n)^{-1} \underline{B} \right]^T \cdot$$

$$\cdot \left\{ \underline{e}_\mu \underline{e}_\nu^T \left[\frac{\partial J_x}{\partial \underline{R}} \right]^T \underline{e}_\mu \underline{e}_\nu^T \right\} \underline{w}_{Rj} .$$

Die außerhalb dieser geschweiften Klammer stehenden Ausdrücke hängen nicht von μ, ν ab:

$$\frac{\partial J_x}{\partial p_{ij}} = \underline{e}_i^T \left[\underline{I}_p - \underline{R}(\underline{A} - \lambda_{Rj} \underline{I}_n)^{-1} \underline{B} \right]^T \cdot$$

$$\cdot \sum_{\mu,\nu} \underline{e}_\mu \underline{e}_\nu^T \left[\frac{\partial J_x}{\partial \underline{R}} \right]^T \underline{e}_\mu \underline{e}_\nu^T \cdot \underline{w}_{Rj} .$$

Hierin ist die (μ, ν)-Summe gleich $\partial J_x / \partial \underline{R}$ und damit

$$\frac{\partial J_x}{\partial p_{ij}} = \underline{e}_i^T \underline{z}_j \quad \text{mit}$$

$$\underline{z}_j = \left[\underline{I}_p - \underline{R}(\underline{A} - \lambda_{Rj} \underline{I}_n)^{-1} \underline{B} \right]^T \frac{\partial J_x}{\partial \underline{R}} \underline{w}_{Rj} ,$$

einem von i unabhängigen p-dimensionalen Spaltenvektor. Somit ist

$$\frac{\partial J_x}{\partial \underline{p}_j} = \begin{bmatrix} \dfrac{\partial J_x}{\partial p_{1j}} \\ \vdots \\ \dfrac{\partial J_x}{\partial p_{pj}} \end{bmatrix} = \begin{bmatrix} \underline{e}_1^T \underline{z}_j \\ \vdots \\ \underline{e}_p^T \underline{z}_j \end{bmatrix} = \underline{I}_p \underline{z}_j = \underline{z}_j .$$

Man hat daher endgültig

$$\frac{\partial J_x}{\partial \underline{p}_j} = \left[\underline{I}_p - \underline{R}(\underline{A} - \lambda_{Rj} \underline{I}_n)^{-1} \underline{B} \right]^T \frac{\partial J_x}{\partial \underline{R}} \underline{w}_{Rj} , \quad j = 1, \ldots, n . \qquad (14.56)$$

Die Ableitung $\partial J_S / \partial \underline{R}$ ist erheblich leichter zu bestimmen. Aus (14.49a) erhält man

$$\frac{\partial J_S}{\partial r_{ij}} = g_{Sj} r_{ij} .$$

Deshalb ist

$$\frac{\partial J_S}{\partial \underline{R}} = \left[\frac{\partial J_S}{\partial r_{ij}} \right] = \begin{bmatrix} g_{S1} r_{11} & g_{S2} r_{12} & \cdots & g_{Sn} r_{1n} \\ \vdots & \vdots & & \vdots \\ g_{S1} r_{p1} & g_{S2} r_{p2} & \cdots & g_{Sn} r_{pn} \end{bmatrix} ,$$

also

$$\frac{\partial J_S}{\partial \underline{R}} = \underline{R}\, \underline{G}_S \quad \text{mit} \quad \underline{G}_S = \text{diag}(g_{S1}, \ldots, g_{Sn}) . \qquad (14.57)$$

Setzt man nun in (14.56) speziell $J_x = J_S$ ein und verwendet (14.57), so erhält man den gesuchten Gradienten des Reglerstruktur-Gütemaßes bezüglich der Parametervektoren:

$$\frac{\partial J_S}{\partial \underline{p}_j} = \left[\underline{I}_p - \underline{R}(\underline{A} - \lambda_{Rj} \underline{I}_n)^{-1} \underline{B} \right]^T \underline{R}\, \underline{G}_S \underline{w}_{Rj} , \quad j = 1, \ldots, n . \qquad (14.58)$$

14.5.3 Anwendungsbeispiel: Dampferzeuger

Als Teilsystem eines Kraftwerks hat der Dampferzeuger die Aufgabe, Wasserdampf von hohem Druck und hoher Temperatur zum Antrieb der Turbinen bereitzustellen. Aufgabe der hier zu entwerfenden Regelung ist es, Druck und Temperatur bzw. Druck und Dampfenthalpie gegen den Einfluß äußerer Störungen auf vorgegebenen, konstanten Betriebswerten zu halten.

Hierzu wurde um den Betriebspunkt linearisiert. Die im folgenden betrachteten Größen stellen also sämtlich Abweichungen von den gewünschten Betriebswerten dar. Das so erhaltene lineare zeitinvariante System ist von der Ordnung 9. Seine Zustandsdifferentialgleichung hat die Form

$$\dot{\underline{x}} = \underline{A}\,\underline{x} + \underline{B}\,\underline{u} + \underline{f}\, z$$ [6]

Steuergrößen sind dabei die Brennstoffzufuhr u_1 und die Speisewasserzufuhr u_2. Als nicht meßbare Störungen wirken auf das System vor allem Änderungen im Heizwert des Brennmaterials sowie Verschlackungserscheinungen des Kessels. Sie werden im mathematischen Modell durch die am Systemeingang angreifende Störgröße z berücksichtigt. Die Daten der Systemmatrizen $\underline{A}$, $\underline{B}$, $\underline{f}$ findet man in [14.10].

---

[6] Um Verwechslungen mit einem Einheitsvektor $\underline{e}$ zu vermeiden, wurde die Störeingangsmatrix mit $\underline{f}$ bezeichnet.

Regelgrößen sind der Dampfdruck $y_1 = x_8$ und die Dampfenthalpie $y_2 = x_9$. Dies sind auch die beiden Meßgrößen, wobei die Enthalpie über die Dampftemperatur erhalten wird. Um die Störung z auszuregeln, wird ein PI-Zustandsregler, also eine dynamische Rückführung, eingesetzt. Bild 14/11 zeigt die Struktur dieser

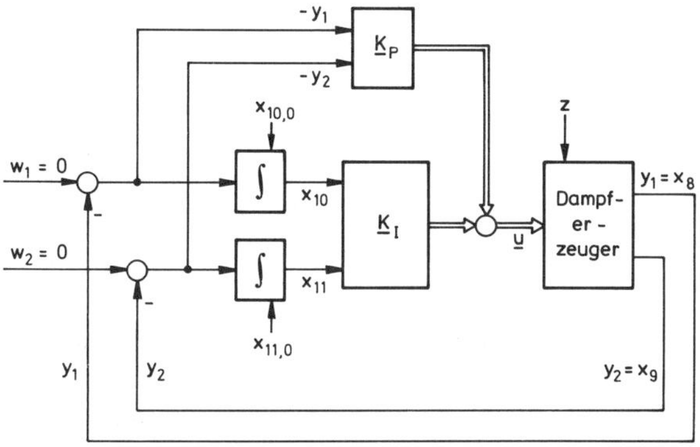

Bild 14/11. Dampferzeugerregelung

Regelung. Da die Abweichungen vom gewünschten Betriebszustand betrachtet und zu Null gemacht werden sollen, sind die Führungsgrößen w_1 und w_2 gleich Null.

Bezeichnet man die beiden Zustandsvariablen des Reglers mit x_{10} und x_{11}, so gilt

$$\dot{x}_{10} = -x_8 \ , \quad \dot{x}_{11} = -x_9 \tag{14.59}$$

oder mit $\underline{x}_D = \begin{bmatrix} x_{10} \\ x_{11} \end{bmatrix}$:

$$\dot{\underline{x}}_D = -\underline{y} \ . \tag{14.60}$$

Dies ist die Zustandsdifferentialgleichung des PI-Reglers. Weiterhin folgt aus Bild 14/11

$$u_1 = -k_{11}y_1 - k_{12}y_2 + k_{13}x_{10} + k_{14}x_{11} \ ,$$

$$u_2 = -k_{21}y_1 - k_{22}y_2 + k_{23}x_{10} + k_{24}x_{11}$$

oder

$$\underline{u} = -\underline{K}_P\,\underline{y} + \underline{K}_I\,\underline{x}_D \tag{14.61}$$

mit

$$\underline{K}_p = \begin{bmatrix} k_{11} & k_{12} \\ k_{21} & k_{22} \end{bmatrix} \ , \quad \underline{K}_I = \begin{bmatrix} k_{13} & k_{14} \\ k_{23} & k_{24} \end{bmatrix} \ .$$

Die Gleichungen (14.60) und (14.61) sind in der allgemeinen Darstellung (14.9), (14.10) des PI-Zustandsreglers enthalten, wenn man berücksichtigt, daß im vorliegenden Fall $\underline{y}_M = \underline{0}$, also $\underline{y} = \underline{y}_R$, sowie $\underline{w} = \underline{0}$ ist.

Für die Reglerberechnung schlägt man die beiden Integrierglieder zur Strecke, wodurch zu deren Zustandsdifferentialgleichungen noch die beiden Differentialgleichungen (14.59) hinzutreten. Die so erweiterte Strecke hat also die Ordnung 11. Der Regler wird als konstante Ausgangsrückführung angesetzt:

$$\underline{u} = -\begin{bmatrix} k_{11} & k_{12} & -k_{13} & -k_{14} \\ k_{21} & k_{22} & -k_{23} & -k_{24} \end{bmatrix} \cdot \begin{bmatrix} x_8 \\ x_9 \\ x_{10} \\ x_{11} \end{bmatrix} \ . \tag{14.62}$$

Das Ziel besteht darin, sprungförmige Störungen nach etwa 300 - 400 sec auszuregeln.

Zunächst wird ein Riccati-Regler $\underline{u} = -\underline{R}\,\underline{x}$ zur Strecke 11. Ordnung entworfen. Die Gewichtungsmatrizen des Gütemaßes seien

$$\underline{Q} = \mathrm{diag}(0, \ldots, 0, 1, 1, 100, 100) \ ,$$

$$\underline{S} = \mathrm{diag}(1, 1) \ .$$

Die ersten 7 Zustandsvariablen werden also mit 0 gewichtet, da ihr Verlauf ohne besonderes Interesse ist, während die beiden Regelgrößen mit 1 und ihre Integrale mit 100 bewertet werden, um sie im Zaume zu halten. Die resultierende Reglermatrix lautet:

$$\underline{R} = \left[\begin{matrix} 1{,}980 & 0{,}829 & -0{,}017 & 0{,}059 & 0{,}045 & 0{,}049 \\ -0{,}171 & 0{,}187 & -0{,}004 & 0{,}014 & 0{,}011 & 0{,}115 \end{matrix} \right.$$

$$\left. \begin{matrix} -0{,}102 & 1{,}790 & 0{,}276 & 9{,}731 & 2{,}303 \\ -0{,}024 & 0{,}417 & -1{,}138 & 2{,}303 & -9{,}731 \end{matrix} \right] .$$

Die Eigenwerte der so entworfenen vollständigen Zustandsrückführung findet man in der linken Hälfte von Bild 14/12.

Sie sollen bei der Ausgangsrückführung möglichst erhalten bleiben oder doch nicht allzusehr verändert werden. Aus $\underline{R}$ und den Eigenwerten λ_{Ri} der Regelung berechnet man die Eigenvektoren $\underline{v}_{Ri}$ und die Linkseigenvektoren $\underline{w}_{Ri}$ der Regelung, aus den $\underline{v}_{Ri}$ und $\underline{R}$ schließlich nach (13.131) die Parametervektoren $\underline{p}_i$. Sie werden als Startwerte bei der nun folgenden Minimierung des Reglerstruktur-Gütemaßes J_S benutzt.

Hierzu hat man zunächst die Gewichtsmatrix $\underline{G}_S = \mathrm{diag}(g_{S1}, \ldots, g_{Sn})$ zu wählen. Entsprechend dem Vorschlag (14.49b) nimmt man

$$g_{Sj} = \begin{cases} 1 & \text{für} \quad j = 1, \ldots, 7 \ , \\ 0 & \text{für} \quad j = 8, \ldots, 11 \ , \end{cases}$$

da ja die ersten sieben Spalten von $\underline{R}$ unterdrückt werden müssen, weil die zugehörigen Zustandsvariablen nicht meßbar sind. Gemäß (14.50) und (14.58) sind dann die Werte von J_S und $\partial J_S / \partial \underline{p}_i$ bekannt. Mittels des gewählten Gradientenverfahrens geht man nun weiter zu neuen Werten $\underline{p}_i$, berechnet aus ihnen und den unverändert gebliebenen λ_{Ri} gemäß (13.133) die neuen Eigenvektoren $\underline{v}_{Ri}$, hieraus gemäß (13.135) den neuen Wert $\underline{R}$ und die neuen Linkseigenvektoren. Nun bestimmt man schließlich gemäß (14.50) und (14.58) die nächsten Werte von J_S und $\partial J_S / \partial \underline{p}_i$. Usw.

Im vorliegenden Fall wurde ein Quasi-Newton-Verfahren benutzt (Verfahren von *Broyden-Fletcher-Shanno* [14.12, 14.13, 14.14]). Nach 200 Iterationen war der Wert des Gütemaßes J_S von 2,346 auf $4{,}24 \cdot 10^{-3}$ gefallen. Die Elemente der zu unterdrückenden Spalten waren dabei betragsmäßig unter $5 \cdot 10^{-2}$ gedrückt und damit um zwei Größenordnungen kleiner als die verbliebenen Elemente, die nunmehr die Matrix $\underline{K}$ aus (14.62) bilden:

$$\underline{K} = \begin{bmatrix} 2{,}846 & 2{,}270 & 53{,}724 & 49{,}844 \\ -2{,}219 & -2{,}310 & -5{,}976 & -7{,}405 \end{bmatrix} .$$

Die rechte Hälfte von Bild 14/12 zeigt die Eigenwerte der mit $\underline{K}$ gebildeten Ausgangsrückführung. Wie man sieht, sind sie gegenüber den Eigenwerten der vollständigen Zustandsrückführung doch beträchtlich verschoben. Allerdings ist dabei zu bedenken, daß es eine sehr harte Forderung ist, mittels der 8 freien Parameter $k_{\mu\nu}$ 11 Eigenwerte festzulegen. Dies kann bei anderen Aufgaben günstiger sein. Doch wird hierdurch der Gedanke nahegelegt, daß es sinnvoller sein dürfte, statt *fester* Positionen nur *Bereiche* für die Eigenwerte vorzuschreiben – worauf wir bei der Erweiterung der Methode zurückkommen.

	$\underline{R}$ - Regelung		$\underline{K}$ - Regelung	
Nr.	Re λ_{Ri}	Im λ_{Ri}	Re λ_{Ki}	Im λ_{Ki}
1	-4,07	0	-4,09	0
2/3	-6,57	±3,80	-4,47	±4,50
4/5	-7,93	±1,05	-4,32	±2,28
6/7	-9,31	±9,84	-5,93	±17,27
8	-10,44	0	-9,58	0
9/10	-19,38	±8,50	-31,73	±14,81
11	-23,94	0	-20,02	0

Bild 14/12. Eigenwerte der vollständigen Zustandsrückführung (mit $\underline{R}$) und der Ausgangsrückführung (mit $\underline{K}$) des Dampferzeugers

In den Zeitvorgängen prägt sich diese Veränderung der Eigenwerte durch Nullsetzen der ersten 7 $\underline{R}$-Spalten jedoch nicht sonderlich aus. Das zeigt Bild 14/13, wel-

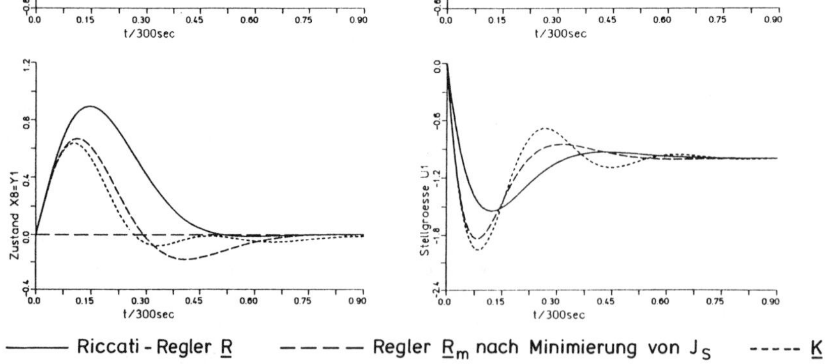

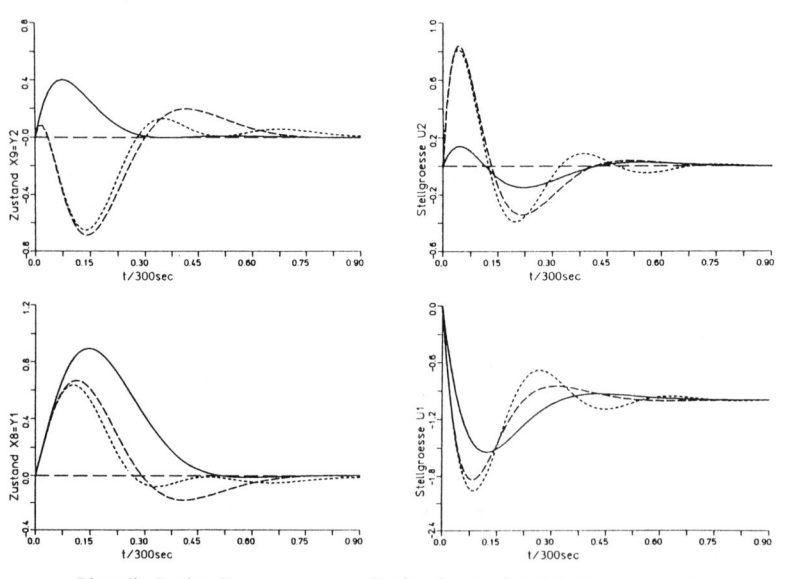

Bild 14/13. Verhalten der Dampferzeugerregelung bei sprungförmiger Störung $z = \sigma(t)$

ches die Verläufe der Regel- und Stellgrößen bei sprungförmiger Aufschaltung der Störgröße z darstellt. Mit $\underline{R}_m$ ist dabei der Regler der vollständigen Zustandsrückführung bezeichnet, der sich durch Minimierung von J_S aus $\underline{R}$ ergibt. Wie man sieht, weichen die $\underline{K}$-Verläufe nicht allzusehr von den $\underline{R}_m$-Verläufen ab. Nur für größere t neigen sie zu Oszillationen, was seine Ursache wohl in der durch die Nullung mitverursachten schwächeren Dämpfung der konjugiert komplexen Eigenwertpaare hat. Die anfangs gestellte Forderung an die Übergangszeit wird durch die Ausgangsrückführung bequem erfüllt, ohne daß die Stellbeträge zu stark anwachsen.

14.5.4 Erste Erweiterung des Verfahrens: Vorgabe von Eigenwertbereichen statt fester Eigenwertpositionen

Das Beispiel des vorigen Unterabschnitts legt es nahe, die Eigenwerte lieber nicht in feste Lagen zu zwingen, sondern ihnen lediglich gewisse Bereiche der komplexen Ebene vorzuschreiben [14.15]. Dieses Ziel wird man auch mit nur relativ wenigen freien Entwurfsparametern erreichen können, wogegen die Vorgabe *fester* Eigenwertpositionen dann zu viel verlangt sein kann. Überdies wird so die Gefahr verringert, die Strecke zu einem ihrer Natur stark widersprechenden Verhalten zu zwingen, was sich durch hohe Stellbeträge, starke Anfangspendelungen und dergleichen rächen wird.

Die Eigenwertbereiche haben die im Bild 14/14 dargestellte Gestalt. Soll ein Eigenwert λ_{Ri} reell sein, so wird für ihn ein Intervall der negativen reellen Achse vorgeschrieben:

$$-r_{2k} \leq \lambda_{Rk} \leq -r_{1k}\,.$$ [7]

Wegen $\lambda_{Rk} = -|\lambda_{Rk}|$ kann man dafür auch schreiben:

$$r_{1k} \leq |\lambda_{Rk}| \leq r_{2k} \quad \text{mit} \quad 0 < r_{1k} < r_{2k}\,. \tag{14.63}$$

Das Abklingverhalten der zugehörigen e-Funktion liegt dann zwischen gegebenen Grenzen.

Ein konjugiert komplexes Eigenwertpaar λ_{Ri}, $\lambda_{Rj} = \bar{\lambda}_{Ri}$ soll in einem symmetrischen Paar von Kreisringsektoren liegen, wodurch Dämpfung und Abklingzeit der zugehörigen Schwingung innerhalb vorgegebener Schranken liegen. Aus dem Bild 14/14 liest man ab:

$$\begin{aligned} &r_{1i} \leq |\lambda_{Ri}| \leq r_{2i} \quad \text{mit} \quad 0 < r_{1i} < r_{2i}\,, \\ &\pi - \varphi_{2i} \leq |\angle \lambda_{Ri}| \leq \pi - \varphi_{1i}\,, \quad 0 \leq \varphi_{1i} < \varphi_{2i} < \frac{\pi}{2}\,, \end{aligned} \tag{14.64}$$

und entsprechend für λ_{Rj}.

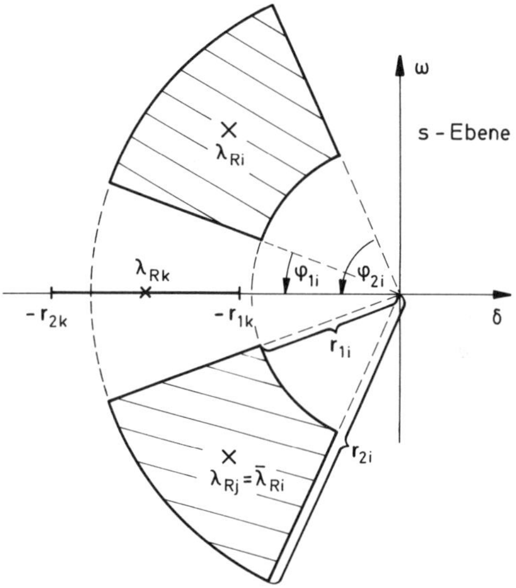

Bild 14/14. Eigenwertbereiche

Man hat damit die n Eigenwerte λ_{Ri} durch die n Parameter $|\lambda_{Ri}|$, $\angle \lambda_{Ri}$ ersetzt. Bezeichnet man einen derartigen Parameter allgemein mit α_i, so genügt er einer Ungleichung von der Form

$$a_i \leq \alpha_i \leq b_i \quad \text{mit} \quad 0 \leq a_i < b_i\,. \tag{14.65}$$

Innerhalb dieses Bereiches ist er eine frei vorgegebene Variable.

Die Parameter α_i treten nun als zusätzliche Entwurfsfreiheitsgrade zu den Parametervektoren $\underline{p}_j$ hinzu. Im Gegensatz zu diesen, die völlig frei gewählt werden können, sind sie jedoch beschränkt. Von dieser Beschränkung kann man sich indessen durch eine einfache Transformation befreien:

$$\hat{\alpha}_i = \frac{1}{2} \ln \frac{\alpha_i - a_i}{b_i - \alpha_i}\,, \quad i = 1, \ldots, n\,. \tag{14.66}$$

[7] Ob man hier und im folgenden offene oder abgeschlossene Intervalle nimmt, ist für die Anwendung ohne Belang. Geschlossene Intervalle haben den Vorzug, die Vorgabe *fester* Eigenwerte als Spezialfall zu enthalten. Bei der folgenden Transformation entsprechen dann allerdings den Intervallenden keine Werte mehr, was aber ohne Bedeutung ist.

Für $\alpha_i \to a_i+0$ strebt $\hat{\alpha}_i \to -\infty$, für $\alpha_i \to b_i-0$ geht $\hat{\alpha}_i \to +\infty$. Die Variablen $\hat{\alpha}_i$ sind also unbeschränkt. Die inverse Transformation ist durch

$$\alpha_i = a_i + (b_i - a_i)\frac{e^{\hat{\alpha}_i}}{e^{\hat{\alpha}_i}+e^{-\hat{\alpha}_i}} , \quad i = 1,\ldots,n , \tag{14.67}$$

gegeben.

Wir wollen nunmehr die $\hat{\alpha}_i$ *mit* $\hat{\lambda}_{Ri}$ *bezeichnen und "transformierte Eigenwerte" nennen.* Die ursprünglichen Eigenwerte hängen in einfacher Weise von den α_i ab, insofern entweder $\lambda_{Rk} = -\alpha_k$ oder $\lambda_{Ri} = \alpha_i e^{\pm j\alpha_j}$ ist. Die α_i wiederum sind durch die inverse Transformation (14.67) mit den $\hat{\alpha}_i = \hat{\lambda}_{Ri}$ verknüpft. Auf diese Weise sind die Eigenwerte λ_{Ri} einfache Funktionen der transformierten Eigenwerte $\hat{\lambda}_{Ri}$:

$$\lambda_{Ri} = \lambda_{Ri}(\hat{\lambda}_{R1},\ldots,\hat{\lambda}_{Rn}) , \quad i = 1,\ldots,n . \tag{14.68}$$

Setzt man sie in die Roppenecker-Formel (13.136) ein, so ist diese von der Form

$$\underline{R} = \underline{R}(\hat{\lambda}_{R1},\ldots,\hat{\lambda}_{Rn};\underline{p}_1,\ldots,\underline{p}_n) .$$

In ihr sind sämtliche Variablen wieder unbeschränkt.

Mit $\underline{R}$ hängt jetzt auch das Reglerstruktur-Gütemaß J_S außer von den Parametervektoren von den transformierten Eigenwerten ab. Man muß deshalb neben den Gradienten $\partial J_S/\partial \underline{p}_i$ nunmehr auch die Gradienten $\partial J_S/\partial \hat{\lambda}_{Ri}$ kennen. Wegen

$$\frac{\partial J_S}{\partial \hat{\lambda}_{R\nu}} = \sum_{i=1}^{n} \frac{\partial J_S}{\partial \lambda_{Ri}} \cdot \frac{\partial \lambda_{Ri}}{\partial \hat{\lambda}_{R\nu}}$$

läuft dies auf die Ermittlung von $\partial J_S/\partial \lambda_{Ri}$ hinaus, da man $\partial \lambda_{Ri}/\partial \hat{\lambda}_{R\nu}$ ohne Schwierigkeit aus den einfachen Funktionen (14.68) berechnen kann.

Nach (14.54) ist mit $v = \lambda_{Ri}$

$$\frac{\partial J_x}{\partial \lambda_{Ri}} = \sum_{\mu,\nu} \underline{e}_\mu^T \frac{\partial \underline{R}}{\partial \lambda_{Ri}} \underline{e}_\nu \underline{e}_\mu^T \frac{\partial J_x}{\partial \underline{R}} \underline{e}_\nu . \tag{14.69}$$

Man hat also zunächst $\partial \underline{R}/\partial \lambda_{Ri}$ zu bestimmen. Schreibt man (13.134) kurz

$$\underline{P} = \underline{R}\,\underline{V}_R ,$$

so folgt daraus, da $\underline{P}$ nicht von λ_{Ri} abhängt:

$$\underline{0} = \frac{\partial \underline{R}}{\partial \lambda_{Ri}} \underline{V}_R + \underline{R} \frac{\partial \underline{V}_R}{\partial \lambda_{Ri}} ,$$

also

$$\frac{\partial \underline{R}}{\partial \lambda_{Ri}} = -\underline{R} \frac{\partial \underline{V}_R}{\partial \lambda_{Ri}} \underline{V}_R^{-1} . \tag{14.70}$$

Nach (13.133) ist

$$\underline{V}_R = \left[\underline{v}_{R1},\ldots,\underline{v}_{Rn}\right] = \left[\ldots,(\underline{A}-\lambda_{Ri}\underline{I})^{-1}\underline{B}\,\underline{p}_i,\ldots\right]$$

und daher

$$\frac{\partial \underline{V}_R}{\partial \lambda_{Ri}} = \left[\underline{0},\ldots,\underline{0},(-1)(\underline{A}-\lambda_{Ri}\underline{I})^{-2}(-\underline{I})\underline{B}\,\underline{p}_i,\underline{0},\ldots,\underline{0}\right] = \left[\underline{0},\ldots,\underline{0},(\underline{A}-\lambda_{Ri}\underline{I})^{-1}\underline{v}_{Ri},\underline{0},\ldots,\underline{0}\right] .$$

Wegen

$$\underline{V}_R^{-1} = \begin{bmatrix} \underline{w}_{R1}^T \\ \vdots \\ \underline{w}_{Rn}^T \end{bmatrix}$$

folgt damit aus (14.70):

$$\frac{\partial \underline{R}}{\partial \lambda_{Ri}} = -\underline{R}\cdot(\underline{A}-\lambda_{Ri}\underline{I})^{-1}\underline{v}_{Ri}\cdot\underline{w}_{Ri}^T .$$

Dies wird nun in (14.69) eingesetzt:

$$\frac{\partial J_x}{\partial \lambda_{Ri}} = \sum_{\mu,\nu} \left\{ \underline{e}_\mu^T(-\underline{R})(\underline{A}-\lambda_{Ri}\underline{I})^{-1}\underline{v}_{Ri} \right\} \cdot \left\{ \underline{w}_{Ri}^T \underline{e}_\nu \underline{e}_\mu^T \frac{\partial J_x}{\partial \underline{R}} \underline{e}_\nu \right\} .$$

Die beiden Klammerausdrücke sind Skalare und ändern deshalb bei Transposition ihren Wert nicht:

$$\frac{\partial J_x}{\partial \lambda_{Ri}} = \sum_{\mu,\nu} \left[-\underline{R}(\underline{A}-\lambda_{Ri}\underline{I})^{-1}\underline{v}_{Ri}\right]^T \underline{e}_\mu \cdot \underline{e}_\nu^T \left[\frac{\partial J_x}{\partial \underline{R}}\right]^T \cdot \underline{e}_\mu \underline{e}_\nu^T \underline{w}_{Ri} .$$

Der durch die eckige Klammer gekennzeichnete Ausdruck hängt ebensowenig wie $\underline{w}_{Ri}$ von μ und ν ab:

$$\frac{\partial J_x}{\partial \lambda_{Ri}} = \left[-\underline{R}(\underline{A}-\lambda_{Ri}\underline{I})^{-1}\underline{v}_{Ri}\right]^T \cdot \sum_{\mu,\nu} \underline{e}_\mu \underline{e}_\nu^T \left[\frac{\partial J_x}{\partial \underline{R}}\right]^T \underline{e}_\mu \underline{e}_\nu^T \cdot \underline{w}_{Ri} .$$

Die (μ, ν)-Summe ist aber gleich $\partial J_x / \partial \underline{R}$ (Kapitel 17). Damit hat man

$$\frac{\partial J_x}{\partial \lambda_{Ri}} = \left[- \underline{R}(\underline{A} - \lambda_{Ri} \underline{I})^{-1} \underline{v}_{Ri} \right]^T \frac{\partial J_x}{\partial \underline{R}} \underline{w}_{Ri} . \quad (14.71)$$

Hierin ist J_x noch nicht festgelegt, so daß wir diese Formel für verschiedene Gütemaße benutzen können. An dieser Stelle interessiert uns nur J_S. Setzt man deshalb (14.57) in die letzte Formel ein, so erhält man den gesuchten Gradienten:

$$\frac{\partial J_S}{\partial \lambda_{Ri}} = \left[- \underline{R}(\underline{A} - \lambda_{Ri} \underline{I})^{-1} \underline{v}_{Ri} \right]^T \underline{R}\, \underline{G}_S \underline{w}_{Ri} ,$$

$$i = 1, \ldots, n . \quad (14.72)$$

Nunmehr ist man in der Lage, mittels eines Gradientenverfahrens das Minimum des Reglerstrukturgütemaßes J_S in Abhängigkeit von den transformierten Eigenwerten $\hat{\lambda}_{R1}, \ldots, \hat{\lambda}_{Rn}$ und den Parametervektoren $\underline{p}_1, \ldots, \underline{p}_n$ zu berechnen und auf diese Weise von der zunächst vorliegenden vollständigen Zustandsrückführung zur gewünschten Ausgangsrückführung überzugehen. Dabei ist gesichert, daß die Eigenwerte $\lambda_{R1}, \ldots, \lambda_{Rn}$ der Regelung in den vorgegebenen Bereichen bleiben.

14.5.5 Zweite Erweiterung des Verfahrens: Hinzunahme zusätzlicher Gütemaße

Um über die Vorgabe der Eigenwertbereiche hinaus das Verhalten der Zeitvorgänge zu verbessern, führt man neben dem Reglerstruktur-Gütemaß J_S ein modifiziertes Riccati-Gütemaß ein [14.16]. Die Modifikation wird dadurch nahegelegt, daß das Riccati-Gütemaß zunächst nur für Anfangsstörungen gedacht ist, in den Anwendungen jedoch die Reaktion eines Systems auf Dauerstörungen und Führungsgrößen im allgemeinen wichtiger ist.

Wir betrachten eine Regelung mit vollständiger Zustandsrückführung:

$$\dot{\underline{x}} = \underline{A}\,\underline{x} + \underline{B}\,\underline{u} + \underline{E}\,\underline{z} ,$$

$$\underline{u} = - \underline{R}\,\underline{x} + \underline{r}$$

oder

$$\dot{\underline{x}} = (\underline{A} - \underline{B}\,\underline{R})\,\underline{x} + \underline{B}\,\underline{r} + \underline{E}\,\underline{z} .$$

$\underline{r}$ und $\underline{z}$ werden sprungförmig aufgeschaltet:

$$\underline{r} = \underline{r}_\infty \sigma(t) , \quad \underline{z} = \underline{z}_\infty \sigma(t)$$

mit konstanten Vektoren $\underline{r}_\infty$ und $\underline{z}_\infty$. Dann gilt für den stationären Zustand

$$\underline{0} = (\underline{A} - \underline{B}\,\underline{R})\,\underline{x}_\infty + \underline{B}\,\underline{r}_\infty + \underline{E}\,\underline{z}_\infty ,$$

also

$$\underline{x}_\infty = -(\underline{A} - \underline{B}\,\underline{R})^{-1} \underline{B}\,\underline{r}_\infty - (\underline{A} - \underline{B}\,\underline{R})^{-1} \underline{E}\,\underline{z}_\infty , \quad (14.73)$$

$$\underline{u}_\infty = - \underline{R}\,\underline{x}_\infty + \underline{r}_\infty . \quad (14.74)$$

Dann definieren wir als Gütemaß:

$$J_Q = \frac{1}{2} \int_0^\infty \left\{ \left[\underline{x}(t) - \underline{x}_\infty \right]^T \underline{Q} \left[\underline{x}(t) - \underline{x}_\infty \right] + \left[\underline{u}(t) - \underline{u}_\infty \right]^T \underline{S} \left[\underline{u}(t) - \underline{u}_\infty \right] \right\} dt \quad (14.75)$$

mit konstanten, symmetrischen und positiv definiten Matrizen $\underline{Q}$ und $\underline{S}$, die man praktisch als Diagonalmatrizen wählen wird. Das Gütemaß verfolgt also den Zweck, die Abweichungen von den stationären Werten im Mittel klein zu halten und dadurch die Übergangsvorgänge günstiger zu gestalten.

In ganz entsprechender Weise wie im Unterabschnitt 13.4.3 zur Berechnung des Riccati-Reglers kann man nun die folgenden Beziehungen herleiten:

$$J_Q = \frac{1}{2} (\underline{x}_0 - \underline{x}_\infty)^T \underline{F} (\underline{x}_0 - \underline{x}_\infty) \quad (14.76)$$

mit $\underline{F}$ aus

$$(\underline{A} - \underline{B}\,\underline{R})^T \underline{F} + \underline{F}(\underline{A} - \underline{B}\,\underline{R}) = -(\underline{Q} + \underline{R}^T \underline{S}\,\underline{R}) ; \quad (14.77)$$

$$\frac{\partial J_Q}{\partial \underline{R}} = (\underline{S}\,\underline{R} - \underline{B}^T \underline{F})\,\underline{G} - \left[(\underline{A} - \underline{B}\,\underline{R})^{-1} \underline{B} \right]^T \cdot$$

$$\cdot\, \underline{F}(\underline{x}_0 - \underline{x}_\infty)\, \underline{x}_\infty^T \quad (14.78)$$

mit $\underline{G}$ aus

$$(\underline{A} - \underline{B}\,\underline{R})\underline{G} + \underline{G}(\underline{A} - \underline{B}\,\underline{R})^T = -(\underline{x}_0 - \underline{x}_\infty)(\underline{x}_0 - \underline{x}_\infty)^T . \quad (14.79)$$

Diese Gleichungen gehen für $\underline{x}_\infty = \underline{0}$ der Reihe nach in die Gleichungen (13.77a), (13.77c), (13.77b) und (13.77d) über, wobei dann $\underline{F} = \underline{P}$ und $\underline{G} = \underline{W}$ wird.

Im vorliegenden Fall wird man $\underline{x}_0 = \underline{0}$ setzen, da die Einwirkung der Anfangsbedingung ohne Interesse ist. Für $\underline{x}_\infty$ und $\underline{u}_\infty$ sind die Ausdrücke (14.73) und (14.74) zu nehmen, in denen $\underline{r}_\infty$ und $\underline{z}_\infty$ gegebene konstante Vektoren sind. Setzt man (14.78) in (14.56) und (14.71) ein, so liegen die Gradienten $\partial J_Q / \partial \underline{p}_i$ und $\partial J_Q / \partial \lambda_{Ri}$ vor.

Die Beziehungen (14.56) und (14.71) bilden dabei zusammen mit den Gleichungen (14.76) bis (14.79) einen Formelsatz, mit dem man das Minimum des Gütemaßes $J_Q(\underline{R})$ unter Benutzung eines Gradientenverfahrens aufsuchen kann.

Manchmal kann es nützlich sein, noch ein drittes Gütemaß hinzuzunehmen, das die beizubehaltenden Spaltenvektoren von $\underline{R}$ betragsmäßig einschränkt und dadurch wegen $\underline{u} = -\underline{R}\,\underline{x}$ einer Überhöhung der Stellbeträge tendenziell entgegenwirkt sowie vor allem der Vergrößerung des Meßrauschens entgegentritt:

$$J_N = \frac{1}{2}\sum_{j=1}^{n} g_{Nj} \sum_{i=1}^{p} r_{ij}^2 = \frac{1}{2}\sum_{i=1}^{p}\sum_{j=1}^{n} g_{Nj}\, r_{ij}^2 \tag{14.80a}$$

mit

$$g_{Nj} \begin{cases} = 0 & \text{für die zu unterdrückenden Spalten ,} \\ > 0 & \text{für die beizubehaltenden Spalten .} \end{cases} \tag{14.80b}$$

Ganz entsprechend zu (14.57) gilt dann die Darstellung

$$\frac{\partial J_N}{\partial \underline{R}} = \underline{R}\,\underline{G}_N \quad \text{mit} \quad \underline{G}_N = \operatorname{diag}(g_{N1},\ldots,g_{Nn}) \; . \tag{14.81}$$

Insgesamt besteht unsere *Aufgabe* nunmehr darin, *gleichzeitig mehrere Gütemaße zum Minimum zu machen*, wobei diese sämtlich von den gleichen Variablen abhängen, nämlich von den transformierten Eigenwerten $\hat{\lambda}_{Ri}$ und den Parametervektoren $\underline{p}_i$, $i = 1,\ldots,n$. Es liegt also ein Problem der *Mehrzieloptimierung* vor. Die herkömmliche Behandlungsweise besteht darin, durch Linearkombination der verschiedenen Gütemaße ein einziges Gütemaß zu bilden und dadurch wieder auf ein gewöhnliches Extremalproblem zu kommen. Sachgerechter ist jedoch das Verfahren der *Gütevektoroptimierung* von *G. **Kreisselmeier*** und *R. **Steinhauser*** ([14.17], auch Kapitel 17). Sie erlaubt es nämlich, ein einzelnes Gütemaß, z.B. J_S, gezielt zu verringern und dabei die Werte der restlichen Gütemaße J_Q und J_N unter vorgegebenen Schranken zu halten.

Betrachten wir nun als *Beispiel* zu dem erweiterten Verfahren wiederum die *Dampferzeugerregelung* nach Bild 14/11. Der gewünschte Eigenwertbereich ist im Bild 14/15 dargestellt. Sämtliche Eigenwerte sollen in dem dort wiedergegebenen Kreisringsektor liegen. Es ist dabei ohne Belang, ob die Eigenwerte reell oder nichtreell sind. Bei der Wahl dieses Sektors hat man sich an den Eigenwerten orientiert, wie sie die vollständige Zustandsrückführung mit Riccati-Regler geliefert hat (Bild 14/12, linke Hälfte).

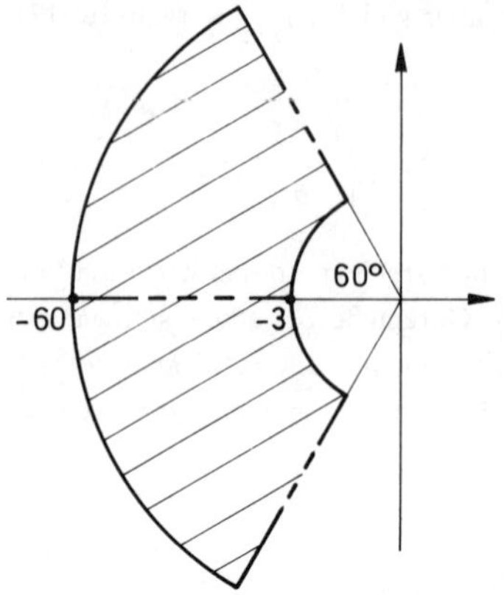

Bild 14/15. Vorgegebener Eigenwertbereich der Dampferzeugerregelung

Als Gütemaße werden J_S, J_Q und J_N angesetzt. Im Gütemaß J_Q werden $\underline{Q}$ und $\underline{S}$ wie beim Riccati-Regler der vollständigen Zustandsrückführung gewählt, es wird $\underline{x}_0 = \underline{0}$ angenommen und die Störgröße $z = \sigma(t)$ berücksichtigt. Das Reglerbetrags-Gütemaß J_N wurde eingeführt, weil sich bei der Optimierung zeigte, daß ein Teil der Reglerelemente zu hohen Beträgen tendierte.

Als Startregler wurde *der* Regler $\underline{R}$ genommen, welcher sich bei dem ursprünglichen Verfahren (Vorgabe fester Eigenwerte und einziges Gütemaß J_S) nach der Minimierung von J_S ergeben hatte. Dann wurden mittels der Gütevektoroptimierung zunächst J_S und J_N festgehalten und J_Q verkleinert. Sodann wurden J_Q und J_N festgehalten, während J_S vermindert wurde. In einer letzten Aktion wurde schließlich J_N verringert, da dieses Gütemaß zuvor an seine recht hoch angesetzte Schranke gestoßen war. Insgesamt ergaben sich folgende Änderungen:

J_S von $4{,}24\cdot 10^3$ auf $0{,}057$,

J_Q von $0{,}203$ auf $0{,}057$,

J_N von 2742 auf 1139 .

In der resultierenden Reglermatrix $\underline{R}_m$ sind die Elemente der ersten 7 Spalten betragsmäßig $< 5\cdot 10^{-3}$, mit Ausnahme eines Elements vom Betrag $15\cdot 10^{-3}$. Die verbleibenden 4 Spalten von $\underline{R}_m$ bilden die Ausgangsrückführung:

$$\underline{K} = \begin{bmatrix} 2{,}835 & 6{,}652 & 15{,}292 & 44{,}181 \\ -0{,}030 & -1{,}942 & 1{,}004 & -5{,}893 \end{bmatrix} .$$

Nr.	Re λ_{Ki}	Im λ_{Ki}	
1	- 4,18	0	
2/3	- 4,37	± 1,38	
4	- 6,34	0	
5/6	- 6,78	± 5,74	
7/8	- 7,22	± 12,24	*
9/10	- 21,81	± 34,01	*
11	- 28,68	0	

Bild 14/16. Eigenwerte der mit dem erweiterten Verfahren von *G. **Roppenecker*** erhaltenen Ausgangsrückführung des Dampferzeugers

Die Eigenwerte der Ausgangsrückführung sind im Bild 14/16 zusammengestellt.

Wie man sieht, wird der obere und untere Rand des Eigenwertbereichs von den Eigenwertpaaren 7/8 und 9/10 nahezu erreicht. Vom linken und rechten Rand des Kreisringsektors im Bild 14/15 halten die Eigenwerte jedoch Distanz. Was den rechten Rand angeht, so ist dies ein Verdienst des Gütemaßes J_Q, da weiter rechts gelegene Eigenwerte länger anhaltende Zeitvorgänge und damit Vergrößerung von J_Q zur Folge haben.

Bild 14/17 [8] bringt deutlich zum Ausdruck, welchen Fortschritt die Erweiterung des ursprünglichen Verfahrens bringt. Die Zeitverläufe der Regelgrößen sind erheblich besser geworden, ebenso der Stellverlauf u_2, während der Betrag von u_1 nur unwesentlich gewachsen ist. Bemerkenswert ist auch, daß die Verläufe der Regelgrößen bei der Ausgangsrückführung beträchtlich besser sind als beim Riccati-Regler, was zum Teil sicherlich auf die stärkere Inanspruchnahme der Stellgrößen zurückzuführen ist, zum Teil aber auch daher rühren dürfte, daß der Riccati-Regler auf Anfangsauslenkungen hin entworfen ist, der vorliegende Regler aber auf Störsprünge, wie sie hier ja tatsächlich vorliegen.

Zusammenfassend darf man sagen, daß die Vollständige Modale Synthese ein sehr leistungsfähiges Instrument zum Entwurf von Zustandsregelungen, insbesondere Ausgangsrückführungen (aber auch anderen strukturbe-

[8] Es sei hier angemerkt, daß sämtliche Rechnungen zur Vollständigen Modalen Synthese mit dem Programmsystem VOMOSY des Instituts für Regelungs- und Steuerungssysteme durchgeführt wurden.

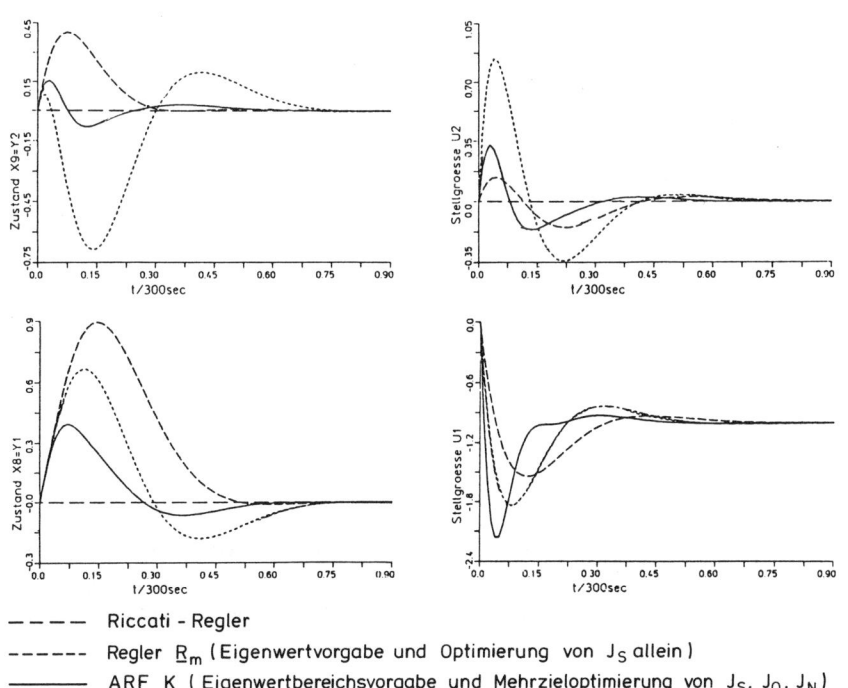

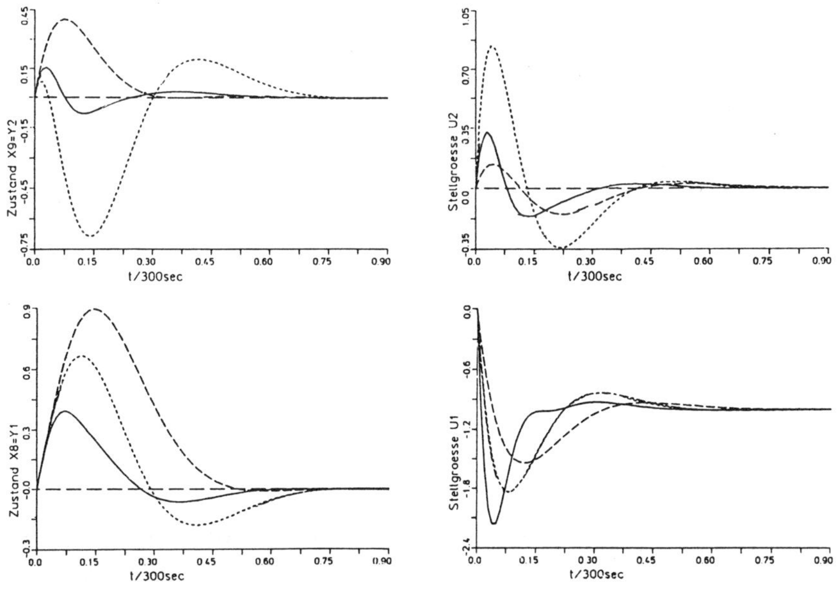

– – – – Riccati - Regler

- - - - - - Regler $\underline{R}_m$ (Eigenwertvorgabe und Optimierung von J_S allein)

——— ARF $\underline{K}$ (Eigenwertbereichsvorgabe und Mehrzieloptimierung von J_S, J_Q, J_N)

Bild 14/17. Erweiterter Entwurf einer Ausgangsrückführung zum Dampferzeuger: Verhalten für $z = \sigma(t)$

schränkten Regelungen) ist. Ihr Vorzug gegenüber anderen Verfahren besteht darin, daß sie einen tieferen Einblick in die Entwurfsmöglichkeiten von Ausgangsrückführungen gestattet. Das liegt daran, daß sie nicht von einer vorgegebenen Ausgangsrückführung ausgeht, sondern die Ausgangsrückführung erst aus einer vollständigen Zustandsrückführung zu gewinnen sucht. Leistet beispielsweise ein Spaltenvektor von $\underline{R}$ dem Versuch der Minimierung hartnäckigen Widerstand, so darf man daraus schließen, daß die gewünschte Eigenwertkonfiguration ohne die Rückführung der zu diesem Spaltenvektor gehörenden Zustandsgröße nicht zu erhalten ist, und kann dann versuchen, die Ausgangsrückführung entsprechend abzuändern. Ein Nachteil der Methode besteht in ihrem relativ hohen numerischen Aufwand, vor allem im Vergleich mit dem im Abschnitt 14.7 beschriebenen Verfahren. Man muß ja mit der gesamten Matrix der vollständigen Zustandsrückführung rechnen, also letztlich eine Funktion von $p \cdot n$ Parametern minimieren. Geht man dagegen von vornherein von einer Ausgangsrückführung aus, so hat man lediglich mit $p \cdot q$ freien Entwurfsparametern zu arbeiten, wobei im allgemeinen q (Anzahl der Meßgrößen) erheblich kleiner als die Systemordnung n ist.

14.6 Entwurf von Ausgangsrückführungen nach Riccati-Art

Die beiden bisher dargestellten Entwurfsverfahren für Ausgangsrückführungen gehen von einer vollständigen Zustandsrückführung aus, die den Ansprüchen an die Systemdynamik genügt, und suchen sie durch eine Ausgangsrückführung zu approximieren. Das nun zu beschreibende Verfahren verzichtet hingegen auf jegliche Approximation einer vollständigen Zustandsrückführung. Die Ausgangsrückführung

$$\underline{u} = -\underline{K}\,\underline{y}$$

wird so entworfen, daß das quadratische Gütemaß

$$J = \frac{1}{2}\int_0^\infty (\underline{x}^T \underline{Q}\,\underline{x} + \underline{u}^T \underline{S}\,\underline{u})\,dt$$

zum Minimum gemacht wird, wobei also

$$\dot{\underline{x}} = \underline{A}\,\underline{x} + \underline{B}\,\underline{u}\ , \quad \underline{y} = \underline{C}\,\underline{x}$$

bzw.

$$\dot{\underline{x}} = (\underline{A} - \underline{B}\,\underline{K}\,\underline{C})\,\underline{x}$$

gilt. Es handelt sich somit um die geradlinige Erweiterung des Riccati-Entwurfs auf Ausgangsrückführungen. Daher ist es nicht verwunderlich, daß dies der erste systematische Vorschlag zum Entwurf von Ausgangsrückführungen war. Er wurde fast gleichzeitig von ***W.S. Levine*** und ***M. Athans*** [14.18] sowie ***R.L. Kosut*** [14.19] gemacht.

Da es sich um die Übertragung des Riccati-Entwurfs auf Ausgangsrückführungen handelt, kann man völlig entsprechend wie im Unterabschnitt 13.4.3 vorgehen. Das Resultat entspricht dem Ergebnis (13.77a–d):

$$J = \frac{1}{2}\underline{x}_0^T \underline{P}\,\underline{x}_0\ , \tag{14.82}$$

$$\frac{\partial J}{\partial \underline{K}} = (\underline{S}\,\underline{K}\,\underline{C} - \underline{B}^T\underline{P})\,\underline{W}\,\underline{C}^T\ , \tag{14.83}$$

wobei $\underline{P}$ und $\underline{W}$ den Gleichungen

$$(\underline{A} - \underline{B}\,\underline{K}\,\underline{C})^T\underline{P} + \underline{P}(\underline{A} - \underline{B}\,\underline{K}\,\underline{C}) = = -(\underline{Q} + \underline{C}^T\underline{K}^T\underline{S}\,\underline{K}\,\underline{C})\ , \tag{14.84}$$

$$(\underline{A} - \underline{B}\,\underline{K}\,\underline{C})\,\underline{W} + \underline{W}\,(\underline{A} - \underline{B}\,\underline{K}\,\underline{C})^T = -\underline{x}_0\underline{x}_0^T \tag{14.85}$$

genügen. Bei bekanntem

$$\underline{A}_K = \underline{A} - \underline{B}\,\underline{K}\,\underline{C} \tag{14.86}$$

sind das zwei Ljapunow-Gleichungen für $\underline{P}$ und $\underline{W}$.

Wie man aus (14.85) erkennt, hängt $\underline{W}$ von $\underline{x}_0$ ab, womit auch $\underline{K}$ im allgemeinen von $\underline{x}_0$ abhängen wird. Im Grenzfall der vollständigen Zustandsrückführung ($\underline{C} = \underline{I}_n$) läßt sich allerdings zeigen, daß $\underline{R}$ unabhängig von $\underline{x}_0$ erhalten werden kann (Unterabschnitt 13.4.3). Die dortige Schlußweise läßt sich indessen nicht auf den Fall einer Ausgangsrückführung übertragen. Allerdings folgt zunächst auch hier, daß die notwendige Minimierungsbedingung

$$\frac{\partial J}{\partial \underline{K}} = \underline{0} \tag{14.87}$$

gewiß erfüllt ist, wenn

$$\underline{S}\,\underline{K}\,\underline{C} - \underline{B}^T\underline{P} = \underline{0}\ ,$$

also

$$\underline{K}\,\underline{C} = \underline{S}^{-1}\underline{B}^T\underline{P} \tag{14.88}$$

ist. Da $\underline{K}$ eine (p,q)-Matrix und $\underline{C}$ eine (q,n)-Matrix darstellt, sind dies jedoch $p \cdot n$ Gleichungen für die $p \cdot q$ Elemente von $\underline{K}$. Wegen $q < n$ ist das Gleichungssystem (14.88) also überbestimmt und deshalb im allgemeinen nicht lösbar.

Nun ist aber im konkreten Fall $\underline{x}_0$ meist unbekannt und deshalb eine von $\underline{x}_0$ abhängige Rückführmatrix $\underline{K}$ nicht zu verwenden. Um diese Abhängigkeit loszuwerden, sucht man gewöhnlich Zuflucht bei einer etwas künstlich wirkenden stochastischen Betrachtung ([14.18], sachgerechter [14.21]). Am einfachsten ist es, die unbekannte Matrix $\underline{x}_0 \underline{x}_0^T$ durch eine frei vorgebbare symmetrische und positiv definite Gewichtsmatrix $\underline{G}$ zu ersetzen, die man - wenn keine besonderen Informationen vorliegen - gleich der Einheitsmatrix wählt ([14.20]). Für das Gütemaß kann man dann wegen

$$\underline{a}^T \underline{b} = \mathrm{sp}(\underline{a}\,\underline{b}^T)$$

auch

$$J = \frac{1}{2} \underline{x}_0^T \underline{P} \cdot \underline{x}_0 = \frac{1}{2} (\underline{P}\,\underline{x}_0)^T \underline{x}_0 = \frac{1}{2} \mathrm{sp}\{\underline{P}\,\underline{x}_0 \cdot \underline{x}_0^T\}$$

schreiben, also statt dessen

$$J = \frac{1}{2} \mathrm{sp}(\underline{P}\,\underline{G})$$

nehmen.

Man hat damit endgültig die Beziehungen

$$J = \frac{1}{2} \mathrm{sp}(\underline{P}\,\underline{G}) \ , \qquad (14.89)$$

$$\frac{\partial J}{\partial \underline{K}} = (\underline{S}\,\underline{K}\,\underline{C} - \underline{B}^T \underline{P})\,\underline{W}\,\underline{C}^T \ , \qquad (14.90)$$

$$(\underline{A} - \underline{B}\,\underline{K}\,\underline{C})^T \underline{P} + \underline{P}\,(\underline{A} - \underline{B}\,\underline{K}\,\underline{C}) = = -\,(\underline{Q} + \underline{C}^T \underline{K}^T \underline{S}\,\underline{K}\,\underline{C}) \ , \qquad (14.91)$$

$$(\underline{A} - \underline{B}\,\underline{K}\,\underline{C})\,\underline{W} + \underline{W}\,(\underline{A} - \underline{B}\,\underline{K}\,\underline{C})^T = -\,\underline{G} \ . \qquad (14.92)$$

Setzt man $\partial J/\partial \underline{K} = \underline{0}$, so bilden (14.90) bis (14.92) ein System von drei nichtlinearen Matrixgleichungen zur Bestimmung von $\underline{P}$, $\underline{W}$ und $\underline{K}$. Man hat also die Matrizen $\underline{P}$ und $\underline{W}$ mitzubestimmen, um zu der eigentlich interessierenden Matrix $\underline{K}$ zu gelangen.

Allgemeine Aussagen über die Existenz der Lösung sind nicht bekannt, und ebenso fehlt es an numerischen Lösungsverfahren mit gesicherter Konvergenz. Man sieht deshalb besser von der Lösung dieses nichtlinearen Matrizengleichungssystems ab und bestimmt das Minimum von J mittels eines Gradientenverfahrens unter Benutzung von (14.90), (14.91) und (14.92). Von ***U. Kuhn*** wurde ein dem Problem angepaßtes, verläßliches numerisches Verfahren angegeben [14.22]. Auf Grund vergleichender Untersuchungen verwendet er das Verfahren von ***Broyden-Fletcher-Goldfarb-Shanno*** [14.23]. Entscheidend für die Wirksamkeit des Verfahrens ist eine von ihm entwickelte Schrittweitensteuerung, welche an die Gestalt des Gütemaßes angepaßt ist und bei jedem Suchschritt Stabilität garantiert, sofern man von einem stabilisierenden Anfangswert von $\underline{K}$ ausgeht. Die Leistungsfähigkeit des Verfahrens konnte an Systemen sehr hoher Ordnung erwiesen werden. Seine Schwäche besteht darin, daß es einen stabilisierenden Anfangswert von $\underline{K}$ benötigt und daß es im Falle des Versagens nicht erkennen läßt, wie die Ausgangsrückführung zu modifizieren ist, um zu einem positiven Ergebnis zu gelangen.

14.7 Direkte Methode zum Entwurf von Ausgangsrückführungen durch Polvorgabe

14.7.1 Prinzip der Methode

Wir gehen wiederum von der Struktur der Ausgangsrückführung im Bild 14/1 aus. Das charakteristische Polynom dieser Regelung ist

$$P_K(s) = \det\left[\, s\underline{I}_n - \underline{A} + \underline{B}\,\underline{K}\,\underline{C} \,\right] \ .$$

Seine Nullstellen sind die Eigenwerte oder Pole der Regelung.[9] Sollen sie die vorgegebenen gewünschten Werte $\lambda_{K1}, \ldots, \lambda_{Kn}$ haben, so muß gelten

$$\det\left[\, \lambda_{Ki} \underline{I}_n - \underline{A} + \underline{B}\,\underline{K}\,\underline{C} \,\right] = 0 \ , \ i = 1, \ldots, n \ . \qquad (14.93)$$

Setzen wir voraus, daß die λ_{Ki} voneinander verschieden sind, so ist dies ein System von n Gleichungen für die $p \cdot q$ Elemente von $\underline{K}$. Das nun zu beschreibende Verfahren geht *direkt* von diesen Gleichungen aus und sei deshalb zur sprachlichen Unterscheidung von anderen Methoden der Polvorgabe als *Direkte Methode zur Polvorgabe* bezeichnet. Es stammt von ***U. Konigorski*** [14.24], [14.25]. Da es unmittelbar auf die Berechnung der Ausgangsrückführmatrix $\underline{K}$ abzielt, findet bei ihm von Hause aus keine Approximation einer vollständigen Zustandsrückführung statt. Um allerdings bei Systemen hoher Ordnung eine vernünftige Polkonfiguration vorgeben zu können, kann es sich als zweckmäßig erweisen, die Polverteilung etwa einer Riccati-Regelung zumindest näherungsweise zu übernehmen, womit dann nachträglich doch ein gewisser Bezug zur vollständigen Zustandsrückführung vorhanden ist.

Da das Gleichungssystem (14.93) für Mehrgrößensysteme ($p > 1$) nichtlinear ist, wird man nicht erwarten dürfen, im allgemeinen Fall eine formelmäßige Lösung

---

[9] Wie schon früher werden auch hier die Benennungen "Eigenwert" und "Pol" als gleichbedeutend gebraucht.

für $\underline{K}$ zu finden. Man wird also die Lösung numerisch durchführen müssen. Dabei sind zwar die Matrizenoperationen innerhalb der Determinanten einfach, die Berechnung der n-reihigen Determinanten jedoch ist aufwendig, wenn man bedenkt, daß die Systemordnung n recht hoch sein kann und der Rechenaufwand für eine n-reihige Determinante mit n^3 wächst, da die Anzahl der erforderlichen Multiplikationen in dieser Weise anwächst.

Es ist deshalb von entscheidender Bedeutung, daß man die Reihenzahl der Determinanten in (14.93) stark reduzieren kann, und zwar mit Hilfe eines auch an sich sehr bemerkenswerten Determinantensatzes (Kapitel 17):

Ist $\underline{X}$ eine beliebige (n,p)- und $\underline{Y}$ eine beliebige (p,n)-Matrix, so gilt

$$det[\underline{I}_n + \underline{X}\,\underline{Y}] = det[\underline{I}_p + \underline{Y}\,\underline{X}] \ . \qquad (14.94)$$

Um ihn auf die Synthesegleichungen (14.93) anzuwenden, schreiben wir diese etwas um:

$$\det\left\{(\lambda_{Ki}\underline{I}_n - \underline{A})\left[\underline{I}_n + (\lambda_{Ki}\underline{I}_n - \underline{A})^{-1}\underline{B}\,\underline{K}\,\underline{C}\right]\right\} = 0 \ ,$$

$$\det(\lambda_{Ki}\underline{I}_n - \underline{A})\cdot\det\left[\underline{I}_n + (\lambda_{Ki}\underline{I}_n - \underline{A})^{-1}\underline{B}\,\underline{K}\,\underline{C}\right] = 0 \ . \qquad (14.95)$$

Damit die Inverse existiert, muß $\det(\lambda_{Ki}\underline{I}_n - \underline{A}) \neq 0$ sein. D.h.: Kein Eigenwert λ_{Ki} der Regelung darf mit einem Eigenwert von $\underline{A}$, also der Strecke, zusammenfallen. Damit folgt weiter aus (14.95):

$$\det\left[\underline{I}_n + (\lambda_{Ki}\underline{I}_n - \underline{A})^{-1}\underline{B}\,\underline{K}\,\underline{C}\right] = 0 \ .$$

Mit $\underline{X} = (\lambda_{Ki}\underline{I}_n - \underline{A})^{-1}\underline{B}$, $\underline{Y} = \underline{K}\,\underline{C}$ folgt daraus

$$\det\left[\underline{I}_p + \underline{K}\,\underline{C}(\lambda_{Ki}\underline{I}_n - \underline{A})^{-1}\underline{B}\right] = 0 \ . \qquad (14.96)$$

Nun ist

$$\underline{G}(s) = \underline{C}(s\,\underline{I}_n - \underline{A})^{-1}\underline{B}$$

die *Übertragungsmatrix der Strecke*. Mit ihr kann man (14.96) kürzer schreiben:

$$\det\left[\underline{I}_p + \underline{K}\,\underline{G}(\lambda_{ki})\right] = 0 \ , \quad i = 1,\ldots,n \ . \qquad (14.97)$$

Dies ist die endgültige Form der *Synthesegleichungen des Problems*. In ihr treten nur noch p-reihige Determinanten auf. Hierdurch wird der Rechenaufwand auf

$$\frac{1}{(n/p)^3}$$

verringert! Ist beispielsweise die Systemordnung n = 20 und die Anzahl p der Stellgrößen = 2, so bedeutet dies eine Reduktion auf ein Tausendstel des ursprünglichen Aufwandes.

Es wurde schon erwähnt, daß für Mehrgrößensysteme, die ja bei der Zustandsregelung in erster Linie von Interesse sind, wegen der Nichtlinearität der Gleichungen (14.97) eine numerische Lösung notwendig ist. Überdies wird meist die Anzahl $p\cdot q$ der Elemente von $\underline{K}$, wobei p die Anzahl der Stellgrößen und q die Anzahl der Meßgrößen ist, kleiner als n sein. Dann ist das Gleichungssystem (14.97) überbestimmt und deshalb nur eine Näherungslösung im Sinne der Methode der kleinsten Quadrate zu erwarten.

Man setzt deshalb mit den linken Seiten von (14.97) das *Gütemaß*

$$J_1 = \frac{1}{2}\sum_{i=1}^{n} w_{1i}\left|\det\left[\underline{I}_p + \underline{K}\,\underline{G}(\lambda_{ki})\right]\right|^2 \qquad (14.98)$$

an und *sucht dieses durch geeignete Wahl von $\underline{K}$ zum Minimum zu machen*. Darin sind die $w_{1i} \geq 0$ frei wählbare Gewichtsfaktoren. Der *Betrag* der Determinanten wird genommen, weil nichtreelle λ_{ki} auftreten können, wodurch dann auch der Wert der Determinante nichtreell wird.

Wird $J_1 = 0$, so müssen sämtliche Quadrate und damit auch die Determinanten selbst Null werden. D.h.: Die Synthesegleichungen (14.97) sind dann erfüllt. Für $p\cdot q < n$ ist dies allerdings nur näherungsweise möglich. In diesem Fall wird J_1 durch die Wahl von $\underline{K}$ möglichst klein gemacht, wird jedoch > 0 bleiben.

Was die Wahl der Gewichtsfaktoren w_{1i} angeht, so kann man sie zunächst gleich 1 nehmen, sodann $\underline{K}$ bestimmen und die Eigenwerte der zugehörigen Regelung berechnen. Treten dabei Eigenwerte auf, die stärker von den Vorgabewerten abweichen als dies gewünscht ist, so wird man die zugehörigen Gewichtsfaktoren erhöhen und $\underline{K}$ neu berechnen. Für klar nichtdominante Eigenwerte wird man vielfach $w_{1i} = 0$ setzen dürfen. Nähere Angaben zur Wahl der w_{1i} (und auch der späteren Gewichtsfaktoren w_{2i}) findet man in [14.25], Unterabschnitt 3.2.5.

Um das Minimum von J_1 mittels eines Gradientenverfahrens zu berechnen, hat man

$$\frac{\partial J_1}{\partial \underline{K}} = \left[\frac{\partial J_1}{\partial k_{\mu\nu}}\right] \ , \quad \mu = 1,\ldots,p \ , \quad \nu = 1,\ldots,q \ ,$$

zu bilden. Sind alle Eigenwerte reell, so folgt sofort aus (14.98)

$$\frac{\partial J_1}{\partial k_{\mu\nu}} = \sum_{i=1}^{n} w_{1i} \det\left[\underline{I}_p + \underline{K}\,\underline{G}(\lambda_{Ki})\right] \cdot \tag{14.99}$$

$$\cdot \frac{\partial}{\partial k_{\mu\nu}} \det\left[\underline{I}_p + \underline{K}\,\underline{G}(\lambda_{Ki})\right] .$$

Bei einem konjugiert komplexen Eigenwertpaar λ_{Ki}, $\lambda_{Kj} = \overline{\lambda}_{Ki}$ ist $w_{1i} = w_{1j}$ zu setzen und in der ersten der beiden Determinanten in (14.99) λ_{Ki} durch $\overline{\lambda}_{Ki}$ zu ersetzen.

In (14.99) ist

$$\det\left[\underline{I}_p + \underline{K}\,\underline{G}(\lambda_{Ki})\right] = \det\begin{bmatrix} \underline{e}_1^T + \underline{k}_1^T \underline{G}(\lambda_{Ki}) \\ \vdots \\ \underline{e}_i^T + \underline{k}_i^T \underline{G}(\lambda_{Ki}) \\ \vdots \\ \underline{e}_p^T + \underline{k}_p^T \underline{G}(\lambda_{Ki}) \end{bmatrix} ,$$

wobei $\underline{e}_i^T$ der i-te Zeilenvektor von $\underline{I}_p$ und $\underline{k}_i^T$ der i-te Zeilenvektor von $\underline{K}$ ist. Ausführlich geschrieben ist

$$\underline{k}_i^T \underline{G}(\lambda_{Ki}) = \left[k_{i1}, \ldots, k_{ij}, \ldots, k_{iq}\right] \cdot \underline{G}(\lambda_{Ki}) .$$

Nun besteht die Ableitung einer p-reihigen Determinante aus p Determinanten, von denen jede aus der ursprünglichen Determinante dadurch entsteht, daß man diese nach genau einer Zeile ableitet (Kapitel 17). Da das Element $k_{\mu\nu}$, nach dem differenziert wird, nur in der μ-ten Zeile vorkommt, wird jede andere Zeile durch die Differentiation zu Null. Daher ist

$$\frac{\partial}{\partial k_{\mu\nu}} \det\left[\underline{I}_p + \underline{K}\,\underline{G}(\lambda_{Ki})\right] =$$

$$= \det\begin{bmatrix} \underline{0}^T \\ \underline{e}_2^T + \underline{k}_2^T \underline{G}(\lambda_{Ki}) \\ \vdots \\ \underline{e}_p^T + \underline{k}_p^T \underline{G}(\lambda_{Ki}) \end{bmatrix} + \ldots$$

$$\ldots + \det\begin{bmatrix} \underline{e}_1^T + \underline{k}_1^T \underline{G}(\lambda_{Ki}) \\ \vdots \\ \underline{0}^T + \underline{e}_\nu^T \underline{G}(\lambda_{Ki}) \\ \vdots \\ \underline{e}_p^T + \underline{k}_p^T \underline{G}(\lambda_{Ki}) \end{bmatrix} \begin{matrix} + \ldots \\ \mu\text{-te Zeile} \end{matrix}$$

$$\ldots + \det\begin{bmatrix} \underline{e}_1^T + \underline{k}_1^T \underline{G}(\lambda_{Ki}) \\ \vdots \\ \underline{e}_{p-1}^T + \underline{k}_{p-1}^T \underline{G}(\lambda_{Ki}) \\ \underline{0}^T \end{bmatrix} ,$$

wobei also $\underline{e}_\nu^T$ einen Vektor darstellt, der an der ν-ten Stelle eine 1 hat und sonst aus Nullen besteht. Da

$$\underline{e}_\nu^T \underline{G}(\lambda_{Ki}) = \underline{g}_\nu^T(\lambda_{Ki}) = \nu\text{-te Zeile von } \underline{G}(\lambda_{Ki}) ,$$

erhält man

$$\frac{\partial}{\partial k_{\mu\nu}} \det\left[\underline{I}_p + \underline{K}\,\underline{G}(\lambda_{Ki})\right] = \tag{14.100}$$

$$= \det\begin{bmatrix} \underline{e}_1^T + \underline{k}_1^T \underline{G}(\lambda_{Ki}) \\ \vdots \\ \underline{g}_\nu^T(\lambda_{Ki}) \\ \vdots \\ \underline{e}_p^T + \underline{k}_p^T \underline{G}(\lambda_{Ki}) \end{bmatrix} \mu\text{-te Zeile} .$$

In Worten: *Man bildet die Ableitung von det [$\underline{I}_p$ + $\underline{K}$ $\underline{G}(\lambda_{Ki})$] nach $k_{\mu\nu}$, indem man in dieser Determinante die μ-te Zeile durch die ν-te Zeile von $\underline{G}(\lambda_{Ki})$ ersetzt.* Wie man sieht, ein überaus einfaches Ergebnis, auch numerisch, da auch jetzt nur p-reihige Determinanten zu berechnen sind.

Setzt man (14.100) in (14.99) ein, so hat man den gewünschten Gradienten $\partial J_1/\partial \underline{K}$ formelmäßig vorliegen und kann das Minimum von $J_1(\underline{K})$ und damit die Lösung $\underline{K}$ der Synthesegleichungen mittels eines Gradientenverfahrens bestimmen.

Es sei hier angemerkt, daß man auch bei diesem Verfahren entsprechend wie bei der Vollständigen Modalen Synthese von der Polvorgabe zur Pol*bereichs*vorgabe übergehen kann. Um nicht zu weitläufig zu werden, wollen wir aber darauf nicht weiter eingehen (siehe hierzu [14.25]).

14.7.2 Stützstellenvorgabe statt Polvorgabe

Die bisherige Durchführung der Direkten Methode zur Polvorgabe ist noch an *einschränkende Voraussetzungen* gebunden:

- Die Eigenwerte $\lambda_{K1}, \ldots, \lambda_{Kn}$ der Regelung müssen einfach sein. Sonst fallen nämlich einige Synthesegleichungen (14.93) zusammen, und es liegt kein System von n Gleichungen mehr vor.

- Die Eigenwerte $\lambda_{K1}, \ldots, \lambda_{Kn}$ dürfen keine Eigenwerte der Strecke sein. Sonst wäre nicht $\det(\lambda_{Ki}\underline{I} - \underline{A}) \neq 0$, was bei der Umformung der Synthesegleichungen benutzt wurde.

Man kann sich auf verschiedene Weise von diesen Einschränkungen befreien. Eine elegante Methode, die auch an sich von Interesse ist, besteht darin, daß man von der Polvorgabe zu einer Stützpunktvorgabe übergeht [14.25].

Das geschieht in der folgenden Weise. Man gibt auch jetzt zunächst die Eigenwerte $\lambda_{K1}, \ldots, \lambda_{Kn}$ der Regelung vor, wobei aber durchaus mehrfache Eigenwerte sowie Eigenwerte der Strecke auftreten dürfen. Hierdurch ist *das charakteristische Polynom der Regelung* eindeutig bestimmt:

$$P^*(s) = \prod_{\nu=1}^{n} (s - \lambda_{K\nu}) = s^n + p_{n-1}s^{n-1} + \ldots + p_0 . \qquad (14.101)$$

Nun gibt man n *Stützstellen* $\xi_1, \ldots, \xi_n$ vor, die voneinander und von den Eigenwerten der Strecke verschieden sein sollen, im übrigen aber beliebig sind. Meist wird man sie reell wählen. Falls man auch nichtreelle Stützstellen in Betracht zieht, sollen auch die dazu konjugiert komplexen Zahlen Stützstellen sein. Zu den ξ_i berechnet man die *Stützwerte*

$$\eta_i = P^*(\xi_i) = \prod_{\nu=1}^{n} (\xi_i - \lambda_{K\nu}) \;, \quad i = 1, \ldots, n \;. \qquad (14.102)$$

Dann ist das Polynom $P^*(s)$ durch die n *Stützpunkte* $(\xi_i; \eta_i)$ eindeutig festgelegt (z.B. [14.26], Abschnitt 11.2). *Wählt man daher $\underline{K}$ so, daß das charakteristische Polynom der Regelung*

$$P_K(s) = \det\left[s\,\underline{I}_n - (\underline{A} - \underline{B}\,\underline{K}\,\underline{C})\right]$$

durch diese Stützpunkte $(\xi_1; \eta_1), \ldots, (\xi_n; \eta_n)$ geht, so stellt es das gewünschte Polynom $P^*(s)$ dar und hat deshalb die vorgegebenen Eigenwerte $\lambda_{K1}, \ldots, \lambda_{Kn}$.

Die durch $\underline{K}$ zu erfüllenden Gleichungen lauten also

$$\det\left[\,\xi_i \underline{I}_n - \underline{A} + \underline{B}\,\underline{K}\,\underline{C}\,\right] = \eta_i \;, \quad i = 1, \ldots, n \;, \qquad (14.103)$$

wobei die Zahlen η_i gemäß (14.102) zu bilden sind. Diese Gleichungen kann man nun ganz entsprechend wie die Gleichungen (14.93) umformen und erhält so

$$\det\left[\underline{I}_p + \underline{K}\,\underline{G}(\xi_i)\right] = \frac{\eta_i}{\det\left[\,\xi_i\,\underline{I} - \underline{A}\,\right]} \;, \quad i = 1, \ldots, n \;. \qquad (14.104)$$

Mit $\eta_i = P^*(\xi_i)$ und $\det\left[\xi_i\,\underline{I} - \underline{A}\right] = P_S(\xi_i)$, wobei also

$$P_S(s) = \det\left[s\underline{I} - \underline{A}\right]$$

das charakteristische Polynom der Strecke ist, kann man hierfür auch schreiben:

$$\det\left[\underline{I}_p + \underline{K}\,\underline{G}(\xi_i)\right] - \frac{P^*(\xi_i)}{P_S(\xi_i)} = 0 \;, \quad i = 1, \ldots, n \;. \qquad (14.105)$$

Dies sind die *Synthesegleichungen bei Stützstellenvorgabe*. Setzt man in ihnen speziell $\xi_i = \lambda_{Ki}$, so wird $P^*(\xi_i) = 0$, und sie gehen in die Synthesegleichungen (14.97) bei Polvorgabe über.

Um (14.105) zu lösen, geht man entsprechend wie dort vor: Man bildet das Gütemaß

$$J_2 = \frac{1}{2}\sum_{i=1}^{n} w_{2i} \left| \det\left[\underline{I}_p + \underline{K}\,\underline{G}(\xi_i)\right] - \frac{P^*(\xi_i)}{P_S(\xi_i)} \right|^2 , \qquad (14.106)$$

w_{2i} Gewichtsfaktoren ≥ 0 ,

und macht es mittels eines Gradientenverfahrens zum Minimum bezüglich $\underline{K}$. Der Gradient ist genau so zu bilden wie im Spezialfall $\xi_i = \lambda_{Ki}$. Da die Zahlenwerte $P^*(\xi_i)$ und $P_S(\xi_i)$ nicht von den $k_{\mu\nu}$ abhängen, wird

$$\frac{\partial J_2}{\partial k_{\mu\nu}} = \sum_{i=1}^{n} w_{2i} \left[\det\left[\underline{I}_p + \underline{K}\,\underline{G}(\xi_i)\right] - \frac{P^*(\xi_i)}{P_S(\xi_i)} \right] \cdot$$

$$\cdot \frac{\partial}{\partial k_{\mu\nu}} \det\left[\,\underline{I}_p + \underline{K}\,\underline{G}(\xi_i)\right] . \qquad (14.107)$$

Die Ableitung der Determinante ist wieder durch (14.100) gegeben, wobei lediglich λ_{Ki} durch ξ_i zu ersetzen ist. Für den Fall konjugiert komplexer Stützstellen ist die Anmerkung zur Formel (14.99) zu beachten.

Vergleicht man nun das Pollagen-Gütemaß J_1 mit dem Stützstellen-Gütemaß J_2, so hat letzteres den schon erwähnten Vorzug, daß man ohne weiteres die gewünschten Eigenwerte λ_{Ki} des Regelkreises als mehrfache Eigenwerte oder Streckeneigenwerte vorgeben darf, ohne daß dadurch irgendwelche Schwierigkeiten entstehen. Überdies bleibt die gesamte Rechnung im Reellen, wenn man die Stützstellen reell wählt, was immer möglich ist.

Allerdings weist J_2 auch einen wesentlichen Nachteil auf. Ist in J_1 ein Summand sehr klein gemacht worden, so ist man sicher, daß der zugehörige gewünschte Eigenwert λ_{Ki} nahezu angenommen wird. Ist hingegen in J_2

ein Summand sehr klein, so besagt dies noch nichts über die Lage der Eigenwerte. Erst wenn *alle* Summanden sehr klein sind, darf man annehmen, daß alle Eigenwerte näherungsweise angenommen werden, da dann das gewünschte charakteristische Polynom des Regelkreises näherungsweise realisiert wird.

Unter Umständen kann es nützlich sein, eine Mischform von J_1 und J_2 vorzugeben, indem man einige ξ_i gleich den dominanten Eigenwerten wählt, sofern dies mit den erforderlichen Voraussetzungen verträglich ist.

14.7.3 Spezialfall des Eingrößensystems

Hat die Strecke nur eine Stellgröße ($p = 1$), so vereinfachen sich die Synthesegleichungen (14.97) ganz wesentlich. Da die Determinante jetzt nur aus einem Element besteht, fallen die sonst bei ihrer Berechnung anfallenden Multiplikationen weg, und die Gleichungen (14.97) werden linear in $\underline{k}$:

$$1 + \underline{k}^T \underline{g}(\lambda_{Ki}) = 0 \ , \quad i = 1, \ldots, n \ .$$

Aus diesem Grunde ist es möglich, im Falle des Eingrößensystems eine formelmäßige Lösung für $\underline{k}$ zu gewinnen.

Beim obigen Gleichungssystem handelt es sich um n Gleichungen für die q Elemente von $\underline{k}$. Daher liegt für $q < n$ ein überbestimmtes Gleichungssystem vor, für das im allgemeinen keine Lösung existieren wird. Um eine Näherungslösung im Sinne der Methode der kleinsten Quadrate zu finden, geht man auch hier vom Gütemaß (14.98) aus. Einfachheitshalber nehmen wir bei der Herleitung an, daß die Eigenwerte λ_{Ki} reell sind. Das Gütemaß J_1 lautet dann:

$$J_1 = \frac{1}{2} \sum_{i=1}^{n} w_{1i} \left[1 + \underline{k}^T \underline{g}(\lambda_{Ki}) \right]^2 \ . \qquad (14.108)$$

Daraus folgt

$$\frac{\partial J_1}{\partial k_\mu} = \sum_{i=1}^{n} w_{1i} \left[1 + \underline{k}^T \underline{g}(\lambda_{Ki}) \right] \left[0, \ldots, 1, \ldots, 0 \right] \underline{g}(\lambda_{Ki}) \ ,$$

wobei die 1 an der μ-ten Stelle des q-dimensionalen Zeilenvektors steht. Somit ist

$$\frac{\partial J_1}{\partial k_\mu} = \sum_{i=1}^{n} w_{1i} \left[1 + \underline{k}^T \underline{g}(\lambda_{Ki}) \right] g_\mu(\lambda_{Ki}) \ ,$$

also

$$\frac{\partial J_1}{\partial \underline{k}} = \sum_{i=1}^{n} w_{1i} \left[1 + \underline{k}^T \underline{g}(\lambda_{Ki}) \right] \underline{g}(\lambda_{Ki}) \ .$$

Da $1 + \underline{k}^T \underline{g}(\lambda_{Ki}) = 1 + \underline{g}^T(\lambda_{Ki}) \underline{k}$ ein Skalar ist, kann man $\underline{g}(\lambda_{Ki})$ vorziehen:

$$\frac{\partial J_1}{\partial \underline{k}} = \sum_{i=1}^{n} w_{1i} \, \underline{g}(\lambda_{Ki}) \left[1 + \underline{g}^T(\lambda_{Ki}) \, \underline{k} \right] \quad \text{oder}$$

$$\frac{\partial J_1}{\partial \underline{k}} = \sum_{i=1}^{n} w_{1i} \, \underline{g}(\lambda_{Ki}) + \sum_{i=1}^{n} w_{1i} \, \underline{g}(\lambda_{Ki}) \, \underline{g}^T(\lambda_{Ki}) \cdot \underline{k} \ . \qquad (14.109)$$

Nun gilt für den aus Einsen bestehenden Vektor $\underline{e}$ und eine beliebige Matrix $\underline{M}$

$$\underline{M} \, \underline{e} = \left[\underline{m}_1, \ldots, \underline{m}_n \right] \cdot \begin{bmatrix} 1 \\ \vdots \\ 1 \end{bmatrix} = \underline{m}_1 + \ldots + \underline{m}_n \ .$$

Daher ist hier

$$\sum_{i=1}^{n} w_{1i} \, \underline{g}(\lambda_{Ki}) = \left[w_{11} \, \underline{g}(\lambda_{K1}), \ldots, w_{1n} \underline{g}(\lambda_{Kn}) \right] \cdot \underline{e}$$

oder

$$\sum_{i=1}^{n} w_{1i} \, \underline{g}(\lambda_{Ki}) = \underline{\Gamma} \, \underline{W}_1 \, \underline{e}$$

mit

$$\underline{W}_1 = \mathrm{diag}(w_{11}, \ldots, w_{1n}) \ , \ \underline{\Gamma} = \left[\underline{g}(\lambda_{K1}), \ldots, \underline{g}(\lambda_{Kn}) \right] . \qquad (14.110)$$

Weiterhin ist

$$\sum_{i=1}^{n} w_{1i} \, \underline{g}(\lambda_{Ki}) \, \underline{g}^T(\lambda_{Ki}) =$$

$$= \left[w_{11} \underline{g}(\lambda_{K1}), \ldots, w_{1n} \underline{g}(\lambda_{Kn}) \right] \cdot \begin{bmatrix} \underline{g}^T(\lambda_{K1}) \\ \vdots \\ \underline{g}^T(\lambda_{Kn}) \end{bmatrix} = \underline{\Gamma} \, \underline{W}_1 \cdot \underline{\Gamma}^T .$$

Aus (14.109) wird damit

$$\frac{\partial J_1}{\partial \underline{k}} = \underline{\Gamma} \, \underline{W}_1 \underline{e} + \underline{\Gamma} \, \underline{W}_1 \underline{\Gamma}^T \cdot \underline{k} \ . \qquad (14.111)$$

Wegen

$$\underline{g}(s) = \underline{C} \, (s\underline{I} - \underline{A})^{-1} \underline{b}$$

folgt daher aus (14.110)

$$\underline{\Gamma} = \left[\underline{C}(\lambda_{R1}\underline{I} - \underline{A})^{-1}\underline{b}, \ldots, \underline{C}(\lambda_{Rn}\underline{I} - \underline{A})^{-1}\underline{b}\right]. \quad (14.112)$$

Nun gilt für die Eigenvektoren der Regelung

$$\left[\lambda_{Ki}\underline{I} - (\underline{A} - \underline{b}\,\underline{k}^T\underline{C})\right]\underline{v}_{Ki} = \underline{0} \ ,$$

also

$$(\lambda_{Ki}\underline{I} - \underline{A})\underline{v}_{Ki} = -\underline{b}\cdot\underline{k}^T\underline{C}\,\underline{v}_{Ki} \ .$$

Darin ist $\underline{k}^T\underline{C}\,\underline{v}_{Ki}$ ein Skalar. Da die Eigenvektoren nur bis auf konstante Faktoren bestimmt sind, darf man ihn gleich 1 setzen. Dann wird aus der letzten Gleichung

$$\underline{v}_{Ki} = (\underline{A} - \lambda_{Ki}\underline{I})^{-1}\underline{b}\ , \quad i = 1,\ldots,n \ . \qquad (14.113)$$

Nach (14.112) ist daher

$$\underline{\Gamma} = -\left[\underline{C}\,\underline{v}_{K1},\ldots,\underline{C}\,\underline{v}_{Kn}\right] = -\underline{C}\left[\underline{v}_{K1},\ldots,\underline{v}_{Kn}\right] = = -\underline{C}\,\underline{V}_K \ .$$

Sind die Eigenwerte $\lambda_{K1},\ldots,\lambda_{Kn}$ einfach, so sind die Eigenvektoren $\underline{v}_{K1},\ldots,\underline{v}_{Kn}$ linear unabhängig, und $\underline{V}_K$ ist regulär. Da die (q,n)-Matrix $\underline{C}$ den Höchstrang q hat, weist auch $\underline{\Gamma}$ diesen Höchstrang auf.

Weiterhin ist $\underline{W}_1$ regulär (und positiv definit), wenn die Diagonalelemente w_{1i} positiv sind. Daher hat die (q,n)-Matrix $\underline{\Gamma}\,\underline{W}_1$ den Höchstrang q. Damit ist die (q,q)-Matrix $\underline{\Gamma}\,\underline{W}_1\underline{\Gamma}^T$ regulär (Kapitel 17).

Aus der Gleichung

$$\frac{\partial J_1}{\partial \underline{k}} = \underline{0}$$

folgt deshalb nach (14.111)

$$\underline{k} = -(\underline{\Gamma}\,\underline{W}_1\underline{\Gamma}^T)^{-1}\,\underline{\Gamma}\,\underline{W}_1\underline{e} \qquad (14.114)$$

mit

$$\underline{W}_1 = \mathrm{diag}(w_{11},\ldots,w_{1n}) \ , \quad \underline{e}^T = \left[1,\ldots,1\right] ,$$

$$\underline{\Gamma} = \left[\underline{g}(\lambda_{K1}),\ldots,\underline{g}(\lambda_{Kn})\right] = -\underline{C}\left[\underline{v}_{K1},\ldots,\underline{v}_{Kn}\right] = -\underline{C}\underline{V}_K$$

Dieser Wert von $\underline{k}$ liefert in der Tat ein Minimum. Bildet man nämlich gemäß (14.111) die 2. Ableitung nach $\underline{k}$, so wird

$$\frac{\partial^2 J_1}{\partial \underline{k}^2} = \underline{\Gamma}\,\underline{W}_1\underline{\Gamma}^T , \qquad (14.115)$$

und diese Matrix ist positiv definit. Um dies zu zeigen, schreibt man

$$\underline{\Gamma}\,\underline{W}_1\underline{\Gamma}^T = \underline{\Gamma}\sqrt{\underline{W}_1}\cdot\sqrt{\underline{W}_1}\,\underline{\Gamma}^T \qquad (14.116)$$

mit

$$\sqrt{\underline{W}_1} = \mathrm{diag}\left[\sqrt{w_{11}},\ldots,\sqrt{w_{1n}}\right] .$$

Aus (14.116) folgt für einen beliebigen Vektor $\underline{x}$:

$$\underline{x}^T\underline{\Gamma}\,\underline{W}_1\underline{\Gamma}^T\underline{x} = \left[\sqrt{\underline{W}_1}\,\underline{\Gamma}^T\underline{x}\right]^T\cdot\left[\sqrt{\underline{W}_1}\,\underline{\Gamma}^T\underline{x}\right] =$$

$$= \left|\sqrt{\underline{W}_1}\,\underline{\Gamma}^T\underline{x}\right|^2 \geq 0 \ .$$

Soll dieser Ausdruck = 0 sein, so muß $\sqrt{\underline{W}_1}\,\underline{\Gamma}^T\underline{x} = \underline{0}$ gelten. Daraus folgt durch Linksmultiplikation mit

$$\underline{\Gamma}\sqrt{\underline{W}_1}$$

$$\underline{\Gamma}\,\underline{W}_1\underline{\Gamma}^T\underline{x} = \underline{0}$$

und wegen der Regularität von $\underline{\Gamma}\,\underline{W}_1\underline{\Gamma}^T$, daß $\underline{x} = \underline{0}$ sein muß.

Gibt es auch konjugiert komplexe Eigenwerte λ_{Ki}, so tritt an die Stelle von (14.114) die Beziehung

$$\underline{k} = -\left[\overline{\underline{\Gamma}}\,\underline{W}_1\underline{\Gamma}^T\right]^{-1}\overline{\underline{\Gamma}}\,\underline{W}_1\underline{e} \ , \qquad (14.117)$$

wobei $\overline{\underline{\Gamma}}$ konjugiert komplex zu $\underline{\Gamma}$ ist ([14.25], Abschnitt 3.4).

Im Grenzfall q = n, wenn also die Ausgangsrückführung in eine vollständige Zustandsrückführung übergeht, kann man $\underline{C} = \underline{I}_n$ setzen. Dann ist $\underline{\Gamma} = -\underline{V}_R$ eine reguläre Matrix. Damit folgt aus (14.114) bzw. (14.117)

$$\underline{r} = -(\underline{\Gamma}^T)^{-1}\,\underline{e} \ ,$$

also

$$\underline{r}^T = -\underline{e}^T\underline{\Gamma}^{-1} = \underline{e}^T\underline{V}_R^{-1} \quad \text{oder}$$

$$\underline{r}^T = \left[1,\ldots,1\right]\cdot\left[(\underline{A} - \lambda_{R1}\underline{I})^{-1}\underline{b},\ldots,(\underline{A} - \lambda_{Rn}\underline{I})^{-1}\underline{b}\right] ,$$

wobei jetzt λ_{Ri} statt λ_{Ki} und $\underline{r}$ statt $\underline{k}$ geschrieben ist, da es sich ja um eine vollständige Zustandsrückführung handelt.

Dies ist aber genau die Formel (13.150), die sich aus der Vollständigen Modalen Synthese als Ausdruck für den Polvorgaberegler ergibt. Sie ist somit als Spezialfall in der *allgemeinen Ausgangsrückführungsformel (14.114) bzw. (14.117)* enthalten. Diese Formel, die im allgemeinen Fall nur eine Näherungslösung im Sinne der Methode der kleinsten Quadrate darstellt, geht dann in eine exakte Lösung der Synthesegleichungen über.

14.7.4 Kombination der Direkten Methode zur Polvorgabe mit der Festlegung von Parametervektoren

Da die Dynamik des Regelkreises außer von den Eigenwerten auch wesentlich von den Parametervektoren beeinflußt wird, liegt es nahe, neben den dominanten Eigenwerten noch die zugehörigen Parametervektoren vorzugeben.

Welche Eigenwerte und welche Parametervektoren vorzugeben sind, entnimmt man am einfachsten einem Riccati-Entwurf mit vollständiger Zustandsrückführung. Auch für Systeme hoher Ordnung kann man ohne Schwierigkeit einen dynamisch guten Riccati-Regler entwerfen. Man berechnet dann die zugehörigen Eigenwerte und Parametervektoren sowie die Dominanzmaße der Eigenwerte und hat damit die vorzugebenden dominanten Eigenwerte und Parametervektoren gefunden.

Dazu sei angemerkt, daß die Eigenwerte, Eigenvektoren und Parametervektoren der Zustandsregelung

$$\dot{\underline{x}} = \underline{A}_R\,\underline{x}$$

lediglich von der Matrix $\underline{A}_R$ abhängen, wobei es ohne Belang ist, ob $\underline{A}_R$ in der Form

$$\underline{A}_R = \underline{A} - \underline{B}\,\underline{R}$$

oder

$$\underline{A}_R = \underline{A} - \underline{B}\,\underline{K}\,\underline{C}$$

vorliegt. Gelänge es, in beiden Fällen sämtliche Eigenwerte und sämtliche Parametervektoren als gleich vorzugeben, so hätten vollständige Zustandsrückführung und Ausgangsrückführung identisches Verhalten. Diese Verhaltensweise wird durch die oben beschriebene Maßnahme angenähert.

Wenn alle Elemente der (p,q)-Matrix $\underline{K}$ in

$$\underline{u} = -\underline{K}\,\underline{y}$$

frei wählbar sind, ist $p \cdot q$ die Anzahl der freien Parameter. Ist r die Anzahl der dominanten Eigenwerte, so verbraucht man, um sie und die zugehörigen p-dimensionalen, aber nur bis auf einen konstanten Faktor bestimmten Parametervektoren festzulegen,

$$r + r(p-1) = r \cdot p$$

freie Parameter. Um noch Freiheitsgrade zur gezielten Beeinflussung der $n-r$ nichtdominanten Eigenwerte übrig zu behalten, muß

$$p \cdot r < p \cdot q \;,$$

also

$$r < q$$

sein.

Um nun die Parametervektoren zu einer Ausgangsrückführung zu definieren, geht man völlig entsprechend vor wie bei einer vollständigen Zustandsrückführung. Die Eigenvektoren genügen der Gleichung

$$(\lambda_{Ki}\,\underline{I}_n - \underline{A} + \underline{B}\,\underline{K}\,\underline{C})\,\underline{v}_{Ki} = \underline{0} \;,$$

$$(\lambda_{Ki}\,\underline{I}_n - \underline{A})\,\underline{v}_{Ki} = -\underline{B} \cdot \underline{K}\,\underline{C}\,\underline{v}_{Ki} \;.$$

Definition der Parametervektoren:

$$\underline{q}_i = \underline{K}\,\underline{C}\,\underline{v}_{Ki} \;, \quad i = 1, \ldots, n \;. \qquad (14.118)$$

Damit wird:

$$\underline{v}_{Ki} = -(\lambda_{Ki}\,\underline{I}_n - \underline{A})^{-1}\,\underline{B}\,\underline{q}_i \;, \quad i = 1, \ldots, n \;. \qquad (14.119)$$

Wegen (14.118) gilt daher

$$\underline{q}_i = -\underline{K}\,\underline{C}\,(\lambda_{Ki}\,\underline{I}_n - \underline{A})^{-1}\,\underline{B}\,\underline{q}_i \;.$$

Mit der Abkürzung

$$\underset{(q,1)}{\underline{h}_i} = \underline{C}\,(\lambda_{Ki}\,\underline{I}_n - \underline{A})^{-1}\,\underline{B}\,\underline{q}_i \;, \quad i = 1, \ldots, n \;, \qquad (14.120)$$

wird daraus

$$\underline{q}_i = -\underline{K}\,\underline{h}_i \;, \quad i = 1, \ldots, n \;.$$

Gibt man nun die dominanten Eigenwerte $\lambda_{K1}, \ldots, \lambda_{Kr}$ und die zugehörigen Parametervektoren $\underline{q}_1, \ldots, \underline{q}_r$ vor, so sind die Vektoren $\underline{h}_1, \ldots, \underline{h}_r$ bekannt. Hierbei ist vorausgesetzt, daß $\lambda_{K1}, \ldots, \lambda_{Kr}$ keine Eigenwerte von $\underline{A}$ sind. Das darf man sicherlich annehmen, da die dominanten Eigenwerte des Regelkreises kaum mit Streckeneigenwerten zusammenfallen werden. Ebenso wird man annehmen dürfen, daß die Vektoren $\underline{h}_1, \ldots, \underline{h}_r$ linear unabhängig sind. Sollte eine dieser Voraussetzungen ausnahmsweise doch nicht erfüllt sein, so genügen kleine, für die Dynamik unwesentliche Abänderungen, sie zu erzwingen.

Man hat damit die Gleichungen

$$\underline{K}\,\underline{h}_i = -\underline{q}_i \;, \quad i = 1, \ldots, r \;,$$

die man zu der *einen* Matrixgleichung

$$\underline{K}\,\underline{H}_r = -\underline{Q}_r \qquad (14.121)$$

mit der (q,r)-Matrix $\underline{H}_r = [\underline{h}_1, \ldots, \underline{h}_r]$ und der (p,r)-Matrix $\underline{Q}_r = [\underline{q}_1, \ldots, \underline{q}_r]$ zusammenfassen kann. Da es sich um $p \cdot r$ skalare Gleichungen für die $p \cdot q$ Elemente von $\underline{K}$ handelt, ist (14.121) wegen der Voraussetzung $r < q$ *unterbestimmt.*

Die Penrose-Bedingung für die Existenz einer Lösung (Kapitel 17) lautet hier

$$- \underline{Q}_r \underline{H}_r^+ \underline{H}_r = - \underline{Q}_r \,, \tag{14.122}$$

wobei $\underline{H}_r^+$ die Pseudo-Inverse zu $\underline{H}_r$ ist. Da gemäß (14.120) und (14.119)

$$\underline{H}_r = - \underline{C} \left[\underline{v}_{K1}, \ldots, \underline{v}_{Kr} \right]$$

gilt, hat $\underline{H}_r$ den Höchstrang r, sofern die Vektoren $\underline{C}\,\underline{v}_{K1}, \ldots, \underline{C}\,\underline{v}_{Kr}$ linear unabhängig sind, was man voraussetzen darf. $\underline{H}_r$ ist also spaltenregulär. Daher stellt $\underline{H}_r^+$ die Linksinverse zu $\underline{H}_r$ dar (Kapitel 17):

$$\underline{H}_r^+ \underline{H}_r = \underline{I}_r \,.$$

Somit ist die Penrose-Bedingung (14.122) für eine beliebige Matrix $\underline{Q}_r$ erfüllt.

Nach dem Penrose-Theorem (Kapitel 17) lautet dann die allgemeine Lösung der Gleichung (14.121):

$$\underline{K} = - \underline{Q}_r \underline{H}_r^+ - \hat{\underline{K}} (\underline{I}_q - \underline{H}_r \underline{H}_r^+) \tag{14.123}$$

mit

$$\underline{H}_r^+ = (\underline{H}_r^T \underline{H}_r)^{-1} \underline{H}_r^T \tag{14.124}$$

und einer beliebigen (p,q)-Matrix $\hat{\underline{K}}$.

Bei gegebenen λ_{Ki} und $\underline{q}_i$, $i = 1, \ldots, r$, kann man $\underline{Q}_r$, $\underline{H}_r$ und damit $\underline{H}_r^+$ ohne weiteres berechnen, womit $\underline{K}$ in Abhängigkeit von $\hat{\underline{K}}$ bekannt ist. Man könnte auf Grund von (14.123) im ersten Augenblick denken, daß $\underline{K}$ noch $p \cdot q$ Freiheitsgrade besitzt, da $\hat{\underline{K}}$ ja $p \cdot q$ freie Parameter aufweist. Das braucht aber keineswegs der Fall zu sein, weil die Multiplikation mit

$$\underline{N} = \underline{I}_q - \underline{H}_r \underline{H}_r^+ \tag{14.125}$$

die Anzahl der Freiheitsgrade reduziert. Man erkennt das sofort am Grenzfall $r = q$, in dem $\underline{N} = \underline{0}$ ist, da (14.121) dann die eindeutige Lösung

$$\underline{K} = - \underline{Q}_r \underline{H}_r^{-1}$$

besitzt.

Vielmehr wurden durch die Festlegung von r Eigenwerten und ihren Parametervektoren $p \cdot r$ Freiheitsgrade verbraucht, so daß nur noch

$$p \cdot q - p \cdot r = p(q - r)$$

Freiheitsgrade übrig sein können. Um dies auch formelmäßig zum Ausdruck zu bringen, wird $\underline{N}$ umgeformt. Da die (q,r)-Matrix $\underline{H}_r$ nach Vorraussetzung den Höchstrang r besitzt, hat die Matrix $\underline{N}$ nach einem Satz der Penrose-Theorie (Kapitel 17) den (q−r)-fachen Eigenwert 1 und den r-fachen Eigenwert 0. Überdies ist $\underline{N}$ gemäß (14.124) und (14.125) symmetrisch. Daher gibt es eine Transformation $\underline{T}$ auf Diagonalform (Kapitel 17 sowie [14.27], § 15):

$$\underline{N} = \underline{T} \cdot \begin{bmatrix} \underline{I}_{q-r} & \underline{0} \\ \underline{0} & \underline{0}_r \end{bmatrix} \underline{T}^T \,.$$

Mit $\underline{T} = \left[\underline{T}_1 \;\; \underline{T}_2 \right]$, wobei $\underline{T}_1$ eine (q,q-r)-Matrix und $\underline{T}_2$ eine (q,r)-Matrix ist, wird daraus:

$$\underline{N} = \left[\underline{T}_1 \;\; \underline{T}_2 \right] \cdot \begin{bmatrix} \underline{I}_{q-r} & \underline{0} \\ \underline{0} & \underline{0}_r \end{bmatrix} \cdot \begin{bmatrix} \underline{T}_1^T \\ \underline{T}_2^T \end{bmatrix} =$$

$$= \left[\underline{T}_1 \;\; \underline{0} \right] \cdot \begin{bmatrix} \underline{T}_1^T \\ \underline{T}_2^T \end{bmatrix} = \underline{T}_1 \underline{T}_1^T \,.$$

Damit folgt aus (14.123)

$$\underline{K} = - \underline{Q}_r \underline{H}_r^+ - \hat{\underline{K}} \underline{T}_1 \underline{T}_1^T$$

oder

$$\underline{K} = - \underline{Q}_r \underline{H}_r^+ + \tilde{\underline{K}} \underline{T}_1^T \,. \tag{14.126}$$

Hier wurde

$$\hat{\underline{K}} \underline{T}_1 = - \tilde{\underline{K}} \tag{14.127}$$

gesetzt. $\tilde{\underline{K}}$ ist eine (p,q−r)-Matrix, deren Elemente die verbliebenen $p \cdot (q - r)$ Freiheitsgrade explizit darstellen. Wie man sie auch wählt, die mit $\underline{K}$ nach (14.126) gebildete Regelung hat die gewünschten Eigenwerte $\lambda_{K1}, \ldots, \lambda_{Kr}$ samt den zugehörigen vorgegebenen Parametervektoren.

Um nun $\tilde{\underline{K}}$ zur gezielten Beeinflussung der restlichen Eigenwerte $\lambda_{K,r+1}, \ldots, \lambda_{Kn}$ der Regelung zu verwenden, gehen wir wieder von der Zustandsdifferentialgleichung der Regelung aus, wobei $\underline{w} = \underline{0}$ gesetzt werden darf:

$$\dot{\underline{x}} = (\underline{A} - \underline{B}\,\underline{K}\,\underline{C})\,\underline{x}$$

oder wegen (14.126)

$$\dot{\underline{x}} = (\tilde{\underline{A}} - \underline{B}\,\tilde{\underline{K}}\,\tilde{\underline{C}})\,\underline{x} \tag{14.128}$$

mit

$$\underline{\tilde{A}} = \underline{A} + \underline{B}\,\underline{Q}_r\,\underline{H}_r^+\underline{C}\ , \qquad (14.128a)$$

$$\underline{\tilde{C}} = \underline{T}_1^T\,\underline{C}\ . \qquad (14.128b)$$

Die nichtdominanten Eigenwerte $\lambda_{K,r+1}, \ldots, \lambda_{Kn}$ genügen deshalb wegen (14.96) bzw. (14.105) den Gleichungen

$$\det\left[\underline{I}_p + \underline{\tilde{K}}\,\underline{\tilde{C}}\left[\lambda_{Ki}\,\underline{I}_n - \underline{\tilde{A}}\right]^{-1}\underline{B}\right] = 0\ , \qquad i = r+1, \ldots, n\ , \qquad (14.129)$$

bzw.

$$\det\left[\underline{I}_p + \underline{\tilde{K}}\,\underline{\tilde{C}}\left[\xi_i\,\underline{I}_n - \underline{\tilde{A}}\right]^{-1}\underline{B}\right] - \frac{P^*(\xi_i)}{\det(\xi_i\underline{I}_n - \underline{\tilde{A}})} = 0\ , \qquad i = r+1, \ldots, n\ . \qquad (14.130)$$

Diese Eigenwerte werden durch Minimierung des Gütemaßes J_2, das entsprechend (14.106) zu bilden ist, gezielt beeinflußt. Dabei hat man die Gewichtungsfaktoren $w_{11}, \ldots, w_{1r} = 0$ zu setzen.

Sollen die restlichen $n-r$ Eigenwerte *genau* festgelegt werden, so muß gelten:

$$p(q-r) \geq n - r\ ,$$

woraus

$$r \leq \frac{pq - n}{p - 1} \qquad (14.131)$$

folgt. Ist diese Bedingung nicht erfüllt, so kann man die restlichen Eigenwerte nur näherungsweise in die gewünschte Position bringen. Da sie aber nichtdominant sind, wird hierdurch die Regelungsdynamik nicht sonderlich beeinträchtigt werden.

Der nächstfolgende Unterabschnitt bringt ein Beispiel zu dem beschriebenen Entwurfsverfahren. Zuvor sei aber noch eine theoretische Anmerkung gemacht. Man darf annehmen, daß sich mit einer (p,q)-Ausgangsrückführmatrix $\underline{K}$, die also über $p \cdot q$ freie Parameter verfügt, im allgemeinen *sämtliche* n Eigenwerte gezielt verschieben lassen, wenn $p \cdot q \geq n$ ist. Allerdings ist diese Aussage bislang noch nicht vollständig bewiesen, zumindest nicht unter realistischen Voraussetzungen über $\underline{K}$ (siehe hierzu [14.28]). Schon länger bekannt ist aber die Tatsache, daß man – von Ausnahmefällen abgesehen – sämtliche n Eigenwerte gezielt verschieben kann, wenn $p + q > n$ gilt, wenn also die *Summe* aus Stell- und Meßgrößen die Systemordnung übersteigt [14.29, 14.30]. Mittels des eben beschriebenen Verfahrens kann man nun unter dieser Voraussetzung einen Formelausdruck für $\underline{K}$ herleiten, in dem die nach Festlegung der n Eigenwerte verbleibenden Freiheitsgrade explizit auftreten ([14.25], Abschnitt 4.5.1). Allerdings ist die Voraussetzung $p + q > n$ recht einschränkend und wird bei den meisten Mehrgrößensystemen zunächst nicht erfüllt sein. Jedoch kann man durch Übergang zu einem dynamischen Regler erreichen, daß diese Ungleichung erfüllt wird (siehe Abschnitt 14.3).

14.7.5 Anwendungsbeispiel: Kraftfahrzeugmotor

Es wird ein Verbrennungsmotor betrachtet, der konstruktiv so aufgebaut ist, daß er einen "Magermotor" darstellt, d.h. das Luft-Benzin-Verhältnis $\lambda > 1$ ist, um hierdurch Benzinverbrauch und Schadstoffabgabe zu reduzieren. Dadurch wird jedoch die Fahrdynamik des Motors verschlechtert, weil Beschleunigungsvorgänge zu einem starken Absacken des Drehmoments und möglicherweise zum Stillstand des Motors führen können. Durch eine Regelung soll diese Schwierigkeit behoben, also bei etwa gleichem Benzinverbrauch und Schadstoffverhalten eine brauchbare Fahrdynamik erzielt werden.

Im Bild 14/18 ist die grundsätzliche Anordnung dargestellt [14.25, 14.31]. $y_1, \ldots, y_7$ sind die Regelgrößen, d.h. die gezielt zu beeinflussenden Größen. Von ihnen werden aber nur $y_1, \ldots, y_4$ zurückgeführt, da für die Messung der Schadstoffgehalte y_5, y_6 und y_7 bislang geeignete Sensoren fehlen. Was die Stellgrößen $u_1, \ldots, u_4$ angeht, so wird herkömmlicherweise die Drosselklappenstellung u_1, durch welche die Luftzufuhr zum Motor gesteuert wird, über das Gaspedal direkt vom Fahrer betätigt. Bei der vorliegenden Anordnung wird sie jedoch vom Regler geliefert. Der Fahrer wirkt nur noch über den Regler auf sie ein. Die Stellgröße u_2, die durch das Stichwort "Abgasrückführung" gekennzeichnet ist, wird zur Verringerung des Schadstoffausstoßes eingeführt. Sie besteht in einer Ventilverstellung, durch welche ein Teil des Abgasstromes wieder dem Verbrennungsraum zugeführt wird, um so die im Abgas vorhandenen Kohlenwasserstoffe zu vermindern.

Aufgabe der Regelung ist es, einen gewünschten Arbeitspunkt gegen den Einfluß von Störungen aufrechtzuerhalten. Nach Linearisierung um den Arbeitspunkt erhält man als mathematisches Modell der Strecke die Zustandsgleichungen

$$\underline{\dot{x}} = \underline{A}\,\underline{x} + \underline{B}\,\underline{u}\ ,$$

$$\underline{y}_R = \underline{C}\,\underline{x} + \underline{D}\,\underline{u}\ ,$$

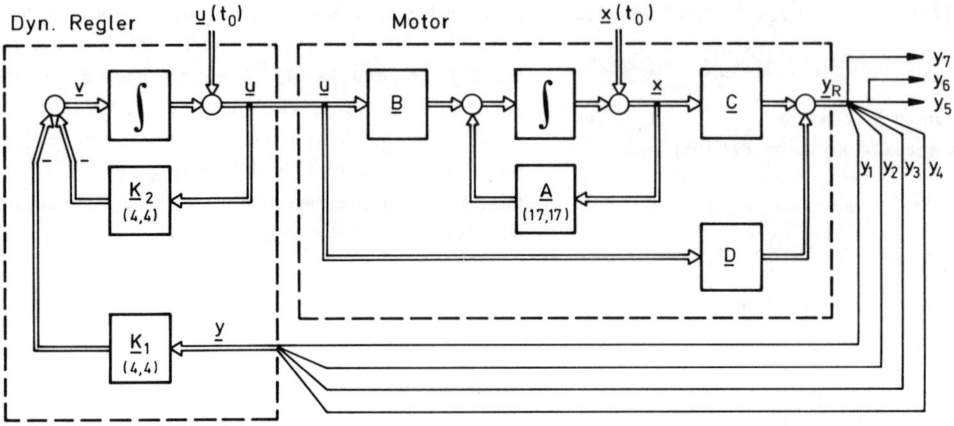

u_1 Drosselklappenstellung	y_1 Drehmoment	y_5 Kohlenwasserstoffgehalt
u_2 Abgasrückführung	y_2 Drehzahl	y_6 Stickoxidgehalt
u_3 Zündwinkel	y_3 Unterdruck im Ansaugrohr	y_7 Kohlenmonoxidgehalt
u_4 Benzindurchsatz	y_4 Benzinverbrauch	der Abgase

Bild 14/18. Regelung eines Kraftfahrzeugmotors

wobei die Zustandsdifferentialgleichung die Ordnung 17 besitzt. Bemerkenswerterweise ist die Durchgangsmatrix $\underline{D} \neq \underline{0}$. Es rührt dies daher, daß Verstellungen des Zündwinkels u_3 im Brennraum ohne nennenswerte Zeitverzögerungen auf das Drehmoment y_1 und die Schadstoffkonzentrationen y_5, y_6 und y_7 wirken. Die numerischen Werte der Zustandsmatrizen $\underline{A}$, $\underline{B}$, $\underline{C}$, $\underline{D}$ (wie auch der Reglermatrizen $\underline{K}_1$ und $\underline{K}_2$) findet man in [14.25].

Der Durchgriff von u_3 auf y_1 muß beim Reglerentwurf beachtet werden. Würde man den Regler als konstante Rückführung $\underline{K}$ oder auch als PI-Zustandsregler auslegen, so ergäbe sich über den konstanten Anteil des Reglers und die Durchgangsmatrix $\underline{D}$ eine geschlossene algebraische Schleife. Das ergäbe hohe Stellbeträge und starke Anfangspendelungen. Um dies zu vermeiden, wird ein dynamischer Regler angesetzt, dessen Struktur man im Bild 14/18 findet.

Wäre die innere Rückführung $\underline{K}_2$ des Reglers nicht vorgesehen, so hätte man in den Elementen von $\underline{K}_1$ 16 freie Parameter zur Verfügung. Das genügt, um die 17 Eigenwerte der Regelung in gewünschte Positionen zu bringen, da der 17. Eigenwert, sehr weit links gelegen, praktisch bedeutungslos ist. Wie die Simulation zeigt, ergibt sich auf diese Weise jedoch kein sonderlich günstiges dynamisches Verhalten. Deshalb ist man bestrebt, gemäß den Ausführungen des vorigen Abschnitts zusätzlich einige Parametervektoren vorzugeben. Die dazu erforderlichen Freiheitsgrade werden durch die Matrix $\underline{K}_2$ bereitgestellt.

Aus Bild 14/18 liest man ab:

$$\underline{u}(t) = \underline{u}(t_0) + \int_{t_0}^{t} \left[-\underline{K}_2\,\underline{u}(\tau) - \underline{K}_1\,\underline{y}(\tau) \right] d\tau \; .$$

Daraus folgt durch Differentiation nach t die Differentialgleichung

$$\dot{\underline{u}} = -\underline{K}_2\,\underline{u} - \underline{K}_1\,\underline{y} \; . \qquad (14.132)$$

Setzt man $\underline{u} = \underline{x}_D$, so sieht man, daß sie von der allgemeinen Form (14.11) der Zustandsdifferentialgleichung des dynamischen Reglers (für $\underline{w} = \underline{0}$) ist. Die zugehörige Ausgangsgleichung (14.12) nimmt hier die triviale Gestalt

$$\underline{u} = \underline{I} \cdot \underline{u} + \underline{0} \cdot \underline{y}$$

an.

Um das System mit dynamischem Regler auf ein System mit konstantem Regler zurückzuführen, ist es im vorliegenden Fall am bequemsten, einfach die I-Glieder des Reglers zur Strecke zu schlagen. Nach Bild 14/18 hat dann die erweiterte Strecke den Zustandsvektor $\begin{bmatrix} \underline{x} \\ \underline{u} \end{bmatrix}$, ihr Eingangsvektor ist der Stellgeschwindigkeitsvektor $\underline{v}$, ihr Ausgangsvektor $\begin{bmatrix} \underline{y} \\ \underline{u} \end{bmatrix}$. Daher lautet ihre Zustandsdifferentialgleichung

$$\dot{\underline{x}} = \underline{A}\,\underline{x} + \underline{B}\,\underline{u}$$

$$\dot{\underline{u}} = \underline{v}$$

oder

$$\begin{bmatrix} \underline{x} \\ \underline{u} \end{bmatrix}^{\bullet} = \begin{bmatrix} \underline{A} & \underline{B} \\ \underline{0} & \underline{0} \end{bmatrix} \cdot \begin{bmatrix} \underline{x} \\ \underline{u} \end{bmatrix} + \begin{bmatrix} \underline{0} \\ \underline{I}_4 \end{bmatrix} \underline{v} \,. \qquad (14.133)$$

Die zugehörige konstante Ausgangsrückführung ist, ebenfalls nach Bild 14/18,

$$\underline{v} = -\underline{K}_1\,\underline{y} - \underline{K}_2\,\underline{u} = -\left[\underline{K}_1, \underline{K}_2\right] \cdot \begin{bmatrix} \underline{y} \\ \underline{u} \end{bmatrix}. \qquad (14.134)$$

Für die erweiterte Strecke (14.133) von der Ordnung 21 wird nun ein Riccati-Regler entworfen. Von den Eigenwerten der damit gebildeten Regelung werden 5 dominante samt zugehörigen Parametervektoren übernommen. Da letztere 4-dimensional sind, aber eine Komponente beliebig $\neq 0$ festgelegt werden darf, sind hiermit $5 + 5 \cdot 3 = 20$ Freiheitsgrade verbraucht. Von den insgesamt $4 \cdot 4 + 4 \cdot 4 = 32$ freien Parametern der Matrix $\left[\underline{K}_1, \underline{K}_2\right]$ stehen also noch 12 freie Parameter zur Verfügung. Mit ihnen lassen sich die restlichen 16 Eigenwerte der Riccati-Regelung zwar nicht exakt festlegen, aber durch Minimierung des Gütemaßes J_2 ohne Schwierigkeit im Zaume halten. Dies sieht man aus Bild 14/19, welches die aus der Riccati-Regelung erhaltenen, der Ausgangsrückführung vorgegebenen Eigenwerte neben die mit der Ausgangsrückführung

$$\underline{K} = \left[\underline{K}_1, \underline{K}_2\right]$$

tatsächlich erzielten Eigenwerte stellt. Man erkennt, daß die Abweichungen geringfügig sind, mit einziger Ausnahme des Eigenwertes $\lambda_{R,20}$, der aber so weit links der j-Achse liegt, daß seine Verschiebung keine Rolle spielt.

Die Bilder 14/20 bis 14/22 zeigen Rechnersimulationen der Zeitvorgänge. Dabei wurde ein Anfangszustand $\begin{bmatrix} \underline{x}_0 \\ \underline{u}_0 \end{bmatrix}$ eingestellt, der einem Sprung der Drosselklappenstellung von −5% auf 0, also einem Öffnen der Drosselklappe und damit einem Beschleunigungsvorgang, entspricht. Die Größen in den Bildern sind sämtlich normiert.

Da sich beim Öffnen der Drosselklappe der Luftdurchsatz schnell erhöht, kommt es ohne Regelung kurzfristig zu einer starken Abmagerung des Benzin-Luft-Gemisches und infolgedessen zu einem starken Einbruch von Drehmoment und Drehzahl. Wie man aus Bild 14/20 sieht, wird dieser Drehmomenteinbruch, der sonst zum Stillstand des Motors führen könnte, ebenso wie der Drehzahleinbruch durch die Regelung verhindert. Die Stellgrößenverläufe in Bild 14/21 zeigen, daß dies durch eine Erhöhung des Benzindurchsatzes bei gleichzeitiger Zurücknahme der Drosselklappenstellung erreicht wird. Hieraus ist der Vorteil einer unmittelbaren Drosselklappenverstellung durch den Regler und nicht durch den Fahrer zu ersehen, denn nur durch das aufeinander abgestimmte Zusammenspiel von Zündung (u_3), Benzineinspritzung (u_4) und Drosselklappenverstellung (u_1) läßt sich eine zu starke Abmagerung des

Nr.	Mit $\underline{K}$ erreichte Regelungseigenwerte	Vorgegebene Regelungseigenwerte
1	-1.6866	-1.6863
2/3	-3.5194 ± j1.1647	-3.2179 ± j1.1197
4/5	-5.5898 ± j 11.7102	-5.4183 ± j 10.9967
6/7	-7.9310 ± j 19.0850	-8.0576 ± j 18.8979
8	-8.7914	-8.7914
9	-12.3980	-12.3980
10	-12.9810	-12.9810
11	-14.8846	-14.9584
12/13	-18.9010 ± j5.4954	-18.9010 ± j5.4954
14	-18.9794	-18.9793
15/16	-22.2921 ± j 22.3201	-22.1830 ± j 22.2472
17	-28.6490	-28.6548
18	-34.0764	-33.1755
19	-42.1529	-42.0146
20	-37.4462	-49.5856
21	-133.2984	-133.3000

Bild 14/19.
Vorgegebene Eigenwerte und mit der Ausgangsrückführung $\underline{K} = \left[\underline{K}_1, \underline{K}_2\right]$ erreichte Eigenwerte des Kraftfahrzeugmotors

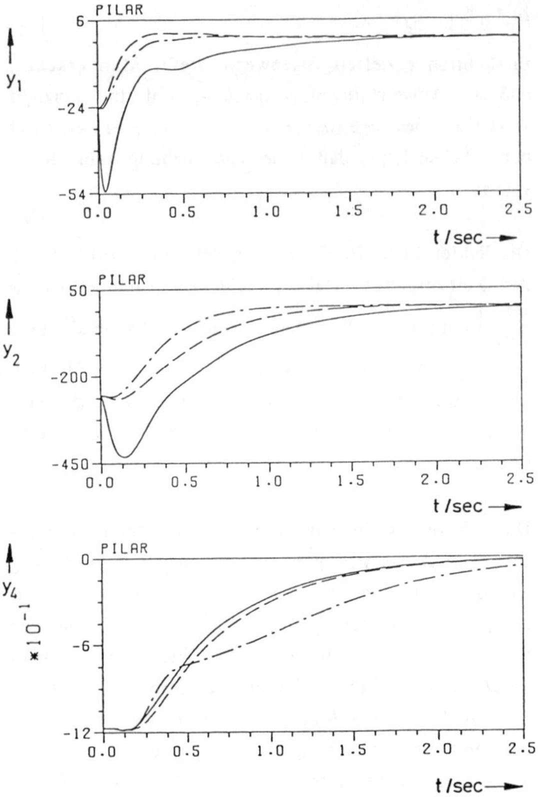

Bild 14/20. Drehmoment y_1, Drehzahl y_2 und Benzinverbrauch y_4 des Motors bei einem Beschleunigungsvorgang

—— ungeregelter Motor

–·– Riccati-Regler

– – – Ausgangsregler K

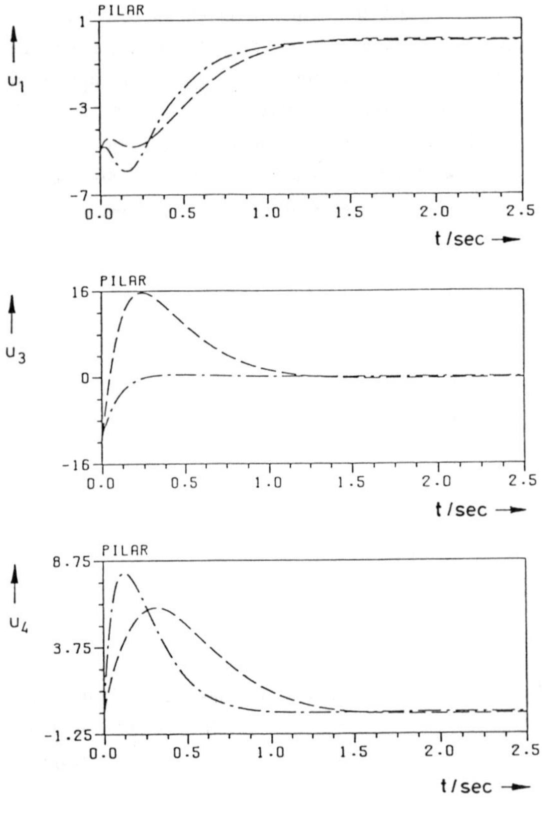

Bild 14/21. Drosselklappenstellung u_1, Zündwinkel u_3 und Benzindurchsatz u_4 bei einem Beschleunigungsvorgang

–·– Riccati-Regler

– – – Ausgangsregler K

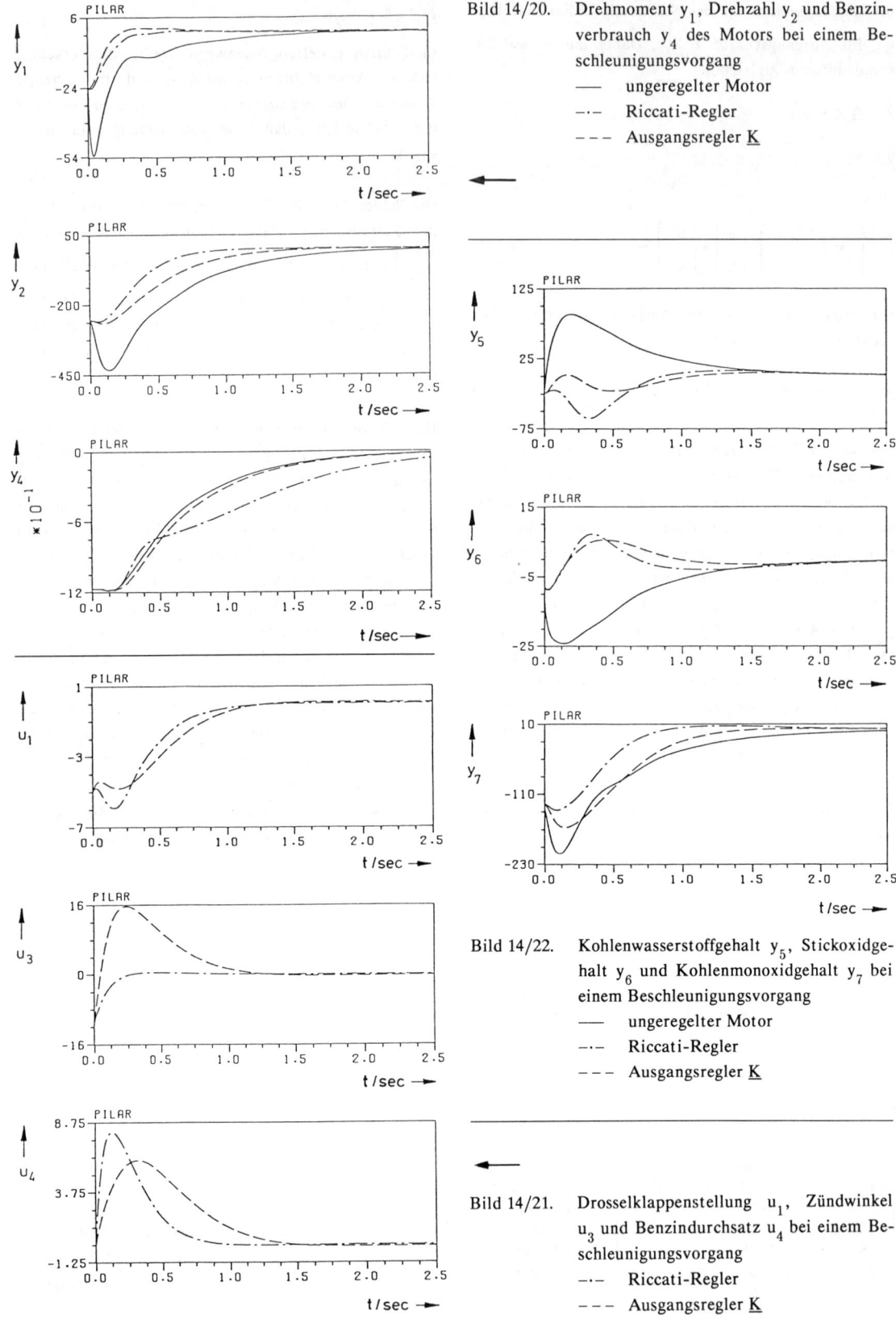

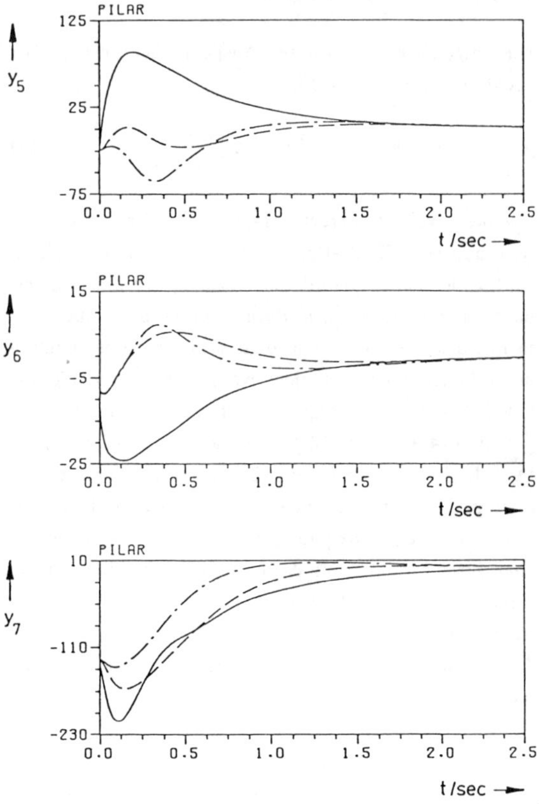

Bild 14/22. Kohlenwasserstoffgehalt y_5, Stickoxidgehalt y_6 und Kohlenmonoxidgehalt y_7 bei einem Beschleunigungsvorgang

—— ungeregelter Motor

–·– Riccati-Regler

– – – Ausgangsregler K

Benzin-Luft-Gemisches und damit ein Einbruch des Drehmoments bei dem hier betrachteten Magermotor verhindern. Damit ist das Hauptziel der Regelung, die Verbesserung der Fahrdynamik, erreicht. Wie man aus Bild 14/20 entnimmt, wird auch der Benzinverbrauch y_4 durch die Regelung verringert.

Wie es mit dem Schadstoffausstoß steht, zeigt das Bild 14/22. Dabei kommt es nicht auf die Momentanwerte der normierten Größen y_5, y_6 und y_7 an, sondern auf das Integral über die Zeit, etwa längs des abgebildeten Zeitintervalls. Dann sieht man, daß die Regelung bezüglich des Kohlenwasserstoffgehalts y_5 eine Verbesserung bringt, bezüglich des Kohlendioxidgehalts y_7 allenfalls eine geringfügige Verschlechterung zur Folge hat, jedoch bezüglich des Stickoxidgehalts y_6 eine beträchtliche Verschlechterung nach sich zieht. Hier zeigt sich die Grenze der Regelung. Eine bessere Verbrennung des Benzins führt zu einem geringeren Ausstoß an unverbrannten Kohlenwasserstoffen, die höhere Verbrennungstemperatur aber erzeugt mehr Stickoxide. Da kann die Regelung nur einen Kompromiß erreichen. Weitergehende Verbesserungen erfordern konstruktive Maßnahmen.

Vergleicht man in den Bildern 14/20 bis 14/22 die vollständige Zustandsrückführung mittels Riccati-Regler mit der Ausgangsrückführung $\underline{K}$, so sieht man, daß beide eine ähnliche Dynamik aufweisen. Die nach dem Verfahren des vorigen Abschnitts entworfene dynamische Ausgangsrückführung 4. Ordnung von 4 Meßgrößen liefert somit ein vergleichbares Resultat wie die vollständige Zustandsrückführung.

Schrifttum zum Kapitel 14

[14.1] P. Ficklscherer - P.C. Müller: Robuste Zustandsbeobachter für lineare Mehrgrößenregelungssysteme mit unbekannten Störungen. Automatisierungstechnik 33 (1985), S. 173-179.

[14.2] P. Ficklscherer: Analyse und Synthese parameter- und störgrößenunempfindlicher Zustandsbeobachter. VDI-Verlag, 1986.

[14.3] L. Litz: Dezentrale Regelung. R. Oldenbourg Verlag, 1983.

[14.4] G. Roppenecker: Stationär genaue Vorsteuerung proportional geregelter Systeme. Regelungstechnik 31 (1983), S. 414-415.

[14.5] G. Grübel: Beobachter zur Reglersynthese. Habilitationsschrift, Ruhr-Universität Bochum, Fakultät für Maschinenbau, 1977.

[14.6] H. Roth: Ein neues Verfahren zur Ordnungsreduktion und Reglerentwurf auf der Basis des reduzierten Modells. VDI-Verlag, 1984.

[14.7] H. Roth: Entwurf eines Teilzustandsreglers mit Hilfe der Ordnungsreduktion. Regelungstechnik 32 (1984), S. 349-353 und 376-379.

[14.8] G. Roppenecker: Polvorgabe durch Zustandsrückführung. Regelungstechnik 29 (1981), S. 228- 233.

[14.9] G. Roppenecker: Entwurf von Ausgangsrückführungen mit Hilfe der invarianten Parametervektoren. Regelungstechnik 31 (1983), S. 125-131.

[14.10] G. Roppenecker: Vollständige Modale Synthese linearer Systeme und ihre Anwendung zum Entwurf strukturbeschränkter Zustandsrückführungen. VDI-Verlag, 1983.

[14.11] G. Roppenecker: On parametric state feedback design. International Journal of Control 43 (1986), S. 793-804.

[14.12] W. Krabs: Einführung in die lineare und nichtlineare Optimierung. B.G. Teubner Verlag, 1983.

[14.13] H.P. Geering u.a.: Optimierungsverfahren zur Lösung deterministischer regelungstechnischer Probleme. Verlag Paul Haupt, Bern und Stuttgart, 1982.

[14.14] P.E. Gill - M. Murray: Quasi-Newton methods for unconstrained optimization. Journ. Inst. Math. Appl. 9 (1972), S. 91-108.

[14.15] G. Roppenecker: Minimum norm output feedback design under specified eigenvalue areas. Systems and Control Letters 3 (1983), S. 101-103.

[14.16] G. Roppenecker: Zeitbereichsentwurf linearer dynamischer Systeme mittels Vollständiger Modaler Synthese. Automatisierungstechnik 35 (1987), S. 89-95.

[14.17] G. Kreißelmeier - R. Steinhauser: Systematische Auslegung von Reglern durch Optimierung eines vektoriellen Gütekriteriums. Regelungstechnik 27 (1979), S. 76-79.

[14.18] W.S. Levine - M. Athans: On the Determination of the Optimal Constant Output Feedback Gains for Linear Multivariable Systems. IEEE Transactions on Automatic Control 15 (1970), S. 44-48.

[14.19] R.L. Kosut: Suboptimal Control of Linear Time-Invariant Systems Subject to Control Structure Constraints. IEEE Transactions on Automatic Control 15 (1970), S. 557-563.

[14.20] O. Föllinger: Entwurf konstanter Ausgangsrückführungen im Zustandsraum. Automatisierungstechnik 34 (1986), S. 5-15.

[14.21] P.C. Müller - A. Truckenbrodt: Entwurf eines optimalen Beobachters. Regelungstechnik 25 (1977), S. 381-387.

[14.22] U. Kuhn - G. Schmidt: Fresh look into the design and computation of optimal output feedback controls for linear multivariable systems. International Journal of Control 46 (1987), S. 75-95.

[14.23] J. Stoer: Einführung in die Numerische Mathematik I. Springer-Verlag, 3. Auflage, 1979.

[14.24] U. Konigorski: A New Direct Approach to the Design of Structurally Constrained Controllers. Preprints of the 10th IFAC World Congress on Automatic Control 1987, vol. 8, S. 293-297.

[14.25] U. Konigorski: Ein direktes Verfahren zum Entwurf strukturbeschränkter Zustandsrückführungen durch Polvorgabe. VDI-Verlag, 1988.

[14.26] R. Zurmühl: Praktische Mathematik. Springer-Verlag, 5. Auflage, 1965.

[14.27] R. Zurmühl - S. Falk: Matrizen und ihre Anwendungen. Teil 1: Grundlagen. Springer-Verlag, 1984.

[14.28] C. Giannakopoulos - N. Karcanias: Pole assignment of strictly proper and proper linear systems by constant output feedback. International Journal of Control 42 (1985), S. 543-565.

[14.29] H. Kimura: Pole Assignment by Gain Output Feedback. IEEE Transactions on Automatic Control 20 (1975), S. 509-516.

[14.30] E.J. Davison - S.M. Wang: On Pole Assignment in Linear Multivariable Systems Using Output Feedback. IEEE Transactions on Automatic Control 20 (1975), S. 516-518.

[14.31] J.F. Cassidy - M. Athans - W.-H. Lee: On the Design of Electronic Automotive Engine Controls Using Linear Quadratic Control Theory. IEEE Transactions on Automatic Control 25 (1980), S. 901-912.

[14.32] G. Roppenecker: Zeitbereichsentwurf linearer Regelungen - Grundlegende Strukturen und eine allgemeine Methodik ihrer Parametrierung. R. Oldenbourg Verlag, 1990.

15.1 Robustheit von Regelungen

Bildet man das mathematische Modell eines dynamischen Systems, so hängt dieses von den Systemparametern ab. Wird das Modell etwa durch lineare Differentialgleichungen oder auch durch Übertragungsfunktionen beschrieben, so sind deren Koeffizienten Funktionen der Systemparameter. Vielfach werden diese nicht genau bekannt sein, können auch im Laufe des Betriebs Schwankungen unterliegen. Sofern solche Parameterungenauigkeiten genügend klein sind, braucht man sich beim Reglerentwurf um sie nicht besonders zu kümmern - ist es doch das Schicksal jedes realen Regelungsentwurfs, auf mathematische Präzision verzichten zu müssen.

Solche Toleranz wird jedoch unmöglich, wenn die Parameteränderungen größer werden. Betrachten wir beispielsweise die Verladebrücke aus Abschnitt 11.3 (Bild 11/6). Hier kann die Greifermasse m_G je nach aufgenommener Last ganz erheblichen Änderungen unterliegen. Auch die Seillänge ℓ kann sehr verschieden sein. Oder ein anderes Beispiel: Bei einem Flugzeug hängen die Parameter ganz wesentlich von der Geschwindigkeit und der Höhe ab, wobei letztere über den Luftdruck vor allem den Auftrieb beeinflußt.

Wie man bereits aus diesen Beispielen erkennt, kann die Parameterveränderlichkeit in zweierlei Weise in Erscheinung treten. Es kann so sein, daß die Parameter während eines Regelungsvorgangs fest sind, aber bei verschiedenen Regelungsvorgängen stark verschiedene feste Werte haben. Beispiel eines solchen Parameters ist die Greifermasse m_G. Für einen bestimmten Verladevorgang ist sie fest, kann aber bei verschiedenen Verladevorgängen ganz verschieden sein. Dagegen sind Geschwindigkeit und Höhe bei einer Flugzeugregelung Parameter, die sich während des Regelungsvorgangs kontinuierlich verändern. Diese Änderung kann langsam sein, verglichen mit der Regelungsdynamik, wie es z.B. sicherlich beim Parameter "Höhe" der Flugzeugregelung der Fall ist. Die Änderungsgeschwindigkeit kann aber auch im Bereich der Regelungsdynamik liegen, etwa im Fall der Verladebrücke, wenn die Seillänge ℓ schnell verändert wird.

Im folgenden wird stets die *Voraussetzung* gemacht, daß die *Änderungen der Systemparameter gegenüber den Regelungsvorgängen langsam* ablaufen, so daß man die Parameter als Konstanten ansehen darf, die allerdings verschiedene Werte annehmen können. Auf dieser Vorstellung bauen alle folgenden Betrachtungen auf. Ändern sich die Systemparameter hingegen schnell, so liegt ein zeit*variantes* System vor. Man kann auch dann versuchen, die im folgenden beschriebenen Methoden anzuwenden - doch stehen sie dann auf schwachen Füßen, was allerdings nicht ausschließt, daß man im Einzelfall Glück hat.

Bezeichnet man die veränderlichen Parameter des dynamischen Systems allgemein mit $\Theta_1, \Theta_2, \ldots, \Theta_h$, so kann man sie zu einem Vektor $\underline{\Theta}$ zusammenfassen. Betrachtet man sie als Koordinaten eines h-dimensionalen Euklidischen Raumes, des *Parameterraumes*, so wird $\underline{\Theta}$ in einem Bereich B dieses Raumes liegen, der durch die konkrete Problemstellung bestimmt ist. Im Beispiel der Verladebrücke ist $\Theta_1 = m_G$, $\Theta_2 = \ell$. Der Parameterbereich B hat hier die Gestalt eines Rechtecks (Bild 15/1). Immer, wenn die Parameter sich unabhängig voneinander ändern, liegen sie in den Intervallen

$$m_\nu \leq \Theta_\nu \leq M_\nu\ , \quad \nu = 1,\ldots,h\ ,$$

mit festen Grenzen m_ν und M_ν. Der Bereich B ist daher ein Rechteck bzw. ein Quader bzw. ein Hyperquader.

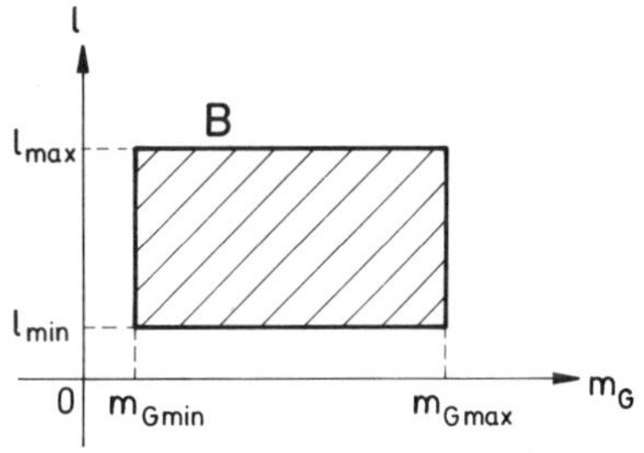

Bild 15/1. Parameterbereich der Verladebrücke

Die Zustandsdifferentialgleichung der Regelstrecke ist dann von der Form

$$\dot{\underline{x}} = \underline{A}(\underline{\Theta})\,\underline{x} + \underline{B}(\underline{\Theta})\,\underline{u}\ , \qquad (15.1)$$

da die Matrizen $\underline{A}$ und $\underline{B}$ von den Parametern $\Theta_1, \Theta_2, \ldots, \Theta_h$ abhängen. Diese Abhängigkeit wird im allgemeinen nichtlinear sein. So sind bei der Verladebrücke gemäß (11.42) drei Elemente der Matrizen $\underline{A}$ und $\underline{B}$ von den veränderlichen Parametern $\Theta_1 = m_G$ und $\Theta_2 = \ell$ abhängig:

$$a_{23} = \frac{g}{m_K}\Theta_1 \ , \ a_{43} = \frac{(m_K + \Theta_1)g}{m_K \Theta_2} \ , \ b_4 = \frac{1}{m_K \Theta_2} \ ,$$

worin die letzten beiden Beziehungen nichtlinear sind.

Bei der Meßgleichung

$$\underline{y} = \underline{C}\,\underline{x}$$

läßt sich erreichen, daß $\underline{C}$ nicht von $\underline{\Theta}$ abhängt, indem man die Meßgrößen $y_1, \ldots, y_q$ als Zustandsvariablen wählt. Man spricht dann auch von *Sensorkoordinaten*. Wegen

$$y_1 = x_1, \ \ldots, \ y_q = x_q$$

besteht die Matrix $\underline{C}$ dann nur aus den Elementen 1 und 0.

Ist die Strecke durch eine Zustandsdifferentialgleichung vom Typ (15.1) gegeben, so besteht die *Aufgabe* darin, *einen festen Regler so zu entwerfen, daß die Regelung eine gewünschte Eigenschaft oder Gesamtheit von Eigenschaften besitzt, ganz gleich, welche Werte aus dem Parameterbereich B der Vektor $\underline{\Theta}$ annimmt. Die Regelung heißt dann robust hinsichtlich dieser Eigenschaft (oder Eigenschaftsgesamtheit) bezüglich der Parameteränderungen aus dem Bereich B.* Man sagt auch, der Regler erzeuge robustes Verhalten, oder kürzer, er sei ein *robuster Regler* (in dem genannten Sinn).

Die gewünschten Eigenschaften können verschiedenartig sein. Im folgenden wird vor allem gefordert, daß die *Eigenwerte $\lambda_{R1}, \ldots, \lambda_{Rn}$ der Regelung stets in einem vorgegebenen Bereich* Γ der komplexen Ebene (links der imaginären Achse) gelegen sind. Wir wollen dann von *Γ-Stabilität* der Regelung sprechen. Ganz gleich also, welche Lage die Parametergesamtheit $\underline{\Theta}$ im Bereich B einnimmt und wie dadurch die Eigenwerte im einzelnen verändert werden, sie sollen auf jeden Fall im Bereich Γ bleiben - so ist der Regler zu wählen. Zusätzlich werden wir gelegentlich verlangen, daß gewisse Gütemaße unter einer vorgegebenen Schranke bleiben.

Aber man kann auch andere Eigenschaften als wünschenswert ansehen. Bei einem Eingrößensystem etwa: daß die Führungssprungantwort in einem vorgeschriebenen Streifen über der t-Achse liegt, oder aber, daß ihre Überschwingweite und Übergangszeit bestimmte Ungleichungen erfüllen.

Was den Regler angeht, so kann er eine vollständige Zustandsrückführung

$$\underline{u} = -\,\underline{R}\,\underline{x} \tag{15.2}$$

oder eine konstante Ausgangsrückführung (Rückführung nur der Meßgrößen)

$$\underline{u} = -\,\underline{K}\,\underline{y} \tag{15.3}$$

oder auch ein dynamischer Regler sein, der sich gemäß Abschnitt 14.3 auf die letzte Darstellung zurückführen läßt. Auch (15.2) kann man sich als Grenzfall in (15.3) enthalten denken. Wesentlich ist, daß die Reglerparameter *fest* sind, also weder von der Zeit noch von anderen Systemgrößen abhängen.

Man kann den hiermit umschriebenen Begriff der robusten Regelung auch allgemeiner fassen, als wir es hier getan haben. So kann man statt der Parameteränderungen allgemeinere Modellveränderungen zulassen. Doch lassen sich solche vielfach auf Parameteränderungen zurückführen.

Hat man beispielsweise eine veränderliche Kennlinie F(u), so wird es vielfach möglich sein, sie in der Form

$$F(u) = \Theta_1 f_1(u) + \Theta_2 f_2(u) + \ldots + \Theta_h f_h(u)$$

mit festen Funktionen $f_\nu(u)$, z.B. Potenzen, darzustellen. Dann liegt die Veränderlichkeit nur noch in den Parametern Θ_ν.

Oder um ein anderes Beispiel zu nennen: Die Modellveränderung kann im Ausfall von Sensoren bestehen, so daß gewisse Meßgrößen nicht mehr zurückgeführt werden. Diesen Sachverhalt kann man durch Einführung eines modifizierten Meßvektors

$$\underline{\tilde{y}} = \begin{bmatrix} \Theta_1 y_1 \\ \vdots \\ \Theta_q y_q \end{bmatrix} = \begin{bmatrix} \Theta_1 & \cdots & 0 \\ \vdots & \ddots & \vdots \\ 0 & \cdots & \Theta_q \end{bmatrix} \underline{y} = \mathrm{diag}(\Theta_1, \ldots, \Theta_q)\cdot \underline{C}\,\underline{x}$$

beschreiben, wobei für die Meßgrößen mit möglichem Sensorausfall Θ_k die Werte 0 und 1 annimmt, während sonst konstant $\Theta_k = 1$ ist. Die Menge B aller möglichen $\underline{\Theta}$ besteht hier aus endlich vielen diskreten Punkten.

Man könnte auch daran denken, nicht auf einem festen Regler zu beharren, sondern die Reglerparameter als veränderlich zuzulassen, etwa in Abhängigkeit vom Streckenzustand oder auch von den Änderungen der Streckenparameter. Im erstgenannten Fall gelangt man zu strukturvariablen robusten Reglern (siehe z.B. [15.1], [15.2]), während man im letzteren Fall die Grenze zur adaptiven Regelung (siehe Kapitel 1) überschreiten würde. Dies sollte man vielleicht nicht tun, um den Begriff der robusten Regelung nicht zu verwässern. Im folgenden werden wir stets von einem Regler mit fester

Struktur und festen Parametern gemäß (15.2) und (15.3) ausgehen.

Wenn von "Robustheit" die Rede ist, taucht oft die Frage auf, wie sich dieser Begriff zum Begriff der "Empfindlichkeit" (siehe hierzu [15.3]) verhält. Die Meinungen hierüber gehen auseinander ([15.4], [15.5]). Sachgerecht wäre m.E. folgende Begriffsfassung: Gibt es in einem dynamischen System Größen, die entgegen Parameteränderungen einen Nominalwert, also einen vorgegebenen gewünschten Wert, besitzen sollen, der auch veränderlich sein darf, so liegt ein *Empfindlichkeitsproblem* vor, insofern der Wert dieser Größen gegen die Parameterschwankungen unempfindlich gemacht werden soll. Beispielsweise kann die Forderung darin bestehen, die Eigenwerte eines dynamischen Systems auf gewünschten Positionen in der komplexen Ebene zu halten, auch wenn sich Systemparameter ändern.

Bei einem Robustheitsproblem ist von Nominalverhalten im allgemeinen nicht die Rede. So gibt es bei der Forderung nach Γ-Stabilität keine Größen des dynamischen Systems, die vorgegebene Werte annehmen sollen. Ebensowenig ist dies der Fall, wenn man verlangt, daß gewisse Gütemaße unter einer Schranke bleiben.

So gesehen, ist das Empfindlichkeitsproblem ein Spezialfall des Robustheitsproblems, nämlich ein Robustheitsproblem, bei dem Nominalwerte aufrechtzuerhalten sind. Hierfür wurden besondere Verfahren entwickelt, die mit Empfindlichkeitsmaßen arbeiten, welche im allgemeinen allerdings nur "im Kleinen" gelten, d.h. für genügend kleine Veränderungen der Parameter.

Formuliert man das Empfindlichkeitsproblem anders, als es oben geschehen ist, so wird man das Verhältnis von Robustheit und Empfindlichkeit anders auffassen, als wir es hier getan haben. Im folgenden werden wir uns mit dem Empfindlichkeitsproblem nicht weiter befassen, hierfür sei auf [15.3] verwiesen.

Um nunmehr das Robustheitsproblem in der oben beschriebenen Form in Angriff zu nehmen, führen wir eine Vereinfachung durch, die sich durch 3 Schritte charakterisieren läßt.

(I) Aus dem Parameterbereich B werden einige signifikante Punkte herausgegriffen: $\underline{\Theta}_1, \ldots, \underline{\Theta}_m$. Bei einem Polygon- oder Polyederbereich können dies etwa die Ecken sein. Es kann aber durchaus sein, daß man in einem solchen Fall auch mit weniger Punkten auskommt.

Gemäß (15.1) gehören zu diesen Punkten die Zustandsdifferentialgleichungen

$$\dot{\underline{x}} = \underline{A}_\mu \underline{x} + \underline{B}_\mu \underline{u} \ , \quad \mu = 1, \ldots, m \ , \tag{15.4}$$

mit

$$\underline{A}_\mu = \underline{A}(\underline{\Theta}_\mu) \ , \quad \underline{B}_\mu = \underline{B}(\underline{\Theta}_\mu) \ .$$

Hierdurch wird das ursprüngliche mathematische Modell (15.1) mit einem im allgemeinen kontinuierlich veränderlichen Parameter $\underline{\Theta}$, das also eigentlich eine Gesamtheit von unendlich vielen Modellen darstellt, durch eine Menge von endlich vielen Modellen ersetzt. Man pflegt dann von einem *Multi-Modell-System* zu sprechen.

(II) Man stellt sich jetzt die Aufgabe, für das Multi-Modell-System, also für die m Modelle (15.4), *einen* robusten Regler

$$\underline{u} = - \underline{K} \, \underline{y}$$

zu entwerfen - einen festen Regler also, der die gewünschten Eigenschaften für *alle* m Modelle sichert. Damit liegt das sogenannte *Multi-Modell-Problem* vor.

Besteht die gewünschte Eigenschaft beispielsweise in der Γ-Stabilität, so muß der robuste Regler dafür sorgen, daß die Eigenwerte der Regelung aller m Modelle im vorgegebenen Bereich Γ der komplexen Ebene liegen, wie verschieden sie auch sonst sein mögen.

Es ist dabei zulässig, daß der Bereich Γ aus mehreren Teilen $\Gamma_1, \Gamma_2, \ldots$ besteht, die sich auch teilweise überdecken können. So kann es angebracht sein, den verschiedenen Betriebspunkten $\underline{\Theta}_\mu$ verschiedene Bereiche Γ_μ zuzuordnen, weil verschieden gelagerte Polkonfigurationen erforderlich sind, um in sämtlichen Betriebsfällen etwa gleich günstiges dynamisches Verhalten zu erreichen.

(III) Ist nun der Regler $\underline{K}$ gefunden, welcher das Multi-Modell-Problem löst, also die gewünschte Eigenschaft für die Parametergesamtheiten $\underline{\Theta}_1, \ldots, \underline{\Theta}_m$ garantiert, so wird angenommen, daß die gewünschte Eigenschaft zumindest mit einer gewissen Näherung für *sämtliche* $\underline{\Theta}$ aus dem Bereich B vorhanden ist. Handelt es sich beispielsweise um die Γ-Stabilität, so erwartet man, daß die Regelungseigenwerte für jeden Vektor $\underline{\Theta}$ aus B im Bereich Γ (oder doch in dessen unmittelbarer Nähe) liegen, weil dies für die charakteristischen Werte $\underline{\Theta}_1, \ldots, \underline{\Theta}_m$ gilt.

Durch diese Annahme wird die *Lösung des Robustheitsproblems auf die Lösung eines Multi-Modell-Problems zurückgeführt*. Diese Vorgehensweise, welche durch die Stetigkeitseigenschaften der Matrizenfunktion $\underline{A}(\underline{\Theta})$ motiviert wird, ist natürlich keineswegs gesichert, aber von einem pragmatischen Standpunkt aus, den der Ingenieur ja nicht selten einnehmen muß, dadurch gerechtfertigt, daß sie das Problem vereinfacht und sich in praktischen Fällen bewährt hat. Sucht man eine bessere Begründung, so muß man zur Robustheitsanalyse übergehen (*H. Kiendl*, z.B. [15.6]). Wir wollen uns jedoch mit der obigen Annahme zufriedengeben.

Zur Behandlung des Robustheitsproblems als Multi-Modell-Problem gibt es verschiedene Wege. Da ist zunächst die schon öfters in diesem Buch zitierte Methode der Gütevektoroptimierung von *G. Kreißelmeier* und *R. Steinhauser*, die sich, wie von *R. Steinhauser* [15.7] gezeigt wurde, unmittelbar zum Robustheitsentwurf verwenden läßt, allerdings großen Rechenaufwand erfordern kann. Ein sehr anschauliches geometrisches Verfahren, das die Gesamtheit der möglichen Lösungen liefert, ist die Parameterraummethode von *J. Ackermann* [15.4, 15.13]. Im folgenden sollen zwei analytisch-numerische Verfahren beschrieben werden, die den Vorzug haben, schematisch anwendbar zu sein und auch bei Mehrgrößensystemen mit relativ zahlreichen veränderlichen Parametern nicht allzuviel Rechenaufwand zu verlangen.

15.2 Robustheitsentwurf mittels Straffunktionen

15.2.1 Beschreibung der Methode

Dieses Verfahren, das sich durch theoretische und numerische Einfachheit auszeichnet und bei verschiedenen Anwendungen gut bewährt hat, wurde von *U. Konigorski* [15.8] angegeben. Es hat mit der im Abschnitt 14.7 beschriebenen "Direkten Methode zum Entwurf von Ausgangsrückführungen" des gleichen Verfassers nichts zu tun.

Wir betrachten einen Bereich Γ in der komplexen s-Ebene, der symmetrisch zur reellen Achse und links von der j-Achse liege. Sein Rand sei eine geschlossene, sich nicht selbst überschneidende Kurve C, die aus endlich vielen glatten Kurvenstücken $C_1, \ldots, C_r$ besteht (Bild 15/2). Diese seien so orientiert, daß Γ zu ihrer Linken liegt. Außerdem ist Γ so zu wählen, daß bezüglich jeder Kurve C_ρ alle anderen Kurvenstücke links gelegen sind. Ist C_ρ ein solches Kurvenstück, so kann es durch eine Gleichung von der Form $F_\rho(\delta,\omega) = 0$ beschrieben werden. Dann sei links von C_ρ $F_\rho(\delta,\omega) < 0$, rechts von C_ρ $F_\rho(\delta,\omega) > 0$. Insgesamt gilt also

$$F_\rho(\delta,\omega) < 0 \quad \text{links von } C_\rho ,$$
$$F_\rho(\delta,\omega) = 0 \quad \text{auf } C_\rho ,$$

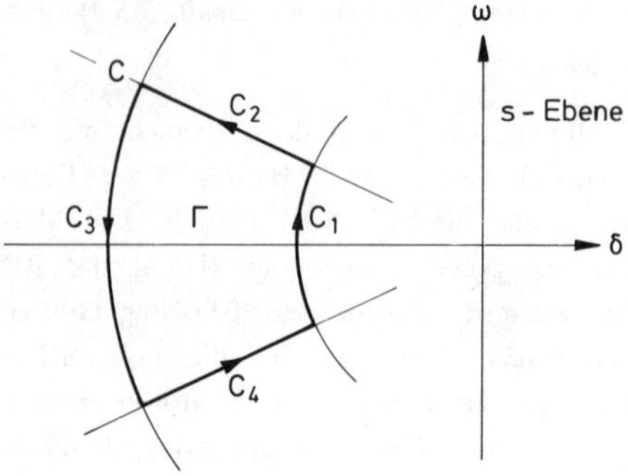

Bild 15/2. Zulässiger Bereich Γ für die Eigenwerte der robusten Regelung

$$F_\rho(\delta,\omega) > 0 \quad \text{rechts von } C_\rho , \quad \rho = 1, \ldots, r .$$

Es sei nun $g_\rho(v)$ eine positive Funktion der Variablen v, die

$$\begin{aligned} &<< 1 \quad \text{für } v < 0 , \\ &= 1 \quad \text{für } v = 0 , \\ &>> 1 \quad \text{für } v > 0 . \end{aligned}$$

Eine solche Funktion ist beispielsweise

$$g_\rho(v) = e^{p_\rho v} , \tag{15.5}$$

wenn p_ρ eine genügend große Zahl > 1 ist. Hieraus bildet man die Funktion

$$\gamma(\delta,\omega) = \sum_{\rho=1}^{r} e^{p_\rho F_\rho(\delta,\omega)} . \tag{15.6}$$

Sie ist << 1, wenn der Punkt (δ,ω) im Innengebiet von C liegt, da dann (δ,ω) links von allen Kurven C_ρ gelegen ist und deshalb für *jedes* ρ $e^{p_\rho F_\rho(\delta,\omega)} << 1$ ist. Liegt hingegen (δ,ω) außerhalb von C, so befindet sich (δ,ω) rechts von mindestens einer Kurve C_ρ, so daß für diese $e^{p_\rho F_\rho(\delta,\omega)}$ und damit $\gamma(\delta,\omega) >> 1$. Somit ist

$$\begin{aligned} &\gamma(\delta,\omega) << 1 \quad \text{innerhalb C} , \\ &\gamma(\delta,\omega) >> 1 \quad \text{außerhalb C} . \end{aligned} \tag{15.7}$$

Das Verhalten von $\gamma(\delta,\omega)$ auf C selbst ist für das Folgende ohne Belang.

Man denke sich nun die Rückführmatrix $\underline{K}$ irgendwie gewählt. Dann seien

$$\lambda_{\mu\nu} = \delta_{\mu\nu} + j\omega_{\mu\nu} , \quad \nu = 1, \ldots, n , \tag{15.8}$$

die n Eigenwerte der mit $\underline{K}$ gebildeten Regelung [1], welche zum Betriebspunkt $\underline{\Theta}_\mu$ des Multi-Modell-Problems gehören, wobei also $\mu = 1,\ldots,m$ ist. Man denkt sich also jedes der m Systeme

$$\dot{\underline{x}} = \underline{A}_\mu \underline{x} + \underline{B}_\mu \underline{u}$$

mittels der gleichen Rückführmatrix $\underline{K}$ geregelt. Dann gehört zu jeder dieser m Regelungen eine Konfiguration von n Eigenwerten. Bei beliebig vorgegebenem $\underline{K}$ liegen sie irgendwo in der s-Ebene. $\underline{K}$ soll nun so bestimmt werden, daß sie sämtlich in Γ zu liegen kommen, daß also für jeden gilt:

$$\gamma(\delta_{\mu\nu}, \omega_{\mu\nu}) << 1 \;;\; \mu = 1,\ldots,m \;;\; \nu = 1,\ldots,n \;.$$

Um dies zu erreichen, bilden wir mittels (15.6) die Funktion

$$S = \sum_{\mu=1}^{m} \sum_{\nu=1}^{n} \gamma(\delta_{\mu\nu}, \omega_{\mu\nu}) = \sum_{\mu=1}^{m} \sum_{\nu=1}^{n} \sum_{\rho=1}^{r} e^{p_\rho F_\rho(\delta_{\mu\nu}, \omega_{\mu\nu})} \;. \tag{15.9}$$

Sie hängt also von den Variablen $\delta_{11},\omega_{11};\ \delta_{12},\omega_{12};\ \ldots;\ \delta_{1n},\omega_{1n};\ \delta_{21},\omega_{21};\ \ldots;\ \delta_{mn},\omega_{mn}$ ab. Liegen sämtliche Eigenwerte im Innern von C, so ist für jeden $\gamma(\delta_{\mu\nu}, \omega_{\mu\nu}) << 1$ und damit auch $S << 1$. Liegt hingegen auch nur einer außerhalb von C, so ist für ihn $\gamma(\delta_{\mu\nu}, \omega_{\mu\nu}) >> 1$, also auch die gesamte Summe S (die ja nur positive Summanden enthält) $>> 1$. Es gilt somit

$$\begin{aligned} &S << 1 \,, \quad \text{wenn alle Eigenwerte innerhalb } \Gamma, \\ &S >> 1 \,, \quad \text{wenn mindestens ein Eigenwert außerhalb } \Gamma. \end{aligned} \tag{15.10}$$

Eigenwerte außerhalb des gewünschten Gebietes werden also dadurch "bestraft", daß sie sehr große Beiträge zur Funktion S liefern müssen. Deshalb wird S als *Straffunktion* bezeichnet.

Die Eigenwerte $(\delta_{\mu\nu}, \omega_{\mu\nu})$ hängen ihrerseits von der Rückführmatrix $\underline{K}$ ab. Daher kann man S als mittelbare Funktion von $\underline{K}$ auffassen:

$$S\left[\delta_{11}(\underline{K}),\omega_{11}(\underline{K});\ldots;\delta_{mn}(\underline{K}),\omega_{mn}(K)\right] = J(\underline{K}) \,. \tag{15.11}$$

Diese Funktion läßt sich allerdings nicht mehr analytisch angeben (genauer gesagt: durch elementare Funktionen ausdrücken), weil die Eigenwerte als Nullstellen der charakteristischen Gleichung (für $n > 2$) in komplizierter Weise von den Koeffizienten der Gleichung und damit von den Elementen k_{ij} von $\underline{K}$ abhängen. Eine solche Darstellung von $J(\underline{K})$ ist aber auch nicht notwendig. Wichtig ist allein, daß folgendes gilt:

- *$J(\underline{K}) << 1$, wenn $\underline{K}$ so gewählt ist, daß alle Eigenwerte $(\delta_{\mu\nu}, \omega_{\mu\nu})$ innerhalb C liegen.*
- *$J(\underline{K}) >> 1$, wenn $\underline{K}$ so gewählt ist, daß mindestens einer dieser Eigenwerte außerhalb C gelegen ist.*

$J(\underline{K})$ stellt also ebenfalls eine *Straffunktion* dar.

Man geht nun von einer beliebigen Rückführmatrix $\underline{K}$ aus, berechnet die zugehörigen Eigenwerte $(\delta_{\mu\nu}, \omega_{\mu\nu})$ $\mu = 1,\ldots,m$, $\nu = 1,\ldots,n$, des Multimodellsystems und sodann den zugehörigen Wert J. Dann vermindert man $J(\underline{K})$ im $(k_{11},\ldots,k_{pq})$-Raum mittels eines Gradientenverfahrens, indem man zu einem neuen $\underline{K}$-Wert übergeht. Mit diesem werden wiederum die Eigenwerte des Multi-Modell-Systems bestimmt. Usw. Dabei sollten die Parameter p_ρ nicht allzugroß gewählt werden, damit keine überhöhten Werte der e-Funktionen entstehen. Es ist möglich, daß das Gradientenverfahren in ein Nebenminimum von $J(\underline{K})$ einläuft, ehe sich alle Eigenwerte im Bereich Γ eingefunden haben. In konkreten Fällen hat dann die Änderung der Parameter p_ρ Abhilfe geschaffen.

Hat man sämtliche Eigenwerte in den Bereich Γ gedrängt, so ist das Verfahren abgeschlossen. Will man jedoch die Dynamik der Regelung weiter verbessern, indem man z.B. ein Riccati-Gütemaß klein macht, und dabei die Eigenwerte im Bereich Γ halten, so wird man bei der weiteren Rechnung, etwa mittels Gütevektoroptimierung, die Parameter p_ρ hochsetzen, um die Eigenwerte am Entweichen aus Γ zu hindern. Wie sie sich hierbei innerhalb Γ bewegen, ist ohne Belang.

Wie schon erwähnt, kann es zweckmäßig oder sogar notwendig sein, den verschiedenen Betriebspunkten $\underline{\Theta}_\mu$, $\mu = 1,\ldots,m$, des Multimodellsystems verschiedene Bereiche Γ_μ für die Eigenwerte zuzuordnen. Beispielsweise kann dies dann der Fall sein, wenn in dem einen Betriebszustand ein sehr schnelles, in einem anderen aber ein sehr gedämpftes und ruhiges Verhalten des dynamischen Systems erwünscht ist. Diese Erweiterung unserer Problemstellung erfordert lediglich eine geringfügige Modifikation der den Rand von Γ charakterisierenden Funktion $\gamma(\delta,\omega)$ gemäß (15.6):

$$\gamma_\mu(\delta,\omega) = \sum_{\rho=1}^{r_\mu} e^{p_\rho F_{\mu\rho}(\delta,\omega)} \,,$$

[1] Um die Anzahl der Indizes in Grenzen zu halten, ist der Index K, der bei einer Ausgangsrückführung bei λ eigentlich angebracht werden müßte, hier weggelassen.

wobei

$$F_{\mu\rho}(\delta,\omega) = 0 \ , \quad \rho = 1,\ldots,r_\mu \ ,$$

den Rand C_μ die Bereichs Γ_μ in der früheren Weise beschreibt. Aus (15.9) wird dann

$$S = \sum_{\mu=1}^{m} \sum_{\nu=1}^{n} \sum_{\rho=1}^{r_\mu} e^{p_\rho F_{\mu\rho}(\delta_{\mu\nu},\omega_{\mu\nu})} \ . \qquad (15.12)$$

Ein für sich interessanter Sonderfall des hiermit beschriebenen Robustheitsentwurfs ergibt sich für m = 1. D.h.: Es liegt nur *ein* Streckenmodell mit festen Parametern vor, in üblicher Weise gegeben durch die Zustandsdifferentialgleichung

$$\dot{\underline{x}} = \underline{A}\,\underline{x} + \underline{B}\,\underline{u} \ ,$$

und die Rückführmatrix $\underline{K}$ soll so gewählt werden, daß die Eigenwerte der Regelung in dem vorgegebenen Bereich Γ liegen. Damit liegt das *Problem der Polbereichsvorgabe* vor, das wir schon früher in anderer Weise behandelt hatten (Abschnitt 14.5.4). Im Rahmen der vorstehend beschriebenen Methode erweist es sich als *Spezialfall des Robustheitsentwurfs*. Gemäß (15.12) lautet dann die Straffunktion

$$J(\underline{K}) = \sum_{\nu=1}^{n} \sum_{\rho=1}^{r} e^{p_\rho F_\rho(\delta_\nu(\underline{K}),\omega_\nu(\underline{K}))} \ . \qquad (15.13)$$

Eine Anwendung findet man in [15.9].

15.2.2 Gradientenformeln mittels der Polempfindlichkeit

Für die Anwendung dieses Robustheitsentwurfs ist es von Wichtigkeit, daß sich für die Ableitungen $\partial J/\partial k_{ij}$ einfache analytische Ausdrücke angeben lassen, obgleich dies für die Funktion $J(\underline{K})$ selbst nicht möglich ist. Damit ist dann auch der Gradient

$$\frac{\partial J}{\partial \underline{K}} = \left[\frac{\partial J}{\partial k_{ij}}\right]$$

bzw. in Vektorform

$$\left[\frac{\partial J}{\partial \underline{k}}\right]^T = \left[\frac{\partial J}{\partial k_{11}} \cdots \frac{\partial J}{\partial k_{p1}} ; \frac{\partial J}{\partial k_{12}} \cdots \frac{\partial J}{\partial k_{p2}} ; \ldots ; \frac{\partial J}{\partial k_{1q}} \cdots \frac{\partial J}{\partial k_{pq}}\right]$$

bekannt. Hierin ist k_{ij} dasjenige Element der Matrix $\underline{K}$, welches die j-te Meßgröße y_j mit der i-ten Steuergröße u_i verknüpft.

Zunächst folgt aus (15.12), wenn man beachtet, daß $\delta_{\mu\nu}$ und $\omega_{\mu\nu}$ von $\underline{K}$, also von den Elementen k_{ij} abhängen, durch Differentiation nach einem bestimmten k_{ij}:

$$\frac{\partial J}{\partial k_{ij}} = \sum_{\mu=1}^{m} \sum_{\nu=1}^{n} \sum_{\rho=1}^{r_\mu} p_\rho e^{p_\rho F_{\mu\rho}(\delta_{\mu\nu},\omega_{\mu\nu})} \ .$$

$$\cdot \left[\frac{\partial F_{\mu\rho}}{\partial \delta_{\mu\nu}} \cdot \frac{\partial \delta_{\mu\nu}}{\partial k_{ij}} + \frac{\partial F_{\mu\rho}}{\partial \omega_{\mu\nu}} \cdot \frac{\partial \omega_{\mu\nu}}{\partial k_{ij}}\right] \ . \qquad (15.14)$$

Hierin sind die Funktionen $F_{\mu\rho}(\delta,\omega)$ und ihre partiellen Ableitungen nach δ und ω bekannt. Hat man sie gebildet, so sind lediglich die Eigenwerte $(\delta_{\mu\nu},\omega_{\mu\nu})$ einzusetzen. Ist beispielsweise nur ein Gebiet Γ vorgegeben, so bildet man die Ableitungen

$$\frac{\partial F_\rho}{\partial \delta}(\delta,\omega) \ , \quad \frac{\partial F_\rho}{\partial \omega}(\delta,\omega) \ , \quad \rho = 1,\ldots,r \ ,$$

und setzt darin alle Eigenwerte $(\delta_{\mu\nu},\omega_{\mu\nu})$ ein:

$$\frac{\partial F_\rho}{\partial \delta}(\delta_{\mu\nu},\omega_{\mu\nu}) = \frac{\partial F_\rho}{\partial \delta_{\mu\nu}} \ , \quad \frac{\partial F_\rho}{\partial \omega}(\delta_{\mu\nu},\omega_{\mu\nu}) = \frac{\partial F_\rho}{\partial \omega_{\mu\nu}} \ .$$

Wegen $\lambda_{\mu\nu} = \delta_{\mu\nu} + j\omega_{\mu\nu}$ ist weiterhin

$$\frac{\partial \lambda_{\mu\nu}}{\partial k_{ij}} = \frac{\partial \delta_{\mu\nu}}{\partial k_{ij}} + j\,\frac{\partial \omega_{\mu\nu}}{\partial k_{ij}} \ ,$$

woraus

$$\frac{\partial \delta_{\mu\nu}}{\partial k_{ij}} = \mathrm{Re}\,\frac{\partial \lambda_{\mu\nu}}{\partial k_{ij}} \ , \quad \frac{\partial \omega_{\mu\nu}}{\partial k_{ij}} = \mathrm{Im}\,\frac{\partial \lambda_{\mu\nu}}{\partial k_{ij}} \qquad (15.15)$$

folgt.

Hierin hat die Ableitung $\dfrac{\partial \lambda_{\mu\nu}}{\partial k_{ij}}$ eine sehr bemerkenswerte Bedeutung, insofern sie unmittelbar mit der sogenannten *Polempfindlichkeit* zusammenhängt. Indem man sich diese Tatsache klar macht, bekommt man einen einfachen Formelausdruck für die gesuchte Ableitung. Dazu gehen wir von Bild 15/3 aus und lassen den Index μ weg, da es für die folgende Betrachtung genügt, *ein* Modell zugrunde zu legen. Dabei ist

$$\underline{B} = \left[\underline{b}_1,\ldots,\underline{b}_p\right] \ , \quad \underline{C} = \begin{bmatrix} \underline{c}_1^T \\ \vdots \\ \underline{c}_q^T \end{bmatrix} \ . \qquad (15.16)$$

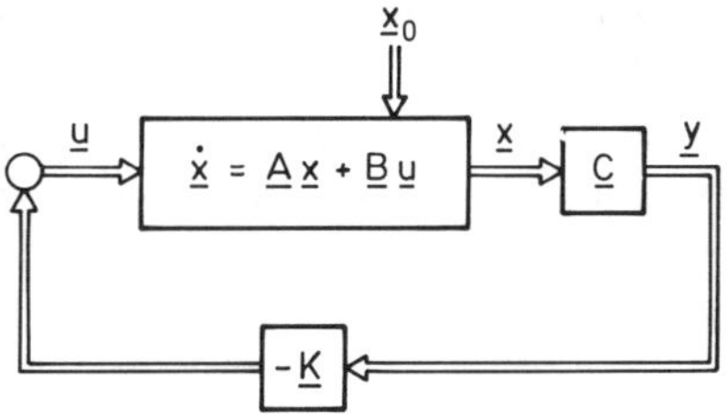

Bild 15/3. Ausgangsrückführung

Der Regelkreis wird durch die Zustandsdifferentialgleichung

$$\dot{\underline{x}} = (\underline{A} - \underline{B}\,\underline{K}\,\underline{C})\,\underline{x} \qquad (15.17)$$

beschrieben.

Ändert man k_{ij} um einen kleinen Betrag dk_{ij}, so wird sich der Eigenwert $\lambda_{K\nu}$ um $d\lambda_{K\nu}$ ändern [2]. Je größer $|d\lambda_{K\nu}|$ bei gegebenem $|dk_{ij}|$ ist, um so größer ist die *Verschiebbarkeit des Eigenwertes* durch Änderung des Rückführparameters k_{ij}. Man bezieht die Änderung $d\lambda_{K\nu}$ auf den gesamten Eigenwert $\lambda_{K\nu}$, weil es einen ganz erheblichen Unterschied macht, ob z.B. $\lambda_{K\nu} = -0{,}1$ um 1 verschoben wird oder aber $\lambda_{K\nu} = -10$. Ersteres kann katastrophal sein, letzteres ist ohne Belang. Man gelangt so zum folgenden *Verschiebbarkeitsmaß eines Eigenwertes bzw. Pols:*

$$S_{k_{ij}}^{\lambda_{K\nu}} = \frac{\dfrac{d\lambda_{K\nu}}{\lambda_{K\nu}}}{dk_{ij}} = \frac{1}{\lambda_{K\nu}} \cdot \frac{\partial \lambda_{K\nu}}{\partial k_{ij}} . \qquad (15.18)$$

Diese Zahl wird auch als *(relative) Polempfindlichkeit* bezeichnet, da sie angibt, wie empfindlich ein Pol auf Änderungen eines Rückführparameters reagiert. Ihr Kernstück ist die Ableitung $\partial\lambda_{K\nu}/\partial k_{ij}$, die man nunmehr unschwer berechnen kann.

Dazu gehen wir von den Definitionsgleichungen des Eigenvektors $\underline{v}_{K\nu}$ und des zugehörigen Linkseigenvektors $\underline{w}_{K\nu}$ der Regelung von Bild 15/3 aus:

$$(\lambda_{K\nu}\underline{I} - \underline{A} + \underline{B}\,\underline{K}\,\underline{C})\,\underline{v}_{K\nu} = \underline{0} ,$$

$$\underline{w}_{K\nu}^T(\lambda_{K\nu}\underline{I} - \underline{A} + \underline{B}\,\underline{K}\,\underline{C}) = \underline{0}^T$$

bzw.

$$(\underline{A} - \underline{B}\,\underline{K}\,\underline{C})\,\underline{v}_{K\nu} = \lambda_{K\nu}\underline{v}_{K\nu} , \qquad (15.19)$$

$$\underline{w}_{K\nu}^T(\underline{A} - \underline{B}\,\underline{K}\,\underline{C}) = \lambda_{K\nu}\underline{w}_{K\nu}^T . \qquad (15.20)$$

Nun wird (15.19) nach k_{ij} differenziert, wobei zu beachten ist, daß zwar $\underline{A}$, $\underline{B}$, $\underline{C}$ unabhängig von $\underline{K}$ sind, $\underline{v}_{K\nu}$ jedoch von $\underline{K}$ abhängt:

$$-\underline{B}\,\frac{\partial \underline{K}}{\partial k_{ij}}\,\underline{C}\cdot\underline{v}_{K\nu} + (\underline{A} - \underline{B}\,\underline{K}\,\underline{C})\,\frac{\partial \underline{v}_{K\nu}}{\partial k_{ij}} =$$

$$= \frac{\partial \lambda_{K\nu}}{\partial k_{ij}}\,\underline{v}_{K\nu} + \lambda_{K\nu}\,\frac{\partial \underline{v}_{K\nu}}{\partial k_{ij}} .$$

Hierin ist (Kapitel 17)

$$\frac{\partial \underline{K}}{\partial k_{ij}} = \underline{e}_i \cdot \underline{e}_j^T .$$

Setzt man dies in die vorhergehende Gleichung ein und multipliziert sie außerdem von links mit $\underline{w}_{K\nu}^T$, so entsteht die Gleichung

$$-\underline{w}_{K\nu}^T\,\underline{B}\,\underline{e}_i \cdot \underline{e}_j^T\,\underline{C}\,\underline{v}_{K\nu} + \underline{w}_{K\nu}^T(\underline{A} - \underline{B}\,\underline{K}\,\underline{C})\,\frac{\partial \underline{v}_{K\nu}}{\partial k_{ij}} =$$

$$= \underline{w}_{K\nu}^T\,\frac{\partial \lambda_{K\nu}}{\partial k_{ij}}\,\underline{v}_{K\nu} + \lambda_{K\nu}\underline{w}_{K\nu}^T\,\frac{\partial \underline{v}_{K\nu}}{\partial k_{ij}} . \qquad (15.21)$$

Nach (15.20) ist der letzte Summand auf der linken Seite dieser Gleichung gleich dem letzten Summanden auf der rechten Seite. Außerdem ist

$$\underline{B}\,\underline{e}_i = \underline{b}_i , \quad \underline{e}_j^T\,\underline{C} = \underline{c}_j^T .$$

Somit wird aus (15.21)

$$-\underline{w}_{K\nu}^T\,\underline{b}_i\,\underline{c}_j^T\,\underline{v}_{K\nu} = \underline{w}_{K\nu}^T\,\frac{\partial \lambda_{K\nu}}{\partial k_{ij}}\,\underline{v}_{K\nu} .$$

Da $\partial\lambda_{K\nu}/\partial k_{ij}$ ein Skalar ist, kann man ihn vor das Produkt ziehen und erhält

$$\frac{\partial \lambda_{K\nu}}{\partial k_{ij}} = -\frac{\underline{w}_{K\nu}^T\,\underline{b}_i\,\underline{c}_j^T\,\underline{v}_{K\nu}}{\underline{w}_{K\nu}^T\,\underline{v}_{K\nu}} . \qquad (15.22)$$

Da bei gegebenem $\underline{K}$ alle hierin auftretenden Größen bekannt sind, lassen sich aus (15.22), (15.15) und (15.14) die Ableitungen der Straffunktion $J(\underline{K})$ nach den k_{ij} berechnen. Die Rechnung verläuft dann in den folgenden Schritten:

- Wahl der Faktoren p_ρ und eines beliebigen Startwertes $\underline{K}_0$ bzw. $\underline{k}_0$.
- Berechnung der $\lambda_{\mu\nu}$, $\underline{v}_{\mu\nu}$, $\underline{w}_{\mu\nu}$.

[2] Bei dieser allgemeinen Betrachtung bringen wir den Index K wieder an, um daran zu erinnern, daß eine Regelung mit Ausgangsrückführung vorliegt.

- Berechnung der $\frac{\partial F_{\mu\rho}}{\partial \delta_{\mu\nu}}$, $\frac{\partial F_{\mu\rho}}{\partial \omega_{\mu\nu}}$.
- Berechnung von $\frac{\partial \lambda_{\mu\nu}}{\partial k_{ij}}$ und damit von $\frac{\partial \delta_{\mu\nu}}{\partial k_{ij}}$, $\frac{\partial \omega_{\mu\nu}}{\partial k_{ij}}$ gemäß (15.22), (15.15).
- Berechnung von $J(\underline{K})$ sowie der $\frac{\partial J}{\partial k_{ij}}$ und hiermit von $\frac{\partial J}{\partial \underline{k}}$.
- Damit entsprechend dem gewählten Gradientenverfahren Übergang von $\underline{k}_0$ zu einem neuen Wert $\underline{k}_1$.

Usw.

Bevor das Entwurfsverfahren auf ein Beispiel angewandt wird, sei noch eine interessante Querverbindung hergestellt. Wir greifen dafür auf die Formel (15.18) für die Polempfindlichkeit zurück und setzen (15.22) ein:

$$S_{k_{ij}}^{\lambda_{K\nu}} = -\frac{\underline{w}_{K\nu}^T \, \underline{b}_i \, \underline{c}_j^T \, \underline{v}_{K\nu}}{\lambda_{K\nu} \, \underline{w}_{K\nu}^T \, \underline{v}_{K\nu}} . \qquad (15.23)$$

Man kann die Eigenvektoren $\underline{v}_{K\nu}$ und Linkseigenvektoren $\underline{w}_{K\nu}$ so wählen, daß

$$\underline{w}_{K\nu}^T \underline{v}_{K\nu} = 1$$

ist. Geht man weiterhin zu den Modalkoordinaten über, so ist nach Unterabschnitt 12.1.1

$$\hat{\underline{B}} = \underline{V}^{-1} \underline{B} , \quad \text{also} \quad \underline{w}_{K\nu}^T \underline{b}_i = \hat{b}_{K\nu i} , \quad \text{und}$$

$$\hat{\underline{C}} = \underline{C} \, \underline{V} , \quad \text{also} \quad \underline{c}_j^T \underline{v}_{K\nu} = \hat{c}_{Kj\nu} .$$

Damit wird aus der *Polempfindlichkeit* (15.23)

$$S_{k_{ij}}^{\lambda_{K\nu}} = -\frac{\hat{c}_{Kj\nu} \, \hat{b}_{K\nu i}}{\lambda_{K\nu}} . \qquad (15.24)$$

Nimmt man hiervon den Betrag, so ist dies die Formel (12.190) für den *Einfluß des Eigenwertes* $\lambda_{K\nu}$ *auf den Signalpfad (j,i)*, wenn man beachtet, daß in (15.24) ν statt k der Laufindex der Eigenwerte ist und die Indizes i und j der Steuer- und Meßgrößen gegenüber (12.190) vertauscht sind. Der zusätzliche Index K in (15.24) bringt zum Ausdruck, daß hier die Eigenwerte der über die Rückführung $\underline{K}$ geschlossenen Regelung betrachtet werden, während es sich bei (12.190) um die Eigenwerte der Strecke handelt, also um den Grenzfall $\underline{K} = \underline{0}$.

Wir haben so als Nebenergebnis erhalten, daß das *Dominanzmaß eines Pols (Eigenwertes) zugleich ein Maß dafür ist, wie stark er durch Änderung der Rückführmatrix verschoben werden kann.*

Um Irrtümern vorzubeugen, sei abschließend darauf hingewiesen, daß die Verwendung der (nicht auf den Eigenwert bezogenen) Polempfindlichkeit lediglich der Erleichterung des Gradientenverfahrens dient, aber nichts mit dem Robustheitsentwurf selbst zu tun hat.

15.2.3 Beispiel: Verladebrücke

Die Strecke ist im Bild 11/6 dargestellt, ihre Gleichungen sind im Abschnitt 11.3 hergeleitet. Wie schon im Abschnitt 15.1 beschrieben, sind die Greifermasse $\Theta_1 = m_G$ und die Seillänge $\Theta_2 = \ell$ veränderliche Systemparameter. Bild 15/1 zeigt den zulässigen Bereich in der Parameterebene. Im folgenden gelte:

$50 \text{ kg} \le m_G \le 4000 \text{ kg}$,
$4 \text{ m} \le \ell \le 12 \text{ m}$.
Die Katzmasse beträgt $m_K = 1000$ kg .

Der robuste Regler wird bezüglich der beiden Betriebsfälle

$\underline{\Theta}_1 : \ m_G = 50 \text{ kg} , \quad \ell = 10 \text{ m} ,$

$\underline{\Theta}_2 : \ m_G = 4000 \text{ kg} , \quad \ell = 10 \text{ m}$

entworfen. Die Rechnersimulation erweist, daß er auch in anderen Betriebsfällen zufriedenstellend arbeitet, so daß man auf die Berücksichtigung von mehr als zwei Modellen verzichten kann (siehe Bild 15/7 und 15/8).

Als notwendig erwies es sich, neben der Katzposition x_1 und der Katzgeschwindigkeit x_2 auch den Greiferwinkel x_3 zurückzuführen, da sich andernfalls kein befriedigendes dynamisches Verhalten über einen so weiten Parameterbereich erzielen läßt.

Um einen geeigneten Bereich Γ für die Eigenwerte des geregelten Systems vorzuschlagen, gehen wir von einer allgemeinen Überlegung aus, die nicht auf das vorliegende Beispiel beschränkt ist. Man wird von den Eigenwerten verlangen, daß sie nicht zu nahe links der j-Achse liegen, damit die zugehörigen Eigenbewegungen nicht zu langsam abklingen. Sie sollen etwa links von $-a$ liegen, wobei a eine von dem speziellen Problem abhängende positive Konstante ist. Damit es keine zu starken Oszillationen gibt, wird man weiterhin eine gewisse Mindestdämpfung fordern. Nach Abschnitt 7.2 heißt das: eine gewisser Winkelabstand ψ_0 von der negativen reellen Achse darf nicht überschritten werden. Man gelangt so zu dem in Bild 15/4 stark umrandeten Trapezbereich, der sich nach links ins Unendliche öffnet (siehe auch Bild 7/14). Der Rand dieses Bereiches ist als Polygonzug rechnerisch etwas umständlich zu handhaben.

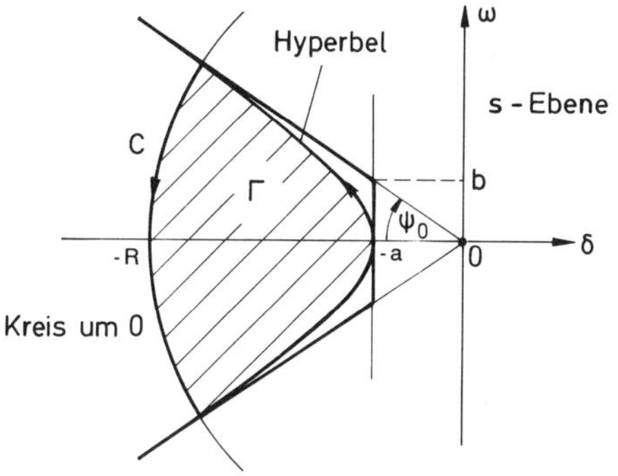

Bild 15/4. Wahl eines Bereiches Γ

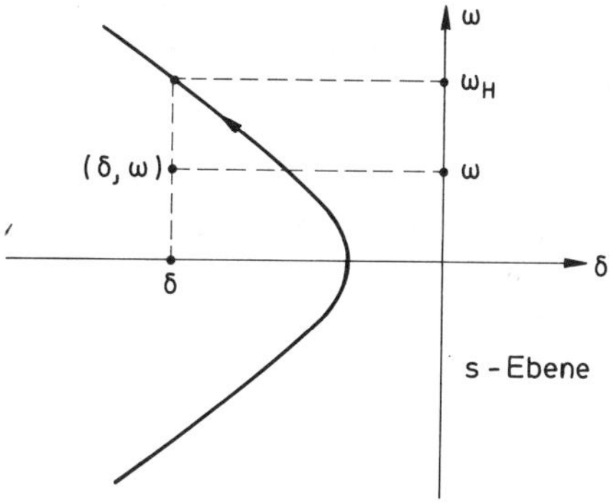

Bild 15/5. Zum Vorzeichen der Funktion
$F_1(\delta,\omega) = \delta + \frac{a}{b}\sqrt{\omega^2 + b^2}$

Deshalb ersetzt man ihn nach dem Vorschlag von *J. Ackermann* [15.4] durch die ihn annähernde Hyperbel

$$\frac{\delta^2}{a^2} - \frac{\omega^2}{b^2} = 1 \;, \tag{15.25}$$

wobei $b = a \tan\psi_0$ ist.

Damit die Beträge der Eigenwerte nicht zu groß und damit die zugehörigen Zeitkonstanten nicht zu klein werden, was zu überhöhten Stellausschlägen führen würde, wird zusätzlich gefordert, daß die Eigenwerte innerhalb eines Kreises mit dem Radius R um den Ursprung liegen. Dessen Gleichung ist

$$\delta^2 + \omega^2 = R^2 \;. \tag{15.26}$$

Damit ist der Bereich Γ festgelegt (schraffiert im Bild 15/4). Für seinen rechten Rand folgt aus (15.25) wegen $\delta < 0$:

$$\delta = -\frac{a}{b}\sqrt{\omega^2 + b^2} \;.$$

Es ist daher

$$F_1(\delta,\omega) = \delta + \frac{a}{b}\sqrt{\omega^2 + b^2} \;. \tag{15.27}$$

Diese Funktion ist $= 0$, wenn (δ,ω) auf der Hyperbel liegt. Ist (δ,ω) links der Hyperbel gelegen, so ist $\omega < \omega_H$, wenn ω_H die zum gleichen δ-Wert gehörende Hyperbelordinate bezeichnet (Bild 15/5). Daraus folgt

$$F_1(\delta,\omega) = \delta + \frac{a}{b}\sqrt{\omega^2 + b^2} < \delta + \frac{a}{b}\sqrt{\omega_H^2 + b^2} = 0. \tag{15.28}$$

Entsprechend sieht man, daß rechts der Hyperbel $F_1(\delta,\omega) > 0$ ist.

Aus (15.26) folgt, daß auf dem linken Rand von Γ die Funktion

$$F_2(\delta,\omega) = \sqrt{\delta^2 + \omega^2} - R \tag{15.29}$$

Null ist. Liegt ein Punkt (δ,ω) links der Kreislinie, also im Innern des Kreises, so ist $\sqrt{\delta^2 + \omega^2} < R$, also $F_2(\delta,\omega) < 0$. Für das Außengebiet des Kreises ist hingegen $F_2(\delta,\omega) > 0$.

Die Funktionen $F_\rho(\delta,\omega)$, $\rho = 1,2$, erfüllen somit die nach Unterabschnitt 15.2.1 an sie zu stellenden Forderungen. Die Straffunktion des vorliegenden Problems ist nach (15.13) von der Form

$$J(\underline{K}) = \sum_{\mu=1}^{2}\sum_{\nu=1}^{4}\left[e^{p\left[\delta_{\mu\nu} + \frac{a}{b}\sqrt{\omega_{\mu\nu}^2 + b^2}\right]} + e^{p\left[\sqrt{\delta_{\mu\nu}^2 + \omega_{\mu\nu}^2} - R\right]} \right], \tag{15.30}$$

wenn $p_1 = p_2 = p$ gewählt und nur *ein* zulässiger Bereich Γ vorgegeben wird. Dieser wurde durch die Parameterwerte

$$a = 0{,}6\ \mathrm{sec}^{-1} \;;\; b = 0{,}5\ \mathrm{sec}^{-1} \;;\; R = 50\ \mathrm{sec}^{-1}$$

festgelegt.

Um über genügend freie Reglerparameter zu verfügen, wurde ein dynamischer Regler 1. Ordnung eingesetzt. Seine Struktur zeigt das Bild 15/6. Er setzt sich aus einem konstanten Anteil und dem eigentlichen dynamischen Anteil zusammen:

$$u = \underline{k}_1^T(\underline{w} - \underline{y}) - k_3 x_D \;,$$

$$\dot{x}_D = -k_4 x_D + \underline{k}_2^T(\underline{w} - \underline{y}) \;.$$

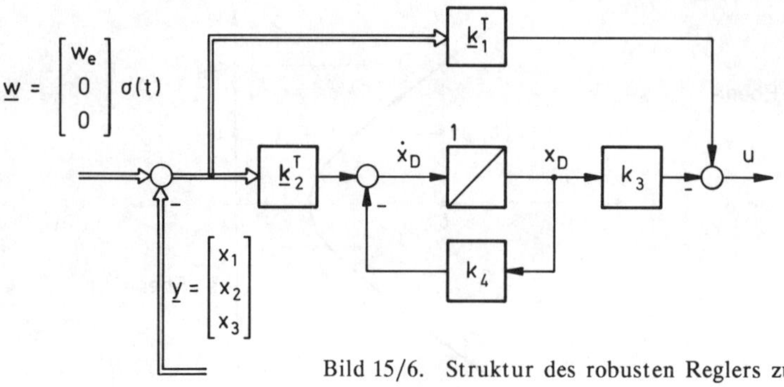

Bild 15/6. Struktur des robusten Reglers zur Verladebrücke

Dabei ist x_D die Zustandsvariable des Reglers und

$$\underline{w} = \begin{bmatrix} W_e \\ 0 \\ 0 \end{bmatrix} ,$$

wobei W_e der gewünschte Endwert der Katzposition $y_1 = x_1$ ist, während die Endwerte der Katzgeschwindigkeit $y_2 = x_2$ und des Greiferwinkels $y_3 = x_3$ stets Null sein sollen.

Für die gesamte Regelung erhält man so die Zustandsgleichungen

$$\dot{\underline{x}} = \underline{A}\,\underline{x} + \underline{b}\,\underline{k}_1^T(\underline{w} - \underline{y}) - \underline{b}\,k_3\,x_D ,$$

$$\dot{x}_D = -\,k_4\,x_D + \underline{k}_2^T(\underline{w} - \underline{y}) ,$$

$$\underline{y} = \underline{C}\,\underline{x} = \begin{bmatrix} 1 & 0 & 0 & 0 \\ 0 & 1 & 0 & 0 \\ 0 & 0 & 1 & 0 \end{bmatrix} \underline{x} .$$

Daraus folgt weiter

$$\begin{bmatrix} \underline{x} \\ x_D \end{bmatrix}^{\bullet} = \begin{bmatrix} \underline{A} & \underline{0} \\ \underline{0}^T & 0 \end{bmatrix} \cdot \begin{bmatrix} \underline{x} \\ x_D \end{bmatrix} - \begin{bmatrix} \underline{b}\,\underline{k}_1^T\underline{C} & \underline{b}\,k_3 \\ \underline{k}_2^T\underline{C} & k_4 \end{bmatrix} \cdot \begin{bmatrix} \underline{x} \\ x_D \end{bmatrix} + \begin{bmatrix} \underline{b}\,\underline{k}_1^T \\ \underline{k}_2^T \end{bmatrix} \underline{w} . \qquad (15.31)$$

Mit

$$\tilde{\underline{x}} = \begin{bmatrix} \underline{x} \\ x_D \end{bmatrix} , \quad \tilde{\underline{w}} = \begin{bmatrix} \underline{w} \\ 0 \end{bmatrix}$$

ergibt sich hieraus

$$\dot{\tilde{\underline{x}}} = \begin{bmatrix} \underline{A} & \underline{0} \\ \underline{0}^T & 0 \end{bmatrix} \tilde{\underline{x}} - \begin{bmatrix} \underline{b} & \underline{0} \\ 0 & 1 \end{bmatrix} \cdot \begin{bmatrix} \underline{k}_1^T & k_3 \\ \underline{k}_2^T & k_4 \end{bmatrix} \cdot \begin{bmatrix} \underline{C} & \underline{0} \\ \underline{0}^T & 1 \end{bmatrix} \cdot \tilde{\underline{x}} + \begin{bmatrix} \underline{b} & \underline{0} \\ 0 & 1 \end{bmatrix} \cdot \begin{bmatrix} \underline{k}_1^T & k_3 \\ \underline{k}_2^T & k_4 \end{bmatrix} \cdot \tilde{\underline{w}} ,$$

wovon man sich durch Ausmultiplizieren überzeugen kann. Die letzte Gleichung läßt sich kompakter in der Form

$$\dot{\tilde{\underline{x}}} = (\tilde{\underline{A}} - \tilde{\underline{B}}\,\tilde{\underline{K}}\,\tilde{\underline{C}})\tilde{\underline{x}} + \tilde{\underline{B}}\,\tilde{\underline{K}}\,\tilde{\underline{w}}$$

schreiben, wobei die freien Parameter in der (2,5)-Matrix

$$\tilde{\underline{K}} = \begin{bmatrix} \underline{k}_1^T & k_3 \\ \underline{k}_2^T & k_4 \end{bmatrix}$$

vereinigt sind. Damit ist der Entwurf der dynamischen Ausgangsrückführung auf den Entwurf einer konstanten Ausgangsrückführung zurückgeführt (entsprechend Abschnitt 14.3).

Was die Durchführung des Entwurfsverfahrens angeht, so kann man mit einer beliebigen Matrix $\tilde{\underline{K}}$ starten, sofern diese keine Nullelemente enthält, da sämtliche Rückführgrößen tatsächlich herangezogen werden sollen. Auch Regler, die Eigenwerte in der rechten Halbebene bewirken, können als Startregler benutzt werden. Ausgehend von verschiedenen Startreglern, gelangt man zu verschiedenen Polkonfigurationen, die jedoch sämtlich in dem vorgeschriebenen Polbereich liegen. Unter ihnen kann man anhand von Simulationen den dynamisch günstigsten auswählen, wobei als Kriterien Stellgrößenbetrag, Einschwingdauer, Überschwingweite dienen können. Als Startregler für die Rechnerschriebe im Bild 15/7 bis 15/9 wurde beispielsweise

$$\tilde{\underline{K}} = \begin{bmatrix} 100 & 10\,000 & -\,10\,000 & 1 \\ 100 & 100 & 100 & 1 \end{bmatrix}$$

gewählt. Dabei orientiert sich die Wahl der Reglerelemente am Betrag der Rückführgrößen. Das negative Vorzeichen wirkt starken Rückschwingungen des Greiferwinkels entgegen.

Es erwies sich als zweckmäßig, nicht von vornherein das endgültige Polgebiet vorzugeben, sondern die Eigenwerte zunächst in ein weiter nach rechts vorragendes Gebiet (a = 0,25) zu schieben und sodann dieses Gebiet in einigen Schritten nach links zu verlagern, bis der endgültige Wert a = 0,6 erreicht war. Eine weitere Linksverlagerung war nicht möglich. Als endgültige Reglermatrix ergab sich

$$\underline{\tilde{K}} = \left[\begin{array}{c:c:c:c} 144{,}675 & 10\,294{,}8 & -10\,032{,}5 & -1000{,}68 \\ 7{,}244 & 25{,}353 & -306{,}174 & 0{,}625 \end{array}\right]$$

Die Bilder 15/7 bis 15/9 zeigen das Zeitverhalten der geregelten Verladebrücke, wenn diese aus der Anfangsposition $x_1 = 0$ in die Endposition $x_1 = 10$ m gefahren wird. Vier verschiedene Betriebszustände sind wiedergegeben. Die beiden ersten (50 kg/10 m und 4000 kg/10 m) wurden beim Entwurf des robusten Reglers zugrunde gelegt. Die beiden letzten (50 kg/12 m und 50 kg/4 m) zeigen das Systemverhalten für den dynamisch kritischen Fall geringer Greifermasse. Wie man sieht, liegen die Verläufe der Katzposition x_1 dicht beisammen. Gleiches gilt für die Verläufe des Greiferwinkels x_3, abgesehen von der Anfangsphase des Extremfalles 50 kg/4 m. Wenn man aber beachtet, daß die Abweichung allenfalls von der Größenordnung 0,1 rad ist, so bedeutet dies bei einer Seillänge von 4 m nur eine vorübergehende, bedeutungslose Abweichung von wenigen Dezimetern der Greiferposition. Das Zeitverhalten des geregelten Systems ist also in der Tat genügend robust gegenüber den doch sehr beträchtlichen Parameterveränderungen. Aus Bild 15/9 sieht man, daß dies durch realistische Stellverläufe bewirkt wird.

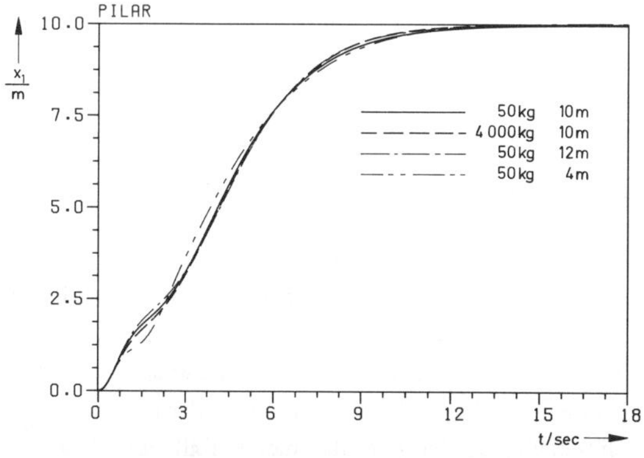

Bild 15/7. Robust geregelte Verladebrücke: Verlauf der Katzposition x_1 in 4 Betriebsfällen
Gegebener Anfangszustand: $\underline{0}$
Gewünschter Endzustand: 10 m, 0, 0, 0

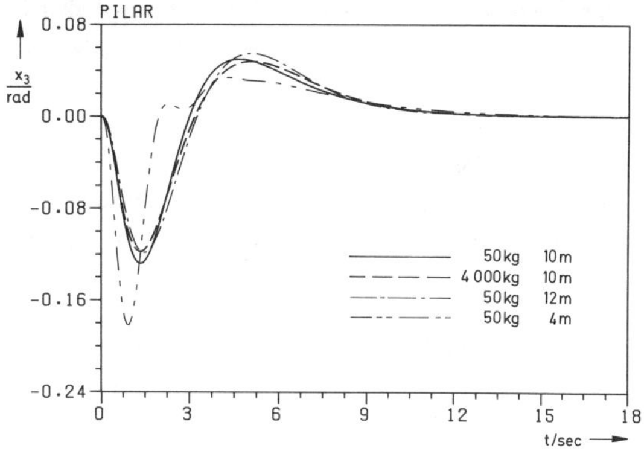

Bild 15/8. Robust geregelte Verladebrücke: Verlauf des Greiferwinkels x_3 unter den gleichen Bedingungen wie im Bild 15/7

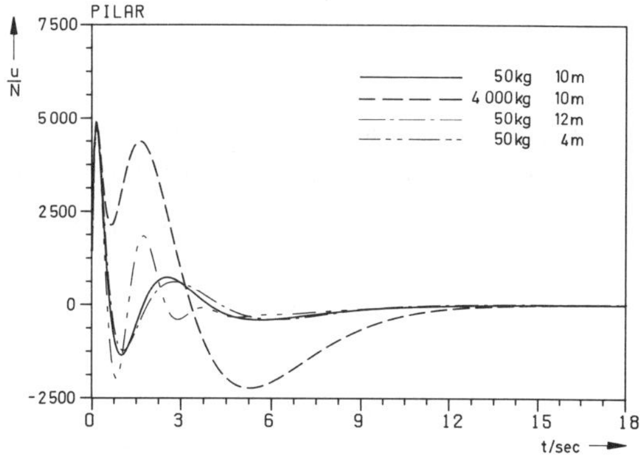

Bild 15/9. Robust geregelte Verladebrücke: Verlauf der Stellgröße u unter den gleichen Bedingungen wie im Bild 15/7

15.3 Robustheitsentwurf mittels der Vollständigen Modalen Synthese

15.3.1 Beschreibung des Verfahrens

Im folgenden soll ein Robustheitsentwurf beschrieben werden, der mit der im Abschnitt 13.6 eingeführten und im Abschnitt 14.5 zum Entwurf von Ausgangsrückführungen benutzten Vollständigen Modalen Synthese durchgeführt wird. Er stammt von *G. Roppenecker* [15.10].

Man denke sich für jedes Modell des Multi-Modell-Systems eine vollständige Zustandsrückführung $\underline{R}_\mu$, $\mu = 1,\ldots,m$, entworfen, welche die Eigenwerte der jeweiligen Regelung in den vorgegebenen Stabilitätsbereich Γ_μ verlegt. Das ist mittels der Roppeneckerschen Reglerformel (13.136) sofort möglich, da bei dieser die Rückführmatrix $\underline{R}$ in Abhängigkeit von den Eigenwerten $\lambda_{R1},\ldots,\lambda_{Rn}$ angegeben wird.

Im vorliegenden Fall ist die Rückführmatrix von der Form

$$\underline{R}_\mu = \underline{R}_\mu\left(\lambda^\mu_{R1},\ldots,\lambda^\mu_{Rn}\,;\ \underline{p}^\mu_1,\ldots,\underline{p}^\mu_n\right)\ ,\quad \mu = 1,\ldots,m\ ,$$

wobei $\lambda^\mu_{R1},\ldots,\lambda^\mu_{Rn}$ die Eigenwerte und $\underline{p}^\mu_1,\ldots,\underline{p}^\mu_n$ die invarianten Parametervektoren der Regelung des μ-ten Modells sind.[3] Der Index μ ist also hier kein Potenzexponent, sondern soll die zum μ-ten Modell des Multi-Modell-Systems gehörende Regelung charakterisieren.

Um sich von der Beschränkung der Eigenwerte zu befreien, nimmt man die im Unterabschnitt 14.5.4 beschriebene Transformation der $\lambda^\mu_{R\nu}$ in die "transformierten Eigenwerte" $\hat{\lambda}^\mu_{R\nu}$ vor und erhält so die Reglerformel

$$\underline{R}_\mu = \hat{\underline{R}}_\mu\left(\hat{\lambda}^\mu_{R1},\ldots,\hat{\lambda}^\mu_{Rn}\,;\ \underline{p}^\mu_1,\ldots,\underline{p}^\mu_n\right)\ ,\quad \mu = 1,\ldots,m\ , \tag{15.32}$$

in welcher sämtliche Variablen unbeschränkt sind.

Damit hat man m Regler. Man möchte aber *einen* Regler haben. Dieses Ziel ist gewiß erreicht, wenn man die ja samt und sonders freien Parameter $\hat{\lambda}^\mu_{R\nu}$ und $\underline{p}^\mu_\nu$ so wählt, daß

$$\underline{R}_2 = \underline{R}_1\ ,\quad \underline{R}_3 = \underline{R}_1, \ldots,\ \underline{R}_m = \underline{R}_1 \tag{15.33}$$

gilt. Hierzu führt man ein *Robustheitsmaß* ein:

$$J_R = \frac{1}{2}\sum_{\mu=2}^{m}\sum_{i=1}^{p}\sum_{j=1}^{n} g_{Rij}\left(r^\mu_{ij} - r^1_{ij}\right)^2\ , \tag{15.34}$$

wobei die g_{Rij} noch näher zu bestimmende Gewichtungsfaktoren sind, die wir vorerst als positiv voraussetzen. Genau dann, wenn $r^\mu_{ij} = r^1_{ij}$ für alle i, j und μ, ist $J_R = 0$ und hat damit sein Minimum erreicht. Genau dann sind die Gleichungen (15.33) erfüllt.

[3] Um die bereits in Abschnitt 13.6 und 14.5 benutzte Symbolik der Vollständigen Modalen Synthese unverändert übernehmen zu können, ist die Bezeichnung gegenüber Abschnitt 15.2 etwas abgeändert.

Da die Elemente r^μ_{ij} gemäß (15.32) von den freien Parametern $\hat{\lambda}^\mu_{R\nu}$ und $\underline{p}^\mu_\nu$ abhängen, ist J_R eine Funktion dieser Variablen:

$$J_R = J_R\left(\hat{\lambda}^1_{R1},\ldots,\hat{\lambda}^1_{Rn}, \underline{p}^1_1,\ldots,\underline{p}^1_n\,;\ \ldots\,;\ \hat{\lambda}^m_{R1},\ldots,\hat{\lambda}^m_{Rn}, \underline{p}^m_1,\ldots,\underline{p}^m_n\right)\ . \tag{15.35}$$

Diese Funktion von $m\cdot p\cdot n$ Variablen, wobei m die Anzahl der Modelle im Multi-Modell-System, n die Ordnung jedes Modells und p die Anzahl seiner Stellgrößen ist, gilt es zum Minimum zu machen.

Ist dies geschehen, so setzt man die erhaltenen Werte der Variablen in $\underline{R}_1$ (oder ein anderes $\underline{R}_\mu$) gemäß der Formel (15.32) ein. Damit hat man einen robusten Regler erhalten, und zwar in Form einer *vollständigen Zustandsrückführung*. Da die Gleichungen (15.33) ein kompliziertes nichtlineares Gleichungssystem darstellen, kann man allerdings nicht garantieren, daß eine Lösung existiert. Sollte dies nicht der Fall sein, so liefert die Minimierung von J_R zumindest eine Näherungslösung im Sinn des kleinsten quadratischen Fehlers.

Um von der vollständigen Zustandsrückführung zu einer Ausgangsrückführung, also einer Rückführung nur der Meßgrößen zu gelangen, geht man ganz entsprechend vor wie im Unterabschnitt 14.5.1: Für jedes der m Modelle des Multi-Modellsystems sind alle diejenigen Spalten der $\underline{R}_\mu$ zu unterdrücken, über die Zustandsvariablen zurückgeführt wurden, welche keine Meßgrößen sind. Dazu bildet man analog (14.49) das *Reglerstrukturgütemaß*

$$J_S = \frac{1}{2}\sum_{\mu=1}^{m}\sum_{i=1}^{p}\sum_{j=1}^{n} g_{Sij}\left(r^\mu_{ij}\right)^2 \tag{15.36}$$

mit

$g_{Sij} > 0$ für die betragsmäßig klein zu machenden Reglerelemente,

$g_{Sij} = 0$ für die anderen Reglerelemente.

Man darf annehmen, durch Minimieren dieses Gütemaßes die zu unterdrückenden Elemente betragsmäßig so klein zu bekommen, daß sie alsdann Null gesetzt werden können, ohne eine nennenswerte Veränderung der Eigenwerte zu bewirken. In der Formulierung (15.36) des Gütemaßes J_S ist der allgemeine Fall enthalten, daß nicht nur ganze Spalten, sondern lediglich einzelne Elemente einer Spalte unterdrückt werden. Beim Entwurf einer in bestimmter Weise strukturierten Ausgangsrückführung kann das notwendig sein, wie das Beispiel im nächsten Unterabschnitt 15.3.2 zeigt. Mit Hilfe des Gütemaßes J_S in der Form (15.36) lassen sich also beliebige strukturbeschränkte Zustandsrückführungen entwerfen. Das Strukturgütemaß J_S hängt von den gleichen Variablen ab wie J_R.

Jetzt kann man auch dessen Gewichtungsfaktoren g_{Rij} vorgeben. Für diejenigen Reglerelemente r^{μ}_{ij}, die durch Minimierung von J_S klein gemacht werden und die demgemäß dann auch in J_R keine Rolle mehr spielen, können die g_{Rij} gleich Null gesetzt werden. Man erhält so die Vorschrift:

$$\begin{aligned} g_{Rij} &= 1 \;, \quad \text{wenn } g_{Sij} = 0 \;, \\ g_{Rij} &= 0 \;, \quad \text{wenn } g_{Sij} > 0 \;. \end{aligned} \tag{15.37}$$

Es kann zweckmäßig sein, die Reglerkoeffizienten r_{ij}, welche nicht klein gemacht werden sollen, zu beschränken, um dadurch zumindest tendenziell überhöhten Stellausschlägen vorzubeugen. Dazu führt man entsprechend (14.80) ein drittes Gütemaß ein, das man als *Normgütemaß* bezeichnen kann:

$$J_N = \frac{1}{2} \sum_{\mu=1}^{m} \sum_{i=1}^{p} \sum_{j=1}^{n} g_{Nij} \left(r^{\mu}_{ij}\right)^2 \tag{15.38}$$

mit

$$\begin{aligned} g_{Nij} &= 0 \;, \quad \text{falls } g_{Sij} > 0 \quad (r_{ij} \text{ wird unterdrückt}) \;, \\ g_{Nij} &\geq 0 \;, \quad \text{falls } g_{Sij} = 0 \quad (r_{ij} \text{ wird nicht unterdrückt}) \;. \end{aligned}$$

Alle bisherigen Gütemaße streben eine bestimmte Beschaffenheit des Reglers an. Die Dynamik der Regelung wird nur insofern berücksichtigt, als die Eigenwerte in gewünschte Bereiche Γ_{μ} plaziert werden. Will man darüber hinaus auf die Dynamik einwirken, so kann man zusätzliche *Gütemaße von einem erweiterten Riccati-Typ* nach Art von (14.75) einführen. Da die dynamischen Anforderungen für jeden Betriebspunkt $\underline{\Theta}_{\mu}$ des Multi-Modell-Systems anders sein können, werden dies im allgemeinen m solcher Maße sein:

$$\begin{aligned} J_{Q\mu} = \frac{1}{2} \int_0^{\infty} \Big\{ &\left[\underline{x}(t) - \underline{x}_{\infty}\right]^T \underline{Q}_{\mu} \left[\underline{x}(t) - \underline{x}_{\infty}\right] + \\ &+ \left[\underline{u}(t) - \underline{u}_{\infty}\right]^T \underline{S}_{\mu} \left[\underline{u}(t) - \underline{u}_{\infty}\right] \Big\} \, dt \;,^4 \quad \mu = 1, \ldots, m \;. \end{aligned} \tag{15.39}$$

[4] Statt $\underline{x}(t)$ und $\underline{u}(t)$ hätte man auch $\underline{x}_{\mu}(t)$ und $\underline{u}_{\mu}(t)$ schreiben können, doch ist dies für das Folgende nicht nötig.

Auch diese Gütemaße hängen von den gleichen Variablen wie J_R ab.

Insgesamt liegt also wieder einmal ein *Problem der Mehrzieloptimierung* vor, insofern mehrere Gütemaße, die von den gleichen Variablen abhängen, simultan zu minimieren sind. Zu seiner Lösung läßt sich wiederum das Verfahren der Gütevektoroptimierung von ***G. Kreisselmeier*** und ***R. Steinhauser*** ([15.11], auch Kapitel 17) heranziehen. Dabei kommt es in erster Linie auf die Minimierung von J_R und J_S an, während die anderen Gütemaße J_N, $J_{Q1}, \ldots, J_{Qm}$ lediglich unterhalb gewisser Schranken zu halten sind. Häufig wird man überhaupt nur die Gütemaße J_R und J_S benötigen. Die Durchführung der Minimierung erfolgt mittels eines schnell konvergierenden Gradientenverfahrens, etwa vom Quasi-Newton-Typ. Gemäß Abschnitt 14.5 stehen die Gradienten der obigen Gütemaße formelmäßig zur Verfügung. Man hat dort lediglich $\underline{A}$ durch $\underline{A}_{\mu}$, $\underline{B}$ durch $\underline{B}_{\mu}$, $\underline{R}$ durch $\underline{R}_{\mu}$, λ_{Ri} durch $\lambda^{\mu}_{R\nu}$, $\underline{p}_i$ durch $\underline{p}^{\mu}_{\nu}$ usw. zu ersetzen. Das Gütemaß J_R kommt zwar im Abschnitt 14.5 noch nicht vor, da es aber ganz entsprechend zu J_S aufgebaut ist, sind die Gradientenformeln für J_R wie bei J_S zu bilden.

Hat man auf diese Weise eine Lösung

$$\lambda^1_{R1}, \ldots, \lambda^1_{Rn}, \; \underline{p}^1_1, \ldots, \underline{p}^1_n \; ; \; \ldots \; ; \; \lambda^m_{R1}, \ldots, \lambda^m_{Rn}, \; \underline{p}^m_1, \ldots, \underline{p}^m_n$$

der Mehrzieloptimierung gefunden, so bildet man mit den Werten

$$\lambda^1_{R1}, \ldots, \lambda^1_{Rn} \; ; \; \underline{p}^1_1, \ldots, \underline{p}^1_n$$

die Matrix $\underline{R}_1$ (oder mit den entsprechenden Parameterwerten ein anderes $\underline{R}_{\mu}$), setzt darin die betragsmäßig klein gemachten Elemente $r^1_{ij} = 0$ und hat damit die gesuchte robuste Ausgangsrückführung $\underline{u} = -\underline{K}\,\underline{y}$ gefunden.

15.3.2 Anwendungsbeispiel: Spurgeführter Omnibus

Die Problemstellung wird ausführlich von ***W. Darenberg*** in [15.12] beschrieben, wobei auch ihre Einbettung in das technische Umfeld dargestellt ist. Der nachstehende Regelungsentwurf stammt von ***G. Roppenecker*** [15.10]. Der dort angegebene robuste Regler ist allerdings etwas anders aufgebaut als im folgenden beschrieben.

Ein Stadtomnibus soll entlang einem Leitkabel geführt werden, das in der Straße verlegt ist (Bild 15/10). Die Querauslenkung d_v des Busses, auch *Kursabweichung* genannt, ist elektronisch auszuregeln. Die *Regelgröße* d_v stellt zugleich die einzige Meßgröße y dar. Die automatische Lenkung wird hydraulisch vorgenommen, und zwar so, daß die Lenkwinkelgeschwindigkeit $\dot{\beta}$ einem Ölstrom proportional ist. $\dot{\beta}$ ist die Steuergröße u des Systems. Aus ihrer Integration entsteht der Lenkwinkel β (Bild 15/10).

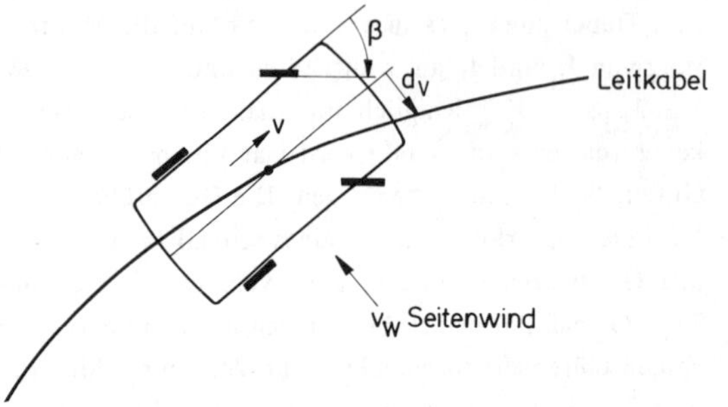

Bild 15/10. Spurgeführter Omnibus

Wie in [15.12] angegeben, wird der Zusammenhang zwischen $u = \dot{\beta}$ und $y = d_v$ durch ein lineares und zeitinvariantes dynamisches System 5. Ordnung beschrieben:

$$\dot{\underline{x}} = \begin{bmatrix} 0 & 1 & 0 & 0 & 0 \\ 0 & 0 & a_{23} & a_{24} & a_{25} \\ 0 & 0 & a_{33} & a_{34} & a_{35} \\ 0 & 0 & a_{43} & a_{44} & a_{45} \\ 0 & 0 & 0 & 0 & 0 \end{bmatrix} \underline{x} + \begin{bmatrix} 0 \\ 0 \\ 0 \\ 0 \\ 1 \end{bmatrix} u + \begin{bmatrix} 0 & 0 \\ e_{21} & e_{22} \\ 0 & e_{32} \\ 0 & e_{42} \\ 0 & 0 \end{bmatrix} \underline{z} , \tag{15.40}$$

$$y = [\,1 \quad 0 \quad 0 \quad 0 \quad 0\,]\,\underline{x} . \tag{15.41}$$

Als zusätzliche Eingangsgrößen der Strecke treten zwei *Störgrößen* auf. Da ist zunächst die Krümmung $z_1 = 1/R$ der Bahnkurve, die nur bei Kurvenfahrt in Erscheinung tritt und durch den Kurvenradius R bestimmt ist. An ihrer Stelle kann auch die Bahnwinkelgeschwindigkeit $\omega_K = v/R$ als Störgröße angesehen werden, wobei v die Fahrgeschwindigkeit des Busses ist. Als weitere Störgröße wirkt Seitenwind, der durch sein Geschwindigkeitsquadrat repräsentiert wird: $z_2 = v_w^2$.

Eine ganz wesentliche Rolle spielen die *Anfangsstörungen*, genauer gesagt, Anfangsauslenkungen d_{v0} der Kursabweichung. Sie können zweierlei Ursachen haben. Zum einen können seitliche Versetzungen des Leitkabels auftreten, z.B. infolge lokaler Wärmeeinwirkung aus der Umgebung. Dadurch erhält d_v beim Darüberlaufen des Busses plötzlich einen neuen Anfangswert, und der laufende Wert $d_v(t)$ muß wieder auf Null zurückgeführt werden. Zum zweiten tritt eine Anfangsauslenkung d_{v0} beim sogenannten Aufgleisen in Erscheinung, also dann, wenn der Bus vom Fahrer auf das Leitkabel gefahren und dann die automatische Spurführung eingeschaltet wird. Da der Fahrer das Leitkabel nicht genau treffen wird, ergibt sich zu Beginn eine Kursabweichung d_{v0}.

Die Koeffizienten a_{ik} der Dynamikmatrix $\underline{A}$ und e_{ik} der Störmatrix $\underline{E}$ in (15.40) hängen von *drei veränderlichen Parametern* ab:

- der Fahrgeschwindigkeit des Busses (v = 1 m/sec ... 20 m/sec),
- der von der Besetzung abhängigen Busmasse (m = 9950 ... 16000 kg),
- dem Kraftschlußbeiwert, der durch den Straßenzustand bestimmt wird (μ = 0,5...1), wobei die obere Grenze eine trockene Straße charakterisiert.

Der weitaus wichtigste dieser Parameter ist die Fahrgeschwindigkeit v des Busses.

Es ist ein *fest eingestellter Regler* zu entwerfen, der trotz dieser Parameterschwankungen und entgegen den Störeinflüssen Stabilität und darüber hinaus günstiges dynamisches Verhalten der Regelgröße $d_v(t)$ bewirkt.

Aus den Zustandsgleichungen (15.40), (15.41) der Strecke (mit Stelleinrichtung) kann man sich ein überschlägiges Strukturbild des zu regelnden Systems aufstellen, wenn man (15.40) in mehrere Gleichungen zerlegt:

$$\dot{x}_1 = x_2 ,$$

$$\begin{bmatrix} x_2 \\ x_3 \\ x_4 \end{bmatrix}^{\bullet} = \begin{bmatrix} a_{23} & a_{24} & a_{25} \\ a_{33} & a_{34} & a_{35} \\ a_{43} & a_{44} & a_{45} \end{bmatrix} \cdot \begin{bmatrix} x_3 \\ x_4 \\ x_5 \end{bmatrix} + \begin{bmatrix} e_{21} & e_{22} \\ 0 & e_{32} \\ 0 & e_{42} \end{bmatrix} \cdot \begin{bmatrix} 1/R \\ v_w^2 \end{bmatrix} ,$$

$$\dot{x}_5 = u ,$$

wobei

$x_1 = d_v$ die Querauslenkung (Kursabweichung),

$x_2 = \dot{d}_v$ die Quergeschwindigkeit,

$x_5 = \beta$ der Lenkwinkel,

$u = \dot{\beta}$ die Lenkwinkelgeschwindigkeit

ist. Man erhält so den Vorwärtszweig der Struktur im Bild 15/11. Die Anfangswerte des linken Integriergliedes wie auch des Teilsystems 3. Ordnung dürfen dabei zu Null angenommen werden. Da die Stelleinrichtung ein Integrierglied darstellt, werden die Störgrößen ausgeregelt, sofern es gelingt, die Regelung zu stabilisieren.

Nun zur *Struktur des Reglers*! Da nur die einzige Meßgröße $y = x_1 = d_v$ zur Verfügung steht, verschafft man sich

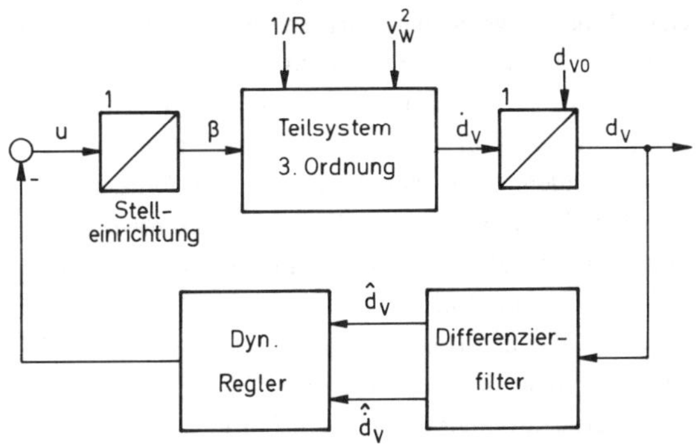

Bild 15/11. Struktur der Spurführungsregelung

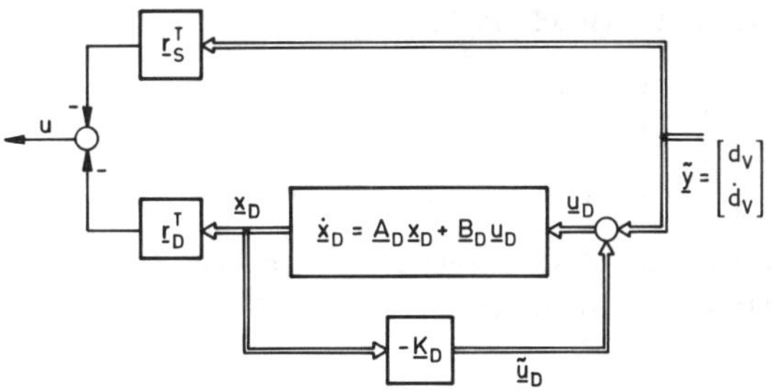

Bild 15/12. Struktur des Reglers

durch Differenzieren einen Schätzwert für die zweite Zustandsvariable $x_2 = \dot{d}_v$. Diese Differentiation wird nach dem Vorschlag von ***J. Ackermann*** [15.13] mittels eines D-T_2-Gliedes ausgeführt:

$$G_F(s) = \frac{s}{1 + 2dTs + T^2 s^2} = \frac{1}{\omega_0^2} \frac{s}{s^2 + 2d\omega_0 s + \omega_0^2} \ . \tag{15.42}$$

Dabei ist $f_0 = 10$ Hz, also $\omega_0 = 2\pi f_0 \approx 63 \text{ sec}^{-1}$ angenommen, weil diese Frequenz zwischen den Signalfrequenzen des Systems und der Frequenz der Störwelligkeit liegt, die damit weitgehend herausgefiltert wird. Wie üblich wird die Dämpfung $d = \sqrt{2}/2$ gewählt. Würde man zur Differentiation ein D-T_1-Glied verwenden, wie es sonst öfters benutzt wird, so würde die Störwelligkeit nicht genügend beseitigt. Dieses *Differenzierfilter* liefert dem Regler nicht nur den Schätzwert $\hat{\dot{d}}_v$ für die Quergeschwindigkeit $\dot{d}_v$, sondern auch einen Schätzwert $\hat{d}_v$ für die Querauslenkung d_v selbst. Diese wird zwar gemessen, ist aber so verrauscht, daß es besser ist, den Schätzwert $\hat{d}_v$ zu verwenden.

Das Zeitverhalten des Differenzierers ist schnell gegenüber den eigentlichen Regelvorgängen. Daher kann man es beim Entwurf des eigentlichen Reglers vernachlässigen, sich also so verhalten, als ob d_v und $\dot{d}_v$ selbst zurückgeführt würden.

Es ist möglich, eine robuste Regelung durch *konstante* Rückführung von d_v und $\dot{d}_v$ zu entwerfen. Sie vermag jedoch lediglich die verschiedenen Betriebsfälle zu stabilisieren, darüber hinaus aber liefert sie ein sehr schlechtes, nämlich stark schwingendes, dynamisches Verhalten. Um über mehr freie Parameter zur Verbesserung der Dynamik zu verfügen, geht man zu einem *dynamischen Regler 2. Ordnung* über.

Seine Struktur zeigt Bild 15/12. Dabei sind die Matrizen $\underline{A}_D$ und $\underline{B}_D$ *von vornherein* fest eingestellt:

$$\underline{A}_D = \begin{bmatrix} -20 & 0 \\ 0 & -20 \end{bmatrix} , \quad \underline{B}_D = \begin{bmatrix} 20 & 0 \\ 0 & 20 \end{bmatrix} .$$

Infolgedessen ist

$$\dot{x}_{D1} = -20\, x_{D1} + 20\, u_{D1} ,$$
$$\dot{x}_{D2} = -20\, x_{D2} + 20\, u_{D2} ,$$

so daß zwei P-T_1-Glieder mit der Zeitkonstante T = 50 msec und dem Verstärkungsfaktor 1 vorliegen. Mit der freien Matrix

$$\underline{K}_D = \begin{bmatrix} k_{D11} & k_{D12} \\ k_{D21} & k_{D22} \end{bmatrix}$$

können die Eigenwerte der Reglerschleife im Bild 15/12 beliebig eingestellt werden, da es sich bei ihr um eine vollständige Zustandsrückführung handelt. Frei wählbar sind auch die Zeilenvektoren

$$\underline{r}_S^T = [r_{S1}, r_{S2}] \quad \text{und} \quad \underline{r}_D^T = [r_{D1}, r_{D2}] ,$$

mit denen das Verhältnis des konstanten und des dynamischen Anteils des Reglers abgewogen werden kann. Insgesamt hat man so einen Regler mit übersichtlichem modularem Aufbau.

Die Gleichungen der gesamten Regelung lauten nun

$$\dot{\underline{x}} = \underline{A}\,\underline{x} + \underline{b}\,u + \underline{E}\,\underline{z} , \tag{15.43}$$

$$\dot{\underline{x}}_D = \underline{A}_D\,\underline{x}_D + \underline{B}_D(\tilde{\underline{y}} + \tilde{\underline{u}}_D) , \tag{15.44}$$

$$u = -\left[\underline{r}_S^T\,\tilde{\underline{y}} + \underline{r}_D^T\,\underline{x}_D\right] , \tag{15.45}$$

$$\tilde{\underline{u}}_D = -\underline{K}_D\,\underline{x}_D . \tag{15.46}$$

Darin ist nach Bild 15/12

$$\tilde{\underline{y}} = \begin{bmatrix} d_v \\ \dot{d}_v \end{bmatrix} = \begin{bmatrix} x_1 \\ x_2 \end{bmatrix}$$

ein Teil des Zustandsvektors $\underline{x}$. Man kann deshalb für (15.44) auch schreiben:

$$\dot{\underline{x}}_D = \underline{B}_D \begin{bmatrix} x_1 \\ x_2 \end{bmatrix} + \underline{A}_D \underline{x}_D + \underline{B}_D \tilde{\underline{u}}_D$$

oder ausführlich

$$\dot{x}_{D1} = 20\, x_1 + 0 \cdot x_2 + 0 \cdot x_3 + \ldots +$$
$$+ 0 \cdot x_5 - 20\, x_{D1} + 0 \cdot x_{D2} + 20\, \tilde{u}_{D1} \,,$$
$$\dot{x}_{D2} = 0 \cdot x_1 + 20\, x_2 + 0 \cdot x_3 + \ldots +$$
$$+ 0 \cdot x_5 + 0 \cdot x_{D1} - 20\, x_{D2} + 20\, \tilde{u}_{D2} \,.$$

Demgemäß ist

$$\begin{bmatrix} \underline{x} \\ \hline \underline{x}_D \end{bmatrix}^{\cdot} = \left[\begin{array}{ccccc:cc} & & \underline{A} & & & & \underline{0} \\ \hline 20 & 0 & 0 & 0 & 0 & -20 & 0 \\ 0 & 20 & 0 & 0 & 0 & 0 & -20 \end{array}\right] \cdot \begin{bmatrix} \underline{x} \\ \hline \underline{x}_D \end{bmatrix} +$$

$$+ \left[\begin{array}{c:cc} \underline{b} & \underline{0} & \\ \hline \underline{0} & 20 & 0 \\ & 0 & 20 \end{array}\right] \cdot \begin{bmatrix} u \\ \hline \tilde{\underline{u}}_D \end{bmatrix} + \begin{bmatrix} \underline{E} \\ \hline \underline{0} \end{bmatrix} \cdot \underline{z} \,. \qquad (15.47)$$

Dies ist die Zustandsdifferentialgleichung der um den dynamischen Anteil des Reglers erweiterten Strecke. Sie ist von 7. Ordnung und hat die Steuergrößen u, $\tilde{u}_{D1}$ und $\tilde{u}_{D2}$.

Für die Steuergrößen gilt nach (15.45) und (15.46)

$$\begin{bmatrix} u \\ \hline \tilde{\underline{u}}_D \end{bmatrix} = - \left[\begin{array}{ccccc:cc} r_{S1} & r_{S2} & 0 & 0 & 0 & r_{D1} & r_{D2} \\ \hline 0 & 0 & 0 & 0 & 0 & k_{D11} & k_{D12} \\ 0 & 0 & 0 & 0 & 0 & k_{D21} & k_{D22} \end{array}\right] \cdot \begin{bmatrix} \underline{x} \\ \hline \underline{x}_D \end{bmatrix} \qquad (15.48)$$

Diese Gleichung ist vom Typ

$$\underline{u}^* = - \underline{K}^* \underline{x}^* \,,$$

wobei die konstante Matrix $\underline{K}^*$ eine vorgegebene Struktur aufweist, insofern nur bestimmte Elemente $\neq 0$ sein dürfen. Diese Elemente, 8 insgesamt, sind noch frei wählbar. Hiermit ist die Synthese des dynamischen Reglers auf die Berechnung einer konstanten Ausgangsrückführung zurückgeführt.

Gemäß der allgemeinen Vorgehensweise bei der Vollständigen Modalen Synthese (Abschnitt 14.5) geht man von der zu $\underline{K}^*$ gehörenden vollbesetzten (3,7)-Matrix $\underline{R}^*$ aus und unterdrückt die zu Null zu machenden Elemente, indem man das Reglerstruktur-Gütemaß J_S gemäß (15.36) minimiert. Es ist bemerkenswert, daß hierbei nicht nur ganze Spalten ausgenullt werden müssen, wie es beim üblichen Entwurf einer Ausgangsrückführung der Fall ist, sondern auch *Teile* einer Spalte. Es liegt hier also das *allgemeinere* Problem des Entwurfs einer strukturbeschränkten Rückführung vor. Mittels des in Gleichung (15.36) formulierten Gütemaßes, bei dem die einzelnen Matrix-Elemente gewichtet werden, ist das aber ohne weiteres möglich. Simultan zu J_S ist das Robustheitsgütemaß J_R zu minimieren, das gemäß (15.34) gebildet wird. Weitere Gütemaße werden bei der vorliegenden Aufgabenstellung nicht benötigt.

Das zugrunde gelegte *Multi-Modell-System* besteht aus 3 verschiedenen Modellen, die den folgenden Betriebsfällen entsprechen:

- Betriebsfall 1: $v = 3 \frac{m}{sec}$, $m = 9\,950$ kg, $\mu = 1$;
- Betriebsfall 2: $v = 10 \frac{m}{sec}$, $m = 9\,950$ kg, $\mu = 1$;
- Betriebsfall 3: $v = 20 \frac{m}{sec}$, $m = 16\,000$ kg, $\mu = 1$.

In allen 3 Fällen ist der Kraftschlußbeiwert gleich 1 gesetzt. Die Rechnersimulation zeigt, daß mittels der so entworfenen Regelung auch niedrigere Werte bis zur unteren Grenze $\mu = 0{,}5$ bewältigt werden (siehe Bild 15/18).

Von der robusten Regelung wird Γ-Stabilität verlangt. Die 3 zulässigen Bereiche Γ_μ, welche den 3 Betriebsfällen entsprechen, sind im Bild 15/13 wiedergegeben. Für alle 3 Gebiete gilt

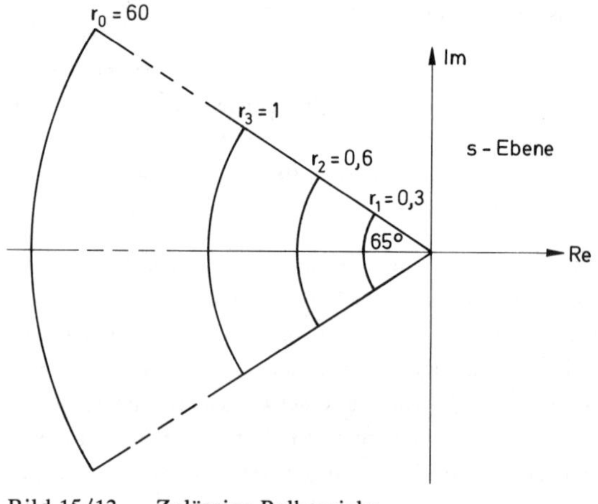

Bild 15/13. Zulässige Polbereiche

$$0 \leq \pi - \left| \angle \lambda^{\mu}_{R\nu} \right| \leq 65^\circ ,$$

während für die Beträge der Eigenwerte $\lambda^{\mu}_{R\nu}$ die Ungleichungen

$$r_\mu \leq \left| \lambda^{\mu}_{R\nu} \right| \leq 60 \ , \quad \mu = 1, 2, 3,$$

gelten. Die untere Grenze r_μ ist für die 3 Betriebsfälle verschieden, nämlich

$$r_1 = 0{,}3 \ , \quad r_2 = 0{,}6 \ , \quad r_3 = 1 \ ,$$

entsprechend der Tatsache, daß bei zunehmender Fahrgeschwindigkeit v die Regelung schneller reagieren muß und deshalb die Eigenwerte weiter links liegen müssen.

Der Entwurf erfolgt nun in der im Unterabschnitt 15.3.1 beschriebenen Weise. Der *Störterm* $\underline{E}\ \underline{z}$ in der Zustandsdifferentialgleichung wird bei einem derartigen Entwurf auf Γ-Stabilität naturgemäß ignoriert. Wie im Unterabschnitt 15.3.1 angegeben, könnte man die Störgrößen durch zusätzliche Gütemaße berücksichtigen. Wie die Rechnersimulation bestätigt, ist dies beim vorliegenden Problem jedoch nicht erforderlich (siehe Bild 15/17 und 15/18).

Was die *Durchführung des Entwurfs* [5] angeht, so wurde zunächst für jeden der 3 Betriebsfälle eine vollständige Zustandsrückführung mit einem Riccati-Regler entworfen. Durch Minimierung des Robustheitsgütemaßes J_S und des Reglerstrukturgütemaßes J_R mittels Gütevektoroptimierung wurde daraus eine Rückführung $\underline{u}^* = -\underline{K}^* \underline{x}^*$ gemäß (15.48) gewonnen. Hierbei war

$$\underline{K}^* = \begin{bmatrix} 0{,}88 & -2{,}59 & 0 & 0 & 0 & -3{,}63 & 2{,}68 \\ 0 & 0 & 0 & 0 & 0 & 0{,}05 & -0{,}03 \\ 0 & 0 & 0 & 0 & 0 & -0{,}58 & 0{,}43 \end{bmatrix} .$$

Die hierin zu Null gesetzten Elemente waren sämtlich von der Größenordnung 10^{-4} bis 10^{-6}.

Bei der Durchführung der Optimierung kann man in verschiedener Weise vorgehen. Man kann zunächst J_S sehr klein machen, also faktisch zu drei Ausgangsrückführungen übergehen, und sodann aus diesen durch Minimieren von J_R (bei festgehaltenem J_S, wie es im Wesen der Gütevektoroptimierung liegt) eine robuste Ausgangsrückführung bilden. Man kann aber auch zuerst J_R nahe Null bringen und anschließend aus den so erhaltenen, nahezu übereinstimmenden drei vollständigen Zustandsrückführungen durch Minimieren von J_S zur robusten Ausgangsrückführung gelangen. Meist wird man wohl einen mittleren Weg einschlagen und abwechselnd J_R und J_S heruntersetzen, bis beide klein genug sind.[6]

Beachtet man nunmehr den *gesamten dynamischen Regler einschließlich des Differenzierers*, so ist er nach Bild 15/11 ein Eingrößensystem mit der Eingangsgröße $y = \dot{d}_v$ und der Ausgangsgröße $-u = -\beta$. Stellt man seine Übertragungsfunktion auf, so hebt sich ein Nennerfaktor gegen einen Zählerfaktor heraus und man erhält

$$G_K(s) = K_R \frac{1 + 2d_z T_z s + T_z^2 s^2}{(1 + T_1 s)(1 + 2dT_2 s + T_2^2 s^2)}$$

mit

$K_R = 1{,}58\ (\mathrm{m \cdot sec})^{-1}$
$d_z = 1$, $T_z = 1/4{,}245 = 0{,}236$ sec ;
$T_1 = 1/29{,}251 = 0{,}034$ sec ;
$d = 0{,}71$, $T_2 = 1/63 = 0{,}016$ sec.

Die auf den folgenden Bildern dargestellten *Rechnersimulationen* zeigen die Wirksamkeit der robusten Regelung. In Bild 15/14 bis 15/16 sieht man die Reaktion der Regelung auf Anfangsauslenkungen in den 3 Betriebsfällen. Dabei ist als Anfangswert der Kursabwei-

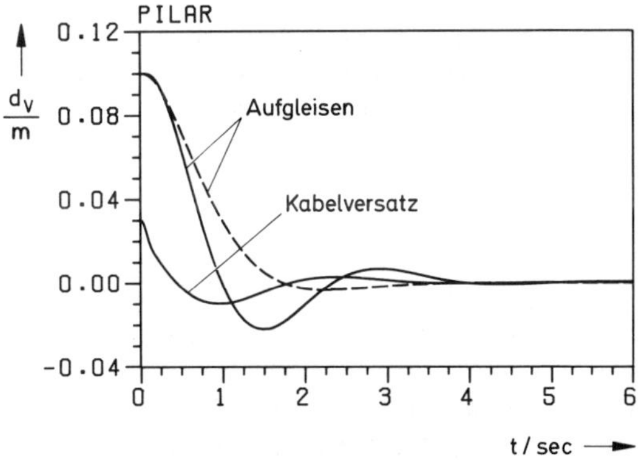

Bild 15/14. Spurgeführter Bus bei Anfangsstörung Betriebsfall 1 (3 msec^{-1}/9 950 kg/1)
—— Robuster Regler
– – – Riccati-Regler

[5] Er wurde mit dem Programmsystem VOMOSY des Instituts für Regelungs- und Steuerungssysteme der Universität Karlsruhe vorgenommen. Die Rechnerschriebe wurden teilweise mit dem Programmsystem PILAR erstellt.

[6] Eine ausführliche Beschreibung des Optimierungsvorgangs von J_R und J_S für einen ganz ähnlichen Fall findet man in [15.10] sowie [15.14].

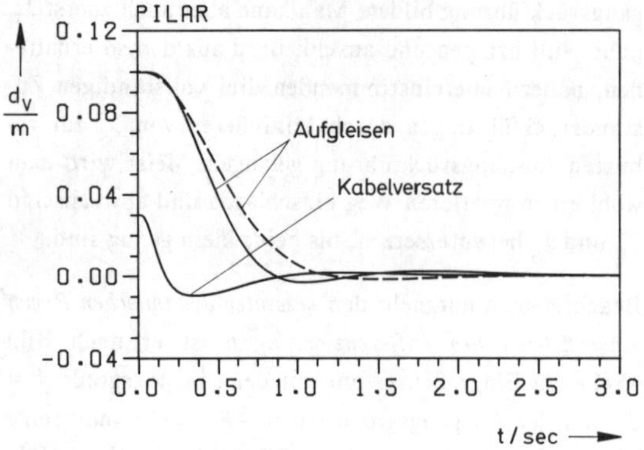

Bild 15/15. Spurgeführter Bus bei Anfangsstörung Betriebsfall 2 (10 $msec^{-1}$/9 950 kg/1)
—— Robuster Regler
- - - Riccati-Regler

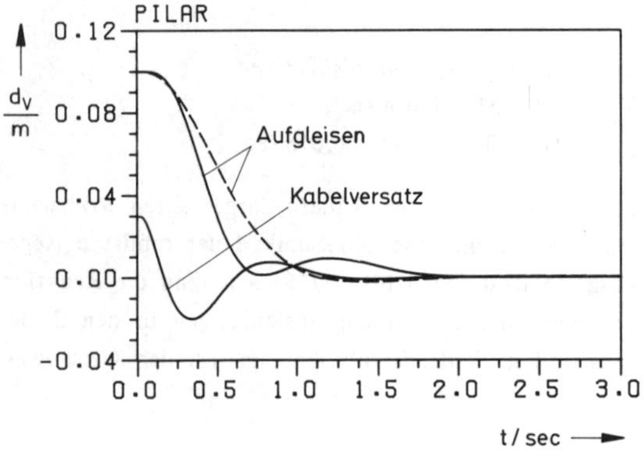

Bild 15/16. Spurgeführter Bus bei Anfangsstörung Betriebsfall 3 (20 $msec^{-1}$/16 000 kg/1)
—— Robuster Regler
- - - Riccati-Regler

chung d_v bei Leitkabelversatz ein realistischer Wert von 3 cm zugrunde gelegt, während beim Aufgleisen der Anfangsfehler größer sein kann und deshalb d_{v0} = 10 cm angenommen wurde. Diese beiden Arten der Anfangsstörung wirken sich verschiedenartig aus. Beim Aufgleisen ist die Regelung zunächst noch nicht geschlossen, jedoch läuft der Differenzierer bereits mit und stellt die Schätzwerte $\hat{d}_v$ und $\hat{\dot{d}}_v$ beim Einschalten der automatischen Spurführung (Schließen der Regelung) sofort zur Verfügung, was zu einer schnellen Reaktion der Regelung führt. Beim Fahren über einen Leitkabelversatz hingegen wird der Differenzierer von dem plötzlich auftretenden Anfangswert d_{v0} überraschend getroffen und muß sich erst darauf einstellen, wodurch die Ausregelung der Anfangsauslenkung (bei gleichem Betrag) länger dauert als beim Aufgleisen.

Wie aus dem Vergleich mit der jeweiligen Riccati-Regelung hervorgeht, arbeitet die robuste Regelung bei Anfangsstörungen zur Zufriedenheit. Daß dies auch bei den Störungen "Kurvenfahrt" und "Seitenwind" der Fall ist, kann man aus den Bildern 15/17 und 15/18 erkennen. Im Bild 15/17 ist die Kursabweichung d_v bei Kurvenfahrt und mittlerer Geschwindigkeit für zwei verschiedene Belastungen dargestellt. Die Abweichungen vom Leitkabel halten sich durchaus in Grenzen und werden ohne Oszillationen ausgeregelt. Bild 15/18 zeigt

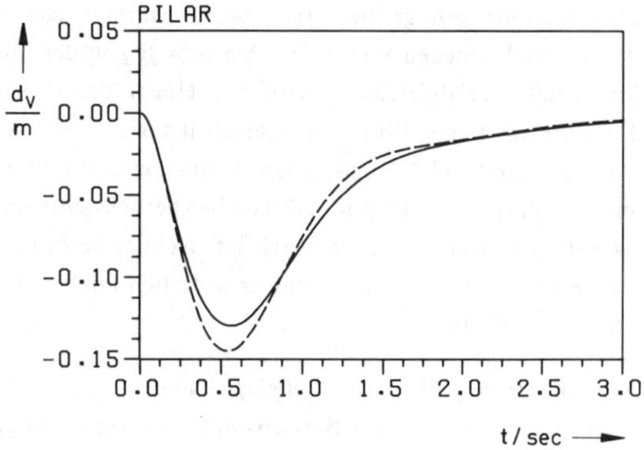

Bild 15/17. Spurgeführter Bus bei Einfahrt in eine Kurve mit R = 25 m
v = 10 $msec^{-1}$, $\mu = 1$.
—— m = 9 950 kg
- - - m = 16 000 kg

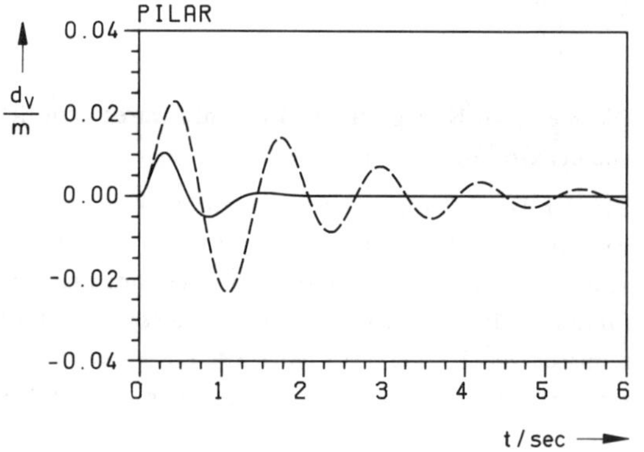

Bild 15/18. Spurgeführter Bus bei Seitenwind von v_W = 20 $msec^{-1}$
v = 20 $msec^{-1}$, m = 16 000 kg
—— $\mu = 1$
- - - $\mu = 0,5$

das Verhalten der Regelgröße bei Seitenwind und maximaler Fahrgeschwindigkeit. Der Parameterwert $\mu = 0{,}5$ (z.B. sehr nasse Straße) kennzeichnet einen Extremfall. Aber auch dann beherrscht die Regelung das Fahrverhalten, wobei zu beachten ist, daß die Amplituden 2 cm kaum übersteigen. In der Tat hat sich dieser Regler auch im Fahrversuch gut bewährt.

Schrifttum zum Kapitel 15

[15.1] D. Franke: Ein nichtlinearer dynamischer Regler mit adaptiven Eigenschaften. Regelungstechnik 31 (1983), S. 369-374.

[15.2] H.-P. Opitz: Entwurf robuster, strukturvariabler Regelungssysteme mit der Hyperstabilitätstheorie. VDI-Verlag, 1984.

[15.3] P.M. Frank: Empfindlichkeitsanalyse dynamischer Systeme. R. Oldenbourg Verlag, 1976.

[15.4] J. Ackermann: Abtastregelung, 2. Auflage, Band II (Entwurf robuster Systeme). Springer-Verlag, 1983.

[15.5] P.M. Frank: Entwurf parameterunempfindlicher und robuster Regelkreise im Zeitbereich - Definitionen, Verfahren und ein Vergleich. Automatisierungstechnik 33 (1985), S. 233-240.

[15.6] H. Kiendl: Robustheitsanalyse von Regelungssystemen mit Hilfe der Methode der konvexen Zerlegung. GMA-Bericht 11 (VDI/VDE-Gesellschaft Meß- und Automatisierungstechnik, 1986), S. 19-43.

[15.7] R. Steinhauser: Reglerentwurf für einen Tieftemperatur-Windkanal mittels Gütevektoroptimierung. Dissertation Karlsruhe, 1984; DFVLR-Forschungsbericht 85-37 (1985).

[15.8] U. Konigorski: Entwurf robuster strukturbeschränkter Zustandsregelungen durch Polgebietsvorgabe mittels Straffunktionen. Automatisierungstechnik 35 (1987), S. 250-254.

[15.9] U. Konigorski: Entwurf strukturbeschränkter Zustandsregelungen unter besonderer Berücksichtigung des Störverhaltens. Automatisierungstechnik 35 (1987), S. 457-464.

[15.10] G. Roppenecker: Entwurf robuster Regelungen mittels Vollständiger Modaler Synthese und Anwendung auf den spurgeführten Omnibus. Automatisierungstechnik 35 (1987), S. 349-358.

[15.11] G. Kreisselmeier - R. Steinhauser: Systematische Auslegung von Reglern durch Optimierung eines vektoriellen Gütekriteriums. Regelungstechnik 27 (1979), S. 76-79.

[15.12] W. Darenberg: Automatische Spurführung von Kraftfahrzeugen, ein Problem der robusten Regelung. Automobil-Industrie 2 (1987), S. 155-159.

[15.13] J. Ackermann: Entwurfsverfahren für robuste Regelungen. Regelungstechnik 32 (1984), S. 143-150.

[15.14] G. Roppenecker: Zeitbereichsentwurf linearer Regelungen - Grundlegende Strukturen und eine allgemeine Methodik ihrer Parametrierung. R. Oldenbourg Verlag, 1990.

[15.15] J. Ackermann: Robuste Regelung. Springer-Verlag, 1993.

16 Vereinfachung großer Systemmodelle durch Ordnungsreduktion

16.1 Problemstellung

Die in den vorangegangenen Kapiteln beschriebenen Methoden zur Analyse und zum Entwurf von Regelungen im Zustandsraum gehen von der Zustandsdifferentialgleichung

$$\dot{\underline{x}} = \underline{A}\,\underline{x} + \underline{B}\,\underline{u} \tag{16.1}$$

aus, wobei die konstanten Matrizen $\underline{A}$ und $\underline{B}$ vom Typ (n,n) bzw. (n,p) sind. Die Anzahl n der Zustandsvariablen, welche zugleich die Anzahl der skalaren Zustandsdifferentialgleichungen ist, gibt die *Ordnung des Systemmodells* (oder Systems) an.

Ist die Systemordnung hoch, so können hierdurch spezifische Probleme auftreten: die numerischen Rechnungen, z.B. bei der Simulation, werden weitläufig, die Realisierung von Reglern und Beobachtern wird aufwendig, vor allem aber verliert man den Durchblick durch das Systemverhalten. Wie soll man beispielsweise bei einem System hoher Ordnung die Pole oder auch die Bewertungsmatrizen eines Gütemaßes sinnvoll vorgeben? Verfahren, die bei kleineren Systemen, etwa 5-ter oder 6-ter Ordnung, gut funktionieren, werden mit zunehmender Größe der Systeme immer unhandlicher und schließlich unbrauchbar.

Was dabei als groß zu bezeichnen ist, kann nicht ein für alle Mal festgelegt werden, hängt vielmehr von Problemstellung und benutzter Methode ab. Der Riccati-Entwurf wird normalerweise bei der Ordnung n = 30 noch keine Schwierigkeiten machen, wogegen für den Entwurf robuster Regler durch Vollständige Modale Synthese unter Umständen bereits n = 10 viel sein kann.

Wie dies im einzelnen auch sein mag, es wird vielfach notwendig oder zumindest zweckmäßig sein, die Ordnung eines Systemmodells zu erniedrigen. Soweit das möglich ist, wird man hierauf bereits bei der Aufstellung des mathematischen Modells aus den physikalischen Gesetzen achten, indem man Vernachlässigungen vornimmt. Sofern es sich um komplex strukturierte Systeme handelt, wird man damit allein aber häufig nicht weit genug kommen. Man hat deshalb besondere Methoden entwickelt, um ein *Systemmodell hoher Ordnung durch ein Modell niedriger Ordnung zu approximieren.* Ersteres nennt man gewöhnlich das *Original*, letzteres ein *reduziertes Modell.* Man spricht dann von *Ordnungsreduktion oder auch Modellreduktion.*

Die Ordnungsreduktion stellt ein Verfahren zur Modellvereinfachung dar. Andere solche Verfahren hatten wir im Kapitel 11 beschrieben: Linearisierung nichtlinearer gewöhnlicher Differentialgleichungen, Ortsdiskretisierung partieller Differentialgleichungen, Padé-Approximation von Totzeitsystemen. Bei ihnen allen ging es darum, eine komplizierte Funktionalbeziehung durch einfachere Funktionalbeziehungen, nämlich durch lineare Differentialgleichungen mit konstanten Koeffizienten, zu approximieren. Demgegenüber geht man bei der Ordnungsreduktion bereits von einem System solcher, an sich einfacher Differentialgleichungen aus. Hier geht es nicht darum, die Gestalt der Funktionalbeziehungen zu vereinfachen, sondern ihre Anzahl zu verringern.

Dabei ist der Ausgangspunkt unserer Betrachtungen die Vektordifferentialgleichung (16.1) des Originals, von der angenommen wird, daß sie aus den physikalischen Gesetzen des Systems durch theoretische Modellbildung entstanden ist. Die Zustandsvariablen $x_1, \ldots, x_n$ des Originals sind in technisch-physikalischer Hinsicht nicht sämtlich von gleicher Bedeutung. Es gibt solche, die eine wesentliche Rolle spielen und die man deshalb in das reduzierte Modell übernehmen möchte, während andere eine geringere Rolle spielen und aus dem reduzierten Modell weggelassen werden dürfen. Wie schon im Abschnitt 12.5 erwähnt, sind als *wesentliche Zustandsgrößen* anzusehen:

- Die *Aufgabengrößen*, also die Systemgrößen, welche einen gewünschten Zeitverlauf haben sollen, weil sie in einem übergeordneten System von Bedeutung sind. In einem Regelungssystem sind dies die *Regelgrößen*.
- *Meßgrößen*, das heißt solche Systemgrößen, die ohne zu großen Aufwand gemessen und damit zur Regelung durch Rückführung benutzt werden können.
- *Kritische Größen*, also Größen, die schwierige Systemzustände hervorrufen können und deren Verlauf man daher ständig im Auge behalten sollte.

Die Gesamtheit der wesentlichen Zustandsvariablen ist nicht starr festgelegt. Es wird einige Zustandsgrößen geben, die man unbedingt dazu rechnen muß, während man andere möglicherweise auch entbehren könnte. Man legt sich zunächst auf eine gewisse Anzahl der wesentlichen Zustandsvariablen fest und kann diese später immer noch abändern, wenn es sich als erforderlich herausstellen sollte. Bei geeigneter Numerierung darf man annehmen, daß gerade die ersten q Zustandsvariablen wesentlich sind:

$$\underline{x} = \begin{bmatrix} \underline{x}_r \\ \underline{x}_u \end{bmatrix} \quad \text{mit} \quad \underline{x}_r = \begin{bmatrix} x_1 \\ \vdots \\ x_q \end{bmatrix} ,$$

wobei also $\underline{x}_r$ der Vektor der wesentlichen Zustandsvariablen und $\underline{x}_u$ der Vektor der restlichen Zustandsgrößen ist.

Für die folgenden Untersuchungen ist es zweckmäßig, die *wesentlichen Zustandsvariablen als Ausgangsgrößen des Originals* aufzufassen:

$$y_1 = x_1 , \; y_2 = x_2 , \ldots , \; y_q = x_q$$

oder

$$\underline{y} = \underline{C}\,\underline{x} \tag{16.2}$$

mit $\underline{C} = \left[\underline{I}_q \quad \underline{0} \right]$.

Nunmehr können wir unser Ziel deutlicher formulieren:

Das reduzierte Modell wird in der Form

$$\dot{\tilde{\underline{x}}}_r = \tilde{\underline{A}}\,\tilde{\underline{x}}_r + \tilde{\underline{B}}\,\underline{u} \tag{16.3}$$

mit konstanten Matrizen $\tilde{\underline{A}}$ *und* $\tilde{\underline{B}}$ *angesetzt.* $\tilde{\underline{A}}$ *und* $\tilde{\underline{B}}$ *sind dabei so zu bestimmen, daß der Zustandsvektor* $\tilde{\underline{x}}_r$ *des reduzierten Modells den Vektor* $\underline{x}_r$ *der wesentlichen Zustandsvariablen des Originals möglichst gut approximiert.*

Durch die Art und Weise, wie diese Approximation erfolgen soll, unterscheiden sich die verschiedenen Verfahren zur Ordnungsreduktion. Im folgenden werden zwei recht unterschiedliche Verfahren zur Ordnungsreduktion, die sich bei zahlreichen realistischen Aufgabenstellungen bewährt haben, näher beschrieben. [1]

16.2 Modale Ordnungsreduktion nach L. Litz

16.2.1 Konstruktion des reduzierten Modells

Der *Grundgedanke der modalen Ordnungsreduktion* ist naheliegend: *Man behält von den sämtlichen Eigenwerten des Originals nur die dominanten, d.h. für das Zeitverhalten maßgebenden, bei und baut aus ihnen das reduzierte Modell auf.*

Dies war denn auch der erste allgemeine Vorschlag zur Ordnungsreduktion, der überhaupt gemacht wurde (*E. J. Davison* [16.1], *S. A. Marshall* [16.2], *M. R. Chidambara* [16.3], [16.4], ab 1966). Er wies aber noch gravierende Schwächen auf, die durch *L. Litz* ([16.5], [16.6], [16.7]) beseitigt wurden.

Seinem Gedankengang, der nunmehr dargestellt werden soll, liegt der von ihm eingeführte Dominanzbegriff zugrunde. Er wurde bereits im Abschnitt 12.5 entwickelt, da er nicht nur für die modale Ordnungsreduktion, sondern generell für die Analyse dynamischer Systeme von Bedeutung ist.

Wie dort gehen wir davon aus, daß die Dynamikmatrix $\underline{A}$ des Originals diagonalähnlich ist [2], was insbesondere zutrifft, wenn $\underline{A}$ nur einfache Eigenwerte besitzt, und nehmen eine Transformation auf Diagonalform vor:

$$\underline{x} = \underline{V}\,\underline{z} . \tag{16.4}$$

Dann wird aus (16.1)

$$\dot{\underline{z}} = \underline{\Lambda}\,\underline{z} + \hat{\underline{B}}\,\underline{u} \tag{16.5}$$

mit

$$\underline{\Lambda} = \underline{V}^{-1}\underline{A}\,\underline{V} = \text{diag}(\lambda_1, \ldots, \lambda_n) \tag{16.6}$$

und

$$\hat{\underline{B}} = \underline{V}^{-1}\underline{B} . \tag{16.7}$$

Mit Hilfe des in Abschnitt 12.5 eingeführten Litzschen Dominanzmaßes ermittelt man die dominanten Eigenwerte. Ist ihre Anzahl m, so kann man ihre Numerierung so wählen, daß sie durch $\lambda_1, \ldots, \lambda_m$ gegeben sind. Man darf annehmen, daß die Anzahl der wesentlichen Zustandsvariablen $q = m$ ist. Ist nämlich $q < m$, so füllt man entweder die wesentlichen Zustandsvariablen auf, bis $q = m$ ist, oder man läßt von den dominanten Eigenwerten die mit den niedrigsten Dominanzmaßen weg, sofern dies als vertretbar erscheint. Ganz entspre-

---

[1] Für andere Methoden der Ordnungsreduktion siehe etwa [16.9], [16.10] sowie die Aufsätze [16.15], [16.16], [16.17] sowie [16.19], in denen auch weitere Literatur angegeben ist.

[2] Diese Voraussetzung wird bei realen Systemen in aller Regel erfüllt sein. Allenfalls kann sie durch einen Doppelpol am Systemein- oder -ausgang verletzt werden, der z.B. durch einen Beschleunigungsvorgang verursacht wird. In diesem Fall kann man den Doppelpol bzw. die beiden zugehörigen I-Glieder vom Original abspalten, das verbleibende Rumpfsystem reduzieren und dann die beiden I-Glieder an das reduzierte Modell anfügen. Siehe hierzu [16.7], Abschnitt 3.4.

chend verfährt man im Fall $q > m$, der allerdings seltener auftreten wird.[3]

Die Zustandsdifferentialgleichung (16.5) des Originals in Modalkoordinaten kann dann in der folgenden Form geschrieben werden:

$$\begin{bmatrix} z_1 \\ \vdots \\ z_m \\ \hdashline z_{m+1} \\ \vdots \\ z_n \end{bmatrix}^{\bullet} = \left[\begin{array}{ccc:ccc} \lambda_1 & & & & & \\ & \ddots & & & \underline{0} & \\ & & \lambda_m & & & \\ \hdashline & & & \lambda_{m+1} & & \\ & \underline{0} & & & \ddots & \\ & & & & & \lambda_n \end{array}\right] \cdot \begin{bmatrix} z_1 \\ \vdots \\ z_m \\ \hdashline z_{m+1} \\ \vdots \\ z_n \end{bmatrix} + \begin{bmatrix} \hat{\underline{B}}_1 \\ \hdashline \hat{\underline{B}}_2 \end{bmatrix} \underline{u} \, .$$

Mit

$$\underline{z}_1 = \begin{bmatrix} z_1 \\ \vdots \\ z_m \end{bmatrix}, \quad \underline{z}_2 = \begin{bmatrix} z_{m+1} \\ \vdots \\ z_n \end{bmatrix}$$

kann man diese Matrizengleichung in zwei Teile zerspalten:

$$\dot{\underline{z}}_1 = \underline{\Lambda}_1 \underline{z}_1 + \hat{\underline{B}}_1 \underline{u} \quad \text{(dominanter Anteil)}, \tag{16.8}$$

$$\dot{\underline{z}}_2 = \underline{\Lambda}_2 \underline{z}_2 + \hat{\underline{B}}_2 \underline{u} \quad \text{(nichtdominanter Anteil)}, \tag{16.9}$$

wobei also

$$\underline{\Lambda}_1 = \operatorname{diag}(\lambda_1, \ldots, \lambda_m), \quad \underline{\Lambda}_2 = \operatorname{diag}(\lambda_{m+1}, \ldots, \lambda_n) \, .$$

Die Ordnungsreduktion besteht nun ganz einfach darin, daß der nichtdominante Anteil des Originals weggelassen wird. Das reduzierte Modell ist dann durch die verbleibende Differentialgleichung

$$\dot{\underline{z}}_1 = \underline{\Lambda}_1 \underline{z}_1 + \hat{\underline{B}}_1 \underline{u} \tag{16.10}$$

gegeben und hat daher die Ordnung $m < n$, ist also in der Tat "reduziert".

Dieses einleuchtende Vorgehen hat jedoch *einen* Haken: Im reduzierten Modell ist der Vektor $\underline{z}_2$ der nichtdominanten Modalkoordinaten nicht mehr enthalten, den man aber benötigt, um mittels $\underline{x} = \underline{V}\,\underline{z}$ den Zustandsvektor $\underline{x}$ zu rekonstruieren. Man muß sich deshalb irgendwie einen Ersatz $\tilde{\underline{z}}_2$ für $\underline{z}_2$ beschaffen. Die simpelste Annahme besteht darin, ganz einfach $\underline{z}_2$ Null zu setzen, d.h. $\tilde{\underline{z}}_2 = \underline{0}$ anstelle des wahren Wertes $\underline{z}_2$ zu nehmen (*E.J. Davison* [16.1]). Das hat jedoch unangenehme Folgen. Im stationären Zustand ist dann nämlich ebenfalls $\tilde{\underline{z}}_2 = \underline{0}$, während für den tatsächlichen stationären Zustand aus (16.9) folgt:

$$\underline{0} = \underline{\Lambda}_2 \underline{z}_2 + \hat{\underline{B}}_2 \underline{u} \, ,$$

also

$$\underline{z}_2 = -\underline{\Lambda}_2^{-1} \hat{\underline{B}}_2 \underline{u} \, ,$$

ein Wert, der – von eventuellen Ausnahmefällen abgesehen – $\neq \underline{0}$ ist. D.h.: Das so gebildete reduzierte Modell stimmt im stationären Zustand nicht mit dem Original überein, es ist stationär ungenau. Damit ist es aber praktisch unbrauchbar, denn stationäre Genauigkeit ist neben Stabilität die wichtigste Eigenschaft eines dynamischen Systems.

Dieser Übelstand wird vermieden bei einem erstmals von *L. Litz* vorgeschlagenen Ansatz ([16.5], [16.7]), der überdies noch weitere Vorzüge aufweist: *Die nichtdominanten Modalkoordinaten werden durch eine Linearkombination der dominanten Modalkoordinaten approximiert*, d.h.:

$$\tilde{\underline{z}}_2 = \underline{E}\,\underline{z}_1 \tag{16.11}$$

mit einer noch geeignet zu bestimmenden konstanten $(n-m, m)$-Matrix $\underline{E}$. Da $\underline{z}_1$ im reduzierten Modell vorhanden ist, läßt sich so mit Hilfe des reduzierten Modells der gesamte Zustandsvektor $\underline{x} = \underline{V}\,\underline{z}$ näherungsweise rekonstruieren.

Die Frage ist natürlich, wie man $\underline{E}$ wählen soll. Wir stellen sie vorerst zurück und führen die Konstruktion des reduzierten Modells zu Ende. Dieses ist durch die Gleichung (16.10) in Modalkoordinaten gegeben und muß jetzt in die ursprünglichen Zustandsvariablen übersetzt werden. Dazu gehen wir von der Beziehung

$$\underline{x} = \underline{V}\,\underline{z}$$

aus und schreiben sie in der Form

$$\begin{bmatrix} \underline{x}_1 \\ \underline{x}_2 \end{bmatrix} = \begin{bmatrix} \underline{V}_{11} & \underline{V}_{12} \\ \underline{V}_{21} & \underline{V}_{22} \end{bmatrix} \cdot \begin{bmatrix} \underline{z}_1 \\ \underline{z}_2 \end{bmatrix}$$

bzw.

$$\underline{x}_1 = \underline{V}_{11} \underline{z}_1 + \underline{V}_{12} \underline{z}_2 \, , \tag{16.12}$$

$$\underline{x}_2 = \underline{V}_{21} \underline{z}_1 + \underline{V}_{22} \underline{z}_2 \, . \tag{16.13}$$

[3] Falls man beim "Auffüllen der Zustandsvariablen" nicht auf physikalisch-technisch signifikante Zustandsgrößen zurückgreifen kann, lassen sich formale Auswahlregeln heranziehen: [16.8], Kapitel 8.

Dabei ist also $\underline{z}_1$ der m-dimensionale Vektor der dominanten Modalkoordinaten, $\underline{z}_2$ der (n − m)-dimensionale Vektor der nichtdominanten Modalkoordinaten. Der Vektor $\underline{x}_1$ umfaßt die ersten m Komponenten von $\underline{x}$ und ist deshalb wegen q = m identisch mit dem Vektor $\underline{x}_r$ der wesentlichen Zustandsvariablen. Infolgedessen kann man für (16.12) auch schreiben:

$$\underline{x}_r = \underline{V}_{11}\underline{z}_1 + \underline{V}_{12}\underline{z}_2 \ . \tag{16.14}$$

Ersetzt man hierin $\underline{z}_2$ durch den Näherungswert $\tilde{\underline{z}}_2 = \underline{E}\,\underline{z}_1$, so erhält man einen Näherungswert $\tilde{\underline{x}}_r$ für den Vektor $\underline{x}_r$ der wesentlichen Zustandsvariablen:

$$\tilde{\underline{x}}_r = \underline{V}_{11}\underline{z}_1 + \underline{V}_{12}\tilde{\underline{z}}_2 = \underline{V}_{11}\underline{z}_1 + \underline{V}_{12}\underline{E}\,\underline{z}_1 \tag{16.15}$$

oder

$$\tilde{\underline{x}}_r = \underline{F}\,\underline{z}_1 \tag{16.16}$$

mit

$$\underline{F} = \underline{V}_{11} + \underline{V}_{12}\underline{E} \ . \tag{16.17}$$

Aus (16.16) folgt

$$\underline{z}_1 = \underline{F}^{-1}\tilde{\underline{x}}_r \ , \tag{16.18}$$

sofern $\underline{F}$ invertierbar ist. Hiermit wird aus der modalen Differentialgleichung (16.10) des reduzierten Modells

$$\underline{F}^{-1}\dot{\tilde{\underline{x}}}_r = \underline{\Lambda}_1\underline{F}^{-1}\tilde{\underline{x}}_r + \hat{\underline{B}}_1\underline{u}$$

oder

$$\dot{\tilde{\underline{x}}}_r = \underline{F}\,\underline{\Lambda}_1\underline{F}^{-1}\tilde{\underline{x}}_r + \underline{F}\,\hat{\underline{B}}_1\underline{u} \ . \tag{16.19}$$

Damit hat man die endgültige *Zustandsdifferentialgleichung des reduzierten Modells* erhalten. Sie ist von der zu Beginn des Kapitels angekündigten allgemeinen Form (16.3). Dabei ist $\underline{F}$ durch (16.17) gegeben, $\underline{\Lambda}_1 = \text{diag}(\lambda_1, \ldots, \lambda_m)$, wobei $\lambda_1, \ldots, \lambda_m$ die dominanten Eigenwerte von $\underline{A}$ sind, währenb $\hat{\underline{B}}_1$ aus den ersten m Zeilen von $\hat{\underline{B}} = \underline{V}^{-1}\underline{B}$ besteht.

Damit das reduzierte Modell vollständig bekannt ist, bleibt noch die Bestimmung von $\underline{E}$ nachzutragen.

16.2.2 Näherungsweise Rekonstruktion der nichtdominanten Modalkoordinaten

Es liegt nahe, $\underline{E}$ so zu wählen, daß die Approximation von $\underline{z}_2$ durch $\tilde{\underline{z}}_2 = \underline{E}\,\underline{z}_1$ möglichst gut wird, also der *Rekonstruktionsfehler*

$$\underline{\varepsilon}(t) = \underline{z}_2(t) - \tilde{\underline{z}}_2(t) = \underline{z}_2(t) - \underline{E}\,\underline{z}_1(t) \tag{16.20}$$

in einem noch genauer zu präzisierenden Sinne möglichst klein gemacht wird.

Hierzu denke man sich den Eingangsvektor

$$\underline{u} = \underline{u}_0\,\sigma(t)$$

mit beliebig konstantem $\underline{u}_0$ aufgeschaltet und den Anfangswert $\underline{z}(0) = \underline{0}$ gesetzt, da es bei realen Systemen meist auf das Signalübertragungsverhalten und weniger auf das Anfangswertverhalten ankommt. Die Lösung der modalen Differentialgleichungen (16.8) und (16.9) lautet dann gemäß Unterabschnitt 12.2.2

$$\underline{z}_1(t) = \underline{\Lambda}_1^{-1}(e^{\underline{\Lambda}_1 t} - \underline{I}_m)\hat{\underline{B}}_1\underline{u}_0 \ ,$$

$$\underline{z}_2(t) = \underline{\Lambda}_2^{-1}(e^{\underline{\Lambda}_2 t} - \underline{I}_{n-m})\hat{\underline{B}}_2\underline{u}_0 \ .$$

Daraus folgt

$$\underline{\varepsilon}(t) = \left[\underline{\Lambda}_2^{-1}e^{\underline{\Lambda}_2 t}\hat{\underline{B}}_2 - \underline{E}\,\underline{\Lambda}_1^{-1}e^{\underline{\Lambda}_1 t}\hat{\underline{B}}_1\right]\underline{u}_0 + $$
$$+ \left[\underline{E}\,\underline{\Lambda}_1^{-1}\hat{\underline{B}}_1 - \underline{\Lambda}_2^{-1}\hat{\underline{B}}_2\right]\underline{u}_0 \ . \tag{16.21}$$

Sofern $\underline{A}$ instabile Eigenwerte, d.h. auf oder rechts der j-Achse gelegene Eigenwerte, enthält, werden sie hierbei nicht berücksichtigt, da es nicht sinnvoll ist, nichtdominante und damit abklingende Modalkoordinaten durch nicht abklingende Modalkoordinaten zu approximieren. Deshalb sind $\underline{\Lambda}_1$ und $\underline{\Lambda}_2$ invertierbar. Überdies streben dann $e^{\underline{\Lambda}_1 t}$ und $e^{\underline{\Lambda}_2 t} \to \underline{0}$ für $t \to +\infty$.

Damit geht der erste Summand in Gleichung (16.21) mit wachsendem t gegen Null. Im stationären Zustand ist deshalb der Rekonstruktionsfehler $\underline{\varepsilon} = \underline{z}_2 - \tilde{\underline{z}}_2$ durch den zweiten Summanden in (16.21) gegeben. Soll er Null werden, und zwar für beliebige Werte von $\underline{u}_0$, so muß gelten:

$$\underline{E}\,\underline{\Lambda}_1^{-1}\hat{\underline{B}}_1 - \underline{\Lambda}_2^{-1}\hat{\underline{B}}_2 = \underline{0} \ . \tag{16.22}$$

Erfüllt $\underline{E}$ diese Beziehung, so gilt im stationären Zustand $\underline{\varepsilon} = \underline{0}$, also $\tilde{\underline{z}}_2 = \underline{z}_2$ und damit nach (16.14) und (16.15) $\underline{x}_r = \tilde{\underline{x}}_r$. D.h.: *Das reduzierte Modell ist stationär genau.*

Bei der Matrizengleichung (16.22) handelt es sich um ein System von (n − m)·p linearen Gleichungen für die (n − m)·m gesuchten Elemente von $\underline{E}$. Man wird normalerweise voraussetzen dürfen, daß die Anzahl p der

Stellgrößen kleiner als die Ordnung m des reduzierten Modells ist. Daher ist das Gleichungssystem (16.22) für die Elemente von $\underline{E}$ unterbestimmt.

Man kann deshalb eine weitere Forderung an $\underline{E}$ stellen. Zu diesem Zweck betrachten wir den gemäß (16.21) verbleibenden *dynamischen Rekonstruktionsfehler*

$$\underline{\epsilon}(t) = \left[\underline{\Lambda}_2^{-1} e^{\underline{\Lambda}_2 t} \hat{\underline{B}}_2 - \underline{E}\, \underline{\Lambda}_1^{-1} e^{\underline{\Lambda}_1 t} \hat{\underline{B}}_1 \right] \underline{u}_0 \qquad (16.23)$$

und denken uns allein die j-te Eingangsgröße aufgeschaltet:

$$\underline{u}_0 = \begin{bmatrix} 0 \\ \vdots \\ 0 \\ u_{j0} \\ 0 \\ \vdots \\ 0 \end{bmatrix} .$$

Im Idealfall wäre die zugehörige Ausgangsgröße $\underline{\epsilon}_j(t) \equiv \underline{0}$. Dies ist gewiß nicht erreichbar. Aber man kann versuchen, das quadratische Mittel dieser Abweichungen möglichst klein zu machen:

$$J = \int_0^\infty \sum_{j=1}^{p} |\underline{\epsilon}_j(t)|^2\, dt \overset{!}{=} \min \;. \qquad (16.24)$$

Da $\underline{\epsilon}_j(t)$ von $\underline{E}$ abhängt, ist auch J eine Funktion von $\underline{E}$.

Diese Funktion ist zum Minimum zu machen, wobei man die Gleichung (16.22) zu berücksichtigen hat. Es liegt also ein Optimierungsproblem mit Nebenbedingung vor. Seine Lösung läßt sich geschlossen angeben, ganz entsprechend, wie dies im Unterabschnitt 14.4.1 beschrieben wurde ([16.7], Abschnitt 4.2):

$$\underline{E} = \underline{\Lambda}_2^{-1} \left[\underline{B}_{21} + (\hat{\underline{B}}_2 - \underline{B}_{21}\underline{B}_{11}^{-1}\hat{\underline{B}}_1)(\hat{\underline{B}}_1^* \underline{B}_{11}^{-1}\hat{\underline{B}}_1)^{-1}\hat{\underline{B}}_1^* \right] \cdot$$

$$\cdot\, \underline{B}_{11}^{-1} \underline{\Lambda}_1 \;. \qquad (16.25)$$

Hierin sind die Matrizen $\underline{\Lambda}_1$, $\underline{\Lambda}_2$, $\hat{\underline{B}}_1$ und $\hat{\underline{B}}_2$ bekannt. $\hat{\underline{B}}_1^*$ bezeichnet die transponierte und konjugiert komplexe Matrix zu $\hat{\underline{B}}_1$, wobei zu beachten ist, daß die Matrizen ja auch nichtreelle Elemente enthalten können. Bezeichnet allgemein $(\underline{M})_{i,j}$ das an der Stelle (i,j) stehende Element von $\underline{M}$, so kann man die Matrizen $\underline{B}_{11}$ und $\underline{B}_{21}$ in der folgenden Weise beschreiben:

$$(\underline{B}_{11})_{i,j} = - \frac{(\hat{\underline{B}}_1\, \underline{Q}_u^2\, \hat{\underline{B}}_1^*)_{i,j}}{\lambda_i + \bar{\lambda}_j}\,, \quad \begin{array}{l} i = 1,\ldots,m\,, \\ j = 1,\ldots,m\,; \end{array}$$

$$(\underline{B}_{21})_{i,j} = - \frac{(\hat{\underline{B}}_2\, \underline{Q}_u^2\, \hat{\underline{B}}_1^*)_{i,j}}{\lambda_{m+i} + \bar{\lambda}_j}\,, \quad \begin{array}{l} i = 1,\ldots,n-m\,, \\ j = 1,\ldots,m\,. \end{array} \qquad (16.26)$$

Hierin ist

$$\underline{Q}_u = \mathrm{diag}(u_{10}, \ldots, u_{p0})\,,$$

wobei die Konstanten $u_{\nu 0}$ die Rolle von Gewichtungsfaktoren spielen, die man meist gleich 1 setzen kann (geeignete Normierung des Systems vorausgesetzt).

Es ist wesentlich, daß man das obige Optimierungsproblem formelmäßig lösen kann und deshalb nicht auf eine numerische Minimumsuche angewiesen ist. Dadurch wird der rechnerische Aufwand zur Ermittlung von $\underline{E}$ und damit für die gesamte Ordnungsreduktion erheblich verringert.

16.2.3 Anwendungsbeispiel: Hinterachsprüfstand für Lastkraftwagen

Stellen wir zunächst die Schritte zusammen, welche zum reduzierten Modell führen:

(I) Berechnung der Eigenwerte und Eigenvektoren des Originals.

(II) Festlegung der wesentlichen Zustandsvariablen.

(III) Ermittlung der dominanten Eigenwerte mittels der Litzschen Dominanzmaße (Abschnitt 12.5).

(IV) Berechnung der Matrix $\underline{E}$ mittels (16.26) und (16.25).

(V) Daraus: Berechnung von $\underline{F}$ gemäß (16.17).

(VI) Hiermit Berechnung des reduzierten Modells (16.19).[4]

Als *Anwendungsbeispiel* werde ein *Hinterachsprüfstand für Lastkraftwagen* betrachtet, wie er bereits im Abschnitt 12.5 eingeführt wurde (Bild 12/20, 12/21). Dort wurde auch bereits die Dominanzuntersuchung für dieses System 19. Ordnung mit 3 Stell- und 3 Regelgrößen durchgeführt. Das Ergebnis sieht man im Bild 12/22. Es liegt eine klare Dominanzstruktur vor, wobei das konjugiert komplexe Eigenwertpaar $\lambda_{5,6}$ und die reellen Eigenwerte λ_{11}, λ_{12}, λ_{13}, λ_{16} und λ_{17}, insgesamt also m = 7 Eigenwerte, als dominant anzusehen sind.

[4] Die Ordnungsreduktion nach *L. Litz* läßt sich mit dem Programmsystem PILAR des Instituts für Regelungs- und Steuerungssysteme der Universität Karlsruhe durchführen.

Andererseits gibt es nach Abschnitt 12.5 $q = 5$ wesentliche Zustandsgrößen, nämlich das Kardanmoment und die Winkelgeschwindigkeiten der beiden Gleichstrommaschinen als Regelgrößen sowie die Winkelgeschwindigkeit des Dieselmotors und die Fahrhebelstellung. Um die für die Konstruktion des reduzierten Modells erforderliche Gleichheit $m = q$ zu erreichen, liegt es hier nahe, die beiden Eigenwerte λ_{16} und λ_{17} aus der Dominanzliste zu streichen, da sie nach Ausweis der Dominanzzahlen S_k gegenüber λ_{12} von deutlich geringerem Einfluß sind. Man behält so die Eigenwerte $\lambda_{5,6}$ und λ_{11}, λ_{12}, λ_{13} bei.

Hiermit berechnet man $\underline{E}$, wobei $\underline{Q}_u = \underline{I}_3$ gewählt werden kann, daraus $\underline{F}$ und hiermit schließlich die Matrizen

$$\underline{\tilde{A}} = \underline{F}\,\underline{\Lambda}_1\,\underline{F}^{-1}\ , \quad \underline{\tilde{B}} = \underline{F}\,\underline{\hat{B}}_1$$

des reduzierten Modells.

Einen *Vergleich von Original und reduziertem Modell* zeigt Bild 16/1 anhand einer Rechnersimulation. Dargestellt ist der Verlauf des Kardanmoments y_1 bei Sprungaufschaltung des Sollwerts u_1 der Fahrhebelstellung, welcher eine der 3 Stellgrößen ist. Man sieht, daß der Verlauf sehr gut wiedergegeben wird, obgleich es sich um einen stark schwingenden Vorgang handelt. Die Abweichung liegt - abgesehen vom Start - unter 5%. Dabei handelt es sich hier um einen besonders kritischen Vorgang. Bei den anderen Übergangsvorgängen stimmen Original und reduziertes Modell für den gesamten Verlauf kurz nach dem Start im Rahmen der Zeichengenauigkeit überein.

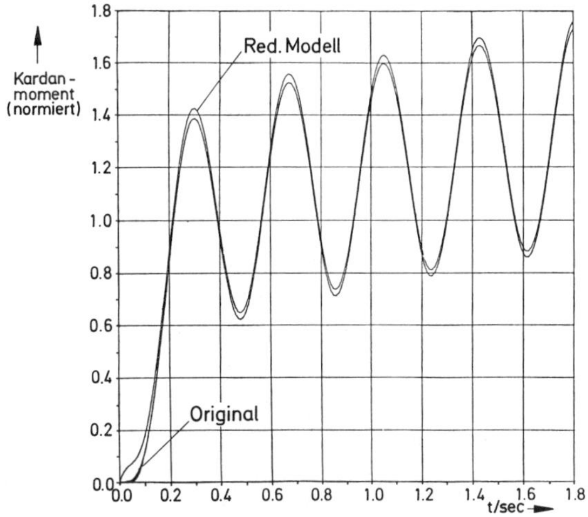

Bild 16/1. Hinterachsprüfstand: Kardanmoment y_1 bei Sprungaufschaltung des Sollwertes u_1 der Fahrhebelstellung

Von Interesse ist noch die Frage, ob die Berücksichtigung der nichtdominanten Modalkoordinaten tatsächlich etwas bringt. Deshalb wurde versuchsweise $\underline{E} = \underline{0}$ gesetzt. Das Ergebnis sieht man im Bild 16/2. Dort ist die gleiche Situation wie im Bild 16/1 dargestellt, also der Verlauf von y_1 bei Sprungaufschaltung von u_1, nur in anderem Maßstab. Wie man sieht, ist der Verlauf noch durchaus passabel, aber der Fehler wächst auf gut 15% an. In anderen Fällen kann aber die Vernachlässigung der nichtdominanten Eigenbewegungen zu einer außerordentlichen Verschlechterung der Approximation führen - derart, daß nicht einmal die Tendenz der Zeitverläufe richtig wiedergegeben wird.

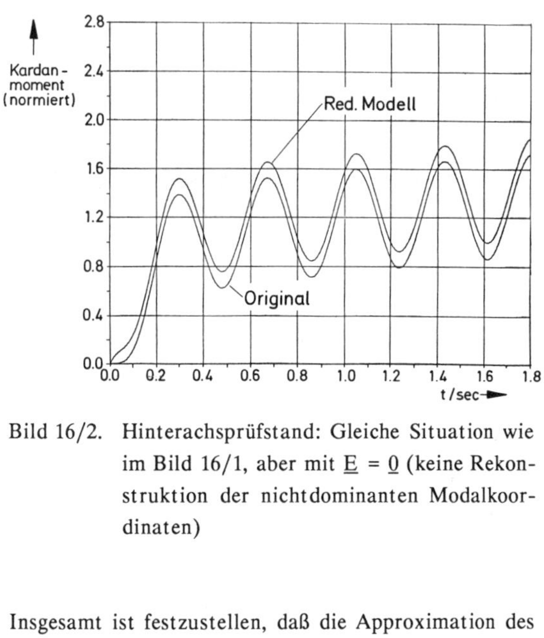

Bild 16/2. Hinterachsprüfstand: Gleiche Situation wie im Bild 16/1, aber mit $\underline{E} = \underline{0}$ (keine Rekonstruktion der nichtdominanten Modalkoordinaten)

Insgesamt ist festzustellen, daß die Approximation des Systems 19. Ordnung durch ein System 5. Ordnung durchaus befriedigend ist. Das Litzsche Reduktionsverfahren hat sich auch sonst vielfach bewährt, so bei einem Bensonkessel 11. Ordnung, einem Tiefseeförderrohr 42. Ordnung, an verschiedenen Destillationskolonnen von 20. bis über 100. Ordnung, einer Durchlaufglühanlage für Stahlbänder von der Ordnung 220. Die Dominanzstruktur braucht dabei keineswegs so ausgeprägt zu sein wie beim Hinterachsprüfstand.

Schwierigkeiten können *beim Litzschen Verfahren dadurch* auftreten, daß gewisse Matrizen, deren Inverse zu bilden sind, wie z.B. $\underline{B}_{11}$ in der Formel für die Rekonstruktionsmatrix $\underline{E}$ oder auch die Matrix $\underline{F}$ im reduzierten Modell, *nicht oder nur schlecht invertierbar* sind.

Dann kann das Verfahren versagen oder eine schlechte Approximation liefern.[5] In der Regel wird man aber mit dem Litzschen Verfahren zum Ziel kommen.

Abschließend sei zur Vermeidung von Mißverständnissen noch auf einen Punkt hingewiesen. Anliegen der modalen Ordnungsreduktionsverfahren wie auch des im nächsten Abschnitt behandelten Verfahrens von *E. Eitelberg* ist die möglichst gute Approximation der *Gesamt*dynamik des Originals durch ein System niedriger Ordnung. Dies prägt sich darin aus, daß das Verhalten *sämtlicher* Signalpfade von den Eingangsgrößen zu den wesentlichen Zustandsvariablen möglichst gut angenähert wird. Kommt es nur auf das Verhalten *eines* Signalpfades an, wie es beispielsweise bei einem Eingrößensystem zwangsläufig der Fall ist, so kann es günstiger sein, andere Ordnungsreduktionsverfahren zu benutzen, die im Frequenzbereich arbeiten und auf die Approximation von Frequenzgängen abzielen. Ein sehr leistungsfähiges Verfahren dieser Art wurde von *H. Kiendl* angegeben [16.10].

16.3 Ordnungsreduktion durch Minimieren eines Gleichungsfehlers nach E. Eitelberg

16.3.1 Grundgedanke

Es soll nun ein Verfahren zur Ordnungsreduktion beschrieben werden, das von den modalen Verfahren ganz verschieden ist und auf der Minimierung eines Gleichungsfehlers beruht. Es wurde 1978/79 von *E. Eitelberg* entwickelt [16.11–13].

Auch bei diesem Verfahren hat man zunächst die wesentlichen Zustandsvariablen festzulegen, die man in das reduzierte Modell übernehmen will. Ihre Gesamtheit sei mit $\underline{x}_r$ bezeichnet. Auf eine Umordnung der Zustandsvariablen, mit dem Ziel, die wesentlichen Zustandsvariablen an die ersten Stellen zu bringen, wird hier verzichtet. Daher ist

$$\underline{x}_r = \begin{bmatrix} x_{j1} \\ x_{j2} \\ \vdots \\ x_{jq} \end{bmatrix} = \begin{bmatrix} 0 & 1 & & & & 0 \\ 0 & & 1 & & & 0 \\ \vdots & \vdots & \vdots & & & \vdots \\ 0 & & & \cdots & 1 & 0 \end{bmatrix} \begin{bmatrix} x_1 \\ x_2 \\ \vdots \\ x_n \end{bmatrix} = \underline{C}\,\underline{x}\,. \qquad \begin{matrix} j_1 & j_2 & j_q \end{matrix} \tag{16.27}$$

In der *Reduktionsmatrix* $\underline{C}$ steht also in der 1. Zeile an der j_1-ten Stelle eine 1, in der 2. Zeile an der j_2-ten Stelle eine 1, ..., in der q-ten Zeile an der j_q-ten Stelle eine 1, während alle anderen Elemente von $\underline{C}$ 0 sind. Die Matrix hat den Höchstrang q.

Gemäß (16.3) wird das reduzierte Modell in der Form

$$\dot{\tilde{\underline{x}}}_r = \tilde{\underline{A}}\,\tilde{\underline{x}}_r + \tilde{\underline{B}}\,\underline{u} \tag{16.28}$$

angesetzt, wobei die (q,q)-Matrix $\tilde{\underline{A}}$ und die (q,p)-Matrix $\tilde{\underline{B}}$ wieder so zu wählen sind, daß der Vektor $\underline{x}_r$ der wesentlichen Zustandsvariablen des Originals durch $\tilde{\underline{x}}_r$ möglichst gut approximiert wird. Diese Approximation wird aber nun in anderer Weise durchgeführt als bei der modalen Ordnungsreduktion.

Im Idealfall wäre $\tilde{\underline{x}}_r(t) \equiv \underline{x}_r(t)$ und damit nach (16.28)

$$\dot{\underline{x}}_r(t) = \tilde{\underline{A}}\,\underline{x}_r(t) + \tilde{\underline{B}}\,\underline{u}(t)$$

bzw.

$$\dot{\underline{x}}_r(t) - \tilde{\underline{A}}\,\underline{x}_r(t) - \tilde{\underline{B}}\,\underline{u}(t) = \underline{0} \quad \text{für alle } t\,.$$

Das ist gewiß nicht zu erreichen. Aber man kann versuchen, dem Idealfall möglichst nahezukommen, indem man den sogenannten *Gleichungsfehler*

$$\underline{d}(t) = \dot{\underline{x}}_r(t) - \tilde{\underline{A}}\,\underline{x}_r(t) - \tilde{\underline{B}}\,\underline{u}(t) \tag{16.29}$$

durch geeignete Wahl von $\tilde{\underline{A}}$ und $\tilde{\underline{B}}$ möglichst klein macht – wobei "möglichst klein" noch näher zu präzisieren ist.

16.3.2 Durchführung der Methode

Wir wollen zunächst annehmen, daß $\underline{A}$ stabil ist, d.h. sämtliche Eigenwerte von $\underline{A}$ links der j-Achse liegen. Später werden wir sehen, daß diese Voraussetzung beseitigt werden kann.

Wir denken uns nun das Original durch die Sprungaufschaltung $\underline{u} = \underline{u}_0\sigma(t)$ angeregt sowie den Anfangszustand $\underline{x}(0) = \underline{0}$ gesetzt und wollen hierfür den Gleichungsfehler $\underline{d}(t)$ ausrechnen. Zunächst lautet die Lösung der Zustandsdifferentialgleichung des Originals nach Unterabschnitt 12.2.2

$$\underline{x}(t) = \underline{A}^{-1}(e^{\underline{A}t} - \underline{I}_n)\,\underline{B}\,\underline{u}_0\,. \tag{16.30}$$

Da $\underline{A}$ stabil ist, also keinen Eigenwert in Null besitzt, existiert $\underline{A}^{-1}$. Setzt man nun (16.27) und dann (16.30) in (16.29) ein, so wird für $t > 0$

[5] Von *H. Roth* wurde eine Verbesserung des Litzschen Reduktionsverfahrens vorgeschlagen ([16.8], Kapitel 2, sowie [16.9]). Sie ist aber rechnerisch aufwendiger, da sie eine numerische Optimierung erfordert.

$$\underline{d}(t) = \underline{C}\,\dot{\underline{x}}(t) - \tilde{\underline{A}}\,\underline{C}\,\underline{x}(t) - \tilde{\underline{B}}\,\underline{u}(t) =$$

$$= (\underline{C}\,\underline{A} - \tilde{\underline{A}}\,\underline{C})\,\underline{x}(t) + (\underline{C}\,\underline{B} - \tilde{\underline{B}})\,\underline{u}(t) =$$

$$= \left[(\underline{C} - \tilde{\underline{A}}\,\underline{C}\,\underline{A}^{-1})\,(e^{\underline{A}t} - \underline{I}_n)\,\underline{B} + \underline{C}\,\underline{B} - \tilde{\underline{B}} \right] \underline{u}_0$$

oder

$$\underline{d}(t) = \underline{D}(t)\,\underline{u}_0 \tag{16.31}$$

mit

$$\underline{D}(t) = (\underline{C} - \tilde{\underline{A}}\,\underline{C}\,\underline{A}^{-1})\,e^{\underline{A}t}\,\underline{B} + (\tilde{\underline{A}}\,\underline{C}\,\underline{A}^{-1}\underline{B} - \tilde{\underline{B}})\,. \tag{16.32}$$

Die (q,p)-Matrix $\underline{D}(t)$ besteht also aus einem dynamischen Anteil, der gegen $\underline{0}$ strebt für $t \to +\infty$, und einem konstanten Anteil

$$\tilde{\underline{A}}\,\underline{C}\,\underline{A}^{-1}\underline{B} - \tilde{\underline{B}}\;.$$

Im Hinblick auf das stationäre Verhalten setzt man diesen Anteil Null, wählt also

$$\tilde{\underline{B}} = \tilde{\underline{A}}\,\underline{C}\,\underline{A}^{-1}\underline{B}\;. \tag{16.33}$$

In der Tat wird hierdurch *das reduzierte Modell stationär genau*, ganz gleich, wie $\tilde{\underline{A}}$ gewählt wird. Aus der Zustandsdifferentialgleichung (16.1) des Originals folgt nämlich für den stationären Zustand wegen $\dot{\underline{x}} = \underline{0}$:

$$\underline{0} = \underline{A}\,\underline{x}_\infty + \underline{B}\,\underline{u}_\infty\;,$$

also

$$\underline{x}_\infty = -\underline{A}^{-1}\underline{B}\,\underline{u}_\infty\;,$$

wobei der Index ∞ die stationären Werte kennzeichnet. Wegen (16.27) ist daher

$$\underline{x}_{r\infty} = -\underline{C}\,\underline{A}^{-1}\underline{B}\,\underline{u}_\infty\;. \tag{16.34}$$

Ganz entsprechend folgt aus der Zustandsdifferentialgleichung (16.3) des reduzierten Modells

$$\tilde{\underline{x}}_{r\infty} = -\tilde{\underline{A}}^{-1}\tilde{\underline{B}}\,\underline{u}_\infty\;.$$

Mit (16.33) ergibt sich daraus

$$\tilde{\underline{x}}_{r\infty} = -\underline{C}\,\underline{A}^{-1}\underline{B}\,\underline{u}_\infty = \underline{x}_{r\infty}\;.$$

Der Zustandsvektor des reduzierten Modells und der Vektor der wesentlichen Zustandsvariablen des Originals stimmen somit im stationären Zustand überein.

Gemäß (16.33) kennt man $\tilde{\underline{B}}$, sofern $\tilde{\underline{A}}$ bekannt ist. Diese Matrix des reduzierten Modells wird nun durch *Minimierung des verbleibenden dynamischen Gleichungsfehlers* bestimmt. Er lautet nach (16.31)

$$\underline{d}(t) = \underline{D}(t)\,\underline{u}_0 = \left[\underline{d}_1(t),\ldots,\underline{d}_p(t)\right]\cdot\begin{bmatrix} u_{10} \\ \vdots \\ u_{p0}\end{bmatrix} =$$

$$= u_{10}\,\underline{d}_1(t) + u_{20}\,\underline{d}_2(t) + \ldots + u_{p0}\,\underline{d}_p(t)\;, \tag{16.35}$$

wobei nach (16.32)

$$\underline{D}(t) = (\underline{C} - \tilde{\underline{A}}\,\underline{C}\,\underline{A}^{-1})\,e^{\underline{A}t}\,\underline{B} \tag{16.36}$$

ist.

Im Idealfall wäre

$$\underline{d}_1(t) = \underline{0}\,,\ \ldots,\ \underline{d}_p(t) = 0 \quad \text{für alle } t\;.$$

Das läßt sich gewiß nicht erreichen. Aber man kann versuchen, das Ideal so gut wie möglich anzunähern, indem man die Beträge der $\underline{d}_\nu(t)$ im quadratischen Mittel möglichst klein macht. Man bildet dazu das Gütemaß

$$J = \int_0^\infty \left[g_1\,|\underline{d}_1(t)|^2 + \ldots + g_p\,|\underline{d}_p(t)|^2 \right] dt \tag{16.37}$$

mit positiven Gewichtungsfaktoren g_ν. Man wird sie meist konstant annehmen, kann sie in speziellen Fällen aber auch zeitabhängig wählen. Nach (16.36) hängt $\underline{D}(t)$ und damit auch J von $\tilde{\underline{A}}$ ab. Diese Funktion $J(\tilde{\underline{A}})$ ist zum Minimum zu machen.

Da $\underline{D}(t)$ *linear* von $\tilde{\underline{A}}$ abhängt, läßt sich die Minimierung formelmäßig durchführen. Die Rechnung erfolgt wie im Unterabschnitt 14.4.1, ist aber einfacher als dort, da jetzt keine Nebenbedingung auftritt ([16.12], Kapitel 4). Man erhält das Ergebnis

$$\tilde{\underline{A}} = \underline{C}\,\underline{A}\,\underline{S}\,\underline{C}^T(\underline{C}\,\underline{S}\,\underline{C}^T)^{-1}\;. \tag{16.38}$$

Dabei ist

$$\underline{S} = \int_0^\infty e^{\underline{A}t}\,(\underline{A}^{-1}\underline{B})\,\underline{G}\,(\underline{A}^{-1}\underline{B})^T\,e^{\underline{A}^T t}\,dt \tag{16.39}$$

mit

$$\underline{G} = \mathrm{diag}(g_1,\ldots,g_p)\;.$$

Ist $\underline{G}$ konstant, so wird man $\underline{S}$ aus einer Ljapunow-Gleichung berechnen (Unterabschnitt 13.4.2):

$$\underline{A}\,\underline{S} + \underline{S}\,\underline{A}^T = -(\underline{A}^{-1}\underline{B})\,\underline{G}\,(\underline{A}^{-1}\underline{B})^T\;. \tag{16.40}$$

Sie besitzt eine eindeutig bestimmte symmetrische Lösung $\underline{S}$, wenn $\underline{A}$ stabil ist. Man kann überdies zeigen, daß die Inverse $(\underline{C}\;\underline{S}\;\underline{C}^T)^{-1}$ existiert, wenn $\underline{G} = \underline{I}$ und das Original steuerbar ist ([16.12], Abschnitt 4.2).

Mit den Formeln (16.39) bzw. (16.40), (16.38) und (16.33) ist das reduzierte Modell vollständig bekannt. Wie man sieht, handelt es sich um ein begrifflich sehr einsichtiges und numerisch unaufwendiges Verfahren.

Es bleibt noch der *Ausnahmefall instabiler Eigenwerte von* $\underline{A}$ nachzutragen. Nehmen wir *zunächst* an, daß diese Eigenwerte $\neq 0$ seien. Dann existiert $\underline{A}^{-1}$, aber das uneigentliche Integral $\underline{S}$ ist nicht ohne weiteres konvergent, da die e-Funktionen im Integranden mit wachsendem t nicht abklingen. Um zu erreichen, daß es konvergent wird, wählt man eine *zeitabhängige Gewichtungsmatrix*:

$$\underline{G}(t) = \underline{G}_0 \, e^{2\alpha t} , \tag{16.41}$$

wobei $\underline{G}_0$ eine konstante Diagonalmatrix mit positiven Diagonalelementen ist. Sind λ_k^* die instabilen, also auf oder rechts der j-Achse gelegenen Eigenwerte von $\underline{A}$, so wählt man die reelle Konstante α so, daß $\alpha < -\operatorname{Re}\lambda_k^*$, also $\operatorname{Re}\lambda_k^* + \alpha < 0$, für sämtliche λ_k^*. Dann ist

$$\underline{S} = \int_0^\infty e^{\underline{A}t} (\underline{A}^{-1}\underline{B}) \, e^{\alpha t} \underline{G}_0 \, e^{\alpha t} (\underline{A}^{-1}\underline{B})^T e^{\underline{A}^T t} \, dt =$$

$$= \int_0^\infty e^{(\underline{A}+\alpha \underline{I})t} (\underline{A}^{-1}\underline{B}) \, \underline{G}_0 \, (\underline{A}^{-1}\underline{B})^T e^{(\underline{A}+\alpha\underline{I})^T t} \, dt .$$

Das ist die gleiche Form von $\underline{S}$ wie in (16.39), nur mit $\underline{A} + \alpha \underline{I}$ anstelle von $\underline{A}$ im Exponenten der e-Funktion. Daher genügt $\underline{S}$ der Ljapunow-Gleichung

$$(\underline{A} + \alpha \underline{I}) \, \underline{S} + \underline{S} \, (\underline{A} + \alpha \underline{I})^T = -(\underline{A}^{-1}\underline{B}) \, \underline{G}_0 \, (\underline{A}^{-1}\underline{B})^T . \tag{16.42}$$

Die Eigenwerte von $\underline{A} + \alpha \underline{I}$ erhält man aus der Gleichung

$$\det \left[s\underline{I} - (\underline{A} + \alpha \underline{I}) \right] = \det \left[(s - \alpha) \, \underline{I} - \underline{A} \right] = 0 .$$

Ist daher λ ein Eigenwert von $\underline{A}$, so wird diese Gleichung durch $\lambda = s - \alpha$, also $s = \lambda + \alpha$ erfüllt. $\lambda + \alpha$ ist somit ein Eigenwert von $\underline{A} + \alpha \underline{I}$. Man erhält daher die Eigenwerte von $\underline{A} + \alpha \underline{I}$, indem man zu jedem Eigenwert von $\underline{A}$ die Zahl α addiert. Ist nun λ_k^* ein instabiler Eigenwert von $\underline{A}$, so ist $\lambda_k^* + \alpha$ links der j-Achse gelegen, da $\operatorname{Re}(\lambda_k^* + \alpha) = \operatorname{Re}\lambda_k^* + \alpha < 0$ ist. Somit ist $\underline{A} + \alpha \underline{I}$ stabil. Daher ist $\underline{S}$ konvergent und kann aus der Ljapunow-Gleichung (16.42) bestimmt werden.

Sei nunmehr $\lambda = 0$ ein Eigenwert von $\underline{A}$, so daß $\underline{A}^{-1}$ nicht existiert. Dann bildet man zur Zustandsdifferentialgleichung (16.1) des Originals eine fiktive Rückführung der wesentlichen Zustandsvariablen:

$$\underline{u} = -\underline{K} \, \underline{x}_r + \underline{w} . \tag{16.43}$$

Dadurch erhält man die Zustandsdifferentialgleichung

$$\dot{\underline{x}} = \underline{A} \, \underline{x} - \underline{B} \, \underline{K} \, \underline{x}_r + \underline{B} \, \underline{w}$$

oder wegen (16.27)

$$\dot{\underline{x}} = \underline{A}_K \, \underline{x} + \underline{B}_K \, \underline{w} \tag{16.44}$$

mit

$$\underline{A}_K = \underline{A} - \underline{B} \, \underline{K} \, \underline{C} , \quad \underline{B}_K = \underline{B} . \tag{16.45}$$

$\underline{K}$ soll dabei so gewählt werden, daß $\underline{A}_K$ keinen Eigenwert in Null hat. Im übrigen braucht $\underline{K}$ keinerlei Bedingungen zu erfüllen. Wählt man $\underline{K}$ beliebig, so darf man annehmen, daß $\underline{A}_K$ die gewünschte Eigenschaft besitzt. $\underline{w}$ ist völlig beliebig.

Man denke sich nun die gleiche Rückführung auf das reduzierte Modell angewandt:

$$\dot{\tilde{\underline{x}}}_r = \tilde{\underline{A}} \, \tilde{\underline{x}}_r + \tilde{\underline{B}} \, \underline{u} , \quad \underline{u} = -\underline{K} \, \tilde{\underline{x}}_r + \underline{w}$$

oder

$$\dot{\tilde{\underline{x}}}_r = \tilde{\underline{A}}_K \, \tilde{\underline{x}}_r + \tilde{\underline{B}}_K \, \underline{w} \tag{16.46}$$

mit

$$\tilde{\underline{A}}_K = \tilde{\underline{A}} - \tilde{\underline{B}} \, \underline{K} , \quad \tilde{\underline{B}}_K = \tilde{\underline{B}} . \tag{16.47}$$

Da $\underline{A}_K^{-1}$ existiert, läßt sich das reduzierte Modell $(\tilde{\underline{A}}_K, \tilde{\underline{B}}_K)$ zum Original $(\underline{A}_K, \underline{B}_K)$ in der bisherigen Weise konstruieren. Danach erhält man das reduzierte Modell $(\tilde{\underline{A}}, \tilde{\underline{B}})$ zum ursprünglichen Original $(\underline{A}, \underline{B})$ aus (16.47):

$$\tilde{\underline{A}} = \tilde{\underline{A}}_K + \tilde{\underline{B}}_K \, \underline{K} , \quad \tilde{\underline{B}} = \tilde{\underline{B}}_K . \tag{16.48}$$

16.3.3 Anwendungsbeispiel: Dreistoff-Destillationskolonne

Falls der Normalfall vorliegt, daß die Eigenwerte von $\underline{A}$ stabil sind, gelangt man in 3 Schritten zum reduzierten Modell:

(I) Festlegung der wesentlichen Zustandsvariablen und Bestimmung der Reduktionsmatrix $\underline{C}$.

(II) Festlegung der Gewichtungsmatrix $\underline{G}$ und Berechnung der Matrix $\underline{S}$ aus der Ljapunow-Gleichung (16.40).

(III) Berechnung von $\tilde{\underline{A}}$ gemäß (16.38) und danach $\tilde{\underline{B}}$ gemäß (16.33).

Das Eitelberg-Verfahren wurde auf sehr verschiedenartige Systeme mit Erfolg angewandt. Als Beispiel soll hier eine Dreistoff-Destillationskolonne zur Trennung von Methanol, Äthanol und 1-Propanol betrachtet werden.[6] Die Aufgabe besteht letztlich darin, die Kolonne gegenüber dem Einfluß von Störungen, wie sie als Schwankungen der Menge und der Konzentrationen des Zulaufs auftreten, in dem gewünschten Arbeitspunkt zu halten. Da das um den Arbeitspunkt linearisierte mathematische Modell der Kolonne die Ordnung n = 106 aufweist, ist es angebracht, vor dem Reglerentwurf eine Ordnungsreduktion vorzunehmen. Um sie allein geht es hier.

Zuvor werde der grundsätzliche Aufbau der Anlage betrachtet, wie er im Bild 16/3 dargestellt ist, wobei D stets einen Dampfstrom und L einen Flüssigkeitsstrom

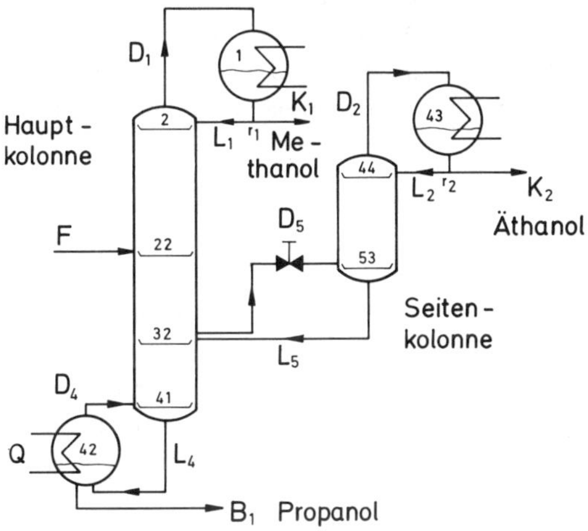

Bild 16/3. Dreistoff-Destillationskolonne

bezeichnet, während die eingezeichneten Zahlen die Numerierung der Kolonnenböden angeben. Im Zufluß F wird ein Gemisch von Methanol, Äthanol und Propanol zugeführt, das in der Kolonne getrennt werden soll. Ausgangsgrößen sind die Konzentration B_1 des Propanols, das im Sumpf der Hauptkolonne abgezogen wird sowie die Konzentration K_1 des Methanols und K_2 des Äthanols am Kopf der Hauptkolonne bzw. Seitenkolonne. Stellgrößen sind

- Die Heizleistung Q des Verdampfers der Hauptkolonne,
- der Dampfstrom D_5 der Hauptkolonne zum Sumpf der Seitenkolonne,
- die beiden Rücklaufverhältnisse $r_1 = \frac{L_1}{D_1}$ und $r_2 = \frac{L_2}{D_2}$ am Kopf von Haupt- und Seitenkolonne.

Was die Meßgrößen angeht, so sind grundsätzlich die Temperaturen auf sämtlichen Böden der Kolonne meßbar. Angestrebt war, mit der Minimalzahl von 3 Meßgrößen auszukommen: eine in der Nähe des Zulaufs, eine in der Umgebung des Seitenabzugs und eine in der Seitenkolonne.

Zusätzlich zu den 3 Ausgangsgrößen und 3 Meßgrößen hat man als wesentliche Zustandsvariablen noch die 2 Koppelgrößen anzusehen, welche Haupt- und Seitenkolonne verbinden: die Äthanolkonzentration im Dampfstrom D_5 von der Haupt- zur Seitenkolonne und im gegenläufigen Flüssigkeitsstrom L_5. Man hat somit 8 wesentliche Zustandsgrößen, wodurch es nahegelegt wird, ein reduziertes Modell der Ordnung 8 zu berechnen. Man erhält es gemäß den 3 zu Beginn dieses Unterabschnitts angegebenen Schritten, nachdem man noch die Gewichtungsmatrix $\underline{G} = \underline{I}_4$ gewählt hat. Durch Rechnersimulation hat man sich nun zu vergewissern, daß das so erhaltene reduzierte Modell das Original hinreichend gut approximiert. Das Bild 16/4 zeigt einen solchen Rechnerschrieb, und zwar den Verlauf der Meßtemperatur T_{34} aus der Hauptkolonne in der Nähe des Seitenabzugs, oben bei sprungförmiger Änderung der Stellgröße u_1, des Seitenabzugs, unten bei sprungförmiger Änderung der Stellgröße u_2, der Heizleistung. Dabei ist zu beachten, daß sämtliche Größen Abweichungen vom Arbeitspunkt darstellen, der dem Nullniveau entspricht. Andere Übergangsvorgänge sind ganz ähnlich. Man darf die Übereinstimmung zwischen dem Original (gestrichelt) und dem reduzierten Modell (durchgezogen) als durchaus zufriedenstellend bezeichnen.

Ein interessantes Detail ist noch anzumerken. Berechnet man die Dominanzmaße der 106 Eigenwerte des Originals, so zeigt es sich, daß 3 Eigenwerte von ganz überragendem Dominanzverhalten auftreten. Bestimmt man nun unabhängig davon die 8 Eigenwerte des nach dem Eitelberg-Verfahren erhaltenen reduzierten Modells, so sieht man, daß 3 von ihnen nahezu mit den 3 vorherr-

---

[6] Die Kolonne befindet sich im Institut für Systemdynamik und Regelungstechnik der Universität Stuttgart (*Prof. E.D. Gilles*) und ist dort im Technikumsmaßstab aufgebaut. Nach der Ordnungsreduktion, die sowohl nach dem Litzschen als auch nach dem Eitelbergschen Verfahren erfolgte, wurde am reduzierten Modell eine Ausgangsrückführung entworfen und an der Kolonne in Betrieb genommen. Siehe hierzu [16.14].

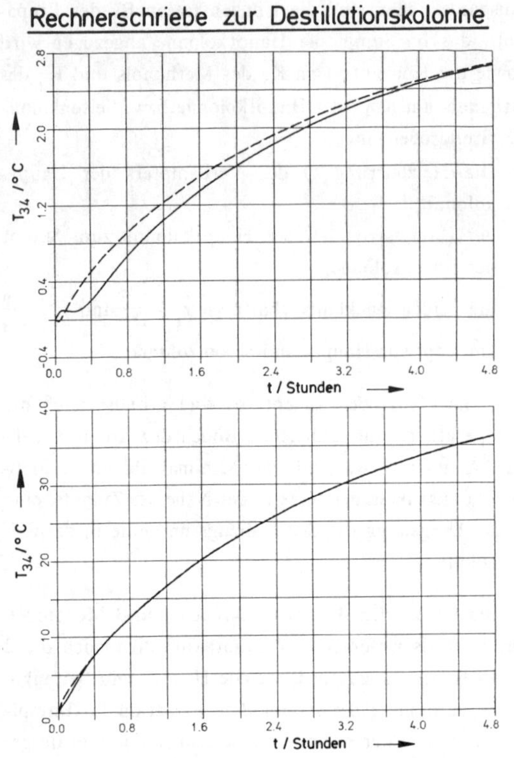

Bild 16/4. Meßtemperatur T_{34} der Dreistoff-Destillationskolonne nach sprungförmiger Änderung des Seitenabzugs (oben) und der Sumpfheizleistung (unten)
—— Reduziertes Modell
- - - Original

schenden Eigenwerten des Originals übereinstimmen – und dies, obgleich das Eitelberg-Verfahren mit Eigenwertbestimmung und Dominanzanalyse nichts zu tun hat. Durch dieses Verfahren werden also im vorliegenden Beispiel die 3 überwiegend dominanten Eigenwerte des Originals im reduzierten Modell sozusagen von selbst eingestellt. Bei den übrigen Eigenwerten von Original und reduziertem Modell herrscht keine Übereinstimmung mehr.

An dieser Stelle drängt sich die Frage nach einem *Vergleich des Litz- und Eitelberg-Verfahrens* auf. Das Litzsche Verfahren weist vor allem zwei Vorzüge auf:

- Den ersten teilt es mit jedem modalen Reduktionsverfahren: Ist das Original stabil, so ist mit Sicherheit auch das reduzierte Modell stabil, da dieses ja nur Eigenwerte des Originals enthält.
  Beim Eitelbergschen Verfahren fehlt hingegen der Nachweis, daß aus der Stabilität des Originals diejenige des reduzierten Modells folgt, wenngleich bislang kein Gegenbeispiel bekannt ist.
- Der zweite Vorzug ist für das Litzsche Verfahren charakteristisch: Durch die Dominanzuntersuchung gewinnt man Anhaltspunkte, auf welche Ordnung man sinnvollerweise reduzieren kann – was ja von vornherein nicht bekannt ist. Bei allen anderen Reduktionsverfahren gibt es keine solchen Anhaltspunkte.

Für das Eitelbergsche Reduktionsverfahren kann man vor allem zweierlei ins Feld führen:

- Es ist unmittelbarer, da man z.B. keine Dominanzuntersuchung durchführen muß, und numerisch einfacher. Ersteres hat allerdings auch den Nachteil, daß einem Einsichten in die Systemdynamik vorenthalten bleiben.
- Das Eitelbergsche Verfahren kann unter Umständen elastischer sein als ein modales Verfahren, weil die Eigenwerte nicht von vornherein aus den gegebenen Eigenwerten des Originals entnommen, sondern durch das Verfahren selbst festgelegt werden. Das wird dann von Vorteil sein, wenn die Ordnung radikal herabgesetzt werden soll, oder auch dann, wenn ein System mit sehr verwaschener Dominanzstruktur vorliegt.

Letzteres sei noch an einem extremen Fall illustriert, nämlich einem akademischen Beispiel, das so konstruiert wurde, daß sämtliche Eigenwerte das gleiche Dominanzmaß haben, also jegliche Dominanzstruktur fehlt.[7] Es handelt sich um ein Eingrößensystem, gegeben durch seine Übertragungsfunktion mit dem Nennergrad 12 und dem Zählergrad 11. Nach Übersetzung in die Beobachtungsnormalform wurde es auf die Ordnung 4 reduziert. Der Vergleich der Sprungantworten von Original und reduziertem Modell in Bild 16/5 zeigt passable Übereinstimmung, die für praktische Zwecke durchaus genügen würde, wobei noch anzumerken ist, daß $\underline{G}$ einfach gleich $\underline{I}$ gesetzt wurde.

16.4 Verwendung der Ordnungsreduktion

Man wird eine Ordnungsreduktion der beschriebenen Art zur Vereinfachung umfangreicher Mehrgrößensysteme verwenden. Das muß nicht unbedingt zum Zweck der Regelung sein, sondern kann z.B. auch zur Verringerung des Aufwandes bei einer Rechnersimulation die-

[7] Das Beispiel verdanke ich einer Mitteilung von Herrn Professor *H. Kiendl* (Dortmund). Siehe auch den Aufsatz "Invariante Ordnungsreduktion mittels transparenter Parametrierung" von *H. Kiendl* und *K. Post*, Automatisierungstechnik 36 (1988), S. 92– 101, Bsp. 1. Im Koeffizientenschema dieses Beispiels ist ein Druckfehler unterlaufen: Der zweitletzte Koeffizient auf S. 98 unten muß heißen: a_{11} = 0,2100000000 D +03.

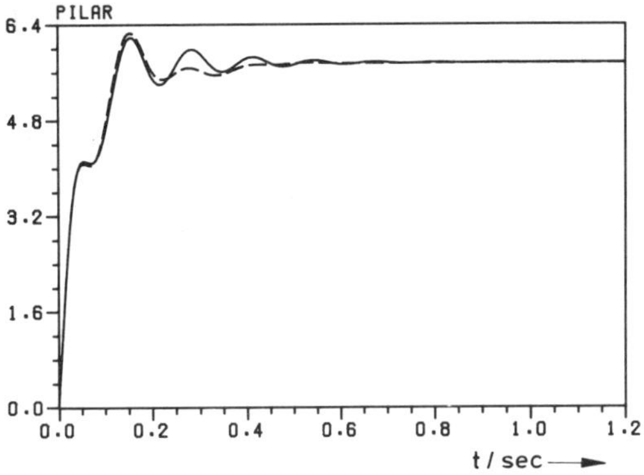

Bild 16/5. Zur Anwendung des Reduktionsverfahrens von E. Eitelberg auf ein Eingrößensystem 12. Ordnung mit fehlender Dominanzstruktur.
Sprungantwort des Systems
—— Reduziertes Modell
– – – Original

nen. Will man aber eine Regelung entwerfen, so wird es sich empfehlen, vor der Ordnungsreduktion in einem ersten Schritt die Eigenwerte und ihre Dominanzmaße zu ermitteln, also eine *Dominanzanalyse* durchzuführen, um auf diese Weise Einblick in das dynamische Verhalten des Systems zu gewinnen.

Für das Reduktionsverfahren von ***Eitelberg*** ist dies zwar nicht notwendig, kann aber auch dort nützlich sein, um einen Eindruck zu gewinnen, auf welche Ordnung man reduzieren kann. Überhaupt ist die Dominanzanalyse, wie schon früher bemerkt, unabhängig von der Ordnungsreduktion und kann für jegliche Art der Systemuntersuchung und des Systementwurfs von Nutzen sein.

Hat man die *Ordnungsreduktion* durchgeführt und damit ein handliches mathematisches Modell gewonnen, welches das Original approximiert, so kann man für dieses mittels der im Kapitel 13 und 14 beschriebenen Methoden eine *vollständige Zustandsrückführung oder Ausgangsrückführung entwerfen*. Dabei dürfen als Rückführgrößen nur Meßgrößen des Originals benutzt werden (die aber für das reduzierte Modell eine vollständige Zustandsrückführung darstellen können). Da der so entworfene Regler ausschließlich Meß- und Stellgrößen des Originals verarbeitet, kann er ohne weiteres zur Regelung des Originals herangezogen werden.

Der so umrissene Regelungsentwurf für Mehrgrößensysteme hoher Ordnung setzt sich also aus 3 Schritten zusammen:

(I) Dominanzanalyse des Systemmodells.

(II) Herstellung eines reduzierten Modells durch Ordnungsreduktion.

(III) Entwurf eines Reglers am reduzierten Modell.

Hierbei hat man allerdings keine *mathematische* Gewißheit, daß der so entworfene Regler das Original stabilisiert. Zwar gibt es für bestimmte modale Verfahren, zu denen auch das Litzsche Verfahren zählt, den Satz von ***Lamba-Rao*** [16.18], der von der Stabilisierung des reduzierten Modells auf die Stabilisierung des Originals schließt. Doch ist er praktisch wertlos, weil er die Rückführung sämtlicher Zustandsvariablen des Originals, also einen Beobachter sehr hoher Ordnung, fordert, was auf die zu Beginn von Kapitel 14 erwähnten Schwierigkeiten stößt.

Wenn aber das Original durch das reduzierte Modell hinreichend gut approximiert wird, wovon man sich etwa durch Simulation typischer Zeitverläufe überzeugen kann, so *darf man erwarten*, daß ein Regler, der das reduzierte Modell stabilisiert, dies auch für das Original leistet. Das ist eine Schlußweise, die zwar keinen Anspruch auf mathematische Strenge machen kann, aber durchaus vernünftig ist und sich in der Tat bei realistischen Systemen bewährt hat.

Schrifttum zum Kapitel 16

[16.1] E.J. Davison: A Method for Simplifying Linear Dynamic Systems. IEEE Transactions on Automatic Control 11 (1966), S. 93-101.

[16.2] S.A. Marshall: An Approximate Method for Reducing the Order of a Linear System. Control 1966, S. 642-643.

[16.3] M.R. Chidambara: Further Remarks on Simplifying Linear Dynamic Systems. IEEE Transactions on Automatic Control 12 (1967), S. 213-214.

[16.4] M.R. Chidambara: Two Simple Techniques for the Simplification of Large Dynamic Systems. Preprints Joint Automatic Control Conference 1969, S. 669-674.

[16.5] L. Litz: Ordnungsreduktion linearer Zustandsraummodelle durch Beibehaltung der dominanten Eigenbewegungen. Regelungstechnik 27 (1979), S. 80-86.

[16.6] L. Litz: Praktische Ergebnisse mit einem neuen modalen Verfahren zur Ordnungsreduktion. Regelungstechnik 27 (1979), S. 273-280.

[16.7] L. Litz: Reduktion der Ordnung linearer Zustandsraummodelle mittels modaler Verfahren. Hochschulverlag, Freiburg, 1979.

[16.8] H. Roth: Ein neues Verfahren zur Ordnungsreduktion und Reglerentwurf auf der Basis des reduzierten Modells. VDI-Verlag, 1984.

[16.9] H. Roth: Modale Ordnungsreduktion linearer Zustandsraummodelle mittels Parameteroptimierung. Regelungstechnik 32 (1984), S. 27-34.

[16.10] H. Kiendl: Das Konzept der invarianten Ordnungsreduktion. Automatisierungstechnik 34 (1986), S. 465-473.

[16.11] E. Eitelberg: Modellreduktion durch Minimieren des Gleichungsfehlers. Regelungstechnik 26 (1978), S. 320-322.

[16.12] E. Eitelberg: Modellreduktion linearer zeitinvarianter Systeme durch Minimierung des Gleichungsfehlers. Hochschulverlag, Freiburg, 1979.

[16.13] E. Eitelberg: Modellreduktion für ein Tiefseeförderrohr. Regelungstechnik 28 (1980), S. 409-419.

[16.14] S. Lehmann: Distillation Control by Output Feedback Designed via Order Reduction. Preprints of the 10th IFAC World Congress on Automatic Control in München 1987, Volume 2, S. 297-302.

[16.15] D. Bonvin - D.A. Mellichamps: A Unified Derivation and Critical Review of Modal Approaches to Model Reduction. International Journal of Control 35 (1982), S. 829-848.

[16.16] H.-W. Röder - G.-S. Rösel: Anwendung und Vergleich von 6 Entwurfsverfahren für Mehrgrößenregelungen auf ein Dampferzeugermodell. messen - steuern - regeln 25 (1982), S. 494-499.

[16.17] O. Föllinger: Reduktion der Systemordnung. Regelungstechnik 30 (1982), S. 367-377.

[16.18] S.S. Lamba - S.V. Rao: On Suboptimal Control via the Simplified Model of Davison. IEEE Transactions on Automatic Control 19 (1974), S. 448-450.

[16.19] Inge Troch - P. C. Müller - K.-H. Fasol: Modellreduktion für Simulation und Reglerentwurf (Übersichtsaufsatz). Automatisierungstechnik 40 (1992), S. 45 - 53, 93 - 99, 132 - 141.

17.1 Elemente der Laplace-Transformation [1]

17.1.1 Das Laplace-Integral

Es sei f(t) eine gegebene Funktion, beispielsweise eine Funktion der Zeit. $\delta + j\omega$ sei eine veränderliche komplexe Zahl. Dann ist

$$F(s) = \int_0^\infty f(t)\, e^{-st}\, dt \qquad (17.1)$$

eine Funktion der komplexen Variablen s. Der Ausdruck (17.1) wird als *Laplace-Integral* von f(t) bezeichnet. Da das Integral über ein unendlich langes t-Intervall erstreckt ist, braucht es nicht für jeden Wert von s zu existieren. Die Punkte der komplexen s-Ebene, für die es absolut konvergent ist, bilden eine Halbebene nach Bild 17/1, die Halbebene der absoluten Konvergenz des Laplace-Integrals. Die folgenden Regeln und Sätze gelten für die entsprechenden Halbebenen der absoluten Konvergenz.

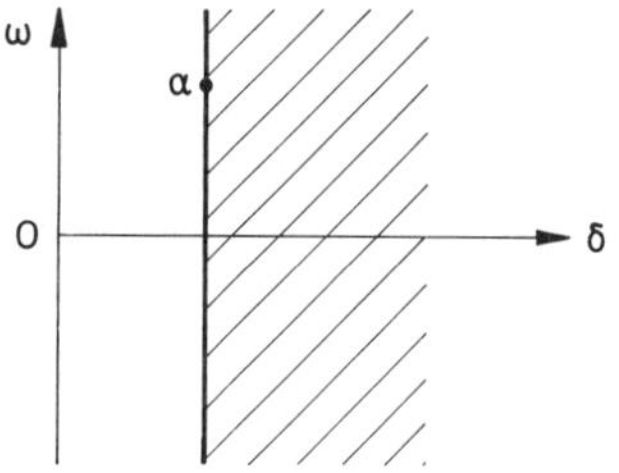

Bild 17/1. Halbebene der absoluten Konvergenz eines Laplace-Integrals (schraffiert)

Beispiel

$f(t) = e^{\alpha t}$; α feste Zahl, die nicht reell zu sein braucht. Dann ist

$$F(s) = \int_0^\infty e^{\alpha t} e^{-st}\, dt = \int_0^\infty e^{-(s-\alpha)t}\, dt =$$

$$= \left[-\frac{1}{s-\alpha} e^{-(s-\alpha)t} \right]_{t=0}^{t=\infty} .$$

[1] Lehrbücher der Laplace-Transformation: [17.1], [17.2].

Liegt s rechts von α (Bild 17/1), also Re s > Re α, so strebt die e-Funktion gegen 0 für $t \to \infty$. Daher ist für diese s das Laplace-Integral gleich $1/(s-\alpha)$. Liegt hingegen s links von α, also Re s < Re α, so strebt die e-Funktion für $t \to \infty$ keinem festen Wert zu. Für solche s existiert das Laplace-Integral nicht. Es ist also

$$F(s) = \int_0^\infty e^{\alpha t} e^{-st}\, dt = \frac{1}{s-\alpha}, \quad \mathrm{Re}\, s > \mathrm{Re}\, \alpha .$$

Ganz allgemein wird unter einer rechten Halbebene ein Teil der komplexen s-Ebene verstanden, der nach links durch eine zur j-Achse parallele Gerade begrenzt wird. Es braucht dies nicht notwendig die j-Achse selbst zu sein.

Das Laplace-Integral ist also nur in einer rechten Halbebene absolut konvergent. Die hierdurch gegebene komplexe Funktion kann aber in den regelungstechnisch interessanten Fällen in die gesamte komplexe Ebene analytisch fortgesetzt werden, wenn man von isolierten singulären Stellen absieht.

17.1.2 Die Laplace-Transformation

Durch das Laplace-Integral wird der Funktion f(t), die in den technischen Anwendungen meist eine Funktion der Zeit ist, die komplexe Funktion F(s) zugeordnet. Diese Zuordnung faßt man als eine Transformation oder Abbildung auf und nennt sie die *Laplace-Transformation*. f(t) heißt die *Originalfunktion*, F(s) die *Bildfunktion*. Diesen Zusammenhang schreibt man in der Form

$$F(s) = \mathscr{L}\{f(t)\} \quad \text{oder}$$

$$f(t) \circ\!\!-\!\!\bullet\ F(s) .$$

Eine solche Beziehung wird auch als *Korrespondenz* bezeichnet. Wie in Abschnitt 17.1.1 gezeigt, gilt beispielsweise die Korrespondenz

$$e^{\alpha t} \circ\!\!-\!\!\bullet\ \frac{1}{s-\alpha}, \quad \text{die auch in der Form}$$

$$\mathscr{L}\{e^{\alpha t}\} = \frac{1}{s-\alpha}$$

geschrieben werden kann. Ist speziell $\alpha = 0$, so ist $e^{\alpha t} = 1$, und man erhält die Korrespondenz

$$1 \circ\!\!-\!\!\bullet\ \frac{1}{s} .$$

Hiermit hat man die Bildfunktion des Einheitssprungs $\sigma(t)$.

Für das Rechnen mit der Laplace-Transformation ist ein Verzeichnis von Korrespondenzen wichtig (siehe z.B. [17.1], [17.2]). Die einfachsten und am häufigsten auftretenden Korrespondenzen sind unten zusammengestellt. In dieser Tabelle stehen die Bildfunktionen in der linken Spalte, da man bei der Behandlung einer Aufgabe mit der Laplace-Transformation zunächst die Bildfunktion erhält, aus der dann die Originalfunktion bestimmt werden muß.

F(s)	f(t)
$\frac{1}{s}$	1
$\frac{1}{s-\alpha}$, α beliebig	$e^{\alpha t}$
$\frac{1}{s^2}$	t
$\frac{1}{(s-\alpha)^2}$	$t\,e^{\alpha t}$
$\frac{1}{(s-\alpha)^n}$, $n = 1, 2, \ldots$	$\frac{t^{n-1}}{(n-1)!} e^{\alpha t}$
$\frac{\omega}{s^2+\omega^2}$	$\sin \omega t$
$\frac{s}{s^2+\omega^2}$	$\cos \omega t$

17.1.3 Rechnen mit δ-Funktionen

Bevor die Rechenregeln der Laplace-Transformation formuliert werden, ist es erforderlich, etwas zur Differentiation von Zeitfunktionen durch ein technisches System zu sagen.

Bei technischen Problemen, insbesondere der Elektrotechnik, treten häufig Schaltvorgänge auf, die sprungartig veränderliche Zeitfunktionen hervorrufen. Die einfachste derartige Zeitfunktion ist der Einheitssprung $\sigma(t)$. Was geschieht, wenn er auf ein differenzierendes technisches System trifft? Um dies zu erkennen, machen wir die plausible Annahme, daß der im technischen System verwirklichte Einheitssprung von der idealen mathematischen Funktion insofern abweicht, als er in $t = 0$ nicht springt, sondern einen zwar sehr steilen, aber doch kontinuierlichen Übergang aufweist. Bild 17/2 deutet dies an und zeigt zugleich die hierdurch verursachte Ableitung, welche die Form eines hohen und schmalen Impulses hat, dessen Breite ϵ gegenüber dem sonstigen Zeitverhalten des Systems vernachlässigbar ist. Diesen hohen und schmalen Impuls wollen wir als *δ-Funktion* $\delta(t)$ bezeichnen (auch Diracsche δ-Funktion, δ-Impuls, δ-Stoß genannt). Auf die Gestalt im einzelnen kommt es nicht an. Wichtig ist nur, daß sich ein hoher und schmaler Impuls mit der Fläche 1 ergibt.

Diese Einführung der δ-Funktion entspricht den Vorstellungen des Anwenders, kann aber natürlich keinerlei Anspruch auf Präzision machen. Für eine exakte, kurze und für den Ingenieur lesbare Einführung sei etwa auf [17.1], Anhang, und [17.3], Kapitel 7.1, verwiesen. Wir begnügen uns hier mit der naiven Auffassung der δ-Funktion als eines sehr hohen und schmalen Impulses der Fläche 1 und wollen damit jetzt das Rechnen mit der δ-Funktion verständlich machen.

Wir haben zwischen zwei Arten der Differentiation zu unterscheiden, nämlich

- der *gewöhnlichen Differentiation*, bei der man an Sprungstellen nicht differenzieren kann,
- und einer *verallgemeinerten Differentiation, wie sie ein differenzierendes technisches System ausführt* und bei der Sprungstellen Anlaß zur Entstehung von δ-Funktionen geben.

Da es sich um zwei verschiedene Operationen handelt, muß man sie mit verschiedenen Symbolen bezeichnen. Wir wollen im folgenden die gewöhnliche Differentiation durch einen $'$, die verallgemeinerte Differentiation durch einen $\dot{}$ kennzeichnen. In der Mathematik ist es üblich, die verallgemeinerte Differentiation durch das Symbol D zu charakterisieren (von "Derivierte - verallgemeinerte Ableitung"). Wir können also jetzt schreiben

$$\sigma'(t) = 0 \quad \text{für} \quad t \neq 0 \,,$$

$$\dot{\sigma}(t) = D\,\sigma(t) = \delta(t) \,.$$

Um zu sehen, wie eine *stückweise* stetige Funktion f(t) durch ein technisches System differenziert wird, denkt man sie sich in Sprungfunktionen und eine stetige Funktion zerlegt (Bild 17/3). τ_λ sind ihre Sprungstellen,

$$\Delta f_\lambda = f(\tau_\lambda + 0) - f(\tau_\lambda - 0)\ ^{2}$$

[2] Dabei ist unter $f(t_0+0)$ bzw. $f(t_0-0)$ der rechtsseitige bzw. linksseitige Grenzwert der Funktion f(t) an der Stelle t_0 verstanden.

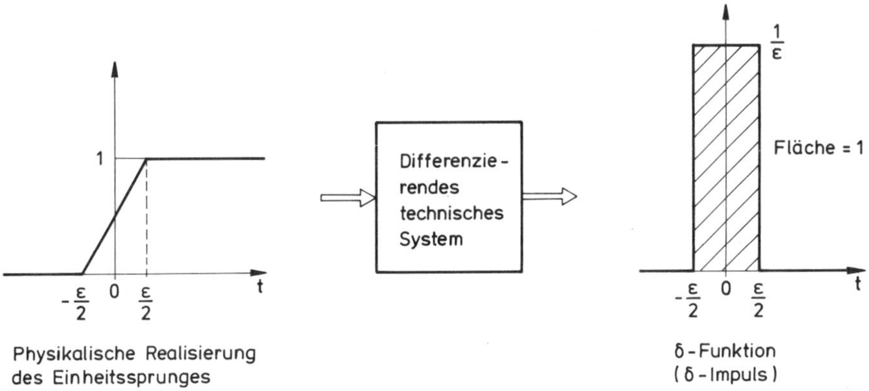

Bild 17/2. Zur Differentiation des Einheitssprunges $\sigma(t)$ durch ein technisches System

die zugehörigen Sprunghöhen. Wie man aus diesem Bild abliest, kann man f(t) als Summe einer stetigen Funktion $f_s(t)$ und von Sprungfunktionen darstellen:

$$f(t) = f_s(t) + \sum_{\lambda} \Delta f_{\lambda}\, \sigma(t - \tau_{\lambda}) \;.$$

Daraus folgt

$$\dot{f}(t) = \dot{f}_s(t) + \sum_{\lambda} \Delta f_{\lambda}\, \delta(t - \tau_{\lambda}) \;.$$

Da $f_s(t)$ stetig ist, stimmen gewöhnliche und verallgemeinerte Ableitung überein: $\dot{f}_s(t) = f_s'(t)$. Weiterhin ist die gewöhnliche Ableitung $f'(t)$ gleich $f_s'(t)$, da die beiden Funktionskurven f(t) und $f_s(t)$ in den einzelnen Intervallen $(\tau_{\lambda}, \tau_{\lambda+1})$ parallel sind. Damit ist:

$$\dot{f}(t) = f'(t) + \sum_{\lambda} \Delta f_{\lambda}\, \delta(t - \tau_{\lambda}) \;. \qquad (17.2)$$

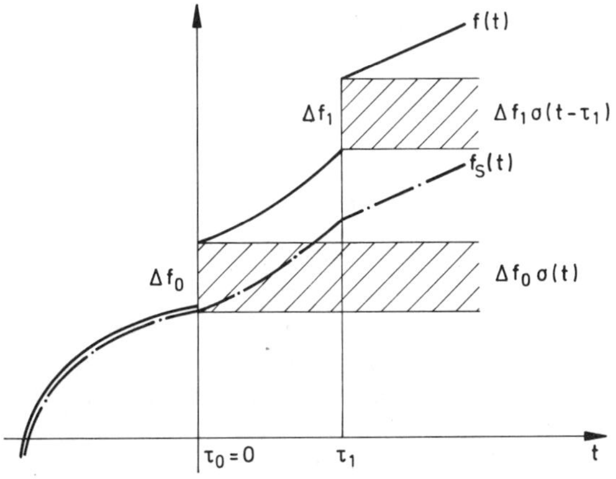

Bild 17/3. Zerlegung einer stückweise stetigen Funktion

An den Sprungstellen τ_{λ} existiert $f'(t)$ nicht. Das ist für das Folgende unwesentlich. Wenn man will, kann man $f'(t)$ dort durch den linksseitigen Grenzwert definieren.

Um das Laplace-Integral der δ-Funktion zu berechnen, gehen wir vom Integral

$$\int_a^b f(t)\, \delta(t - t_0)\, dt$$

aus. Nach Bild 17/4 ist es gleich

$$\int_{t_0 - \frac{\epsilon}{2}}^{t_0 + \frac{\epsilon}{2}} f(t)\, \delta(t - t_0)\, dt = f(t_0) \int_{t_0 - \frac{\epsilon}{2}}^{t_0 + \frac{\epsilon}{2}} \delta(t - t_0)\, dt \;.$$

Da die Fläche unter der δ-Funktion gleich 1 ist, hat man die Beziehung

$$\int_a^b f(t)\, \delta(t - t_0)\, dt = f(t_0) \;, \qquad (17.3)$$

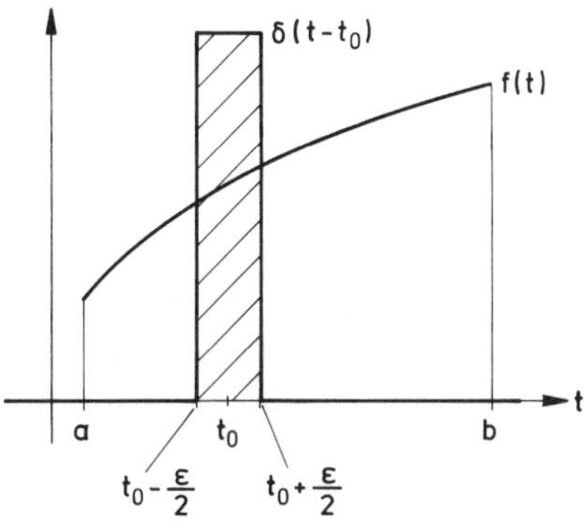

Bild 17/4. Zur Integration der δ-Funktion

sofern $a < t_0 < b$ ist und f(t) stetig durch t_0 geht. Diese oft benutzte Integralbeziehung wird als *Ausblendeigenschaft* der δ-Funktion bezeichnet. Mit ihr wird

$$\mathscr{L}\{\delta(t-t_0)\} = \int_0^\infty \delta(t-t_0)\, e^{-st}\, dt = e^{-st_0} ,$$

da hier $f(t) = e^{-st}$ ist. Es gilt so die Korrespondenz

$$\delta(t-t_0) \circ\!\!-\!\!\bullet\; e^{-st_0} , \quad t_0 > 0 . \tag{17.4}$$

Für $t_0 \to 0$ folgt daraus

$$\delta(t) \circ\!\!-\!\!\bullet\; 1 . \tag{17.5}$$

17.1.4 Rechenregeln der Laplace-Transformation

Wird auf eine Originalfunktion irgendeine Operation ausgeübt, z.B. eine Verschiebung oder eine Differentiation, so muß ihr eine Operation mit der Bildfunktion entsprechen. Die Rechenregeln der Laplace-Transformation geben an, wie sich eine Operation mit der Originalfunktion in eine Operation mit der Bildfunktion übersetzt. Im folgenden sind die wichtigsten Regeln zusammengestellt.

Fast selbstverständlich ist die *Linearitätsregel :*

$$c_1 f_1(t) + c_2 f_2(t) \circ\!\!-\!\!\bullet\; c_1 F_1(s) + c_2 F_2(s) , \tag{17.6}$$

wobei c_1 und c_2 beliebige Konstanten sind. Insbesondere entspricht also der Addition bzw. Subtraktion der Originalfunktionen die Addition bzw. Subtraktion der Bildfunktionen.

Verschiebungsregel (nach rechts):
Ist $t_0 > 0$ eine feste Zahl und $f(t) = 0$ für $t < 0$, so gilt :

$$f(t-t_0) \circ\!\!-\!\!\bullet\; e^{-t_0 s} F(s) . \tag{17.7}$$

Differentiationsregel für die gewöhnliche Differentiation:
Ist die Funktion f(t) für $t > 0$ differenzierbar, weist sie also dort keine Sprünge auf, so gilt

$$f'(t) \circ\!\!-\!\!\bullet\; s F(s) - f(+0) . \tag{17.8}$$

Für den zweiten Differentialquotienten von f(t) gilt unter entsprechenden Voraussetzungen wie für die Korrespondenz (17.8) die Regel :

$$f''(t) \circ\!\!-\!\!\bullet\; s^2 F(s) - sf(+0) - f'(+0) .$$

Allgemein gilt für $n = 1, 2, \ldots$:

$$f^{(n)}(t) \circ\!\!-\!\!\bullet\; s^n F(s) - s^{n-1} f(+0) - s^{n-2} f'(+0) - \ldots - s f^{(n-2)}(+0) - f^{(n-1)}(+0) . \tag{17.9}$$

Hierin sind $f'(+0), f''(+0), \ldots$ die Grenzwerte, denen $f'(t), f''(t), \ldots$ zustreben, wenn sich t von rechts der Null nähert.

Die Korrespondenzen (17.8) und (17.9) zeigen, daß die Differentiation der Originalfunktion beim Übergang zur Bildfunktion eine viel einfachere Operation ergibt, nämlich die Multiplikation mit einer Potenz der Variablen s (einschließlich der Hinzufügung der Anfangswerte). Diese Vereinfachung der Operationen beim Übergang zu den Bildfunktionen, die sich auch in den folgenden Regeln zeigt, ist ein entscheidender Vorzug der Laplace-Transformation.

Differentiationsregel für die verallgemeinerte Differentiation :

$$\overset{(n)}{f}(t) \circ\!\!-\!\!\bullet\; s^n F(s) - s^{n-1} f(-0) - s^{n-2} f'(-0) - \ldots - s f^{(n-2)}(-0) - f^{(n-1)}(-0) . \tag{17.10}$$

Dabei dürfen die Funktion f(t) und ihre Ableitungen auch Sprünge für $t > 0$ aufweisen. Im Unterschied zur gewöhnlichen Differentiation treten hier also die Anfangswerte bei -0 in Erscheinung.

Dieser Unterschied ist einleuchtend. Betrachten wir einfachheitshalber eine Funktion f(t), die für $t > 0$ keinen Sprung aufweist. Nach (17.2) gilt für sie

$$\dot{f}(t) = f'(t) + \Delta f_0\, \delta(t) = f'(t) + \left[f(+0) - f(-0)\right] \delta(t) ,$$

also

$$\mathscr{L}\{\dot{f}(t)\} = \mathscr{L}\{f'(t)\} + \left[f(+0) - f(-0)\right] \mathscr{L}\{\delta(t)\} .$$

Nach (17.8) und (17.5) folgt daraus

$$\mathscr{L}\{\dot{f}(t)\} = s F(s) - f(+0) + \left[f(+0) - f(-0)\right] \cdot 1 ,$$

also

$$\dot{f}(t) \circ\!\!-\!\!\bullet\; s F(s) - f(-0) .$$

Ist speziell $f(t) = 0$ für $t < 0$, wie wir das bei den Zeitfunktionen der Regelungstechnik häufig voraussetzen dürfen, so sind alle Anfangswerte bei -0 gleich Null. Die *Differentiationsregel für die verallgemeinerte Differentiation nimmt dann eine besonders einfache Form an :*

$$\begin{aligned} \dot{f}(t) &\circ\!\!-\!\!\bullet\; s F(s) , \\ &\vdots \\ \overset{(n)}{f}(t) &\circ\!\!-\!\!\bullet\; s^n F(s) . \end{aligned} \tag{17.11}$$

Integrationsregel :

$$\int_0^t f(\tau)\, d\tau \;\circ\!\!-\!\!\bullet\; \frac{1}{s} F(s) \ . \qquad (17.12)$$

Während der Differentiation die Multiplikation mit s (unter Hinzufügung des Anfangswerts) entspricht, geht die Integration von 0 bis zu der veränderlichen Stelle t in die Division durch s über, wobei der Anfangswert keine Rolle spielt.

Beispiel

Bestimmung der Originalfunktion zu $\frac{1}{s(1+Ts)}$, wobei T eine Konstante $\neq 0$ ist.

Zunächst ist $\frac{1}{1+Ts} = \frac{1}{T} \cdot \frac{1}{s+\frac{1}{T}} = \frac{1}{T} \cdot \frac{1}{s-(-\frac{1}{T})}$.

Mit $\alpha = -1/T$ erhält man daher aus der Korrespondenztabelle

$$\frac{1}{1+Ts} = \frac{1}{T} \cdot \frac{1}{s-(-\frac{1}{T})} \;\bullet\!\!-\!\!\circ\; \frac{1}{T} e^{-t/T} \ . \qquad (17.13)$$

Nach (17.12) ist deshalb

$$\frac{1}{s} \cdot \frac{1}{1+Ts} \;\bullet\!\!-\!\!\circ\; \int_0^t \frac{1}{T} e^{-(1/T)\tau} d\tau = \left[-e^{-\tau/T}\right]_0^t \ .$$

Somit gilt die Korrespondenz

$$\frac{1}{s(1+Ts)} \;\bullet\!\!-\!\!\circ\; 1 - e^{-t/T} \ .$$

Faltungsregel :

$$F_1(s) \cdot F_2(s) \;\bullet\!\!-\!\!\circ\; \int_0^t f_1(t-\tau)\, f_2(\tau)\, d\tau = f_1(t) \star f_2(t) \ . \qquad (17.14)$$

Man nennt dieses Integral *Faltungsintegral oder auch Faltungsprodukt* der beiden Zeitfunktionen und bezeichnet die Beziehung (17.14) als *Faltungsregel.*

Beispiel

Bestimmung der Originalfunktion zu $\frac{1}{s^2(1+Ts)}$.

Die Originalfunktion zu $1/s^2$ bzw. $1/(1+Ts)$ ist t bzw. $\frac{1}{T} e^{-t/T}$. Nach (17.14) gilt daher

$$\frac{1}{s^2} \cdot \frac{1}{1+Ts} \;\bullet\!\!-\!\!\circ\; t \star \frac{1}{T} e^{-t/T} \ .$$

Dieses Faltungsintegral ist

$$\int_0^t \tau \frac{1}{T} e^{-(t-\tau)/T} d\tau \ .$$

Durch partielle Integration folgt daraus $t - T + Te^{-t/T}$. Daher gilt die Korrespondenz

$$\frac{1}{s^2(1+Ts)} \;\bullet\!\!-\!\!\circ\; t - T + Te^{-t/T} \ . \qquad (17.15)$$

Einige allgemeine Eigenschaften der Faltung :

$$f \star g = g \star f \ ;$$

$$f \star (g+h) = f \star g + f \star h \ ;$$

$$f(t) \star \delta(t-t_0) = f(t-t_0) \qquad (17.16)$$

für $t_0 > 0$ und $f(t) = 0$ für $t < 0$,

insbesondere also

$$f(t) \star \delta(t) = f(t) \ ; \qquad (17.17)$$

$$f(t) \star \sigma(t) = \int_0^t f(\tau)\, d\tau \ . \qquad (17.18)$$

Grenzwertsätze :

An die Rechenregeln seien zwei Sätze über das Verhalten der Original- und Bildfunktion bei 0 bzw. ∞ angeschlossen.

Anfangswertsatz :

Strebt f(t) für $t \to +0$ einem endlichen Grenzwert zu, so gilt $f(+0) = \lim_{s\to\infty} s\,F(s)$. (17.19)

Endwertsatz :

Strebt f(t) für $t \to +\infty$ einem endlichen Grenzwert zu, so gilt $\lim_{t\to+\infty} f(t) = \lim_{s\to 0} s\,F(s)$. (17.20)

Mit diesen beiden Sätzen kann man den Wert der Funktion f(t) bei $t = +0$ und $t = +\infty$ ermitteln, ohne daß man die Funktion f(t) selbst zu kennen braucht. Es genügt vielmehr die Kenntnis der Bildfunktion F(s). Dies kann für die Anwendungen sehr vorteilhaft sein, da die Bildfunktion gewöhnlich ohne weiteres bekannt ist, die Originalfunktion aber oft nur durch mühsame Rechnungen bestimmt werden kann. Voraussetzung der beiden Grenzwertsätze ist allerdings, daß die Existenz des Grenzwerts von f feststeht.

17.1.5 Lösung von Differentialgleichungen

Differentialgleichungen erster Ordnung

Mit Hilfe der Laplace-Transformation lassen sich lineare Differentialgleichungen mit konstanten Koeffizienten einfach und übersichtlich lösen. Das Prinzip sei an einer Differentialgleichung erster Ordnung dargestellt:

$$T\dot{x} + x = f(t) \ .$$

Hier wie auch im folgenden wird stets die *verallgemeinerte* Differentiation benutzt, da dies dem Verhalten realer technischer Systeme entspricht. T ist eine Konstante und f(t) eine gegebene Funktion. Bezeichnet man die Bildfunktion von f(t) mit F(s), von x(t) mit X(s), so ergibt die Anwendung der Laplace-Transformation auf Grund der Differentiationsregel:

$$T\left[sX(s) - x(-0)\right] + X(s) = F(s) \ .$$

Die Differentialgleichung für die Originalfunktion x(t) geht also in eine gewöhnliche algebraische Gleichung für die Bildfunktion X(s) über, die viel einfacher zu behandeln ist als die gegebene Differentialgleichung. Löst man sie nach X(s) auf, so erhält man

$$X(s) = \frac{1}{1+Ts} F(s) + \frac{T x(-0)}{1+Ts} \ . \qquad (17.21)$$

Dies ist die Bildfunktion der Lösung x(t). Um x(t) selbst zu erhalten, hat man die zugehörige Originalfunktion aufzusuchen.

Nach (17.13) ist $(1/T)e^{-t/T}$ die Originalfunktion zu $1/(1+Ts)$. Daher folgt aus (17.21) unter Anwendung der Faltungsregel

$$x(t) = \frac{1}{T} e^{-t/T} \star f(t) + x(-0)\, e^{-t/T} =$$

$$= \frac{1}{T} \int_0^t f(\tau)\, e^{-(t-\tau)/T} d\tau + x(-0)\, e^{-t/T} \ ,$$

$$x(t) = e^{-t/T} \left[\frac{1}{T} \int_0^t f(t)\, e^{\tau/T} d\tau + x(-0) \right] . \qquad (17.22)$$

Dies ist die allgemeine Lösung der Differentialgleichung. Sie hängt, wie dies ja bei Differentialgleichungen stets der Fall ist, vom Anfangswert ab. Es ist ein besonderer Vorteil der Laplace-Transformation, daß sie die Abhängigkeit der Lösung von den Anfangswerten sofort mitliefert und man nicht gezwungen ist, durch eine besondere Rechnung die Lösung den Anfangsbedingungen anzupassen, wie dies bei der elementaren Lösung von Differentialgleichungen der Fall ist.

Ein Spezialfall der Lösung (17.22): Ist $x(-0) = 0$ und $f(t) = \sigma(t)$, also gleich dem Einheitssprung, so folgt:

$$x(t) = \frac{1}{T} e^{-t/T} \int_0^t 1 \cdot e^{\tau/T} d\tau = 1 - e^{-t/T} \ .$$

Diese Lösung kann man auch unmittelbar aus (17.21) erhalten, wenn man berücksichtigt, daß für den Einheitssprung $F(s) = 1/s$ und demgemäß $X(s) = 1/\left[s(1+Ts)\right]$ ist. Es ist dann $x(t) = 1 - e^{-t/T}$.

Homogene Differentialgleichung höherer Ordnung

Wie die Laplace-Transformation auf Differentialgleichungen höherer Ordnung anzuwenden ist, werde an der Schwingungsgleichung gezeigt. Zunächst werde die homogene Gleichung betrachtet:

$$\ddot{x} + 2d\omega_0\dot{x} + \omega_0^2 x = 0 \ ; \ d, \omega_0 \text{ konstant} .$$

Die Lösung wird in drei Schritten gewonnen.

Schritt 1

Laplace-Transformation der gegebenen Differentialgleichung:

$$s^2 X(s) - s\,x(-0) - x'(-0) +$$

$$+ 2d\omega_0\left[s\,X(s) - x(-0)\right] + \omega_0^2 X(s) = 0 \ .$$

Hieraus folgt

$$X(s) = \frac{s + 2d\omega_0}{s^2 + 2d\omega_0 s + \omega_0^2} x(-0) +$$

$$+ \frac{1}{s^2 + 2d\omega_0 s + \omega_0^2} x'(-0) \ . \qquad (17.23)$$

Schritt 2

Partialbruchzerlegung der rationalen Funktionen

$$G_0(s) = \frac{s + 2d\omega_0}{s^2 + 2d\omega_0 s + \omega_0^2} = \frac{Z_0(s)}{N(s)} \ ,$$

$$G(s) = \frac{1}{s^2 + 2d\omega_0 s + \omega_0^2} = \frac{Z(s)}{N(s)} \ .$$

Hierzu hat man zunächst die Nullstellen des Nenners zu bestimmen:

$$s^2 + 2d\omega_0 s + \omega_0^2 = 0 \ \text{(Charakteristische Gleichung)}.$$

Sind die beiden Nullstellen α_1, α_2 einfach, d.h. ist $\alpha_1 \neq \alpha_2$, so gilt die Partialbruchzerlegung

$$G_0(s) = \frac{A_1}{s-\alpha_1} + \frac{A_2}{s-\alpha_2} ,$$

$$G(s) = \frac{B_1}{s-\alpha_1} + \frac{B_2}{s-\alpha_2} . \tag{17.24}$$

Die Koeffizienten A_i bzw. B_i kann man durch einen Koeffizientenvergleich bestimmen. Einfacher erhält man sie aus der Formel

$$A_i = \frac{Z_0(\alpha_i)}{N'(\alpha_i)} , \quad B_i = \frac{Z(\alpha_i)}{N'(\alpha_i)} , \quad i = 1, 2 .$$

Setzt man nun (17.24) in (17.23) ein, so erhält man

$$X(s) = \left[\frac{A_1}{s-\alpha_1} + \frac{A_2}{s-\alpha_2}\right] x(-0) + \left[\frac{B_1}{s-\alpha_1} + \frac{B_2}{s-\alpha_2}\right] x'(-0) . \tag{17.25}$$

Damit ist die Bildfunktion auf eine Form gebracht, zu der die Originalfunktion leicht ermittelt werden kann.

Schritt 3

Aufsuchen der Originalfunktion zu X(s)

Auf Grund der Korrespondenz $1/(s-\alpha) \bullet\!\!-\!\!\circ\; e^{\alpha t}$ folgt aus (17.25)

$$x(t) = \left[A_1 e^{\alpha_1 t} + A_2 e^{\alpha_2 t}\right] x(-0) + \left[B_1 e^{\alpha_1 t} + B_2 e^{\alpha_2 t}\right] x'(-0) ,$$

$$x(t) = \left[A_1 x(-0) + B_1 x'(-0)\right] e^{\alpha_1 t} + \left[A_2 x(-0) + B_2 x'(-0)\right] e^{\alpha_2 t} . \tag{17.26}$$

Dies ist die Lösung der homogenen Differentialgleichung mit den beliebigen Anfangswerten $x(-0)$ und $x'(-0)$.

Es ist noch der Ausnahmefall zu betrachten, daß eine Doppelwurzel vorliegt, also $\alpha_1 = \alpha_2$ gilt. Dann lautet die Partialbruchzerlegung in Schritt 2 :

$$G_0(s) = \frac{A_1}{s-\alpha_1} + \frac{A_2}{(s-\alpha_1)^2} ,$$

$$G(s) = \frac{B_1}{s-\alpha_1} + \frac{B_2}{(s-\alpha_1)^2} . \tag{17.27}$$

Die A_i und B_i sind hier durch Koeffizientenvergleich zu bestimmen. Die Rücktransformation von Schritt 3 liefert jetzt wegen $1/(s-\alpha)^2 \bullet\!\!-\!\!\circ\; t\,e^{\alpha t}$:

$$x(t) = \left[A_1 e^{\alpha_1 t} + A_2 t\, e^{\alpha_1 t}\right] x(-0) + \left[B_1 e^{\alpha_1 t} + B_2 t\, e^{\alpha_1 t}\right] x'(-0) ,$$

$$x(t) = \left[A_1 x(-0) + B_1 x'(-0)\right] e^{\alpha_1 t} + \left[A_2 x(-0) + B_2 x'(-0)\right] t\, e^{\alpha_1 t} . \tag{17.28}$$

Inhomogene Differentialgleichung höherer Ordnung

Ihre Behandlung mittels Laplace-Transformation werde ebenfalls an der Schwingungsgleichung erläutert:

$$\ddot{x} + 2d\,\omega_0\,\dot{x} + \omega_0^2\,x = f(t) .$$

Die Lösung verläuft entsprechend wie bei der homogenen Gleichung. Man erhält zunächst

$$X(s) = \frac{s + 2d\omega_0}{s^2 + 2d\omega_0 s + \omega_0^2}\, x(-0) + \frac{1}{s^2 + 2d\,\omega_0 s + \omega_0^2}\, x'(-0) + \frac{1}{s^2 + 2d\,\omega_0 s + \omega_0^2}\, F(s) .$$

Die Lösung setzt sich also zusammen aus der allgemeinen Lösung der homogenen Gleichung (die beiden ersten Summanden der rechten Seite) und einer partikulären Lösung der inhomogenen Gleichung, die durch f(t) bestimmt wird (letzter Summand der rechten Seite):

$$X(s) = X_H(s) + G(s)F(s) .$$

Die zugehörige Originalfunktion ist daher

$$x(t) = x_H(t) + g(t) \star f(t) = x_H(t) + \int_0^t g(t-\tau)\, f(\tau)\, d\tau .$$

Hierin ist $x_H(t)$ durch (17.26) bzw. (17.28) gegeben, je nachdem, ob die Nullstellen der charakteristischen Gleichung einfach sind oder nicht, während g(t) die Originalfunktion zu G(s) ist, also aus (17.24) bzw. (17.27) bekannt ist. Ist F(s) selbst eine rationale Funktion, so kann man, statt die Faltungsregel anzuwenden, auch die gesamte Funktion G(s)F(s) in Partialbrüche zerlegen und dann zur Originalfunktion übergehen.

Systeme von Differentialgleichungen

Die allgemeine Methode werde an einem konkreten System dargestellt:

$$T_1\,\dot{x}_1 + x_1 = K_1\,x_2 ,$$

$$x_2 = f - x_3 ,$$

$$T_3\,\dot{x}_3 + x_3 = K_3\,x_1 .$$

Hierin sind die K_i und T_i Konstanten, während f(t) eine gegebene äußere Größe ist. Gesucht ist die Funktion $x_1(t)$.

Schritt 1

Laplace-Transformation des Differentialgleichungssystems

$$T_1\left[s X_1(s) - x_{10}\right] + X_1(s) = K_1 X_2(s) , \qquad (17.29)$$

$$X_2(s) = F(s) - X_3(s) , \qquad (17.30)$$

$$T_3\left[s X_3(s) - x_{30}\right] + X_3(s) = K_3 X_1(s) , \qquad (17.31)$$

wobei $x_{10} = x_1(-0)$, $x_{30} = x_3(-0)$ ist. *Man erhält so aus dem Differentialgleichungssystem ein System algebraischer Gleichungen für die Bildfunktionen, in das die benötigten Anfangswerte von selbst eingehen.*

Schritt 2

Auflösung des algebraischen Gleichungssystems nach der oder den Unbekannten

Hier ist nach $X_1(s)$ aufzulösen. Aus (17.29) und (17.30) erhält man zunächst

$$X_1(s) = \frac{K_1}{1+T_1 s} F(s) - \frac{K_1}{1+T_1 s} X_3(s) + \frac{T_1 x_{10}}{1+T_1 s} . \qquad (17.32)$$

Andererseits folgt aus (17.31)

$$X_3(s) = \frac{K_3}{1+T_3 s} X_1(s) + \frac{T_3 x_{30}}{1+T_3 s} .$$

Setzt man diesen Ausdruck in (17.32) ein und löst nach $X_1(s)$ auf, so erhält man

$$X_1(s) = \frac{K_1(1+T_3 s)}{N(s)} F(s) - \frac{K_1 T_3 x_{30}}{N(s)} + \frac{T_1 x_{10}(1+T_3 s)}{N(s)}$$

mit $N(s) = 1 + K_1 K_3 + (T_1+T_3)s + T_1 T_3 s^2$.

Schritt 3

Partialbruchzerlegung der einzelnen rationalen Funktionen und Rücktransformation, eventuell unter Benutzung der Faltungsregel. Dieser Schritt verläuft ebenso wie bei einer Differentialgleichung höherer Ordnung.

17.1.6 Fourier-Integral und Parseval-Theorem

Betrachtet man das Laplace-Integral auf der j-Achse der s-Ebene, so ist $s = j\omega$. Damit wird aus (17.1)

$$F(j\omega) = \int_0^{+\infty} f(t)\, e^{-j\omega t}\, dt .$$

Man nennt dieses Integral *Fourier-Integral* von f(t) und $F(j\omega)$ *Fourier-Transformierte* zu f(t). Läßt man zu, daß f(t) für $t < 0$ von Null verschieden ist, so hat man als untere Grenze $-\infty$ anstelle von 0 zu nehmen. Manchmal schreibt man statt $F(j\omega)$ auch $F(\omega)$.

Es gilt dann die *Parsevalsche Gleichung :*

$$\int_0^{+\infty} f^2(t)\, dt = \frac{1}{2\pi} \int_{-\infty}^{+\infty} |F(j\omega)|^2\, d\omega , \qquad (17.33)$$

sofern $\int_0^{+\infty} f^2(t)\, dt < +\infty$.

17.2 Residuum und Residuensatz bei rationalen Funktionen

Ist α ein Pol der rationalen Funktion

$$F(s) = \frac{Z(s)}{N(s)}$$

und entwickelt man F(s) in Partialbrüche, so gehört zu ihm die Partialbruchsumme

$$\frac{r_1}{s-\alpha} + \frac{r_2}{(s-\alpha)^2} + \ldots + \frac{r_k}{(s-\alpha)^k} ,$$

wenn es ein Pol k-ter Ordnung ist. Der Koeffizient r_1 wird als *Residuum der Funktion F(s) zum Pol α* bezeichnet:

$$r_1 = \operatorname{res}_\alpha F(s) .$$

Zu einem Pol erster Ordnung gehört nur *ein* Partialbruch:

$\frac{r_1}{s-\alpha}$. Das Residuum ist dann durch

$$r_1 = \frac{Z(\alpha)}{N'(\alpha)} \qquad (17.34)$$

gegeben.

Es gilt der *Residuensatz* (Bild 17/5, links): Sei C eine geschlossene, sich nicht selbst überschneidende Kurve in der s-Ebene mit positiver Orientierung und F(s) eine rationale Funktion, die im Innengebiet von C die Pole $\alpha_1, \alpha_2, \ldots, \alpha_n$ hat, während auf C kein Pol liegt. Dann ist

$$\frac{1}{2\pi j} \int_C F(s)\, ds = \operatorname{res}_{\alpha_1} F(s) + \ldots + \operatorname{res}_{\alpha_n} F(s) .$$

Beispiel (Bild 17/5, rechts): $F(s) = \frac{1}{1+s^2}$. Aus

$$F(s) = \frac{1}{2j}\left[\frac{1}{s-j} - \frac{1}{s+j}\right]$$

folgt, daß F(s) die Pole j und -j hat, wobei nur der Pol j innerhalb von C liegt. Weiter liest man ab, daß

$\operatorname{res}_j F(s) = \frac{1}{2j}$ ist. Daher gilt

$$\frac{1}{2\pi j}\int_C \frac{ds}{1+s^2} = \frac{1}{2j} \; .$$

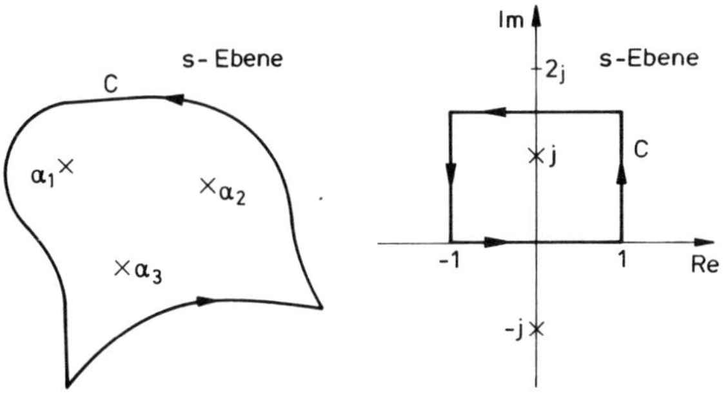

Bild 17/5. Residuensatz allgemein (links) und am Beispiel (rechts)

17.3 Matrizenrechnung [3]

17.3.1 Lineare Abhängigkeit und Unabhängigkeit von Vektoren

Definition: Die n-dimensionalen Vektoren $\underline{v}_1$, $\underline{v}_2, \ldots, \underline{v}_p$ heißen linear abhängig, wenn es Zahlen $c_1, \ldots, c_p$ gibt, die nicht alle Null sind und die Vektorgleichung

$$c_1 \underline{v}_1 + \ldots + c_p \underline{v}_p = \underline{0} \tag{17.35}$$

erfüllen. Kann diese Gleichung nur durch $c_1 = 0, \ldots, c_p = 0$ erfüllt werden, so heißen $\underline{v}_1, \ldots, \underline{v}_p$ linear unabhängig.

Will man für p gegebene Vektoren $\underline{v}_1, \ldots, \underline{v}_p$ nachprüfen, ob sie linear abhängig oder unabhängig sind, so hat man zu untersuchen, ob (17.35) durch nicht sämtlich verschwindende c_ν erfüllt werden kann. Die Vektorgleichung (17.35) geht aber wegen

$$c_1 \begin{bmatrix} v_{11} \\ v_{21} \\ \vdots \\ v_{n1} \end{bmatrix} + \ldots + c_p \begin{bmatrix} v_{1p} \\ v_{2p} \\ \vdots \\ v_{np} \end{bmatrix} = \begin{bmatrix} 0 \\ 0 \\ \vdots \\ 0 \end{bmatrix}$$

über in das Gleichungssystem

$$\begin{aligned} c_1 v_{11} + c_2 v_{12} + \ldots + c_p v_{1p} &= 0 \; , \\ c_1 v_{21} + c_2 v_{22} + \ldots + c_p v_{2p} &= 0 \; , \\ &\vdots \\ c_1 v_{n1} + c_2 v_{n2} + \ldots + c_p v_{np} &= 0 \; . \end{aligned}$$

Man hat festzustellen, ob es eine Lösung hat, bei der nicht alle c_ν verschwinden.

Ein einzelner Vektor ist stets linear unabhängig, sofern es sich nicht um den Nullvektor handelt.

Mehr als n n-dimensionale Vektoren sind stets linear abhängig.

Orthogonale Vektoren, d.h. Vektoren, deren skalares Produkt Null ist, sind linear unabhängig. Dabei ist vorausgesetzt, daß die Vektoren $\neq \underline{0}$ sind.

17.3.2 Grundregeln der Matrizenrechnung

Anordnungen von der Form

$$\begin{bmatrix} a_{11} & a_{12} & \cdots & a_{1n} \\ a_{21} & a_{22} & \cdots & a_{2n} \\ \vdots & & \ddots & \vdots \\ a_{m1} & a_{m2} & \cdots & a_{mn} \end{bmatrix} = (a_{ik}) = \underline{A} \; ,$$

mit denen man nach den im folgenden angegebenen Regeln der Gleichheit, Addition, Subtraktion und Multiplikation rechnet, heißen *Matrizen*. Die waagrechten Reihen heißen *Zeilen*, die senkrechten *Spalten* der Matrix. $i = 1, \ldots, m$ ist der *Zeilenindex*, $k = 1, \ldots, n$ der *Spaltenindex*, denn der erste gibt die Zeile, der letzte aber die Spalte an, in der das *Element* a_{ik} der Matrix steht. Das Zahlenpaar (m,n) wird auch der *Typ* der Matrix genannt. Ist m = n, so handelt es sich um eine *quadratische Matrix*. Sind sämtliche Elemente 0, so spricht man von der *Nullmatrix*.

Die Elemente einer Matrix dürfen reelle oder komplexe Zahlen, Zeitfunktionen oder komplexe Funktionen sein. Im allgemeinen wird man verlangen, daß sich mit ihnen die vier Grundrechenarten ausführen lassen. Im übrigen ist ihre spezielle Natur ohne Belang.

[3] Lehrbücher der Matrizenrechnung: [17.4], [17.5], [17.6].

Zwei Matrizen heißen *gleich*, wenn die entsprechenden Elemente gleich sind:

$$(a_{ik}) = (b_{ik}) \Longleftrightarrow a_{ik} = b_{ik} \quad \text{für alle } i, k \ . \qquad (17.36)$$

Zwei Matrizen werden addiert bzw. subtrahiert, indem man die entsprechenden Elemente addiert bzw. subtrahiert:

$$(a_{ik}) \pm (b_{ik}) = (a_{ik} \pm b_{ik}) \ . \qquad (17.37)$$

Es ist klar, daß Addition und Subtraktion nur ausführbar sind, wenn beide Matrizen gleichen Typ aufweisen.

Eine Matrix wird mit einer Zahl multipliziert, indem jedes Matrizenelement mit der Zahl multipliziert wird (Unterschied zur Determinante!):

$$c\,(a_{ik}) = (c\,a_{ik}) \ . \qquad (17.38)$$

Die Elemente $a_{11}, a_{22}, \ldots$ bilden in ihrer Gesamtheit die *Hauptdiagonale* der Matrix. Eine Operation, die man mit Matrizen häufig vornimmt, besteht darin, daß man sie an ihrer Hauptdiagonale spiegelt, also Zeilen und Spalten vertauscht. Die so aus $\underline{A}$ entstandene Matrix nennt man die *transponierte Matrix* zu $\underline{A}$ und bezeichnet sie mit $\underline{A}^T$ oder $\underline{A}'$.

Beispiel

$$\underline{A} = \begin{bmatrix} 1 & 2 \\ 0 & -5 \\ \sqrt{2} & 0 \end{bmatrix}, \quad \underline{A}^T = \begin{bmatrix} 1 & 0 & \sqrt{2} \\ 2 & -5 & 0 \end{bmatrix} .$$

Offensichtlich gilt $(\underline{A}^T)^T = \underline{A}$.

Ein Vektor

$$\underline{v} = \begin{bmatrix} v_1 \\ v_2 \\ \vdots \\ v_n \end{bmatrix} \qquad (17.39)$$

kann als spezielle Matrix aufgefaßt werden, nämlich als Matrix mit n Zeilen und nur einer Spalte. Transponiert man den Vektor, so erhält man die Matrix

$$\underline{v}^T = [v_1, v_2, \ldots, v_n] \ .$$

Man nennt diese Matrix mit nur einer Zeile, aber n Spalten, einen *Zeilenvektor* und spricht zum Unterschied hiervon bei (17.39) auch von einem *Spaltenvektor*.

In den Anwendungen treten häufig Matrizen (speziell auch Vektoren) mit nichtreellen Elementen auf. Liegt eine solche Matrix $\underline{A}$ vor, so erweist es sich als zweckmäßig, bei der Transposition zugleich zu den konjugiert komplexen Elementen überzugehen. Die so gebildete Matrix $\overline{\underline{A}}^T$ bezeichnet man dann häufig mit $\underline{A}^*$. Man kann auf diese zusätzliche Symbolik verzichten, wenn man verabredet, *daß beim Auftreten nichtreeller Elemente unter $\underline{A}^T$ stets die transponierte und konjugiert komplexe Matrix zu verstehen ist.* Beispielsweise gehört zu

$$\underline{A} = \begin{bmatrix} -1 & 2+j \\ 4j & 12 \\ 0 & -5+6j \end{bmatrix} \quad \text{dann } \underline{A}^T = \begin{bmatrix} -1 & -4j & 0 \\ 2-j & 12 & -5-6j \end{bmatrix} .$$

Definition des Matrizenproduktes $\underline{A}\,\underline{B}$:

Man bildet das skalare Produkt des i-ten Zeilenvektors der ersten Matrix $\underline{A}$ mit dem k-ten Spaltenvektor der zweiten Matrix $\underline{B}$ und erhält so das Element p_{ik} der Produktmatrix $\underline{A}\,\underline{B}$:

$$\underline{A}\,\underline{B} = \begin{bmatrix} \underline{a}_1^T \\ \underline{a}_2^T \\ \vdots \\ \underline{a}_m^T \end{bmatrix} \cdot [\underline{b}_1, \underline{b}_2, \ldots, \underline{b}_n] =$$

$$= \begin{bmatrix} \underline{a}_1^T \underline{b}_1 & \underline{a}_1^T \underline{b}_2 & \cdots & \underline{a}_1^T \underline{b}_n \\ \underline{a}_2^T \underline{b}_1 & \underline{a}_2^T \underline{b}_2 & \cdots & \underline{a}_2^T \underline{b}_n \\ \vdots & & & \vdots \\ \underline{a}_m^T \underline{b}_1 & \underline{a}_m^T \underline{b}_2 & \cdots & \underline{a}_m^T \underline{b}_n \end{bmatrix} . \qquad (17.40)$$

Damit man diese skalaren Produkte bilden kann, müssen die Zeilenvektoren von $\underline{A}$ und die Spaltenvektoren von $\underline{B}$ die gleiche Zahl von Elementen enthalten. Das heißt also: Die Produktbildung $\underline{A}\,\underline{B}$ ist nur dann ausführbar, wenn $\underline{A}$ ebenso viele Spaltenvektoren enthält wie $\underline{B}$ Zeilenvektoren. Denkt man sich die einzelnen Skalarprodukte in (17.40) ausgerechnet, so kann man die Matrizenmultiplikation sehr kurz in der Form

$$(a_{ij})_{m,p}\,(b_{jk})_{p,n} = \left[\sum_{\nu=1}^{p} a_{i\nu}\, b_{\nu k} \right]_{m,n} \qquad (17.41)$$

schreiben, wobei als Index der Typ der Matrix angegeben ist.

Für (17.40) kann man auch kürzer schreiben:

$$\underline{A}\,\underline{B} = \underline{A}\,[\underline{b}_1, \underline{b}_2, \ldots, \underline{b}_n] = [\underline{A}\,\underline{b}_1, \underline{A}\,\underline{b}_2, \ldots, \underline{A}\,\underline{b}_n]$$

$$\text{oder } \underline{A}\,\underline{B} = \begin{bmatrix} \underline{a}_1^T \\ \vdots \\ \underline{a}_m^T \end{bmatrix} \underline{B} = \begin{bmatrix} \underline{a}_1^T \underline{B} \\ \vdots \\ \underline{a}_m^T \underline{B} \end{bmatrix} .$$

In Übereinstimmung mit der Produktbildung bei Zahlen gelten die Regeln

$\underline{A}(\underline{B} + \underline{C}) = \underline{A}\,\underline{B} + \underline{A}\,\underline{C}$ (Distributivgesetz) und

$(\underline{A}\,\underline{B})\,\underline{C} = \underline{A}(\underline{B}\,\underline{C})$ (Assoziativgesetz),

wobei letztere besagt: Bildet man erst das Produkt $\underline{A}\,\underline{B}$ und multipliziert dann (von rechts) mit $\underline{C}$, so erhält man das gleiche Ergebnis, als wenn man erst $\underline{B}\,\underline{C}$ bildet und dann (von links) mit $\underline{A}$ multipliziert. Abweichend vom Zahlenprodukt ist jedoch im allgemeinen $\underline{A}\,\underline{B} \neq \underline{B}\,\underline{A}$ (Kommutativgesetz gilt nicht).

Eine weitere Übereinstimmung mit dem Zahlenprodukt besteht darin, daß es eine Matrix gibt, die der Eins entspricht. Es ist dies die n-reihige quadratische Matrix

$$\underline{I} = \begin{bmatrix} 1 & 0 & 0 \dots 0 \\ 0 & 1 & 0 \dots 0 \\ \vdots & & \vdots \\ 0 & \dots & 1 \end{bmatrix} .$$

Es gilt nämlich für eine beliebige n-reihige quadratische Matrix $\underline{A}$:

$$\underline{A}\,\underline{I} = \underline{I}\,\underline{A} = \underline{A} .$$

Man nennt $\underline{I}$ deshalb auch *Einheitsmatrix.*

Häufig benötigt man noch eine andere Darstellung des Matrizenprodukts:

$$\underline{A}_{n,p}\,\underline{B}_{p,m} = [\underline{a}_1, \dots, \underline{a}_p] \cdot \begin{bmatrix} \underline{b}_1^T \\ \vdots \\ \underline{b}_p^T \end{bmatrix} = \sum_{\nu=1}^{p} \underline{a}_\nu \underline{b}_\nu^T . \qquad (17.42)$$

Etwas allgemeiner gilt: Sind $\underline{A}_1, \dots, \underline{A}_p$ Matrizen vom Typ (n,q) und $\underline{B}_1, \dots, \underline{B}_p$ Matrizen vom Typ (q,m), so ist

$$[\underline{A}_1, \dots, \underline{A}_p] \begin{bmatrix} \underline{B}_1 \\ \vdots \\ \underline{B}_p \end{bmatrix} = \sum_{\nu=1}^{p} \underline{A}_\nu \underline{B}_\nu . \qquad (17.43)$$

Besonders einfach ist die *Multiplikation* von *Diagonalmatrizen*, d.h. von Matrizen, bei denen höchstens die in der Hauptdiagonale stehenden Elemente $\neq 0$ sind:

$$\underline{A} = \begin{bmatrix} \lambda_1 & \dots & 0 \\ & \lambda_2 & \\ \vdots & \ddots & \vdots \\ 0 & \dots & \lambda_n \end{bmatrix} = \mathrm{diag}(\lambda_1, \lambda_2, \dots, \lambda_n) .$$

Für sie gilt insbesondere

$$\underline{A}^r = \begin{bmatrix} \lambda_1^r & \dots & 0 \\ & \lambda_2^r & \\ \vdots & \ddots & \vdots \\ 0 & \dots & \lambda_n^r \end{bmatrix} , \quad r = 1, 2, \dots . \qquad (17.44)$$

Für den *Betrag* $|\underline{v}|$ des Vektors $\underline{v}$ kann man nunmehr schreiben:

$$|\underline{v}|^2 = v_1^2 + v_2^2 + \dots + v_n^2 = \underline{v}^T \underline{v} .$$

Zwei Vektoren $\underline{v}$ und $\underline{w}$ sind *orthogonal*, wenn

$$\underline{v}^T \underline{w} = 0$$

gilt. Handelt es sich dabei um nichtreelle Vektoren, so sei daran erinnert, daß $\bar{\underline{v}}^T$ zu nehmen ist. Man spricht dann auch von *unitären* Vektoren.

Quadratische Matrizen, deren Spaltenvektoren orthogonale Einheitsvektoren sind, heißen *orthogonal (bzw. unitär)*. Für eine solche Matrix $\underline{A}$ gilt:

$$\underline{A}^T \underline{A} = \begin{bmatrix} \underline{a}_1^T \\ \vdots \\ \underline{a}_n^T \end{bmatrix} \cdot [\underline{a}_1, \dots, \underline{a}_n] = (\underline{a}_i^T \underline{a}_k) = \begin{bmatrix} 1 & 0 \dots 0 \\ \vdots & \ddots & \vdots \\ 0 & \dots & 1 \end{bmatrix} = \underline{I} .$$

Unmittelbar aus den Regeln der Matrizenmultiplikation ergeben sich auch die folgenden Formeln, in denen

$$\underline{e}_\mu^T = [0, \dots, 0, \underset{\mu}{1}, 0, \dots, 0]$$

ist, also einen Einheitsvektor darstellt, der an der μ-ten Stelle eine 1 besitzt und im übrigen nur aus Nullen besteht. Ist

$$\underline{M} = (m_{\mu\nu})$$

eine beliebige (n,p)-Matrix, so gilt:

$$\underline{e}_\mu^T \underline{M}\, \underline{e}_\nu = m_{\mu\nu} , \qquad (17.45)$$

$$\sum_{\mu=1}^{n} \sum_{\nu=1}^{p} m_{\mu\nu} \underline{e}_\mu \underline{e}_\nu^T = \underline{M} , \qquad (17.46)$$

$$\sum_{\mu=1}^{n} \sum_{\nu=1}^{p} \underline{e}_\mu \underline{e}_\nu^T \underline{M}^T \underline{e}_\mu \underline{e}_\nu^T = \underline{M} . \qquad (17.47)$$

17.3.3 Inverse Matrix

Die Zahlenmultiplikation hat als Umkehrung die Division: Ist a irgendeine Zahl $\neq 0$, so gibt es stets eine Zahl x mit $ax = 1$. Sie wird mit $x = 1/a = a^{-1}$ bezeichnet. Die Gleichung $ay = b$ mit irgendeinem b wird dann durch $y = a^{-1}b$ gelöst.

Wie steht es nun mit der Umkehrung der Multiplikation bei den Matrizen? Betrachten wir die zu $ax = 1$ analoge Gleichung

$$\underline{A}\,\underline{X} = \underline{I}\ , \tag{17.48}$$

wobei $\underline{A}$ quadratisch sei. Für zweireihige Matrizen lautet sie

$$\begin{bmatrix} a_{11} & a_{12} \\ a_{21} & a_{22} \end{bmatrix} \cdot \begin{bmatrix} x_{11} & x_{12} \\ x_{21} & x_{22} \end{bmatrix} = \begin{bmatrix} 1 & 0 \\ 0 & 1 \end{bmatrix}\ ,$$

woraus die Gleichungen

$$a_{11}x_{11} + a_{12}x_{21} = 1\ ,\quad a_{11}x_{12} + a_{12}x_{22} = 0\ ,$$

$$a_{21}x_{11} + a_{22}x_{21} = 0\ ,\quad a_{21}x_{12} + a_{22}x_{22} = 1$$

zur Bestimmung der Unbekannten x_{ik} folgen. Kann man sie lösen, so hat man die Lösung $\underline{X}$ der Matrizengleichung (17.48) gefunden. Sie wird als die zu $\underline{A}$ *inverse Matrix* $\underline{A}^{-1}$ bezeichnet. Für sie gilt dann

$$\underline{A}\,\underline{A}^{-1} = \underline{A}^{-1}\underline{A} = \underline{I}\ .$$

Was hier für zweireihige Matrizen gesagt wurde, gilt unverändert für n-reihige Matrizen. (17.48) liefert dann n Gleichungssysteme mit je n Gleichungen zur Bestimmung der $n \cdot n$ Unbekannten x_{ik}, welche die inverse Matrix $\underline{A}^{-1}$ konstituieren.

Im Unterschied zum Zahlenrechnen ist (17.48) nicht immer lösbar, so daß also nicht immer eine inverse Matrix existiert. Hierfür gilt der Satz:

Die quadratische Matrix $\underline{A}$ hat genau dann eine Inverse $\underline{A}^{-1}$, wenn $\det \underline{A} \neq 0$ ist. (17.49)

Liegt ein Matrizenprodukt $\underline{A}\,\underline{B}$ vor und haben beide Matrizen inverse Matrizen, so hat auch das Produkt eine inverse Matrix, und für diese gilt

$$(\underline{A}\,\underline{B})^{-1} = \underline{B}^{-1}\underline{A}^{-1}\ . \tag{17.50}$$

Eine entsprechende Formel gilt auch für die transponierte Matrix eines Produkts:

$$(\underline{A}\,\underline{B})^{T} = \underline{B}^{T}\underline{A}^{T}\ . \tag{17.51}$$

Inversion und Transposition sind vertauschbar:

$$(\underline{A}^{-1})^{T} = (\underline{A}^{T})^{-1}\ . \tag{17.52}$$

Hat eine Matrix eine inverse Matrix, so bezeichnet man sie als *regulär*, andernfalls als *singulär*. Singuläre Matrizen haben eine bemerkenswerte Eigenschaft, die es beim Zahlenprodukt nicht gibt. Es kann nämlich $\underline{A}\,\underline{B} = \underline{0}$ sein, obwohl *beide Faktoren* $\neq \underline{0}$ sind.

Besonders einfach ist die *Inversion einer Diagonalmatrix* durchzuführen:

$$\begin{bmatrix} \lambda_1 & 0 & \dots & 0 \\ 0 & \lambda_2 & & 0 \\ \vdots & & \ddots & \vdots \\ 0 & \dots & 0 & \lambda_n \end{bmatrix}^{-1} = \begin{bmatrix} \frac{1}{\lambda_1} & 0 & \dots & 0 \\ 0 & \frac{1}{\lambda_2} & & 0 \\ \vdots & & \ddots & \vdots \\ 0 & \dots & 0 & \frac{1}{\lambda_n} \end{bmatrix}\ . \tag{17.53}$$

Es müssen also sämtliche Diagonalelemente $\neq 0$ sein. Andernfalls hat die Diagonalmatrix keine inverse Matrix.

Ist $\underline{A}$ eine *orthogonale Matrix*, so folgt aus $\underline{A}\,\underline{A}^{T} = \underline{I}$, daß $\underline{A}^{-1} = \underline{A}^{T}$ ist.

Abschließend sei noch ein Satz über die *Inverse einer Hypermatrix* angegeben, d.h. einer Matrix, die aus mehreren Teilmatrizen besteht *(Frobenius-Formel)*:
Sind in

$$\underline{H} = \begin{bmatrix} \underline{A} & \underline{B} \\ \underline{C} & \underline{D} \end{bmatrix}$$

$\underline{D}$ und $\underline{F} = \underline{A} - \underline{B}\,\underline{D}^{-1}\underline{C}$ regulär, so ist

$$\underline{H}^{-1} = \begin{bmatrix} \underline{F}^{-1} & -\underline{F}^{-1}\underline{B}\,\underline{D}^{-1} \\ -\underline{D}^{-1}\underline{C}\,\underline{F}^{-1} & \underline{D}^{-1}(\underline{C}\,\underline{F}^{-1}\underline{B}\,\underline{D}^{-1} + \underline{I}) \end{bmatrix}\ .$$

Sind $\underline{A}$ und $\underline{G} = \underline{D} - \underline{C}\,\underline{A}^{-1}\underline{B}$ regulär, so gilt

$$\underline{H}^{-1} = \begin{bmatrix} \underline{A}^{-1}(\underline{B}\,\underline{G}^{-1}\underline{C}\,\underline{A}^{-1} + \underline{I}) & -\underline{A}^{-1}\underline{B}\,\underline{G}^{-1} \\ -\underline{G}^{-1}\underline{C}\,\underline{A}^{-1} & \underline{G}^{-1} \end{bmatrix}\ . \tag{17.54}$$

17.3.4 Rang einer Matrix

Bei der Lösung von linearen Gleichungssystemen, aber auch sonst, spielt der Begriff des Ranges einer Matrix eine wichtige Rolle. Die m Zeilenvektoren einer (m,n)-Matrix spannen einen Vektorraum auf, ebenso wie die n Spaltenvektoren. In jedem dieser beiden Vektorräume gibt es eine bestimmte Höchstzahl linear unabhängiger

Vektoren. Es läßt sich zeigen, daß beide Höchstzahlen gleich sind. Die so bestimmte Zahl bezeichnet man als den *Rang r der Matrix*. Es liegt auf der Hand, daß $r \leq m, n$ sein muß. Ist $r = \min(m,n)$, also gleich der kleineren der beiden Zahlen m und n, so sagt man, die Matrix habe *Höchstrang*, da dies der größtmögliche Rang ist, der überhaupt erreicht werden kann.

Allgemein gilt der Satz:

Hat $\underline{A}$ den Rang r und ist $\underline{B}$ regulär, so hat auch $\underline{A}\,\underline{B}$ den Rang r. (17.55)

Durch Multiplikation mit einer regulären Matrix wird also der Rang einer Matrix nicht verändert.

Man nennt die (m,n)-Matrix $\underline{M}$ *spaltenregulär*, wenn ihre Spaltenvektoren linear unabhängig sind, hingegen *zeilenregulär*, wenn dies für die Zeilenvektoren gilt. Spaltenregularität ist nur möglich, wenn $m \geq n$ ist, also bei einer "stehenden" Matrix. Andernfalls wäre ja die Zeilenzahl m kleiner als die Spaltenzahl n, und es könnte keine n linear unabhängigen Zeilen geben. Ganz entsprechend kann eine (m,n)-Matrix nur dann zeilenregulär sein, wenn $m \leq n$ gilt, also bei einer "liegenden" Matrix. Es gilt:

Ist die (m,n)-Matrix $\underline{M}$ mit $m \geq n$ spaltenregulär, so ist die (n,n)-Matrix $\underline{M}^T\underline{M}$ regulär. Ist die (m,n)-Matrix $\underline{M}$ mit $m \leq n$ zeilenregulär, so ist die (m,m)-Matrix $\underline{M}\,\underline{M}^T$ regulär. Ist weiterhin $\underline{D}$ eine reguläre Diagonalmatrix, so ist im ersten Fall $\underline{M}^T\underline{D}\,\underline{M}$, im letzten Fall $\underline{M}\,\underline{D}\,\underline{M}^T$ regulär. (17.56)

17.3.5 Determinanten

17.3.5.1 Der Determinantenbegriff

Eng verknüpft mit dem Begriff der *Matrix* ist der Begriff der *Determinante*, weil nämlich jeder quadratischen Matrix $\underline{A}$ eine Determinante det $\underline{A}$ zugeordnet ist. Während jedoch eine Matrix ein geordnetes Schema von Zahlen (bzw. Funktionen) darstellt, ist die zugehörige Determinante eine aus den Elementen dieser Matrix berechenbare Zahl (bzw. Funktion). Die Definition der Determinante muß demnach eine Rechenvorschrift enthalten, nach der die einzelnen Elemente a_{ik} der Matrix $\underline{A}$ miteinander zu verknüpfen sind. Dies geschieht rekursiv, indem die n-reihige Determinante aus den (n-1)-reihigen Determinanten berechnet wird. Sie lautet:

$$\det \underline{A} = a_{11} A_{11} - a_{12} A_{12} + a_{13} A_{13} - + \ldots$$

$$\ldots + (-1)^{n+1} a_{1n} A_{1n} = \sum_{k=1}^{n} (-1)^{k+1} a_{1k} A_{1k} \,. \qquad (17.57)$$

Darin sind die a_{1k} die Elemente der ersten Zeile von $\underline{A}$, die A_{1k} sind die Werte der (n-1)-reihigen Determinanten, die man durch Streichen der ersten Zeile und der k-ten Spalte erhält. So ist z.B.

$$A_{11} = \begin{vmatrix} a_{22} & a_{23} & \ldots & a_{2n} \\ a_{32} & a_{33} & \ldots & a_{3n} \\ \vdots & \vdots & & \vdots \\ a_{n2} & a_{n3} & \ldots & a_{nn} \end{vmatrix} .$$

Diese Definition erlaubt somit die sukzessive Berechnung jeder n-reihigen Determinante aus zweireihigen. Dabei ist die zweireihige Determinante durch

$$\det \begin{bmatrix} a_{11} & a_{12} \\ a_{21} & a_{22} \end{bmatrix} = a_{11}a_{22} - a_{12}a_{21}$$

definiert. Für det $\underline{A}$ schreibt man auch $|\underline{A}|$.

17.3.5.2 Eigenschaften der Determinanten

a) Eine Determinante ändert ihren Wert nicht, wenn man alle Zeilen mit den Spalten vertauscht (Spiegelung an der Hauptdiagonale).

Diese Eigenschaft kann man auch so formulieren:

$$\det \underline{A} = \det \underline{A}^T ,$$

d.h. beim Übergang zur transponierten Matrix bleibt der Wert der Determinante unverändert.

b) Eine Determinante wechselt ihr Vorzeichen, wenn man zwei Zeilen oder zwei Spalten vertauscht, z.B. für $n = 2$:

$$\begin{vmatrix} a_{12} & a_{11} \\ a_{22} & a_{21} \end{vmatrix} = - \begin{vmatrix} a_{11} & a_{12} \\ a_{21} & a_{22} \end{vmatrix} .$$

c) Eine Determinante mit zwei gleichen Zeilen oder Spalten hat den Wert Null.

d) Wenn man die Glieder einer Reihe mit c multipliziert, dann wird die Determinante mit c multipliziert, z.B. für $n = 2$:

$$\begin{vmatrix} ca_{11} & a_{12} \\ ca_{21} & a_{22} \end{vmatrix} = c \begin{vmatrix} a_{11} & a_{12} \\ a_{21} & a_{22} \end{vmatrix} .$$

Man kann diese Eigenschaft der Determinante auch so ausdrücken: Enthält eine Zeile oder eine Spalte einer

Determinante einen gemeinsamen Faktor, so kann man diesen vor die Determinante ziehen.

e) Eine Determinante ändert ihren Wert nicht, wenn zu einer Reihe ein Vielfaches einer Parallelreihe addiert wird, z.B. für n = 2:

$$\begin{vmatrix} a_{11}+ca_{21} & a_{12}+ca_{22} \\ a_{21} & a_{22} \end{vmatrix} = \begin{vmatrix} a_{11} & a_{12} \\ a_{21} & a_{22} \end{vmatrix} .$$

f) Eine Determinante ist genau dann Null, wenn ihre Spalten bzw. ihre Zeilen linear abhängig sind. Speziell: Eine Determinante ist Null, wenn eine Zeile oder Spalte Null ist.

g) $\det(\underline{A}\cdot\underline{B}) = \det \underline{A}\cdot\det \underline{B}$, (17.58)
sofern $\underline{A}$ und $\underline{B}$ quadratisch.

h) $$\det\begin{bmatrix} \underline{A}_{p,p} & \underline{0} \\ \underline{A}_{q,p} & \underline{A}_{q,q} \end{bmatrix} = \det \underline{A}_{p,p}\cdot\det \underline{A}_{q,q} . \quad (17.59)$$

i) Sind $\underline{A}_{m,n}$ und $\underline{B}_{n,m}$ beliebige Matrizen, so ist

$$\det\left[\underline{I}_m + \underline{A}_{m,n}\cdot\underline{B}_{n,m}\right] = \det\left[\underline{I}_n + \underline{B}_{n,m}\cdot\underline{A}_{m,n}\right] . \quad (17.60)$$

Der Laplacesche Entwicklungssatz ermöglicht die *Entwicklung* einer Determinante nach einer beliebigen Zeile oder Spalte. Hierzu muß der Begriff der *Unterdeterminante* eingeführt werden: Die Unterdeterminante A_{ik} zum Element a_{ik} erhält man, indem man die i-te Zeile und die k-te Spalte streicht.

Multipliziert man die Unterdeterminante A_{ik} mit $(-1)^{i+k}$, so erhält man die *Adjunkte* zu a_{ik} :

$$\alpha_{ik} = (-1)^{i+k} A_{ik} .$$

Für eine n-reihige Determinante gilt dann

$$\det \underline{A} = \sum_{k=1}^{n} a_{ik}\,\alpha_{ik} = \sum_{k=1}^{n} (-1)^{i+k} a_{ik} A_{ik} . \quad (17.61)$$

Diese Darstellung von det $\underline{A}$ heißt *Entwicklung der Determinante nach der i-ten Zeile.* Es sind also alle n Elemente einer beliebigen *Zeile* mit der jeweiligen Adjunkte zu multiplizieren. Die Summe dieser n Produkte ergibt det $\underline{A}$.

Entsprechend gilt für die *Entwicklung nach der k-ten Spalte:*

$$\det \underline{A} = \sum_{i=1}^{n} a_{ik}\,\alpha_{ik} = \sum_{i=1}^{n} (-1)^{i+k} a_{ik} A_{ik} .$$

Hier sind also die n Elemente einer beliebigen *Spalte* mit der jeweiligen Adjunkte zu multiplizieren.

Vergleicht man (17.61) mit (17.57), so sieht man, daß (17.57) in (17.61) enthalten ist, nämlich für i = 1. Unsere Definition der Determinante stellt also die Entwicklung nach der ersten Zeile dar.

In den Anwendungen tritt häufig die *VanderMonde-Determinante* auf:

$$D = \begin{vmatrix} 1 & \lambda_1 & \lambda_1^2 & \dots & \lambda_1^{n-1} \\ 1 & \lambda_2 & \lambda_2^2 & \dots & \lambda_2^{n-1} \\ \vdots & & & & \vdots \\ 1 & \lambda_n & \lambda_n^2 & \dots & \lambda_n^{n-1} \end{vmatrix} , \quad (17.62)$$

wobei die λ_i beliebige Zahlen sind. *Sie ist genau dann $\neq 0$, wenn alle λ_i voneinander verschieden sind.*

17.3.6 Lineare Gleichungen

17.3.6.1 Das homogene Gleichungssystem

Darunter versteht man ein Gleichungssystem von der Form

$$\begin{aligned} a_{11}x_1 + a_{12}x_2 + \dots + a_{1n}x_n &= 0 , \\ a_{21}x_1 + a_{22}x_2 + \dots + a_{2n}x_n &= 0 , \\ &\vdots \\ a_{m1}x_1 + a_{m2}x_2 + \dots + a_{mn}x_n &= 0 . \end{aligned} \quad (17.63)$$

bzw.

$$\underline{A}\,\underline{x} = \underline{0} . \quad (17.64)$$

Es hat auf jeden Fall die Lösung $\underline{x} = \underline{0}$, die man auch als die *triviale Lösung* bezeichnet. Sind $\underline{x}_1,\dots,\underline{x}_q$ irgendwelche Lösungsvektoren des homogenen Gleichungssystems, so ist auch der Vektor

$$\underline{x} = c_1\underline{x}_1 + \dots + c_q\underline{x}_q$$

mit beliebigen Zahlen c_ν eine Lösung.

Einen vollständigen Überblick über die Gesamtheit der Lösungsvektoren des homogenen Gleichungssystems liefert der folgende Satz:

Hat die (m,n)-Matrix $\underline{A}$ den Rang r, so ist die Anzahl der linear unabhängigen Lösungsvektoren $d = n - r$, wobei also n die Anzahl der Unbekannten ist. d heißt der Defekt (oder Rangabfall) der Matrix $\underline{A}$. Sind $\underline{x}_1,\dots,\underline{x}_d$ irgendwelche linear unabhängigen Lösungsvektoren von (17.64), so ist die Gesamtheit der Lösungen durch

$$\underline{x}_H = c_1\underline{x}_1 + \dots + c_d\underline{x}_d \quad (17.65)$$

gegeben, wobei $c_1, c_2, \ldots, c_d$ beliebige Zahlen sind. Man nennt diesen Ausdruck die allgemeine Lösung des homogenen Systems.

Hier sei noch ein weiterer Satz eingefügt, der in den Anwendungen oft benutzt wird:

Ist $\underline{A}\,\underline{x} = \underline{0}$ für einen beliebigen Vektor $\underline{x}$, so muß $\underline{A} = \underline{0}$ sein. (17.66)

17.3.6.2 Das inhomogene Gleichungssystem

Sind in (17.63) die rechten Seiten nicht sämtlich Null, so nennt man das Gleichungssystem *inhomogen* :

$$\underline{A}\,\underline{x} = \underline{b} \quad \text{mit} \quad \underline{b} \neq \underline{0} \ . \tag{17.67}$$

Während das homogene Gleichungssystem stets eine Lösung hat, nämlich zumindest die triviale Lösung, braucht ein inhomogenes System überhaupt nicht lösbar zu sein.

Beispiel :

$x_1 + x_2 = 0$,

$x_1 + x_2 = 1$.

Gäbe es hier eine Lösung, so müßte wegen der Gleichheit der linken Seiten 0 = 1 gelten!

Beim inhomogenen System ist daher zuerst die Frage zu beantworten, wann es überhaupt lösbar ist. Die Antwort wird durch die *Verträglichkeitsbedingung* gegeben:

Man betrachtet neben der (m,n)-Matrix $\underline{A}$ die erweiterte (m,n+1)-Matrix $(\underline{A}\,,\,\underline{b})$. Genau dann, wenn beide Matrizen den gleichen Rang haben, ist das System $\underline{A}\,\underline{x} = \underline{b}$ lösbar. (17.68)

Im letzten Beispiel ist

$$\underline{A} = \begin{bmatrix} 1 & 1 \\ 1 & 1 \end{bmatrix} , \quad (\underline{A}\,,\underline{b}) = \begin{bmatrix} 1 & 1 & 0 \\ 1 & 1 & 1 \end{bmatrix} .$$

Da in der ersten Matrix die beiden Spaltenvektoren (und auch Zeilenvektoren) gleich sind, hat sie den Rang 1. In der erweiterten Matrix sind aber die beiden Spaltenvektoren $\begin{bmatrix} 1 \\ 1 \end{bmatrix}$ und $\begin{bmatrix} 0 \\ 1 \end{bmatrix}$ linear unabhängig, so daß $(\underline{A}\,,\underline{b})$ den Rang 2 hat. Da die beiden Ränge verschieden sind, ist das System unlösbar.

Falls das inhomogene System überhaupt lösbar ist, macht es keine Schwierigkeit, einen Überblick über die Gesamtheit der Lösungen zu erhalten:

$$\underline{x} = \underline{x}_I + \underline{x}_H = \underline{x}_I + c_1 \underline{x}_1 + \ldots + c_d \underline{x}_d \ . \tag{17.69}$$

In Worten :

Man erhält die allgemeine Lösung des inhomogenen Systems, indem man irgendeine spezielle ("partikuläre") Lösung des inhomogenen Systems zur allgemeinen Lösung des homogenen Systems addiert. (17.70)

17.3.6.3 Das lineare Gleichungssystem mit eindeutiger Lösung

Der besonders wichtige Spezialfall mit gleicher Zahl von Gleichungen und Unbekannten (m = n) werde noch etwas eingehender betrachtet. Zuvor sei aber ausdrücklich darauf hingewiesen, daß in den bisherigen Sätzen eine solche Voraussetzung nicht gemacht wurde, daß sie also gelten, ganz gleich, ob m > n, m = n oder m < n ist.

Für den Fall m = n gilt:

Das lineare Gleichungssystem $\underline{A}\,\underline{x} = \underline{b}$ (homogen oder inhomogen) mit der (n,n)-Matrix $\underline{A}$ ist genau dann eindeutig lösbar, wenn die Matrix $\underline{A}$ den Höchstrang n hat. Die Lösung lautet $\underline{x} = \underline{A}^{-1}\underline{b}$. Das homogene System hat dann nur die triviale Lösung. (17.71)

Äquivalent dazu ist der Satz:

Das lineare Gleichungssystem $\underline{A}\,\underline{x} = \underline{b}$ (homogen oder inhomogen) mit der (n,n)-Matrix $\underline{A}$ ist genau dann eindeutig lösbar, wenn det $\underline{A} \neq 0$ ist. Das homogene System hat dann nur die triviale Lösung. (17.72)

Daraus folgt unmittelbar:

Das homogene Gleichungssystem $\underline{A}\,\underline{x} = \underline{0}$ kann nur dann eine nichttriviale Lösung haben, wenn det $\underline{A} = 0$ gilt. (17.73)

Die Benutzung der Determinanten erlaubt neben (17.71) eine weitere Darstellung der Lösung eines linearen Gleichungssystems mit m = n. Es gilt nämlich die *Leibniz-Cramersche Regel* :

Das lineare Gleichungssystem $\underline{A}\,\underline{x} = \underline{b}$ mit der (n,n)-Matrix $\underline{A}$ hat im Fall det $\underline{A} \neq 0$ die eindeutige Lösung

$$x_k = \frac{\det \underline{A}_k}{\det \underline{A}} \ , \quad k = 1, \ldots, n \ . \tag{17.74}$$

Dabei ist $\underline{A}_k$ diejenige quadratische Matrix, die aus $\underline{A}$ entsteht, wenn man die k-te Spalte durch $\underline{b}$ ersetzt.

Mittels der Cramerschen Regel kann man einen allgemeinen Formelausdruck für $\underline{A}^{-1}$ angeben. Bezeichnet

$$\underline{A}_{adj} = \begin{bmatrix} \alpha_{11} & \alpha_{21} & \cdots & \alpha_{n1} \\ \alpha_{12} & \alpha_{22} & \cdots & \alpha_{n2} \\ \vdots & & & \\ \alpha_{1n} & \alpha_{2n} & \cdots & \alpha_{nn} \end{bmatrix}$$

die sogenannte *adjungierte Matrix zu $\underline{A}$*, so ist

$$\underline{A}^{-1} = \frac{\underline{A}_{adj}}{\det \underline{A}} \,. \tag{17.75}$$

17.3.6.4 Das unterbestimmte und das überbestimmte Gleichungssystem

Beim unterbestimmten Gleichungssystem ist die Zahl m der Gleichungen kleiner als die Zahl n der Unbekannten.

Die Behandlung eines derartigen Systems kann ohne Schwierigkeit auf den Fall m = n zurückgeführt werden. Die (m,n)-Matrix $\underline{A}$ möge den Höchstrang m haben. Dann sind m Spaltenvektoren von $\underline{A}$ linear unabhängig. Es seien dies etwa die m ersten, was man durch geeignete Numerierung der Spalten erreichen kann. Dann kann man die Gleichung $\underline{A}\,\underline{x} = \underline{b}$ in der Form

$$\left[\underline{a}_1, \ldots, \underline{a}_m, \underline{a}_{m+1}, \ldots, \underline{a}_n\right] \begin{bmatrix} x_1 \\ \vdots \\ x_m \\ \vdots \\ x_n \end{bmatrix} = \underline{b} \quad \text{oder}$$

$$\underline{a}_1 x_1 + \ldots + \underline{a}_m x_m = \underline{b} - (\underline{a}_{m+1} x_{m+1} + \ldots + \underline{a}_n x_n) \tag{17.76}$$

schreiben. Da die Matrix $\underline{A}_{m,m} = \left[\underline{a}_1, \ldots, \underline{a}_m\right]$ den Höchstrang m hat, besitzt sie eine Inverse. Daher folgt aus (17.76)

$$\begin{bmatrix} x_1 \\ \vdots \\ x_m \end{bmatrix} = \underline{A}_{m,m}^{-1} \left[\underline{b} - (\underline{a}_{m+1} x_{m+1} + \ldots + \underline{a}_n x_n)\right] . \tag{17.77}$$

Wählt man $x_{m+1}, \ldots, x_n$ beliebig und bestimmt dann $x_1, \ldots, x_m$ gemäß (17.77), so ist $\underline{x}$ eine Lösung der Gleichung $\underline{A}\,\underline{x} = \underline{b}$. Daraus folgt der Satz:

Das unterbestimmte Gleichungssystem $\underline{A}\,\underline{x} = \underline{b}$ hat stets eine Lösung, wenn $\underline{A}$ Höchstrang hat. (17.78)

Hingegen hat ein überbestimmtes Gleichungssystem (m > n) im allgemeinen keine Lösung. Einen Ausweg in diesem Fall bietet die Gaußsche Methode der kleinsten Quadrate (Abschnitt 13.8.1). Einen vollständigen Überblick verschafft die Moore-Penrosesche Pseudo-Inverse (Abschnitt 17.3.10).

17.3.7 Eigenwerte und Eigenvektoren

Jeder quadratischen Matrix $\underline{A} = (a_{ik})$ ist ein *charakteristisches Polynom* zugeordnet:

$$\det(s\underline{I} - \underline{A}) = \begin{vmatrix} s - a_{11} & -a_{12} & \cdots & -a_{1n} \\ -a_{21} & s - a_{22} & \cdots & -a_{2n} \\ \vdots & \vdots & & \vdots \\ -a_{n1} & -a_{n2} & \cdots & s - a_{nn} \end{vmatrix} =$$

$$= s^n - (a_{11} + a_{22} + \ldots + a_{nn}) s^{n-1} + \ldots + (-1)^n \det \underline{A} \,. \tag{17.79}$$

Die Nullstellen $\lambda_1, \ldots, \lambda_n$ dieses Polynoms bezeichnet man als *Eigenwerte* von $\underline{A}$.

Da die Matrix $\underline{A}$ genau dann regulär ist, wenn $\det \underline{A} \neq 0$ gilt, folgt aus (17.79) sofort: *$\underline{A}$ ist genau dann regulär, wenn alle Eigenwerte $\neq 0$ sind.*

Unter einem *Eigenvektor* der quadratischen Matrix $\underline{A}$ versteht man eine Lösung $\underline{v} \neq \underline{0}$ (nichttriviale Lösung) der Vektorgleichung

$$(s\underline{I} - \underline{A})\,\underline{v} = \underline{0} \,. \tag{17.80}$$

Damit sie existiert, muß $\det(s\underline{I} - \underline{A}) = 0$ gelten, also s ein Eigenwert von $\underline{A}$ sein. Zu jedem Eigenwert λ_i von $\underline{A}$ gehören in der Tat unendlich viele Eigenvektoren. Das folgt sofort daraus, daß (17.80) eine homogene Gleichung ist und mit jeder Lösung $\underline{v}$ auch $c\underline{v}$ mit einer beliebigen Konstante c wiederum eine Lösung darstellt. Sind die Eigenwerte λ_μ und λ_ν einer reellen Matrix konjugiert komplex, so sind auch die zugehörigen Eigenvektoren $\underline{v}_\mu$ und $\underline{v}_\nu$ konjugiert komplex.

Unter einem *Linkseigenvektor* $\underline{w}$ der quadratischen Matrix $\underline{A}$ versteht man eine Lösung $\neq \underline{0}$ der Vektorgleichung

$$\underline{w}^T (s\underline{I} - \underline{A}) = \underline{0}^T \,.$$

Auch sie existiert genau dann, wenn s ein Eigenwert von $\underline{A}$ ist.

Eigen- und Linkseigenvektoren, die zu verschiedenen Eigenwerten gehören, sind orthogonal :

$$\underline{w}_i^T \underline{v}_k = 0 \quad \textit{für} \quad \lambda_i \neq \lambda_k \ . \tag{17.81}$$

Nunmehr werde angenommen, daß die *Eigenwerte* λ_1, ..., λ_n *der quadratischen Matrix* $\underline{A}$ *einfach, d.h. voneinander verschieden*, sind. Berechnet man dann zu jedem λ_k einen Eigenvektor $\underline{v}_k$, so kann man zeigen, daß diese *n Eigenvektoren* $\underline{v}_1, \dots, \underline{v}_n$ *linear unabhängig* sind.

Da die Eigenvektoren als Lösungen einer homogenen Gleichung nur bis auf einen konstanten Faktor bestimmt sind, kann man diesen so wählen, daß

$$|\underline{v}_k| = 1 \quad \text{für alle k} \ . \tag{17.82}$$

Weiterhin ist $\underline{w}_i^T \underline{v}_i \neq 0$. Andernfalls nämlich wäre $\underline{w}_i$ zu *allen* n Eigenvektoren orthogonal und damit von ihnen linear unabhängig. Dies ist aber ausgeschlossen, da sie als n linear unabhängige n-dimensionale Vektoren den gesamten $\mathbb{R}^n$ aufspannen. Man kann daher den freien Faktor von $\underline{w}_i$ so wählen, daß

$$\underline{w}_i^T \underline{v}_i = 1 \quad \text{für alle i} \tag{17.83}$$

gilt. Die Normierung (17.82) und (17.83) wird im folgenden zugrunde gelegt.

Da die Eigenvektoren $\underline{v}_1, \dots, \underline{v}_n$ linear unabhängig sind, ist die (n,n)-Matrix

$$\underline{V} = [\underline{v}_1, \underline{v}_2, \dots, \underline{v}_n]$$

regulär. Gleiches gilt von der mit den Linkseigenvektoren gebildeten Matrix

$$\underline{W} = \begin{bmatrix} \underline{w}_1^T \\ \vdots \\ \underline{w}_n^T \end{bmatrix} .$$

Dann ist nach (17.81) und (17.82)

$$\underline{W}\,\underline{V} = (\underline{w}_i^T \underline{v}_k) = \underline{I}_n$$

und deshalb

$$\underline{W} = \underline{V}^{-1} \ . \tag{17.84}$$

Weiterhin gilt

$$\underline{V}^{-1} \underline{A}\,\underline{V} = (\underline{w}_i^T \underline{A}\,\underline{v}_k) \ .$$

Wegen $\underline{A}\,\underline{v}_k = \lambda_k \underline{v}_k$ ist aber

$$\underline{w}_i^T \underline{A}\,\underline{v}_k = \lambda_k \underline{w}_i^T \underline{v}_k = \begin{cases} \lambda_k & \text{für } i = k \\ 0 & \text{für } i \neq k \end{cases} .$$

Somit ist

$$\underline{V}^{-1} \underline{A}\,\underline{V} = \begin{bmatrix} \lambda_1 & 0 & \dots & 0 \\ 0 & \lambda_2 & & \cdot \\ \vdots & & \ddots & \vdots \\ 0 & \dots & \dots & \lambda_n \end{bmatrix} = \underline{\Lambda} \ .$$

Man sagt dann, die Matrix $\underline{A}$ sei auf Diagonalform transformierbar, oder kürzer, sie sei *diagonalähnlich.* Im Unterabschnitt 12.1.1 wurde diese Betrachtung in etwas anderer Weise durchgeführt.

Hat eine quadratische (n,n)-Matrix $\underline{A}$ auch mehrfache Eigenwerte, so ist sie im allgemeinen nicht mehr *diagonalähnlich.* Diese Eigenschaft besitzt sie *genau dann, wenn es n linear unabhängige Eigenvektoren gibt.* Das braucht deshalb nicht der Fall zu sein, weil bei einem q-fachen Eigenwert mit $q > 1$ die Maximalzahl der linear unabhängigen Eigenvektoren $< q$ sein kann.

Allgemein gilt das *Theorem von Cayley – Hamilton: Jede quadratische Matrix genügt ihrer eigenen charakteristischen Gleichung.*

17.3.8 Symmetrische Matrizen

Eine quadratische (n,n)-Matrix $\underline{S} = (s_{ik})$ heißt *symmetrisch*, wenn $\underline{S}^T = \underline{S}$, also $s_{ik} = s_{ki}$ gilt, die Matrix also durch Spiegelung an ihrer Hauptdiagonale in sich übergeht. [4]

Eine symmetrische Matrix besitzt drei angenehme Eigenschaften :

(I) *Sämtliche Eigenwerte sind reell* und mit ihnen auch sämtliche Eigenvektoren.

(II) *Eigenvektoren zu verschiedenen Eigenwerten sind orthogonal.*

(III) Zu jedem Eigenwert gehören so viele linear unabhängige Eigenvektoren, wie seine Ordnung beträgt. Daraus folgt: *Es gibt insgesamt n linear unabhängige Eigenvektoren* – auch dann, wenn mehrfache Eigenwerte auftreten. *Eine symmetrische Matrix ist also immer diagonalähnlich.*

Man kann die zu einem mehrfachen Eigenwert gehörenden linear unabhängigen Eigenvektoren stets orthogonal wählen. Dann bildet die Gesamtheit aller n Eigenvektoren von $\underline{S}$ ein *Orthogonalsystem :*

---

[4] Besitzt $\underline{S}$ nichtreelle Elemente, so besteht die Symmetrieeigenschaft darin, daß die transponierte und konjugiert komplexe Matrix $\underline{S}^* = \underline{S}$ ist. Man bezeichnet $\underline{S}$ dann gewöhnlich als *Hermitesche Matrix.*

$$\underline{v}_i^T \underline{v}_k = \begin{cases} 0 & \text{für} \quad i \neq k \\ 1 & \text{für} \quad i = k \end{cases},$$

letzteres wegen (17.82). Wegen dieser Normierungseigenschaft spricht man auch von einem *Orthonormalsystem*.

Die Definitionsgleichung der Linkseigenvektoren,

$$\underline{w}_i^T (\lambda_i \underline{I} - \underline{S}) = \underline{0}^T ,$$

geht durch Transposition wegen $\underline{S}^T = \underline{S}$ in die Beziehung

$$(\lambda_i \underline{I} - \underline{S})\, \underline{w}_i = \underline{0}$$

über. Da dies aber gerade die Definitionsgleichung der Eigenvektoren ist, gilt der Satz: *Bei einer symmetrischen Matrix stimmen Eigenvektoren und Linkseigenvektoren überein.*

Wegen (17.84) folgt hieraus

$$\underline{V}^{-1} = \underline{W} = \begin{bmatrix} \underline{w}_1^T \\ \vdots \\ \underline{w}_n^T \end{bmatrix} = \begin{bmatrix} \underline{v}_1^T \\ \vdots \\ \underline{v}_n^T \end{bmatrix}, \quad \text{also}$$

$$\underline{V}^{-1} = \underline{V}^T . \tag{17.85}$$

Bei einer symmetrischen Matrix ist also die inverse Eigenvektormatrix gleich der transponierten. Deshalb gilt weiter

$$\underline{V}^T \underline{V} = \underline{V}\, \underline{V}^T = \underline{I} .$$

Also ist $\underline{V}$ eine orthogonale Matrix, wie schon aus den obigen Definitionsgleichungen des Orthonormalsystems folgt.

Die mit einer symmetrischen Matrix $\underline{S}$ gebildete Funktion

$$Q(\underline{x}) = \underline{x}^T \underline{S}\, \underline{x} = \sum_{i,k=1}^{n} s_{ik}\, x_i\, x_k \tag{17.86}$$

bezeichnet man als eine *quadratische Form*.

Man bezeichnet $\underline{S}$ als *positiv definit*, wenn

$$\underline{x}^T \underline{S}\, \underline{x} \geq 0 \text{ für alle } \underline{x} \quad \text{und } = 0 \text{ nur für } \underline{x} = \underline{0} . \tag{17.87}$$

Ist $\underline{x}^T \underline{S}\, \underline{x} \geq 0$ für alle $\underline{x}$, kann aber $= 0$ auch für $\underline{x} \neq \underline{0}$ sein, so heißt $\underline{S}$ *positiv semidefinit*. Man sagt dann auch, die quadratische Form $Q(\underline{x})$ sei positiv definit bzw. positiv semidefinit. Völlig entsprechend sind die Begriffe "negativ definit" und "negativ semidefinit" erklärt.

Beispiel einer positiv definiten Matrix ist eine Diagonalmatrix mit positiven Diagonalelementen. Dann ist

$$Q(\underline{x}) = \underline{x}^T \operatorname{diag}(d_1, \ldots, d_n)\, \underline{x} =$$
$$= d_1 x_1^2 + d_2 x_2^2 + \ldots + d_n x_n^2 \geq 0$$

und $= 0$ nur für $\underline{x} = \underline{0}$. Hier geht also die quadratische Form speziell in eine gewichtete Quadratsumme über. Läßt man Diagonalelemente $d_\nu = 0$ zu, so wird die quadratische Form positiv semidefinit.

Kriterien für positive Definitheit:

(I) *Eine symmetrische Matrix ist genau dann positiv definit, wenn ihre sämtlichen Eigenwerte positiv sind.* (17.88)

(II) *Kriterium von Sylvester: Eine symmetrische Matrix $\underline{S} = (s_{ik})$ ist genau dann positiv definit, wenn ihre "nordwestlichen" Unterdeterminanten positiv sind:*

$$s_{11} > 0, \quad \begin{vmatrix} s_{11} & s_{12} \\ s_{21} & s_{22} \end{vmatrix} > 0, \ \ldots, \ \det \underline{S} > 0 . \tag{17.89}$$

Aus beiden Kriterien folgt sofort:

Eine positiv definite Matrix ist regulär. (17.90)

Manchmal kann folgende Eigenschaft einer positiv definiten Matrix $\underline{S}$ von Nutzen sein: Es gibt zu ihr stets eine reguläre Matrix $\underline{M}$ derart, daß

$$\underline{M}^T \underline{M} = \underline{S}$$

gilt.

17.3.9 Spur einer Matrix

Unter der Spur einer quadratischen Matrix $\underline{A} = (a_{ik})$ versteht man die Summe ihrer Hauptdiagonalelemente:

$$\operatorname{sp} \underline{A} = a_{11} + a_{22} + \ldots + a_{nn} . \tag{17.91}$$

Da die Spur sich bei der Umformung von Matrizenbeziehungen oftmals als nützlich erweist, seien die wichtigsten Rechenregeln für sie angegeben. Sie lassen sich ohne Schwierigkeit durch Ausrechnen verifizieren.

$$\operatorname{sp}(\underline{A} + \underline{B} + \underline{C} + \ldots) = \operatorname{sp} \underline{A} + \operatorname{sp} \underline{B} + \operatorname{sp} \underline{C} + \ldots, \tag{17.92}$$

$$\operatorname{sp}(\lambda \underline{A}) = \lambda \operatorname{sp} \underline{A} \tag{17.93}$$

$$\operatorname{sp} \underline{A}^T = \operatorname{sp} \underline{A} , \tag{17.94}$$

$$\mathrm{sp}(\underline{A}\cdot\underline{B}) = \mathrm{sp}(\underline{B}\cdot\underline{A}) \ , \qquad (17.95)$$

$$\mathrm{sp}(\underline{a}\,\underline{b}^T) = \mathrm{sp}(\underline{b}\,\underline{a}^T) \ , \qquad (17.96)$$

$$\mathrm{sp}(\underline{a}\,\underline{b}^T) = \underline{a}^T\underline{b} \ , \qquad (17.97)$$

$$\underline{x}^T\underline{A}\,\underline{x} = \mathrm{sp}(\underline{x}\,\underline{x}^T\underline{A}^T) \ . \qquad (17.98)$$

Ist $\underline{A} = (a_{ik})_{m,n}$ und $\underline{B} = (b_{ik})_{m,n}$, so ist

$$\mathrm{sp}(\underline{A}^T\underline{B}) = \sum_{i=1}^{m}\sum_{k=1}^{n} a_{ik}\, b_{ik} \ , \qquad (17.99)$$

in Worten: Sind $\underline{A}$ und $\underline{B}$ Matrizen gleichen Typs, so ist die Summe der Produkte entsprechender Elemente beider Matrizen gleich der Spur von $\underline{A}^T\underline{B}$. Speziell für $\underline{B} = \underline{A}$ wird daraus

$$\mathrm{sp}(\underline{A}^T\underline{A}) = \sum_{i,k} a_{ik}^2 \ .$$

Die Quadratwurzel aus dieser Quadratsumme sämtlicher Elemente einer Matrix bezeichnet man als die *Euklidische Norm* $\|A\|$ der Matrix $\underline{A}$. Es gilt daher

$$\|A\|^2 = \mathrm{sp}(\underline{A}^T\underline{A}) = \mathrm{sp}(\underline{A}\,\underline{A}^T) \ . \qquad (17.100)$$

17.3.10 Die Moore-Penrosesche Pseudo-Inverse [5]

Es geht hier um das Problem, die allgemeine Matrixgleichung

$$\underline{P}\,\underline{X}\,\underline{Q} = \underline{Y}$$

zu lösen, wobei $\underline{P}$, $\underline{Q}$ und $\underline{Y}$ beliebige gegebene Matrizen sind. Im Abschnitt 17.3.6 hatten wir den Spezialfall

$$\underline{P}\,\underline{x} = \underline{y}$$

betrachtet. Die Aufgabe besteht darin, in möglichst übersichtlicher und allgemeingültiger Form, also ohne Fallunterscheidungen, eine Bedingung für die Existenz der Lösung $\underline{X}$ sowie die Lösungsformel anzugeben. Dies ist mittels der Moore-Penroseschen Pseudo-Inverse möglich.

Ist $\underline{M}$ eine beliebige reelle Matrix, so existiert eine eindeutig bestimmte Matrix $\underline{M}^+$, die folgenden Gleichungen genügt:

$$\left.\begin{aligned} \underline{M}\,\underline{M}^+\underline{M} &= \underline{M} \ , \\ \underline{M}^+\underline{M}\,\underline{M}^+ &= \underline{M}^+ \ , \\ (\underline{M}\,\underline{M}^+)^T &= \underline{M}\,\underline{M}^+ \ , \\ (\underline{M}^+\underline{M})^T &= \underline{M}^+\underline{M} \ . \end{aligned}\right\} \qquad (17.101)$$

Man bezeichnet sie als die *Moore-Penrosesche Pseudo-Inverse zu $\underline{M}$*.

Diese Definition gilt auch für eine beliebige komplexe Matrix, wenn man – wie stets – die Transposition durch die konjugierte Transposition ersetzt.

Aus der Definition erhält man die folgenden Eigenschaften der Pseudo-Inversen:

$$(\underline{M}^T)^+ = (\underline{M}^+)^T \ , \qquad (17.102)$$

d.h. Transposition und Pseudo-Inversion sind vertauschbar.

$$(\underline{M}^T\underline{M})^+ = \underline{M}^+(\underline{M}^T)^+ \ . \qquad (17.103)$$

D.h.: Bei dieser speziellen Produktbildung verhält sich die Pseudo-Inversion wie die gewöhnliche Inversion.

Aus der impliziten Definition der Pseudo-Inversen $\underline{M}^+$ durch die Gleichungen (17.101) kann man eine explizite Formel herleiten:

$$\underline{M}^+ = \underline{V}_\rho\,\underline{\Lambda}_\rho^{-1}\,\underline{V}_\rho^T\,\underline{M}^T \ . \qquad (17.104)$$

Hierin bezeichnet $\underline{\Lambda}_\rho$ eine Diagonalmatrix, die aus den von Null verschiedenen Eigenwerten $\lambda_1, \ldots, \lambda_\rho$ der symmetrischen Matrix $\underline{M}^T\underline{M}$ aufgebaut ist. $\underline{V}_\rho = [\underline{v}_1, \ldots, \underline{v}_\rho]$ besteht aus *den* Eigenvektoren $\underline{v}_1, \ldots, \underline{v}_\rho$ von $\underline{M}^T\underline{M}$, die zu den Eigenwerten $\lambda_1, \ldots, \lambda_\rho$ gehören. Mit Hilfe von (17.104) läßt sich die Pseudo-Inverse zu $\underline{M}$ berechnen.

In vielen Fällen benötigt man nicht die allgemeine Pseudo-Inverse, sondern nur zwei Spezialfälle von ihr. Der für uns wichtigste besteht darin, daß die *(m,n)-Matrix $\underline{M}$ spaltenregulär* ist. D.h. also: Die Spaltenzahl n ist höchstens gleich der Zeilenzahl m ("stehende Matrix"), und $\underline{M}$ hat den Höchstrang n. Dann ist

$$\underline{M}^+ = (\underline{M}^T\underline{M})^{-1}\underline{M}^T \ . \qquad (17.105)$$

Man sieht sofort, daß dann

$$\underline{M}^+\underline{M} = \underline{I} \qquad (17.106)$$

gilt. Deshalb bezeichnet man in diesem Fall $\underline{M}^+$ auch als *Linksinverse* von $\underline{M}$. Im allgemeinen gilt dann jedoch keineswegs $\underline{M}\,\underline{M}^+ = \underline{I}$. Vielmehr läßt sich folgendes zeigen:

[5] Eine ausgezeichnete Zusammenfassung, auf die sich auch die vorliegende Darstellung stützt, findet man in der Dissertation von *H.-P. Preuß* ([17.7], Abschnitt 3.1). Bücher über die Pseudo-Inverse: [17.8], [17.9].

Ist $\underline{M}^+$ die Linksinverse zur spaltenregulären (m,n)-Matrix $\underline{M}$, so hat $\underline{M}\,\underline{M}^+$ den n-fachen Eigenwert 1 und den (m−n)-fachen Eigenwert 0. (17.107)

Folgerung: $\underline{I}_m - \underline{M}\,\underline{M}^+$ *hat dann den (m−n)-fachen Eigenwert 1 und den n-fachen Eigenwert 0.*

Ein zweiter häufig auftretender Spezialfall besteht darin, daß die *(m,n)-Matrix $\underline{M}$ zeilenregulär* ist, also $m \leq n$ gilt ("liegende Matrix") und rg $\underline{M} = m$ ist. Dann ist

$$\underline{M}^+ = \underline{M}^T(\underline{M}\,\underline{M}^T)^{-1} \; . \qquad (17.108)$$

Da jetzt

$$\underline{M}\,\underline{M}^+ = \underline{I}$$

gilt, heißt $\underline{M}^+$ in diesem Fall auch *Rechtsinverse* zu $\underline{M}$.

Ist $\underline{M}$ sowohl spalten- als auch zeilenregulär, muß $m = n$ sein, und die Pseudo-Inverse $\underline{M}^+$ geht in die übliche Inverse $\underline{M}^{-1}$ über.

Was nun die Lösung der anfangs erwähnten Gleichung angeht, so gilt das *Penrose-Theorem*, dessen Aussage man in zwei Teile zerlegen kann:

(I) Die Gleichung

$$\underline{P}\,\underline{X}\,\underline{Q} = \underline{Y} \qquad (17.109)$$

mit beliebigen Matrizen $\underline{P}$, $\underline{Q}$ und $\underline{Y}$ besitzt genau dann (mindestens) eine Lösung $\underline{X}$, wenn die Bedingung

$$\underline{P}\,\underline{P}^+\,\underline{Y}\,\underline{Q}^+\,\underline{Q} = \underline{Y} \qquad (17.110)$$

erfüllt ist. Diese Beziehung sei auch als Penrose-Bedingung bezeichnet.

(II) Ist die Penrose-Bedingung erfüllt, so lautet die allgemeine Lösung der Gleichung (17.109)

$$\underline{X} = \underline{P}^+\underline{Y}\,\underline{Q}^+ - \underline{K} + \underline{P}^+\underline{P}\,\underline{K}\,\underline{Q}\,\underline{Q}^+ \qquad (17.111)$$

mit einer beliebigen Matrix $\underline{K}$ von passender Dimension.

Meist hat man Gleichungen von der Form

$$\underline{P}\,\underline{X} = \underline{Y} \; , \qquad (17.112)$$

so daß $\underline{Q} = \underline{I}$ gesetzt werden darf. Die Penrose-Bedingung lautet dann

$$\underline{P}\,\underline{P}^+\underline{Y} = \underline{Y} \; , \qquad (17.113)$$

und die allgemeine Lösungsformel geht in

$$\underline{X} = \underline{P}^+\underline{Y} + (\underline{P}^+\underline{P} - \underline{I})\,\underline{K} \qquad (17.114)$$

über. Für diesen Fall kann man das Penrose-Theorem noch durch einen dritten Teil ergänzen:

(III) Ist für die Gleichung $\underline{P}\,\underline{X} = \underline{Y}$ die Penrose-Bedingung $\underline{P}\,\underline{P}^+\underline{Y} = \underline{Y}$ nicht erfüllt, so daß keine Lösung existiert, so stellt

$$\underline{X}_0 = \underline{P}^+\underline{Y} \qquad (17.115)$$

eine Näherungslösung insofern dar, als es den sogenannten Gleichungsfehlerbetrag

$$\| \underline{P}\,\underline{X} - \underline{Y} \|$$

zum Minimum macht bezüglich aller möglichen $\underline{X}$. Gibt es mehrere $\underline{X}$, die dieses Minimum erzeugen, so gilt $\| \underline{X}_0 \| < \| \underline{X} \|$ für alle $\underline{X} \neq \underline{X}_0$. $\underline{X}_0$ ist also die Näherungslösung mit der kleinsten Euklidischen Norm.

Zur Erläuterung werde noch ein Beispiel betrachtet, und zwar die Gleichung

$$\underline{P}\,\underline{x} = \underline{y} \quad \text{mit} \quad \underline{P} = \begin{bmatrix} 1 & 0 \\ 0 & 1 \\ 0 & 0 \end{bmatrix}$$

und beliebigem $\underline{y}$:

$$\begin{bmatrix} 1 & 0 \\ 0 & 1 \\ 0 & 0 \end{bmatrix} \cdot \begin{bmatrix} x_1 \\ x_2 \end{bmatrix} = \begin{bmatrix} y_1 \\ y_2 \\ y_3 \end{bmatrix} ,$$

also
$$x_1 = y_1 \; , \quad x_2 = y_2 \; , \quad 0 = y_3 \; .$$

Das überbestimmte Gleichungssystem hat also nur dann eine Lösung, wenn $y_3 = 0$ ist. Die allgemeine Lösung lautet dann

$$\underline{x} = \begin{bmatrix} y_1 \\ y_2 \end{bmatrix}$$

mit beliebigen y_1, y_2.

Wie man sieht, ist für dieses einfache Beispiel die Penrose-Theorie nicht erforderlich. Es kann aber dazu dienen, die soeben eingeführten Begriffe zu verdeutlichen.

Da $\underline{P}$ Höchstrang hat, stellt die Moore-Penrosesche Pseudo-Inverse $\underline{P}^+$ die Linksinverse dar:

$$\underline{P}^+ = (\underline{P}^T\underline{P})^{-1}\,\underline{P}^T = \begin{bmatrix} 1 & 0 & 0 \\ 0 & 1 & 0 \end{bmatrix} ,$$

wobei

$$\underline{P}^+\underline{P} = \underline{I} \tag{17.116}$$

gilt. Sofern die Gleichung

$$\underline{P}\,\underline{x} = \underline{y}$$

eine Lösung besitzt, folgt deshalb durch Linksmultiplikation mit $\underline{P}^+$:

$$\underline{x} = \underline{P}^+\underline{y}\ . \tag{17.117}$$

Ob aber überhaupt eine Lösung existiert, sagt die Penrose-Bedingung. Sie lautet hier gemäß (17.113)

$$\begin{bmatrix} 1 & 0 & 0 \\ 0 & 1 & 0 \\ 0 & 0 & 0 \end{bmatrix} \cdot \begin{bmatrix} y_1 \\ y_2 \\ y_3 \end{bmatrix} = \begin{bmatrix} y_1 \\ y_2 \\ y_3 \end{bmatrix} .$$

D.h.: y_1 und y_2 sind beliebig, während $y_3 = 0$ sein muß.

Die Lösung ist dann gemäß (17.117) eindeutig. Dies folgt natürlich auch aus der Penrose-Formel (17.114), da nach (17.116) $\underline{P}^+\underline{P} = \underline{I}$ ist. Somit erhält man die Lösung

$$\begin{bmatrix} x_1 \\ x_2 \end{bmatrix} = \begin{bmatrix} 1 & 0 & 0 \\ 0 & 1 & 0 \end{bmatrix} \cdot \begin{bmatrix} y_1 \\ y_2 \\ y_3 \end{bmatrix}$$

oder $x_1 = y_1$, $x_2 = y_2$ mit beliebigem y_1, y_2.

17.3.11 Matrix-Analysis

In der Systemdynamik und Regelungstechnik hängen Vektoren und Matrizen sehr häufig von der Zeit t ab, oft aber auch von anderen Variablen. Dann kann es notwendig werden, sie zu differenzieren, zu integrieren oder der Laplace-Transformation zu unterwerfen. Für diese analytischen Operationen gilt die grundlegende Definition: *Differentiation, Integration, Laplace-Transformation von Vektoren und Matrizen sind elementweise vorzunehmen.*

Ist z.B.

$$\underline{x}(t) = \begin{bmatrix} e^{-t} \\ 5t^2 + t \\ -4 \end{bmatrix} , \quad \text{so gilt}$$

$$\dot{\underline{x}}(t) = \begin{bmatrix} \frac{d}{dt} e^{-t} \\ \frac{d}{dt}(5t^2 + t) \\ \frac{d}{dt}(-4) \end{bmatrix} = \begin{bmatrix} -e^{-t} \\ 10t + 1 \\ 0 \end{bmatrix} .$$

Weiterhin ist

$$\mathscr{L}\{\underline{x}(t)\} = \begin{bmatrix} \mathscr{L}\{e^{-t}\} \\ \mathscr{L}\{5t^2 + t\} \\ \mathscr{L}\{-4\} \end{bmatrix} = \begin{bmatrix} \frac{1}{s+1} \\ \frac{10}{s^3} + \frac{1}{s^2} \\ -\frac{4}{s} \end{bmatrix} .$$

Aus der elementweisen Definition folgt unmittelbar, daß *die üblichen Rechenregeln auch für Vektoren und Matrizen gültig bleiben.* Betrachten wir einige spezielle Fälle, wie sie bei der Benutzung von Zustandsvariablen fortwährend auftreten.

So gilt die *Produktregel der Differentiation*.

$$(\underline{A}\,\underline{B})^{\cdot} = \dot{\underline{A}}\,\underline{B} + \underline{A}\,\dot{\underline{B}}\ ,$$

wobei nur auf die Reihenfolge der Faktoren zu achten ist. Es ist nämlich

$$(\underline{A}\,\underline{B})^{\cdot} = \frac{d}{dt}\left[\sum_{\nu=1}^{p} a_{i\nu}(t)\, b_{\nu k}(t)\right] =$$

$$= \left[\frac{d}{dt}\sum_{\nu=1}^{p} a_{i\nu}(t)\, b_{\nu k}(t)\right] =$$

$$= \left[\sum_{\nu=1}^{p} \dot{a}_{i\nu}(t)\, b_{\nu k}(t) + \sum_{\nu=1}^{p} a_{i\nu}(t)\, \dot{b}_{\nu k}(t)\right] =$$

$$= (\dot{a}_{i\nu})\,(b_{\nu k}) + (a_{i\nu})\,(\dot{b}_{\nu k}) = \dot{\underline{A}}\,\underline{B} + \underline{A}\,\dot{\underline{B}}\ .$$

Oder ein anderes Beispiel. Der *Hauptsatz der Differential- und Integralrechung* gilt auch für Matrizen:

$$\int_{t_0}^{t} \dot{\underline{X}}(\tau)\, d\tau = \underline{X}(t) - \underline{X}(t_0)\ .$$

Denn es ist

$$\int_{t_0}^{t} \frac{d}{dt}\left[x_{ik}(\tau)\right] d\tau = \left[\int_{t_0}^{t} \frac{d}{dt} x_{ik}(\tau)\, d\tau\right] =$$

$$= \left[x_{ik}(t) - x_{ik}(t_0)\right] = \left[x_{ik}(t)\right] - \left[x_{ik}(t_0)\right] =$$

$$= \underline{X}(t) - \underline{X}(t_0)\ .$$

$\underline{X} = (x_{ik})$ sei eine beliebige Matrix, $x_{\mu\nu}$ irgendeines ihrer Elemente, das also in der μ-ten Zeile und ν-ten Spalte steht. Dann ist $\frac{\partial \underline{X}}{\partial x_{\mu\nu}}$ eine Matrix, die aus Nullen besteht mit Ausnahme des Elementes 1 in der μ-ten Zeile und ν-ten Spalte. Eine solche Matrix ist aber das dyadische Produkt der beiden Einheitsvektoren $\underline{e}_\mu$ und $\underline{e}_\nu^T$:

$$\frac{\partial \underline{X}}{\partial x_{\mu\nu}} = \underline{e}_\mu \underline{e}_\nu^T . \qquad (17.118)$$

Hängt eine skalare Funktion f von einem Vektor

$$\underline{x} = \begin{bmatrix} x_1 \\ \vdots \\ x_n \end{bmatrix} \text{ bzw. einer Matrix } \underline{X} = (x_{ik})$$

ab, so definiert man die *Ableitung von f nach dem Vektor x bzw. der Matrix X* durch die Vorschrift

$$\frac{\partial f}{\partial \underline{x}} = \begin{bmatrix} \frac{\partial f}{\partial x_1} \\ \vdots \\ \frac{\partial f}{\partial x_n} \end{bmatrix}, \qquad (17.119)$$

$$\frac{\partial f}{\partial \underline{X}} = \left[\frac{\partial f}{\partial x_{ik}} \right] . \qquad (17.120)$$

Beispiele:

a) $f(\underline{x}) = \underline{a}^T \underline{x}$, $\underline{a}$ konstant.

Dann ist also

$$f(\underline{x}) = a_1 x_1 + \ldots + a_n x_n$$

und demgemäß nach (17.119)

$$\frac{\partial f}{\partial \underline{x}} = \begin{bmatrix} a_1 \\ \vdots \\ a_n \end{bmatrix}, \text{ also } \frac{\partial}{\partial \underline{x}} (\underline{a}^T \underline{x}) = \underline{a} . \qquad (17.121)$$

Wegen $\underline{x}^T \underline{a} = (\underline{x}^T \underline{a})^T = \underline{a}^T \underline{x}$ ist dann auch

$$\frac{\partial}{\partial \underline{x}} (\underline{x}^T \underline{a}) = \underline{a} . \qquad (17.122)$$

b) $f(\underline{x}) = \underline{x}^T \underline{S}\, \underline{x}$, $S = (s_{ik})$ symmetrisch .

Dafür kann man auch schreiben

$$f(\underline{x}) = s_{11} x_1^2 + s_{12} x_1 x_2 + \ldots + s_{1n} x_1 x_n + \\ + s_{21} x_2 x_1 + \ldots + s_{n1} x_n x_1 + (\text{Terme ohne } x_1) .$$

Infolgedessen ist

$$\frac{\partial f}{\partial x_1} = 2 s_{11} x_1 + s_{12} x_2 + \ldots + s_{1n} x_n + s_{21} x_2 + \ldots + s_{n1} x_n$$

oder wegen $s_{ik} = s_{ki}$: $\frac{\partial f}{\partial x_1} = 2 \sum_{k=1}^{n} s_{1k} x_k = 2 \underline{s}_1^T \underline{x}$,

wo $\underline{s}_1^T$ die erste Zeile von $\underline{S}$ ist. Ganz entsprechend ist allgemein $\frac{\partial f}{\partial x_i} = 2 \underline{s}_i^T \underline{x}$. Infolgedessen wird gemäß (17.119):

$$\frac{\partial f}{\partial \underline{x}} = \begin{bmatrix} 2 \underline{s}_1^T \underline{x} \\ \vdots \\ 2 \underline{s}_n^T \underline{x} \end{bmatrix}, \text{ also}$$

$$\frac{\partial}{\partial \underline{x}} (\underline{x}^T \underline{S}\, \underline{x}) = 2 \underline{S}\, \underline{x} . \qquad (17.123)$$

Es sei weiterhin

$$\underline{f}\left(\underline{x}(t)\right) = \begin{bmatrix} f_1\left(x_1(t), \ldots, x_n(t)\right) \\ \vdots \\ f_m\left(x_1(t), \ldots, x_n(t)\right) \end{bmatrix}$$

eine *mittelbare Vektorfunktion* von t. Dann ist

$$\frac{d}{dt} \underline{f}\left(\underline{x}(t)\right) = \begin{bmatrix} \frac{d}{dt} f_1\left(x_1(t), \ldots, x_n(t)\right) \\ \vdots \\ \frac{d}{dt} f_m\left(x_1(t), \ldots, x_n(t)\right) \end{bmatrix} =$$

$$= \begin{bmatrix} \frac{\partial f_1}{\partial x_1} \dot{x}_1 + \ldots + \frac{\partial f_1}{\partial x_n} \dot{x}_n \\ \vdots \\ \frac{\partial f_m}{\partial x_1} \dot{x}_1 + \ldots + \frac{\partial f_m}{\partial x_n} \dot{x}_n \end{bmatrix} = \begin{bmatrix} \frac{\partial f_1}{\partial x_1} & \ldots & \frac{\partial f_1}{\partial x_n} \\ \vdots & & \vdots \\ \frac{\partial f_m}{\partial x_1} & \ldots & \frac{\partial f_m}{\partial x_n} \end{bmatrix} \cdot \begin{bmatrix} \dot{x}_1 \\ \vdots \\ \dot{x}_n \end{bmatrix} .$$

Man definiert nun als Ableitung der Vektorfunktion

$$\underline{f} = \begin{bmatrix} f_1 \\ \vdots \\ f_m \end{bmatrix} \text{ nach dem Vektor } \underline{x} = \begin{bmatrix} x_1 \\ \vdots \\ x_n \end{bmatrix}$$

die Matrix

$$\frac{\partial \underline{f}}{\partial \underline{x}} = \begin{bmatrix} \frac{\partial f_1}{\partial x_1} & \cdots & \frac{\partial f_1}{\partial x_n} \\ \vdots & & \vdots \\ \frac{\partial f_m}{\partial x_1} & \cdots & \frac{\partial f_m}{\partial x_n} \end{bmatrix}, \qquad (17.124)$$

also die *Jacobische Funktionalmatrix* des Funktionensystems $f_1(x_1, \ldots, x_n)$, ..., $f_m(x_1, \ldots, x_n)$.

Damit wird

$$\frac{d}{dt} \underline{f}\left(\underline{x}(t)\right) = \frac{\partial \underline{f}}{\partial \underline{x}} \dot{\underline{x}} . \qquad (17.125)$$

Wie man sieht, entspricht diese Regel genau der mittelbaren Differentiation bei skalaren Funktionen.

Für eine skalare Funktion $f(\underline{x})$ gilt entsprechend:

$$\frac{d}{dt} f\big(\underline{x}(t)\big) = \frac{\partial f}{\partial x_1}\dot{x}_1 + \ldots + \frac{\partial f}{\partial x_n}\dot{x}_n =$$

$$= \left[\frac{\partial f}{\partial x_1}, \ldots, \frac{\partial f}{\partial x_n}\right] \cdot \begin{bmatrix} \dot{x}_1 \\ \vdots \\ \dot{x}_n \end{bmatrix},$$

also wegen (17.119)

$$\frac{d}{dt} f\big(\underline{x}(t)\big) = \left[\frac{\partial f}{\partial \underline{x}}\right]^T \dot{\underline{x}} \;. \qquad (17.126)$$

Die hier für die mittelbare Differentiation nach t formulierte Regel gilt ebenso für die Differentiation nach irgendeiner anderen Variablen.

Weiterhin definiert man

$$\frac{\partial^2 f}{\partial \underline{x}^2} = \frac{\partial}{\partial \underline{x}}\left[\frac{\partial f}{\partial \underline{x}}\right].$$

Nach (17.119) und (17.124) ist also

$$\frac{\partial^2 f}{\partial \underline{x}^2} = \frac{\partial}{\partial \underline{x}} \begin{bmatrix} \frac{\partial f}{\partial x_1} \\ \vdots \\ \frac{\partial f}{\partial x_n} \end{bmatrix} = \begin{bmatrix} \frac{\partial^2 f}{\partial x_1 \partial x_1} & \frac{\partial^2 f}{\partial x_1 \partial x_2} & \cdots & \frac{\partial^2 f}{\partial x_1 \partial x_n} \\ \vdots & & & \vdots \\ \frac{\partial^2 f}{\partial x_n \partial x_1} & \frac{\partial^2 f}{\partial x_n \partial x_2} & \cdots & \frac{\partial^2 f}{\partial x_n \partial x_n} \end{bmatrix}. \qquad (17.127)$$

Für eine Funktion von meheren Variablen $x_1, \ldots, x_n$ gilt dann der Satz:

Die Funktion $f(\underline{x})$ hat an der Stelle $\underline{x}_0$ ein Minimum, wenn dort $\frac{\partial f}{\partial \underline{x}} = \underline{0}$ und $\frac{\partial^2 f}{\partial \underline{x}^2}$ positiv definit ist. (17.128)

Die Operation der *Spurbildung* ist mit der Differentiation und Integration vertauschbar. Hängt die Matrix $\underline{X}$ von irgendeiner Variablen, z.B. der Zeit t, ab, so gilt

$$\frac{d}{dt}\Big[\operatorname{sp} \underline{X}(t)\Big] = \operatorname{sp}\Big[\frac{d}{dt}\underline{X}(t)\Big], \qquad (17.129)$$

$$\int_{t_0}^{t_1} \operatorname{sp} \underline{X}(t)\, dt = \operatorname{sp} \int_{t_0}^{t_1} \underline{X}(t)\, dt \;. \qquad (17.130)$$

Die *Ableitung einer n-reihigen Determinante* nach einer Variablen besteht aus einer Summe von n Determinanten, von denen die i-te aus der gegebenen Determinante dadurch entsteht, daß man die i-te Spalte nach der Variablen differenziert und die übrigen Spalten beibehält, $i = 1, \ldots, n$. Also:

$$\frac{d}{dt}\det \underline{X}(t) = \frac{d}{dt}\det\big[\underline{x}_1(t), \underline{x}_2(t), \ldots, \underline{x}_n(t)\big] =$$

$$= \det\big[\dot{\underline{x}}_1(t), \underline{x}_2(t), \ldots, \underline{x}_n(t)\big] +$$

$$+ \det\big[\underline{x}_1(t), \dot{\underline{x}}_2(t), \underline{x}_3(t), \ldots, \underline{x}_n(t)\big] +$$

$$\vdots$$

$$+ \det\big[\underline{x}_1(t), \ldots, \underline{x}_{n-1}(t), \dot{\underline{x}}_n(t)\big], \qquad (17.131)$$

wobei hier der Punkt die Differentiation nach t bezeichnet.

Ganz entsprechend kann man die Ableitung mittels der Zeilen bilden.

Beispiel: $$\frac{d}{dt}\begin{vmatrix} \sin t & e^{-t} \\ t^3 & 6 \end{vmatrix} =$$

$$= \begin{vmatrix} \cos t & e^{-t} \\ 3t^2 & 6 \end{vmatrix} + \begin{vmatrix} \sin t & -e^{-t} \\ t^3 & 0 \end{vmatrix}.$$

17.4 Gütevektoroptimierung

17.4.1 Problemstellung der Mehrzieloptimierung

Die Aufgabe besteht darin, die Gütemaße $I_1, I_2, \ldots, I_\ell$, die von dem gleichen Variablenvektor $\underline{r}$ abhängen und ≥ 0 sind, simultan klein zu machen. Man spricht dann gewöhnlich von *Mehrzieloptimierung* oder *Polyoptimierung* (siehe z.B. [17.10]). Dabei ist die Situation häufig so, daß einige Gütemaße möglichst klein werden sollen, während es bei den anderen nur darauf ankommt, sie unter einer vorgegebenen Schranke zu halten.

Betrachten wir etwa den Fall zweier Gütemaße I_1 und I_2 und nehmen an, daß die Wertepaare (I_1, I_2) in Abhängigkeit von $\underline{r}$ den im Bild 17/6 skizzierten Bereich B erfüllen, der durch die Kurve C berandet wird. Im konkreten Fall braucht dieser Bereich nicht bekannt zu sein, kann auch eine kompliziertere Gestalt haben.

Geht man von irgendeinem Punkt P dieses Bereiches aus, so kann man durch Fortschreiten in geeigneter Richtung im allgemeinen I_1 *und* I_2 verkleinern. Dies ist jedoch nicht möglich, wenn man sich in einem Punkt Q des Stückes G_1G_2 von C befindet. Wie man von ihm aus

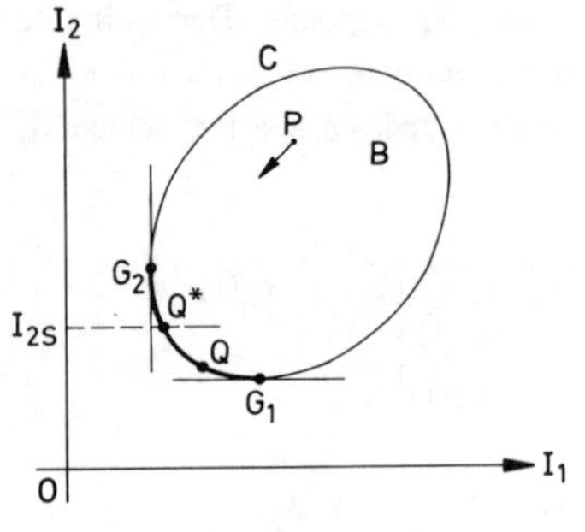

Bild 17/6. Zur Problemstellung der Mehrzieloptimierung

auch weiterschreitet (wobei man natürlich im Bereich B bleiben muß, da andere Punkte der Ebene voraussetzungsgemäß nicht erreichbar sind), mindestens eines der beiden Gütemaße I_1 und I_2 wird vergrößert. Jeder solche Punkt Q stellt eine Lösung des Mehrzieloptimierungsproblems dar. Man bezeichnet ihn auch als *Pareto-optimal* - nach einem Wirtschaftswissenschaftler, der sich schon früh mit Problemen der Mehrzieloptimierung befaßt hat.

Wie man sieht, gibt es hier von Natur aus kein eindeutig bestimmtes Optimum. Alle Lösungspunkte Q des Stückes G_1G_2 von C sind gleichberechtigt. Man kann von keinem ohne weiteres sagen, daß er besser als die anderen sei. Erst wenn man zusätzliche Forderungen stellt oder die Minimierungsforderung modifiziert, kann es möglicherweise eine eindeutige Lösung geben. Verlangt man beispielsweise vom Gütemaß I_2, daß es den vorgegebenen Wert I_{2S} nicht überschreitet, während I_1 möglichst klein gemacht werden soll, so hat man in Q^* *die* Lösung des Optimierungsproblems.

Konventionellerweise versucht man die Lösung eines Mehrzieloptimierungsproblems auf ein übliches Optimierungsproblem zurückzuführen, indem man aus den Gütemaßen $I_1,...,I_\ell$ ein gewichtetes Mittel bildet:

$$I = \sum_{i=1}^{\ell} \gamma_i I_i ,$$

wobei die $\gamma_i > 0$ Gewichtsfaktoren sind, die man vorgibt. Diese Funktion $I(\underline{r})$ sucht man dann zum Minimum zu machen.

Zur Veranschaulichung betrachten wir wieder den Fall $\ell = 2$:

$$I = \gamma_1 I_1 + \gamma_2 I_2 .$$

Für irgendeinen festen Wert I ist dies die Gleichung einer Geraden g (Bild 17/7). Alle Punkte (I_1, I_2) dieser Geraden, die im Bereich B liegen, liefern den gleichen Wert I. Verändert man I bei festgehaltenen Gewichtungsfaktoren γ_1 und γ_2, so erhält man eine Schar paralleler Geraden. Der kleinste Wert I^* gehört zur Geraden g^* im Bild 17/7, die den Bereich B tangiert. Der Punkt Q^* stellt die optimale Lösung dar. Ändert man die Gewichtungsfaktoren γ_1 und γ_2, so erhält man eine andere Parallelenschar und damit eine andere optimale Lösung Q^* der Mehrzieloptimierung.

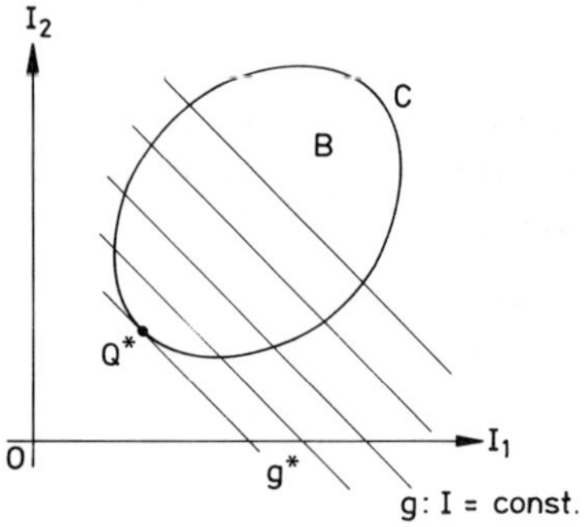

Bild 17/7. Lösung des Mehrzieloptimierungsproblems durch Bildung eines gewichteten Mittels der Gütemaße

Diese sehr naheliegende Vorgehensweise hat zwei erhebliche Nachteile:

(I) Es ist nicht möglich, ein Gütemaß unter einer bestimmten Schranke zu halten, wie es in den Anwendungen oft erforderlich ist. Hat man beispielsweise erreicht, daß $I_1 \leq c_1$ ist, so kann man nicht verhindern, daß bei der weiteren Verkleinerung von $I = \gamma_1 I_1 + \gamma_2 I_2$ I_1 diese Schranke möglicherweise wieder übersteigt.

(II) Kann das kombinierte Gütemaß

$$I = \sum_{i=1}^{\ell} \gamma_i I_i$$

nicht weiter verkleinert werden, so ist nicht zu sehen, an welchem Gütemaß I_i dies scheitert. Man ist daher außerstande zu erkennen, ob man durch andere Wahl der γ_i einige I_i noch weiter hätte herunterdrücken können.

Beide Schwächen werden durch das nun zu beschreibende Verfahren der *Gütevektoroptimierung nach* ***G. Kreisselmeier und R. Steinhauser*** [17.11] vermieden. Es stellt ein sehr effizientes Werkzeug zur Mehrzieloptimierung dar.

17.4.2 Verfahren der Gütevektoroptimierung nach G. Kreisselmeier und R. Steinhauser

Es handelt sich um ein numerisches Verfahren zur simultanen Verkleinerung mehrerer Gütemaße $I_1(\underline{r}), \ldots, I_\ell(\underline{r})$. Die Bezeichnung rührt daher, daß man diese Gütemaße zu einem Vektor zusammenfassen kann, den man dann komponentenweise verkleinert. Die Vektorschreibweise ist hierbei jedoch unwesentlich.

Man geht von den Werten $I_i(\underline{r}_0)$ aus, wobei der Variablenvektor $\underline{r}_0$ im Prinzip beliebig ist. Dazu wählt man positive Zahlen c_i, die $> I_i(\underline{r}_0)$ sind. Sie werden als *Vorgabewerte* bezeichnet. Mit den Vorgabewerten bildet man nun die Funktionen

$$\frac{I_i(\underline{r})}{c_i}, \quad i = 1, \ldots, \ell . \tag{17.132}$$

Diese sind in einem gewissen $\underline{r}$-Bereich, der auf jeden Fall den Punkt $\underline{r}_0$ enthält, < 1. Von den endlich vielen Funktionen (17.132) bildet man nun an jeder Stelle $\underline{r}$ das Maximum und erhält so die Funktion

$$\alpha(\underline{r}) = \max\left[\frac{I_1(\underline{r})}{c_1}, \ldots, \frac{I_\ell(\underline{r})}{c_\ell}\right] . \tag{17.133}$$

Sie ist im obigen $\underline{r}$-Bereich ebenfalls < 1. Bild 17/8 zeigt diese Funktion für $\ell = 2$ und $\dim \underline{r} = 1$.

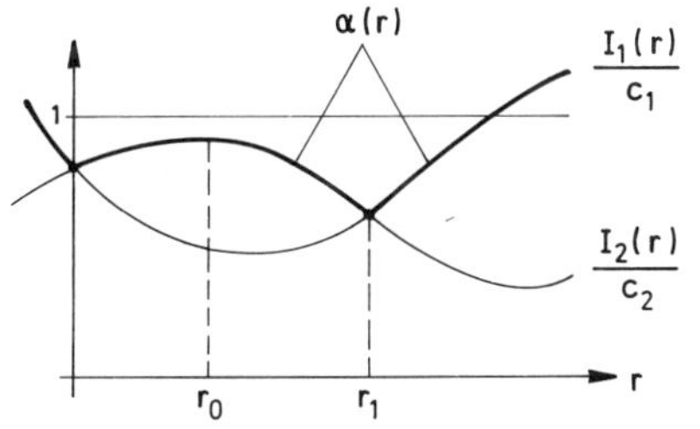

Bild 17/8. Die Funktion $\alpha(r) = \max\left[\frac{I_1(r)}{c_1}, \frac{I_2(r)}{c_2}\right]$

Man sucht nun das Minimum von $\alpha(\underline{r})$. Es liege an der Stelle $\underline{r}_1$. Dann gilt auf jeden Fall

$$\alpha(\underline{r}_1) \leq \alpha(\underline{r}_0) < 1 .$$

Weil $\alpha(\underline{r}_1) = \max\left[\frac{I_1(\underline{r}_1)}{c_1}, \ldots, \frac{I_\ell(\underline{r}_1)}{c_\ell}\right]$ ist, hat man

$$\frac{I_i(\underline{r}_1)}{c_i} \leq \alpha(\underline{r}_1) ,$$

also

$$I_i(\underline{r}_1) \leq \alpha(\underline{r}_1)\, c_i , \quad i = 1, \ldots, \ell .$$

Da $\alpha(\underline{r}_1) < 1$ ist, hat man somit durch den Übergang von Punkt $\underline{r}_0$ zum Punkt $\underline{r}_1$ des $\underline{r}$-Raumes sämtliche Gütemaße in engere Schranken einschließen können, nämlich in die Schranken $\alpha(\underline{r}_1)\, c_i$ anstelle der Schranken c_i.

Der hiermit beschriebene Prozeß wird nun iteriert. Bezeichnet man die bisherigen Vorgabewerte nunmehr mit $c_i^{(0)}$, so wählt man jetzt neue Vorgabewerte

$$I_i(\underline{r}_1) < c_i^{(1)} < c_i^{(0)} .$$

Der weitere Ablauf ist dann wie beim vorhergehenden Schritt. Man bildet

$$\alpha^{(1)}(\underline{r}) = \max\left[\frac{I_1(\underline{r})}{c_1^{(1)}}, \ldots, \frac{I_\ell(\underline{r})}{c_\ell^{(1)}}\right]$$

und ermittelt das Minimum dieser Funktion. Liegt es an der Stelle $\underline{r}_2$, so ist

$$I_i(\underline{r}_2) \leq \alpha^{(1)}(\underline{r}_2)\, c_i^{(1)} ,$$

so daß $I_i(\underline{r}_2)$ nunmehr durch die gegenüber $c_i^{(1)}$ engere Schranke $\alpha^{(1)}(\underline{r}_2)\, c_i^{(1)}$ begrenzt ist.

In dieser Weise fortfahrend, erhält man nach m Schritten die Ungleichung

$$c_i^{(1)} > c_i^{(2)} > \ldots > c_i^{(m-1)} > I_i(\underline{r}_m) .$$

Diese Iteration setzt man so lange fort, bis die I_i genügend klein geworden sind oder aber keine Erniedrigung der $c_i^{(k)}$ mehr erreicht werden kann.

Um sich diesen Prozeß zu veranschaulichen, kann man wieder von Bild 17/6 ausgehen. Bei jedem Schritt wird das Wertepaar $[I_1(\underline{r}_k), I_2(\underline{r}_k)]$ in ein stets enger werdendes Rechteck R_k eingeschlossen, das durch die Vorgabewerte $c_1^{(k)}, c_2^{(k)}$ bestimmt wird (Bild 17/9). Auf diese Weise wird das Wertepaar (I_1, I_2) in die unmittelbare Umgebung eines Pareto-Optimums gedrängt.

Bisher wurde einfachheitshalber angenommen, daß bei jedem Schritt sämtliche Vorgabewerte verkleinert werden. Das muß aber keineswegs sein. Es ist ohne weiteres möglich, daß gewisse Vorgabewerte über mehrere Schritte festgehalten werden.

Entscheidend für die Durchführung des hiermit beschriebenen Verfahrens der Gütevektoroptimierung ist

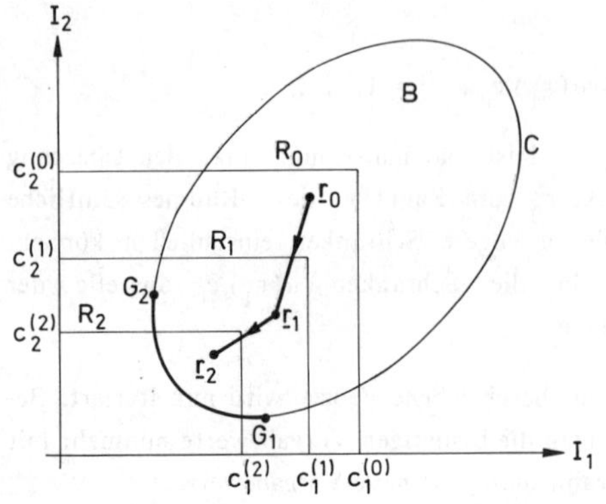

Bild 17/9. Zur anschaulichen Deutung der Gütevektoroptimierung

die Bildung der Maximumsfunktion (17.133). Zwar könnte man diese grundsätzlich dadurch erhalten, daß man den betrachteten $\underline{r}$-Bereich mit einem Punktegitter überzieht und dann auf jedem Gitterpunkt das Maximum der endlich vielen Werte

$$\frac{I_1(\underline{r})}{c_1}, \ldots, \frac{I_\ell(\underline{r})}{c_\ell}$$

bestimmt. Doch wäre dies sehr aufwendig und man erhielte überdies nur eine tabellarisch gegebene Funktion. Um das Minimum von $\alpha(\underline{r})$ ohne allzu großen numerischen Aufwand mittels eines Gradientenverfahrens berechnen zu können, ist es besser, die nicht differenzierbare Funktion $\alpha(\underline{r})$ durch eine analytische Funktion zu approximieren. Das soll abschließend beschrieben werden.

17.4.3 Analytische Approximation der Maximumfunktion $\alpha(\underline{r})$

Es sei $z_1, z_2, \ldots, z_\ell$ eine endliche Menge beliebiger reeller Zahlen ≥ 0. z_m sei das Maximum dieser Zahlen. Wir bilden nun die Zahl

$$Z_\rho = \frac{1}{\rho} \ell n \sum_{i=1}^{\ell} e^{\rho z_i} , \qquad (17.134)$$

wobei $\rho > 0$ eine beliebige relle Zahl ist. Dann gilt weiter

$$Z_\rho = \frac{1}{\rho} \ell n \left[e^{\rho z_m} \sum_{i=1}^{\ell} e^{\rho(z_i - z_m)} \right] ,$$

$$Z_\rho = \frac{1}{\rho} \left[\ell n \left[e^{\rho z_m} \right] + \ell n \sum_{i=1}^{\ell} e^{\rho(z_i - z_m)} \right] .$$

Da der natürliche Logarithmus und die e-Funktion inverse Funktionen sind, ist

$$\ell n \left[e^{\rho z_m} \right] = \rho z_m$$

und somit

$$Z_\rho = z_m + \frac{1}{\rho} \ell n \sum_{i=1}^{\ell} e^{\rho(z_i - z_m)} . \qquad (17.135)$$

Weil z_m das Maximum der z_i darstellt, ist mindestens einer der Summanden gleich 1, während alle anderen ≤ 1 sind. Infolgedessen ist

$$Z_\rho = z_m + \frac{1}{\rho} \ell n \left[1 + \sum_{i=1}^{\ell}{}' e^{\rho(z_i - z_m)} \right] , \qquad (17.136)$$

wobei der Apostroph an der Summe andeuten soll, daß ein Summand fehlt. Da jeder Summand ≤ 1 ist, liegt der Logarithmand zwischen 1 und ℓ, der Logarithmus also zwischen 0 und $\ell n\, \ell$. Somit gilt

$$z_m \leq Z_\rho \leq z_m + \frac{1}{\rho} \ell n\, \ell . \qquad (17.137)$$

Weiterhin folgt aus (17.136), weil der Logarithmus für beliebige ρ beschränkt ist:

$$\lim_{\rho \to +\infty} Z_\rho = z_m .$$

Setzt man hierin die Definition (17.134) von Z_ρ ein, so erhält man die Beziehung

$$z_m = \lim_{\rho \to +\infty} \left[\frac{1}{\rho} \ell n \sum_{i=1}^{\ell} e^{\rho z_i} \right] . \qquad (17.138)$$

Dies ist eine interessante Formel für das Maximum einer endlichen Zahlenmenge.

Setzt man in ihr

$$z_i = \frac{I_i(\underline{r})}{c_i} , \quad i = 1, \ldots, \ell ,$$

so erhält man eine Formel für das Maximum der endlich vielen Zahlen

$$\frac{I_1(\underline{r})}{c_1}, \ldots, \frac{I_\ell(\underline{r})}{c_\ell} :$$

$$\alpha(\underline{r}) = \lim_{\rho \to +\infty} \left[\frac{1}{\rho} \ln \sum_{i=1}^{\ell} e^{\rho \frac{I_i(\underline{r})}{c_i}} \right] . \qquad (17.139)$$

Für endliches ρ gewinnt man daraus einen Näherungsausdruck $\hat{\alpha}(\underline{r})$ für $\alpha(\underline{r})$:

$$\hat{\alpha}(\underline{r}) = \frac{1}{\rho} \ln \sum_{i=1}^{\ell} e^{\rho \frac{I_i(\underline{r})}{c_i}} . \qquad (17.140)$$

Da nach (17.134) $\hat{\alpha}(\underline{r}) = Z_\rho$ ist und überdies $\alpha(\underline{r}) = z_m$ gilt, folgt aus (17.137) die Ungleichung

$$0 \leq \hat{\alpha}(\underline{r}) - \alpha(\underline{r}) \leq \frac{1}{\rho} \ln \ell . \qquad (17.141)$$

Im praktischen Einsatz hat es sich als zweckmäßig erwiesen, $\rho = 20$ zu wählen. Somit wird bei der Gütevektoroptimierung die Funktion

$$\hat{\alpha}(\underline{r}) = \frac{1}{20} \ln \left[e^{20 \frac{I_1(\underline{r})}{c_1}} + \ldots + e^{20 \frac{I_\ell(\underline{r})}{c_\ell}} \right] \qquad (17.142)$$

minimiert.

Schrifttum zum Kapitel 17

[17.1] G. Doetsch: Anleitung zum praktischen Gebrauch der Laplace-Transformation und der Z-Transformation. R. Oldenbourg Verlag, 6. Auflage, 1989.

[17.2] O. Föllinger: Laplace- und Fourier-Transformation. Hüthig-Buch-Verlag, 6. Auflage, 1993.

[17.3] M. Thoma: Theorie linearer Regelsysteme. Friedr. Vieweg und Sohn, 1973.

[17.4] R. Zurmühl - S. Falk: Matrizen und ihre Anwendungen. Springer-Verlag.
Teil 1: Grundlagen, 6. Auflage, 1992.
Teil 2: Numerische Methoden, 5. Auflage, 1986.

[17.5] F. Gantmacher: Matrizentheorie. Springer-Verlag, 1986.

[17.6] W. Gröbner: Matrizenrechnung. Bibliographisches Institut, 1966.

[17.7] H.-P. Preuß: Entwurf stationär perfekter Zustandsregelungen durch fiktive Ausgangsvektorrückführung. VDI-Verlag, 1981.

[17.8] T.L. Boullion - P.L. Odell: Generalized Inverse Matrices. J. Wiley and Sons, 1971.

[17.9] A. Ben-Israel - T.N.E. Greville: Generalized Inverses: Theory and Applications. J. Wiley and Sons, 1974.

[17.10] W. Dück: Optimierung unter mehreren Zielen. Friedr. Vieweg und Sohn, 1979.

[17.11] G. Kreisselmeier - R. Steinhauser: Systematische Auslegung von Reglern durch Optimierung eines vektoriellen Gütekriteriums. Regelungstechnik 27 (1979), Seite 76-79.

Sachwortverzeichnis

Der ONLINE-SHOP für SPS-Komponenten: www.pi-w.de

+ + + Bestellungen bis 14.00 Uhr werden am selben Tag ausgeliefert ! + + +

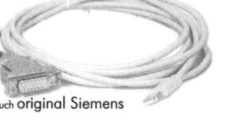

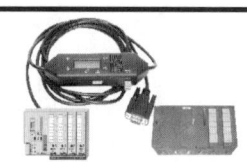

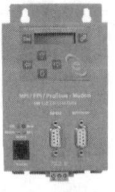

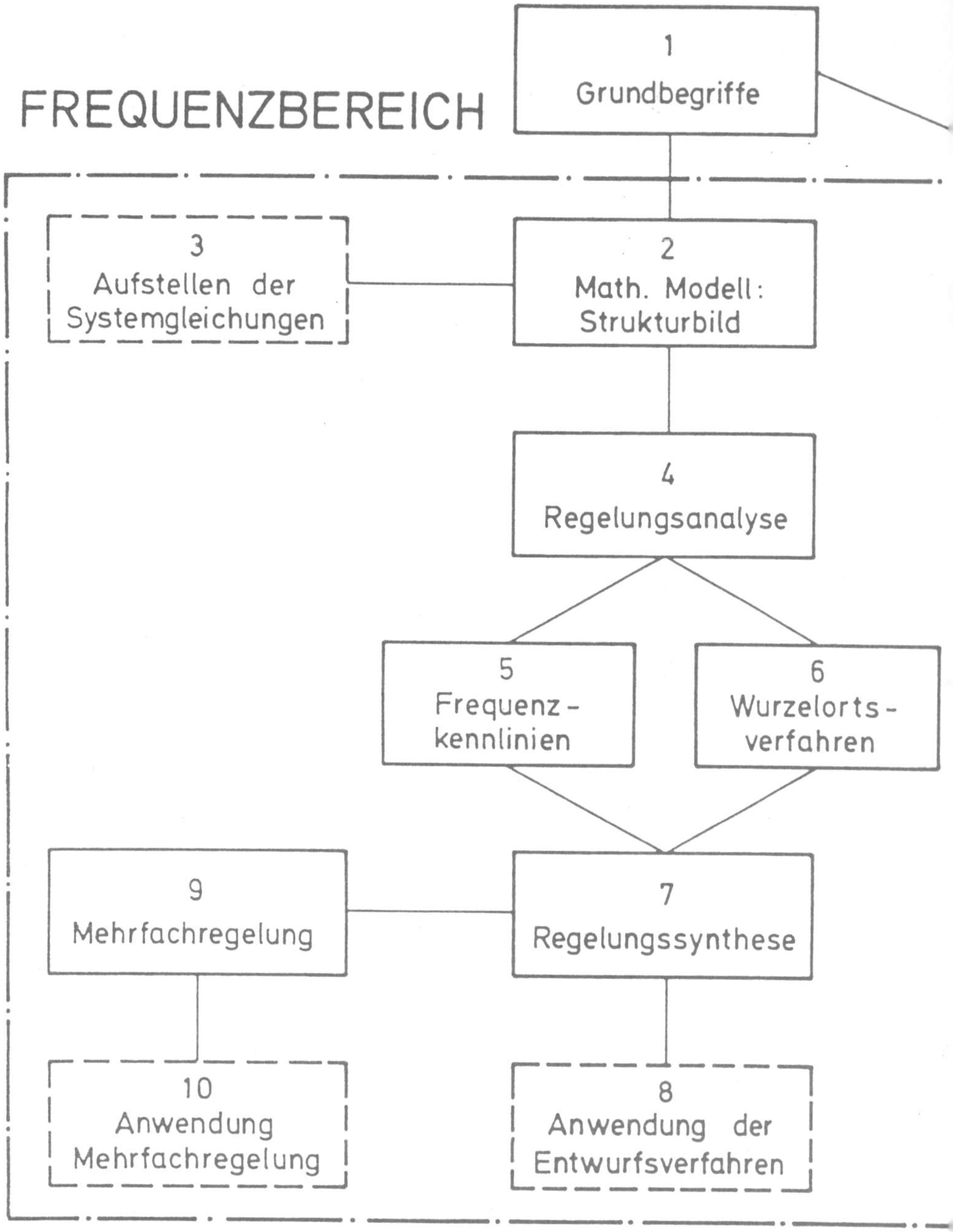
FREQUENZBEREICH
1
Grundbegriffe
3
Aufstellen der
Systemgleichungen
2
Math. Modell:
Strukturbild
4
Regelungsanalyse
5
Frequenz-
kennlinien
6
Wurzelorts-
verfahren
9
Mehrfachregelung
7
Regelungssynthese
10
Anwendung
Mehrfachregelung
8
Anwendung der
Entwurfsverfahren